탈의 고통 속에서 피지배민이라는 숙명을 벗어날 수 없었던 조선인 식물 관련 실무자와 학자가 식물 연구를 통해 민족적 정체성을 찾으려 한 과정이었음은 분명하다. 조선의 언중이 사용하는 실제 식물명을 찾아내는 과정에서 조선의 산림·문화·전통을 서로 연결 지었으며 동시에 근대 과학의 보편성을 수용했다. 식민성을 극복할 수 있는 자주적 과학 탐구의 씨앗이 된 연구였다. 그 소중한 결과물이 『조선식물향명집』이었고, 우리는 그렇게 이해했기에 근거 없는 평론에 맞서 그 책을 다시 읽어야 했다. 우리가 『조선식물향명집』을 반복적으로 읽어야 했던 이유다.

『조선식물향명집』의 저자들은 식물의 조선명에 대한 연구와 기록 작업을 가리켜 '명명(命名)'이라고 하지 않고 '사정(査定)'이라고 했다. 사정은 말 그대로 조사해 정하는 작업이다. 먼저 과학적 분류 방법을 습득하고 표본을 대조하며 확인하는 절차를 거쳤다. 그 이후에 쓰이던 이름이 있는지를 확인했다. 식물 분포지를 찾아다니며 실제 사용하는 이름들을 조사했고, 『향약집성방』과 『동의보감』 등 옛 향약(鄕藥) 연구서들까지 검토했다. 그러면서 뛰어난 명명자들의 머릿속에서 창출된 고상하고 교양 있는 이름이 아닌, '공통 언어를 가진 사람과 식물이 맺어온 관계의 역사'를 온전히 드러냈다. 그렇게 기록된 식물명은 조선인이 조선어로 한반도에 분포하는 식물에 대한 이해와 맺어온 관계를 나타내는, 살아 숨 쉬는 언어가 되었다. 저자들이 『조선식물향명집』에서 사정한 이 방식이 바로 우리가 『조선식물향명집』을 읽은 방법론이자 이 책 서술의 기본 방식이다.

이 책은 식물명 유래를 다룬 기존 문헌과 비교했을 때 다음과 같은 특징이 있다.

첫째, 『조선식물향명집』이 식물명을 사정한 방식에 따라 식물명의 유래를 추적하고자 했으며, 그러한 사정에 영향을 주었을 것으로 생각되는 자료와 문헌을 최대한 많이 수집하기 위해 국내외 고서점과 도서관, 웹사이트를 찾아다니며 적잖은 비용과 시간을 투입했다. 특히 『조선식물향명집』이 저술된 일제강점기 당시 우리 민족이 사용한 식물명에 대한 기록이 있는 경우 그 저자가 조선인이든 일본인이든 관계없이, 또한 기존 식물학이나 국문학 관련 문헌에서 전혀 다루지 않던 것이더라도 광범위하게 수집하고 분석, 정리했다.

둘째, 이 책은 식물분류학 및 식물생태학에 근거하되, 어떤 식물명이 일제강점기 이전에 형성되어 유래한 경우 그 어휘적인 의미와 유래에 관한 국어학계의 연구 성과도 수용했다. 또한 동양 본초학의 전통 위에서 남겨진 이름인 경우 한국, 중국 및 일본의 본초학 연구 성과도 수용해 반영했다.

셋째, 조선명의 기록에 대해서는 일본인과 공저로 되어 있으나 정태현의 공헌이 압도적이라고 평가되는 다음 서적들을 우리나라의 식물 서적으로 보고 그 식물명을 고찰했다. 『조선삼림수목감요(朝鮮森林樹木鑑要)』(1923), 『조선산야생약용식물(朝鮮産野生藥用植物)』(1936), 『조선산야생식용식물(朝鮮産野生食用植物)』(1942).

넷째, 『조선식물향명집』 이후 식물명이 현재까지 이어지고 변화하는 과정에서 기존 분석과 검토 자료에서는 주요한 것으로 다루지 않았으나 현재의 식물명 표기에 상당한 영향을 남긴 식물학 논문과 문헌 역시 분석해 반영했다.

다섯째, 민족 분단으로 『조선식물향명집』의 저자들이 서로 다른 길을 가면서 북한에서 정립된 식물명의 경우, 최종 이름만을 추적하는 기존 문헌과 달리 북한의 광범위한 식물학 서적을 추적하고 변화를 살폈다. 그리고 2018년 기준 최근 자료를 통해 그 변화의 축과 계기에 따라 분석·정리해 반영했다.

『조선식물향명집』은 우리 민족이 한반도에 분포하는 식물과 맺어온 관계를 나타내는 식물명, 그 역사와 유래를 알려주는 보고(寶庫)다. 한반도에 분포하는 식물 중 1,944종에 대한 학명, 일본명, 조선명을 한글로 간략하게 정리한 명집(名集)에 불과하다고 할 수도 있지만, 그 속에는 오랜 역사와 전통이 녹아 있어 넓이와 깊이가 헤아릴 수 없을 정도라 하겠다. 우리가 이 광범위하고 심연한 보고의 근처에라도 가보려는 용기를 낼 수 있었던 것은 다음과 같은 저작 덕분이다.

- 한국 식물명의 발전과 흐름을 이해하고 정리할 수 있도록 한 문헌
  이우철, 『한국식물명고』, 아카데미서적(1996)
  이우철, 『한국식물명의 유래』, 일조각(2005)
- 한반도 분포 식물종의 학명을 체계적으로 이해하고 정리할 수 있도록 한 문헌
  Chang, C-S., Kim H., and CHANG K.S. *Provisional Checklist of Vascular Plants for the Korea Peninsula Flora(KPF)*(2014)
- 『조선식물향명집』과 그 저자들의 헌신 및 의의를 이해할 수 있도록 한 문헌
  이정, 「식민지 조선의 식물 연구(1910~1945): 조일 연구자의 상호 작용을 통한 상이한 근대 식물학의 형성」, 서울대학교 대학원 이학박사 학위 논문(2012)
  이정, 「식민지 과학 협력을 위한 중립성의 정치: 일제강점기 조선의 향토적 식물 연구」, 『한국과학사학회지』 Vol.37 No.1(2015), pp.265-298
  이정, 「식물연구는 민족적 과제? 일제강점기 조선인 식물학자 도봉섭의 조선 식물 연구」, 『역사와 문화』 25(2013. 5.), pp.89-121
  이우철, 「하은 정태현 박사 전기」, 『하은생물학상 25주년』, 하은생물학상이사회(1994)

『소선식물향명집』과 그 탄생 과정에 깃든 노고에 감사한 마음을 새삼 새기며,
2021. 8. 편저자 일동

도움주신 식물학 박사 서효원 님과 꽃이야기 작가 송우섭 님께 특별히 감사의 마음을 전한다.

일러두기

이 책은 『조선식물향명집』에 표기된 식물명(국명)이 어떤 과정과 유래를 거쳐 형성됐는지를 밝히고 『조선식물향명집』 발간 이후 현재까지 어떤 변화를 거쳐왔는지를 추적하는 것에 주된 목적이 있다. 이를 위해 이 책의 대부분을 차지하는 본문은 다음과 같이 구성했다.

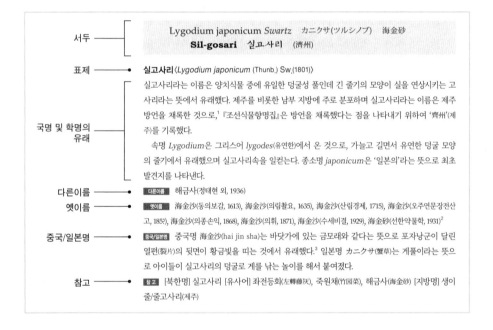

■ 서두

(1) 서두는 『조선식물향명집』 원문을 표기한 것이다. 오기(誤記)가 있을 경우에는 색인에 바르게 표기되어 있더라도 수정하지 않고 원문 그대로 실었다.

(2) 서두의 구성

① 속명, 종소명, 명명자: 학명에서 속명과 종소명을 이탤릭체로 표기하는 현재의 일반적 사용

례와 달리 『조선식물향명집』 저술 당시의 학명 표기는 명명자를 이탤릭체로 표기하였으므로 '서두'에서 그대로 표기하였다.

　　예 Lygodium japonicum *Swartz*

② 일본명

　　예 カニクサ(ツルシノブ)

③ 한자명: 『조선식물향명집』에서 한자명은 일본명 다음 또는 조선명 다음의 순서로 기록되었는데, 당시 조선, 중국 및 일본에서 한자를 달리 사용하는 경우 그 내역은 별도로 색인에 기록되었다.

　　예 海金砂

④ 조선명의 영문 표기

　　예 Sil-gosari

⑤ 조선명

　　예 실고사리

⑥ 방언이 채록된 지방: 『조선식물향명집』에서 방언이 채록된 지방은 드물게 기록되었다.

　　예 (濟州)

⑦ 식물 이름 앞에 붙은 ⊗와 ○는 『조선식물향명집』 저자들이 기록한 것으로 ⊗는 조선 특산종을, ○는 조선과 만주에 야생하는 종을 나타낸다(『조선식물향명집』, p.3 범례 참조).

■ **표제**

⑴ 표제에는 『조선식물향명집』에 기록된 식물에 대해 현재 보편적으로 사용되는 국명과 함께 학명을 표시했다.

　① 『조선식물향명집』에 기록된 조선명과 학명이 이후 서로 다르게 정리된 경우, 국명의 유래에 대한 이해를 주된 것으로 하는 이 책의 목적에 따라 국명을 우선적 기준으로 그 변화 내용을 추적하고 정리했다.

　② 『조선식물향명집』에 기록된 식물명이 현재 별도 분류되지 않는 경우, 그에 관한 간단한 설명을 기재하되 별도로 주해를 하지 않았다.

⑵ 국명은 '국가표준식물목록'(2018)에 등재된 추천명 등을 참고해서 보편적으로 사용되는 이름을 기준으로 기재했다. 다만 예외적으로 일부 국명에 대해 편저자들이 별도로 추천하는 이름이 있는 경우, 중요성에 따라 우선 표시하고 기타 이름을 ( )에 표시하여 병기했다.　예 쓴마(멸애)

⑶ 학명(scientific name)은 현재 세계적으로 통용되는 기준에 따라 정리했다.

　① 나자식물과 피자식물의 학명은 『장진성 식물목록』(2014)을 기준으로 정리했다. 다만 그 정확성을 위해 'IPNI(International Plant Names Index)'(2018)와 이와 연계된 '세계식물목록

'(The Plant List)'(2018), '중국식물지(中国植物志)'(2018)를 주로 검토하고, 일부 학명과 과명에 대해서는 'ANGIOSPERM PIIYLOGENY WEBSITE'(ver.14)와 '植物和名·学名インデックス(YList)'(2018)를 교차 검토하여 검증 및 보완했다.

② 양치식물의 학명은 양치식물에 대한 최근 연구 결과와 학명을 기록한 『한국의 양치식물』 (2018)을 기준으로 했다. 다만 그 정확성을 위해 Smith et al.(2006), 『장진성 식물목록』 (2014), 'IPNI(International Plant Names Index)'(2018)와 이와 연계된 '세계식물목록(The Plant List)'(2018), '중국식물지(中国植物志)'(2018), '植物和名·学名インデックス(YList)'(2018)를 교차 검토하여 검증 및 보완했다.

■ **국명 및 학명의 유래**

(1) 국명의 유래는 각 부분에 기록된 내용을 종합하고 『조선식물향명집』의 사정요지의 원리에 근거하여 그 유래에 대한 편저자의 해석을 기재했다.

(2) 국명의 유래는 식물학자 또는 국어학자의 기존 논의 결과를 최대한 반영하여 해설했다.

(3) 학명의 유래는 표제에 기재된 학명에 대해 다음 문헌과 기타 문헌을 참고해 해설 및 정리했다.

• Quattrocchi, Umberto. *CRC World Dictionary of Plant Names*, CRC Press(2000)
• 大橋廣好 外, 『新牧野日本植物圖鑑(NEW MAKINO'S ILLUSTRATED FLORA OF JAPAN)』, 北隆館(2008)
• 이창복, 『원색대한식물도감』, 향문사(2014)

■ **다른이름**

(1) 1937년에 발간된 『조선식물향명집』과 그 이후 식물 관련 서적(도감, 명집, 논문 포함)에서 표제의 추천명이 아닌 다른 식물명(국명)을 사용한 경우 이를 다른이름 항목으로 정리했다.

(2) 다른이름은 최초 사용한 문헌만을 기록했다.

(3) 『조선식물향명집』의 저자 및 그 외 식물 관련 문헌의 조선인 저자가 근대 식물분류학에 따른 학명에 근거해 한글로 기록한 식물명의 경우, 『조선식물향명집』 발간 이전의 것이라 하더라도 다른이름 항목에서 함께 정리했다(다음 문헌을 기록의 대상으로 함).

• 石戸谷勉·鄭泰鉉, 『조선삼림수목감요(朝鮮森林樹木鑑要)』, 조선총독부임업시험장(1923)
• 정태현, 『조선산 주요수목의 분포 및 적지(朝鮮産主要樹木ノ分布及適地)』, 조선총독부임업시험장(1926)
• 林泰治·鄭泰鉉, 『조선산야생약용식물(朝鮮産野生藥用植物)』, 조선총독부임업시험장(1936)

(4) 북한명은 표제의 추천명과 다른 이름을 사용한 경우 다른이름 항목에 기재했다. 표기법 또는 식물명 채록에서 주요 변곡점을 이룬 다음의 문헌을 추출해 정리했다. 해외 문헌 중 한글명을

근대 식물분류학에 따른 학명에 근거하여 기록한 경우, 이를 함께 정리했다(참고 항목의 북한명은 현재 사용하는 이름을 기록한 것이다).

- 김현삼 외, 『식물원색도감』, 과학백과사전종합출판사(1988)
- 도봉섭 외, 『조선식물도감 1, 2, 3』, 조선민주주의인민공화국과학원(1956~1958)
- 리용재 외, 『식물분류명사전(종자식물편)』, 백과사전출판사(2011)
- 리용재 외, 『식물분류명사전(포자식물편)』, 백과사전출판사(2012)
- 리종오, 『조선고등식물분류명집』, 과학원출판사(1964)
- 임록재 외, 『조선식물지 1~7』, 과학출판사(1972~1979)
- 임록재 외, 『조선식물지 1~10』, 과학기술출판사(1996~2000)
- 한진건 외, 『한조식물명칭사전』, 료녕인민출판사(1982)

■ **옛이름**

(1) 『조선식물향명집』이 발간된 1937년 이전에 식물명(국명)을 기록한 경우 그 이름을 정리했다. 다만 학명에 근거하여 조선인이 정리한 조선명은 다른이름 항목에서 정리했다.

① 옛이름은 한글명을 우선적으로 기록하고, 한자명은 한글명을 이해하는 데 필요하거나 한글명이 없는 경우에만 표시했다.

② 옛이름이 다수 있는 경우, 보다 널리 읽혔을 것으로 추론하는 대표적인 문헌이나 시대별 이름의 변화를 살펴볼 수 있는 기록을 위주로 정리했다.

③ 옛이름이 기록된 문헌에 초간본, 중간본 또는 증보본 등이 있는 경우 중간본이나 증보본 등에서 별도로 추가되거나 개정된 것으로 확인되지 않으면 초간본의 저술 연도를 기준으로 표시하고, 여러 필사본이 있는 경우 대표적인 본을 정하여 그것 위주로 정리했다.

(2) 별도의 옛이름을 발견하지 못한 경우 옛이름 표시를 하지 않았다.

(3) 일제강점기에 조선인이 공저자로 참여하지 않은, 일본인 또는 일본이 작성한 문헌에 기록된 조선명(한자 및 일본 문자 표기 포함)은 각주로 별도 처리했다. 단, 옛이름이 없는 경우 다른이름 또는 중국/일본명의 각주로 처리했다.

(4) 옛이름에 기재된 한글명 또는 한자명은 옛 문헌에서 그와 같은 명칭이 사용된 예를 확인하고자 하는 것이며, 표제의 종(species)을 기록한 것으로 동정(同定)하지 않았으므로 주의가 필요하다.

■ **중국/일본명**

(1) 다른 나라의 식물명 중 '국명의 유래'에 영향을 주었을 가능성이 높다고 추론하는 중국명과 일본명의 유래를 함께 기재하여 국명 유래 해석에 참고하도록 했다.

(2) 중국명은 '중국식물지(中國植物志)'(2018)에 기재된 중국명을 기준으로 하고, 그 유래는 『본초강목(本草綱目)』(1596) 및 기타 문헌을 참고하여 정리했다.

(3) 일본명은 『조선식물향명집』에 표기된 것을 기준으로 하고, 그 유래는 『新牧野日本植物圖鑑(NEW MAKINO'S ILLUSTRATED FLORA OF JAPAN)』(2008) 및 기타 문헌을 참고하여 정리했다.

■ 참고

(1) 참고 항목에는 식물명(국명)과 관련해 북한명, 유사어(유사명), 지방명을 정리했다.

(2) 북한명은 최근 북한의 공식적인 식물학 관련 부서와 해당 문헌에서 기재한 것을 기준으로 정리했다(북한에서 나온 최근의 식물명 관련 문헌은 다음의 것으로 판단됨).

 • 리용재 외, 『식물분류명사전(종자식물편)』, 백과사전출판사(2011)
 • 리용재 외, 『식물분류명사전(포자식물편)』, 백과사전출판사(2012)

(3) 유사어는 식물 관련 문헌 및 사전류에서 추천명에 대한 유사명으로 기재한 내용 중 중요한 부분을 추려서 정리했다.

(4) 지방명은 각종 식물 관련 서적, 국어사전, 방언사전, 국립국어원 및 국립수목원의 방언 관련 조사 자료 등에 기록된 식물명(국명)의 방언을 중심으로 정리했다.

◆ 기타 표기 관련

(1) 이 책의 본문 순서는 『조선식물향명집』의 식물 이름 기재 순서를 따랐다.

(2) 책 제목은 『 』로 묶었고, 논문과 편명은 「 」로 묶었으며, 인터넷에 기록된 경우 ' '로 묶었다.

(3) 외국명은 외국에서 사용하는 그대로 기재하되 한글로 표기하는 경우 국립국어원의 외래어 표기법에 따랐다.

(4) 본문 중에 실린 사진은 도쿄대학교에서 보관 중인 한반도 식물에 대한 기준표본(type specimen)과 표본을 이우철 박사가 직접 촬영한 것이다.

가례도감의궤	嘉禮都監儀軌	금양잡록	衿陽雜錄
가례언해	家禮諺解	급유방	及幼方
가오고략	嘉梧藁略	기언	記言
간옹집	艮翁集	낙하생집	洛下生集
간이벽온방	簡易辟瘟方	남명집언해	南明集諺解
강좌집	江左集	남원고사	南原古詞
경도잡지	京都雜誌	남환박물	南宦博物
경모궁악기조성청의궤	景慕宮樂器造成廳儀軌	내방가사	內房歌辭
경세유표	經世遺表	노가재집	老稼齋集
경자연행잡지	庚子燕行雜識	노걸대언해	老乞大諺解
계곡만필	谿谷漫筆	녹효방	錄效方/素樵鈔畧
계곡집	谿谷集	농사직설	農事直說
계림유사	鷄林類事	농사집성	農事集成
계산기정	薊山紀程	농정회요	農政會要
계원필경	桂苑筆耕	능엄경언해	楞嚴經諺解
계축일기	癸丑日記	다산시문집	茶山詩文集
고금석림	古今釋林	다산집	茶山集
고려도경	高麗圖經	단방비요	單方祕要 經驗新編
고려사	高麗史	단방신편	單方新編
고려사절요	高麗史節要	대동수경	大東水經
고문진보언해	古文眞寶諺解	대동운부군옥	大東韻府群玉
고사촬요	攷事撮要	덕계집	德溪集
고산유고	孤山遺稿	동계유고	東溪遺稿
고죽유고	孤竹遺稿	동국신속삼강행실도	東國新續三綱行實圖
관암전서	冠巖全書	동국이상국집	東國李相國集
광재물보	廣才物譜	동몽선습언해	童蒙先習諺解
광제비급	廣濟秘笈	동몽수독천자문	童夢須讀千字文
광주천자문	廣州千字文	동문선	東文選
교린수지	交隣須知	동문유해	同文類解
구급간이방언해	救急簡易方諺解	동사강목	東史綱目
구급방언해	救急方諺解	동사록	東槎錄
구급이해방	救急易解方	동악집	東岳集
구황보유방	救荒補遺方	동언고	東言考
구황식물과 그 식용법	救荒植物と其の食用法	동유일기	東遊日記
구황촬요	救荒撮要	농의보감	東醫寶鑑
구황촬요벽온방	救荒撮要辟瘟方	동의수세보원	東醫壽世保元
국한회어	國韓會語	두견성	杜鵑聲
규합총서	閨閤叢書	두류산기행록	頭流山記行錄
금강경삼가해	金剛經三家解	두창경험방	痘瘡經驗方
금계집	錦溪集	둔촌잡영	遁村雜詠

12

마과회통	麻科會通	삼국유사	三國遺事
만기요람	萬機要覽	삼족당가첩	三足堂歌帖
매산집	梅山集	색경	穡經
매월당집	梅月堂集	서애문집	西厓文集
매천집	梅泉集	서하집	西河集
명물기략	名物紀畧	석보상절	釋譜詳節
모주집	茅洲集	선명대화명지부	鮮名對和名之部
목민심서	牧民心書	선한약물학	鮮漢藥物學
목은집	牧隱集	설정시집	雪汀詩集
몽어유해	蒙語類解	성소부부고	惺所覆瓿藁
몽유편	蒙喩篇	성춘향가	成春香歌
물명고	物名考	성호사설	星湖僿說
물명괄	物名括	세계식물목록	The Plant List, a working list of all plant species
물명유해	物名類解		
물명집	物名集	세종실록지리지	世宗實錄地理志
물보	物譜	소문사설	謏聞事說
박물신서	博物新書	소학언해	小學諺解
박통사신석언해	朴通事新釋諺解	송남잡지	松南雜識
박통사언해	朴通事諺解	송와잡설	松窩雜說
방약합편	方藥合編	수세비결	壽世秘訣
방언집석	方言集釋	수진경험신방	袖珍經驗神方
백련초해	百聯抄解	승정원일기	承政院日記
백사집	白沙集	시경언해	詩經諺解
백수선생문집	白水先生文集	시명다식	詩名多識
백운필	白雲筆	식물명휘	訂改 植物名彙
번역노걸대	飜譯老乞大	식산집	息山集
번역박통사	飜譯朴通事	신간구황촬요	新刊救荒撮要
번역소학	飜譯小學	신기천험	身機踐驗
법화경언해	法華經諺解	신라화엄경사경조성기	新羅華嚴經寫經造成記
벽온신방	辟瘟新方	신자전	新字典
병자일본일기	丙子日本日記	신증동국여지승람	新增東國輿地勝覽
본사	本史	신증유합	新增類合
부상록	扶桑錄	실험단방	實驗單方
부연일기	赴燕日記	아언각비	雅言覺非
분류두공부시언해	分類杜工部詩諺解	아학편	兒學編
분문온역이해방	分門瘟疫易解方	악장가사	樂章歌詞
사가집	四佳集	악학궤범	樂學軌範
사민필지	士民必知	안촌집	安村集
사성통해	四聲通解	약성가	藥性歌
사의경험방	四醫經驗方	양화소록	養花小錄
산림경제	山林經濟	어제내훈언해	御製內訓諺解
삼강행실도	언해본 삼강행실도	언해두창집요	諺解痘瘡集要
삼국사기	三國史記	언해태산집요	諺解胎産集要

여암유고	旅菴遺稿	자전석요	字典釋要
여유당전서	與猶堂全書	장진성 식물목록	Provisional Checklist of Vascular Plants for the Korea Peninsula Flora(KPF)
역어유해	譯語類解		
연경	煙經		
연경재전집	研經齋全集		
연려실기술	燃藜室記述	재물보	才物譜
연산군일기	燕山君日記	제왕운기	帝王韻記
연암집	燕巖集	제주계록	濟州啓錄
연재집	淵齋集	제주도및완도식물 조사보고서	濟州島竝莞島植物調査報告書
열하일기	熱河日記		
오륜행실도	五倫行實圖	제주도식물	濟州島植物
오재집	寤齋集	제주풍토록	濟州風土錄
오주연문장전산고	五洲衍文長箋散稿	제중신편	濟衆新編
옥수집	玉垂集	조선거수노수명목지	朝鮮巨樹老樹名木誌
완당선생전집	阮堂先生全集	조선구전민요집	朝鮮口傳民謠集
왜어유해	倭語類解	조선산 주요 수목의 분포 및 적지	朝鮮産主要樹木ノ分布及適地
우마양저염역병치료방	牛馬羊猪染疫病治療方		
운양집	雲養集	조선산야생식용식물	朝鮮産野生食用植物
원각경언해	圓覺經諺解	조선산야생약용식물	朝鮮産野生藥用植物
원저보	圓藷譜	조선삼림수목감요	朝鮮森林樹木鑑要
월사집	月沙集	조선삼림식물편	朝鮮森林植物編
월인석보	月印釋譜	조선식물명휘	朝鮮植物名彙
월인천강지곡	月印千江之曲	조선어전[심]	보통학교 조선어사전
유년공부	酉年工夫	조선어사전	朝鮮語辭典
유하집	柳下集	조선어표준말모음	사정한 조선어 표준말 모음
의감중마	醫鑑重磨	조선왕조실록	朝鮮王朝實錄
의림촬요	醫林撮要	조선의 구황식물	朝鮮의 救荒植物
의방유취	醫方類聚	조선의산과와산채	朝鮮の山果と山菜
의방	醫方	조선주요삼림수목명칭표	朝鮮主要森林樹木名稱表
의방합편	醫方合編	조선한방약료식물조사서	朝鮮漢方藥料植物調査書
의서옥편	新訂 醫書玉篇	존재문집	存齋文集
의종금감	醫宗金鑑·外科心法要訣	존재집	存齋集
의종손익	醫宗損益	종묘의궤	宗廟儀軌
의휘	宜彙	종저보	種藷譜
이계집	耳溪集	주촌신방	舟村新方
이륜행실도	二倫行實圖	죽교편람	竹僑便覽
이옥전집	李玉全集	죽석관유집	竹石館遺集
이충무공전서	李忠武公全書	중국식물지	中國植物志
일성록	日省錄	증보산림경제	增補山林經濟
일용·비람기	日用備覽記	증수무원록언해	增修無寃錄諺解
임원경제지	林園經濟志	지리산식물조사보고서	智異山植物調査報告書
임하필기	林下筆記	지봉유설	芝峯類說
자류주석	字類註釋	진명집	震溟集

청구영언	青丘永言	해동잡록	海東雜錄
청장관전서	青莊館全書	해동제국기	海東諸國記
청천집	青泉集	해사록	海槎錄
촌가구급방	村家救急方	해유록	海遊錄
춘정집	春亭集	해장집	海藏集
춘향가	春香歌	행포지	杏蒲志
치재유고	耻齋遺稿	향약구급방	鄕藥救急方
탐라지	耽羅志	향약제생집성방	鄕藥濟生集成方
토명대조선만식물자휘	土名對照鮮滿植物字彙	향약집성방	鄕藥集成方
파한집	破閑集	향약채취월령	鄕藥採取月令
패관잡기	稗官雜記	허백당집	虛白堂集
필운고	弼雲稿	현곡집	玄谷集
하서전집	河西全集	호곡집	壺谷集
하재일기	荷齋日記	홍루몽	紅樓夢
한불자전	한불ᄌ뎐(韓佛字典)	홍재전서	弘齋全書
한선문신옥편	漢鮮文新玉篇	화암수록	花庵隨錄
한어지남	漢語指南	화왕본긔	花王本記
한영자전(1890)	한영자전(韓英字典)	화하만필	花下漫筆
한영자전(1897)	한영자전	화한한명대조표	和韓漢名對照表
한청문감	漢淸文鑑	환재집	瓛齋集
해동가요	海東歌謠	훈몽자회	訓蒙字會
해동농서	海東農書	훈민정음해례본	訓民正音解例本
해동역사	海東繹史	흠흠신서	欽欽新書

査 定 要 旨

過去數十年間朝鮮各地에서實地調査蒐集한鄕名을主로하고從來文獻에記載된
것을參考로하야鄕名集을上梓케되얏스나教育上實用上不得已한것에限하야는다
음諸點에留意하야學究的態度로整理査定홈。

1. 朝鮮에서一般的으로使用하는朝鮮名은그대로採用함。

2. 從來文獻上에記載된朝鮮名은될수잇는대로그대로採用함。

3. 地方에따라同一植物에여러가지方言이잇는것또는같은方言에數種의植物
이잇는때에는그植物또는그方言에가장適合하고普遍性이잇는것을代表로
採用하고其他는( )、或은教育上實用上不得已名稱을要하는植物에
는다음諸點을考慮하야語頭語尾에適當한形容詞를添加하야此를區別함。

가 그植物의形態學上特長。

나 그植物의世界共通學術語인學名의意義。

다 그植物에關한傳說、由來等。

라 特殊植物에關하야는産地、發見者、生育狀態等。

마 그植物의色、臭、味等。

사정요지(査定要旨)

표제(標題)이다. 식물분류학(taxonomy)의 과학적 토대에 따른 종(species) 분류에 대응해『조선
식물향명집』에서 조선명을 기록한 기본적 방법은 사정(査定)이다. 즉, 명명(命名)이 아닌, 실제 사용

하는 식물명을 조사해 정하는 것을 조선명(국명) 정립의 기본 방법론으로 삼았다. 이는 조선어학회가 발표한 『한글 미춤법 통일안』(1933)과 『사정한 조선어 표준말 모음』(1936)에서 기록한 '사정'과 같은 방법론이다. 『조선식물향명집』의 조선명 사정이 민족주의 운동과 궤를 같이하고 있음을 말해준다.

> 과거 수십 년간 조선 각지에서 실지 조사 수집한 향명을 주로 하고 종래 문헌에 기재된 것을 참고로 하여 향명집을 상재케 되었으나, 교육상 실용상 부득이한 것에 한해서는 다음 제 점에 유의하여 학구적 태도로 정리 사정함.

사정의 원칙에 대한 규정이다. 조선명을 정하는 제일의 원칙은 실제 조선인이 사용하는 조선명(향명)임을 천명하고, 사용명과 문헌의 명칭이 서로 다른 경우 실제 사용하는 명칭을 우선하는 방법으로 전통을 과학적 토대와 결합한다는 것이다. 식물의 국명에 관한 한, 국권과 함께 자신의 언어와 문화를 빼앗겨 잃어가는 피지배민인 조선인에 주목하고 그 조선인이 사용하는 언어를 과학의 토대 위에 살리고자 하는 시도가 바로 『조선식물향명집』이었다.

실제 사용명과 문헌상의 명칭이 없는 경우(교육상 실용상 부득이한 경우)에 한해 새로운 명칭을 부여했다. 즉, 그때에만 전문가 역할로서 명명의 방법을 사용했다.

'과거 수십 년간 조선 각지에서 실지 조사 수집한 향명'이라는 서술은 정태현 박사가 1911년 묘향산 탐사를 시작한 때부터 식물 탐사와 병행해 각 지역의 식물명 방언을 조사한 것을 말한다. 그 결과는 『조선삼림수목감요』(1923), 『조선산 주요수목의 분포 및 적지』(1926), 『조선산야생약용식물』(1936)에 반영되었고, 『조선식물향명집』(1937)으로 이어졌다.

아래부터는 조선명을 사정한 구체적 기준에 대한 규정이다.

> 1. 조선에서 일반적으로 사용하는 조선명은 그대로 채용함.

식물의 조선명을 기록할 때 제일의 원칙이 실제 조선인이 사용하는 조선명임을 거듭 천명함과 동시에 그 조선명이 무엇을 뜻하는지를 구체화하고 있다. 조선어학회가 『한글 마춤법 통일안』에서 표준말을 정한 기준인 "표준말은 대체로 현재 중류 사회에서 쓰는 서울말로 한다"를 식물명의 특성에 맞게 수정한 것이다. 표준말 사정과 동일한 원칙을 적용하되 식물은 분포역에 따라 차이가 있으므로 서울말을 중심으로 하지 않았다. 또한 계급·계층에 따른 언어를 구별하지 않고 오로지 '일반적'(보다 널리 사용한다는 뜻)인지 여부만을 판단하여 사정했다. 식물의 분포역에 맞추어 보다 널리 사용하는 이름을 찾고 수집해서 정한 방식으로, 이에 따라 멀구슬나무(제주), 부게꽃나무(전라), 고추나무(경상), 능수버들(충청), 노박덩굴(경기), 박쥐나무(강원), 길마가지나무(황해), 댕강나무

(평안), 들쭉나무(함경) 등이 기록되었다.

    2. 종래 문헌상에 기재된 조선명은 될 수 있는 대로 그대로 채용함.

『향약채취월령』(1431), 『향약집성방』(1433), 『동의보감』(1613), 『산림경제』(1715), 『제중신편』(1799), 『방약합편』(1884) 등 식물명이 나타나는 옛 문헌을 두루 참고하여, 향명 조사에서 발견되지 않는 이름의 경우 적극적으로 문헌의 명칭을 반영했다.

예 더위지기, 삽주

    3. 지방에 따라 동일 식물에 여러 가지 방언이 있는 것 또는 같은 방언에 수종의 식물이 있는
       때에는 그 식물 또는 그 방언에 가장 적합하고 보편성이 있는 것을 대표로 채용하고 기타
       는 (   ), 혹은 교육상 실용상 부득이 명칭을 요하는 식물에는 다음 제 점을 고려하여
       어두 어미에 적당한 형용사를 첨가하여 차를 구별함.
       가. 그 식물의 형태학상 특상.
       나. 그 식물의 세계 공통 학술어인 학명의 의의.
       다. 그 식물에 관한 전설, 유래 등.
       라. 특수 식물에 관해서는 산지, 발견자, 생육 상태 등.
       마. 그 식물의 색, 냄새, 맛 등.

근대 과학으로서의 식물분류학이 도입되지 않았던 전통 사회에서는 사람이 식물을 이용하는 목적을 중심으로 필요한 식물에 대해서만 파편적으로 이름을 붙였다. 그나마 통일된 의사소통 수단이 적어 지역마다 서로 다른 이름으로 불렀으며, 분포하는 식물에 대한 명칭이 없는 경우도 많았다. 그로 말미암은 식물명의 혼선과 부재를 해결하기 위해 다음의 방법을 사용했다.

   (i) 지방에 따라 동일 식물에 여러 가지 방언이 있는 경우(소위 '同物異名'의 경우): 식물에 가장 적
      합하고 보편성(일반성)이 있는 이름을 대표로 채용하고 나머지는 ( ) 안에 표시했다. **예** 애기
      똥풀(젓풀·까치다리)
  (ii) 같은 방언에 수종의 식물명이 있는 경우(소위 '異物同名'의 경우): 방언에 가장 적합하고 보
      편성이 있는 것을 대표로 채용하고 그 밖에는 식물의 형태적 특징, 학명, 전설, 산지, 색
      과 냄새 등을 고려하여 어두나 어미에 석낭한 말을 덧붙여 별도 식물명을 신칭(新稱)했
      다. 이러한 방법은 미나리아재비, 개살구나무 및 갯버들 등과 같이 전통적 식물명에도 흔
      히 적용한 방법이었다. **예** ① 쑥부쟁이와 개쑥부쟁이: 방언에 적합한 식물을 대표로 하
      고 형태적 특징을 나타내는 '개'를 어두에 추가해 신칭함. ② 마타리와 돌마타리: 방언

에 적합한 식물을 대표로 하고 식물의 산지(産地)를 나타내는 '돌'을 어두에 추가해 신칭함.

(iii) 교육상 실용상 부득이한 경우(식물명이 부재한 경우): 식물의 형태적 특징, 학명, 전설, 산지, 색과 냄새 등을 고려하여 전통적 명칭의 어두나 어미에 적당한 말을 덧붙여 새 이름을 부여하되, 이러한 방법으로도 되지 않는 경우 전통적 명칭과 여러 요소를 고려하여 완전히 새로운 이름을 부여했다. **예** ① 금강초롱: 전통 명칭인 초롱꽃에 식물의 산지를 나타내는 '금강'(금강산)을 어두에 추가해 새로운 이름을 부여함. ② 바람꽃: 종래의 전통적 명칭을 찾지 못하여 학명 *Anemone*를 참고해서 완전히 새로운 이름을 부여함.

이렇게 저자들은 전통 명칭을 찾으려 노력했으나, 기존의 식물 인식 방법에 따른 식물명은 파편적이고 부분적이어서 여러 식물명을 새로이 만들어 명명해야 했다. 예컨대, 국화과의 경우 『조선식물향명집』에 기록된 139종 중 절반에 가까운 식물명을 신칭해야 하는 상황이었다. 이러한 현실은 수십 년에 걸친 저자들의 노력에도 불구하고, 실제 사용하는 조선명을 누락하고 자의적인 명칭이 부여될 위험을 여전히 안고 있었다. 이미 일본인 식물학자들이 한반도 분포 식물 3,500여 종을 분류했으나, 저자들은 거기에 적당한 명칭을 새로이 부여하는 편한 길을 택하지 않고 1,944종만을 정리했으며, 미처 사정하지 못한 식물명은 조사를 계속해 이후 속편을 발행하겠다는 의지로 대신했다. 전통적으로 사용하는 조선명을 누락하고 잘못 기록하기보다는 기꺼이 불완전함을 선택한 것이다.

『조선식물향명집』을 통해 비로소 과학이라는 토대와 전통을 계승한 식물명이 결합될 수 있었고, 그러한 노력의 주요 결과물이 수많은 변화를 거치면서도 현재의 식물명으로 이어지고 있다.

차례

머리말 4
일러두기 7
『조선식물향명집』의 '사정요지' 해설 16

20

EMBRYOPHYTA ASIPHONOGAMA
無管有胚植物部 (高等隱花植物)
PTERIDOPHYTA 羊齒植物[1]

---

1 『조선식물향명집』은 엥글러(H.G.A. Engler, 1844~1930)의 분류법에 따라 선태식물과 양치식물을 무관유배식물(無管有胚植物, Embryophyta asiphonogama)로 분류했으며, 프랑스의 식물학자 브롱냐르(A.T. Brongniart, 1801~1876)가 식물을 은화식물(隱花植物, cryptogams)과 현화식물(顯花植物, phanerogams)로 분류한 데 영향을 받아 양치식물을 고등은화식물(高等隱花植物)로 기록했다.

Hymenophyllaceae 처녀이끼科 (苔葱科)

처녀이끼과〈Hymenophyllaceae Mart.(1835)〉

처녀이끼과는 국내에 자생하는 처녀이끼에서 유래한 과명이다. '국가표준식물목록'(2018), 『한국의 양치식물』(2018), 『장진성 식물목록』(2014) 및 '세계식물목록'(2018)은 이 과의 모식속(Type Genus)인 *Hymenophyllum*(처녀이끼속)에서 유래한 Hymenophyllaceae를 과명으로 기재하고 있다.

Hymenophyllum barbatum *Miq.*   カウヤコケシノブ
Suyŏm-iği   수염이끼

수염이끼〈*Hymenophyllum barbatum* (Bosch) Baker(1867)〉

수염이끼라는 이름의 유래에 대해서는 정확히 밝혀진 것이 없으나,[1] 종소명 *barbatum*이 수염이라는 뜻을 지닌 것에 비추어 학명과 관련된 것으로 잎가장자리에 수염 같은 불규칙한 톱니가 있는 이끼 종류라는 뜻에서 붙여진 이름으로 추정한다. 『조선식물향명집』에서 '이끼'를 기본으로 하고 식물의 형태적 특징과 학명에 착안한 '수염'을 추가해 신칭했다.[2] 이끼는 15세기에 저술된 『구급간이방언해』의 '잇'이 어원으로 주로 선태식물을 가리키는 용어로 사용하는데, 수염이끼는 양치식물로 분류되므로 엄밀하게 볼 경우 정확하지는 않은 표현이다.

속명 *Hymenophyllum*은 그리스어 *hymen*(막, 膜)과 *phyllon*(잎)의 합성어로 잎이 막질인 것에서 유래했으며 처녀이끼속을 일컫는다. 종소명 *barbatum*은 '까끄라기가 있는, 수염이 있는'이라는 뜻으로 잎 모양과 관련된 이름으로 보인다.

중국/일본명 중국명 华东膜蕨(hua dong mo jue)는 화둥(華東) 지역에 분포하는 고사리(膜蕨)라는 뜻이다. 일본명 カウヤコケシノブ(高野苔忍)는 고야산(高野山)에서 최초 발견된 처녀이끼(コケシノブ)라는 뜻이다.

참고 [북한명] 수염이끼

---

1   이러한 견해로 이우철(2005), p.360 참조.
2   이에 대해서는 『조선식물향명집』, 색인 p.42 참조.

Hymenophyllum oligosorum *Makino*　キヨスミコケシノブ
Aegi-suyŏm-igi　애기수염이끼

애기수염이끼〈*Hymenophyllum coreanum* Nakai(1926)〉[3]

애기수염이끼라는 이름은 수염이끼와 닮았으나 식물체의 크기가 작다는 뜻에서 붙여진 것으로 추정한다. 『조선식물향명집』에서 '수염이끼'를 기본으로 하고 식물의 형태적 특징에 착안한 '애기'를 추가해 신칭했다.[4] 식물명에서 '애기'는 식물체의 형태 또는 키가 작은 데서 유래한 것으로 작고 앙증맞다는 뜻이다.[5]

속명 *Hymenophyllum*은 그리스어 *hymen*(막, 膜)과 *phyllon*(잎)의 합성어로 잎이 막질인 것에서 유래했으며 처녀이끼속을 일컫는다. 종소명 *coreanum*은 '한국의'라는 뜻으로 원산지가 한국임을 나타낸다.

다른이름 금강처녀이끼/산괴불이끼(박만규, 1961), 애기처녀이끼/좀처녀이끼(리용재 외, 2012)

중국/일본명 중국명 長毛蕗蕨(chang mao lu jue)는 긴 털이 있는 이끼 종류라는 뜻이다.[6] 일본명 キヨスミコケシノブ(清澄苔忍)는 기요스미(清澄)에 분포하는 처녀이끼(コケシノブ)라는 뜻이다.

참고 [북한명] 애기수염이끼

Hymenophyllum Wrightii *Bosch*.　コケシノブ
Chŏnyŏ-igi　처녀이끼

처녀이끼〈*Hymenophyllum wrightii* Bosch(1859)〉

처녀이끼는 식물분류학상으로는 이끼식물로 분류하지 않지만, 생김새가 이끼와 유사해 이끼라는 이름이 붙여졌다. 처녀이끼라는 이름이 문헌상 최초로 등장하는 곳은 『조선식물향명집』인데, 정확한 유래는 알려져 있지 않다. 다만 식물명에 사용하는 '처녀'라는 말의 뜻에 비추어, 잎이 치마를 연상시키고 푸른빛이 나는 모습 또는 식물이 원시적 형태를 띠는 것과 관련한 이름으로 추정한다.

---

3 『조선식물향명집』은 애기수염이끼의 학명을 *Hymenophyllum oligosorum* Makino(1899)로 기록했다. 『우리나라 식물명감』(1949)은 그 학명을 *H. coreanum*으로 기록했으나, 『한국양치식물지』(1961)는 처녀이끼와 닮았고 최초 국내 발견지가 금강산이라는 뜻의 '금강처녀이끼'로 개칭했다. 그런데 '국가표준식물목록'(2018)은 애기수염이끼(*H. coreanum*)와 금강처녀이끼(*H. oligosorum*)를 별도의 식물로 분류하고 있다. 한편 금강처녀이끼는 현재 그 실체가 확인되지 않아 국내 분포가 의심되므로, 이 책에서는 금강처녀이끼를 애기수염이끼의 다른이름으로 처리하여 그에 따른 학명과 국명을 정리했다. 이에 대한 보다 자세한 내용은 『한국의 양치식물』(2018), p.119 참조.
4 이에 대해서는 『조선식물향명집』, 색인 p.43 참조.
5 이러한 견해로 허북구·박석근(2008a), p.13 참조.
6 중국명 長毛蕗蕨는 '국가표준식물목록'(2018) 기준 금강처녀이끼(*Hymenophyllum oligosorum*)의 중국명이므로 주의를 요한다.

속명 *Hymenophyllum*은 그리스어 *hymen*(막, 膜)과 *phyllon*(잎)의 합성어로 잎이 막질인 것에서 유래했으며 처녀이끼속을 일컫는다. 종소명 *wrightii*는 영국 식물학자 C. H. Wright(1864~1941)의 이름에서 유래했다.

다른이름 산괴불이끼(박만규, 1975), 금강산처녀이끼(오수영, 1977), 잔부채이끼(리용재 외, 2012)

중국/일본명 중국 분포는 확인되지 않는다. 일본명 コケシノブ(苔忍)는 이끼를 닮은 고사리라는 뜻으로 이끼의 외형을 닮은 것과 관련 있다.

참고 [북한명] 잔부채이끼

Trichomanes bipunctatum *Poiret*　アヲホラゴケ
Goebul-iği　괴불이끼

괴불이끼〈*Crepidomanes latealatum* (Bosch) Copel.(1938)〉[7]
괴불이끼라는 이름은 포자낭군의 모양이 어린아이가 주머니 끈 끝에 차는 세모 모양의 조그만 노리개인 괴불주머니와 유사하다는 뜻에서 유래했다.[8] 『조선식물향명집』에 최초로 기록된 이름으로 보인다.

속명 *Crepidomanes*는 그리스어 *crepis*(장화)와 *trichomanes*(가늘고 얇은)의 합성어로, 잎 모양을 묘사한 이름이며 괴불이끼속을 일컫는다. 종소명 *latealatum*은 '측면이 넓은'이라는 뜻이며 엽축에 날개가 있어 붙여졌다.

다른이름 청괴불이끼(정태현, 1970), 수염이끼(박만규, 1975), 푸른이끼고사리(리용재 외, 2012)

중국/일본명 중국명 長柄假脉蕨(chang bing jia mai jue)는 긴 잎자루와 가짜 줄기를 가진 고사리 종류라는 뜻이다. 일본명 アヲホラゴケ(靑洞苔)는 녹색이 짙고 골짜기에 주로 사는 이끼 종류라는 뜻이다.

참고 [북한명] 푸른이끼고사리

7　'국가표준식물목록'(2018)은 괴불이끼의 학명을 *Crepidomanes insigne* (Bosch) P.Y.Fu(1957)로 기재하고 있으나, 『한국의 양치식물』(2018), '세계식물목록'(2018) 및 '중국식물지'(2018)는 정명을 본문과 같이 기재하고 있다.

8　이러한 견해로 이우철(2005), p.84 참조.

Trichomanes orientale *C. Christensen*　ハヒホラゴケ
Nun-goebul-iĝi　누은괴불이끼

누운괴불이끼〈*Vandenboschia kalamocarpa* (Hayata) Ebihara et al.(2009)〉[9]

누운괴불이끼라는 이름은 누워서 자라는 괴불이끼라는 뜻에
서 붙여졌다.[10] 『조선식물향명집』에서는 '누은괴불이끼'를 신
칭했으나[11] 『우리나라 식물자원』에서 '누운괴불이끼'라는 이
름을 부여해 현재에 이르고 있다.

　속명 *Vandenboschia*는 네덜란드 양치식물 연구자 Roelof
Benjamin van den Bosch(1810~1862)의 이름에서 유래했으
며 누운괴불이끼속을 일컫는다. 종소명 *kalamocarpa*는 그
리스어 *kalamo*(갈대)와 *carpos*(과일)의 합성어에서 유래한 것
으로 보인다.

　다른이름　누은괴불이끼(정태현 외, 1937), 털담쟁이이끼(박만규,
1949), 좀난쟁이이끼(박만규, 1961), 좀난장이이끼(안학수·이춘녕,
1963)

　중국/일본명　중국명 管苞瓶蕨(guan bao ping jue)는 포막이 컵 모양이고 포자낭군턱이 병(곤봉) 모양
인 것에서 유래했다. 일본명 ハヒホラゴケ(這洞苔)는 누워서 자라며 동굴 같은 곳에 서식하는 이끼
를 닮은 식물이라는 뜻이다.

　참고　[북한명] 누운괴불이끼[12]

Trichomanes parvulum *Poiret*　ウチハゴケ
Buchae-goebul-iĝi　부채괴불이끼

부채괴불이끼〈*Crepidomanes minutum* (Blume) K.Iwats.(1985)〉

부채괴불이끼라는 이름은 잎이 부채 모양이고 괴불이끼를 닮았다는 뜻이다.[13] 『조선식물향명집』

9　'국가표준식물목록'(2018)과 '세계식물목록'(2018)은 누운괴불이끼를 괴불이끼속(*Crepidomanes*)으로 분류하여 학명을
　　Crepidomanes birmanicum (Bedd.) K. Iwats.(1985)로 기재하고 있으나, 『한국의 양치식물』(2018), p.133은 누운괴불
　　이끼속(*Vandenboschia*)으로 별도 분류하여 학명을 본문과 같이 기재하고 있다.
10　이러한 견해로 이우철(2005), p.154 참조.
11　이에 대해서는 『조선식물향명집』, 색인 p.34 참조.
12　이에 대해서는 리종오(1964), p.4 참조.
13　이러한 견해로 이우철(2005), p.282 참조.

에서 '괴불이끼'를 기본으로 하고 식물의 형태적 특징을 나타내는 '부채'를 추가해 신칭했다.[14]

속명 *Crepidomanes*는 그리스어 *crepis*(장화)와 *trichomanes*(가늘고 얇은)의 합성어로, 잎 모양을 묘사한 이름이며 괴불이끼속을 일컫는다. 종소명 *minutum*은 '미세한'이라는 뜻이다.

다른이름 부채이끼(박만규, 1949), 미선이끼(한진건 외, 1982)

중국/일본명 중국명 团扇蕨(tuan shan jue)는 둥근 부채 모양을 한 고사리(蕨)라는 뜻이고, 일본명 ウチハゴケ(団扇苔)도 둥근 부채 모양을 한 이끼라는 뜻으로, 모두 부채괴불이끼와 일맥상통하는 이름이다.

참고 [북한명] 부채이끼

---

14 이에 대해서는 『조선식물향명집』, 색인 p.39 참조.

Polypodiaceae 고사리科 (水龍骨科)

잔고사리과〈Dennstaedtiaceae Pic.Serm.(1970)〉

『조선식물향명집』은 친근한 양치식물인 고사리에서 국명의 과명을 취하고, 이 과의 대표적 속 중 하나인 *Polypodium*(미역고사리속)에서 유래한 Polypodiaceae를 학명으로 기록했다. 현재는 고사리를 고란초과로 일컫는 Polypodiaceae로 분류하지 않는 견해가 우세하지만 당시의 분류 방식은 이를 포함한 것으로 이해된다.[1] 『한국의 양치식물』(2018)과 '세계식물목록'(2018)은 고사리를 Dennstaedtiaceae(잔고사리과)에 포함시키고 Polypodiaceae(고란초과)로 별도 분류한다.[2] 한편, '국가표준식물목록'(2018)은 Pteridaceae(봉의꼬리과)를 고사리과라 일컫고 고사리는 Aspleniaceae(꼬리고사리과)로 별도 분류하므로 주의를 요한다.

Adiantum monochlamys *Eaton*　ハコネシダ
Sòm-gonĝjag-gosari　섬공작고사리

섬공작고사리〈*Adiantum monochlamys* D.C.Eaton(1858)〉

섬공작고사리라는 이름은 섬(제주도와 울릉도)에 분포하는 공작고사리라는 뜻이다.[3] 『조선식물향명집』에서 '공작고사리'를 기본으로 하고 주요 분포지인 '섬'을 추가해 신칭했다.[4]

　속명 *Adiantum*은 그리스어 *a*(부정)와 *dianotos*(젖다)의 합성어로 비에 젖지 않는 잎을 가진 데서 유래했으며 공작고사리속을 일컫는다. 종소명 *monochlamys*는 '1륜(一輪)의, 단일 꽃덮이의'라는 뜻이다.

다른이름　큰공작고사리(박만규, 1949), 큰섬공작고사리(박만규, 1975)

중국/일본명　중국명 单盖铁线蕨(dan gai tie xian jue)는 포자낭군이 하나씩 붙는 철선궐(鐵線蕨: 공작고사리 종류의 중국명)이라는 뜻이다. 일본명 ハコネシダ(箱根羊歯)는 하코네(箱根) 지역에서 발견된 양치식물이라는 뜻이다.

참고　[북한명] 섬공작고사리

1　『조선식물향명집』에 기록된 양치식물은 11과 122종(7변종 포함)으로, 분류 체계를 명시하지는 않지만 『조선식물명휘』(1922)의 12과 225종(11변종 포함)의 분류를 준용한 것으로 보인다.

2　최근 분류법 Smith et al.(2006)에 따르면 『조선식물향명집』의 '고사리과'는 '공작고사리과, 꼬리고사리과, 관중과, 처녀고사리과, 개고사리과, 꼬리고사리과, 봉의꼬리과, 고란초과, 한들고사리과, 넉줄고사리과, 잔고사리과, 새깃고사리과, 야산고비과, 우드풀과'로 세분되었다. 이에 대해서는 『한국의 양치식물』(2018) 참조.

3　이러한 견해로 이우철(2005), p.337 참조.

4　이에 대해서는 『조선식물향명집』, 색인 p.41 참조.

Adiantum pedatum *Linné*   クジャクシダ
Goñgjag-gosari   공작고사리

공작고사리〈*Adiantum pedatum* L.(1753)〉

공작고사리라는 이름은 잎의 모양이 공작이 날개를 편 것과
같다는 뜻이다.[5] 『조선식물향명집』에서 전통 명칭 '고사리'를
기본으로 하고 식물의 형태적 특징과 학명에 착안한 '공작'을
추가해 신칭했다.[6]

속명 *Adiantum*은 그리스어 *a*(부정)와 *dianotos*(젖다)의 합
성어로 비에 젖지 않는 잎을 가진 데서 유래했으며 공작고사
리속을 일컫는다. 종소명 *pedatum*은 '새 발 모양의'라는 뜻
으로 잎의 모양에서 유래했다.

> **다른이름** 봉작고사리(이창복, 1980)[7]

> **중국/일본명** 중국명 掌叶铁线蕨(zhang ye tie xian jue)는 손바닥
(부채) 모양의 잎을 가진 철선궐(鐵線蕨: 공작고사리 종류의 중국
명)이라는 뜻이다. 일본명 クジャクシダ(孔雀羊歯)는 잎의 모양이 공작처럼 보여 붙여졌다.

> **참고** [북한명] 공작고사리 [유사어] 철사칠(鐵絲七)

Anogramme Makinoi *H. Christ*   カラクサシダ
Jom-gosari   좀고사리

좀고사리〈*Pleurosoriopsis makinoi* (Maxim. ex Makino) Fomin(1930)〉

좀고사리라는 이름은 작은 고사리라는 뜻이다.[8] 식물명에서 '좀'은 주로 키가 작다는 뜻에서 붙이
는 말이다.[9] 『조선식물향명집』에서 전통 명칭 '고사리'를 기본으로 하고 식물의 형태적 특징을 나
타내는 '좀'을 추가해 신칭했다.[10]

속명 *Pleurosoriopsis*는 그리스어 *pleura*(늑막), *soros*(포자낭군)와 *opsis*(유사한)의 합성어로 좀
고사리속을 일컫는다. 종소명 *makinoi*는 일본 식물학자 마키노 도미타로(牧野富太郎, 1862~1957)

---

5 이러한 견해로 이우철(2005), p.80 참조.
6 이에 대해서는 『조선식물향명집』, 색인 p.32 참조.
7 『조선어사전』(1920)은 '藤菊(등국), 孔雀草(공작초)'를 기록했으며 『조선식물명휘』(1922)는 '鐵線蕨(철선궐)'을 기록했다.
8 이러한 견해로 이우철(2005), p.465 참조.
9 이러한 견해로 허북구·박석근(2008a), p.14 참조.
10 이에 대해서는 『조선식물향명집』, 색인 p.45 참조.

의 이름에서 유래했다.

나른이름 남방고사리(박만규, 1949)

중국/일본명 중국명 睫毛蕨(jie mao jue)는 깃조각 가장자리에 속눈썹 같은 털이 있는 고사리라는 뜻이다. 일본명 カラクサシダ(唐草羊歯)는 당초 문양이 있는 양치식물이라는 뜻이다.

참고 [북한명] 좀고사리

Asplenium davallioides *Hooker*   カウザキシダ
Ĵog-jan-gosari   쪽잔고사리

쪽잔고사리〈*Asplenium ritoense* Hayata(1914)〉

쪽잔고사리라는 이름은 『조선식물향명집』에서 신청한 것으로,[11] 정확한 유래는 알려져 있지 않다. 다만, '쪽'이 작은 것들이 고르게 늘어서거나 가지런히 벌어 있는 모양을 말하므로, 잎이 가지런히 늘어서서 자라고 잔고사리를 닮은 식물이라는 뜻에서 붙여진 이름으로 추정한다.

　속명 *Asplenium*은 a-(부정의 접두사)와 *splen*(비장)의 합성어로 이 속의 어떤 종이 비장의 통증 치료용 약재로 쓰인 데서 유래한 것으로 추정하며 꼬리고사리속을 일컫는다. 종소명 *ritoense*는 타이완의 '리퉁(裡東)에 분포하는'이라는 뜻이다.

다른이름 잔고사리(박만규, 1949), 좀편백고사리(정태현, 1970), 쪽산고사리/잔꼬리고사리(리용재 외, 2012)

중국/일본명 중국명 骨碎补铁角蕨(gu sui bu tie jiao jue)는 부서진 뼈를 치료하는 철각궐(鐵角蕨: 꼬리고사리 종류의 중국명)이라는 뜻이다. 일본명 カウザキシダ(神崎蕨)는 고자키(神崎) 지역에서 자라는 양치식물이라는 뜻이다.

참고 [북한명] 잔꼬리고사리

---

11 이에 대해서는 『조선식물향명집』, 색인 p.45 참조.

Asplenium incisum *Thunberg*　トラノヲシダ
Ĝori-gosari　꼬리고사리

꼬리고사리〈*Asplenium incisum* Thunberg(1794)〉

꼬리고사리라는 이름은 엽축과 그에 달린 잎의 모양이 동물의 꼬리를 닮은 고사리라는 뜻에서 붙여졌다.[12] 『조선식물향명집』에서 전통 명칭 '고사리'를 기본으로 하고 식물의 형태적 특징을 나타내는 '꼬리'를 추가해 신칭했다.[13]

속명 *Asplenium*은 a-(부정의 접두사)와 *splen*(비장)의 합성어로 이 속의 어떤 종이 비장의 통증 치료용 약재로 쓰인 데서 유래한 것으로 추정하며 꼬리고사리속을 일컫는다. 종소명 *incisum*은 '예리하게 갈라진'이라는 뜻으로 깃조각의 모양에서 유래한 것으로 보인다.

중국/일본명 중국명 虎尾铁角蕨(hu wei tie jiao jue)는 호랑이의 꼬리를 닮은 철각궐(鐵角蕨: 꼬리고사리 종류의 중국명)이라는 뜻이다. 일본명 トラノヲシダ(虎の尾羊齒)도 호랑이의 꼬리를 닮은 양치식물이라는 뜻이다.[14]

참고 [북한명] 꼬리고사리

Asplenium Sarelii *Hooker*　コバノヒノキシダ
Doldam-gosari　돌담고사리

돌담고사리〈*Asplenium sarelii* Hook.(1862)〉[15]

돌담고사리라는 이름은 주된 서식지가 인가의 돌담이고 고사리를 닮았다는 뜻에서 유래했다.[16] 『조선식물향명집』에 최초로 기록된 이름으로 보인다.

속명 *Asplenium*은 a-(부정의 접두사)와 *splen*(비장)의 합성어로 이 속의 어떤 종이 비장의 통증 치료용 약재로 쓰인 데서 유래한 것으로 추정하며 꼬리고사리속을 일컫는다. 종소명 *sarelii*는 양쯔강을 탐험했던 영국인 중령 Henry Andrew Sarel(1823~1887)의 이름에서 유래했다.

---

12 이러한 견해로 이우철(2005), p.116과 김종원(2013), p.1056 참조.
13 이에 대해서는 『조선식물향명집』, 색인 p.32 참조.
14 『조선식물명휘』(1922)는 '地相葉'을 기록했다.
15 '국가표준식물목록'(2018)과 『장진성 식물목록』(2014)은 돌담고사리의 학명을 *Asplenium anogrammoides* Christ (1908)로 기재하고 있으나, 『한국의 양치식물』(2018)과 '세계식물목록'(2018)은 본문의 학명을 정명으로 기재하고 있다.
16 이러한 견해로 이우철(2005), p.181 참조.

중국명 华中铁角蕨(hua zhong tie jiao jue)는 중국에 분포하는 철각궐(鐵角蕨: 꼬리고사리 종류의 중국명)이라는 뜻이다. 일본명 コバノヒノキシダ(小葉の檜羊齒)는 작은잎을 가진 숫돌담고사리(檜羊齒)라는 뜻이다.

참고 [북한명] 돌담고사리

Asplenium tenerum *Forster*   ヲトメシダ
Sónnyò-gosari   선녀고사리

선녀고사리〈*Asplenium tenerum* G. Forst.(1786)〉[17]

선녀고사리라는 이름은 식물체의 부드럽고 연약한 모습을 선녀에 빗대 붙여졌다.[18] 『조선식물향명집』에서 전통 명칭 '고사리'를 기본으로 하고 식물의 형태적 특징과 학명에 착안한 '선녀'를 추가해 신칭했다.[19]

속명 *Asplenium*은 a-(부정의 접두사)와 *splen*(비장)의 합성어로 이 속의 어떤 종이 비장의 통증 치료용 약재로 쓰인 데서 유래한 것으로 추정하며 꼬리고사리속을 일컫는다. 종소명 *tenerum*은 '연약한, 얇은, 가는'이라는 뜻으로 식물체의 모양에서 유래했다.

중국/일본명 중국명 膜连铁角蕨(mo lian tie jiao jue)는 포막들이 측맥을 따라 나란히 배열되어 있는 철각궐(鐵角蕨: 꼬리고사리 종류의 중국명)이라는 뜻이다. 일본명 ヲトメシダ(少女羊齒)는 연약한 식물체가 소녀를 연상시키는 양치식물이라는 뜻이다.

참고 [북한명] 선녀고사리

Asplenium Trichomanes *Linné*   チヤセンシダ
Cha-ĝori-gosari   차꼬리고사리

차꼬리고사리〈*Asplenium trichomanes* L.(1753)〉

차꼬리고사리라는 이름은 꼬리고사리와 비슷하지만 잎이 자라는 모습이 차를 젓는 솔과 닮았다는 뜻에서 유래한 것으로 추정한다. 『조선식물향명집』에서 '꼬리고사리'를 기본으로 하고 식물의 형태적 특징을 나타내는 '차'를 추가해 신칭했는데,[20] '차'는 일본명에서 영향을 받은 것으로 보인다.

---

17 일본, 오세아니아, 폴리네시아 등 열대 지역에서 자라며, 『조선식물명휘』(1922) 등은 제주도에 분포하는 것으로 기록하고 있으나 아직 확인된 바 없다. 이에 대해서는 『한국의 양치식물』(2018), p.197 참조.
18 이러한 견해로 이우철(2005), p.331 참조.
19 이에 대해서는 『조선식물향명집』, 색인 p.41 참조.
20 이에 대해서는 위의 책, 색인 p.46 참조.

속명 *Asplenium*은 *a-*(부정의 접두사)와 *splen*(비장)의 합성
어로 이 속의 어떤 종이 비장의 통증 치료용 약재로 쓰인 데
서 유래한 것으로 추정하며 꼬리고사리속을 일컫는다. 종소명
*trichomanes*는 '가늘고 얇은'이라는 뜻으로 전체 잎몸의 모
양에서 유래했다.

중국/일본명 중국명 铁角蕨(tie jiao jue)는 쇠뿔 모양의 고사리라
는 뜻으로 꼬리고사리 종류를 일컫는다. 일본명 チャセンシダ
(茶筌羊齒)는 더부룩하게 모여 나는 잎자루가 차를 끓일 때 찻
잎 또는 찻잎 가루를 젓는 데에 사용하는 다전(茶筌)을 세워놓
은 것 같은 모양의 고사리라는 뜻이다.[21]

참고 [북한명] 차꼬리고사리

Asplenium unilaterale *Lamarck* ホウビシダ
Jinúremi-gosari 지느레미고사리

지느러미고사리〈*Hymenasplenium hondoense* (Murakami & Hatanaka) Nakaike(1992)〉

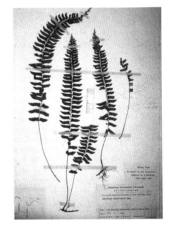

지느러미고사리라는 이름은 깃조각이 어류의 지느러미와 비
슷한 고사리라는 뜻에서 붙여졌다.[22] 『조선식물향명집』에서는
전통 명칭 '고사리'를 기본으로 하고 식물의 형태적 특징을 나
타내는 '지느레미'를 추가해 '지느레미고사리'를 신칭했으나,[23]
『조선식물명집』에서 표준어의 변화에 맞추어 현재의 표기로
수정했다.

속명 *Hymenasplenium*은 그리스어 *hymen*(막, 膜)과
Asplenium(꼬리고사리속)의 합성어로 꼬리고사리속과 비슷한
데 잎이 막질인 것을 표현하며 지느러미고사리속을 일컫는다.
종소명 *hondoense*는 본도(本島, ほんとう)에서 유래한 것으로
'일본에 서식하는'이라는 뜻이다.

다른이름 지느레미고사리(정태현 외, 1937), 바디고사리(박만규, 1949), 각시공작고사리(안학수 외,
1982), 바다고사리/바다꼬리고사리(리용재 외, 2012)

---

21 『조선식물명휘』(1922)는 '小蕨草, 鐵角鳳尾草'를 기록했다.
22 이러한 견해로 이우철(2005), p.490 참조.
23 이에 대해서는『조선식물향명집』, 색인 p.46 참조.

중국/일본명 중국명 东亚膜叶铁角蕨(dong ya mo ye tie jiao jue)는 동아시아에 분포하는 막질의 잎을 가진 절각궐(鐵角蕨: 꼬리고사리 종류의 중국명)이라는 뜻이다. 일본명 ホウビシダ(鳳尾羊齒)는 식물체가 봉황의 꼬리와 같은 양치식물이라는 뜻이다.

참고 [북한명] 바다꼬리고사리

Asplenium varians *Wallich*   ヒメトラノヲシダ
Aegi-ĝori-gosari   애기꼬리고사리

애기꼬리고사리〈*Asplenium tenuicaule* Hayata(1914)〉[24]

애기꼬리고사리라는 이름은 꼬리고사리와 비슷하지만 전초(全草)가 작은 형태라는 뜻에서 붙여졌다.[25] 『조선식물향명집』에서 '꼬리고사리'를 기본으로 하고 식물의 형태적 특징을 나타내는 '애기'를 추가해 신칭했다.[26]

속명 *Asplenium*은 a-(부정의 접두사)와 *splen*(비장)의 합성어로 이 속의 어떤 종이 비장의 통증 치료용 약재로 쓰인 데서 유래한 것으로 추정하며 꼬리고사리속을 일컫는다. 종소명 *tenuicaule*는 *tenui*(잔, 얇은, 연약한)와 *caulis*(줄기)의 합성어로 '가는 줄기의'라는 뜻이다.

다른이름 바위꼬리고사리/좀사철고사리(박만규, 1975)

중국/일본명 중국명 细茎铁角蕨(xi jing tie jiao jue)는 줄기가 가는 철각궐(鐵角蕨: 꼬리고사리 종류의 중국명)이라는 뜻이다. 일본명 ヒメトラノヲシダ(姬虎の尾羊齒)는 작은 호랑이 꼬리를 닮은 양치식물이라는 뜻이다.

참고 [북한명] 애기꼬리고사리

Asplenium Wilfordii *Mett.*   アオガネシダ
Susu-gosari   수수고사리

수수고사리〈*Asplenium wilfordii* Mett. ex Kuhn(1869)〉

수수고사리라는 이름은 『조선식물향명집』에서 신칭한 것으로,[27] 이름의 유래에 대해서 정확히 알

---

24 '국가표준식물목록'(2018)과 『장진성 식물목록』(2014)은 애기꼬리고사리의 학명을 *Asplenium varians* Wall. ex Hook. & Grev.(1830)로 기재하고 있으나, 『한국의 양치식물』(2018)은 애기꼬리고사리의 학명을 본문과 같이 기재하고 있다. 한편 '국가표준식물목록'(2018)은 *Asplenium tenuicaule* Hayata(1914)를 재배식물 '아스플레니움 테누이카울레'로 기재하고 있다.

25 이러한 견해로 이우철(2005), p.381 참조.

26 이에 대해서는 『조선식물향명집』, 색인 p.42 참조.

27 이에 대해서는 같은 곳 참조.

려진 바는 없다.[28] 다만 수수꽃다리라는 식물명에 수수를 닮았다는 뜻이 있는 것을 고려할 때, 늘어진 잎의 모양을 수수의 이삭에 비유해 붙여진 이름으로 추정한다.

속명 *Asplenium*은 a-(부정의 접두사)와 *splen*(비장)의 합성어로 이 속의 어떤 종이 비장의 통증 치료용 약재로 쓰인 데서 유래한 것으로 추정하며 꼬리고사리속을 일컫는다. 종소명 *wilfordii*는 영국 식물학자로 한국과 일본, 중국의 식물을 채집하고 연구한 Charles Wilford(?~1893)의 이름에서 유래했다.

다른이름 다부돌담고사리(박만규, 1949), 푸른자루고사리/다북돌담고사리(안학수·이춘녕, 1963), 철사고사리(안학수 외, 1982), 푸른꼬리고사리(리용재 외, 2012)

중국/일본명 중국명 闽浙铁角蕨(min zhe tie jiao jue)는 저장성 민저(閩浙)에 분포하는 철각궐(鐵角蕨: 꼬리고사리 종류의 중국명)이라는 뜻이다. 일본명 アオガネシダ(碧鉄羊齒)는 잎자루와 잎 등이 녹색이고 쇠(鐵)의 느낌이 나는 양치식물이라는 뜻이다.

참고 [북한명] 푸른꼬리고사리

Asplenium Wrightii *Eaton*　クルマシダ
Nunsŏb-gosari　눈섭고사리

눈썹고사리〈*Asplenium wrightii* D.C.Eaton ex Hook.(1860)〉
눈썹고사리라는 이름은 쌍을 이루는 깃조각의 모양이 눈썹을 연상시켜서 붙여졌다. 『조선식물향명집』에서는 '눈섭고사리'를 신칭했으나,[29] 『한국식물명감』에서 표준어의 변화에 따라 현재의 표기로 수정했다.

속명 *Asplenium*은 a-(부정의 접두사)와 *splen*(비장)의 합성어로 이 속의 어떤 종이 비장의 통증 치료용 약재로 쓰인 데서 유래한 것으로 추정하며 꼬리고사리속을 일컫는다. 종소명 *wrightii*는 영국 식물학자 C. H. Wright(1864~1941)의 이름에서 유래했다.

다른이름 눈섭고사리(정태현 외, 1937), 외대고사리(박만규, 1961), 달구지고사리(안학수 외, 1982)

중국/일본명 중국명 狭翅铁角蕨(xia chi tie jiao jue)는 좁은 날개 모양의 깃조각을 가진 철각궐(鐵角蕨: 꼬리고사리 종류의 중국명)이라는 뜻이다. 일본명 クルマシダ(車蕨)는 잎이 차바퀴 모양을 이루면서

---

28 이러한 견해로 이우철(2005), p.359 참조.
29 이에 대해서는 『조선식물향명집』, 색인 p.34 참조.

돋아나는 고사리 종류라는 뜻이다.

[참고] [북한명] 눈섭고사리

○ Athyrium brevifrons *Nakai*   カウライメシダ
Gwanjung   관중

새발고사리(참새발고사리)〈*Athyrium brevifrons* Nakai ex Kitagawa(1935)〉

'국가표준식물목록'(2018), 『장진성 식물목록』(2014) 및 『한국의 양치식물』(2018)은 모두 새발고사리를 참새발고사리에 통합하고 별도 분류하지 않으므로 이 책도 이에 따른다(새발고사리와 참새발고사리의 관계에 대해서는 이 책 '새발고사리' 항목 참조). 한편 『조선식물향명집』의 국명 '관중'은 현재 *Dryopteris crassirhizoma* Nakai(1920)의 추천명으로 사용하고 있다(이에 대해서는 이 책 '면마' 항목 참조).

⊗ Athyrium brevifrons *Nakai* var. angustifrons *Kodama*   ホソバメシダ
Saebal-gosari   새발고사리

새발고사리(참새발고사리)〈*Athyrium brevifrons* Nakai ex Kitagawa(1935)〉

새발고사리라는 이름은 잎의 모양이 새의 발을 닮은 고사리라는 뜻에서 유래한 것으로 추정한다. 『조선식물명집』에서 *A. brevifrons*를 '참새발고사리'로, 그 변종인 *A. brevifrons* var. *angustifrons*를 '새발고사리'로 기록했고, 그 이후 분류군을 통합하는 과정에서 새발고사리는 다른이름으로 처리하고 참새발고사리를 추천명으로 사용하고 있다. 그러나 참새발고사리는 새발고사리와 비교했을 때 우리나라에 분포하는 한국 특산종이라는 뜻으로 붙여진 이름이므로 국명에서 기본이 되는 새발고사리를 살리는 것이 바람직할 것이다.[30]

속명 *Athyrium*은 '문이 없는, 열린'이라는 뜻의 그리스어 *athyros*, *athyron*에서 유래한 것으로 포자낭군이 자라면서 포막의 가장자리로 나온다고 해서 붙여졌으며 개고사리속을 일컫는다. 종소명 *brevifrons*는 '짧은 잎몸의'라는 뜻이다.

[다른이름] 관중(정태현 외, 1937), 개고비(정태현 외, 1942), 참새발고사리(정태현 외, 1949), 개관중(박만규, 1949), 긴새발고사리(박만규, 1961), 긴잎개관중(안학수·이춘녕, 1963), 겨고사리(한진건 외, 1982), 참밝은쟁이(리용재 외, 2012)[31]

---

30 이러한 견해로 이우철(2005), p.324 참조.
31 『조선식물명휘』(1922)는 *A. brevifrons* var. *angustifrons*에 대해 '식발고사리, 곱싯기'를 기록했으며 『선명대화명지부』(1934)는 '새발고사리, 곱새기, 개고사리'를 기록했다.

중국/일본명 중국명 東北蹄盖蕨(dong bei ti gai jue)는 둥베이(東北) 지방에 분포하는 제개궐(蹄盖蕨: 개고사리속의 중국명)이라는 뜻이다. 일본명 ホソバメシダ(細葉雌羊齒)는 가는 잎을 가진 암고사리(雌羊齒)라는 뜻이다.

참고 [북한명] 참밝은쟁이 [지방명] 팥고비(강원), 밭고비(함북)

⊗ Athyrium decursivum *Yabe* タニメシダ
Gobsae-gosari 곱새고사리

곱새고사리⟨*Deparia coreana* (Christ) M.Kato(1984)⟩

곱새고사리라는 이름은 『조선식물향명집』에 최초로 기록된 것으로 보인다. '곱새'는 곱사등이를 뜻하는 방언으로,[32] 곱새고사리는 포자낭군이 U형(또는 J형)으로 휘어져 있다. 또한 속명 *Deparia*가 포자낭군의 모양과 관련한 이름인 것에 비추어 포자낭군의 모습이 곱사등을 연상시킨다는 뜻에서 유래했을 것으로 추정한다.

속명 *Deparia*는 그리스어 *depas*(컵)에서 유래한 것으로 포자낭군의 모양이 컵을 연상시켜서 붙여졌으며 진고사리속을 일컫는다. 종소명 *coreana*는 '한국의'라는 뜻으로 최초 발견지 또는 분포지를 나타낸다.

다른이름 배암꼬리개고사리(정태현 외, 1937), 뱀꼬리고사리(정태현 외, 1949), 고려뱀고사리(박만규, 1961), 광릉개고사리(안학수·이춘녕, 1963)

중국/일본명 중국명 朝鲜对囊蕨(chao xian dui nang jue)는 한반도(朝鮮)에 분포하는 대낭궐(對囊蕨: 진고사리속의 중국명)이라는 뜻이다. 일본명 タニメシダ(谷雌羊齒)는 계곡가에서 자라는 암고사리(雌羊齒)라는 뜻이다.

참고 [북한명] 뱀꼬리고사리

Athyrium Goeringianum *Moore* ホソバイヌワラビ
Ganŭnip-gae-gosari 가는잎개고사리

가는잎개고사리⟨*Athyrium iseanum* Rosenst.(1913)⟩

---

32 이에 대해서는 『고어대사전 2』(2016), p.379 참조.

가는잎개고사리라는 이름은 개고사리를 닮았는데 개고사리에 비해 잎이 가늘다는 뜻이다.[33] 『조선식물향명집』에서 전통 명칭 '개고사리'를 기본으로 하고 식물의 형태적 특징을 나타내는 '가는잎'을 추가해 신칭했다.[34]

속명 *Athyrium*은 '문이 없는, 열린'이라는 뜻의 그리스어 *athyros, athyron*에서 유래한 것으로 포자낭군이 자라면서 포막의 가장자리로 나온다고 해서 붙여졌으며 개고사리속을 일컫는다. 종소명 *iseanum*은 일본 미에현에 있는 '이세(ise, 伊勢) 지역의'라는 뜻으로 최초 발견지 또는 분포지를 나타낸다.

다른이름 좀새고사리(박만규, 1949), 가는잎뱀고사리(안학수 외, 1982), 좀개고사리(한진건 외, 1982)

중국/일본명 중국명 長江蹄盖蕨(chang jiang ti gai jue)는 창장강(양쯔강) 지역에 분포하는 제개궐(蹄盖蕨: 개고사리속의 중국명)이라는 뜻이다. 일본명 ホソバイヌワラビ(細葉犬蕨)는 가는 잎을 가진 개고사리(イヌワラビ)라는 뜻이다.

참고 [북한명] 좀새고사리

⊗ Athyrium heterocarpum *Nakai*　カウライイヌワラビ
Baeam-ĝori-gae-gosari　배암꼬리개고사리

곰새고사리〈*Deparia coreana* (Christ) M.Kato(1984)〉
『조선식물명집』(1949)은 국명과 학명을 뱀꼬리고사리(*A. coreanum*)로 개칭한 바 있고, '국가표준식물목록'(2018)은 고려뱀고사리, 뱀꼬리고사리, 배암꼬리고사리를 모두 곰새고사리에 통합했으므로 이 책도 이에 따른다.

Athyrium macrocarpum *Makino*　ヤマイヌワラビ
San-gae-gosari　산개고사리

산개고사리〈*Athyrium vidalii* (Franch. & Sav.) Nakai(1925)〉
산개고사리라는 이름은 산에서 자라는 개고사리라는 뜻이다.[35] 『조선식물향명집』에서 '개고사리'를 기본으로 하고 식물의 산지(産地)를 나타내는 '산'을 추가해 신칭했다.[36]

속명 *Athyrium*은 '문이 없는, 열린'이라는 뜻의 그리스어 *athyros, athyron*에서 유래한 것으

---

33 이러한 견해로 이우철(2005), p.21 참조.
34 이에 대해서는 『조선식물향명집』, 색인 p.30 참조.
35 이러한 견해로 이우철(2005), p.303 참조.
36 이에 대해서는 『조선식물향명집』, 색인 p.39 참조.

로 포자낭군이 자라면서 포막의 가장자리로 나온다고 해서 붙여졌으며 개고사리속을 일컫는다. 종소명 *vidalii*는 스페인 식물채집가 Sebastián Vidal y Soler(1842~1889)의 이름에서 유래했다.

다른이름 배각노(정태현 외, 1936), 산골개고사리(박만규, 1961), 산골뱀고사리(박만규, 1975)

중국/일본명 중국명 尖头蹄盖蕨(jian tou ti gai jue)는 잎 열편(裂片)의 끝이 길게 뾰족한 제개귈(蹄盖蕨: 개고사리속의 중국명)이라는 뜻이다. 일본명 ヤマイヌワラビ(山犬蕨)는 산에서 자라는 개고사리(イヌ ワラビ)라는 뜻이다.

참고 [북한명] 산좀고사리

Athyrium nipponicum *Hance* イヌワラビ
Gae-gosari 개고사리

개고사리〈*Athyrium niponicum* (Mett.) Hance(1873)〉

개고사리라는 이름은 고사리와 유사한데 이용 가치가 없거나 못하다는 뜻에서 유래했다.[37] 『토명 대조선만식물자휘』에 '개고사리'라는 이름이 기록된 점을 고려할 때 민간에서 실제 사용하던 이름을 채록한 것으로 보인다.

속명 *Athyrium*은 '문이 없는, 열린'이라는 뜻의 그리스어 *athyros, athyron*에서 유래한 것으로 포자낭군이 자라면서 포막의 가장자리로 나온다고 해서 붙여졌으며 개고사리속을 일컫는다. 종소명 *niponicum*은 '일본의'라는 뜻이다.

다른이름 물개고사리(정태현 외, 1937),[38] 털새고사리(박만규, 1949), 광릉개고사리/새고비(정태현 외, 1949), 밝은쟁이(리용재 외, 2012)[39]

중국/일본명 중국명 日本安蕨(ri ben an jue)는 일본에 분포하는 궐(蕨: 고사리)이라는 뜻으로 학명에서 유래했다. 일본명 イヌワラビ(犬蕨)는 고사리와 유사하나 쓸모는 없다는 뜻이다.

참고 [북한명] 밝은쟁이 [지방명] 새고비(경기)

---

37 이러한 견해로 이우철(2005), p.43 참조.
38 『우리나라 식물명감』(1949)에 기록된 물개고사리(A. otophorum)는 현재 골개고사리의 이명(synonym)으로, 박만규(1961)에 기록된 물개고사리(A. niponicum)는 현재 개고사리의 이명으로 각각 취급하므로 주의를 요한다.
39 『조선의 구황식물』(1919)은 '기름고사리'를 기록했으며 『토명대조선만식물자휘』(1932)는 학명을 *Dryopteris thelypteris*로 하여 '[기름고사리], [개고사리], [쇠고비]'를 기록했다.

Athyrium rigescens *Makino*　タニイヌワラビ
Mul-gae-gosari　물개고사리

개고사리〈*Athyrium niponicum* (Mett.) Hance(1873)〉
'국가표준식물목록'(2018)은 물개고사리를 개고사리에 통합하고, 『한국의 양치식물』(2018), 『장진성 식물목록』(2014) 및 이우철(2005)은 이를 별도 분류하지 않으므로 이 책도 이에 따른다.

Athyrium yokoscense *Makino*　コイヌワラビ(ヘビノネゴサ)
Baeam-gosari　배암고사리

뱀고사리〈*Athyrium yokoscense* (Franch. & Sav.) Christ(1896)〉

뱀고사리라는 이름은 뱀이 나올 법한 곳에서 자라는 고사리라는 뜻에서 붙여졌다.[40] 『조선식물향명집』은 '배암고사리'로 기록했으나 『조선식물명집』에서 '뱀고사리'로 개칭해 현재에 이르고 있다. 『조선산야생식용식물』은 강원 방언에서 채록한 '풀고비'를 기록하기도 했다.

속명 *Athyrium*은 '문이 없는, 열린'이라는 뜻의 그리스어 *athyros*, *athyron*에서 유래한 것으로 포자낭군이 자라면서 포막의 가장자리로 나온다고 해서 붙여졌으며 개고사리속을 일컫는다. 종소명 *yokoscense*는 일본 '요코스카(橫須賀)에 분포하는'이라는 뜻이다.

다른이름　배암고사리(정태현 외, 1937), 풀고비(정태현 외, 1942), 새고비(정태현 외, 1949), 누런고사리(리용재 외, 2012)

중국/일본명　중국명 禾秆蹄盖蕨(he gan ti gai jue)는 볏짚 모양의 제개궐(蹄盖蕨: 개고사리속의 중국명)이라는 뜻이다. 일본명 コイヌワラビ(小犬蕨)는 식물체가 작은 개고사리(イヌワラビ)라는 뜻이다.

참고　[북한명] 뱀고사리 [지방명] 쇠고비(경기), 베염고사리(제주), 소고비/쇠고비(함북)

---

40 이러한 견해로 이우철(2005), p.268 참조. 이우철은 일본명 ヘビノネゴサ(蛇の寢御座: 뱀이 까는 돗자리라는 뜻)에 영향을 받아 '뱀'이라는 이름이 추가된 것으로 이해하고 있으나, 제주 방언에 뱀고사리를 뜻하는 '베염고사리'라는 이름이 남아 있으므로 일본명에서 유래를 찾는 것은 타당하지 않아 보인다.

Camptosorus sibiricus *Ruprecht*　クモノスシダ
Gȯmi-gosari　거미고사리

거미고사리〈*Asplenium ruprechtii* Sa.Kurata(1961)〉

거미고사리라는 이름은 잎 끝이 가늘어져 그 끝에서 살눈이 나와 번식하는 모습이 마치 거미가 기어가는 것과 같다고 하여 붙여졌다.[41] 『조선식물향명집』에서 최초로 국명을 기록한 것으로 보인다.

속명 *Asplenium*은 a-(부정의 접두사)와 *splen*(비장)의 합성어로 이 속의 어떤 종이 비장의 통증 치료용 약재로 쓰인 데서 유래한 것으로 추정하며 꼬리고사리속을 일컫는다. 종소명 *ruprechtii*는 오스트리아 출신으로 러시아에서 활동한 식물학자 Franz Joseph Ruprecht(1814~1870)의 이름에서 유래했다.

다른이름 거미일엽초(정태현 외, 1949), 알거미고사리(안학수·이춘녕, 1963)

중국/일본명 중국명 过山蕨(guo shan jue)는 산을 걸어가는(過) 고사리라는 뜻으로 잎 끝에서 살눈이 나오는 모습을 걸어가는 것으로 묘사한 것으로 보인다. 일본명 クモノスシダ(蜘蛛の巣羊歯)는 거미집 모양의 양치식물이라는 뜻이다.

참고 [북한명] 거미일엽초 [유사어] 마등초(馬蹬草)

Cheilanthes argentea *Kuntze*　ヒメウラジロ
Busiġit-gosari　부싯깃고사리

부싯깃고사리(부시깃고사리)〈*Cheilanthes argentea* (S.G. Gmel.) Kunze(1850)〉

부싯깃고사리라는 이름은 잎 뒷면이 흰색이고 잎이 말랐을 때의 모습이 불을 피우는 데 사용하는 부싯깃처럼 생긴 것에서 유래했다.[42] 『조선식물향명집』에서는 전통 명칭 '고사리'를 기본으로 하고 식물의 형태적 특징을 나타내는 '부시깃'을 추가해 '부시깃고사리'를 신칭했다.[43] '국가표준식물목록'은 『우리나라 식물명감』에 따라 '부시깃고사리'를 추천명으로 하고 있으나, 부싯깃이 표준어이므로 이 책은 『한국양치식물지』에 따라 '부싯깃고사리'를 추천명으로 한다.

속명 *Cheilanthes*는 그리스어 *cheilos*(가장자리)와 *anthos*(꽃)의 합성어로 포자낭군이 가장자리에 달리는 것에서 유래했으며 부싯깃고사리속[44]을 일컫는다. 종소명 *argentea*는 '은백색의'라

---

41 이러한 견해로 이우철(2005), p.66과 김종원(2013), p.1059 참조. 다만, 김종원은 일본명에 비추어 거미를 닮았다는 뜻이 아니라 거미줄 또는 거미집을 닮았다는 뜻에서 유래한 이름이라 했으나, 국명이 거미집고사리 또는 거미줄고사리가 아니므로 타당성은 의문스럽다.

42 이러한 견해로 이우철(2005), p.282와 김종원(2013), p.1050 참조.

43 이에 대해서는 『조선식물향명집』, 색인 p.39 참조.

44 『한국의 양치식물』(2018)은 본문과 같이 기재하고 있으나 '국가표준식물목록'(2018)은 개부싯깃고사리속으로 기재하고

는 뜻으로 잎 뒷면의 색깔에서 유래했다.

다른이름 부시낏고사리(정태현 외, 1937), 부시깃고사리(박만규, 1949), 부시갓고사리(이영노·주상우, 1956)

중국/일본명 중국명 银粉背蕨(yin fen bei jue)는 잎 뒷면에 은색 가루가 있는 고사리라는 뜻이다. 일본명 ヒメウラジロ(姫裏白)는 작고 잎 뒷면에 흰색이 나는 것에서 유래했다.

참고 [북한명] 부시깃고사리

Coniogramme fraxinea *Diels* イハガネゼンマイ
Gobi-gosari 고비고사리

고비고사리〈*Coniogramme intermedia* Hieron(1916)〉

고비고사리라는 이름은 같은 양치식물인 고비를 닮은 고사리라는 뜻에서 유래했다. 『조선식물향명집』에서 최초로 국명을 기록한 것으로 보인다.

속명 *Coniogramme*는 그리스어 *conia*(선 모양)와 *gramme*(분말)의 합성어로 포자낭군이 선형으로 자라며 포자낭에 포막이 없어 가루처럼 보이는 것에서 유래했으며 고비고사리속을 일컫는다. 종소명 *intermedia*는 '중간의'라는 뜻이다.

다른이름 참고비고사리(한진건 외, 1982)

중국/일본명 중국명 普通凤了蕨(pu tong feng liao jue)는 전형적인 봉료궐(鳳了蕨: 고비고사리속의 중국명)이라는 뜻이다. 일본명 イハガネゼンマイ(岩ガ根薇)는 바위에 뿌리를 뻗고 사는 고비 종류라는 뜻이다.

참고 [북한명] 고비고사리/참고비고사리[45] [유사어] 보통봉료궐(普通鳳了蕨) [지방명] 게비고사리(충북), 풀고비(평북)

있다.
45 북한에서는 *C. fraxinea*를 '고비고사리'로, *C. intermedia*를 '참고비고사리'로 하여 별도 분류하고 있다. 이에 대해서는 리용재 외(2012), p.15 참조.

Coniogramme japonica *Diels*　イハガネサウ
Gaji-gobi-gosari　가지고비고사리

가지고비고사리〈*Coniogramme japonica* (Thunb.) Diels(1899)〉

가지고비고사리라는 이름은 고비고사리에 비해 잎의 가는맥이 가지를 쳐서 그물맥을 이룬다는
뜻에서 붙여졌다.[46] 『조선식물향명집』에서 '고비고사리'를 기본으로 하고 식물의 형태적 특징을
나타내는 '가지'를 추가해 신칭했다.[47]

　속명 *Coniogramme*는 그리스어 *conia*(선 모양)와 *gramme*(분말)의 합성어로 포자낭군이 선
형으로 자라며 포자낭에 포막이 없어 가루처럼 보이는 것에서 유래했으며 고비고사리속을 일컫
는다. 종소명 *japonica*는 '일본의'라는 뜻으로 최초 발견지 또는 분포지를 나타낸다.

■ 다른이름 ■　가지고사리(박만규, 1949), 가지고비(박만규, 1961)[48]

■ 중국/일본명 ■　중국명 凤了蕨(feng liao jue)는 잎이 봉황(鳳)의 깃 모양과 닮은 데서 유래한 것으로 보인
다. 일본명 イハガネサウ(岩ガ根草)는 바위에 뿌리를 뻗고 사는 식물이라는 뜻이다.

■ 참고 ■　[북한명] 가지고비고사리 [유사어] 산혈련(散血蓮)

Cyclophorus hastatus *C. Christensen*　イハオモダカ
Sebul-sogwe　세뿔석위

세뿔석위〈*Pyrrosia hastata* (Thunb.) Ching(1935)〉

세뿔석위라는 이름은 잎이 3~5개로 창살같이 갈라지는 석위
라는 뜻에서 붙여졌다.[49] 『조선식물향명집』에서 전통 명칭 '석
위'를 기본으로 하고 식물의 형태적 특징을 나타내는 '세뿔'을
추가해 신칭했다.[50]

　속명 *Pyrrosia*는 그리스어 *pyro*(불꽃)에서 유래한 것으로
비늘조각이 붉은 차(茶) 색이어서 붙여졌으며 석위속을 일컫
는다. 종소명 *hastata*는 '칼끝 모양의'라는 뜻으로 갈라진 잎
이 날카로워서 붙여졌다.

46　이러한 견해로 이우철(2005), p.33 참조.

47　이에 대해서는 『조선식물향명집』, 색인 p.30 참조.

48　『조선식물명휘』(1922)는 '鳳了草'를 기록했다.

49　이러한 견해로 이우철(2005), p.347 참조.

50　이에 대해서는 『조선식물향명집』, 색인 p.41 참조.

중국/일본명 중국명 戟叶石韦(ji ye shi wei)는 창 모양의 잎을 가진 석위라는 뜻이다. 일본명 イハオモ
ダカ(岩沢瀉)는 바위 위에서 자라고 잎이 택사 종류처럼 갈라져서 붙여졌다.

참고 [북한명] 세뿔석위 [유사어] 석위(石韋) [지방명] 환생초(전남)

Cyclophorus linearifolius C. Christensen ビロウドシダ
Udan-ilyŏb 우단일엽

우단일엽〈*Pyrrosia linearifolia* (Hook.) Ching(1935)〉

우단일엽이라는 이름은 잎이 우단과 같이 잔털이 많고 하나의
잎을 가져서 붙여졌다.[51] 『조선식물향명집』에서 처음으로 이
름이 발견된다.

속명 *Pyrrosia*는 그리스어 *pyro*(불꽃)에서 유래한 것으로
비늘조각이 붉은 차(茶) 색이어서 붙여졌으며 석위속을 일컫
는다. 종소명 *linearifolia*는 '선형인 잎의'라는 뜻으로 잎이
길고 좁은 것에서 유래했다.

다른이름 줄잎석위(리용재 외, 2012)

중국/일본명 중국명 线叶石韦(xian ye shi wei)는 선형의 잎을 가
진 석위라는 뜻으로 학명에서 유래했다. 일본명 ビロウドシダ
(羽緞羊齒)는 우단과 같은 잎을 가진 양치식물이라는 뜻이다.

참고 [북한명] 우단일엽 [유사어] 소석위(小石韋), 와위(瓦韋)

Cyclophorus lingua *Desvaux* ヒトツバ 石韋
Sŏgwe 석위

석위〈*Pyrrosia lingua* (Thunb.) Farw.(1931)〉

석위라는 이름은 한자어 석위(石韋)에서 유래했다. 바위에서 자라는 가죽 모양의 식물이라는 뜻으
로 서식처와 부드러운 가죽질의 잎 때문에 붙여진 이름이다.[52] 현재 사용하는 '석위'라는 한글 표
현이 최초 등장하는 식물서는 『조선산야생약용식물』이며, 『조선식물향명집』은 이를 이어받고 있
다. 바위를 덮고 자란다고 하여 한자로 石皮(석피)라고도 하며, 우리말은 『물명고』에 나타나는 '바

---

51 이러한 견해로 이우철(2005), p.420 참조.
52 이러한 견해로 이우철(2005), p.330 참조. 중국의 『본초강목』(1596)은 "叢生石上 葉如皮 故名石韋"(모여 바위 위에서 자라고
　　잎은 가죽과 비슷하기 때문에 그 이름을 석위라 한다)라고 기록했다.

휘옷'으로 바위에 입혀놓은 옷과 같다는 뜻으로 추정한다. 그러나 현재 '바휘옷'이 변한 '바위옷'은 바위에 낀 이끼를 뜻하는 보통명사로 사용되고 있다.[53]

속명 *Pyrrosia*는 그리스어 *pyro*(불꽃)에서 유래한 것으로 비늘조각이 붉은 차(茶) 색이어서 붙여졌으며 석위속을 일컫는다. 종소명 *lingua*는 '혀의, 리본의'라는 뜻으로 잎의 모양에서 유래했다.

다른이름 석위(정태현 외, 1936)

옛이름 石韋/石花(향약구급방, 1236), 石韋/石花(향약채취월령, 1431), 石韋(향약집성방, 1433), 石韋(세종실록지리지, 1454), 石韋(의방유취, 1477), 石韋(동의보감, 1613), 石葦(의림촬요, 1635), 石韋(광제비급, 1790), 石韋/바휘옷(광재물보, 19세기 초), 石韋/石皮/石蘭/바휘옷(물명고, 1824), 石韋/金星草(오주연문장전산고, 185?), 石葦(의휘, 1871), 巖衣莖/바회옷줄기(의방합편, 19세기), 石韋(수세비결, 1929), 石韋(선한약물학, 1931)[54]

중국명/일본명 중국명 石韦(shi wei)는 이름과 뜻이 한국명과 동일하다. 일본명 ヒトツバ(一つ葉)는 하나의 개체에 1개의 잎이 달리는 것에서 유래했다.

참고 [북한명] 석위 [유사어] 와위(瓦葦) [지방명] 독옷/한생초/환생초(전남)

○ *Cyclophorus petiolosus C. Christensen* ヒメヒトツバ
Aegi-sŏgwe 애기석위

애기석위⟨*Pyrrosia petiolosa* (Christ) Ching(1935)⟩

애기석위라는 이름은 『조선식물향명집』에서 신칭한 것으로,[55] 식물체가 아기와 같이 작은 석위 종류라는 뜻이다.[56] 『조선산야생약용식물』에서 애기석위의 학명에 '石韋, 석위'를 기록한 점에 비추어 옛 문헌의 石韋(또는 石花)는 현재의 석위와 애기석위 등 비슷한 약성이 있는 식물을 아우르는 이름이었을 것으로 추정한다.

속명 *Pyrrosia*는 그리스어 *pyro*(불꽃)에서 유래한 것으로 비늘조각이 붉은 차(茶) 색이어서 붙

---

53 이에 대해서는 국립국어원, '표준국어대사전' 중 '바위옷' 참조.
54 『조선어사전』(1920)은 '石韋, 석위, 瓦葦'를 기록했으며 『조선식물명휘』(1922)는 '石韋'를, 『토명대조선만식물자휘』(1932)는 '[石韋]석위, [瓦葦]와위, [一葉草]일엽초'를 기록했다.
55 이에 대해서는 『조선식물향명집』, 색인 p.43 참조.
56 이러한 견해로 이우철(2005), p.387과 김종원(2013), p.1061 참조.

여겼으며 석위속을 일컫는다. 종소명 petiolosa는 '잎자루가 뚜렷한'이라는 뜻이다.

다른이름 석위(정대현 외, 1936)

중국/일본명 중국명 有柄石韦(you bing shi wei)는 잎자루가 있는 석위라는 뜻으로 학명과 연관되어 있다. 일본명 ヒメヒトツバ(姫一つ葉)는 식물체가 아기처럼 작고 하나의 개체에 1개의 잎이 달리는 것에서 유래했다.

참고 [북한명] 애기석위

Cystopteris fragilis *Bernhardt* ナヨシダ
Handŭl-gosari 한들고사리

한들고사리〈*Cystopteris fragilis* (L.) Bernh.(1806)〉

한들고사리라는 이름은 『조선식물향명집』에서 신칭한 것이다.[57] 다른이름으로 흔들고사리가 있고 학명에 연약하다는 뜻이 있는 것에 비추어, 식물체가 가늘고 연약해 보이는 모습을 '가볍게 이리저리 자꾸 흔들리는 모습'[58]으로 보고 붙여진 이름으로 추정한다.

  속명 *Cystopteris*는 그리스어 *kystis*(주머니)와 *pteris*(양치식물)의 합성어로 주머니모양의 포자낭군과 부풀린 포막을 나타내며 한들고사리속을 일컫는다. 종소명 *fragilis*는 '깨지기 쉬운, 부서지기 쉬운'이라는 뜻으로 연약한 식물체의 모습에서 유래했다.

다른이름 흔들고사리(박만규, 1949)

중국/일본명 중국명 冷蕨(leng jue)는 고산의 숲속 바위틈 같은 서늘한 곳에서 자라는 고사리라는 뜻이다. 일본명 ナヨシダ(-羊歯)의 'ナヨ'는 연약하고 시든 모습을 의미하며, 잎의 연약한 모습에서 유래했다.

참고 [북한명] 한들고사리

Davallia bullata *Wallich* シノブ
Nŏgjul-gosari 넉줄고사리

넉줄고사리〈*Davallia mariesii* T.Moore ex Baker(1891)〉

넉줄고사리라는 이름은 덩굴성 고사리라는 뜻에서 유래한 것으로 보인다. '넉줄'은 방언에서 덩굴(넌출)을 뜻하므로,[59] 바위 위로 뻗는 땅속줄기를 덩굴로 보아 넉줄고사리라는 이름이 붙여진 것

---

57 이에 대해서는 『조선식물향명집』, 색인 p.48 참조.
58 이에 대해서는 국립국어원, '표준국어대사전' 중 '한들거리다' 참조.
59 백석 시인의 시에서 평안도 방언으로서 '덩굴'의 뜻으로 사용된 바 있다. 이에 대한 자세한 내용은 『고어대사전 4』(2016),

으로 추정한다. 『제주도및완도식물조사보고서』에 최초 기록
된 이름으로, 예로부터 땅속줄기를 골쇄보라고 하여 한약재
로 사용했다. 넉줄고사리라는 이름의 유래에 대해, (i) 바위 위
로 뻗은 땅속줄기를 넉줄(생명선)에 비유한 것에서 유래한 이
름이라는 견해,[60] (ii) 잎이 3~4회에 걸쳐 깃모양으로 갈라지는
것에서 4회(넉줄) 깃모양인 고사리라는 뜻으로 붙여진 이름이
라는 견해[61]가 있다. (i)의 경우 생명 또는 혼을 나타나는 옛말
은 '넋'으로 사용되어왔고 생명선을 넉줄로 표현하는 용례도
찾기 어려우므로 타당성에 의문이 가는 견해다. 또한 (ii)의 경
우 땅속줄기를 약용했음에도 잎이 갈라지는 형태에서 유래를
찾는 것이어서 어색하고, 실제로 유사어로 사용되는 석모강

이나 호손강 등도 모두 땅속줄기의 모양에서 유래한 이름이라는 점에서 타당하지 않은 견해로 보
인다.

속명 *Davallia*는 영국인 Edm. Davall(1763~1799)의 이름에서 유래했으며 넉줄고사리속
을 일컫는다. 종소명 *mariesii*는 영국 식물학자로 중국과 일본 식물을 채집한 Charles Maries
(1851~1902)의 이름에서 유래했다.

옛이름 骨碎補/곫쉥봉(구급방언해, 1466), 骨碎補(의방유취, 1477), 骨碎補(동의보감, 1613), 骨碎補(의
림촬요, 1635), 骨碎補(산림경제, 1715), 骨碎補/胡孫薑/石毛薑(광재물보, 19세기 초), 骨碎補/石毛薑(물명
고, 1824), 骨碎補(의종손익, 1868), 骨碎補(방약합편, 1884), 骨碎補(수세비결, 1929)[62]

중국/일본명 중국명 骨碎补(gu sui bu)는 골절(骨折)에 사용하는 약재라는 뜻에서 유래했다.[63] 일본명 シ
ノブ(忍)는 참는 풀이라는 뜻으로, 흙이 없는 바위에서 살아가는 모습 때문에 붙여졌다.

참고 [북한명] 넉줄고사리 [유사어] 골쇄보(骨碎補), 석모강(石毛薑), 인초(忍草), 해주골쇄보(海州骨
碎補), 호손강(胡孫薑), 후강(猴薑) [지방명] 바구꼬사리(전남)

---

p.427 참조. 한편 『제주도및완도식물조사보고서』(1914)에 따르면 제주 방언을 채록한 이름인데, 제주 방언으로 덩굴은
'너출', '넛출', '쓸', '줄', '뿔' 등으로 사용해 '넛출'이 '넉줄'과 비슷하고[제주도 방언에 대해서는 석주명(1947), p.27 참조], 『제주
도및완도식물조사보고서』에 표기된 일본명 'ノッチユルコサリ'는 '넛출고사리' 또는 '놋출고사리'로도 발음이 가능하고
채록 과정에서 화자의 발음 차이 등으로 인해 넛출이 넉줄로 인식되었을 것으로 추론된다.

60 이러한 견해로 이우철(2005), p.138 참조.
61 이러한 견해로 김종원(2013), p.1055 참조.
62 『제주도및완도식물조사보고서』(1914)는 'ノッチユルコサリ'[넉줄고사리]를 기록했으며 『조선어사전』(1920)은 '骨碎補
(골ㅅ쇄보), 忍草, 石毛薑(석모강), 胡孫薑'을, 『조선식물명휘』(1922)는 '海州骨碎補(觀賞)'를, 『토명대조선만식물자휘』(1932)는
*Polypodium lineare*에 대해 '[猴薑]후강, [胡孫薑]호손강, [石毛薑]석모강, [骨碎補]골(ㅅ)쇄보'를 기록했다.
63 중국의 『본초습유』(783)는 "開元皇帝以其主傷折 補骨碎 故命此名"(개원 황제 당 현종이 부러진 데에 주로 써서 뼈가 부서진 것을
보하였으므로 이 이름을 명하였다)이라고 기록했다.

Diplazium japonicum *Bedd.* シケシダ
Jin-gosari 진고사리

진고사리 〈*Deparia japonica* (Thunb.) M.Kato(1977)〉

진고사리라는 이름의 정확한 유래는 알려져 있지 않다.[64] 다만 고사리에 '진'이 추가된 이름인데, 진고사리는 주로 숲속 그늘의 물기가 많은 곳에서 자라는 점에 비추어 '진'은 형용사 '질다'의 관형사형 '진'에서 유래했을 것으로 추정한다. 『조선식물향명집』에서 최초로 기록한 이름으로 보인다.

속명 *Deparia*는 그리스어 *depas*(컵)에서 유래한 것으로 포자낭군의 모양이 컵을 연상시켜서 붙여졌으며 진고사리속을 일컫는다. 종소명 *japonica*는 '일본의'라는 뜻으로 최초 발견지 또는 분포지를 나타낸다.

다른이름 참진고사리(박만규, 1961), 나도발고사리(리용재 외, 2012)

중국/일본명 중국명 東洋对囊蕨(dong yang dui nang jue)는 동양에 분포하는 대낭궐(對囊蕨: 포자낭군이 주머니모양으로 마주나는 듯한 모습을 한 고사리라는 뜻으로 진고사리속의 중국명)이라는 뜻이다. 일본명 シケシダ(湿氣羊齒)는 습기가 많은 지역에서 주로 자라는 고사리라는 뜻이다.

참고 [북한명] 진고사리

Diplazium lanceum *Presl* ヘラシダ
Bodul-chambit 버들참빗

버들참빗 〈*Deparia lancea* (Thunb.) Fraser-Jenk.(1997)〉[65]

버들참빗이라는 이름은 잎이 버드나무를 닮았고 포자낭군의 모양이 참빗을 연상시킨다고 하여 붙여진 것으로 추정한다. 『조선식물향명집』에서 식물의 형태적 특징을 고려하여 신칭했다.[66]

속명 *Deparia*는 그리스어 *depas*(컵)에서 유래한 것으로 포자낭군의 모양이 컵을 연상시켜서 붙여졌으며 진고사리속을 일컫는다. 종소명 *lancea*는 '창(槍)의'라는 뜻으로 길게 뻗은 잎의 모양에서 유래했다.

다른이름 참빗고사리/버들잎고사리(박만규, 1949), 버들참빗고사리(리종오, 1964)

---

64 이러한 견해로 이우철(2005), p.493 참조.
65 '국가표준식물목록'(2018), '세계식물목록'(2018), '중국식물지'(2018) 및 『장진성 식물목록』(2014)은 버들참빗의 학명을 *Diplazium subsinuatum* (Wall. ex Hook. & Grev.) Tagawa(1959)로 기재하고 있다. 그러나 이 책은 *Deparia*(진고사리속)로 다루는 『한국의 양치식물』(2018)의 견해에 따라 본문의 학명을 정명으로 했다.
66 이에 대해서는 『조선식물향명집』, 색인 p.38 참조.

중국/일본명 중국명 单叶对囊蕨(dan ye dui nang jue)는 잎이 하나씩 나는 대낭궐(對囊蕨: 진고사리속
의 중국명)이라는 뜻이다. 일본명 ヘラシダ(篦羊歯)는 주걱 모양의 잎을 가진 고사리라는 뜻이다.

참고 [북한명] 참빗고사리

Diplazium Wichurae *Diels*   ノコギリシダ(ヤブクジャク)
Jurûm-gosari 주름고사리

주름고사리⟨*Diplazium wichurae* (Mett.) Diels(1899)⟩

주름고사리라는 이름은 『조선식물향명집』에서 신칭한 것으
로,[67] 정확한 유래는 알려져 있지 않다.[68] 다만 잎 깃조각의 가
장자리에 톱니가 많은데 이것을 주름에 비유해 붙여진 이름일
것으로 추정한다.

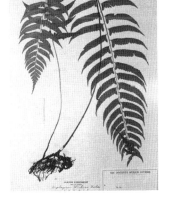

속명 *Diplazium*은 그리스어 *diplasios*(이중)에서 유래한
것으로 포자낭군이 쌍을 이루어서 붙여졌으며 주름고사리
속[69]을 일컫는다. 종소명 *wichurae*는 독일 식물채집가 Max
Ernst Wichura(1817~1866)의 이름에서 유래했다.

다른이름 톱날고사리(박만규, 1949)

중국/일본명 중국명 耳羽双盖蕨(er yu shuang gai jue)는 깃조각
의 위쪽에 귀 모양의 돌기(날개)가 있는 쌍개궐(雙蓋蕨: 버들참빗
속의 중국명)이라는 뜻이다. 일본명 ノコギリシダ(鋸羊歯)는 광택이 나는 깃조각의 모습이 톱(鋸)을
연상시키는 고사리라는 뜻이다.

참고 [북한명] 톱날고사리

Drymoglossum carnosum *J. Smith*   シママメヅタ
Mal-kongjagae-donggul 말콩짜개덩굴

긴콩짜개덩굴⟨*Lemmaphyllum microphyllum* C. Presl var. *obovatum* (Harr.) C. Chr.(1929)⟩[70]

---

67 이에 대해서는 『조선식물향명집』, 색인 p.46 참조.

68 이러한 견해로 이우철(2005), p.483 참조.

69 『한국의 양치식물』(2018)은 *Diplazium*을 주름고사리속으로 기재하고 있으나, '국가표준식물목록'(2018)은 버들참빗속
으로 기재하고 있다.

70 '국가표준식물목록'(2018)은 긴콩짜개덩굴을 *Lemmaphyllum microphyllum* var. *nobukoanum* (Makino) Nakaike
(1975)로 기재하고 있으나, 『장진성 식물목록』(2014), 『한국의 양치식물』(2018) 및 '중국식물지'(2018)는 정명을 본문과 같

긴콩짜개덩굴이라는 이름은 잎이 콩짜개덩굴에 비해 긴 모양이어서 붙여졌다. 『조선식물향명집』은 콩짜개덩굴과 유사한데 밀처럼 크다는 뜻으로 '말콩짜개덩굴'로 기록했으나, 『한국양치식물도감』에서 '긴콩짜개덩굴'로 개칭해 현재에 이르고 있다.

속명 *Lemmaphyllum*은 그리스어 *lemma*(가죽)와 *phyllon*(잎)의 합성어로, 잎이 마르면 가죽질이 되는 것에서 유래했으며 콩짜개덩굴속을 일컫는다. 종소명 *microphyllum*은 '작은잎의'라는 뜻이며, 변종명 *obovatum*은 '거꿀달걀모양의'라는 뜻으로 잎의 모양에서 유래했다.

다른이름 말콩짜개덩굴(정태현 외, 1937),[71] 말콩짜개고사리(리용재 외, 2012)

중국/일본명 중국명 倒卵伏石蕨(dao luan fu shi jue)는 잎이 거꿀달걀모양인 복석궐(伏石蕨: 콩짜개덩굴의 중국명)이라는 뜻이다. 일본명 シママメヅタ(島豆蔦)는 섬에서 자라는 콩짜개덩굴(マメヅタ)이라는 뜻이다.

참고 [북한명] 말콩짜개고사리

Drymoglossum microphyllum *C. Christensen*   マメヅタ
Konĝjagae-donggul 콩짜개덩굴

콩짜개덩굴〈*Lemmaphyllum microphyllum* C. Presl(1851)〉

콩짜개덩굴이라는 이름은 잎의 모양이 콩이 둘로 갈라졌을 때 그 한 조각(짜개)과 유사하고 덩굴을 이룬다고 해서 붙여졌다.[72] 『광재물보』는 소라와 보조개 모양이라는 뜻의 螺黶草(나엽초)를 기록했으나 국명으로 이어지지는 않았다. 『조선식물향명집』에서 최초로 이름이 발견되는데 신칭한 이름으로 기록하지 않았으므로 방언에서 유래했을 가능성이 있다.[73]

속명 *Lemmaphyllum*은 그리스어 *lemma*(가죽)와 *phyllon*(잎)의 합성어로 잎이 마르면 가죽질이 되는 것에서 유래했으며 콩짜개덩굴속을 일컫는다. 종소명 *microphyllum*은 '작은잎의'라는 뜻이다.

다른이름 콩짜개고사리(박만규, 1949), 콩조각고사리(박만규, 1961)

이 기재하고 있다.
71 『조선식물명휘』(1922)는 한글명 없이 한자로 '螺黶草, 爪子金'을 기록했다.
72 이러한 견해로 이우철(2005), p.525 참조.
73 이에 대해서는 『조선식물향명집』, 색인 p.47 참조.

螺饜草/鏡面草(광재물보, 19세기 초)

중국명 伏石蕨(fu shi jue)는 돌을 엎어놓은 모습의 고사리라는 뜻이다. 일본명 マメヅタ(豆蔦)는 잎이 콩처럼 생긴 담쟁이덩굴(ツタ)이라는 뜻이다.

참고 [북한명] 콩짜개고사리 [유사어] 지련전(地連錢)

Dryopteris acuminata *Nakai* ホシダ
Byŏl-gosari 별고사리

별고사리⟨*Cyclosorus acuminatus* (Houtt.) Nakai ex H. Itô(1937)⟩[74]

별고사리라는 이름은『조선식물향명집』에서 신칭한 것으로,[75] 정확한 유래는 알려져 있지 않다.[76] 다만 별고사리속 식물은 유사한 속 식물과 비교할 때 잎 뒷면의 맥이 부분적으로 그물맥의 형태를 띠는 특징이 있는데, 그 맥 위의 포자낭군이 성숙하면 별모양이어서 붙여진 이름으로 추정한다.

속명 *Cyclosorus*는 cyclo(원 또는 고리)와 sorus(포자낭)의 합성어로 포자낭군이 원모양인 것에서 유래했으며 별고사리속을 일컫는다. 종소명 *acuminatus*는 '뾰족한, 첨예한'이라는 뜻으로 열편(裂片)의 모양이 뾰족해서 붙여진 것으로 보인다.

다른이름 이삭고사리(리종오, 1964)

중국/일본명 중국명 渐尖毛蕨(jian jian mao jue)는 깃조각의 끝이 점차 뾰족해지는 모궐(毛蕨: 털이 있는 고사리라는 뜻으로 별고사리속의 중국명)이라는 뜻이다. 일본명 ホシダ(穗羊齒)는 이삭 모양의 고사리라는 뜻으로 잎의 정열편 선단이 휘어져 이삭처럼 보이는 것에서 유래했다.

참고 [북한명] 이삭고사리

Dryopteris Beddomei *O. Kuntze* ホソバシヨリマ
Ganŭnib-chŏnyŏ-gosari 가는입쳐녀고사리[77]

가는잎처녀고사리⟨*Parathelypteris beddomei* (Baker) Ching(1963)⟩[78]

---

74 '국가표준식물목록'(2018)과『장진성 식물목록』(2014)은 별고사리의 학명을 *Thelypteris acuminata* (Houtt.) C.V. Morton(1958)으로 기재하고 있으나,『한국의 양치식물』(2018)과 '중국식물지'(2018)는 본문과 같이 기재하고 있다.

75 이에 대해서는『조선식물향명집』, 색인 p.38 참조.

76 이러한 견해로 이우철(2005), p.275 참조.

77 『조선식물향명집』 본문 'Ganŭnib-chŏnyŏ-gosari 가는입쳐녀고사리' 부분은 일본어 ホソバ(細葉)의 뜻과 비교해볼 때 'Ganŭnip-chŏnyŏ-gosari 가는잎쳐녀고사리'의 오기로 보인다.

78 '국가표준식물목록'(2018)과『장진성 식물목록』(2014)은 가는잎쳐녀고사리의 학명을 *Thelypteris beddomei* (Baker) Ching(1936)으로 기재하고 있으나,『한국의 양치식물』(2018), '중국식물지'(2018) 및 '세계식물목록'(2018)은 정명을 본문과 같이 기재하고 있다.

가는잎처녀고사리라는 이름은 처녀고사리에 비해 잎이 좁다는 뜻이다.[79] 『조선식물향명집』에서 '처녀고사리'를 기본으로 하고 식물의 형태적 특징을 나타내는 '가는잎'을 추가해 신칭했다.[80]

속명 *Parathelypteris*는 *para*(다른)와 *Thelypteris*(처녀고사리속)의 합성어로 처녀고사리속과 다르다는 뜻이며 사다리고사리속을 일컫는다. 종소명 *beddomei*는 영국 군인이자 생물학자로 인도 식물을 연구한 Richard Henry Beddome (1830~1911)의 이름에서 유래했다.

다른이름 가는잎고사리(박만규, 1949), 가는잎새발고사리(박만규, 1961)

중국/일본명 중국명 長根金星蕨(chang gen jin xing jue)는 뿌리가 긴 금성궐(金星蕨: 사다리고사리의 중국명)이라는 뜻이다. 일본명 ホソバシキリマ(細葉羊齒)는 잎이 가는 고사리라는 뜻이다.

참고 [북한명] 가는잎고사리

Dryopteris callopsis *C. Christensen*　ナンタイシダ
Jinjŏri-gosari　진저리고사리

진저리고사리〈*Dryopteris maximowiczii* (Baker) Kuntze(1891)〉
진저리고사리라는 이름의 정확한 유래는 알려져 있지 않다.[81] 다만, 진저리고사리는 비늘조각이 일찍 떨어져 나가는 특징이 있고[82] 진저리는 사전적 뜻으로 몹시 싫증이 나거나 귀찮아 떨쳐지는 몸짓을 뜻하므로,[83] 비늘조각이 일찍 떨어져 나가는 모습을 진저리에 비유해 붙여진 이름으로 추정한다. 『조선식물향명집』에서 전통 명칭 '고사리'를 기본으로 하고 식물의 형태적 특징을 나타내는 것으로 추정되는 '진저리'를 추가해 신칭했다.[84]

속명 *Dryopteris*는 그리스어 *dryos*(참나무 또는 나무)와 *pteris*(양치식물)의 합성어로 참나무 숲에서 자라는 양치식물이란 뜻이며 관중속을 일컫는다. 종소명 *maximowiczii*는 러시아 식물학자로 동북아 식물을 연구한 Carl Johann Maximowicz(1827~1891)의 이름에서 유래했다.

---

79 이러한 견해로 이우철(2005), p.25 참조.
80 이에 대해서는 『조선식물향명집』, 색인 p.30 참조.
81 이러한 견해로 이우철(2005), p.495 참조.
82 이에 대해서는 『한국의 양치식물』(2018), p.347 참조.
83 이에 대해서는 국립국어원, '표준국어대사전' 중 '진저리' 참조.
84 이에 대해서는 『조선식물향명집』, 색인 p.46 참조.

다른이름 한라고사리(정태현, 1956), 등고사리(리용재 외, 2012)

중국/일본명 중국에서는 종의 분포가 확인되지 않고 있다. 일본명 ナンタイシダ(男体羊歯)는 난타이산 (男體山)에서 처음 발견되어 붙여졌다.

참고 [북한명] 진저리고사리

Dryopteris crassirhizoma *Nakai* オシダ(メンマ) 綿馬
Myŏnma 면마(관중·희초미) 貫衆貫仲

관중〈*Dryopteris crassirhizoma* Nakai(1920)〉

관중이라는 이름은 한자어 관중(貫衆)에서 유래했다. 위에서 내려다보면 방사상으로 무리 지어 난 엽축 가운데에 뿌리가 있어 마치 뿌리 하나가 여러 엽축을 꿰고 있는 듯해서 붙여진 이름이다.[85] 관중의 옛이름은 '회초미'인데 그 정확한 뜻이나 유래는 알려지지 않았다.[86] 한편 『광재물보』와 『물명고』에 기록된 ㅅ철고비(또는 ㅅ절고비)는 사철 푸르고 고비를 닮았다는 뜻에서 유래한 것으로 보인다.

속명 *Dryopteris*는 그리스어 *dryos*(참나무 또는 나무)와 *pteris* (양치식물)의 합성어로 참나무 숲에서 자라는 양치식물이란 뜻이며 관중속을 일컫는다. 종소명 *crassirhizoma*는 '뿌리가 큰, 큰 땅속줄기를 가진'이라는 뜻이다.

다른이름 호랑고비/회초미(정태현 외, 1936), 면마/희초미(정태현 외, 1937), 회초(리종오, 1964), 범고비 (리용재 외, 2012)

옛이름 貫衆/牛高非(향약채취월령, 1431), 貫衆/관즁(구급방언해, 1466), 貫衆茱/회초미(사성통해, 1517), 貫衆/회초미/草鴟頭/黑狗脊(동의보감, 1613), 貫衆/회초미(신간구황촬요, 1660), 貫衆/회초미치(박동사언해, 1677), 회츰이/貫衆茱(역어유해, 1690), 회츰이/貫衆茱(한청문감, 1779), 貫衆/회초미블히(해동농서, 1799), 貫衆/회촘/鳳尾草(물보, 1802), 貫衆/ㅅ철고비(광재물보, 19세기 초), 紫蕨/ㅅ절고비/貫衆(물명고, 1824), 貫衆苗/회초미/고비(명물기략, 1870), 貫衆/회초미(방약합편, 1884), 貫衆/회초미/고비뿌리 (신자전, 1915)[87]

---

85 중국의 『본초강목』(1596)은 "其根一本而衆枝貫之 故草名鳳尾 根名貫衆 貫節 貫渠"(그 뿌리가 하나로 여러 가지를 꿰고 있어 풀의 이름을 봉미라고 하고 뿌리를 관중, 관절 또는 관거라고 한다)라고 기록했다.

86 이러한 견해로 김민수(1997), p.1209 참조.

87 『조선한방약료식물조사서』(1917)는 '회초, 貫衆'을 기록했으며 『조선어사전』(1920)은 '貫衆(관중), 貫節(관절), 貫渠, 草鴟頭,

중국/일본명 중국명 粗茎鱗毛蕨(cu jing lin mao jue)는 줄기가 거친 인모궐(鱗毛蕨: 비늘 같은 털이 있다는 뜻으로 관중속의 중국명)이라는 뜻이다. 일본명 オシダ(雄羊歯)는 고사리를 닮았고 식물체가 큰 모양을 수컷에 비유해 붙여졌다.

참고 [북한명] 면마 [유사어] 관거(貫渠), 관절(貫節), 봉미초(鳳尾草) [지방명] 범개비(경북), 범고비(울릉), 깨침/해침/회침(전북)

Dryopteris decursivo-pinnata O. Kuntze   ゲジゲジシダ
Sŏlsŏl-gosari   설설고사리

설설고사리〈*Phegopteris decursive-pinnata* (H.C.Hall) Fée(1852)〉[88]

설설고사리라는 이름은 '설설이'와 '고사리'의 합성어로, 양쪽으로 갈라진 잎 깃조각이 발이 많은 벌레 설설이(그리마)와 비슷하다는 뜻에서 붙여졌다.[89] 『조선식물향명집』에서 전통 명칭 '고사리'를 기본으로 하고 식물의 형태적 특징을 나타내는 '설설'(이)을 추가해 신칭했다.[90]

속명 *Phegopteris*는 그리스어 *phegos*(너도밤나무)와 *pteris*(양치식물)의 합성어로 너도밤나무 숲에서 자라는 양치식물이란 뜻이며 설설고사리속을 일컫는다. 종소명 *decursive-pinnata*는 '깃모양으로 갈라지고 흘러내리는'이라는 뜻이다.

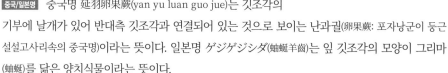

다른이름 설설이고사리(박만규, 1949)

중국/일본명 중국명 延羽卵果蕨(yan yu luan guo jue)는 깃조각의

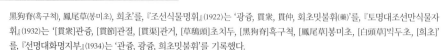

기부에 날개가 있어 반대측 깃조각과 연결되어 있는 것으로 보이는 난과궐(卵果蕨: 포자낭군이 둥근 설설고사리속의 중국명)이라는 뜻이다. 일본명 ゲジゲジシダ(蚰蜒羊歯)는 잎 깃조각의 모양이 그리마(蚰蜒)를 닮은 양치식물이라는 뜻이다.

참고 [북한명] 설설이고사리

黑狗脊(흑구척), 鳳尾草(봉미초), 회초'를, 『조선식물명휘』(1922)는 '광종, 貫衆, 貫仲, 회초밋불휘(藥)'를, 『토명대조선만식물자휘』(1932)는 '[貫衆]관중, [貫節]관절, [貫渠]관거, [草鴟頭]초치두, [黑狗脊]흑구척, [鳳尾草]봉미초, [白頭草]빅두초, [희초]'를, 『선명대화명지부』(1934)는 '관중, 광중, 희초밋불휘'를 기록했다.

88 '국가표준식물목록'(2018), '세계식물목록'(2018) 및 『장진성 식물목록』(2014)은 설설고사리의 학명을 *Thelypteris decursive-pinnata* (H.C.Hall) Ching(1936)으로 기재하고 있으나, 『한국의 양치식물』(2018)과 '중국식물지'(2018)는 정명을 본문과 같이 기재하고 있으므로 주의를 요한다.

89 이러한 견해로 이우철(2005), p.335 참조.

90 이에 대해서는 『조선식물향명집』, 색인 p.41 참조.

Dryopteris erythrosora *O. Kuntze*　ベニシダ
Hoñg-jine-gosari　홍지네고사리

홍지네고사리〈*Dryopteris erythrosora* (D.C.Eaton) Kuntze(1891)〉

홍지네고사리라는 이름은 어린잎과 포막에 홍자색이 도는 지
네고사리라는 뜻이다.[91] 『조선식물향명집』에서 '지네고사리'
를 기본으로 하고 식물의 색을 나타내는 '홍'을 추가해 신칭했
다.[92]

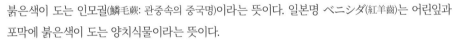

　속명 *Dryopteris*는 그리스어 *dryos*(참나무 또는 나무)와 *pteris*
(양치식물)의 합성어로 참나무 숲에서 자라는 양치식물이란 뜻
이며 관중속을 일컫는다. 종소명 *erythrosora*는 '적색의 포
자낭군이 있는'이라는 뜻이다.

> **다른이름**　반들고사리/울릉고사리(정태현 외, 1949), 섬홍지네고
사리(박만규, 1961), 붉은지네고사리(리용재 외, 2012)[93]

> **중국/일본명**　중국명 红盖鳞毛蕨(hong gai lin mao jue)는 포막에
붉은색이 도는 인모궐(鱗毛蕨: 관중속의 중국명)이라는 뜻이다. 일본명 ベニシダ(紅羊齒)는 어린잎과
포막에 붉은색이 도는 양치식물이라는 뜻이다.

> **참고**　[북한명] 붉은지네고사리

Dryopteris fragrans (*L.*) *Schott*　ニホヒシダ
Jujóri-gosari　주저리고사리

주저리고사리〈*Dryopteris fragrans* (L.) Schott(1834)〉

주저리고사리라는 이름은 『조선식물향명집』에서 신칭한 것으로,[94] '주저리'와 '고사리'의 합성어이
다. 묵은잎이 말라서 썩지 않고 주저리주저리 달려 있다는 뜻에서 붙여졌다.[95]

　속명 *Dryopteris*는 그리스어 *dryos*(참나무 또는 나무)와 *pteris*(양치식물)의 합성어로 참나무 숲
에서 자라는 양치식물이란 뜻이며 관중속을 일컫는다. 종소명 *fragrans*는 '향기가 있는'이라는

91　이러한 견해로 이우철(2005), p.595 참조.

92　이에 대해서는 『조선식물향명집』, 색인 p.49 참조.

93　『선명대화명지부』(1934)는 '새고사리'를 기록했다.

94　이에 대해서는 『조선식물향명집』, 색인 p.46 참조.

95　이러한 견해로 이우철(2005), p.484 참조.

뜻이다.

중국/일본명 중국명 香鱗毛蕨(xiang lin mao jue)는 향이 나는 인모궐(鱗毛蕨: 관중속의 중국명)이라는 뜻이다. 일본명 ニホヒシダ(匂い羊歯)는 잎의 샘털에서 향(匂)이 나는 것에서 유래했다.

참고 [북한명] 주저리고사리

Dryopteris gracilescens *O. Kuntze* var. glanduligerum *Makino*　ハシゴシダ
Sadari-gosari　사다리고사리

사다리고사리〈*Parathelypteris glanduligera* (Kunze) Ching(1963)〉[96]

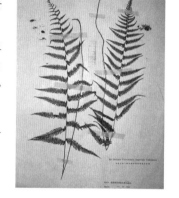

사다리고사리라는 이름은 『조선식물향명집』에서 신칭한 것으로,[97] 잎자루에서 잎이 규칙적으로 우상심열(羽狀深裂)하는 모습이 사다리와 닮았다는 뜻에서 붙여졌다.[98]

　속명 *Parathelypteris*는 *para*(다른)와 *Thelypteris*(처녀고사리속)의 합성어로 처녀고사리속과 다르다는 뜻이며 사다리고사리속을 일컫는다. 종소명 *glanduligera*는 '샘(腺)이 있는'이라는 뜻이다.

다른이름 새딱달고사리/좀새딱달고사리(박만규, 1949), 참사다리고사리(정태현 외, 1949), 고려새발고사리(박만규, 1961), 고려사다리고사리(박만규, 1975)

중국/일본명 중국명 金星蕨(jin xing jue)는 잎 뒷면 포자낭군이 노랗게 익는 모습을 금성(金星)에 비유한 것이다. 일본명 ハシゴシダ(梯子羊齒)는 엽축에 잎이 달리는 모습이 사다리(梯子)를 닮은 양치식물이라는 뜻이다.

참고 [북한명] 사다리고사리

---

96 '국가표준식물목록'(2018)과 『장진성 식물목록』(2014)은 사다리고사리의 학명을 *Thelypteris glanduligera* (Kunze) Ching(1936)으로 기재하고 있으나, 『한국의 양치식물』(2018)과 '중국식물지'(2018)는 학명을 본문과 같이 기재하고 있으며 '세계식물목록'(2018)도 위 학명을 이명(synonym)으로 기재하고 있다.

97 이에 대해서는 『조선식물향명집』, 색인 p.39 참조.

98 이러한 견해로 이우철(2005), p.299 참조.

Dryopteris hirtipes *O. Kuntze*　イハヘゴ
Tob-jine-gosari　톱지네고사리

톱지네고사리⟨*Dryopteris atrata* (Wall. ex Kunze) Ching(1933)⟩[99]

톱지네고사리라는 이름은 『조선식물향명집』에서 신칭한 것으로,[100] '톱'과 '지네고사리'의 합성어이다. 잎가장자리가 톱니와 유사하고 지네고사리를 닮았다는 뜻에서 붙여진 이름이다.[101]

　　속명 *Dryopteris*는 그리스어 *dryos*(참나무 또는 나무)와 *pteris*(양치식물)의 합성어로 참나무 숲에서 자라는 양치식물이란 뜻이며 관중속을 일컫는다. 종소명 *atrata*는 '검게 변한, 오염된'이라는 뜻으로 잎자루에 붙는 선형 피침모양의 비늘조각이 검은색 또는 검은 자갈색을 띠어서 붙여진 이름이다.

> **다른이름**　바위틈고사리(박만규, 1949), 바위고사리(정태현 외, 1949)

> **중국/일본명**　중국명 暗鱗鱗毛蕨(an lin lin mao jue)는 검은색 비늘조각이 붙는 인모궐(鱗毛蕨: 관중속의 중국명)이라는 뜻이다. 일본명 イハヘゴ(岩−)는 바위에 사는 ヘゴ(*Cyathea spinulosa*의 일본명)라는 뜻이다.

> **참고**　[북한명] 톱지네고사리

Dryopteris japonica *C. Christensen*　ハリガネワラビ
Jine-gosari　지네고사리

지네고사리⟨*Parathelypteris japonica* (Baker) Ching(1963)⟩[102]

지네고사리라는 이름은 『조선식물향명집』에서 신칭한 것으로,[103] '지네'와 '고사리'의 합성어이다. 엽축과 엽축에 달려 있는 잎의 모양을 지네에 비유해 붙여진 이름으로 추정한다.

　　속명 *Parathelypteris*는 *para*(다른)와 *Thelypteris*(처녀고사리속)의 합성어로 처녀고사리속과 다르다는 뜻이며 사다리고사리속을 일컫는다. 종소명 *japonica*는 '일본의'라는 뜻으로 최초 발견지 또는 분포지를 나타낸다.

> **중국/일본명**　중국명 光脚金星蕨(guang jiao jin xing jue)는 아래쪽 잎이 넓은 금성궐(金星蕨: 사다리고

99　'국가표준식물목록'(2018)은 *Dryopteris cycadina* (Franch. & Sav.) C. Chr.(1905)를 정명으로, '세계식물목록'(2018)은 *Dryopteris cycadina* (Franch. & Sav.) C. Chr.(1905)를 별도의 종으로 기재하고 있으나, 『한국의 양치식물』(2018)은 본문의 학명을 정명으로 기재하고 있다.

100　이에 대해서는 『조선식물향명집』, 색인 p.48 참조.

101　이러한 견해로 이우철(2005), p.568 참조.

102　『장진성 식물목록』(2014)은 학명을 *Thelypteris japonica* (Baker) Ching(1936)으로 기재하고 있다.

103　이에 대해서는 『조선식물향명집』, 색인 p.46 참조.

사리의 중국명)이라는 뜻이다. 일본명 ハリガネワラビ(針金蕨)는 잎자루가 길고 단단한 고사리라는 뜻이다.

참고 [북한명] 지네고사리

Dryopteris lacera *O. kuntze* クマワラビ
Binul-gosari 비늘고사리

비늘고사리〈*Dryopteris lacera* (Thunb.) Kuntze(1891)〉

비늘고사리라는 이름은 '비늘'과 '고사리'의 합성어로, 잎자루에 비늘조각이 밀생(密生)하는 고사리라는 뜻에서 유래했다.[104] 『조선식물향명집』에서는 전통 명칭 '고사리'를 기본으로 하고 식물의 형태적 특징을 나타내는 '비눌'(비늘)을 추가해 '비눌고사리'를 신칭했으나,[105] 『조선식물명집』에서 '비늘고사리'로 개칭해 현재에 이르고 있다.

속명 *Dryopteris*는 그리스어 *dryos*(참나무 또는 나무)와 *pteris*(양치식물)의 합성어로 참나무 숲에서 자라는 양치식물이란 뜻이며 관중속을 일컫는다. 종소명 *lacera*는 '고르지 않게 갈라지는'이라는 뜻이다.

다른이름 비눌고사리(정태현 외, 1937), 곰고사리(박만규, 1961)

중국/일본명 중국명 狹頂鱗毛蕨(xia ding lin mao jue)는 끝부분의 깃조각이 갑자기 좁아지는 인모궐(鱗毛蕨: 관중속의 중국명)이라는 뜻이다. 일본명 クマワラビ(熊蕨)는 잎자루의 기부에 흑갈색의 비늘이 있는 모양을 곰에 비유해 붙여졌다.

참고 [북한명] 비늘고사리

Dryopteris laxa *C. Christensen* ヤハラシダ
Dùmun-gosari 드문고사리

드문고사리〈*Metathelypteris laxa* (Franch. & Sav.) Ching(1936)〉[106]

드문고사리라는 이름은 『조선식물향명집』에서 신칭한 것으로,[107] 엽축에 깃조각이 드문드문 나는 고사리라는 뜻이다.[108]

---

104 이러한 견해로 이우철(2005), p.294와 김종원(2013), p.543 참조.
105 이에 대해서는 『조선식물향명집』, 색인 p.39 참조.
106 '국가표준식물목록'(2018)과 『장진성 식물목록』(2014)은 학명을 *Thelypteris laxa* (Franch. & Sav.) Ching(1936)으로 기재하고 있으나, '세계식물목록'(2018), '중국식물지'(2018) 및 『한국의 양치식물』(2018)은 본문의 학명을 정명으로 기재하고 있다.
107 이에 대해서는 『조선식물향명집』, 색인 p.36 참조.
108 이러한 견해로 이우철(2005), p.196 참조.

속명 *Metathelypteris*는 그리스어 *meta*(뒤, 유사한)와
Thelypteris(처녀고사리속)의 합성어로 처녀고사리속과 유사
한 또는 분리된 속이란 뜻이며 드문고사리속을 일컫는다. 종
소명 *laxa*는 '성긴, 나른한'이라는 뜻으로 깃조각이 성긴 것에
서 유래했다.

다른이름 연한고사리/성긴고사리(리용재 외, 2012)

중국/일본명 중국명 疏羽凸軸蕨(shu yu tu zhou jue)는 깃조각이
성근 철축궐(凸軸蕨: 엽축의 표면이 둥글게 융기하는 드문고사리속
의 중국명)이라는 뜻이다. 일본명 ヤハラシダ(柔羊歯)는 엽질이
약하여 부드러운 느낌을 주는 양치식물이라는 뜻이다.

참고 [북한명] 드문고사리

Dryopteris Linnaeana *C. Christensen* ウサギシダ
Toĝi-gosari 토끼고사리

토끼고사리〈*Gymnocarpium dryopteris* (L.) Newman(1851)〉
토끼고사리라는 이름은 '토끼'와 '고사리'의 합성어로, 식물체
의 모양이 토끼처럼 작고 귀엽다는 뜻에서 붙여졌다.[109] 『조선
식물향명집』에서 전통 명칭 '고사리'를 기본으로 하고 식물의
형태적 특징을 나타내는 '토끼'를 추가해 신칭했다.[110]

　　속명 *Gymnocarpium*은 그리스어 *gymnos*(벌거벗은)와
carpos(열매)의 합성어로 포자낭군이 나출(裸出)되는 것에서
유래했으며 토끼고사리속을 일컫는다. 종소명 *dryopteris*는
속명을 전용한 것으로 참나무 숲에서 자라는 양치식물이란
뜻이다.

중국/일본명 중국명 欧洲羽节蕨(ou zhou yu jie jue)는 유럽에 분
포하는 우절궐(羽節蕨: 우축과 엽축이 마디로 연결되는 고사리라는

뜻으로 토끼고사리 종류의 중국명)이라는 뜻이다. 일본명 ウサギシダ(兎羊歯)는 토끼를 닮은 양치식
물이라는 뜻이다.

---

109 이러한 견해로 이우철(2005), p.567 참조.
110 이에 대해서는 『조선식물향명집』, 색인 p.48 참조.

[북한명] 토끼고사리

Dryopteris monticola *C. Christensen*　ミヤマベニシダ
Waṅg-jine-gosari　왕지네고사리

왕지네고사리〈*Dryopteris monticola* (Makino) C.Chr.(1905)〉

왕지네고사리라는 이름은 『조선식물향명집』에서 신칭한 것으로,[111] '왕'과 '지네'와 '고사리'의 합성이어다. 식물체가 큰 지네고사리 종류라는 뜻에서 붙여진 것으로 추정한다.

　속명 *Dryopteris*는 그리스어 *dryos*(참나무 또는 나무)와 *pteris*(양치식물)의 합성어로 참나무 숲에서 자라는 양치식물이란 뜻이며 관중속을 일컫는다. 종소명 *monticola*는 '산지에 사는'이라는 뜻이다.

다른이름　참왕지네고사리(정태현 외, 1949), 참큰지네고사리(리용재 외, 2012)

중국/일본명　중국명 山地鱗毛蕨(shan di lin mao jue)는 산지에서 자라는 인모궐(鱗毛蕨: 관중속의 중국명)이라는 뜻이다. 일본명 ミヤマベニシダ(深山紅羊齒)는 깊은 산에서 자라는 홍지네고사리라는 뜻이다.

참고　[북한명] 왕지네고사리

Dryopteris Miqueliana *C. Christensen*　ナライシダ
Wagsal-gosari　왁살고사리

왁살고사리〈*Arachniodes borealis* Seriz.(1986)〉[112]

왁살고사리라는 이름의 정확한 유래는 알려져 있지 않다.[113] 다만, '왁살'에 포악하며 드세다는 의미가 있으므로[114] 식물체가 대형종이고 털 등이 밀생(密生)하는 모습을 빗댄 것에서 유래한 이름으로 추정한다. 『조선식물향명집』에서 최초로 기록한 이름으로 보인다.

　속명 *Arachniodes*는 그리스어 *arachne*(거미)와 *-odes*(~을 닮은)의 합성어로 거미를 닮았다는 뜻이며 쇠고사리속을 일컫는다. 종소명 *borealis*는 '북방의, 북방계의'라는 뜻으로 북쪽에 분포하는 식물인 것에서 유래했다.

---

111 이에 대해서는 『조선식물향명집』, 색인 p.44 참조.

112 '세계식물목록'(2018)과 『장진성 식물목록』(2014)은 학명 *Leptorumohra miqueliana* (Maxim. ex Franch. & Sav.) H.Itô (1938)를 정명으로 기재하고 있으므로 주의를 요한다.

113 이러한 견해로 이우철(2005), p.407 참조.

114 이에 대해서는 국립국어원, '표준국어대사전' 중 '왁살스럽다' 참조.

다른이름 큰가새고사리(박만규, 1949), 큰산고사리(박만규, 1961), 좁은잎왁살고사리(리용재 외, 2012)

중국/일본명 중국의 분포는 확인되지 않는다. 일본명 ナライシダ(奈良井羊歯)는 나라이(奈良井)라는 지역에서 처음 발견된 양치식물이라는 뜻이다.

참고 [북한명] 왁살고사리/좁은잎왁살고사리[115]

Dryopteris mutica *C. Christensen*   ミヤマカナワラビ
Tȯl-binul-gosari   털비늘고사리

털비늘고사리⟨*Arachniodes mutica* (Franch. & Sav.) Ohwi(1962)⟩

털비늘고사리라는 이름은 비늘고사리에 비해 털이 많다는 뜻이다. 털 같은 비늘조각이 잎자루와 잎 전체에 밀생해서 붙여진 이름이다. 『조선식물향명집』에서는 '털비늘고사리'를 신칭했으나[116] 『대한식물도감』에서 표준어의 변화에 따라 현재의 표기로 수정했다.

속명 *Arachniodes*는 그리스어 *arachne*(거미)와 *-odes*(~을 닮은)의 합성어로 거미를 닮았다는 뜻이며 쇠고사리속을 일컫는다. 종소명 *mutica*는 '뭉툭한, 돌기가 없는'이라는 뜻이다.

다른이름 털비눌고사리(정태현 외, 1937), 털고사리(박만규, 1949), 나도쇠고사리(정태현 외, 1949), 털가위고사리/털쇠고사리(박만규, 1961), 나도넉줄고사리(안학수 외, 1982)

중국/일본명 중국에서는 이를 별도 분류하지 않고 있다. 일본명 ミヤマカナワラビ(深山鉄蕨)[117]는 깊은 산에서 자라는 쇠고사리(鐵蕨)라는 뜻으로, 잎이 쇠같이 단단한 느낌을 주는 고사리라는 뜻에서 붙여졌다.

참고 [북한명] 나도쇠고사리

Dryopteris nipponica *C. Chritensen*   ニツクワウシダ
Chomchom-chȯnyȯ-gosari   촘촘처녀고사리

키다리처녀고사리⟨*Parathelypteris nipponica* (Franch. & Sav.) Ching(1963)⟩[118]

---

115 북한에서는 *A. miqueliana*를 '왁살고사리'로, *A. borealis*를 '좁은잎왁살고시리'로 히어 별도 분류히고 있다. 이에 대해서는 리용재 외(2012), p.6 참조.

116 이에 대해서는 『조선식물향명집』, 색인 p.48 참조.

117 『조선식물명휘』(1922)는 ミヤマカナワラビ(深山鉄蕨)와 함께 シノブカグマ(忍羊歯)를 기록했으며, 일본에서는 현재 シノブカグマ를 보다 보편적인 이름으로 사용하고 있는 것으로 보인다.

118 '국가표준식물목록'(2018)과 『장진성 식물목록』(2014)은 키다리처녀고사리의 학명을 *Thelypteris nipponica* (Franch. & Sav.) Copel.(1936)로 기재하고 있으나, 『한국의 양치식물』(2018), '중국식물지'(2018) 및 '세계식물목록'(2018)은 정명을 본문과 같이 기재하고 있다.

키다리처녀고사리라는 이름은 '키다리'와 '처녀'와 '고사리'의 합성어로, 처녀고사리에 비해 키가 그다는 뜻에서 붙여졌다. 『조선식물향명집』에서 신칭한 '촘촘처녀고사리'는 처녀고사리에 비해 엽축에 달리는 깃조각이 상대적으로 촘촘한 것과 관련 있는 것으로 추정한다. 『대한식물도감』에서 '키다리처녀고사리'로 개칭해 현재에 이르고 있다.

속명 *Parathelypteris*는 *para*(다른)와 *Thelypteris*(처녀고사리속)의 합성어로 처녀고사리속과 다르다는 뜻이며 사다리고사리속을 일컫는다. 종소명 *nipponica*는 '일본의'라는 뜻으로 최초 발견지 또는 분포지를 나타낸다.

다른이름 촘촘처녀고사리(정태현 외, 1937), 대택고사리/털대택고사리(박만규, 1949), 산고사리/털산고사리(박만규, 1961)

중국/일본명 중국명 中日金星蕨(zhong ri jin xing jue)는 중국과 일본에 분포하는 금성궐(金星蕨: 사다리고사리의 중국명)이라는 뜻이다. 일본명 ニツクワウシダ(日光羊歯)는 최초 명명자 Ludovic Savatier(1830~1891)가 기준표본을 일본의 닛코(日光) 지역에서 채집해 붙여졌다.

참고 [북한명] 대택고사리

Dryopteris ochtodes *C. Christensen*　イブキシダ
Jebi-ĝori-gosari　제비꼬리고사리

제비꼬리고사리〈*Thelypteris subochthodes* Ching(1936)〉[119]

제비꼬리고사리라는 이름은 '제비꼬리'와 '고사리'의 합성어로, 깃조각의 끝이 꼬리처럼 길게 뾰족해지는[120] 모습을 제비꼬리에 빗대 붙여진 것으로 추정한다. 『조선식물향명집』에서 전통 명칭 '고사리'를 기본으로 하고 식물의 형태적 특징을 나타내는 '제비꼬리'를 추가해 신칭했다.[121]

속명 *Thelypteris*는 그리스어 *thelys*(여성)와 *pteris*(양치식물)의 합성어로, 그리스의 철학자 테오프라스토스(Theophrastus, B.C.371~B.C.287)와 디오스코리데스(Dioscorides, 40~90)가 양치식물이나 고사리의 이름에 사용했고, 이후 로마의 박물학자이자 역사가인 플리니우스(Plinius, 23~79)가 고사리 암그루

---

119 '국가표준식물목록'(2018)과 『장진성 식물목록』(2014)은 제비꼬리고사리의 학명을 *Thelypteris esquirolii* var. *glabrata* (Christ) K.Iwats.(1965)로 기재하고 있으나, 이 책은 『한국의 양치식물』(2018)에 따라 본문과 같이 기재한다.
120 이에 대해서는 『한국의 양치식물』(2018), p.239 참조.
121 이에 대해서는 『조선식물향명집』, 색인 p.45 참조.

를 일컬은 것에서 유래했으며 처녀고사리속을 일컫는다. 종소명 *subochthodes*는 '약간 굳은'이라는 뜻이다.

다른이름 선모고사리(박만규, 1961), 석모고사리(안학수·이춘녕, 1963)

중국/일본명 중국명 普通假毛蕨(pu tong jia mao jue)는 전형적인 가모궐(假毛蕨: 별고사리를 닮았다는 뜻)이라는 뜻이다. 일본명 イブキシダ(伊吹羊齒)는 이부키(伊吹) 지역에서 처음 발견된 양치식물이라는 뜻이다.

참고 [북한명] 제비꼬리고사리

Dryopteris oligophlebia C. *Christensenc* ヒメワラビ
Gagsi-gosari 각시고사리

각시고사리〈*Macrothelypteris oligophlebia* (Baker) Ching var. *elegans* (Koidz.) Ching(1963)〉

각시고사리라는 이름은 각시(새색시)처럼 작고 예쁜 고사리라는 뜻이다.[122] 『조선식물향명집』에서 전통 명칭 '고사리'를 기본으로 하고 식물의 형태적 특징을 나타내는 '각시'를 추가해 신칭했다.[123]

속명 *Macrothelypteris*는 *macro*(큰)와 *Thelypteris*(처녀고사리속)의 합성어로 큰처녀고사리라는 뜻이며 각시고사리속을 일컫는다. 종소명 *oligophlebia*는 '소수의 맥이 있는'이라는 뜻으로 유리맥(遊離脈)의 잎맥을 나타내며, 변종명 *elegans*는 '우아한, 품위 있는'이라는 뜻이다.

다른이름 토끼고사리(박만규, 1949), 각씨고사리(정태현 외, 1949), 긴각시고사리(박만규, 1975)

중국/일본명 중국명 雅致針毛蕨(ya zhi zhen mao jue)는 아담한 풍치의 침모궐(針毛蕨: 각시고사리속의 중국명)이라는 뜻이다. 일본명 ヒメワラビ(姫)는 소녀 같은 고사리라는 뜻이다.

참고 [북한명] 각시고사리

---

122 이러한 견해로 이우철(2005), p.35 참조.
123 이에 대해서는 『조선식물향명집』, 색인 p.30 참조.

Dryopteris parasitica *O. Kuntze*　ケホシタ
Tŏl-byŏl-gosari　털별고사리

털별고사리〈*Cyclosorus parasiticus* (L.) Farwell.(1931)〉[124]

털별고사리라는 이름은 털이 있고 포자낭군이 별모양이 되는 고사리라는 뜻이다.[125] 『조선식물향명집』에서 전통 명칭 '고사리'를 기본으로 하고 식물의 형태적 특징을 나타내는 '털'과 '별'을 추가해 신칭했다.[126]

속명 *Cyclosorus*는 cyclo(원 또는 고리)와 *sorus*(포자낭군)의 합성어로 포자낭군이 원모양인 것에서 유래했으며 별고사리속을 일컫는다. 종소명 *parasiticus*는 '기생(寄生)하는'이라는 뜻이다.

다른이름 털이삭고사리(정태현, 1956)

중국/일본명 중국명 华南毛蕨(hua nan mao jue)는 화난(華南) 지역에 분포하는 모궐(毛蕨: 별고사리속의 중국명)이라는 뜻이다. 일본명 ケホシタ(毛穂羊歯)는 털이 많은 이삭 모양의 양치식물이라는 뜻이다.

참고 [북한명] 털이삭고사리

Dryopteris phegopteris *C. Christensen*　ミヤマワラビ
Garae-gosari　가래고사리

가래고사리〈*Phegopteris connectilis* (Michx.) Watt(1866)〉[127]

가래고사리라는 이름은 잎의 모양이 농기구 가래를 닮은 고사리라는 뜻에서 붙여진 것으로 추정한다. 『조선식물향명집』에서 전통 명칭 '고사리'를 기본으로 하고 식물의 형태적 특징을 나타내는 '가래'를 추가해 신칭했다.[128]

속명 *Phegopteris*는 그리스어 *phegos*(너도밤나무)와 *pteris*(양치식물)의 합성어로 너도밤나무 숲에서 자라는 양치식물이란 뜻이며 설설고사리속을 일컫는다. 종소명 *connectilis*는 '함께 묶는'이라는 뜻으로 깃조각의 기부가 날개에 의해 서로 연결되어 있는 모양에서 유래한 것으로 추정한다.

---

124 '국가표준식물목록'(2018)과 『장진성 식물목록』(2014)은 털별고사리의 학명을 *Thelypteris parasitica* (L.) Fosberg (1962)로 기재하고 있으나, 『한국의 양치식물』(2018)과 『중국식물지』(2018)는 본문과 같이 기재하고 있으므로 주의를 요한다. 한편, 『한국의 양치식물』(2018)에서는 제주도 저지대 산야 길가에서 자라는 것으로 보고되었으나 실체 확인이 필요하다고 했으며, '세계식물목록'(2018)은 미해결 학명(unresolved name)으로 기재하고 있다.

125 이러한 견해로 이우철(2005), p.557 참조.

126 이에 대해서는『조선식물향명집』, 색인 p.48 참조.

127 '국가표준식물목록'(2018)은 가래고사리의 학명을 *Thelypteris phegopteris* (L.) Sloss.(1917)로 기재하고 있으나, 『장진성 식물목록』(2014), 『한국의 양치식물』(2018) 및 『중국식물지』(2018)는 본문과 같이 기재하고 있다.

128 이에 대해서는『조선식물향명집』, 색인 p.30 참조.

중국/일본명 중국명 卵果蕨(luan guo jue)는 포자낭군이 잎맥에 둥근 열매처럼 달리는 고사리라는
뜻이다. 일본명 ミヤマワラビ(深山−)는 깊은 산지에서 자라는 고사리라는 뜻이다.

참고 [북한명] 가래고사리

Dryopteris subtripinnata O. *Kuntze*   ホソバノイタチシダ
Aegi-jogjebi-gosari   애기족꿰비고사리

애기족제비고사리〈*Dryopteris sacrosancta* Koidz.(1924)〉

애기족제비고사리라는 이름은 식물체의 크기가 작아 아기 같은 족제비고사리 종류라는 뜻이
다.[129] 『조선식물향명집』에서 전통 명칭 '고사리'를 기본으로 하고 식물의 형태적 특징을 나타내는
'애기'와 '족제비'를 추가해 신칭했다.[130]

　속명 *Dryopteris*는 그리스어 *dryos*(참나무 또는 나무)와 *pteris*(양치식물)의 합성어로 참나무 숲
에서 자라는 양치식물이란 뜻이며 관중속을 일컫는다. 종소명 *sacrosancta*는 '신성한 장소의'라
는 뜻으로 서식지의 모습에서 유래한 것으로 추정한다.

다른이름 애기족제비고사리(정태현 외, 1949), 좀족제비고사리(박만규, 1961), 가는잎족제비고사리/
화엄고사리(안학수·이춘녕, 1963), 잔잎족제비고사리/헛애기족제비고사리(리용재 외, 2012)

중국/일본명 중국명 棕边鳞毛蕨(zong bian lin mao jue)는 종려나무와 같은 가장자리를 가진 인모궐
(鱗毛蕨: 관중속의 중국명)이라는 뜻이다. 일본명 ホソバノイタチシダ(細葉の鼬羊歯)는 가는 잎을 가진
족제비고사리라는 뜻이다.

참고 [북한명] 애기족제비고사리/헛애기족제비고사리[131]

Dryopteris thelypteris A. *Gray*   ヒメシダ(シヨリマ)
Chŏnyŏ-gosari   처녀고사리

처녀고사리〈*Thelypteris palustris* (Salisb.) Schott(1834)〉

처녀고사리라는 이름은 작고 아담한 느낌을 처녀에 비유하고 고사리를 닮았다는 뜻에서 유래했
다.[132] 『조선식물향명집』에서 이름이 최초로 발견되는데 별도의 방언이 확인되지 않고 속명과 일

---

129 이러한 견해로 이우철(2005), p.389 참조.

130 이에 대해서는 『조선식물향명집』, 색인 p.43 참조.

131 북한에서는 *D. chinenis*를 '애기족제비고사리'로, *D. subtripinnata*를 '헛애기족제비고사리'로 하여 별도 분류하고 있
　　다. 이에 대해서는 리용재 외(2012), p.21 참조.

132 이러한 견해로 이우철(2005), p.512 참조.

본명의 뜻이 비슷한 점에 비추어 이를 참고한 이름으로 추론 되지만, 『조선식물향명집』은 신칭한 이름으로 기록하지 않았으므로 추가적인 조사와 연구가 필요하다.[133]

속명 *Thelypteris*는 그리스어 *thelys*(여성)와 *pteris*(양치식물) 의 합성어로, 그리스의 철학자 테오프라스토스(Theophrastus, B.C.371~B.C.287)와 디오스코리데스(Dioscorides, 40~90)가 양치식물이나 고사리의 이름에 사용했고, 이후 로마의 박물학자이자 역사가인 플리니우스(Plinius, 23~79)가 고사리 암그루를 일컫은 것에서 유래했으며 처녀고사리속을 일컫는다. 종소명 *palustris*는 '습지를 좋아하는, 습지생의'라는 뜻으로 습기가 많은 지역에서 자라는 것에서 유래했다.

다른이름 새발고사리(박만규, 1949), 애기고사리(리용재 외, 2012)[134]

중국/일본명 중국명 沼泽蕨(zhao ze jue)는 습지에서 자라는 궐(蕨: 고사리)이라는 뜻이다. 일본명 ヒメシダ(姫羊齒)는 아기 같은 양치식물이라는 뜻이다.

참고 [북한명] 애기고사리

Dryopteris tokyoensis *C. Christensen*   タニヘゴ
Nůrimi-gosari   느리미고사리

느리미고사리〈*Dryopteris tokyoensis* (Matsum. ex Makino) C.Chr.(1905)〉

느리미고사리라는 이름은 『조선식물향명집』에서 전통 명칭 '고사리'를 기본으로 하고 '느리미'를 추가해 신칭한 것이다.[135] 느리미고사리라는 이름의 유래에 대해 정확히 알려진 바는 없다. 다만 옛말 '느리다'는 늘이다 또는 늘어뜨리다라는 뜻이 있고,[136] 이것의 명사형인 '느림'은 장막이나 깃발 따위의 가장자리에 장식으로 늘어뜨린 좁은 물체를 뜻한다.[137] 느리미고사리는 *Dryopteris*(관중속) 식물 중에서 깃조각의 아랫부분이 귀 모양으로 돌출하는 특징이 있어 다른 종과 구별되는데, 이 귀 모양의 돌출 형태를 '느림'(느리미)으로 본 것에서 유래했다고 추정한다.

속명 *Dryopteris*는 그리스어 *dryos*(참나무 또는 나무)와 *pteris*(양치식물)의 합성어로 참나무 숲

---

133 이에 대해서는 『조선식물향명집』, 색인 p.46 참조.

134 『토명대조선만식물자휘』(1932)는 '[기름고사리], [개고사리], [쇠고비]'를 기록했다.

135 이에 대해서는 『조선식물향명집』, 색인 p.34 참조.

136 이에 대해서는 남광우(1997), p.320 참조.

137 이에 대해서는 국립국어원, '표준국어대사전' 중 '느림' 참조. 『조선어사전』(1917)도 현재와 유사하고 '느림'에 대해 "凡物에 華飾하는 纓絡類의 稱(드림)"이라고 기록했다.

에서 자라는 양치식물이란 뜻이며 관중속을 일컫는다. 종소명 *tokyoensis*는 '도쿄에 분포하는'이라는 뜻으로 최초 발견지를 나타낸다.

다른이름 늘메기고사리(박만규, 1949), 느르미고사리(안학수·이춘녕, 1963)

중국/일본명 중국명 東京鱗毛蕨(dong jing lin mao jue)는 도쿄에서 발견된 인모궐(鱗毛蕨: 관중속의 중국명)이라는 뜻으로 학명과 연관되어 있다. 일본명 タニヘゴ(谷−)는 산지 골짜기에 서식하는 ヘゴ(*Cyathea spinulosa*의 일본명)라는 뜻이다.

참고 [북한명] 늘메기고사리

Hypolepis punctata *Mett.* イハヒメワラビ
Jŏm-gosari 점고사리

점고사리〈*Hypolepis punctata* (Thunb.) Mett. ex Kuhn(1868)〉[138]

점고사리라는 이름은 반점이 있는 고사리라는 뜻이다. 『조선식물향명집』에서 신칭한 것으로,[139] 잎맥의 끝에 달리는 포자낭군이 점처럼 둥글어 이러한 뜻을 가진 학명에 착안해 붙여진 이름이다.[140]

속명 *Hypolepis*는 그리스어 *hypo*(아래의)와 *lepis*(비늘조각)의 합성어로 비늘조각의 기부가 남아서 까칠까칠한 것에서 유래했으며 점고사리속을 일컫는다. 종소명 *punctata*는 '반점이 있는, 미세한 점이 있는'이라는 뜻으로 포자낭군의 모양에서 유래한 것으로 추정한다.

다른이름 산고사리(박만규, 1949)

중국/일본명 중국명 姬蕨(ji jue)는 소녀 같은 고사리라는 뜻이다. 일본명 イハヒメワラビ(岩姫蕨)는 바위에서 자라는 소녀 같은 고사리라는 뜻이다.

참고 [북한명] 점고사리

Lindsaya cultrata *Swartz* ホングウシダ
Bi-gosari 비고사리

비고사리〈*Osmolindsaea japonica* Lehtonen & Christenh(2010)〉[141]

---

138 '국가표준식물목록'(2018), '세계식물목록'(2018) 및 『장진성 식물목록』(2014)은 학명을 *Hypolepis punctata* (Thunb.) Mett.(1868)로 기재하고 있다.

139 이에 대해서는 『조선식물향명집』, 색인 p.45 참조.

140 이러한 견해로 이우철(2005), p.450 참조.

141 '국가표준식물목록'(2018)은 비고사리의 학명을 *Lindsaea japonica* (Baker) Diels(1899)로 기재하고 있으나, 『한국의 양치식물』(2018)은 학명을 본문과 같이 하여 좀새깃고사리(비고사리)로 기재하고 있다.

비고사리라는 이름은 『조선식물향명집』에서 신칭한 것이
다.[142] 잔깃조각의 모습이 빗자루를 연상시킨다는 뜻에서 붙여
진 이름으로 추정되나, 정확한 유래는 알려져 있지 않다.

속명 *Osmolindsaea*는 그리스어 *osme*(향기)와 *Lindsaea*
(기존의 속명으로 고사리 연구가 John Lindsay의 이름에서 유래)의
합성어로 향기가 있는 *Lindsaea*속 고사리란 뜻이며 새깃고
사리속을 일컫는다. 종소명 *japonica*는 '일본의'라는 뜻으로
최초 발견지 또는 분포지를 나타낸다.

다른이름 새깃고사리(박만규, 1949), 좀새깃고사리(박만규, 1961)

중국/일본명 중국명 日本鱗始蕨(ri ben lin shi jue)는 일본에 분포
하는 인시궐(鱗始蕨: 비고사리 종류의 중국명)이라는 뜻이다. 일본
명 ホングウシダ(本宮羊歯)는 모토미야(本宮) 지역에서 최초 발견되어 붙여졌다.

참고 [북한명] 새깃고사리/좀새깃고사리[143]

Matteucia orientalis Trev.　イヌガンソク
Gae-myonma　개면마

개면마〈*Pentarhizidium orientale* (Hook.) Hayata(1928)〉[144]

개면마라는 이름은 면마(관중)와 유사하다(개)는 뜻에서 붙여졌다.[145] 『조선식물향명집』에서 전통
명칭 '면마'를 기본으로 하고 식물의 형태적 특징을 나타내는 '개'를 추가해 신칭했다.[146]

속명 *Pentarhizidium*은 그리스어 *pente*(5)와 *rhizidium*(뿌리)의 합성어로 5개의 작은 뿌리가
있다는 뜻이며, 땅속줄기에서 나오는 뿌리의 관다발로 둘러싸인 부분인 속(pith)에서 유래했으며
개면마속을 일컫는다. 종소명 *orientale*는 '동양의'라는 뜻으로 원산지를 나타낸다.

다른이름 개관중(박만규, 1949), 좀면마(리용재 외, 2012)

중국/일본명 중국명 东方荚果蕨(dong fang jia guo jue)는 동쪽 지방에 분포하고 포자엽이 콩의 꼬투
리를 닮은 고사리라는 뜻이며 학명과 연관되어 있다. 일본명 イヌガンソク(犬雁足)는 ガンソク(雁

---

142 이에 대해서는 『조선식물향명집』, 색인 p.39 참조.

143 북한에서는 *Lindsaea cultrata*를 '새깃고사리'로, *Lindsaea japonica*를 '좀새깃고사리'로 하여 별도 분류하고 있다. 이
　에 대해서는 리용재 외(2012), p.32 참조.

144 '국가표준식물목록'(2018)과 『장진성 식물목록』(2014)은 학명을 *Onoclea orientalis* (Hook.) Hook.(1863)로 기재하고 있
　으나, 『한국의 양치식물』(2018)과 '중국식물지'(2018)는 본문과 같이 기재하고 있다.

145 이러한 견해로 이우철(2005), p.48 참조.

146 이에 대해서는 『조선식물향명집』, 색인 p.31 참조.

足: 포자엽이 기러기의 발을 닮았다는 뜻으로 청나래고사리의 일본명)와 유사하다는 뜻이다.

참고 [북한명] 좀면마 [유사어] 모관중(毛貫衆)

Microlepia marginata *C. Christensen* フモトシダ
Gisŭlg-gosari 기슭고사리

돌잔고사리〈*Microlepia marginata* (Panz.) C.Chr. var. *marginata*(1905)〉

돌잔고사리라는 이름은 외형이 잔고사리와 비슷하지만 흔히 돌 틈에서 자라기 때문에 붙여졌다.[147] 『조선식물향명집』에서는 산기슭에서 주로 자란다는 뜻에서 '기슭고사리'를 신칭했으나,[148] 『조선식물명집』에서 '돌잔고사리'로 개칭해 현재에 이르고 있다.

속명 *Microlepia*는 그리스어 *micros*(작은)와 *lepis*(비늘조각)의 합성어로 작은 비늘조각을 가졌다는 뜻이며 돌잔고사리속을 일컫는다. 종소명 *marginata*는 '가장자리가 있는, 테가 있는'이라는 뜻이다.

다른이름 기슭고사리(정태현 외, 1937), 민돌잔고사리(박만규, 1961), 털돌잔고사리(정태현, 1970)

중국/일본명 중국명 边缘鳞盖蕨(bian yuan lin gai jue)는 컵 모양의 포막이 있는 포자낭군이 열편(裂片)의 가장자리에 붙는 인개궐(鳞盖蕨: 비늘 덮개가 있는 고사리라는 뜻으로 돌잔고사리 종류의 중국명)이라는 뜻이다. 일본명 フモトシダ(麓羊歯)는 산기슭에서 자라는 양치식물이라는 뜻이다.

참고 [북한명] 기슭고사리

Microlepia pilosella *Moore* イヌシダ
Jan-gosari 잔고사리

잔고사리〈*Dennstaedtia hirsuta* (Sw.) Mett. ex Miq.(1867)〉

잔고사리라는 이름은 『조선식물향명집』에서 전통 명칭 '고사리'를 기본으로 하고 '잔'을 추가해 신칭한 것이다.[149] 『조선식물향명집』에서 '잔'은 잔잎바디와 잔털벚나무와 같이 작다는 뜻으로 쓰이기도 했으나, 잔고사리의 잎이나 식물체 등이 작다고 할 수 없고 정태현 저술의 『한국식물도감(하권 초본부)』은 잔고사리속의 식물에 대해 '원형의 숙존하는 포막'을 특징으로 기술하고 있는 점에 비추어[150] 잔(盞)의 의미에서 유래한 이름으로 이해된다.

---

147 이러한 견해로 이우철(2005), p.183 참조.
148 이에 대해서는 『조선식물향명집』, 색인 p.33 참조.
149 이에 대해서는 위의 책, 색인 p.45 참조.
150 이에 대해서는 『한국식물도감(하권 초본부)』(1956), pp. 17-18 참조.

속명 *Dennstaedtia*는 독일 식물학자 August Wilhelm Dennstadt(1776~1826)의 이름에서 유래했으며 잔고사리속을 일컫는다. 종소명 *hirsuta*는 '거친털이 있는, 털이 많은'이라는 뜻이다.

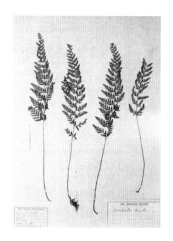

다른이름 양지고사리(박만규, 1949)

중국/일본명 중국명 細毛碗蕨(xi mao wan jue)는 가는 털이 있는 완궐(碗蕨: 포자낭군에 컵 또는 주머니모양의 포막이 있는 고사리라는 뜻으로 잔고사리 종류의 중국명)이라는 뜻이다. 일본명 イヌシダ(犬羊齒)는 흰 털이 많은 것을 개에 비유해 붙여졌다.

참고 [북한명] 잔고사리 [지방명] 개꼬사리(전남)

Microlepia strigosa *Presl* イシカグマ
Dol-toĝi-gosari 돌토끼고사리

돌토끼고사리〈*Microlepia strigosa* (Thunb.) C.Presl(1851)〉

돌토끼고사리라는 이름은 돌 틈에서 자라고 토끼고사리를 닮았다는 뜻에서 붙여졌다.[151] 『조선식물향명집』에서 전통 명칭 '고사리'를 기본으로 하고 식물의 형태적 특징을 나타내는 '토끼'와 산지(産地)를 나타내는 '돌'을 추가해 신칭했다.[152]

속명 *Microlepia*는 그리스어 *micros*(작은)와 *lepis*(비늘조각)의 합성어로 작은 비늘조각을 가졌다는 뜻이며 돌잔고사리속을 일컫는다. 종소명 *strigosa*는 '단단하고 뾰족한 돌기가 까칠까칠한'이라는 뜻이다.

다른이름 돌잔고사리(정태현 외, 1949), 민돌잔고사리(박만규, 1961), 굳은돌잔고사리(리용재 외, 2012)

중국/일본명 중국명 粗毛鱗盖蕨(cu mao lin gai jue)는 잎자루에 거친(밀생하는)털이 있는 인개궐(鱗盖蕨: 돌잔고사리 종류의 중국명)이라는 뜻이다. 일본명 イシカグマ(石-)는 돌 틈에서 자라는 고사리라는 뜻이다.

참고 [북한명] 돌잔고사리

---

151 이러한 견해로 이우철(2005), p.183 참조.
152 이에 대해서는 『조선식물향명집』, 색인 p.35 참조.

Microlepia Wilfordii *Moore*　ワウレンシダ
Hwang-gosari　황고사리

황고사리⟨*Dennstaedtia wilfordii* (T.Moore) Christ(1910)⟩

황고사리라는 이름은 잎이 대개 연한 황색이며 열편(裂片)이 황련(왜황련: *Coptis japonica*)과 유사하다는 뜻에서 붙여졌다.[153]『조선식물향명집』에서 전통 명칭 '고사리'를 기본으로 하고 식물의 형태적 특징을 나타내는 '황'을 추가해 신칭했는데,[154] 이 과정에서 일본명 ワウレン(黄連)의 '황'이 차용된 것으로 보인다.

　속명 *Dennstaedtia*는 독일 식물학자 August Wilhelm Dennstadt(1776~1826)의 이름에서 유래했으며 잔고사리속을 일컫는다. 종소명 *wilfordii*는 영국 식물학자로 한국과 일본, 중국의 식물을 채집하고 연구한 Charles Wilford(?~1893)의 이름에서 유래했다.

> **다른이름**　황련고사리(안학수·이춘녕, 1963)

> **중국/일본명**　중국명 溪洞碗蕨(xi dong wan jue)는 계곡가에서 자라는 완궐(碗蕨: 잔고사리 종류의 중국명)이라는 뜻이다. 일본명 ワウレンシダ(黄連羊齒)는 황련을 닮은 양치식물이라는 뜻이다.

> **참고**　[북한명] 황고사리[155]

Onoclea sensibilis *Linné*　カウヤワラビ
Yasan-gosari　야산고사리

야산고비⟨*Onoclea interrupta* (Maxim.) Ching & P.C. Chiu(1974)⟩[156]

야산고비라는 이름은 야산에서 자라는 고비를 닮은 식물이란 뜻에서 유래했다.[157]『조선식물향명집』에서는 '야산고사리'를 신칭해 기록했으나,[158]『새로운 한국식물도감』에서 '야산고비'로 개칭했다.

　속명 *Onoclea*는 그리스어 *onos*(그릇)와 *kleio*(폐쇄)의 합성어로 포자낭군이나 돌돌 말린 홑씨잎을 뜻하며, 디오스코리데스(Dioscorides, 40~90)가 다른 식물명에 *onokleia*를 사용했으나 이를

---

153 이러한 견해로 이우철(2005), p.598 참조.
154 이에 대해서는『조선식물향명집』, 색인 p.49 참조.
155 도봉섭·임록재(1988)는 '황고사리'로 분류하고 있으나, 리용재 외(2012)에서는 그 분류가 확인되지 않으므로 주의를 요한다.
156 '국가표준식물목록'(2018),『장진성 식물목록』(2014) 및 '중국식물지'(2018)는 야산고비의 학명을 *Onoclea sensibilis* var. *interrupta* Maxim.(1859)으로 기재하고 있으나,『한국의 양치식물』(2018)과 '세계식물목록'(2018)은 본문과 같이 기재하고 있다.
157 이러한 견해로 이우철(2005), p.391 참조.
158 이에 대해서는『조선식물향명집』, 색인 p.43 참조.

전용하여 야산고비속을 일컫는다. 종소명 *interrupta*는 '끊어졌다 이어졌다 하는, 중단된'이라는 뜻이다.

다른이름 야산고사리(정태현 외, 1937)

중국/일본명 중국명 球子蕨(qiu zi jue)는 포자엽에 붙는 포자낭군이 원모양의 잔깃조각 및 포막에 둘러싸인 모습이 구슬 같은 고사리라는 뜻이다. 일본명 カウヤワラビ(高野蕨)는 높은 언덕에서 자라는 고사리라는 뜻이다.

참고 [북한명] 야산고사리

Onychium japonicum O. *Kuntze* タチシノブ
Són-bawe-gosari 선바위고사리

선바위고사리〈*Onychium japonicum* (Thunb.) Kunze(1848)〉

선바위고사리라는 이름은 곧추서서 자라고 바위고사리를 닮았다는 뜻이다.[159] 『조선식물향명집』에서 전통 명칭 '고사리'를 기본으로 하고 식물의 형태적 특징을 나타내는 '선'과 산지(産地)를 나타내는 '바위'를 추가해 신칭했다.[160]

속명 *Onychium*은 그리스어 *onyx*(손톱)에서 유래한 것으로 잎의 열편(裂片)이 좁고 뾰족해서 붙여졌으며 선바위고사리속을 일컫는다. 종소명 *japonicum*은 '일본의'라는 뜻으로 최초 발견지 또는 분포지를 나타낸다.

중국/일본명 중국명 野雉尾金粉蕨(ye zhi wei jin fen jue)는 야생 꿩의 꼬리를 닮은 금분궐(金粉蕨: 금색 가루가 있는 고사리라는 뜻으로 선바위고사리 종류의 중국명)이라는 뜻이다. 일본명 タチシノブ(立忍)는 서서 자라는 넉줄고사리(忍ブ草)라는 뜻이다.

참고 [북한명] 선바위고사리 [유사어] 소엽금화초(小葉金花草), 야계미(野鷄尾)

Phyllitis scolopendrium *Newm.* コタニワタリ
Gol-gosari 골고사리

골고사리〈*Asplenium scolopendrium* L.(1753)〉

골고사리라는 이름은 습한 골짜기에서 자라는 고사리라는 뜻에서 붙여진 것으로 추정한다. 『조

---

159 이러한 견해로 이우철(2005), p.332 참조. 다만 이우철은 일본명에서 유래한 것으로 기재하고 있는데, 곧추선다는 의미의 '선'이 일본명과 동일하지만 일본명은 기본으로 하는 명칭이 넉줄고사리(忍ブ草)이므로 그 직접적 유래를 일본명에서 찾는 것은 타당하지 않아 보인다.

160 이에 대해서는 『조선식물향명집』, 색인 p.41 참조.

선식물향명집』에서 전통 명칭 '고사리'를 기본으로 하고 식물의 산지(産地)를 나타내는 '골'을 추가해 신칭했다.[161]

속명 *Asplenium*은 *a-*(부정의 접두사)와 *splen*(비장)의 합성어로 이 속의 어떤 종이 비장의 통증 치료용 약재로 쓰인 데서 유래한 것으로 추정하며 꼬리고사리속을 일컫는다. 종소명 *scolopendrium*은 그리스어 *skolopendra*(지네)에서 유래한 말로 잎 뒷면에 규칙적으로 배열한 포자낭군의 모습이 지네처럼 보인다고 하여 붙여졌다.

다른이름 변산일엽(박만규, 1949), 나도파초일엽(정태현 외, 1949)

중국/일본명 중국명 对开蕨(dui kai jue)는 마주 핀다는 뜻으로 포자낭군이 잎 뒷면에서 마주 보는 형태로 배열하는 것에서 유래한 것으로 보인다. 일본명 コタニワタリ(小谷渡リ)는 작은 タニワタリ(谷渡リ: 골짜기에서 자라는 식물이라는 뜻으로 파초일엽의 일본명)라는 뜻이다.

참고 [북한명] 나도파초일엽

Plagiogyria eruphlebia *Mett.* オホキジノヲ
Bȯdȗlip-jwe-ĝori 버들잎쥐꼬리

꿩고사리〈*Plagiogyria euphlebia* (Kunze) Mett.(1858)〉

꿩고사리라는 이름은 식물체의 모양이 꿩을 닮은 고사리라는 뜻에서 유래했다.[162] 『조선식물향명집』에서는 잎이 버드나무의 잎을 닮았고 식물체가 쥐꼬리 같다는 뜻에서 '버들잎쥐꼬리'를 신칭했으나,[163] 『우리나라 식물명감』에서 고사리라는 이름이 포함된 '꿩고사리'로 기록해 현재에 이르고 있다.

속명 *Plagiogyria*는 그리스어 *plagios*(기울다)와 *gyros*(바퀴)의 합성어로 포자낭군이 비스듬히 붙어 있는 모습에서 유래했으며 꿩고사리속을 일컫는다. 종소명 *euphlebia*는 '아름다운 맥이 있는'이라는 뜻이다.

다른이름 버들잎쥐꼬리(정태현 외, 1937), 버들잎고사리(박만규, 1949)

중국/일본명 중국명 华中瘤足蕨(hua zhong liu zu jue)는 화중(華中: 양쯔강 중·하류) 지역에 분포하는 유족궐(瘤足蕨: 혹이 있는 발 모양의 고사리라는 뜻으로 꿩고사리속의 중국명)이라는 뜻이다. 일본명 オ

---

161 이에 대해서는 『조선식물향명집』, 색인 p.32 참조.
162 이러한 견해로 이우철(2005), p.122 참조.
163 이에 대해서는 『조선식물향명집』, 색인 p.38 참조.

ホキジノヲ(大雉の尾)는 큰 꿩의 꼬리라는 뜻이다.

Polypodium annuifrons *Makino* ホテイシダ
Dasima-ilyŏbcho 다시마일엽초

다시마일엽초〈*Lepisorus annuifrons* (Makino) Ching(1933)〉[164]

다시마일엽초라는 이름은 『조선식물향명집』에서 전통 명칭 '일엽초'를 기본으로 하고 식물의 형태적 특징을 나타내는 '다시마'를 추가해 신칭했다.[165] 잎몸의 넓은 모양이 다시마를 닮은 일엽초라는 뜻에서 붙여진 것으로 추정한다.

속명 *Lepisorus*는 그리스어 *lepis*(비늘조각)와 *sorus*(포자낭군)의 합성어로 포자낭군에 비늘조각이 있는 것에서 유래했으며 일엽초속을 일컫는다. 종소명 *annuifrons*는 '1년생 잎의'라는 뜻이다.

다른이름 금강고사리(박만규, 1949), 금강일엽초(박만규, 1961), 큰일엽초(안학수·이춘녕, 1963)

중국/일본명 중국에서는 이를 별도 분류하지 않는 것으로 보인다. 일본명 ホテイシダ(布袋羊歯)는 잎몸이 넓은 것을 포대(베자루)에 비유한 것에서 유래했다.

참고 [북한명] 금강일엽초

Polypodium ensatum *Thunberg* クリハラン
Bamip-gosari 밤잎고사리

밤일엽〈*Neocheiropteris ensata* (Thunb.) Ching(1940)〉[166]

밤일엽이라는 이름은 밤나무의 잎을 닮은 일엽초라는 뜻에서 유래했다.[167] 『조선식물향명집』은 '밤잎고사리'로 기록했으나 『조선식물명집』에서 '밤일엽'으로 개칭해 현재에 이르고 있다. 『조선식물향명집』에 기록된 '밤잎고사리'는 현재 『조선식물향명집』 기준 '창밤잎고사리'의 이름으로 사용하고 있다(이 책 '창밤잎고사리' 항목 참조).

속명 *Neocheiropteris*는 그리스어 *neo*(새로운)와 *Cheiropteris*(양치식물의 일속)의 합성어로

---

164 제주도에 분포한다고 알려져 있으나 아직까지 확인된 바 없다. 이에 대해서는 『한국의 양치식물』(2018), p.425 참조.
165 이에 대해서는 『조선식물향명집』, 색인 p.34 참조.
166 별도의 종으로 밤잎고사리〈*Colysis wrightii* (Hook.) Ching(1933)〉(『조선식물향명집』 기준: 창밤잎고사리)가 있으나, 『조선식물향명집』에서 밤잎고사리로 기록한 학명 *Polypodium ensatum* Thunb.(1794)는 밤일엽〈*Neocheiropteris ensata* (Thunb.) Ching(1940)〉의 이명(synonym)으로 취급되고 있으므로 주의를 요한다.
167 이러한 견해로 이우철(2005), p.260 참조.

*Cheiropteris*속 식물과 유사하다는 뜻이며 밤일엽속을 일컫는다. 종소명 *ensata*는 '칼모양의, 검처럼 날카로운'이라는 뜻으로 잎의 모양에서 유래했다.

다른이름 밤잎고사리(정태현, 1937), 밤잎일엽(박만규, 1961), 밤고사리(한진건 외, 1982), 긴잎고사리(이우철, 1996b),[168] 검잎고사리(리용재 외, 2012)[169]

중국/일본명 중국명 盾蕨(dun jue)는 방패모양의 고사리라는 뜻이다. 일본명 クリハラン(粟葉蘭)은 밤나무의 잎을 닮았고 난초와 비슷하다고 하여 붙여졌다.

참고 [북한명] 밤잎고사리

Polypodium hastatum *Thunberg*　ミツデウラボシ
Gorancho　고란초　皐蘭草

고란초〈*Selliguea hastata* (Thunb.) Fraser-Jenk.(2008)〉[170]

고란초라는 이름은 한자어 고란초(皐蘭草)에서 유래했는데, 습기가 많은 바위틈에서 자라고 난초와 비슷하다고 하여 붙여진 것으로 추정한다.[171] 한편 백제 말기에 창건된 부여의 고란사(皐蘭寺)에서 고란초라는 이름이 처음 발견되었기 때문에 이름이 붙여졌다는 견해가 있다.[172] 그러나 고란사는 백제 시대 왕실의 내불전 등으로 이용되다 고려 시대에 사찰로 다시 지은 것으로 알려져 있고, 처음에는 高蘭寺라고 하다가 고란초로 인하여 皐蘭寺로 개칭되었다고도 하므로 그 근거가 명확하지는 않다.[173]

　속명 *Selliguea*는 초기 현미경 개발의 선구자였던 프랑스

---

168 이우철(2005)은 '긴잎고사리'를 밤일엽의 중국 옌볜 방언으로 기록하고 있으나, 그 정확한 출처는 확인되지 않으므로 주의를 요한다.

169 『조선식물명휘』(1922)는 한글명 없이 '水石草'를 기록했다.

170 '국가표준식물목록'(2018)은 고란초의 학명을 *Crypsinus hastatus* (Thunb.) Copel.(1947)로 기재하고 있으나, 『장진성 식물목록』(2014)과 『한국의 양치식물』(2018)은 본문과 같이 기재하고 있다.

171 이러한 견해로 이우철(2005), p.74 참조.

172 이러한 견해로 이유미(2010), p.23 참조.

173 이에 대한 보다 자세한 내용은 『한국민족문화대백과사전』(2014) 중 '고란사' 참조.

의 공학자이자 자연사학자 Alexander François Selligue(1784~1845) 이름에서 유래했으며 고란
초속을 일컫는다. 종소명 *hastata*는 '칼끝 모양의'라는 뜻으로 잎의 모양에서 유래했다.

옛이름 皐蘭(하서전집, 1568), 金星草/鳳尾草/七星草(광재물보, 19세기 초), 金星草/七星草(물명고, 1824), 金星草(수세비결, 1929)[174]

중국/일본명 중국명 金鸡脚假瘤蕨(jin ji jiao jia liu jue)는 잎이 갈라진 모양이 금계(金鷄)의 발과 같은 가류궐(假瘤蕨: 고란초 종류의 중국명)이라는 뜻이다. 일본명 ミツデウラボシ(三手裏星)는 잎이 종종 3분열하고 포자낭군이 별처럼 보인다고 하여 붙여졌다.

참고 [북한명] 고란초 [유사어] 고란(皐蘭), 아장금성초(鵝掌金星草)

Polypodium lineare *Thunberg* ノキシノブ
Ilyŏbcho 일엽초 一葉草

일엽초〈*Lepisorus thunbergianus* (Kaulf.) Ching(1933)〉

일엽초라는 이름은 한자어 일엽초(一葉草)에서 유래했는데, 땅속줄기에서 잎이 단엽으로 하나씩 나와서 붙여졌다.[175] 一葉草(일엽초)는 옛 문집에 기록된 것으로 방언에서도 유사한 이름이 확인되는 것에 비추어 당시 실제 사용하던 이름으로 추론된다. 한편 중국명 瓦韋(와위)에 대해 『동의보감』은 석위(石韋)의 일종으로 기와에서 주로 자라는 것을 일컫는 이름으로 사용했기 때문에 현재의 일엽초와는 차이가 있을 수 있다.

속명 *Lepisorus*는 그리스어 *lepis*(비늘조각)와 *sorus*(포자낭군)의 합성어로 포자낭군에 비늘조각이 있는 것에서 유래했으며 일엽초속을 일컫는다. 종소명 *thunbergianus*는 스웨덴 식물학자로 일본 식물을 연구한 Carl Peter Thunberg(1743~1828)의 이름에서 유래했다.

옛이름 瓦韋(향약집성방, 1433), 瓦韋(동의보감, 1613), 一葉草(해유록, 1719), 一葉草(청천집, 18세기), 一葉草(매산집, 1790)[176]

중국/일본명 중국명 瓦韦(wa wei)는 기와에서 자라는 잎이 가죽질인 식물이라는 뜻이다. 일본명 ノキシノブ(軒忍)는 지붕 아래서 넉줄고사리(シノブ)처럼 자란다고 하여 붙여졌다.

참고 [북한명] 일엽초 [유사어] 골비초(骨脾草), 와위(瓦韋), 칠성초(七星草) [지방명] 일역초(경기), 검단(충청)

---

174 『조선어사전』(1920)은 '金星草(금성초), 七星草(칠ㅅ성초)'를 기록했으며 『조선식물명휘』(1922)는 한글명 없이 한자로 '金鷄脚'을, 『토명대조선만식물자휘』(1932)는 '[七星草]칠(ㅅ)성초, [金星草]금성초'를 기록했다.

175 이러한 견해로 이우철(2005), p.434 참조.

176 『조선식물명휘』(1922)는 '瓦韋, 滿天星, 一葉草, 일엽쵸'를 기록했으며 『토명대조선만식물자휘』(1932)는 '[石韋]셕위, [瓦韋]와위, [一葉草]일엽쵸'를, 『선명대화명지부』(1934)는 '일엽(초)'를 기록했다.

Polypodium lineare *Thunb.* var. subspathulatum *Takeda* ヒメノキシノブ
Aegi-ilyŏbcho 애기일엽초

애기일엽초〈*Lepisorus onoei* (Franch. & Sav.) Ching(1933)〉

애기일엽초라는 이름은 일엽초를 닮았으나 일엽초에 비해 식물체가 작고 귀엽다는 뜻이다.[177] 『조선식물향명집』에서 전통 명칭 '일엽초'를 기본으로 하고 식물의 형태적 특징을 나타내는 '애기'를 추가해 신칭했다.[178]

속명 *Lepisorus*는 그리스어 *lepis*(비늘조각)와 *sorus*(포자낭군)의 합성어로 포자낭군에 비늘조각이 있는 것에서 유래했으며 일엽초속을 일컫는다. 종소명 *onoei*는 일본 식물학자 오노 모토요시(小野職愨, 1838~1890)의 이름에서 유래했다.

중국/일본명 중국에서는 이를 별도 분류하지 않는 것으로 보인다. 일본명 ヒメノキシノブ(姬軒忍)는 식물체의 크기가 작아서 아기 같은 일엽초(ノキシノブ)라는 뜻이다.

참고 [북한명] 애기일엽초

Polypodium lineare *Thunb.* var. ussuriense *C. Christ.* ミヤマノキシノブ
San-ilyŏbcho 산일엽초

산일엽초〈*Lepisorus ussuriensis* (Regel & Maack) Ching(1933)〉

산일엽초라는 이름은 깊은 산에서 자라는 일엽초라는 뜻이다.[179] 『조선식물향명집』에서 전통 명칭 '일엽초'를 기본으로 하고 식물의 산지(産地)를 나타내는 '산'을 추가해 신칭했다.[180]

속명 *Lepisorus*는 그리스어 *lepis*(비늘조각)와 *sorus*(포자낭군)의 합성어로 포자낭군에 비늘조각이 있는 것에서 유래했으며 일엽초속을 일컫는다. 종소명 *ussuriensis*는 '우수리강 유역에 분포하는'이라는 뜻으로 분포지를 나타낸다.

중국/일본명 중국명 乌苏里瓦韦(wu su li wa wei)는 우수리강 유역에서 자라는 와위(瓦韋: 일엽초의 중국명)라는 뜻이다. 일본명 ミヤマノキシノブ(深山軒忍)는 깊은 산에서 나는 일엽초(ノキシノブ)라는 뜻이다.

참고 [북한명] 산일엽초 [유사어] 사계미(射鷄尾), 오소리와위(烏蘇里瓦韋)

---

177 이러한 견해로 이우철(2005), p.389 참조.
178 이에 대해서는 『조선식물향명집』, 색인 p.43 참조.
179 이러한 견해로 이우철(2005), p.315 참조.
180 이에 대해서는 『조선식물향명집』, 색인 p.40 참조.

Polypodium Veitchii *Baker*　ミヤマウラボシ
Chŭngchŭng-gorancho　층층고란초

층층고란초〈*Selliguea veitchii* (Baker) H. Ohashi & K. Ohashi(2009)〉[181]

층층고란초라는 이름은 고란초에 비해 잎의 깃조각이 층층으
로 나는 것처럼 보인다고 해서 붙여졌다.[182] 『조선식물향명집』
에서 전통 명칭 '고란초'를 기본으로 하고 식물의 형태적 특징
을 나타내는 '층층'을 추가해 신칭했다.[183]

속명 *Selliguea*는 초기 현미경 개발의 선구자였던 프랑스
의 공학자이자 자연사학자 Alexander François Selligue
(1784~1845) 이름에서 유래했으며 고란초속을 일컫는다. 종소
명 *veitchii*는 영국 원예업자이자 식물 채집가인 John Gould
Veitch(1839~1870)의 이름에서 유래했다.

다른이름 두메고란(정태현 외, 1949), 산고란초(박만규, 1961), 두
메고란초(리종오, 1964)

중국/일본명 중국명 陝西假瘤蕨(shan xi jia liu jue)는 산시(陝西) 지역에 나는 가류궐(假瘤蕨: 고란초 종
류의 중국명)이라는 뜻이다. 일본명 ミヤマウラボシ(深山裏星)는 깊은 산에서 자라고 포자낭군이
별처럼 보인다는 뜻에서 유래했다.

참고 [북한명] 두메고란초

○ Polypodium Wrightii *Mett.*　ヤリノホクリハラン
Chañg-bamip-gosari　창밤잎고사리

밤잎고사리〈*Colysis wrightii* (Hook.) Ching(1933)〉

밤잎고사리라는 이름은 밤나무의 잎과 유사한 잎을 가진 고사리라는 뜻에서 유래했다.[184] 『조선
식물향명집』은 밤잎고사리를 *Polypodium ensatum*에 대한 국명으로 기록했으나 현재 이 학명
은 밤일엽에 대한 학명의 이명(synonym)으로 처리되었고, 현재의 학명에 대한 국명으로 밤잎고

181 '국가표준식물목록'(2018)은 층층고란초의 학명을 *Crypsinus veitchii* (Baker) Copel.(1947)로 기재하고 있으나, 『장진성
　　식물목록』(2014)과 '중국식물지'(2018)는 *Selliguea senanensis* (Maxim.) S.G. Lu & Hovenkamp & M.G. Gilbert(2013)
　　를 정명으로 기재하고 있다. 이 책은 '세계식물목록'(2018)과 『한국의 양치식물』(2018)에 따라 본문과 같이 기재한다.

182 이러한 견해로 이우철(2005), p.520 참조.

183 이에 대해서는 『조선식물향명집』, 색인 p.47 참조.

184 이러한 견해로 이우철(2005), p.260 참조.

사리가 정착된 것은 『우리나라 식물자원』에 따른 것이다.

속명 *Colysis*는 그리스어 *kolysis*(방해, 중단)에서 유래한 것으로 포자낭군이 잎맥을 사이에 두고 줄지어 있어 붙여졌으며 손고비속을 일컫는다. 종소명 *wrightii*는 영국 식물학자 C. H. Wright(1864~1941)의 이름에서 유래했다.

다른이름 창밤잎고사리(정태현 외, 1937), 창고사리(박만규, 1949), 창끝고사리(안학수·이춘녕, 1963), 창밤일엽(한진건 외, 1982)

중국/일본명 중국명 褐叶线蕨(he ye xian jue)는 갈색 잎을 가진 줄 모양의 고사리라는 뜻이다. 일본명 ヤリノホクリハラン(槍の葉粟葉蘭)은 창과 같이 날카로운 잎을 가진 밤일엽(粟葉蘭)이라는 뜻이다.

참고 [북한명] 창고사리

Polypodium vulgare *Linné*   エゾデンダ
Meyóg-gosari   메역고사리

미역고사리〈*Polypodium vulgare* L.(1753)〉

미역고사리라는 이름은 잎이 자라는 모습이 미역을 연상시키는 고사리라는 뜻에서 유래한 것으로 추정한다. 『조선식물향명집』에서는 전통 명칭 '고사리'를 기본으로 하고 식물의 형태적 특징을 나타내는 '메역'을 추가해 '메역고사리'를 신칭했는데,[185] '메역'은 미역이라는 뜻으로 당시의 표기법에 따른 것이다.[186] 『우리나라 식물명감』에서 '미역고사리'로 개칭해 현재에 이르고 있다.

속명 *Polypodium*은 그리스어 *polys*(많은)와 *pous*(다리)의 합성어로 땅속줄기가 많이 갈라지는 모습에서 유래했으며 미역고사리속을 일컫는다. 종소명 *vulgare*는 '보통의, 통상의'라는 뜻이다.

다른이름 메역고사리(정태현 외, 1937), 큰나도우드풀(정태현 외, 1949), 큰나도우두풀(리용재 외, 2012)

옛이름 水龍骨(열하일기, 1780), 水龍骨(의휘, 1871), 水龍骨(녹효방, 1873)

중국/일본명 중국명 欧亚水龙骨(ou ya shui long gu)는 유라시아(欧亞)에 분포하는 수룡골(水龍骨: 약용으로 사용하는 땅속줄기가 수룡의 뼈와 같이 생겼다는 의미)이라는 뜻이다. 일본명 エゾデンダ(蝦夷-)는 에조(蝦夷: 홋카이도의 옛 지명)에서 자라는 고사리(デンダ: 고사리를 뜻하는 シダ의 방언)라는 뜻이다.

참고 [북한명] 큰나도우두풀 [유사어] 수룡골(水龍骨)

---

185 이에 대해서는 『조선식물향명집』, 색인 p.36 참조.
186 『조선어방언사전』(2009)에 따르면 방언 조사 당시(1911~1932) 한반도 대부분의 지방에서는 메역이라는 단어를 썼고, 미역은 전라도에서 주로 사용하던 방언이라 기록했다. 한편 『조선어사전』(1920)은 당시 미역을 '메역'으로 표기했다.

Polystichum craspedosorum *Diels*   ツルデンダ
Naggsi-gosari   낚시고사리

낚시고사리〈*Polystichum craspedosorum* (Maxim.) Diels(1899)〉

낚시고사리라는 이름은 『조선식물향명집』에서 신칭한 것으로,[187] 잎의 끝부분이 길게 자라서 땅
에 닿으면 새로운 개체를 만드는 것을 낚시에 비유하고 고사리를 닮았다는 뜻에서 붙여졌다.[188]

　속명 *Polystichum*은 그리스어 *polys*(많은)와 *stichos*(열, 쩨)의 합성어로 이 속의 어떤 종에서
포자낭군이 많은 열을 이룬 데서 유래했으며 십자고사리속을 일컫는다. 종소명 *craspedosorum*
은 '둘러싸인 포자낭군의'라는 뜻이다.

다른이름　낙씨고사리(이영노·주상우, 1956)

중국/일본명　중국명 华北耳蕨(hua bei er jue)는 화베이(華北) 지방에서 자라는 이궐(耳蕨: 십자고사리속
의 중국명)이라는 뜻이다. 일본명 ツルデンダ(蔓デ羊齒)는 잎의 끝이 번식을 위해 다소간 덩굴 모양
을 이루는 고사리라는 뜻이다.

참고　[북한명] 낚시고사리

Polystichum falcatum *Diels*   オニヤブソテツ
Doĝaebi-soe-gobi   도깨비쇠고비

도깨비쇠고비〈*Cyrtomium falcatum* (L. f.) C. Presl(1836)〉

도깨비쇠고비라는 이름은 잎의 깃조각 모양이 도깨비를 닮았
고 고비에 비해 거친 모양(쇠)이라는 뜻이다.[189] 『조선식물향명
집』에서 전통 명칭 '고비'를 기본으로 하고 식물의 형태적 특
징을 나타내는 '도깨비'와 '쇠'를 추가해 신칭했다.[190]

　속명 *Cyrtomium*은 그리스어 *cyrtoma*(굽은)에서 유래한
것으로 깃조각이 굽어 있어서 붙여졌으며 쇠고비속을 일컫는
다. 종소명 *falcatum*은 '낫모양의'라는 뜻으로 깃조각의 모양
에서 유래했다.

다른이름　도깨비고비(박만규, 1949), 긴잎도깨비고비(박만규,

---

187 이에 대해서는 『조선식물향명집』, 색인 p.33 참조.
188 이러한 견해로 이우철(2005), p.132 참조.
189 이러한 견해로 위의 책, p.179 참조.
190 이에 대해서는 『조선식물향명집』, 색인 p.35 참조.

1975), 큰쇠고비(리용재 외, 2012)

중국/일본명 중국명 全缘贯众(quan yuan guan zhong)은 깃조각의 가장자리가 밋밋한(전연) 관중(貫衆)이라는 뜻이다. 일본명 オニヤブソテツ(鬼藪蘇鉄)는 어수선하게 엉클어진 큰 덤불처럼 생긴 소철이라는 뜻이다.

참고 [북한명] 큰쇠고비 [유사어] 전연관중(全緣貫衆), 참쇠고비

Polystichum lepidocaulon *J. Smith* ヲリヅルシダ
Dobusari-gosari 더부사리고사리

더부살이고사리〈*Polystichum lepidocaulon* (Hook.) J.Sm.(1866)〉

더부살이고사리라는 이름은 더부살이하는 고사리라는 뜻이다.[191] 식물명에서 더부살이는 기생성 식물을 뜻하기도 하지만, 더부살이고사리는 살눈을 통해 번식을 할 뿐 기생성 식물은 아니다. 『조선식물향명집』에서는 전통 명칭 '고사리'를 기본으로 하고 식물의 형태적 특징을 나타내는 '더부사리'를 추가해 '더부사리고사리'를 신칭해 기록했으나,[192] 『조선식물명집』에서 '더부살이고사리'로 개칭해 현재에 이르고 있다.

속명 *Polystichum*은 그리스어 *polys*(많은)와 *stichos*(열, 列)의 합성어로 이 속의 어떤 종에서 포자낭군이 많은 열을 이룬 데서 유래했으며 십자고사리속을 일컫는다. 종소명 *lepidocaulon*은 '비늘조각이 있는 줄기의'라는 뜻이다.

다른이름 더부사리고사리(정태현 외, 1937), 싹고사리(박만규, 1961), 새끼줄고사리(안학수·이춘녕, 1963)

중국/일본명 중국명 鞭叶耳蕨(bian ye er jue)는 채찍 모양의 잎을 가진 이궐(耳蕨: 십자고사리속의 중국명)이라는 뜻이다. 일본명 ヲリヅルシダ(折鶴羊齒)는 살눈을 뻗으면서 자라는 모습이 종이학(折鶴)을 닮은 양치식물이라는 뜻이다.

참고 [북한명] 더부사리고사리

Polystichum polyblepharum *Presl* ヒメカナワラビ(キヨスミシダ)
Som-bongue-gori 섬봉의꼬리

나도히초미〈*Polystichum polyblepharum* (Roem. ex Kunze) C.Presl(1851)〉

---

191 이러한 견해로 이우철(2005), p.174 참조.
192 이에 대해서는 『조선식물향명집』, 색인 p.35 참조.

나도히초미라는 이름은 히초미(관중의 다른이름)와 닮았다는 뜻에서 유래했다.[193] 『조선식물향명집』에서는 표본이 제주도에서 채집되었고 봉의꼬리를 닮았다는 의미의 '섬봉의꼬리'를 신칭해 기록했으나,[194] 이후에 남부 지방에서 분포가 확인되는[195] 등의 이유로 『조선식물명집』에서 나도히초미로 개칭한 것으로 보인다.

속명 *Polystichum*은 그리스어 *polys*(많은)와 *stichos*(열, 列)의 합성어로 이 속의 어떤 종에서 포자낭군이 많은 열을 이룬 데서 유래했으며 십자고사리속을 일컫는다. 종소명 *polyblepharum*은 '연모(軟毛)가 있는, 가장자리에 털이 있는'이라는 뜻이다.

다른이름 섬봉의꼬리(정태현 외, 1937), 개관중(박만규, 1949), 나도회초미(리종오, 1964), 좀쇠고사리(한진건 외, 1982)[196]

중국/일본명 중국명 棕鱗耳蕨(zong lin er jue)는 종려와 비슷한 비늘조각이 있는 이궐(耳蕨: 십자고사리속의 중국명)이라는 뜻이다. 일본명 ヒメカナワラビ(姫金蕨)는 식물체가 아기처럼 작고 잎이 두텁고 단단하여 쇠를 연상시키는 고사리라는 뜻이다.

참고 [북한명] 나도회초미 [유사어] 대엽금계미파초(大葉金鷄尾巴草)

Polystichum tripteron Presl ジユモンジシダ(シユモクシダ)
Sibja-gosari 십자고사리

십자고사리⟨*Polystichum tripteron* (Kunze) C.Presl.(1851)⟩

십자고사리라는 이름은 좌우의 첫째 깃조각만 길게 옆으로 자라 잎 전체 모양이 '十' 자와 같은 모양을 이루는 특징이 있으므로 십(十)자를 이루는 고사리라는 뜻에서 붙여졌다.[197] 『조선식물향명집』에서 전통 명칭 '고사리'를 기본으로 하고 식물의 형태적 특징을 나타내는 '십자'를 추가해 신칭했다.[198]

속명 *Polystichum*은 그리스어 *polys*(많은)와 *stichos*(열, 列)의 합성어로 이 속의 어떤 종에서 포자낭군이 많은 열을 이룬 데서 유래했으며 십자고사리속을 일컫는다. 종소명 *tripteron*은 '3개의 날개가 있는'이라는 뜻으로 하나의 잎자

193 이러한 견해로 이우철(2005), p.129 참조.
194 이에 대해서는 『조선식물향명집』, 색인 p.41 참조.
195 전남, 경북, 경남 및 제주 산지의 수림 아래에서 자란다. 이에 대해서는 『한국의 양치식물』(2018), p.362 참조.
196 『조선식물명휘』(1922)는 학명을 *P. tsusimense*로 하여 '鳳尾草'를 기록했다.
197 이러한 견해로 이우철(2005), p.370 참조.
198 이에 대해서는 『조선식물향명집』, 색인 p.42 참조.

루에 3개의 깃모양겹잎이 달리는 것에서 유래했다.

중국/일본명 중국명 戟叶耳蕨(ji ye er jue)는 창모양의 잎을 가진 이궐(耳蕨: 십사고사리속의 중국명)이라는 뜻이다. 일본명 ジュモンジシダ(十文字羊歯)는 열십의 문자형을 가진 양치식물이라는 뜻이다.

참고 [북한명] 십자고사리 [유사어] 삼차이궐(三叉耳蕨), 신열이궐(新裂耳蕨)

Polystichum varium *Presl*　イタチシダ
Jogjebi-gosari　족제비고사리

족제비고사리〈*Dryopteris varia* (L.) Kuntze(1891)〉

족제비고사리라는 이름은 『조선식물향명집』에서 신청한 것이다.[199] 식물체가 땅을 기듯이 비스듬히 자라고 잎자루에 적갈색의 비늘조각이 많은 모습 등이 동물 족제비를 연상케 하고 고사리를 닮았다는 뜻에서 붙여졌다.[200]

속명 *Dryopteris*는 그리스어 *dryos*(참나무 또는 나무)와 *pteris*(양치식물)의 합성어로 참나무 숲에서 자라는 양치식물이란 뜻이며 관중속을 일컫는다. 종소명 *varia*는 '여러 가지의, 다른, 변하는'이라는 뜻이다.

다른이름 검정털고사리/제주지네고사리(박만규, 1949), 족제비고사리(정태현 외, 1949), 산족제비고사리(박만규, 1961)

중국/일본명 중국명 变类鳞毛蕨(bian yi lin mao jue)는 변이가 있는 인모궐(鳞毛蕨: 관중속의 중국명)이라는 뜻으로 학명과 관련해 붙여졌다. 일본명 イタチシダ(鼬羊歯)는 족제비를 닮은 양치식물이라는 뜻이다.

참고 [북한명] 족제비고사리 [유사어] 양색인모궐(兩色鱗毛蕨)

Pteridium aquilinum *Kuhn*　ワラビ　蕨
Gosari　고사리

고사리〈*Pteridium aquilinum* (L.) Kuhn var. *latiusculum* (Desv.) Underw. ex A. Heller(1909)〉

오래전부터 사용한 고사리라는 이름은 '곱다'와 '사리'의 합성어로, '곱다'는 굽어 있다는 뜻의 옛말이고, '사리'는 굴절의 뜻인 '사리다'를 어원으로 하며 뭉치를 뜻한다. 즉, 고사리의 싹이 돋아날 때 끝이 돌돌 말려 있는 모양을 굽은 사리로 본 것에서 유래한 이름이다.[201] 한편 고사리의 어원

---

199 이에 대해서는 『조선식물향명집』, 색인 p.45 참조.
200 이러한 견해로 이우철(2005), p.463 참조.
201 이러한 견해로 백문식(2014), p.52와 김양진(2011), p.77 참조.

을 '고'(고비의 준말)와 '사리'(풀을 뜻하는 새와 동원어)의 합성어로 보고 고비사리가 변해 고사리가 되었다는 견해가 있다.[202] 그러나 '고비'라는 한글 표현이 본격적으로 등장하는 것은 조선 후기이고, 그 이전에도 일부 표현이 발견되나 고비와 고사리를 명확하게 구별하여 사용하지 않았던 점에 비추어 고비에서 고사리의 어원을 찾는 것은 타당하지 않아 보인다. 또한 한자 蕨(궐)에서 고사리가 유래했다거나,[203] 한자어 곡사리(曲絲里)가 변해 고사리가 되었다는 견해가 있다.[204] 그러나 중국어 蕨(jue)의 발음은 고사리와 유사하지 않고 한자가 도입되기 이전에도 식용했던 식물이므로 당연히 고유한 이름이 있었을 것이기 때문에 한자어에서 유래를 찾는 것은 타당하지 않아 보인다.

속명 *Pteridium*은 그리스어 *pteron*(날개)에 어원을 둔 것으로 깃모양의 잎이 날개를 닮았다는 뜻이고, *Pteris*(봉의꼬리속)와 유사하다는 뜻도 있으며 고사리속을 일컫는다. 종소명 *aquilinum*은 '독수리 같은, 굽은'이라는 뜻이다. 변종명 *latiusculum*은 '꽤 넓은'이라는 뜻으로 잎의 모양에서 유래했다.

다른이름 참고사리(박만규, 1949), 층층고사리(정태현 외, 1949), 북고사리(안학수·이춘녕, 1963)

옛이름 蕨(세종실록지리지, 1454), 고사리치/薇(분류두공부시언해, 1481), 蕨/고사리(사성통해, 1517), 蕨/고사리/拳頭菜/蘁(훈몽자회, 1527), 蕨菜/고사리(동의보감, 1613), 고사리치(박통사언해, 1677), 蕨(남환박물, 1704), 蕨/고스리/蕨箕/拳頭菜(물명고, 1824), 蕨(제주계록, 19세기), 蕨/고사리(명물기략, 1870), 고사리(조선구전민요집, 1933)[205]

중국/일본명 중국명 蕨(jue)는 고사리를 나타내기 위해 만든 한자이다. 일본명 ワラビ(蕨)는 줄기를 뜻하는 ワラ와 으름덩굴을 뜻하는 ビ(アケビ의 축약형)의 합성어로 줄기를 으름덩굴처럼 식용한 것에서 유래했다.

---

202 이러한 견해로 김종원(2016), p.21과 서정범(2000), p.57 참조.

203 이러한 견해로 이우철(2005), p.76 참조.

204 허북구·박석근(2008a), p.29와 한태호 외(2006), p.60은 한자어 곡사리(曲絲里)를 어원으로 보고 굽이 있는 모양과 실같이 하얀 것이 식물체에 붙어 있는 것에서 유래했다고 한다. 이는 『동언고략(東言攷略)』[동언고략은 박경가가 저술한 『동언고』(1836)가 모본으로 1908년 정교(鄭喬)가 저술한 것으로 잘못 알려짐]에 나오는 '曲絲里'(곡사리)에 근거한 견해로 보인다. 그러나 『동언고』는 우리 옛말을 지나치게 한자화하여 해석하는 문제점이 있으므로 주의를 요한다.

205 『제주도및완도식물조사보고서』(1914)는 'コサリ'[고사리]를 기록했으며 『조선의 구황식물』(1919)은 '고사리, 蕨'을, 『조선어사전』(1920)은 '고사리, 蕨菜'를, 『조선식물명휘』(1922)는 '蕨, 龍頭菜, 고사리(救)'를, 『토명대조선만식물자휘』(1932)는 '[蕨菜]궐치, [吉祥菜]길상치, [고사리]'를, 『선명대화명지부』(1934)는 '고사리'를, 『조선의산과와산채』(1935)는 '蕨, 고사리'를 기록했다.

참고 [북한명] 고사리 [유사어] 궐(蕨), 궐채(蕨菜) [지방명] 게비/괴사리/귀신손(강원), 고비/먹고사리(경기), 개아리/게아리/게사리/께사리/고시리/꼬시 리/꾀사리/기사리/끼사리(경남), 참고사리(경북), 게사리/고라시/고싸리/께사리/꼬사리/꼬싸리/꼬시리(전남), 꼬사래/꼬사리(전북), 고와리(제주), 고삐/고사리나물/고새리/고시리/먹고사리/참고사리(충남)

Pteris cretica Linné   オホバヰノモトサウ
Kŭn-boṅgŭe-ĝori   큰봉의꼬리

큰봉의꼬리〈*Pteris cretica* L.(1767)〉

큰봉의꼬리라는 이름은 『조선식물향명집』에서 신칭한 것으로,[206] 봉의꼬리에 비해 잎이 크다는 뜻에서 붙여졌다.[207]

속명 *Pteris*는 그리스어 *pteron*(날개)에 어원을 둔 것으로 깃모양의 잎을 나타내며 봉의꼬리속을 일컫는다. 종소명 *cretica*는 '크레타섬의'라는 뜻이다.

다른이름 실봉의고사리(한진건 외, 1982)[208]

중국/일본명 중국명 欧洲凤尾蕨(ou zhou feng wei jue)는 유럽에 분포하는 봉미궐(鳳尾蕨: 봉의꼬리를 닮은 고사리라는 뜻으로 봉의꼬리속의 중국명)이라는 뜻이다. 일본명 オホバヰノモトサウ(大葉井の許草)는 잎이 큰 봉의꼬리(ヰノモトサウ)라는 뜻이다.

참고 [북한명] 큰봉의꼬리

Pteris multifida Poiret   ヰノモトサウ   鳳尾草
Boṅgŭe-ĝori   봉의꼬리

봉의꼬리〈*Pteris multifida* Poir.(1804)〉

봉의꼬리라는 이름은 한자명 '鳳尾草'(봉미초)에서 유래했는데, 길게 뻗는 깃조각의 모양을 봉황(鳳凰)의 꼬리에 비유한 것이다.[209] 옛 문헌에서 鳳尾草(봉미초)는 관중(貫衆)의 별칭으로도 사용했기 때문에 반드시 봉의꼬리를 일컫는 이름이 아닐 수도 있으므로 문헌의 해석에 주의가 필요하다.

속명 *Pteris*는 그리스어 *pteron*(날개)에 어원을 둔 것으로 깃모양의 잎을 나타내며 봉의꼬리속을 일컫는다. 종소명 *multifida*는 '여러 개로 중열(中裂)하는'이라는 뜻이다.

---

206 이에 대해서는 『조선식물향명집』, 색인 p.47 참조.
207 이러한 견해로 이우철(2005), p.534 참조.
208 『조선식물명휘』(1922)는 '鳳尾草'를 기록했다.
209 이러한 견해로 이우철(2005), p.280과 김종원(2013), p.1052 참조.

옛이름 貫衆/鳳尾草(향약집성방, 1433), 鳳尾草(연산군일기, 1509), 鳳尾草(열하일기, 1780), 鳳尾草/貫衆(광재물보, 19세기 초), 鳳尾草/金星草/紫蕨(물명고, 1824), 鳳尾草(오주연문장전산고, 185?), 鳳尾草(의휘, 1871), 鳳尾草(수세비결, 1929)[210]

중국/일본명 중국명 井栏边草(jing lan bian cao)는 우물의 울타리 쪽에 사는 풀이라는 뜻이다. 일본명 ヰノモトサウ(井の許草)도 우물가 근처에 사는 식물이라는 뜻이다.

참고 [북한명] 봉의꼬리 [유사어] 백두초(白頭草), 희초(-草)

Pteris semipinnata *Linné*　オホアマクサシダ
Banjog-gosari　반쪽고사리

큰반쪽고사리〈*Pteris semipinnata* L.(1753)〉[211]

큰반쪽고사리라는 이름은 『조선식물명집』에 따른 것으로, 반쪽고사리에 비해 잎이 크다는 뜻에서 유래했다.[212] 『조선식물향명집』에서는 전통 명칭 '고사리'를 기본으로 하고 식물의 형태적 특징을 나타내는 '반쪽'을 추가해 '반쪽고사리'를 신칭했다.[213]

속명 *Pteris*는 그리스어 *pteron*(날개)에 어원을 둔 것으로 깃모양의 잎을 나타내며 봉의꼬리속을 일컫는다. 종소명 *semipinnata*는 *semi*(절반)와 *pinnata*(깃모양의)의 합성어로 잎의 깃조각이 절반만 발달하는 것에서 유래했다.

다른이름 반쪽고사리(정태현 외, 1937), 큰나래고사리(박만규, 1949), 깃반쪽고사리(박만규, 1961), 나래반쪽고사리(리종오, 1964), 시내봉의꼬리삼(한진건 외, 1982)

중국/일본명 중국명 半边旗(ban bian qi)는 반쪽짜리 깃발이라는 뜻으로 깃조각의 위쪽이 분열되지 않고 아래쪽 절반만 나타나는 것을 묘사한 이름이다. 일본명 オホアマクサシダ(大天草羊歯)는 잎이 큰 반쪽고사리라는 뜻이다.

참고 [북한명] 나래반쪽고사리

---

210 『조선어사전』(1920)은 '희초, 鳳尾草(봉미초), 白頭草(뵉두초)'를 기록했으며 『조선식물명휘』(1922)는 '鳳尾草'를 기록했다.
211 『조선식물향명집』은 *Pteris semipinnata* Linné(1753)를 '반쪽고사리'로 기록하고 있으나, '국가표준식물목록'(2018)과 『한국의 양치식물』(2018)은 *Pteris semipinnata* Linné(1753)를 '큰반쪽고사리'로, *Pteris dispar* Kunze(1848)를 '반쪽고사리'로 기재하고 있으므로 주의를 요한다. 한편, 큰반쪽고사리(*P. semipinnata*)는 제주도에 분포한다고 알려진 바 있고(박만규, 1961) 국내 채집 표본이 외국에 소장되어 있다고 하지만, 최근까지 국내 표본 및 실체가 확인되지 않고 있다. 이에 대해서는 『한국의 양치식물』(2018), p.171 참조.
212 이러한 견해로 이우철(2005), p.533 참조.
213 이에 대해서는 『조선식물향명집』, 색인 p.38 참조.

Pteris quadriaurita *Retz.*   アマクサシダ
Narae-banjog-gosari   나래반쪽고사리

반쪽고사리〈*Pteris dispar* Kunze(1848)〉

반쪽고사리라는 이름은 깃조각의 한쪽만 갈라지는 반만 깃모
양인 고사리라는 뜻이며 학명에서 유래했다.[214]『조선식물향
명집』에서는 전통 명칭 '고사리'를 기본으로 하고 식물의 형태
적 특징을 나타내는 '나래반쪽'을 추가해 '나래반쪽고사리'를
신칭했다.[215]

　속명 *Pteris*는 그리스어 *pteron*(날개)에 어원을 둔 것으
로 깃모양의 잎을 나타내며 봉의꼬리속을 일컫는다. 종소명
*dispar*는 '서로 다른 쌍으로 된, 닮지 않은'이라는 뜻으로 깃
조각이 갈라지는 모양이 서로 다른 것에서 유래했다.

다른이름　나래반쪽고사리(정태현 외, 1937), 날개반짝고사리(이
창복, 1967), 비늘봉의고사리(한진건 외, 1982)

중국/일본명　중국명 刺齒半边旗(ci chi ban bian qi)는 톱니가 있는 반변기(半邊旗: 큰반쪽고사리의 중국
명)라는 뜻이다. 일본명 アマクサシダ(天草羊齒)는 아마쿠사섬(天草島)에 분포하는 양치식물이라는
뜻이다.

참고　[북한명] 반쪽고사리

Woodsia japonica *Makino*   コガネシダ
Jobsal-gosari   좁쌀고사리

참우드풀〈*Woodsia macrochlaena* Mett. ex Kuhn(1868)〉

참우드풀이라는 이름은 일본명을 テウセンデンダ(朝鮮-: 조선에 분포하는 고사리라는 의미)로 기재
하고 있는 점에 비추어 참(한국의) 우드풀이라는 뜻에서 유래한 것으로 이해된다.[216] 그러나 한국
뿐만 아니라 일본, 중국 등에도 분포한다.『조선식물향명집』에서는 좁쌀같이 작은 고사리라는 의
미의 '좁쌀고사리'를 신칭했으나,[217]『조선식물명집』에서 '참우드풀'로 개칭해 현재에 이르고 있다.

---

214 이러한 견해로 이우철(2005), p.260 참조.
215 이에 대해서는『조선식물향명집』, 색인 p.33 참조.
216 이러한 견해로 이우철(2005), p.509 참조.
217 이에 대해서는『조선식물향명집』, 색인 p.46 참조.

속명 *Woodsia*는 영국 식물학자 Joseph Woods(1776~1864)의 이름에서 유래했으며 우드풀속을 일컫는다. 종소명 *macrochlaena*는 *macro*(큰)와 *klaina*(피복)의 합성어로 '큰 망토의, 큰 덮개의'라는 뜻이다.

다른이름 좁쌀고사리(정태현 외, 1937), 가물고사리아재비(박만규, 1961), 황금고사리(리종오, 1964), 참우두풀/황금면모고사리(리용재 외, 2012)

중국/일본명 중국명 大囊岩蕨(da nang yan jue)는 포막이 큰 주머니모양인 암궐(岩蕨: 우드풀과의 중국명)이라는 뜻이다. 일본명 コガネシダ(黃金羊齒)는 황금색의 고사리라는 뜻이나 정확한 유래는 확인되지 않는다.

참고 [북한명] 황금면모고사리

Woodsia manshuriensis *Hooker*　フクロシダ
Manju-gosari　만주고사리

만주우드풀〈*Woodsia manchuriensis* Hook.(1861)〉

만주우드풀이라는 이름은 만주에 분포하는 우드풀이라는 뜻으로 학명에서 유래했다.[218] 『조선식물향명집』에서는 '고사리'를 기본으로 하고 식물의 산지(産地)를 나타내는 '만주'를 추가해 '만주고사리'를 신칭했으나,[219] 『조선식물명집』에서 '만주우드풀'로 개칭해 현재에 이르고 있다.

속명 *Woodsia*는 영국 식물학자 Joseph Woods(1776~1864)의 이름에서 유래했으며 우드풀속을 일컫는다. 종소명 *manchuriensis*는 '만주에 분포하는'이라는 뜻으로 분포지를 나타낸다.

다른이름 만주고사리(정태현 외, 1937), 절벽고사리(이영노·주상우, 1956), 만주가물고사리(안학수·이춘녕, 1963), 북면모고사리(리용재 외, 2012)

중국/일본명 중국명 膀胱蕨(pang guang jue)는 매우 크고 털이 없는 포막이 방광처럼 주머니모양을 이루는 고사리라는 뜻이다. 일본명 フクロシダ(袋羊齒)는 포막이 주머니모양인 고사리라는 뜻이다.

참고 [북한명] 북면모고사리 [유사어] 오공기근(蜈蚣旗根)

---

218 이러한 견해로 이우철(2005), p.213 참조.
219 이에 대해서는 『조선식물향명집』, 색인 p.36 참조.

Woodsia polystichoides *Eat.* var. Veitchii *Hooker et Baker*   イハデンダ
Myŏnmo-gosari   면모고사리

우드풀 〈*Woodsia polystichoides* D.C.Eaton(1860)〉

우드풀이라는 이름은 속명 *Woodsia*에서 유래했다.[220] 『조선
식물향명집』에 기록된 '면모고사리'는 잎 양면에 털이 많은
것을 면모(綿毛)로 표현한 것으로 추정한다. 『조선식물명집』에
서 '우드풀'로 개칭해 현재에 이르고 있다.

속명 *Woodsia*는 영국 식물학자 Joseph Woods(1776~
1864)의 이름에서 유래했으며 우드풀속을 일컫는다. 종소명
*polystichoides*는 *Polystichum*(십자고사리속)과 유사하다는
뜻이다.

다른이름 면모고사리(정태현 외, 1937), 바위면모고사리(박만규,
1949), 왜우드풀(정태현 외, 1949), 가물고사리(박만규, 1961)

중국/일본명 중국명 耳羽岩蕨(er yu yan jue)는 깃조각의 기부가
귀처럼 튀어나온 암궐(岩蕨: 바위에 서식하는 고사리는 뜻으로 우드풀과의 중국명)이라는 뜻이다. 일본
명 イハデンダ(岩–)는 바위에 서식하는 고사리라는 뜻이다.

참고 [북한명] 면모고사리 [유사어] 오공기근(蜈蚣旗根)

---

220 이러한 견해로 이우철(2005), p.420 참조.

Gleicheniaceae 힌고사리科 (裏白科)

풀고사리과〈Gleicheniaceae C.Presl(1825)〉

풀고사리과는 국내에 자생하는 풀고사리에서 유래한 과명이다. '국가표준식물목록'(2018), 『한국의 양치식물』(2018), 『장진성 식물목록』(2014) 및 '세계식물목록'(2018)은 *Gleichenia*(풀고사리속)에서 유래한 Gleicheniaceae를 과명으로 기재하고 있다.

Gleichenia glauca *Hooker*   ウラジロ
Pul-gosari   풀고사리   (濟州)

풀고사리〈*Diplopterygium glaucum* (Thunb. ex Houtt.) Nakai(1950)〉[1]

풀고사리라는 이름은 자생하는 양치식물 중 가장 대형종으로 외형은 나무에 가까우나 실제는 상록성 여러해살이풀이라는 의미에서 유래한 것으로 보인다. 제주를 비롯한 남부 섬에 분포하며 풀고사리라는 이름은 제주 방언을 채록한 것으로,[2] 『조선식물향명집』은 방언을 채록했다는 점을 나타내기 위하여 '齊州'(제주)를 기록했다.

속명 *Diplopterygium*은 *diplous*(이중의)와 *pterygium* (작은 날개의)의 합성어로 깃조각이 2회 깃모양으로 갈라지는 것에서 유래했으며 풀고사리속을 일컫는다. 종소명 *glaucum*은 '회녹색의, 청록색의'라는 뜻으로 잎 뒷면의 색깔과 관련한 이름이다.

중국/일본명 중국명 里白(li bai)와 일본명 ウラジロ(裏白)는 모두 잎의 뒷면이 흰색을 띤다고 하여 붙여졌다.[3]

참고 [북한명] 풀고사리

---

1 '국가표준식물목록'(2018)은 풀고사리의 학명을 *Gleichenia japonica* Spreng.(1753)으로 기재하고 있으나, 『장진성 식물목록』(2014), '세계식물목록'(2018) 및 『한국의 양치식물』(2018)은 본문과 같이 기재하고 있다.
2 이우철(2005), p.578은 제주 방언에서 유래한 이름으로 보고 있다.
3 『제주도및완도식물조사보고서』(1914)와 『제주도식물』(1930)은 'プルコサリ'[풀고사리]를 기록했다.

Gleichenia linearis *Clark* コシダ
Balgag-gosari 발각고사리

발풀고사리〈*Dicranopteris linearis* (Burm. f.) Underw.(1907)〉[4]

발풀고사리라는 이름은 식물의 모습이 새의 발과 같이 생겼고 풀고사리를 닮았다는 뜻으로, 학명에서 유래했다.[5] 『조선식물향명집』은 '발각고사리'로 기록했으나 『조선식물명집』에서 '발풀고사리'로 개칭해 현재에 이르고 있다.

속명 *Dicranopteris*는 *dicranoss*(둘로 갈라지는)와 *pteris*(양치식물)의 합성어로, 잎자루 끝에서 둘로 갈라져 좌우 이엽(二葉)을 이루는 것에서 유래했으며 발풀고사리속을 일컫는다. 종소명 *linearis*는 '선형(線形)의'라는 뜻이다.

다른이름 발각고사리(정태현 외, 1937)[6]

중국/일본명 중국명 铁芒萁(tie mang qi)는 잎자루가 철사와 같이 딱딱하며 땅속줄기에 망기(芒萁: 까끄라기)가 있는 풀이라는 뜻이다. 일본명 コシダ(小羊歯)는 작은 고사리 종류라는 뜻이다.

참고 [북한명] 발각고사리 [지방명] 베염고사리/허궁고사리/허금고사리/허웅고사리(제주)

---

4 '국가표준식물목록'(2018)과 『장진성 식물목록』(2014)은 발풀고사리의 학명을 *Dicranopteris pedata* (Houtt.) Nakaike (1975)로 기재하고 있으나, '중국식물지'(2018), '세계식물목록'(2018) 및 『한국의 양치식물』(2018)은 본문과 같이 기재하고 있다.
5 이러한 견해로 이우철(2005), p.260 참조.
6 『제주도및완도식물조사보고서』(1914)는 'パルガクコサリ'[발각고사리]를 기록했다.

Schizaeaceae 실고사리科 (海金砂科)

실고사리과〈Lygodiaceae M.Roem.(1840)〉

실고사리과는 국내에 자생하는 실고사리에서 유래한 과명이다. '국가표준식물목록'(2018)과 『장진성
식물목록』(2014)은 *Schizaea*에서 유래한 Schizaeaceae를 과명으로 기재하고 있으나, 『한국의 양치
식물』(2018)과 '세계식물목록'(2018)은 *Lygodium*(실고사리속)에서 유래한 Lygodiaceae를 과명으로
기재하고 Schizaeaceae를 별도 분류한다.

Lygodium japonicum *Swartz*　　カニクサ(ツルシノブ)　　海金砂

Sil-gosari　실고사리　(濟州)

실고사리〈*Lygodium japonicum* (Thunb.) Sw.(1801)〉

실고사리라는 이름은 양치식물 중에 유일한 덩굴성 풀인데 긴 줄기의 모양이 실을 연상시키는 고
사리라는 뜻에서 유래했다. 제주를 비롯한 남부 지방에 주로 분포하며 실고사리라는 이름은 제주
방언을 채록한 것으로,[1] 『조선식물향명집』은 방언을 채록했다는 점을 나타내기 위하여 '齊州'(제
주)를 기록했다.

　　속명 *Lygodium*은 그리스어 *lygodes*(유연한)에서 온 것으로, 가늘고 길면서 유연한 덩굴 모양
의 줄기에서 유래했으며 실고사리속을 일컫는다. 종소명 *japonicum*은 '일본의'라는 뜻으로 최초
발견지를 나타낸다.

다른이름　해금사(정태현 외, 1936)

옛이름　海金沙(동의보감, 1613), 海金沙(의림촬요, 1635), 海金沙(산림경제, 1715), 海金沙(오주연문장전산
고, 185?), 海金沙(의종손익, 1868), 海金沙(의휘, 1871), 海金沙(수세비결, 1929), 海金砂(선한약물학, 1931)[2]

중국/일본명　중국명 海金沙(hai jin sha)는 바닷가에 있는 금모래와 같다는 뜻으로 포자낭군이 달린
열편(裂片)의 뒷면이 황금빛을 띠는 것에서 유래했다.[3] 일본명 カニクサ(蟹草)는 게풀이라는 뜻으
로 아이들이 실고사리의 덩굴로 게를 낚는 놀이를 해서 붙여졌다.

참고　[북한명] 실고사리 [유사어] 좌전등회(左轉藤灰), 죽원채(竹園荽), 해금사(海金砂) [지방명] 생이
줄/줄고사리(제주)

1　이우철(2005), p.368은 제주 방언을 채록한 것으로 기록하고 있다.
2　『제주도및완도식물조사보고서』(1914)는 'シルコサリ'[실고사리]를 기록했으며 『조선식물명휘』(1922)는 한글명 없이 한자
　　로 '海金沙'를, 『토명대조선만식물자휘』(1932)는 '[海金沙]히금사'를 기록했다.
3　중국의 『본초강목』(1596)은 "其色黃如細沙也 謂之海者 神異之也"(색은 고운 모래처럼 노랗다. '海'라고 한 것은 기이하기 때문이다)
　　라고 기록했다.

Osmundaceae 고비科 (薇科)

고비과〈Osmundaceae Martinov(1820)〉

고비과는 국내에 자생하는 고비에서 유래한 과명이다. '국가표준식물목록'(2018), 『한국의 양치식물』
(2018), 『장진성 식물목록』(2014) 및 '세계식물목록'(2018)은 *Osmunda*(고비속)에서 유래한 Osmundaceae
를 과명으로 기재하고 있다.

Osmunda cinnamomea Linné ヤマドリゼンマイ
Gwông-gobi 꿩고비

꿩고비〈*Osmundastrum cinnamomeum* (L.) C. Presl(1847)〉[1]

꿩고비라는 이름은 포자를 산포(散布)한 후 적갈색으로 변한
포자엽의 모습이 꿩의 꼬리를 닮았고 식물 전체의 모습이 고
비를 닮았다는 뜻에서 붙여진 것으로 추정한다. 『조선식물향
명집』에서 신칭한 것으로,[2] 꿩고비의 '꿩'은 일본명의 ヤマドリ
(山鳥)에서 영향을 받았고, '고비'는 우리말 고비에서 유래한 것
으로 이해된다.[3]

　속명 *Osmundastrum*은 *Osmunda*(고비속)와 *astron*(유사
한)의 합성어로 고비속과 비슷하다는 뜻이며 꿩고비속을 일컫
는다. 종소명 *cinnamomeum*은 적갈색으로 변한 꿩고비의
포자엽이 *Cinnamomum*(녹나무속) 나무껍질을 말린 것과 유
사해 붙여졌다.

중국/일본명 중국명 桂皮紫萁(gui pi zi qi)는 포자를 산포한 후에 적갈색으로 변하는 포자엽이 계피
처럼 보이는 자기(紫萁: 고비)라는 뜻으로 학명과 관련 있다. 일본명 ヤマドリゼンマイ(山鳥錢卷)는
적갈색 포자엽의 모습이 일본꿩(山鳥)의 꼬리를 닮았고 나선형으로 말려 싹이 돋는 영양잎의 새순
이 동전을 떠올리게 한다는 뜻에서 붙여졌다.[4]

참고 [북한명] 꿩고비 [유사어] 자기관중(紫萁貫衆) [지방명] 기름고비/기름고사리/지름고비/지름고

1　'국가표준식물목록'(2018)은 꿩고비의 학명을 *Osmunda cinnamomea* var. *forkiensis* Copel.(1909)로 기재하고 있으
　나, 『장진성 식물목록』(2014)은 *Osmunda cinnamomea* L.(1753)로, 『한국의 양치식물』(2018)과 '세계식물목록'(2018)은
　본문과 같이 기재하고 있다.
2　이에 대해서는 『조선식물향명집』, 색인 p.33 참조.
3　이러한 견해로 이우철(2005), p.122 참조.
4　『조선의 구황식물』(1919)은 '기름고사리'를 기록했다.

사리(함북)

Osmunda japonica *Thunberg* ゼンマイ 薇
Gobi 고비

고비〈*Osmunda japonica* Thunb.(1780)〉

고비라는 이름의 어원에 대해 명확히 밝혀진 바는 없으나, 고사리와 마찬가지로 싹이 돋을 때의 구부러진 생김새 때문에 휘었다는 뜻의 '곱다'와 '이'(명사화 접미사)가 합쳐져 고비→고비로 변했을 것으로 추정한다.[5] 현대어에서 한자 '蕨'(궐)은 고사리를, '薇'(미)는 고비를 일컫는 것으로 쓰이고 있으나, 옛날에는 양자의 쓰임새가 명확히 구별되지 않았다. 『동의보감』에서는 '薇'가 회초미(관중)를 뜻하기도 했고 『분류두공부시언해』에서는 '微'가 고사리를 뜻하기도 했다. '고비'라는 한글명은 조선 후기의 문헌에 이르러 비로소 확인되지만, 『향약집성방』의 향명(鄕名) '牛高非'는 한글 표기로는 '쇠고비'이므로 그표현이 조선 초기에도 존재했음을 짐작하게 한다. 한편 한자 薇(미)에서 고비의 유래를 찾는 견해가 있으나,[6] 조선 후기에 편찬된 『물명고』와 『명물기략』에 '고비'라는 한글명이 있고 한반도 자생종으로 식용했던 식물이어서 한자 도래 이전에도 고유명이 존재했을 것으로 생각된다.

　속명 *Osmunda*는 어원이 불확실하나 영국 민담에 덴마크의 침공 당시 양치식물 속에 처와 애들을 숨겼다는 뱃사공의 이름 Osmund에서 유래했다거나, 영어 또는 프랑스어의 양치식물(fern)에 대한 중세어에서 유래했다는 설이 있으며 고비속을 일컫는다. 종소명 *japonica*는 '일본의'라는 뜻이다.

다른이름　괴비(정태현 외, 1936), 괴침/괴비나물(정태현 외, 1942), 가는고비(정태현 외, 1949)

옛이름　貫衆/牛高非(향약집성방, 1433),[7] 紫萁(세종실록지리지, 1454), 貫衆/회초미/薇(동의보감, 1613), 高菲(백운필, 1803), 狗脊(광재물보, 19세기 초), 蕨/고비(물명고, 1824), 紫萁(제주계록, 19세기), 高飛/고

5　이러한 견해로 김양진(2011), p.76과 김종원(2016), p.21 참조. 일이 되어가는 과정에서 가장 중요한 단계나 대목 또는 막다른 절정을 의미하는 '고비'와 관련하여 유사한 해석으로는 김무림(2015), p.140과 백문식(2014), p.51 참조.

6　이러한 견해로 이우철(2005), p.76 참조.

7　『향약집성방』(1433)의 차자(借字) '牛高非'(우고비)에 대해 남풍현(1999), p.178은 '쇠고비'의 표기로 보고 있다.

비/貫衆之苗(명물기략, 1870),[8] 고비/蕨(한불자전, 1880), 고비/薇(자전석요, 1909), 狗脊(선한약물학, 1931), 고비나물(조선구전민요집, 1933)[9]

중국명 紫萁(zi qi)는 자주색 콩깍지라는 뜻으로, 포자엽이 긴 피침모양으로 콩깍지를 닮았고 적갈색으로 변해가는 모습에서 유래한 것으로 보인다. 일본명 ゼンマイ(錢卷)는 돌돌 말려서 싹이 돋는 모습이 옛날의 동전을 연상시킨다는 뜻에서 붙여졌다.

참고 [북한명] 고비 [유사어] 구척(狗脊), 미(薇), 자기(紫萁) [지방명] 개비/괴비/괴비고사리/사추/왜제고비/참고비/풀고비(강원), 고발/고비나물/곱새/괴비/새고사리/자기/해침/헤침(경기), 게비/게치미/게침/기치미/깨치미/깨침/깸초/끼치미/고비나물/고치미/고침/꼬치미/괴비(경남), 고비나물/골피/구비/궤치미/귀비/귀비고사리/기비/깨치미/꼬까리/꼬치미/꾀치미/끼치미/새고사리/새발고사리(경북), 개비/개춤/개츰고사리아재비/고축/고치너물/고침/고폐/괴비나물/괴축/괴춤/깨치미/깨침/깨침이/꼬사리아재비/꼬침/꾀축/꾀침/새치미/새침/쇠침/태침/퇴침/해춤/해침/헤침(전남), 개비/개충/개침/괴비/괴쑥/괴침/괴축/괴춤/깨침/꼬사리재비/꼬침/꾀축/새침/쇠침/해침(전북), 고베기(제주), 개비/개비고사리/호침/회춤/회침/후치미(충남), 개비/궤비(충북)

Marsiliaceae 네가래科 (蘋科)

네가래과〈**Marsileaceae** Mirb.(1802)〉

네가래과는 국내에 자생하는 네가래에서 유래한 과명이다. '국가표준식물목록'(2018), 『한국의 양치식물』(2018), 『장진성 식물목록』(2014) 및 '세계식물목록'(2018)은 *Marsilea*(네가래속)에서 유래한 Marsileaceae를 과명으로 기재하고 있다. 다만 『조선식물향명집』은 엥글러(Engler) 분류 체계의 철자 표기에 따라 Marsiliaceae로 기록했다.

Marsilia quadrifolia *Linné*　デンジサウ
Ne-garae　네가래

네가래〈*Marsilea quadrifolia* L.(1753)〉

네가래라는 이름은 잎이 넷으로 갈라지며 수초인 가래를 닮았나는 뜻에서 유래했다.[1] 조선 후기의 『물명고』와 『명물기략』에 나타난 한자명 중에서 네 잎을 가진 채소라는 뜻의 '四葉菜'(사엽채), 그리고 한자 田(전)을 닮은 풀이라는 뜻의 '田字草'(전자초)와 같은 뜻을 갖고 있다.

속명 *Marsilea*는 이탈리아 자연과학자 Luigi Ferdinando Marsigli(1658~1730)의 이름에서 유래했으며 네가래속을 일컫는다. 종소명 *quadrifolia*는 '4개 잎의'라는 뜻으로 잎이 4개로 갈라지는 것에서 유래했다.

옛이름　蘋/苹菜/四葉菜/田字草(광재물보, 19세기 초), 蘋/苹菜/四葉菜/田字草(물명고, 1824), 蘋/빈/苹菜/四葉菜/田字草(명물기략, 1870), 마름쑥/蘋(한불자전, 1880)[2]

중국/일본명　중국명 蘋(ping)은 네가래를 나타내기 위해 고안된 한자로, 艸(초)와 頻(빈)이 합쳐진 글자이며 물가에서 자라는 풀이라는 뜻이다. 일본명 デンジサウ(田字草)는 4개로 갈라진 잎의 모양이 한자 전(田)을 닮아 붙여졌다.

참고　[북한명] 네가래 [유사어] 빈(蘋), 사엽재(四葉菜), 평(苹) [지방명] 셍게(제주)

1　이러한 견해로 이우철(2005), p.145 참조.
2　『조선식물명휘』(1922)는 '蘋, 四葉菜, 四字草, 가리'를 기록했으며 『선명대화명지부』(1934)는 '가래'를 기록했다.

Salviniaceae 생이가래科 (槐葉蘋科)

생이가래과 〈Salviniaceae Martinov(1820)〉

생이가래과는 국내에 자생하는 생이가래에서 유래한 과명이다. '국가표준식물목록'(2018), 『한국의 양치식물』(2018), 『장진성 식물목록』(2014) 및 '세계식물목록'(2018)은 *Salvinia*(생이가래속)에서 유래한 Salviniaceae를 과명으로 기재하고 있다.

Salvinia natans *Allioni*   サンセウモ   槐葉蘋

Saengi-garae 생이가래

생이가래 〈*Salvinia natans* (L.) All.(1785)〉

생이가래라는 이름은 『조선식물향명집』에서 처음 발견된다. 민물 새우를 '생이'라 하는데[1] 형체가 새우를 닮았고 수초 가래를 닮은 잎이 가래처럼 수면에 떠서 자라는 것에서 유래한 이름으로 추정한다. 한편 생이가래가 사는 곳에서 늘 새우를 잡을 수 있었고 가래떡의 토막을 의미하는 가래를 닮은 것에서 유래했다고 보는 견해도 있으나,[2] 네가래와 같이 토막처럼 생기지 않은 경우에도 가래라는 이름이 붙었던 점에 비추어 그 타당성은 의문스럽다.

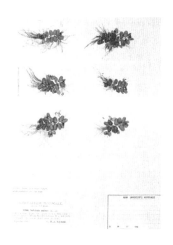

속명 *Salvinia*는 이탈리아 식물학자 Anton Maria Salvini (1653~1729)의 이름에서 유래했으며 생이가래속을 일컫는다. 종소명 *natans*는 '떠도는, 물에 뜨는'이라는 뜻으로 수면에 떠서 자라는 것에서 유래했다.

중국/일본명 중국명 槐叶苹(huai ye ping)은 회화나무의 잎을 닮은 평(蘋: 개구리밥과 같이 수면에 부유하는 식물의 중국명)이라는 뜻이다. 일본명 サンセウモ(山椒藻)는 산초나무의 잎을 닮은 수생식물이라는 뜻이다.[3]

참고 [북한명] 생이가래 [유사어] 괴엽빈(槐葉蘋/塊葉蘋), 오공평(蜈蚣萍)

---

1 『조선어사전』(1920)은 '생이'에 대해 "鰕의 類(微小한 者)"라고 기록하고 있으며, 국립국어원의 '표준국어대사전'은 '생이'를 민물 새우의 한 종류로 설명하고 있다. '생이'의 옛말은 '싱이'이다[이에 대한 자세한 내용은 『고어대사전 13』(2016), p.392 참조].
2 이러한 견해로 김종원(2013), p.834 참조.
3 『조선식물명휘』(1922)는 한글명 없이 '槐葉蘋'만을 기록했다.

Ophioglossaceae 고사리삼科 (瓶爾小草科)

> **고사리삼과 〈Ophioglossaceae Martinov(1820)〉**
>
> 고사리삼과는 국내에 자생하는 고사리삼에서 유래한 과명이다. '국가표준식물목록'(2018), 『한국의 양치식물』(2018), 『장진성 식물목록』(2014) 및 '세계식물목록'(2018)은 *Ophioglossum*(나도고사리삼속)에서 유래한 Ophioglossaceae를 과명으로 기재하고 있다.

Botrychium strictum *Underwood* ナガホノハナヤスリ
Gin-ĝot-gosari-sam 긴꽃고사리삼

긴꽃고사리삼 〈*Botrychium strictum* Underw.(1903)〉

긴꽃고사리삼이라는 이름은 『조선식물향명집』에서 신칭한 것으로,[1] 포자낭의 이삭이 길게 달리는 고사리삼이라는 뜻이다.[2]

속명 *Botrychium*은 그리스어 botrys(포도송이)에서 유래한 것으로 포자엽에 배열된 포자낭들이 마치 포도송이 같다고 해 붙여졌으며 고사리삼속을 일컫는다. 종소명 *strictum*은 '딱딱한, 직립의'라는 뜻이며 포자엽이 직립하는 것을 묘사한 것으로 보인다.

다른이름 긴꽃고사리(정태현 외, 1949), 긴여름꽃고사리(박만규, 1961), 긴이삭고사리삼(리종오, 1964)

중국/일본명 중국명 勁直阴地蕨(jin zhi yin di jue)는 포자엽이 굳세고 곧게 서는 음지궐(陰地蕨: 고사리삼)이라는 뜻이다. 일본명 ナガホノハナヤスリ(長穗の花鑢)는 긴 이삭을 가진 자루나도고사리삼(花鑢)<*Ophioglossum petiolatum* Hook.(1823)>이라는 뜻이다.

참고 [북한명] 긴이삭고사리삼

Botrychium ternatum *Swartz* フユノハナワラビ
Gosari-sam 고사리삼

고사리삼 〈*Botrychium ternatum* (Thunb.) Sw.(1801)〉[3]

고사리삼이라는 이름은 『조선산야생약용식물』에 기록된 것으로, 평안북도 희천 방언을 채록한 것이다. 약용하는 데 주요한 땅속줄기가 짧으면서 굵고 그것에서 여러 개로 갈라지는 모양이 인삼

---

1 이에 대해서는 『조선식물향명집』, 색인 p.33 참조.

2 이러한 견해로 이우철(2005), p.103 참조.

3 '국가표준식물목록'(2018)은 고사리삼의 학명을 *Sceptridium ternatum* (Thunb.) Lyon(1905)으로 기재하고 있으나, 『장진성 식물목록』(2014), '중국식물지'(2018) 및 『한국의 양치식물』(2018)은 본문과 같이 기재하고 있다.

(人蔘)과 유사하며, 영양잎이 고사리를 닮은 것에서 유래한 이름으로 추정한다.

속명 *Botrychium*은 그리스어 *botrys*(포도송이)에서 유래한 것으로 포자엽에 배열된 포자낭들이 마치 포도송이 같다고 해 붙여졌으며 고사리삼속을 일컫는다. 종소명 *ternatum*은 '삼출(三出)의, 삼수(三數)의'라는 뜻이며 영양잎이 3~4회 깃모양으로 깊게 갈라지는 모습을 묘사한 것으로 보인다.

다른이름 고사리삼(정태현 외, 1936), 꽃고사리(박만규, 1961), 꽃고사리삼(리용재 외, 2012)

옛이름 陰地蕨(의림촬요, 1635), 陰地蕨(광재물보, 19세기 초), 陰地蕨(오주연문장전산고, 185?)[4]

중국/일본명 중국명 阴地蕨(yin di jue)는 숲속 음지에서 자라는 궐(蕨: 고사리)이라는 뜻이다. 일본명 フユノハナワラビ(冬の花蕨)는 겨울에 푸르고 포자낭이 꽃처럼 아름다운 고사리(ワラビ)라는 뜻이다.

참고 [북한명] 고사리삼 [유사어] 음지궐(陰地蕨)

Botrychium virginianum *Swartz*   ナツノハナワラビ
Yŏrŭm-gosari-sam   여름고사리삼

늦고사리삼〈*Botrychium virginianum* (L.) Sw.(1801)〉

늦고사리삼이라는 이름은 늦은 여름에 포자엽이 자라는 고사리삼이라는 뜻에서 유래했다.[5] 『조선식물향명집』에서는 방언에서 유래한 '고사리삼'을 기본으로 하고 여름에 꽃이 피는 생태를 나타내는 '여름'을 추가해 '여름고사리삼'을 신칭했으나,[6] 『조선식물명집』에서 '늦고사리삼'으로 개칭했다.

속명 *Botrychium*은 그리스어 *botrys*(포도송이)에서 유래한 것으로 포자엽에 배열된 포자낭들이 마치 포도송이 같다고 해 붙여졌으며 고사리삼속을 일컫는다. 종소명 *virginianum*은 '(북아메리카) 버지니아에 서식하는'이라는 뜻이다.

다른이름 여름고사리삼(정태현 외, 1937), 여름꽃고사리(박만규, 1961), 여름고사리(리용재 외, 2012)[7]

중국/일본명 중국명 蕨萁(jue qi)는 고사리의 어린싹을 일컫는 궐기(蕨萁)를 닮았다고 해서, 또는 포자엽이 콩대를 닮았다고 해서 붙여진 것으로 보인다. 일본명 ナツノハナワラビ(夏の花蕨)는 여름에만 잎이 푸른 하록성이고 포자낭이 꽃처럼 아름다운 고사리(ワラビ)라는 뜻이다.

참고 [북한명] 여름고사리삼 [유사어] 춘불견(春不見) [지방명] 장미고사리(제주)

---

4   『조선식물명휘』(1922)는 '陰地蕨'을 기록했다.
5   이러한 견해로 이우철(2005), p.159 참조.
6   이에 대해서는 『조선식물향명집』, 색인 p.43 참조.
7   『조선식물명휘』(1922)는 한글명 없이 한자로 '蕨萁, 冷水七'을 기록했다.

Equisetaceae 속새科 (木賊科)

속새과〈Equisetaceae Michx. ex DC.(1804)〉

속새과는 국내에 자생하는 속새에서 유래한 과명이다. '국가표준식물목록'(2018), 『한국의 양치식물』(2018), 『장진성 식물목록』(2014) 및 '세계식물목록'(2018)은 *Equisetum*(속새속)에서 유래한 Equisetaceae를 과명으로 기재하고 있다.

Equisetum arvense *Linné*　スギナ　筆頭菜

Soedȗgi　쇠뜨기·존솔·뱀밥(ツクシ)

쇠뜨기〈*Equisetum arvense* L.(1753)〉

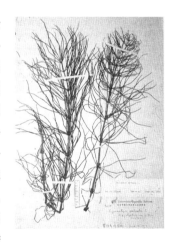

쇠뜨기라는 이름은 '쇠'와 '뜨기'의 합성어로, 식용은 하지만 맛이 그다지 좋지 않아 소나 먹을 만한 나물이라는 뜻에서 유래한 것으로 추정한다. 봄에 새로 돋는 생식경을 날것으로 먹거나 데쳐서 식용했고,[1] 영양경을 베어 가축의 사료로 사용했다.[2] 민간약재로도 사용했다.[3] 다만 규산이나 기타 금속성 성분의 함량이 많기 때문에 다량으로 식용하거나 사료로 사용하지 않는다. 접미사 '-뜨기'는 촌뜨기, 시골뜨기, 사팔뜨기 등과 같이 부정적 속성을 가진 경우 사용되는 말이므로,[4] 쇠뜨기는 소(牛)를 부정적 속성으로 사용한 것으로 이해된다. 즉, 먹거리로 이용은 하지만 소나 먹을 만한 풀이라는 뜻이고, 실제로 소가 먹는 풀이기도 했다. 그런데 쇠뜨기는 규산의 함량이 많아 뿌리나 철제 농기구, 목기 등을 닦는 데 사용할 수 있으므로 '쇠'(鐵)를 '뜨다'(큰 것에서 일부를 떼어 내다의 뜻)에서 유래한 이름일 수도 있으나, 쇠뜨기로 철제 농기구를 닦는 것은 녹이 슨 부분 등을 깨끗하게 하는 것이므로 '뜨다'라는 표현과는 맞지 않는다. 쇠뜨기라는 한글 표현은

---

1 이에 대해서는 『조선산야생식용식물』(1942), p.77과 『한국의 민속식물』(2017), p.124 참조. 그 외 일제강점기에 저술된 『토명대조선만식물자휘』(1932), 『조선의 구황식물』(1919) 및 『조선식물명휘』(1922)는 구황식물로 사용하는 것으로 기록했다.

2 이에 대해서는 『한국의 민속식물』(2017), p.124 참조. 다만 국립수목원이 조사한 바에 따르면, 전국적으로 쇠뜨기를 토끼나 소의 여물로 사용하기는 하나 많이 넣으면 설사를 하기 때문에 조금씩 사용한다고 한다.

3 조선 후기에 저술된 한의학 서적인 『의휘』(1871)는 "痢疾 쇠쪽이플乾末 溫酒調服"(이질에는 쇠뜨기풀을 말려 가루를 만들어 따뜻한 술에 타서 복용한다)이라고 기록했다.

4 일반적으로 '뜨기'는 사람에게 부정적인 뜻을 담아 쓰는 표현이지만 '논뜨기'(민하늘지기의 다른이름), '갈뜨기'(갈대의 강원 방언), '새뜨기'(쇠비름의 충남 방언) 등과 같이 사물을 대상으로 사용한 예도 있다.

『조선식물향명집』에서 처음으로 보이지만 조선 후기에 저술된 『의휘』의 '쇠쪽이플', 일제강점기에 저술된 『조선의 구황식물』의 '쇠쯱이'와 『선명대화명지부』의 '서쯱이'를 거쳐 정착된 것이다. 『조선식물향명집』에 다른이름(방언)으로 기록된 '뱀밥'은 뱀이 먹는 밥이라는 뜻으로 쇠뜨기와 그 뜻이 비슷하며, '즌솔'은 지저분하거나 난잡한 소나무(솔)라는 뜻으로 영양경의 모양이 소나무를 닮은 것에서 유래했다. 한자명 '筆頭菜'(필두채)와 '土筆'(토필)은 생식경이 붓(筆)을 닮은 것에서 유래한 이름이다. 한편 소가 잘 먹는 풀이라는 뜻에서 붙여진 이름으로 보는 견해가 있으나,[5] 이 풀을 소가 먹기는 하지만 즐겨 먹지는 않으므로 타당하지 않다. 또한 쇠뜨기는 속새(E. hyemale)와 마찬가지로 뿔과 목기 등을 닦는 데 사용했고 『토명대조선만식물자휘』에 속뜨기(속씌기)로 기록되었던 점을 근거로 속새를 닮았다는 뜻의 '속뜨기'에서 유래한 것으로 보는 견해가 있다.[6] 그러나 '-뜨기'가 부정적 속성에 붙은 접미사라는 점을 고려하면 속새를 부정적 속성으로 보기도 어렵고, 최근 방언 조사에서도 다수 지역에 쇠뜨기가 남아 있는 점에 비추어 『토명대조선만식물자휘』의 기록만을 근거로 '속뜨기'에서 쇠뜨기가 유래했다고 볼 수는 없다고 판단된다.[7]

속명 Equisetum은 그리스어 equus(말)와 saeta(꼬리)의 합성어로 층층이 돌려나기 하는 잔가지가 말의 꼬리를 닮아서 붙여졌으며 속새속을 일컫는다. 종소명 arvense는 라틴어로 '경작의, 야생의'라는 뜻으로 경작이 가능한 밭 근처 등에 서식한다는 뜻이다.

다른이름 뱀밥/즌솔(정태현 외, 1937), 쇠뜩이(정태현 외, 1942), 쇠띠기(안학수·이춘녕, 1963), 쇠띠기(리종오, 1964), 속뜨기(김종원, 2013)

옛이름 問荊/接續草(광재물보, 19세기 초), 쇠쪽이플(의휘, 1871)[8]

중국/일본명 중국명 问荆(wen jing)은 『본초강목』에도 기록된 생약명으로 형(荆)과 유사한 약성과 관련한 이름으로 추정하지만 정확한 유래는 확인되지 않는다. 일본명 スギナ(杉菜)는 나물로 식용했는데 그 잎이 삼(杉)의 잎과 닮았다는 뜻에서 붙여졌다.

참고 [북한명] 쇠띠기 [유사어] 문형(問荊), 접속초(接續草), 필두채(筆頭菜), 토필(土筆) [지방명] 세띠기/소뜨기/쇠때기(강원), 세떼기/쇠터럭풀(경남), 때래기/띠띠기/희뜨기(경북), 깨뜨기(울릉), 깨때기/깨뚝(전남), 개뜨기/깨때기/깨뚝/속대기/쇠때기/해뜨기(전북), 때띠풀/쇠뜨기풀/토끼풀/해뜨기풀(충남),

5 이러한 견해로 이유미(2010), p.146 참조.
6 이러한 견해로 김종원(2013), p.15 참조. 한편 이윤옥(2015), p.56은 쇠뜨기의 '쇠'가 일본명 우시(ウシ)에서 유래되었다고 주장하고 있으나 일본명 スギナ(杉菜)에 소의 의미가 없으므로 근거가 없는 주장으로 보인다.
7 실제로 국립수목원의 조사에 따르면, 경북, 충남, 충북, 경기도, 강원도, 함북 등지에서 여전히 '쇠뜨기'라는 표현을 사용하는 것으로 확인된다. 상당수의 지역에서 여전히 '쇠뜨기'라는 이름을 사용하고 '속뜨기'를 사용하지 않는 점에 비추어 볼 때에도 속뜨기를 유래로 볼 수는 없을 것이다.
8 『조선의 구황식물』(1919)은 '빔밥(仁川), 필두칙, 筆頭菜(咸南平安), 쇠쯱이(江原, 咸鏡, 忠南)'를 기록했으며 『조선식물명휘』(1922)는 '問荊, 筆頭菜, 필두채, 빔밥, 즌솔(救)'을, 『토명대조선만식물자휘』(1932)는 '[問荊]문형, [筆頭菜]필두채, [속씌기]'를, 『선명대화명지부』(1934)는 '쇠쯱이, 뱀합, 즌술, 필두채'를, 『조선의산과와산채』(1935)는 '間荊, 筆頭菜, 필두채'를 기록했다.

쇠띠기(충북), 쏙또깨풀(함북)

Equisetum hyemale *Linné*   トクサ   木賊
Sogsae   속새

속새〈*Equisetum hyemale* L.(1753)〉

속새라는 이름은 '속'과 '새'의 합성어로, '속'은 거죽이나 껍질로 싸인 물체의 안쪽 부분을 뜻하는 옛말이고,[9] '새'는 풀(현재는 날카로운 잎을 가진 풀을 의미함)을 뜻하는 옛말이다. 속새는 『향약집성방』을 비롯해 여러 옛 문헌에 한약재로 기록되었는데, 『동의보감』에 따르면 줄기를 잘라 마디 부분을 제거하고 약재로 사용한다. 따라서 속새는 줄기가 살대 같고 마디가 있으며 줄기의 내부(속)가 비어 있어 필통 모양을 이루는데 그것을 약재로 사용하는 풀이라는 뜻에서 유래한 이름으로 보인다.[10] 한편 속새의 줄기에 규산염이 있어 목재로 만든 기구를 닦는 데 사용하기도 했는데,[11] 이러한 의미에서 속새라는 이름이 유래했다는 견해도 있다.[12] 그러나 그러한 용도가 있다고

하여 반드시 중국명 木賊(목적)과 같은 뜻의 이름이라 할 수 없고, 속새에 그러한 뜻이 있다고 볼 어원적 근거도 없다. 또한 줄기가 모여나기를 하여 마치 단을 묶어(束)놓은 것 같다고 해서 속새라는 이름이 유래했다고 보는 견해도 있다.[13] 그러나 이 경우 束草(속초)는 이두식 차자(借字) 표기로 '束'(속)은 차음한 것이므로 타당하지 않다.

　　속명 *Equisetum*은 그리스어 *equus*(말)와 *saeta*(꼬리)의 합성어로 층층이 돌려나기 하는 잔가지가 말의 꼬리를 닮아서 붙여졌으며 속새속을 일컫는다. 종소명 *hyemale*는 '겨울철의'라는 뜻으로 겨울이 가까운 시기에 포자낭수가 생겨나는 데서 유래한 것으로 보인다.

다른이름　속새(정태현 외, 1936)

9　현대어 '속'의 옛말은 '솝' 또는 '속'으로, 『월인석보』(1459)에는 '솝'으로, 『분류두공부시언해』(1481)에는 '속'으로 기록되었다.

10　이러한 견해로 손병태(1996), p.134 참조. 다만, 손병태는 이 논문에서 『향약집성방』(1433)의 차자 표현을 '솔기새'의 표기로 보고, 솔기새와 속새가 공존하다 속새로 되었으며 솔기새와 속새를 위와 같은 뜻을 가진 것으로 해석하고 있다.

11　조선 영조 즉위 원년에 작성된 『승정원일기』(1724년 9월 14일)는 "代牌過精 則或有傷木之患 其時用木賊精治矣"[대패질을 지나치게 깔끔하게 하면 혹 목재가 상할 우려가 있습니다. 그때에 목적(木賊)을 써서 깔끔하게 다듬을 수 있습니다]라고 했다. 또한 18세기에 저술된 『한청문감』(1779)은 '筆草打磨'를 '속새질하다'라고 표현하기도 했다.

12　이러한 견해로 김종원(2013), p.15 참조.

13　이러한 견해로 이덕봉(1963), p.192 참조.

옛이름 木賊/省只草(향약구급방, 1236),[14] 木賊/束草(향약채취월령, 1431), 木賊/束草(향약집성방, 1433),[15] 木賊/속새(구급방언해, 1466), 木賊/속시(구급간이방언해, 1489), 木賊/속새(구황촬요, 1554), 木賊/목적(언해두창집요, 1608), 木賊/속새(동의보감, 1613), 黃皮草/속새(역어유해, 1690), 鋥草/속새(동문유해, 1748), 鋥草/속새(몽어유해, 1768), 鋥草/속새(방업집석, 1778), 莖草/속새(한청문감, 1779), 木賊/속시(제중신편, 1799), 燋草/속새(물보, 1802), 木賊/속시(광재물보, 19세기 초), 木賊/속새/鋥草(물명고, 1824), 木賊草/速莎(송남잡지, 1855), 木賊/속시(의종손익, 1868), 속시/목뎍/木賊(한불자전, 1880), 木賊/속시(방약합편, 1884), 木賊/속시(단방비요, 1913), 木賊/속새(선한약물학, 1931), 속새(조선구전민요집, 1933)[16]

중국/일본명 중국명 木賊(mu zei)는 직역하면 '나무 도둑'이라는 뜻으로, 말린 줄기로 뿔이나 목기를 닦는 데 사용한 것과 관련하여 붙여졌다.[17] 일본명 トクサ(砥草)는 말린 풀로 숫돌처럼 물건을 갈거나 닦는 데 사용한 것과 관련이 있다.

참고 [북한명] 속새 [유사어] 덕욱새, 속새갈, 속새기, 절골초(節骨草), 지초(砥草), 필두초(筆頭草) [지방명] 쏙새/이딱풀/줄풀(강원), 속대기/쏙대기/쏙새/쑥때기(함북)

Equisetum palustre *Linné*   イヌスギナ
Gae-soeđûgi   개쇠뜨기

개쇠뜨기〈*Equisetum palustre* L.(1753)〉

개쇠뜨기라는 이름은 쇠뜨기와 유사한데 쇠뜨기보다 못하다는 뜻에서 붙여졌다.[18] 『조선식물향명집』에서 그 이름이 처음으로 발견된다.

속명 *Equisetum*은 그리스어 *equus*(말)와 *saeta*(꼬리)의 합성어로 층층이 돌려나기 하는 잔가지가 말의 꼬리를 닮아서 붙여졌으며 속새속을 일컫는다. 종소명 *palustre*는 '늪지를 좋아하는, 늪지에 서식하는'이라는 뜻이다.

다른이름 늪쇠띄기(리종오, 1964), 갯쇠띄기/뱀밥(한진건 외, 1982), 늪쇠뜨기(이우철, 1996b)

---

14 『향약구급방』(1236)의 차자(借字) '省只草'(성지초)에 대해 남풍현(1981), p.73은 '속새'의 표기로 보고 있으며, 손병태(1996), p.30은 '솔기새'의 표기로, 이덕봉(1963), p.192는 '살기새'의 표기로 보고 있다.

15 『향약집성방』(1433)의 차자(借字) '束草'(속초)에 대해 남풍현(1999), p.178은 '속새'의 표기로 보고 있다.

16 『조선한방약료식물조사서』(1917)는 '속너물, 木賊'을 기록했으며 『조선어사전』(1920)은 '속새, 木賊(목적)'을, 『조선식물명휘』(1922)는 '木賊, 燋草, 속시, 목적'을, 『토명대조선만식물자휘』(1932)는 '[木賊]목적, [속새]'를, 『선명대화명지부』(1934)는 '속새, 목적'을 기록했다.

17 중국의 이시진은 『본초강목』(1596)에서 "此草有節 而糙澀 治木骨者用之 磋擦則光淨 猶云木之賊也"(이 풀은 마디가 있고 거칠어서 건축하는 사람이 사용한다. 이를 갈고 문지르면 광이 나고 매끈해지기 때문에 마땅히 일컫기를 목적·나무의 도둑·이라 한다)라고 했다.

18 이러한 견해로 이우철(2005), p.53 참조.

중국/일본명 중국명 犬问荆(quan wen jing)은 문형(問荆: 쇠뜨기의 중국명)과 유사하다는(犬) 뜻에서 유래했다. 일본명 イヌスギナ(犬杉菜)도 쇠뜨기와 유사하다는 뜻에서 붙여졌다.

참고 [북한명] 늪쇠띠기 [유사어] 골절초(骨節草)

Equisetum ramosissimum *Desf.* var. glaucum *Nakai*   イヌドクサ
Gae-sogsae   개속새

개속새〈*Equisetum ramosissimum* Desf.(1799)〉

개속새라는 이름은 속새와 유사한 식물이라는 뜻에서 유래했다.[19] 『조선식물향명집』에서 그 이름이 처음으로 발견된다.

　속명 *Equisetum*은 그리스어 *equus*(말)와 *saeta*(꼬리)의 합성어로 층층이 돌려나기 하는 잔가지가 말의 꼬리를 닮아서 붙여졌으며 속새속을 일컫는다. 종소명 *ramosissimum*은 '가지가 매우 많은'이라는 뜻으로 속새와 달리 가지가 있어서 붙여졌다.

다른이름 모래속새(티꽁노, 1964), 메속새(한진건 외, 1982)[20]

중국/일본명 중국명 节节草(jie jie cao)는 마디마디(節節)가 연결되어 있는 풀이라는 뜻에서 유래한 것으로 보인다. 일본명 イヌドクサ(犬砥草)는 속새와 유사한(犬) 식물이라는 뜻에서 붙여졌다.

참고 [북한명] 모래속새 [유사어] 절절초(節節草)

19　이러한 견해로 이우철(2005), p.53 참조.
20　『조선식물명휘』(1922)는 '木賊草, 接骨草'를 기록했다.

Lycopodiaceae 석송科 (石松科)

석송과 〈**Lycopodiaceae** P.Beauv. ex Mirb.(1802)〉

석송과는 국내에 자생하는 석송에서 유래한 과명이다. '국가표준식물목록'(2018), 『한국의 양치식물』(2018), 『장진성 식물목록』(2014) 및 '세계식물목록'(2018)은 *Lycopodium*(석송속)에서 유래한 Lycopodiaceae를 과명으로 기재하고 있다.

Lycopodium alpinum L. var. *planiramulosum Takeda*   ミヤマヒカゲノカヅラ
San-sŏgsoñg   산석송

산석송 〈*Lycopodium alpinum* L.(1753)〉

산석송이라는 이름은 『조선식물향명집』에서 신칭한 것으로,[1] 고산 지대에 서식하는 석송이라는 뜻이다.[2]

속명 *Lycopodium*은 그리스어 *lycos*(늑대)와 *podion*(발)의 합성어로 비늘모양의 잎이 밀생(密生)하는 줄기를 늑대의 다리에 비유한 것이며 석송속을 일컫는다. 종소명 *alpinum*은 '고산에 서식하는'이라는 뜻이다.

> **다른이름** 묏석송(박만규, 1949), 메석송(박만규, 1961), 뫼석송(박만규, 1975)

> **중국/일본명** 중국명 高山扁枝石松(gao shan bian zhi shi song)은 고산에서 자라는 일년생가지를 가진 석송(石松)이라는 뜻이다. 일본명 ミヤマヒカゲノカヅラ(深山日陰の蔓)는 깊은 산에 분포하고 음지에서 자라는 덩굴식물이라는 뜻이다.

> **참고** [북한명] 산석송

Lycopodium chinensis Christ   ヒメスギラン
Daramjwe-ĝori   다람쥐꼬리

다람쥐꼬리 〈*Huperzia miyoshiana* (Makino) Ching(1981)〉[3]

다람쥐꼬리라는 이름은 식물체가 가늘고 비늘모양의 잔잎이 많은 것을 다람쥐의 꼬리에 비유한

---

1 이에 대해서는 『조선식물향명집』, 색인 p.40 참조.
2 이러한 견해로 이우철(2005), p.313 참조.
3 '국가표준식물목록'(2018)은 다람쥐꼬리를 석송속(*Lycopodium*)으로 분류하여 학명을 *Lycopodium chinense* H.Christ(1897)로 기재하고 있으나, '세계식물목록'(2018), '중국식물지'(2018), 『장진성 식물목록』(2014) 및 『한국의 양치식물』(2018)은 뱀톱속(*Huperzia*)으로 분류하여 본문과 같이 기재하고 있다.

데서 유래했다.[4] 『조선식물향명집』에서 그 이름이 최초로 보이는데 향명을 채록했거나 형태에 착안해 신칭한 것으로 추정한다.[5]

속명 *Huperzia*는 독일 식물학자로 양치식물 전문가인 Johann Peter Huperz(1771~1816)의 이름에서 유래했으며 뱀톱속을 일컫는다. 종소명 *miyoshiana*는 일본 식물학자 미요시 마나부(三好學, 1861~1939)의 이름에서 유래했다.

다른이름 북솔석송(박만규, 1961), 탐라쥐꼬리(박만규, 1975), 다람쥐꼬리석송(리용재 외, 2012)

중국/일본명 중국명 东北石杉(dong bei shi shan)은 둥베이(東北) 지역에서 자라는 석삼(石杉: 뱀톱 종류의 중국명)이라는 뜻이다. 일본명 ヒメスギラン(姬杉蘭)은 크기가 작고 잎이 삼나무와 유사하며 난초를 닮은 식물이라는 뜻에서 붙여졌다.

참고 [북한명] 다람쥐꼬리서송 [유사이] 미식송(尾石松), 소섭근초(小接筋草), 암석송(岩石松)

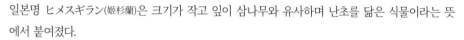

Lycopodium clavatum *Linné*　ヒカゲノカヅラ　石松
Sŏgsong　석송

석송〈*Lycopodium clavatum* L.(1753)〉

석송이라는 이름은 한자어 석송(石松)에서 왔으며 음지의 바위틈에서 자라고 소나무처럼 생겼다는 뜻에서 유래했다.[6] 생태와 형태를 결합한 이름으로, 18세기에 저술된 『본사』는 석송을 약용뿐만 아니라 정원을 꾸미는 데에도 사용한 것으로 기록했다.

속명 *Lycopodium*은 그리스어 *lycos*(늑대)와 *podion*(발)의 합성어로 비늘모양의 잎이 밀생(密生)하는 줄기를 늑대의 다리에 비유한 것이며 석송속을 일컫는다. 종소명 *clavatum*은 '곤봉형의'라는 뜻으로 포자낭수가 곤봉형으로 자라는 것에서 유래했다.

다른이름 석송자(정태현 외, 1936), 애기석송(박만규, 1949)

옛이름 石松/老松(본사, 1787), 石松/玉遂(광재물보, 19세기 초), 石松(물명고, 1824)[7]

4　이러한 견해로 이우철(2005), p.161과 허북구·박석근(2008a), p.65 참조.

5　이윤옥(2015), p.28은 일본명 ヒメスギラン을 번역한 것으로 보고 있으나, 의미와 어형이 전혀 달라 근거 없는 주장으로 보인다.

6　이러한 견해로 이우철(2005), p.330 참조.

7　『조선식물명휘』(1922)는 '石松, 石松子筆'을 기록했으며 『토명대조선만식물자휘』(1932)는 학명 *L. obscurum*에 대해 '[石松]석송'을 기록했다.

중국/일본명 중국명 东北石松(dong bei shi song)은 둥베이(東北) 지역에서 자라는 석송(石松)이라는 뜻이다. 일본명 ヒカゲノカヅラ(日陰の蔓)는 음지에서 자라는 덩굴식물이라는 뜻이다.

참고 [북한명] 석송 [유사어] 과산룡(過山龍), 반룡초(盤龍草), 석송자(石松子), 신근초(伸筋草)

Lycopodium obscurum *Linné*   マンネンスギ
Binul-sŏgsŏng   비늘석송

비늘석송⟨*Lycopodium complanatum* L.(1753)⟩[8]

비늘석송이라는 이름은 잎이 미세하여 가지에 압착하는 모습이 비늘이 달린 것처럼 보이는 석송(石松)이라는 뜻에서 유래했다.[9] 『조선식물향명집』에서는 '비눌석송'을 신칭해 기록했으나,[10] 『조선식물명집』에서 변화한 표준어에 맞추어 '비늘석송'으로 개칭했다.

속명 *Lycopodium*은 그리스어 *lycos*(늑대)와 *podion*(발)의 합성어로 비늘모양의 잎이 밀생(密生)하는 줄기를 늑대의 다리에 비유한 것이며 석송속을 일컫는다. 종소명 *complanatum*은 '편평한, 수평의'라는 뜻으로 원줄기가 길게 지상으로 뻗는 것에서 유래했다.

다른이름 비눌석송(정태현 외, 1937), 솔석송(박만규, 1949), 편백석송(안학수·이춘녕, 1963)

옛이름 玉柏(물명고, 1824)[11, 12]

중국/일본명 중국명 扁枝石松(bian zhi shi song)은 가지가 비늘처럼 납작하게 생긴 석송(石松)이라는 뜻이다. 일본명 マンネンスギ(万年杉)는 *L. obscurum*(만년석송)에 대한 것으로, 잎이 삼나무처럼 갈라지고 상록성을 띠어서 붙여졌다.

참고 [북한명] 비늘석송 [유사어] 과강룡(過江龍)

Lycopodium serratum *Thunberg*   タウゲシバ
Baeam-tob   배암톱

뱀톱⟨*Huperzia serrata* (Thunb.) Trevis.(1875)⟩[13]

---

8 『조선식물명집』(1949)은 『조선식물향명집』과 달리 *L. complanatum*을 '비늘석송'으로, *L. obscurum*을 '만년석송'으로 명명하고 '국가표준식물목록'(2018)은 그것을 추천명으로 사용하고 있어 국명과 학명이 혼동되기 쉬우므로 주의를 요한다.

9 이러한 견해로 이우철(2005), p.294 참조.

10 이에 대해서는 『조선식물향명집』, 색인 p.39 참조.

11 유희가 저술한 『물명고』(1824)는 石松(석송)의 종류로 '玉柏'(옥백)을 기록하고 있으나 '石松之小者'(석송에 비해 작다)라고만 기록해 현재의 비늘석송을 뜻하는지는 명확하지 않다.

12 『조선식물명휘』(1922)는 *L. complanatum*에 대해 '地刷子'를, *L. obscurum*에 대해 '玉柏'을 기록했으며 『토명대조선만식물자휘』(1932)는 *L. obscurum*에 대해 '[石松]석송'을 기록했다.

13 '국가표준식물목록'(2018)은 뱀톱을 석송속(*Lycopodium*)으로 분류하여 학명을 *Lycopodium serratum* Thunb.(1784)

뱀톱이라는 이름은 식물체가 구불거리며 자라는 것이 뱀을 닮았고 비늘모양의 잎에 거친 톱니가 있다는 뜻에서 유래했다.[14] 『조선식물향명집』은 '배암톱'으로 기록했으나, 『우리나라 식물명감』에서 표기법에 맞추어 '뱀톱'으로 기록해 현재에 이르고 있다.

속명 *Huperzia*는 독일 식물학자로 양치식물 전문가인 Johann Peter Huperz(1771~1816)의 이름에서 유래했으며 뱀톱속을 일컫는다. 종소명 *serrata*는 '톱니가 있는'이라는 뜻으로 잎가장자리의 불규칙한 톱니 때문에 붙여졌다.

다른이름 배암톱(정태현 외, 1937), 틈벨구뱀톱(박만규, 1949), 넓은잎뱀톱(오수영, 1979)[15]

중국/일본명 중국명 蛇足石杉(she zu shi shan)은 마치 뱀에 다리가 있는 것 같은 석삼[石杉: 바위틈에서 자라고 삼(杉)을 닮았다는 뜻으로 뱀톱 종류의 중국명]이라는 뜻이다. 일본명 タウゲシバ(峠柴)는 산지의 고개 부근에서 자라는 작은 풀이라는 뜻이다.

참고 [북한명] 배암톱 [유사어] 금불환(金不換), 사족초(蛇足草), 천층탑(千層塔)

로 기재하고 있으나, '세계식물목록'(2018), '중국식물지'(2018), 『장진성 식물목록』(2014) 및 『한국의 양치식물』(2018)은 뱀톱속(*Huperzia*)으로 분류하여 본문과 같이 기재하고 있으며, 『장진성 식물목록』(2014)은 *Huperzia serrata* (Thunb.) Rothm.(1944)으로 기재하고 있으므로 주의를 요한다.

14 이러한 견해로 이우철(2005), p.269 참조.

15 『조선식물명휘』(1922)는 '蛇足草'를 기록했다.

Selaginellaceae 부처손科 (卷柏科)

부처손과 〈Selaginellaceae Willk.(1854)〉

부처손과는 국내에 자생하는 부처손에서 유래한 과명이다. '국가표준식물목록'(2018), 『한국의 양치식물』(2018), 『장진성 식물목록』(2014) 및 '세계식물목록'(2018)은 *Selaginella*(부처손속)에서 유래한 Selaginellaceae를 과명으로 기재하고 있다.

Selaginella involvens *Spring* イハヒバ 卷柏 · 長生草 · 萬年松

Buchóson 부처손

부처손 〈*Selaginella tamariscina* (P.Beauv.) Spring.(1843)〉[1][2]

부처손이라는 이름은 수분이 부족하면 잎이 감아쥔 사람의 손 모양이었다가 수분이 공급되면 다시 펼쳐지는 것이 부처의 손을 연상시킨다 하여 붙여졌다.[3] 『구급간이방언해』 등에 기록된 옛이름 '부텨손'에서 유래했다. 한편 헛줄기의 모양에서 유래한 것으로 약손이라는 뜻에서 부처손이라는 이름이 붙여졌다는 견해가 있다.[4] 그러나 중국명 卷柏(권백)이 잎의 모양에서 유래했고 불사초(不死草)라는 이름 역시 약성이 아니라 계절에 따라 잎의 색이 변하고 말라도 다시 살아나서 붙여진 이름이라는 점을 고려할 때, 부처손도 잎과 관련하여 붙여진 이름으로 판단된다.[5]

---

1 『장진성 식물목록』(2014)과 '세계식물목록'(2018)은 *Selaginella involvens* (Sw.) Spring(1843)을 *S. tamariscina*의 이명(synonym)으로 처리하고 별도 분류하지 않고 있으나, '국가표준식물목록'(2018), '중국식물지'(2018) 및 『한국의 양치식물』(2018)은 두 종을 분리하여 기재하고 있으므로 이 책도 이에 따른다.

2 한편 학명 및 국명과 관련하여, '국가표준식물목록'(2018)은 *S. involvens*의 추천명을 '부처손'으로, *S. tamariscina*의 추천명을 '바위손'으로 하고 있다. 이러한 이유에 대해 '국가생물종지식정보시스템'(2018)은 부처손에 관한 설명에서 (i) 『조선식물명집』(1949)에서 *S. tamariscina*의 국명을 '바위손'이라고 기록하면서 바위의 의미가 있는 일본명 イワヒバ(岩檜葉)를 사용했고, (ii) *S. involvens*는 개부처손(*S. stauntoniana*)과 생김새가 유사하므로 부처손이라고 하는 것이 타당하다는 점을 근거로 들고 있다. 그러나 (i) 『동의보감』(1613)은 '生山中叢石上'(산중의 모여 있는 바위 위에 난다)이라 하면서 그 이름을 '부텨손'이라 했고, (ii) *S. involvens*는 제주 등 일부 지역에서 드물게 보이는 반면 *S. tamariscina*는 전국에 걸쳐 널리 분포하므로[이에 대해서는 선병윤(2007), p.9 참조], 옛 문헌에 등장하는 부텨손(또는 부처손)은 주로 *S. tamariscina*를 부르던 이름일 가능성이 높으며, (iii) 중국에서는 *S. involvens*를 兗州卷柏(연주권백)으로, *S. tamariscina*를 卷柏(권백)으로 부르고 있고, (iv) 『조선산야생약용식물』(1936)은 국명 바위손에 대해 진주 방언에서 채록한 것으로 기록하고 있으므로 일본명에서 유래된 것이라고 할 수 없으며, (v) 개부처손은 국명에서 파생한 성격의 이름이므로 이를 근거로 기본으로 하는 이름을 정해야 한다는 것도 타당성이 없으므로 *S. involvens*의 국명을 '바위손'으로, *S. tamariscina*의 국명을 '부처손'으로 하는 것이 이름의 역사성이나 실제 사용례에 부합하는 것으로 생각된다. 이러한 견해로 이창복(1980), p.5; 이우철(1996b), p.3; 김종원(2013), p.1046 참조.

3 이러한 견해로 『고어대사전 10』(2016), p.129 참조. 한편 이윤옥(2015), p.144는 부처손이 일본명 イハヒバ를 오해하여 부처라는 이름을 잘못 붙여서 생긴 이름으로 주장하고 있으나, 15세기에 저술된 『구급간이방언해』(1489)가 일본명의 영향을 받았다고는 볼 수 없으므로 전혀 근거 없는 주장이다.

4 이러한 견해로 김종원(2013), p.1046 참조.

5 '[補處手]보처손'이 잎의 모양에서 유래한 것이라는 점에 대해서는 『토명대조선만식물자휘』(1932), p.10 참조.

속명 *Selaginella*는 좀다람쥐꼬리의 고대 라틴명인 *selago*의 축소형 어휘로 작은 *Selago*속이라는 뜻이며 부처손속을 일컫는다. 종소명 *tamariscina*는 '위성류속(*Tamarix*)과 비슷한'이라는 뜻이다. 옛 종소명 *involvens*는 '안으로 말린'이라는 뜻이다.

다른이름 바위손/부처손(정태현 외, 1936), 두턴부처손(박만규, 1949), 주먹풀/헛바위손(리용재 외, 2012)

옛이름 卷柏(향약집성방, 1433), 卷柏(세종실록지리지, 1454), 卷柏/부텨손풀플(구급간이방언해, 1489), 卷柏/부텨손(동의보감, 1613), 卷柏/부쳐손이(주촌신방, 1687), 卷柏/石花/부쳐손(물보, 1802), 卷柏/부쳐손/長生不死草(광재물보, 19세기 초), 권빅/부쳐손(화왕본긔, 19세기 초), 卷柏/부쳐손/長生不死草(물명고, 1824), 卷柏/부쳐손(의종손익, 1868), 卷柏/부체손(의휘, 1871), 卷柏/부텨손(방약합편, 1884), 佛手草/부쳐손(의방합편, 19세기), 卷柏/부텨손(선한약물학, 1931)[6]

중국/일본명 중국명 卷柏(juan bai)는 측백나무를 닮았는데 잎이 말린다는 뜻에서 유래했다.[7] 일본명 イハヒバ(岩檜葉)는 바위에서 자라고 편백나무(檜)의 잎과 닮았다는 뜻에서 붙여졌다.

참고 [북한명] 주먹풀/헛바위손[8] [유사어] 금불환(金不換), 금편백(金扁柏), 만년송(萬年松), 복령궐(茯苓蕨), 석권백(石卷柏), 장생초(長生草) [지방명] 조막손풀(경기), 덤손/와손(경북), 독바우/바우순/바위손/바위솔/부채손(전남), 바우손/바위손(전북), 바위손/부채손/푼채순이/푼채선/푼채순(제주), 돌이끼(충남), 만년초(충북), 부테소니(평북)

○ Selaginella Rossi *Warburg*　イハクラマゴケ
Gusilsari 구실사리

구실사리〈*Selaginella rossii* (Baker) Warb.(1900)〉
구실사리라는 이름은 뻗는 줄기에 작은잎이 배열한 모양이 구슬을 꿴 사리(국수, 새끼, 실 따위를 동

6　『조선한방약료식물조사서』(1917)는 *S. involvens*에 대해 '부처손, 卷柏, 拳柏'을 기록했으며 『조선어사전』(1920)은 '卷柏(권빅), 부처손'을, 『조선식물명휘』(1922)는 '卷柏, 長生草, 萬年松, 권빅, 부터손'을, 『토명대조선만식물자휘』(1932)는 '[卷柏] 권빅, [長生不死草]쟝싱불사초, [不死草], [不老草], [補處手]보쳐손'을, 『선명대화명지부』(1934)는 '부더손, 부채손(부채손), 권백'을 기록했다.

7　중국의 『본초강목』(1596)은 "卷柏 豹足 象形也 萬歲 長生 言其耐久也"(권백과 표족은 모양을 따른 것이다. 만세와 장생은 오래 산다는 것을 말한다)라고 기록했다.

8　북한에서는 *S. pachystachys*를 '주먹풀'로, *S. tamariscina*를 '헛바위손'으로 하여 별도 분류하고 있다. 이에 대해서는 리용재 외(2012), p.49 참조.

그렇게 포개어 감은 뭉치)와 유사하다는 뜻에서 유래했다.[9] 『조선식물향명집』에서 그 이름이 최초로 발견된다.

속명 *Selaginella*는 좀다람쥐꼬리의 고대 라틴명인 *selago*의 축소형 어휘로 작은 *Selago*속이라는 뜻이며 부처손속을 일컫는다. 종소명 *rossii*는 영국 선교사 John Ross(1842~1915)의 이름에서 유래했다.

다른이름 바위비눌이끼(박만규, 1949), 구슬살이(안학수·이춘녕, 1963), 구슬사리(안학수 외, 1982), 바위비늘이끼(리용재 외, 2012)

옛이름 地柏(물명고, 1824)[10]

중국/일본명 중국명 鹿角卷柏(lu jiao juan bai)는 사슴뿔 모양의 권백(卷柏: 부처손 종류의 중국명)이라는 뜻이다. 일본명 イハクラマゴケ(岩鞍馬苔)는 바위에서 자라는 말안장 모양의 이끼라는 뜻이다.

참고 [북한명] 구실사리 [유사어] 지백(地柏)

○ Selaginella rupestris *Spring* ヒモカヅラ
Silsari 실사리

실사리〈*Selaginella sibirica* (Milde) Hieron.(1900)〉

실사리라는 이름은 가늘게 뻗어 얽힌 줄기가 실 모양의 사리(국수, 새끼, 실 따위를 동그랗게 포개어 감은 뭉치)와 유사하다는 뜻에서 유래했다.[11] 『조선식물향명집』에서 그 이름이 최초로 발견된다.

속명 *Selaginella*는 좀다람쥐꼬리의 고대 라틴명인 *selago*의 축소형 어휘로 작은 *Selago*속이라는 뜻이며 부처손속을 일컫는다. 종소명 *sibirica*는 '시베리아의'라는 뜻이다.

다른이름 북도실사리(박만규, 1949), 왜실사리(정태현 외, 1949), 개실사리(박만규, 1961)

중국/일본명 중국명 西伯利亞卷柏(xi bo li ya juan bai)는 시베리아에 분포하는 권백(卷柏: 부처손 종류의 중국명)이라는 뜻이다. 일본명 ヒモカヅラ(紐蔓)는 끈 덩굴이라는 뜻이다.

참고 [북한명] 북도실사리

---

9 이러한 견해로 이우철(2005), p.90 참조.

10 유희의 『물명고』(1824)는 '卷柏'(권백)의 한 종류로 '地柏'(지백)을 기록하고 있으나, '生于地者'(땅 위에서 자란다)라고만 기록하고 있어 현재의 구실사리를 지칭하는지는 명확하지 않다.

11 이러한 견해로 이우철(2005), p.369 참조. 한편 이우철은 실사리라는 이름이 일본명 ヒモカヅラ(紐蔓: 끈 덩굴)에서 유래한 것이라고 설명하고 있으나 그 어형과 뜻이 동일하지 않다. 또한 실사리의 바탕이 된 국명 구실사리의 일본명 イハクラマゴケ(岩鞍馬苔)와도 차이가 있다. 이 점을 고려할 때 국명이 일본명의 영향을 받은 것으로는 추정되지만 직접적 유래로 보기는 어렵다고 판단된다.

EMBRYOPHYTA SIPHONOGAMA
管精有胚植物部 (顯花植物)[1]

1 엥글러(H.G.A. Engler, 1844~1930)의 분류법에 따른 개념으로 겉씨식물(裸子植物, Gymnosperm)과 속씨식물(被子植物, Angiosperm)을 관정유배식물(管精有胚植物, Embryophyta Siphonogama)로 분류했다. 또한 프랑스의 식물학자 브롱냐르 (A.T. Brongniart, 1801~1876)가 식물을 은화식물(隱花植物, cryptogam)과 현화식물(顯花植物, phanerogam)로 분류한 데 영향 을 받아 현화식물이라고 했으나, 요즘에는 현화식물이라는 용어가 대개 속씨식물(피자식물)이라는 뜻으로 사용된다.

(A) GYMNOSPERMAE　裸子植物

Gingkoaceae 은행科 (公孫樹科)[1]

은행나무과〈Ginkgoaceae Engl.(1897)〉

은행나무과는 예로부터 국내에서 재배해온 은행나무에서 유래한 과명이다. '국가표준식물목록'(2018), 『장진성 식물목록』(2014), '세계식물목록'(2018) 및 엥글러(Engler) 분류 체계는 Ginkgo(은행나무속)에서 유래한 Ginkgoaceae를 과명으로 기재하고 있다.

> Gingko biloba *Linné*　イテフ(ギンナン)　公孫樹
> **Ǔnhaeṅ-namu**　은행나무　銀杏

은행나무〈*Ginkgo biloba* L.(1771)〉

은행나무라는 이름은 한자어 은행목(銀杏木)에서 유래한 것으로, 중간씨껍질이 은처럼 희고 살구를 닮아 붙여졌다.[2] 한반도에 은행나무가 전래된 시기는 밝혀진 바 없으나, 중국으로부터 불교와 유교가 전래될 때 은행나무도 함께 도입된 것으로 추정한다. 은행나무는 잎이 오리의 발 같다고 해서 압각수(鴨脚樹)라고도 하고, 생장이 느려 씨앗을 맺으려면 손자를 볼 만큼 긴 세월이 소요된다는 뜻에서 공손수(公孫樹)라고도 불린다.[3]

　속명 *Ginkgo*는 독일 자연과학자 Engelbert Kaempfer (1651~1716)가 한자 銀杏(은행)의 일본어 발음 긴난(ギンナン)의 다른 발음인 *Ginkyo*를 *Ginkgo*라고 기록한 것에서 유래했으며 은행나무속을 일컫는다.[4] 종소명 *biloba*는 '2개로 얕게 갈라지는'이라는 뜻이다.

다른이름　은힝나무/힝자목(정태현 외, 1923), 은행나무(정태현 외, 1936), 행자목(정태현, 1943), 백과(이

1　Gingkoaceae로 표기한 과명의 오기는 동일하게 기록한 『조선식물명휘』(1921)를 참고하면서 비롯된 것으로 보인다.

2　이러한 견해로 이우철(2005), p.429; 박상진(2001), p.198; 허북구·박석근(2008b), p.232; 이유미(2015), p.148; 오찬진 외 (2015), p.20; 전정일(2009), p.7 참조.

3　이러한 견해로 장진한(2001), p.383 참조.

4　Engelbert Kaempfer는 1690년부터 1692년까지 일본에서 지내는 동안 만난 은행나무를 저서 *Amoenitatum Exoticarum*(1712)에 *Ginkgo*로 표기했고, 이후 린네(Carl von Linné, 1707~1778)가 그것을 그대로 받아들여 속명으로 하고 종소명을 붙여 현재의 은행나무 학명이 정해졌다.

창복, 1980)

옛이름 銀行(향약집성방, 1433), 文杏(신증동국여지승람, 1530), 銀杏/은힝(동의보감, 1613), 鴨脚/은힝(주촌신방, 1687), 은힝나무/鴨脚樹/白果樹(역어유해, 1690), 銀杏(남환박물, 1704), 은힝/白果(동문유해, 1748), 은힝/銀杏(제중신편, 1799), 平仲(아언각비, 1819), 銀杏/은힝(광재물보, 19세기 초), 은힝/銀杏(물명고, 1824), 은힝/銀杏(명물기략, 1870), 은힝/銀杏/빅과/百果(한불자전, 1880), 은힝/銀杏(방약합편, 1884), 銀杏/은힝(단방비요, 1913), 白果/은행(선한약물학, 1931)[5]

중국/일본명 중국명 银杏(yin xing)은 한국명과 마찬가지로 은빛이 나는 살구라는 뜻이다.[6] 일본명 ギンナン은 한자 銀杏(은행)을 음독한 것이며, イテフ(鴨脚)는 한자어 압각(鴨脚)에서 유래했다.

참고 [북한명] 은행나무 [유사어] 공손수(公孫樹), 백과목(白果木), 압각수(鴨脚樹) [지방명] 은항낭그(강원), 은앙나무/은앵나무(경남), 행자목(전남), 은앙나무/은앙낭구(충남), 은행낭/은헹남/은헹낭(제주)

---

5 「화한한명대조표」(1910)는 '은힝누무, 銀杏木'을 기록했으며 『조선한방약료식물조사서』(1917)는 '은힝나무, 白果, 銀杏'을, 『조선거수노수명목지』(1919)는 '은힝나무, 銀杏, 杏子木'을, 『조선의 구황식물』(1919)은 '은힝나무, 銀杏木, 公孫樹'를, 『조선어사전』(1920)은 '白果(빅과), 銀杏(은힝), 은응, 은응나무, 杏子木(힝즈목), 鴨脚樹(압각슈)'를, 『조선식물명휘』(1922)는 '公孫樹, 銀杏, 은힝나무, 白果'를, 『토명대조선만식물자휘』(1932)는 '[公孫樹]공손슈, [鴨脚樹]압각슈, [銀杏木]은힝목, [白果木]빅과목, [은응나무]'를, 『선명대화명지부』(1934)는 '은행나무, 행자목(행나무)'을, 『조선의산과와산채』(1935)는 '公孫樹, 은힝나무, 銀杏, 은행나무'를 기록했다.

6 중국의 『본초강목』(1596)은 "原生江南 葉似鴨掌 因名鴨脚 宋初始入貢 改呼銀杏 因其形似小杏而核色白也 今名白果"(원래 강남 지역에서 나고 잎은 오리 발과 비슷하므로 이 때문에 '압각'라 이름하였다. 송나라 초기에 처음 조공으로 들어왔을 때 '은행'으로 바꾸어 불렸는데 모양이 작은 살구와 같으면서 씨는 흰색이었기 때문이다. 지금은 '백과'라고 한다)라고 기록했다.

Taxaceae 비자科 (一位科)

주목과〈Taxaceae Gray(1822)〉

주목과는 국내에 자생하는 주목에서 유래한 과명이다. 『조선식물향명집』에 기록된 비자과는 주목과와 개비자나무과를 포함한 개념으로 엥글러(Engler) 분류 체계 및 '세계식물목록'(2018)과 동일한 분류 방식이다. '국가표준식물목록'(2018)과 『장진성 식물목록』(2014)은 이를 *Taxus*(주목속)에서 유래한 Taxaceae와 *Cephalotaxus*(개비자나무속)에서 유래한 Cephalotaxaceae(개비자나무과)로 분류하여 기재하고 있다.

Cephalotaxus drupacea *Sieb. et Zucc.* テフセンイヌガヤ
Gae-bija-namu 개비자나무

개비자나무〈*Cephalotaxus harringtonia* (Knight ex Forbes) K.Koch(1873)〉[1]

개비자나무라는 이름은 비자나무와 닮았는데 쓰임새 등이 그보다 못하다는(개) 뜻에서 유래했다.[2] 『조선삼림수목감요』는 전남 방언에서 유래한 것으로 기록했다.[3] 한편 갯가에서 난다는 의미에서 유래했다는 견해가 있으나,[4] 반드시 갯가에서 자라는 식물이 아니므로 타당하지 않다.

속명 *Cephalotaxus*는 그리스어 *cephalos*(머리)와 *Taxus*(주목)의 합성어로 소포자낭수(수구화수)가 머리모양으로 달리는 주목이라는 뜻이며 개비자나무속을 일컫는다. 종소명 *harringtonia*는 이 나무를 처음으로 유럽에서 재배하기 시작한 사람 중 하나인 영국 군인 Charles Stanhope, 4th Earl of Harrington(1780~1851)의 이름에서 유래했다.

다른이름 기비자나무(정태현 외, 1923), 눈개비자나무(정태현, 1943), 누은개비자나무(박만규, 1949),

---

1 '국가표준식물목록'(2018)은 개비자나무의 학명을 *Cephalotaxus koreana* Nakai(1930)로 기재하고 있으나, 『장진성 식물목록』(2014)은 본문과 같이 기재하고 있으므로 이 책은 이에 따르기로 한다. 한편 '세계식물목록'(2018)은 학명을 *Cephalotaxus harringtonii* (Knight ex J.Forbes) K.Koch(1873)로 기재하여 『장진성 식물목록』(2014)과 종소명의 표기에서 차이가 있으므로 주의를 요한다.

2 이러한 견해로 이우철(2005), p.52; 박상진(2011b), p.171; 오찬진 외(2015), p.32 참조.

3 일본명에 개를 의미하는 이누(イヌ)라는 표현이 있다는 이유만으로 일본명에서 유래를 찾는 견해로는 황중락·윤영활(1992), p.102 참조.

4 이러한 견해로 솔뫼(송상곤, 2010), p.70 참조.

당개비자나무/어긴개비자나무(안학수·이춘녕, 1963), 좀비자나무(임록재 외, 1972), 참좀비자나무/씨좀비자나무(리용재 외, 2011)[5]

중국/일본명 중국명 柱冠粗榧(zhu guan cu fei)는 건축 기둥에 있는 얇은 사발 모양의 주관(柱冠)과 비슷하고 거친 모양을 한 비자나무(榧)라는 뜻이다. 일본명 テフセンイヌガヤ(朝鮮犬一)는 한반도(朝鮮)에서 자라고 비자나무(カヤ)와 비슷하다는 뜻이다.

참고 [북한명] 좀비자나무/참좀비자나무[6] [유사어] 언조비(偃粗榧), 조선조비(朝鮮粗榧), 토향비(土香榧)

Taxus cuspidata *Sieb. et Zucc.* イチヰ 一位
Jumog 주목 朱木

주목〈*Taxus cuspidata* Siebold & Zucc.(1846)〉

주목이라는 이름은 한자어 주목(朱木)에서 유래했다. 예로부터 목재를 붙상 제자 등 중요한 지원으로 활용해왔는데 나무껍질, 심재(心材) 및 육질씨껍질에서 붉은 빛깔이 나는 것에서 유래한 이름이다.[7] 옛 문헌에 기록된 한자명 적목(赤木)을 잎갈나무(*Larix gmelinii*)로 보기도 하는데, 『조선어사전』에서 적목(赤木)을 '익가나무'로 기록한 것과 관련 있어 보인다.[8] 그러나 『해사록』과 『산림경제』는 적목(赤木)을 인가 부근에 식재하는 것으로 기록했고, 『치재유고』는 관동 지역에 분포하는 식물로 기록했으며, 심재의 붉은색은 주목이 잎갈나무보다 강하고 잎갈나무는 옛 문헌에서 한자명 杉(삼) 또는 落葉松(낙엽송)이라고 했으므로 대개는 주목을 일컬었던 것으로 보인다.[9]

---

5 『조선주요삼림수목명칭표』(1912)는 '비자ㄴ무'를 기록했으며 『지리산식물조사보고서』(1915)는 'び-やなむ'[비야나무]를, 『조선식물명휘』(1922)는 '粗榧, 粗柴, 비자나무'를, 『토명대조선만식물자휘』(1932)는 '[粗榧]조비, [狗榧自木]개비ㅈ나무'를, 『선명대화명지부』(1934)는 '비자나무, 개비자나무'를 기록했다.

6 북한에서는 *C. koreana*를 '좀비자나무'로, *C. harringtonia*를 '참좀비자나무'로 하여 별도 분류하고 있다. 이에 대해서는 리용재 외(2011), p.85 참조.

7 이러한 견해로 이우철(2005), p.483; 박상진(2001), p.254; 김태영·김진석(2018), p.65; 허북구·박석근(2008b), p.259; 이유미(2015), p.103; 오찬진 외(2015), p.25; 전정일(2009), p.8 참조.

8 『탐라지』(1653)에 기록된 赤木(적목)을 잎갈나무로 이해하는 견해로는 이원진(2002), p.56 참조. 한편 이창숙 외(2016), p.231은 『탐라지』의 赤木(적목)을 일본잎갈나무(*Larix kaempferi*)를 기록한 것으로 보고 있으나 잎갈나무류는 제주도에 자생하지 않을 뿐만 아니라 17세기에 식재하지도 않았으므로 그 타당성은 의문스럽다.

9 적목(赤木)을 주목의 한자명으로 보는 견해로 박상진(2011b), p.280 참조.

속명 *Taxus*는 주목을 뜻하는 그리스명 *taxos*에서 유래했으며 주목속을 일컫는다. 종소명 *cuspidata*는 '급격히 뾰족해지는'이라는 뜻으로 잎의 모양에서 유래했다.

다른이름 노가리나무/져목/화솔나무(정태현 외, 1923), 주목나무(정태현, 1926), 저목(정태현 외, 1936), 경목/적목(정태현, 1943), 회솔나무(이창복, 1966)

옛이름 赤木(해사록, 1590), 赤木(치재유고, 1639), 赤木(탐라지, 1653), 赤木(산림경제, 1715), 赤木/적목/丹桎(물명고, 1824), 赤木(의종손익, 1868), 朱木/赤白松(오주연문장전산고, 185?)[10]

중국/일본명 중국명 东北红豆杉(dong bei hong dou shan)은 둥베이(東北) 지방에서 자라고 육질씨껍질이 붉은 콩처럼 익는 삼(杉: 전나무 종류의 중국명)이라는 뜻이다. 일본명 イチヰ(一位)는 정일위(正一位)의 고위 관료가 들고 다니는 홀(笏)을 만드는 재료로 사용한 것에서 유래했다.

참고 [북한명] 주목 [유사어] 경목(慶木), 수송(水松), 의기송(依奇松), 자삼(紫蔘), 적목(赤木), 적백송(赤柏松) [지방명] 정목나무(강원), 잡목/장목(경남), 화솔나무(경북), 회솔나무(울릉), 비자나무(전남), 노가리/노가리낭(제주)

Torreya nucifera *Sieb. et Zucc.* カヤ 榧·榧子木
Bija-namu 비자나무

비자나무 〈*Torreya nucifera* (L.) Siebold & Zucc.(1846)〉

비자나무라는 이름은 한자어 비자목(榧子木)에 어원을 두고 있다. 비자나무를 뜻하는 한자 '榧'(비)는 木(나무)과 匪(대나무 상자, 문채)가 합쳐진 것으로 아름다운 광채가 나는 나무라고 해석되므로, 비자나무는 목재의 문양과 아름다움에서 유래한 이름이라고 이해된다.[11] 중국의 이시진은 『본초강목』에서 "其木名文木 斐然章採 故謂之榧"[그 나무 이름은 문목(文木)인데, 목재가 광채가 있어 아름답고(斐然) 문양(章采)이 있어 비(榧)라 한다]라고 했다. 한편 좌우로 줄처럼 달린 바늘잎의 모양이 한자 非(비)를 닮은 것에서 유래했다는 견해가 있으나,[12] 옛 문헌의 기록과 배치되는 주장으로 보인다.

---

10 『화한한명대조표』(1910)는 '쥬목, 朱木'을 기록했으며 『제주도및완도식물조사보고서』(1914)는 'ノガリナム'[노가리나무]를, 『조선주요삼림수목명칭표』(1915)는 '져목, 朱木'을, 『조선거수노수명목지』(1919)는 '져목, 朱木'을, 『조선식물명휘』(1922)는 '朱木, 赤白松, 쥬목(救, 藥)'을, 『토명대조선만식물자휘』(1932)는 '[赤柏]적빅, [朱木]쥬목'을, 『선명대화명지부』(1934)는 '적목(경목), 화솔나무, 노가리나무'를 기록했다.

11 이러한 견해로 허북구·박석근(2008b), p.166 참조.

12 이러한 견해로 박상진(2001), p.365; 김양진(2011), p.50; 솔뫼(송상곤, 2010), p.76 참조.

속명 *Torreya*는 미국 식물학자 John Torrey(1796~1873)의 이름에서 유래했으며 비자나무속을 일컫는다. 종소명 *nucifera*는 '견과(堅果)가 달리는'이라는 뜻으로 종자의 모양에서 유래했다.

다른이름 비자나무(정태현 외, 1923)

옛이름 榧子(고려도경, 1123), 榧實/榧子(향약집성방, 1433), 榧/榧子(고려사절요, 1452), 榧子木(세종실록지리지, 1454), 榧/비즈(사성통해, 1517), 榧/비즈(훈몽자회, 1527), 榧子/비즈(신증유합, 1576), 榧子/비즈(동의보감, 1613), 榧子(탐라지, 1653), 榧子/비즈(사의경험방, 17세기), 榧子(남환박물, 1704), 枇子(연암집, 18세기 말), 榧子/비즈/柀子/赤果/玉榧(광재물보, 19세기 초), 榧子/비즈/野杉(물명고, 1824), 榧(농정회요, 183?), 榧子(임원경제지, 1842), 榧子(제주계록, 19세기), 榧子/비즈(명물기략, 1870), 비즈/榧子(한불자전, 1880), 榧子/비즈(방약합편, 1884), 榧子/비즈(단방비요, 1913)[13]

중국/일본명 중국에서는 같은 속에 속하는 *T. grandis* 종을 榧樹(fei shu)라 하고 *T. nucifera*를 日本榧樹(ri ben fei shu)라 한다. 일본명 カヤ(榧)는 한자 榧(비)를 훈독한 것이다.

참고 [북한명] 비자나무 [유사어] 비(榧), 비자(榧子), 비자목(枇子木) [지방명] 주목(경남), 비자/참비자나무(전남), 비자/비자낭/비지낭/비즈남/비즈낭(제주)

---

13 「화한한명대조표」(1910)는 '비자ᄂ무, 榧子木'을 기록했으며 『조선한방약료식물조사서』(1917)는 '비자나무, 榧子, 枇子'를, 『조선거수노수명목지』(1919)는 '비자ᄂ무, 榧子木'을, 『조선어사전』(1920)은 '비즈(榧子)나무'를, 『조선식물명휘』(1922)는 '榧, 榧子, 枇子木, 비즈나무'를, 『제주도식물』(1930)은 'ビジャナム'(비자나무)를, 『토명대조선만식물자휘』(1932)는 '[榧]비, [柰]비, [榧子木]비즈나무'를, 『선명대화명지부』(1934)는 '비자나무'를 기록했다.

Pinaceae 솔科 (松科)

소나무과〈Pinaceae Spreng. ex F.Rudolphi(1830)〉

소나무과는 국내에 자생하는 소나무에서 유래한 과명이다. 『조선식물향명집』에 기록된 솔과는 소나무과와 측백나무과를 포함한 개념으로 엥글러(Engler) 분류 체계와 동일한 분류 방식이다. '국가표준식물목록'(2018), 『장진성 식물목록』(2014) 및 '세계식물목록'(2018)은 이를 *Pinus*(소나무속)에서 유래한 Pinaceae와 *Cupressus*에서 유래한 Cupressaceae(측백나무과)로 분류하여 기재하고 있다.

○ Abies holophylla *Maximowicz* テフセンモミ 樅·杉松
Jŏn-namu 전나무 檜

전나무〈*Abies holophylla* Maxim.(1866)〉

전나무의 옛이름은 젓나모로, 구과(毬果) 또는 가지에서 흰 젓(鮓/醢)이 나오는 것에서 '젓'+'나모'가 젓나모→젓나무→전나무→전나무로 변화해 현재의 전나무가 되었다.[1] 전나무라는 이름의 유래와 관련해 가지가 옆으로 일년생가지와 잎을 내서 퍼져 납작하므로 음식의 전과 같이 착착 포갤 수 있는 나무라는 뜻에서 유래했다는 견해가 있다.[2] 그러나 『훈몽자회』는 음식 전(煎)의 경우 '전'으로 표기한 반면 젓갈(鮓/醢)은 '젓'으로 표기하고 있으므로 타당하지 않다.[3] 또한 '젓'의 뜻을 '큰 구과이면서 바늘처럼 길게 뾰족한'이라고 보아 그러한 '젓'이 달리는 나무이므로 '젓나무'라고 불러야 한다는 견해가 있다.[4] 그러나 '젓'이 그러한 뜻으로 사용된 예를 찾기 어렵고, 설령 그러한 뜻이 있었다고 하더라도 수용하기에는 다소 무리 있는 견해로 보인다. 15세기에 젓나무로 표기되었던 것이 19세기에 저술된 『물명고』 등에서 '전나무'로 변화해 현재 이름으로 정착되어온 것이며, 식물명 역시 언어로서 변화하고 발전하는 역사성을 가지므로 이를 역행하여 굳이 옛이름을 복원해야 하는지는 의문이다. 종래 한국은 檜(회)를 전나무 또는 가문비나무를 지칭하는 것으로

---

1 이러한 견해로 박상진(2011b), p.429; 허북구·박석근(2008b), p.249; 솔뫼(송상곤, 2010), p.474 참조.

2 이러한 견해로 이우철(2005), p.449와 오찬진 외(2015), p.40 참조.

3 한편 『훈몽자회』(1527)는 '젖'을 뜻하는 乳(유)는 '졋 슈'라고 표기하고, 젓갈은 '鮓 젓 자, 醢 젓 히'라고 표기했다. 솔뫼(송상곤, 2010), p.474는 '젓'이 나온다는 뜻에서 전나무가 되었다고 하지만, 옛 표기에 비추어 타당하지 않은 것으로 판단된다.

4 이러한 견해로 이창복(1966), p.6; 장진성 외(2012), p.27; 김태영·김진석(2018), p.30 참조.

사용했으나, 중국에서는 檜가 향나무<Juniperus chinensis L.(1767)>를 뜻했다.[5]

속명 Abies는 이 속의 일종인 A. alba의 고대 라틴명에서 유래했으며 전나무속을 일컫는다. 종소명 holophylla는 '갈라지지 않은 잎의'라는 뜻이다.

다른이름 줒나무(정태현 외, 1923), 저수리(정태현, 1943), 젓나무(이창복, 1966)

옛이름 杉木/젓나모(구급방언해, 1466), 檜/젓나모(훈몽자회, 1527), 檜/젓나모(신증유합, 1576), 젓/檜(시경언해, 1613), 檜松/젓나모(역어유해, 1690), 檜/杉(남환박물, 1704), 杉松/젓나모(동문유해, 1748), 檜松/젓나모(방언집석, 1778), 檜/젇나모(왜어유해, 1782), 檜/젓나무/杉松(광재물보, 19세기 초), 杉/전나무(몽유편, 1810), 杉木/젓나무/沙木/檄木/檜/老松(아언각비, 1819), 杉松/젼나모(물명고, 1824), 杉/젼나무(명물기략, 1870), 젓나무(한불자전, 1880), 杉木/삼목/습목(단방비요, 1913), 檜/전나무(신자전, 1915)[6]

중국/일본명 중국명 杉松(shan song)은 삼(杉)이라 부르는데 소나무와 닮은 식물이라는 뜻이다.[7] 일본명 テフセンモミ(朝鮮モミ)는 한반도에 분포하는 モミ(전나무 종류의 일본명이나 그 어원은 알려져 있지 않음)라는 뜻이다.

참고 [북한명] 전나무 [유사어] 삼목(杉木), 종목(樅木), 회(檜) [지방명] 즌낭그/즌낭기(강원), ㄱ래수기/ㄱ래수기/고레슈기/ㅜ상낭(제주), 즌낭구(충남)

⊗Abies koreana *Wilson*　サイシウモミ
Gusang-namu　구상나무

구상나무〈Abies koreana E.H.Wilson(1920)〉

구상나무라는 이름은 제주 방언 '구상낭'에서 유래한 것으로,[8] 성게를 뜻하는 구살(또는 쿠살/쿠상)에서 변화한 '구상'과 나무를 뜻하는 '낭'의 합성어이다.[9] 즉, 잎이 성게의 가시를 닮은 것 또

5　이에 대한 자세한 내용은 『나무열전』(2016), p.49 참조.

6　「화한한명대조표」(1910)는 '뎐느무, 檜'를 기록했으며 「조선주요삼림수목명칭표」(1912)는 '전느무, 檜'를, 『조선거수노수명목지』(1919)는 '줏느무, 檜'를, 『조선어사전』(1920)은 '젓나무, 樅木'을, 『조선식물명휘』(1922)는 '檜, 杉, 杉松, 전나무'를, 『토명대조선만식물자휘』(1932)는 '[樅木]종나무, [젓나무]'를, 『선명대화명지부』(1934)는 '전나무, 줏(즛)나무'를 기록했다.

7　'국가표준식물목록'(2018)을 기준으로 할 때 삼나무(杉木)는 일본 원산의 *Cryptomeria japonica* (L.f.) D.Don을 일컫지만, '중국식물지'(2018)는 杉木(삼목)을 넓은잎삼나무<*Cunninghamia lanceolata* (Lamb.) Hook.(1827)>를 일컫는 것으로 보고 있으며, 우리의 옛 문헌상 삼목(杉木)은 전나무 또는 잎갈나무[서명응의 『본사』(1787) 참조]를 일컫은 것으로 이해된다(다만 예외적으로 일본 분포종을 뜻할 때에는 현재의 일본 원산의 삼나무를 일컫기도 한다). 한편 이창숙 외(2016), p.231은 『남환박물』(1704)에 기록된 杉(삼)을 현재의 일본 원산 삼나무를 기록한 것으로 보고 있으나, 당시에 일본 원산의 삼나무가 제주도에 분포하지 않았고 다른 문헌의 기록에 비추어 檜(회)와 杉(삼) 모두 전나무, 분비나무 및 구상나무가 속한 전나무속(Abies) 식물을 일컬은 것으로 보아야 할 것이다.

8　제주 방언에서 유래했다는 것에 대해서는 『조선삼림식물도설』(1943), p.16과 이우철(2005), p.88 참조.

9　현재 제주 방언으로 성게는 '구살, 성귀, 쿠사리, 퀴, 퀴살' 등으로 불린다. 이에 대해서는 현평효·강영봉(2014), p.204 참조.

는 구과(毬果)의 모양이 성게를 연상시키는 것에서 유래한 이름이다.[10] 구상나무는 E.H. 윌슨(E.H. Wilson, 1876~1930)이 1917년 한라산을 답사해 새로이 분류하면서 그 존재가 알려졌고, 『조선식물명휘』에 한글명이 최초 기록되었다. 『제주도및완도식물조사보고서』는 분비나무(*A. nephrolepis*)에 대한 조선명으로 'クソンナム'(구상나무)를 기록했던 것에 비추어, 제주도에서 구상나무는 구상나무와 분비나무를 별도로 분류하기 이전까지 분비나무(전나무에도 혼용)를 포함하여 통칭했던 이름으로 이해된다. 한편, 바늘모양의 돌기가 갈고리처럼 꼬부라진 모양을 뜻하는 '구상(鉤狀)'이라는 말에서 유래했다고 보는 견해가 있다.[11] 그러나 제주 식물을 기준으로 발표된 종으로 제주 방언을 채록한 것이므로 한자어 구상(鉤狀)에서 유래를 찾는 것은 타당하지 않으며 그러한 한자어를 사용한 예도 발견되지 않는다.

속명 *Abies*는 이 속의 일종인 *A. alba*의 고대 라틴명에서 유래했으며 전나무속을 일컫는다. 종소명 *koreana*는 '한국의'라는 뜻으로 한반도 고유종임을 나타낸다.

다른이름 줏나무(정태현 외, 1923), 구송나무(정태현, 1926)[12]

중국/일본명 중국에는 분포하지 않는 식물이며, 한자명 제주백회(濟州白檜)[13]는 제주에 있는 분비나무(白檜)라는 뜻이다. 일본명 サイシウモミ(濟州モミ)는 제주에서 자라는 モミ(전나무 종류의 일본명)라는 뜻이다.

참고 [북한명] 구상나무 [유사어] 박송실(朴松實), 제주백회(濟州白檜) [지방명] 구상남/구상낭(제주)

○ Abies nephrolepis *Maximowicz* タウシラベ
Bunbi-namu 분비나무

분비나무〈*Abies nephrolepis* (Trautv. ex Maxim.) Maxim.(1866)〉

분비나무라는 이름은 나무껍질이 흰색(粉)이고 뾰족한 잎의 모양이 비자나무(榧子)를 닮았다는 뜻에서 유래한 것으로 추정한다. 18세기에 저술된 송주상의 『동유일기』는 금강산에 분포하는 식물로 '榧木'(비목)을 기록하면서 "有稱榧木者 幹直葉細 如檜無別 而但皮白爲異"(비목이라 불리는 것이 있는데 줄기가 곧으며 잎이 가늘다. 전나무와 다른 점이 없는데 다만 껍질이 흰 것이 차이점이다)라고 했는데,[14] 이는 남쪽에 자라는 비목과 분비나무를 혼용한 것으로 보인다. 또한 한자명으로 흰 전나무라는 뜻의 백회(白檜)가 있다.[15] 한편 회갈색의 흰 나무껍질이라고 하여 한자어로 분피(粉皮)라고 했

---

10 이러한 견해로 김태영·김진석(2018), p.31; 오찬진 외(2015), p.36; 나영학(2016), p.24 참조.

11 이러한 견해로 허북구·박석근(2008b), p.50과 전정일(2009), p.9 참조.

12 『조선식물명휘』(1922)는 '구상나무'를 기록했으며 『선명대화명지부』(1934)는 '구상나무, 줏(춧)나무'를 기록했다.

13 이에 대해서는 『조선삼림식물도설』(1943), p.16 참조.

14 이를 분비나무로 이해하는 견해로 공광성 외(2017), p.127 참조.

15 이에 대해서는 『조선삼림식물도설』(1943), p.17 참조.

다가 이것이 변하여 분비나무가 되었다는 견해가 있다.[16] 그러
나 현재 분류학상으로 속(屬)은 다르지만 유사한 형태의 식물
로 종비(樅榧)나무가 있는 점을 고려하면 피(皮)에서 비로 변화
했다고 보는 것은 무리가 있으며 『동유일기』의 榧木(비목)을
설명하기도 어렵다. 또 노거수의 나무껍질이 거북 등딱지 모
양으로 갈라지는 것에서 무늬가 있는 비자나무를 닮은 식물
이라는 뜻으로 문비(紋榧)라고 불린다는 기록도 있다.[17] 그러나
이러한 명칭이 분비로 전환되었다는 기록이 없으므로 문비를
분비나무의 직접적 어원으로 보기는 어렵다.

속명 Abies는 이 속의 일종인 A. alba의 고대 라틴명에서
유래했으며 전나무속을 일컫는다. 종소명 nephrolepis는 그
리스어 nephros(콩팥)와 lepis(비늘조각)의 합성어로 콩팥모양의 비늘조각이 있다는 뜻이다.

다른이름 분비(정태현 외, 1923), 전나무(정태현, 1943)

옛이름 榧木(동유일기, 1749)[18]

중국/일본명 중국명 臭冷杉(chou leng shan)은 독특한 향이 나고 추운 지방에서 자라는 삼(杉)나무라
는 뜻이다. 일본명 タウシラベ(塔白檜)는 탑처럼 높이 자라는 흰색 전나무라는 뜻이다.

참고 [북한명] 분비나무 [유사어] 무과송(無果松), 백대송(白大松), 백회(白檜)

Biota orientalis *Endlicher* コノテガシハ 側柏・扁柏
Chúgbaeg-namu 측백나무

측백나무⟨*Platycladus orientalis* (L.) Franco(1949)⟩[19]
측백나무라는 이름은 한자어 측백(側柏)에서 유래했다. 중국의 『본초강목』에 의하면 잎이 납작하
게 자라기 때문에 側(측)이라는 글자가 붙었고, 16세기 초경에 저술된 중국의 『육서정온』에 의하
면 다른 나무와 달리 서쪽을 향하는 음지성 나무이기 때문에 서쪽을 뜻하는 白(백)을 넣어 柏(백)

---

16 이러한 견해로 박상진(2019), p.221과 오찬진 외(2015), p.44 참조.
17 이에 대해서는 『토명대조선만식물자휘』(1932), p.14 참조.
18 『화한한명대조표』(1910)는 '분비누무, 椴'를 기록했으며 『제주도및완도식물조사보고서』(1914)는 'クソンナム'[구상나무]를,
    『지리산식물조사보고서』(1915)는 'ㅊ유-ㄴ나무'[전나무]를, 『조선식물명휘』(1922)는 '杉松, 白大松, 분비나무'를, 『토명대
    조선만식물자휘』(1932)는 '[紋榧]문비'를, 『선명대화명지부』(1934)는 '분비나무'를 기록했다.
19 '국가표준식물목록'(2018)은 측백나무의 학명을 *Thuja orientalis* L.(1753)로 기재하고 있으나, 『장진성 식물목록』(2014),
    '세계식물목록'(2018) 및 '중국식물지'(2018)는 본문의 학명을 정명으로 기재하고 있다.

이라는 글자가 붙었다고 한다.[20] 중국 문헌에서 유래한 송백(松柏)의 柏(백)은 측백나무를 뜻하지만 종종 우리 문헌에서 잣나무로 오해되기도 했다.[21]

속명 *Platycladus*는 그리스어 *platy*(넓은)와 *cardus*(새순)의 합성어로 새순이 편평하게 자라는 것에서 유래했으며 측백나무속을 일컫는다. 종소명 *orientalis*는 '동양의'라는 뜻으로 서양측백 (*Thuja occidentalis*)에 대비하여 붙여졌다.

다른이름 칙빅나무(정태현 외, 1923), 측백나무(정태현 외, 1936), 측백(안학수·이춘녕, 1963)

옛이름 栢(삼국사기, 1145), 側柏/즉빅(구급방언해, 1466), 柏/즉빅나모(구급간이방언해, 1489), 栢/즉빅/ 扁松(훈몽자회, 1527), 栢/즉빅(신증유합, 1576), 栢/즉빅(소학언해, 1588), 側柏/柏/즉빅나모(동의보감, 1613), 側栢/즉빅(구황촬요벽온방, 1639), 栢松/측빅/匾松(역어유해, 1690), 側柏(남환박물, 1704), 扁松/측 빅(동문유해, 1748), 扁松/즉빅(몽어유해, 1768), 栢松/측빅/匾松(방언집석, 1778), 栢/측빅(한청문감, 1779), 側栢/측빅(왜어유해, 1782), 柏/측빅/匾松/側柏(물보, 1802), 柏/측빅/側柏(광재물보, 19세기 초), 동청/즉 빅나모(화왕본긔, 19세기 초), 柏/側柏/즉빅/汁柏/扁松(물명고, 1824), 栢/측빅(자류주석, 1856), 柏/측빅ᄂ 모(의종손익, 1868), 柏/측빅ᄂ모(방약합편, 1884), 柏/측빅(아학편, 1908), 柏/측백나무(자전석요, 1909), 側柏葉/측백나무닙사귀(선한약물학, 1931)[22]

중국/일본명 중국명 側柏(ce bai)의 유래는 한국명과 동일하다. 일본명 コノテガシハ(児の手柏)는 잎이 아이의 손처럼 보인다고 하여 붙여졌다.

참고 [북한명] 측백나무 [유사어] 백자인(柏子仁), 측백목(側柏木), 측백엽(側柏葉) [지방명] 향나무(전 남), 칙백낭구/코뚜레나무(충남), 칙백나무(황해)

⊗ Juniperus chinensis *Linné*   ビヤクシン(イブキ)
Hyang-namu   향나무   香木

향나무⟨*Juniperus chinensis* L.(1767)⟩

향나무라는 이름은 한자어 향목(香木)에서 유래한 것으로, 목재에서 향이 나는 나무라는 뜻에서 붙여졌다.[23] 종래 우리나라는 회(檜)를 주로 전나무 또는 가문비나무를 일컫는 것으로 사용했으나,

---

20 이러한 견해로 허북구·박석근(2008b), p.280과 박상진(2011a), p.295 참조.

21 이에 대해서는 『나무열전』(2016), p.43 참조.

22 「화한한명대조표」(1910)는 '측빅ᄂ무'를 기록했으며 『조선한방약료식물조사서』(1917)는 '側柏, 柏, 栒'을, 『조선거수노수명 목지』(1919)는 '측빅ᄂ무, 側柏'을, 『조선어사전』(1920)은 '側柏(측빅), 측백나무'를, 『조선식물명휘』(1922)는 '側柏, 扁柏, 측 빅나무'를, 『토명대조선만식물자휘』(1932)는 '[側柏(木)]측빅(나무), [柏子木]빅ᄌ목'을, 『선명대화명지부』(1934) '측백나무'를 기록했다.

23 이러한 견해로 이우철(2005), p.589; 허북구·박석근(2008b), p.309; 이유미(2015), p.188; 오찬진 외(2015), p.136; 전정일 (2009), p.16 참조.

중국에서는 향나무를 뜻했기 때문에 우리 문헌상 檜木(회목)은 종종 향나무를 뜻하기도 했다.[24] 또한 『아언각비』 등 옛 문헌에 기록된 老松(노송)은 향나무를 뜻하기도 했기에 『조선삼림수목감요』는 향나무의 별칭으로 노송나무를 기록하기도 했다.[25] 또한 『동의보감』에 강원도에서 나는 것으로 기록된 紫檀香(자단향)은 중국에서는 *Ptercarpus indicus*로 한반도에 분포하지 않는 식물이었는데 조선에서는 향나무 또는 노간주나무로 이해하기도 했다.[26]

속명 *Juniperus*는 향나무 종류의 고대 라틴명에서 유래했으며 향나무속을 일컫는다. 종소명 *chinensis*는 '중국에 분포하는'이라는 뜻으로 발견지 또는 분포지를 나타낸다.

다른이름 노송나무/향나무(정태현 외, 1923)

옛이름 香木(삼국유사, 1281), 香木(조선왕조실록, 1420), 香木/향나모(월인석보, 1459), 香木(동문선, 1478), 紫檀香(동의보감, 1613), 紫檀香(승정원일기, 1630), 檜栢/향나모(광재물보, 19세기 초), 檜/蔓松/老松(아언각비, 1819), 檜栢/향나모(물명고, 1824), 紫檀(본사, 1855), 香木(승정원일기, 1880), 향나무/香木(한불사전, 1880), 栢檀/향나무/香木(자전석요, 1909), 檀/향나무/香木(신자전, 1915), 상나무(조선구전민요집, 1933)[27]

중국/일본명 중국명 圓柏(yuan bai)는 원모양을 이루면서 자라는 자백(刺柏: 향나무속의 중국명)이라는 뜻이다. 일본명 ビャクシン(柏槇)은 향나무를 뜻하는 일본식 한자어 柏子(백자)에서 유래했다.

참고 [북한명] 향나무 [유사어] 자단향(紫檀香), 향목(香木), 회엽(檜葉) [지방명] 상낭구/상낭그/상낭기/행나무(강원), 상나무/쌍나무(경기), 상나무/행나무(경남), 상나무(경북), 개향나무/상나무(전남), 삼나무/상/상까지낭/상남/상낭(제주), 상나무(충남), 만수향/상나무(충북), 상낭그/행낭그(함남), 상낭구, 향냉기(함북)

---

24 이에 대한 자세한 내용은 『나무열전』(2016), p.49 참조.

25 『아언각비』(1819)의 檜(회)와 老松(노송)이 향나무를 뜻한다는 견해로는 공광성(2017), p.20 이하 참조. 다만 『본사』(1787)는 檜를 향나무로 보고 老松은 석송으로, 『오주연문장전산고』(185?)는 檜와 老松을 노간주나무로, 『송남잡지』(1855)는 老松을 소나무의 일종으로 보는 등 그 이름의 용례가 매우 혼돈스럽다.

26 이러한 견해로 공광성(2017), p.45 이하 참조.

27 「화한한명대조표」(1910)는 '상ㄴ무, 香木'을 기록했으며 「조선주요삼림수목명칭표」(1915)는 '향ㄴ무, 香木'을, 『조선거수노수명목지』(1919)는 '향ㄴ무, 香木'을, 『조선어사전』(1920)은 '檜木(회목), 로송(老松)나무'를, 『조선식물명휘』(1922)는 '檜柏, 檜, 香木, 향나무, 산나무'를, 『토명대조선만식물자휘』(1932)는 '[栝]괄, [圓柏]원빅, [香木]향나무, [笏木]홀나무'를, 『선명대화명지부』(1934) '향나무, 상나무, 노송나무'를 기록했다.

Juniperus Sargentii *Takeda*　シンパク　眞柏
Nuun-hyaṅ-namu　누운향나무

눈향나무〈*Juniperus chinensis* L. var. *sargentii* A.Henry(1912)〉

눈향나무라는 이름은 줄기가 눕는 향나무라는 뜻에서 유래했다.[28] 『조선식물향명집』은 '누운향
나무'로 기록했으나 『조선수목』에서 '눈향나무'로 개칭해 현재에 이르고 있다. 제주도 분포 식물
에 대해 논한 『탐라지』와 『남환박물』의 蔓香木(만향목)은 한라산 위에 나는데 형태는 자단(紫檀)
과 같다고 기록한 점을 고려할 때 눈향나무로 이해된다.[29] 한편 옛 문헌에 등장하는 白檀(백단) 또
는 白檀香(백단향)은 중국에서는 한반도에 분포하지 않는 *Santalum album*을 뜻하고, 『동의보
감』은 이를 중국(唐)에서 수입하는 약재로 기록했다. 그러나 『세종실록지리지』 등은 국내에 분포
하는 향나무(香木)의 일종으로 기록하고 있는 점에서 비추어 향나무, 눈향나무[30] 또는 곱향나무를
지칭하는 이름으로 사용했을 가능성이 있다.[31]

　　속명 *Juniperus*는 향나무 종류의 고대 라틴명에서 유래했으며 향나무속을 일컫는다. 종
소명 *chinensis*는 '중국에 분포하는'이라는 뜻으로 발견지 또는 분포지를 나타내며, 변종명
*sargentii*는 미국 식물학자 C. S. Sargent(1841~1927)의 이름에서 유래했다.

다른이름　눈상나무(정태현 외, 1923), 누운향나무(정태현 외, 1937), 참향나무(박만규, 1949), 누은향나
무(안학수·이춘녕, 1963)

옛이름　白檀香(세종실록지리지, 1454), 白檀香(동의보감, 1613), 蔓香木(탐라지, 1653), 蔓香木(남환박물,
1704), 白檀(동유일기, 1749), 白檀(오주연문장전산고, 185?), 眞柏(연재집, 1906)[32]

중국/일본명　중국명 偃柏(yan bai)는 쓰러져 누워 자라는 자백(刺柏: 향나무속의 중국명)이라는 뜻이다.
일본명 シンパク(眞柏)는 진짜 향나무라는 뜻이다.

참고　[북한명] 누운향나무 [유사어] 만향목(蔓香木), 회엽(檜葉) [지방명] 넌출상낭/줄상낭/츰상낭
(제주)

28　이러한 견해로 이우철(2005), p.158 참조.

29　이창숙 외(2016), p.233은 구골나무(*Osmanthus heterophyllus*)를 기록한 것으로 보고 있으나, 구골나무는 국내에서 재배
　　종으로 식재하는 점에 비추어볼 때 타당성은 의문스럽다.

30　『동유일기』(1749)는 금강산 비로봉의 정상에 줄기가 누워 자라는 식물로 白檀(백단)을 기록했는데, 이는 눈향나무를 지칭
　　한 것으로 추정한다. 이러한 견해로 공광성 외(2017), p.134 참조.

31　이러한 견해로 공광성(2017), p.45 이하 참조. 다만 『오주연문장전산고』(185?)는 "側柏 俗云白檀 亦一誤也"(측백을 세상에서
　　는 백단이라고 하지만 이 역시 잘못된 것이다)라고 하여 당시 일반적으로 백단을 측백으로 이해했음을 기록한 바 있다.

32　『조선식물명휘』(1922)는 '眞柏'을 기록했으며 『선명대화명지부』(1934) '눈상나무를 기록했다.

Juniperus procumbens *Siebold*   ソナレ
Sòm-hyañ-namu   섬향나무

섬향나무⟨*Juniperus chinensis* L. var. *procumbens* (Siebold) Endl.(1847)⟩[33]

섬향나무라는 이름은 섬(대흑산도)에 나는 향나무라는 뜻이다.[34] 『조선식물향명집』에서 전통 명칭 '향나무'를 기본으로 하고 식물의 산지(産地)를 나타내는 '섬'을 추가해 신칭했다.[35]

속명 *Juniperus*는 향나무 종류의 고대 라틴명에서 유래했으며 향나무속을 일컫는다. 종소명 *chinensis*는 '중국에 분포하는'이라는 뜻으로 발견지 또는 분포지를 나타내며, 변종명 *procumbens*는 '엎드린, 기는'이라는 뜻이다.

다른이름 누은향나무(안학수·이춘녕, 1963), 가는향나무(임록재 외, 1996), 기는향나무(리용재 외, 2011)[36]

중국/일본명 중국명 铺地柏(pu di bai)는 땅을 기는 자백(刺柏: 향나무속의 중국명)이라는 뜻이다. 일본명 ソナレ(磯馴れ)는 가지나 줄기가 지면 쪽으로 비스듬히 뻗는 모습에서 유래했다.

참고 [북한명] 기는향나무/섬향나무[37] [유사어] 회엽(檜葉) [지방명] 줄상낭(제주)

Juniperus nana *Willdenow*   リシリビヤクシン
Gob-hyañ-namu   곱향나무

곱향나무⟨*Juniperus communis* L. subsp. *alpina* (Suter) Celak.(1867)⟩[38]

곱향나무라는 이름의 정확한 유래는 알려져 있지 않다.[39] 다만 '곱'은 잎이 '굽다' 또는 '곱다'(곧지 아니하고 한쪽으로 약간 급하게 휘었다는 뜻)[40]의 뜻으로, 곱향나무라는 이름은 잎이 3개로 돌려나면서 위

---

33 '세계식물목록'(2018)과 '중국식물지'(2018)는 본문의 학명을 이명(synonym)으로 하고 *Juniperus procumbens* (Siebold ex Endl.) Miq.(1870)를 정명으로 기록하고 있으므로 주의를 요한다.

34 이러한 견해로 이우철(2005), p.344 참조. 한편 이윤옥(2015), p.24는 『조선식물향명집』에서 제주도산, 울릉도산이라 밝히지 않고 '섬'이라는 이름으로만 표시해 이름을 애매하게 했다는 취지로 기술하고 있는데, 이는 식물은 특정 지역에만 한정되어 분포하는 경우도 있지만 대개는 식물구계에 따라 광역 분포한다는 점을 고려하지 않은 의견이다. 식물구계에 관한 논의는 이우철(2008), p.61 이하와 성은숙(2017), p.107 이하 참조.

35 이에 대해서는 『조선식물향명집』, 색인 p.41 참조.

36 『제주도및완도식물조사보고서』(1914)와 『제주도식물』(1930)은 'ソンネ·イナム'[손네·나무]를 기록했다.

37 북한에서는 *Sabina procumbens*를 '기는향나무'로, *Sabina pacifica*를 '섬향나무'로 하여 별도 분류하고 있다. 이에 대해서는 리용재 외(2011), p.309 참조.

38 '국가표준식물목록'(2018)과 '중국식물지'(2018)는 곱향나무의 학명을 *Juniperus sibirica* Burgsd.(1787)로, '세계식물목록'(2018)은 *Juniperus communis* var. *saxatilis* Pall.(1789)로 기재하고 있으나, 이 책은 『장진성 식물목록』(2014)에 따라 본문과 같이 기재한다.

39 이러한 견해로 이우철(2005), p.80 참조.

40 '곱다'는 말에 대해, 『조선어사전』(1917)은 "꼽으라지다"(현대어: 꼬부라지다)와 같은 뜻을 가진 것으로 해설했고, 『한불자

로 굽은 향나무라는 뜻에서 유래한 것으로 추정한다. 『조선식물향명집』에서 이름이 최초로 발견되는데 신칭한 이름으로 기록하지 않았으므로[41] 실제 사용하던 방언을 채록했을 가능성이 있다.

속명 *Juniperus*는 향나무 종류의 고대 라틴명에서 유래했으며 향나무속을 일컫는다. 종소명 *communis*는 '통상의, 공통적인'이라는 뜻이며, 아종명 *alpina*는 '고산에서 자라는'이라는 뜻으로 높은 산에 분포하는 것에서 유래했다.

중국/일본명 중국명 西伯利亚刺柏(xi bo li ya ci bai)는 시베리아에 분포하는 자백(刺柏: 향나무속의 중국명)이라는 뜻이다. 일본명 リシリビヤクシン(利尻柏槇)은 홋카이도에 있는 리시리섬(利尻島)에서 처음 발견된 향나무(柏槇)라는 뜻이다.

참고 [북한명] 곱향나무 [유사어] 회엽(檜葉)

Juniperus rigida *Sieb. et Zucc.*   ネズ·ネズミサシ   杜松
Nogaju-namu   노가주나무(노간주나무)   老柯子

노간주나무〈*Juniperus rigida* Siebold & Zucc.(1846)〉

노간주나무라는 이름은 한자어 노가자목(老柯子木)에 어원을 두고 있으며, 늙은 가지를 가진 나무라는 뜻에서 유래한 것으로 추정한다.[42] 가지가 질겨 소코뚜레, 도리깨발, 도낏자루 등을 만들며 열매를 약용했다.[43] '老柯子木'(노가자목)은 중국이나 일본에서는 발견되지 않는 한자명이다. 민간에서 부르던 명칭을 소리 나는 대로 음차(音借)하여 표기한 것이라는 견해도 있으나,[44] 마치 늙은 것처럼 가지가 잘 휘고 소코뚜레 등으로 사용한 나무라는 뜻으로 실제 용도를 한자어로 표현한 것으로 보인다. 옛 문헌에 기록된 것으로 소코뚜레나무라는 뜻의 '솟드뢰나무'라는 이름도 발견된다.

속명 *Juniperus*는 향나무 종류의 고대 라틴명에서 유래했으며 향나무속을 일컫는다. 종소명 *rigida*는 '딱딱한'이라는 뜻으로 단단한 목질에서 유래했다.

다른이름 노가주나무(정태현 외, 1923), 노간주나무(정태현 외, 1936), 노가지나무/노간주향(정태현, 1943)

옛이름 刺松(조선왕조실록, 1505), 刺松/노가주(역어유해, 1690), 牛懸木/솟드뢰나무(실험단방, 1709), 刺松/노가쥬나무(광재물보, 19세기 초), 刺松/노가주나무(물명고, 1824), 老柯子(우천문집, 1833), 노가지

전』(1880)은 "courber; être courbé, courbe"(구부리다; 굽어 있다. 휘어져 있다)는 뜻으로 해설했다.
41 이에 대해서는 『조선식물향명집』, 색인 p.32 참조.
42 이러한 견해로 허북구·박석근(2008b), p.69; 솔뫼(송상곤, 2010), p.850; 김종원(2013), p.557 참조.
43 이에 대해서는 『조선삼림식물도설』(1943), p.10과 『한국의 민속식물』(2017), p.170 참조.
44 이러한 견해로 김종원(2013) p.557 참조.

128

(녹효방, 1873), 노가쥬/회즙/檜(한불자전, 1880), 노가ᄌᆞ實(의방합편, 19세기), 杜松子(선한약물학, 1931)[45]

중국/일본명 중국명 杜松(du song)은 두(杜)나라에 분포하는 소나무라는 뜻이다. 일본명 ネズミサシ(鼠刺し)는 쥐를 꿰어 찌른다는 뜻으로, 단단한 이 나무로 쥐가 들어오지 못하게 방어하던 것에서 유래했다.

참고 [북한명] 노가지나무 [유사어] 노가자목(老柯子木), 노가주, 두송(杜松) [지방명] 노가지/노가지나무/노각나무/노간주/노간지남그/노간지남기/노고지나무(강원), 노간주/노감주/노감주나무/오간지나무(경기), 노송나무/소코뚜레나무(경남), 노가지나무/노간지나무/노성나무/노송나무/코꾼지나무(경북), 개솔나무/노가시나무/노가지나무/노간지나무/노가나무/노성나무/성노나무(전남), 노가지나무(전북), 노가지나무/노각나무/노간주/노간지나무/노강댕이나무/호랭이나무(충남), 노가리나무/노가지나무/노감주나무(충북), 놀가지나무(함경)

○ Larix davurica *Carr*. var. coreana *Nakai*　ダフリアカラマツ
Jom-itgal-namu　좀잇갈나무

잎갈나무〈*Larix gmelinii* (Rupr.) Kuzen.(1920)〉[46]

잎갈나무는 독특하게 바늘잎나무이면서 잎지는나무로, 잎갈나무라는 이름은 잎을 간다(또는 갈무리한다)는 뜻에서 유래했다.[47] 한편 '잎'과 '갈'(分)의 합성어로 잎이 바늘모양으로 갈라지는 것에서 유래했다는 견해가 있으나,[48] 잎이 바늘모양으로 되는 것은 바늘잎나무의 일반적인 특징으로 잎갈나무에만 해당한다고 보기 어렵다. 조선 중기 이호운이 저술한 『오봉집』을 비롯한 다수의 시문집에는 금강산에서 나는 계수나무에 대한 언급이 있는데 이는 잎갈나무를 계수나무로 혼동한 것으로,[49] 그 결과 현재 강원 방언에 계수나무라는 명칭이 나타나는 것으로 보인다. 한편 잎갈나무에 대한 한자명으로 중국에서 전래된 杉(삼)에 대해 중국에서는 한반도에 자생하지 않는 넓은잎삼

45　「화한한명대조표」(1910)는 '녹아쥬ㄴ무, 老柯子'를 기록했으며 「조선주요삼림수목명칭표」(1912)는 '노가쥬나무, 老柯子'를, 『조선거수노수명목지』(1919)는 '노간주ㄴ무, 老柯子木'을, 『조선어사전』(1920)은 '노가주, 노간주'를, 『조선식물명휘』(1922)는 '杜松, 老柯子, 노가쥬나무'를, 『토명대조선만식물자휘』(1932)는 '[杜松]두송, [老柯子木]로(노)가주나무, [노가주(나무)], [노간주(나무)]'를, 『선명대화명지부』(1934) '노가쥬나무, 노가지나무, 노아지나무'를 기록했다.

46　'국가표준식물목록'(2018)은 잎갈나무의 학명을 *Larix olgensis* var. *koreana* (Nakai) Nakai(1938)로, 만주잎갈나무의 학명을 *Larix olgensis* var. *amurensis* (Kolesn. ex Dylis) Kitag.(1979)으로 기재히고 있다. 『장진성 식물목록』(2014), '중국식물지'(2018) 및 '세계식물목록'(2018)은 잎갈나무의 학명의 정명을 본문과 같이 기재하고, 만주잎갈나무의 학명을 *Larix gmelinii* var. *olgensis* (A.Henry) Ostenf. & Syrach(1930)로 기재하고 있으므로 주의를 요한다.

47　이러한 견해로 김태영·김진석(2018), p.38; 이유미(2015), p.266; 허북구·박석근(2008b), p.237; 오찬진 외(2015), p.51; 전정일(2009), p.10 참조. 다만, 잎갈나무의 옛이름은 '잇갈' 또는 '익개나모'로 현재와 어형에 차이가 있으므로 이에 대한 어원학적 차원의 조사와 연구가 추가적으로 필요하다.

48　이러한 견해로 이우철(2005), p.435 참조.

49　이에 대한 보다 자세한 내용은 공광성(2017), p.90 이하 참조.

나무(*Cunninghamia lanceolata*)를 뜻했으나, 조선에서는 문헌별로 잎갈나무(신증유합, 본사 등), 일본 원산의 삼나무(왜어유해, 동시록, 패관잡기 등), 구상나무(남환박물 등), 전나무(물명고, 아언각비 등), 노간주나무(임원경제지 등)로 다양하게 사용되었다.[50] 『조선식물향명집』은 '좀잇갈나무'로 기록했으나 『조선식물명집』에서 '이깔나무'로 개칭하고 『대한식물도감』에서 '잎갈나무'로 표기를 변경해 현재에 이르고 있다.

속명 *Larix*는 유럽잎갈나무 종류의 고대 라틴명이며 켈트어 *lar*(풍부)에서 유래한 것으로 수지(樹脂)가 풍부하여 붙여졌으며 잎갈나무속을 일컫는다. 종소명 *gmelinii*는 독일 생물학자 Johann Friedrich Gmelin(1748~1804)의 이름에서 유래했다.

다른이름 닙갈나무(정태현 외, 1923), 계수나무/잇갈나무(정태현, 1926), 좀잇갈나무(정태현 외, 1937),[51] 계수나무/닢갈나무(정태현, 1943), 이깔나무(정태현 외, 1949), 좀이깔나무(리종오, 1964), 북이깔나무(리용재 외, 2011)

옛이름 伊叱可木/杉木(조선왕조실록, 1533), 杉/잇갈(신증유합, 1576), 益佳木(지봉유설, 1614), 杉木/익개나모(역어유해, 1690), 杉木/잇개나모(동문유해, 1748), 杉木/잇개나모(몽어유해, 1768), 杉木/잇개나모(방언집석, 1778), 杉木/잇개나모(한청문감, 1779), 杉/익개(왜어유해, 1782), 杉/益佳木(본사, 1787), 弋樞/익가나무(아언각비, 1819), 油衫/익가남우(물보, 1802), 杉/익가나무(광재물보, 19세기 초), 杉/익가(물명고, 1824), 落葉松(연경재전집, 1840), 닛깔나무(조선구전민요집, 1933)[52]

중국/일본명 중국명 落叶松(luo ye song)은 바늘잎나무로 낙엽이 지는 소나무라는 뜻이다. 일본명 ダフリアカラマツ(-唐松)는 다후리아 지역에서 자라는 일본잎갈나무(唐宋)라는 뜻이다.

참고 [북한명] 북이깔나무/이깔나무[53] [유사어] 적목(赤木), 조선낙엽송(朝鮮落葉松) [지방명] 계수나무(강원)[54]

---

50 이러한 견해로 신현철 외(2015) 참조.

51 『조선식물향명집』에 기록된 학명을 기준으로 할 경우 '좀잇갈나무'는 만주잎갈나무(*L. gmelinii* var. *olgensis*)에 해당할 수도 있으므로, 추후 별도의 연구가 필요하다.

52 「조선주요삼림수목명칭표」(1915)는 '잇갈ㄴ무'를 기록했으며 『조선거수노수명목지』(1919)는 '닛갈나무, 黃花松'을, 『조선어사전』(1920)은 '익가나무, 益佳木(익가목), 赤木(적목), 落葉松(락엽숑), 杉木(삼목), 수긔목'을, 『조선식물명휘』(1922)는 '落葉松, 黃花松, 낙엽송(工業)'을, 『토명대조선만식물자휘』(1932)는 '[落葉松]락(낙)엽송, [杉(木)]삼(목), [赤木]적목, [益佳木]익가목, [이가리나무]'를, 『선명대화명지부』(1934)는 '닙갈나무, 낙엽송'을 기록했다.

53 북한에서는 *L. gmelinii*를 '북이깔나무'로, *L. koreana*를 '이깔나무'로 하여 별도 분류하고 있다. 이에 대해서는 리용재 외(2011), p.198 참조.

54 이에 대해서는 이우철 감수(1991), p.122 참조.

Larix Kaempferi *Sargent* カラマツ 落葉松 (栽)
Nagyŏbsong 낙엽송

일본잎갈나무〈*Larix kaempferi* (Lamb.) Carrière(1856)〉

일본잎갈나무라는 이름은 일본이 원산지인 잎갈나무라는 뜻에서 유래했다.[55] 『조선식물향명집』
은 낙엽송으로 기록했으나, 낙엽송(落葉松)은 자생종 잎갈나무에 대한 한자명으로 사용해왔던 이
름이다. 『한국수목도감』에서 '일본잎갈나무'로 표기를 변경해 현재에 이르고 있다.

속명 *Larix*는 유럽잎갈나무 종류의 고대 라틴명이며 켈트어 *lar*(풍부)에서 유래한 것으로 수지
(樹脂)가 풍부하여 붙여졌으며 잎갈나무속을 일컫는다. 종소명 *kaempferi*는 독일 자연연구자로
일본 식물을 채집하고 연구한 Engelbert Kaempfer(1651~1716)의 이름에서 유래했다.

다른이름 낙엽송(정태현 외, 1937), 일본닢갈나무(이창복, 1947), 락엽송(도봉섭 외, 1958), 창성이깔나
무(임록재 외, 1972)[56]

중국/일본명 중국명 日本落叶松(ri ben luo ye song)은 일본에 분포하는 낙엽송(落葉松: 잎갈나무의 중
국명)이라는 뜻이다. 일본명 カラマツ(唐松)는 잎이 돋아 자라는 모습이 당송풍(唐松風) 그림을 연
상시킨다는 뜻에서 붙여졌다.

참고 [북한명] 창성이깔나무 [지방명] 낙엽송(경기/전북)

Picea jezoensis *Carriere* エゾマツ
Gamunbi 가문비

가문비나무〈*Picea jezoensis* (Siebold & Zucc.) Carrière(1855)〉

가문비나무라는 이름은 '가문'과 '비'와 '나무'의 합성어로, 북한 방언을 채록한 것이다.[57] 당시 북
한에서 가문비와 종비나무가 혼용되었던 점에 비추어[58] '비'는 비자나무(榧)의 뜻이고, '가문'은 나
무껍질이 검은빛을 띠는 점에 비추어 '검은'(黑)이라는 뜻에서 유래한 것으로 보인다. 즉, 가문비나
무는 나무껍질이 거북 등딱지 모양으로 갈라지면서 검은빛을 띠고 잎이 비자나무처럼 뾰족한 바
늘잎을 이루는 것에서 유래한 이름으로 추정한다.[59] 한편 분비나무(紋榧)를 닮았다는 뜻의 한자어

---

55 이러한 견해로 이우철(2005), p.434; 박상진(2011b), p.407; 김태영·김진석(2018), p.39; 허북구·박석근(2008b), p.237; 오찬
진 외(2015), p.51; 김종원(2013), p.544 참조.

56 『조선어사전』(1920)은 '落葉松(락엽송)'을 기록했으며 『조선식물명휘』(1922)는 '落葉松, 잇갈나무'를, 『선명대화명지부』
(1934)는 '락엽송, 잇갈나무'를 기록했다.

57 이에 대해서는 『조선삼림수목감요』(1923), p.4와 『조선삼림식물도설』(1943), p.20 참조.

58 이에 대해 『조선삼림식물도설』(1943), p.20은 가문비의 한자명으로 '樅榧'를 기록했다.

59 이러한 견해로 김양진(2011), p.52 참조.

가문비(假紋榧)로 보는 견해가 있으나,[60] 가문비나무는 북한 방언에서 유래한 이름이므로 한자에서 그 유래를 찾는 것은 의문스럽다. 또한 나무껍질이 검은빛이어서 흑피목(黑皮木), 즉 검은피나무가 가문비나무로 된 것으로 추정하는 견해가 있으나,[61] 흑피목으로 사용된 예를 발견하기 어렵고 유사한 종비의 해석이 어렵게 되는 문제점이 있다. 옛 문헌에서는 전나무(檜木)와 구별 없이 사용했고,[62] 별도로 가문비나무를 지칭한 이름은 발견되지 않는다. 『조선식물향명집』은 '가문비'로 기록했으나 『조선삼림수목감요』와 『조선삼림식물도설』에 '가문비나무'로 기록되어 현재에 이르고 있다.

속명 *Picea*는 소나무 종류의 라틴명으로 *pix*(피치)에서 유래했으며 가문비나무속을 일컫는다. 종소명 *jezoensis*는 '에조(蝦夷: 홋카이도의 옛 지명)에 분포하는'이라는 뜻으로 발견지 또는 분포지를 나타낸다.

다른이름 가문비나무(정태현 외, 1923), 가문비(정태현, 1926), 감비(정태현, 1943)

옛이름 檜木(조선왕조실록, 1538)[63]

중국/일본명 중국명 卵果鱼鳞云杉(luan guo yu lin yun shan)은 달걀모양의 구과와 물고기 비늘 모양의 나무껍질을 가진 운삼(雲杉: 가문비나무속의 중국명)이라는 뜻이다. 일본명 エゾマツ(蝦夷松)는 에조(蝦夷: 홋카이도의 옛 지명)에 서식하는 소나무라는 뜻이다.

참고 [북한명] 가문비나무 [유사어] 당회(唐檜), 백목(白木), 어린송(魚鱗松), 종비(樅榧), 탑회(塔檜)

---

60 『토명대조선만식물자휘』(1932), p.14는 평북과 함남에서 紋榧(분비나무)를 닮았다는 뜻에서 가문비(假紋榧)라고 부른다고 기록했다.

61 이러한 견해로 박상진(2011b), p.479; 허북구·박석근(2008b), p.19; 오찬진 외(2015), p.59; 조항범(2016), p.59 참조. 조항범은 검다(黑)는 뜻의 우리말 '감'의 관형사형인 '가믄'이 원순모음화하여 '가문'이 되고, 나무껍질을 뜻하는 '피(皮)'의 발음이 '비'로도 발음되었기 때문에 가문비나무가 되었다고 한다.

62 『조선왕조실록』 중종 편에는 잎갈나무(伊叱可木)의 현황 파악과 관련하여 '杉木則無液 此則有液 必是檜木也'[삼목은 진(液)이 없는데 이것은 진이 있는 것으로 보아 필시 회목(檜木)일 것이다]라고 한 것이 있는데, 송진 구멍이 있어 송진이 나오는 것은 가문비나무이므로 이때의 회목(檜木)은 가문비나무를 일컫는다[박상진(2011b), p.481 참조]. 한편, 중국에서는 '檜'를 전통적으로 향나무(*J. chinensis*)를 뜻하는 것으로 사용했으나, 우리 문헌에서는 전나무와 가문비나무를 특별한 구별 없이 지칭했던 것으로 이해된다[이에 대해서는 『나무열전』(2016), p.49와 박상진(2011b), p.481 참조].

63 「화한한명대조표」(1910)는 '가문비'를 기록했으며 『지리산식물조사보고서』(1915)는 'びなむ'[비나무]를, 『조선식물명휘』(1922)는 '唐檜, 杉松, 魚鱗松, 가문비'를, 『토명대조선만식물자휘』(1932)는 '[假紋榧]가문비'를, 『선명대화명지부』(1934)는 '가문비나무, 가문비'를 기록했다.

○ Picea koraiensis *Nakai*   テフセンハリモミ
Binul-gamunbi   비눌가문비

종비나무〈*Picea koraiensis* Nakai(1919)〉

종비나무라는 이름은 한자어 종비(樅榧)에서 유래한 것으로, 전나무(樅)와 비자나무(榧)를 닮았다는 뜻에서 붙여졌다.[64] 『조선식물향명집』은 나무껍질이 비눌(비늘)처럼 얇게 벗겨지고 가문비나무를 닮았다는 뜻의 '비눌가문비'로 기록했으나, 『조선삼림식물도설』에서 '종비나무'로 기록해 현재에 이르고 있다.

속명 *Picea*는 소나무 종류의 라틴명으로 pix(피치)에서 유래했으며 가문비나무속을 일컫는다. 종소명 *koraiensis*는 '한국에 분포하는'이라는 뜻으로 한반도 고유종을 나타낸다.

다른이름 비눌가문비(정태현 외, 1937), 가문비나무(정태현, 1943), 비늘가문비/접나무/털종비/털종비나무/풍산가문비/풍산가문비나무/풍산종비(한진건 외, 1982)[65]

중국/일본명 중국명 红皮云杉(hong pi yun shan)은 나무껍질이 붉은색이 나는 운삼(雲杉: 가문비나무속의 중국명)이라는 뜻이다. 일본명 テフセンハリモミ(朝鮮針モミ)는 조선에 분포하고 잎이 바늘 같은 전나무라는 뜻이다.

참고 [북한명] 종비나무 [유사어] 사수(沙樹), 종비(樅榧)

Pinus Bungeana *Zuccarini*   シロマツ   白松 (栽)
Baegsong   백송

백송〈*Pinus bungeana* Zucc. ex Endl.(1847)〉

백송이라는 이름은 한자어 백송(白松)에서 유래한 것으로, 어릴 때 녹색이었던 줄기가 껍질이 벗겨지면서 백색을 나타내기 때문에 붙여졌다.[66] 중국 원산으로 국내에서는 오래전부터 관상용으로 식재해왔다.

속명 *Pinus*는 소나무의 고대 라틴명으로 pitch(수지, 樹脂)를 의미하는 *pix, picis*에서 유래한 것으로 보이며 소나무속을 일컫는다. 종소명 *bungeana*는 러시아인으로 북중국과 시베리아 식물을 연구한 Alexander Georg von Bunge(1803~1890)의 이름에서 유래했다.

---

64 이러한 견해로 이우철(2005), p.482 참조.

65 「조선주요삼림수목명칭표」(1912)는 '가문비'를 기록했으며 『조선거수노수명목지』(1919)는 '분비'를, 『조선식물명휘』(1922)는 '杉松, 沙松'을, 『토명대조선만식물자휘』(1932)는 '[椵]단, [樅榧]종비'를 기록했다.

66 이러한 견해로 이우철(2005), p.266; 박상진(2011b), p.517; 김태영·김진석(2018), p.41; 허북구·박석근(2008b), p.146; 오찬진 외(2015), p.17 참조.

다른이름 빅송(정태현 외, 1923), 백골송(이창복, 1980), 흰소나무(김현삼 외, 1988)

옛이름 白松(경자연행잡지, 1720), 白松(청장관전서, 1795), 白松(계산기정, 1804), 白松(해동역사, 1841)[67]

중국/일본명 중국명 白皮松(bai pi song)은 나무껍질이 흰색인 소나무라는 뜻이다. 일본명 シロマツ(白松)도 껍질이 흰색이 되는 소나무라는 뜻이다.

참고 [북한명] 흰소나무

Pinus densiflora *Sieb. et Zucc.*   アカマツ   赤松

Sonamu   소나무·솔   陸松 (慶尙)

소나무⟨*Pinus densiflora* Siebold & Zucc.(1842)⟩

소나무라는 이름은 '솔'+'나무'가 솔나무→소나무로 변화해 형성된 것이다.[68] 솔의 유래에 대해 한자어 송(松)이 변화한 것으로 보는 견해가 있지만,[69] 『구급간이방언해』와 『훈몽자회』에 소나무 또는 솔이 기록되었고 한자 전래 이전에도 한반도에 소나무가 존재했던 점에 비추어 '솔'은 송과는 다른 고유어로 이해된다. 솔은 산의 꼭대기를 뜻하는 수리(또는 중세어 '수늙')가 변한 고유어로, 산 정상부에서 자라거나 높이 자라는 나무라는 뜻이라고 한다.[70] 즉, 산 정상부에서 자라는 생태와 높이 솟는 것 같은 나무의 모양과 관련된 이름으로 이해된다. 한편 소나무 사이를 스쳐 부는 바람이란 뜻의 '솔바람' 또는 푸르고 힘차게 하늘로 치솟는 수형의 '솟다'에서 형성된 것으로 보는 견해도 있다.[71] 그러나 '솔바람'은 '솔'에서 파생되어 형성된 말로 이해되고,[72] 솔의 어원이 '솟다'인지는 불명확하다. 줄기가 붉다고 하여 적송(赤松)이라 하고, 곰솔(해송)에 비해 내륙에 자란다고 하여 육송(陸松)이라고도 한다. 이와 관련하여 적송과 육송은 옛 문헌에는 나타나지 않고 일제에 의해 강요된 이름이라는 견해가 있다.[73] 그러나 빈번하게 사용되지는 않았지만 15세기에 저술된 『동문선』에 적송(赤松)이, 『해동제국기』에 육송(陸松)이라는 표현이 발견되는 점에 비추어 그 타당성은 의문스럽다.

---

67 「화한한명대조표」(1910)는 '빅송, 白松'을 기록했으며 『조선거수노수명목지』(1919)는 '빅송, 白松, 白骨松'을, 『조선식물명휘』(1922)는 '白松, 白菓松, 唐宋, 빅손(觀)'을, 『토명대조선만식물자휘』(1932)는 '[白松]빅송'을, 『선명대화명지부』(1934)는 '백송'을 기록했다.

68 이러한 견해로 김민수(1997), p.597 참조.

69 이러한 견해로 이우철(2005), p.349; 오찬진 외(2015), p.70; 김무림(2015), p.531 참조.

70 이러한 견해로 백문식(2014), p.312; 이유미(2015), p.323; 허북구·박석근(2008b), p.193 참조. 다만 허북구·박석근은 '수리'의 의미에서 나무 중의 으뜸이라는 뜻을 강조하지만, 조선 시대 이후로 특수한 역사적 시기를 제외하고 소나무가 한반도의 우점종으로서 주요 목재 용도로 빈번하게 사용되었다고는 보기 어렵다. 이에 대해 보다 자세한 내용은 박상진(2001), p.141 참조.

71 이러한 견해로 김종원(2013), p.547 참조.

72 이러한 견해로 백문식(2014), p.312 참조.

73 이러한 견해로 박상진(2001), p.412 참조.

속명 *Pinus*는 소나무의 고대 라틴명으로 pitch(수지, 樹脂)를 의미하는 *pix, picis*에서 유래한 것으로 보이며 소나무속을 일컫는다. 종소명 *densiflora*는 '꽃이 밀생하는'이라는 뜻이다.

다른이름 뉵송/소나무/솔(정태현 외, 1923), 륙송(정태현, 1943), 붉송/솔/육송/적송(안학수·이춘녕, 1963), 솔나무/암솔(이영노, 1996)

옛이름 松(삼국사기, 1145), 松(삼국유사, 1281), 솔/松(묘법연화경언해, 1463), 陸松(해동제국기, 1471), 赤松(동문선, 1478), 松/소나모/소닭(분류두공부시언해, 1481), 소나모/松(구급간이방언해, 1489), 솔/松(훈몽자회, 1527), 松/솔(신증유합, 1576), 소나모/松(동의보감, 1613), 赤松皮(의림촬요, 1635), 松樹/소나모(역어유해, 1690), 松樹/소나모(동문유해, 1748), 소닭(소아론, 1777), 松/소나무(방언집석, 1778), 松/소나모(한청문감, 1779), 松/솔(재물보, 1798), 松/솔(광재물보, 19세기 초), 松/솔(물명고, 1824), 松/송/소나무(명물기략, 1870), 솔/松/솔나무/松木/숑(한불자전, 1880), 松/솔(자전석요, 1909), 松/솔(신자전, 1915), 소나무/松木(조선어사전[심], 1925), 소나무/솔나무(조선어표준말모음, 1936)[74]

중국/일본명 중국명 赤松(chi song)은 목재의 나무껍질이 붉은색을 띠는 소나무라는 뜻에서 유래했다. 한자 松(송)은 중국 진시황이 소나무 덕에 소나기를 피할 수 있게 되자 고맙다는 뜻으로 벼슬을 주어 목공(木公)이라 했고, 그 글자가 합쳐 이루어진 것이라 한다. 일본명 アカマツ(赤松)도 나무껍질이 붉은색을 띠는 소나무라는 뜻이다.

참고 [북한명] 소나무 [유사어] 송(松), 송절(松節), 육송(陸松), 적송(赤松) [지방명] 소낭구/소낭기/솔/솔나무/솔낭구/송고/송곳대/송구/송굿대/송귀나무/송기/신주(강원), 땅벼/새똥/서낭구/소낭구/솔낭구/송구/송기/조선솔(경기), 간솔/솔/솔나무/솔낭게/솔낭구/송곳/송구/송구밥/송굿대/송기/송쿠/쏠나무/참솔나무(경남), 송기/송곳/송구/송귀/송기/쏘나무(경북), 가리나무/갈쿠나무/개밥/건불나무/검불나무/관솔/생기/생키/생키밥/솔나무/솔낭구/솔투방/송구/송까/송쿠/송퀴/송키/잎삭나무/정구지/푸나무/항까리(전남), 가리나무/간솔/갈쿠나무/갈퀴나무/개밥/생케/생퀴/생키/생키밥/솔/솔고동/솔나무/솔청/송곳/송구/송치/송쿠/송쿠밥/송키/육송(전북), 산송/소남/소낭/솔낭/솔칵/송기/송쿠리/수나무/정낭/황솔/황송(제주), 소낭/솔/솔나무/송곳/송곳대/송기/송나무/송해/수나무/육송/조선솔잎/참솔나무(충남), 솔/솔나무/솔잎(충북), 소낭기/솔낭구/솔낭기(함남), 소낭기/솔/솔나무/솔냉기/솔방울/송냉기/청솔(함북), 소낭구(황해)

---

74 「화한한명대조표」(1910)는 '소ᄂ무, 松'을 기록했으며 『지리산식물조사보고서』(1915)는 'そなむ'[소나무]를, 『조선거수노수명목지』(1919)는 '소나무, 松'을, 『조선어사전』(1920)은 '솔나무, 소나무, 솔, 松木(송목), 赤松(적송)'을, 『조선식물명휘』(1922)는 '赤松, 소나무, 松, 솔(救, 工業)'을, 『토명대조선만식물자휘』(1932)는 '[赤松]적숑, [松木]숑(송)목, [솔나무], [소오리나무], [소나무]'를, 『선명대화명지부』(1934)는 '솔, 솔나무, 뉵송'을 기록했다.

Pinus koraiensis *Sieb. et Zucc.*　テフセンマツ　海松（支那）
Jat-namu　잣나무　柏

잣나무〈*Pinus koraiensis* Siebold & Zucc.(1842)〉

잣나무라는 이름은 '잣'과 '나무'의 합성어로, 그 유래에 대해 '뾰족하다'는 뜻이라는 견해[75] 또는 먹을 수 있는 귀한 자원으로 '젖'과 같은 어원의 단어라는 견해[76] 등이 있으나 정확한 어원은 알려져 있지 않다. 다만 만주어에 소나무를 뜻하는 발음으로 'jakda'가 있는 것에 비추어 한민족이 한반도에 정착하는 과정에서 형성된 옛말로 이해된다.[77] 중국 본토에는 잣나무가 분포하지 않는 점에 비추어 『시경』 등 중국 옛 문헌에 등장하는 백(柏)은 잣나무가 아니라 측백(側柏)을 일컫는 것이다.[78] 중국에서는 잣을 신라를 통해 수입했으므로 바다를 건너왔다는 뜻에서 '海松(해송)' 또는 '新羅松(신라송)'이라고 일컫기도 했다.[79]

속명 *Pinus*는 소나무의 고대 라틴명으로 pitch(수지, 樹脂)를 의미하는 *pix, picis*에서 유래한 것으로 보이며 소나무속을 일컫는다. 종소명 *koraiensis*는 '한국에 분포하는'이라는 뜻으로 원산지를 나타내는데 만주 북부, 시베리아 및 일본에도 분포한다.

다른이름　잣나무(정태현 외, 1923), 홍송(이창복, 1980)

옛이름　松/鮊子南(계림유사, 1103), 栢/柏(삼국유사, 1281), 海松子/佐叱(향약집성방, 1433),[80] 잣/海松(훈민정음해례본, 1446), 海松/잣나모(분류두공부시언해, 1481), 잣남(삼강행실도, 1481), 松子/잣(간이구급방언해, 1489), 잣나무/果松(훈몽자회, 1527), 海松子/잣(언해구급방, 1608), 海松子/잣(동의보감, 1613), 果松樹/잣나모/油松(역어유해, 1690), 果松樹/잣나모(동문유해, 1748), 果松樹/잣나모(방언집석, 1778), 海松子/잣(해동농서, 1799), 松子/잣(물보, 1802), 海松子/쟛(광재물보, 19세기 초), 빅ᄌ/잣(규합총서, 1809), 果松/五粒子/잣나모/海松/新羅松(물명고, 1824), 海松子(희송ᄌ)/줏나무(명물기략, 1870), 海松/잔나무(녹효방, 1873), 빅목/栢木/잣나무(한불자전, 1880), 海松子/잣(방약합편, 1884), 잣나무/栢木(국한회어, 1895)[81]

75　이러한 견해로 고주환(2013), p.173 참조.

76　이러한 견해로 김종원(2013), p.293 참조. 한편 솔뫼(송상곤, 2010), p.468은 까치를 뜻하는 鵲(작)으로 까치가 좋아하는 것에서 유래했다고 하나 어원학적·생태학적으로 근거 없는 주장으로 보인다.

77　이에 대해서는 강길운(2010), p.1019 참조.

78　정약용이 저술한 『아언각비』(1819)에서는 "柏者 側柏也"라고 했다.

79　이에 대해서는 박상진(2001), p.452 참조.

80　『향약집성방』(1433)의 차자(借字) '佐叱'(좌질)에 대해 남풍현(1999), p.182는 '잣'의 표기로 보고 있다.

81　『화한한명대조표』(1910)는 '잣ᄂ무, 海松'을 기록했으며 『지리산식물조사보고서』(1915)는 'ちゃ-んなむ'[전나무]를, 『조선한방약료식물조사서』(1917)는 잣나무, 栢子仁, 海松子를 『조선거수노수명목지』(1919)는 '잣ᄂ무, 柏子木'을, 『조선의 구황식물』(1919)은 '잣나무, 海松, 柏, 果松'을, 『조선어사전』(1920)은 '잣나무, 五粒松(오립송), 五鬣松(오렵송), 五葉松(오엽송), 海松(히송), 松子松(송ᄌ송), 果松(과송), 油松(유송), 霜降松(상강송)'을, 『조선식물명휘』(1922)는 '海松, 松子, 紅松, 柏, 잣나무(救)(工業)'를, 『토명대조선만식물자휘』(1932)는 '[五葉松]오엽송, [五鬣松]오렵송, [五粒松]오립송, [松子松]송ᄌ송, [霜降松]상

중국명 红松(hong song)은 수령이 오래된 나무는 목재로 사용할 때 붉은색을 띠는 것에서 유래했다. 일본명 テフセンマツ(朝鮮松)는 한반도에 분포하는 소나무라는 뜻으로 학명과 관련하여 붙여진 것으로 이해된다.

참고 [북한명] 잣나무 [유사어] 과송(果松), 백목(柏木), 백자목(柏子木), 송자송(松子松), 오렵송(五鬣松), 오립송(五粒松), 오엽송(五葉松), 유송(油松), 잣솔, 해송자(海松子) [지방명] 잣/잣낭그/잣낭기(강원), 잣(경북), 잣/호두나무(전남), 잣/홍송/흥솔(함북)

Pinus parviflora *Sieb. et Zucc.* ヒメコマツ
Sôm-jat-namu 섬잣나무

섬잣나무〈*Pinus parviflora* Siebold & Zucc.(1842)〉

섬잣나무라는 이름은 섬(울릉도)에서 자라는 잣나무라는 뜻으로,[82] 『조선식물향명집』에서 신칭했다.[83] 이 수종의 자생지인 울릉도에서는 섬잣나무가 아닌 '잣나무'로 부르고 있다.

속명 *Pinus*는 소나무의 고대 라틴명으로 pitch(수지, 樹脂)를 의미하는 *pix, picis*에서 유래한 것으로 보이며 소나무속을 일컫는다. 종소명 *parviflora*는 '작은 꽃의'라는 뜻이다.

다른이름 잣나무(정태현 외, 1923)[84]

중국/일본명 중국명 日本五针松(ri ben wu zhen song)은 일본산 잣나무라는 뜻이다. 일본명 ヒメコマツ(姫小松)는 식물체가 작은 소나무라는 뜻이며, 작은 바늘모양의 잎 5개를 가진 소나무라는 뜻의 ゴエフマツ(五釵松)도 기록으로 전해진다.

참고 [북한명] 섬잣나무 [유사어] 오수송(五鬚松) [지방명] 잣나무(울릉)

Pinus pumila *Regel* ハヒマツ
Nuun-jat-namu 누운잣나무

눈잣나무〈*Pinus pumila* (Pall.) Regel(1859)〉

눈잣나무라는 이름은 평북 방언을 채록한 것으로, 줄기가 누워서 자라는 잣나무라는 뜻에서 유래했다.[85] 『조선식물향명집』은 '누운잣나무'로 기록했으나 『조선삼림수목감요』와 『조선수목』에

강송, [海松]히송, [油松]유송, [果松]과송, [잣나무]를, 『선명대화명지부』(1934)는 '잣나무'를, 『조선의산과와산채』(1935)는 '海松, 잣나무'를 기록했다.

82 이러한 견해로 이우철(2005), p.343과 오찬진 외(2015), p.94 참조.

83 이에 대해서는 『조선식물향명집』, 색인 p.41 참조.

84 『조선식물명휘』(1922)는 '五釵松, 잣나무'를 기록했으며 『선명대화명지부』(1934)는 '잣나무'를 기록했다.

85 이러한 견해로 이우철(2005), p.157과 오찬진 외(2015), p.90 참조.

서 '눈잣나무'로 기록해 현재에 이르고 있다.

속명 *Pinus*는 소나무의 고대 라틴명으로 pitch(수지, 樹脂)를 의미하는 *pix, picis*에서 유래한 것으로 보이며 소나무속을 일컫는다. 종소명 *pumila*는 '왜소한, 낮게 자라는, 짧은'이라는 뜻으로 왜성인 식물체의 특성에서 유래했다.

다른이름 눈잣나무(정태현 외, 1923), 누운잣나무(정태현 외, 1937), 천리송(박만규, 1949)[86]

중국/일본명 중국명 偃松(yan song)은 누워서 자라는 소나무라는 뜻이다. 일본명 ハヒマツ(這松)는 기어서 자라는 소나무라는 뜻이다.

참고 [북한명] 누운잣나무 [유사어] 만년송(萬年松), 왜송(倭松), 파지송(爬地松)

Pinus leucosperma *Maximowicz*　マンシウクロマツ
Manju-hŭgsong　만주흑송

만주곰솔〈*Pinus tabuliformis* Carrière(1867)〉[87]

만주곰솔이라는 이름은 만주에 분포하는 곰솔이라는 뜻에서 유래했다.[88] 『조선식물향명집』에서는 전통 명칭 '흑송'을 기본으로 하고 식물의 산지(産地)를 나타내는 '만주'를 추가해 '만주흑송'을 신칭했으나,[89] 『우리나라 식물자원』에서 '만주곰솔'로 개칭해 현재에 이르고 있다.

속명 *Pinus*는 소나무의 고대 라틴명으로 pitch(수지, 樹脂)를 의미하는 *pix, picis*에서 유래한 것으로 보이며 소나무속을 일컫는다. 종소명 *tabuliformis*는 '평판 모양의'라는 뜻이다.

다른이름 소나무(정태현, 1926), 만주흑송(정태현 외, 1937), 솔나무(정태현, 1943), 맹산검은소나무/중국소나무(임록재 외, 1996)

중국/일본명 중국명 黑皮油松(hei pi you song)은 나무껍질이 검고 수지(樹脂)가 많은 소나무라는 뜻이다. 일본명 マンシウクロマツ(滿洲黑松)는 만주 지역에 분포하고 나무껍질이 검은색인 소나무라는 뜻이다.

참고 [북한명] 맹산검은소나무 [유사어] 송절(松節)

---

86 「화한한명대조표」(1910)는 '누은잣누무, 偃松'을 기록했으며 「조선주요삼림수목명칭표」(1915)는 '눈잣나무'를, 『조선식물명휘』(1922)는 '偃松, 누운잣나무'를, 『토명대조선만식물자휘』(1932)는 '[누은잣나무]'를, 『선명대화명지부』(1934)는 '눈잣나무, 누운잣나무'를 기록했다.

87 '국가표준식물목록'(2018), '중국식물지'(2018) 및 '세계식물목록'(2018)은 만주곰솔의 학명을 *Pinus tabuliformis* var. *mukdensis* (Uyeki ex Nakai) Uyeki(1925)로 기재하고 있으나, 『장진성 식물목록』(2014)은 정명을 본문과 같이 기재하고 있다.

88 이러한 견해로 이우철(2005), p.211 참조.

89 이에 대해서는 『조선식물향명집』, 색인 p.36 참조.

Pinus Thunbergii *Parlatore*　クロマツ　黒松
Haesong　해송(곰솔)　海松

곰솔〈*Pinus thunbergii* Parl.(1868)〉

곰솔이라는 이름은 전남 방언에 따른 것이다.[90] 남성적이며 곰처럼 크고 우직한 수형에서 이름이 유래했다고 보는 견해가 있으나,[91] 한자어 흑송(黑松)의 우리말이 검은솔이고 곰은 '거머(검)'에서 변화한 것이므로 검은솔이라는 뜻에서 곰솔이 된 것으로 추정한다.[92] 옛 문헌에서 곰솔을 黑松(흑송)으로 부른 것이 이를 뒷받침한다.

속명 *Pinus*는 소나무의 고대 라틴명으로 pitch(수지, 樹脂)를 의미하는 *pix, picis*에서 유래한 것으로 보이며 소나무속을 일컫는다. 종소명 *thunbergii*는 스웨덴 식물학자로 일본 식물을 연구한 Carl Peter Thunberg(1743~1828)의 이름에서 유래했다.

다른이름　곰솔/히송(정태현 외, 1923), 해송(정태현 외, 1937), 왕솔(정태현, 1943), 곰반송(이창복, 1947), 가지해송(박만규, 1949), 곰송(안학수·이춘녕, 1963), 숫송/완솔/흑송(이영노, 1996)

옛이름　海松(해동제국기, 1471), 黑松(배ㅣ긔, 1629), 黑松(년행기, 1780), 히숑/海松(한불자전, 1880)[93]

중국/일본명　중국명 黑松(hei song)은 나무껍질이 검은색인 소나무라는 뜻이다. 일본명 クロマツ(黑松)도 나무껍질이 검은색인 소나무라는 뜻이다.

참고　[북한명] 곰솔 [유사어] 남송(男松), 마미송(馬尾松), 송수(松樹), 송절(松節), 왕솔나무, 흑피자송수(黑皮刺松樹) [지방명] 해송(경기), 소나무(울릉), 간솔/붉은솔/해송(전남), 소나무/해송(전북), 소나무/소낭/솔낭/솔파리(제주), 해송나무(충남)

⊗ Thuja koraiensis *Nakai*　ニホヒネズコ
Nuun-chúgbaeg　누운측백(집방나무)

눈측백〈*Thuja koraiensis* Nakai(1919)〉

눈측백이라는 이름은 누워서 자라는 측백나무라는 뜻에서 유래했다.[94] 『조선식물향명집』의 '누

90　이에 대해서는 『조선삼림수목감요』(1923), p.3 참조.
91　이러한 견해로 김종원(2013), p.553 참조.
92　이러한 견해로 박상진(2011b), p.376; 김태영·김진석(2018), p.49; 허북구·박석근(2008b), p.48; 전정일(2009), p.13; 솔뫼(송상곤, 2010), p.462 참조.
93　「화한한명대조표」(1910)는 '곰솔, 松'을 기록했으며 『조선거수노수명목지』(1919)는 '곰솔, 黑松'을, 『조선어사전』(1920)은 '海松(히숑)'을, 『조선식물명휘』(1922)는 '黑松, 海松, 곰솔(藥, 工業)'을, 『토명대조선만식물자휘』(1932)는 '[黑松]흑숑'을, 『선명대화명지부』(1934)는 '해송'을 기록했다.
94　이러한 견해로 이우철(2005), p.158 참조.

운측백'을 『한국수목도감』에서 '눈측백'으로 축약해 기록한 후 현재에 이르고 있다. 『조선삼림수목감요』는 강원 방언에서 유래한 '찝방나무'를 기록했는데 이는 집의 방이라는 뜻으로,[95] 줄기가 비스듬히 눕는 것이 방(房)의 모양을 이루는 것에서 기인했다고 추정한다.[96]

속명 *Thuja*는 수지(樹脂)를 함유한 나무 종류나 노간주나무를 가리키는 그리스어 *thyia*, 또는 제물을 태우거나 희생을 의미하는 *thyo*, *thyein*에서 유래한 것으로 눈측백속을 일컫는다. 종소명 *koraiensis*는 '한국에 분포하는'이라는 뜻으로 한반도 고유종을 나타내며, 중국 동북부의 백두산 쪽에도 자생한다.

다른이름 찝방나무(정태현 외, 1923), 누운측백/집방나무(정태현 외, 1937), 누운칙백/철리송(정태현, 1943), 누운측백나무/천리송/측향나무/향측백나무(임록재 외, 1972)[97]

중국/일본명 중국명 朝鮮崖柏(chao xian ya bai)는 한국에 분포하는 애백(崖柏: 절벽에서 자라는 측백나무라는 뜻으로 눈측백속의 중국명)이라는 뜻으로 학명에서 유래했다. 일본명 ニホヒネズコ는 향기가 있는 눈측백 종류(ネズコ)라는 뜻에서 붙여진 것으로 추정한다.

참고 [북한명] 누운측백나무 [유사어] 언측백(偃側柏), 천리송(千里松)

Tsuga Sieboldi *Carriere*   ツガ   栂
Solsong-namu   솔송나무

솔송나무 〈*Tsuga diversifolia* (Maxim.) Mast.(1881)〉[98]

솔송나무라는 이름은 『조선삼림수목감요』에 따른 것으로 울릉도 방언에서 유래했다. 그 뜻에 대해 겨울날 하얗게 눈을 뒤집어쓴 모습에서 '설송(雪松)나무'로 불리다가 솔송나무가 된 것으로 추정하는 견해와[99] 거느린다 또는 우두머리라는 뜻의 '솔(率)'과 소나무라는 뜻의 '송(松)'이 합쳐져 솔송(率松)나무가 된 것으로 해석하는 견해가[100] 있다. 눈이 많은 울릉도에서 오직 솔송나무에 대해서만 '설송'이라는 이름이 부여되었다는 해석은 매우 어색하며, 수형과 높이 등을 고려하면 소나무를 거느리는 우두머리라는 뜻의 솔송(率松)나무를 유래로 보는 것이 생태에 보다 적합한 해석으로 보인다.

---

95 『석보상절』(1447)은 '집'(家)의 옛말로 '찝'을 기록했다. 이에 대해서는 남광우(1997), p.1301 참조.

96 이러한 견해로 이우철(2005), p.498 참조.

97 『화한한명대조표』(1910)는 '누은측빅'을 기록했으며 『조선식물명휘』(1922)는 '누은측빅'을, 『토명대조선만식물자휘』(1932)는 '[누은측빅(나무)]'을, 『선명대화명지부』(1934)는 '누은측(칙)백, 찝방나무'를 기록했다.

98 '국가표준식물목록'(2018)은 솔송나무의 학명을 *Tsuga sieboldii* Carrière(1855)로 기재하고 있으나, 『장진성 식물목록』(2014)은 DNA 분석 결과(Havill et al., 2008)를 근거로 하여 울릉도의 솔송나무는 일본 남쪽에 분포하는 *T. sieboldii*보다는 북부에 분포하는 *T. diversifolia*에 가깝다고 보고 학명을 본문과 같이 기재하고 있다.

99 이러한 견해로 박상진(2011b), p.394 참조.

100 문화체육부 문화재관리국(1993), p.296은 이러한 뜻에서 '率松나무'라고 기재하고 있다.

속명 *Tsuga*는 솔송나무의 일본명 ツガ에서 유래한 것으로 솔송나무속을 일컫는다. 종소명 *diversifolia*는 '서로 다른 잎 모양을 가진'이라는 뜻이다.

다른이름 솔송나무(정태현 외, 1923), 쌀솔송나무(리용재 외, 2011)

옛이름 檜(정조실록, 1794)[101] [102]

중국/일본명 중국은 *Tsuga*속을 铁杉(tie shan)이라고 하는데, 쇠 같은 삼(杉: 전나무 종류의 중국명)이라는 뜻이다. 일본명 ツガ는 어원 불명으로 솔송나무의 일본 옛이름에서 유래했다.

참고 [북한명] 솔송나무/쌀솔송나무[103] [유사어] 철삼(鐵杉)

---

101 정조 18년 울릉도 조사 보고를 하는 강원도 관찰사의 장계에 기록된 '檜'를 솔송나무로 해석하는 견해에 대해서는 박상진(2011b), p.391 참조.

102 『조선식물명휘』(1922)는 '栂'를 기록했으며 『선명대화명지부』(1934)는 '쓩아나무, 솔송나무'를 기록했다.

103 북한에서는 T. sieboldii를 '솔송나무'로, T. diversifolia를 '쌀솔송나무'로 하여 별도 분류하고 있다. 이에 대해서는 리용재 외(2011), p.364 참조.

(B) ANGIOSPERMAE 被子植物

(a) Monocotyledoneae 單子葉植物

Typhaceae 부들科 (香蒲科)

부들과〈Typhaceae Juss.(1789)〉

부들과는 국내에 자생하는 부들에서 유래한 과명이다. '국가표준식물목록'(2018), 『장진성 식물목록』 (2014) 및 '세계식물목록'(2018)은 Typha(부들속)에서 유래한 Typhaceae를 과명으로 기재하고 있으 며, 엥글러(Engler), 크론키스트(Cronquist), APG IV(2016) 분류 체계도 이와 같다. 다만, 『장진성 식물목록』(2014), '세계식물목록'(2018) 및 APG IV(2016) 분류 체계는 별도 분리되어 있던 Sparganiaceae(흑삼릉과)를 이 과에 포함시켜 Sparganium(흑삼릉속)으로 분류한다.

Typha orientalis *Presl* コガマ 蒲黃
Budûl 부들

부들〈*Typha orientalis* C.Presl(1851)〉

15세기경부터 그 표현이 확인되는 옛이름인 부들은 붇곶(붓꽃)과 어원을 같이하는 이름으로, 지상부(주로 꽃이삭)의 모양이 '붇'(筆, 붓)처럼 보이는 것에서 유래했다.[1] 16세기에 저술된 『훈몽자회』는 한자 菖(창)에 대해 "창포 챵 又부들 亦曰菖蒲"라고 하여 부들을 창포(*Acorus calamus*)를 지칭하는 것으로 혼용했는데, 부들과 창포의 유사성은 잎과 꽃이삭의 모양에 있다. 한편 13세기에 저술된 『향약구급방』은 약재로 사용하는 꽃창포 열매의 씨(蘯實: 여실)를 차자(借字)로 '笔花'(筆花의 표기)라고 했는데, 이는 '붇곶'을 표기한 것이다. '붇'과 '부들'은 그 어형이 유사하고 붇곶도 지상부의 잎 또는 꽃(봉오리)의 모양이 붓처럼 보이는 것에서 유래했으므로, 부들이라는 이름도 이와 유사한 뜻으로 추정할 수 있다. 옛 한약서에서 부들마치, 부도좃, 부들좃 또는 불들박망이라고 한 것은 약재로 사용하는 부위인 꽃이삭을 지칭한 것으로, 부들이라는 이름이 꽃이삭의 모양에서 유래했을 가능성을 뒷받침한다. 한편 부들이라는 이름이 잎과 줄기를 말려서 부채나 돗자리

---

1 이러한 견해로 남풍현(1981), p.126 참조.

를 만들면 질감이 부드러운 것에서 유래했다고 보는 견해가 있으나,[2] 창포는 잎으로 돗자리 등을 만들지는 않으므로 『훈몽자회』에 나타난 이름의 혼용을 설명하기 어렵다. 또한 잎이 바람에 흔들려 부들대는 형상에서 유래했다거나,[3] 꽃가루받이가 일어날 때 부들부들 떠는 데서 유래했다는 견해가 있으나,[4] 현대어에서 부르르 떨리는 모습을 뜻하는 '부들거리다/부들대다'는 중세어에서 나타나지 않는 것에 비추어 이는 민간어원설의 일종으로 보인다.

속명 *Typha*는 고대 그리스명 *typhe*에서 유래한 것으로 *tiphos*(늪, 연못)가 어원이며, 늪지나 습지에서 주로 자라기에 붙여졌으며 부들속을 일컫는다. 종소명 *orientalis*는 '동양의'라는 뜻이다.

다른이름 부들/부들박망이(정태현 외, 1936), 좀부들(안덕균, 1998)

옛이름 蒲黃/助背槌(향약구급방, 1236),[5] 浦(삼국유사, 1281), 蒲黃/蒲槌/香蒲/次乙皆(향약집성방, 1433),[6] 蒲黃/뽕향/부들(구급방언해, 1466), 蒲黃/부들마치(구급간이방언해, 1489), 부들/蒻(훈몽자회, 1527), 蒲槌/부도좃(촌가구급방, 1538), 蒲黃/부도좃(우마양저염역병치료방, 1541), 蒲黃/포황(언해구급방, 1608), 蒲黃/부들곳/香蒲(동의보감, 1613), 蒲草/부돌(역어유해, 1690), 蒲黃/부들곳글오(사의경험방, 17세기), 茵草/蒲黃/부들곳(산림경제, 1715), 蒲草/부들(동문유해, 1748), 蒲黃/부들종의곳(광제비급, 1790), 香蒲/부들(광재물부, 19세기 초), 香蒲/부들(물명고, 1824), 香浦/부늘(명물기략, 1870), 蒲黃/부들곳(의휘, 1871), 蒲黃/부들곳/불들종의곳/불들막방이(녹효방, 1873), 부들/蒲(한불자전, 1880), 부들곳/蒲黃(방약합편, 1884), 蒲黃/포황(단방비요, 1913), 蒲黃/부들곳(선한약물학, 1931)[7]

중국/일본명 중국명 東方香蒲(dong fang xiang pu)는 동쪽 지방에서 자라는 향포(香蒲: 부들속의 중국명)라는 뜻이다. 일본명 コガマ(小ー)는 작은 ガマ라는 뜻으로, ガマ는 우리말 가마(가마니)와 어원이 동일하며 부들이 원료나 재료가 되는 것에서 유래했다.[8]

참고 [북한명] 부들 [유사어] 큰부들, 포황(蒲黃), 향포(香蒲) [지방명] 부둘(강원), 부돌(경남), 갈포(경북), 올리/칠비(제주), 부뜰(충북), 부둑(평북), 부득(함남)

---

2 이러한 견해로 이덕봉(1963), p.8과 김경희 외(2014), p.111 참조.

3 이러한 견해로 김종원(2013), p.1015 참조.

4 이러한 견해로 허북구·박석근(2008a), p.117과 한태호 외(2006), p.119 참조.

5 『향약구급방』(1236)의 차자(借字) '助背槌'(조배퇴)에 대해 남풍현(1981), p.133은 '도비마치 또는 조비마치'의 표기로 보고 있으며, 이덕봉(1963), p.8은 '조배망마치'의 표기로, 손병태(1996), p.63은 '쥬비마치'의 표기로 보고 있다.

6 『향약집성방』(1433)의 차자(借字) '次乙皆'(차을개)에 대해 남풍현(1999), p.176은 '즐기'의 표기로 보고 있으며, 손병태(1996), p.64는 '즐개'의 표기로 보고 있다. 한편 김종원(2013), p.1015는 『향약집성방』의 '次乙皆'에 '즈ㄱ' 그리고 '부들곳ㄱ로'로 병기했다고 주장하고 있으나 『향약집성방』은 한글명을 기록한 문헌이 아니므로 근거가 없다.

7 『조선한방약료식물조사서』(1917)는 '부들곳'을 기록했으며 『조선의 구황식물』(1919)은 '부들'을, 『조선어사전』(1920)은 '香蒲(향포), 부들'을, 『조선식물명휘』(1922)는 '蒲黃, 부들, 포황(救, 藥)'을, 『토명대조선만식물자휘』(1932)는 '[蒲草]포초, [香蒲]창포, [갈포], [부들], [蒻]약, [蒲黃]포황'을, 『선명대화명지부』(1934)는 '부들, 포황'을 기록했다.

8 이러한 견해로 牧野富太郎(2008), p.989 참조.

143

Sparganiaceae 흑삼능科 (黑三稜科)

흑삼릉과〈Sparganiaceae Hanin(1811)〉

흑삼릉과는 국내에 자생하는 흑삼릉에서 유래한 과명이다. 『조선식물향명집』과 '국가표준식물목록'(2018)은 엥글러(Engler)와 크론키스트(Cronquist) 분류 체계와 동일하게 *Sparganium*(흑삼릉속)에서 유래한 Sparganiaceae를 과명으로 기재하고 있다. 한편, 『장진성 식물목록』(2014), '세계식물목록'(2018) 및 APG IV(2016) 분류 체계는 Sparganiaceae를 별도 분류하지 않고 *Sparganium*(흑삼릉속)으로 하여 Typhaceae(부들과)에 포함시켜 분류한다.

Sparganium ramosum *Huds*. ミクリ 黒三稜

Hûg-samnúng 흑삼능

흑삼릉〈*Sparganium erectum* L. subsp. *stoloniferum* (Buch.-Ham. ex Graebn.) H.Hara(1976)〉[1]

흑삼릉이라는 이름은 한자어 흑삼릉(黑三稜)에서 유래한 것으로, 한약재로 사용하는 三稜(삼릉) 중에서 뿌리 부위가 검은색을 띤다는 뜻이다.[2] 중국의 『본초강목』은 "其葉莖花實俱有三稜"(잎과 줄기, 꽃과 열매 모두 삼릉에 있다)이라고 기록한 것에 비추어 '삼릉'은 식물체 각 부위에 3개의 능선이 있는 것에서, 중국의 『본초습유』는 "有黑三稜 狀如烏梅而稍大 體輕有鬚 相連蔓延 作漆色"(흑삼릉은 모양이 오매와 같으면서 조금 작고 몸체가 가볍고 수염이 있으며 서로 덩굴로 이어져 있고 옻칠 색을 하고 있다)이라고 기록한 점에 비추어 '흑'은 뿌리의 색이 검은 것에서 유래한 것으로 보인다. 그러나 중국에서도 긴 기간 동안 문헌별로 지칭하는 식물에 대해 변화가 있었으므로 현재의 흑삼릉

이 이름의 유래와 완전히 일치하는 모습은 아니다. 한편 우리의 옛 문헌 중 19세기에 저술된 『광재물보』와 『물명고』는 올미(烏芋)에 대한 별칭으로 '黑三稜'(흑삼릉)을 기록해 이름을 혼용하기도 했다. 『조선식물향명집』은 '흑삼능'으로 기록했으나 『한국식물명감』에서 '흑삼릉'으로 기록해 현재에 이르고 있다.

속명 *Sparganium*은 그리스어 *sparganon*(띠, 밴드)의 축소형인 *sparganion*에서 유래한 것으

---

1 '국가표준식물목록'(2018)은 흑삼릉의 학명을 *Sparganium erectum* L.(1753)로 기재하고 있으나, 『장진성 식물목록』(2014)은 본문과 같이 기재하고 있다.

2 이러한 견해로 이우철(2005), p.601 참조.

로 잎 모양 때문에 붙여졌으며 흑삼릉속을 일컫는다. 종소명 *erectum*은 '직립한'이라는 뜻이며, 아종명 *stoloniferum*은 '기는줄기를 가진'이라는 뜻이다.

다른이름　흑삼능(정태현 외, 1937), 호흑삼능(박만규, 1949), 선흑삼릉(리용재 외, 2011)

옛이름　黑三稜(향약집성방, 1433), 黑三稜(동의보감, 1613), 黑三稜(산림경제, 1715), 黑三稜/荊三稜(광재물보, 19세기 초), 黑三稜/烏芋石三稜(물명고, 1824), 黑三稜(임원경제지, 1842)[3]

중국/일본명　중국명 黑三稜(hei san leng)은 한국명과 같은 뜻이지만, 한자 표기는 棱(릉)을 사용하고 있다. 일본명 ミクリ(実栗)는 꽃차례 또는 열매의 모양이 밤(栗)과 유사하여 붙여졌다.

참고　[북한명] 선흑삼릉/흑삼릉[4] [유사어] 삼릉(三稜)

3　『조선식물명휘』(1922)는 '黑三稜'을 기록했다.

4　북한에서는 *S. erectum*은 '선흑삼릉'으로, *S. stoloniferum*은 '흑삼릉'으로 하여 별도 분류하고 있다. 이에 대해서는 리용재 외(2011), p.149 참조.

Potamogetonaceae 가래科 (眠子菜科)

가래과〈Potamogetonaceae Bercht. & J.Presl(1823)〉
가래과는 국내에 자생하는 가래에서 유래한 과명이다. '국가표준식물목록'(2018), 『장진성 식물목록』
(2014) 및 '세계식물목록'(2018)은 *Potamogeton*(가래속)에서 유래한 Potamogetonaceae를 과명으
로 기재하고 있다. 엥글러(Engler), 크론키스트(Cronquist) 및 APG IV(2016) 분류 체계도 이와 같다. 한편,
APG IV(2016) 분류 체계는 *Zannichellia*(뿔말속)를 이 과에 통합하고 있다.

Potamogeton crispus *Linné* エビモ
Maljŭm 말즘

말즘〈*Potamogeton crispus* L.(1753)〉
말즘이라는 이름은 물속에 사는 가늘고 긴 수초로서 절여서 식용한다는 뜻에서 유래한 것으로
추정한다.[1] 말즘의 '말'(물)은 물속에 사는 가늘고 긴 수초(藻)를 뜻하는 것으로 『훈몽자회』와 『동
의보감』 등에 나오는 고유어이다. '즘'은 『국한회어』에서 무 절임에 대해 '무우즘채 菁葅'라고 표현
했고, 19세기에 저술된 『임원경제지』는 葅草(水藻)를 채취하여 삶아 익히고 기름과 소금으로 조리
해 식용한다고 기록했으며, 『조선의 구황식물』은 줄기를 깨끗하게 씻어 기름 등으로 조리해 식용
한다고 했으므로 채소를 절인다는 뜻으로 해석된다. 『사성통해』에서 葅(저)를 '澤生草'(연못에서 자
란다)라고 한 것도 이러한 추론을 뒷받침하는 것으로 보인다. 말즘이라는 한글명은 『조선의 구황
식물』에 최초로 기록되고 『조선식물명휘』를 거쳐 『조선식물향명집』으로 이어졌다. 잎과 줄기를
채취하여 양념한 후 삶아 먹는 것으로 기록된 것에 비추어 실제 사용하는 이름을 채록한 것으로
추정한다. 한편 『재물보』와 『물명고』는 水藻(말)의 한 종류로 馬藻(마조)를 기록했는데, 이는 중국
에서 유래한 것으로 '말즘'을 일컫는 것으로 이해되고 있다.

속명 *Potamogeton*은 그리스어 *potamos*(강)와 *geiton*(근처의, 인근의)의 합성어로, 하천에서 자
라는 것에서 유래했으며 가래속을 일컫는다. 종소명 *crispus*는 '물결치는, 주름진'이라는 뜻으로
잎의 모양 때문에 붙여졌다.

다른이름 마름(박만규, 1949), 말즘말(안학수·이춘녕, 1963)

---

1 이러한 견해로 김경희 외(2014), p.117과 김종원(2013), p.972 참조. 한편 김종원은 '절이다'에서 파생된 '절임'과 '주름'이
동원어이며 "말즘의 본명은 말주름이 틀림없다"라고 주장하고 있다. 그러나 말주름으로 사용된 예를 찾기 어렵고, '절이
다'는 『역어유해보』(1775)에서 현대어와 같은 표기로 나타나는 반면에 주름은 『훈몽자회』(1527)에서 '주룸'으로, 『왜어유
해』(1781)에서 '주룸'으로 표기되는 등 그 어형이 다르다. 또한 '절이다/절다'는 소금이나 식초 등이 배어든다는 뜻이고 주
름은 구김이 만들어지는 형상을 말하므로 그 뜻에 차이가 있어 김종원의 주장을 신뢰하기는 어려워 보인다.

옛이름 菹(사성통해, 1517), 馬藻(재물보, 1798), 馬藻(물명고, 1824), 菹草/水藻(임원경제지, 1842)[2]

중국/일본명 중국명 菹草(zu cao)는『구황본초』에 따른 것으로, '菹'(저)가 '절이다'라는 뜻 또는 '늪'이라는 뜻을 가지고 있으므로 채소로 절여 먹은 관습이나 늪에서 자라는 것에서 유래한 이름이며, 다른 이름으로 凍靑菜(동청채)라고도 했다. 일본명 エビモ(蝦藻)는 새우가 사는 곳에서 자라는 수초(藻)라는 뜻이다.

참고 [북한명] 말즘

Potamogeton cristatus *Regel et Maack.*   コバノヒルムシロ
Ganùn-garae   가는가래

가는가래〈*Potamogeton cristatus* Regel & Maack(1861)〉

가는가래라는 이름은『조선식물향명집』에서 신칭한 것으로,[3] 가래에 비해 식물의 줄기 등이 가늘게 자란다고 하여 붙여졌다.[4]

속명 *Potamogeton*은 그리스어 *potamos*(강)와 *geiton*(근처의, 인근의)의 합성어로, 하천에서 자라는 것에서 유래했으며 가래속을 일컫는다. 종소명 *cristatus*는 '닭 볏 모양의'라는 뜻으로 열매에 닭 볏 모양의 돌기가 있는 것에서 유래했다.

다른이름 좀가래(박만규, 1949), 가는잎가래(임록재 외, 1996)

중국/일본명 중국명 鸡冠眼子菜(ji guan yan zi cai)는 닭 볏 모양의 안자채(眼子菜: 가래의 중국명)라는 뜻으로 학명과 연관되어 있다. 일본명 コバノヒルムシロ(小葉の蛭蓆)는 잎이 작고 거머리(蛭)가 있는 장소에서 자라는 풀이라는 뜻에서 붙여졌다.

참고 [북한명] 가는가래

Potamogeton Ryeri *Bennett*   フトヒルムシロ
Garae   가래

가래〈*Potamogeton distinctus* A.Benn.(1904)〉

가래라는 이름은 물 위에 떠 쉽게 보이고 잎자루에 붙은 긴타원모양의 잎이 흙을 떠서 던지는 농기구인 '가래'와 흡사해 붙여진 것으로 추정한다.『조신식물향명집』에서 최초로 기록한 이름으로

---

2 『조선의 구황식물』(1919)은 '말즘'을 기록했으며『조선식물명휘』(1922)는 '菹草, 말즘(救)'을,『토명대조선만식물자휘』(1932)는 '[水藻]슈조'를,『선명대화명지부』(1934)는 '말즘'을 기록했다.
3 이에 대해서는『조선식물향명집』, 색인 p.30 참조.
4 이러한 견해로 이우철(2005), p.17과 김경희 외(2014), p.115 참조.

보인다. 한편 이삭꽃차례가 떡이나 엿 따위를 둥글고 길게 늘여서 만든 토막(가래)과 닮아서 붙여진 이름으로 추정하는 견해가 있으나,[5] 네가래와 같이 토막을 뜻하는 가래의 모양을 닮지 않은 식물에 붙은 '가래'에 비추어 타당하지 않은 것으로 보인다.

속명 *Potamogeton*은 그리스어 *potamos*(강)와 *geiton*(근처의, 인근의)의 합성어로, 하천에서 자라는 것에서 유래했으며 가래속을 일컫는다. 종소명 *distinctus*는 '현저한'이라는 뜻으로 물속의 잎과 물에 뜨는 잎의 차이가 현저해서 붙여졌다.

다른이름 긴잎가래(정태현 외, 1937), 긴꼭지가래(리용재 외, 2011)

옛이름 논의가래쑤리(이석간경험방, 연대미상), 眼子菜(선한약물학, 1931)

중국/일본명 중국명 眼子菜(yan zi cai)는 명나라 때 구황서 『야채보』에 처음 기록되었는데, 잎의 채취에 대해서 언급한 것으로 보아 잎의 생김새가 눈(眼)을 닮은 것에서 유래했다고 추정한다. 일본명 フトヒルムシロ(太蛭蓆)는 상대적으로 식물체가 크고(太) 거머리(蛭)가 있는 장소에서 자라는 풀이라는 뜻에서 붙여졌다.

참고 [북한명] 가래/긴꼭지가래[6] [유사어] 안자채(眼子菜), 정파칠(釘粑匕) [지방명] 가랭이/가렝이(강원), 가래밥/가래풀/올길풀/올레(전남)

Potamogeton javanicus *Hasskarl* ヒメヒルムシロ
Aegi-garae 애기가래

애기가래〈*Potamogeton octandrus* Poir.(1816)〉

애기가래라는 이름은 『조선식물향명집』에서 신칭한 것으로,[7] 가래에 비해 식물체가 작다(애기)는 뜻에서 붙여졌다.[8]

속명 *Potamogeton*은 그리스어 *potamos*(강)와 *geiton*(근처의, 인근의)의 합성어로, 하천에서 자라는 것에서 유래했으며 가래속을 일컫는다. 종소명 *octandrus*는 '수술이 8개인'이라는 뜻이다.

---

5 이러한 견해로 김종원(2013), p.973 참조.
6 '국가표준식물목록'(2018)은 『조선식물향명집』의 긴잎가래(*P. longipetiolatus*)를 가래에 통합하고 있으나, 북한에서는 '긴꼭지가래'로 하여 별도 분류하고 있다. 이에 대해서는 리용재 외(2011), p.279 참조.
7 이에 대해서는 『조선식물향명집』, 색인 p.42 참조.
8 이러한 견해로 이우철(2005), p.379 참조.

중국/일본명 중국명 南方眼子菜(nan fang yan zi cai)는 남쪽 지방에서 자라는 안자채(眼子菜: 가래의 중국명)라는 뜻이다. 일본명 ヒメヒルムシロ(姬蛭蓆)는 식물체가 작고 거머리(蛭)가 있는 장소에서 자라는 풀이라는 뜻에서 붙여졌다.

참고 [북한명] 애기가래

Potamogeton longipetiolatus *Camus*   ナガバヒルムシロ
Ginip-garae   긴잎가래

가래〈*Potamogeton distincuts* A.Benn.(1904)〉

'국가표준식물목록'(2018), '세계식물목록'(2018) 및 『장진성 식물목록』(2014)은 긴잎가래를 가래에 통합하고 별도 분류하지 않으므로 이 책도 이에 따른다.

⊗ Potamogeton natans *Linné*   オホヒルムシロ
Kŭn-garae   큰가래

큰가래〈*Potamogeton natans* L.(1753)〉

큰가래라는 이름은 가래에 비해 식물체가 크다는 뜻에서 붙여졌다.[9] 『조선식물향명집』에서 전통 명칭으로 추정되는 '가래'를 기본으로 하고 식물의 형태적 특징을 나타내는 '큰'을 추가해 신칭했다.[10]

속명 *Potamogeton*은 그리스어 *potamos*(강)와 *geiton*(근처의, 인근의)의 합성어로, 하천에서 자라는 것에서 유래했으며 가래속을 일컫는다. 종소명 *natans*는 '부유(浮遊)의'라는 뜻이다.

다른이름 대동가래(이창복, 1980)

중국/일본명 중국명 浮叶眼子菜(fu ye yan zi cai)는 잎이 물에 떠 있는 안자채(眼子菜: 가래의 중국명)라는 뜻으로 학명과 연관되어 있다. 일본명 オホヒルムシロ(大蛭蓆)는 식물체가 크고 거머리(蛭)가 있는 장소에서 자라는 풀이라는 뜻에서 붙여졌다.

참고 [북한명] 큰가래 [유사어] 선가래

---

9   이러한 견해로 이우철(2005), p.525 참조.
10 이에 대해서는 『조선식물향명집』, 색인 p.47 참조.

Potamogeton oxyphyllus *Miquel*   ヤナギモ
Bódúl-maljúm   버들말즘

말〈*Potamogeton oxyphyllus* Miq.(1867)〉

말에 대해 『향약구급방』은 "水藻 俗云勿"이라고 하고 있는
데, 여기서 '勿'(믈)은 물에서 자라는 풀 종류인 수조(水藻)를 보
편적으로 일컫는 말(믈)에 대한 차자(借字)이다.[11] 『조선식물향
명집』은 잎이 버드나무와 비슷한 말즘(*P. crispus*)이라는 뜻에
서 '버들말즘'으로 기록했으나, 『조선식물명집』에서 옛이름인
'말'로 바꾸어 기록해 현재에 이르고 있다.

　속명 *Potamogeton*은 그리스어 *potamos*(강)와 *geiton*
(근처의, 인근의)의 합성어로, 하천에서 자라는 것에서 유래했으
며 가래속을 일컫는다. 종소명 *oxyphyllus*는 '뾰족한 잎의'라
는 뜻이다.

다른이름　버들말즘(정태현 외, 1937), 버들잎가래(박만규, 1949),
큰실말(안학수·이춘녕, 1963), 말가래(임록재 외, 1996)

옛이름　海藻(고려도경, 1123), 水藻/勿(향약구급방, 1236),[12] 海藻(향약집성방, 1433), 믈/藻(훈몽자회,
1527), 海藻/믈(동의보감, 1613),[13] 藻/믈/쁘는말암(시경언해, 1613), 海藻/믈(제중신편, 1799), 藻/믈/馬藻/
水藻(물보, 1802), 水藻/말/馬藻(광재물보, 19세기 초), 水藻/말(물명고, 1824), 海藻/무름(의휘, 1871), 海藻
/믈(방약합편, 1884), 薄/말(자전석요, 1909)

중국/일본명　중국명 尖叶眼子菜(jian ye yan zi cai)는 밑이 짧게 좁아지면서 뾰족한 모양의 잎을 가진
안자채(眼子菜: 가래의 중국명)라는 뜻으로 학명과 연관되어 있다. 일본명 ヤナギモ(柳藻)는 버드나
무의 잎과 닮은 수조(水藻)라는 뜻이다.

참고　[북한명] 말

11　이러한 견해로 이덕봉(1963), p.15 참조.
12　『향약구급방』(1236)의 차자(借字) '勿'(물)에 대해 남풍현(1981), p.94는 '믈'의 표기로 보고 있으며, 이덕봉(1963), p.15도 '믈'의 표
　　기로 보고 있다.
13　『동의보감』(1613)은 '海藻, 믈'을 바다에서 채취하는 것으로 기록하고 있으나(生海中 七月七日採), 예부터 '믈'은 담수든 해수
　　든 관계없이 조류(藻類)를 총칭했다. 이에 대해서는 이덕봉(1963), p.15 참조.

Alismataceae 택사科 (澤瀉科)

택사과 〈Alismataceae Vent.(1799)〉

택사과는 국내에 자생하는 택사에서 유래한 과명이다. '국가표준식물목록'(2018), 『장진성 식물목록』 (2014) 및 '세계식물목록'(2018)은 Alisma(택사속)에서 유래한 Alismataceae를 과명으로 기재하고 있다. 엥글러(Engler), 크론키스트(Cronquist) 및 APG IV(2016) 분류 체계도 이와 같다.

Alisma Plantago *L.* var. angustifolium *Kunth.* ヘラオモダカ
Mul-taegsa 물택사

택사 〈*Alisma canaliculatum* A.Braun & C.D.Bouché(1867)〉

택사라는 이름은 한자어 택사(澤瀉)에서 유래한 것이다. 연못(澤)에 고인 물을 뺀다(瀉)는 뜻으로, 몸의 습한 것을 제거하는 치료 효과가 있어 붙여진 이름이다.[1] 한의학에서 택사(澤瀉)는 현재의 택사(A. canaliculatum) 및 질경이택사(A. plantago-aquatica subsp. orientale)의 덩이줄기를 말린 것을 뜻하는데,[2] 『향약구급방』의 한자명 '澤瀉'(택사)는 택사(A. canaliculatum)를 지칭하는 이름이 되었지만 牛耳菜(쇼귀ᄂᆞ믈)는 소귀나물(S. sagittifolia subsp. leucopetala var. eduli)을 지칭하는 것으로 서로 분리해 사용하고 있다. 『조선식물향명집』에서는 '물택사'를 신칭해 기록했으나[3] 『조선식물명집』에서 '택사'로 기록해 현재에 이르고 있다.

속명 *Alisma*는 그리스어 *alis*(물, 바닷물)에 어원을 둔 어떤 수초의 이름에서 유래했으며 택사속을 일컫는다. 종소명 *canaliculatum*은 그리스어 *canaliculus*(작은 홈, 작은 운하)에서 유래한 것으로 홈이 파인 파이프 모양의'라는 뜻이다.

다른이름 물택사(정태현 외, 1937), 쇠대나물(박만규, 1949), 쇠태나물(정태현 외, 1949), 소태나물(도봉섭 외, 1957), 쇠택나물(한진건 외, 1982)

옛이름 澤瀉/牛耳菜(향약구급방, 1236)[4] 澤瀉/牛耳菜(향약채취월령, 1431), 澤瀉/牛耳菜(향약집성방, 1433), 澤瀉(세종실록지리지, 1454), 澤瀉/쇠귀ᄂᆞ믈(구급간이방언해, 1489), 澤瀉/틱샤(언해태산집요, 1608), 澤瀉/틱샤(언해두창집요, 1608), 澤瀉/쇠귀ᄂᆞ믈불휘(동의보감, 1613), 澤瀉/쇠귀ᄂᆞ믈불휘(사의경험방, 17

---

1 이러한 견해로 이우철(2005), p.548 참조. 중국의 『본초강목』(1596)은 "去水曰瀉 如澤水之瀉也"(물을 빼내는 것을 '瀉'라 하는데, 연못물을 빼내는 것과 같다)라고 기록했으며, 우리나라의 『동의보감』(1613)은 "除濕之聖藥也"(습한 것을 없애는 성약이다)라고 기록했다.

2 이에 대해서는 『한의학대사전』(2010) 중 '택사' 참조.

3 이에 대해서는 『조선식물향명집』, 색인 p.37 참조.

4 『향약구급방』(1236)과 『향약집성방』(1433)의 차자(借字) '牛耳菜'(우이채)에 대해 남풍현(1981), p.130은 훈독하여 '쇼귀ᄂᆞ믈'의 표기로 보고 있으며, 이덕봉(1963)은 '쇠귀나믈'의 표기로 보고 있다.

세기), 澤瀉/쇠귀나모(제중신편, 1799), 澤瀉/쇠귀나물/水瀉/芒芋/禹孫(광재물보, 19세기 초), 澤瀉/쇠귀나물(물명고, 1824), 澤瀉/쇠귀나물(자류주석, 1856), 澤瀉/식귀ᄂᆞ믈(의종손익, 1868), 澤瀉/쇠귀ᄂᆞ말(방약합편, 1884), 쇠귀ᄂᆞ믈불휘(의감중마, 1908), 澤瀉/쇠귀나물(자전석요, 1909), 澤瀉/쇠귀나물(의서옥편, 1921), 澤瀉/쇠귀나물뿌리(선한약물학, 1931)[5]

중국/일본명 중국명 窄叶泽泻(zhai ye ze xie)는 좁은 잎의 택사(澤瀉)라는 뜻이다. 일본명 ヘラオモダカ(篦面高)는 주걱모양의 잎을 가진 벗풀(面高)이라는 뜻이다.

참고 [북한명] 택사 [유사어] 곡사(鵠瀉), 급사(及瀉), 망우(芒芋), 수사(水瀉)

Alisma Plantago *L.* var. parviflorum *Torr.*　サジオモダカ
Jilgyŏngi-taegsa　질경이택사

질경이택사〈*Alisma plantago-aquatica* L. subsp. *orientale* (Sam.) Sam.(1932)〉[6]

질경이택사라는 이름은 택사를 닮았는데 잎이 질경이 같다고 하여 붙여졌으며, 질경이속 식물을 뜻하는 학명에서 유래했다.[7] 『조선식물향명집』에서 전통 명칭 '택사'를 기본으로 하고 식물의 형태적 특징을 나타내는 '질경이'를 추가해 신칭했다.[8] 한의학에서 택사(澤瀉)는 현재의 택사(*A. canaliculatum*)뿐만 아니라 질경이택사(*A. plantago-aquatica* subsp. *orientale*)의 덩이줄기를 말린 것을 함께 뜻하므로,[9] 『향약구급방』이래의 한자명 '澤瀉'(택사)는 질경이택사를 지칭하는 이름이기도 했다(택사의 옛이름에 대해서는 이 책 '물택사' 항목 참조). 『임원경제지』 중 『인제지(仁濟志)』에 구황식물로 기록된 獐牙菜(장아채)는 질경이택사를 뜻하는 것으로 이해되고 있다.[10]

속명 *Alisma*는 그리스어 *alis*(물, 바닷물)에 어원을 둔 어떤 수초의 이름에서 유래했으며 택사속을 일컫는다. 종소명 *plantago-aquatica*는 물에서(*aquatica*) 자라는 *Plantago*(질경이속) 식물이라는 뜻이며, 아종명 *orientale*는 '동양의'라는 뜻이다.

다른이름 질경이말풀(이영노·주상우, 1956), 택사(안학수·이춘녕, 1963), 물베짜개/벗풀쇠귀나물/쇠귀나물(한진건 외, 1982)

옛이름 獐牙菜(임원경제지, 1842)[11]

5　『조선어사전』(1920)은 '澤瀉(틱샤), 쇠귀나물'을 기록했으며 『조선식물명휘』(1922)는 '澤瀉, 쇠딕나물'을, 『선명대화명지부』(1934)는 '쇠뒤나물, 쇠대나물'을 기록했다.

6　'국가표준식물목록'(2018)은 질경이택사의 학명을 *Alisma orientale* (Sam.) Juz.(1934)로 기재하고 있으나, '세계식물목록'(2018)과 『장진성 식물목록』(2014)은 정명을 본문과 같이 기재하고 있다.

7　이러한 견해로 이우철(2005), p.496 참조.

8　이에 대해서는 『조선식물향명집』, 색인 p.46 참조.

9　이에 대해서는 『한의학대사전』(2010) 중 '택사' 참조.

10　이에 대해서는 株櫪(2015), p.195 참조.

11　『조선어사전』(1920)은 '澤瀉(틱샤), 쇠귀나물'을 기록했으며 『조선식물명휘』(1922)는 '澤瀉苗'을 기록했다.

중국명 東方澤瀉(dong fang ze xie)는 동양에서 자라는 택사(澤瀉)라는 뜻으로, 아종명 또는 이명(synonym)인 *Alisma orientale*와 연관된 이름이다. 일본명 サジオモダカ(匙面高)는 잎 이 숟가락 모양(匙)인 벗풀(面高)이라는 뜻이다.

참고 [북한명] 질경이택사 [유사어] 물택사(물澤瀉), 수택사(水澤瀉), 택사(澤瀉)

Sagittaria Aginashi *Makino*　アギナシ
Bopul　보풀

보풀〈*Sagittaria aginashi* Makino(1901)〉

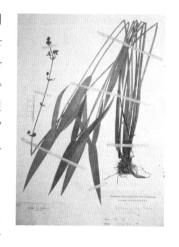

보풀이라는 이름은 '보'와 '풀'의 합성어로, 이때 '보'는 한자어 보(洑: 논에 물을 대기 위해 둑을 쌓아 흐르는 냇물을 막고 그 물을 담아 두는 곳)[12]를 뜻하는 것으로 보인다. 즉, 보풀은 보가 있는 습지에서 흔히 자라는 풀이라는 뜻에서 유래한 이름으로 추 정한다.[13] 보풀은 1880년 파리외방선교회 한국선교단에서 편 찬한 『한불자전』의 "보플 Herbe qui naît dans les rizière" (논에서 돋아나는 풀)가 문헌상 최초의 기록으로 보인다. 『한불 자전』은 외국인이 편집한 사전이었던 만큼 민간에서 상당히 폭넓게 사용되던 이름으로 보이며, 근대 식물학이 도입되기 이전인 19세기에 불렸던 것이므로 특정한 종(species)을 뜻했 다기보다는 널리 논둑 등에서 볼 수 있는 풀이라는 뜻으로 사 용되었을 것으로 생각된다. 한편 옛이름으로 '십자히풀'이 사용된 점에 비추어 여성의 성기나 성교 를 나타내는 순수 우리말 '보'와 잇닿아 있다는 견해가 있으나,[14] 십자히풀의 뜻도 불명확하거니와 여 성의 성기 이름이 왜 이 식물의 이름에 붙여졌는지도 알기 어려워 그 타당성은 의문스럽다.

속명 *Sagittaria*는 라틴어 *sagitta*(화살)에서 유래한 것으로 화살 모양 잎을 나타내며 보풀속을 일컫는다. 종소명 *aginashi*는 보풀의 일본명 アギナシ(顎無し)에서 유래했다.

12　1768년에 저술된 『몽언유해』에 '堰者 障川也 보'라 했고, 1890년 선교사 언더우드(Horace Grant Underwood)가 저술한 『한영자전』에도 '보(洑)'리고 기록된 바 있다.

13　한편 (i) 『조선어사전』(1917)의 한글본은 '보자'에 대해 "物을 包裹하는 方形布니 布類를 縫綴하야 廣方形으로 製한 者의 稱(보자기, 略稱 보)"이라고 기록했다. 이 점에 비추어 보풀은 벗풀과 달리 보(보자기)에 주아(珠芽)가 들어 있는 풀이라는 뜻 을 가졌거나, (ii) 국립국어원, '표준국어대사전'에서 '보(甫)'를 "예전에, 나이가 서로 비슷한 벗 사이나 아랫사람을 부를 때에 성 또는 이름 다음에 붙여 쓰던 말"의 뜻으로 기록하고 있으므로 그러한 의미에서 벗풀과 비슷하다는 뜻에서 유래 했을 가능성을 고려해볼 수 있다. 그러나 19세기 후반에 형태적으로 유사한 식물을 굳이 종(species)으로 구별하여 각각 이름을 만들어 사용했을 특별한 이유가 있지 않으므로 이에서 유래하지는 않았을 것으로 추정한다.

14　이러한 견해로 김종원(2013), p.389 이하 참조.

옛이름 慈姑/십_ᅎ희풀/燕尾草(광재물보, 19세기 초), 慈姑/십_ᅎ희풀(물명고, 1824), 慈姑(오주연문장전
산고, 185?),[15] 보풀(한불자전, 1880), 慈姑(수세비결, 1929)

중국/일본명 중국에는 보풀이 분포하지 않는 것으로 이해되며 별도 분류하고 있지 않다. 일본명 アギ
ナシ(顎無し)는 싹이 틀 때 초기 잎이 갈라지지 않고 단순한 형태를 지녀 붙여졌다.

참고 [북한명] 보풀 [유사어] 수자고(水慈姑), 야자고(野慈姑)

Sagittaria pygmaea *Miquel* ウリカハ
Olmi 올미

올미〈*Sagittaria pygmaea* Miq.(1866)〉

올미라는 이름은 약용하거나 식용했던 땅속에 있는 알 모양
의 덩이줄기의 모양에서 유래한 것으로 보인다.[16] 『사성통해』
에 그 표현이 최초로 등장하는데, 정확한 유래와 뜻은 알려져
있지 않다. 다만 함께 기록된 한자명 烏芋(오우)가 덩이줄기 모
양을 나타내는 것으로 검은 토란이라는 뜻이고,[17] 올미의 옛
이름 중 하나인 한자명 鳧茨(부자)가 기원 전후에 저술된 중국
의 『이아』에서 기원한 것으로 오리의 먹을거리라는 뜻이 있
으므로 이 점을 근거로 유래를 추론해볼 수 있다. 오리(鳧, 鴨)
의 옛말은 '올히'(월인석보, 1459; 훈몽자회, 1527)이고, 먹을거리
를 뜻하는 메의 옛말이 '메'(훈몽자회, 1527) 또는 '뫼'(소학언해,
1588)인데 17세기에 이르러 '올미'로도 표기되었으며 지역에

---

15 『물명고』(1824)와 『오주연문장전산고』(185?)의 '慈姑'가 현재의 벗풀과 보풀 또는 기타 종 중에서 어느 식물을 뜻하는지
는 불명확하다.

16 한약재로서 오우(烏芋)는 일반적으로 사초과의 올방개(*Eleocharis kuroguwai*) 또는 그 유사종의 알줄기(球莖)를 뜻한다
[『(신대역) 동의보감』(2012), p.1966 참조]. 그런데 오우(烏芋)가 어떤 식물을 의미하는지에 대해 중국에서도 논란이 되어왔다.
『본초강목』(1596)에서는 烏芋(오우)를 설명하면서 "慈菇原是二物 慈菇有葉 其根散生 烏芋有莖無葉 其根下生"(자고는 원래
서로 다른 종류다. 자고는 잎이 있고 그 뿌리는 흩어져 자라지만, 오우는 줄기가 있지만 잎이 없고 그 뿌리는 아래로 자란다)이라고 하여
慈菇(자고)와 달리 烏芋(오우)는 현재의 사초과에 속하는 식물임을 분명히 했다. 그러나 『동의보감』(1613)은 烏芋(오우)에 대
해 "澤瀉之類也"(택사의 종류다)라 했고, 『물명고』(1824)는 "此與慈姑各族 特以其名相犯而附之"(오우는 자고의 각 종과 무리를
이루는데 그 이름이 특히 서로 같지 않아 자고에 부한다)라고 하여 택사과에 속하는 자고(慈姑)와 연관하여 설명하고 있다. 따라
서 우리 문헌상 옛이름 '올미'가 어떤 식물을 뜻하는지는 다소 불명확하다. 『조선식물향명집』은 이러한 상황을 반영하여
올미는 택사과인 *Sagittaria pygmaea* Miq.(1866)에 대한 국명으로 기록하고, 후대에 이름이 나타나는 올방개는 사초과
인 *Eleocharis kuroguwai* Ohwi(1936)를 지칭하는 명칭으로 기록했다.

17 "烏芋 其根如芋而色烏也 鳧喜食之 故爾雅名鳧茈 後遂訛爲鳧茨 又訛爲荸薺...(중략)...三稜地栗 皆形似也"(오우는 뿌리가 토란
같으면서 색이 검다. 오리가 잘 먹으므로 '이아'에서 '부자'라 하였고, 후에 결국 와전되어 '鳧茨'가 되었고, 또 와전되어 '발제'가 되었다...중
략...삼릉과 지율은 모두 모양이 유사하기 때문이다)라고 기록했다.

따라서는 '미'로 발음하고 있다. 이러한 점에 비추어 올미는 오리와 같은 야생 동물의 먹을거리라는 뜻에서 유래한 이름으로 추정한다.[18]

속명 *Sagittaria*는 라틴어 *sagitta*(화살)에서 유래한 것으로 화살 모양 잎을 나타내며 보풀속을 일컫는다. 종소명 *pygmaea*는 '작은'이라는 뜻으로 식물체의 크기가 왜소한 것에서 유래했다.

다른이름 잔보풀(임록재 외, 1996)

옛이름 鳧茈(동국이상국집, 1241), 烏芋/吾乙未(향약집성방, 1433),[19] 鳧草/荸薺/올미/剪刀草(사성통해, 1517), 올미/烏芋/鳧茨(훈몽자회, 1527), 荸薺/올미풀(언해구급방, 1608), 烏芋/올미/가츠라기/鳧茨(동의보감, 1613), 烏芋/鳧茨/烏眛(지봉유설, 1614), 鳧茨/올미/가츠라기(신간구황촬요, 1660), 烏芋/올미/鳧茨/烏眛草(산림경제, 1715), 烏芋/올미/鳧茈/荸臍/黑三稜(광재물보, 19세기 초), 烏芋/올미/鳧茨/荸薺/地栗/芍/黑三稜(물명고, 1824), 烏芋/올미/가츠라기(임원경제지, 1842), 烏芋/烏眛草/鳧茨/荸薺/地栗(오주연문장전산고, 185?), 荸薺/올미(의휘, 1871), 烏芋(수세비결, 1929)[20]

중국/일본명 중국명 矮慈姑(ai ci gu)는 키가 작은 자고(慈姑: 택사 등의 생약명)라는 뜻으로 학명과 연관되어 있다. 일본명 ウリカハ(瓜皮)는 잎에 별다른 문양이 없이 길게 늘어진 모양이 오이 껍질을 깎아놓은 것처럼 보인다고 하여 붙여졌다.

참고 [북한명] 올미 [유사어] 압설두(鴨舌頭) [지방명] 깐치밥(전북), 올무(충북)

Sagittaria sagittifolia *Linné*   オモダカ
Taegsa   택사   澤瀉

벗풀⟨*Sagittaria trifolia* L.(1753)⟩[21]

벗풀은 땅속줄기가 옆으로 벋어 번식하며 그 끝에 덩이줄기가 달리고, 옛날에는 이것을 식용했다.[22] 이 점에 비추어 벗풀이라는 이름은 '벗'과 '풀'의 합성어로 '벗'은 땅속줄기를 벋는다(벗치다)는 뜻이거나,[23] 땅속줄기를 뻗어 덩이줄기에서 새로운 개체(벗, 友)를 만들어낸다는 뜻에서 유래했

---

18 이러한 견해로 김종원(2013), p.386 참조.

19 『향약집성방』(1433)의 차자(借字) '吾乙未'(오을미)에 대해 남풍현(1999), p.182는 '올미'의 표기로 보고 있다.

20 『토명대조선만식물자휘』(1932)는 학명 Eleocharis tuberosa에 대해 '[茈]즈, [鳧茈]부즈, [鳧茨]부즈, [荸臍]부졔, [烏芋]오우, [鳧眛(草)]올미(ㅊ), [가차라기]'를, 『선명대회명지부』(1934)는 '올미'를 기록했다.

21 '국가표준식물목록'(2018)은 벗풀의 학명을 Sagittaria sagittifolia subsp. leucopetala (Miq.) Hartog(1957)으로 기재하고 있으나, 『장진성 식물목록』(2014)과 '세계식물목록'(2018)은 이 학명을 이명(synonym)으로 처리하고 본문의 학명을 정명으로 기재하고 있다.

22 『물명고』(1824)는 벗풀의 옛이름인 '慈姑'(자고)에 대해 "霜後根乃結如栗 冬春採之"(서리가 내린 후 곧 뿌리는 밤처럼 결실한다. 겨울이나 봄에 이를 캔다)라고 했다. 『임원경제지』(1842) 중 『인제지(仁濟志)』 및 『조선산야생식용식물』(1942)은 덩이줄기와 새싹, 줄기를 식용하는 것으로 기록했다.

23 『한청문감』(1779)은 '벗쳐 기다(挻長)'라고 하여 벋다는 뜻으로 '벗치다'를 기록했다.

을 것으로 추정한다. 한편 벗풀의 '벗'에 대해, 야생하는 올미가 오리의 양식인 것에 대비하여 사람의 벗이라는 뜻 또는 옛이름으로 '십자히풀'로 사용된 점에 비추이 여성의 성기니 성교를 나타내는 순수 우리말 '버'와 잇닿아 있는 뜻이라는 견해가 있다.[24] 그러나 올미 역시 땅속 덩이줄기를 식용했다는 점에 비추어 벗풀만 사람의 벗이라는 해석은 어색하고, '버'가 여성의 성기를 나타내는 우리말로 사용된 예를 찾기 어려워 그 타당성은 의문스럽다.『물명고』에서 '慈姑'(자고)의 우리말로 표현된 '십ᄌ희풀'은 추가적인 용례가 발견되지 않아 그에 대한 정확한 의미나 유래는 확인되지 않는다. 벗풀은『조선식물명휘』에 최초 기록된 이름으로,『조선식물향명집』은 '택사'로 기록했으나[25]『조선식물명집』에서 '벗풀'로 개칭해 현재에 이르고 있다.

속명 Sagittaria는 라틴어 sagitta(화살)에서 유래한 것으로 화살 모양 잎을 나타내며 보풀속을 일컫는다. 종소명 trifolia는 '삼출겹잎의'라는 뜻이다.

다른이름 쇠귀나물/택사(정태현 외, 1936), 가는택사(정태현 외, 1937), 가는벗풀(정태현 외, 1949), 가는보풀(이영노, 1996), 석고나물/자고(임록재 외, 1996)

옛이름 慈姑/십ᄌ희풀/燕尾草(광재물보, 19세기 초), 慈姑/십ᄌ희풀(물명고, 1824), 水茨菰(임원경제지, 1842), 慈姑(오주연문장전산고, 185?), 慈姑(수세비결, 1929)[26]

중국/일본명 중국명 野慈姑(ye ci gu)는 야생하는 자고(慈姑: 택사 등의 생약명)라는 뜻이다. 일본명 オモダカ(面高)는 사람 얼굴(人面)을 한 잎이 잎자루 위에 높게 있다는 뜻에서 붙여졌다.

참고 [북한명] 벗풀 [유사어] 수자고(水慈菰), 야자고(野茨菰), 지우(芷芋), 택사(澤瀉)

Sagittaria sagittifolia L. var. longiloba Turczaninow ホソバオモダカ
Ganùn-taegsa 가는택사

벗풀〈Sagittaria trifolia L.(1753)〉

'국가표준식물목록'(2018)과『장진성 식물목록』(2014)은 가는택사를 벗풀에 통합하고 별도 분류하지 않으므로 이 책도 이에 따른다.

---

24 이러한 견해로 김종원(2013), p.389 이하 참조.

25 택사는 '국가표준식물목록'(2018)에서 Alisma canaliculatum A. Braun & C.D. Bouché(1867)의 추천명으로 사용하고 있다(『조선식물향명집』은 '물택사'로 기록함).

26 『제주도및완도식물조사보고서』(1914)는 제주도 방언으로 'ムリトーラム'[물토란]을 기록했으며『조선어사전』(1920)은 '慈姑(주고)'를,『조선식물명휘』(1922)는 S. sagittifolia에 대해 '澤瀉, 野茨菰, 水慈菰, 벗풀'을,『토명대조선만식물자휘』(1932)는 '[慈姑(草)]주고(초)'를,『선명대화명지부』(1934)는 '벗풀'을 기록했다.

156

Sagittaria sagittifolia *L.* var. sinensis *Makino*　クワヰ　慈姑
Soegwe-namul　쇠귀나물

소귀나물〈*Sagittaria sagittifolia* subsp. *leucopetala* var. *edulis* (Schltr.) Rataj(1972)〉[27]

소귀나물이라는 이름은 『향약구급방』의 牛耳菜(우이채)라는 이름에서 알 수 있듯이 소의 귀를 닮은 채소라는 뜻으로, 잎의 모양에서 유래했다.[28] 한약명 택사(澤瀉)는 질경이택사(*A. plantago-aquatica* subsp. *orientale*) 또는 택사(*A. canaliculatum*)의 덩이줄기를 말린 것을 뜻한다.[29] 『조선식물향명집』은 '쇠귀나물'로 기록했으나 『우리나라 식물자원』에서 '소귀나물'로 기록해 현재에 이르고 있다.

　속명 *Sagittaria*는 라틴어 *sagitta*(화살)에서 유래한 것으로 화살 모양 잎을 나타내며 보풀속을 일컫는다. 종소명 *sagittifolia*는 '화살 모양 잎의'라는 뜻이다. 아종명 *leucopetala*는 '흰 꽃잎의'라는 뜻이고, 변종명 *edulis*는 '식용의'라는 뜻이다.

> **다른이름**　쇠귀나물(정태현 외, 1937), 석고나물(박만규, 1949), 버풀/벗풀/보풀/쇠귀나무/자고(한진건 외, 1982), 쇠기나물(김현삼 외, 1988), 속고나물(강병화, 2013)

> **옛이름**　澤瀉/牛耳菜(향약구급방, 1236),[30] 澤瀉/牛耳菜(향약채취월령, 1431), 澤瀉/牛耳菜(향약집성방, 1433), 澤瀉/쇠귀ᄂᆞ믈(구급간이방언해, 1489), 澤瀉/쇠귀ᄂᆞ믈(동의보감, 1613), 澤瀉/쇠귀나모(제중신편, 1799), 澤瀉/쇠귀나물(물명고, 1824), 澤瀉/쇠귀ᄂᆞ말(방약합편, 1884), 澤瀉/쇠귀나물(자전석요, 1909)[31]

> **중국/일본명**　중국명 华夏慈姑(hua xia ci gu)는 화샤(華夏: 중국의 다른이름)에서 자라는 자고(慈姑: 택사 등의 생약명)라는 뜻이다. 일본명 クワヰ는 식용하는 등심초(燈心草)라는 뜻의 クワヰ가 변해서 만들어졌다.

> **참고**　[북한명] 쇠귀나물 [유사어] 곡사(鵠瀉), 급사(及瀉), 망우(芒芋), 수사(水瀉), 수자고(水慈菰), 야자고(野慈姑, 野茨菰), 자고(慈姑)

27　'국가표준식물목록'(2018)은 소귀나물의 학명을 *Sagittaria sagittifola* subsp. *leucopetala* var. *edulis* (Schltr.) Rataj (1972)로 하여 별도 분류하고 있으나, 『장진성 식물목록』(2014)은 벗풀<*Sagittaria trifolia* L.(1753)>에 통합하여 이명 (synonym) 처리하고 있으므로 주의를 요한다. 참고로 '중국식물지'(2018)는 학명을 *Sagittaria trifolia* subsp. *leucopetala* (Miquel) Q. F. Wang(2010)으로 기재하고 있다.

28　이러한 견해로 이덕봉(1963), p.174 참조.

29　이에 대해서는 『한의학대사전』(2001)과 안덕균(2014), p.415 참조.

30　『향약구급방』(1236)의 차자(借字) '牛耳菜'(우이채)에 대해 남풍현(1981), p.130은 '쇠귀ᄂᆞ믈'의 표기로 보고 있으며, 이덕봉(1963), p.6은 '쇠귀나믈'의 표기로 보고 있다.

31　『조선한방약료식물조사서』(1917)는 '쇠귀나물'을 기록했으며 『조선어사전』(1920)은 '쇠귀나물, 澤瀉(틱샤), 芒芋(망우), 及瀉(급샤)'를, 『조선식물명휘』(1922)는 '慈姑, 澤瀉, 자고, 석고나물'을, 『토명대조선만식물자휘』(1932)는 '[賈]속, [水瀉]슈샤, [澤瀉]틱샤, [鵠瀉]곡샤, [及瀉]급샤, [芒芋]망우, [쇠귀나물]'을, 『선명대화명지부』(1934)는 '자고, 석고나무, 성고나물'을 기록했다.

Hydrocharitaceae 자라풀科 (水鼈科)

자라풀과〈Hydrocharitaceae Juss.(1789)〉

자라풀과는 국내에 자생하는 자라풀에서 유래한 과명이다. '국가표준식물목록'(2018), 『장진성 식물목록』(2014) 및 '세계식물목록'(2018)은 지금은 사용하지 않는 속명인 *Hydrocharites*에서 유래한 Hydrocharitaceae를 과명으로 기재하고 있다. 엥글러(Engler), 크론키스트(Cronquist) 및 APG IV(2016) 분류 체계도 이와 같다. 한편, APG IV(2016) 분류 체계는 *Najas*(나자스말속)를 이 과에 통합하고 있다.

Blyxa ceratosperma *Maximowicz*　スブタ
Olchaengi-jari　올챙이자리

올챙이자리〈*Blyxa aubertii* Rich.(1814)〉[1]

올챙이자리라는 이름은 수초로서 올챙이가 자라는 장소(자리)에 서식한다는 뜻에서 유래했다.[2] 『조선식물향명집』에 기록된 학명은 올챙이풀을 지칭하는 학명으로 보이지만, 이는 당시 학명을 오기한 것으로 이해된다. 『조선식물향명집』에서 최초로 이름이 보이는데, 신칭한 이름인지 방언을 채록한 것인지는 분명하지 않아 보인다.

　속명 *Blyxa*는 그리스어 *blyzo*(분출하다) 또는 *blyzein*(흐르다)에서 유래한 것으로 추정하는데, 서식지를 참조한 이름이며 올챙이자리속을 일컫는다. 종소명 *aubertii*는 프랑스 식물학자 Louis-Marie Aubert(1758~1831)의 이름에서 유래했다.

다른이름 　올챙이풀/큰올챙이자리(박만규, 1949), 물챙이자리(이우철, 1996b)

중국/일본명 　중국명 无尾水筛(wu wei shui shai)는 꼬리가 없는 수사(水篩: 올챙이솔의 중국명 또는 올챙이자리속을 일컫는 말)라는 뜻으로, 올챙이풀과 비교할 때 씨에 꼬리모양의 돌기가 없는 것에서 유래했다. 일본명 スブタ는 나고야(名古屋) 지역에서 여자의 어지러운 머리를 일컫는 말인데, 밀생(密生)하는 뿌리의 모양이 여자의 어지러운 머리를 연상시킨다는 뜻에서 붙여졌다.

1　『조선식물향명집』에 기록된 학명 *Blyxa ceratosperma* Maximowicz(1889)는 *Blyxa echinosperma* (C.B.Clarke) Hook.f.(1888)['국가표준식물목록'(2018) 기준]로서 *Blyxa aubertii* var. *echinosperma* (C.B.Clarke) C.D.K.Cook & Luond(1983)[『장진성 식물목록』(2014) 기준]의 이명(synonym)인데 해당 식물에 대한 '국가표준식물목록'(2018)에 따른 추천명은 올챙이풀이다. 이처럼 학명을 기준으로 할 경우 『조선식물향명집』에 기록된 '올챙이자리'는 '올챙이풀'에 대한 기록으로 이해될 수도 있으나, 1930년대에 채집되었던 표본('국가생물종지식정보시스템'의 올챙이자리 표본정보 참조)을 살펴보면 이는 *B. aubertii*이고 *B. ehinosperma*(=*B. ceratosperma*)가 아니므로 『조선식물향명집』 저자들이 인식한 식물은 올챙이자리(*B. aubertii*)였으나 당시 정보 접근에 한계가 있어 학명을 잘못 인식했던 것으로 보인다.

2　이러한 견해로 허북구·박석근(2008a), p.162 참조.

Blyxa caulescens *Maximowicz*　ヤナギスブタ
Olchaeṅgi-sol　올챙이솔

올챙이솔⟨*Blyxa japonica* (Miq.) Maxim. ex Asch. & Gürke(1889)⟩

올챙이솔이라는 이름은 수초로서 올챙이가 자라는 장소(자리)에 서식하고 잎이나 꽃이 피는 모양이 먼지를 터는 도구인 솔을 닮았다는 뜻에서 유래한 것으로 추정한다. 『조선식물향명집』에서 처음으로 발견되는 이름이다.

　속명 *Blyxa*는 그리스어 *blyzo*(분출하다) 또는 *blyzein*(흐르다)에서 유래한 것으로 추정하는데, 서식지를 참조한 이름이며 올챙이자리속을 일컫는다. 종소명 *japonica*는 '일본의'라는 뜻으로 최초 발견지 또는 분포지를 나타낸다.

다른이름　올챙이풀(박만규, 1949)

중국/일본명　중국명 水筛(shui shai)는 물에 사는 사(筛: 대나무의 일종)라는 뜻이다. 일본명 ヤナギスブタ(柳-)는 잎과 줄기의 모양이 버드나무를 닮은 올챙이자리(スブタ)라는 뜻이다.

참고　[북한명] 올챙이솔

Hydrilla verticillata *Casper*　クロモ
Gómjóṅg-mal　검정말

검정말⟨*Hydrilla verticillata* (L.f.) Royle(1839)⟩

검정말이라는 이름은 검은색이 나는 말 종류라는 뜻이며 물속의 무리가 검게 보이는 것에서 유래했다.[3] 『조선식물향명집』에서 처음으로 이름이 보이는데, 한·중·일 3국이 모두 같은 뜻의 이름을 공유하고 있다.

　속명 *Hydrilla*는 그리스어로 물속에서 사는 히드라(*Hydra*)의 축소형에서 온 것으로 검정말속을 일컫는다. 종소명 *verticillata*는 '윤생(輪生)의'라는 뜻으로 잎이 돌려나기(일부 마주나기)를 하는 것에서 유래했다.

옛이름　水豆兒(임원경제지, 1842)[4]

중국/일본명　중국명 黑藻(hei zao)는 검은색의 조류(藻類)라는 뜻이다. 일본명 クロモ(黑藻)도 검은색

3　이러한 견해로 이우철(2005), p.69와 김종원(2013), p.966 참조.
4　『임원경제지』(1842) 중 『인제지(仁濟志)』는 구황식물로 水豆兒(수두아)를 기록했는데, 저수지와 연못에서 자라고 말즘과 유사한데 뿌리 아래에 알이 있다고 하므로 검정말을 지칭한 것으로 추정한다.

이 나는 수초라는 뜻이다.

참고 [북한명] 섬성발

Hydrocharis asiatica *Miquel*　トチカガミ　水鼈
Jara-pul 자라풀

자라풀⟨*Hydrocharis dubia* (Blume) Backer(1925)⟩

자라풀이라는 이름은 잎이 미끈하고 윤기가 나는 모양을 동물 자라(鼈)의 등딱지에 비유해 붙여
졌다.[5] 한편 한자명 수별(水鼈)에서 유래한 것으로 이해하는 견해가 있으나,[6] 『조선식물명휘』에 한
자명 水鼈(수별)이 기록되기 이전인 1880년 파리외방선교회 한국선교단에서 편찬한 『한불자전』에
현재의 자라풀과 유사한 '자라초'라는 이름이 기록되어 있어 독자적인 고유명에서 유래한 이름일
것으로 추정한다.[7]

　　속명 *Hydrocharis*는 그리스어 *hydro*(물)와 *charis*(즐거움)의 합성어로 물을 좋아하는 식물을
뜻하며 자라풀속을 일컫는다. 종소명 *dubia*는 '의문스러운, 불확실한'이라는 뜻이다.

다른이름 　수련아재비(안학수·이춘녕, 1963)

옛이름 　白蘋(광재물보, 19세기 초), 자라초/渠車(한불자전, 1880)[8]

중국/일본명 　중국명 水鱉(shui bie)는 물속에 사는 자라라는 뜻으로 식물체의 모양에서 유래했다. 일본
명 トチカガミ(鼈鏡)는 자라의 거울이라는 뜻으로 잎이 원모양이고 반짝거려서 붙여졌다.

참고 [북한명] 자라풀 [유사어] 마뇨화(馬尿花), 자라마름, 지매(地梅) [지방명] 잘피(경남)

Ottelia alismoides *Persoon*　ミヅオホバコ
Mul-jilgyòngi 물질경이

물질경이⟨*Ottelia alismoides* (L.) Pers.(1805)⟩

물질경이라는 이름은 물에서 자라는 질경이라는 뜻이며, 잎이 질경이를 닮아 붙여졌다.[9] 식물명의
'물'은 습기가 많은 곳이나 물가에서 자라는 식물을 뜻한다. 한자명 '龍舌草'(용설초)에 대해, 19세

5　이러한 견해로 허북구·박석근(2008a), p.172 참조.
6　이러한 견해로 김종원(2013), p.963 참조.
7　미나리아재비에 대한 이름이기는 하지만, 『조선식물명휘』(1922)는 '쟈리쵸'를, 『토명대조선만식물자휘』(1932)는 '자라취,
　　자라풀'을 기록하기도 했다. 이 점에 비추어볼 때, 당시 민간에서는 잎이 '자라'를 연상케 하는 식물들에 '자라'라는 말을
　　붙였고 자라풀도 그중 하나인 것으로 보인다.
8　『조선식물명휘』(1922)는 한자로 '水鼈, 白蘋'을 기록했다.
9　이러한 견해로 이우철(2005), p.238 참조.

기 초에 저술된 것으로 추정되는 『광재물보』는 "生湖泊中 葉
如菘 根生水低 似胡蘿蔔根香 杵汁能軟鷄鴨卵"(얕은 물속에 사
는데 잎은 배추와 같다. 뿌리는 물 밑에서 나는데 당근 뿌리의 향과
비슷하다. 즙을 내면 닭과 오리의 알을 부드럽게 할 수 있다)이라고
하여 물질경이의 생태를 기록했다. 『조선식물향명집』에서 전
통 명칭 '질경이'를 기본으로 하고 식물의 산지(産地)를 나타내
는 '물'을 추가해 신칭했다.[10]

속명 Ottelia는 인도 남서 해안 말라바르(Malabar) 지역 식
물명인 ottelambel에서 유래했으며 물질경이속을 일컫는다.
종소명 alismoides는 택사속(Alisma) 식물과 유사하다는 뜻
에서 붙여졌다.

다른이름 물배추(박만규, 1949)

옛이름 龍舌草(광재물보, 19세기 초), 龍舌草(오주연문장전산고, 185?)[11]

중국/일본명 중국명 龙舌草(long she cao)는 용의 혀를 닮은 식물이라는 뜻으로 독특한 잎 모양에서 유
래한 것으로 보인다. 일본명 ミヅオホバコ(水大葉子)는 물에서 자라는 질경이(大葉子)라는 뜻이다.

참고 [북한명] 물질경이 [유사어] 용설초(龍舌草) [지방명] 물베차기/물베채기/물베체기/물페채기
(제주)

Vallisneria spiralis Linné   イトモ(セキシヤウモ)
Nasa-mal   나사말

나사말⟨Vallisneria natans (Lour.) H. Hara(1974)⟩

나사말이라는 이름은 나사(螺絲)와 말(藻)의 합성어다. '나사'는 꽃자루가 나사처럼 말린다는 뜻의
옛 학명 spiralis에서 유래했으며, '말'은 수초를 뜻하는 옛말 '믈'에서 유래했다.[12] 일본명에서 힌
트를 얻어 형성된 말로 보는 견해가 있으나,[13] 일본명 중 イト(糸)는 실이라는 뜻으로 나사의 뜻을
바로 추출하기 어렵다. 『조선식물향명집』에서 최초로 한글명이 발견되는데 신칭한 것인지 방언을
채록한 것인지는 분명하지 않다.

---

10 이에 대해서는 『조선식물향명집』, 색인 p.37 참조.
11 『제주도및완도식물조사보고서』(1914)와 『제주도식물』(1930)은 물에 사는 질경이를 뜻하는 제주도 방언 'ムルベチエ
    ギ'[물베채기]를 기록했으며 『조선식물명휘』(1922)는 '바다질경이'를, 『선명대화명지부』(1934)는 '바다질경이'를 기록했다.
12 이러한 견해로 이우철(2005), p.131 참조.
13 이러한 견해로 김종원(2013), p.969 참조.

속명 *Vallisneria*는 이탈리아 식물학자 Antonio Vallisneri(1661~1730)의 이름에서 유래했으며 나사말속을 일컫는다. 종소명 *natans*는 '떠도는, 물에 뜬'이라는 뜻이다. 옛 종소명 *spiralis*는 '나선모양의'라는 뜻으로 꽃자루가 나사처럼 말리는 것에서 유래했다.

다른이름 참나사말(리용재 외, 2011)

옛이름 苦草(광재물보, 19세기 초)[14]

중국/일본명 중국명 苦草(ku cao)는 쓴 풀이라는 뜻으로 약초명에서 유래한 것으로 보인다. 일본명 イトモ(糸藻)는 실 모양의 수초(藻)라는 뜻이다.

참고 [북한명] 나사말/참나사말[15] [지방명] 잘피(경남)

---

14 『조선식물명휘』(1922)는 '苦草'를 기록했다.
15 북한에서는 *V. asiatica*를 '나사말'로, *V. spiralis*를 '참나사말'로 하여 별도 분류하고 있다. 이에 대해서는 리용재 외 (2011), p.369 참조.

Gramineae 화본과 (禾本科)

> **벼과**[1] 〈**Poaceae** Barnhart(1895) = **Gramineae** Juss.(1789)〉[2]
> 벼과는 재배식물인 벼에서 유래한 과명이다. 『조선식물향명집』과 '국가표준식물목록'(2018)은 엥글러
> (Engler) 분류 체계와 동일하게 전통적인 명칭인 Gramineae를 과명으로 기재하고 있으며, 『장진성 식
> 물목록』(2014), '세계식물목록'(2018) 및 크론키스트(Cronquist) 분류 체계는 Poa(포아풀속)에서 유래한
> 표준화된 명칭인 Poaceae를 과명으로 기재하고 있다. APG IV(2016) 분류 체계는 Poaceae와 함께
> Gramineae를 병기하고 있다. 한편, 벼과는 인류 사회에 가장 중요한 분류군으로 인식되며 식량과 사
> 료의 주된 공급원 역할을 한다.

Agropyrum ciliare *Franchet*　ケカモジグサ(アヲカモジグサ)

Tól-gaemil　털개밀

속털개밀〈*Elymus ciliaris* (Trin.) Tzvelev(1972)〉[3]

속털개밀이라는 이름은 내영(內穎)과 씨방에 털이 있는 개밀이라는 뜻에서 유래했다.[4] 『조선식물
향명집』은 '털개밀'로 기록했으나 『조선식물명집』에서 '속털개밀'로 개칭해 현재에 이르고 있다.

　속명 *Elymus*는 곡물의 일종에 붙여진 그리스명으로 elyo(말다, 감다)에서 유래했으며, 열매가
내외영(內外穎)으로 싸인 개보리속을 일컫는다. 종소명 *ciliaris*는 '가장자리에 털이 있는, 눈썹 같
은 털이 있는'이라는 뜻이다.

> **다른이름**　털개밀(정태현 외, 1937), 털들밀(임록재 외, 1996)[5]

> **중국/일본명**　중국명 纤毛披碱草(xian mao pi jian cao)는 가는 털이 있는 피감초(披碱草: 갯보리의 중국
> 명)라는 뜻이다. 일본명 ケカモジグサ(毛髭草)는 털이 있는 개밀(髭草)이라는 뜻이다.

> **참고**　[북한명] 털들밀 [지방명] 깨쌀(전북)

1　이 과의 모식속(模式屬)인 Poa(포아풀속)와 일관되게 '포아풀과'로 부르기도 하고 한자명 '화본과(禾本科)'를 혼용해오기도
　했지만, 이 책에서는 단일 식물명에서 유래한 한글명이면서 널리 쓰이는 명칭인 '벼과'로 기재한다.

2　과의 계급을 나타내는 어미 'aceae'를 사용하지 않아도 되는 예외적인 경우로 Compositae/Asteraceae, Cruciferae/
　Brassicaceae, Gramineae/Poaceae, Guttiferae/Clusiaceae·Hypericaceae, Labiatae/Lamiaceae, Leguminosae/
　Fabaceae, Palmae/Arecaceae, Umbelliferae/Apiaceae 등 8개 과가 있으나, 최근엔 표준화된 과명을 일관되게 쓰는 추
　세다.

3　'국가표준식물목록'(2018)은 속털개밀의 학명을 *Agropyron ciliare* (Trin.) Franch.(1884)로 기재하고 있으나, 『장진성 식
　물목록』(2014), '중국식물지'(2018) 및 '세계식물목록'(2018)은 본문의 학명을 정명으로 기재하고 있다.

4　이러한 견해로 이우철(2005), p.350 참조.

5　『조선식물명휘』(1922)는 *Agropyrum ciliare*의 조선명으로 '鷲觀草, 鷲麥, 개밀'을 기록했다.

Aegi-gaemil　애기개밀

고려개보리〈*Hystrix coreana* (Honda) Ohwi(1936)〉[6]

고려개보리라는 이름은 한국 특산종으로 한국에 분포하고 갯보리를 닮았다는 뜻에서 유래했다.[7]
『원색한국식물도감』에 최초 기록된 이후 현재에 이르고 있다. 『조선식물향명집』은 식물체가 작
은 개밀이라는 뜻의 '애기개밀'로 기록했다.

속명 *Hystrix*는 그리스어 *hystrix*(호저, 豪豬)에서 유래한 것으로, 긴 센털이 있는 소수(小穗) 때
문에 붙여졌으며 수염개밀속을 일컫는다. 종소명 *coreana*는 '한국의'라는 뜻으로 한반도 고유종
을 나타내지만 중국과 러시아에서도 그 분포가 확인되었다.

다른이름 애기개밀(정태현 외, 1937), 갯밀(박만규, 1949), 마양초(리종오, 1964), 관모개보리(이창복,
1969b), 상원초(이우철, 1996b), 마양풀(임록재 외, 1996), 누운들밀(리용재 외, 2011)

중국/일본명 중국명 高麗猬草(gao li wei cao)는 한국에 분포하는 위초(猬草: 고슴도치 같은 털을 가진 풀
이란 뜻으로 수염개밀속의 중국명)라는 뜻이다. 일본명 ヒメカモジグサ(姬髢草)는 식물체가 작고 귀여
운 개밀(髢草)이라는 뜻이다.

참고 [북한명] 누운들밀/마양풀[8]

Agropyrum semicostatum *Nees.*　カモジグサ

Gaemil　개밀

개밀〈*Elymus kamoji* (Ohwi) S.L.Chen(1988)〉[9]

개밀이라는 이름은 밀과 닮았지만 먹지 않아 쓸모가 덜하다는 뜻에서 유래했다.[10] 『조선식물명휘』
에 처음으로 한글명이 보이는데, 먹을거리로 이용한 기록이나 흔적은 발견되지 않는다.[11] 한편, 거위
가 먹는 보리 또는 거위를 닮은 풀이라는 뜻의 한자명 鵝麥(아맥) 또는 鵝觀草(아관초)의 거위가 개로

---

6 '국가표준식물목록'(2018)은 고려개보리의 학명을 *Elymus coreanus* Honda(1930)로 기재하고 있으나, 『장진성 식물목
   록』(2014), '중국식물지'(2018) 및 '세계식물목록'(2018)은 이를 이명(synonym)으로 처리하고 본문의 학명을 정명으로 기재
   하고 있다.

7 이러한 견해로 이우철(2005), p.74 참조.

8 북한에서는 *Agropyron repens*를 '누운들밀'로, *Asperella coreana*를 '마양풀'로 하여 별도 분류하고 있다. 이에 대해
   서는 리용재 외(2011), p.16, 42 참조.

9 '국가표준식물목록'(2018)은 개밀의 학명을 *Agropyron tsukushiense* var. *transiens* (Hack.) Ohwi(1953)로 기재하고
   있으나, 『장진성 식물목록』(2014)과 '중국식물지'(2018)는 본문의 학명을 정명으로 기재하고 있다.

10 이러한 견해로 이우철(2005), p.49와 김경희 외(2014), p.121 참조.

11 『한국의 민속식물』(2017), p.1367은 가축의 사료로 이용한 것으로 기록하고 있다.

변한 것에서 유래를 찾는 견해가 있으나,[12] 우리의 옛 문헌에서 발견되는 명칭은 아니며 별도로 민간에서 불리던 한글명 '개밀'이 채록되었던 것으로 보이므로 타당성은 의심스럽다.

속명 *Elymus*는 곡물의 일종에 붙여진 그리스명으로 *elyo*(말다, 감다)에서 유래했으며, 열매가 내외영(內外穎)으로 싸인 개보리속을 일컫는다. 종소명 *kamoji*는 개밀의 일본명인 カモジグサ에서 유래했다.

다른이름 수염개밀(정태현 외, 1937), 들밀(김현삼 외, 1988)[13]

중국/일본명 중국명 柯孟披碱草(ke meng pi jian cao)는 가지가 많은 피감초(披碱草: 갯보리의 중국명)라는 뜻이다. 일본명 カモジグサ(髢草)는 가발을 닮은 풀이라는 뜻으로, 꽃이삭이나 잎의 가닥을 꼬아 가발처럼 만들어 놀이에 사용한 것에서 유래했다.

참고 [북한명] 들밀 [지방명] 깨쌀(전북), 절마니/절마리쿨(제주)

Agropyrum semicostatum *Nees.* var. transiens *Hackel*　ヒゲナガカモジグサ
Suyŏm-gaemil　수염개밀

수염개밀〈*Hystrix duthiei* (Stapf ex Hook. f.) Bor(1940)〉[14]

수염개밀이라는 이름은 『조선식물향명집』에서 신칭한 것으로,[15] 긴 까락의 모양이 마치 수염 같고 개밀을 닮은 식물이라는 뜻에서 붙여진 것으로 추정한다.

속명 *Hystrix*는 그리스어 *hystrix*(호저, 豪豬)에서 유래한 것으로, 긴 센털이 있는 소수(小穗) 때문에 붙여졌으며 수염개밀속을 일컫는다. 종소명 *duthiei*는 영국 식물학자 John Firminger Duthie(1845~1922)의 이름에서 유래했다.

다른이름 수염마양초(리종오, 1964), 수염마양풀(임록재 외, 1996)

중국/일본명 중국명 猬草(wei cao)는 고슴도치 같은 털을 가진 풀이라는 뜻이다. 일본명 ヒゲナガカモジグサ(鬚長髢草)는 긴 수염 모양의 개밀(髢草)이라는 뜻이다.

참고 [북한명] 수염마양풀

12　이러한 견해로 김종원(2013), p.224 참조.

13　『조선식물명휘』(1922)는 *Agropyrum ciliare*에 대해 '鵝觀草, 鵝麥, 개밀'을 기록했으며 『선명대화명지부』(1934)는 '개밀(밀)'을 기록했다.

14　'국가표준식물목록'(2018)은 수염개밀의 학명을 *Hystrix longearistata* (Hack.) Honda(1930)로 기재하고 있으나, 『장진성 식물목록』(2014), '중국식물지'(2018) 및 '세계식물목록'(2018)은 본문의 학명을 정명으로 기재하고 있다.

15　이에 대해서는 『조선식물향명집』, 색인 p.42 참조.

Agrostis perennans *Tucker*　ヤマヌカボ
San-gyòisag　산겨이삭

산겨이삭〈*Agrostis clavata* Trin.(1821)〉

산겨이삭이라는 이름은 산에서 자라는 겨이삭 종류라는 뜻이다.[16] 『조선식물향명집』에서 '겨이삭'을 기본으로 하고 식물의 산지(産地)를 나타내는 '산'을 추가해 신칭했다.[17]

속명 *Agrostis*는 그리스어 *agros*(들)에서 유래했으며 들에서 자라는 풀이란 뜻으로 겨이삭속을 일컫는다. 종소명 *clavata*는 '곤봉형의'라는 뜻이다.

다른이름　묏겨이삭(박만규, 1949), 메겨이삭(안학수·이춘녕, 1963), 겨이삭(임록재 외, 1972)

중국/일본명　중국명 华北剪股颖(hua bei jian gu ying)은 화베이(華北) 지방에서 자라는 전고영(剪股穎: 겨이삭 종류의 중국명)이라는 뜻이다. 일본명 ヤマヌカボ(山糠穂)는 산에서 자라는 겨이삭(ヌカボ)이라는 뜻이다.

참고　[북한명] 겨이삭/산겨이삭[18]

Agrostis tenuiflora *Steudel*　ヌカボ
Gyòisag　겨이삭

겨이삭〈*Agrostis clavata* var. *nukabo* Ohwi(1941)〉[19]

겨이삭이라는 이름은 꽃차례가 이삭 모양으로 피고 포영(苞穎)이 남아 있는 모양이 쌀겨를 뿌린 것같이 보이기 때문에 붙여졌다. 『조선식물향명집』에 최초 기록되었으며, 쌀겨 이삭의 일본명 ヌカボ에서 힌트를 얻어 붙여진 이름으로 이해하는 견해가 있으나,[20] 『조선식물향명집』은 신칭한 이름으로 기록하고 있지 않으므로[21] 이에 대해서는 추가적인 연구가 필요하다.

속명 *Agrostis*는 그리스어 *agros*(들)에서 유래했으며 들에서 자라는 풀이란 뜻으로 겨이삭속을 일컫는다. 종소명 *clavata*는 '곤봉형의'라는 뜻이며, 변종명 *nukabo*는 쌀겨 이삭의 일본명 ヌカボ에서 유래했다.

16　이러한 견해로 이우철(2005), p.304 참조.

17　이에 대해서는 『조선식물향명집』, 색인 p.39 참조.

18　북한에서는 *A. clavata*를 '겨이삭'으로, *A. perennans*를 '산겨이삭'으로 하여 별도 분류하고 있다. 이에 대해서는 리용재 외(2011), p.17 참조.

19　'국가표준식물목록'(2018)은 겨이삭〈*Agrostis clavata* var. *nukabo* Ohwi(1941)〉을 산겨이삭〈*Agrostis clavata* Trin. (1821)〉의 변종으로 하여 별도 분류하고 있으나, 『장진성 식물목록』(2014), '세계식물목록'(2018) 및 '중국식물지'(2018)는 *Agrostis clavata* Trin.(1821)에 통합해 겨이삭의 학명을 이명(synonym)으로 처리하고 있으므로 주의를 요한다.

20　이러한 견해로 이우철(2005), p.71과 김종원(2016), p.597 참조.

21　이에 대해서는 『조선식물향명집』, 색인 p.32 참조.

중국/일본명 중국에서는 거이삭을 별도 분류하지 않고 华北剪股颖(hua bei jian gu ying: 산거이삭)에
통합하고 있다. 일본명 ヌカボ(糠穂)는 쌀겨 이삭이라는 뜻이다.

참고 [북한명] 거이삭

Alopecurus fulvus *Swartz* スズメノテツポウ
Dugsaepul 둑새풀(독개풀)

둑새풀〈*Alopecurus aequalis* Sobol.(1799)〉

둑새풀이라는 이름은 논가에 쌓아 올린 둑이나 길가의 축축
한 땅에서 잘 자라는 풀(새)이라는 뜻에서 유래한 것으로 추
정한다.[23] 『조선식물향명집』은 '둑새풀(독개풀)'로 기록했으며,
둑새풀이라는 이름은 『대한식물도감』에 따른 것이다. 『조선
식물명휘』에 기록된 이름 중에서 둑쇠가 둑새풀을 거쳐 뚝새
풀이 되었다. 1880년에 저술된 『한불자전』은 '둑셩이'를 논에
난 둑, 길로 설명했고, 1820년대에 저술된 유희의 『물명고』는
'堰, 둑'이라고 설명했으며, '표준국어대사전'에서는 '둑'을 둑
의 잘못된 표현으로 기재하고 있다. 한편 둑새(둑쇠)가 독사(毒
蛇)의 평북 방언이고, 지방명 중에 독사(毒蛇)를 의미하는 '독
새'가 있으며, 둑새풀에 해독 작용이 있음을 이유로 독사에 물

린 상처를 치료하는 풀이라는 뜻에서 유래했다고도 한다. 둑새풀의 씨를 짓찧어서 뱀에 물린 데
사용하는 것은 한약서에도 나와 있는 효능이고,[24] 방언에서도 둑새를 독사(毒蛇)의 뜻으로 사용하
므로 상당히 근거가 있는 주장으로 보인다. 그러나 이러한 유래를 뒷받침할 수 있는 옛 문헌에서
둑새풀을 약재로 사용했다는 기록을 발견하기 어려운 문제점이 있다. 이에 대해서는 추가적인 연
구가 필요하다.

속명 *Alopecurus*는 그리스어 *alopex*(여우)와 *oura*(꼬리)의 합성어로, 꽃이삭의 모양이 여우의

---

22 임복재 외(1996) 10, p.135는 *A. clavata*를 '거이삭'으로, *A. clavata* var. *nukabo*를 '참거이삭'으로 분류하고 있다. 이에
    대한 자세한 내용은 리용재 외(2011), p.17 참조.
23 이러한 견해로 김종원(2013), p.400 참조. 다만, 김종원은 해당 글에서 서정범의 '소실어재구(消失語再構)'를 거론하며 『조
    선식물명휘』(1922)의 '독기'가 물과 관련된 옛말이라고 하고 있으나, 국어학계에서 인정되는 정설이 아닐 뿐만 아니라 사
    라진 옛말의 조어(祖語)를 찾는 방법론이어서 현대어의 유래 해석에 적합한 방법인지 의문이 있고, 현재 '독개길' 또는 '독
    개다리'가 지명으로 사용되는 경우 '둑'과 연관이 있는 이름으로 보이므로 '독기'가 물과 관련된 옛말인지도 의문스럽다.
24 이에 대해서는 안덕균(2014), p.446 참조.

꼬리를 닮은 것을 가리키며 뚝새풀속을 일컫는다. 종소명 *aequalis*는 '같은 모양의, 같은 크기의'라는 뜻으로 여러 개체의 꽃차례가 같은 모양과 크기로 모두 비슷하게 올라오는 모습을 나타낸 것으로 보인다.

다른이름 독개풀/둑새풀(정태현 외, 1937), 독새풀/산독새풀(박만규, 1949), 독새/독새기(안학수·이춘녕, 1963), 개풀(안학수 외, 1982), 한둑새풀(리용재 외, 2011)[25]

중국/일본명 중국명 看麥娘(kan mai niang)은 꽃 피는 모습이 보리밭에 서 있는 아가씨처럼 보인다는 뜻에서 유래했다. 일본명 スズメノテツポウ(雀の鐵砲)는 작은 꽃차례가 참새를 잡는 총처럼 생긴 것에서 유래했다.

참고 [북한명] 둑새풀/한둑새풀[26] [유사어] 간맥랑(看麥娘), 도깨풀 [지방명] 둑새풀(경기), 독새풀/복새(경남), 속새(경북), 독새/독새기/독새풀/둑새풀(전남), 독새/독새기/독새풀/둑새기/뚝풀(전북), 독사풀/독새풀(충남), 복새풀(충북)

Andropogon brevifolius *Swartz*   ウシクサ
Soepul   쇠풀

쇠풀〈*Schizachyrium brevifolium* (Sw.) Nees ex Buse(1854)〉[27]

쇠풀이라는 이름은 소의 풀이라는 뜻이다.[28] 소가 좋아하거나 소가 먹을 만한 풀이라는 뜻에서 유래한 것으로 추정한다. '牛草'(우초)라는 이름으로 옛 문헌에 표현이 보이지만, 특정한 종을 일컫는 명칭으로 사용하지 않았으므로 널리 소의 먹이로 사용하는 풀이라는 뜻의 보통명사로 이해된다. 한글명 쇠풀은 『조선식물향명집』에서 처음 발견되는데 신칭한 것인지 또는 방언을 채록한 것인지 명확하지 않다.

속명 *Schizachyrium*은 그리스어 *schizo*(갈라지다)와 *achyron*(겨, 껍질)의 합성어로 호영(護穎)에 이빨 모양의 톱니가 있는 것에서 유래했으며 쇠풀속을 일컫는다. 종소명 *brevifolium*은 '짧은 잎의'라는 뜻이다.

다른이름 牛草(성호사설, 1760), 牛草(여유당전서, 19세기 초)

중국/일본명 중국명 裂稃草(lie fu cao)는 표피가 찢어진 풀이라는 뜻이며 학명과 연관되어 있다. 일본

---

25 『조선식물명휘』(1922)는 '看麥娘, 독기불, 둑식(秋)'를 기록했으며 『선명대화명지부』(1934)는 '개풀, 독개불, 독새풀, 둑새'를 기록했다.

26 북한에서는 *A. amurensis*를 '둑새풀'로, *A. aequalis*를 '한둑새풀'로 하여 별도 분류하고 있다. 이에 대해서는 리용재 외(2011), p.22 참조.

27 '국가표준식물목록'(2018)은 쇠풀의 학명을 *Andropogon brevifolius* Sw.(1788)로 기재하고 있으나, 『장진성 식물목록』(2014), '중국식물지'(2018) 및 '세계식물목록'(2018)은 본문의 학명을 정명으로 기재하고 있다.

28 이러한 견해로 이우철(2005), p.357 참조.

명 ウシクサ(牛草)는 소의 풀이라는 뜻이나 정확한 유래는 알려져 있지 않다.

참고 [북한명] 쇠풀 [지방명] 좀갱이(전남), 쇠꼴(충북)

Andropogon Nardus *L.* var. Goeringii *Hackel*   ヲガルガヤ
Gae-solsae   개솔새

개솔새〈*Cymbopogon goeringii* (Steud.) A.Camus(1921)〉[29]

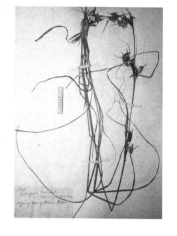

개솔새라는 이름은 솔새와 닮았다는(개) 뜻에서 유래했다.[30]
『조선식물향명집』에서 한글명이 처음 발견되는데 신칭한 이름으로 기록하지 않은 것에 비추어[31] 당시 실제 사용하던 방언을 채록한 것으로 추정된다.

속명 *Cymbopogon*은 그리스어 *cymbe*(배)와 *pogon*(수염)의 합성어로, 포영(苞穎)이 배 모양이고 털이 많아 붙여졌으며 개솔새속을 일컫는다. 종소명 *goeringii*는 네덜란느 식물학자 Philip Friedrich Wilhelm Goering(1809~1876)의 이름에서 유래했다.

다른이름 향솔새(김현삼 외, 1988), 비누향솔새(리용재 외, 2011)

중국/일본명 중국명 橘草(ju cao)는 귤 향이 나는 풀이라는 뜻으로 식물체에서 향이 나서 붙여졌다. 일본명 ヲガルガヤ(雄刈茅)는 수컷 솔새라는 뜻으로, 솔새가 メガルガヤ(雌刈茅)라는 것에 대응해 조금 더 거친 느낌이 난다는 뜻이다.

참고 [북한명] 비누향솔새/향솔새[32] [유사어] 구엽운향초(韭葉芸香草), 야향모(野香茅) [지방명] 개진낭/궁적소새/말지장/믈지장/몰지장/지장촐/진낭솔새(제주)

---

29 '국가표준식물목록'(2018)은 개솔새의 학명을 *Cymbopogon tortilis* var. *goeringii* (Steud.) Hand.-Mazz.(1936)로 기재하고 있으나, 『장진성 식물목록』(2014), '중국식물지'(2018) 및 '세계식물목록'(2018)은 정명을 본문과 같이 기재하고 있다.

30 이러한 견해로 이우철(2005), p.53과 김종원(2016), p.623 참조.

31 이에 대해서는 『조선식물향명집』, 색인 p.31 참조.

32 북한에서는 *C. goeringii*를 '향솔새'로, *C. nardus*를 '비누향솔새'로 하여 별도 분류하고 있다. 이에 대해서는 리용재 외 (2011), p.115 참조.

Andropogon Sorghum *Brot.* var. *vulgaris Hackel*　モロコシ
Susu　수수　蜀黍·高粱 (栽)

수수〈*Sorghum bicolor* (L.) Moench(1794)〉

중국의 대표적인 증류주인 고량주(高粱酒)를 담그는 원료를 고량(高粱) 또는 촉서(蜀黍)라고 하는데, 수수라는 이름은 이 중 蜀黍의 중세 국어 발음인 '슈슈'에서 유래했다.[33] 촉서(蜀黍)는 중국 서부 촉(蜀) 지역에서 자라는 기장(黍)이라는 뜻이다. 수수의 방언형은 크게 나누어 수수 계열, 수시 계열 및 대끼지/대축 계열(강원도와 제주)이 있다. 수시는 수수의 발음상 변이로 보더라도 대끼지/대축은 형태가 다르므로 수수와는 다른 우리말이 존재했음을 알 수 있다.

　　속명 *Sorghum*은 사탕수수의 고대 라틴명 *sorgo*에서 유래한 것으로 수수새속을 일컫는다. 종소명 *bicolor*는 '2가지 색의'라는 뜻이다.

다른이름　쑤시(안학수·이춘녕, 1963)

옛이름　슈슈/蜀黍(훈몽자회, 1527), 秫蜀/수슈(언해구급방, 1608), 秫蜀/슈슈(동의보감, 1613), 蜀黍/슈슈(박통사언해, 1677), 蜀蜀/高粱/슈슈(역어유해, 1690), 蜀黍/슈슈(산림경제, 1715), 高粱/슈슈(동문유해, 1748), 蜀黍/슈슈(박통사신석언해, 1765), 蜀黍/슈슈(몽어유해, 1768), 蜀蜀/슈슈(방언집석, 1778), 高粱/슈슈(한청문감, 1779), 秫蜀/슈슈(제중신편, 1799), 蜀黍/슈슈(물보, 1802), 슈슈(규합총서, 1809), 唐米/슈슈(몽유편, 1810), 蜀黍/슈슈(광재물보, 19세기 초), 蜀蜀/슈슈(물명고, 1824), 秫蜀/슈슈(의종손익, 1868), 蜀黍/촉셔/슈슈(명물기략, 1870), 蜀黍/슈슈(녹효방, 1873), 슈슈(한불자전, 1880), 秫蜀/슈슈(방약합편, 1884), 슈슈(한영자전, 1890), 秫/수수(국한회어, 1895), 黍/슈슈(아학편, 1908), 蜀黍/수수(의서옥편, 1921)[34]

중국/일본명　중국명 高粱(gao liang)은 좋은 곡식 또는 키 큰 기장 종류라는 뜻이다. 일본명 モロコシ(唐黍)는 중국에서 유래한 기장(수수) 종류라는 뜻이다.

참고　[북한명] 수수 [유사어] 노제(蘆穄), 당서(唐黍), 촉서(蜀黍), 촉출(蜀秫), 출촉(秫蜀) [지방명] 대끼지/때끼지/떼끼지/뭉탁수수/수끼/수시/쉬끼/쉬끼지/장목때까지/장목수수(강원), 수수깡/수수뱅이/수수짜루/쉬수/쑤수/쒸시(경기), 서숙/수꾸/수시/수씨/수지/쉬시/쑤끼/쑤수/쑤씨/쑤지/쒸시(경남), 수꾸/수끼/수씨/쉬시/쒸시(경북), 서숙/쉬쉬/쉬시/쑤수/쑤시/쑤시나무/쒸시/쓰시/씨시/쭈수/쭈시/쮜시/찌시(전남), 서숙/쑤수/쑤시/쓰시/쭈시(전북), 당글대죽/당기대죽/당들대축/당디대죽/당지대죽/당지대축/둥기대죽/대죽/대줏/대축/동지/비대죽/비대축/빗대죽/쏠대죽/쏠대축/오동대죽/종지대죽(제주),

---

33　이러한 견해로 김무림(2015), p.540과 한태호 외(2006), p.47 참조.

34　『조선어사전』(1920)은 '수수, 蜀黍(촉서), 蜀黍, 高粱(고량), 蘆穄, 쌀수수'를 기록했으며 『조선식물명휘』(1922)는 '高粱, 蜀黍, 수수(食)'를, 『토명대조선만식물자휘』(1932)는 '[蜀黍]촉서, [속서], [蜀秫]속출, [蘆穄]로제, [蘆粟]로속, [高粱]고량, [垂穗]슈슈, [수수], [粱米]량미, [수수쌀], [秫楷]츌갈'을, 『선명대화명지부』(1934)는 '백항이, 수슈'를 기록했다.

수숙/쑤수/쑤숙/쑤쑤/스수/스슥/왕수수(충남), 쑤수(충북), 쉬수/쉬시/쉬안/쉬함/시수/시시(평남), 밥수꾸/쉬/쉬수/쉬시/쉬안/쉬함/시시(평북), 수/쉬/쉬안/시(함남), 고량/밥수끼/밥수수/밥쉬/밥슈끼/수꾸/수쉬/쉬/쉬끼/쉬안/시(함북), 쉬수/쉬스(황해)

Arthraxon cryptatherus *Koidz.* var. ciliaris *Koidz.* コブナグサ
Jogae-pul 조개풀

조개풀〈*Arthraxon hispidus* (Thunb.) Makino(1912)〉

조개풀이라는 이름은 긴 잎집을 가진 잎의 모양이 조개를 닮은 풀이라는 뜻에서 유래했다. 예부터 노란색을 내는 염색재로 사용했고, 한자명 '黃草'(황초)는 이 때문에 유래한 이름이다.[35] 1921년에 저술된 『신정 의서옥편』에서 '조기 蛤'이라는 표현을 사용했으며, 19세기 초 서유구가 저술한 『행포지』에 벼의 종류로 '소.l벼(蛤稻)'라는 기록이 있는 것에 비추어 조개를 닮은 풀(蛤草)의 뜻으로 실제 민간에서 불렸던 이름이 채록되었을 것으로 추정한다. 조개풀은 『조선식물명휘』에 기록된 후 『조선식물향명집』에 그대로 기록되어 정착한 이름이다. 한편 조개풀이라는 이름의 유래를 한자명 신초(藎草)를 번역했거나 『조선식물명휘』에 기록된 조이초(鳥耳草)가 변한 것으로

추정하는 견해가 있으나,[36] 한자명 藎草(신초)와 鳥耳草(조이초)에서 조개라는 의미가 바로 도출되지 않으므로 그 타당성은 의문스럽다. 1820년대에 저술된 유희의 『물명고』는 또 다른 우리말 이름 '갈골'을 기록했으나, 그 뜻이나 유래는 알려져 있지 않다.

속명 *Arthraxon*은 그리스어 *arthon*(관절)과 *axon*(축)의 합성어로, 꽃대축에 마디가 있는 것에서 유래했으며 조개풀속을 일컫는다. 종소명 *hispidus*는 '억센 털이 있는'이라는 뜻이다.

다른이름 솜털개쇠보리(리용재 외, 2011)

옛이름 藎草(승정원일기, 1633), 黃草(가례도감의궤, 1759), 藎草/슴뵈/黃草(광재물보, 19세기 초), 藎草/삼뵈/갈골/黃草(물명고, 1824)[37]

---

35 이에 대해서는 『토명대조선만식물자휘』(1932), p.47과 『한국식물도감(하권 초본부)』(1956), p.864 참조. 한편 중국의 『본초강목』(1596)은 "黃草 此草綠色 可染黃 故曰黃 曰綠也"(황초는 녹색인데 노란색으로 염색할 수 있어 '황'이라고도 하고 '녹'이라고도 한다)라고 기록했고, 『물명고』(1824)는 "煮以染黃色甚鮮"(삶아서 노란색을 염색하면 매우 곱다)이라고 기록했다.

36 이러한 견해로 김종원(2013), p.402 참조.

37 『조선식물명휘』(1922)는 '藎草, 鳥耳草, 조기풀'을 기록했으며 『토명대조선만식물자휘』(1932)는 '[藎草]신초, [黃草]황초, 바랑이'를, 『선명대화명지부』(1934)는 '조개풀'을 기록했다.

중국/일본명 중국명 荩草(jin cao)는 조개풀을 지칭하기 위해 고안된 한자 藎(荩, 신)에서 유래했다.[38] 일본명 コブナグサ(小鮒草)는 잎의 모양이 작은 붕어(鮒)를 닮아 붙여졌다.

참고 [북한명] 조개풀 [유사어] 물감풀 [지방명] 대롱제완자/대롱제완지/북덕제환지/북제와니/오빰 제완지/오빰제환지/옵밤제완지/옷밤절와니/옷밤제와니/옷밤제완지/옷밤제환지(제주)

Arundinella anomala *Steudel* トダシバ 野古草
Yagocho 야고초

새〈*Arundinella hirta* (Thunb.) **Tanaka**(1925)〉

새라는 이름은 억새, 기름새, 오리새 등과 같이 벼과의 좁은 잎을 가진 식물을 지칭할 때 사용하는 우리말 표현에서 유래 했다.[39] 『조선식물향명집』은 들에 자라는 풀이라는 뜻의 한자 어인 '야고초'로 기록했으나, 『조선식물명집』에서 '새'로 변경 해 현재에 이르고 있다.

속명 *Arundinella*는 *Arundo*(왕갈대속)의 축소형으로 새 속을 일컫는다. 종소명 *hirta*는 '짧고 거센 털이 있는'이라는 뜻이다.

다른이름 야고초(정태현 외, 1937), 털야고초(박만규, 1949), 털새 (정태현 외, 1949), 애기야고초/야고새(안학수·이춘녕, 1963), 애기 새/참털새(안학수 외, 1982)

옛이름 새(묘법연화경언해, 1463), 새/草(분류두공부시언해, 1481), 莎/새(명물기략, 1870)[40]

중국/일본명 중국명 毛秆野古草(mao gan ye gu cao)는 줄기에 털이 있는 야고초(野古草: 새의 중국명)라 는 뜻으로 학명과 연관된 것으로 보인다. 일본명 トダシバ(戸田-)는 사이타마현 남부 도다(戸田)에 분포한다고 해서 붙여졌다.

참고 [북한명] 털새 [지방명] 왕새/왕새가리(전북), 새치(함북)

---

38 중국의 『본초강목』(1596)은 "古者貢草入染人 故謂之王芻 而進忠者謂之藎臣也"(고대에 이 풀을 공물로 바쳐서 염료를 만드는 사 람을 '왕추'라 하였고 황제에게 충성을 바치는 자를 '신신'이라 하였다)라고 기록해 '藎'(신)이라는 글자의 내력을 밝혀놓았다.

39 이러한 견해로 백문식(2014), p.299; 서정범(2000), p.350; 김종원(2013), p.511 참조.

40 『조선식물명휘』(1922)는 '野古草'를 기록했다.

Avena fatua *Linné*   チヤヒキ(カラスムギ)   雀麥
Me-gweri   메귀리

메귀리〈*Avena fatua* L.(1753)〉

메귀리라는 이름은 재배식물이었던 귀리와 달리 산과 들에서 자라기에 붙여진 것으로, 귀리의 야생형이라는 뜻으로 해석된다.[41] 식물명의 어두(語頭)에 붙은 '메/뫼'는 일반적으로 산에서 서식함을 뜻한다. 『물명고』에 기록된 '돌귀오리'는 돌귀리인데, 이 역시 야생 귀리라는 뜻으로 메귀리와 뜻이 통한다. 귀리처럼 재배하지는 않았으나 옛적에는 열매를 구황식물로 식용했다.[42]

속명 *Avena*는 고대 라틴어에서 음식물을 뜻했으며 귀리속을 일컫는다. 종소명 *fatua*는 '알맹이가 없는, 열매를 맺지 않는'이라는 뜻이다.

다른이름   귀보리(박만규, 1949), 메귀밀(임록재 외, 1996), 돌귀리(김종원, 2013)

옛이름   雀麥/긔귀오리/燕麥(광재물보, 19세기 초), 雀麥/돌귀오리(물명고, 1824), 雀麥草(의휘, 1871), 燕麥/돌귀이리(신자전, 1915)[43]

중국/일본명   중국명 野燕麥(ye yan mai)는 야생 귀리(燕麥)라는 뜻이다. 일본명은 チヤヒキ(茶挽)와 カラスムギ(烏麦)가 혼용되나 메귀리와 유사한 이름은 カラスムギ로 까마귀가 먹는 보리(질이 떨어지는 보리)라는 뜻이다.

참고   [북한명] 메귀밀 [유사어] 애귀리, 작맥(雀麥) [지방명] 설렁벌이(전북)

Avena sativa *Linné*   マカラスムギ   燕麥 (栽)
Gweri   귀리

귀리〈*Avena sativa* L.(1753)〉

귀리라는 이름은 줄기를 둘러싼 잎이 귀처럼 갈라져 있고 보리를 닮은 데서 유래한 것으로 추정한다.[44] 중앙아시아 원산으로 『향약구급방』에 이름이 기록된 것에 비추어 늦어도 고려 시대에는 전래되어 재배된 것으로 보인다. 『향약구급방』에 '鼠茍衣'로 차자(借字) 표기된 '쥐보리'가 어휘 변화를 거쳐 귀보리→귀우리→귀오리→귀리로 정착되었다.[45] 19세기에 저술된 서유구의 『임원경제지』는 귀리의 차자(借字) 표기로 보이는 '耳麥'(이맥)에 대해 "類麥稈細剉者 得名耳麥以此也"[보리

---

41   이러한 견해로 김종원(2013), p.226 참조.
42   이에 대해서는 『한국식물도감(하권 초본부)』(1956), p.867 참조.
43   『조선식물명휘』(1922)는 '雀麥, 青稞麥'을 기록했으며 『선명대화명지부』(1934)는 '귀리'를 기록했다.
44   이러한 견해로 이우철(2005), p.93과 박일환(1994), p.37 참조.
45   이러한 견해로 남풍현(1981), p.113 참조.

종류의 줄기가 귀처럼 가늘게 꺾이는데 귀리(耳麥)라는 이름을 얻은 것은 이 때문이다라고 기록해 유래를 알 수 있게 하고 있다. 한편 귀리의 '귀'를 쪼가리를 뜻하는 옛말로 보아 '쪼가리 보리'라는 뜻에서 유래했다고 보는 견해가 있으나,[46] 이를 뒷받침하는 어원학적 근거는 발견되지 않는다.

속명 *Avena*는 고대 라틴어에서 음식물을 뜻했으며 귀리속을 일컫는다. 종소명 *sativa*는 '재배하는, 경작하는'이라는 뜻이다.

다른이름 귀밀(한진건 외, 1982)

옛이름 雀麥/鼠苞衣/鼠矣包衣(향약구급방, 1236),[47] 馬麥/귀밀(월인석보, 1459), 雀麥/燕麥/귀보리(동의보감, 1613), 耳麥/귀우리(주촌신방, 1687), 大麥/귀우리(역어유해, 1690), 燕麥/耳麥(산림경제, 1715), 鈴鐺麥/귀우리(동문유해, 1748), 鈴鐺麥/귀우리(몽어유해, 1768), 鈴鐺麥/귀오리(방언집석, 1778), 薰麥/麥奴/귀리(몽유편, 1810), 雀麥/耳牟/鈴鐺麥(경세유표, 1817), 燕麥/雀麥/鈴鐺麥/瞿于里(아언각비, 1819),[48] 鈴鐺麥/귀오리/牛星草(광재물보, 19세기 초), 鈴鐺麥/귀오리/耳麥(물명고, 1824), 燕麥/雀麥/耳麥(임원경제지, 1842), 雀麥/귀보리(자류주석, 1856), 雀麥/쟉믹/귀우리/燕麥(명물기략, 1870), 雀麥/耳牟(임하필기, 1871), 귀유리/假牟(한불자전, 1880), 雀麥/귀리/穬麥/귀보리(박물신서, 19세기), 耳麥/귀리(일용비람기, 연대미상), 雀麥/燕麥/귀이리(신자전, 1915)[49]

중국/일본명 중국명 燕麥(yan mai)는 까락의 모양이 제비의 꼬리와 같고 보리를 닮은 작물이라는 뜻이다. 일본명 マカラスムギ(真烏麦)는 진짜 메귀리(カラスムギ)라는 뜻이다.

참고 [북한명] 귀밀 [유사어] 광맥(穬麥), 연당맥(鈴鐺麥), 연맥(燕麥), 이맥(耳麥), 작맥(雀麥) [지방명] 기리(강원), 기밀(경기), 개밀/개버리/귀보리/기리/기밀/기보리/길/끼리/널보리/돌밀/때국밀/떼국밀/키다리밀/키돌밀/피보리(경남), 괘보리/괴밀/귀/구리보리/귀버리/귀보리/기리/기밀/기버리/기보리/기에/키버리/홈밀(경북), 귀루/귀보리/궐/기럭시/기밀/기보리/기오리/길(전남), 나리미기(전북), 대우리/대오리(제주), 기밀(충남), 귀미리/귀보리/궐밀/기리/기밀/설렁버리(충북), 구미리/구이리/구일/귀울/귀일/기밀/길(평북), 기밀(함남), 구미리/구밀/기밀(함북)

---

46 이러한 견해로 김종원(2013), p.227 참조.

47 『향약구급방』(1236)의 차자(借字) '鼠苞衣/鼠矣包衣'(서포의/서의포의)에 대해 남풍현(1981), p.113은 '쥐보리/쥐의보리'의 표기로 보고 있으며, 이덕봉(1963), p.113은 '쥐보리/쥐의기리'의 표기로 보고 있다.

48 『아언각비』(1819)의 차자(借字) '瞿于里'는 음차로 '구우리'를 표기한 것으로 보인다.

49 『조선어사전』(1920)은 '귀리, 蕛, 雀麥(쟉믹), 燕麥(연믹), 귀밀, 耳麥(이믹)'을 기록했으며 『조선식물명휘』(1922)는 '燕麥, 香麥, 귀리'를, 『토명대조선만식물자휘』(1932)는 '[燕麥]연믹, [雀麥]쟉믹, [鈴鐺麥]령당믹, [耳牟]귀보리, [耳麥]귀밀, [瞿于里]구우리, [귀리]'를 기록했다.

Beckmannia erucaeformis *Host*   ミノゴメ
Gaepi   개피

개피〈*Beckmannia syzigachne* (Steud.) Fernald(1928)〉

개피라는 이름은 피와 별도 속(genus)에 속하지만, 피를 닮았거나 피가 서식할 만한 곳에서 자란다는 뜻에서 유래했다.[50] 『조선식물향명집』에 최초로 기록된 이름으로 보인다.

　속명 *Beckmannia*는 독일 생물학자 Johann Beckmann(1739~1811)의 이름에서 유래했으며 개피속을 일컫는다. 종소명 *syzigachne*는 그리스어 *syzygos*(결합된, 붙어 있는)와 *achne*(겨, 껍질)의 합성어로 열매가 익어도 포영(苞穎)이 벌어지지 않는 것에서 유래했다.

다른이름　물피(한진건 외, 1982), 늪피(김현삼 외, 1988)[51]

중국/일본명　중국명 茴草(wang cao)는 봄보리와 같은 풀이라는 뜻이다. 일본명 ミノゴメ(蓑米)는 열매가 늘어져 달리는 모양 때문에 붙여졌다.

참고　[북한명] 늪피

Bromus japonicus *Thunberg*   スズメノチャヒキ
Chamsae-gweri   참새귀리

참새귀리〈*Bromus japonicus* Thunb.(1784)〉

참새귀리라는 이름은 소수(小穗)의 모양이 참새처럼 생긴 귀리라는 뜻 또는 귀리에 비해 쓸모가 덜하는 뜻에서 유래한 것으로 추정한다.[52] 『조선식물향명집』에서 그 이름이 최초로 보이는데 신칭한 이름으로 기록하지 않았다.[53] 『경세유표』 등 옛 문헌의 작맥(雀麥)은 경작에 대한 언급이 나오고 속칭 耳牟(이모: 향찰로 귀보리라는 뜻)로도 사용했으므로 직접적으로는 귀리를 일컫었던 것으로 보인다. 한편 일본명 スズメノチャヒキ(雀茶挽: 참새메귀리라는 뜻)에서 유래한 것으로 보는 견해가 있으나,[54] 옛 문헌이나 일제강점기의 『조선어사전』에도 작맥(雀

50　이러한 견해로 이우철(2005), p.59와 김종원(2013), p.405 참조.
51　『조선식물명휘』(1922)는 '茴草, 水稗子'를 기록했다.
52　이러한 견해로 김종원(2013), p.229 참조.
53　이에 대해서는 『조선식물향명집』, 색인 p.46 참조.
54　이러한 견해로 이우철(2005), p.507 참조.

麥)이라는 표현이 있었던 점에 비추어 그 타당성에는 의문이 있다.

속명 *Bromus*는 귀리의 고대 그리스명으로 *broma*(음식)에서 유래했으며 참새귀리속을 일컫는다. 종소명 *japonicus*는 '일본의'라는 뜻으로 최초 발견지 또는 분포지를 나타낸다.

다른이름 참새귀밀(임록재 외, 1996)

옛이름 雀麥(연암집, 18세기 말), 雀麥/耳牟(경세유표, 1817), 燕麥/雀麥/耳牟(임하필기, 1871)[55]

중국/일본명 중국명 雀麦(que mai)는 소수(小穗)가 참새를 닮은 보리 종류라는 뜻으로 해석된다. 일본명 スズメノチヤヒキ(雀茶挽)는 참새를 닮은 메귀리(チヤヒキ)라는 뜻이다.

참고 [북한명] 참새귀리 [유사어] 작맥(雀麥)

Calamagrostis arundinacea *Roth*. var. ciliata *Honda*　ノガリヤス
Medwegi-pi　메뛰기피

실새풀〈*Calamagrostis arundinacea* (L.) Roth(1788)〉

실새풀이라는 이름은 『조선식물명집』에 따른 것으로, 소수(小穗)의 작고 부드러운 생김새가 짧은 실 모양인 새 종류의 풀이라는 뜻이다.[56] 『조선식물향명집』에서는 '피'를 닮았다는 뜻에서 '메뛰기피'를 신칭해 기록했으나,[57] 피와는 형태나 식생의 차이가 많기 때문에 개칭한 것으로 보인다.

속명 *Calamagrostis*는 그리스어 *calamos*(갈대)와 *Agrostis*(겨이삭속)의 합성어로 갈대와 겨이삭을 닮은 식물이라는 뜻이며 새풀속을 일컫는다. 종소명 *arundinacea*는 '갈대와 비슷한'이라는 뜻이다.

다른이름 메뛰기피(정태현 외, 1937), 자주메뛰기피(박만규, 1949), 새풀(도봉섭 외, 1957), 다람쥐꼬리새풀/짧은털새풀(임록재 외, 1972), 메뚜기새풀/메뚜기피(리용재 외, 2011)

중국/일본명 중국명 野青茅(ye qing mao)는 들판에서 자라는 푸른색 띠라는 뜻이다. 일본명 ノガリヤス(野刈安)는 들판에서 자라는 억새(刈安)라는 뜻이다.

참고 [북한명] 새풀

---

55 『조선어사전』(1920)은 '雀麥(쟉뫼)'을 기록했으며 『조선식물명휘』(1922)는 '野梅簽, 鶯麥'을 기록했다.

56 이러한 견해로 이우철(2005), p.369와 김종원(2013), p.812 참조.

57 이에 대해서는 『조선식물향명집』, 색인 p.36 참조.

Coix Lachryma-Jobi *L*. var. frumentacea *Makino*　ハトムギ　(栽)
Yulmu　율무　薏苡

율무〈*Coix lacryma-jobi* L. var. *mayuen* (Rom.Caill.) Stapf(1896)〉

율무라는 이름이 옛 문헌에 최초로 등장한 것은 이두식 표기였으며 이을믜(이을미) → 율미 → 율믜 → 율모 → 율무우 → 율무로 변화하여 현재의 이름이 정착되었다.[58] 『고려사』에 의하면 문종 33년(1079년)에 중국 송나라 황제가 선물로 '薏苡仁'(의이인)을 보낸 것이 율무에 대한 최초 기록이고, 이를 죽 등으로 식용하기도 했으며 이를 표현한 한자어 '薏苡米'(의이미) 또는 '薏米'(의미)가 『향약구급방』에 기록된 伊乙梅(이을믜)와 발음이 유사하다. 이러한 점에 비추어 한자 표기를 발음하는 과정에서 율무로 정착되었을 것으로 추정한다.

　속녕 *Coix*는 늄야자(*Hyphaene thebaica*)의 고대 그리스 명에서 전용된 것으로 율무속을 일컫는다. 종소명 *lacryma-jobi*는 욥의 눈물이란 뜻으로 라틴어 *lachrima*(눈물)와 성경의 인물 *Job*(욥)의 합성어이며 열매의 모양에서 유래했다. 변종명 *mayuen*은 중국명 馬耘(마운)에서 유래했다.

다른이름　율무(정태현 외, 1936), 울미(박만규, 1949), 율미(안학수·이춘녕, 1963), 재배율무(한진건 외, 1982)

옛이름　薏苡/伊乙梅(향약구급방, 1236),[59] 薏苡仁/有乙梅(향약채취월령, 1431),[60] 율믜/薏苡(훈민정음해례본, 1446), 薏苡/율믜(구급방언해, 1466), 薏苡仁/율믜쌀(구급간이방언해, 1489), 율믜/薏苡(훈몽자회, 1527), 薏苡仁/율믜쌀(동의보감, 1613), 玉米/율믜쌀(역어유해, 1690), 薏苡仁/율믜(산림경제, 1715), 草珠米/율모(동문유해, 1748), 草珠米/율모(한청문감, 1779), 薏苡仁/율믜쌀(제중신편, 1799), 薏苡/늋무우(광재물보, 19세기 초), 薏苡/율무우(물명고, 1824), 율모/薏苡(한불자전, 1880), 薏苡仁/율무쌀(방약합편, 1884), 薏茹/율무(국한회어, 1895), 薏苡仁/율무쌀(선한약물학, 1931)[61]

중국/일본명　중국명 薏米(yi mi)는 '薏苡米'(의이미)의 축약형으로 '薏苡'(의이)의 정확한 유래는 알려져

58　이러한 견해로 김민수(1997), p.827 참조.

59　『향약구급방』(1236)의 차자(借字) '伊乙梅'(이을매)에 대해 남풍현(1981), p.110은 '이을믜'의 표기로 보고 있으며, 이덕봉(1963), p.6은 '이을믜'의 표기로 보고 있다.

60　『향약채취월령』(1431)의 차자(借字) '有乙梅'(유을매)에 대해 남풍현(1981), p.111은 '율믜'의 표기로 보고 있다.

61　『조선어사전』(1920)은 '율무, 薏苡(의이), 율무쌀, 薏苡仁(의이인)'을 기록했으며 『조선식물명휘』(1922)는 '囘囘米, 薏苡, 율무, 의이(救)'를, 『토명대조선만식물자휘』(1932)는 '[薏苡]의이, [栗母]률무, [율무], [草珠]쵸쥬, [薏苡仁]의이인, [율무쌀]'을, 『선명대화명지부』(1934)는 '위, 율무, 의이'를 기록했다.

있지 않다.[62] 일본명 ハトムギ(鳩麥)는 비둘기(鳩)의 먹이가 되는 보리 종류라는 뜻에서 붙여진 것으로 추정한다.

참고 [북한명] 율무 [지방명] 울미/율미(경남), 율미(경북), 구실/수승/수승낭/주승남/주승낭/추숭/추승낭(제주), 응이(충청), 울미/율미(함남), 율미(함북), 당구물/당그물/율모(황해)

Coix Lachryma-Jobi *L.* var. maxima *Makino* f. Susutama *Makino*   ジュズダマ
Yȯmju   염주

염주〈*Coix lacryma-jobi* L.(1753)〉

염주라는 이름은 한자어 염주(念珠)에서 유래한 것으로,[63] 그 열매로 절에서 사용하는 염주를 만들어서 붙여졌다. 즉, 열매에 구멍을 뚫은 다음 실에 꿰어 경서를 암송(念)하면서 숫자를 세는 구슬(珠)로 사용했다.[64] 1820년대에 저술된 유희의 『물명고』는 우리말 이름 '챠조알이'를 기록했는데, 1840년대에 저술된 서유구의 『임원경제지』에 열매가 딱딱한 성질을 지닌 조(粟)의 종류를 '채알거리조(鞭條粟)'라고 했던 점에 비추어 챠조알이라는 이름은 챠조(채알거리조의 축약형 또는 이와 유사하다는 뜻)와 같은 알(卵) 모양의 것(이)이라는 뜻으로 추론된다.

속명 *Coix*는 둠야자(*Hyphaene thebaica*)의 고대 그리스명에서 전용된 것으로 율무속을 일컫는다. 종소명 *lacryma-jobi*는 욥의 눈물이란 뜻으로 라틴어 *lachrima*(눈물)와 성경의 인물 *Job*(욥)의 합성어이며 열매의 모양에서 유래했다.

다른이름 율무(한진건 외, 1982), 구슬율무(임록재 외, 1996)

옛이름 念珠(조선왕조실록, 1417), 念珠/념쥬(구급방언해, 1466), 菩提子/챠조알이/念珠/(물명고, 1824), 菩提子(임원경제지, 1842)[65]

중국/일본명 중국명 薏苡(yi yi)에서 薏(의)는 율무를 표현하기 위해 고안된 한자로, 苡(이, 율무)와 합쳐져 염주나 연꽃의 열매를 나타낸다. 薏苡는 薏米(의미: 율무)와 혼용되기도 하나 엄격히는 구분된

---

62 중국의 『본초강목』(1596)은 "薏苡名義未詳"(의이라는 이름의 뜻은 알려져 있지 않다)이라고 기록했다.
63 이러한 견해로 이우철(2005), p.402 참조.
64 이에 대해서는 『한국식물도감(하권 초본부)』(1956), p.875 참조.
65 『조선식물명휘』(1922)는 '大碗子, 苡薏米, 川穀, 염주'를 기록했으며 『토명대조선만식물자휘』(1932)는 '[川穀]천곡, [菩提珠]보데쥬, [菩薏珠]보루쥬, [보리쥬]'를, 『선명대화명지부』(1934)는 '염쥬, 염주'를 기록했다.

다. 일본명 ジユズダマ(數珠玉)는 원모양으로 생긴 열매의 모양에서 유래했다.

참고 [북한명] 구슬율무 [유사어] 의이인(薏苡仁) [지방명] 구실낭(제주)

Eleusine indica *Gaertner* ヲヒジハ
Waṅg-baraeṅgi 왕바랭이

왕바랭이 〈*Eleusine indica* (L.) Gaertn.(1788)〉

왕바랭이라는 이름은 바랭이에 비해 식물체가 크다(왕)는 뜻에서 유래했다.[66] 『선명대화명지부』에 '왕바랑이'가 기록된 것으로 보아 당시 실제로 사용한 이름을 채록한 것으로 이해된다. 『조선식물향명집』은 '왕바랭이'로 기록해 현재에 이르고 있다.

속명 *Eleusine*는 그리스 신화의 *Ceres*(수확의 여신)를 숭배하는 마을 *Eleusis*에서 유래했으며 왕바랭이속을 일컫는다. 종소명 *indica*는 '인도의'라는 뜻으로 최초 발견지 또는 분포지를 나타낸다.

다른이름 왕바랑이(도봉섭 외, 1957), 길잡이풀/씨름풀/왕바래기(안학수·이춘녕, 1963)[67]

중국/일본명 중국명 牛筋草(niu jin cao)는 소(牛)의 힘줄(筋)처럼 끈질긴 풀이라는 뜻이다. 일본명 ヲヒジハ(雄日芝)는 바랭이(日芝)에 비해 남성적이라는 뜻에서 붙여졌다.

참고 [북한명] 왕바랭이 [유사어] 우근초(牛筋草)

Eragrostis ferruginea *Beauver* カゼクサ
Am-kuryoṅg 암그령

그령 〈*Eragrostis ferruginea* (Thunb.) P.Beauv.(1812)〉

그령이라는 이름은 『역어유해』에 여우 꼬리를 잡는 풀이라는 뜻의 狗尾把草(구미파초)라는 이름이 있는 것으로 보아 풀을 묶거나 동여매는 것과 관련 있는 이름으로 추정한다.[68] 한편 그령의 어원을 그 생장 환경인 길(路)과 관련 있는 것으로 보아 길의 방언형인 걸거림/질거령의 -거림/-거령에서 유래했다고 보는 견해가 있다.[69] 그러나 옛이름은 글희영/글히영으로 그 어형에서 차이가 많아 타당성

---

66 이러한 견해로 이우철(2005), p.411과 김종원(2013), p.236 참조.

67 『선명대화명지부』(1934)는 '왕바랑이'를 기록했다.

68 이러한 견해로 이유미(2010.10.26.); 김경희 외(2014), p.217; 김종원(2013), p.240 참조. 다만 그 어원에 대해서는 이유미의 글은 묶어서 매다는 뜻의 '그려매다'에서 찾고, 김종원의 글은 '노끈을 끊다'의 고형 '글' 등에서 찾고 있으나, 『물명고』(1824)에 기록된 '그령'의 옛말은 '글희영'(가례언해, 1632)과 '글히영'(역어유해, 1690)이므로 타당하지 않아 보인다. 어원에 대해서는 보다 면밀한 연구가 필요하다.

69 이러한 견해로 강헌규(2007), p.16 참조.

은 의문스럽다. 『조선식물향명집』은 '암크령'으로 기록했으나 『조선식물명집』에서 '그령'으로 기록해 현재에 이르고 있다.

속명 *Eragrostis*는 그리스어 *eros*(사랑) 또는 *era*(earth, 지구, 땅)와 *agrostis*(풀, 잡초, 개밀)의 합성어에서 유래했으며 참새그령속을 일컫는다. 종소명 *ferruginea*는 '녹슨 색깔의, 더러워진'이라는 뜻이다.

다른이름 암크령(정태현 외, 1937), 크령(이영노·주상우, 1956), 암그렁(정태현, 1956), 꾸부령(안학수·이춘녕, 1963), 암끄령(한진건 외, 1982)

옛이름 菅/글희영(시경언해, 1613), 글희영(가례언해, 1632), 狗尾把草/글히영(역어유해, 1690), 勒草/그르영(광재물보, 19세기 초), 勒草/그르영/狗尾根草(물명고, 1824), 그리양(녹효방, 1873), 그령풀/蘭/菅(한불자전, 1880)[70]

중국/일본명 중국명 知风草(zhi feng cao)는 소식을 전해주는 풀이라는 뜻이다.[71] 일본명 カゼクサ(風草)는 한자명 知風草(지풍초)에서 유래했다.

참고 [북한명] 암크령 [유사어] 지풍초(知風草) [지방명] 끄령/댕댕이풀(경기), 지령(전남), 각시풀/간장풀/기장풀/뗏장풀/삐삐풀/수크령/지랑시풀/지랑포기/지랑풀/지량폭시/지량풀/지렁풀/지장(풀)/지장포기(충남), 거령풀(충북)

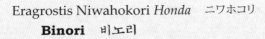

Eragrostis Niwahokori *Honda* ニワホコリ
Binori 비노리

비노리〈*Eragrostis multicaulis* Steud.(1854)〉

비노리라는 이름은 어느 지역의 방언을 채록한 것으로 짐작되지만 그 정확한 유래는 알려져 있지 않다.[72] 『조선식물향명집』에 최초로 기록된 이름으로 보인다. 다만 중국명이 식물의 형태적 특징과 관련 있고 일본명이 분포지의 생태적 특징과 관련 있다는 점을 고려하면 우리말 비노리에도 이러한 특징들이 반영되었을 것으로 추정한다. 이러한 점을 토대로 유래를 살펴보면 비노리는 '비'와 '노리'의 합성으로 '비'는 마당을 쓰는 비(帚)를 뜻하고, '노리'는 모방을 하거나 흉내를 내면

---

70 『조선식물명휘』(1922)는 '知風草'를 기록했으며 『토명대조선만식물자휘』(1932)는 학명 *Eragrostis pilosa*에 대해 '[畫眉草]화미초'를 기록했다.

71 김종원(2013), p.240은 한자명 지풍(知風)은 속명 *Eragrostis*를 번역한 것으로 '바람을 안다'는 뜻이자 연애를 뜻한다고 해석하고 있다.

72 이러한 견해로 이우철(2005), p.293 참조.

서 노는 일을 뜻하는 놀이(戱, 遊)의 옛말로 보인다.[73] 즉, 꽃자루에 엉성하게 달린 꽃차례의 모양이 빗자루를 닮았고 접근이 쉬운 인가 부근에 자라므로 아이들이 빗자루를 흉내 내어 놀이에나 사용할 법한 풀이라는 뜻으로, 당시에 마땅한 쓰임새가 없었던 것을 빗대어 불렀던 이름으로 추정한다. 한편, 마당을 쓰는 비와 관련 있으며 마당을 비로 쓸어도 끄떡없이 산다는 의미에서 유래한 것으로 추정하는 견해가 있으나,[74] '노리'의 뜻을 제대로 해석할 수 없는 문제점이 있다.[75]

속명 *Eragrostis*는 그리스어 *eros*(사랑) 또는 *era*(earth, 지구, 땅)와 *agrostis*(풀, 잡초, 개밀)의 합성어에서 유래했으며 참새그령속을 일컫는다. 종소명 *multicaulis*는 '원줄기가 많은'이라는 뜻이다.

중국/일본명 중국명 多秆画眉草(duo gan hua mei cao)는 줄기가 많은 화미초[畫眉草: 그린 눈썹 같은 풀이라는 뜻으로 큰비노리의 중국명이며 소수(小穗)의 모양에서 유래한 것으로 보인다]라는 뜻으로 학명과 연관되어 있다. 일본명 ニワホコリ(庭埃)는 집 안에서 번성하는 먼지 같은 존재라는 뜻에서 붙여졌다.[76]

참고 [북한명] 비노리 [유사어] 화미초(畫眉草)

Festuca ovina *Linné*　ウシノケグサ
Gimúetól　김의털

김의털〈*Festuca ovina* L.(1753)〉

김의털이라는 이름은 옛 문헌에서 한자어 모초(毛草)와 함께 사용되었고, '김'의 뜻에 비추어볼 때 논밭에 난 잡초 같고 털을 닮은 풀이라는 뜻에서 유래한 것으로 이해된다.[77] 『역어유해』와 『물명고』에 '기음의털'이라는 옛이름이 나오는데, '기음'은 『월인석보』와 『훈몽자회』의 '기슴'에서 『소학언해』의 '기음'으로 변해 현재의 '김'으로 정착된 것으로 논밭에 난 잡초(또는 풀)를 뜻하고[78] '털'은 현재의 털(毛)을 뜻하기 때문이다. 한편, 잎이 부드러운 것을 임의 음부에 나는 털에 비유한 것

73　『국한회어』(1895)는 '불노리, 火戱' 및 '창부노리, 倡夫遊'라고 기록하여 '놀이'를 '노리'로 표기한 바 있다.

74　이러한 견해로 김종원(2013), p.242 참조. 김종원은 마당을 쓰는 비를 '梳, 櫛'이라 하고 있으나, 한자 梳(소)와 櫛(즐)은 머리를 빗는 '빗'을 뜻한다.

75　한편 『임원경제지』(1842)는 벼의 종류로 '석노리, 검은석누리, 고서시노리, 쇠노리, 동아노리'를 기록하고 있으므로 비노리는 벼를 닮았다는 뜻에서 유래했을 가능성도 추론할 수 있지만, 『임원경제지』의 '노리'는 늦벼 종류를 칭하는 것으로 '느린 벼'의 뜻이므로 비노리의 생태와 맞지 않는 문제점이 있다.

76　『조선식물명휘』(1922)는 큰비노리〈*Eragrostis pilosa* sp.(L.) P.Beauv.〉에 대해 '畫眉草, 톨口草'를 기록했으며 『토명대조선만식물자휘』(1932)는 큰비노리〈*Eragrostis pilosa* sp.(L.) P.Beauv.〉에 대해 '[畫眉草]화미초'를 기록했다.

77　이러한 견해로 김종원(2013), p.629 참조.

78　이러한 견해로 김민수(1997), p.159; 백문식(2014), p.84; 서정범(2000), p.104 참조. 한편 『훈몽자회』(1527)는 '기슴'에 대해 '俗稱草'(속칭 풀)라고 기록했다.

이라는 견해가 있다.[79] 이러한 견해는 『조선식물명집』의 김의
털에 병기된 산거울(산에서 자라는 음부의 털이라는 뜻으로 해석
하기도 함)에 근거한 것으로 추정되지만, 추천명과 별칭의 어원
이나 유래가 반드시 같다고 할 수 없기 때문에 타당하지 않아
보인다.

속명 *Festuca*는 이 속에 속하는 벼과 식물에 대한 고대 라
틴어에서 유래했는데 밀짚이라는 뜻도 있으며 김의털속을 일
컫는다. 종소명 *ovina*는 '양(羊)의, 양이 좋아하는'이라는 뜻
이다.

다른이름　산거울(정태현 외, 1949)

옛이름　毛草/기음의털(역어유해, 1690), 毛草/기음의털(광재물
보, 19세기 초), 毛草/기음의털(물명고, 1824)[80]

중국/일본명　중국명 羊茅(yang mao)는 양(羊)이 좋아하는 띠(茅)라는 뜻으로 학명과 연관되어 있다.
일본명 ウシノケグサ(牛毛草)는 소의 털을 닮은 풀이라는 뜻이다.

참고　[북한명] 김의털 [지방명] 쉐터럭(제주)

Festuca rubra *L.* var. genuina *Hack.*　オホウシノケグサ
Wang-gimúetòl　왕김의털

왕김의털〈*Festuca rubra* L.(1753)〉
왕김의털이라는 이름은 식물체가 크고 김의털을 닮아 붙여졌다.[81] 『조선식물향명집』에서 '김의털'
을 기본으로 하고 식물의 형태적 특징을 나타내는 '왕'을 추가해 신칭했다.[82]

속명 *Festuca*는 이 속에 속하는 벼과 식물에 대한 고대 라틴어에서 유래했는데 밀짚이라는 뜻
도 있으며 김의털속을 일컫는다. 종소명 *rubra*는 '붉은'이라는 뜻으로, 잎집이 때로는 자주색이
도는 경우가 있어 붙여진 것으로 보인다.

다른이름　쇠털풀(박만규, 1949), 바이칼김의털(안학수·이춘녕, 1963)

중국/일본명　중국명 紫羊茅(zi yang mao)는 자주색이 도는 양모(羊茅: 김의털의 중국명 또는 김의털속을

79　이러한 견해로 이우철(2005), p.112 참조.
80　『조선어사전』(1920)은 사초과의 종류로 '김의털'을 기록했으며 『토명대조선만식물자휘』(1932)는 *Carex lanceolata*에 대
　　해 '[김의털]'을 기록했다.
81　이러한 견해로 이우철(2005), p.409 참조.
82　이에 대해서는 『조선식물향명집』, 색인 p.44 참조.

일컫는 말)라는 뜻으로 학명과 연관되어 있으며, 잎집에 자주색이 도는 경우가 있는 데서 유래했다. 일본명 オホウシノケグサ(大牛毛草)는 식물체가 크고 소의 털을 닮은 풀이라는 뜻이다.

참고 [북한명] 왕김의털

Hordeum sativum *Jess.* var. hexastichom L.　オホムギ　大麥 (栽)
Bori　보리

보리〈*Hordeum vulgare* L.(1753)〉[83]

보리라는 이름은 고대 중국에서도 유사한 발음이 보이는데, 보리의 원산지가 서북 아시아인 점 등으로 미루어 보리의 원산 지역에서 전래된 말로 추정한다.[84] 한편 『향약구급방』의 包來(포래)에서 그 어원을 찾아, 소맥(밀)에 비해 알곡이 쉽게 분리되지 않기 때문에 包來(포래)라는 이름이 유래했다고 보는 견해가 있다.[85] 그러나 『향약구급방』의 속운(俗韻)은 당시 우리말을 향찰(鄕札)로 표기한 것이어서 한자의 뜻으로만 해석할 수는 없고, 동시대에 사용한 우리말 표현을 보면 보리의 이두식 표기로 이해된다.

속명 *Hordeum*은 보리의 고대 라틴명으로 보리속을 일컫는다. 종소명 *vulgare*는 '보통의, 통상의'라는 뜻으로 이 속에서 대표적인 종이라는 뜻이다.

다른이름 역기름(정태현 외, 1936), 것보리(박만규, 1949), 겉보리/껏보리(안학수·이춘녕, 1963), 대맥(임록재, 1972)

옛이름 麥(삼국사기, 1145), 大麥/包衣/包來(향약구급방, 1236),[86] 보리/麥(구급방언해, 1466), 보리/麥(분류두공부시언해, 1481), 보리/大麥/䅘/麰(훈몽자회, 1527), 麥/것쏜리(구황촬요, 1554), 麥/보리(언해구급방, 1608), 大麥/보리쌀(동의보감, 1613), 大麥/보리쌀(제중신편, 1799), 보리(규합총서, 1809), 大麥/보리(물명고, 1824), 大麥/가을보리(녹효방, 1873), 보리/牟(한불자전, 1880), 大麥/보리(방약합편, 1884), 보리/버리(조선어표준말모음, 1936)[87]

---

83 '국가표준식물목록'(2018)은 보리의 학명을 *Hordeum vulgare* var. *hexastichon* (L.) Asch.(1864)로 기재하고 있으나, 『장진성 식물목록』(2014), '세계식물목록'(2018) 및 '중국식물지'(2018)는 *Hordeum vulgare* L.(1753)을 정명으로 기재하고 있다.

84 김원표(1949), p.31은 중국 하나라 시대의 흉노족 언어에서 유래한 것으로 보고 있으며, 서정범(2000), p.314는 그 어원을 터키어 buguday에서 찾고 있다.

85 이러한 견해로 이덕봉(1963), p.33 참조.

86 『향약구급방』(1236)의 차자(借字) '包衣/包來'(포의/포래)에 대해 남풍현(1981), p.362는 '보리'의 표기로 보고 있으며, 이덕봉(1963), p.33은 '包來'(포래)에 대해 '포래'의 표기로 보고 있다.

87 『조선어사전』(1920)은 '보리, 大麥(대믹), 가을보리, 봄보리'를 기록했으며 『조선식물명휘』(1922)는 '大麥, 牟, 보리'를, 『토명대조선만식물자휘』(1932)는 '[麰]무, [牟麥]무, [牟麥]모믹, [大麥]대맥, [보리], [보리쌀], [보리씨], [麥芒]믹망, [麥奴]믹노'를, 『선명대화명지부』(1934)는 '보리'를 기록했다.

중국명 大麦(da mai)는 소맥(小麥: 밀)에 대비하여 붙여졌으며, 麦(mai)는 보리 종류를 나타내는 한자명에서 유래했다. 일본명 オホムギ(大麥)는 중국명과 동일하게 한자명 大麥에서 유래했다.

[북한명] 보리 [유사어] 맥아(麥芽), 모맥(牟麥/麰麥) [지방명] 버리/버리해댕이/보리쌀/질금물(강원), 말맹이/버리/보리뿌랭이(경기), 버리/보리딩게/보리쌀/보릿짚(경남), 버리(경북), 가래밥/것보리/버리/보리겨/보리대/보쌀/풋보리/풋대(전남), 것보리/민딩이/보리겨/보리깜부기/보리쌀/부리/풋보리(전북), 도래비/보리낭/보리떼/보리짚/보릿대/보스락(제주), 포리/푸른보리(충남), 떡보리/버리(충북), 바리(함북)

Hordeum sativum *Jess.* var. vulgare *Makino*　ハダカムギ　裸麥 (栽)
Ŝal-bori　쌀보리

쌀보리⟨*Hordeum distichon* L.(1753)⟩[88]
쌀보리를 『임원경제지』에서는 보리의 한 품종으로 '無芒 無稃'(까끄라기가 없고, 껍질이 없다)라고 했고, 『동의보감』에서는 '天生皮肉相離也'(본래 껍질과 알곡이 떨어져 있다)라고 했다. 이 점에 비추어 쌀보리라는 이름은 보리에 비해 껍질과 알곡이 쉽게 분리되고 색이 좀 더 흰 것이 쌀과 유사해 붙여진 것으로 보인다.[89]

속명 *Hordeum*은 보리의 고대 라틴명으로 보리속을 일컫는다. 종소명 *distichon*은 '2열로 나는'이라는 뜻이다.

나맥/보리(안학수·이춘녕, 1963)

靑顆麥/쁠보리/黃顆(동의보감, 1613), 粿麥/쁠보리(물명고, 1824), 米麨/쏠보리(임원경제지, 1842), 쌀보리/米牟(한불자전, 1880)[90]

중국명 二棱大麦(er leng da mai)는 2개의 모서리가 있는 대맥(大麥: 보리)이라는 뜻으로 학명과 연관된 것으로 보인다. 일본명 ハダカムギ(裸麥)는 벗은 보리라는 뜻으로 껍질과 알곡이 잘 분리되는 것에서 유래했다.

[북한명] 쌀보리 [유사어] 과맥(稞麥), 밀보리, 청과맥 [지방명] 중보리(강원), 썰보리(전남), 살오리/쌀보리/슬노리/슬누리/슬우리(제주)

---

88 '국가표준식물목록'(2018)은 쌀보리의 학명을 *Hordeum vulgare* var. *nudum* Spenn.(1825)으로 기재하고 있으나, 『장진성 식물목록』(2014), '세계식물목록'(2018) 및 '중국식물지'(2018)는 본문의 학명을 정명으로 기재하고 있다.
89 이러한 견해로 이우철(2005), p.371 참조.
90 『조선어사전』(1920)은 '쌀보리, 靑顆麥(청과믹)'을 기록했으며 『조선식물명휘』(1922)는 '裸麥, 쏠보리'를, 『토명대조선만식물자휘』(1932)는 '[靑顆麥]청과믹, [靑稞麥]청과믹, [쌀보리], [밀보리]'를, 『선명대화명지부』(1934)는 '쌀보리, 말보리'를 기록했다.

Imperata cylindrica *Beauv.* var. Koenigii *Honda*　チガヤ(ツバナ)
Dûe　띄(삘기)

띠 〈*Imperata cylindrica* (L.) Raeusch.(1797)〉[91]

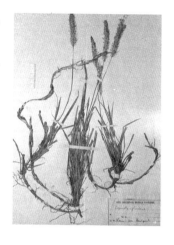

띠라는 이름은 옛말 '뒤잇(뒤)'이 어원으로, 땅속줄기가 보이지 않고 땅속에 있는 데서 유래한 것으로 추정한다. 예부터 땅속에서 자라는 땅속줄기(근경)를 약재로 사용하고 새순을 식용했다.[92] 『향약구급방』의 뒤잇(뒤)이 뒤잇→뒤→쀠→쒸→씌→띄→띠로 변화하여 '띠'로 정착되었다. 우리말 '뒤'는 보이지 않는 배후나 겉으로 드러나지 않는 부분을 뜻하기도 하는데,[93] 『용어비어천가』 및 『분류두공부시언해』 등 15세기의 문헌에 '뒤'로 표기되었으며 띠의 옛말과 어형이 동일하다. 그리고 19세기 초에 저술된 『광재물보』는 "茅紙 뒤지 以紙除糞 밑씻ᄂᆞᆫ조희"(모지는 '뒤시'라고 하는데 종이로 똥을 닦는 것을 말하며 '밑씻는종이'라고도 한다)라고 기록해 '茅'(모)가 보이지 않는 뒷부분을 뜻하는 것으로 기록했다. 이에 비추어 '뒤잇'은 뒤에 있는 것 또는 보이지 않는 것이라는 뜻을 지닌 것으로 이해된다. 『향약구급방』의 茅錐(모추) 또는 『동의보감』의 茅鍼(모침)은 송곳이나 침처럼 여기저기서 뾰족뾰족 나오는 모습을 표현한 이름이다. 한편 '띠'는 땅속줄기가 길게 뻗어서 띠(帶)와 같은 모양을 이루는 것에서 유래한 것으로 보는 견해가 있으나,[94] '띠'는 후대에 나타나는 이름이고 띠(帶)의 옛말은 '씌'(월인석보)로서 띠(茅)의 옛말과는 어형이 상이하다. 또한 삐가 원래의 우리말이나 『토명대조선만식물자휘』에서 일본인에 의하여 '씌'로 기록된 이후 띠가 되었다고 보는 견해가 있으나,[95] 『향약구급방』, 『훈민정음』, 『구급방언해』 등에 표현된 옛 이름은 '뒤'였고 그것이 이후 '씌'를 거쳐 '띠'가 된 것이므로 전혀 타당하지 않다. 『물명고』에 기록된 '쎄로기'는 방언 '삘기' 또는 '삐비' 등과 연결되며 피기 전의 꽃차례를 뽑아(뽑거나 빼는 것) 먹는 것에서 유래한 이름으로 보인다.[96] 『조선식물향명집』은 '띠'로 기록했으나 『조선식물명집』에서

---

91 '국가표준식물목록'(2018)은 띠의 학명을 *Imperata cylindrica* var. *koenigii* (Retz.) Pilg.(1904)로 기재하고 있으나, 『장진성 식물목록』(2014)과 '세계식물목록'(2018)은 본문의 학명을 정명으로 기재하고 있다.

92 이에 대해서는 『조선산야생약용식물』(1936), p.36과 『한국의 민속식물』(2017), p.1381 참조.

93 이에 대해서는 국립국어원, '표준국어대사전' 중 '뒤' 참조.

94 이러한 견해로 이덕봉(1963), p.13 참조.

95 이러한 견해로 김종원(2013), p.519와 김종원(2016), p.636 참조.

96 이러한 견해로 이덕봉(1963), p.16 참조. 한편 김종원(2013), p.519는 삘기, 빼기 등의 어원을 '빨다'라고 보고 있으나 띠는 어린 꽃차례를 뽑아서 껍처럼 씹는 것이고 빨아서 식용하는 것은 아니므로 이러한 주장 역시 이해하기 어렵다.

'띠'로 변경해 현재에 이르고 있다.

속명 *Imperata*는 이탈리아 자연연구가 Ferrante Imperate(1525~1615)의 이름에서 유래했으며 띠속을 일컫는다. 종소명 *cylindrica*는 '원주상의, 통모양의'라는 뜻으로 원뿔모양꽃차례에서 유래했다.

씌(정태현 외, 1936), 띄/삘기(정태현 외, 1937), 삐비(박만규, 1949), 들띠(임록재 외, 1972), 들띠풀/띠풀(임록재 외, 1996)

茅錐/茅香/置伊有/置伊存(향약구급방, 1236),[97] 茅(삼국유사, 1281), 茅香/白茅香(향약채취월령, 1431), 뒤/茅(훈민정음해례본, 1446), 뒤/茅(묘법연화경언해, 1463), 茅/뒤/白茅/삙믈(구급방언해, 1466), 茅/뛰(분류두공부시언해, 1481), 뛰/白茅(구급간이방언해, 1489), 茅草/뛰/黃/쎄유기(훈몽자회, 1527), 茅/뒤(신증유합, 1576), 茅根/삣불휘/茅鍼(동의보감, 1613), 茅草/뛰(역어유해, 1690), 白茅根/뛰불휘(사의경험방, 17세기), 茅草/쒸(동문유해, 1748), 茅草/뛰(방언집석, 1778), 茅香/쒸삿(재물보, 1798), 茅根/삣불휘(제중신편, 1799), 茅香花/쎄로기(물명고, 1824), 茅根/씻불휘(의종손익, 1868), 蘺/데/쎄올기(명물기략, 1870), 茅根/쒸쑤리(의휘, 1871), 莎草/쵀(녹효방, 1873), 씌/茅(한불자전, 1880), 茅根/씃불휘(방약합편, 1884), 茅根/씌쌀희(단방비요, 1913), 白茅根/쒸쑤리(선한약물학, 1931), 쎄비(조선구전민요집, 1933)[98]

중국명 白茅(bai mao)는 흰색의 모(茅: 띠)라는 뜻으로 꽃차례가 흰 털로 뒤덮이는 것에서 유래했다.[99] 일본명 チガヤ(千萱)는 꽃이 모여나기 하는 모양이 천(千) 개만큼 수가 많은 새(萱)라는 뜻에서 붙여졌다.

[북한명] 들띠풀/띠풀[100] [유사어] 모자(茅茨), 모초(茅草), 백모(白茅) [지방명] 띠갓/뽀미/뽀삐/삐삐/백삑이/삘기/세초/쇠초풀/짠띠(강원), 삐레기/삐삐기/삘기/삘구(경기), 때장/띠뽀리/삐비/삐삐/짜부락/짠지/쩨짠디/피기/피끼(경남), 꼼빼/도랭이풀/도리풀/띠장/띠딴재미/삐삐/삘기(경북), 뛰개미/띠뿌리/띠잔댕이/띠풀/삐비/삐비꽃/삘구/우장떽기풀/우장풀(전남), 뛰개미/띠뿌리/삐비/삘기/삐비나물/빼뿌쟁이(전북), 뒤/뛰띠/뺑이/삥이/새/새낭/잔뛰/촐/헤치(제주), 갈삘기/띠비/띠풀/뽀비/삐리/삐비/삘기(충남), 삐대기/삐비/삐삐(충북), 삘기(황해)

---

97 『향약구급방』(1236)의 차자(借字) '置伊有/置伊存'(치이유/치이존)에 대해, 남풍현(1981), p.63은 '뒤잇'의 표기로, 손병태(1996), p.30은 '뒷'의 표기로 보고 있으며, '置角有'(치각유)에 대해 이덕봉(1963), p.16은 '두쐴잇'의 표기로 보고 있다.

98 『조선한방약료식물조사서』(1917)는 '씌'를 기록했으며 『조선어사전』(1920)은 '白茅(빅모), 씌'를, 『조선식물명휘』(1922)는 '白茅, 茅針, 茅草, 비비, 모근(藘, 救)'을, 『토명대조선만식물자휘』(1932)는 '[茅草]모초, [白茅]빅모, [쎌기](초), [쎄기](초), [씌](초), [黃]이, [데]'를, 『선명대화명지부』(1934)는 '쌔풀, 빼게풀, 벌기, 배배'를 기록했다.

99 한편 중국의 『본초강목』(1596)은 "茅葉如矛 故謂之茅 其根牽連 故謂之茹"(모의 잎은 창과 같으므로 '모'라고 한다. 뿌리는 서로 묶여 연결되어 있으므로 '여'라고 한다)라고 기록했다.

100 북한에서는 *S. cylindrica*를 '들띠풀'로, *S. cylindrica* var. *koenigii*를 '띠풀'로 하여 별도 분류하고 있다. 이에 대해서는 리용재 외(2011), p.186 참조.

Ischaemum anthephoroides *Miquel* ケカモノハシ
Gaet-soe-bori 갯쇠보리

갯쇠보리〈*Ischaemum anthephoroides* (Steud.) Miq.(1867)〉

갯쇠보리라는 이름은 바닷가(갯가)에서 자라는 쇠보리라는 뜻이다.[101] 『조선식물향명집』에서 '쇠보리'를 기본으로 하고 식물의 산지(産地)를 나타내는 '갯'을 추가해 신칭했다.[102]

속명 *Ischaemum*은 그리스어 *ischaimos*(지혈)에서 유래한 것으로 지혈 작용을 하는 식물이라는 뜻이며 쇠보리속을 일컫는다. 종소명 *anthephoroides*는 벼과의 *Anthephora*속과 유사하다는 뜻이다.

다른이름 털쇠보리(박만규, 1949), 조선쇠보리/참쇠보리(안학수·이춘녕, 1963), 개쇠보리(리종오, 1964)

중국/일본명 중국명 毛鴨嘴草(mao ya zui cao)는 털이 있는 압취초(鴨嘴草: 쇠보리 종류의 중국명)라는 뜻이다. 일본명 ケカモノハシ(毛鴨の嘴)는 꽃차례를 비롯해 전체에 털이 많다는 뜻으로 중국명과 같은 뜻에서 유래했다.

참고 [북한명] 털쇠보리

Ischaemum crassipes *Nakai* カモノハシ
Soe-bori 쇠보리

쇠보리〈*Ischaemum aristatum* L.(1753)〉[103]

쇠보리라는 이름은 보리와 유사하지만 보다 억세고 거칠다(쇠, 牛)는 뜻에서 유래했다.[104] 『조선식물향명집』에서 한글명이 처음 발견되는데 신칭한 이름으로 기록하지 않은 것에 비추어[105] 당시 실제 사용하던 방언을 채록한 것으로 추정된다.

속명 *Ischaemum*은 그리스어 *ischaimos*(지혈)에서 유래한 것으로 지혈 작용을 하는 식물이라는 뜻이며 쇠보리속을 일컫는다. 종소명 *aristatum*은 '까락이 있는'이라는 뜻이다.

---

101 이러한 견해로 이우철(2005), p.63 참조.
102 이에 대해서는 『조선식물향명집』, 색인 p.31 참조.
103 '국가표준식물목록'(2018)은 쇠보리의 학명을 *Ischaemum crassipes* (Steud.) Thell.(1912)로 기재하고 있으나, 『장진성 식물목록』(2014), '세계식물목록'(2018) 및 '중국식물지'(2018)는 본문의 학명을 정명으로 기재하고 있다.
104 이러한 견해로 이우철(2005), p.355 참조.
105 이에 대해서는 『조선식물향명집』, 색인 p.41 참조.

까락쇠보리(박만규, 1949)

중국명 有芒鴨嘴草(you mang ya zui cao)는 까락이 있는 압취초(鴨嘴草: 꽃차례가 오리의 부리와 비슷하다는 뜻으로 쇠보리 종류의 중국명)라는 뜻으로 학명과 연관되어 있다. 일본명 カモノハシ(鴨ノ嘴)는 중국명과 같은 뜻에서 붙여졌다.

[북한명] 쇠보리

Koeleria cristata *Persoon*　ミノボロ
Doraeñgi-pi　도랭이피

도랭이피〈*Koeleria macrantha* (Ledeb.) Schult.(1824)〉[106]

도랭이피라는 이름의 유래는 확실하지 않다.[107] 그러나 띠나 짚 따위로 엮어 허리나 어깨에 걸쳐 두르는 비옷을 도랭이(표준말 도롱이)라고 하므로, 도랭이피는 꽃차례를 비롯한 식물체 전체의 모양이 도롱이와 유사한 데서 유래한 이름으로 추정한다.[108] 『조선식물향명집』에서 한글명이 처음으로 보인다.

속명 *Koeleria*는 독일 마인츠대학 교수로 벼과 식물을 연구한 Georg Ludwig Koeler(1765~1807)의 이름에서 유래했으며 도랭이피속을 일컫는다. 종소명 *macrantha*는 *macro*(큰)와 *antha*(꽃)의 합성어로 '큰 꽃의'라는 뜻이며 꽃차례가 두드러진 것에서 유래했다.

도랑이피(이영노, 1996)

중국명 阿尔泰溚草(a er tai qia cao)는 알타이(阿爾泰)에 분포하는 답초(溚草: 습한 곳에서 자라는 풀이라는 뜻으로 도랭이피 종류의 중국명)라는 뜻이다. 일본명 ミノボロ(簑襤褸)는 꽃이삭의 모양이 남루한 사립(簑笠: 도롱이와 유사한 일본의 비옷) 같다는 뜻에서 붙여졌다.

[북한명] 도랭이피

---

106 '국가표준식물목록'(2018)은 도랭이피의 학명을 *Koeleria cristata* (L.) Pers.(1805)로 기재하고 있으나, 『장진성 식물목록』(2014), '중국식물지'(2018) 및 '세계식물목록'(2018)은 본문의 학명을 정명으로 기재하고 있다.
107 이러한 견해로 이우철(2005), p.179 참조.
108 이러한 견해로 김종원(2016), p.641 참조.

Miscanthus purpurascens *Andersson*　ムラサキススキ
Ŏgsae　억새

억새〈*Miscanthus sinensis* Andersson(1856)〉[109]

조선 중기에 저술된 『역어유해』는 억새의 옛이름인 어웍새의 한자명으로 '罷王根草'(파왕근초)를 기록했는데, 이는 중국에서 사용하지 않는 한자명이므로[110] 어웍새의 뜻을 한자로 나타낸 이름으로 보인다. 어웍새는 '어웍'(罷王根)과 '새'(草)의 합성어로, 왕을 물리칠 정도로 자라는 뿌리를 가진 풀이라는 뜻이다. 따라서 억새라는 이름은 뿌리가 왕성하게 자라는 띠와 유사한 벼과의 풀이라는 뜻에서 유래한 것으로 추정한다.[111] 억새라는 이름의 유래와 관련하여 잎이 억세어 몸에 상처를 나게 하거나 잘 꺾이지 않는 새(풀) 종류라는 뜻에서 유래했다고 보는 견해가 있다.[112] 또한 만주에서 억새를 한자어로 점초(苫草: 이엉을 이는 풀이라는 뜻)라고 하는 점에 비추어 이엉을 만드는 데 요긴한, 잎이 좁은 벼과의 식물(새)이라는 뜻에서 유래했다고 보는 견해도 있다.[113] 그러나 억새의 어원은 『역어유해』에 기록된 '어웍새'인데 같은 조선 중기 책인 『한청문감』과 『동문유해』는 억세다의 옛말로 '아귀세다'를 기록하고 있으므로 '어웍'과는 차이가 있으며, 『교본 역대시조전서』에 수록된 허정(1621~?)의 시조에 이엉의 옛말로 '니영'이 기록되어 있으므로 이 역시 '어웍'과는 차이가 있다.

　속명 *Miscanthus*는 그리스어 *mischos*(꽃자루)와 *anthos*(꽃)의 합성어로 억새속을 일컫는다. 종소명 *sinensis*는 '중국에 분포하는'이라는 뜻으로 최초 발견지 또는 분포지를 나타낸다.

다른이름　자주억새/참억새(안학수·이춘녕, 1963)

옛이름　罷王根草/어웍새(역어유해, 1690), 어옥새(송강가사, 1708), 罷王根草/웍시(광재물보, 19세기 초), 苦茅/罷王根草/웍새(물명고, 1824), 왁시(한불자전, 1880), 억새(조선어표준말모음, 1936)[114]

중국/일본명　중국명 芒(mang)은 까끄라기가 있는 풀이라는 뜻이다. 일본명 ムラサキススキ(紫芒)는 이삭이 자주색인 억새(芒)라는 뜻이다.

참고　[북한명] 억새 [유사어] 망경(芒莖), 망근(芒根) [지방명] 새갱이/새굉이/새초/새추/새풀(강원), 꺽새/꺽새풀/쇠뜨기삘구/악새/억새풀/으악새/윽새/헤드기(경기), 꺽새/미득새/새꿩이/새때기/새띠기/새

---

109 '국가표준식물목록'(2018)은 억새의 학명을 *Miscanthus sinensis* var. *purpurascens* (Andersson) Rendle(1904)로 기재하고 있으나, 『장진성 식물목록』(2014), '중국식물지'(2018) 및 '세계식물목록'(2018)은 억새를 별도 분류하지 않고 참억새의 학명에 통합하므로 여기서는 통합된 의견에 따른다. 다만, 학명을 참억새로 통합하더라도 국명은 억새가 기본적인 것이므로 '억새'로 한다.

110 중국은 억새에 대해 '芒, 花叶芒, 薄, 芒草'라는 표현을 사용한다. 이에 대해서는 '중국식물지'(2018) 해당 부분 참조.

111 이러한 견해로 김무림(2015), p.611 참조.

112 이러한 견해로 이우철(2005), p.396과 김양진(2011), p.74 참조.

113 이러한 견해로 김종원(2013), p.526과 김종원(2016), p.650 참조.

114 『조선어사전』(1920)은 '억새, 새, 芒草'를 기록했으며 『조선식물명휘』(1922)는 '芒, 웍새'를, 『토명대조선만식물자휘』(1932)는 '[새나무], [억새], [새], [새품]'을, 『선명대화명지부』(1934)는 '웍새, 억새'를 기록했다.

배기/새비기/새빗대/새뿌리/새피/새피기/샛대/쇄/쇠비/쎄기/쎄빗대/쎗대/쏙새/어북새/어신풀/억새깜부기/왕새/항새피기/항시비기/황새펑이(경남), 썩새풀/새/새강/새갱이/새뿌리/쎄강/속새/어벅새(경북), 억새깜부기(울릉), 건불나무/곰불나무/꺽새/달새/어쌀/억달/억달새/억살/옥살대/와살대/왁대풀/왁살/웍살(전남), 새때기/쐬기/악새/어나리/억달새/억쇄/와살대/왁대풀/왁살/웍다리/웍달(전북), 새/어욱새/어워기/어웍/웍새(제주), 왁새풀/웍새(충남), 새갱이/쇠굉이/왕새갱이/왕새깽이/왕새때기/윽새(충북)

Miscanthus sacchariflorus *Hackel*　ヲギ　荻
Mul-ŏgsae　물억새

물억새〈*Miscanthus sacchariflorus* (Maxim.) Benth.(1881)〉

물억새라는 이름은 물가에 나고 억새를 닮았다는 뜻에서 유래했다.[115] 『조선식물향명집』에 최초로 기록된 이름으로 보인다. 한편, 『물명고』에 기록된 '蒹蘆(겸염), 달'을 물억새로 해석하는 견해가 있으나,[116] 현재 '달'은 달뿌리풀로 이어지고 있으며 물억새를 뜻하는지는 불명확하다.

속명 *Miscanthus*는 그리스어 *mischos*(꽃자루)와 *anthos*(꽃)의 합성어로 억새속을 일컫는다. 종소명 *sacchariflorus*는 '*Saccharum*(사탕수수속)의 꽃을 닮은'이라는 뜻이다.

다른이름　큰억새(박만규, 1949), 큰물억새(임록재 외, 1972), 달대/달품(김종원, 2013)

옛이름　荻(신증동국여지승람, 1530), 荻(동의보감, 1613), 荻花(다산시문집, 19세기 초)[117]

중국/일본명　중국명 荻(di)는 뜻을 나타내는 艸(초: 풀)와 음을 나타내는 狄(적)이 합쳐진 것으로 물억새를 뜻한다. 일본명 ヲギ는 어원 불명의 일본 옛말에서 유래했다.

참고　[북한명] 물억새 [유사어] 적(荻), 파모근(巴茅根)

Miscanthus sinensis *Andersson*　ススキ　芒
Cham-ŏgsae　참억새

참억새〈*Miscanthus sinensis* Andersson(1856)〉

참억새라는 이름은 진짜 억새라는 뜻에서 유래했다. 『조선식물향명집』에서 한글명이 처음으로 보인다. 현재 '국가표준식물목록'은 이를 별도 분류하고 있으나, 억새와 통합하여 분류하는 견해가 유력해지고 있다.

---

115 이러한 견해로 이우철(2005), p.237과 김종원(2013), p.989 참조.
116 이러한 견해로 김종원(2013), p.989 참조.
117 『조선어사전』(1920)은 '억새, 芒草'를 기록했으며 『조선식물명휘』(1922)는 '荻, 猴尾把花'를, 『토명대조선만식물자휘』(1932)는 '[荻草]뎍초, [蘆荻]로뎍, [달(ㅅ)대], [달품]'을 기록했다.

속명 *Miscanthus*는 그리스어 *mischos*(꽃자루)와 *anthos*(꽃)의 합성어로 억새속을 일컫는다. 종소명 *sinensis*는 '중국에 분포하는'이라는 뜻으로 최초 발견지 또는 분포지를 나타낸다.

다른이름 고려억새/흑산억새(박만규, 1949), 참진억새(정태현 외, 1949)

중국/일본명 중국명 芒(mang)은 까끄라기가 있는 풀이라는 뜻이다. 일본명 ススキ(芒)에 대해서는 여러 견해가 있으나 すくすく(쑥쑥 자라는 모양)와 き(木: 나무)의 합성어로 보인다.

참고 [북한명] 억새[118] [유사어] 망경(芒莖) [지방명] 억새풀(경기), 새/억새깜부기(경상), 어욱/어워기/어웍/억새(제주), 왁새풀/웍새(충청)

Oplismenus Burmanni *Beauver*　チヂミザサ
Jurùm-jogae-pul　주름조개풀(명들뻐)

민주름조개풀〈*Oplismenus burmannii* (Retz.) P.Beauv.(1812)〉[119]

민주름조개풀이라는 이름은 줄기와 잎에 털이 적은 주름조개풀이라는 뜻에서 유래했다.[120] 『조선식물향명집』에서는 잎에 주름이 있어 물결모양을 이루고 있으며 조개풀을 닮았다는 뜻에서 '조개풀'을 기본으로 하고 잎의 형태적 특징을 나타내는 '주름'을 추가해 '주름조개풀'을 신칭했으나,[121] 『조선식물명집』에서 '민주름조개풀'로 기록해 현재에 이르고 있다.

속명 *Oplismenus*는 그리스어 *hoplismos*(까락이 있는)에서 유래한 말로 소수(小穗)에 점성이 있는 까락을 가졌다는 뜻이며 주름조개풀속을 일컫는다. 종소명 *burmannii*는 네덜란드 식물학자 Johannes Burmann(1707~1779)의 이름에서 유래했다.

다른이름 명들내/주름조개풀(정태현 외, 1937), 명들래/주름풀(박만규, 1949)[122]

중국/일본명 중국명 日本求米草(ri ben qiu mi cao)는 일본에 분포하는 구미초(求米草: 주름조개풀의 중국명)라는 뜻이다. 일본명 チヂミザサ(縮み笹)는 주름이 있는 조릿대라는 뜻에서 유래했다.

참고 [북한명] 민주름조개풀[123]

---

118 북한에서는 국명 참억새를 억새와 통합해 처리하고 별도 분류하지 않고 있다. 이에 대해서는 리용재 외(2011), p.230 참조.

119 『조선식물향명집』은 *Oplismenus burmanni* Beauver(チヂミザサ)에 대한 국명을 '주름조개풀'로, *Oplismenus undulatifolius* Beauver(ケチヂミザサ)에 대한 국명을 '털주름조개풀'로 기록하여 대응시키고 있다. 그런데 '국가표준식물목록'(2018)과 『장진성 식물목록』(2014)은 이에 대한 국명을 각각 '민주름조개풀'과 '주름조개풀'로 달리 대응하여 기재하고 있으므로 이 책도 이에 따른다. 한편 '국가표준식물목록'(2018)은 민주름조개풀의 학명을 *Oplismenus undulatifolius* var. *japonicus* (Steud.) Koidz.(1925)로 표기하고 있으나, 『장진성 식물목록』(2014)과 '세계식물목록'(2018)은 본문의 학명을 정명으로 기재하고 있다.

120 이러한 견해로 이우철(2005), p.250 참조.

121 이에 대해서는 『조선식물향명집』, 색인 p.46 참조.

122 『조선식물명휘』(1922)는 '명들늬'를 기록했으며 『선명대화명지부』(1934)는 '명들내'를 기록했다.

123 북한에서 임록재 외(1996)는 민주름조개풀을 주름조개풀의 변종으로 분류하고 있으나, 리용재 외(2011)는 이를 별도 분류하지 않고 있다. 이에 대해서는 리용재 외(2011), p.243 참조.

Oplismenus undulatifolius *Beauver*　ケチヂミザサ
Tòl-jurúm-jogae-pul　털주름조개풀

주름조개풀⟨*Oplismenus undulatifolius* (Ard.) P.Beauv.(1812)⟩

주름조개풀이라는 이름은 『조선식물향명집』에서 '조개풀'을 기본으로 하고 잎의 형태적 특징을 나타내는 '주름'을 추가해 신칭한 것으로,[124] 잎에 주름이 있어 물결모양을 이루고 있으며 조개풀을 닮았다는 뜻에서 붙여졌다.[125] 『조선식물향명집』은 *O. burmanni*에 대해 '주름조개풀'이라는 이름을, *O. undulatifolius*에 대해 '털주름조개풀'이라는 이름을 부여했으나, 『조선식물명집』에서 *O. undulatifolius*를 '주름조개풀'로 기록해 현재에 이르고 있다. 『조선식물향명집』은 주름조개풀의 다른이름으로 '명들내'를 기록한 바 있으나 그 뜻이나 유래는 알려져 있지 않다.

속명 *Oplismenus*는 그리스어 *hoplismos*(까락이 있는)에서 유래한 말로 소수(小穗)에 점성이 있는 까락을 가졌다는 뜻이며 주름조개풀속을 일컫는다. 종소명 *undulatifolius*는 '물결모양 잎의'라는 뜻이다.

다른이름 털주름조개풀(정태현 외, 1937), 털주름풀(박만규, 1949), 명들대(정태현 외, 1949)

중국/일본명 중국명 求米草(qiu mi cao)는 벼를 닮은 풀이라는 뜻이다. 일본명 ケチヂミザサ(毛縮み笹)는 주름이 있는 조릿대인데 털이 있다는 뜻에서 붙여졌다.

참고 [북한명] 주름조개풀

Oryza sativa *Linné*　イネ　稲 (栽)
Byò　벼(나락)

벼⟨*Oryza sativa* L.(1753)⟩

벼라는 이름의 유래에 대해서는 다양한 견해가 대립하고 있다. 인도 지방에서 벼를 bras, beras라 하고 인도 남부 언어인 드라비다어로는 vari, per라고 하므로 이 지역에서 벼가 전해지면서 함께 유입되어 형성되었다는 설,[126] 인도에서 가을에 익는 벼인 '브리히(Vrihi)'라는 말이 만주 지방

---

124 이에 대해서는 『조선식물향명집』, 색인 p.46 참조.
125 이러한 견해로 이우철(2005), p.483 참조.
126 이에 대한 자세한 내용은 김민수(1997), p.458; 강길운(2010), p.650; 김원표(1948), p.19 참조. 다만 김원표는 인도어 베라스

의 여진말 중 백미(白米)를 뜻하는 '베레'를 거쳐 우리나라에 들어와 벼로 정착되었다는 설,[127] 자포니카 벼의 기원지로 추정되는 중국 윈난성과 가까운 말레이시아, 인도네시아, 필리핀 등의 'badi'가 변형되어 우리말 '벼'의 어원이 되었다는 설이 그것이다.[128] 이러한 다소간의 견해 차이가 있으나 모두 벼의 원산지로 추정되는 곳의 명칭이 변형되어 우리말 '벼'가 되었다고 보는 것은 공통적이다.

속명 *Oryza*는 아라비아어 *eruz*(쌀)에서 유래한 것으로 벼속을 일컫는다. 종소명 *sativa*는 '재배하는, 경작하는'이라는 뜻이다.

다른이름 나락(정태현 외, 1937), 차나락/찰벼(안학수·이춘녕, 1963)

옛이름 禾(삼국사기, 1145), 稻/禾(삼국유사, 1281), 벼/稻(훈민정음해례본, 1446), 稻/벼(구급방언해, 1466), 벼/稻(분류두공부시언해, 1481), 벼/稻(훈몽자회, 1527), 稻/벼(신증유합, 1576), 稻/벼(언해구급방, 1608), 벼/稻子/벼(박통사언해, 1677), 稻子/벼(역어유해, 1690), 벼/稻(동문유해, 1748), 벼/稻(몽어유해, 1768), 벼/稼(한청문감, 1779), 벼/稻(왜어유해, 1782), 羅洛/稻(청장관전서, 1795), 벼/稻/禾穀(물보, 1802), 稻/벼(광재물보, 19세기 초), 벼/稌/禾(물명고, 1824), 稻/도/벼/나락(명물기략, 1870), 벼/租(한불자전, 1880), 稌/벼(자전석요, 1909), 稻/벼(신사전, 1915), 稻/벼(조선어사전[심], 1925), 벼/베/나락(조선어표준말모음, 1936)[129]

중국/일본명 중국명 稻(dao)는 벼를 나타내기 위해 고안된 한자로, 조나 벼를 뜻하는 禾(화)에 절구를 뜻하는 臼(구)가 합쳐져 절구에서 벼를 정미하여 쌀알을 들어 올리는 모양을 본뜬 것으로 알려져 있다. 일본명 イネ(稻)는 중요한 식량 자원이라는 뜻의 いひね(飯根)에서 유래했다는 견해 등 다양한 주장이 있으나 정확한 유래는 미상이다.

참고 [북한명] 벼 [유사어] 가곡(嘉穀), 곡아(穀芽), 곡얼(穀蘖), 도(稻), 도아(稻芽), 도얼(稻蘖), 얼미(蘖米), 정조(正租) [지방명] 나락/나룩/날기/베/볏짚/쌀/올벼/짚(강원), 나룩/날기/맵쌀/베/볏짚/짚/찹쌀(경기), 나락/나락네게/나락순/나룩/베/볏짚/비/쌀/우끼/우케/짚(경남), 나룩/베/비(경북), 나락/나륵/누까/맵쌀/미감/베/비/쌀/쌀겨/지푸라기/짚/찹쌀(전남), 나락/나륵/베/쌀/쌀겨(전북), 나룩/노룩(제주), 나락/베/뵈/지푸락/짚(충남), 나락/베(충북), 베(평남), 베/나달(평북), 노락/베(함남), 베/쌀(함북), 나룩/베/베레기/뵈(황해)

(beras), 파디(padi) 또는 파디(paddy)를 어원으로 보고 있다.

127 이에 대한 자세한 내용은 안완식(1999), p.16 참조.

128 이러한 견해로 농촌진흥청(2012), p.4 참조.

129 『조선어사전』(1920)은 '벼, 稻, 禾穀(화곡), 베'를 기록했으며 『조선식물명휘』(1922)는 '稌, 稻, 米, 벼(食)'를, Crane(1931)은 '벼(나락), 稻'를, 『토명대조선만식물자휘』(1932)는 '[稻]도, [벼], [베], [大米]대미, [米]미, [쌀], [쌀알], [벼집], [이ㅅ집]'을, 『선명대화명지부』(1934)는 '벼, 베, 나락'을 기록했다.

Panicum commutatum *Nees*   ヒメメヒジハ
Aegi-baraengi   애기바랭이

좀바랭이〈*Digitaria radicosa* (J.Presl) Miq.(1855)〉

좀바랭이라는 이름은 식물체가 작은(좀) 바랭이라는 뜻에서 유래했다.[130] 『조선식물향명집』에서는 '애기바랭이'를 신칭해 기록했으나[131] 『우리나라 식물자원』에서 '좀바랭이'로 개칭해 현재에 이르고 있다.

속명 *Digitaria*는 라틴어 *digitus*(손가락)에서 유래한 것으로 꽃차례가 손가락을 닮아 붙여졌으며 바랭이속을 일컫는다. 종소명 *radicosa*는 '많은 뿌리가 있는'이라는 뜻이다.

다른이름 애기바랭이(정태현 외, 1937), 애기바랑이(리종오, 1964)

중국/일본명 중국명 红尾翎(hong wei ling)은 붉은 꽁지 모양을 한 식물이라는 뜻이다. 일본명 ヒメメヒジハ(姬雌日芝)는 어린 바랭이(メヒジハ)라는 뜻이다.

참고 [북한명] 애기바랭이[132]

Panicum Crus Galli *L.* var. frumentaceum *Hooker. fil.*   ヒエ   稗
Pi   피   (栽)

피〈*Echinochloa esculenta* (A.Braun) H.Scholz(1992)〉[133]

피라는 이름이 한자명 稗(중국 발음: bai)에서 유래한 것으로 보는 견해가 있으나,[134] 정작 피(稗)의 유물이 중국에서는 출토되지 않고 있다. 또한 『시경』과 『본초강목』 등 중국의 옛 문헌에 피 재배에 대한 기술이 없는 것으로 보아 중국의 피 재배 역사는 그리 오래되지 않았고, 한국과 일본에서 피 재배가 시작되어 오히려 중국으로 전파되었으리라 보고 있다.[135] 또한 한자가 전래되지 않은 선사 농경 시대에도 피 종류는 한반도에 야생으로 분포하고 있었으므로 한자명에서 유래했다는 것은 타당하지 않다.[136] 아이누어로 피가 'piyapa'인 점에 비추어 오래전부터 사용하던 말에서 우리

---

130 이러한 견해로 이우철(2005), p.471 참조.

131 이에 대해서는 『조선식물향명집』, 색인 p.43 참조.

132 북한에서 임록재 외(1996)는 애기바랭이를 별도 분류하고 있으나, 리용재 외(2011)는 이를 별도 분류하지 않고 있다. 이에 대해서는 리용재 외(2011), p.126 참조.

133 '국가표준식물목록'(2018)은 피의 학명을 *Echinochloa utilis* Ohwi & Yabuno(1962)로 기재하고 있으나, 『장진성 식물목록』(2014), '세계식물목록'(2018) 및 '중국식물지'(2018)는 정명을 본문과 같이 기재하고 있다.

134 이러한 견해로 이우철(2005), p.580 참조.

135 이러한 견해로 阪本寧男(1988), p.128 참조.

136 이러한 견해로 김종원(2013), p.407 참조. 다만, 김종원은 중국명 稗(bai)와 피를 동원어로 보고 있다.

말 '피'가 유래한 것으로 추정하고 있다.[137]

속명 *Echinochloa*는 그리스어 *echinoa*(성게, 고슴도치 또는 밤송이)와 *chloa*(풀)의 합성어로 피어난 까락의 형태에서 유래했으며 피속을 일컫는다. 종소명 *esculenta*는 '식용의'라는 뜻이며 재배하여 식용했음을 나타낸다.

다른이름 참피(안학수·이춘녕, 1963), 남돌피(한진건 외, 1982)

옛이름 피/稷(훈민정음해례본, 1446), 稗/稷/피(훈몽자회, 1527), 稷米/피쌀(동의보감, 1613), 稗/피(주촌신방, 1687), 稗子/피(역어유해, 1690), 稗子米/피(동문유해, 1748), 稗子米/피(몽어유해, 1768), 稗子/피(방언집석, 1778), 稗子/피(한청문감, 1779), 稷/피(왜어유해, 1782), 稗/피(재물보, 1798), 稗/피(광재물보, 19세기 초), 稗(아언각비, 1819), 稗子/피(물명고, 1824), 稷/피(연경재전집, 1840), 稗/피(임원경제지, 1842),[138] 피/稷(한불자전, 1880), 稷/피(일용비람기, 연대미상), 稗/피(아학편, 1908), 稗/피(자전석요, 1909), 稗/피(의서옥편, 1921)[139]

중국/일본명 중국명 紫穗稗(zi sui bai)는 자주색 꽃차례의 피라는 뜻이다. 일본명 ヒエ(稗)는 한국명 피와 동원어로 이해된다.

참고 [북한명] 피 [유사어] 삼자(穆子), 제패(稊稗) [지방명] 피쑬(강원), 가래(경기), 참촉세(경남), 피나지/피낟(함남), 돌피/참돌피/피나지/피낟/피마듸(함북)

Panicum Crus Galli *L.* var. hispidulum *Hackel*   ミヅビエ
Mul-pi   물피

물피〈*Echinochloa oryzoides*.(Ard.) Fritsch(1891)〉[140]

---

137 이러한 견해로 강길운(2010), p.1188 참조.

138 『금양잡록』(1492)은 "阿海沙里稷 아히사리피, 五十日稷 쉬나리피, 長佐稷 댱재피, 中早稷 듕올피, 羌稷 강피"를 기록했다. 19세기에 간행된 『임원경제지』와 『연경재전집』이 『금양잡록』의 계보를 잇는데, 『임원경제지』는 19세기 민간에서 재배하던 피의 6품종을 "아히마리피, 쉰나리피, 장ᄌᆡ피, 듕올피, 강피, 츨피"로 기록하기도 했다.

139 『조선의 구황식물』(1919)은 '피, 稗, 논피'를 기록했으며 『조선어사전』(1920)은 '피, 稊稗(데패)'를, 『조선식물명휘』(1922)는 '稗, 銑子, 穆, 피(球)'를, 『토명대조선만식물자휘』(1932)는 '[稊稗]데패, [稑稗]데패, [稗]패, [피]'를, 『선명대화명지부』(1934)는 '피, 피'를 기록했다.

140 『국가표준식물목록』(2018)은 물피〈*Echinochloa crus-galli* var. *oryzicola* (Vasinger) Ohwi(1942)〉를 돌피의 변종으로 별도 분류하고 있으나, 『장진성 식물목록』(2014), '세계식물목록'(2018) 및 '중국식물지'(2018)는 *E. oryzoides*에 통합하고 있다. 한편, '국가표준식물목록'(2018)은 논피의 학명을 *Echinochloa oryzoides* (Ard.) Fritsch(1891)로 하고 있으나, *E. oryzoides*는 나도논피(즉, 물피)의 학명이고, 논피는 나도논피(즉, 물피)와 구별됨에도 불구하고 국내에서 혼동하여 인용한 것이므로 논피의 학명은 *Echinochloa oryzicola* (Vasinger) Vasinger(1934)로 하는 것이 타당하다고 본다. 이에 대해서는 이정란 외(2013) 참조.

물피라는 이름은 물이 있는 곳에서 자라는 피라는 뜻에서 유래했다.[141] 한편 일본명 ミヅビエ(水稗)에서 유래한 것으로 보는 견해가 있으나,[142] 한자명 '水稗'(수패)는 일본뿐만 아니라 『아언각비』 등의 우리 옛 문헌에서도 보이는 이름이므로 타당하지 않다. 『조선식물향명집』의 색인에서도 신칭한 이름으로 기록하지 않았으므로 실제 사용하던 조선명이었을 것으로 추정한다.

속명 Echinochloa는 그리스어 echinoa(성게, 고슴도치 또는 밤송이)와 chloa(풀)의 합성어로 피어난 까락의 형태에서 유래했으며 피속을 일컫는다. 종소명 oryzoides는 '벼와 비슷한'이라는 뜻이다.

다른이름 털돌피(안학수·이춘녕, 1963), 털피(임록재 외, 1972), 나도논피(이정란 외, 2013), 논피(김종원, 2013)

옛이름 水稗(아언각비, 1819), 蘺(임원경제지, 1842), 水稗(오주연문장전산고, 185?)[143]

중국/일본명 중국명 水田稗(shui tian bai)는 무논에서 자라는 패(稗: 피)라는 뜻이다. 일본명 ミヅビエ(水稗)는 물에서 자라는 피라는 뜻이다.

참고 [북한명] 물피 [유사어] 털피 [지방명] 피(경북/전북)

Panicum Crus Galli L. var. submuticum *Meyer*   ノビエ
Dol-pi 돌피

돌피〈*Echinochloa crus-galli* (L.) P. Beauv.(1812)〉

돌피라는 이름은 우리 옛말에서 유래한 것으로, 피와 비슷하지만 야생(돌)에서 자라거나 피보다 못하다는 뜻에서 붙여졌다.[144] 한편 19세기에 저술된 『임원경제지』는 구체적으로 '밭피'라 하면서 오곡의 하나로 취급했는데, 일제강점기에 일본인에 의하여 식용으로 적절하지 않다는 의미로 돌 자가 붙은 '돌피'로 이름이 바뀌었으므로 밭피가 정명이라고 주장하는 견해가 있다.[145] 그러나 『임원경제지』는 피의 종류를 크게 나누어 물기가 있는 곳(水田)과 건조한 곳(투田)에서 자라는 2종이 있는데 투田(한전)에서 자라는 것을 '稊荑/稊稗'(제질/제패)라 한다고 기록했을 뿐 '밭피'라는 이름을 기록한 바 없고,[146] 돌피는 일제강점기에 일본인에 의하여 비로소 생긴 이름이 아니라 1802년

---

141 이러한 견해로 김종원(2013), p.409 참조.
142 이러한 견해로 같은 곳 참조.
143 『조선의 구황식물』(1919)은 '피, 稗, 물피'를 기록했으며 『조선식물명휘』(1922)는 '水稗, 피'를, 『선명대화명지부』(1934)는 '피'를 기록했다.
144 이러한 견해로 이우철(2005), p.183과 김경희 외(2014), p.139 참조. 한편 『조선어사전』(1917)은 '돌피'에 대해 "野生의 稗"로 기록했으며, 『한불자전』(1880)은 "이듬해에 재배하지 않고 스스로 자라난 조 또는 곡식의 일종"이라는 취지로 기록했다.
145 이러한 견해로 김종원(2013), p.407 참조.
146 이에 대한 자세한 내용은 서유구(2008), p.523 참조.

에 저술된 『물보』와 1908년에 지석영이 저술한 『아학편』에 기록이 있는 엄연한 우리말 이름이며, 『조선식물명휘』는 돌피에 대해 '救'(구황작물)로 기록하고 있어 식용한 식물이었고, 정명(correct name)은 조류, 균류와 식물에 대한 국제명명규약(ICN)이 적용되는 학명에 관한 용어일 뿐 국명에 적용할 수 없다는 점을 고려할 때 타당성이 없는 주장으로 보인다.

속명 *Echinochloa*는 그리스어 echinoa(성게, 고슴도치 또는 밤송이)와 chloa(풀)의 합성어로 피어난 까락의 형태에서 유래했으며 피속을 일컫는다. 종소명 *crus-galli*는 '닭의 뒷발톱(며느리발톱)의, 닭발의'라는 뜻으로 꽃차례 모양이 닭발을 연상시켜 붙여졌다.

다른이름 돌미(이영노·주상우, 1956), 들피(안학수·이춘녕, 1963), 밭피(김종원, 2013)

옛이름 稗/돌피(물보, 1802), 稊稗/돌피(광재물보, 19세기 초), 稊稗/旱稗(경세유표, 1817), 旱稗(아언각비, 1819), 稊/돌피(물명고, 1824), 稊芙/稊稗(임원경제지, 1842), 돌피(한불자전, 1880), 돌피/莠/薅(아학편, 1908), 稗/돌피(신자전, 1915)[147]

중국/일본명 중국명 稗(bai)는 피를 나타내기 위해 고안된 한자로, 禾(화: 벼)와 卑(비: 낮다)가 합쳐져 벼보다 못하다는 뜻을 내포하고 있다. 한편, 중국에서는 돌피를 稗(bai), 자주색 꽃차례를 가진 피를 紫穗稗(zi sui bai)리고 하므로 주의를 요한다. 일본명 ノビエ(野稗)는 들에서 자라는 피라는 뜻이다.

참고 [북한명] 돌피 [유사어] 제미(稊米) [지방명] 피(전남), 개돌피/돌꼬지/돌꽃지/피나시(함북)

Panicum sanguinale *Linné* メヒジハ
Baraengi 바랭이

바랭이 ⟨*Digitaria ciliaris* (Retz.) Koeler(1802)⟩

바랭이의 옛이름은 '바랑이' 또는 '바라기'이다. 이 두 명칭은 모두 어근을 '바라'로 하고 있다. 16세기에 저술된 『광주천자문』과 『백련초해』는 '바라 처(處)'라고 기록하고 있는데, '바라'는 '바'(所: 곳으로 장소의 의미)와 '라'(땅이 넓게 퍼진 상태를 뜻하는 말)의 합성어다.[148] 이것으로 보아 바랭이라는 이름은 줄기의 밑부분이 지상을 기면서 마디에서 뿌리가 나와 자라는 모습이 마치 바라와 같다는 것에서 유래했다.[149] 뿌리가 여덟 갈래로 퍼져 자란다는 뜻의 한자명 '八根草'(팔근초)와 뜻이 통한다. 八根草(팔근초)는 중국에서는 발견되지 않는 한자명이다.

---

147 『조선의 구황식물』(1919)은 '밧피, 돌피'를 기록했으며 『조선어사전』(1920)은 '돌피'를, 『조선식물명휘』(1922)는 '旱稗, 野稗, 피(救)'를, 『토명대조선만식물자휘』(1932)는 '[野稗]돌피'를, 『선명대화명지부』(1934)는 '피'를 기록했다.

148 이에 대해서는 『고어대사전 9』(2016), p.24 참조.

149 이러한 견해로 김종원(2013), p.234와 김경희 외(2014), p.137 참조. 다만 김종원 및 김경희 외는 어근을 '밭, 벌(들판), 바닥(받앙)'으로 보아 바닥에 뿌리를 내리고 사는 풀이라는 뜻에서 유래한 이름으로 보고 있다.

속명 *Digitaria*는 라틴어 *digitus*(손가락)에서 유래한 것으로 꽃차례가 손가락을 닮아 붙여졌으며 비랭이속을 일컫는다. 종소명 *ciliaris*는 '섬모가 있는'이라는 뜻이다.

다른이름 바랑이(정태현 외, 1949), 털바랭이(임록재 외, 1972), 털바랑이(한진건 외, 1982)

옛이름 八根草/熱草/바랑이(역어유해, 1690), 바라기(삼족당가첩, 18세기), 바랑이/狼尾草(물보, 1802), 八根草/바랑이(광재물보, 19세기 초), 八根草/바랑이(물명고, 1824), 八根草/바랑이(명물기략, 1870), 바랑이(한불자전, 1880), 바래기(조선구전민요집, 1933)[150]

중국/일본명 중국명 纤毛马唐(xian mao ma tang)은 섬모가 있는 마당(馬唐: 바랑이 종류의 중국명)이라는 뜻으로 학명과 연관되어 있다. 일본명 メヒジハ(雌日芝)는 왕바랭이(雄ヒジハ)에 비해 부드럽고 연약한 느낌이 난다고 하여 붙여졌다.

참고 [북한명] 바랭이/털바랭이[151] [유사어] 마당(馬唐), 바랭이풀, 팔근초(八根草) [지방명] 바래기/바래이/바레이/바레이풀(경남), 바라구/바라클/바래기(전남), 바라구/바래기/바랭/삐비풀(전북), 절롸니/절롼지/절와니/절완지/재와니/제와니/제완지/제한지/제환지/촘제완지(제주), 바라구(충청)

Panicum sanguinale *L. var.* ciliare *Doell.*   ケメヒジハ
Tŏl-baraĕngi   털바랭이

바랭이⟨*Digitaria ciliaris* (Retz.) Koeler(1802)⟩
'국가표준식물목록'(2018), '세계식물목록'(2018) 및 『장진성 식물목록』(2014)은 털바랭이를 바랭이에 통합하고 별도 분류하지 않으므로 이 책도 이에 따른다.

Panicum violascens *Kunth*   アキメヒジハ
Min-baraĕngi   민바랭이

민바랭이⟨*Digitaria violascens* Link(1827)⟩

---

150 『조선어사전』(1920)은 '바랑이'를 기록했으며 『조선식물명휘』(1922)는 '馬糖, 儉草, 바랭이, 燈心, 조리풀'을, 『선명대화명지부』(1934)는 '바랭이, 조리풀'을 기록했다.

151 북한에서는 *D. ciliaris*를 '털바랭이'로, *D. sanguinale*를 '바랭이'로 하여 별도 분류하고 있다. 이에 대해서는 리용재 외 (2011), p.126 참조.

민바랭이라는 이름은 잎집에 털이 없는(민) 바랭이라는 뜻이다.[152] 『조선식물향명집』에서 전통 명칭 '바랭이'를 기본으로 하고 식물의 형태적 특징을 나타내는 '민'을 추가해 신칭했다.[153]

속명 *Digitaria*는 라틴어 *digitus*(손가락)에서 유래한 것으로 꽃차례가 손가락을 닮아 붙여졌으며 바랭이속을 일컫는다. 종소명 *violascens*는 '연한 자홍색의'라는 뜻으로 꽃차례가 자홍색을 띠어 붙여졌다.

다른이름 민바랑이(정태현 외, 1949)

중국/일본명 중국명 紫马唐(zi ma tang)은 자주색의 마당(馬唐: 바랭이 종류의 중국명)이라는 뜻으로 학명과 연관되어 있다. 일본명 アキメヒジハ(秋雌日芝)는 가을에 이삭이 나는 바랭이(メヒジハ)라는 뜻이다.

참고 [북한명] 민바랭이 [지방명] 모에제완지/밋붉은절완니/밋붉은절완지/밋붉은제와니/밋붉은제완지/밋붉은제환지/제안이/제안지/제완지/제한지/제환지(제주)

Panicum miliaceum *Linné*   キビ   黍 (栽)
Gichang   기장

기장〈*Panicum miliaceum* L.(1753)〉

기장이라는 이름은 13세기경부터 그 기록이 확인되는데, '길'과 '조'(粟)의 합성어로 담황색의 열매가 달리는 조와 비슷한 식물이라는 뜻에서 유래한 것으로 추정한다.[154] 한편, 19세기 말에 저술된 『명물기략』은 "黍는 稷의 차진 것으로 속간에서는 赤粱(적량: 중국음으로는 치량)이라고도 한다. 기장이라는 말은 이 적량의 음이 바뀌어 된 것이다"라고 하여 중국명 적량(赤粱)에서 유래한 것으로 보고 있다.[155] 그러나 한반도에서 한자가 보편화되기 이전부터 기장을 재배하기 시작했고, 적량(또는 치량)에서 기장으로 음운 변화가 쉽지 않은 점에 비추어 이 견해는 타당하지 않다. 또한 '긷'(깃: 길 또는 땅)과 '앙'(접미사)의 합성어로 땅에서 난 곡식으로 하늘에 감사를 드리는 제사 의식에서 유래한 말이라고 보는 견해가 있으나,[156] 기장이 특히 땅에서 나는 곡식이나 제사 의식을 대표하는 것으로 볼 근거는 보이지 않는다.

속명 *Panicum*은 라틴어로 기장의 이삭을 뜻하는 *panus*에서 유래한 말로 기장속을 일컫는다. 종소명 *miliaceum*은 *Milium*(나도겨이삭속)과 비슷하다는 뜻이다.

---

152 이러한 견해로 이우철(2005), p.247 참조.
153 이에 대해서는 『조선식물향명집』, 색인 p.37 참조.
154 이러한 견해로 강길운(2010), p.205 참조. '길'의 발음이 귤(橘) 등과 유사한 것에서 노란색 열매임이 확인된다고 한다.
155 『명물기략』(1870)은 "黍서 稷之黏者 俗言赤粱 華音치량 轉云기장"이라고 기록했다.
156 이러한 견해로 김종원(2013), p.246 참조. 김종원은 기장의 일본명 キビ도 우리말과 동원어로 파악하고 있다.

옛이름 黍米/딧빠(향약구급방, 1236),[157] 黍(삼국유사, 1281), 기장(능엄경언해, 1461), 黍米/기장쌀(구급
방언해, 1466), 黍米/기상쌀(구급간이방인해, 1489), 黍/기장(금양잡록, 149?),[158] 기장이/黍(사성통해,
1517), 糜/稷/黍/기장(훈몽자회, 1527), 黍/기장(신증유합, 1576), 黍/기장(언해구급방, 1608), 黍米/기장쌀
(동의보감, 1613), 糜子/大黃米/黍子/기장/기장쌀(역어유해, 1690), 大黃米/기장(몽어유해, 1768), 糜子/기
장(방언집석, 1778), 糜子/기장(한청문감, 1779), 黍/기장(왜어유해, 1782), 黍/기장(물보, 1802), 黍/찰기장
(광재물보, 19세기 초), 黍/찰기장(물명고, 1824), 黍/기장(연경재전집, 1840), 黍/기장(임원경제지, 1842), 黍
/기장(명물기략, 1870), 黍/기장/찰기쟝(녹효방, 1873), 기쟝/黍(한불자전, 1880), 黍/기장(국한회어, 1895),
黍/기장/粱(자전석요, 1909), 粱/기장(신자전, 1915), 稷/기장(의서옥편, 1921), 기장/지장(조선어표준말모
음, 1936)[159]

중국/일본명 중국명 稷(ji)는 벼를 뜻하는 禾(화)와 밭을 가는 모습을 나타내는 畟(측)이 합쳐진 것으
로 기장을 뜻한다.[160] 일본명 キビ는 옛말 キミ(黃み)에서 유래한 것으로 열매가 노란색이어서 붙여
졌다.[161]

참고 [북한명] 기장 [유사어] 서경(黍莖), 서미(黍米), 직미(稷米) [지방명] 지장/지장쌀(강원), 지장(경
기), 깃/잔지렁이/지장/지쟁이/지정/지총(경남), 지장쌀/지정(경북), 지장(전남), 지장(제주), 지장(충남),
잔지리/지장(충북), 지쟁이(함남), 기자이/기재(함북)

Paspalum Thunbergii *Kunth*   スズメノヒエ
Chamsae-pi 참새피

참새피〈*Paspalum thunbergii* Kunth ex Steud.(1841)〉

참새피라는 이름은 '참새'와 '피'의 합성어로, 피를 닮은 식물인데 꽃차례가 작고 앙증맞은 것이 참
새를 연상시킨다는 뜻[162] 또는 참새를 포함한 작은 새들에게 식량이 되는 풀이라는 뜻에서 유래했

---

157 『향약구급방』(1236)의 차자(借字) '딧빠'(지질)에 대해 남풍현(1981), p.88은 '깃'의 표기로 보고 있으며, 이덕봉(1963), p.33은
   '깃'의 표기로 보고 있다.
158 『금양잡록』(1492)은 "宿乙里黍 잘오리기장 走非黍 주비기장 達乙伊黍 달이기장 漆黍 옷기장"을 기록했으며, 이후 19세기
   에 저술된 『임원경제지』와 『연경재전집』이 『금양잡록』의 계보를 잇고 있다.
159 『조선어사전』(1920)은 '기장, 黍(서), 稷, 메기장'을 기록했으며 『조선식물명휘』(1922)는 '黍, 稷, 芑, 糜, 秬, 기장(食)'을, 『토
   명대조선만식물자휘』(1932)는 '[黍]서, [기장], [黍米]서미, [기장쌀]'을, 『선명대화명지부』(1934)는 '기장, 메기장, 베기장'을
   기록했다.
160 중국의 이시진은 『본초강목』(1596)에서 稷(직)의 畟(측)에 대해 "進力治稼也"라고 하여 진력을 다해 농사를 짓는다는 의미
   로 해석했다. 한편 유희의 『물명고』(1824)에서 직(稷)은 '뫼기장'을, 서(黍)는 '찰기장'을 지칭하고 있으나 옛 문헌에서 직(稷)
   은 종종 '피'로 혼용되기도 했다.
161 이러한 견해로 牧野富太郎(2008), p.952 참조.
162 이러한 견해로 이우철(2005), p.507 참조.

다.[163] 한편 참새피의 서식지와 인접한 곳에서 참새가 살고 있다는 뜻에서 유래한 이름으로 이해하는 견해가 있으나,[164] 산과 들의 양지바른 곳을 참새의 서식지로 특정할 수 있는지는 의문스럽다. 참새피라는 한글명은 『조선식물향명집』에서 최초로 발견되는데, 같은 뜻의 일본명 スズメノヒエ(雀稗)에서 영향을 받아 형성된 것으로 보는 견해도 있다.[165]

속명 *Paspalum*은 그리스어 *paspale*(기장)에서 유래했으며 참새피속을 일컫는다. 종소명 *thunbergii*는 스웨덴 식물학자로 일본 식물을 연구한 Carl Peter Thunberg(1743~1828)의 이름에서 유래했다.

다른이름 털피(박만규, 1949), 납작털피/납작피(안학수·이춘녕, 1963), 납작털새(임록재 외, 1972)

중국/일본명 중국명 雀稗(que bai)는 열매의 앙증맞은 모양이 참새를 닮은 피라는 뜻에서 유래한 것으로 보인다. 일본명 スズメノヒエ(雀稗)는 참새가 먹는 피(稗)라는 뜻이다.

참고 [북한명] 참새피

Pennisetum purpurascens *Makino*   チカラシバ
Su-kúryŏng   수크령

수크령〈*Pennisetum alopecuroides* (L.) Spreng.(1824)〉

수크령이라는 이름은 그령을 암크령으로 한 것에 대응한 것으로, 식물체 전체와 꽃이삭의 모양이 훨씬 더 억세고 커서 수컷 같은 그령이라는 뜻에서 유래했다.[166] 한편 유희의 『물명고』에 수크령을 일컫는 우리 옛이름 '머리새'가 기록되어 있다면서 이를 추천명으로까지 삼고자 하는 주장이 있다.[167] 『물명고』는 勒草(늑초)에 대해 한글명 그령(그르영)을 기록했고 이어서 한자어 '狗尾根草'(구미근초)가 등장하는데 이는 수크령을 뜻하고 그 뒤에 한글명 '머리새'가 등장한다는 것을 이유로 하지만, 이는 『물명고』의 문장을 오독한 것이다. 『물명고』는 "勒草 그르영 狗尾根草仝"(늑초는 그르영인데 구미근초라고도 한다)이라고 하여 勒草(늑초)와 狗尾根草(구미근초)를 같은(仝=同) 이름으

163 이러한 견해로 김종원(2013), p.528 참조.
164 이러한 견해로 허북구·박석근(2008a), p.193 참조.
165 이러한 견해로 이우철(2005), p.507과 김종원(2013), p.527 참조.
166 이러한 견해로 이우철(2005), p.361; 김경희 외(2014), p.131; 김종원(2013), p.529 참조.
167 이러한 견해로 김종원(2013), p.531과 김종원(2016), p.656 참조.

로 본 것이지, 勒草(늑초)는 그령이고 狗尾根草(구미근초)는 머리새라고 기록하지 않았다. 그 뒤에 이어지는 '머리새'에 대한 기록은 별도의 문단으로, 菅(관)은 머리새(머리식)로, 芒(망)은 억새(웍식)로 추정(疑)되는데 둘은 매우 유사해서 구별하기 어렵다는 취지의 내용이다. 그러므로 머리새를 억새의 일종(또는 유사종)으로 보는 것이 타당하며 이를 수크령으로 볼 이유가 없다.[168]

속명 *Pennisetum*은 라틴어 *penna*(깃털)와 *seta*(가시털)의 합성어로 소수(小穗)에 까락이 많음을 나타내며 수크령속을 일컫는다. 종소명 *alopecuroides*는 '*Alopecurus*(뚝새풀속)와 비슷한'이라는 뜻이다.

다른이름 길갱이(박만규, 1949), 길쟁이/수시개풀(안학수·이춘녕, 1963), 기랭이(리종오, 1964), 머리새(김종원, 2013)[169]

중국/일본명 중국명 狼尾草(lang wei cao)는 이리(狼)의 꼬리를 닮은 풀이라는 뜻이다. 일본명 チカラシバ(力芝)는 '힘센 풀'이란 뜻이다.

참고 [북한명] 수크령 [유사어] 낭미초(狼尾草) [지방명] 늑대꼬랭이풀(강원), 글히역(제주)

Phragmites communis *Trinius*   ヨシ(アシ)   蘆
Galdae   갈때

갈대〈*Phragmites australis* (Cav.) Trin. ex Steud.(1841)〉[170]
갈대의 직접적 어원은 『구급간이방언해』의 'ᄀᆞᆯ대(蘆管)'인데, 이는 ᄀᆞᆯ(蘆)과 대나무(竹) 또는 대롱(管)의 합성어다. '갈'의 정확한 뜻은 알려져 있지 않으나, 한국어와 유사한 언어 계통인 터키어에 같은 의미로 kalem이 있으므로 한민족이 한반도로 이동하기 이전에 형성된 옛말이다.[171] '대'는 마디가 있어 대나무 또는 대롱을 닮았다는 뜻에서 유래한 것으로 추정한다. 한편 '갈'의 유래와 관련하여 김매다의 김(草)이나 골(草), 꼴(芻) 등과 동원어로서 풀을 뜻한다는 견해,[172] 갈풀과 마찬가지로 '갈아치우다'라고 할 때의 동사 '갈다'와 밭이나 논을 '갈다'라고 할 때의 '갈'과 동원어로

---

168 해당 부분에 대한 『물명고』(1824)의 기록은 다음과 같다. "○ 蒯 勒草 그르영 狗尾根草슈 ○ 菅疑今머리식 採其根 作粽子者是也 芒疑今웍시 剝其皮 作馬索者是也 然古文字 非但有芒鞋之稱 亦有菅屬 머리새似難區續爲可詡" 이에 대한 보다 자세한 내용은 정양원 외(1997), p.50, 117 참조.
169 『제주도및완도식물조사보고서』(1914)와 『제주도식물』(1930)은 제주 방언으로 'カリヨック'[글히역]을 기록했으며 『조선식물명휘』(1922)는 '길갱이'를, 『선명대화명지부』(1934)는 '길갱이, 길갱이'를 기록했다.
170 '국가표준식물목록'(2018)은 갈대의 학명을 *Phragmites communis* Trin.(1820)으로 기재하고 있으나, 『장진성 식물목록』(2014), '중국식물지'(2018) 및 '세계식물목록'(2018)은 본문의 학명을 정명으로 기재하고 있다.
171 이에 대한 자세한 내용은 강길운(2010), p.46 참조. 터키어 kalem은 희고 작은 솜 같은 꽃(열매)이 공기 중에 떠 있는 모습을 형상화한 것이라고 한다.
172 이러한 견해로 서정범(2000), p.23 참조.

보아 땅을 갈아엎어서 일구는 일이나 바꾸는 일을 뜻한다는 견해,[173] 가늘다 또는 작다는 뜻을 지녀 가는 대라는 뜻으로 보는 견해[174] 등이 있다. 그러나 '갈대'가 초본성 식물을 뜻하는 풀의 대명사로 사용되지는 않았으므로 김, 골, 꼴과 동원어로 보는 것은 타당성이 없고, 밭을 '갈다'에 대해 『훈몽자회』는 '갈 경(耕)'이라고 표기한 반면에 갈대는 'ᄀᆞ로(蘆)'로 표기하여 그 표현과 의미도 동일하지 않으므로 '갈다' 등과 동원어로 보는 견해도 타당하지 않으며, '가늘다'의 옛말도 'ᄀᆞ늘다'(월인석보)로 어형이 다르다. 갈대는 『조선식물향명집』의 '갈때'의 표기를 바꾼 것으로 『우리나라 식물명감』에 따른 것이다.

속명 *Phragmites*는 그리스어 *phragma*(울타리)에서 유래한 것으로, 냇가에 울타리 모양으로 자라는 모습을 표현하며 갈대속을 일컫는다. 종소명 *australis*는 '남쪽의, 남반구의'라는 뜻이다.

다른이름 갈때(정태현 외, 1937), 달/북달(박만규, 1949), 갈(리종오, 1964)

옛이름 蘆葉(삼국사기, 1145), 蒹葭(삼국유사, 1281), 蘆根/葦乙根(향약구급방, 1236),[175] ᄀᆞᆯ/蘆(훈민정음해례본, 1446), ᄀᆞᆯ(월인석보, 1459), ᄀᆞᆯ/蘆(능엄경언해, 1461), 蘆根/ᄀᆞᆯ불휘(구급방언해, 1466), ᄀᆞᆯ/蘆/荻/蒹葭(분류두공부시언해, 1481), ᄀᆞᆯ/蘆(금강경삼가해, 1482), ᄀᆞᆯ/蘆(남명집언해, 1482), 蘆管/ᄀᆞᆯ대(구급간이방언해, 1489), ᄀᆞᆯ/蘆/葦/葭(훈몽자회, 1527), ᄀᆞᆯ/葦/蘆(신증유합, 1576), 갈/蘆/荻(소학언해, 1586), 蘆/갈(언해구급방, 1608), ᄀᆞᆯ/蘆(동의보감, 1613), ᄀᆞᆯ/蒹葭(동국삼강행실도, 1617), ᄀᆞᆯ/葦(왜어유해, 1782), 蘆/갈다리/葭(광재물보, 19세기 초), 蘆/갈/葭(물명고, 1824), 蘆/갈(자류주석, 1856), 갈듸/蘆竹/갈/蘆(한불자전, 1880), 蘆/갈(아학편, 1908), 荻/갈대(신자전, 1915), 蘆葦/갈대(의서옥편, 1921), 蘆根/갈쌔뿌리(선한약물학, 1931), 갈대/갈/갈꼿/갈대꼿(조선어표준말모음, 1936)[176]

중국/일본명 중국명 芦苇(lu wei)의 두 글자는 모두 갈대를 나타내기 위해 고안된 한자로, 『본초강목』에는 완전히 자라지 않은 것을 蘆(노), 완전히 자란 것을 葦(위)라 한다고 되어 있다. 일본명 ヨシ(葦)는 막대기를 뜻하는 ハシ(稈)가 변화해 アシ가 되었는데 アシ가 악한(惡し)으로 들리기 때문에 ヨ

---

173 이러한 견해로 김종원(2013), p.998과 이덕봉(1963), p.189 참조. 이덕봉은 기을이 '갈'로 축약되어 가을대가 갈대로 된 것이라고 보고 있다.

174 이러한 견해로 안옥규(1989), p.13 참조.

175 『향약구급방』(1236)의 借字(차자) '葦乙根'(위을근)에 대해 남풍현(1981), p.57은 'ᄀᆞᆯ불휘'의 표기로 보고 있으며, 이덕봉(1963), p.21은 '갈불휘'의 표기로 보고 있다.

176 『조선어사전』(1920)은 '갈ㅅ대, 蒹葭, 蘆, 葦, 갈, 蘆花(로화), 갈꽃'을 기록했으며 『조선식물명휘』(1922)는 '蘆, 葦, 葭, 갈'을, 『토명대조선만식물자휘』(1932)는 '[蒹]겸, [葭]가, [蒹葭]겸가, [蘆荻]로초, [葦草]위초, [蘆葦]로위, [갈(ㅅ대)], [蘆筍]료슌, [갈쎄력이], [갈품(꽃)], [葭莩]가부'를, 『선명대화명지부』(1934)는 '갈, 갈대'를 기록했다.

シ라고 한 것에서 유래했다.

참고 [북한명] 갈 [유사어] 가로(葭蘆), 갈, 노위(蘆葦), 노초(蘆草), 문견초(文見草) [지방명] 갈꼴/갈따라/갈때기/갈떼기/갈뜨기/갈띠기(강원), 갈다리/깔따리/깔땅/대풀(경기), 깔/깔대/새때(경남), 싸리(경북), 깔대(전남), 깔대/죽순나무(전북), 가대/깔대/꼴대/꼴대/물어욱(제주), 깔대(충남), 갈따지/깔따지(충북), 가랍/가래이/달(함북)

Phragmites japonica *Steudel* ヂシバリ
Dal 달

달뿌리풀 〈*Phragmites japonicus* Steud.(1854)〉[177]

달뿌리풀이라는 이름은 '달'과 '뿌리풀'의 합성어로, 지상으로 기는 줄기를 뻗는 달이라는 뜻에서 유래했다.[178] 달은 갈대와 유사한 식물로 달뿌리풀의 옛이름이다. 한편 '달'을 물억새를 일컫는 옛말로 보는 견해도 있으나,[179] 16세기에 저술된 『사성통해』는 '달'에 대해 '葦屬'(위속)이라고 하여 갈대와 유사하다고 보았으므로 갈대와 가장 유사한 달뿌리풀을 일컫는 것으로 추정한다. 『조선식물향명집』은 '달'로 기록했으나 『조선식물명집』에서 '달뿌리풀'로 개칭했다.

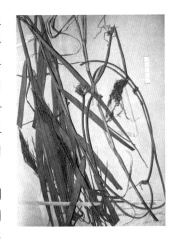

속명 *Phragmites*는 그리스어 *phragma*(울타리)에서 유래한 것으로, 냇가에 울타리 모양으로 자라는 모습을 표현하며 갈대속을 일컫는다. 종소명 *japonicus*는 '일본의'라는 뜻으로 최초 발견지 또는 분포지를 나타낸다.

다른이름 달(정태현 외, 1937), 덩굴달(박만규, 1949), 다리갈(리종오, 1964), 달뿌리갈(김현삼 외, 1988), 덩굴갈(리용재 외, 2011)

옛이름 돌/蒹葭(삼강행실도, 1481), 달/荻子草(사성통해, 1517), 달/荻/薍/萑(훈몽자회, 1527), 薍/荻子草(역어유해, 1690), 달/荻草(동문유해, 1748), 荻草/달(몽어유해, 1768), 荻子草(방언집석, 1778), 荻草/달(한청문감, 1779), 蒹簾/달(물명고, 1824), 荻/蒹/달(자류주석, 1856), 炎/달(명물기략, 1870), 달뿌리(의휘, 1871), 野蔓田蘆/따에벗어나는갈(녹효방, 1873), 돌/蘆(한불자전, 1880), 荻/달(자전석요, 1909), 荻/달(신

---

177 '국가표준식물목록'(2018)은 달뿌리풀의 학명을 *Phragmites japonica* Steud.(1854)로 기재하고 있으나, 『장진성 식물목록』(2014)과 『세계식물목록』(2018)은 본문의 학명을 정명으로 기재하고 있다.
178 이러한 견해로 이우철(2005), p.165 참조.
179 이러한 견해로 김종원(2013), p.990 참조. 한편 김종원은 달뿌리풀의 옛이름 '달'이 동사 '달리다'의 어근이라고 설명한다.

자전, 1915)[180]

중국/일본명 중국명 日本苇(ri ben wei)는 일본에 분포하는 위(葦: 갈대)라는 뜻으로 학명과 연관되어 있다. 일본명 ヂシバリ(地縛り)는 땅에 묶여 있는 풀이라는 뜻으로, 뿌리가 지상으로 드러나는 모습 때문에 붙여진 것으로 추정한다.

참고 [북한명] 달뿌리갈 [유사어] 갈 [지방명] 공댕이(경기), 속쌔/억새풀(경북), 후동(전북), 공댕이(충북), 참달(함북)

Phyllostachys reticulata C. *Koch*   マダケ   王竹   (栽)
Cham-dae 참대

왕대〈*Phyllostachys reticulata* (Rupr.) K.Koch(1873)〉[181]

왕대라는 이름은 '왕'과 '대'의 합성어로, 크게 자라는 대나무라는 뜻에서 유래했다.[182] 대나무를 뜻하는 한자 竹(쥭)의 중국 남방 고음(古音) 'tek'(텍)의 발음이 차용되어 '대'가 되었고, 일본에서는 두 음절로 나뉘어 タケ(다케)가 되었다.[183] 『조선식물향명집』은 진짜 대나무라는 뜻의 '참대'로 기록했으나, 『조선삼림식물도설』에서 '왕대'로 기록해 현재에 이르고 있다.

   속명 *Phyllostachys*는 그리스어 *phyllon*(잎)과 *stachys*(이삭)의 합성어로, 잎몸이 있는 포로 싸인 화수(花穗)의 형태를 표현한 것이며 왕대속을 일컫는다. 종소명 *reticulata*는 '그물 모양의'라는 뜻이다.

다른이름 왕디/참디(정태현 외, 1923), 왕대(정태현 외, 1936), 참대(정태현 외, 1937), 강죽(한진건 외, 1982)

옛이름 篁竹/왕대(동의보감, 1613), 竹/참대(광제비급, 1790), 篁竹/왕대(광재물보, 19세기 초), 篁竹/왕대(물명고, 1824), 竹濾/춤디기름(의휘, 1871), 竹/참디(녹효방, 1873), 蒚/왕대/蒒(자전석요, 1909), 蒚/왕대(신자전, 1915), 竹茹/왕대속껍질(선한약물학, 1931), 왕대(조선구전민요집, 1933)[184]

---

180 『조선어사전』(1920)은 '달, 달ㅅ대, 달품'을 기록했으며 『조선식물명휘』(1922)는 '芐'을 기록했다.

181 '국가표준식물목록'(2018)과 '세계식물목록'(2018)은 왕대의 학명을 *Phyllostachys bambusoides* Siebold & Zucc. (1843)로 기재하고 있으나, 『장진성 식물목록』(2014)과 '중국식물지'(2018)는 본문의 학명을 정명으로 기재하고 있다.

182 이러한 견해로 허북구·박석근(2008b), p.224 참조. 한편 김종원(2013), p.826은 "동의보감(東醫寶鑑)에서는 죽엽(竹葉)을 댓닙으로 표기하는 것으로 부아, 왕대를 그냥 '대'라고 불렀던 모양이다"라고 하고 있다. 그러나 『동의보감』(1613) 탕액편은 '篁竹/왕대'라는 이름을 기록하면서 별도로 淡竹(담죽)을 '소옴대'(현대어: 솜대)로, 苦竹(고죽)을 '오듁'(현대어: 오죽)으로 기록하여 그 쓰임새를 달리 설명하고 있으므로 사실과 다른 주장이다.

183 이에 대한 자세한 내용은 김민수(1997), p.239 참조.

184 「화한한명대조표」(1910)는 '오죽, 吳竹'을 기록했으며 「조선주요삼림수목명칭표」(1915)는 '왕죽'을, 『조선한방약료식물조사서』(1917)는 '篁竹, 玉竹, 晩竹'을, 『조선어사전』(1920)은 '왕대, 참대, 篁竹, 苦竹(고죽), 眞竹'을, 『조선식물명휘』(1922)는 '苦竹, 桂竹, 篁竹, 王竹, 吳竹, 오듁, 왕대(工業)'를, 『토명대조선만식물자휘』(1932)는 '[篁竹]황죽, [王竹]왕죽, [왕대], [苦竹]고죽, [참대], [竹筍]죽순, [竹胎]죽틱, [竹皮]죽피, [竹實]죽실'을, 『선명대화명지부』(1934)는 '오죽, 왕대, 참대'를, 『조선삼림식

중국/일본명 중국명 桂竹(gui zhu)는 계수나무(桂: 목서)의 지역적 분포와 연관된 이름으로 보인다. 일본명 マダケ(真竹)는 진정한 대나무라는 뜻으로 『조선식물향명집』의 참대와 뜻이 맞닿아 있다.

참고 [북한명] 참대 [유사어] 고죽(苦竹), 대죽(大竹), 왕죽(王竹), 참대나무, 황죽(篁竹) [지방명] 대나무(강원), 대/대나무/대죽순/분죽/죽순/죽순대/죽신/큰대(경남), 대왕대(경북), 대/대나무/대나물/죽순/죽신/죽신나물/죽찐(전남), 대나무/산죽/죽순/죽신(전북), 대나무/대죽/대축/수리대/죽대/쭉대(제주), 대나무/댓순/죽순(충남), 대나무(충북)

Phyllostachys nigra *Munro*　クロチク　烏竹　(栽)
Ochug　오죽

오죽〈*Phyllostachys nigra* (Lodd. ex Lindl.) Munro(1868)〉

오죽이라는 이름은 한자어 오죽(烏竹)에서 유래한 것으로, 줄기의 색깔이 까마귀와 같이 검다고 하여 붙여졌다.[185] 『동의보감』과 『한불자전』은 한글로 '오듁' 및 '오쥭'을 기록했다.

속명 *Phyllostachys*는 그리스어 *phyllon*(잎)과 *stachys*(이삭)의 합성어로, 잎몸이 있는 포로 싸인 화수(花穗)의 형태를 표현한 것이며 왕대속을 일컫는다. 종소명 *nigra*는 '검은색의'라는 뜻으로 줄기가 검은색을 띠는 것에서 유래했다.

다른이름 오듁(정태현 외, 1923), 검대(안학수·이춘녕, 1963), 흑죽(임록재 외, 1972), 검정대(임록재 외, 1996)

옛이름 烏竹(세종실록지리지, 1454), 苦竹/오죽(언해구급방, 1608), 苦竹/오듁(동의보감, 1613), 烏竹(물명고, 1824), 오쥭/烏竹(한불자전, 1880)[186]

중국/일본명 중국명 紫竹(zi zhu)는 줄기가 자주색이 나는 대나무 종류라는 뜻이다. 일본명 クロチク(黒竹)는 줄기가 검은색이 나는 대나무 종류라는 뜻이다.

참고 [북한명] 검정대 [유사어] 자죽근(紫竹根) [지방명] 대나무/오죽대(경남), ㄱ대/간죽대/ㅈ족/자족/조족(제주)

물편』(1915~1939)은 'オチュク(一般名), ワンタイ(慶南), ウオンタイ(全南)[오죽(일반명), 왕대(경남), 왕대(전남)]를 기록했다.
185 이러한 견해로 이우철(2005), p.405; 허북구·박석근(2008b), p.222; 오찬진 외(2015), p.1129; 한태호 외(2006), p.163 참조.
186 『조선어사전』(1920)은 '苦竹(고죽), 烏竹(오쥭)'을 기록했으며 『조선식물명휘』(1922)는 '苦竹, 黑斑竹, 烏竹, 오죽'을, 『토명대조선만식물자휘』(1932)는 '[烏竹]오죽, [烏斑竹]오반쥭'을, 『선명대화명지부』(1934)는 '오죽'을 기록했다.

Phyllostachys nigra *Munro* var. Henonis *Makino* ハチク (栽)
Som-dae 솜대

솜대〈*Phyllostachys nigra* (Lodd. ex Lindl.) Munro var. *henonis* (Mitford) Stapf ex Rendle(1904)〉

솜대라는 이름은 옛이름 '소옴대'(솜대)에서 유래한 것으로, 줄기가 흰 가루 같은 것으로 덮인 모습이 솜(綿)을 연상시키는 대나무라는 뜻에서 붙여졌다.[187] '소옴'은 『월인석보』 등에 기록된 것으로 솜을 의미하는 옛말이다. 분(粉)가루를 뿌려놓은 것처럼 보인다고 하여 '분죽'이라고도 한다.

속명 *Phyllostachys*는 그리스어 *phyllon*(잎)과 *stachys*(이삭)의 합성어로, 잎몸이 있는 포로 싸인 화수(花穗)의 형태를 표현한 것이며 왕대속을 일컫는다. 종소명 *nigra*는 '검은색의'라는 뜻이며, 변종명 *henonis*는 솜대 또는 반죽(오죽) 종류를 프랑스에 소개한 프랑스 식물학자 Jacques Louis Honon(1802~1872)의 이름에서 유래했다.

다른이름 분죽/솜디(정태현 외, 1923), 솜대(정태현 외, 1936), 담죽(안학수·이춘녕, 1963), 분검정대(김현삼 외, 1988)

옛이름 淡竹/담듁(구급방언해, 1466), 淡竹/소옴대(구급간이방언해, 1489), 淡竹葉/소음댄닙(촌가구급방, 1538), 淡竹/소옴대(동의보감, 1613), 淡竹/신의대(광재물보, 19세기 초), 淡竹/소옴대/甘竹(물명고, 1824)[188]

중국/일본명 중국명 毛金竹(mao jin zhu)는 털이 있고 황금색을 띠는 죽순의 모양을 나타낸 것이다. 일본명 ハチク(白竹)는 줄기가 흰 가루로 덮여 있는 대나무라는 뜻으로 추정한다.

참고 [북한명] 분검정대 [유사어] 감죽(甘竹), 담죽(淡竹), 상반죽(湘斑竹), 상비죽(湘妃竹), 상죽(湘竹), 죽순(竹筍), 죽여(竹茹), 죽피(竹皮), 청대죽(靑大竹) [지방명] 대나무(강원), 대나무/대죽순/죽순/죽신(경남), 대나무/분죽/죽순(전남), 대나무/댓순/죽순(충남), 대나무(충북)

Phyllostachys nigra *Munro* f. punctata *Nakai* ゴマダケ
Banjug 반죽

반죽〈*Phyllostachys nigra* (Munro) f. *punctata* Nakai(1933)〉[189]

반죽이라는 이름의 어원은 옛이름 '반듁' 또는 '반죽'이다. 황색 줄기에 흑색 반점이 있는 솜대라

---

187 이러한 견해로 오찬진 외(2015), p.1126 참조.

188 「화한한명대조표」(1910)는 '소옴대'를 기록했으며 「조선주요삼림수목명칭표」(1912)는 '소음디'를, 「조선주요삼림수목명칭표」(1915)는 '분죽'을, 『조선한방약료식물조사서』(1917)는 '淡竹, 粉竹'을, 『조선어사전』(1920)은 '甘竹(감죽), 淡竹(듕죽), 소음대'를, 『조선식물명휘』(1922)는 '淡竹, 金竹花, 粉竹, 소옴디, 분죽(救, 工業)'을, 『토명대조선만식물자휘』(1932)는 '[淡竹]담죽, [甘竹]감죽, [소음ㅅ대]'를, 『선명대화명지부』(1934)는 '소옴대, 분죽, 솜대, 불족'을, 『조선삼림식물편』(1915~1939)은 'ソオンタイ/So-on-tai'[소옴대]를 기록했다.

189 '국가표준식물목록'(2018)은 『대한식물도감』(1980)을 출처로 하여 반죽의 학명을 *Phyllostachys nigra* var. *henonis*

는 뜻의 한자어 반죽(斑竹)에서 유래했다.[190]

속명 Phyllostachys는 그리스어 phyllon(잎)과 stachys(이삭)의 합성어로, 잎몸이 있는 포로 싸인 화수(花穗)의 형태를 표현한 것이며 왕대속을 일컫는다. 종소명 nigra는 '검은색의'라는 뜻이며, 품종명 punctata는 '반점이 있는'이라는 뜻이다.

다른이름 점박이대(안학수·이춘녕, 1963)

옛이름 斑竹/반듁(고문진보언해, 18세기 말~19세기 초), 반죽/斑竹(한불자전, 1880)[191]

중국/일본명 '중국식물지'는 이를 별도 기재하지 않고 있으나 斑竹(ban zhu)는 반점이 있는 대라는 뜻이다. 일본명 ゴマダケ(胡麻竹)는 참깨와 같이 반점이 있는 대나무라는 뜻이다.

참고 [북한명] 점박이대[192]

Pleioblastus Simmoni *Nakai*　メダケ
Haejang-jug　해장죽　海藏竹

해장죽〈*Arundinaria simonii* (Carrière) Rivière & C.Rivière(1878)〉

해장죽이라는 이름은 한자명 '海藏竹'(해장죽) 또는 '海長竹'(해장죽)에서 유래한 것이다.[193] 海藏竹은 바다를 감추는 대나무라는 뜻이고 海長竹은 바닷가에 길게 자라는 대나무라는 뜻으로, 바닷가에 주로 자라며 방풍림 등으로 활용해서 붙여진 이름으로 추정한다.[194] 『조선삼림수목감요』에서 경남 방언으로 '히장죽'을 채록했고, 『조선식물향명집』에서 1933년에 발표된 조선어학회의 '한글 마춤법 통일안'에 따라 표기를 '해장죽'으로 변경해 현재에 이르고 있다.

속명 *Arundinaria*는 라틴어 *Arundo*(갈대)에서 유래한 것으로, 줄기가 갈대와 비슷하다는 뜻이며 해장죽속을 일컫는다. 종소명 *simonii*는 상하이의 영사였던 프랑스 식물채집가 Gabriel E. Simon(1829~1896)의 이름에서 유래했다.

다른이름 히장죽(정태현 외, 1923)

---

f. punctata Nakai로 기재하고 있다. 그러나 『대한식물도감』(1980), p.79는 국명 반죽에 대해 학명을 (P. nigra) for. punctata로 기록했을 뿐 이와 같은 학명을 기록하지 않았고 실제로 이러한 학명이 발표된 바도 없으므로 '국가표준식물목록'(2018)에 기재된 반죽에 대한 학명은 존재하지 않는 잘못된 학명이다. 한편 『장진성 식물목록』(2014)은 반죽을 별도 분류하지 않으며, '세계식물목록'(2018)은 본문의 학명을 오죽(P. nigra)의 이명(synonym)으로 처리하고 있으므로 주의가 필요하다.

190 이러한 견해로 이우철(2005), p.259와 이창복(1980), p.79 참조.

191 『토명대조선만식물자휘』(1932)는 '[斑竹]반죽'을 기록했다.

192 북한에서 임록재 외(1996)는 점박이대를 별도 분류하고 있으나, 리용재 외(2011)는 이를 별도 분류하지 않고 있다. 이에 대해서는 리용재 외(2011), p.266 참조.

193 정태현의 『조선삼림식물도설』(1943), p.35는 해장죽의 한자를 '海藏竹'(해장죽)으로 기록했다.

194 이러한 견해로 이우철(2005), p.589 참조.

옛이름 海長竹(가례도감의궤, 1759), 海長竹(경모궁악기조성청의궤, 1777), 海長竹(만기요람, 1808), 箕幼竹/희쟝대(물명고, 1824), 海長竹(승정원일기, 1875)[195]

중국/일본명 중국에서의 분류는 확인되지 않는다. 일본명 メダケ(女竹·雌竹)는 식물체가 작아 여성적인 느낌을 주는 대나무라는 뜻이다.

참고 [북한명] 해장죽 [유사어] 식대, 천죽(川竹) [지방명] 신우대(경기), 시누릿대/시느르대(경남), 시누대(전남), 수리대/족대(제주)

Polypogon misere *Makino* ヒエガヘリ
Sae-dolpi 쇠돌피

쇠돌피⟨*Polypogon fugax* Nees ex Steud.(1854)⟩

쇠돌피라는 이름은 '쇠'(牛)와 '돌피'의 합성어로, 돌피를 닮았다는(쇠) 뜻에서 유래한 것으로 추정한다. 『조선식물향명집』에서 처음으로 이름이 발견되는데 신칭한 이름으로 기록하지 않았다.

속명 *Polypogon*은 그리스어 *polys*(많은)와 *pogon*(수염)의 합성어로, 이삭 전체에 수염 같은 까락이 있어서 붙여졌으며 쇠돌피속을 일컫는다. 종소명 *fugax*는 '떨어지기 쉬운, 일찍 떨어지는'이라는 뜻이다.

다른이름 피아재비(박만규, 1949), 울릉쇠돌피(안학수 외, 1982)

중국/일본명 중국명 棒头草(bang tou cao)는 머리가 봉 모양이라는 뜻으로 꽃차례의 모양에서 유래한 것으로 추정한다. 일본명 ヒエガヘリ(稗還り)는 피가 변하여 생긴 풀이라는 뜻에서 붙여졌다.

참고 [북한명] 쇠돌피

Pseudosasa japonica *Makino* ヤダケ
I-dae 이대

이대⟨*Pseudosasa japonica* (Siebold & Zucc. ex Steud.) Makino ex Nakai(1920)⟩

이대라는 이름은 『조선삼림수목감요』에서 '이듸'로 최초 기록했는데, 이는 경남 방언을 채록한 것이다. 옛 문헌에 자주 등장하는 箭竹(전죽)은 화살을 만드는 대나무라는 뜻인데, 실제로 이대로 화살을 만들었으므로 箭竹(전죽)은 이대를 뜻한다.[196] 『훈몽자회』 등에 표현된 살대의 '살'은 화살(矢, 箭)을 나타내는 우리말이므로, 살대는 화살대와 더불어 화살을 만드는 대나무(竹)라는 뜻도 가

---

195 『토명대조선만식물자휘』(1932)는 '[箇竹]간죽, [竿竹]간죽, [식대]'를 기록했으며 『선명대화명지부』(1934)는 '해당죽, 해장죽'을 기록했다.

196 이러한 견해로 박상진(2011a), p.475 참조.

지고 있다. 실제로 일제강점기에 편찬된『조선어사전』과『토
명대조선만식물자휘』는 살대를 이대를 뜻하는 식물명으로 사
용했다. 그런데 음운상으로는 箭竹(전죽) 및 살대와 이대는 전
혀 같지 않아, 전죽 또는 살대를 이대의 유래나 어원으로 볼
수는 없다. 한편, 일제강점기에 기록된 문헌에 의하면 신이대
라는 이름을 이대와 혼용했고,[197] 19세기에 저술된『교린수
지』에도 신이대와 이대가 명백히 구별되어 사용되지는 않았
다. 이러한 점으로 미루어 이대는 신이대의 축약형이거나 신이
대에서 파생되어 유래한 이름으로 추정한다. 신이대는 19세기
문헌에 '시누째', '시누대' 등으로 기록되었으나 그 정확한 유래
는 확인되지 않고 있다.[198]

　　속명 Pseudosasa는 그리스어 pseudos(가짜의)와 Sasa(조릿대속)의 합성어로, 조릿대속을 닮았
다는 뜻이며 이대속을 일컫는다. 종소명 japonica는 '일본의'라는 뜻으로 최초 발견지 또는 분포
지를 나타낸다.

다른이름　이딕(정태현 외, 1923), 산죽(정태현, 1926), 신위대/오구대(정태현, 1943)

옛이름　箭竹(고려사절요, 1389), 箭竹(조선왕조실록, 1433), 살대/篩/筲(훈몽자회, 1527), 箭竹(승정원일
기, 1623), 箭竹(가례도감의궤, 1759), 箭竹(일성록, 1777), 箭竹(광재물보, 19세기 초), 시누째/시누대/식
째(교린수지, 1881), 矢竹(매산집, 1866)[199]

중국/일본명　중국명 矢竹(shi zhu)는 화살을 만드는 대나무 종류라는 뜻이다. 일본명 ヤダケ(矢竹)도
화살을 만드는 대나무 종류라는 뜻이다.

참고　[북한명] 이대 [유사어] 설대, 전죽(箭竹), 죽엽(竹葉) [지방명] 대나무(경기), 대나무/수리대/수리
데/족대(제주), 대살대(황해)

---

197 『조선삼림식물도설』(1943), p.35는 '신위대'를 이대의 전남 어청도 방언으로 기록했고, 같은 책 p.36은 '신의대'를 고려조
릿대의 다른이름으로 기록했다.

198 『국가표준식물목록』(2018)은 고려조릿대의 추천명으로 신이대<Sasa coreana Nakai(1917)>를 별도 분류하고 있으나,『장
진성 식물목록』(2014)은 조릿대<Sasa borealis (Hack.) Makino(1901)>에 통합하고 있다. 여기서 신이대는 조릿대속(Sasa)
의 종으로 본문의 이대와는 구별되는 것이므로 주의를 요한다.

199 『화한한명대조표』(1910)는 '신의대'를 기록했으며 『조선주요삼림수목명칭표』(1912)는 '신위더'를, 『지리산식물조사보고
서』(1915)는 'さんじゅう[산죽]'을, 『조선어사전』(1920)은 '箭竹(전죽), 살ㅅ대'를, 『조선식물명휘』(1922)는 '箭竹, 山竹, 신위
더'를, 『토명대조선만식물자휘』(1932)는 '[箭竹]전죽, [살ㅅ대]'를, 『선명대화명지부』(1934)는 '신위대, 이대'를, 『조선삼림식
물편』(1915~1939)은 'シンウヰテイ(一般名), シンジュ(全南土名), チヨクテイ(濟州土名), スリチャ(濟州土名), スリデ(濟州土名), シ
ヌテ(濟州土名)'[신의대(일반명), 산죽(전남방언), 족대(제주토명), 수리대(제주토명), 수리데(제주토명), 신위대(제주토명)]를 기록
했다.

Rottboellia compressa *L.* var. japonica *Hackel* ウシノシツペイ
Soechigi-pul 쇠치기풀

쇠치기풀〈*Hemarthria sibirica* (Gand.) Ohwi(1947)〉

쇠치기풀이라는 이름은 꽃차례가 단단하여 소의 채찍으로 쓸 수 있는 풀이라는 뜻에서 유래했다.[200] 『조선식물향명집』에서 한글명이 처음으로 발견되는데 중국명 또는 일본명과 뜻이 유사하다.

속명 *Hemarthria*는 그리스어 *hemi*(반)와 *arthron*(관절)의 합성어로, 화수축(花穗軸) 마디마다 한쪽에 오목한 마디가 만들어지는 것에서 유래했으며 쇠치기풀속을 일컫는다. 종소명 *sibirica*는 '시베리아의'라는 뜻으로 원산지를 나타낸다.

중국/일본명 중국명 牛鞭草(niu bian cao)는 소의 채찍으로 쓰는 풀이라는 뜻이다. 일본명 ウシノシツペイ(牛の竹篦)는 중국명을 참고한 것으로, 소를 내려치는 죽비(竹篦)라는 뜻에서 붙여졌다.[201]

참고 [북한명] 쇠치기풀

Sasa kurilensis *Makino et Shibata* チシマザサ
Sòm-dae 섬대

섬조릿대〈*Sasa kurilensis* (Rupr.) Makino & Shibata(1901)〉[202]

섬조릿대라는 이름은 섬(울릉도)에 나는 조릿대라는 뜻에서 유래했다.[203] 『한국수목도감』에서 최초로 기재해 현재에 이르고 있다. 『조선식물향명집』은 섬에서 나는 대나무라는 뜻의 '섬대'로 기록했는데, 현재 섬대는 조릿대의 변종을 일컫는 이름으로 사용하고 있다.

속명 *Sasa*는 조릿대의 일본명 ササ(笹)에서 유래한 것으로 조릿대속을 일컫는다. 종소명 *kurilensis*는 '쿠릴에 분포하는'이라는 뜻으로 발견지 또는 원산지를 나타낸다.

다른이름 산듁(정태현 외, 1923), 섬대(정태현 외, 1937), 성인죽(안학수·이춘녕, 1963)

중국/일본명 '중국식물지'는 이를 별도 기재하지 않고 있다. 일본명 チシマザサ(千島笹)는 쿠릴열도(千島)에 분포하는 조릿대라는 뜻이다.

참고 [북한명] 섬대 [유사어] 죽엽(竹葉)

---

200 이러한 견해로 이우철(2005), p.356과 김종원(2013), p.514 참조.
201 『조선식물명휘』(1922)는 한글명 없이 한자로 '儉草, 爲蘆'를 기록했다.
202 '국가표준식물목록'(2018)은 섬대〈*Sasa borealis* var. *gracilis* (Nakai) T.B.Lee(1980)〉를 섬조릿대와 별도 분류하고 있으나, 이는 조릿대의 변종이므로 『조선식물향명집』의 '섬대'와는 다른 종을 일컫는다.
203 이러한 견해로 이우철(2005), p.343 참조.

Sasa quelpaertensis *Nakai*　タンナササ
Sanjug　산죽

제주조릿대〈*Sasa palmata* (Burb.) E.G.Camus(1913)〉[204]

제주조릿대라는 이름은 제주에 자라는 조릿대 종류라는 뜻에서 유래했다.[205] 『조선삼림수목감요』는 산듁(산죽)으로 기록했고 『조선식물향명집』도 '산죽'으로 기록했으나, 『조선삼림식물도설』에서 '제주조릿대'로 개칭해 현재에 이르고 있다.

　속명 *Sasa*는 조릿대의 일본명 ササ(笹)에서 유래한 것으로 조릿대속을 일컫는다. 종소명 *palmata*는 '손바닥 모양의'라는 뜻이다.

다른이름　산듁(정태현 외, 1923), 산죽(정태현 외, 1937), 탐나산죽(박만규, 1949), 한라산죽(안학수·이춘녕, 1963), 제주산대(임록재 외, 1972)[206]

중국/일본명　'중국식물지'는 이를 별도 분류하지 않고 있다. 일본명 タンナササ(耽羅笹)는 제주도(탐라)에 분포하는 조릿대라는 뜻이다.

참고　[북한명] 제주조릿대 [유사어] 죽엽(竹葉)

Sasamorpha purpurascens *Nakai* var. borealis *Nakai*　チダケ
Jori-dae　조리대

조릿대〈*Sasa borealis* (Hack.) Makino(1901)〉

조릿대라는 현재의 한글명은 『조선산야생약용식물』에 따른 것이다. 옛이름은 '죠리대'로, 19세기에 저술된 『물명고』에 나타난다. 조릿대라는 이름은 쌀에서 돌을 골라내는 기구인 조리(또는 복조리)를 이 식물의 줄기로 만들었던 것에서 유래했다. 즉, 조리를 만드는 대나무라는 뜻이다.[207] 『조선식물향명집』은 '조리대'로 기록했으나 『조선삼림식물도설』에서 '조릿대'로 개칭해 현재에 이르고 있다.

　속명 *Sasa*는 조릿대의 일본명 ササ(笹)에서 유래한 것으로 조릿대속을 일컫는다. 종소명 *borealis*는 '북방의, 북방계의'라는 뜻이다.

다른이름　죠리딕(정태현 외, 1923), 조릿대(정태현 외, 1936), 조리대(정태현 외, 1937), 갓대/긔주조릿대/

---

204 '국가표준식물목록'(2018)은 제주조릿대의 학명을 *Sasa palmata* (Bean) E.G.Camus(1913)로 기재하고 있으나, 『장진성 식물목록』(2014)과 '세계식물목록'(2018)은 본문의 학명을 정명으로 기재하고 있다.

205 이러한 견해로 이우철(2005), p.457 참조.

206 『화한한명대조표』(1910)는 '산죽, 山竹'을 기록했다.

207 이러한 견해로 이우철(2005), p.459; 박상진(2011a), p.477; 허북구·박석근(2008b), p.252; 오찬진 외(2015), p.1132; 솔뫼(송상곤, 2010), p.416 참조.

산대(정태현, 1943), 신우대(박만규, 1949), 기주조릿대(안학수·이춘녕, 1963), 섬대(이창복, 1966), 산죽(임록재 외, 1972), 참조릿대(리용재 외, 2011)

옛이름 山白竹/죠리대(물명고, 1824)[208]

중국/일본명 중국에서의 분포는 확인되지 않는데, 한자명 山竹(산죽)은 산에서 자라는 대나무라는 뜻이다. 일본명 チダケ(地竹)는 땅에서 낮게 자라는 대나무라는 뜻이다.

참고 [북한명] 조릿대/참조릿대[209] [유사어] 고려천(高麗薦), 기주천(記州薦), 산죽(山竹), 소죽(篠竹), 입죽(笠竹), 죽엽(竹葉), 지죽(地竹) [지방명] 대나무(강원), 조랭이(경기), 대/대나무/산죽/산죽나무/죽순/죽순대/죽신(경남), 대나무(경북), 산죽/상주대(울릉), 대나무/산죽/신우대/신의대/조리대(전남), 산대나무/산죽/산죽대/조리대/조선댓잎(전북), ㄱ대/ㄱ솔때(제주), 시누대/시우대/신우대/신호대(충남), 산죽(충북)

Secale cereale *Linné* ライムギ(ナツコムギ) (栽)
Homil 호밀

호밀〈*Secale cereale* L.(1753)〉

호밀이라는 이름은 한자어 '호(胡)'와 우리말 '밀'이 합쳐진 것으로, 북쪽 지방에서 들어온 밀이라는 뜻이다.[210] 밀과 구분하기 위해 오랑캐 또는 북쪽을 의미하는 호(胡) 자를 붙인 것으로 추정한다. 호밀은 캅카스와 카스피해 동부가 원산지로 우리나라에서 재배된 역사도 긴데, 중국을 거쳐 백제 시대에 도입된 것으로 보고 있다.[211]

속명 *Secale*는 라틴어 *sedo*(자르다)에서 유래한 것으로, 작물을 사료용으로 절단하기 때문에 붙여졌으며 호밀속을 일컫는다. 종소명 *cereale*는 '곡물을 생산하는, 곡류의'라는 뜻이며 농사의 여신 케레스(*Ceres*)와 연관된다.

208 『조선어사전』(1920)은 '山竹(산죽)'을 기록했으며 『조선식물명휘』(1922)는 '水蔫, 山竹, 산쥭'을, 『토명대조선만식물자휘』(1932)는 '[篠竹]쇼죽, [山竹]산쥭'을, 『선명대화명지부』(1934)는 '산쥭'을, 『조선삼림식물편』(1915~1939)은 'カツテ(一般名), マクトェギ(全南土名)'[갓대(일반명), 막대기(전남토명)]를 기록했다.

209 북한에서는 *S. purpurascens* var. *borealis*를 '조릿대'로, *S. purpurascens*를 '참조릿대'로 하여 별도 분류하고 있다. 이에 대해서는 리용재 외(2011), p.318 참조.

210 이러한 견해로 이우철(2005), p.592와 농촌진흥청(2017) 참조.

211 이에 대해서는 안완식(1999), p.492 참조. 위의 농촌진흥청(2017)에 따르면, 전남 광주 신창동 선사 유적지에서 탄화된 호밀이 발견된 것이 가장 오래된 유물이다.

다른이름 라이맥/라이보리(안학수·이춘녕, 1963), 흑맥(리종오, 1964)

옛이름 唐麥(세종실록지리지, 1454), 唐麥(신증동국여지승람, 1530), 黑麥/洋麥/胡麥(오주연문장전산고, 185?)

중국/일본명 중국명 黑麦(hei mai)는 검은 보리라는 뜻으로 호영(護穎)과 까락이 암갈색을 띠어서 붙여진 것으로 보인다. 일본명 ライムギ(ライ麦)는 호밀을 뜻하는 영어 rye에서 유래했다.

참고 [북한명] 호밀 [유사어] 맥각(麥角), 양맥(洋麥), 흑맥(黑麥) [지방명] 청밀(강원), 대국밀/장밀/청국밀(경남), 청국밀(경북)

Setaria gigantea *Makino* オホエノコロ
Wang-gaṅgaji-pul 왕강아지풀

수강아지풀〈*Setaria* x *pycnocoma* (Steud.) Henrard ex Nakai(1939)〉[212]

수강아지풀이라는 이름은 강아지풀에 비해 식물체와 꽃이삭 등이 대형이기 때문에 수컷(雄) 강아지풀이라는 뜻에서 유래했다.[213] 『조선식물향명집』은 강아지풀에 비해 식물체가 대형(王)이라는 의미에서 '왕강아지풀'로 기록했으나, 『우리나라 식물명감』에서 '수강아지풀'로 기록해 현재에 이르고 있다. 강아지풀과 조의 자연교잡종으로 알려져 있다. 16세기에 저술된 『금양잡록』은 강아지풀을 뜻하는 'ᄀᆞ랏'과 '조'가 함께 표현된 현대어 가락지조에 대응하는 'ᄀᆞ랏조'를 기록했으며, 19세기에 저술된 『물명고』는 '稂'(낭, 狼尾草)을 '가라디'라고 하고 '莠'(유, 狗尾草)를 '강아디풀'로 하여 별도로 구별했으나, 현재의 이름으로 이어지지는 않았다. 한편 수강아지풀은 『임원경제지』에 기록된 강아지풀의 한자명 莠草(유초)의 '莠'를 '수'로 잘못 읽음으로써 유래된 이름이라는 견해가 있으나,[214] 『우리나라 식물명감』은 수곰딸기, 수꿩밥, 수쇠스랑개비 등과 같이 수컷(雄)을 뜻하는 '수'가 들어간 이름을 다수 기록했고 수강아지풀도 그중 하나인 점을 고려할 때 근거 없는 주장으로 보인다.

속명 *Setaria*는 그리스어 seta(거센털)에서 유래한 말로 소수(小穗)의 기부에 거센털이 있어 붙여졌으며 강아지풀속을 일컫는다. 종소명 pycnocoma는 '조밀한 털이 다발이 되어 있는'이라는 뜻이다.

다른이름 왕강아지풀(정태현 외, 1937), 가락지조(정태현, 1957), 가라지(리종오, 1964), 가라지조(정태현, 1965), 가락지나물/가락지초/조가라지(한진건 외, 1982)

---

212 '국가표준식물목록'(2018)은 본문의 학명을 정명으로 기재하고 있으나, 『장진성 식물목록』(2014)과 '세계식물목록'(2018)은 본문의 학명을 강아지풀(*S. virdis*)의 이명(synonym)으로 처리하고 별도 분류하지 않으므로 주의를 요한다.
213 이러한 견해로 이우철(2005), p.357 참조.
214 이러한 견해로 김종원(2013), p.255 참조.

옛이름 ᄀ랏조/開羅叱粟(금양잡록, 1492), 開羅叱粟/가랏조(산림경제, 1715), 狼尾艸/가라지(광재물보, 19세기 초), 稂/가라디/狼尾草(물명고, 1824), 伽耶粟/갓랏조(임원경제지, 1842), 開羅叱粟/ᄀ랏조(명물기략, 1870), 稂/가라지(신자전, 1915), 稂/가랏(의서옥편, 1921), 가라지/가라조/가랏(조선어표준말모음, 1936)

중국/일본명 중국명 巨大狗尾草(ju da gou wei cao)는 식물체가 큰 구미초(狗尾草: 강아지풀)라는 뜻이다. 일본명 オホエノコロ(大狗尾)는 식물체가 큰 강아지풀이라는 뜻이다.

참고 [북한명] 왕강아지풀 [유사어] 낭미초(狼尾草)

Setaria glauca *Beauver*   キンエノコロ
Gùm-gañgaji-pul   금강아지풀

금강아지풀⟨*Setaria pumila* (Poir.) Roem. & Schult.(1817)⟩[215]

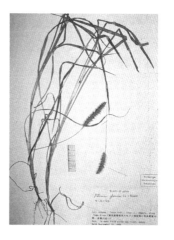

금강아지풀이라는 이름은 까락이 노란색(금색)이 나는 강아지풀이라는 뜻이다.[216] 『조선식물향명집』에서 전통 명칭 '강아지풀'을 기본으로 하고 식물의 색깔을 나타내는 '금'을 추가해 신칭했다.[217]

속명 *Setaria*는 그리스어 *seta*(거센털)에서 유래한 말로 소수(小穗)의 기부에 거센털이 있어 붙여졌으며 강아지풀속을 일컫는다. 종소명 *pumila*는 '키가 작은, 작은'이라는 뜻이다.

다른이름 금가라지풀(리종오, 1964)[218]

중국/일본명 중국명 金色狗尾草(jin se gou wei cao)와 일본명 キンエノコロ(金狗尾)는 모두 한국명과 같이 까락이 금색을 띠어서 붙여졌다.

참고 [북한명] 금강아지풀

---

215 '국가표준식물목록'(2018)은 금강아지풀의 학명을 *Setaria glauca* (L.) P.Beauv.(1812)로 기재하고 있으나, 해당 학명은 『장진성 식물목록』(2014)과 '세계식물목록'(2018)에 의하여 벼과 강아지풀속이 아닌 수크령속(*Pennisetum*)으로 분류되어 현재는 정명을 *Pennisetum glaucum* (L.) R.Br.(1810)로 기재하고 있다. 이는 처음에 금강아지풀에 대한 학명을 잘못 적용한 것에서 비롯한 것이므로, 이 책은 산림청(2015), p.470과 조양훈 외(2016), p.239에 따라 학명을 본문과 같이 기재한다.

216 이러한 견해로 이우철(2005), p.97과 김경희 외(2014), p.135 참조.

217 이에 대해서는 『조선식물향명집』, 색인 p.33 참조.

218 『조선식물명휘』(1922)는 '狗尾草, 莠'를 기록했으며 『토명대조선만식물자휘』(1932)는 '[稂(랑)]랑(초), [狼尾草]랑미초'를 기록했다.

Setaria italica *Beauver* var. longiseta *Doell*　アハ　粟（栽）
Jo　조

조〈*Setaria italica* (L.) P.Beauv.(1812)〉

조라는 이름은 중세 국어에서부터 현재의 표현이 나타나는 오래된 고유어다. 그 어원은 정확히 밝혀져 있지 않다. 다만 만주어에 조와 유사한 'je'(져)라는 표현이 있는 것에 비추어 이동을 통해 한민족과 한국어가 형성되는 과정에서 만들어진 언어이고,[219] 작다는 뜻의 '조'(조그맣다, 조금, 조각, 조랑말 등)와 관련된 옛말 '죻'가 같은 어원을 공유한 것으로 보인다.[220] 좁쌀에 작은 쌀(小米)의 뜻이 있는 점에 비추어볼 때 작다는 뜻과 관련이 있다. 15세기에 저술된 『금양잡록』에는 '세닙희조' 등 서로 다른 우리말 이름을 가진 조의 종류가 15종이나 소개되어 있을 정도로 중요한 식량 자원 역할을 했던 식물이다.

　　속명 *Setaria*는 그리스어 *seta*(거센털)에서 유래한 말로 소수(小穗)의 기부에 거센털이 있어 붙여졌으며 강아지풀속을 일컫는다. 종소명 *italica*는 '이탈리아의'라는 뜻으로 원산지를 나타낸다.

다른이름　큰조(박만규, 1949), 서숙/수숙(안학수·이춘녕, 1963)

옛이름　粟(삼국사기, 1145), 粟/黃粱(삼국유사, 1281), 조/粟(용비어천가, 1447), 죻/조/粟(구급방언해, 1466), 조/粟(언해본삼강행실도, 1481), 조/粱/粟(분류두공부시언해, 1481), 조/粟(금양잡록, 1492), 조/粟(훈몽자회, 1527), 粟米/조뿔(동의보감, 1613), 小米/조뿔(역어유해, 1690), 粟/조(산림경제, 1715), 小米/좁뿔(몽어유해, 1768), 小米/조뿔(방언집석, 1778), 小米/조뿔(한청문감, 1779), 粟/조(왜어유해, 1782), 粟/미조/和粟(물명고, 1824), 조/粟(연경재전집, 1840), 조/粟(임원경제지, 1842), 粟/속/조(명물기략, 1870), 조/粟(한불자전, 1880), 粱/조(아학편, 1908), 粟/조(자전석요, 1909), 粟/조(신자전, 1915), 粟/조(의서옥편, 1921)[221]

중국/일본명　중국명 粱(liang)은 『본초강목』에 따르면 '곡물로 좋다거나(良) 양주(粱州)에서 나기 때문이라거나 혹은 씨앗의 성질이 서늘해서(涼) 붙여진 이름이라는 등 여러 설이 있으나 粟(속: 조)을 일컫는다'라고 하였다. 일본명 アハ(粟)는 조를 나타내는 일본 고유어다.

참고　[북한명] 조 [유사어] 속(粟), 속미(粟米) [지방명] 스속/조리/조이/좁쌀/차좁쌀(강원), 서숙/스속/좁살(경기), 서숙/잔수/장수/재/점시리/제비/조리/조뵈/조이/좀시리/쥐비/지비(경남), 소속/서숙/소속쌀/수숙살/써숙/재/점시리/조비/줴/쥐비(경북), 모도/모조/서숙/스속/점실/좁쌀/좁쌀쟁이(전남), 서숙/서슥/올기쌀(전북), 고랑콩/모힌조/조곡메기/칵메기(제주), 서숙/서슥/수슥/쑤숙/흐숙(충남), 깐조/

---

219 이러한 견해로 서정범(2000), p.494와 강길운(2010), p.1047 참조.
220 이러한 견해로 이춘녕(1992), pp.25-57 참조.
221 『조선어사전』(1920)은 '조, 粟, 小米, 조쌀, 좁쌀'을 기록했으며 『조선식물명휘』(1922)는 '粟, 조'를, 『토명대조선만식물자휘』(1932)는 '[粟]속, [穀]곡, [조(미)], [조(이)], [粟米], [좁쌀], [조쌀], [조집], [粟奴]속노, [조쌈북이], [粟米粉]속미분, [陳(倉)粟]무근조'를, 『선명대화명지부』(1934)는 '죠, 서숙'을 기록했다.

서속/수수/스속/싸레기/타박조(충북), 좁쌀(평남), 모래미/좁쌀(평북), 조이/죄이(함남), 조이/좁쌀(함북), 좁쌀(황해)

Setaria viridis *Beauver*　エノコログサ
Gaṅgaji-pul　강아지풀

강아지풀〈*Setaria viridis* (L.) P.Beauv.(1812)〉

강아지풀이라는 이름은 ᄀ랏(ᄀ랒, 중세 국어)→가랏/가라지(근대 국어)→강아지풀(19세기, 현대 국어)로 변화해 형성됐다. 최초 'ᄀ랏'은 『훈몽자회』에서 보듯이 稂(수크령), 稊(수크령 종류), 稗(돌피) 등을 뜻하기도 했고, 17~18세기에는 잡초라는 의미의 '기음'으로 불리기도 했다. 19세기에 이르러 '강아지풀'이라는 이름이 정착되었다. 옛 표현 'ᄀ랏'의 의미와 어원은 다소 불명확한데, 19세기에 등장하는 강아지풀은 개의 꼬리풀이라는 한자어 구미초(狗尾草)가 함께 기록된 것에 비추어 꽃차례의 모양을 강아지 꼬리에 빗대어 형상화한 것으로 보인다. 즉, 강아지풀은 어휘의 변화 과정에서 형태가 강아지 꼬리(狗尾)를 연상시키고 그 이전의 ᄀ랏(가라지)과 음운상 유사한 것에서 유래한 이름이다.[222]

속명 *Setaria*는 그리스어 *seta*(거센털)에서 유래한 말로 소수(小穗)의 기부에 거센털이 있어 붙여졌으며 강아지풀속을 일컫는다. 종소명 *viridis*는 '녹색의'라는 뜻이다.

다른이름　자지강아지풀(정태현 외, 1937), 제주개피(박만규, 1949), 개꼬리풀/자주강아지풀(정태현 외, 1949)

옛이름　莠/ᄀ랏(분류두공부시언해, 1481), 莠/ᄀ랏/稂/稊/稗/野穀草(훈몽자회, 1527), 野穀草/ᄀ랏(역어유해, 1690), 莠草/기음(동문유해, 1748), 莠草/기음(방언집석, 1778), 莠草/기음(몽언유해, 1790), 狼尾艸/가라지/狗尾草/강아지풀(광재물보, 19세기 초), 莠/강아디풀/狗尾草(물명고, 1824), 莠草(임원경제지, 1842), 莠/가라지(자류주석, 1856), 稊/가랏/가라지(한불자전, 1880), 莠/가랏(자전석요, 1909), 莠/가라지(신자전, 1915), 강아지풀(조선어표준말모음, 1936)[223]

---

222 이러한 견해로 황선엽(2009a), pp.421-446; 이우철(2005), p.42; 김경희 외(2014), p.133; 김양진(2011), p.62 참조. 한편 이우철은 바닥 위에 손을 놓고 오므렸다 펴는 운동을 반복하며 강아지와 같이 앞으로 기어가는 놀이에서 강아지풀이라는 이름이 유래한 것으로 보고 있다.

223 『조선어사전』(1920)은 '狗尾草(구미초), 가라조, 狼尾草(랑미초), 稂莠(랑유), 가라지, 가랏'을 기록했으며 『조선식물명휘』

중국/일본명 중국명 狗尾草(gou wei cao)와 일본명 エノコログサ(狗尾草)는 모두 개의 꼬리를 닮은 풀이라는 뜻으로, 동북아 3국의 국명이 같은 뜻이다.

참고 [북한명] 강아지풀 [유사어] 구미초(狗尾草), 낭유(莨莠) [지방명] 가래지/가아지풀/가지풀/개갈가지/괘래지/마아지풀/마지풀/버들가지/복슬가아지풀(강원), 가새이풀/가아지풀/가지풀/강생이풀/오로강새이/오요강세이(경남), 가이지풀/가지풀/간지풀/강생이풀/강세이풀/마아지풀/마지풀/오요강세이/올롱가지(경북), 갱아지풀(전남), 가이지풀/가지풀/갱아지풀(전북), 가라조/그라지/강성이쿨/말가랏(제주), 가이지풀/가지풀/버들가아지/복술가아지(충남), 가아지풀/가지풀/버들가아지풀(충북), 가래지(평북), 가라지/개지풀/깔풀/조이갈아지(함북)

Setaria viridis *Beauv.* var. purpurascens *Maximowicz*　ムラサキエノコロ
Jaji-gangaji-pul　자지강아지풀

강아지풀〈*Setaria viridis* (L.) P.Beauv.(1812)〉
『조선식물향명집』은 까락이 자주색이 난다는 특징에 따라 강아지풀의 변종으로 별도 분류했으나, '국가표준식물목록'(2018)과 '세계식물목록'(2018)은 강아지풀에 통합하고 『장진성 식물목록』(2014)도 이를 별도 분류하지 않고 있다. 이 책도 이에 따른다.

Spodiopogon cotulifer *Hackel*　アブラススキ
Girûm-sae　기름새

기름새〈*Spodiopogon cotulifer* (Thunb.) Hack.(1889)〉
기름새라는 이름은 잎에 광택이 있고 줄기에서 양념으로 쓰는 기름 냄새가 나는 것을 '기름'에 비유하고, 외떡잎식물 중 벼와 같은 좁고 날카로운 잎을 가진 식물을 지칭하는 고유어 '새'를 붙인 것에서 유래했다.[224] 한글명은 『조선식물향명집』에서 처음 보이는데 색인은 신칭한 이름으로 기록하지 않았으므로 실제 사용하던 방언을 기록한 이름일 가능성도 있다. 현재 동북아 3국이 모두 유사한 뜻의 식물명을 공유하고 있다.

　속명 *Spodiopogon*은 그리스어 *spodios*(회색)와 *pogon*(수염)의 합성어로 소수(小穗)에 털과 까락이 있는 기름새속을 일컫는다. 종소명 *cotulifer*는 그리스어 *kotyle*(작은 컵)에 어원을 둔 것으로 이삭꽃차례가 진 뒤에 꽃자루 끝이 오목해지는 것을 표현한 것으로 보인다.

(1922)는 '莠, 狗米草, 강아지풀'을, 『토명대조선만식물자휘』(1932)는 '[莠(草)]유(초), [狗尾草]구미초, [가라초], [가라지(풀)], [가랏]'을, 『선명대화명지부』(1934)는 '강아지풀'을 기록했다.
224 이러한 견해로 이우철(2005), p.101과 김종원(2013), p.536 참조.

218

蒯草(백수선생문집, 18세기 중엽), 蒯草(임원경제지, 1842)[225]

중국명 油芒(you mang)은 기름기가 있는 억새(芒)라는 뜻이다. 일본명 アブラススキ(油薄)도 기름기가 있는 억새(薄, 芒)라는 뜻이다.

[북한명] 기름새 [유사어] 산고량(山高粱)

Spodiopogon sibiricus *Trinius* オホアブラススキ
Kún-girúm-sae 큰기름새

큰기름새〈*Spodiopogon sibiricus* Trin.(1820)〉

큰기름새라는 이름은 『조선식물향명집』에서 신칭한 것으로,[226] 기름새에 비해 식물체가 크다는 뜻이다.[227] 북한명 아들매기는 벼의 겉 줄기에서 나는 이삭을 뜻하는 '아들이삭'과 관련된 이름이라고 한다.[228]

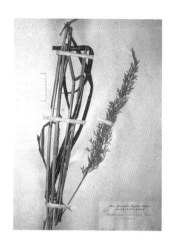

속명 *Spodiopogon*은 그리스어 *spodios*(회색)와 *pogon*(수염)의 합성어로 소수(小穗)에 털과 까락이 있는 기름새속을 일컫는다. 종소명 *sibiricus*는 '시베리아 지방의'라는 뜻으로 분포지를 나타낸다.

아들매기(리종오, 1964), 기름새(한진건 외, 1982), 아들메기(김현삼 외, 1988)

중국명 大油芒(da you mang)과 일본명 オホアブラススキ(大油薄)는 식물체가 큰 기름새라는 뜻이다.

[북한명] 아들매기

---

225 조선 중기 양응수(1700~1767)가 저술한 『백수선생문집』에 『토명대조선만식물자휘』(1932)의 蒯草(괴초)와 같은 표현이 등장하고 있으나, 정확히 기름새를 뜻하는지는 분명하지 않다. 19세기에 저술된 서유구의 『임원경제지』는 蒯草(괴초)에 대해 "苗似茅 可織席爲索 子亦堪食 如粳米"(싹은 띠와 같고 자리를 짜거나 새끼를 꼴 수 있다. 열매도 먹을 수 있는데 멥쌀과 같다)라고 기록했다. 한편 일제강점기에 저술된 『토명대조선만식물자휘』는 조선명으로 '[蒯草]괴초, [蕺草]괴초'를 기록했다.

226 이에 대해서는 『조선식물향명집』, 색인 p.47 참조.

227 이러한 견해로 이우철(2005), p.528과 김종원(2016), p.662 참조.

228 이에 대한 보다 자세한 내용은 김종원(2016), p.662 참조.

Themeda Forskali *Hack.* var. japonica *Hackel*　メガルガヤ
Sol-sae　솔새

솔새〈*Themeda triandra* Forssk(1775)〉

솔새라는 이름은 뿌리로 솔을 만드는 벼과 식물(새)이라는 뜻
에서 유래했다.[229] 솔새 뿌리를 한데 묶어서 사용하면 무쇠솥
안을 쉽게 씻어낼 수 있다고 한다. 일제강점기에 저술된 『조선
어사전』과 『조선식물명휘』에서 최초 한글명으로 '솔풀'을 채
록한 이후 『조선식물향명집』에서 '솔새'로 기록해 현재에 이
르고 있다. 옛 문헌은 뿌리가 노란색인 띠 종류라는 뜻의 黃茅
(황모)를 기록했고, 『물명고』는 '유드리'라는 한글명을 기록했
는데 그 뜻이나 유래는 알려져 있지 않다. 옛 중국명 중 紅根
草(홍근초)라는 이름이 있는 것으로 보아 뿌리를 캐서 사용한
풍습이 있었음을 알 수 있다.[230] 한편 한글명 솔새가 일본명과

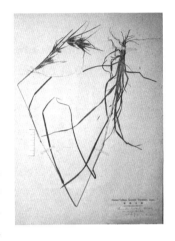

잇닿은 유래라는 견해가 있다.[231] 뿌리를 사용한 것에 근거한
주장으로 추정하지만 우리 문헌 『물명고』도 黃茅(황모)에 대해 "可以索綯"라고 하여 노끈을 꼴 수
있다는 취지로 기록했고, 『조선어사전』과 『조선식물명휘』도 조선에서 사용하는 명칭으로 '솔풀'
을 기록했으며, 제주 방언에 솔새와 유사한 '소새쿨'이 남아 있는 것에 비추어 유래를 일본명과 연
결하는 것은 이해하기 어렵다.

　　속명 *Themeda*는 아라비아 식물명 *thaemed*에서 유래한 말로 솔새속을 일컫는다. 종소명
*triandra*는 '3개의 수술을 가진'이라는 뜻이다.

다른이름　솔줄(정태현 외, 1949), 솔풀(안학수·이춘녕, 1963)

옛이름　黃茅(조선왕조실록, 1629), 黃茅(계곡집, 1643), 黃茅/유드리(물명고, 1824)[232]

중국/일본명　중국명 黃背草(huang bei cao)는 마르면 황갈색으로 형체를 유지하는 것에서 유래했다.
일본명 メガルガヤ(雌쎄茅)는 개솔새(オガルガヤ)에 비해 여성스럽다(雌)는 뜻에서 붙여졌으며, ガ
ルガヤ(쎄茅)는 뿌리로 다른 풀을 벨 수 있다는 뜻이다.

참고　[북한명] 솔새 [유사어] 황모(黃茅) [지방명] 가마귀지장/소새꿀/소새쿨/왕소새(제주)

---

229 이러한 견해로 이우철(2005), p.351과 김종원(2016), p.673 참조.
230 紅根草(홍근초)와 중국의 솔새의 뿌리 사용에 대해서는 『토명대조선만식물자휘』(1932), p.94 참조.
231 이러한 견해로 김종원(2016), p.673 참조.
232 『조선어사전』(1920)은 '솔풀'을 기록했으며 『조선식물명휘』(1922)는 '黃茅, 黃米草, 솔풀'을, 『토명대조선만식물자휘』(1932)
　　는 '[黃茅]황모'를, 『선명대화명지부』(1934)는 '솔풀'을 기록했다.

Trisetum flavescens *Beauver* var. papillosum *Hackel*   カニツリグサ
Jamjari-pi   잠자리피

잠자리피〈*Trisetum bifidum* (Thunb.) Ohwi(1931)〉

잠자리피라는 이름은 꽃차례의 모양이 잠자리를 연상시키는 것에서 유래했다. 『조선식물향명집』에서 최초로 기록된 이름으로 보인다. 한편 한글명 잠자리피가 일본명 カニツリグサ(蟹釣草)와 관련 있다는 견해가 있으나,[233] 게(蟹)를 잡는 놀이와 연관된 일본명과는 전혀 의미가 유사하지 않으므로 타당성은 의문스럽다.

속명 *Trisetum*은 라틴어 *treis*(3)와 *seta*(거센털)의 합성어로 소수(小穗)에 까락이 3개임을 나타내며 잠자리피속을 일컫는다. 종소명 *bifidum*은 '2개로 중간까지 갈라지는'이라는 뜻이다.

다른이름 섬잠자리피(정태현 외, 1937), 제주잠자리피(박만규, 1949), 누런잠자리피(리용재 외, 2011)

중국/일본명 중국명 三毛草(san mao cao)는 속명과 연관된 이름으로 호영(護穎)에 세 가닥의 까락이 있는 것에서 유래했다. 일본명 カニツリグサ(蟹釣草)는 아이들이 이 식물의 줄기로 게(蟹)를 잡는 놀이들 해서 붙여졌다.

참고 [북한명] 누런잠자리피/잠자리피[234]

⊗ Trisetum Taquetii *Hackel*   サイシウカニツリ(イトカニツリ)
Sôm-jamjari-pi   섬잠자리피

잠자리피〈*Trisetum bifidum* (Thunb.) Ohwi(1931)〉

'국가표준식물목록'(2018), 『장진성 식물목록』(2014) 및 '세계식물목록'(2018)은 섬잠자리피를 별도 분류하지 않고 잠자리피에 통합해 이명(synonym)으로 처리하고 있으므로 이 책도 이에 따른다.

Triticum sativum *Lamarck*   コムギ   小麥 (栽)
Mil   밀

밀〈*Triticum aestivum* L.(1753)〉

밀은 아프가니스탄, 아르메니아, 터키가 원산지로 인도, 중국, 몽골을 거쳐 B.C.200~B.C.100에 우

---

233 이러한 견해로 김종원(2016), p.677 참조.
234 북한에서는 *T. bifidum*을 '잠자리피'로, *T. flavescens*를 '누런잠자리피'로 하여 별도 분류하고 있다. 이에 대해서는 리용재 외(2011), p.362 참조.

리나라에 전래된 것으로 알려져 있다.[235] 15세기에 저술된 『능엄경언해』에 현재의 '밀'과 같은 표현이 등장하고, 밀을 뜻하는 만수어 mere처럼 주변국에서도 음기가 유사한 표현이 있는 것으로 보아 원산지에서 전래되는 과정에 만들어진 언어이고, 한반도에 이르러 '밀'로 정착된 것으로 보인다.[236]

속명 *Triticum*은 라틴어 *tritus*(분쇄, 방아질)에서 유래했으며 밀속을 일컫는다. 종소명 *aestivum*은 라틴어 *aestas*(summer)와 –*ivum*(property of)의 합성어로 '여름의'라는 뜻이며, 봄에 심으면 여름에 성숙하는 것을 나타낸다.

다른이름 약누룩(정태현 외, 1936), 소맥(안학수·이춘녕, 1963)

옛이름 小麥/眞麥(향약구급방, 1236),[237] 麥/밀(능엄경언해, 1461), 小麥/밀(구급방언해, 1466), 麥/밀/小麥(분류두공부시언해, 1481), 밀/麥(남명집언해, 1482), 밀/小麥(구급간이방언해, 1489), 밀/麥/小麥(훈몽자회, 1527), 小麥/밀(언해구급방, 1608), 小麥/밀(동의보감, 1613), 眞麥/밀(신간구황촬요, 1660), 밀/小麥(제중신편, 1799), 小麥/밀(물명고, 1824), 小麥(쇼믹)/밀(명물기략, 1870), 밀/麥/쇼믹/小麥(한불자전, 1880), 밀/小麥(방약합편, 1884), 밀/麥(한영자전, 1890), (麥＋來)/밀(자전석요, 1909)[238]

중국/일본명 중국명 小麦(xiao mai)는 대맥(大麥)이라 부르는 보리에 대비한 이름이다. 일본명 コムギ(小麥)는 중국명과 상응하는 이름이다.

참고 [북한어] 밀 [유사어] 소맥(小麥), 진맥(眞麥), 참밀 [지방명] 참밀(강원), 호밀(경남), 밀기울/예밀/참밀/천궁밀/청밀/풋밀(전북), 밀채(제주), 채밀(함북)

Zea Mays *Linné* タウモロコシ 玉蜀黍 (栽)
Og-susu 옥수수(강냉이)

옥수수〈*Zea mays* L.(1753)〉

옥수수라는 이름은 한자어 옥촉서(玉蜀黍)에서 유래한 것으로, 구슬(玉)을 닮은 수수라는 뜻이며 열매가 크고 둥글어서 붙여졌다.[239] 옥슈슈→옥수수로 변화했다. 유사어인 강냉이는 중국에서 전래되었다는 뜻으로, '강남(江南)'과 '이'(접사)가 합쳐져 강남이→강낭이→강냉이로 변화했다.[240]

---

235 이에 대해서는 안완식(1999), p.429 참조.
236 이에 대해서는 강길운(2010), p.586 참조. 다만 강길운은 터키어 bugday를 '밀'의 어원으로 보고 있다.
237 『향약구급방』(1236)의 차자(借字) '眞麥'(진맥)에 대해 남풍현(1981), p.93은 '춤밀'의 표기로 보고 있으며, 이덕봉(1963), p.33은 '참밀'의 표기로 보고 있다.
238 『조선어사전』(1920)은 '참밀, 밀, 小麥(쇼믹)'을 기록했으며 『조선식물명휘』(1922)는 '小麥, 秋, 밀'을, 『토명대조선만식물자휘』(1932)는 '[小麥]쇼믹, [참밀], [밀], [(小麥)麵](쇼믹)면, [麥粉]믹분, [眞末]진가루, [밀(ㅅ)가루], [(麥)麩]믹부, [麥皮]믹피, [밀(ㅅ)기울], [밀(ㅅ)집], [小麥奴]쇼믹노, [밀쌈복기]'를, 『선명대화명지부』(1934)는 '밀'을 기록했다.
239 이러한 견해로 이우철(2005), p.406; 한태호 외(2006), p.47; 김무림(2015), p.635 참조.
240 이러한 견해로 이우철(2005), p.42; 김무림(2015), p.84; 안옥규(1989), p.19 참조.

옥수수는 1700년대 중엽 우리나라에 도입되었다고 알려져 있으나,[241] 『역어유해』에 옥수수에 대한 우리말 기록이 남아 있는 점 등을 보면 1700년 이전 시기에 전래된 것으로 추정한다.

속명 *Zea*는 벼과의 어떤 식물에 대한 고대 그리스명으로, 린네(Carl von Linnè, 1707~1778)가 속명으로 사용한 이후 옥수수속을 일컫게 되었다. 종소명 *mays*는 카리브해 지역의 옥수수 이름에서 유래했다.

다른이름 강낭이(정태현 외, 1937), 강냉이(박만규, 1949)

옛이름 옥슈슈/玉蜀蜀(역어유해, 1690), 玉蜀黍(산림경제, 1715), 玉秫/옥슈슈(방언집석, 1778), 玉秫/옥슈슈(한청문감, 1779), 玉蜀黍/옥슈슈(재물보, 1798), 옥슈슈/玉蜀黍(물보, 1802), 玉垂垂(백운필, 1803), 玉蜀黍/옥슈슈(광재물보, 19세기 초), 玉蜀黍/옥슈슈/玉高粱(물명고, 1824), 玉蜀黍/옥슈슈(명물기략, 1870), 蜀/옥슈슈(녹효방, 1873), 옥슈슈/玉秫秫(한불자전, 1880), 옥슈슈/玉秫秫(한영자전, 1890), 옥수수/玉蜀黍(조선어사전[심], 1925), 옥수수/강냉이(조선어표준말모음, 1936)[242]

중국/일본명 중국명 玉蜀黍(yu shu shu)는 씨앗이 구슬 같은 수수(蜀黍, 高粱)라는 뜻이다. 일본명 タウモロコシ(唐蜀黍)는 중국(唐)에서 전래된 수수라는 뜻이다.

참고 [북한명] 강냉이 [유사어] 당서(唐黍), 옥고량(玉高粱), 옥미수(玉米鬚), 옥출(玉秫), 직당(稷唐) [지방명] 때가지/메옥쉬기/쇠옥쉬기/수끼/에옥수수/옥데끼/옥수기/옥시끼/옥시시/찰옥쉬기(강원), 억수수/옥수꾸/옥수쑤/옥쉬기(경기), 강낭식키/옥수꾸/옥수시/옥시시(경남), 강낭/강낭수꾸/강낭숙개/수끼/옥덱기/옥수갱이/옥수꾸/옥시끼(경북), 강냉이도비/깡냉이/옥구시/옥소꾸/옥수시/옥시시/옥조시/옥지시(전남), 깡냉이/옥구시/옥소꾸/옥수시/옥시시(전북), 강낭대죽/강낭데죽부레기/강낭데죽/대축부레기/대축부르기(제주), 오시키/옥수/옥수꽹이/옥수깽이/옥수꾸/옥수수꽹이/옥수수댕이/옥수캥이/옥시기/옥시깽이/옥시시(충남), 옥수/옥수꾸/옥시기/옥시시(충북), 강능써울/슉기(평북), 개수기/강내/갱수기/당쉬/옥수꾸/옥시/옥시끼(함남), 가내숙기/강냥숙기/개수기/갱내/갱수끼/당쉬이/수꾸/수끼/옥수/옥수끄/옥쉬/주끼(함북), 강내기/갱냉이/깡내/강나미/강내이(황해)

Zizania latifolia *Turczaninow* マコモ 菰

Jul 줄

줄〈*Zizania latifolia* (Griseb.) Turcz. ex Stapf(1909)〉

줄이라는 이름은 중세 국어에서부터 나타나는 우리말이다. 19세기에 저술된 『명물기략』은 "生河

---

241 이러한 견해로 안완식(1999), p.429 참조.

242 『조선어사전』(1920)은 '옥수수, 玉蜀黍(옥촉셔), 玉高粱(옥고량), 玉秫(옥츌), 강낭이'를 기록했으며 『조선식물명휘』(1922)는 '玉蜀黍, 粟米, 옥수수'를, 『토명대조선만식물자휘』(1932)는 '[玉蜀黍]옥촉셔, [玉高粱]옥고량, [玉垂穗]옥수수, [玉秫]옥츌, [강낭이]'를, 『선명대화명지부』(1934)는 '옥수수, 강낭이'를 기록했다.

水芳 狀如龍 芻可爲席 五月采繁角黍之心 故呼爲椶心草 轉云
줄"(강이나 냇물에서 자라는 향초로 생김새가 용과 같고, 줄기와 잎
으로 자리를 짤 수 있다. 오월이면 번성한 줄기의 속을 채취하기 때문
에 종심초라 하는데 음이 변하여 '줄'이라 한다)이라고 기록하고 있
어 선인들이 줄의 유래를 살핀 흔적을 볼 수 있다. 깜부기균에
감염되어 부풀어 오른 줄기의 중심부를 채취하여 식용했는
데 이를 '줄'이라 했다는 것이다. 이렇게 보면 '줄'은 식용한 부
분인 줄기(莖, 梗, 幹)와 같은 의미로 중심을 일컫는 우리말에서
유래했을 것으로 추론할 수 있다.[243] 한편 줄을 자리나 거적을
만드는 데 사용했으므로 '노, 새끼 따위와 같이 무엇을 묶거나
동이는 데에 쓸 수 있는 가늘고 긴 물건을 통틀어 이르는 말',

즉 줄(線, 絲)에서 유래를 찾는 견해가 있다.[244] 그러나 '줄'이 부들이나 갈대에 비해 줄(線, 絲)을 만
드는 것에 그만한 대표성이 있는지 의문스럽다.

속명 Zizania는 밀밭에서 자라는 잡초 이름인 그리스어 zizanion에서 유래했으며 줄속을 일
컫는다. 종소명 latifolia는 '넓은 잎의'라는 뜻으로 잎이 비교적 넓은 것에서 유래했다.

다른이름 줄풀(정태현 외, 1949)

옛이름 菰菜(동국이상국집, 1241), 菰/줄(백련초해, 1576), 菰根/菰菜/彫胡米(동의보감, 1613), 줄/蔄子
草(역어유해, 1690), 줄/菀浦/菰/蔣/菱草/彫胡(물보, 1802), 菰/菰米/菱米/蔄子草/줄(물명고, 1824), 龍常
草/룡샹초/椶心草/종심쵸/줄(명물기략, 1870), 줄/苩(한불자전, 1880), 苩根/줄불희(의방합편, 19세기)[245]

중국/일본명 중국명 菰(gu)는 본디 苽(고)라고 썼는데, 이는 줄의 줄기가 깜부기균에 감염되면 오이
(瓜) 모양으로 부풀고 식용할 수 있는 것과 관련 있다.[246] 일본명 マコモ(真菰)의 유래에 대해서는
논란이 있는데, 진짜 부들이라는 뜻의 マカマ(真蒲)에서 유래했다는 견해와 말의 거적이라는 뜻의
マコモ(馬薦)에서 유래했다는 견해 등이 있다.

참고 [북한명] 줄풀 [유사어] 고(菰), 교백(菱白), 진고(眞菰), 침고(沈菰) [지방명] 줄풀(경기), 게에기
(제주)

---

243 다만 『명물기략』(1870)은 한글명의 어원을 지나치게 한자어로부터 도출하는 문제가 있어, '줄'이 오래된 옛말인 점에 비
추어 한자어 종심초(椶心草)가 변해 형성되었다는 주장은 취하기 어려워 보인다.

244 이러한 견해로 김종원(2013), p.1004 참조.

245 『조선어사전』(1920)은 '줄, 菰菜(고취), 菰根(고근)'을 기록했으며 『조선식물명휘』(1922)는 '菰, 菱筍, 菰蔣, 줄풀'을, 『토명대
조선만식물자휘』(1932)는 '[菰草]고초, [줄], [菰菜]고취, [줄싹], [菰]묘, [菱米]교미, [彫胡(米)]됴호(미), [줄순], [菰根]고근'을,
『선명대화명지부』(1934)는 '쥴풀'을 기록했다.

246 중국의 『본초강목』(1596)은 穀部(곡부)에서 "菰本作苽 菱草也 其中生菌如瓜形 可食 故謂之苽"[菰(고)는 본디 苽(고)라 썼다.
菱草(교초)를 일컫는다. 그 속에서 균이 자라면 오이 모양과 같다. 먹을 수 있기 때문에 苽(과)라 부른다]라고 했다.

Zoysia japonica *Steudel* シバ
Jandŭe 잔듸

잔디〈*Zoysia japonica* Steud.(1854)〉

잔디라는 이름은 '잘(다)+ㄴ+듸/쒸/뛰/띄(茅)'로 이루어졌으며, 크기가 작은 띠 종류의 풀이란 뜻에서 유래했다.[247] 1870년에 저술된 『명물기략』은 "莎草사초 小茅也"(사초는 작은 띠이다)라고 기록하고 있다. 잔디는 젼뛰→쟘쒸→쟌뛰→잔듸→잔디의 변화 과정을 거쳐 형성된 것으로 보인다. 『조선식물향명집』은 '잔듸'로 기록했으나 『우리나라 식물명감』에서 '잔디'로 개칭했다.

속명 *Zoysia*는 오스트리아 식물학자 Karl von Zoys(1756~1800)의 이름에서 유래했으며 잔디속을 일컫는다. 종소명 *japonica*는 '일본의'라는 뜻으로 원산지를 나타낸다.

다른이름 잔듸(정태현 외, 1937), 푸른잔디(박만규, 1949), 푸른잔디(안학수·이춘녕, 1963), 금잔디(리용재 외, 2011)

옛이름 젼뛰/莎(분류두공부시언해, 1481), 馬菲草/젼또아기/牛毛草(역어유해, 1690), 쟘쒸/莎草(동문유해, 1748), 쟘쒸/莎草(몽어유해, 1768), 쟌뛰/莎草(방언집석, 1778), 囲軍草/쟘씌(물명고, 1824), 莎草/小茅/잔듸(명물기략, 1870), 잔듸/莎(한불자전, 1880), 잔듸/莎(한영자전, 1890), 莎草/잔듸(자전석요, 1909), 莎草/잔디(신자전, 1915), 잔디(조선구전민요집, 1933), 잔디(조선어표준말모음, 1936)[248]

중국/일본명 중국명 结缕草(jié lǚ cao)는 실가닥을 묶어놓은 듯한 풀이라는 뜻이다. 일본명 シバ는 가는 잎(細葉, さいは) 또는 무성한 잎(繁葉, しばは)이라는 뜻에서 붙여진 이름으로 알려져 있다.

참고 [북한명] 잔디 [유사어] 결루초(結縷草), 부사(覆莎), 사초(莎草), 초모(草茅) [지방명] 넓은잔대띄/잔떼/잔두/잠떼/짠두/짠뚜(강원), 떼짠대기/떼짠디기/뗏잔디/뛰/띠짠디/잔대기/짠다구/짠지/짬디(경남), 딴지/때딴지/떼딴지/띠짠대기/잔지/잔두데/잔띠/참떼(경북), 떼부랭이/뙤/띳장/싼두박/짠두박/짠디/짠디박(전남), 쐬/자되/잔데기(전북), 때역/떼역/잔뒤역/테역/퇴역/퉤역(제주), 뛰/쐐/쐬/잔데기/잔데기풀/잔디기(충남), 잔두/짬띠(평남), 뙈/잔두/쩜띠(평북), 잠뛰/짠잔띠(함남), 뙈/잔대/잰디(황해)

---

247 이러한 견해로 백문식(2014), p.428과 김종원(2016), p.679 참조. 다만 장충덕(2007), p.96은 잔디의 고어형이 '젼뛰'이고 '젼'의 어원과 의미는 알 수 없다고 하므로 주의가 필요하다.

248 『조선어사전』(1920)은 '잔듸, 莎草(사초), 잔대미, 쩨'를 기록했으며 『조선식물명휘』(1922)는 '結縷草, 잔듸'를, 『토명대조선만식물자휘』(1932)는 '[莎草]사초, [結縷草]결루초, [잔대미], [잔듸], [쩨], [잔듸밧]'을, 『선명대화명지부』(1934)는 '잔듸'를 기록했다.

Cyperaceae 사초科 (莎草科)

사초과〈**Cyperace**a**e** Juss.(1789)〉

사초과는 향부자나 잔디를 뜻하는 한자어 사초(莎草)에서 유래한 과명이며 방동사니과라고도 한다. '국가표준식물목록'(2018), 『장진성 식물목록』(2014) 및 '세계식물목록'(2018)은 *Cyperus*(방동사니속)에서 유래한 Cyperaceae를 과명으로 기재하고 있으며, 엥글러(Engler), 크론키스트(Cronquist) 및 APG IV (2016) 분류 체계도 이와 같다.

Bulbostylis barbata *Kunth* ハタガヤ
Mogi-gol 모기골

모기골〈*Bulbostylis barbata* (Rottb.) C.B.Clarke(1893)〉

모기골이라는 이름은 '모기'와 '골'의 합성어로, 식물체가 작은 것을 모기에 비유하고 골풀을 닮은 식물이라는 뜻에서 붙여졌다.[1] 『조선식물향명집』에서 전통 명칭 '골'을 기본으로 하고 식물의 형태적 특징을 나타내는 '모기'를 추가해 신칭했다.[2]

속명 *Bulbostylis*는 그리스어 *bulbos*(비늘줄기)와 *stylus*(암술대)의 합성어로, 암술대 아래쪽이 비늘줄기 모양으로 부풀어 오래 남아 있어 붙여졌으며 모기골속을 일컫는다. 종소명 *barbata*는 *barba*(턱수염)에 –*atus*(형용사화 접미사)가 붙은 형태로 '까락이 있는'이라는 뜻이다.

다른이름 모기풀(박만규, 1949)

중국/일본명 중국명 球柱草(qiu zhu cao)는 원모양의 암술대를 가진 식물이라는 뜻으로 학명과 연관되어 있다. 일본명 ハタガヤ(畑ガヤ)는 화전을 일구던 땅에서 자라는 식물이라는 뜻이다.

참고 [북한명] 모기골

Bulbostylis capillaris *Kunth* var. capitata *Miquel* イトテンツキ
Sil-hanul-jigi 실하늘직이

꽃하늘지기〈*Bulbostylis densa* (Wall.) Hand.-Mazz.(1930)〉

'국가표준식물목록'(2018), 『장진성 식물목록』(2014) 및 '중국식물지'(2018)는 실하늘직이를 꽃하늘지기에 통합하고 별도 분류하지 않으므로 이 책도 이에 따른다.

---

1 이러한 견해로 이우철(2005), p.224 참조.
2 이에 대해서는 『조선식물향명집』, 색인 p.37 참조.

Bulbostylis capillaris *Kunth* var. trifida *Clarke*　イトハナビテンツキ
Ĝot-hanul-jigi　꽃하늘직이

꽃하늘지기〈*Bulbostylis densa* (Wall.) Hand.-Mazz.(1930)〉

꽃하늘지기라는 이름은 꽃이 아름다운 하늘지기라는 뜻이다.[3] 『조선식물향명집』에서는 '꽃하늘직이'를 신칭해 기록했으나,[4] 『한국식물도감(하권 초본부)』에서 '꽃하늘지기'로 기록해 현재에 이르고 있다.

속명 *Bulbostylis*는 그리스어 *bulbos*(비늘줄기)와 *stylus*(암술대)의 합성어로, 암술대 아래쪽이 비늘줄기 모양으로 부풀어 오래 남아 있어 붙여졌으며 모기골속을 일컫는다. 종소명 *densa*는 '밀생(密生)하는, 무성한'이라는 뜻이다.

다른이름 꽃하늘직이/실하늘지기(정태현 외, 1937), 꽃하늘직이/실하늘직이(박만규, 1949), 꽃하늘지기(정태현 외, 1949), 실하늘지기(안학수·이춘녕, 1963)

중국/일본명 중국명 丝叶球柱草(si ye qiu zhu cao)는 실처럼 가는 잎을 가진 구주초(球柱草: 모기골의 중국명)라는 뜻이다. **일본명** イトハナビテンツキ(糸花火点突)는 실처럼 잎이 가늘고(糸) 꽃차례가 갈라진 모양이 꽃불(花火) 같으며 작은이삭이 점으로 사그라든다(点突)는 뜻에서 붙여졌다.

참고 [북한명] 꽃하늘지기

Carex biwensis *Franchet*　マツバスゲ
Solip-sacho　솔잎사초

솔잎사초〈*Carex rara* Boott(1845)〉[5]

솔잎사초라는 이름은 잎의 형태가 솔잎과 유사한 사초라는 뜻이다.[6] 『조선식물향명집』에서 전통명칭 '사초'를 기본으로 하고 식물의 형태적 특징을 나타내는 '솔잎'을 추가해 신칭했다.[7] 한·중·일 3국이 유사한 뜻의 식물명을 공유하고 있다.

속명 *Carex*는 갈대나 골풀을 뜻하는 고대 라틴명 *carex*에서 유래했으며 사초속을 일컫는다. 종소명 *rara*는 '성긴, 드문, 희귀한'이라는 뜻이다.

중국/일본명 중국명 松叶薹草(song ye tai cao)는 솔잎을 닮은 대초(薹草: 사초의 중국명)라는 뜻이다. 일

3　이러한 견해로 이우철(2005), p.121과 김종원(2016), p.684 참조.
4　이에 대해서는 『조선식물향명집』, 색인 p.32 참조.
5　'국가표준식물목록'(2018)은 솔잎사초의 학명을 *Carex biwensis* Franch.(1895)로 기재하고 있으나, 『장진성 식물목록』(2014), '세계식물목록'(2018) 및 '중국식물지'(2018)는 이를 본문 학명의 이명(synonym)으로 처리하고 있다.
6　이러한 견해로 이우철(2005), p.352 참조.
7　이에 대해서는 『조선식물향명집』, 색인 p.41 참조.

본명 マツバスゲ(松葉菅)는 소나무 잎을 닮은 사초(スゲ)라는 뜻이다.

참고 [북한명] 솔잎사초

Carex bostrichostigma *Maximowicz* ヤマヂスゲ
Gildug-sacho 길뚝사초

길뚝사초〈*Carex bostrychostigma* Maxim.(1887)〉

길뚝사초라는 이름은 길가나 둑(뚝)에 흔히 자라는 사초라는
뜻이다. 『조선식물향명집』에서 전통 명칭 '사초'를 기본으로 하
고 식물의 산지(産地)를 나타내는 '길뚝'을 추가해 신청했다.[8] 흔
히 일본명 ヤマジスゲ(山路菅)를 따랐다고 설명하나,[9] 일본명은
산길에서 자라는 スゲ(菅)라는 것이므로 접두어 뜻도, 기본으
로 하는 이름인 사초에 대한 표현도 한국명과 동일하지는 않다.
　속명 *Carex*는 갈대나 골풀을 뜻하는 고대 라틴명 *carex*에
서 유래했으며 사초속을 일컫는다. 종소명 *bostrychostigma*
는 *bostrychus*(곱슬곱슬한)와 *stigma*(암술머리)의 합성어로
암술의 모양에서 유래했다.

중국/일본명 중국명 卷柱头薹草(juan zhu tou tai cao)는 암술이
말리는 대초(薹草: 사초의 중국명)라는 뜻으로 학명과 연관되어 있다. 일본명 ヤマヂスゲ(山路菅)는
산의 길가에 나는 사초(スゲ)라는 뜻이다.

참고 [북한명] 길뚝사초

Carex breviculmis *R. Brown* var. Royleana *Kuekenthal* アヲスゲ
Isam-sacho 이삼사초

청사초〈*Carex breviculmis* R.Br.(1810)〉[10]

8　이에 대해서는 『조선식물향명집』, 색인 p.33 참조.

9　이러한 견해로 이우철(2005), p.111과 김종원(2013), p.262 참조.

10　'국가표준식물목록'(2018)은 청사초의 학명을 *Carex breviculmis* R.Br.(1810)로, 이삼사초의 학명을 *Carex leucochlora*
　　Bunge(1833)로 하여 별도 분류하고 있다. 그러나 '세계식물목록'(2018)과 '중국식물지'(2018)는 *C. leucochlora*를
　　*C. breviculmis*의 이명(synonym)으로 처리했고, 『장진성 식물목록』(2014)은 갯청사초〈*Carex breviculmis* var.
　　fibrillosa (Franch. & Sav.) Matsum. & Hayata(1906)>의 이명(synonym)으로 처리했기에 이 책에서도 이를 별도 분류하
　　지 않았다. 한편 청사초의 학명을 『장진성 식물목록』(2014)은 *Carex mitrata* Frnach.(1895)로 기재했으나, 이는 겨사초

청사초라는 이름은 『조선식물명집』에 따른 것으로, 푸른색을 띠는 사초라는 뜻에서 유래했다.[11] 『조선식물향명집』에서 신칭한 이삼사초에서 '이삼'은 그 수량이 둘이나 셋임을 나타내는 말과 같으므로,[12] 웅성소수 아래에 달리는 자성소수의 개수와 관련된 이름으로 추정되나 정확한 유래는 알려져 있지 않다.

속명 *Carex*는 갈대나 골풀을 뜻하는 고대 라틴명 *carex*에서 유래했으며 사초속을 일컫는다. 종소명 *breviculmis*는 '짧은 줄기를 가진'이라는 뜻이다.

다른이름 이삼사초(정태현 외, 1937), 풀사초(박만규, 1949), 두메사초(리종오, 1964)

중국/일본명 중국명 青绿薹草(qing lü tai cao)는 청록색을 띠는 대초(薹草: 사초의 중국명)라는 뜻이다. 일본명 アヲスゲ(青菅)는 푸른색을 띠는 사초(スゲ)라는 뜻이다.

참고 [북한명] 두메청사초/청사초[13]

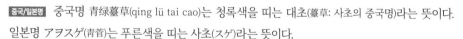

Carex cernua *Boott*　アゼナルコスゲ
Isag-sacho　이삭사초

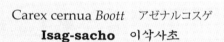

이삭사초〈*Carex dimorpholepis* Steud.(1855)〉

이삭사초라는 이름은 가늘고 긴 자루를 가진 자성소수가 아래로 늘어지는 모습이 이삭을 닮아 붙여졌다.[14] 옛이름과 당시 보편적으로 사용하는 이름이 없어, 『조선식물향명집』에서 전통 명칭 '사초'를 기본으로 하고 '이삭'을 추가해 신칭했다.[15]

속명 *Carex*는 갈대나 골풀을 뜻하는 고대 라틴명 *carex*에서 유래했으며 사초속을 일컫는다. 종소명 *dimorpholepis*는 '두 형태의 비늘조각이 있는'이라는 뜻이다.

다른이름 방울사초(안학수·이춘녕, 1963)

의 학명이므로 이 책은 '세계식물목록'(2018), '중국식물지'(2018) 및 조양훈 외(2016)에 따라 본문의 학명을 정명으로 했다. 거사초에 대한 보다 자세한 설명은 조양훈 외(2016), p.474 참조.

11　이러한 견해로 이우철(2005), p.516과 김종원(2016), p.688 참조.

12　이에 대해서는 국립국어원, '표준국어대사전' 중 '이삼' 참조.

13　북한에서는 *C. leucochlora*를 '청사초'로, *C. breviculmis*를 '두메청사초'로 하여 별도 분류하고 있다. 이에 대한 자세한 내용은 리용재 외(2011), p.74 참조.

14　이러한 견해로 김종원(2013), p.1018 참조.

15　이에 대해서는 『조선식물향명집』, 색인 p.44 참조.

중국명 二形鱗薹草(er xing lin tai cao)는 두 가지 형태의 비늘조각을 가진 대초(薹草: 사초의 중국명)라는 뜻으로 학명과 연관되이 있다. 일본명 アゼナルコスゲ(畔鳴子菅)는 밭두둑(畔) 같은 곳에서 자라고 딸랑이(鳴子)를 닮은 사초(スゲ)라는 뜻이다.

[북한명] 이삭사초

Carex Dickensii *Franchet et Savatier* ミクリスゲ(オニスゲ)
Doggaebi-sacho 독개비사초

도깨비사초〈*Carex dickinsii* Franch. & Sav.(1873)〉

도깨비사초라는 이름은 열매의 모양이 도깨비를 연상시키는 사초라는 뜻에서 유래했다.[16] 『조선식물향명집』에서는 '독개비사초'를 신청했으나[17] 『조선식물명집』에서 '도깨비사초'로 개칭해 현재에 이르고 있다.

속명 *Carex*는 갈대나 골풀을 뜻하는 고대 라틴명 *carex*에서 유래했으며 사초속을 일컫는다. 종소명 *dickinsii*는 영국인 의사로 일본에 체류하며 식물을 채집한 Frederick Victor Dickins(1838~1915)의 이름에서 유래했다.

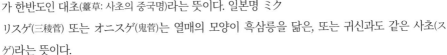

독개비사초(정태현 외, 1937), 뿔사초(임록재 외, 1972)

중국명 朝鮮薹草(chao xian tai cao)는 주된 분포지가 한반도인 대초(薹草: 사초의 중국명)라는 뜻이다. 일본명 ミクリスゲ(三稜菅) 또는 オニスゲ(鬼菅)는 열매의 모양이 흑삼릉을 닮은, 또는 귀신과도 같은 사초(スゲ)라는 뜻이다.

[북한명] 뿔사초

Carex displata *Boott* カサスゲ
Satgat-sacho 삿갓사초

삿갓사초〈*Carex dispalata* Boott(1857)〉

삿갓사초라는 이름은 『조선식물향명집』에서 신청한 것으로,[18] 키가 크고 잎이 넓은 사초로 삿갓

---

16 이러한 견해로 이우철(2005), p.179와 허북구·박석근(2008a), p.70 참조.
17 이에 대해서는 『조선식물향명집』, 색인 p.35 참조.
18 이에 대해서는 위의 책, 색인 p.40 참조.

을 만들 때 사용한다는 뜻에서 붙여졌다. 옛이름을 알 수 없어 신칭할 때 일본명을 참조했을 것으로 보는 견해가 있다.[19]

속명 *Carex*는 갈대나 골풀을 뜻하는 고대 라틴명 *carex*에서 유래했으며 사초속을 일컫는다. 종소명 *dispalata*는 '분할된'이라는 뜻이다.

다른이름 삭갓사초(박만규, 1949), 등줄삿갓사초(임록재 외, 1972)[20]

중국/일본명 중국명 皺果薹草(zhou guo tai cao)는 열매에 주름이 있는 대초(薹草: 사초의 중국명)라는 뜻이다. 일본명 カサスゲ(傘菅)는 우산을 만드는 사초(スゲ)라는 뜻이다.

참고 [북한명] 삿갓사초

Carex incisa *Boott*　タニスゲ
Baraengi-sacho　바랭이사초

바랭이사초〈*Carex incisa* Boott(1856)〉

바랭이사초라는 이름은 벼과의 바랭이를 닮은 사초라는 뜻이다.[21] 당시 불리던 이름이 없어 『조선식물향명집』에서 전통 명칭 '사초'를 기본으로 하고 '바랭이'를 추가해 신칭했다.[22]

속명 *Carex*는 갈대나 골풀을 뜻하는 고대 라틴명 *carex*에서 유래했으며 사초속을 일컫는다. 종소명 *incisa*는 '예리하게 갈라진'이라는 뜻이다.

다른이름 시내사초(박만규, 1949), 바랑이사초(정태현 외, 1949)

중국/일본명 '중국식물지'는 바랭이사초를 기재하지 않고 있다. 일본명 タニスゲ(谷菅)는 계곡에서 자라는 사초(スゲ)라는 뜻이다.

참고 [북한명] 바랭이사초

Carex japonica *Thunberg*　ヒゴスゲ
Gaejibori-sacho　개찌버리사초

개찌버리사초〈*Carex japonica* Thunb.(1784)〉

개찌버리사초라는 이름은 꽃 또는 열매의 모양이 개똥벌레를 닮은 사초라는 뜻에서 붙여진 것으

19　이러한 견해로 이우철(2005), p.321과 김종원(2013), p.1019 참조.
20　『조선식물명휘』(1922)는 한글명 없이 한자로 '薹, 薹'를 기록했다.
21　이러한 견해로 이우철(2005), p.255 참조.
22　이에 대해서는 『조선식물향명집』, 색인 p.37 참조.

로 추정한다.[23] 개찌버리는 개똥벌레(반딧불이)의 함경도 방언이다.[24] 『조선식물향명집』에서 전통 명칭 '사초'를 기본으로 하고 식물의 형태적 특징을 나타내는 '개찌버리'를 추가해 신칭했다.[25]

속명 *Carex*는 갈대나 골풀을 뜻하는 고대 라틴명 *carex*에서 유래했으며 사초속을 일컫는다. 종소명 *japonica*는 '일본의'라는 뜻으로 최초 발견지 또는 분포지를 나타낸다.

[중국/일본명] 중국명 日本薹草(ri ben tai cao)는 일본에 분포하는 대초(薹草: 사초의 중국명)라는 뜻이다. 일본명 ヒゴスゲ(肥後菅/籤菅)는 어원 불명의 ヒゴ(肥後) 또는 점을 치는 댓가지(籤)를 닮은 사초(スゲ)라는 뜻이다.

[참고] [북한명] 개찌버리사초

Carex Maackii *Maximowicz*　ヤガミスゲ
Tarae-sacho　타래사초

타래사초〈*Carex maackii* Maxim.(1859)〉
타래사초라는 이름은 꽃차례의 작은이삭이 타래와 같이 달리고 사초를 닮았다는 뜻에서 붙여졌다.[26] 『조선식물향명집』에서 전통 명칭 '사초'를 기본으로 하고 '타래'를 추가해 신칭했다.[27]

속명 *Carex*는 갈대나 골풀을 뜻하는 고대 라틴명 *carex*에서 유래했으며 사초속을 일컫는다. 종소명 *maackii*는 러시아 식물학자 Richard Otto Maack(1825~1886)의 이름에서 유래했다.

[중국/일본명] 중국명 卵果薹草(luan guo tai cao)는 열매가 알 모양으로 생긴 대초(薹草: 사초의 중국명)라는 뜻이다. 일본명 ヤガミスゲ에서 ヤガミ는 어원 불명이나 어떤 지역을 나타내는 말로 보이며, 이 지역에서 나는 사초(スゲ)라는 뜻이다.

[참고] [북한명] 타래사초

Carex macrocephala *Willdenow*　コウバウムギ
Kǔn-bori-daegari　큰보리대가리

통보리사초〈*Carex kobomugi* Ohwi(1930)〉
통보리사초라는 이름은 열매가 통보리(가공하기 전 통째로의 보리)를 연상시키는 사초라는 뜻에서

23　이러한 견해로 이우철(2005), p.58 참조.
24　그 외에 개똥벌레의 방언으로 개똥바리(경기), 깨찌벌레(강원), 깨뚜벌기(함남), 깨뜰빼기(평북), 깨띠벌기(평안) 등이 있다. 이에 대한 자세한 내용은 고려대학교 민족문화연구원, '고려대한국어대사전' 중 '개똥벌레' 참조.
25　이에 대해서는 『조선식물향명집』, 색인 p.31 참조.
26　이러한 견해로 이우철(2005), p.546 참조.
27　이에 대해서는 『조선식물향명집』, 색인 p.47 참조.

유래했다.[28] 『조선식물향명집』에 기록된 '큰보리대가리'는 열매의 모양이 큰 보리를 닮았다는 뜻에서 붙여진 이름이다. 그 후 『우리나라 식물명감』에서 '통보리사초'로 기록해 현재에 이르고 있다.

속명 Carex는 갈대나 골풀을 뜻하는 고대 라틴명 carex에서 유래했으며 사초속을 일컫는다. 종소명 kobomugi는 일본명 コウボウムギ(弘法麦)에서 유래했다.

다른이름 큰보리대가리(정태현 외, 1937), 보리사초(정태현 외, 1949), 큰보리사초(리용재 외, 2011)

옛이름 蒒草/自然穀/禹除糧(재물보, 1798), 蒒草/自然穀(광재물보, 19세기 초), 蒒篩草/自然穀/禹除粮(물명고, 1824), 蒒篩草/自然穀/禹除糧(임원경제지, 1842),[29] 蒒篩/自然穀/禹除糧(송남잡지, 1855)[30]

중국/일본명 중국명 篩草(shai cao)는 대나무의 한 종류인 사(篩)를 닮은 풀이라는 뜻이다. 일본명 コウバウムキ(弘法麦)는 꽃차례가 붓(筆)을 닮아 일본 고대의 명필가 홍법대사(弘法大師)를 연상시키고 보리와 유사하다는 뜻에서 붙여졌다.

참고 [북한명] 보리사초/통보리사초[31]

Carex neurocarpa *Maximowicz* ミコシガヤ
Gwaengi-sacho 괭이사초

괭이사초〈*Carex neurocarpa* Maxim.(1859)〉

괭이사초라는 이름은 『조선식물향명집』에서 신칭한 것이다.[32] 식물명의 '괭이'는 일반적으로 고양이를 일컫는다. 줄기 끝에 소수(小穗)와 긴 포가 달리는 모습이 고양이를 닮은 사초라는 뜻에서 붙여진 이름으로 추정한다.[33]

---

28 이러한 견해로 이우철(2005), p.569 참조.
29 서유구가 저술한 『임원경제지』(1842)는 "東海州上有草 名曰蒒 有實 食之如大麥 七月熟 民斂穫之冬乃訖 呼爲自然穀 亦曰禹餘糧"[동해의 모래톱 가에 풀이 있으니, 사(蒒)라 한다. 열매는 보리와 같은데 식용한다. 7월에 익지만 백성들의 수확은 겨울이 되어야 끝난다. 자연곡 또는 우여량이라 한다]이라고 기록했다.
30 『조선식물명휘』(1922)는 한글명 없이 한자로 '篩草'를 기록했다.
31 북한에서는 C. konomugi를 '보리사초'로, C. macrocephala를 '통보리사초'로 하여 별도 분류하고 있다. 이에 대해서는 리용재 외(2011), p.75 참조.
32 이에 대해서는 『조선식물향명집』, 색인 p.32 참조.
33 이러한 견해로 김종원(2013), p.264 참조. 한편 김종원은 괭이사초라는 이름이 꽃차례의 모양이 농기구 괭이를 연상시킨다는 뜻에서 유래한 이름일 수 있다고도 추정한다. 그러나 『조선식물향명집』에 기록된 식물 이름의 '괭이'(괭이눈/괭이밥)

속명 *Carex*는 갈대나 골풀을 뜻하는 고대 라틴명 *carex*에서 유래했으며 사초속을 일컫는다. 종소명 *neurocarpa*는 '맥이 있는 열매의'라는 뜻이다.

다른이름 수염사초/참보리사초(안학수·이춘녕, 1963)[34]

중국/일본명 중국명 翼果薹草(yi guo tai cao)는 열매에 날개(맥)가 있는 대초(薹草: 사초의 중국명)라는 뜻으로 학명과 연관되어 있다. 일본명 ミコシガヤ(御輿茅)는 어깨에 둘러메고 축제에 사용하는 가마(御輿)를 닮은 풀이라는 뜻이다.

참고 [북한명] 괭이사초 [지방명] 고라지/상고지(제주)

Carex Onoei *Franchet et Savatier*   ハリスゲ
Banúl-sacho   바늘사초

바늘사초〈*Carex onoei* Franch. & Sav.(1875)〉

바늘사초라는 이름은 바늘처럼 가는 사초라는 뜻이다.[35] 『조선식물향명집』에서 전통 명칭 '사초'를 기본으로 하고 '바늘'을 추가해 신칭했다.[36]

속명 *Carex*는 갈대나 골풀을 뜻하는 고대 라틴명 *carex*에서 유래했으며 사초속을 일컫는다. 종소명 *onoei*는 일본 메이지 시대의 식물학자 오노 모토요시(小野職愨, 1838~1890)의 이름에서 유래했다.

다른이름 음알바늘사초(박만규, 1949), 좀바늘사초(정태현, 1970), 음달바늘사초(임록재 외, 1972)

중국/일본명 중국명 针叶薹草(zhen ye tai cao)는 잎이 바늘 같은 대초(薹草: 사초의 중국명)라는 뜻이다. 일본명 ハリスゲ(針菅)는 침처럼 뾰족한 사초(スゲ)라는 뜻이다.

참고 [북한명] 바늘사초

Carex siderosticta *Hance*   タガネサウ
Dae-sacho   대사초

대사초〈*Carex siderosticta* Hance(1873)〉

대사초라는 이름은 잎이 나란히맥으로 대나무와 유사한 사초라는 뜻에서 유래했다.[37] 『조선식물

는 모두 고양이를 의미하고, 괭이사초의 다른이름으로 동물의 신체에서 형상화된 수염사초가 있는 점에 비추어볼 때 괭이사초는 동물 고양이의 모습을 연상하여 붙여진 이름으로 보인다.

34 『선명대화명지부』(1934)는 '방동산이'를 기록했다.

35 이러한 견해로 이우철(2005), p.254 참조.

36 이에 대해서는 『조선식물향명집』, 색인 p.37 참조.

37 이러한 견해로 이우철(2005), p.171 참조.

향명집』에 최초로 기록된 것으로 보이나 『조선식물향명집』의
색인에 따르면 신칭한 이름은 아니므로 실제 민간에서 사용하
던 이름을 채록한 것으로 추정한다.

속명 Carex는 갈대나 골풀을 뜻하는 고대 라틴명 carex에
서 유래했으며 사초속을 일컫는다. 종소명 siderosticta는 '쇳
빛의 점이 있는'이라는 뜻이다.

옛이름 崖棕(광재물보, 19세기 초)[38]

중국/일본명 중국명 宽叶薹草(kuan ye tai cao)는 잎이 넓은 대초
(薹草: 사초의 중국명)라는 뜻이다. 일본명 タガネサウ(鏨草)는
잎의 모양이 금속이나 암석에 구멍을 뚫거나 다듬는 데 쓰는
끝이 뾰족한 연장(鏨)을 닮은 식물이라는 뜻이다.

참고 [북한명] 대사초 [유사어] 애종근(崖棕根)

Carex Thunbergii *Steudel*   アゼスゲ
Dug-sacho   뚝사초

뚝사초〈*Carex thunbergii* Steud.(1846)〉[39]

뚝사초라는 이름은 '뚝'과 '사초'의 합성어로, 둑(뚝)에 나는 사초라는 뜻이다.[40] 『조선식물향명집』
에서 전통 명칭 '사초'를 기본으로 하고 식물의 산지(産地)를 나타나는 '뚝'을 추가해 신칭했다.[41]
한·중·일 3국이 비슷한 뜻의 이름을 사용하고 있다.

속명 Carex는 갈대나 골풀을 뜻하는 고대 라틴명 carex에서 유래했으며 사초속을 일컫는다.
종소명 thunbergii는 스웨덴 식물학자로 일본 식물을 연구한 Carl Peter Thunberg(1743~1828)
의 이름에서 유래했다.

다른이름 논드렁사초(박만규, 1949), 논두렁사초(안학수·이춘녕, 1963), 둑사초(리종오, 1964), 복지사
초/좀별사초(한진건 외, 1982)

중국/일본명 중국명 陌上菅(mo shang jian)은 두렁길(陌) 위에서 자라는 관(菅: 골 종류의 중국명)이라
는 뜻이다. 일본명 アゼスゲ(畔菅)는 밭둑이나 논둑 위에서 자라는 사초(スゲ)라는 뜻이다.

---

38 『조선식물명휘』(1922)는 '崖棕'을 기록했다.

39 '국가표준식물목록'(2018)은 뚝사초의 학명을 Carex appendiculata (Trautv. & C.A.Mey.) Kük.(1935)으로 기재하고 있으
나, 『장진성 식물목록』(2014), '세계식물목록'(2018) 및 '중국식물지'(2018)는 본문의 학명을 정명으로 기재하고 있다.

40 이러한 견해로 이우철(2005), p.205 참조. 일제강점기에 조선어학회가 발간한 『조선어표준말모음』(1936), p.5는 둑(堤防)의
방언으로 '뚝'이 있음을 기록했다.

41 이에 대해서는 『조선식물향명집』, 색인 p.36 참조.

Carex vesicaria *Linné* オニナルコスゲ
Sae-bañgul-sacho 새방울사초

새방울사초 〈*Carex vesicaria* L.(1753)〉

새방울사초라는 이름은 '새'와 '방울사초'의 합성어로, 식물명에서 '새(鳥)'는 기준이 되는 식물과 비슷하다는 뜻이므로 방울사초와 닮아서 붙여진 것으로 추정한다. 『조선식물향명집』에서 신칭한 이름이다.[42] 한편 방울사초는 꽃차례가 아래로 처지는 모양이 방울을 연상시키는 사초라는 뜻이다. 이는 일본명에서 *Carex curvicollis* Franch. & Sav.(1878)를 방울사초라는 뜻의 ナルコスゲ(鳴子菅)라고 하고, *Carex vesicaria* L.(1753)을 이보다 식물체가 큰 방울사초라는 뜻의 オニナルコスゲ(鬼鳴子菅)라고 한 것에서 영향을 받은 것으로 보인다. 그런데 한반도에서는 *Carex curvicollis* Franch. & Sav.(1878)의 분포가 확인되지 않으므로 국명에 굳이 '새'를 붙인 것은 의아하다. 『조선고등식물분류명집』에서 기재한 북한명 '둥굴레사초'는 땅속줄기가 옆으로 뻗는 것을 둥굴레에 비유한 것으로 추정한다.

속명 *Carex*는 갈대나 골풀을 뜻하는 고대 라틴명 *carex*에서 유래했으며 사초속을 일컫는다. 종소명 *vesicaria*는 '작은포가 있는'이라는 뜻이다.

다른이름 둥굴레사초(리종오, 1964), 큰방울사초(정태현, 1970)

중국/일본명 중국명 胀囊薹草(zhang nang tai cao)는 꽃차례가 부푼 주머니모양의 대초(薹草: 사초의 중국명)라는 뜻이다. 일본명 オニナルコスゲ(鬼鳴子菅)는 식물체가 크고(鬼), 꽃차례가 아래로 처지는 모양이 방울을 연상시키는 사초(スゲ)라는 뜻이다.

참고 [북한명] 둥굴레사초

Cyperus amuricus *Maximowicz* カヤツリグサ
Bañgdoñgsani 방동산이

방동사니 〈*Cyperus amuricus* Maxim.(1859)〉

방동사니라는 이름은 '방동'과 '사니'의 합성어로, 왕골과 달리 촘촘한 돗자리는 만들 수 없고 그물인 '반도'나 만들 수 있다는 뜻, 또는 아이들의 소꿉놀이를 뜻하는 '방두깨'로나 사용할 수 있다

---

42 이에 대해서는 『조선식물향명집』, 색인 p.40 참조.

는 뜻에서 유래했다.[43] 방동사니의 옛 표현으로 위백규가 저술한 『존재집』에 이두식 차자(借字) 표기로 추정하는 한자명 '方同三'(방동삼)을 기록한 것이 있다. 문헌상 확인되는 바에 따르면 방동삼→방동산이→방동사니의 형태로 음운이 변화했다. 방동사니에서 '사니'는 옛말로 사니, 산이, 산니 등으로 기록했으며 살아 있는 존재를 뜻한다.[44] '방동'은 『존재집』에서 왕골과 대비하여 가짜 왕골의 뜻으로 사용했고, 『물명고』는 바닥의 구멍이 굵은 얼금체(어레미)를 연상시키는 골풀 종류라는 뜻의 '얼거미골'이라는 이름을 기록했다. 이에 비추어 양쪽 끝에 가늘고 긴 막대로 손잡이를 만든 그물을 뜻하는 옛말 '반도'[45]에서 왔을 것으로 추정한다. 또는 소꿉놀이를 뜻하는

경상도 방언 '방두쌔'[46]의 '방두'라는 뜻이 있거나 그로부터 변한 말로 보인다.[47] 『조선식물향명집』은 '방동산이'로 기록했으나 『한국식물명감』에서 표기법에 맞추어 '방동사니'로 개칭해 현재에 이르고 있다.

속명 Cyperus는 고대 그리스어 cypeiros에서 유래했으며 방동사니속을 일컫는다. 종소명 amuricus는 '아무르 지방의'라는 뜻으로 최초 발견지 또는 분포지를 나타낸다.

다른이름 방동산이(정태현 외, 1937), 검정방동산이/차방동산이/큰차방동산이(박만규, 1949), 차방동사니(안학수·이춘녕, 1963)

옛이름 方同三(존재집, 1796),[48] 얼거미골(물명고, 1824)[49]

---

43 이러한 견해로 김종원(2013), p.417 참조. 다만 김종원은 방동사니로 반두(방두)를 만드는 소꿉놀이를 했고 일본명은 경상도 방언 반두깨비에 이어져 있다고 했으나, '반도'(어망)와 '방두쌔'(소꿉놀이)는 뜻이 다른 데다 경상도의 소꿉놀이가 일본에 전래되었는지 확인할 수 있는 기록도 보이지 않는다.

44 이에 대해서는 『고어대사전 11』(2016), p.29, 143, 175 참조.

45 현재 표준어는 '반두'이며, 이에 대한 옛말로 『역어유해』(1690)는 '攩網, 반도'를 기록했으며 『몽언유해』(1768)는 '攩網, 반도'를, 『방언집석』(1778)은 '撈網, 반도'를, 『한청문감』(1779)은 '攩網, 반도'를, 『물보』(1802)는 '綽網, 반도'를, 『명물기략』(1870)은 '扮罾, 반증, 반두미'를 기록했다.

46 경상도 방언으로 소꿉놀이를 뜻하며, '동도깨비, 동구깨비, 동더까래, 동더깨미, 동디깨미, 동지깨미, 방두깨미, 방두깽이, 방즈깽이, 방주깽이, 반더깽이, 방뜨깨미, 방주깽이, 빵또갱이, 빵갱이' 등으로도 사용되었다. 이에 대해서는 『고어대사전 9』(2016), p.312 참조.

47 『존재집』(1796)에서 기록한 '方同三'(방동삼)의 '方同'(방동)을 훈독하여, '모가 나고 무리 지어 있는 모습'을 형상화한 것, 즉 꽃차례를 위에서 볼 때 모가 나면서 무리를 이룬 것처럼 보이는 것에서 유래했다고 추정할 수도 있으나, 약재 등으로 사용한 식물이 아니기 때문에 한자명을 사용했을 가능성은 높지 않다.

48 『존재집』(1796)은 "王菅之中有假者 名方同三 初生恰似極難辨 但眞者清而瘦方而勁 假者黯而肥圓而柔 眞者無 臭者羶 此可以辨人"[왕골 중에 가짜가 있는데 방동사니(方同三)라고 부른다. 처음 났을 때는 비슷해서 식별하기가 극히 어렵다. 단, 진짜는 선명하며 말랐고 각이 지고 굳센 반면, 가짜는 거무스름하고 통통하며 둥글고 부드럽다. 진짜는 냄새가 없으며 가짜는 누린내가 난다. 이런 방법으로 사람을 구별할 수 있다]이라고 기록했다.

49 『물명고』(1824)는 "石龍蒭 叢生苗直上 莖端開小穗 花結細實 吳人多蒔織席 此與燈心邇符 不然則恐今 얼거미골"[석용추는

중국명 阿穆尔莎草(a mu er suo cao)는 아무르(阿穆爾) 지역에 분포하는 사초(莎草: 방동사니속의 중국명)라는 뜻으로 학명과 연관되어 있다. 일본명 カヤツリグサ(蚊帳釣草)는 줄기를 뜯어서 모기장(蚊帳)을 치는 것과 같은 놀이를 하는 풀이라는 뜻에서 유래했다.

참고 [북한명] 방동사니 [유사어] 건골(乾−) [지방명] 방동새이(강원), 방동생이(전남), 산뒤제와니/산뒤스촌/산듸절와니/산뒤삼춘/상고지(제주), 방동새풀(충남)

Cyperus difformis *Linné*   タマガヤツリ
Al-bangdongsani   알방동산이

알방동사니〈*Cyperus difformis* L.(1756)〉

알방동사니라는 이름은 '알'과 '방동사니'의 합성어로, 열매가 둥근(알) 방동사니라는 뜻에서 유래했다.[50] 『조선식물향명집』에서는 '알방동산이'를 신칭해 기록했으나[51] 『한국식물명감』에서 표기법에 맞추어 '알방동사니'로 개칭해 현재에 이르고 있다.

속명 *Cyperus*는 고대 그리스어 *cypeiros*에서 유래했으며 방동사니속을 일컫는다. 종소명 *difformis*는 '이형의, 부정형의'라는 뜻으로 꽃대의 길이가 서로 다른 데서 유래했다.

다른이름 알방동산이(정태현 외, 1937)

중국/일본명 중국명 异型莎草(yi xing suo cao)는 꽃대의 길이가 다른 사초(莎草: 방동사니속의 중국명)라는 뜻으로 학명과 연관되어 있다. 일본명 タマガヤツリ(玉蚊帳釣)는 열매가 구슬을 닮았고 줄기를 뜯어서 모기장(蚊帳)을 치는 것과 같은 놀이를 하는 풀이라는 뜻에서 유래했다.

참고 [북한명] 알방동사니 [유사어] 이형사초(異型莎草)

Cyperus exaltatus *Retzius*   ワングル(タタミガヤツリ)
Wang-gol   왕골   莞草

왕골〈*Cyperus exaltatus* Retz.(1788)〉[52]

모여 자라고 싹이 곧게 위로 향한다. 줄기 끝에 작은이삭이 피고 꽃은 결실하여 가는 열매를 맺는다. 오인(吳人)은 많이 심어 자리를 만들었다. 이를 燈心邇符(등심이부)라 한다. 그렇지 않은 것을 아마도 현재 '얼거미골'이라 한다]이라고 기록했다. '얼거미골'이 현재의 방동사니를 지칭하는지는 명확하지 않으나, 자리를 만드는 왕골에 비해 자리를 만들지 못한다고 하고 바닥의 구멍이 굵은 '얼금체'를 뜻하는 '얼거미'를 사용한 점에 비추어 방동사니 또는 그와 유사한 종류를 뜻하는 것으로 추정한다.

50 이러한 견해로 이우철(2005), p.378과 김종원(2013), p.418 참조.

51 이에 대해서는 『조선식물향명집』, 색인 p.42 참조.

52 '국가표준식물목록'(2018)은 왕골의 학명을 *Cyperus exaltatus* var. *iwasakii* (Makino) T.Koyama(1955)로 기재하고 있으나, 『장진성 식물목록』(2014)과 '세계식물목록'(2018)은 정명을 본문과 같이 기재하고 있다.

왕골이라는 이름은 '왕'과 '골(풀)'의 합성어로, '골'은 골짜기 또
는 골속 등을 뜻하는 우리말이고 '왕'은 식물체가 큰 경우 붙이
는 말이라는 점에 비추어볼 때 식물체가 큰(왕, 王) 골풀이라는
뜻에서 유래한 것으로 추정한다. 한편 왕골은 골풀을 뜻하는
한자 완(莞)과 골풀의 골이 합쳐진 것으로 골풀을 닮은 것에서
유래한 이름이라고 보는 견해가 있으나,[53] 1870년에 저술된 『명
물기략』은 "俗言王莞 轉云왕골"(속언으로 '王莞'이라고 하는데 그
것이 변화하여 '왕골'이 되었다)이라고 하여 '王'에서 왕골의 '왕'이
생겨났음을 기록했다. 또한 한자어 '王'(왕)과 '稈'(골)에서 유래
한 큰 비늘줄기의 뜻으로 해석하는 견해가 있으나,[54] 그러한 한
자어 용례를 발견하기 어려우므로 타당성은 의문스럽다.

속명 *Cyperus*는 고대 그리스어 *cypeiros*에서 유래했으며 방동사니속을 일컫는다. 종소명
*exaltatus*는 '아주 높은'이라는 뜻으로 같은 방동사니속 중에 키가 매우 큰 것을 나타낸다.

다른이름 왕굴(박만규, 1949), 완초(안학수·이춘녕, 1963), 왕초(임록재 외, 1972), 들왕골(리용재 외, 2011)

옛이름 莞(삼국사기, 1145), 莞草(조선왕조실록, 1458), 莞草(신증동국여지승람, 1530), 莞草(지봉유설,
1614), 王菅草(존재집, 1796), 莞草/왕골(광재물보, 19세기 초), 莞草/왕골(물명고, 1824), 莞/왕골(자류주
석, 1856), 石龍芻/王莞/왕골(명물기략, 1870), 왕골(한불자전, 1880), 왕골/菅(자전석요, 1909), 菅/왕골(신
자전, 1915), 왕골/莞草(조선어사전[심], 1925)[55]

중국/일본명 중국명 高秆莎草(gao gan suo cao)는 키가 큰 사초(莎草: 방동사니속의 중국명)라는 뜻으로
학명과 연관되어 있다. 일본명 ワングル는 왕골이라는 한글명을 일본 발음으로 표기한 것이고, タ
タミガヤツリ(畳蚊帳釣)는 돗자리 방동사니라는 뜻으로 돗자리 재료로 사용해서 붙여졌다.

참고 [북한명] 들왕골/왕골[56] [유사어] 완초(莞草) [지방명] 대/대나무(강원), 황골(경기), 개골/골/모
콜/목골/참골(경남), 왕걸/왕글(경북), 앙골(전남), 왕굴새(함남)

53 이러한 견해로 이우철(2005), p.408 참조.
54 이러한 견해로 한진건(1990), p.260 참조.
55 『조선어사전』(1920)은 '莞草(완초), 왕굴'을 기록했으며 『조선식물명휘』(1922)는 '莞草, 왕굴(工業用)'을, 『토명대조선만식물
    자휘』(1932)는 '[莞草]관초, 왕굴(풀)'을, 『선명대화명지부』(1934)는 '왕굴'을 기록했다.
56 북한에서는 *C. exaltatus*를 '들왕골'로, *C. iwasakii*를 '왕골'로 하여 별도 분류하고 있다. 이에 대해서는 리용재 외
    (2011), p.117 참조.

Cyperus flavidus *Retzius*   ヒメガヤツリ
Usan-baṅgdoṅgsani   우산방동산이

우산방동사니⟨*Cyperus tenuispica* Steud.(1854)⟩

우산방동사니라는 이름은 방동사니를 닮았고 겹우산모양꽃차례를 이루는 것을 우산에 비유해 붙여졌다.[57] 『조선식물향명집』에서는 전통 명칭 '방동산이'를 기본으로 하고 식물의 형태적 특징을 나타내는 '우산'을 추가해 '우산방동산이'를 신칭해 기록했으나,[58] 『한국식물명감』에서 표기법에 맞추어 '우산방동사니'로 개칭해 현재에 이르고 있다.

속명 *Cyperus*는 고대 그리스어 *cypeiros*에서 유래했으며 방동사니속을 일컫는다. 종소명 *tenuispica*는 '가는 이삭의'라는 뜻이다.

다른이름   우산방동산이(정태현 외, 1937)

옛이름   水葱草/뇨향(물명고, 1824)[59] [60]

중국/일본명   중국명 窄穗莎草(zhai sui suo cao)는 가냘픈 이삭의 사초(莎草: 방동사니속의 중국명)라는 뜻으로 학명과 연관되어 있다. 일본명 ヒメガヤツリ(姫蚊帳釣)는 어리고 작은 방동사니 종류라는 뜻이다.

참고   [북한명] 우산방동사니

Cyperus hakonensis *Franchet et Savatier*   ヒナガヤツリ
Byǒṅgari-baṅgdoṅgsani   병아리방동산이

병아리방동사니⟨*Cyperus hakonensis* Franch. & Sav.(1877)⟩

병아리방동사니라는 이름은 식물체가 병아리처럼 작은 방동사니라는 뜻에서 유래했다.[61] 『조선식물향명집』에서는 전통 명칭 '방동산이'를 기본으로 하고 식물의 형태적 특징을 나타내는 '병아리'를 추가해 '병아리방동산이'를 신칭해 기록했으나,[62] 『한국식물명감』에서 표기법에 맞추어 '병아리방동사니'로 개칭해 현재에 이르고 있다. 종래 문헌이나 방언 등에서 사용하던 명칭이 발견되지

---

57   이러한 견해로 이우철(2005), p.421 참조.

58   이에 대해서는 『조선식물향명집』, 색인 p.44 참조.

59   『토명대조선만식물자휘』(1932)는 *C. flavidus*의 조선명을 '요향'으로 기록했으나, 『물명고』(1824)는 "水葱草 如葱而長 뇨향"(수총초는 파와 같으나 길다. 뇨향이라 한다)이라고 하고 있으므로 물명고의 '뇨향'이 우산방동사니를 뜻하지는 않는 것으로 이해된다.

60   『조선어사전』(1920)은 '요향'을 기록했으며 『토명대조선만식물자휘』(1932)는 '[小莞草]쇼관초, [요향(풀)]'을 기록했다.

61   이러한 견해로 이우철(2005), p.276 참조.

62   이에 대해서는 『조선식물향명집』, 색인 p.38 참조.

않는 점에 비추어, 어두(語頭)에 붙은 '병아리'는 식물 형태상의 특징을 나타내며 일본명의 영향을 받아 형성된 것으로 추정한다.

속명 *Cyperus*는 고대 그리스어 *cypeiros*에서 유래했으며 방동사니속을 일컫는다. 종소명 *hakonensis*는 일본의 '하코네(箱根)에 분포하는'이라는 뜻이다.

병아리방동산이(정태현 외, 1937), 졸방동산이(박만규, 1949), 졸방동사니(안학수·이춘녕, 1963), 꽃방동사니(임록재 외, 1972)

'중국식물지'는 병아리방동사니를 분류하지 않고 있다. 일본명 ヒナガヤツリ(雛蚊帳釣)는 식물체가 어린 병아리와 같은 방동사니라는 뜻이다.

[북한명] 병아리방동사니

Cyperus Haspan *Linné*　コアゼガヤツリ
Mogi-baṅgdoṅgsani　모기방동산이

모기방동사니〈*Cyperus haspan* L.(1753)〉

모기방동사니라는 이름은 모기처럼 작은 방동사니라는 뜻에서 유래했다.[63] 크기가 작고 드렁방동사니를 닮았다. 『조선식물향명집』에서는 전통 명칭 '방동산이'를 기본으로 하고 식물의 형태적 특징을 나타내는 '모기'를 추가해 '모기방동산이'를 신칭했으나,[64] 『한국식물명감』에서 맞춤법에 따라 '모기방동사니'로 개칭해 현재에 이르고 있다.

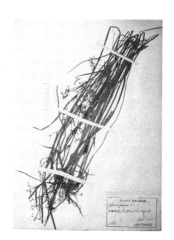

속명 *Cyperus*는 고대 그리스어 *cypeiros*에서 유래했으며 방동사니속을 일컫는다. 종소명 *haspan*은 동인도 지역에서 불리는 이름에서 유래했다.

모기방동산이(정태현 외, 1937), 연줄방동사니(안학수·이춘녕, 1963), 애기방동사니(리종오, 1964)

중국명 畦畔莎草(qi pan suo cao)는 밭둑에서 자라는 사초(莎草: 방동사니속의 중국명)라는 뜻이다. 일본명 コアゼガヤツリ(小畦蚊帳釣)는 식물체가 작은 드렁방동사니(畦蚊帳釣)라는 뜻이다.

[북한명] 애기방동사니

---

63 이러한 견해로 이우철(2005), p.224 참조.
64 이에 대해서는 『조선식물향명집』, 색인 p.37 참조.

Cyperus Iria *Linné* コゴメガヤツリ
Cham-baṅgdoṅsani 참방동산이

참방동사니〈*Cyperus iria* L.(1753)〉

참방동사니라는 이름은 진짜(참) 방동사니라는 뜻이다.[65] 『조선식물향명집』에서는 '참방동산이'를 신칭해 기록했으나[66] 『한국식물명감』에서 맞춤법에 따라 '참방동사니'로 개칭해 현재에 이르고 있다.

속명 *Cyperus*는 고대 그리스어 *cypeiros*에서 유래했으며 방동사니속을 일컫는다. 종소명 *iria*는 그리스 이리아(Iria) 지방에서 채집된 표본으로 명명된 것으로 추정하나 정확한 어원은 불분명하다.

다른이름 참방동산이(정태현 외, 1937)[67]

중국/일본명 중국명 碎米莎草(sui mi suo cao)는 싸라기 같은 사초(莎草: 방동사니속의 중국명)라는 뜻으로, 까락이 뭉뚝한 모습을 부스러진 쌀알에 비유한 것으로 보인다. 일본명 コゴメガヤツリ(小米蚊帳釣)도 싸라기 같은 방동사니라는 뜻으로 중국명과 일맥상통한다.

참고 [북한명] 참방동사니 [유사어] 삼릉초(三楞草)

Cyperus rotundus *Linné* ハマスゲ
Hyaṅg-buja 향부자 香附子

향부자〈*Cyperus rotundus* L.(1753)〉

향부자라는 이름은 한자명 '香附子'(향부자)에서 유래한 것으로, 한약재로 사용하는 뿌리가 서로 달라붙어 이어져 나면서 향을 만들 수 있기 때문에 붙여졌다.[68] 한자어 사초(莎草)는 향부자(莎)를 뿌리로 가진 식물(草)이라는 뜻으로,[69] 옛 문헌에서 향부자를 일컫거나 때로 잔디(예: 『명물기략』 중 "莎草 사초 小茅也 俗訓 잔디")를 뜻했다. 그러나 현재는 사초과(Cyperaceae)의 과명(family name)으로 향부자와 형태가 닮은 사초속(Carex) 식물에 확장되어 이를 총칭하는 용어로 사용하고 있다.[70]

---

65 이러한 견해로 이우철(2005), p.505와 김종원(2013), p.422 참조.
66 이에 대해서는 『조선식물향명집』, 색인 p.46 참조.
67 『조선식물명휘』(1922)는 '荊三稜, 莎草'를 기록했다.
68 이러한 견해로 이우철(2005), p.590 참조. 중국의 『본초강목』(1596)은 "其根相附連續而生 可以合香 故謂之香附子"(뿌리는 서로 달라붙어 이어져 나는데 향을 만들 수 있으므로 향부자라 한다)라고 기록했다.
69 중국의 『본초강목』(1596)은 "其草可爲笠及雨衣 疏而不沾 故字從草從沙"(그 뿌리로 갓을 만들거나 비옷을 만들 수 있고 성기면서도 젖지 않으므로 글자를 '草'와 '沙'를 따랐다)라고 기록했다.
70 『조선식물향명집』, p.22는 'Cyperaceae 사초科(莎草科)'로 기록했다.

한편 사초속(*Carex*) 식물에 사용하는 '사초'라는 명칭이 향부자를 뜻하는 '莎'(사)가 아니라 싸락풀을 뜻하는 '蒒'(사)라고 주장하는 견해가 있다.[71] 이는 『임원경제지』에 기록된 내용을 근거로 하나, 『임원경제지』의 '蒒'(사)는 보리(大麥)와 유사하게 식용하는 식물로 해안가에서 야생하는 현재의 통보리사초를 일컫기 위한 것이고 유사한 식물 전체를 총칭한 개념이 아니다.[72]

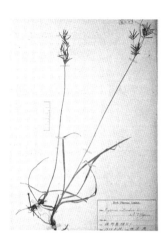

속명 *Cyperus*는 고대 그리스어 *cypeiros*에서 유래했으며 방동사니속을 일컫는다. 종소명 *rotundus*는 '둥근, 원형의'라는 뜻으로 덩이줄기가 타원모양인 것에서 유래한 것으로 보인다.

다른이름　향부자(정태현 외, 1936), 갯뿌리방동사니(안학수·이춘녕, 1963), 약방동사니(김현삼 외, 1988)

옛이름　莎草/香附子(향약집성방, 1433), 香附子/향부즈(구급간이방언해, 1489), 香附子/沙草根/새촛불희(촌가구급방, 1538), 香附了/향부즈(인애내산십요, 1608), 香附子/향부즈(언해구급방, 1608), 香附子/향부즈(언해두창집요, 1608), 莎草根/향부즈(동의보감, 1613), 香附子/향부즈(구황촬요벽온방, 1639), 香附子(탐라지, 1653), 香附子(남환박물, 1704), 香附子(산림경제, 1715), 香附子/사초쓸이(광제비급, 1790), 莎草/향부즈(제중신편, 1799), 莎草/향부즈(물명고, 1824), 莎草根/향부즈(의종손익, 1868), 莎(사)/香附子(명물기략, 1870), 香附子/사쵸(녹효방, 1873), 莎草根/향부즈(방약합편, 1884), 香附子/莎/향부자(자전석요, 1909), 香附子/향부자(신자전, 1915), 香附子/향부자(선한약물학, 1931)[73]

중국/일본명　중국명 香附子(xiang fu zi)는 향(香)이 있는 부자(附子)라는 뜻이다. 일본명 ハマスゲ(浜菅)는 해변에 자라는 골풀 종류라는 뜻이다.

참고　[북한명] 약방동사니 [유사어] 사초(莎草), 작두향(雀頭香) [지방명] 부자/상고즈/상고지/알리/을리/얼리(제주)

71　이러한 견해로 김종원(2013), p.1020 참조.

72　서유구가 저술한 『임원경제지』(1842)는 야생곡식(稆生穀) 중 보리 종류(麥類)의 한 가지로 '蒒'(사)에 대해 이렇게 기록했다. "東海州上有草 名曰蒒 有實 食之如大麥 七月熟 民斂穫之冬乃訖 呼爲自然穀 亦曰禹餘糧"[동해의 모래톱 가에 풀이 있으니, 사(蒒)라 한다. 열매는 보리와 같은데 식용한다. 7월에 익지만 백성들의 수확은 겨울이 되어야 끝난다. 자연곡 또는 우여량이라 한다].

73　『조선한방약료식물조사서』(1917)는 '香附子'를 기록했으며 『조선어사전』(1920)은 '香附子(향부즈), 雀頭香(쟉두향)'을, 『조선식물명휘』(1922)는 '香附子, 荊三稜, 莎草, 향부자(藥)'를, 『토명대조선만식물자휘』(1932)는 '[莎草]사초, [잔듸], [잔대미], [쎄], [香附子]향부즈, [雀頭香]쟉두향'을, 『선명대화명지부』(1934)는 '향부자'를 기록했다.

Cyperus truncatus *Turczaninow* ウシクグ
Soe-bangdongsani 쇠방동산이

쇠방동사니⟨*Cyperus orthostachyus* Franch. & Sav.(1878)⟩

쇠방동사니라는 이름은 소(의) 방동사니라는 뜻으로, 다소 큰 외형을 소에 비유한 것에서 유래했
다.[74] 『조선식물향명집』에서는 전통 명칭 '방동산이'를 기본으로 하고 식물의 형태적 특징을 나타
내는 '쇠'를 추가해 '쇠방동산이'를 신칭했으나,[75] 『한국식물명감』에서 맞춤법에 따라 '쇠방동사니'
로 개칭해 현재에 이르고 있다.

속명 *Cyperus*는 고대 그리스어 *cypeiros*에서 유래했으며 방동사니속을 일컫는다. 종소명
*orthostachyus*는 '직립하는 이삭의'라는 뜻이다.

다른이름 쇠방동산이(정태현 외, 1937)

중국/일본명 중국명 三轮草(san lun cao)는 3개의 바퀴(輪)가 있는 풀이라는 뜻으로 꽃이삭의 모양을
바퀴에 비유한 것에서 유래했다. 일본명 ウシクグ(牛莎草)는 자흑색이 나는 꽃차례의 색깔과 식물
체가 다소 큰 것을 소에 비유하고 사초의 한 종류라는 뜻에서 붙여졌다.

참고 [북한명] 쇠방동사니

Eleocharis acicularis *R. Brown* マツバヰ
Soetol-gol 쇠털골

쇠털골⟨*Eleocharis acicularis* (L.) Roem. & Schult. subsp. *yokoscensis* (Franch. & Sav.) T.V.
Egoraova(1980)⟩[76]

소의 털로 만든 양탄자라는 뜻을 가진 한자명 '牛毛氈'(우모전)이 『조선식물명휘』에 기록되었고,
군락으로 자라는 이 식물의 모습이 소의 털을 연상시키는 것에 비추어, 쇠털골이라는 이름은 잎

---

74 이러한 견해로 김종원(2013), p.426과 이윤옥(2015), p.58 참조. 다만 김종원과 이윤옥은 '쇠'의 뜻을 크고 힘센 줄기를 가
졌다는 뜻으로 해석하면서 한국명 '쇠방동사니'를 일본명의 '번역'이라고 보고 있다. 그러나 방동사니라는 기본으로 하
는 이름이 일본명과 전혀 다른 데다, 관용격인 '쇠'와 '牛'(ウシ)가 동일하다는 이유만으로 이를 번역으로까지 볼 수 있는
지는 의문이다.

75 이에 대해서는 『조선식물향명집』, 색인 p.41 참조.

76 '국가표준식물목록'(2018)은 쇠털골의 학명을 *Eleocharis acicularis* var. *longiseta* Svenson(1995)으로, 원산쇠털골의
학명을 *Eleocharis acicularis* (L.) Roem. & Schult.(1817)로 각각 기재하고 있다. 그러나 『장진성 식물목록』(2014)은 쇠
털골의 표기 없이 원산쇠털골을 *Eleocharis acicularis* (L.) Roem. & Schult. subsp. *yokoscensis* (Franch. & Sav.) T.V.
Egoraova(1980)로 기재하고 있어, 이 책에서는 국명은 기본으로 하는 이름인 '쇠털골'로 하고 학명은 『장진성 식물목록』
(2014)을 따랐다.

이 소의 털처럼 자라고 골풀과 닮았다는 뜻에서 붙여졌다.[77] 쇠털골이라는 한글명은 『조선식물향명집』에서 신청한 것으로, 『조선식물향명집』의 색인은 '쇠털'과 '골'의 합성어로 기록했다.[78] 한편 솔잎같이 가는 골이라는 뜻의 일본명 マツバヰ(松葉ヰ)에서 유래한 이름이라는 견해가 있으나,[79] 소의 털과 소나무의 잎은 다른 뜻이므로 타당성에 의문이 든다.

속명 *Eleocharis*는 그리스어 *eleos*(늪, 연못)와 *charis*(꾸미다)의 합성어로, 소택지(沼澤地)에 주로 자라는 식물임을 나타내며 바늘골속을 일컫는다. 종소명 *acicularis*는 '바늘모양의'라는 뜻이며, 아종명 *yokoscensis*는 '요코스카(橫須賀)에 분포하는'이라는 뜻이다.

다른이름 긴쇠털골(박만규, 1949), 원산쇠털골(이창복, 1969b), 소털골(임록재 외, 1972)[80]

중국/일본명 중국명 牛毛氈(niu mao zhan)은 소의 털로 만든 양탄자와 같다는 뜻에서 유래했다. 일본명 マツバヰ(松葉ヰ)는 잎이 솔잎같이 가는 모양을 한 골 종류라는 뜻에서 붙여졌다.

참고 [북한명] 소털골 [유사어] 우모전(牛毛氈)

Eleocharis japonica *Miquel*   ハリヰ
Banul-gol   바늘골

바늘골〈*Eleocharis congesta* D.Don(1825)〉

바늘골이라는 이름은 바늘같이 가는 골풀 종류라는 뜻에서 유래했다.[81] 『조선식물향명집』에서는 '바눌골'을 신칭해 기록했으나[82] 『조선식물명집』에서 맞춤법에 따라 '바늘골'로 개칭해 현재에 이르고 있다.

속명 *Eleocharis*는 그리스어 *eleos*(늪, 연못)와 *charis*(꾸미다)의 합성어로, 소택지(沼澤地)에 주로 자라는 식물임을 나타내며 바늘골속을 일컫는다. 종소명 *congesta*는 '집적된, 가득 찬'이라는 뜻으로 가는 줄기가 모여나는 것에서 유래했다.

다른이름 바늘골(정태현 외, 1937), 물바늘골(정태현 외, 1949)

중국/일본명 중국명 密花荸荠(mi hua bi qi)는 꽃이 조밀한 발제(荸荠: 올방개 종류의 중국명)라는 뜻으로, 줄기가 조밀하게 자라면서 다수의 꽃이 피는 것에서 유래했다. 일본명 ハリヰ(針ヰ)는 침 같은 줄기가 모여 있어 붙여졌다.

참고 [북한명] 바늘골

---

77 이러한 견해로 김종원(2013), p.1026 참조.
78 이에 대해서는 『조선식물향명집』, 색인 p.42 참조.
79 이러한 견해로 이우철(2005), p.356 참조.
80 『조선식물명휘』(1922)는 한글명 없이 한자로 '牛毛氈'을 기록했다.
81 이러한 견해로 이우철(2005), p.253 참조.
82 이에 대해서는 『조선식물향명집』, 색인 p.37 참조.

Eleocharis palustris *Linné*　ヌマハリヰ
Mul-ĝochaeñgi　물꼬챙이

물꼬챙이골〈*Eleocharis ussuriensis* Zinserl.(1935)〉[83]

물꼬챙이골은『조선식물향명집』의 '물꼬챙이'에서 연유한 것
으로, 습지(물)에서 자라고 꼬챙이를 닮은 식물이라는 뜻에서
유래했다.[84]『조선식물명집』에서 '물꼬챙이골'로 개칭해 현재
에 이르고 있다.

　속명 *Eleocharis*는 그리스어 *eleos*(늪, 연못)와 *charis*(꾸미
다)의 합성어로, 소택지(沼澤地)에서 주로 자라는 식물임을 나
타내며 바늘골속을 일컫는다. 종소명 *ussuriensis*는 '우수리
강 유역에 분포하는'이라는 뜻이다.

다른이름　물꼬챙이(정태현 외, 1937), 큰바늘골(박만규, 1949)

중국/일본명　중국명 乌苏里荸荠(wu su li bi qi)는 우수리(烏蘇里)
지역에 분포하는 발제(荸薺: 올방개 종류의 중국명)라는 뜻으로
학명과 연관되어 있다. 일본명 ヌマハリヰ(沼針ヰ)는 늪에서 자라는 바늘골이라는 뜻이다.

참고　[북한명] 물챙이골/큰바늘골[85]

Eleocharis plantaginea *R. Brown*　クログワヰ
Olbañggae　올방개

올방개〈*Eleocharis kuroguwai* Ohwi(1936)〉

올방개라는 이름의 직접적 어원은 올방기로, 경기도 수원 방언을 채록한 것이다. 올방기는 '올'과
'방기'의 합성어로 올미와 방기를 닮았다는 뜻이다.『한불자전』은 '방기'에 대해 검은색이 나는 수
서곤충인 물땅땅이(*Hydrophilus acuminatus*)로 기록했다. 이 점에 비추어 식용 및 약용하는 뿌리
에 달린 검은색 덩이줄기가, 마찬가지로 식용하는 올미와 물땅땅이(방개)를 닮았다는 뜻에서 유래

83　'국가표준식물목록'(2018)은 물꼬챙이골의 학명을 *Eleocharis mamillata* var. *cyclocarpa* Kitag.(1939)으로 기재
　　하고 있으나, '세계식물목록'(2018), '중국식물지'(2018) 및『장진성 식물목록』(2014)은 이를 *Eleocharis ussuriensis*
　　Zinserl(1935)의 이명(synonym)으로 처리하고 있다.

84　이우철(2005), p.234는 일본명에서 유래한 것으로 설명하고 있으나, 국명에 '바늘골'이 있음에도 이에 대한 파생명(예컨대
　　물바늘골)으로 기록된 것이 아니므로 일본명의 부분적 영향은 별론으로 하더라도, 직접적 유래로 보기는 어렵다.

85　북한에서는 *E. intersita*를 '물챙이골'로, *E. mamillata*를 '큰바늘골'로 하여 별도 분류하고 있다. 이에 대해서는 리용재
　　외(2011), p.136 참조.

한 이름으로 추정한다. 『조선의 구황식물』에서 '올방기'로 기록한 이래, 『조선식물명휘』를 거쳐 『조선식물향명집』에서 '올방개'로 기록해 현재에 이르고 있다.[86] 옛 문헌과 일제강점기의 문헌 기록에 따르면 올미와 관련된 이름 중 '올방기'와 더불어 다소 다른 형태를 보이는 것으로 『한불자전』의 '올망듸', 『조선의 구황식물』의 '올미장듸'가 있다. 그중 올미장듸는 그 어형이 분명하여 '올미'와 '장듸'로 이루어진 것으로, '올미'는 오우(烏芋)를 뜻하고 '장듸'는 대나무로 만든 긴 막대기인 장대를 뜻한다.[87] 따라서 올미와 같은 땅속 덩이줄기가 달리고 잎이 없이 줄기가 자라는 모양을 장대로 표현한 것으로 보인다. 또한 올망듸는 '올'과 '망듸', 즉 올미와 망듸(막대)[88]의 합성어로

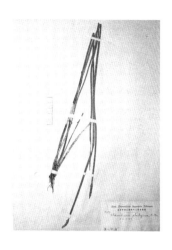

'올미장듸'와 같은 뜻의 이름으로 해석된다. 한편 올방개에 대해 한자어 지율(地栗)이라는 명칭이 있는 것에 착안하여 오리가 좋아하는 땅에서 나는 밤(먹이)이라는 뜻으로 해석하는 견해가 있다.[89] 그러나 밤(栗)이 '방개'로는 사용된 예가 없고, 지율(地栗)은 우리의 이름이 아니라 『본초강목』 등 중국 문헌에 기록된 것을 옮겨 온 것인데 수원 방언에서 이러한 뜻의 이름으로 불렸다는 해석이 타당한지는 의문이다.

속명 Eleocharis는 그리스어 eleos(늪, 연못)와 charis(꾸미다)의 합성어로, 소택지(沼澤地)에서 주로 자라는 식물임을 나타내며 바늘골속을 일컫는다. 종소명 kuroguwai는 일본명 クログワイ (黒慈姑)에서 유래했다.

다른이름 올미/올미장때(정태현 외, 1942), 올메/올미장대(정태현 외, 1949)

옛이름 鳧茈草/올미/荸薺/조싀(사성통해, 1517), 荸薺/올미/鳧茨(훈몽자회, 1527), 荸薺/올미풀(언해구급방, 1608), 烏芋/올미/가츠라기/鳧茨(동의보감, 1613), 烏芋/올미(신간구황촬요, 1660), 烏芋/올미/鳧茨/烏昧草(산림경제, 1715), 烏芋/올미/鳧茨/荸薺/地栗/芍(물명고, 1824), 올망듸(한불자전, 1880), 荸臍(선한

---

86 올미와 올방개에 대한 한자어 오우(烏芋)가 어떤 식물을 뜻하는지에 대해 중국에서도 논란이 되어왔으나, 『본초강목』 (1596)에 이르러 烏芋(오우)를 설명하면서 "烏芋慈姑 原是二物 慈姑有葉 其根散生 烏芋有莖無葉 其根下生"(오우와 자고는 원래 서로 다른 종류다. 자고는 잎이 있고 그 뿌리는 흩어져 자라지만, 오우는 줄기가 있지만 잎이 없고 그 뿌리는 아래로 자란다)이라고 하여 자고(慈姑)와 달리 오우(烏芋)는 현재의 사초과에 속하는 식물임을 분명히 했다. 그러나 『동의보감』(1613)은 烏芋(오우) 에 대해 "澤瀉之類也"(택사의 종류다)라 했고, 『물명고』(1824)는 "此與慈姑各族 特以其名相犯而附之"(오우는 자고의 각 종과 무리를 이루는데 그 이름이 특히 서로 같지 않아 자고에 부한다)라고 하여 택사과에 속하는 자고(慈姑)와 연관하여 설명했다. 따라서 우리 문헌상 옛이름 올미가 어떤 식물을 뜻하는지는 다소 불명확한데, 『조선식물향명집』은 이러한 상황을 반영하여 올미는 택사과인 Sagittaria pygmaea Miq.(1866)에 대한 국명으로, 후대에 이름이 나타나는 올방개는 사초과인 Eleocharis kuroguwai Ohwi(1936)를 가리키는 명칭으로 기록했다.

87 장대에 대해 『한불자전』(1880)과 『한영자전』(1890)은 '쟝듸(長木)'로 표기했다.

88 막대(기)에 대해 『한불자전』(1880)은 '막대'로, 『자류주석』(1856)은 '막듸'로 표기했다.

89 이러한 견해로 김종원(2013), p.1027과 김경희 외(2014), p.145 참조.

약물학, 1931)[90]

'중국식물지'는 이를 별도 분류하지 않고 있다.[91] 일본명 クログワヰ(黑慈姑)는 검은색 덩이줄기를 가진 グワヰ(慈姑: 택사과 식물의 일본명)라는 뜻이다.

[북한명] 올방개 [유사어] 발제(荸薺), 오매초(烏昧草), 오우(烏芋) [지방명] 골/골배/골채/까막물고지/까만뿌리/논골배/논콩/새팥/올미(강원), 올개/올갱이/올만대/올망개/올망대/올망댕이/올망태/올매/올맹이/올방개/외채(경기), 올망태이/올비/올배(경남), 올메이/올미/올밍이(경북), 올미/울미(전남), 올빼미풀(전북), 올망대/올방대/올채(충남), 올방개(충북)

Eleocharis Savatieri *Clarke*　クロハリヰ
Sŏgnyaṅg-gol　석냥골

올방개아재비〈*Eleocharis kamtschatica* (C.A.Mey.) Kom.(1927)〉

올방개아재비라는 이름은 『조선식물명집』에 따른 것으로, 올방개를 닮았다는 뜻에서 유래했다. 『조선식물향명집』에서 신칭해 기록한[92] '석냥골'은 성냥[93]을 닮은 골풀이라는 뜻에서 붙여진 이름으로 추정한다.

　속명 *Eleocharis*는 그리스어 *eleos*(늪, 연못)와 *charis*(꾸미다)의 합성어로, 소택지(沼澤地)에서 주로 자라는 식물임을 나타내며 바늘골속을 일컫는다. 종소명 *kamtschatica*는 '캄차카반도의'라는 뜻이다.

석냥골(정태현 외, 1937), 검은바늘골(리종오, 1964), 검바늘골(정태현, 1970)

중국명 大基荸薺(da ji bi qi)는 그루터기가 크게 자라는 발제(荸薺: 올방개 종류의 중국명)라는 뜻이다. 일본명 クロハリヰ(黑針イ)는 검게 자라는 바늘골(ハリヰ)이라는 뜻이다.

[북한명] 검은바늘골/올방개아재비[94] [유사어] 성냥골

---

90 『조선의 구황식물』(1919)은 '올미, 烏昧草(山林經濟), 올미장듸(柳川), 올방긔(水原), 烏芋'를 기록했으며 『조선식물명휘』(1922)는 '烏芋, 荸薺, 地栗, 올믜, 올방긔(救)'를, 『선명대화명지부』(1934)는 '올믜, 올방개, 올믜'를 기록했다.

91 『한조식물명칭사전』(1982)은 속새를 닮은 발제(荸薺: 올방개)라는 뜻의 木賊状荸薺<*Eleocharis kuroguwai* Ohwi(1936)>를 기록했고, '중국식물지'(2018)는 올방개와 유사한 남방개를 중국명 荸薺<bi qi, *Eleocharis dulcis* (N. L. Burman) Trinius ex Henschel(1833)>로 기재했다.

92 이에 대해서는 『조선식물향명집』, 색인 p.40 참조.

93 『조선어사전』(1917)은 현대어 성냥을 '셕냥'으로 표기하고 "薄木札에 硫磺을 點하야 火를 引起하는 者"라고 해설했다.

94 북한에서는 *E. kamtschatica*를 '검은바늘골'로, *E. pileata*를 '올방개아재비'로 하여 별도 분류하고 있다. 이에 대해서는 리용재 외(2011), p.136 참조.

Eleocharis tetraquetra *Nees* マシカクヰ
Nemo-gol 네모골

네모골〈*Eleocharis tetraquetra* Nees(1834)〉

네모골이라는 이름은 『조선식물향명집』에서 신칭한 것으로,[95] 줄기가 네모지다는 뜻의 학명에서 유래했다. 즉, 줄기가 네모지고 골풀을 닮았다는 뜻에서 붙여진 이름이다.[96]

　속명 *Eleocharis*는 그리스어 *eleos*(늪, 연못)와 *charis*(꾸미다)의 합성어로, 소택지(沼澤地)에서 주로 자라는 식물임을 나타내며 바늘골속을 일컫는다. 종소명 *tetraquetra*는 '4절면(四切面)의, 4각의'라는 뜻으로 줄기가 네모진 것을 나타낸다.

다른이름 좀네모골(임록재 외, 1972), 참네모골(리용재 외, 2011)[97]

중국/일본명 중국명 龙师草(long shi cao)는 중국 전설 속 삼황오제 중 복희씨(伏羲氏)를 일컫는 용사(龍師)를 닮은 풀이라는 뜻으로, 사람 머리에 용(또는 뱀)의 몸뚱이를 한 복희씨의 생김새에 비유한 것이다. 일본명 マシカクヰ(真四角イ)는 줄기가 사각형인 골풀 종류라는 뜻이다.

참고 [북한명] 네모골/참네모골[98]

Fimbristylis diphylla *Vahl* テンツキ(クロテンツキ)
Hanul-jigi 하눌직이

하늘지기〈*Fimbristylis dichotoma* (L.) Vahl(1806)〉

하늘지기라는 이름은 하늘을 향해 엉성하게 달린 꽃차례의 모양이 마치 하늘을 바라보고 있는 것과 같다는 뜻에서 유래했다고 추정한다.[99] 『조선식물향명집』은 '하눌직이'로 최초 기록했으며, 『한국식물명감』에서 '하늘지기'로 개칭해 현재에 이르고 있다. 우리말 '하늘지기'는 빗물에 의해서만 벼를 심어 재배할 수 있는 논을 뜻하는데, 우두커니 하늘만 바라봐야 한다는 뜻에서 '천둥지기', '하늘바라기'라고도 한다.[100] 즉, 하늘지기는 비를 기다리면서 하늘을 바라본다는 뜻을 가지고 있다.

95　이에 대해서는 『조선식물향명집』, 색인 p.34 참조.

96　이러한 견해로 이우철(2005), p.145 참조.

97　『조선식물명휘』(1922)는 蜣子草를 기록했다.

98　북한에서는 *E. wichurai*를 '네모골'로, *E. tetraquetra*를 '참네모골'로 하여 별도 분류하고 있다. 이에 대해서는 리용재 외(2011), p.136 참조.

99　이러한 견해로 김종원(2013), p.430 참조. 다만 김종원은 하늘지기의 '지기'와 일본명 テンツキ(텐쑤끼)의 ツキ(쑤끼)가 동원어이고 국명과 일본명의 뜻과 유래가 일치한다고 하고 있으나, 이에 대해서는 어원학적으로 추가 검토가 필요하다.

100　이에 대해서는 박남일(2004) 중 '천둥지기' 참조. 한편 일제강점기에 저술된 『조선어사전』(1917)은 천둥지기에 대해 '乾畓, 봉천지기'를 기록했는데, 봉천지기는 하늘을 바라본다는 뜻의 奉天(봉천)지기로 이해된다.

속명 *Fimbristylis*는 라틴어 *fimbria*(털이 난 가장자리)와 *stylus*(암술대)의 합성어로, 털이 있는 암술대를 니디내며 하늘지기속을 일컫는다. 종소명 *dichotoma*는 '가위 모양으로 갈라지는'이라는 뜻으로 엇갈리게 갈라지는 소수(小穗)의 모양에서 유래했다.

다른이름 하눌직이(정태현 외, 1937), 고려하늘직이/털하늘직이(박만규, 1949), 하늘직이(정태현 외, 1949)[101]

중국/일본명 중국명 两歧飘拂草(liang qi piao fu cao)는 가위처럼 나눠지는 표불초(飘拂草: 나부끼는 풀이라는 뜻으로 하늘지기속의 중국명)라는 뜻으로 학명과 연관되어 있다. 일본명 テンツキ(点突)는 소수(小穗)가 점으로 사그라드는 듯한 모습이어서 붙여졌다.

참고 [북한명] 하늘지기

Fimbristylis ferruginia *Vahl*　シマテンツキ
Olchaeṅgi-hanuljigi　올챙이하늘직이

갯하늘지기⟨*Fimbristylis ferruginea* (L.) Vahl(1805)⟩[102]
갯하늘지기라는 이름은 바닷가에서 나는 하늘지기라는 뜻에서 유래했다.[103] 『조선식물향명집』에서는 소수(小穗)가 올챙이처럼 앙증맞고 하늘지기를 닮았다는 뜻에서 '올챙이하눌직이'를 신칭해 기록했다.[104] 『우리나무 식물명감』에서 '갯하늘직이'로 최초 기록했으며 『대한식물도감』에서 '갯하늘지기'로 개칭해 현재에 이르고 있다.

속명 *Fimbristylis*는 라틴어 *fimbria*(털이 난 가장자리)와 *stylus*(암술대)의 합성어로, 털이 있는 암술대를 나타내며 하늘지기속을 일컫는다. 종소명 *ferruginea*는 '녹슨 색깔의, 더러운'이라는 뜻이며 비늘조각이 암갈색을 띠어 붙여졌다.

다른이름 올챙이하눌직이(정태현 외, 1937), 갯하늘직이(박만규, 1949), 개하늘지기(리종오, 1964), 올챙이하늘지기(리용재 외, 2011)

101 『조선식물명휘』(1922)는 한자명 '飘拂草'(표불초)를 기록했다.
102 '국가표준식물목록'(2018)은 갯하늘지기의 학명을 *Fimbristylis ferruginea* var. *sieboldii* (Miq.) Ohwi(1938)로 기재하고 있으나, 이 책은 이를 이명(synonym)으로 처리한 『장진성 식물목록』(2014)에 따라 본문의 학명을 정명으로 보았다.
103 이러한 견해로 이우철(2005), p.65 참조.
104 이에 대해서는 『조선식물향명집』, 색인 p.43 참조.

중국/일본명 중국명 锈鳞飘拂草(xiu lin piao fu cao)는 녹슨 색의 비늘조각을 가진 표불초(飄拂草: 하늘지기속의 중국명)라는 뜻으로 학명과 연관되어 있다. 일본명 シマテンツキ(島点突)는 섬에서 자라는 하늘지기라는 뜻으로, 제주도에서 처음 발견된 것에서 유래한 이름으로 보인다.[105]

참고 [북한명] 갯하늘지기/올챙이하늘지기[106]

Fimbristylis longispica *Steudel*　オホテンツキ
Kún-hanuljigi　큰하눌직이

큰하늘지기〈*Fimbristylis longispica* Steud.(1855)〉

큰하늘지기라는 이름은 『조선식물향명집』에서 신칭한 '큰하눌직이'에서 유래한 것으로,[107] 이삭이 길어 식물체가 크게 보이는 하늘지기라는 뜻에서 붙여졌다.[108] 『한국식물명감』에서 '큰하늘지기'로 개칭해 현재에 이르고 있다.

속명 *Fimbristylis*는 라틴어 *fimbria*(털이 난 가장자리)와 *stylus*(암술대)의 합성어로, 털이 있는 암술대를 나타내며 하늘지기속을 일컫는다. 종소명 *longispica*는 '소수(小穗)가 긴'이라는 뜻이다.

다른이름 큰하눌직이(정태현 외, 1937), 조선하늘직이(박만규, 1949), 큰하늘직이(정태현 외, 1949), 조선하늘지기(리종오, 1964), 큰하늘지기(임록재 외, 1972)

중국/일본명 중국명 长穗飘拂草(chang sui piao fu cao)는 소수(小穗)가 긴 표불초(飄拂草: 하늘지기속의 중국명)라는 뜻으로 학명과 연관되어 있다. 일본명 オホテンツキ(大点突) 역시 긴 소수(小穗)를 가진 하늘지기라는 뜻으로 학명에서 유래했다.

참고 [북한명] 큰하늘지기

Fimbristylis miliacea *Vahl*　ヒデリコ
Baram-hanuljigi　바람하눌직이

바람하늘지기〈*Fimbristylis littoralis* Gaudich.(1829)〉[109]

바람하늘지기라는 이름은 '바람'과 '하늘지기'의 합성어로, 소수(小穗)가 바람에 날리는 모양에서

---

105 표본 채집지에 관해서는 『조선식물명휘』(1922), p.73 참조.

106 북한에서는 *F. sieboldii*를 '갯하늘지기'로, *F. ferruginea*를 '올챙이하늘지기'로 하여 별도 분류하고 있다. 이에 대해서는 리용재 외(2011), p.155 참조.

107 이에 대해서는 『조선식물향명집』, 색인 p.47 참조.

108 이러한 견해로 이우철(2005), p.544 참조.

109 '국가표준식물목록'(2018)은 바람하늘지기의 학명을 *Fimbristylis miliacea* (L.) Vahl(1806)로 기재하고 있으나, 『장진성 식물목록』(2014)과 '중국식물지'(2018)는 본문의 학명을 정명으로 기재하고 있다.

유래했다.[110] 『조선식물향명집』에서는 '바람하눌직이'를 신칭
해 기록했으나,[111] 『한국식물냉감』에서 '비람하늘지기'로 개칭
해 현재에 이르고 있다.

속명 *Fimbristylis*는 라틴어 *fimbria*(털이 난 가장자리)와
stylus(암술대)의 합성어로, 털이 있는 암술대를 나타내며 하
늘지기속을 일컫는다. 종소명 *littoralis*는 라틴어로 '해안에서
자라는'이라는 뜻이다.

다른이름 바람하눌직이(정태현 외, 1937), 바람하늘직이(정태현
외, 1949)[112]

중국/일본명 중국명 水虱草(shui shi cao)는 수슬(水虱: 물이)이라
는 곤충을 닮은 풀이라는 뜻으로, 소수(小穗)의 모양을 빗댄
것으로 보인다. 일본명 ヒデリコ(日照子)는 여름의 햇볕 아래에서도 잘 자라기 때문에 붙여졌다.

참고 [북한명] 바람하늘지기

Fimbristylis squarrosa *Vahl*   アゼテンツキ
Non-dûgi   논뜨기

민하늘지기〈*Fimbristylis squarrosa* Vahl(1806)〉

민하늘지기라는 이름은 하늘지기에 비해 열매의 표면이 밋밋해서 붙여졌다.[113] 『조선식물향명집』
은 논둑에서 자라는 성질이 있다고 해 '논뜨기'로 기록했으나, 『한국식물명감』에서 '민하늘지기'
라는 이름을 부여해 현재에 이르고 있다.

속명 *Fimbristylis*는 라틴어 *fimbria*(털이 난 가장자리)와 *stylus*(암술대)의 합성어로, 털이 있는
암술대를 나타내며 하늘지기속을 일컫는다. 종소명 *squarrosa*는 '튀어나온 돌기 등으로 평탄하
지 않은'이라는 뜻으로 꽃차례가 불규칙한 것에서 유래했다.

다른이름 논뜨기(정태현 외, 1937), 민하늘직이(박만규, 1949), 논둑하늘지기(리종오, 1964), 논둑하늘직
이/뚝하늘지기(한진건 외, 1982), 논뚝하늘지기(김현삼 외, 1988)

중국/일본명 중국명 畦畔飄拂草(qi pan piao fu cao)는 밭둑(畦畔, 휴반)에서 자라는 표불초(飄拂草: 하늘지
기속의 중국명)라는 뜻이다. 일본명 アゼテンツキ(畦点突)는 밭둑에서 자라는 하늘지기라는 뜻이다.

---

110 이러한 견해로 김종원(2013), p.431 참조.
111 이에 대해서는 『조선식물향명집』, 색인 p.37 참조.
112 『조선식물명휘』(1922)는 '水虱草'(수슬초)를 기록했다.
113 이러한 견해로 이우철(2005), p.251 참조.

Fimbristylis subspicatum *Nees. et Meyer* ヤマヰ
Ĝol-hanuljigi 꼴하눌직이

꼴하늘지기⟨*Fimbristylis tristachya* R.Br. var. *subbispicata* (Nees & Meyen) T.Koyama(1961)⟩

꼴하늘지기라는 이름은 하늘지기와 비슷한 모양(꼴)이라는 뜻에서 유래했다고 한다.[114] 그러나 모양을 뜻하는 '꼴'이 대상을 닮았다는 뜻으로 쓰일 때에는 '세모꼴'과 같이 비교 대상이 꼴의 앞에 위치하므로 이러한 해석은 우리말의 용례에 맞지 않다. 꼴하늘지기는 전국적으로 분포하고 가축의 사료로 사용되기도 하므로[115] 말이나 소에게 먹이는 풀(꼴)로 사용할 수 있는 하늘지기라는 뜻으로 해석하는 것이 보다 타당할 것이다. 『조선식물향명집』에서는 '꼴하눌식이'를 신칭했으나[116] 『한국식물명감』에서 '꼴하늘지기'로 개칭해 현재에 이르고 있다.

속명 *Fimbristylis*는 라틴어 *fimbria*(털이 난 가장자리)와 *stylus*(암술대)의 합성어로, 털이 있는 암술대를 나타내며 하늘지기속을 일컫는다. 종소명 *tristachya*는 '소수(小穗)가 3개인'이라는 뜻이며, 변종명 *subbispicata*는 '소수가 2개 이하인'이라는 뜻으로 소수가 2개 이하까지도 달리는 것을 나타낸다.

다른이름 꼴하눌직이(정태현 외, 1937), 골하늘직이(박만규, 1949), 꼴하늘직이(정태현 외, 1949), 산하늘지기(안학수·이춘녕, 1963)

중국/일본명 중국명 三穗飄拂草(san sui piao fu cao)는 소수(小穗)가 3개인 표불초(飄拂草: 하늘지기속의 중국명)라는 뜻이다. 일본명 ヤマヰ(山イ)는 산에서 자라고 골풀(藺, ヰ)과 유사해 붙여졌다.

참고 [북한명] 꼴하늘지기

---

114 이러한 견해로 이우철(2005), p.117 참조.
115 이에 대해서는 '두산백과(doopedia)' 중 '꼴하늘지기' 참조.
116 이에 대해서는 『조선식물향명집』, 색인 p.32 참조.

Kyllingia brevifolia *Roth.*　ヒメクグ
Pa-daegari　파대가리

파대가리〈*Kyllinga brevifolia* Rottb.(1773)〉

파대가리라는 이름은 소수(小穗)가 줄기 끝에 모여 머리모양꽃차례를 이루는 모습을 파의 대가리(꽃차례)에 비유한 것에서 유래했다.[117] 일제강점기에 저술된 『조선구전민요집』에는 '중대가리 팟대가리 모가나무 솟대가리'라는 가사의 민요가 있는데, 이 중 팟대가리는 파(葱)의 대가리라는 뜻이지만[118] 별도의 식물명인지는 분명하지 않다. 다만 널리 불리던 민요의 가사 중에 팟대가리와 같은 명칭이 있었다면 별도의 식물명으로서 향명이 존재했을 가능성도 충분히 있다고 본다.[119] 『조선식물향명집』에서 처음으로 발견되는 이름인데 신칭한 것으로 기록하지 않은 점에 비추어[120] 방언을 채록했을 것으로 추론된다.

속명 *Kyllinga*는 덴마크 식물학자 Peder Lauridsen Kylling(1640~1696)의 이름에서 유래했으며 파대가리속을 일컫는다. 종소명 *brevifolia*는 '짧은 잎의'라는 뜻이다.

다른이름　큰송이방동산이(박만규, 1949), 파송이골(김현삼 외, 1988)

옛이름　팟대가리(조선구전민요집, 1933)[121]

중국/일본명　중국명 短叶水蜈蚣(duan ye shui wu gong)은 짧은 잎의 수오공(水蜈蚣: 물에 사는 지네라는 뜻으로 파대가리속의 중국명)이라는 뜻으로 학명과 연관되어 있다. 일본명 ヒメクグ(姫莎草)는 식물체가 작은 사초라는 뜻이다.

참고　[북한명] 파송이골

---

117 이러한 견해로 이우철(2005), p.571 참조.
118 이용기(1924)는 '잡장(雜醬)' 담그는 방법을 해설하면서 파(葱)의 뿌리를 '팟대가리'로 표기했다.
119 이윤옥(2015), p.28은 파대가리를 일본명 ヒメクグ의 번역으로 보고 있으나, 의미와 어형이 완전히 달라 전혀 근거가 없는 주장이다.
120 이에 대해서는 『조선식물향명집』, 색인 p.48 참조.
121 『조선식물명휘』(1922)는 '水蜈蚣, 金鈕草'를 기록했다.

Lipocarpha microcephala *Kunth* ヒンジガヤツリ
Se-daegari 세대가리

세대가리〈*Lipocarpha microcephala* (R.Br.) Kunth(1837)〉

세대가리라는 이름은 3개의 소수(小穗)가 줄기 끝에 달리는 모양이 마치 머리(대가리) 모양 같다는 뜻에서 유래했다.[122] 북한에서는 같은 뜻으로 '세송이골'이라는 이름을 사용하고 있다. 한글명은 『조선식물향명집』에서 처음으로 발견되는데 신칭한 이름인지 방언을 채록한 것인지는 분명하지 않다.

속명 *Lipocarpha*는 그리스어 *lipos*(살찐)와 *carphos*(왕겨)의 합성어로, 이 속의 어떤 종은 내측 비늘조각이 두껍기에 붙여졌으며 세대가리속을 일컫는다. 종소명 *microcephala*는 '작은 머리의'라는 뜻이다.

다른이름 세송이골(김현삼 외, 1988)[123]

중국/일본명 중국명 湖瓜草(hu gua cao)는 호숫가에 자라는 오이를 닮은 풀이라는 뜻이다. 일본명 ヒンジガヤツリ(品字蚊帳釣)는 3개의 소수(小穗)가 품(品) 자 형태로 배열된 방동사니(蚊帳釣)를 닮은 식물이라는 뜻이다.

참고 [북한명] 세송이골

Scirpus erectus *Poiret* ホタルヰ
Olchaeñgi-gol 올챙이골

올챙이고랭이〈*Schoenoplectus hotarui* (Ohwi) Holub(1976)〉[124]

올챙이고랭이라는 이름은 습지에서 자라거나 꽃(또는 열매)이 올챙이를 닮은 고랭이라는 뜻에서 유래한 것으로 보인다. 식물명에 붙인 '올챙이'는 일반적으로 올챙이가 자라는 습지에서 나는 식물이라는 뜻, 또는 꽃이나 열매의 모양이 올챙이를 닮았다는 뜻이다. 한편 일본명 ホタルヰ에서 유래한 것으로 설명하는 견해가 있으나,[125] ホタルヰ는 일본에서도 어원 불명으로 이해되고 있으므로 타당하지 않다. 『조선식물향명집』에서는 '올챙이골'을 신칭해 기록했으나[126] 『우리나라 식물자원』에서 '올챙이고랭이'로 표기를 변경해 현재에 이르고 있다.

---

122 이러한 견해로 이우철(2005), p.346 참조.
123 『조선식물명휘』(1922)는 '湖瓜草(호과초)를 기록했다.
124 '국가표준식물목록'(2018)은 올챙이고랭이의 학명을 *Schoenoplectus juncoides* (Roxb.) Palla(1944)로 기재하고 있으나, 『장진성 식물목록』(2014)은 본문의 학명을 정명으로 기재하고 있다.
125 이러한 견해로 이우철(2005), p.406 참조.
126 이에 대해서는 『조선식물향명집』, 색인 p.43 참조.

속명 *Schoenoplectus*는 이 종류의 줄기로 엮어 만든 매듭 방석(rush-plait)을 뜻하는 그리스어에서 유래했으며 큰고랭이속을 일컫는다. 종소명 *hotarui*는 일본명 ホタルヰ에서 유래했다.

다른이름 올챙이골(정태현 외, 1937), 올챙고랭이(정태현 외, 1949), 작은올챙이골(리용재 외, 2011)[127]

중국/일본명 중국명 细秆萤蔺(xi gan ying lin)은 가는 줄기의 형린(萤蔺: 수과가 반딧불이를 닮은 골풀이라는 뜻으로 고랭이 종류의 중국명)이라는 뜻이다. 일본명 ホタルヰ(螢ヰ)의 정확한 어원은 알려져 있지 않으나 수과의 모양을 반딧불이에 비유한 이름으로 추정하고 있다.

참고 [북한명] 올챙이골/작은올챙이골[128]

Scirpus lacustris *L.* var. Tabernaemontani *Trautvetter*   フトヰ
Mul-goraeñgi   물고랭이

큰고랭이〈*Schoenoplectus tabernaemontani* (C.C.Gmel.) Palla(1888)〉

큰고랭이라는 이름은 줄기가 둥글고 큰 고랭이(골풀)를 닮은 식물이라는 뜻에서 유래했다.[129] 『조선식물명휘』는 한자로 水葱(수총)을 기록했는데, 이를 직역하면 물에서 자라는 파라는 뜻이다. 그런데 옛 문헌에 나타난 水葱(또는 水蔥)은 왕골, 골풀 또는 큰고랭이로 다양하게 해석되고 있어 현재의 큰고랭이를 뜻하는지는 불명확하다. 한편 『역어유해』와 『동문유해』는 水葱과 함께 한글명으로 '골'을 기록했는데 이는 현재 '골풀'로 이어진 것으로 해석되므로(이에 대해서는 이 책 '골풀' 항목 참조), 『조선식물향명집』에 기록된 물고랭이의 '고랭이'가 '골'에서 파생된 이름임을 추정할 수 있다. 『조선식물향명집』은 '물고랭이'로 기록했으나 『조선식물명집』에서 '큰고랭이'로 개칭해 현재에 이르고 있다.

속명 *Schoenoplectus*는 이 종류의 줄기로 엮어 만든 매듭 방석(rush-plait)을 뜻하는 그리스어에서 유래했으며 큰고랭이속을 일컫는다. 종소명 *tabernaemontani*는 독일 식물학자 Jacobus Theodorus Tabernaemontanus(1525~1590)의 이름에서 유래했다.

---

127 『선명대화명지부』(1934)는 '대상깃, 대사깃'을 기록했다.
128 북한에서는 *Scirpus juncoides*를 '올챙이골'로, *Scirpus hotarui*를 '작은올챙이골'로 하여 별도 분류하고 있다. 이에 대해서는 리용재 외(2011), p.322 참조.
129 이러한 견해로 이우철(2005), p.527 참조.

다른이름 물고랭이(정태현 외, 1937), 큰골/돗자리골(박만규, 1949), 고랭이(한진건 외, 1982), 돗자리골(리용재 외, 2011)

옛이름 水蔥(구급이해방, 1499), 水蔥/翠管/莞草(지봉유설, 1614), 水蔥(의림촬요, 1635), 莞草/水蔥/골(역어유해, 1690), 莞草/水蔥/골(동문유해, 1748), 水蔥/노양이(광재물보, 19세기 초), 水蔥草/노향(물명고, 1824), 水蔥(임원경제지, 1842)[130]

중국/일본명 중국명 水蔥(shui cong)은 물에서 자라는 파(蔥)라는 뜻으로 파와 비슷한 생김새에서 유래했다. 일본명 フトヰ(太イ)는 식물체가 큰 골풀이라는 뜻이다.

참고 [북한명] 돗자리골/큰골[131] [유사어] 수총(水蔥)

Scirpus fuirenoides *Maximowicz*   コマツカサススキ
Dumun-solbangul   드문솔방울

좀솔방울고랭이〈*Scirpus fuirenoides* Maxim.(1887)〉

좀솔방울고랭이라는 이름은 식물체가 작은 솔방울고랭이라는 뜻에서 유래했다.[132] 『조선식물향명집』에서는 '솔방울'을 기본으로 하고 식물의 형태적 특징을 나타내는 '드문'을 추가해 '드문솔방울'을 신칭했으나,[133] 『한국동식물도감』에서 '좀솔방울고랭이'로 개칭해 현재에 이르고 있다.

　속명 *Scirpus*는 골풀 또는 그와 유사한 식물의 라틴명이 전용된 것으로 고랭이속을 일컫는다. 종소명 *fuirenoides*는 '*Fuirena*(검정방동사니속)와 비슷한'이라는 뜻이다.

다른이름 드문솔방울(정태현 외, 1937), 방울골(박만규, 1949), 애기방울고랭이(리종오, 1964), 애기방울골(임록재 외, 1972)

중국/일본명 '중국식물지'는 이를 별도 분류하지 않고 있다. 일본명 コマツカサススキ(小松毬-)는 식물체가 작은 솔방울을 닮은 고랭이 종류(ススキ)라는 뜻이다.

참고 [북한명] 애기방울골

---

130 『조선식물명휘』(1922)는 '水蔥'을 기록했으며 『토명대조선만식물자휘』(1932)는 '[龍鬚草]룡슈초, [石龍芻]석룡추'를 기록했다.
131 북한에서는 *Scirpus lacustris*를 '돗자리골'로, *Scirpus tabernaemontanii*를 '큰골'로 하여 별도 분류하고 있다. 이에 대해서는 리용재 외(2011), p.322 참조.
132 이러한 견해로 이우철(2005), p.473 참조.
133 이에 대해서는 『조선식물향명집』, 색인 p.36 참조.

⊗ Scirpus jaluanus *Nakai*　テフセンマツカサススキ
Solbangul-gol　솔방울골

솔방울고랭이〈*Scirpus karuisawensis* Makino(1904)〉

솔방울고랭이라는 이름은 다수의 소수군(小穗群)이 모여 달리는 모습이 마치 솔방울 같고 고랭이(골풀)를 닮은 식물이라는 뜻에서 유래했다.[134] 『조선식물향명집』에서는 '솔방울골'을 신칭했으나[135] 『조선식물명집』에서 '솔방울고랭이'로 개칭해 현재에 이르고 있다.[136]

　속명 *Scirpus*는 골풀 또는 그와 유사한 식물의 라틴명이 전용된 것으로 고랭이속을 일컫는다. 종소명 *karuisawensis*는 일본의 지명 가루이자와(輕井澤)에서 유래한 것으로 보이며 발견지를 나타낸다.

다른이름　솔방울골(정태현 외, 1937), 꽃방울골/방울골(박만규, 1949), 나도고랭이(정태현 외, 1949)

중국/일본명　중국명 华东藨草(hua dong biao cao)는 화둥(華東) 지역에 분포하는 표초(藨草: 고랭이속의 중국명)라는 뜻이다. 일본명 テフセンマツカサススキ(朝鮮松毬-)는 한반도에 분포하는 솔방울을 닮은 고랭이 종류(ススキ)라는 뜻이다.

참고　[북한명] 솔방울골

Scirpus maritimus *Linné*　ウキヤガラ　荊三稜
Maejagi　매자기

매자기〈*Bolboschoenus maritimus* (L.) Palla(1905)〉

매자기라는 이름은 이 풀로 삿갓이나 비옷을 만든다(맺는다)는 뜻에서 유래했다.[137] 매자기의 어원은 『향약구급방』으로 거슬러 올라가는 오래된 표현 結次邑笠(미즙갇)[또는 結叱加次(미짓갗)]이다. 옛말 '미즙갇'은 '미즙'과 '갇'의 합성어인데, '미즙'은 맺음 또는 매듭의 뜻으로 맺는 행위나 그로써 생산된 것을 뜻하고[138] '갇'은 삿갓(笠)을 뜻한다. 또한 『본초강목』을 살펴보면, 京三棱(경삼릉)은 사초와 유사하고 사초는 삿갓(笠)이나 비옷(雨衣) 등의 생활용구를 만든다는 내용이 있다.[139] 이

---

134 이러한 견해로 이우철(2005), p.351과 김종원(2013), p.1022 참조.

135 이에 대해서는 『조선식물향명집』, 색인 p.41 참조.

136 『조선식물향명집』에 기록된 '솔방울골'은 솔방울고랭이의 다른이름으로 처리했으나, 오용자(1984)에서 *Scirpus mitsukurianus* Makino(1903)의 국명으로 되살려졌고 현재 이에 대한 추천명으로 사용하고 있다.

137 이러한 견해로 남풍현(1981), p.32 참조. 다만 남풍현은 민간에서 실제로 삿갓을 만들었기 때문에 붙여진 이름인지, 아니면 의가(醫家)의 전문인이 본초학의 영향을 받아 붙인 이름인지는 분명하지 않다고 했다.

138 이에 대해서는 남광우(1997), p.636과 남풍현(1981), p.31 참조.

139 중국의 『본초강목』(1596)은 "蜀人以織爲器…(중략)…莖中有白穰 剖之織物"[촉나라 사람들은 이를 짜서 생활용구를 만든다…(중략)…줄기 속에 흰 속이 있고 가르면 직물과 같다]이라고 기록했다. 우리나라에서도 『조선왕조실록』 중 세종 7년(1425)에 '三稜

258

러한 점에 비추어 믯즙갇은 삿갓이나 비옷을 만든다는 뜻에
서 유래했고, 믯즙갇이 변해 매자기가 된 것으로 보인다. 한편
『향약구급방』의 '結叱加次'(결질가차)를 맺을 결, 꾸짖을 질,
더할 가, 버금 차로 보아 '매질로 때린다'는 의미로 해석하고,
매자기가 '매로 쓸 만한 작대기'라는 뜻에서 유래했다는 견
해가 있다.[140] 그러나 『구급간이방언해』 등에 나타나는 표현
에 비추어 차자(借字) '叱'(질)은 뜻(訓)이 아닌 음(音)으로 읽어
야 하고, '자기'라는 한글 표현이 작대기라는 뜻으로 쓰인 예
가 없으며,[141] 약재로 사용하는 초본성 식물로 매를 만드는 것
도 상상하기 어렵다. 『향약채취월령』과 『촌가구급방』에 기록
된 '牛夫月乙'(쇠부들)은 부들과 유사하다는(소) 뜻에서 유래한
이름이지만 현재는 사용하지 않는다.

속명 *Bolboschoenus*는 그리스어 *bolbos*(구근, 양파)에서 유래했으며, 땅속줄기가 있는
Schoenus(스코이누스속: 사초과의 한 속)란 뜻으로 매자기속을 일컫는다. 종소명 *maritimus*는 '바
다의, 해안의'라는 뜻이다.

다른이름 매자깃불휘(정태현 외, 1936), 매재기(안학수 외, 1982), 갯매자기(리용재 외, 2011)

옛이름 京三稜/結次邑笠/結叱加次(향약구급방, 1236),[142] 草三稜/京三稜/每作只/牛夫月乙(향약채취
월령, 1431), 草三稜/每作只(향약집성방, 1433),[143] 京三稜(세종실록지리지, 1454), 京三稜/경삼릉(구급방언
해, 1466), 三稜/미자깃불휘(구급간이방언해, 1489), 京三稜/每作只/牛夫月乙/쇠부들(촌가구급방, 1538),
三稜/미자깃불휘(동의보감, 1613), 三稜/미자깃불휘(사의경험방, 17세기), 三稜/미자깃불휘(산림경제,
1715), 三稜/미자깃불휘(제중신편, 1799), 荊三稜/왕듸/京三稜荊/草三稜(광재물보, 19세기 초), 삼능/미
자기블휘(화왕본긔, 19세기 초), 三稜/왕듸/三稜草/쌔알/메자기(물명고, 1824), 三稜/미자깃불휘(의종손
익, 1868), 三稜/믹잣니(방약합편, 1884), 三稜(선한약물학, 1931)[144]

중국/일본명 중국명 海濱三稜草(hai bin san leng cao)는 학명을 참고한 것으로, 해변에 자라는 삼릉
초(三稜草: 줄기에 세모로 된 골이 있다는 뜻으로 매자기 종류의 중국명)라는 뜻이다. 일본명 ウキヤガラ

布'(삼릉포)를, 세조 14년(1468)에 '三稜綿布'(삼릉면포)를 기록한 것에 비추어 유사한 용도로 활용한 것으로 보인다.
140 이러한 견해로 김종원(2013), p.1031 참조.
141 작대기의 옛말은 '작닥이'이며, 이에 관한 다양한 옛 표현에 관해서는 『고어대사전 17』(2016), p.60 참조.
142 『향약구급방』(1236)의 차자(借字) '結次邑笠/結叱加次'(결차읍립/결질가차)에 대해 남풍현(1981), p.30은 '믯즙갇/믯즛갖'의
표기로 보고 있으며, 이덕봉(1963), p.16은 '닛가지'의 표기로 보고 있다.
143 『향약집성방』(1433)의 차자(借字) '每作只'(매작지)에 대해 남풍현(1999), p.178은 '미자기'의 표기로 보고 있다.
144 『조선한방약료식물조사서』(1917)는 '미자기, 三稜, 荊三稜'을 기록했으며 『조선어사전』(1920)은 '매자기, 三稜(삼릉)'을, 『조
선식물명휘』(1922)는 '荊三稜, 마름'을, 『토명대조선만식물자휘』(1932)는 '[荊三稜]경삼릉'을, 『선명대화명지부』(1934)는 '마
름'을 기록했다.

(浮矢幹)는 줄기를 화살대에 비유하고 겨울에 고사하여 줄기가 물에 떠 있는 모습을 형상화한 이름이다.

참고 [북한명] 갯매자기/매자기[145] [유사어] 삼릉초(三稜草), 형삼릉(荊三稜) [지방명] 개골때(경남)

Scirpus mucronatus *Linné* カンガレイ
Songi-gol 송이골

송이고랭이⟨*Schoenoplectus mucronatus* (L.) Palla(1888)⟩[146]

송이고랭이라는 이름은 4~20개의 소수(小穗)가 머리모양으로 모여 송이를 이루는 고랭이(골풀)라는 뜻에서 유래했다.[147] 『조선식물향명집』에서는 '송이골'을 신칭해 기록했으나[148] 『조선식물명집』에서 '송이고랭이'로 개칭해 현재에 이르고 있다.

속명 *Schoenoplectus*는 이 종류의 줄기로 엮어 만든 매듭 방석(rush-plait)을 뜻하는 그리스어에서 유래했으며 큰고랭이속을 일컫는다. 종소명 *mucronatus*는 '잎끝이 약간 뾰족하게 돌출한'이라는 뜻이다.

다른이름 송이골(정태현 외, 1937), 타래골(박만규, 1949), 참송이골(리용재 외, 2011)[149]

중국/일본명 중국명 水毛花(shui mao hua)는 물에서 자라는 터럭 같은 꽃이 피는 풀이라는 뜻이다. 일본명 カンガレイ(寒枯イ)는 추운 겨울에 지상부가 고사한 채 남아 있는 모습 때문에 붙여졌다.

참고 [북한명] 송이골/참송이골[150] [유사어] 삼수능초(三水稜草)

Scirpus triqueter *Linné* サンカクスゲ(サンカクヰ)
Semo-gol 세모골

세모고랭이⟨*Schoenoplectus triqueter* (L.) Palla(1889)⟩

---

145 북한에서는 *Scripus maritimus*를 '갯매자기'로, *S. fluviatilis*를 '매자기'로 하여 별도 분류하고 있다. 이에 대해서는 리용재 외(2011), p.322 참조.
146 '국가표준식물목록'(2018)은 송이고랭이의 학명을 *Schoenoplectus triangulatus* (Roxb.) Soják(1820)으로 기재하고 있으나, '세계식물목록'(2018)은 *Schoenoplectiella mucronata* (L.) J. Jung & H.K. Choi(2010)를 정명으로, 『장진성 식물목록』(2014)은 본문의 학명을 정명으로 기재하고 있다.
147 이러한 견해로 이우철(2005), p.353과 김종원(2013), p.1027 참조.
148 이에 대해서는 『조선식물향명집』, 색인 p.42 참조.
149 『조선식물명휘』(1922)는 '水毛花, 藨草, 有葱'을 기록했다.
150 북한에서는 *Scirpus triangulatus*를 '송이골'로, *Scirpus mucronatus*를 '참송이골'로 하여 별도 분류하고 있다. 이에 대해서는 리용재 외(2011), p.322 참조.

세모고랭이라는 이름은 줄기가 세모진 고랭이(골풀)라는 뜻으로 학명과 관련하여 유래했다.[151] 『물명고』와 『산림경제』에 기록된 옛이름 '모골'은 모가 진 골(고랭이)이라는 뜻으로, 세모고랭이와 유사한 뜻의 이름으로 이해된다. 『조선식물향명집』에서는 '세모골'을 신칭해 기록했으나[152] 『조선식물명집』에서 '세모고랭이'로 개칭해 현재에 이르고 있다.

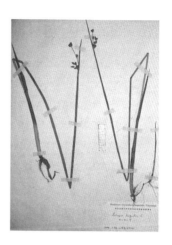

속명 *Schoenoplectus*는 이 종류의 줄기로 엮어 만든 매듭 방석(rush-plait)을 뜻하는 그리스어에서 유래했으며 큰고랭이속을 일컫는다. 종소명 *triqueter*는 '삼각주(三角柱)의'라는 뜻으로, 줄기가 세모진모양을 이루는 것에서 유래했다.

다른이름 세모골(정태현 외, 1937), 세모고랑이(이영노·주상우, 1956)

옛이름 모골/왕고시/稜莞(산림경제, 1715), 麃草/모골/麃蒯(물명고, 1824)[153]

중국/일본명 중국명 三棱水葱(san leng shui cong)은 삼릉형의 수총(水葱: 큰고랭이의 중국명)이라는 뜻이다. 일본명 サンカクスゲ(三角菅)는 줄기가 세모진모양인 사초 종류라는 뜻이다.

참고 [북한명] 세모골 [유사어] 표초(麃草)

---

151 이러한 견해로 이우철(2005), p.346과 김종원(2013), p.1040 참조.
152 이에 대해서는 『조선식물향명집』, 색인 p.41 참조.
153 『조선식물명휘』(1922)는 '茅草, 麃草'(망초, 표초)를 기록했다.

Araceae 천남성과 (天南星科)

천남성과 〈Araceae Juss.(1789)〉

천남성과는 국내에 자생하는 천남성(天南星)에서 유래한 과명이다. '국가표준식물목록'(2018), 『장진성
식물목록』(2014) 및 '세계식물목록'(2018)은 *Arum*(아룸속)에서 유래한 Araceae를 과명으로 기재하
고 있으며, 엥글러(Engler), 크론키스트(Cronquist) 및 APG IV(2016) 분류 체계도 이와 같다. 한편, APG
IV(2016) 분류 체계는 *Lemna*(좀개구리밥속), *Spirodela*(개구리밥속) 및 *Wolffia*(분개구리밥속)를 이 과에
통합하고 있다.

Acorus Calamus *Linné*　シヤウブ　菖蒲

Jangpo　장포

창포 〈*Acorus calamus* L.(1753)〉

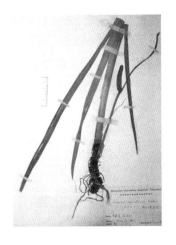

창포라는 이름은 한자명 '菖蒲'(창포)에서 유래한 것으로, 부
들 종류(蒲)로서 창성(昌盛)하게 자란다는 뜻이다.[1] 잎과 꽃
삭이 자라는 모양을 형상화한 이름으로 추정한다. 『조선식물
향명집』에 기록된 '장포'는 菖蒲(창포)의 발음이 변이된 것으
로 19세기에 저술된 『광재물보』와 『국한회어』 등에서 '쟝포'
또는 '장포'라는 유사하거나 동일한 표기가 확인되며, 『조선식
물명집』에서 '창포'로 개칭했다. 장포는 '국가표준식물목록'에
따른 추천명 '창포'의 다른이름으로 사용하고 있지만, 검은꽃
장포, 꽃장포, 숨은꽃장포, 한라꽃장포라는 이름에 그 흔적이
남아 있다. 한편 옛 문헌에서 菖蒲(창포)는 현재의 창포, 석창
포와 더불어 붓꽃속(*Iris*) 식물을 포함하는 溪蓀(계손), 泥菖蒲
(니창포), 白菖(백창), 水菖蒲(수창포) 등을 함께 뜻하는 것으로 사용했기 때문에[2] 이름에 혼선이 있어
왔다. 이러한 문헌상의 혼란을 해결하기 위해 일제강점기에 약용식물을 조사·기록한 『조선산야
생약용식물』은 『조선식물향명집』의 사정요지에서 밝힌 것처럼 실제 사용하는 향명을 주로 한다
는 원칙에 따라 서울(경성) 등의 약재시장에서 실제 사용하는 조선명을 조사했고, *A. calamus*에

1　이러한 견해로 이덕봉(1963), p.2 참조. 중국의 『본초강목』(1596)은 "菖蒲 乃蒲類之昌盛者 故曰菖蒲"(창포는 부들의 종류로서
　　창성하기 때문에 장포라고 한다)라고 기록했다.
2　이러한 옛 인식을 반영해 '중국식물지'(2018)는 '溪蓀'(계손)을 붓꽃<*Iris sanguinea* Donn ex Horn(1813)>의 중국명으로
　　사용하고, 우리의 식물명에도 붓꽃속 식물인 *Iris ensata* Thunb.(1794)에 대해 '꽃장포'라는 국명을 사용하고 있다.

대해 장포(창포)라는 명칭으로 사정해 현재에 이르고 있다.[3]

속명 *Acorus*는 그리스어 *a*-(부정의 접두사)와 *coros*(장식)의 합성어로, 꽃이 아름답지 않다고 하여 붙여졌으며 창포속을 일컫는다. 종소명 *calamus*는 '관(管)의'라는 뜻이다.

다른이름 장포(정태현 외, 1936), 왕창포/향포(안학수·이춘녕, 1963)

옛이름 菖蒲/消衣亇/松衣亇(향약구급방, 1236),[4] 菖蒲/松衣亇(향약채취월령, 1431), 昌蒲/챵뽕(구급방언해, 1466), 菖蒲/숑의마(구급간이방언해, 1489), 챵포/부들/菖蒲(훈몽자회, 1527), 菖蒲/숑의마(우마양저염역병치료방, 1548), 챵포/蓀(신증유합, 1576), 菖蒲/창포(언해구급방, 1608), 菖蒲/셕챵포(동의보감, 1613), 菖蒲/챵포(구황촬요벽온방, 1639), 창포/菖蒲(박통사언해, 1677), 챵포/菖蒲(왜어유해, 1782), 菖蒲/셕챵포(제중신편, 1799), 챵포/蓀(물보, 1802), 쟝포/菖蒲(광재물보, 19세기 초), 챵포/菖蒲(물명고, 1824), 챵포/菖蒲(명물기략, 1870), 창포/菖蒲(한불자전, 1880), 菖蒲/셕창포(방약합편, 1884), 장포/菖蒲(국한회어, 1895), 창포/菖蒲(자전석요, 1909), 菖蒲/셕창포(선한약물학, 1931)[5]

중국/일본명 중국명 菖蒲(chang pu)와 일본명 シヤウブ(菖蒲)도 한자명에서 유래했다.

참고 [북한명] 창포 [유사어] 은객(隱客), 장풍 [지방명] 장포/장피/청포(강원), 장푸/창푸/청푸(경기), 쟁피(경북), 몰씨/몰채/칭풀(제주)

Acorus gramineus *Solander*.　セキシヤウブ　石菖蒲
Sŏg-jaṅgpo　셕쟝포

석창포〈*Acorus gramineus* Sol.(1879)〉

석창포라는 이름은 한자명 '石菖蒲'(석창포)에서 유래한 것으로, 바위가 많은 지역에서 자라는 창포(菖蒲)라는 뜻이다.[6] 19세기에 저술된 『녹효방』은 石菖蒲(석창포)의 한글명으로 '돌밧히나는창곳'(돌밭에 나는 창포)이라고 기록하여 그 유래를 알려준다. 『조선식물향명집』은 '석쟝포'로 기록했으나 『조선식물명집』에서 '석창포'로 개칭했다. 한편 중국과 우리 한의학 문헌의 '菖蒲'(창포)와 '石菖蒲'(석창포)가 정확히 어떤 식물을 일컫는지는 문헌별로 기재 내용이 일치하지 않으며 다른 과(科)의 식물을 지칭하는 등 혼란이 있다. 예컨대 『물명고』는 '菖蒲'(창포)라는 표제하에 종류가 하

3　이에 대해서는 『조선산야생약용식물』(1936), p.42 참조.

4　『향약구급방』(1236)의 차자(借字) '消衣亇/松衣亇'(소이마/송의미)에 대해 남풍현(1981), p.125는 '숑이마'(의미론적으로 쇼리마/소리마일 가능성을 제기함)의 표기로 보고 있으며, 이덕봉(1963), p.2는 '소리마'의 표기로 보고 있다. 또한 남풍현과 이덕봉은 '쇼리마/소리마' 및 '소리마'는 단오를 뜻하는 수리의 변형으로 수릿날에 사용하는 마의 뜻을 가진 것으로 보고 있다. 반면에 김종원(2013), p.1007은 뿌리에서 버섯 송이의 향기가 난다거나 망치처럼 생긴 열매가 솔방울을 연상시킨다고 하여 유래한 이름으로 보고 있으나 그러한 주장을 뒷받침하는 근거는 보이지 않는다.

5　『조선어사전』(1920)은 '菖蒲(챵포)'를 기록했으며 『조선식물명휘』(1922)는 '菖蒲, 白菖, 창포'를, 『토명대조선만식물자휘』(1932)는 '[菖蒲]챵포, [臭蒲]츄포'를, 『선명대화명지부』(1934)는 '창포'를 기록했다.

6　이러한 견해로 이우철(2005), p.330 참조.

나가 아니라고 하면서 현재의 창포, 석창포와 더불어 붓꽃속 (Iris) 식물을 포함하는 夏菖(하창), 泥菖蒲(니창포), 白菖(배창), 水菖蒲(수창포), 溪蓀(계손) 등을 함께 기록했고, 소표제로 香蒲 (향포: 부들)와 夫王(부왕: 줄)을 함께 기록했다. 이는 뽀족한 잎의 실용성을 기준으로 식물을 분류 및 인식한 것으로, 사람의 용도를 기준으로 식물을 이해하는 전통적 식물 인식 방법의 한 모습을 보여준다. 또한 『동의보감』은 '菖蒲/셕챵포'라는 표제하에 菖蒲(창포)를 蓀(손＝계손)과 대비하고 "菖蒲有瘠 一如劍刃"[창포(의 잎)에는 등심줄이 있는데 꼭 칼날 같다]이라고 기록해 석창포(셕창포)가 아니라 창포를 일컫는 등 혼선이 있다.[7] 일제강점기에 약용식물을 조사·기록한 『조선산야생약용

식물』은 대구 및 대전 등의 약재시장에서 실제 사용하는 조선명을 조사했고,[8] A. gramineus에 대해 석장포(석창포)라는 명칭으로 사정해 현재에 이르고 있다.[9]

속명 Acorus는 그리스어 a-(부정의 접두사)와 coros(장식)의 합성어로, 꽃이 아름답지 않다고 하여 붙여졌으며 창포속을 일컫는다. 종소명 gramineus는 '벼과와 비슷한'이라는 뜻으로 벼과 식물을 닮은 데서 유래했다.

다른이름 석창포(정태현 외, 1936), 석장포(정태현 외, 1937), 바위석창포/석향포/애기석창포/창포(안학수·이춘녕, 1963), 수창포(신현철 외, 2017)

옛이름 石菖蒲(향약집성방, 1433), 石菖蒲/셕챵뿅(구급방언해, 1466), 石菖蒲(양화소록, 1471), 石菖蒲/돌서리/숑의마(구급간이방언해, 1489), 石菖蒲(우마양저염역병치료방, 1548), 石菖蒲/셕창포(언해두창집요, 1608), 石菖蒲/셕창포(언해태산집요, 1608), 石菖蒲(동의보감, 1613), 石菖蒲/돌밧뒤창포(광제비급, 1790), 石菖蒲/錢蒲(광재물보, 19세기 초), 石菖蒲(물명고, 1824), 石菖蒲(의종손익, 1868), 石菖蒲/돌밧히 나는창풋(녹효방, 1873), 석창포/石菖蒲(한불자전, 1880), 셕챵포/石菖蒲(한영자전, 1890), 石菖蒲(의방합편, 19세기), 石菖蒲(수세비결, 1929), 石菖蒲(선한약물학, 1931)[10]

---

7   『대한민국약전외 한약(생약)규격집』(2016), p.116은 생약명 '石菖蒲'(석창포)를 현재의 석창포(A. gramineus)로 보고 있다.

8   이에 대해서는 『조선산야생약용식물』(1936), p.43 참조.

9   한편 신현철 외(2017.6.)는 중국 및 우리 한의학 옛 문헌에 나오는 잎맥이 없는 창포는 오늘날 주로 잎맥이 없는 석창포(A. gramineus)를 지칭하며, 잎맥이 발달한 것으로 알려진 석창포는 오늘날 창포(A. calamus)이고, 중국은 석창포나 창포 모두 약재로 쓰나 우리나라는 석창포(A. gramineus)를 주로 사용했다고 하면서 이름의 혼돈을 피하기 위해 기존의 석창포(A. gramineus)를 '수창포'로 개칭할 것을 주장하고 있다. 그러나 이는 옛 문헌상의 '菖蒲'(창포)는 현재의 붓꽃속(Iris) 식물이 혼재해 있다는 것을 이해하지 못한 주장이어서 타당성은 의문스럽다.

10 『제주도및완도식물조사보고서』(1914)와 『제주도식물』(1930)은 'ソックチャンポ'[석창포]를 기록했으며 『조선한방약료식물조사서』(1917)는 '菖蒲, 石菖蒲'를, 『조선어사전』(1920)은 '石菖蒲(석창포)'를, 『조선식물명휘』(1922)는 '石菖蒲, 석창포'를, 『토명대조선만식물자휘』(1932)는 '[石菖(蒲)]석챵(포)'를, 『선명대화명지부』(1934)는 '석창포'를 기록했다.

중국/일본명 중국명 金钱蒲(jin qian pu)는 연한 황색 꽃이 금전 같고 부들(蒲)을 닮았다는 뜻이다. 일
본명 セキシヤウブ(石菖)는 한자명 石菖蒲(석창포)를 뜻하는 석창(石菖)을 음독한 것에서 유래했다.
참고 [북한명] 석창포 [지방명] 석장포(전남)

Arisaema japonicum *Blume*   テンナンシヤウ   天南星
Chŏnnamsŏng   천남성(두이며조자기)

천남성〈*Arisaema amurense* f. *serratum* (Nakai) Kitag.(1939)〉[11]

천남성이라는 이름은 한자명 '天南星'(천남성)에서 유래한 것으
로, 덩이줄기가 노란색으로 둥글고 그 약성(藥性)이 강해 하늘
에서 가장 양기가 강하다는 남쪽의 별 노인성(老人星)에 빗대
어 붙여졌다.[12] 맹독성 식물로 덩이줄기를 약용했고, 독성이 없
는 어린잎을 데쳐 식용했다.[13] 한편 『구급간이방언해』에 기록
된 옛이름 '두야미주지기'는 덩이줄기를 약재로 사용한 것에
서 유래했으며, '두야머'+'주'+'자기'로 '머리 혹은 구슬 모양
같은 (덩이줄기를 가진) 풀'을 뜻한다.[14]

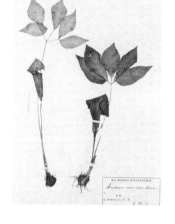

속명 *Arisaema*는 그리스어 *aris*(arum이라는 식물의)와
haima(피)의 합성어로, 잎에 반점이 있는 것에서 유래했으며
천남성속을 일컫는다. 종소명 *amurense*는 '아무르강 유역에
분포하는'이라는 뜻이며, 품종명 *serratum*은 '톱니가 있는'이라는 뜻이다.

다른이름 턴남성(정태현 외, 1936), 두이며조자기(정태현 외, 1937), 청사두초/푸른천남성(안학수·이춘
녕, 1963), 톱이아물천남성(리종오, 1964), 가새천남성(박만규, 1974)

옛이름 天南星/豆也丁次火/豆也味次(향약구급방, 1236),[15] 天南星/豆也摩次作只(향약채취월령, 1431),

---

11 '국가표준식물목록'(2018)은 둥근잎천남성의 품종으로 천남성〈*Arisaema amurense* f. *serratum* (Nakai) Kitag.(1939)〉
을 별도 분류하고 있으나, 『장진성 식물목록』(2014)과 『세계식물목록』(2018)은 둥근잎천남성〈*Arisaema amurense*
Maxim.(1859)〉에 통합해 이명(synonym) 처리하고 별도 분류하지 않으므로 주의를 요한다.

12 이러한 견해로 이우철(2005), p.513과 이덕봉(1963), p.21 참조. 중국의 『본초강목』(1596)은 "南星因根圓白 形如老人星狀 故名
南星"(남성은 뿌리가 둥글고 흰색인 것에 기인하고, 형태가 노인성 모양과 같으므로 그 이름을 남성이라 한다)이라고 기록했다.

13 이에 대해서는 『조선산야생약용식물』(1936), p.44와 『조선산야생식용식물』(1942), p.81 참조.

14 이에 대해서는 손병태(1996), p.59 참조.

15 『향약구급방』(1236)의 차자(借字) '豆也丁次火/豆也味次'(두야마차화/두야미차)에 대해 남풍현(1981), p.127은 '두여맞불/두여
맞'의 표기로 보고 있으며, 손병태(1996), p.58은 '두야맞블/두야맞'의 표기로, 이덕봉(1963), p.21은 '두야맞'의 표기로 보
고 있다.

天南星/豆也未注作只(향약집성방, 1433),[16] 天南星/텬남성(구급방언해, 1466), 天南星/두야머주자기(구급
간이방언해, 1489), 천남성/豆也麻造作只/두여마소사기(촌가구급방, 1538), 鬼臼/豆也亇注作只/두야머
조자기(우마양저염역병치료방, 1548), 天星/천남성(언해구급방, 1608), 天南星/텬남성/두여머조자기(동의
보감, 1613), 天南星/두여머조자기(사의경험방, 17세기), 天南星/두여머조자기(산림경제, 1715), 天南星/천
남성이(재물보, 1798), 南星/두여미조자기(제중신편, 1799), 天南星/천남성(물보, 1802), 天南星/천남성/
虎掌(광재물보, 19세기 초), 天南星/虎掌/鬼蒟蒻(물명고, 1824), 텬남성/天南星(한불자전, 1880), 南星/두
여머조가기(방약합편, 1884), 天南星/南星/두여머조자기(선한약물학, 1931)[17]

중국/일본명 중국명 齿叶东北南星(chi ye dong bei nan xing)은 잎가장자리에 이빨 모양의 톱니가 있
고 둥베이(東北) 지방에 분포하는 남성(南星: 천남성의 약칭)이라는 뜻이다. 중국은 두루미천남성(A.
heterophyllum)을 天南星(tian nan xing)으로 명명하고 있다. 일본명 テンナンシヤウ(天南星)는 한
자명 天南星(천남성)을 음독한 것이다.

참고 [북한명] 천남성 [유사어] 호장초(虎掌草) [지방명] 남성/철남새이/철남성이/철람생이/철람성(강
원), 남성/철남생이(경기), 날람시/남성/천남성이/천람시/천람신/천람새이/철나무시/철남생이(경남), 남
성/천람신/천람새이/천람생이(경북), 천남성이/천남생이/철남생(전남), 천남새/천람생이/철남성/쵤람
생이/쵤참생이(전북), 차남성/츠남상/처남상/천남상/쳐남상(제주), 남성/천남생이/천람새이/철람생이
(충남), 남생이/천남성이(충북), 털람생이(평북)

○ Arisaema robustum Nakai ヒロハノテンナンシヤウ
Nórúnip-chónnamsóng 너른잎천남성

둥근잎천남성〈Arisaema amurense Maxim.(1859)〉

둥근잎천남성이라는 이름은 천남성과 유사하나 잎의 가장자리에 톱니가 있는 천남성과 달리 가
장자리에 톱니가 없이 둥근 모양인 데서 유래했다.[18] 국명으로는 천남성이 기본으로 하는 이름이
고 둥근잎천남성이 파생적인 이름이지만 '국가표준식물목록'에 따른 학명은 역으로 되어 있어 혼
란스럽고, 천남성과 둥근잎천남성의 구별이 쉽지도 않으므로 두 종의 통합이 필요하다. 『조선식

---

16 『향약집성방』(1433)의 차자(借字) '豆也未注作只'(두야미주작지)에 대해 남풍현(1999), p.177은 '두야마주자기'의 표기로 보고
있으며, 손병태(1996), p.58은 '두야마주자기'의 표기로, 이덕봉(1963), p.21은 '두야미주자기'의 표기로 보고 있다.

17 『조선한방약료식물조사서』(1917)는 '두이머조자기, 天南星, 虎掌'을 기록했으며 『조선어사전』(1920)은 '天南星(텬남성), 두
여머조자기, 南星(남성)'을, 『조선식물명휘』(1922)는 '天南星, 텬남성, 두이머조자기(有毒, 藥)'를, 『토명대조선만식물자휘』
(1932)는 '[天南星]텬남성, [南城]남성, [虎掌草]호쟝초, [토여미(초)], [두여머조자기]'를, 『선명대화명지부』(1934)는 '두이머
조자기, 텬남성'을 기록했다.

18 이러한 견해로 이우철(2005), p.195 참조.

물향명집』에서는 잎이 넓은 천남성이라는 뜻으로 '너른잎천남성'을 신칭해 기록했으나,[19] 『한국식물도감(하권 초본부)』에서 '둥근잎천남성'으로 개칭해 현재에 이르고 있다.

속명 *Arisaema*는 그리스어 *aris*(arum이라는 식물의)와 *haima*(피)의 합성어로, 잎에 반점이 있는 것에서 유래했으며 천남성속을 일컫는다. 종소명 *amurense*는 '아무르강 유역에 분포하는'이라는 뜻이다.

다른이름 너른잎천남성(정태현 외, 1937), 아물천남성(박만규, 1949), 넓은잎천남성(정태현 외, 1949), 넓은잎사두초/사두초(안학수·이춘녕, 1963), 아무르천남성(리용재 외, 2011)[20]

중국/일본명 중국명 東北南星(dong bei nan xing)은 둥베이(東北) 지방에 분포하는 천남성(天南星)이라는 뜻이다. 일본명 ヒロハノテンナンシヤウ(廣葉の天南星)는 잎이 넓은 천남성(天南星)이라는 뜻이다.

참고 [북한명] 아무르천남성 [지방명] 천남성(경기), 절남성(충남)

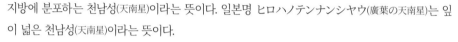

○ Arisaema peninsulae *Nakai*　テウセンマムシグサ
Jŏmbaegi-chŏnnamsŏng　점백이천남성

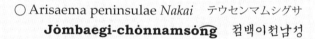

점박이천남성〈*Arisaema serratum* (Thunb.) Schott(1832)〉[21]

점박이천남성이라는 이름은 줄기에 자색 반점이 산포하는 천남성이라는 뜻에서 유래했다.[22] 『조선식물향명집』에서는 전통 명칭 '천남성'을 기본으로 하고 식물의 형태적 특징을 나타내는 '점백이'를 추가해 '점백이천남성'을 신칭했으나,[23] 『원색한국식물도감』에서 '점박이천남성'으로 개칭해 현재에 이르고 있다.

속명 *Arisaema*는 그리스어 *aris*(arum이라는 식물의)와 *haima*(피)의 합성어로, 잎에 반점이 있는 것에서 유래했으며 천남성속을 일컫는다. 종소명 *serratum*은 라틴어로 '톱니가 있는'이라는 뜻이다.

다른이름 점백이천남성(정태현 외, 1937), 알룩이천남성(박만규, 1949), 무늬점박이천남성/반잎사두

19 이에 대해서는 『조선식물향명집』, 색인 p.34 참조.
20 『지리산식물조사보고서』(1915)는 'ちゃんなんせん'[턴남성]을 기록했다.
21 '국가표준식물목록'(2018)은 점박이천남성의 학명을 *Arisaema peninsulae* Nakai(1929)로 기재하고 있으나, 『장진성 식물목록』(2014), '중국식물지'(2018) 및 '세계식물목록'(2018)은 본문의 학명을 정명으로 기재하고 있다.
22 이러한 견해로 이우철(2005), p.451 참조.
23 이에 대해서는 『조선식물향명집』, 색인 p.45 참조.

초/양덕사두초/양덕천남성/얼룩이천남성/점박이사두초(안학수·이춘녕, 1963), 자주점박이천남성/포기점박이천남성(이창복, 1969b)[24]

중국/일본명 중국명 細齒南星(xi chi nan xing)은 잎에 가는톱니가 있는 남성(南星: 천남성의 약칭)이라는 뜻으로 학명에서 유래한 이름이다. 일본명 テウセンマムシグサ(朝鮮蝮草)는 한반도에 분포하고 줄기에 반점이 있는 것이 살모사(蝮)의 문양과 닮았다는 뜻에서 붙여졌다.

참고 [북한명] 점백이천남성 [지방명] 천남성(강원, 경기), 칠남생이/털남생이(충남)

Colocasia antiquorum *Schott.*   サトイモ   里芋 (栽)
Toran   토란

토란〈*Colocasia esculenta* (L.) Schott(1832)〉

토란이라는 이름은 『향약집성방』의 향명 '土卵'(토란)에서 유래한 것으로, 흙 속에 있는 덩이줄기의 모양이 알 같아서 붙여졌다.[25] 토란의 13세기경의 이름은 '모릅'(또는 모립)이었는데 이후 '무릇'으로 변화했으며, 비늘줄기의 모양이 둥근 알과 같은 식물을 일컫는다. 열대아시아 원산의 재배식물로 『향약구급방』에 이름이 기록된 점에 비추어 고려 시대 이전에 국내에 도입된 것으로 추정되지만, 정확한 연대와 도입 경로는 알려져 있지 않다.

속명 *Colocasia*는 디오스코리데스(Dioscorides, 40~90)가 연근(蓮根)의 명칭으로 사용한 고대 그리스명 *Kolokasia*에서 유래했으며 토란속을 일컫는다. 종소명 *esculenta*는 '식용의'라는 뜻이다.

다른이름 토련(안학수·이춘녕, 1963), 타로토란(리용재 외, 2011)

옛이름 芋/毛立(향약구급방, 1236),[26] 芋/土卵(향약집성방, 1433),[27] 芋/토란(분류두공부시언해, 1481), 芋魁/토란/芋頭(사성통해, 1517), 토란/芋頭(훈몽자회, 1527), 芋子/토란/土芝/土蓮(동의보감, 1613), 芋/토란(신간구황촬요, 1660), 토란/芋頭(역어유해, 1690), 토란/芋頭(방언집석, 1778), 芋/토란/土蓮(해동농서, 1799), 芋子/토란(제중신편, 1799), 芋頭/토란(물보, 1802), 芋/토란(물명고, 1824), 토란/土蓮(동언고, 1836), 芋/토연(죽교편람, 1849), 芋/토란(명물기략, 1870), 토란/土卵/토련(한불자전, 1880), 芋子/토란(방약합편, 1884), 토란/芋(자전석요, 1909)[28]

---

24 『조선식물명휘』(1922)는 '班杖'(반장)을 기록했다.

25 이러한 견해로 이우철(2005), p.567; 이덕봉(1963), p.32; 한태호 외(2006), p.51 참조.

26 『향약구급방』(1236)의 차자(借字) '毛立'(모립)에 대해 남풍현(1981), p.103은 '모릅'의 표기로 보고 있으며, 이덕봉(1963), p.32는 '모립'의 표기로 보고 있다.

27 『향약집성방』(1433)의 차자(借字) '土卵'(토란)에 대해 남풍현(1999), p.182는 '토란'의 표기로 보고 있다.

28 『조선어사전』(1920)은 '土卵(토란), 土蓮(토련), 芋子(우子), 土芝(토지)'를 기록했으며 『조선식물명휘』(1922)는 '里芋, 토란'을, 『토명대조선만식물자휘』(1932)는 '[芋子]우子, [土芝]토지, [土蓮]토련, [土卵]토란, [우], [고은대]'를, 『선명대화명지부』(1934)는 '토란, 토련'을 기록했다.

중국명 芋(yu)는 토란을 나타내기 위해 고안된 한자로, 뜻을 나타내는 艸(초: 풀)와 음을 나타내는 于(우)가 합쳐진 글자이다.[29] 일본명 サトイモ(里芋)는 마을에서 재배하는 イモ(芋: 감자, 고구마, 토란 등의 덩이진 땅속줄기나 뿌리를 가진 식물의 통칭)라는 뜻이다.

[북한명] 토란 [유사어] 땅토란(-土卵), 우자(芋子), 이우(里芋), 타로감자(taro-), 토지(土芝) [지방명] 토련(경기), 토련(경북), 토란대/토랜(전남), 토란대(전북), 토련/토란대(충청)

Pinellia ternata *Breiteub*　カラスビシャク　半夏
Banha　반하(끼무릇)

반하(끼무릇)〈*Pinellia ternata* (Thunb.) Makino(1901)〉[30]

반하라는 이름은 한자명 '半夏'(반하)에서 유래한 것으로, '여름의 중간'이라는 뜻이다. 여름의 중간 즈음에 캔 덩이줄기를 약재로 이용해서 붙여진 이름이다.[31] 『향약구급방』 등에서 나타나는 雉矣毛立(치의모립)은 이두식 차사(借字)로 '끼의모립'을 표기한 것이며, '끼'는 꿩의 옛말이므로 '꿩의무릇'에 해당하는 옛 표현이다. 무릇은 땅속에서 자라는 다육성 알줄기를 뜻하므로 '끼의모립'은 꿩이 있는 곳 또는 꿩처럼 생긴 무릇이라는 뜻이다.[32] 한편 한글명 '반하'가 기록된 것은 일제강점기 때라는 주장이 있으나,[33] 17세기에 저술된 『언해구급방』, 19세기 초에 저술된 『규합총서』, 19세기 말에 프랑스 선교사들이 저술한 『한불자전』 등에 한글명으로 '반하'란 기록이 있으므로 그 이전부터 사용한 이름이다.

속명 *Pinellia*는 이탈리아 식물학자 G. V. Pinelli(1535~1601)의 이름에서 유래했으며 반하속을 일컫는다. 종소명 *ternata*는 '삼출의, 셋의'라는 뜻으로 성숙한 개체의 잎이 3개로 갈라지는 것에서 유래했다.

29　중국의 『본초강목』(1596)은 "芋猶吁也 大葉實根駭吁人也"[우(芋)는 우(吁)와 같다. 큰 잎, 열매와 뿌리가 사람을 놀라게 하기 때문이다]라고 기록했다.

30　'국가표준식물목록'(2018)은 반하의 학명을 *Pinellia ternata* (Thunb.) Breitenb.(1879)로 기재하고 있으나, 『장진성 식물목록』(2014)과 '세계식물목록'(2018)은 본문의 학명을 정명으로 기재하고 있다.

31　이러한 견해로 이우철(2005), p.260; 이덕봉(1963), p.16; 김종원(2013), p.415; 김병기(2013), p.598 참조. 중국의 『본초강목』(1596)은 "禮記月令 五月半夏生 蓋當夏之半也 故名"(예기의 월령에 따르면 오월에 반하가 나는데 여름의 절반에 해당하기 때문에 그러한 이름이 붙여졌다)이라고 기록했다.

32　이러한 견해로 남풍현(1981), p.77; 이덕봉(1963), p.16; 김종원(2013), p.415 참조.

33　이러한 견해로 김종원(2013), p.415 참조.

다른이름 괴무웃/반하(정태현 외, 1936), 끼무릇(정태현 외, 1937), 꿩의무릇(김종원, 2013)

옛이름 半夏/雉矢毛老邑/雉矢毛立(향약구급방, 1236),[34] 半夏/雉毛邑(향약채취월령, 1431), 半夏/반행(구급방언해, 1466), 半夏/씌모롭(구급간이방언해, 1489), 半夏/雉矢毛老邑/씡의모롭(촌가구급방, 1538), 半夏/반하(언해구급방, 1608), 半夏/씌물웃(동의보감, 1613), 半夏/씌믈웃(산림경제, 1715), 半夏/쌔무릇(재물보, 1798), 씌믈웃/半夏(제중신편, 1799), 씌무릇/半夏(물보, 1802), 반하(규합총서, 1809), 씌무릇/半夏(물명고, 1824), 반하(한불자전, 1880), 씌물웃/半夏(방약합편, 1884), 半夏/쌔물웃(선한약물학, 1931), 끼무릇/괴무릇(조선어표준말모음, 1936)[35]

중국/일본명 중국명 半夏(ban xia)는 한자명과 동일하다. 일본명 カラスビシヤク(烏柄杓)는 검은색이 돌고 불염포의 모양이 긴 국자 같은 것에서 유래했다.

참고 [북한명] 끼무릇 [지방명] 꽁밥(강원), 개무럭/개무룻/개물곳/반두노물(전남), 개물곳/며느리숟갈/앉은뱅이나물/앉은뱅이풀/폭시물곳(전북), 가마귀수까락/가마귀숟가락/가메기숟가락/반화/산마/산마살마(제주)

Symplocarpus foetidus *Salisbury*   ザゼンサウ
Anjún-buchae   앉은부채

앉은부채⟨*Symplocarpus renifolius* Schott ex Miq.(1866)⟩

앉은부채라는 이름은 육수꽃차례의 모양이 부처가 앉아 있는 모습과 비슷하다는 뜻에서 유래했다.[36] 앉은부채라는 이름을 직접적으로 기록한 옛 문헌이 발견되지 않는 점에 비추어 『조선식물향명집』의 저자들이 신칭한 이름일 수도 있으나, 『오주연문장전산고』에 석가(釋迦)의 탄생에 대한 설명으로 地湧金蓮花(지용금련화)가 언급되어 있고, 1820년대에 저술된 『물명고』는 뜻은 다르지만 앉은부채와 어형이 유사한 '안즌검더양'(앉은검댕)을 기록한 바 있으며, 현재 지명으로 부처가 앉아 있는 골짜기라는 뜻의 '부채앉은골'이라는 이름이 남아 있다. 또한 실제 사용 과정에서 앉은부처가 앉은부채로 발음이 변화한다는 점을 고려하면, 민간에서 실제 부르던 이름을 채록한 것으로 추정한다.[37] 한편 일제강점기에 식용식물을 조사·기록한 『조선산야생식용식물』은 봄의 새잎을

---

34 『향약구급방』(1236)의 차자(借字) '雉矢毛老邑/雉矢毛立'(치의모로읍/치의모립)에 대해 남풍현(1981), p.76은 '씨의모롭'의 표기로 보고 있으며, 이덕봉(1963), p.16과 손병태(1996), p.31은 '씌모롭/씌모립'의 표기로 보고 있다.

35 『제주도및완도식물조사보고서』(1914)와 『제주도식물』(1930)은 제주 방언으로 'カマグイスカラック'[까마귀수까락]을 기록했으며 『조선한방약료식물조사서』(1917)는 '씌물웃, 半夏'를, 『조선어사전』(1920)은 '씌무릇, 半夏(반하)'를, 『조선식물명휘』(1922)는 '半夏, 三不棟, 반하, 싸무릇'을, Crane(1931)은 '찰남셩'을, 『토명대조선만식물자휘』(1932)는 '[半夏]반하, [씌무릇]'을, 『선명대화명지부』(1934)는 '반하, 싸무릇, 씌물웃'을 기록했다.

36 이러한 견해로 이우철(2005), p.377 참조.

37 『조선식물향명집』은 서문에서 "편자 등의 수집한 방언을 토대로 하"여 조선명을 기록했음을 표명했다.

삶아 건조한 후 묵나물로 식용하고, 경기도 광릉에서 잎이 배추를 닮았다는 뜻의 '배추나물'로 불렸다는 것을 기록하기도 했다.[38]

속명 *Symplocarpus*는 그리스어 *symploce*(결합)와 *carpos*(과실)의 합성어로, 육수꽃차례로부터 성숙한 열매(집합열매)에서 유래했으며 앉은부채속을 일컫는다. 종소명 *renifolius*는 '콩팥 같은 잎의'라는 뜻으로 잎의 모양과 연관된 이름이다.

다른이름 배추나물(정태현 외, 1942), 안진부채(박만규, 1949), 삿부채(리종오, 1964), 삿부채풀(김현삼 외, 1988), 산부채풀(이우철, 1996b), 우엉취(이영노, 1996)

옛이름 地湧金蓮花(오주연문장전산고, 185?), 地湧金蓮(운양집, 1914)[39]

중국/일본명 중국명 臭菘(chou song)은 냄새가 나는 배추라는 뜻으로, 식물에서 역한 냄새가 나는 것에서 유래했다. 일본명 ザゼンサウ(座禅草)는 꽃이 피는 모양이 승려가 좌선을 하는 모습을 연상시켜 붙여졌다.

참고 [북한명] 삿부채 [유사어] 지용금련(地勇金蓮), 취숭(臭菘) [지방명] 우엉취(경기)

---

38 이에 대해서는 『조선산야생식용식물』(1942), p.82 참조.
39 『조선식물명휘』(1922)는 '地湧金蓮'을 기록했다.

Lemnaceae 개구리밥科 (浮萍草科)

개구리밥과〈**Lemnaceae** Gray(1822)〉

개구리밥과는 국내에 자생하는 개구리밥에서 유래한 과명이다. '국가표준식물목록'(2018), 『장진성 식물목록』(2014), 엥글러(Engler) 및 크론키스트(Cronquist) 분류 체계는 *Lemna*(좀개구리밥속)에서 유래한 Lemnaceae를 과명으로 기재하고 있다. 한편, '세계식물목록'(2018)과 APG IV(2016) 분류 체계는 이 과를 Araceae(천남성과)에 통합하고 있다.

Lemna minor *Linné*　アヲウキクサ　浮萍
Jom-gaeguribab　좀개구리밥

좀개구리밥〈*Lemna perpusilla* Torr.(1843)〉

좀개구리밥이라는 이름은 개구리밥에 비해 개체가 작다는 뜻에서 붙여졌다.[1] 『조선식물향명집』에서 전통 명칭 '개구리밥'을 기본으로 하고 식물의 형태적 특징과 옛 학명 *minor*(작은, 가벼운)에 착안한 '좀'을 추가해 신칭했다.[2] 일부의 견해는 좀개구리밥의 '좀'이 일본명의 영향을 받은 것으로 기술하고 있으나,[3] 일본명과는 그 뜻이 전혀 다르므로 근거가 없다. 한편 『동의보감』은 水萍(수평)을 개체가 상대적으로 크다는 뜻에서 大萍(대평)으로, 浮萍(부평: 머구리밥)을 小萍(소평)으로 보았으며, 『물명고』는 紫萍(자평)을 大萍(대평)으로, 浮萍(부평: 머구리밥)을 小萍(소평)으로 보았다. 小萍(소평)은 현재의 좀개구리밥을 지칭한 것으로 추정한다.

속명 *Lemna*는 그리스어 *limne*(연못, 늪)에서 유래한 것으로, 그리스의 철학자 테오프라스토스(Theophrastos, B.C.371~B.C.287)가 수생식물에 부여한 이름을 전용했으며 좀개구리밥속을 일컫는다. 종소명 *perpusilla*는 '매우 가늘고 작은'이라는 뜻이다.

다른이름　개구리밥(정태현 외, 1936), 푸른개구리밥(박만규, 1949), 개구리밥(리종오, 1964), 청개구리밥(김현삼 외, 1988), 개구리밥풀/청개구리밥풀(임록재 외, 1996), 좀개구리밥풀(리용재 외, 2011)

옛이름　浮萍/머구리밥/小萍(동의보감, 1613), 水萍/머구리밥/小浮萍(광재물보, 19세기 초), 浮萍/머구

1　이러한 견해로 이우철(2005), p.465; 김종원(2013), p.1009; 김경희 외(2014), p.147 참조.

2　이에 대해서는 『조선식물향명집』, 색인 p.45 참조.

3　이러한 견해로 이윤옥(2015), p.32 참조. 이윤옥은 '좀'이라는 이름을 대대적으로 식물명에 붙이기 시작한 것은 『조선식물향명집』부터였다는 것을 이유로 하고 있다. 그러나 과학적 분류법이 도입되기 이전의 대부분 식물명은 동일한 속(*genus*)이나 유사한 형태(또는 약성)를 가지는 경우 동일한 이름으로 혼용하는 경우가 많았다. 이러한 상황에서 『조선식물향명집』은 식물분류학에 따라 명칭을 정리하면서 대표적 식물의 이름을 먼저 정하고 그 어두 또는 어미에 수식하는 형용사를 붙여 국명을 정했다(『조선식물향명집』의 '사정요지' 참조). 이러한 방법은 『조선식물향명집』뿐만 아니라 여러 나라에서 흔하게 채용되는 것이므로 그 자체를 일본명에만 고유하다고 할 수 없어 위와 같은 주장은 타당하지 않다.

리밥/小萍(물명고, 1824), 개고리밥/萍/藻(자전석요, 1909)[4]

중국명 稀脉浮萍(xi mai fu ping)은 잎맥이 적은 부평(浮萍: 개구리밥)이라는 뜻이다. 일본명 アヲウキクサ(青浮草)는 푸른 개구리밥이라는 뜻이다.

[북한명] 개구리밥풀/좀개구리밥풀[5] [유사어] 부평(浮萍) [지방명] 물웃(제주)

Spirodela polyrhiza *Schleiden*　ウキクサ　浮萍
Gaeguribab　개구리밥(부평초)

개구리밥〈*Spirodela polyrhiza* (L.) Schleid.(1839)〉

개구리밥이라는 이름은 옛이름에서 유래한 것으로, 개구리가
많이 사는 논이나 못에서 자라고 개구리의 먹이가 될 만한 정
도의 크기라는 뜻에서 붙여졌다.[6] 옛이름 고기밥과 머구리밥
모두 고기나 머구리(개구리의 옛말)가 사는 곳에서 자란다는 뜻
이다. 『동의보감』은 水萍(수평)을 개체가 상대적으로 크다는 뜻
에서 大萍(대평)으로, 浮萍(부평: 머구리밥)을 小萍(소평)으로 보
았으며, 『물명고』는 紫萍(자평)을 大萍(대평)으로, 浮萍(부평: 머
구리밥)을 小萍(소평)으로 보았다. 한편 개구리밥의 옛이름이 머
구리밥이었다는 이유로 개구리밥이라는 이름을 사용하는 것
은 지적(知的) 문란이라고 주장하는 견해가 있다.[7] 그러나 1576
년에 저술된 『신증유합』에서 한자 蛙(와)를 '개고리'라고 기록

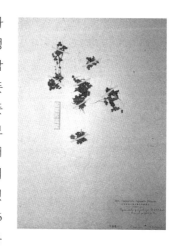

하여 그 이전의 머구리는 개구리로 변화하였고, 머구리밥이라는 이름도 19세기에 이르러 개구리밥
의 형태로 정착되었다. 그러므로 옛이름을 사용하는 것만이 올바르다는 주장은 식물명이 언어로서
소통의 결과물이고 생성, 발전하며 소멸한다는 것을 고려하지 않은 주장으로 보인다.

　속명 *Spirodela*는 그리스어 *speira*(나선, 끈)와 *delos*(뚜렷한)의 합성어로, 개구리밥의 생김새에
서 유래했으며 개구리밥속을 일컫는다. 종소명 *polyrhiza*는 '뿌리가 많은'이라는 뜻이다.

4　『조선식물명휘』(1922)는 '藻萍, 水萍'을 기록했으며 『토명대조선만식물자휘』(1932)는 '[蘋草]빈조'를, 『선명대화명지부』
　　(1934)는 '길풀'을 기록했다.
5　북한에서는 *L. paucicostata*를 '개구리밥풀'로, *L. minor*를 '좀개구리밥풀'로 하여 별도 분류하고 있다. 이에 대해서는
　　리용재 외(2011), p.201 참조.
6　이러한 견해로 이우철(2005), p.44; 이덕봉(1963), p.15; 허북구·박석근(2008a), p.20; 김경희 외(2014), p.147 참조. 한편 김
　　경희 외는 올챙이의 먹이가 된다는 뜻에서 개구리밥이라는 이름이 유래했다고 보고 있으나, 올챙이가 자라는 때가 개구
　　리밥이 발생하는 시기와 차이가 있어 타당성은 의문스럽다.
7　이러한 견해로 김종원(2013), p.1011 참조.

부평초(정태현 외, 1937), 머구리밥(정태현 외, 1949), 머구리밥풀(임록재 외, 1996)

옛이름 浮萍/魚矣食/魚食(향약구급방, 1236),[8] 水萍/魚食(향약채취월령, 1431), 머구릐밥/浮萍(번역박통사, 1517), 머구릐밥/萍/蘋/藻(훈몽자회, 1527), 水萍/머구리밥/蛙食(촌가구급방, 1538), 浮萍/머구리밥(언해두창집요, 1608), 水萍/大萍(동의보감, 1613), 浮萍草/머구리밥(사의경험방, 17세기), 浮萍/모싀난부평(광제비급, 1790), 水萍/머구리밥(재물보, 1798), 紫萍/大萍(물명고, 1824), 萍/평/기구리밥(명물기략, 1870), 浮萍/못싀난부평(의휘, 1871), 浮萍/모셰나는부평/말음(녹효방, 1873), 浮萍/기구리밥(방약합편, 1884), 浮萍草/개고리밥(의방합편, 19세기), 큰개고리밥/蘋(자전석요, 1909), 浮萍/개구리밥(선한약물학, 1931)[9]

중국/일본명 중국명 紫萍(zi ping)은 자주색이 나는 부평(浮萍: 개구리밥)이라는 뜻이다. 일본명 ウキクサ(浮き草)는 물에 떠 있는 풀이란 뜻으로 개구리밥을 나타낸다.

참고 [북한명] 머구리밥풀 [유사어] 부평(浮萍), 수선(水蘚), 평초(萍草) [지방명] 점개구리밥/맹거지심(경남), 깨구락지밥/물나물/물옷(제주)

---

8 『향약구급방』(1236)의 차자(借字) '魚矣食/魚食'(어의식/어식)에 대해 남풍현(1981), p.82는 '고기이밥/고기밥'의 표기로 보고 있으며, 이덕봉(1963), p.15는 '어미밥'의 표기로 보고 있다.

9 『조선한방약료식물조사서』(1917)는 '긔구리밥, 머구리밥, 浮萍'을 기록했으며 『조선어사전』(1920)은 '개고리밥, 浮萍草(부평초)'를, 『조선식물명휘』(1922)는 '浮萍, 水萍, 부평초, 개구리밥, 머구리밥'을, 『토명대조선만식물자휘』(1932)는 '[萍草]평초, [浮萍草]부평초, [개고리밥]'을, 『선명대화명지부』(1934)는 '부평초, 개구리밥, 머구리밥'을 기록했다.

Eriocaulaceae 곡정초과 (穀精草科)

> **곡정초과〈Eriocaulaceae Martinov(1820)〉**
>
> 곡정초과는 국내에 자생하는 곡정초에서 유래한 과명이다. '국가표준식물목록'(2018), 『장진성 식물목록』(2014) 및 '세계식물목록'(2018)은 *Eriocaulon*(곡정초속)에서 유래한 Eriocaulaceae를 과명으로 기재하고 있으며, 엥글러(Engler), 크론키스트(Cronquist) 및 APG IV(2016) 분류 체계도 이와 같다.

Eriocaulon alpestre *Hook. et Thoms* var. robustum *Maximowicz* ヒロハイヌノヒゲ
Nŏlbŭnip-gaesuyŏm 넓은잎개수염

넓은잎개수염〈*Eriocaulon alpestre* Hook.f. & Thomson ex Körn.(1867)〉

넓은잎개수염이라는 이름은 잎이 넓고 개수염을 닮았다는 뜻에서 붙여졌다.[1] 『조선식물향명집』에서 '개수염'을 기본으로 하고 식물의 형태적 특징을 나타내는 '넓은잎'을 추가해 신칭했다.[2]

속명 *Eriocaulon*은 그리스어 erion(연모)과 caulos(줄기)의 합성어로, 모식종의 꽃줄기 기부에 부드러운 털이 있어 붙여졌으며 곡정초속을 일컫는다. 종소명 *alpestre*는 '아고산(亞高山)의, 초본대(草本帶)의'라는 뜻이다.

다른이름 넓은잎곡정초(박만규, 1949), 넓은잎고위까람(리종오, 1964), 넓은잎별수염풀(김현삼 외, 1988)

중국/일본명 중국명 高山谷精草(gao shan gu jing cao)는 높은 산에서 자라는 곡정초(穀精草)라는 뜻이다. 일본명 ヒロハイヌノヒゲ(廣葉犬の髭)는 잎이 넓은 개수염(イヌノヒゲ)이라는 뜻이다.

참고 [북한명] 넓은잎별수염풀

Eriocaulon decemflorum *Maximowicz* コイヌノヒゲ
Gangaji-suyŏm 강아지수염

좀개수염〈*Eriocaulon decemflorum* Maxim.(1893)〉

좀개수염이라는 이름은 개수염에 비해 식물체가 작다는(좀) 뜻에서 유래했다. 『조선식물향명집』은 '상아지수염'으로 기록했으나 『조선식물명집』에서 '좀개수염'으로 개칭해 현재에 이르고 있다.

속명 *Eriocaulon*은 그리스어 erion(연모)과 caulos(줄기)의 합성어로, 모식종의 꽃줄기 기부에

---

1   이러한 견해로 이우철(2005), p.139 참조.
2   이에 대해서는 『조선식물향명집』, 색인 p.34 참조.

부드러운 털이 있어 붙여졌으며 곡정초속을 일컫는다. 종소명 *decemflorum*은 '꽃이 10개인'이라는 뜻으로 머리모양꽃차례에 10개 성노의 꽃이 있는 것에서 유래했다.

다른이름 강아지수염(정태현 외, 1937), 가는곡정초/섬강아지수염/털강아지수염(박만규, 1949), 실개수염(정태현 외, 1949), 강아지고위까람(리종오, 1964), 양주좀개수염(이창복, 1969b), 강아지별수염풀(임록재 외, 1996)

중국/일본명 중국명 長苞谷精草(chang bao gu jing cao)는 긴 포를 가진 곡정초(穀精草)라는 뜻이다. 일본명 コイヌノヒゲ(小犬の髭)는 작은 개수염(イヌノヒゲ)이라는 뜻이다.

참고 [북한명] 강아지별수염풀

Eriocaulon Miquelianum *Koernicke* イヌノヒゲ
Gae-suyòm 개수염

개수염〈*Eriocaulon miquelianum* Körn.(1867)〉

개수염이라는 이름은 길게 뻗은 총포조각을 개의 수염에 비유해서 붙여졌다. 옛 문헌이나 방언에서 이름이 발견되지 않는 것에 비추어, 『조선식물향명집』에서 신칭하는 과정에서[3] 일본명 イヌノヒゲ(犬の髭)의 영향을 받아 형성된 이름으로 추정한다.

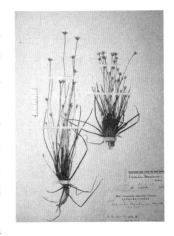

속명 *Eriocaulon*은 그리스어 *erion*(연모)과 *caulos*(줄기)의 합성어로, 모식종의 꽃줄기 기부에 부드러운 털이 있어 붙여졌으며 곡정초속을 일컫는다. 종소명 *miquelianum*은 네덜란드 분류학자로 일본 식물을 연구한 F.A.W. Miquel(1811~1871)의 이름에서 유래했다.

다른이름 가는개수염(정태현 외, 1949), 강아지수염(안학수·이춘녕, 1963), 가는잎곡정초(정태현, 1970), 큰강아지고위까람/개고위까람(임록재 외, 1972), 가는잎고위까람(한진건 외, 1982), 가는잎별수염풀(김현삼 외, 1988), 큰강아지별수염풀(임록재 외, 1996)

중국/일본명 중국명 四国谷精草(si guo gu jing cao)는 일본 시코쿠(四國)에 분포하는 곡정초(穀精草)라는 뜻으로, 통합하는 과정에서 옛 학명에 착안해 붙여졌다.[4] 일본명 イヌノヒゲ(犬の髭)는 긴 총포조각이 개의 수염을 닮은 것에서 유래했다.

---

3 다만 『조선식물향명집』, 색인 p.31은 신칭한 이름으로 기록하지 않았으므로 주의가 필요하다.
4 '중국식물지'(2018)는 흰개수염(*E. sikokianum*)을 개수염(*E. miquelianum*)에 통합하고 있다.

Eriocaulon parvum *Koernicke* クロホシクサ
Gómún-gogjóngcho 검은곡정초

검은개수염⟨*Eriocaulon parvum* Körn.(1867)⟩

검은개수염이라는 이름은 『조선식물명집』에 최초 기록된 것으로, 꽃이 검은 감람색으로 피는 것에서 유래했다.[5] 한편 『조선식물향명집』에 기록된 '검은곡정초'라는 이름은 검은개수염의 다른이름으로 처리되었으나, 『한국동식물도감』에서 *Eriocaulon atrum* Nakai(1911)의 국명으로 채택해 추천명으로 사용하고 있다.

　속명 *Eriocaulon*은 그리스어 *erion*(연모)과 *caulos*(줄기)의 합성어로, 모식종의 꽃줄기 기부에 부드러운 털이 있어 붙여졌으며 곡정초속을 일컫는다. 종소명 *parvum*은 '작은'이라는 뜻이다.

　다른이름 검은곡정초(정태현 외, 1937), 검은고위까람(리종오, 1964), 검은별수염풀(리용재 외, 2011)

　중국/일본명 중국명 朝日谷精草(chao ri gu jing cao)는 한국(조선)과 일본에 분포하는 곡정초(穀精草)라는 뜻이다. 일본명 クロホシクサ(黑星草)는 검은색이 나는 곡정초(ホシクサ)라는 뜻이다.

　참고 [북한명] 검은별수염풀

Eriocaulon sikokianum *Maximowicz* シロイヌノヒゲ
Hin-gae-suyóm 흰개수염

흰개수염⟨*Eriocaulon sikokianum* Maxim.(1892)⟩[6]

흰개수염이라는 이름은 『조선식물명집』에서 '힌개수염'을 개칭한 것으로, 흰색 꽃이 피는 개수염이라는 뜻이다.[7] 『조선식물향명집』에서는 '힌개수염'을 신칭했는데,[8] 옛 문헌이나 방언에서 이름이 발견되지 않는 것에 비추어 일본명 シロイヌノヒゲ(白犬の髭)의 영향을 받아 형성된 이름으로 추정한다.

　속명 *Eriocaulon*은 그리스어 *erion*(연모)과 *caulos*(줄기)의 합성어로, 모식종의 꽃줄기 기부에 부드러운 털이 있어 붙여졌으며 곡정초속을 일컫는다. 종소명 *sikokianum*은 일본 '시코쿠(四國)

5　이러한 견해로 이우철(2005), p.68 참조.
6　'국가표준식물목록'(2018)은 이를 별도 분류하고 있으나, 『장진성 식물목록』(2014), '세계식물목록'(2018) 및 '중국식물지'(2018)는 이를 개수염⟨*Eriocaulon miquelianum* Körn.(1867)⟩에 통합하고 이명(synonym) 처리하고 있으므로 주의를 요한다.
7　이러한 견해로 이우철(2005), p.603 참조.
8　이에 대해서는 『조선식물향명집』, 색인 p.49 참조.

산의'라는 뜻이다.

다른이름 힌개수염(정태현 외, 1937), 흰개고위까람(한진건 외, 1982), 흰별수염풀(김현삼 외, 1988), 흰고위까람(임록재 외, 1996)

중국/일본명 중국명 四国谷精草(si guo gu jing cao)는 일본 시코쿠(四國) 지역에서 발견된 곡정초(穀精草)라는 뜻이다. 일본명 シロイヌノヒゲ(白犬の髭)는 하얀 개수염(イヌノヒゲ)이라는 뜻이다.

참고 [북한명] 흰별수염풀 [유사어] 곡정초(穀精草)

Eriocaulon Sieboldianum *Sieb. et Zucc.* ホシクサ 穀精草
Gogjôngcho 곡정초(고위깃몸)

곡정초⟨*Eriocaulon cinereum* R.Br.(1810)⟩[9]

곡정초라는 이름은 한자어 곡정초(穀精草)에서 유래한 것으로, 곡식이 자라는 밭의 틈새에서 곡식의 남은 기운을 받아 자라는 풀이라는 뜻이다.[10] 곡정초의 옛말은 고윗가름(고위까람)이며 곡정초와 유사한 뜻일 것으로 추정하나 정확한 뜻은 알려져 있지 않다.

속명 *Eriocaulon*은 그리스어 *erion*(연모)과 *caulos*(줄기)의 합성어로, 모식종의 꽃줄기 기부에 부드러운 털이 있어 붙여졌으며 곡정초속을 일컫는다. 종소명 *cinereum*은 '회색의'라는 뜻이다.

다른이름 고위긔몸(정태현 외, 1936), 고위깃몸(정태현 외, 1937), 고위까람(리종오, 1964), 별수염풀(김현삼 외, 1988)

옛이름 穀精草(향약집성방, 1433), 穀精草/곡정초(구급간이방언해, 1489), 穀精草/곡정초(언해두창집요, 1608), 穀精草/고윗가름(동의보감, 1613), 穀精草/외치(광재물보, 19세기 초), 穀精草/곡거름/文星草/流星草/戴成草(물명고, 1824), 穀精草/고위긔몸(의종손익, 1868), 穀精草(의휘, 1871), 穀精草/고위긔몸(방약합편, 1884), 穀精草(수세비결, 1929), 穀精草/고위깃몸(선한약물학, 1931)[11]

---

9 '국가표준식물목록'(2018)은 곡정초의 학명을 *Eriocaulon sieboldianum* Siebold & Zucc.(1855)으로 기재하고 있으나, 『장진성 식물목록』(2014)과 '세계식물목록'(2018)은 본문의 학명을 정명으로 기재하고 있다.

10 이러한 견해로 이우철(2005), p.78 참조. 중국의 이시진은 『본초강목』(1596)에서 "穀田餘氣所生 故曰 穀精"(곡식이 자라는 밭의 남은 기운이 있는 곳에서 자라기 때문에 곡정이라 한다)이라고 했다.

11 『조선어사전』(1920)은 '고윗가람, 穀精草'를 기록했으며 『조선식물명휘』(1922)는 '穀精草, 文星草, 곡정초, 고위깃몸'을, 『토명대조선만식물자휘』(1932)는 '[穀精草]곡정초, [고윗가람이]'를, 『선명대화명지부』(1934)는 '곡정초, 고위갓옴, 괴위깃몸'을 기록했다.

중국/일본명 중국명 白药谷精草(bai yao gu jing cao)는 흰 꽃밥을 가진 곡정초(穀精草)라는 뜻이다. 현대의 '중국식물지'는 谷(곡)으로 표기하지만, 『본초강목』과 같은 옛 문헌은 우리와 동일하게 穀(곡) 자를 사용하였다. 일본명 ホシクサ(星草)는 머리모양의 꽃이 별을 닮았다는 뜻에서 붙여졌다.

참고 [북한명] 별수염풀

⊗ Eriocaulon tenuissimum *Nakai*　ホソホシクサ
Ganŭn-gogjŏngcho　가는곡정초

가는개수염〈*Eriocaulon tenuissimum* Nakai(1917)〉

가는개수염이라는 이름은 개수염에 비해 잎이 가늘다는 뜻이다.[12] 『조선식물향명집』에서는 전통명칭 '곡정초'를 기본으로 하고 식물의 형태적 특징을 나타내는 '가는'을 추가해 '가는곡정초'를 신칭했으나,[13] 『조선식물명집』에서 '가는개수염'으로 개칭해 현재에 이르고 있다.

속명 *Eriocaulon*은 그리스어 *erion*(연모)과 *caulos*(줄기)의 합성어로, 모식종의 꽃줄기 기부에 부드러운 털이 있어 붙여졌으며 곡정초속을 일컫는다. 종소명 *tenuissimum*은 '매우 섬세한'이라는 뜻이다.

다른이름 가는곡정초(정태현 외, 1937), 가는잎고위까람(리종오, 1964), 가는잎별수염풀(김현삼 외, 1988)

중국/일본명 '중국식물지'는 이를 별도 기재하지 않고 있다. 일본명 ホソホシクサ(細星草)는 잎이 가는 곡정초(ホシクサ)라는 뜻이다.

참고 [북한명] 가는잎별수염풀

12　이러한 견해로 이우철(2005), p.17 참조.
13　이에 대해서는 『조선식물향명집』, 색인 p.30 참조.

Commelinaceae 닭의밑씿개科 (鴨跖草科)

닭의장풀과〈Commelinaceae Mirb.(1804)〉

닭의장풀과는 국내에 자생하는 닭의장풀에서 유래한 과명이다. '국가표준식물목록'(2018), 『장진성 식물목록』(2014) 및 '세계식물목록'(2018)은 *Commelina*(닭의장풀속)에서 유래한 Commelinaceae를 과명으로 기재하고 있으며, 엥글러(Engler), 크론키스트(Cronquist) 및 APG IV(2016) 분류 체계도 이와 같다.

Aneilema Keisak *Hasskarl* イボクサ
Aegi-dalgŭemitŝitgae 애기닭의밑씿개

사마귀풀〈*Murdannia keisak* (Hassk.) Hand.-Mazz.(1936)〉[1]

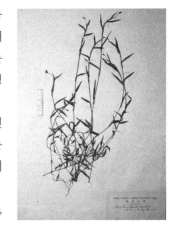

사마귀풀이라는 이름은 식물체를 짓이겨 바르면 신체에 난 사마귀(疣)를 제거할 수 있다는 뜻의 한자명 우초(疣草)에서 유래했다.[2] 『조선식물향명집』은 닭의밑씿개(닭의장풀)보다 작다는 뜻에서 '애기닭의밑씿개'를 신칭해 기록했으나,[3] 『조선식물명집』에서 '사마귀풀'로 명칭을 변경해 현재에 이르고 있다.

속명 *Murdannia*는 인도 출신 통역가이자 식물채집가인 Murdann Ali의 이름에서 유래했으며 사마귀풀속을 일컫는다. 종소명 *keisak*은 일본 에도 시대 말기의 의학자 니노미 게이사쿠(二宮敬作, 1804~1862)의 이름에서 유래했다.

다른이름 애기닭의밑씿개(정태현 외, 1937), 애기달개비(박만규, 1949), 애기닭의밑씻개(정태현 외, 1949), 애기달기밑씻개(이영노·주상우, 1956), 사마귀약풀(리종오, 1964)

옛이름 水頭葉(광재물보, 19세기 초), 水竹葉(물명고, 1824), 水竹葉(수세비결, 1929)[4]

중국/일본명 중국명 疣草(you cao)와 일본명 イボクサ(疣草)도 한국명과 같은 뜻에서 유래했다. 본래 이시진은 『본초강목』에 물속에서 자라고 대나무의 잎을 닮았다는 뜻에서 水竹葉(수죽엽)이라고

---

1 '국가표준식물목록'(2018)은 사마귀풀의 학명을 *Aneilema keisak* (Hassk.) Hand.-Mazz.(1870)로 기재하고 있으나, 『장진성 식물목록』(2014), '중국식물지'(2018) 및 '세계식물목록'(2018)은 속이 변경된 본문의 학명을 정명으로 기재하고 있다.

2 이러한 견해로 이우철(2005), p.300; 김경희 외(2014), p.149; 김종원(2013), p.398 참조.

3 이에 대해서는 『조선식물향명집』, 색인 p.42 참조.

4 『조선식물명휘』(1922)는 '水竹葉, 竹頭草'를 기록했다.

기록했으나, 일본의 본초학자 오노 란잔(小野蘭山)이 저술한 『본초강목계몽』에서 사마귀를 제거하는 풀이라는 뜻의 疣草(イボクサ)를 기록한 후 중국에서도 이 이름을 사용하고 있다.

참고 [북한명] 사마귀약풀 [유사어] 수죽엽(水竹葉), 수죽채(水竹菜), 수죽초(水竹草), 죽두채(竹頭菜), 죽두초(竹頭草)

Commelina communis *Linné*　ツユクサ　鴨跖草
Dalgŭemitŝitgae　닭의밑씿개(닭기씿개비·닭개비·닭기장풀·닭의꼬꼬)

닭의장풀⟨*Commelina communis* L.(1753)⟩

닭의장풀이라는 이름은 『조선식물향명집』에서 '닭의밑씿개'의 다른이름으로 기록한 '닭기장풀'에서 유래한 것으로, '닭(鷄)＋의(조사)＋장(腸)＋풀(草)'을 뜻한다. 옛 한자명 '鷄腸草'(계장초)와 뜻이 통하며, 줄기의 단면이 닭의 창자 같다는 뜻에서 유래했다.[5] 『동의보감』은 '蘩蔞, 듥의십가비, 鷄腸草'라는 이름을 기록하면서 "其莖作蔓 斷之有絲縷細而中空 似鷄腸 故因此 得名"(그 줄기는 덩굴지는데 잘라보면 가는 실 같은 것이 있고 속이 빈 것이 닭의 창자와 같다고 하여 그러한 이름을 얻었다)이라고 했다. 그런데 『동의보감』에 기록된 생약명 蘩蔞(번루)는 현재의 별꽃(*Stellaria media*) 또는 그와 유사한 식물을 일컫고, 현재의 닭의장풀의 줄기 속은 실 모양이 없으므로 당시 '듥의십가비'는 현재의 닭의장풀이 아닌 별꽃 종류를 일컫는다.[6] 즉, 다른 식물을 일컫던 이름이 혼용되다가 현재의 식물을 일컫는 것으로 전용되었다. 1820년대에 저술된 『물명고』는 蘩蔞(번루)를 '잣ㄴ물'로, 鴨跖(草)(압척초)를 '듥의십갑이'로 분리하여 기록했다. 닭의장풀의 옛이름 '듥의십가비'(듥기밑가비)는 '십'(밑)이 성기(항문)를 일컬으므로 줄기 속 또는 꽃의 모양을 이에 비유한 것에서 유래했다. 한편 닭의장풀이라는 이름의 유래를 닭장 옆에 많이 자라고 꽃이 닭의 볏처럼 피는 데서 찾는 견해가 있으나,[7] 이는 옛이름의 역사를 살피지 않은 주장으로 보인다.[8] 『조선식물향명집』은 대표적 조선명으로 '닭의밑씿개'를 기록했으나, 『조선식물명집』에서 '닭의장풀'로 기록해 현재에 이르

5　이러한 견해로 이우철(2005), p.166과 김종원(2013), p.220 참조.
6　이러한 견해로 이덕봉(1963), p.37과 김종원(2013), p.211 참조.
7　이러한 견해로 허북구·박석근(2008a), p.68; 김양진(2011), p.70; 이유미(2010), p.266; 김경희 외(2014), p.149 참조.
8　다만 조선어학회가 저술한 『조선어표준말모음』(1936), p.80은 표준말로 '닭의장, 鷄欌'을 기록했는데 이는 닭장의 뜻이다. 이를 기초로 1949년에 정리된 '닭의장풀'은 어원인 '듥의십가비'(鷄腸草)에서 닭장의 풀로 뜻의 전이(轉移)가 일어났을 수도 있으므로 이에 대한 추가적인 연구가 필요하다.

고 있다.

속명 *Commelina*는 네덜란드 식물학자 Jan Commeli(j)n(1629~1692)과 그의 조카 Caspar Commeli(j)n(1667?~1731)의 이름에서 유래했으며 닭의장풀속을 일컫는다. 종소명 *communis*는 '통상의, 공통의'라는 뜻이다.

다른이름 달기밋싯개/달기장아리(정태현 외, 1936), 닭개비/닭기장풀/닭기씿개비/닭의꼬꼬/닭의밑 씿개(정태현 외, 1937), 달구씨까비/달기장두(정태현 외, 1942), 닭의밑씻개(정태현 외, 1949), 달개비(이 영노·주상우, 1956), 닭의발씻개(안학수·이춘녕, 1963)

옛이름 繫蔞/見甘介(향약구급방, 1236),[9] 繫蔞/鷄矣十加非(향약집성방, 1433),[10] 둘기믿가비/鷄腸(구급 간이방언해, 1489), 繫蔞/둙의십가비/鷄腸草(동의보감, 1613), 鷄腸草/달기씨갑이(주촌신방, 1687), 둙의 십곳/綠梅花(역어유해, 1690), 鷄腸/둙의밋갑이(물보, 1802), 繫蔞/鷄翅甲/鷄腸草(백운필, 1803), 鴨跖/둙 의십갑이/鷄舌草/竹葉草(물명고, 1824), 綠梅花/둙의십곳(오주연문장전산고, 185?), 繫蔞/변루/둘긔십가 비(명물기략, 1870), 鴨跖草/둙의씨가비(녹효방, 1873), 鷄腸草/둙긔씨갑(의방합편, 19세기), 竹鷄草/鴨跖 草/달기장다리(수세비결, 1929)[11]

중국/일본명 중국명 鴨跖草(ya zhi cao)는 '오리가 밟는 풀' 또는 '오리의 발바닥 풀'이라는 뜻으로, 오 리가 새싹을 밟고 다니는 풀 또는 꽃의 모양을 묘사했다는 설이 있으나 정확한 유래는 알려져 있 지 않다. 일본명 ツユクサ(露草)는 '이슬풀'이라는 뜻으로 아침에 꽃이 필 때 이슬이 맺힌다는 뜻 에서 유래한 것으로 보인다.

참고 [북한명] 닭개비 [유사어] 계거초(鷄距草), 계장초(鷄腸草), 번루(繫蔞), 죽엽채(竹葉菜), 죽절초 (竹節草) [지방명] 다랭이/달게상두/달게상주/달거상다리/닭개비/닭상우리/닭의상다리(강원), 달구 상주/달기씻개/달기장독/닭의산꽃(경기), 달개비/명지바래기/민지나물/민지바래기/닭장의풀(경남), 명애나물/명주나물/명지나물/명지바래기(경북), 달개비/달구개비/달구애기/달구잎/달구재비/닭수 깨비/닭쑥개비/닭의씻개비(전남), 달개비/달구개비/달구배기/달구재비/달기개비/닭의상두/닭의당 풀(전북), 고고낭귀/고넹이풀/고넝쿨/고넹이양에/고넹이풀/고네쿨/고네할미/고넹이할미/고넹이할미 쿨/고노쿨/고노할미/고능풀/고늬쿨/고니세비/고니풀/고로쿨/냉이쿨/달기장다리(제주), 달개지께/달 기재비/닭초(충남), 달구쟁이나물/별꽃(충북), 달개비/달루개비/달루깨비/달리깨비(함북)

---

9 『향약구급방』(1236)의 차자(借字) '見甘介'(견감개)에 대해 남풍현(1981), p.80은 '보둘개'의 표기로 추정하고 있으며, 이덕봉 (1963), p.37은 '보달개'의 표기로 보고 있다.

10 『향약집성방』(1433)의 차자(借字) '鷄矣十加非'(계의십가비)에 대해 남풍현(1999), p.183은 '둙이십가비'의 표기로 보고 있다.

11 『조선의 구황식물』(1919)은 '달기밋싯기'를 기록했으며 『조선어사전』(1920)은 '鴨跖草(압척초), 닭의씨까비, 鷄腸草(계거초), 鷄腸草(계장초)'를, 『조선식물명휘』(1922)는 '鴨跖草, 竹葉菜, 달기밋싯기, 달기비'를, Crane(1931)은 '달네깨비'(달개비)를, 『토명대조선만식물자휘』(1932)는 '[鴨跖草]압척초, [닭의씨까비]'를, 『선명대화명지부』(1934)는 '달기씨개비, 달기밋씨개, 달개비'를 기록했다.

○ Commelina communis *L.* var. angustifolia *Nakai*　ホソバツユクサ
Ganŭn-dalgŭemitŝitgae　가는닭의밑씿개

좀닭의장풀〈*Commelina communis* var. *angustifolia* Nakai(1909)〉[12]

좀닭의장풀이라는 이름은 닭의장풀의 변종으로서, 닭의장풀에 비해 잎이 가늘다는 뜻의 학명에서 유래했다.[13] 『조선식물향명집』에서는 전통 명칭 '닭의밑씿개'를 기본으로 하고 식물의 형태적 특징을 나태는 '가는'을 추가해 '가는닭의밑씿개'를 신칭했으나,[14] 『조선식물명집』에서 '좀닭의장풀'로 개칭해 현재에 이르고 있다.

속명 *Commelina*는 네덜란드 식물학자 Jan Commeli(j)n(1629~1692)과 그의 조카 Caspar Commeli(j)n(1667?~1731)의 이름에서 유래했으며 닭의장풀속을 일컫는다. 종소명 *communis*는 '통상의, 공동의'라는 뜻이고, 변종명 *angustifolia*는 '가느다란 잎의, 폭이 좁은 잎의'라는 뜻이다.

다른이름　가는닭의밑씿개(정태현 외, 1937), 가는잎달개비(박만규, 1949), 가는잎닭개비(리종오, 1964), 좀닭개비(임록재 외, 1972), 산닭개비(안학수 외, 1982)

중국/일본명　중국에서는 鴨跖草(ya zhi cao)에 통합하고 별도 분류하지 않고 있다. 일본명 ホソバツユクサ(細葉露草)는 가는 잎을 가진 이슬풀이라는 뜻이다.

참고　[북한명] 가는잎닭개비

Streptolirion volubile *Edgeworth*　ツルツユクサ
Dŏnggul-dalgŭemitŝitgae　덩굴닭의밑씿개

덩굴닭의장풀〈*Streptolirion volubile* Edgew.(1845)〉

덩굴닭의장풀이라는 이름은 줄기가 덩굴지고 닭의장풀을 닮았다는 뜻에서 유래했다.[15] 『조선식물향명집』에서는 '덩굴닭의밑씿개'를 신칭해 기록했으나,[16] 『조선식물명집』에서 닭의밑씿개를 닭의장풀로 개칭함에 따라 '덩굴닭의장풀'로 함께 개칭해 현재에 이르고 있다.

속명 *Streptolirion*은 그리스어 *streptos*(꼬인)와 *leirion*(백합)의 합성어로, 백합을 닮은 덩굴식

12　『장진성 식물목록』(2014), '중국식물지'(2018) 및 '세계식물목록'(2018)은 좀닭의장풀〈*Commelina communis* var. *angustifolia* Nakai(1909)〉을 닭의장풀〈*Commelina communis* L.(1753)〉에 통합해 이명(synonym)으로 분류하므로 이에 따를 경우 별도 분류되지 않는 식물이다.

13　이러한 견해로 이우철(2005), p.469 참조.

14　이에 대해서는 『조선식물향명집』, 색인 p.30 참조.

15　이러한 견해로 이우철(2005), p.176과 김종원(2013), p.220 참조.

16　이에 대해서는 『조선식물향명집』, 색인 p.35 참조.

물을 뜻하며 덩굴닭의장풀속을 일컫는다. 종소명 *volubile*는 '엉킨, 감긴'이라는 뜻으로 덩굴성의
식물체를 나타낸다.

다른이름 덩굴닭의밑씿개(정태현 외, 1937), 명지풀(정태현 외, 1942), 덩굴달개비(안학수·이춘녕, 1963),
덩굴닭개비(리종오, 1964)[17]

중국/일본명 중국명 竹叶子(zhu ye zi)는 대나무의 잎을 닮은 것에서 유래했다. 일본명 ツルツユクサ
(蔓露草)는 덩굴성 이슬풀이라는 뜻이다.

참고 [북한명] 덩굴닭개비 [유사어] 순각채(筍殼菜), 죽엽자(竹葉子), 죽피공등(竹皮空藤)

---

17 『조선식물명휘』(1922)는 '竹葉子, 竹皮空藤'을 기록했다.

Pontederiaceae 물옥잠科 (雨久花科)

물옥잠과〈Pontederiaceae Kunth(1816)〉

물옥잠과는 국내에 자생하는 물옥잠에서 유래한 과명이다. '국가표준식물목록'(2018), 『장진성 식물목록』(2014) 및 '세계식물목록'(2018)은 *Pontederia*(폰테데리아속)[1]에서 유래한 Pontederiaceae를 과명으로 기재하고 있으며, 엥글러(Engler), 크론키스트(Cronquist) 및 APG Ⅳ(2016) 분류 체계도 이와 같다.

Monochoria Korsakowii *Regel. et Maack.* ミヅアヲヒ 雨久花
Mul-ogjam 물옥잠

물옥잠〈*Monochoria korsakowii* Regel & Maack(1827)〉

물옥잠이라는 이름은 물에 살고 잎 등이 옥잠화(玉簪花)를 닮은 식물이라는 뜻이다.[2] 『조선식물향명집』에서 전통 명칭 '옥잠'(화)을 기본으로 하고 식물의 산지(産地)를 나타내는 '물'을 추가해 신칭했다.[3]

속명 *Monochoria*는 그리스어 *monos*(단독)와 *chorizo*(분리된)의 합성어로, 수술 한 개가 다른 것들보다 큰 것에서 유래했으며 물옥잠속을 일컫는다. 종소명 *korsakowii*는 식물채집가 Korsakow의 이름에서 유래했다.

다른이름 물옥잠아(이영노·주상우, 1956)

옛이름 雨韭(호곡집, 1695)[4]

중국/일본명 중국명 雨久花(yu jiu hua)는 긴 비가 오고 난 후에 꽃을 피운다는 뜻에서 유래했다. 일본명 ミヅアヲヒ(水葵)는 물에 사는 아욱이라는 뜻이다.

참고 [북한명] 물옥잠 [유사어] 우구(雨韭), 우구화(雨久花)

---

1 이탈리아 식물학자 Giulio Pontedera(1688~1757)의 이름에서 유래한 속명이다.
2 이러한 견해로 이우철(2005), p.238과 김종원(2013), p.979 참조.
3 이에 대해서는 『조선식물향명집』, 색인 p.37 참조.
4 『조선식물명휘』(1922)는 '雨久花, 浮薔'을 기록했으며 Crane(1931)은 '우구화, 雨久花'를 기록했다.

Monochoria vaginalis *Presl* var. plantaginea *Solms-Laubach*   ミヅナギ・コナギ
Mul-dalgaebi 물달개비

물달개비⟨*Monochoria vaginalis* (Burm.f.) C.Presl(1827)⟩[5]

물달개비라는 이름은 '물'(水)과 '달개비'(닭의장풀)가 합쳐진
말이다. 물에 살고 잎 등이 닭의장풀을 닮은 식물이라는 뜻에
서 유래했다.[6] 한편 물달개비를 일본명 ミズナギ(水菜蔥)에서
유래한 것으로 보는 견해가 있으나,[7] 물에서 자라는 채소와 물
달개비의 의미가 동일하지 않아 타당성이 의문스럽다. 19세기
초 『광재물보』에 기록된 한자명 蔛草(곡초)는 수초의 종류로
석곡을 닮은 식물이라는 뜻을 가지고 있다. 『조선식물향명집』
에서 한글명이 처음 발견된다.

속명 *Monochoria*는 그리스어 *monos*(단독)와 *chorizo*(분
리된)의 합성어로, 수술 한 개가 다른 것들보다 큰 것에서 유래
했으며 물옥잠속을 일컫는다. 종소명 *vaginalis*는 '잎집이 있
는'이라는 뜻이다.

다른이름 나도닭개비/물닭개비(도봉섭 외, 1957)

옛이름 蔛菜/蔛草(광재물보, 19세기 초)

중국/일본명 중국명 鴨舌草(ya she cao)는 오리의 혀를 닮은 식물이라는 뜻이다. 일본명 ミヅナギ(水菜
蔥)는 물에서 자라는 나물(채소 또는 파)이라는 뜻에서 유래했다.

참고 [북한명] 물닭개비 [유사어] 곡초(蔛草)

---

5 '국가표준식물목록'(2018)은 물달개비의 학명을 *Monochoria vaginalis* var. *plantaginea* (Roxb.) Solms(1883)로 기재
   하고 있으나, 『장진성 식물목록』(2014)과 '세계식물목록'(2018)은 본문의 학명을 정명으로 기재하고 있다.
6 이러한 견해로 김경희 외(2014), p.153과 김종원(2013), p.392 참조.
7 이에 대해서는 이우철(2005), p.234 참조.

Juncaceae 골풀科 (燈心草科)

골풀과〈Juncaceae Juss.(1789)〉

골풀과는 국내에 자생하는 골풀에서 유래한 과명이다. '국가표준식물목록'(2018), 『장진성 식물목록』 (2014) 및 '세계식물목록'(2018)은 *Juncus*(골풀속)에서 유래한 Juncaceae를 과명으로 기재하고 있으며, 엥글러(Engler), 크론키스트(Cronquist) 및 APG IV(2016) 분류 체계도 이와 같다.

Juncus alatus *Franchet et Savatier* ハナビゼキシヤウ
Nalgae-gol 날개골

날개골풀〈*Juncus alatus* Franch. & Sav.(1879)〉

날개골풀이라는 이름은 줄기에 날개가 있는 골풀이라는 뜻에서 유래했다.[1] 『조선식물향명집』은 '날개골'로 기록했으나 『조선식물명집』에서 '날개골풀'로 개칭해 현재에 이르고 있다.

속명 *Juncus*는 고대 라틴어 *jungere*(묶다)에서 온 말로, 이 속 식물로 물건을 묶은 데서 유래했으며 골풀속을 일컫는다. 종소명 *alatus*는 '날개가 있는'이라는 뜻으로 줄기 좌우에 날개가 붙어 있는 것에서 유래했다.

다른이름 날개골(정태현 외, 1937)

중국/일본명 중국명 翅莖灯心草(chi jing deng xin cao)는 줄기에 날개가 있는 등심초(燈心草: 골풀)라는 뜻으로 학명과 관련 있다. 일본명 ハナビゼキシヤウ(花火石菖)는 꽃차례의 모양이 꽃불처럼 보이는 석창포라는 뜻이다.

참고 [북한명] 날개골풀 [유사어] 수등심(水燈心)

Juncus bufonius *Linné* ヒメカウガイゼキシヤウ
Aegi-binyŏ-gol 애기비녀골

애기골풀〈*Juncus bufonius* L.(1753)〉

애기골풀이라는 이름은 식물체가 작은(애기) 골풀이라는 뜻에서 유래했다. 『조선식물향명집』에서는 비녀골(비녀골풀)보다 식물체가 작다는 뜻으로 '애기비녀골'을 신칭했으나,[2] 『우리나라 식물자원』에서 '애기골풀'로 개칭해 현재에 이르고 있다.

---

1 이러한 견해로 이우철(2005), p.134 참조.
2 이에 대해서는 『조선식물향명집』, 색인 p.43 참조.

속명 *Juncus*는 고대 라틴어 *jungere*(묶다)에서 온 말로, 이 속 식물로 물건을 묶은 데서 유래했으며 골풀속을 일컫는다. 종소명 *bufonius*는 '두꺼비 같은, 두꺼비 색의'라는 뜻이다.

다른이름 애기비녀골(정태현 외, 1937), 애기비녀골풀(정태현 외, 1949), 청비녀골풀(이영노·주상우, 1956), 좀비녀골(안학수 외, 1982)

중국/일본명 중국명 小灯心草(xiao deng xin cao)는 식물체가 작은 등심초(燈心草: 골풀)라는 뜻이다. 일본명 ヒメカウガイゼキシャウ(姫笄石菖)는 식물체가 아기처럼 작고(姫) 줄기가 비녀(笄) 모양인 석창포 종류라는 뜻이다.

참고 [북한명] 애기비녀골풀

Juncus diastrophanthus *Buch.*　ヒロバノカウガイゼキシヤウ
Nòlbùn-binyò-gol　넓은비녀골

별날개골풀〈*Juncus diastrophanthus* Buchenau(1890)〉

별날개골풀이라는 이름은 『우리나라 식물자원』에 따른 것으로, 꽃이 별처럼 생긴 날개골풀이라는 뜻에서 유래했다. 『조선식물향명집』은 잎이 넓고 비녀골을 닮았다는 뜻의 '넓은비녀골'로 기록했다.

속명 *Juncus*는 고대 라틴어 *jungere*(묶다)에서 온 말로, 이 속 식물로 물건을 묶은 데서 유래했으며 골풀속을 일컫는다. 종소명 *diastrophanthus*는 '말린 꽃의'라는 뜻이다.

다른이름 넓은비녀골(정태현 외, 1937), 넓은잎비녀골(박만규, 1949), 넓은잎비녀골풀(도봉섭 외, 1957)

중국/일본명 중국명 星花灯心草(xing hua deng xin cao)는 꽃이 별모양인 등심초(燈心草: 골풀)라는 뜻이다. 일본명 ヒロバノカウガイゼキシヤウ(廣葉の笄石菖)는 잎이 넓고 줄기가 비녀(笄) 모양인 석창포 종류라는 뜻이다.

참고 [북한명] 넓은잎비녀골풀

Juncus effusus *Linné*　ヰ　燈心草
Golpul　골풀(등심초)

골풀〈*Juncus decipiens* (Buchenau) Nakai(1928)〉[3]

골풀이라는 이름은 옛이름 '골'(菅)과 '풀'(草)이 합쳐져 이루어졌다. 옛이름 '골'은 골짜기(谷)에서

---

3 '국가표준식물목록'(2018)은 골풀의 학명을 *Juncus effuusus* var. *decipiens* Buchenau(1890)로 기재하고 있으나, '세계식물목록'(2018)과 『장진성 식물목록』(2014)은 정명을 본문과 같이 기재하고 있다.

파생한 말로, 좁고 길게 움푹 파인 곳으로 물이 고이는 장소를 뜻한다. 따라서 골풀은 하류 계곡의 습지 또는 골이 져 물이 고여 있는 곳에서 주로 자라는 풀이라는 뜻에서 유래했다.[4] 한편 『동의보감』 등에 옛이름으로 '골속'이 있고, 한자어로 등심초(燈心草)로 표현하고 있으며, 줄기 껍질을 제거하고 속을 모아 한약재로 사용하고 있는 점에 비추어 줄기의 속을 골수(骨髓)에 비유한 것에서 유래했다는 견해가 있다.[5] 그러나 골속은 골(골풀)의 속을 약재로 사용한다는 것인데, 골이 골수를 빗댄 것이라면 '골속'은 '골수의 속', 즉 '줄기의 속의 속'이라는 이상한 뜻이 된다. 또한 한자어 등심(燈心)은 등불의 심지를 일컬으므로 골수와는 관련이 없고, 골풀의 '골'이 고유어인데 한자어 골수(骨髓)에서 유래를 찾는 것도 타당하다고 보기 어렵다.

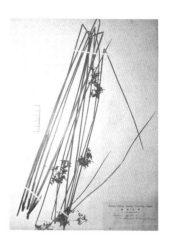

속명 Juncus는 고대 라틴어 jungere(묶다)에서 온 말로, 이 속 식물로 물건을 묶은 데서 유래했으며 골풀속을 일컫는다. 종소명 decipiens는 '허위의, 속이는'이라는 뜻이다.

다른이름 골속/조릿대속(정태현 외, 1936), 등심초(정태현 외, 1937), 퍼진골풀(리용재 외, 2011)

옛이름 燈心草/古乙心(향약채취월령, 1431), 燈心草/古乙心(향약집성방, 1433),[6] 燈心/골솝(구급간이방언해, 1489), 莔/골/莞(훈몽자회, 1527), 燈心/古乙心/골속(촌가구급방, 1538), 燈心草/골속(동의보감, 1613), 莞草/水葱/골(역어유해, 1690), 燈心草/골풀(산림경제, 1715), 莞草/水葱/골(동문유해, 1748), 水葱/골(몽어유해, 1768), 莞草/골(한청문감, 1770), 燈草/골속(제중신편, 1799), 燈心草/샹골(물보, 1802), 燈心草/골(광재물보, 19세기 초), 燈心草/골(물명고, 1824), 골(한불자전, 1880), 燈心草/골속(선한약물학, 1931)[7]

중국/일본명 중국명 灯心草(deng xin cao)는 골풀의 속을 등잔불의 심지로 사용한 것에서 유래했다. 일본명 イ의 유래에 대해서는 자리(席)를 만드는 재료인 점과 관련 있다고 하나 그 정확한 유래에

---

4 이러한 견해로 이우철(2005), p.79 참조. '고랑' 또는 '골창' 등이 골짜기(谷)에서 파생했다는 것에 대해서는 백문식(2014), p.49 참조.

5 이러한 견해로 김종원(2013), p.395 참조. 또한 김종원은 말이나 소의 먹이가 되는 풀을 지칭하는 꼴(蒭)과 잇닿아 있다고 주장하나, 골풀이 가축의 먹이 풀로 사용되거나 그러한 종류의 대표성이 있다고 보기도 어려우므로 타당성에 의문이 든다. 한편 『송남잡지』(1855)는 '왕골'의 이름을 '完骨'(완골)로 표현하고 "今完骨卽織席之草 俗謂骨言莖有骨"[현재 완골은 자리를 싸는 풀이다. 우리나라에서 골이라고 하는 것은 줄기에 뼈(골)가 있는 것을 의미한다]이라고 한바, 이 역시 한자어원설의 견지인 것으로 보인다.

6 『향약채취월령』(1431)과 『향약집성방』(1433)에 기록된 차자(借字) 표현 '古乙心'(고을심)은 古乙(음차)＋心(훈차)으로 한글 표현은 '골속'이다. 이에 대해서는 남풍현(1999), p.178 참조.

7 『조선한방약료식물조사서』(1917)는 '골속, 燈心草'를 기록했으며 『조선어사전』(1920)은 '골속, 燈心草, 龍鬚草(룡수초), 石龍芻(석룡츄)'를, 『조선식물명휘』(1922)는 '燈心草, 燈草, 莞, 꼴, 골속, 등심초(工業, 藥)'를, 『토명대조선만식물자휘』(1932)는 '[藺(草)]린(초), [燈心草]등심초, [골(ㅅ)속]'을, 『선명대화명지부』(1934)는 '쥐꼴, 꼴, 등심초, 골속'을 기록했다.

대해서는 논란이 있다.[8]

[북한명] 골풀/퍼진골풀[9] [유사어] 석룡추(石龍芻), 수염골풀(鬚髥−), 용수초(龍鬚草), 인초(藺草) [지방명] 질풀(강원), 홀롱개대(전남)

Juncus Krameri *Franchet et Savatier*　タチカウガイゼキシヤウ
Binyŏ-gol　비녀골

비녀골풀⟨*Juncus krameri* Franch. & Sav.(1879)⟩

비녀골풀이라는 이름은 날개 없이 둥근 줄기의 모양이 비녀를 닮은 골풀이라는 뜻에서 유래했다.[10] 『조선식물향명집』은 '비녀골'로 기록했으나 『조선식물명집』에서 '비녀골풀'로 개칭해 현재에 이르고 있다.

　속명 *Juncus*는 고대 라틴어 *jungere*(묶다)에서 온 말로, 이 속 식물로 물건을 묶은 데서 유래했으며 골풀속을 일컫는다. 종소명 *krameri*는 독일 생물학자 Wilhelm Heinrich Kramer(1724?~1765)의 이름에서 유래했다.

비녀골(정태현 외, 1937)

중국명 短喙灯心草(duan hui deng xin cao)는 끝이 짧은 등심초(燈心草: 골풀)라는 뜻이다. 일본명 タチカウガイゼキシヤウ(立笄石菖)는 줄기가 비녀 모양으로 서 있는 석창포 종류라는 뜻이다.

[북한명] 비녀골풀 [유사어] 수등심(水燈心)

Juncus nipponensis *Buchenau*　アヲカウガイゼキシヤウ
Paran-binyŏ-gol　파란비녀골

청비녀골풀⟨*Juncus papillosus* Franch. & Sav.(1876)⟩

청비녀골풀이라는 이름은 『조선식물명집』의 기록에 따른 것으로, 식물체와 꽃이 푸른색을 띠는 비녀골풀이라는 뜻에서 유래했다.[11] 『조선식물향명집』에서는 같은 뜻의 '파란비녀골'을 신칭해 기록했다.[12]

8　이에 대해서는 牧野富太郎(2008), p.892 참조.
9　북한에서는 *J. decipiens*를 '골풀'로, *J. effusus*를 '퍼진골풀'로 하여 별도 분류하고 있다. 이에 대해서는 리용재 외(2011), p.192 참조.
10　이러한 견해로 이우철(2005), p.293 참조.
11　이러한 견해로 위의 책, p.516 참조.
12　이에 대해서는 『조선식물향명집』, 색인 p.48 참조.

속명 *Juncus*는 고대 라틴어 *jungere*(묶다)에서 온 말로, 이 속 식물로 물건을 묶은 데서 유래했으며 골풀속을 일컫는다. 종소명 *papillosus*는 '젖꼭지모양의'라는 뜻으로, 마르면 잎과 줄기에 젖꼭지모양이 나타나는 것에서 유래했다.

다른이름 파란비녀골(정태현 외, 1937), 실골(박만규, 1949), 청비녀골풀(리종오, 1964), 푸른비녀골풀 (임록재 외, 1996)

중국/일본명 중국명 乳头灯心草(ru tou deng xin cao)는 젖꼭지모양이 있는 등심초(燈心草: 골풀)라는 뜻으로 학명관 연관된 이름이다. 일본명 アヲカウガイゼキシヤウ(青笄石菖)는 푸른색을 띠고 비녀를 닮은 석창포 종류라는 뜻이다.

참고 [북한명] 푸른비녀골풀

Luzula campestris *DC.* var. capitata *Miquel*　スズメノヒエ
Ĝwŏnguebab　꿩의밥

꿩의밥〈*Luzula capitata* (Miq. ox Franch. & Sav.) Kom.(1927)〉

꿩의밥이라는 이름은 열매가 꿩의 먹이가 된다는 뜻으로, 이 식물이 꿩이 자주 보이는 곳에서 자라는 것과 관련이 있다.[13] 나카이 다케노신(中井猛之進)이 저술한 『제주도및완도식물조사보고서』는 일본어로 'クォンバップ'(꿩밥)을 기록했는데, 제주 방언으로 '꿩밥'이 남아 있는 것에 비추어 꿩의밥은 실제 민간에서 사용하던 이름을 채록한 것으로 보인다.

속명 *Luzula*는 라틴어 *lux*(빛)에서 파생한 말로, 식물이 이슬을 맞아 빛나는 모습에서 유래했으며 꿩의밥속을 일컫는다. 종소명 *capitata*는 '머리모양의, 머리모양꽃차례의'라는 뜻으로 꽃차례의 모양에서 유래했다.

다른이름 꿩밥(박만규, 1949), 꿩의밥풀(김현삼 외, 1988), 들꿩의밥풀(리용재 외, 2011)

옛이름 地楊梅(광재물보, 19세기 초)[14]

중국/일본명 중국명 地杨梅(di yang mei)는 지표 가까이에서 피는 꽃이 양매(楊梅: 소귀나무)의 꽃이나 열매를 연상시켜 붙여졌다. 일본명 スズメノヒエ(雀ノ稗)는 참새의 피라는 뜻으로, 식물 피를 닮았는데 식물체가 작아서 붙여졌다.

참고 [북한명] 꿩의밥풀/들꿩의밥풀[15] [유사어] 지양매(地楊梅) [지방명] 꿩밥/꿩조(제주)

---

13 이러한 견해로 이우철(2005), p.123과 김종원(2016), p.593 참조.

14 『광재물보』(19세기 초)는 '地楊梅'(지양매)에 대해 "生濕地 苗如沙草 子似楊梅"(습지에서 자란다. 싹은 사초와 비슷한데 열매는 양매와 비슷하다)라고 기록했는데, 현재의 꿩의밥을 지칭하는지는 불명확하다.

15 북한에서는 *L. capitata*를 '꿩의밥풀'로, *L. campestris*를 '들꿩의밥풀'로 하여 별도 분류하고 있다. 이에 대해서는 리용재 외(2011), p.214 참조.

Liliaceae 백합科 (百合科)

백합과〈Liliaceae Juss.(1789)〉

백합과는 재배식물인 백합에서 유래한 과명이다. '국가표준식물목록'(2018), 『장진성 식물목록』(2014)
및 '세계식물목록'(2018)은 *Lilium*(백합속)에서 유래한 Liliaceae를 과명으로 기재하고 있으며, 엥글러
(Engler), 크론키스트(Cronquist) 및 APG IV(2016) 분류 체계도 이와 같다. 크론키스트 분류 체계에서
는 백합과를 약 280속에 이를 정도로 광범위하게 정의했지만 '세계식물목록'(2018)과 APG IV(2016)
분류 체계는 *Allium*(부추속)을 Amaryllidaceae(수선화과)로 분류하고 *Asparagus*(아스파라거스속)를
Asparagaceae(비짜루과)로 분류하는 등 다수의 서로 다른 과로 나누어 분류한다.

Allium Bakeri *Regel*   ラツキヤウ   (栽)
Yòmbuchu   염부추(염교)

염교〈*Allium chinense* G.Don(1827)〉

염교라는 이름은 옛이름 '염교'에서 유래한 것으로, 중국에서 부추(韮) 종류의 이름으로 사용하던
藠蕎(료교)가 변한 것으로 추정하기도 하고,[1] 1870년에 저술된 『명물기략』은 한자어 염교(塩交)의
의미라고도 하지만,[2] 그 정확한 유래는 알려져 있지 않다. 중국 원산 부추의 일종으로 재배식물이
다. 『조선식물향명집』에 기록된 염부추는 '염'(염교)과 '부추'의 합성어로 염교라고 불리던 부추의
한 종류라는 뜻이다.

속명 *Allium*은 마늘을 일컫는 고대 라틴어로, 냄새라는 뜻의 *alere* 또는 *ha-*에 어원을 두고 있
으며 부추속을 일컫는다. 종소명 *chinense*는 '중국의'라는 뜻으로 중국에서 도입된 재배종 식물
인 것에서 유래했다.

다른이름 염부추(정태현 외, 1937), 염/정구지(박만규, 1949), 염지(임록재 외, 1972), 중국부추(리용재 외,
2011)

옛이름 薤/解菜/海菜(향약구급방, 1236),[3] 염교/韮(구급방언해, 1466), 염교/薤(분류두공부시언해,
1481), 韮菜/염교(구급간이방언해, 1489), 염교/韮(훈몽자회, 1527), 薤菜/염교(동의보감, 1613), 韮/염교(구
황촬요벽온방, 1639), 韮/염교(산림경제, 1715), 염규/부치/韮菜(방언집석, 1778), 薤/염교(물보, 1802), 薤

---

1   이러한 견해로 이덕봉(1963), p.37 참조.
2   황필수가 저술한 『명물기략』(1870)은 "薤 俗言塩交염교 盖俗以齏謂之藥塩 而薤所以備齏者故云"[薤(해)는 민간에서 塩交(염
    교)라 한다. 대개 민속에 무침을 약염이라는 것으로 만드는데 薤가 무침의 주요 재료인 것에서 그렇게 불린다]이라고 기록했다.
3   『향약구급방』(1236)의 차자(借字) '解菜/海菜'(해채/해채)에 대해 남풍현(1981), p.41은 '히처'의 표기로 보고 있으며, 이덕봉
    (1963), p.37은 '해처'의 표기로 보고 있다.

히/염교/薤子/규즈(명물기략, 1870), 韭子/염규(의방합편, 19세기), 히/薤/렴교(아학편, 1908), 薤菜/염교
(신자전, 1915)[4]

중국/일본명 중국명 薤头(jiao tou)는 염교를 뜻하는 薤(교)와 머리를 나타내는 頭(두)의 합성어로, 쪽
파처럼 비늘줄기가 발달하는 것에서 유래한 것으로 보인다. 일본명 ラツキヤウ(辣韭)는 매운 부추
라는 뜻에서 유래했다.

참고 [북한명] 염부추/중국부추[5] [유사어] 교자(薤子), 돼지파, 채지(菜芝), 해채(薤菜)

Allium Cepa Linné   タマネギ   洋葱 (栽)
Yangpa   양파

양파〈*Allium cepa* L.(1753)〉

양파라는 이름은 서양(西洋)에서 전래된 파라는 뜻에서 유래했다.[6] 『조선식물명휘』는 오랑캐 지역
에서 전래되었다는 뜻의 胡葱(호총)을 기록했으나, 『동의보감』 등에 기록된 胡葱(호총)은 쪽파를 뜻
한다.[7] 국내 도입 기록은 정확하지 않으나 구한말에 시험재배가 이루어진 것으로 추정한다.[8]

속명 *Allium*은 마늘을 일컫는 고대 라틴어로, 냄새라는 뜻의 *alere* 또는 *ha*-에 어원을 두고 있
으며 부추속을 일컫는다. 종소명 *cepa*는 켈트어 '머리'에서 유래한 것으로 양파의 옛이름이다.

다른이름 주먹파(안학수·이춘녕, 1963), 옥파(안학수 외, 1982), 둥글파(한진건 외, 1982)

옛이름 胡葱/紫葱(동의보감, 1613), 胡葱(오주연문장전산고, 185?)[9]

중국/일본명 중국명 洋葱(yang cong)은 서양에서 들어온 총(葱: 파)이라는 뜻이다. 일본명 タマネギ(玉
葱)는 구슬(玉)과 같이 둥근 모양의 파라는 뜻이다.

참고 [북한명] 양파 [유사어] 옥총(玉葱), 호총(胡葱) [지방명] 다마내기(강원), 다마나기/다마내기/당
파(경북), 다마내기/옥파(전북), 다마내기/홉파(충남), 다마내기/서양파(충북)

---

4 『조선어사전』(1920)은 '薤子(교즈), 염교, 薤菜(히취), 菜芝(처지)'를 기록했으며 『조선식물명휘』(1922)는 '薤, 野薤頭子, 염(食)'
   을, 『토명대조선만식물자휘』(1932)는 '[薤(菜)]히(취), [菜芝]처지, [薤子]교즈, [薤臼]히빅], [염교]'를, 『선명대화명지부』(1934)
   는 '염'을 기록했다.
5 북한에서는 *A. bakeri*를 '염부추'로, *A. chinense*를 '중국부추'로 하여 별도 분류하고 있다. 이에 대해서는 리용재 외
   (2011), p.20 참조.
6 이러한 견해도 이우철(2005), p.395; 한태호 외(2006), p.45; 안완식(1999), p.431 참조.
7 유희가 저술한 『물명고』(1824)는 '胡葱'에 대해 한글명으로 '쪽파'라고 기록하고 있으므로, 『동의보감』(1613)과 『오주연문
   장전산고』(185?)의 '胡葱(호총)'은 양파가 아니라 쪽파를 뜻한다. 같은 취지로 서유구의 『임원경제지』(1842) 중 『관휴지』의
   '紫葱' 참조.
8 경상남도농업기술원 양파연구소(2017), p.26 이하 참조.
9 『조선어사전』(1920)은 '양(파)파, 西洋葱'을 기록했으며 『조선식물명휘』(1922)는 '洋葱, 胡葱, 양파(食)'를, 『토명대조선만식
   물자휘』(1932)는 '[洋葱]양총, [양파]'를, 『선명대화명지부』(1934)는 '양파, 호파'를 기록했다.

Allium fistulosum *Linné* ネギ 葱 (栽)
Pa 파

파 〈*Allium fistulosum* L.(1753)〉

파라는 이름은 옛말 '파'에서 유래한 것으로, 그 정확한 유래
는 알려져 있지 않다. 다만 파의 고형을 '바, 받'으로 보고 풀
의 고형 '블'과 동원어로 풀의 일종이라는 뜻에서 유래한 이름
으로 보는 견해가 있다.[10]

속명 *Allium*은 마늘을 일컫는 고대 라틴어로, 냄새라는 뜻
의 *alere* 또는 *ha*-에 어원을 두고 있으며 부추속을 일컫는다.
종소명 *fistulosum*은 '통모양의'라는 뜻이며 잎의 모양에서
유래한 것으로 추정한다.

다른이름 굵은파/양파(안학수·이춘녕, 1963)

옛이름 파/葱(훈민정음해례본, 1446), 葱白/총뵉/파(구급방언해,
1466), 葱/파(구급간이방언해, 1489), 大葱/파(훈몽자회, 1527), 葱白
/파흰믿/凍葱(동의보감, 1613), 葱/파(구황촬요벽온방, 1639), 葱/파(역어유해, 1690), 葱/파(왜어유해, 1782),
葱白/파흰밋(제중신편, 1799), 파/총뵉(규합총서, 1809), 葱/파(물명고, 1824), 葱/총/파(명물기략, 1870), 파/
葱(한불자전, 1880), 葱白/파흰밋(방약합편, 1884), 파/蔥(한영자전, 1890), 葱/파흰밋(선한약물학, 1931)[11]

중국/일본명 중국명 葱(cong)은 잎이 곧추서서 자라며 속이 비어 있는 것에서 유래했다.[12] 일본명 ネ
ギ(根葱)는 뿌리가 깊다는 뜻의 일본 옛말 네브카에서 유래했다.

참고 [북한명] 파 [유사어] 총(葱) [지방명] 패(강원), 대파/잔파/쪽파/큰파/패(경남), 대파/파구/파우/
팟/패(경북), 대파/숙지노물/패(전남), 대파(전북), 마농/뺑이마농/숭개마농/쪽파/패마농/페마농(제주),
대파/상파(충남), 패이(평남), 팡이/패이(평북), 파에/파예/팡에/패애/파이/패(함경), 팽이/퍄(황해)

---

10 이러한 견해로 서정범(2000), p.534와 한태호 외(2006), p.52 참조. 한편 이덕봉(1963), p.39는 뿌리와 비늘줄기가 희다는
뜻의 한자 䪥(파)에서 유래했다고 보고 있으나 '파'는 고유어이므로 타당하지 않다.

11 『조선어사전』(1920)은 '파, 葱'을 기록했으며 『조선식물명휘』(1922)는 '葱, 靑葱, 冬葱, 파'를, 『토명대조선만식물자휘』(1932)
는 '[葱]총, [파], [葱白]총뵉, [凍葱]동파, [冬葱]동파, [파믿둥], [黃葱]황파, [움파], [파(ㅅ)종]'을, 『선명대화명지부』(1934)는
'파, 팽이'를 기록했다.

12 중국의 『본초강목』(1596)은 "葱從怱 外直中空 有怱通之象也"(葱이라는 이름은 怱에 의한 것인데, 바깥은 곧고 속이 비어 있다. 모여
있으면서 통하는 모습이다)라고 기록했다. 다만 후한 시대에 저술된 허신의 『설문해자』는 "葱 其色 葱葱然 故名葱 淺綠色"(파
는 그 색이 푸릇푸릇하므로 총이라고 하였으니 연한 녹색이다)이라고 기록했다.

Allium monanthum *Maximowicz* ヒメビル
Dallae 달래

달래〈*Allium monanthum* Maxim.(1887)〉

달래라는 이름은 둘뢰/둘랑괴→둘닉→달래로 변화한 것으로,[13] 그 유래는 알려져 있지 않다.[14] 그러나 큰 것에 작은 것의 일부를 매거나 붙인다는 뜻의 '달다'의 옛말이 '둘다'(석보상절, 1447)이고, 달롱개 등의 방언이 남아 있는 것에 비추어 달랑달랑 앙증맞게 달려 있는 동그란 뿌리(비늘줄기)의 모양에서 유래한 이름으로 보인다.[15] 옛 문헌에서는 달래(*A. monanthum*)와 산달래(*A. macrostemon*)가 명백히 나누어지지 않으나, 『훈몽자회』는 小蒜(소산)을 '둘뢰'로, 野蒜(야산)을 '족지'로 기록했고, 『물명고』는 小蒜(소산)을 '둘닉'로, 山蒜(산산)을 '족지'로 기록해 달리 분류했다. 나란 『농의보감』은 小蒜(소산)을 '족지'로, 野蒜(야산)을 '둘랑괴'(달래)로 보았다. 『동의보감』

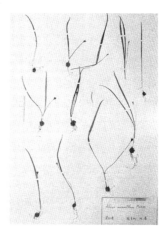

의 기록에 따르면 '족지'는 산에서 난다고 하고, '둘랑괴'(달래)는 밭과 들에 많다고 하므로(多山田野中), 옛말 족지(또는 족지/쪽지)가 현재의 달래(*A. monanthum*)로, 달래(둘뢰/둘랑괴)가 현재의 산달래(*A. macrostemon*)로 이해된다.[16] 그러나 『조선식물향명집』은 *A. monanthum*을 '달래'로, *A. macrostemon*(=*A. nipponicum*)을 '산달래'로 기록했다. 족지(또는 족지/쪽지)라는 이름은 현재 사라져 사용하지 않는다.

　속명 *Allium*은 마늘을 일컫는 고대 라틴어로, 냄새라는 뜻의 *alere* 또는 *ha*-에 어원을 두고 있으며 부추속을 일컫는다. 종소명 *monanthum*은 '1화(一花)의'라는 뜻으로 암꽃이 꽃 하나를 피우는 것에서 유래했다.

> **다른이름**　달내/산부추(정태현 외, 1942), 들댈래(박만규, 1949), 들달래(안학수·이춘녕, 1963), 애기달래 (리종오, 1964)

13　이러한 견해로 이우철(2005), p.165 참조.

14　이러한 견해로 김민수(1997), p.234 참조.

15　이러한 견해로 김종원(2013), p.1083 참조. 다만 백문식(2014), p.458은 진달래의 '달래'는 둘외(둘비)가 어원으로 들꽃이라는 뜻이라고 설명하고 있으므로, 달래, 진달래와 곰달래(곰취의 옛이름)에서 '달래'의 어원이 같은지 등에 대해서는 국어학적인 추가 연구가 필요하다.

16　이러한 견해로 『(신대역) 동의보감』(2012), p.1978 참조.

옛이름 亂子/小蒜/月老/月乙老(향약구급방, 1236),[17] 小蒜/月乙賴伊(향약집성방, 1433),[18] 小蒜/호근마늘(구급방언해, 1466), 小蒜/들뢰/野蒜/죡지(훈몽자회, 1527), 小蒜/족지(어해구급방, 1608), 小蒜/족지/野蒜/들랑괴(동의보감, 1613), 小蒜/효근마늘(구황촬요벽온방, 1639), 小蒜/들릐(역어유해, 1690), 小蒜/들닉(산림경제, 1715), 들랑귀/小根菜(동문유해, 1748), 들랑귀/小根菜(한청문감, 1779), 山蒜/쪽지(재물보, 1798), 山韭/들릐/小蒜/죡지(물보, 1802), 小蒜/들닉/山蒜/죡지(물명고, 1824), 野蒜/야션/들랑괴(명물기략, 1870), 山蒜/족지(녹효방, 1873), 달닉/辛草(한불자전, 1880), 달내/달룽개(조선구전민요집, 1933)[19]

중국/일본명 중국명 单花薤(dan hua xie)는 꽃이 하나가 피는 해(薤: 염교)라는 뜻으로 학명과 연관되어 있다. 일본명 ヒメビル(姬蒜)는 작은(아기) 마늘이라는 뜻이다.

참고 [북한명] 달래/애기달래[20] [유사어] 야산(野蒜) [지방명] 달뉘/달레이/달롱/달롱갱이/달루/달룩/달룽/달룽궁이/달릉갱이/달충/들롱/세파(강원), 달랭이/달중/산달래(경기), 다룽개/달기/달랑개/달랑갱이/달랭이/달롱개/달루깨/달룽개/물구리/텔룽게(경남), 건달래/다롱개/다룽갱이/달갱이/달랑개이/달랑구/달레이/달랭기/달랭이/달롱개/달롱갱이/달룽궁이/달룽이/달릉갱이/달리/물경이/달롱게(경북), 달레이/달렁개/달롱게/달루깨/달룽개/달릉개/대롱개/댈룽개/돌롱개/재롱개(전남), 달레이/달롱개/달루깨/달룽개(전북), 꿩마농/꿩만홍/꿜마늘/달리/드릅만홍/드룻마농/들마농/만홍(제주), 달레이/달롱게/달링개(충남), 달래쟁이/달랭이/달렁개/달레이/달롱개/달롱이/달룽/달룽개/달리/달링개(충북), 달뢰/달리/달룽게(함남), 달뢰/달리(함북)

Allium nipponicum *Franchet et Savatier*   ノビル
San-dallae   산달래

산달래 〈*Allium macrostemon* Bunge(1833)〉

산달래라는 이름은 『조선식물향명집』에 따른 것으로, 『물명고』 등에 기록된 山蒜(산산)이 그 어원이며 산에서 자라는 달래라는 뜻에서 유래했다.[21] 그러나 실제로는 들이나 길가에서 주로 발견되므로 생태와는 다소 차이가 있는 명칭이다. 옛 문헌에서는 달래(A. monanthum)와 산달래(A. macrostemon)가 명백히 분화되지 않은 채 혼용이 있으므로 주의가 필요하다.

---

17 『향약구급방』(1236)의 차자(借字) '月老/月乙老'(월로/월을로)에 대해 남풍현(1981), p.54는 '돌뢰'의 표기로 보고 있으며, 이덕봉(1963), p.36은 '돌/돌노'의 표기로 보고 있다.

18 『향약집성방』(1433)의 차자(借字) '月乙賴伊'(월을뢰이)에 대해 남풍현(1999), p.183은 '돌뢰'의 표기로 보고 있으며, 이덕봉(1963), p.36은 '달뢰'의 표기로 보고 있다.

19 『조선의 구황식물』(1919)은 '달네, 山蒜, 野蒜'을 기록했으며 『토명대조선만식물자휘』(1932)는 '[山韭(菜)]산구(척), [산부취]'를 기록했다.

20 북한에서는 A. grayi를 '달래'로, A. monanthum을 '애기달래'로 하여 별도 분류하고 있다. 이에 대해서는 리용재 외(2011), p.20 참조.

21 이러한 견해로 이우철(2005), p.307 참조.

속명 *Allium*은 마늘을 일컫는 고대 라틴어로, 냄새라는 뜻의 *alere* 또는 *ha*-에 어원을 두고 있으며 부추속을 일컫는다. 종소명 *macrostemon*은 '수술이 긴'이라는 뜻이다.

다른이름 돌달래/원산부추(박만규, 1949), 달래/달룽게(안학수·이춘녕, 1963), 큰달래(이창복, 1969b), 들달래(임록재 외, 1972)

옛이름 蒜子/小蒜/月老/月乙老(향약구급방, 1236), 小蒜/月乙賴伊(향약집성방, 1433), 小蒜/들뢰/野蒜/족지(훈몽자회, 1527), 小蒜/족지/野蒜/들 랑괴(동의보감, 1613), 小蒜/들 리(역어유해, 1690), 小蒜/들 닉(산림경제, 1715), 들 랑귀/小根菜(동문유해, 1748), 들 랑귀/小根菜(한청문감, 1779), 山蒜/쏙지(재물보, 1798), 山韭/들릐/小蒜/족지(물보, 1802), 小蒜/들 닉/山蒜/족지(물명고, 1824), 野蒜/야션/들 랑괴(명물기략, 1870), 달닉/辛草(한불자전, 1880)[22]

중국/일본명 중국명 薤白(xie bai)는 달래와 달리 비늘줄기가 흰색인 薤(해: 염교)란 뜻에서 붙여졌다. 일본명 ノビル(野蒜)는 들에서 자라는 ヒル(蒜: 마늘 종류의 일본명)라는 뜻이다.

참고 [북한명] 들달래 [지방명] 달래/산달루(강원), 달래/달룽개(경남), 달래/달래이/달랭이/달롱개/달루/달리(경북), 산달래(울릉), 달롱개(전북), 꿩마농/도래/드릇마농/들마농/들은마농(제주), 달래(충남), 달돔/달롱(충북)

Allium odorum *Linné*   ニラ   韮 (栽)
Buchu   부추(정구지)

부추〈*Allium tuberosum* Rottler ex Spreng.(1825)〉**

부추라는 이름이 문헌에 등장한 것은 『향약구급방』의 厚菜(후취)이다. 이는 한자명 韭菜(구채)에서 유래하여 厚菜(후취)로 되었다가 부치로 변화하여 현재의 부추로 정착되었다.[23] 현재 사용하는 방언과 관련하여 『향약집성방』은 蘇勃(소블=소풀)로, 『광재물보』는 졸/솔과 정구지(정구지)로 기록한 것도 확인된다. 한편 한자명 蒡草(부초)에서 유래한 것으로 보는 견해가 있으나,[24] 그러한 한자의 용례를 찾기 어려워 타당성이 있는지는 의문이다.

속명 *Allium*은 마늘을 일컫는 고대 라틴어로, 냄새라는 뜻의 *alere* 또는 *ha*-에 어원을 두고 있으며 부추속을 일컫는다. 종소명 *tuberosum*은 '덩이줄기가 있는'이라는 뜻으로 땅속 비늘줄기가 있어서 붙여졌다.

---

22 『조선어사전』(1920)은 '달내, 野蒜(야션)'을 기록했으며 『조선식물명휘』(1922)는 '山蒜, 澤蒜, 달내(救)'를, 『토명대조선만식물자휘』(1932)는 '[小蒜]쇼산, [野蒜]야산, [들마늘], [달내]'를, 『선명대화명지부』(1934)는 '달래'를, 『조선의산과와산채』(1935)는 '野蒜, 탈내(글리), 山蒜, 달내'를 기록했다.

23 이러한 견해로 이우철(2005), p.283과 장충덕(2007), p.50 참조.

24 이러한 견해로 한진건(1990), p.135 참조.

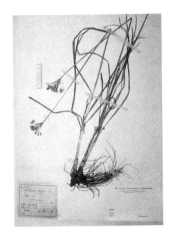

다른이름 부추(정태현 외, 1936), 정구지(정태현 외, 1937), 솔(박만규, 1949), 덩이부추(리용재 외, 2011)

옛이름 韭/厚菜(향약구급방, 1236),[25] 薤/付菜/韭/蘇勃(향약집성방, 1433),[26] 韭/부치/韭菜/굴칭(구급방언해, 1466), 薤/부치(구급간이방언해, 1489), 薤菜/부치(사성통해, 1517), 薤/부치(훈몽자회, 1527), 韭菜/부치(동의보감, 1613), 薤/히치(구황촬요벽온방, 1639), 韭菜/부치(산림경제, 1715), 韭菜/부치(한청문감, 1779), 韭/부치(제중신편, 1799), 韭/부추/졸/솔/정구지(광재물보, 19세기 초), 韭/졸(물보, 1802), 韭/부치(물명고, 1824), 韮/부취(녹효방, 1873), 부쵸/薤(한불자전, 1880), 韭菜/부치(방약합편, 1884), 부초/韭(아학편, 1908), 韭/푸추(선한약물학, 1931), 부추/부채(조선어표준말모음, 1936)[27]

중국/일본명 중국명 韭(jiu)는 부추의 싹이 땅에서 돋는 모양을 형상화한 것으로 알려져 있다.[28] 일본명 ニラ는 어원 불명의 옛말 ミラ(또는 コミラ)에서 유래했다.

참고 [북한명] 덩이부추/부추[29] [유사어] 구자(韭子), 구채(韭菜), 난총(蘭葱) [지방명] 본추/부초/분초/분추/불구/푸추(강원), 부초/졸파(경기), 소풀/솔/전구지/정구지/정구치(경남), 덩구지/부자/분초/분추/비자/소푸/소풀/솔/정구지/푸추(경북), 소불/솔/저구지(전남), 부초/저구지/정구지(전북), 새오리/새우리/세우리/쉐우리/쇠우리(제주), 부초/불초/정구지/졸/증구지(충남), 부초/분초/분추/정구지/졸/쪼리/쫄(충북), 부초(평남), 부초/푸초/푼추(평북), 볼기/부초/부치/염지(함남), 염쟁이/염주/염지(함북)

25 『향약구급방』(1236)의 차자(借字) '厚菜'(후채)에 대해 남풍현(1981), p.41과 이덕봉(1963), p.38은 '후치'의 표기로 보고 있다.

26 남풍현(1999), p.183은 『향약집성방』(1433)의 차자(借字) '付菜'(부채)에 대해 '부치'의 표기로, '蘇勃'(소발)에 대해 '소불'의 표기로 보고 있다.

27 『조선어사전』(1920)은 '韭菜(구치), 부치, 부추'를 기록했으며 『조선식물명휘』(1922)는 '韭, 薤, 부쵸, 보취(救)'를, 『토명대조선만식물자휘』(1932)는 '[韭(菜)]구(치), [정구지], [韭白]구빅, [부치], [부추], [염지]'를, 『선명대화명지부』(1934)는 '부초, 정구지, 술, 보취'를, 『조선의산과와산채』(1935)는 '韭, 부초'를 기록했다.

28 한편 후한 시대에 저술된 허신의 『설문해자』는 "一種而久者 故謂之韭 象形 在一之上 一地"[한 번 심으면 오래가는 것이어서 구(韭)라고 했다. 상형자이다. 一(일) 위에 있다. 一(일)은 땅이다]라고 기록했다.

29 북한에서는 A. tuberosum을 '덩이부추'로, A. ramosum을 '부추'로 하여 별도 분류하고 있다. 이에 대해서는 리용재 외(2011), p.21 참조.

○ Allium sacculiferum *Maximowicz*　テフセンヤマラツキヤウ
San-buchu　산부추

산부추〈*Allium thunbergii* G.Don(1827)〉[30]

산부추라는 이름은 『조선식물향명집』에 따른 것으로, 직접적으로는 강원 방언에서 유래했으며[31] 산에서 자라는 야생 부추라는 뜻이다.[32] 19세기에 저술된 『물명고』는 산부추라는 뜻의 山韭(산구)를, 『임원경제지』는 야생에서 자라는 부추라는 뜻의 野韭(야구)를 기록했다.

속명 *Allium*은 마늘을 일컫는 고대 라틴어로, 냄새라는 뜻의 *alere* 또는 *ha*-에 어원을 두고 있으며 부추속을 일컫는다. 종소명 *thunbergii*는 스웨덴 식물학자로 일본 식물을 연구한 Carl Peter Thunberg(1743~1828)의 이름에서 유래했다.

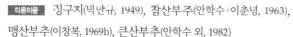　징구지(박만규, 1949), 참산부추(안학수·이춘녕, 1963), 맹산부추(이창복, 1969b), 큰산부추(안학수 외, 1982)

　山韭/졸(물명고, 1824), 野韭(임원경제지, 1842)[33]

중국/일본명　중국명 球序韭(qiu xu jiu)는 둥근 꽃차례를 가진 부추(韭)라는 뜻이다. 일본명 テフセンヤマラツキヤウ(朝鮮山辣韭)는 한반도(조선)에서 나고 산에서 자라는 매운 부추라는 뜻이다.

참고　[북한명] 산부추 [지방명] 달룩/산마늘/산분추(강원), 달랭이(경북), 부추(충남)

30　'국가표준식물목록'(2018)과 『장진성 식물목록』(2014)은 산부추와 별도로 『조선식물향명집』의 학명 *Allium sacculiferum* Maximowicz(1859)에 대해 '참산부추'라는 국명으로 분류하고 있으므로 주의를 요한다.

31　이에 대해서는 『조선산야생식용식물』(1942), p.83 참조.

32　이러한 견해로 이우철(2005), p.311 참조. 다만 이우철은 산염부추라는 뜻의 ヤマラッキョウ(山辣韭)에서 유래한 것으로 서술하고 있으나, 『물명고』(1824)에 산부추라는 뜻을 가진 山韭(산구)라는 이름이 있고 일본명은 山辣韭(산랄구)의 의미이므로 일본명에서 유래한 이름이라는 견해는 다소 의아하다. 『조선식물향명집』의 색인도 신칭한 이름이 아니라 민간에서 실제 사용한 이름 또는 옛이름에서 유래한 것으로 기록했다.

33　『조선의 구황식물』(1919)은 '산부추'를 기록했으며 『조선식물명휘』(1922)는 '산부추(救)'를, 『토명대조선만식물자휘』(1932)는 '[山薤(염)]산히(치), [산염교]'를, 『선명대화명지부』(1934)는 '산부추'를, 『조선의산과와산채』(1935)는 '山韭, 산부추'를 기록했다.

Allium Scorodoprasum *L.* var. viviparum *Regel*　ニンニク　蒜
Manul　마늘　(栽)

마늘〈*Allium sativum* L.(1753)〉

마늘이라는 이름의 유래에 대해, 1870년에 저술된 『명물기략』은 '맛이 매우 날하다(맵다)' 하여 맹랄(猛辣)이라 했고 이것이 변해 마랄이 되었다고 풀이하고 있다.[34] 그러나 마늘과 유사한 것으로 몽골어 만끼르(manggir)가 있는 것에 비추어 한자어가 아닌 우랄알타이어 계통의 언어에서 확립된 명칭으로 보인다. 즉, 만끼르(manggir)에서 gg가 탈락된 마니르(manir)가 변화하여 마늘이 되었고, 그것이 현재의 마늘로 변화한 것으로 이해되고 있다.[35] 한편 마늘(마늘)은 '마'(머리, 위)와 '늘'(나물)의 합성어로, 두채(頭菜) 또는 상채(上菜)의 의미로 해석하기도 한다.[36] 중앙아시아 원산으로 중국을 거쳐 우리나라에 전래되었다. 중국에는 한나라 장건의 서역 정벌(B.C.139~B.C.126) 때 서역으로부터 전래된 것으로 알려져 있고, 『삼국사기』에 '蒜'(산)이 기록된 점에 비추어 중국 전래 후 삼국 시대 사이 어느 시기에 우리나라에서도 재배를 시작한 것으로 추정된다. 따라서 『삼국유사』의 단군신화와 관련하여 기록된 '蒜'(산)은 현재의 마늘을 일컫는 것으로 보기는 어렵다. 『조선식물향명집』은 '마눌'로 기록했으나 『조선식물명집』에서 '마늘'로 개칭해 현재에 이르고 있다.

속명 *Allium*은 마늘을 일컫는 고대 라틴어로, 냄새라는 뜻의 *alere* 또는 *ha-*에 어원을 두고 있으며 부추속을 일컫는다. 종소명 *sativum*은 '재배한'이라는 뜻으로 재배식물임을 나타낸다.

다른이름　조선마늘(이영노, 1996)

옛이름　蒜(삼국사기, 1145), 大蒜/丁汝乙(향약구급방, 1236),[37] 蒜(삼국유사, 1281), 蒜/마놀(석보상절, 1447), 마늘/蒜(구급방언해, 1466), 大蒜/마늘(구급간이방언해, 1489), 大蒜/마늘(사성통해, 1517), 마늘/蒜(번역노걸대, 1517), 蒜/만늘(훈몽자회, 1527), 大蒜/마늘(동의보감, 1613), 蒜/마늘(구황촬요벽온방, 1639), 大蒜/큰만을(광제비급, 1790), 大蒜/마늘(제중신편, 1799), 大蒜/마눌(물보, 1802), 大蒜/마늘(물명고, 1824), 大蒜(대션)/마랄(명물기략, 1870), 大蒜/대야마늘/마늘(녹효방, 1873), 마늘/蒜(한불자전, 1880), 大蒜/마날(방약합편, 1884), 大蒜/마늘(아학편, 1908), 大蒜/마눌(선한약물학, 1931), 마늘/마눌(조선어표준말모음, 1936)[38]

34　『명물기략』(1870)은 "味極辣 故俗言猛辣 轉云마랄"이라고 기록했다.

35　이에 대해서는 백문식(2014), p.188과 강길운(2010), p.488 참조.

36　이에 대해서는 서정범(2000), p.221 참조.

37　『향약구급방』(1236)의 차자(借字) '丁汝乙'(마여을)에 대해 남풍현(1981), p.62는 '마늘'의 표기로 보고 있으며, 이덕봉(1963), p.37은 '마닐'의 표기로 보고 있다.

38　『조선어사전』(1920)은 '마늘, 蒜, 葫, 大蒜(대션), 胡蒜(호산)'을 기록했으며 『조선식물명휘』(1922)는 '蒜, 葫, 마늘(食)'을, 『토명대조선만식물자휘』(1932)는 '[葫]호, [大蒜]대산, [胡蒜]호산, [蒜(菜)], [마늘]'을, 『선명대화명지부』(1934)는 '마눌(늘)'을 기록했다.

중국명 蒜(suan)은 마늘을 나타내기 위해 고안된 한자로, 뜻을 나타내는 艸(초)와 음을 나타내는 祘(산)이 합쳐진 글자이다.[39] 일본명 ニンニク(忍辱)의 어원에 대해서는 여러 견해가 있으나, 수련 중에 인내가 필요한 승려가 냄새가 강한 마늘을 먹는다는 뜻에서 붙여졌다고 한다.

참고 [북한명] 마늘 [유사어] 대산(大蒜), 코끼리마늘, 호산(葫蒜) [지방명] 마날(강원), 마날/마늘쫑/말(경남), 마울(경북), 마널/마눌/마눙/매눌/매늘(전남), 마널/마눌/매눌/매늘(전북), 곱다산이/곱대산이/곱데산이/대산이/대사니/마농/마눌/마늘엿/마슬/송개마농/송게마농/순개마놀/순개마농/숭게마농/숭게비/콥대사니/콥대산이/콥데산이/콧대산이(제주), 매놀/매늘(충남)

Anemarrhena asphodeloides *Bunge*　ハナスゲ(チモ)　知母 (栽)
Jimo　지모

지모〈*Anemarrhena asphodeloides* Bunge(1831)〉[40]

지모라는 이름은 한자어 지모(知母)에서 유래한 것이다. 오래된 땅속줄기 옆에 새롭게 자라는 땅속줄기의 모양이 마치 개미나 등에의 형태와 같아서 지망(蚳蝱)이라 하다가 지모(知母)로 바뀌어 현재의 이름이 되었다.[41]

　속명 *Anemarrhena*는 그리스어 *anemos*(바람)와 *arrhen*(남성, 강함)의 합성어로, 바람에 강하다는 뜻에서 유래했으며 지모속을 일컫는다. 종소명 *asphodeloides*는 백합과 *Asphodelus*속과 비슷하다는 뜻에서 붙여졌다.

다른이름 평양지모(박만규, 1949)[42]

옛이름 知母(향약집성방, 1433), 知母(세종실록지리지, 1454), 知母/디모(구급간이방언해, 1489), 知母(동

---

39 중국에서는 대산을 달리 '葫'(호)라고도 하는데, 중국의 이시진은 『본초강목』(1596)에 "今人謂葫爲大蒜 蒜謂小蒜 (중략) 張騫使西域 始得大蒜葫荽 則小蒜乃中土舊有 而大蒜出胡地 故有胡名"[요즘 사람들은 葫(마늘)를 대산(大蒜)이라고 하고 蒜(산달래)은 소산(小蒜)이라 한다. 장건이 서역에 사신으로 갔을 때 비로소 대산과 호유를 가져왔다. 즉, 소산은 원래 중국에 자라던 것이고 대산은 오랑캐(胡) 땅에서 나왔기 때문에 호(胡)가 있는 이름으로 일컬었다]이라고 기록했다.

40 『조선식물향명집』은 백합과(Liliaceae)로 분류했으나, '국가표준식물목록'(2018)은 백합과와 별도로 지모과(Haemodoraceae)로 분류하고 있다.

41 이러한 견해로 『토명대조선만식물자휘』(1932), p.131 참조. 『토명대조선만식물자휘』의 이러한 해석은 중국의 이시진이 『본초강목』(1596) 중 지모에 대한 해설로 "宿根之旁 初生子根 狀如蚳蝱之狀 故謂之蚳母 訛為知母 蝭母也"(여러 해 된 뿌리 근처에는 새로 생긴 뿌리가 있는데 그 모양이 개미와 등에의 모양인 것에서 蚳母라 했다. 이것이 知母 또는 蝭母가 되었다)라고 기록한 것에서 유래한다.

42 나카이 다케노신(中井猛之進)은 1913년에 평양에서 채집된 식물 표본을 근거로, 지모를 닮았으나 수술 등에서 차이가 있다는 이유로 별도의 조선 특산속 데라우치아속(Terauchia)을 발표하고 그에 속한 1종 일본명 데라우치사우(テラウチサウ)를 학명 *Terauchia anemarrhenaefolia* Nakai(1913)로 하여 발표한 바 있다[T. Nakai(1913), p.443]. 박만규의 『우리나라 식물명감』(1949)은 이를 '평양지모'라는 국명으로 기록했다. 그런데 Govaerts(2011)와 『장진성 식물목록』(2014), p.117은 위 식물이 지모에 대한 오동정에 불과하다는 점을 지적하고 지모(*A. asphodeloides*)에 통합해 처리했고, 현재 '국가표준식물목록'(2018)도 그러하다. 따라서 '평양지모'라는 이름은 현재 사용하는 국명이 아니며 더 이상 유효한 분류가 아니다.

의보감, 1613), 知母(산림경제, 1715), 知母(제중신편, 1799), 知母(일성록, 1800), 知母(물명고, 1824), 知母(방약합편, 1884), 知母(선한약물학, 1931)[43]

중국/일본명 중국명 知母(zhi mu)는 한국명의 유래와 동일하다. 일본명 ハナスゲ(花菅)는 꽃이 피는 골풀을 닮은 식물이라는 뜻에서 붙여졌으며, 생약명 チモ(知母)는 한국명과 동일하다.

참고 [북한명] 지모

Asparagus lucidus *Lindley* クサスギカヅラ 天門冬
Chŏnmundoñg 천문둥(홀아지좇)

천문동〈*Asparagus cochinchinensis* (Lour.) Merr.(1919)〉

천문동이라는 이름은 잎이 긴 털과 같이 가느다랗고 약효가 맥문동과 비슷한 것에서 유래했다.[44] 『조선식물향명집』에 방언으로 기록된 '홀아지좇'의 옛말은 홀아비좆인데, 이는 '홀아비'와 '좆'(좇)의 합성어로 덩이뿌리를 약재로 사용할 때 그 모양이 남자의 성기를 닮았고 양기를 보하는 약효가 있는 것과 관련 있는 이름이다. 옛 문헌 『탐라지』와 『남환박물』은 제주도에 천문동이 분포하고 있음을 기록했다. 『조선식물향명집』은 '천문둥'으로 기록했으나 색인은 '천문동'으로 기록했고, 옛 문헌의 표기에 비추어 이는 천문동의 오기로 보인다.

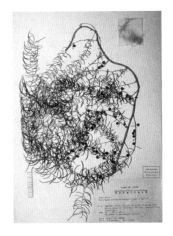

속명 *Asparagus*는 그리스어 *asparagos*에 기원을 두고 있는데, 가지가 심하게 갈라진다는 뜻으로 비짜루속을 일컫는다. 종소명 *cochinchinensis*는 *Cochinchina*에서 유래한 말로 자생지인 베트남 남부 지역을 가리킨다.

다른이름 부지짱나물/홀아지좇(정태현 외, 1936), 부지깽나물(정태현 외, 1949), 홀아비좆(안학수·이춘녕, 1963), 부지갱나무/홀아비꽃(임록재 외, 1972)

옛이름 天門冬(향약집성방, 1433), 天門冬(세종실록지리지, 1454), 天門冬/텬문동(언해태산집요, 1608), 天門冬(동의보감, 1613), 天門冬(승정원일기, 1625), 天門冬(탐라지, 1653), 天門冬/텬문동(신간구황촬요,

---

43 『조선한방약료식물조사서』(1917)는 '知母'를 기록했으며 『조선어사전』(1920)은 '知母(지모), 蕁'을, 『조선식물명휘』(1922)는 '知母, 지모'를, 『토명대조선만식물자휘』(1932)는 '[知母]지모'를, 『선명대화명지부』(1934)는 '지모'를 기록했다.

44 이러한 견해로 이우철(2005), p.513 참조. 이와 관련하여 중국의 본초강목(1596)은 "草之茂者爲蕁 俗作門 此草蔓茂 而功同麥門冬 故曰天門冬 或曰天棘 爾雅云 髦 顚棘也 因其細葉如髦 有細棘也 顚 天 音相近也"[풀이 무성한 것을 '蕁'이라 하는데, 민간에서는 '門'이라고 쓴다. 그 풀이 덩굴로 무성하면서 약효는 맥문동과 같아서 천문동 혹은 천극이라 한다. 『이아』에서는 '髦(모)는 顚棘(전극)이다'라고 하였다. 긴 털과 같이 잎이 가느다란 데다 미세한 가시가 있기 때문이다. 전(顚)과 천(天)은 음이 서로 유사하다]라고 기록했다.

1660), 天門冬(남환박물, 1704), 天門冬(산림경제, 1715), 天門冬(제중신편, 1799), 天門冬/홀아비좃(물명고, 1824), 天門冬(오주연문장전산고, 185?), 天門冬/홀아지좃(방약합편, 1884), 天門冬(의방합편, 19세기), 天門冬(수세비결, 1929), 天門冬(선한약물학, 1931)[45]

중국/일본명 중국명 天門冬(tian men dong)의 유래는 한국명과 동일하다. 일본명 クサスギカヅラ(草杉蔓)는 삼나무의 잎을 닮았는데 덩굴성이고 초본성 식물이어서 붙여졌다.

참고 [북한명] 천문동 [지방명] 나박추/산감채(전남), 벡문동(제주)

Asparagus officinalis *Linné*　オランダキジカクシ　(栽)
Asúparagas　아스파라가스

아스파라거스〈*Asparagus officinalis* L.(1753)〉

아스파라거스라는 이름은 『대한식물도감』에 따른 것으로, 『조선식물향명집』에서 속명 *Asparagus*를 차용해 '아스파라가스'로 기록한 이름을 표준어 발음에 맞게 수정한 것이다.[46] 아스파라거스는 유럽 남동부 지역 원산인네 『소선식붙명휘』에 기록이 보이는 것에 비추어 일본으로 전해졌다가 일제강점기에 우리나라에 전래된 것으로 보인다.

속명 *Asparagus*는 그리스어 *asparagos*에 기원을 두고 있는데, 가지가 심하게 갈라진다는 뜻으로 비짜루속을 일컫는다. 종소명 *officinalis*는 '약용의, 약효가 있는'이라는 뜻이다.

다른이름 아스파라가스(정태현 외, 1937), 볏짐두름(안학수·이춘녕, 1963), 멸대/아스파라구스/열대(한진건 외, 1982), 약천문동/약비자루(임록재 외, 1996), 아쓰파라구쓰(리용재 외, 2011)[47]

중국/일본명 중국명 石刁柏(shi diao bai)는 새싹이 돌칼(石刀) 모양이고 잎의 모양이 측백나무를 닮아 붙여졌다. 일본명 オランダキジカクシ(Netherland雉隱)는 네덜란드에서 유래한 비짜루(雉隱)라는 뜻으로, 일본에 이 식물을 전파한 네덜란드가 명기된 점이 독특하다.

참고 [북한명] 아쓰파라구쓰 [유사어] 서양독활(西洋獨活)

---

45 『조선한방약료식물조사서』(1917)는 '홀아지좃, 天門冬'을 기록했으며 『조선의 구황식물』(1919)은 '턴문동, 부지셍나물(水原龍仁 其他), 天門冬'을, 『조선어사전』(1920)은 '天門冬(턴문동)'을, 『조선식물명휘』(1922)는 '天門冬, 地門冬, 턴문동, 부지깅나물(藥, 救)'을, 『토명대조선만식물자휘』(1932)는 '[天門冬(草)]턴문동(초)'을, 『선명대화명지부』(1934)는 '홀마지좃, 턴문동, 부지깽나물'을 기록했다.
46 이러한 견해로 이우철(2005), p.376 참조.
47 『조선식물명휘』(1922)는 '石刀柏'을 기록했다.

Asparagus oligoclonos *Maximowicz*　ツクシタマバウキ
Bangul-bijaru　방울비짜루

방울비짜루〈*Asparagus oligoclonos* Maxim.(1859)〉

방울비짜루라는 이름은 둥근 열매가 긴 자루에 달리는 모양을 방울에 비유하고 비짜루를 닮았다고 해서 붙여졌다.[48] 『조선식물향명집』은 '방울비짜루'를 신칭한 이름이 아닌 것으로 기록하고 있으므로 방언을 채록했을 가능성이 있다.

속명 *Asparagus*는 그리스어 *asparagos*에 기원을 두고 있는데, 가지가 심하게 갈라진다는 뜻으로 비짜루속을 일컫는다. 종소명 *oligoclonos*는 '소수(小數)의 대가 있는'이라는 뜻이다.

다른이름　새방울비짜루(박만규, 1949), 참빗자루(정태현 외, 1949), 방울비자루(도봉섭 외, 1957), 방울천문동(임록재 외, 1972)

중국/일본명　중국명 南玉带(nan yu dai)는 남쪽 지역에 자라는 옥대(玉帶) 모양의 식물이라는 뜻이다. 일본명 ツクシタマバウキ(筑紫玉箒)는 쓰쿠시(筑紫: 규슈의 옛 지명)에서 발견되었고 구슬로 장식한 의식용 비(玉箒)를 닮았다는 뜻에서 붙여졌다.

참고　[북한명] 방울비자루

Asparagus schoberioides *Kunth*　キジカクシ
Dalguebijaru　닭의비짜루

비짜루〈*Asparagus schoberioides* Kunth(1850)〉

식물 비짜루를 우리말로 표현한 옛 문헌은 발견되지 않는다. 『물보』에 현재 비짜루와 가장 유사한 형태인 '븨즈르(末)'라는 표현이 나오는데 이는 현재 청소 도구인 빗자루를 뜻하고,[49] 『조선식물명집』에 '빗자루'라는 이름으로 기록된 점에 비추어 비짜루는 줄기와 엽상체가 이루는 모양이 빗자루를 닮은 것에서 유래한 이름으로 이해된다.[50] 한편, 중국명은 龍鬚菜(용수채)인데 이를 언급한 『훈몽자회』, 『역어유해』 및 『오주연문장전산고』의 龍鬚菜(용수채)는 우리말로 '멸'(蔑)이며 이는 약모밀(또는 삼백초)을 뜻하므로 현재 비짜루와는 직접 관련이 없다. 『조선식물향명집』은 '닭의비짜

48　이러한 견해로 이우철(2005), p.262와 김종원(2016), p.570 참조.
49　이러한 견해로 국립국어원, '표준국어대사전' 중 '빗자루'와 『고어대사전 10』(2016), p.433 참조.
50　이러한 견해로 김종원(2016), p.570 참조.

루'로 처음 기록했으나 『조선식물명집』에서 '빗자루'로, 다시 『한국식물도감(하권 초본부)』에서 '비짜루'로 기록해 현재에 이르고 있다.

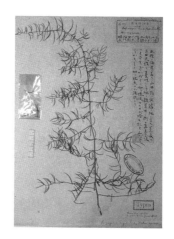

속명 Asparagus는 그리스어 asparagos에 기원을 두고 있는데, 가지가 심하게 갈라진다는 뜻으로 비짜루속을 일컫는다. 종소명 schoberioides는 'Schoberia(나문재속의 옛이름)와 비슷한'이라는 뜻이다.

다른이름 하고초(정태현 외, 1936), 닭의비짜루(정태현 외, 1937), 밀풀/비지깨나무(정태현 외, 1942), 덩굴비짜루(박만규, 1949), 빗자루(정태현 외, 1949), 비자루/비지개나물(도봉섭 외, 1957), 용수채(안학수·이춘녕, 1963), 노가지비자루(임록재 외, 1972), 달기비짜루(한진건 외, 1982), 노가지천문동(임록재 외, 1996), 노가지아쓰파라구쓰(리용재 외, 2011)[51]

중국/일본명 중국명 龙须菜(long xu cai)는 용의 수염(龍鬚)을 닮은 채소라는 뜻으로, 식물체의 모양에서 유래한 것으로 보인다. 일본명 キジカクシ(雉隠し)는 꿩이 숨을 수 있을 정도로 잎이 무성해지는 식물이라는 뜻에서 유래했다.

참고 [북한명] 노가지아쓰파라구쓰 [유사어] 용수채(龍鬚菜) [지방명] ㄱ스락쿨/멕문동(제주), 빗자루(충남)

Clintonia udensis *Trautvetter et Meyer*　ツバメヲモト
Jebi-ogjam　제비옥잠

나도옥잠화〈*Clintonia udensis* Trautv. & C.A.Mey.(1856)〉

나도옥잠화라는 이름은 넓은 잎과 흰색 꽃의 모양이 재배식물인 옥잠화(玉簪花)를 닮았다는 뜻에서 유래했다.[52] 『조선식물향명집』은 옥잠화를 닮았다는 뜻의 '제비옥잠'으로 기록했으나, 『조선식물명집』에서 '나도옥잠화'로 개칭해 현재에 이르고 있다. 『조선산야생식용식물』은 경기 방언으로 당나귀를 닮았다는 뜻의 '당나귀나물'이라는 이름과 어린잎을 식용했음을 기록했다.

속명 Clintonia는 미국 정치가이자 식물학자인 DeWitt Clinton(1769~1828)의 이름에서 유래했으며 나도옥잠화속을 일컫는다. 종소명 udensis는 러시아 '우다(Uda)강의'라는 뜻으로 최초 발견지 또는 분포지를 나타낸다.

---

51 『제주도및완도식물조사보고서』(1914)는 'メングントン'[멕문동]을 기록했으며 『조선식물명휘』(1922)는 '龍鷄菜'를, 『조선의산과와산채』(1935)는 '雉子鼠'를 기록했다.
52 이러한 견해로 이우철(2005), p.129; 허북구·박석근(2008a), p.54; 한태호 외(2006), p.77 참조.

다른이름 제비옥잠(정태현 외, 1937), 당나귀나물(정태현 외, 1942), 당나귀풀(안학수·이춘녕, 1963), 두메옥잠화(임록재 외, 1972), 제비옥잠화(이영노, 1996)[53]

중국/일본명 중국명 七筋菇(qi jin gu)는 약재로 사용하는 땅속줄기의 모양이나 약효와 관련된 이름으로 추정되나 유래는 미상이다. 일본명 ツバメヲモト(燕万年青)는 백합과의 만년청(*Rohdea japonica*)을 닮았다는 뜻에서 유래했다.

참고 [북한명] 두메옥잠화 [유사어] 구가(韭茄), 근여(筋茹), 뇌공칠(雷公七)

Convallaria majalis *Linné*　スズラン(キミカゲサウ)　君影草
Ŭnbaṅgulġot　은방울꽃

은방울꽃 〈*Convallaria keiskei* Miq.(1867)〉

은방울꽃이라는 이름은 『조선식물향명집』에 따른 것으로, 꽃차례에 흰 꽃이 달리는 모습이 은색 방울을 연상시키는 것에서 유래했다.[54] 말려서 올라오는 어린싹을 채취해 나물로 식용했으며, 『조선산야생식용식물』은 이때의 모습을 나타낸 이름으로 추정하는 '피리풀'과 '비비취'를 경기도 광릉 방언으로 기록했다.

속명 *Convallaria*는 라틴어 *convallis*(골짜기)와 그리스어 *leirion*(백합)이 합쳐진 말로, 골짜기의 백합이라는 뜻이며 은방울꽃속을 일컫는다. 종소명 *keiskei*는 일본 메이지 시대의 의사이자 식물학자인 이토 게이스케(伊藤圭介, 1803~1901)의 이름에서 유래했다.

다른이름 피리풀/비비취(정태현 외, 1942), 초롱꽃/비비추(박만규, 1949), 영란(안학수·이춘녕, 1963), 향은방울꽃(리용재 외, 2011)

옛이름 피리쏫(조선구전민요집, 1933)[55]

중국/일본명 중국명 铃兰(ling lan)은 방울(鈴)을 닮은 난초(蘭)라는 뜻에서 유래했다. 일본명 スズラン(鈴蘭)도 중국명과 같은 뜻이다.

---

53 『조선식물명휘』(1922)는 '七筋菇'(칠근고)를 기록했다.

54 이러한 견해로 이우철(2005), p.428; 허북구·박석근(2008a), p.169; 한태호 외(2006), p.170 참조.

55 『조선식물명휘』(1922)는 '비비추, 漏蘆, 박쇠'를 기록했으며 Crane(1931)은 '풍경란, 風聲蘭'을, 『토명대조선만식물자휘』(1932)는 '[둥둘래싹], [둥구리아싹]'을, 『선명대화명지부』(1934)는 '비비추, 박새'를 기록했다.

참고 [북한명] 은방울꽃/향은방울꽃[56] [유사어] 군영초(君影草) [지방명] 은방울(강원), 조롱꽃(충북)

Disporum sessile *D. Don*　ハウチヤクサウ
Dae-aegi-nari　대애기나리

윤판나물아재비⟨*Disporum sessile* (Thunb.) D.Don ex Schult. & Shult.f.(1825)⟩

윤판나물아재비라는 이름은 윤판나물과 닮은 식물이라는 뜻에서 유래했다.[57] 『조선식물향명집』 은 식물체가 막대기(대)처럼 길게 자라는 애기나리라는 뜻의 '대애기나리'로 기록했다. 『조선식물 명집』에 이르러 윤판나물을 비로소 별도 식물로 기록했으며,[58] 그 후 「한국산 애기나리속의 분류 학적 연구」(이남숙, 1979)에서 '대애기나리'를 윤판나물을 닮았다는 뜻의 '윤판나물아재비'로 개칭 해 현재에 이르고 있다. 한편 윤판나물(*D. uniflorum*)은 전국에 분포하며 꽃이 노란색이고 꽃잎 끝이 둥글어 주걱모양인 반면에, 윤판나물아재비(*D. sessile*)는 제주도 및 울릉도 지역에 분포하 며 꽃이 녹색을 띠는 흰색이고 꽃잎 끝이 뾰족하다는 점에서 구별된다.[59] 『토명대조선만식물자휘』 는 *D. sessile*에 대해 조선명으로 寶鐸草(보탁초)와 黃囊花(황낭화)를 기록하면서 조선과 중국에 널 리 분포한다고 했는데, 윤판나물아재비의 분포 지역을 고려하면 이 이름은 윤판나물에 대해서도 함께 사용된 것으로 보인다. 『조선산야생식용식물』은 조선명으로 경남 방언 '윤판나물'을 기록했 고, 이 이름이 『조선식물명집』에서 '윤판나물'로 이어진 것으로 보인다. 문헌상 확인되는 '윤판'은 수레 바닥에 까는 널을 뜻하는 輪板(윤판)이다. 윤판나물을 일컫는 것으로 추정되는 寶鐸草(보탁 초), 黃囊花(황낭화) 및 淡竹花(담죽화)라는 이름이 모두 꽃(보탁초 및 황낭화)이나 잎(담죽화)의 모양에 서 비롯한 것을 고려하면, 윤판나물이라는 이름도 잎이나 주걱모양의 꽃잎이 윤판(輪板)처럼 생긴 데서 유래한 것으로 추정한다.[60]

속명 *Disporum*은 그리스어 *dis*(둘)와 *sproa*(종자)의 합성어로, 씨방의 각 실에 2개의 밑씨가 있는 것에서 유래했으며 애기나리속을 일컫는다. 종소명 *sessile*는 '자루가 없는, 대가 없는'이라 는 뜻이다.

다른이름 대애기나리(정태현 외, 1937), 윤판나물(정태현 외, 1942)[61]

---

56 북한에서는 *C. keiskei*를 '은방울꽃'으로, *C. majalis*를 '향낭방울꽃'으로 하여 별도 분류하고 있다. 이에 대해서는 리용 재 외(2011), p.104 참조.

57 이러한 견해로 이우철(2005), p.427 참조.

58 『조선식물명집』(1949)은 *D. sessile*를 '대애기나리'로, *D. sessile* var. *lutiflora*를 '윤판나물'로 기록했다.

59 이러한 견해로 *The Genera of Vascular Plants of Korea*(2007), p.1310 참조.

60 권순경(2020.4.29.)은 지리산 주변에서는 귀틀집을 윤판집이라고 부르는데 잎이 윤판집의 지붕을 닮았다 하여 윤판나물 이라고 부르게 되었다는 이야기를 소개하고 있다. 한편 『한국의 민속식물』(2017), p.1052에 따르면 윤판나물은 지방명으 로 '활장개비(충북/경기), 활장가리/활장가리/화짱개비(경기)'라고 불리기도 한다.

61 『조선식물명휘』(1922)는 '淡竹花'를 기록했으며 『토명대조선만식물자휘』(1932)는 '[寶鐸草]보탁초, 黃囊花'를 기록했다.

중국명 宝铎草(bao duo cao) 및 일본명 ハウチヤクサウ(寶鐸草)는 꽃의 모양이 법당이나 불탑의 네 귀에 다는 커다란 풍경(風磬)인 보탁(寶鐸)을 닮았다는 뜻에서 붙여졌다.

참고 [북한명] 대애기나리 [유사어] 백미순(白尾芛), 담죽화(淡竹花), 보탁초(寶鐸草)

Disporum smilacinum *A. Gray* チゴユリ
Aegi-nari 애기나리

애기나리〈*Disporum smilacinum* A.Gray(1854)〉

애기나리라는 이름은 '애기'와 '나리'의 합성어로, 식물체가 작고 나리를 닮은 식물이라는 뜻에서 붙여졌다.[62] 『조선식물향명집』에서 신칭한 이름으로[63] 일본명 *チゴユリ*에서 *チゴ*(아기)의 영향을 받아 어두(語頭)에 '애기'를 추가해 만든 것으로 보인다. 예부터 사용하던 고유 명칭은 발견되지 않는다.

속명 *Disporum*은 그리스어 *dis*(둘)와 *sproa*(종자)의 합성어로, 씨방의 각 실에 2개의 밑씨가 있는 것에서 유래했으며 애기나리속을 일컫는다. 종소명 *smilacinum*은 'Smilax(청미래덩굴속)의'라는 뜻으로 열매가 청미래덩굴속 식물과 닮은 것에서 유래했다.

다른이름 흰애기나리(임록재 외, 1972), 가지애기나리(안학수 외, 1982)

중국/일본명 중국명 山东万寿竹(shan dong wan shou zhu)는 산둥(山東) 지역에 자라는 만수죽(萬壽竹: 애기나리속의 중국명)이라는 뜻으로, 예로부터 땅속줄기를 석죽근(石竹根)이라 하여 약재로 사용했다. 일본명 *チゴユリ*(稚児百合)는 아기를 닮은 백합(百合)이라는 뜻이다.

참고 [북한명] 애기나리 [유사어] 보주초(寶珠草), 석죽근(石竹根)

○ Disporum viridescens *Nakai* オホチゴユリ
Kŭn-aegi-nari 큰애기나리

큰애기나리〈*Disporum viridescens* (Maxim.) Nakai(1911)〉

큰애기나리라는 이름은 『조선식물향명집』에서 신칭한 것으로,[64] 애기나리를 닮았으나 애기나리에 비해 식물체가 크다는 뜻에서 붙여졌다.[65]

속명 *Disporum*은 그리스어 *dis*(둘)와 *sproa*(종자)의 합성어로, 씨방의 각 실에 2개의 밑씨가

---

62 이러한 견해로 이우철(2005), p.381과 권순경(2019.7.24.) 참조.
63 이에 대해서는 『조선식물향명집』, 색인 p.42 참조.
64 이에 대해서는 위의 책, 색인 p.47 참조.
65 이러한 견해로 이우철(2005), p.538 참조.

있는 것에서 유래했으며 애기나리속을 일컫는다. 종소명 *viridescens*는 '연한 녹색의'라는 뜻으로 꽃의 색깔에서 유래한 것으로 보인다.

다른이름 중애기나리(박만규, 1949), 가지애기나리(안학수·이춘녕, 1963)

중국/일본명 중국명 宝珠草(bao zhu cao)는 탑이나 석등롱(石燈籠)[66]의 꼭대기를 장식하는 보주(寶珠) 같은 꽃이 피는 식물이라는 뜻이다. 일본명 オホチゴユリ(大稚児百合)는 애기나리에 비해 식물체가 크다는 뜻에서 붙여졌다.

참고 [북한명] 큰애기나리 [유사어] 보주초(寶珠草), 석죽근(石竹根)

Erythronium japonicum *Makino* カタクリ
Ólneji 얼네지(가재무릇)

얼레지〈*Erythronium japonicum* Decne.(1854)〉

얼레지라는 이름은 잎의 표면에 있는 자주색 무늬가 얼룩덜룩하게 보이는 것에서 유래했다.[67] 얼레지(얼네지 또는 얼너지)라는 이름으로 문헌에 기록된 것은 발견되지 않으나, 현재의 얼룩말에 해당하는 표현으로 '얼럭물'(몽어유해, 1768), '얼네말'(몽유편, 1810), '얼네물'(한불자전, 1880), '얼넉말'(자전석요, 1909)이 있는 것으로 보아 '얼레'(얼네 또는 얼너)는 현재의 '얼룩'을 뜻하는 말로 이해된다. 꽃잎이 얼레빗과 닮았다는 설도 있는데, 얼레빗의 얼레는 '얼에'에서 왔기에 '얼네지'의 '얼네'와는 어원이 다르다.[68] 가재무릇(가제무릇)이라는 다른이름도 있는데, 잎에 가재(石蟹)와 같은 얼룩무늬가 있는 무릇이라는 뜻에서 유래한 것으로 얼레지와 그 의미가 서로 통한다. 『조선식물향명집』은 전통 명칭 '얼네지'로 기록했으나 『조선식물명집』에서 맞춤법의 변경에 따라 '얼레지'로 개칭해 현재에 이르고 있다.

속명 *Erythronium*은 그리스어 *erythros*(붉은색)에 기원을 두고 있는데, 붉은색 꽃이 피는 식물이라는 뜻으로 얼레지속을 일컫는다. 종소명 *japonicum*은 '일본의'라는 뜻으로 발견지를 나타

---

66 대문(大門) 밖이나 처마 끝에 달아두고 밤이면 켜는 유리등(琉璃燈) 또는 무덤 앞에 세우는 석물(石物)의 한 종류를 말한다.

67 이러한 견해로 허북구·박석근(2008a), p.155; 한태호 외(2006), p.158; 권순경(204.3.19.) 참조. 한편 한태호 외는 피부병의 일종인 어루러기가 얼레지로 변화했을 가능성이 크다고 기술하고 있으나, 어루러기가 얼레지로 직접 변화된 문헌의 기록은 발견되지 않아 그 타당성은 의문스럽다.

68 얼레빗에 대해 『구급간이방언해』(1489)는 '얼에빗, 梳'를 기록했으며 『번역박통사』(1517)는 '얼에빗, 櫛'을, 『역어유해』(1690)는 '얼에빗, 梳'를 기록했다.

낸다.

다른이름 가제무룻/얼너지(정태현 외, 1936), 기재무릇/얼네지(정태현 외, 1937), 가제무릇(정태현 외, 1942), 얼레기/가제무룻(도봉섭 외, 1957)[69]

중국/일본명 중국명 猪牙花(zhu ya hua)는 멧돼지의 어금니를 닮은 꽃이라는 뜻으로, 뾰족한 꽃봉오리의 모양을 멧돼지의 어금니에 비유한 것이다. 일본명 カタクリ는 녹말(片栗粉)을 생산하는 식물이라는 뜻에서 유래했다는 견해와 옛이름 カタカゴ에서 유래한 말로 기울어진(かたむ) 바구니 모양(籠狀, かごじょう)의 꽃이라는 뜻에서 유래했다는 견해 등이 대립하고 있다.

참고 [북한명] 얼레지 [유사어] 차전엽산자고(車前葉山慈姑) [지방명] 얼러주/얼러지/얼레주/엘게지/참물고지(강원), 얼러지(경기), 비단새(경남), 임금님나물(전남), 마뇽(전북), 얼러주/얼러지/얼레주(충북), 얼러지(평안)

Gagea lutea *Ker-Gawler* キバナアマナ
Jungue-murut 종의무릇

종의무릇⟨*Gagea nakaiana* Kitag.(1939)⟩[70]

중의무릇이라는 이름은 『조선식물향명집』에서 처음 발견되는데, 무릇과 땅속 비늘줄기의 모양이 유사한 데서 유래했다. 중의무릇의 '중'은 승려를 낮추어 부르는 말로, 중의무릇은 산속에 사는 무릇 또는 무릇보다 쓰임새가 못하다는 뜻으로 추정한다. 이와 달리 일본의 산자고(甘菜)처럼 오신채(五辛菜)에 해당하지 않아 사찰에서도 먹을 수 있다는 뜻에서 생겨난 이름이라는 견해가 있다.[71] 그러나 중의무릇이라는 이름을 기록한 당시의 문헌[72]이나 현재에도 비늘줄기를 식용하는 것에 대한 기록은 발견되지 않고, 독성이 강하여 사망에 이르게도 하여 식용이 어려운 점에 비추어볼 때[73] 그 타당성은 의심스러

69 『조선의 구황식물』(1919)은 '얼네지, 가제무릇, 片栗, 車前葉山慈姑'를 기록했으며 『조선식물명휘』(1922)는 '車前葉山慈姑, 얼네지, 가제무릇(救)'을, 『선명대화명지부』(1934)는 '가제무릇, 얼네지'를, 『조선의산과와산채』(1935)는 '片栗, 가제무릇'을 기록했다.

70 '국가표준식물목록'(2018)은 중의무릇의 학명을 *Gagea lutea* (L.) KerGawl.(1809)로 기재하고 있다. 그러나 이는 유럽에 분포하는 *Gagea*속 종에 대한 학명이고, 동아시아에 분포하는 중의무릇은 이와는 별도의 종으로 본문의 학명을 사용한다. 『장진성 식물목록』(2014), '세계식물목록'(2018) 및 '중국식물지'(2018)는 본문의 학명을 정명으로 기재하고 있다.

71 이에 대해서는 김종원(2016), p.562; 이채능(2014), p.85; 권순경(2018.7.3.) 참조.

72 이에 대해서는 『조선의 구황식물』(1919), 『조선식물명휘』(1922) 및 『구황식물과 그 식용법』(1944) 참조.

73 이에 대해서는 『신화본초강요』(1990) 중 '顶冰花' 부분 참조.

다. 한편 19세기 초에 서유구가 저술한 『행포지』에는 중의무릇과 어형(語形)이 유사한 것으로 보리의 한 품종인 '중보리(僧麰)'가 기록돼 있는데, 이 점을 고려하면 중의무릇은 민간에서 실제 사용한 이름을 채록한 것으로 보인다.[74]

속명 *Gagea*는 영국 식물학자 Thomas Gage(1781~1820)의 이름에서 유래했으며 중의무릇속을 일컫는다. 종소명 *nakaiana*는 일본 식물학자 나카이 다케노신(中井猛之進, 1882~1952)의 이름에서 유래했다.

다른이름 중무릇/조선중무릇(박만규, 1949), 반도중무릇(안학수·이춘녕, 1963), 참중의무릇(정태현, 1970), 조선중의무릇(임록재 외, 1972), 애기물구지(김현삼 외, 1988), 누런애기물구지(리용재 외, 2011)

중국/일본명 중국명 顶冰花(ding bing hua)는 이 식물이 북방계 식물로서 얼음과 눈이 있는 땅에서도 싹을 틔울 수 있기 때문에, 정수리에 얼음을 이고 서리를 맞으면서도 피는 꽃이라는 뜻이다. 일본명 キバナアマナ(黃花甘菜)는 노란색 꽃이 피는 산자고(アマナ)라는 뜻이다.

참고 [북한명]누런애기물구지/애기물구지[75]

Gagea nipponensis *Makino* ヒメアマナ
Aegi-juṅgúe-murút 애기중의무릇

애기중의무릇〈*Gagea hiensis* Pascher(1904)〉

애기중의무릇이라는 이름은 식물체가 작은 중의무릇이라는 뜻이다.[76] 『조선식물향명집』에서 '중의무릇'을 기본으로 하고 식물의 형태적 특징을 나타내는 '애기'를 추가해 신칭했다.[77]

속명 *Gagea*는 영국 식물학자 Thomas Gage(1781~1820)의 이름에서 유래했으며 중의무릇속을 일컫는다. 종소명 *hiensis*는 지명으로 보이나 어느 지역인지는 확인되지 않고 있다.

다른이름 애기중무릇(박만규, 1949), 작은애기물구지(김현삼 외, 1988)

중국/일본명 중국명 小顶冰花(xiao ding bing hua)는 크기가 작은 정빙화(頂氷花: 중의무릇의 중국명)라는 뜻이다. 일본명 ヒメアマナ(姬甘菜)는 어린 소녀처럼 가녀린 산자고(アマナ)라는 뜻이다.

참고 [북한명] 작은애기물구지

---

74 『조선식물향명집』, 색인 p.46은 '중의무릇'을 신칭하지 않은 이름으로 기록하고 있다.
75 북한에서는 G. lutea를 '누런애기물구지'로, G. nakaiana를 '애기물구지'로 하여 별도 분류하고 있다. 이에 대해서는 리용재 외(2011), p.159 참조.
76 이러한 견해로 이우철(2005), p.389 참조. 한편 이우철은 애기중의무릇이 일본명에서 유래했다고 하지만, 일본명은 어린 산자고라는 뜻이므로 그 뜻이 동일하지는 않다.
77 이에 대해서는 『조선식물향명집』, 색인 p.43 참조.

Heloniopsis japonica *Maximowicz* シロバナシヤウジヤウバカマ
Chŏnyŏ-chima 처녀치마

처녀치마〈*Heloniopsis koreana* Fuse, N.S.Lee & M.N.Tamura(2004)〉

처녀치마라는 이름은 『조선식물향명집』에서 최초로 기록한 것으로 보이는데, 이른 봄에 잎이 사방으로 펼쳐진 상태에서 꽃을 피우는 모습을 처녀의 치마에 비유해 붙여졌다.[78] 한편 『조선식물향명집』의 저자들이 처녀치마의 일본명 ショウジョウバカマ(猩々袴)를 비슷한 ショジョバカマ(処女袴)로 오인한 것에서 처녀치마라는 이름이 유래했다고 보는 견해가 있다.[79] 일본식 남성용 홑바지인 하카마(ハカマ)가 우리의 치마와 유사한 점에 비추어 일본명에서 어느 정도 영향을 받은 것으로 보이지만, 전설 속 동물인 성성이의 옛 표기인 샤우쟈우(シャウジャウ)는 처녀를 뜻하는 일본어 쇼죠(ショジョ)와 발음상 차이가 있고,[80] 일본어에 능통했던 『조선식물향명집』 저자들이 그러한 오해를 했다는 것은 설득력이 없다. 따라서 처녀치마의 '처녀'는 일본어와는 관련이 없고, 『조선식물향명집』에 기록된 '처녀이끼', '처녀고사리' 및 '처녀바디'와 마찬가지로 당시 조선인이 사용하던 일상 언어를 표현한 것으로 이해된다.

속명 *Heloniopsis*는 속명인 *Helonias*와 opsis(비슷한)의 합성어로, *Helonias*속 식물과 유사하다는 뜻이며 처녀치마속을 일컫는다. 종소명 *koreana*는 '한국의'라는 뜻으로 원산지를 나타낸다.

다른이름 치맛자락풀(안학수·이춘녕, 1963), 치마풀(리종오, 1964)

중국/일본명 중국에는 처녀치마와 동일한 종은 존재하지 않으나, 같은 속의 *H. umbellata*가 타이완 지역 고지의 습한 바위에 자생하는데 참깨를 닮은 풀이라는 뜻의 胡麻花(hu ma hua)라고 부른다. 일본명 シロバナシヤウジヤウバカマ(白花猩々袴)는 흰 꽃이 피는, 성성이(전설 속 동물)의 홑바지를 닮은 식물이라는 뜻이다.

참고 [북한명] 치마풀

---

78 이러한 견해로 이우철(2005), p.512와 이유미(2010), p.197 참조.

79 이러한 견해로 권순경(2014.7.2.) 참조. 허북구·박석근(2008a), p.194도 '일본 이름인 처녀하카마(일본식 치마)를 차용하여 명명'했다고 추정하는 점에서 이러한 견해를 따르는 것으로 보인다.

80 『조선식물명휘』(1922)와 『조선식물향명집』(1937)은 처녀치마의 일본명을 'シロバナシヤウジヤウバカマ'로 표기하고 있다.

Hemerocallis aurantiaca *Baker*　クワンザウ(ワスレグサ)
Wònchuri　원추리(넘나물)

원추리(백운산원추리)〈*Hemerocallis hakuunensis* Nakai(1943)〉[81]

원추리라는 이름은 한자명 '萱草'(훤초)에서 유래한 것으로, 훤 초를 발음하는 과정에서 원초 또는 원초리로 되었다가 원추리 로 변화, 정착되었다.[82] 중국 고사에 따르면 萱草(훤초)의 옛이 름은 諼草(훤초)로서 시름(걱정)을 잊으려고 심는 풀이라는 뜻 이 있다. 한편 『훈몽자회』는 '萱'(훤)을 '넘ᄂᆞ물'로 풀이하고 있 는데, 넘ᄂᆞ물의 '넘'이 '남'(他)에서 유래한 것이라는 견해가 있 다.[83] 그러나 남(他)의 옛말은 'ᄂᆞᆷ'(용비어천가, 1447)으로 넘ᄂᆞ물 의 '넘'과 표기가 달라 타당하지 않은 주장으로 보인다. 넓다 의 옛말이 '넙'이고 『산림경제』는 넓다는 의미의 '廣菜'(광채) 를 기록한 점에 비추어, 식용하는 잎이 넓다는 뜻에서 유래했 을 것으로 추정한다.[84] 원추리를 지칭하는 한자어 황화채(黃花

菜)는 노란색 꽃이 피고 나물로 식용한 것에서 유래했으며, 망우초(忘憂草)는 시름을 잊게 하는 풀 이라는 뜻에서, 의남초(宜男草)는 임신부가 이 식물의 꽃다발을 차고 다니면 아들을 낳는다는 뜻 에서 유래했다.

속명 *Hemerocallis*는 그리스어 *hemera*(하루)와 *callos*(아름다움)의 합성어로, 꽃이 피고 하루 만에 시드는 속성에서 유래했으며 원추리속을 일컫는다. 종소명 *hakuunensis*는 '전남 백운산의' 라는 뜻으로 발견지를 나타낸다.

81　백운산원추리〈*Hemerocallis hakuunensis* Nakai(1943)〉는 나카이 다케노신(T. Nakai)이 1943년 최초 채집하여 학명 을 부여했고 국명은 정명기 외(1994)에서 명명되었다. 반면에 '국가표준식물목록'(2018)은 원추리의 학명을 *Hemerocallis fulva* (L.) L.(1762)로 기재하고 있는데, 이는 『조선식물향명집』에 최초 '가지원추리'로, 『조선식물명집』(1949)에 '왕원추 리'로 기록되었으나, 『대한식물도감』(1980)에 '원추리'로 기록되어 현재에 이르고 있다. 한편 *Hemerocallis fulva* (L.) L.(1762)은 '중국식물지'(2018)에 따를 경우 국내에 자생하지 않고 재배식물이므로 이를 자생종 원추리의 학명으로 보 기 어렵다. 또한 『조선식물향명집』에 기록된 원추리의 학명 *Hemerocallis aurantiaca* Baker(1980)에 대해 '세계식 물목록'(2018)과 '중국식물지'(2018)는 *Hemerocallis fulva* var. *aurantiaca* (Baker) M. Hotta(1986)의 이명(synonym) 으로 처리했고, 해당 종은 중국 원산으로 국내에 분포하지 않는다. 백운산원추리가 한반도에서 가장 분포가 넓은 일반 종으로 '원추리'라고 흔히 일컫는 종이며 한국 특산식물이므로 국명 '원추리'의 학명은 *Hemerocallis hakuunensis* Nakai(1943)로 정리할 필요가 있다[이러한 견해로 황용·김무열(2012) 참조]. 이 책에서는 이에 따라 국명과 학명을 정리했다.

82　이러한 견해로 허북구·박석근(2008a), p.200; 이유미(2010), p.393; 한태호 외(2006), p.168; 손병태(1996), p.66; 김경희 외 (2014), p.155; 김종원(2016), p.551 참조.

83　이러한 견해로 김양진(2011), p.78과 김종원(2016), p.551 참조.

84　이러한 견해로 손병태(1996), p.66 참조. 손병태에 의하면, 경북 방언(동남 방언)에서 원추리는 잎이 넓은 것을, 놀구서리(또 는 놀구새)는 잎이 좁고 작은 것을 부르는 명칭이라고 한다.

다른이름　원추리(정태현 외, 1936), 넘나물(정태현 외, 1937), 들원추리(박만규, 1949), 백운원추리/함양원추리(이창복, 1969b), 황화채(임록재 외, 1972), 백운산원추리(정명기 외, 1994), 귤빛원추리(리용재 외, 2011)

옛이름　萱草/仍叱菜(향약집성방, 1433),[85] 萱草/넘느믈(사성통해, 1517), 萱/넘느믈/鹿葱/黃花菜(훈몽자회, 1527), 萱/넙느믈(신증유합, 1576), 萱草/넙느믈(언해구급방, 1608), 萱草/원추리/넙느믈(동의보감, 1613), 黃花菜/廣菜/넙느믈/萱草/원츄리(산림경제, 1715), 원추리/忘憂草(방언집석, 1778), 萱花/원쵸리곳(한청문감, 1779), 萱草/흰츄리(광재물보, 19세기 초), 萱草/넘나물(몽유편, 1810), 萱草/원쵸리(물명고, 1824), 萱草/훤초/원쥬리/넘나물/黃花菜/황화치(명물기략, 1870), 원추리(한불자전, 1880), 원추리/萱(자전석요, 1909), 원추리/넘나물(조선구전민요집, 1933)[86]

중국/일본명　중국에 H. hakuunensis는 존재하지 않으며 H. fulva(왕원추리)를 萱草(xuan cao)라고 하는데, 『시경』에서 시름을 잊게 하는 풀이라는 뜻의 諼草(훤초)로 표기되었으나 후대에 萱草(훤초)로 정착되었다. 일본명 クワンザウ(萱草)는 한자명 萱草(훤초)를 음독한 것이다.

참고　[북한명] 귤빛원추리/원추리[87] [유사어] 누두과(漏斗果), 록총(鹿葱), 망우초(忘憂草), 의남초(宜男草), 익남초(益男草), 지인삼(地人蔘), 황색채(黃色菜) [지방명] 언추리/얼추리/운추리(경기), 넘나물/귀새/기세/기쌔나물/언처리/언처리나물/언추리나물/얼기써리/은추리/음초리/제비초/제비추리(경남), 근처리/넘나물/놀구서리/산원추리/언처리나물/언추리나물/원처리/원천리/원초리(경북), 연추리/오로리나물/원어리/원처리/제보/지보/추리/춘추리/헌추리/혼처리(전남), 감나무/지부/지자(전북), 가시락쿨/가시락풀/ㄱ스락쿨/ㄱ스락풀/ㄱ시락쿨/과수락/원초리(제주)

○ Hemerocallis coreana *Nakai*　テウセンキスゲ

Golip-wǒnchuri　골잎원추리

골잎원추리〈*Hemerocallis citrina* Baroni(1897)〉[88]

---

85 『향약집성방』(1433)의 차자(借字) '仍叱菜'(잉질채)에 대해 남풍현(1999), p.178과 손병태(1996), p.66은 '넛느믈'의 표기로 보고 있다.

86 『조선한방약료식물조사서』(1917)는 '원추리, 딥나물, 萱草'를 기록했으며 『조선의 구황식물』(1919)은 '원추리'를, 『조선어사전』(1920)은 '원추리, 萱草(훤초), 忘憂草(망우초), 宜男草(의남초), 鹿葱(록총), 넓나물, 廣菜, 黃花菜'를, 『조선식물명휘』(1922)는 '黃花菜, 鹿葱, 원추리, 넘나물(救)'을, Crane(1931)은 '망우초, 忘憂草'를, 『토명대조선만식물자휘』(1932)는 '[萱草]훤초, [諼草]훤초, [鹿葱]록총, [忘憂草]망우초, [宜男草]의남초, [黃花菜]황화치, [廣菜]광치, [원추리], [넙나물], [넘나물]'을, 『선명대화명지부』(1934)는 '원추리, 넘나물'을, 『조선의산과와산채』(1935)는 '萱草, 원추리'를 기록했다.

87 북한에서는 H. aurantica를 '귤빛원추리'로, H. disticha를 '원추리'로 하여 별도 분류하고 있다. 이에 대해서는 리용재 외(2011), p.176 참조.

88 '국가표준식물목록'(2018)은 골잎원추리의 학명을 Hemerocallis coreana Nakai(1932)로 기재하고 있으나, '세계식물목록'(2018), '중국식물지'(2018) 및 『장진성 식물목록』(2014)은 이를 Hemerocallis citrina Baroni(1897)의 이명(synonym)으로 처리하고 있다.

골잎원추리라는 이름은 잎의 표면에 깊은 골이 생기는 원추리라는 뜻에서 붙여졌다.[89]『조선식물
향명집』에서 전통 명칭 '원추리'를 기본으로 하고 식물의 형태적 특징을 나타내는 '골잎'를 추가해
신칭했다.[90]

속명 *Hemerocallis*는 그리스어 *hemera*(하루)와 *callos*(아름다움)의 합성어로, 꽃이 피고 하루
만에 시드는 속성에서 유래했으며 원추리속을 일컫는다. 종소명 *citrina*는 '레몬색의'라는 뜻으로
꽃의 색깔에서 유래했다.

다른이름 골잎넘나물(리종오, 1964), 참원추리(리용재 외, 2011)

중국/일본명 중국명 黃花菜(huang hua cai)는 노란색 꽃이 피는 나물이라는 뜻이다. 일본명 テウセン
キスゲ(朝鮮黃菅)는 한반도에 분포하며 노란색 꽃이 피고 잎이 사초(スゲ)를 닮았다는 뜻에서 붙여
졌다.

참고 [북한명] 참원추리 [유사어] 북황화채(北黃花菜) [지방명] 널나물/늡나물/원추리(함북)

Hemerocallis Dumortieri *Maximowicz*   ヒメクワンザウ
Gagsi-wònchuri   각시원추리

각시원추리〈*Hemerocallis dumortieri* C.Morren(1835)〉

각시원추리라는 이름은 『조선식물향명집』에서 신칭한 것으로,[91] 작고 예쁜 원추리라는 뜻이다.[92]
중국명 및 일본명과 유사한 뜻이다.

속명 *Hemerocallis*는 그리스어 *hemera*(하루)와 *callos*(아름다움)의 합성어로, 꽃이 피고 하루
만에 시드는 속성에서 유래했으며 원추리속을 일컫는다. 종소명 *dumortieri*는 벨기에 식물학자
이자 정치가인 Barthélemy Charles Joseph Dumortier(1797~1878)의 이름에서 유래했다.

다른이름 가지원추리(박만규, 1949), 꽃대원추리(안학수·이춘녕, 1963), 각씨넘나물(리종오, 1964), 각시
넘나물(임록재 외, 1972)[93]

중국/일본명 중국명 小萱草(xiao xuan cao)는 크기가 작은 훤초(萱草: 왕원추리의 중국명)라는 뜻이다.
일본명 ヒメクワンザウ(姬萱草)는 어린 소녀를 연상시키는 원추리(萱草)라는 뜻이다.

참고 [북한명] 각시원추리 [유사어] 훤초(萱草)

---

89 이러한 견해로 이우철(2005), p.79 참조.
90 이에 대해서는 『조선식물향명집』, 색인 p.32 참조.
91 이에 대해서는 위의 책, 색인 p.30 참조.
92 이러한 견해로 이우철(2005), p.36 참조.
93 『조선식물명휘』(1922)는 '원추리'를 기록했으며 『선명대화명지부』(1934)는 '원추리'를 기록했다.

Hemerocallis fulva *Linné* ヤブクワンザウ(エタウチワスレグサ)
Gaji-wŏnchuri 가지원추리 萱草

왕원추리⟨*Hemerocallis fulva* (L.) L.(1762)⟩[94]

왕원추리라는 이름은 꽃과 식물체가 크고(왕) 원추리를 닮았
다는 뜻에서 유래한 것으로 추정한다. 중국 원산으로 예부터
화훼용 재배식물로 식재해왔다. 『조선식물향명집』에서는 전
통 명칭 '원추리'를 기본으로 하고 식물의 형태적 특징을 나타
내는 '가지'를 추가해 '가지원추리'를 신칭했으나,[95] 『조선식물
명집』에서 '왕원추리'로 개칭해 현재에 이르고 있다.

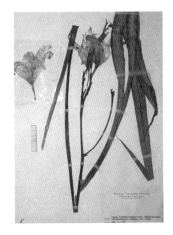

　속명 *Hemerocallis*는 그리스어 *hemera*(하루)와 *callos*(아
름다움)의 합성어로, 꽃이 피고 하루 만에 시드는 속성에서 유
래했으며 원추리속을 일컫는다. 종소명 *fulva*는 '다갈색의'라
는 뜻으로 꽃의 색깔과 연관된 이름이다.

다른이름 　가지원추리(정태현 외, 1937), 겹원추리(안학수·이춘녕,

1963), 왕넘나물(리종오, 1964), 수넘나물(한진건 외, 1982), 큰겹원추리(김현삼 외, 1988), 홑왕원추리(이
영노, 1996), 큰원추리/겹첩넘나물(리용재 외, 2011)[96]

중국/일본명 　중국명 萱草(xuan cao)는 『시경』에 나오는 시름을 잊게 하는 풀이라는 뜻의 諼草(훤초)에
서 유래했는데, 후대에 원추리를 나타내기 위해 고안된 한자인 萱(훤)에 풀을 뜻하는 草(초)가 합쳐
진 萱草로 대체되었다.[97] 일본명 ヤブクワンザウ(藪萱草)는 덤불을 이루는 원추리(萱草)라는 뜻이다.

참고 　[북한명] 큰원추리[98] [지방명] 비추리(경기)

94　'국가표준식물목록'(2018)은 *Hemerocallis fulva* (L.) L.(1762)의 국명을 '원추리'로, 겹꽃이 피는 품종 *Hemerocallis*
　　fulva f. *kwanso* (Regel) Kitam.(1966)의 국명을 '왕원추리'로 기재하고 있어 혼동을 일으킨다. 게다가 '국가생물종지
　　식정보시스템'(2018)은 '세계식물목록'(2018)과 '중국식물지'(2018)에서 이명(synonym) 처리된 *Hemerocallis fulva* var.
　　longituba (Miq.) Maxim.(1885)에 대해 '홑왕원추리'라는 국명을 부여하여 더욱 혼동된다. 홑꽃이 피는 *Hemerocallis*
　　fulva (L.) L.(1762)이 원종이고 『조선식물향명집』과 『조선식물명집』(1949)은 *H. fulva*를 '가지원추리' 및 '왕원추리'라고
　　했으므로 이에 대한 국명을 '왕원추리'로, 겹꽃이 피는 품종 *Hemerocallis fulva* f. *kwanso* (Regel) Kitam.(1966)의 국
　　명을 '겹왕원추리'로 하는 것이 보다 타당해 보인다. 이에 대한 보다 자세한 내용은 황용·김무열(2012) 참조.
95　이에 대해서는 『조선식물향명집』, 색인 p.30 참조.
96　『조선식물명휘』(1922)는 '忘憂, 萱草'를 기록했다.
97　'중국식물지'(2018)는 홑꽃이 피는 종의 학명을 *Hemerocallis fulva* L.(1762)로 하여 그에 대한 중국명을 원종의 의미인
　　萱草(xuan cao)로 하고, 겹꽃이 피는 종의 학명을 *Hemerocallis fulva* var. *kwanso* Regel(1866)로 하여 변종 처리하고
　　그 중국명을 長瓣萱草(chang ban xuan cao)로 하고 있다.
98　북한에서는 *H. fulva*에 대한 국명을 '큰원추리'로 하고, 겹꽃이 피는 종을 별도 분류하고 있지 않다. 이에 대해서는 리용
　　재 외(2011), p.176 참조.

○ Hemerocallis Middendorffii *Trautvetter et Meyer*　エゾノゼンテイクワ
Kún-wónchuri　큰원추리

큰원추리〈*Hemerocallis middendorffii* Trautv. & C.A.Mey.(1856)〉

큰원추리라는 이름은 식물체와 꽃이 큰 원추리라는 뜻이다.[99] 『조선식물향명집』에서 전통 명칭 '원추리'를 기본으로 하고 식물의 형태적 특징을 나타내는 '큰'을 추가해 신칭했다.[100]

속명 *Hemerocallis*는 그리스어 *hemera*(하루)와 *callos*(아름다움)의 합성어로, 꽃이 피고 하루 만에 시드는 속성에서 유래했으며 원추리속을 일컫는다. 종소명 *middendorffii*는 러시아 생물학자 Alexander Theodor von Middendorff(1815~1894)의 이름에서 유래했다.

다른이름　원추리(정태현 외, 1936), 겹원추리(박만규, 1949), 금원추리(안학수·이춘녕, 1963), 겹넘나물 (리종오, 1964), 큰원추리(임록재 외, 1996)[101]

중국/일본명　중국명 大苞萱草(da bao xuan cao)는 포가 큰 원추리라는 뜻이다. 일본명 エゾノゼンテイ クワ(蝦夷ノ禪庭花)는 에조(蝦夷: 홋카이도의 옛 지명)에 분포하는 선정화(禪庭花: 원추리의 일본명)라는 뜻이다.

참고　[북한명] 겹원추리 [유사어] 훤초(萱草)

Hemerocallis minor *Miller*　ユフスゲ(キスゲ)
Aegi-wónchuri　애기원추리

애기원추리〈*Hemerocallis minor* Mill.(1768)〉

애기원추리라는 이름은 식물체가 작은(아기) 원추리라는 뜻이다.[102] 『조선식물향명집』에서 전통 명 칭 '원추리'를 기본으로 하고 식물의 형태적 특징을 나타내는 '애기'를 추가해 신칭했다.[103]

속명 *Hemerocallis*는 그리스어 *hemera*(하루)와 *callos*(아름다움)의 합성어로, 꽃이 피고 하루 만에 시드는 속성에서 유래했으며 원추리속을 일컫는다. 종소명 *minor*는 '보다 작은, 낮은'이라 는 뜻으로 식물체가 왜성인 것에서 유래했다.

다른이름　제대쇠고리(정태현 외, 1936), 원추리(정태현 외, 1942), 참칼원추리(박만규, 1949), 애기넘나물

99　이러한 견해로 이우철(2005), p.540 참조.
100　이에 대해서는 『조선식물향명집』, 색인 p.47 참조.
101　『조선식물명휘』(1922)는 '金萱, 黃花'를 기록했으며 『토명대조선만식물자휘』(1932)는 '[金萱草]금훤초, [金萱花]금훤화'를 기록했다.
102　이러한 견해로 이우철(2005), p.388 참조.
103　이에 대해서는 『조선식물향명집』, 색인 p.43 참조.

(리종오, 1964)[104]

중국명 小黃花菜(xiao huang hua cai)는 크기가 자은 황화채(黃花菜: 노란색 꽃이 피는 나물이라는 뜻으로 골잎원추리의 중국명)라는 뜻이다. 일본명 ユフスゲ(夕萱)는 저녁(夕) 무렵에 꽃이 피는 원추리(萱)라는 뜻이다.

참고 [북한명] 애기원추리 [유사어] 훤초(萱草)

Hosta japonica *Asch. et Graebn.* var. coerulea *Makino*   ギバウシ
San-ogjamhwa   산옥잠화

산옥잠화⟨*Hosta longissima* F.Maek.(1937)⟩[105]

산옥잠화라는 이름은 산에서 나는 야생 옥잠화라는 뜻이다.[106] 『조선식물향명집』에서 전통 명칭 '옥잠화'를 기본으로 하고 식물의 산지(産地)를 나타내는 '산'를 추가해 신칭했다.[107]

속명 *Hosta*는 오스트리아 의사 Nicholaus Thomas Host(1761~1834)의 이름에서 유래했으며 비비추속을 일컫는다. 종소명 *longissima*는 *longus*(긴)와 *-ssimum*(최상급)의 합성어로 '매우 긴'이란 뜻이다.

다른이름 주걱옥잠화(안학수·이춘녕, 1963), 물비비추(임록재 외, 1972), 금산비비추/봉화비비추(정영철, 1985)

중국/일본명 중국에는 분포하지 않는 식물이다. 일본명 ギバウシ(擬宝珠)는 꽃의 모양이 탑이나 석등롱(石燈籠: 대문 밖이나 처마 끝에 달아 켜는 유리등 또는 무덤 앞의 돌조각상)에 다는 보주(寶珠)를 닮았다는 뜻에서 붙여졌다.

참고 [북한명] 물비비추

Hosta japonica *Thunb.* var. lancifolia *Nakai*   ヘラギバウシ
Jugòg-bibichu   주걱비비추

주걱비비추⟨*Hosta clausa* Nakai(1930)⟩

---

104 『조선식물명휘』(1922)는 '萱, 蘐, 忘憂草, 원추리'를 기록했으며 『선명대화명지부』(1934)는 '원추리'를 기록했다.

105 '국가표준식물목록'(2018)은 산옥잠화의 학명을 *Hosta longissima* Honda(1935)로 기재하고 있으나, 학명 기재 원문인 일본 식물학 잡지 *Botanical Magazine*(Tokyo)에서 Honda가 부여한 학명은 *Hosta lancifolia* var. *longifolia* (Honda) Honda(1935)이고 이 학명은 현재 *Hosta longissima* F. Maek.(1937)의 이명(synonym)으로 처리되어 있으므로 학명을 본문과 같이 정리하기로 한다. 『장진성 식물목록』(2014)은 이 학명을 별도 기재하지 않고 있으므로 주의를 요한다.

106 이러한 견해로 이우철(2005), p.315 참조.

107 이에 대해서는 『조선식물향명집』, 색인 p.40 참조.

주걱비비추라는 이름은 잎이 주걱모양인 비비추라는 뜻이다.[108]『조선식물향명집』에서 전통 명칭 '비비추'를 기본으로 하고 식물의 형태적 특징을 나타내는 '주걱'을 추가해 신칭했다.[109]

속명 *Hosta*는 오스트리아 의사 Nicholaus Thomas Host(1761~1834)의 이름에서 유래했으며 비비추속을 일컫는다. 종소명 *clausa*는 '폐쇄된'이라는 뜻이다.

다른이름 미역취(정태현 외, 1942), 꽃비비추(박만규, 1949), 참비비추(정태현, 1956), 물비비추(도봉섭 외, 1957), 자주비비추(안학수·이춘녕, 1963), 참꽃비비추(리용재 외, 2011)

중국/일본명 중국명 东北玉簪(dong bei yu zan)은 둥베이(東北) 지방에 분포하는 옥잠(玉簪)이라는 뜻이다. 일본명 ヘラギバウシ(篦擬宝珠)는 잎이 주걱모양인 비비추 종류(ギバウシ)라는 뜻이다.

참고 [북한명] 참꽃비비추/꽃비비추[110] [지방명] 비비추(강원)

Hosta longipes *Nakai*　イハギバウシ
Bibichu　비비추

비비추〈*Hosta longipes* (Franch. & Sav.) Matsum.(1894)〉[111]

비비추라는 이름은 '비비'와 '추'의 합성어로, '비비'는 잎의 모양이 비비 꼬이듯이 뒤틀려 있다는 뜻으로 새싹이 돋아날 때 말려 올라오는 모습에서, '추'(취)는 먹는 나물이라는 뜻에서 유래한 것으로 추정한다.[112]『조선식물향명집』은 '비비추'를, 19세기에 저술된『물명고』는 '비비취'를 기록했다. 한편 식물에 있는 독성을 제거하기 위해 거품이 나오도록 비벼서 씻는 데서 유래한 이름으로 보는 견해가 있다.[113] 그러나 삶거나 데치는 것으로도 독성을 제거할 수 있기 때문에 비벼서 씻는 방법으로만 식용한 것은 아니므로[114] 타당하지 않은 주장으로 보인다.

---

108 이러한 견해로 이우철(2005), p.482와 김병기(2013), p.555 참조.

109 이에 대해서는『조선식물향명집』, 색인 p.46 참조.

110 북한에서는 *H. clausa*를 '참꽃비비추'로, *H. clausa* var. *normalis*를 '꽃비비추'로 하여 별도 분류하고 있다. 이에 대해서는 리용재 외(2011) p.180 참조.

111 '국가표준식물목록'(2018)은 비비추의 학명을 *Hosta longipes* (Franch. & Sav.) Matsum.(1894)으로 기재하고 있고 '세계식물목록'(2018)에도 승인된 학명으로 기재되어 있으나,『장진성 식물목록』(2014)과 '중국식물지'(2018)는 이 학명을 별도 기재하지 않고 있으므로 주의를 요한다.

112 이러한 견해로 김병기(2013), p.555 참조.

113 이러한 견해로 허북구·박석근(2008a), p.120과 한태호 외(2006), p.124 참조.

114 『조선산야생식용식물』(1942), p.89는 비비추의 식용법에 대해 끓는 물에 데쳐서 식용한다는 취지로 기록했다. 또한『한국의 민속식물』(2017), pp.1296-1300은 실제 각 지방에서 비비추 종류를 요리할 때 삶거나 데치는 것으로 조사·기록하고 있다.

속명 *Hosta*는 오스트리아 의사 Nicholaus Thomas Host(1761~1834)의 이름에서 유래했으며 비비추속을 일컫는다. 종소명 *longipes*는 '긴 자루의'라는 뜻이다.

다른이름　니밥취/비뱅초/지부(정태현 외, 1942), 바위비비추(이영노, 1996)

옛이름　紅蕚/비뷔취(광재물보, 19세기 초), 紅蕚/비비취(물명고, 1824)[115]

중국/일본명　중국에서는 이를 별도 분류하지 않고 있다. 일본명 イハギバウシ(岩擬宝珠)는 바위에서 자라는 비비추 종류(ギバウシ)라는 뜻이다.

참고　[북한명] 비비추 [유사어] 옥잠화(玉簪花) [지방명] 비배이/비뱅이/비병추/비병추나물/이밥추/이밥취(강원), 이밥취/지보/지부(경기), 미역초/배뱁추/베베추/이밥초/이밥추/이밥취/저부/주부/주비/주비나물/지부/지부나물/지부자(경남), 베베추/비비치/이밥추/이밥초/이밥취/지부(경북), 옥잠화/재보/제부/제부노물/제비노물/지보/지비철나물(전남), 제보/지보/지부/지비추(전북), 비병초/지보/지부(충남), 비병초/비병추/지보/지부/지부자(충북), 비녀풀(함북)

○ Hosta longipes *Nakai* var. alba *Nakai*　シロバナイハギバウシ
Hin-bibichu　흰비비추

흰비비추〈*Hosta longipes* var. *alba* Nakai(1918)〉[116]

흰비비추라는 이름은 흰색 꽃이 피는 비비추라는 뜻에서 유래했다.[117] 『조선식물향명집』에서는 전통 명칭 '비비추'를 기본으로 하고 식물의 형태적 특징을 나타내는 '흰'을 추가해 '힌비비추'를 신칭했으나,[118] 『대한식물도감』에서 맞춤법에 따라 '흰비비추'로 개칭해 현재에 이르고 있다. 그러나 꽃이 흰색으로 핀다는 것 외에는 비비추와 차이가 없어 별도의 변종으로 분류될 만큼 형질이 고정적인지는 의문스럽다.

속명 *Hosta*는 오스트리아 의사 Nicholaus Thomas Host(1761~1834)의 이름에서 유래했으며 비비추속을 일컫는다. 종소명 *longipes*는 '긴 자루의'라는 뜻이고, 변종명 *alba*는 '흰색의'라는 뜻이다.

다른이름　힌비비추(정태현 외, 1937)

---

115 『조선의 구황식물』(1919)은 '지보'를 기록했다.

116 '국가표준식물목록'(2018)은 흰비비추〈*Hosta longipes* f. *alba* (Nakai) T.B.Lee(1980)〉로 별도 분류하고 있으나, 이 학명은 조류, 균류와 식물에 대한 국제명명규약(ICN)을 위배한 비합법적으로 출판한 이름(invalidly published name)이므로 사용하는 것은 곤란하다. '세계식물목록'(2018)은 *Hosta longipes* var. *alba* Nakai(1918)를 비비추〈*Hosta longipes* (Franch. & Sav.) Matsum.(1894)〉의 이명(synonym)으로 기재하여 별도 분류하지 않고, 『장진성 식물목록』(2014) 역시 이 학명을 기재하지 않고 있으므로 주의를 요한다.

117 이러한 견해로 이우철(2005), p.610 참조.

118 이에 대해서는 『조선식물향명집』, 색인 p.49 참조.

중국에서는 이를 별도 분류하지 않고 있다. 일본명 シロバナイハギバウシ(白花擬宝珠)는
흰색 꽃이 피는 비비추라는 뜻에서 유래했지만, 일본에서도 별도 분류하지 않는 추세이다.

참고 [북한명] 없음[119]

○ Hosta minor *Nakai*   コギバウシ
Jagŭn-bibichu   작은비비추

좀비비추〈*Hosta minor* (Baker) Nakai(1911)〉

좀비비추라는 이름은 식물체가 작은(좀) 비비추라는 뜻에서 유래했다.[120] 『조선식물향명집』에서는
전통 명칭 '비비추'를 기본으로 하고 식물의 형태적 특징을 나타내는 '작은'을 추가해 '작은비비추'
를 신칭했으나,[121] 『조선식물명집』에서 '좀비비추'로 개칭해 현재에 이르고 있다.

속명 *Hosta*는 오스트리아 의사 Nicholaus Thomas Host(1761~1834)의 이름에서 유래했으며
비비추속을 일컫는다. 종소명 *minor*는 '작은'이라는 뜻으로 비비추에 비해 개체가 작다는 뜻이다.

다른이름 작은비비추(정태현 외, 1937), 조선비비추(박만규, 1949)

중국/일본명 '중국식물지'는 이를 별도 기재하지 않고 있다. 일본명 コギバウシ(小擬宝珠)는 식물체가
작은 비비추 종류(ギバウシ)라는 뜻이다.

참고 [북한명] 좀비비추 [유사어] 옥잠화(玉簪花) [지방명] 제비초리/제비추리(경남), 집저/집저나물/
집초(전남)

Hosta plantaginea *Ascherson*   タマノカンザシ   (栽)
Ogjamhwa   옥잠화

옥잠화〈*Hosta plantaginea* (Lam.) Asch.(1863)〉

옥잠화라는 이름은 한자어 옥잠화(玉簪花)에서 유래했는데, 꽃이 피기 전 꽃봉오리의 모습이 옥으
로 만든 비녀를 연상케 한다는 뜻이다.[122] 중국 원산으로 국내에서는 관상용으로 재배하는 식물이
다. 유희의 『물명고』는 "葉如芭蕉而小 花未開時 宛然玉簪"(잎은 파초와 같으나 작다. 꽃이 개화하지 않
았을 때 모습이 완연히 옥비녀와 같다)이라고 하여 그 유래를 기록했다.

속명 *Hosta*는 오스트리아 의사 Nicholaus Thomas Host(1761~1834)의 이름에서 유래했으며

---

119 북한에서는 현재 이를 별도 분류하지 않고 있다. 이에 대해서는 리용재 외(2011), p.180 참조.
120 이러한 견해로 이우철(2005), p.472 참조.
121 이에 대해서는 『조선식물향명집』, 색인 p.45 참조.
122 이러한 견해로 이우철(2005), p.406; 허북구·박석근(2008a), p.161; 한태호 외(2006), p.163 참조.

비비추속을 일컫는다. 종소명 *plantaginea*는 *Plantago*(질경
이속)와 유사하다는 뜻에서 유래했다.

다른이름 비녀옥잠화(박만규, 1949), 둥근옥잠화(안학수 외, 1982)

옛이름 玉簪/옥즘(물보, 1802), 玉簪花/옥잠화/白萼/白鶴仙(물
명고, 1824), 玉簪花/옥즘화(명물기략, 1870)[123]

중국/일본명 중국명 玉簪(yu zan)은 관상용으로 널리 재배되는
식물로 꽃봉오리와 꽃대가 옥으로 만든 비녀를 닮은 것에서
유래했다. 일본명 タマノカンザシ(玉の簪)는 한자명을 훈독한
것이다.

참고 [북한명] 옥잠화 [지방명] 비비추(경기), 지보(충남)

Hosta Sieboldiana *Engler*   タウギバウシ
Gae-ogjamhwa   개옥잠화

큰비비추〈*Hosta sieboldiana* (Hook.) Engl.(1887)〉[124]
큰비비추라는 이름은 자주색 꽃이 피므로 비비추와 닮았고 잎이 넓다(큰)는 뜻에서 유래했다. 『조
선식물향명집』에서는 옥잠화와 유사하다는 뜻에서 '개옥잠화'를 신칭해 기록했으나,[125] 「한국산
비비추속 식물의 분류학적 연구」(정영철, 1985)에서 '큰비비추'로 개칭해 현재에 이르고 있다.

속명 *Hosta*는 오스트리아 의사 Nicholaus Thomas Host(1761~1834)의 이름에서 유래했으
며 비비추속을 일컫는다. 종소명 *sieboldiana*는 독일인 의사로서 일본 식물을 연구한 Philipp
Franz Balthasar von Siebold(1796~1866)의 이름에서 유래했다.

다른이름 개옥잠화(정태현 외, 1937), 주름잎옥잠화(안학수·이춘녕, 1963), 좀옥잠화(임록재 외, 1972),
큰옥잠화(안학수 외, 1982), 큰잎비비추(이창복, 2003)[126]

중국/일본명 '중국식물지'는 이를 별도 기재하지 않고 있다. 일본명 タウギバウシ(唐擬宝珠)는 중국(唐)
에서 전래된 비비추 종류(ギバウシ)라는 뜻이다.

---

123 『조선어사전』(1920)은 '玉簪花(옥즘화)'를 기록했으며 『조선식물명휘』(1922)는 '玉簪花, 紫萼, 지보'를, 『토명대조선만식물자
   휘』(1932)는 '[玉簪花]옥즘화'를, 『선명대화명지부』(1934)는 '지보'를 기록했다.
124 '국가표준식물목록'(2018)은 큰비비추를 한반도에 분포하는 자생종 식물로 기재하고 있다. 그러나 큰비비추는 '세계식물
   목록'(2018)에 기재되어 있고 일본 남부에 분포하는 종이기는 하지만, 국내 자생 여부는 불명확하여 '국가생물종지식정
   보시스템'(2018)과 『장진성 식물목록』(2014)은 이를 별도 기재하지 않고 있으므로 주의를 요한다. 한편 『조선식물도감』
   (1957)은 중국 원산의 재배식물로 기록했다.
125 이에 대해서는 『조선식물향명집』, 색인 p.31 참조.
126 『조선식물명휘』(1922)는 '玉簪'을 기록했다.

참고 [북한명] 좀옥잠화

⊗ Lilium amabile *Palibin* コマユリ
Tòl-juñg-nari 털중나리

털중나리〈*Lilium amabile* Palib.(1901)〉
털중나리라는 이름은 참나리와 땅나리의 중간 크기 나리이고 줄기에 잔털이 밀생(密生)하는 특징이 있어서 붙여졌다.[127] 『조선식물향명집』에서 '중나리'를 기본으로 하고 식물의 형태적 특징을 나타내는 '털'을 추가해 신칭했다.[128]

속명 *Lilium*은 고대 라틴명으로 켈트어의 *li*, 그리스어의 *leirion* 모두 흰색을 뜻하는데 꽃의 색과 관련이 있으며 백합속을 일컫는다. 종소명 *amabile*는 '사랑스러운, 매력적인'이라는 뜻이다.

다른이름 털종나리(한진건 외, 1982)[129]

중국/일본명 중국명 秀麗百合(xiu li bai he)는 빼어나게 아름다운 백합이라는 뜻으로 학명과 연관되어 있다. 일본명 コマユリ(高麗百合)는 조선에서 나는 특산종 백합이라는 뜻인데, 실제로는 중국 랴오닝성(遼寧省)에도 분포한다.

참고 [북한명] 털중나리 [지방명] 백합(충남)

Lilium Brownii *Miellez* ハカタユリ (栽)
Dañg-gae-nari 당개나리

당나리〈*Lilium brownii* F.E.Br. ex Miellez(1841)〉
당나리라는 이름은 중국(唐)에서 전래된 나리라는 뜻에서 유래했다.[130] 『조선식물향명집』은 '당개나리'로 기록했는데 『우리나라 식물자원』에서 '당나리'로 개칭해 현재에 이르고 있다. 약용식물로 널리 재배했던 당나리는 예로부터 흰 꽃을 피운다는 뜻에서 '흰나리'(흰꽃기나리/흰늘이/흰기라리)라는 이름으로 불렀던 것이 확인된다.[131]

127 이러한 견해로 이우철(2005), p.564와 허북구·박석구(2008a), p.202 참조.
128 이에 대해서는 『조선식물향명집』, 색인 p.48 참조.
129 『지리산식물조사보고서』(1915)는 'け-なり'[개나리]를 기록했으며 『조선의 구황식물』(1919)은 '빅합'을, 『조선식물명휘』(1922)는 '빅합(救, 觀賞)'을, 『선명대화명지부』(1934)는 '당개나리, 백합'을 기록했다.
130 이러한 견해로 이우철(2005), p.168 참조.
131 유희의 『물명고』(1824)는 "葉如柳葉吏瀾厚 遍附莖身 根如葫蒜 花如萱花而白色 不白者非也 흰늘이"[잎은 버드나무의 잎과 같아 넓고 두텁고 줄기의 한쪽에 달린다. 뿌리는 호산(葫蒜)과 같다. 꽃은 원추리와 같지만 흰색이고 희지 않은 것은 백합이 아니다. 흰늘이라고 한다]라고 기록했다.

323

속명 *Lilium*은 고대 라틴명으로 켈트어의 *li*, 그리스어의 *leirion* 모두 흰색을 뜻하는데 꽃의 색과 관련이 있으며 백합속을 일컫는다. 종소명 *brownii*는 영국 식물학자 Robert Brown(1773~1858)의 이름에서 유래했다.

다른이름 당개나리(정태현 외, 1937), 어우스트레일백합(윤평섭, 1989), 브라운나리/좀산나리(리용재 외, 2011)

옛이름 白百合(동의보감, 1613), 百合/흰솟기나리(물보, 1802), 百合/백합/흰나리(광재물보, 19세기 초), 百合/흰늘이(물명고, 1824), 百合/흰기라리(박물신서, 19세기), 白花百合/흰솟기나리(단방비요, 1913)[132]

중국/일본명 중국명 野百合(ye bai he)는 중국 남부 지역의 들에서 야생하는 백합이라는 뜻이다. 일본명 ハカタユリ(博多百合)는 중국 원산의 백합 종류로 하카타(博多) 지역에 최초로 전래된 데서 유래했다.

참고 [북한명] 좀산나리 [유사어] 권단(卷丹), 나팔백합, 토종백합

Lilium callosum *Sieb. et Zucc.*　ノヒメユリ
Jagún-juṅg-nari　작은종나리

땅나리〈*Lilium callosum* Siebold & Zucc.(1839)〉

땅나리라는 이름은 꽃이 하늘을 향해 피는 하늘나리에 대응해서 꽃이 땅을 향해 피어나는 것에서 유래했다.[133] 일설에는 키가 작은 데서 유래했다고도 하나, 땅에 붙어서 자랄 만큼 작지는 않으므로 타당성에는 의문이 있다. 『조선식물향명집』에서는 중나리에 비해 식물체가 작다는 뜻에서 '작은중나리'를 신칭했으나,[134] 『조선식물명집』에서 '땅나리'로 개칭해 현재에 이르고 있다.

속명 *Lilium*은 고대 라틴명으로 켈트어의 *li*, 그리스어의 *leirion* 모두 흰색을 뜻하는데 꽃의 색과 관련이 있으며 백합속을 일컫는다. 종소명 *callosum*은 '단단한 피부가 있는, 혹이 있는, 자색 반점이 있는'이라는 뜻이다.

다른이름 작은중나리(정태현 외, 1937), 애기중나리(박만규, 1949)[135]

---

132 『제주도및완도식물조사보고서』(1914)와 『제주도식물』(1930)은 'ナリコット'[나리곳]을 기록했으며 『조선의 구황식물』(1919)은 '빅합, 당기나리, 卷丹'을, 『조선어사전』(1920)은 '卷丹(권단), 당ㅅ개나리, 百合(빅합)'을, 『조선식물명휘』(1922)는 '百合, 野百合, 당기나리, 나리(觀賞, 救)'를, 『토명대조선만식물자휘』(1932)는 '[百合(花)]빅합(화), [蒜腦藷]션뇌져, [개나리]'를, 『선명대화명지부』(1934)는 '나리, 당개나리'를 기록했다.

133 이러한 견해로 허북구·박석근(2008a), p.80; 한태호 외(2006), p.93; 김종원(2016), p.555 참조. 한편 김종원은 『조선식물향명집』에 기록된 '애기중나리'가 선취권이 있으므로 추천명을 애기중나리로 해야 한다고 주장하고 있다. 그러나 『조선식물향명집』에 기록된 국명은 '작은중나리'이며 조류, 균류와 식물에 대한 국제명명규약(ICN)의 선취권은 학명을 대상으로 하는 것일 뿐 국명(common name)에는 적용되지 않으므로 타당하지 않다.

134 이에 대해서는 『조선식물향명집』, 색인 p.45 참조.

135 『조선식물명휘』(1922)는 '빅합'을 기록했으며 『선명대화명지부』(1934)는 '백합'을 기록했다.

중국명 條葉百合(tiao ye bai he)는 잎이 나뭇가지(條)처럼 가는 백합 종류라는 뜻이다. 일본명 ノヒメユリ(野姫百合)는 들에서 자라고 아기 같은 백합이라는 뜻이다.

참고 [북한명] 땅나리

○ Lilium cernum *Komarov* マツバユリ(テフセンホソバユリ)
Sol-nari 솔나리

솔나리〈*Lilium cernuum* Kom.(1901)〉

솔나리라는 이름은 『조선식물향명집』에서 그 이름이 최초로 발견되는데, 소나무(솔)의 잎처럼 가는 잎을 가진 나리라는 뜻에서 유래했다.[136]

속명 *Lilium*은 고대 라틴명으로 켈트어의 *li*, 그리스어의 *leirion* 모두 흰색을 뜻하는데 꽃의 색과 관련이 있으며 백합속을 일컫는다. 종소명 *cernuum*은 '고개 숙인, 앞으로 구부린'이라는 뜻이다.

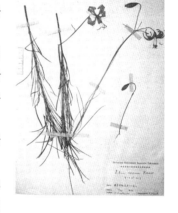

다른이름 흰솔나리(정태현 외, 1937), 검솔잎나리/솔잎나리(박만규, 1949), 흰솔나리(이창복, 1969b), 검은솔나리(이창복, 1980)[137]

중국/일본명 중국명 垂花百合(chui hua bai he)는 꽃이 아래로 드리워지는 백합이라는 뜻으로 학명과 연관되어 있으며, 둥베이(東北) 지방과 한국 등에 분포하는 종으로 일명 송엽백합(松葉百合)이라고도 한다. 일본명 マツバユリ(松葉百合)는 솔잎을 닮은 백합이라는 뜻으로 한자명과 같다.

참고 [북한명] 솔나리

○ Lilium cernum *Kom.* var. candidum *Nakai* シロバナマツバユリ
Hin-sol-nari 흰솔나리

솔나리〈*Lilium cernuum* Kom.(1901)〉

'국가표준식물목록'(2018), 『장진성 식물목록』(2014) 및 '세계식물목록'(2018)은 *Lilium cernuum* var. *candidum* Nakai(1917)를 별도 분류하지 않고 솔나리에 통합하고 있으므로 이 책도 이에

---

136 이러한 견해로 이우철(2005), p.351; 허북구·박석근(2008a), p.136; 한태호 외(2006), p.133; 김종원 (2016), p.557 참조.
137 『조선식물명휘』(1922)는 '빅합, 나리'를 기록했으며 『선명대화명지부』(1934)는 '나리, 백합'을 기록했다.

따른다.

Lilium concolor *Salisbury* var. pulchelum *Elwes*   アカヒメユリ
Hanul-nari   하늘나리

하늘나리〈*Lilium concolor* Salisb.(1806)〉

하늘나리라는 이름은 꽃이 곧추서서 하늘을 보고 핀다는 뜻에서 유래했다.[138] 『조선식물향명집』
은 '하눌나리'로 기록했는데 『조선식물명집』에서 표기법에 맞추어 '하늘나리'로 개칭해 현재에 이
르고 있다. 19세기 초에 저술된 『물보』에 기록된 '山丹/불근개나리'는 붉은색의 나리를 뜻하는데
그것이 하늘나리를 뜻하는지는 분명하지 않으나, 『물명고』는 '山丹/산늘이'를 기록하면서 "一如百
合 而根小莖短葉狹 善生山上. 花紅 亦瓣不四垂 산늘이也"(백합과 비슷하나 뿌리가 작고 줄기는 짧으며
잎은 좁고 산에서 자라기를 좋아한다. 꽃은 붉고 화피는 아래쪽을 향하지 않는다. 산늘이라 한다)라고 하여
하늘나리임을 시사했다.

　　속명 *Lilium*은 고대 라틴명으로 켈트어의 *li*, 그리스어의 *leirion* 모두 흰색을 뜻하는데 꽃의
색과 관련이 있으며 백합속을 일컫는다. 종소명 *concolor*는 '같은 색의'라는 뜻이다.

> **다른이름**　하늘나리(정태현 외, 1937)

> **옛이름**　山丹/블근개나리(물보, 1802), 山丹/산늘이(물명고, 1824)[139]

> **중국/일본명**　중국명 渥丹(wo dan)은 진홍색 꽃이 피는 나리 종류라는 뜻에서 유래했다. 한편 중국명
山丹(shan dan)은 큰솔나리(*Lilium pumilum* Delile)를 일컫는 것이므로 주의가 필요하다. 일본명
アカヒメユリ(赤姬百合)는 붉은색 꽃이 피는 작은 백합 종류라는 뜻이다.

> **참고**　[북한명] 하늘나리

Lilium davuricum *Ker-Gawler*   エゾスカシユリ
Nalgae-hanul-nari   날개하늘나리

날개하늘나리〈*Lilium dauricum* Ker Gawl.(1809)〉[140]

날개하늘나리라는 이름은 하늘나리를 닮았는데 줄기에 좁은 날개가 있다는 뜻에서 유래했다.[141]

---

138 이러한 견해로 이우철(2005), p.582; 허북구·박석근(2008a), p.213; 한태호 외(2006), p.214 참조.
139 『조선의 구황식물』(1919)은 '빅합'을 기록했으며 『조선어사전』(1920)은 '山丹(산단)'을, 『조선식물명휘』(1922)는 '빅합'을,
　　『토명대조선만식물자휘』(1932)는 '[山丹(花)]산단(화)'을, 『선명대화명지부』(1934)는 '백합'을 기록했다.
140 '국가표준식물목록'(2018)과 『장진성 식물목록』(2014)은 날개하늘나리의 학명을 본문과 같이 기재하고 있다. 참고로 '세
　　계식물목록'(2018)은 이를 *Lilium pensylvanicum* Ker Gawl.(1805)의 이명(synonym)으로 기재하고 있다.
141 이러한 견해로 이우철(2005), p.134와 한태호 외(2006), p.81 참조.

『조선식물향명집』에서는 '날개하눌나리'를 신청해 기록했으
나[142] 『조선식물명집』에서 표기법에 맞추어 '날개하늘나리'로
개칭해 현재에 이르고 있다.

속명 *Lilium*은 고대 라틴명으로 켈트어의 *li*, 그리스어의
leirion 모두 흰색을 뜻하는데 꽃의 색과 관련이 있으며 백합
속을 일컫는다. 종소명 *dauricum*은 '다우리아(Dauria) 지방
의'라는 뜻으로 최초 발견지 또는 분포지를 나타낸다.

다른이름 날개하눌나리(정태현 외, 1937)[143]

중국/일본명 중국명 毛百合(mao bai he)는 꽃자루 등에 털이 많
은 백합(百合)이라는 뜻이다. 일본명 エゾスカシユリ(蝦夷透百
合)는 에조(蝦夷: 홋카이도의 옛 지명)에 자라고 꽃덮이가 떨어져
있어 투과된 것처럼 보인다는 뜻에서 붙여졌다.

참고 [북한명] 날개하늘나리

⊗ Lilium distichum *Nakai*   テフセンクルマユリ
Mal-nari 말나리

말나리 〈*Lilium distichum* Nakai ex Kamib.(1916)〉

말나리라는 이름은 『조선식물향명집』에 따른 것으로, 식물명에서 '말'은 꽃이나 식물체 등이 말
처럼 크다는 의미에서 붙여지므로 꽃이 말처럼 큰 나리라는 뜻에서 유래했다.[144] 한국명에서 '말
나리'라는 이름이 들어간 나리 종류는 모두 잎이 돌려나기를 하는 특징이 있다.

속명 *Lilium*은 고대 라틴명으로 켈트어의 *li*, 그리스어의 *leirion* 모두 흰색을 뜻하는데 꽃
의 색과 관련이 있으며 백합속을 일컫는다. 종소명 *distichum*은 '2열의, 2열로 나는'이라는 뜻
이다.

다른이름 왜말나리(리종오, 1964)

옛이름 삭갓ᄂ물/紅百合(물명고, 1824)[145][146]

---

142 이에 대해서는 『조선식물향명집』, 색인 p.33 참조.

143 『조선의 구황식물』(1919)과 『조선식물명휘』(1922)는 '빅합'을 기록했으며 『선명대화명지부』(1934)는 '백합'을 기록했다.

144 이러한 견해로 이우철(2005), p.215; 허북구·박석근(2008a), p.83; 한태호 외(2006), p.100 참조.

145 유희의 『물명고』(1824)는 "有一種 葉環莖腰一層而已者 謂之삭갓ᄂ물"(그중 한 종은 잎이 줄기의 허리 부분에 돌려나고 한 층을 이
   루는데 이를 삭갓ᄂ물이라 한다)이라고 기록했으며, 여기서 삭갓ᄂ물은 현재의 말나리 또는 하늘말나리를 일컫는 것으로 이
   해된다.

146 『선명대화명지부』(1934)는 '상강나물'을 기록했다.

중국명 東北百合(dong bei bai he)는 둥베이(東北) 지방에 분포하는 백합(百合)이라는 뜻으로 지린성, 랴오닝성 및 한국과 러시아 쪽에 분포한다. 일본명 テフセンクルマユリ(朝鮮車百合)는 조선에 분포하고 잎이 돌려나는(車) 백합이라는 뜻이다.

참고 [북한명] 말나리 [지방명] 복지께나물/복직개ㄴ물/복직개노물(제주)

Lilium Hansoni *Leichtt.* タケシマユリ
Sŏm-mal-nari 섬말나리

섬말나리〈*Lilium hansonii* Leichtlin ex D.D.T.Moore(1871)〉

섬말나리라는 이름은 섬(울릉도)에서 자라는 말나리라는 뜻이다.[147] 『조선식물향명집』에서 '말나리'를 기본으로 하고 식물의 산지(産地)를 나타내는 '섬'을 추가해 신칭했다.[148]

속명 *Lilium*은 고대 라틴명으로 켈트어의 *li*, 그리스어의 *leirion* 모두 흰색을 뜻하는데 꽃의 색과 관련이 있으며 백합속을 일컫는다. 종소명 *hansonii*는 덴마크 생물학자 Emil Christian Hansen(1842~1909)의 이름에서 유래한 것으로 추정한다.

다른이름 섬나리(박만규, 1949), 성인봉나리(안학수·이춘녕, 1963)

중국/일본명 중국명 竹叶百合(zhu ye bai he)는 대나무의 잎을 닮은 백합(百合)이라는 뜻이다. 일본명 タケシマユリ(鬱陵百合)는 다케시마(タケシマ: 당시에 일본인이 울릉도를 흔히 부르던 명칭)에서 자라는 백합이라는 뜻이다.

참고 [북한명] 섬말나리 [지방명] 섬나리/참나리(울릉도)

Lilium Maximowiczii *Regel* コオニユリ
Jung-nari 중나리

중나리〈*Lilium leichtlinii* Baker var. *maximowiczii* (Regel) Baker(1871)〉

중나리라는 이름은 참나리에 비해 작고 땅나리(작은중나리)에 비해서는 큰 나리라는 뜻, 즉 중간 정도의 나리라는 뜻에서 유래한 것으로 추정한다. 한편 말나리에 비해 작은 나리라는 뜻에서 중나리라는 이름이 유래한 것으로 보는 견해가 있으나,[149] 말나리와 달리 잎이 어긋나기를 하여 그 형태가 중나리와 같지 않으므로 타당하지 않다.

속명 *Lilium*은 고대 라틴명으로 켈트어의 *li*, 그리스어의 *leirion* 모두 흰색을 뜻하는데 꽃의

---

147 이러한 견해로 이우철(2005), p.339; 한태호 외(2006), p.131; 권순경(2014.9.17.) 참조.
148 이에 대해서는 『조선식물향명집』, 색인 p.41 참조.
149 이러한 견해로 김종원(2016), p.557 참조.

색과 관련이 있으며 백합속을 일컫는다. 종소명 *leichtlinii*는 독일 식물학자 Max Leichtlin(1831~1910)의 이름에서 유래했으며, 변종명 *maximowiczii*는 러시아 식물학자로 동북아 식물을 연구한 Carl Johann Maximowicz(1827~1891)의 이름에서 유래했다.

다른이름 단나리(안학수·이춘녕, 1963)[150]

중국/일본명 중국명 大花卷丹(da hua juan dan)은 큰 꽃이 달리는 권단(卷丹: 참나리의 중국명)이라는 뜻이다. 일본명 コオニユリ(小鬼百合)는 작은 참나리(オニユリ)라는 뜻으로, 중국명이 꽃의 크기를 비교한 것에 비해 일본명은 식물체의 크기를 비교했다.

참고 [북한명] 중나리 [유사어] 동북백합(東北百合)

○ Lilium Miquelianum *Makino* テフセンカサユリ
Usan-mal-nari 우산말나리

하늘말나리〈*Lilium tsingtauense* Gilg(1904)〉

하늘말나리라는 이름은 잎이 돌려나기를 하는 등 말나리와 닮았으나 꽃이 곧추서서 하늘을 향해 피는 나리 종류라는 뜻에서 유래했다.[151] 『조선식물향명집』은 잎이 우산처럼 생겼고 말나리를 닮았다는 뜻에서 '우산말나리'로 기록했으나, 『조선식물명집』에서 '하늘말나리'로 개칭해 현재에 이르고 있다.

　속명 *Lilium*은 고대 라틴명으로 켈트어의 *li*, 그리스어의 *leirion* 모두 흰색을 뜻하는데 꽃의 색과 관련이 있으며 백합속을 일컫는다. 종소명 *tsingtauense*는 중국 '칭다오(Tsingtao)산의'라는 뜻으로 최초 발견지를 나타낸다.

다른이름 당진리(정태현 외, 1936), 우산말나리(정태현 외, 1937), 나리(정태현 외, 1942)

옛이름 삭갓느물/紅百合(물명고, 1824)[152]

중국/일본명 중국명 青島百合(qing dao bai he)는 칭다오(青島)에서 발견된 백합(百合)이라는 뜻이다. 일

---

150 『제주도및완도식물조사보고서』(1914)와 『제주도식물』(1930)은 'ケナリ'[개나리]를 기록했으며 『선명대화명지부』(1934)는 '백합'을 기록했다.

151 이러한 견해로 이우철(2005), p.582; 허북구·박석근(2008a), p.214; 한태호 외(2006), p.215; 김종원(2016), p.557 참조.

152 유희의 『물명고』(1824)는 "有一種 葉環莖腰一層而已者 謂之삭갓느물"(그중 한 종은 잎이 줄기의 허리 부분에 돌려나고 한 층을 이루는데 이를 삭갓느물이라 한다)이라고 기록했으며, 여기서 삭갓느물은 현재의 말나리 또는 하늘말나리를 일컫는 것으로 이해된다.

본명 テフセンカサユリ(朝鮮笠百合)는 조선 특산종으로 삿갓 모양의 백합이라는 뜻이다.

[북한명] 하늘말나리 [지방명] 각시나물/중냉가리(강원), 각시나물/비단나물(경상), 우산나물
(충북)

Lilium tenuifolium *Fischer*　スゲユリ
Kún-juñg-nari　큰중나리

큰솔나리〈*Lilium pumilum* Delile(1812)〉[153]

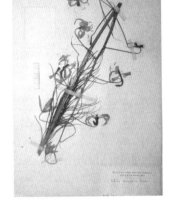

큰솔나리라는 이름은 잎이 솔잎 모양이고 솔나리에 비해 개
체가 크다는 뜻에서 유래했다. 『조선식물향명집』에서는 중나
리보다 개체가 크다는 뜻에서 '큰중나리'를 신칭해 기록했으
나,[154] 『조선식물명집』에서 '큰솔나리'로 개칭해 현재에 이르
고 있다.

　속명 *Lilium*은 고대 라틴명으로 켈트어의 *li*, 그리스어의
leirion 모두 흰색을 뜻하는데 꽃의 색과 관련이 있으며 백합
속을 일컫는다. 종소명 *pumilum*은 '키가 작은, 왜소한, 낮은'
이라는 뜻이다.

큰중나리(정태현 외, 1937), 큰솔잎나리(안학수·이춘녕,
1963), 사초나리(이영노, 1996)

중국명 山丹(shan dan)은 산에서 피는 붉은 나리 종류라는 뜻이다. 우리 옛 문헌에서 발
견되는 하늘나리의 옛이름인 山丹/블근개나리(물보, 1802), 山丹/산늘이(물명고, 1824)와는 구분이 필
요하다. 일본명 スゲユリ(菅百合)는 잎이 사초(菅) 모양인 백합이라는 뜻이다.

[북한명] 큰솔나리

Lilium tigrinum *Gawl*　オニユリ
Cham-nari　참나리

참나리〈*Lilium lancifolium* Thunb.(1794)〉

---

153 '국가표준식물목록'(2018)은 큰솔나리의 학명을 *Lilium tenuifolium* Fisch.(1900)로 기재하고 있으나, 『장진성 식물목
　록』(2014)과 『세계식물목록』(2018)은 이를 이명(synonym)으로 처리하고 본문의 학명을 정명으로 기재하고 있다.
154 이에 대해서는 『조선식물향명집』, 색인 p.47 참조.

참나리라는 이름은 진짜(眞) 나리라는 뜻이다.[155] 여기서 '나리'는 나비처럼 아름다운 꽃[156] 또는 먹는 나물을 뜻하는[157] 우리말에서 유래했다. 옛날에는 중국에서 도입해 키우는 종류를 백합(또는 나리)이라고 칭하고 야생에서 자라는 종을 '개나리'라고 했다.[158] 18세기 말에 이르러 야생하는 나리를 '춤늘이'(참나리)로 기록했고, 『조선식물향명집』은 이를 이어받아 이른 봄에 노란색으로 꽃을 피우는 물푸레나무과의 목본식물을 '개나리'로 하고, 백합과의 야생 나리를 나리 중의 으뜸이라는 뜻에서 '참나리'로 기록했다.[159] 중국에서 전래된 百合(백합)은 약재로 사용하는 땅속의 비늘줄기가 여러 겹이 합쳐서 이루어진 것에서 유래한 이름이다.[160]

속명 *Lilium*은 고대 라틴명으로 켈트어의 *li*, 그리스어의 *leirion* 모두 흰색을 뜻하는데 꽃의 색과 관련이 있으며 백합속을 일컫는다. 종소명 *lancifolium*은 *lancea*(창)와 *folium*(잎)의 합성어로 '피침모양 잎의'라는 뜻이다.

다른이름 나리/당개나리(정태현 외, 1936), 당깨나리(정태현 외, 1942), 백합(정태현 외, 1949), 참말나리(이영노·주상우, 1956), 나리/알나리(안학수·이춘녕, 1963)

옛이름 百合/犬伊那里/犬乃里花(향약구급방, 1236),[161] 白合/犬伊日(향약채취월령, 1431), 百合/介伊日伊(향약집성방, 1433),[162] 百合/빅합(구급방언해, 1466), 百合/개나리(구급간이방언해, 1489), 百合/犬伊日/개나리(촌가구급방, 1538), 百合/빅합(언해태산집요, 1608), 百合/개나리(동의보감, 1613), 白合/개나리(신

155 이러한 견해로 이우철(2005), p.503과 김종원(2013), p.1084 참조. 한편 한태호 외(2006), p.187은 꽃이나 초형이 큰 데서 참나리가 유래한 것으로 보고 있으나 '개나리'와 대응하여 형성된 이름이므로 타당하지 않은 해석이다.

156 이러한 견해로 김종원(2016), p.555 참조.

157 이러한 견해로 허북구·박석근(2008a), p.191 참조. 미나리의 나리가 나물이라는 뜻으로 사용된 예[나물의 해석에 관한 서정범(2000), p.128 참조]라는 지적에 대해서는 참나리가 구황식물로 식용되었던 점에 비추어 참고할 만하다[이에 대해서는 『조선식물명휘』(1922), p.157 참조]. 한편 허북구·박석근은 나리가 일정한 지위를 가진 사람에 대한 호칭이었던 '나으리'에 기원을 둔 것으로 설명하고 있으나, 나으리의 중세 국어 형태는 '나으리'(고금석림, 1789)로 참나리와 직접 관련은 없다.

158 『조선식물명휘』(1922), 『토명대조선만식물자휘』(1932) 등에 나타난 것처럼 중국이 원산이라는 의미에서 당개나리라고 하기도 했다.

159 김종원(2013), p.1086은 물푸레나무과의 목본식물을 개나리라고 칭하는 것에 대해 '가지꽃나무'라는 원래의 이름이 있는데도 특산식물을 일제 시민사관으로 인하여 '개나리'로 추락시켰다고 비판하고 있으나, '개나리나모'는 『물명고』(1824) 등에 나타난 명백한 우리말 표현이라는 점에서 이러한 주장은 이해하기 어렵다.

160 중국의 『본초강목』(1596)은 "百合之根 以衆瓣合成也 或云專治百合病故名 亦通"(백합의 뿌리는 꽃판이 모여 이루어졌다. 혹은 백합병을 전적으로 치료하기 때문에 이름 지어졌다고 하는데, 역시 통한다)이라고 기록했다. 또한 조선 중기에 저술된 『산림경제』(1715)는 "其根 百片累合 故名百合"(그 뿌리는 백 조각인데 포개져 붙어 있으므로 백합이라 한다)이라고 기록했다.

161 『향약구급방』(1236)의 차자(借字) '犬伊那里/犬乃里花'(견이나리/견나리화)에 대해 남풍현(1981), p.79는 '가히나리/가히나리곶'의 표기로 보고 있으며, 이덕봉(1963), p.14는 '개나리곳'의 표기로 보고 있다.

162 『향약집성방』(1433) 차자(借字) '介伊日伊'(개이일이)에 대해 남풍현(1999), p.176은 '개날이'의 표기로 보고 있다.

간구황촬요, 1660), 百合/개너리(역어유해, 1690), 百合/개나리불휘(사의경험방, 17세기), 百合/개나리불휘 (산림경제, 1715), 白合/빅합/山丹/츰늘이(새물보, 1798), 百合/개나리블희(해동농서, 1799), 百合/개나리 (제중신편, 1799), 山丹/참나리(광재물보, 19세기 초), 捲丹/미기나리/山丹/불근기나리(물보, 1802), 番山 丹/개늘이/虎皮百合(물명고, 1824), 百合/개나리블희(의방합편, 19세기), 百合/기라리(단방비요, 1913)[163]

중국/일본명 중국명 卷丹(juan dan)은 꽃덮이가 말리면서 붉은색으로 피는 꽃 모양에서 유래했다. 일 본명 オニユリ(鬼百合)는 붉은 꽃에 있는 검은 반점이 귀신을 연상시키는 백합, 또는 크기가 큰 백 합 종류라는 뜻이다.

참고 [북한명] 참나리 [유사어] 권단화(卷丹花/捲丹花), 백합(百合) [지방명] 개나리/나리/나리꽃/산개 나리(강원), 개나리/나팔꽃/백합(경기), 개나리(경남), 개나리/흰죽싸바리(경북), 개꽃/개나리/나리/나 리꽃(전남), 나리/백합/백합꽃(제주), 나리/나리꽃/백합/백합꽃/호랭이꽃(충남), 개씨바리꽃/산나리 (충북), 나리/백합/벌나리(함북)

Liriope graminifolia *Baker*　ヤブラン　麥門冬
Maegmundong　맥문동

맥문동〈*Liriope muscari* (Decne.) L.H.Bailey(1929)〉[164]

맥문동이라는 이름은 한자어 맥문동(麥門冬)에서 유래했는데, 잔뿌리가 있는 모양이 보리의 터럭 (까끄라기)을 닮았고 겨울에도 잎이 마르지 않고 푸르다는 뜻이다.[165] 옛이름 '겨으사리'는 겨울을 푸르게 난다는 뜻으로 원래 맥문동, 인동덩굴 및 겨우살이에 혼용되었으나, 현재는 기생식물인 겨 우살이(*Viscum coloratum*)를 일컫는 이름으로 사용하고 있다. 중국은 麥門冬(맥문동)에 대해 진한 (秦漢) 시대에 저술된『신농본초경』에서 "實如靑珠"(열매는 푸른 구슬 같다)라고 기록한 이래로 소엽 맥문동(*O. japonicus*)을 일컫는 것으로 이해하고 있으며 일본도 이와 동일하다.[166] 우리 옛 문헌 중 『향약집성방』에서 "實碧圓如珠"(열매는 푸르고 구슬처럼 둥글다)라고 하여 소엽맥문동(*O. japonicus*)

---

163 『조선한방약료식물조사서』(1917)는 '기나리꽃, 白合'을 기록했으며『조선의 구황식물』(1919)은 '빅합, 당기나리, 卷丹'을, 『조선어사전』(1920)은 '卷丹(권단), 당ㅅ개나리'를,『조선식물명휘』(1922)는 '卷丹, 家百合, 당기나리, 빅합'을, Crane(1931)은 '개나리꽃, 百合花'를,『토명대조선만식물자휘』(1932)는 '[卷丹(花)]권단(화), [당(ㅅ)개나리'를,『선명대화명지부』(1934)는 '백 합, 당개나리'를 기록했다.

164 '국가표준식물목록'(2018)은 맥문동의 학명을 *Liriope platyphylla* F.T.Wang & T.Tang(1951)으로 기재하고 있으나, '세 계식물목록'(2018), '중국식물지'(2018) 및『장진성 식물목록』(2014)은 이 학명을 본문 학명의 이명(synonym)으로 처리하고 있다.

165 이러한 견해로 이우철(2005), p.218 참조. 중국의『본초강목』(1596)은 "麥髯曰虋此草根似麥而有髯 其葉如韭 凌冬不凋 故謂 之麥虋冬 及有諸韭忍冬諸名 俗作門冬 便於字也"[보리의 터럭을 虋(문)이라 하는데, 이 풀의 뿌리가 보리를 닮아서 터럭이 있고, 그 잎 이 부추와 같으며, 겨울을 이겨내어 시들지 않으므로 맥문동이라 한다. 부추, 인동 등 여러 이름이 있다. 門冬(문동)이라 쓰는 것은 자획을 편 하게 함이다]라고 기록했다.

166 이에 대해서는 '중국식물지'(2018)의 *O. japonicus* 부분과 北村四郎(1964), p.97 참조.

을 기록한 것이 보이기도 하지만, 『세종실록지리지』에서 황해도와 평양에 분포하는 식물로 기록한 것, 『물명고』에서 "實黑而圓"(열매는 검고 둥글다)이라고 한 것, 그리고 『조선산야생약용식물』에서 대전 및 평양의 약재시장에서 개맥문동(L. spicata)을 麥門冬으로 거래한 것을 기록한 점 등을 고려하면 맥문동, 개맥문동 및 소엽맥문동을 함께 일컬었던 것으로 보인다.[167]

속명 Liriope는 그리스 신화에서 나르시스(Narcissus)의 어머니이자 샘물의 요정 이름에서 유래한 것으로 맥문동속을 일컫는다. 종소명 muscari는 그리스어 'moschos(사향 냄새가 나는)'에서 유래했다.

다른이름 겨우사리불휘/비옷(정태현 외, 1936), 넓은잎맥문동/알꽃맥문동(안학수·이춘녕, 1963)

옛이름 麥門冬/冬乙沙伊/冬沙伊(향약구급방, 1236),[168] 麥門冬/冬沙伊(향약채취월령, 1431), 맥문동(세종실록지리지, 1454), 麥門冬/믹곤동(구급방언해, 1466), 麥門冬/冬兒沙里/겨우사리(촌가구급방, 1538), 麥門冬/밍문동/믹문동(언해구급방, 1608), 麥門冬/겨으사리(동의보감, 1613), 麥門冬/겨으사리불휘(산림경제, 1715), 麥門冬(광제비급, 1790), 麥門冬/겨으스리(제중신편, 1799), 麥門冬/凍淸/겨으사리(물보, 1802), 麥門冬/겨으슬이(물명고, 1824), 麥門冬/겨으수리(방약합편, 1884), 麥門冬/믹문동(단방비요, 1913)[169]

중국/일본명 중국명 闊叶山麦冬(kuo ye shan mai dong)은 넓은 잎(闊葉)의 산맥동(山麥冬: 개맥문동의 중국명)이라는 뜻이다. 일본명 ヤブラン(藪蘭)은 숲속에서 자라는 난초를 닮은 식물이라는 뜻이다.

참고 [북한명] 맥문동 [유사어] 계전초(階前草), 도미(荼蘼), 문동(釁冬), 불사초(不死草), 애구(愛韭), 양구(羊韭), 오구(烏韭), 우구(禹韭), 인릉(忍凌) [지방명] 맥동/맥분동(강원), 비비추(경기), 맥(경상), 맥민동(전북), 멕문동/조쿠실(제주)

---

167 박선동·노승현(1987), p.51은 한국에서 麥門冬은 L. muscari(=L. platyphylla)를 일컫는 것으로 보고 있다. 다만 이민화(2015b)는 麥門冬을 맥문동<L. muscari(=L. platyphylla)>과 소엽맥문동(O. japonicus)을 모두 일컫는다고 보고 있으므로 주의가 필요하다. 이에 대해서는 이민화(2015b), p.1891 참조.
168 『향약구급방』(1236)의 차자(借字) '冬乙沙伊/冬沙伊'(동을사이/동사이)에 대해 冬(훈차)+沙伊(음차)로서, 남풍현(1981), p.68은 '겨슬사리'의 표기로 보고 있으며, 이덕봉(1963), p.5는 '겨울사리', 손병태(1996), p.28은 '겨스사리'의 표기로 보고 있다.
169 『조선한방약료식물조사서』(1917)는 '겨우사리, 麥門冬'을 기록했으며 『조선어사전』(1920)은 '麥門冬(믹문동), 겨우살이, 冬服'을, 『조선식물명휘』(1922)는 '麥門冬, 겨우사리불휘, 믹문동(藥)'을, 『토명대조선만식물자휘』(1932)는 '[麥門冬(草)]믹문동(초), [겨우사리(풀)]'을, 『선명대화명지부』(1934)는 '맥문동, 겨우사리불휘'를 기록했다.

⊗ Liriope koreana *Nakai*　テフセンヤブラン
Gae-maegmundoṅ　개맥문동

개맥문동⟨*Liriope spicata* (Thunb.) Lour.(1790)⟩

개맥문동이라는 이름은 『조선식물향명집』에서 신칭한 것으로,[170] 맥문동(麥門冬)과 닮았다는(개) 뜻에서 붙여졌다.[171] 옛 문헌에서 맥문동과 개문맥동이 따로 분류되거나 다른 종으로 인식하여 기록한 내용은 발견되지 않는 것으로 보인다.

속명 *Liriope*는 그리스 신화에서 나르시스(*Narcissus*)의 어머니이자 샘물의 요정 이름에서 유래한 것으로 맥문동속을 일컫는다. 종소명 *spicata*는 *spica*(이삭)의 형용사형으로 '이삭 모양 꽃의, 이삭 모양의'라는 뜻이다.

다른이름 좀맥문동(임록재 외, 1972)[172]

중국/일본명 중국명 山麦冬(shan mai dong)은 산에서 자라는 맥문동 종류라는 뜻이다. 일본명 テフセンヤブラン(朝鮮藪蘭)은 한반도(朝鮮)에 분포하는 맥문동(ヤブラン)이라는 뜻이다.

참고 [북한명] 좀맥문동 [유사어] 맥문동(麥門冬) [지방명] 맥문동(충남)

Majanthemum bifolium *De Candolle*　マヒヅルサウ
Durumi-ġot　두루미꽃

두루미꽃⟨*Maianthemum bifolium* (L.) F.W.Schmidt(1794)⟩

두루미꽃이라는 이름은 잎 사이로 꽃대가 올라와 꽃을 피우는 모양이 마치 두루미와 같다는 뜻에서 유래했다.[173] 『조선식물향명집』에서 최초로 이름이 보이는데 방언을 채록한 것인지 신칭한 이름인지는 명확하지 않다.

속명 *Maianthemum*은 그리스어 *majos*(5월)와 *anthemon*(꽃)의 합성어로 꽃 피는 시기를 나타내며 두루미꽃속을 일컫는다. 종소명 *bifolium*은 *bi*(둘)와 *folium*(잎)의 합성어로 2장의 잎을 뜻한다.

---

170 이에 대해서는 『조선식물향명집』, 색인 p.31 참조.
171 이러한 견해로 이우철(2005), p.48과 김종원(2013), p.805 참조. 다만, 김종원은 '개맥문동'은 '흔하면서 맥문동보다는 그다지 쓸모가 없다'는 뜻에서 붙여진 것으로 보고 있다.
172 『선명대화명지부』(1934)는 '맥문동, 겨우사리불휘'를 기록했다.
173 이러한 견해로 이우철(2005), p.186과 허북구·박석근(2008a), p.76 참조.

좀두루미꽃(박만규, 1949)

중국명 舞鶴草(wu he cao)는 식물체의 모양이 춤추는 학(두루미)과 같다는 뜻에서 유래했다. 일본명 マヒヅルサウ(舞鶴草)도 중국명과 같은 뜻이다.

[북한명] 두루미꽃 [유사어] 무학초(舞鶴草) [지방명] 숟갈나물(강원), 숟갈나물(경북/충남)

○ Majanthemum Kamtchaticum *Nakai*　オホマヒヅルサウ
Kůn-durumiĝot　큰두루미꽃

큰두루미꽃〈*Maianthemum dilatatum* (Alph.Wood) A.Nelson & J.F.Macbr.(1916)〉

큰두루미꽃이라는 이름은 두루미꽃에 비해 잎과 식물체가 크다는 뜻에서 붙여졌다.[174] 『조선식물향명집』에서 '두루미꽃'을 기본으로 하고 식물의 형태적 특징을 나타내는 '큰'을 추가해 신칭했다.[175] 울릉도에 분포하는 특산식물로 알려져 있다.

속명 *Maianthemum*은 그리스어 *majos*(5월)와 *anthemon*(꽃)의 합성어로 꽃 피는 시기를 나타내며 두루미꽃속을 일컫는다. 종소명 *dilatatum*은 '넓어진'이라는 뜻으로 잎이 상대적으로 큰 것에서 유래했다.

중국에는 분포하지 않는 식물이다. 일본명 オホマヒヅルサウ(大舞鶴草)는 식물체가 큰 두루미꽃(マヒヅルサウ)이라는 뜻이다.

[북한명] 큰두루미꽃 [유사어] 무학초(舞鶴草) [지방명] 닭똥집풀(울릉도)

Ophiopogon japonicus *Ker-Gawler*　ジヤノヒゲ
Soyŏb-maegmundong　소엽맥문동

소엽맥문동〈*Ophiopogon japonicus* (L.f.) Ker Gawl.(1807)〉[176]

소엽맥문동이라는 이름은 잎이 작고 맥문동을 닮았다는 뜻에서 유래했다.[177] 그러나 소엽맥문동은 국명과 달리 맥문동속(*Liriope*)이 아닌 맥문아재비속(*Ophiopogon*)으로 분류된다. 『조선식물향명집』에서 한글명이 처음으로 발견되며, 한자로 표기된 '小葉麥門冬'이라는 이름이 『선한약물학』에 기록되기도 했다.

---

174 이러한 견해로 이우철(2005), p.531 참조.
175 이에 대해서는 『조선식물향명집』, 색인 p.47 참조.
176 '국가표준식물목록'(2018)과 『장진성 식물목록』(2014)은 소엽맥문동의 학명을 본문과 같이 기재하고 있으나, '세계식물목록'(2018)은 *Ophiopogon japonicus* (Thunb.) Ker Gawl.(1807)로 기재하고 있다.
177 이러한 견해로 이우철(2005), p.349와 한태호 외(2006), p.133 참조.

속명 *Ophiopogon*은 그리스어 *ophio*(뱀)와 *pogon*(수염)의 합성어로 맥문아재비속을 일컫는다. 종소명 *japonicus*는 '일본의'라는 뜻이다.

다른이름 겨우살이맥문동(박만규, 1949), 긴잎맥문동(안학수·이춘녕, 1963), 좁은잎맥문동(리종오, 1964), 좁은잎맥문동아재비(임록재 외, 1972)

옛이름 麥門冬/겨우사리쑤리/小葉麥門冬(선한약물학, 1931)[178]

중국/일본명 중국명 麦冬(mai dong)은 麥門冬(맥문동)에서 유래한 것으로, 뿌리가 문(虋: 보리의 터럭, 즉 까끄라기)을 닮았고 겨울에 시들지 않으므로 본래 麥虋冬(맥문동)이라 했다. 門(문)은 虋(문)을 간편히 쓰기 위한 글자이다. 일본명 ジヤノヒゲ(蛇の鬚)는 뱀의 터럭이라는 뜻으로 잎의 모양 때문에 붙여졌다.

참고 [북한명] 좁은잎맥문동아재비 [유사어] 실겨우살이풀 [지방명] 맥문동(충북)

Paris quadrifolia *L.* var. obovata *Regel et Tilig*   クルマバツクバネサウ
Satgat-namul   삿갓나물

삿갓나물〈*Paris verticillata* M.Bieb.(1819)〉

삿갓나물이라는 이름은 잎이 돌려나기를 하는 모양이 삿갓을 닮았고 어린잎은 나물로 식용한 데서 유래했다.[179] 『물명고』는 '삭갓느물'을 기록하면서 백합의 일종으로 붉은 꽃이 피는데 잎이 돌려난다고 했으므로,[180] 이는 현재의 말나리 또는 하늘말나리를 일컫는 것으로 이해된다. 그런데 말나리 또는 하늘말나리도 잎이 돌려나기를 하는 것은 삿갓나물과 동일하므로, 옛날에는 잎이 돌려나기를 하는 여러 식물에 삿갓나물이라는 이름을 사용했던 것으로 보인다. 한편 옛 문헌의 한자명 蚤休(조휴)는 '벼룩을 쉬게 한다'는 뜻으로, 통증을 치료하기 위한 약재로 사용한 것에서 유래한 이름이다.[181]

속명 *Paris*는 라틴어 *par*(같은)에 어원을 두고 있는데, 꽃덮이가 같은 모양이어서 유래했다는 견해와 그리스 신화의 파리스(Paris)에서 유래했다는 견해가 있으며 삿갓나물속을 일컫는다. 종소명 *verticillata*는 '윤생의'라는 뜻으로 잎이 돌려나기를 하는 것에서 유래했다.

다른이름 자주삿갓나물(박만규, 1949), 삿갓풀(정태현 외, 1949), 자주삿갓풀(안학수 외, 1982), 만주삿갓나물(이영노, 1996)

---

178 『조선식물명휘』(1922)는 '麥門冬, 거우사리불휘, 밋문동'을 기록했다.
179 이러한 견해로 이우철(2005), p.321과 허북구·박석근(2008a), p.128 참조.
180 유희의 『물명고』(1824) "有一種 葉環莖腰一層而已者 謂之삭갓느물"(그중 한 종은 잎이 줄기의 허리 부분에 돌려나고 한 층을 이루는데 이를 삭갓느물이라 한다)이라고 기록했다. 이에 대한 자세한 내용은 정양원 외(1997), p.258 참조.
181 중국의 『본초강목』(1596)은 "蟲蛇之毒 得此治之卽休 故有蚤休 螫休諸名"(벌레와 뱀의 독은 이것으로 치료하면 나으므로 조휴나 석휴 등과 같은 이름을 가지게 되었다)이라고 기록했다.

중국/일본명 중국명 北重楼(bei chong lou)는 중국의 북부 지역에 서식하는 중루(重樓: 이중 누각처럼 생긴 식물이라는 뜻으로 삿갓나물속의 중국명)라는 뜻이다. 일본명 クルマバツクバネサウ(車葉衝羽根草)는 잎이 수레바퀴처럼 돌려나기를 하는 ツクバネソウ(衝羽根草: *Paris tetraphylla*에 대한 일본명으로 배드민턴의 셔틀콕을 닮았다는 뜻에서 유래)라는 뜻이다.

참고 [북한명] 삿갓풀 [유사어] 조휴(蚤休) [지방명] 다람이꼬깔/다람쥐꼬깔/복지깨나물/복찌께나물(강원), 삿갓나물/삿갓대가리/삿갓머리/우산대(경남), 삿갓쟁이/양산나물(경북), 삿갈나물/삿갓댕이/우산나물(전남), 우산나물(충북)

Polygonatum falcatum *A. Gray* ナルコユリ
Daetnip-dunggulne 댓잎둥굴레

진황정〈*Polygonatum falcatum* A. Gray(1859)〉

진황정이라는 이름은 진짜(眞) 황정(黃精)이라는 뜻으로, 둥굴레와 유사하다는 뜻에서 유래했다.[184] 중국의 이시진은 『본초강목』에서 황정의 유래에 대해, 약용으로 사용할 때 "仙家以爲芝草之類 以其得坤土之精粹 故謂之黃精"(선가에서는 지초의 종류로 여겨 그것으로 땅의 정수를 얻을 수 있으므로 황정이라 불렀다)이라고 했다. 『조선식물향명집』은 잎이 대나무의 잎과 둥굴레를 닮았다는 뜻에서 '댓잎둥굴레'로 기록했으나, 『조선식물명집』에서 '진황정'으로 개칭해 현재에 이르고 있다.

속명 *Polygonatum*은 그리스어 *poly*(많은)와 *gonu*(마디)의 합성어로, 땅속줄기에 마디가 많은 것에서 유래했으며 둥굴레속을 일컫는다. 종소명 *falcatum*은 '낫모양의'라는 뜻이다.

다른이름 댓잎둥굴레(정태현 외, 1937), 대잎둥굴레(박만규, 1949)

---

182 『향약집성방』(1433)의 차자(借字) '躬身草'(궁신초)에 대해 남풍현(1999), p.178은 '궁신초'의 표기로 보고 있다.

183 『조선식물명휘』(1922)는 '삿갓나물'을 기록했으며 『선명대화명지부』(1934)는 '삿갓나물'을 기록했다.

184 이러한 견해로 김병기(2013), p.493 참조. 한편 국립국어원, '표준국어대사전'은 진황정의 한자를 陳黃精으로 표기하고 있으므로 그 출처 등에 대한 추가 연구가 필요하다.

옛이름 眞黃精/斗應九厓/鬼勿樓(오주연문장전산고, 185?), 黃精/듁대쑤리(선한약물학, 1931)[185]

중국/일본명 중국명 滇黃精(dian huang jing)[186]은 기운이나 세력이 왕성한(滇) 황정(黃精: 둥굴레 종류의 중국명)이라는 뜻이다. 일본명 ナルコユリ(鳴子百合)는 꽃이 아래로 처져서 달린 모양이 논에 참새를 쫓기 위해 설치한 딸랑이처럼 보이고 백합과 유사하다는 뜻이다.

참고 [북한명] 대잎둥굴레 [유사어] 황정(黃精) [지방명] 둥굴레/황정(전남), 항정(제주)

Polygonatum humile *Fischer* ヒメイズイ
Duṅggulne-ajaebi 둥굴레아재비

각시둥굴레〈*Polygonatum humile* Fisch. ex Maxim.(1859)〉

각시둥굴레라는 이름은 둥굴레를 닮았으나 각시처럼 식물체가 작고 귀엽다는 뜻에서 유래했다.[187] 『조선식물향명집』에서는 둥굴레를 닮았다는 뜻에서 '둥굴레아재비'를 신칭해 기록했으나,[188] 『조선식물명집』의 '각씨둥굴레'를 거쳐 『한국식물명감』에서 '각시둥굴레'로 정착되었다.

속명 *Polygonatum*은 그리스어 *poly*(많은)와 *gonu*(마디)의 합성어로, 땅속줄기에 마디가 많은 것에서 유래했으며 둥굴레속을 일컫는다. 종소명 *humile*는 '낮게 자란다'는 뜻으로 식물체가 작게 자라는 것에서 유래했다.

다른이름 둥굴레아재비(정태현 외, 1937), 각씨둥굴레(정태현 외, 1949), 애기둥굴레(안학수·이춘녕, 1963), 좀각시둥굴레(이창복, 1969b), 한라각시둥굴레(이창복, 1980)

중국/일본명 중국명 小玉竹(xiao yu zhu)는 식물체가 작은 옥죽(玉竹: 둥굴레의 중국명)이라는 뜻으로 학명과 연관되어 있다. 일본명 ヒメイズイ(姬萎蕤)는 식물체가 작은 둥굴레(萎蕤)라는 뜻이다.

참고 [북한명] 각시둥굴레 [유사어] 소옥죽(小玉竹)

○ Polygonatum inflatum *Komarov* ミドリヤウラク
Tuṅg-duṅggulne 퉁둥굴레

퉁둥굴레〈*Polygonatum inflatum* Kom.(1901)〉

185 『제주도및완도식물조사보고서』(1914)와 『제주도식물』(1930)은 'ホンジョー'[항정]을 기록했으며 『조선식물명휘』(1922)는 '黃精, 馬箭, 죽대'를, 『선명대화명지부』(1934)는 '죽대(대)'를 기록했다.
186 '중국식물지'(2018)는 *P. falcatum* A. Gray를 기재하지 않고 있으며 *Polygonatum kingianum* Collett & Hemsl.(1890)을 滇黃精(dian huang jing)이라 부른다. '세계식물목록'(2018)은 이 두 종을 달리 구분하므로 주의를 요한다.
187 이러한 견해로 이우철(2005), p.36; 한태호 외(2006), p.56; 김병기(2013), p.491; 김종원(2016), p.563 참조.
188 이에 대해서는 『조선식물향명집』, 색인 p.36 참조.

툉둥굴레라는 이름은 『조선식물향명집』에서 신칭한 것으로,[189] 둥굴레에 비해 줄기가 툉툉한 통모양이라는 뜻에서 붙여졌다.[190] 조선어학회의 『조선어표준말모음』은 '툉툉하다. 肥大'를 기록했고, 일제강점기에 저술된 『조선어사전』은 '툉툉'에 대해 퉁탕과 같은 뜻으로 풍후(豐厚)한 모양을 말한다고 기록했다.

속명 *Polygonatum*은 그리스어 *poly*(많은)와 *gonu*(마디)의 합성어로, 땅속줄기에 마디가 많은 것에서 유래했으며 둥굴레속을 일컫는다. 종소명 *inflatum*은 '자루 모양의, 부푼'이라는 뜻으로 꽃의 모양을 나타낸 것으로 보인다.

다른이름 끼막대/둥굴네싹(정태현 외, 1942), 통둥굴레(박만규, 1949), 툉툉굴레(한진건 외, 1982)

중국/일본명 중국명 毛筒玉竹(mao tong yu zhu)는 꽃덮이 통 안에 털이 있는 옥죽(玉竹: 둥굴레의 중국명)이라는 뜻이다. 일본명 ミドリヤウラク(綠瓔珞)는 부처님 몸에 두른 녹색 장신구를 닮은 식물이라는 뜻이나, 일본에는 분포하지 않는 식물이다.

참고 [북한명] 툉둥굴레 [유사어] 옥죽(玉竹) [지방명] 둥굴레/둥굴리(충북), 옥죽(함북)

Polygonatum involucratum *Maximowicz*   ワニグチサウ
Yong-dunggulne   용둥굴레

용둥굴레〈*Polygonatum involucratum* (Franch. & Sav.) Maxim.(1884)〉

용둥굴레라는 이름은 『조선식물향명집』에서 처음 발견되는데, 꽃이 다른 둥글레보다 월등히 크거나 포에 싸인 꽃이 용을 연상시킨다는 뜻에서 유래한 것으로 추정한다. 『조선식물향명집』 색인은 신칭한 이름으로 기록하고 있지 않으므로[191] 방언을 채록한 것으로 추정하지만, 현재 방언 등에서 용둥굴레라는 이름은 확인되지 않는다.

속명 *Polygonatum*은 그리스어 *poly*(많은)와 *gonu*(마디)의 합성어로, 땅속줄기에 마디가 많은 것에서 유래했으며 둥굴레속을 일컫는다. 종소명 *involucratum*은 '총포가 있는'이라는 뜻으로 꽃에 큰 총포가 달리는 것에서 유래했다.

중국/일본명 중국명 _苞黃精(er bao huang jing)은 2개의 포가 꽃을 감싸고 있는 황정(黃精: 둥굴레 종류의 중국명)이라는 뜻이다. 일본명 ワニグチサウ(鰐口草)는 불당이나 신사의 앞 추녀에 걸어놓고

---

189 이에 대해서는 『조선식물향명집』, 색인 p.48 참조.
190 이러한 견해로 이우철(2005), p.569 참조.
191 이에 대해서는 『조선식물향명집』, 색인 p.44 참조.

매달린 밧줄로 치는 방울을 뜻하는 악구(鰐口)를 닮아 붙여졌다.

참고 [북한명] 용둥굴레 [유사어] 옥죽(玉竹), 이포황정(二苞黃精) [지방명] 둥굴레(충남), 둥굴리(충북)

○ Polygonatum lasianthum *Maximowicz* var. coreanum *Nakai*　テフセンナルコユリ
Kún-daetnip-dunggulne　큰댓잎둥굴레(죽대)

죽대⟨*Polygonatum lasianthum* Maxim.(1883)⟩

죽대라는 이름은 '죽'(竹)과 '대'(대나무 또는 막대기)의 합성어
로, 잎이 댓잎을 닮고 긴 막대기로 자라는데 대나무와 같이
마디가 있는 것에서 유래했다.[192] 그런데 『동의보감』은 죽대
에 대해 잎이 마주난다고 했으므로 당시의 '듁대'는 죽대가 아
니라 층층둥굴레(*P. stenophyllum*) 또는 층층갈고리둥굴레(*P.
sibiricum*)를 지칭했던 것으로 보인다.[193] 『조선식물향명집』은
댓잎둥굴레(진황정)보다 식물체가 크다는 뜻의 '큰댓잎둥굴레'
로 기록했으나, 『조선식물명집』에 이르러 '죽대'를 추천명으로
해 현재에 이르고 있다.

　속명 *Polygonatum*은 그리스어 *poly*(많은)와 *gonu*(마디)의
합성어로, 땅속줄기에 마디가 많은 것에서 유래했으며 둥굴레
속을 일컫는다. 종소명 *lasianthum*은 '긴 솜털이 있는 꽃의'라는 뜻이다.

다른이름 큰댓잎둥굴레(정태현 외, 1937), 둥굴네(정태현 외, 1942), 홀둥굴레(안학수·이춘녕, 1963), 큰
대잎둥굴레(임록재 외, 1972), 심산대잎둥굴레(리용재 외, 2011)

옛이름 黃精(삼국유사, 1281), 黃精/竹大(향약집성방, 1433),[194] 黃精/듁딕(언해구급방, 1608), 黃精/듁댓
불휘/仙人飯(동의보감, 1613), 黃精/듁대(신간구황촬요, 1660), 黃精/듁대/仙人飯(산림경제, 1715), 黃精/듁
딕(해동농서, 1799), 黃精/듁딕(제중신편, 1799), 黃精/듁댓/菟竹/仙人飯(물명고, 1824), 黃精/듁대/둥구레
(임원경제지, 1842), 죽딕(한불자전, 1880), 黃精/듁쎠(방약합편, 1884)[195]

---

192 유희의 『물명고』(1824)는 "黃精 듁댓 葉如竹 莖有節"(황정 듁댓이라 한다. 잎은 대와 같고 줄기에는 마디가 있다)이라고 하여 죽대
의 유래가 잎의 모양과 긴 줄기의 마디와 관련이 있음을 추정하게 한다. 이에 대해서는 정양원 외(1997), p.680 참조.

193 이러한 견해로 김종원(2016), p.567 참조. 『동의보감』(1613)은 "其葉相對謂黃精 不對謂偏精 功用劣"(그 잎이 한 마디에 마주
난 것을 황정이라 하고, 마주나지 않은 것을 편정이라 하는데 약효가 떨어진다)이라고 기록했다(이에 대한 자세한 내용은 『(신대역) 동의
보감』(2012), p.1990 참조). 한편 김종원은 『동의보감』이 둥굴레(*P. odoratum*)를 기록하지 않고 무시했다고 주장하고 있으나,
『동의보감』에 기록된 偏精(편정)이 둥굴레를 뜻하므로(『물명고』는 偏精을 '둥구레'로 기록했음) 타당하지 않은 주장이다.

194 『향약집성방』(1433)의 차자(借字) '竹大'(죽대)에 대해 남풍현(1999), p.175는 '듁대'의 표기로 보고 있다.

195 『조선어사전』(1920)은 '죽대, 菟竹(토죽)'을 기록했으며 『조선식물명휘』(1922)는 '죽대(救)'를, 『토명대조선만식물자휘』(1932)는
*P. japonicum*에 대해 '[萎蕤]위유, [玉竹]옥죽, [죽네풀], [괴무릇]'을, 『선명대화명지부』(1934)는 '죽대(대)'를 기록했다.

중국/일본명 '중국식물지'에서 *P. lasianthum*은 확인되지 않는다. 층층갈고리둥굴레(*P. sibiricum*)를 黃精(huang jing)으로 기재하고 있는데, 이는 노란색의 뿌리를 말린 다음 빻아서 식용한 것과 관련된 이름이다.[196] 일본명 テフセンナルコユリ(朝鮮鳴子百合)는 한반도(조선)에 자라는 진황정(ナルコユリ)이라는 뜻이다.

참고 [북한명] 심산대잎둥굴레/큰대잎둥굴레[197] [유사어] 옥죽(玉竹) [지방명] 노리꿀/노리쿨/항정/황정(제주)

Polygonatum japonicum *Morren et Decaisne* アマドコロ
Dunggulne 둥굴레 黃精

둥굴레〈*Polygonatum odoratum* (Mill.) Druce(1906)〉[198]

둥굴레라는 이름은 『향약채취월령』의 차자(借字) 표기 '豆應仇羅(둥구레)가 그 어원으로, '둥구'는 둥글다는 뜻으로 열매가 둥근 모양과 약용하는 땅속줄기가 통통하여 둥근 것에서 유래했다.[199] 한편 잎끝에서 둥글게 모아지는 잎맥 때문에 둥굴레로 불렸다고 보는 견해도 있다.[200] 그러나 조선 후기에 저술된 『의방합편』의 '흑둥구레'와 『조선산야생식용식물』의 '가막물긋'은 열매가 검은 것에 착안한 별칭이라는 점에 비추어 잎에서 이름을 착안했을 가능성은 높아 보이지 않는다. 『임원경제지』는 한자명 黃精(황정)에 '듁대'와 '둥구레'라는 한글명을 함께 사용한 점에 비추어, 당시에는 현재와 같이 죽대와 둥굴레를 서로 다른 종으로 명확히 인식하지 않았던 것으로 보인다.

　속명 *Polygonatum*은 그리스어 *poly*(많은)와 *gonu*(마디)의 합성어로, 땅속줄기에 마디가 많은

---

196 중국의 이시진은 『본초강목』(1596)에서 "仙家以爲芝草之類 以其得坤土之精粹 故謂之黃精"(선가에서는 지초의 종류로 여겨 그 것으로 땅의 정수를 얻을 수 있으므로 황정이라 불렀다)이라고 했다.

197 북한에서는 *P. lasianthum*을 '심산대잎둥굴레'로, *P. lasianthum* var. *coreanum*을 '큰대잎둥굴레'로 하여 별도 분류하고 있다. 이에 대해서는 리용재 외(2011), p.277 참조.

198 『국가표준식물목록』(2018)은 변종인 *Polygonatum odoratum* var. *pluriflorum* (Miq.) Ohwi(1949)를 둥굴레로 기재하고 있으나, 『장진성 식물목록』(2014)은 본분의 학명을 정명으로 기재하고 있다.

199 이러한 견해로 허북구·박석근(2008a), p.79; 손병태(1996), p.49; 김종원(2016), p.566 참조. 다만 허북구·박석근은 독일은방울꽃(*Convallaria majalis*)을 둥굴래싹, 둥구리싹이라고 했으므로 은방울꽃을 닮았다는 의미가 함께 있다는 취지의 주장을 하고 있으나, 독일은방울꽃이 15세기 한반도에 존재했을 리 없고 둥굴래싹이나 둥구리싹이 그런 의미로 표현된 바도 없다. 또한 김종원은 일제강점기에 둥굴레를 '둥굴네'라고 기록했는데 뿌리를 '네(내)'라고 하는 일본식 한자 발음에서 비롯했다고 하고 있으나, 『물보』(1802)에도 '둥굴네'라는 표현이 등장하므로 이 역시 근거 없는 주장이다.

200 이러한 견해로 이유미(2010), p.72 참조.

것에서 유래했으며 둥굴레속을 일컫는다. 종소명 *odoratum*은 '향기가 나는'이라는 뜻이다.

다른이름 괴물곳/둥굴네(정태현 외, 1936), 가막뭇굿(정태현 외, 1942), 괴불꽃(정태현 외, 1949)

옛이름 萎蕤/豆應仇羅(향약채취월령, 1431), 女萎/萎蕤/豆應仇羅(향약집성방, 1433),[201] 萎蕤/豆應仇羅/둥구라(촌가구급방, 1538), 萎蕤/둥구레(신간구황촬요, 1660), 萎蕤/둥구레(산림경제, 1715), 萎蕤/둥구레(해동농서, 1799), 黃精/筆管菜/둥굴네(물보, 1802), 偏精/둥구레(물명고, 1824), 黃精/듁대/둥구레(임원경제지, 1842), 葳蕤/黃精/斗應九厓(오주연문장전산고, 185?), 둥구레(한불자전, 1880), 女萎/흑둥구레/둥구레(의방합편, 19세기), 萎蕤/黃精(수세비결, 1929), 萎蕤(선한약물학, 1931), 둥굴레/대뿌리(조선어표준말모음, 1936)[202]

중국/일본명 중국명 玉竹(yu zhu)는 구슬 같은 열매가 달리고 줄기와 잎이 대나무를 닮은 것에서 유래했다.[203] 일본명 アマドコロ(甘野老)는 뿌리가 도코로마(野老)와 닮았는데 단맛이 난다는 뜻에서 붙여졌다.

참고 [북한명] 둥굴레 [유사어] 선인반(仙人飯), 여위(女萎), 옥죽(玉竹), 위유(萎蕤), 토죽(菟竹), 편황정(片黃精), 편정(偏精), 황정(黃精) [지방명] 가망마구/가박마루/까막멀구지/둥굴/불알꽃/신선밥(강원), 까치무릇/둘굴레/둥굴레싹(경기), 까막발/담그래/당그래/당글레/둥굴차/둥근아/등거(경남), 까마구물곳/까마구물굿/까마물거리/까막발/당글레/둥굴차(경북), 덩그래/동구리/둥구레/둥구리/둥그레대/둥그레미/용담초/유리꽃/황정(전남), 까만물고/까만물곳/까망멀곳/까망멀구/까치물곳/동구리/동구자리/둥구레/둘레/둥구레미/둥구리차(전북), 둥굴레싹(충남), 까마구물곳/까마귀물곳/까만물고지/까만믈고지/까치물곳/둥굴리/시엄싸(충북), 둥구레/등구레(함북)

⊗ Polygonatum robustum *Nakai*   オホアマドコロ
Kŭn-dunggulne   큰둥굴레

왕둥굴레〈*Polygonatum robustum* (Korsh.) Nakai(1917)〉[204]

201 『향약채취월령』(1431)과 『향약집성방』(1433)의 차자(借字) '豆應仇羅(두응구라)'는 '둥구레'를 표기한 것이다. 이에 대한 자세한 내용은 남풍현(1999), p.175와 손병태(1996), p.49 참조.

202 『조선한방약료식물조사서』(1917)는 '듁네, 黃精'을 기록했으며 『조선의 구황식물』(1919)은 '둥굴네(水原, 咸南, 江原), 듁네풀, 괴물곳, 왁식물(江界, 江陵), 萎蕤'를, 『조선어사전』(1920)은 '黃精(황정), 둥굴네, 仙人飯(선인반), 대뿌리'를, 『조선식물명휘』(1922)는 '玉竹, 萎蕤, 黃精, 白及, 둥굴네, 괴물곳(藥, 救)'을, 『토명대조선만식물자휘』(1932)는 '[黃精]황정, [菟竹]토죽, [죽대], [仙人飯]선인반, [둥굴네], [대뿌리]'를, 『선명대화명지부』(1934)는 '둥굴네, 듁네풀, 괴물곳'을 기록했다.

203 중국 남북조 시대에 도홍경이 저술한 『신농본초경집주』(6세기 초)는 "莖幹強直 似竹箭桿 有節 故有玉竹之名"(줄기가 곧고 대나무 화살대처럼 마디가 있다. 그러므로 옥죽이라는 이름이 있다)이라고 기록했다.

204 '국가표준식물목록'(2018)은 왕둥굴레를 본문의 학명으로 별도 분류하고 있으나, 『장진성 식물목록』(2014)은 둥굴레 〈*Polygonatum odoratum* (Mill.) Druce(1906)〉에 통합하고 별도 분류하지 않으므로 주의를 요한다.

왕둥굴레라는 이름은 둥굴레보다 크고 강건하다는 뜻에서 유래한 것으로 학명과 관련 있다.[205] 『조선식물향명집』은 '큰둥굴레'로 기록했으나 『조선식물명집』에서 '왕둥굴레'로 개칭해 현재에 이르고 있다.

속명 *Polygonatum*은 그리스어 *poly*(많은)와 *gonu*(마디)의 합성어로, 땅속줄기에 마디가 많은 것에서 유래했으며 둥굴레속을 일컫는다. 종소명 *robustum*은 '대형의, 강한'이라는 뜻으로 둥굴레에 비해 식물체가 대형인 것에서 유래했다.

다른이름 큰둥굴레(정태현 외, 1937)

중국/일본명 중국에서는 이를 별도 분류하지 않고 있다. 일본명 オホアマドコロ(大甘野老)는 식물체가 큰 둥굴레(アマドコロ)라는 뜻이다.

참고 [북한명] 왕둥굴레 [유사어] 옥죽(玉竹) [지방명] 둥굴레(충북)

Scilla japonica *Baker*　ツルボ
Muru̇t　무릇

무릇〈*Barnardia japonica* (Thunb.) Schult. & Schult.f.(1829)〉[206]

무릇이라는 이름은 원모양의 비늘줄기가 있고 무리 지어 꽃을 피우는 모습에서 유래했다. 땅속 비늘줄기를 나타내는 우리말 '모릅'과 비늘줄기를 통해 번식하여 무리 지어 꽃을 피우는 모습을 형상화한 '물곳'(물곳)이라는 서로 다른 어원에서 출발한 이름이 17세기를 거치면서 혼용되다가 '물웃'으로 통합되고, 다시 변화를 거쳐 무릇으로 정착된 것으로 이해된다. 문헌상 발견되는 무릇의 직접적 어원은 『동의보감』의 '물웃'이다.[207] 그런데 『향약구급방』은 반하(半夏)의 차자(借字)로 '雉矣毛老邑/雉矣毛立'(치의모로읍/치의모립)을 기록했는데 이는 '씨의모릅'을 표기한 것이다.[208] 이후 반하(半夏)는 『구급간이방언

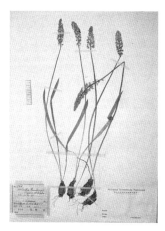

205 이러한 견해로 이우철(2005), p.410 참조.
206 '국가표준식물목록'(2018)은 무릇의 학명을 *Scilla scilloides* (Lindl.) Druce(1917)로 기재하고 있으니, '세계식물목록'(2018)과 『장진성 식물목록』(2014)은 이를 본문 학명의 이명(synonym)으로 처리하고 있다.
207 이와 관련하여 김종원(2013), p.509와 김종원(2016), p.573은 "무릇이라는 단어는 일제강점기의 하야시(森)가 우리말 물웃이라는 발음을 잘못 표기한 것에서 비롯된 것이다(하야시는 모리의 오기-저자)"라고 했다. 그러나 '무릇'은 『청장관전서』(1795)와 『물명고』(1824)에 기록된 옛이름이므로, 모리 다메조(森爲三)가 『조선식물명휘』(1922)에서 오기한 것에서 비롯했다는 것은 잘못된 주장이다.
208 『향약구급방』(1236)의 차자(借字) '雉矣毛老邑/雉矣毛立'(치의모로읍/치의모립)에 대해 남풍현(1981), p.76은 ''씨의모릅'의 표기로 보고 있으며, 이덕봉(1963), p.16과 손병태(1996), p.31은 '씌모롭/씌모립'의 표기로 보고 있다.

해』에서 '쇠모롭'을 거쳐 『동의보감』에 이르러 '쇠물옷'으로 표기되어 무릇의 '물옷'과 표현이 일치하나. 한편 『향약구급방』은 토란을 뜻하는 '芋'(우)의 속명을 '毛立'(모립)으로 기록했는데, 이는 半夏(반하)의 속명 표현 중 '毛立'(모립)과 표현이 일치해 '모립'을 표기한 것임을 알 수 있다.[209] 무릇은 반하(半夏)와 토란의 우리말 옛 표현과 함께 고찰하면 '모립→모롭→물옷→무릇'으로 변화한 것으로 확인된다. 무릇과 반하, 토란은 모두 비늘줄기(또는 덩이줄기)를 가지고 있는 특징이 있으므로 이를 지칭하는 '모립'과 '모롭'은 비늘줄기(또는 덩이줄기)의 모양이 둥근 것과 관련된 우리말 표현으로 이해된다.[210] 한편 『향약집성방』은 산자고(山茨菰)의 차자(借字)로 '馬無乙串'(마무을곶)을 기록했는데 이는 '呈물곶(呈물곶)'을 표기한 것이다.[211] 이것이 『구급간이방언해』의 '呈물옷'을 거쳐 『동의보감』에 이르러 '가치무릇'으로 표기된 것이다. 무릇을 산자고(山茨菰)의 우리말 표현과 연관해 고찰하면 '물곶(물곶) → 물옷 → (물옷) → 무릇'의 과정을 거친 것으로 보인다. 『향약집성방』과 가장 근접하는 시기의 문헌인 『석보상절』에 '물'은 무리(輩)의 뜻으로, '곶(곶)'은 꽃(花)의 뜻으로 나타나 있으므로,[212] 『향약집성방』의 '물곶(물곶)'은 비늘줄기를 통해 번식하여 무리 지어 자라면서 꽃을 피우는 모습과 관련 있는 이름으로 추정한다. 한편 물옷(모롭)을 물색이 든 꽃대가 위(上)로 웃자란 꽃차례 또는 식물체의 겉모양에서 비롯한 순수 (우리말) 이름으로 이해하는 견해가 있으나,[213] 중세 국어의 물(水)은 '믈'이고, 위(上)는 '옿'으로 그 표기가 달라 신빙성 있는 주장은 아닌 것으로 보인다.

속명 *Barnardia*는 영국 생물학자 Edward Barnard(1786~1861)의 이름에서 유래했으며 무릇속을 일컫는다. 종소명 *japonica*는 '일본의'라는 뜻으로 최초 발견지를 나타낸다.

다른이름 무릇싹/물굿(정태현 외, 1942), 물구(박만규, 1949), 무릇(리종오, 1964), 물구지(임록재 외, 1972), 무릇비늘줄기/야자고(한진건 외, 1982)

옛이름 野茨菰/물옷/剪刀草(동의보감, 1613), 무릇(신간구황촬요, 1660), 野茨菰/믈옷(사의경험방, 17세기), 野茨菰/무릇(청장관전서, 1795), 물곳/沒茨(동몽선습언해, 1797), 야ᄎ고/무릇(화왕본긔, 19세기초), 野茨菰/무릇/剪刀草(물명고, 1824), 무릇/半夏(한불자전, 1880),[214] 野茨菰/무릇(의방합편, 19세기)[215]

중국/일본명 중국명 绵枣儿(mian zao er)는 솜 같은 대추(棗兒)라는 뜻으로 비늘줄기에 섬유질이 있고

---

209 이에 대해서는 남풍현(1981), p.103 참조.

210 이러한 견해로 위의 책, p.77 참조.

211 남풍현(1999), p.178은 '물물곶'의 표기로 보고 있으며, 손병태(1996), p.37은 '呈물곶'의 표기로 보고 있다.

212 이에 대한 자세한 내용은 『고어대사전 1』(2016)과 『고어대사전 8』(2016) 중 '물'과 '곶(곶)' 참조.

213 이러한 견해로 김종원(2013), p.509 참조.

214 『한불자전』(1880)은 '무릇'의 한자명을 '半夏'(반하)로 기록하고 있으나, 그 설명을 'Raine d'une esp. d'herbe que l'on fait griller pour la manger; esp. ed petit oignog sauvage'(먹기 위해 굽는 일종의 풀뿌리; 작은 야생 양파의 종류)라고 하여 백합과의 무릇을 지칭함을 나타낸다.

215 『제주도및완도식물조사보고서』(1914)는 'ムルットー'[물롯]을 기록했으며 『조선의 구황식물』(1919)은 '무릇, 물굿, 綿棗兒'를, 『조선어사전』(1920)은 '野茨菰(야ᄎ고), 무릇, 剪刀草'를, 『조선식물명휘』(1922)는 '綿棗兒, 老鴉蒜, 무릇(救)'을, Crane(1931)은 '산마늘, 山蒜'을, 『토명대조선만식물자휘』(1932)는 '[野茨菰]야ᄎ고, [剪刀草], [무릇(초)]'을, 『선명대화명지부』(1934)는 '무릇'을 기록했다.

대추 모양이어서 붙여진 이름으로 보인다. 일본명 ツルボ는 일본 고유어로, つるんぼう(연결된 '坊')라는 뜻이며 비늘줄기의 모양에서 유래했다.[216]

참고 [북한명] 물구지 [유사어] 면조아(綿棗兒), 야자고(野茨菰), 전도초(剪刀草), 흥거(興渠) [지방명] 노거지나물/몰거지/몰고지/무릇/물고지/물곳/물곳(강원), 무릭/무릅/무릇 뿌리/물곳/므릇(경기), 멀구/멀굿/물거리/물곳/물곳나물/물곳/물구/물꽃/물꾸/물렁게/물릇/물룽게(경남), 물가이/물강/물갱이/물고/물고이/물곳/물공/물구/물굼/물끼/물내이(경북), 게웃/동구리밥/무긋/무럿/무름/무릅/물곳/물곳/물구/물구시/물굿/물금/물급/물긋/물긋나물/뺍자/뺍자이/집꾸/참물곳(전남), 각시물곳/무긋/무릅/물곳/물구/물금/물급/물긋/물릇(전북), 몰놋/물논/물놋/물렁굿/물롯/물롱굿/물릅/물릇/물옷/뭇(제주), 무릇/무릅/물곳/물곳/물긋(충남), 까마구물곳/무릇/물고지/물곳/물국/물달래(충북), 물구지(함북)[217]

Smilacina japonica *A. Gray*   ユキザサ
Som-jugdae 솜죽대

풀솜대⟨*Maianthemum japonicum* (A.Gray) LaFrankie(1986)⟩[218]

풀솜대라는 이름은 죽대(*P. lasianthum*)를 닮았지만 털이 많은 초본성 식물이라는 뜻에서 유래한 것으로 추정한다.[219] 같은 속에 자주솜대와 민솜대라는 이름이 있는 것에 비추어 풀솜대는 '풀'과 '솜대'의 합성어로 볼 수 있다. '풀'은 초본성 식물이라는 뜻이고, '솜대'는 『조선식물향명집』에 기록된 솜죽대라는 이름을 고려할 때 죽대를 닮았는데 줄기와 잎 등에 털이 많다는 뜻으로 보인다. 『조선식물향명집』은 최초 '솜죽대'로 기록했으나 지역 방언 '솜때' 등을 고려해 『조선식물명집』에서 같은 뜻을 가진 '솜대'로 개칭했다. 그런데 솜대라는 이름이 대나무(竹) 종류인 벼과의 솜대(*Phyllostachys nigra* var. *henonis*)와 혼동되는 문제가 있어, 『대한식물도감』에 기록된 '풀솜대'가 추천명으로 채택되어 현재에 이르고 있다. 지역에 따라서 '지장보살'이라고도 하는데, 이는 식물체에서 나는 향기가 절에서 사용하는 향과 비슷한 것에서 유래한 이름이다.

속명 *Maianthemum*은 그리스어 *majos*(5월)와 *anthemon*(꽃)의 합성어로 꽃 피는 시기를 나타내며 두루미꽃속을 일컫는다. 종소명 *japonicum*은 '일본의'라는 뜻으로 최초 발견지를 나타낸다.

다른이름 솜죽대(정태현 외, 1937), 녹약(정태현 외, 1942), 큰솜죽대(박만규, 1949), 솜대/왕솜대(정태현

---

216 이에 대해서는 牧野富太郎(2008), p.863 참조.
217 이용악의 시 「두메산골」에 함북 방언을 채록한 '물구지떡'이란 표현이 나오는데 '물구지'는 현재 북한에서 무릇을 가리키는 명칭으로 사용하고 있다.
218 '국가표준식물목록'(2018)은 풀솜대의 학명을 *Smilacina japonica* A.Gary(1857)로 기재하고 있으나, '세계식물목록'(2018), '중국식물지'(2018) 및 『장진성 식물목록』(2014)은 본문의 학명을 정명으로 기재하고 있다.
219 이러한 견해로 이우철(2005), p.579 참조.

외, 1949), 지장보살(이영노·주상우, 1956), 왕지장보살(이영노, 1996), 솜때(이우철, 1996b)

옛이름 鹿藥(광재물보, 19세기 초)[220]

중국/일본명 중국명 鹿药(lu yao)는 『본초강목』에 따르면 사슴(鹿)이 좋아해 그 뿌리를 잘 먹는 약초 (藥草)라는 뜻이며, 이시진은 사슴이 먹는 9종의 해독초 가운데 하나라고 했다. 일본명 ユキザサ (雪笹)는 꽃이 눈처럼 희고 잎이 조릿대를 닮았다는 뜻이다.

참고 [북한명] 솜대 [유사어] 녹약(鹿藥) [지방명] 솜때/지장가리/지장거리/지장나물(강원), 이밥나 물/이밥추/지장가리/지장갈이/지장보살(경기), 이밤나물/이밥나물(경남), 기장나물/이밥나물/지장나 물/지장보살(경북), 지렁풀/지장풀(충남)

Smilax China *Linné*   サルトリイバラ
Chòngmirae-dunggul   청미래덩굴

청미래덩굴⟨*Smilax china* L.(1753)⟩

청미래덩굴이라는 이름은 문헌상 15세기 『악학궤범』에서 기원하는 옛말로, '청'과 '미래'와 '덩굴'로 이루어진 합성어이다. 꼬여 있는 뿌리(덩이줄기)를 약으로 사용하고 그 뿌리 또는 줄기에 푸른색이 도는 덩굴식물이라는 뜻으로 추정한다. 유래와 관련해, '멸앳'이 포도송이와 같은 액과(液果)를 대표하므로 푸른 열매가 달리는 덩굴성 식물이라는 뜻에서 유래한 이름으로 추정하는 견해가 있다.[221] 그러나 청미래덩굴의 열매는 붉게 익기 때문에 푸르다고 할 수 없고, 멸앳이 액과의 대표로 사용된다는 것도 근거가 없다.[222] 『물명고』에 기록된 '청멸앳'이 '청'과 '멸앳'(또는 멸애)의 합성어라는 점은 멸앳(또는 며래)을 따로 기록하고 있는 『동의보감』이나 『방약합편』에 근거할

때 분명하다. '청'의 의미에 대해 『물명고』는 동청(冬靑)이라고 하므로, 겨울에 푸른 것은 열매가 아니라 일단 가시와 줄기라고 추정할 수 있다.[223] 그리고 '멸앳'에 대해 『동의보감』은 줄기에 가시가 있는 종과 없는 종을 구분해 뿌리(덩이줄기)를 약재로 사용한다고 설명하고 있는데, 가시가 있

---

220 『조선의 구황식물』(1919)은 '지장갈'을 기록했으며 『조선식물명휘』(1922)는 '鹿藥'을 기록했다.

221 이러한 견해로 김종원(2013), p.810과 솔뫼(송상곤, 2010), p.360 참조. 솔뫼(송상곤)는 풋열매가 푸른 머루와 같다는 의미라고 한다.

222 김종원은 위의 책에서 '멸앳'이 액과의 대표성을 띠는 근거로 '멸위'(머루)에서 전화된 것이 '분명하다'고 하고 있으나, 이 역시 어원상으로도 확인되지 않는 주장이다.

223 같은 속(*Smilax*)에 속하는 청가시덩굴의 '청'의 의미도 이와 유사할 것이다.

는 종의 뿌리를 희다고 표현했다.[224] 『물명고』는 뿌리를 약재로 사용하는 菝葜(발계)를 청멸앳이라 하고 草薢(비해)를 흰멸앳이라고 하여 서로를 대비하고 있다. 또한 『악학궤범』은 거문고의 부품인 鶴膝(학슬)의 재료로 靑荊(청형)을 사용하는데 이에 대한 속칭이 '靑멸애'라고 했는데, 학슬의 모양이 청미래덩굴의 덩이줄기와 비슷하다.[225] 이러한 점들을 고려하면, 멸앳(멸애)은 열매가 아니라 청미래덩굴 또는 유사한 약효가 있는 식물의 뿌리(덩이줄기) 등이 꼬여 있는 모습을 나타내는 우리말일 것으로 생각된다.[226] 한편 줄기가 푸르고 뻗어가는 모습이 용(龍)과 같다는 뜻에서 용의 옛말인 미르 또는 미리가 결합해 '청미리덩굴'로 부르다가 '청미래덩굴'로 되었다고 주장하는 견해가 있으나,[227] 15세기의 표현은 '청멸애'이므로 근거가 없는 주장이다.

속명 *Smilax*는 상록성의 가시나무 종류에 대한 고대 그리스명에서 전용된 것으로 청미래덩굴 속을 일컫는다. 종소명 *china*는 '중국의'라는 뜻으로 발견지를 나타낸다.

다른이름 망기나무/청미리덩굴(정태현 외, 1923), 명감나무/청미래덩굴(정태현 외, 1936), 망개나무/명감나무/청미래덩굴(정태현 외, 1942), 매발톱가시/종가시나무/청열매덤불/팟청미래(정태현, 1943), 명감(박만규, 1949), 좀청미래(정태현 외, 1949), 섬명감나무/좀명감나무(안학수·이춘녕, 1963), 팟청미래덩굴(임록재 외, 1972), 좀청미래덩굴/팟청미래덩굴(이영노, 1996), 밍개(이영노, 2002)

옛이름 草薢(세종실록지리지, 1454), 靑荊/靑멸애(악학궤범, 1493), 草薢/청명애(사성통해, 1517), 草薢/머리불희(언해구급방, 1608), 草薢/멸앳/土茯苓/仙遺粮/冷飯團(동의보감, 1613), 菝葜―청멸앳/草薢―흰멸앳(물명고, 1824), 草薢―머래/土茯苓―상비해(방약합편, 1870), 청미리(한불자전, 1880)[228]

중국/일본명 중국명 菝葜(ba qia)에서 菝(발)과 葜(계)는 청미래덩굴을 나타내는 한자로, 줄기가 질기고 억세면서 짧다는 뜻이다.[229] 일본명 サルトリイバラ(猿捕茨)는 가시가 있는 덩굴로 원숭이를 잡

---

224 『동의보감』(1613)의 탕액편은 '萆薢'(비해)에 대한 설명에서 "有二種 莖有刺 根白實 無刺者 根虛軟 以軟者爲佳"(두 종류가 있다. 줄기에 가시가 있는 것은 뿌리가 희고 단단하며, 가시가 없는 것은 뿌리가 퍼석퍼석하고 연한데 연한 것이 좋다)라고 했다.

225 靑荊를 '荊'을 근거로 '푸른광대싸리'로 이해하기도 하나, '荊'을 광대싸리로 해석하는 것은 후대의 것이고 『악학궤범』(1493)과 비슷한 시대에 저술된 『훈몽자회』(1527)에서는 가시로만 해석하여 '荊條'는 명아주과의 댓뿌리(댑싸리)로, '荊芥'는 꿀풀과의 형개로 기록하고 있다. 따라서 『악학궤범』의 靑荊은 그 기록대로 속칭 '청멸애'로 보아도 무방할 것이다.

226 『훈몽자회』(1527)에서 삼백초 또는 약모밀을 뜻하는 '蕺'(즙)의 우리말 표현을 '멸'이라 하고 있는 것도 이러한 뜻으로 이해할 수 있을 것이다.

227 이러한 견해로 박상진(2019), p.379 참조.

228 『지리산식물조사보고서』(1915)는 'みょんがんなむ'[명감나무]를 기록했으며 『조선한방약료식물조사서』(1917)는 '망기나물(京畿), 상빙히, 土茯苓, 仙遺糧'을, 『조선어사전』(1920)은 '멸애, 土茯苓(토복령), 仙遺粮(선유량), 草薢(비히), 山歸來(산귀뇌), 冷飯團'을, 『조선식물명휘』(1922)는 '菝葜, 芭葜, 土茯苓, 仙遺粮, 상빙히, 멸라/망기나물'을, Crane(1931)은 '명감'을, 『토명대조선만식물자휘』(1932)는 '[山歸來]산귀리, [土薢薢]토비히, [멸앳풀]'을, 『선명대화명지부』(1934)는 '상빙해, 멸라, 명과게나무'를, 『조선삼림식물편』(1915~1939)은 'Meng-gya-nam/メンギヤナム(濟州), Myongenam/ミョンゲナム(濟州), Myong-gang-nam/ミョンガンナム(全南), Chongmirae-dung-gul/チョンミレードウングル(京畿)'[멩나무/멩게나무(제주), 명감나무(전남), 청미래덩굴(경기)]을 기록했다.

229 중국의 이시진은 『본초강목』(1596)에 "菝葜 菝葜猶𦵝結短也 此草莖蔓堅強而短小 故名菝葜"(菝葜은 𦵝結과 같으며, 𦵝結는 𦵝結이라는 것과 같고 짧다는 의미이다. 이 풀의 줄기덩굴은 질기고 억세며 짧기 때문에 菝葜라 부른다)라고 기록했다.

을 수 있다는 뜻에서 유래했다.

참고 [북한명] 청미래덩굴 [유사어] 토복령(土茯苓) [지방명] 깜바구나무/땀바구덩굴/땀방구/뚱갈나무/마름/망개/창멀개/토복령/퉁가리/퉁갈(강원), 맹감/반짝이나물/빤다기나물/수리/쫀디기/청미래덤불/청미래덩쿨/청미래순/춤모래동굴/층모랫동굴(경기), 똥그랭이나물/망개나무(경남), 망개/망개덤풀/망개덩굴/밍주/창멀구(경북), 까치밥/망개나무/망개떡나무/맹감/맹개나무/멍개나물/명감나무/밍감/산길래/산사자/토사자(전남), 망개/맹감나무/명감/밍감/시망개덤불(전북), 독고리낭/동고리낭/맨네기/맹개낭/맹게낭/맹궤/맹기낭/멍감/멍게낭/멜내기/멜레기/멜리기남/멜리기낭/멩게/멩겟벨레기/멩과낭/멩궤낭/벨랑귀낭/벨랑기/벨랑지낭/벨레기낭/벨레낭구/별망개낭(제주), 때깜/맹감나무/맹감떡/멍가/멍가뿌리/멍감나무/멍개순/명가/명감/명과/명금/몽감/참멍가/참멍가순/참명과순/청미래순/층머리순/층미래순(충남), 맹가/맹감/명감/명과/방개나무/청명개덤불(충북)

Smilax nipponica *Miquel* シホデ

Mil-namul 밀나물

밀나물〈*Smilax riparia* A.DC.(1878)〉[230]

밀나물이라는 이름은 일제강점기 이전의 문헌에서 발견되지 않아 그 정확한 유래는 알려져 있지 않다.[231] 문헌상으로는 일본인 우에키 호미키(植木秀幹)가 저술한 『조선의 구황식물』에 수원과 용인 방언을 채록한 '밀'이라는 이름으로 처음 등장하는데, 이 책은 "味佳흠 쏨으로 生食흠"(맛이 좋고 쌈으로 생식한다)이라고 기록했다. 국립수목원이 조사·기록한 『한국의 민속식물』은 "열매의 껍질을 벗겨서 소나무의 송진과 같이 씹어서 껌을 대용한다"라고 기록했다.[232] 한편 완전히 익기 전의 밀(小麥)을 씹으면 점성이 생기면서 껌과 비슷하고 단맛이 난다. 이에 비추어 밀나물이라는 이름은 새싹을 생식할 때 끈적거리는 점성이나 열매껍질을 껌 대용으로 사용하는 것이 밀(小麥)과 비슷하다는 뜻에서 유래했다고 추정한다. 한자로 기록된 牛尾菜(우미채) 역시 새싹을 꺾어 식용하는 것에서 비롯한 이름이고, 강원 방언에 '쫀데기' 등이 남아 있는 점이 이러한 추정을 뒷받침한다. 다만 『조선산야생약용식물』은 약모밀(또는 삼백초)에 대한 우리말 '멸'(蕺)과 형태가 같은 '멸초'를 기록하면서 적리(赤痢)에 효용이 있다고 했으므로, 약성이 유사한 것에서 혼용하다가 멸에서 밀로 변해 형성되었을 가능성도 있다. 따라서 이에 대한 추가 연구가 필요하다.

230 '국가표준식물목록'(2018)은 밀나물의 학명을 *Smilax riparia* var. *ussuriensis* (Regel) Hara & T. Koyama(1960)로 기재하고 있으나, 이 학명은 『장진성 식물목록』(2014), '세계식물목록'(2018) 및 '중국식물지'(2018)에서 모두 이명(synonym)으로 처리되고 본문의 학명을 정명으로 기재하고 있다.

231 이러한 견해로 이우철(2005), p.251 참조.

232 이에 대해서는 『한국의 민속식물』(2017), p.1335 참조.

속명 Smilax는 상록성의 가시나무 종류에 대한 고대 그리스명에서 전용된 것으로 청미래덩굴속을 일컫는다. 종소명 riparia는 '강가에 자라는'이라는 뜻이다.

다른이름 멸초(정태현 외, 1936), 밀/오아리/먹나물(정태현 외, 1942), 밀나무(한진건 외, 1982), 풀매래덩굴(리용재 외, 2011)

옛이름 밀매물(조선구전민요집, 1933)[233]

중국/일본명 중국명 牛尾菜(niu wei cai)는 나물로 먹는 새싹의 모양을 소꼬리에 비유한 것에서 유래했다. 일본명 シホデ는 홋카이도 아이누족의 방언 シュウオンテ에서 유래한 것으로 알려져 있으나 정확한 의미는 확인되지 않는다.

참고 [북한명] 밀나물/풀매래덩굴[234] [유사어] 우미채(牛尾菜), 주미채(朱尾菜) [지방명] 쫀데기/쫀도기/쫀드기풀/쫀디기(강원), 밀대/밀순나물/줄나물(경기), 짠대기(경남), 까치바늘/밀대나무/싸리대/유리대/줄나물(경북), 밀대(충북), 멜순/멜술/멜쿠/멧순/밀순(제주)

Smilax Oldhami *Miquel* タチシホデ
Sòn-mil-namul 선밀나물

선밀나물〈*Smilax nipponica* Miq.(1807)〉

선밀나물이라는 이름은 『조선식물향명집』에서 신칭한 것으로,[235] 곧추서서 자라기 때문에 서서 자라는 밀나물이라는 뜻에서 붙여졌다.[236]

속명 Smilax는 상록성의 가시나무 종류에 대한 고대 그리스명에서 전용된 것으로 청미래덩굴속을 일컫는다. 종소명 nipponica는 '일본의'라는 뜻이다.

다른이름 새밀(정태현 외, 1942)[237]

중국/일본명 중국명 白背牛尾菜(bai bei niu wei cai)는 잎 뒷면이 흰색인 우미채(牛尾菜: 밀나물의 중국명)라는 뜻이다. 일본명 タチシホデ(立-)는 서 있는 밀나물(シホデ)이라는 뜻이다.

---

233 『조선의 구황식물』(1919)은 '밀(水原 龍仁), 서밀(水原), 오아리, 먹나물, 점달기, 명기덤불(江原), 맹개(濟州), 밍감나무(河東), 牛尾菜'를 기록했으며 『조선어사전』(1920)은 '밀나물, 멸, 戱菜, 밀ㅅ대'를, 『조선식물명휘』(1922)는 '牛尾菜, 밀, 오아리, 먹나물(救)'을, 『선명대화명지부』(1934)는 '밀, 오아리, 먹나물 점달개'를, 『조선의산과와산채』(1935)는 '牛尾菜, 오아리(먹나물)'를, 『조선삼림식물편』(1915~1939)은 'Mil-namul(keiki), Myolsm(Quelpaert)'[밀나물(경기), 멜순(제주)]을 기록했다.

234 북한에서는 *S. oldhamii*를 '밀나물'로, *S. riparia*를 '풀미래덩굴'로 하여 별노 분류하고 있다. 이에 대해서는 리용재 외 (2011), p.332 참조.

235 『조선식물향명집』, 색인 p.41은 선밀나물에 대해 '선'과 '밀나물'의 합성어로 신칭한 이름이라고 기록했으나, 『조선삼림식물편』(1915~1939)은 조선명으로 'Son-mil-namul'(선밀나물)을 기록하고 있으므로 신칭한 것이 아니라 실제로 불리던 이름일 가능성도 있으므로 주의를 요한다.

236 이러한 견해로 이우철(2005), p.332 참조.

237 『조선식물명휘』(1922)는 한자로 '土茯苓'(토복령)을 기록했으며 『조선삼림식물편』(1915~1939)은 'Son-mil-namul'(선밀나물)을 기록했다.

[북한명] 선밀나물 [지방명] 밀대나물/밀순나물/새밀(경기), 대나물/밀대나무(경북), 새밀대 (충북)

Smilax Sieboldii *Miquel* ヤマカシウ
Chónggasi-namu 청가시나무

청가시덩굴〈*Smilax sieboldii* Miq.(1868)〉

청가시덩굴이라는 이름은 가시가 있고 줄기가 초록색(푸른)이
며 덩굴성으로 자란다는 뜻에서 유래했다.[238] 『조선식물향명
집』은 '청가시나무'로 기록했으나 『한국수목도감』에서 덩굴
식물임을 강조하기 위해 '청가시덩굴'로 기록해 현재에 이르고
있다.

　속명 *Smilax*는 상록성의 가시나무 종류에 대한 고대 그리
스명에서 전용된 것으로 청미래덩굴속을 일컫는다. 종소명
*sieboldii*는 독일 의사이자 생물학자로 일본 식물을 연구한
Philipp Franz von Siebold(1796~1866)의 이름에서 유래했다.

다른이름 종가시나무(정태현 외, 1923), 청가시나무(정태현 외,
1937), 청미레/청가시나무/청명개(정태현 외, 1942), 까시나무/청
경개/청미래/청밀개덤불/청열매덤불(정태현, 1943), 청가시나무(리종오, 1964), 청가시덤불(이창복,
1969b)[239]

중국/일본명 중국명 华东菝葜(hua dong ba qia)는 화동(華東) 지방에 분포하는 발계(菝葜: 청미래덩굴의
중국명)라는 뜻이다. 일본명 ヤマカシウ(山何首烏)는 산지에서 자라고 잎이 하수오(何首烏)와 닮았
다는 뜻이다.

참고 [북한명] 청가시나무 [유사어] 철사영선(鐵絲靈仙) [지방명] 밀순/쫀대기/쫀도기/쫀드기(강원),
쫀드기/쫀디기/참미래순/챙미래/청미래순/층미래순(경기), 기름나물(경북), 멜쑨/밀순/실순(제주), 명
감나무/챙미래순/층미래순/칡미래덩굴/칭미래순/칭미래잎(충북)

---

238 이러한 견해로 이우철(2005), p.514; 김태영·김진석(2018), p.693; 허북구·박석근(2008b), p.277; 오찬진 외(2015), p.1138;
　　솔뫼(송상곤, 2010), p.356 참조.
239 『조선의 구황식물』(1919)은 '청가시나무'를 기록했으며 『조선식물명휘』(1922)는 '粘漁鬚, 청가시나무, 청경기(救)'를, 『선
　　명대화명지부』(1934)는 '종가시나무, 청가시나무, 청경개, 멍감더울'을, 『조선삼림식물편』(1915~1939)은 경기 방언으로
　　'chunggasinam'(청가시나무)를, 제주 방언으로 'Tyop-Tyu'(톱튜)를 기록했다.

○ Smilax Sieboldii *Miquel* var. inermis *Nakai*　トゲナシヤマカシウ
Mindung-chŏnggasi　민둥청가시

민청가시덩굴〈*Smilax sieboldii* f. *inermis* (Nakai) H.Hara(1958)〉[240]

민청가시덩굴이라는 이름은 청가시덩굴에 비해 가시가 없다는 뜻에서 유래했다.[241] 『조선식물향
명집』은 '민둥청가시'로 기록했으나 『우리나라 식물자원』에서 덩굴식물임을 강조하기 위해 '민청
가시덩굴'로 기록해 현재에 이르고 있다.

　속명 *Smilax*는 상록성의 가시나무 종류에 대한 고대 그리스명에서 전용된 것으로 청미래덩
굴속을 일컫는다. 종소명 *sieboldii*는 독일 의사이자 생물학자로 일본 식물을 연구한 Philipp
Franz von Siebold(1796~1866)의 이름에서 유래했다. 품종명 *inermis*는 '무장하지 않은, 이가
없는(toothless)'이라는 뜻으로 가시가 없는 것에서 유래했다.

▨**다른이름**▨ 민둥청가시(정태현 외, 1937), 민둥종가시(정태현, 1943), 민청가시나무(안학수·이춘녕, 1963),
민둥청가시나무(리종오, 1964), 풀청미래덩굴(리용재 외, 2011)

▨**중국/일본명**▨ 중국에서는 이를 별도 분류하지 않고 있다. 일본명 トゲナシヤマカシウ(刺無し山何首烏)
는 가시가 없는 청가시덩굴(ヤマカシウ)이라는 뜻이다.

▨**참고**▨ [북한명] 풀청미래덩굴 [유사어] 철사영선(鐵絲靈仙) [지방명] 맹감(충남)

○ Streptopus ajanensis *Tiling* var. koreana *Komarov*　オホタケシマラン
Kŭn-jugdae　큰죽대

왕죽대아재비〈*Streptopus koreanus* (Kom.) Ohwi(1931)〉

왕죽대아재비라는 이름은 죽대아재비에 비해 식물이 크다(왕)는 뜻에서 유래했다.[242] 『조선식물
향명집』은 죽대를 닮았는데 식물체가 대형이라고 해 '큰죽대'로 기록했으나, 『조선식물명집』에서
'왕죽대아재비'로 개칭해 현재에 이르고 있다.

　속명 *Streptopus*는 그리스어 *steptos*(꼬이다)와 *pous*(발)의 합성어로, 꽃자루가 잎 아래에 꼬여
있는 것을 나타내며 죽대아재비속을 일컫는다. 종소명 *koreanus*는 '한국의'라는 뜻으로 한반도
고유종임을 나타내지만 중국에도 분포한다.

---

240 '국가표준식물목록'(2018)은 민청가시덩굴의 학명을 *Smilax sieboldii* f. *intermis* (Nakai) H.Hara(1958)로 기재하고 있
　　으나 품종명 *intermis*는 '세계식물목록'(2018)에 비추어 *inermis*의 오기로 보인다. 또한 이 학명에 따라 청가시덩굴과
　　별도 분류하고 있으나, 『장신성 식물목록』(2014)은 이를 별로 분류하지 않고 '세계식물목록'(2018)과 '중국식물지'(2018)는
　　청가시덩굴〈*Smilax sieboldii* Miq.(1868)〉에 통합해 이명(synonym) 처리하고 있으므로 주의를 요한다.
241 이러한 견해로 이우철(2005), p.245 참조.
242 이러한 견해로 위의 책, p.414 참조.

다른이름 큰죽대(정태현 외, 1937), 왕섬죽대(박만규, 1949), 좀죽대아재비(안학수·이춘녕, 1963), 왕섬죽대아재비(리종오, 1964), 큰잎죽대아재비(김헌삼 외, 1988), 죽대아재비(임록재 외, 1996)

중국/일본명 중국명 丝梗扭柄花(si geng niu bing hua)는 실처럼 가는 꽃대를 가진 유병화(扭柄花: 꽃자루를 묶고 있는 식물이라는 뜻으로 죽대아재비의 중국명)라는 뜻이다. 일본명 オホタケシマラン(大竹縞蘭)은 식물체가 크고 잎에 대나무 무늬가 있으며 난초를 닮았다는 뜻에서 붙여졌다.

참고 [북한명] 죽대아재비

Streptopus amplexicaulis *D.C.* オホバタケシマラン
Kŭnip-jugdae 큰잎죽대

죽대아재비⟨*Streptopus amplexifolius* (L.) DC.(1805)⟩[243]

죽대아재비라는 이름은 둥굴레속에 속하는 죽대(*Polygonatum lasianthum*)를 닮았다는 뜻에서 유래했다. 『조선식물향명집』은 죽대를 닮았는데 잎이 크다고 해 '큰잎죽대'로 기록했으나, 『조선식물명집』에서 '죽대아재비'로 개칭해 현재에 이르고 있다.

속명 *Streptopus*는 그리스어 *steptos*(꼬이다)와 *pous*(발)의 합성어로, 꽃자루가 잎 아래에 꼬여 있는 것을 나타내며 죽대아재비속을 일컫는다. 종소명 *amplexifolius*는 '포경엽(抱莖葉)의'라는 뜻으로 줄기잎이 줄기를 감싸는 모습이 포와 비슷해서 붙여진 것으로 보인다.

다른이름 큰잎죽대(정태현 외, 1937), 큰섬죽대(박만규, 1949), 큰잎죽대아재비(리용재 외, 2011)

중국/일본명 '중국식물지'는 이를 별도 분류하지 않고 있다. 일본명 オホバタケシマラン(大葉竹縞蘭)은 잎이 크고 잎에 대나무 무늬가 있으며 난초를 닮았다는 뜻에서 붙여졌다.

참고 [북한명] 큰잎죽대아재비

---

243 '국가표준식물목록'(2018)은 죽대아재비의 학명을 *Streptopus amplexifolius* var. *papillatus* Ohwi(1931)로 기재하고 있으나, 『장진성 식물목록』(2014)과 '세계식물목록'(2018)은 이를 본문 학명의 이명(synonym)으로 기재하고 있다.

Trillium Tschonoskii *Maximowicz*　シロバナエンレイサウ
Yŏnyŏngcho　연영초

연영초〈*Trillium camschatcense* Ker Gawl.(1805)〉[244]

연영초라는 이름은 수명을 연장한다는 뜻이 있는 한자명 연령초(延齡草)에서 유래한 것으로, 한약재로 사용하는 것과 관련이 있다.[245] 『조선식물향명집』에 최초 기록되었고 옛 문헌에서는 그 이름이 발견되지 않는 것으로 보아 일제강점기 이전에는 한약재로 널리 사용되지 않았던 것으로 보인다.

속명 *Trillium*은 그리스어 treis(3)에서 유래한 것으로, 잎과 흰 꽃덮이가 모두 3장이어서 붙여졌으며 연영초속을 일컫는다. 종소명 *camschatcense*는 '캄차카에 분포하는'이라는 뜻이다.

다른이름 왕삿갓나물(박만규, 1949), 큰꽃삿갓풀(안학수·이춘녕, 1963), 큰연령초(리종오, 1964)

중국/일본명 중국명 吉林延齡草(ji lin yan ling cao)는 지린(吉林)에 분포하는 연령초(延齡草)라는 뜻이다. 일본명 シロバナエンレイサウ(白花延齡草)는 흰 꽃이 피는 연령초(延齡草)라는 뜻이다.

참고 [북한명] 큰연령초[246] [유사어] 연령초(延齡草), 우아칠(芋兒七)

⊗ Tricyrtis dilatata *Nakai*　テフセンホトトギス
Bŏggug-nari　뻐국나리

뻐꾹나리〈*Tricyrtis macropoda* Miq.(1867)〉

뻐꾹나리라는 이름은 『조선식물향명집』에 기록된 '뻐국나리'에 따른 것으로, 그 유래는 알려져 있지 않다.[247] 『조선식물향명집』 이전의 문헌에서는 이름이 발견되지 않고 일본명에 두견새를 닮았다는 뜻의 ホトトギス(杜鵑草)가 있는 점에 비추어, 일본명을 참고하여 『조선식물향명집』에서 신

---

244 '국가표준식물목록'(2018)은 *Trillium kamtschaticum* Pall. ex Pursh(1814)를 정명으로 기재하고 있으나, 『장진성 식물목록』(2014), '세계식물목록'(2018) 및 '중국식물지'(2018)는 이 학명을 이명(synonym)으로 처리하고 본문의 학명을 정명으로 기재하고 있다.

245 이러한 견해로 이우철(2005), p.400 참조.

246 북한에서는 *T. tschonoskii*를 '연령초'로, *T. camtschatcense*를 '큰연령초'로 하여 별도 분류하고 있다. 이에 대해서는 리용재 외(2011), p.361 참조.

247 이러한 견해로 이우철(2005), p.297 참조.

칭한 이름으로 추정한다.[248] 따라서 뻐꾹나리라는 이름은 백합과의 나리와 유사하고 꽃에 있는 자주색 무늬가 뻐꾹새(뻐꾸기)의 앞가슴에 있는 반점과 닮았다고 하여 붙여진 것으로 보인다. 『조선식물명집』에서 '뻐꾹나리'로 개칭해 현재에 이르고 있다.

속명 Tricyrtis는 그리스어 treis(3)와 cyrtos(굽다)의 합성어로, 3장의 꽃덮이 기부(基部)가 주머니 모양으로 굽어 있는 것에서 유래했으며 뻐꾹나리속을 일컫는다. 종소명 macropoda는 '긴 자루의, 큰 대의'라는 뜻이다.

다른이름 뻑국나리(정태현 외, 1937), 감닙나물(정태현 외, 1942), 뻑꾹나리(정태현, 1957)

중국/일본명 중국명 油点草(you dian cao)는 윤이 나고 반점이 있는 풀이라는 뜻에서 유래했다. 일본명 テフセンホトトギス(朝鮮杜鵑草)는 한반도에서 자라고(한반도 고유종으로 알려졌으나 현재는 중국과 일본에서도 분포가 확인됨), 꽃에 있는 반점이 두견새 목에 있는 얼룩덜룩한 무늬와 닮은 풀이라는 뜻에서 붙여졌다.

참고 [북한명] 뻐꾹나리 [유사어] 유점초(油點草) [지방명] 나리(충북)

Tulipa edulis *Baker*   アマナ
San-jago   산자고   山慈姑

산자고(까치무릇)〈*Amana edulis* (Miq.) Honda(1935)〉[249]
산자고라는 이름은 한자명 '山茨菰'(산자고) 또는 '山慈姑'(산자고)에서 유래한 것으로, 비늘줄기의 생김새와 약효 등이 소귀나물[*Sagittaria trifolia*, 한약명: 茨菰/慈姑(자고)][250]과 유사한데 산에서 자란다는 뜻에서 붙여졌다.[251] 『향약집성방』에 기록된 馬無乙串(마무을곶)은 말무릇(또는 말물곶)이다. 『향약집성방』과 『구급간이방언해』는 무릇을 닮았으나 무릇보다 크다는 뜻에서 '말무릇'이라고 했으며, 『동의보감』에 이르러 까치무릇(가치무릇)이 등장한다. 까치무릇은 알록달록한 꽃의 문

---

248 다만 『조선식물향명집』, 색인 p.38은 신칭한 이름으로 기록하지는 않았으므로 주의를 요한다.

249 '국가표준식물목록'(2018)은 산자고의 학명을 *Tulipa edulis* (Miq.) Baker(1874)로 기재하고 있으나, 『장진성 식물목록』(2014)과 '세계식물목록'(2018)은 이 학명을 이명(synonym)으로 처리하고 본문의 학명을 정명으로 기재하고 있다.

250 중국의 이시진은 『본초강목』(1596)에서 慈姑(자고)에 대해 "一根歲生十二子 如慈姑之乳諸子 故以名之"(하나의 뿌리로 12개 열매를 만드는데 어머니의 젖을 빠는 자식과 같으므로 그리 불린다)라고 했다. 즉, 자고는 땅속에 달리는 덩이줄기에서 유래했다.

251 『동의보감』(1613) 탕액편은 山茨菰(산자고)에 대해, "根如茨菰"(뿌리는 자고와 비슷하다)라고 했다[『(신대역) 동의보감』(2012), p.2075 참조]. 이와 관련하여 김종원은 『향약집성방』(1433)과 『구급간이방언해』(1489)의 '山慈菰根/물믹웇'은 난초과의 약난초(*Creastra appendiculata*)의 헛비늘줄기(인경)를 의미하고, 『동의보감』 등에 나타난 '山茨菰/가치무릇'은 산자고(까치무릇, *Amana edulis*)를 의미하는 것으로 이해하고 있다[김종원(2016), p.577 참조]. 그러나 중국과 달리 우리나라에서는 약난초는 남부 지방 일부에서 드물게 나타나서 흔한 약재로 사용하기가 곤란하고, 『향약집성방』에서도 『동의보감』과 마찬가지로 山茨菰根(산자고근)에 대해 "根如茨菰"(뿌리는 자고와 비슷하다)라고 기록하고 있으므로 두 식물을 다른 종으로 보는 것은 타당성이 없어 보인다. 중국에서 약난초를 뜻했던 산자고(山茨菰, 山慈菰 또는 山慈姑)를 우리나라에서는 전국에 흔하던 山茨菰(산자고/까치무릇)로 이해하여 대신 사용했고, 그 명칭이 '말무릇'에서 '까치무릇'으로 변화한 것으로 이해된다.

양이 흰색이 섞인 까치의 깃을 연상시키고 비늘줄기가 무릇 (*Barnardia japonica*)을 닮은 것에서 유래한 이름으로 추정한다.[252]

속명 *Amana*는 산자고의 일본명 アマナ(甘菜)에서 유래했으며 산자고속을 일컫는다. 종소명 *edulis*는 '식용의, 먹을 수 있는'이라는 뜻이다.

다른이름 물구(박만규, 1949), 물굿(안학수·이춘녕, 1963), 까치무 릇(리종오, 1964)

옛이름 山慈菰根/易無乙串(향약채취월령, 1431), 山慈菰根/馬 無乙串(향약집성방, 1433),[253] 山慈菰根/믈물옷(구급간이방언해, 1489), 山茨菰/가치무릇(동의보감, 1613), 山茨菰/가치마늘/金燈 籠鹿蹄草/鵲蒜(산림경제, 1715), 山茨菰/가치무릇/(俗名)쇠무릇(청장관전서, 1795), 山慈姑/무릇(광재물 보, 19세기 초), 山茨菰/가치무릇(물명고, 1824), 山茨菰/물웃/간치무릇(의휘, 1871), 山慈菰/가치무릇 (방약합편, 1884), 山茨菰/가치무릇(의방합편, 19세기), 山慈姑(수세비결, 1929), 山茨菰/가채무릇(선한약 물학, 1931)[254]

중국/일본명 중국명 老鴉瓣(lao ya ban)은 노아산(老鴉蒜: 석산의 다른 이름)을 닮은 것에서 유래했다. 일본명 アマナ(甘菜)는 단맛이 나는 채소라는 뜻으로, 비늘줄기에 쓴맛이 없는 것에서 유래했다.

참고 [북한명] 까치무릇 [유사어] 광자고(光慈姑), 금등롱(金燈籠) [지방명] 자고(강원), 까만물구/까 만물굿(전북)

Veratrum album *L.* var. grandiflorum *Maximowicz* バイケイサウ
Bagsae 박새

박새〈*Veratrum oxysepalum* Turcz.(1840)〉

박새는 『향약구급방』 이래로 약용식물이었고 그 표기도 오래된 옛 표현이지만, 박새라는 이름의

---

252 김종원(2016), p.579는 까치무릇이 무릇보다 사람이 사는 곳에서 멀리 떨어진 한적한 곳에 자라난다는 뜻에서 유래한 이름 으로 해석하고 있으나, 까치는 인가 주변에 사는 새이므로 식물명에서 '까치'를 그렇게 해석하는 것은 타당하지 않아 보 인다.

253 『향약집성방』(1433)의 차자(借字) '馬無乙串'(마무을곶)에 대해 남풍현(1999), p.178은 '믈물곶'의 표기로 보고 있으며, 손병 태(1996), p.37은 '믈물곶'의 표기로 보고 있다.

254 『조선어사전』(1920)은 '山茨菰(산ᄌ고), 까치무릇, 山慈姑, 金燈籠'을 기록했으며 『조선식물명휘』(1922)는 '山茨菰, 光菇, 산 자고(救, 藥)'를, Crane(1931)은 '산자고, 山慈姑'를, 『토명대조선만식물자휘』(1932)는 '[山茨菰]산ᄌ고, [金燈籠]금등롱, [까 치무릇]'을, 『선명대화명지부』(1934)는 '산자고'를 기록했다.

유래와 의미에 대해 정확히 알려진 바는 없다.[255] 다만 박새를 고유어로 볼 경우 '박'과 '새'의 합성어로 분석할 수 있는데, '박'은 일반적으로 둥근 형태인 것에 붙이는 말이고[256] '새'는 일반적으로 날카로운 잎을 가진 벼과와 그 유사한 풀 종류에 대한 우리말 표현이다. 따라서 외떡잎식물로 벼과 식물처럼 싹이 돋고 자라는 것에서 유래했다고 추정한다. 박새는 뿌리를 약재로 사용하는데 『향약채취월령』은 음력 3월에 채취하는 것으로 기록했다. 즉, 이 시기에 여로속 식물의 새싹과 잎이 돋는데 다른 벼과의 외떡잎식물에 비해 새싹과 잎이 훨씬 더 둥근 형태로 자라기 때문에 이러한 이름이 붙여진 것으로 이해된다. 약재로 사용하는 뿌리 역시 굵은 수염뿌리로 원모양을

이룬다. 한편 『향약구급방』에 기록된 箔草(박초)에서 '箔'을 훈독하여, 줄기의 기부를 감싸고 있는 섬유질이 발(簾)과 유사하다고 해서 유래한 이름으로 보는 견해가 있다.[257] 그러나 후대에 사용된 朴草(박초)와 朴鳥伊(박조이)라는 표현에 비추어 '箔'은 '박'이라고 음독한 것으로 이해되고, '발'의 옛 표현은 '박'이 아니라 '발'이므로[258] 타당하지 않아 보인다. 또한 『동의보감』과 『물명고』는 뿌리를 약재로 사용하는 것과 관련해 파와 유사하다는 의미의 鹿葱(녹총)과 山葱(산총)을 藜蘆(여로)의 별칭으로 기록하기도 했는데, 옛 문헌과 일제강점기의 문헌에 박새와 여로의 이름이 뒤섞여 있는 점에 비추어 옛 문헌의 '藜蘆, 박새'는 특정한 종(種)이 아니라 널리 여로속(Veratrum) 식물을 지칭했던 것으로 이해된다.

속명 Veratrum은 라틴어 verator(예언자)에서 유래한 것으로, 해당 식물의 뿌리에 재채기를 일으키는 성분이 있는 점을 '재채기 후에 하는 말은 진실'이라는 북유럽 전설과 관련지은 것이며 여로속을 일컫는다. 종소명 oxysepalum은 '뾰족한 꽃받침이 있는'이라는 뜻이다.

다른이름 넓은잎박새/묏박새(박만규, 1949), 꽃박새(안학수·이춘녕, 1963), 큰꽃박새(리용재 외, 2011)

옛이름 藜蘆/箔草(향약구급방, 1236),[259] 藜蘆/朴草/朴鳥伊(향약채취월령, 1431), 藜蘆/朴草(향약집성방, 1433),[260] 藜蘆(세종실록지리지, 1454), 藜蘆/래롱(구급방언해, 1466), 藜蘆/박새(사성통해, 1517), 藜蘆/

255 이러한 견해로 이우철(2005), p.258 참조.
256 『분류두공부시언해』(1481) 및 『훈몽자회』(1527) 등은 둥근 열매를 맺는 현재의 박(Lagenaria siceraria)을 '박'으로 표기했다.
257 이러한 견해로 이덕봉(1963), p.17 참조.
258 『분류두공부시언해』(1481) 및 『훈몽자회』(1527) 등은 가늘고 긴 대를 줄로 엮거나 줄 따위를 여러 개 나란히 늘어뜨려 만든 물건을 지칭할 때 '발'로 표기하고 한자도 '簾'(렴)으로 기록했다.
259 『향약구급방』(1236)의 차자(借字) '箔草'(박초)에 대해 남풍현(1981), p.98과 이덕봉(1963), p.17은 '박새'의 표기로 보고 있다.
260 『향약집성방』(1433)의 차자(借字) '朴草'(박초)에 대해 남풍현(1999), p.86은 '박새'의 표기로 보고 있으며, 『향약채취월령』(1431)의 차자(借字) '朴草/朴鳥伊'(박초/박조이)에 대해 남풍현(1981), p.98은 '박새'의 표기로 보고 있다.

朴沙伊/박새(우마양저염역병치료방, 1541), 藜蘆/박싀(언해구급방, 1608), 藜蘆/박새/鹿葱(동의보감, 1613), 藜蘆/박새(사의경험방, 17세기), 藜蘆(산림경제, 1715), 藜蘆/홀아비좆(재물보, 1798), 藜蘆/홀아비졸/山葱(광재물보, 19세기 초), 藜蘆/박새/山葱/鹿葱(물명고, 1824), 藜蘆/박싀(방약합편, 1884)[261]

중국/일본명 중국명 尖被藜芦(jian bei li lu)는 학명과 연관된 것으로, 뾰족한 꽃덮이(학명에서는 꽃덮이가 아니라 꽃받침을 언급)가 있는 여로(藜蘆)라는 뜻이다. 일본명 バイケイサウ(梅蕙草)는 꽃은 흰색의 매화를, 잎은 혜란(蕙蘭: 보춘화 종류의 일본명)을 닮았다는 뜻에서 붙여졌다.

참고 [북한명] 박새/큰꽃박새[262] [유사어] 동운초(東雲草), 여로(藜蘆) [지방명] 팍새(강원), 여로(충북), 박자/박자기/박재풀(함북)

Veratrum Maackii *Regel* シユロサウ 黎蘆
Yŏro 여로

여로〈*Veratrum maackii* Regel(1861)〉[263]

여로라는 이름은 한자어 여로(藜蘆)에서 유래했다. 명아주 또는 검은색 식물을 의미하는 려(藜)와 갈대를 의미하는 로(蘆)가 합쳐진 말로서, 갈대같이 생긴 줄기가 검은색 껍질에 싸여 있다는 뜻이다.[264] 여로는 예부터 땅속줄기를 한약재로 사용했는데, 옛 문헌에서 여로가 박새와 혼용되었던 것에 비추어 특정한 종을 지칭하는 것이 아니라 박새를 포함한 백합과 여로속(*Veratrum*) 식물을 총칭했던 것으로 이해된다.

속명 *Veratrum*은 라틴어 *verator*(예언자)에서 유래한 것으로, 해당 식물의 뿌리에 재채기를 일으키는 성분이 있는 점을 '재채기 후에 하는 말은 진실'이라는 북유럽의 전설과 관련지은 것이며 여로속을 일컫는다. 종소명 *maackii*는 러시아 식물분류학자 Richard Otto Maack(1825~1886)의 이름에서 유래했다.

다른이름 박새/백광노/백영초(정태현 외, 1936)

---

261 『제주도및완도식물조사보고서』(1914)와 『제주도식물』(1930)은 'バーセ'[박새]를 기록했으며 『조선한방약료식물조사서』(1917)는 '박싀'를, 『조선어사전』(1920)은 '藜蘆(여로), 박새'를, 『조선식물명휘』(1922)는 '藜蘆, 藜蘆'를 기록했다. 한편 『조선식물명휘』는 여로(*V. maakii*)에 대해 '藜蘆, 山葱, 박새, 려로'를, 『토명대조선만식물자휘』(1932)는 *V. nigrum*에 대해 '[藜蘆]려로, [棕櫚草]종려초, [박새]'를 기록했다.

262 북한에서는 *V. patulum*을 '박새'로, *V. grandiflorum*을 '큰꽃박새'로 하여 별도 분류하고 있다. 이에 대해서는 리용재 외(2011), p.369 참조.

263 '국가표준식물목록'(2018)은 *Veratrum maackii* var. *japonicum* (Baker) T. Schmizu(1960)를 '여로'로, 본문의 학명을 '긴잎여로'로 기재하고 있으나, 『장진성 식물목록』(2014)은 긴잎여로를 별도 분류하지 않고 본문의 학명을 정명으로 기재하고 있다.

264 이러한 견해로 이우철(2005), p.398 참조. 중국의 이시진은 『본초강목』(1596)에서 "黑色曰藜 其蘆有黑皮外之 故名"[검은색을 藜(려)라 하는데 蘆(로, 갈대)를 검은 껍질이 감싸고 있는 까닭에 유래한 이름이다]이라고 했다.

옛이름 藜蘆/菭草(향약구급방, 1236), 藜蘆/朴草/朴鳥伊(향약채취월령, 1431), 藜蘆/朴草(향약집성방, 1433), 藜蘆/래뇽(구급방언해, 1466), 藜蘆(세종실록지리지, 1454), 藜蘆/박새(사성통해, 1517), 藜蘆/朴沙伊/박새(우마양저염역병치료방, 1541), 藜蘆/박새/鹿葱(동의보감, 1613), 藜蘆/박새(사의경험방, 17세기), 藜蘆(산림경제, 1715), 藜蘆/홀아비좃(재물보, 1798), 藜蘆/홀아비좔/山葱(광재물보, 19세기 초), 藜蘆/박새/山葱/鹿葱(물명고, 1824), 藜蘆/박시(방약합편, 1884), 藜蘆/박새(선한약물학, 1931)[265]

중국/일본명 중국명 毛穗藜芦(mao sui li lu)는 꽃이삭에 털이 있는 여로(藜蘆)라는 뜻이다. 일본명 シュロサウ(棕櫚草)는 줄기의 기부를 감싸고 있는 섬유질이 종려(棕櫚)의 털 모양과 유사하다는 뜻에서 유래했다.

참고 [북한명] 여로

Veratrum Maximowiczii *Baker* アヲヤギサウ
Paran-yoro 파란여로

파란여로〈*Veratrum maackii* var. *parviflorum* (Maxim. ex Miq.) H.Hara(1954)〉[266]
파란여로라는 이름은 꽃이 파란(녹색 또는 황록색) 여로라는 뜻이다.[267] 『조선식물향명집』에서 전통 명칭 '여로'를 기본으로 하고 '파란'을 추가해 신칭했다.[268]

속명 *Veratrum*은 라틴어 *verator*(예언자)에서 유래한 것으로, 해당 식물의 뿌리에 재채기를 일으키는 성분이 있는 점을 '재채기 후에 하는 말은 진실'이라는 북유럽의 전설과 관련지은 것이며 여로속을 일컫는다. 종소명 *maackii*는 러시아 식물분류학자 Richard Otto Maack(1825~1886)의 이름에서 유래했으며, 변종명 *parviflorum*은 '작은 꽃의'라는 뜻이다.

다른이름 섬여로/푸른여로(박만규, 1949), 한라여로(정태현 외, 1949), 풀빛꽃여로/한나여로(임록재 외, 1972), 청여로(이영노, 1996)

중국/일본명 '중국식물지'는 이를 별도 기재하지 않고 있다. 일본명 アヲヤギサウ(靑柳草)는 푸른색의 꽃이 피고 잎이 버드나무를 닮은 식물이라는 뜻에서 붙여졌다.

참고 [북한명] 풀빛꽃여로

265 『조선한방약료식물조사서』(1917)는 '박식, 藜蘆'를 기록했으며 『조선어사전』(1920)은 '藜蘆(여로), 박새'를, 『조선식물명휘』(1922)는 '藜蘆, 山葱, 박새, 려로'를, 『토명대조선만식물자휘』(1932)는 V. nigrum에 대해 '[藜蘆]려로, [棕櫚草]종려초, [박새]'를, 『선명대화명지부』(1934)는 '박새, 려로'를 기록했다.
266 '국가표준식물목록'(2018)과 '세계식물목록'(2018)은 파란여로를 여로(V. maackii)의 변종으로 별도 분류하고 있으나, 『장진성 식물목록』(2014)과 '중국식물지'(2018)는 여로에 통합하고 있으므로 주의를 요한다.
267 이러한 견해로 이우철(2005), p.571 참조.
268 이에 대해서는 『조선식물향명집』, 색인 p.48 참조.

Amaryllidaceae 수선과 (石蒜科)

수선화과〈Amaryllidaceae J.St-Hil.(1805)〉

수선화과는 재배식물인 수선화에서 유래한 과명이다. '국가표준식물목록'(2018), 『장진성 식물목록』(2014) 및 '세계식물목록'(2018)은 *Amaryllis*(아마릴리스속)에서 유래한 Amaryllidaceae를 과명으로 기재하고 있으며, 엥글러(Engler)와 APG IV(2016) 분류 체계도 이와 같다. 백합과와 마찬가지로 과(科)의 인식에 따라서 속(屬)이나 종(種)의 수가 크게 달라진다. 크론키스트(Cronquist) 분류 체계는 이 과를 백합과에 통합하고 APG IV(2016) 분류 체계는 *Allium*(부추속)을 이 과에 통합하고 있다.

Lycoris aurea *Herbert*　シヤウキラン
Gamagwi-manul　가마귀마늘

붉노랑상사화〈*Lycoris flavescens* M.Y.Kim & S.T.Lee(2004)〉[1]

붉노랑상사화라는 이름은 「한국산 상사화속(Lycoris 수선화과)의 분류학적 재검토」(김무열, 2004)에서 비롯한 것으로, (양지에서 피는) 꽃이 붉은빛이 도는 노란색으로 피는 상사화라는 뜻에서 유래했다.[2] 『조선식물향명집』은 비늘조각이 마늘과 비슷하다는 뜻에서 '가마귀마눌'(까마귀마늘)로 기록했다.

　　속명 *Lycoris*는 고대 로마의 정치가 안토니우스(Marcus Antonius, B.C.83~B.C.30)의 연인이었던 미인 *Lycoris*의 이름에서 유래했으며, 꽃이 아름다운 상사화속을 일컫는다. 종소명 *flavescens*는 '누른빛이 도는'이라는 뜻이다.

다른이름 가마귀마눌(정태현 외, 1937), 가마귀무릇(박만규, 1949), 개상사화(정태현 외, 1949), 까마귀무릇/노랑꽃무릇(안학수·이춘녕, 1963), 흰상사화(이창복, 1969b), 금나비상사화(한진건 외, 1982), 노란상사화(김현삼 외, 1988), 노랑상사화(이우철, 1996b)[3]

중국/일본명 중국명 忽地笑(hu di xiao)는 돌연히 땅에서 꽃이 핀다는 뜻으로, 잎이 없는 상태에서 꽃대가 올라와 꽃이 피는 모습에서 유래한 것으로 보인다. 일본명 シヤウキラン(鐘馗蘭)은 역귀를 몰아내는 신의 모습과 닮았다는 뜻에서 유래했다.

참고 [북한명] 노란상사화

1　'국가표준식물목록'(2018)은 본문의 학명으로 기재하고 있으나, 『장진성 식물목록』(2014)은 제주상사화〈*Lycoris* x *chejuensis* K.H.Tae & S.C.Ko(1993)〉의 이명(synonym)으로 처리하고 있으므로 주의를 요한다.

2　이러한 견해로 이우철(2005), p.289 참조. 음지에서 피는 꽃은 연한 녹색을 띤다(같은 곳 참조).

3　『조선식물명휘』(1922)는 '老鴉蒜, 石蒜'을 기록했다.

Lycoris squamigera *Maximowicz*　ナツズヰセン
Saṅgsahwa　상사화

상사화〈*Lycoris squamigera* Maxim.(1885)〉

상사화라는 이름은 한자어 상사화(相思花)에서 유래했는데, 봄
에 난 잎이 지고 나서 여름에 꽃이 피는 모습에서 서로가 만
나지 못하여 그리워한다는 뜻을 연상해 붙여진 것이다.[4] 『물
명고』는 '馬[虙+又+韭]/믈무릇'에 대해 "花如萱而紅色 與葉
不同時"(꽃은 원추리와 비슷하지만 붉은색이고 잎은 나지만 동시
에 나지는 않는다)라고 하여 상사화를 '믈무릇'으로 기록하기도
했다.[5]

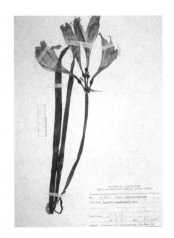

　속명 *Lycoris*는 고대 로마의 정치가 안토니우스(Marcus
Antonius, B.C.83~B.C.30)의 연인이었던 미인 *Lycoris*의 이름
에서 유래했으며, 꽃이 아름다운 상사화속을 일컫는다. 종소
명 *squamigera*는 '비늘조각을 가진'이라는 뜻으로 땅속에
비늘줄기가 있는 것에서 유래했다.

옛이름　相思花(오재집, 1723), 相思花(유하집, 1731), 馬薤/말무릇(광재물보, 19세기 초), 相思花(이옥전
집, 1815), 馬[虙+又+韭]/믈무릇(물명고, 1824)[6]

중국/일본명　중국명 鹿葱(lu cong)은 '사슴의 파'라는 뜻이다. 명나라 때 왕상진(王象晉, 1561~1653)이
집필한 재배식물 관련 서적인 『이여정군방보』에 "사슴이 즐겨 먹기에 이름을 그렇게 붙인다(鹿喜
食之 故以命名)"라고 한 것에서 유래했다. 한편 『동의보감』이나 『물명고』 등 국내 문헌에서 鹿葱(녹
총)은 여로나 박새 또는 원추리를 지칭했다. 일본명 ナツズヰセン(夏水仙)은 잎이 수선화를 닮았는
데 꽃이 여름에 핀다는 뜻에서 붙여졌다.

참고　[북한명] 상사화 [유사어] 녹총(鹿葱), 석산(石蒜) [지방명] 개난초(강원), 기생난(경기), 물목(전
남), 말마농(제주)

4　이러한 견해로 이우철(2005), p.322; 허북구·박석근(2008a), p.129; 이유미(2010), p.348; 한태호 외(2006), p.127 참조.
5　김종원(2013), p.577은 '馬[虙+又+韭]'를 '마해'로 보아 오늘날의 염교(염부추)라고 하고 있으나, 꽃과 잎은 동시에 나지 않는
　　다는 설명에 비추어 이는 근거가 없는 것으로 생각된다.
6　『조선식물명휘』(1922)는 '鹿葱, 想思花, 상사화'를 기록했으며 Crane(1931)은 '부활꽃, 復活花, 상사화, 相思花'를, 『선명대화명
　　지부』(1934)는 '상사화'를 기록했다.

Narcissus Tazetta *L.* var. chinensis *M. Raemer*　スヰセン
Susónhwa　수선화　(栽)

수선화⟨*Narcissus tazetta* L.(1753)⟩[7]

수선화라는 이름은 한자어 수선화(水仙花)에서 유래한 것으로 물에 사는 신선이라는 뜻이다.[8] 옛 문헌에서는 별칭으로 금잔은대화(金盞銀臺花)를 기록하고 있다. 이는 꽃의 중앙에 있는 진노랑 덧꽃부리를 금잔으로, 흰색 꽃덮이를 은색 대(臺)를 받치고 있는 것으로 나타낸 것이다. '국가표준식물목록'은 수선화를 재배식물로 기재하고 있고, 이는 조선 후기에 중국을 통해 재배용으로 전래된 것에서 비롯한다. 그러나 제주도와 거문도에 자생하고 있으므로 재배식물이 아닌 자생종으로 분류해야 한다.

속명 *Narcissus*는 narke(마비, 무감각)에 어원을 두고 있는 고대 그리스어 *nárkissos*에서 유래한 것으로, 연못 속에 비친 자신의 아름다움에 반해 빠져 죽은 그리스 신화의 미소년 나르시스와 관계가 있으며 수선화속을 일컫는다. 종소명 *tazetta*는 이탈리아어로 '작은 커피잔의'라는 뜻이며 덧꽃부리의 형태에서 유래했다.

다른이름　수선(안학수·이춘녕, 1963), 겹첩수선화(한진건 외, 1982)

옛이름　水仙花(현곡집, 1650), 水仙/슈션화/金盞銀臺(광재물보, 19세기 초), 水仙/金盞銀臺花(물명고, 1824), 水仙花(오주연문장전산고, 185?), 水仙花(다산시문집, 1865), 水仙花(완당선생전집, 1868), 水仙花/슈션화(명물기략, 1870), 金盞銀臺/水仙花(수세비결, 1929), 水仙(선한약물학, 1931)[9]

중국/일본명　중국명 水仙(shui xian)은 습한 곳에서 자라는 신선 같은 꽃이라는 뜻이다. 당나라 때 이탈리아에서 전래되어 재배하기 시작했으며, 비늘줄기가 양파나 마늘처럼 생겨 雅蒜(아산), 天葱(천총)이라고도 했고, 꽃 모양 때문에 金盞銀臺(금잔은대) 등 여러 이름으로 불렸다.[10] 일본명 スヰセン(水仙)도 중국명과 동일한 뜻이다.

참고　[북한명] 수선화/겹첩수선화[11] [유사어] 금잔옥대(金盞玉臺), 금잔은대(金盞銀臺), 배현(配玄), 수선창(水仙菖) [지방명] 말마농고장/말마농꽃(제주), 물꽃(충남)

7　'국가표준식물목록'(2018)과 '중국식물지'(2018)는 수선화의 학명을 *Narcissus tazetta* var. *chinensis* Roem.(1847)으로 기재하고 있으나, 『장진성 식물목록』(2014)은 본문의 학명을 정명으로 기재하고 있다.

8　이러한 견해로 이우철(2005), p.358; 허북구·박석근(2008a), p.142; 한태호 외(2006), p.137 참조.

9　『조선어사전』(1920)은 '水仙花(수선화), 水仙菖(수선창)'을 기록했으며 『조선식물명휘』(1922)는 '水仙, 수선화'를, 『토명대조선만식물자휘』(1932)는 '[水仙菖]슈션챵, [水仙花]슈션화'를, 『선명대화명지부』(1934)는 '슈(수)국, 슈(수)션, 슈선화'를 기록했다.

10　중국의 이시진은 『본초강목』(1596)에서 "此物宜卑湿處 不可缺水 故名水仙 金盞銀臺 花之状也"(낮고 습한 지역에서 잘 자라고 물기가 없으면 아니 되어 수선이라 하고, 금잔은대는 꽃의 모양을 일컫는다)라고 했다.

11　북한에서는 *N. tazetta*를 '수선화'로, *N. tazetta* var. *chinensis*를 '겹첩수선화'로 하여 별도 분류하고 있다. 이에 대해서는 리용재 외(2011), p.236 참조.

Dioscoreaceae 마科 (薯蕷科)

마과〈Dioscoreaceae R.Br.(1810)〉

마과는 국내에 자생하는 마에서 유래한 과명이다. '국가표준식물목록'(2018), 『장진성 식물목록』(2014) 및 '세계식물목록'(2018)은 *Dioscorea*(마속)에서 유래한 Dioscoreaceae를 과명으로 기재하고 있으며, 엥글러(Engler), 크론키스트(Cronquist) 및 APG IV(2016) 분류 체계도 이와 같다.

Dioscorea Batatas *Decaisne*   ナガイモ   山藥
Chamma   참마

참마〈*Dioscorea japonica* Thunb.(1784)〉

참마라는 이름은 진짜(참) 마라는 뜻에서 유래했다. 『조선식물향명집』에서 한글명이 처음으로 발견되는데 신칭한 이름인지 방언을 채록한 것인지 명확하지 않다.

속명 *Dioscorea*는 디오스코리데스(Dioscorides, 40~90)의 이름에서 유래했으며 마속을 일컫는다. 종소명 *japonica*는 '일본의'라는 뜻으로 발견지를 나타낸다.

다른이름 마(정태현 외, 1936), 산마/산약(안학수·이춘녕, 1963)[1][2]

중국/일본명 중국명 日本薯蕷(ri ben shu yu)는 일본에 분포하는 서여(薯蕷: 마의 중국명)라는 뜻으로 학명에서 유래했다. 일본명 ナガイモ(長芋)는 육질의 뿌리가 긴 뿌리 식물(芋)이라는 뜻이다.

참고 [북한명] 참마 [유사어] 산약(山藥), 산우(山芋), 영여자(零餘子), 풍차아(風車兒) [지방명] 산마(경기), 마(전북), 마/새삼(제주)

---

1 『조선식물명휘』(1922)는 '薯蕷, 山藥, 山芋, 마, 산약(救, 藥)'을 기록했으며 『선명대화명지부』(1934)는 '마, 산약'을, 『조선의 산과와산채』(1935)는 '家山藥, 마'를 기록했다.
2 『조선식물향명집』은 *D. batatas*를 '참마'로, *D. japonica*를 '마'로 기록해 학명이 서로 바뀌어 있다.

Dioscorea japonica *Thunberg* ヤマノイモ 薯蕷
Ma 마

마 〈*Dioscorea polystachya* Turcz.(1837)〉[3]

마라는 이름은 초간본이 고려 시대에 저술된 『향약구급방』에 차자(借字) 亇支(마디/맏)의 형태로 나타나는 옛말인데 그 어원은 정확히 알려져 있지 않다.[4] 다만 아이누어에서 감자를 emo, 일본어에서 감자를 imo, 터키 고대어에서 먹이를 män라고 했던 점에 비추어 『향약구급방』에 기록된 차자 亇支(마복)은 먹을거리라는 뜻의 män에서 유래했다는 견해가 있다.[5]

속명 *Dioscorea*는 디오스코리데스(Dioscorides, 40~90)의 이름에서 유래했으며 마속을 일컫는다. 종소명 *polystachya*는 '이삭이 많은'이라는 뜻이다.

다른이름 당마(안학수·이춘녕, 1963)[6]

옛이름 薯蕷/亇支(향약구급방, 1236),[7] 薯蕷(삼국유사, 1281), 薯蕷/山藥(향약집성방, 1433), 마/薯蕷(훈민정음해례본, 1446), 薯蕷/맣(분류두공부시언해, 1481), 마/薯蕷/山藥(훈몽자회, 1527), 薯蕷/山藥/마(촌가구급방, 1538), 薯蕷/마(언해구급방, 1608), 薯蕷/마(동의보감, 1613), 薯蕷/마(신간구황촬요, 1660), 薯蕷/마(해동농서, 1799), 山藥/마/薯蕷(물명고, 1824), 山藥/마(명물기략, 1870), 薯蕷/山藥/마(방약합편, 1884), 마/薯蕷/山藥/산약(한불자전, 1880), 山藥/마(선한약물학, 1931)[8]

중국/일본명 중국명 薯蕷(shu yu)는 감자나 고구마 같은 덩이를 가진 뿌리 식물이라는 뜻이다. 『본초강목』은 『산해경』에서 景山(경산)에 많다고 기록한 '藷藇'(서서)의 일종이고 후대에 변화한 말일 수 있다는 취지로 기록했다. 일본명 ヤマノイモ(山の芋)는 산에서 자라는 뿌리 식물(芋)이라는 뜻이다.

참고 [북한명] 마 [유사어] 산우(山芋), 산약(山藥), 영여자(零餘子), 풍차아(風車兒) [지방명] 산마(강원), 참마(경기), 산약(경남), 마/마가목/마돌기나물/산마/산약(경북), 야생마(전남), 산마/참마(전북), 산마(제주), 산마(충청)

---

3 '국가표준식물목록'(2018)은 마의 학명을 *Dioscorea batatus* Decne.(1854)로 기재하고 있으나, 『장진성 식물목록』(2014), '세계식물목록'(2018) 및 '중국식물지'(2018)는 정명을 본문과 같이 기재하고 있다.

4 이러한 견해로 김민수(1997), p.309 참조.

5 이러한 견해로 강길운(2010), p.485 참조.

6 『조선식물향명집』은 *D. batatas*를 '참마'로, *D. japonica*를 '마'로 기록해 학명이 서로 바뀌어 있다.

7 『향약구급방』(1236)의 차자(借字) 亇支(마복)에 대해 남풍현(1981), p.88은 '마디/맏'의 표기로 보고 있으며, 이덕봉(1963), p.6은 '마'의 표기로 보고 있다.

8 『조선한방약료식물조사서』(1917)는 '마, 山藥, 薯蕷'를 기록했으며 『조선의 구황식물』(1919)은 '마, 薯蕷'를, 『조선어사전』(1920)은 '薯蕷(서여), 山藥(산약), 山芋(산우), 마'를, 『조선식물명휘』(1922)는 '薯蕷, 마(救, 食)'를, 『토명대조선만식물자휘』(1932)는 '[薯蕷]셔여, [山芋]산우, [山藥]산약, [마]'를, 『선명대화명지부』(1934)는 '마'를, 『조선의산과와산채』(1935)는 '薯蕷, 마, 野山藥'을 기록했다.

Dioscorea nipponica *Makino*　ウチハドコロ
Buchae-ma　부채마

부채마〈*Dioscorea nipponica* Makino(1891)〉

부채마라는 이름은 『조선식물향명집』에서 신칭한 것으로,[9] 잎이 부채(扇)와 같은 '마'라는 뜻이다.[10] 전통 명칭 '마'에 '부채'라는 말이 추가된 것으로, 여기서 부채는 일본명의 ウチハ(団扇)에서 영향을 받은 것으로 보인다.

속명 *Dioscorea*는 디오스코리데스(Dioscorides, 40~90)의 이름에서 유래했으며 마속을 일컫는다. 종소명 *nipponica*는 '일본의'라는 뜻으로 최초 발견지를 나타낸다.

다른이름 털부채마(정태현 외, 1937), 단풍잎마/털단풍잎마(박만규, 1949), 박추마(안학수·이춘녕, 1963)

중국/일본명 중국명 穿龙薯蓣(chuan long shu yu)는 일명 穿山龍(천산룡)이라고도 한다. 즉, 용처럼 구불구불하게 생긴 뿌리를 가진 서여(薯蕷: 마의 중국명)라는 뜻으로, 무덤이나 산비탈을 뚫고 싹을 틔워 자라는 모습을 묘사한 것이다. 일본명 ウチハドコロ(団扇野老)는 부채(団扇)를 닮은 도코로마(野老)라는 뜻이다.

참고 [북한명] 부채마 [유사어] 천산룡(穿山龍) [지방명] 너마/머마/메마(제주)

Dioscorea nipponica *Makino* var. pubescens *Nakai*　ケウチハドコロ
Tŏl-buchae-ma　털부채마

부채마〈*Dioscorea nipponica* Makino(1891)〉

'국가표준식물목록'(2018), 『장진성 식물목록』(2014), '세계식물목록'(2018) 및 '중국식물지'(2018)는 털부채마를 별도 분류하지 않고 부채마에 통합하므로 이 책도 이에 따른다.

9　이에 대해서는 『조선식물향명집』, 색인 p.39 참조.
10　이러한 견해로 이우철(2005), p.283 참조.

Dioscorea quinqueloba *Thunberg*   キクバドコロ
Gughwa-ma   국화마

국화마⟨*Dioscorea septemloba* Thunb.(1784)⟩

국화마라는 이름은 『조선식물향명집』에서 신청한 것으로,[11] 잎이 국화의 잎처럼 갈라진 '마'라는 뜻이다.[12] 최근 연구에 의하면 국화마의 국내 분포는 확인되지 않는다.[13]

속명 *Dioscorea*는 디오스코리데스(Dioscorides, 40~90)의 이름에서 유래했으며 마속을 일컫는다. 종소명 *septemloba*는 '7개로 얇게 갈라지는'이라는 뜻으로 잎의 모양에서 유래했다.

다른이름 단풍마(정태현, 1956)[14]

중국/일본명 중국명 绵萆薢(mian bi xie)는 솜 같은 비해(萆薢: 쓴맛이 나는 마 종류의 중국명)라는 뜻으로, 잎의 윗면에 거친 흰 털이 있고 뒷면이 회백색인 것에서 유래했다. 일본명 キクバドコロ(菊葉野老)는 국화의 잎을 닮은 도코로마(野老)라는 뜻이다.

참고 [북한명] 국화마 [유사어] 천산룡(穿山龍) [지방명] 귀마(제주)

Dioscorea septemloba *Thunberg*   モミヂドコロ
Danpung-ma   단풍마

단풍마⟨*Dioscorea quinquelobata* Thunb.(1784)⟩[15]

단풍마라는 이름은 『조선식물향명집』에서 신청한 것으로,[16] 잎이 단풍나무의 잎처럼 갈라진 '마'라는 뜻이다.[17] 제주도와 남부 지역에 주로 분포하는 식물이다.

속명 *Dioscorea*는 디오스코리데스(Dioscorides, 40~90)의 이름에서 유래했으며 마속을 일컫는다. 종소명 *quinquelobata*는 '5개로 얇게 갈라지는'이라는 뜻으로 잎의 모양에서 유래했다.

다른이름 산약(박만규, 1949), 국화마(정태현, 1956), 가새마/국화잎마(안학수·이춘녕, 1963)

중국/일본명 중국에서는 단풍마의 분포가 확인되지 않는 것으로 보인다. 일본명 モミヂドコロ(紅葉野老)는 단풍(紅葉)을 닮은 도코로마(野老)라는 뜻이다.

---

11 이에 대해서는 『조선식물향명집』, 색인 p.33 참조.
12 이러한 견해로 이우철(2005), p.92 참조.
13 이에 대한 보다 자세한 내용은 정대희·정규영(2015), p.388 참조.
14 『조선식물명휘』(1922)는 '山藥, 山芋'를 기록했다.
15 '국가표준식물목록'(2018)은 단풍마의 학명을 *Dioscorea quinqueloba* Thunb.(1784)로 기재하고 있으나, 『장진성 식물목록』(2014)과 '세계식물목록'(2018)은 정명을 본문과 같이 기재하고 있다.
16 이에 대해서는 『조선식물향명집』, 색인 p.34 참조.
17 이러한 견해로 이우철(2005), p.164 참조.

Dioscorea Tokoro *Makino*　オニドコロ
Doĝoro-ma 도꼬로마

쓴마(멸애) 〈*Dioscorea tokoro* Makino ex Miyabe(1889)〉

『조선식물향명집』에 기록된 도꼬로마라는 이름은 잔뿌리가 많고 굽은 모양이 노인을 연상시킨다는 뜻의 일본명 ドコロ(野老)를 차용해 붙여진 것으로, 현재 '국가표준식물목록'에서 추천명으로 사용하고 있다.[18] 『동의보감』과 『물명고』 등에 기록된 옛이름 '멸애'(또는 '멸앳', '며래')가 도꼬로마 또는 그와 유사한 식물을 일컫는 것으로 추정한다.[19] 멸애는 청미래덩굴의 옛말 '청멸애'의 멸애와 같은 뜻으로, 뿌리를 약재로 사용했던 것에서 유래한 이름이다.[20] 뿌리가 매우 쓰므로 '쓴마'라는 다른이름으로 기록되기도 했다. 멸애는 고유명이고 약재로 사용하는 뿌리에서 아주 강한 쓴맛이 나는 것에 어울리는 이름이 있으므로, 굳이 발음까지 일본어로 된 명칭을 사용할 필요는 없어 보인다. 한편 쓴마(며래)로 분류되는 종의 국내 분포 여부가 확실하지 않고, 기존 쓴마(며래)로 분류하던 종은 학명이 *Dioscorea coreana* (Prain & Burkill) R.Knuth(1924)로서 국명을 '푸른마'로 해야 한다는 견해가 유력하다.[21]

속명 *Dioscorea*는 디오스코리데스(Dioscorides, 40~90)의 이름에서 유래했으며 마속을 일컫는다. 종소명 *tokoro*는 일본명 ドコロ(野老)에서 유래했다.

다른이름　도고로마(정태현, 1949), 쓴마/왕마/큰마(안학수·이춘녕, 1963)

옛이름　萆薢/머리(언해구급방, 1608) 萆薢/멸앳/土茯笭/仙遺粮/冷飯團(동의보감, 1613), 草薢/흰멸앳/白菝葜/赤節/土茯笭(물명고, 1824), 萆薢/며래(방약합편, 1884), 草薢/엿잇뿌리(선한약물학, 1931)[22]

중국/일본명　중국명 山草薢(shan bei xie)는 산에서 자라는 비해(草薢: 쓴맛이 나는 마 종류의 중국명)라는 뜻이다. 일본명 オニドコロ(鬼野老)는 식물체가 큰(鬼) 도코로마(野老)라는 뜻이다.

참고　[북한명] 큰마 [유사어] 비해(草薢) [지방명] 도롱마/오롱마(제주)

18　이러한 견해로 이우철(2005), p.178 참조.

19　『(신대역) 동의보감』(2012), p.2036은 『동의보감』(1613)의 '草薢'를 도꼬로마의 뿌리로 보고 있다.

20　『동의보감』(1613)은 草薢(멸앳)에 대해 "處處有之 葉似薯蕷 蔓生"(각지에서 자라는데 잎은 마와 비슷하고 덩굴로 자란다)이라고 기록했다.

21　김진석 외(2016), p.218은 최초로 기존 학명을 변경했고, 정규영 외(2017), p.281은 이에 대한 국명을 '푸른마'로 기재하고 있다.

22　『조선어사전』(1920)은 '土草薢(토비히), 멸애'를 기록했으며 『조선식물명휘』(1922)는 '山草薢, 마'를, 『토명대조선만식물자휘』(1932)는 '[草薢]비히, [土茯笭]토복령, [仙遺粮]선유랑, [冷飯團]딍반단'을, 『선명대화명지부』(1934)는 '마'를 기록했다.

Iridaceae 붓꽃科 (鳶尾科)

> **붓꽃과** ⟨Iridaceae Juss.(1789)⟩
>
> 붓꽃과는 국내에 자생하는 붓꽃에서 유래한 과명이다. '국가표준식물목록'(2018), 『장진성 식물목록』 (2014) 및 '세계식물목록'(2018)은 Iris(붓꽃속)에서 유래한 Iridaceae를 과명으로 기재하고 있으며, 엥글러(Engler), 크론키스트(Cronquist) 및 APG IV(2016) 분류 체계도 이와 같다.

Belamcanda chinensis *Leman*　ヒアフギ　射干
Bŏm-buchae　범부채

범부채 ⟨*Iris domestica* (L.) Goldblatt & Mabb.(2005)⟩[1]

범부채라는 이름은 오래된 고유명으로, 황적색 꽃에 호랑이 무늬 같은 짙은 반점이 있고 좌우로 편평한 잎이 2열로 배열된 모양이 마치 부채를 절반쯤 펼쳐놓은 듯하다는 뜻에서 유래했다.[2] 『향약구급방』에서 차자(借字)로 虎矣扇(호의선)이라고 기록한 것이 『동의보감』에서 '射干/범부체'가 되고, 그 후 '범부채'로 변화해 현재에 이르고 있다.

　속명 *Iris*는 그리스 신화에 나오는 신들의 전령으로 무지개를 의인화한 신의 이름이며 붓꽃속을 일컫는다. 종소명 *domestica*는 '국내의, 가정의'라는 뜻이다.

다른이름　범부채(정태현 외, 1936), 사간(정태현 외, 1949), 법부채 (이영노·주상우, 1956)

옛이름　射干/虎矣扇(향약구급방, 1236),[3] 射干/虎矣扇(향약채취월령, 1431), 射干/虎矣扇(향약집성방, 1433),[4] 射干/범부치(언해구급방, 1608), 射干/샤간(언해두창집요, 1608), 射干/범부체(동의보감, 1613), 射干/범부채(사의경험방, 17세기), 射干(광제비급, 1790), 射干/범부채(재물보, 1798), 射干/범부치(제중신편, 1799), 射干/범부치(광재물보, 19세기 초), 射干/범부치(물명고, 1824), 射干/범붓채(의휘, 1871), 범붓치/

1　'국가표준식물목록'(2018)은 범부채의 학명을 *Belamcanda chinensis* (L.) DC.(1807)로, '중국식물지'(2018)는 *Belamcanda chinensis* (Linnaeus) Redouté(1805)로 기재하고 있으나, 『장진성 식물목록』(2014)과 '세계식물목록'(2018)은 최근의 유전자 분석에 따른 분류를 반영해 학명을 붓꽃과 붓꽃속(*Iris*)에 속하는 것으로 하여 본문과 같이 기재하고 있다.

2　이러한 견해로 이덕봉(1963), p.18; 허북구·박석근(2008a), p.111; 이유미(2010), p.326 참조.

3　『향약구급방』(1236)의 차자(借字) '虎矣扇'(호의선)에 대해 남풍현(1981), p.83은 '범의부체'의 표기로 보고 있으며, 이덕봉(1963), p.17은 '범의부치'의 표기로 보고 있다.

4　『향약집성방』(1433)의 차자(借字) '虎矣扇'(호의선)에 대해 남풍현(1999), p.177은 '범의부체'의 표기로 보고 있다.

虎扇草(한불자전, 1880), 射干/범부체(방약합편, 1884), 射干/범부치(단방비요, 1913), 射干/범부채쑤리(선한약물학, 1931)[5]

중국/일본명 중국명 射干(she gan)은 줄기가 길고 곧으며 벌어진 모양이 사수의 긴 화살대와 비슷해서 붙여졌다.[6] 일본명 ヒアフギ(檜扇)는 잎의 모양이 노송나무의 얇은 오리로 엮어 만든 쥘부채(檜扇)를 닮은 것에서 유래했다.

참고 [북한명] 범부채 [유사어] 오선(烏扇), 편죽(篇竹) [지방명] 말푼체(제주), 버무부채꽃(함북)

Iris albo-purpurea *Baker*　カキツバタ
Jebi-butĝot　제비붓꽃

제비붓꽃〈*Iris laevigata* Fisch.(1839)〉

제비붓꽃이라는 이름은 『조선식물향명집』에서 전통 명칭 '붓꽃'을 기본으로 하고 식물의 형태적 특징을 나타내는 '제비'를 추가해 신칭했다.[7] 물 찬 제비처럼 예쁜 붓꽃이라는 뜻에서 붙여졌다고 한다.[8] 보다 정확히는 꽃덮이에 난 흰색의 문양이 물 찬 제비 같은 느낌을 주는 것과 관련 있는 것으로 보인다. 한편 내꽃덮이가 위로 뾰족뾰족 일어선 모습이 마치 우뚝 솟은 제비와 같이 날씬하다는 뜻에서 유래한 이름으로 보는 견해가 있다.[9] 그러나 붓꽃도 내꽃덮이는 위를 향해 서는 모습을 취하므로 그 타당성은 의문스럽다. 19세기 중반에 저술된 『진명집』과 『오주연문장전산고』는 중국명에서 유래한 것으로 제비꽃이라는 뜻의 燕子花(연자화)를 기록했다.

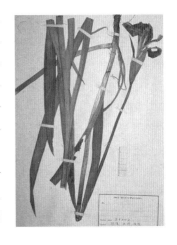

속명 *Iris*는 그리스 신화에 나오는 신들의 전령으로 무지개를 의인화한 신의 이름이며 붓꽃속을 일컫는다. 종소명 *laevigata*는 '털이 없는, 평활한'이라는 뜻이다.

5　『제주도및완도식물조사보고서』(1914)와 『제주도식물』(1930)은 '마ルプチュ, ポンプチ꾀, ウォンチュリコット'[말푼체, 범부체, 원추리곳]을 기록했으며 『조선한방약료식물조사서』(1917)는 '범부체, 射干'을, 『조선어사전』(1920)은 '범부채, 射干(샤간)'을, 『조선식물명휘』(1922)는 '射干, 扁竹, 범부제, 사간(藥)'을, Crane(1931)은 '범부치, 扁竹'을, 『토명대조선만식물자휘』(1932)는 '[扁竹蘭]편죽란, [射干花]샤간화, [虎扇草]호선초, [범(의)부체]'를, 『선명대화명지부』(1934)는 '범부제, 사간'을 기록했다.

6　중국의 『본초강목』(1596)은 "射干之形 莖梗疎長 正如射之長竿之狀 得名"(사간의 모양이 줄기가 길고 벌어진 것이 사수의 긴 화살대와 같으므로 그러한 이름이 붙었다)이라고 기록했다.

7　이에 대해서는 『조선식물향명집』, 색인 p.45 참조.

8　이러한 견해로 이우철(2005), p.453 참조.

9　이러한 견해로 허북구·박석근(2008a), p.182와 한태호 외(2006), p.181 참조.

다른이름 푸른붓꽃(박만규, 1949)

옛이름 杜若(물명고, 1824), 燕子花(진명집, 1849), 杜若/燕子花(오주연문장전산고, 185?), 燕子花/제비꽃(화하만필, 1934)[10]

중국/일본명 중국명 燕子花(yan zi hua)는 제비를 닮은 꽃이라는 뜻에서 유래했다. 일본명 カキツバタ (杜若/燕子花)는 베에 꽃물을 들여 염색하는 옛날의 '書き付け'라는 행사명에서 유래했다.

참고 [북한명] 제비붓꽃 [유사어] 연자화(燕子花)

○ Iris dichotoma *Pallas*　ヒアフギモドキ
Oli-bom-buchae　얼이범부채

대청부채〈*Iris dichotoma* Pall.(1776)〉

대청부채라는 이름은 서해 대청도에서 자라고 잎이 범부채를 닮은 것에서 유래했다.[11] 『조선식물향명집』의 편찬 당시에는 평북 벽동에 분포했으며, 범부채와 유사하다는 뜻에서 '얼이범부채'를 신칭해 기록했으나,[12] 1983년 대청도에서 자생 군락을 발견하면서 '대청부채'라는 이름을 신칭해 현재에 이르고 있다.[13]

속명 *Iris*는 그리스 신화에 나오는 신들의 전령으로 무지개를 의인화한 신의 이름이며 붓꽃속을 일컫는다. 종소명 *dichotoma*는 '가위 모양으로 분지(分枝)하는'이라는 뜻으로 가지가 나누어지는 모양 때문에 붙여졌다.

다른이름 얼이범부채(정태현 외, 1937), 참부채붓꽃(리종오, 1964), 부채붓꽃(이창복, 1969b), 대청붓꽃(이영노, 1996)[14]

중국/일본명 중국명 野鳶尾(ye yuan wei)는 들에서 자라고 잎이 솔개의 꼬리와 같다는 뜻이다. 일본명 ヒアフギモドキ(檜扇擬き)는 범부채(檜扇)를 닮았다는 뜻에서 붙여졌다.

참고 [북한명] 참부채붓꽃

---

10 『조선식물명휘』(1922)는 '燕子花, 杜若'을 기록했다.
11 이러한 견해로 이우철(2005), p.172 참조.
12 이에 대해서는 『조선식물향명집』, 색인 p.43 참조.
13 이에 대해서는 이창복(1983), pp.71-113 참조.
14 『조선식물명휘』(1922)는 한자명으로 '白射干, 搜山虎'를 기록했다.

Iris ensata *Thunberg* var. spontanea *Makino*　ノハナシヤウブ
Ĝot-jangpo　꽃장포

꽃창포⟨*Iris ensata* Thunb.(1794)⟩[15]

꽃창포라는 이름은 창포에 비해 아름다운 꽃을 피운다는 뜻에서 붙여졌다.[16] 『조선식물향명집』에서는 '꽃장포'를 신칭해 기록했으나[17] 『조선식물명집』에서 '꽃창포'로 기록해 현재에 이르고 있다. 19세기 초에 저술된 『물명고』는 붓꽃속 식물임에도 불구하고 泥菖蒲(니창포)라고 하여 잎의 모양이 창포와 닮았기 때문에 창포의 한 종류로 인식하여 기록했다. 한편 『동의보감』과 『물명고』 등은 붓꽃속 식물에 대해 열매를 약으로 사용할 때에는 '馬藺子/蠡實(붇곳 또는 붓꽃)'이라는 이름을 사용했고, 잎의 뾰족한 모양을 살필 때에는 '菖蒲'(창포)의 일종으로 보아 溪蓀(계손), 泥菖蒲(니창포), 白菖(백창), 水菖蒲(수창포)라는 이름을 사용하기도 했기 때문에[18] 명칭에 혼선이 있어왔다. 이러한 옛 인식을 반영해 붓꽃속(*Iris*) 식물에 전통 명칭 창포(장포)'를 기본으로 하고 '꽃'을 추가해 신칭한 것으로 추정한다.

속명 *Iris*는 그리스 신화에 나오는 신들의 전령으로 무지개를 의인화한 신의 이름이며 붓꽃속을 일컫는다. 종소명 *ensata*는 '칼모양의'라는 뜻이다.

다른이름 꽃장포(정태현 외, 1937), 들꽃장포(박만규, 1949), 들꽃장포(리종오, 1964), 참꽃창포(임록재 외, 1996)

옛이름 泥菖/夏菖/水菖(동의보감, 1613), 白菖/泥菖蒲/水菖蒲(물명고, 1824)[19]

중국/일본명 중국명 玉蟬花(yu chan hua)는 옥선(玉蟬: 옥으로 만든 매미 모양 장신구) 같은 꽃이라는 뜻이다. 일본명 ノハナシヤウブ(野花菖蒲)는 들에서 자라는 꽃창포라는 뜻이다.

참고 [북한명] 들꽃장포/참꽃창포[20] [유사어] 마린(馬藺), 옥선화(玉蟬花), 화창포(花菖蒲) [지방명] 내심초(전남), 창포(충북)

---

15 '국가표준식물목록'(2018)은 꽃창포의 학명을 *Iris ensata* var. *spontanea* (Makino) Nakai(1930)로 기재하고 있으나, 『장진성 식물목록』(2014), '중국식물지'(2018) 및 '세계식물목록'(2018)은 본문의 학명을 정명으로 기재하고 있다.

16 이러한 견해로 이우철(2005), p.121; 허북구·박석근(2008a), p.48; 한태호 외(2006), p.76 참조.

17 이에 대해서는 『조선식물향명집』, 색인 p.32 참조.

18 이러한 옛 인식을 반영하여 '중국식물지'(2018)는 '溪蓀'(계손)을 붓꽃<*Iris sanguinea* Donn ex Horn(1813)>의 중국명으로 사용하고 있다. 한편 신현철 외(2017)는 중국 및 우리 한의학 옛 문헌에 나오는 '溪蓀'(계손)과 '水菖蒲'(수창포)를 창포속(*Acorus*) 식물로 보고 있으나, 중국과 우리나라의 실제 이름의 사용례에 비추어 타당성은 의문스럽다.

19 『조선어사전』(1920)은 '菖蒲(창포), 泥菖蒲(니창포), 白菖蒲'를 기록했으며 『조선식물명휘』(1922)는 '野花菖蒲'를, Crane(1931)은 '창포, 菖蒲'를, 『토명대조선만식물자휘』(1932)는 '[白菖(蒲)]빅챵(포), [泥菖蒲]니챵포'를 기록했다.

20 북한에서는 *I. kaempferi*를 '들꽃창포'로, *I. ensata*를 '참꽃창포'로 하여 별도 분류하고 있다. 이에 대해서는 리용재 외(2011), p.188 참조.

⊗ Iris koreana *Nakai*　キバナカキツバタ(オホキンカキツ)
Noraṅ-butĝot　노랑붓꽃

노랑붓꽃⟨*Iris koreana* Nakai(1914)⟩

노랑붓꽃이라는 이름은 노란 빛깔의 꽃을 피운다는 뜻에서 붙여졌다.[21] 『조선식물향명집』에서 전통 명칭 '붓꽃'을 기본으로 하고 꽃의 색깔을 나타내는 '노랑'을 추가해 신칭했다.[22]

　속명 *Iris*는 그리스 신화에 나오는 신들의 전령으로 무지개를 의인화한 신의 이름이며 붓꽃속을 일컫는다. 종소명 *koreana*는 '한국의'라는 뜻으로 한반도 고유종임을 나타낸다.

중국/일본명 중국에는 분포하지 않으나 원예용으로 재배하는 것으로 알려져 있다. 일본명 キバナカキツバタ(黄花杜若/黄花燕子花)는 노란 꽃이 피는 제비붓꽃(杜若/燕子花)이라는 뜻이다.

참고 [북한명] 노랑붓꽃

Iris minuta *Franchet et Savatier*　キンカキツ
Gům-butĝot　금붓꽃

금붓꽃⟨*Iris minutoaurea* Makino(1928)⟩

금붓꽃이라는 이름은 진노랑 빛깔의 꽃이 황금을 연상시킨다는 뜻에서 유래했다.[23] 『조선식물향명집』에서 이름이 처음으로 발견되는데 신칭한 것인지 아니면 방언을 채록한 것인지는 분명하지 않다.

　속명 *Iris*는 그리스 신화에 나오는 신들의 전령으로 무지개를 의인화한 신의 이름이며 붓꽃속을 일컫는다. 종소명 *minutoaurea*는 라틴어 *minutus*가 '매우 작은'이라는 뜻이고 *aurea*는 '황금색의'라는 뜻이므로 황금색의 작은 꽃이 핀다는 뜻이다.

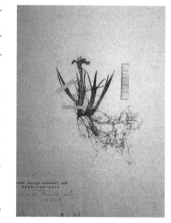

다른이름 누른붓꽃(박만규, 1949), 애기노랑붓꽃(안학수·이춘녕, 1963)

중국/일본명 중국명 小黄花鸢尾(xiao huang hua yuan wei)는 노란색 꽃이 피는 작은 붓꽃 종류라는 뜻으로 학명과 연관되어 있다. 일본명 キンカキツ(金杜若/金燕子)는 금빛 꽃을 피우는 제비붓꽃(杜

21　이러한 견해로 이우철(2005), p.149와 허북구·박석근(2008a), p.57 참조.
22　이에 대해서는 『조선식물향명집』, 색인 p.34 참조.
23　이러한 견해로 이우철(2005), p.98과 권순경(2018.5.2.) 참조.

若/燕子花)이라는 뜻이다.

참고 [북한명] 금붓꽃

Iris Pallasi *Pursh* var. chinensis *Nakai* ネヂアヤメ 馬藺子
Tarae-butĝot 타래붓꽃

타래붓꽃〈*Iris lactea* Pall.(1776)〉

타래붓꽃이라는 이름은 잎이 실·고삐·노끈 등을 사려서 뭉쳐
놓은 타래처럼 꼬여 있다는 뜻에서 붙여졌다.[24] 한편『동의보
감』과『물명고』등은 붓꽃속 식물에 대해 열매를 약으로 사
용할 때에는 '馬藺子/蠡實(붇곳 또는 붓곳)'이라는 이름을 사용
했고, 잎의 뾰족한 모양을 살필 때에는 '菖蒲'(창포)의 일종으
로 보아 溪蓀(계손), 泥菖蒲(니창포), 白菖(백창), 水菖蒲(수창포)라
는 이름을 사용했기 때문에[25] 명칭에 혼선이 있어왔다.『조선
산야생약용식물』은 서울(경성)의 약재시장에서 거래되는 생
약명 '馬藺子'(분곳)가 *Iris lactea*(=*Iris pallasi* var. *chinensis*)
를 일컫는 것임을 확인했으나,[26] 다수의 조선인은 꽃이 피는 모
양에 따라 *Iris sanguinea*(=*Iris sibiriaca*)를 붓꽃으로 인식

했기 때문에 이를 '붓꽃'이라고 사정하여 *Iris lactea*에 대해서는 '타래'를 추가해 '타래붓꽃'을 신
칭한 것으로[27] 추정한다.

속명 *Iris*는 그리스 신화에 나오는 신들의 전령으로 무지개를 의인화한 신의 이름이며 붓꽃속
을 일컫는다. 종소명 *lactea*는 '유백색의'라는 뜻이다.

다른이름 분곳(정태현 외, 1936), 꽃창포/마란자(한진건 외, 1982)

옛이름 蠡實/馬藺花/笔花(향약구급방, 1236),[28] 蠡實/馬藺子(향약집성방, 1433), 馬藺/붇곳(구급간이방
언해, 1489), 蠡實/馬藺子/부ᄉ곳(촌가구급방, 1538), 馬藺/붓곳(언해구급방, 1608), 蠡實/붇곳여름/馬藺

---

24 이러한 견해로 이우철(2005), p.546; 허북구·박석근(2008a), p.201; 한태호 외(2006), p.201; 권순경(2018.5.2.) 참조.
25 이러한 옛 인식을 반영하여 '중국식물지'(2018)는 '溪蓀'(계손)을 붓꽃〈*Iris sanguinea* Donn ex Horn(1813)〉의 중국명으
    로 사용하고, 우리의 식물명에도 붓꽃속 식물인 *Iris ensata* Thunb.(1794)에 대해 '꽃창포'라는 국명을 사용하고 있다.
    한편 신현철 외(2017)는 중국 및 우리 한의학 옛 문헌에 나오는 '溪蓀'(계손)과 '水菖蒲'(수창포)를 창포속(*Acorus*) 식물로 보
    고 있으나, 중국과 우리나라의 실제 이름의 사용례에 비추어 타당성은 의문스럽다.
26 이에 대해서는『조선산야생약용식물』(1936), p.60 참조.
27 이에 대해서는『조선식물향명집』, 색인 p.47 참조.
28 『향약구급방』(1236)의 차자(借字) '笔花'(모화)에 대해 남풍현(1981), p.98은 筆花(필화)의 글자 각이 흩어진 것으로 보아 '붇
    곳'의 표기로 보고 있으며, 이덕봉(1963), p.13은 '붓곳'의 표기로 보고 있다.

子(동의보감, 1613), 蠡實/붓곳/馬藺子(광재물보, 19세기 초), 馬藺/붓곳/蠡實(물명고, 1824), 馬藺根/붓곳(의휘, 1871), 붓곳/菖蒲花(한불자전, 1880), 붓곳/馬藺(방약합편, 1884), 馬藺子(선한약물학, 1931)[29]

중국명 白花马蔺(bai hua ma lin)은 흰 꽃이 피는 붓꽃 종류라는 뜻으로 학명과 연관되어 있다. 일본명 ネヂアヤメ(捩文目)는 꼬여 있는 붓꽃 종류라는 뜻이다.

참고 [북한명] 타래붓꽃 [유사어] 마린자(馬藺子)

Iris Rossi *Baker*   エヒメアヤメ(タレユエサウ)
Aegi-butĝot   애기붓꽃

각시붓꽃 〈*Iris rossii* Baker(1877)〉

각시붓꽃이라는 이름은 작은 식물체의 예쁜 모양이 각시를 연상시킨다는 뜻에서 유래했다.[30] 『조선식물향명집』에서는 유사한 뜻의 '애기붓꽃'을 신칭해 기록했으나,[31] 『조선식물명집』에서 '각씨붓꽃'으로 개칭한 후 『한국식물명감』에서 밑줄임에 따라 '각시붓꽃'으로 개칭해 현재에 이르고 있다.

속명 *Iris*는 그리스 신화에 나오는 신들의 전령으로 무지개를 의인화한 신의 이름이며 붓꽃속을 일컫는다. 종소명 *rossii*는 스코틀랜드 출신으로 중국에 파견되었던 선교사 John Ross(1842~1915)의 이름에서 유래했다.

다른이름 애기붓꽃(정태현 외, 1937), 각씨붓꽃(정태현 외, 1949)[32]

중국명 长尾鸢尾(chang wei yuan wei)는 긴 꼬리 모양의 연미(鳶尾: 붓꽃)라는 뜻이다. 일본명 エヒメアヤメ(愛媛文目)는 에히메(愛媛)에서 처음 발견된 붓꽃이라는 뜻에서 붙여졌다.

참고 [북한명] 각시붓꽃 [유사어] 산난초(山蘭草) [지방명] 산란(충남)

---

29 『조선식물명휘』(1922)는 '蠡實, 馬藺子'를 기록했으며 『토명대조선만식물자휘』(1932)는 '[馬藺花]마린화, [붓곳], [馬藺子]마린즈, [蠡實], [붓곳열매]'를 기록했다.

30 이러한 견해로 이우철(2005), p.36; 한태호 외 (2006), p.57; 김종원(2016), p.587; 권순경(2018.5.2.) 참조.

31 이에 대해서는 『조선식물향명집』, 색인 p.43 참조.

32 『조선식물명휘』(1922)는 '붓곳, 산난초'를 기록했으며 『선명대화명지부』(1934)는 '붓곳, 산난쵸'를 기록했다.

○ Iris setosa *Pallas*   ヒアフギアヤメ
Buchae-butĝot   부채붓꽃

부채붓꽃⟨*Iris setosa* Pall. ex Link(1820)⟩

부채붓꽃이라는 이름은 잎이 넓고 편평한 것이 부채 모양을
이루는 붓꽃이라는 뜻이다.[33] 『조선식물향명집』에서 전통 명
칭 '붓꽃'을 기본으로 하고 식물의 형태적 특징을 나타내는
'부채'를 추가해 신칭했다.[34]

속명 *Iris*는 그리스 신화에 나오는 신들의 전령으로 무지
개를 의인화한 신의 이름이며 붓꽃속을 일컫는다. 종소명
*setosa*는 '가시털 모양의, 억센 털의'라는 뜻이다.

중국/일본명 중국명 山鳶尾(shan yuan wei)는 산에서 자라는 연
미(鳶尾: 붓꽃)라는 뜻이다. 일본명 ヒアフギアヤメ(檜扇文目)는
잎이 범부채와 닮았고 꽃잎 기부에 있는 주름이 무늬(文目)를
이루는 식물이라는 뜻이다.[35]

참고 [북한명] 부채붓꽃

Iris sibirica *Linné*   アヤメ
Butĝot   붓꽃

붓꽃⟨*Iris sanguinea* Donn ex Horn(1813)⟩[36]

붓꽃이라는 이름은 오래된 고유명으로, 꽃봉오리가 터지기 직전의 모양이 먹물을 머금은 붓(筆)처
럼 보인다는 뜻에서 유래했다.[37] 잎이 좁아 붓과 같아 보인 데서 유래했다는 견해도 있으나,[38] 『동
의보감』에서 목련(辛夷)의 꽃봉오리에 대해서도 동일하게 '붇곳'이라고 칭하고 있는 점에 비추어
꽃봉오리의 모양에서 유래한 이름으로 보는 것이 타당하다. 한편 『동의보감』과 『물명고』 등은 붓

---

33 이러한 견해로 이우철(2005), p.283; 김병기(2013), p.577; 권순경(2018.5.2.) 참조.
34 이에 대해서는 『조선식물향명집』, 색인 p.39 참조.
35 『토명대조선만식물자휘』(1932)는 '[小射干(花)]쇼갸간(화)'를 기록했다.
36 『조선식물향명집』에 기록된 *I. sibirica*는 현재 '시베리아붓꽃'이라는 국명으로 별도 분류되어 있다. 이에 대해서는 '국
    가표준식물목록』(2018)과 『장진성 식물목록』(2014), p.108 참조.
37 이러한 견해로 이우철(2005), p.292; 이덕봉(1963), p.13; 허북구·박석근(2008a), p.119; 이유미(2010), p.118; 한태호 외(2006),
    p.122; 안옥규(1989), p.204; 권순경(2018.5.2.) 참조.
38 이러한 견해로 허북구·박석근(2008a), p.119 참조.

꽃속 식물에 대해 열매를 약으로 사용할 때에는 '馬藺子/蠡實 (붇곳 또는 붓꼿)'이라는 이름을 사용했고, 잎의 뾰족한 모양을 살필 때에는 '菖蒲'(창포)의 일종으로 보아 溪蓀(계손), 泥菖蒲 (니창포), 白菖(백창), 水菖蒲(수창포)라는 이름을 사용하기도 했 기 때문에[39] 명칭에 혼선이 있어왔다. 『조선식물향명집』은 사 정요지에서 밝힌 것처럼 실제 사용하는 향명을 주로 한다는 원칙에 따라 실제 민간에서 다수가 부르는 명칭에 근거하여 *Iris sanguinea*(=*Iris sibiriaca*)에 대해 '붓꽃'이라는 명칭을 사정한 것으로 추정한다.

속명 *Iris*는 그리스 신화에 나오는 신들의 전령으로 무지개 를 의인화한 신이며 붓꽃속을 일컫는다. 종소명 *sanguinea*는 피(血)를 뜻하는 라틴어 *sanguis*에서 유래한 말로 '피처럼 붉은색의'라는 뜻이다.

다른이름 란초(도봉섭 외, 1957)

옛이름 蠡實/馬藺花/笔花(향약구급방, 1236),[40] 蠡實/馬藺子(향약집성방, 1433), 馬藺/붇곳(구급간이방 언해, 1489), 蠡實/馬藺子/부ㅅ곳(촌가구급방, 1538), 馬藺/붓꼿(언해구급방, 1608), 蠡實/붇곳여름/馬藺 子(동의보감, 1613), 蠡實/붓꼿/馬藺子(광재물보, 19세기 초), 馬藺붓꼿/蠡實(물명고, 1824), 蠡實/붇꼿(의 휘, 1871), 붓꼿/菖蒲花(한불자전, 1880), 붓꼿/馬藺(방약합편, 1884)[41]

중국/일본명 중국명 溪蓀(xi sun)은 계곡(溪)에서 자라는 손(蓀: 옛 문헌에서 보이는 향초의 이름)이라는 뜻이다. 일본명 アヤメ(文目)는 꽃잎 기부에 있는 주름이 무늬(文目)를 이룬다는 뜻에서 붙여졌다.

참고 [북한명] 붓꽃 [유사어] 계손(溪蓀), 난초(蘭草), 수창포(水菖蒲), 마린자(馬藺子) [지방명] 분꽃 (충북)

---

39 이러한 옛 인식을 반영하여 '중국식물지'(2018)는 '溪蓀'(계손)을 붓꽃<*Iris sanguinea* Donn ex Horn(1813)>의 중국명으 로 사용하고, 우리의 식물명에도 붓꽃속 식물인 *Iris ensata* Thunb.(1794)에 대해 '꽃창포'라는 국명을 사용하고 있다. 한편 신현철 외(2017)는 중국 및 우리 한의학 옛 문헌에 나오는 '溪蓀'(계손)과 '水菖蒲'(수창포)를 창포속(*Acorus*) 식물로 보 고 있으나, 중국과 우리나라의 실제 이름의 사용례에 비추어 타당성은 의문스럽다.

40 『향약구급방』(1236)의 차자(借字) '笔花'(모화)에 대해 남풍현(1981), p.98은 筆花(필화)의 글자 각이 흩어진 것으로 보아 '붇 곳'의 표기로 보고 있으며, 이덕봉(1963), p.13은 '붓곳'의 표기로 보고 있다.

41 『조선어사전』(1920)은 '馬藺(마린), 溪蓀(계손), 水菖蒲(슈창포), 붓꼿, 馬藺子(마린ᄌ), 蠡實(려실)'을 기록했으며 『조선식물명 휘』(1922)는 '溪蓀, 紅眼蘭, 분꼿(觀賞)'을, Crane(1931)은 '산란초, 山蘭草'를, 『토명대조선만식물자휘』(1932)는 '[溪蓀]계손, [水菖蒲]슈창포'를, 『선명대화명지부』(1934)는 '분꼿'을 기록했다.

○ Iris uniflora *Pallas*　チヤボアヤメ
Nanjaengi-butgot　난쟁이붓꽃

난쟁이붓꽃(난장이붓꽃) 〈*Iris uniflora* Pall. ex Link(1820)〉[42]

난쟁이붓꽃이라는 이름은 키가 작은 붓꽃이라는 뜻이다.[43] 『조선식물향명집』에서 '난쟁이붓꽃'을 신칭해 기록했으나,[44] 『조선식물명집』에서 '난장이붓꽃'으로 개칭해 이 이름을 '국가표준식물목록'의 추천명으로 사용하고 있다. 그러나 '난장이'와 '난쟁이'는 어형과 뜻에서 차이가 없고 '난쟁이'가 현재 표준어이므로 '난쟁이붓꽃'으로 하는 것이 타당해 보인다.

속명 *Iris*는 그리스 신화에 나오는 신들의 전령으로 무지개를 의인화한 신이며 붓꽃속을 일컫는다. 종소명 *uniflora*는 '꽃이 1개인'이라는 뜻이다.

다른이름　난쟁이붓꽃(정태현 외, 1937), 종붓꽃(임록재 외, 1996)[45]

중국/일본명　중국명 単花鳶尾(dan hua yuan wei)는 꽃이 1개씩 피는 연미(鳶尾: 붓꽃)라는 뜻으로 학명과 연관되어 있다. 일본명 チヤボアヤメ(矮鷄菖蒲)는 당닭(矮鷄)을 닮은 붓꽃이라는 뜻에서 유래했다.

참고　[북한명] 종붓꽃

42　'국가표준식물목록'(2018)은 난쟁이붓꽃의 학명을 *Iris uniflora* var. *caricina* Kitag.(1935)으로 기재하고 있으나, 『장진성 식물목록』(2014), '중국식물지'(2018) 및 '세계식물목록'(2018)은 본문의 학명을 정명으로 기재하고 있다.

43　이러한 견해로 한태호 외(2006), p.80; 김병기(2013), p.574; 권순경(2018.5.2.) 참조.

44　이에 대해서는 『조선식물향명집』, 색인 p.33 참조.

45　『조선식물명휘』(1922)는 '石桂花'를 기록했다.

Zingiberaceae 생강科 (蘘荷科)

생강과〈Zingiberaceae Martinov(1820)〉

생강과는 재배식물인 생강에서 유래한 과명이다. '국가표준식물목록'(2018), 『장진성 식물목록』(2014) 및 '세계식물목록'(2018)은 Zingiber(생강속)에서 유래한 Zingiberaceae를 과명으로 기재하고 있으며, 엥글러(Engler), 크론키스트(Cronquist) 및 APG IV(2016) 분류 체계도 이와 같다.

Zingiber Mioga *Roscoe*　メウガ　蘘荷
Yangha　양하

양하〈*Zingiber mioga* (Thunb.) Roscoe(1807)〉

양하는 중국에서 전래되어 재배하는 식물로 그 이름은 한자명 '蘘荷'(양하)에 기원을 두고 있으며,[1] 『향약구급방』은 향명도 한자명과 같다고 했다. 한자 '蘘'은 뜻을 나타내는 艸(조: 풀)와 음과 뜻을 나타내는 襄(양: 돕는다는 뜻)이 합쳐진 것으로, 통증 완화와 해독 등을 돕는 풀이라는 뜻을 내포하고 있다. 또한 '荷'는 뜻을 나타내는 艸(초: 풀)와 음을 나타내는 동시에 물건을 등에 진다는 뜻의 何(하)로 이루어진 것으로, 물건을 올려놓을 수 있는 연잎 또는 연꽃(蓮)에 비유한 데서 유래한 것으로 보인다. 즉, 양하(蘘荷)는 통증 완화 등의 약성이 있고 잎 등이 연꽃과 비슷하다는 뜻에서 붙여진 이름으로 추정한다.

　속명 Zingiber는 산스크리트어 *sringavera*(각이 진, 뿔처럼 생긴)에서 유래한 것으로, 땅속줄기가 뿔 모양인 생강속을 일컫는다. 종소명 *mioga*는 양하(蘘荷)의 일본명 ミョウガ에서 유래했다.

다른이름　양애(박만규, 1949), 양해간(안학수·이춘녕, 1963)

옛이름　蘘荷(향약구급방, 1236), 蘘荷/셩향(구급방언해, 1466), 蘘荷/양하(구급간이방언해, 1489), 구양하/蘘荷(훈몽자회, 1527), 샹하/蘘荷(분문온역이해방, 1542), 蘘荷/양하(언해구급방, 1608), 蘘荷/양하/嘉草(동의보감, 1613), 蘘荷(남환박물, 1704), 蘘荷/양애(물명고, 1824), 양아/蘘(한불자전, 1880)[2]

중국/일본명　중국명 蘘荷(rang he)는 한국명과 동일하다. 본래 嘉草(가초), 蘘草(양초), 菖蒩(복저), 覆葅

1　이러한 견해로 이우철(2005), p.395 참조.

2　『조선어사전』(1920)은 '蘘荷(양하)'를 기록했으며 『조선식물명휘』(1922)는 '蘘荷, 生薑, 양하'를, 『토명대조선만식물자휘』(1932)는 '[蘘荷]양하'를, 『선명대화명지부』(1934)는 '양하'를 기록했다.

(복저) 등 여러 이름으로 불렸으며 땅속줄기를 蘘荷(양하), 잎을 蘘草(양초)라 했으나『본초강목』에서 이를 '蘘荷'로 통합했다. 일본명 メウガ(茗荷)는 중국명 蘘荷의 발음이 변화한 것이다.

[북한명] 양하 [지방명] 양애(경남), 양해/양해갓/양해깟/양해꽃(전남), 양외/양해/양해깐/제비너물(전북), 앵에이파리/양애/양애깐/양애끈/양애블/양애순/양에/양왜/양웨/양해/양해끈(제주)

Zingiber officinale *Roscoe* シヤウガ   生薑 (栽)
Saenggang 생강

생강〈*Zingiber officinale* Roscoe(1807)〉

생강은 중국에서 전래되어 재배하는 식물로 그 이름은 한자어 생강(生薑)에서 유래했다.[3] 생강(生薑)은 날(生)것의 강(薑)이라는 뜻인데, 중국 명나라 때의 의서『본초강목』은 "薑能彊禦百邪 故謂之薑"[굳세어서 100가지 사항을 막아내기 때문에 薑(강)이라 한다]이라고 했다.

속명 *Zingiber*는 산스크리트어 *sringavera*(각이 진, 뿔처럼 생긴)에서 유래한 것으로, 땅속줄기가 뿔 모양인 생강속을 일컫는다. 종소명 *officinale*는 '약용의, 약효가 있는'이라는 뜻이다.

새양(박만규, 1949), 새앙(안학수·이춘녕, 1963)

生薑/싱강(구급방언해, 1466), 生薑/싱앙(구급간이방언해, 1489), 生薑/싱앙(번역노걸대, 1517), 薑/싱앙(훈몽자회, 1527), 生薑/싱강(언해태산집요, 1608), 生薑/싱강(동의보감, 1613), 薑/싱강(구황촬요벽온방, 1639), 生薑/싱강(박통사언해, 1677), 生薑/싱강(광제비급, 1790), 薑/싱강(물명고, 1824), 生薑/싱강/시양(명물기략, 1870), 生薑/싱강(녹효방, 1873), 싱강/生薑(한불자전, 1880), 生薑/乾薑/새양(선한약물학, 1931)[4]

중국명 薑(jiang)은 생강(薑)이라는 뜻이다. 일본명 シヤウガ(生薑)는 한자명 生薑 또는 生姜을 음독한 것이다.

[북한명] 생강 [유사어] 생, 새양 [지방명] 생갱/쌩강(경남), 생갱(경북), 생강/시양/시양(전남), 시앙/시양/싱강(전북), 셍강/하늘래기(제주), 새양(충남), 시앙(충북), 생가이(함북)

---

3 이러한 견해로 이우철(2005), p.326; 김양진(2011), p.68; 한태호 외(2006), p.41 참조.

4 『조선한방약료식물조사서』(1917)는 '生薑'를 기록했으며『조선어사전』(1920)은 '生薑(싱강), 새양'을,『조선식물명휘』(1922)는 '薑, 生薑, 싱강(食)'을,『토명대조선만식물자휘』(1932)는 '[生薑]생강, [새양]'을,『선명대화명지부』(1934)는 '생강'을 기록했다.

Musaceae 파초科 (芭蕉科)

파초과〈Musaceae Juss.(1789)〉
파초과는 재배식물인 파초에서 유래한 과명이다. '국가표준식물목록'(2018), 『장진성 식물목록』(2014) 및 '세계식물목록'(2018)은 *Musa*(파초속)에서 유래한 Musaceae를 과명으로 기재하고 있으며, 엥글러(Engler), 크론키스트(Cronquist) 및 APG IV(2016) 분류 체계도 이와 같다.

Musa Basjoo *Siebold et Zuccarini*　バセウ　芭蕉　(栽)
Pacho　파초

파초〈*Musa basjoo* Siebold & Zucc. ex Iinuma(1874)〉

파초라는 이름은 한자어 파초(芭蕉)에서 유래했으며, '芭'와 '蕉' 모두 파초를 나타내기 위해 고안된 한자이다. 중국 한대(漢代)에 '巴且'(파차)라는 이름이 등장하는데 '巴'는 넓은 모양을 나타내고 '且'는 위로 부풀어 오르는 모양을 나타낸다. 여기서 유래한 '芭'는 잎이 넓고 잎집이 말려 위로 자라 올라가는 모양을 나타내고,[1] '蕉'는 艸(초)와 焦(초)가 합쳐진 글자로 한 이파리가 돋아나면 다른 한 이파리가 마른다(焦)는 뜻이 있다.[2] 즉, 파초는 잎이 넓고 잎집이 말려 위로 올라가면서 자라는데 다 자란 다른 잎은 말라 고사하는 모양을 형상화한 이름으로 이해된다.

속명 *Musa*는 아랍어에서, 또는 로마제국의 황제 아우구스투스의 시의(侍醫) 안토니우스 무사(Antonius Musa, B.C.64~B.C.14)의 이름에서 유래했으며 파초속을 일컫는다. 종소명 *basjoo*는 일본명 バショウ(芭蕉)에서 온 말이다.

옛이름 芭蕉(고려사절요, 1452), 芭蕉(조선왕조실록, 1462), 芭蕉/방쵹(구급방언해, 1466), 芭蕉/반쵸(구급간이방언해, 1489), 芭蕉/반쵸(훈몽자회, 1527), 파쵸/芭蕉(신증유합, 1576), 芭蕉/반쵸(동의보감, 1613), 芭蕉(산림경제, 1715), 芭蕉/파쵸(왜어유해, 1781), 芭蕉(물명고, 1824), 芭蕉(오주연문장전산고, 185?), 芭蕉/파쵸(명물기략, 1870), 파초/芭蕉(한불자전, 1880), 芭蕉/파초(선한약물학, 1931)[3]

중국/일본명 중국명 芭蕉(ba jiao)와 일본명 バセウ(芭蕉)는 한국명과 같으며, 동북아 3국이 같은 이름을 공유하고 있다.

참고 [북한명] 파초 [유사어] 감초(甘蕉), 녹천(綠天), 선선(扇仙) [지방명] 반초/반추/반치/반치지/예반초/예반치(제주)

1　이에 대해서는 加納喜光(2008), p.202 참조.
2　이러한 견해로 기태완(2015), p.712 참조.
3　『조선어사전』(1920)은 '芭蕉(파쵸)'를 기록했으며 『조선식물명휘』(1922)는 '芭蕉, 파초'를, 『토명대조선만식물자휘』(1932)는 '[芭蕉]파쵸'를 기록했다.

Orchidaceae 난초科 (蘭科)

난초과 〈Orchidaceae Juss.(1789)〉

난초과는 이 과 식물의 통칭인 난초(蘭草)에서 유래한 과명이다. '국가표준식물목록'(2018), 『장진성 식물목록』(2014) 및 '세계식물목록'(2018)도 통칭인 Orchid(난초)에서 유래한 Orchidaceae를 과명으로 기재하고 있으며, 엥글러(Engler), 크론키스트(Cronquist) 및 APG IV(2016) 분류 체계도 이와 같다.

Angraecum falcatum *Bentham et Hooker fil.*　フウラン　風蘭

Pungnan　풍난

풍란 〈*Neofinetia falcata* (Thunb.) Hu(1925)〉

풍란이라는 이름은 한자어 풍란(風蘭)에서 유래한 것으로, 통풍이 잘되고 습도가 높은 곳에서 자라는 난초라는 뜻에서 붙여졌다.[1] 『조선식물향명집』은 '풍난'으로 기록했으나 『조선식물명집』에서 '풍란'으로 개칭해 현재에 이르고 있다.

속명 *Neofinetia*는 새로운(neo) *Finetia*(난초과의 속명)라는 뜻이며 풍란속을 일컫는다. 종소명 *falcata*는 '낫모양의'라는 뜻이다.

다른이름　풍난(정태현 외, 1937), 꼬리난초(박만규, 1949), 소엽풍란(이영노, 1996), 바람란(임록재 외, 1996)

옛이름　風蘭(물명고, 1824)[2][3]

중국/일본명　중국명 风兰(feng lan)과 일본명 フウラン(風蘭)은 한국명과 같으며, 동북아 3국이 같은 이름을 공유하고 있다.

참고　[북한명] 바람란 [지방명] 꼰밥(전남)

---

1 이러한 견해로 이우철(2005), p.580; 허북구·박석근(2008a), p.209; 한태호 외(2006), p.210 참조.
2 『물명고』(1824)는 "風蘭 拔根懸空則發秀"(풍란 공중에 매달려 뿌리를 뻗어 꽃을 피운다)라고 하여 풍란의 형태와 유사한 특징을 설명하고 있으나, 정확한 종을 특정하여 설명한 것은 아니므로 현재의 풍란을 지칭하는지는 명확하지 않다.
3 『조선식물명휘』(1922)는 '風蘭'을 기록했다.

Bulbophyllum inconspicum *Maximowicz* ムギラン
Bori-nancho 보리난초

혹난초〈*Bulbophyllum inconspicuum* Maxim.(1887)〉

혹난초라는 이름은 달걀모양의 가짜비늘줄기를 혹(瘤)에 비유한 것에서 유래했다.[4] 『조선식물향명집』은 잎자루에 있는 가짜비늘줄기가 보리알처럼 보인다는 뜻에서 '보리난초'로 기록했으나, 『조선식물명집』에서 '혹난초'로 개칭해 현재에 이르고 있다.

속명 *Bulbophyllum*은 그리스어 *bulbos*(비늘줄기)와 *phyllon*(잎)의 합성어로, 가짜비늘줄기로부터 잎이 나오는 것에서 유래했으며 콩짜개란속을 일컫는다. 종소명 *inconspicuum*은 라틴어로 '뚜렷하지 않은, 매우 작은'이라는 뜻으로 꽃이 작고 잘 보이지 않는 것을 나타낸다.

다른이름 보리난초(정태현 외, 1937), 혹란(리종오, 1964), 보리란초(이영노, 1996)

중국/일본명 '중국식물지'는 혹난초를 별도 기재하지 않고 있으나, 바위에서 자라는 콩 모양의 난초라는 뜻의 石豆兰(shi dou lan)을 콩짜개란속 식물의 이름으로 사용하고 있다. 일본명 ムギラン(麦蘭)은 외부로 드러난 가짜비늘줄기가 보리알처럼 보인다는 뜻에서 붙여졌다.

참고 [북한명] 혹란

Calanthe discolor *Lindley* エビネ
Saeu-nancho 새우난초

새우난초〈*Calanthe discolor* Lindl.(1838)〉

새우난초라는 이름은 가짜비늘줄기에 마디가 있고 새우의 등처럼 굽은 난초라는 뜻에서 유래했다.[5] 『조선식물향명집』에서 이름이 최초로 발견되는데 신칭한 것인지 방언을 채록한 것인지는 분명하지 않다.

속명 *Calanthe*는 그리스어 *calos*(아름다움)와 *anthos*(꽃)의 합성어로, 아름다운 꽃을 가지고 있어 붙여졌으며 새우난초속을 일컫는다. 종소명 *discolor*는 '다른 색의'라는 뜻으로 꽃덮이의 색깔이 다른 것에서 유래했다.

다른이름 새우란(리종오, 1964)

---

4   이러한 견해로 이우철(2005), p.593 참조.
5   이러한 견해로 이우철(2005), p.325; 허북구·박석근(2008a), p.132; 이유미(2010), p.140; 한태호 외(2006), p.127 참조.

중국명 虾脊兰(xia ji lan)은 새우의 등을 닮은 난초라는 뜻에서 유래했다. 일본명 エビネ(蝦根)는 새우 모양의 가짜비늘줄기를 가졌다는 뜻에서 붙여졌다.

참고 [북한명] 새우란

Cephalanthera erecta *Blume* ギンラン
Ůn-nancho 은난초

은난초〈*Cephalanthera erecta* (Thunb.) Blume(1858)〉

은난초라는 이름은 은색(흰색) 꽃이 피는 난초라는 뜻이다.[6] 잎이 달걀모양의 타원형으로 줄기의 중간 이상에 붙고 꽃차례의 아래쪽 포가 상대적으로 짧아 은대난초와 구별된다.[7] 『조선식물향명집』에서 전통 명칭 '난초'를 기본으로 하고 꽃의 색깔에 근거한 '은'을 추가해 신칭했다.[8]

  속명 *Cephalanthera*는 그리스어 *cephalos*(머리)와 *anthera* (꽃밥)의 합성어로, 자웅예합체 끝에 있는 큰 꽃밥 때문에 붙여졌으며 은대난초속을 일컫는다. 종소명 *erecta*는 '직립한, 곧은'이라는 뜻으로 곧게 서서 자라는 것에서 유래했다.

다른이름 은란(리종오, 1964)

중국/일본명 중국명 银兰(yin lan)과 일본명 ギンラン(銀蘭) 모두 흰색 꽃이 피는 난초라는 뜻이다.

참고 [북한명] 은란 [유사어] 은란(銀蘭)

Cephalanthera falcata *Blume* キンラン
Gům-nancho 금난초

금난초〈*Cephalanthera falcata* (Thunb.) Blume(1858)〉

금난초라는 이름은 황금색 꽃이 피는 난초라는 뜻에서 유래했다.[9] 꽃이 노란색으로 입술꽃잎이

---

6 이러한 견해로 이우철(2005), p.427 참조.
7 이러한 견해로 이남숙(2011), p.271 참조.
8 이에 대해서는 『조선식물향명집』, 색인 p.44 참조.
9 이러한 견해로 이우철(2005), p.98 참조.

역삼각형이고 꽃차례의 아래쪽 포가 상대적으로 짧아 은대난초와 구별된다.[10] 『조선식물향명집』에서 이름이 최초로 발견되는데 신칭한 것인지 방언을 채록한 것인지는 분명하지 않다.

속명 *Cephalanthera*는 그리스어 *cephalos*(머리)와 *anthera*(꽃밥)의 합성어로, 자웅예합체 끝에 있는 큰 꽃밥 때문에 붙여졌으며 은대난초속을 일컫는다. 종소명 *falcata*는 '낫모양의'라는 뜻으로 줄기에 달리는 잎의 모양에서 유래했다.

다른이름 금란(리종오, 1964), 금란초(한진건 외, 1982)

중국/일본명 중국명 金兰(jin lan)과 일본명 キンラン(金蘭)은 한국명과 동일한 뜻이다.

참고 [북한명] 금란

Cephalanthera longibracteata *Blume* ササバギンラン
Ùndae-nan 은대난

은대난초〈*Cephalanthera longibracteata* Blume(1858)〉

은대난초라는 이름은 잎이 상대적으로 좁고 길게 자라는 것이 대나무의 잎과 비슷하고 흰 꽃이 피는 것이 은난초를 닮았다는 뜻에서 유래했다.[11] 『조선식물향명집』은 같은 뜻을 가진 '은대난'으로 기록했으나, 『조선식물명집』에서 '은대난초'로 개칭해 현재에 이르고 있다. 잎이 피침모양으로 상대적으로 좁고 줄기 전체에 붙으며 꽃차례의 아래쪽 포가 상대적으로 길어 은난초와 구별된다.[12]

속명 *Cephalanthera*는 그리스어 *cephalos*(머리)와 *anthera*(꽃밥)의 합성어로, 자웅예합체 끝에 있는 큰 꽃밥 때문에 붙여졌으며 은대난초속을 일컫는다. 종소명 *longibracteata*는 '긴 포의'라는 뜻으로 은난초에 비해 포가 긴 특징에서 유래했다.

다른이름 은대난(정태현 외, 1937), 댓잎은난초(박만규, 1949), 은대란(도봉섭 외, 1957)

중국/일본명 중국명 长苞头蕊兰(chang bao tou rui lan)은 포가 긴 두예란(頭蕊蘭: 머리모양의 꽃술이 있는 난초라는 뜻으로 은대난초속의 중국명)이라는 뜻으로 학명과 연관되어 있다. 일본명 ササバギンラン(笹葉銀蘭)은 조릿대의 잎을 가진 은난초라는 뜻이다.

참고 [북한명] 은대란

---

10 이러한 견해로 이남숙(2011), p.271 참조.
11 이러한 견해로 이우철(2005), p.428 참조.
12 이러한 견해로 이남숙(2011), p.271 참조.

Cymbidium virescens *Lindley*   シユンラン
Bochunhwa   보춘화   報春花

보춘화〈*Cymbidium goeringii* (Rchb.f.) Rchb.f.(1852)〉

보춘화라는 이름은 한자어 보춘화(報春花)에서 유래했다. 봄
(春)을 알리는(報) 꽃(花)이라는 뜻으로, 이른 봄에 꽃을 피워
봄소식을 전한다고 하여 붙여진 이름이다.[13] 옛 문헌에 따른
식물명은 봄에 피는 난초라는 뜻의 春蘭(춘란)으로, 보춘화와
같은 뜻으로 불러왔음이 확인된다. 『양화소록』 등에 기록된
蘭草(난초)가 현재의 보춘화 또는 그와 유사한 난초과 식물을
뜻하는지에 대해서는 논란이 있으나, "生湖南沿海諸山者 品
佳"(호남의 바닷가 여러 산에서 자라는 것으로 기품이 아름답다)라
고 한 것에 비추어 현재의 보춘화였을 것으로 추정한다.[14]

속명 *Cymbidium*은 그리스어 *cymbe*(배, 船)와 *eidso*(모
양)의 합성어로, 입술꽃잎 모양이 배를 연상시켜 붙여졌으며
보춘화속을 일컫는다. 종소명 *goeringii*는 독일 식물학자 Philip Friedrich Wilhelm Goering
(1809~1879)의 이름에서 유래했다.

다른이름   보춘란(안학수·이춘녕, 1963), 춘란(이재선, 1981)

옛이름   春蘭(향약집성방, 1433), 蘭草/薰草/蕙草(양화소록, 1471), 春蘭(동문선, 1478), 春蘭(동의보감,
1613), 春蘭(산림경제, 1715), 春蘭(목민심서, 1818), 蘭花/春蘭(물명고, 1824), 蘭草(란초)/春蘭(명물기략,
1870), 春蘭(동아일보, 1935)[15]

중국/일본명   중국명 春兰(chun lan)은 봄에 피는 난초 또는 봄을 알리는 난초라는 뜻이다. 일본명 シ
ユンラン(春蘭)은 한자명 春蘭을 음독한 것이다.

참고   [북한명] 보춘화 [지방명] 울란(울릉도), 개난/꼰밥/꿩밥나무/꿩밥나물/꿩밥노물/장풍/춘란(전
남), 꿩밥노물(전북), 산난초/춘란(충남)

---

13 이러한 견해로 이우철(2005), p.278; 허북구·박석근(2008a), p.113; 한태호 외(2006), p.117 참조.
14 이에 대해서는 이종석(1986), p.185 참조.
15 『조선어사전』(1920)은 '蘭草(란초)'를 기록했으며 『조선식물명휘』(1922)는 '報春花'를, 『토명대조선만식물자휘』(1932)는 '[蘭
草]란초, [蘭花]란화'를 기록했다.

○ Cypripedium calceolus *Linné*   オホキバナアツモリ(テフセンアツモリ)
Kŭn-gaebulal-ĝot   큰개불알꽃

큰개불알꽃(노랑복주머니란)〈*Cypripedium calceolus* L.(1753)〉[16]

큰개불알꽃이라는 이름은 개불알꽃에 비해 식물체가 크다는 뜻에서 붙여졌다.[17] 『조선식물향명집』에서 방언에서 유래한 '개불알꽃'을 기본으로 하고 식물의 형태적 특징을 나타내는 '큰'을 추가해 신칭했다.[18]

속명 *Cypripedium*은 그리스 신화에서 미와 사랑의 여신인 *Cypris*(로마 신화의 *Venus*)와 *pedioln*(슬리퍼 모양의 신발)의 합성어로, 크게 돌출된 입술꽃잎 모양에서 유래했으며 개불알꽃속(복주머니란속)을 일컫는다. 종소명 *calceolus*는 '슬리퍼의, 작은 신발 같은'이라는 뜻이다.

다른이름 누른요강꽃(박만규, 1949), 노랑개불알꽃(이창복, 1969b), 노랑요강꽃/큰개불란(안학수·이춘녕, 1963), 큰작란화(리종오, 1964), 큰자낭화(임록재 외, 1972), 노랑복주머니란(이영노, 1996), 노랑주머니꽃(이창복, 2003)

중국/일본명 중국명 杓兰(shao lan)은 작자(杓子: 술이나 기름, 죽 따위를 풀 때 쓰는 기구로, 자루가 국자보다 짧고 바닥이 오목함)를 닮은 난초라는 뜻이다. 일본명 オホキバナアツモリ(大黃花敦盛)는 식물체가 크고 노란색 꽃이 피는 개불알꽃(敦盛草)이라는 뜻이다.

참고 [북한명] 큰작란화

Cypripedium macranthum *Swartz*   アツモリサウ
Gaebulal-ĝot   개불알꽃

개불알꽃(복주머니란)〈*Cypripedium macranthos* Sw.(1800)〉[19]

개불알꽃이라는 이름은 『조선식물명휘』에 기록된 '개불알달'에 어원을 둔 것으로, 꽃의 모양이 개의 불알과 유사하다는 뜻에서 유래했다.[20] 『조선식물명휘』의 '개불알달'에서 '개불알'은 꽃의 모양에서 유래했다고 추정하며, '달'은 입술꽃잎의 원모양을 달(月)에 비유한 것 또는 땅속줄기로 번

---

16 '국가표준식물목록'(2018)은 국명 추천명을 『원색한국식물도감』(1996)에 따라 '노랑복주머니란'으로 기재하고 있으나, 이 책에서는 『조선식물향명집』에 의거하여 큰개불알꽃을 추천명으로 한다.

17 이러한 견해로 이우철(2005), p.526 참조.

18 이에 대해서는 『조선식물향명집』, 색인 p.47 참조.

19 '국가표준식물목록'(2018)은 국명 추천명을 『원색한국식물도감』(1996)에 따라 '복주머니란'으로 기재하고 있으나, 이 책에서는 『조선식물향명집』에 의거하여 개불알꽃을 추천명으로 한다.

20 이러한 견해로 이우철(2005), p.51; 허북구·박석근(2008a), p.25; 한태호 외(2006), p.58; 김종원(2016), p.698 참조.

식하는 모습을 벼과의 달풀(달)에 비유한 것에서 유래했다고 추정한다.[21] 중국명이나 일본명과는 그 유래가 다르고 『조선식물명휘』에서 조선명을 별도로 신칭하지 않은 것을 고려할 때, '개불알달'은 민간에서 부르던 이름을 채록한 것으로 보인다.[22] 『조선식물향명집』은 이 '개불알달'을 꽃의 모양을 강조해 '개불알꽃'으로 기록했다.[23] '국가표준식물목록'은 '개불알'이라는 이름이 부르기 민망하다는 이유로 『원색한국식물도감』에 기록된 '복주머니란'을 추천명으로 사용하고 있으나, 난초과 식물을 총칭하는 영어명 orchid(포유류 수컷의 고환을 뜻하는 라틴어 orchido에서 유래)는 버젓이 사용하는데 굳이 우리말에서만 이를 꺼리는 것은 이해하기 어렵다.

속명 Cypripedium은 그리스 신화에서 미와 사랑의 여신인 Cypris(로마 신화의 Venus)와 pedioln(슬리퍼 모양의 신발)의 합성어로, 크게 돌출된 입술꽃잎 모양에서 유래했으며 개불알꽃속(복주머니란속)을 일컫는다. 종소명 macranthos는 크다는 뜻의 macro와 꽃이라는 뜻의 anthos의 합성어로 꽃 모양이 커서 붙여졌다.

다른이름 요강꽃(박만규, 1949), 자낭화(도봉섭 외, 1957), 참개불란(안학수·이춘녕, 1963), 작란화(리종오, 1964), 포대작란화(한진건 외, 1982), 복주머니란(이영노, 1996), 주머니꽃(이창복, 2003)[24]

중국/일본명 중국명 大花杓兰(da hua shao lan)은 큰 꽃이 피는 작란(杓蘭: 큰개불알꽃의 중국명)이라는 뜻이다. 일본명 アツモリサウ(敦盛草)는 꽃의 모양이 헤이안(平安) 시대의 무장(武將) 다이라노 아쓰모리(平敦盛)의 호로(ほろ: 母衣)를 닮은 것에서 유래했다.

---

21 『조선어사전』(1917)은 '달'에 대해 "陰의 精이니 其形이 圓하고 日光을 得하야 明한 故로 日光에 正照偏照背照의 別이 有하야 朔望晦弦으로 圓缺이 不同한 者(月)"[음의 정기이며 둥글게 생겼고, 햇빛을 받아 빛나는 것이므로 햇빛을 바로 받거나 비스듬히 받거나 뒤에서 받는 것에 따라 초하루, 보름, 그믐, 반달로 차거나 이지러지며 달리 보이는 것(달)과 더불어 "禾本科에 屬한 草니 흔히 水邊에 生하야 莖은 蘆에 似하고 花葉은 共히 茅에 似하니라(달ㅅ대)"[벼과에 속한 풀이니 흔히 물가에서 자라며 줄기는 갈대와 비슷하고 꽃잎은 띠와 비슷하다(달ㅅ대)]라고 기록해 현재의 '달(月)'과 '달뿌리풀'을 뜻하는 것으로 보았다.

22 『한국의 민속식물』(2017), p.1449에 따르면, 일부 지역이기는 하지만 강원도와 충남에서 '개불알'이 들어간 식물명이 방언으로 아직도 사용되는 점이 확인된다.

23 이윤옥(2015), p.110은 '개불알꽃'이 마치 일본명의 번역어인 듯이 기술하면서 '복주머니난'이 더 어울리는 번역이라는 주장을 하고 있지만, 일본명과는 전혀 관련이 없다. 또한 김종원(2016), p.703은 『조선식물명휘』(1922)에 '觀賞'(관상)으로 사용한다는 기록이 있음을 근거로, 전국 방방곡곡의 초지나 무덤 언저리에 드물지 않게 살았고 오래전부터 이용된 자원식물이었으므로 다양한 이름이 있었을 것인데 "일제강점기 때 식민지 점령군의 정신머리에 '개불알'이든 뭐든 주인 의식을 기대"할 수 없는 이름이 기록된 것처럼 주장하고 있다. 그러나 '觀賞'이라는 표현만으로 자원식물로 보기는 힘들고(야생 난초인 개불알꽃의 재배는 지금도 쉽지 않다), Crane(1931)에 따르면 개불알꽃(Ladies's Slipper)은 당시에도 지리산 등 깊은 산에 자생하는 식물이었다. 또한 민간에서 사용하는 말을 채록한 것이므로 주인 의식 없는 태도라고 보기는 어렵다.

24 『조선식물명휘』(1922)는 '개불알달'을 기록했으며 『토명대조선만식물자휘』(1932)는 조선명 없이 중국명으로 '[杓蘭]'을, 『선명대화명지부』(1934)는 '개불알달'을 기록했다.

[북한명] 작란화 [유사어] 오공칠(蜈蚣七) [지방명] 개불알꽃(강원), 요강꽃(경남), 개불알꽃나무(충남)

Dendrobium monile *Kraenzlin* セキコク
Sŏggog 셕곡 石斛

석곡〈*Dendrobium moniliforme* (L.) Sw.(1799)〉

석곡이라는 이름은 한자명 '石斛'(석곡)에서 유래했는데 그 뜻은 정확하지 않다.[25] 다만 중국의 이시진이『본초강목』에서 바위 위에 모여 자라고 뿌리가 서로 엉켜 있다고 한 것에 비추어, 바위(石) 위에서 자라는데 여러 그루의 뿌리가 엉키는 모습이 마치 곡식의 분량을 잴 때 사용하는 그릇(斛) 같은 데서 유래한 것으로 추정한다.

속명 *Dendrobium*은 그리스어 *dendron*(나무)과 *bion*(생활하다)의 합성어로, 나무에 착생하는 것에서 유래했으며 석곡속을 일컫는다. 종소명 *moniliforme*는 '염주 모양의'라는 뜻으로 뿌리가 염주 모양인 것에서 유래했다.

다른이름 석골풀/셕곡(정태현 외, 1936), 석곡란(안학수·이춘녕, 1963)

옛이름 石斛(향약집성방, 1433), 石斛(세종실록지리지, 1454), 石斛(촌가구급방, 1538), 石斛/셕곡플(동의보감, 1613), 石斛(탐라지, 1653), 石斛(남환박물, 1704), 石斛(광제비급, 1790), 石斛(마과회통, 1798), 石斛/셕곡풀(제중신편, 1799), 石斛(물명고, 1824), 石斛(의종손익, 1868), 石斛/석곡풀(방약합편, 1884), 石斛(수세비결, 1929), 石石斛/석골풀(선한약물학, 1931)[26]

중국/일본명 중국명 細莖石斛(xi jing shi hu)는 줄기가 가는 석곡(石斛)이라는 뜻이다. 이시진은『본초강목』에서 그 이름의 유래가 미상이라 했다. 일본명 セキコク(石斛)는 한자명 石斛을 음독한 것이다.

참고 [북한명] 석곡란 [유사어] 석란(石蘭), 임란(林蘭) [지방명] 꼬마풍란/도구라/도굴암/풍란(전남)

---

25 이러한 견해로 이우철(2005), p.330 참조.
26 『조선어사전』(1920)은 '石斛(석곡)'을 기록했으며『조선식물명휘』(1922)는 '石斛, 林蘭(觀賞)'을,『토명대조선만식물자휘』(1932)는 '[石斛(草)]석곡(풀)'을 기록했다.

Epipactis longifolia *Blume*   カキラン(スズラン)
Dalgŭi-nancho   닭의난초

닭의난초⟨*Epipactis thunbergii* A.Gray(1856)⟩

닭의난초라는 이름은 활짝 핀 꽃의 모습이 닭의 볏이나 머리
를 닮은 난초 종류라는 뜻에서 붙여진 것으로 추정한다. 『조
선식물향명집』에서 전통 명칭 '난초'를 기본으로 하고 식물의
형태적 특징을 나타내는 '닭의'를 추가해 신칭했다.[27]

속명 *Epipactis*는 헬레보리네(helleborine)[28] 또는 헬레보
루스속(*Helleborus*)의 헬레보어(hellebore)를 일컫던 그리스
어 *epipaktis*에서 유래한 것으로 닭의난초속을 일컫는다. 종
소명 *thunbergii*는 스웨덴 식물학자로 일본 식물을 연구한
Carl Peter Thunberg(1743~1828)의 이름에서 유래했다.

다른이름 닭의란(도봉섭 외, 1957), 닭의란초(한진건 외, 1982)[29]

중국/일본명 중국명 尖叶火烧兰(jian ye huo shao lan)은 잎이 뾰

족한 화소란(火燒蘭: 불타는 듯한 난초라는 뜻으로 닭의난초속의 중국명)이라는 뜻이다. 일본명 カキラ
ン(柿蘭)은 꽃의 외꽃덮이조각이 등황색으로 감(柿)의 빛깔과 같다는 뜻에서 붙여졌다.

참고 [북한명] 닭의란 [유사어] 딸기난초(딸기蘭草)

Gastrodia elata *Blume*   オニノヤガラ   天麻
Chŏnma   천마(수자해좃)

천마⟨*Gastrodia elata* Blume(1856)⟩

천마라는 이름은 중국에서 전래된 한자어 천마(天麻)에서 유래했다. 중국의 이시진에 의하면 "天
麻 乃肝經氣分之藥"(천마는 간경의 기분 약이다)이면서 마비 증상을 일으키는 풍(風)을 치료한다고
하므로, 이러한 약성과 관련된 이름으로 추정한다. 한글명 '수자해좃'(슈자히좃 또는 슈즈희좃)은 땅
속줄기의 모양을 수컷의 성기에 비유한 것에서 유래했다고 추정하나, '수자해'가 정확히 무엇을
뜻하는지는 밝혀져 있지 않다.

---

27 이에 대해서는 『조선식물향명집』, 색인 p.37 참조.

28 *Epipactis helleborine* (L.) Crantz를 일컫는 것으로 추정되며, *epi*는 '위(上)', *paktos* 또는 *pektos*는 '조립하다, 조합하
     다'라는 뜻이다.

29 『조선의산과와산채』(1935)는 '비비추'를 기록했다.

속명 *Gastrodia*는 그리스어 *gaster*(위)에서 유래한 말로 꽃 덮이 전체가 위처럼 부풀어서 붙여졌으며 천마속을 일컫는다. 종소명 *elata*는 '키가 큰'이라는 뜻으로 가지도 없이 가늘고 긴 줄기가 올라오는 것에서 유래했다.

다른이름 수자해좃(정태현 외, 1936)

옛이름 天麻/都羅本(향약채취월령, 1431), 天麻/都羅本(향약집성방, 1433),[30] 天麻/赤箭根/적전불히/赤箭/수자히엄(촌가구급방, 1538), 턴마/天麻(언해두창집요, 1608), 天麻/수자히좃/赤箭/定風草(동의보감, 1613), 天麻/슈ㅈ히좃(제중신편, 1799), 赤箭/슈ㅈ희좃(광재물보, 19세기 초), 赤箭/슈ㅈ희좃/天麻(물명고, 1824), 天麻/슈ㅈ히좃(방약합편, 1884), 天麻/수자해좃(선한약물학, 1931)[31]

중국/일본명 중국명 天麻(tian ma)는 한국명과 동일하다. 『본초강목』은 본래 赤箭(적전: 청적색을 띠는 줄기와 화살대 모양인 꽃대에서 유래한 이름)이라 불렸지만 송나라 때의 『중수정화경사증류비급본초』에서 天麻(천마)로 기록하여 생긴 이름이라 했고, 통상 땅속줄기를 일컫는다고 기술하고 있다. 일본명 オニノヤガラ(鬼の矢幹)는 곧게 자라는 줄기의 모양이 귀신(鬼)이 사용하는 화살과 같다는 뜻에서 붙여졌다.

참고 [북한명] 천마 [유사어] 적전(赤箭), 정풍초(定風草), 천마파순(天魔波旬), 천자마(天子魔), 파순(波旬), 하늘마군(하늘魔君) [지방명] 마(경기)

Gymnadenia conopsea *R. Brown*　テガタチドリ
Sonburi-nancho　손뿌리난초

손바닥난초〈*Gymnadenia conopsea* (L.) R.Br.(1813)〉

손바닥난초라는 이름은 덩이줄기의 모양이 손바닥을 연상시킨다는 뜻에서 붙여졌다.[32] 『조선식물향명집』에서는 '손뿌리난초'를 신칭해 기록했으나,[33] 『조선식물명집』에서 같은 뜻의 '손바닥난초'로 개칭해 현재에 이르고 있다.

---

30 『향약집성방』(1433)의 차자(借字) '都羅本'(도라본)에 대해 남풍현(1999), p.177은 '도라본'의 표기로 보고 있다. 한편 『향약집성방』은 "赤箭 卽天麻苗也"(적전은 천마의 싹을 일컫는다)라고 기록했고, 『동의보감』(1613)은 '赤箭 턴맛삭'이라 기록했다.

31 『조선한방약료식물조사서』(1917)는 '수자히좃, 天麻, 赤箭'을 기록했으며 『조선어사전』(1920)은 '天麻(턴마), 수자해좃, 赤箭(적젼), 定風草(뎡풍초)'를, 『조선식물명휘』(1922)는 '天麻, 赤箭, 수자희좃, 턴마(救, 藥)'를, 『토명대조선만식물자휘』(1932)는 '[天麻]턴마, [赤箭]젹젼, [定風草]뎡풍초, [수자해좃]'을, 『선명대화명지부』(1934)는 '수자해좃/턴마'를 기록했다.

32 이러한 견해로 이우철(2005), p.351과 허북구·박석근(2008a), p.136 참조.

33 이에 대해서는 『조선식물향명집』, 색인 p.41 참조.

속명 *Gymnadenia*는 그리스어 *gymnos*(알몸)와 *adenos*(샘)의 합성어로, 꽃가루덩이의 점착체가 안쪽으로 들어가지 않고 노출되기 때문에 붙여졌으며 손바닥난초속을 일컫는다. 종소명 *conopsea*는 '모기와 비슷한'이라는 뜻으로 꽃의 모양을 나타낸다.

다른이름 손뿌리난초(정태현 외, 1937), 뿌리난초(박만규, 1949), 손바닥란(도봉섭 외, 1957), 새발난초(안학수·이춘녕, 1963), 손바닥난(이창복, 1969b)

중국/일본명 중국명 手参(shou shen)은 덩이줄기의 모양이 손바닥과 인삼을 닮았다는 뜻에서 유래했다. 일본명 テガタチドリ(手型千鳥)는 덩이줄기가 손바닥을 닮았고 꽃이 물떼새(千鳥)를 닮았다는 뜻에서 붙여졌다.

참고 [북한명] 손바닥란

Gymnadenia gracilis Miquel ヒナラン
Byŏngari-nancho 병아리난초

병아리난초 〈*Amitostigma gracile* (Blume) Schltr.(1919)〉
병아리난초라는 이름은 『조선식물향명집』에서 신칭한 것이다.[34] 가늘고 연약한 줄기의 생김새에서 병아리를 연상해, 병아리를 닮은 난초 또는 병아리처럼 예쁘거나 귀여운 난초라는 뜻에서 붙여진 이름이다.[35]

속명 *Amitostigma*는 속명인 *Mitostigma*에 부정의 접두사 *a*-가 붙어서 *Mitostigma*속으로 오인된 것을 정정하는 뜻이며 병아리난초속을 일컫는다. 종소명 *gracile*는 '가늘고 긴, 섬세한'이라는 뜻으로 식물체의 특성을 표현한 것이다.

다른이름 바위난초(박만규, 1949), 애기난초(이영노·주상우, 1956), 병아리란(도봉섭 외, 1957), 병아리란초(한진건 외, 1982)

중국/일본명 중국명 无柱兰(wu zhu lan)은 원줄기가 없는 난초라는 뜻으로, 원줄기가 꽃자루처럼 보이는 것에서 유래했다. 일본명 ヒナラン(雛蘭)은 병아리를 닮은 난초라는 뜻이다.

참고 [북한명] 병아리란

---

34 이에 대해서는 『조선식물향명집』, 색인 p.38 참조.
35 이러한 견해로 이우철(2005), p.276 참조.

○ Habenaria linearifolia *Maximowicz*   オホミヅトンボ
Haeorabi-ajaebi   해오래비아재비

잠자리난초〈*Habenaria linearifolia* Maxim.(1859)〉

잠자리난초라는 이름은 꽃이 피었을 때의 모양이 잠자리가 앉은 듯한 난초 종류라는 뜻에서 유래했다.[36] 『조선식물향명집』은 *H. linearifolia*를 '해오래비아재비'로, *Perularia ussuriensis*를 '잠자리난초'로 해 분류했으나 『조선식물명집』에서 *P. ussuriensis*를 '나도잠자리란'으로, 『한국식물도감(하권 초본부)』에서 *H. linearifolia*를 '잠자리난초'로 개칭해 현재에 이르고 있다.

속명 *Habenaria*는 라틴어 *habena*(작은 끈, 고삐)에서 유래한 것으로 입술꽃잎의 모양 때문에 붙여졌으며 잠자리난초속을 일컫는다. 종소명 *linearifolia*는 '선형의 잎을 가진, 직선상의 잎을 가진'이라는 뜻이다.

다른이름 해오래비아재비(정태현 외, 1937), 해오래비난초(박만규, 1949), 큰잠자리난초(정태현 외, 1949), 십자란(리종오, 1964)

중국/일본명 중국명 线叶十字兰(xian ye shi zi lan)은 잎이 선형이고 꽃이 십자형으로 피는 난초라는 뜻에서 유래했으며, 북한명(십자란)이 중국명의 영향을 받아 형성된 것으로 추정한다. 일본명 オホミヅトンボ(大水蜻蛉)는 식물체가 크고 물에서 자라며 잠자리를 닮았다는 뜻에서 붙여졌다.

참고 [북한명] 십자란

Habenaria radiata *Sprengel*   サギサウ
Haeorabi-nancho   해오래비난초

해오라비난초〈*Pecteilis radiata* (Thunb.) Raf.(1837)〉[37]

해오라비난초라는 이름은 '해오라비'와 '난초'의 합성어로, 활짝 핀 꽃의 모양이 새(鳥) 해오라비(해

---

36 이러한 견해로 허북구·박석근(2008a), p.177 참조.
37 '국가표준식물목록'(2018)은 해오라비난초의 학명을 *Habenaria radiata* (Thunb.) Spreng.(1826)으로 기재하고 이명(synonym)으로 *Pecteilis radiata* (Thunb.) Raf.(1837)를 기재하고 있으나, '세계식물목록'(2018)과 『장진성 식물목록』(2014)은 *Habenaria radiata* (Thunb.) Spreng.(1826)을 이명 처리하고 본문의 학명을 정명으로 기재하고 있다.

오라기)가 날아가는 모습을 연상시키는 난초라는 뜻에서 유래
했다.[38] 『조선식물향명집』은 '해오래비난초'로 기록했으나 『우
리나라 식물자원』에서 표기법에 맞추어 '해오라비난초'로 개
칭해 현재에 이르고 있다.

　속명 *Pecteilis*는 라틴어 *pecten*(빗살)에서 유래한 것으로
입술꽃잎의 모양 때문에 붙여졌으며 해오라비난초속을 일컫
는다. 종소명 *radiata*는 '방사상의'라는 뜻이다.

다른이름 해오래비난초(정태현 외, 1937), 해오래비란(도봉섭 외,
1957), 해오라기난초/황새란(안학수·이춘녕, 1963), 해오라기란
(리종오, 1964), 해오리란(임록재 외, 1972), 해오라비란/해오라비
란초(한진건 외, 1982)[39]

중국/일본명 중국명 狹叶白蝶兰(xia ye bai die lan)은 잎이 좁고 꽃이 흰 나비를 연상시키는 난초라는
뜻이다. 일본명 サギサウ(鷺草)는 꽃의 모양이 백로(白鷺)를 닮았다는 뜻에서 붙여졌다.

참고 [북한명] 해오리란

Liparis auriculata *Blume*　クモキリサウ
Ogjam-nancho　옥잠난초

옥잠난초〈*Liparis campylostalix* Rchb.f.(1876)〉[40]
옥잠난초라는 이름은 한자어 옥잠난초(玉簪蘭草)에서 유래한 것으로, 꽃의 생김새가 옥잠(옥비녀)
을 닮았다는 뜻에서 붙여졌다.[41] 『조선식물향명집』에서 한글명이 최초로 보이는데 신칭한 것인지
방언을 채록한 것인지는 분명하지 않다.

　속명 *Liparis*는 그리스어 *liparos*(윤기 있는, 빛나는)에서 유래한 것으로 윤이 나는 잎의 특성을
나타내며 나리난초속을 일컫는다. 종소명 *campylostalix*는 '자웅예합체가 굽어 있는'이라는 뜻
으로 자웅예합체의 모양을 나타낸다.

다른이름 구름나리란(리종오, 1964), 옥잠란초(리용재 외, 2011)

중국/일본명 중국명 羊耳蒜(yang er suan)은 양의 귀를 닮은 마늘 종류라는 뜻이다. 일본명 クモキリ

38　이러한 견해로 이우철(2005), p.589; 허북구·박석근(2008a), p.217; 한태호 외(2006), p.220; 권순경(2015.12.23.) 참조.

39　『조선식물명휘』(1922)는 '鷺草'(노초)를 기록했다.

40　'국가표준식물목록'(2018)은 옥잠난초의 학명을 *Liparis kumokiri* F. Maek.(1936)로 기재하고 있으나, 『장진성 식물목
　　록』(2014)과 '중국식물지'(2018)는 본문의 학명을 정명으로 기재하고 있다.

41　이러한 견해로 이우철(2005), p.406 참조.

サウ(蜘蛛切草)는 꽃의 모양이 겐지(源氏) 집안에 전해 내려오던 보검 구모키리마루(クモキリマル: 蜘蛛切丸)를 닮았고 거미를 세워놓은 것과 비슷하다는 뜻에서 붙여졌다.

[북한명] 구름나리란

Liparis Krameri *Franchet et Savatier* ジガバチサウ
Nanani-nancho 나난이난초

나나벌이난초〈*Liparis krameri* Franch. & Sav.(1873)〉

나나벌이난초라는 이름은 꽃의 모양이 곤충 나나니벌과 유사해서 붙여졌다. 『조선식물향명집』은 같은 뜻의 '나난이난초'로 최초 기록했는데 『한국식물도감(하권 초본부)』에서 '나나벌이난초'로 개칭해 현재에 이르고 있다.

속명 *Liparis*는 그리스어 *liparos*(윤기 있는, 빛나는)에서 유래한 것으로 윤이 나는 잎의 특성을 나타내며 나리난초속을 일컫는다. 종소명 *krameri*는 독일 생물학자 Wilhelm Heinrich Kramer(1724?~1765)의 이름에서 유래했다.

나난이난초(정태현 외, 1937), 나나니난초(정태현 외, 1949), 나나니란(도봉섭 외, 1957), 애기벌난초(안학수·이춘녕, 1963), 나나리란(리종오, 1964)

중국명 尾唇羊耳蒜(wei chun yang er suan)은 꼬리 모양의 입술꽃잎을 가진 양이산(羊耳蒜: 옥잠난초의 중국명)이라는 뜻이다. 일본명 ジガバチサウ(似我蜂草)는 꽃의 형태가 나나니벌(似我蜂)과 유사하다는 뜻에서 붙여졌다.

[북한명] 나나리란

Liparis lilifolia *A. Richard* スズムシサウ
Nari-nancho 나리난초

나리난초〈*Liparis makinoana* Schltr.(1919)〉

나리난초라는 이름은 백합속(*Lilium*) 식물(나리)과 유사한 잎을 가진 난초라는 뜻에서 유래했다.[42] 옛 학명의 종소명 *lilifolia*는 '나리 잎의'라는 뜻인데 학명에서 영향을 받아 붙여진 이름으로 추정한다.

속명 *Liparis*는 그리스어 *liparos*(윤기 있는, 빛나는)에서 유래한 것으로 윤이 나는 잎의 특성을 나타내며 나리난초속을 일컫는다. 종소명 *makinoana*는 일본 식물학자 마키노 도미타로(牧野富太

---

42 이러한 견해로 이우철(2005), p.130 참조.

郎, 1862~1957)의 이름에서 유래했다.

다른이름 나리란(도봉섭 외, 1957), 풍경벌레난초(안학수·이춘녕, 1963), 제주니리난초(이영노, 2002)

중국/일본명 중국명 阿里山羊耳蒜(a li shan yang er suan)은 타이완의 아리산(阿里山)에서 발견된 양이산(羊耳蒜: 옥잠난초의 중국명)이라는 뜻이다. 일본명 スズムシサウ(鈴虫草)는 입술꽃잎의 모양과 색깔이 방울벌레(鈴蟲)의 날개와 비슷하다는 뜻에서 유래했다.

참고 [북한명] 나리란

Oreorchis patens *Lindley*　コケイラン
Gamja-nancho　감자난초

감자난초〈*Oreorchis patens* (Lindl.) Lindl.(1854)〉

감자난초라는 이름은 감자 모양의 둥근 가짜비늘줄기가 달리는 난초라는 뜻에서 붙여졌다.[43] 『조선식물향명집』에서 전통명칭 '난초'를 기본으로 하고 식물의 형태적 특징을 나타내는 '감자'를 추가해 신칭했다.[44]

속명 *Oreorchis*는 그리스어 *oreos*(바위, 산)와 *charis*(난초속 식물)의 합성어로, 바위틈에서 자라는 난초 종류라는 뜻이며 감자난초속을 일컫는다. 종소명 *patens*는 '열려 있는'이라는 뜻으로 꽃의 모양을 묘사한 것으로 보인다.

다른이름 잠자리난초(정태현, 1956), 댓잎새우난초(안학수·이춘녕, 1963), 감자란(리종오, 1964), 감자난(이창복, 1969b)

옛이름 山蘭(향약집성방, 1433)

중국/일본명 중국명 山兰(shan lan)은 산에서 자라는 난초라는 뜻에서 유래했다. 일본명 コケイラン(小蕙蘭)은 작은 혜란(蕙蘭: 중국에 존재하는 것으로 알려진 군자의 꽃)이라는 뜻이다.

참고 [북한명] 감자란 [유사어] 산란(山蘭)

---

43 이러한 견해로 이우철(2005), p.41 참조.
44 이에 대해서는 『조선식물향명집』, 색인 p.31 참조.

Perularia ussuriensis *Schlechter*　コトンボサウ
Jamjari-nancho　잠자리난초

나도잠자리란〈*Platanthera ussuriensis* (Regel & Maack) Maxim.(1886)〉[45]

나도잠자리란이라는 이름은 잠자리난초(*Habenaria linearifolia*)를 닮았다는 뜻에서 유래했다.[46] 식물명에서 '나도'는 수식하는 식물과 비슷하게 생긴 것에 붙이는 말이다.[47] 『조선식물향명집』은 *H. linearifolia*를 '해오래비아재비'로, *Perularia ussuriensis*를 '잠자리난초'로 해 분류했으나 『조선식물명집』에서 *P. ussuriensis*를 '나도잠자리란'으로, 『한국식물도감(하권 초본부)』에서 *H. linearifolia*를 '잠자리난초'로 개칭해 현재에 이르고 있다.

속명 *Platanthera*는 그리스어 *platys*(편평한, 넓은)와 *anthera*(꽃밥)의 합성어로, 모식종의 꽃밥이 넓기 때문에 붙여졌으며 제비난초속을 일컫는다. 종소명 *ussuriensis*는 '우수리강 유역에 분포하는'이라는 뜻이다.

다른이름　잠자리난초(정태현 외, 1937), 색기잠자리난초(박만규, 1949), 잠자리란(리종오, 1964), 나도제비난(이창복, 1969b), 제비잠자리난(이창복, 1980), 나도잠자리난초(이영노, 1996)

중국/일본명　중국명 东亚舌唇兰(dong ya she chun lan)은 동아시아에 분포하는 설순란(舌唇蘭: 입술 사이로 내민 혀 같은 모양의 꽃을 가진 난초라는 뜻으로 갈매기난초의 중국명)이라는 뜻이다. 일본명 コトンボサウ(小蜻蛉草)는 잠자리난초를 닮았으나 그보다 작다는 뜻에서 붙여졌다.

참고　[북한명] 잠자리란

45　'국가표준식물목록'(2018)은 나도잠자리란의 학명을 *Tulotis ussuriensis* (Regel & Maack) Hara(1955)로 기재하고 있으나, '세계식물목록'(2018)과 『장진성 식물목록』(2014)은 본문의 학명을 정명으로 기재하고 있다.

46　이러한 견해로 이우철(2005), p.129 참조.

47　이러한 견해로 허북구·박석근(2008a), p.11 참조. 여기서 허북구·박석근은 식물명에서 '나도'가 "원래는 완전히 다른 분류군이지만 비슷하게 생긴 데서 유래"한 것을 뜻한다고 기술하고 있다. 그러나 '하수오'와 '나도하수오'처럼 같은 속(genus)에 속하는 식물에 대해서도 '나도'를 붙이므로, 비슷한 형태 또는 성질을 지닌 식물을 나타내기 위한 것일 뿐 분류군의 동일성 여부가 기준은 아니다.

Platanthera chlorantha *Cust.* var. orientalis *Schlechter*   エゾチドリ(エゾジンバイサウ)

Jebi-nancho   졔비난초

제비난초〈*Platanthera bifolia* (L.) Rich.(1817)〉[48]

제비난초라는 이름은 꽃이 피는 모양이 물 찬 제비와 같이 예쁜 난초라는 뜻에서 붙여졌다.[49] 『조선식물향명집』에서 전통 명칭 '난초'를 기본으로 하고 식물의 형태적 특징을 나타내는 '제비'를 추가해 신칭했다.[50]

속명 *Platanthera*는 그리스어 *platys*(편평한, 넓은)와 *anthera* (꽃밥)의 합성어로, 모식종의 꽃밥이 넓기 때문에 붙여졌으며 제비난초속을 일컫는다. 종소명 *bifolia*는 '2엽의'라는 뜻으로 뿌리잎 2장이 크게 달리는 것에서 유래했다.

다른이름 향난초(박만규, 1949), 제비란(리종오, 1964), 제비난(이창복, 1969b), 쌍둥제비란(임록재 외, 1972)

중국/일본명 중국명 細距舌唇兰(xi ju she chun lan)은 가는톱니
가 있는 설순란(舌唇蘭: 입술 사이로 내민 혀 같은 모양의 꽃을 가진 난초라는 뜻으로 갈매기난초의 중국명)이라는 뜻이다. 일본명 エゾチドリ(蝦夷千鳥)는 에조(蝦夷: 홋카이도의 옛 지명)에 분포하고 지도리(千鳥) 지역에서 처음 발견된 난초라는 뜻에서 붙여졌다.

참고 [북한명] 쌍둥제비란/제비란[51]

Pogonia japonica *Reichenbach*   トキサウ

Kŭn-baṅgulsae-nancho   큰방울새난초

큰방울새란〈*Pogonia japonica* Rchb.f.(1852)〉

큰방울새란이라는 이름은 꽃이 큰 방울새란이라는 뜻이다.[52] 『조선식물향명집』에서는 '큰방울새

---

48 '국가표준식물목록'(2018)은 제비난초의 학명을 *Platanthera freynii* Kraenzl.(1913)로 기재하고 있으나, 『장진성 식물목록』(2014), '중국식물지'(2018) 및 '세계식물목록'(2018)은 본문의 학명을 정명으로 기재하고 있다.

49 이러한 견해로 이우철(2005), p.453과 허북구·박석근(2008a), p.182 참조.

50 이에 대해서는 『조선식물향명집』, 색인 p.45 참조.

51 북한에서는 *P. freynii*를 '쌍둥제비란'으로, *P. maximowicziana*를 '제비란'으로 하여 별도 분류하고 있다. 이에 대해서는 리용재 외(2011), p.272 참조.

52 이러한 견해로 이우철(2005), p.534 참조.

난초'를 신칭해 기록했으나,[53] 『조선식물명집』에서 '큰방울새란'으로 개칭해 현재에 이르고 있다.

속명 *Pogonia*는 그리스어 *pogonias*(수염이 있는, 까락이 있는)에서 유래한 것으로 입술꽃잎에 털이 많아서 붙여졌으며 방울새란속을 일컫는다. 종소명 *japonica*는 '일본의'라는 뜻으로 최초 발견지 또는 분포지를 나타낸다.

다른이름 큰방울새난초(정태현 외, 1937), 큰방울새난(이창복, 1969b)

중국/일본명 중국명 朱兰(zhu lan)은 붉은 자주색 꽃이 피는 것에서 유래했다. 일본명 トキサウ(朱鷺草)는 꽃이 핀 모습이 따오기(朱鷺)의 붉은 깃털을 닮았다는 뜻에서 붙여졌다.

참고 [북한명] 큰방울새란

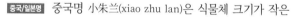
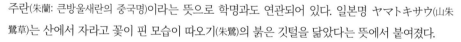

Pogonia minor *Makino* ヤマトキサウ
Bangulsae-nancho 방울새난초

방울새란〈*Pogonia minor* (Makino) Makino(1909)〉

방울새란이라는 이름은 꽃이 핀 모습이 조류(鳥類) 방울새의 부리 모양을 닮았다고 하여 붙여졌다.[54] 『조선식물향명집』에서는 '방울새난초'를 신칭해 기록했으나,[55] 『한국식물명감』에서 '방울새란'으로 개칭해 현재에 이르고 있다.[56]

속명 *Pogonia*는 그리스어 *pogonias*(수염이 있는, 까락이 있는)에서 유래한 것으로 입술꽃잎에 털이 많아서 붙여졌으며 방울새란속을 일컫는다. 종소명 *minor*는 '작은'이라는 뜻으로 방울새란 종류 중 식물체가 작은 것에서 유래했다.

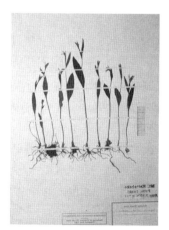

다른이름 방울새난초(정태현 외, 1937), 방울새란(도봉섭 외, 1957), 방울새난(이창복, 1969b)

중국/일본명 중국명 小朱兰(xiao zhu lan)은 식물체 크기가 작은 주란(朱蘭: 큰방울새란의 중국명)이라는 뜻으로 학명과도 연관되어 있다. 일본명 ヤマトキサウ(山朱鷺草)는 산에서 자라고 꽃이 핀 모습이 따오기(朱鷺)의 붉은 깃털을 닮았다는 뜻에서 붙여졌다.

참고 [북한명] 방울새란

---

53 이에 대해서는 『조선식물향명집』, 색인 p.47 참조.
54 이러한 견해로 허북구·박석근(2008a), p.105 참조.
55 이에 대해서는 『조선식물향명집』, 색인 p.38 참조.
56 북한은 『조선식물도감』(1957)에서 '방울새란'을 먼저 표기하여 사용했다.

Spiranthes amoena *Sprengel* ネジバナ
Tarae-nancho 타래난초

타래난초 ⟨*Spiranthes sinensis* (Pers.) Ames(1908)⟩

타래난초라는 이름은 『조선식물향명집』에서 신칭한 것으로,[57] 꽃이 타래와 같이 나선상으로 꼬이면서 피는 것을 나타낸다.[58] 『토명대조선만식물자휘』는 조선명으로 '비비초'를 기록하면서 '비비'가 꼬여서(捩) 자라는 것에서 유래한다고 했으므로 타래 난초도 이와 유사한 뜻으로 추정한다. 『물명고』는 '당풀'을 기록했으나, 『물명고』는 필사본으로 널리 유통되던 문헌이 아니므로 당풀이라는 이름이 일반적으로 사용된 명칭인지는 확실하지 않다.[59]

속명 *Spiranthes*는 그리스어 *speira*(나선)와 *anthos*(꽃)의 합성어로, 꽃대축이 나선상으로 꼬이는 것에서 유래했으며 타래난초속을 일컫는다. 종소명 *sinensis*는 '중국에 분포하는' 이라는 뜻으로 최초 발견지를 나타낸다.

다른이름 타래란(도봉섭 외, 1957), 당풀(김종원, 2016)

옛이름 綬草/당풀(광재물보, 19세기 초), 綬草/당풀(물명고, 1824)[60]

중국/일본명 중국명 綬草(shou cao)는 실을 땋은 끈(綬) 모양의 풀이라는 뜻으로 꽃차례의 모양에서 유래했다. 일본명 ネジバナ(捩花) 역시 꽃차례가 비틀어진 모양에서 유래했다. 동북아 3국이 유사한 뜻의 이름을 공유하고 있다.

참고 [북한명] 타래란 [유사어] 반룡삼(盤龍蔘)

---

57 이에 대해서는 『조선식물향명집』, 색인 p.47 참조.

58 이러한 견해로 이우철(2005), p.546; 허북구·박석근(2008a), p.201; 한태호 외(2006), p.201 참조.

59 이와 관련하여 김종원(2016), p.708은 "당풀의 당은 망건의 윗부분을 일컫는 당(망건당)에 잇닿으며, 이것은 말총으로 만든 끈이다. (중략) 결국 1937년에 기재된 타래난초는 일본명을 참고해서 생겨난 이름이고, 그보다 백 년도 훨씬 이전에 중국명을 참고로 만든 당풀이라는 명칭이 있었다"라고 주장하고 있다. 또한 타래난초의 '타래(타레)'는 우리말 표현이며, 일본에서도 오래전부터 레지바나(れじばな)를 綬草(수초)라고 했고 타래난초속을 綬草屬(수초속)으로 표기했던 것에 비추어보면 일본명 역시 한자명 綬草(수초)에서 유래했다고 볼 수 있다. 이러한 점들을 고려할 때, '당풀'은 우리 이름이고 '타래난초'는 일본명을 참고해서 만든 이름이라고 단정할 수 있는지 다소 의문스럽다.

60 『조선식물명휘』(1922)는 '綬草, 盤龍蔘'을 기록했으며 『토명대조선만식물자휘』(1932)는 '[비비초]'를 기록했다.

Chloranthaceae 홀애비꽃대科 (金粟蘭科)

> **홀아비꽃대과**〈**Chloranthaceae** R.Br. ex Sims(1820)〉
> 홀아비꽃대과는 국내에 자생하는 홀아비꽃대에서 유래한 과명이다. '국가표준식물목록'(2018),
> 『장진성 식물목록』(2014) 및 '세계식물목록'(2018)은 *Chloranthus*(홀아비꽃대속)에서 유래한
> Chloranthaceae를 과명으로 기재하고 있으며, 엥글러(Engler), 크론키스트(Cronquist) 및 APG IV
> (2016) 분류 체계도 이와 같다.

Chloranthus japonicus *Siebold*   ヒトリシヅカ
Holaebiĝotdae 홀애비꽃대

홀아비꽃대〈*Chloranthus japonicus* Siebold(1829)〉

홀아비꽃대라는 이름은 줄기 끝에 하나의 이삭꽃차례가
달리는 모습을 홀아비에 비유한 것에서 유래했다. 꽃대(*C.
serratus*)의 이삭꽃차례가 2개인 것과 대비된 이름으로 보인
다.[1] 『조선식물향명집』에서는 '홀애비꽃대'를 신칭해 기록했으
나,[2] 『조선식물명집』에서 표기법에 맞추어 수정해 현재에 이
르고 있다. 일본명 ヒトリシズカ(一人靜)는 꽃대의 일본명 フタ
リシズカ(二人靜)에 대비하는 뜻에서 붙여졌다. 이들 일본명에
서 靜은 일본의 실존 인물인 시즈카 고젠(靜御前)에 빗댄 것으
로 우리의 '꽃대'와 뜻이 동일하지는 않으나, 우리의 옛 문헌에
별도로 홀아비꽃대를 기록한 것이 보이지 않으므로, 꽃차례
의 개수를 비유적으로 나타낸 일본명에서 영향을 받은 것으
로 보인다.

  속명 *Chloranthus*는 그리스어 *chlor*(녹색)와 *anthus*(꽃)의 합성어로, 녹색 꽃대축을 표현한
것으로 보이며 홀아비꽃대속을 일컫는다. 종소명 *japonicus*는 '일본의'라는 뜻으로 최초 발견지

---

1   이러한 견해로 이우철(2005), p.594와 권순경(2018.7.25.) 참조.
2   이에 대해서는 『조선식물향명집』, 색인 p.49 참조.

또는 분포지를 나타낸다.

다른이름 홀애비꽃대(정태현 외, 1937), 오래비꽃내(박만규, 1949), 홀꽃대(리종오, 1964)[3]

중국/일본명 중국명 银线草(yin xian cao)는 하얀 실(銀線) 모양의 풀(草)이라는 뜻으로, 꽃잎이 없고 수술의 모양이 마치 흰 실과 같은 것에서 유래했다. 일본명 ヒトリシヅカ(一人静)는 한 사람의 시즈카 고젠(静御前)이라는 뜻으로 꽃대가 하나씩 올라온다는 뜻에서 붙여졌다.

참고 [북한명] 홀꽃대 [지방명] 노젓갈/놋절나물/젓갈나물(강원), 놋대나물/놋재나무/놋재나물(경기), 노쩔나물/놋절나물/젓갈나물(경북), 홀아비대(전북)

---

3 『조선식물명휘』(1922)는 '銀線草, 四葉細辛'을 기록했다.

Salicaceae 버들科 (楊柳科)

버드나무과〈Salicaceae Mirb.(1815)〉

버드나무과는 국내에 자생하는 버드나무에서 유래한 과명이다. '국가표준식물목록'(2018), 『장진성 식물목록』(2014) 및 '세계식물목록'(2018)은 *Salix*(버드나무속)에서 유래한 Salicaceae를 과명으로 기재하고 있으며, 엥글러(Engler), 크론키스트(Cronquist) 및 APG IV(2016) 분류 체계도 이와 같다. 엥글러(1924) 분류 체계에서는 이 과를 매우 원시적인 쌍떡잎식물로 취급했으나, 추가 연구에 의해 원시적이라기보다 적절하게 특화된 것으로 알려졌다. 또한 크론키스트(1981) 분류 체계는 *Salix*(버드나무속)와 *Populus*(사시나무속)의 2속으로만 분류했으나 APG IV(2016) 분류 체계는 50속이 넘는 속을 이 과로 분류하고 있다. 특히 *Idesia*(이나무속), *Xylosma*(산유자나무속)를 포함한 Flacourtiaceae(이나무과)를 여기에 통합하고 있다.

Chosenia bracteosa *Nakai*　ケシヤウヤナギ

Chaeyang-bodul　채양버들(노랑버들·새양버들)

새양버들〈*Salix arbutifolia* Pall.(1788)〉[1]

새양버들이라는 이름은 평북 방언을 채록한 것인데[2] 새양은 생강의 옛말이고 새양나무는 생강나무를 뜻하므로,[3] 생강을 닮은 버드나무라는 뜻에서 유래한 것으로 추정한다. 『조선산야생약용식물』은 강원 방언으로 노랑버들(노란버들)을 기록했는데, 약용하는 가지와 잎에 보이는 노란색을 생강에 비유한 것으로 보인다. 채양버들은 함북 방언에서 유래했는데,[4] 그 뜻은 정확히 알려져 있지 않으나 북한에서는 처마 끝에 덧붙이는 좁은 지붕을 뜻하는 차양(遮陽)을 '채양'으로 표기하는 점에 비추어,[5] 한반도에 자생하는 버드나무속(*Salix*) 중에서 가

1　'국가표준식물목록'(2018)은 수꽃차례가 아래로 처지며 수꽃에 신제가 없고 수술대가 포에 붙어 나는 특징을 근거로 새양버들의 학명을 *Chosenia arbutifolia* (Pall.) A.K.Skvortsov(1957)로 하여 별도 속으로 분류하고 있으나, 『장진성 식물목록』(2014), 김태영·김진석(2018), p.271 및 '세계식물목록'(2018)은 버드나무속(*Salix*)의 일종으로 보아 학명을 본문과 같이 기재하고 있다.

2　이에 대해서는 『조선삼림수목감요』(1923), p.44 참조.

3　『조선어사전』(1920)은 生薑(생강)을 '새양'으로, 생강나무를 '새양나무'로 기록했다.

4　이에 대해서는 이우철(2005), p.512 참조.

5　이에 대해서는 국립국어원, '우리말샘' 중 '채양' 참조.

장 크게 자라 채양 역할을 할 수 있다는 뜻에서 유래했을 것으로 추정한다. 『조선식물향명집』은 '채양버들'을 보다 보편적으로 사용하는 이름으로 기록했으나, 『조선산야생약용식물』과 『조선삼림식물도설』에서 '새양버들'로 기록해 현재에 이르고 있다.

속명 *Salix*는 버드나무나 갯버들의 고대 라틴명으로 켈트어 *sal*(가깝다)과 *lis*(물)의 합성어에서 유래했고, 물가에서 자라는 특성 때문에 붙여졌으며 버드나무속을 일컫는다. 한편 이명 (synonym)의 속명 *Chosenia*는 '조선의'라는 뜻으로 한반도 고유속이라고 명명되었지만, 요즘은 버드나무속(*Salix*)으로 분류하는 것이 일반적이다. 종소명 *arbutifolia*는 *Arbutus unedo*라는 종과 잎이 유사하다는 뜻에서 유래했다.

다른이름 시양버들(정태현 외, 1923), 치양버들(정태현, 1926), 새양버들(정태현 외, 1936), 노랑버들/채양버들(정태현 외, 1937), 노란버들(정태현, 1943)[6]

중국/일본명 중국명 钻天柳(zuan tian liu)는 하늘을 뚫을 정도로 높이 자라는 유(柳: 버드나무속의 중국명)라는 뜻으로 나무가 크게 자라는 것에서 유래했다. 일본명 ケシヤウヤナギ(化粧柳)는 작은 가지가 붉은색을 띠어 마치 화장을 한 것과 같은 버드나무(ヤナギ)라는 뜻이다.

참고 [북한명] 채양버들 [유사어] 상천류(上天柳), 홍류(紅柳)

Populus alba *Linné* ギンドロ(ハクヤウ) (栽)
Ŭn-baegyang 은백양

은백양〈*Populus alba* L.(1753)〉

은백양이라는 이름은 한자어 은백양(銀白楊)에서 유래한 것으로, 잎 뒤에 은백색 털이 밀생(密生)한다는 뜻에서 붙여졌다.[7] 『조선식물향명집』에서 한글명이 최초로 발견되는데 신청한 이름으로 기록하지 않은 것에 비추어 재배식물로 도입할 때 부여된 이름으로 추론된다.

속명 *Populus*는 고대 라틴어에서 유래했으며 사시나무속을 일컫는다. 종소명 *alba*는 '흰색의'라는 뜻이다.

다른이름 은백양나무(이창복, 1947), 은버들(박만규, 1949)[8]

중국/일본명 중국명 银白杨(yin bai yang)은 잎 뒷면이 은백색을 띠는 양(楊: 사시나무속의 중국명)이라는 뜻이며 학명과도 연관

---

6 『조선식물명휘』(1922)는 '노랑버들'을 기록했으며 『선명대화명지부』(1934)는 '노랑버들, 새양버들'을 기록했다.
7 이러한 견해로 이우철(2005), p.428 참조.
8 『조선식물명휘』(1922)는 한글명 없이 '白楊, 大葉楊'을 기록했다.

되어 있다. 일본명 ギンドロ(銀泥)는 은백색 털이 밀생하는 황철나무(ドロノキ)라는 뜻이다.

Populus Davidiana *Dode*　テフセンヤマナラシ
Sasi-namu　사시나무(파드득나무)

사시나무〈*Populus tremula* var. *davidiana* (Dode) C.K.Schneid.(1916)〉[9]

사시나무라는 이름은 옛이름 '사슬나모'에서 비롯했다. 『향약집성방』은 차자(借字)로 '沙瑟木'(사슬목)을 기록했는데, 이는 '사슬나모'를 표기한 것으로 보인다. 사슬나모는 이후 '사스나모'로 되었으며, '사싀나무' 및 '사시나무'와 혼용되다가 현재의 사시나무로 정착되었다. 『동의보감』은 나무가 약간 희기 때문에 白楊(백양)이라 하고, 잎자루가 연약하여 약한 바람에도 몹시 흔들린다는 특징을 기술하고 있다. 또한 몽골어에 '떨다'를 뜻하는 사지(saji)라는 단어가 있는 점에 비추어, 사시나무라는 이름은 떤다는 뜻의 옛말에서 유래한 것으로 추정한다.[10] 결국 사시나무는 바람이 조금만 불어도 나뭇잎이 심하게 떠는 모양에서 유래한 이름이라 하겠다.[11] 『조선식물향명집』에 다른이름으로 기록된 '파드득나무'는 경기 방언을 채록한 것으로,[12] 잎이 흔들릴 때 나는 소리를 형상화한 것으로 추정한다.

속명 *Populus*는 고대 라틴어에서 유래했으며 사시나무속을 일컫는다. 종소명 *tremula*는 '떨리는, 흔들리는'이라는 뜻이다. 변종명 *davidiana*는 프랑스 신부로 중국에서 활동한 자연연구가 Armand David(Père David, 1826~1900)의 이름에서 유래했다.

다른이름 빅양/사시나무/사실황털/파드득나무(정태현 외, 1923), 백양/발래나무/사실버들/사실황철/왜사시나무(정태현, 1943), 왕사시나무(박만규, 1949), 산사시나무(정태현 외, 1949), 사시버들/(안학수·이

9　'국가표준식물목록'(2018)은 사시나무의 학명을 *Populus davidiana* Dode(1905)로 기재하고 있으나, 『장진성 식물목록』(2014)과 '세계식물목록'(2018)은 정명을 본문과 같이 기재하고 있다.

10　이에 대해서는 강길운(2010), p.747 참조.

11　이러한 견해로 허북구·박석근(2008b), p.175 참조. 한편 이와 관련하여 김종원(2013), p.566은 "사시나무의 사시는 19세기까지도 본래 사사(ㅅ)였으며, 20세기 초 일제강점기 기록에서부터 사시로 바뀌었다. (중략) 사사(ㅅ)는 신을 부를 때에 무당(샤먼)이 대를 흔들어대는 모양이나 그 소리에 잇닿은 것으로 추정해본다"라고 주장하고 있다. 그러나 19세기의 우리 문헌에도 사시나무 또는 사싀나무라는 표현이 있으므로 일제강점기에 비로소 사시나무가 되었다는 것은 타당하지 않고, 사사(ㅅ)가 무당이 대를 흔들어대는 모양이나 소리에서 유래했다는 것도 근거가 발견되지 않는다.

12　이에 대해서는 『조선삼림수목감요』(1923), p.15 참조.

춘녕, 1963), 사시황철(임록재 외, 1972), 백양나무(이영노, 1996)

옛이름 白楊樹/沙瑟木(향약집성방, 1433),[13] 시ᄉᆞ나모(언해태산집요, 1608), 白楊/사ᄉᆞ나모(동의보감, 1613), 白楊/沙篩木/獨搖(본사, 1787), 白楊/사싀나무(물보, 1802), 白楊/사시나무/獨搖/移楊/唐柳/高飛(광재물보, 19세기 초), 白楊/사ᄉᆞ나모/獨搖(물명고, 1824), 白楊株/당버들/사시나무(명물기략, 1870), 사시나무/파드득나무/白楊(한불자전, 1880), 사시나무/백양나무(조선구전민요집, 1933)[14]

중국/일본명 중국명 山楊(shan yang)은 산에서 자라는 양(楊: 사시나무속의 중국명)이라는 뜻이다. 일본명 テフセンヤマナラシ(朝鮮山鳴)는 조선에 분포하고 산에서 자라며 잎이 바람에 흔들려 우는 듯하다는 뜻에서 유래했다.

참고 [북한명] 사시나무 [지방명] 발레낭그/발레낭기/사시낭그(강원)

Populus Maximowiczii *Henry* ドロノキ
Hwaṅgchŏl-namu 황철나무

황철나무⟨*Populus suaveolens* Fisch. ex Loudon(1838)⟩[15]

황철나무라는 이름은 평북 방언을 채록한 것으로 한자어 황철목(黃鐵木)에서 유래했다. 봄이면 미루나무나 양버들처럼 잎 뒷면에서 향기가 나고 누런 점액질이 흐른 자국이 생기는데, 이것을 누런 쇠에 비유한 이름이다.[16]

속명 *Populus*는 고대 라틴어에서 유래했으며 사시나무속을 일컫는다. 종소명 *suaveolens*는 '향기가 있는'이라는 뜻이다.

다른이름 빅양/황털나무(정태현 외, 1923), 물황철/백양(정태현, 1943)[17]

---

13 『향약집성방』(1433)의 차자(借字) '沙瑟木'(사슬목)에 대해 남풍현(1999), p.179는 沙(음차: 사)＋瑟(음차: 슬)＋木(훈차: 나무)으로 보아 '사슬나모'의 표기로 보고 있다.

14 「화한한명대조표」(1910)는 '파드득ㄴ무, 사시ㄴ무'를 기록했으며 「조선주요삼림수목명칭표」(1912)는 '사시ㄴ무, 白楊'을, 『조선거수노수명목지』(1919)는 '사시ㄴ무, 移'를, 『조선어사전』(1920)은 '白楊(빅양), 사시나무'를, 『조선식물명휘』(1922)는 '白楊, 사시나무(工業)'를, 『토명대조선만식물자휘』(1932)는 '[사시나무], [바람나무]'를, 『선명대화명지부』(1934)는 '파드득나무, 사실황털, 사시나무, 백양'을, 『조선삼림식물편』(1915~1939)은 'サシナム, ササナム'[사시나무, 사ᄉᆞ나무]를 기록했다.

15 '국가표준식물목록'(2018)은 황철나무의 학명을 *Populus maximowiczii* A. Henry(1913)로 기재하고 있으나, 『장진성식물목록』(2014)과 '세계식물목록'(2018)은 정명을 본문과 같이 기재하고 있다.

16 이러한 견해로 이우철(2005), p.599; 정태현(1943), p.49; 박상진(2001), p.431 참조. 정태현은 황철나무의 한자명을 '黃鐵木'(황철목)으로 기록했다. 한편 박상진은 봄에 싹이 날 때 유난히 황록색이 강하고 가을에 단풍이 들 때 황갈색에서 갈색으로 변하기 때문에 유래한 이름으로 보고 있다.

17 「화한한명대조표」(1910)는 '황털ㄴ무'를 기록했으며 「조선주요삼림수목명칭표」(1915a)는 '빅양목, 白楊'을, 『조선식물명휘』(1922)는 '泥楊, 唐柳, 황털나무'를, 『토명대조선만식물자휘』(1932)는 '[白楊(木)]빅양(목), [사시나무], [당버들(나무)]'을, 『선명대화명지부』(1934)는 '백양, 황멸(털)나무'를, 『조선삼림식물편』(1915~1939)은 'タンボトル(平北), ホアンチヨルナム(平北)'[당버들(평북), 황철나무(평북)]를 기록했다.

중국명 甛杨(tian yang)은 달콤한 양(楊: 사시나무속의 중국명)이라는 뜻으로 학명과 연관되어 있다. 일본명 ドロノキ(泥ノ木)는 재목이 부드러워 진흙보다 더 나은 나무라는 뜻에서 붙여졌다.

참고 [북한명] 황철나무 [유사어] 니양(泥楊), 백양(白楊), 백양나무(白楊나무), 백양목(白楊木) [지방명] 백양목/벡양목/벽영목(제주)

Populus monilifera *Aiton*   モニリフエラヤマナラシ   (栽)
Moniripera-populla   모니리페라포풀라

미루나무〈*Populus deltoides* W.Bartram ex Marshall(1785)〉

미루나무라는 이름은 북아메리카에서 전래된 버드나무라는 뜻의 미류(美柳 또는 米柳)에서 유래한 것으로, 발음 과정에서 '미루'로 변화했다.[18] 『조선식물향명집』의 '모니리페라포풀라'는 학명을 그대로 발음한 것으로, 열매 모양이 염주 같은 사시나무 종류라는 뜻이다. 표기법의 변화에 맞추어 『원색대한식물도감』에서 '미루나무'로 기록해 현재에 이르고 있다.

속명 *Populus*는 고대 라틴어에서 유래했으며 사시나무속을 일컫는다. 종소명 *deltoides*는 '삼각형의'라는 뜻으로 잎의 모양에서 유래했다. 옛 종소명 *monilifera*는 '염주가 있는' 또는 '염주를 가진'이라는 뜻으로, 열매가 염주 모양으로 길게 달리는 것에서 유래했다고 추정한다.

다른이름 모니리페라포풀라(정태현 외, 1937), 미류(정태현, 1943), 모니리백양(박만규, 1949), 모니리뽀푸라(안학수·이춘녕, 1963), 모닐리휠라양버들(리종오, 1964), 미류나무(이창복, 1966), 강선뽀뿌라/양버들/모닐리훼라양버들/미류(임록재 외, 1972), 델토이데스포플라나무(한진건 외, 1982)[19]

중국/일본명 미루나무에 대한 중국의 분류는 확인되지 않는다. 일본명 モニリフエラヤマナラシ(−山鳴)는 당시 학명을 차용한 것으로 일본사시나무를 닮은 식물이라는 뜻이다.

참고 [북한명] 넓은잎뽀뿌라 [유사어] 미류(米柳), 포플러(poplar) [지방명] 배궁나무(전남)

---

18 이러한 견해로 이우철(2005), p.241; 박상진(2011b), p.97; 허북구·박석근(2008b), p.128; 김양진(2011), p.40; 오찬진 외(2015), p.145; 박일환(1994), p.86 참조. 『조선삼림식물도설』(1943), p.52는 한자명을 '米柳'(미류)로 표기하고 있다.
19 「조선주요삼림수목명칭표」(1915b)는 '양버들, 白楊'을 기록했나.

Populus nigra *L.* var. italica *Du Roi.*　ピラミッドヤマナラシ
Piramitdŭ-populla　피라밋드포풀라　(栽)

양버들〈*Populus nigra* L.(1753)〉[20]

양버들이라는 이름은 서양(유럽)에서 전래된 버드나무라는 뜻에서 유래했다.[21] 『조선식물향명집』은 수형이 피라미드형을 이룬다는 뜻에서 '피라밋드포풀라'로 처음 기록했으나 『조선삼림식물도설』에서 '양버들'로 개칭해 현재에 이르고 있다.

　속명 *Populus*는 고대 라틴어에서 유래했으며 사시나무속을 일컫는다. 종소명 *nigra*는 '검은'이라는 뜻이다.

다른이름 피라밋드포풀라(정태현 외, 1937), 양버들나무(이창복, 1947), 삼각흑양/흑양나무(박만규, 1949), 피리밀포플라(이영노·주상우, 1956), 이태리뽀푸라(안학수·이춘녕, 1963), 비라미르양버들(리종오, 1964), 검은뽀뿌라/니그라뽀뿌라/니그라양버들/대동강뽀뿌라/피라미트뽀뿌라(임록재 외, 1972), 니그라포플라나무(한진건 외, 1982), 피라미트포플라(임록재 외, 1996)[22]

중국/일본명 중국명 黑杨(hei yang)은 나무껍질이 검은 양(楊: 사시나무속의 중국명)이라는 뜻으로 학명과 연관되어 있다. 일본명 ピラミッドヤマナラシ(一山鳴)는 피라미드형이고 일본사시나무를 닮은 식물이라는 뜻이다.

참고 [북한명] 검은뽀뿌라/대동강뽀뿌라[23] [유사어] 구주백양(歐洲白楊), 대동강포플러(大同江poplar) [지방명] 배경봉낭/배경속낭/백영봉낭/베경목/베경속/베경봉낭/전봇데낭(제주)

20　'국가표준식물목록'(2018)은 양버들의 학명을 *Populus nigra* var. *italica* Koehne(1893)로 기재하고 있으나, 『장진성 식물목록』(2014)은 이를 이명(synonym) 처리하고 정명을 본문과 같이 기재하고 '세계식물목록'(2018)도 정명을 본문과 같이 기재하고 있다.

21　이러한 견해로 이우철(2005), p.395; 강판권(2010), p.898; 김종원(2013), p.562 참조. 다만 김종원은 한국명 양버들이 'セイキョウハコヤナギ(西洋箱柳)를 힌트 삼아 만든 이름'이라고 하고 있으나, 이 일본명은 현재 통용되는 이름이고 이에 대해서는 牧野富太郎(2008), p.28 참조], 양버들이 최초 기록된 「조선주요삼림수목명칭표」(1915a), 『조선삼림식물도설』(1943) 및 그 이전에 알려진 일본명은 전혀 다른 이름이므로 타당성이 없는 주장으로 보인다.

22　「조선주요삼림수목명칭표」(1915a)는 '양버들'을 기록했다.

23　북한에서는 *P. nigra*를 '검은뽀뿌라'로, *P. pyramidalis*를 '대동강뽀뿌라'로 하여 별도 분류하고 있다. 이에 대해서는 리용재 외(2011), p.278 참조.

○ Populus Simonii *Carreire* テリハドロ
Dang-bódúl 당버들

당버들〈*Populus simonii* Carrière(1867)〉

당버들이라는 이름은 경기 방언을 채록한 것으로,[24] 당(중국)에서 유래한 버드나무라는 뜻에서 붙여졌다. 그러나 실제로는 한반도에 자생하는 종이다.

속명 *Populus*는 고대 라틴어에서 유래했으며 사시나무속을 일컫는다. 종소명 *simonii*는 상하이 영사였던 프랑스 식물채집가 Gabriel E. Simon(1829~1896)의 이름에서 유래했다.

다른이름 당버들/빅양목(정태현 외, 1923), 백양목(정태현, 1943), 당버들나무(이창복, 1947), 백양(박만규, 1949), 좁은잎황철나무(임록재 외, 1972)

옛이름 河柳/당버들(물명고, 1824),[25] 白楊株/당버들/사시나무(명물기략, 1870)[26]

중국/일본명 중국명 小叶杨(xiao ye yang)은 작은잎을 가진 양(楊: 사시나무속의 중국명)이라는 뜻이다. 일본명 テリハドロ(照り葉泥)는 빛나는 잎을 가진 황철나무(ドロノキ)라는 뜻이다.

참고 [북한명] 좁은잎황철나무 [유사에] 白楊(백양), 칭양(靑楊)

○ Populus suaveolens *Fischer* ニホヒドロ(チリメンドロ)
Mul-hwangchól 물황철

물황철나무〈*Populus koreana* Rehder(1922)〉[27]

물황철나무라는 이름은 강원 방언으로,[28] 숲속 습윤한 곳(물)에서 주로 사는 황철나무라는 뜻에서 유래했다. 『조선식물향명집』은 '물황철'로 기록했는데 『조선수목』에서 '물황철나무'로 개칭해 현재에 이르고 있다.

속명 *Populus*는 고대 라틴어에서 유래했으며 사시나무속을 일컫는다. 종소명 *koreana*는 '한

---

24 이에 대해서는 『조선삼림수목감요』(1923), p.15 참조.

25 유희가 저술한 『물명고』(1824)는 '河柳/당버들'을 기록하고 있다. 그러나 "河柳 赤皮 細葉如絲 一年三花 花如蓼花 당버들"(하류: 나무껍질은 붉고 잎은 실처럼 가는데 1년에 3번 개화하고 꽃은 여뀌 꽃과 비슷하며 당버들이라 한다)이라고 하고 있어, 사시나무속(*Populus*)과는 거리가 있는 종에 대한 설명으로 보인다. 이를 위성류로 보는 견해에 대해서는 박상진(2011L), p.273 참조.

26 『조선식물명휘』(1922)는 '白楊, 唐柳, 당버들(工業)'을 기록했으며 『토명대조선만식물자휘』(1932)는 *P. maximowiczii*에 대해 '[白楊(木)]빅양(목), [사시나무], [당버들(나무)]'을, 『선명대화명지부』(1934)는 '당버들, 백양목'을, 『조선삼림식물편』(1915~1939)은 'ピャツヤン(京城), ワイポドナム(京畿), モイポトル(京畿, 慶南)'[백양(경성), 왜버드나무(경기), 뫼버드나무(경기, 경남)]를 기록했다.

27 '국가표준식물목록'(2018)과 '세계식물목록'(2018)은 물황철나무의 학명을 본문과 같이 기재하여 별도 분류하고 있으나, 『장진성 식물목록』(2014)과 김태영·김진석(2018), p.277은 황철나무(*P. suavelons*)에 통합하고 있으므로 주의를 요한다.

28 이에 대해서는 이우철(2005), p.239 참조.

국의'라는 뜻이다.

다른이름 물황칠(정대현 외, 1937), 물황털/황털나무(정태현, 1943), 향황털나무(박만규, 1949), 향털나무/향황철나무/황털나무(안학수·이춘녕, 1963)[29]

중국/일본명 중국명 香楊(xiang yang)은 향이 나는 양(楊: 사시나무속의 중국명)이라는 뜻이다. 일본명 ニホヒドロ(匂い泥)는 향이 좋은 황철나무(ドロノキ)라는 뜻이다.

참고 [북한명] 물황철나무 [유사어] 수황철목(水黃鐵木)

Salix babylonica *Linné* シダレヤナギ 垂楊
Suyaṅg-bòdùl 수양버들

수양버들〈*Salix babylonica* L.(1753)〉

수양버들이라는 이름은 한자어로 수양류(垂楊柳), 즉 가지가 아래로 늘어지는(垂) 특징이 있는 버드나무(楊柳)라는 뜻에서 유래했다.[30] 양류(楊柳)라는 이름이 혼동을 주는 것은 양(楊)이 사시나무 종류를 뜻하는 현재와 달리 옛 문헌에서는 한자 楊(양)과 柳(류)가 명백히 구분되지 않고 버드나무로 통칭된 것에서 연유한다.

속명 *Salix*는 버드나무나 갯버들의 고대 라틴명으로 켈트어 *sal*(가깝다)과 *lis*(물)의 합성어에서 유래했고, 물가에서 자라는 특성 때문에 붙여졌으며 버드나무속을 일컫는다. 종소명 *babylonica*는 '바빌로니아의'라는 뜻이다.

다른이름 수양버들(정태현 외, 1923), 참수양버들(박만규, 1949)

옛이름 垂楊(동국이상국집, 1241), 垂柳(동문선, 1478), 垂楊(남환박물, 1704), 楊柳/슈양버들/垂楊(물명고, 1824), 슈양/楊(한불자전, 1880), 楊/슈양(교린수지, 1881), 수양버들(조선구전민요집, 1933)[31]

중국/일본명 중국명 垂柳(chui liu)는 가지가 아래로 드리워지는 유(柳: 버드나무속의 중국명)라는 뜻이다. 일본명 シダレヤナギ(枝垂柳)도 가지가 아래로 드리워지는 버드나무(ヤナギ)라는 뜻이다.

참고 [북한명] 수양버들 [유사어] 사류(絲柳), 수류(垂柳), 수양(垂楊), 실버들 [지방명] 수양버드나

---

29 『조선식물명휘』(1922)는 '白楊, 빅양'을 기록했으며 『선명대화명지부』(1934)는 '백양'을 기록했다.

30 이러한 견해로 이우철(2005), p.359와 허북구·박석근(2008b), p.199 참조.

31 「화한한명대조표」(1910)는 '수양버들, 垂楊'을 기록했으며 「조선주요삼림수목명칭표」(1912)는 '슈양버들, 垂楊'을, 『조선어사전』(1920)은 '垂柳(슈양), 垂柳(수류)'를, 『조선식물명휘』(1922)는 '柳, 楊柳, 水楊柳, 슈양버들'을, 『토명대조선만식물자휘』(1932)는 '[垂楊]류슈, [垂楊]슈양, [垂柳]슈류, [버드나무], [버들나무], [柳絮]류서, [(버들)개지]'를, 『선명대화명지부』(1934)는 '수양버들, 슈양버들'을 기록했다.

무/수양버드낭기/슈영버드나무/슈영버들(강원), 늘버등나무(경기), 수영버들/쒸양버들(경상), 능수보
들(전남), 쉬영버들(전북), 쉬양버들(평북)

○ Salix berberifolia *Pallas*　メギヤナギ
Maejanip-bódúl　매자닢버들

매자잎버들〈*Salix berberifolia* Pall.(1776)〉

매자잎버들이라는 이름은 매자나무와 같은 잎을 가진 버드나무라는 뜻의 학명에서 유래했다.[32]
『조선식물향명집』에서는 '매자닢버들'을 신칭해 기록했으나,[33] 『조선식물명집』에서 '매자잎버들'
로 개칭해 현재에 이르고 있다.

　속명 *Salix*는 버드나무나 갯버들의 고대 라틴명으로 켈트어 *sal*(가깝다)과 *lis*(물)의 합성어
에서 유래했고, 물가에서 자라는 특성 때문에 붙여졌으며 버드나무속을 일컫는다. 종소명
*berberifolia*는 '매자나무속(*Berberis*)의 잎과 비슷한'이라는 뜻으로 잎의 모양 때문에 붙여졌다.

다른이름　매자닢버들(정태현 외, 1937), 메자닢버드나무(이창복, 1947), 매잣잎버드나무(안학수·이춘녕,
1963), 매자잎버드나무(Chang et al., 2014)

중국/일본명　중국명 刺葉柳(ci ye liu)는 뾰족한 잎을 가진 유(柳: 버드나무속의 중국명)라는 뜻으로 학명과
연관되어 있다. 일본명 メギヤナギ(小蘗柳)는 매자나무(小蘗)를 닮은 버드나무(ヤナギ)라는 뜻이다.

참고　[북한명] 매자잎버들 [유사어] 매자잎버드나무, 소벽류(小蘗柳)

⊗ Salix bicarpa *Nakai*　タカネヤナギ
Ŝangsil-bódúl　쌍실버들

쌍실버들〈*Salix divaricata* Pall.(1784)〉[34]

쌍실버들이라는 이름은 『조선식물향명집』에서 신칭한 것으로,[35] 열매가 쌍으로 열리는 버드나무
라는 뜻이다. 포에 열매가 2개씩 달린다는 뜻의 옛 학명 *bicarpa*에서 유래한 이름이다.[36]

　속명 *Salix*는 버드나무나 갯버들의 고대 라틴명으로 켈트어 *sal*(가깝다)과 *lis*(물)의 합성어에서
유래했고, 물가에서 자라는 특성 때문에 붙여졌으며 버드나무속을 일컫는다. 종소명 *divaricata*

32　이러한 견해로 이우철(2005), p.217 참조.
33　이에 대해서는 『조선식물향명집』, 색인 p.36 참조.
34　'국가표준식물목록'(2018)은 쌍실버들의 학명을 *Salix bicarpa* Nakai(1917)로 기재하고 있으나, 이 책에서는 『장진성 식
　　물목록』(2014)에 따라 본문과 같이 기재한다.
35　이에 대해서는 『조선식물향명집』, 색인 p.39 참조.
36　이러한 견해로 이우철(2005), p.372 참조.

는 '넓은 각도로 벌어진'이라는 뜻이다. 옛 종소명 *bicarpa*는 '열매가 2개씩 있는'이라는 뜻으로 열매가 2개씩 달리는 것에서 유래했다.

다른이름 쌍둥버들(임록재 외, 1972)

중국/일본명 중국명 叉枝柳(cha zhi liu)는 가위 모양의 가지를 지닌 유(柳: 버드나무속의 중국명)라는 뜻으로 학명과 연관되어 있다. 일본명 タカネヤナギ(高嶺柳)는 높은 산의 고개에서 자라는 버드나무(ヤナギ)라는 뜻이다.

참고 [북한명] 쌍실버들

○ Salix Floderusii *Nakai*　テフセンキツネヤナギ
Yȯho-bȯdúl　여호버들

여우버들〈*Salix bebbiana* Sarg.(1895)〉[37]

여우버들이라는 이름은 꽃차례의 색깔과 모양 등이 여우의 꼬리를 연상시킨다는 뜻에서 유래했다.[38] 『조선식물향명집』에서는 '여호버들'을 신칭해 기록했으나,[39] 『조선식물명집』에서 표기법에 맞추어 '여우버들'로 개칭해 현재에 이르고 있다.

　속명 *Salix*는 버드나무나 갯버들의 고대 라틴명으로 켈트어 *sal*(가깝다)과 *lis*(물)의 합성어에서 유래했고, 물가에서 자라는 특성 때문에 붙여졌으며 버드나무속을 일컫는다. 종소명 *bebbiana*는 미국 식물학자 Michael Schuck Bebb(1833~1895)의 이름에서 유래했다.

다른이름 여호버들(정태현 외, 1937), 마른잎버들(김현삼 외, 1988)

중국/일본명 중국명 崖柳(ya liu)는 벼랑이나 산비탈, 물기슭에 분포하는 유(柳: 버드나무속의 중국명)라는 뜻이다. 일본명 テフセンキツネヤナギ(朝鮮狐柳)는 한반도(조선)에 분포하는 여우를 닮은 버드나무(ヤナギ)라는 뜻이다.

참고 [북한명] 마른잎버들

37　'국가표준식물목록'(2018)은 여우버들의 학명을 *Salix xerophila* Flod.(1930)로 기재하고 있으나, 이 책에서는 『장진성 식물목록』(2014)과 '세계식물목록'(2018)에 따라 본문의 학명을 정명으로 한다.
38　이러한 견해로 이우철(2005), p.399 참조.
39　이에 대해서는 『조선식물향명집』, 색인 p.43 참조.

Salix glandulosa *Seemen*　アカメヤナギ
Waṅg-bódúl　왕버들

왕버들〈*Salix chaenomeloides* Kimura(1938)〉

왕버들은『조선식물향명집』에서 최초로 확인되는 이름으로
보이며,[40] 수백 년을 거뜬히 살고 아름드리로 자라 거목이 된
웅장한 모습이 왕(王)을 닮은 버들(버드나무)이라는 뜻에서 유
래했다.[41] 둥치가 잘 썩어 고목에 커다란 구멍이 뚫려 있는 것
이 많아 귀류(鬼柳)라고도 한다.[42]

속명 *Salix*는 버드나무나 갯버들의 고대 라틴명으로 켈트
어 *sal*(가깝다)과 *lis*(물)의 합성어에서 유래했고, 물가에서 자
라는 특성 때문에 붙여졌으며 버드나무속을 일컫는다. 종소
명 *chaenomeloides*는 '명자나무속(*Chaenomeles*)과 유사한'
이라는 뜻으로 어린잎이 닮은 것에서 유래했다.

다른이름 버드나무(정태현 외, 1923), 살릭스글라우카(한진건 외,
1982), 붉은눈버들(리용재 외, 2011)

옛이름 檸柳(광재물보, 19세기 초), 檸柳/鬼柳(물명고, 1824)[43]

중국/일본명 중국명 腺柳(xian liu)는 샘(腺)이 있는 유(柳: 버드나무속의 중국명)라는 뜻으로 잎에 선점
(腺點)이 있는 것에서 유래했다. 일본명 アカメヤナギ(赤芽柳)는 새잎이 날 때 붉은빛을 띠어서 붙
여졌다.

참고 [북한명] 왕버들

Salix gracilistyla *Miquel*　ネコヤナギ(タニガハヤナギ)
Gaet-bódúl　갯버들

갯버들〈*Salix gracilistyla* Miq.(1867)〉

갯버들은『훈몽자회』등에 기록된 옛이름으로, 주로 물가(갯)에서 자라는 버들(버드나무)이라는 뜻

40　『조선식물향명집』, 색인 p.44는 신칭한 이름으로 기록하지는 않았으므로, 지방명에서 채록되었을 가능성도 있다고 추정
　　한다.

41　이러한 견해로 이우철(2005), p.411; 박상진(2001), p.62; 강판권(2010), p.889; 김종원(2013), p.837 참조.

42　이에 대해서는 박상진(2011b), p.79 참조.

43　『조선식물명휘』(1922)는 '버드나무'를 기록했으며『선명대화명지부』(1934)는 '버들(드)나무'를 기록했다.

에서 유래했다.[44] 예전에는 버드나무와 유사하거나 그보다 못하다는 뜻에서 '개버들'이라고도 했고, 열매가 부들이나 창포를 닮은 버들이라는 뜻의 한자어로 蒲柳(포류)라고도 했다.

속명 *Salix*는 버드나무나 갯버들의 고대 라틴명으로 켈트어 *sal*(가깝다)과 *lis*(물)의 합성어에서 유래했고, 물가에서 자라는 특성 때문에 붙여졌으며 버드나무속을 일컫는다. 종소명 *gracilistyla*는 '가늘고 긴 암술대의'라는 뜻이다.

다른이름 깃버들(정태현 외, 1923), 개버들(도봉섭 외, 1957), 솜털버들(안학수·이춘녕, 1963)

옛이름 갯버들/赤檉(훈몽자회, 1527), 갯버들/檉(시경언해, 1613), 蒲柳/ㄱ버들/水楊(재물보, 1798), 개버들/蒲柳(물명고, 1824), 蒲柳/ㄱ버들(명물기략, 1870), 水楊/ㄱ버들(방약합편, 1884), 蒲柳/개버들(신자전, 1915)[45]

중국/일본명 중국명 細柱柳(xi zhu liu)는 암술대가 가는 유(柳: 버드나무속의 중국명)라는 뜻으로 학명과 연관되어 있다. 일본명 ネコヤナギ(猫柳)는 겨울눈이 고양이 꼬리를 닮은 버드나무(ヤナギ)라는 뜻이다.

참고 [북한명] 갯버들 [유사어] 땅버들, 수양(水楊), 포류(蒲柳), 등류(藤柳) [지방명] 버들(강원), 버들강아지(경기), 버들강새이/버들강아지(경남), 땅버들나무/버들강새이(경북), 개밥/개밥나무/괴밥나무(전남), 버듸낭(제주), 들버들/버들강아지(충남), 버들강아지(충북)

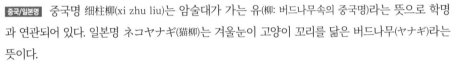

⊗Salix graciliglans *Nakai*　テフセンネコヤナギ
Nuùn-gaet-bódùl　누운갯버들

눈갯버들〈*Salix graciliglans* Nakai(1916)〉[46]
눈갯버들이라는 이름은 누워서 자라는(포복하는) 갯버들이라는 뜻에서 유래했다.[47] 『조선식물향명

44 이러한 견해로 이우철(2005), p.63; 박상진(2011a), p.449; 허북구·박석근(2008b), p.37; 오찬진 외(2015), p.155; 강판권(2010), p.895; 솔뫼(송상곤, 2010), p.372; 김종원(2013), p.840 참조. 한편 박상진은 옛이름 개버들을 '개(갯)의 버들'로 해석하고 있다.

45 『지리산식물조사보고서』(1915)는 'たんばとぅる'[당버들]을 기록했으며 『조선어사전』(1920)은 '개ㅅ버들, 川柳, 藤柳(등류), 水楊(슈양)'을, 『조선식물명휘』(1922)는 '개버들, 버드나무, 버들'을, Crane(1931)은 '개버들, 柳'를, 『토명대조선만식물자휘』(1932)는 '[水楊]슈양, [蒲柳]포류, [藤柳]등류'를, 『선명대화명지부』(1934)는 '개버들, 갯버들, 버들(ㄷ)나무'를 기록했다.

46 '국가표준식물목록'(2018)은 줄기가 땅을 기면서 자라고 잎이 작으며 전체적으로 털이 적거나 없는 개체를 눈갯버들(*Salix graciliglans* Nakai)로 별도 분류하고 있지만, 『장진성 식물목록』(2014)과 『세계식물목록』(2018)은 갯버들(*Salix gracilistyla* Miq.)의 이명(synonym)으로 기재하고 있다. 생태적 차이로서 분류학적 재검토가 필요하다고 보며, 같은 견해로 김태영·김진석(2018), p.262 참조.

47 이러한 견해로 이우철(2005), p.156 참조.

집』에서는 '누운갯버들'을 신칭해 기록했으나,[48] 『조선삼림식물도설』에서 '눈갯버들'로 개칭해 현재에 이르고 있다.

속명 *Salix*는 버드나무나 갯버들의 고대 라틴명으로 켈트어 *sal*(가깝다)과 *lis*(물)의 합성어에서 유래했고, 물가에서 자라는 특성 때문에 붙여졌으며 버드나무속을 일컫는다. 종소명 *graciliglans*는 '섬세한 꿀샘의'라는 뜻이다.

다른이름　누운갯버들(정태현 외, 1937), 눈개버들(도봉섭 외, 1957), 눈갯버들/땅버들(임록재 외, 1972)

중국/일본명　'중국식물지'는 이를 별도 분류하지 않고 있다. 일본명 テフセンネコヤナギ(朝鮮描柳)는 한국 특산종 갯버들(ネコヤナギ)이라는 뜻이다.

참고　[북한명] 눈갯버들

Salix gymnolepis *Léveillé*　カハヤナギ
Nae-bòdúl　버버들

내버들〈*Salix gilgiana* Seem.(1903)〉

내버들이라는 이름은 냇가에서 자라는 버드나무라는 뜻에서 유래했다.[49] 『조선식물향명집』에서 이름이 최초로 발견되는데 신칭한 것인지 방언을 채록한 것인지는 분명하지 않다.

속명 *Salix*는 버드나무나 갯버들의 고대 라틴명으로 켈트어 *sal*(가깝다)과 *lis*(물)의 합성어에서 유래했고, 물가에서 자라는 특성 때문에 붙여졌으며 버드나무속을 일컫는다. 종소명 *gilgiana*는 독일 식물학자 Ernst Friedrich Gilg(1867~1933)의 이름에서 유래했다.

다른이름　시내버들(박만규, 1949), 냇버들(안학수·이춘녕, 1963)[50]

중국/일본명　'중국식물지'는 이를 기재하지 않고 있다. 일본명 カハヤナギ(川柳)는 시냇가에 나는 버드나무(ヤナギ)라는 뜻이다.

참고　[북한명] 냇버들 [유사어] 하류(河柳)

48　이에 대해서는 『조선식물향명집』, 색인 p.34 참조.
49　이러한 견해로 이우철(2005), p.137 참조.
50　『조선식물명휘』(1922)는 '蒲柳, 개버들'을 기록했으며 『선명대화명지부』(1934)는 '개버들'을 기록했다.

⊗ Salix hallaisanensis *Léveillé* タンナヤナギ
Dôg-bôdúl 떡버들

떡버들⟨*Salix hallaisanensis* H.Lév.(1912)⟩[51]

떡느릅나무, 떡오리나무, 떡잎윤노리 등의 이름을 살펴보면 잎이 두터운 느낌을 주는 종에 '떡'이라는 말이 어두(語頭)에 붙은 것을 알 수 있다. 따라서 떡버들이라는 이름은 잎이 두터운 느낌을 주는 버드나무라는 뜻에서 유래한 것으로 추정한다.『조선식물향명집』에서 이름이 최초로 발견되는데 신칭한 것인지 방언을 채록한 것인지는 분명하지 않다. 한편 한자어 탐라류(耽羅柳)에서 유래한 이름이라는 견해가 있으나[52] 뜻이 전혀 상이하다. 또한 떡버들의 '떡'이 풍성하게 보이는 꽃차례에서 유래했다고 보는 견해도 있으나,[53] 다른 식물명에서 '떡'의 용례를 볼 때 타당성은 의문스럽다.

속명 *Salix*는 버드나무나 갯버들의 고대 라틴명으로 켈트어 *sal*(가깝다)과 *lis*(물)의 합성어에서 유래했고, 물가에서 자라는 특성 때문에 붙여졌으며 버드나무속을 일컫는다. 종소명 *hallaisanensis*는 '한라산에 분포하는'이라는 뜻이다.

[중국/일본명] '중국식물지'는 이를 별도 분류하지 않고 있다. 일본명 タンナヤナギ(耽羅柳)는 제주도(耽羅)에 분포하는 버드나무(ヤナギ)라는 뜻이다.

[참고] [북한명] 떡버들 [유사어] 유지(柳枝), 탐라류(耽羅柳) [지방명] 드릇버듸낭/상산버듸낭(제주)

○ Salix hallaisanensis *Léveillé* var. orbicularis *Nakai* カウライバツコヤナギ
Horaṅ-bôdúl 호랑버들

호랑버들⟨*Salix caprea* L.(1753)⟩

호랑버들이라는 이름은 호랑이를 닮은 버들(버드나무)이라는 뜻이다. 겨울눈이 붉은빛으로 광채가 나고, 꽃이 둥글고 크며, 잎 역시 크고 두터우며 거친 것을 호랑이의 눈에 비유한 것에서 유래했다.[54] 그런데 호랑버들이 우리말 이름 또는 한자어 호랑류(虎狼柳)에서 유래한 것이 아니라, '호랑

---

51 '국가표준식물목록'(2018)은 잎 뒷면에 주맥을 제외하고 털이 없다는 특징 등을 근거로 떡버들을 호랑버들과 다른 별도 종으로 분류하고 있으나, 호랑버들(*S. caprea*)의 생태형으로 보는 견해가 유력하다. 이에 대해서는 '세계식물목록'(2018), 『장진성 식물목록』(2014) 및 김태영·김진석(2018) 참조.

52 이러한 견해로 이우철(2005), p.203 참조.

53 이러한 견해로 김종원(2013), p.844 참조.

54 이러한 견해로 이우철(2005), p.591; 박상진(2011b), p.83; 허북구·박석근(2008b), p.313; 전정일(2009), p.17; 솔뫼(송상곤, 2010), p.376; 오찬진 외(2015), p.172 참조.

배들(Horang-potul)'[55]에서 만들어진 이름이며 일본명 '코라이박꼬야나기(高麗跋扈柳)'와 뜻이 잇닿아 있다고 주장하는 견해가 있다.[56] 그러나 『조선식물명휘』의 본문에 기록된 '허랑배들(Horang-potul)'에 대해 『조선식물명휘』 색인은 '호랑버들'을 기록하고 있는 것에 비추어보면 '허랑배들(Horang-potul)'은 호랑버들의 오기(誤記)라고 보는 것이 타당하다. 또한 일본명 バッコヤナギ(跋扈柳)의 유래에 대해서는 정립된 견해가 없을 정도로 일본에서도 논란이 있으므로 호랑버들을 일본명에 바로 연결하는 것은 무리가 있다. 『조선삼림수목감요』는 우리말 이름 '호랑버들'을 기록하면서 전국에 분포하고 공통된 이름이라는 점을 명기했고, 비록 대극 종류에 대한 이름이기는 하

지만[57] 1915년에 저술된 『신자전』에 우리말 이름 '호랑버들'이 존재했음을 명기하기도 했으므로, 호랑버들은 당시 민간에서 사용하던 향명을 채록한 것으로 이해된다.

속명 *Salix*는 버드나무나 갯버들의 고대 라틴명으로 켈트어 *sal*(가깝다)과 *lis*(물)의 합성어에서 유래했고, 물가에서 자라는 특성 때문에 붙여졌으며 버드나무속을 일컫는다. 종소명 *caprea*는 '야생 암산양의'라는 뜻으로, 서식지 및 겨울눈의 모습과 연관이 있는 것으로 추정한다.

다른이름　호랑버들(정태현 외, 1923), 호랑이버들(안학수·이춘녕, 1963), 노랑버들(한진건 외, 1982), 넓은잎호랑버들(리용재 외, 2011)

옛이름　山柳/능쇼버들(물명고, 1824), 호랑버들/蕎(신자전, 1915)[58]

중국/일본명　중국명 黃花柳(huang hua liu)는 노란색 꽃이 피는 유(柳: 버드나무속의 중국명)라는 뜻이다. 일본명 カウライバツコヤナギ(高麗老婆柳)는 한반도(高麗)에 분포하고 노파를 닮은 버드나무(ヤナギ)라는 뜻이다.[59]

참고　[북한명] 호랑버들 [유사어] 산류(山柳), 유지(柳枝), 호랑류(虎狼柳)

---

55 『조선식물명휘』(1922), p.109에 기록된 '히랑배들(Horang-potul)'을 지칭하는 것으로 보인다.
56 이러한 견해로 김종원(2013), p.844와 이윤옥(2015), p.53 참조. 나아가 이윤옥은 일본 다른이름 고라이네고야나기(コウライイネコヤナギ: 山猫柳)를 번역한 이름이라고 주장하기도 한다.
57 유희의 『물명고』(1824)는 '山柳'(산류)를 '능쇼버들'로 기록하면서 대극에도 동일한 이름이 있다고 기술했다("山柳 능쇼버들 與大戟同呼"). 이에 대해서는 정양원 외(1997), p.259 참조.
58 『조선식물명휘』(1922)는 '히랑배들(Horang-potul)'[조선명 색인은 '호랑버들'로 기록─저자]을 기록했으며 『선명대화명지부』(1934)는 '호랑버들, 허랑배들'을 기록했다.
59 이러한 견해로 牧野富太郎(2008), p.25, 1319 참조.

Salix integra *Thunberg*　イヌコリヤナギ
Gae-ki-bódúl　개키버들

개키버들〈*Salix integra* Thunb.(1784)〉

개키버들이라는 이름은 이 식물의 껍질을 벗긴 가지로 키와 같은 생필품을 만드는데 그 품질이 키버들보다 못하다는 뜻에서 유래했다.[60] 『조선식물향명집』에서 이름이 최초로 발견되는데 신칭한 것인지 방언을 채록한 것인지는 분명하지 않다.

　　속명 *Salix*는 버드나무나 갯버들의 고대 라틴명으로 켈트어 *sal*(가깝다)과 *lis*(물)의 합성어에서 유래했고, 물가에서 자라는 특성 때문에 붙여졌으며 버드나무속을 일컫는다. 종소명 *integra*는 '전연(全緣)의'라는 뜻이다.

다른이름　개고리버들(안학수·이춘녕, 1963), 앉은잎키버들(임록재 외, 1972), 앉은키버들(리용재 외, 2011)

중국/일본명　중국명 杞柳(qi liu)는 가지의 껍질을 벗긴 후 상자 등 공예품(杞)을 만드는 데 쓰는 유(柳: 버드나무속의 중국명)라는 뜻이다. 일본명 イヌコリヤナギ(犬行李柳)는 키버들(コリヤナギ)과 유사한 데 이용 가치가 못하다는(犬) 뜻에서 유래했다.

참고　[북한명] 앉은키버들

⊗ Salix Ishidoyana *Nakai*　タケシマヤナギ
Sóm-bódúl　섬버들

섬버들〈*Salix ishidoyana* Nakai(1917)〉[61]

섬버들이라는 이름은 『조선식물향명집』에서 신칭한 것으로,[62] 울릉도(섬)에서 발견된 버들이라는 뜻이다.[63]

　　속명 *Salix*는 버드나무나 갯버들의 고대 라틴명으로 켈트어 *sal*(가깝다)과 *lis*(물)의 합성어에서 유래했고, 물가에서 자라는 특성 때문에 붙여졌으며 버드나무속을 일컫는다. 종소명 *ishidoyana*는 일본 식물학자 이시도야 쓰토무(石戸谷勉, 1884~1958)의 이름에서 유래했다.

다른이름　울릉버들(박만규, 1949), 성인봉버드나무/울릉도버드나무(안학수·이춘녕, 1963)

60　이러한 견해로 이우철(2005), p.59와 김종원(2013), p.849 이하 참조.

61　'국가표준식물목록'(2018)과 '국가생물종지식정보시스템'(2018)은 키가 1m 정도의 작은키나무로 자라고 잎 등이 떡버들과 중간 형태를 이루는 종으로 섬버들을 별도 분류하고 있으나, 호랑버들의 생태형으로 보아 호랑버들에 통합하는 견해가 유력하다. 이에 대해서는 김태영·김진석(2018)과 『장진성 식물목록』(2014) 등 참조.

62　이에 대해서는 『조선식물향명집』, 색인 p.41 참조.

63　이러한 견해로 이우철(2005), p.340 참조.

'중국식물지'는 이름 별도 분류하지 않고 있다. 일본명 タケシマヤナギ(鬱陵柳)는 다케시마(タケシマ: 당시에 일본인이 울릉도를 흔히 부르던 명칭)에서 발견된 버드나무(ヤナギ)라는 뜻이다.

참고 [북한명] 섬버들

⊗Salix kangensis *Nakai*   カンゲヤナギ
Gangge-bòdùl   강게버들

강계버들〈*Salix kangensis* Nakai(1916)〉

강계버들이라는 이름은 평안북도 북동부(자강도)에 위치한 강계(江界)에 분포하는 버들이라는 뜻에서 유래했다.[64] 『조선식물향명집』은 '강게버들'로 기록했는데 『조선수목』에서 '강계버들'로 개칭해 현재에 이르고 있다.

속명 *Salix*는 버드나무나 갯버들의 고대 라틴명으로 켈트어 *sal*(가깝다)과 *lis*(물)의 합성어에서 유래했고, 물가에서 자라는 특성 때문에 붙여졌으며 버드나무속을 일컫는다. 종소명 *kangensis*는 '강계에 분포하는'이라는 뜻으로 분포지를 나타낸다.

다른이름 강게버들(정태현 외, 1937), 江界버들(이창복, 1947), 강계버드나무(안학수·이춘녕, 1963)

중국/일본명 중국명 江界柳(jiang jie liu)와 일본명 カンゲヤナギ(江界柳)는 모두 한국명과 마찬가지로 강계에 분포하는 버드나무라는 뜻으로 학명에서 유래했다.

참고 [북한명] 강계버들 [유사어] 강계류(江界柳)

Salix koreensis *Andersson*   カウライヤナギ
Bòdùl   버들(버드나무)

버드나무〈*Salix pierotii* Miq.(1867)〉[65]

버드나무라는 이름은 '버들'과 '나무'의 합성어로, 옛 표현은 버드나모(버들나모)인데 이는 다른 나무에 비해 자라는 형태가 특징적인 데서 비롯했다. 즉 '버들'은 (꼬부렸던 것을) '쭉 펴다'라는 뜻의

---

64 이러한 견해로 이우철(2005), p.41 참조.

65 '국가표준식물목록'(2018)은 버드나무의 학명을 *Salix koreensis* Andersson(1868)으로 기재하고 있으나, 『장진성 식물목록』(2014)과 '세계식물목록'(2018)은 본문의 학명을 정명으로 기재하고 이 학명을 이명(synonym)으로 처리하고 있다.

'뻗다, 벋다(伸, 延)'에서 유래한 말이며, 따라서 버드나무는 위를 향하여 쭉 벋어가는 나무를 뜻한다.[66] 한편 '버들'이 나무를 뜻하는 '벋'과 '들'에서 유래했다고 보는 견해가 있으나,[67] 이렇게 본다면 버드나무가 '나무＋나무'가 되는 셈이라 어색하다. 또 다른 견해로 가지가 부드럽다는 뜻에서 부들나무가 버드나무로 되었다고도 하나,[68] 부들나무로 사용된 예를 찾아보기 어렵다.

속명 *Salix*는 버드나무나 갯버들의 고대 라틴명으로 켈트어 *sal*(가깝다)과 *lis*(물)의 합성어에서 유래했고, 물가에서 자라는 특성 때문에 붙여졌으며 버드나무속을 일컫는다. 종소명 *pierotii*는 프랑스 출신의 네덜란드 채집가 Jacques Pierot (1812~1841)의 이름에서 유래했다.

다른이름 버드나무/버들(정태현 외, 1923), 뚝버들(정태현, 1943), 개왕버들(안학수·이춘녕, 1963), 조선버들(임록재 외, 1996)

옛이름 柳(삼국사기, 1145), 楊花/柳絮(삼국유사, 1281), 버들/柳(훈민정음해례본, 1446), 버드나모(월인석보, 1459), 楊柳/버들/柳/버드나모(구급방언해, 1466), 버들/楊柳(분류두공부시언해, 1481), 버들/柳/楊 (훈몽자회, 1527), 버들/柳(신증유합, 1576), 柳木/버둘(언해구급방, 1608), 버들나모/柳樹(역어유해, 1690), 버드나무/柳(동문유해, 1748), 버들나모/柳樹(방언집석, 1778), 버들나모/柳(한청문감, 1779), 柳/버들(물보, 1802), 柳/버들(물명고, 1824), 楊柳(양류)/버들(명물기략, 1870), 柳絮/버들가야지(녹효방, 1873), 버들나무/柳木(한불자전, 1880), 버들나무/柳木(한영자전, 1890), 버들/柳(자전석요, 1909)[69]

중국/일본명 중국명 白皮柳(bai pi liu)는 다 자란 나무의 나무껍질이 흰색을 띠는 것에서 유래했으며 흰 껍질의 유(柳: 버드나무속의 중국명)라는 뜻이다. 일본명 カウライヤナギ(高麗柳)는 한국(高麗) 고유종의 버드나무(ヤナギ)라는 뜻으로 옛 학명과 연관이 있다.

참고 [북한명] 버드나무 [지방명] 구비개나무/버드낭기/버들강아지/버들낭구(강원), 버드낭구/버들

66 이러한 견해로 백문식(2014), p.251; 김종원(2013), p.847; 김양진(2011), p.40 참조. 다만 김양진은 나뭇가지가 더 갈라지지 않는다는 뜻을 부가하고 있으나, 이는 버드나무속(*Salix*)이 아닌 사시나무속(*Populus*)의 일부 종에 대한 형태 분석이므로 타당하지 않다.

67 이러한 견해로 서정범(2000), p.299 참조.

68 이러한 견해로 박상진(2001), p.66; 허북구·박석근(2008b), p.147; 오찬진(2015), p.155 참조. 한편 솔뫼(송상곤, 2010), p.366 은 버들꽃이 달린다는 뜻에서 버드나무가 되었다고 하나 근거가 있는 주장은 아닌 것으로 보인다.

69 『지리산식물조사보고서』(1915)는 'すやん'[수양]을 기록했으며 『조선거수노수명목지』(1919)는 '버들느무'를, 『조선어사전』(1920)은 '버들, 버드나무, 楊柳(양류)'를, 『조선식물명휘』(1922)는 '버드나무, 버들(工業, 觀賞)'을, 『선명대화명지부』(1934) 는 '버들(ㄷ)나무'를, 『조선의산과와산채』(1935)는 '柳, 버두나무'를, 『조선삼림식물편』(1915~1939)은 'スーヤンポートル(京畿), ポートルナム'[수양버들(경기), 버드나무]를 기록했다.

낭구(경기), 매뿔나무/바람나무/버다나무/버덜낭개/버덜낭구/버들낭구/버들방생이/버들피리나무/
뻐들나무/보들나무/에벌낭구/에불낭구/에비낭구/에뿔나무/왕버들(경남), 개밥나무/버들나무(전남),
버들나무/회뜨기나무(전북), 버두낭/버뒤낭/버드낭/버들낭/버듸낭/버디낭(제주), 버들(충북), 버들낭
구(평남), 갯버들/버드리/버들깨지/버들냉기/버르나무/수양버들(함북), 버드낭그(황해)

○ Salix Maximowiczii *Komarov*　ヒロハタチヤナギ
Jog-bódúl　쪽버들

쪽버들〈*Salix cardiophylla* Trautv. & C.A.Mey.(1856)〉[70]

쪽버들이라는 이름은 『조선식물향명집』에 따른 것으로, '쪽'
과 '버들'(버드나무)의 합성어이며 강원 방언에서 유래했다.[71]
쪽버들은 버드나무와 달리 마디풀과 식물 '쪽'과 같이 잎이 넓
은 형태라는 특징이 있으므로 이와 관련된 이름으로 추정되
나, 『조선식물향명집』 이전의 이름에 대한 기록이 존재하지
않아 그 정확한 유래는 확인하기 어렵다.

속명 *Salix*는 버드나무나 갯버들의 고대 라틴명으로 켈트
어 *sal*(가깝다)과 *lis*(물)의 합성어에서 유래했고, 물가에서 자
라는 특성 때문에 붙여졌으며 버드나무속을 일컫는다. 종소
명 *cardiophylla*는 '심장모양 잎의'라는 뜻이다.

다른이름　쪽버들(임록재 외, 1972)

중국/일본명　중국명 大白柳(da bai liu)는 식물체가 큰 흰버들(白柳: *Salix alba* L., 잎의 뒷면이 분백색인 버들)
이라는 뜻이다. 일본명 ヒロハタチヤナギ(廣葉立柳)는 잎이 넓고 선버들과 유사해서 붙여졌다.

참고　[북한명] 쪽버들

---

70 '국가표준식물목록'(2018)과 '중국식물지'(2018)는 쪽버들의 학명을 *Salix maximowiczii* Kom.(1901)으로 기재하고 있으
　나, 『장진성 식물목록』(2014)과 '세계식물목록'(2018)은 이를 이명(synonym)으로 처리하고 본문의 학명을 정명으로 기재
　하고 있다.
71 이에 대해서는 이우철(2005), p.497과 『조선삼림식물도설』(1943), p.73 참조.

○ Salix meta-formosa *Nakai*　チャボヤナギ
Nuún-san-bódúl　누운산버들

눈산버들〈*Salix divaricata* var. *metaformosa* (Nakai) Kitag.(1979)〉[72]

눈산버들이라는 이름은 누운 산버들의 줄임말로, 가지가 눕는 산버들이라는 뜻에서 유래했다.[73] 『조선식물향명집』에서는 종래 사용하는 이름이 없어 '누운산버들'을 신칭해 기록했으나,[74] 『조선삼림식물도설』에서 '눈산버들'로 개칭해 현재에 이르고 있다.

　속명 *Salix*는 버드나무나 갯버들의 고대 라틴명으로 켈트어 *sal*(가깝다)과 *lis*(물)의 합성어에서 유래했고, 물가에서 자라는 특성 때문에 붙여졌으며 버드나무속을 일컫는다. 종소명 *divaricata*는 '넓은 각도로 벌어진'이라는 뜻이고, 변종명 *metaformosa*는 '*Formosus*속과 다른'이라는 뜻이다.

다른이름　누운산버들(정태현 외, 1937), 새버들(박만규, 1949), 누은멧버들/누은산버들(안학수·이춘녕, 1963)

중국/일본명　중국명 長圓葉柳(chang yuan ye liu)는 잎이 긴 원모양인 유(柳: 버드나무속의 중국명)라는 뜻이다. 일본명 チャボヤナギ(矮鷄柳)는 당닭(矮鷄)을 닮은 버드나무(ヤナギ)라는 뜻이다.

참고　[북한명] 누운산버들

○ Salix myrtilloides *Linné*　ヌマヤナギ
Jinpóri-bódúl　진퍼리버들

진퍼리버들〈*Salix myrtilloides* L.(1753)〉

진퍼리버들이라는 이름은 『조선식물향명집』에서 신칭한 것이다.[75] 땅이 질어 질퍽한 벌(습지)을 진펄이라고 하고 진펄은 달리 진퍼리라고 하는데,[76] 진퍼리에서 주로 사는 버들(버드나무)이라는 뜻에서 붙여진 이름이다.[77]

　속명 *Salix*는 버드나무나 갯버들의 고대 라틴명으로 켈트어 *sal*(가깝다)과 *lis*(물)의 합성어에서 유

72　'국가표준식물목록'(2018)과 '세계식물목록'(2018)은 눈산버들을 본문의 학명으로 별도의 종으로 기재하고 있으나, 『장진성 식물목록』(2014)은 눈산버들을 쌍실버들(*S. divaricata*)에 통합하여 이명(synonym)으로 처리하고 있으므로 주의를 요한다.

73　이러한 견해로 이우철(2005), p.157 참조.

74　이에 대해서는 『조선식물향명집』, 색인 p.34 참조.

75　이에 대해서는 위의 책, 색인 p.46 참조.

76　진펄의 옛말은 '즌퍼리'(훈몽자회, 1527; 역어유해, 1690; 방언집석, 1778; 광재물보, 19세기 초), '즌펄이'(물명고, 1824; 한영자전, 1890), '진펄'(명물기략, 1870; 의서옥편, 1921) 또는 '진펄이'(조선어사전, 1920)이다.

77　이러한 견해로 이우철(2005), p.495와 김태영·김진석(2018), p.241 참조.

래했고, 물가에서 자라는 특성 때문에 붙여졌으며 버드나무속을 일컫는다. 종소명 *myrtilloides*는 '*Myrtus*(미르투스속)와 유사한'이라는 뜻이다.

다른이름 진들버들(안학수·이춘녕, 1963)

중국/일본명 중국명 越桔柳(yue ju liu)는 잎의 생김새가 월귤(越桔)을 닮은 유(柳: 버드나무속의 중국명)라는 뜻이다. 일본명 ヌマヤナギ(沼柳)는 늪지에서 주로 자라는 버드나무(ヤナギ)라는 뜻이다.

참고 [북한명] 진퍼리버들

Salix Onoei *Franchet et Savatier* オノヘヤナギ
Ogúlip-bódúl 오글잎버들

오글잎버들이라는 이름은 잎의 가장자리가 말려 오그라드는 형태를 지닌다는 뜻에서 유래했으나, 『조선삼림식물도설』(1943)에서 학명과 국명이 사라진 것에 비추어 잘못된 동정과 학명의 사용이 있었던 것으로 보인다. '국가표준식물목록'(2018), 『장진성 식물목록』(2014), '세계식물목록'(2018) 및 '중국식물지'(2018)는 이를 별도 분류하지 않고 그 학명을 기재하지도 않고 있으므로 이 책도 이에 따른다.

⊗ Salix orthostemma *Nakai* ホヤナギ
Nanjaeñgi-bódúl 난쟁이버들

난장이버들(난쟁이버들)⟨*Salix divaricata* var. *orthostemma* (Nakai) Kitag.(1979)⟩[78]

난장이버들이라는 이름은 고산에서 소관목 형태로 낮게 자라는 것에서 유래했다.[79] 『조선식물향명집』에서는 '난쟁이버들'을 신칭해 기록했으나,[80] 『조선삼림식물도설』에서 '난장이버들'로 개칭해 현재에 이르고 있다.

속명 *Salix*는 버드나무나 갯버들의 고대 라틴명으로 켈트어 *sal*(가깝다)과 *lis*(물)의 합성어에서 유래했고, 물가에서 자라는 특성 때문에 붙여졌으며 버드나무속을 일컫는다. 종소명 *divaricata*는 '넓은 각도로 벌어진'이라는 뜻이고, 변종명 *orthostemma*는 '직립 화수(花穗)의'라는 뜻이다.

다른이름 난쟁이버들(정태현 외, 1937), 높은산버들(임록재 외, 1996)

---

78 '국가표준식물목록'(2018)과 '세계식물목록'(2018)은 난장이버들을 본문의 학명으로 별도 분류하고 있으나, 『장진성 식물목록』(2014)은 쌍실버들⟨*Salix divaricata* Pall.(1784)⟩에 통합하고 있으므로 주의를 요한다. 또한 '국가표준식물목록'(2018)은 재배식물인 난쟁이버들⟨*Salix humilis* Marshall⟩을 별도 기재하고 있다.

79 이러한 견해로 이우철(2005), p.133 참조.

80 이에 대해서는 『조선식물향명집』, 색인 p.33 참조.

'중국식물지'는 이를 별도 분류하지 않고 있다. 일본명 ホヤナギ(-柳)는 ホが 穂(수: 이삭)를 뜻하기도 하므로 화수(花穂)가 직립한다는 학명과 관련 있는 것으로 보이나, 정확한 유래는 확인되지 않는다.

[북한명] 높은산버들

Salix pentandra L. var. intermedia *Nakai*   テリハヤナギ
Banjag-bódúl   반짝버들

반짝버들 ⟨*Salix pseudopentandra* (Flod.) Flod.(1933)⟩[81]
반짝버들이라는 이름은 잎이 광택이 나는(반짝거리는) 버드나무라는 뜻에서 유래했다.[82] 『조선식물향명집』에서 이름이 최초로 발견되는데 신칭한 것인지 방언을 채록한 것인지는 분명하지 않다.

속명 *Salix*는 버드나무나 갯버들의 고대 라틴명으로 켈트어 *sal*(가깝다)과 *lis*(물)의 합성어에서 유래했고, 물가에서 자라는 특성 때문에 붙여졌으며 버드나무속을 일컫는다. 종소명 *pseudopentandra*는 '*pentandra*와 비슷한'이라는 뜻이다.

중국명 五蕊柳(wu rui liu)는 5개의 수술을 가진 유(柳: 버드나무속의 중국명)라는 뜻으로 학명과 연관되어 있다. 일본명 テリハヤナギ(照葉柳)는 잎이 빛에 반들거리는 버드나무(ヤナギ)라는 뜻이다.

[북한명] 반짝버들

○ Salix pseudo-lasiogyne *Léveillé*   カウライシダレヤナギ
Núngsu-bódúl   능수버들

능수버들 ⟨*Salix pseudolasiogyne* H.Lév.(1911)⟩[83]
능수버들이라는 이름은 옛이름을 기록한 것으로, '능수'와 '버들'의 합성어이다. '능수'는 능수벚나무나 능수쇠뜨기에서 보듯 가지가 축 처진 상태를 뜻하며, 능수버들이라는 이름도 가지가 축

---

81 '국가표준식물목록'(2018)은 반짝버들의 학명을 *Salix pentandra* L.(1753)로 기재하고 있으나, '세계식물목록'(2018)과 『장진성 식물목록』(2014)은 학명을 본문과 같이 기재하고 있다.
82 이러한 견해로 이우철(2005), p.260 참조.
83 '국가표준식물목록'(2018)은 능수버들을 본문의 학명으로 별도 분류하고 있으나, 김태영·김진석(2018), p.246과 박상진(2001), p.75는 수양버들과 구별 가능한 뚜렷한 형질이 없고 분포에 대한 정확한 정보가 없는 점 등을 근거로 수양버들의 개체변이이거나 동일한 종이라고 파악하고 있으며, 『장진성 식물목록』(2014)과 '세계식물목록'(2018)도 수양버들⟨*Salix babylonica* L.(1753)⟩에 통합하고 있으므로 주의를 요한다.

늘어진 버드나무라는 뜻을 가진 것으로 추정한다.[84] 한편 대극(大戟)에 대해『물보』는 한글로 '능쇼버들'을,『한불자전』은 '능슈버들'을 기록했고, 현삼에 대한 향명(鄕名)으로『향약채취월령』은 能消(능소)를,『향약집성방』은 能消草(능소초)를,『촌가구급방』은 凌霄草(능소초)를[85] 기록했다. 또한『향약구급방』은 威靈仙(위령선)의 일명(一名)으로 '能消'(능소)를 기록한 바 있다. 이러한 표기들과 '능수버들'의 상관관계는 밝혀져 있지 않지만, 약성에서 유래했거나 식물체가 처지는 모양을 형상화한 것으로 보인다. 또 한편 능수버들의 유래를 천안에 전래되는 '능소'라는 어린아이 관련 설화에서 찾는 견해가 있으나,[86] 이에 따를 경우 대극, 현삼 및 위령선(사위질빵)의 옛이름을 설명하기가 어렵다.

속명 *Salix*는 버드나무나 갯버들의 고대 라틴명으로 켈트어 *sal*(가깝다)과 *lis*(물)의 합성어에서 유래했고, 물가에서 자라는 특성 때문에 붙여졌으며 버드나무속을 일컫는다. 종소명 *pseudolasiogyne*는 '*Salix lasiogyne*(수양버들의 옛 학명)와 유사한'이라는 뜻이다.

다른이름 능수버들/수양버들(정태현 외, 1923), 조선능수버들(임록재 외, 1996)

옛이름 山柳/능쇼버들(물명고, 1824), 능슈버들/록양/綠楊(한불자전, 1880), 능수버들/檉/河柳(자전석요, 1909), 능슈버들/河柳(신자전, 1915)[87]

중국/일본명 중국명 朝鮮垂柳(chao xian chui liu)와 일본명 カウライシダレヤナギ(高麗枝垂柳)는 한반도에 분포하는 수양버들(垂柳)이라는 뜻이다.

참고 [북한명] 능수버들 [유사어] 관음류(觀音柳), 삼춘류(三春柳), 수사류(垂絲柳), 유지(柳枝) [지방명] 수양버들(경기), 능수버들나무(전남), 능수버들나무/버듸낭(제주), 버드나무(충북)

---

84 이러한 견해로 강판권(2010), p.883 참조.

85 남풍현(1981), p.136은『촌가구급방』(1538)의 '凌霄草'(능소초: 하늘을 이기는 풀이라는 뜻으로 약성과 관련된 이름으로 보인다) 및『향약채취월령』(1431)과『향약집성방』(1433)의 '能消'(능소)에 대해 민간어원을 표의화한 표기로 보고 있다.

86 이러한 견해로 박상진(2001), p.74와 이상희(2004b), p.579 참조.

87 『조선어사전』(1920)은 '능수버들, 檉柳, 觀音柳(관음류), 垂絲柳, 三春柳, 渭城柳(위성류)'를 기록했으며『조선식물명휘』(1922)는 '슈양버들(工業)'을,『선명대화명지부』(1934)는 '수양버들'을,『조선삼림식물편』(1915~1939)은 'ポートルナム'(버드나무)를 기록했다.

Salix purpurea *L.* var. *japonica* *Nakai* コリヤナギ
Ki-bŏdŭl 키버들(고리버들)

키버들〈*Salix koriyanagi* Kimura ex Goerz(1931)〉

키버들이라는 이름은 이 식물의 껍질을 벗긴 가지로 키와 같은 생필품을 만들어 사용한 것에서 유래했다.[88] 『물명고』에 기록된 箕柳(기류)도 키버들이라는 뜻이며,[89] 고리버들도 고리 짝이나 기타 고리[90]를 만드는 데 사용되었다는 뜻에서 유래했다.

속명 *Salix*는 버드나무나 갯버들의 고대 라틴명으로 켈트어 *sal*(가깝다)과 *lis*(물)의 합성어에서 유래했고, 물가에서 자라는 특성 때문에 붙여졌으며 버드나무속을 일컫는다. 종소명 *koriyanagi*는 이 식물을 일컫는 우리말(고리버들)에서 기원한 일본명 コリヤナギ(行李柳)에서 유래했다.

다른이름 고리버들/키버들(정태현 외, 1923), 산버들/쪽버들/(정태현, 1943), 마주난버들(안학수·이춘녕, 1963)

옛이름 杞柳/누은버들/箕柳(물명고, 1824)[91]

중국/일본명 중국명 尖叶紫柳(jian ye zi liu)는 잎이 뾰족한 자류(紫柳)[92]라는 뜻이다. 일본명 コリヤナギ(行李柳)는 우리말을 음독한 コリ(行李)에서 유래한 것으로, 일본에는 키버들이 자생하지 않지만에도 시대에 재배하면서 붙여졌다.[93]

참고 [북한명] 키버들 [유사어] 기류(杞柳), 홍피류(紅皮柳) [지방명] 버들강아지(경기)

---

88 이러한 견해로 박상진(2011a), p.451; 허북구·박석근(2008b), p.289; 김종원(2013), p.849 참조.
89 『훈몽자회』(1527)는 '키 긔(箕)'라고 기록했다. 『물명고』(1824)는 杞柳(기류)에 대해 "生水旁 葉粗而理赤 可爲車轂 取細枝作 栲栳 似今 누은버들 箕柳仝"[물가에 자란다. 잎은 거칠고 나뭇결은 붉다. 수레바퀴를 만들 수 있고 잔가지로 각종 그릇을 만들 수 있다. 현재 누은버들이라고 하는 것과 같다. 箕柳(기류)라고도 한다]이라고 기록했다.
90 『조선어사전』(1917)은 '고리'에 대해 "柳條로 編造한 器具"라고 기록했다. 키버들의 가지나 대오리 따위를 엮어서 만든 상자 같은 물건으로, 주로 옷을 담아두는 데 사용한 것으로 알려져 있다.
91 『화한한명대조표』(1910)는 '고리버들, 杞李柳'를 기록했으며 『조선어사전』(1920)은 '杞柳(긔류), 고리ㅅ버들'을, 『조선식물명휘』(1922)는 '杞柳, 杞李柳, 고리버들(工業)'을, 『토명대조선만식물자휘』(1932)는 '[杞柳]긔류, [고리(ㅅ)버들]'을, 『선명대화명지부』(1934)는 '고리버들, 키버들'을, 『조선삼림식물편』(1915~1939)은 'コリポートル'(고리버들)을 기록했다.
92 중국의 후베이(湖北), 후난(湖南) 등지에 분포하며 줄기에 자색이 도는 *Salix wilsonii* Seemen을 일컫는다.
93 이러한 견해로 임경빈·김창호(1999), p.81과 김종원(2013), p.849 이하 참조.

Salix rorida *Lackschewitz* エゾヤナギ
Bun-bŏdŭl 분버들

분버들⟨*Salix rorida* Laksch.(1911)⟩

분버들이라는 이름은 『조선식물향명집』에서 신칭한 것으로,[94] 잎 뒷면과 일년생가지에 분백색이 돌아서 분(粉)이 있는 버드나무라는 뜻에서 붙여졌다.[95]

속명 *Salix*는 버드나무나 갯버들의 고대 라틴명으로 켈트어 *sal*(가깝다)과 *lis*(물)의 합성어에서 유래했고, 물가에서 자라는 특성 때문에 붙여졌으며 버드나무속을 일컫는다. 종소명 *rorida*는 '이슬 맺힌'이라는 뜻으로 분백색 가지의 빛깔에서 유래했다.

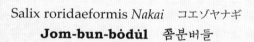

다른이름 버드나무(정태현 외, 1923), 버들나무(정태현, 1926), 쪽버들(정태현, 1943)[96]

중국/일본명 중국명 粉枝柳(fen zhi liu)는 가지에 분(粉)이 있는 유(柳: 버드나무속의 중국명)라는 뜻이다. 일본명 エゾヤナギ(蝦夷柳)는 에조(蝦夷: 홋카이도의 옛 지명)에서 자라는 버드나무(ヤナギ)라는 뜻이다.

참고 [북한명] 분버들

Salix roridaeformis *Nakai* コエゾヤナギ
Jom-bun-bŏdŭl 좀분버들

좀분버들⟨*Salix rorida* var. *roridaeformis* (Nakai) Ohwi(1953)⟩[97]

좀분버들이라는 이름은 『조선식물향명집』에서 신칭한 것으로,[98] 분버들에 비해 개체의 크기가 작다는 뜻에서 붙여졌다.[99]

속명 *Salix*는 버드나무나 갯버들의 고대 라틴명으로 켈트어 *sal*(가깝다)과 *lis*(물)의 합성어에서

---

94 이에 대해서는 『조선식물향명집』, 색인 p.39 참조.
95 이러한 견해로 이우철(2005), p.287 참조.
96 『선명대화명지부』(1934)는 '버들(ㄷ)나무'를 기록했으며 『조선삼림식물편』(1915~1939)은 'カイポートル'(개버들)을 기록했다.
97 '국가표준식물목록'(2018)은 분버들의 변종으로 좀분버들을 별도 분류하고 있으나, 『장진성 식물목록』(2014)과 '세계식물목록'(2018)은 강계버들⟨*Salix kangensis* Nakai⟩의 이명(synonym)으로 처리하여 통합 분류하고 있다.
98 이에 대해서는 『조선식물향명집』, 색인 p.45 참조.
99 이러한 견해로 이우철(2005), p.472 참조.

유래했고, 물가에서 자라는 특성 때문에 붙여졌으며 버드나무속을 일컫는다. 종소명 *rorida*는 '이슬 맺힌'이라는 뜻으로 분백색 가시의 빛깔에서 유래했으며, 변종명 *roridaeformis*는 '*rorida* 형태의'라는 뜻이다.

다른이름 애기분버들(안학수·이춘녕, 1963)

중국/일본명 중국명 伪粉枝柳(wei fen zhi liu)는 가짜(僞) 분지류(粉枝柳: 분버들의 중국명)라는 뜻으로 분버들과 비슷함을 나타낸다. 일본명 コエゾヤナギ(小蝦夷柳)는 식물체가 작은 분버들(エゾヤナギ)이라는 뜻이다.

참고 [북한명] 좀분버들

○ Salix rotundifolia *Trautvetter*　マメヤナギ
Kong-bódúl　콩버들

콩버들⟨*Salix nummularia* Andersson(1868)⟩[100]

콩버들이라는 이름은 『조선식물향명집』에 따른 것으로, 콩처럼 둥근 잎을 가진 버드나무라는 뜻에서 유래했다.[101]

　속명 *Salix*는 버드나무나 갯버들의 고대 라틴명으로 켈트어 *sal*(가깝다)과 *lis*(물)의 합성어에서 유래했고, 물가에서 자라는 특성 때문에 붙여졌으며 버드나무속을 일컫는다. 종소명 *nummularia*는 '동전을 닮은'이라는 뜻으로 작고 둥근 잎의 모양에서 유래했다. 옛 종소명 *rotundifolia*는 '둥근 잎의'라는 뜻이다.

다른이름 콩잎버들(안학수·이춘녕, 1963)

중국/일본명 중국명 多腺柳(duo xian liu)는 샘(腺)이 많은 유(柳: 버드나무속의 중국명)라는 뜻으로 꽃에 꿀샘이 있는 것에서 유래했다. 일본명 マメヤナギ(豆柳)는 콩(豆)을 닮은 버드나무(ヤナギ)라는 뜻이다.

참고 [북한명] 콩버들

---

100 '국가표준식물목록'(2018)은 콩버들의 학명을 *Salix rotundifolia* Trautv.(1832)로 기재하고 있으나, 『장진성 식물목록』(2014)은 본문의 학명을 정명으로 기재하고 있다. 콩버들은 백두산 정상 부근 등 한반도에 분포하는 종이지만 *S. rotundifolia*는 북아메리카에 분포하는 종으로 알려져 있다.

101 이러한 견해로 이우철(2005), p.524 참조.

⊗ Salix serico-cinerea *Nakai*　オホミネヤナギ
Kŭn-san-bódŭl　큰산버들

큰산버들〈*Salix glauca* L.(1753)〉[102]

큰산버들이라는 이름은 높은(큰) 산에서 자라는 버드나무라는 뜻에서 붙여진 것으로 추정한다. 한편 산버들보다 개체가 크다는 뜻의 '큰 산버들'에서 유래했다는 견해가 있으나,[103] 산버들은 소교목으로 자라고 큰산버들은 관목이므로 타당하지 않은 것으로 보인다.[104] 『조선식물향명집』에서 전통명칭 '버들'(버드나무)을 기본으로 하고 식물의 산지(産地)를 나타내는 '큰산'을 추가해 신칭했다.[105]

속명 *Salix*는 버드나무나 갯버들의 고대 라틴명으로 켈트어 *sal*(가깝다)과 *lis*(물)의 합성어에서 유래했고, 물가에서 자라는 특성 때문에 붙여졌으며 버드나무속을 일컫는다. 종소명 *glauca*는 '회녹색의, 청록색의'라는 뜻으로 녹색 잎 표면에 털이 있다가 점차 없어지는 것에서 유래했다.

중국/일본명 중국명 灰藍柳(hui lan liu)는 회남색이 도는 유(柳: 버드나무속의 중국명)라는 뜻으로 학명과 연관되어 있다. 일본명 オホミネヤナギ(大嶺柳)는 큰 산의 봉우리에서 자라는 버드나무(ヤナギ)라는 뜻이다.

참고 [북한명] 큰산버들

○ Salix sibirica *Pallas* var. brachypoda *Nakai*　ヌマキヌヤナギ
Dagjañ-bódŭl　닥장버들

닥장버들〈*Salix brachypoda* (Trautv. & C.A.Mey.) Kom.(1923)〉

닥장버들이라는 이름은 함경도 방언에서 채록되었다는 기록은 있으나[106] 그 자세한 유래는 알려져 있지 않다. 다만 높이 1m 내외의 작은키나무로 자라는 것에 비추어, 닭이나 병아리를 가두어 키우는 닭장(鷄舍)을 짓는 데 사용했거나 그리 사용할 수 있다는 뜻에서 유래한 이름일 것으로 추정한다.

속명 *Salix*는 버드나무나 갯버들의 고대 라틴명으로 켈트어 *sal*(가깝다)과 *lis*(물)의 합성어에서 유래했고, 물가에서 자라는 특성 때문에 붙여졌으며 버드나무속을 일컫는다. 종소명 *brachypoda*는 그리스어 *brachys*(짧은)와 *podion*(작은 발)의 합성어로 '짧은 자루의, 짧은 줄기

---

102 '국가표준식물목록'(2018)은 큰산버들의 학명을 *Salix sericeocinerea* Nakai(1919)로 기재하고 있으나, 『장진성 식물목록』(2014), '중국식물지'(2018) 및 '세계식물목록'(2018)은 본문의 학명을 정명으로 기재하고 있다.

103 이러한 견해로 이우철(2005), p.536 참조.

104 이에 대해서는 『조선삼림식물도설』(1943), p.60, 66 참조.

105 이에 대해서는 『조선식물향명집』, 색인 p.47 참조.

106 이러한 견해로 이우철(2005), p.163 참조.

의'라는 뜻이며 꽃자루가 짧은 것에서 유래했다.

다른이름 늪버들(임록재 이, 1972)

중국/일본명 중국명 沼柳(zhao liu)는 늪(沼)에서 자라는 유(柳: 버드나무속의 중국명)라는 뜻이다. 일본명 ヌマキヌヤナギ(沼絹柳)는 늪지에서 주로 자라고 식물체에 비단털이 많은 데서 유래한 것으로 보이며 북한명 늪버들과 뜻이 통한다.

참고 [북한명] 늪버들 [유사어] 소견류(沼絹柳), 소류(沼柳)

○ Salix Siuzevii *Seemen*　テフセンオノヘヤナギ
Cham-ogŭlip-bŏdŭl　참오글잎버들

참오글잎버들〈*Salix siuzevii* Seem.(1908)〉[107]

참오글잎버들이라는 이름은 『조선식물향명집』에서 신칭한 것으로,[108] 한국 특산(참)으로 잎이 오그라들듯이 뒤로 말리는 형태 때문에 붙여졌다. 중국 동북부 및 러시아에 분포하는 것이 확인되었으므로 더 이상 한국 특산종으로 분류되지 않는다.

속명 *Salix*는 버드나무나 갯버들의 고대 라틴명으로 켈트어 *sal*(가깝다)과 *lis*(물)의 합성어에서 유래했고, 물가에서 자라는 특성 때문에 붙여졌으며 버드나무속을 일컫는다. 종소명 *siuzevii*는 러시아 식물학자 P. V. Siuzev(1867~1928)의 이름에서 유래했다.

다른이름 버드나무(정태현 외, 1923), 참오글닢버들(이창복, 1947), 오글잎버들(박만규, 1949), 참오골잎버들(도봉섭 외, 1957), 참오글잎버들(이창복, 1966), 오골잎버들(임록재 외, 1972)

중국/일본명 중국명 卷边柳(juan bian liu)는 잎의 가장자리가 말리는 유(柳: 버드나무속의 중국명)라는 뜻이다. 일본명 テフセンオノヘヤナギ(朝鮮尾上柳)는 한반도에 분포하고 산꼭대기(尾の上)에서 자라는 버드나무(ヤナギ)라는 뜻이다.

참고 [북한명] 오골잎버들

---

107 '국가표준식물목록'(2018)은 참오글잎버들을 본문의 학명으로 별도 분류하고 있으나, 『장진성 식물목록』(2014)과 '세계식물목록'(2018)은 꽃버들<*Salix udensis* Trautv. & C.A.Mey(1856)>에 통합하고 있으므로 주의를 요한다.
108 이에 대해서는 『조선식물향명집』, 색인 p.46 참조.

Salix Starkeana *Willdenow*　テフセンミネヤナギ
San-bódúl　산버들

산버들(유가래나무)〈*Salix taraikensis* Kimura(1934)〉[109]

산버들이라는 이름은 『물명고』 등에 기록된 山柳(산류)에서 유래한 것으로, 주로 산에서 자라는 버들(버드나무)이라는 뜻에서 붙여진 것으로 추정한다. '국가표준식물목록'의 추천명으로 사용하는 유가래나무는 강원도 방언에서 유래했다고 하지만[110] 그 정확한 뜻은 알려져 있지 않다. 산버들은 『조선식물향명집』에서 별도 종으로 분류되었으나, 『조선삼림식물도설』에서 여우버들의 품종으로 분류하고 추천명을 유가래나무로 했으며 산버들은 다른이름 처리했는데 '국가표준식물목록'은 이를 유지하고 있다. 그러나 최근 산버들은 별도 종으로 분류되고 있으므로 국명도 『조선식물향명집』의 '산버들'로 복귀하는 것이 타당해 보인다.[111]

속명 *Salix*는 버드나무나 갯버들의 고대 라틴명으로 켈트어 *sal*(가깝다)과 *lis*(물)의 합성어에서 유래했고, 물가에서 자라는 특성 때문에 붙여졌으며 버드나무속을 일컫는다. 종소명 *taraikensis*는 '사할린의 다라이카(タライカ) 호수 유역에 분포하는'이라는 뜻이다.

다른이름 산버들(정태현 외, 1937), 쨍쨍버들(정태현, 1943), 유가래(이창복, 1980)

중국/일본명 중국명 谷柳(gu liu)는 골짜기(谷)에서 자라는 유(柳: 버드나무속의 중국명)라는 뜻이다. 일본명 テフセンミネヤナギ(朝鮮嶺柳)는 한반도에 분포하고 산봉우리(嶺)에서 자라는 버드나무(ヤナギ)라는 뜻이다.

참고 [북한명] 산버들

Salix triandra *L.* var. discolor *Andersson*　タチヤナギ
Sòn-bódúl　선버들

선버들〈*Salix triandra* L. subsp. *nipponica* (Franch. & Sav.) A.K.Skvortsov(1968)〉[112]

선버들이라는 이름은 곧추서서 자라는 버드나무라는 뜻이다.[113] 『조선식물향명집』에서 전통 명칭

---

109 '국가표준식물목록'(2018)은 여우버들의 품종으로 유가래나무(산버들)를 *Salix xerophila* f. *glabra* (Nakai) Kitag.(1979)으로 기재하고 있으나, 『장진성 식물목록』(2014)과 '세계식물목록'(2018)은 이를 산버들(*S. taraikensis*)의 이명(synonym)으로 기재하고 있으므로 주의를 요한다.

110 이러한 견해로 이우철(2005), p.425와 『조선삼림식물도설』(1943), p.60 참조.

111 이러한 견해로 『장진성 식물목록』(2014), p.576 참조.

112 '국가표준식물목록'(2018)은 선버들의 학명을 *Salix subfragilis* Andersson(1859)으로 기재하고 본문의 학명을 이명(synonym)으로 처리하고 있으나, 이 책은 이와 반대로 기록한 『장진성 식물목록』(2014)에 따라 기재했다. 한편 '세계식물목록'(2018)은 *S. subfragilis*를 수양버들(*S. babylonica*)의 이명(synonym)으로 보고 있다.

113 이러한 견해로 이우철(2005), p.333과 김종원(2013), p.859 참조.

'버들'(버드나무)을 기본으로 하고 식물의 형태적 특징을 나타내는 '선'을 추가해 신칭했다.[114]

속명 *Salix*는 버드나무나 갯버들의 고대 라틴명으로 켈트어 *sal*(가깝다)과 *lis*(물)의 합성어에서 유래했고, 물가에서 자라는 특성 때문에 붙여졌으며 버드나무속을 일컫는다. 종소명 *triandra*는 '3개의 수술을 가진'이라는 뜻이고, 아종명 *nipponica*는 '일본의'라는 뜻이다.

다른이름 버드나무(정태현 외, 1923), 선버드나무(안학수·이춘녕, 1963)

중국/일본명 중국명 日本三蕊柳(ri ben san rui liu)는 일본에 분포하는 삼예류(三蕊柳: 수술이 3개인 버드나무)라는 뜻이다. 일본명 タチヤナギ(立柳)는 식물체가 직립하여 자라는 버드나무(ヤナギ)라는 뜻이다.

참고 [북한명] 선버들

Salix viminalis *Linné*　タイリクキヌヤナギ
Yugji-ġot-bódúl　육지꽃버들

육지꽃버들〈*Salix schwerinii* E.L.Wolf(1929)〉[115]

육지꽃버들이라는 이름은 육지(대륙)에서 자라는 꽃이 아름다운 버들이라는 뜻이다.[116] 『조선식물향명집』에서 '꽃버들'을 기본으로 하고 식물의 산지(産地)를 나타내는 '육지'를 추가해 신칭했다.[117]

속명 *Salix*는 버드나무나 갯버들의 고대 라틴명으로 켈트어 *sal*(가깝다)과 *lis*(물)의 합성어에서 유래했고, 물가에서 자라는 특성 때문에 붙여졌으며 버드나무속을 일컫는다. 종소명 *schwerinii*는 독일 식물학자 Fritz Kurt Alexander von Schwerin(1856~1934)의 이름에서 유래했다.

다른이름 비단버들(정태현 외, 1923), 륙지꽃버들(정태현, 1943), 육지버들(박만규, 1949), 대륙꽃버들/대륙솜버들(안학수·이춘녕, 1963), 긴잎꽃버들(리용재 외, 2011)[118]

중국/일본명 중국명 蒿柳(hao liu)는 가느다란 잎 모양이 쑥(蒿)을 연상시키는 유(柳: 버드나무속의 중국명)라는 뜻이다. 일본명 タイリクキヌヤナギ(大陸絹柳)는 대륙에 분포하고 잎의 표면에 비단 같은 흰 털이 분포하는 것에서 유래했다.

참고 [북한명] 륙지꽃버들

---

114 이에 대해서는 『조선식물향명집』, 색인 p.40 참조.

115 '국가표준식물목록'(2018)은 육지꽃버들의 학명을 *Salix viminalis* L.(1753)로 기재하고 있으나, 『장진성 식물목록』(2014)과 '중국식물지'(2018)는 본문의 학명을 정명으로 기재하고 있다. 한편 '세계식물목록'(2018)은 두 학명을 별도의 종으로 기재하고 있다.

116 이러한 견해로 이우철(2005), p.426 참조.

117 이에 대해서는 『조선식물향명집』, 색인 p.44 참조.

118 『조선식물명휘』(1922)는 '柳樹毫'를 기록했으며 『선명대화명지부』(1934)는 '비단버들'을 기록했다.

Myricaceae 소귀나무科 (楊梅科)

소귀나무과〈**Myricaceae** Rich. ex Kunth(1817)〉

소귀나무과는 국내에 자생하는 소귀나무에서 유래한 과명이다. '국가표준식물목록'(2018), 『장진성 식물목록』(2014) 및 '세계식물목록'(2018)은 *Myrica*(소귀나무속)에서 유래한 Myricaceae를 과명으로 기재하고 있으며, 엥글러(Engler), 크론키스트(Cronquist) 및 APG IV(2016) 분류 체계도 이와 같다. 한편, 엥글러(1924)와 크론키스트(1981) 분류 체계에서는 Myricales(소귀나무목)로 분류했으나 APG IV(2016) 분류 체계는 Fagales(참나무목)로 분류한다.

Myrica rubra *Siebold et Zuccarini*　ヤマモモ　楊梅

Sogwi-namu　소귀나무(속나무)

소귀나무〈*Myrica rubra* (Lour.) Siebold & Zucc.(1846)〉

소귀나무라는 이름은 제주 방언에서 유래한 것으로, 제주 서귀포 일부 지역에서 자생하는 식물인 속나무(또는 속낭/세귀낭)를 일컫는데 현재까지 그 자세한 어원은 알려져 있지 않다.[1] 다만 『동의보감』은 화산의 용암이 갑자기 식어서 생긴 다공질(多孔質)의 가벼운 돌을 '속돌'(水泡石/浮石)이라고 해 갈아서 약재로 사용한 것을 기록했는데,[2] 현재도 제주에서는 그러한 돌 또는 그 돌로 만든 술 빚는 도구를 '속돌'(또는 솝돌/서벽돌)이라 부른다.[3] 한편 제주도에서는 검붉게 익고 표면에 사마귀 같은 돌기가 돋아 있는 소귀나무의 열매를 예로부터 식용했으며,[4] 그 열매의 표면이 마치 속돌의 모습을 연상시키기도 한다. 따라서 소귀나무(속나무)는 식용했던 열매가 속돌의 표면과 닮았

다는 뜻에서 유래했을 것으로 추정한다. 잎의 모양이 소(牛)의 귀를 닮은 나무라는 뜻에서 유래했다는 속설이 있으나, 이는 소귀나무라는 현재 단어에 근거한 것으로 일종의 민간어원설이다. 또한 열매에서 송진과 같은 향기가 나므로 '소나무의 향기가 나는 나무'라는 뜻에서 '솔향기나무'가 되

1　이러한 견해로 박상진(2011b), p.529 참조. 또한 『조선삼림수목감요』(1923), p.16; 『조선삼림식물편』(1915~1939), p.69; 『조선삼림식물도설』(1943), p.82는 제주도 토명에서 채록한 이름이라는 점을 명기하고 있다.

2　이에 대해서는 『신대역』 동의보감』(2012), p.2143 참조.

3　이에 대한 자세한 내용은 국립국어원, '표준국어대사전' 중 '속돌'과 제주특별자치도 홈페이지의 '방언사전' 중 '속돌' 참조.

4　이에 대해서는 『조선삼림식물도설』(1943), p.82 참조.

고 이것이 쇠귀낭을 거쳐 소귀나무가 되었다는 견해가 있으나,[5] 이를 뒷받침할 어원학적인 근거는 발견되지 않아 타당성은 의문스럽다.

속명 *Myrica*는 그리스어 *myrizein*(방향, 향료)에 어원을 둔 말로, 방향성 작은키나무 *myrike*에서 전용되어 소귀나무속을 일컫는다. 종소명 *rubra*는 '적색의'라는 뜻으로 열매의 색깔에서 유래했다.

다른이름 소귀나무(정태현 외, 1923), 속나무(정태현 외, 1937)

옛이름 楊梅木(조선왕조실록, 1447),[6] 楊梅(광재물보, 19세기 초), 楊梅(물명고, 1824), 楊梅/양미(명물기략, 1870), 楊梅(선한약물학, 1931)[7]

중국/일본명 중국명 杨梅(yang mei)는 잎은 버드나무(楊)를 닮았고 열매는 매실(梅)을 닮아 붙여졌다. 일본명 ヤマモモ(山桃)는 산에서 자라고 열매가 복숭아를 닮은 데서 유래했다.

참고 [북한명] 소귀나무 [유사어] 산도(山桃), 수매(樹梅), 양매(楊梅), 용청(龍晴) [지방명] 세귀낭/속낭/쇠귀낭/쉐귀낭(제주)

---

5   이러한 견해로 박상진(2019), p.266 참조.

6   『조선왕조실록』 세종 29년 정묘(1447)의 기록을 보면 "對馬島 宗貞盛遣也老仇 獻木芙蓉三株 楊梅木株 命植于上林園"[대마도 종정성(宗貞盛)이 야로구(也老仇)를 보내어 목부용(木芙蓉) 3그루와 양매목(楊梅木) 1그루를 바치므로, 상림원(上林園)에 심으라 명하였다]라는 내용이 있다.

7   『제주도및완도식물조사보고서』(1914)와 『제주도식물』(1930)은 'ソグナム'[속나무]를 기록했으며 『조선식물명휘』(1922)는 '楊梅, 속나무, 새귀나무(救)'를, 『토명대조선만식물자휘』(1932)는 '[山桃]산도'를, 『선명대화명지부』(1934)는 '속나무, 소귀나무'를, 『조선삼림식물편』(1915~1939)은 'ソグナム(濟州島土名)/Sog-nam'[속나무(제주도 토명)]를 기록했다.

Juglandaceae 호도科 (胡桃科)

가래나무과〈**Juglandaceae** DC. ex Perleb(1818)〉

가래나무과는 국내에 자생하는 가래나무에서 유래한 과명이다. '국가표준식물목록'(2018), 『장진성
식물목록』(2014) 및 '세계식물목록'(2018)은 *Juglans*(가래나무속, walnut)에서 유래한 Juglandaceae
를 과명으로 기재하고 있으며, 엥글러(Engler), 크론키스트(Cronquist) 및 APG IV(2016) 분류 체계도 이
와 같다. 한편, 엥글러(1892)와 크론키스트(1981) 분류 체계는 Juglandales(가래나무목)로 분류했으나
APG IV(2016) 분류 체계는 Fagales(참나무목)로 분류한다.

○ Juglans mandshurica *Maximowicz*   マンシウグルミ
Garae-namu   가래나무   楸

가래나무〈*Juglans mandshurica* Maxim.(1856)〉

가래나무는 열매를 식용하는데, 그때 갈라진 열매의 모양이
농기구 '가래'와 닮았다는 뜻에서 'ㄱ래'(가래나무)라는 이름이
유래한 것으로 추정한다.[1] 한편 한자명 楸木(추목) 또는 核桃楸
(핵도추)에서 유래한 것으로 보는 견해가 있으나,[2] 가래나무가
한자 전래 이전부터 자생적으로 분포하는 나무였고 정약용의
『아언각비』에 加來南于(가래남우)라는 차자(借字)가 있는 점에
비추어 한자명에서 유래를 찾는 것은 타당하지 않다.

속명 *Juglans*는 라틴어 *Jovis glans*(주피터의 견과)에서 유
래했는데 열매가 맛있어서 붙여진 것으로 추정되며 가래나무
속을 일컫는다. 종소명 *mandshurica*는 '만주의'라는 뜻으로
발견된 자생지를 나타낸다.

다른이름 가리나무(정태현 외, 1923), 가래나무(정태현 외, 1936), 산추자나무(정태현, 1943), 산추나무/
가래추나무(임록재 외, 1972)

옛이름 胡桃/渴來(계림유사, 1101), ㄱ래/楸(훈민정음해례본, 1446), ㄱ래나모/楸(분류두공부시언해,
1481), ㄱ래나모/楸(구급간이방언해, 1489), ㄱ래나모/梓(훈몽자회, 1527), ㄱ래나모/梓(신증유합, 1576),

---

1   이러한 견해로 박상진(2011a), p.219; 허북구·박석근(2008b), p.19; 오찬진 외(2015), p.174 참조. 다만 조항범(2016), p.63은
농기구 '가래'의 중세 국어 어형은 'ㄱ래'가 아니라 '가래'였다는 점을 근거로 'ㄱ래'의 어원을 '가래(楸)'에서 찾는 것은 무
리라고 보고 있으므로 주의를 요한다.
2   이러한 견해로 이우철(2005), p.27 참조.

楸木/ㄱ래나모(동의보감, 1613), 山核桃樹/가래나모(한청문감, 1779), 가래/楸(물보, 1802), 楸木/가리나무(몽유편, 1810), 楸子/山核桃/加來南于(아언각비, 1819), 楸/ㄱ리나무(광재물보, 19세기 초), 楸/가리(물명고, 1824), 楸木/가리나무(자류주석, 1856), 楸子/가리(일용비람기, 연대미상), 楸子/츄ㅈ/가내/山核桃(명물기략, 1870), 楸子/가뢰(녹효방, 1873), 가래나무/楸木(한불자전, 1880), 櫃/가리나모(아학편, 1908)[3]

중국/일본명 중국명 胡桃楸(hu tao qiu)는 호두(胡桃)가 달리는 추(楸: *Catalpa bungei* C.A.Mey., 한반도에는 자생하지 않는 것으로 만주개오동 또는 당향오동나무라 부름)라는 뜻으로, 『본초강목』에서 이시진은 잎이 크고 낙엽이 일찍 지는 것에서 楸(추)가 유래했다고 기록했다. 일본명 マンシウグルミ(滿洲胡桃)는 만주에 분포하는 호두나무(クルミ)라는 뜻이다.

참고 [북한명] 가래나무 [유사어] 추목(楸木), 핵도추(核桃楸) [지방명] 가루나무/가래낭그/가래낭기/긴가래나무/제피나무/추지낭그/취지낭그/취지나무/취지낭기(강원), 가래/추자(경북), 가래/추자/추자나무(전남), 추자나무(전북), 가래(충남), 가래/가래추자/가래추자나무/추자나무(충북), 가래토시/갈냉기/추목(함북)

Juglans sinensis *Maximowicz*   テウチグルミ   胡桃 (栽)
Hodo-namu 호도나무

호두나무⟨*Juglans regia* L.(1753)⟩

호두나무는 서역에서 중국으로 전래되었으므로 한자로 오랑캐 지역(胡)에서 나는 복숭아(桃)라는 뜻으로 '胡桃'(호도)라고 했다. 우리나라에서도 이를 받아들여 '호도'라고 했으나 이후 발음이 변화해 '호두'가 되었고, 여기에 목본성 식물이라는 뜻의 '나무'를 추가해 호두나무가 되었다.[4] 『조선식물향명집』은 '호도나무'로 기록했으나 『대한식물도감』에서 호두나무로 개칭했다. 옛날에는 당(唐: 중국)에서 유래한 추자(楸子: 호두)라는 뜻에서 '당츄ㅈ'(당추자)라고 부르기도 했다.

속명 *Juglans*는 라틴어 *Jovis glans*(주피터의 견과)에서 유래했는데 열매가 맛있어서 붙여진 것으로 추정되며 가래나무속을 일컫는다. 종소명 *regia*는 '왕(王)의'라는 뜻이다.

다른이름 호두나무(정태현 외, 1923), 호도나무(정태현 외, 1936), 추자나무(안학수·이춘녕, 1963), 호도(이창복, 1969b)

---

3 『화한한명대조표』(1910)는 '가리ㄴ무, 楸木'을 기록했으며 『조선거수노수명목지』(1919)는 '가리나무, 楸木'을, 『조선의 구황식물』(1919)은 '가리나무, 楸, 두자나무(全北)'를, 『조선어사전』(1920)은 '楸子(츄ㅈ), 가래, 가래나무, 楸木(츄목)'을, 『조선식물명휘』(1922)는 '臭胡桃樹, 楸, 가리나무'를, 『토명대조선만식물자휘』(1932)는 '[楸木]츄목, [가래나무], [가내나무], [楸皮]츄피, [楸子]츄ㅈ, [가래]'를, 『선명대화명지부』(1934)는 '가래나무'를, 『조선삼림식물편』(1915〜1939)은 'カライナム(平北)/Karai-nam'[가래나무(평북)]를 기록했다.

4 이러한 견해로 이우철(2005), p.591; 박상진(2011a), p.225; 허북구·박석근(2008b), p.311; 한태호 외(2006), p.22; 오찬진 외(2015), p.177 참조.

옛이름 胡桃/唐楸子(향약구급방, 1236),[5] 胡桃/唐楸子(향약채취

월령, 1431), 胡桃/당츄ᄌ(구급간이방언해, 1489), 胡桃/唐楸子/당

추ᄌ(촌가구급방, 1538), 胡桃/당츄ᄌ(언해구급방, 1608), 胡桃/호

도/츄ᄌ(신간구황촬요, 1660), 호도/胡桃(두창경험방, 1663), 호도/

核桃(역어유해, 1690), 核桃/호도(방언집석, 1778), 胡桃/호도(왜어

유해, 1782), 核桃/호도(물보, 1802), 胡桃/호도/가리(광재물보, 19

세기 초), 胡桃/호도(물명고, 1824), 胡桃/츄ᄌ(동언고, 1836), 胡桃/

호도(명물기략, 1870), 호두나무/胡桃木(한불자전, 1880), 호두/胡

桃(교린수지, 1881), 胡桃/호두(선한약물학, 1931), 호두/호도(조선

어표준말모음, 1936)[6]

중국/일본명 중국명 胡桃(hu tao)는 강호(羌胡: 티베트) 지역에서

전래된 식물로 열매가 복숭아(桃)를 닮았다는 뜻에서 유래했다. 또한 창족(羌族)은 核(핵: 안쪽열매

껍질)과 胡(호)를 같은 음으로 읽기 때문에 같은 뜻으로 胡桃(호도)라 했다. 일본명 テウチグルミ(手

打胡桃)는 껍질이 얇아 손으로도 부술 수 있는 호두나무(クルミ)라는 뜻에서 유래했다.

참고 [북한명] 호두나무 [유사어] 호도수(胡桃樹) [지방명] 당초세/호도낭그/호도낭기(강원), 추자(경

북), 추자나무/추자낭구/호도나무/호두낭구(전남), 가래나무/추자나무(전북), 추자나무/후두나무(충

남), 호도낭/호두낭(제주)

Platycarya strobilacea *Siebold et Zuccarini*   ノグルミ(ノブノキ)
Gulpi-namu   굴피나무(굴태나무)

굴피나무⟨*Platycarya strobilacea* Siebold & Zucc.(1843)⟩

굴피나무라는 이름의 유래는 알려져 있지 않다. 다만 굴피나무는 목재로서 옛 유적에서 목책과
선박뿐만 아니라 목관으로 사용된 경우도 발견되고,[7] 조선 후기에 저술된 『명물기략』은 대 홈통
을 뜻하는 '筧'(견)을 '홈' 또는 '굴피'라고 하고 있으므로, 굴피나무라는 이름은 이러한 쓰임새 때

5   『향약구급방』(1236)의 차자(借字) '唐楸子'(당추자)에 대해 남풍현(1981), p.137은 '당츄ᄌ'의 표기로 보고 있다.
6   「화한한명대조표」(1910)는 '호도ㄴ무, 胡桃'를 기록했으며 『조선한방약료식물조사서』(1917)는 '호도나무, 당추자, 胡桃'를,
    『조선거수노수명목지』(1919)는 '호도ㄴ무, 胡桃木'을, 『조선어사전』(1920)은 '호두, 호도나무(胡桃), 核桃(힉도), 당추자'를,
    『조선식물명휘』(1922)는 '胡桃, 호도나무(食, 藥)'를, 『토명대조선만식물자휘』(1932)는 '[胡桃(木)]호도(목), [호두나무], [당추
    자나무], [胡桃皮]호도피, [核桃]힉도, [羌桃]강도, 唐楸子]당츄ᄌ, [당추자]'를, 『선명대화명지부』(1934)는 '호도나무'를, 『조
    선의산과와산채』(1935)는 '胡桃, 호도'를, 『조선삼림식물편』(1915~1939)은 'ホトナム, ホトナモ[호도나무, 호도나모]를 기
    록했다.
7   이에 대해서는 박상진(2011b), p.319 참조.

문에 굴피(홈)를 만드는 나무라는 뜻에서 유래한 것으로 추정한다.[8] 굴피나무는 ᄂᆞ무껍질이 굴피집을 짓는 재료가 된다고 오해를 받기도 했으나, 굴피집의 '굴피'는 굴참나무의 껍질을 뜻한다.[9] 전통적으로 굴피나무의 나무껍질은 어망이나 염료로 사용되어왔다.[10] 이러한 점을 근거로 나무껍질로 그물을 만든 다는 뜻의 '그물'+'피'(껍질)가 굴피로 변화했다는 견해가 있으나,[11] 옛말의 그물(또는 그믈)이 '굴'로 사용된 예가 없어 신뢰하기 어렵다.

속명 *Platycarya*는 그리스어 *platys*(넓은)와 *caryon*(견과)의 합성어로, 가래나무속 식물과 달리 열매가 납작해서 붙여졌으며 굴피나무속을 일컫는다. 종소명 *strobilacea*는 '구과(毬果)의'라는 뜻이다.

다른이름 굴틔나무/굴피나무(정태현 외, 1923), 굴태나무(정태현 외, 1937), 꾸정나무/산가죽나무(정태현, 1943), 꾸정나무(안학수·이춘녕, 1963), 굴황피나무(임록재 외, 1972)

옛이름 굴피/굴피나무/황경피(한불자전, 1880), 굴피나무(사민필지, 1889)[12]

중국/일본명 중국명 化香樹(hua xiang shu)는 열매에서 향기가 나는 나무라는 뜻에서 유래했다. 일본명 ノグルミ(野胡桃)는 야생하는 호두나무(クルミ)라는 뜻이다.

참고 [북한명] 굴피나무 [유사어] 구종나무, 화향수(化香樹), 화향수엽(化香樹葉) [지방명] 구둥순(경북), 구랫순나무/야망나무(전남), 구랫순나무/산태나무/야망나무(전북), 구낭/굴낭(제주), 도토리나무/마을당나무(충남), 보철나무(충북)

---

8   또한 『명물기략』(1870)은 '굴피'를 한자 '窟皮'(굴피)로 표기하기도 했는데, 이는 차자(借字)로 보이며 '홈'을 뜻하는 또 다른 우리말 표현일 것으로 추정한다.

9   이에 대한 자세한 내용은 박상진(2011b), p.322 참조.

10 이에 대해서는 『조선삼림식물도설』(1943), p.85 참조.

11 이러한 견해로 솔뫼(송상곤, 2010), p.34 참조.

12 「화한한명대조표」(1910)는 '굴틔ᄂᆞ무'를 기록했으며 「조선주요삼림수목명칭표」(1912)는 '굴틔ᄂᆞ무, 化香樹'를, 『제주도및완도식물조사보고서』(1914)는 'クルナム'[굴나무]를, 『지리산식물조사보고서』(1915)는 'くっちゃいなむ'[꾸정나무]를, 『조선식물명휘』(1922)는 '化香樹花, 굴틔나무'를, 『토명대조선만식물자휘』(1932)는 '[굴틔나무]'를, 『선명대화명지부』(1934)는 '굴피나무, 굴태나무'를, 『조선삼림식물편』(1915~1939)은 'クルナム/Kul-nam, クーナム(濟州島)/Kunam, クルタイナム/Kurutai-nam, クルピナム(慶南)/Kurpi-nam'[굴나무, 구나무(제주도), 굴태나무, 굴피나무(경남)]를 기록했다.

Betulaceae 자작나무科 (樺木科)

> **자작나무과**〈**Betulaceae** Gray(1822)〉
>
> 자작나무과는 국내에 자생하는 자작나무에서 유래한 과명이다. '국가표준식물목록'(2018), 『장진성 식물목록』(2014) 및 '세계식물목록'(2018)은 Betula(자작나무속)에서 유래한 Betulaceae를 과명으로 기재하고 있으며, 엥글러(Engler), 크론키스트(Cronquist) 및 APG IV(2016) 분류 체계도 이와 같다.

Alnus borealis *Koidzumi*　ヒロハハンノキ
Dôg-ori-namu　떡오리나무

떡오리나무〈*Alnus borealis* Koidz.(1913)〉[1]

떡오리나무라는 이름은 『조선식물향명집』에서 신칭한 것으로,[2] '떡'과 '오리나무'의 합성어이며 떡을 쌀 수 있는 정도의 넓은 잎을 가진 오리나무라는 뜻이다.[3]

　속명 *Alnus*는 오리나무의 고대 라틴명에서 유래했으며 오리나무속을 일컫는다. 종소명 *borealis*는 '북방의, 북방계의'라는 뜻이다.

다른이름　오리나무(정태현 외, 1923), 떡오리(이창복, 1966)

중국/일본명　'중국식물지'는 이를 별도 분류하지 않고 있다. 일본명 ヒロハハンノキ(廣葉−)는 잎이 넓은 오리나무(ハンノキ)라는 뜻이다.

참고　[북한명] 떡오리나무 [유사어] 광엽적양(廣葉赤楊), 적양(赤楊)

Alnus fruticosa *Rupr.* var. mandshurica *Callier*　マンシウハンノキ
Dômbul-ori-namu　덤불오리나무

덤불오리나무〈*Alnus viridis* (Chaix) DC. subsp. *fruticosa* (Rupr.) Nyman(1881)〉[4]

덤불오리나무라는 이름은 『조선식물향명집』에서 신칭한 것으로,[5] '덤불'과 '오리나무'의 합성어이

1　'국가표준식물목록'(2018)은 떡오리나무를 별도의 종으로 분류하고 있으나, '세계식물목록'(2018)은 잔털오리나무〈*Alnus* x *mayrii* Callier(1904)〉의 이명(synonym)으로 분류하고 있으며 『장진성 식물목록』(2014)도 별도 분류하지 않고 있으므로 주의를 요한다.

2　이에 대해서는 『조선식물향명집』, 색인 p.35 참조.

3　이러한 견해로 이우철(2005), p.204 참조.

4　'국가표준식물목록'(2018)과 '세계식물목록'(2018)은 덤불오리나무의 학명을 *Alnus mandshurica* (Callier) Hand.-Mazz. (1932)로 기재하고 있으나, 『장진성 식물목록』(2014)은 정명을 본문과 같이 기재하고 있다.

5　이에 대해서는 『조선식물향명집』, 색인 p.35 참조.

며 숲속(덤불)에서 자라는 오리나무라는 뜻이다.[6]

속명 *Alnus*는 오리나무의 고대 라틴명에서 유래했으며 오리나무속을 일컫는다. 종소명 *viridis*
는 '녹색의'라는 뜻이며, 아종명 *fruticosa*는 '작은키나무의'라는 뜻이다.

다른이름 오리나무(정태현 외, 1923), 덤불오리(이창복, 1966), 만주오리목(안학수·이춘녕, 1963), 만주덤
불오리나무(임록재 외, 1972), 날개오리나무(임록재 외, 1996)

중국/일본명 중국명 东北桤木(dong bei qi mu)는 둥베이(東北) 지방(만주)에 분포하는 기목(桤木: *A.
cremastogyne* Burkill, 오리나무속의 일종으로 중국 고유종)이라는 뜻으로 옛 학명과 연관이 있다. 일
본명 マンシウハンノキ는 만주에서 자라는 오리나무(ハンノキ)라는 뜻이다.

참고 [북한명] 날개오리나무/덤불오리나무[7] [유사어] 만주적양(滿洲赤楊)

Alnus japonica *Siebold et Zuccarini*   ハンノキ   赤楊
Ori-namu   오리나무   五里木

오리나무〈*Alnus japonica* (Thunb.) Steud.(1840)〉

오리나무라는 이름은 나무껍질이 세로로 잘게 갈라지는 모양
이나 염색제로 사용할 때 나무껍질을 잘게 쪼개어 사용하는
것을 실, 나무, 대 따위의 가늘고 긴 조각을 뜻하는 '오리'[8]에
빗대어 붙여진 것으로 추정한다. 예부터 나무껍질과 열매를
갈색 또는 붉은색을 내는 염색제로 사용했다.[9] 한글 표현이 최
초로 발견되는 『역어유해』는 '楡理木, 오리나모'라고 기록했
는데, 한자명 楡理木(유리목)을 직역하면 '느릅나무(楡)의 나뭇
결(理)을 가진 나무'라는 뜻이다. 따라서 楡理木(유리목)은 나무
껍질을 염색제로 사용한 것과 관련이 있는 이름으로 오리나무
의 유래를 뒷받침한다.[10] 그러나 '오리'가 그러한 용례로 기록
된 경우는 오리나무 외에는 달리 발견되지 않으므로 그 정확

---

6 이러한 견해로 이우철(2005), p.175 참조.

7 북한에서는 *A. mandshurica*를 '날개오리나무'로, *A. fruticosa*를 '덤불오리나무'로 하여 별도 분류하고 있다. 이에 대
   해서는 리용재 외(2011), p.21 참조.

8 『노걸대언해』(1670), 『방언집석』(1778), 『왜어유해』(1782) 등에서 "오리 絛"와 "흔오리 一絛"로 '오리'를 실, 나무, 대 따위의
   가늘고 긴 조각을 뜻하는 말로 사용했다. 또한 '표준국어대사전'도 '오리'를 동일한 뜻으로 풀이하고 있다.

9 오리나무의 나무껍질과 열매를 염색제로 사용한 것에 대해서는 『주방문』(18세기 초); 『토명대조선만식물자휘』(1932),
   p.176; 『조선삼림식물도설』(1943), p.88 참조.

10 『토명대조선만식물자휘』(1932), p.176은 중국의 『성경통지』(1734)에서 '茶絛'(다조)라고 한 것과 당시의 방언 '물감나무'라
    는 한글명도 나무껍질에서 염색제를 채취한 것에서 유래한 이름으로 보았다.

한 뜻에 대해서는 좀 더 연구가 필요하다. 한편 (i) 한자명 五里木(오리목)을 근거로 이 나무를 식재할 때 오 리(五里) 단위로 나무를 심었다는 뜻에서 유래한 이름이라는 견해와,[11] (ii) 오리(鴨)가 주로 사는 곳인 저습지의 자연식생 식물이므로 오리를 뜻하는 옛말 '올히'가 결합돼 올히남기→오리남기→오리나모→오리나무로 변천되어온 것으로 보는 견해가 있다.[12] (i)에 대해서는, 17세기에 저술된 『역어유해』에 오리나모라는 한글명이 먼저 기록되었고 이후에 오리목(五里木)이라는 표현이 등장하는 것으로 보아 이는 한글명을 한자로 기록하기 위한 차자(借字)일 가능성이 많고, 오리나무는 한반도 자생종으로 한자 도래 이전에도 독자적 이름이 있었을 것으로 추정하며, 거리를 나타내기 위해 오리나무를 식재했다는 어떠한 근거도 찾기가 어려워 타당하지 않다.[13] (ii)에 대해서는, 새(鳥)의 일종인 오리에서 오리나무가 유래했다면 그 차자로 鴨樹(압수) 또는 鴨木(압목)과 같은 표현이 등장해야 하는데 그러한 표현은 전혀 발견되지 않고, 오리의 옛말인 '올히'는 18세기에 간행된 『동의보감』 중간본에 '집올히'라고 표현되었으므로[14] 올히남기(또는 올히나모)로 기록했을 가능성이 높으나 그보다 앞서는 『역어유해』에 '오리나모'라고 표현되어 있는 점 등에 비추어 타당하지 않은 주장으로 보인다.

속명 *Alnus*는 오리나무의 고대 라틴넹에서 유래됐으며 오리나무속을 일컫는다. 종소명 *japonica*는 '일본의'라는 뜻으로 최초 발견지를 나타낸다.

다른이름 　오리나무(정태현 외, 1923), 붉오리나무(안학수·이춘녕, 1963)

옛이름 　榿木(동국이상국집, 1241), 赤楊(속동문선, 1518), 榿木(습재집, 1608), 楡理木/오리나모(역어유해, 1690), 오리낡(청구영언, 1728), 五里木(경모궁악기조성청의궤, 1777), 五里木(일성록, 1799), 赤楊(식산집, 1813), 楡理木/오리나모(물명고, 1824), 오리나무/棟瓜木(한불자전, 1880), 五里木(승정원일기, 1892), 오리나무(조선구전민요집, 1933)[15]

중국/일본명 　중국명 日本榿木(ri ben qi mu)는 일본에 분포하는 기목(榿木: *A. cremastogyne*, 오리나무속의 일종으로 중국 고유종)이라는 뜻으로 학명과 연관되어 있다. 일본명 ハンノキ는 옛말 ハリノキ

11 　이러한 견해로 박상진(2001), p.140; 김태영·김진석(2018), p.191; 이유미(2015), p.288; 허북구·박석근(2008b), p.219; 오찬진 외(2015), p.188; 솔뫼(송상곤, 2010), p.624 참조.

12 　이러한 견해로 김종원(2013), p.864 참조. 김종원은 五里木(오리목)이라는 표현이 일제강점기에 최초로 기록되었다는 주장을 하고 있으나, 『경모궁악기조성청의궤』(1777), 『일성록』(1799) 및 『승정원일기』(1892)에도 등장하는 표현이어서 근거 없는 주장이다.

13 　조선의 법령을 정비한 『경국대전』(1485)은 "每十里立小堠 三十里立大堠 樹之以楡柳"(10리마다 소후를 설치하고 30리에 대후를 설치하는데 나무는 느릅나무와 버드나무로 한다)라고 했으므로, 오 리(五里) 단위로 나무를 식재하지도 않았고 그 수종이 오리나무도 아님을 알 수 있다. 이에 대한 보다 자세한 내용은 김해경(2018), p.151 참조.

14 　이에 대해서는 『신대역 동의보감』(2012), p.1870 참조.

15 　「화한한명대조표」(1910)는 '물오리나무, 五里木'을 기록했으며 「조선주요삼림수목명칭표」(1915a)는 '오리나무'를, 『조선거수노수명목지』(1919)는 '오리낡, 五里木'을, 『조선어사전』(1920)은 '오리나무, 楡理木(유리목)'을, 『조선식물명휘』(1922)는 '赤楊, 五里木, 물오리나무(薪炭, 工業)'를, 『토명대조선만식물자휘』(1932)는 '[楡理木]유리목, [오리나무], [물오리나무], [물감나무]'를, 『조선삼림식물편』(1915~1939)은 'Orinam(京畿, 平北, 全南)[오리나무]를 기록했다.

에서 유래했다고 하나 그 정확한 뜻은 알려져 있지 않다.[16]

참고 [북한명] 오리나무 [유사어] 기목(榿木), 유리목(楡理木), 赤楊(저양) [지방명] 물개욤나무/오리모나무/오리모뿌리/오리목/오리목나무(경남), 오래나무/오리모뿌리(경북), 오리모(울릉), 오리낭(제주), 오리국나무(충북)

○ Alnus japonica *Sieb. et Zucc.* var. rufa *Nakai*　ケハンノキ
Tŏl-ori-namu　털오리나무

털오리나무⟨*Alnus japonica* var. *koreana* Callier(1911)⟩[17]

털오리나무라는 이름은 『조선식물향명집』에서 신칭한 것으로,[18] '털'과 '오리나무'의 합성어이며 햇가지와 잎 뒷면에 갈색 털이 밀생(密生)하는 오리나무라는 뜻이다.[19]

속명 *Alnus*는 오리나무의 고대 라틴명에서 유래했으며 오리나무속을 일컫는다. 종소명 *japonica*는 '일본의'라는 뜻으로 발견지를 나타내며, 변종명 *koreana*는 '한국의'라는 뜻이다.

다른이름 너른닢잔털오리나무/너른닢털오리나무(정태현, 1943), 넓은잎털오리나무(안학수·이춘녕, 1963)

중국/일본명 '중국식물지'는 이를 별도 분류하지 않고 있다. 일본명 ケハンノキ는 털이 있는 오리나무(ハンノキ)라는 뜻이다.

참고 [북한명] 없음[20] [유사어] 모적양(毛赤楊)

Alnus Maximowiczii *Callier*　ミヤマハンノキ
Dume-ori-namu　두메오리나무

두메오리나무⟨*Alnus maximowiczii* Callier(1904)⟩[21]

---

16 이에 대한 보다 자세한 내용은 牧野富太郎(2008), p.32 참조.
17 '국가표준식물목록'(2018)은 털오리나무의 학명을 본문과 같이 하여 별도 기재하고 있으나, 『장진성 식물목록』(2014)과 '세계식물목록'(2018)은 오리나무⟨*Alnus japonica* (Thunb.) Steud.(1840)⟩와 통합해 이명(synonym) 처리하고 있으므로 주의를 요한다.
18 이에 대해서는 『조선식물향명집』, 색인 p.48 참조.
19 이러한 견해로 이우철(2005), p.562 참조.
20 북한에서 임록재 외(1996)는 '털오리나무'를 분류하고 있으나, 리용재 외(2011)는 별도 분류하지 않는 것으로 보인다. 이에 대해서는 리용재 외(2011), p.22 참조.
21 '국가표준식물목록'(2018)과 '세계식물목록'(2018)은 두메오리나무를 별도의 종으로 분류하고 있으나, 『장진성 식물목록』(2014)은 덤불오리나무⟨*Alnus viridis* (Chaix) DC. subsp. *fruticosa* (Rupr.) Nyman(1881)⟩에 통합해 별도 분류하지 않으므로 주의를 요한다.

두메오리나무라는 이름은 깊은 산(두메)에서 자라는 오리나무라는 뜻이다.[22] 『조선식물향명집』에서 전통 명칭 '오리나무'를 기본으로 하고 식물의 산지(産地)를 나타내는 '두메'를 추가해 신칭했다.[23]

속명 *Alnus*는 오리나무의 고대 라틴명에서 유래했으며 오리나무속을 일컫는다. 종소명 *maximowiczii*는 러시아 식물학자로 동북아 식물을 연구한 Carl Johann Maximowicz(1827~1891)의 이름에서 유래했다.

다른이름 검은산오리나무(한진건 외, 1982)

중국/일본명 '중국식물지'는 이를 별도 분류하지 않고 있다. 일본명 ミヤマハンノキ(深山−)는 심산(深山)에서 자라는 오리나무(ハンノキ)라는 뜻이다.

참고 [북한명] 두메오리나무 [유사어] 심산적양(深山赤楊)

○ Alnus sibirica *Fischer*   シベリアハンノキ
Mul-ori-namu   물오리나무

물오리나무〈*Alnus incana* (L.) Medik. subsp. *hirsuta* (Spach) Á.Löve & D.Löve(1975)〉[24]

물오리나무라는 이름은 함북 방언에서 유래한 것으로,[25] '물'과 '오리나무'의 합성어이며 물기가 풍부한 습윤한 서식처에서 사는 오리나무라는 뜻이다.[26]

속명 *Alnus*는 오리나무의 고대 라틴명에서 유래했으며 오리나무속을 일컫는다. 종소명 *incana*는 '회백색의'라는 뜻으로 잎의 뒷면이 분백색을 띠는 것에서 유래했다. 아종명 *hirsuta*는 '털이 많은, 거친털이 있는'이라는 뜻으로 잎과 일년생가지에 털이 많아 붙여졌다.

다른이름 물깁나무/물오리나무(정태현 외, 1923), 물갬나무(정태현, 1926), 산오리나무/털물오리나무(정태현 외, 1937), 물박달/참오리나무/털떡물오리나무(정태현, 1943), 물박탈(안학수·이춘녕, 1963), 민물오리나무(이창복, 1966), 산오리(이창복, 1969b)[27]

---

22 이러한 견해로 이우철(2005), p.189 참조.

23 이에 대해서는 『조선식물향명집』, 색인 p.36 참조.

24 '국가표준식물목록'(2018)은 물오리나무의 학명을 *Alnus sibirica* Fisch. ex Turcz.(1838)로 기재하고 있으나, 『장진성 식물목록』(2014)은 정명을 본문과 같이 기재하고 있으므로 주의를 요한다.

25 이에 대해서는 『조선삼림식물도설』(1943), p.94 참조.

26 이러한 견해로 김종원(2013), p.570과 김경희 외(2014), p.9 참조.

27 「화한한명대조표」(1910)는 '산오리ᄂ무'를 기록했으며 「조선주요삼림수목명칭표」(1915a)는 '오리ᄂ무'를, 『조선거수노수명목

중국명 辽东桤木(liao dong qi mu)는 랴오둥(遼東) 지역에 자라는 기목(桤木: A. cremastogync, 오리나무속의 일종으로 중국 고유종)이라는 뜻이다. 일본명 シベリアハンノキ는 시베리아에 분포하는 오리나무(ハンキ)라는 뜻이다.

참고 [북한명] 물오리나무/산오리나무/참오리나무[28] [유사어] 산적양(山赤楊), 서백리아적양(西伯利亞赤楊) [지방명] 산태울/오리목나무(전남), 오리목(전북)

Alnus sibirica *Fischer* var. hirsuta *Nakai*　ケシベリアハンノキ
Tòl-mulori-namu　털물오리나무

물오리나무⟨*Alnus incana* (L.) Medik. subsp. *hirsuta* (Spach) Á.Löve & D.Löve(1975)⟩
'국가표준식물목록'(2018)과 『장진성 식물목록』(2014)은 털물오리나무를 물오리나무에 통합해 별도 분류하지 않으므로 이 책도 이에 따른다.

Alnus tinctoria *Sargent*　ヤマハンノキ
San-ori-namu　산오리나무

물오리나무⟨*Alnus incana* (L.) Medik. subsp. *hirsuta* (Spach) Á.Löve & D.Löve(1975)⟩
'국가표준식물목록'(2018)과 『장진성 식물목록』(2014)은 산오리나무를 물오리나무에 통합해 별도 분류하지 않으므로 이 책도 이에 따른다.

○ Alnus vermicularis *Nakai*　ミネハンノキ
Sòllyòng-ori-namu　설령오리나무

덤불오리나무⟨*Alnus viridis* (Chaix) DC. subsp. *fruitcosa* (Rupr.) Nyman(1881)⟩
'국가표준식물목록'(2018)과 『장진성 식물목록』(2014)은 설령오리나무를 덤불오리나무에 통합해 이명(synonym) 처리하고 별도 분류하지 않으므로 이 책도 이에 따른다.

지』(1919)는 '물오리느무, 五里木'을, 『조선어사전』(1920)은 '물오리나무'를, 『조선식물명휘』(1922)는 '물오리나무'를, 『선명대화명지부』(1934)는 '물갬나무, 물오리나무'를, 『조선삼림식물편』(1915~1939)은 'Mulorinam(京畿, 全南, 平北)'[물오리나무(경기, 전남, 평북)를 기록했다.

28 북한에서는 A. sibirica를 '물오리나무'로, A. hirsuta를 '참오리나무'로, A. tinctoria를 '산오리나무'로 하여 별도 분류하고 있다. 이에 대해서는 리용재 외(2011), p.22 참조.

Betula chinensis *Maximowicz*　タウカンバ
Gae-bagdal-namu　개박달나무

개박달나무 〈*Betula chinensis* Maxim.(1879)〉

개박달나무라는 이름은 강원도 방언에서 유래한 것으로,[29] '개'와 '박달나무'의 합성어이며 박달나무와 닮았다는 뜻에서 유래했다.[30] 『조선거수노수명목지』에 다릅나무에 대한 이름으로 '긔박달ㄴ무'가 기록된 것이 확인된다. 『조선식물향명집』에서 *B. chinensis*에 대한 국명으로 '개박달나무'를 기록한 이후 현재에 이르고 있다.

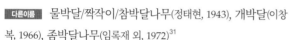

속명 *Betula*는 고대 라틴명으로 자작나무를 뜻하는 켈트어 *betu*에서 유래했으며 자작나무속을 일컫는다. 종소명 *chinensis*는 '중국에 분포하는'이라는 뜻으로 최초 발견지 또는 분포지를 나타낸다.

다른이름　물박달/짝작이/참박달나무(정태현, 1943), 개박달(이창복, 1966), 좀박달나무(임록재 외, 1972)[31]

중국/일본명　중국명 坚桦(jian hua)는 단단한 화(樺: 자작나무 종류의 중국명)라는 뜻이다. 일본명 タウカンバ(唐-)는 중국(唐)에 분포하는 자작나무(カンバ)라는 뜻이다.

참고　[북한명] 좀박달나무

○ Betula collina *Nakai*　ヲカカンバ
Unggi-jajag-namu　웅기자작나무

개박달나무 〈*Betula chinensis* Maxim.(1879)〉

웅기자작나무라는 이름은 함경북도 웅기(雄基)에서 발견된 자작나무라는 뜻에서 유래했다. 『조선식물향명집』은 이를 별도 분류했으나, '국가표준식물목록'(2018)과 『장진성 식물목록』(2014)은 개박달나무와 동일한 종으로 보아 이를 통합하고 있으므로 이 책도 이에 따른다.

29　이에 대해서는 『조선삼림식물도설』(1943), p.96 참조.

30　이러한 견해로 이우철(2005), p.49 참조.

31　『조선식물명휘』(1922)는 '樺'를 기록했으며 『조선거수노수명목지』(1919)는 からいぬえゎじゆ(다릅나무)에 대한 조선명으로 '긔박달ㄴ무'를 기록했다.

Mul-jajag-namu 물자작나무

거제수나무〈*Betula costata* Trautv.(1859)〉

거제수나무라는 이름은 경남 방언에서 유래했다.[32] 현재 문헌
상으로 확인되는 표현은 '巨濟樹'(거제수)와 '椐樺水'(거제수)이
다. 巨濟樹를 직역하면 큰 거느림이 있는 나무로 巨濟水(거제
수)[33]를 생산하는 나무라는 뜻이고, 椐樺水는 느티나무와 가래
나무를 닮은 큰 나무에서 생산되는 수액이라는 뜻이다. 즉, 거
제수나무는 큰 나무로서 수액을 생산하는 나무라는 뜻에서
유래한 이름으로 이해된다. 이 밖에 곡우(穀雨) 때에 마시면 재
앙을 쫓아낸다는 수액 '去災水'(거재수)의 뜻에서 유래했다는
견해가 있고,[34] 해인사 팔만대장경과 관련된 문헌『해인사유
진팔만대장경개간인유』(이하『개간인유』)에 나오는 '巨濟木'(거
제목)에서 유래한 것으로 거제도에서 가져온 나무라는 뜻으로

해석하기도 한다.[35] 그러나 去災水는 옛 문헌에서 확인되지 않는 표현이고, 『개간인유』에 나오는
巨濟木은 '거제도에서 나는 나무'라는 보통명사로 이해되므로[36] 모두 타당하지 않은 견해다. 19세
기 초에 저술된 것으로 추정되는『광재물보』는 나무껍질과 열매가 노란색을 띠는 박달나무라는
뜻의 '黃檀'(황단)이라는 한자명을 기록하기도 했다.『조선식물향명집』은 자작나무를 닮았는데 수
액을 채취해 약용한다는 뜻에서 '물자작나무'로 기록했으나, 『조선삼림식물도설』에서 '거제수나
무'로 기록해 현재에 이르고 있다.

속명 *Betula*는 고대 라틴명으로 자작나무를 뜻하는 켈트어 *betu*에서 유래했으며 자작나무속
을 일컫는다. 종소명 *costata*는 '주맥(主脈)이 있는'이라는 뜻이다.

---

32 이에 대해서는『조선삼림식물도설』(1943), p.96 참조.

33 이에 대해서는 국립국어원, '표준국어대사전' 중 '거제수(巨濟水) 참조.

34 이러한 견해로 허북구·박석근(2008b), p.38과 오찬진 외(2015), p.202 참조.

35 이러한 견해의 자세한 내용에 대해서는 박상진(2011b), p.414 참조.

36 『개간인유』의 정확한 명칭은 『海印寺留鎭八萬大藏經開刊因由(해인사유진팔만대장경개간인유)』이다. 11세기 무렵 이거인
(李居仁)이 저술한 서적으로, 해인사에 보관 중인 초기 대장경을 판각하게 된 경위를 저술한 것이다. 풍계대사(楓溪大師)는
『가야산해인사대장경인출문(伽倻山海印寺大藏經印出文)』에서『개간인유』와 관련하여 "於是羅王 招致工匠 亦運梓板於巨濟
島 成列不止 時人指云 杻梓 皆稱巨濟木 至今仍名焉"(이에 신라 왕은 공장을 부르고 거제도에서 판목을 운반케 했는데 이어진 줄이
끝이 없었다. 당시의 사람들은 이를 가리켜 좋은 목재를 거제목이라 불렀는데 지금도 그 이름을 그대로 따르고 있다)이라고 기록했다. 따
라서『개간인유』의 거제목은 실제 종 이름으로서 거제수나무가 아니라 '거제도에서 생산된 나무'라는 뜻으로 해석해야
할 것이다. 이러한 견해로 박상진(2011b), p.414 참조.

자작나무(정태현 외, 1923), 직작나무(정태현, 1926), 거제수나무(정태현 외, 1936), 물자작나무(정태현 외, 1937), 무재작이(정태현, 1943)

巨濟樹(팔송집, 17세기), 황단(규합총서, 1809), 黃檀(광재물보, 19세기 초), 椐梓水(두류산기행록, 1906)[37]

중국명 硕桦(shuo hua)는 덩치가 큰(硕) 화(桦: 자작나무 종류의 중국명)라는 뜻으로 거제수(巨濟樹)와 뜻이 닿는다. 일본명 テフセンミネバリ(朝鮮峰榛)는 한반도에 분포하는 박달나무(ミネバリ, 峰榛)라는 뜻이다.

[북한명] 물자작나무 [유사어] 황단목(黃檀木), 황화수(黃樺樹) [지방명] 자낙나무/자작나무/자짝나무(강원)

Betula davurica *Pallas*   コヲノヲレ(ミヤマカンバ)
Mul-bagdal-namu   물박달나무

물박달나무〈*Betula davurica* Pall.(1776)〉

물박달나무라는 이름은 『조선식물향명집』에 최초 기록된 것으로, 황해도 방언을 채록했다.[38] 물박달나무는 박달나무에 비해서 수분 함유량이 많아 옛날부터 수액을 채취하여 음용했고,[39] 목질이 단단한 박달나무보다 강도가 약한 특징이 있다. 이러한 점에 비추어 물박달나무라는 이름은 '물기가 많은 나무'라는 뜻에서, 또는 조금 무르다는 뜻의 '무른 박달나무'에서 유래했을 것으로 추정한다.[40] 한편 물을 좋아해서 물가에서 주로 자라는 박달나무라는 뜻에서 유래했다고 보는 견해가 있으나,[41] 산지 계곡가뿐만 아니라 건조한 산등성이에서도 자라므로 타당하지 않아 보인다.

　속명 *Betula*는 고대 라틴명으로 자작나무를 뜻하는 켈트어 *betu*에서 유래했으며 자작나무속을 일컫는다. 종소명 *davurica*는 '(바이칼호 동쪽) 다후리아 지방의'라는 뜻이다.

37　『조선어사전』(1920)은 '黃檀(황단)'을 기록했으며 『토명대조선만식물자휘』(1932)는 '[黃檀(木)]황단(목)'을, 『선명대화명지부』(1934)는 '자작나무'를 기록했다.
38　이에 대해서는 『조선삼림식물도설』(1943), p.97 참조.
39　이에 대해서는 『한국의 민속식물』(2017), p.198 참조.
40　이러한 견해로 박상진(2001), p.308 참조.
41　이러한 견해로 솔뫼(송상곤, 2010), p.636 참조.

다른이름 자작나무/박달나무(정태현 외, 1923), 직작나무(정태현, 1926), 째작나무/사스래나무(정태현, 1943)[42]

중국/일본명 중국명 黑桦(hei hua)는 나무껍질이 검은색을 띠는 화(樺: 자작나무 종류의 중국명)라는 뜻에서 유래했으나 실제로는 회백색 또는 회색을 띤다. 일본명 コヲノヲレ(小斧折)는 작은 도끼로도 잘린다는 뜻에서 유래했다.

참고 [북한명] 물박달나무 [유사어] 소단목(小檀木), 흑화(黑樺) [지방명] 자작나무/짜작나무(강원), 거제수/거제수나무/고무나무(경남), 거지나무(경북)

Betula Ermanni *Chamisso* エゾノダケカンバ
Sasùrae-namu 사스래나무

사스래나무⟨*Betula ermanii* Cham.(1831)⟩

사스래나무라는 이름의 정확한 유래는 현재 알려져 있지 않다.[43] 다만 『향약집성방』은 사시나무를 白楊樹(백양수)라 하고 그 향명을 '沙瑟木'(사슬나모)으로 기록했다. 그런데 『조선식물명휘』는 물박달나무(*B. davurica*)를 '사슬'(사슬)과 '이'(접미사)의 합성어로 추론되는 '사스리나무'로 기록했고, 『조선삼림수목감요』는 사스래나무를 '사스리나무'로 기록했다. 이러한 것에 비추어볼 때 나무껍질이나 목재 등의 이용과 관련해 사시나무, 물박달나무 및 사스래나무에 대한 명칭으로 지역에 따라 혼용되다가[44] 근대 식물분류학에 따른 종 분류에 근거하여 현재의 사스래나무라는 이름이 정착되었을 것으로 생각된다. 그렇다면 사스래나무라는 이름은 사시나무와 그 어원을 공유하는 '沙瑟木'(사슬나모)에서 유래한 것으로 추론된다.[45]

속명 *Betula*는 고대 라틴명으로 자작나무를 뜻하는 켈트어 *betu*에서 유래했으며 자작나무속을 일컫는다. 종소명 *ermanii*는 독일 채집가 Georg Adolf Erman(1806~1877)의 이름에서 유래했다.

다른이름 사스리나무/고치목(정태현 외, 1923), 고채목/좀고채목(정태현 외, 1937), 왕사스래/가새사시나무/새수리나무(정태현, 1943), 긴고채목/가새사스래나무/왕사스래나무(이창복, 1947), 큰사스래피

---

42 「조선주요삼림수목명칭표」(1912)는 '박달ᄂ무, 檀木'을 기록했으며 『조선식물명휘』(1922)는 '박달나무, 사스래나무(工業)'를, 『선명대화명지부』(1934)는 '박달나무, 사수래나무'를, 『조선삼림식물편』(1915~1939)은 'Paktarnam(京畿)'[박달나무(경기)]를 기록했다.

43 이러한 견해로 이우철(2005), p.300 참조.

44 사스래나무에 대해 이우철(2005), p.300은 평북 방언에서 유래한 것으로 보고 있으며, 『조선삼림식물편』(1915~1939)은 제주 방언에서 그 유래를 찾고 있다.

45 실제로 평안북도에서는 사스래나무가 많이 분포하는 골짜기를 '사스래나무골'이라 하고, 그 인근의 마을을 '사슬패'라고 일컫는다. 이에 대한 자세한 내용은 평화문제연구소, 『조선향토대백과』중 '사스래나무' 부분 참조.

나무/가새잎사스래피나무/쇠고채목/묏거자수(박만규, 1949), 가새사스래(이창복, 1966), 사스레나무
(임록재 외, 1996)

옛이름 白楊樹皮/沙瑟木(향약집성방, 1433)[46][47]

중국/일본명 중국명 岳樺(yue hua)는 높은 산(岳)에서 자라는 화(樺: 자작나무 종류의 중국명)라는 뜻이
다. 일본명 エゾノダケカンバ(蝦夷嶽−)는 에조(蝦夷: 홋카이도의 옛 지명)의 높은 산에서 자라는 자작
나무(カンバ)라는 뜻이다.

참고 [북한명] 사스레나무 [지방명] 두풍낭/피풍낭/사스레낭(제주)

Betula Ermanni *Cham.* var. nipponica *Maximowicz*　ダケカンバ
Gochaemog　고채목

사스래나무〈*Betula ermanii* Cham.(1831)〉

'국가표준식물목록'(2018), 『장진성 식물목록』(2014) 및 '세계식물목록'(2018)은 고채목을 사스래나
무에 통합하고 있으므로 이 책도 이에 따른다.

○ Betula fruticosa *Pallas* var. Gmelini *Regel*　ヒメヲノヲレ
Jom-jajag-namu　좀자작나무

좀자작나무〈*Betula fruticosa* Pall.(1776)〉

좀자작나무라는 이름은 '좀'과 '자작나무'의 합성어로 『조선식물향명집』에서 신청했다.[48] 식물체
가 작은 자작나무라는 뜻이다.[49]

　　속명 *Betula*는 고대 라틴명으로 자작나무를 뜻하는 켈트어 *betu*에서 유래했으며 자작나무속
을 일컫는다. 종소명 *fruticosa*는 '작은키나무의'라는 뜻으로 식물체가 왜소한 것에서 유래했다.

다른이름 애기자작나무(리용재 외, 2011)

중국/일본명 중국명 柴樺(chai hua)는 일년생가지가 자주색인 화(樺: 자작나무 종류의 중국명)라는 뜻이
다. 일본명 ヒメヲノヲレ(姫斧折樺)는 식물체가 작은(姫) 박달나무(ヲノヲレ, 斧折樺)라는 뜻이다.

참고 [북한명] 애기자작나무 [유사어] 희단목(姫檀木)

46　『향약집성방』(1433)의 차자(借字) '沙瑟木'(사슬목)에 대해 남풍현(1999), p.179는 '사슬나모'의 표기로 보고 있다.
47　『조선식물명휘』(1922)는 '고치목'을 기록했으며 『선명대화명지부』(1934)는 '고채목, 사수래나무'를, 『조선삼림식물편』
　　(1915~1939)은 'Sasurainam(濟州), Kojaimok(全南)'[사스래나무(제주), 고채목(전남)]을 기록했다.
48　이에 대해서는 『조선식물향명집』, 색인 p.46 참조.
49　이러한 견해로 이우철(2005), p.475 참조.

Betula latifolia *Komarov* シラカンバ
Jajag-namu 자작나무

자작나무〈*Betula pendula* Roth(1788)〉[50]

자작나무라는 이름은 옛 표현에 따른 것으로, 나무의 껍질을
태울 때 자작자작하는 소리가 나는 데서 유래했는데 이는 나
무껍질에 기름기가 많아 장작으로 흔히 사용한 것과 관련이
있다.[51] 자작나무라는 이름의 유래에 대해 조선 후기에 저술된
『명물기략』은 한자명 梓柞(재작)에서 그 어원을 찾고 있으나,
그 이전의 『세종실록지리지』나 『가례도감의궤』 등에서 차자
(借字)된 한자명으로 自作(자작) 또는 自作木(자작목)을 사용하
는 것으로 보아 자작나무는 고유어로 보인다. 옛이름으로 '봇
나무'도 있으나 현재는 사용하지 않는다. 한편 옛 문헌에서 한
자 樺(화)는 자작나무와 벗나무 모두에 사용했으므로 문헌에
따라 달리 해석해야 한다.[52]

속명 *Betula*는 고대 라틴명으로 자작나무를 뜻하는 켈트어 *betu*에서 유래했으며 자작나무속
을 일컫는다. 종소명 *pendula*는 '밑으로 처진'이라는 뜻이며 일년생가지가 아래로 처지는 것에서
유래했다.

다른이름 자작나무(정태현 외, 1923), 봇나무(정태현, 1943), 늘어진자작나무(리용재 외, 2011)

옛이름 樺木(향약집성방, 1433), 自作木(세종실록지리지, 1454), 梁木/ᄌ작나모(사성통해, 1517), 봇/樺
皮木(훈몽자회, 1527), 樺皮(신증동국여지승람, 1530), 沙木/ᄌ작나모/樺皮木/봇나모(역어유해, 1690), 자
쟝닭(청구영언, 1728), 樺木(성호사설, 1740), 樺皮木/봇나모(동문유해, 1748), 自作板(가례도감의궤, 1759),
樺皮樹/봇나모(몽어유해, 1768), 沙木/ᄌ작나모/樺皮樹/봇나무(방언집석, 1778), 樺皮樹/봇나모(한청문
감, 1779), 樺木(본사, 1787), 白樺(강좌집, 1800), 沙木/자쟉나무(광재물보, 19세기 초), 沙木/ᄌ작나모/樺
木/봇나모(물명고, 1824), 白樺木(대동수경, 19세기 초), 白樺木(오주연문장전산고, 185?), 梓/梓柞/ᄌ쟉(명

---

50 '국가표준식물목록'(2018)은 자작나무의 학명을 *Betula platyphylla* var. *japonica* (Miq.) H. Hara(1937)로, 만주자작
    나무의 학명을 *Betula platyphylla* Sukaczev(1911)로 기재하고 있으며, '세계식물목록'(2018)과 '중국식물지'(2018)도
    Betula platyphylla Sukaczev(白樺)와 *Betula pendula* Roth(垂枝樺)를 구분하고 있으나, 『장진성 식물목록』(2014)은
    본문과 같이 통합하고 있으므로 주의를 요한다.

51 이러한 견해로 박상진(2011b), p.417; 허북구·박석근(2008b), p.245; 오찬진 외(2015), p.206; 강판권(2010), p.1049; 백문식
    (2014), p.428 참조.

52 이에 대해서는 박상진(2001), p.406 참조.

물기략, 1870)[53]

중국/일본명 중국명 垂枝桦(chui zhi hua)는 가지가 아래로 드리워지는 화(樺: 자작나무 종류의 중국명)라는 뜻으로 학명과 연관되어 있다. 한자 '樺'(화)에 대해『본사』는 "樺木 以其裏皮 往往有紫黑花紋 故字從華"(화목은 그 속껍질에 종종 자흑색의 꽃문양이 있으므로 이름에 꽃을 뜻하는 華가 들어간다)라고 기록했다. 일본명 シラカンバ는 자작나무를 나타내는 カニハ에서 유래한 カンバ(자작나무 종류)와 シラ(白: 흰색)의 합성어로, 나무껍질이 흰색을 띠어 붙여졌다.

참고 [북한명] 늘어진자작나무/자작나무[54] [유사어] 백단(白椴), 백단목(白檀木), 백화(白樺), 화목피(樺木皮), 자작 [지방명] 짜작낭그/짜작낭기(강원), 짜작나무(경기), 짜작나무(경남), 거저나무/짜작나무(경북), 홰수나무(전라), 제낭(제주), 자재기(평북), 백화/짜재기(함북)

○ Betula mandshurica *Nakai*   マンシウシラカンバ
Manju-jajag-namu   만주자작나무

만주자작나무〈*Betula platyphylla* Sukaczev(1911)〉[55]

만주자작나무라는 이름은 만주에서 자라는 자작나무라는 뜻이다.[56]『조선식물향명집』에서 전통명칭 '자작나무'를 기본으로 하고 식물의 산지(産地)를 나타내는 '만주'를 추가해 신칭했다.[57]

속명 *Betula*는 고대 라틴명으로 자작나무를 뜻하는 켈트어 *betu*에서 유래했으며 자작나무속을 일컫는다. 종소명 *platyphylla*는 '넓은 잎의'라는 뜻으로 잎의 모양에서 유래했다.

다른이름 자작나무(정태현 외, 1923), 만주자작이(정태현, 1943), 붓나무(한진건 외, 1982)[58], 북자작나무(리용재 외, 2011)

중국/일본명 중국명 白桦(bai hua)는 나무껍질이 흰색인 화(樺: 자작나무 종류의 중국명)라는 뜻이다. 일본명 マンシウシラカンバ(滿洲白樺)는 만주에서 자라고 나무껍질이 흰 자작나무 종류(カンバ)라는 뜻이다.

참고 [북한명] 북자작나무 [유사어] 만주백화(滿洲白樺), 화목피(樺木皮)

---

53 「화한한명대조표」(1910)는 '자쟉느무'를 기록했으며 「조선주요삼림수목명칭표」(1915a)는 '자작느무'를,『조선거수노수명목지』(1919)는 '지장느무, 桦'를,『조선어사전』(1920)은 '白椴(빅단), 재작나무'를,『조선식물명휘』(1922)는 '白樺, 즈작나무'를,『토명대조선만식물자휘』(1932)는 '[白樺(木)]빅단(목), [재작나무]'를,『선명대화명지부』(1934)는 '자작나무'를 기록했다.

54 북한에서는 *B. pendula*를 '늘어진자작나무'로, *B. platyphylla*를 '자작나무'로 하여 별도 분류하고 있다. 이에 대해서는 리용재 외(2011), p.53 참조.

55 '국가표준식물목록'(2018)은 만주자작나무를 본문의 학명으로 별도 분류하고 있으나,『장진성 식물목록』(2014)은 자작나무<*Betula pendula* Roth(1788)>에 통합하고 별도 분류하지 않으므로 주의가 필요하다.

56 이러한 견해로 이우철(2005), p.213 참조.

57 이에 대해서는『조선식물향명집』, 색인 p.36 참조.

58 『조선식물명휘』(1922)는 '즈작나무'를 기록했으며『선명대화명지부』(1934)는 '자각나무'를,『조선삼림식물편』(1915~1939)은 'Chachaknam(平南), Cha(平北)'[자작나무(평남), 자(평북)]를 기록했다.

○ Betula microphylla *Bunge* var. coreana *Nakai*　メカンバ
Baegdusan-jajag-namu　백두산자작나무

백두산자작나무〈*Betula ovalifolia* Rupr.(1857)〉[59]

백두산자작나무라는 이름은 『조선식물향명집』에서 신칭한 것으로,[60] 백두산에서 자라는 자작나무라는 뜻이다.[61]

　속명 *Betula*는 고대 라틴명으로 자작나무를 뜻하는 켈트어 *betu*에서 유래했으며 자작나무속을 일컫는다. 종소명 *ovalifolia*는 '넓은타원모양 잎을 가진'이라는 뜻으로 잎의 모양에서 유래했다.

다른이름 고산자작나무(박만규, 1949), 백두산재작이(정태현, 1957), 백두자작나무/백두재작이(안학수·이춘녕, 1963)

중국/일본명 중국명 油桦(you hua)는 기름기가 많은 화(桦: 자작나무 종류의 중국명)라는 뜻이다. 일본명 メカンバ(真−)는 진짜(참) 자작나무 종류(カンバ)라는 뜻에서 붙여진 것으로 추정한다.

참고 [북한명] 백두산자작나무 [유사어] 여화(女樺)

⊗ Betula paishanensis *Nakai*　ヤブカンバ
Dombul-jajag-namu　덤불자작나무

좀자작나무〈*Betula fruticosa* Pall.(1776)〉

'국가표준식물목록'(2018)과 『장진성 식물목록』(2014)은 덤불자작나무를 별도 분류하지 않고 좀자작나무에 통합하고 있으므로 이 책도 이에 따른다.

⊗ Betula Saitoana *Nakai*　サイトウカンバ(チヤボカンバ)
Jom-gochaemog　좀고채목

사스래나무〈*Betula ermanii* Cham.(1831)〉

'국가표준식물목록'(2018), 『장진성 식물목록』(2014) 및 '세계식물목록'(2018)은 좀고채목을 별도 분류하지 않고 사스래나무에 통합하고 있으므로 이 책도 이에 따른다.

---

59 '국가표준식물목록'(2018), '세계식물목록'(2018) 및 '중국식물지'(2018)는 백두산자작나무를 본문의 학명으로 별도 분류하고 있으나, 『장진성 식물목록』(2014)은 좀자작나무〈*Betula fruticosa* Pall.(1776)〉에 통합하고 있으므로 주의를 요한다.

60 이에 대해서는 『조선식물향명집』, 색인 p.38 참조.

61 이러한 견해로 이우철(2005), p.265 참조.

Betula Schmidtii *Regel* ヲノヲレ
Bagdal-namu 박달나무 檀木

박달나무〈*Betula schmidtii* Regel(1865)〉

박달나무라는 이름은 고유어로 정수리를 뜻하는 '박'(頂) 또는 밝음을 뜻하는 '붉'(明)과 높음 또는 산을 뜻하는 '달'(高, 山)의 합성어로, 높은 산에서 자라는 나무 또는 밝고 높은 곳에서 자라는 나무라는 뜻에서 유래한 것으로 알려져 있다.[62] 나무가 단단하여 도깨비를 박살 내는 나무라는 뜻에서 박살나무라고 부르다 박달나무로 바뀌었다는 견해가 있으나,[63] 문헌상이나 방언으로도 근거가 확인되지 않는 일종의 민간어원설이다. 한편 우리나라에서 사용된 한자명 檀(단)은 두 종류가 있는데, 하나는 박달나무를 뜻하고 다른 하나는 중국명 靑檀(청단, *Pteroceltis tatarinowii*)을 뜻한다.[64] 또한 『삼국유사』에 기록된 神壇樹(신단수)에 대해 『제왕운기』에 기록된 神檀樹(신단

수)를 근거로 박달나무라고 해석하는 견해도 있으나,[65] 이는 신화 속의 식물이고 제단(祭壇)에 바치거나 그곳에 있는 나무라는 뜻으로 특정 종을 일컫는다고 보기는 어렵다.[66]

속명 *Betula*는 고대 라틴명으로 자작나무를 뜻하는 켈트어 *betu*에서 유래했으며 자작나무속을 일컫는다. 종소명 *schmidtii*는 러시아 제국에서 활동한 독일계 식물학자이자 지질학자로 사할린 식물을 연구한 Carl Friedrich von Schmidt(1832~1908)의 이름에서 유래했다.

다른이름 박달나무(정태현 외, 1923), 참박달나무(정태현, 1943), 묏박달나무(박만규, 1949), 멧박달나무(안학수·이춘녕, 1963), 박달(이창복, 1966)

옛이름 神壇樹(삼국유사, 1281), 神檀樹(제왕운기, 1287), 檀/박달(신증유합, 1576), 牛筋木/들믜/박달나모/曲理木(역어유해, 1690), 牛筋木/박달나모(동문유해, 1748), 朴達木(가례도감의궤, 1759), 박달나모/楝(한청문감, 1779), 朴樏木(일성록, 1789), 檀/박달/曲理木(광재물보, 19세기 초), 牛筋/박달(물명고, 1824), 朴達木(오주연문장전산고, 185?), 檀香/박달(명물기략, 1870), 박달나무/檀木(한불자전, 1880), 박달나무/

---

62 이러한 견해로 김민수(1997), p.421; 이우철(2005), p.258; 허북구·박석근(2008b), p.134; 강판권(2010), p.1083 참조.
63 이러한 견해로 오찬진 외(2015), p.199 참조.
64 이러한 내용으로 정약용의 『아언각비』(1819) 중 '檀'(단) 및 박상진(2011b), p.426 참조. 한편 서명응이 저술한 『본사』(1787)는 檀(단)을 박달나무가 아닌 *P. tatarinowii*를 뜻하는 것으로 보고 있다. 이에 대해서는 『나무열전』(2016), p.229 참조.
65 이러한 견해로 박봉우(1993~1995) 참조.
66 이러한 견해로 신현철(1995)과 박상진(2011b), p.427 참조.

檀木(국한회어, 1895), 善木/배달나무/박달나무/檀(신자전, 1915), 박달나무(조선구전민요집, 1933)[67]

중국명 賽黑樺(sai hei hua)는 굿(賽)할 때 쓰는 흑화(黑樺: 물박달나무의 중국명)라는 뜻이다. 일본명 ヲノヲレ(斧折樺)는 도낏자루가 부러질 만큼 강한 나무라는 뜻에서 붙여졌다.

[북한명] 박달나무 [유사어] 단목(檀木), 박달목(朴達木), 배달나무, 초유(楚楡), 흑화(黑樺) [지방명] 박다나무/발달나무/박달낭기(강원), 박달남/박달낭(제주)

Carpinus erosa *Blume*　サハシバ
Ĝachi-bagdal　까치박달

까치박달⟨*Carpinus cordata* Blume(1851)⟩

까치박달이라는 이름은 평북 방언을 채록한 것으로,[68] 박달나무를 닮았는데 열매가 아래로 처지는 형태로 달리는 것이 까치의 모습과 비슷하다는 뜻에서 유래한 것으로 보인다. 한편 까치가 사는 박달나무라는 뜻에서 유래했다고 보는 견해가 있으나,[69] 숲속 계곡가 등에 주로 분포하므로 까치가 집을 짓고 살기에 맞지 않는 환경이어서 타당성은 의문이다.

속명 *Carpinus*는 아카드어 *karru*(산맥) 또는 *karu*(둑)와 히브리어 *pinnu*(기둥, 정점)를 어원으로 하는 고대 라틴어 *carpinus*에서 유래했으며 서어나무속을 일컫는다. 종소명 *cordata*는 '심장모양의'라는 뜻이다.

까치박달/나도밤나무/물박달(정태현 외, 1923), 박달서나무(안학수·이춘녕, 1963), 박달서어나무(안학수 외, 1982), 까치박달나무(리용재 외, 2011)[70]

중국명 千金榆(qian jin yu)는 천금과 같이 귀한 유(楡: 비술나무) 종류라는 뜻이다. 일본명

---

67 「화한한명대조표」(1910)는 '박달ㄴ무, 檀木'을 기록했으며 『조선거수노수명목지』(1919)는 '박달ㄴ무, 檀木'을, 『조선어사전』(1920)은 '박달, 檀木(단목)'을, 『조선식물명휘』(1922)는 '檀木, 박달나무(工業)'를, 『토명대조선만식물자휘』(1932)는 '[檀木]단목, [朴達木]박달나무, [참박달]'을, 『선명대화명지부』(1934)는 '박달나무'를, 『조선삼림식물편』(1915~1939)은 'パクタールナム/Paktarnam(全南, 平北)'[박달나무(전남, 평북)]를 기록했다.
68 이에 대해서는 『조선삼림수목감요』(1923), p.44 참조.
69 이러한 견해로 오찬진 외(2015), p.210과 솔뫼(송상곤, 2010), p.642 참조.
70 「조선주요삼림수목명칭표」(1915a)는 '나도밤ㄴ무'를 기록했으며 『조선거수노수명목지』(1919)는 '나도밤ㄴ무'를, 『조선식물명휘』(1922)는 '鵞耳櫪, 나도밤나무, 시치박달, 물박달'을, 『토명대조선만식물자휘』(1932)는 '[楝]속, [梅]이, [水朴達]물박달'을, 『선명대화명지부』(1934)는 '깟치박달, 물박달, 나도밤나무'를, 『조선삼림식물편』(1915~1939)은 'Nodulnonnam(全南), Saokuinam(濟州), Natpangnam(江原), Kajiipaktar, Mulpaktarnam(平北)'[너덜노나무(?)(전남), 석으리낭(?)(제주), 나도밤나무(강원), 까치박달, 물박달나무(평북)]를 기록했다.

サハシバ(沢柴)는 산간의 넓은 계곡에서 자라는 나무라는 뜻이다.

[북한명] 까치박달나무 [유사어] 소과천금유(小果千金楡) [지방명] 서리낭/서으리낭/서의낭/초기낭(제주)

⊗ Carpinus eximia *Nakai*　オホイヌシデ
Wang-gae-sonamu　왕개서-나무

개서어나무⟨*Carpinus tschonoskii* (Siebold & Zucc.) Maxim.(1881)⟩
'국가표준식물목록'(2018)과 『장진성 식물목록』(2014)은 왕개서나무를 별도 분류하지 않고 개서어나무에 통합하고 있으므로 이 책도 이에 따른다.

○ Carpinus Fargesiana *H. Winkler*　タウイヌシデ
Dang-gae-sonamu　당개서-나무

당개서어나무⟨*Carpinus yedoensis* Maxim.(1881)⟩[71]
당개서어나무라는 이름은 『조선식물명집』에 따른 것으로, 『조선식물향명집』의 '당개서-나무'의 표기를 바꾼 것이다. 중국(唐)에 분포하는 개서어나무라는 뜻이나 실제 중국과는 관련이 없고, 당개서어나무의 '당개'는 일본명의 영향을 받은 말이다.[72]

　속명 *Carpinus*는 아카드어 *karru*(산맥) 또는 *karu*(둑)와 히브리어 *pinnu*(기둥, 정점)를 어원으로 하는 고대 라틴어 *carpinus*에서 유래했으며 서어나무속을 일컫는다. 종소명 *yedoensis*는 '에도(江戸: 일본 도쿄의 옛이름)에 분포하는'이라는 뜻으로 최초 발견지를 나타낸다.

당개서나무(정태현 외, 1939), 서어나무(정태현, 1943), 당좀서어나무(임록재 외, 1972)[73]

'중국식물지'는 이를 기재하지 않고 있다. 일본명 タウイヌシデ(唐犬四手)는 중국(唐)에 분포하고 열매가 달리는 모양이 シデ(四手: 신에게 바치기 위해 나무에 매다는 무명실로 서어나무 종류를 뜻함)와 비슷하다(犬)는 뜻에서 유래했다.

---

71 '국가표준식물목록'(2018)은 당개서어나무의 학명을 *Carpinus tschonoskii* var. *brevicalycina* Nakai로 기재하고 있다. 그러나 해당 학명은 실제 조류, 균류와 식물에 대한 국제명명규약(ICN)에 따라 정식 발표되지 않았음에도 불구하고 『선만실용임업편람』(1940)에서 임의 조합한 후 발표한 것으로 사용할 수 없는 학명이다[이에 대해서는 장진성·김휘(2002) 참조]. 이에 이 책은 나카이 다케노신(T. Nakai)이 최초로 당개서어나무를 발표한 『지리산식물조사보고서』(1915)에 기록된 학명을 따랐다. 다만 본문의 학명은 현재 『장진성 식물목록』(2014)과 '세계식물목록'(2018)에서 개서어나무<*Carpinus tschonoskii* (Siebold & Zucc.) Maxim.(1881)>에 통합하고 이명(synonym) 처리했으므로 주의가 필요하다.

72 이에 대해서는 이우철(2005), p.167 참조.

73 『지리산식물조사보고서』(1915)는 'そ-なむ'[서나무]를 기록했다.

⊗ Carpinus Fauriei *Nakai*　サイシユイヌシデ
Sŏm-gae-sŏnamu　섬개거-나무

개서어나무⟨*Carpinus tschonoskii* (Siebold & Zucc.) Maxim.(1881)⟩
'국가표준식물목록'(2018), 『장진성 식물목록』(2014), '세계식물목록'(2018) 및 이우철(2005)은 섬개
서나무를 별도 분류하지 않고 개서어나무에 통합하고 있으므로 이 책도 이에 따른다.

○ Carpinus koreana *Nakai*　コシデ(テフセンイヌシデ)
Sosa-namu　소사나무

소사나무⟨*Carpinus turczaninowii* Hance(1869)⟩

소사나무라는 이름은 황해 방언을 기록한 것으로, 한자어 소
서목(小西木)에서 유래했다. 서어나무의 한자 표기가 '西木'(서
목)이므로, 식물체의 크기와 잎이 작은 서어나무라는 뜻이다.[75]
『조선삼림식물도설』은 소사나무의 한자 표기를 '小西木'(소서
목)으로 기록했다.[76]

　속명 *Carpinus*는 아카드어 *karru*(산맥) 또는 *karu*(둑)
와 히브리어 *pinnu*(기둥, 정점)를 어원으로 하는 고대 라틴
어 carpinus에서 유래했으며 서어나무속을 일컫는다. 종소
명 *turczaninowii*는 러시아 식물학자 Nicolas Stepanovich
Turczaninov(1796~1864)의 이름에서 유래했다.

다른이름　서나무(정태현 외, 1923), 산서나무(정태현 외, 1937), 섬
소사나무/왕소사나무(정태현, 1943), 거문소사나무(이창복, 1947), 큰잎소사나무(박만규, 1949), 산서어
나무(이창복, 1966), 산개서어나무(임록재 외, 1972), 소서나무(한진건 외, 1982), 쇠사슬나무(이창복,
2003), 산소사나무(리용재 외, 2011)[77]

---

74 북한에서 임록재 외(1972)는 '당좀서어나무'를 분류하고 있으나, 리용재 외(2011)는 이를 별도 분류하지 않고 있다. 이에 대
해서는 리용재 외(2011), p.454 참조.
75 이러한 견해로 이우철(2005), p.349; 전정일(2009), p.21; 박상진(2011a), p.504; 오찬진 외(2015), p.217; 강판권(2010), p.1087;
솔뫼(송상곤, 2010), p.658 참조.
76 황해 방언이라는 것과 '小西木'(소서목)으로 표기한 것에 대해서는 『조선삼림식물도설』(1943), p.107 참조.
77 『선명대화명지부』(1934)는 '서-나무'를 기록했다.

중국명 鵝耳枥(e er li)는 직역하면 거위 귀 모양의 말구유라는 뜻으로, 열매가 달리는 모양에서 유래한 것으로 보인다. 일본명 コシデ(小四手)는 열매가 달리는 모양이 シデ(四手: 신에게 바치기 위해 나무에 매다는 무명실로 서어나무 종류를 뜻함)와 비슷한데 나무가 작다는 뜻에서 붙여졌다.

참 고 [북한명] 소사나무/산소사나무[78] [유사어] 소서목(小西木), 대과천금(大果千金) [지방명] 물거리나무/서나무(경기), 산서나무/속소리나무(전남)

Carpinus laxiflora *Blume*　アカシデ
Só-namu　서-나무

서어나무〈*Carpinus laxiflora* (Siebold & Zucc.) Blume(1851)〉
서어나무라는 이름은 어원 불명의 '서목(西木)'이 서나무로 되었다가 발음 과정에서 서어나무로 정착된 것으로 알려져 있다.[79] 『조선산 주요수목의 분포 및 적지』는 서나무(서어나무)의 한자 표기로 '西木'(서목)을 기록했는데, 일반적으로 한사 식물명의 西(서)는 陰(음)을 상징하여 음수림으로서 대체로 습기가 많고 햇빛이 덜 들어도 잘 살아간다는 뜻에서 붙인다.[80] 『조선식물향명집』은 '서-나무'로 기록했으나 『조선식물명집』에서 맞춤법에 따라 '서어나무'로 표기해 현재에 이르고 있다.

　속명 *Carpinus*는 아카드어 *karru*(산맥) 또는 *karu*(둑)와 히브리어 *pinnu*(기둥, 정점)를 어원으로 하는 고대 라틴어 *carpinus*에서 유래했으며 서어나무속을 일컫는다. 종소명 *laxiflora*는 '성긴 꽃의'라는 뜻이다.

다른이름 서나무(정태현 외, 1923), 왕서나무(정태현 외, 1937), 큰서나무(박만규, 1949), 왕서어나무(이창복, 1966)[81]

중국/일본명 '중국식물지'는 이를 별도 기재하지 않고 있다. 일본명 アカシデ(赤四手)는 싹이 틀 때 붉

78　북한에서는 C. coreana를 '소사나무'로, C. turczaninowii를 '산소사나무'로 하여 별도 분류하고 있다. 이에 대해서는 리용재 외(2011), pp.78-79 참조.

79　이러한 견해로 박상진(2011b), p.361; 전정일(2009), p.19; 오찬진 외(2015), p.213; 강판권(2010), p.1067; 솔뫼(송상곤, 2010), p.648 참조.

80　이러한 견해로 서명응이 저술한 『본사』(1787) 중 '柏' 및 박상진(2019), p.262와 강판권(2010), p.1067 참조.

81　「화한한명대조표」(1910)는 '서느무'를 기록했으며 『조선거수노수명목지』(1919)는 '서느무, 西木'을, 『조선식물명휘』(1922)는 '筧風乾, 서-나무, 초식나무(工業)'를, 『선명대화명지부』(1934)는 '서-나무, 초식나무'를, 『조선삼림식물편』(1915~1939)은 'Sonam(全南)'[서나무(전남)]를 기록했다.

은색이 나고 열매가 달리는 모양이 シデ(四手: 신에게 바치기 위해 나무에 매다는 무명실로 서어나무 종류를 뜻함)와 비슷하다는 뜻에서 붙여졌다.[82]

참고 [북한명] 서어나무 [유사어] 견풍건(見風乾) [지방명] 서나무/서리낭/서의낭/서이낭/서으리낭/초기낭(제주), 나도밤나무(충남)

○ Carpinus laxiflora *Blume* var. macrophylla *Nakai*　オホバアカシデ
Waṅg-sȯnamu　왕서-나무

서어나무〈*Carpinus laxiflora* (Siebold & Zucc.) Blume(1851)〉

'국가표준식물목록'(2018), 『장진성 식물목록』(2014) 및 '세계식물목록'(2018)은 왕서나무를 서어나무에 통합하고 있으므로 이 책도 이에 따른다.

Carpinus Turczaninowii *Hance*　ヤマシデ
San-sȯnamu　산서-나무

소사나무〈*Carpinus turczaninowii* Hance(1869)〉

'국가표준식물목록'(2018), 『장진성 식물목록』(2014) 및 '세계식물목록'(2018)은 소사나무의 옛 학명(*Carpinus koreana* Nakai)을 산서나무로 통합하되 국명을 소사나무로 하고 있으므로 이 책 '소사나무' 부분에서 내용을 해설하기로 한다.

Carpinus Tschonoskii *Maximowicz*　イヌシデ
Gae-sȯnamu　개서-나무

개서어나무〈*Carpinus tschonoskii* (Siebold & Zucc.) Maxim.(1881)〉

개서어나무라는 이름은 서어나무와 비슷하게 생겼다는 뜻에서 유래했다.[83] 한편 갯가에서 자라는 서어나무라는 뜻에서 유래했다고 보는 견해가 있다.[84] 그러나 주된 서식처를 갯가로 볼 수 없을 뿐만 아니라, 서어나무로 통칭되다가 『조선식물향명집』에서 개서-나무로 기록한 이름이고 『조선식물향명집』에서 갯가의 뜻으로 '개'를 사용한 예가 없으므로 타당하지 않아 보인다. 『조선식물향명

82　현재 일본에서는 바위에서 자라는 서어나무라는 뜻의 イワシデ(岩四手)가 보다 보편적으로 사용되고 있다. 이에 대해서는 牧野富太郎(2008), p.29 참조.
83　이러한 견해로 이우철(2005), p.53; 전정일(2009), p.20; 박상진(2011b), p.364 참조.
84　이러한 견해로 솔뫼(송상곤, 2010), p.652 참조.

집』은 '개서-나무'로 기록했으나 『조선식물명집』에서 '개서어나무'로 표기를 변경해 현재에 이르고 있다.

속명 *Carpinus*는 아카드어 *karru*(산맥) 또는 *karu*(둑)와 히브리어 *pinnu*(기둥, 정점)를 어원으로 하는 고대 라틴어 *carpinus*에서 유래했으며 서어나무속을 일컫는다. 종소명 *tschonoskii*는 Maximowicz와 더불어 일본의 식물을 채집했던 스가와 조노스케(須川長之助, 1842~1925)의 이름에서 유래했다.

다른이름 서나무(정태현 외, 1923), 개서나무/섬개서나무/왕개서나무(정태현 외, 1937), 큰개서나무(박만규, 1949), 왕개서어나무(이창복, 1966), 좀서어나무(임록재 외, 1972)[85]

중국/일본명 중국명 昌化鵝耳枥(chang hua e er li)는 남부의 창화(昌化) 지역에서 자라는 아이력(鵝耳枥: 소사나무의 중국명)이라는 뜻이다. 일본명 イヌシデ(犬四手)는 열매가 달리는 모양이 シデ(四手: 신에게 바치기 위해 나무에 매다는 무명실로 서어나무 종류를 뜻함)와 비슷하다(犬)는 뜻에서 유래했다.

참고 [북한명] 좀서어나무 [지방명] 서리낭/서으리낭/서의낭/초기낭(제주)

Corylus hallaisanensis *Nakai*　ツボハシバミ
Byŏng-gaeam-namu　병개암나무

병개암나무〈*Corylus hallaisanensis* Nakai(1914)〉[86]

병개암나무라는 이름은 『조선식물향명집』에서 신칭한 것으로,[87] 포(苞)가 열매를 둘러싸고 있는 모습이 병(甁)처럼 보이는 개암나무라는 뜻이다.[88]

속명 *Corylus*는 그리스어 *corys*(투구)를 어원으로 하는 고대 라틴어로, 소총포의 모양을 표현한 것이며 개암나무속을 일컫는다. 종소명 *hallaisanensis*는 '한라산에 분포하는'이라는 뜻으로 주요 분포지를 나타낸다.

중국/일본명 '중국식물지'는 이를 별도 기재하지 않고 있다. 일본명 ツボハシバミ는 항아리(壷)를 닮은 개암나무(ハシバミ)라는 뜻이다.[89]

---

85 「화한한명대조표」(1910)는 '서-누무'를 기록했으며 『조선식물명휘』(1922)는 '서-나무'를, 『선명대화명지부』(1934)는 '셔-나무'를, 『조선삼림식물편』(1915~1939)은 'Sho-nam(濟州島), So-nam(慶南, 全南)'[서의낭(제주도), 서나무(경남, 전남)]를 기록했다.

86 '국가표준식물목록'(2018)은 열매 총포의 길이가 짧은 것으로 병개암나무를 별도 종으로 구분하고 있으나, 제주도의 낮은 곳에서 식재된 종의 경우 참개암나무 열매의 총포와 길이 차이가 나지 않아 별도 종인지에 대해서 의문이 제기되고 있으며 김태영·김진석(2018), '세계식물목록'(2018) 및 『장진성 식물목록』(2014)은 참개암나무<*Corylus sieboldiana* Blume (1851)>에 통합하고 있으므로 주의를 요한다.

87 이에 대해서는 『조선식물향명집』, 색인 p.38 참조.

88 이러한 견해로 이우철(2005), p.276 참조.

89 「조선주요삼림수목명칭표」(1915a)는 '가얌누무, 榛'을 기록했다.

참고 [북한명] 병개암나무 [유사어] 진자(榛子) [지방명] 처낭(제주)

Corylus heterophylla *Fischer* ヲヒヤウハシバミ
Nantinip-gaeam-namu 난티닢개암나무

개암나무〈*Corylus heterophylla* Fisch. ex Trautv.(1844)〉

'국가표준식물목록'(2018), 『장진성 식물목록』(2014) 및 '세계식물목록'(2018)은 난티닢개암나무를 개암나무에 통합하고 별도 분류하지 않으므로 이 책도 이에 따른다.

○ Corylus heterophylla *Fischer* var. Thunbergii *Blume* テフセンハシバミ
Gaeam-namu 개암나무

개암나무〈*Corylus heterophylla* Fisch. ex Trautv.(1844)〉

개암나무라는 이름은 '개'(접사)와 '밤'(栗)과 '나무'(木)로 이루어진 합성어로, 밤나무를 닮았다는 뜻에서 유래했다.[90] 현대 국어 '개암'은 개옴/개욤(15세기)→개옴(16세기)→개암/가얌/개얌(17세기)→개암/가얌/개음(18세기)→개암/가얌(19세기)으로 변화해왔다.[91]

속명 *Corylus*는 그리스어 *corys*(투구)를 어원으로 하는 고대 라틴어로, 소총포의 모양을 표현한 것이며 개암나무속을 일컫는다. 종소명 *heterophylla*는 '이엽성(異葉性)의'라는 뜻이다.

다른이름 기얌나무/씨금나무(정태현 외, 1923), 개얌나무(정태현 외, 1936), 난티닢개암나무(정태현 외, 1937), 깨금나무(정태현, 1943), 난퇴물갬나무/쇠개암나무(박만규, 1949), 난티잎개암나무(정태현 외, 1949), 갬나무/난퇴잎개암나무(안학수·이춘녕, 1963)

옛이름 榛(삼국유사, 1281), 개염/榛(분류두공부시언해, 1481), 개욤나모/榛木(삼강행실도, 1481), 개옴/榛(구급간이방언해, 1489), 榛/개욤(훈몽자회, 1527), 榛子/가얌(동의보감, 1613), 榛/개음(신증유합, 1664), 개얌(박통사언해, 1677), 榛子/기금(주촌신방, 1687), 개음/榛(왜어유해, 1781), 榛子/개암(물보, 1802), 榛/

---

90 이러한 견해로 이우철(2005), p.55; 박상진(2011a), p.240; 허북구·박석근(2008b), p.33; 전정일(2009), p.22; 오찬진 외(2015), p.220; 강판권(2010), p.1073; 김민수(1997), p.40 참조.

91 이에 대해서는 국립국어원, '우리말샘' 중 '개암' 참조.

개암(광재물보, 19세기 초), 기얌/榛(물명고, 1824), 榛子(진ᄌᆞ)/가얌(명물기략, 1870), 欅子/개암(녹효방, 1873), 개금/개암/榛(한불자전, 1880), 기얌/개암진/棒(국한회어, 1895), 榛子/개암(아학편, 1908)[92]

중국명 榛(zhen)은 개암나무를 나타내기 위해 고안된 한자로, 무성한 덤불을 뜻하는 秦(진)과 나무를 뜻하는 木(목)이 합쳐진 글자이다. 일본명 テフセンハシバミ(朝鮮─)는 조선에 분포하는 개암나무(ハシバミ)라는 뜻인데, ハシバミ는 잎에 주름이 많다는 뜻의 ハシワミ(葉皺実)에서 유래한 이름이라고 한다.

[북한명] 개암나무 [유사어] 산백과(山白果), 진수(榛樹), 진자(榛子) [지방명] 개금취/괴금/굄/깨금나무/꽈금/뚝갈(강원), 가암/가얌나무/가얌열매/개아미/개암/깨금나무/깨음/께먹(경기), 개감나무/개암/귀암나무/기감나무/기암/기엄나무/깨금/깨끔/깨독나무/깨동/깨먹/깨목나무/깨묵/깨암/끼암(경남), 가얌나무/깨곰나무/깨금/깨꿈나무/깨동/깨목/께금/께묵(경북), 가얌나무/개금/개암/깨금/당주백깨금/먹떼깔(전남), 개금/깨금/깨금나무/깨묵/꿀밤나무(전북), 처낭(제주), 개감/개금/개끔/개염나무/깨금/깨금나무/고얌/땡감나무(충남), 개굼나무/깨금/깨금나무/깨꿈나무(충북), 갬달나무(평북), 깨미/깨암(함북)

○ Corylus mandshurica *Maximowicz*　オホツノハシバミ
Mul-gaeam-namu　물개암나무

물개암나무〈*Corylus sieboldiana* Blume var. *mandshurica* (Maxim.) C.K.Schneid.(1916)〉

물개암나무라는 이름은 '물'과 '개암나무'의 합성어로, 식물명에서 어두(語頭)의 '물'이 주로 개울가나 습한 곳에 자란다는 의미로 쓰이는 것에 비추어 산지 계곡부에 자라는 개암나무라는 뜻에서 유래했다고 추정한다.[93] 한자어 호진자(胡榛子)에서 유래했다는 견해가 있으나,[94] 호진자는 참개암나무보다 북쪽 지역(胡: 오랑캐가 사는 지역)에 분포한다는 뜻으로 중국명에서 유래했고[95] 뜻도 상이하므로 물개암나무의 유래로 보기는 어렵다.

　속명 *Corylus*는 그리스어 *corys*(투구)를 어원으로 하는 고대 라틴어로, 소총포의 모양을 표현한 것이며 개암나무속을 일컫는다. 종소명 *sieboldiana*는 독일 의사이자 생물학자로 일본 식물

92 「화한한명대조표」(1910)는 '기암ᄂᆞ무, 榛木'을 기록했으며 「조선주요삼림수목명칭표」(1915a)는 '가얌ᄂᆞ무, 榛'을, 『조선의 구황식물』(1919)은 '가얌나무, 榛'을, 『조선어사전』(1920)은 '가얌나무, 榛子(진ᄌᆞ)'를, 『조선식물명휘』(1922)는 '榛, 山白果, 개암나무, 개암나무(救)'를, 『토명대조선만식물자휘』(1932)는 '[榛樹]진수, [가얌나무], [榛子]진ᄌᆞ, [가얌ᄌᆞ], [榛仁]진인'을, 『선명대화명지부』(1934)는 '개암나무'를, 『조선의산과와산채』(1935)는 '榛, 개암나무'를, 『조선삼림식물편』(1915~1939)은 'Kyai-kun-nam(全南), Kyai-kon-nam(京畿, 慶南, 平北)'[개금나무(전남), 개금나무(경기, 경남, 평북)]를 기록했다.
93 이러한 견해로 박상진(2019), p.30 참조.
94 이러한 견해로 이우철(2005), p.233 참조.
95 이에 대해서는 『토명대조선만식물자휘』(1932), p.184 참조.

을 연구한 Philipp Franz von Siebold(1796~1866)의 이름
에서 유래했으며, 변종명 *mandshurica*는 '만주의'라는 뜻
이다.

다른이름 물기얌나무/물씨금나무(정태현 외, 1923), 물갬달나
무/물깨금나무(정태현, 1943)[96]

중국/일본명 중국명 毛榛(mao zhen)은 견과를 감싸는 포에 털이
밀생하는 개암나무(榛)라는 뜻이다. 일본명 オホツノハシバミ
(大角-)는 열매가 큰 뿔 모양인 개암나무(ハシバミ)라는 뜻이다.

참고 [북한명] 물개암나무 [유사어] 호진자(胡榛子) [지방명] 물
깸달나무(평북), 물개암(함북)

Corylus Sieboldiana *Blume* ツノハシバミ
Cham-gaeam-namu 참개암나무

참개암나무〈*Corylus sieboldiana* Blume(1851)〉

참개암나무라는 이름은 『조선식물향명집』에서 신칭한 것으로,[97] 진짜(참) 개암나무라는 뜻이다.[98]
『조선식물향명집』은 '凡例'(범례)에서 밝히기를, 종래 동일한 방언으로 혼동되어 사용하는 것에 대
해서 그 방언을 가장 대표적인 식물(이 경우 개암나무)에 적용하고 다른 것은 어두·어미에 적당한
형용사를 추가해 구별하면서 책 말미의 색인에 표시했다고 기록했다. 참개암나무는 그러한 방식
으로 신칭한 이름으로 보인다.[99]

속명 *Corylus*는 그리스어 *corys*(투구)를 어원으로 하는 고대 라틴어로, 소총포의 모양을 표현
한 것이며 개암나무속을 일컫는다. 종소명 *sieboldiana*는 독일 의사이자 생물학자로 일본 식물
을 연구한 Philipp Franz von Siebold(1796~1866)의 이름에서 유래했다.

다른이름 가는물개암나무/좀물개암나무(정태현 외, 1937), 가는물개암나무/개암나무/참개금(정태현,
1943), 물병개암나무(박만규, 1949), 참개암/참깨금(안학수·이춘녕, 1963), 뿔개암나무(임록재 외,

---

96 「조선주요삼림수목명칭표」(1912/1915a)는 '기얌ㄴ무/가얌ㄴ무, 榛'을 기록했으며 『조선식물명휘』(1922)는 '물기달나무, 물
　　개암나무(救, 薪炭)'를, 『토명대조선만식물자휘』(1932)는 '[개가얌(나무)'을, 『선명대화명지부』(1934)는 '물개달나무, 물개얌
　　나무, 물째굼나무, 물쌤달나무'를, 『조선삼림식물편』(1915~1939)은 'Mul-kyai-tal-nam, Kayan-nam(平北), Mul kyai-
　　yan-nam(咸南), Mul kyai com nam(江原, 慶南)'[물쌤달나무, 개암나무(평북), 물개암나무(함남), 물금개나무(강원, 경남)]를
　　기록했다.
97 이에 대해서는 『조선식물향명집』, 색인 p.46 참조.
98 이러한 견해로 이우철(2005), p.501과 박상진(2019), p.30 참조.
99 『조선식물향명집』은 색인 p.46에 '참개암나무'라고 기록했다.

1972)[100]

중국/일본명 '중국식물지'는 이를 별도 분류하지 않고 있다. 일본명 ツノハシバミ(角一)는 열매가 뿔 모양인 개암나무(ハシバミ)라는 뜻이다.

참고 [북한명] 뿔개암나무/참개암나무[101] [유사어] 진자(榛子) [지방명] 깨금낭(제주)

Corylus Sieboldiana *Blume* var. mitis *Nakai* ホソミノハシバミ
Ganŭn-mulgaeam-namu 가는물개암나무

참개암나무⟨*Corylus sieboldiana* Blume(1851)⟩
'국가표준식물목록'(2018), 『장진성 식물목록』(2014) 및 '세계식물목록'(2018)은 가는물개암나무를 참개암나무에 통합하고 별도 분류하지 않으므로 이 책도 이에 따른다.

Corylus Sieboldiana *Blume* var. brevirostris *Schneider* コツノハシバミ
Jom-mul-gaeam-namu 좀물개암나무

참개암나무⟨*Corylus sieboldiana* Blume(1851)⟩
'국가표준식물목록'(2018), 『장진성 식물목록』(2014) 및 '세계식물목록'(2018)은 좀물개암나무를 참개암나무에 통합하고 별도 분류하지 않으므로 이 책도 이에 따른다.

Ostrya japonica *Sargent* アサダ
Saeu-namu 새우나무

새우나무⟨*Ostrya japonica* Sarg.(1893)⟩
새우나무라는 이름이 최초로 기록된 것은 『조선삼림수목감요』의 '식우나무'이며, 전남 방언을 채록한 것이다. 새우나무의 주요 산지가 갑각류 새우를 흔하게 볼 수 있는 남부 해안과 제주도인 점에 비추어, 이 나무의 꽃과 열매의 모양이 새우를 닮았다는 뜻에서 붙여진 이름으로 추정한다.[102] 한자명 서목(西木)에서 유래했다는 견해가 있으나,[103] 서목과 새우나무는 관련이 없고 지역 방언에

---

100 「조선주요삼림수목명칭표」(1912)는 '가얌ㄴ무'를 기록했으며 『지리산식물조사보고서』(1915)는 'きゃいくむなむ'[개금나무]를, 『선명대화명지부』(1934)는 '물 샘달나무'를 기록했다.
101 북한에서는 *C. sieboldiana*를 '뿔개암나무'로, *C. chinensis*를 '참개암나무'로 하여 별도 분류하고 있다. 이에 대해서는 리용재 외(2011), p.108 참조.
102 이러한 견해로 박상진(2019), p.260 참조.
103 이러한 견해로 이우철(2005), p.325 참조.

서 한자명을 사용하는 일은 드물기에 타당하지 않다.

속명 *Ostrya*는 그리스어 *osteo*(뼈)에서 유래한 것으로, 매우 단단한 목질(材質)을 가진 수목이라는 뜻에서 붙여졌으며 새우나무속을 일컫는다. 종소명 *japonica*는 '일본의'라는 뜻으로 최초 발견지 또는 분포지를 나타낸다.

다른이름 시우나무(정태현 외, 1923), 좀새우나무(이창복, 1947)[104]

중국/일본명 중국명 铁木(tie mu)는 쇠로 만든 나무라는 뜻으로 목질이 매우 단단함을 나타내며 학명과 관련 있다. 일본명 アサダ는 어원 불명이다.

참고 [북한명] 새우나무 [유사어] 서목(西木) [지방명] 모새남/모세낭(제주)

---

104 『선명대화명지부』(1934)는 '새우나무'를 기록했다.

Fagaceae 참나무科 (殼斗科)

참나무과〈Fagaceae Dumort.(1829)〉

참나무과는 이 과를 통칭하는 참나무에서 유래한 과명이다. '국가표준식물목록'(2018), 『장진성 식물목록』(2014) 및 '세계식물목록'(2018)은 Fagus(너도밤나무속)에서 유래한 Fagaceae를 과명으로 기재하고 있으며, 엥글러(Engler), 크론키스트(Cronquist) 및 APG IV(2016) 분류 체계도 이와 같다. 열대와 남부 아프리카를 제외하고 범세계적으로 분포하는 분류군이다.

○ Castanea crenata *Sieb. et Zucc.* var. *dulcis Nakai*   テフセングリ
Bam-namu 밤나무   栗

밤나무〈*Castanea crenata* Siebold & Zucc.(1846)〉

밤나무의 옛이름은 '밤나모'이고, 밤나모는 밤나무의 열매를 뜻하는 '밤'과 목본성 식물을 뜻하는 '나모'(나무)의 합성어이나. '밤'이 씨(種子)를 나타내는 우리말에서 유래했다고 보는 견해가 있으나,[1] 모든 식물 종류의 씨를 총칭하지는 않으므로 이러한 견해에는 의문이 있다. 밤 또는 밤과 유사한 형태의 열매를 지칭하는 고유어로 보는 것이 타당할 것이다.[2] 우리나라에서 밤은 오래전 외부에서 유입되어 재배종으로 기르다가 인가 부근에 자라는 야생이 되었는데, 원산지는 정확히 알려져 있지 않다.

속명 *Castanea*는 그리스어 *castana*(밤)에서 유래한 고대 라틴어로 밤나무속을 일컫는다. 종소명 *crenata*는 '둥근 톱니의'라는 뜻이다.

다른이름 밤나무(정태현 외, 1923), 참밤나무(박만규, 1949)

옛이름 栗(계림유사, 1103), 栗(삼국사기, 1145), 栗(삼국유사, 1281), 栗/밤(구급방언해, 1466), 밤나모/栗(분류두공부시언해, 1481), 밤나모/栗(구급간이방언해, 1489), 밤/栗(훈몽자회, 1527), 밤/栗(신증유합, 1576), 栗/밤(시경언해, 1613), 栗子/밤(동의보감, 1613), 밤낡(계축일기, 1613), 밤낡(가례언해, 1632), 栗/밤(신간구

---

1 이러한 견해로 서정범(2000), p.292; 전정일(2009), p.23; 김종원(2013), p.577 참조. 김종원은 앞의 책에서 "『두시언해(杜詩諺解)』(1481)에 '바믈'이 나온다. 백성들이 밤알이라 불렀다는 뜻이다. '밤의 알'이란 뜻인데, 지금은 밤톨을 뜻하는 알밤이란 말로 전화되었다"라고 하고 있으나, 알(卵)의 중세 국어 표현은 '알' 또는 '앓'이고 '바믈'에서 '을'은 목적격 조사이므로 이러한 해석은 의문스럽다.
2 강길운(2010), p.622는 도토리의 깍정이를 뜻하는 palamut가 밤과 동일한 어원을 가진 것으로 추정하고 있다.

황찰요, 1660), 栗/밤(박통사언해, 1677), 밤/栗(역어유해, 1690), 栗子/밤(방언집석, 1778), 栗/밤(왜어유해,
1782), 栗/밤(광재물보, 19세기 초), 栗/밤(물명고, 1824), 栗/밤(자류주석, 1856), 栗/밤(의종손익, 1868), 栗/
밤(명물기략, 1870), 륨/栗/밤나무/栗木(한불자전, 1880), 밤나무/栗木(국한회어, 1895), 栗/밤(자전석요,
1909), 栗/밤(신자전, 1915), 栗/밤(의서옥편, 1921)[3]

<u>중국/일본명</u> 중국명 日本栗(ri ben li)는 일본에 분포하는 밤나무라는 뜻으로, 한자 栗(율)은 꽃과 열매
가 아래로 드리운 모양을 나타내는 상형문자이다. 일본명 テフセングリ(朝鮮栗)는 한반도에 분포
하는 밤나무라는 뜻이며, グリ(栗)는 검은 열매(黑實)를 뜻하는 일본 고유어에서 유래했다.

<u>참고</u> [북한명] 밤나무 [유사어] 율목(栗木), 율자(栗子) [지방명] 밤낭그/밤낭기/참밤낭그(강원), 율피
(경기), 건밤/빰나무/참밤/참밥(경남), 묏밤나무(전북), 밤낭(제주)

○ Castanea Bungeana *Blume*   シナグリ(ヘイジヤウグリ・カンジユグリ)
Yagbam-namu   약밤나무(함종율)   咸從栗

약밤나무⟨*Castanea mollissima* Blume(1851)⟩[4]

약밤나무라는 이름은 한자어 약률목(藥栗木)에서 유래한 것으로, 약재로 사용하는 밤나무라는
뜻이다.[5] 평안도의 평양 및 함종 지방에서 많이 재배했다고 하여 평양률(平壤栗) 또는 함종률(咸從
栗)이라고도 한다.

속명 *Castanea*는 그리스어 *castana*(밤)에서 유래한 고대 라틴어로 밤나무속을 일컫는다. 종소
명 *mollissima*는 '연모가 매우 많은'이라는 뜻이다.

<u>다른이름</u> 평양밤/함종률(정태현 외, 1923), 함종밤(정태현, 1926), 약밤(정태현 외, 1942), 평양밤나무(정
태현, 1943), 밤나무(한진건 외, 1982)[6]

<u>중국/일본명</u> 중국명 板栗(ban li)는 씨알이 굵은 밤나무라는 뜻이다. 일본명 シナグリ(中國栗)는 중국

---

3 「화한한명대조표」(1910)는 '밤ㄴ무, 栗木'을 기록했으며 「조선주요삼림수목명칭표」(1915a)는 '밤ㄴ무, 楊洲栗, 開城栗'을,
   『조선거수노수명목지』(1919)는 '밤ㄴ무, 栗木'을, 『조선의 구황식물』(1919)은 '밤나무, 栗'을, 『조선어사전』(1920)은 '밤나무,
   栗木(륨목)'을, 『조선식물명휘』(1922)는 '大栗, 栗木, 밤나무, 양쥬밤나무'를, 『토명대조선만식물자휘』(1932)는 '[栗木]륨목,
   [밤나무], [밤], [밤놋], [栗房]륨방, [밤송이], [밤송아리]'를, 『선명대화명지부』(1934)는 '밤나무, 양쥬밤나무'를, 『조선의산
   과와산채』(1935)는 '栗, 밤나무'를, 『조선삼림식물편』(1915~1939)은 'Pan-nam, 大栗(Kurugun-bam-nam), 楊州栗(Yang-jyu-
   bam-nam)'[밤나무, 大栗(굴근밤나무), 楊州栗(양쥬밤나무)]를 기록했다.
4 '국가표준식물목록'(2018)은 약밤나무의 학명을 Castanea bungeana Blume(1851)로 기재하고 있으나, 『장진성 식물목
   록』(2014), '중국식물지'(2018) 및 '세계식물목록'(2018)은 정명을 본문과 같이 기재하고 있다.
5 이러한 견해로 이우철(2005), p.392 참조.
6 「조선주요삼림수목명칭표」(1915a)는 '밤ㄴ무, 平壤栗, 咸從栗'을 기록했으며 『조선어사전』(1920)은 '栗木(륨목), 밤나무'
   를, 『조선식물명휘』(1922)는 '藥栗, 平壤栗, 咸從栗, 약밤나무'를, 『토명대조선만식물자휘』(1932)는 '藥栗, 약밤'을, 『선명
   대화명지부』(1934)는 '약밤나무, 평양밤, 함종율'을, 『조선삼림식물편』(1915~1939)은 '藥栗(Nyag-bam), 咸從栗(Ham-nyong-
   bam), 僧栗(Chuung-bam)'[약밤, 함종밤, 중밤]을 기록했다.

이 원산지인 밤나무라는 뜻이다.

참고 [북한명] 평양밤나무 [유사어] 약률목(藥栗木), 평양률(平壤栗), 함종률(咸從栗)

⊗ Fagus multinervis *Nakai*　タケシマブナ
Nòdo-bam-namu　너도밤나무

너도밤나무〈*Fagus engleriana* Seem. ex Diels(1900)〉

너도밤나무라는 이름은 열매가 작은 밤과 같은 모양이므로 밤나무를 닮았다(너도)는 뜻에서 유래했다.[7] 울릉도에서 채록되어 『조선삼림수목감요』에서 최초로 기록한 이름으로 보인다. 『조선식물향명집』 저술 당시에는 울릉도 특산식물로 알려졌으나 현재는 중국 내륙에도 분포하는 것이 확인되었다.

속명 *Fagus*는 그리스어 *phagein*(먹다)에서 유래한 고대 라틴어로, 견과(堅果)를 식용해서 붙여졌으며 너도밤나무속을 일컫는다. 종소명 *engleriana*는 식물분류학의 기초를 만든 식물학자 Heinrich Gustav Adolf Engler(1844~1930)의 이름에서 유래했다.

다른이름 너도밤나무(정태현 외, 1923), 도밤나무(한진건 외, 1982)[8]

중국/일본명 중국명 米心水青冈(mi xin shui qing gang)은 쌀알같이 작은 열매가 열리는 수청강(水青岡: 낮은 산지의 물가에서 자라는 푸른 나무라는 뜻으로 너도밤나무속의 중국명)이라는 뜻이다. 일본명 タケシマブナ(鬱陵橅)는 울릉도에서 사는 ブナ(橅: 너도밤나무속 식물을 일컫는 일본 고유어로 어원 불명)라는 뜻이다.

참고 [북한명] 너도밤나무 [유사어] 조선산모거(朝鮮山毛欅)

Lithocarpus cuspidata *Nakai*　シヒ
Momil-jatbam-namu　모밀잣밤나무

모밀잣밤나무〈*Castanopsis cuspidata* (Thunb.) Schottky(1912)〉

모밀잣밤나무라는 이름은 『조선삼림수목감요』에서 채록한 제주 방언에 따른 것이다.[9] '모밀'과

7　이러한 견해로 이우철(2005), p.137과 박상진(2011b), p.326 참조.
8　『조선식물명휘』(1922)는 '나도밤나무'를 기록했으며 『선명대화명지부』(1934)는 '나도밤나무'를 기록했다.
9　제주 방언을 채록한 것이라는 점에 대해서는 『조선삼림식물편』(1915~1939) 제3집, p.39와 『조선삼림식물도설』(1943),

'잣'과 '밤나무'로 이루어진 합성어로, 모밀(메밀)처럼 묵으로 식용하고 열매가 잣처럼 작으며 밤나무를 닮은 것에서 유래한 이름으로 추정한다. 옛 문헌에는 赤栗(적률)로 표기되어 있다. 제주도 지역 식물을 기록한 문헌에서 赤栗(적률)을 꾸지뽕나무로 보는 견해도 있으나,[10] 꾸지뽕나무는 한자로 山桑(산상) 등으로 표현되고 적률을 可是栗(가시율)과 함께 기록한 점에 비추어 赤栗은 모밀잣밤나무(또는 구실잣밤나무)를 기록한 것으로 보인다.[11]

속명 Castanopsis는 참나무과 Castanea(밤나무속)와 opsis(비슷하다)의 합성어로, 밤나무속 식물과 유사하다는 뜻이며 모밀잣밤나무속을 일컫는다. 종소명 cuspidata는 '급격히 뾰족해지는, 볼록하고 딱딱한 것이 있는'이라는 뜻이다.

다른이름 　모밀잣밤나무(정태현 외, 1923), 메밀잣나무(이영노·주상우, 1956)

옛이름 　赤栗(신증동국여지승람, 1530), 赤栗(탐라지, 1653), 赤栗(남환박물, 1704), 柯樹(광재물보, 19세기 초),[12] 可時栗/赤栗(오주연문장전산고, 185?)[13]

중국/일본명 　'중국식물지'는 이를 별도 기재하지 않고 있다. 일본명 シヒ는 모밀잣밤나무속 식물을 지칭하는 일본명이나 그 정확한 유래는 알려져 있지 않다.

참고 　[북한명] 모밀잣밤나무 [유사어] 가수(柯樹), 적가(赤柯) [지방명] 자밤낭/자베남/자베낭/재밤낭/저밤낭/제밤낭(제주)

---

p.122 참조.

10 　이러한 견해로 이원진(2002), p.56 참조.

11 　『오주연문장전산고』(185?)는 "赤栗 可是栗 耽羅志但有其名 不著其狀 似是本草綱目所載鉤栗 卽橉子之嵞者 其狀如櫟 又謂之鉤櫟 木大數圍"[적률 가시율은 단지 『탐라지』에 그 이름이 있다. 그 모양이 잘 알려져 있지 않으나 『본초강목』에 구율로 기재된 것과 비슷하다. 즉 도토리 중에서 단것인데 그 모양이 참나무류의 것과 비슷하여 구력이라고도 하며 나무는 커서 여러 아름이 된다]라고 하여 구실잣밤나무 또는 모밀잣밤나무를 지칭하고 있다. 적률이 구실잣밤나무(또는 모밀잣밤나무)를 일컫는다는 것에 대해서는 박상진(2011b), p.29, 적률이 모밀잣밤나무를 일컫는다는 것에 대해서는 이창숙 외(2016), p.231 참조.

12 　저자 미상의 『광재물보』(19세기 초)는 "柯樹 生廣南 可爲船舫 木奴仝"(가수는 중국의 광남 지역에서 자라고 큰 배를 만들 수 있다. 목노라고도 한다)이라고 하여, 중국에 분포하는 식물로 이해했다.

13 　「조선주요삼림수목명칭표」(1915a)는 '져빅누무'를 기록했으며 『조선식물명휘』(1922)는 '椎赤柯, 柯仔, 미무룻자방, 져빗나무(救, 工業)'를, 『선명대화명지부』(1934)는 '모밀잣밤나무, 매무룻자방, 저배나무'를, 『조선삼림식물편』(1915~1939)은 'Memuru-chapan(濟州島)'[미무룻자방(제주도)]을 기록했다.

Lithocarpus Sieboldii *Nakai*　スダシヒ
Gusil-jatbam-namu　구실잣밤나무

구실잣밤나무〈*Castanopsis sieboldii* (Makino) Hatus.(1971)〉

구실잣밤나무라는 이름은 『조선삼림수목감요』에 따른 것으
로, 열매가 달걀모양(구슬)이고 잣처럼 작은 밤나무라는 뜻에
서 유래했다.[14] 한편 구실잣밤나무를 구실자(球實子)와 밤나무
로, 또는 9개의 열매가 달린다는 뜻의 구실(九實)과 잣과 밤나
무의 합성어로 보는 견해가 있으나,[15] 제주 방언을 채록한 것
이므로 그 유래를 한자에서 찾는 것은 타당하지 않아 보인
다.[16] 또한 『오주연문장전산고』 등에 기록된 한자명 可是栗(가
시율)에서 변형된 것으로 추정하는 견해가 있으나,[17] 可是(가시)
는 가시나무의 차자(借字) 표기로 이해되고 늘푸른 참나무를
뜻하는 '가시'는 현재도 그대로 사용하는 이름이어서 구실잣
밤나무의 어원으로 보기는 어렵다.

속명 *Castanopsis*는 참나무과 *Castanea*(밤나무속)와 *opsis*(비슷하다)의 합성어로, 밤나무속 식
물과 유사하다는 뜻이며 모밀잣밤나무속을 일컫는다. 종소명 *sieboldii*는 독일 의사이자 생물학
자로 일본 식물을 연구한 Philipp Franz von Siebold(1796~1866)의 이름에서 유래했다.

다른이름 구실잣밤나무(정태현 외, 1923), 새불잣밤나무(정태현, 1943), 구슬잣밤나무(정태현, 1949)

옛이름 加時栗(신증동국여지승람, 1530), 可是栗(탐라지, 1653), 加恃栗(남환박물, 1704), 柯樹(광재물
보, 19세기 초),[18] 可時栗/赤栗(오주연문장전산고, 185?)[19]

중국/일본명 '중국식물지'는 이를 별도 기재하지 않고 있다. 일본명 スダシヒ는 유래가 알려져 있지
않다.

14　이러한 견해로 이우철(2005), p.90과 김태영·김진석(2018), p.177 참조. 한편 박상진(2019), p.52는 도토리가 열리는 나무라
　　는 뜻으로 '구실'과 '잡'(雜)과 '밤나무'의 합성어로 설명하고 있으나 근거가 없는 일종의 한자 유래설로 보인다.

15　이러한 견해로 허북구·박석근(2008b), p.51과 오찬진 외(2015), p.228 참조.

16　제주 방언을 채록한 것이라는 짐에 대해서는 『조선삼림식물편』(1915~1939) 제3집, p.39와 『조선삼림식물도설』(1943),
　　p.122 참조.

17　이러한 견해로 박상진(2011a), p.29 참조.

18　저자 미상의 『광재물보』(19세기 초)는 "柯樹 生廣南 可爲船艁 木奴소"(가수는 중국의 광남 지역에서 자라고 큰 배를 만들 수 있다.
　　목노라고도 한다)이라고 하여, 중국에 분포하는 식물로 이해했다.

19　「조선주요삼림수목명칭표」(1915a)는 '져비ㄴ무'를 기록했으며 『조선식물명휘』(1922)는 '싀부루자방'을, 『선명대화명지
　　부』(1934)는 '구실잡밤나무, 새부루자방'을, 『조선삼림식물편』(1915~1939)은 'Seperu-chapan(濟), Kusil-chapan(濟),
　　Chabam-nam(莞島)'[싀부루자방(제), 구실잣밤(제), 잣밤나무(완도)]를 기록했다.

[북한명] 구슬잣밤나무[20] [유사어] 가수(柯樹) [지방명] 깻밤/땟밤나무/잿밤/잿밥나무/짝밤나무/째밤나무/깻밤/깻밤나무(진남), 개조빕닝/쇠불ᄌ밤낭/잣밤/ᄌ밤낭/ᄉ베남/ᄉ베낭/재밤나부/재밤낭/재배낭/저밤낭/제밤나무/제밤낭/제배낭조밤/조밤나무/조밥/조베낭/초밤(제주)

Quercus acuta *Thunberg* アカガシ
Buggasi-namu 붉가시나무

붉가시나무〈*Quercus acuta* Thunb.(1784)〉

붉가시나무라는 이름은 궁선이나 가구를 만드는 재료였던 이 나무의 속이 붉어 붉은색이 도는 가시나무라는 뜻에서 유래했다.[21] 『조선식물향명집』은 제주 방언을 채록한 '북가시나무'로 기록했으나,[22] 『조선수목』에서 '붉가시나무'로 개칭해 현재에 이르고 있다.

속명 *Quercus*는 켈트어 *quer*(양질의)와 *cuez*(재목)에 어원을 둔 합성어로, 참나무속 어떤 종의 라틴명에서 유래했으며 참나무속을 일컫는다. 종소명 *acuta*는 '뾰족한'이라는 뜻이다.

북가시나무(정태현 외, 1923), 가랑닢/가새나무(정태현, 1943), 가랑잎나무(임록재 외, 1972)[23]

'중국식물지'에서 *Q. acuta* 또는 *Cyclobalanopsis acuta*로 분류하고 있는 종은 확인되지 않는다. 일본명 アカガシ(赤樫)는 목재의 속이 붉은 가시나무(カシ)라는 뜻이다.

[북한명] 북가시나무 [유사어] 혈저(血櫧) [지방명] 가슴목(전남), 가시낭/북가시낭/붉가시낭/붉낭/참나무(제주)

---

20 북한에서 임록재 외(1996)는 구실잣밤나무(구슬잣밤나무)를 별도 분류하고 있으나, 리용재 외(2011)는 이를 분류하지 않는 것으로 보인다. 이에 대해서는 리용재 외(2011), p.81 참조.

21 이러한 견해로 이우철(2005), p.289; 허북구·박석근(2008b), p.163; 오찬진 외(2015) p.266; 박상진(2019), p.18 참조.

22 제주 방언을 채록한 것이라는 점에 대해서는 『조선삼림수목감요』(1923), p.24 참조.

23 「화한한명대조표」(1910)는 '북가시ᄂ무'를 기록했으며 「조선주요삼림수목명칭표」(1915a)는 '가시ᄂ무'를, 『제주도밎완도식물조사보고서』(1914)는 'ブクサシナム'[북가시나무]를, 『조선식물명휘』(1922)는 '血櫧, 북가시나무(工業)'를, 『토명대조선만식물자휘』(1932)는 '[櫧(木)]저(목), [加時木]가시목, [가사목]'을, 『선명대화명지부』(1934)는 '북가시나무'를, 『조선삼림식물편』(1915~1939)은 'ブックサリナム(濟州島)/Puck-sari-nam'[붉소리나무(제주도)]를 기록했다.

Quercus acutissima *Carruthers*　クヌギ(ドングリ)　橡
Sangsuri-namu　상수리나무(참나무·도토리나무)

상수리나무〈*Quercus acutissima* Carruth.(1862)〉

상수리나무라는 한글명은 조선 후기에 이르러 문헌에 보이는
데 한자명 '橡實'(상실)과 함께 기록했다. 이러한 점에 비추어
상수리나무라는 이름은 '상실'(橡實)과 '이'(접미사)와 '나무'(木)
로 이루어진 합성어로, 샹실이나무→샹슈리나무→상수리나
무로 변화하여 형성된 이름이라고 이해되며 도토리가 열리는
나무라는 뜻이다.[24] 임진왜란 때 피난 간 선조가 항상(常) 수라
상에 올리라고 했다고 하여 상수리나무라는 이름이 유래했다
는 견해가 있으나,[25] 이는 역사적 근거가 없는 민간어원설의 일
종으로 보인다.

　속명 *Quercus*는 켈트어 *quer*(양질의)와 *cuez*(재목)에 어원
을 둔 합성어로, 참나무속 어떤 종의 라틴명에서 유래했으며
참나무속을 일컫는다. 종소명 *acutissima*는 '가장 날카로운'이라는 뜻이다.

> **다른이름**　도토리나무/상수리나무/참나무(정태현 외, 1923), 강참/보춤나무(정태현, 1943)

> **옛이름**　山橡實/櫟實(삼국사기, 1145), 橡實/샹실(신간구황촬요, 1660), 橡實/도토리(해동농서, 1799), 柞
> /眞木(백운필, 1803), 橡實/샹슈리(광재물보, 19세기 초), 참ᄂ무(규합총서, 1809), 眞木/참나무(녹효방,
> 1873), 상소리/橡實(방약합편, 1884), 상수리/橡(신자전, 1915), 참나무(조선구전민요집, 1933)[26]

> **중국/일본명**　중국명 麻栎(ma li)는 마(麻)를 닮은 역(櫟: 참나무속의 중국명)이라는 뜻이다. 일본명 クヌ
> ギ(国木)는 나라의 나무라는 뜻이다.

> **참고**　[북한명] 참나무 [유사어] 상목(橡木), 역목(櫟木), 작목(柞木), 청강수(靑剛樹) [지방명] 구나무/
> 구람나무/도토리/물가리/물갈나무/보춤낭구/참낭구(강원), 가닥도토리낭구/강참나무/구람나무/구
> 람도토리나무/굴암/도토리/상수리참낭구(경기), 굴밤나무/굴밤도토리/꿀밤나무/도토리/떡꿀밤나

24　이러한 견해로 이우철(2005), p.322; 김태영·김진석(2018), p.179; 허북구·박석근(2008b), p.187; 백문식(2014), p.298; 김민
　　수(1997), p.556; 손병태(1996), p.69; 김종원(2013), p.580 참조. 다만 손병태는 상수리를 한자어 '橡'(상)과 『사성통해』(1517)
　　등에 기록된 고유어 '소리춤나무'의 '소리'의 조어라고 보고 있다.

25　이러한 견해로 박상진(2001), p.116; 전정일(2009), p.24; 솔뫼(송상곤, 2010), p.820; 오찬진 외(2015), p.251 참조.

26　『화한한명대조표』(1910)는 '참ᄂ무, 眞木'을 기록했으며 『조선거수노수명목지』(1919)는 '상수리나무, 橡'을, 『조선의 구황
　　식물』(1919)은 '참나무, 櫟, 橡'을, 『조선어사전』(1920)은 '샹(橡)수리나무, 橡木(상목)'을, 『조선식물명휘』(1922)는 '櫟, 橡, 참
　　나무, 상수리나무(救, 薪炭)'를, 『토명대조선만식물자휘』(1932)는 '[櫟木]력목, [樫木]력목, [杼木]저목, [栩木]후목, [橡木]샹목,
　　[샹수리나무], [참나무], [샹수리], [뤁]'을, 『선명대화명지부』(1934)는 '도토리나무, 상수리나무, 참나무'를, 『조선의산과와산
　　채』(1935)는 '櫟, 참나무, 橡'을, 『조선삼림식물편』(1915~1939)은 'Cham-nam(京畿, 全南)'[참나무(경기, 전남)]를 기록했다.

무/부충나무/상술나무/속솔굴밤나무/왕굴밤나무/찰꿀밤나무/풀당그랭이/참나무(경남), 꿀밤나무/
두 투리나무/속새나무/속서리나무/속수리참낭구/속술낭구/솔소리나무/수리나무/참나무(경북), 도토
리나무/버대기나무/상도토리나무/상소리나무/상솔나무/쏙소리나무/왕도토리나무/참나무/참도토
리나무/털도토리(전남), 도토리나무/떡굴밤나무/상소리나무/상솔/쏙소리나무/참나무/털도토리/풀
감(전북), 가시낭/서낭/참나무(제주), 당산나무/도토리나무/삼나무/상수리낭구/상오리나무/상우리낭
구/싸도토리/참나무(충남), 당산나무/도토리나무/사수리나무/삼나무/속수리나무/속수리낭게/속수
리낭기/참나무/큰참나무(충북)

Quercus aliena *Blume*　ナラガシハ
Galcham-namu　갈참나무

갈참나무〈*Quercus aliena* Blume(1851)〉

갈참나무라는 이름은 '갈'과 '참나무'의 합성어로 참나무의 한
종류라는 뜻이다. '갈'의 뜻에 대해서는 명확히 밝혀진 바 없
으나, 흔히 옛말 가랍/가락/가랑/갈과 관련이 있고 넓은잎나무
의 떨어진 잎을 뜻하는 가랑잎 또는 갈잎과 닿아 있는 뜻으로
이해하고 있다.[27] 한편 『용비어천가』는 대신하여 바꾼다는 뜻
으로 '굴다'를 기록했는데,[28] 이는 가랑잎 또는 갈잎이 마른
잎으로 변해가는 것을 뜻한다는 점에서 뜻이 통한다. 이러한
점에 비추어 갈참나무는 가을철에 잎이 변해가는 형태에서
유래한 '갈'과 도토리가 열리는 '참나무'가 결합하여 형성된
이름으로 추정한다.[29] 갈참나무의 잎을 깔개로 썼다는 뜻에서
유래한 이름이라거나 이파리가 갈라진 참나무라고 보기도 하
지만,[30] 이에 대한 근거가 발견되지 않으므로 일종의 민간어원설로 보인다. 또한 가을의 도래를 알
린다는 뜻의 '가을'과 '참나무'의 합성어에서 유래했다고 보는 견해도 있으나,[31] '갈'과 '가을'이 같
은 뜻인지는 불명확하다.[32]

---

27 가랑잎의 뜻에 대해서는 백문식(2014), p.13 참조.

28 이에 대해서는 김민수(1997), p.33 참조.

29 이러한 견해로 허북구·박석근(2008b), p.24와 오찬진 외(2015), p.239 참조.

30 이러한 견해로 김양진(2011), p.36 참조.

31 이러한 견해로 박상진(2011b), p.155 참조. 한편 김종원(2013), p.584는 '갈잎, 갈대, 갈바람, 가을'이 모두 동원어라고 하고
있으나, 이에 대해 아직 밝혀진 바는 없다.

32 백문식(2014), p.20은 '가을'이 절단의 개념어 '갖'(비: 끊다 또는 베다)에서, 즉 곡식을 추수하는 것에서 유래했다고 보고 있다.

속명 *Quercus*는 켈트어 *quer*(양질의)와 *cuez*(재목)에 어원을 둔 합성어로, 참나무속 어떤 종의 라틴명에서 유래했으며 참나무속을 일컫는다. 종소명 *aliena*는 '연고가 없는, 변한, 다른'이라는 뜻이다.

다른이름 갈참나무(정태현 외, 1923), 가랑닙(정태현 외, 1936), 재잘나무(정태현, 1943), 톱날갈참나무/큰갈참나무/홍갈참나무(박만규, 1949), 재갈나무(임록재 외, 1972)

옛이름 加乙木(삼국유사, 1281), 㭋/가랍남기(내훈, 1475), 㭡/柞木/가랍나모(사성통해, 1517), 가랍나모/柞/撥櫟樹/㭡(훈몽자회, 1527), 가락나모(시경언해, 1613), 가랑나모/柞木(역어유해, 1690), 가랑남우/㭡(물보, 1802), 갈닙/栩若(물명고, 1824), 柞/가람나무(자류주석, 1856), 櫔子/가락나무(명물기략, 1870), 가랑나무/柞(자전석요, 1909), 櫟/갈참나무(신자전, 1915)[33]

중국/일본명 중국명 槲栎(hu li)는 요동하여 떠는(槲)[34] 역(櫟: 참나무속의 중국명)이란 뜻으로, 뒷면이 분백색인 잎이 바람에 나부끼면 멀리서도 쉽게 알아볼 수 있어서 붙여졌다. 일본명 ナラガシハ(楢炊葉)는 졸참나무를 뜻하는 ナラ(楢)와 떡갈나무를 뜻하는 カシハ(炊葉)가 합쳐져 이루어졌다.

참고 [북한명] 갈참나무 [유사어] 상자(橡子) [지방명] 도토리/신갈나무/종지밤나무/참나무/참낭구(강원), 도토리/도토리나무/참나무(경기), 감참나무/참나무(경남), 선밤/선밤나무/참나무(경북), 참나무(전남), 참나무(전북), 버리낭/춤낭(제주)

Quercus aliena *Blume* var. pellucida *Blume*   アヲナラガシハ
Chóng-galcham-namu   청갈참나무

청갈참나무〈*Quercus aliena* var. *pellucida* Blume(1851)〉[35]

청갈참나무라는 이름은 『조선식물향명집』에 따른 것으로, 잎 뒷면에 털이 없어 푸르게 보이는 갈

---

33 『지리산식물조사보고서』(1915)는 'こっからんいゃぷ'[곳가랑잎]을 기록했으며 「조선주요삼림수목명칭표」(1915a)는 '참ㄴ무'를, 『조선한방약료식물조사서』(1917)는 '참나무, 橡實'을, 『조선거수노수명목지』(1919)는 '동갈ㄴ무'를, 『조선의 구황식물』(1919)은 '썩갈나무'를, 『조선어사전』(1920)은 '갈앙나무, 柞木(작목), 鬖子木(착ㅈ목), 갈, 가랑나무, 楢'를, 『조선식물명휘』(1922)는 '槲櫟, 大槲樹, 썩갈나무(薪炭)'를, 『토명대조선만식물자휘』(1932)는 '[槲(木)]속[목), [槲嫩]곡속, [樸嫩]복속, [大葉櫟]대엽력, [속수리나무], [떡갈(앙)나무], [떡갈(앙)(ㅅ)입], [떡갈], [속수리]'를, 『선명대화명지부』(1934)는 '썩갈나무, 물가리나무'를, 『조선의산과와산채』(1935)는 '갈참나무'를, 『조선삼림식물편』(1915~1939)은 'トッカランイップ(全南)/ Tokkaran(g)-ipp'[떡갈잎(전남)]을 기록했다.

34 중국의 『본초강목』(1596)은 "槲葉搖動 有觳觫之態 故曰 槲嫩也"[곡에 잎은 흔들려서 떠는 모습이 있기 때문에 곡속이라 한다]라고 했는데, 이는 잎 뒷면이 분백색이어서 바람에 심하게 흔들릴 때 멀리서도 알아볼 수 있음을 표현한 것으로 보인다. 또한 "槲有二種 一種叢生小者名枹 音孚 見爾雅 一種高者名大葉櫟 樹葉俱似栗 長大粗厚 (중략) 實似橡子而梢短小"[곡에는 두 종류가 있는데, 한 종은 총생하고 작으며 포라 하는 것으로 부라 발음하며 『이아』에 나와 있다. 또 한 종은 큰 것으로 대엽력이라 부르는데 밤나무와 아주 유사하며 아주 크고 거칠고 두텁다. (중략) 열매가 상수리 열매와 비슷하나 끝이 짧고 작다]라고 했는데, 이는 졸참나무와 갈참나무(또는 굴참나무) 종류를 기술한 것으로 보인다.

35 '국가표준식물목록'(2018)은 청갈참나무를 별도 분류하고 있으나, 『장진성 식물목록』(2014)은 이를 갈참나무<*Quercus aliena* Blume(1851)>에 통합하고 별도 분류하지 않으므로 주의를 요한다.

참나무라는 뜻에서 유래했다.[36]

속명 *Quercus*는 켈트어 *quer*(양질의)와 *cucz*(재목)에 어원을 둔 합성어로, 참나무속 어떤 종의 라틴명에서 유래했으며 참나무속을 일컫는다. 종소명 *aliena*는 '연고가 없는, 변한, 다른'이라는 뜻이며, 변종명 *pellucida*는 '반투명의, 투광의, 투명한'이라는 뜻으로 잎 뒷면의 색깔에서 유래했다.

다른이름 갈참나무(정태현 외, 1923), 청갈참(이창복, 1966)

중국/일본명 '중국식물지'는 이를 별도 분류하지 않고 있다. 일본명 アヲナラガシハ(青楢炊葉)는 잎에 푸른빛이 나는 갈참나무(ナラガシハ)라는 뜻이다.

참고 [북한명] 청갈참나무[37] [유사어] 청강수(靑剛樹)

⊗ Quercus anguste-lepidota *Nakai* var. coreana *Nakai*　カシハモドキ
Gae-dôggal-namu　개떡갈나무

떡갈참나무 〈*Quercus* x *mccormickii* Carruth.(1862)〉
'국가표준식물목록'(2018)과 『장진성 식물목록』(2014)은 개떡갈나무를 별도 분류하지 않고 떡갈참나무에 통합하고 있으므로 이 책도 이에 따른다.

Quercus crispula *Blume*　ミヅナラ
Mul-cham-namu　물참나무

물참나무 〈*Quercus mongolica* Fisch. ex Ledeb. var. *crispula* (Blume) H.Ohashi(1988)〉
물참나무라는 이름은 물가에서 자라는 참나무라는 뜻으로 붙여진 것으로 보인다.[38] 『조선식물향명집』에서 전통 명칭 '참나무'를 기본으로 하고 식물의 산지(産地)를 나타내는 '물'을 추가해 신칭했다.[39]

속명 *Quercus*는 켈트어 *quer*(양질의)와 *cuez*(재목)에 어원을 둔 합성어로, 참나무속 어떤 종의 라틴명에서 유래했으며 참나무속을 일컫는다. 종소명 *mongolica*는 '몽골의'라는 뜻이며, 변종명

---

36 이러한 견해로 이우철(2005), p.514 참조.
37 북한에서 임록재 외(1996)는 청갈참나무를 별도 분류하고 있으나, 리용재 외(2011)는 이를 분류하지 않는 것으로 보인다. 이에 대해서는 리용재 외(2011), p.292 참조.
38 이러한 견해로 이우철(2005), p.238 참조. 다만 이우철은 물참나무가 일본명에서 유래한 것으로 기재하고 있으나, 『조선식물명휘』(1922)에서 제주 방언 '물가리'를 기록한 바 있고, 일본명은 물가에서 자라는 졸참나무라는 뜻이므로 물참나무와 동일하지는 않다.
39 이에 대해서는 『조선식물향명집』, 색인 p.37 참조.

*crispula*는 '약간 수축이 있는'이라는 뜻이다.

다른이름 참나무(정태현 외, 1923), 소리나무(정태현 외, 1937), 물가리/털깃옷신갈(정태현, 1943), 물가리나무(박만규, 1949), 물가리참나무(임록재, 1972)[40]

중국/일본명 '중국식물지'는 이를 별도 분류하지 않고 있다. 일본명 ミヅナラ(水楢)는 물가에서 자라는 졸참나무(ナラ)라는 뜻이다.

참고 [북한명] 물참나무 [유사어] 상자(橡子), 수유(水楡), 작목(柞木), 착자목(鑿子木) [지방명] 물마께낭(제주)

○ Quercus crispula *Bl.* var. undulatifolia *Nakai* サイシウミヅナラ
Sori-namu 소리나무

물참나무⟨*Quercus mongolica* Fisch. ex Ledeb. var. *crispula* (Blume) H.Ohashi(1988)⟩

'국가표준식물목록'(2018)과 이우철(2005)은 소리나무를 물참나무에 통합하고, 『장진성 식물목록』(2014) 역시 이를 별도 분류하지 않고 있으므로 이 책도 이에 따른다.

Quercus dentata *Thunberg* カシハ 櫟
Dôggal-namu 떡갈나무

떡갈나무⟨*Quercus dentata* Thunb.(1784)⟩

떡갈나무라는 이름은 『조선식물향명집』에 따른 것이다. 『조선삼림수목감요』는 '쩍갈나무'로 기록했는데 이 표현은 19세기 이후에 보이고, 더 오래된 표현은 『향약집성방』에 차자(借字)로 표기된 '덥가나모'이다. 덥가나모는 '덥'과 '가나모'(갈나무)로 이루어져 있는데, 『구급간이방언해』는 현대어 '덮다'를 '덥다'로 표기하고 있다. 따라서 떡갈나무의 옛이름 '덥가나모'는 넓은 잎을 덮개로 이용하는 갈나무(참나무)라는 뜻에서 유래했다고 추정한다.[41] 그 밖에 떡을 찔 때 넣거나 싸는 참나무(갈나무)라는 뜻에서 유래한 이름이라는 견해,[42] 넓적한 모양이나 푸짐한 형상을 나타내는 부사 '떡'과 변화의 속성을 띠는 우리말 '갈'의 합성어에서 유래했다고 보는 견해,[43] '덥'을 두텁다는

---

40 「화한한명대조표」(1910)는 '믈가리'를 기록했으며 「조선주요삼림수목명칭표」(1912)는 '물가리ㄴ무'를, 『조선식물명휘』(1922)는 '물가리'를, 『토명대조선만식물자휘』(1932)는 '[柞(木)]작(목), [鑿子木]착ᄌ목, [가락나무], [가덩이나무], [갈앙나무], [갈], [갈실], [가락], [갈앙(ㅅ)입], [갈ㅅ입]'을, 『선명대화명지부』(1934)는 '물가리'를 기록했다.

41 이러한 견해로 허북구·박석근(2008b), p.103; 전정일(2009), p.26; 백문식(2014), p.180 참조.

42 이러한 견해로 박상진(2011b), p.461; 오찬진 외(2015), p.249; 솔뫼(송상곤, 2010), p.832; 김민수(1997), p.287; 강판권(2010), p.747; 박일환(1994), p.73 참조.

43 이러한 견해로 김종원(2013), p.584 참조.

뜻으로 해석하는 견해[44] 등이 있으나, 어원과 맞지 않거나 근거가 없는 해석으로 보인다.

속명 *Quercus*는 켈트이 *quer*(양질의)와 *cuez*(재목)에 어원을 둔 합성어로, 참나무속 어떤 종의 라틴명에서 유래했으며 참나무속을 일컫는다. 종소명 *dentata*는 '이빨 모양의, 뾰족한 톱니의'라는 뜻으로 잎가장자리에 톱니가 있는 것에서 유래했다.

다른이름 썩갈나무(정태현 외, 1923), 선떡갈나무(정태현 외, 1937), 가나무/가랑닢나무/왕떡갈/참풀나무(정태현, 1943), 왕떡갈나무(이창복, 1947), 가둑나무/가랑잎나무/가래기나무/개졸참나무/곡실(한진건 외, 1982)

옛이름 橡實/加邑可乙木實(향약집성방, 1433),[45] 櫟/덥갈나모(훈몽자회, 1527), 덥가나무/槭(시경언해, 1613), 櫟樹/덥갈나모(동의보감, 1613), 撥欔樹/넙갈나모(역어유해, 1690), 婆蘿樹/넙갈나모(한청문감, 1770), 櫟/德加乙木(백운필, 1803), 槲橉/덥가나모(물명고, 1824), 槲/썩갈나무(명물기략, 1870), 썩가나무/櫃木(한불자전, 1880), 썩갈남기/썩갈나무(남원고사, 19세기 중엽), 썩가나모(한영자전, 1890), 썩갈나무/槲(자전석요, 1909), 갈나무/갈(조선어표준말모음, 1936)[46]

중국/일본명 중국명 柞櫟(zuo li)는 참나무의 일종인 떡갈나무를 뜻하는 작(柞)과 역(櫟: 참나무속의 중국명)의 합성어이다. 일본명 カシハ(炊葉)는 음식을 담는 잎이라는 뜻으로 넓은 잎의 모양 때문에 붙여졌다.

참고 [북한명] 떡갈나무 [유사어] 갈, 갈나무, 견목(樫木), 곡목(槲木), 대엽력(大葉櫟), 대엽작(大葉柞), 부라수(簿羅樹), 소파납엽(小波拉葉), 역목(櫟木), 작목(柞木), 착자목(鑿子木), 청강수(靑剛樹), 포목(枹木), 해목(槲木) [지방명] 딱갈낭구/참나무(강원), 가나무/가도토리나무/갈잎나무/갈잠나무/떡가닥나무/떡가람낭구/떡갈/떡갈낭구/도토리나무/물갈남기/싸도토리/참나무/털도토리(경기), 근굴밤나무/깔풀나무/떡갈풀/떡굴밤도토리/올도토리/풀때(경남), 건밤/꿀밤/도토리/도터리낭게/떡가나무/떡가낭게/떡갈낭게/떡갈낭구/떡굴밤/떡사리낭게/떡싸리낭구/떡참낭기/속새꿀밤(경북), 가람나무/가랑낭구/까랑나무/까랑잎나무/도토리나무(전남), 가랑나무/까랑잎나무/떡가랑잎나무/떡갈나무/떡도토리/비등나무/종가랑나무/참나무(전북), 차남(제주), 도토리/떡가나무/떡가리/떡갈잎/푸장난구/푸

---

44 이러한 견해로 김양진(2011), p.38 참조.

45 『향약집성방』(1433)의 차자(借字) '加邑可乙木實'(가읍가을목실)에 대해 남풍현(1999), p.179는 '덥가나모여름'의 표기로 보고 있다. 한편 김종원(2013), p.584는 '굵은갈나무열매'의 표기로 보고 있으나, '加'는 훈차이며 이어지는 16세기의 한글 표현에 비추어 이는 타당하지 않아 보인다.

46 「화한한명대조표」(1910)는 '조리춤ᄂ무, 槲'를 기록했으며 「조선주요삼림수목명칭표」(1915a)는 '썩갈ᄂ무, 덕갈ᄂ무'를, 『조선거수노수명목지』(1919)는 '썩갈참ᄂ무'를, 『조선의 구황식물』(1919)은 '썩갈나무, 죠리참나무, 버레나무(濟州)'를, 『조선어사전』(1920)은 '썩갈나무, 枹木(포목), 櫟木(력목), 槲橉(곡속), 樸橉(박속)'을, 『조선식물명휘』(1922)는 '槲, 柞, 櫃木, 썩갈나무'를, 『토명대조선만식물자휘』(1932)는 '[槭(木)]역(목), [樸(木)]복(목), [枹(木)]포(목), [槲(木)]곡(목), [조리참나무], [도토리나무], [槲實]곡실, [도토리], [槲若]곡약'을, 『조선의산과와산채』(1935)는 '槲, 썩갈나무'를, 『선명대화명지부』(1934)는 '썩갈나무, 죠리참나무'를, 『조선삼림식물편』(1915~1939)은 'カツンナム(平北)/Katung-nam, トツカル(平北), カルラルナム(京畿)/kallaru-nam, カルタムナム(京畿)/Karutam-nam, Tokkal(平北宣川), カルタックニックナム(濟州島)/Kalutacnic-nam'[가덩나무(평북), 떡갈(평북), 가라나무(경기), 갈참나무(경기), 떡갈(평북선천), 갈닥닉나무(?)(제주도)]를 기록했다.

증나무(충남), 개도토리낭구/도토리나무/떡가랑잎나무/뚝갈나무/참나무/행갈나무(충북), 푸장나무
(충청), 가두나무/가람나무/도토리/참나무(함남), 가람나무/도토리/참나무(함북)

⊗ Quercus dentata *Thunberg* var. erecto-squamosa *Nakai*　タチガシハ
Sȯn-dȯggal-namu　선떡갈나무

떡갈나무 〈*Quercus dentata* Thunb.(1784)〉
'국가표준식물목록'(2018)은 선떡갈나무를 떡갈나무에 통합하고 있으며, 『장진성 식물목록』(2014)
도 이를 별도 분류하고 있지 않으므로 이 책도 이에 따른다.

⊗ Quercus donarium *Nakai*　テリハコナラ
Sogsori-namu　속소리나무

갈졸참나무 〈*Quercus* x *urticifolia* Blume(1851)〉
'국가표준식물목록'(2018)과 『장진성 식물목록』(2014)은 속소리나무를 갈졸참나무에 통합하고 있
으므로 이 책도 이에 따른다.

Quercus Fabri *Hance*　フアベルコナラ
Dȯg-sogsori-namu　떡속소리나무

떡속소리나무 〈*Quercus* x *fabri* Hance(1869)〉[47]
떡속소리나무라는 이름은 떡갈나무와 속소리나무(갈졸참나무)의 자연 교잡종이라는 뜻에서 붙여
졌다.[48] 속소리나무는 전남 방언에서 유래한 이름으로[49] 졸참나무와 그 유사종을 뜻하나 정확한
뜻은 알려져 있지 않다. 『조선식물향명집』에서 전통 명칭 '속소리나무'를 기본으로 하고 식물의
형태적 특징을 나타내는 '떡'을 추가해 신칭했다.[50]
　속명 *Quercus*는 켈트어 *quer*(양질의)와 *cuez*(재목)에 어원을 둔 합성어로, 참나무속 어떤 종의
라틴명에서 유래했으며 참나무속을 일컫는다. 종소명 *fabri*는 독일 자연연구가 Giovanni Faber

47　'국가표준식물목록'(2018)은 떡속소리나무의 학명을 *Quercus fabrei* Hance(1869)로 기재하고 있으나, 이 책은 『장진성
　　식물목록』(2014)에 따라 본문의 학명을 정명으로 한다.
48　이러한 견해로 이우철(2005), p.204 참조.
49　이에 대해서는 『조선삼림수목감요』(1923), p.28 참조.
50　이에 대해서는 『조선식물향명집』, 색인 p.35 참조.

(1574~1629)의 이름에서 유래했다.

다른이름 졸떡갈나무(Chang et al., 2014)

중국/일본명 중국명 白栎(bai li)는 흰색의 역(栎: 참나무속의 중국명)이라는 뜻으로, 잎 뒷면이 분백색의 털(빨리 떨어짐)로 덮여 있는 것에서 유래했다. 일본명 フアベルコナラ(Fabri小楢)는 종소명이 *fabri*인 졸참나무(コナラ)라는 뜻이다.

참고 [북한명] 떡속소리나무 [유사어] 백반력(白反栎)

Quercus glauca *Thunberg* アラカシ
Joñggasi-namu 종가시나무

종가시나무〈*Quercus glauca* Thunb.(1784)〉

종가시나무라는 이름은 『조선삼림수목감요』에서 최초로 확인되며, 제주 방언을 채록한 것이다.[51] 때죽나무를 제주 방언으로 열매 모양이 종(鐘)을 닮았다고 하여 '종낭'이라 하고, 종가시나무의 제주 방언 버레낭에서 '버레기'(또는 버러기)는 깎은 머리를 뜻한다. 이에 비추어, 종가시나무라는 이름은 열매가 종을 닮은 가시나무 종류라는 뜻에서 유래한 것으로 추정한다.[52]

속명 *Quercus*는 켈트어 *quer*(양질의)와 *cuez*(재목)에 어원을 둔 합성어로, 참나무속 어떤 종의 라틴명에서 유래했으며 참나무속을 일컫는다. 종소명 *glauca*는 '회녹색의, 회청색의'라는 뜻으로 잎 뒷면이 회녹색을 띠는 것에서 유래했다.

다른이름 석소리/종가시나무(정태현 외, 1923), 가시나무(정태현, 1943), 종가시(이창복, 1966)

옛이름 哥斯木(오주연문장전산고, 185?)[53]

중국/일본명 중국명 青冈栎(qing gang li)는 산등성이나 언덕과 같은 낮은 산지에서 자라는 늘푸른 역

---

51 이에 대해서는 『조선삼림수목감요』(1923), p.26 참조.

52 이러한 견해로 허북구·박석근(2008b), p.257; 오찬진 외(2015), p.269; 박상진(2019), p.18 참조. 다만 허북구·박석근은 종가시나무라는 이름에서 '가시'의 유래를 잎가장자리의 톱니가 가시처럼 날카로운 데서 찾고 있으나, 이는 같은 책 p.21 중 가시나무의 유래에 대한 기재와 어긋나기에 타당성이 의문스럽다. 다만, 열매 '가시'가 정확히 어떤 뜻인지에 대해서는 알려져 있지 않으며 추가 연구가 필요하다.

53 『조선주요삼림수목명칭표』(1915a)는 '가시느무'를 기록했으며 『조선식물명휘』(1922)는 '槲, 櫧, 가시나무, 석소리'를, 『선명대화명지부』(1934)는 '종가시나무, 싹가시나무, 가시나무, 석서(소)리'를, 『조선삼림식물편』(1915~1939)은 'チョンチャンガシナム(濟州島)/Chong-gashi-nam'[종가시나무(제주도)]를 기록했다.

(櫟: 참나무속의 중국명)이라는 뜻이다. 일본명 アラカシ(粗樫)는 줄기와 잎 등이 크고 거친 가시나무
(カシ)라는 뜻이다.

참고 [북한명] 종가시나무 [유사어] 상과(橡果) [지방명] 가시나무/가시낭/버레낭/소리가시낭/참나
무(제주)

⊗ Quercus major *Nakai*　オホバコナラ
Gal-jolcham-namu　갈졸참나무

갈졸참나무〈*Quercus* x *urticifolia* Blume(1851)〉

갈졸참나무라는 이름은 갈참나무와 졸참나무의 자연 교잡종이라는 뜻에서 붙여졌다.[54] 『조선식
물향명집』에서 전통 명칭 '졸참나무'를 기본으로 하고 식물의 형태적 특징을 나타내는 '갈'을 추
가해 신칭했다.[55]

　속명 *Quercus*는 켈트어 *quer*(양질의)와 *cuez*(재목)에 어원을 둔 합성어로, 참나무속 어떤 종의
라틴명에서 유래했으며 참나무속을 일컫는다. 종소명 *urticifolia*는 '쐐기풀 잎 모양의'라는 뜻으
로 잎이 쐐기풀을 닮은 것에서 유래했다.

다른이름 속소리나무/졸참나무(정태현 외, 1923), 섬속소리나무(정태현 외, 1937), 털속소리나무/흰속
소리나무(정태현, 1943)[56]

중국/일본명 '중국식물지'는 이를 별도 기재하지 않고 있다. 일본명 オホバコナラ(大葉小楢)는 잎이 큰
졸참나무(コナラ)라는 뜻이다.

참고 [북한명] 갈졸참나무

○ Quercus Mc. cormickii *Carruthers*　テフセンガシハ
Dôg-jolcham-namu　떡졸참나무

떡갈참나무〈*Quercus* x *mccormickii* Carruth.(1862)〉

떡갈참나무라는 이름은 떡갈나무와 갈참나무의 자연 교잡종이라는 뜻에서 붙여졌다.[57] 『조선식
물향명집』에서는 전통 명칭 '졸참나무'를 기본으로 하고 식물의 형태적 특징을 나타내는 '떡'을

---

54 이러한 견해로 이우철(2005), p.39 참조.
55 이에 대해서는 『조선식물향명집』, 색인 p.30 참조.
56 「조선주요삼림수목명칭표」(1915a)는 '졸참ㄴ무'를 기록했으며 『조선식물명휘』(1922)는 '참나무'를, 『선명대화명지부』
　(1934)는 '졸참나무, 참나무'를, 『조선삼림식물편』(1915~1939)은 'チヤンナム(平北)/Chang-nam'[참나무(평북)]를 기록했다.
57 이러한 견해로 이우철(2005), p.203과 이창복(1966), p.33 참조.

추가해 '떡졸참나무'를 신칭했으나,[58] 『한국수목도감』에서 '떡갈참나무'로 개칭해 현재에 이르고 있다.

속명 *Quercus*는 켈트어 *quer*(양질의)와 *cuez*(재목)에 어원을 둔 합성어로, 참나무속 어떤 종의 라틴명에서 유래했으며 참나무속을 일컫는다. 종소명 *mccormickii*는 영국 해군이자 생물학자인 Robert McCormick(1800~1890)의 이름에서 유래했다.

다른이름 졸참나무(정태현 외, 1923), 개떡갈나무/개졸참나무/떡졸참나무(정태현 외, 1937), 개소리나무(박만규, 1949)[59]

중국/일본명 '중국식물지'는 이를 별도 기재하지 않고 있다. 일본명 テフセンガシハ(朝鮮樫)는 조선에 분포하는 떡갈나무라는 뜻이다.

참고 [북한명] 떡졸참나무

⊗Quercus Mc. cormickii *Carruthers* var. koreana *Nakai*　コナラモドキ
Gae-jolcham-namu　개졸참나무

떡갈참나무〈*Quercus* x *mccormickii* Carruth.(1862)〉

'국가표준식물목록'(2018)과 『장진성 식물목록』(2014)은 개졸참나무를 떡갈참나무에 통합하고 그 학명을 이명(synonym)으로 처리하고 있으므로 이 책도 이에 따른다.

Quercus mongolica *Fischer*　モンゴリナラ
Singal-namu　신갈나무

신갈나무〈*Quercus mongolica* Fisch. ex Ledeb.(1850)〉

신갈나무라는 이름은 강원도 방언을 채록한 것이다.[60] 강원도와 인접한 경북 북부 지방에는 신갈나무를 일컫는 방언으로 '신거리'가 있는데,[61] 이는 옛말로 '한 켤레 정도의 많지 않은 신(발)'이라는 뜻이다.[62] 이에 비추어 신갈나무의 '신'은 신발을 뜻하며, 이 나무의 잎을 짚신의 신발창으로 갈아 쓴다는 뜻에서 유래한 이름으로 보인다.[63] 다만 신갈나무의 잎은 잘 찢어져 신발창으로 갈아

58　이에 대해서는 『조선식물향명집』, 색인 p.35 참조.

59　「조선주요삼림수목명칭표」(1915a)는 '솔참ᄂᆞ무'를 기록했으며 『조선식물명휘』(1922)는 '굴밤나무(薪炭)'를, 『선명대화명지부』(1934)는 '굴밤나무'를, 『조선삼림식물편』(1915~1939)은 'チョリアル(平北)/Chori-al'[재리알(평북)]을 기록했다.

60　이에 대해서는 『조선삼림식물도설』(1943), p.138 참조.

61　이에 대해서는 『한국의 민속식물』(2017), p.221 참조.

62　이에 대해서는 『고어대사전 12』(2016), p.901 참조.

63　이러한 견해로 강판권(2010), p.751과 솔뫼(송상곤, 2010), p.838 참조.

쓰는 것이 쉽지 않으므로, 실제로 그러한 용도로 사용했다기
보다는 한 켤레의 신발로 사용할 만큼 큰 잎을 가진 갈나무(참
나무) 종류라는 뜻에서 유래한 이름일 것으로 추정한다. 한편
신갈나무는 '신'(新)과 '갈나무'(참나무)의 합성어로 깨끗하고 새
로운 참나무의 뜻이라는 견해가 있으나,[64] 방언에서 사용하던
이름에 고유어(갈나무)와 한자어(新)를 결합하는 것은 식물명
에서 일반적이지 않으므로 타당하지 않아 보인다.

　　속명 *Quercus*는 켈트어 *quer*(양질의)와 *cuez*(재목)에 어원
을 둔 합성어로, 참나무속 어떤 종의 라틴명에서 유래했으며
참나무속을 일컫는다. 종소명 *mongolica*는 '몽골의'라는 뜻
으로 분포지 또는 발견지를 나타낸다.

다른이름　참나무(정태현 외, 1923), 신갈나무(정태현, 1926), 돌참나무/물가리나무/물갈나무/재라리나
무/털물갈나무(정태현, 1943), 만주신갈나무(박만규, 1949), 물신갈나무/털물신갈나무(정태현 외,
1949)[65]

중국/일본명　중국명 蒙栎(meng li)는 몽골에 분포하는 역(櫟: 참나무속의 중국명)이라는 뜻으로 학명과
연관되어 있다. 일본명 モンゴリナラ(蒙古楢)는 몽골에 분포하는 졸참나무(ナラ)라는 뜻이다.

참고　[북한명] 신갈나무 [유사어] 유(楢), 작(柞), 작수피(柞樹皮) [지방명] 갈참나무/도토리/참나무/
참낭구(강원), 도토리/도토리나무/참나무(경기), 건밤/속수리꿀밤/신거리(경북), 참나무(충남), 갈참나
무/참나무(충북), 도토리/신갈나무/참나무(함북)

Quercus mongolica Fischer var. *manchurica Nakai*　マンシウミヅナラ
Mulgal-namu　물갈나무

신갈나무〈*Quercus mongolica* Fisch. ex Ledeb.(1850)〉
'국가표준식물목록'(2018), 『장진성 식물목록』(2014) 및 '세계식물목록'(2018)은 물갈나무를 신갈나
무에 통합하고 있으므로 이 책도 이에 따른다.

64　이러한 견해로 박상진(2011b), p.458; 허북구·박석근(2008b), p.202; 오찬진 외(2015), p.238 참조. 고유어 '갈'은 갈다(갈아
　　치우다) 또는 가다(해가 넘어가다)를 뜻하며 갈잎, 갈대 등이 동원어라고 보는 견해에 대해서는 김종원(2013), p.584 참조.
65　「화한한명대조표」(1910)는 '떡갈츰ᄂ무, 柞'을 기록했으며 『조선한방약료식물조사서』(1917)는 '참나무'를, 『조선의 구황식
　　물』(1919)은 '씩갈나무, 가나무(慶尙), 씩갈참나무'를, 『조선식물명휘』(1922)는 '柞, 靑剛木, 眞木, 츰나무, 도토리나무(工業,
　　薪炭)'를, 『선명대화명지부』(1934)는 '씩갈나무, 참나무'를, 『조선의산과와산채』(1935)는 '신갈나무'를, 『조선삼림식물편』
　　(1915~1939)은 'Tokkan-nam(平北), Kan-nam(全南), Chan-nam(平北, 咸南北), Chorial(平北宜川)'[떡갈나무(평북), 갈나무(전
　　남), 참나무(평북, 함남북), 재리알(평북선천)]을 기록했다.

Quercus myrsinaefolia *Blume*　シラカシ
Gasi-namu　가시나무

가시나무〈*Quercus myrsinifolia* Blume(1851)〉

가시나무라는 이름은 도토리(가시)가 열리는 나무라는 뜻이며, 『물명고』의 '가셔목'도 그러한 뜻에서 유래한 것으로 추정한다.[66] 한편 한자어 가서목(哥舒木)에 착안해 잎이 바람에 흔들리는 것이 마치 떠는 것처럼 보인다는 뜻에서 붙여진 이름으로 보는 견해가 있다.[67] 그러나 가시나무에 대한 한자 표현은 哥舒木(가서목) 외에도 加斜木(가사목), 哥斯木(가사목), 加時木(가시목) 등 전혀 뜻이 다른 다양한 표현이 발견되므로 우리말을 표현하기 위한 차자(借字) 표기로 보인다. 또한 상록성 참나무과를 총칭하는 일본명 カシ(가시)는 음(音)으로는 우리의 가시나무와 유사하지만 그 뜻과 유래는 차이가 있다.[68] 『월인석보』 등에 기록된 '가시나모'(가시나무)는 가시(刺)가 있는 나무

를 통틀어 이르는 말로, 참나무 종류의 가시나무(*Q. myrsinifolia*)와는 다른 뜻에서 유래했다.[69]

속명 *Quercus*는 켈트어 *quer*(양질의)와 *cuez*(재목)에 어원을 둔 합성어로, 참나무속 어떤 종의 라틴명에서 유래했으며 참나무속을 일컫는다. 종소명 *myrsinifolia*는 '*Myrsine*(자금우과 미르시네속)와 잎이 비슷한'이라는 뜻이다.

다른이름　참가시나무(정태현 외, 1923), 졍가시나무(정태현, 1943), 정가시나무(정태현, 1957), 종가시나무(안학수·이춘녕, 1963), 청가시나무(임록재 외, 1972)

옛이름　哥舒木(성호사설, 1740), 哥舒木(조선왕조실록, 1794), 哥舒木(일성록, 1794), 哥舒木(이충무공전서, 1795), 加斜木(목민심서, 1818), 哥舒木/가셔목(물명고, 1824), 哥斯木(오주연문장전산고, 185?), 가ᄉᆞ목/裂娑木(한불자전, 1880)[70]

---

66 이에 대해서는 박상진(2011b), p.317; 오찬진 외(2015), p.258; 국립국어원, '표준국어대사전' 중 '가시' 참조. 『탐라지』(1653)는 '加時栗'(가시밤)을 기록했다. 다만, 열매 '가시'가 정확히 어떤 뜻인지에 대해서는 알려져 있지 않으며 추가 연구가 필요하다.

67 이러한 견해로 허북구·박석근(2008b), p.21 참조. 한편 박상진(2019), p.17은 임금의 행차 때 깃대를 매는 긴 막대기를 哥舒棒(가서봉)이라고 하는데 이것에서 가시나무가 유래했다고 보고 있으나, 이 역시 다양한 차자(借字) 표기에 비추어 타당성이 없는 견해로 보인다.

68 일본명과 발음이 유사하다는 이유만으로 일본명에서 유래를 찾는 견해로는 황중락·윤영활(1992), p.103 참조.

69 이에 대해서는 국립국어원, '우리말샘' 중 '가시나무' 참조.

70 「화한한명대조표」(1910)는 '가시누무'를 기록했으며 「조선주요삼림수목명칭표」(1915a)는 '가시ᄂᆞ무'를, 『조선어사전』(1920)은 '가사목, 加時木, 가시목'을, 『조선식물명휘』(1922)는 '靭櫧, 가시나무(工業)'를, 『선명대화명지부』(1934)는 '가시나무, 쇠

중국/일본명 중국명 小叶青冈(xiao ye qing gang)은 잎이 작은 청강(靑岡: 가시나무 종류)이라는 뜻이다. 일본명 シラカシ(白樫)는 목재가 흰색인 カシ라는 뜻이다. 가시나무 종류를 총칭하는 일본명 カシ는 견고한 나무라는 뜻의 '樫'을 훈독한 것으로 해석하고 있다.

참고 [북한명] 가시나무 [유사어] 면저(麵櫧), 저자(櫧子), 첨저(甛櫧) [지방명] 까시나무/까시댕이/백가시나무(전남), 가시남/가시낭/거문가시낭/카시낭(제주)

Quercus neo-glandulifera *Nakai*　ナガバコナラ
Sŏm-sogsori-namu　섬속소리나무

갈졸참나무〈*Quercus* x *urticifolia* Blume(1851)〉

'국가표준식물목록'(2018)은 섬속소리나무를 갈졸참나무에 통합하고 있으며, 『장진성 식물목록』(2014)도 이를 별도 분류하고 있지 않으므로 이 책도 이에 따른다.

Quercus serrata *Thunberg*　コナラ
Jolcham-namu　졸참나무(굴밤나무·가둑나무)

졸참나무〈*Quercus serrata* Murray(1784)〉

졸참나무라는 이름은 참나무 종류 중에서 열매가 작다는 뜻에서 유래했다.[71] '졸'은 작거나 왜소하다는 뜻이다. 『물명고』의 조리참나모('조리'와 '참나무')를 『조선삼림수목감요』에서 '졸참나무'로 기록했고, 동일한 표기가 『조선식물향명집』에 기록되어 현재에 이르고 있다. 한편 잎이 작은 나무라는 뜻에서 유래했다고 보는 견해가 있으나,[72] 『물명고』 등에서 橡實(상실: 도토리)의 크기를 기준으로 '조리참나무열매'와 '굴근도토리'를 대별하고 있는 점에 비추어 열매 크기에서 유래한 이름으로 추정한다.[73]

　속명 *Quercus*는 켈트어 *quer*(양질의)와 *cuez*(재목)에 어

동백나무, 참가시나무'를, 『조선삼림식물편』(1915~1939)은 'チャンガシナム(濟州島)/Chang-gashi-nam'[참가시나무(제주도)]를 기록했다.

71 이러한 견해로 이우철(2005), p.464; 김태영·김진석(2018), p.181; 오찬진 외(2015), p.255; 솔뫼(송상곤, 2010), p.826 참조.

72 이러한 견해로 박상진(2011b), p.449; 허북구·박석근(2008b), p.255; 강판권(2010), p.733 참조.

73 유희의 『물명고』(1824)는 '橡實 조리참나무열음 굴근도토리'라고 기록했다. 이에 대해서는 정양원 외(1997), p.271 참조.

원을 둔 합성어로, 참나무속 어떤 종의 라틴명에서 유래했으며 참나무속을 일컫는다. 종소명 *serrata*는 '톱니가 있는'이라는 뜻이다.

다른이름 가둑나무/굴밤나무/소리나무/속소리나무/저량나무/졸참나무/침도로나무(정태현 외, 1923), 당재잘나무/재량나무/재리알/재잘나무(정태현, 1943), 황해속소리나무(박만규, 1949), 좀참나무(한진건 외, 1982)

옛이름 橡若/所里眞木(향약집성방, 1433),[74] 橡/소리즘나모(사성통해, 1517), 橡/소리즘나모(훈몽자회, 1527), 橡木/스리즘나모(언해구급방, 1608), 橡楮/속소리참나무(주촌신방, 1687), 소리즘나무/鐵櫟樹(역어유해, 1690), 橡/蘇里眞木(백운필, 1803), 橡實/조리참나무열음(물명고, 1824), 橡楮/속소리즘나모(의방합편, 19세기)[75]

중국명/일본명 중국명 枹栎(bao li)는 졸참나무를 뜻하는 어원 미상인 포(枹)와 역(櫟: 참나무속의 중국명)의 합성어이다. 일본명 コナラ(小楢)는 작은 참나무 종류라는 뜻인데 ナラ의 정확한 어원은 미상이다.

참고 [북한명] 졸참나무 [유사어] 포(枹) [지방명] 구람/꿀밤/도토리/쏙소리도토리/재랭이도토리/참나무/참낭구(강원), 가락도토리/도토리나무/똘/물암도토리/물참나무/송낙도토리/싸도토리/재랑도토리/참나무/참도토리/칠월도토리(경기), 도토리/선비도토리/참나무(경남), 꿀밤/도토리/속사리꿀밤/속수리나무(경북), 도타리/도토리나무/상솔/상술/왕도토리나무/참나무(전남), 도토리나무/참나무(전북), 소리나무/소리낭/솔티나무(제주), 길다란도토리/날씬한도토리/도토리나무/선비도토리/속소리/싸도토리/쏙쏘리/참나무(충남), 갈도토리/까도토리/도토리나무/선비도토리/속소리/속수리나무/참나무(충북), 가둑낭기(함남), 가냉이/가둑낭기(함북)

Quercus stenophylla *Makino* ウラジロガシ
Chamgasi-namu 참가시나무

참가시나무〈*Quercus salicina* Blume(1851)〉

참가시나무라는 이름은 1915년에 관보로 고시된 「조선주요삼림수목명칭표」에서 최초로 '참가시ㄴ무'로 기록했으며, 진짜(眞) 가시나무라는 뜻에서 유래했다.[76] 남부 지역의 방언을 채록한 것으로

---

74 『향약집성방』(1433)의 차자(借字) '所里眞木'(소리진목)에 대하여 남풍현(1999), p.179와 손병태(1996), p.66은 '소리즘나모'의 표기로 보고 있다.

75 「화한한명대조표」(1910)는 '굴밤ㄴ무'를 기록했으며 「조선주요삼림수목명칭표」(1915a)는 '졸참ㄴ무', 『조선거수노수명목지』(1919)는 '졸참ㄴ무를, 『조선의 구황식물』(1919)은 '굴밤나무, 줄참나무, 굴참나무(公州) 속소리나무(慶北, 全北), 소리나무(齊州), 소리뒤밥나무(金剛山), 橡'를, 『조선어사전』(1920)은 '조리참나무, 橡木(괴목)'을, 『조선식물명휘』(1922)는 '白反櫟, 굴밤나무(薪炭)'를, 『토명대조선만식물자휘』(1932)는 Q. glandulifera에 대하여 '[굴밤나무]', Q. dentata에 대하여 '[조리참나무]'를, 『선명대화명지부』(1934)는 '가둑나무, 굴밤나무, 소리나무, 속소리나무'를, 『조선의산과와산채』(1935)는 '楢, 졸참나무'를, 『조선삼림식물편』(1915~1939)은 'ソクソリ(全南)/Soksori'[속소리(전남)]를 기록했다.

76 이러한 견해로 이우철(2005), p.500과 오찬진 외(2015), p.262 참조.

확인된다.[77] 옛 문헌에는 목질이 단단하여 군사용 또는 악기 제조용 등으로 사용한 흔적과 함께 '二年木'(이년목)이라는 이름이 나오는데, 이는 열매가 2년에 걸쳐 익는 것과 관련 있는 것으로 추정한다.[78]

속명 *Quercus*는 켈트어 *quer*(양질의)와 *cuez*(재목)에 어원을 둔 합성어로, 참나무속 어떤 종의 라틴명에서 유래했으며 참나무속을 일컫는다. 종소명 *salicina*는 '*Salix*(버드나무속)와 비슷한'이라는 뜻이다.

다른이름 참가시나무(정태현 외, 1923), 백가시나무/쇠가시나무 (정태현, 1943)

옛이름 二年木(세종실록지리지, 1454), 二年木(신증동국여지승람, 1530), 二年木(승정원일기, 1635), 二年木(탐라지, 1653), 二年木(남환박물, 1704), 二年木(경모궁악기조성청의궤, 1777), 二年木(이충무공전서, 1795), 哥斯木/이년목(오주연문장전산고, 185?)[79]

중국/일본명 '중국식물지'는 이른 기재하지 않고 있다. 일본명 ウラジロガシ(裏白樫)는 잎 뒷면이 흰색인 가시나무(カシ)라는 뜻이다.

참고 [북한명] 참가시나무[80] [유사어] 죽엽청강력(竹葉靑岡櫟) [지방명] 가산목/까시나무(경북), 가시나무/참가시(전남), 가시낭/참나무(제주)

Quercus variabilis *Blume*   アベマキ
Gulcham-namu 굴참나무

굴참나무⟨*Quercus variabilis* Blume(1851)⟩

굴참나무라는 이름은 『조선삼림수목감요』에서 최초로 기록했고, 조선 후기의 『녹효방』, 『한불자전』 및 『의방합편』에서도 '굴참남무', '굴춤나무' 및 '굴참나모'로 기록한 바 있다. 굴참나무의 나무껍질은

---

77 이에 대해서는 『조선삼림수목감요』(1923), p.26 참조.

78 이원진(2002), p.55는 '二年木'(이년목)을 종가시나무를 지칭하는 것으로 이해하고 있다. 한편 이창숙 외(2016), p.231은 『탐라지』(1653)의 기록은 종가시나무로, 그 외 제주도 관련 문헌의 기록은 가시나무로 보고 있다. 그러니 종가시나무는 열매기 2년에 길게 성숙하는 종이 아니고, 그러한 특성은 참가시나무와 붉가시나무에 나타나므로 이년목은 이를 지칭한 것으로 보인다. 다만 『오주연문장전산고』(185?)는 '二年木'(이년목)을 '哥斯木'(가사목: 가시나무류의 총칭)으로 보고 있다.

79 「조선주요삼림수목명칭표」(1915a)는 '참가시누무'를 기록했으며 『조선식물명휘』(1922)는 '참가시나무'를, 『선명대화명지부』(1934)는 '가시나무, 참가시나무'를, 『조선삼림식물편』(1915~1939)은 'チャンガシナム(濟州島)/Chang-gashi-nam'[참가시나무(제주도)]를 기록했다.

80 북한에서는 참나무속(*Quercus*)과 별도로 가시나무속(*Cyclobalanopsis*)을 분류하고 임록재 외(1996)는 참가시나무를 기록하고 있으나, 리용재 외(2011)는 이를 별도 분류하지 않는 것으로 보인다. 이에 대해서는 리용재 외(2011), p.115 참조.

예부터 염료나 굴피집의 재료로 활용해왔다.[81] 나무껍질에 코르크가 발달해 깊은 골(굴)이 지는 특징이 있고, 따라서 굴참나무라는 이름은 굴이 지는 참나무라는 뜻에서 유래한 것으로 추정한다.[82] 굴참나무 껍질로 지붕을 인 집을 굴피집이라고 하는데, 이때의 '굴'이 굴참나무를 뜻한다.[83] 한편 『물명고』 등의 '굴근도토리'를 근거로 가장 굵직한 도토리를 생산하는 것에서 유래했다고 보는 견해가 있다.[84] 그러나 『물명고』 등은 열매인 도토리를 구별한 것이지 참나무의 종류를 구별한 것은 아니다. 또한 1870년에 저술된 『명물기략』은 '굴피'를 나무로 만든 홈통의 뜻으로 사용한 바 있으며 1813년에 저술된 『북새곡』에서도 '굴피집'이라고 기록했으므로, 비슷한 시대의 저서인

『물명고』에서 기록한 '굴근도토리'의 '굴'과 그 표현이 동일하지 않다.[85] 이러한 점에 비추어, 굴근도토리를 굴참나무의 직접적 어원이나 유래로 보기는 어려워 보인다.

속명 *Quercus*는 켈트어 *quer*(양질의)와 *cuez*(재목)에 어원을 둔 합성어로, 참나무속 어떤 종의 라틴명에서 유래했으며 참나무속을 일컫는다. 종소명 *variabilis*는 '변하기 쉬운, 각종의'라는 뜻으로 도토리의 생산량이 해마다 다른 것에서 비롯했다.

다른이름 굴참나무/물갈참나무(정태현 외, 1923), 구도토리나무/부엽나무(정태현, 1943), 구토리나무/부엽나무(임록재 외, 1972)

옛이름 橡實/굴근도토리(동의보감, 1613), 橡實/조리참나무열음/굴근도토리(물명고, 1824), 굴참남무(녹효방, 1873),[86] 굴춤나무(한불자전, 1880), 眞木/굴참나모(의방합편, 19세기)[87]

중국/일본명 중국명 栓皮栎(shuan pi li)는 마개를 만드는 데 쓰이는 나무껍질을 가진 역(栎: 참나무속

81 굴참나무가 염료로 활용된 것에 대해서는 『조선삼림수목감요』(1923), p.26과 『조선삼림식물도설』(1943), p.128 참조. 한편 굴피집의 재료가 굴피나무가 아니라 굴참나무의 나무껍질이라는 것에 대해서는 박상진(2011b), p.445 참조.

82 이러한 견해로 박상진(2011b), p.433; 김태영·김진석(2018), p.178; 허북구·박석근(2008b), p.53; 전정일(2009), p.25; 오찬진 외(2015), p.243; 강판권(2010), p.755; 솔뫼(송상곤, 2010), p.814 참조.

83 이러한 견해로 박상진(2011b), p.445 참조.

84 이러한 견해로 김종원(2013), p.583 참조. 한편 김종원은 『향약집성방』(1433)의 차자(借字) '加邑可乙木實'(가읍가을목실)을 '굵은갈나무 열매'의 표기로 해석하고 있으나, '加'는 훈차로 '덥갈나모여름'(떡갈나무여름)을 표기한 것이므로 이러한 해석은 타당성이 없다. 이에 대해서는 남풍현(1999), p.179 참조.

85 '굴근'의 어원은 『석보상절』(1447) 이래 현대어까지 일관되게 '굴ㄱ'(굵)이다. 이에 대한 자세한 내용은 『고어대사전 2』(2016), p.923 참조.

86 이에 대해서는 『고어대사전 2』(2016), p.934 참조. 『녹효방』(1873)에서는 발견되지 않으므로 별도 필사본의 『녹효방』으로 이해된다.

87 「화한한명대조표」(1910)는 '갈춤누무'를 기록했으며 『조선거수노수명목지』(1919)는 '갈참누무, 槲木'을, 『조선어사전』(1920)은 '굴참나무'를, 『조선식물명휘』(1922)는 '갈참나무'를, 『토명대조선만식물자휘』(1932)는 '[굴참나무]'를, 『선명대화명지부』(1934)는 '갈참나무, 굴참나무'를, 『조선의산과와산채』(1935)는 '櫟, 굴참나무'를 기록했다.

의 중국명)이라는 뜻이다. 일본명 アベマキ(-眞木)는 방언 アベタ(얽은 자국이라는 뜻)에서 유래한 것으로, 코르크가 발달한 나무껍질의 모양이 얽은 자국과 같은 참나무 종류라는 뜻에서 붙여졌다.

참고 [북한명] 굴참나무 [유사어] 역(櫟) [지방명] 굴밤/굴밤도토리/굴암도토리/도토리/밤나무/참나무/참낭구(강원), 구람/굴암/굴암도토리/굴참낭구/도토리/도토리나무/참나무(경기), 굴밤/굴밤나무/굴밤도토리/꿀밤/꿀밤나무/도토리/참나무(경남), 꿀밤/꿀밤나무/도토리/참꿀밤/참나무/참풀낭개(경북), 굴참/도타리/도토리/도토리나무/왕도토리나무/참나무(전남), 도토리/도토리나무(전북), 굴밤/굴참/꿀밤/도토리(충남), 구충나무/굴암나무/도토리/참나무(충북)

485

Ulmaceae 느릅나무科 (楡科)

느릅나무과〈Ulmaceae Mirb.(1815)〉

느릅나무과는 국내에 자생하는 느릅나무에서 유래한 과명이다. '국가표준식물목록'(2018), 『장진성 식물목록』(2014) 및 '세계식물목록'(2018)은 *Ulmus*(느릅나무속)에서 유래한 Ulmaceae를 과명으로 기재하고 있으며, 엥글러(Engler), 크론키스트(Cronquist) 및 APG IV(2016) 분류 체계도 이와 같다. 다만 *Celtis*(팽나무속)는 '국가표준식물목록'(2018), 『장진성 식물목록』(2014), 엥글러 분류 체계 및 크론키스트 분류 체계에서 Ulmaceae로 분류하지만, APG IV(2016) 분류 체계와 '세계식물목록'(2018)은 Cannabaceae(삼과)로 분류한다.

Aphananthe aspera *Planchon*　ムクエノキ
Pujo-namu　푸조나무(평나무)

푸조나무〈*Aphananthe aspera* (Thunb.) Planch.(1873)〉

푸조나무라는 이름은 전남 방언을 채록한 것이다.[1] 열매가 팽나무보다 크고 맛이 달아 포구새(椋鳥: 찌르레기)가 즐겨 찾는 나무라는 뜻에서 푸조나무라는 이름이 유래했다는 견해가 주목할 만하다.[2] 그러나 포구새(찌르레기)를 방언으로 푸조라고 했는지 여부와, 푸조나무의 종자 산포에 조류가 한 역할에 대해서는 정확히 알려진 바가 없다. 따라서 포구새와 푸조나무의 생태에 대해 추가 연구가 필요하다. 한편, 팽나무는 달주나무로도 기록했기 때문에 푸조라는 이름은 '팽'과 '달주'가 서로 뒤엉켜 생겨났다고 추정하는 견해가 있다.[3] 그러나 유사한 이름을 뒤섞어 식물 이름이 형성되는 방식은 찾아보기 어렵고, '팽'+'달주'→푸조가 되었다는 것도 어원학적으로 쉽게 이해하기 어렵다. 또한 중국의 『이아주소』에 기록된 糙葉樹(조엽수: 거친 잎을 가진 나무)를 근거로 푸(풀: 草)와 조(糙: 거칠다)의 합성어로 보는 견해가 있으나,[4] 방언에서 한글과 한자가 결합하여 이름이 생겨난 예를 찾기 어려울뿐더러 중국의 糙葉樹(조엽수)라는 이름이 당시 널리 알려진 것도 아

1　이에 대해서는 『조선삼림수목감요』(1923), p.31 참조.
2　이러한 견해로 박정기·최송현(2018), pp.9-10과 박상진(2019), p.405 참조.
3　이러한 견해로 김종원(2013), p.587 참조.
4　이러한 견해로 강판권(2010), p.709 참조.

니어서 그 타당성은 의문이다.

속명 *Aphananthe*는 그리스어 *aphanes*(희미한)와 *anthos*(꽃)의 합성어로, 꽃이 뚜렷하지 않은 것에서 유래했으며 푸조나무속을 일컫는다. 종소명 *aspera*는 '까칠까칠한'이라는 뜻으로 잎에 억센 털이 있어 거친 데서 유래했다.

다른이름 핑나무/푸조나무(정태현 외, 1923), 평나무(정태현 외, 1937), 팽나무(정태현 외, 1942), 곰병나무/팽나무(정태현, 1943), 가조나무(안학수·이춘녕, 1963)

옛이름 椋/郞來/松楊(물명고, 1824)[5]

중국/일본명 중국명 糙叶树(cao ye shu)는 잎이 거친 나무라는 뜻이다. 일본명 ムクエノキ(椋榎)의 'ムク'에 대해서는, 무성하게 생식한다(茂く)는 뜻에서 유래했다는 견해를 비롯해 유래와 관련한 논란이 있다.

참고 [북한명] 푸조나무 [유사어] 박수(樸樹), 백계유(白鷄油), 양(椋) [지방명] 팽나무(전남), 검복낭/검북낭/검폭낭/검푹낭(제주)

Celtis jessoensis *Koidzumi* エゾエノキ
Punggae-namu 풍개나무

풍개나무⟨*Celtis jessoensis* Koidz.(1913)⟩

풍게나무라는 이름은 울릉도 방언에서 유래했다.[6] 새를 쫓기 위해 대나무 토막의 한 끝을 네 갈래로 갈라서 작은 막대를 '十' 자로 물려 묶은 끝에 돌을 넣고 돌리다가 던지는 투석 기구를 '풍게'라고 하는데,[7] 식용하는 열매가 달린 모양이 풍게를 닮았다는 뜻에서 유래한 것으로 추정한다.[8] 한편 꽃이 용두레(낮은 곳의 물을 높은 곳으로 퍼 올리는 데 쓰는 기구로 지방에 따라 '풍개'라고도 함)를 닮았다는 뜻에서 유래한 이름이라는 견해가 있으나,[9] 작아서 잘 보이지도 않는 꽃의 모양에서 유래했을 가능성은 높아 보이지 않는다. 일제강점기에 저술된 『조선구전민요집』은 경남 방언으로 '풍개나무'를 기록했으나, 경상도에서는 자두나무를 풍개나무라고도 하므로 정확히 어떤 식물을 지

---

5 「조선주요삼림수목명칭표」(1915a)는 '푸조ㄴ무'를 기록했으며 『조선거수노수명목지』(1919)는 '핑나무'를, 『조선식물명휘』(1922)는 '樸樹, 糙葉樹, 椋, 핑나무'를, 『선명대화명지부』(1934)는 '팽나무, 푸조나무'를, 『조선의산과와산채』(1935)는 '樸樹, 핑나무'를, 『조선삼림식물편』(1915~1939)은 クンペナム(Kun-pen-nam), ケーペンナム(Ke-pcn nam), クンポック(Kun-pok), プヅョナム(Pujo-nam)'[검복나무, 개팽나무, 검폭, 푸조나무]를 기록했다.

6 이에 대해서는 『조선삼림수목감요』(1923), p.32와 『조선삼림식물도설』(1943), p.152 참조.

7 표준어로는 '팡개'라고 한다. 『물보』(1802)는 모래 속에 고리를 숨기고 막대기로 찾는 놀이를 뜻하는 풍게묻이를 '풍게무지'로 표기했고, 저자·연대 미상의 규방가사 『사친가(思親歌)』는 다듬이로 옷을 다듬는 행위를 '풍게질'로 표기했다.

8 이러한 견해로 허북구·박석근(2008b), p.303 참조. 다만 허북구·박석근은 꽃의 모양이 풍게를 닮았다는 뜻에서 유래한 이름으로 보고 있다.

9 이러한 견해로 황중락·윤영활(1992), p.84 참조.

칭했는지는 분명하지 않다. 『조선식물향명집』은 '풍개나무'로 기록했으나 『조선수목』에서 '풍게나무'로 개칭해 현재에 이르고 있다.

속명 *Celtis*는 플리니우스(Plinius, 23~79)가 『박물지(Naturalis Historia)』에 아프리카의 들대추(*Ziziphus lotus*)의 이름을 오용한 것에서 유래했으며 팽나무속을 일컫는다. 종소명 *jessoensis*는 '홋카이도에 분포하는'이라는 뜻이다.

다른이름 단감주나무/ᅟ픵나무/풍게나무(정태현 외, 1923), 풍개나무(정태현 외, 1937), 팽나무(정태현, 1943), 긴잎풍게나무(안학수·이춘녕, 1963), 단감나무(이영노, 1996)

옛이름 풍개나무(조선구전민요집, 1933)[10]

중국/일본명 중국명 窄叶朴(zhai ye pu)는 좁은 잎을 가진 박(朴: 팽나무)이라는 뜻이다. 일본명 エゾエノキ(蝦夷榎)는 에조(蝦夷: 홋카이도의 옛 지명)에 분포하는 팽나무(エノキ)라는 뜻이다.

참고 [북한명] 풍게나무 [유사어] 봉봉목(棒棒木) [지방명] 물포구나무(경북), 검북낭/검푹낭(제주)

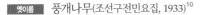

Celtis sinensis *Persoon* var. japonica *Nakai*   エノキ
Paeñ-namu   팽나무(달주나무)

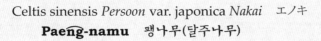

팽나무⟨*Celtis sinensis* Pers.(1805)⟩

팽나무라는 이름은 이 나무의 열매를 맞구멍이 난 대통에 넣고 부는 아이들의 장난감에서 열매를 발사할 때 '팽' 하고 소리를 내는 것에서 유래한 것으로 보인다.[11] 이 장난감을 뜻하는 '팽총'이라는 단어가 아직도 남아 있고,[12] 장난감 '팽이'와 같이 '팽' 또는 '팽팽'이라는 의성어로 만들어진 단어가 현존한다.[13] 이 견해 외에 한자어 팽목(膨木)에서 유래한 것으로 보는 견해,[14] 팽나무의 '픵' 은 '피다'가 어원으로 '이삭이 패다, 꽃이 피다'라는 뜻이라는 견해[15]가 있다. 그러나 『산림경제』에서 팽나무를 한자로 彭木(팽목)으로도 기록했고, 참나무를 眞木(진목)으로 함께 기록했으며, 다른

10 「조선주요삼림수목명칭표」(1915a)는 '폭ᄂ무, 榎'를 기록했으며 『조선식물명휘』(1922)는 '풍개나무'를, 『토명대조선만식물자휘』(1932)는 '[榎木]가목, [欈木]가목'을, 『선명대화명지부』(1934)는 '팽나무, 풍개(게)나무'를, 『조선삼림식물편』(1915~1939)은 'ケーペポンナム(Kepennam), ヒョンピョンナム(Hyong-Pyong-Nam), タンカムチュナム(Tankamchunam), ポングナム(Ponge-nam), ピエンナム(Pyeng-nam)'[개팽나무, 왕팽나무, 단감주나무, 풍게나무, 팽나무]를 기록했다.

11 이러한 견해로 박상진(2001), p.106과 솔뫼(송상곤, 2010), p.178 참조.

12 이에 대해서는 국립국어원, '표준국어대사전' 중 '팽총' 참조.

13 '팽이'의 어원에 대해서는 백문식(2014), p.493 참조.

14 이러한 견해로 이우철(2005), p.573과 허북구·박석근(2008b), p.181 참조.

15 이러한 견해로 김종원(2013), p.590 참조.

표기의 한자도 발견되는 점[16]에 비추어 한자 표기는 고유어를 나타내기 위한 차자(借字)로 보인다. 또한 팽나무의 꽃이 이삭 꽃차례도 아니며 화려하거나 눈에 잘 띄지도 않는데 이삭이나 꽃이 피어나는 것을 표현했다고 보기는 어렵다.

속명 *Celtis*는 플리니우스(Plinius, 23~79)가 『박물지(Naturalis Historia)』에 아프리카의 들대추(*Ziziphus lotus*)의 이름을 오용한 것에서 유래했으며 팽나무속을 일컫는다. 종소명 *sinensis*는 '중국에 분포하는'이라는 뜻이다.

다른이름 달주나무/핑나무/폭나무(정태현 외, 1923), 포구나무 (정태현 외, 1942), 동굴팽나무/매태나무/섬팽나무/자주팽나무/ 평나무(정태현, 1943), 둥군닢팽나무(이창복, 1947), 게팽나무(박만규, 1949), 둥근팽나무(정태현 외, 1949)

옛이름 彭木(병자일본일기, 1637), 檀葉/핑닙(신간구황촬요, 1660), 檀葉/핑나모닙/彭木(산림경제, 1715), 檀葉/핑나무닙(증보산림경제, 1766), 檀葉/핑나보닙(해동농서, 1799), 彭木(백운필, 1803), 핑나무 닙/檀葉(임원경제지, 1842), 핑나무(한불자전, 1880)[17]

중국/일본명 중국명 朴樹(po shu)는 나무껍질이 꾸밈없이 수수한 나무라는 뜻이다.[18] 일본명 エノキ (榎, 朴)에 대해서는 동물의 풍성한 먹이라는 뜻의 '餌(エ)の木(キ)'에서 유래했다는 견해, 가지가 많은 나무라는 뜻의 '枝(エ)の木(キ)'에서 유래했다는 견해, 안내하는 목적의 표지판에 사용된 나무라는 뜻의 '選木(エリノキ)'에서 유래했다는 견해 등 다양한 견해가 있다.

참고 [북한명] 팽나무 [유사어] 가목(榎木), 거수(欅樹), 목수과자(木樹果子), 박수(朴樹), 박수(樸樹), 박수피(朴樹皮), 박유(樸楡), 박자(粕仔), 박자(朴仔), 청단(靑檀), 팽목(彭木) [지방명] 물푸레나무(경남), 건포구나무/물푸레나무/패구나무/팰구나무/포구나무(경북), 귀목나무/당산나무/평나무/ 잣나무/포구나무(전남), 김팽나무/쨍/포구나무(전북), 폭낭/폭낭구(제주)

---

16 홍만선이 서술한 『산림경제』(1715)는 버섯 종류를 설명하면서 "生松木彭木眞木者亦無毒"(소나무·팽나무·참나무에서 나는 버섯도 독이 없다)이라고 기록했으며, 『조선삼림식물도설』(1943)은 팽나무의 '팽'을 한자로 '木+彭'(팽)으로 표기했다.

17 「화한한명대조표」(1910)는 '핑누무'를 기록했으며 『조선주요삼림수목명칭표』(1912/1915a)는 '핑누무, 榎/폭느무, 榎'를, 『조선거수노수명목지』(1919)는 '핑나무'를, 『조선어사전』(1920)은 '榎木(가목)'을, 『조선식물명휘』(1922)는 '朴樹, 靑檀, 핑나무, 달주나무'를, 『선명대화명지부』(1934)는 '달감주나무, 달주나무, 팽나무, 폭나무'를, 『조선의산과와산채』(1935)는 '榎樹, 핑나무'를, 『조선삼림식물편』(1915~1939)은 '피엔남(Pyeng-nam), 포쿠남(Pok-nam)'[평나무, 폭나무]를 기록했다.

18 중국의 후한 시대에 허신이 저술한 『설문해자』는 朴(박)에 대해 "木皮也"라고 했다.

⊗ Celtis koraiensis *Nakai*　テフセンエノキ
Waṅ-paeṅ-namu　왕팽나무

왕팽나무〈*Celtis koraiensis* Nakai(1909)〉

왕팽나무라는 이름은 '왕'과 '팽나무'로 이루어진 것으로, 열매 등이 큰(왕) 팽나무 종류라는 뜻이다. 『조선식물향명집』에서 '팽나무'를 기본으로 하고 접두사 '왕'을 추가해 신칭했다.[19] 근대 식물분류학에 근거해 국명을 기록하기 시작한 『조선삼림수목감요』 등 일제강점기 문헌에 '핑나무' 또는 '폭ᄂ무'라는 이름으로 기록된 것에 비추어 그 이전에는 팽나무와 구별된 이름으로 부르지 않은 것으로 추정한다.

　속명 *Celtis*는 플리니우스(Plinius, 23~79)가 『박물지(Naturalis Historia)』에 아프리카의 들대추(*Ziziphus lotus*)의 이름을 오용한 것에서 유래했으며 팽나무속을 일컫는다. 종소명 *koraiensis*는 '한국에 분포하는'이라는 뜻이다.

다른이름　핑나무(정태현 외, 1923), 조선팽나무(정태현, 1943), 둥근잎왕팽나무(정태현, 1957), 산팽나무(리용재 외, 2011)[20]

중국/일본명　중국명 大葉朴(da ye po)는 잎이 큰 팽나무라는 뜻이다. 일본명 テフセンエノキ(朝鮮榎)는 한국에 나는 팽나무라는 뜻이다.

참고　[북한명] 왕팽나무

○ Hempteleia Davidii *Planchon*　ハリゲヤキ
Simu-namu　시무나무　樞

시무나무〈*Hemiptelea davidii* (Hance) Planch.(1872)〉

시무나무라는 이름은 가로수나 이정표목으로 20리마다 심을 만하다는 뜻으로 스무나무(스믜나무)라 하던 데서 유래한 것으로 보인다.[21] 시무나무는 낙엽 활엽 교목으로 전국에 분포하며 가지에 바늘 같은 가시가 발달하고, 어린잎은 식용하며 나무는 가구재 등으로 활용했다. 또한 옛날에 가로수(列樹)로 10리 또는 30리 단위로 楡(유: 느릅나무)와 柳(류: 버드나무)를 심었는데,[22] 시무나무는

19　이에 대해서는 『조선식물향명집』, 색인 p.44 참조.
20　「조선주요삼림수목명칭표」(1912/1915a)는 '핑ᄂ무/폭ᄂ무, 榎'를 기록했으며 『조선식물명휘』(1922)는 '榎, 핑나무(工業)'를, 『선명대화명지부』(1934)는 '팽나무'를 기록했다.
21　이러한 견해로 박상진(2001), p.136과 오찬진 외(2015), p.284 참조.
22　조선의 법령을 정비한 『경국대전』(1485)은 "每十里立小堠 三十里立大堠 樹之以楡柳"(매 10리에 소후를 설치하고 30리에 대후를 설치하는데 나무는 느릅나무와 버드나무로 한다)라고 하여 현재의 가로수를 뜻하는 후수(堠樹)로서 10리 또는 30리 단위로 '느릅나무'를 식재했던 것으로 보인다. 이에 대한 보다 자세한 내용은 김해경(2018), p.151 참조.

가시가 있는 느릅나무라는 뜻으로 刺楡樹(자유수)라고 하여 느릅나무와 유사한 식물로 보았으므로 느릅나무와 같이 20리 단위로 가로수로 심을 수 있다는 뜻에서 이름이 유래한 것으로 추정된다. 조선 시대 풍류 시인 김삿갓의 풍자시에 "시무나무 아래 서러운 손이 망할 놈의 마을에서 쉰밥을 얻어먹는다 (二十樹下三十客 四十村中五十飯)"라는 표현이 있고, 중요무형문화재 70호로 지정된 양주소놀이굿의 「말뚝타령」에 "십 리 밖에 시무나무 십 리 안에 오리나무"라는 구절이 있기도 하다.[23] 또한 스물(20)의 옛말은 『석보상절』 등의 '스믈'인데 시무나무의 옛말 '스므나무'는 '스물의 나무'와 형태가 유사하기도 하다. 한편 옛적에는 마을 어귀에 서서 농사의 풍흉을 알려주는 농

업목으로 봄에 시무나무 잎이 활짝 피면 풍년이 든다고 보아 시무나무의 발아에 많은 축원을 보내기도 했다.[24]

속명 Hemiptelea는 반(半)을 의미하는 그리스어 hemi와 날개를 의미하는 느릅나무의 고대 그리스어인 ptelea의 합성어로, 열매의 윗부분에 날개가 반 정도 있는 것을 나타내며 시무나무속을 일컫는다. 종소명 davidii는 중국에서 활동한 프랑스인 신부이자 식물학자인 Armand David(Père David, 1826~1900)의 이름에서 유래했다.

다른이름 시무나무(정태현 외, 1923), 참느릅나무(안학수·이춘녕, 1963), 스무나무(임록재 외, 1972)

옛이름 刺楡樹/스믜나모(훈몽자회, 1527), 스믜나무/樞(시경언해, 1613), 刺楡樹/스믜나모(역어유해, 1690), 刺楡樹/스믜나모(동문유해, 1748), 刺楡樹/스믜나모(몽어유해, 1768), 刺楡/스믜나모(한청문감, 1779), 刺楡/쓰무나무/樞(광재물보, 19세기 초), 刺楡樹/스믜나무(몽유편, 1810), 刺楡/스믜나무(아언각비, 1819), 刺楡/스믜나모/樞(물명고, 1824), 刺楡/스믜나무(명물기략, 1870), 스무나무(조선구전민요집, 1933)[25]

중국명/일본명 중국명 刺楡(ci yu)는 가시가 있는 유(楡: 느릅나무속의 중국명)라는 뜻이다. 일본명 ハリゲヤキ(針欅)는 침(針)과 같은 가시가 있는 느티나무(ケヤキ)라는 뜻이다.

참고 [북한명] 시무나무 [유사어] 경(梗), 우(樞), 자유(刺楡), 추(樞), 축유(軸楡) [지방명] 시무잎/시뭇잎/시우잎(강원), 시구나무(전남)

---

23 『토명대조선만식물사휘』(1932), p.197은 '十里木(심리나무)'이 변화되어 '스믜나무'가 된 것으로 설명하고 있다.

24 이에 대해서는 『한국민족문화대백과사전』(1991) 중 '시무나무' 참조.

25 「화한한명대조표」(1910)는 '스믜ㄴ무, 十里木'을 기록했으며 『조선거수노수명목지』(1919)는 '스무ㄴ무, 樞'를, 『조선의 구황식물』(1919)은 '스무나무(十里木, 刺楡)'를, 『조선어사전』(1920)은 '스믜나무, 刺楡(ㅈ유)'를, 『조선식물명휘』(1922)는 '刺楡, 樞, 十里木, 스믜나무'를, 『토명대조선만식물자휘』(1932)는 '[刺楡]ㅈ유, [스믜나뮈]'를, 『선명대화명지부』(1934)는 '시무나무, 스므나무'를, 『조선삼림식물편』(1915~1939)은 'シムナム(Simu-nam), クヂナム(Kujinam), シェクナム(Shoknam)'[시무나무, 꾸지나무, 시구나무]를 기록했다.

○ Ulmus coreana *Nakai*　テフセンアキニレ
Cham-núrúb-namu　심느릅나무

참느릅나무 〈*Ulmus parvifolia* Jacq.(1798)〉

참느릅나무라는 이름은 진짜(참) 느릅나무라는 뜻에서 유래
했다.[26] 당시 학명 'coreana'에서 유래한 것으로 한국 특산
의 느릅나무라는 뜻이지만 중국, 인도 등에도 분포하는 것으
로 알려져 현재는 한국 특산식물로 취급하지 않는 견해가 있
다.[27] 그러나 참느릅나무는 남부 지방에서 널리 사용하던 이름
을 채록한 것으로 학명을 부여하기 전부터 사용하던 이름이
므로,[28] 학명에서 유래했다는 해석은 타당하지 않다. 19세기
에 정약용이 저술한 『아언각비』는 "大楡二月生莢 榔楡八月生
莢"(대유는 이월에 열매를 맺고 낭유는 팔월에 열매를 맺는다)이라
하고 있는 점에 비추어, 大楡(대유)에 대비해 진짜 느릅나무(榔
楡)라는 뜻에서 유래한 이름으로 보인다.[29] 그 외에 최경창이

저술한 『고죽유고』에 가을에 피는 느릅나무라는 뜻의 한자명 秋楡(추유)라는 표현이 나오지만 국
명으로 이어지지는 않았다.

　속명 *Ulmus*는 켈트어 *elm*에서 유래한 고대 라틴어로 느릅나무속을 일컫는다. 종소명
*parvifolia*는 '작은잎의'라는 뜻이다.

다른이름　참느릅(정태현 외, 1923), 동골참느릅/좀참느릅(정태현, 1943), 참느름나무(이영노·주상우,
1956), 둥근참느릅(이창복, 1966), 좀참느릅나무(이창복, 1980), 좁은잎느릅나무(한진건 외, 1982), 왜참
느릅나무/잔잎느릅나무(리용재 외, 2011)

옛이름　秋楡(고죽유고, 1683), 鄕楡(본사, 1787), 榔楡(아언각비, 1819)[30]

중국/일본명　중국명 榔楡(lang yu)는 재질이 단단하고 질긴 유(楡: 느릅나무속의 중국명)라는 뜻이다. 일
본명 テフセンアキニレ(朝鮮秋楡)는 조선에 분포하고 꽃이 가을에 피는 느릅나무(ニレ)라는 뜻이다.

---

26 이러한 견해로 박상진(2019), p.88 참조.

27 이러한 견해로 이우철(2005), p.503 참조.

28 이에 대해서는 『조선삼림수목감요』(1923), p.30과 『조선삼림식물도설』(1943), p.159 참조.

29 이러한 견해로 『나무열전』(2016), p.221; 오찬진 외(2015), p.286; 솔뫼(송상곤, 2010), p.160 참조.

30 『화한한명대조표』(1910)는 '느릅ㄴ무'를 기록했으며 『조선한방약료식물조사서』(1917)는 '느릅나무, 楡皮'를, 『조선거수노
　　수명목지』(1919)는 '느릅ㄴ무, 楡'를, 『조선식물명휘』(1922)는 '榔楡, 楡(工業)'을, 『선명대화명지부』(1934)는 '참느릅'을, 『조
　　선삼림식물편』(1915~1939)은 'ドゥルックナム(Dourucknam), ノレプナム(Nurupnam), チャンヌルプ(Chang-nurup), コナム
　　(Ko-nam)'[도육나무, 느릅나무, 참느릅, 코나무]를 기록했다.

[북한명] 참느릅나무 [유사어] 낭유피(榔楡皮) [지방명] 누릅나무/누릉대나무/찰밥나무(경남), 누룩나무/누릅나무/느릅나무/찰밥나무(전남), 누룩낭(제주), 느릅나무/느립나무(충남)

Ulmus japonica *Sargent* ハルニレ
Dôg-nûrûb-namu 떡느릅나무

느릅나무⟨*Ulmus davidiana* Planch. ex DC. var. *japonica* (Rehder) Nakai(1932)⟩

느릅나무라는 이름은 고유어로 힘없이 길게 늘어진다는 뜻의 '느러나다', '느런니' 또는 '느르다'[31]와 관련된 것이다. 옛날에는 이 나무의 속껍질을 벗겨서 물에 짓이겨 전분의 점액을 식용하는 등 구황식물로 이용했는데,[32] 이때의 끈적끈적한 성질이나 모양에서 유래한 이름이다.[33] 방언 중에 끈끈이나무, 찰밥나무, 누룩나무, 코딱지나무 등이 느릅나무의 유래와 뜻이 통하는 이름이다. 반면에 열매의 모양이 누르미(누름적)와 비슷한 것에서 유래했다고 보는 견해가 있으나,[34] 누르미와 뜻이 통하는 '누르다'의 옛말은 '누르다'(석보상절, 1447)로 느릅나무와 옛말과 어형에서 차이가 있어 타당하지 않다. 『조선식물향명집』은 현재의 왕느릅나무(*U. macrocarpa*)를 '느릅나무'로 기록하고 현재의 느릅나무(*U. davidiana* var. *japonica*)를 잎으로 떡 등을 만들어 먹는다는 뜻에서 붙여진 이름으로 추정하는 '떡느릅나무'로 기록했으나,[35] 『한국식물도감(상권 목본부)』에서 이를 개칭해 현재에 이르고 있다.

속명 *Ulmus*는 켈트어 *elm*에서 유래한 고대 라틴어로 느릅나무속을 일컫는다. 종소명 *davidiana*는 중국에서 활동한 프랑스인 신부이자 식물학자인 Armand David(Père David, 1826~1900)의 이름에서 유래했으며, 변종명 *japonica*는 '일본의'라는 뜻으로 최초 발견지 또는 분

---

31 『신증유합』(1576)은 '느러나다'라는 표현을 기록했으며 『월인석보』(1459)와 『법화경언해』(1463)는 '느런니'라는 표현을, 『한청문감』(1779)은 '느러지다' 및 '느러다'라는 표현을 기록했다.

32 느릅나무의 속껍질을 식용한 것에 대해서는 『열양세시기』(1819), 『임원경제지』(1842)의 『인제지(仁濟志)』 및 『농성회요』(183?) 참조[『구황방 고문헌집성(3)』, p.240과 『구황방 고문헌집성(4)』, p.91에서 재인용].

33 이러한 견해로 박상진(2001), p.442; 강판권(2010), p.685; 김종원(2013), p.592 참조. 솔뫼(송상곤, 2010), p.156은 씨앗을 누룩처럼 만들어 써서 느릅나무가 되었다고 한다.

34 이러한 견해로 이덕봉(1963), p.27 참조.

35 느릅나무의 잎으로 나물이나 떡 등을 만들어 식용했다는 기록으로는 『조선삼림수목감요』(1923), p.30과 『토명대조선만식물자휘』(1932), p.199 참조. 느릅나무 껍질을 가루로 만들어 떡을 만들고 느릅나무 열매로 장(醬)을 만들어 식용했다는 것에 대해서는 『구황촬요』(1554) 참조.

포지를 나타낸다.

다른이름 석느릅(성태현 외, 1923), 느릅나무(정태현, 1926), 떡느릅나무(정태현 외, 1937), 뚝나무/혹느릅나무(정태현, 1943), 봄느릅나무(박만규, 1949), 떡느름나무(이영노·주상우, 1956), 쪽나무(임록재 외, 1972), 번들느릅나무/빛느릅나무(한진건 외, 1982)

옛이름 山楡木(삼국사기, 1145), 蕪荑/白楡實(향약구급방, 1236),[36] 楡(삼국유사, 1281), 楡/느릅나모(구급방언해, 1466), 느릅닭/楡(분류두공부시언해, 1481), 枌/느릅나모/楡(훈몽자회, 1527), 楡皮/느름/느릅(구황촬요, 1554), 느릅나무/楡(언해태산집요, 1608), 楡皮/느릅나모겁질(동의보감, 1613), 蕪荑/무이(구황촬요벽온방, 1639), 楡/느릅(신간구황촬요, 1660), 느름나모/楡(왜어유해, 1781), 느름닭(오륜행실도, 1797), 楡皮/느릅나모겁질(해동농서, 1799), 느릅나모/靑楡樹(몽유편, 1810), 楡/느릅나무(물명고, 1824), 楡(유)/느름나무(명물기략, 1870), 느릅나무/楡(한불자전, 1880), 楡/늘음나모(방약합편, 1884), 느럽나무/楡(국한회어, 1895), 楡白皮/느름나무겁즐(선한약물학, 1931)[37]

중국/일본명 중국명 春楡(chun yu)는 꽃이 봄에 피는 유(楡: 느릅나무속의 중국명)라는 뜻이다. 일본명 ハルニレ(春楡)는 한자명에서 유래한 것으로 중국명과 동일한 뜻이다.

참고 [북한명] 떡느릅나무 [유사어] 가유(家楡), 무이(蕪荑), 백유(白楡), 분유(枌楡), 영유(零楡), 유백피(楡白皮), 찬금수(鑽金樹), 초화혜수(草華鞋樹), 화유(花楡) [지방명] 느럽나무/누릅낭그/누릅낭기(강원), 너릅낭구/느릅/유근피(경기), 누룩나무/누룽나무/누륵나무/누릅나무/누릉나무/드릅나무/부스럼나무/부시럼나무/브시럼나무/찐드기나무/찰밤나무/코나무(경남), 누룹나무/누릉나무/코나무(경북), 끈끈이나무/누룩나무/누룩치나무/누룬대나무/누릅나무/누룽지나무/누륵나무/누른대나무/누름나무/느름나무/유근피/찰뚝나무/찰밤나무/찰밥나무/코나무/코딱지나무/코뚜레나무(전남), 끈끈이나무/누룩나무/누룩치나무/누룹나무/누릅/누릅나무/느립나무/생지환/코딱지나무(전북), 누룩낭/누륵낭/도육남/문니난섭/참느릅나무(제주), 비듬나무/비름나무/참비듬/참비름나무/호나물(충청), 누룹재기/느릇나무(평북), 비술나무(함북)

---

36 『향약구급방』(1236)의 차자(借字) '白楡實'(백유실)에 대해 남풍현(1981), p.74는 '힌느릅씨'의 표기로 보고 있으며, 이덕봉(1963), p.27은 '흰느릅나무삐'의 표기로 보고 있다.

37 「화한한명대조표」(1910)는 '느릅느무, 楡'를 기록했으며 「조선주요삼림수목명칭표」(1915a)는 '느릅느무, 씩느릅느무, 楡'를, 『조선한방약료식물조사서』(1917)는 '느릅나무'를, 『조선거수노수명목지』(1919)는 '느눕느무, 楡'를, 『조선의 구황식물』(1919)은 '느릅나무, 楡'를, 『조선어사전』(1920)은 '느름나무, 楡'를, 『조선식물명휘』(1922)는 '楡, 家楡, 느릅나무(工業)'를, 『토명대조선만식물자휘』(1932)는 '[枌楡]분유, [白楡]빅유, [느름나무], [楡白皮]유빅피, [楡(英)錢]유-(협)전'을, 『선명대화명지부』(1934)는 '느름(릅)나무, 씩느릅'을, 『조선삼림식물편』(1915~1939)은 'ヌルンナム(Nurun-nam)'[느릅나무]를 기록했다.

Ulmus laciniata *Mayer* オヒヤウ二レ
Nanti-namu 난티나무

난티나무 ⟨*Ulmus laciniata* (Trautv.) Mayr(1906)⟩

난티나무라는 이름은 평북 방언에서 유래했다.[38] 『산림경제』
와 『증보산림경제』에 현재의 '난티'와 유사한 '늗디'와 '닌디'
의 형태가 나타나는데 이를 느티나무를 뜻하는 한자 '欛'(귀)
와 함께 기록하고 있는 점, 그리고 나무의 형태나 식용을 한
것 등을 고려하면 느티나무와 유사하다는 뜻의 방언에서 형
성된 이름으로 추정한다. 그러나 정확한 유래는 알려져 있지
않으므로 추가 조사와 연구가 필요하다. 한편 잎끝이 나뉜 나
무란 뜻의 '난흰나무'에서 난티나무가 되었다는 견해가 있으
나,[39] 어원이 확인되지 않는 주장으로 보인다.

속명 *Ulmus*는 켈트어 *elm*에서 유래한 고대 라틴어로 느
릅나무속을 일컫는다. 종소명 *laciniata*는 '잘게 갈라지는'이
라는 뜻으로 잎끝이 갈라지는 것에서 유래했다.

다른이름 난틔나무(정태현 외, 1923), 난치나무/둥굴난틔나무(정태현, 1943), 난퇴느릅나무/둥근난퇴
느릅(박만규, 1949), 둥근난티나무(정태현, 1957), 난티느릅나무(안학수·이춘녕, 1963)

옛이름 靑楡(동문선, 1478), 欛葉/늗디닙(산림경제, 1715), 欛葉/닌디닙(증보산림경제, 1766), 欛葉/늗디
닙(농정회요, 1830), 蕪荑仁/楡仁(오주연문장전산고, 185?)[40]

중국/일본명 중국명 裂叶榆(lie ye yu)는 갈라진 잎을 가진 유(榆: 느릅나무속의 중국명)라는 뜻이다. 일
본명 オヒヤウ二レ는 아이누족의 고유명에서 유래했지만, 그 정확한 뜻은 알려져 있지 않다.

참고 [북한명] 난티느릅나무 [유사어] 고유(姑楡), 무이인(蕪荑仁), 산유(山楡), 청유(靑楡) [지방명] 난
치나무(강원)

---

38 이에 대해서는 『조선삼림수목감요』(1923), p.30과 『조선삼림식물도설』(1943), p.163 참조.

39 이러한 견해로 박상진(2019), p.76 참조.

40 「조선주요삼림수목명칭표」(1912/1915a)는 '물깁나무/난틔느무'를 기록했으며 『조선한방약료식물조사서』(1917)는 '느릅나
무'를, 『조선어사전』(1920)은 '山楡(산유), 山楡仁(산유인), 蕪荑仁(무이인)'을, 『조선식물명휘』(1922)는 '물깁나무'를, 『토명대조
선만식물자휘』(1932)는 '[姑楡]고유, [山楡]산유, [山楡仁]산유인, [蕪荑仁]무이인'을, 『선명대화명지부』(1934)는 '난티나무,
물갬나무'를, 『조선삼림식물편』(1915~1939)은 'ナンテイナム(Nam-tyei-nam), ナンチナム(Nam-tschi-nam)'[난틔나무, 난치
나무]를 기록했다.

○ Ulmus macrocarpa *Hance* テフセンニレ(オホミノニレ)
Nŭrŭb-namu 느릅나무

왕느릅나무〈*Ulmus macrocarpa* Hance(1868)〉

왕느릅나무라는 이름은 열매가 대형(왕)인 느릅나무라는 뜻
에서 유래했다.[41] 『조선식물향명집』은 *U. macrocarpa*를 느
릅나무로 이해했으나, 『조선삼림식물도설』의 '왕느릅'을 거쳐
『한국수목도감』에서 '왕느릅나무'로 개칭해 현재에 이르고 있
다. 『본사』와 『아언각비』에 기록된 姑楡(고유)는 느릅나무 종
류로서 "生山中 樹亦高大 葉圓而厚"(산속에서 자라고 나무가 또
한 높고 크게 자라며 잎은 둥글고 두껍다)라 하므로 왕느릅나무를
지칭한 것이다.[42]

속명 *Ulmus*는 켈트어 *elm*에서 유래한 고대 라틴어로 느
릅나무속을 일컫는다. 종소명 *macrocarpa*는 '대형 열매의'
라는 뜻이다.

다른이름 느릅나무(정태현 외, 1923), 왕느릅(정태현, 1943), 느름나무(이영노·주상우, 1956), 큰잎느릅나
무(정태현, 1957)

옛이름 姑楡/山楡/蕪荑(본사, 1787), 姑楡/蕪荑(아언각비, 1819), 蕪荑仁(선한약물학, 1931)[43]

중국/일본명 중국명 大果楡(da guo yu)는 열매가 큰 유(楡: 느릅나무속의 중국명)라는 뜻이다. 일본명 テ
フセンニレ(朝鮮楡)는 한국 고유종 느릅나무(비술나무)라는 뜻에서 붙여졌지만 실제로는 중국에도
분포한다.

참고 [북한명] 느릅나무 [유사어] 무이(蕪荑)

○ Ulmus mandshurica *Nakai* ノニレ
Bisul-namu 비술나무

비술나무〈*Ulmus pumila* L.(1753)〉

비술나무라는 이름은 일제강점기에 저술된 『조선의산과와산채』와 『조선삼림식물편』에서 기록

---

41 이러한 견해로 이우철(2005), p.410 참조.

42 이러한 견해로 『나무열전』(2016), p.220 참조.

43 『조선삼림식물편』(1915~1939)은 'ヌルップナム(Nurup-nam)'[느릅나무]를 기록했다.

한 조선명으로 함북 방언에서 유래했다.[44] 아직까지 정확한 유래는 알려져 있지 않다.[45] 다만 닭의 '볏'에 대한 중국 옌볜 방언으로 '비슬'이 있고,[46] 이를 반영한 『한조식물명칭사전』에서 '비슬나무'라는 이름을 기록했으며 북한에서 '비슬나무'를 추천명으로 하고 있는 점에 비추어, 열매에 날개가 달린 모양이 닭의 '볏'(벼슬)을 닮은 것에서 유래했을 수 있다고 추정한다. 한편 가지가 비틀거리는(=비슬거리는) 느낌이 드는 나무라는 뜻의 '비슬나무'가 변해 비술나무가 되었다는 견해가 있으나,[47] 이를 어원학적으로 뒷받침할 근거는 발견되지 않는다. 18세기 말 서명응은 『본사』에서 여러 느릅나무의 종류를 열거하고 있는데, 刺楡(자유)는 가시가 있다고 하므로 '시무나무'를, 粉楡

(분유)는 열매가 흰색이라고 하므로 '비술나무'를, 姑楡(고유)는 나무가 높고 잎이 둥글며 두껍다고 하므로 '왕느릅나무'를, 鄕楡(낭유)는 8월에 열매가 열린다고 하므로 '참느릅나무'를, 楡(유)는 '느릅나무'를 지칭한 것으로 이해된다.[48] 옛 문헌에 白楡(백유)를 한글화한 흰느릅나무(원느릅나무, 힌느릅나무)라는 이름도 보이지만 현재의 이름으로 이어지지는 않았다.

속명 *Ulmus*는 켈트어 *elm*에서 유래한 고대 라틴어로 느릅나무속을 일컫는다. 종소명 *pumila*는 '키가 작은, 작은'이라는 뜻이다.

다른이름　느릅나무(정태현 외, 1923), 긴느릅나무(정태현, 1926), 개느릅/느릅나무(정태현, 1943), 떡느릅나무(박만규, 1949), 개느릅나무(안학수·이춘녕, 1963), 비슬나무(임록재 외, 1972)

옛이름　粉楡/白楡(본사, 1787), 白楡/英楡(광재물보, 19세기 초), 粉楡(목민심서, 1818), 白楡/大楡/粉(물명고, 1824), 粉/白楡/흰느릅나무(자전석요, 1909), 粉/白楡/힌느릅나무(신자전, 1915)[49]

중국/일본명　중국명 楡樹(yu shu)는 느릅나무 종류를 총칭하는 뜻이나, 근래에는 비술나무를 지칭하는 것으로 사용하고 있다. 일본명 ノニレ(野楡)는 들에서 자라는 느릅나무라는 뜻으로, 느릅나무에 비해 못하다는 뜻에서 붙여졌다.

참고　[북한명] 비슬나무 [유사어] 분유(粉楡), 야유(野楡), 유목(楡木), 유백피(楡白皮) [지방명] 누릅나

44　함북 방언에서 유래했다는 것에 대해서는 『조선삼림식물도설』(1943), p.166 참조.
45　이에 대해서는 박상진(2001), p.97과 이우철(2005), p.295 참조.
46　이에 대해서는 국립국어원, '우리말샘' 중 '볏' 참조.
47　이러한 견해로 박상진(2019), p.226 참조.
48　이에 대한 자세한 내용은 『나무열전』(2016), pp.219-221 참조.
49　『조선거수노수명목지』(1919)는 '느눕ㄴ무, 楡'를 기록했으며 『선명대화명지부』(1934)는 '느름(릅)나무'를, 『조선의산과와산채』(1935)는 '楡, 비슬나무'를, 『조선삼림식물편』(1915~1939)은 'チャムヌルップ(Cham-nurupp), ビスルナム(Pisul-nam), ヌルンナム(Nurun-nam), キヤイヌル(Kyai-nul)'[참느릅, 비슬나무, 느릅나무, 개느릅]을 기록했다.

Zelkowa serrata *Makino*　ケヤキ　欅
Nûti-namu 느티나무

느티나무〈*Zelkova serrata* (Thunb.) Makino(1903)〉

느티나무에 대한 한글명이 최초로 발견되는 것은 16세기에
저술된 『훈몽자회』의 '누튀나모'이다. 노랑(黃)을 뜻하는 '눌/
눛'(누렇다)이 변형된 것으로[50] 누튀나모→느틔나무→느티나
무로 변화했다고 추정한다.[51] 느티나무의 나무껍질은 회갈색
으로 느릅나무에 비해 밝은 색이고, 꽃은 노란색이 강한 녹색
이며 목재도 노란색이 뚜렷하다. 『훈몽자회』에서 기록한 누튀
의 '누'는 누렇다(黃)의 뜻으로 느릅나무에 비해 여러 면에서
노란색이 강하다는 뜻에서 유래한 것이며, 느티나무라는 이름
의 어원에 따른 뜻은 '누런색을 띤 나무'이다. 17세기 말에 저
술된 『역어유해』의 黃槐樹(황괴수)와 黃楡樹(황유수)라는 표현
은 그러한 뜻을 나타낸 것이다.[52] 한편 (i) 『아언각비』에서 '늦

희'가 '느티'로 변화한 것으로 보고 있는데 이때 '늦'을 '늦기다'의 줄임말로 보면 둥그스름한 느티
나무의 바깥 모양새가 회화나무와 같은 느낌이 오는 나무라는 뜻에서 유래했다는 견해,[53] (ii) 黃槐
(황괴)라는 한자명을 어원으로 보아 잎이 누렇고 회화나무를 닮은 식물이라는 뜻에서 유래했다는
견해,[54] (iii) 신성한 징조라는 뜻의 옛말 '늦'과 수목 형상이 위로 솟구친다는 뜻의 '티'가 어우러져
생겨난 것으로 보는 견해[55] 등이 있다. 그러나 (i)과 (ii)의 견해는 누튀나모/느틔나무라는 표현이 존
재하는 점과 중국에서 회화나무를 도입하기 전에도 느티나무가 한반도 고유종으로 생활 속에서
관계를 맺어왔다는 점을 설명하지 못하며, (iii)의 견해는 '늦'과 '티'가 그러한 뜻으로 사용된 예를

---

50 현재의 '누렇다'에 해당하는 15세기 어형은 '누러ᄒᆞ다'(분류두공부시언해, 1481)이다. '누튀나모'에서 '누'를 누렇다는 뜻의
　　'눌/눛'으로 해석하는 경우 '튀' 또는 '위'가 무엇을 뜻하는지에 대해서는 추가적인 연구가 필요하다.

51 이러한 견해로 이우철(2005), p.158; 김태영·김진석(2018), p.146; 김무림(2015), p.274; 백문식(2014), p.122; 허북구·박석근
　　(2008b), p.74; 전정일(2009), p.27; 오찬진 외(2015), p.292; 솔뫼(송상곤, 2010), p.172 참조.

52 김종원(2013), p.600은 느티나무의 어원을 '黃槐樹'(황괴수)와 유사한 것으로 보는 견해와 관련하여 느티나무는 고유종으
　　로 회나무 槐(괴)의 한자가 알려지기 전에도 한반도에 분포한 식물이었다고 비판하고 있으나, 옛날에는 槐(괴)가 '느티나
　　무를 뜻하기도 했으므로 타당하지 않은 비판이다(각주 56 참조).

53 이러한 견해로 박상진(2001), p.146 참조.

54 이러한 견해로 강판권(2010), p.693과 박상진(2019), p.89 참조.

55 이러한 견해로 김종원(2013), p.600 참조.

찾기 어렵고 최초 발견되는 어형인 '누튀나모'와도 차이가 있으므로 타당하지 않은 것으로 보인다.

속명 Zelkova는 Z. carpinifolia에 대한 캅카스 지역명인 Zelkoua(Tselkwa)에서 유래한 것으로 느티나무속을 일컫는다. 종소명 serrata는 '톱니가 있는'이라는 뜻으로 잎의 가장자리에 톱니가 있는 것에서 유래했다.

다른이름 느티나무/괴목(정태현 외, 1923), 귀목나무(정태현 외, 1942), 동굴느티나무/긴닢느티나무(정태현, 1943), 둥군닢느티나무/긴닢느티나무(이창복, 1947), 긴잎느티나무/둥근느티나무(정태현 외, 1949), 들메나무(도봉섭 외, 1956), 규목/귀목/정자나무(안학수·이춘녕, 1963), 둥근잎느티나무(이창복, 1966)

옛이름 槐(삼국사기, 1145), 槐木(세종실록, 1426),[56] 黃楡樹/누튀나모(훈몽자회, 1527), 欏葉/느틔닙(신간구황촬요, 1660), 느틔나모/黃槐樹/黃楡樹(역어유해, 1690), 黃槐樹/느틔나모(방언집석, 1778), 欏葉/늣회닙(해동농서, 1799), 黃槐/늣희(몽유편, 1810), 黃楡樹/느틔나모(박물신서, 19세기), 刺楡/늣희/龜木(아언각비, 1819), 黃楡/느틔나무(물명고, 1824), 刺楡/龜木(귀목)/黃楡/느틔나무(명물기략, 1870), 괴목/槐木/늣틔나무/귀목(한불자전, 1880)[57]

중국/일본명 중국명 欅樹(ju shu)는 느티나무를 나타내기 위해 고안된 한자 欅(거)에서 유래했다. 일본명 ケヤキ(欅)는 수형이나 문양 등이 뚜렷한 나무라는 뜻의 ケヤケキ木의 줄임말에서 유래했다고 한다.

참고 [북한명] 느티나무 [유사어] 거(欅), 계유(鷄油), 괴목(槐木), 궤목(樻木), 귀목나무(樻木-), 규목(槻木), 규목(樛木) [지방명] 느트낭구/느트낭기(강원), 느테나무(경기), 끼묵나무(경남), 느트나무(경북), 귀목나무/유트나무/기목나무(전남), 귀목나무/정나나무(전북), 국무기/굴모기/굴목낭/굴목이/굴무기/굴무기낭/굴묵낭/굴묵이/누룩낭/느끼낭/늦기낭/니끼남/니끼낭(제주), 귀목나무/동구/유토나무(충남), 느트나무(충북), 가라소나무(평북), 유티나무(함남)

---

56 옛 문헌에서 槐(괴)는 느티나무 또는 회화나무를 뜻하는데 회화나무는 자생종이 아니므로 『삼국사기』(1145)의 槐谷(괴곡)은 느티나무골이고, 『세종실록』(1426)에서 笏(홀)을 만드는 재료로 언급된 槐木(괴목)은 느티나무를 뜻한다. 이러한 견해로 박상진(2001), p.145 참조.

57 「화한한명대조표」(1910)는 '느틔ㄴ무, 欅木'을 기록했으며 「조선주요삼림수목명칭표」(1912)는 '느트ㄴ무, 欅木'을, 『조선의 구황식물』(1919)은 '느트나무'를, 『조선거수노수명목지』(1919)는 '느틔ㄴ무, 槐'를, 『조선어사전』(1920)은 '귀목, 느틔나무, 槐木(규목)'을, 『조선식물명휘』(1922)는 '欏, 鷄油, 느틔나무(財用)'를, 『토명대조선만식물자휘』(1932)는 '[槻木]규목, 느틔나무'를, 『선명대화명지부』(1934)는 '괴목, 느틔나무'를, 『조선삼림식물편』(1915~1939)은 'カイモック(Kai-mok), トウルミナム(Teulminam), ヌテナム(Neu-the-nam), ヘェイホァナム(Hohoa-nam), ケェーモック(Koe-mok)'[귀목, 틸미나무, 느티나무, 회화나무, 괴목]을 기록했다.

Moraceae 뽕나무科 (桑科)

뽕나무과〈**Moraceae** Gaudich.(1835)〉

뽕나무과는 국내에 자생하는 뽕나무에서 유래한 과명이다. '국가표준식물목록'(2018), 『장진성 식물 목록』(2014) 및 '세계식물목록'(2018)은 *Morus*(뽕나무속)에서 유래한 Moraceae를 과명으로 기재하고 있으며, 엥글러(Engler), 크론키스트(Cronquist) 및 APG IV(2016) 분류 체계도 이와 같다. 다만, 엥글러 (1892)와 크론키스트(1981) 분류 체계는 Urticales(쐐기풀목)로 분류했으나 APG IV(2016) 분류 체계는 Rosales(장미목)로 분류하고, *Cudrania*(꾸지뽕나무속, 구)를 *Maclura*(꾸지뽕나무속, 신)로 통합하고 있다. 또한 『조선식물향명집』에서 이 과에 속해 있던 *Cannabis*(삼속)는 Cannabaceae(삼과)로 분리했다.

Broussonetia Kasinoki *Siebold* カウゾ 楮 (栽)
Dag-namu 닥나무

닥나무〈*Broussonetia kazinoki* Siebold ex Siebold & Zucc.(1830)〉

닥나무라는 이름은 '닥'과 '나무'가 결합한 것으로, 종이를 얻을 수 있는 질긴 껍질을 뜻하는 '닥'을 얻는 나무라는 뜻에서 유래했다.[1] 이 나무를 분지르면 '딱' 하는 소리가 나는 것에서 '닥나무'라는 이름이 유래했다는 견해가 있으나,[2] 대부분의 나무가 그와 같은 소리가 나므로 타당하지 않은 것으로 보인다. 오래전부터 인가 근처의 밭둑에 재배했으므로 닭의 나무(鷄의 木)라는 뜻에서 유래한 것이라는 견해도 있으나,[3] 닭의 옛말은 '돍'(월인석보, 1459)이므로 이 역시 근거가 없는 것으로 보인다. '닥'의 정확한 어원은 알려져 있지 않다.[4]

속명 *Broussonetia*는 프랑스 의학자이자 자연연구가인 Pierre Marie Auguste Broussonet(1761~1807)의 이름에서 유래했으며 닥나무속을 일컫는다. 종소명 *kazinoki*는 꾸지나무의 일본명 カジノキ(梶の木)에서 유래했다.

1　이러한 견해로 박상진(2001), p.376과 강길운(2010), p.346 참조.
2　이러한 견해로 허북구·박석근(2008b), p.83; 김태영·김진석(2018), p.159; 전정일(2009), p.29; 오찬진 외(2015), p.299; 강판 권(2010), p.637 참조. 『동언고』(1836)에서는 '치다'라는 뜻을 가진 한자 '榢'(탁)에서 어원을 찾았는데 이러한 견해와 유사 한 것으로 보인다.
3　이러한 견해로 이덕봉(1963), p.28 참조.
4　이러한 견해로 김민수(1997), p.226 참조.

다른이름 닥나무(정태현 외, 1923), 딱나무(박만규, 1949)

옛이름 楮(신라화엄경사경조성기, 775), 楮/茶只葉/多只(향약구급방, 1236),[5] 닥/楮(훈민정음해례본, 1446), 楮(고려사, 1451), 楮/닥(구급방언해, 1466), 楮/닥나모(구급간이방언해, 1489), 닥/楮/構(훈몽자회, 1527), 楮實/닥나모여름(동의보감, 1613), 楮木(산림경제, 1715), 楮實/닥나모(재물보, 1798), 楮/닥나무(광재물보, 19세기 초), 楮/닥(물명고, 1824), 닥나모여름/楮實(의종손익, 1868), 닥나무/楮木(한불자전, 1880), 楮樹葉/닥나무닙(단방비요, 1913), 楮實子/닥나무열매(선한약물학, 1931)[6]

중국/일본명 중국명 楮(chu)는 종이를 생산하는 것과 관련하여 고안된 한자에서 유래했다.[7] 일본명 カウゾ(紙麻)는 종이를 만드는 데 사용한다고 해서 붙여졌다.

참고 [북한명] 닥나무 [유사어] 구피마(構皮麻), 저상(楮桑) [지방명] 딱나무/딱낭그/딱낭기/땅나무(강원), 닥채나무(경기), 딱나무(경남), 땅나무(경북), 딱나무(전남), 닥/닥낭/딱/딱나무/산닥나무(전북), 어영비낭(제주), 딱나무(충북)

Broussonetia papyrifera *Ventenat* カヂノキ (栽)
Ĝuji-namu 꾸지나무

꾸지나무〈*Broussonetia papyrifera* (L.) L' Hér. ex Vent.(1799)〉

꾸지나무라는 이름은 '꾸지'와 '나무'가 결합한 것으로, 현재의 종을 지칭하는 식물명은 전남 방언에서 유래했다.[8] 16세기에 저술된 『훈몽자회』에서 '쑤지나모'의 형태로 그 이름이 발견된다. 일반적으로 종이를 만든 것과 관련하여 한자명 構楮(구저) 또는 構皮(구피) 등이 옛 문헌에서 사용된 점을 근거로 이에서 발음이 변화되어 '꾸지'가 유래한 것으로 보고 있다.[9] 그러나 構楮(구저) 또는 構皮(구피)라는 이름이 문헌상 발견되기는 하지만 흔하게 사용했던 표현이 아니고, 현재의 종(species)으로서 꾸지나무를 일컫는지도 불분명하다. 특히 '쑤지나모'를 최초로 기록한 것으로 보이는 『훈몽자회』는 "檿 묏뽕 염 本國俗稱 쑤지나모"(檿은 산뽕나무 '염'이라고 하고 우리나라에서는 '쑤

---

5 『향약구급방』(1236)의 차자(借字) '茶只葉/多只'(다지엽/다지)에 대해 남풍현(1981), p.113은 '닥닢/닥'의 표기로 보고 있으며, 이덕봉(1963), p.27은 '닥'의 표기로 보고 있다.

6 「화한한명대조표」(1910)는 '닥ㄴ무, 楮'를 기록했으며 『조선어사전』(1920)은 '楮, 닥, 다나무'를, 『조선식물명휘』(1922)는 '楮, 닥나무(製紙)'를, 『토명대조선만식물자휘』(1932)는 '[楮木]져목, [構木]구목, [穀木]곡목, [닥(나무)], [닥채], [楮白皮]져빅피, [穀實]곡실'을, 『선명대화명지부』(1934)는 '다나무'를, 『조선삼림식물편』(1915~1939)은 'タクナム(Tak-nam), タタックナム(Tak-nam)'[닥나무, 딱나무]를 기록했다.

7 중국의 이시진은 『본초강목』(1596)에서 "楮本作柠其皮可績為紵故也"(楮는 본래 종이를 만든다. 그 껍질로 베를 짤 수 있는 데서 유래한 이름이다)라고 했다.

8 이에 대해서는 『조선삼림수목감요』(1923), p.51과 『조선삼림식물도설』(1943), p.163 참조. 한편 오찬진 외(2015), p.296은 생김새가 '굳이' 뽕나무를 닮았다는 것에서 생긴 말이라고 하나, 어원에 비추어 뽕나무와 결합하지 않고 사용되므로 적절하지 않은 해석으로 보인다.

9 이러한 견해로 김종원(2013), p.603과 박상진(2001), p.376 참조.

지나모'라고 한다)라고 하여 현재의 산뽕나무(*Morus australis*)를 일컫는 우리말에서 유래했음을 시사하고 있다. 또한 『훈몽자회』는 構楮(구저)의 한자 '構'를 '닥 구'라고 하고, '楮'를 '닥 져'라고 하여 그 표기가 '꾸지'와 다르다. 이에 비추어 꾸지나무는 고유어로 이해되지만 정확한 유래에 대해서는 밝혀진 바가 없다. 현재 우리말 '꾸지'의 어원은 '쑤리'로, 병기(兵器)를 꾸민 붉은 털을 뜻한다.[10] 『훈몽자회』는 "纓 긴 영 又쑤리曰纓兒"(纓은 긴 끈을 뜻하는 '영'인데 달리 긴 끈이 모여 있는 것은 '쑤리'라 한다)라고 하여 끈(또는 술)이 모여 있다는 뜻으로 '쑤리'를 사용했다. 산뽕나무와 꾸지나무는 모두 암술대가 길게 늘어져 있고 열매가 된 이후에도 상당 기간 긴 암술대가 잔존하는 특

징이 있다. 이러한 점을 고려하면 꾸지나무라는 이름은 암술대가 길고 오래 잔존하는 모습이 긴 끈(술)이 모여 있는 '쑤리' 또는 그와 유사한 뜻을 가진 '쑤지'[쑤리와 동원어이거나, 쑤리+지(접미사)의 축약형]와 같다는 뜻에서 유래한 것일 가능성이 있다고 추정한다.

속명 *Broussonetia*는 프랑스 의학자이자 자연연구가인 Pierre Marie Auguste Broussonet (1761~1807)의 이름에서 유래했으며 닥나무속을 일컫는다. 종소명 *papyrifera*는 '종이를 함유하는'이라는 뜻이다.

다른이름   쑤지나무/닥나무(정태현 외, 1923)

옛이름   檾/쑤지나모(훈몽자회, 1527), 構楮(서하집, 1713), 檾(일성록, 1800), 柘/구지(물보, 1802), 檾桑/뷔희덕이(물명고, 1824), 構皮(오주연문장전산고, 185?), 柘/쑤지(명물기략, 1870)[11]

중국/일본명   중국명 构树(gou shu)는 껍질을 얽어매 종이를 만드는 나무라는 뜻이다. 일본명 カヂノキ(楮木)는 종이를 만드는 나무라는 뜻이다.

참고   [북한명] 꾸지나무 [유사어] 곡목(穀木), 구수(構樹), 저목(楮木), 저실(楮實) [지방명] 딱나무(경남), 굼낭/궁남(제주)

---

10   이에 대해서는 국립국어원, '표준국어대사전' 중 '꾸지' 참조.

11   『조선주요삼림수목명칭표』(1915a)는 '닥ㄴ무, 楮'를 기록했으며 『조선식물명휘』(1922)는 '構, 楮桑, 쑤지나무'를, 『토명대조선만식물자휘』(1932)는 '[楮木]져목, [構木]구목, [穀木]곡목, [닥(나무)], [닥채], [楮白皮]져빅피, [穀實]곡실'을, 『선명대화명지부』(1934)는 '쑤지나무, 닥나무'를, 『조선삼림식물편』(1915~1939)은 'タクナム(Tack-nam), ククチナム(Kkuchi-nam), タンナム(Tang-nam)'[닥나무, 꾸지나무, 당나무]를 기록했다.

Cannabis sativa *Linné*   アサ   麻 (栽)
Sam 삼

삼〈*Cannabis sativa* L.(1753)〉

삼이라는 이름은 한글 창제 직후인 15세기에 현대어와 동일
한 표현이 그대로 나타난다. 만주어에 삼과 비슷한 samsu가
있는 점에 비추어볼 때 '삼'은 고유어에서 유래한 이름으로 추
정한다. 만주어 'samsu'는 푸른 아마포(亞麻布)를 뜻한다.[12]
'삼'의 유래를 한자어 마(麻)에서 찾거나,[13] 한자어 섬(纖)이 '삼'
으로 변화한 것이라고 보거나,[14] 인삼(人蔘)을 뜻하는 우리말
'심'이 '삼'으로 변화한 것으로 보는 견해가 있으나,[15] 옛 문헌
에 한자어 '마'나 '섬'이 발음과 표기가 동일하게 나타나지 않
으며 '심'이 '삼'으로 변화한 예를 찾기가 어렵다. '삼'의 뜻과
어원에 대해서는 아직까지 정확히 밝혀진 바가 없으며, 삼과
유사한 형태로 섬유를 찢어 비비 꼬아서 만든다는 뜻을 가진

'삼다'가 있으나 그 표현이 조선 중·후기에 나타나므로 삼의 어원이라기보다는 삼에서 파생한 어
휘로 보인다. 삼은 중앙아시아 원산의 식물로 우리나라에서도 『삼국사기』와 『계림유사』에 삼(麻)
에 관한 기록이 있는 것으로 미루어 오래전부터 재배했을 것으로 추측하고 있다.

속명 *Cannabis*는 삼(麻)을 뜻하는 페르시아어 *kanb*에서 유래한 고대 그리스어로 삼속을 일
컫는다. 종소명 *sativa*는 '재배하는'이라는 뜻이다.

다른이름   삼(정태현 외, 1936), 대마(안학수·이춘녕, 1963), 역삼/대마인(한진건 외, 1982), 대마초(이우철,
1996b)

옛이름   麻/三(계림유사, 1103),[16] 麻(삼국사기, 1145), 麻子/与乙(향약구급방, 1236),[17] 麻子/吐乙麻(향약채
취월령, 1431), 삼/麻(월인석보, 1459), 엻/麻(능엄경언해, 1461), 삼/麻(원각경언해, 1465), 大麻仁/땽망싀(구
급방언해, 1466), 麻/삼(분류두공부시언해, 1481), 麻/삼/冬麻子/돌열삐(구급간이방언해, 1489), 麻/삼(훈몽
자회, 1527), 삼/麻(신증유합, 1576), 삼/麻(소학언해, 1588), 麻子/삼삐/열삐(동의보감, 1613), 大麻子/대마

---

12 이에 대한 자세한 내용은 강길운(2001), p.757 참조.

13 이러한 견해로 이우철(2005), p.320 참조.

14 이에 대해서는 『명물기략』(1870) 중 '麻' 참조.

15 이에 대해서 김민수(1997), p.546은 표제어 '삼'을 麻(마)를 지칭하는 것으로 기술하고 있으나, 그 내용은 人蔘(인삼)에 관한
    설명이라 타당성에 의문이 남는다.

16 『계림유사』(1103)에 사용된 '三'(삼)에 대해 진태하(2007), p.179는 고유어 '삼'의 표기로 보고 있다.

17 『향약구급방』(1236)의 차자(借字) '与乙'(여을)에 대해 남풍현(1981), p.65와 이덕봉(1963), p.202는 '열'의 표기로 보고 있다.

ㅈ(신간구황촬요, 1660), 績麻/삼(역어유해, 1690), 麻/삼(동언유해, 1748), 線麻/삼(방언집석, 1778), 麻/삼(몽언유해, 1790), 大麻/마(물명고, 1824), 大麻/삼씨(농정회요, 183?), 삼씨/大麻/火麻(의종손익, 1868), 麻/마/삼(명물기략, 1870), 櫨麻/돌숨/大麻/삼씨(녹효방, 1873), 麻/마/삼(한불자전, 1880), 火麻/삼씨/大麻(방약합편, 1884), 冬麻子/돌숨(의방합편, 19세기), 麻仁/삼씨(선한약물학, 1931)[18]

중국/일본명 중국명 大麻(da ma)는 큰 삼(麻)이라는 뜻으로, 麻는 집 안(广)에서 삼 껍질을 벗기는 것을 나타낸다. 일본명 アサ(麻)는 정확한 어원이 알려져 있지 않다.

참고 [북한명] 역삼 [유사어] 대마(大麻), 마(麻), 산우(山芋), 화마인(火麻仁) [지방명] 대마/대마초/모시/삼베/삼베씨/역시/열비(강원), 대마/대마초/마/베/삼베(경기), 삼베/쌈/열(경남), 삼베/열(경북), 대마/대마초/모시/베/삼베/저릅대(전남), 삼베(전북), 대마초/산배낭/숨/한배낭(제주), 대마/대마초/모시/삼나무/삼베/세마/열대/절우때기(충남), 대마/돌삼/세마(충북), 대마/새마(함북)

Cudrania tricuspidata *Bureau* ハリグワ
Guji-bôn̂g-namu 구지뽕나무

꾸지뽕나무〈*Maclura tricuspidata* Carrière(1864)〉[19]

꾸지뽕나무라는 이름은 전남 방언을 채록한 것에서 유래했다.[20] 꾸지뽕나무의 정확한 어원이나 유래는 알려져 있으나, '꾸지'와 '뽕나무'의 합성어로 '꾸지'는 암술대가 길고 오래 잔존하는 모습이 마치 긴 끈(술)이 모여 있는 모양 같다는 뜻이고, '뽕나무'는 뽕나무를 닮은 데서 유래한 이름일 가능성이 있다고 추정한다(이에 대한 보다 자세한 내용은 이 책 '꾸지나무' 참조). 한편 구지뽕나무와 꾸지나무는 모두 종이의 원료이므로 구지 혹은 꾸지라는 말은 구지(構紙)[또는 구저(構楮)]에서 온 말이라는 견해와[21] 뽕나무와 쓰임새는 비슷하지만 훨씬 더 단단하다는 뜻 또는 누에를 키우는 뽕나무를 굳이 하겠다는 뜻의 '굳이 뽕나무'가 '구지뽕나무'로 되고 그것이 된소리로 변해

---

18 『조선어사전』(1920)은 '삼, 돌삼, 大麻(대마), 黃麻(황마), 火麻'를 기록했으며 『조선식물명휘』(1922)는 '麻, 大麻, 火麻, 삼(栽培, 纖維)'을, 『토명대조선만식물자휘』(1932)는 '[大麻]대마, [火麻]화마, [黃麻]황마, [삼], [麻勃]마뷸, [삼씇], [麻蕡]마분, [麻子]마ㅈ, [마씨], [열씨]'를, [(大)麻仁](대)마인, [麻楷]마기, [삼(ㅅ)대]'를, 『선명대화명지부』(1934)는 '삼'을 기록했다.

19 '국가표준식물목록'(2018)은 꾸지뽕나무의 학명을 *Cudrania tricuspidata* (Carr.) Bureau ex Lavallee(1877)로 기재하고 있으나, 『장진성 식물목록』(2014), '세계식물목록'(2018) 및 '중국식물지'(2018)는 정명을 본문과 같이 기재하고 있다.

20 이에 대해서는 『조선삼림수목감요』(1923), p.33 참조.

21 이러한 견해로 박상진(2001), p.376 이하 참조.

'꾸지뽕나무'가 되었다는 견해가 있다.[22] 그러나 구지(構紙) 또는 구저(構楮)는 보편적으로 사용된 한자 표현이 아니어서 그것이 한글로 전화되었다고 보기 어렵고, '굳이'에 대한 옛 표현은 '구디'(석보상절, 1447)로 『훈몽자회』의 '쓱지나모'와 『시경언해』의 '쓱지뽕'과 표기에서 차이가 현저한 것에 비추어 타당하지 않다. 19세기에 저술된 『자류주석』은 '쓱지뽕'을 산뽕나무(山桑)로 보기도 했으며, 다른이름 중 활뽕나무는 옛적에 활을 만드는 재료로 사용한 것에서 유래했다. 『조선식물향명집』은 '구지뽕나무'로 기록했으나 『조선식물명집』에서 '꾸지뽕나무'로 개칭해 현재에 이르고 있다.

속명 *Maclura*는 스코틀랜드 출신 미국 지질학자 William Maclure(1763~1840)의 이름에서 유래했으며 꾸지뽕나무속을 일컫는다. 종소명 *tricuspidata*는 '삼첨두(三尖頭)의, 삼철두(三凸頭)의'라는 뜻이다.

다른이름 구짓뽕나무(정태현 외, 1923), 구지뽕나무(정태현 외, 1937), 굿가시나무(정태현 외, 1942), 활뽕나무(정태현, 1943)

옛이름 쓱지뽕(시경언해, 1613), 奴柘/구디(물명고, 1824), 쓱지뽕/樜/山桑(자류주석, 1856)[23]

중국/일본명 중국명 柘(zhe)는 꾸지뽕나무를 나타내기 위해 고안된 한자로 '木'(나무)과 '石'(석: 광물로서 뭉쳐져 결합되어 딘딘해졌다는 뜻)이 합쳐진 글사이며, 열매의 모양이 붕쳐서 하나로 보이는 나무라는 뜻에서 유래했다. 일본명 ハリグワ(針桑)는 가시가 달리는 뽕나무 종류라는 뜻이다.

참고 [북한명] 꾸지뽕나무 [유사어] 노자(奴柘), 자(樜), 자(柘), 자목(柘木), 자상(柘桑) [지방명] 꾸지뽕(강원), 구지뽕/구지뽕나무/후지뽕(경기), 가시뽕나무/구지뽕/구지뽕나무/구질뽕/꾸지뽕/활뽕나무(경남), 가시뽕/가시뽕나무/꾸지뽕/활뽕나무(경북), 꾸지나무/꾸지뽕/꾸찌봉나무/꾸찌뽕/꾸찌뽕나무(전남), 꾸지뽕/꾸찌뽕(전북), 가시낭/간잘미/개탕지여름/국가시낭/국까시낭/굿가시/굿가시낭/귀까시낭/귓가시/귓가시낭/귓낭/꾹가시/들뽕낭/빈독/카카시나무/쿤낭/쿳낭/쿳카시낭/퀸낭/퀏가시낭/퀏낭/키카시나무(제주), 구지뽕/구지뽕오두개/꾸지나무/꾸지뽕/꾸찌뽕/일본뽕나무(충남), 구지뽕/구지뽕나무/구찌뽕(충북)

---

22 이러한 견해로 박상진(2011a), p.369; 한국학중앙연구원, '한국민족문화대백과사전' 중 '꾸지뽕나무'; 솔뫼(송상곤, 2010), p.440 참조.

23 『조선식물명휘』(1922)는 '奴柘, 刺桑樹, 쓱지뽕나무'를 기록했으며 『토명대조선만식물자휘』(1932)는 '[柘]쟈, [樜]쟈, [구(構)ㅅ뽕나무], [가시뽕나무], [柘葉]쟈엽, [구ㅅ뽕]'을, 『선명대화명지부』(1934)는 '구지뽕나무'를, 『조선삼림식물편』(1915~1939)은 'チョツコクチナム(Chokkokuchinam), クッカサイ(Kukkassi), クカシナム(Kukashinam), クジッポン(Kujippon), ホアルポンナム(Hoalpong-nam)'[젖꼭지나무, 굿가시, 굿가시나무, 구지뽕, 활뽕나무]를 기록했다.

Ficus carica *Linné*　イチヂク　無花果 (栽)
Muhwakwa-namu　무화과나무

무화과나무〈Ficus carica L.(1753)〉

무화과나무라는 이름은 꽃이 없는 과일이라는 뜻의 중국명 無花果(무화과)에서 유래했다. 아라비아 서부 및 지중해 연안이 원산지인 무화과나무는 봄부터 여름까지 잎겨드랑이에 주머니처럼 생긴 꽃차례가 발달하며, 그 안쪽에 담홍색의 작은 꽃들이 피어난다. 꽃이 없는 것이 아니라, 꽃이 필 때 꽃턱이 긴타원모양 주머니처럼 비대해지면서 수많은 작은 꽃들이 주머니 속으로 들어가버리고 꼭대기 부분만 조금 열려 있어 실제로 꽃을 외부에서는 잘 볼 수 없으므로 무화과나무라는 이름이 유래했다.[24]

　속명 *Ficus*는 무화과나무를 일컫는 라틴어로 무화과를 뜻하는 그리스어 *sycon* 또는 좁다는 의미의 아카드어 *piqu*에서 유래했으며 무화과나무속을 일컫는다. 종소명 *carica*는 무화과를 뜻하는 라틴어로 그리스어 *karike*에서 유래했다.

다른이름　무화과(이창복, 1966)

옛이름　無花果(목은집, 1404), 無花果(청천집, 18세기), 無花果(열하일기, 1780), 無花果/長生果(계산기정, 1804), 無花果(물명고, 1824), 無花果/優曇花(오주연문장전산고, 185?), 無花果/무화과(명물기략, 1870), 무화과/無花果(한불자전, 1880), 無花果(선한약물학, 1931)[25]

중국/일본명　중국명 無花果(wu hua guo)는 한국명의 유래와 같다. 일본명 イチヂク(映日果)는 무화과를 뜻하는 아랍어 anjīr를 한자로 표기한 映日에 과일이라는 뜻이 결합한 것이다. 다른 일본명 イチジク는 映日果를 음독한 エイジツカ에서 변화한 것이다.

참고　[북한명] 무화과나무 [유사어] 무화과(無花果), 밀과(蜜果), 선도(仙桃), 아장(阿馹), 영일홍(映日紅), 청도(靑桃) [지방명] 무화과(경기), 무아가나무/무화과(경남), 무화/무화과/이찌지꾸(경북), 무화/무화과/젓꼭지나무/젖꼭데기나무(전남), 무화과(전북), 무악/무에게낭/무와게낭/무화낭/무화과낭/틀낭(제주), 무화과(충남), 무화과(충북)

24　이러한 견해로 이우철(2005), p.232; 김태영·김진석(2018), p.166; 허북구·박석근(2008b), p.125; 전정일(2009), p.30; 오찬진 외(2015), p.306; 박상진(2019), p.165 참조.

25　『조선어사전』(1920)은 '無花果(무화과)'를 기록했으며 『조선식물명휘』(1922)는 '無花果, 무화과나무(食)'를, 『토명대조선만식물자휘』(1932)는 '[無花果]무화과'를, 『선명대화명지부』(1934)는 '무화과나무'를 기록했다.

Ficus erecta *Thunberg*　イヌビワ　天仙果
Chŏnsŏnkwa-namu　천선과나무

천선과나무〈*Ficus erecta* Thunb.(1786)〉

천선과나무라는 이름은 한자어 천선과(天仙果)에서 유래한 것
으로, '하늘의 신선이 먹는 과일이 열리는 나무'라는 뜻이다.[26]
그러나 이름과 달리 천선과나무는 재배종 무화과나무에 비해
열매의 크기도 작고 단맛도 떨어진다. 경남 창원 다호리 고분
군(사적 제327호)에서 천선과로 추정되는 씨앗이 나오기도 한
것으로 보아 재배종 무화과나무가 들어오기 이전부터 과일로
식용했던 것으로 보인다.[27]

　속명 *Ficus*는 무화과나무를 일컫는 라틴어로 무화과를 뜻
하는 그리스어 *sycon* 또는 좁다는 의미의 아카드어 *piqu*에서
유래했으며 무화과나무속을 일컫는다. 송소명 *erecta*는 '곧
은, 직립하는'이라는 뜻이다.

다른이름　꼭지긴천선과(정태현, 1943), 긴꼭지천선과(정태현 외, 1949), 젖꼭지나무(안학수·이춘녕,
1963), 천선과(이창복, 1966)

옛이름　天仙果(광재물보, 19세기 초)[28]

중국/일본명　중국명 矮小天仙果(ai xiao tian xian guo)는 수형 등이 작은 천선과라는 뜻이다. 일본명
イヌビワ(犬枇杷)는 개비파라는 말로 비파나무에 비해 못하다는 뜻에서 붙여졌다.

참고　[북한명] 천선과나무 [유사어] 내장포(奶漿包), 우유보(牛乳甫) [지방명] 둔부기/둔비나무/둠부
기/듬북/듬뿍/뜸북/방죽/빈둑/야생무화과/젖꼭지나무(전남), 빈독낭/빈둑낭(제주)

---

26 이러한 견해로 이우철(2005), p.513; 허북구·박석근(2008b), p.275; 오찬진 외(2015), p.309 참조.

27 이에 대해서는 한국학중앙연구원, '한국민족문화대백과사전' 중 '천선과나무' 참조.

28 『조선식물명휘』(1922)는 '天仙果'를 기록했으며 『조선삼림식물편』(1915~1939)은 'チョツコクテギナム(南海島)
(Chokkokteginam), 天仙果/チェンツンクワ(Chheun-seun-kwa)'[젖꽃지나무(남해도), 天仙果(천선과)]를 기록했다.

Ficus nipponica *Franchet et Savatier*   イタビカヅラ
Moram   모람

모람⟨*Ficus sarmentosa* Buch.-Ham. ex Sm. var. *nipponica* (Franch. & Sav.) Corner(1960)⟩[29]

모람이라는 이름은 제주 방언에서 유래했다.[30] 현재도 제주에서 모람 또는 모람줄이라고 부르고 있으나,[31] 그 정확한 뜻이나 어원은 알려져 있지 않다.

속명 *Ficus*는 무화과나무를 일컫는 라틴어로 무화과를 뜻하는 그리스어 *sycon* 또는 좁다는 의미의 아카드어 *piqu*에서 유래했으며 무화과나무속을 일컫는다. 종소명 *sarmentosa*는 '덩굴줄기(蔓莖)가 있는'이라는 뜻으로 덩굴성에서 유래한 이름이며, 변종명 *nipponica*는 '일본의'라는 뜻이다.

다른이름 모람(정태현 외, 1923), 모람덩굴(안학수·이춘녕, 1963)[32]

중국/일본명 중국명 白背爬藤榕(bai bei pa teng rong)은 잎의 뒷면에 흰색이 돌고 감아 올라가는 덩굴식물이라는 뜻이다. 일본명 イタビカヅラ(-葛)에서 カヅラ(葛)는 덩굴식물이라는 뜻이나, イタビ의 유래에 대해서는 무화과나무를 뜻하는 イチジク에서 유래했다는 견해 등 논란이 있다.

참고 [북한명] 모람 [유사어] 목만두(木饅頭), 벽려(薜荔), 석장차등(石墙茶藤), 애파등(崖爬藤) [지방명] 모람나무/방죽(전남), 가메기빈독/모람(줄)/모람쿨(제주)

Ficus pumila *Linné*   オホイタビ
Waṅg-moram   왕모람

왕모람⟨*Ficus pumila* L.(1753)⟩

왕모람이라는 이름은 '왕'과 '모람'이 결합한 것으로, 열매가 큰(왕) 모람이라는 뜻에서 유래했다.[33] 문헌상으로는 『조선식물향명집』에서 최초로 발견되는 이름으로 보이며 현재에 이르고 있다.

---

29 '국가표준식물목록'(2018)은 모람의 학명을 *Ficus oxyphylla* Miq. ex Zoll.(1854)로 기재하고 있으나, 『장진성 식물목록』(2014), '세계식물목록'(2018) 및 '중국식물지'(2018)는 이 학명을 이명(synonym) 처리하고 본문의 학명을 정명으로 기재하고 있다.

30 이에 대해서는 『조선삼림수목감요』(1923), p.33과 『조선삼림식물도설』(1943), p.173 참조.

31 이에 대해서는 현평효·강영봉(2014), p.135 참조.

32 『조선식물명휘』(1922)는 '崖爬藤, 모람'을 기록했으며 『선명대화명지부』(1934)는 '모람'을 기록했다.

33 이러한 견해로 이우철(2005), p.410 참조.

한편 중국에서 전래된 한자명 '薜荔'(벽려)에 대해서 '중국식물지'는 왕모람(*Ficus pumila*)으로 보고 있는데, 국내 일부 견해는 이를 줄사철나무(*Euonymus fortunei*)로 보기도 한다.[34] 또한 옛 문헌에서는 한글로 '담쟝이', '담댱이' 또는 '담장이'로 기록해 현재의 담쟁이덩굴(*Parthenocissus tricuspidata*)을 지칭한 것으로 읽히기도 하며, 털마삭줄(*Trachelospermum jasminoides*)을 뜻하는 '絡石'(낙석)을 함께 기록하기도 했다. 19세기에 저술된 『물명고』는 '薜荔'(벽려)에 대해 덩굴성 목본(樹木)으로 보고 "其味微㵉 童兒多食之"(열매는 그 맛이 약간 꺼칠한데 아이들이 많이 먹는다)라고 기록해 왕모람을 강하게 시사하기도 했다. 따라서 옛 문헌에 나오는 '薜荔'는 왕모람(또는 줄사철나무), 담쟁이덩굴 및 털마삭줄이 혼용되어 있으므로 문헌을 검토할 때에는 주의가 필요하다.

속명 *Ficus*는 무화과나무를 일컫는 라틴어로 무화과를 뜻하는 그리스어 *sycon* 또는 좁다는 의미의 아카드어 *piqu*에서 유래했으며 무화과나무속을 일컫는다. 종소명 *pumila*는 '키가 작은, 작은'이라는 뜻이다.

다른이름 모람(정태현 외, 1923)

옛이름 荔薜(분류두공부시언해, 1481), 薜荔/담쟝이/薜荔草(훈몽자회, 1527), 薜荔/담댱이(언해구급방, 1608), 薜荔(동의보감, 1613), 薜荔/벽려(왜어유해, 1782), 薜荔/木蓮(광재물보, 19세기 조), 薜荔/木蓮/木饅頭(물명고, 1824), 薜荔/墻衣/絡石(송남잡지, 1855), 薜荔/담장이(의방합편, 19세기), 薜荔/담장이(자전석요, 1909), 荔/薜荔/香草/벽려풀(신자전, 1915)[35]

중국/일본명 중국명 薜荔(bi li)는 벽에 기대어서 자라고 둥근 열매의 모양이 여지(荔枝: *Litchi chinensis*)와 닮았다는 뜻에서 유래한 것으로 보인다. 열매 모양을 빗대어 만두(饅頭)라고도 했다. 일본명 オホイタビ는 식물체가 대형인 모람(イタビ)이라는 뜻이다.

참고 [북한명] 왕모람 [유사어] 목만두(木饅頭), 벽려(薜荔), 옥애(玉薆) [지방명] 모람낭/모람줄(제주)

Humulus japonicus *Siebold et Zuccarini* カナムグラ
Hansam-dŏnggul 한삼덩굴(범상덩굴·엉겅퀴)

한삼덩굴(환삼덩굴)〈*Humulus scandens* (Lour.) Merr.(1935)〉[36]
한삼덩굴이라는 이름은 '한'과 '삼'과 '덩굴'로 이루어진 합성어로, '한'은 많다 또는 흔하다라는 뜻의 옛말이고 '삼'은 삼(대마)의 잎을 닮았다는 뜻이며 '덩굴'은 덩굴식물이라는 뜻이다. 즉, 주위

---

34 이러한 견해로 '한의학고전DB'(2018) 중 '국역 동의보감'의 '薜荔'와 『고어대사전 9』(2016), p.596 참조.

35 『조선식물명휘』(1922)는 '薜荔, 石壁蓮'을 기록했으며 『선명대화명지부』(1934)는 '모람'을, 『조선삼림식물편』(1915~1939)은 'モラム(Moram)'[모람]을 기록했다.

36 '국가표준식물목록'(2018)은 환삼덩굴의 학명을 *Humulus japonicus* Sieboid & Zucc.(1870)로 기재하고 있으나, 『장진성 식물목록』(2014), '세계식물목록'(2018) 및 '중국식물지'(2018)는 본문의 학명을 정명으로 기재하고 있다.

에서 흔하게 볼 수 있는 삼의 잎을 닮은 식물이라는 뜻에서 유래했다.[37] 옛 문헌상의 이름이 모두 '한삼덩굴'이고 『조선시물향명집』도 '한삼덩굴'로 기록했으나, 『조선식물명집』에서 특별한 이유 없이 '환삼덩굴'로 기록해 현재에 이르고 있다. 유래나 옛 용례에 비추어볼 때 '한삼덩굴'을 사용하는 것이 바람직해 보인다.[38] 19세기에 저술된 『임원경제지』 중 『인제지(仁齊志)』는 구황식물로 '葎草'(율초)라는 이름으로 기록하기도 했다.

속명 *Humulus*는 홉(hop)의 중세 독일명 또는 땅(earth, ground)을 의미하는 라틴어 *humus*에서 유래한 것으로 추정하며, 지표에 포복성으로 자라는 생태적 특성을 나타낸 것으로 한삼덩굴속을 일컫는다. 종소명 *scandens*는 '기어 올라가는 성질의'라는 뜻으로 덩굴식물임을 나타낸다.

다른이름 범상덩굴/엉경퀴(정태현 외, 1937), 환삼덩굴(정태현 외, 1949), 좀환삼덩굴(이창복, 1969b)

옛이름 葎草/汗三(향약집성방, 1433),[39] 葎草/한삼너출(사성통해, 1517), 葎/한삼/勒麻藤草(훈몽자회, 1527), 葎草/흔삼(언해구급방, 1608), 葎草/한삼(동의보감, 1613), 葎草蔓/한삼너출(역어유해, 1690), 葎/한마/勒麻(물보, 1802), 葎草/너슴/한슴(광재물보, 19세기 초), 葎草/한삼/蔓麻/葛勒(물명고, 1824), 葎草(임원경제지, 1842), 한삼슈/勒麻(박물신서, 19세기), 葎草/너암(의방합편, 19세기), 한삼/葎(자전석요, 1909), 한슴/葎(의서옥편, 1921), 葎草/한삼년출(선한약물학, 1931)[40]

중국/일본명 중국명 葎草(lü cao)는 무성하게 번식하는(葎) 초본성 식물이라는 뜻이다. 일본명 カナムグラ(鉄葎)는 가시가 있는 덩굴을 쇠(鐵)에 빗대고 무성하게 번식하는(葎) 식물이라는 뜻에서 붙여졌다.

참고 [북한명] 한삼덩굴 [유사어] 노호등(老虎藤), 율초(葎草) [지방명] 눈까잽이풀/눈까집이풀(강원), 삼수레기/삼수세/삼수세기(제주)

---

37 이러한 견해로 김종원(2013), p.19와 김경희 외(2014), p.11 참조.
38 이우철(2005), p.586과 김종원(2013), p.17도 '한삼덩굴'을 추천명으로 했다.
39 『향약집성방』(1433)의 차자(借字) '汗三(한삼)'에 대해 남풍현(1999), p.178은 '한삼'의 표기로 보고 있다.
40 『조선어사전』(1920)은 '한삼, 葎草(륙초), 勒草(륵초)'를 기록했으며 『조선식물명휘』(1922)는 '葎草, 勒草, 한삼엇굴'을, 『토명대조선만식물자휘』(1932)는 '[葎草]율초, [勒藥]륵약, [한삼]'을, 『선명대화명지부』(1934)는 '한삼덩굴, 한삼엇굴'을 기록했다.

Morus alba _Linné_   タウグワ   桑
B̂ong-namu   뽕나무

뽕나무〈_Morus alba_ L.(1753)〉

뽕나무라는 이름의 유래에 대해 열매 오디에 함유된 사과산
이 노폐물을 몸 밖으로 밀어내는 작용을 하므로 오디를 많이
먹으면 방귀가 잦아지니 그 소리에서 '뽕'이라는 이름이 유래
했다는 견해,[41] 한자어 상(桑)에서 유래를 찾는 견해,[42] 뽕의 어
원을 희다는 뜻의 '보얗다, 뽀얗다'로 보아 줄기와 누에고치가
희며 간혹 흰 열매 등이 보이는 것에서 유래한 말로 추정하는
견해[43] 등이 있다. 역사 기록에 삼한(三韓) 중 진한(辰韓)에서 뽕
나무를 기르고 사용했다는 언급이 있는 것으로 보아 '뽕'은 기
원이 오래된 이름이다. 15세기 문헌에 한글 '뽕'이 나타나기
시작했는데, 19세기에 '뽕/뽕'이 함께 쓰이다 'ㅅㅏ'이 폐기되면
서 '뽕'으로 굳어졌다. 뽕은 비단을 만들기 위해서도 필요했으
므로 한글 창제 이전부터 사용한 고유어로 보이지만 그 정확한 어원이나 유래는 확인되지 않는다.
19세기에 저술된 『규합총서』는 굵은 가지를 염색제로 사용했음을 기록하기도 했다.

　속명 _Morus_는 뽕나무를 의미하는 라틴어로 켈트어 _mor_(검은)에 어원을 두고 있으며, 열매가
검은색이라는 뜻으로 뽕나무속을 일컫는다. 종소명 _alba_는 '흰색의'라는 뜻이다.

다른이름　뽕나무(정태현 외, 1923), 오듸나무(정태현, 1943), 새뽕나무(박만규, 1949), 당뽕나무(안학수·
이춘녕, 1963), 오디나무(한진건 외, 1982)

옛이름　桑(삼국사기, 1145), 桑(삼국유사, 1281), 桑/뽕나모(월인석보, 1459), 뽕닙/桑(능엄경언해, 1461),
뽕나모/桑(구급방언해, 1466), 桑柘/뽕나모(분류두공부시언해, 1481), 桑/뽕나모(구급간이방언해, 1489),
桑/뽕나모(훈몽자회, 1527), 桑/뽕나모(동의보감, 1613), 桑椹/뽕나모여름(산림경제, 1715), 桑/뽕(어제내훈
언해, 1736), 桑樹/뽕나모(동문유해, 1748), 桑/뽕(물보, 1802), 桑/뽕나무(광재물보, 19세기 초), 뽕나모(규
합총서, 1809), 桑/뽕(물명고, 1824), 뽕나모/桑(의종손익, 1868), 桑/뽕(명물기략, 1870), 뽕나무/桑(한불자
전, 1880), 뽕나무(사민필지, 1889), 桑葉/뽕닙(국한회어, 1895), 뽕나무/桑(자전석요, 1909), 桑葉/뽕나무

41　이러한 견해로 이유미(2015), p.456; 허북구·박석근(2008b), p.170; 전정일(2009), p.28; 오찬진 외(2015), p.316 참조. 전래
　　민요에도 '방귀 뽕뽕 뽕나무'라는 표현이 나온다.
42　이러한 견해로 이우철(2005), p.297 참조.
43　이러한 견해로 김종원(2013), p.607 참조.

닙사귀(선한약물학, 1931), 쏭나무(조선구전민요집, 1933)[44]

중국/일본명 중국명 桑(sang)은 뽕나무의 모양(나무에 열매 또는 잎이 달리는 모양)을 본뜬 상형문자에서 유래했다. 일본명 タウグワ(唐桑)는 당에서 전래된 것으로 누에가 뽕잎을 먹는다는 뜻의 くい(食い)와 관련하여 붙여졌다.

참고 [북한명] 뽕나무 [유사어] 뽕, 상목(桑木), 상수(桑樹) [지방명] 뺑낭그/뼹나무/뼹낭그/뽕/뽕낭그/뽕오두/뽕잎/오두(강원), 뽕/뽕잎/상백피/오돌개/오디/오디나무/오디술/외뽕(경기), 근치나물/돌뽕/뽕/오돌개/오돌캐/오들깨/오디/호디(경남), 꽈래기/뽕/뽕아들깨/뽕잎/뽕포도/오돌개/오디(경북), 누에뽕/뽕/뽕낭구/뽕오두/뽕오디/산뽕나무/오돌개/오돌깨/오두개/오디/오질개/조선뽕나무/참뽕/참뽕나무(전남), 뽕/뽕낭구/뽕잎/도데/오돌개/오두개/오디(전북), 들릇뽕낭/뽕낭/뽕낭뿔/뽕낭씹/뽕낭좌/오동낭(제주), 명주/뽕/뽕나무순/뽕잎/뽕잎나무/뽕잎나물/오대/오도개/오돌개/오두개/오두깨/오디(충남), 뽕낭구/오동아나무/오동애/오디/오디나무(충북), 뽕낭기/오디(함북)

Morus bombycis *Koidzumi*   ヤマグワ
San-bong-namu   산뽕나무

산뽕나무〈*Morus australis* Poir.(1797)〉[45]

산뽕나무라는 이름은 산에서 자라는 뽕나무라는 뜻에서 유래했다.[46] 한편 일본명 ヤマグワ(山桑)에서 유래한 것으로 보는 견해가 있으나,[47] 옛 문헌에서는 재배식물이었던 '桑(상)'과 달리 산뽕나무는 '柘(자)' 또는 '壓(염)'으로 구별해왔다. 또한 산뽕나무에 대한 옛이름으로 같은 뜻을 지닌 '뫼쏭(묏쏭)'이라는 한글명과 한자명 '山桑'(산상)을 기록했고, 한글학자 지석영이 저술한 『자전석요』에 '산뽕나무'라는 이름을 명시한 점에 비추어 일본명에서 유래했다는 것은 사실과 맞지 않다. 산뽕나무는 당시 조선에서 통용되던 표현을 채록한 것이다.[48] 옛 문헌에서 산뽕나무를 지칭하는 것으로 '쑤지나모' 및 '쑤지쏭'을 기록하기도 했으나 현재 '쑤지나모'는 꾸지나무(*Broussonetia papyrifera*)를 일컫고, '쑤지쏭'은 꾸지뽕나무(*Maclura tricuspidata*)를 일컫고 있다.

---

44 『화한한명대조표』(1910)는 '뽕ㄴ무, 桑'을 기록했으며 「조선주요삼림수목명칭표」(1912)는 '쏭누무, 桑'을, 『조선한방약료식물조사서』(1917)는 '쏭나무, 桑皮, 桑椹子'를, 『조선거수노수명목지』(1919)는 '쏭누무, 桑'을, 『조선의 구황식물』(1919)은 '쏭나무'를, 『조선어사전』(1920)은 '桑木(상목), 쏭나무'를, 『조선식물명휘』(1922)는 '桑, 桑椹樹, 쏭나무(工業, 養蠶)'를, 『토명대조선만식물자휘』(1932)는 '[桑木]상목, [白桑]빅상, [쏭나무], [桑葉]상엽, [쏭], [桑椹(子)]상심(ᄌ), [오듸], [桑白皮]상빅피, [桑土]상두'를, 『선명대화명지부』(1934)는 '노상나무, 쏭나무'를 기록했다.

45 '국가표준식물목록'(2018)은 산뽕나무의 학명을 *Morus bombycis* Koidz.(1915)로 기재하고 있으나, 『장진성 식물목록』(2014)과 '세계식물목록'(2018)은 이 학명을 이명(synonym) 처리하고 본문의 학명을 정명으로 기재하고 있다.

46 이러한 견해로 이우철(2005), p.312; 전정일(2009), p.28; 오찬진 외(2015), p.318; 솔뫼(송상곤, 2010), p.430 참조.

47 이러한 견해로 이우철(2005), p.312 참조.

48 이에 대해서는 『조선삼림수목감요』(1923), p.34 참조.

속명 *Morus*는 뽕나무를 의미하는 라틴어로 켈트어 *mor*(검은)에 어원을 두고 있으며, 열매가 검은색이라는 뜻으로 뽕나무속을 일컫는다. 종소명 *australis*는 '남쪽의, 남반구의'라는 뜻이다.

다른이름 산쌍나무(정태현 외, 1923), 뽕나무(정태현, 1943), 참뽕나무(안학수·이춘녕, 1963)

옛이름 柘(삼국사기, 1145), 山柘(조선왕조실록, 1416), 柘木/黃桑木(향약집성방, 1433),[49] 壓/柘/묏쌍/ᄉᆞ지나모(훈몽자회, 1527), 柘/뫼쌍(신증유합, 1576), 柘/뫼쌍/ᄉᆞ지쌍(시경언해, 1613), 枸杞/柘(백운필, 1803), 壓/山桑(광재물보, 19세기 초), 壓/뫼쌍/山桑(자류주석, 1856), 柘/뫼쌍(아학편, 1908), 柘/산쌍나무(자전석요, 1909), 柘/山桑/뫼쌍나무(신자전, 1916), 桑白皮/쌍나무쑤리속겁질(선한약물학, 1931)[50]

중국/일본명 중국명 鸡桑(ji sang)은 닭이 좋아하는 뽕나무라는 뜻으로 뽕나무와 유사하다는 뜻에서 유래한 것으로 보인다. 일본명 ヤマグワ(山桑)는 산에서 자라는 뽕나무라는 뜻이다.

참고 [북한명] 산뽕나무 [유사어] 메뽕나무, 산상(山桑), 염목(壓木) [지방명] 가세뽕/가위뽕/뽕/뽕나무/뽕잎/산뻥나무/산뽕/오디(강원), 뽕잎(경남), 뽕나무/뽕잎(경북), 뽕/뽕잎나물/산뽕/야생뽕/오돌개/오두개/오디/참뽕나무(전남), 뽕잎나물/산뽕/참뽕나무(전북), 개뽕남/드릇뽕낭/들뽕낭/뽕낭/산뽕낭(제주), 가의뽕/명주/뽕나무/오데/오돌개나무/오디나무/찰뽕나무/참뽕나무(충남), 뽕나무/산뽕/오돌개나무/오디나무(충북), 느베나무(함북)

○ Morus mongolica *Schneider*　モウコグワ
Monggo-boṅg-namu　몽고뽕나무

몽고뽕나무〈*Morus mongolica* (Bureau) C.K.Schneid.(1916)〉

몽고뽕나무라는 이름은 '몽고'와 '뽕나무'의 합성어로, 몽골에서 나는 뽕나무라는 뜻이다.[51] 『조선삼림수목감요』에서 '쌍나무'(뽕나무)라는 이름을 채록한 것에 비추어볼 때, 전통적으로 사용했던 뽕나무라는 이름은 여러 종의 식물을 통칭하는 것으로 이물동명(異物同名)에 해당한다. 『조선식물향명집』에서 전통 명칭 '뽕나무'를 기본으로 하고 학명을 고려한 '몽고'를 추가해 신칭했고[52] 그것이 현재에 이르고 있다.

　속명 *Morus*는 뽕나무를 의미하는 라틴어로 켈트어 *mor*(검은)에 어원을 두고 있으며, 열매가 검은색이라는 뜻으로 뽕나무속을 일컫는다. 종소명 *mongolica*는 '몽골 지방의'라는 뜻이다.

49　『향약집성방』(1433)의 차자(借字) '黃桑木'(황상목)에 대해 남풍현(1999), p.179는 '황상목'의 표기로 보고 있다.

50　『조선한방약료식물조사서』(1917)는 '쌍나무'를 기록했으며 『조선어사전』(1920)은 '산(山)쌍나무, 山桑(산상), 뫼ㅅ쌍나무'를, 『조선식물명휘』(1922)는 '산쌍나무'(본문: 상쌍나무)를, 『토명대조선만식물자휘』(1932)는 '[壓]염, [山桑]산상, [산(ㅅ)쌍나무], [뫼(ㅅ)쌍나무]'를, 『선명대화명지부』(1934)는 '산쌍나무'를, 『조선의산과와산채』(1935)는 '山桑, 뽕나무'를, 『조선삼림식물편』(1915~1939)은 'ポンナム(Pong-nam), サンポンナム(San-pong-nam)'[뽕나무, 산뽕나무]를 기록했다.

51　이러한 견해로 이우철(2005), p.227 참조.

52　이에 대해서는 『조선식물향명집』, 색인 p.37 참조.

쌍나무(정태현 외, 1923), 왕뽕나무(정태현, 1943), 큰몽고뽕나무(박만규, 1949), 몽골뽕나무
(임록재 외, 1972)[53]

중국명 蒙桑(meng sang)과 일본명 モウコグワ(蒙古桑)는 몽골에서 나는 뽕나무라는 뜻
으로 한·중·일 삼국이 모두 학명과 연관된 이름을 사용하고 있다.

[북한명] 몽골뽕나무

Morus tiliaefolia *Makino* ケグワ
Tŏl-bongnamu 털뽕나무

돌뽕나무〈*Morus cathayana* Hemsl.(1894)〉

돌뽕나무라는 이름은 '돌'과 '뽕나무'가 결합한 것으로 전남 방언에서 유래했다.[54] 접두사 '돌'은
'야생으로 자라는' 또는 '품질이 떨어지는'이라는 뜻이 있으므로 야생에서 자라는 뽕나무 또는
뽕나무보다 쓰임새가 못하다는 뜻에서 유래한 이름으로 추정한다.[55] 『조선식물향명집』은 털이 많
다는 뜻의 '털뽕나무'로 기록했으나 『조선삼림식물도설』에서 '돌뽕나무'로 개칭해 현재에 이르고
있다.

속명 *Morus*는 뽕나무를 의미하는 라틴어로 켈트어 *mor*(검은)에 어원을 두고 있으며, 열매가
검은색이라는 뜻으로 뽕나무속을 일컫는다. 종소명 *cathayana*는 중국을 일컫는 별명 *Cathay*에
서 유래한 것으로 '중국의'라는 뜻이다.

털뽕나무(정태현 외, 1937), 들뽕나무/털참뽕나무(박만규, 1949), 참털뽕나무(안학수·이춘녕,
1963), 메뽕나무(한진건 외, 1982)[56]

중국명 華桑(hua sang)은 중국에서 자라는 뽕나무라는 뜻으로 학명과 연관되어 있다.
일본명 ケグワ(毛桑)는 전체에 털이 많은 뽕나무(グワ)라는 뜻이다.

[북한명] 털뽕나무 [지방명] 돌뽕나무(전라)

---

53 『선명대화명지부』(1934)는 '쌍나무'를 기록했으며 『조선삼림식물편』(1915~1939)은 'ポンナム(Pong-nam)'[뽕나무]를 기록
했다.
54 전남 방언에서 유래했다는 것에 대해서는 『조선삼림식물도설』(1943), p.159 참조.
55 이러한 견해로 솔뫼(송상곤, 2010), p.434 참조.
56 『조선삼림식물편』(1915~1939)은 'トェルポンナム(Toul-Pong-nam)'[돌뽕나무]를 기록했다.

Urticaceae 쐐기풀科 (蕁麻科)

쐐기풀과〈Urticaceae Juss.(1789)〉

쐐기풀과는 국내에 자생하는 쐐기풀에서 유래한 과명이다. '국가표준식물목록'(2018), 『장진성 식물
목록』(2014) 및 '세계식물목록'(2018)은 Urtica(쐐기풀속)에서 유래한 Urticaceae를 과명으로 기재하
고 있으며, 엥글러(Engler), 크론키스트(Cronquist) 및 APG IV(2016) 분류 체계도 이와 같다. 다만, 엥글
러(1892)와 크론키스트(1981) 분류 체계에서 Urticales(쐐기풀목)로 분류하던 것과 달리 APG IV(2016)
분류 체계는 이 과를 Ulmaceae(느릅나무과), Moraceae(뽕나무과), Cannabaceae(삼과)와 함께
Rosales(장미목)로 분류한다.

Boehmeria japonica *Miquel*   アカソ
Gòbug-ĝori   거북꼬리

거북꼬리〈*Boehmeria tricuspis* (Hance) Makino(1912)〉

거북꼬리라는 이름은 잎의 끝이 3개로 갈라지는 것을 거북의
꼬리에 비유해 붙여졌다.[1] 옛이름이나 방언이 별도로 발견되
지 않는 것으로 보아, 잎의 형태적 특징에 착안해 『조선식물향
명집』에서 신칭한 이름으로 보인다.[2]

속명 *Boehmeria*는 독일 식물학자 Georg Rudolf Boehmer
(1723~1803)의 이름에서 유래했으며 모시풀속을 일컫는다. 종
소명 *tricuspis*는 '삼철두(三凸頭)의'라는 뜻으로 잎이 갈라진
모양에서 유래했다.

다른이름 큰거북꼬리(정태현 외, 1937), 거복꼬리(박만규, 1949),
거북꼬리풀(임록재 외, 1996)

중국/일본명 중국명 八角麻(ba jiao ma)는 8개의 각이 있는 마(麻)
라는 뜻으로, 잎이 여러 갈래로 갈라지는 모양을 나타낸 것으로 추정한다. 일본명 アカソ(赤麻)[3]는
줄기와 잎자루 등에 붉은빛이 돌고 모시풀(麻)을 닮았다는 뜻에서 유래했다.

참고 [북한명] 거북꼬리풀 [유사어] 장백저마(長白苧麻)

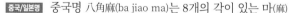

1   이러한 견해로 이우철(2005), p.66과 허북구·박석근(2008a), p.27 참조.
2   다만 『조선식물향명집』, 색인 p.31은 신칭한 이름으로 기록하지 않았으므로 주의가 필요하다.
3   『조선식물향명집』의 기록과는 달리 현재 일본의 アカソ(赤麻)와 중국의 赤麻(chi ma)는 *Boehmeria silvestrii* (Pamp.)
    W.T.Wang을 일컫는다.

Boehmeria holosericca *Blume*   オニヤブマヲ
Waṅg-mosipul   왕모시풀

왕모시풀〈*Boehmeria pannosa* Nakai & Satake(1936)〉

왕모시풀이라는 이름은 '왕'과 '모시풀'의 합성어로, 식물체가 큰(왕) 모시풀이라는 뜻이다.[4] 『조선
식물향명집』에서 전통 명칭 '모시풀'을 기본으로 하고 식물의 형태적 특징을 나타내는 접두사 '왕'
을 추가해 신칭했다.[5]

속명 *Boehmeria*는 독일 식물학자 Georg Rudolf Boehmer(1723~1803)의 이름에서 유래했으
며 모시풀속을 일컫는다. 종소명 *pannosa*는 '양탄자 모양의'라는 뜻이다.

다른이름 왕모시(박만규, 1949), 섬모시풀(리종오, 1964), 남모시풀/남신진(박만규, 1974), 점모시풀(리용
재 외, 2011)[6]

중국/일본명 중국명 毛叶水苎麻(mao ye shui zhu ma)는 잎에 털이 많고 물가에 사는 저마(苎麻: 모시
풀)라는 뜻으로 추정한다. 일본명 オニヤブマヲ(鬼藪苧麻)는 식물체가 도깨비처럼 크고 수풀 속에
서 자라는 모시풀(苧麻)이라는 뜻이다.

참고 [북한명] 섬모시풀 [유사어] 저마근(苧麻根) [지방명] 모싯잎(전남), 진썹(제주)

Boehmeria nivea *Hooker et Arnott*   マヲ(カラムシ)
Mosipul   모시풀   苧麻

모시풀〈*Boehmeria nivea* (L.) Gaudich.(1830)〉

모시풀이라는 이름은 '모시'와 '풀'의 합성어로, 줄기 껍질을 벗겨 만든 실로 모시(苧)를 짜는 풀이
라는 뜻에서 유래했다.[7] 만주어에 모시와 유사한 musuri가 있고 초목류(草木類)를 뜻하는 우리
말 모(秧), 말(藻), 말(橛)이 있는 점에 비추어 모시는 고유어일 것으로 추정하지만,[8] 그 정확한 어원
은 알려져 있지 않다. 자료에 의하면 국어 어휘 '모시'는 8세기 고대 일본어(kara-musi)에 들어간
기록이 보이므로 '모시'의 역사성은 고대 국어로 거슬러 올라갈 수 있다.[9] 한편 중국 북송의 손목
이 저술한 『계림유사』에 "苧布曰毛施背"로 기록된 것과 관련하여 여기의 '毛施'(모시)를 송대 중국

---

4 이러한 견해로 이우철(2005), p.411 참조.
5 이에 대해서는 『조선식물향명집』, 색인 p.44 참조.
6 『조선삼림식물편』(1915~1939)은 'Puk-chin(Quelpaert)'[북진(제주도)]을 기록했다.
7 이러한 견해로 이우철(2005), p.225 참조.
8 이러한 견해로 서정범(2000), p.257과 강길운(2010), p.540 참조.
9 이러한 견해로 김무림(2009), p.100 참조.

의 구어(口語)라고 보는 견해도 있으나,[10] 이는 우리말 '모시'를 표기하기 위한 차용으로 보인다.[11] 그 외 유래와 관련하여, 한 자명 木絲(목사)의 중세 발음이 musi이므로 木絲(목사)가 전음 되어 형성된 말로 보는 견해와[12] '모시'는 '牡枲'의 한자음으로 '牡'는 '수컷 모' 자이고, '枲'는 꽃은 피지만 열매를 맺지 못하 기 때문에 붙여진 것이라는 견해가 있다.[13] 그러나 모시의 한 자명으로는 木絲(목사)뿐만 아니라 毛施(모시), 母枲(모시) 등 다 양한 표현이 보이므로 우리말 '모시'에 대한 차자(借字) 표현일 가능성이 높으며, 모시가 열매를 맺지 않는다는 것도 근거가 없어 그 타당성은 의문스럽다. 19세기에 저술된 『임원경제지』 중 『인제지(仁齊志)』는 모시풀의 뿌리 '苧根'(저근)을 구황식물 로 식용한다는 점을 기록하기도 했다.

속명 *Boehmeria*는 독일 식물학자 Georg Rudolf Boehmer(1723~1803)의 이름에서 유래했으 며 모시풀속을 일컫는다. 종소명 *nivea*는 '눈같이 흰'이라는 뜻으로 잎 뒷면이 흰색을 띠는 것에 서 유래했다.

다른이름 모시풀(정태현 외, 1936), 남모시/모시(박만규, 1949), 남모시풀(리종오, 1964)

옛이름 苧布/毛施背(계림유사, 1103), 野紵/모시(구급방언해, 1466), 苧麻/모시(구급간이방언해, 1489), 모시뵈/毛施布(번역박통사, 1517), 모시뵈/毛施布(번역노걸대, 1517), 모시/苧(훈몽자회, 1527), 苧/모시(신 증유합, 1576), 苧根/모싯불휘(동의보감, 1613), 모시뵈/苧麻布(역어유해, 1690), 모시/苧布(방언집석, 1778), 모시/苧(왜어유해, 1782), 苧/毛施(아언각비, 1819), 苧麻/모시(물명고, 1824), 苧根(임원경제지, 1842), 모시/牡麻/枲(자류주석, 1856), 苧布/져포/母枲/모시/毛施/絁布/木絲布(명물기략, 1870), 모시/苧 (한불자전, 1880), 모시풀/紵(자전석요, 1909)[14]

중국/일본명 중국명 苧麻(zhu ma)는 모시풀을 뜻하는 '苧'(저)와 삼을 뜻하는 '麻'(마)의 합성어로, 옷 감을 짜는 식물이라는 뜻이다. 일본명 マヲ(苧麻, カラムシ)는 모시를 나타내는 일본의 옛말에서 유 래했으나 정확한 어원은 알려져 있지 않다.

---

10 이러한 견해로 김무림(2009), p.100 참조.
11 이러한 견해로 이기문(1991), p.216과 진태하(2007), p.181 참조. 중국은 『계림유사』(1103) 외에 달리 '毛施'라는 표현을 사 용한 바 없고, 고려어의 취음(取音)으로 읽지 않으면 뵈(베)를 표기한 '背'(배)를 이해할 수 없으며, 『계림유사』에서 '삼'(麻) 에 대해 '麻/三'이라 한 것을 해석할 수 없기 때문이다.
12 이러한 견해로 김민수(1997), p.368; 김무림(2015), p.394; 백문식(2014), p.213 참조.
13 이러한 견해로 진태하(2007), pp.179-185와 한진건(1990), p.116 참조.
14 『제주도및완도식물조사보고서』(1914)는 'モシ'[모시]를 기록했으며 『조선어사전』(1920)은 '모시풀, 苧麻(져마)'를, 『조선식 물명휘』(1922)는 '苧麻, 苧, 모시풀(工業用)'을, 『토명대조선만식물자휘』(1932)는 '[苧麻]져마, [紵麻]져마, [苧麻]져마, [모시 풀], [苧麻皮]져마피, [苧根]져근'을, 『선명대화명지부』(1934)는 '모시, 모시풀, 부수'를 기록했다.

참고 [북한명] 모시풀 [유사어] 라미/래미(ramie), 저마(苧麻) [지방명] 모시(경기), 모시/모시옷/모시잎(경남), 모시(경상), 모시/모시나무/모시ㄴ물/모시대/모시떡/모시베/모시잎/모싯닢/모싯대/모싯잎/참모시잎(전남), 도리사/모시/모시나무/모시잎/모싯닢/모싯잎(전북), 모시/모시남/모시낭/모시쿨/모싯잎(제주), 모시/모시나무/모시떡/모시잎/모싯잎/못(충남), 모시/물봉사나물(충북)

Boehmeria Sieboldiana *Blume*　ナガバヤブマヲ
Ginip-mosipul　긴잎모시풀

긴잎모시풀〈*Boehmeria sieboldiana* Blume(1857)〉

긴잎모시풀이라는 이름은 '긴'과 '잎'과 '모시풀'의 합성어로, 잎이 긴 모시풀이라는 뜻이다.[15] 『조선식물향명집』에서 전통 명칭 '모시풀'을 기본으로 하고 식물의 형태적 특징을 나타내는 '긴잎'을 추가해 신칭했고[16] 현재에 이르고 있다.

　속명 *Boehmeria*는 독일 식물학자 Georg Rudolf Boehmer(1723~1803)의 이름에서 유래했으며 모시풀속을 일컫는다. 종소명 *sieboldiana*는 독일 의사이자 생물학자로 일본 식물을 연구한 Philipp Franz von Siebold(1796~1866)의 이름에서 유래했다.

다른이름 시볼드모시풀(박만규, 1949), 큰섬거북꼬리(박만규, 1974)

중국/일본명 '중국식물지'는 이를 별도 분류하지 않고 있다. 일본명 ナガバヤブマヲ(長葉藪苧麻)는 수풀 속에 사는 긴 잎의 모시풀(苧麻)이라는 뜻이다.

참고 [북한명] 긴잎모시풀

Boehmeria spicata *Thunberg*　コアカソ
Saeĝi-ĝobug-ĝori　새끼거북꼬리

좀깨잎나무〈*Boehmeria spicata* (Thunb.) Thunb.(1794)〉

좀깨잎나무라는 이름은 잎이 깻잎을 닮았는데 크기가 보다 작고 관목성으로 줄기가 나무를 이룬다는 뜻에서 유래했다.[17] 『조선산야생식용식물』에서 '깨풀'은 어린잎을 데쳐서 식용한다고 기록했다. 『조선식물향명집』에서는 거북꼬리에 비해 잎 등이 작다고 해 '새끼거북꼬리'를 신칭해 기록했

15　이러한 견해로 이우철(2005), p.108 참조.

16　이에 대해서는 『조선식물향명집』, 색인 p.33 참조.

17　이러한 견해로 김태영·김진석(2018), p.168; 허북구·박석근(2008b), p.256; 오찬진 외(2015), p.324; 솔뫼(송상곤, 2010), p.484; 박상진(2019), p.352 참조.

으나,[18] 목본성 식물이라는 점을 고려해 『조선삼림식물도설』에서 '좀깨닢나무'로 기록했고, 『조선식물명집』에서 '좀깨잎나무'로 개칭해 현재에 이르고 있다.

속명 *Boehmeria*는 독일 식물학자 Georg Rudolf Boehmer(1723~1803)의 이름에서 유래했으며 모시풀속을 일컫는다. 종소명 *spicata*는 '이삭꽃차례가 있는, 이삭 같은'이라는 뜻으로 꽃차례가 이삭 모양이어서 붙여졌다.

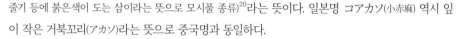

다른이름 새끼거북꼬리(정태현 외, 1937), 깨풀(정태현 외, 1942), 좀깨닢나무(정태현, 1943), 신진/좀깨잎풀(박만규, 1949), 점거북꼬리(박만규, 1974), 좀거북꼬리풀(임록재 외, 1996)[19]

중국/일본명 중국명 小赤麻(xiao chi ma)는 잎이 작은 적마(赤麻: 줄기 등에 붉은색이 도는 삼이라는 뜻으로 모시풀 종류)[20]라는 뜻이다. 일본명 コアカソ(小赤麻) 역시 잎이 작은 거북꼬리(アカソ)라는 뜻으로 중국명과 동일하다.

참고 [북한명] 좀거북꼬리풀 [유사어] 소담마(小蕁麻), 소홍활마(小紅活麻) [지방명] 불십섭(제주)

⊗ Boehmeria Taquetii *Nakai*　　サイシウアカソ
Sôm-gòbugĝori　섬거북꼬리

섬거북꼬리⟨*Boehmeria taquetii* Nakai(1914)⟩[21]

섬거북꼬리라는 이름은 『조선식물향명집』에서 신칭한 것으로,[22] 섬(제주도)에 분포하는 거북꼬리라는 뜻이다.[23]

속명 *Boehmeria*는 독일 식물학자 Georg Rudolf Boehmer(1723~1803)의 이름에서 유래했으며 모시풀속을 일컫는다. 종소명 *taquetii*는 프랑스 신부로 제주도 식물을 연구한 Emile Joseph Taquet[한국명 엄택기(嚴宅基), 1873~1952]의 이름에서 유래했다.

다른이름 섬거복꼬리(박만규, 1949), 섬거북꼬리풀(임록재 외, 1996)

중국/일본명 '중국식물지'는 이를 기재하지 않고 있다. 일본명 サイシウアカソ(濟州赤麻)는 제주도에 분

---

18 이에 대해서는 『조선식물향명집』, 색인 p.40 참조.
19 『조선식물명휘』(1922)는 '伏麻'를 기록했으며 『조선삼림식물편』(1915~1939)은 'Sanjin(Quelpaert)'[신진(제주도)]을 기록했다.
20 *Boehmeria silvestrii* (Pampanini) W. T. Wang(1982)을 일컫는다.
21 '국가표준식물목록'(2018)은 본문의 학명을 섬거북꼬리로 하여 별도 분류하고 있으나, 『장진성 식물목록』(2014)은 긴잎모시풀(*B. sieboldiana*)과 통합하고 이명(synonym) 처리하고 있으므로 주의가 필요하다.
22 이에 대해서는 『조선식물향명집』, 색인 p.41 참조.
23 이러한 견해로 이우철(2005), p.337 참조.

519

포하는 거북꼬리(アカソ)라는 뜻이나 일본에 분포하는 식물은 아니다.

참고 [북한명] 섬거북꼬리풀

Boehmeria tricuspis *Makino*   オホアカソ
Kún-góbuĝĝori   큰거북꼬리

거북꼬리〈*Boehmeria tricuspis* (Hance) Makino(1912)〉
큰거북꼬리라는 이름은 거북꼬리에 비해 식물체가 대형이라는 뜻에서 유래했다. 그러나 '국가표
준식물목록'(2018), 이우철(2005) 및 『장진성 식물목록』(2014)은 거북꼬리와 큰거북꼬리의 학명을
Boehmeria tricuspis (Hance) Makino(1912)로 통합하고 국명 추천명을 '거북꼬리'로 하고 있으
므로 이 책도 이에 따른다.

Laportea bulbifera *Weddel*   ムカゴイラクサ
Hog-ŝwaegipul   혹쐐기풀

혹쐐기풀〈*Laportea bulbifera* (Siebold & Zucc.) Wedd.(1857)〉
혹쐐기풀이라는 이름은 혹(살눈)을 가진 쐐기풀이라는 뜻에서
유래한 것으로, 잎겨드랑이에 생기는 살눈을 혹에 비유했다.[24]
『조선식물향명집』에 최초로 기록된 것으로 보이며[25] 현재에 이
르고 있다.

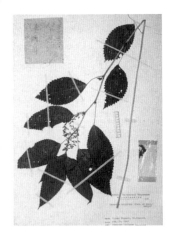

속명 *Laportea*는 프랑스 판사로 곤충학자이기도 한
François L. de Laporte(1810~1880)의 이름에서 유래했으며
혹쐐기풀속을 일컫는다. 종소명 *bulbifera*는 '비늘눈 또는 살
눈이 있는'이라는 뜻으로 무성생식을 위한 살눈이 생기는 것
에서 유래했다.

다른이름 알쐐기풀(안학수·이춘녕, 1963)[26]

중국/일본명 중국명 珠芽艾麻(zhu ya ai ma)는 주아(살눈)가 있고
쑥을 닮은 마(麻: 삼)라는 뜻이다. 일본명 ムカゴイラクサ(珠芽刺草)는 주아(살눈)를 만들고 가시를
가진 풀이라는 뜻이다.

---

24 이러한 견해로 이우철(2005), p.593 참조.
25 『조선식물향명집』, 색인 p.49는 신칭하지 않은 이름으로 기록하고 있으므로 방언을 채록했을 가능성이 있다.
26 『조선식물명휘』(1922)는 '蕁麻'를 기록했다.

참고 [북한명] 혹쐐기풀

Pilea peploides *Hooker et Arnott* コケミヅ
Multuñgi 물통이

물통이〈*Pilea peploides* (Gaudich.) Hook. & Arn.(1831)〉

물통이라는 이름은 '물'과 '통이'(또는 퉁이)의 합성어로, '물'은 水(수)의 뜻이고 '통이'(퉁이)는 '그런 태도나 성질을 가진 사람'의 뜻을 더하는 접미사이다. 즉, 줄기에 물을 가득 함유하고 있어 붙여진 이름으로 추정한다. 『조선식물향명집』은 '물퉁이'로 기록했으나 『조선식물명집』에서 '물통이'로 변경 기록해 현재에 이르고 있다.

속명 *Pilea*는 모자(펠트 모자)를 의미하는 라틴어 *pilus*, *pilleus* 또는 그리스어 *pilos*에서 유래한 것으로, 암꽃 또는 꽃받침이나 꽃덮이조각의 모양이 챙이 넓은 모자를 닮았다고 해서 붙여졌으며 물통이속을 일컫는다. 종소명 *peploides*는 대극속의 식물 *Euphorbia peplus*와 비슷하다는 뜻이다.

다른이름 물퉁이(정태현 외, 1937), 물풍뎅이(박만규, 1949)

중국/일본명 중국명 苔水花(tai shui hua)는 물로 차 있는 이끼라는 뜻이다. 일본명 コケミヅ(笞水)도 중국명과 마찬가지로 물이 차 있는 이끼라는 뜻이다.

참고 [북한명] 물통이

Pilea viridissima *Makino* アヲミヅ
Mosi-multuñgi 모시물통이

모시물통이〈*Pilea pumila* (L.) A. Gray(1848)〉[27]

모시물통이라는 이름은 '모시'와 '물통이'의 합성어로, 모시풀을 닮은 물통이라는 뜻에서 유래했다.[28] 『조선식물향명집』은 '모시물퉁이'로 기록했으나 『조선식물명집』에서 표기법에 맞추어 '모시물통이'로 개칭해 현재에 이르고 있다.

속명 *Pilea*는 모자(펠트 모자)를 의미하는 라틴어 *pilus*, *pilleus* 또는 그리스어 *pilos*에서 유래한 것으로, 암꽃 또는 꽃받침이나 꽃덮이조각의 모양이 챙이 넓은 모자를 닮았다고 해서 붙여졌으며 물통이속을 일컫는다. 종소명 *pumila*는 '키가 작은, 작은'이라는 뜻이다.

다른이름 모시물퉁이(정태현 외, 1937), 푸른물풍뎅이(박만규, 1949), 푸른물통이(박만규, 1974)

---

27 '국가표준식물목록'(2018)은 모시물통이의 학명을 *Pilea mongolica* Wedd.(1869)로 기재하고 있으나, 『장진성 식물목록』(2014)과 『세계식물목록』(2018)은 이 학명을 본문의 학명에 통합해 이명(synonym) 처리하고 있다.

28 이러한 견해로 이우철(2005), p.225 참조.

중국명 透莖冷水花(tou jing leng shui hua)는 줄기가 투명하고 차가운 물이 차 있는 식물이라는 뜻이다. 일본명 アヲミヅ(淸水)는 줄기에 물이 차 있고 투명하다고 하여 붙여졌다.

[북한명] 모시물통이

Urtica dioica *L.* var. angustifolia *Ledebour*   ホソバイラクサ
Ganúnip-ŝwaegipul   가는잎쐐기풀

가는잎쐐기풀〈*Urtica angustifolia* Fisch. ex Hornem.(1819)〉

가는잎쐐기풀이라는 이름은 '가는'과 '잎'과 '쐐기풀'의 합성어로, 쐐기풀에 비해 잎이 가늘고 좁다는 뜻에서 붙여졌다.[29] 『조선식물향명집』에서 쐐기풀이라는 종래의 이름이 한 명칭으로 여러 종의 식물을 일컫는 이물동명(異物同名)에 해당하는 것으로 보아, 전통 명칭 '쐐기풀'을 기본으로 하고 잎의 형태적 특징과 학명을 고려한 '가는잎'을 추가해 신칭했다.[30]

속명 *Urtica*는 라틴어 *uro*(타다, 따끔따끔하다)에서 유래했으며, 가시털의 개미산으로 인해 만지면 심한 통증을 느끼기 때문에 붙여졌으며 쐐기풀속을 일컫는다. 종소명 *angustifolia*는 '좁은 잎의'라는 뜻으로 쐐기풀에 비해 잎이 좁은 것에서 유래했다.

가는쐐기풀/꼬리쐐기풀(박만규, 1949), 약쐐기풀(리용재 외, 2011)

중국명 狹叶荨麻(xia ye qian ma)는 좁은 잎을 가진 담마(荨麻: 쐐기풀 종류의 중국명)라는 뜻이다. 일본명 ホソバイラクサ(細葉刺草)는 잎이 가늘고 가시가 있는 풀이라는 뜻이다.

[북한명] 가는잎쐐기풀/약쐐기풀[31] [유사어] 심마(荨麻), 쐐기풀

Urtica laetevirens *Maximowicz*   コバノイラクサ
Jagúnip-ŝwaegipul   작은잎쐐기풀

애기쐐기풀〈*Urtica laetevirens* Maxim.(1877)〉

애기쐐기풀이라는 이름은 식물체가 작은(아기) 쐐기풀이라는 뜻이다.[32] 『조선식물향명집』에서는 '작은잎쐐기풀'을 신칭해 기록했으나,[33] 『조선식물명집』에서 '아기쐐기풀'로 변경했고 이것을 다시 『한국식물도감(하권 초본부)』에서 '애기쐐기풀'로 개칭해 현재에 이르고 있다.

---

29 이러한 견해로 이우철(2005), p.24 참조.
30 이에 대해서는 『조선식물향명집』, 색인 p.30 참조.
31 북한에서는 *U. angustifolia*를 '가는잎쐐기풀'로, *U. dioica*를 '약쐐기풀'로 하여 별도 분류하고 있다. 이에 대해서는 리용재 외(2011), p.367 참조.
32 이러한 견해로 이우철(2005), p.387 참조.
33 이에 대해서는 『조선식물향명집』, 색인 p.45 참조.

속명 *Urtica*는 라틴어 uro(타다, 따끔따끔하다)에서 유래했으며, 가시털의 개미산으로 인해 만지면 심한 통증을 느끼기 때문에 붙여졌으며 쐐기풀속을 일컫는다. 종소명 *laetevirens*는 '선녹색의'라는 뜻이다.

다른이름 작은잎쐐기풀(정태현 외, 1937), 아기쐐기풀(정태현 외, 1949), 적은쐐기풀(안학수·이춘녕, 1963), 쏠샅/쐐기풀(한진건 외, 1982)[34]

중국/일본명 중국명 宽叶荨麻(kuan ye qian ma)는 잎이 넓은 담마(荨麻: 쐐기풀 종류의 중국명)라는 뜻이다. 일본명 コバノイラクサ(小葉の刺草)는 잎이 작고 가시가 있는 풀이라는 뜻이다.

참고 [북한명] 애기쐐기풀

Urtica Thunbergiana *Siebold et Zuccarini* イラクサ 蕁麻
Ŝwaegipul 쐐기풀

쐐기풀〈*Urtica thunbergiana* Siebold & Zucc.(1846)〉

쐐기풀이라는 이름은 쐐기벌레처럼 사람을 쏘는 풀이라는 뜻에서 유래했다. 잎과 줄기에 난 가시에 포름산(개미산)이 들어 있어 찔리면 피부가 벌겋게 부어오르면서 가렵고 아픈 증상을 보인다. 문헌 자료에 의하면 19세기에 '풀쐬아기', '풀쐬아기' 등의 이름이 나타나기 시작해서 현대어 '쐐기풀'로 정착했다.[35]

속명 *Urtica*는 라틴어 uro(타다, 따끔따끔하다)에서 유래했으며, 가시털의 개미산으로 인해 만지면 심한 통증을 느끼기 때문에 붙여졌으며 쐐기풀속을 일컫는다. 종소명 *thunbergiana*는 스웨덴 식물학자로 일본 식물을 연구한 Carl Peter Thunberg(1743~1828)의 이름에서 유래했다.

옛이름 蕁麻/풀쐬아기/毛薮(광재물보, 19세기 초), 蕁麻/풀쐬아기/毛薮(물명고, 1824), 풀쏘아기(박물신서, 19세기)[36]

중국/일본명 중국명 咬人荨麻(yao ren qian ma)는 사람을 쏘는 담마(荨麻: 쐐기풀 종류의 중국명)[37]라는 뜻이다. 일본명 イラクサ(刺草)는 가시가 있는 풀이라는 뜻이다.

참고 [북한명] 쐐기풀 [유사어] 담마(蕁麻) [지방명] 쌔기풀(경남), 쎄외기/쐐기/쒜아기/쒜와기(제주)

---

34 『조선식물명휘』(1922)는 '쑤야기풀'을 기록했으며 『선명대화명지부』(1934)는 '쑤야기풀, 쒸(쒜)야기풀'을 기록했다.

35 유희가 저술한 『물명고』(1824)는 "蕁麻 螫人草 풀쐬아기 毛薮소"(담마는 사람을 쏘는 풀로 '풀쐬아기'라고 하는데 모섬이 같은 이름이다)이라고 기록했다.

36 『조선어사전』(1920)은 '쒸애기, 쏘야기'를 기록했으며 『조선식물명휘』(1922)는 '蕁麻, 火麻, 蛇麻, 쑤야기풀'을, 『토명대조선만식물자휘』(1932)는 '[藪草]셤초, [蕁麻]심마'를, 『선명대화명지부』(1934)는 '쑤야기풀, 쒸(쒜)야기풀'을 기록했다.

37 '중국식물지'(2018)는 *U. fissa*를 荨麻(qian ma)로, *U. thunbergiana*를 咬人荨麻(yao ren qian ma)로 구분하고 '세계식물목록'(2018)도 두 종을 구분하여 기재하고 있으나, '국가표준식물목록'(2018)은 *U. fissa*를 *U. thunbergiana*의 이명(synonym)으로 기재하고 있다.

Santalaceae 단향科 (檀香科)

단향과〈Santalaceae R.Br.(1810)〉

단향과는 인도와 인도네시아 등이 원산인 단향(*Santalum album* L.)[1]에서 유래한 과명이다. '국가표준식물목록'(2018), 『장진성 식물목록』(2014) 및 '세계식물목록'(2018)은 *Santalum*(산탈룸속)에서 유래한 Santalaceae를 과명으로 기재하고 있으며, 엥글러(Engler), 크론키스트(Cronquist) 및 APG IV(2016) 분류 체계도 이와 같다. 한편, 크론키스트(1981) 분류 체계에서 단향목(Santalales)에 독립되어 있던 Viscaceae(겨우살이과)[2]와 Eremolepidaceae(에레몰레피스과)를 APG IV(2016) 분류 체계는 Santalaceae에 포함하여 분류한다.

Thesium chinense *Turczaninow*　カナビキサウ
Jóbiğul　져비꿀(하고초)　夏枯草

제비꿀〈*Thesium chinense* Turcz.(1837)〉

제비꿀이라는 이름은 옛말에서 유래한 것으로, 앙증스럽게 생긴 열매(또는 꽃턱통)가 꿀단지를 닮았고 꽃 아래 달린 가는 잎이 날렵한 제비를 연상시킨다는 뜻에서 붙여진 것으로 추정한다. 꿀의 양이 아주 적기 때문에 제비(작거나 빈약한 이미지)의 꿀이라는 뜻에서 유래한 이름으로 보는 견해도 있으나,[3] 풍부한 꿀이 있는 또 다른 식물과 대비된 것이 아니고 제비붓꽃이나 제비쑥 등의 옛이름이 그러한 용례로 사용되지도 않았으므로 타당성은 의문이다. 『조선식물향명집』은 '져비꿀'로 기록했으나 『조선식물명집』에서 '제비꿀'로 개칭해 현재에 이르고 있다. 옛 문헌에 기록된 약재명 夏枯草(하고초)가 어떤 종의 식물을 일컫는 것인지에 대해 『조선산야생약용식물』은 당

시의 약재시장에서 거래되는 약재를 기준으로 제비꿀을 夏枯草(하고초)로 보고 꿀풀을 徐州夏枯草(서주하고초)로 보았으나,[4] 현재 한의학계에서는 대체로 꿀풀과 그 유사종으로 보고 약용하고

---

1 중국명은 檀香(tan xiang)이며 일본명은 白檀(ビャクダン)이다. 국내에는 단향과 식물로 제비꿀(*Thesium chinense* Turcz.)과 긴제비꿀(*Thesium refractum* C.A.Mey.) 두 종이 자생한다.

2 *Viscum*(겨우살이속)에서 유래한 과명으로 현재 '국가표준식물목록'(2018)은 *Loranthus*(꼬리겨우살이속)가 포함된 Loranthaceae를 겨우살이과로 기재하고 있다.

3 이러한 견해로 김종원(2013), p.439 참조.

4 이에 대해서는 『조선산야생약용식물』, p.76, 196 참조.

있다.[5]

속명 *Thesium*은 플리니우스(Plinius, 23~79)가 *Linaria*(해란초속) 식물에 사용했던 고대 라틴어로, 그리스어 *theseion*(Theseus의 신전이라는 뜻)에서 유래했다고도 하며 제비꿀속을 일컫는다. 종소명 *chinense*는 '중국의'라는 뜻으로 발견지를 나타낸다.

다른이름 저비쑬(정태현 외, 1936), 저비꿀/하고초(정태현 외, 1937), 제비꿀풀(박만규, 1974), 더위마름풀(임록재 외, 1996)

옛이름 夏枯草/鷰蜜(향약채취월령, 1431), 夏枯草/鷰矣蜜(향약집성방, 1433),[6] 夏枯草/져븨쑬(동의보감, 1613), 夏枯草/져븨쑬(산림경제, 1715), 夏枯草/꿀숫/져비쑬(물명고, 1824), 夏枯草/져븨쑬(의종손익, 1868), 하고초/夏枯草(한불자전, 1880), 夏枯草/져븨쑬(방약합편, 1884)[7]

중국/일본명 중국명 百蕊草(bai rui cao)는 여러 줄기가 더부룩하게 자라는 향초라는 뜻으로 추정한다. 일본명 カナビキサウ(鉄引草)는 쇠의 색이 나는 풀이라는 뜻에서 붙여졌다.

참고 [북한명] 더위마름풀 [유사어] 금창소초(金瘡小草), 내동(乃東), 백예초(百蕊草), 철색초(鐵色草)

---

5   이에 대해서는 『(신대역) 동의보감』(2012), p.2075; 안덕균(2014), p.119; 이민화(2015b), p.1969 참조.
6   『향약집성방』(1433)의 차자(借字) '鷰矣蜜'(연의밀)에 대해 남풍현(1999), p.178은 '져비의꿀'의 표기로 보고 있다.
7   『조선한방약료식물조사서』(1917)는 '져븨쑬(東醫), 夏枯草'를 기록했으며 『조선어사전』(1920)은 '져비쑬, 夏枯草(하고초), 乃東, 鐵色草(털ㅅ식초)'를, 『조선식물명휘』(1922)는 '져븨쑬(藥)'을, 『선명대화명지부』(1934)는 '져븨쑬'을 기록했다.

Loranthaceae 겨우사리科 (槲寄生科)

꼬리겨우살이과[1] 〈Loranthaceae Juss.(1808)〉

꼬리겨우살이과는 국내에 자생하는 꼬리겨우살이에서 유래한 과명이다. 『조선식물향명집』은 엥글러 (Engler) 분류 체계와 동일하게 *Viscum*(겨우살이속)을 포함하여 *Loranthus*(꼬리겨우살이속)에서 유래한 Loranthaceae를 과명으로 기록했다. '국가표준식물목록'(2018)도 그러하다. 그러나 크론키스트 (1981) 분류 체계와 『장진성 식물목록』(2014)은 *Viscum*(겨우살이속)을 Viscaceae(겨우살이과)로 별도 분류하며, APG IV(2016) 분류 체계와 '세계식물목록'(2018)은 이를 다시 Santalaceae(단향과)에 포함시켜 분류하므로 주의가 필요하다.

Loranthus Tanakae *Franchet et Savatie*r　ホザキヤドリギ

Ĝori-gyóusari　꼬리겨우사리

꼬리겨우살이 〈*Loranthus tanakae* Franch. & Sav.(1876)〉

꼬리겨우살이라는 이름은 꽃차례가 꼬리 같은 모양을 이루는 겨우살이라는 뜻이다.[2] 『조선식물향명집』에서는 '꼬리겨우사리'를 신칭해 기록했으나[3] 『조선식물명집』에서 '꼬리겨우살이'로 개칭해 현재에 이르고 있다.

속명 *Loranthus*는 그리스어 loron(가죽끈)과 anthos(꽃)의 합성어로, 꽃부리의 열편(裂片)이 선형이어서 붙여졌으며 꼬리겨우살이속을 일컫는다. 종소명 *tanakae*는 일본 식물학자 다나카 요시오(田中芳男, 1838~1916)의 이름에서 유래했다.

다른이름　꼬리겨우사리(정태현 외, 1937)

중국/일본명　중국명 北桑寄生(bei sang ji sheng)은 북쪽 지역에 분포하는 상기생(桑寄生: 겨우살이)이라는 뜻이다. 일본명 ホザキヤドリギ(穗咲宿リ木)는 이삭 모양으로 꽃이 피는 겨우살이(ヤドリギ)라는 뜻이다.

참고　[북한명] 꼬리겨우살이

1　'국가표준식물목록'(2018)은 *Loranthus*(꼬리겨우살이속)에서 유래한 Loranthaceae를 '겨우살이과'로 기재하고 있지만 『한국속식물지』(2018)는 '꼬리겨우살이과'로 기재하고 있다. 꼬리겨우살이 또한 자생식물이고 *Viscum*(겨우살이속)을 모 식속으로 하여 Viscaceae를 별도 분류하는 견해가 있으므로, 혼란을 방지하기 위해 이 책은 『한국속식물지』의 표기에 따른다.

2　이러한 견해로 이우철(2005), p.116과 김태영·김진석(2018), p.482 참조.

3　이에 대해서는 『조선식물향명집』, 색인 p.32 참조.

Loranthus Yadoriki *Siebold*　オホバヤドリギ
Chamnamu-gyóusari　참나무겨우사리

참나무겨우살이〈*Taxillus yadoriki* (Siebold) Danser(1931)〉

참나무겨우살이라는 이름은 주로 참나무에 기생하여 사는 겨
우살이라는 뜻에서 유래했다.[4] 그러나 실제로 참나무에 주로
기생한다기보다는 『조선식물향명집』의 저술 당시 참나무겨우
살이란 뜻으로 사용했던 '槲寄生'(곡기생)에서 영향을 받아 형
성된 이름으로 추정한다.[5] 『조선식물향명집』은 '참나무겨우사
리'로 최초 기록했고, 『조선식물명집』에서 '참나무겨우살이'
로 표기를 변경해 현재에 이르고 있다. 한편 중국은 옛 문헌에
기록된 松寄生(송기생)을 현재 참나무겨우살이와 같은 속의 식
물인 *Taxillus caloreas* (Diels) Danser의 별칭으로 보고 있
는데,[6] 우리 옛 문헌에서 松寄生(송기생)이라는 이름은 주로 제
주도 관련 문헌에 기록된 것에 비추어 제주도 식물인 현재의
참나무겨우살이를 일컬었을 것으로 추정한다.[7]

　　속명 *Taxillus*는 *Taxus*(주목속)의 축소형으로 *Taxus*와 잎 모양이 닮은 것에서 유래했으며 참
나무겨우살이속을 일컫는다. 종소명 *yadoriki*는 겨우살이의 일본명 ヤドリギ에서 유래했다.

다른이름　참나무겨우사리(정태현 외, 1937)

옛이름　松寄生(탐라지, 1653), 松寄生(남환박물, 1704), 松寄生(오주연문장전산고, 185?)[8]

중국/일본명　『조선삼림식물도설』에 기록된 한자명 大葉寄生木(대엽기생목)은 큰 잎을 가진 겨우살이
종류라는 뜻에서 유래했으며, 참나무겨우살이의 중국 분포는 확인되지 않는다. 또한 松寄生(송기

4　이러한 견해로 이우철(2005), p.503 참조.

5　김태영·김진석(2018), p.483에 의하면 주로 구실잣밤나무, 가마귀쪽나무, 동백나무, 후박나무, 육박나무, 생달나무, 조록
　나무, 삼나무 등에 기생한다고 한다.

6　중국은 이를 '松柏鈍果寄生' 또는 '松寄生'이라 한다('중국식물지'(2018) 참조].

7　한편 이창숙 외(2016), p.231, 233은 제주 식물을 기록한 『남환박물』(1704)의 '松寄生'(송기생)을 현재의 '겨우살이'로, 『탐
　라지』(1653)의 '松寄生'(송기생)을 현재의 '담쟁이덩굴'로 보고 있다. 그러나 두 문헌을 달리 볼 이유가 없고, 내륙에도 분포
　하는 겨우살이를 특별히 제주 식물로 기록했다고 보기 어려우며, 담쟁이덩굴을 한자명 寄生木(기생목)으로 사용한 예도
　발견하기 어려우므로 타당하지 않다고 할 것이다. 다만 『임원경제지』(1842)는 "松寄生亦生山之高處"(송기생은 산의 높은 곳
　에 산다)라고 하여 지지대에 주로 분포하는 참나무겨우살이의 생태와 차이가 있는 것으로 기록했고, 중국의 『본초강목』
　(1596)은 松上寄生(송상기생)을 지의류인 松蘿(송라, *Usnea diffracta* Wanio, 女蘿)의 별칭으로도 사용했으므로 이에 대해서
　추가 연구가 필요하다.

8　『제주도및완도식물조사보고서』(1914)는 'モンナム'[먼나무]를 기록했으며 『조선식물명휘』(1922)는 '桑寄生, 寄生草'를 기
　록했다.

생)으로 추정되는 松柏鈍果寄生[*Taxillus caloreas* (Diels) Danser]의 한국 분포도 확인되지 않는다. 일본명 オホバヤドリギ(大葉宿リ木)는 잎이 큰 거우살이(ヤドリギ)리는 뜻이다.

참고 [북한명] 참나무겨우살이 [유사어] 마상기생(馬祥寄生)

Pseudixus japonicum *Hayata* ヒノキバヤドリギ
Dongbaegnamu-gyousari 동백나무겨우사리

동백나무겨우살이〈*Korthalsella japonica* (Thunb.) Engl.(1897)〉

동백나무겨우살이라는 이름은 주로 동백나무에 기생하며 살아가는 겨우살이라는 뜻에서 유래했다.[9] 실제로는 팽나무, 사스레피나무, 감탕나무, 육박나무, 비쭈기나무, 때죽나무, 굴나무 등 기주특이성(host specificity) 없이 다양한 늘푸른나무 또는 잎지는나무에 기생하고 있다.[10] 『조선식물향명집』은 '동백나무겨우사리'로 기록했으나 『조선식물명집』에서 '동백나무겨우살이'로 표기법에 맞추어 개칭해 현재에 이르고 있다.

속명 *Korthalsella*는 네덜란드 식물학자 Pieter Willem Korthals(1807~1892)의 이름에서 유래했으며 동백나무겨우살이속을 일컫는다. 종소명 *japonica*는 '일본의'라는 뜻으로 최초 발견지를 나타낸다.

다른이름 동백나무겨우사리(정태현 외, 1937), 동백겨우사리(박만규, 1949)

중국/일본명 중국명 栗寄生(li ji sheng)은 밤나무에 기생하는 기생목(寄生木: 겨우살이 종류의 중국명)이라는 뜻이다. 일본명 ヒノキバヤドリギ(-葉宿リ木)는 잎이 편백나무(ヒノキ)를 닮은 겨우살이(ヤドリギ)라는 뜻이다.

참고 [북한명] 동백나무겨우살이 [유사어] 곡기생(槲寄生) [지방명] 겨우살이(전남)

---

9   이러한 견해로 이우철(2005), p.185와 김태영·김진석(2018), p.479 참조.
10 이러한 견해로 김태영·김진석(2018), p.479 참조.

Viscum coloratum *Komarov*　ヤドリギ　寄生木
Gyóusari　겨우사리

겨우살이〈*Viscum coloratum* (Kom.) Nakai(1919)〉[11]

겨우살이라는 이름은 옛 문헌에 한자명으로 겨울에 푸르다는 뜻의 '冬靑'(동청)이 있는 점에 비추어볼 때 겨울을 푸르게 사는 식물이라는 뜻에서 유래했다.[12] 겨우살이라는 이름의 유래와 관련하여 기생하여 겨우 산다는 뜻에서 유래했다고 보는 견해가 있으나,[13] 『사성통해』에 기록된 '겨슬'는 겨울(冬)을 뜻하는 말이고,[14] '가까스로 어렵게'라는 뜻의 부사 '겨우'의 옛말은 '계오'(번역소학, 1518) 또는 '계우'(번역노걸대, 1517; 이륜행실도, 1518)여서 그 표현이 상이하다. 『조선식물향명집』은 경기방언 '겨우사리'로 기록했으나 『조선식물명집』에서 '겨우살이'로 개칭해 현재에 이르고 있다. 한편 중국 옛 문헌에 기록된

'桑寄生'(상기생)은 *Taxillus sutchuenensis*를 일컫는데,[15] 이 종은 국내에 분포하지 않으므로 국내에서는 전국에 흔히 분포하는 겨우살이를 桑寄生으로 기록했던 것으로 보인다.

속명 *Viscum*은 라틴어 *viscum*(겨우살이로 만든 끈끈이)에서 유래한 것으로 열매의 점성 때문에 붙여졌으며 겨우살이속을 일컫는다. 종소명 *coloratum*은 '색칠한, 누렇게 익은'이라는 뜻으로 익은 열매의 색과 관계가 있다.

> **다른이름**　겨우사리(정태현 외, 1923), 붉은열매겨우사리(박만규, 1949)

> **옛이름**　桑上奇生/桑樹上冬乙沙里(향약채취월령, 1431), 桑上奇生/桑樹上冬乙沙里(향약집성방, 1433),[16] 蔦/寄生草/겨스사리(사성통해, 1517), 桑寄生/桑木上冬兒沙里/뽕나모겨으사리(촌가구급방,

---

11 '국가표준식물목록'(2018)은 겨우살이의 학명을 *Viscum album* var. *coloratum* (Kom.) Ohwi(1953)로 기재하고 있으나, 『장진성 식물목록』(2014), '중국식물지'(2018) 및 '세계식물목록'(2018)은 정명을 본문과 같이 기재하고 있다.

12 이러한 견해로 박상진(2011a), p.355; 김민수(1997), p.66; 오찬진 외(2015), p.325; 솔뫼(송상곤, 2010), p.80 참조.

13 이러한 견해로 이우철(2005), p.71과 강판권(2010), p.843 참조.

14 『훈몽자회』(1527)는 겨울(冬)에 대해 '겨슬'라고 표기하고 그 후대에 중간된 기록에도 '겨으' 및 '겨을'로 표기하고 있다. 이에 대한 자세한 내용은 박성훈(2013), p.146 참조.

15 중국은 이를 '紅花寄生' 또는 '桑寄生'이라 한다('중국식물지'(2018) 참조]. 한편 이창숙 외(2016), p.231은 『남환박물』(1704)에 기록된 상기생(桑寄生)을 중국의 상기생과 유사한 *Loranthus parasiticus*(=*Scurrula parasitica*)로 보고 있으나 이 종은 국내에 분포하지 않으므로 타당성은 의문스럽다.

16 『향약집성방』(1433)의 차자(借字) '桑樹上冬乙沙里'(상수상동을사리)에 대해 남풍현(1999), p.178은 '샹슈샹겨슬사리'의 표기로 보고 있다.

1538), 桑上寄生/뽕나모우희겨으사리(동의보감, 1613), 冬青子/寄生草/겨으사리(역어유해, 1690), 桑寄生 (남환박물, 1704), 寄生草/겨으사리(동문유해, 1748), 寄生木/겨으시리(몽유편, 1790), 寄生/겨으사리(세중 신편, 1799), 寄生/겨우수리(광재물보, 19세기 초), 寄生/겨으슬이(물명고, 1824), 겨으사리/寄生(의종손 익, 1868), 겨우살이/蔦(한불자전, 1880), 겨우사리/冬芽寄生(국한회어, 1895), 桑寄生/뽕나무게으사리 (선한약물학, 1931)[17][18]

중국/일본명 중국명 槲寄生(hu ji sheng)은 곡(槲: 참나무 종류의 중국명)에 기생하여 사는 식물이라는 뜻이다. 일본명 ヤドリギ(宿リ木)는 나무에 기생하여 사는 목본식물이라는 뜻이다.

참고 [북한명] 겨우살이 [유사어] 곡기생(槲寄生), 기생목(寄生木), 상기생(桑寄生), 조라(蔦蘿) [지방 명] 기생풀/저우살이/저우살이풀(강원), 기생목/더부사리(경기), 겨울사리/겨울살이/저사리/저어살 이(경남), 저살이/저어살이(경북), 겨울살이/겨울참나무/저사리(전남), 저사리(전북), 상거심(제주), 저 사리/저살이(함북)

---

17 옛 문헌에 등장하는 겨우살이에 대한 차자(借字) '冬沙伊(향약구급방, 1236), 冬乙沙里(향약채취월령, 1431), 麥門冬/겨으사리 (동의보감, 1613)'는 겨우살이(*V. coloratum*)가 아니라 맥문동(*Liriope muscari*)을 일컫는다. 이에 대한 자세한 내용은 이덕봉 (1963), p.173 참조.

18 『제주도및완도식물조사보고서』(1914)는 'サンコスム'[상거심]을 기록했으며 『조선한방약료식물조사서』(1917)는 '겨아사 리(東醫), 寄生木, 梨寄生'을, 『조선어사전』(1920)은 '겨우·살이, 蔦(됴라), 桑寄生(상긔싱)'을, 『조선식물명휘』(1922)는 '粟寄 生, 冬青, 겨우사리'를, Crane(1931)은 '게우사리'를, 『토명대조선만식물자휘』(1932)는 '[桑寄生]상긔싱, [뽕나무겨울살기 (이)]'를, 『선명대화명지부』(1934)는 '겨우(위)사리'를 기록했다.

Aristolochiaceae 쥐방울科 (馬兜鈴科)

쥐방울덩굴과〈**Aristolochiaceae** Juss.(1789)〉

쥐방울덩굴과는 국내에 자생하는 쥐방울덩굴에서 유래한 과명이다. '국가표준식물목록'(2018), 『장진성 식물목록』(2014) 및 '세계식물목록'(2018)은 *Aristolochia*(쥐방울덩굴속)에서 유래한 Aristolochiaceae를 과명으로 기재하고 있으며, 엥글러(Engler), 크론키스트(Cronquist) 및 APG IV(2016) 분류 체계도 이와 같다.

Aristolochia contorta *Bunge*　マルバノウマノスズクサ
Jwe-bangul　쥐방울(마도령)　馬兜鈴

쥐방울덩굴〈*Aristolochia contorta* Bunge(1833)〉

쥐방울덩굴이라는 이름은 꽃과 열매가 쥐를 연상케 하고 열매가 방울을 닮은 덩굴식물이라는 뜻으로, 한자명 馬兜鈴(마두령)이 토착화하는 과정에서 형성된 것이다.[1] 한자명 馬兜鈴(마두령)은 열매의 모양이 말의 목에 달린 방울과 같은 것에서 유래했다.[2] 『동의보감』의 '쥐방올'이라는 표현을 『조선산야생약용식물』에서 '쥐방울덩굴'로 기록했고, 『조선식물향명집』은 '쥐방울'로 기록했다가 『조선식물명집』에서 다시 '쥐방울덩굴'로 기록해 현재에 이르고 있다. 옛 문헌에 나타나는 청목향(靑木香)은 한방에서 쥐방울덩굴의 뿌리를 일컫는 말이다.

　속명 *Aristolochia*는 그리스어 *aristos*(가장 좋은)와 *lochia*(출산)의 합성어로, 나팔처럼 생긴 꽃받침의 꼬부라진 형태를 태아로 생각하고 굵은 밑부분을 자궁에 비유한 것이며 쥐방울덩굴속을 일컫는다. 종소명 *contorta*는 '꼬인'이라는 뜻으로 나팔처럼 생긴 꽃받침의 끝이 꼬이는 것을 나타낸다.

다른이름　쥐방울덩굴(정태현 외, 1936), 마도령/쥐방울(정태현 외, 1937), 방울풀(김현삼 외, 1988), 까치오줌요강(이우철, 1996b)

1　이러한 견해로 이우철(2005), p.488; 손병태(1996), p.26; 이덕봉(1963), p.23 참조.
2　『동의보감』(1613)은 "子狀如鈴 作四五辨 葉脫時 鈴尙垂如馬項鈴 故得名"(열매의 생김새는 방울 같고 4쪽 또는 5쪽으로 갈라져 있으며 잎이 떨어진 다음에도 방울은 드리워져 말의 목에 달린 방울과 같기 때문에 마두령이라 한 것이다)이라고 했다. 이에 대해서는 『(신대역) 동의보감』(2012), p.2070 참조.

옛이름 獨走根/馬兜鈴/勿叱隱阿背/勿叱隱提阿/勿兒隱提良(향약구급방, 1236),[3] 馬兜鈴/勿兒冬乙羅(향약채취월령, 1431), 馬兜鈴/勿兒隱冬乙乃(향약집성방, 1433),[4] 馬燕零/冬兒冬乙羅/쥐방울(촌가구급방, 1538), 馬兜鈴/쥐방울(언해구급방, 1608), 馬兜鈴/쥐방울/靑木香(동의보감, 1613), 馬兜鈴/쥐방울(제중신편, 1799), 馬兜鈴/지방울/獨行根(광재물보, 19세기 초), 馬兜鈴/쥐방울/靑木香(물명고, 1824), 馬兜鈴/쥐방울(의종손익, 1868), 馬兜鈴/쥐방울(방약합편, 1884), 馬兜鈴/쥐방울(선한약물학, 1931)[5]

중국/일본명 중국명 北马兜铃(bei ma dou ling)은 북쪽 지역에 분포하는 마두령(馬兜鈴: 쥐방울덩굴 종류의 중국명으로 Aristolochia debilis Siebold & Zucc.을 지칭함)이라는 뜻이다. 일본명 マルバノウマノスズクサ(丸葉の馬の鈴草)는 둥근 잎을 가진 마두령(馬兜鈴)이라는 뜻으로 중국명에서 차용한 이름으로 보인다.

참고 [북한명] 방울풀 [유사어] 마두령(馬兜鈴), 청목향(靑木香) [지방명] 까마구오줌통/까마귀오줌통/까치오줌통(경남), 까마구오줌통/까치오줌통(경북)

○ Aristolochia manchuriensis *Komarov*   マンシウウマノスズクサ
Kún-jwe-bañgul   큰쥐방울(등칙)   通脫木

등칡〈*Aristolochia manshuriensis* Kom.(1904)〉

등칡이라는 이름은 강원 방언을 채록한 것인데,[6] 등나무와 같은 덩굴식물로 잎 모양 등이 칡을 닮았다는 뜻에서 유래했다.[7] 유희의 『물명고』는 "花類葛花 皮靭可作索綯 故得葛名"(꽃은 칡꽃 종류이다. 나무껍질은 질겨서 새끼를 꼴 수 있으므로 칡이라는 이름을 얻었다)이라고 기록했다. 『조선식물향명집』은 '큰쥐방울(등칙)'로 기록했으나 『조선삼림식물도설』에서 『조선산야생약용식물』과 동일하게 '등칡'으로 기록해 현재에 이르고 있다.

속명 *Aristolochia*는 그리스어 *aristos*(가장 좋은)와 *lochia*(출산)의 합성어로, 나팔처럼 생긴 꽃받침의 꼬부라진 형태를 태아로 생각하고 굵은 밑부분을 자궁에 비유한 것이며 쥐방울덩굴속을

---

3 『향약구급방』(1236)의 차자(借字) "勿叱隱阿背/勿叱隱提阿/勿兒隱提良"(물질은아배/물질은제아/물아은제량)에 대해 남풍현(1981), p.63은 '믈슨아비/믈슨돌아/믈슨돌아'의 표기로 보고 있으며, 손병태(1996), p.27은 '믌은아비/믌은드라/믈익은딕'의 표기로, 이덕봉(1963), p.23은 '믈는아배/믈는데아/믈?데라(아)'의 표기로 보고 있다. 같은 책에서 남풍현은 이들 차자 표기에 대해 한자어 馬兜鈴(마두령)의 번역 차용어로 보고 있으며, 손병태는 '말에 달린 달랑이'의 뜻으로 보고 있다.

4 『향약집성방』(1433)의 차자(借字) '勿兒隱冬乙乃'(물아은동을내)에 대해 남풍현(1999), p.178은 '믈슨돌래'의 표기로 보고 있으며, 손병태(1996), p.26은 '말안돌라'의 표기로, 이덕봉(1963), p.191은 '무른드래'의 표기로 보고 있다.

5 『조선한방약료식물조사서』(1917)는 '쥐방울(東醫), 馬兜鈴'을 기록했으며 『조선어사전』(1920)은 '쥐방울, 馬兜鈴'을, 『조선식물명휘』(1922)는 '쥐방울, 馬兜鈴, 마도령(藥)'을, 『토명대조선만식물자휘』(1932)는 '[馬兜鈴]마두령, [쥐방울초], [金鎖匙]금쇄시, [山豆根]산두근, [唐木香], [解毒]히독'을, 『선명대화명지부』(1934)는 '마도령, 쥐방울'을 기록했다.

6 이에 대해서는 『조선삼림식물도설』(1943), p.182 참조.

7 이러한 견해로 김태영·김진석(2018), p.92; 허북구·박석근(2008b), p.100; 솔뫼(송상곤, 2010), p.792; 박상진(2019), p.125 참조.

일컫는다. 종소명 *manshuriensis*는 '만주에 분포하는'이라는 뜻으로 발견지 또는 원산지를 나타낸다.

다른이름 등칙(정태현 외, 1936), 등칙/큰쥐방울(정태현 외, 1937), 칙향(임록재 외, 1972)

옛이름 등츩(동국신속삼강행실도, 1617), 通脫木(의림촬요, 1635), 木黃芪/등츩/甘葛(물명고, 1824), 通脫木(오주연문장전산고, 185?), 등칙/藤葛(한불자전, 1880)[8]

중국/일본명 중국명 关木通(guan mu tong)은 빗장(關)처럼 생긴 목통(木通: 으름덩굴)이라는 뜻이다. 일본명 マンシウウマノスズクサ(滿洲馬の鈴草)는 만주에서 자라는 마두령(馬兜鈴)이라는 뜻이다.

참고 [북한명] 등칙 [유사어] 관목통(關木通), 통초(通草), 통탈목(通脫木)

Asarum Sieboldii *Miquel* ウスバサイシン 細辛
Min-jogdoripul 민쪽도리풀(셰신) 萬病草

족도리풀(족두리풀)〈*Asarum sieboldii* Miq.(1865)〉

족도리풀이라는 이름은 꽃의 모양이 혼례 때 신부가 머리에 쓰는 족두리와 닮은 데서 유래했다.[9] 『조선식물향명집』은 *A. sieboldii*에 대해 '민족도리풀'로 기록했으나, 『조선산야생약용식물』은 이를 '족도리풀'로 기록했으며 현재는 '족도리풀'을 추천명으로 사용하고 있다. 한편 '표준국어대사전'은 '족두리풀'을 표준어로 하고 있으나, 족도리는 족두리의 옛말이므로 식물명은 옛이름 그대로 '족도리풀'을 사용하고 있다. 의미와 어감에서 차이가 없다면 『조선식물향명집』의 사정요지에 밝힌 것처럼 보편적으로 사용하는 이름을 추천명으로 하는 것이 타당해 보인다. 한자명 細辛(세신)은 땅속줄기가 가늘고 약재로 사용할 때 맛이 아주 매워서 붙어진 이름이다.

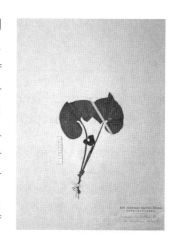

---

8 『조선의 구황식물』(1919)은 '등칙나물'을 기록했으며 『조선삼림식물편』(1915~1939)은 '通草(トンチョー), 通脫木(トンテヤルモツク)'[통초, 통탈목]을 기록했다.

9 이러한 견해로 이우철(2005), p.463; 이덕봉(1963), p.7; 허북구·박석근(2008a), p.183; 김병기(2013), p.281; 권순경(2020.4.16.) 참조.

속명 *Asarum*은 플리니우스(Plinius, 23~79)가 유럽족도리풀(*Asarum europaeum* L.)에 붙였던 이름으로, 이 속을 가리키는 그리스어 *asaron*이 어원이며 족도리풀속을 일컫는다. 종소명 *sieboldii*는 독일 의사이자 생물학자로 일본 식물을 연구한 Philipp Franz von Siebold(1796~1866)의 이름에서 유래했다.

다른이름 세신/족도리풀(정태현 외, 1936), 민족도리풀(정태현 외, 1937), 족두리풀(안학수·이춘녕, 1963), 족도리(이창복, 1969b), 만병초/조리풀/털족도리풀(한진건 외, 1982), 뿔족도리풀(이영노, 2002), 만주족두리풀/민세신/얇은잎세신/얇은잎족두리풀(리용재 외, 2011)

옛이름 細辛/洗心(향약구급방, 1236),[10] 細辛/緦(향약채취월령, 1431), 細辛/셩신(구급방언해, 1466), 細辛/셰신(구급간이방언해, 1489), 細莘/셰심(우마양저염역병치료방, 1541), 細辛/셰신/세신(언해구급방, 1608), 細辛/셰신(언해두창집요, 1608), 細辛(동의보감, 1613), 細辛(산림경제, 1715), 細辛/셰신(물보, 1802), 細辛(광재물보, 19세기 초), 細辛/족도리풀(물명고, 1824), 細辛/족도리풀(의종손익, 1868), 細辛/족도리풀(방약합편, 1884), 細辛/셰신/세신(단방비요, 1913), 細辛/족도리풀쑤리(선한약물학, 1931)[11]

중국/일본명 중국명 汉城细辛(han cheng xi xin)은 이명(synonym) 처리된 학명 중 변종명 *seoulensis*와 관련된 것으로, 서울(漢城)에 분포하는 세신(細辛: 족도리풀)이라는 뜻이다. 일본명 ウスバサイシン(薄葉細辛)은 잎이 얇은 세신(サイシン, 細辛)이라는 뜻이다.

참고 [북한명] 민족두리풀/얇은잎족두리풀[12] [유사어] 만병초(萬病草), 세신(細辛), 세초(細草), 조리풀, 족두리 [지방명] 새신/새심/세신/쇠신/시신(강원), 세신/오강뿌리(경기), 노구초/새신/세시미/세신/세심/세심이/할미꽃(경남), 새신/세신/쇄신(경북), 세신/시신/시싱뿌렝이/씨심(전남), 새신/세신/시심(전북) 서승/서신/세싱/시승(제주), 세신(충남), 세신/세삼/족두리꽃(충북)

⊗Asarum Sieboldii *Miquel* var. seoulensis *Nakai*　ウスゲサイシン
Jogdoripul 족도리풀(셰신)　細辛·萬病草

서울족도리풀(서울족두리풀)〈*Asarum heterotropoides* F.Schmidt(1868)〉[13]

10　『향약구급방』(1236)의 차자(借字) '洗心'(셰심)에 대해 남풍현(1981), p.92와 손병태(1996), p.71은 '셰심'의 표기로 보고 있으며, 이덕봉(1963), p.6은 '세심'의 표기로 보고 있다.

11　『조선한방약료식물조사서』(1917)는 '소로리풀(方藥), 萬病草(江原), 細辛'을 기록했으며『조선어사전』(1920)은 '細辛(세신)'을, 『조선식물명휘』(1922)는 '細辛, 죠리풀, 세신(藥)'을, 『토명대조선만식물자휘』(1932)는 '[細辛]세신'을, 『선명대화명지부』(1934)는 '세신, 조(죠)로리풀, 죠리풀'을 기록했다.

12　북한에서는 *A. heterotropoides* var. *mandshuricum*을 '민족두리풀'로, *A. sieboldii*를 '얇은잎족두리풀'로 하여 별도 분류하고 있다. 이에 대해서는 리용재 외(2011), p.41 참조.

13　'국가표준식물목록'(2018)은 서울족도리풀의 학명을 *Asarum heterotropoides* var. *seoulense* (Nakai) Kitag.(1979)으로 기재하고 있으나, 『장진성 식물목록』(2014)은 본문의 학명을 정명으로 기재하고 있다.

서울족도리풀이라는 이름은 서울 인근 지역에 주로 나는 족도리풀이라는 뜻에서 유래했다.[14] 『조선식물향명집』은 '족도리풀'로 기록했으나 현재는 '서울족도리풀'이라는 국명을 사용하고 있다. 현재의 학명은 오병운 외가 『한국식물분류학회지』에 발표해 '국가표준식물목록'에 등재되었다. '국가표준식물목록'에 등재된 서울족도리풀<*Asarum heterotropoides* var. *seoulense* (Nakai) Kitag.(1979)>과 만주족도리풀<*Asarum heterotropoides* var. *mandshuricum* (Maxim.) Kitag. (1939)>을 통합해 털족도리풀로 분류해야 한다는 견해가 유력하다.[15]

속명 *Asarum*은 플리니우스(Plinius, 23~79)가 유럽족도리풀(*Asarum europaeum* L.)에 붙였던 이름으로, 이 속을 가리키는 그리스어 *asaron*이 어원이며 족도리풀속을 일컫는다. 종소명 *heterotropoides*는 그리스어 *hetro*(서로 다른)와 *trophia* 또는 *trophy*(어원 불명)의 합성어에서 유래했다.

 다른이름 민족도리풀/세신/족도리풀(정태현 외, 1937), 털족도리풀/만병초(도봉섭 외, 1958), 족두리풀(안학수·이춘녕, 1963), 족도리(이창복, 1969b), 만주족도리풀(오병운 외, 1997), 영종족도리풀(이영노, 2002)[16]

 중국/일본명 중국명 細辛(xi xin)은 약재로 사용하는 땅속줄기가 가늘고(細) 아주 매운(辛) 맛이 나는 것에서 유래했다. 일본명 ウスゲサイシン(薄毛細辛)은 털이 거의 없는 세신(サイシン, 細辛)이라는 뜻이다.

 참고 [북한명] 족두리풀 [유사어] 세신(細辛) [지방명] 오강뿌리(경기)

14 이러한 견해로 이우철(2005), p.329 참조.
15 이러한 견해로 『장진성 식물목록』(2014), p.231과 오병운(2008), p.256 이하 참조.
16 『조선한방약료식물조사서』(1917)는 '소로리풀(方藥), 萬病草(江原)'를 기록했다.

Polygonaceae 역귀科 (蓼科)

> **마디풀과〈Polygonaceae Juss.(1789)〉**
>
> 마디풀과는 국내에 자생하는 마디풀에서 유래한 과명이다. '국가표준식물목록'(2018), 『장진성 식물목록』(2014) 및 '세계식물목록'(2018)은 *Polygonum*(마디풀속)에서 유래한 Polygonaceae를 과명으로 기재하고 있으며, 엥글러(Engler), 크론키스트(Cronquist) 및 APG IV(2016) 분류 체계도 이와 같다.

○ *Aconopogon polymorphum Nakai* オホヤマソバ

Singa 싱아

싱아〈*Aconogonon alpinum* (All.) Schur(1853)〉

싱아라는 이름은 옛이름 '승아'(또는 숭아)에서 유래한 것으로, 줄기를 씹으면 매우 신 맛이 난다는 뜻에서 붙여졌다.[1] '시다'(酸)의 옛말이 『능엄경언해』에 '싀다'의 형태로 나타나고, 19세기에 저술된 『명물기략』에서 '승아'는 "味酸 可食 節間生子"(맛은 신데 먹을 수 있다. 마디 사이에 열매가 달린다)라 기록한 것에서 그 유래를 알 수 있다. 17세기 문헌에 한글 '승아'가 나타나기 시작해 19세기 근대 국어까지 그 표현이 유지됐다. 20세기 들어 '숭애/승애/싱아'가 함께 쓰이다 『조선식물향명집』에 '싱아'가 기록되어 현재에 이르고 있다. 한편 '싱아'는 신맛이 나는 여러 식물을 일컫는 것으로 혼용되었는데 현재 종의 이름으로 '싱아'가 정착된 것은 황해도 방언에서 비롯되었다.[2]

싱아는 구황식물 중 먹을 때 강한 신맛이 나는 여러 식물(예컨대, 호장근과 수영 등)에 대한 이름으로 함께 혼용된 것으로 보인다.

속명 *Aconogonon*은 그리스어 *akoa*(투창)와 *gonu*(무릎)의 합성어로 잎을 투창에, 도드라진 마디를 무릎에 비유한 데서 유래했으며 싱아속을 일컫는다. 종소명 *alpinum*은 '고산에 사는'이라는 뜻이다.

다른이름 숭애(정태현 외, 1949), 승애(안학수·이춘녕, 1963), 넓은잎싱아/승아(임록재 외, 1972), 높은산싱아(리용재 외, 2011)

---

1 이러한 견해로 김종원(2016), p.41 참조.
2 황해도 방언을 채록한 것에 대해서는 『조선산야생식용식물』(1942), p.110 참조.

옛이름 酸蔣/숭아(역어유해, 1690), 酸莊菜/숭아(동문유해, 1748), 酸莊菜/숭아(몽어유해, 1768), 酸醬菜/숭아(방언집석, 1778), 酸醬菜/숭아(한청문감, 1779), 작장초/숭아(화왕본고, 19세기 초), 酸模/싀영/酸漿菜(광재물보, 19세기 초), 酸模/싀영/酸漿菜(물명고, 1824), 酸模/僧莪/숭아(명물기략, 1870), 숭아(한불자전, 1880), 싱아(조선구전민요집, 1933)[3]

중국/일본명 중국명 高山蓼(gao shan liao)는 높은 산에서 자라는 蓼(蓼: 봄여뀌 또는 여뀌속의 중국명)라는 뜻이다. 일본명 オホヤマソバ(大山蕎麦)는 높은 산에서 자라는 메밀(ソバ)이라는 뜻이다.

참고 [북한명] 높은산싱아/싱아[4] [유사어] 호장근(虎杖根) [지방명] 복개나물/수게/시강/시게/시궁아/시금/시금초/시금추/시금치/시엉/싱애/쏑애/씽에(강원), 말싱아(경기), 고시랑대/공생대/새앙/새앙대/새앙똑/새앙잎(전남), 신곰/신금/여꽃대(전북)

Ambygonum orientalis *Nakai*　ベニバナオホケタデ
Bulgùntòl-yòggwe　붉은털역귀

털여뀌⟨*Persicaria orientalis* (L.) Spach(1841)⟩

'국가표준식물목록'(2018), 『장진성 식물목록』(2014), '세계식물목록'(2018) 및 '중국식물지'(2018)는 모두 붉은털여뀌를 별도 분류하지 않고 털여뀌에 통합하고 있으므로 이 책도 이에 따른다.

Ambygonum orientalis *Nakai* var. pilosum *Nakai*　オホケタデ
Tòl-yòggwe　털역귀

털여뀌⟨*Persicaria orientalis* (L.) Spach(1841)⟩

털여뀌라는 이름은 식물 전체에 조밀한 털이 많은 여뀌라는 뜻에서 유래한 것으로, 옛 학명과 관련 있다.[5] 19세기에 저술된 『광재물보』와 『물명고』에 털여뀌를 뜻하는 한자명 '毛蓼'(모료)가 기록되어 있으나 종(species)으로 특정하지 않았으므로 털여뀌로 이어지지는 않은 것으로 보인다. 또한 옛이름 '馬蓼'(말엿귀, 믈엿귀, 믈엿괴, 말녁귀 등)가 현재의 털여뀌를 의미하는지도 분명하지 않으며, 이를 개여뀌로 보는 견해도 있다.[6] 『조선식물향명집』에서는 '털역귀'를 신칭해 기록했으나[7] 『한국

---

3 『조선어사전』(1920)은 '숭아, 酸模'를 기록했으며 『조선식물명휘』(1922)는 '虎杖根, 호장근, 감젓부후(감젓불휘)(救)'를, 『선명대화명지부』(1934)는 '감젓불휘(후), 호장근'을 기록했다.

4 북한에서는 *Aconogonon alpinum*을 '높은산싱아'로, *A. platyphyllum*을 '싱아'로 하여 별도 분류하고 있다. 이에 대해서는 리용재 외(2011), p.10 참조.

5 이러한 견해로 이우철(2005), p.561 참조.

6 이에 대해서는 『고어대사전 7』(2016), p.517 등 참조.

7 이에 대해서는 『조선식물향명집』, 색인 p.48 참조.

식물명감』에서 '털여뀌'로 개칭해 현재에 이르고 있다.

속명 *Persicaria*는 *persica*(복숭아나무)를 닮았다는 뜻으로 잎이 복숭아나무 잎을 닮아 붙여졌으며 여뀌속을 일컫는다. 종소명 *orientalis*는 '동양의'라는 뜻이며, 옛 변종명 *pilosum*은 '털이 많은'이라는 뜻에서 유래했다.

다른이름 노인장째(정태현 외, 1936), 붉은털역귀/털역귀(정태현 외, 1937), 노인장때(정태현 외, 1942), 노인장대(정태현 외, 1949), 붉은털여뀌(안학수·이춘녕, 1963), 말여뀌(한진건 외, 1982)

옛이름 赤蓼/불근엿귀(구급방언해, 1466), 水蓼/믈엿귀(동의보감, 1613), 믈역괴/白米花(역어유해, 1690), 毛蓼(광재물보, 19세기 초), 馬蓼/말엿귀/葒草/료화대/毛蓼(물명고, 1824), 馬蓼/말녁귀/葒草(임원경제지, 1842)⁸

중국/일본명 중국명 红蓼(hong liao)는 붉은색 꽃이 피는 요(蓼: 봄여뀌 또는 여뀌속의 중국명)라는 뜻이다. 일본명 オホケタデ(大毛蓼)는 식물체가 크고 털이 많은 여뀌라는 뜻이다.

참고 [북한명] 붉은털여뀌/털여뀌⁹ [유사어] 대료(大蓼), 마료(馬蓼), 홍초(葒草) [지방명] 여뀌(충북)

○ Bistorta incana *Nakai*   ウラジロトラノオ
Hin-bomuegori   힌범의꼬리

흰범꼬리⟨*Bistorta incana* (Nakai) Nakai ex T.Mori(1922)⟩

흰범꼬리라는 이름은 '흰'과 '범꼬리'의 합성어로, 범꼬리를 닮았는데 잎 뒷면에 백색 털이 밀생(密生)하는 특징에서 유래했다.¹⁰ 『조선식물향명집』에서는 '흰범의꼬리'를 신칭해 기록했는데¹¹ 『조선식물명집』에서 '흰범꼬리'로 변경해 현재에 이르고 있다.

속명 *Bistorta*는 라틴어 *bis*(중복)와 *tortus*(꼬이다)의 합성어로, 중복해서 꼬이는 땅속줄기의 형태에서 유래했으며 범꼬리속을 일컫는다. 종소명 *incana*는 '회백색의'라는 뜻으로 잎 뒷면에 회백색의 부드러운 털이 있는 것에서 유래했다.

8　『조선어사전』(1920)은 '말역귀, 馬蓼(마료)'를 기록했으며 『조선식물명휘』(1922)는 '葒草, 馬蓼, 역구풀(敉)'을, 『토명대조선만식물자휘』(1932)는 '[蘢]룡, [葒草]홍초, [馬蓼]마료, [말역귀초(풀)], [말료(ㄴ)화]'를, 『선명대화명지부』(1934)는 '역구풀'을 기록했다.

9　북한에서는 P. orientalis를 '붉은털여뀌'로, P. cochichinensis를 '털여뀌'로 하여 별도 분류하고 있다. 이에 대해서는 리용재 외(2011), p.259 참조.

10　이러한 견해로 이우철(2005), p.609 참조.

11　이에 대해서는 『조선식물향명집』, 색인 p.49 참조.

힌범의꼬리(정태현 외, 1937), 흰범의꼬리(박만규, 1974)

중국/일본명 중국명 拳參(quan shen)은 약재로 쓰는 땅속줄기가 주먹을 닮았다는 뜻에서 유래한 것으로 추정한다. 일본명 ウラジロトラノオ(裏白虎の尾)는 잎의 뒷면이 흰색인 범꼬리라는 뜻이다.

참고 [북한명] 흰범꼬리풀

Bistorta vivipara *S. F. Gray* ムカゴトラノオ

San-bòmueǧori 산범의꼬리

씨범꼬리⟨*Bistorta vivipara* (L.) Delarbre(1800)⟩[12]

씨범꼬리라는 이름은 '씨'와 '범꼬리'의 합성어로, 꽃차례 아래에 살눈(씨)이 생겨 무성생식을 하고 범꼬리를 닮았다는 뜻에서 유래했다.[13] 『조선식물향명집』에서는 '산범의꼬리'를 신칭해 기록했으나[14] 『조선식물명집』에서 '씨범꼬리'로 개칭해 현재에 이르고 있다.

속명 *Bistorta*는 라틴어 *bis*(중복)와 *tortus*(꼬이다)의 합성어로, 중복해서 꼬이는 땅속줄기의 형태에서 유래했으며 범꼬리속을 일컫는다. 종소명 *vivipara*는 '태생의, 살눈이 있는'이라는 뜻으로 꽃차례 아래에 살눈이 달려 무성생식하기 때문에 붙여졌다.

다른이름 산범의꼬리(정태현 외, 1937), 갈범의꼬리/무강범의꼬리(박만규, 1949), 알범꼬리(안학수·이춘녕, 1963), 씨범꼬리풀(김현삼 외, 1988)

옛이름 拳參(선한약물학, 1931)[15]

중국/일본명 중국명 珠芽拳參(zhu ya quan shen)은 주아(살눈)가 있는 권삼(拳參: 흰범꼬리)이라는 뜻이다. 일본명 ムカゴトラノオ(零余子虎の尾)는 살눈을 만드는 범꼬리라는 뜻이다.

참고 [북한명] 씨범꼬리풀

---

12 '국가표준식물목록'(2018)은 씨범꼬리의 학명을 *Bistorta vivipara* (L.) Gray(1821)로 기재하고 있으나, 『장진성 식물목록』(2014)은 정명을 본문과 같이 기재하고 있다. 한편, '세계식물목록'(2018)은 이 모두를 *Persicaria vivipara* (L.) Ronse Decr.(1988)의 이명(synonym)으로 기재하고 있다.

13 이러한 견해로 이우철(2005), p.373 참조.

14 이에 대해서는 『조선식물향명집』, 색인 p.40 참조.

15 『조선식물명휘』(1922)는 '一口血草'를 기록했다.

Bistorta vulgaris *Hill.* イブキトラノオ
Bômueĝori 범의꼬리

범꼬리〈*Bistorta manshuriensis* (Petrov ex Kom.) Kom.(1926)〉

범꼬리라는 이름은 꽃차례의 모양을 범의 꼬리에 비유한 데서 유래했다.[16] 『조선식물향명집』에 '범의꼬리'라는 한글명이 보이고, 이를 『조선식물명집』에서 '범꼬리'로 개칭해 현재에 이르고 있다. 옛 문헌에는 紫參(자삼)과 拳參(권삼: 흰범꼬리)과 같은 한자명으로 나타나지만 한글명은 확인되지 않고 있다.

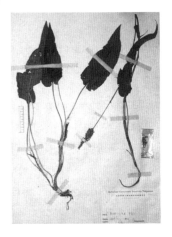

　속명 *Bistorta*는 라틴어 *bis*(중복)와 *tortus*(꼬이다)의 합성어로, 중복해서 꼬이는 땅속줄기의 형태에서 유래했으며 범꼬리속을 일컫는다. 종소명 *manshuriensis*는 '만주에 분포하는'이라는 뜻으로 최초 발견지를 나타낸다.

다른이름　범의꼬리(정태현 외, 1937), 만주범의꼬리(박만규, 1974), 범의꼬리권삼(한진건 외, 1982), 범꼬리풀(김현삼 외, 1988)

옛이름　紫參(의림촬요, 1635), 紫參(산림경제, 1715), 拳參(광재물보, 19세기 초), 牡蒙/紫參(물명고, 1824)[17]

중국/일본명　중국명 耳叶拳参(er ye quan shen)은 귀를 닮은 잎을 가진 권삼(拳参: 흰범꼬리)이라는 뜻이다. 일본명 イブキトラノオ(伊吹虎の尾)는 이부키산(伊吹山)에서 자라는 トラノオ(虎の尾: 범꼬리라는 뜻으로 까치수염 종류의 일본명)라는 뜻이다.

참고　[북한명] 범꼬리풀 [유사어] 권삼(拳蔘), 모몽(牡蒙), 자삼(紫蔘) [지방명] 범꼬리풀(충북)

Bistorta vulgaris *Hill.* var. angustifolia *Gross* ホソバイブキトラノヲ
Ganûn-bômueĝori 가는범의꼬리

가는범꼬리〈*Bistorta alopecuroides* (Turcz. ex Besser) Kom.(1926)〉

가는범꼬리라는 이름은 '가는'과 '범꼬리'의 합성어로, 범꼬리에 비해 잎이 좁고 길다는 뜻에서 유래했다.[18] 『조선식물향명집』에서는 '가는범의꼬리'를 신칭해 기록했으나[19] 『조선식물명집』에서 '가

16　이러한 견해로 이우철(2005), p.273과 김병기(2013), p.55 참조.

17　『조선어사전』(1920)은 '紫蔘(ㅈ삼), 牡蒙(모몽)'을 기록했으며 『조선식물명휘』(1922)는 '拳蔘, 牡蒙(救)'을 기록했다.

18　이러한 견해로 이우철(2005), p.20 참조.

19　이에 대해서는 『조선식물향명집』, 색인 p.30 참조.

는범꼬리'로 개칭해 현재에 이르고 있다.

속명 *Bistorta*는 라틴어 *bis*(중복)와 *tortus*(꼬이다)의 합성어로, 중복해서 꼬이는 땅속줄기의 형태에서 유래했으며 범꼬리속을 일컫는다. 종소명 *alopecuroides*는 벼과 뚝새풀속(*Alopecurus*)과 유사하다는 뜻에서 붙여졌다.

다른이름 가는범의꼬리(정태현 외, 1937), 둑새풀범의꼬리/큰산범의꼬리(리종오, 1964), 둑새풀범꼬리/좁은잎범꼬리(임록재 외, 1972), 긴잎범의꼬리(박만규, 1974), 둑새범꼬리풀(임록재 외, 1996)

중국/일본명 중국명 狐尾拳参(hu wei quan shen)은 여우의 꼬리를 닮은 권삼(拳参: 흰범꼬리)이라는 뜻이다. 일본명 ホソバイブキトラノヲ(細葉伊吹虎の尾)는 잎이 가늘고 이부키산(伊吹山)에서 자라는 범꼬리라는 뜻이다.

참고 [북한명] 둑새범꼬리풀

○ Fagopyrum rotundatum *Babington* イヌソバ
Gae-momil 개모밀

쓴메밀⟨*Fagopyrum tataricum* (L.) Gaertn.(1790)⟩[20]

쓴메밀이라는 이름은 메밀에 비해 맛이 쓰다는 뜻에서 유래했다.[21] 『조선식물향명집』에서는 메밀과 비슷하다는(개) 뜻에서 '개모밀'을 신칭해 기록했으나,[22] 『우리나라 자원식물』에서 '쓴메밀'로 개칭한 것으로 보인다.

속명 *Fagopyrum*은 라틴어 *Fagus*(너도밤나무)와 그리스어 *pyros*(밀, 곡물)의 합성어로, 3개의 능선이 있는 열매가 너도밤나무의 열매와 비슷해 붙여졌으며 메밀속을 일컫는다. 종소명 *tataricum*은 '(중앙아시아) 타타르에 분포하는'이라는 뜻이다.

다른이름 개모밀(정태현 외, 1937), 두메메밀(리종오, 1964), 두메뫼밀(한진건 외, 1982), 개메밀(리용재 외, 2011), 타타리메밀(국가표준식물목록, 2018)

---

20 '국가표준식물목록'(2018), '중국식물지'(2018) 및 '세계식물목록'(2018)은 쓴메밀의 학명을 본문과 같이 기재하고 있으나, 『장진성 식물목록』(2014)은 쓴메밀을 별도 분류하지 않고 있으므로 주의를 요한다.
21 서유구가 저술한 『임원경제지』(1842)는 "中國南方産苦蕎麥 枝葉花實皆蕎麥也 而花帶綠色 實尖而稜角不峭 其味苦惡 故謂之苦蕎 亦一時備荒之穀也"(중국 남쪽 지방에서 나는 쓴메밀은 가지, 잎, 꽃, 열매 모두가 메밀인데, 꽃자루가 녹색이고 열매도 뾰족하나 모서리는 메밀처럼 날카롭지 않다. 그 맛이 쓰고 좋지 않기 때문에 고교라고 한다. 역시 한때의 굶주림을 대비하는 곡식이다)라고 기록했다.
22 이에 대해서는 『조선식물향명집』, 색인 p.31 참조.

苦蕎麥/苦蕎(임원경제지, 1842)²³

중국명 苦荞(ku qiao)는 맛이 쓴 교맥(蕎麥: 메밀)이라는 뜻이다. 일본명 イヌソバ(犬蕎麦)는 메밀(蕎麥)과 비슷한 식물이라는 뜻이다.

참고 [북한명] 두메메밀 [유사어] 달단종메밀(韃靼種-), 타타르메밀

Fagopyrum vulgare *Hill.* ソバ (栽)
Momil 모밀 蕎麥

메밀〈*Fagopyrum esculentum* Moench(1794)〉

메밀이라는 이름은 옛이름 모밀이 어원으로, 열매가 또렷한 세모 모양이므로 모가 있는 밀이라는 뜻에서 유래했다.²⁴ 1870년에 저술된 『명물기략』은 "實有三稜 而磨麵如麥 故俗訓모밀 謂其有稜之麥也"(열매에는 세 모서리가 있으며 갈아 보리처럼 면을 만든다. 그래서 '모밀'이라고 새기고 이를 일컬어 모서리가 있는 밀이라 한다)라고 했고, 모서리에 대한 중세 국어는 '모'(석보상절, 1447)로 그 표기가 메밀의 '모'와 일치한다. 한편 '뫼'(山)와 '밀'(小麥)의 합성어로 산에서 자라는 밀이라는 뜻에서 유래한이름이라는 견해가 있지만,²⁵ 메밀은 재배하는 식물이지 산이나 들에서 야생하지 않기 때문에 그 타당성은 의문이다. 『조선식물향명집』은 '모밀'로 기록했으나 『한국식물명감』에서 표기법의 변화에 따라 '메밀'로 기록해 현재에 이르고 있다.

속명 *Fagopyrum*은 라틴어 *Fagus*(너도밤나무)와 그리스어 *pyros*(밀, 곡물)의 합성어로, 3개의 능선이 있는 열매가 너도밤나무의 열매와 비슷해 붙여졌으며 메밀속을 일컫는다. 종소명 *esculentum*은 '식용의'라는 뜻이다.

다른이름 메밀(정태현 외, 1937), 매물(박만규, 1949), 뫼밀(정태현 외, 1949)

옛이름 蕎麥/木麥(향약구급방, 1236),²⁶ 쟈감/蕎麥皮(훈민정음해례본, 1446), 모밀/蕎麥(사성통해, 1517), 모밀/蕎麥(훈몽자회, 1527), 木麥/모밀(구황촬요, 1554), 蕎麥/모밀(동의보감, 1613), 木麥/모밀(신간구황촬요, 1660), 蕎麥/모밀(산림경제, 1715), 蕎麥/모밀(몽어유해, 1768), 木麥花/모밀느졍이(해동농서, 1799), 蕎麥/모밀(제중신편, 1799), 蕎麥/모밀(물보, 1802), 蕎麥/毛密(아언각비, 1819), 蕎麥/모밀(물명고, 1824), 蕎麥/교밐/모밀(명물기략, 1870), 매밀/蕎麥/모밀/蕎(한불자전, 1880), 메밀/蕎(교린수지, 1881), 蕎麥/모밀(방약합편, 1884), 모밀(사민필지, 1889), 木米/모밀(의방합편, 19세기)²⁷

---

23 『토명대조선만식물자휘』(1932)는 중국명으로 '[苦蕎麥]'을 기록했다.
24 이러한 견해로 이덕봉(1963), p.34와 서정범(2000), p.251 참조.
25 이러한 견해로 이우철(2005), p.225와 김민수(1997), p.367 참조.
26 『향약구급방』(1236)의 차자(借字) '木麥'(목맥)에 대해 남풍현(1981), p.40과 이덕봉(1963), p.34는 '모밀'의 표기로 보고 있다.
27 『조선어사전』(1920)은 '모밀, 蕎麥(교밐), 멥쌀, 木麥(목믹), 메밀'을 기록했으며 『조선식물명휘』(1922)는 '蕎麥, 모밀'을, Crane(1931)은 '모밀, 蕎麥'을, 『토명대조선만식물자휘』(1932)는 '[蕎麥]교밐, [木麥]목믹, [메밀], [모밀], [멥쌀], [白麵]빅면,

중국/일본명 중국명 荞麦(qiao mai)는 줄기가 약하지만 곧게 솟고(蕎) 맥(麥: 밀이나 보리 종류)을 닮은 식물이라는 뜻이다. 일본명 ソバ(蕎麦)는 옛이름 ソバムギ(稜角)의 축약형으로, 열매에 모서리가 있고 각이 져서 붙여졌다.

참고 [북한명] 메밀 [유사어] 교맥(蕎麥), 목맥(木麥), 오맥(烏麥) [지방명] 매물/메물/모밀/뫼물/뫼밀/미밀(강원), 매물/메물/메물나물/모밀/뫼물/뫼밀(경기), 매물/메물/메물나물/장밀(경남), 메물/멤물/며물/미물/미밀/밈물(경북), 메물/메물순/메미/메밀싹/메울(전남), 메물/페밀(전북), 모멀/모몰/모물/모믈/모밀/몰말콜(제주), 매물/매물풀/매밀/메물/며밀/미밀(충남), 매물/매밀/메물/미물/미밀(충북), 매밀/메물/뫼밀(평남), 매미리/매밀/메물(평북), 매리/매밀/맬/뫼밀/뫼엘/뫼월/밀(함남), 매밀(함북)

Persicaria alata *Gross* タニソバ
San-yŏggwe 산역귀

산여뀌〈*Persicaria nepalensis* (Meisn.) H.Gross(1913)〉

산여뀌라는 이름은 '산'과 '여뀌'의 합성어로, 산에서 자라는 여뀌라는 뜻에서 유래했다. 한편 골짜기에서 자라는 메밀이라는 뜻의 일본명 タニソバ에서 유래한 것으로 보는 견해가 있으나,[28] 어두(語頭)에 붙은 '산'과 기본으로 하는 이름의 뜻이 모두 동일하지 않으므로 타당성은 의문스럽다. 『조선식물향명집』의 '산역귀'는 색인에 따르면 신칭한 이름이 아니므로[29] 실제 사용했던 방언이었을 가능성이 높다. 『조선식물명집』에서 '산여뀌'로 표기를 변경해 현재에 이르고 있다.

속명 *Persicaria*는 *persica*(복숭아나무)를 닮았다는 뜻으로 잎이 복숭아나무 잎을 닮아 붙여졌으며 여뀌속을 일컫는다. 종소명 *nepalensis*는 '네팔에 분포하는'이라는 뜻이다.

다른이름 산역귀(정태현 외, 1937), 관모역귀/산모밀(박만규, 1949), 애기개뫼밀(정태현 외, 1949), 관모개메밀/애기개모밀/관모여뀌/산메밀/산모밀(안학수·이춘녕, 1963), 골여뀌/산뫼밀(임록재 외, 1972)[30]

중국/일본명 중국명 尼泊尔蓼(ni bo er liao)는 네팔(尼泊爾)에 분포하는 요(蓼: 봄여뀌 또는 여뀌속의 중국명)라는 뜻이다. 일본명 タニソバ(谷蕎麦)는 세곡에 자라는 메밀(蕎麥)이라는 뜻이다.

[모밀(ㅅ)가루]'를, 『선명대화명지부』(1934)는 '모밀'을 기록했다.
28 이러한 견해로 이우철(2005), p.314 참조.
29 이에 대해서는 『조선식물향명집』, 색인 p.40 참조.
30 『조선식물명휘』(1922)는 '野蕎麥草'를 기록했다.

[북한명] 산여뀌 [유사어] 강판귀(扛板歸), 노호자(老虎刺), 이두자등(犁頭刺藤)

Persicaria Blumei *Meisner*　イヌタデ
Yȯggwe　역귀

개여뀌〈*Persicaria longiseta* (Bruijn) Kitag.(1937)〉

개여뀌라는 이름은 '개'와 '여뀌'의 합성어로, 여뀌와 유사하다(개)는 뜻에서 유래했다.[31] 『조선식물향명집』은 '역귀'로 기록했으나 『조선식물명집』에서 '개여뀌'로 변경해 현재에 이르고 있다. 옛 문헌에 기록된 '물엿귀'가 현재의 개여뀌를 뜻하는지에 대해서는 추가 연구가 필요하다.[32]

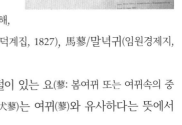

속명 *Persicaria*는 *persica*(복숭아나무)를 닮았다는 뜻으로 잎이 복숭아나무 잎을 닮아 붙여졌으며 여뀌속을 일컫는다. 종소명 *longiseta*는 '긴 가시털의'라는 뜻으로 꽃차례에 털이 있는 데서 유래했다.

다른이름 역귀(정태현 외, 1937), 여뀌/역꾸(안학수·이춘녕, 1963)

옛이름 水蓼/믈엿귀(동의보감, 1613), 믈역괴/白米花(역어유해, 1690), 馬蓼(재물보, 1798), 馬蓼/말엿귀(물명고, 1824), 馬蓼(덕계집, 1827), 馬蓼/말녁귀(임원경제지, 1842)[33]

중국/일본명 중국명 长鬃蓼(chang zong liao)는 긴 갈기 같은 털이 있는 요(蓼: 봄여뀌 또는 여뀌속의 중국명)라는 뜻으로 학명과 연관되어 있다. 일본명 イヌタデ(犬蓼)는 여뀌(蓼)와 유사하다는 뜻에서 붙여졌다.

참고 [북한명] 여뀌 [유사어] 말여뀌 [지방명] 개여꾸/개엿구/개엿귀/개엿뀌/믈엿귀/몰여뀌(제주), 개여꾸(충북)

---

31 이러한 견해로 이우철(2005), p.56과 김종원(2013), p.21 참조. 김종원은 '개'의 의미에 대해 "이용할 가치가 없고 천하다"는 의미에서 붙여졌다고 하나, 여뀌가 매운맛을 내는 것으로 식용한 것에 비해 개여뀌는 매운맛이 나지 않으므로 이용할 가치가 못한 것은 사실이지만 천하다는 의미까지 내포하는지는 의문이다. 한편 김경희 외(2014), p.25는 흔히 볼 수 있는 여뀌라는 뜻에서 유래한 것으로 보고 있다.

32 『고어대사전 7』(2016), p.517 등은 믈엿귀를 '개여뀌'로 보고 있다.

33 『조선식물명휘』(1922)는 '馬蓼, 역귀'를 기록했으며 『조선야외식물도감』(1928)은 '역귀'를, 『선명대화명지부』(1934)는 '역귀'를 기록했다.

Persicaria conspicum *Nakai* サクラタデ
Ĝot-yŏggwe 꽃역귀

꽃여뀌⟨*Persicaria conspicua* (Nakai) Nakai ex T.Mori(1922)⟩

꽃여뀌라는 이름은 '꽃'과 '여뀌'의 합성어로, 꽃이 화려한 여뀌라는 뜻에서 유래했다.[34] 『조선식물향명집』에서는 '꽃역귀'를 신칭해 기록했으나[35] 『조선식물명집』에서 '꽃여뀌'로 표기를 변경해 현재에 이르고 있다.

속명 *Persicaria*는 *persica*(복숭아나무)를 닮았다는 뜻으로 잎이 복숭아나무 잎을 닮아 붙여졌으며 여뀌속을 일컫는다. 종소명 *conspicua*는 '현저한'이라는 뜻으로 꽃이 두드러진 데서 유래했다.

다른이름 꽃역귀(정태현 외, 1937)[36]

중국/일본명 중국명 显花蓼(xian hua liao)는 꽃이 두드러지는 요(蓼: 봄여뀌 또는 여뀌속의 중국명)라는 뜻으로 학명과 연관되어 있다. 일본명 サクラタデ(櫻蓼)는 벚꽃 여뀌라는 뜻으로 꽃 모양이 화려해서 붙여졌다.

참고 [북한명] 꽃여뀌

Persicaria debile *Meisn.* var. triangulare *Meisn.* ミヤマタニソバ
Sebul-sanyŏggwe 세뿔산역귀

세뿔여뀌⟨*Persicaria debilis* H.Gross ex W.T.Lee(1996)⟩[37]

세뿔여뀌라는 이름은 여뀌를 닮았는데 잎이 삼각형인 것을 세 뿔에 비유해 붙여진 것으로 추정한다. 『조선식물향명집』에서는 '세뿔산역귀'를 신칭해 기록했으나[38] 『우리나라 식물자원』에서 같은 의미의 '세뿔여뀌'로 개칭해 현재에 이르고 있다.

속명 *Persicaria*는 *persica*(복숭아나무)를 닮았다는 뜻으로 잎이 복숭아나무 잎을 닮아 붙여졌으며 여뀌속을 일컫는다. 종소명 *debilis*는 '연약한'이라는 뜻이다.

다른이름 세뿔산역귀(정태현 외, 1937), 산꽃여뀌(박만규, 1949), 세뿔꽃여뀌(안학수·이춘녕, 1963)

중국/일본명 중국 분포는 확인되지 않는다. 일본명 ミヤマタニソバ(深山谷蕎麦)는 심산에 자라는 산여뀌(谷蕎麥)라는 뜻이다.

---

34 이러한 견해로 이우철(2005), p.120 참조.
35 이에 대해서는 『조선식물향명집』, 색인 p.32 참조.
36 『조선식물명휘』(1922)는 '蠶繭草'를 기록했다.
37 '국가표준식물목록'(2018)은 세뿔여뀌의 학명을 *Persicaria debilis* (Meisn.) H.Gross ex Mori(1922)로 기재하고 있으나, 『장진성 식물목록』(2014)은 본문과 같이 기재하고 있다.
38 이에 대해서는 『조선식물향명집』, 색인 p.41 참조.

참고 [북한명] 세뿔꽃여뀌

Persicaria filiformis *Nakai*   ミヅヒキ
Isag-yòggwe   이삭여뀌

이삭여뀌〈*Persicaria filiformis* (Thunb.) Nakai ex T.Mori(1914)〉

이삭여뀌라는 이름은 '이삭'과 '여뀌'의 합성어로, 꽃이 이삭 모양(이삭꽃차례)을 이루는 여뀌라는 뜻이다.[39] 『조선식물향명집』에서는 '이삭역귀'를 신칭해 기록했으나[40] 『조선식물명집』에서 '이삭여뀌'로 표기를 변경해 현재에 이르고 있다.

   속명 *Persicaria*는 persica(복숭아나무)를 닮았다는 뜻으로 잎이 복숭아나무 잎을 닮아 붙여졌으며 여뀌속을 일컫는다. 종소명 *filiformis*는 '실모양의'라는 뜻이다.

다른이름 이삭역귀(정태현 외, 1937)

옛이름 赤蓼(동의보감, 1613), 金線(성소부부고, 1613),[41] 赤蓼葉 (의림촬요, 1635), 金線草(광재물보, 19세기 초), 金線草(물명고, 1824), 赤蓼(임원경제지, 1842)[42]

중국/일본명 중국명 金线草(jin xian cao)는 꽃차례가 금실 같은 풀이라는 뜻이다. 일본명 ミジヒキ(水引)는 꽃이 선물 등을 포장할 때 쓰는 색깔 있는 노끈(水引)을 닮아 붙여졌다.

참고 [북한명] 이삭여뀌 [유사어] 금선초(金線草), 적료(赤蓼)

Persicaria flaccidum *Meisner*   ボントクタデ
Babo-yòggwe   바보여뀌

바보여뀌〈*Persicaria pubescens* (Blume) H. Hara(1941)〉

바보여뀌라는 이름은 '바보'와 '여뀌'의 합성어로, 식물체에서 매운맛이 나지 않는 것을 제 기능을 하지 못하는 바보에 비유한 데서 유래했다. 『조선식물명휘』에 기록된 한자명 '辣蓼'(날료)와 한글

---

39 이러한 견해로 이우철(2005), p.432 참조.

40 이에 대해서는 『조선식물향명집』, 색인 p.44 참조.

41 허균이 저술한 『성소부부고』(1613)에는 '種石竹金線'이라고 해 정원에 석죽과 금선을 식재했다고 기술하고 있으나, 이삭 여뀌(金線草)의 정원 식재 여부에 대해서는 알려진 바가 없어 다른 식물을 지칭했을 가능성도 있다.

42 『조선어사전』(1920)은 '金線草(금선초)'를 기록했으며 『조선식물명휘』(1922)는 '金線草'를 기록했다.

명 '달엿괴'도 옛 문헌에서 발견되지만 바보여뀌와의 직접적 연관성은 확인되지 않고 있다. 『조선 식물향명집』은 '바보역뀌'라는 한글명으로 기록했으나 『조선식물명집』에서 '바보여뀌'로 표기를 변경해 현재에 이르고 있다.

속명 *Persicaria*는 persica(복숭아나무)를 닮았다는 뜻으로 잎이 복숭아나무 잎을 닮아 붙여졌으며 여뀌속을 일컫는다. 종소명 *pubescens*는 '가늘고 부드러운 털이 있는'이라는 뜻으로 잎 양면에 짧은 털이 밀생(密生)하는 데서 유래했다.

다른이름 바보역뀌(정태현 외, 1937), 점박이여뀌(김현삼 외, 1988)

옛이름 辣蓼/달엿괴(산림경제, 1715), 辣蓼/馬役鬼草(오주연문장전산고, 185?)[43]

중국/일본명 중국명 伏毛蓼(fu mao liao)는 누운 털이 있는 요(蓼: 봄여뀌 또는 여뀌속의 중국명)라는 뜻으로 학명과 연관되어 있다. 일본명 ボントクタデ(凡篤蓼)는 우둔한 여뀌(蓼)라는 뜻으로 매운맛이 나지 않는다는 뜻에서 붙여졌다.

참고 [북한명] 점박이여뀌

Persicaria hastato-sagittata *Nakai*　ナガバウナギツカミ
Gin-miguri-nagsi　긴미꾸리낚시

긴미꾸리낚시〈*Persicaria hastatosagittata* (Makino) Nakai ex T.Mori(1922)〉

긴미꾸리낚시라는 이름은 '긴'과 '미꾸리낚시'의 합성어로, 잎이 긴 미꾸리낚시라는 뜻이다.[44] 『조선식물향명집』에서 '미꾸리낚시'에 '긴'을 추가해 신칭했다.[45]

속명 *Persicaria*는 persica(복숭아나무)를 닮았다는 뜻으로 잎이 복숭아나무 잎을 닮아 붙여졌으며 여뀌속을 일컫는다. 종소명 *hastatosagittata*는 '잎밑이 뾰족한 화살촉 모양인'이라는 뜻이다.

다른이름 긴미꾸리(정태현 외, 1949), 가는미꾸리/싸래기미꾸리낚시(임록재 외, 1972), 긴잎미꾸리낚시(박만규, 1974)

중국/일본명 중국명 長箭叶蓼(chang jian ye liao)는 긴 잎의 전엽료(箭叶蓼: 화살 모양의 잎을 가진 여뀌라는 뜻)라는 뜻이다. 일본명 ナガバウナギツカミ(長葉鰻攪ミ)는 잎이 긴 미꾸리낚시(鰻攪ミ)라는 뜻이다.

참고 [북한명] 긴미꾸리낚시

43　『조선식물명휘』(1922)는 '辣蓼, 엿곳딕, 셩아, 역구'를 기록했으며 『토명대조선만식물자휘』(1932)는 '[赤蓼]적료'를, 『선명대화명지부』(1934)는 '역구, 엿곳대, 셩아'를 기록했다.
44　이러한 견해로 이우철(2005), p.104 참조.
45　이에 대해서는 『조선식물향명집』, 색인 p.33 참조.

Persicaria Hydropiper *Opiz* ヤナギタデ
Bódúl-yóggwe 버들역귀

여뀌〈*Persicaria hydropiper* (L.) Delarbre(1800)〉

여뀌라는 이름은 옛말에서 유래한 것으로 정확한 어원은 알려져 있지 않으나,[46] 꽃차례에 작은 열매가 엮여 있는 듯한 모습에서 비롯한 것으로 추정한다.[47] 15세기에 저술된 『석보상절』은 현대어 '엮다'의 옛말을 '엱다'(엱거)로 기록해, '여뀌'의 15세기 옛말 '엿귀'와 유사한 형태를 보이고 있다. 『조선식물향명집』은 *P. blumei*를 '역귀'로, *P. hydropiper*를 '버들역귀'로 기록했으나, 『조선식물명집』에서 *P. blumei*를 '개여뀌'로, *P. hydropiper*를 '여뀌'로 개칭했다.

속명 *Persicaria*는 *persica*(복숭아나무)를 닮았다는 뜻으로 잎이 복숭아나무 잎을 닮아 붙여졌으며 여뀌속을 일컫는다. 종소명 *hydropiper*는 '물가에서 자라는 후추의'라는 뜻으로, 물가에서 자라고 잎에서 매운맛이 나서 붙여졌다.

다른이름 버들역귀(정태현 외, 1937), 버들여뀌/해박(정태현 외, 1949), 역꾸(안학수·이춘녕, 1963), 맵쟁이/버들여대(리종오, 1964), 매운여뀌(임록재 외, 1972), 버들번지/역귀(한진건 외, 1982)

옛이름 蓼(삼국사기, 1145), 蓼葉(삼국유사, 1281), 蓼/엿귀(구급방언해, 1466), 엿귀/蓼(분류두공부시언해, 1481), 莊/료화(사성통해, 1517), 蓼/엿귀/莊/료화(훈몽자회, 1527), 紅草/蓼花/엿쇠(촌가구급방, 1538), 蓼/엿괴(신증유합, 1576), 蓼/엿귀(백련초해, 1576), 蓼/역귀(동의보감, 1613), 역괴/蓼(박통사언해, 1677), 蓼芽菜/역괴(역어유해, 1690), 蓼莪菜/역괴(동언유해, 1748), 蓼芽菜/역괴(방언집석, 1778), 蓼芽菜/역쇠(한청문감, 1779), 연귀/蓼(왜어유해, 1781), 苦蓼/역괴(물보, 1802), 수료/역귀(화왕본긔, 19세기 초), 蓼/넛귀(광재물보, 19세기 초), 蓼/엿귀(물명고, 1824), 白米花(빅미화)/역귀(명물기략, 1870), 역귀/녑귀/蓼(한불자전, 1880), 蓼/역귀/辛菜(신자전, 1915)[48]

중국/일본명 중국명 辣蓼(la liao)는 매운맛이 나는 요(蓼: 봄여뀌 또는 여뀌속의 중국명)라는 뜻으로 학명과 연관되어 있다. 일본명 ヤナギタデ(柳蓼)는 잎이 버드나무를 닮은 여뀌라는 뜻이다.

---

46 이러한 견해로 김민수(1997), p.747과 이우철(2005), p.397 참조.

47 이러한 견해로 김종원(2013), p.870 참조.

48 『조선어사전』(1920)은 '역귀, 蓼, 역귀곳, 蓼花(료화)'를 기록했으며 『조선식물명휘』(1922)는 '水蓼, 蕳蓄, 숭애, 히박'을, 『토명대조선만식물자휘』(1932)는 '[蓼(草)]료(ㄴ)초, [靑蓼]쳥료(ㄴ), [역귀풀], [蓼花]료(ㄴ)화, [역귀곳], [蓼子]료(ㄴ)ㅈ'를, 『선명대화명지부』(1934)는 '숭애, 승애, 해박'을, 『조선의산과와산채』(1935)는 '蓼, 역귀'를 기록했다.

[북한명] 버들여뀌 [유사어] 수료(水蓼) [지방명] 고치풀/꼬치풀/여꾸(강원), 여꾸/여꾸대(경남), 매우여꾸/매운제풀/여꾸/여뀌대/여쿠대(전남), 여꼬/여꾸대/여굿대/여뀌대/여쿠대/연꽃대(전북), 개고치낭/말여뀌/물여뀌/여꾸(제주), 여꾸대/여꾸풀/여뀟대/여굿대/여끼(충남), 여귀/여꾸/여꾸풀/여끼(충북), 말번디/번디(함북)

Persicaria laxiflora *Nakai* ヌカボタデ
Aegi-yȯggwe 애기역귀

겨이삭여뀌⟨*Persicaria taquetii* (H.Lév.) Koidz.(1940)⟩

겨이삭여뀌라는 이름은 '겨이삭'과 '여뀌'의 합성어로, 꽃차례의 모양이 벼과의 겨이삭(*Agrostis clavata*)을 닮은 여뀌라는 뜻에서 유래한 것으로 추정한다. 『조선식물향명집』에서는 식물체가 작은 여뀌라는 뜻의 '애기역귀'를 신칭해 기록했으나,[49] 『조선식물명집』에서 꽃차례에 쌀겨를 뿌려놓은 것 같은 여뀌라는 뜻의 '겨여뀌'로 기록했다가 『우리나라 식물자원』에 이르러 현재의 '겨이삭여뀌'가 정착되었다.

속명 *Persicaria*는 *persica*(복숭아나무)를 닮았다는 뜻으로 잎이 복숭아나무 잎을 닮아 붙여졌으며 여뀌속을 일컫는다. 종소명 *taquetii*는 프랑스 신부로 제주도 식물을 연구한 Emile Joseph Taquet[한국명 엄택기(嚴宅基), 1873~1952]의 이름에서 유래했다. 옛 종소명 *laxiflora*는 '꽃이 성긴'이라는 뜻으로 꽃이 성기게 달린 데서 유래했다.

다른이름 애기역귀(정태현 외, 1937), 겨이삭역귀(박만규, 1949), 겨여뀌(정태현 외, 1949), 겨장대여뀌(리종오, 1964), 겨이삭/좀겨이삭(박만규, 1974), 애기여뀌(임록재 외, 1996)

중국/일본명 중국명 細叶蓼(xi ye liao)는 가는 잎의 요(蓼: 봄여뀌 또는 여뀌속의 중국명)라는 뜻이다. 일본명 ヌカボタデ(糠穗蓼)는 꽃차례가 겨이삭 모양을 한 여뀌라는 뜻이다.

참고 [북한명] 겨여뀌

---

49 이에 대해서는 『조선식물향명집』, 색인 p.43 참조.

Persicaria Makinoi *Nakai*　オホヌカボタデ
Kŭnaegi-yŏggwe　큰애기역귀

큰끈끈이여뀌〈*Persicaria viscofera* var. *robusta* (Makino) Hiyama(1961)〉[50]

큰끈끈이여뀌라는 이름은 '큰'과 '끈끈이'와 '여뀌'의 합성어로, 식물체의 크기가 대형이고 점액질 (끈끈이)을 분비하는 여뀌라는 뜻에서 유래했다.[51] 『조선식물향명집』에서는 '큰애기역귀'를 신칭해 기록했으나[52] 『조선식물명집』에서 '큰끈끈이여뀌'로 개칭해 현재에 이르고 있다.

속명 *Persicaria*는 persica(복숭아나무)를 닮았다는 뜻으로 잎이 복숭아나무 잎을 닮아 붙여졌 으며 여뀌속을 일컫는다. 종소명 *viscofera*는 '점성 물질의'라는 뜻이며, 변종명 *robusta*는 '대형 의, 강한'이라는 뜻이다.

다른이름　큰애기역귀(정태현 외, 1937), 끈끈이역귀(박만규, 1949), 왕끈끈이여뀌(안학수·이춘녕, 1963)

중국/일본명　중국명 粘蓼(nian liao)는 점액질을 분비하는 요(蓼: 봄여뀌 또는 여뀌속의 중국명)라는 뜻으 로 학명과 연관되어 있다. 일본명 オホヌカボタデ(大糠穗蓼)는 큰 겨이삭 모양의 여뀌라는 뜻이다.

참고　[북한명] 큰끈끈이여뀌

Persicaria nipponensis *Nakai*　ヒロハノウナギツカミ
Nŏlbŭnip-miĝurinagsi　넓은잎미꾸리낚시

넓은잎미꾸리낚시〈*Persicaria muricata* (Meisn.) Nemoto(1936)〉

넓은잎미꾸리낚시라는 이름은 '넓은'과 '잎'과 '미꾸리낚시'의 합성어로, 잎이 넓은 미꾸리낚시라는 뜻이다.[53] 『조선식물향명집』에서 신칭해 기록한 이름이다.[54]

속명 *Persicaria*는 persica(복숭아나무)를 닮았다는 뜻으로 잎이 복숭아나무 잎을 닮아 붙여졌 으며 여뀌속을 일컫는다. 종소명 *muricata*는 라틴어 *murex*(바다고둥의 일종)에서 파생해 '원뿔에 가시(돌기)가 있는'이라는 뜻이다.

다른이름　화살여뀌(박만규, 1949), 화살미꾸리낚시(안학수·이춘녕, 1963), 화살미꾸리(임록재 외, 1972)

50　'국가표준식물목록'(2018)은 큰끈끈이여뀌의 학명을 본문과 같이 끈끈이여뀌(*P. viscofera*)의 변종으로 별도 분류하고 있으나, 『장진성 식물목록』(2014)은 *P. viscofera*의 이명(synonym)으로, '중국식물지'(2018)와 '세계식물목록'(2018)은 *Polygonum viscoferum* Makino(1903)의 이명(synonym)으로 처리하고 있으므로 주의가 필요하다. 다만 '중국식물지' 와 '세계식물목록'은 학명을 *Polygonum viscoferum* Makino(1903)로 기재하고 있다.

51　이러한 견해로 이우철(2005), p.529 참조.

52　이에 대해서는 『조선식물향명집』, 색인 p.47 참조.

53　이러한 견해로 이우철(2005), p.141 참조.

54　이에 대해서는 『조선식물향명집』, 색인 p.34 참조.

중국/일본명 중국명 小蓼花(xiao liao hua)는 식물체가 작은 요(蓼: 봄여뀌 또는 여뀌속의 중국명)라는 뜻이다. 일본명 ヒロハノウナギツカミ(廣葉ノ鰻攫ミ)는 잎이 넓은 미꾸라낚시(鰻攫ミ)라는 뜻인데, 현재 일본에서는 화살의 뿌리(족)를 닮은 식물이라는 뜻의 ヤノネグサ(矢ノ根草)를 추천명으로 사용하고 있다.[55]

참고 [북한명] 화살미꾸리낚시

Persicaria nodosa *Persoon*   オホイヌタデ
Myóngaja-yóggwe   명아자여뀌

명아자여뀌⟨*Persicaria lapathifolia* (L.) Delarbre(1800)⟩[56]

명아자여뀌라는 이름은 '명아자'와 '여뀌'의 합성어로, 여뀌를 닮은 데서 유래한 것으로 이해되지만 '명아자'의 정확한 의미는 알려져 있지 않다.[57] 다만 명아자여뀌의 식물체가 명아주처럼 크게 자라며 줄기도 지팡이를 만들던 명아주처럼 굵어지고, 명아주에 대한 옛 표현도 '명아즈'(규합총서, 1809; 명물기략, 1870)처럼 현대어 명아자와 유사하게 표기되기도 했으므로, 명아자여뀌라는 이름은 명아주를 닮은 여뀌라는 뜻에서 유래한 것으로 추정한다. 이 밖에 일제강점기에 저술된 여러 문헌에서 '명아자' 또는 '명아자역구' 등의 한글명이 발견되고, 구황식물로 식용했다는 기록[58]도 보인다. 한편 '명아자'의 의미에 대해 한자 螟蛾子(명아자)에서 유래한 것으로 보고, 명충나방

종류가 식물체의 줄기 속을 파먹거나 그 속에 알을 낳으면 식물체 마디가 굵어져서 생겨난 이름이라고 보는 견해가 있다.[59] 그러나 명아자여뀌의 마디 부분이 굵어지는 것은 물에 잠기게 될 때 그 마디 부분이 현저하게 부풀어 두터워지는 것이어서 곤충이 낳는 알과는 무관하며, 명충나방을 뜻하는 '螟蛾子'(명아자)가 당시 널리 사용된 표현이라고 보기 어려운 점에 비추어 타당성은 의문스럽

---

55 이에 내해서는 牧野富太郎(2008), p.72 참조.

56 '국가표준식물목록'(2018)은 명아자여뀌⟨*Persicaria nodosa* (Pers.) Opiz(1852)⟩와 흰여뀌⟨*Persicaria lapathifolia* (L.) Delarbre(1800)⟩를 별도 분류하고 있으나, 『장진성 식물목록』(2014)은 이 둘을 통합해 학명을 *Persicaria lapathifolia* (L.) Delarbre(1800)로, 국명을 '흰여뀌'로 기재하고 있으므로 주의가 필요하다.

57 이러한 견해로 이우철(2005), p.223 참조.

58 『조선의 구황식물』(1919)은 선외유용구황식물로 '명아자'를 기록했고 『토명대조선만식물자휘』(1932)는 어린 새순(嫩葉)을 식용했음을 기록했다.

59 이러한 견해로 김종원(2013), p.879 참조.

다.『조선식물향명집』에서는 '명아자역귀'를 신칭해 기록했으나,[60]『조선식물명집』에서 '명아자여뀌'로 개칭해 현재에 이르고 있다.

속명 *Persicaria*는 *persica*(복숭아나무)를 닮았다는 뜻으로 잎이 복숭아나무 잎을 닮아 붙여졌으며 여뀌속을 일컫는다. 종소명 *lapathifolia*는 '*Lapathum*(라파툼속) 잎과 비슷한'이라는 뜻이다. 옛 종소명 *nodosa*는 '마디가 있는'이라는 뜻으로 줄기에 마디가 생겨나는 데서 유래했다.

다른이름 명아자역귀(정태현 외, 1937), 수캐여뀌/흰개여뀌(박만규, 1949), 명아주여뀌(이영노·주상우, 1956), 왕개여뀌/흰개여뀌(안학수·이춘녕, 1963), 큰개여뀌(리종오, 1964), 마디여뀌(임록재 외, 1972), 개여뀌(박만규, 1974)[61]

중국/일본명 중국명 马蓼(ma liao)는 식물체가 큰 요(蓼: 봄여뀌 또는 여뀌속의 중국명)라는 뜻이다. 일본명 オホイヌタデ(大犬蓼)는 식물체가 큰 개여뀌라는 뜻이다.

참고 [북한명] 마디여뀌

Persicaria perfoliata *Gross* イシミカハ
Myònuri-baeĝob 며누리배꼽(사광이풀)

며느리배꼽〈*Persicaria perfoliata* (L.) H.Gross(1919)〉[62]

며느리배꼽이라는 이름은 며느리밑씻개의 잎자루가 잎밑에 붙는 데 반해 이 식물의 잎자루는 잎밑의 조금 안쪽(배꼽의 위치)에 붙어 있고 독특한 열매 모양이 배꼽을 닮았다는 뜻에서 유래했다.[63]『조선식물향명집』은 '며누리배꼽'으로 사광이풀과 더불어 기록했는데,『한국식물명감』에서 '며느리배꼽'으로 개칭해 현재에 이르고 있다. 한편 며느리배꼽은 며느리를 비하하는 불평등한 이름으로 일본명에서 비롯한 며느리밑씻개(며누리밑싳개)에 대응해 만들어진 이름이므로,『조선식물명휘』에서 기록한 사광이풀(삭강이/살쾡이라는 뜻으로 산에 사는 고양이를 닮은 풀 또는 잎에서 나는 신맛 때문에 새콤한 맛이 나는 풀)로 추천명을 개칭하자고 주장하는 견해가 있다.[64] 그러나 며느리밑씻

---

60 『조선식물향명집』, 색인 p.37은 '명아자역귀'를 신칭한 이름으로 표시했는데,『조선식물명휘』(1922)와『선명대화명지부』(1934)에 '명아자역구, 영귀'라는 이름이 발견되는 것에 비추어볼 때 표기 방법을 신칭했음을 나타낸 것으로 추정한다.

61 『조선의 구황식물』(1919)은 '명아자'를 기록했으며『조선식물명휘』(1922)는 '小蓼子草, 명아자역구, 영귀'를,『토명대조선만식물자회』(1932)는 '[馬蓼]마료, [말역귀초(풀)]'를,『선명대화명지부』(1934)는 '명아자역구'를 기록했다.

62 '세계식물목록'(2018)과 '중국식물지'(2018)는 본문의 학명을 *Polygonum perfoliatum* L.(1759)의 이명(synonym)으로 처리하고 있으므로 주의가 필요하다.

63 이러한 견해로 이우철(2005), p.222와 허북구·박석근(2008a), p.85 참조.

64 이러한 견해로 김종원(2013), p.24, 27과 이윤옥(2015), p.116 참조. 김종원 및 이윤옥은 며느리배꼽은 '사광이풀'이었으며 이것을 닮은 며느리밑씻개는 '사광이아재비'였다고 주장하고 있다. 그러나 사광이아재비는 1956년 북한에서 발간된『조선식물도감』에 최초 기록된 이름으로, 예부터 실제 사용한 이름으로 볼 근거는 발견되지 않는다.

개가 일본명의 영향을 받아 만들어진 이름이라는 것도 정확하지 않고,[65] 일본명의 영향을 받은 이름이라고 가정하더라도 며느리배꼽은 어원 불명의 일본명 イシミカハ와는 아무런 관련이 없다. 동일한 식물에 대해 여러 가지 이름이 있는 경우, 가장 적합하고 보편성 있는 이름을 대표로 채용하고 기타는 '( )'로 처리한다는 『조선식물향명집』의 사정요지를 볼 때,[66] 당시 며느리배꼽이 사광이풀에 비해 더 널리 보편적으로 사용한 이름으로 이해된다.[67] 옛 표현에 쥐며느리(훈몽자회, 1527)와 며느리발톱(며느리발토: 물명고, 1824)이 있는 것으로 보아 며느리를 다양한 의미로 사용한 것으로 보이며, 며느리의 배꼽을 닮았다는 표현 그 자체로 비하하는 의미를 지닌다고 해석

하는 것이 타당한지도 의문이다. 북한은 '참가시덩굴여뀌'라는 이름을 정명으로 사용하는데, 북한은 식물명 국명을 정명과 이명(synonym) 관계로 이해하고 있다.[68] 이는 며느리밑씻개라는 이름을 중국명 刺蓼(자료)에서 영향을 받은 '가시덩굴여뀌'로 한 것과 대비해 새로이 만든 이름으로 보인다.

속명 *Persicaria*는 *persica*(복숭아나무)를 닮았다는 뜻으로 잎이 복숭아나무의 잎을 닮아 붙여졌으며 여뀌속을 일컫는다. 종소명 *perfoliata*는 '관생엽(貫生葉)의, 줄기를 싼 모양의'라는 뜻으로 줄기가 턱잎을 관통한 데서 유래했다.

다른이름 며누리배꼽/사광이풀(정태현 외, 1937), 맵풀/새광이풀(정태현 외, 1942), 참가시덩굴여뀌(김현삼 외, 1988)

옛이름 杠板歸/사광이풀(선한약물학, 1931)[69]

중국/일본명 중국명 杠板归(gang ban gui)는 해열 및 해독과 관련된 전설에서 유래한 것으로, 중병에 걸린 환자를 문짝에 싣고 의사를 찾아가던 중 며느리배꼽의 잎과 열매를 먹고 회생하자 싣고 갔던 막대기(杠)와 문짝(板)을 들고 돌아왔다(歸)는 것이 그 내용이다. 일본명 イシミカハ는 イシニカワ(石膠)라는 뜻 또는 오사카의 이시미가와(石見川)라는 지명에서 유래했다는 견해가 있으나, 정확

---

65 이에 대해시는 이 책 '며느리밑씻개' 항목 참조.

66 이에 대해서는 『조선식물향명집』, p.4 사정요지 참조. 또한 사정요지는 "朝鮮 各地에서 實地 調査蒐集한 鄕名을 主로 하고 從來 文獻에 記載된 것을 參考로 하야 鄕名集을 上梓케 되얏"다고 기록하고 있다.

67 『한국의 민속식물』(2017), p.214에 따르면, 최근 국립수목원의 식물명에 대한 지방명 조사 결과 '며느리배꼽'은 충청도와 강원도에서 지금도 사용되는 것으로 확인되지만 사광이풀 또는 그와 유사한 표현은 전혀 확인되지 않고 있다.

68 이에 대해서는 리용재 외(2011), p.2, 93 참조.

69 『조선식물명휘』(1922)는 '杜板歸(杠板歸의 오기로 보임: 저자 주), 急改索, 사광이풀'을 기록했으며 『조선야외식물도감』(1928)은 '杠板歸, 사광이풀'을, 『선명대화명지부』(1934)는 '사광이풀'을 기록했다.

한 의미와 어원은 알려져 있지 않다.

[북한명] 침가시딩굴어꿔 [유사어] 강판귀(杠板歸), 노호사(老虎刺), 이누자능(犁頭刺藤) [지방명] 개모믈(제주)

Persicaria Posumbu *Nakai*　ハナタデ
Jangdae-yoggwe　장대역귀

장대여뀌⟨*Persicaria posumbu* (Buch.-Ham. ex D. Don) H. Gross(1913)⟩[70]

장대여뀌라는 이름은 '장대'와 '여뀌'의 합성어로, 꽃차례가 길게 직립하는 모양을 장대에 비유한 데서 유래한 것으로 추정한다. 『조선식물향명집』은 '장대역귀'로 기록했으나 『한국식물명감』에서 '장대여뀌'로 개칭해 현재에 이르고 있다.

속명 *Persicaria*는 *persica*(복숭아나무)를 닮았다는 뜻으로 잎이 복숭아나무의 잎을 닮아 붙여졌으며 여뀌속을 일컫는다. 종소명 *posumbu*는 '모이는, 군집을 형성하는'이라는 뜻으로 가지를 치는 꽃차례의 모양을 나타낸다.

다른이름 장대역귀(정태현 외, 1937), 장때여뀌(정태현 외, 1949), 줄여뀌(임록재 외, 1972), 꽃여뀌(박만규, 1974), 긴이삭여뀌(리용재 외, 2011)

중국/일본명 중국명 丛枝蓼(cong zhi liao)는 여러 꽃대가 모여 피는 요(蓼: 봄여뀌 또는 여뀌속의 중국명)라는 뜻으로 학명과 연관되어 있다. 일본명 ハナタデ(花蓼)는 꽃여뀌라는 뜻으로 꽃이 수려하다는 뜻에서 붙여졌다.

참고 [북한명] 장대여뀌

Persicaria sagittata *Gross*　アキノウナギツカミ
Miguri-nagsi　미꾸리낚시

미꾸리낚시⟨*Persicaria sagittata* (L.) H.Gross(1919)⟩

미꾸리낚시라는 이름은 '미꾸리'와 '낚시'의 합성어로, '미꾸리'는 미꾸라지가 살 만한 개울가에 나는 풀이라는 뜻에서, '낚시'는 갈고리 모양의 가시가 있는 데서 유래했다.[71] 한편 이 식물의 가시가 있는 줄기를 얼기설기 엮어서 미꾸라지를 움켜쥐면 쉽게 잡힌다고 해서 붙여진 이름으로 이해하

---

70 '국가표준식물목록'(2018)은 장대여뀌의 학명을 *Persicaria posumbu* var. *laxiflora* (Meisn.) H. Hara(1966)로 기재하고 있으나, 『장진성 식물목록』(2014)은 본문의 학명을 정명으로 기재하고 있다.

71 이러한 견해로 허북구·박석근(2008a), p.91 참조.

는 견해가 있다.[72] 이것은 일본명에 그런 뜻이 있음에 근거를 둔 것으로 보이지만, 일본명과 달리 한국명은 낚시라는 의미가 있으므로 그러한 해석이 타당한지는 의문스럽다. 『광재물보』에 기록된 한자명 雀翹(작교)는 '참새의 깃털'이라는 뜻으로 잎의 모양과 관련된 것으로 보인다.

속명 *Persicaria*는 *persica*(복숭아나무)를 닮았다는 뜻으로 잎이 복숭아나무의 잎을 닮아 붙여졌으며 여뀌속을 일컫는다. 종소명 *sagittata*는 '화살촉 모양의'라는 뜻으로 심장저인 잎이 화살촉을 닮아서 붙여졌다.

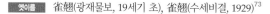

다른이름 낚시여뀌(박만규, 1949), 미꾸리낙시/여뀟대(정태현 외, 1949), 역귓대(도봉섭 외, 1956), 미꾸리덤불(리종오, 1964), 늦미꾸리낚시(박만규, 1974), 가을미꾸리낚시/며누리낚시(한진건 외, 1982), 여뀌대(이우철, 1996b)

옛이름 雀翹(광재물보, 19세기 초), 雀翹(수세비결, 1929)[73]

중국/일본명 중국명 箭头蓼(jian tou liao)는 잎이 화살촉(箭頭) 모양을 닮은 요(蓼: 봄여뀌 또는 너뀌속의 중국명)라는 뜻으로 학명과 연관되어 있다. 일본명 アキノウナギツカミ(秋ノ鰻攫ミ)는 꽃이 가을에 피고 가시가 있는 줄기로 뱀장어를 움켜잡을 수 있다는 뜻에서 유래했다.

참고 [북한명] 미꾸리낚시 [유사어] 작교(雀翹)

Persicaria senticosa *Nakai* ママコノシリヌグヒ
Myŏnuri-mitsitgae 며누리밑씿개

며느리밑씻개〈*Persicaria senticosa* (Meisn.) H.Gross ex Nakai(1914)〉

며느리밑씻개라는 이름은 고부간의 갈등을 나타내는 이야기와 연관이 있으며, 며느리가 사용하는 밑씻개(휴지=똥닦개)라는 뜻에서 유래했다.[74] 며느리밑씻개의 일본명은 ママコノシリヌグイ(継子の尻拭い)로 '의붓자식의 엉덩이닦개'라는 뜻인데, 이 이름에서 영향을 받아 만들어진 이름으로

---

72 이러한 견해로 김종원(2013), p.881 참조.

73 『토명대조선만식물자휘』(1932)는 '[雀翹(草)]쟉교(초)'를 기록했다.

74 이러한 견해로 이우철(2005), p.222; 허북구·박석근(2008a), p.84; 김경희 외(2014), p.21; 권순경(2020.5.27.) 참조. 한편 밑씻개는 물로 씻는다는 뜻이라고 하면서, 며느리밑씻개는 해독 작용이 있으므로 고부 갈등에 연원을 둔 것이 아니라 오히려 시어머니가 며느리의 건강을 위해 치질과 어혈 등에 좋은 이 식물을 삶아서 며느리에게 씻도록 준비해주는 풀로 해석하는 견해도 있다[복효근(2010.10.10.)과 허북구·박석근(2008a), p.84 참조]. 그러나 밑씻개의 사전적 의미가 '대변 후에 항문을 씻는 종이 따위'를 일컫는 말이 분명한 이상, 이러한 해석은 타당성이 없어 보인다[국립국어원, '표준국어대사전' 중 '밑씻개' 및 『조선어사전』(1920)의 '밋씻개' 참조]. 『한불자전』(1880)은 '밋씻기'에 대해 "後木, torche-cul"이라 해 고유어로서 오래전부터 동일한 의미로 사용했음을 말해준다.

알려져 있다.[75] 심지어 "일본어를 알고 식물을 아는 지식으로부터 생겨난 부끄럽고 비루한 명칭"이며 '사광이아재비'가 본래의 이름인 것처럼 주장하기도 한다.[76] 그런데 『조선식물명휘』는 일본명 ツユクサ(露草)와 전혀 관련이 없는 닭의장풀에 대한 한글명으로 '달기밋시기'를 기록했고, 1942년에 간행된 『중간 향약집성방』은 반하(半夏)에 대한 일본명 カラスビシャク(烏柄杓)와 전혀 관련이 없는 향명으로 '메누리목젱이밑'이라는 이름을 기록하기도 했으며, 현재 경남 방언으로 '메느리똥따개'라는 유사한 표현이 있기도 하다.[77] 이는 우리 고유의 식물명에도 며느리밑씻개와 유사한 형태 또는 의미 구조를 가진 이름이 있었다는 점을 시사한다. 한편 사광이아재비라는

이름은 『조선식물도감』에 최초 기록된 것으로 최근에 만들어진 이름으로 보인다. 며느리밑씻개는 농경 사회의 가부장적 대가족 제도에서 식물을 이해했던 단면을 드러낸다고 할 것인데, 이를 계속 사용할지에 대한 논의는 별론으로 하더라도 이를 일본명이나 일본 문화에 근거한 이름으로만 치부할 수 있는지는 의문이다. 『조선식물향명집』은 '며느리밑싳개'로 기록했으나 『한국식물명감』에서 '며느리밑씻개'로 표기법에 맞추어 개칭해 현재에 이르고 있다. 현재 북한에서는 '가시덩굴여뀌'를 정명으로 사용하는데,[78] 이는 刺蓼(자료)라는 중국명의 영향을 받아 새로이 만든 이름으로 보인다. 식물의 형태나 이용 등에서 우리 문화에서 전통적으로 이해되어온 여뀌와는 차이가 있어 여뀌라는 동일한 명칭으로 표현할 수 있는지는 의문이다.

속명 *Persicaria*는 *persica*(복숭아나무)를 닮았다는 뜻으로 잎이 복숭아나무의 잎을 닮아 붙여졌으며 여뀌속을 일컫는다. 종소명 *senticosa*는 '가시가 밀생(密生)하는'이라는 뜻으로 줄기 등에 가시가 많은 것에서 유래했다.

다른이름 며느리밑싳개(정태현 외, 1937), 가시모밀(박만규, 1949), 며느리밑씻개(정태현 외, 1949), 사광이아재비(도봉섭 외, 1956), 가시메밀(안학수·이춘녕, 1963), 가시덩굴여뀌(김현삼 외, 1988)

중국/일본명 중국명 刺蓼(ci liao)는 가시가 있는 요(蓼: 봄여뀌 또는 여뀌속의 중국명)라는 뜻으로 학명과 연관되어 있다. 일본명 ママコノシリヌグヒ(継子の尻拭い)는 의붓자식의 엉덩이를 닦는 것이라는 뜻에서 유래했다.

75 이러한 견해로 이우철(2005), p.222와 김종원(2013), p.26 참조.
76 이러한 견해로 김종원(2013), p.27과 이윤옥(2015), p.117 참조.
77 '메누리목젱이밑'은 '메누리'와 '목젱이'와 '밑'의 합성어로 분석되며, 시어머니가 얄미운 며느리에게 독성 있는 식물인 반하(半夏)를 목에 넣게 해 깔끄럽게 했다는 속설과 관련 있는 이름이라고 한다. 자세한 내용은 손병태(1996), p.136 참조.
78 북한은 식물명 국명을 정명과 이명(synonym) 관계로 이해하고 있다. 이에 대해서는 리용재 외(2011), p.2, 364 참조.

Persicaria Thunbergii *Sieb. et. Zucc.*　ミゾソバ
Gomari　고마리

고마리〈*Persicaria thunbergii* (Siebold & Zucc.) H.Gross(1913)〉

고마리라는 이름은 『조선식물향명집』에서 기록해 현재까지 추천명으로 사용하고 있으나 정확한 어원은 알려져 있지 않 다. 다만 인가나 논밭 근처의 습지에 사람의 접근을 막을 정 도로 줄기를 무성하게 뻗어 자라므로, 그 형태를 귀신의 일종 인 고만이에 빗대거나 그만 자라라는 의미에서 유래한 것으 로 추정한다.[79] 『조선산야생식용식물』은 경남 방언으로 '고만 잇대'를 기록했는데, 고만잇대는 '고만이'라는 단어가 남아 있 는 것으로 보아 '고만이'와 '대'의 합성어로 파악된다. '고만이' 는 재물이 늘거나 벼슬이 오르는 것을 막는 귀신이라는 뜻이 있고,[80] '고만이 밭에 빠졌다'(잘되려고 하다가는 무슨 액운에 걸 려 역시 고만한 정도에서 머무르고 만다는 말)라는 속담이 있으며,

옛 문헌에서 고만이는 '그만두다' 또는 '그만이다'라는 뜻으로[81] 사용한다. 이에 비추어, 사람의 접 근을 막아 고만한 상태에 머무르게 한다거나 그만두라는 뜻으로 추정할 수 있다. 또한 '대'는 막 대기처럼 길게 뻗어 자라는 형태를 뜻한다. 김소월은 그의 시에 "즌퍼리의 물가에/ 우거진 고만두/ 고만두풀 꺾으며/「고만두라」 합니다"라고 '고만두풀'을 기록하고 그 뜻을 '그만두다'로 해석하기 도 했다.[82] 한편 수질 정화 작용을 해서 고마운 풀이라는 의미에서 고마리가 되었다는 견해가 있 으나,[83] 환경오염이 없던 옛적에 굳이 수질 정화 작용을 중요시하지는 않았을 것이라는 점을 고려 하면 근거 없는 민간어원설의 일종으로 생각된다. 또한 다른이름으로 기록된 '고만이'를 근거로

79　이러한 견해로 김경희 외(2014), p.23 참조.
80　이에 대해서는 국립국어원, '표준국어대사전' 중 '고만이' 참조.
81　이에 대해서는 『고어대사전 2』(2016), p.201 참조.
82　김억(1939) 중 「고만두풀 노래를 가져 월탄(月灘)에게 드립니다」 부분 참조. 한편 『명물기략』(1870)은 그만하다를 뜻하는 '고만ᄒ다'의 어근을 '고만'으로 기록했다.
83　이러한 견해로 권순경(2017.2.15.) 참조.

'고'(물을 대거나 빼기 위해 만든 좁은 통로를 물꼬 또는 '고'라고 한 데서 유래)와 '만이'(심마니, 똘마니 등과 같이 사람을 일컫는 말)의 합성어로 보아 '고랑에 흔히게 시는 생명체'라는 뜻에서 생겨난 이름이라고 보는 견해가 있으나,[84] 굳이 사람을 빗댈 이유가 없어 그 해석의 타당성에는 의문이 있다.

속명 *Persicaria*는 persica(복숭아나무)를 닮았다는 뜻으로 잎이 복숭아나무의 잎을 닮아 붙여졌으며 여뀌속을 일컫는다. 종소명 *thunbergii*는 스웨덴 식물학자로 일본 식물을 연구한 Carl Peter Thunberg(1743~1828)의 이름에서 유래했다.

다른이름 고만잇대(정태현 외, 1942), 꼬마리/조선꼬마리/큰꼬마리(박만규, 1949), 줄고만이(정태현, 1956), 고만이/고맹이/줄고마리(안학수·이춘녕, 1963), 큰고마리(한진건 외, 1982), 조선고마리(임록재 외, 1996)

옛이름 苦蕎麥(광재물보, 19세기 초), 고만두풀(소월시초, 1939)[85]

중국/일본명 중국명 戟叶蓼(ji ye liao)는 창모양의 잎을 가진 요(蓼: 봄여뀌 또는 여뀌속의 중국명)라는 뜻이다. 일본명 ミゾソバ(溝蕎麦)는 도랑이나 개울가(溝)에서 번성하는 메밀(蕎麥)이라는 뜻이다.

참고 [북한명] 고마리 [유사어] 고교맥(苦蕎麥) [지방명] 고마니풀/그마리(강원), 고마이/약대(경남), 고마이/곰배/매분여꾸/약국때/여꾸/여꾸때(경북), 고마니/고매때/우덩(전남), 고마니/고마니풀/고망니/구머니/돼아지고마니/물고마리(전북), 물고마니(충남)

Persicaria tinctoria *Loureiro* アヰ 藍 (栽)
Ĵog 쪽

쪽〈*Persicaria tinctoria* (Aiton) H.Gross(1919)〉

쪽의 옛말은 '족' 또는 '쪽'이며, 이는 파란빛 또는 하늘빛을 뜻하는 몽골어 koke, 염색제로서의 쪽을 뜻하는 터키어 civit에 닿아 있다고 한다.[86] 이러한 견해에 의하면 쪽이라는 이름은 염색제로서 푸른 하늘빛을 뜻한다. 쪽(족)과 함께 사용된 검푸른 물감을 뜻하는 '청딕'(또는 청듸: 靑黛)라는 표현도 쪽의 유래를 추정케 하는 이름이다.[87] 현대 국어 '쪽'은 15세기 문헌에는 '족'으로 표기되었고, 그 이후 된소리화를 거친 '쪽' 또는 '뽁→쪽'으로 변화해 정착했다.[88]

속명 *Persicaria*는 persica(복숭아나무)를 닮았다는 뜻으로 잎이 복숭아나무의 잎을 닮아 붙여졌으며 여뀌속을 일컫는다. 종소명 *tinctoria*는 '염색용의, 염료의'라는 뜻이다.

---

84 이러한 견해로 김종원(2013), p.884 참조.
85 『조선식물명휘』(1922)와 『조선야외식물도감』(1928)은 '鹿蹄草'를 기록했다.
86 이러한 견해로 강길운(2010), p.1112 참조.
87 『동의보감』(1613) 중 「탕액편」은 중국에서 유래한 靑黛(청대)에 대해 "靑色 古人用以畫眉 故曰黛 卽靛花"[빛이 푸르러 옛사람이 눈썹을 그리는 데 썼기 때문에 대(黛)라고 한다. 곧 전화(靛花)이다]라고 했다.
88 이에 대해서는 국립국어원, '우리말샘' 중 '쪽' 참조.

옛이름 藍/靑台/靑苔/靑乙召只(향약구급방, 1236),[89] 藍(삼국유사, 1281), 藍/菁黛(향약채취월령, 1431), 藍實/菁黛實(향약집성방, 1433),[90] 족/藍/菁黛/쳥띵(구급방언해, 1466), 족/藍(남명집언해, 1482), 족/藍/쳥딕(구급간이방언해, 1489), 蓼藍/족/小藍/쳥딕/大藍(사성통해, 1517), 족/小藍/쳥딕/大藍(훈몽자회, 1527), 藍/족(언해구급방, 1608), 藍實/족삐/靑黛(동의보감, 1613), 藍/쪽(주촌신방, 1687), 쳥딕/大藍(역어유해, 1690), 小藍/족(몽어유해, 1768), 쪽/靑黛/쳥딕(물보, 1802), 쪽(규합총서, 1809), 쪽/小藍/쳥딕/大藍(몽유편, 1810), 쪽/蓼藍(물명고, 1824), 藍/쪽/大藍/쳥디(명물기략, 1870), 쪽/藍(한불자전, 1880), 쪽/족/藍(국한회어, 1895), 藍/쪽(의방합편, 19세기), 藍實/쪽씨(선한약물학, 1931)[91]

중국/일본명 중국명 蓼蓝(liao lan)은 남색 염료로 쓰는 요(蓼: 봄여뀌 또는 여뀌속의 중국명)라는 뜻으로 학명과 연관되어 있다. 일본명 アヰ(アイ)는 アオ(靑)에서 유래한 것으로 염색제로서 푸른색을 낸다고 해 붙여졌다.

참고 [북한명] 쪽 [유사어] 남(藍), 대청(大靑), 목람(木藍) [지방명] 쪽풀(경기), 쪽나무/쪽물(경남), 쪽풀(경북), 쪽나무/쪽물(전남), 쪽나물/쪽물(전북)

Persicaria viscofera *Nakai*　ネバリタデ
Gûngûni-yòggwe　끈끈이역뀌

끈끈이여뀌〈*Persicaria viscofera* (Makino) H.Gross(1919)〉[92]

끈끈이여뀌라는 이름은 '끈끈이'와 '여뀌'의 합성어로, 끈적끈적한 점액을 분비하는 여뀌라는 뜻

---

89 『향약구급방』(1236)의 차자(借字) '靑台/靑苔/靑乙召只'(쳥태/쳥태/쳥을소지)에 대해 남풍현(1981), p.55는 '쳥딕/쳥딕/플족'의 표기로 보고 있으며, 손병태(1996), p.21은 '쳥딕/쳥딕/프를족'의 표기로, 이덕봉(1963), p.7은 '쳥태/플소기'의 표기로 보고 있다.

90 『향약집성방』(1433)의 차자(借字) '菁黛實'(쳥대실)에 대해 남풍현(1999), p.175와 손병태(1996), p.14는 '쳥딕씨'의 표기로 보고 있다.

91 『조선한방약료식물조사서』(1917)는 '쪽, 靑實, 靑藍, 靑黛'를 기록했으며 『조선어사전』(1920)은 '藍(람), 쪽, 濕草'를, 『조선식물명휘』(1922)는 '蓼藍, 쪽(染料)'을, 『토명대조선만식물자휘』(1932)는 '[藍草]람(남)초, [靛草]뎐초, [蓼籃]료(뇨)람, [쪽(풀)], [大靑]대쳥'을, 『선명대화명지부』(1934)는 '쪽'을 기록했다.

92 '국가표준식물목록'(2018)은 끈끈이여뀌의 학명을 *Persicaria viscofera* (Makino) Nakai(1914)로 기재하고 있으나, 『장진성 식물목록』(2014)은 본문의 학명을 정명으로 기재하고 있다. 한편 '세계식물목록'(2018)과 '중국식물지'(2018)는 *Polygonum viscoferum* Makino(1903)를 정명으로 기재하고 있다.

의 학명에서 유래했다.[93] 『조선식물향명집』에서는 '끈끈이역귀'를 신칭해 기록했으나[94] 『조선식물명집』에서 '끈끈이여뀌'로 표기법에 맞추어 변경해 현재에 이르고 있다.

속명 *Persicaria*는 *persica*(복숭아나무)를 닮았다는 뜻으로 잎이 복숭아나무의 잎을 닮아 붙여졌으며 여뀌속을 일컫는다. 종소명 *viscofera*는 '점액질이 있는'이라는 뜻이다.

다른이름 끈끈이역귀(정태현 외, 1937), 큰끈끈이역귀(박만규, 1949), 큰끈끈이여뀌(정태현 외, 1949), 털끈끈이여뀌(안학수·이춘녕, 1963)

중국/일본명 중국명 粘蓼(nian liao)와 일본명 ネバリタデ(粘蓼)는 점액을 분비하는 여뀌라는 뜻의 학명에서 유래했다.

참고 [북한명] 끈끈이여뀌

Persicaria viscosum *Hamilton*　ニホヒタデ
Gisaeng-yŏggwe　기생역귀

기생여뀌〈*Persicaria viscosa* (Buch.-Ham. ex D.Don) H.Gross ex T.Mori(1922)〉[95]
기생여뀌라는 이름은 '기생'과 '여뀌'의 합성어로, 식물체의 향과 붉은색 꽃 모양이 기생을 연상시키는 여뀌 종류라는 뜻에서 유래했다.[96] 『조선식물향명집』은 '기생역귀'로 기록했으나 『조선식물명집』에서 '기생여뀌'로 표기법에 맞추어 변경해 현재에 이르고 있다.

속명 *Persicaria*는 *persica*(복숭아나무)를 닮았다는 뜻으로 잎이 복숭아나무의 잎을 닮아 붙여졌으며 여뀌속을 일컫는다. 종소명 *viscosa*는 '끈적끈적한'이라는 뜻으로 샘털과 선점에서 향이 나는 점액질이 분비되기에 붙여졌다.

다른이름 기생역귀(정태현 외, 1937), 향여뀌(임록재 외, 1972)

옛이름 香蓼(동의보감, 1613), 香蓼(물명고, 1824), 香蓼(임원경제지, 1842)[97]

---

93 이러한 견해로 이우철(2005), p.123 참조.

94 이에 대해서는 『조선식물향명집』, 색인 p.33 참조.

95 '국가표준식물목록'(2018)은 *Persicaria viscosa* (Buch.-Ham. ex D.Don) H.Gross ex Nakai(1914)로 기재하고 있으나, 『장진성 식물목록』(2014)은 본문의 학명을 정명으로 기재하고 있다. 한편 '세계식물목록'(2018)과 '중국식물지'(2018)는 *Polygonum viscosum* Buch.-Ham. ex D. Don(1825)으로 기재하고 있다.

96 이러한 견해로 이우철(2005), p.101 참조.

97 『조선어사전』(1920)은 '香蓼(향료)'를 기록했으며 『토명대조선만식물자휘』(1932)는 '[香蓼]향료'를 기록했다.

중국명 香蓼(xiang liao)와 일본명 ニホヒタデ(香蓼)는 향이 나는 여뀌라는 뜻이다.

[북한명] 향여뀌 [유사어] 향료(香蓼)

Polygonum aviculare *Linné* ミチヤナギ 篇蓄
Madipul 마디풀(돼지풀·옥매듭)

마디풀〈*Polygonum aviculare* L.(1753)〉

마디풀이라는 이름은 '마디'와 '풀'의 합성어로, 마디가 이어지듯이 줄기가 연결되어 있는 데서 유래했다.[98] 마디풀은 문헌상으로는 『향약채취월령』에 기록된 '百節'(백절)에서 유래했는데, 이는 전체(온)에 마디(매듭)가 있다는 뜻의 '온미듭'을 나타낸 것으로 이해된다.

속명 *Polygonum*은 그리스어 *poly*(많음)와 *gonu*(마디)의 합성어로, 줄기에 많은 마디가 있다는 뜻이며 미디풀속을 일컫는다. 종소명 *aviculare*는 '작은 새의, 작은 새와 관련된'이라는 뜻이다.

노가리초/매대풀/옥매둡(정태현 외, 1936), 돼지풀/옥매듭(정태현 외, 1937), 편축(박만규, 1949), 말풀/매듭나물/모노리(한진건 외, 1982)

萹竹/百節(향약채취월령, 1431), 萹竹/百節(향약집성방, 1433),[99] 萹竹(구급방언해, 1466), 萹蓄/百節草/온미딕(촌가구급방, 1538), 有節草(실험단방, 1607), 萹蓄/온마답(언해구급방, 1608), 萹蓄/온무듭(동의보감, 1613), 萹蓄/온마답(제중신편, 1799), 萹蓄/므너흐리옷미둡(물보, 1802), 萹蓄/옥미듭(광재물보, 19세기 초), 萹蓄/옷미듭/粉節草(물명고, 1824), 옥미듭(한불자전, 1880), 扁蓄/옥미듭나물(선한약물학, 1931)[100]

중국명 萹蓄(bian xu)는 마디풀을 뜻하는 옛 한자명에서 유래한 것으로 작은 악기라는 뜻이다.[101] 일본명 ミチヤナギ(路柳)는 길가에 자라고 잎이 버드나무(ヤナギ)를 닮아 붙여졌다.

---

98 이리힌 견해로 김종원(2013), p.28 참조.

99 『향약집성방』(1433)의 차자(借字) '百節'(백절)에 대해 남풍현(1999), p.178은 '온미듭'의 표기로 보고 있다.

100 『조선한방약료식물조사서』(1917)는 '옥미답(方藥), 萹蓄, 篇蓄, 萹竹'을 기록했으며 『조선의 구황식물』(1919)은 '마디풀'을, 『조선어사전』(1920)은 '萹蓄(변축), 온마답'을, 『조선식물명휘』(1922)는 '萹蓄, 竹萹, 옥미듭나물, 마디풀, 편축(救, 藥)'을, 『토명대조선만식물자휘』(1932)는 '[萹蓄]편축, [萹竹]편축, [온마답(나물)]'을, 『선명대화명지부』(1934)는 '옥미듭나물, 마대물, 편축'을 기록했다.

101 중국의 이시진은 『본초강목』(1596)에서 "許慎說文作萹筑 如竹同音"[허신의 설문해자는 작은 악기(扁筑)라고 했고, '竹'이 동음이

[참고] [북한명] 마디풀 [유사어] 도생초(道生草), 분절초(粉節草), 편죽(萹竹/扁竹), 편축(萹蓄/扁蓄) [지방명] 모디풀(진남), 미작쿨/마작풀(제주)

Polygonum Reynoutria *Makino*　イタドリ　虎杖根
Hojanggun　호장근(싱아)

호장근〈*Fallopia japonica* (Houtt.) Ronse Decr.(1988)〉

호장근이라는 이름은 한자어 호장근(虎杖根)에서 유래한 것으로, 줄기에 있는 자주색 반점이 호피(虎皮)를 연상시키고 줄기가 길게 막대기(杖)처럼 자란다는 뜻에서 붙여졌다.[102] 한자명 虎杖(根)에 대한 옛말 '감뎟(감겻대)'은 감절대(*F. forbesii*)라는 별도 종에 대한 국명으로 사용하고 있다. 이와 관련해 "오늘날 '감제풀'이라는 고유 명칭은 사라졌지만, 다행히 '감절대'라는 명칭으로 그 이름이 계승하고 있다. 한자명에서 유래하는 호장근이라는 명칭은 일제강점기 이후에 완전히 굳어져버렸다"라고 주장하는 견해가 있다.[103] 그러나 감제풀이라는 이름은 오히려 일제강점기에 그 기록이 보이고, 그 이전 이름은 '감뎌', '감겻대' 또는 '감쩔듸'로서 그 표기가 감절대와 유사하므로, 감제풀만이 고유 명칭이라는 주장은 의문스럽다. 옛 본초학에서 약재로 사용한 이름은 특정 종을 지칭하기보다는 약효가 유사할 경우 유사종과 함께 널리 통칭했던 점을 고려할 때, 과거 통칭했던 이름이 근대 식물분류학의 종 분류에 따라 왕호장근(*F. sachalinensis*), 호장근(*F. japonica*) 및 감절대(*F. forbesii*)로 나뉜 것이므로, 이를 일제강점기로 인해 호장근이라는 이름이 고착되었다고 보는 듯한 주장의 타당성도 의문스럽다.

　속명 *Fallopia*는 이탈리아 의사이자 식물학자인 Gabriele Falloppio(1523~1562)의 이름에서 유래했으며 닭의덩굴속을 일컫는다. 종소명 *japonica*는 '일본의'라는 뜻이다.

[다른이름] 싱아(정태현 외, 1937), 까치수영(정태현 외, 1949), 깟치수영(정태현, 1956), 감제풀/범승아/호장(리종오, 1964), 큰범승아(임록재 외, 1972), 까치수염/범싱아(한진건 외, 1982), 감절대(이영노, 1996)

[옛이름] 虎杖根/紺著(향약채취월령, 1431), 虎杖根(향약집성방, 1433), 虎杖/감뎟불휘(구급간이방언해, 1489), 虎杖根/甘除根/감뎨쌀히(촌가구급방, 1538), 虎杖根/감뎻불휘/苦杖大/蟲杖(동의보감, 1613), 虎

뎌]라고 했다.
102 이러한 견해로 이우철(2005), p.593과 김종원(2016), p.39 참조.
103 이러한 견해로 김종원(2016), p.40 참조.

杖根/호댱근(구황촬요벽온방, 1639), 虎杖根/감쩔딕(실험단방, 1709), 虎杖/말식영/감졋대(물명고, 1824), 虎杖/감졧뿌리(방약합편, 1884), 虎杖/감졋뿌리(선한약물학, 1931)[104]

중국/일본명 중국명 虎杖(hu zhang)은 한국명과 유사한데, 이시진은 『본초강목』에서 "杖言其莖 虎言其斑也"('장'은 그 줄기를 말하고, '호'는 그 반점을 말한다)라고 했다. 일본명 イタドリ(虎杖, 痛取)는 식물체를 통증 치료 약재로 사용한 것에서 유래했다.

참고 [북한명] 감제풀 [유사어] 고장(苦杖), 대충장(大蟲杖), 반장(斑杖), 산장(酸杖), 호장(虎杖)

Polygonum sachalinenses *Fr. Schm.*　オホイタドリ
Wangsinga　왕싱아

왕호장근〈*Fallopia sachalinensis* (F.Schmidt) Ronse Decr.(1988)〉

왕호장근이라는 이름은 '왕'과 '호장근'의 합성어로, 식물체가 큰(왕) 호장근이라는 뜻에서 유래했다.[105] 『조선식물향명집』에서는 '왕싱아'를 신칭해 기록했으나[106] 『우리나라 식물자원』에서 '왕호장근'으로 개칭해 현재에 이르고 있다

　속명 *Fallopia*는 이탈리아 의사이자 식물학자인 Gabriele Falloppio(1523~1562)의 이름에서 유래했으며 닭의덩굴속을 일컫는다. 종소명 *sachalinensis*는 '사할린에 분포하는'이라는 뜻이다.

다른이름 왕싱아(정태현 외, 1937), 개호장/엿앗대(박만규, 1949), 왕호장(정태현 외, 1949), 왕까치수영(안학수·이춘녕, 1963), 왕감제풀(임록재 외, 1972), 큰감제풀(한진건 외, 1982)

중국/일본명 중국에서는 이를 별도 분류하지 않는 것으로 보인다. 일본명 オホイタドリ(大虎杖)는 식물체가 큰 호장근(イタドリ)이라는 뜻이다.

참고 [북한명] 왕감제풀 [지방명] 여와때/요왓대/요화때/유아때/유아때뿌리(울릉)

104 『조선한방약료식물조사서』(1917)는 '감데(東醫), 감졋(方藥), 虎杖根, 苦杖, 大虫杖'을 기록했으며 『조선어사전』(1920)은 '虎杖(호장), 감제풀, 虎杖根(호장근), 苦杖(고장), 斑杖(반장), 酸杖(산장)'을, 『조선식물명휘』(1922)는 '虎杖, 酸桶笋, 삿치시여나무(삿치시여나무)(救)'를, 『토명대조선만식물자휘』(1932)는 *Polygonum Reynoutria*에 대해 '[虎杖(草)]호장(초), [大蟲杖]대충쟝, [斑杖]반쟝, [苦杖]교쟝, [酸杖]산쟝, [감제풀]'을, 『선명대화명지부』(1934)는 '삿치시여(영)나무, 싱에'를, 『조선의산과와산채』(1935)는 '虎杖, 호장근'을 기록했다.
105 이러한 견해로 이우철(2005), p.415 참조.
106 이에 대해서는 『조선식물향명집』, 색인 p.44 참조.

⊗ Rheum coreanum *Nakai*   テフセンダイワウ   大黃
Waṅg-daehwaṅg   왕대황(장군풀)

장군풀〈*Rheum coreanum* Nakai(1919)〉

장군풀이라는 이름은 중국의 본초명 대황에 대한 별칭 將軍 (장군) 또는 將軍草(장군초)에서 유래했다. 『동의보감』은 '將軍草'에 대한 한글명 '쟝군플'을 기록했는데, 그 유래와 관련해 "蕩滌實熱 推陳致新 謂如戡定禍亂以致太平 所以有將軍之 名"(실열을 씻어 내리고 묵은 것을 밀어 내리며 새로운 것을 생기게 하는 것이 마치 난리를 평정하고 평안한 세상이 오게 하는 것 같다고 해서 장군이라는 이름이 붙었다)이라고 했다. 즉, 장군풀이라는 이름은 약효가 마치 장군이 군을 지휘하고 통솔하듯이 어혈 이나 중독 등을 해소하는 역할을 한다는 뜻에서 유래한 것이 다. 『조선식물향명집』은 '왕대황'을 보편적인 이름으로, '장군 풀'은 다른이름으로 기록했으나, 『조선식물명집』은 장군풀을 보다 보편성이 있는 이름으로 기록했다.

　속명 *Rheum*은 디오스코리데스(Dioscorides, 40~90)가 rhubarb(*Rheum rhaponticum* L.)를 rha로 부른 것에서 유래했으며 대황속을 일컫는다. *Rha*는 볼가강의 고대 그리스명 및 라틴명인데 그 강둑에 대황 종류들이 자란 것과 관련이 있다. 종소명 *coreanum*은 '한국의'라는 뜻으로 한반도 특산종임을 나타낸다.

┃다른이름┃ 왕대황(정태현 외, 1937), 당대황(안학수·이춘녕, 1963), 조선대황(임록재 외, 1972), 토대황(박 만규, 1974)

┃옛이름┃ 大黃/將軍(향약집성방, 1433),[107] 大黃/땅향(구급방언해, 1466), 大黃/대황(구급간이방언해, 1489), 篁/대황(훈몽자회, 1527), 大黃/대황(우마양저염역병치료방, 1548), 大黃/듸황(언해구급방, 1608), 大黃/대황(언해두창집요, 1608), 大黃/쟝군플(동의보감, 1613), 大黃/대황(구황촬요벽온방, 1639), 大黃/쟝 군플불휘(산림경제, 1715) 大黃/쟝군풀/쟝군풀(광제비급, 1790), 大黃/쟝군풀(제중신편, 1799), 大黃/쟝 군풀(광재물보, 19세기 초), 大黃/댱군풀/黃良/將軍草(물명고, 1824), 장군풀/大黃(박물신서, 19세기), 大 黃/장군풀/쟝군풀(녹효방, 1873), 대황/大黃(한불자전, 1880), 大黃/쟝군풀(방약합편, 1884), 大黃/장군 풀(선한약물학, 1931)[108]

---

107 『향약집성방』(1433)의 차자(借字) '將軍'(장군)에 대해 남풍현(1999), p.177은 '쟝군'의 표기로 보고 있다.
108 『조선어사전』(1920)은 '大黃(대황), 쟝군풀, 火蔘, 黃良(황량)'을 기록했으며 『조선식물명휘』(1922)는 '大黃, 듸황, 장군풀(藥)' 을, 『토명대조선만식물자휘』(1932)는 '[大黃]대황, [黃莨]황량, [火蔘]화숨, [將軍草]장군풀, [참솔우장이]'를, 『선명대화명지

중국에서는 *R. coreanum*이 분포하지 않는 것으로 보인다. 일본명 テフセンダイワウ(朝鮮大黄)는 한반도(조선)에 분포하는 대황(大黄)이라는 뜻이다.

참고 [북한명] 왕대황 [유사어] 대황(大黄), 화삼(火蔘), 황량(黄良)

Rumex Acetosa *Linné*　スイバ(スカンボ)　酸模
Suyŏng　수영(괴싱아·시금초)

수영〈*Rumex acetosa* L.(1753)〉

수영이라는 이름은 옛말 '승아'(또는 슝아)와 '싀영'(또는 싀엉)이 어원으로, 줄기를 식용할 때 신맛이 나는 데서 유래했다. 줄기를 꺾어서 먹으면 신맛이 나는데,[109] 옛 문헌에 보이는 '싀다'(능엄경언해, 1461; 훈몽자회, 1527; 한불자전, 1880 등)와 '스다'(유년공부, 19세기 초)는 모두 신맛을 나타내는 말이다. 따라서 승아 또는 싀영은 어원을 '싀다' 또는 '스다'로 해 신맛이 나는 것(식물)을 뜻하는 말로 이해된다.[110]

속명 *Rumex*는 수영의 고대 라틴명으로 원래는 창(槍)의 일종을 나타내는 말이었지만 잎 모양이 비슷한 것에서 전용했으며 소리쟁이속을 일컫는다. 종소명 *acetosa*는 '시다'라는 뜻이다.

다른이름 괴싱아(정태현 외, 1936), 시금초(정태현 외, 1937), 괴승애(박만규, 1949), 괴승아(리종오, 1964), 산시금치/시영/산모(한진건 외, 1982)

옛이름 酸模/승아/羊蹄根(동의보감, 1613), 酸蔣/승아(역어유해, 1690), 酸模/승아(몽어유해, 1768), 酸蔣菜/승아(방언집석, 1778), 酸醬菜/승아(한청문감, 1779), 酸模/싀영(물보, 1802), 酸模/싀영(광재물보, 19세기 초), 酸模/싀영/山羊菜(물명고, 1824), 酸模/승아/山羊菜/山大黄(명물기략, 1870), 싀엉(한불자전, 1880), 酸模(선한약물학, 1931)[111]

중국/일본명 중국명 酸模(suan mo)는 신맛이 나는 것이라는 뜻으로 줄기나 잎에서 신맛이 난다고 해

부』(1934)는 '대황, 장군풀, 당군풀'을,『조선의산과와산채』(1935)는 '大黄, 장군풀'을 기록했다.

109 이에 대해서는『신대역』동의보감』(2012), p.2065 참조.

110 이러한 견해로 김종원(2016), p.41 참조.

111 『제주도및완도식물조사보고서』(1914)는 'センゲ'[셍게]를 기록했으며『조선의 구황식물』(1919)은 '쉬영(水原), 시금초(京城, 江原, 慶南, 咸南), 시금치(京城, 永同, 吉州, 洪川), 酸模'를,『조선어사전』(1920)은 '승아, 酸模(산모)'를,『조선식물명휘』(1922)는 '酸模, 牛舌頭, 시금초, 시금치(救)'를,『토명대조선만식물자휘』(1932)는 '[蓚]슈, [酸模]산모, [酸草], [숭아]'를,『선명대화명지부』(1934)는 '고승아, 솔구장이승아, 솔아시, 시금초, 시금치'를,『조선의산과와산채』(1935)는 '酸模, 수영'을 기록했다.

붙여졌다. 일본명 スイバ(酸い葉)는 잎에서 신맛이 난다는 뜻에서 붙여졌다.

참고 [북한명] 괴싱아 [유사어] 산모(酸模) [지방명] 산시금치/수겡이/시겡이/시금/시금추/시금치/쑤게이(강원), 개싱아/기양/나물/서경/셩/시강/시경/시엉/싱아(경기), 신금쟁이(경북), 금강초/새암대/새암때/술나무/시금초(전남), 개고수/금강초/초록(전북), 가마기웨줄/개술/개승게/게승게/생게낭/생궤/생이웨줄/셍개/셍게/술/술란지/촘생게(제주), 셩/시앙/시영/참시엉(충남), 시엉/시영(충북), 산시금치(함북)

애기수영〈*Rumex acetosella* L.(1753)〉

애기수영이라는 이름은 수영을 닮았는데 크기가 작다는 뜻에서 붙여졌다.[112] 『조선식물향명집』에서 전통 명칭 '수영'을 기본으로 하고 식물의 형태적 특징을 나타내는 '애기'를 추가해 신칭했다.[113]

속명 *Rumex*는 수영의 고대 라틴명으로 원래는 창(槍)의 일종을 나타내는 말이었지만 잎 모양이 비슷한 것에서 전용했으며 소리쟁이속을 일컫는다. 종소명 *acetosella*는 *acetosa*(*R. acetosa*: 수영)를 닮았다는 뜻이다.

다른이름 시금/시광이(정태현 외, 1942), 애기승애(박만규, 1949), 애기괴승아(리종오, 1964), 애기괴싱아(김현삼 외, 1988)[114]

중국/일본명 중국명 小酸模(xiao suan mo)는 크기가 작은 산모(酸模: 수영)라는 뜻이다. 일본명 ヒメスイバ(姬酸葉)는 작고 앙증맞은(姬) 수영(スイバ)이라는 뜻이다.

참고 [북한명] 애기괴싱아 [유사어] 산모(酸模), 산양제(山羊蹄), 산초(酸草), 소산모(小酸模), 우설두(牛舌頭)

토대황〈*Rumex aquaticus* L.(1753)〉

토대황이라는 이름은 한자어 토대황(土大黃)에서 유래했는데, 땅에서 자라는 큰 노란색의 식물이

---

112 이러한 견해로 이우철(2005), p.387과 김종원(2016), p.43 참조.
113 이에 대해서는 『조선식물향명집』, 색인 p.43 참조.
114 『조선식물명휘』(1922)는 '對'을 기록했다.

라는 뜻으로 약재로 사용하는 뿌리가 노랗고 커서 붙여졌다.[115]
중국의『본초강목』등에 기재된 것으로 大黃(대황)의 별칭으로
불려온 이름이다.

속명 *Rumex*는 수영의 고대 라틴명으로 원래는 창(槍)의 일
종을 나타내는 말이었지만 잎 모양이 비슷한 것에서 전용했으
며 소리쟁이속을 일컫는다. 종소명 *aquaticus*는 '수생의'라는
뜻으로 주로 고산 습지에서 자라는 데서 유래했다.

다른이름 묵개대황(박만규, 1974), 물송구지(한진건 외, 1982)[116]

중국/일본명 중국명 水生酸模(shui sheng suan mo)는 고산 습지
에 주로 자라는 산모(酸模: 수영)라는 뜻이다. 일본명 ヌマダイ
ワウ(沼大黃)는 고산의 늪에 주로 자라는 대황(大黃)이라는 뜻
이다.

참고 [북한명] 물송구지 [유사어] 대황(大黃), 수생대황(水生大黃)

Rumex conglomeratus *Murray*　アレヂギシギシ
Mugbat-sorujaeñgi 묵밭소루쟁이

묵밭소리쟁이〈*Rumex conglomeratus* Murray(1770)〉

묵밭소리쟁이라는 이름은 오래 묵은 밭에서 자라는 소리쟁이라는 뜻에서 유래했다.[117]『조선식물
향명집』에서는 '묵밭소루쟁이'를 신칭해 기록했으나[118]『조선식물명집』에서 표기법에 맞추어 개칭
해 현재에 이르고 있다.

속명 *Rumex*는 수영의 고대 라틴명으로 원래는 창(槍)의 일종을 나타내는 말이었지만 잎 모양
이 비슷한 것에서 전용했으며 소리쟁이속을 일컫는다. 종소명 *conglomeratus*는 '둥글게 모인, 집
단화한'이라는 뜻이다.

다른이름 묵밭소루쟁이(정태현 외, 1937), 묵은밭소루장이(리종오, 1964), 묵밭송구지/묵밭소루장이
(임록재 외, 1972), 묵밭소리장이(이영노, 1996)

중국/일본명 이 종에 대한 중국 분포는 확인되지 않는다. 일본명 アレヂギシギシ(荒地−)는 황무지에
서 자라는 참소리쟁이(ギシギシ)라는 뜻이다.

---

115 이러한 견해로 이우철(2005), p.567 참조.
116 『조선식물명휘』(1922)는 '土大黃, 金不換, 토디황'을 기록했으며 『선명대화명지부』(1934)는 '토대황'을 기록했다.
117 이러한 견해로 이우철(2005), p.232 참조.
118 이에 대해서는『조선식물향명집』, 색인 p.37 참조.

Rumex crispus *Linné*   ナガバギシギシ
Sorujaengi 소루쟁이

소리쟁이〈*Rumex crispus* L.(1753)〉

소리쟁이라는 이름은 『향약채취월령』의 차자(借字) 所乙串(솔곶)에 어원을 두고 있는데, 이후 '솔곶→ 솔옷(솔옷, 소롯)→ 소로쟝이(소로장이, 소으댱이)→ 소루쟁이(소루장이, 소루쟝이)→ 소리쟁이'로 변화해 형성되었다. 소리쟁이는 '소리'(솔옷 또는 솔곶)와 '장이'(접미사)의 합성어로 분석된다. 솔곶에서 변화한 솔옷(남명집언해, 1482)은 송곳의 옛말이므로, 소리쟁이라는 이름은 뿌리의 모양이 송곳처럼 뾰족하다는 뜻에서 유래했다.[119] 『조선식물향명집』은 '소루쟁이'로 기록했으나 『조선식물명집』에서 '소리쟁이'로 표기를 변경해 현재에 이르고 있다. 한편 열매가 익으면 바람에 소리가 난다고 해 소리쟁이라는 견해가 있지만,[120] 식별이 가능할 정도로 소리가 난다고 할 수 없을뿐더러 소리(音)에 대한 옛말은 '소리'(월인석보, 1459)로 '솔옷'과는 그 표기가 전혀 다른 것을 볼 때 일종의 민간어원설로 이해된다.

속명 *Rumex*는 수영의 고대 라틴명으로 원래는 창(槍)의 일종을 나타내는 말이었지만 잎 모양이 비슷한 것에서 전용했으며 소리쟁이속을 일컫는다. 종소명 *crispus*는 '주름이 있는, 물결치는'이라는 뜻으로 잎의 가장자리가 물결치듯 주름진 데서 유래했다.

다른이름 소루쟁이(정태현 외, 1937), 긴잎소루쟁이(박만규, 1949), 긴소루쟁이(안학수·이춘녕, 1963), 소루장이/쪼글잎소루장이(리종오, 1964), 긴소루장이/솔구지/송구지(임록재 외, 1972)

옛이름 羊蹄/所乙串(향약채취월령, 1431), 羊蹄/所乙串(향약집성방, 1433),[121] 羊蹄獨根/슬옷외불희(구급간이방언해, 1489), 羊蹄菜/솔옷(사성통해, 1517), 羊蹄菜/솔옷(훈몽자회, 1527), 羊蹄/所乙串/솔옷(촌가

---

119 이러한 견해로 이우철(2005), p.349; 손병태(1996), p.47; 김민수(1997), p.599 참조. 다만, 김민수는 '솔'(細)과 '곶'(串)과 '쟝이'(접사)의 합성어로 잎이 뾰족한 것에서 유래한 이름으로 보고 있으나, 뿌리를 약재로 사용한 점에 비추어 뿌리의 모양에서 유래한 것으로 추정한다.

120 이러한 견해로 김종원(2013), p.35와 김경희 외(2014), p.15 참조. 김종원은 "'소롯'의 기원은 소리와 잇닿아 있음이 분명하다"고 주장하고 있다.

121 『향약집성방』(1433)의 차자(借字) '所乙串'(소을곶)에 대해 손병태(1996), p.47과 남풍현(1999), p.177은 '솔곶'의 표기로 보고 있다.

구급방, 1538), 솔옷/羊蹄/所乙古叱(우마양저염역병치료방, 1548), 羊蹄根/솔옷불휘(동의보감, 1613), 羊蹄根/소롯(신간구황촬요, 1660), 羊蹄根/솔옷쓸희(주촌신방, 1687), 羊蹄菜/솔옷(역어유해, 1690), 羊蹄/소로장이/牛舌菜(왜어유해, 1782), 羊蹄根/솔옷블희(해동농서, 1799), 蓫/羊蹄菜/소롯(물보, 1802), 羊蹄/솔오장이(광재물보, 19세기 초), 羊蹄/소으댱이/牛舌菜(물명고, 1824), 羊蹄菜/양데치/소로장이/牛舌菜(명물기략, 1870), 羊蹄根/소로쟝이(녹효방, 1873), 소로쟝이(한불자전, 1880), 소루쟝이(교린수지, 1881), 羊蹄根/소로쟝이(의방합편, 19세기), 소루장이/羊蹄(의서옥편, 1921)[122]

중국/일본명 중국명 皱叶酸模(zhou ye suan mo)는 잎이 주름진 산모(酸模: 수영)라는 뜻이다. 일본명 ナガバギシギシ(長葉−)는 잎이 긴 참소리쟁이(ギシギシ)라는 뜻이다.

참고 [북한명] 송구지 [유사어] 독채(禿菜), 양제근(羊蹄根), 양제초(羊蹄草), 우이대황(牛耳大黃) [지방명] 골고지/솔갱이/솔거지/솔거지나물/솔고지/솔구쟁이/솔구지/숏쟁이/시금추/시금치(강원), 소라쟁이/소루쟁이/소리댕이/소리쟁이/수리쟁이(경기), 대황/설거쟁이/소굴쟁이/소루쟁이/솔구채/솔구쟁이/솔기쟁이/송고치/송구쟁이(경남), 들시금치/소구쟁이/소루쟁이/솔거지/솔거채/솔고쟁이/솔구채/솔구쟁이/송고치/송구쟁이(경북), 고시/고시랑/고시랑대/고시앙/공장대/금강초/금강초롱/금강추/말구상태/소루쟁이/소시랑개비/수리대/신고시/신고시대/쑤리대/질경이/초래대/초랭이/초록잎/초롱대/초린잎/초절대(전남), 고수/고시/고시대/금강초/말구상태/배암나물/배암대/산호초/소시랑개비/시앙/신앙/참고수/초록/초록잎/초린잎(전북), 개생게/말셍게/믈셍게/배엄수리/술(제주), 소루댕이/소루쟁이/수레쟁이/차루쟁이/차주쟁이/초로쟁이/초루쟁이/초리쟁이/초지쟁이(충남), 뿌리쟁이/살구쟁이/소루쟁이/솔고쟁이/솔곳/솔구쟁이/솔구쟁이(충북), 소라지/소로지/솔곳(함남), 노리쟁이/소로지/소루쟁이/소루지(함북)

Rumex japonicus *Meisner* ギシギシ
Sòm-sorujaèngi 섬소루쟁이

참소리쟁이 〈*Rumex japonicus* Houtt.(1777)〉

참소리쟁이라는 이름은 진짜 소리쟁이라는 뜻에서 유래했다.[123] 『조선식물향명집』에서는 울릉도에 분포하는 소리쟁이라는 뜻에서 '섬소루쟁이'를 신칭해 기록했으나,[124] 전국 분포가 확인되면서 『조선식물명집』에서 '참소리쟁이'로 개칭해 현재에 이르고 있다.

속명 *Rumex*는 수영의 고대 라틴명으로 원래는 창(槍)의 일종을 나타내는 말이었지만 잎 모양

---

122 『조선식물명휘』(1922)는 '羊蹄, 牛舌, 소루징이, 쉬영(救)'을 기록했으며 『선명대화명지부』(1934)는 '소리징이, 쉬영, 숫잔대'를 기록했다.

123 이러한 견해로 이우철(2005), p.507 참조.

124 이에 대해서는 『조선식물향명집』, 색인 p.41 참조.

이 비슷한 것에서 전용했으며 소리쟁이속을 일컫는다. 종소명 *japonicus*는 '일본의'라는 뜻으로 발견지 또는 분포지를 니다낸다.

다른이름 섬소루쟁이(정태현 외, 1937), 솔구장이/소리장이(정태현 외, 1942), 소루쟁이/초록(박만규, 1949), 참소루쟁이(안학수·이춘녕, 1963), 참소루장이(리종오, 1964), 참송구지(임록재 외, 1972), 소리쟁이(이영노, 1976), 양제근(한진건 외, 1982), 섬소루장이(임록재 외, 1996)

옛이름 羊蹄(선한약물학, 1931)[125]

중국/일본명 중국명 羊蹄(yang ti)는 뿌리 모양에서 유래한 것으로 양의 발굽을 닮았다는 뜻이다. 일본명 ギシギシ는 교토(京都) 방언으로 어원은 알려져 있지 않다.

참고 [북한명] 참송구지 [지방명] 초록(전북), 개성게/물성게/물셍게/술(제주), 소루댕이/소루쟁이(충남)

Rumex stenophyllus *Ledebour*   ホソバギシギシ
Ganŭnip-sorujaeñgi   가는잎소루쟁이

가는잎소리쟁이〈*Rumex stenophyllus* Ledeb.(1830)〉

가는잎소리쟁이라는 이름은 잎이 가는 소리쟁이라는 뜻에서 유래했다.[126] 『조선식물향명집』에서는 '가는잎소루쟁이'를 신칭해 기록했으나[127] 『조선식물명집』에서 표기법에 맞추어 개칭해 현재에 이르고 있다.

속명 *Rumex*는 수영의 고대 라틴명으로 원래는 창(槍)의 일종을 나타내는 말이었지만 잎 모양이 비슷한 것에서 전용했으며 소리쟁이속을 일컫는다. 종소명 *stenophyllus*는 '좁은 잎의'라는 뜻으로 잎이 상대적으로 좁은 데서 유래했다.

다른이름 가는잎소루쟁이(정태현 외, 1937), 가는잎소루장이(리종오, 1964), 가는잎송구지(임록재 외, 1972)

옛이름 羊蹄(선한약물학, 1931)[128]

중국/일본명 중국명 狹叶酸模(xia ye suan mo)는 좁은 잎을 가진 산모(酸模: 수영)라는 뜻이다. 일본명 ホソバギシギシ(細葉-)는 가는 잎을 가진 참소리쟁이(ギシギシ)라는 뜻이다.

---

125 『제주도및완도식물조사보고서』(1914)는 'マルセンゲ'[물셍게]를 기록했으며 『조선의 구황식물』(1919)은 '쉬영, 소루징이(龍仁)'를, 『조선어사전』(1920)은 '소루장이, 羊蹄(양뎨), 禿菜(독쳐), 羊蹄草(양뎨초), 牛舌菜(우셜치)'를, 『조선식물명휘』(1922)는 '羊蹄, 소루징이(救)'를, 『토명대조선만식물자휘』(1932)는 '[蓫]쵹, [羊蹄草]양뎨초, [羊蹄大黃]양뎨대황, [牛舌草(菜)]우셜초(치), [敗毒菜]패독쳐, [禿菜]독쳐, [소루장이], [蓫子]쵹주, [金蕎麥]금교믹'을, 『선명대화명지부』(1934)는 '소리장이, 소루쟁이, 쉬영'을, 『조선의산과와산채』(1935)는 '羊蹄, 소리장이'를 기록했다.

126 이러한 견해로 이우철(2005), p.24 참조.

127 이에 대해서는 『조선식물향명집』, 색인 p.30 참조.

128 『조선식물명휘』(1922)는 '소루징이(救)'를 기록했으며 『선명대화명지부』(1934)는 '소루쟁이'를 기록했다.

참고 [북한명] 가는잎송구지

Tiniaria convolvulus *Linné* ソバカヅラ
Dalgmomil-dônggul 닭모밀덩굴

나도닭의덩굴⟨*Fallopia convolvulus* (L.) Á.Löve(1970)⟩

나도닭의덩굴이라는 이름은 닭의덩굴과 유사한 식물이라는 뜻에서 유래했다.[129] 식물명에서 '나도'는 원래는 완전히 다른 분류군이지만 비슷하게 생긴 데서 유래했다는 견해가 있으나,[130] 닭의덩굴과 나도닭의덩굴은 분류군이 동일하므로 타당하지 않으며 분류군과 상관없이 형태 또는 용도가 유사해서 붙여진 이름으로 추정한다. 『조선식물향명집』에서는 메밀(모밀)을 닮은 덩굴식물이라는 뜻의 '닭모밀덩굴'을 신칭해 기록했으나,[131] 『조선식물명집』에서 '나도닭의덩굴'로 개칭해 현재에 이르고 있다.

속명 *Fallopia*는 이탈리아 의사이자 식물학자인 Gabriele Falloppio(1523~1562)의 이름에서 유래했으며 닭의덩굴속을 일컫는다. 종소명 *convolvulus*는 라틴어 *convolvere*(꼬인, 휘감는)에서 유래한 말로 다른 물체를 휘감는 덩굴성 줄기로 인해 붙여졌다.

다른이름 닭모밀덩굴(정태현 외, 1937), 모밀덩굴(박만규, 1949), 덩굴모밀(리종오, 1964), 덩굴메밀/메밀덩굴(임록재 외, 1972), 딸기메밀덩굴(한진건 외, 1982), 닭메밀덩굴(리용재 외, 2011)[132]

중국/일본명 중국명 蔓首乌(wan shou wu)는 덩굴이 지는 하수오(何首乌) 종류라는 뜻이다. 일본명 ソバカヅラ(蕎麦葛)는 메밀과 칡(덩굴성)을 닮았다는 말로, 덩굴을 이루는 메밀이라는 뜻이다.

참고 [북한명] 덩굴메밀

129 이러한 견해로 이우철(2005), p.126 참조.
130 이러한 견해로 허북구·박석근(2008a), p.11 참조.
131 이에 대해서는 『조선식물향명집』, 색인 p.35 참조.
132 『조선식물명휘』(1922)는 '苦辣蔘, 鷄糞蔓'을 기록했다.

Tiniaria dumetora *Nakai* ツルイタドリ
Dalgue-donggul 닭의덩굴

닭의덩굴 〈*Fallopia dumetorum* (L.) Holub(1970)〉

닭의덩굴이라는 이름은 『조선식물향명집』에 따른 것으로, 열
매나 잎의 모양이 닭 볏을 닮았고 덩굴식물이라는 뜻에서 유래
한 것으로 추정한다. 닭의덩굴을 약용하거나 식용한 기록이 발
견되지 않는 점에 비추어 그다지 유용하게 쓰이지는 않았던 것
으로 보인다. 『조선식물향명집』이 같은 속의 식물인 나도닭의
덩굴(*F. convolvulus*)을 '닭모밀덩굴'로 기록했으므로 이에 대한
일본명 ソバカヅラ에서 닭의덩굴이 비롯했다는 견해가 있으
나,[133] ソバカヅラ는 메밀덩굴(蕎麥葛)이라는 의미여서 덩굴식물
이라는 것 외에는 의미가 통하지 않으므로 이를 직접적 어원으
로 보기에는 무리가 있다.

　속명 *Fallopia*는 이탈리아 의사이자 식물학자인 Gabriele
Falloppio(1523~1562)의 이름에서 유래했으며 닭의덩굴속을 일컫는다. 종소명 *dumetorum*은
'잡목이 우거진, 소관목상의'라는 뜻으로 덩굴이 우거지는 모양에서 유래했다.

다른이름　산덩굴역귀(박만규, 1949), 산덩굴모밀(리종오, 1964), 산덩굴메밀/산덩굴여뀌(임록재 외,
1972), 여뀌덩굴(박만규, 1974)

중국/일본명　중국명 篱首乌(li shou wu)는 울타리에서 자라고 하수오(何首烏)를 닮은 식물이라는 뜻이
다. 일본명 ツルイタドリ(蔓虎杖)는 덩굴을 이루고 호장근(イタドリ)을 닮았다는 뜻에서 붙여졌다.

참고　[북한명] 산덩굴메밀 [지방명] 달구개비(전남), 달구재비/딱풀씨(전북)

---

133 이러한 견해로 김종원(2016), p.33 참조.

Chenopodiaceae 명아주科 (藜科)

명아주과〈Chenopodiaceae Vent.(1799)〉

명아주과는 국내에 자생하는 명아주에서 유래한 과명이다. '국가표준식물목록'(2018)과 『장진성 식물
목록』(2014)은 Chenopodium(명아주속)에서 유래한 Chenopodiaceae를 과명으로 기재하고 있으며,
엥글러(Engler)와 크론키스트(Cronquist) 분류 체계도 이와 같다. 그러나 '세계식물목록'(2018)과 APG
IV(2016) 분류 체계는 이 과를 별도 분류하지 않고 대부분의 속을 Amaranthaceae(비름과)에 포함시켜
정의하고 있으므로 주의가 필요하다.

Atriplex littoralis *Linné*   ハマアカザ
Gaet-nunjaengi   갯는쟁이

갯는쟁이〈*Atriplex subcordata* Kitag.(1937)〉

갯는쟁이라는 이름은 바닷가(갯)에 자라는 는쟁이(명아주의 방
언)라는 뜻에서 유래했다.[1] 는쟁이(능쟁이)는 잎이 마름모로 능
(菱: 마름)을 닮았다는 뜻에서 유래한 것으로 추정하고 있다.[2]
『조선식물향명집』에서 한글명이 처음으로 발견되는데 신칭한
것인지 방언을 채록한 것인지 명확하지 않다.

속명 *Atriplex*는 갯는쟁이를 뜻하는 고대 라틴어에서 유래
했으며 갯는쟁이속을 일컫는다. 종소명 *subcordata*는 '심장
모양과 비슷한'이라는 뜻이다.

다른이름 갯능쟁이(박만규, 1949), 갯는장이(안학수·이춘녕,
1963), 개명아주(리종오, 1964), 갯멍아주(임록재 외, 1972), 갯능
장이(한진건 외, 1982), 바닷가능쟁이/참갯능쟁이(리용재 외,
2011)

중국/일본명 중국명 滨藜(bin li)는 해안가(浜)에서 자라는 여(藜: 명아주속 또는 흰명아주의 중국명)라는
뜻이다. 일본명 ハマアカザ(浜藜)는 해안가에서 자라는 명아주(アカザ)라는 뜻이다.

참고 [북한명] 갯능쟁이/참갯능쟁이[3]

---

1   이러한 견해로 이우철(2005), p.61 참조.
2   이러한 견해로 황선엽(2009b), p.220, 227 참조.
3   북한에서는 *A. subcordata*를 '갯능쟁이'로, *A. littoralis*를 '참갯능쟁이'로 하여 별도 분류하고 있다. 이에 대해서는 리
    용재 외(2011), p.46 참조.

Beta vulgaris *Linné*　フダンサウ　(栽)

Gùndae　근대

근대〈*Beta vulgaris* L.(1753)〉[4]

근대라는 이름의 정확한 어원이나 유래는 밝혀지지 않았다. 다만 근대가 중국에서 전래된 재배작물이라는 점에 비추어 한자어 군달(莙蓬)에서 온 이름일 가능성이 있다.[5] 19세기에 저술된 『명물기략』은 "華音균다 轉云근대"(중국음 '균다'가 '근대'로 전운했다)라고 기록했다. 중국에서는 6세기경의 『명의별록』에 菾菜(첨채), 11세기 중반 송나라 때의 『가우보주본초』에 莙蓬菜(군달채)라는 기록이 나타나고 일본에는 17세기 말에 중국에서 전래된 기록이 있는데, 우리나라에는 16세기 초반에 간행된 『사성통해』에서 처음 그 예가 발견되는 것에 비추어 한글이 창제되기 전에 전래되어 재배되었을 것으로 추정한다.

　속명 *Beta*는 켈트어 *bett*(적색)에서 유래한 것으로 뿌리가 붉어서 붙여졌으며 근대속을 일컫는다. 종소명 *vulgaris*는 '보통의, 통상의'라는 뜻이다.

다른이름　잎근대/잎남새형무우(한진건 외, 1982), 남새용사탕무우/뿌리근대/붉은뿌리근대(리용재 외, 2011)

옛이름　莙蓬菜/근대(사성통해, 1517), 근대/莙蓬(훈몽자회, 1527), 莙蓬/근대(동의보감, 1613), 莙蓬菜/근대(역어유해, 1690), 莙蓬/근듸(광재물보, 19세기 초), 菾菜/첨쳐/莙蓬/근대(명물기략, 1870), 근듸(한불자전, 1880), 근대나물/根薹(국한회어, 1895)[6]

중국/일본명　중국명 莙荙菜(jun da cai)는 말즘 종류의 수초(莙)와 질경이(蓬)를 닮은 채소라는 뜻이다. 일본명 フダンサウ(不斷草)는 연중 내내 채취가 가능하다는 뜻에서 붙여졌다.

참고　[북한명] 근대/뿌리근대[7] [유사어] 군달(莙蓬), 근대(根薹), 다채(茶菜), 부단초(不斷草), 첨채(菾菜) [지방명] 건대(강원/경상/충북), 근대나물/솔(전남), 건데나믈(제주), 오새(충남)

4　'국가표준식물목록'(2018)은 근대의 학명을 *Beta vulgaris* var. *cicla* L.(1753)로 기재하고 있으나, 『장진성 식물목록』(2014)과 '세계식물목록'(2018)은 정명을 본문과 같이 기재하고 있다.

5　이러한 견해로 이우철(2005), p.95 참조.

6　『조선어사전』(1920)은 '근대, 莙蓬(군달), 菾菜(텸쳐)'를 기록했으며 『조선식물명휘』(1922)는 '菾菜, 莙蓬菜(食)'를, 『토명대조선만식물자휘』(1932)는 '[菾菜]텸쳐, [珊瑚菜]산호쳐, [莙蓬菜]군달쳐, [근대]'를 기록했다.

7　북한에서는 *B. vulgaris* var. *cicla*를 '근대'로, *B. vulgaris* var. *vulgaris*를 '뿌리근대'로 하여 별도 분류하고 있다. 이에 대해서는 리용재 외(2011), p.52 참조.

Beta vulgaris *L.* var. rapacea *Koch*　サタウダイコン　(栽)
Satang-mu　사탕무

사탕무〈*Beta vulgaris* L. var. *altissima* Döll(1843)〉[8]

사탕무라는 이름은 설탕(사탕)을 생산하는 무라는 뜻에서 유래했다.[9] 1906년에 우리나라에 최초
도입된 식물로 알려져 있다.

　속명 *Beta*는 켈트어 *bett*(적색)에서 유래한 것으로 뿌리가 붉어서 붙여졌으며 근대속을 일컫는
다. 종소명 *vulgaris*는 '보통의, 통상의'라는 뜻이고, 변종명 *altissima*는 *alta*의 최상급으로 '키
가 매우 큰, 매우 높은'이라는 뜻이다.

다른이름　당무(박만규, 1949)[10], 사탕무우(안학수·이춘녕, 1963)

중국/일본명　중국명 甜萝卜(tian luo bo)는 단맛이 나는 나복(蘿蔔: 무)이라는 뜻이다. 일본명 サタウダ
イコン(砂糖–)은 사탕을 만드는 왜무(ダイコン)라는 뜻이다.

참고　[북한명] 사탕무우 [유사어] 감채(甘菜), 첨채(甛菜) [지방명] 사탕무꾸(함북)

Chenopodium acuminatum *Willdenow*　ヤナギアカザ
Bodul-myongaju　버들명아주

둥근잎명아주〈*Chenopodium acuminatum* Willd.(1799)〉

둥근잎명아주라는 이름은 잎이 둥근 모양인 명아주라는 뜻에서 유래했다. 『조선식물향명집』에서
는 버드나무의 잎을 닮은 명아주라는 뜻에서 '버들명아주'를 신칭해 기록했으나,[11] 실제 잎의 모양
이 버드나무처럼 피침모양이 아니라 둥근 형태이기에 『한국식물명감』에서 '둥근잎명아주'로 변경
기재한 후 현재에 이르고 있다.

　속명 *Chenopodium*은 그리스어 *chen*(거위)과 *podion*(작은 발)의 합성어로, 잎을 거위의 발에
비유한 것이며 명아주속을 일컫는다. 종소명 *acuminatum*은 '끝이 뾰족한'이라는 뜻이다.

다른이름　버들명아주(정태현 외, 1937), 버들잎능쟁이/애기능쟁이(박만규, 1949), 버들능쟁이/애기명

8　'국가표준식물목록'(2018)은 사탕부의 학명을 *Beta vulgaris* var. *saccharifera* Alef.(1866)로 기재하고 있으나, 『장진
　　성 식물목록』(2014)과 '중국식물지'(2018)는 정명을 본문과 같이 기재하고 있다. '세계식물목록'(2018)은 앞의 학명 모두를
　　Beta vulgaris L.의 이명(synonym)으로 처리하고 있다.

9　이러한 견해로 이우철(2005), p.302 참조.

10　『조선식물명휘』(1922)는 '甜菜, 사탕무'를 기록했으며 『토명대조선만식물자휘』(1932)는 '[甜菜]텸치, [사당무]'를, 『선명대화
　　명지부』(1934)는 '사당무, 사탕무'를 기록했다.

11　이에 대해서는 『조선식물향명집』, 색인 p.38 참조.

아주(임록재 외, 1972)[12]

중국/일본명 중국명 尖头叶藜(jian tou ye li)는 잎의 끝이 뾰족한 여(藜: 명아주속 또는 흰명아주의 중국명)라는 뜻으로 학명과 연관되어 있다. 일본명 ヤナギアカザ(柳藜)는 잎이 버드나무를 닮은 명아주(アカザ)라는 뜻이다.

참고 [북한명] 버들능쟁이

Chenopodium album *Linné* アカザ 藜
Myŏngaju 명아주(는쟁이)

명아주 ⟨*Chenopodium giganteum* D.Don(1825)⟩ [13]

명아주라는 이름은 옛이름 '명화지'가 명아지→명아주(명아지)로 변화한 것이다. 명화지는 '명화'와 '지'의 합성어로, '명화'는 옛말에서 명화/명회로 사용되었는데 이는 밝은 회색빛이라는 의미의 한자어 명회(明灰)에서 유래했고, '지'는 재(灰)의 뜻이다. 따라서 식물에 회색이 돌거나 재를 만들어 약용한 것과 관련 있는 이름으로 추정한다.[14] 명아주 종류 중에 잎에 회색이 도는 흰명아주가 있고, 옛이름에 재를 뜻하는 '회'(灰)가 포함되어 있으며, 제주 방언에 재(灰)와 관련된 '제낭/제쿨'이 남아 있는 점이 이를 뒷받침한다. 명아주를 일컫는 또 다른 옛이름 '도투랏'은 '돼지의 가랏'이라는 뜻으로 가축의 사료로 사용한 것과 관련이 있으며, 다른이름 중 '능쟁이'(또는 '는쟁이')는 잎이 마름모로 마름(菱)을 닮았다는 뜻에서 유래한 것으로 보인다.[15]

속명 *Chenopodium*은 그리스어 chen(거위)과 podion(작은 발)의 합성어로, 잎을 거위의 발에 비유한 것이며 명아주속을 일컫는다. 종소명 *giganteum*은 '큰, 거대한'이라는 뜻으로 다른 종류에 비해 크기가 상대적으로 큰 데서 유래했다.

다른이름 는쟁이(정태현 외, 1937), 능장이(정태현 외, 1942), 는장이(정태현 외, 1949), 붉은잎능쟁이/붉은잎명아주(임록재 외, 1972), 능쟁이(한진건 외, 1982), 큰능쟁이(리용재 외, 2011), 도토라지(김종원,

---

12 『조선식물명휘』(1922)는 *C. acuminatum* var. *virgatum*에 대해 '也四風占'를 기록했다.

13 '국가표준식물목록'(2018)은 *Chenopodium album* var. *centrorubrum* Makino(1910)를 정명으로 기재하고 있으나, 『장진성 식물목록』(2014), '세계식물목록'(2018) 및 '중국식물지'(2018)는 본문의 학명을 정명으로 기재하고 있다.

14 이러한 견해로 황선엽(2009b), p.223 참조. 한편, 김민수(1997), p.360은 '명화지'를 '명화'(灰)와 '지'(柒)의 합성어로 중국어 회채(灰柒)에서 기원한 것으로 보고 있으나, 한자어 채(柒)가 '지'로 사용된 예가 없어 그 타당성은 다소 의문스럽다.

15 이에 대한 보다 자세한 내용은 황선엽(2009b), p.220, 227 참조.

2013)

옛이름 도투랏/藜(분류두공부시언해, 1481), 도투랏/藜(훈몽자회, 1527), 藜/명회(신증유합, 1576), 冬灰/명회숫지(동의보감, 1613), 灰菜/명화지/藜/도투랏(역어유해, 1690), 藜/도트랏(존재문집, 1694), 灰菜/명화지(동문유해, 1748), 灰條菜/명화지(방언집석, 1778), 灰條菜/명화지(한청문감, 1779), 藜/도투랏(왜어유해, 1782), 명화지(증수무원록언해, 1790), 灰藋/명회/藜/불근명회(물보, 1802), 灰藋/명화즈(광재물보, 19세기 초), 명아즈(규합총서, 1809), 灰藋/명아지/藜/당명아지(물명고, 1824), 藜/명하쥬/靑藜(자류주석, 1856), 명아자/靑藜/灰藋(일용비람기, 연대미상), 藜(려)/명아즈(명물기략, 1870), 명아지(한불자전, 1880), 명아쥬/藜(국한회어, 1895), 藜/명아주(신자전, 1915), 명아주/능쟁이(조선어표준말모음, 1936)[16]

중국/일본명 중국명 杖藜(zhang li)는 지팡이(杖)를 만드는 여(藜: 명아주속 또는 흰명아주의 중국명)[17]라는 뜻이다. 일본명 アカザ(藜)는 붉은색을 의미하는 アカ(赤)와 ザ(어원 불명의 옛말)의 합성어로, 잎에 붉은빛이 나는 것에서 유래한 것으로 보고 있다.

참고 [북한명] 큰능쟁이[18] [유사어] 순망곡(舜芒穀), 여채(藜菜), 여회조(藜灰藋), 청려(靑藜), 학정초(鶴頂草)[19] [지방명] 는장우/는재이/는쟁이/능장구/능장우/능쟁이/능저이/능젓나무/도투라지/도트라지(강원), 개비름/는아주/는쟁이/능재이나물/능쟁이/메지나물/명아지/비듬나물/의지나물(경기), 는쟁이/도시락초/도투라지/도트라지/맹아대/명아/명앗대(경남), 능장호/도시락초/도토라지/도투라지/도트라지/망아지/멍애/멍엣대/멍이/멘지대/명아지(경북), 공동대/공장대/공장이대/공쟁이대/공주대/공주때/공중대/궁정이대/맹아대/명아대/명화대/사탕풀/천둥대(전남), 공장대/공쟁이대/공중대/궁정이대/맹아/맹아지/맹앗/명아대/멍애/명아/명아대/명알대/명알잎/명왈/명왈대/명화대/청려장(전북), 재낭/재쿨/제쿨/젯낭/젯쿨(제주), 멍애미/멍웃대/명가쑨/명개미/명아대/명애미/반머위(충남), 능쟁

---

16 『제주도및완도식물조사보고서』(1914)는 'チェナム'[젯낭]을 기록했으며 『지리산식물조사보고서』(1915)는 'めんわって'[명와듸]를, 『조선의 구황식물』(1919)은 '능징이(各地), 명아즤비(水原, 忠北, 其他), 명아지, 명아듸(慶南, 全南), 바아씌(慶南), 머엇딋(全州), 명아주(京城, 仁川, 水原其他), 藜'를, 『조선어사전』(1920)은 '藜灰(려회), 鶴項草(학항초), 명아주'를, 『조선식물명휘』(1922)는 '藜, 灰藋, 명이쥬, 능징이, 바아싀(救)'를, 『토명대조선만식물자휘』(1932)는 '[鶴項草]학항초, [릉장이], [능장이], [명아주], [靑藜杖]청려쟝, [명아주(ㅅ)대]'를, 『선명대화명지부』(1934)는 '능쟁이, 명아쥬(재), 바앗째'를, 『조선의산과와산채』(1935)는 '藜, 명아주'를 기록했다.

17 '중국식물지'(2018)는 C. album L.(흰명아주)를 藜(li)로 기재하고 있으며, 『본초강목』(1596)은 '灰藋'(회조)에 대해 "葉心有白粉似藜 但心赤莖大 堪爲杖 入藥不如白藋也"(잎 중앙에 백분이 있는 것은 여와 같다. 줄기가 붉고 커서 지팡이로 좋으나 약으로는 백조만 못하다)라고 하면서, "莖有紫紅線棱 葉尖有核 面靑背白 莖心嫩葉背面皆有白灰"(줄기에 자홍색 선릉이 있고 잎은 뾰족하고 튼실하며 표면은 푸르고 뒷면은 흰색이다. 줄기와 어린잎 뒷면이 모두 백회색이다)라고 했다. 또한 '藜'(려)에 대해 "灰藋之紅心者"(회조 중에서 심이 붉은 것을 말한다)라고 하면서, 萊(내), 紅心灰藋(홍심회조), 鶴頂草(학정초), 臙脂菜(연지채)를 같은 이름으로 기록했다.

18 북한에서는 C. album을 '능쟁이'로, C. gianteum을 '큰능쟁이'로 일컫고 있다. 반면에 한국의 '국가표준식물목록'은 C. album의 국명을 '흰명아주'로, C. album var. centrorubrum의 국명을 '명아주'로 하여 잎에 흰색이 도는 분류군과 붉은색이 도는 분류군의 이름을 서로 다르게 부르고 있다.

19 명아주의 유사어로 사전에 따라서는 '학항초(鶴項草)'를 기록하고 있으나, 이는 옛 문헌(예컨대 『본초강목』, 『아언각비』, 『물명고』 등)의 학정초(鶴頂草)를 일제강점기에 저술된 『조선어사전』(1920)에서 오기한 것에서 비롯한 것이다. 이에 대한 보다 자세한 내용은 황선엽(2009b), p.230 이하 참조.

이/능정이풀/명개미/명아재/명아지/청여장(충북), 능재(함남), 늠재/능재이/능쟁이/돼지능쟁이/돼지
풀(함북), 는재/능재이(황해)

○ Chenopodium aristatum *Linné* ヒメアカザ
Aegi-myŏñgaju 애기명아주

바늘명아주⟨*Dysphania aristata* (L.) Mosyakin & Clemants(2002)⟩ [20]
바늘명아주라는 이름은 가지의 끝이 바늘처럼 변하고 명아주를 닮았다는 뜻에서 유래했다.[21] 『조
선식물향명집』에서는 '애기명아주'를 신칭해 기록했으나[22] 『조선식물명집』에서 '바늘명아주'로 기
록해 현재에 이르고 있다.

속명 *Dysphania*는 그리스어 *dys*(나쁜, 어려운)와 *phanos*(명백한, 현저한, 볼 수 있는)의 합성어로,
꽃이 작아 보기 힘들다는 뜻이며 양명아주속을 일컫는다. 종소명 *aristata*는 '까락이 있는'이라는
뜻으로 가지 끝이 가시처럼 변해서 붙여졌다.

다른이름 애기명아주(정태현 외, 1937), 가시명아주(박만규, 1974), 바늘능쟁이(김현삼 외, 1988)

중국/일본명 중국명 刺藜(ci li)는 가시가 있는 여(藜: 명아주속 또는 흰명아주의 중국명)라는 뜻이다. 일본
명 ヒメアカザ(姫藜)는 작은 명아주(アカザ)라는 뜻이다.

참고 [북한명] 바늘능쟁이

Chenopodium glaucum *Linné* ウラジロアカザ
Jwe-myŏñgaju 쥐명아주

쥐명아주(취명아주)⟨*Chenopodium glaucum* L.(1753)⟩
쥐명아주라는 이름은 『조선식물향명집』에 따른 것으로, 명아주와 닮았으나 식물체 전체가 명아
주보다 작은 형태를 쥐에 빗댄 데서 유래했다.[23] 『조선식물명집』에서도 '쥐명아주'로 기록했는데
『한국식물도감(하권 초본부)』에서 '취명아주'라는 이름을 최초로 기록했다. 그 후 저술된 『한국동
식물도감』에서 '쥐명아주'로 다시 변경했다. 이런 점에 비추어 '취명아주'는 '쥐명아주'의 오기로

---

20 '국가표준식물목록'(2018)은 바늘명아주의 학명을 *Chenopodium aristatum* L.(1753)로 기재하고 있으나, 『장진성 식물
목록』(2014), '세계식물목록'(2018) 및 '중국식물지'(2018)는 본문의 학명을 정명으로 기재하고 있다.

21 이러한 견해로 이우철(2005), p.253 참조.

22 이에 대해서는 『조선식물향명집』, 색인 p.43 참조.

23 김종원(2013), p.54의 잎의 앞뒷면에 회색과 분백색이 도는 것에서 쥐색을 연상해 붙여진 이름이라고 하고 있으나, 쥐명아
주의 잎은 녹색을 바탕으로 분백색이 나고 짙은 회색(쥐색)은 아니므로 그 타당성은 의문스럽다.

이해되지만,[24] '국가표준식물목록'은 '취명아주'를 채택하여 현재에 이르고 있다.

　　속명 *Chenopodium*은 그리스어 *chen*(거위)과 *podion*(작은 발)의 합성어로, 잎을 거위의 발에 비유한 것이며 명아주속을 일컫는다. 종소명 *glaucum*은 '분백색의, 청록색의'라는 뜻이다.

다른이름　취명아주(정태현, 1956), 쥐능쟁이(임록재 외, 1972), 분명아주(박만규, 1974), 잔능쟁이(김현삼 외, 1988)[25]

중국/일본명　중국명 灰綠藜(hui lu li)는 잎의 뒷면이 분백색(灰綠)인 여(藜: 명아주속 또는 흰명아주의 중국명)라는 뜻으로 학명과 연관되어 있다. 일본명 ウラジロアカザ(裏白藜)는 잎 뒷면이 흰색인 명아주(アカザ)라는 뜻이다.

참고　[북한명] 잔능쟁이

Kochia scoparia *Schrader*　ハハキギ　地膚子

Daebŝari　댑싸리(비싸리·공쟁이)

댑싸리〈*Bassia scoparia* (L.) A.J.Scott(1978)〉[26]

댑싸리라는 이름은 옛이름인 '대뿌리'에서 유래한 것으로 15세기 문헌에서부터 나타난다. '대뿌리'는 '대'와 '뿌리'가 결합한 것인데, '대'는 唐(당)을 훈독한 것으로 중국에서 전래되었다는 뜻이고 '뿌리'는 싸리(荊)를 뜻하는 것으로 줄기로 싸리비를 만들어 사용한 데서 유래했다.[27] 한편 '대'를 대나무(竹)로 해석하는 견해가 있으나,[28] 『향약구급방』, 『향약채취월령』 및 『향약집성방』에 기록된 '唐樒/唐樒伊'에서 '唐'은 훈독으로 이해되므로 타당하지 않아 보인다. 18세기 말에 저술된 『한청문감』은 '댑쓰리 뷔 野掃箒'라고 해서 댑싸리로 빗자루를 만들어 사용한 것을 기록했다. 대뿌리→댓뿌리→댑쓰리→댑싸리로 변화해 현재의 이름이 형성되었다.[29] 『임원경제지』 중 『인제지(仁齊志)』는 獨掃苗(독소묘)라는 이름을 등재하고 구황식물로 사용했음을 기록했다.

24　이러한 견해로 이우철(2005), p.520 참조.

25　『토명대조선만식물자휘』(1932)는 '[灰藋]회됴, [들능장이]'를 기록했다.

26　'국가표준식물목록'(2018)은 댑싸리의 학명을 *Kochia scoparia* (L.) Schrad. var. *scoparia*(1809)로 기재하고 있으나, 『장진성 식물목록』(2014)과 '세계식물목록'(2018)은 본문의 학명을 정명으로 기재하고 있다.

27　이러한 견해로 손병태(1996), p.55; 이덕봉(1963), p.9; 장충덕(2007), p.72 참조.

28　이러한 견해로 김민수(1997), p.246 참조.

29　이러한 견해로 손병태(1996), p.55 참조.

속명 *Bassia*는 이탈리아 식물학자 Ferdinando Bassi(1710~1774)의 이름에서 유래했으며 댑싸리속을 일컫는다. 종소명 *scoparia*는 '빗자루 모양의'라는 뜻이다.

다른이름 답싸리(정태현 외, 1936), 공쟁이/비싸리(정태현 외, 1937), 대싸리(임록재 외, 1972)

옛이름 地膚子/唐楄/唐楄伊(향약구급방, 1236),[30] 地膚子/唐楄(향약채취월령, 1431), 地膚子/唐楄/唐楄伊(향약집성방, 1433),[31] 대뿟리/地膚子(구급간이방언해, 1489), 地膚/댓뿟리(사성통해, 1517), 댓뿟리/荊條(훈몽자회, 1527), 地膚子/듸쓸이(언해구급방, 1608), 대뿟리/杻(시경언해, 1613), 地膚子/대뿟리(동의보감, 1613), 地膚草/대뿟리(방언집석, 1778), 댑쓰리/野掃帚(한청문감, 1779), 地膚子/대뿟리(제중신편, 1799), 地膚/댑슬이(물보, 1802), 딧쓰리/地膚草(몽유편, 1810), 地膚子/딥쓰리(물명고, 1824), 獨掃苗/地膚子(임원경제지, 1842), 地膚子/대뿟리(명물기략, 1870), 듸싸리(한불자전, 1880), 地膚子/듸싸리(방약합편, 1884), 地膚草/답싸리(국한회어, 1895), 地膚子/댑싸리씨(선한약물학, 1931), 답사리/답싸리(조선구전민요집, 1933)[32]

중국/일본명 중국명 地肤(di fu)는 씨앗이 흙 알갱이와 유사하다는 뜻에서 붙여진 것으로 보인다.[33] 일본명 ハハキギ(箒木)는 빗자루(帚)를 만드는 나무라는 뜻에서 붙여졌다.

참고 [북한명] 댑싸리 [유사어] 독소묘(獨掃苗), 소추채(掃帚菜), 지부(地膚), 지부초(地膚草) [지방명] 공쟁이/답사리/답싸리/대싸리(경기), 갱갱이/답싸리/뱁싸리/빗대/시사릿대(경남), 마당댑싸리/뱁싸리(경북), 비싸리(전남), 비초/사락쿨/쉽싸리/햅싸리/휩싸리(제주), 답싸리/대싸리/싸리(충남), 답싸리(충북), 답싸리(평남), 비싸리(함남), 답싸리/일본답싸리(함북), 공쟁이(황해)

Salicornia herbacea *Linné* アツケシサウ
Tungtungmadi 통통마디

통통마디〈*Salicornia europaea* L.(1753)〉

통통마디라는 이름은 『조선식물향명집』에 따른 것으로, 잎이 퇴화하고 줄기의 마디에 물을 저장하는 조직이 발달해 통통한 모양을 이루는 데서 유래했다.[34] 지역 방언에 '통통이' 및 '통통나물'

---

30 『향약구급방』(1236)의 차자(借字) '唐楄/唐楄伊'(당추/당추이)에 대해 남풍현(1981), p.176과 손병태(1996), p.55는 '대뿟리'의 표기로 보고 있으며, 이덕봉(1963), p.9는 '댓싸리'의 표기로 보고 있다.

31 『향약집성방』(1433)의 차자(借字) '唐楄'(당추)에 대해 남풍현(1999), p.176은 '대뿟리'의 표기로 보고 있다.

32 『제주도및완도식물조사보고서』(1914)는 'シェプサリ, サルッタル'[쉽싸리, 사룩쿨]을 기록했으며 『조선한방약료식물조사서』(1917)는 '데밧리(東醫), 地膚子'를, 『조선의 구황식물』(1919)은 '딥싸리'를, 『조선어사전』(1920)은 '대싸리, 地膚(듸부), 落箒子(락최즈), 地膚子(듸부즈), 千頭子(쳔두즈), 荓'을, 『조선식물명휘』(1922)는 '地膚, 掃帚草, 딥쓰리(救)'를, 『토명대조선만식물자휘』(1932)는 '[箒(帚)草]츄초, [地膚草]듸부초, [대싸리], [地膚子]듸부즈, [落箒子]락(녹)최즈, [千頭子]쳔두즈'를, 『선명대화명지부』(1934)는 '댑싸리'를 기록했다.

33 중국의 이시진은 『본초강목』(1596)에서 "地膚 因其子形似也"(지부는 그 씨앗의 형태가 유사한 것에서 기인한다)라고 했다.

34 이러한 견해로 이우철(2005), p.569 참조.

이 있는 것에 비추어 실제 사용하는 방언을 채록한 이름으로 이해된다.

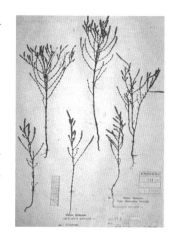

속명 *Salicornia*는 라틴어 *sal*(소금)과 *cornu*(뿔)의 합성어로, 해안에서 자라는 뿔 모양의 식물이라는 뜻이며 퉁퉁마디속을 일컫는다. 종소명 *europaea*는 '유럽의'라는 뜻이다.

중국/일본명 중국명 盐角草(yan jiao cao)는 속명(*Salicornia*)에서 유래한 것으로 소금기가 있는 해안가에 자라고 줄기가 뿔 모양인 식물이라는 뜻이다. 일본명 アツケシサウ(厚岸草)는 최초 발견지가 홋카이도 앗케시(厚岸)인 것에서 유래했다.

참고 [북한명] 퉁퉁마디 [지방명] 퉁퉁이/함초(경기), 함초(전남), 퉁퉁나물/함초(전북)

○ Salsola collina *Pallas*   ヲカマツナ
Soljangdari   솔장나디

솔장다리⟨*Salsola collina* Pall.(1803)⟩

솔장다리라는 이름은 '솔'과 '장다리'의 합성어다. '솔'은 잎이 소나무처럼 뾰족한 것을, '장다리'는 무, 배추 따위의 꽃줄기를 뜻하는데[35] 잎과 줄기가 다육성으로 배추 등의 꽃줄기를 닮은 것에서 유래한 이름으로 추정한다. 『조선식물향명집』에서 한글명이 처음으로 발견되는데 색인에서 신칭한 이름으로 기록하지 않은 점에 비추어 방언을 채록한 것으로 추정한다.

속명 *Salsola*는 라틴이 *salsus*(짠)에서 유래한 것으로, 해안에서 생육하는 종들이 많은 수송나물속을 일컫는다. 종소명 *collina*는 '언덕에 사는'이라는 뜻이다.

중국/일본명 중국명 猪毛菜(zhu mao cai)는 돼지의 털을 닮은 채소라는 뜻이다. 일본명 ヲカマツナ(丘松葉)는 언덕에서 자라고 소나무 잎을 닮은 식물이라는 뜻이다.

참고 [북한명] 솔장다리 [지방명] 꽃장다리(충남)

---

35 이에 대해서는 국립국어원, '표준국어대사전' 중 '장다리' 참조.

Spinacia oleracea *Linné*　ホウレンサウ　(栽)
Sigŭmchi　시금치

시금치〈*Spinacia oleracea* L.(1753)〉

시금치라는 이름은 붉은 뿌리를 가진 채소라는 뜻의 한자어 적근채(赤根菜)가 어원으로, 赤에 대한 중세 한어(漢語) 발음과 根과 菜에 대한 중세 국어 한자음 '근'과 '치'가 결합해 '시근치'로 차용한 데서 유래했다. 즉, 시근치→시근취→시금치로 변화해 형성되었다.[36]

속명 *Spinacia*는 라틴어 *spina*(가시)에서 유래한 말로, 열매를 둘러싼 포에 2개의 가시가 있는 시금치속을 일컫는다. 종소명 *oleracea*는 '식용 채소의, 밭에서 재배하는'이라는 뜻이다.

다른이름 시금취(정태현 외, 1936), 싱금치(박만규, 1949), 시금추(안학수 외, 1982)

옛이름 시근치/赤根(번역노걸대, 1517), 菠薐/시근치/赤根菜(훈몽자회, 1527), 菠薐/시근치(동의보감, 1613), 시근치(노걸대언해, 1670), 赤根菜/시근치(역어유해, 1690), 시근치(박통사신석언해, 1765), 菠/시근치(방언집석, 1778), 시근취/赤根菜(물보, 1802), 菠薐/蒔根翠(백운필, 1803), 菠薐/시근치(광재물보, 19세기 초), 菠薐/시근치(물명고, 1824), 菠/시근치(자류주석, 1856), 菠薐(파능)/시근치(명물기략, 1870), 싀근치/酸菜(한불자전, 1880), 시금채/菠薐(자전석요, 1909), 시금취/시금초(조선구전민요집, 1933), 시금치/시금채/시근치(조선어표준말모음, 1936)[37]

중국/일본명 중국명 菠菜(bo cai)는 당 태종이 페르시아(菠薐/波斯國)로부터 이 식물을 헌사받은 데서 유래했다. 일본명 ホウレンサウ(菠薐草)는 페르시아(菠 또는 菠薐)에서 전래된 채소라는 뜻에서 붙여졌다.

참고 [북한명] 시금치 [유사어] 마아초(馬牙草), 적근채(赤根菜), 파릉채(菠薐菜) [지방명] 시앙/씨금치(강원), 시굼추/시금채/시금추(경남), 시금채/호렌채(경북), 시금초/시금추(전남), 시금초(전북), 시금초(제주), 시금티(평남), 시금채(함남), 시굼치(함북), 스금치/시근치(황해)

36　이러한 견해로 김무림(2015), p.559; 이우철(2005), p.364; 장충덕(2007), p.60; 안옥규(1989), p.270; 한진건(1990), p.159 참조. 장충덕은 『한불자전』(1880)에서 맛이 시다는 의미의 한자명 酸菜(산채)를 대응시킨 것은 '싀근치'의 '싀근'이 뿌리가 붉다는 의미의 중국어 赤根(적근)에서 왔다는 것을 인식하지 못한 결과라고 한다.

37　『조선어사전』(1920)은 '시금치, 菠陵菜(파릉치), 赤根菜(적근치)'를 기록했으며 『조선식물명휘』(1922)는 '菠薐, 頗薐, 시금취, 근데(食)'를, 『토명대조선만식물자휘』(1932)는 '[菠薐菜]파릉치, [赤根菜]적근치, [시금치]'를, 『선명대화명지부』(1934)는 '근대, 근데, 시금치'를 기록했다.

Suaeda japonica *Makino*　シチメンサウ
Chilmyŏncho　칠면초

칠면초〈*Suaeda maritima* (L.) Dumort. subsp. *salsa* (L.) Soó(1951)〉[38]

칠면초라는 이름은 『조선식물향명집』에 따른 것으로, 한자어 칠면초(七面草)에서 유래했다. 녹색에서 붉은색으로 변하는 모습이 마치 칠면조의 색이 변하는 것과 같다는 뜻에서 붙여진 이름이다.[39] 『임원경제지』 등은 소금기가 있는 갯벌에서 자라는 쑥이라는 뜻의 '鹽蓬'(염봉)을 기록했으나 국명으로 이어지지는 않았다.

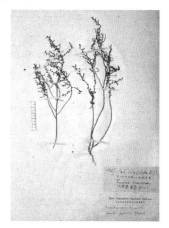

속명 *Suaeda*는 *S. baccata* 또는 *S. aegyptiaca*의 아랍명이며 'salty'(짭짤한, 소금기가 있는)란 뜻의 *sauda, suda, suivada, suwed* 등이 어원이다. 바닷가에서 자라는 이 속의 특성을 나타내며 나문재속을 일컫는다. 종소명 *maritima*는 '바다의, 해안의'라는 뜻이며 주로 바닷가에서 자라는 데서 유래했다. 아종명 *salsa*는 '소금의, 소금기가 있는'이라는 뜻이다.

다른이름　해홍나물(정태현, 1965), 좁은해홍나물(Chang et al., 2014)

옛이름　鹽蓬(여유당전서, 19세기 초), 鹽蓬(임원경제지, 1842)

중국/일본명　중국명 盐地碱蓬(yan di jian peng)은 염지에서 자라는 감봉(鹹蓬: 나문재)이라는 뜻이다. 일본명 シチメンサウ(七面草)는 칠면조를 닮은 식물이라는 뜻이다.

참고　[북한명] 칠면초 [유사어] 염봉(鹽蓬) [지방명] 행자(전남)

Suaeda maritima *Dumorthier*　ハママツナ
Haehongnamul　해홍나물

해홍나물〈*Suaeda maritima* (L.) Dumort.(1827)〉

해홍나물이라는 이름은 한자어 해홍채(海紅菜)에서 유래한 것으로, 갯벌을 붉게 물들이는 나물이라는 뜻이다.[40] 17세기에 저술된 『월사집』은 "採海紅菜爲夕飯"(해홍나물을 뜯어서 저녁을 차렸다)이

38　'국가표준식물목록'(2018)은 칠면초의 학명을 *Suaeda japonica* Makino(1894)로 기재하고 있으나, 『장진성 식물목록』(2014)과 '세계식물목록'(2018)은 본문의 학명을 정명으로 기재하고 있다.

39　이러한 견해로 이우철(2005), p.522 참조.

40　이러한 견해로 위의 책, p.589 참조.

라고 기록했고, 18세기 『조선왕조실록』의 영조 편에는 "南陽 御史 進民人所食海紅菜"(남양 어사가 백성들이 먹는 해홍채를 바쳤다)라고 기록했다. 이에 비추어 예부터 즐겨 식용했음을 알 수 있다.

속명 *Suaeda*는 *S. baccata* 또는 *S. aegyptiaca*의 아랍명이며 'salty'(짭짤한, 소금기가 있는)란 뜻의 *sauda, suda, suivada, suwed* 등이 어원이다. 바닷가에서 자라는 이 속의 특성을 나타내며 나문재속을 일컫는다. 종소명 *maritima*는 '바다의, 해안의'라는 뜻이며 주로 바닷가에서 자라는 데서 유래했다.

다른이름 남은재나물(박만규, 1949), 갯나문재(정태현, 1956), 가는잎해홍나물/가는나문재나물(임록재 외, 1972), 방석나물(정영재, 1992), 갯해홍나물(리용재 외, 2011)

옛이름 海紅菜(월사집, 1636), 海紅菜(조선왕조실록, 1762), 海紅菜(만기요람, 1808), 海紅菜/히홍이(물명고, 1824), 海紅菜(승정원일기, 1882)[41]

중국/일본명 중국에서 해홍나물의 분포는 확인되지 않는 것으로 보인다. 일본명 ハママツナ(浜松菜)는 해변에서 자라는 소나무를 닮은 나물이라는 뜻이다.

참고 [북한명] 갯해홍나물/해홍나물[42] [유사어] 갯나문재, 해홍채(海紅菜)

---

41 『조선의 구황식물』(1919)은 '나문제(水原), 독수리(水原)'를 기록했으며 『조선식물명휘』(1922)는 '海紅菜, 나문재(救)'를, 『선명대화명지부』(1934)는 '나문재'를 기록했다.

42 북한에서는 *S. maritima*를 '갯해홍나물'로, *S. heteroptera*를 '해홍나물'로 하여 별도 분류하고 있다. 이에 대해서는 리용재 외(2011), p.344 참조.

Amaranthaceae 비름科 (莧科)

비름과〈Amaranthaceae Juss.(1789)〉

비름과는 국내에 자생하는 비름에서 유래한 과명이다. '국가표준식물목록'(2018), 『장진성 식물목록』 (2014) 및 '세계식물목록'(2018)은 Amaranthus(비름속)에서 유래한 Amaranthaceae를 과명으로 기재하고 있으며, 엥글러(Engler), 크론키스트(Cronquist) 및 APG IV(2016) 분류 체계도 이와 같다. APG IV(2016) 분류 체계는 일반적으로 별도의 과로 분류하는 Chenopodiaceae(명아주과)를 포함시켜 이 과를 보다 광범위하게 정의한다.

Achyranthes japonica *Nakai* ヰノコツチ 牛膝
Soemurûb 쇠무릅(우슬)

쇠무릎〈*Achyranthes bidentata* Blume var. *japonica* Miq.(1866)〉[1]

쇠무릎이라는 이름은 『향약구급방』에 기록된 牛膝草(쇠무릎풀/쇠무릅풀)에서 유래한 것으로, 마디에 저수조직(貯水組織)이 발달해 부풀어 오른 모양을 소의 무릎에 비유한 것이다.[2] 한자명 우슬(牛膝)도 같은 의미이므로[3] 쇠무릎은 한자명을 번역 차용한 것이다. 한자명 대절채(對節菜) 역시 마디가 서로 마주 보고 있는 식용 식물이라는 뜻으로 우슬과 뜻이 통하는 이름이다. 『조선식물향명집』은 '쇠무릅'으로 기록했는데 『조선식물명집』에서 표기법에 맞추어 개칭해 현재에 이르고 있다.

속명 *Achyranthes*는 그리스어 *achyron*(왕겨)과 *anthos* (꽃)의 합성어로, 연한 녹색의 꽃이 쌀겨같이 보이는 것에서 유래했으며 쇠무릎속을 일컫는다. 종소명 *bidentata*는 '2개의 톱니가 있는'이라는 뜻이고, 변종명 *japonica*는 '일본의'라는 뜻이다.

다른이름 쇠물팍(정태현 외, 1936), 쇠무릅/우슬(정태현 외, 1937), 쇠무릅풀(김현삼 외, 1988), 쇄무릅풀

---

1 '국가표준식물목록'(2018)은 쇠무릎의 학명을 *Achyranthes japonica* (Miq.) Nakai(1920)로 기재하고 있으나, 『장진성 식물목록』(2014)과 '중국식물지'(2018)는 본문의 학명을 정명으로 기재하고 있으며 '세계식물목록'(2018)은 *Achyranthes bidentata* Blume(1826)를 정명으로 기재하고 있다. 분류학적으로 옛이름에서 牛膝(우슬)은 전국 각지에 분포하는 털쇠무릎(*Achyranthes fauriei*)을 지칭했을 개연성이 있다.

2 이러한 견해로 이우철(2005), p.355; 남풍현(1981), p.103; 손병태(1996), p.51; 이덕봉(1963), p.4; 김경희 외(2014), p.29 참조.

3 중국의 이시진은 『본초강목』(1596)에서 도굉경(陶宏景, 452~536)의 글을 인용해 "其莖有節似牛膝 故以爲名"(그 줄기에 마디가 있어 소의 무릎과 유사하기 때문에 그러한 이름이 되었다)이라고 했다.

(이우철, 1996b), 쇠무릎풀(임록재 외, 1996)

옛이름 牛膝/牛膝草(향약구급방, 1236),[4] 牛膝/牛無樓邑(향약집성방, 1433),[5] 牛膝/울실(구급방언해, 1466), 牛膝/쇠무릅픐 불휘(구급간이방언해, 1489), 牛膝/牛無邑/쇠무릅(촌가구급방, 1538), 牛膝/쇠물흡 풀(언해구급방, 1608), 牛膝/쇠무룹디기(동의보감, 1613), 쇠무룹디기/牛膝(제중신편, 1799), 牛膝/쇠무룹 (광재물보, 19세기 초), 牛膝/쇠무릅(물명고, 1824), 쇠무룹디기/牛膝(의종손익, 1868), 쇼무룹/우슬/牛膝 (한불자전, 1880), 牛膝/쇠무릅디기(방약합편, 1884), 牛膝/쇠무룹디기(선한약물학, 1931)[6]

중국/일본명 중국명 少毛牛膝(shao mao niu xi)는 털이 상대적으로 적은 우슬(牛膝: 쇠무릎 종류)이라 는 뜻이다. 털이 많은 종을 '털쇠무릎'이라 하고 털이 상대적으로 적은 종을 '쇠무릎'이라 하는 현 재 한국의 추천명과 차이가 있다. 일본명 ヰノコヅチ(猪子槌)는 돼지의 툭 튀어나온 머리(짱구)처럼 생긴 풀이라는 뜻으로 줄기의 모양을 나타내는 이름이다.

참고 [북한명] 쇠무릎풀 [유사어] 대절채(對節菜), 마청초(馬靑草), 백배(百倍), 산현채(山莧菜) [지방 명] 우스리/우슬(강원), 마독풀/신경초/오시뿌리/옹두리풀/우스리/우슬/우슬뿌리/우슬초/은실(경기), 도꼬마리/마는꼴/마늘종/말짱깽이/말짱아리/말쪼가리/말쪼까리/물쪼가리/물쫑아리/쇠무팍/쇠물 팍/우스리/우슬/우슬뿌르구/우실/우쪼아리(경남), 말짱깽이/말쫑아리/우수리/우슬/우슬뿌리/우슬 초/우시리/우쭈아리/우찌하리(경북), 도둑놈풀/동낭치나물/동낭치풀/몰장갱이/세물팍/쇠물팍/옻도 둑/우술/우슬/우슬나무/우슬뿌랭이/우슬뿌렝이/우슬뿌리/우슬초/우시리/우실/지개까지/지게까시/ 지게까지/지게뿌리/지게싸시/지겟다리/지께뿌리/지끼깨비(전남), 도둑놈가시/도둑놈풀/물팍뿌렝이/ 쇠무릎팍/쇠물파/쇠물팍/우수리/우슬/우슬뿌렝이/우실/지게다리풀/지겟다리(전북), 마실/믈마작쿨/ 믈ㅁ작풀/멀마쿨/몰마자클/몰모작쿨/몰모작풀/몰아자클/무슬/물모작풀/우슬/우슬초/우실(제주), 무릎팍나물/무릎팍뿌랭이/무릎풀나무/세밀팍/쇠무륵이/쇠물팍/우슬/우슬나무/우슬뿌랭이(충남), 백리/쇠무륵이/우슬/으슬(충북)

---

4 『향약구급방』(1236)의 차자(借字) '牛膝草'(우슬초)에 대해 남풍현(1981), p.103은 '쇼무릎풀'의 표기로 보고 있으며, 손병태 (1996), p.51은 '쇼무릅풀'의 표기로, 이덕봉(1963), p.4는 '쇠무릎풀'의 표기로 보고 있다.

5 『향약집성방』(1433)의 차자(借字) '牛無樓邑'(우무루읍)에 대해 손병태(1996), p.51은 '쇼무릅'의 표기로 보고 있으며, 이덕봉 (1963), p.4는 '쇠무릅'의 표기로 보고 있다.

6 『제주도및완도식물조사보고서』(1914)는 'マルマヂャップル'[믈모작풀]을 기록했으며 『조선한방약료식물조사서』(1917) 는 '쇠무릅자기, 牛膝'을, 『조선어사전』(1920)은 '쇠무릅지기, 牛膝(우슬), 對節菜(듸졀치), 山莧菜(산현치), 百倍(빅비)'를, 『조선 식물명휘』(1922)는 '牛膝, 芋藤, 馬靑草, 쇠무릅, 우슬(救)'을, 『토명대조선만식물자휘』(1932)는 '[牛膝]우슬, [山莧菜]산현치, [對節菜]듸절치, [百倍]빅비, [쇠무릅지기]'를, 『선명대화명지부』(1934)는 '쇠루(무)릅, 우실'을 기록했다.

Amarantus gangeticus *Linné*   ハゲイトウ   (栽)
Saegbirùm   색비름

색비름〈*Amaranthus tricolor* L.(1753)〉[7]

색비름이라는 이름은 비름을 닮았으나 잎이 가을에 붉게 물들므로 색(色)이 있다는 뜻에서 유래했다. 한편 세 가지 색깔이 나는 비름을 닮은 식물이라는 뜻으로 학명에서 유래한 것이라는 견해가 있다.[8] 그러나 『조선식물향명집』을 저술할 당시에는 'tricolor'라는 학명을 사용하지 않았고, 이전에는 雁來紅(안리홍)이라 불리던 재배식물이었는데 19세기에 저술된 『광재물보』는 "其葉九月鮮紅 望之如花 古又曰老少年"(그 잎은 9월에 선홍이 되어 꽃처럼 바라보므로 노소년이라고도 한다)이라고 했다. 또한 『자류주석』은 '붉은비름'이라는 한글명을 기록했다. 이러한 점에 비추어, 잎이 붉어지는 것을 '색'(色)으로 표현한 것으로 보인다.

속명 *Amaranthus*는 그리스어 *amaramthos*(바래지 않는)에서 유래해 꽃받침과 작은포가 말라도 색이 변하지 않는 것을 나타내며 비름속을 일컫는다. 종소명 *tricolor*는 '삼색의'라는 뜻이다.

다른이름 삼색비름(정태현 외, 1937), 삼색맨드라미/색맨드라미/색잎맨드리미(인휙수·이춘녕, 1963), 새비름(리종오, 1964), 잎맨드라미(임록재 외, 1972), 비름(한진건 외, 1982)

옛이름 赤莧(동의보감, 1613), 雁來紅(해유록, 1719), 雁來紅/老少年(광재물보, 19세기 초), 雁來紅/赤莧(물명고, 1824), 雁來紅(임원경제지, 1842), 雁來紅(낙하생집, 19세기 초), 雁來紅/唐莧(오주연문장전산고, 185?), 붉은비름/赤莧(자류주석, 1856), 鴈來紅(안리홍)/老少年(명물기략, 1870)[9]

중국/일본명 중국명 莧(xian)은 비름을 나타내기 위해 고안된 한자로 艸(초: 풀)와 見(현: 보이다)이 합쳐진 글자이며, 눈병에 효과가 있는 식물이라는 뜻에서 유래했다. 일본명 ハゲイトウ(葉鷄頭)는 잎이 아름다운 맨드라미(ケイトウ)라는 뜻이다.

참고 [북한명] 색비름 [유사어] 노소년(老少年), 당비름(唐−), 안래홍(雁來紅)

---

7 '국가표준식물목록'(2018), 『장진성 식물목록』(2014), '세계식물목록'(2018) 및 '중국식물지'(2018)는 *Amaranthus gangeticus* L.을 *Amaranthus tricolor* L.에 통합해 이명(synonym)으로 처리하고 있다.

8 이러한 견해로 이우철(2005), p.326과 한태호 외(2006), p.128 참조.

9 『조선어사전』(1920)은 '당ㅅ비름, 雁來紅(안리홍), 十樣錦(십양금), 老少年(로쇼년)'을 기록했으며 『조선식물명휘』(1922)는 '雁來紅, 十樣錦(觀賞)'을, 『토명대조선만식물자휘』(1932)는 '[雁來紅]안리홍, [十樣錦]십양금, [老少年]로쇼년, [당(ㅅ)비름]'을 기록했다.

Amarantus tricolor *Linné* サンシキケイトウ (栽)
Samsaeg-birúm 삼색비름

색비름⟨*Amaranthus tricolor* L.(1753)⟩

'국가표준식물목록'(2018), 이우철(2005) 및 『장진성 식물목록』(2014)은 삼색비름을 색비름에 통합하고 있으므로 이 책도 이에 따른다.

Celosia argentea *Linné* ノゲイトウ
Gae-maendúraemi 개맨드래미

개맨드래미⟨*Celosia argentea* L.(1753)⟩[10]

개맨드래미라는 이름은 맨드라미와 유사하지만 야생종으로 차이가 있다는 데서 유래했다.[11] 『향약채취월령』과 『향약집성방』의 차자(借字) '白蔓月阿比'(백만월아비) 및 『구급간이방언해』의 '힌만드라미'는 꽃의 색깔에 비추어 개맨드래미의 옛이름으로 보인다.[12] 『조선식물향명집』은 '개맨드래미'로 기록했으나 『조선식물명집』에서 표기법에 맞추어 개칭해 현재에 이르고 있다.

속명 *Celosia*는 그리스어 *keleos*(불태우다)가 어원으로 불타는 듯한 꽃 모양에서 유래했으며 맨드라미속을 일컫는다. 종소명 *argentea*는 '은백색의'라는 뜻으로 꽃의 색깔에서 유래했다.

다른이름 개맨드래미(정태현 외, 1937), 개맨도램이(박만규, 1949), 들맨드라미(안학수·이춘녕, 1963), 들맨드래미(임록재 외, 1972), 야개관화/청상자(한진건 외, 1982)

옛이름 靑箱子/白蔓月阿比(향약채취월령, 1431), 靑箱子/白蔓月阿比(향약집성방, 1433),[13] 鷄冠/힌만드라미(구급간이방언해, 1489), 靑箱子/만드라미삐(동의보감, 1613), 靑箱/망초/野鷄冠/草蒿(광재물보, 19세기 초), 靑箱/崑崙草(물명고, 1824), 鷄冠草(임원경제지, 1842), 靑箱子/맨다라미씨(선한약물약, 1931)[14]

중국/일본명 중국명 靑箱(qing xiang)은 푸른색이 나는 상(箱: 개맨드라미) 종류라는 뜻인데 그 정확한

---

10 '국가표준식물목록'(2018)은 개맨드라미의 학명을 *Celosia argentea* L.로, 맨드라미의 학명을 *Celosia argentea* var. *cristata*로 분리해 기재하고 있으나, 『장진성 식물목록』(2014)과 '세계식물목록'(2018)은 *Celosia argentea*(맨드라미)에 통합하고 있으므로 주의가 필요하다. 한편 '중국식물지'(2018)는 *Celosia cristata*를 鷄冠花(ji guan hua)로, *Celosia argentea*를 靑箱(qing xiang)으로 별도 기재하고 있다.

11 이러한 견해로 이우철(2005), p.48 참조.

12 유희의 『물명고』(1824)는 '靑箱'(청상)에 대해 "鷄冠之野生者 花赤有黃白色"(맨드라미의 야생종이다. 꽃은 황백색도 있다)이라고 기록했다.

13 『향약집성방』(1433)의 차자(借字) '白蔓月阿比'(백만월아비)에 대해 남풍현(1999), p.177과 손병태(1996), p.60은 '힌만둘아비'의 표기로 보고 있다.

14 『제주도및완도식물조사보고서』(1914)는 'ケマンッレミ'[개맨드라미]를 기록했으며 『조선식물명휘』(1922)는 '靑箱, 野鷄冠'을, 『토명대조선만식물자휘』(1932)는 '[野鷄頭]야게두, [강남초], [靑箱子]청상ㅈ'를 기록했다.

유래는 알려져 있지 않다.[15] 일본명 ノゲイトウ(野鶏頭)는 들에서 자라는 맨드라미(ケイトウ)라는 뜻이다.

참고 [북한명] 들맨드라미 [유사어] 야계관(野鷄冠), 청상(靑葙) [지방명] 만도라기/만도레기/만두레기(제주)

Celosia cristata *Linné*　ケイトウ　(栽)
Maendúraemi　맨드래미

맨드라미〈*Celosia argentea* var. *cristata* (L.) Kuntze(1891)〉[16]

맨드라미는 중국 남부와 인도 등이 원산으로 한반도에 전래되어 재배하는 식물이고, 이규보의 『동국이상국집』에서 '曼多羅'(만다라)를 언급하며 절에 심기를 좋아한다며 불교와 연관 있음을 기술한 바 있다.[17] 이에 비추어, 맨드라미라는 이름은 하늘의 꽃이라는 뜻을 가진 벚어 만다라하(曼陀羅花)에서 유래한 것으로 보인다.[18] 이 밖에 '면두' 또는 '멘두'('닭 벗'을 뜻하는 방언)와 '아미'(접미사)의 결합형으로 '닭의 벗'이라는 뜻에서 유래한 鷄冠花(계관화)에서 어원을 구하는 견해와[19] 꽃의 맨들맨들한('매끌매끌한'의 방언) 모양 때문에 붙여진 이름이라는 견해[20]가 있다. 그러나 최초 한글 표기는 『구급간이방언해』의 '만ᄃ라미'이므로 면두(멘두) 또는 맨들과는 관련이 없다. 『조선식물향명집』은 '맨드래미'로 기록했으나 『조선식물명집』에서 표기법에 맞추어 개칭해 현재에 이르고 있다.

속명 *Celosia*는 그리스어 *keleos*(불태우나)가 어원으로 불타는 듯한 꽃 모양에서 유래했으며 맨드라미속을 일컫는다. 종소명 *argentea*는 '은백색의'라는 뜻으로 꽃의 색깔에서 유래했으며, 변종명 *cristata*는 '닭 벗 모양의'라는 뜻이다.

15　중국의 이시진은 『본초강목』(1596)에서 "靑葙名義未詳"(청상은 이름의 유래가 알려져 있지 않다)이라고 했다.

16　'국가표준식물목록'(2018)은 맨드라미의 학명을 *Celosia argentea* var. *cristata*로만 기재해 명명자 없는 학명이기 때문에 이 책은 이와 가장 유사한 본문의 학명을 기재했다. 한편 『장진성 식물목록』(2014)과 '세계식물목록'(2018)은 본문의 학명을 *Celosia argentea* L.(1753)의 이명(synonym)으로 처리하고 있으므로 주의가 필요하다.

17　『동국이상국집』(1241)은 "世言此是曼多羅 所以喜栽僧院地"(세상에서 말하기를 이것이 곧 만다라다. 이 때문에 절에다 심기를 좋아한다)라고 기록했다.

18　이러한 견해로 손병태(1996), p.164와 장충덕(2007), p.134 참조.

19　이우철(2005), p.218도 한자명 鷄冠(계관)에서 유래를 구하고 있는 점에서 이러한 견해로 보인다.

20　이러한 견해로 한태호 외(2006), p.102 참조. '만든 것같이 아름답다'는 의미라고도 한다.

다른이름 맨도람이(정태현 외, 1936), 맨드래미(정태현 외, 1937), 단기맨드래미(한진건 외, 1982)

옛이름 鷄冠/鷄矣碧叱(향약구급방, 1236),[21] 蔓多羅/鷄頭(동국이상국집, 1241), 靑箱子/白蔓月阿比(향약채취월령, 1431), 靑箱子/白蔓月阿比(향약집성방, 1433),[22] 鷄冠花子/만드라미삐(구급간이방언해, 1489), 鷄冠/蔓月阿彌(촌가구급방, 1538), 靑箱子/만두라미삐/鷄冠花/만두라미곳(동의보감, 1613), 만도람이(박통사언해, 1677), 鷄冠花/만도라미(역어유해, 1690), 鷄冠花/만도라미(산림경제, 1715), 鷄冠花/만도라미(동문유해, 1748), 鷄冠花/만도람이(몽어유해, 1768), 鷄冠花/만도람이(방언집석, 1778), 鷄冠/민도람이(광재물보, 19세기 초), 민도라미/鷄冠花(몽유편, 1810), 鷄冠花/민도람이(물명고, 1824), 靑箱子/민두라미삐(의종손익, 1868), 靑箱子(청상ᄌᆞ)/만도라미/鷄冠花(계관화)(명물기략, 1870), 鷄冠花/민드람이(한불자전, 1880), 민드람이/鷄冠花(한영자전, 1890), 鷄冠花(선한약물약, 1931), 맨드라미/맨도라미/맨두라미(조선어표준말모음, 1936)[23]

중국/일본명 중국명 鸡冠花(ji guan hua)는 꽃차례의 모양이 닭 볏(冠)처럼 생겼다는 뜻에서 유래했다. 일본명 ケイトウ(鷄頭)는 꽃차례의 모양이 닭의 머리를 닮았다는 뜻에서 붙여졌다.

참고 [북한명] 맨드래미 [유사어] 계관초(鷄冠草), 계관화(鷄冠花), 계두화(鷄頭花), 천목동자(遷目銅字), 청상자(靑箱子), 초결명(草決明), 초호(草蒿) [지방명] 만두래미/맨드래미/민드라미/베실꽃(강원), 맨두래미/맨도래미/멩두라(경기), 달구씩개비/맨두래미/맨드라미꽃/맨드래미/문주라니/민드라미/민드라치/민드래미(경남), 기지꽃/닥비슬/달구배풀/달구베슬/달구베슬꽃/달구벼슬/달구벼실/달구비슬/닭비슬/만도래미/맨드라미꽃/맨드램/맨드레/맨드리미/민드라미/민드라지/민드라치/민들래미/발구비실/베시/비슬/비실(경북), 갠드라미/만드라미/맨드래미/맨들래미/민드라미/민드래미/민드러미/빼드래미(전남), 맨드래미/민드라미/민드래미/빼드래미(전북), 갈레곰보/득고달/만도라기/만도레기/만두레기꽃(제주), 맨두래미/맨드래미/맨드리/맨들레(충남), 맨두래미/맨드래미/맨들레/민드라미(충북), 변두(평안), 닥베실꽃/닭의벳/만다래미/베슷/벳꽃(함남), 벳꽃(함북)

---

21 『향약구급방』(1236) 차자(借字) '鷄矣碧叱'(계의벽질)에 대해 남풍현(1981), p.34는 '닭의볏'의 표기로 보고 있으며, 손병태(1996), p.59는 '닭의벽슬'의 표기로, 이덕봉(1963), p.44는 '닭의볏'의 표기로 보고 있다. 이와 관련해 손병태(1996), p.59와 장충덕(2007), p.134는 『향약구급방』에 기록된 '鷄冠/鷄矣碧叱'을 식물 맨드라미로 보고 있으나, 『향약구급방』의 '鷄冠'은 다른 부분과 종합적으로 보면 '鷄冠血'(닭의 볏에서 추출한 피)을 약재로 사용한 것과 관련이 있어 식물명으로 보기는 어렵다. 이러한 견해로 이덕봉(1963), p.44 참조.

22 『향약집성방』(1433)의 차자(借字) '白蔓月阿比'(백만월아비)에 대해 남풍현(1999), p.177과 손병태(1996), p.60은 '힌만들아비'의 표기로 보고 있다.

23 『조선한방약료식물조사서』(1917)는 '민드라미, 靑箱子'를 기록했으며 『조선어사전』(1920)은 '鷄冠花(계관화), 만도람이'를, 『조선식물명휘』(1922)는 '鷄冠, 靑箱子, 맨드램이꽃(觀賞)'을, Crane(1931)은 '계관화, 鷄冠花(맨드람이)'를, 『토명대조선만식물자휘』(1932)는 '[鷄頭花]계두화, [鷄冠花]계관화, [唐粟]당(ㅅ)속, [만도람이]'를, 『선명대화명지부』(1934)는 '맨드램이꽃'을 기록했다.

Euxolus viridis *Moquin*   イヌビユ
Birùm   비름

비름 〈*Amaranthus mangostanus* L.(1755)〉[24]

비름은 15세기부터 그 표현이 발견되고 나물로 식용했다.[25] 양념하기 전에는 비린 맛이 나고, 비리다는 뜻의 옛 표현도 '비리다'(월인석보, 1459)이므로 비름이라는 이름은 비린내 나는 풀이라는 뜻에서 유래했다고 추정할 수 있다.[26] 지역 방언에 '비린잎'이라는 형태가 나타나는 것은 이러한 추정을 뒷받침한다.

속명 *Amaranthus*는 그리스어 *amaramthos*(바래지 않는)에서 유래해 꽃받침과 작은포가 말라도 색이 변하지 않는 것을 나타내며 비름속을 일컫는다. 종소명 *mangostanus*는 말레이시아의 Mangustan(영어명 Mangosteen) 지역에 분포한다는 뜻에서 유래했다.

다른이름　비름/비름이/쇠비름(정태현 외, 1936), 개비름(박만규, 1949), 참비름(안학수·이춘녕, 1963)

옛이름　莧實/非廩子(향약집성방, 1433),[27] 비름/莧(분류두공부시언해, 1481), 비름/莧(훈몽자회, 1527), 莧實/비름삐(동이보간, 1613), 莧菜/비름(여어유해, 1690), 莧菜/비름(방언집석, 1778), 莧菜/비름(한청문감, 1779), 莧/비름(왜어유해, 1782), 莧/비름/芒荇(물보, 1802), 비름(규합총서, 1809), 莧/비름(물명고, 1824), 비름/五行草(박물신서, 19세기), 莧/현/비름(명물기략, 1870), 비름/莧莧(한불자전, 1880), 莧/비름(아학편, 1908)[28]

중국/일본명　중국명 莧(xian)은 비름을 나타내기 위해 고안된 한자로 艸(초: 풀)와 見(현: 보이다)이 합쳐진 글자이며, 눈병에 효과가 있는 식물이라는 뜻에서 유래했다. 『조선식물향명집』에 기록된 일본명 イヌビユ(犬莧)는 개비름이라는 뜻이며, 비름의 일본명 ヒユ(莧)는 차가워진다는 뜻의 ヒエル (冷える)에서 유래했다는 견해가 있으나 논란이 있으며 정확한 유래는 확인되지 않는 듯하다.

참고　[북한명] 참비름[29] [유사어] 야현채(野莧菜), 지렁이풀, 현채(莧菜) [지방명] 비듬/비듬나물/참비

24　'국가표준식물목록'(2018)과 『장진성 식물목록』(2014)은 비름의 학명을 본문과 같이 기재하고 있으나, '세계식물목록'(2018)과 '중국식물지'(2018)는 이를 *A. tricolor*의 이명(synonym)으로 기재하고 있으므로 주의가 필요하다.

25　『역어유해』(1690)는 식용하는 나물이라는 의미로 비름에 대해 '莧菜'(현채)를 기록했으며, 『물명고』(1824)는 "野莧 野生可食者"(야현은 야생하는데 먹을 수 있다)라고 기록했다.

26　이러한 견해로 김종원(2013), p.57 참조.

27　『향약집성방』(1433)의 차자(借字) '非廩子'(비름자)에 대해 남풍현(1999), p.183은 '비름삐'의 표기로 보고 있다.

28　『제주도및완도식물조사보고서』(1914)는 'キャビヌム'[개비늠]을 기록했으며 『조선의 구황식물』(1919)은 '비름(水原, 龍仁其他), 비름이(北靑), 비지리, 참비름나물(全南), 野莧'을, 『조선어사전』(1920)은 '莧菜(한취), 비름'을, 『조선식물명휘』(1922)는 '莧菜, 莧, 비름, 비지미(救)'를, 『토명대조선만식물자휘』(1932)는 '[莧菜]현취, [비름나물], [참비름]'을, 『선명대화명지부』(1934)는 '비름(이), 비지미'를 기록했다.

29　'국가표준식물목록'(2018)은 *A. mangostanus*의 국명을 '비름'으로, *A. lividus*의 국명을 '개비름'으로 기재하고 있으나, 북한에서는 *A. mangostanus*의 국명을 '참비름'으로, *A. lividus*의 국명을 '비름'으로 기재하고 있으므로 주의가 필요하다. 이에 대해서는 리용재 외(2011), p.24 참조.

름(강원), 비듬(경기), 버름/참비름(경남), 비들/참비름(경북), 비듬나물/비름나물/비린잎/비림/참비름(전남), 비듬나물/비름나물/비름잎/비린잎/참비름(전북), 비놈/비눔/비늠/비듬/참비늠/참비름/좀비늠(제주), 비듬(충남), 비듬/비룸(충북), 비듬/비짐(함남), 비듬(함북), 비듭/비리미(황해)

Gomphrena globosa Linné センニチサウ (栽)
Chỏnilcho 천일초

천일홍〈Gomphrena globosa L.(1753)〉

천일홍이라는 이름은 한자어 천일홍(千日紅)에서 유래한 것으로, 천 일 동안 꽃이 마르지 않고 붉게 피어 있다는 뜻에서 붙여졌다.[30] 『조선식물향명집』은 '천일초'로 기록했으나 『우리나라 식물명감』에서 '천일홍'으로 개칭해 현재에 이르고 있다.

속명 Gomphrena는 플리니우스(Plinius, 23~79)가 gromphaena(맨드라미의 일종)에 사용되던 이름을 전용한 것으로 천일홍속을 일컫는다. 종소명 globosa는 '구형의'라는 뜻으로 꽃차례가 둥근 것에서 유래했다.

다른이름 천일초(정태현 외, 1937), 천날살이풀/천일풀(임록재 외, 1972)[31]

중국/일본명 중국명 千日红(qian ri hong)은 한국명과 동일하다. 일본명 センニチサウ(千日草)는 오랫동안(천 일) 꽃을 피우는 풀이라는 뜻이다.

참고 [북한명] 천일홍 [지방명] 서광꽃(전남)

---

30 이러한 견해로 이우철(2005), p.514와 한태호 외(2006), p.189 참조.
31 『조선식물명휘』(1922)는 '天日紅, 천일초(觀賞)'를 기록했으며 『토명대조선만식물자휘』(1932)는 '[百日紅]빅일홍'을, 『선명대화명지부』(1934)는 '천일초'를 기록했다.

Nyctaginaceae 분꽃科 (紫茉莉科)

분꽃과〈Nyctaginaceae Juss.(1789)〉

분꽃과는 재배식물인 분꽃에서 유래한 과명이다. '국가표준식물목록'(2018), 『장진성 식물목록』(2014) 및 '세계식물목록'(2018)은 Nyctaginia(닉타기니아속)에서 유래한 Nyctaginaceae를 과명으로 기재하고 있으며, 엥글러(Engler), 크론키스트(Cronquist) 및 APG IV(2016) 분류 체계도 이와 같다.

Mirabilis Jalapa *Linné* オシロイバナ (栽)
Bungot 분꽃

분꽃〈*Mirabilis jalapa* L.(1753)〉

분꽃이라는 이름은 한자어 분화(粉花)에 어원을 두고 있다. 씨 속의 배젖이 밀가루 같은 백색인데, 이 가루(粉)를 여성용 화장품으로 사용한 것에서 분꽃이라는 이름이 유래했다.[1] 분꽃은 한자와 고유어가 합쳐진 이름으로, 19세기 중엽에 저술된 『오주연문징진신고』의 '粉花草'(분화초)에서 그 표현이 발견된다.[2]

속명 *Mirabilis*는 라틴어 *miror*(경이로운)가 어원으로 처음에는 다른 식물을 일컬었으나 전용되어 분꽃속을 일컫는다. 종소명 *jalapa*는 멕시코 베라크루스주의 주도인 '할라파'를 일컫는 것으로 원산지를 나타낸다.

다른이름 여자화(안학수·이춘녕, 1963)

옛이름 紫茉莉(광재물보, 19세기 초), 紫茉莉/壯元紅(물명고, 1824), 粉花草/紫茉莉花(오주연문장전산고, 185?), 분꽃(조선구전민요집, 1933)[3]

중국/일본명 중국명 紫茉莉(zi mo li)는 자주색 꽃이 피는 말리(茉莉: 자스민 종류의 중국명이나 초본류 식물명으로 전용되기도 함)라는 뜻이다. 일본명 オシロイバナ(御白粉花)는 씨에서 하얀 가루(白粉)가 생겨서 붙여졌다.

참고 [북한명] 분꽃 [유사어] 분화(粉花), 연지(臙脂), 연지화(臙脂花), 자말리엽(紫茉莉葉) [지방명] 새벽꽃/새복꽃/새북꽃(강원), 뿍디기(경남), 때꽃/분나무(충남)

---

1 이러한 견해로 이우철(2005), p.287과 한태호 외(2006), p.120 참조.
2 이규경이 저술한 『오주연문장전산고』(185?)는 "其實如胡椒內有粉"(그 열매는 호초와 같은데 안에 분이 있다)이라고 기록했다.
3 『조선어사전』(1920)은 '粉花(분화), 분꽃'을 기록했으며 『조선식물명휘』(1922)는 '紫茉莉, 胴脂花, 臙脂花, 분꽃(觀賞)'을, 『토명대조선만식물자휘』(1932)는 '[粉花]분꽃'을, 『선명대화명지부』(1934)는 '분꽃'을 기록했다.

Phytolaccaceae 상륙科 (商陸科)

자리공과 〈Phytolaccaceae R.Br.(1818)〉

자리공과는 국내에 자생하는 자리공에서 유래한 과명이다. '국가표준식물목록'(2018), 『장진성 식물목록』(2014) 및 '세계식물목록'(2018)은 *Phytolacca*(자리공속)에서 유래한 Phytolaccaceae를 과명으로 기재하고 있으며, 엥글러(Engler), 크론키스트(Cronquist) 및 APG IV(2016) 분류 체계도 이와 같다.

Phytolacca esculenta *Houttuyn*　ヤマゴバウ　商陸

Jarigong　자리공(장녹·상륙)

자리공 〈*Phytolacca esculenta* Van Houtte(1848)〉

자리공이라는 이름은 습한 기운을 물리친다는 뜻의 蓫蕩(축탕)에 어원을 둔 중국어 한자 표현 章柳根(장류근)이 우리말 발음으로 변화한 데서 유래했다.[1] 『향약구급방』은 한자명 商陸(상륙)의 차자(借字) 표현으로 者里宮(쟈리궁)을 기록하면서 "俗云 章柳根"(속운 장류근)이라고 했다. 章柳(장류)는 商陸(상륙)과 동일하게 중국에서 전래된 한자명임에도 一名(일명)이라고 하지 않고 俗云(속운)이라고 한 것은 그 관계가 차자 표기 者里宮(쟈리궁)과 밀접한 관계가 있다는 것을 뜻한다.[2] 또한 章柳根(장류근)에 대한 당시 표기는 '쟝류근'이었으므로 쟝류근이 모음조화 현상에 따라 者里宮(쟈리궁)이 된 것으로 추정한다.

　속명 *Phytolacca*는 그리스어 *phyton*(식물)과 *lacca*(중세 시대의 심홍색 안료)의 합성어로, 열매에 심홍색 즙이 있어 붙여졌으며 자리공속을 일컫는다. 종소명 *esculenta*는 '식용의'라는 뜻이다.

다른이름 자리공쏠휘/장녹(정태현 외, 1936), 상륙/장녹(정태현 외, 1937), 장록(리용재 외, 2011)

옛이름 商陸/者里宮根/者里宮/章柳根(향약구급방, 1236),[3] 商陸/這里居/章柳(향약채취월령, 1431), 商陸/這里君(향약집성방, 1433),[4] 商陸/쟈리군/章陸(사성통해, 1517), 商陸/者里芎(촌가구급방, 1538), 商陸/자리공(언해구급방, 1608), 商陸/쟈리공불휘/章柳根/章陸(동의보감, 1613), 商陸/쟈리공(산림경제, 1715), 商陸/장녹(재물보, 1798), 商陸/쟈리공(제중신편, 1799), 商陸/쟈리광이(물보, 1802), 商陸/쟝녹/蓫蕩(광

1　이러한 견해로 남풍현(1981), p.86과 손병태(1996), p.38 참조. 한편 권순경(2020.8.12.)은 동글동글한 열매들이 자리틀에 주렁주렁 매달려 있는 '고드랫돌'과 닮았다 해서 생겨난 이름으로 보고 있으나 어원학적 근거가 있는 주장은 아닌 것으로 보인다.

2　『동의보감』(1613)은 商陸(상륙)에 대해 '章柳根'은 '一名'(일명)으로 같은 한자 표현임을 표시했다.

3　『향약구급방』(1236)의 차자(借字) '者里宮'(자리궁)에 대해 남풍현(1981), p.86은 '쟈리공'의 표기로 보고 있으며, 손병태(1996), p.39는 '쟈리궁'의 표기로, 이덕봉(1963), p.18은 '자리궁'의 표기로 보고 있다.

4　『향약집성방』(1433)의 차자(借字) '這里君'(저리군)에 대해 남풍현(1999), p.177은 '쟈리군'의 표기로 보고 있으며, 손병태(1996), p.39는 '쟈리군'의 표기로 보고 있다.

재물보, 19세기 초), 商陸/쟝녹/지리공(물명고, 1824), 商陸/자리공(방약합편, 1884), 商陸/쟈리공쑤리(선한약물학, 1931)[5]

중국/일본명 중국명 商陆(shang lu)는 습한 기운을 물리친다는 뜻의 蓫蕩(축탕)이 와전된 것이다.[6] 일본명 ヤマゴバウ(山芋蒡)는 뿌리가 우엉(芋蒡)을 닮았는데 산에서 자란다는 뜻에서 붙여졌다.

참고 [북한명] 자리공 [유사어] 당륙(當陸), 상륙(商陸), 장류(章柳), 축탕(蓫蕩) [지방명] 장녹(경기), 장녹/장록/장목(경남), 장녹(전남), 장녹/향장목/활장목(전북), 재리괭이(함북)

⊗Phytolacca insularis *Nakai*   タケシマヤマゴバウ
Sóm-jarigong   섬자리공

섬자리공⟨*Phytolacca insularis* Nakai(1918)⟩[7]
섬자리공이라는 이름은 『조선식물향명집』에서 신칭한 것으로,[8] 섬(울릉도)에서 나는 자리공이라는 뜻이다.[9] 나카이 다케노신(中井猛之進)이 울릉도 특산종으로 발표한 것이나, 자리공과 특별히 구별되는 형태적 특질이 존재하지 않아 분류학적 실체가 모호한 종이다.

속명 *Phytolacca*는 그리스어 *phyton*(식물)과 *lacca*(중세 시대의 심홍색 안료)의 합성어로, 열매에 심홍색 즙이 있어 붙여졌으며 자리공속을 일컫는다. 종소명 *insularis*는 '섬에서 자라는'이라는 뜻으로 섬(울릉도) 특산식물임을 나타낸다.

다른이름 섬장녹(박만규, 1949), 상륙(안학수·이춘녕, 1963), 섬상륙(박만규, 1974), 섬장록(임록재 외, 1972)

중국/일본명 중국에는 분포하지 않는 식물이다. 일본명 タケシマヤマゴバウ(鬱陵山芋蒡)는 울릉도 지역에 나고 뿌리가 우엉(芋蒡)을 닮았는데 산에서 자란다는 뜻에서 붙여졌다.

참고 [북한명] 섬자리공 [유사어] 상륙(商陸) [지방명] 장녹/장목/장목뿌리(경북)

---

5 『조선한방약료식물조사서』(1917)는 '商陸, 자리공(東醫)'을 기록했으며 『조선어사전』(1920)은 '자리공, 商陸(상륙), 章柳(쟝류), 章陸(쟝록), 蓫蕩(축탕)'을, 『조선식물명휘』(1922)는 '商陸, 昌陸, 堂陸, 자리공불휘, 샹륙(藥)'을, 『토명대조선만식물자휘』(1932)는 '[商陸(草)]샹륙(초), [草陸]샹륙, [蓫蕩]축탕, [자리공], [商柳根]샹류근'을, 『선명대화명지부』(1934)는 '부수깃, 샹륙, 수(슈)리쥐, 자리공불휘'를 기록했다.

6 중국의 이시진은 『본초강목』(1596)에서 "此物能逐蕩水氣 故曰蓫蕩 訛爲商陸 又訛爲當陸 北音訛爲章柳"(이 식물이 습한 기운을 물리칠 수 있어 蓫蕩이라고 하는데 그것이 변화해 商陸이 되고 또 변화해 當陸이 되었으며 북쪽 지역의 발음이 변화해 章柳가 되었다)라고 했다.

7 '국가표준식물목록'(2018)은 섬자리공을 별도 분류하고 있으나, 『장진성 식물목록』(2014)은 자리공(*P. esculenta*)에 통합하고 있으므로 주의가 필요하다.

8 이에 대해서는 『조선식물향명집』, 색인 p.41 참조.

9 이러한 견해로 이우철(2005), p.343 참조.

Aizoaceae 번행科 (蕃杏科)

석류풀과〈**Molluginaceae** Bartl.(1825)〉[1]

석류풀과는 국내에 자생하는 석류풀에서 유래한 과명이다. '국가표준식물목록'(2018), 『장진성 식물목록』(2014) 및 '세계식물목록'(2018)은 *Mollugo*(석류풀속)에서 유래한 Molluginaceae를 과명으로 기재하고 있으며, 크론키스트(Cronquist) 및 APG IV(2016) 분류 체계도 이와 같다. 다만, 엥글러(Engler) 분류 체계는 Aizoaceae(번행초과)의 아과인 Molluginoideae로 분류한다.

Mollugo stricta *Linné*   ザクロサウ
Sŏgryupul   셕류풀

석류풀〈*Mollugo pentaphylla* L.(1753)〉

석류풀이라는 이름은 『조선식물향명집』에 따른 것으로, 석류나무와 잎의 모양이 닮은 데서 유래했다.[2]

속명 *Mollugo*는 꼭두서니과의 식물인 *Galium mollugo*에 대한 고대 라틴어에서 전용된 것으로, 잎이 돌려나기 하는 점이 닮았으며 석류풀속을 일컫는다. 종소명 *pentaphylla*는 '5엽의'라는 뜻이나 석류풀의 잎이 일률적으로 5개씩 돌려나기 하지는 않는다.

중국/일본명 중국명 粟米草(su mi cao)는 열매나 꽃 등이 좁쌀(粟米)을 닮은 데서 유래한 것으로 추정한다. 일본명 ザクロサウ(石榴草)는 석류나무와 잎이 닮은 데서 유래했다.[3]

참고 [북한명] 석류풀 [유사어] 지마황(地麻黃)

---

1 『조선식물향명집』은 석류풀의 학명을 *Mollugo stricta* L.로 하여 Aizoaceae로 분류했으나, '국가표준식물목록'(2018), 『장진성 식물목록』(2014) 및 '세계식물목록'(2018)은 석류풀의 학명을 *Mollugo pentaphylla* L.로 하여 Molluginaceae(석류풀과)로 분류한다. 번행초〈*Tetragonia tetragonoides* (Pall.) Kuntze(1891)〉가 속한 Aizoaceae(번행초과)가 있으나 『조선식물향명집』에 번행초는 없이 석류풀만 기록되어 있으므로 이 책은 석류풀이 속한 과명을 기재한다.
2 이러한 견해로 김종원(2013), p.297 참조.
3 『조선식물명휘』(1922)는 '粟米草'를 기록했다.

Portulacaceae 쇠비름科 (馬齒莧科)

쇠비름과〈Portulacaceae Juss.(1789)〉

쇠비름과는 국내에 자생하는 쇠비름에서 유래한 과명이다. '국가표준식물목록'(2018), 『장진성 식물목록』(2014) 및 '세계식물목록'(2018)은 *Portulaca*(쇠비름속)에서 유래한 Portulacaceae를 과명으로 기재하고 있으며, 엥글러(Engler), 크론키스트(Cronquist) 및 APG IV(2016) 분류 체계도 이와 같다. 다만, APG IV(2016) 분류 체계는 APG III(2009) 분류 체계에서 새롭게 채택된 Montiaceae(몬티아과)에 이 과의 일부 속을 이동해 분류한 것을 계승한다.

Portulaca oleracea *Linné*　スベリヒユ　馬齒莧
Soebirûm　쇠비름

쇠비름〈*Portulaca oleracea* L.(1753)〉

쇠비름이라는 이름은 『향약구급방』이래 사용된 고유명으로, 비름과 닮았으나 쇠(金)와 같이 억세고 거칠다는 뜻에서 유래했다.[1] 한편 소(牛)의 비름이라는 뜻으로 비름보다 낮거나 못한 종류라는 뜻으로 해석하는 견해가 있다.[2] 그러나 쇠비름이 최초 기록된 15세기 쇠(金)의 옛말은 '쇠'(석보상절, 1447)인 반면에 소(牛)의 옛말은 '쇼'(훈민정음해례본, 1446; 월인석보, 1459)인 점에 비추어 타당하지 않은 것으로 생각된다.

속명 *Portulaca*는 라틴어 *porta*(입구)에서 유래한 말로, 열매가 익으면 뚜껑이 열리면서 씨앗이 나오는 모양을 빗댄 것이며 쇠비름속을 일컫는다. 종소명 *oleracea*는 '식용 채소의, 밭에서 재배하는'이라는 뜻이다.

다른이름　쇠비름(정태현 외, 1936), 돼지풀(임록재 외, 1972), 도둑풀/말비름(한진건 외, 1982)

옛이름　馬齒莧/金非陵音/金非音(향약구급방, 1236),[3] 馬齒莧/金非廩(향약집성방, 1433),[4] 馬齒莧/망칭혀(구급방언해, 1466), 馬齒莧/쇠비름(구급간이방언해, 1489), 馬齒莧/쇠비름/비름(언해구급방, 1608), 馬

1　이러한 견해로 남풍현(1981), p.66 참조.
2　이러한 견해로 이덕봉(1963), p.204; 손병태(1996), p.79; 이남덕(1993), p.414 참조.
3　『향약구급방』(1236)의 차자(借字) '金非陵音/金非音'(금비릉음/금비음)에 대해 남풍현(1981), p.66; 이덕봉(1963), p.204; 손병태(1996), p.183은 모두 '쇠비름'의 표기로 보고 있다.
4　『향약집성방』(1433)의 차자(借字) '金非廩'(금비름)에 대해 남풍현(1999), p.178과 손병태(1996), p.79는 '쇠비름'의 표기로 보고 있다.

齒莧/쇠비름(동의보감, 1613), 馬齒莧/쇠비듬(광제비급, 1790), 馬齒莧/쇠비름(물보, 1802), 馬齒莧/쇠비름(광재물보, 19세기 초), 馬齒莧/쇠비름/五行草/五方草/醬瓣草/長命菜/九頭獅子(물명고, 1824), 쇠비름(한불자전, 1880), 馬齒莧/쇠비름(선한약물학, 1931), 쇠비름(조선구전민요집, 1933)[5]

중국/일본명 중국명 马齿苋(ma chi xian)은 잎의 모양이 말의 이빨과 같이 생긴 비름 종류(莧)라는 뜻에서 유래했다. 일본명 スベリヒユ(滑莧)는 미끄러운 비름이라는 뜻으로, 식용 목적으로 삶으면 미끈거리는 점액이 나와서 붙여졌다.

참고 [북한명] 쇠비름 [유사어] 마치현(馬齒莧), 오행초(五行草), 장명채(長命菜) [지방명] 돌비늘/돌비름/들비름/비듬/소비듬/소비름(강원), 개비름/쇠비듬/쇠비룸/신랑방아풀/실랑방아풀/참비름(경기), 소비름/쇠부름/쌔롱묵/쎄비름(경남), 개비름/비름/세비듬/세비름/소비름/쇠비듬/시비름(경북), 개버린잎/비린잎/세비름/소비름/쇠비린잎(전남), 비린풀/쇠비듬/쇠비럼/쇠비린잎/쇠비림/오행초(전북), 쉐비누/쉐비놈/쉐비눔/쉐비늠(제주), 새뜨기/새띠기/소이비듬/쇠비듬/잠자리풀(충남), 방울나물/소비럼/소비름/쇠비럼/쐬비름/장명치(충북), 도독풀/도둑풀/불개미풀/불나라/비듬이(함북), 외양간풀(황해)

Portulaca grandiflora *Hooker fil.*   マツバボタン   (栽)
Chaesongwha   채송화(댕명화·따꽃)

채송화〈*Portulaca grandiflora* Hook.(1829)〉

채송화라는 이름은 한자어 채송화(菜松花)에서 유래한 것으로, 채소가 자라는 밭(菜園)에서 식재해 키우고 가는 잎이 소나무의 잎을 닮았다는 뜻에서 붙여졌다.[6] 지방명에 채송화와 비슷한 '채숭이'가 남아 있는 것으로 보아 채록 당시 민간에서도 널리 사용했던 이름으로 추정한다. 『조선식물향명집』에 기록된 '따꽃'은 땅꽃이라는 뜻으로 땅에 붙어 자라는 데서 유래했다.

속명 *Portulaca*는 라틴어 *porta*(입구)에서 유래한 말로, 열매가 익으면 뚜껑이 열리면서 씨앗이 나오는 모양을 빗댄 것이며 쇠비름속을 일컫는다. 종소명 *grandiflora*는 '큰 꽃의'라는 뜻이다.

다른이름 댕명화/따꽃(정태현 외, 1937)

옛이름 大明花(동계집, 1741), 半枝蓮(물명고, 1824),[7] 大明花(미산집, 1894)[8]

---

5 『조선한방약료식물조사서』(1917)는 '쇠비름(東醫), 馬齒莧'을 기록했으며 『조선의 구황식물』(1919)은 '비름나물, 쇠비름(水原, 龍仁其他)'을, 『조선어사전』(1920)은 '쇠비름, 馬齒莧(마치현), 五行草(오힝초), 長命菜(쟝명치)'를, 『조선식물명휘』(1922)는 '馬齒莧, 瓜子菜, 馬莧, 마치며, 쇠비름(藥, 救)'을, 『토명대조선만식물자휘』(1932)는 '[馬齒莧]마치현, [五行草]오항초, [長命菜]장명치, [쇠비름(나물)]'을 기록했다.

6 이러한 견해로 이우철(2005), p.512와 한태호 외(2006), p.188 참조.

7 『물명고』(1824)의 '半枝蓮'(반지련)이 일컫는 식물이 어떤 종인지는 명확하지 않다. 최근의 한약재 관련 도감은 꿀풀과의 재배식물 *Scutellaria barbata* D. Don(1825)을 지칭하고 있어 더욱 그러하다. 다만 『물명고』는 "蔓生細葉"(누워 자라고 잎은 가늘다)이라고 해 채송화를 강하게 시사하고 있다.

8 『조선어사전』(1920)은 '菜松花(최송화)'를 기록했으며 『조선식물명휘』(1922)는 '半支蓮, 龍顏牡丹, 대명화(觀賞)'를,

598

중국명 大花马齿苋(da hua ma chi xian)은 큰 꽃이 피는 마치현(馬齒莧: 쇠비름의 중국명)이라는 뜻으로 학명에서 영향을 받은 것으로 보인다. 일본명 マツバボタン(松葉牡丹)은 소나무의 잎을 닮았고 모란꽃과 비슷한 꽃을 피우는 데서 유래했다.

참고 [북한명] 채송화 [유사어] 대명화(大明花), 반지련(半枝蓮), 진시화, 하루살이꽃 [지방명] 땅꽃/앉은뱅이꽃/채송아(강원), 채승화(경기), 물꽃나무(전남), 땅꼿/땅꽃(제주), 따매기꽃(평북), 앉은뱅이꽃/채숭이(함남), 앉은배이꽃(함북), 발바리꽃(황해)

Crane(1931)은 '채송화, 龍顏牡丹'을, 『토명대조선만식물자휘』(1932)는 '[茶松花]치송화'를, 『선명대화명지부』(1934)는 '댕멋차(화), 대명화'를 기록했다.

Caryophyllaceae 석죽科 (石竹科)

석죽과⟨Caryophyllaceae Juss.(1789)⟩

석죽과는 국내에 자생하는 패랭이꽃의 한자명(중국명)인 석죽(石竹)에서 유래한 과명이다. '국가표준식물목록'(2018), 『장진성 식물목록』(2014) 및 '세계식물목록'(2018)은 더 이상 쓰이지 않는 속명인 *Caryophyllus*에서 유래한 Caryophyllaceae를 과명으로 기재하고 있으며, 엥글러(Engler), 크론키스트(Cronquist) 및 APG IV(2016) 분류 체계도 이와 같다.

○ Arenaria juncea *Bieberstein*　イトフスマ
Byŏrugi-ultari　벼룩이울타리

벼룩이울타리⟨*Eremogone juncea* (M.Bieb.) Fenzl(1833)⟩[1]

벼룩이울타리라는 이름은 '벼룩이'와 '울타리'의 합성어로, 『조선식물향명집』에서 그 이름이 최초로 보인다. 벼룩이자리(*Arenaria serpyllifolia*)와 꽃의 모양 등이 닮았는데 잎이 골풀처럼 길게 자라므로 이를 울타리에 비유한 데서 유래한 것으로 보인다. 중국 옌볜에서 발간된 『한조식물명칭사전』은 중국명을 燈心草蚤綴(등심초조철)로 기재하고 있는데,[2] 이는 골풀(燈心草)을 닮은 벼룩이자리(蚤綴)라는 뜻으로 한글명과 의미가 서로 통한다. 북한은 '긴잎모래별꽃'이라는 이름을 사용하는데, 잎이 길게 자라는 모래별꽃(벼룩이자리)이라는 뜻에서 붙여진 것이다.

속명 *Eremogone*는 그리스어 *eremos*(외로운, 버려진)와 *gonos*(씨앗, 자손)의 합성어로 *Eremogone*속을 일컫는다. 종소명 *juncea*는 골풀속(*Juncus*)과 유사하다는 뜻이다.

다른이름 가는잎개미자리(리종오, 1964), 긴잎모래별꽃/깃털모래별꽃(임록재 외, 1996)

중국/일본명 중국명 老牛筋(lao niu jin)은 늙은 소의 질긴 힘줄이라는 뜻으로, 가늘고 긴 잎의 모양에서 유래한 것으로 보인다. 일본명 イトフスマ(絲衾)는 실 모양의 이불이라는 뜻으로 잎이 실처럼 긴 모양인 데서 유래했다.

참고 [북한명] 긴잎모래별꽃 [유사어] 등심초조철(燈心草蚤綴)

---

1 '국가표준식물목록'(2018)은 벼룩이울타리의 학명을 *Arenaria juncea* M. Bieb.(1819)로 기재하고 있으나, 『장진성 식물목록』(2014)과 '세계식물목록'(2018)은 정명을 본문과 같이 기재하고 있다.

2 이에 대해서는 한진건 외(1982), p.155 참조.

Arenaria serpyllifolia *Linné*   ノミノツヅリ
Byŏrugi-jari   벼륳이자리

벼룩이자리〈*Arenaria serpyllifolia* L.(1753)〉

벼룩이자리라는 이름은 '벼룩이'와 '자리'의 합성어로 '벼룩이'
는 곤충 벼룩(蚤)을, '자리'는 앉거나 누울 수 있도록 바닥에 까
는 물건을 뜻한다. 따라서 벼룩이자리라는 이름은 작고 앙증
맞은 식물체와 잎 등을 벼룩이 앉을 자리에 빗댄 것에서 유래
했다.[3] 『조선의 구황식물』 등은 구황식물로 기록하면서 털이
많아 식용에 불편했는지 거위도 먹지 않는 풀이라는 뜻의 아
불식초(鵝不食草)라는 이름을 함께 남겨놓기도 했다. 한편 벼
룩이자리는 일본명 ノミノツヅリ에 벼룩이라는 뜻의 ノミ가
있다는 이유로 한글명 '벼룩나물'과 마찬가지로 일본명으로부
터 만들어졌다는 견해가 있다.[4] 그러나 벼룩나물은 실제 사용
한 이름을 채록한 고유명이고, 벼룩이자리 역시 『조선의 구황

식물』,『조선식물명휘』 및 『구황식물과 그 식용법』[5]에 따르면 실제 민간에서 사용한 이름을 채록
한 것이다. 일본명 ノミノツヅリ를 번역했다면 '벼룩짜깁기'나 '벼룩옷'이어야 하는 점 등에 비추
어볼 때에도 일본명에서 유래한 것으로 볼 수 없다. 『조선식물향명집』은 '벼륳이자리'로 기록했으
나 『조선식물명집』에서 표기법에 맞추어 '벼룩이자리'로 개칭해 현재에 이르고 있다.

속명 *Arenaria*는 그리스어 *arena*(모래)에서 유래한 것으로, 모래땅에서 자란다고 해 붙여졌으
며 벼룩이자리속을 일컫는다. 종소명 *serpyllifolia*는 '백리향(*serpyllum*)의 잎과 같은'이라는 뜻
이다.

다른이름   벼륳이자리(정태현 외, 1937), 벼룩이자리(정태현 외, 1942), 좁쌀뱅이(안학수·이춘녕, 1963),
모래별꽃(김현삼 외, 1988)

옛이름   石胡荽/天胡荽/野園荽/鷄腸草/鵝不食草(광재물보, 19세기 초),[6] 국수뎅이(조선구전민요집,

---

3   이러한 견해로 허북구·박석근(2008a), p.111 참조.

4   이러한 견해로 김종원(2013), p.285와 이윤옥(2015), p.150 참조.

5   이들 문헌은 일본인이 저술한 것이다. 그러나 식민지 지배를 위해 조선의 상황을 파악하고 구황식물을 조선인에게 소개
    하기 위한 용도로 작성한 것이어서 일본명을 조선에 강제하기 위한 목적의 문헌으로 보기는 어렵다. 잘못된 기록은 다수
    발견되지만 일본명을 조선에 강요하기 위해 인위적으로 만든 이름을 발견하기도 어렵다.

6   『광재물보』(19세기 초)의 기록은 '鵝不食草'(아불식초)라는 이름이 일제강점기에 기록된 한자명과 일치해 '벼룩이자리'를
    지칭했을 수도 있으나, 『광재물보』는 그 설명으로 "花細黃"(꽃은 가늘고 노랗다)이라 했고, 함께 기록된 '石胡荽'(석호유)와
    '天胡荽'(천호유)는 미나리과의 피막이(*H. sibthorpioides*)를 지칭하는 이름이어서 '피막이'를 뜻할 수도 있으므로 주의가
    필요하다.

1933)[7]

중국/일본명 중국명 无心菜(wu xin cai)는 중심이 없다는 뜻으로, 줄기가 비어 있는 것에서 유래한 것으로 보인다. 일본명 ノミノツヅリ(蚤の綴り)는 벼룩의 짧은 옷(短衣)이라는 뜻으로, 작은 잎의 모양을 벼룩의 옷에 비유한 데서 유래했다.

참고 [북한명] 모래별꽃 [유사어] 소무심채(小無心菜), 조철(蚤綴) [지방명] 좁쌀나물(강원), 구시댕이/국수댕이/국수쟁이(경기), 구시댕이/구시랭이/국수쟁이/국시대이(경남), 나락나물(경북), 구실뱅이(전남), 구슬댕이/구시댕이/구실뱅이/국더더기/국수대기/국수댕이/국수쟁이/국시딩이/벌금자리/쪼꼬실나물(전북), 국수댕이/국수쟁이(충남), 개푸레풀/국수댕이/국수쟁이/국시당이/국시댕이(충북)

○ Cerastium alpinum *L.* var. Fischerianum *Regel*   オホバミミナグサ
Kŭn-jŏmnado-namul   큰점나도나물

큰점나도나물⟨*Cerastium fischerianum* Ser.(1824)⟩

큰점나도나물이라는 이름은 잎과 식물체 등이 큰 점나도나물이라는 뜻이다.[8] 『조선식물향명집』에서 종래 '점나도나물'로 통칭되었거나 별도의 이름이 없어, 전통 명칭 '점나도나물'을 기본으로 하고 식물의 형태적 특징에 착안한 '큰'을 추가해 신칭했다.[9]

속명 *Cerastium*은 그리스어 *cerastes*(뿔 모양의)에서 유래한 것으로, 가늘고 긴 열매의 모양이 뿔을 닮아서 붙여졌으며 점나도나물속을 일컫는다. 종소명 *fischerianum*은 러시아 식물분류학자 Friedrich Ernst Ludwig von Fischer(1782~1854)의 이름에서 유래했다.

다른이름 큰꽃점나도나물(임록재 외, 1972), 북점나도나물(박만규, 1974)[10]

중국/일본명 큰점나도나물의 중국 분포는 확인되지 않는 것으로 보인다. 일본명 オホバミミナグサ(大葉耳菜草)는 잎이 큰 점나도나물(ミミナグサ)이라는 뜻이다.

참고 [북한명] 큰점나도나물

---

7   『조선의 구황식물』(1919)은 '벼룩이지리'를 기록했으며 『조선어사전』(1920)은 '石胡荽(석호유), 野園荽(야원유), 鷿不食草(아불식초)'를, 『조선식물명휘』(1922)는 '鷿不食草, 小無心菜, 벼룩이자리(救)'를, 『토명대조선만식물자휘』(1932)는 '[石胡荽]석호유, [野園荽]야원유, [鷿不食草]아불식초'를, 『선명대화명지부』(1934)는 '여록이자리, 벼룩이자리'를 기록했다.

8   이러한 견해로 이우철(2005), p.541 참조.

9   이에 대해서는 『조선식물향명집』, 색인 p.47 참조.

10   『조선식물명휘』(1922)는 '寄奴花'를 기록했다.

Cerastium vulgatum *L.* var. glandulosum *Fenzl*　ミミナグサ
Jómnado-namul　점나도나물

점나도나물〈*Cerastium fontanum* Baung. subsp. *vulgare* (Hartm.) Greuter & Burdet(1982)〉[11]

점나도나물이라는 이름은 '점'과 '나도'와 '나물'의 합성어로,
작고 볼품이 없지만 나물로 사용할 수 있다는 뜻에서 유래한
것으로 추정한다.[12] '나도나물'은 털이 많지만 나물이 될 수 있
다는 뜻이고, '점'은 옛말에서 적다는 뜻의 '좀'(또는 조금)의 의
미로도 사용했다.[13] 털을 잔뜩 달고 로제트로 겨울을 난 어린
잎이 그다지 맛이 있지는 않았던 듯하므로,[14] 그러한 식용 문
화에서 유래한 이름으로 이해된다. 『조선의 구황식물』에 기록
된 '졍나도나물'이 직접적인 어원으로,[15] 『조선식물명휘』에서
'졈나도나물'로 기록했고 『조선식물향명집』에도 이어져 현재
에 이르고 있다.

　속명 *Cerastium*은 그리스어 *cerastes*(뿔 모양의)에서 유래
한 것으로, 가늘고 긴 열매의 모양이 뿔을 닮아서 붙여졌으며 점나도나물속을 일컫는다. 종소명
*fontanum*은 '용천지(湧泉地)에서 자란'이라는 뜻이며, 아종명 *vulgare*는 '보통의, 통상의'라는
뜻으로 대표종임을 나타낸다.

다른이름　물네나물(정태현 외, 1942), 섬점나도나물(박만규, 1949), 섬좀나도나물(정태현 외, 1949)

옛이름　卷耳(동문선, 1478), 卷耳(조선왕조실록, 1482), 卷耳(성호사설, 1740), 卷耳(일성록, 1796), 卷耳(아
언각비, 1819), 婆婆指甲菜(임원경제지, 1842), 卷耳(오주연문장전산고, 185?)[16] [17]

11　'국가표준식물목록'(2018)은 *Cerastium holosteoides* var. *hallaisanense* (Nakai) Mizush.(1963)를 정명으로 기재하고
　　있으나, 『장진성 식물목록』(2014), '중국식물지'(2018) 및 '세계식물목록'(2018)은 본문의 학명을 정명으로 기재하고 있다.

12　이러한 견해로 김종원(2013), p.287 참조.

13　정철이 지은 『사민인곡』(1585)은 '졈'을 '조금'의 의미로 사용했다. 그 외에 조금의 의미로 사용한 것에 대해서는 『고어대
　　사전 17』(2016), pp.631-632 참조.

14　『조선산야생식용식물』(1942), p.115는 어린잎과 줄기를 초봄에 식용하는데 데쳐서 즙(汁)으로 맛을 내며, 소비량은 보통
　　정도라는 취지로 기록했다.

15　한편 『조선의 구황식물』(1919)에 기록된 '졍나도나물'은 이른 봄 나물로 채취할 때 땅에 잎을 납작하게 붙이고 뿌리를 내
　　리고 있는 모습이 마치 '졍'(釘)처럼 보인 데서 유래했을 수도 있으나, 『조선의 구황식물』은 일본인 학자의 오채록에 따른
　　오기들이 있으므로 그 표기만으로 유래를 찾을 수는 없어 보인다.

16　중국의 『시경』에 등장하는 卷耳(권이)를 중국에서는 점나도나물 종류로 이해하고 있으나, 유희의 『물명고』(1824)는 '卷耳
　　돗고마리'라고 하는 등 우리나라에서는 이름에 혼선이 있어왔다.

17　『조선의 구황식물』(1919)은 '졍나도나물'을 기록했으며 『조선식물명휘』(1922)는 '卷耳, 婆婆指甲菜, 물네나물, 졈나도나물
　　(救)'을, 『선명대화명지부』(1934)는 '졈나도나물, 젓가락나물, 파드득나물, 물네나물'을 기록했다.

중국명 簇生泉卷耳(cu sheng quan juan er)는 솟는 샘물이 모여 있는 곳의 권이(卷耳: 귀가 말린 모양의 잎이라는 뜻으로 점나도나물 종류의 중국명)라는 뜻으로, 학명과 관련해 붙여진 것으로 보인다. 일본명 ミミナグサ(耳菜草)는 잎의 모양이 쥐(ネズミ)의 귀와 닮았고 나물로 식용한 데서 유래했다.

참고 [북한명] 점나도나물 [유사어] 권이(卷耳), 파파지갑채(婆婆指甲菜) [지방명] 콩나물(경북), 코딱지나물(전남), 꿩나물/벌금자리/양판대기/양판두대기/양푼대기/코딱지나물/콩덕새기/콩두대기/콩두대기나물/콩두더기/콩두드기/콩두드래기(전북), 봄콩나물(충북)

Cucubalus baccifer L. var. japonicus Miquel ナンバンハコベ
Dónggul-byólgot 덩굴별꽃

덩굴별꽃 〈*Silene baccifera* (L.) Roth(1788)〉[18]

덩굴별꽃이라는 이름은 『조선식물향명집』에서 신칭한 것으로,[19] 덩굴을 이루고 방사상의 꽃잎 모양이 별꽃을 닮은 식물이라는 뜻에서 붙여졌다.[20] 엄밀하게 볼 때 별꽃속(*Stellaria*)의 별꽃과 그 형태가 동일하지는 않으며, 현재의 분류학상으로 끈끈이장구채속(*Silene*)의 식물로 보는 것이 대체적인 견해이다.

속명 *Silene*는 디오니소스(바쿠스: 술의 신)의 스승이자 동료인 실레노스(*Silenus*: 숲의 신)에서 유래했으며, 점액성 분비물을 내는 식물체를 실레노스의 술 취한 모습에 비유한 것으로 끈끈이장구채속을 일컫는다. 종소명 *baccifera*는 '장과를 가진'이라는 뜻으로 열매의 특성에서 유래했다.

다른이름 둥굴별꽃(박만규, 1949), 둥글별꽃(안학수·이춘녕, 1963), 남방별꽃(박만규, 1974), 참덩굴별꽃(리용재 외, 2011)[21]

중국/일본명 중국명 狗筋蔓(gou jin man)은 개의 근육 같은 덩굴이라는 뜻으로, 줄기가 뻗어나가는

---

18 '국가표준식물목록'(2018)은 덩굴별꽃의 학명을 *Cucubalus baccifer* var. *japonicus* Miq.(1866)로 해 별도 속(덩굴별꽃속)으로 분류하고 있으나, 『장진성 식물목록』(2014), '세계식물목록'(2018) 및 '중국식물지'(2018)는 정명을 본문과 같이 끈끈이장구채속(*Silene*)으로 분류하고 있다.

19 이에 대해서는 『조선식물향명집』, 색인 p.35 참조.

20 이러한 견해로 이우철(2005), p.177 참조.

21 『토명대조선만식물자휘』(1932)는 *C. baceifer* var. *japonica*에 대해 '[王不留行(草)]왕불류힝(초), [前金花]전금화, [金盞銀臺子]금잔은듸ㅈ, [장고재]'를 기록했으나 이는 현재의 장구채에 대한 이름이므로 오기록으로 보인다.

모습에서 유래한 것으로 보인다. 일본명 ナンバンハコベ(南蠻-)는 남만(南蠻) 지역의 별꽃(ハコベ)
이라는 뜻으로, 해외에서 전래했다고 오해한 것에서 비롯되었다.

참고 [북한명] 덩굴별꽃/참덩굴별꽃[22] [지방명] 둥굴별꽃/둥글별꽃/별바우(강원)

Dianthus barbatus L. var. asiatica Nakai ホソバヒゲナデシコ
Suyŏm-paeraeñgiĝot 수염패랭이꽃

수염패랭이꽃〈*Dianthus barbatus* L. var. *asiaticus* Nakai(1914)〉

수염패랭이꽃이라는 이름은 패랭이꽃을 닮았고 꽃 아래에 달
린 작은포가 가늘고 수염 모양이라서 붙여졌다.[23] 『조선식물
향명집』에서 종래 패랭이꽃으로 통칭되었거나 별도의 이름이
없어, 전통 명칭 '패랭이꽃'을 기본으로 하고 학명에 있는 형태
상 특징을 나타내는 '수염'을 추가해 신칭했다.[24]

속명 *Dianthus*는 Dios(Zeus, God)와 anthos(꽃)의 합성
어로, 제우스의 꽃 또는 신성한 꽃이라는 뜻이며 패랭이꽃속
을 일컫는다. 종소명 *barbatus*는 '까락이 있는, 수염이 있는'
이라는 뜻으로 작은포의 수염 모양을 나타낸 것이며, 변종명
*asiaticus*는 '아시아의'라는 뜻이다.

다른이름 가는잎수염패랭이꽃(한진건 외, 1982), 왕수염패랭이
꽃(리용재 외, 2011)

중국/일본명 중국명 头石竹(tou shi zhu)는 꽃이 머리모양으로 모여 있는 석죽(石竹: 패랭이꽃)이라는
뜻이다. 일본명 ホソバヒゲナデシコ(細葉鬚撫子)는 잎이 가늘고 포가 수염 모양을 이루는 패랭이꽃
(ナデシコ)이라는 뜻이다.

참고 [북한명] 수염패랭이꽃 [유사어] 왕수염패랭이꽃(王鬚髥-)

---

22 북한에서는 *Cucubalus japonica*를 '덩굴별꽃'으로, *C. baccifer*를 '참덩굴별꽃'으로 하여 별도 분류하고 있다. 이에 대
해서는 리용재 외(2011), p.112 참조.
23 이러한 견해로 이우철(2005), p.360 참조.
24 이에 대해서는 『조선식물향명집』, 색인 p.42 참조.

Dianthus Morii *Nakai*　チヤボナデシコ
Nanjaeṅgi-paeraeṅgigot　난쟁이패랭이꽃

난쟁이패랭이꽃⟨*Dianthus chinensis* var. *morii* (Nakai) Y.C.Chu(1975)⟩[25]

난쟁이패랭이꽃이라는 이름은 고산성 식물로 키가 작은 왜성종 패랭이꽃이라는 뜻이다.[26] 『조선식물향명집』에서 종래 패랭이꽃으로 통칭되었거나 별도의 이름이 없어, 전통 명칭 '패랭이꽃'을 기본으로 하고 식물의 형태적 특징에 착안한 '난쟁이'를 추가해 신칭했다.[27]

속명 *Dianthus*는 *Dios*(Zeus, God)와 *anthos*(꽃)의 합성어로, 제우스의 꽃 또는 신성한 꽃이라는 뜻이며 패랭이꽃속을 일컫는다. 종소명 *chinensis*는 '중국에 분포하는'이라는 뜻으로 최초 발견지를 나타내며, 변종명 *morii*는 한국의 식물과 어류 등을 연구한 일본인 모리 다메조(森爲三, 1884~1962)의 이름에서 유래했다.

다른이름　난장이패랭이꽃(안학수·이춘녕, 1963), 두메패랭이꽃(임록재 외, 1996)

중국/일본명　'중국식물지'는 이를 별도 분류하지 않고 패랭이꽃의 이명(synonym)으로 기재하고 있다. 일본명 チヤボナデシコ(矮鶏撫子)는 당닭(矮鶏)처럼 작은 패랭이꽃(ナデシコ)이라는 뜻이다.

참고　[북한명] 두메패랭이꽃

○ Dianthus sinensis *Linné*　カラナデシコ　瞿麥
Paeraṅgigot　패랭이꽃(석죽)

패랭이꽃⟨*Dianthus chinensis* L.(1753)⟩

패랭이꽃이라는 이름은 옛날에 신분이 낮은 사람이 쓰던 갓(冠)의 일종인 패랭이와 꽃이 닮은 데서 유래했다.[28] 한자명 '瞿麥'(구맥)과 '石竹花'(석죽화)를 차용하다가 조선 후기에 '펴랑이꼿'이라는 이름이 등장해 현재에 이르고 있다.[29] 한자명 瞿麥(구맥)은 보리 모양의 열매에서 유래했고,[30] 石竹花(석죽화)는 잎, 줄기 및 마디가 대나무(竹)와 비슷하고 중국에서는 바위틈에서 자라는 종류도 있

---

25 '국가표준식물목록'(2018)은 난쟁이패랭이꽃을 별도 분류하고 있으나, '세계식물목록'(2018), 『장진성 식물목록』(2014) 및 '중국식물지'(2018)는 이를 패랭이꽃⟨*Dianthus chinensis* L.(1753)⟩에 통합하고 별도 분류하지 않으므로 주의가 필요하다.

26 이러한 견해로 이우철(2005), p.133 참조.

27 이에 대해서는 『조선식물향명집』, 색인 p.33 참조.

28 이러한 견해로 허북구·박석근(2008a), p.207; 이유미(2010), p.443; 김종원(2013), p.442; 권순경(2015.3.4.) 참조.

29 김종원(2013)은 패랭이꽃이라는 이름의 첫 기록이 『물명고』(1824)의 '펴랑이꼿'이라고 주장하고 있으나, 이미 『물보』(1802)와 『재물보』(1798)에도 나오는 표현이고 18세기 후반에도 불린 이름이므로 타당하지 않다.

30 중국 위진남북조 시대의 도굉경(陶宏景, 452~536)은 "子頗似麥 故名瞿麥"(열매가 거의 보리와 유사하기 때문에 구맥이라는 이름이 붙여졌다)이라고 했다.

기에 붙여졌다.[31]

속명 *Dianthus*는 *Dios*(Zeus, God)와 *anthos*(꽃)의 합성어로, 제우스의 꽃 또는 신성한 꽃이라는 뜻이며 패랭이꽃속을 일컫는다. 종소명 *chinensis*는 '중국에 분포하는'이라는 뜻으로 최초 발견지를 나타낸다.

다른이름 패랭이꽃(정태현 외, 1936), 석죽(정태현 외, 1937), 꽃패랭이/석죽화(임록재 외, 1972), 패랭이(한진건 외, 1982), 꽃패랭이꽃(김현삼 외, 1988)

옛이름 瞿麥/石竹花/鳴目花(향약구급방, 1236),[32] 石竹花(동국이상국집, 1241), 瞿麥/石竹花(향약집성방, 1433),[33] 石竹花(동문선, 1478), 瞿麥/셕듁화(구급간이방언해, 1489), 瞿麥/石竹花/셕죡화(촌가구급방, 1538), 瞿麥/셕죽화(언해구급방, 1608), 瞿麥/셕듁화/石竹(동의보감, 1613), 瞿麥/石竹花(산림경제, 1715), 瞿麥/펴랑이꽃(재물보, 1798), 瞿麥/셕쥭화(제중신편, 1799), 瞿麥/펴랑이꽃(물보, 1802), 瞿麥/石竹/펴량이꽃(광재물보, 19세기 초), 瞿麥/펴랑이꽃(물명고, 1824), 瞿麥/石竹花/셕쥭화(명물기략, 1870), 펴랑이꽃(한불자전, 1880), 瞿麥/셕듁화(방약합편, 1884), 瞿麥子/셕죽화/패랭이풀(선한약물학, 1931)[34]

중국/일본명 중국명 石竹(shi zhu)는 바위틈에서 자라는 대나무(竹)라는 뜻에서 유래했다. 일본명 カラナデシコ(唐撫子)는 중국에서 전래되고 꽃이 가련한 모양(撫子)이라는 뜻에서 붙여졌다.

참고 [북한명] 꽃패랭이/패랭이꽃[35] [유사어] 구맥(瞿麥), 석죽화(石竹花), 천국(天菊) [지방명] 피렝이꽃(강원), 패리꽃(경남), 석죽(전남), 패랭이(전북/충북/함북), 팽랭이꽃(충남)

---

31 이러한 견해로 이덕봉(1963), p.13; 손병태(1996), p.17; 기태완(2015), p.563 참조.

32 『향약구급방』(1236)의 차자(借字) '石竹花/鳴目花'(석죽화/구목화)에 대해 남풍현(1981), p.42는 '석듁화/구목화'의 표기로 보고 있으며, 이덕봉(1963), p.13은 '셕듁화/비둘기눈곶'의 표기로 보고 있다.

33 『향약집성방』(1433)의 차자(借字) '石竹花'(석죽화)에 대해 남풍현(1999), p.176은 '셕듁화'의 표기로 보고 있다.

34 『지리산식물조사보고서』(1915)는 '그ㄱ두ㄱㅎㅑ'[셕듁화]를 기록했으며 『조선한방약료식물조사서』(1917)는 '꾀랑이꽃(京畿), 셕쥭화(方藥), 瞿麥'을, 『조선어사전』(1920)은 '패랭이꽃, 石竹(셕쥭), 天菊(텬국), 瞿麥'을, 『조선식물명휘』(1922)는 '瞿麥, 잉딕, 셕쥭화, 패링이풀(藥, 觀賞)'을, Crane(1931)은 '셕쥭화, 石竹花'를, 『토명대조선만식물자휘』(1932)는 '[石竹(花)]셕쥭(화), [天菊(花)]텬국(화)'를, 『선명대화명지부』(1934)는 '셕쥭화, 패랭이풀, 페렝이꽃, 필나무꽃'을 기록했다.

35 북한에서는 *D. chinensis*를 '꽃패랭이'로, *D. amurensis*를 '패랭이꽃'으로 하여 별도 분류하고 있다. 이에 대해서는 리용재 외(2011), p.124 참조.

Dianthus superbus *Linné*　カハラナデシコ
Sul-paeraeṅgiǥot　술패랭이꽃

술패랭이꽃〈*Dianthus longicalyx* Miq.(1861)〉

술패랭이꽃이라는 이름은 『조선식물향명집』에서 신칭한 것으로,[36] 꽃잎이 술과 같이 갈라진 패랭이꽃이라는 뜻이다.[37] '술'은 물건을 장식하기 위해 다는 여러 가닥의 실을 말한다.[38]

　속명 *Dianthus*는 *Dios*(Zeus, God)와 *anthos*(꽃)의 합성어로, 제우스의 꽃 또는 신성한 꽃이라는 뜻이며 패랭이꽃속을 일컫는다. 종소명 *longicalyx*는 '긴 꽃받침의'라는 뜻이다.

다른이름　수패랭이꽃(박만규, 1949)[39]

중국/일본명　중국명 长萼瞿麦(chang e qu mai)는 꽃받침이 긴 구맥(瞿麥: 패랭이꽃)이라는 뜻으로 학명과 관련 있다. 일본명 カハラナデシコ(川原撫子)는 강가의 모래톱에서 자라는 패랭이꽃(ナデシコ)이라는 뜻이다.

참고　[북한명] 술패랭이꽃 [유사어] 구맥(瞿麥)

⊗Gypsophila perfoliata *Linné*　イトナデシコ
Ganùn-daenamul　가는대나물

가는대나물〈*Gypsophila pacifica* Kom.(1916)〉

가는대나물이라는 이름은 대나물에 비해 잎이 가늘다는 뜻에서 붙여졌다고 알려져 있다.[40] 그러나 실제로는 중국명 大叶石头花(대엽석두화)에서 보는 것처럼 잎이 달걀모양으로 대나물에 비해 가늘지 않다. 『조선식물향명집』에서 신칭한 이름으로,[41] 당시 일본명으로 기록된 イトナデシコ(絲撫子)가 꽃자루의 모양이 실처럼 가늘다는 뜻인 점에 비추어[42] 가는대나물의 '가는'은 잎이 가는 것이 아니라 꽃자루가 가는 데서 붙여진 이름으로 추정한다. 가는대나물은 중국, 러시아, 한국에 분포하고 일본에 자생하지는 않는 것으로 알려져 있다.[43]

36　이에 대해서는 『조선식물향명집』, 색인 p.42 참조.
37　이러한 견해로 이우철(2005), p.362; 허북구·박석근(2008a), p.145; 김종원(2016), p.50 참조.
38　『조선어사전』(1917)은 '술'에 대해 "條纓類의 下端에 散垂한 者의 稱"이라고 기록했다.
39　『조선식물명휘』(1922)는 '瞿麥, 石竹子, 석듁'을 기록했으며 『토명대조선만식물자휘』(1932)는 '[瞿麥]구믹, [패랭이꽃]'을, 『선명대화명지부』(1934)는 '석듁, 패랭이꽃'을 기록했다.
40　이러한 견해로 이우철(2005), p.19 참조.
41　이에 대해서는 『조선식물향명집』, 색인 p.30 참조.
42　일본명 'イトナデシコ'(絲撫子)를 꽃자루가 실처럼 가늘다는 뜻으로 해석하는 것에 대해서는 牧野富太郎(2008), p.103 참조.
43　이에 대해서는 '중국식물지'(2018) 중 大叶石头花<*Gypsophila pacifica* Komarov(1916)> 부분 참조. 그리고 중국은 『조선식물향명집』에 기록된 *G. perfoliata*를 钝叶石头花(dun ye shi tou hua)로 별도 분류하고 있으므로 주의가 필요하다.

속명 *Gypsophila*는 그리스어 *gypsos*(석회)와 *phileo*(사랑하다)에서 유래한 말로, 석회암 지대에서 잘 자라는 특성을 나타내며 대나물속을 일컫는다. 종소명 *pacifica*는 '태평양의'라는 뜻이다.

다른이름 가는잎대나물(박만규, 1949), 두메마디나물(리종오, 1964)[44]

중국/일본명 중국명 大叶石头花(da ye shi tou hua)는 잎이 큰 석두화(石頭花: 대나물)라는 뜻이다. 일본명 イトナデシコ(絲撫子)는 꽃자루가 실 모양으로 가는 패랭이꽃(ナデシコ)이라는 뜻에서 붙여졌지만 일본에는 분포하지 않는 식물이다.

참고 [북한명] 두메마디나물

○ Gypsophila Oldhamiana *Miquel* コゴメナデシコ
Daenamul 대나물(은시호) 銀柴胡

대나물〈*Gypsophila oldhamiana* Miq.(1867)〉

대나물이라는 이름은 『조선식물향명집』에 따른 깃으로, 잎이 평행 잎맥으로 대나무와 유사한 데서,[45] 또는 '대'와 '나물'의 합성어로 줄기가 대나무처럼 생겼고 나물로 이용한 데서 유래했다고 해석하고 있다.[46] 즉, 잎과 줄기의 모양이 대(竹)를 닮았고 나물로 사용한 것에서 유래한 이름이다. 중국명 및 일본명과 뜻이 다르고, 전남 방언에 대나물이라는 뜻의 '대노물'이 남아 있는 것에 비추어 방언을 채록한 이름으로 보인다. 한자명 '銀柴胡'(은시호)는 정약용이 저술한 『마과회통』에 기록된 이름으로, 시호를 닮았는데 흰색 꽃이 피기 때문에 붙여졌다.

속명 *Gypsophila*는 그리스어 *gypsos*(석회)와 *phileo*(사랑하다)에서 유래한 말로, 석회암 지대에서 잘 자라는 특성을 나타내며 대나물속을 일컫는다. 종소명 *oldhamiana*는 영국 식물채집가로 일본과 타이완 식물을 채집한 Richard Oldham(1837~1864)의 이름에서 유래했다.

다른이름 은시호(정태현 외, 1937), 마디나물(리종오, 1964)

옛이름 銀柴胡(마과회통, 1798)

중국/일본명 중국명 长蕊石头花(chang rui shi tou hua)는 꽃술이 긴 석두화(石頭花: 대나물)라는 뜻이

---

44 『조선식물명휘』(1922)는 '香茶花'를 기록했다.
45 이러한 견해로 이우철(2005), p.170 참조.
46 이러한 견해로 김종원(2016), p.52 참조.

다. 일본명 コゴメナデシコ(粉米撫子)에서 コゴメ(粉米)는 싸라기라는 뜻이며 꽃이 싸라기처럼 작은 패랭이꽃(ナデシコ) 같아서 붙여졌다.

> **참고** [북한명] 마디나물 [유사어] 백근자(白根子), 사삼아(沙參兒), 산마답채근(山馬踏菜根), 산채근(山菜根), 우두근(牛肚根), 은하시호(銀夏柴胡), 은호(銀胡), 토삼(土蔘) [지방명] 대노물(전남)

○ Krascheninikovia Davidii *Franchet*　ツルワチガヒサウ
Dȯṅggul-michigwaṅgi　덩굴미치광이

덩굴개별꽃〈*Pseudostellaria davidii* (Franch.) Pax(1934)〉

덩굴개별꽃이라는 이름은 덩굴로 자라는 개별꽃이라는 뜻에서 유래했다.[47] 『조선식물향명집』에서는 '덩굴미치광이'를 신칭해 기록했으나[48] 『조선식물명집』에서 '덩굴개별꽃'이라는 이름을 최초로 기록해 현재에 이르고 있다.

속명 *Pseudostellaria*는 라틴어 *pseudos*(거짓의, 모조의)와 *Stellaria*(별꽃속)의 합성어로, 별꽃을 닮았다는 뜻이며 개별꽃속을 일컫는다. 종소명 *davidii*는 프랑스 자연연구가이자 신부로 중국에서 활동한 Armand David(1826~1900)의 이름에서 유래했다.

> **다른이름** 덩굴미치광이(정태현 외, 1937), 둥근잎미치광이풀(박만규, 1949), 덩굴들별꽃(리종오, 1964)

> **중국/일본명** 중국명 蔓孩儿参(wan hai er shen)은 덩굴로 자라는 해아삼(孩兒參: 개별꽃의 중국명)이라는 뜻이다. 일본명 ツルワチガヒサウ(蔓輪違草)는 덩굴진 개별꽃(ワチガヒサウ)이라는 뜻이다.

> **참고** [북한명] 덩굴들별꽃

Krascheninikovia heterophylla *Maximowicz*　ワチガヒサウ
Michigwaṅgipul　미치광이풀

개별꽃〈*Pseudostellaria heterophylla* (Miq.) Pax(1934)〉

개별꽃이라는 이름은 꽃의 모양이 별꽃과 유사하다는 뜻으로,[49] 학명 *Pseudostellaria*(가짜 별꽃)에서 영향을 받아 형성된 이름으로 추정한다. 『조선식물향명집』은 '미치광이풀'로 기록했으나 『조선식물명집』에서 '개별꽃'이라는 이름을 최초로 기록했다. 『조선식물향명집』에 기록된 '미치광이풀'은 가슴 두근거림이나 정신적 피로를 치료하는 것과 관련한 이름으로 추정한다.

속명 *Pseudostellaria*는 라틴어 *pseudos*(거짓의, 모조의)와 *Stellaria*(별꽃속)의 합성어로,

---

47 이러한 견해로 이우철(2005), p.175 참조.
48 이에 대해서는 『조선식물향명집』, 색인 p.35 참조.
49 이러한 견해로 이우철(2005), p.50; 허북구·박석근(2008a), p.23; 권순경(2018.5.16.) 참조.

별꽃을 닮았다는 뜻이며 개별꽃속을 일컫는다. 종소명 *heterophylla*는 '이엽성(異葉性)의'라는 뜻이다.

다른이름 미치광이풀(정태현 외, 1937), 미치괭이풀(박만규, 1949), 들별꽃(리종오, 1964), 다화개별꽃(이영노, 1996)[50]

옛이름 孩兒蔘(다산시문집, 1865)[51]

중국/일본명 중국명 孩儿参(hai er shen)은 어린아이를 닮은 삼(蔘)이라는 뜻으로 덩이줄기의 모양에서 유래한 것으로 추정한다. 일본명 ワチガヒサウ(輪違草)는 옛날에 이 풀의 이름을 몰랐기 때문에 윤위(輪違)라는 부호로 표시하고 다른 풀과 구분했던 데서 비롯했다.

참고 [북한명] 들별꽃 [유사어] 동삼(童參), 이엽가번루(異葉假繁縷), 태자삼(太子參), 해아삼(孩兒蔘)

Krascheninikovia Palibiniana *Takeda*   ヒゲネワチガヒサウ

Suyómbûri-michigwañgi 수염뿌리미치광이

큰개별꽃〈*Pseudostellaria palibiniana* (Takeda) Ohwi(1935)〉

큰개별꽃이라는 이름은 줄기 윗부분에 나는 2쌍의 잎이 특별히 큰 개별꽃이라는 뜻에서 유래했다.[52] 『조선식물향명집』은 '수염뿌리미치광이'로 기록했으나 『조선식물명집』에서 '큰개별꽃'으로 기록해 현재에 이르고 있다. 수염뿌리미치광이라는 이름은 개별꽃과 달리 큰개별꽃의 뿌리가 다발형으로 수염 형태를 떠서 붙여진 것으로 보인다.

속명 *Pseudostellaria*는 라틴어 *pseudos*(거짓의, 모조의)와 *Stellaria*(별꽃속)의 합성어로, 별꽃을 닮았다는 뜻이며 개별꽃속을 일컫는다. 종소명 *palibiniana*는 러시아 식물학자로 한국(서울 주변)과 북중국, 몽골, 북극 근처, 서남아시아의 식물을 연구한 Ivan Vladimirovich Palibin(1872~1949)의 이름

---

50 『조선산야생약용식물』(1936)은 '唐草蔬'(당초소)를 기록했으나 다른 문헌에서 용례가 확인되지는 않는다.

51 다산 정약용이 저술한 시문집에 중국명과 동일한 '孩兒蔘'(해아삼)이라는 명칭이 등장하나 이는 인삼의 종류 중에서 어린 아이 형체를 한 것을 일컫기도 하므로 현재의 개별꽃을 의미하는지는 불명확하다.

52 이러한 견해로 이우철(2005), p.526 참조.

에서 유래했다.

다른이름 수염뿌리미치광이(정태현 외, 1937), 산채(정태현 외, 1942), 선미치갱이풀(박만규, 1949), 선미치광이풀(안학수·이춘녕, 1963), 큰들별꽃/마디들별꽃(리종오, 1964), 민개별꽃(박만규, 1974)

중국/일본명 큰개별꽃의 중국 분포는 확인되지 않는다. 일본명 ヒゲネワチガヒサウ(髭根輪違草)는 수염뿌리를 가진 개별꽃(輪違草)이라는 뜻이다.

참고 [북한명] 큰들별꽃 [유사어] 태자삼(太子蔘)

Krascheninikovia sylvatica *Maximowicz* ホソバワチガヒサウ
Ganúnip-michigwañgi 가는잎미치광이

가는잎개별꽃〈*Pseudostellaria sylvatica* (Maxim.) Pax(1934)〉

가는잎개별꽃이라는 이름은 잎이 가는 개별꽃이라는 뜻에서 유래했다.[53] 『조선식물향명집』은 '가는잎미치광이'로 기록했으나 『조선식물명집』에서 '가는잎개별꽃'을 최초로 기록해 현재에 이르고 있다.

속명 *Pseudostellaria*는 라틴어 *pseudos*(거짓의, 모조의)와 *Stellaria*(별꽃속)의 합성어로, 별꽃을 닮았다는 뜻이며 개별꽃속을 일컫는다. 종소명 *sylvatica*는 '숲속의, 삼림의'라는 뜻으로 숲속 등에서 야생하는 특성을 나타낸다.

다른이름 가는잎미치광이(정태현 외, 1937), 가는잎치갱이(박만규, 1949), 가는개별꽃(박만규, 1974), 숲개별꽃(이창복, 1980), 가는잎들별꽃(한진건 외, 1982)

중국/일본명 중국명 细叶孩儿参(xi ye hai er shen)은 가는 잎을 가진 해아삼(孩兒蔘: 개별꽃의 중국명)이라는 뜻이다. 일본명 ホソバワチガヒサウ(細葉輪違草)는 가는 잎을 가진 개별꽃(輪違草)이라는 뜻이다.

참고 [북한명] 가는잎들별꽃

Lychnis cognata *Maximowicz* テフセンマツモト(エゾマツモト)
Doñgjaĝot 동자꽃

동자꽃〈*Lychnis cognata* Maxim.(1859)〉

동자꽃이라는 이름은 눈 속에서 얼어 죽은 동자승(童子僧)에 관한 설화에 나오는 동자승과 같이

---

53 이러한 견해로 이우철(2005), p.21 참조.

예쁜 꽃이라는 뜻에서 유래했다.[54] 『조선식물향명집』에 한글명이 최초로 기록된 것으로 보인다. 한편 "동자꽃 설화는 한국이 아니라 일본 교토 사가 지방의 센노사(仙翁寺)에 전해 내려오는 이야기로 일찍이 센노케(仙翁花, 선옹화)라 불렸다"라면서 그 이름의 유래를 일본에서 찾는 견해가 있다.[55] 그러나 일본명 센노(センノウ, 仙翁)는 센노사(仙翁寺)를 창건한 센노(仙翁)라는 선승이 중국에서 *Lychnis senno*(일본명 センノウ, 仙翁)를 들여와 식재했다는 것일 뿐 동자승 설화와는 아무런 관련이 없으므로[56] 근거가 없는 주장으로 보인다. 오히려 설악산 오세암에는 동자꽃 설화와 유사한 동자승의 전설이 내려오고 있는바,[57] 동자꽃이라는 이름은 자생지에서 실제 불리던 이름을

채록했거나 동자승의 유래를 참조해 신칭한 것으로 보인다.[58] 18세기 말에 저술된 『화암수록』은 한자명 翦秋羅(전추라)를 '문간에서 심부름하는 동자이다'라고 기술해 당시에 동자꽃이라는 이름이 있었음을 추정하게 한다.

속명 *Lychnis*는 그리스어 *lychnos*(불꽃)에서 유래한 것으로 붉은색을 띠는 종에 붙여졌는데, 유럽에서는 옛날에 이 속의 식물로 램프의 심지를 만들었다고 하며 동자꽃속을 일컫는다. 종소명 *cognata*는 '친근한, 관련된'이라는 뜻으로 다른 종과 매우 유사함을 나타낸다.

다른이름 참동자(박만규, 1974)

옛이름 剪秋羅(홍재전서, 1787), 翦秋羅(화암수록, 18세기 말), 剪秋羅/전츄라(물보, 1802), 剪春羅/전춘나숫/剪紅羅(물명고, 1824), 翦春羅(낙하생집, 19세기 초), 剪春羅/전츌화(명물기략, 1870)[59]

중국/일본명 중국명 浅裂剪秋罗(qian lie jian qiu luo)는 꽃잎이 얕게 갈라지는 전추라(剪秋羅: 털동자꽃의 중국명)라는 뜻이다. 일본명 テフセンマツモト(朝鮮松本)는 한반도에 분포하는 종으로 꽃의 모양이 유명한 가부키 배우 가문인 마쓰모토(松本) 집안의 상징 문양과 비슷하다는 뜻에서 붙여졌다.

참고 [북한명] 동자꽃 [유사어] 전추라(剪秋羅), 전춘라(剪春羅), 전하라(剪夏羅) [지방명] 담배나물/전대나물(강원), 전대나물(경기/경북/충남), 전대취(전북)

---

54 이러한 견해로 이우철(2005), p.185; 허복구·박석근(2008a), p.75; 이유미(2010), p.274; 권순경(2015.2.4.) 참조.
55 이러한 견해로 이윤옥(2015), p.152 참조.
56 이에 대해서는 牧野富太郎(2008), p.98 참조.
57 오세암의 동자승 설화에 대해서는 한국콘텐츠진흥원, '문화콘텐츠닷컴' 중 '오세암 창건 설화' 참조.
58 이러한 견해로 허복구·박석근(2008a), p.75 참조.
59 『조선어사전』(1920)은 '剪秋羅(전츄라)'를 기록했으며 Crane(1931)은 '전츈라, 剪春羅'를, 『토명대조선만식물자휘』(1932)는 '[剪秋羅花]전츄라화'를 기록했다.

Lychnis fulgens *Fischer*　マツモトセンノウ
Tŏl-dongjagŏt　털동자꽃

털동자꽃〈*Lychnis fulgens* Fisch.(1818)〉[60]

털동자꽃이라는 이름은 『조선식물향명집』에서 신칭한 것으로,[61] 동자꽃에 비해 털이 많다는 뜻에서 붙여졌다.[62] 이에 대한 기존 명칭이 없어 '동자꽃'을 기본으로 하고 식물의 형태적 특징을 나타내는 '털'을 추가했다.

속명 *Lychnis*는 그리스어 lychnos(불꽃)에서 유래한 것으로 붉은색을 띠는 종에 붙여졌는데, 유럽에서는 옛날에 이 속의 식물로 램프의 심지를 만들었다고 하며 동자꽃속을 일컫는다. 종소명 *fulgens*는 라틴어 fulgeo(빛나다)에서 유래해 꽃의 모습을 나타낸다.

다른이름　호동자꽃(박만규, 1974)

중국/일본명　중국명 剪秋羅(jian qiu luo)는 우장(吳江) 등지에서 생산되는 얇고 가벼우며 줄무늬가 있는 비단(秋羅)을 잘라놓은 듯 예쁜 꽃이라는 뜻이다. 한편 剪春羅(jian chun luo) 또는 剪夏羅(jian xia luo)라고도 하는데, 계절에 따라 비단명을 달리 부른 데서 유래했지만 현재의 '중국식물지'는 *L. coronata*를 일컫는 이름으로 쓰고 있다. 일본명 マツモトセンノウ(松本仙翁)의 マツモト는 꽃의 모양이 유명한 가부키 배우 가문인 마쓰모토(松本) 집안의 상징 문양과 비슷하다는 뜻에서, センノウ는 센노사(仙翁寺)에서 중국산 동자꽃 종류를 재배했기에 붙여졌다.

참고　[북한명] 털동자꽃 [유사어] 전추라(剪秋羅), 전춘라(剪春羅)

Lychnis Wilfordii *Maximowicz*　エンビセンノウ
Jebi-dongjagŏt　제비동자꽃

제비동자꽃〈*Lychnis wilfordii* (Regel) Maxim.(1872)〉

제비동자꽃이라는 이름은 『조선식물향명집』에서 신칭한 것으로,[63] 실처럼 갈라진 꽃잎의 모습이 제비 꼬리를 연상시켜서 붙여졌다.[64] '동자꽃'을 기본으로 하고 '제비'를 추가해 만든 이름이다.

속명 *Lychnis*는 그리스어 lychnos(불꽃)에서 유래한 것으로 붉은색을 띠는 종에 붙여졌는데,

60　'국가표준식물목록'(2018)은 털동자꽃의 학명을 *Lychnis fulgens* Fisch. ex Spreng.(1818)으로 기재해 Spreng.에 의해 정당 공표된 것으로 하고 있으나, '세계식물목록'(2018)과 『장진성 식물목록』(2018)은 본문과 같이 기재하고 있다. 출처는 동일하게 Novi Provent. 26(1818)으로 밝히고 있다.

61　이에 대해서는 『조선식물향명집』, 색인 p.48 참조.

62　이러한 견해로 이우철(2005), p.554 참조.

63　이에 대해서는 『조선식물향명집』, 색인 p.45 참조.

64　이러한 견해로 이우철(2005), p.453; 김종원(2016), p.57; 권순경(2015.2.4.) 참조.

유럽에서는 옛날에 이 속의 식물로 램프의 심지를 만들었다고 하며 동자꽃속을 일컫는다. 종소명 *wilfordii*는 영국 식물학자로 한국과 일본, 중국의 식물을 채집하고 연구한 Charles Wilford(?~1893)의 이름에서 유래했다.

다른이름 북동자꽃(박만규, 1949)

중국/일본명 중국명 絲瓣剪秋罗(si ban jian qiu luo)는 실 같은 꽃잎을 가진 전추라(剪秋羅: 털동자꽃의 중국명)라는 뜻이다. 일본명 エンビセンノウ(燕尾仙翁)는 제비 꼬리를 닮았고 센노사(仙翁寺)에서 재배가 시작된 식물(동자꽃)이라는 뜻에서 붙여졌다.

참고 [북한명] 제비동자꽃 [유사어] 전홍사화(剪紅紗花)

Melandryum apricum *Rohrbach* ケフシグロ
Tŏl-jangguchae 털장구채

털장구채〈*Silene firma* f. *pubescens* (Makino) Ohwi & Ohashi(1974)〉[65]

털장구채라는 이름은 『조선식물향명집』에서 신청한 것으로,[66] 전초(全草)에 가는 털이 있는 장구채라는 뜻이다.[67]

속명 *Silene*는 디오니소스(바쿠스: 술의 신)의 스승이자 동료인 실레노스(*Silenus*: 숲의 신)에서 유래했으며, 점액성 분비물을 내는 식물체를 실레노스의 술 취한 모습에 비유한 것으로 끈끈이장구채속을 일컫는다. 종소명 *firma*는 '강한, 견고한'이라는 뜻이며, 품종명 *pubescens*는 '가는 연모가 있는'이라는 뜻으로 전초에 가는 털이 있어서 붙여졌다.

중국/일본명 중국에서는 이를 별도 분류하지 않고 있다. 일본명 ケフシグロ(毛節黑)는 털이 있는 장구채(フシグロ)라는 뜻이다.

참고 [북한명] 없음[68] [유사어] 왕불류행(王不留行)

---

65 '국가표준식물목록'(2018)은 딜장구채의 학명을 *Silene firma* f. *pubescens* (Makino) Makino(1925)로 별도 분류하고 있으나, 이 학명은 이후 Ohwi & Ohashi에 의해 *Silene firma* f. *pubescens* (Makino) Ohwi & Ohashi(1974)로 정정되었고, 현재 『장진성 식물목록』(2014), '중국식물지'(2018) 및 '세계식물목록'(2018)은 이를 장구채에 통합하고 별도 분류하지 않으므로 주의가 필요하다.

66 이에 대해서는 『조선식물향명집』, 색인 p.48 참조.

67 이러한 견해로 이우철(2005), p.563 참조.

68 북한에서는 털장구채를 별도 분류하지 않고 있다. 이에 대해서는 리용재 외(2011), p.224 참조.

○ Melandryum capitatum *Komarov*　タマザキマンテマ
Bunhong-jangguchae　분홍장구채

분홍장구채〈*Silene capitata* Kom.(1901)〉

분홍장구채라는 이름은 분홍색 꽃이 피는 장구채라는 뜻이
다.[69] 『조선식물향명집』에서 전통 명칭 '장구채'를 기본으로 하
고 식물의 형태적 특징을 나타내는 '분홍'을 추가해 신칭했다.[70]

　속명 *Silene*는 디오니소스(바쿠스: 술의 신)의 스승이자 동료
인 실레노스(*Silenus*: 숲의 신)에서 유래했으며, 점액성 분비물
을 내는 식물체를 실레노스의 술 취한 모습에 비유한 것으로
끈끈이장구채속을 일컫는다. 종소명 *capitata*는 '머리모양의,
머리모양꽃차례의'라는 뜻으로 꽃차례의 모양에서 유래했다.

다른이름　구슬꽃대나물(박만규, 1949), 애기대나물(한진건 외,
1982)

중국/일본명　중국명 头序蝇子草(tou xu ying zi cao)는 머리모양꽃
차례의 승자초(蝇子草: 파리풀이라는 뜻으로 장구채 종류의 중국명)라는 뜻이다. 일본명 タマザキマン
テマ(玉崎−)는 구슬처럼 둥근 모양으로 비스듬히 자라는 マンテマ(*Agrostemma*속 식물이 전래될
때 マンテマン으로 불리다가 장구채 종류에 정착된 일본명)라는 뜻이다.

참고　[북한명] 분홍장구채

Melandryum firmum *Rohrbach*　フシグロ　王不留行
Jangguchae　장구채

장구채〈*Silene firma* Siebold & Zucc.(1843)〉

장구채라는 이름은 옛이름에서 유래한 것으로, 악기 장구의 옛말이 '댱고'(사성통해, 1517)인 점에
비추어 장구를 닮은 풀(새)이라는 뜻으로 이해된다. 옛 표현 '댱고재' 또는 '댱고새'가 현재의 장구
채가 되었다.[71] 『향약집성방』도 장구를 닮은 풀이라는 뜻으로 '長鼓草'(장고초)를 기록했다.[72] 한편

69　이러한 견해로 이우철(2005), p.288 참조.

70　이에 대해서는 『조선식물향명집』, 색인 p.39 참조.

71　이러한 견해로 이우철(2005), p.446 참조. 허북구·박석근(2008a), p.178은 장구를 치는 채와 닮아 장구채라는 이름이 유래
　　되었다고 기술하고 있다.

72　15세기에 기록된 '댱고'와 한자 '杖鼓' 또는 '長鼓'와 관련해 어원이 무엇인가에 대해서는, (i) 장구가 순수 우리 악기라는
　　점을 근거로 한자가 사후적으로 음차된 것이라는 견해와 (ii) 한자어가 어원이고 그것이 한글화하면서 댱고→댱구→장

『동의보감』에 기록된 '댱고재'는 당시 백성들이 불렀던 우리 말 이름인 것은 분명하나 악기 장구와는 아무런 관련이 없고 어원 불명이라는 견해가 있다.[73] 그러나 악기 장구의 옛 표현과 일치하는 것에 비추어 이 견해는 타당하지 않아 보인다. 한 약재로 왕불류행(王不留行)이라는 이름으로 알려져 있기도 한데, 약의 성질이 매우 활동적이며 머물러 있지 않아서 비록 왕명이 있을지라도 움직임을 멈출 수 없다는 뜻이 있다.[74]

속명 Silene는 디오니소스(바쿠스: 술의 신)의 스승이자 동료인 실레노스(Silenus: 숲의 신)에서 유래했으며, 점액성 분비물을 내는 식물체를 실레노스의 술 취한 모습에 비유한 것으로 끈끈이장구채속을 일컫는다. 종소명 firma는 '강한, 견고한'이라는 뜻이다.

다른이름 림질초/장고새/매대초(정태현 외, 1936), 왕불류행(리종오, 1964)

옛이름 王不留行/長鼓草(향약집성방, 1433),[75] 王不留行(세종실록지리지, 1454), 王不留行(구급이해방, 1498), 王不留行/댱고재/剪金花/金盞銀臺子(동의보감, 1613), 王不留行/댱고새(사의경험방, 17세기), 王不留行/쟝고지/죠리티기/禁宮花/剪金花/金盞銀臺子(물명고, 1824), 王不留/댱고싀(의종손익, 1868), 王不留行/댱고싀(방약합편, 1884), 王不留行/댱고새(의방합편, 19세기), 王不留行/댱고새(선한약물학, 1931), 장구채(조선구전민요집, 1933)[76]

중국/일본명 중국명 疏毛女婁菜(shu mao nu lou cai)는 성긴 털을 가진 여루채(女婁菜: 애기장구채의 중국명)라는 뜻이다. 일본명 フシグロ(節黑)는 마디가 검은 것에서 유래했다.

참고 [북한명] 장구채[77] [유사어] 금궁화(禁宮花), 여루채(女婁菜), 왕불류행(王不留行), 전금화(翦金花) [지방명] 여루채(강원), 가지복나물/장구쟁이(경남), 쇠딱지(경북), 돈방구리/자구처리/장구치대지(충북)

구가 되었다는 견해의 대립이 있다. 후자의 견해에 대해서는 김무림(2015), p.667과 백문식(2014), p.431 참조.

73 이러한 견해로 김종원(2016), p.59 참조.

74 중국의 이시진은 『본초강목』(1596)에서 "此物性走而不住 雖有王命 不能留其行 故名"(이 식물의 성질이 달리고 머물지 못하므로 비록 왕명이 있다고 하더라도 그 움직임을 머물도록 할 수 없는 데서 이름이 유래한 것이다)이라고 했다.

75 『향약집성방』(1433)의 차자(借字) '長鼓草(샹ㅗ조)에 대해 남풍현(1999), p.176은 '댱고새'의 표기로 보고 있다.

76 『조선한방약료식물조사서』(1917)는 '쟝고싀(方藥), 王不留行'을 기록했으며 『조선어사전』(1920)은 '王不留行(왕불류힝), 쟝고재, 剪金花(젼금화)'를, 『조선식물명휘』(1922)는 '女婁菜, 王不留行, 쟝고새, 왕불류항(救, 藥)'을, 『토명대조선만식물자휘』(1932)는 '[王不留行(草)]왕불류힝(풀), [剪金花]젼금화, [金盞銀臺子]금잔은듸즈, [쟝고재]'를, 『선명대화명지부』(1934)는 '댱고리, 쟝고새'를 기록했다.

77 북한에서는 한국명과 동일하게 추천명을 장구채로 하고 있으나, 학명은 『조선식물향명집』에 기록된 Melandrium firmum을 그대로 사용하고 있다. 이에 대해서는 리용재 외(2011), p.224 참조.

⊗ Melandryum seoulensis *Nakai* テフセンマンテマ
Ganún-jangguchae 가는장구채

가는장구채〈*Silene seoulensis* Nakai(1909)〉

가는장구채라는 이름은 『조선식물향명집』에서 신칭한 것으로,[78] 장구채를 닮았으나 줄기가 가늘고 약하다는 뜻에서 붙여졌다.[79] 『조선구전민요집』에서 기록한 「나물타령」에 나오는 '말맹이나물'이 어떤 종을 일컫는지 논란이 있는데, 현재 충북에서 가는장구채를 일컫고 있으나[80] 이 책은 '말맹이'를 주름잎(*Mazus japonica*)에 대한 국명으로 기록한 『조선산야생식용식물』에 따라 주름잎을 뜻하는 것으로 보았다(자세한 내용은 이 책 '주름잎' 항목 참조).

속명 *Silene*는 디오니소스(바쿠스: 술의 신)의 스승이자 동료인 실레노스(*Silenus*: 숲의 신)에서 유래했으며, 점액성 분비물을 내는 식물체를 실레노스의 술 취한 모습에 비유한 것으로 끈끈이장구채속을 일컫는다. 종소명 *seoulensis*는 '서울에 분포하는'이라는 뜻이다.

다른이름 동굴장구채(박만규, 1949), 덩굴장구채(이영노·주상우, 1956), 둥글장구채(안학수·이춘녕, 1963), 가지가는장구채(이창복, 1969b), 수양장구채(한진건 외, 1982)

중국/일본명 중국명 汉城蝇子草(han cheng ying zi cao)는 서울(한성)에서 자라는 승자초(蠅子草: 파리풀이라는 뜻으로 장구채 종류의 중국명)라는 뜻이다. 일본명 テフセンマンテマ(朝鮮–)는 조선에서 자라는 マンテマ(*Agrostemma*속 식물이 전래될 때 マンテマン으로 불리다가 장구채 종류에 정착된 일본명)라는 뜻이다.

참고 [북한명] 가는장구채 [지방명] 말맹이나물(충북)

Sagina Linnaei *Presl* ツメクサ
Gaemijari 개미자리

개미자리〈*Sagina japonica* (Sw.) Ohwi(1937)〉

개미자리라는 이름은 『조선식물향명집』에서 최초 기록한 것으로, 개미가 있는 자리라는 뜻이며

---

78 이에 대해서는 『조선식물향명집』, 색인 p.30 참조.
79 이러한 견해로 이우철(2005), p.26 참조.
80 이에 대해서는 『한국의 민속식물』(2017), p.321 참조.

밭둑이나 길가 등 개미가 많은 곳에서 자라는 데서 유래했다.[81] 현존하는 가장 오래된 의학서인 『향약구급방』은 '漆矣於耳/漆矣母'(칠의어이/칠의모)라는 차자(借字) 표현으로 기록했는데, 이는 한자명 漆姑(칠고)를 번역한 것으로 칠창을 치료할 수 있는 '옻의 어미'라는 뜻이다.

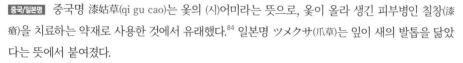

속명 Sagina는 라틴어 sagina(비대)에서 유래한 것으로, 유럽에서 목초로 재배하는 Spergula가 전용되어 가축을 살찌우는 사료를 뜻하며 개미자리속을 일컫는다. 종소명 japonica는 '일본의'라는 뜻으로 최초 발견지 또는 분포지를 나타낸다.

다른이름 수캐자리(박만규, 1949), 개미나물(리종오, 1964)

옛이름 漆姑/漆矣於耳/漆矣母(향약구급방, 1236),[82] 漆枯草(향약집성방, 1433), 漆姑草(광재물보, 19세기 초)[83]

중국/일본명 중국명 漆姑草(qi gu cao)는 옻의 (시)어미라는 뜻으로, 옻이 올라 생긴 피부병인 칠창(漆瘡)을 치료하는 약재로 사용한 것에서 유래했다.[84] 일본명 ツメクサ(爪草)는 잎이 새의 발톱을 닮았다는 뜻에서 붙여졌다.

참고 [북한명] 개미나물 [유사어] 우모점(牛毛粘), 자리풀, 진주초(珍珠草), 칠고초(漆姑草) [지방명] 개미나물(전북)

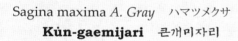

Sagina maxima *A. Gray* ハマツメクサ

Kún-gaemijari 큰개미자리

큰개미자리〈*Sagina maxima* A. Gray(1858)〉

큰개미자리라는 이름은 개미자리에 비해 식물체가 크다는 뜻에서 붙여졌다.[85] 『조선식물향명집』에서 종래 개미자리로 통칭되었거나 별도의 이름이 없어, 전통 명칭 '개미자리'를 기본으로 하고 식물의 형태적 특징을 나타내는 '큰'을 추가해 신칭했다.[86]

속명 Sagina는 라틴어 sagina(비대)에서 유래한 것으로, 유럽에서 목초로 재배하는 Spergula

---

81 이러한 견해로 이우철(2005), p.49; 허북구·박석근(2008a), p.21; 김종원(2013), p.43 참조.

82 『향약구급방』(1236)의 차자(借字) '漆矣於耳/漆矣母'(칠의어이/칠의모)에 대해 남풍현(1981), p.130은 '옻이어싀'의 표기로 보고 있으며, 이덕봉(1963), p.25는 '옻의어이'의 표기로 보고 있다.

83 『조선식물명휘』(1922)는 '漆姑草, 爪槌草'를 기록했다.

84 중국의 이시진은 『본초강목』(1596)에서 "能治漆瘡故曰漆姑"(능히 칠창을 치료할 수 있기 때문에 옻의 어미라 한다)라고 했다.

85 이러한 견해로 이우철(2005), p.526 참조.

86 이에 대해서는 『조선식물향명집』, 색인 p.47 참조.

가 전용되어 가축을 살찌우는 사료를 뜻하며 개미자리속을 일컫는다. 종소명 *maxima*는 '최대의'
라는 뜻으로 개미자리보다 크다는 것을 나타낸다.

다른이름 섬개자리(안학수·이춘녕, 1963), 개개미나물(리종오, 1964), 너도개미자리(임록재 외, 1972),
좀개미자리(박만규, 1974), 좀개미나물(임록재 외, 1996), 섬개미나물/섬개미자리/큰개미나물(리용재
외, 2011)

중국/일본명 중국명 根叶漆姑草(gen ye qi gu cao)는 뿌리잎을 가진 칠고초(漆姑草: 개미자리의 중국명)
라는 뜻으로, 전초(全草)를 약재로 사용하는 것과 관련 있는 이름으로 추정한다. 일본명 ハマツメ
クサ(浜爪草)는 해변에서 자라는 개미자리(ツメクサ)라는 뜻이다.

참고 [북한명] 섬개미나물/큰개미나물[87] [유사어] 칠고초(漆姑草)

Silene Armeria *Linné*　ムシトリナデシコ　(栽)
Ĝunĝuni-daenamul　끈끈이대나물

끈끈이대나물〈*Silene armeria* L.(1753)〉

끈끈이대나물이라는 이름은 점액을 분비해 벌레를 잡는 대나
물 종류라는 뜻에서 붙여졌다.[88] 『조선식물향명집』에서 재배
식물로 도입된 종인데 종래 별도로 부르는 이름이 없어, 전통
명칭 '대나물'을 기본으로 하고 식물의 형태적 특징을 나타내
는 '끈끈이'를 추가해 신칭했다.[89]

속명 *Silene*는 디오니소스(바쿠스: 술의 신)의 스승이자 동료
인 실레노스(*Silenus*: 숲의 신)에서 유래했으며, 점액성 분비물
을 내는 식물체를 실레노스의 술 취한 모습에 비유한 것으로
끈끈이장구채속을 일컫는다. 종소명 *armeria*는 이 식물을 일
컫는 고대 라틴어에서 유래했다.

다른이름 세레네(한진건 외, 1982), 벌레잡이대나물(리용재 외,
2011)

중국/일본명 중국명 高雪轮(gao xue lun)은 矮雪轮(ai xue lun, 숙은장구채)에 비해 키가 크다는 뜻이며,
雪轮(雪輪, 설륜)은 矮雪轮 꽃의 중심부에 있는 흰 테두리 모양의 무늬를 수레바퀴에 비유한 것으

---

87 북한에서는 *S. crassicaulis*를 '섬개미나물'로, *S. maxima*를 '큰개미나물'로 하여 별도 분류하고 있다. 이에 대해서는
　리용재 외(2011), p.310 참조.
88 이러한 견해로 이우철(2005), p.123 참조.
89 이에 대해서는 『조선식물향명집』, 색인 p.33 참조.

로 보인다. 일본명 ムシトリナデシコ(虫捕撫子)는 벌레를 잡는 패랭이꽃(ナデシコ)이라는 뜻이다.

참고 [북한명] 벌레잡이대나물

○ Silene koreana *Komarov*   ネバリマンテマ
Gúngúni-jangguchae   끈끈이장구채

끈끈이장구채〈*Silene koreana* Kom.(1901)〉

끈끈이장구채라는 이름은 줄기의 마디에 선점이 있어서 끈적끈적한 점액을 분비하고 장구채를 닮아 붙여졌다.[90] 『조선식물향명집』에서 종래 장구채로 통칭되었거나 별도의 이름이 없어, 전통 명칭 '장구채'를 기본으로 하고 식물의 형태적 특징을 나타내는 '끈끈이'를 추가해 신칭했다.[91]

속명 *Silene*는 디오니소스(바쿠스: 술의 신)의 스승이자 동료인 실레노스(*Silenus*: 숲의 신)에서 유래했으며, 점액성 분비물을 내는 식물체를 실레노스의 술 취한 모습에 비유한 것으로 끈끈이장구채속을 일컫는다. 종소명 *koreana*는 '한국의'라는 뜻으로 최초 발견지를 나타낸다.

다른이름 끈끈이대나물(박만규, 1949)

중국/일본명 중국명 朝鮮蠅子草(chao xian ying zi cao)는 한국에 분포하는 승자초(蠅子草: 파리풀이라는 뜻으로 장구채 종류의 중국명)라는 뜻이다. 일본명 ネバリマンテマ(粘り–)는 끈끈한 점액을 분비하는 マンテマ(Agrostemma속 식물이 전래될 때 マンテマン으로 불리다가 장구채 종류에 정착된 일본명)라는 뜻이지만 일본에 분포하지는 않는다.

참고 [북한명] 끈끈이대나물

○ Silene macrostyla *Maximowicz*   クルマセンノウ
Chúngchúngi-jangguchae   층층이장구채

층층장구채〈*Silene macrostyla* Maxim.(1859)〉

층층장구채라는 이름은 꽃이 층층이 달리는 장구채라는 뜻에서 유래했다.[92] 『조선식물향명집』에서는 '층층이장구채'를 신칭해 기록했으나[93] 『조선식물명집』에서 '층층장구채'로 변경해 현재에 이르고 있다.

속명 *Silene*는 디오니소스(바쿠스: 술의 신)의 스승이자 동료인 실레노스(*Silenus*: 숲의 신)에서 유

---

90 이러한 견해로 이우철(2005), p.123 참조.
91 이에 대해서는 『조선식물향명집』, 색인 p.33 참조.
92 이러한 견해로 이우철(2005), p.521 참조.
93 이에 대해서는 『조선식물향명집』, 색인 p.47 참조.

래했으며, 점액성 분비물을 내는 식물체를 실레노스의 술 취한 모습에 비유한 것으로 끈끈이장구
채속을 일컫는다. 종소명 macrostyla는 '큰 암술대가 있는'이라는 뜻이다.

다른이름 층층이장구채(정태현 외, 1937), 층층대나물(박만규, 1949), 층층이대나물(안학수·이춘녕, 1963)

중국/일본명 중국명 长柱蝇子草(chang zhu ying zi cao)는 암술이 긴 승자초(蝇子草: 파리풀이라는 뜻으로 장구채 종류의 중국명)라는 뜻이다. 일본명 クルマセンノウ(車仙翁)는 꽃이 수레바퀴 모양을 이루고 동자꽃(仙翁)을 닮은 식물이라는 뜻에서 붙여졌다.

참고 [북한명] 층층대나물

Silene pauciflora *Nakai*   テフセンシラタマサウ
Hin-jangguchae   힌장구채

흰장구채〈*Silene oliganthella* Nakai(1939)〉[94]

흰장구채라는 이름은 흰색 꽃이 피는 장구채라는 뜻이다. 『조선식물향명집』에서는 '힌장구채'를 신칭해 기록했으나,[95] 『조선식물명집』에서 표기법에 맞추어 '흰장구채'로 개칭해 현재에 이르고 있다.

속명 *Silene*는 디오니소스(바쿠스: 술의 신)의 스승이자 동료인 실레노스(*Silenus*: 숲의 신)에서 유래했으며, 점액성 분비물을 내는 식물체를 실레노스의 술 취한 모습에 비유한 것으로 끈끈이장구채속을 일컫는다. 종소명 *oliganthella*는 '소수의 낱꽃이 달린'이라는 뜻이다.

다른이름 힌장구채(정태현 외, 1937), 애기구슬꽃(박만규, 1949), 흰대나물(리종오, 1964)

중국/일본명 중국에서는 이를 별도 분류하지 않고 있다. 일본명 テフセンシラタマサウ(朝鮮白玉草)는 한반도(조선)에 분포하는 シラタマサウ(白玉草: 장구채 종류)라는 뜻이다.

참고 [북한명] 흰장구채/흰대나물[96]

---

94 '국가표준식물목록'(2018)은 흰장구채를 본문의 학명으로 별도 분류하고 있으나, 『장진성 식물목록』(2014), '세계식물목록'(2018) 및 '중국식물지'(2018)는 가는다리장구채〈*Silene jeniseensis* Willd.(1809)〉에 통합해 이명(synonym) 처리하고 별도 분류하지 않으므로 주의를 요한다.

95 이에 대해서는 『조선식물향명집』, 색인 p.49 참조.

96 북한에서는 *Melandrium album*을 '흰장구채'로, *S. oliganthella*를 '흰대나물'로 하여 별도 분류하고 있다. 이에 대해서는 리용재 외(2011), p.224 참조.

○ Silene repens *Patrin*   チシママンテマ
Orangkae-jangguchae   오랑캐장구채

오랑캐장구채〈*Silene repens* Patrin(1805)〉

오랑캐장구채라는 이름은 『조선식물향명집』에서 신칭한 것이다.[97] 식물명에서 '오랑캐'는 대개 만주를 포함한 한반도 북부에 분포한다는 뜻이거나 거친 모양새를 일컫는다. 따라서 이 식물이 북쪽 지역에 주로 서식하며 갈색 꽃받침통에 털이 많고 꽃잎이 크게 달려서 '오랑캐'를 쓰고, 장구채를 닮았다는 뜻에서 '장구채'를 결합했을 것으로 추정한다. 주로 중부 이북의 고산에서 자라는 북방계 식물이다. 일본명 チシママンテマ(千島-)에서 유래한 것으로 보는 견해가 있으나,[98] チシマ(千島)가 일본의 북쪽인 것은 맞지만 일본명은 지역을 나타내는 고유 명사가 사용된 반면 한국명의 '오랑캐'는 특정 지역을 나타내는 말이 아니기 때문에 일본명에서 유래를 찾는 것은 무리가 있다.

속명 *Silene*는 디오니소스(바쿠스: 술의 신)의 스승이자 동료인 실레노스(*Silenus*: 숲의 신)에서 유래했으며, 점액성 분비물을 내는 식물체를 실레노스의 술 취한 모습에 비유한 것으로 끈끈이장구채속을 일컫는다. 종소명 *repens*는 '기어가는'이라는 뜻으로 포복성식물은 아니나 줄기가 밑에서 여러 갈래로 갈라져서 붙여진 것으로 보인다.

다른이름 한대나물(박만규, 1949), 가지대나물/오랑캐대나물(임록재 외, 1972), 북장구채(박만규, 1974)

중국/일본명 중국명 蔓茎蝇子草(wan jing ying zi cao)는 덩굴성 줄기를 가진 승자초(蝇子草: 파리풀이라는 뜻으로 장구채 종류의 중국명)라는 뜻이다. 일본명 チシママンテマ(千島-)는 쿠릴 열도(千島)에 자라는 マンテマ(*Agrostemma*속 식물이 전래될 때 マンテマン으로 불리다가 장구채 종류에 정착된 일본명)라는 뜻이다.

참고 [북한명] 가지대나물 [유사어] 왕불류행(王不留行)

---

97   이에 대해서는 『조선식물향명집』, 색인 p.43 참조.
98   이러한 견해로 이우철(2005), p.404 참조.

○ Silene tenuis *Willldenow* アシボソマンテマ

Ganùndari-jaṅgguchae 가는다리징구채

가는다리장구채〈*Silene jenisseensis* Willd.(1809)〉

가는다리장구채라는 이름은 줄기와 잎 등이 가는 다리 모양 인 장구채라는 뜻이다.[99] 『조선식물향명집』에서 전통 명칭 '장 구채'를 기본으로 하고 학명과 형태적 특징에 착안한 '가는다 리'를 추가해 신칭했다.[100]

속명 *Silene*는 디오니소스(바쿠스: 술의 신)의 스승이자 동 료인 실레노스(*Silenus*: 숲의 신)에서 유래했으며, 점액성 분비 물을 내는 식물체를 실레노스의 술 취한 모습에 비유한 것으 로 끈끈이장구채속을 일컫는다. 종소명 *jenisseensis*는 '홋카 이도에 분포하는'이라는 뜻이다. 옛 종소명 *tenuis*는 '가는, 얇 은'이라는 뜻으로 잎이 가는 것에서 유래했다.

다른이름 짤룩장구채(박만규, 1949), 짤룩대나물(리종오, 1964)

중국/일본명 중국명 山螞蚱草(shan ma zha cao)는 산에서 자라고 마책(螞蚱: 메뚜기)을 닮은 식물이라 는 뜻에서 유래했다. 일본명 アシボソマンテマ(足細−)는 가는 다리를 가진 マンテマ(*Agrostemma* 속 식물이 전래될 때 マンテマン으로 불리다가 장구채 종류에 정착된 일본명)라는 뜻이다.

참고 [북한명] 가는대나물/짤룩대나물[101]

Stellaria aquatica *Scopoli* ウシハコベ

Soe-byòlgot 쇠별꽃

쇠별꽃〈*Myosoton aquaticum* (L.) Moench(1794)〉[102]

쇠별꽃이라는 이름은 『조선식물향명집』에서 신칭한 것으로,[103] 별꽃을 닮았으나 보다 크고 거친

99 이러한 견해로 이우철(2005), p.19 참조.

100 이에 대해서는 『조선식물향명집』, 색인 p.49 참조. 한편 색인, 영문 표기 등을 참조하면 『조선식물향명집』의 '가는다리 징구채'는 명백한 조판 오류이지만 원전대로 표기했다.

101 북한에서는 *S. tenuis*를 '가는대나물'로, *S. jenissensis*를 '짤룩대나물'로 하여 별도 분류하고 있다. 이에 대해서는 리용 재 외(2011), p.330 참조.

102 '국가표준식물목록'(2018)과 '세계식물목록'(2018)은 쇠별꽃의 학명을 *Stellaria aquatica* (L.) Scop.(1771)으로 기재하고 있으나, 이 책은 『장진성 식물목록』(2014)과 '중국식물지'(2018)에 따라 본문의 학명을 정명으로 했다.

103 이에 대해서는 『조선식물향명집』, 색인 p.41 참조.

모습(소, 牛)이라는 뜻에서 붙여졌다.[104] 옛 문헌에 약재명으로 기록된 繁縷(繁蔞: 번루)는 닭의장풀(둙의십가비)과 별꽃 종류(잣나물)를 혼용했고, 또한 별꽃과 쇠별꽃을 정확하게 구별해 사용하지는 않았다.[105] 쇠별꽃(별꽃)의 옛말로는 '보달개(보들개)'와 '잣ㄴ물'이 있으나 그 정확한 의미는 확인되지 않는다.[106] '보달개'는 13세기에 저술된 『향약구급방』 외에 달리 이를 기록한 문헌은 확인되지 않고, '잣ㄴ물'은 『물명고』와 『조선구전민요집』에서 발견되지만 최근의 방언 조사에서도 확인되지 않는 것에 비추어 널리 사용했던 이름은 아니라고 판단된다.[107] 한편 쇠별꽃은 창씨개명 하듯이 일본명에서 따온 것

이라고 주장하는 견해가 있다.[108] 그러나 국명에서 기본명의 성격을 띠는 '별꽃'이 일본명과 무관한 데다 '쇠별꽃'은 그 별꽃을 닮았다는 뜻이고, 근대 식물분류학에 따라 종이 세분됨으로써 생겨나는 일반적인 명명 방법에 따랐으므로 이를 창씨개명에 비유할 수 있는지는 의문스럽다.

속명 *Myosoton*은 그리스어 *myos*(쥐)와 *otis*(귀)에서 유래한 것으로, 잎의 모양이 쥐의 귀를 닮아 붙여졌으며 쇠별꽃속을 일컫는다. 종소명 *aquaticum*은 '수생의'라는 뜻으로 습한 곳에서 잘 자라서 붙여졌다.

다른이름 야채(정태현 외, 1942), 콩버무리(정태현 외, 1949), 콤버무리(정태현, 1956), 잣나물(김종원,

---

104 이러한 견해로 이우철(2005), p.355와 권순경(2016.9.7.) 참조.

105 '잣ㄴ물'을 기록한 『물명고』(1824)는 "生河濕地 細莖中空有縷 開細白花 結小實如稗粒 其中有細子如葶藶子 据此分明是잣ㄴ물 而東醫以鴨跖當之 吳矣"(습지에서 자란다. 가는 줄기의 빈 속에 실 모양의 심지가 있다. 가는 흰 꽃이 핀다. 작은 열매를 맺는데 피의 씨앗과 비슷하다. 그중 정력자와 비슷한 가는 열매를 맺는 것이 있는데 이를 '잣ㄴ물'이라고 하는 것이 분명하다. 그러나 『동의보감』에서는 이를 압척이라 했으니 잘못된 것이다)라고 했다. 이 내용만으로는 별꽃과 쇠별꽃 중 어느 것을 일컫는지 불분명하고, 『토명대조선만식물자휘』(1932), p.258은 별꽃과 쇠별꽃을 동일하게 식용 및 약용한다고 해 그 구별이 쉽지 않다.

106 다만 민간에서 산모가 모유가 부족할 때 잣나무의 종자를 사용하기도 하는데, 『토명대조선만식물자휘』(1932), p.258은 별꽃에 대해 달여 익혀서 산부의 젖을 나오게 하는 데 좋고 쇠별꽃도 동일하게 식용 및 약용한다는 취지의 기록이 있다. 또한 별칭으로 콩을 버무려놓은 듯하다는 취지의 '콩버무리'라는 이름이 있는 점에 비추어 '잣'과 효과가 비슷해 '잣ㄴ물'이라는 이름이 유래했을 것으로 추정한다.

107 한편 김종원(2013), p.253은 쇠별꽃이 닭의십가비에서 전화해왔고 19세기까지는 잣나물이었다고 해 마치 잣나물이 19세기까지 보편적으로 사용된 이름인 것처럼 주장하고 있다. 그러나 『물명고』(1824)는 필사본으로 작성된 문헌이어서 널리 보급되었던 것이 아니고, 당시에는 지금과 같은 대중 매체가 발달하지 않아 오래전부터 통용된 이름이 아닌 경우 통일된 식물명이 존재하기 어려웠으므로 근거가 부족해 보인다.

108 이러한 견해로 김종원(2013), p.293과 이윤옥(2015), p.56 참조. 김종원은 '잣ㄴ물'은 잣나무의 '잣'과 같은 것으로 보고 먹을거리가 되는 귀한 자원이라는 뜻으로 '젓'(전나무)과 동원어라고 해석하고 있으며 일본명에서 유래된 쇠별꽃은 잣나물로 고쳐 불러야 한다고 주장하고 있다. 그러나 '쇠'라는 접두어의 표현이 유사하다는 이유만으로 일본명의 창씨개명이라는 주장도 의아하거니와, 전나무의 '젓'은 젖(乳)이 아니라 젓갈(鮓/醢)의 뜻이므로 이 점에서도 타당성이 부족해 보인다(자세한 것은 이 책 '전나무' 항목 참조).

2013)

옛이름 蘩蔞/見甘介(향약구급방, 1236),[109] 蘩蔞/鷄矣十加非(향약집성방, 1433),[110] 繁縷/둙의십가비/鷄腸草(동의보감, 1613), 繁縷/잣ᄂ물(물명고, 1824), 蘩蔞/변루/돌긔십가비(명물기략, 1870), 잣나물(조선구전민요집, 1933)[111]

중국/일본명 중국명 鵝腸菜(e chang cai)는 줄기를 자르면 실 모양이 나오는데 이것이 아장(鵝腸: 거위의 창자)을 닮았고 식용할 수 있다는 뜻에서 유래했다. 일본명 ウシハコベ(牛-)는 별꽃(ハコベ)을 닮았는데 거칠다는 뜻에서 붙여졌다.

참고 [북한명] 쇠별꽃 [유사어] 우번루(牛繁縷) [지방명] 고맹이풀/곤밤부레/곤밤부리/곤밤불래/곤밤불레/곤봄부리/곤봉부레/곤봉부리/곰바물/곰바물레/곰반부리/곰발부리/곰밤부레/곰밤불/곰방부리/곰보불레/곰봄부리/곰부레/공봉부레/돈반불레/양판쟁이/풋나물/풋노물(전남), 곰밤부리/돼지풀/두더기노물/벌금두대기/양판나물/양판대기/양판두대기/양판똥두대기/양판쟁이/양푼나물/양푼대기/콩탁쇠기(전북), 진풀(제주)

○ Stellaria Bungeana *Fenzl* オホハコベ
Kún-byòlgot 큰별꽃

큰별꽃⟨*Stellaria bungeana* Fenzl var. *stubendorfii* Y.C.Chu(1975)⟩[112]
큰별꽃이라는 이름은 별꽃에 비해 식물체가 크다는 뜻이다.[113] 『조선식물향명집』에서 '별꽃'을 기본으로 하고 식물체의 형태적 특징을 나타내는 '큰'을 추가해 신칭했다.[114]

속명 *Stellaria*는 라틴어 *Stella*(별)에서 유래한 것으로 꽃의 모양이 별을 닮은 별꽃속을 일컫는다. 종소명 *bungeana*는 러시아(에스토니아) 의사이자 식물학자로 중국 북부 지역 식물을 연구한 Alexander Alexandrovich Bunge(1851~1930)의 이름에서 유래했다. 변종명 *stubendorfii*는 시베리아 식물을 연구한 러시아인 Julius von Stubendorff(1811~1878)의 이름에서 유래했다.

다른이름 산별꽃(박만규, 1974)

중국/일본명 중국명 林繁缕(lin fan lu)는 숲속에서 자라는 번루(繁縷: 별꽃의 중국명)라는 뜻이다. 일본

---

109 『향약구급방』(1236)의 차자(借字) '見甘介'(견감개)에 대해 남풍현(1981), p.80은 '보들개'의 표기로 추정하고 있으며, 이덕봉(1963), p.37은 '보달개'의 표기로 보고 있다.

110 『향약집성방』(1433)의 차자(借字) '鷄矣十加非'(계의십가비)에 대해 남풍현(1999), p.183은 '둙의십가비'의 표기로 보고 있다.

111 『조선어사전』(1920)은 '蘩蔞, 닭의씨까비'를 기록했으며 『조선식물명휘』(1922)는 '繁縷, 鵞兒腸'을 기록했다.

112 '국가표준식물목록'(2018)은 큰별꽃의 학명을 *Stellaria bungeana* Fenzl(1842)로 기재하고 있으나, 『장진성 식물목록』(2014)은 본문의 학명을 정명으로 기재하고 있다.

113 이러한 견해로 이우철(2005), p.534 참조.

114 이에 대해서는 『조선식물향명집』, 색인 p.47 참조.

명 オホハコベ(大-)는 식물체가 큰 별꽃(ハコベ)이라는 뜻이다.

참고 [북한명] 큰별꽃

○ Stellaria filicaulis *Makino* イトハコベ
Sil-byŏlgot 실별꽃

실별꽃 〈*Stellaria filicaulis* Makino(1901)〉

실별꽃이라는 이름은 『조선식물향명집』에서 신칭한 것으로,[115] 원줄기가 실처럼 가늘고 별꽃을 닮았다는 뜻에서 붙여졌다.[116] 형태적 특징과 학명을 고려한 이름으로 보인다.

　속명 *Stellaria*는 라틴어 *Stella*(별)에서 유래한 것으로 꽃의 모양이 별을 닮은 별꽃속을 일컫는다. 종소명 *filicaulis*는 '실 같은 줄기가 있는'이라는 뜻으로 식물체의 모양을 나타낸다.

다른이름 압록별꽃(리종오, 1964)

중국/일본명 중국명 細叶繁缕(xi ye fan lu)는 가는 잎을 가진 번루(繁縷: 별꽃의 중국명)라는 뜻이다. 일본명 イトハコベ(絲-)는 실처럼 가는 잎을 가진 별꽃(ハコベ)이라는 뜻이다

참고 [북한명] 실별꽃

○ Stellaria Friesiana *Seringe* エダウチハコベ
Gaji-byŏlgot 가지별꽃

긴잎별꽃 〈*Stellaria longifolia* Muhl. ex Willd.(1809)〉

'국가표준식물목록'(2018), 『장진성 식물목록』(2014), '중국식물지'(2018) 및 '세계식물목록'(2018)은 모두 *Stellaria friesiana* Ser.(1824)를 긴잎별꽃의 이명(synonym)으로 처리하고 별도 분류하지 않으므로 이 책도 이에 따른다.

○ Stellaria longifolia *Müller* ナガバツメクサ(エゾノミノフスマ)
Ginip-byŏlgot 긴잎별꽃

긴잎별꽃 〈*Stellaria longifolia* Muhl. ex Willd.(1809)〉

긴잎별꽃이라는 이름은 『조선식물향명집』에서 신칭한 것으로,[117] 별꽃을 닮았는데 잎이 길다는

---

115 이에 대해서는 위의 책, 색인 p.42 참조.
116 이러한 견해로 이우철(2005), p.369 참조.
117 이에 대해서는 『조선식물향명집』, 색인 p.33 참조.

뜻에서 붙여졌다.[118] 학명과 관련된 이름으로 보인다.

속명 *Stellaria*는 라틴어 *Stella*(별)에서 유래한 것으로 꽃의 모양이 별을 닮은 별꽃속을 일컫는다. 종소명 *longifolia*는 '긴 잎의'라는 뜻으로 잎이 긴 식물체임을 나타낸다.

다른이름 가지별꽃(정태현 외, 1937), 애기가지별꽃(정태현 외, 1949), 곧은별꽃/누은별꽃(박만규, 1974), 긴잎병꽃(한진건 외, 1982)

중국/일본명 중국명 长叶繁缕(chang ye fan lu)는 긴 잎을 가진 번루(繁縷: 별꽃의 중국명)라는 뜻이다. 일본명 ナガバツメクサ(長葉爪草)는 긴 잎을 가진 개미자리(ツメクサ)라는 뜻이다.

참고 [북한명] 긴잎별꽃

Stellaria media *Cyrill*   ハコベ
Byólgot   별꽃

별꽃〈*Stellaria media* (L.) Vill.(1789)〉

별꽃이라는 이름은 5장으로 핀 흰 꽃의 형태가 작은 별을 닮은 데서 유래했다.[119] 『조선식물향명집』의 출간 이전 《동아일보》에서 '별꽃'이라는 한글명을 기록했고, 방언에 '별' 또는 그와 유사한 이름이 있는 것에 비추어 실제 사용하던 지방명을 채록한 것으로 추론된다. 약재명으로 기록된 繁縷(紫蔓: 번루)는 예부터 닭의장풀(닭의십가비)과 별꽃(잣ᄂ물)에 혼용되었다. 별꽃의 옛말로는 '보달개'와 '잣ᄂ물'[120]이 문헌에서 발견되나 '보달개'는 13세기에 저술된 『향약구급방』 외에 달리 이를 기록한 문헌은 확인되지 않고, '잣ᄂ물'은 『물명고』와 『조선구전민요집』에서 발견되지만 최근의 방언 조사에서도 확인되지 않는 것에 비추어 널리 사용했던 이름은 아니라고 판단된다.[121]

속명 *Stellaria*는 라틴어 *Stella*(별)에서 유래한 것으로 꽃의 모양이 별을 닮은 별꽃속을 일컫는

---

118 이러한 견해로 이우철(2005), p.108 참조.

119 이러한 견해로 허북구·박석근(2008a), p.112와 권순경(2016.9.7.) 참조.

120 민간에서 산모가 모유가 부족할 때 잣나무의 종자를 사용하기도 했는데, 『토명대조선만식물자휘』(1932), p.258은 별꽃에 대해 달여 익혀서 산부의 젖을 나오게 하는 데 좋다는 취지로 기록했다. 이 점에 비추어 잣나무의 종자와 약효가 비슷해 '잣ᄂ물'이라는 이름이 유래했을 가능성이 있다.

121 정태현과 하야시 야스하루(林泰治)가 공저한 『조선산야생약용식물』(1936)은 조선명으로 한자로 '繁蔞'(번루)만을 기록했다.

다. 종소명 media는 '중간의'라는 뜻인데 줄기 안의 심지를 뜻하는 것으로 보인다.

옛이름 蘩蔞/見甘介(향약구급방, 1236),[122] 蘩蔞/鷄矣十加非(향약집성방, 1433),[123] 繁縷/돍의십가비/鷄腸草(동의보감, 1613), 繁縷/잣ᄂᆞ물(물명고, 1824), 蘩蔞/변루/들긔십가비(명물기략, 1870), 잣나물(조선구전민요집, 1933), 별꽃(동아일보, 1936)[124]

중국/일본명 중국명 繁缕(fan lu)는 줄기가 덩굴과 같이 번성하고 그 안에 한 가닥 실 모양의 심지가 있어 붙여졌다.[125] 일본명 ハコベ는 ハコベラ의 약어라고 하나 그 어원은 불명이다.

참고 [북한명] 별꽃 [유사어] 번루(繁縷) [지방명] 별구다지/별금다지(강원), 줄기나물(경기), 검본부리/곰반부리/곰밤부리/곰밤불레/곰밤불리/곰보부리/광판쟁이/돈나물/돌나물/벼룩씨두대/줄기나물(전남), 곰밤부리/구실대기/구실댕이/돼지풀/양판노물/양판똥두개시/양푼나물/양푼쟁이/콩덕새기/콩두대기/콩두더기/콩두박지/콩두배기/콩드드래기/콩드르기(전북), 벨꽃/진쿨/진풀(제주)

Stellaria radicans *Linné*   エゾオホヤマハコベ
Wang-byŏlgot   왕별꽃

왕별꽃〈*Stellaria radians* L.(1753)〉

왕별꽃이라는 이름은 별꽃에 비해 꽃과 식물체가 월등히 큰 데서 유래했다. 한글명은 『조선식물향명집』에서 최초로 발견되는데, 신칭한 이름으로 기록하지 않았기 때문에[126] 지방명에서 유래한 것인지 신칭한 것인지가 불분명하다.

속명 *Stellaria*는 라틴어 *Stella*(별)에서 유래한 것으로 꽃의 모양이 별을 닮은 별꽃속을 일컫는다. 종소명 *radians*는 '방사상의'라는 뜻으로 방사상의 꽃 형태를 나타낸다.

다른이름 큰산별꽃(안학수·이춘녕, 1963)

중국/일본명 중국명 綬瓣繁缕(sui ban fan lu)는 꽃잎의 모양이 노리개 끈과 같은 번루(繁縷: 별꽃의 중국명)라는 뜻이다. 일본명 エゾオホヤマハコベ(蝦夷大山–)는 에조(蝦夷: 홋카이도의 옛 지명)의 큰 산에 분포하는 별꽃(ハコベ)이라는 뜻이다.

참고 [북한명] 왕별꽃

---

122 『향약구급방』(1236)의 차자(借字) '見甘介'(견감개)에 대해 남풍현(1981), p.80은 '보들개'의 표기로 추정하고 있으며, 이덕봉(1963), p.37은 '보달기'의 표기로 보고 있다.
123 『향약집성방』(1433)의 차자(借字) '鷄矣十加非'(계의십가비)에 대해 남풍현(1999), p.183은 '돍이십가비'의 표기로 보고 있다.
124 『조선어사전』(1920)은 '蘩蔞, 닭의씨까비'를 기록했으며 『조선식물명휘』(1922)는 '繁縷(救)'를, 『토명대조선만식물자휘』(1932)는 '[蘩蔞]번루, [鷄腸草]계쟝초, [닭의씨까비]'를 기록했다.
125 중국의 이시진은 『본초강목』(1596)에서 繁縷는 "此草莖蔓甚繁 中有一縷 故名"(이 풀은 줄기가 덩굴로 크게 번성하고 그 안에 한 가닥의 실이 있어 그리 부른다)이라 했다.
126 이에 대해서는 『조선식물향명집』, 색인 p.44 참조.

Stellaria uliginosa *Murray*　ノミノフスマ
Byŏrug-namul　벼룩나물

벼룩나물〈*Stellaria uliginosa* Murray(1770)〉[127]

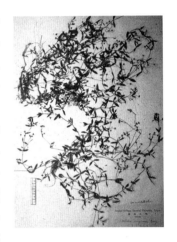

벼룩나물이라는 이름은 잎이나 꽃의 크기가 벼룩(蚤)같이 작고 나물로 먹기도 하는 데서 유래했다.[128] 최근에도 벼룩나물은 전국 각지에서 초무침을 하거나 삶아서 나물로 식용하고 있다. 한편 벼룩나물은 일본명 ノミノフスマ(蚤の衾)와 잇닿아 있고『토명대조선만식물자휘』에 기록된 '국슈청이'가 본래 명칭이라는 주장이 있으나,[129] 근거 없는 주장으로 보인다. 1919년 조선농회에서 발간한『조선의 구황식물』은 '베록나물'을 수원 방언으로, '베록이나물'을 홍천 방언으로, '비리기초'를 의성 방언으로 기록했고, 최근 조사에서도 각 지역의 방언에서 '벼룩나물'이 채록되는 것이 확인되므로 벼룩나물은 일본명과 관련 없는 고유명으로 이해된다.[130] 또한 전국적으로 흔하게 분포하고 민간에서 널리 약용 또는 식용했던 것이어서 과거부터 현재까지 다양한 지역명을 가질 수밖에 없었으므로, 국수청이(국슈청이)라는 명칭을 사용했다 하더라도 특정 지역의 이름일 뿐 '본래'의 명칭이라고 할 수도 없다.[131]

속명 *Stellaria*는 라틴어 *Stella*(별)에서 유래한 것으로 꽃의 모양이 별을 닮은 별꽃속을 일컫는다. 종소명 *uliginosa*는 '습지 또는 늪지에서 자라는'이라는 뜻으로 주된 서식 환경을 나타낸다.

다른이름　벼룩나물(정태현 외, 1942), 보리뱅이(박만규, 1949), 개미바늘(안학수·이춘녕, 1963), 벼룩별꽃(리종오, 1964), 들별꽃(박만규, 1974), 애기별꽃(임록재 외, 1996)

옛이름　雀舌(경도잡지, 18세기 말~19세기 초), 雀舌草(죽교편람, 1849), 雀舌草(안촌집, 1884)[132]

---

127 '국가표준식물목록'(2018)은 벼룩나물의 학명을 *Stellaria alsine* var. *undulata* (Thunb.) Ohwi(1941)로 기재하고 있으나, 『장진성 식물목록』(2014)과 '세계식물목록'(2018)은 본문의 학명을 정명으로 기재하고 있다.

128 이러한 견해로 이우철(2005), p.274 참조.

129 이러한 견해로 김종원(2013), p.291과 이윤옥(2015), p.148 참조.

130 『한국의 민속식물』(2017), p.249에 따르면 경상도, 경기도, 강원도에서 '벼룩나물'이라는 이름을 방언으로 사용하고 있음이 확인된다.

131 『한국의 민속식물』(2017), p.234에 따르면, 국수청이는 '국수댕이/국수쟁이/국시딍이' 형태로 충청도에서 '벼룩이자리'의 방언으로 사용하고 있음이 확인된다.

132 『조선의 구황식물』(1919)은 '베록나물(水原), 베록이나물(洪川), 비리기초(義城), 수시렁덩이(南原), 별금자리(永同)'를 기록했으며『조선식물명휘』(1922)는 '雀舌草, 天蓬草, 벼룩나물(救)'을, 『토명대조선만식물자휘』(1932)는 '[雀舌草]쟉셜초, [국슈쳥이]'를, 『선명대화명지부』(1934)는 '국슈셩이, 국슈청이, 벼룩나물'을, 『구황식물과 그 식용법』(1944)은 'ペロクナムル, 雀舌草'(벼룩나물, 쟉셜초)를 기록했다.

중국/일본명 중국명 雀舌草(que she cao)는 작은잎 모양이 참새의 혀처럼 생긴 풀이라는 뜻이다. 조선 중기 문신 배응경이 저술한 『안촌집』에서는 "路傍多生雀舌草"(길가에는 작설초가 많이도 자라는구나)라고 해, 우리나라에서도 한자명을 사용한 예를 볼 수 있다. 일본명 ノミノフスマ(蚤の衾)는 벼룩의 이부자리라는 뜻으로 작은잎과 꽃의 모습을 빗댄 데서 유래했다.

참고 [북한명] 애기별꽃 [유사어] 소청초(小青草), 천봉초(天蓬草) [지방명] 나락나물/벌굼다지/벌금다지/벼룩다지/조패미/좁쌀나물(강원), 벌금다지/비름다지/빌금다지/질금다지/질금부리(경기), 나락냉이/비리두디기/비리두딩이/비리두리(경남), 구시데이/국시데이/나락나물/나락냉이/벌구닥지/벌금다지/벌금자리/벌꾸두더기(경북), 단독초나물/보리배기/보리뱅이/양판대기/좁쌀쟁이(전남), 구실댕이/국시댕이/국시딩이/깐밥나물/깐밥쟁이/깐밥쟁이나물/깐밥타쟁이/벌강두대기/벌금자리/벌금쟁이/좁쌀나물/좁쌀쟁이/쪼꼬실나물/풀씨(전북), 벌금다리/벌금자리(충남), 국수댕이/벌금다리/벌금다지/벌금대지/벌금자리/별금자리/별꽃/양푼나물/장구처리(충북)

Tissa Fauriei *Nakai*　オニツメクサ
Gaemi-banúl　개미비늘

갯개미자리〈*Spergularia marina* (L.) Besser(1822)〉
갯개미자리라는 이름은 바닷가(갯가)에서 자라는 개미자리 종류라는 뜻에서 유래했다.[133] 『조선식물향명집』은 '개미바늘'로 기록했으나 『우리나라 식물자원』에서 '갯개미자리'로 개칭해 현재에 이르고 있다.

　속명 *Spergularia*는 라틴어 *spargere*(흩뿌리다)에서 온 말로 목축용으로 씨앗을 흩뿌리는 데서 유래했으며 갯개미자리속을 일컫는다. 종소명 *marina*는 '바다의'라는 뜻으로 바닷가에 분포하고 있음을 나타낸다.

다른이름 개미바늘(정태현 외, 1937), 나도별꽃(이창복, 1980), 바늘별꽃(김현삼 외, 1988), 고려별꽃/애기별꽃(임록재 외, 1996)

중국/일본명 중국명 拟漆姑(ni qi gu)는 칠고(漆姑: 개미자리)와 닮았다는(擬) 뜻에서 유래했다. 일본명 オニツメクサ(鬼爪草)는 큰(鬼) 개미자리(ツメクサ)라는 뜻이다.

참고 [북한명] 바늘별꽃 [유사어] 우칠고초(牛漆姑草) [지방명] 산바리나물/산발나물/세발나물/시발나물(전남)

---

133 이러한 견해로 이우철(2005), p.60 참조.

Vaccaria vulgaris *Host* ドウクワンサウ
Gae-jangguchae 개장구채

말뱅이나물〈*Vaccaria hispanica* (Mill.) Rauschert(1965)〉[134]

말뱅이나물이라는 이름은 '말'과 '뱅이'와 '나물'의 합성어다. '말'은 분량을 재는 그릇의 의미로 열매의 모양을 뜻하고, '뱅이'는 '어떤 것을 특성으로 가진 사람이나 사물'의 뜻을 더하는 접미사이며, '나물'은 식용한다는 의미이다. 따라서 말뱅이나물은 분량을 재는 그릇인 말같이 생긴 열매를 맺는 식용 식물을 뜻하는 이름으로 추정한다.[135] 가는장구채(*Silene seoulenis*)의 충북 방언으로 '말맹이나물'이 있는데,[136] 이에 비추어 말뱅이나물은 장구채 또는 그와 유사하게 생긴 식물을 일컫는 명칭으로 사용되었을 가능성이 있다. 또한 장구채 종류와 말뱅이나물은 모두 석죽과로서 씨앗을 담은 열매의 모양이 곡식, 액체, 가루 따위의 분량을 재는 용도의 그릇인 '말'과 닮아 있다. 『조선식물향명집』은 장구채를 닮았다는 뜻의 '개장구채'로 기록했으나, 『조선식물명집』에서 '말뱅이나물'로 개칭했다.

속명 *Vaccaria*는 라틴어 *vacca*(암소)에서 온 말로 소의 사료로 사용했던 것에서 유래했으며 말뱅이나물속을 일컫는다. 종소명 *hispanica*는 '스페인의, 라틴아메리카의'라는 뜻으로 원산지 또는 최초 발견지를 나타낸다.

다른이름 개장구채(정태현 외, 1937), 들장구채(박만규, 1949), 개장고채(임록재 외, 1972), 쇠나물(김현삼 외, 1988), 말냉이나물(임록재 외, 1996), 꽃비누풀(리용재 외, 2011)

옛이름 麥藍菜(임원경제지, 1842)[137]

중국/일본명 중국명 麦蓝菜(mai lan cai)는 밀밭에 자라는 남채(藍菜: 양배추 종류)라는 뜻이다. 일본명 ドウクワンサウ(道灌草)는 도쿄 외곽 도칸산(道灌山)의 약원(藥園)에 식재했던 식물이라는 뜻에서 유래했다.

참고 [북한명] 쇠나물

---

134 '국가표준식물목록'(2018)은 말뱅이나물의 학명을 *Vaccaria vulgaris* Host(1827)로 기재하고 있으나, 『장진성 식물목록』 (2014), '세계식물목록'(2018) 및 '중국식물지'(2018)는 본문의 학명을 정명으로 기재하고 있다.

135 한편 『고어대사전 7』(2016), p.505는 물에서 자라는 수초(水草) '마름'을 뜻하는 옛말로 '말방이'를 기록하고 있으나, 말뱅이나물은 밭의 채소로 키우다 일탈해 귀화한 식물이므로, 수초(水草)의 종류 또는 그와 유사한 식물이라는 의미로 해석하기는 어려워 보인다.

136 이에 대해서는 『한국의 민속식물』(2017), p.321 참조.

137 『조선식물명휘』(1922)는 '王不留行, 麥籃菜'를 기록했다.

Nymphaeaceae 수련과 (睡蓮科)

수련과 〈Nymphaeaceae Salisb.(1805)〉

수련과는 국내에 자생하는 수련에서 유래한 과명이다. '국가표준식물목록'(2018), 『장진성 식물목록』 (2014) 및 '세계식물목록'(2018)은 *Nymphaea*(수련속)에서 유래한 Nymphaeaceae를 과명으로 기재하고 있으며, 엥글러(Engler), 크론키스트(Cronquist) 및 APG IV(2016) 분류 체계도 이와 같다. 한편, '국가표준식물목록'(2018)은 *Nelumbo*(연꽃속)를 Nymphaeaceae(수련과)로 분류하고 있으나, 『장진성 식물목록』(2014)과 '세계식물목록'(2018)은 Nelumbonaceae(연꽃과)로 분류한다. 크론키스트 분류 체계(1981)는 Nelumbonaceae(연꽃과)를 Nymphaeales(수련목)에 포함시켰으나 APG 분류 체계(1998)는 Proteales(프로테아목)에 포함시켰으며, *Nelumbo*는 Nelumbonaceae의 유일한 속이다.

Brasenia purpurea *Caspari*　ジュンサイ
Sunchae　순채

순채 〈*Brasenia schreberi* J.F.Gmel.(1791)〉

순채라는 이름은 한자어 순채(蓴菜)에서 유래한 것으로, 순(蓴)을 나물로 먹는다는 뜻이다.[1] 한자 蓴(순)은 '艸'(초: 풀의 싹)와 음을 나타내는 '專'(전)이 합쳐진 것인데, 이 '專'(전)은 '叀'(전: 방적용 도구의 상형)과 '寸'(촌: 마디)이 합쳐져 실이 엉킨 모양을 나타내며 '團'(단)과 같이 둥근 모양을 나타내기도 한다. 따라서 蓴(순)은 줄기가 엉킨 실처럼 더부룩하고 잎이 둥근 풀을 뜻한다.[2]

속명 *Brasenia*는 어원 불명의 남아메리카 기아나(Guiana)의 식물명에서 유래했으며 순채속을 일컫는다. 종소명 *schreberi*는 독일 식물학자 Johann Christian Daniel Schreber (1739~1810)의 이름에서 유래했다.

다른이름 순나물/파래(한진건 외, 1982)

옛이름 蓴/순(분류두공부시언해, 1481), 蓴/순(훈몽자회, 1527), 蓴/순치(신증유합, 1576), 茆/순(시경언해, 1613), 蓴菜/순(동의보감, 1613), 蓴/순(물명고, 1824), 蓴菜/순치(명물기략, 1870), 蓴菜/순치(방약합편,

---

1　이러한 견해로 이유미(2010), p.368 참조.
2　이러한 견해로 加納喜光(2008), p.295 참조.

1884), 鳧葵/순채/茆(자전석요, 1909)[3]

중국명 蒓菜(chun cai)는 한국명과 같으며, 蒓(순)은 蓴(순)과 동자(同字)다. 일본명 ジユン
サイ(蓴菜)는 한자명 蓴菜(순채)를 음독한 것이다.

참고 [북한명] 순채 [지방명] 순나물(충청)

Euryale ferox *Salisbury* オニバス 芡仁
Gasi-yŏn̂got 가시연꽃

가시연꽃⟨*Euryale ferox* Salisb.(1805)⟩

가시연꽃이라는 이름은 '거싀련', '가시련' 또는 '거싀년' 등의
옛말에서 비롯한 것으로, '가시'와 '연꽃'의 합성어이며 식물체
에 가시가 있는 연꽃이라는 뜻에서 유래했다.[4] 가시(刺)의 옛
말은 가시(능엄경언해, 1461) 등으로 『훈몽자회』의 '가시련'과
그 표기가 일치한다. 중국과 한국에서는 가시연꽃의 별칭으로
'鷄頭'(계두)라는 이름을 사용했는데, 이는 꽃의 모양이 닭의
머리와 유사한 데서 유래했다.[5]

　속명 *Euryale*는 그리스 신화에서 머리카락이 뱀으로 이루
어진 세 자매 괴물 Sthenno·Euryale·Medusa 중 하나로 가
시투성이인 식물체를 괴물의 형상에 비유한 것이며 가시연꽃
속을 일컫는다. 종소명 *ferox*는 '가시가 많은, 억센 가시가 있
는'이라는 뜻이다.

다른이름 감인(정태현 외, 1936), 개연(정태현 외, 1949), 가시련(도봉섭 외, 1958), 가시연(박만규, 1974),
철남성(이우철, 1996b)

옛이름 芡仁(조선왕조실록, 1419), 鷄頭實/居塞蓮(향약채취월령, 1431), 鷄頭實/居塞蓮(향약집성방,
1433),[6] 鷄頭實/계뚱쐸(구급방언해, 1466), 芡實/거싀련(구급간이방언해, 1489), 芡/가시련/鷄頭(훈몽자
회, 1527), 거싀년밤/芡仁/雞頭實(동의보감, 1613), 거싀년밤/芡仁/鷄頭實(산림경제, 1715), 芡仁/鷄頭實/

3　『조선어사전』(1920)은 '蓴菜(순치)'를 기록했으며 『조선식물명휘』(1922)는 '蓴, 蓴菜, 茆, 순치(救)'를, 『토명대조선만식물자
　휘』(1932)는 '[茆]류, [蓴菜]순치, [鳧葵]부규'를, 『선명대화명지부』(1934)는 '순채, 순채'를 기록했다.

4　이러한 견해로 이우철(2005), p.31; 허북구·박석근(2008a), p.16; 이유미(2010), p.230; 김종원(2013), p.894 참조. 다만 이우
　철은 학명에서 이름이 유래한 것으로 설명하고 있으나 가시연꽃에 해당하는 옛말이 확인되므로 타당하지 않다.

5　『동의보감』(1613)은 "花子若拳大 形似雞頭 故以名之"(꽃은 주먹 크기만 한데 그 생김새가 닭의 머리와 같아 이러한 이름이 연유한
　다)라고 했다. 이에 대해서는 『(신대역) 동의보감』(2012), p.1951 참조.

6　『향약집성방』(1433)의 차자(借字) '居塞蓮'(거새련)에 대해 남풍현(1999), p.182는 '거싀련'의 표기로 보고 있다.

가싀년밤(해동농서, 1799), 芡/가스리/鷄頭實(물보, 1802), 芡/거싀년밤/鷄頭(물명고, 1824), 芡/감/鷄頭/거시련잠(명물기략, 1870), 芡實/거싀련밤(방약합편, 1884), 芡/거싀련(자전석요, 1909), 芡實/거싀렵밥(선한약물학, 1931)[7]

중국/일본명 중국명은 芡实(qian shi)인데, 이시진은 『본초강목』에서 "芡可濟儉歉 故謂之芡"[흉년이 든 것(儉歉)을 구할 수 있으니 일러서 芡(검)이라 한다]이라고 기록했으며, 芡实(芡實: 검실)은 그 열매를 일컫는 말이다. 일본명 オニバス(鬼蓮)는 전체가 연꽃을 닮았는데 가시가 많아 도깨비(鬼)처럼 보인다는 뜻에서 붙여졌다.

참고 [북한명] 가시련 [유사어] 검인(芡仁) [지방명] 가시연(경남), 순나물(충북)

Nelumbo nucifera *Gaertner*   ハス   蓮 (栽)
Yônĝot   연꽃

연꽃⟨*Nelumbo nucifera* Gaertn.(1788)⟩

연꽃이라는 이름은 한자어 '연'(蓮)과 '꽃'(花)의 합성어로, 이를 발음한 옛말 '녓곳' 또는 '련곳'에서 유래했다.[8] 한편 불교가 가야에 전래되어 한반도 동남단의 연꽃 토착 문화와 융합되었다는 추정을 근거로, 산스크리트어 *yoni*(생명을 낳는 성스러운 존재)에 잇닿은 우리말 '년'에서 유래했을 가능성을 제기하는 견해가 있다.[9] 그러나 우리말 '년'은 남(他)의 뜻을 가진 『능엄경언해』의 '녀느' 및 『석보상절』의 '년ㄱ'의 축약으로, 16세기경에 이르러 여자를 낮잡아 이르는 말로 정착된 것이므로 어원이 일치하지 않는 것으로 보인다.[10]

속명 *Nelumbo*는 실론(스리랑카)에서 연(蓮)을 뜻하는 말에서 유래해 연꽃속을 일컫는다. 종소명 *nucifera*는 '견과(堅果)가 달리는'이라는 뜻이다.

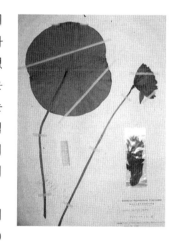

다른이름 연(정태현 외, 1936), 련꽃(도봉섭 외, 1958), 련(리종오, 1964), 쌍둥이련꽃(한진건 외, 1982), 인디아련(리용재 외, 2011)

---

7 『조선어사전』(1920)은 '거싀년밤, 鷄頭實(계두실), 鷄雍, 芡實, 芡仁'을 기록했으며 『조선식물명휘』(1922)는 '芡實, 芡, 기련(救)'을, 『토명대조선만식물자휘』(1932)는 '[芡]검, [거싀련](년), [芡實]검실, [鷄頭(實)]계두(실), [芡仁]검인, [馬房]말방, [거싀년(ㅅ)밥]'을, 『선명대화명지부』(1934)는 '각인, 개연, 맛탈'을 기록했다.
8 이러한 견해로 허북구·박석근(2008a), p.159와 남풍현(1981), p.29 참조.
9 이러한 견해로 김종원(2013), p.897 참조.
10 이러한 견해로 김민수(1997), p.199와 백문식(2014), p.118 참조.

芙蕖(삼국사기, 1145), 乾藕/蓮根(향약구급방, 1236),[11] 蓮(삼국유사, 1281), 런ᄉ곳/蓮(월인천강지곡, 1447), 련ᄉ곳/蓮(석보상절, 1449), 蓮子/련ᄌ(구급방언해, 1466), 런ᄉ근즙/藕汁(구급간이방언해, 1481), 련잎/蓮(분류두공부시언해, 1489), 넛곳/荷花(번역박통사, 1517), 련/蓮/련곳/荷花(훈몽자회, 1527), 련곳/蓮(백련초해, 1576), 蓮子/연밥(언해구급방, 1608), 藕/蓮/년(신간구황촬요, 1660), 년근취/蓮根菜/년곳/芙蓉(역어유해, 1690), 년근취/蓮根菜(방언집석, 1778), 년곳/芙蓉/荷花(물보, 1802), 년(규합총서, 1809), 蓮/년/(물명고, 1824), 련ᄽ/荷/芙蓉(자류주석, 1856), 련곳/蓮花/芙蕖(자전석요, 1909), 蓮肉/련밥/荷葉/련닙(선한약물학, 1931), 연(조선구전민요집, 1933)[12]

중국명 蓮(rien)은 連(련)과 艸(초: 풀)가 합처진 글자로, 뿌리(땅속줄기)가 길게 이어진 풀이라는 뜻이다. 일본명 ハス(蓮巢)는 고대 일본명 ハチス(蓮巢)의 축약으로, 꽃턱의 모양이 벌집처럼 보인 데서 유래했다.

[북한명] 련 [유사어] 뇌지(雷芝), 부용(芙蓉), 수단화(水丹花), 연하(蓮荷), 연화(蓮花), 염거(簾車), 우화(藕花), 하화(荷花) [지방명] 연(강원/경남/경북/전북), 백연/연/연뿌리/홍연(전남), 연/연뿌리(충남), 연/연근(충북), 넌꽃/넨꽃(평남), 넌꽃/넨꽃(평북), 년꽃/연(함북)

Nuphar japonica *De Candolle*   カハホネ
Gae-yŏnġot   개연꽃

개연꽃〈*Nuphar japonica* DC.(1821)〉

개연꽃이라는 이름은 연꽃과 유사한데 그에 못 미친다는(개) 뜻에서 유래했다.[13] 한편 일본명을 잘못 번역해 유래한 이름으로 보는 견해가 있으나,[14] 일본명과는 관련이 없으며 1820년대에 저술된 『물명고』에 기록된 '개년'에서 유래했다.

속명 *Nuphar*는 아라비아어 *neufar*에서 유래했으며 개연꽃속을 일컫는다. 종소명 *japonica*는 '일본의'라는 뜻으로 발견지 또는 분포지를 나타낸다.

개구리연(박만규, 1949), 개련(리종오, 1964), 긴잎련꽃(임록재 외, 1972), 개련꽃/긴잎좀련꽃

---

11 『향약구급방』(1236)의 차자(借字) '蓮根'(연근)에 대해 남풍현(1981), p.29는 '년근'의 표기로 보고 있으며, 이덕봉(1963), p.31은 '연근'의 표기로 보고 있다.

12 『조선한방약료식물조사서』(1917)는 '년, 蓮實'을 기록했으며 『조선어사전』(1920)은 '蓮(련), 련곳, 蓮花(련화), 荷花(하화), 芙蓉'을, 『조선식물명휘』(1922)는 '蓮, 蓮藕, 荷, 련(食)'을, Crane(1931)은 '련곳, 蓮花'를, 『토명대조선만식물자휘』(1932)는 '[蓮]련(년), [荷]하, [蓮花]년화(곳), [荷花]하화, [蓮藕]련에, [佛座鬚]불(ᄉ)좌슈, [蓮房]련방, [蓮子]련즈, [蓮實]련실, [년(ᄉ)밥], [蓮肉]련육, [蓮薏]련의, [蓮葉]련엽, [荷葉]하엽, [년ᄉ입], [蓮根]련근, [蓮藕]련우'를, 『선명대화명지부』(1934)는 '연곳'을 기록했다.

13 이러한 견해로 이우철(2005), p.56 참조.

14 이러한 견해로 이윤옥(2015), p.48 참조. 이윤옥은 이 책에서 일본명 カハホネ(川骨)에 따라 '갯연꽃'으로 번역해야 하는 것을 '개연꽃'으로 잘못 번역했다는 취지로 주장하기도 했다.

(김현삼 외, 1988), 개구리련(리용재 외, 2011)

옛이름 萍蓬草/개년(물명고, 1824), 萍蓬實/지련(광재물보, 19세기 초)[15]

중국/일본명 '중국식물지'는 이를 기재하지 않고 있으며, 개연꽃속 식물을 萍蓬草(ping peng cao)라고 하는데 개구리밥(萍)과 쑥(蓬)을 닮은 식물이라는 뜻으로 열매가 작게 결실하는 것과 관련이 있어 보인다. 일본명 カハホネ(川骨)는 하천에서 자라고 줄기가 백골(白骨)과 같다는 뜻에서 유래했다.

참고 [북한명] 긴잎련꽃 [유사어] 평봉초자(萍蓬草子)

Nymphaea tetragona *Georg*. var. angusta *Caspari* ヒツジグサ
Suryon 수련 睡蓮 (栽)

수련〈*Nymphaea tetragona* Georgi(1775)〉

수련이라는 이름은 한자어 수련(睡蓮)에서 유래한 것으로, 활짝 피었던 꽃이 해질 무렵 접히므로 잠을 자는 연꽃이라는 뜻에서 붙여졌다.[16] 19세기에 저술된 『물명고』는 "夜則花底入水"(밤에 꽃이 가라앉아 물속으로 들어간다)라고 해 해질 무렵부터 수련이 지는 모습을 묘사했다.

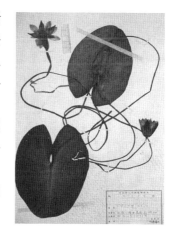

속명 *Nymphaea*는 물의 여신인 *Nympha*(님프)에서 유래한 고대 식물명으로 수련속을 일컫는다. 종소명 *tetragona*는 '사각(四角)의'라는 뜻이다.

옛이름 睡蓮(물명고, 1824), 睡蓮(연경재전집, 1840), 睡蓮(오주연문장전산고, 185?)[17]

중국/일본명 중국명 睡莲(shui lian)도 한국명과 동일한 의미에서 유래했다. 일본명 ヒツジグサ(未草)의 '未'는 未の刻, 즉 오후 1시부터 오후 3시까지의 시간에 대한 준말로 꽃이 지기 시작하는 시간과 관련해 유래한 이름이다.

참고 [북한명] 수련

---

15 『조선식물명휘』(1922)는 '萍蓬草(觀賞)'를 기록했다.

16 이러한 견해로 허북구·박석근(2008a), p.141; 이유미(2010), p.357; 권순경(2017.4.26.) 참조.

17 『조선식물명휘』(1922)는 '睡蓮'을 기록했으며 『토명대조선만식물자휘』(1932)는 '[蓮蓬草]련(년)봉초, [蓮蓬花]년봉화(尖)'를 기록했다.

Ceratophylaceae 붕어마름科 (金魚藻科)

붕어마름과 〈Ceratophyllaceae Gray(1822)〉

붕어마름과는 국내에 자생하는 붕어마름에서 유래한 과명이다. '국가표준식물목록'(2018), 『장진성 식물목록』(2014) 및 '세계식물목록'(2018)은 이 과의 유일한 속인 *Ceratophyllum*(붕어마름속)에서 유래한 Ceratophyllaceae[1]를 과명으로 기재하고 있으며, 엥글러(Engler), 크론키스트(Cronquist) 및 APG IV(2016) 분류 체계도 이와 같다. 크론키스트 분류 체계(1981)는 Nymphaeales(수련목)로 분류했으나 APG IV(2016) 분류 체계는 Ceratophyllales(붕어마름목)로 분류한다.

Ceratophyllum demersum *Linné* ギンギヨモ

Buṅgȯ-marùm 붕어마름

붕어마름 〈*Ceratophyllum demersum* L.(1753)〉

붕어마름이라는 이름은 붕어가 서식하는 곳에서 사는 수초인데 마름을 닮아서 붙여졌다.[2] 마름은 『월인석보』의 '말밤'이 어원으로, 말밤은 '말'(藻)과 '밤'(栗)의 합성어인데 수초를 총칭하는 우리말 '말'(藻)에 그 열매가 '밤'(栗)을 닮았다는 뜻이다.[3] 종래 이 종을 일컫는 이름이 존재하지 않았기 때문에 『조선식물향명집』에서 전통 명칭 '마름'을 기본으로 하고 식물의 산지(서식처)의 특징을 살린 '붕어'를 추가해 신칭했다.[4]

속명 *Ceratophyllum*은 그리스어 *ceras*(뿔)와 *phyllon*(잎)의 합성어로, 잎이 뿔처럼 갈라진다는 뜻에서 붙여졌으며 붕어마름속을 일컫는다. 종소명 *demersum*은 '물속에서 자라는'이라는 뜻으로 서식처를 나타낸다.

다른이름 솔잎말(정태현, 1965)[5]

중국/일본명 중국명 金鱼藻(jin yu zao)와 일본명 ギンギヨモ(金魚藻)는 금붕어를 키우는 곳에 넣어주는 수초(藻)라는 뜻으로, 일본의 오노 란잔(小野蘭山, 1729~1810)이 저술한 『본초강목계몽』에 최초 기록된 이름이다. 현재 일본에서는 『조선식물향명집』에 기록된 일본명이 아닌 잎의 모양이 소나무를 닮은 수초라는 뜻의 マツモ(松藻)를 사용한다.

참고 [북한명] 붕어마름 [유사어] 금어조(金魚藻)

---

1 『조선식물향명집』의 라틴어 학명 Ceratophylaceae는 Ceratophyllaceae의 오기이다.
2 이러한 견해로 이우철(2005), p.293과 김경희 외(2014), p.37 참조.
3 이러한 견해로 김민수(1997), p.316 참조. 『향약채취월령』(1431)은 '菱實'의 향명으로 '末栗'(말률)을 기록하고 있는데, 이는 '말밤'을 표기한 것으로 이해된다. 이에 대해서는 김홍석(2003), p.141 참조.
4 이에 대한 자세한 내용은 『조선식물향명집』, 사정요지와 색인 p.39 참조.
5 『조선식물명휘』(1922)는 '金魚藻'를 기록했다.

Ranunculaceae 미나리아재비科 (毛茛科)

미나리아재비과 〈Ranunculaceae Juss.(1789)〉

미나리아재비과는 국내에 자생하는 미나리아재비에서 유래한 과명이다. '국가표준식물목록'(2018), 『장진성 식물목록』(2014) 및 '세계식물목록'(2018)은 *Ranunculus*(미나리아재비속)에서 유래한 Ranunculaceae를 과명으로 기재하고 있으며, 엥글러(Engler), 크론키스트(Cronquist) 및 APG IV(2016) 분류 체계도 이와 같다. APG IV(2016) 분류 체계는 *Megaleranthis*(모데미풀속)를 *Eranthis*(너 도바람꽃속)에 통합하고 있다.

○ Aconitum gibbiferum *Reichenbach*   テフセントリカブト
Ba-ĝot   바꽃(초오)

이삭바꽃 〈*Aconitum kusnezoffii* Rchb.(1823)〉

'국가표준식물목록'(2018)과 『장진성 식물목록』(2014)은 *A. gibbiferum*을 별도 분류하지 않 고 이삭바꽃에 통합하고 있으므로 이 책도 이에 따른다. 다만, '세계식물목록'(2018)과 '중국식물 지'(2018)는 바꽃을 이삭바꽃의 변종으로 보아 학명을 *Aconitum kusnezoffii* var. *gibbiferum* (Rchb.) Regel(1861)로 별도 분류하기도 하므로(중국명: 寬裂北烏头) 주의가 필요하다.

Aconitum Gmelinii *Reichenbach*   キエボシサウ
Norang-tuguĝot   노랑투구꽃

노랑투구꽃 〈*Aconitum barbatum* Patrin ex Pers.(1806)〉[1]

노랑투구꽃이라는 이름은 『조선식물향명집』에서 신칭한 것으로,[2] 꽃이 노란색으로 피는 투구꽃 이라는 뜻이다.[3]

속명 *Aconitum*은 그리스의 철학자 테오프라스토스(Theophrastos, B.C.371~B.C.287)가 유독성 식물에 사용한 이름인 *Akoniton*에서 유래했으며 투구꽃속을 일컫는다. 종소명 *barbatum*은 '까 락이 있는, 수염이 있는'이라는 뜻이다.

---

1   '국가표준식물목록'(2018)은 노랑투구꽃의 학명을 *Aconitum sibiricum* Poir.(1810)로 기재하고 있으나, 『장진성 식물목 록』(2014)은 본문의 학명을 정명으로, '중국식물지'(2018)와 '세계식물목록'(2018)은 *Aconitum barbatum* var. *hispidum* (DC.) Ser.(1824)를 정명으로 기재하고 있다.
2   이에 대해서는 『조선식물향명집』, 색인 p.34 참조.
3   이러한 견해로 이우철(2005), p.150 참조.

다른이름 바꽃(박만규, 1949), 오돌또기(박만규, 1974), 넓은노랑투구꽃(임록재 외, 1996)

중국/일본명 중국명 西伯利亚乌头(xi bo li ya wu tou)는 시베리아에서 나는 오두(烏頭: 투구꽃 종류)라는 뜻이다. 일본명 キエボシサウ(黄烏帽子草)는 노란색 꽃이 피고 검은 두건을 닮은 식물이라는 뜻에서 붙여진 것으로 추정한다.

참고 [북한명] 넓은노랑투구꽃/노랑투구꽃[4]

⊗ Aconitum jaluense *Komarov*　カウライブシ
Tuguĝot　투구꽃

투구꽃〈*Aconitum jaluense* Kom.(1901)〉

투구꽃이라는 이름은 꽃의 모습이 투구를 닮아 붙여졌으며,[5] 『조선식물향명집』에 그 이름이 최초로 보인다. 예로부터 생약명으로 사용하던 초오(草烏)는 초오두(草烏頭)[6]의 줄임말로, 까마귀의 머리를 닮은 식물이라는 뜻이다. 일본에서는 투구꽃의 근연종인 *A. chinense*를 トリカブト(鳥兜)라고 하는데, 이는 음악 연주자인 영인(伶人)의 머리에 쓰는 관을 닮았다는 뜻에서 유래했다. 일제강점기에 저술된 『조선식물명휘』와 『토명대조선만식물자휘』에 투구꽃이라는 이름이 나타나지 않는 것으로 보아, 草烏(초오)와 鳥兜(조두) 등의 영향을 받아 『조선식물향명집』에서 최초 기록한 이름으로 추정한다.

속명 *Aconitum*은 그리스의 철학자 테오프라스토스 (Theophrastos, B.C.371~B.C.287)가 유독성 식물에 사용한 이름인 *Akoniton*에서 유래했으며 투구꽃속을 일컫는다. 종소명 *jaluense*는 '압록강의'라는 뜻으로 분포지 또는 발견지를 나타낸다.

다른이름 그늘돌쩌귀/돌쩌귀풀/초오(정태현 외, 1937), 강바꽃/개무강바꽃/그늘돌쩌기풀/만주돌쩌기풀/민암술바꽃/북한산바꽃/털암술바꽃/털오돌도기/지이산투구꽃(박만규, 1949), 그늘돌쩌기/지이바꽃/진돌쩌기풀(정태현 외, 1949), 싹눈바꽃(정태현, 1956), 세잎돌쩌귀/지리바꽃/진돌쩌기(이창복, 1969b), 북돌쩌귀/서울투구꽃/선투구꽃/털바꽃(박만규, 1974), 진돌쩌귀(이창복, 1980), 개싹눈바꽃(한

4　북한에서는 *A. sibiricum*을 '넓은노랑투구꽃'으로, *A. barbatum*을 '노랑투구꽃'으로 하여 별도 분류하고 있다. 이에 대해서는 리용재 외(2011), p.9 참조.

5　이러한 견해로 이우철(2005), p.569; 허북구·박석근(2008a), p.204; 이유미(2010), p.512; 권순경(2019.4.3.) 참조.

6　중국의 『본초강목』(1596)은 "此即烏頭之野生於他處者 俗謂之草烏頭 亦曰竹節烏頭"(오두의 특산지 외에서 야생하는 것을 초오두라 하며 죽절오두라 부르기도 한다)라고 했고, 부자(附子)에 대해 오두(烏頭)의 새뿌리(땅속줄기)로서 겨울에 채취하는 것을 말하며, 노두가 있는 상태인 봄에 채취하는 것을 오두(烏頭)라고 한다는 취지로 기록했다.

진건 외, 1982), 흰그늘돌쩌귀(이영노, 1996)

옛이름 草烏/촐홍/烏頭/홍똥(구급방언해, 1466), 草烏頭/바곳(구급간이방언해, 1489), 草烏/淮烏/바곳(동의보감, 1613), 烏頭/오두(구황촬요벽온방, 1639), 草烏/바곳(산림경제, 1715), 烏頭/놋져나믈/바곳(광재물보, 19세기 초), 草烏頭/놋져나믈/바곳(물명고, 1824), 바곳/草烏(의종손익, 1868), 바곳/草烏(방약합편, 1884), 草烏頭/바곳(의방합편, 19세기), 烏頭/바곳(선한약물학, 1931)[7]

중국/일본명 중국명 鴨绿乌头(ya lu wu tou)는 압록강 유역에서 자라는 오두(烏頭: 투구꽃 종류를 말하며 약재로 쓰이는 땅속줄기의 모양이 까마귀 머리를 닮은 것에서 유래)라는 뜻이다. 일본명 カウライブシ(高麗附子)는 한반도(高麗)에 분포하는 부자(附子) 종류라는 뜻이다.

참고 [북한명] 투구꽃 [유사어] 독공(毒公), 오두(烏頭), 오훼(烏喙), 초오(草烏), 토부자(土附子), 해독(奚毒) [지방명] 부자/초오(강원), 초호(경기), 바우초/초오/초우/초호(경남), 부자/초구(경북), 골미꽃/도담초/도삼초/독우초/여부자/요부자/초고/초고나무/초오/초우/초호/촉우(전남), 초오/초우/촉우(전북), 중국부자/초오/초우/초호(충남), 초모/초오/초호(충북)

⊗ *Aconitum koreanum R. Raymond* キバナトリカブト

Norang-doljogwe 노랑돌쩌귀 白附子

백부자(흰바꽃)⟨*Aconitum coreanum* (H.Lév.) Rapaics(1907)⟩

백부자라는 이름은 한자어 백부자(白附子)에 기원을 두고 있는데, 약용으로 사용하는 부자(附子)와 비슷하게 생겼으며 땅속줄기를 약재로 사용하는 점에 비추어 흰색 땅속줄기를 가진 부자라는 뜻으로 보인다.[8] 중국의 『본초강목』에 따르면 최초에 성육(成育)되는 것을 烏頭(오두)라 하며 烏頭에 붙어서(附) 자라는 것이라 하여 부자(附子)라 하는데, 오두는 4월에 채취하고 부자는 8월에 채취한다고 했다. 『조선식물향명집』에서는 노란색 꽃이 피는 돌쩌귀[9]라는 뜻의 '노랑돌쩌귀'를 신칭해 기록했으나,[10] 『조선식물명집』에서 '백부자'로 개칭해 현재에 이르고 있다. 백부자의 옛 고유어로 '흰바곳'과 '괴망이'라는 이름이 발견되지만 그 정확한 의미나 유래는 알려져 있지 않다. 다만 19세기에 저술된 『명물기략』과 『한불자전』은 바꽃의 옛말 '바곳'을 송곳의 일종인 파국(巴鍋)으로 기록

---

7   『조선어사전』(1920)은 '淮烏, 奚毒, 毒公(독공), 土附子(토부자), 草烏頭(초오두), 草烏(초오), 烏頭(오두), 川烏(천오)'를 기록했으며 『토명대조선만식물자휘』(1932)는 '[鸎鷞菊]원앙국, [雙鸎菊]쌍란국, [草烏頭]초오두, [草烏]초오, [烏頭]오두, [川烏]천오, [土附子]토부자, [附子]부자, [淮烏]회오, [奚毒]해독, [毒公]독공, [天雄]텬웅, [바곳]'을 기록했다. 다만 『토명대조선만식물자휘』의 이 부분 이름은 학명이 *A. sinensis*로 국내 분포가 확인되지 않은 종으로 되어 있다.

8   유희의 『물명고』(1824)는 뿌리(땅속줄기)가 흰색이라는 뜻에서 백부자에 대해 "根長而白折之"라고 기록했다.

9   돌쩌귀는 문짝을 다는 데 쓰는 경첩을 의미하는 것으로, 1880년에 저술된 『한불자전』은 '돌져귀'로 기록했다. 투구꽃 종류에 사용된 돌쩌귀라는 이름은 땅속줄기의 모양이 돌쩌귀(경첩)를 닮았다는 것에서 유래한 것으로 보이며, 중국명이나 일본명과 유사성이 없는 것에 비추어 당시 민간에서 사용하던 방언을 재록한 것으로 추정한다.

10 이에 대해서는 『조선식물향명집』, 색인 p.34 참조.

하고 있는 점을 고려하면, '흰바곳'은 땅속줄기가 흰색이고 송곳과 같이 뾰족한 모양을 이룬다는 뜻으로 추정할 수 있다.

속명 *Aconitum*은 그리스의 철학자 테오프라스토스 (Theophrastos, B.C.371~B.C.287)가 유독성 식물에 사용한 이름인 *Akoniton*에서 유래했으며 투구꽃속을 일컫는다. 종소명 *coreanum*은 '한국의'라는 뜻으로 분포지 또는 발견지를 나타낸다. 그러나 중국, 몽골 및 러시아에도 분포하는 종이다.

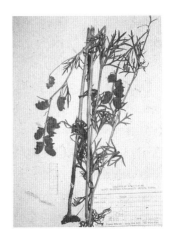

다른이름 백부자(정태현 외, 1936), 노랑돌쩌귀(정태현 외, 1937), 노랑돌쩌기(박만규, 1949), 노랑돌쪼기(정태현 외, 1949), 노랑들쩌기(정태현, 1956), 노랑바꽃(박만규, 1974), 노란돌쩌귀풀(김현삼 외, 1988), 노랑돌쩌귀풀(임록재 외, 1996)

옛이름 白附子/白波串(향약채취월령, 1431), 白附子/白波串(향약집성방, 1433),[11] 白附子/쁵뿡즁(구급방언해, 1466), 白附子/흰바곳불휘(구급간이방언해, 1489), 白附子/白波串/바곳불휘(촌가구급방, 1538), 빅부즈/白附子(언해두창집요, 1608), 白附子/흰바곳(동의보감, 1613), 附子/부즈(구황촬요벽온방, 1639), 白附/흰바곳(제중신편, 1799), 白附子/흔박옷/괴망이(광재물보, 19세기 초) 白附子/괴망이/흰바꽃(물명고, 1824), 白附/흰바곳(의종손익, 1868), 白附/흰바곳(방약합편, 1884), 白附子/흰박곳쑤리(선한약물학, 1931)[12]

중국/일본명 중국명 黃花乌头(huang hua wu tou)는 노란색 꽃이 피는 오두(烏頭: 투구꽃 종류)라는 뜻이다. 일본명 キバナトリカブト(黃花鳥兜)는 노란색 꽃이 피는 トリカブト(鳥兜: 투구꽃 종류)라는 뜻이다.

참고 [북한명] 노랑돌쩌귀풀 [지방명] 부자(경기/전북/충남/충북)

○ Aconitum Kusnezofii *Reichenbach*   ホザキブシ
Isag-bagot   이삭바꽃

이삭바꽃(바꽃)〈*Aconitum kusnezoffii* Rchb.(1823)〉
이삭바꽃이라는 이름은 『조선식물향명집』에서 신청한 것으로,[13] 꽃차례가 이삭처럼 달리는 바꽃

---

11 『향약집성방』(1433)의 차자(借字) '白波串(백파곳)'에 대해 남풍현(1999), p.178은 '흰바곳'의 표기로 보고 있으며, 손병태 (1996), p.34는 '힌바곳'의 표기로 보고 있다.

12 『조선한방약료식물조사서』(1917)는 '이지기풀(京畿), 흰바곳(東醫), 白附子'를 기록했으며 『조선어사전』(1920)은 '白附子(빅부즈), 흰바곳'을, Crane(1931)은 '푸즈'를, 『토명대조선만식물자휘』(1932)는 '[白附子]빅부즈, [흰바곳]'을 기록했다.

13 이에 대해서는 『조선식물향명집』, 색인 p.44 참조.

이라는 뜻이다.[14] 바꽃의 옛말은 '바곳'으로 투구꽃 종류의 생약명 초오(草烏)를 일컫는 고유어인데, 그 정확한 의미와 유래는 알려져 있지 않다. 다만 19세기에 저술된 『명물기략』과 『한불자전』은 바꽃의 옛말 '바곳'을 송곳의 일종인 파곶(巴鋦)으로 기록하고 있는 점을 고려하면, 송곳과 같이 뾰족한 모양을 일컫는 옛말로 보인다. 초오(草烏)는 그 땅속줄기를 약재로 사용하므로, '바곳'은 땅속줄기의 모양이 이를 닮은 것에서 유래한 이름으로 추정한다. 『동의보감』 등에서 땅속줄기가 흰색인 부자라는 의미의 白附子(백부자)를 '흰바곳'이라고 기록한 점도 이를 뒷받침한다.

속명 *Aconitum*은 그리스의 철학자 테오프라스토스 (Theophrastos, B.C.371~B.C.287)가 유독성 식물에 사용한 이름인 *Akoniton*에서 유래했으며 투구꽃속을 일컫는다. 종소명 *kusnezoffii*는 러시아 식물학자 I. D. Kusnezoff의 이름에서 유래한 것으로 추측되나 그의 이력은 알려져 있지 않다.

다른이름 바꽃/초오(정태현 외, 1937), 꼭지투구꽃(임록재 외, 1972)

옛이름 草烏頭/바곳불휘(구급간이방언해, 1489), 바곳/菫(시경언해, 1613), 바곳/草烏(동의보감, 1613), 烏頭/놋져나물/바곳(광재물보, 19세기 초), 草烏頭/놋져나물/바곳(물명고, 1824), 바곳/草烏(의종손익, 1868), 바곳/草烏(방약합편, 1884), 草烏頭/바곳(의방합편, 19세기)[15]

중국/일본명 중국명 北乌头(bei wu tou)는 북쪽 지역에서 자라는 오두(烏頭: 투구꽃 종류)라는 뜻이다. 일본명 ホザキブシ(穂咲き附子)는 이삭 모양으로 꽃이 피는 부자(附子)라는 뜻이다.

참고 [북한명] 꼭지투구꽃/이삭바꽃[16]

---

14 이러한 견해로 이우철(2005), p.431 참조.

15 『조선어사전』(1920)은 '草烏頭(초오두), 바곳, 土附子, 淮烏, 奚毒, 毒公, 草烏, 雙鸞菊(쌍란국), 鴛鴦菊(원앙국)'을 기록했으며 『조선식물명휘』(1922)는 '草烏, 草烏頭, 초오, 바꼿(毒, 藥)'을, 『토명대조선만식물자휘』(1932)는 학명 *A. sinensis*에 대해 '[鴛鴦菊]원앙국, [雙鸞菊]쌍란국, [雙蘭菊]쌍란국, [草烏頭]초오두, [草烏]초오, [烏頭]오두, [川烏]쳔오, [土附子]토부즈, [附子]부즈, [淮烏]회오, [奚毒]해독, [毒公]독공, [天雄]텬웅, [바꼿]'을, 『선명대화명지부』(1934)는 '바꼿, 초오'를 기록했다.

16 북한에서는 *A. pulcherrimum*을 '꼭지투구꽃'으로, *A. kusnezoffii*를 '이삭바꽃'으로 하여 별도 분류하고 있다. 이에 대해서는 리용재 외(2011), p.9 참조.

⊗ Aconitum longe-cassidatum *Nakai*　シラチヤレイジンサウ
Hin-jinbŏm　힌진범　秦芃

흰진범〈*Aconitum longecassidatum* Nakai(1909)〉

흰진범이라는 이름은 흰색 꽃이 피는 진범이라는 뜻에서 유래했다.[17] 『조선식물향명집』에서는 '힌진범'을 신칭해 기록했으나[18] 『조선식물명집』에서 표기법에 맞추어 '흰진범'으로 개칭해 현재에 이르고 있다.

속명 *Aconitum*은 그리스의 철학자 테오프라스토스(Theophrastos, B.C.371~B.C.287)가 유독성 식물에 사용한 이름인 *Akoniton*에서 유래했으며 투구꽃속을 일컫는다. 종소명 *longecassidatum*은 '긴 투구 모양의'라는 뜻으로 꽃의 모양에서 유래한 것으로 보인다.

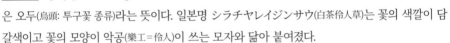

다른이름　힌진범(정태현 외, 1937), 흰진교(리종오, 1964)[19]

중국/일본명　중국명 高帽乌头(gao mao wu tou)는 고깔(高帽)을 닮은 오두(烏頭: 투구꽃 종류)라는 뜻이다. 일본명 シラチヤレイジンサウ(白茶伶人草)는 꽃의 색깔이 담갈색이고 꽃의 모양이 악공(樂工=伶人)이 쓰는 모자와 닮아 붙여졌다.

참고　[북한명] 흰진교 [유사어] 한진교(韓秦芃)

⊗ Aconitum mokchangense *Nakai*　クサウヅ
Doljŏgwepul　돌쩌귀풀(초오)

투구꽃〈*Aconitum jaluense* Kom.(1901)〉

이우철(2005)은 돌쩌귀풀을 투구꽃에 통합하고 '국가표준식물목록'(2018), '세계식물목록'(2018) 및 『장진성 식물목록』(2014)도 *A. mokchangense*를 별도 분류하지 않으므로 이 책도 이에 따른다.

17　이러한 견해로 이우철(2005), p.615 참조.
18　이에 대해서는 『조선식물향명집』, 색인 p.49 참조.
19　『조선식물명휘』(1922)는 '秦芃(毒)'를 기록했다.

Aconitum pseudo-laeve *Nakai* レイジンサウ 秦芃
Jinbóm 진범(오독도기)

진범〈*Aconitum pseudolaeve* Nakai(1935)〉

진범이라는 이름은 원래 중국에서 유래한 한약명 진교(秦芃)를 『산림경제』 등에서 진봉(秦芃)으로 오기하고 이를 다시 진범으로 오독해 불렀던 데서 유래했다.[20] 중국 고전에서 진교(秦芃)라는 이름은 진(秦)나라에서 주로 나고 뿌리가 엉겨서 그물 문양을 만드는 것이 깔개(芃)처럼 보인 데서 유래했으며,[21] 큰잎용담(*Gentiana macrophylla*) 또는 소박골(*Justicia gendarussa*)을 일컫는 것이었으나 국내에는 자생하지 않아 대용 약재를 찾으면서 다른 식물로 대체해 약용했다.[22] 현재 중국은 진교(秦芃)를 투구꽃속(*Aconitum*) 식물이 아닌 용담과의 *Gentiana macrophylla* Pall.(1789)에 대한 이름으로 사용하고 있다. 한편 『동의보감』과 『물명고』는 옛이름으로 '망초'(網草)를 기록했는데, 망초는 뿌리가 그물(網)처럼 꼬여 있는 풀(草)이라는 뜻에서 유래했다.[23] 『조선식물향명집』에 기록된 진범의 다른이름 '오독도기'는 『동의보감』에서 '狼毒/오독쏜기'로, 『물명고』에서 '狼毒/오도독이'로 기록해 대극속(*Euphorbia*) 식물을 지칭하지만,[24] 『조선식물향명집』에서는 진범의 다른이름으로 기록한 것에 비추어 민간에서는 여러 식물명에 혼용했을 것으로 생각된다.

속명 *Aconitum*은 그리스의 철학자 테오프라스토스(Theophrastos, B.C.371~B.C.287)가 유독성 식물에 사용한 이름인 *Akoniton*에서 유래했으며 투구꽃속을 일컫는다. 종소명 *pseudolaeve*는 *pseudo*(가짜의)와 *laevus*(겁쟁이)의 합성어로 겁쟁이와 유사함을 나타낸다.

다른이름 진교(정대현 외, 1936), 오독도기/덩굴오독도기(정대현 외, 1937), 덩굴진범(박민규, 1949), 줄오독도기(정태현 외, 1949), 가지진범(이창복, 1969b)

---

20 이러한 견해로 이우철(2005), p.494 참조.

21 중국의 이시진은 『본초강목』(1596)에서 "秦芃出秦中 根作羅紋交糾者佳 名秦芃秦紿"(진교는 진나라에서 나는데 뿌리가 그물 모양으로 서로 꼬여 있는 것이 좋다. 그래서 이름을 '진교' 또는 '진규'라 한다)라고 했다.

22 이에 대한 보다 자세한 내용은 신현철 외(2010), p.328 이하 참조. 국내에서 한약재 秦芃(진교)는 *G. macrophylla*와 그 근연종을 의미한다는 견해로 『(신대역) 동의보감』(2012), p.2028과 『대한민국약전외 한약(생약)규격집』(2016), p.178 참조. 한편 『한의학대사전』(2001)은 *Lycoctonum*(=*Aconitum*) *pseudolaeve* Nakai(1935)와 그 근연종을 의미하는 것으로 보아 견해가 나뉜다.

23 유희의 『물명고』(1824)는 "根相交糾如網巾 망초"[뿌리가 서로 얽혀 있어 망건(網巾)과 비슷하다. '망초'라 한다]라고 기록했다.

24 '狼毒/오독쏜기'(오독독이)를 대극과 식물로 기록한 것에 대해서는 『조선산야생약용식물』(1936), p.152 참조.

옛이름 秦艽/網草(향약채취월령, 1431), 秦艽/網草(향약집성방, 1433),[25] 秦艽/網草/그물플(촌가구급방, 1538), 秦艽/망초불휘(동의보감, 1613), 秦艽(의림촬요, 1635), 秦艽(산림경제, 1715), 秦艽(광제비급, 1790), 秦艽/망초/진주풀(광재물보, 19세기 초), 秦艽/망초/秦糾/秦瓜(물명고, 1824), 秦艽/망초불휘(의휘, 1871), 秦艽/망초(의방합편, 19세기), 秦艽(수세비결, 1929)[26]

중국/일본명 중국명 宁武乌头(ning wu wu tou)는 산시성의 닝우(寧武)에 분포하는 오두(烏頭: 투구꽃 종류)라는 뜻이다. 일본명 レイジンサウ(伶人草)는 꽃의 모양이 악공(樂工=伶人)이 쓰는 모자와 닮아 붙여졌다.

참고 [북한명] 진교[27] [유사어] 한진교(韓秦艽) [지방명] 부자(전북)

Aconitum pseudo-laeve *Nakai* var. volubile *Nakai* ツルレイジンサウ
Dȯnggul-odogdogi 덩굴오독도기

진범⟨*Aconitum pseudolaeve* Nakai(1935)⟩

'국가표준식물목록'(2018)과 이우철(2005)은 덩굴오독도기를 진범에 통합하고 『장진성 식물목록』 (2014)도 별도 분류하지 않으므로 이 책도 이에 따른다.

○ Aconitum Raddeanum *Regel* タチハナカヅラ
Sȯn-dȯnggul-baĝot 선덩굴바꽃

선줄바꽃⟨*Aconitum raddeanum* Regel(1861)⟩[28]

선줄바꽃이라는 이름은 줄기가 직립하며 자라는 줄바꽃이라는 뜻에서 유래했다.[29] 『조선식물향명집』에서 신칭해 기록한[30] '선덩굴바꽃'을 『조선식물명집』에서 개칭한 것이다. '줄바꽃'은 덩굴을 이룬다는 뜻에서, '바꽃'은 약재로 사용하는 땅속줄기가 송곳(바곳)처럼 뾰족하다는 뜻에서 유래한 것으로 추정한다.

---

25 『향약집성방』(1433)의 향명 '網草'(망초)에 대해 남풍현(1999), p.176은 '망초'의 표기로 보고 있다.

26 『조선한방약료식물조사서』(1917)는 '빈딕풀(京畿), 망초(東醫), 秦艽'을 기록했으며 『조선어사전』(1920)은 '狼毒(랑독), 오독쏘기, 망초(草), 秦瓜(진과), 秦艽(진규), 秦糾(진규)'를, 『조선식물명휘』(1922)는 '狼毒, 랑독, 오독쏘기(毒, 藥)'를, 『토명대조선만식물자휘』(1932)는 학명 A. lycoctonum에 대해 '[狼毒(草)]랑독(초), [오독쏘기]'를, 『선명대화명지부』(1934)는 '랑독, 오독쏘기'를 기록했다.

27 임록재 외(1999)는 A. pseudolaeve에 대한 북한명으로 '진교'를 기록했으나, 리용재 외(2011)는 '진교'를 별도 분류하지 않으므로 주의가 필요하다.

28 『장진성 식물목록』(2014)은 선줄바꽃을 한반도 분포 식물로 별도 분류하지 않으므로 주의가 필요하다.

29 이러한 견해로 이우철(2005), p.334 참조.

30 이에 대해서는 『조선식물향명집』, 색인 p.41 참조.

속명 *Aconitum*은 그리스의 철학자 테오프라스토스(Theophrastos, B.C.371~B.C.287)가 유독성 식물에 사용한 이름인 *Akoniton*에서 유래했으며 투구꽃속을 일컫는다. 종소명 *raddeanum*은 폴란드에서 태어나 조지아에 정착한 독일인 자연연구가 Gustav Ferdinand Richard Radde(1831~1903)의 이름에서 유래했다.

다른이름 선덩굴바꽃(정태현 외, 1937), 선덩굴오돌도기(박만규, 1949), 선돌바꽃/선바꽃(안학수·이춘녕, 1963), 선덩굴줄바꽃(리용재 외, 2011)

중국/일본명 중국명 大苞乌头(dai bau wu tou)는 꽃봉오리가 큰 오두(烏頭: 투구꽃 종류)라는 뜻이다. 일본명 タチハナカヅラ(立花蔓)는 곧추서서 자라는 ハナカヅラ(花蔓: 꽃이 아름답고 덩굴로 자란다는 뜻으로 놋젓가락나물 종류의 일본명)라는 뜻이다.

참고 [북한명] 선줄바꽃

⊗ Aconitum Uchiyamai *Nakai*   モリトリカブト
Gŭnŭl-doljŏgwe   그늘돌쩌귀

투구꽃⟨*Aconitum jaluense* Kom.(1901)⟩
'국가표준식물목록'(2018), 이우철(2005) 및 『장진성 식물목록』(2014)은 *A. uchiyamai*를 투구꽃에 통합하고 있으므로 이 책도 이에 따른다.

○ Aconitum umbrosum *Komarov*   タチキエボシサウ
Sŏn-norang-tugugot   선노랑투구꽃

선투구꽃⟨*Aconitum umbrosum* (Korsh.) Kom.(1904)⟩
선투구꽃이라는 이름은 『조선식물명집』에 따른 것으로, 『조선식물향명집』에서 신칭해 기록한[31] '선노랑투구꽃'을 축약한 것이다. 선노랑투구꽃이라는 이름은 줄기가 곧추서서 자라고 노란색 꽃이 피는 투구꽃이라는 뜻에서 붙여졌다.[32]

속명 *Aconitum*은 그리스의 철학자 테오프라스토스(Theophrastos, B.C.371~B.C.287)가 유독성 식물에 사용한 이름인 *Akoniton*에서 유래했으며 투구꽃속을 일컫는다. 종소명 *umbrosum*은 '음지(陰地)성의'라는 뜻으로 숲의 그늘에서 주로 자라는 것에서 유래했다.

다른이름 선노랑투구꽃(정태현 외, 1937), 선바꽃(박만규, 1949), 선오돌또기(박만규, 1974)

---

31 이에 대해서는 『조선식물향명집』, 색인 p.41 참조.
32 이러한 견해로 이우철(2005), p.334 참조.

중국명 草地乌头(cao di wu tou)는 풀밭에서 자라는 오두(烏頭: 투구꽃 종류)라는 뜻이다. 일본명 タチキエボシサウ(立黃烏帽子草)는 줄기가 곧추서고 노란색 꽃이 피며 검은 두건을 닮은 식물이라는 뜻에서 유래했다.

[북한명] 선투구꽃

Aconitum volubile *Pallas* var. pubescens *Regel*　ツルウヅ
Notjógarag-namul　놋져까락나물(초오)

놋젓가락나물〈*Aconitum volubile* Pall. ex Koelle var. *pubescens* Regel(1861)〉[33]

놋젓가락나물이라는 이름은 봄에 위로 올라가는 줄기의 모양 또는 지난해 남은 줄기의 모양이 놋젓가락[34]을 연상시키고 나물로 식용한 데서 유래했다.[35] 『광재물보』와 『물명고』에 기록된 '놋져나물'이 그 어원이다. 『조선식물향명집』은 '놋저까락나물'로 기록했으나 『조선식물명집』에서 같은 의미의 '놋젓가락나물'로 개칭해 현재에 이르고 있다. 그 유래는 이름이 최초로 기록된 19세기 초반의 관점에서 고찰할 필요가 있다. 땅속줄기보다 잎이 상대적으로 독성이 덜해 이 식물의 어린순을 따서 볶아 말리거나 삶아 우려 묵나물로 식용했으므로,[36] '나물'이라는 이름은 거기서 생겨난 것이다. 한편 『광재물보』와 『물명고』는 '놋져나물'을 기록하면서 당시 투구꽃속 식물에

널리 사용하던 한자명 烏頭(오두)와 草烏頭(초오두)를 함께 표기했다. 그러므로 당시 놋져나물은 현재의 놋젓가락나물이라는 종(species)을 지칭했다기보다 투구꽃과 닮은 식물을 널리 총칭하는 의미였고, 식물분류학의 도입에 따라 현재의 종을 지칭하는 것으로 변화했다고 추정한다. 이와 관련해 『향약채취월령』은 草烏頭(초오두)를 음력 2월에 채취하는 약재로 설명했고, 나물로 식용하는 어린순을 채취하는 시점도 그때다. 이러한 점을 고려하면 식물명에 비유된 '놋젓가락'은 완전히 성숙해 덩굴을 이룬 모습이 아니라 음력 2월경에 보았을 때 지난해의 줄기가 누른색으로 잘려 젓가락처럼 지상부만 남은 상태의 모습에서, 또는 나물로 채취할 때 새로이 돋는 황갈색 새 줄기

33　'국가표준식물목록'(2018)은 놋젓가락나물의 학명을 *Aconitum ciliare* DC.(1818)로 기재하고 있으나, 『장진성 식물목록』(2014), '세계식물목록'(2018) 및 '중국식물지'(2018)는 정명을 본문과 같이 기재하고 있다.

34　『구급방언해』(1466)는 놋젓가락을 '놋젓, 銅筯'로 기록했다.

35　이러한 견해로 이우철(2005), p.153 참조.

36　놋져나물을 기록한 『물명고』(1824)는 "菜 나물 草可食"(菜는 나물로 먹을 수 있는 풀을 말한다)이라고 했고, 『조선산야생식용식물』(1942), p.117은 '놋적깔나물'이 '光陵' 지역의 향명을 채록했다는 것과 嫩葉(어린싹)을 식용한다는 것을 기록했다.

의 모습에서 유래했을 것으로 추정한다. 한편 놋젓가락처럼 잎자루가 긴 데서, 또는 덩굴로 자라는 줄기 모양이 놋젓가락이 휘는 것처럼 보인다는 데서 유래한 이름이라는 견해가 있다.[37] 그러나 이는 놋져나물이라는 이름이 등장한 당시에 식물을 어떻게 인식했는지를 고려하지 않은 견해이므로 타당하지 않아 보인다.

속명 *Aconitum*은 그리스의 철학자 테오프라스토스(Theophrastos, B.C.371~B.C.287)가 유독성 식물에 사용한 이름인 *Akoniton*에서 유래했으며 투구꽃속을 일컫는다. 종소명 *volubile*은 '감 긴'이라는 뜻이며, 변종명 *pubescens*는 '잔털이 있는'이라는 뜻으로 잔털이 있는 덩굴식물임을 나타낸다.

다른이름 박우초/까막풀(정태현 외, 1936), 초오/놋저까락나물(정태현, 1937), 놋적갈나물/까막풀(정태현 외, 1942), 좀바꽃(박만규, 1949), 놋젓가락풀(도봉섭 외, 1956), 선덩굴바꽃(안학수·이춘녕, 1963), 덩굴지리바꽃(이창복, 1969b), 털덩굴바꽃(박만규, 1974)

옛이름 草烏頭/波串(향약채취월령, 1431), 草烏/바곳(구급간이방언해, 1489), 草烏/草烏頭(구급이해방, 1499), 草烏/바곳(동의보감, 1613), 烏頭/놋져나물/바곳(광재물보, 19세기 초), 草烏頭/놋져나물/바곳(물명고, 1824), 바곳/草烏(이존손익, 1868), 바곳/草烏(방약합편, 1884)[38]

중국/일본명 중국명 卷毛蔓乌头(juan mao man wu tou)는 곱슬곱슬한 털이 있는 덩굴성 오두(烏頭: 투구꽃 종류)라는 뜻이다. 일본명 ツルウヅ(蔓烏頭)는 덩굴로 자라는 ウヅ(烏頭: 투구꽃 종류)라는 뜻이다.

참고 [북한명] 선덩굴바꽃 [유사어] 초오(草烏)

Actaea acuminata *Wallich*　ルイエフシヨウマ
Norusam　노루삼

노루삼⟨*Actaea asiatica* H. Hara(1939)⟩
노루삼이라는 이름은 『조선식물향명집』에 따른 것으로, 꽃차례가 노루의 꼬리를 닮았고 잎이 삼 (麻)을 닮은 데서 유래한 이름으로 추정한다. 한편 냄새가 강한 식물을 지칭하는 라틴어 *actaea*를 '노루'의 냄새와 연결시키고 일본명에 들어 있는 '삼(麻)'과 합성한 것이라는 견해가 있다.[39] 그러나 꽃차례의 모양에서 충분히 노루 꼬리를 연상할 수 있고, 노루라는 뜻이 전혀 없는 속명 *Actaea*에

---

37 이러한 견해로 손병태(1996), p.34와 김병기(2013), p.162 참조. 한편 손병태는 놋젓가락나물의 유래를 백부자(白附子)의 형태적 모습에서 찾고 있으나, 『광재물보』(19세기 초)와 『물명고』(1824)는 백부자(白附子)를 초오(草烏)와 다른 식물로 기록하고 있으므로 타당하지 않아 보인다.
38 『조선한방약료식물조사서』(1917)는 '바곳(東醫), 草烏'를 기록했으며 『조선식물명휘』(1922)는 '草烏頭, 藤兒烏'를 기록했다.
39 이러한 견해로 김종원(2016), p.98 참조.

서 노루를 도출하는 것은 비약된 논리로 보인다. 또한 일본명은 승마(シウマ: 升麻) 종류로 본 것이어서 삼(麻)과는 의미가 다른 데다, 우리 옛이름에 한삼덩굴과 같이 갈라진 잎에 대해 삼(麻)이라는 이름을 차용하는 예가 있는데도 굳이 그 의미가 통하지도 않는 일본명에서 유래를 찾는 논리도 이해하기 어렵다.

속명 *Actaea*는 냄새가 강한 식물이라는 뜻에서 노루삼을 지칭한 라틴어 *actaea*, 또는 딱총나무를 뜻하는 그리스어 *aktea*가 잎과 열매가 닮은 것에서 전용된 것으로 노루삼속을 일컫는다. 종소명 *asiatica*는 '아시아의'라는 뜻으로 주된 분포지 또는 발견지를 나타낸다.

중국/일본명 중국명 类叶升麻((lei ye sheng ma))는 잎이 승마와 닮았다는 뜻이다. 일본명 ルイエフシウマ(類葉升麻)는 잎이 승마(升麻)와 비슷하다는(類) 뜻으로 중국명과 동일하다.

참고 [북한명] 노루삼 [유사어] 녹두승마(綠豆升麻), 마미승마(馬尾升麻), 장승마(樟升麻)

Adonis amurensis *Regel et Radde* フクジユサウ
Bogsucho 복수초

복수초(얼음새기꽃)〈*Adonis amurensis* Regel & Radde(1861)〉

복수초라는 이름은 한자어 복수초(福壽草)에서 유래한 것으로, 복(福)과 장수(壽)를 축원한다는 뜻이다.[40] 복수초라는 한글명은 『조선식물향명집』에 최초로 기록되었다. 『토명대조선만식물자휘』에 조선명으로 기록한 雪蓮花(설련화)는 『물명고』와 『연경재전집』에 '雪蓮, 雪蓮臺'(설련, 설련대)라는 이름으로 보이지만 전래된 洋菊(양국)에 대한 기술이고, 19세기 중엽의 『오주연문장전산고』에 중국명인 側金盞花(측금잔화)를 기록한 것이 보이나 접시꽃(黃蜀葵)에 대한 이름이어서 복수초와는 관련이 없다. 한편 '중국식물지'는 '側金盞花'(측금잔화)의 다른이름으로 福寿草(fu shou cao)를 사용하고, 일본도 福寿草(フクジュソウ)를 사용하므로 한·중·일 모두 '福壽草'(복수초)라는 명칭

40 이러한 견해로 이우철(2005), p.279; 허북구·박석근(2008a), p.115; 이유미(2010), p.112 참조.

을 사용하고 있다. 문헌의 기록을 살펴보면, 일본은 1645년에 간행된 『毛吹草』에서 최초 발견되는데 한국은 1937년에 간행된 『조선식물향명집』에서, 중국은 1956년에 간행된 『現代实用中药』에서 찾아볼 수 있다. 이 점에 비추어 일본에서 사용한 이름이 20세기 초·중엽에 한국과 중국에 전래된 것으로 이해된다. 그런데 1661년 함경도 삼수에 유배 중이던 윤선도(尹善道, 1587~1671)는 초봄에 빙설 속에서 노란색으로 핀 꽃을 발견하고 그에 대한 관찰 기록과 시를 남겼는데, 그 내용에 비추어 해당 식물은 복수초로 추정된다.[41] 윤선도는 이를 민간에서 소빙화(消氷花)라고 한다고 기록했는데 얼음을 녹이는(삭이는) 꽃이라는 뜻이므로 현재 강원도에서 발견되는 방언 '얼음새출' 및 함경도 방언 '얼음꽃'과 뜻이 비슷하고, 북한에서 다른이름으로 기록한 '얼음새기꽃'과 뜻이 정확히 일치한다. 이에 비추어보면 얼음새출, 얼음꽃 또는 얼음새기꽃은 복수초를 일컫는 우리말로 최근에 생겨난 것이 아니라 실제 민간에서 불렸던 것으로 보인다.

속명 *Adonis*는 그리스 신화에 나오는 미소년의 이름에서 유래했으며 복수초속을 일컫는다. 이속의 유럽 종은 꽃이 붉은데, 이를 사냥 중에 다쳐서 아프로디테(*Aphrodite*)의 팔에 안겨 죽은 아도니스(*Adonis*)의 피에 비유한 것이다. 종소명 *amurensis*는 '아무르강 유역에 분포하는'이라는 뜻으로 뷰포지 또는 발견지를 나타낸다.

다른이름 눈색이꽃(박만규, 1949), 복풀(리종오, 1964), 아도니스초/얼음꽃/얼음새꽃(한진건 외, 1982), 애기복수초(이영노, 1996), 땅복수초(이상태, 1997), 측금잔화(이창복, 2003), 얼음새기꽃(리용재 외, 2011)

옛이름 消氷花(고산유고, 1661), 消氷花(기언, 1689), 雪蓮(물명고, 1824), 雪蓮臺(연경재전집, 1840), 黃蜀葵/側金盞花(오주연문장전산고, 185?), 福壽草(황성신문, 1899), 福壽草/側金盞花(선한약물학, 1931)[42]

중국/일본명 중국명 側金盞花(ce jin zhan hua)는 꽃 모양이 옆에서 보면 금색 술잔과 같다는 데서 유래했다. 일본명 フクジュサウ(福寿草)는 이 꽃으로 복과 장수를 축원한 데서 유래했다.

참고 [북한명] 복풀 [유사어] 설련화(雪蓮花), 원일화(元日花), 정빙화(頂氷花) [지방명] 눈꽃/얼음새출(강원), 봉기꽃/얼음꽃(함북)

---

41 윤선도의 시문집 『고산유고』(1661)에 다음과 같은 기록이 있다. "三江暮春 略無春色 長詠春來不似春之句矣 有客探山 適見草花於氷雪中 斫草筒蒔來 亦足聳目 其花一本一莖戴一葩 莖之長二寸許 瓣之大如金錢石竹 而色如金 不知其名 或云俗號 消氷花 噫 其凌霜雪獨秀 不啻臘梅秋菊 而其酒滋陽氣於積陰之底 有同復之一畫 令人發深省也"[삼강은 늦봄인데도 봄빛이 조금도 없었으므로, 늘 춘래불사춘(春來不似春)의 시구를 읊곤 했다. 그런데 어떤 객이 산에서 나무하다가 마침 빙설(氷雪) 속에서 풀꽃을 발견하고는 그 풀을 뽑아 통에 옮겨 심어 가져왔으니, 이 역시 눈이 휘둥그레질 만한 일이었다. 그 꽃은 하나의 뿌리와 하나의 줄기에 하나의 꽃잎을 달고 있었는데, 줄기는 길이가 2치쯤 되었고, 꽃잎은 크기가 금선화(金錢花)와 석죽화(石竹花) 같았으며 색은 황금빛이다. 그 이름은 알 수 없으나, 혹자는 민간에서 소빙화(消氷花)라고 부른다고 했다. 아, 상설(霜雪)에 굴하지 않고서 홀로 꽃을 피운 것이 섣달의 매화나 가을 국화와 같을 뿐만 아니요, 음기가 쌓인 밑바닥에서 남몰래 양기를 기르는 것이 복괘(復卦)의 일획(一畫)과 같은 점이 있어서, 사람을 깊이 성찰하게 했다.]

42 『조선시보』(1914)는 '福壽草'를 기록했으며 『매일신보』(1915)는 '福壽草'를, 『조선식물명휘』(1922)는 '側金盞花'를, 『경성일보』(1924)는 '福壽草'를, 『토명대조선만식물자휘』(1932)는 '[側金盞花], [雪蓮(花)]설련(년)(꽃)'을, 『부산일보』(1934)는 '福壽草'를 기록했다.

○ Anemone altaica *Fischer* キクザキイチゲ
Gughwa-baramĝot 국화바람꽃

국화바람꽃⟨*Anemone pseudoaltaica* H. Hara(1939)⟩

국화바람꽃이라는 이름은 『조선식물향명집』에서 신칭한 것으로,[43] 잎이 국화와 유사한 바람꽃이라는 뜻이다.[44]

속명 *Anemone*는 그리스어 *Anemos*(바람)가 어원으로 '바람의 딸'을 뜻하는 지중해산 아네모네의 그리스명에서 전용되어 바람꽃속을 일컫는다. 종소명 *pseudoaltaica*는 '*Anemone altaica*와 닮은'이라는 뜻이다.

다른이름 구화바람꽃(정태현 외, 1949), 구와바람꽃(도봉섭 외, 1958), 구절창포(이우철, 1996b)

중국/일본명 중국에서는 분포가 확인되지 않는다. 일본명 キクザキイチゲ(菊咲一華)는 꽃이 국화와 유사한 바람꽃(イチゲ)이라는 뜻이다.

참고 [북한명] 구와바람꽃

○ Anemone amurensis *Komarov* ヤチイチゲ
Dŭl-baramĝot 들바람꽃

들바람꽃⟨*Anemone amurensis* (Korsh.) Kom.(1904)⟩

들바람꽃이라는 이름은 '들'과 '바람꽃'의 합성어로, 들에서 자라는 바람꽃이라는 뜻이다.[45] 『조선식물향명집』에서 '바람꽃'을 기본으로 하고 식물의 산지(産地)를 나타내는 '들'을 추가해 신칭했다.[46]

속명 *Anemone*는 그리스어 *Anemos*(바람)가 어원으로 '바람의 딸'을 뜻하는 지중해산 아네모네의 그리스명에서 전용되어 바람꽃속을 일컫는다. 종소명 *amurensis*는 '아무르강 유역에 분포하는'이라는 뜻으로 분포지 또는 발견지를 나타낸다.

중국/일본명 중국명 黑水银莲花(hei shui yin lian hua)는 아무르

---

43 이에 대해서는 『조선식물향명집』, 색인 p.33 참조.
44 이러한 견해로 이우철(2005), p.92 참조.
45 이러한 견해로 위의 책, p.198 참조.
46 이에 대해서는 『조선식물향명집』, 색인 p.36 참조.

강(黑水) 유역에서 자라는 은련화(銀蓮花: 바람꽃)라는 뜻이다. 일본명 ヤチイチゲ(谷地一華)는 계곡 습지에서 자라는 바람꽃(イチゲ)이라는 뜻이다.

참고 [북한명] 들바람꽃

○ Anemone baicalensis *Turczaninow*   バイカルイチゲ
Baikal-baramĝot   바이칼바람꽃

바이칼바람꽃〈*Anemone baicalensis* Kom. var. *glabrata* Maxim.(1859)〉[47]

바이칼바람꽃이라는 이름은 '바이칼'과 '바람꽃'의 합성어로, 바이칼호 유역에서 자라는 바람꽃이라는 뜻이다.[48] 『조선식물향명집』에서 '바람꽃'을 기본으로 하고 식물의 산지(産地)를 나타내는 '바이칼'을 추가해 신칭했다.[49]

속명 *Anemone*는 그리스어 *Anemos*(바람)가 어원으로 '바람의 딸'을 뜻하는 지중해산 아네모네의 그리스명에서 전용되어 바람꽃속을 일컫는다. 종소명 *baicalensis*는 '바이칼 지역에 분포하는'이라는 뜻으로 서식지를 나타내고, 변종명 *glabrata*는 '무모(無毛)의, 매끈한'이라는 뜻이다.

다른이름 은빛바람꽃(리종오, 1964), 돌바람꽃(박만규, 1974), 털바람꽃(임록재 외, 1996)

중국/일본명 중국명 毛果银莲花(mao guo yin lian hua)는 열매에 털이 있는 은련화(銀蓮花: 바람꽃)라는 뜻이다. 일본명 バイカルイチゲ(baical一華)는 바이칼 지역에 자라는 바람꽃(イチゲ)이라는 뜻이다.

참고 [북한명] 은빛바람꽃/털바람꽃[50]

Anemone dichotoma *Linné*   アウシキナ(フタマタイチゲ)
Galnae-baramĝot   갈네바람꽃

가래바람꽃〈*Anemone dichotoma* L.(1753)〉

가래바람꽃이라는 이름은 『우리나라 식물명감』에 따른 것이다. 『조선식물향명집』에서 기록한 '갈내바람꽃'은 학명, 중국명 및 일본명에 비추어 꽃대(꽃자루)가 2개로 교차로 갈라져 나오는 바람꽃이라는 뜻에서 붙여진 이름으로 추정한다. 그러나 현재 추천명으로 사용하는 가래바람꽃은

---

47 '국가표준식물목록'(2018)과 '중국식물지'(2018)는 바이칼바람꽃의 학명을 *Anemone glabrata* (Maxim.) Juz.(1937)로 기재하고 있으나, 『장진성 식물목록』(2014)과 '세계식물목록'(2018)은 정명을 본문과 같이 기재하고 있다.

48 이러한 견해로 이우철(2005), p.258 참조.

49 이에 대해서는 『조선식물향명집』, 색인 p.38 참조.

50 북한에서는 *A. glabrata*를 '은빛바람꽃'으로, *A. baicalensis*를 '털바람꽃'으로 하여 별도 분류하고 있다. 이에 대해서는 리용재 외(2011), p.29 참조.

갈내바람꽃과는 달리 바람꽃에 비해 줄기가 가위 모양으로 갈라져서 농기구 가래와 같이 넓다는 뜻에서 붙여진 이름이다.[51]

속명 *Anemone*는 그리스어 *Anemos*(바람)가 어원으로 '바람의 딸'을 뜻하는 지중해산 아네모네의 그리스명에서 전용되어 바람꽃속을 일컫는다. 종소명 *dichotoma*는 '가위 모양으로 갈라지는'이라는 뜻으로 줄기의 분지(分枝) 형태를 나타낸다.

다른이름 갈내바람꽃(정태현 외, 1937), 갈래바람꽃(리종오, 1964), 가지바람꽃(한진건 외, 1982)

중국/일본명 중국명 二歧银莲花(er qi yin lian hua)는 꽃대가 2개로 갈라지는 은련화(銀蓮花: 바람꽃)라는 뜻이다. 일본명 アウシキナ는 어원 불명의 아이누어에서 유래했으며, 또 다른 일본명 フタマタイチゲ(二又一華)는 꽃대가 가위 모양으로 갈라지는 바람꽃(イチゲ)이라는 뜻이다.

참고 [북한명] 갈래바람꽃 [유사어] 토황금(土黃芩)

⊗ Anemone koraiensis *Nakai*　ヒメイチリンサウ
Holaebi-baramgot　홀애비바람꽃

홀아비바람꽃〈*Anemone koraiensis* Nakai(1919)〉

홀아비바람꽃이라는 이름은 꽃대가 보통 하나씩 달리는 것에서 홀아비가 연상되고 바람꽃과 닮았다는 뜻에서 유래했다.[52] 『조선식물향명집』에서는 '홀애비바람꽃'을 신칭해 기록했으나[53] 『조선식물명집』에서 표기법에 맞추어 '홀아비바람꽃'으로 개칭했다. 홀아비(홀애비)는 형태적 특징에서, 바람꽃은 학명에 착안해 신칭한 이름으로 추정한다.[54]

속명 *Anemone*는 그리스어 *Anemos*(바람)가 어원으로 '바람의 딸'을 뜻하는 지중해산 아네모네의 그리스명에서 전용되어 바람꽃속을 일컫는다. 종소명 *koraiensis*는 '한국에 분포하는'이라는 뜻으로 분포지 또는 발견지를 나타낸다.

다른이름 홀애비바람꽃(정태현 외, 1937), 호래비바람꽃(박만규, 1949), 외대바람꽃(이영노·주상우, 1956), 좀바람꽃(박만규, 1974), 홀바람꽃(김현삼 외, 1988)

51　이러한 견해로 이우철(2005), p.27 참조.
52　이러한 견해로 이우철(2005), p.594와 이유미(2010), p.224 참조.
53　이에 대해서는 『조선식물향명집』, 색인 p.49 참조.
54　이윤옥(2015), p.28은 홀애비바람꽃을 일본명 히메이치린소(ヒメイチリンサウ)의 번역어로 보고 있다. 그러나 イチリン(一輪)의 의미가 유사하기는 하지만 국명에는 수레바퀴의 의미가 없는 데다 어린 소녀를 의미하는 일본어 히메(ヒメ)와 국명의 홀아비는 전혀 다르며, 일본에 분포하지 않는 식물인 것에 비추어 근거 없는 주장으로 생각된다.

중국/일본명 홀아비바람꽃의 중국 분포는 확인되지 않는다. 일본명 ヒメイチリンサウ(姫一輪草)는 아기처럼 앙증맞고 꽃대가 하나로 피는 식물이라는 뜻이지만, 일본에 분포하지는 않는다.

참고 [북한명] 홀바람꽃

Anemone narcissiflora *Linné*　ハクサンイチゲ
Baramĝot　바람꽃

바람꽃〈*Anemone narcissiflora* L.(1753)〉

바람꽃이라는 이름은 잎이나 꽃이 매우 가늘어 바람에 쉽게 산들거리는 데서 유래했다.[55] 문헌상으로 『조선식물향명집』에서 최초로 등장하는 표현으로 보이며, 직접적으로는 바람에 어원을 둔 학명 *Anemone*에 착안해 붙여진 이름으로 보인다. 한편 『한불자전』과 『조선어사전』은 큰 바람이 일어나려고 할 때 먼 산에 구름같이 끼는 뽀얀 기운을 뜻하는 고유어 보통명사로서 '바람꽃'(風花)을 기록했는데, 포 위의 흰색 꽃 모양이 그러한 형태를 띠므로 이 역시 바람꽃이라는 식물명이 형성되는 데 영향을 주었을 것으로 추정한다.

　속명 *Anemone*는 그리스어 *Anemos*(바람)가 어원으로 '바람의 딸'을 뜻하는 지중해산 아네모네의 그리스명에서 전용되어 바람꽃속을 일컫는다. 종소명 *narcissiflora*는 '*Narcissus*(수선화속)를 닮은 꽃이 있는'이라는 뜻이다.

다른이름　조선바람꽃(박만규, 1949)

중국/일본명　중국명 水仙銀蓮花(shui xian yin lian hua)는 수선화를 닮은 은련화(銀蓮花: 바람꽃)라는 뜻이다. 일본명 ハクサンイチゲ(白山一華)는 이시카와현 하쿠산(白山)에서 발견된 바람꽃(イチゲ)이라는 뜻이다.

참고　[북한명] 바람꽃

55　이러한 견해로 이우철(2005), p.254와 허북구·박석근(2008a), p.99 참조.

Anemone Raddeana *Regel* アヅマイチゲ
Ĝwôngúe-baramĝot 꿩의바람꽃

꿩의바람꽃〈*Anemone raddeana* Regel(1861)〉

꿩의바람꽃이라는 이름은 땅속줄기에서 나온 잎이나 꽃받침 등의 모양이 꿩의 발을 닮았다는 뜻에서, 또는 꿩이 서식하는 산 숲속에서 자라는 바람꽃이라는 뜻에서 붙여진 것으로 추정한다.[56] 『조선식물향명집』에서 '바람꽃'을 기본으로 하고 식물의 서식지 또는 형태적 특징에 착안한 '꿩의'를 추가해 신칭했다.[57]

속명 *Anemone*는 그리스어 *Anemos*(바람)가 어원으로 '바람의 딸'을 뜻하는 지중해산 아네모네의 그리스명에서 전용되어 바람꽃속을 일컫는다. 종소명 *raddeana*는 폴란드에서 태어나 조지아에 정착한 독일인 자연연구가 Gustav Ferdinand Richard Radde(1831~1903)의 이름에서 유래했다.

중국/일본명 중국명 多被银莲花(duo bei yin lian hua)는 종자(被: 머리꾸미개의 의미)가 많이 달리는 은련화(銀蓮花: 바람꽃)라는 뜻이다. 일본명 アヅマイチゲ(東一華)는 간토(關東) 지역에 분포하는 바람꽃(イチゲ)이라는 뜻이다.

참고 [북한명] 꿩의바람꽃 [유사어] 죽절향부(竹節香附)

◯ Anemone reflexa *Stephan* コヨリイチゲ
Hoeri-baramĝot 회리바람꽃

회리바람꽃〈*Anemone reflexa* Steph. ex Willd.(1799)〉

회리바람꽃이라는 이름은 『조선식물향명집』에서 신칭한 것이다.[58] '회리'는 회오리의 방언으로,[59] 꽃받침이나 수술 등이 젖혀지거나 회오리가 치는 듯한 모양새여서 붙여진 이름이다.[60]

---

56 이러한 견해로 김병기(2013), p.106 참조.
57 이에 대해서는 『조선식물향명집』, 색인 p.33 참조.
58 이에 대해서는 위의 책, 색인 p.49 참조.
59 국립국어원, '우리말샘'은 '회리'를 회오리의 북한 방언으로 보고 있으며, 『명물기략』(1870)은 회오리바람을 '회리블암'으로, 조선어학회가 저술한 『사정한 조선어 표준말 모음』(1936), p.48은 '회리바람'을 표준말(표준어)로 기록한 바 있다. 한편, 회리바람꽃은 중부 이북에서 시베리아까지 분포하는 북방계 식물이다.
60 이러한 견해로 이우철(2005), p.600 참조.

속명 *Anemone*는 그리스어 *Anemos*(바람)가 어원으로 '바람의 딸'을 뜻하는 지중해산 아네모네의 그리스명에서 전용되어 바람꽃속을 일컫는다. 종소명 *reflexa*는 '젖혀진'이라는 뜻으로 꽃받침이 젖혀져 있는 데서 유래했다.

중국/일본명 중국명 反萼银莲花(fan e yin lian hua)는 꽃받침이 젖혀져 있는 은련화(銀蓮花: 바람꽃)라는 뜻이다. 일본명 コヨリイチゲ(紙撚り一華)는 종이를 가늘게 꼰 끈 모양의 바람꽃(イチゲ)이라는 뜻이다.

참고 [북한명] 회리바람꽃 [유사어] 죽절향부(竹節香附)

○ Anemone Rossi *S. Moore* カウライニリンサウ(マンシウイチゲ)
Ŝan͡gdon͡gi-baramĝot 쌍동이바람꽃

쌍동바람꽃〈*Anemone rossii* S.Moore(1879)〉[61]

쌍동바람꽃이라는 이름은 꽃대가 쌍둥이처럼 2개인 바람꽃 종류라는 뜻이다.[62] 『조선식물향명집』에 꽃대가 하나라는 뜻을 가진 '홀애비바람꽃'(*A. koraiensis*)이라는 이름이 기록된 것에 비추어 이에 대비해 붙인 이름으로 보인다.[63] 『조선식물향명집』에서는 '쌍동이바람꽃'을 신칭해 기록했으나[64] 『조선식물명집』에서 '쌍동바람꽃'으로 기록해 현재에 이르고 있다.

속명 *Anemone*는 그리스어 *Anemos*(바람)가 어원으로 '바람의 딸'을 뜻하는 지중해산 아네모네의 그리스명에서 전용되어 바람꽃속을 일컫는다. 종소명 *rossii*는 스코틀랜드 출신의 선교사로 만주와 한국에서 활동한 John Ross(1842~1915)의 이름에서 유래했다.

다른이름 쌍동이바람꽃(정태현 외, 1937), 쌍둥이바람꽃(박만규, 1949), 쌍둥바람꽃(리종오, 1964)

중국/일본명 '중국식물지'는 이를 별도 분류하지 않지만, 细茎银莲花(xi jing yin lian hua)라고도 불리며 줄기가 가는 은련화(銀蓮花: 바람꽃)라는 뜻이다. 일본명 カウライニリンサウ(高麗二輪草)는 일본에는 분포하지 않고 한반도 북부와 만주 지역에 분포하며(高麗) 꽃대가 2개인 식물인 것에 착안해

61 '국가표준식물목록'(2018)은 쌍동바람꽃을 별도 분류하고 있으나, 『장진성 식물목록』(2014)은 쌍동바람꽃을 별도 분류하지 않고 대상화(*A. scabiosa*)에 통합하고 있으며, '세계식물목록'(2018)은 *A. baicalensis*의 이명(synonym)으로 처리하고 있으므로 주의를 요한다.

62 이러한 견해로 이우철(2005), p.372 참조.

63 이러한 견해로 위의 책, p.594 참조.

64 이에 대해서는 『조선식물향명집』, 색인 p.39 참조.

붙여졌다.[65]

[북한명] 쌍둥바람꽃

○ Anemone stolonifera *Maximowicz*　サンリンサウ
Se-baramĝot　졔바람꽃

세바람꽃〈*Anemone stolonifera* Maxim.(1876)〉

세바람꽃이라는 이름은 『조선식물향명집』에서 신청한 것으로,[66] 꽃대가 3개씩 올라오는 바람꽃이라는 뜻이다.[67] 식물의 형태적 특징에 착안해 신청한 것이지만 실제로는 반드시 3개가 아니라 2~3개의 꽃대가 올라온다.

　속명 *Anemone*는 그리스어 *Anemos*(바람)가 어원으로 '바람의 딸'을 뜻하는 지중해산 아네모네의 그리스명에서 전용되어 바람꽃속을 일컫는다. 종소명 *stolonifera*는 '기는줄기가 있는'이라는 뜻이다.

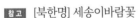

다른이름　세송이바람꽃(박만규, 1949)

중국/일본명　중국명 匍枝銀蓮花(fu zhi yin lian hua)는 기는줄기를 지닌 은련화(銀蓮花: 바람꽃)라는 뜻이다. 일본명 サンリンサウ(三輪草)는 하나의 줄기에 꽃대(꽃자루)가 3개씩 올라오는 식물이라는 뜻에서 붙여졌다.

참고　[북한명] 세송이바람꽃

○ Anemone umbrosa C. A. Meyer　エゾイチゲ
Gŭnŭl-baramĝot　그늘바람꽃

숲바람꽃〈*Anemone umbrosa* C.A.Mey.(1830)〉

65　이윤옥(2015), p.55는 カウライニリンサウ(高麗二輪草)를 제대로 번역해 고려쌍둥이바람꽃이라 불러야 한다고 주장하면서 일본 가나가와현 고마산에 고려쌍둥이바람꽃이 분포하는 것으로 기재하고 있다. 그러나 쌍둥바람꽃은 일본 남부 지역에 분포하는 식물이 아니고, 일본명 니린소(二輪草)는 우리의 바람꽃과 달리 꽃 모양을 2개의 수레바퀴로 관념화했으며, 최근 우리나라에서 자생지가 확인된 남바람꽃(*Anemone flaccida* F. Schmidt.)의 일본명이어서 우리의 '쌍둥바람꽃'과는 그 종과 의미가 동일하지 않다.

66　이에 대해서는 『조선식물향명집』, 색인 p.41 참조.

67　이러한 견해로 이우철(2005), p.346 참조.

숲바람꽃이라는 이름은 그늘이 생기는 숲(음지)에서 자라는 바람꽃이라는 뜻에서 유래했다.[68] 『조선식물향명집』에서는 학명과 식물의 산지(産地)를 고려해 '그늘바람꽃'을 신칭해 기록했으나,[69] 『우리나라 식물명감』에서 '숲바람꽃'으로 개칭해 현재에 이르고 있다.

속명 *Anemone*는 그리스어 *Anemos*(바람)가 어원으로 '바람의 딸'을 뜻하는 지중해산 아네모네의 그리스명에서 전용되어 바람꽃속을 일컫는다. 종소명 *umbrosa*는 '그늘을 좋아하는'이라는 뜻으로 그늘진 숲에서 자라는 특성을 나타낸다.

다른이름 그늘바람꽃(정태현 외, 1937), 미나리바람꽃(안학수·이춘녕, 1963)

중국/일본명 중국명 阴地银莲花(yin di yin lian hua)는 음지(陰地)에서 자라는 은련화(銀蓮花: 바람꽃)라는 뜻이다. 일본명 エゾイチゲ(蝦夷一華)는 에조(蝦夷: 홋카이도의 옛 지명)에 분포하는 바람꽃(イチゲ)이라는 뜻이다.

참고 [북한명] 그늘바람꽃

○ Aquilegia sibirica *Pallas*　ルリオダマキ
San-maebaltobĝot　산매발톱꽃

하늘매발톱⟨*Aquilegia flabellata* Siebold & Zucc.(1845)⟩[70]

하늘매발톱이라는 이름은 꽃받침조각의 색깔이 벽자색(碧紫色)인 것이 하늘을 연상시킨다는 뜻에서 유래했다.[71] 『조선식물향명집』에서는 고산에서 자란다는 뜻으로 '산매발톱꽃'을 신칭해 기록했으나,[72] 『조선식물명집』에서 '하늘매발톱'으로 개칭해 현재에 이르고 있다. 한편 하늘매발톱의 '하늘'은 높은 지역에 자생하는 매발톱이라는 뜻에서 붙여진 것으로 보는 견해도 있다.[73]

속명 *Aquilegia*는 라틴어 *aquilia*(독수리의)에서 유래했는데, 꼬부라진 거(距: 꽃뿔)를 독수리의 발톱(距: 며느리발톱)에 비유한 것으로 매발톱속을 일컫는다. 종소명 *flabellata*는 라틴어 *flabella*(부채)와 -*ata*(~와 같은)의 합성어로 '부채모양의'라는 뜻이다.

다른이름 산매발톱꽃(정태현 외, 1937), 골매발톱꽃/시베리야매발톱꽃(박만규, 1949), 산매발톱(정태현 외, 1949), 하늘매발톱꽃(한진건 외, 1982)

---

68 이러한 견해로 이우철(2005), p.363 참조.
69 이에 대해서는 『소선식불향명십』, 색인 p.33 참조.
70 '국가표준식물목록'(2018)은 *Aquilegia japonica* Nakai & H. Hara(1935)를 '하늘매발톱'으로, *Aquilegia flabellata* Siebold & Zucc.(1845)를 '하늘매발톱꽃'으로 분리해 기재하고 있으나, 『장진성 식물목록』(2014)과 '세계식물목록'(2018)은 본문의 학명을 정명으로 통합 처리하고 있다.
71 이러한 견해로 이우철(2005), p.582 참조.
72 이에 대해서는 『조선식물향명집』, 색인 p.40 참조.
73 이러한 견해로 권순경(2015.7.1.) 참조.

중국/일본명 중국명 白山耬斗菜(bai shan lou dou cai)는 백두산(白山)에서 자라는 누두채(耬斗菜: 씨앗을 파종하는 농기구를 닮은 식물이라는 뜻으로 매발톱을 일컬음)라는 뜻이다. 일본명 ルリオダマキ(瑠璃苧環)는 꽃색이 유리색(자색을 띤 남색)인 매발톱(苧環: 모시로 만든 두루마기를 뜻하며 꽃의 모양에서 유래)이라는 뜻이다.

참고 [북한명] 하늘매발톱꽃 [지방명] 매발톱(충북)

○ Aquilegia oxysepala *Trautvetter et Meyer*　オホヤマオダマキ(テフセンヤマオダマキ)
Maebaltobĝot　매발톱꽃

매발톱〈*Aquilegia oxysepala* Trautv. & C.A.Mey.(1856)〉[74]

매발톱이라는 이름은 『조선식물향명집』에서 기록한 '매발톱꽃'을 축약한 것으로, 꽃잎 뒤쪽의 꽃뿔이 매의 발톱처럼 생긴 데서 유래했다.[75] 한글명은 『조선식물향명집』에서 처음으로 발견되는데, 옛 문헌이나 지방명에서 유사한 이름이 확인되지 않는 것에 비추어 속명 *Aquilegia*에 착안해 붙여진 이름으로 추정한다.

속명 *Aquilegia*는 라틴어 *aquilia*(독수리의)에서 유래했는데, 꼬부라진 거(距: 꽃뿔)를 독수리의 발톱(距: 며느리발톱)에 비유한 것으로 매발톱속을 일컫는다. 종소명 *oxysepala*는 '뾰족한 꽃받침이 있는'이라는 뜻으로 꽃받침의 모양을 나타낸다.

다른이름 매발톱꽃(정태현 외, 1937)[76]

중국/일본명 중국명 尖萼耬斗菜(jian e lou dou cai)는 꽃받침이 뾰족한 누두채(耬斗菜: 씨앗을 파종하는 농기구를 닮은 식물이라는 뜻으로 매발톱을 일컬음)라는 뜻이다. 일본명 オホヤマオダマキ(大山苧環)는 식물체가 크고 산에서 자라는 매발톱(苧環: 모시로 만든 두루마기를 뜻하며 꽃의 모양에서 유래)이라는 뜻이다.

참고 [북한명] 매발톱꽃 [유사어] 누두채(漏斗菜) [지방명] 주레꿀(제주)

---

74 '국가표준식물목록'(2018)은 정명을 *Aquilegia buergeriana* var. *oxysepala* (Trautv. & Meyer) Kitam.(1953)으로 기재하고 *A. oxysepala*를 이명(synonym)으로 기재하고 있으나, 『장진성 식물목록』(2014), '세계식물목록'(2018) 및 '중국식물지'(2018)는 정명을 본문과 같이 기재하고 있다.

75 이러한 견해로 이우철(2005), p.217; 허북구·박석근(2008a), p.83; 이유미(2010), p.74; 권순경(2015.7.1.); 김병기(2013), p.76 참조.

76 『제주도및완도식물조사보고서』(1914)는 'チュレクル'[주레꿀]을 기록했다.

○ Caltha gracilis *Nakai*   ミヤマリウキンクワ
Dongui-namul   동의나물

동의나물〈*Caltha palustris* L.(1753)〉

동의나물이라는 이름은 심장모양의 잎이 물을 긷는 물동이 (동이)처럼 오므라지고 나물로 식용한다는 뜻에서 유래했다.[77] '동의'는 흔히 물을 긷는 데 쓰는 질그릇을 뜻하는 현대어 '동이'에 해당하는 옛말로 19~20세기 초에 쓰였다.[78] 잎의 실제 모양이 동이를 닮았고, 『조선산야생식용식물』에서 미나리아재비의 별칭인 놋동이를 '놋동의'로 기록한 점도 이를 뒷받침한다. 독성이 있는 나물이기에 '독의나물'이라고 한 것이 동의나물이 되었다는 속설이 있으나, 독성이 있는 나물이 상당수 있는데 유독 동의나물에만 '독'(毒)이라는 말을 쓰지는 않았을 것으로 보인다. 한편 『조선산야생식용식물』은 경기 광릉의 방언으로 '알가지'를 기록하고, 봄의 새싹을 채취해 삶아 건조한 후 묵나물로 식용한다는 점을 기록했다.

속명 *Caltha*는 어원이 *calathus*(큰 술잔, 사발, 광주리)로 강한 냄새가 나는 노란 꽃을 가리키는 라틴어에서 전용되어 동의나물속을 일컫는다. 종소명 *palustris*는 '습지생의'라는 뜻으로 서식처와 관련 있다.

다른이름 원숭이동의나물/참동의나물(정태현 외, 1937), 알가지(정태현 외, 1942), 동이나물/산동이나물(박만규, 1949), 눈동의나물(정태현 외, 1949), 누은동의나물/좀동의나물(박만규, 1974)[79]

중국/일본명 중국명 驴蹄草(lu ti cao)는 잎 모양이 당나귀(驢)의 발굽을 닮았다는 데서 유래했다. 일본명 ミヤマリウキンクワ(深山立金花)는 깊은 산속에서 노란색 꽃을 피우는 식물이라는 뜻에서 붙여졌다.

참고 [북한명] 동의나물 [지방명] 알가지/앨개지/얼개지/엘게지(강원), 못풀/물떠베이(경북)

---

77 이러한 견해로 이우철(2005), p.185; 이유미(2010), p.65; 권순경(2014.6.4.) 참조. 다만 이우철은 동의나물이 일본명에서 유래했다고 기술하고 있으나, 『조선식물향명집』 당시나 현재에도 일본명은 꽃의 색과 관련된 이름이므로 타당성이 없어 보인다.

78 19세기에 동이를 '동의'로 기록한 예로는 『자류주석』(1856)의 '동의 분, 盆也', 『명물기략』(1870)의 '盆 분, 俗訓 동의', 『한불자전』(1880)의 '동의', 『아학편』(1908)의 '동의 분(盆)', 『신자전』(1915)의 '동의 盆' 등이 있다.

79 『조선식물명휘』(1922)는 *C. palustris* v. *sibirica*에 대해 '驢蹄草'를 기록했으며 Crane(1931)은 '나귀발숫, 驢蹄草'를 기록했다.

○ Caltha palustris *L.* var. typica *Regel*   エゾリウキンクワ
Cham-dongǔi-namul 참동의나물

동의나물⟨*Caltha palustris* L.(1753)⟩

참동의나물이라는 이름은 진짜 동의나물이라는 뜻이다. '국가표준식물목록'(2018), 이우철(2005) 및 『장진성 식물목록』(2014)은 동의나물에 통합하고 별도 분류하지 않으므로 이 책도 이에 따른다.

Caltha palustris *L.* var. sibirica *Regel*   エンコウサウ
Wǒnsungi-dongǔi-namul 원숭이동의나물

동의나물⟨*Caltha palustris* L.(1753)⟩

원숭이동의나물이라는 이름은 생김새가 원숭이를 닮은 풀이라는 뜻의 일본명 エンコウサウ(猿猴草)와 연관해 붙여졌다. '국가표준식물목록'(2018), 이우철(2005) 및 『장진성 식물목록』(2014)은 동의나물에 통합하고 별도 분류하지 않으므로 이 책도 이에 따른다.

Cimicifuga acerina *Tanaka*   イヌシヨウマ
Gae-sungma 개승마

개승마⟨*Actaea biternata* (Siebold & Zucc.) Prantl(1888)⟩[80]

개승마라는 이름은 승마와 유사하지만 그보다 못하다는(개) 뜻에서 붙여졌다. 『조선식물향명집』에서 한글명이 처음으로 발견되는데 신칭한 것인지 방언을 채록한 것인지 불명확하다.[81]

속명 *Actaea*는 냄새가 강한 식물이라는 뜻에서 노루삼을 지칭한 라틴어 *actaea*, 또는 딱총나무를 뜻하는 그리스어 *aktea*가 잎과 열매가 닮은 것에서 전용된 것으로 노루삼속을 일컫는다. 종소명 *biternata*는 '2회 3출의'라는 뜻으로 잎 모양에서 유래했다.

다른이름 큰개승마(박만규, 1949), 왕승마(안학수·이춘녕, 1963), 큰산승마(임록재 외, 1972), 황새승마(박만규, 1974)

중국/일본명 '중국식물지'는 이를 별도 분류하지 않고 있다. 일본명 イヌシヨウマ(犬升麻)는 승마와 유

---

80 '국가표준식물목록'(2018)은 개승마에 대한 본문의 학명을 *Cimicifuga biternata* (Siebold & Zucc.) Miq.(1867)의 이명(synonym)으로 기재하고 있으나, 『장진성 식물목록』(2014)과 '세계식물목록'(2018)은 노루삼속으로 분류해 본문과 같이 기재하고 있다. 한편, 『장진성 식물목록』과 '세계식물목록'은 『조선식물향명집』에 기록된 *Cimicifuga acerina* Tanaka(1925)를 왜승마⟨*Actaea japonica* Thunb.(1784)⟩의 이명(synonym)으로 기재하고 있으므로 주의가 필요하다.

81 이러한 견해로 이우철(2005), p.54 참조.

사하다는(犬) 뜻에서 유래했다.

○ Cimicifuga davurica *Maximowicz*   フブキショウマ   升麻
Nunbit-súṅgma   눈빛승마

눈빛승마〈*Actaea dahurica* (Turcz. ex Fisch. & C.A.Mey.) Franch.(1883)〉[82]

눈빛승마라는 이름은 흰색으로 피는 꽃이 눈의 흰색(빛)과 같아 보이는 승마라는 뜻이다.[83] 『조선식물향명집』에서 전통 명칭 '승마'를 기본으로 하고 식물의 형태적 특징을 나타내는 '눈빛'을 추가해 신칭했다.[84]

속명 *Actaea*는 냄새가 강한 식물이라는 뜻에서 노루삼을 지칭한 라틴어 *actaea*, 또는 딱총나무를 뜻하는 그리스어 *aktea*가 잎과 열매가 닮은 것에서 전용된 것으로 노루삼속을 일컫는다. 종소명 *dahurica*는 '다후리아(Dahurica) 지방의'라는 뜻이다.

중국/일본명 중국명 興安升麻(Xing an sheng ma)는 산시성 싱안(興安) 지역에 분포하는 승마(升麻)라는 뜻이다. 일본명 フブキショウマ(吹雪升麻)는 꽃과 꽃차례의 모양이 눈보라를 닮은 승마(升麻)라는 뜻이다.[85]

○ Cimicifuga foetida *Linné*   カウライシヨウマ   升麻
Hwaṅgsae-suṅgma   황새승마

황새승마〈*Actaea cimicifuga* L.(1753)〉[86]

황새승마라는 이름은 『조신식물향명집』에서 신칭한 것으로,[87] 식물체가 크고 잎이 달린 전초의 모습이 황새를 닮은 승마라는 뜻에서 붙여진 것으로 추정한다.

속명 *Actaea*는 냄새가 강한 식물이라는 뜻에서 노루삼을 지칭한 라틴어 *actaea*, 또는 딱총나

82 '국가표준식물목록'(2018)과 '중국식물지'(2018)는 눈빛승마의 학명을 *Cimicifuga dahurica* (Turcz. ex Fisch. & C.A.Mey.) Maxim.(1859)으로 기재하고 있으나, 『장진성 식물목록』(2014)과 '세계식물목록'(2018)은 이를 이명(synonym) 처리하고 본문과 같이 노루삼속으로 분류하고 있다.
83 이러한 견해로 이우철(2005), p.157 참조.
84 이에 대해서는 『조선식물향명집』, 색인 p.34 참조.
85 『조선한방약료식물조사서』(1917)는 升麻를 기록했으며 『조선식물명휘』(1922)는 '升麻'를 기록했다.
86 '국가표준식물목록'(2018)은 황새승마의 학명을 *Cimicifuga foetida* L.(1753)로 기재하고 있으나, 『장진성 식물목록』(2014)과 '세계식물목록'(2018)은 본문의 학명을 정명으로 기재하고 있다.
87 이에 대해서는 『조선식물향명집』, 색인 p.49 참조.

무를 뜻하는 그리스어 *aktea*가 잎과 열매가 닮은 것에서 전용된 것으로 노루삼속을 일컫는다. 종소명 *cimicifuga*는 라틴어 *cimex*(빈대)와 *fugo*(쫓다, 물리치다)의 합성어로, 냄새가 많이 나서 빈대를 쫓아낸다는 황새승마의 쓰임새에서 유래했다.

중국/일본명 중국명 升麻(sheng ma)는 잎이 마(麻)와 같고 약성이 기운을 위로 상승(上升=上昇)시킨다는 뜻에서 붙여졌다.[88] 일본명 カウライショウマ(高麗升麻)는 한반도(고려)에 분포하는 승마(升麻)라는 뜻이다.[89]

참고 [북한명] 황새승마

○ Cimicifuga heracleifolia *Komarov*   オホミツバショウマ
Sŭngma   승마(끼멸가리)   升麻

승마〈*Actaea heracleifolia* (Kom.) J.Compton(1998)〉[90]

승마라는 이름은 잎이 마(麻)와 같고 약성이 기운을 위로 상승(上昇)시킨다는 뜻의 한자어 승마(升麻)에서 유래했다.[91] 중국의 이시진은 『본초강목』에서 "其葉似麻 其性上升 故名"(그 잎은 마와 같고 그 성질이 상승하는 것에서 붙은 이름이다)이라고 했고, 『동의보감』은 "生山野中 基葉如麻 故名爲升麻"[산이나 들에서 자라는데, 그 잎이 삼(麻)과 같으므로 이름을 승마라 한다]라고 기록했다. 『동의보감』에 기록된 우리말 '쇠멸가리'('끼멸가리)는 '쇠'(쒱: 雉)와 '멸'(절: 무릎, 膝)과 '가리'(각: 脚)의 합성어로 그 줄기가 꿩의 다리와 같다는 것에서 유래한 이름이지만,[92] 꿩의다리는 현재 별도 식물의 명칭으로 사용하고 있다.

속명 *Actaea*는 냄새가 강한 식물이라는 뜻에서 노루삼을 지칭한 라틴어 *actaea*, 또는 딱총나무를 뜻하는 그리스어 *aktea*가 잎과 열매가 닮은 것에서 전용된 것으로 노루삼속을 일컫는다. 종소명 *heracleifolia*는 '*Heracleum*(어수리속)의 잎과 비슷한'이라는 뜻으로 잎의 모양에서 유래했다.

---

88 중국의 이시진은 『본초강목』(1596)에서 "其葉似麻 其性上升 故名"(그 잎은 마와 같고 그 성질이 상승하는 것에서 붙은 이름이다)이라고 했다.

89 『조선식물명휘』(1922)는 '升麻, 鴉脚七'을 기록했다.

90 '국가표준식물목록'(2018)은 승마의 학명을 *Cimicifuga heracleifolia* Kom.(1901)으로 기재하고 있으나, 『장진성 식물목록』(2014)과 '세계식물목록'(2018)은 본문의 학명을 정명으로 기재하고 있다.

91 이러한 견해로 이우철(2005), p.364; 허북구·박석근(2008a), p.197; 손병태(1996), p.42 참조.

92 이러한 견해로 손병태(1996), p.146 참조.

다른이름 성마/긔멸가릿불휘(정태현 외, 1936), 끼멸가리(정태현 외, 1937), 왜승마(정태현 외, 1949)

옛이름 升麻/雉骨木/雉烏老草(향약구급방, 1236),[93] 升麻/知骨木/雉烏老草(향약채취월령, 1431), 川升麻/쥔싱망(구급방언해, 1466), 升麻/승맛불휘(구급간이방언해, 1489), 升麻/雉脚/긔쟝가리(촌가구급방, 1538), 升麻/씌댱가리(분문온역이해방, 1542), 升麻/씌덜가릿불휘(동의보감, 1613), 升麻/승마(구황촬요벽온방, 1639), 升麻/씌졀가랏불휘(산림경제, 1715), 升麻/씌덜가릿불휘(제중신편, 1799), 升麻/승마(물보, 1802), 升麻/가쌍두룹(광재물보, 19세기 초), 升麻/가쌍두룹/周麻(물명고, 1824), 升麻/씌멸가릿불휘(방약합편, 1884), 끼절가리/升麻(조선어표준말모음, 1936)[94]

중국/일본명 중국명 大三叶升麻(da san ye sheng ma)는 식물체가 크고 잎이 3개인 승마(升麻)라는 뜻이다. 일본명 オホミツバシヨウマ(大三葉升麻)는 중국명과 같은 뜻이다.

참고 [북한명] 승마 [유사어] 끼절가리, 용아(龍兒)

○ Cimicifuga simplex *Wormsk*. var. typica *Nakai*　イツポンシヨウマ　升麻
Chodae-súñgma　초때승마

촛대승마〈*Cimicifuga simplex* Wormsk. ex DC.(1824)〉[95]

촛대승마라는 이름은 짧고 작은 꽃자루와 긴 총상꽃차례 모양에서 촛대가 연상되고 승마를 닮았다는 뜻에서 유래했다.[96] 『조선식물향명집』에서는 '초때승마'를 신칭해 기록했으나[97] 『한국식물도감(하권 초본부)』에서 표기법에 맞추어 '촛대승마'로 개칭해 현재에 이르고 있다.

속명 *Cimicifuga*는 라틴어 *cimex*(빈대)와 *fugo*(쫓다, 물리치다)의 합성어로, 냄새가 많이 나서 빈대를 쫓아낸다는 황새승마의 쓰임새에서 유래했으며 승마속을 일컫는다. 종소명 *simplex*는 '단일한'이라는 뜻으로 꽃차례 모양에서 유래했다.

다른이름 초때승마(정태현 외, 1937), 산촛대승마/섬촛대승마(박만규, 1949), 나물승마/섬승마/외대승마(안학수·이춘녕, 1963), 초대승마(리종오, 1964), 대승마(한진건 외, 1982), 산초대승마(리용재 외,

---

93　『향약구급방』(1236)의 차자(借字) '雉骨木/雉烏老草'(치골목/치오로초)에 대해 남풍현(1981), p.95는 '치골목/씨됴로풀'의 표기로 보고 있으며, 손병태(1996), p.42는 '지골나모/씌됴로풀'의 표기로, 이덕봉(1963), p.5는 '씌골나무/씌마로풀'의 표기로 보고 있다.

94　『조선한방약료식물조사서』(1917)는 '씌멸가리(東醫)'를 기록했으며 『조선의 구황식물』(1919)은 '씽의장다리'를, 『조선어사전』(1920)은 '升麻(승마), 씌절가리'를, 『조선식물명휘』(1922)는 '升麻, 승마, 씌멸가릿불휘(藥)'를, 『선명대화명지부』(1934)는 '씰몃기, 씌멸가릿불휘, 승마'를 기록했다.

95　『장진성 식물목록』(2014)은 본문의 학명을 정명으로 기재하고 있으나, '국가표준식물목록'(2018)은 *Cimicifuga simplex* (DC.) Turcz.(1842), '세계식물목록'(2018)은 *Actaea simplex* (DC.) Wormsk. ex Prantl(1888), '중국식물지'(2018)는 *Cimicifuga simplex* (de Candolle) Wormskjöld ex Turczaninow(1842)를 각기 정명으로 기재하고 있으므로 주의가 필요하다.

96　이러한 견해로 이우철(2005), p.519와 허북구·박석근(2008a), p.197 참조.

97　이에 대해서는 『조선식물향명집』, 색인 p.47 참조.

2011)[98]

중국명 単穗升麻(dan sui sheng ma)는 꽃이삭이 하나인 승마(升麻)라는 뜻이다. 일본명
イツポンシヨウマ(一本升麻)는 꽃차례가 하나인 승마(升麻)라는 뜻으로 중국명과 동일하다.

참고 [북한명] 초대승마 [유사어] 승마(升麻) [지방명] 승마(함북)

○ Clematis angustifolia *Jacquin*　ホソバノボタンヅル
Jom-sawejilbang　좀사위질빵

좁은잎사위질빵〈*Clematis hexapetala* Pall.(1776)〉

좁은잎사위질빵이라는 이름은 잎이 좁은 사위질빵이라는 뜻에서 유래했다.[99] 『조선식물향명집』
에서는 '좀사위질빵'을 신칭해 기록했으나[100] 『한국수목도감』에서 '좁은잎사위질빵'으로 개칭해
현재에 이르고 있다.

　속명 *Clematis*는 그리스어 *clema*(가지, 가는 가지)에서 유래했으며, 가늘고 길게 뻗어나가는 줄
기의 특성을 나타낸 것으로 으아리속을 일컫는다. 종소명 *hexapetala*는 '6개 꽃잎의'라는 뜻으로
꽃덮이의 개수가 6개임을 나타낸다.

다른이름 좀사위질빵(정태현 외, 1937), 가는잎사위질빵(정태현, 1943), 가는잎목단풀(임록재 외, 1972),
가는잎모란풀(김현삼 외, 1988)[101]

중국/일본명 중국명 棉团铁线莲(mian tuan tie xian lian)은 솜뭉치(棉團) 같은 철선련(鐵線蓮: 위령선의
중국명)이라는 뜻으로 꽃봉오리 모양에서 유래했다. 일본명 ホソバノボタンヅル(細葉牧丹蔓)는 가
는 잎을 가진 사위질빵(ボタンヅル)이라는 뜻이다.

참고 [북한명] 가는잎모란풀

Clematis apiifolia *De Candolle*　ボタンヅル
Sawejilbang　사위질빵

사위질빵〈*Clematis apiifolia* DC.(1817)〉

사위질빵이라는 이름은 '사위'와 '질빵'의 합성어로, 사위가 메는 질빵(짐을 질 때 사용하는 멜빵 또

---

98 『조선식물명휘』(1922)는 한자명 '毛山七'을 기록했으며 『토명대조선만식물자휘』(1932)는 '[升麻]승마, [씌절가리]'를 기록
　했다.
99 이러한 견해로 이우철(2005), p.480 참조.
100 이에 대해서는 『조선식물향명집』, 색인 p.46 참조.
101 『조선식물명휘』(1922)는 '山蓼, 大蓼'를 기록했다.

는 그 유사한 줄)[102] 같다는 뜻이다. 즉, 덩굴이 질빵처럼 길게 뻗어가지만 연약한 데서 유래한 이름이다.[103] 『조선식물향명집』에 따른 이름으로, 강원도 방언을 채록한 것이다.[104] 유래와 관련해 '사위질방'의 된소리로 변화된 강원도 방언으로 '사위 짓을 하는 방'이라는 뜻이며, 한자어 여위(女萎: 여자가 생기를 잃어 서서히 시들어버린다는 의미)에 잇닿아 있다고 추정하는 견해가 있다.[105] 그러나 중국의 이시진은 『본초강목』에서 女萎(여위)는 委萎(위위: 꽃자루가 늘어져 시든 것 같은 모양새를 따서 붙여진 이름)가 변화한 것이라 했으므로 한자어 여위에 대한 해석도 의문스럽고, 강원도 방언을 채록한 이름인 점에 비추어 한자어에서 유래를 찾는 것도 수긍하기 어렵다. 또한 『조선식물

향명집』에 함께 수록된 '할미질빵'이나 『조선삼림수목감요』에 기록된 '할미밀망'을 해석할 수 없게 되는 문제점이 있다. 한편 으아리속(Clematis) 식물의 뿌리를 威靈仙(위령선)이라 하고 이를 『동의보감』은 '술위ᄂ믈'이라 했는데, 이는 『향약구급방』의 향명 重衣菜(거의채)에서 유래한 것이다. 『훈몽자회』는 수레에 대한 옛말을 '술위'라 했고, 『향약집성방』은 威靈仙(위령선)에 대해 "圖經曰 (중략) 葉似柳葉 作層 每層六七葉 如車輪"(圖經에 따르면, 잎은 버들잎과 유사한데 6~7개의 잎이 층을 이루는 것이 수레의 바퀴와 비슷하다)이라고 한 것에[106] 비추어 수레바퀴를 닮은 나물이라는 뜻에서 유래했음을 알 수 있다.[107]

속명 Clematis는 그리스어 clema(가지, 가는 가지)에서 유래했으며, 가늘고 길게 뻗어나가는 줄기의 특성을 나타낸 것으로 으아리속을 일컫는다. 종소명 apiifolia는 산형과의 Apium(솔잎미나리속)과 유사한 잎을 갖고 있어 붙여졌다.

다른이름 질빵으아리(도봉섭·임록재, 1988), 질빵풀(김현삼 외, 1988), 모란풀(임록재 외, 1996), 수레나물(김종원, 2013)

---

102 조선어학회가 편찬한 『조선어표준말모음』(1936), p.62는 당시 '질빵'을 표준말로 삼으면서 유사한 의미로 해설했다.
103 이러한 견해로 박상진(2011a), p.495; 허북구·박석근(2008b), p.122; 전정일(2009), p.34; 오찬진 외(2015), p.335; 강판권(2010), p.989; 솔뫼(송상곤, 2010), p.348; 권순경(2018.10.31.) 참조.
104 이에 대해서는 『조선삼림식물도설』(1943), p.184 참조.
105 이러한 견해로 김종원(2013), p.630 참조.
106 이러한 점 등을 근거로 威靈仙(위령선)을 현삼과의 냉초(Veronicastrum sibiricum)로 보는 견해도 있다. 이에 대한 보다 자세한 내용은 이덕봉(1963), p.19 참조.
107 한편 김종원(2013), p.631은 수레나물(술위나물)이 사위질빵의 본명이므로 국명을 변경해야 한다는 취지로 주장하고 있다. 그러나 현재의 방언에도 '술위ᄂ믈'이나 그 유사한 명칭이 남아 있지 않은 것에 비추어 '술위ᄂ믈'은 어느 시기부터 사문화해 문헌상으로만 존재하는 이름일 가능성이 높고, 식물명도 언어로서 생성, 변화 및 소멸을 겪는다는 것을 고려할 필요가 있다.

威靈仙/豹尾草/能消/車衣菜(향약구급방, 1236),[108] 威靈仙/車衣菜(향약채취월령, 1431), 威靈仙 (향약집성방, 1433), 威靈仙/위령션(구급간이방언해, 1489), 威靈仙/술위ᄂᆞ믈(동의보감, 1613), 威靈仙/위령 션(언해두창집요, 1613), 威靈仙/줄위ᄂᆞ믈불휘(사의경험방, 17세기), 威靈仙/술위ᄂᆞ믈(산림경제, 1715), 威靈 仙/어아리/어알이(광제비급, 1790), 威靈仙/어ᄉ리(재물보, 1798), 威靈仙/술위나모(제중신편, 1799), 威靈 仙/어ᄉ리(광재물보, 19세기 초), 威靈仙/어ᄉ리(물명고, 1824), 威靈仙/술위나모(의종손익, 1868), 葳靈仙/ 어알리불희/어엉(의휘, 1871), 威靈仙/술위나믈/어알이(녹효방, 1873), 威靈仙/술위나모(방약합편, 1884), 어시리木(의방합편, 19세기), 威靈仙/위령션(단방비요, 1913), 女萎/萎蕤(수세비결, 1929)[109]

중국명 女萎(nu wei)는 委萎(위위)의 뜻으로 꽃자루가 늘어져 시든 것처럼 보이는 형상에 서 유래했다.[110] 일본명 ボタンヅル(牡丹蔓)는 잎이 모란과 비슷하며 덩굴성이어서 붙여졌으며, 북 한명 모란풀이 일본명의 영향을 받은 것으로 보인다.

[북한명] 모란풀 [지방명] 길빵나물/질빵나물(경기), 새매기/새미텀불/시미던불(경상), 너쿨/쉐/ 쿤지쿨(제주), 수먹넝쿨/주머니끈나물(충남)

○ Clematis brachyura *Maximowicz* イチリンザキセンニンサウ
Oedae-úari 외대으아리(위령선) 葳靈仙

외대으아리〈*Clematis brachyura* Maxim.(1877)〉

외대으아리라는 이름은 꽃이 외대로 피는 으아리라는 뜻에서 붙여졌다.[111] 그러나 실제로는 꽃차 례당 꽃이 1~3개씩 달리므로 반드시 외대인 것은 아니다. 『조선식물향명집』에서 전통 명칭 '으아 리'를 기본으로 하고 식물의 형태적 특징을 나타내는 '외대'를 추가해 신칭했다.[112]

속명 *Clematis*는 그리스어 *clema*(가지, 가는 가지)에서 유래했으며, 가늘고 길게 뻗어나가는 줄 기의 특성을 나타낸 것으로 으아리속을 일컫는다. 종소명 *brachyura*는 '짧은 꼬리를 가진'이라는 뜻이다.

위령선(정태현 외, 1937), 고칫대꽃(정태현, 1943), 고치댓꽃(정태현 외, 1949)[113]

---

108 『향약구급방』(1236)의 향명(鄕名) '豹尾草/能消/車衣菜'(표미초/능소/거의채)에 대해 남풍현(1981), p.107은 '표미초/능소/술위 ᄂᆞ믈'의 표기로 보고 있으며, 이덕봉(1963), p.19는 '車衣菜'(거의채)에 대해 '수리나믈'의 표기로 보고 있다.

109 『제주도및완도식물조사보고서』(1914)는 'クンジクル'[쿤지쿨]을 기록했으며 『조선어사전』(1920)은 '술위나물, 九蓋草(구개 초), 威靈仙(위령션)'을, Crane(1931)은 '쇠영역글'을 기록했다.

110 중국의 이시진은 『본초강목』(1596)에서 "本經 女萎 乃 爾雅 委萎二字 即 別錄 萎蕤也 上古鈔寫訛為女萎爾"[본경에 있는 女萎 (여위)는 爾雅(이아)의 委萎(위위)의 二字(이자)이며 別錄(별록)에 있는 萎蕤(위유)가 바로 그것이다. 그 옛날에 鈔寫(초사)할 때 잘못되어 女萎 (여위)로 되었을 뿐이다]라고 했다.

111 이러한 견해로 이우철(2005), p.418과 박상진(2019), p.319 참조.

112 이에 대해서는 『조선식물향명집』, 색인 p.44 참조.

113 『조선한방약료식물조사서』(1917)는 '술의나무(東醫), 威靈仙'을 기록했으며 『조선식물명휘』(1922)는 '참으아리(毒)'를, 『선명

중국/일본명 중국에서 외대으아리의 분포는 확인되지 않는 것으로 보인다. 일본명 イチリンザキセンニンサウ(一輪咲仙人草)는 하나의 꽃이 피고 약성과 관련해 신선과 같이 신비로운 식물이라는 뜻에서 붙여졌다.

참고 [북한명] 외대으아리

⊗Clematis chiisanensis *Nakai*　キバナハンシヤウヅル

Nurŭn-jongdŏnggul 누른종덩굴

세잎종덩굴〈*Clematis koreana* Kom.(1901)〉

'국가표준식물목록'(2018)과 『장진성 식물목록』(2014)은 누른종덩굴을 세잎종덩굴에 통합하고 있으므로 이 책도 이에 따른다.

○Clematis Davidiana *Schneider*　ルリクサボタン

Mogdanpul 묵난풀

병조희풀〈*Clematis heracleifolia* DC.(1817)〉[114]

병조희풀이라는 이름은 꽃이 병(단지) 모양으로 피는 조희풀이라는 뜻에서 유래했다.[115] 조희풀은 조의풀/조이풀/조희풀이라는 표현과 함께 사용되었는데, 현재의 종이(紙)를 『물명고』, 『자전석요』 및 『조선어사전』은 '조희'로, 『신자전』은 '조히'로, 『신주광복지연의(神州光復志演義)』 번역본은 '조의'로 표기한[116] 점에 비추어 조희풀의 '조희'는 종이(紙)를 의미하는 것으로 이해된다. 한편 『조선삼림식물도설』은 '조희풀'이 강원도 방언에서 유래했다고 기록했고,[117] 강원도에서는 '단풍취'를 종이의 질감이 나거나 종이처럼 맛이 없다는 의미에서 '종이나물'과 '종이취'라고 하는데 병조희풀의 어린잎을 삶아서 나물로 식용하므로 조희풀 역시 종이나물과 종이취라는 의미에서 유래한 것으로 이

대화명지부』(1934)는 '참으아리'를 기록했다.

114 『장진성 식물목록』(2014), p.512는 *C. heracleifolia*를 '병조희풀'로, *C. heracleifolia* var. *tubulosa*를 '자주조희풀'로 분류하고 있다. 그러나 '세계식물목록'(2018)은 인정된 학명을 *Clematis heracleifolia*와 *Clematis heracleifolia* DC. var. *urticifolia* (Nakai ex Kitag.) U.C.La(1996)로 기재하고, 김태영·김진석(2018), p.106은 *C. heracleifolia*를 '자주조희풀'로, *C. heracleifolia* var. *urticifolia*를 '병조희풀'로 분류하여 학명에 대한 혼선이 있으므로 주의가 필요하다.

115 이러한 견해로 이우철(2005), p.276과 전정일(2009), p.32 참조. 다만 이우철은 일본명에서 유래한 것으로 기술하고 있으나, 조희풀이라는 이름은 강원 방언에서 유래한 것이므로 타당성은 의문스럽다.

116 중국 근대 역사소설인 『신주광복지연의』의 번역본은 일제강점기에 저술된 것으로, 이에 대한 자세한 내용은 『고어대사전 17』(2016), p.866 참조. 한편 조선어학회가 저술한 『조선어표준말모음』(1936), p.54는 종이의 방언으로 '조희'를 기록했다.

117 이에 대해서는 『조선삼림식물도설』(1943), p.201 참조.

해된다.[118] 다른 한편으로는 꽃이 병 모양인 데다 풀처럼 위쪽이 시든 데서 유래한 이름으로 보는 견해가 있으나,[119] '조희'가 그런 뜻으로 사용된 예는 발견하기 어렵다. 『조선식물향명집』은 모란(목단)을 닮았다는 뜻에서 '목단풀'로 기록했으나, 『조선삼림식물도설』에서 '병조희풀'로 개칭해 현재에 이르고 있다.

속명 Clematis는 그리스어 clema(가지, 가는 가지)에서 유래했으며, 가늘고 길게 뻗어나가는 줄기의 특성을 나타낸 것으로 으아리속을 일컫는다. 종소명 heracleifolia는 'Heracleum(어수리속)의 잎과 비슷한'이라는 뜻으로 잎의 모양에서 유래했다.

다른이름 목단풀(정태현 외, 1937), 만사초/조희풀(정태현, 1943), 동이목단풀/어리목단풀(박만규, 1949), 동이조이풀/병조이풀/장미조희풀/어리조희풀/담색병조희풀(안학수·이춘녕, 1963), 병모란풀/선모란풀(김현삼 외, 1988)

옛이름 鐵線蓮(광재물보, 19세기 초), 鐵線蓮(물명고, 1824), 鐵線蓮(연경재전집, 1840), 鐵線蓮花(오주연문장전산고, 185?)

중국/일본명 중국명 大叶铁线莲(da ye tie xian lian)은 잎이 큰 철선련(鐵線蓮: 위령선의 중국명)이라는 뜻이다. 일본명 ルリクサボタン(瑠璃草牡丹)은 꽃 색이 유리색(瑠璃色)인 풀(초본성) 모란(牡丹)이라는 뜻이다.

참고 [북한명] 병모란풀/선모란풀[120] [유사어] 철선련(鐵線蓮) [지방명] 나무종이취(강원)

Clematis florida *Thunberg*　テツセン

Weryŏngsŏn　위령선　葳靈仙

위령선〈*Clematis florida* Thunb.(1784)〉

위령선이라는 이름은 한자어 위령선(葳靈仙)에서 유래한 것으로, 약으로 사용할 때 독성은 강하나 효과가 금방 나타나서 붙여졌다.[121] 위령선은 중국 원산의 재배식물로, 이시진은 『본초강목』에서 葳(위)는 그 성질이 맹렬함을 말하고 靈仙(영선)은 그 효과가 귀신 같다는 뜻에서 유래한 이름이라

---

118 '병조희풀'에 대한 식용과 의미 그리고 '단풍취'의 방언에 대해서는 『한국의 민속식물』(2017), p.386, 1095 참조.

119 이러한 견해로 솔뫼(송상곤, 2010), p.342 참조.

120 북한에서는 *C. uriticifolia*를 '병모란풀'로, *C. heracleifolia*를 '선모란풀'로 하여 별도 분류하고 있다. 이에 대해서는 리용재 외(2011), p.98 참조.

121 이러한 견해로 김종원(2013), p.635 참조.

고 했다.[122]

속명 *Clematis*는 그리스어 *clema*(가지, 가는 가지)에서 유래했으며, 가늘고 길게 뻗어나가는 줄기의 특성을 나타낸 것으로 으아리속을 일컫는다. 종소명 *florida*는 '꽃이 피는, 꽃이 눈에 띄는'이라는 뜻으로 꽃이 크고 눈에 잘 띄어서 붙여졌다.

다른이름　꽃으아리(임록재 외, 1972)

옛이름　威靈仙(향약집성방, 1433), 威靈仙/위령션(구급간이방언해, 1489), 威靈仙(만기요람, 1808), 위령션/威灵仙(한불자전, 1880), 威靈仙/술위나무쑤리(선한약물학, 1931)

중국/일본명　중국명 铁线莲(tie xian lian)은 쇠줄처럼 덩굴을 짓고 연꽃을 닮은 꽃이 핀다는 뜻에서 유래했다. 일본명 テツセン(鐵線)은 중국명 철선련(鐵線蓮)에서 유래했다.

참고　[북한명] 꽃으아리

Clematis flabellata *Nakai*　タチハンシヨウヅル
Són-jongdónggul　선종덩굴

요강나물〈*Clematis fusca* var. *coreana* (H.Lév.) Nakai(1942)〉[123]

요강나물이라는 이름은 황해도 방언을 채록한 것으로,[124] 꽃의 생김새가 요강처럼 작은 단지형이고 나물로 식용한 데서 유래한 것으로 추정한다.[125] 『조선식물향명집』에서는 서서 자라는 종덩굴

---

122 중국의 『본초강목』(1596)은 "威言其性猛也 靈仙言其功神也"라고 기록했다.

123 '국가표준식물목록'(2018)은 검은종덩굴(*C. fusca*)의 변종으로 요강나물을 분류하고 있으나, 『장진성 식물목록』(2014)과 '세계식물목록'(2018)은 이를 별도 분류하고 있지 않으므로 주의가 필요하다. 한편 '국가표준식물목록'(2018)은 학명을 *Clematis fusca* var. *coreana* (H.Lév.) Nakai(1918)로 기재하고 있으나, 이 학명은 나카이 다케노신의 『금강산식물조사서』(1918)와 모리 다메조의 『조선식물명휘』(1922)에서 조합된 학명으로 원명의 출전(기재문)이 제시되거나 발표되지 않은 나명(nomen nudum)으로서 비합법적으로 출판한 이름(invalidly published name)이었다. 그러나 이후 T. Nakai(1942), pp.281-291에서 정식 발표됨으로써 유효한 학명이 되었다. 이에 대해서는 『한국속식물지』(2018), p.256 참조.

124 이에 대해서는 『조선삼림식물도설』(1943), p.192 참조.

125 이러한 견해로 김태영·김진석(2018), p.103과 김종원(2016), p.67 참조. 한편 김종원은 도봉섭·임록재(1988)에 요강나물이 기재되지 않았음을 이유로 요강나물은 북한에 분포하지 않으며 황해도 방언에 대응하는 요강나물은 현재의 요강나물이 아닌 것이 분명하다는 취지의 주장을 하고 있다. 그러나 북한에서도 김현삼 외(1988), p.136에서 한반도 중부 지역에 분포하는 종으로 기록했고, 최근의 리용재 외(2011), p.199에서도 선종덩굴(요강나물)을 기록했다. 요강나물이 최초로 기록된 것은 『한국식물도감(상권 목본부)』(1957)이 아닌 『조선삼림식물도설』(1943)로서 당시 표본을 황해도와 강원도에서 채집해 그 분포를 확인한 것으로 기록했다. 현재 '국가표준식물목록'(2018)에서 사용하는 *Clematis fusca* var. *coreana* (H.Lév.) Nakai(1918)는 나카이 다케노신(中井猛之進)이 금강산에서 표본을 채집하고 기록한 『금강산식물조사서』(1918)에서 비롯한 것이고, '국가생물종지식정보시스템'(2018)의 표본 정보에 의하더라도 북한과 인접한 강원도 철원군, 양구군, 고성군에서 최근에도 표본이 채집되고 있다. 이러한 점을 고려할 때 김종원의 주장은 근거가 없어 보인다. 또한 김종원은 『조선식물향명집』에 기록된 '선종덩굴'이 올바른 첫 한글명이라는 취지로 주장하고 있으나, 『조선식물향명집』의 저자들이 실제 한반도에서 일반적으로 사용하는 식물명을 찾아 그것을 반영하고자 했던 취지를 고려하지 않는 것이며, 식물명(국명)은 언어로서 식물을 일컫는 명칭이므로 이에 대해 옳고 그름을 논할 수 없다는 점에 비추어도 타당성이 없다고 판단된다.

이라는 뜻에서 '선종덩굴'을 신칭해 기록했으나,[126] 『조선삼림식물도설』에서 '요강나물'로 개칭해 현재에 이르고 있다.

속명 *Clematis*는 그리스어 *clema*(가지, 가는 가지)에서 유래했으며, 가늘고 길게 뻗어나가는 줄기의 특성을 나타낸 것으로 으아리속을 일컫는다. 종소명 *fusca*는 '암적갈색의'라는 뜻으로 꽃 색깔에서 유래했다. 변종명 *coreana*는 '한국의'라는 뜻으로 한반도에 분포하는 종임을 나타낸다.

다른이름 선종덩굴(정태현 외, 1937), 용강나물(정태현 외, 1949), 선요강나물(안학수·이춘녕, 1963), 선꽃종덩굴(리용재 외, 2011)

중국/일본명 요강나물은 한국 특산종으로 중국에 분포하지 않는다. 일본명 タチハンシヨウヅル(立半鍾蔓)는 서 있는 반종(半鍾: 작은 종의 일종)을 닮은 덩굴식물이라는 뜻이나 일본에 분포하지 않는다.

참고 [북한명] 선종덩굴 [유사어] 갈모위령선(褐毛威靈仙)

Clematis fusca *Turcz*. var. mandshuricum *Maximowicz*   クロバナハンシヨウヅル

Gòmùn-jòngdònggul 검은종덩굴

검은종덩굴〈*Clematis fusca* Turcz.(1840)〉

검은종덩굴이라는 이름은 꽃의 표면에 검은색 털이 밀생(密生)하는 종덩굴이라는 뜻이다.[127] 『조선식물향명집』에서 한글명이 처음으로 발견되는데 방언 등이 확인되지 않고 학명이 꽃의 색깔을 뜻하는 점에 비추어 꽃의 색깔과 학명에 근거하여 신칭한 이름으로 추정한다.[128]

속명 *Clematis*는 그리스어 *clema*(가지, 가는 가지)에서 유래했으며, 가늘고 길게 뻗어나가는 줄기의 특성을 나타낸 것으로 으아리속을 일컫는다. 종소명 *fusca*는 '암적갈색의'라는 뜻으로 꽃 색깔에서 유래했다.

다른이름 무궁화종덩굴/흰종덩굴(정태현, 1943), 검종덩굴/흰털종덩굴(박만규, 1949)

중국/일본명 중국명 褐毛铁线莲(he mao tie xian lian)은 꽃의 표면에 갈색 털이 있는 철선련(鐵線蓮: 위령선의 중국명)이라는 뜻이다. 일본명 クロバナハンシヨウヅル(黑花半鍾蔓)는 검은색 꽃이 피는 반종(半鍾: 작은 종의 일종)을 닮은 덩굴식물이라는 뜻이다.

참고 [북한명] 무궁화종덩굴

---

126 이에 대해서는 『조선식물향명집』, 색인 p.41 참조.
127 이러한 견해로 이우철(2005), p.69; 박상진(2019), p.353; 권순경(2016.1.6.) 참조.
128 다만 『조선식물향명집』, 색인 p.32는 신칭한 이름으로 기록하지 않았으므로 주의가 필요하다.

○ Clematis fusca *Turcz.* var. *violacea Komarov*　キンチヤクヅル
Suyŏm-jongdŏnggul　수염종덩굴

종덩굴〈*Clematis fusca* var. *violacea* Maxim.(1859)〉[129]

종덩굴이라는 이름은 꽃이 종(鐘)을 닮은 덩굴식물이라는 뜻에서 유래했다.[130] 『조선식물향명집』
은 현재의 종덩굴(*C. fusca* var. *violacea*)은 '수염종덩굴'로, 세잎종덩굴(*C. koreana*)은 '종덩굴'로
기록해 다소 혼란스럽게 되어 있다. 『조선식물향명집』에서는 '수염종덩굴'을 신칭해 기록했으나[131]
『조선삼림식물도설』에서 '종덩굴'로 개칭해 현재에 이르고 있다.

　속명 *Clematis*는 그리스어 *clema*(가지, 가는 가지)에서 유래했으며, 가늘고 길게 뻗어나가는 줄
기의 특성을 나타낸 것으로 으아리속을 일컫는다. 종소명 *fusca*는 '암적갈색의'라는 뜻으로 꽃 색
깔에서 유래했으며, 변종명 *violacea*는 '자주색의'라는 뜻으로 역시 꽃 색깔에서 유래했다.

다른이름　수염종덩굴(정태현 외, 1937), 지름오사리(정태현 외, 1942)

옛이름　鐵線蓮(연경재전집, 1840), 鐵線蓮花(오주연문장전산고, 185?)

중국/일본명　중국명 紫花铁线莲(zi hua tie xian lian)은 자주색 꽃이 피는 철선련(鐵線蓮: 위령선의 중국
명)이라는 뜻이다. 일본명 キンチヤクヅル(巾着蔓)는 돈주머니(巾着) 모양의 꽃이 피는 덩굴식물이
라는 뜻이다.

참고　[북한명] 수염종덩굴[132]

○ Clematis serratifolia *Rehder*　オホワクノテ
Gae-bŏmŏri　개버머리

개버무리〈*Clematis serratifolia* Rehder(1910)〉

개버무리라는 이름은 '개'와 '버무리'의 합성어로, '버무리'는 여러 가지를 한데 뒤섞어서 만든 음
식을 일컫는 말이다. 노란색 꽃을 멀리서 보면 마치 개가 있는 듯하고 잎과 줄기가 덩굴져 자라는
모습이 마치 그 속에 개가 버무려져 있는 것(덩굴 속에 개가 어우러져 있는 것)으로 보인다는 뜻에서
유래한 이름으로 추정한다. 『조선식물지』와 『한조식물명칭사전』에서 '꽃버무리'와 '콩버무리'를

---

129 '국가표준식물목록'(2018)과 '중국식물지'(2018)는 종덩굴을 별도 분류하고 있으나, 『장진성의 식물목록』(2014)과 '세계식
　　물목록'(2018)은 검은종덩굴(*C. fusca*)에 통합하고 있으므로 주의가 필요하다.

130 이러한 견해로 이우철(2005), p.482; 허북구·박석근(2008b), p.258; 박상진(2019), p.353 참조.

131 이에 대해서는 『조선식물향명집』, 색인 p.42 참조.

132 북한명 종덩굴은 *C. koreana*(국명: 세잎종덩굴)를 의미하므로 주의를 요한다. 한편 임록재 외(1996)는 *C. fusca* var.
　　*violacea*를 '수염종덩굴'로 분류하고 있으나 리용재 외(2011)는 이를 별도 분류하고 있지 않다. 이에 대한 보다 자세한 내
　　용은 리용재 외(2011), p.98 참조.

기록한 것도 덩굴 속에 노란색의 꽃이 어우러진 모양을 표현한 것으로 이해된다. 『조선식물향명집』은 '개버머리'로 기록했으나 『조선삼림식물도설』에서 '개버무리'로 개칭해 현재에 이르고 있다. 함남 방언을 채록한 이름이다.[133][134] 18세기 초 홍만선이 저술한 『산림경제』에 '개버무리'가 형성된 구조를 추론해볼 수 있는 단서가 있는데, 조(粟)의 종류를 열거하면서 '沙森犯勿羅粟 사슴버므레조'라는 이름을 기록한 것이 그것이다.[135] '버므레'는 '버무리'의 옛말이므로 '사슴버므레조'는 현대어로 '사슴버무리조', 즉 사슴이 버무려진(渾) 듯이 생긴 조의 종류라는 뜻으로 해석된다.

속명 *Clematis*는 그리스어 *clema*(가지, 가는 가지)에서 유래했으며, 가늘고 길게 뻗어나가는 줄기의 특성을 나타낸 것으로 으아리속을 일컫는다. 종소명 *serratifolia*는 '톱니가 있는 잎의'라는 뜻으로 잎의 가장자리에 톱니가 있어서 붙여졌다.

다른이름 개버머리(정태현 외, 1937), 으아리꽃(박만규, 1949), 꽃버무리(임록재 외, 1972), 콩버무리(한진건 외, 1982)[136]

중국/일본명 중국명 齿叶铁线莲(chi ye tie xian lian)은 잎에 치아모양톱니가 있는 철선련(鐵線蓮: 위령선의 중국명)이라는 뜻이다. 일본명 オホワクノテ(大一)는 식물체가 큰 ワクノテ라는 뜻인데, ワクノテ는 ボタンヅル(牡丹蔓: 사위질빵의 일본명)의 다른이름으로 사용되고 있으나 정확한 어원은 알려져 있지 않다.

참고 [북한명] 꽃버무리 [유사어] 투골초(透骨草)

⊗Clematis koreana *Komarov*   ミツバハンシヨウヅル
Jongdonggul 종덩굴

세잎종덩굴〈*Clematis koreana* Kom.(1901)〉

---

133 국립국어원, '우리말샘'은 '버무레'를 '버무리'의 함남 방언으로 기록했다.

134 이에 대해서는 『조선삼림식물도설』(1943), p.199와 이우철(2005), p.50 참조.

135 『산림경제』(1715)는 "沙森犯勿羅粟 사슴버므레조 芒長穗長 實稍靑 土宜種候上同"(사슴버므레조는 까락과 이삭이 길며 열매는 조금 푸르다. 적합한 토질과 심는 계절은 위와 같다)이라고 기록했다. 『산림경제』의 '沙森犯勿羅粟 사슴버므레조'는 『증보산림경제』(1766)의 '沙森犯勿羅粟 사슴버므레조', 『금양잡록 증보판』(1805)의 '沙森犯勿羅粟 사슴버므레조', 『임원경제지』(1842)의 '渾沙蔘粟 사슴버므레조', 『연경재전집』(1840)의 '渾沙蔘粟 사슴버므레조'로 변해왔다. 이에 대한 해석에 관한 것은 이광호(2014) 참조.

136 『조선식물명휘』(1922)는 한글명 없이 한자로 '透骨草'를 기록했다.

세잎종덩굴이라는 이름은 『한국수목도감』에 따른 것으로, 잎이 삼출겹잎으로 되어 있는 종덩굴이라는 뜻에서 유래했다.[137] 『조선식물향명집』은 현재의 종덩굴(C. fusca var. violacea)은 '수염종덩굴'로, 세잎종덩굴(C. koreana)은 '종덩굴'로 기록해 다소 혼란스럽게 되어 있다.

속명 Clematis는 그리스어 clema(가지, 가는 가지)에서 유래했으며, 가늘고 길게 뻗어나가는 줄기의 특성을 나타낸 것으로 으아리속을 일컫는다. 종소명 koreana는 '한국의'라는 뜻으로 한반도 특산종임을 나타내지만 중국에도 분포하는 종이다.

다른이름 누른종덩굴/종덩굴(정태현 외, 1937), 세닢종덩굴/음달종덩굴(정태현, 1943), 응달종덩굴/큰세잎종덩굴(안학수·이춘녕, 1963), 왕세잎종덩굴(이창복, 1966)

옛이름 鐵線蓮(연경재전집, 1840), 鐵線蓮花(오주연문장전산고, 185?)[138]

중국/일본명 중국명 朝鮮铁线莲(chao xian tie xian lian)은 한국(朝鮮)에 분포하는 철선련(鐵線蓮: 위령선의 중국명)이라는 뜻이다. 일본명 ミツバハンシヨウヅル(三つ葉半鍾蔓)는 잎이 3개인 반종(半鍾: 작은 종의 일종)을 닮은 덩굴식물이라는 뜻이다.

참고 [북한명] 종덩굴 [유사어] 조선철선련(朝鮮鐵線蓮)

○ Clematis mandshurica *Maximowicz*   コマセンニンサウ
U̇ari 으아리(위령선) 葳靈仙

으아리⟨*Clematis terniflora* DC. var. *mandshurica* (Rupr.) Ohwi(1938)⟩

예로부터 으아리속(Clematis) 식물은 통증 제거나 종기의 부기를 가라앉히는 약재로 사용했다.[139] 한편 '으아리'는 통증을 의미하는 '아리다' 또는 맺힌 덩어리를 의미하는 '응어리'와 음운상 유사하다. 따라서 으아리라는 이름은 그 약재가 독성으로 인해 아린 맛을 낸다는 뜻, 또는 응어리진 것을 제거하는 약성이 있다는 뜻에서 유래했을 것으로 추정한다.[140] 『한불자전』에서 종기 치료에 사용하는 連翹(연교: 개나리)를 '으으리'라고 한 것이나 방언에서 매운맛이 난다는 뜻에서 고춧대

---

137 이러한 견해로 이우철(2005), p.348 참조.
138 Crane(1931)은 '딥글력굴'을 기록했다.
139 허준이 저술한 『동의보감』(1613)의 「탕액편」은 위령선(술위ᄂᆞ믈불휘)에 대해 '腹內冷滯'(배속냉체), '心腸淡水'(심장담수), '腰膝冷痛'(허리와 무릎 통증)을 치료하는 것으로 기록했다.
140 이러한 견해로 박상진(2019), p.319와 전정일(2009), p.33 참조.

또는 고추나물로 칭하는 것은 이를 뒷받침한다. 한약재 이름으로 문헌에 등장하는 '위령선'은 으아리속 식물의 뿌리를 일컬을 뿐, 어느 특정한 종을 뜻하지는 않았던 것으로 보인다.[141] 한편 으아리의 유래와 관련해 위령선 → 우렁선이 → 어사리 → 우알이 → 으아리로 음운 변화한 것으로 보고, 위령선이라는 이름이 매운맛 나는 약성, 즉 맵고 아린 데서, 또는 잘못 이용했을 때 발생하는 아린 통증에서 유래했다고 보는 견해가 있다.[142] 그러나 위령선/우렁선이와 어사리는 그 음이 달라 변화가 쉽지 않고, 우렁선이는 일제강점기에 비로소 등장하는 이름이라는 점에서 으아리의 어원을 한자어 위령선으로 보는 것은 타당하지 않다.

속명 *Clematis*는 그리스어 *clema*(가지, 가는 가지)에서 유래했으며, 가늘고 길게 뻗어나가는 줄기의 특성을 나타낸 것으로 으아리속을 일컫는다. 종소명 *terniflora*는 '삼출화(三出花)의'라는 뜻이며, 변종명 *mandshurica*는 '만주의'라는 뜻으로 분포지 또는 발견지를 나타낸다.

다른이름 우렁선이(정태현 외, 1923), 으아리/거름째나무(정태현 외, 1936), 위령선(정태현 외, 1937), 기름째나물(정태현 외, 1942), 좀으아리/큰위령선(정태현, 1943), 북참으아리(박만규, 1949), 응아리(안학수·이춘녕, 1963)

옛이름 威靈仙(향약집성방, 1433), 威靈仙/위령션(구급간이방언해, 1489), 威靈仙/어아리/어알이(광제비급, 1790), 威靈仙/어수리(재물보, 1798), 威靈仙/어수리(광재물보, 19세기 초), 威靈仙(만기요람, 1808), 威靈仙/어수리(물명고, 1824), 葳靈仙/어알리불희/어엉(의휘, 1871), 威靈仙/술위나믈/어알이(녹효방, 1873), 어시리木(의방합편, 19세기)[143]

중국/일본명 중국명 辣蓼铁线莲(la liao tie xian lian)은 여뀌 맛이 나는 철선련(鐵線蓮: 위령선의 중국명)이라는 뜻이다. 일본명 コマセンニンサウ(高麗仙人草)는 한반도에 분포하며 약성과 관련해 신선과 같이 신비로운 식물이라는 뜻에서 유래했다.

참고 [북한명] 으아리 [지방명] 오야리/으너리/으수리/응아리(강원), 오라리/오야리/오야리나물/응아리(경기), 고추대/고춧대/꼬치장대/꼬칫대/응아리(경북), 우렁산/으령산(전남), 우렁산/으령산(전북), 저슨살이/저슬사리/저슬살이/져슬살이(제주), 고칫대(충남/충북), 고추나물/고치나물/고치풀(함북)

---

141 威靈仙(위령선)을 현삼과의 냉초(*Veronicastrum sibiricum*)로 보는 견해도 있으나[이에 대한 보다 자세한 내용은 이덕봉(1963), p.19 참조], 『물명고』(1824) 등에서 威靈仙(위령선)에 대해 "蔓莖如叙股"[덩굴지는 줄기는 인동(차고)과 비슷하다]라고 한 것에 비추어 으아리속(*Clematis*) 식물을 지정했던 것으로 이해된다.

142 이러한 견해로 김종원(2013), p.638 참조.

143 『조선한방약료식물조사서』(1917)는 '숡의나무(東醫)'를 기록했으며 『조선식물명휘』(1922)는 '大蔘, 葳靈仙, 으아리, 참으아리, 우렁선이(毒)'를, 『선명대화명지부』(1934)는 '우렁선이'를 기록했다.

Clematis ochotensis *Poiret*   ミヤマハンシヨウヅル
Jaji-jongdonggul   자지종덩굴

자주종덩굴⟨*Clematis alpina* (L.) Mill. var. *ochotensis* (Pall.) S.Watson(1871)⟩[144]

자주종덩굴이라는 이름은 꽃이 짙은 자주색으로 피는 종덩굴이라는 뜻이다.[145] 『조선식물향명집』에서는 '자지종덩굴'을 신칭해 기록했으나[146] 『조선수목』에서 표기법에 맞추어 '자주종덩굴'로 개칭해 현재에 이르고 있다. '자지'는 자주의 옛 표현이다.

속명 *Clematis*는 그리스어 *clema*(가지, 가는 가지)에서 유래했으며, 가늘고 길게 뻗어나가는 줄기의 특성을 나타낸 것으로 으아리속을 일컫는다. 종소명 *alpina*는 '고산생의'라는 뜻이다. 변종명 *ochotensis*는 시베리아 동해안 지역인 '오호츠크 지방에 분포하는'이라는 뜻으로 주된 분포지 또는 발견지를 나타낸다.

다른이름 자지종덩굴(정태현 외, 1937), 고산으아리/선자주종덩굴(리용재 외, 2011)

중국/일본명 중국명 半钟铁线莲(ban zhong tie xian lian)은 반종(半鍾)을 닮은 철선련(鐵線蓮: 위령선의 중국명)이라는 뜻이다. 일본명 ミヤマハンシヨウヅル(深山半鍾蔓)는 깊은 산에서 자라는 반종(半鍾: 작은 종의 일종)을 닮은 덩굴식물이라는 뜻이다.

참고 [북한명] 고산으아리/자주종덩굴[147]

Clematis paniculata *Thunberg*   センニンサウ
Cham-úari   참으아리(음등덩굴)

참으아리⟨*Clematis terniflora* DC.(1817)⟩

참으아리라는 이름은 전남 지방에서 실제로 사용한 이름을 채록한 것으로,[148] 진짜(참) 으아리라는 뜻에서 유래했다.

속명 *Clematis*는 그리스어 *clema*(가지, 가는 가지)에서 유래했으며, 가늘고 길게 뻗어나가는 줄기의 특성을 나타낸 것으로 으아리속을 일컫는다. 종소명 *terniflora*는 '삼출화(三出花)의'라는 뜻

---

144 '국가표준식물목록'(2018)은 *Clematis alpina* var. *ochotensis* (Pall.) Kuntze, '세계식물목록'(2018)은 *Clematis alpina* subsp. *ochotensis* (Pall.) Kuntze(1885), '중국식물지'(2018)는 *Clematis sibirica* var. *ochotensis* (Pallas) S. H. Li & Y. H. Huang(1975)으로 기재하고 있으나, 『장진성 식물목록』(2014)은 성명을 본문과 같이 기재하고 있다.

145 이러한 견해로 이우철(2005), p.441과 박상진(2019), p.353 참조.

146 이에 대해서는 『조선식물향명집』, 색인 p.45 참조.

147 북한에서는 *C. alpina*를 '고산으아리'로, *C. ochotensis*를 '자주종덩굴'로 하여 별도 분류하고 있다. 이에 대해서는 리용재 외(2011), p.98 참조.

148 이에 대해서는 『조선삼림수목감요』(1923), p.38과 『조선삼림식물도설』(1943), p.190 참조. 다만 『조선식물향명집』, 색인 p.46은 '참으아리'를 신칭한 이름이라는 취지로 기록했다.

으로 꽃차례의 모양에서 유래했다.

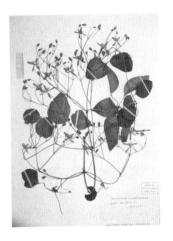

다른이름 으아리/참으아리(정태현 외, 1923), 음등덩굴(정태현 외, 1937), 국화으아리/왕으아리(정태현, 1943), 주름잎으아리(안학수·이춘녕, 1963), 구와으아리(리종오, 1964)[149]

중국/일본명 중국명 圆锥铁线莲(yuan zhui tie xian lian)은 원뿔 모양꽃차례의 철선련(鐵線蓮: 위령선의 중국명)이라는 뜻이다. 일본명 センニンサウ(仙人草)는 약성과 관련해 신선과 같이 신비로운 식물이라는 뜻에서 붙여졌다.

참고 [북한명] 참으아리 [유사어] 목통화등(木通花藤) [지방명] 매상넝쿨(전남), 저슬사리/전슨사리(제주)

○ Clematis paniculata *Thunberg* var. Pierotii *Miquel*   コバノボタンヅル
  Jagŭn-sawejilbang   작은사위질빵

작은사위질빵⟨*Clematis pierotii* Miq.(1867)⟩[150]

작은사위질빵이라는 이름은 『조선식물향명집』에서 신칭한 것으로,[151] 잎이 작은 사위질빵이라는 뜻이다.[152]

속명 *Clematis*는 그리스어 clema(가지, 가는 가지)에서 유래했으며, 가늘고 길게 뻗어나가는 줄기의 특성을 나타낸 것으로 으아리속을 일컫는다. 종소명 *pierotii*는 프랑스 출신의 네덜란드 채집가 Jacques Pierot(1812~1841)의 이름에서 유래했다.

다른이름 애기질빵(안학수·이춘녕, 1963), 작은모란풀(리용재 외, 2011)

중국/일본명 중국에서는 이를 별도 분류하지 않는 것으로 보인다. 일본명 コバノボタンヅル(小葉の牡丹蔓)는 작은잎을 가진 사위질빵(牡丹蔓)이라는 뜻이다. 북한명 작은모란풀은 일본명의 영향을 받은 이름으로 이해된다.

참고 [북한명] 작은모란풀

---

149 『제주도및완도식물조사보고서』(1914)는 'チョーシルサリ, チョースシサリ'[저슬사리, 저슨사리]를 기록했으며 『조선식물명휘』(1922)는 '樋花藤, 으아리, 참으아리(毒)'를, 『토명대조선만식물자휘』(1932)는 '[威靈仙]위령선'을, 『선명대화명지부』(1934)는 '참으아리, 달굴네, 으아리'를 기록했다.

150 '국가표준식물목록'(2018)과 '국가생물종지식정보시스템'(2018)은 제주도와 전남 도서에 분포하는 종으로 기재하고 있으나, 『장진성 식물목록』(2014)은 국내에 분포하지 않는 것으로 보아 별도 분류하지 않으므로 주의를 요한다.

151 이에 대해서는 『조선식물향명집』, 색인 p.45 참조.

152 이러한 견해로 이우철(2005), p.442 참조.

Clematis patens *Morren et Decaisne*　カザグルマ
Kùngôt-ùari　큰꽃으아리(어사리)

큰꽃으아리〈*Clematis patens* C.Morren & Decne.(1836)〉

큰꽃으아리라는 이름은 꽃이 큰 종류의 으아리라는 뜻이다.[153] 『조선식물향명집』에서 전통 명칭 '으아리'를 기본으로 하고 식물의 형태적 특징을 나타내는 '큰꽃'을 추가해 신칭했다.[154]

속명 *Clematis*는 그리스어 *clema*(가지, 가는 가지)에서 유래했으며, 가늘고 길게 뻗어나가는 줄기의 특성을 나타낸 것으로 으아리속을 일컫는다. 종소명 *patens*는 라틴어로 '열려 있는, 드러난, 활짝 트인'이라는 뜻이다.

다른이름 어사리(정태현 외, 1937), 개비머리(박만규, 1949), 개미머리(안학수·이춘녕, 1963), 큰으아리(임록재 외, 1972)[155]

중국/일본명 중국명 转子莲(zhuan zi lian)은 회전자(回轉子, 轉子)처럼 생긴 꽃의 모양에서 유래했다. 다른이름으로 큰꽃으아리라는 뜻의 大花铁线莲(da hua tie xian lian, 대화철선련)이 있다. 일본명 カザグルマ(風車)는 꽃의 모양이 풍차를 닮았다는 뜻에서 붙여졌다.

참고 [북한명] 큰꽃으아리 [지방명] 응아리(경기), 큰으아리(전남), 으아리(충북)

⊗Clematis trichotoma *Nakai*　オホボタンヅル
Halmijilbang　할미질빵

할미밀망〈*Clematis trichotoma* Nakai(1912)〉

할미밀망이라는 이름은 강원 방언에서 유래한 것으로,[156] 덩굴을 이루는 식물체의 모양이 할머니(할미)가 등에 지는 그물망을 닮았다는 뜻에서 붙여졌다. 『조선식물향명집』은 사위질빵에 대응해 '할미질빵'으로 기록했는데 할미질빵은 할미가 짐을 메기 위해 메는 멜빵이라는 뜻이며, 할미밀망

---

153 이러한 견해로 이우철(2005), p.529; 전정일(2009), p.33; 김병기(2013), p.137; 오찬진 외(2015), p.339; 박상진(2019), p.319; 권순경(2015.6.10.) 참조.
154 이에 대해서는 『조선식물향명집』, 색인 p.47 참조.
155 『조선식물명휘』는 '轉子蓮'을 기록했으며 Crane(1931)은 '전주련, 轉子蓮'을 기록했다.
156 이에 대해서는 『조선삼림수목감요』(1923), p.38과 『조선삼림식물도설』(1943), p.186 참조.

의 '밀망'은 촘촘한 그물을 뜻한다.[157] 『조선삼림수목감요』는 '할미밀망'으로, 『조선식물향명집』은 '할미질빵'으로 기록했으나 『조선삼림식물도설』에서 다시 '할미밀망'으로 개칭해 현재에 이르고 있다. 할미질빵과 할미밀망은 모두 방언에서 유래한 것인데,[158] 『조선식물향명집』은 조선에서 일반적으로 사용하는 조선명을 그대로 기록하는 것을 최우선의 원칙으로 했으므로 이러한 명칭의 변화 과정은 보다 보편적으로 사용하는 이름을 찾기 위한 과정으로 이해된다.

속명 Clematis는 그리스어 clema(가지, 가는 가지)에서 유래했으며, 가늘고 길게 뻗어나가는 줄기의 특성을 나타낸 것으로 으아리속을 일컫는다. 종소명 trichotoma는 '세 갈래의'라는 뜻으로 작은 꽃자루가 3개인 취산꽃차례를 나타낸다.

다른이름 할미밀망(정태현 외, 1923), 할미질빵(정태현 외, 1937), 쇠멱넝쿨/할미질방(정태현 외, 1942), 큰잎질빵/할미밀빵(안학수·이춘녕, 1963), 셋꽃으아리(정태현, 1970), 큰질빵풀(김현삼 외, 1988), 큰모란풀(임록재 외, 1996)[159]

중국/일본명 할미밀망의 중국 분포는 확인되지 않는다. 일본명 オホボタンヅル(大牧丹蔓)는 식물체가 큰 사위질빵(牧丹蔓)이라는 뜻이다.

참고 [북한명] 큰모란풀 [유사어] 대여위(大女萎), 산료(山蓼), 여위(女萎) [지방명] 말꼬랑지/밀빵나물/할미질빵/할미찔빵(경기)

○ Clematis tubulosa *Turczaninow*　タチクサボタン
Sòn-mogdanpul　선목단풀(조의풀)

자주조희풀〈*Clematis heracleifolia* DC. var. *tubulosa* (Turcz.) Kuntze(1885)〉[160]
자주조희풀은 자주색 꽃이 피는 조희풀이라는 뜻에서 유래했다. 조희풀은 조의풀/조이풀/조히풀이라는 표현과 함께 사용되었으며, 강원도 방언으로 어린잎을 삶아서 나물로 식용했는데 조희(종이)처럼 맛이 없는 풀이라는 뜻에서 유래했다. 『조선식물향명집』은 '선목단풀'로 기록했으나 『한

---

157 '밀망'은 조선 시대에 저술된 작자·연대 미상의 소설 『완월회맹연』에서 촘촘한 그물을 의미하는 것으로 사용했다. 이에 대한 보다 자세한 내용은 『고어대사전 8』(2016), p.627 참조.
158 『조선산야생식용식물』(1942)은 '쇠멱넝쿨'을 강원도 방언으로, '할미질방'을 경기도 광릉 방언으로 기록했다.
159 『조선식물명휘』(1922)와 『선명대화명지부』(1934)는 '할미밀망'을 기록했다.
160 '국가표준식물목록'(2018)은 자주조희풀의 학명을 *Clematis heracleifolia* var. *davidiana* Hemsl.(1886)로 기재하고 있으나, 이 책에서는 『장진성 식물목록』(2014)에 따라 본문과 같이 기재한다.

국수목도감』에서 '자주조희풀'로 개칭해 현재에 이르고 있다.

　속명 *Clematis*는 그리스어 *clema*(가지, 가는 가지)에서 유래했으며, 가늘고 길게 뻗어나가는 줄기의 특성을 나타낸 것으로 으아리속을 일컫는다. 종소명 *heracleifolia*는 '*Heracleum*(어수리속)의 잎과 비슷한'이라는 뜻으로 잎의 모양에서 유래했다. 변종명 *tubulosa*는 '관 모양의, 관이 있는'이라는 뜻으로 통꽃부리를 나타낸 것으로 보인다.

다른이름 　조의풀(정태현 외, 1936), 선목단풀/조의풀(정태현 외, 1937), 자지조희풀(정태현, 1943), 자주조희풀(이창복, 1947), 자주목단풀/조이풀(박만규, 1949), 조희풀(도봉섭 외, 1956), 조희풀(안학수·이춘녕, 1963), 자주모란풀(김현삼 외, 1988), 넓은모란풀/자주조이풀/목단풀(임록재 외, 1996), 구슬조희풀(리용재 외, 2011)

중국/일본명 　자주조희풀의 중국 분포는 확인되지 않는다. 일본명 *タチクサボタン*(立草牧丹)은 서 있는 풀로서 모란(牧丹)을 닮았다는 뜻에서 붙여졌다.

참고 　[북한명] 넓은모란풀 [유사어] 철선련(鐵線蓮)

Delphinium grandiflorum *Linné*　オホバナヒエンサウ

Jebi-goĝal　제비고깔

제비고깔〈*Delphinium grandiflorum* L.(1753)〉

제비고깔이라는 이름은 '제비'와 '고깔'의 합성어다. '제비'는 꽃의 모양이 물 찬 제비처럼 날렵한 모습에서, '고깔'은 꽃의 모양이 위 끝이 뾰족한 모자인 고깔을 닮은 데서 유래했다.[161] 『조선식물향명집』에서 처음으로 이름이 발견되는데, 신칭한 것인지 또는 방언을 채록한 것인지는 명확하지 않다.

　속명 *Delphinium*은 그리스어 *delphinos*(돌고래)에서 유래한 것으로, 꽃봉오리의 모양이 돌고래를 닮아서 붙여졌으며 제비고깔속을 일컫는다. 종소명 *grandiflorum*은 '큰 꽃의'라는 뜻으로 꽃이 큰 것에서 유래했다.

중국/일본명 　중국명 翠雀(cui que)는 꽃이 비취(翠)색이 나고 참새를 닮은 데서 유래했다. 일본명 *オホバナヒエンサウ*(大花飛燕草)는 꽃이 크고 나는 제비를 닮은 식물이라는 뜻이다.[162]

---

161 이러한 견해로 이우철(2005), p.453 참조.
162 『토명대조선만식물자휘』(1932)는 조선명 없이 중국명으로만 '[雀兒花], [翠雀花], [藍雀花]'를 기록했다.

참고 [북한명] 제비고깔 [유사어] 취작화(翠雀花)

○ Delphinium Maackianum *Regel*   ブシバヒエンサウ
Kún-jebigoǧal   큰졔비고깔

큰제비고깔〈*Delphinium maackianum* Regel(1861)〉

큰제비고깔이라는 이름은『조선식물향명집』에서 신칭한 것으로,[163] 제비고깔에 비해 식물체가 대형이라는 뜻이다.[164]

속명 *Delphinium*은 그리스어 *delphinos*(돌고래)에서 유래한 것으로, 꽃봉오리의 모양이 돌고래를 닮아서 붙여졌으며 제비고깔속을 일컫는다. 종소명 *maackianum*은 에스토니아계 러시아 생물학자인 Richard Otto Maack(1825~1886)의 이름에서 유래했다.

다른이름   산제비고깔(박만규, 1949), 흰제비고깔(리용재 외, 2011)

중국/일본명   중국명 寬苞翠雀花(kuan bao cui que hua)는 포가 넓은(寬苞) 취작화(翠雀花: 제비고깔)라는 뜻이다. 일본명 ブシバヒエンサウ에서 ブシバ는 뜻이나 유래가 알려져 있지 않으며, ヒエンサウ(飛燕草)는 나는 제비를 닮은 풀이라는 뜻이다.

참고 [북한명] 큰제비고깔 [유사어] 취작화(翠雀花)

Hepatica nobilis *Fries*   スハマサウ(ミスミサウ)   獐耳細辛
Norugwe   노루귀

노루귀〈*Anemone hepatica* L. var. *japonica* (Nakai) Ohwi(1953)〉[165]

노루귀라는 이름은『조선식물향명집』에 따른 것으로, 어린잎(포엽 포함)이 노루의 귀처럼 보이는 데서 유래했다.[166] 19세기 초에 저술된『광재물보』는 한자명 '獐耳細辛'(장이세신)을 기록했는데, 이는

---

163 이에 대해서는『조선식물향명집』, 색인 p.47 참조.

164 이러한 견해로 이우철(2005), p.542 참조.

165 '국가표준식물목록'(2018)은 노루귀의 학명을 *Hepatica asiatica* Nakai(1937)로 기재하고 있으나,『장진성 식물목록』(2014)과『세계식물목록』(2018)은 정명을 본문과 같이 기재하고 있다. 최근의 DNA 분석에 근거해 *Hepatica*(노루귀속)는 *Anemone*(바람꽃속)에 포함시켜 분류하는 것이 타당하다는 이론에 근거한다. 이에 대한 보다 자세한 내용은 Hoot et al.(1994), pp.169-200 참조.

166 이러한 견해로 이우철(2005), p.150; 허북구·박석근(2008a), p.58; 이유미(2010), p.47; 권순경(2014.4.9.) 참조.

노루의 귀를 닮은 세신(족도리풀)이라는 뜻이므로 이 한자명에 영향을 받아 노루귀라는 이름이 형성된 것으로 보인다.

속명 *Anemone*는 그리스어 *Anemos*(바람)가 어원으로 '바람의 딸'을 뜻하는 지중해산 아네모네의 그리스명에서 전용되어 바람꽃속을 일컫는다. 종소명 *hepatica*는 라틴어 *hepaticus*(간)의 여성형이며, 잎 모양이 간(肝)과 비슷해 붙여졌다. 변종명 *japonica*는 '일본의'라는 뜻으로 최초 발견지 또는 분포지를 나타낸다.

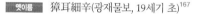

다른이름 조가지나물(정태현 외, 1942), 뾰족노루귀(박만규, 1949), 노루귀풀(임록재 외, 1996)

옛이름 獐耳細辛(광재물보, 19세기 초)[167]

중국/일본명 중국명 獐耳細辛(zhang er xi xin)은 노루귀(獐耳)를 닮은 세신(細辛: 족도리풀)이라는 뜻이다. 일본명 スハマサウ(洲浜草)는 잎의 모양이 スハマ(洲浜)를 닮았다는 뜻에서 유래했다. 일본에서 모래톱을 본뜬 들쭉날쭉한 대(臺)를 スハマ(洲浜)라 하는데, 이것에 바위나 나무 또는 거북이나 학 따위 장식물을 놓아 잔치 때 장식물로 쓴다.

참고 [북한명] 노루귀풀 [유사어] 장이세신(獐耳細辛) [지방명] 강쿨(제주)

⊗Hepatica maxima *Nakai*　オホスハマサウ
Kŭn-norugwe　큰노루귀

섬노루귀⟨*Anemone maxima* Nakai(1917)⟩[168]

섬노루귀라는 이름은 울릉도(섬)에서 자라는 노루귀라는 뜻에서 유래했다.[169] 『조선식물향명집』에서는 노루귀에 비해 식물체가 크다는 의미에서 '큰노루귀'를 신칭해 기록했으나,[170] 『우리나라식물명감』에서 '섬노루귀'로 개칭해 현재에 이르고 있다.

속명 *Anemone*는 그리스어 *Anemos*(바람)가 어원으로 '바람의 딸'을 뜻하는 지중해산 아네모네의 그리스명에서 전용되어 바람꽃속을 일컫는다. 종소명 *maxima*는 '최대의'라는 뜻으로 노루귀에 비해 식물체가 상대적으로 큼을 나타낸다.

---

167 『제주도및완도식물조사보고서』(1914)는 'カンクル'[강쿨]을 기록했으며 『조선식물명휘』(1922)는 '獐耳細辛, 獐耳(藥)'를 기록했다.
168 '국가표준식물목록'(2018)은 섬노루귀의 학명을 *Hepatica maxima* (Nakai) Nakai(1919)로 기재하고 있으나, 『장진성 식물목록』(2014)과 '세계식물목록'(2018)은 정명을 본문과 같이 기재하고 있다.
169 이러한 견해로 이우철(2005), p.338 참조.
170 이에 대해서는 『조선식물향명집』, 색인 p.47 참조.

Paeonia albiflora *Pallas* シャクヤク

Jagyag 작약(함박꽃) 芍藥

작약(적작약)⟨*Paeonia lactiflora* Pall.(1776)⟩

작약이라는 이름은 중국에서 전래된 한자어 작약(芍藥)에서 유래했다. 중국의 이시진은 『본초강목』에서 "芍藥猶綽約也 婥約美好貌 此草花容綽約 故以為名"[芍藥(작약)은 婥約(작약)과 같다. 婥約은 아름답고 보기 좋은 모습을 말한다. 이 식물의 꽃 모양이 가냘프고 아름답기에 그런 이름이 붙은 것이다]이라고 했다. 중국 주나라의 제후국이었던 정(鄭)나라에서 미혼 남녀가 삼짇날(음력 3월 3일)에 호숫가에 모여 봄놀이를 할 때 마음에 드는 상대와 정표로 작약 꽃을 주고받았는데, 그것을 가리켜 예쁜 약속, 즉 婥約(작약)이라 한 데서 유래한 이름이다.[171] 한편 내장 질환인 적(癪)을 그치는 약이라는 뜻에서 유래한 이름으로 보는 견해도 있으나,[172] 그러한 약성이 있더라도 그것을 이름의 유래로 보기는 어렵다. 작약의 옛이름 함박꽃은 『향약채취월령』과 『향약집성방』의 향명(鄕名) '大朴花'(대박화)에서 유래했다. 이를 훈으로 읽으면 '한박곳' 또는 '한박곳'이다. 한박곳(한박곳)이 발음이 변화되어 함박꽃이 된 것이므로 함박꽃은 큰 박꽃의 의미, 즉 박꽃과 닮았는데 큰 꽃이라는 뜻에서 유래한 이름이다.[173] 다만 현재 함박꽃은 목련과의 함박꽃나무를 일컫는 이름으로 사용하고 있다. '국가표준식물목록'은 붉은 꽃이 피는 종류에 대한 이름 '적작약'을 추천명으로 하고 있으나, 붉은색뿐만 아니라 다양한 꽃 색깔을 갖고 있으므로 적합하지 않은 이름으로 보인다.

속명 *Paeonia*는 그리스 신화에서 약초로 신들을 치료해주는 의술의 신 파에온(Paeon)에서 유래한 것으로, 뿌리를 약용한 것과 연관이 있으며 작약속을 일컫는다. 종소명 *lactiflora*는 '젖빛

---

171 이에 대해서는 기태완(2015), p.390 참조.

172 이러한 견해로 허북구·박석근(2008a), p.177 참조.

173 이러한 견해로 이덕봉(1963), p.180; 김민수(1997), p.1163; 백문식(2014), p.508 참조. 백문식은 大朴花(대박화)의 '大朴'은 '큰 바가지'라는 뜻으로 함지박과 같은 의미라고 보고 있다.

꽃의'라는 뜻이다.

다른이름 적작약/함박꽃(정태현 외, 1936), 함박꽃(정태현 외, 1937), 메함박꽃(임록재 외, 1996)

옛이름 芍藥(동국이상국집, 1241), 芍藥/大朴花(향약채취월령, 1431), 芍藥/大朴花(향약집성방, 1433),[174] 芍藥(고려사, 1451), 赤芍藥/쳑쟉약(구급방언해, 1466), 芍藥/함박곳(구급간이방언해, 1489), 芍藥/샤약(훈몽자회, 1527), 芍藥/샤약(신증유합, 1576), 芍藥/함박곳(동의보감, 1613), 赤芍藥/젹쟉약(구황촬요벽온방, 1639), 芍藥/쟈약(재물보, 1798), 芍藥/샤약(물보, 1802), 芍藥/함박꼿(광재물보, 19세기 초), 芍藥/함박곳/白芍藥/광대쟈약/赤芍藥/비녀쟈약(물명고, 1824), 작약/芍藥/함박꼿/芍藥花(한불자전, 1880), 白芍/함박곳(방약합편, 1884), 芍藥/함박꼿쑤리(선한약물학, 1931), 작약화/함박꼿(조선구전민요집, 1933)[175]

중국/일본명 중국명 芍药(shao yao)는 한국명과 동일하다. 중국명의 한자 药(약)은 '꽃밥'을 뜻하는 蕋(약)의 간체자이기도 하지만, 여기서는 藥(약)의 간체자로 사용됐다. 일본명 シヤクヤク(芍藥)도 한자명 芍藥(작약)을 음독한 것이다.

참고 [북한명] 함박꽃 [지방명] 쟈약(강원), 함박꽃(경기), 쟈약(경북), 목단/쟈기야/쟈기야꽃/쟈기약/함박꽃(전남), 목단/쟈기약/작이약(전북), 함박꽃/함박꽃나무(충남), 목단(함북)

Paeonia Moutan *Aiton*　ボタン　牡丹　(栽)
Mogdan　목단(모란)

모란 〈*Paeonia* x *suffruticosa* Andrews(1804)〉[176]

모란이라는 이름은 한글명으로 15세기 문헌에 처음으로 보이는데, 당시의 형태 역시 현대 국어와 같은 '모란'이다. 원산지인 중국의 문헌에 기록된 중국명 '牡丹'(모단)이 발음 과정에서 'ㄷ'이 'ㄹ'로 변화해 형성된 이름이다.[177] 후대에 이르러 한자명 '牧丹'과 한글명 '목단'으로 기록한 것이 발견되고 『조선식물향명집』도 '목단'을 추천명으로 기록하고 있으나, 이는 '牡丹'(모단)을 잘못 알고 쓴 것이다.[178] 『한국식물명감』에서 '모란'을 국명으로 기록해 현재에 이르고 있다.

---

174 『향약채취월령』(1431)과 『향약집성방』(1433)의 차자(借字) '大朴花'(대박화)에 대해 남풍현(1999), p.176은 '한박곳'의 표기로 보고 있으며, 이덕봉(1963), p.180은 '한박곳'의 표기로 보고 있다.

175 『제주도및완도식물조사보고서』(1914)는 'ペクチャギヤク'[백쟉약]을 기록했으며 『조선한방약료식물조사서』(1917)는 '함박꼿(東醫), 赤芍藥'을, 『조선어사전』(1920)은 '芍藥(쟉약), 함박꼿, 赤芍藥(젹쟉약)'을, 『조선식물명휘』(1922)는 '芍藥, 白芍藥, 작약, 함박꼿(藥, 觀賞)'을, 『토명대조선만식물자휘』(1932)는 '[芍藥]쟉약, [芍藥花]쟉약화, [함박꼿], [芍藥根]쟉약근, [赤芍藥]젹쟉약, [刀枝]도지'를, 『선명대화명지부』(1934)는 '작약, 함박꼿'을 기록했다.

176 '국가표준식물목록'(2018)은 모란의 학명을 Paeonia suffruticosa Andrews(1804)로 기재하고 있으나, 『장진성 식물목록』(2014)과 '세계식물목록'(2018)은 자연교잡종이라는 의미에서 본문의 학명을 정명으로 기재하고 있다.

177 이러한 견해로 김민수(1997), p.364; 장충덕(2007), p.127; 이우철(2005), p.224; 허북구·박석근(2008b), p.119 참조. 다만 이우철 및 허북구·박석근은 중국명 '牧丹'(목단)에서 그 유래를 찾고 있으며, 조선 후기에 저술된 『명물기략』(1870)은 "牧丹 목단 又 轉 모란"(牧丹은 '목단'이라 하기도 하며 그 발음이 변화한 '모란'이라고도 한다)이라고 기록해 같은 견해를 취하고 있다.

178 이러한 견해로 김민수(2007), p.364와 장충덕(2007), p.128 참조.

속명 *Paeonia*는 그리스 신화에서 약초로 신들을 치료해주는 의술의 신 파에온(*Paeon*)에서 유래한 것으로, 뿌리를 약용한 것과 연관이 있으며 작약속을 일컫는다. 종소명 *suffruticosa*는 '아관목(亞灌木)의'라는 뜻으로 목본성임을 나타낸다.

다른이름 　모란/목단(정태현 외, 1923), 부귀화(안학수·이춘녕, 1963)

옛이름 　牡丹(삼국사기, 1145), 木芍藥(동국이상국집, 1241), 牧丹(삼국유사, 1281), 牡丹/뭇단(구급방언해, 1466), 牡丹/모란(구급간이방언해, 1489), 牡丹/모란(번역노걸대, 1517), 牡丹/모란(신증유합, 1576), 牧丹/모란곶(동의보감, 1613), 牡丹/모란(역어유해, 1690), 牧丹花/모란곳(동문유해, 1748), 牡丹/모란/花王(광재물보, 19세기 초), 牧丹花/모란곳(몽어유해, 1768), 牧丹/모란(방언집석, 1778), 牧丹/목단(왜어유해, 1782), 牡丹/모란(물보, 1802), 牡丹/모란(물명고, 1824), 牧丹/목단/모란(명물기략, 1870), 모란/蘭/목단(한불자전, 1880), 목단/牧丹(국한회어, 1895), 牡丹皮/모란곳쑤리(선한약물학, 1931), 목단화(조선구전민요집, 1933)[179]

중국/일본명 　중국명 牡丹(mu dan)은 뿌리 위에서 새싹이 돋는 것을 수컷의 형상으로 보아 牡(모)를, 꽃의 색이 붉어 丹(단)을 붙인 것으로, 남성적인 붉은빛을 지닌 식물을 뜻한다.[180] 일본명 ボタン(牡丹)은 한자명 牡丹(모단)을 음독한 것이다.

참고 　[북한명] 모란 [유사어] 낙양화(洛陽花), 목작약(木芍藥) [지방명] 목단(경기/경북/충북), 목단/목단화나무/함박꽃(전남)

Paeonia obovata *Maximowicz* 　ベニバナヤマシャクヤク
San-jagyag 　산작약 　芍藥

산작약〈*Paeonia obovata* Maxim.(1859)〉

산작약이라는 이름은 한자어 산작약(山芍藥)에서 유래한 것으로, 산에서 자라는 작약이라는 뜻이다. 홍화산작약을 뜻하는 일본명 ベニバナヤマシャクヤク에서 유래한 이름이라는 견해가 있으나,[181] 19세기에 저술된 『물명고』에 '山芍藥'(산작약)이라는 이름이 기록되어 있는 점에 비추어 타

---

179 『조선한방약료식물조사서』(1917)는 '모란(京畿), 牡丹'을 기록했으며 『조선어사전』(1920)은 '牧丹(목단), 牡丹(모란)'을, 『조선식물명휘』(1922)는 '牡丹, 모란, 목단(藥, 觀賞)'을, Crane(1931)은 '목단, 牡丹'을, 『토명대조선만식물자휘』(1932)는 '[牧丹]목단, [牡丹]무단, [모란], [牧丹花]모란화(꽃), [(牧)丹皮](목)단피'를, 『선명대화명지부』(1934)는 '모란, 모란꽃, 목단'을 기록했다.
180 중국의 이시진은 『본초강목』(1596)에서 "牡丹 以色丹者爲上 雖結子以根上生苗 故謂之牡丹"(모단은 색이 붉은 것이 상급인데 열매를 맺고 나서 뿌리 위에서 싹이 자라므로 그 모습을 일컬어 모단이라 했다)이라고 했다.
181 이러한 견해로 이우철(2005), p.315 참조.

당하지 않은 견해로 보인다. 『물명고』는 '山芍藥'(산작약)에 대해 "分赤白之種 白芍赤芍 非以花分 只以根色"(적백의 종류로 구분하는데 백작약과 적작약은 꽃으로 구분하는 것이 아니라 단지 뿌리의 색으로 구분한다)이라 했는데, 식물의 생태를 기준으로 식물의 종을 구별하는 현재의 식물분류학과 달리 당시에는 약용하는 뿌리의 색이라는 별도의 기준으로 식물을 인식했음을 알 수 있다.

속명 Paeonia는 그리스 신화에서 약초로 신들을 치료해주는 의술의 신 파에온(Paeon)에서 유래한 것으로, 뿌리를 약용한 것과 연관이 있으며 작약속을 일컫는다. 종소명 obovata는 '거꿀달 걀모양의'라는 뜻이다.

다른이름 백작약/함박꽃(정태현 외, 1936), 민산작약(박만규, 1949), 적작약(박만규, 1974), 산함박꽃(김현삼 외, 1988)

옛이름 山芍藥(물명고, 1824)[182]

중국/일본명 중국명 草芍药(cao shao yao)는 목작약(木芍藥: 모란)과 유사하나 초본성 식물이라는 뜻에서 유래한 것으로 추정한다. 일본명 ベニバナヤマシヤクヤク(紅花山芍藥)는 붉게 피고 산에서 자라는 작약(芍藥)이라는 뜻이다.

참고 [북한명] 산작약 [유사어] 작약(芍藥)

Pursatilla cernua *Bercht. et Presl*　オキナグサ
Ganùn-halmiĝot　가는할미꽃

가는잎할미꽃〈*Pulsatilla cernua* (Thunb.) Bercht. & J.Presl(1825)〉[183]

가는잎할미꽃이라는 이름은 뿌리잎이 2~5갈래로 잘게 갈라져서 할미꽃의 잎에 비해 가는(細) 할미꽃이라는 뜻에서 유래했다.[184] 『조선식물향명집』에서는 '가는할미꽃'을 신칭해 기록했으나[185] 『우리나라 식물명감』에서 '가는잎할미꽃'으로 개칭해 현재에 이르고 있다.

속명 Pulsatilla는 라틴어 pulso(두드리다, 치다)에서 유래한 것으로, 꽃이 종(鐘)을 닮아서 붙여졌으며 할미꽃속을 일컫는다. 종소명 cernua는 '아래로 숙인'이라는 뜻으로 꽃대의 모양에서 유래했다.

---

182 『제주도및완도식물조사보고서』(1914)는 'ペクチャギヤク'[백작약]을 기록했으며 『조선한방약료식물조사서』(1917)는 '犬蔘(江原), 白芍藥'을, 『조선어사전』(1920)은 '山芍藥(산작약), 白芍藥(빅작약)'을, 『조선식물명휘』(1922)는 '草芍藥, 赤芍藥, 적작약, 함박꽂(藥)'을, 『토명대조선만식물자휘』(1932)는 '[山芍藥]산작약, [白芍藥]빅작약'을, 『선명대화명지부』(1934)는 '적작약, 함박꽂'을 기록했다.

183 '국가표준식물목록'(2018)은 본문의 학명을 가는잎할미꽃으로, *Pursatilla koreana* (Yabe ex Nakai) Nakai ex Mori (1922)를 할미꽃으로 기재하고 있으나, 『장진성 식물목록』(2014), '중국식물지'(2018) 및 '세계식물목록'(2018)은 본문의 학명을 정명(할미꽃)으로 통합하고 있으므로 주의를 요한다.

184 이러한 견해로 김종원(2016), p.66과 김병기(2013), p.94 참조.

185 이에 대해서는 『조선식물향명집』, 색인 p.30 참조.

다른이름 가는할미꽃(정태현 외, 1937), 일본할미꽃(정태현, 1956), 남할미꽃(박만규, 1974)[186]

중국/일본명 중국은 朝鮮白头翁(chao xian bai tou weng)이라는 명칭에 가는잎할미꽃과 할미꽃을 통합해 부르고 있으며, 한반도(조선)에 분포하는 백두옹(白頭翁)이라는 뜻이다. 일본명 オキナグサ(翁草)는 열매에 붙어 나는 갓털을 노인의 백발에 비유한 데서 유래했다.

참고 [북한명] 가는할미꽃 [유사어] 호왕사자(胡王使者) [지방명] 고냉이쿨(제주)

○ Pursatilla davurica *Sprengel* ベニバナオキナグサ
Bunhoṅg-halmiġot 분홍할미꽃

분홍할미꽃〈*Pulsatilla dahurica* (Fisch. ex DC.) Spreng.(1825)〉

분홍할미꽃이라는 이름은 분홍색 꽃이 피는 할미꽃이라는 뜻이다.[187] 『조선식물향명집』에서 전통명칭 '할미꽃'을 기본으로 하고 식물의 색깔에 착안한 '분홍'을 추가해 신칭했다.[188]

속명 *Pulsatilla*는 라틴어 *pulso*(두드리다, 치다)에서 유래한 것으로, 꽃이 종(鐘)을 닮아서 붙여졌으며 할미꽃속을 일컫는다. 종소명 *dahurica*는 '다후리아(Dahurica) 지방의'라는 뜻으로 발견지 또는 분포지를 나타낸다.

다른이름 산할미꽃(박만규, 1949)

중국/일본명 중국명 兴安白头翁(xing an bai tou weng)은 산시성 싱안(興安)에 분포하는 백두옹(白頭翁)이라는 뜻이다. 일본명 ベニバナオキナグサ(紅花翁草)는 붉은 꽃이 피고 열매에 붙어 나는 갓털을 노인의 백발에 비유한 데서 유래했다.

참고 [북한명] 분홍할미꽃 [지방명] 할매꽃(충북)

⊗ Pursatilla koreana *Nakai* テフセンオキナグサ 白頭翁
Halmiġot 할미꽃(노고초)

할미꽃〈*Pulsatilla cernua* (Thunb.) Bercht. & J.Presl(1825)〉[189]

할미꽃이라는 이름은 약용하는 땅속줄기를 노인의 흰머리(또는 성기)에 비유한 데서 유래한 것으로 추정한다. 중국에서 유래한 한약명 '白頭翁'(백두옹)에 대해 중국 양(梁)나라의 도홍경이 6세

---

186 『제주도및완도식물조사보고서』(1914)는 'コンナニコット'[고냉이곳]을 기록했으며 『조선식물명휘』(1922)는 '白頭翁(藥)'을, 『선명대화명지부』(1934)는 '노고초, 할미꼿'을 기록했다.
187 이러한 견해로 이우철(2005), p.288 참조.
188 이에 대해서는 『조선식물향명집』, 색인 p.39 참조.
189 '국가표준식물목록'(2018)은 할미꽃의 학명을 *Pulsatilla koreana* (Yabe ex Nakai) Nakai ex Mori(1922)로 기재하고 있으나, 『장진성 식물목록』(2014), '중국식물지'(2018) 및 '세계식물목록'(2018)은 본문의 학명을 정명으로 기재하고 있다.

기경에 저술한 『신농본초경집주』와 이를 계승한 우리나라의 『향약집성방』은 "近根處有白茸 狀似白頭老翁 故以謂名"(뿌리 근처에는 흰 잔털이 있는데 그 모양이 흰머리 노인과 유사해 그러한 이름으로 부른다)이라고 했다. 또한 할미꽃의 옛이름은 할미십가비(할ㅁㅣ십가비, 할미십갑이)다. 여기서 '십가비'를 깃털로 장식한 모자인 '갓'과 관련한 것으로 추정하는 견해가 있으나,[190] 어느 옛 문헌에서도 '십가비(십갑이)'를 그러한 종류의 모자로 사용하는 예를 찾을 수 없다. '닭의십갑이'(닭의장풀)라는 이름에서 보듯이 '십가비'는 음부를 일컫는 말이므로, 할미십가비는 약재로 사용하는 쪼글쪼글하고 볼품없는 땅속줄기에서 음부를 연상해 형성된 이름으로 보인다.[191] 그런데 할미꽃이라

는 이름이 꽃이 지고 나면 열매가 맺힌 모양이 흡사 늙은이의 흰머리와 같은 데서 유래했다고 보는 견해도 있다.[192] 실제 식물의 형태와 19세기경 한약재의 보편화에 맞추어 등장한 이름이 '할미꽃'이라는 점을 고려하면, 문헌의 기록과 달리 민중 사이에서 그와 같이 인식되었을 가능성이 있다.[193] 한편 15세기경부터 사용된 옛이름으로 주지꽃(주지곳, 注之花)이 있다. '주지'는 사자(獅子)의 함북 방언이며 별신굿에서 나쁜 짐승이나 귀신을 물리치려고 씌우는 사자탈을 의미하기도 하므로, 할미꽃의 갓털(앞서 살펴보았듯이 정확히 땅속줄기의 모양)이 사자의 갈기와 비슷해서 그런 이름이 붙여진 것이다.[194] 이에 대해 예부터 써왔던 주지꽃이라는 이름이 일제강점기인 1932년 『토명대조선만식물자휘』를 거쳐 1937년 『조선식물향명집』에 이르러 사라졌다며, 일제에 대한 화이론 또는 사대주의적인 것이라 보고 주지꽃이라는 이름의 부활을 주장하는 견해가 있다.[195] 그러나 언어 통시적인 관점에서 볼 때, 17세기 전후 할미십가비라는 용어가 등장하면서 기존에 사용해왔던 주지꽃과 세력을 다투다가 19세기 이후 주지꽃이 약해지고 대신에 할미꽃이 등장한 것이다. 또한 『조선식물향명집』은 조선에서 일반적으로 사용하는 조선명을 최우선으로 해 사정했으므로,[196] 할미

190 이러한 견해로 김종원(2013), p.446 참조.

191 이러한 견해로 손병태(1996), p.32; 백문식(2014), p.506; 장충덕(2007), p.120 참조.

192 이러한 견해로 이우철(2016), p.72; 손병태(1996), p.32; 장충덕(2007), p.120; 이유미(2010), p.214; 권순경(2016.7.6.) 참조. 한편 허북구·박석근(2008a), p.216은 고개를 숙이는 꽃의 형태에서 할미꽃의 유래를 찾고 있으나, 이는 백두옹(白頭翁)에서 유래한 이름의 역사성과 맞지 않는 해석으로 보인다.

193 중국 송나라의 당신미(唐愼微)가 저술한 『경사증류비급본초』(1082)와 이를 승계한 우리나라의 『동의보감』(1613)은 "莖端有白細毛寸餘披下 如白頭老翁 故以爲名"(꽃자루의 끝에 가늘고 흰 털이 1촌 이상 아래로 늘어져 있는 모양이 백발의 노인과 흡사하여 백두옹이라고 한 것이다)이라고 하여 갓털을 기준으로 식물을 이해하는 데 일조한 것으로 보인다.

194 이러한 견해로 손병태(1996), p.32와 김종원(2013), p.446 참조.

195 이러한 견해로 김종원(2013), p.447 참조.

196 이에 대해서는 『조선식물향명집』, p.4 사정요지 참조.

꽃을 조선명으로 채택한 것은 민중 사이에 할미꽃이 보다 널리 사용되는 명칭인 데서 기인한다. 이러한 사정은 20세기 초 문학 작품 속의 용어에서도 명확히 드러난다.[197] 따라서 앞서와 같은 주장의 타당성은 의문스럽다.

속명 *Pulsatilla*는 라틴어 *pulso*(두드리다, 치다)에서 유래한 것으로, 꽃이 종(鐘)을 닮아서 붙여졌으며 할미꽃속을 일컫는다. 종소명 *cernua*는 '아래로 숙인'이라는 뜻으로 꽃대의 모양에서 유래했다.

다른이름 할미꽃(정태현 외, 1936), 노고초(정태현 외, 1937), 가는잎할미꽃/가는할미꽃/일본할미꽃(한진건 외, 1982), 주지꽃(김종원, 2013)

옛이름 白頭翁(삼국사기, 1145), 白頭翁/注之花(향약채취월령, 1431), 白頭翁/注之花(향약집성방, 1433),[198] 白頭翁/注之花/주짓꽃(촌가구급방, 1538), 白頭翁/주지꽃/할미십가빗블휘(동의보감, 1613), 白頭翁/한미십기빗블희(산림경제, 1715), 白頭翁/할미꽃(물보, 1802), 白頭翁/할미십갑이/胡王使者(광재물보, 19세기 초), 白頭翁/할미십갑이(물명고, 1824), 老姑草/白頭翁/주지곳/할미십가빗불휘(오주연문장전산고, 185?), 할미꽃/老姑草(한불자전, 1880), 할미꽃/老姑花(한영자전, 1890), 白頭翁(선한약물학, 1931), 할미꽃(조선구전민요집, 1933)[199]

중국/일본명 중국명 朝鮮白头翁(chao xian bai tou weng)은 한반도(조선)에 분포하는 백두옹(白頭翁)이라는 뜻이다. 일본명 テフセンオキナグサ(朝鮮翁草)는 한반도(조선)에 분포하고 열매에 붙어 나는 갓털을 노인의 백발에 비유한 데서 유래했다.

참고 [북한명] 할미꽃 [유사어] 노고초(老姑草), 백두옹(白頭翁) [지방명] 할미지꽃(강원), 할미꽃낭구(경기), 노고지꽃/노구지/노구초/백두옹/할매꽃/할무대/할무데/할미래꽃(경남), 노고초/노고추/노구초/백두옹/족두리꽃/할무대/할무데(경북), 망망초/망망추/수확초/할매꽃/할미작치꽃(전남), 노구초/노리초/하미작시/할매꽃/할미꽃나무/할미작치꽃(전북), 고냉이쿨/광나리쿨/광난이쿨/노고초/하르비고장/하르비꽃/하리비고장/할으비고장(제주), 할매꽃(충남), 노고꽃/할매꽃(충북), 핼미꽃(평남), 동동할미꽃/동두할미꽃(평북), 하부레미꽃/하불에미고장(함남)

---

197 1922년 나도향의 소설 「젊은이의 시절」에 '할미꽃'이 등장하며 1938년 채만식의 소설 「쑥국새」에 '할미꽃'이, 1935년 김유정의 소설 「안해」에 '할미꽃'이라는 표현이 등장한다.

198 『향약집성방』(1433)의 차자(借字) '注之花'(주지화)에 대해 남풍현(1999), p.178은 '주지곳'의 표기로 보고 있으며, 손병태(1996), p.32는 '주지곳'의 표기로 보고 있다.

199 『조선한방약료식물조사서』(1917)는 '할미곳(京畿, 慶北), 주지곳, 할미십가비(東醫), 白頭, 老姑草'를 기록했으며 『조선어사전』(1920)은 '白頭翁(빅두옹), 할미씨싸비, 胡王使者(호황ᄉ쟈), 주리곳, 老姑草(로고초)'를, 『조선식물명휘』(1922)는 '老姑草, 할미꽃, 노고초(毒, 藥)'를, Crane(1931)은 '할머니꽃'을, 『토명대조선만식물자휘』(1932)는 '[老姑草]로(노)고초, [白頭翁]빅두옹, [胡王使者]호왕ᄉ쟈, [할미씨싸비], [할미꽃], [주리꽃]'을, 『선명대화명지부』(1934)는 '노고초, 할미꽃'을 기록했다.

⊗ Pursatilla nivalis *Nakai*　ミヤマオキナグサ
San-halmiĝot　산할미꽃

산할미꽃⟨*Pulsatilla nivalis* Nakai(1919)⟩[200]

산할미꽃이라는 이름은 『조선식물향명집』에서 신칭한 것으로,[201] 높은 산(함북의 관모봉)에서 발견된 할미꽃이라는 뜻이다.[202]

　속명 *Pulsatilla*는 라틴어 *pulso*(두드리다, 치다)에서 유래한 것으로, 꽃이 종(鐘)을 닮아서 붙여졌으며 할미꽃속을 일컫는다. 종소명 *nivalis*는 '눈이 많은, 추운'이라는 뜻으로 눈이 쌓이고 추운 고산 지대에 있다는 뜻이다.

다른이름　묏할미꽃(박만규, 1949), 멧할미꽃/애기할미꽃(안학수·이춘녕, 1963)

중국/일본명　중국에서는 이를 별도 분류하지 않고 있다. 일본명 ミヤマオキナグサ(深山翁草)는 깊은 산속에서 자라는 할미꽃이라는 뜻이다.

참고　[북한명] 산할미꽃

Ranunculus acris *Linné*　コキンポウゲ
Aegi-minari-ajaebi　애기미나리아재비

애기미나리아재비⟨*Ranunculus acris* L.(1753)⟩[203]

애기미나리아재비라는 이름은 식물체가 작은 미나리아재비라는 뜻이다.[204] 『조선식물향명집』에서 전통 명칭 '미나리아재비'를 기본으로 하고 식물의 형태적 특징을 나타내는 '애기'를 추가해 신칭했다.[205]

　속명 *Ranunculus*는 라틴어 *rana*(작은 개구리)가 어원으로 습지나 축축한 곳에서 자라는 일부이 속 식물의 서식 특성을 니디네기나 뿌리 모양을 묘사한 것이며 미나리아새비속을 일컫는다. 종소명 *acris*는 '날카로운, 신랄한'이라는 뜻이다.

---

200 '국가표준식물목록'(2018)은 산할미꽃의 학명을 본문과 같이 별도 분류하고 있으나, 『장진성 식물목록』(2014)은 *P. cernua*(할미꽃)의 이명(synonym)으로 기재하고, '세계식물목록'(2018)은 미결명(unresolved name)으로 기재하고 있으므로 주의가 필요하다.

201 이에 대해서는 『조선식물향명집』, 색인 p.40 참조.

202 이러한 견해로 이우철(2005), p.318 참조.

203 '국가표준식물목록'(2018)과 '세계식물목록'(2018)은 애기미나리아재비의 학명을 본문과 같이 별도 분류하고 있으나, 『장진성 식물목록』(2014)은 별도 분류하지 않고 있고, 여성희 외(2004)는 애기미나리아재비에 대해 미나리아재비와 유사하고 북유럽 원산으로 국내 자생 여부가 의문시된다고 하므로 주의가 필요하다.

204 이러한 견해로 이우철(2005), p.385 참조.

205 이에 대해서는 『조선식물향명집』, 색인 p.43 참조.

산미나리아재비/좀미나리아재비/큰미나리아재비(박만규, 1949), 선미나리아재비(정태현 외, 1949), 애기바구지(김현삼 외, 1988), 바구지(리용재 외, 2011)

중국은 애기미나리아재비를 별도 분류하지 않고 있다. 일본명 コキンポウゲ(小金鳳花)는 식물체가 작고 노란 봉황 같은 꽃이 피는 식물이라는 뜻에서 붙여졌다.

[북한명] 애기바구지 [유사어] 모간(毛茛)

Ranunculus acris *L.* var. Steveni *Regel*   ミヤマキンポウゲ
San-minari-ajaebi   산미나리아재비

산미나리아재비〈*Ranunculus acris var. monticola* (Kitag.) Tamura(1956)〉[206]

산미나리아재비라는 이름은 산지에서 자라는 미나리아재비라는 뜻이다.[207] 『조선식물향명집』에서 전통 명칭 '미나리아재비'를 기본으로 하고 식물의 산지(産地)를 나타내는 '산'을 추가해 신칭했다.[208]

속명 *Ranunculus*는 라틴어 *rana*(작은 개구리)가 어원으로 습지나 축축한 곳에서 자라는 일부 이 속 식물의 서식 특성을 나타내거나 뿌리 모양을 묘사한 것이며 미나리아재비속을 일컫는다. 종소명 *acris*는 '날카로운, 신랄한'이라는 뜻이며, 변종명 *monticola*는 '산지에 사는'이라는 뜻으로 고산 지대에 분포한 데서 유래했다.

묏미나리아재비(임록재 외, 1972), 묏바구지/산바구지(임록재 외, 1996), 묏미나리아재비/묏바구지(리용재 외, 2011)

중국명 白山毛茛(bai shan mao gen)은 백두산에서 자라는 모간(毛茛: 미나리아재비)이라는 뜻이다. 일본명 ミヤマキンポウゲ(深山金鳳花)는 깊은 산에서 자라고 노란 봉황 같은 꽃이 피는 식물이라는 뜻에서 붙여졌다.

[북한명] 산바구지 [유사어] 모간(毛茛)

Ranunculus chinensis *Bunge*   コキツネノボタン
Jagŭn-jŏtgarag-namul   작은젓가락나물

젓가락나물〈*Ranunculus chinensis* Bunge(1831)〉

젓가락나물이라는 이름은 '젓가락'과 '나물'의 합성어로, 곧게 자라는 줄기가 젓가락을 닮았고 나

---

206 '국가표준식물목록'(2018)은 산미나리아재비의 학명을 본문과 같이 별도 분류하고 있으나, 『장진성 식물목록』(2014)은 미나리아재비(*R. japonicus*)에 통합해 이명(synonym) 처리하고 별도 분류하지 않으므로 주의가 필요하다.

207 이러한 견해로 이우철(2005), p.310 참조.

208 이에 대해서는 『조선식물향명집』, 색인 p.40 참조.

물로 식용한다는 뜻에서 유래한 것으로 추정한다.[209] 『조선식물명휘』에 최초로 한글명이 기록된 이래 『조선식물향명집』을 거쳐 현재에 이르고 있다. 『조선식물향명집』은 *R. chinensis* 를 '작은젓가락나물'로, *R. quelpaertensis*(*R. silerifolius*의 이명)를 '젓가락나물'로 기록했으나, 『조선식물명집』에서 국명을 변경해 *R. chinensis*는 '젓가락풀'로, *R. quelpaertensis* 는 '왜젓가락풀'로 기록했다.

속명 *Ranunculus*는 라틴어 *rana*(작은 개구리)가 어원으로 습지나 축축한 곳에서 자라는 일부 이 속 식물의 서식 특성을 나타내거나 뿌리 모양을 묘사한 것이며 미나리아재비속을 일컫는다. 종소명 *chinensis*는 '중국에 분포하는'이라는 뜻으로 원산지 또는 분포지를 나타낸다.

다른이름 작은젓가락나물(정태현 외, 1937), 쇠미나리(정태현 외, 1942), 좀젓가락나물(박만규, 1949), 젓가락나물(정태현 외, 1949), 애기젓가락풀(안학수·이춘녕, 1963), 애기젓가락나물(리종오, 1964), 애기젓가락풀(임록재 외, 1972), 애기저가락바구지(김현삼 외, 1988), 애기젓가락바구지/좀젓가락바구지(임록재 외, 1996)

옛이름 回回蒜(임원경제지, 1842)[210]

중국/일본명 중국명 茴茴蒜(hui hui suan)은 回回蒜(hui hui suan)이라고도 하는데 回回(회회)는 회족(回族) 또는 원명 시대에 회족으로부터 전해진 식용법을 말하는 것으로, 회족으로부터 먹는 법이 전해진 매운맛이 나는 풀이라는 뜻이다. 일본명 コキツネノボタン(小狐の牡丹)은 식물체가 작고 들에서 자라며(狐) 잎의 모양이 모란(牡丹)을 닮은 데서 유래했다.

참고 [북한명] 좀젓가락바구지 [유사어] 석룡(石龍), 회회산(回回蒜) [지방명] 옥도나물(경북)

---

209 김종원(2013), p.888은 독초여서 나물로 사용하기 어렵다는 취지로 기술하고 있으나, 19세기에 저술된 『임원경제지』(1842) 중 『인제지(仁濟志)』는 "採葉煠熟 換水浸洽淨油塩調食"(잎을 채취해 삶아 익히고 물을 바꾸어 담가 깨끗이 씻고 기름과 소금으로 조리해서 먹는다)이라고 했고, 『조선산야생식용식물』(1942), p.121은 어린잎을 따서 독성을 제거한 후 나물로 식용한다고 기록했다.

210 『조선식물명휘』(1922)는 '囘囘蒜, 반데나물, 젓가락나물(毒)'을 기록했으며 『구황식물과 그 식용법』(1944)은 'ソイミナリ, 回回蒜'(쇠미나리)을 기록했다.

Ranunculus japonicus *Makino*　キンポウゲ(ウマノアシガタ)
Minari-ajaebi　미나리아재비

미나리아재비〈*Ranunculus japonicus* Thunb.(1794)〉

미나리아재비라는 이름은 미나리와 유사하다는(아재비) 뜻으로,[211] 미나리가 자라는 저지대의 다습한 지역에 함께 분포하고 미나리의 잎을 채취할 때 그 속에 섞여 자라므로 얼핏 보면 미나리와 혼동되기도 한 데서 유래한 것으로 보인다.[212] 미나리아재비는 『조선식물명휘』와 19세기의 『녹효방』 및 『의방합편』에 그 이름이 있는 것으로 보아 민간에서도 널리 사용하던 이름으로 이해된다. 19세기에 저술된 『물명고』는 미나리아재비를 털이 있는 풀약이라는 뜻에서 '털잇ᄂᆞᆫ초약'이라고 했고, 개구리자리(석룡예)는 털이 없어 '털업ᄂᆞᆫ초약풀'로 기록했다. 여기서 '초약'은 초본성 약재라는 뜻으로 널리 사용되던 한자어 초약(草藥)에서 유래한 것으로 추정하며, '털잇ᄂᆞᆫ초약'은 한
자명 毛茛(모간)을 번역한 용어로 보인다. 이에 비추어 『물명고』의 '毛茛'(모간)은 미나리아재비속(*Ranunculus*) 식물 중 털이 있는 여러 종에 대한 명칭으로 혼용했고, 그중에 현재의 미나리아재비도 포함되었을 것으로 보인다.

속명 *Ranunculus*는 라틴어 *rana*(작은 개구리)가 어원으로 습지나 축축한 곳에서 자라는 일부 이 속 식물의 서식 특성을 나타내거나 뿌리 모양을 묘사한 것이며 미나리아재비속을 일컫는다. 종소명 *japonicus*는 '일본의'라는 뜻으로 최초 발견지를 나타낸다.

다른이름　자래풀(정태현 외, 1936), 놋동의(정태현 외, 1942), 놋동이/자래초(정태현 외, 1949), 바구지/참바구지(김현삼 외, 1988), 개미나리아재비(리용재 외, 2011)

옛이름　毛茛/털잇ᄂᆞᆫ초약/毛董(물명고, 1824), 芹叔/미나리아ᄌᆞ비(의휘, 1871), 叔/미나리아지비(녹효방, 1873), 毛建草/미나리아쟈비(의방합편, 19세기)[213]

---

211 미나리아재비가 미나리와 달리 독성이 있으므로 '아재비'를 아이를 잡는다는 뜻으로 해석하는 견해가 있으나, 『녹효방』(1873)은 한자명으로 '芹叔'(근숙: 미나리의 아재비 또는 숙부)을 기록하고 있고, 어린잎의 모습이 자주 미나리와 혼동되므로 타당성이 없는 것으로 생각된다. 이에 대해서는 이재능(2014), p.28 참조. 한편 조항범(1996), p.213은 사람의 친족어인 아재비가 식물이나 동물에 사용된 것은 의미 가치의 하락이 발생한 것으로 이해하고 있다.

212 이러한 견해로 이우철(2005), p.241;허북구·박석근(2008a), p.93; 김종원(2016), p.73 참조. 다만 김종원은 미나리아재비라는 한글명은 『조선식물명휘』(1922)에 처음으로 등장한 것으로 기록하고 있으나 『녹효방』(1873)과 『의방합편』(19세기)에 이름이 기록되어 있으므로 사실과 다르다.

213 『조선어사전』(1920)은 '자래풀, 자라취, 毛茛(모간), 毛董(모근), 自炙(ᄌᆞ쟈)'를 기록했으며 『조선식물명휘』(1922)는 '毛茛, 驚艸, 미나리아재비, 농동우, 쟈리쵸(毒)'를, 『토명대조선만식물자휘』(1932)는 '[毛茛]모간, [毛董]모근, [自炙]ᄌᆞ쟈, [자라취],

중국명 毛茛(mao gen)은 털이 많은 간(茛: 독초의 이름)이라는 뜻이다. 일본명 キンポウゲ (金鳳花)는 노란 봉황 같은 꽃이 피는 식물이라는 뜻이다. 일본명의 다른이름(현재의 일본 추천명)으로 기록된 ウマノアシガタ(馬の足形)는 잎이 말발굽과 비슷하다는 뜻이다.

참고 [북한명] 바구지 [유사어] 별초(鱉草), 모간(毛茛), 모근(毛菫), 자구(自灸) [지방명] 미나리할애비/자래초(전남)

Ranunculus quelpaertensis *Nakai*   キツネノボタン
Jotgarag-namul   젓가락나물

왜젓가락나물〈*Ranunculus silerifolius* H. Lév.(1909)〉[214]

왜젓가락나물이라는 이름은 식물체가 작은(왜소한) 젓가락나물이라는 뜻에서 유래한 것으로 추정한다. 일본(왜)에 분포하는 젓가락나물이라는 뜻에서 유래했다고 보는 견해가 있으나,[215] 『조선식물향명집』에 '작은젓가락나물'이라는 이름이 기록된 것에 비추어 '왜'는 일본이 아니라 작다는 뜻으로 해석된다. 『조선식물향명집』은 *R. chinensis*를 '작은젓가락나물'로, *R. quelpaertensis*(*R. silerifolius*의 이명)를 '젓가락나물'로 기록했으나, 『조선식물명집』에서 국명을 변경해 *R. chinensis*는 '젓가락풀'로, *R. quelpaertensis*는 '왜젓가락풀'로 기록했다. 왜젓가락풀은 이후 『한국식물명감』에서 '왜젓가락나물'로 개칭해 현재에 이르고 있다.

속명 *Ranunculus*는 라틴어 *rana*(작은 개구리)가 어원으로 습지나 축축한 곳에서 자라는 일부 이 속 식물의 서식 특성을 나타내거나 뿌리 모양을 묘사한 것이며 미나리아재비속을 일컫는다. 종소명 *silerifolius*는 '*Siler*속과 잎이 같은'이라는 뜻이다.

다른이름 젓가락나물(정태현 외, 1937), 제주젓가락나물(박만규, 1949), 왜젓가락풀(정태현 외, 1949), 젓가락풀/제주젓가락풀(임록재 외, 1972), 섬젓가락나물(박만규, 1974), 제주젓가락풀(한진건 외, 1982), 젓가락바구지(임록재 외, 1996), 제주짖가락나물(리용재 외, 2011)[216]

중국/일본명 중국명 钩柱毛茛(gou zhu mao gen)은 암술머리가 갈고리 모양인 모간(毛茛: 미나리아재비)이라는 뜻이다. 일본명 キツネノボタン(狐の牡丹)은 들에서 자라며(狐) 잎의 모양이 모란(牡丹)을 닮은 데서 유래했다.

참고 [북한명] 젓가락바구지

[자라풀]'을, 『선명대화명지부』(1934)는 '쇠민장이'를 기록했다.

214 '국가표준식물목록'(2018)과 '세계식물목록'(2018)은 *Ranunculus quelpaertensis* Nakai(1922)를 정명으로 기재하고 있으나, 『장진성 식물목록』(2014)과 '중국식물지'(2018)는 본문의 학명을 정명으로 기재하고 있다.

215 이러한 견해로 이우철(2005), p.417 참조.

216 『조선식물명휘』(1922)는 '回回蒜, 반데나물, 젓가락나물(毒)'을 기록했으며 『선명대화명지부』(1934)는 '반데나물, 젓가락나물'을, 『구황식물과 그 식용법』(1944)은 'ソイミナリ, 回回蒜(쇠미나리)을 기록했다.

Ranunculus repens *L.* var. major *Nakai*　ハイキンポウゲ
Bŏdŭn-minari-ajaebi　벋은미나리아재비

기는미나리아재비〈*Ranunculus repens* L.(1753)〉

기는미나리아재비라는 이름은 『우리나라 식물자원』에 따른 것으로, 기는줄기를 통해 번식하는 미나리아재비라는 뜻에서 유래했다. 『조선식물향명집』에서 신칭한 '벋은미나리아재비'도 같은 뜻이다.[217]

속명 *Ranunculus*는 라틴어 *rana*(작은 개구리)가 어원으로 습지나 축축한 곳에서 자라는 일부이 속 식물의 서식 특성을 나타내거나 뿌리 모양을 묘사한 것이며 미나리아재비속을 일컫는다. 종소명 *repens*는 '기어가는'이라는 뜻으로 기는줄기가 있어서 붙여졌다.

다른이름　벋은미나리아재비(정태현 외, 1937), 눈미나리아재비/벋는미나리아재비(도봉섭 외, 1958), 큰벋는미나리아재비(리종오, 1964), 가는미나리아재비(이창복, 1969b), 덩굴미나리아재비(박만규, 1974), 누운바구지(김현삼 외, 1988), 큰뻗는미나리아재비(임록재 외, 1996), 뻗는미나리아재비(리용재 외, 2011)

중국/일본명　중국명 匍枝毛茛(fu zhi mao gen)은 기는줄기를 가진 모간(毛茛: 미나리아재비)이라는 뜻이다. 일본명 ハイキンポウゲ(這金鳳花)는 줄기가 기는 미나리아재비(キンポウゲ)라는 뜻이다.

참고　[북한명] 누운바구지 [유사어] 모간(毛茛)

Ranunculus sceleratus *Linné*　タガラシ
Gaeguri-jari　개구리자리

개구리자리〈*Ranunculus sceleratus* L.(1753)〉

개구리자리라는 이름은 '개구리'와 '자리'의 합성어다. '개구리'는 개구리가 자라는 물가의 서식처를, '자리'는 앉거나 누울 수 있도록 바닥에 까는 물건을 의미하므로 결국 개구리자리라는 이름은 개구리가 많이 서식하는 물가에 개구리가 앉을 만한 크기로 싹이 나고 자란다는 뜻에서 유래했다.[218] 한편 1820년대에 저술된 『물명고』는 미나리아재비(毛茛)를 털이 있는 풀약이라는 뜻으로 추정되는 '털잇ᄂᆞᆫ초약'으로 기록했고, 개구리자리는 털이 없어 '털업ᄂᆞᆫ초약풀'로 기록했으나 이 이름은 현재 사용하지 않고 있다. 『조선식물향명집』에서 처음으로 이름이 발견되는데, 신칭한 것인지 방언을 채록한 것인지는 분명하지 않아 보인다.

---

217 이러한 견해로 이우철(2005), p.272 참조.
218 이러한 견해로 허북구·박석근(2008a), p.21 참조.

속명 *Ranunculus*는 라틴어 *rana*(작은 개구리)가 어원으로
습지나 축축한 곳에서 자라는 일부 이 속 식물의 서식 특성을
나타내거나 뿌리 모양을 묘사한 것이며 미나리아재비속을 일
컫는다. 종소명 *sceleratus*는 '매운, 찌르는 듯한'이라는 뜻으
로 식물의 매운맛과 관련 있다.

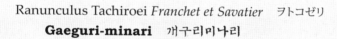

다른이름 놋동이풀(정태현 외, 1949), 놋동우(안학수·이춘녕,
1963), 늪바구지(김현삼 외, 1988), 습바구지(임록재 외, 1996)

옛이름 石龍芮/초야쟈라취(재물보, 1798), 石龍芮/털업⌐초약
ᄌ라취(광재물보, 19세기 초), 石龍芮/털업⌐초약풀(물명고, 1824),
石龍芮(오주연문장전산고, 185?)[219]

중국/일본명 중국명 石龙芮(shi long rui)는,『본초강목』에 따르면
돌 위에서 자라고 잎이 가늘고 짧으며 작아서 붙여졌다. 일본명 タガラシ(田辛し)는 그 유래에 대
해 여러 견해가 있는데, 일설에 의하면 밭의 가운데서 자라고 먹으면 매운맛이 난다는 뜻에서 유
래했다고 한다.

참고 [북한명] 늪바구지 [유사어] 석룡예(石龍芮)

Ranunculus Tachiroei *Franchet et Savatier* ヲトコゼリ
Gaeguri-minari 개구리미나리

개구리미나리〈*Ranunculus tachiroei* Franch. & Sav.(1878)〉

개구리미나리라는 이름은 '개구리'와 '미나리'의 합성어로, 개구리가 사는 물가에서 주로 자라고
미나리를 닮았다는 뜻에서 붙여졌다.[220]『조선식물향명집』에서 전통 명칭 '미나리'를 기본으로 하
고 주요 서식처를 나타내는 '개구리'를 추가해 신칭했다.[221]

속명 *Ranunculus*는 라틴어 *rana*(작은 개구리)가 어원으로 습지나 축축한 곳에서 자라는 일부
이 속 식물의 서식 특성을 나타내거나 뿌리 모양을 묘사한 것이며 미나리아재비속을 일컫는다. 종
소명 *tachiroei*는 일본 식물학자 다시로 야스사다(田代安定, 1857~1928)의 이름에서 유래했다.

다른이름 개구리자리(박만규, 1974), 미나리바구지(김현삼 외, 1988)

중국/일본명 중국명 长嘴毛茛(chang zui mao gen)은 긴 부리의 모가(毛茛: 미나리아재비)라는 뜻으로,

---

219『조선한방약료식물조사서』(1917)는 '한련초, 體腸草, 루蓮草'를 기록했으며『조선어사전』(1920)은 '石龍芮(석룡예)'를,『조
    선식물명휘』(1922)는 '石龍芮, 囘囘蒜(毒)'을,『토명대조선만식물자휘』(1932)는 '[石龍芮]석룡예'를 기록했다.
220 이러한 견해로 이우철(2005), p.44 참조.
221 이에 대해서는『조선식물향명집』, 색인 p.31 참조.

열매에 잔존하는 암술대가 길게 뻗은 데서 유래한 것으로 보인다. 일본명 ヲトコゼリ(男芹)는 수컷 미나리라는 뜻으로 미나리에 비해 식물체가 큰 데서 유래했다.

참고 [북한명] 미나리바구지

Ranunculus trichophyllus *Chaix* バイクワモ
Minari-marùm 미나리마름

매화마름〈*Ranunculus kadzusensis* Makino(1929)〉[222]

매화마름이라는 이름은 『한국식물도감(하권 초본부)』에 따른 것으로, 5장의 흰색 꽃잎이 매화를 닮았고 물에 자라는 수초 (말 또는 마름)라는 뜻에서 유래했다.[223] 매화를 닮은 수초를 뜻 하는 일본명 バイクワモ에서 영향을 받아 형성된 이름으로 이 해된다. 『조선식물향명집』에서 신칭해 기록한[224] '미나리마름' 은 미나리를 닮은 수초라는 뜻이지만, 미나리와는 형태상 차이 가 크기 때문에 이후 매화마름으로 개칭한 것으로 보인다.

속명 *Ranunculus*는 라틴어 *rana*(작은 개구리)가 어원으로 습지나 축축한 곳에서 자라는 일부 이 속 식물의 서식 특성 을 나타내거나 뿌리 모양을 묘사한 것이며 미나리아재비속을 일컫는다. 종소명 *kadzusensis*는 일본 이치노미야의 가즈사 (Kazusa)에서 최초 발견되었다는 뜻에서 유래했다.

다른이름 미나리마름(정태현 외, 1937), 미나리말(박만규, 1949), 개구리연(이영노·주상우, 1956), 물바구 지(임록재 외, 1972)

중국/일본명 중국명 毛柄水毛茛(mao bing shui mao gen)은 자루에 털이 있는 수모간(水毛茛: 물미나리 아재비)이라는 뜻이다. 일본명 バイクワモ(梅花藻)는 꽃이 매화를 닮은 수초라는 뜻이다.

참고 [북한명] 물바구지/미나리마름[225]

---

222 '국가표준식물목록'(2018)과 '식물화명-학명인덱스(YList)'(2018)는 매화마름의 학명을 *Ranunculus kazusensis* Makino(1929)로 기재하고 있으나, 『장진성 식물목록』(2014)과 '세계식물목록'(2018)은 *Ranunculus kadzusensis* Makino(1929)로 기재해 철자의 혼란이 있다. 이 책은 기재 원문인 *Journal of Japanese Botany* 6: 8(1929)에 따라 본문 의 학명을 정명으로 기재했다.

223 이러한 견해로 이우철(2005), p.218과 이유미(2010), p.78 참조.

224 이에 대해서는 『조선식물향명집』, 색인 p.37 참조.

225 북한에서는 *Batrachium pantothrix*를 '물바구지'로, *Batrachium tricophyllum*을 '미나리마름'으로 하여 별도 분류 하고 있다. 이에 대해서는 리용재 외(2011), p.50 참조.

Ranunculus ternatus *Thunberg*   ヒキノカサ
Gaegurigat   개구리갓

개구리갓〈*Ranunculus ternatus* Thunb.(1784)〉

개구리갓이라는 이름은 '개구리'와 '갓'의 합성어로, 개구리
가 주로 서식하는 습한 곳에 자라고 꽃의 모양과 색깔이 갓
(*Brassica juncea*)을 닮아서 붙여졌다. 제주 방언에서 유래했
다는 견해가 있으나,[226] 『조선식물향명집』의 범례는 "식물학상
동일한 속 혹은 변종에는 종래 동일한 방언으로 혼동되어 사
용하는 것이 많으니 이에 대해서는 가장 대표적인 식물을 그
방언에 적용하고 나머지(他)는 어두어미에 적당한 형용사로
차이(比)를 명확히 구별함. 특히 권말 색인에 _____로 표시
함"이라고 했고, 『조선식물향명집』의 색인 p.31은 '개구리갓'
이라 표기하고 있으므로 『조선식물향명집』에서 신칭한 이름
이라고 보아야 할 것이다.

　속명 *Ranunculus*는 라틴어 *rana*(작은 개구리)가 어원으로 습지나 축축한 곳에서 자라는 일부
이 속 식물의 서식 특성을 나타내거나 뿌리 모양을 묘사한 것이며 미나리아재비속을 일컫는다. 종
소명 *ternatus*는 '삼출의'라는 뜻으로 3개로 갈라지는 잎의 모양에서 유래했다.

다른이름　좀미나리아재비(한진건 외, 1982), 개구리바구지(임록재 외, 1996)[227]

중국/일본명　중국명 猫爪草(mao zhua cao)는 고양이의 발톱을 닮은 풀이라는 뜻으로, 3개로 깊이 갈
라지는 잎의 모양에서 유래한 것으로 추정한다. 일본명 ヒキノカサ(蛙の率)는 개구리가 많이 사는
물가에 자라고 작은 노란 꽃이 우산과 닮았다는 뜻에서 유래했다.

참고　[북한명] 개구리바구지 [유사어] 묘조초(猫爪草)

Semiaquilegia adoxioides *Makino*   ヒメウヅ
Gaegurimang   개구리망

개구리발톱〈*Semiaquilegia adoxoides* (DC.) Makino(1902)〉

개구리발톱이라는 이름은 '개구리'와 '발톱'의 합성어다. '발톱'은 매발톱속을 닮았다는 의미의 속

---

226 이러한 견해로 이우철(2005), p.44 참조.
227 『조선식물명휘』(1922)는 '茨栢, 回回菜'를 기록했다.

명 *Semiaquilegia*에서 유래한 것으로 추정되며, 실제로 잎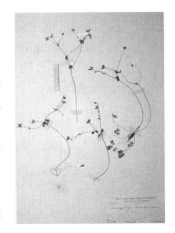
의 모양이 매발톱과 상당히 유사하고 열매가 성숙하면 작은
발 모양이 나타나기도 한다. '개구리'는 서식지 부근에 개구리
가 많은 데서 유래한 이름일 수도 있으나,[228] 저지대의 습한 곳
뿐만 아니라 남부 지역의 산지에서도 드물지 않게 발견되므로
서식지보다는 식물체의 크기가 작고 앙증맞은 것을 개구리에
비유한 데서 유래했을 것으로 추정한다. 『조선식물향명집』에
서는 '개구리망'을 신칭해 기록했으나,[229] 『조선식물명집』에서
'개구리발톱'으로 개칭해 현재에 이르고 있다.

속명 *Semiaquilegia*는 *semi*(반, 어느 정도의)와 *Aquilegia*
(매발톱속)의 합성어로, 매발톱속을 닮아서 붙여졌으며 개구리
발톱속을 일컫는다. 종소명 *adoxoides*는 '*Adoxa*(연복초속)와 비슷한'이라는 뜻이다.

다른이름 개구리망(정태현 외, 1937), 섬개구리망/섬향수풀(박만규, 1949), 섬향수꽃(박만규, 1974), 좀
매발톱(임록재 외, 1996), 좀매발톱꽃(리용재 외, 2011)

중국/일본명 중국명 天葵(tian kui)는 생김새가 아욱과 유사하다는 뜻에서 유래한 것으로 추정한다.
일본명 ヒメウヅ(姫烏頭)는 작은 ウヅ(烏頭: 투구꽃 종류)라는 뜻으로, 투구꽃을 닮았는데 크기가
좀 더 작은 데서 유래했다.

참고 [북한명] 좀매발톱꽃

Thalictrum actaefolium *Siebold et Zuccarini*   シギンカラマツ
Ùn-ĝwònĝùidari   은꿩의다리

은꿩의다리⟨*Thalictrum actaeifolium* Siebold & Zucc.(1845)⟩[230]
은꿩의다리라는 이름은 자주색과 흰색이 섞여 피는 꽃의 꽃밥이 은색이어서 전체적으로 은색 빛
이 강한 꿩의다리라는 뜻에서 붙여진 것으로 추정한다. 『조선식물향명집』에서 전통 명칭 '꿩의다
리'를 기본으로 하고 '은'을 추가해 신칭했다.[231]

속명 *Thalictrum*은 디오스코리데스(Dioscorides, 40~90)가 고수 잎을 닮은 식물에 부여한 그

---

228 이러한 견해로 허북구·박석근(2008a), p.19 참조.
229 이에 대해서는 『조선식물향명집』, 색인 p.31 참조.
230 '국가표준식물목록'(2018)은 은꿩의다리의 학명을 *Thalictrum actaefolium* var. *brevistylum* Nakai(1937)로 기재하
   고 있으나, 『장진성 식물목록』(2014)은 학명을 본문과 같이 기재하고 있다.
231 이에 대해서는 『조선식물향명집』, 색인 p.44 참조.

리스어 *Taliktron*, 플리니우스(Plinius, 23~79)가 이 속의 한 식물에 부여한 라틴어 *thalictrum* 또는 *thalitruum*에서 유래했으며 꿩의다리속을 일컫는다. 종소명 *actaeifolium*은 'Actaea(노루 삼속)의 잎과 비슷한'이라는 뜻이다.

다른이름 쩌른꿩다리(박만규, 1949), 참꿩의다리(정태현 외, 1949), 은가락풀/참가락풀(김현삼 외, 1988), 음지가락풀(이우철, 1996b)

중국/일본명 은꿩의다리의 중국 분포는 확인되지 않는다. 일본명 シギンカラマツ(紫銀唐松)는 꽃이 자주색과 흰색이 섞여 피어서 금꿩의다리(紫錦唐松)와 대비되는 꿩의다리(唐松: カラマツ)라는 뜻이다.

참고 [북한명] 은가락풀 [유사어] 마미련(馬尾連)

Thalictrum aquilegifolium *Linné*　カラマツサウ
Gwónguidari　꿩의다리

꿩의다리⟨*Thalictrum aquilegifolium* L. var. *sibiricum* Regel & Tiling(1858)⟩

꿩의다리라는 이름은 『조선식물향명집』에 따른 것으로, 길게 뻗은 줄기에 드문드문 마디가 있는 모습을 꿩(雉)의 다리(脚)에 비유한 데서 유래했다.[232] 일제강점기에 저술된 『조선의 구황식물』은 '꽁아다리'를, 『조선식물명휘』는 '쎙의장다리, 쎙의졸가리'를 조선명으로 기록하면서[233] 이를 구황식물로 식용한다고 했는데,[234] 이는 현재 사용하는 '꿩의다리'와 어형 및 의미가 유사하다. 승마(*Actaea heracleifolia*)를 가리키는 옛이름으로 문헌에 나타나는 '쇠쟝가리'와 '쇠덜가리'[235]는 현대어 '꿩장다리'와 '꿩졸가리'와 동원어이고, 이는 『조선식물명휘』에 기록된 '쎙의장다리' 및 '쎙의졸가리'와 어형과 의미가 동일하다. 승마와 꿩의다리는 같은 미나리아재비과 식물로서 지상부의 모습이 유사해 민간에서 이를 혼동해서 불렀을 가능성이 있으며, 『조선의 구황식물』과 『조선식물명휘』는 이렇게 사용하는 이름을 기록한 것으로 보인다. 『조선식물향명집』의 '꿩의다리'도 실

---

232 이러한 견해로 허복구·박석근(2008a), p.551; 한태호 외(2006), p.77; 김병기(2013), p.118; 권순경(2015.11.11.) 참조.

233 '졸가리'는 종아리의 방언이고, '장다리'는 종아리 부위에 있는 장딴지의 방언이므로 졸가리와 장다리는 동의어로 이해된다. 이에 대해서는 국립국어원, '우리말샘' 중 '졸가리' 및 고려대학교민족문화연구원, '고려대한국어대사전' 중 '장다리' 참조.

234 『한국의 민속식물』(2017), p.399는 강원도와 함경북도에서 꿩의다리의 어린잎과 줄기를 삶아서 나물로 식용하고 있음을 기록했다.

235 『촌가구급방』(1538)은 '升麻, 雉脚, 쇠쟝가리'를 기록했으며 『동의보감』(1613)은 '升麻, 쇠덜가리'를 기록했다.

제 민간에서 승마의 옛이름과 혼동해서 사용한 이름을 채록한 것으로 추정한다. 한편 이와 관련해 학명 aquilegifolium을 참고해 만든 이름으로 보는 견해가 있으나,[236] 학명 aquilegifolium은 Aquilegia(매발톱속)와 잎이 닮았다는 뜻이지 줄기(다리)가 닮았다는 뜻과는 관련이 없으므로 타당성이 없다고 할 것이다.

속명 Thalictrum은 디오스코리데스(Dioscorides, 40~90)가 고수 잎을 닮은 식물에 부여한 그리스어 Taliktron, 플리니우스(Plinius, 23~79)가 이 속의 한 식물에 부여한 라틴어 thalictrum 또는 thalitruum에서 유래했으며 꿩의다리속을 일컫는다. 종소명 aquilegifolium은 Aquilegia(매발톱속)와 비슷한 잎을 가졌다는 뜻이고, 변종명 sibiricum은 '시베리아 지역의'라는 뜻으로 유럽에 분포하는 종을 기본종으로 하고 동아시아에 분포하는 종을 변종으로 취해 붙여졌다.

다른이름 꿩의발/지장가리(정태현 외, 1942), 아시아꿩의다리/한라꿩의다리(정태현 외, 1949), 아세아꿩의다리/우정금(한진건 외, 1982), 가락풀(김현삼 외, 1988), 헛가락풀(리용재 외, 2011)[237]

중국/일본명 중국명 唐松草(tang song cao)는 당송(唐松)을 닮은 초본성 식물이라는 뜻으로, 꽃이 피는 모양이 잎갈나무 종류(唐松)의 잎이 갈라지는 모양과 유사한 데서 유래했다. 일본명 カラマツサウ(唐松草)는 중국명과 같은 뜻이다.

참고 [북한명] 가락풀/헛가락풀[238] [유사어] 마미련(馬尾連), 묘조자(猫爪子) [지방명] 꼬발/꿩발/꿩의종다리/삼지구엽초/음양곽(강원), 우덩금/우정금/우정급(함북)

Thalictrum baicalense *Turczaninow* ニツコウカラマツ

Baikal-ĝwónĝúidari 바이칼꿩의다리

바이칼꿩의다리〈*Thalictrum baicalense* Turcz.(1838)〉

바이칼꿩의다리라는 이름은 바이칼 호수 주변에 분포하는 꿩의다리라는 뜻으로, 학명 중 종소명에서 유래했다.[239] 『조선식물향명집』에서 전통 명칭 '꿩의다리'를 기본으로 하고 학명의 뜻과 주된 산지(産地)에 착안한 '바이칼'을 추가해 신칭했다.[240]

속명 Thalictrum은 디오스코리데스(Dioscorides, 40~90)가 고수 잎을 닮은 식물에 부여한 그리스어 Taliktron, 플리니우스(Plinius, 23~79)가 이 속의 한 식물에 부여한 라틴어 thalictrum

---

236 이러한 견해로 김종원(2013), p.451 참조.
237 『조선의 구황식물』(1919)은 '꽁아다리'를 기록했으며 『조선식물명휘』(1922)는 '쇙의장다리, 쇙의졸가리(救)'를, 『선명대화명지부』(1934)는 '쇙의장다리, 쇙의졸가리'를 기록했다.
238 북한에서는 T. contortum을 '가락풀'로, T. aquilegifolium을 '헛가락풀'로 하여 별도 분류하고 있다. 이에 대해서는 리용재 외(2011), p.352 참조.
239 이러한 견해로 이우철(2005), p.258 참조.
240 이에 대해서는 『조선식물향명집』, 색인 p.38 참조.

또는 *thalitruum*에서 유래했으며 꿩의다리속을 일컫는다. 종소명 *baicalense*는 '바이칼 지역에 분포하는'이라는 뜻으로 원산지 또는 분포지를 나타낸다.

다른이름 북꿩의다리(임록재 외, 1972), 북가락풀(김현삼 외, 1988)

중국/일본명 중국명 贝加尔唐松草(bei jia er tang song cao)는 바이칼 지역에 분포하는 꿩의다리라는 뜻으로 학명에서 유래한 것으로 보인다. 일본명 ニツコウカラマツ(日光唐松)는 꽃의 모양이 햇빛이 비치는 모양 같은 꿩의다리(唐松: カラマツ)라는 뜻이다. 홋카이도와 혼슈의 산악 지대에 분포하는데 근래에는 개화 시기가 상대적으로 빨라 ハルカラマツ(春唐松)라는 이름을 널리 사용하는 것으로 보인다.

참고 [북한명] 북가락풀 [유사어] 마미련(馬尾連)

⊗ Thalictrum coreanum *Léveillé* ハスノハカラマツ
Yònip-ĝwònĝuidari 연잎꿩의다리

연잎꿩의다리⟨*Thalictrum ichangense* Lecoy. ex Oliv. var. *coreanum* H.Lév. ex Tamura(1953)⟩[241]

연잎꿩의다리라는 이름은 연꽃의 잎처럼 잎자루가 기부에 붙는 것이 아니라 잎의 안쪽에 붙는 순형저(peltate)인 꿩의다리라는 뜻이다.[242] 종래 '꿩의다리'라는 이름으로 통칭했으나, 『조선식물향명집』에서 전통 명칭 '꿩의다리'를 기본으로 하고 잎의 형태적 특징에 착안한 '연잎'을 추가해 신칭했다.[243]

속명 *Thalictrum*은 디오스코리데스(Dioscorides, 40~90)가 고수 잎을 닮은 식물에 부여한 그리스어 *Taliktron*, 플리니우스(Plinius, 23~79)가 이 속의 한 식물에 부여한 라틴어 *thalictrum* 또는 *thalitruum*에서 유래했으며 꿩의나리속을 일컫는다. 종소명 *ichangense*는 '(중국 후베이성) 이창(宜昌)에 분포하는'이라는 뜻으로 꼭지연잎꿩의다리의 최초 발견지를

나타내고, 변종명 *coreanum*은 '한국의'라는 뜻으로 연잎꿩의다리의 주된 분포지를 나타낸다.

다른이름 돈잎꿩의다리(정태현 외, 1937), 좀연잎꿩의다리(박만규, 1974), 련잎꿩의다리(리종오, 1964),

---

241 '국가표준식물목록'(2018)은 연잎꿩의다리의 학명을 *Thalictrum coreanum* H.Lév.(1902)로 기재하고 있으나, 『장진성 식물목록』(2014)과 '세계식물목록'(2018)은 꼭지연잎꿩의다리(*T. ichangense*)의 변종으로 취급해 본문의 학명을 정명으로 기재하고 있다.

242 이러한 견해로 이우철(2005), p.400; 김병기(2013), p.118; 권순경(2015.11.11.) 참조.

243 이에 대한 자세한 내용은 『조선식물향명집』, 범례 3항과 색인 p.43 참조.

려잎가락풀(김현삼 외, 1988)

중국/일본명 중국 옌벤(延邊) 지역에서는 朝鮮唐松草(조선당송초)라는 명칭을 사용하지만 중국 내의 분포는 알려져 있지 않다. 일본명 ハスノハカラマツ(蓮の葉唐松)는 잎이 연잎과 닮은 꿩의다리(カラマツ)라는 뜻이다.

참고 [북한명] 려잎가락풀 [유사어] 마미련(馬尾連)

⊗ Thalictrum coreanum *Lev.* var. minus *Nakai*　コハスノハカラマツ
Donip-ĝwǒnĝuidari　돈잎꿩의다리

연잎꿩의다리〈*Thalictrum ichangense* Lecoy. ex Oliv. var. *coreanum* H.Lév. ex Tamura(1953)〉
돈잎꿩의다리라는 이름은 잎의 모양이 동전(돈)과 유사한 꿩의다리라는 뜻에서 유래했다. '국가표준식물목록'(2018), 『장진성 식물목록』(2014) 및 이우철(2005)은 이를 연잎꿩의다리에 통합하고 있으므로 이 책도 이에 따른다.

○ Thalictrum filamentosum *Makino*　オホミヤマカラマツ
Jallug-ĝwǒnĝuidari　잘룩꿩의다리

큰산꿩의다리〈*Thalictrum filamentosum* Maxim.(1859)〉[244]
큰산꿩의다리라는 이름은 『조선식물명집』에 따른 것으로, 산꿩의다리에 비해 식물체가 크다는 뜻에서 붙여졌다.[245] 『조선식물향명집』에서 신칭해 기록한 '잘룩꿩의다리'는[246] 수술대가 꽃밥과 연결될 때 잘룩한(잘록한) 모양이 생겨서 붙여진 이름으로 추정한다.

속명 *Thalictrum*은 디오스코리데스(Dioscorides, 40~90)가 고수 잎을 닮은 식물에 부여한 그리스어 *Taliktron*, 플리니우스(Plinius, 23~79)가 이 속의 한 식물에 부여한 라틴어

---

244 '국가표준식물목록'(2018)은 큰산꿩의다리의 학명을 본문과 같이 기재하고, 산꿩의다리를 그 변종으로 학명을 *Thalictrum filamentosum* var. *tenerum* (Huth) Ohwi(1953)로 기재하고 있다. 그러나 '중국식물지'(2018)는 *T. filamentosum*은 중국 동북부와 러시아에 분포하는 별도 종으로 분류하고(중국명: 花唐松草), 『장진성 식물목록』(2014)은 *T. filamentosum* var. *ternerum*을 *T. tuberiferum*에 통합하고 국명을 산꿩의다리로 하고 있으므로 주의가 필요하다.
245 이러한 견해로 이우철(2005), p.535 참조.
246 이에 대해서는 『조선식물향명집』, 색인 p.45 참조.

thalictrum 또는 thalitruum에서 유래했으며 꿩의다리속을 일컫는다. 종소명 filamentosum은 '실 모양의'라는 뜻으로 수술대의 아랫부분이 실처럼 가늘어서 붙여진 것으로 보인다.

다른이름 잘룩꿩의다리(정태현 외, 1937), 산꿩다리/잘룩꿩다리(박만규, 1949), 작은산꿩의다리/큰잎 산꿩의다리(이창복, 1969b), 큰산가락풀(임록재 외, 1996)

중국/일본명 중국명 花唐松草(hua tang song cao)는 꽃이 아름다운 꿩의다리라는 뜻이나, 한반도에 분포하는 큰산꿩의다리와는 다른 종류다. 일본명 オホミヤマカラマツ(大深山唐松)는 산꿩의다리 에 비해 식물체가 크다는 뜻에서 유래했지만, 현재 일본에는 분포하지 않는 종이다.[247]

참고 [북한명] 큰산가락풀 [유사어] 마미련(馬尾連) [지방명] 삼지구엽초(강원), 꼬발(경상)

Thalictrum minus L. var. elatum *Lecoyer*　セイタカカラマツ
Kǔn-ĝwónĝuidari　큰꿩의다리

큰꿩의다리〈*Thalictrum minus* (Pamp.) Pamp. var. *hypoleucum* (Siebold & Zucc.) Miq.(1867)〉[248]
큰꿩의다리라는 이름은 꿩의다리에 비해 식물체가 크다는 뜻에서 붙여졌다. 『조선식물향명집』 에서 전통 명칭 '꿩의다리'를 기본으로 하고 식물체의 형태적 특징에 착안한 '큰'을 추가해 신칭했 다.[249]

속명 *Thalictrum*은 디오스코리데스(Dioscorides, 40~90)가 고수 잎을 닮은 식물에 부여한 그 리스어 *Taliktron*, 플리니우스(Plinius, 23~79)가 이 속의 한 식물에 부여한 라틴어 *thalictrum* 또는 *thalitruum*에서 유래했으며 꿩의다리속을 일컫는다. 종소명 *minus*는 '보다 작은'이라는 뜻 이며, 변종명 *hypoleucum*은 '잎 뒷면이 흰색인'이라는 뜻이다.

다른이름 긴꼭지꿩의다리(정태현 외, 1949), 긴꼭지좀꿩의다리(이창복, 1980), 성긴꿩의다리(안학수 외, 1982), 좀가락풀(임록재 외, 1996), 잔가락풀(리용재 외, 2011)[250]

중국/일본명 중국명 东亚唐松草(dong ya tang song cao)는 동아시아에 분포하는 당송초(唐松草: 꿩의다 리)라는 뜻이다. 일본명 セイタカカラマツ(背高唐松)는 키가 큰 꿩의다리(カラマツ)라는 뜻이다.

참고 [북한명] 잔가락풀

---

247 이에 대해서는 牧野富太郎(2008), p.142 이하 참조.
248 '국가표준식물목록'(2018)은 큰꿩의다리의 학명을 *Thalictrum kemense* Fr.(1817)로 기재하고 있으나, 『장진성 식물목 록』(2014), '중국식물지'(2018) 및 '세계식물목록'(2018)은 본문의 학명을 정명으로 기재하고 있다.
249 이에 대해서는 『조선식물향명집』, 색인 p.47 참조.
250 『조선식물명휘』(1922)는 *T. minus*에 대해 '小金花, 꿩의다리(救)'를 기록했다.

⊗ Thalictrum Rochebrunianum *Fr. et Sav.*　オホシキンカラマツ
Gúm-ĝwóngúidari　금꿩의다리

금꿩의다리〈*Thalictrum rochebrunnianum* Franch. & Sav.(1876)〉[251]

금꿩의다리라는 이름은 수술대가 노란색(금색)의 실모양을 이루는 꿩의다리 종류라는 뜻이다.[252] 『조선식물향명집』에서 전통 명칭 '꿩의다리'를 기본으로 하고 꽃의 색을 나타내는 '금'을 추가해 신칭했다.[253]

속명 *Thalictrum*은 디오스코리데스(Dioscorides, 40~90)가 고수 잎을 닮은 식물에 부여한 그리스어 *Taliktron*, 플리니우스(Plinius, 23~79)가 이 속의 한 식물에 부여한 라틴어 *thalictrum* 또는 *thalitruum*에서 유래했으며 꿩의다리속을 일컫는다. 종소명 *rochebrunnianum*은 프랑스 생물학자 Alphonse Trémeau de Rochebrune(1836~1912)의 이름에서 유래했다.

다른이름 금가락풀(김현삼 외, 1988), 참금가락풀(임록재 외, 1996)[254]

중국/일본명 중국 옌볜(延邊) 지역에서는 日本唐松草(일본당송초)라는 명칭을 사용하지만 중국에 분포하지 않는 식물이다. 일본명 オホシキンカラマツ(大紫錦唐松)는 아름다운 자주색 꽃이 피는 꿩의다리(カラマツ)라는 뜻이다.

참고 [북한명] 금가락풀/참금가락풀[255] [유사어] 마미련(馬尾連)

Thalictrum simplex *L.* var. affine *Regel*　ノカラマツ
Ginip-ĝwóngúidari　긴잎꿩의다리

긴잎꿩의다리〈*Thalictrum simplex* var. *brevipes* H. Hara(1952)〉

---

251 '국가표준식물목록'(2018)은 금꿩의다리의 학명을 *Thalictrum rochebrunnianum* var. *grandisepalum* (H.Lév.) Nakai(1914)로 기재하고 있으나, 『장진성 식물목록』(2014)은 정명을 본문과 같이 기재하고 있다.
252 이러한 견해로 이우철(2005), p.97; 이유미(2010), p.32; 김병기(2013), p.117; 권순경(2015.11.11.) 참조.
253 이에 대해서는 『조선식물향명집』, 색인 p.33 참조.
254 『조선식물명휘』(1922)와 『선명대화명지부』(1934)는 '쉥의다리(觀賞)'를 기록했다.
255 북한에서는 *T. grandisepalum*을 '금가락풀'로, *T. rochebrunnianum*을 '참금가락풀'로 하여 별도 분류하고 있다. 이에 대해서는 리용재 외(2011), p.352 참조.

긴잎꿩의다리라는 이름은 작은잎이 긴타원모양인 꿩의다리라는 뜻이다.[256] 『조선식물향명집』에서 전통 명칭 '꿩의다리'를 기본으로 하고 식물의 형태적 특징을 나타내는 '긴잎'을 추가해 신칭했다.[257]

속명 Thalictrum은 디오스코리데스(Dioscorides, 40~90)가 고수 잎을 닮은 식물에 부여한 그리스어 Taliktron, 플리니우스(Plinius, 23~79)가 이 속의 한 식물에 부여한 라틴어 thalictrum 또는 thalitruum에서 유래했으며 꿩의다리속을 일컫는다. 종소명 simplex는 '단일한, 단생의'라는 뜻이며, 변종명 brevipes는 '짧은 자루의'라는 뜻으로 잎자루가 짧은 데서 유래했다.

다른이름 긴잎가락풀(김현삼 외, 1988)

중국/일본명 중국명 短梗箭头唐松草(duan geng jian tou tang song cao)는 잎자루가 짧고 잎이 화살촉 모양이라서 붙여졌다. 일본명 ノカラマツ(野唐松)는 들판에서 자라는 꿩의다리(カラマツ)라는 뜻이다.

참고 [북한명] 긴잎가락풀 [유사어] 마미련(馬尾連)

○ Thalictrum sparciflorum *Turczaninow*   ツリフネカラマツ
Baltob-ġwʼóṅġúi-dari   발톱꿩의다리

발톱꿩의다리〈*Thalictrum sparsiflorum* Turcz. ex Fisch. & C.A. Mey.(1835)〉

발톱꿩의다리라는 이름은 열매의 끝에 남아 있는 암술머리가 휘어져 있어 발톱같이 보이는 꿩의다리라는 뜻에서 붙여졌다.[258] 『조선식물향명집』에서 전통 명칭 '꿩의다리'를 기본으로 하고 식물체의 형태적 특징을 나타내는 '발톱'을 추가해 신칭했다.[259]

속명 Thalictrum은 디오스코리데스(Dioscorides, 40~90)가 고수 잎을 닮은 식물에 부여한 그리스어 Taliktron, 플리니우스(Plinius, 23~79)가 이 속의 한 식물에 부여한 라틴어 thalictrum 또는 thalitruum에서 유래했으며 꿩의다리속을 일컫는다. 종소명 sparsiflorum은 라틴어로 '꽃이 성긴'이라는 뜻으로 꽃이 드문드문 달린 모양에서 유래했다.

다른이름 발톱가락풀(김현삼 외, 1988)

중국/일본명 중국명 散花唐松草(san hua tang song cao)는 꽃이 성기게 달리는 당송초(唐松草: 꿩의다리)라는 뜻이다. 일본명 ツリフネカラマツ(釣船唐松)는 열매의 모양이 낚싯배를 닮은 꿩의다리(カラマツ)라는 뜻이다.

참고 [북한명] 발톱가락풀 [유사어] 마미련(馬尾連) [지방명] 우정급(함북)

---

256 이러한 견해로 이우철(2005), p.107 참조.
257 이에 대해서는 『조선식물향명집』, 색인 p.33 참조.
258 이러한 견해로 이우철(2005), p.260 참조.
259 이에 대해서는 『조선식물향명집』, 색인 p.38 참조.

Thalictrum tuberiferum *Makino*　ミヤマカラマツ
San-ĝwônĝùidari　산꿩의다리

산꿩의다리〈*Thalictrum tuberiferum* Maxim.(1876)〉[260]

산꿩의다리라는 이름은『조선식물향명집』에서 신칭한 것으로,[261] 산에서 자라는 꿩의다리라는 뜻이다.[262]

속명 *Thalictrum*은 디오스코리데스(Dioscorides, 40~90)가 고수 잎을 닮은 식물에 부여한 그리스어 *Taliktron*, 플리니우스(Plinius, 23~79)가 이 속의 한 식물에 부여한 라틴어 *thalictrum* 또는 *thalitruum*에서 유래했으며 꿩의다리속을 일컫는다. 종소명 *tuberiferum*은 '덩이줄기가 있는'이라는 뜻으로, 뿌리에 덩이줄기와 유사한 덩이가 있는 데서 유래했다.

다른이름 개삼지구엽초(박만규, 1949), 개산꿩의다리(안학수 외, 1982), 산가락풀(김현삼 외, 1988)

중국/일본명 중국명 深山唐松草(shen shan tang song cao)는 깊은 산에서 자라는 당송초(唐松草: 꿩의다리)라는 뜻이다. 일본명 ミヤマカラマツ(深山唐松)도 중국명과 같은 뜻이다.

참고 [북한명] 산가락풀 [유사어] 마미련(馬尾連) [지방명] 삼지구엽초(강원), 꼬발(경북)

Thalictrum Thunbergii *De Candolle*　アキカラマツ
Jom-ĝwônĝùidari　좀꿩의다리

좀꿩의다리〈*Thalictrum kemense* var. *hypoleucum* (Siebold & Zucc.) Kitag.(1972)〉[263]

좀꿩의다리라는 이름은 잎이 작고 꽃자루가 짧으며 꿩의다리를 닮았다는 뜻에서 붙여졌다.[264]『조

---

260 '국가표준식물목록'(2018)은 큰산꿩의다리의 학명을 *Thalictrum filamentosum* Maxim.(1859)으로 기재하고 산꿩의다리를 그 변종으로 학명을 *Thalictrum filamentosum* var. *tenerum* (Huth) Ohwi(1902)로 기재하고 있다. 그러나 '중국식물지'(2018)는 *T. filamentosum*을 중국 동북부와 러시아에 분포하는 별도 종으로 분류하고(중국명: 花唐松草),『장진성 식물목록』(2014), '세계식물목록'(2018) 및 '중국식물지'(2018)는 산꿩의다리의 정명을 본문과 같이 기재하고 있다.

261 이에 대해서는『조선식물향명집』, 색인 p.39 참조.

262 이러한 견해로 이우철(2005), p.306과 김종원(2016), p.77 참조. 한편 김종원은 일본명 ミヤマカラマツ(深山唐松)에서 '나왔다'고 주장하고 있으나, 기본으로 하는 이름이 명백히 다른데도 일본명에서 나왔다고 보는 것이 타당한지는 의문스럽다.

263 '국가표준식물목록'(2018)은 본문의 학명으로 좀꿩의다리를 별도 분류하고 있으나,『장진성 식물목록』(2014)은 큰꿩의다리(*T. minus* var. *hypolecum*)에 통합하고 별도 분류하지 않으므로 주의가 필요하다.

264 이러한 견해로 이우철(2005), p.467 참조.

선식물향명집』에서 전통 명칭 '꿩의다리'를 기본으로 하고 식물의 형태적 특징을 나타내는 '좀'을 추가해 신칭했다.[265]

속명 *Thalictrum*은 디오스코리데스(Dioscorides, 40~90)가 고수 잎을 닮은 식물에 부여한 그리스어 *Taliktron*, 플리니우스(Plinius, 23~79)가 이 속의 한 식물에 부여한 라틴어 *thalictrum* 또는 *thalitruum*에서 유래했으며 꿩의다리속을 일컫는다. 종소명 *kemense*는 미국 'Kern County'에서 유래한 것으로 추정한다. 변종명 *hypoleucum*은 '잎 뒷면이 흰색인'이라는 뜻이다.

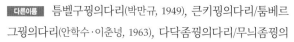

다른이름 툼벨구꿩의다리(박만규, 1949), 큰키꿩의다리/툼베르그꿩의다리(안학수·이춘녕, 1963), 다닥좀꿩의다리/무늬좀꿩의다리/흰좀꿩의다리(안학수 외, 1982), 좀가락풀/툼벨기꿩의다리(김현삼 외, 1988)[266]

중국/일본명 중국명 亞歐唐松草(ya ou tang song cao)는 아시아(亞歐)에 분포하는 당송초(唐松草: 꿩의다리)라는 뜻이다. 일본명 アキカラマツ(秋松)는 가을에 꽃이 피는 꿩의다리(カラマツ)라는 뜻이다.

참고 [북한명] 좀가락풀 [유사어] 마미련(馬尾連) [지방명] 꿩의다리(경기), 구엽초(제주)

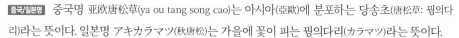

⊗ Thalictrum Uchiyamai *Nakai*　ムラサキカラマツ
Jaji-gwóngúidari　자지꿩의다리

자주꿩의다리〈*Thalictrum uchiyamae* Nakai(1909)〉

자주꿩의다리라는 이름은 자주색 꽃이 피는 꿩의다리라는 뜻이다.[267] 『조선식물향명집』에서는 '자지꿩의다리'를 신칭해 기록했으나[268] 『조선식물명집』에서 표기법에 맞추어 '자주꿩의다리'로 개칭해 현재에 이르고 있다. '자지'는 자주의 옛 표현이다.

속명 *Thalictrum*은 디오스코리데스(Dioscorides, 40~90)가 고수 잎을 닮은 식물에 부여한 그리스어 *Taliktron*, 플리니우스(Plinius, 23~79)가 이 속의 한 식물에 부여한 라틴어 *thalictrum* 또는 *thalitruum*에서 유래했으며 꿩의다리속을 일컫는다. 종소명 *uchiyamae*는 일본 식물학자로 조선 식물을 채집한 우치야마 도미지로(內山富次郞, 1846~1915)의 이름에서 유래했다.

다른이름 자지꿩의다리(정태현 외, 1937), 자주꿩다리(박만규, 1949), 자주가락풀(임록재 외, 1996)

---

265 이에 대해서는 『조선식물향명집』, 색인 p.45 참조.
266 『조선식물명휘』(1922)는 '小金花, 쐥의다리'를 기록했으며 『선명대화명지부』(1934)는 '쐥의다리(觀賞)'를 기록했다.
267 이러한 견해로 이우철(2005), p.438 참조.
268 이에 대해서는 『조선식물향명집』, 색인 p.45 참조.

중국 옌볜(延邊) 지역에는 褐白花唐松草(갈백화당송초)라는 명칭이 있으나, '중국식물지'는 이를 별도 분류하지 않고 있다. 일본명 ムラサキカラマツ(紫唐松)는 꽃이 자주색으로 피는 꿩의다리(カラマツ)라는 뜻이다.

[북한명] 자주가락풀 [유사어] 마미련(馬尾連)

Trollius Ledebouri *Reichenbach*   ボタンザキキンバイサウ
Kŭn-gŭmmaehwa   큰금매화

큰금매화〈*Trollius chinensis* Bunge(1833)〉[269]

큰금매화라는 이름은 꽃잎과 식물체가 금매화(金梅花)에 비해 상대적으로 크다고 봐서 붙여졌다.[270] 『조선식물향명집』에서 '금매화'를 기본으로 하고 식물의 형태적 특징을 나타내는 '큰'을 추가해 신칭했다.[271]

속명 *Trollius*는 스위스 독일어로 유럽금매화(*T. europaeus* L.)를 뜻하는 *trollblume*에서 유래한 말로, 스위스 자연과학자 C. Gesner(1516~1565)가 '*trollius flos*(둥근 꽃)'란 말로 라틴어화 한 것이며 금매화속을 일컫는다. 종소명 *chinensis*는 '중국에 분포하는'이라는 뜻으로 원산지 또는 분포지를 나타낸다.

겹금매화(박만규, 1949), 북금매화(임록재 외, 1996)[272]

중국명 金蓮花(jin lian hua)는 노란색 꽃이 피고 연꽃을 닮았다는 뜻이다. 일본명 ボタンザキキンバイサウ(牡丹咲き金梅草)는 모란과 유사하면서 노란색 꽃이 피고 매화를 닮은 풀이라는 뜻에서 붙여졌다.

[북한명] 북금매화/큰금매화[273] [유사어] 장판금매화(長瓣金梅花) [지방명] 금려화/길림우토(함북)

---

269 '국가표준식물목록'(2018)은 *Trollius macropetalus* (Regel) F.Schmidt(1868)를 자생종인 큰금매화로, *Trollius chinensis* Bunge(1833)를 재배식물인 중국금매화로 구분하고 있으나, 『장진성 식물목록』(2014)과 '세계식물목록'(2018)은 *T. macropetalus*를 이명(synonym)으로 처리하고 본문을 정명으로 기재하고 있다. 한편, '중국식물지'(2018)는 *T. macropetalus*를 長瓣金蓮花(chang ban jin lian hua)로, *T. chinensis*를 金蓮花(jin lian hua)로 구분하고 있다.

270 이러한 견해로 이우철(2005), p.528 참조.

271 이에 대해서는 『조선식물향명집』, 색인 p.47 참조.

272 『조선식물명휘』(1922)는 '金蓮花(觀賞)'를 기록했다.

273 북한에서는 *T. chinensis*를 '북금매화'로, *T. macropetalus*를 '큰금매화'로 하여 별도 분류하고 있다. 이에 대해서는 리용재 외(2011), p.363 참조.

Trollius patula *Salisbury*　キンバイサウ
Gùmmaehwa　금매화

금매화〈*Trollius ledebourii* Rchb.(1825)〉[274]

금매화(金梅花)라는 이름은 『조선식물향명집』에 따른 것으로, 금색의 꽃이 피고 매화를 닮은 데서 유래했다.[275] 옛 문헌에 기록된 '金蓮花'(금련화)는 중국명과 일치하지만 금매화를 뜻하는지는 분명하지 않다.

　속명 *Trollius*는 스위스 독일어로 유럽금매화(*T. europaeus* L.)를 뜻하는 *trollblume*에서 유래한 말로, 스위스 자연과학자 C. Gesner(1516~1565)가 '*trollius flos*(둥근 꽃)'란 말로 라틴어화 한 것이며 금매화속을 일컫는다. 종소명 *ledebourii*는 독일 식물학자로 러시아 식물을 연구한 Carl Friedrich von Ledebour(1785~1851)의 이름에서 유래했다.

다른이름　큰금매화(정태현 외, 1937), 애기금매화(도봉섭 외, 1956), 헛꽃금매화(리용재 외, 2011)

옛이름　金蓮花(동문선, 1478), 金蓮花(오주연문장전산고, 185?)

중국/일본명　중국명 短瓣金蓮花(duan ban jin lian hua)는 꽃잎이 짧은 금련화(金蓮花: 금매화)라는 뜻이다. 일본명 キンバイサウ(金梅草)는 노란색 꽃이 피고 매화를 닮은 풀이라는 뜻에서 붙여졌다.[276]

참고　[북한명] 금매화/헛꽃금매화[277]

---

274 『조선식물향명집』은 *T. ledebourii*를 '큰금매화'로 기록했지만, 현재는 *T. ledebourii*를 '금매화'로, *T. chinensis*를 '큰금매화'로 부르므로 주의를 요한다.

275 이러한 견해로 이우철(2005), p.98; 이유미(2010), p.243; 권순경(2015.10.28.) 참조.

276 *T. ledebourii*의 일본 분포는 확인되지 않으며, 일본에서는 *T. hondoensis*에 대해 キンバイサウ(金梅草)라고 부르고 있다.

277 북한에서는 *T. ledebourii*를 '금매화'로, *T. patulus*를 '헛꽃금매화'로 하여 별도 분류하고 있다. 이에 대해서는 리용재 외(2011), p.363 참조.

Berberidaceae 매자나무科 (小蘖科)

> ### 매자나무과〈Berberidaceae Juss.(1789)〉
>
> 매자나무과는 국내에 자생하는 매자나무에서 유래한 과명이다. '국가표준식물목록'(2018), 『장진성 식물목록』(2014) 및 '세계식물목록'(2018)은 *Berberis*(매자나무속)에서 유래한 Berberidaceae를 과명으로 기재하고 있으며, 엥글러(Engler), 크론키스트(Cronquist) 및 APG IV(2016) 분류 체계도 이와 같다.

Berberis amurensis *Ruprecht* アムールメギ
Maebaltop-namu 매발톱나무

매발톱나무〈*Berberis amurensis* Rupr.(1857)〉

매발톱나무라는 이름은 잎가장자리에 예리한 바늘모양의 톱니가 있는 모양을 매의 발톱에 비유한 데서 유래했다.[1] 『조선삼림수목감요』에서 '미발톱나무'로 기록한 것으로 평북 방언을 채록했다. 『조선삼림식물도설』은 그러한 뜻으로 鷹爪木(응조목)을 매발톱나무의 한자 표현으로 기록했다.

속명 *Berberis*는 좋은 열매라는 뜻의 아라비아어 *berberys* 또는 잎이 조개껍질(*berberi*)을 닮은 데서 유래했다고 하며 매자나무속을 일컫는다. 종소명 *amurensis*는 '아무르강 유역에 분포하는'이라는 뜻으로 원산지 또는 분포지를 나타낸다.

다른이름 미발톱나무(정태현 외, 1923)

옛이름 小蘖/子蘖/山石榴(광재물보, 19세기 초), 小蘖(물명고, 1824)[2][3]

중국/일본명 중국명 黄芦木(huang lu mu)는 갈대처럼 뿌리에서 여러 줄기가 자라고 노란색 꽃이 피는 나무라는 뜻이다. 일본명 アムールメギ(−目木)는 아무르강 유역에 서식하는 매자나무 종류(メギ)

---

1 이러한 견해로 이우철(2005), p.217; 박상진(2019), p.140; 김태영·김진석(2018), p.119; 허북구·박석근(2008b), p.113; 오찬진 외(2015), p.354; 나영학(2016), p.225 참조. 다만 허북구·박석근은 『조선식물향명집』에서 처음 이름을 붙인 것으로 매발톱의 속명 *Aquilegia*에서 그 유래를 찾고 있으나, 이는 『조선삼림수목감요』에서 평북 방언으로 기록한 것에 배치되는 주장이다.

2 『광재물보』(19세기 초)와 『물명고』(1824)는 작은 황벽나무라는 뜻의 한자명 '小蘖'(소벽)에 대해 "小樹 皮白裡黄而薄"(작은 나무다. 나무껍질은 희고 속은 노란색이나 얇다)이라고 기록했는데, 小蘖(소벽)이 매자나무를 뜻하는지 매발톱나무를 뜻하는지는 명확하지 않다.

3 『지리산식물조사보고서』(1915)는 'をがるぴなむ'[오갈피나무]를 기록했으며 『선명대화명지부』(1934)는 '매발톱나무, 매자나무'를 기록했다.

라는 뜻으로 학명과 관련 있다.

[북한명] 매발톱나무 [유사어] 대엽소얼(大葉小蘗), 소벽(小檗), 응조목(鷹爪木)

○ Berberis amurensis *Ruprecht* var. latifolia *Nakai*　ヒロハメギ
Waṅg-maebaltop-namu　왕매발톱나무

왕매발톱나무⟨*Berberis amurensis var. latifolia* Nakai(1914)⟩[4]

왕매발톱나무라는 이름은 잎이 둥글고 대형인 매발톱나무라는 뜻에서 붙여졌다.[5] 『조선식물향명집』에서 전통 명칭 '매발톱나무'를 기본으로 하고 식물의 형태적인 특징을 나타내는 '왕'을 추가해 신칭했다.[6]

속명 *Berberis*는 좋은 열매라는 뜻의 아라비아어 *berberys* 또는 잎이 조개껍질(*berberi*)을 닮은 데서 유래했다고 하며 매자나무속을 일컫는다. 종소명 *amurensis*는 '아무르강 유역에 분포하는'이라는 뜻으로 원산지 또는 분포지를 나타내며, 변종명 *latifolia*는 '넓은 잎의'라는 뜻으로 잎이 넓은 특성을 나타낸다.

미자나무(정태현 외, 1923)

중국에서의 분포는 확인되지 않는다. 일본명 ヒロハメギ(廣葉目木)는 잎이 넓은 매자나무 종류(メギ)라는 뜻으로 학명과 관련 있다.

[북한명] 왕매발톱나무[7] [유사어] 대엽소얼(大葉小蘗), 소벽(小檗)

⊗ Berberis koreana *Palibin*　テフセンメギ
Maeja-namu　매자나무　黃染木

매자나무⟨*Berberis koreana* Palib.(1899)⟩

매자나무와 같은 속의 비슷한 식물로 잎이나 줄기의 가시가 매의 발톱 같다는 뜻의 이름을 가진 매발톱나무(*B. amurensis*)가 있고, 응조목(鷹爪木)을 매발톱나무의 한자 표현으로 기록하기도 했다.[8] 이 점에 비추어 매자나무라는 이름은 '매'(鷹)와 '자'(刺)와 '나무'의 합성어로, 매의 발톱과 같

4　'국가표준식물목록'(2018)은 매발톱나무의 변종으로서 울릉도에 자생하면서 잎이 비교적 넓은 종을 왕매발톱나무로 분류하고 있으나, 『장진성 식물목록』(2014), '세계식물목록'(2018) 및 김태영·김진석(2018), p.119는 생태 변이형으로 보아 매발톱나무의 이명(synonym)으로 처리해 통합하고 있으므로 주의를 요한다.

5　이러한 견해로 이우철(2005), p.410과 김태영·김진석(2018), p.119 참조.

6　이에 대해서는 『조선식물향명집』, 색인 p.44 참조.

7　북한에서 임록재 외(1996)는 왕매발톱나무를 분류하고 있으나 리용재 외(2011)는 별도 분류하지 않으므로 주의가 필요하다.

8　이에 대해서는 『조선삼림식물도설』(1943), p.204 참조.

이 날카로운 가시를 가진 나무라는 뜻에서 유래했다.[9] 매자나무는 노란 껍질을 염색제로 사용했다고 해서 황염목(黃染木), 또는 작은 황벽나무라는 뜻에서 소벽(小檗)이라고도 한다. 이러한 한자명에서 매자나무라는 이름이 유래했다는 견해가 있으나,[10] 매자나무와는 그 의미가 상이하므로 직접적 유래로 보기는 어렵다. 『조선삼림수목감요』는 '미자나무'를 '(通)'(통)으로 기록한바, 이는 매자나무가 특정 지역의 방언이 아니라 당시 널리 사용했던 이름임을 의미한다. 『조선산야생약용식물』은 '小檗, 매자나무'로, 『조선식물향명집』은 '매자나무'로 기록해 현재에 이르고 있다.

속명 Berberis는 좋은 열매라는 뜻의 아라비아어 berberys 또는 잎이 조개껍질(berberi)을 닮은 데서 유래했다고 하며 매자나무속을 일컫는다. 종소명 koreana는 '한국의'라는 뜻으로 한국 특산식물임을 나타내지만, 중국 동북부 지역에도 분포하는 것으로 알려져 있다.

다른이름 미자나무/산딸나무(정태현 외, 1923), 매자나무(정태현 외, 1936), 산딸나무/삼동나무(정태현, 1943)

옛이름 黃染木(일성록, 1797), 小檗/子蘗/山石榴(광재물보, 19세기 초), 小檗(물명고, 1824)[11]

중국/일본명 중국명 朝鮮小檗(chao xian xiao bo)는 한국에 분포하는 소벽(小檗: 매자나무 종류)이라는 뜻이다. 일본명 テフセンメギ(朝鮮目木)는 조선에 분포하는 メギ(目木: 삶은 물을 안약으로 이용한다는 뜻에서 유래한 이름으로 매자나무 종류의 일본명)라는 뜻이다.

참고 [북한명] 매자나무 [유사어] 소벽(小檗), 소얼(小蘗), 황염목(黃染木) [지방명] 매주나무/삼달나무/샘달나무(강원)

⊗ Berberis quelpaertensis *Nakai*   サイシウメギ
Sŏm-maeja-namu   섬매자나무

섬매발톱나무 〈*Berberis amurensis* var. *quelpaertensis* (Nakai) Nakai(1936)〉[12]

---

9   이러한 견해로 박상진(2019), p.143과 강판권(2010), p.620 참조.
10 이러한 견해로 이우철(2005), p.217 참조.
11 『조선식물명휘』(1922)는 '산달나무(觀賞)'를 기록했으며 『선명대화명지부』(1934)는 '매자나무, 산달나무'를 기록했다.
12 '국가표준식물목록'(2018)은 본문의 학명을 정명으로 기재하여 별도 분류하고 있으나, 『장진성 식물목록』(2014)과 김태영·김진석(2018)은 매발톱나무(*B. amurensis*)에 통합하고, '세계식물목록'(2018)은 이 학명을 별도 분류하지 않으므로 주의를 요한다.

섬매발톱나무라는 이름은 제주도(섬)에 분포하고 매발톱나무를 닮았다는 뜻에서 유래했다.[13] 『조선식물향명집』에서는 제주도(섬)에서 자라는 매자나무를 닮은 식물이라는 뜻의 '섬매자나무'를 신칭해 기록했으나,[14] 실제 한라산 분포종은 매발톱나무(*B. amurensis*)와 유사하므로 『조선수목』이 기록한 '섬매발톱나무'를 국명으로 채택하고 있다.

속명 *Berberis*는 좋은 열매라는 뜻의 아라비아어 *berberys* 또는 잎이 조개껍질(*berberi*)을 닮은 데서 유래했다고 하며 매자나무속을 일컫는다. 종소명 *amurensis*는 '아무르강 유역에 분포하는'이라는 뜻으로 원산지 또는 분포지를 나타내며, 변종명 *quelpaertensis*는 '제주에 분포하는'이라는 뜻으로 제주도가 원산지임을 나타낸다.

다른이름 섬매자나무(정태현 외, 1937)

중국/일본명 중국에는 분포하지 않는 식물이다. 일본명 サイシウメギ(濟州目木)는 제주에 분포하는 매자나무 종류(メギ)라는 뜻이다.

참고 [북한명] 섬매발톱나무[15]

○ Berberis sinensis *Desfontaines*　タウメギ
Dang-maeja-namu　당매자나무

당매자나무〈*Berberis chinensis* Poir.(1808)〉[16]

당매자나무라는 이름은 『조선식물향명집』에서 신칭한 것으로,[17] 중국(唐)에 분포하는 매자나무라는 뜻이다.[18] 일본매자나무(*B. thunbergii*)를 당매자나무로 오인하는 경우가 많으나, 당매자나무는 꽃이 산형으로 피는 일본매자나무와 달리 꽃이 총상으로 모여 피는 것에서 구별된다.[19]

속명 *Berberis*는 좋은 열매라는 뜻의 아라비아어 *berberys* 또는 잎이 조개껍질(*berberi*)을 닮은 데서 유래했다고 하며 매자나무속을 일컫는다. 종소명 *chinensis*는 '중국에 분포하는'이라는 뜻으로 원산지 또는 분포지를 나타낸다.

다른이름 믜자나무(정태현 외, 1923), 가는잎매자나무(한진건 외, 1982), 긴잎매자나무/산매자나무/중국

---

13 이러한 견해로 이우철(2005), p.339와 김태영·김진석(2018), p.119 참조.

14 이에 대해서는 『조선식물향명집』, 색인 p.41 참조.

15 북한에서 임록재 외(1996)는 이를 분류하고 있으나, 리용재 외(2011)는 별도 분류하지 않는 것으로 보인다. 이에 대해서는 리용재 외(2011), p.27 참조.

16 '국가표준식물목록'(2018)과 '중국식물지'(2018)는 당매자나무의 학명을 *Berberis poiretii* C.K.Schneid.(1906)로 기재하고 있으나, 『장진성 식물목록』(2014)은 이를 이명(synonym)으로 처리하고 본문의 학명을 정명으로 기재하고 있으므로 주의가 필요하다. 한편 '세계식물목록'(2018)은 각기 별도의 종으로 기재하고 있다.

17 이에 대해서는 『조선식물향명집』, 색인 p.35 참조.

18 이러한 견해로 이우철(2005), p.168 참조.

19 이러한 견해로 김태영·김진석(2018), p.117 참조.

매자나무(리용재 외, 2011)[20]

중국/일본명 중국명 细叶小檗(xi ye xiao bo)는 잎이 가는 소벽(小檗: 매자나무 종류)이라는 뜻이다. 일본명 タウメギ(唐目木)는 중국에 분포하는 매자나무 종류(メギ)라는 뜻이다.

참고 [북한명] 가는잎매자나무/중국매자나무[21]

Caulophyllum thalictroides *Michaux* ルイエフボタン
Ĝwónĝuidari-ajaebi 꿩의다리아재비

꿩의다리아재비〈*Caulophyllum robustum* Maxim.(1859)〉

꿩의다리아재비라는 이름은 꿩의다리와 유사한(아재비) 식물이라는 뜻에서 붙여졌다.[22] 『조선식물향명집』에서 전통 명칭 '꿩의다리'를 기본으로 하고 '아재비'를 추가해 신칭했다.[23] 『조선산야생식용식물』은 강원 방언 '까치발나물'이라는 이름으로 어린잎을 식용했다고 기록했다.

속명 *Caulophyllum*은 그리스어 *caulos*(줄기)와 *phyllon*(잎)의 합성어로, 줄기가 크게 펼쳐지는 잎자루 모양과 같은 것에서 유래했으며 꿩의다리아재비속을 일컫는다. 종소명 *robustum*은 '대형의, 강한'이라는 뜻이다.

다른이름 까치발나물/가마귀밥(정태현 외, 1942), 개음양곽(박만규, 1974), 꿩의다리아자비/꿩의다리아제비/우정금아재비(한진건 외, 1982), 줄기잎나물(김현삼 외, 1988), 가락풀나물(임록재 외, 1996)

중국/일본명 중국명 红毛七(hong mao qi)는 별명으로 红毛漆(홍모칠)이 있는 것에 비추어 약용하는 땅속줄기의 모습이 붉은 털과 같고 옻(漆)을 닮았다는 뜻에서 유래한 것으로 추정한다. 일본명 ルイエフボタン(類葉牡丹)은 잎의 모양이 모란(牡丹)의 잎과 닮았다는 뜻에서 붙여졌다.

참고 [북한명] 가락풀나물 [유사어] 홍모칠(紅毛七) [지방명] 가승마(제주)

Epimedium macranthum *Morren et Decaisne* シロバナイカリサウ 淫羊藿
Samjiguyòbcho 삼지구엽초(음양각) 三枝九葉草

삼지구엽초〈*Epimedium koreanum* Nakai(1936)〉

삼지구엽초(三枝九葉草)라는 이름은 중국에서 전래된 것으로, 엽축에서 갈라진 작은잎자루가 3개

---

20 『토명대조선만식물자휘』(1932)는 '[白椶木]빅유목, [蕤核木]유홀목, [蕤仁木]유인목, [椶實]유실, [蕤核]유홀, [蕤仁]유인'을 기록했으며 『선명대화명지부』(1934)는 '매자나무'를 기록했다.

21 북한에서는 *B. poiretii*를 '가는잎매자나무'로, *B. chinensis*를 '중국매자나무'로 하여 별도 분류하고 있다. 이에 대해서는 리용재 외(2011), p.51 참조.

22 이러한 견해로 이우철(2005), p.123 참조.

23 이에 대해서는 『조선식물향명집』, 색인 p.33 참조.

이고 작은잎자루마다 달리는 잎이 3개씩 모두 9개라는 뜻에서 유래했다.[24] 삼지구엽초는『향약집성방』이래 우리 문헌에서 약재명으로 기록했는데,『임원경제지』는 구황식물로 식용했다고 기록했다.

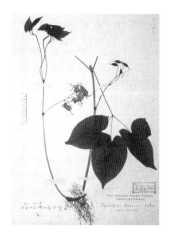

    속명 *Epimedium*은 그리스 지명 Media에서 유래한 *epimedion*이라는 식물명이 어원이지만 어떤 식물이었는지는 미상이며 전용되어 삼지구엽초속을 일컫는다. 종소명 *koreanum*은 '한국의'라는 뜻으로 한국이 원산지임을 나타낸다.

다른이름 음양곽(정태현 외, 1936), 음양각(정태현 외, 1937)

옛이름 淫羊藿/三枝九葉(향약집성방, 1433),[25] 三枝九葉(세종실록지리지, 1454), 淫羊藿/삼지구엽플(동의보감, 1613), 淫羊藿/薑錢(의림촬요, 1635), 淫羊藿/삼지구엽풀/仙靈脾(산림경제, 1715), 三枝九葉草/淫羊藿(광재물보, 19세기 초), 三枝九葉草/淫羊藿(물명고, 1824), 淫羊藿(임원경제지, 1842), 仙靈脾/淫羊藿(오주연문장전산고, 185?), 삼지구엽/三枝九葉(한불자전, 1880), 淫羊藿(방약합편, 1884), 淫羊藿/삼지구엽풀(선한약물학, 1931)[26]

중국/일본명 중국명 朝鮮淫羊藿(chao xian yin yang huo)는 한국이 원산지인 음양곽이라는 뜻이고, 음양곽(淫羊藿)은 하루에 백 차례나 교미를 하는 음양(淫羊)이 먹은 콩을 닮은 풀(藿)이라는 뜻에서 유래했다. 일본명 シロバナイカリサウ(白花錨草)는 흰 꽃이 피는 삼지구엽초 종류(イカリサウ)라는 뜻이다.

참고 [북한명] 삼지구엽초 [유사어] 강전(剛前), 건계근(乾鷄筋), 기장초(棄杖草), 방장초(放杖草), 선령비(仙靈脾), 천양금(千兩金), 황련조(黃連祖) [지방명] 염셍이풀/음양곽(강원), 음양곽/음양초(경기), 음양각(전남), 가승마/삼구엽초/삼지엽초/음양곽/이만각(제주)

24 이러한 견해로 이우철(2005), p.321; 허북구·박석근(2008a), p.128; 이유미(2010), p.133 참조.

25 『향약집성방』(1433)의 향명(鄕名) '三枝九葉'(삼지구엽)에 대해 남풍현(1999), p.176은 '삼지구엽'의 표기로 보고 있다.

26 『조선한방약료식물조사서』(1917)는 '삼지구녑초(東醫), 淫羊藿, 陰陽草'을 기록했으며『조선의 구황식물』(1919)은 '음양각'을,『조선어사전』(1920)은 '淫羊藿(음양곽), 三枝九葉草(삼지구엽초), 仙靈脾(선령비)'를,『조선식물명휘』(1922)는 '淫羊藿, 三枝九葉草, 삼지구엽풀, 음양곽(藥)'을,『토명대조선만식물자휘』(1932)는 '[淫羊藿]음양곽, [仙靈脾]선령비, [三枝九葉草]삼지구엽초(풀)'를,『선명대화명지부』(1934)는 '삼지구엽풀, 삼지그염풀, 음양각'을 기록했다.

○ Jeffersonia dubia *Benth. et Hook.* タツタサウ(イトマキグサ)

Gaenggaengipul 깽깽이풀 朝黄蓮

깽깽이풀〈*Plagiorhegma dubium* Maxim.(1859)〉[27]

깽깽이풀이라는 이름은 씽씽이입(쌩쌩이닙)이 변화한 것으로, 약용하는 땅속줄기가 쓴맛이 아주 강해 입에서 신음 소리가 절로 나는 풀이라는 뜻에서 유래한 것으로 추정한다. 『조선식물명휘』에 '씽씽이입'으로, 『조선산야생약용식물』에 '쌩쌩이닙'으로, 『선명대화명지부』에 '깽깽이풀'로 기록한 것을 『조선식물향명집』에서 '깽깽이풀'로 기록해 현재에 이르고 있다. '씽씽이입(쌩쌩이닙)'은 '씽씽이(쌩쌩이)'와 '입(닙)'의 합성어다. 『조선어사전』은 '쌩쌩이'에 대해 노약자가 수고와 고생을 어렵게 견뎌내는 소리라는 취지로 기록했고,[28] '입' 또는 '닙'은 옛 표현에서 입(口)과 잎(葉)을 의미하는 것으로 혼용해왔다.[29]

또한 한약명 황련(黃連 또는 黃蓮)은 약재로 사용하는 땅속줄기, 뿌리가 노란색인 것에서 유래했고,[30] 그 맛은 아주 쓰다고 기록했다.[31] 한편 농번기에 홀로 한가롭게 꽃을 피워 깽깽이(악기 해금을 속되게 이르는 말)라는 이름이 붙여졌다는 견해가 있으나,[32] 주로 한약재로 이용된 식물이고 당시에도 민가 주변에서 쉬이 발견되는 식물은 아니었다는 점에서 타당하지 않아 보인다.[33] 이 밖의 견해로, 마취 성분이 있는 잎을 먹은 강아지가 깽깽거리는 모습을

---

27 '국가표준식물목록'(2018)은 깽깽이풀의 학명을 *Jeffersonia dubia* (Maxim.) Benth. & Hook.f. ex Baker & S.Moore (1879)로 기재하고 있으나, 『장진성 식물목록』(2014), '세계식물목록'(2018) 및 '중국식물지'(2018)는 이 학명을 이명(synonym)으로 처리하고 본문의 학명을 정명으로 기재하고 있다.

28 『조선어사전』(1917)은 '孱弱者가 勞苦를 難堪하는 聲'(연약한 사람이 노고를 어렵게 견디는 소리) 및 '小狗의 鳴聲'(작은 개의 울음소리)으로 기록했다. 한편 『한불자전』(1880)도 '쌩쌩'에 대해 '작은 개들이 구슬프게 짖는 소리'(Cri plaintif des petits chiens)로 해설했다.

29 이 혼용에 대해서는 남광우(1997), p.338, 1181, 1182 참조.

30 『조선한방약료식물조사서』(1917), p.32는 "地下莖, 根ヲ 黃連 又ハ 朝黃蓮 稱シ"(지하경, 뿌리를 황련 또는 조황련으로 칭한다)라고 기록했다.

31 『동의보감』(1613)은 黃連(황련)에 대해 '性寒 味苦 無毒'(성질은 차고, 맛은 쓰며, 독은 없다)이라고 했고, 『청장관전서』(1795)는 "種種世味 皆苦蔘黃連熊膽矣"(갖가지 세상 재미가 모두 고삼(苦蔘)·황련(黃連)·웅담(熊膽)처럼 쓰다)라고 해 그 쓴맛을 고삼이나 웅담과 유사한 것으로 기록했다.

32 이러한 견해로 허북구·박석근(2008a), p.45 참조. 조선어학회가 저술한 『조선어표준말모음』(1936), p.66은 해금의 당시 표준말을 '깡깡이'라고 기록했으므로 현재의 '깽깽이'와는 그 표기가 상이했다.

33 『조선산야생약용식물』(1936), p.103은 깽깽이풀 1근의 가격을 대구 지방을 기준으로 180전으로 기록해(삼지구엽초는 1근의 가격이 대구를 기준으로 20전이었음), 당시에도 희귀한 식물이었음을 추정하게 한다.

보고 깽깽이풀이라고 했다는 설과,[34] 개미가 먹이로 운반하는 과정에 떨어뜨린 씨앗이 발아한 위치가 깨금발(깽깽이걸음)을 딛고 뛰는 거리라는 뜻에서 붙여진 이름이라는 설이 있다.[35] 그러나 강아지가 먹을 만큼 흔한 식물이 아닌 데다 이 이름이 형성될 시기는 약용을 주된 목적으로 하는 시기여서 생태를 관찰해 이름을 붙였다는 것도 상상하기 어려우므로 일종의 민간어원설로 보인다.

속명 *Plagiorhegma*는 라틴어 *plagios*(비스듬한, 옆으로 치운)와 *rhegma*(균열, 틈)의 합성어로 깽깽이풀속을 일컫는다. 종소명 *dubium*은 '의심스러운'이라는 뜻이다.

다른이름 쌩쌩이닙/황련(정태현 외, 1936), 조황련(정태현 외, 1937), 깽이풀(안학수·이춘녕, 1963), 토황련(리종오, 1964), 산련풀(김현삼 외, 1988)

옛이름 黃蓮(조선왕조실록, 1401), 黃連/황련(구급방언해, 1466), 黃連/황련(구급간이방언해, 1489), 黃連/황연(언해구급방, 1608), 黃連(동의보감, 1613), 黃連(산림경제, 1715), 黃蓮(청장관전서, 1795), 黃連(물명고, 1824), 黃連(방약합편, 1884), 黃連/쌩쌩이풀(선한약물학, 1931)[36]

중국/일본명 중국명 鮮黃蓮(xian huang lian)은 고운 황련(黃蓮) 또는 조선에서 나는 황련(黃蓮)이라는 뜻이다. 일본명 タツタサウ(竜田草)는 일본 군함 タツタ(竜田)호의 승무원이 중국에서 최초로 발견한 데서 유래했다.

참고 [북한명] 산련풀 [유사어] 깽이풀, 상황련(常黃連), 황련채(黃蓮菜)

---

34 이러한 견해로 권순경(2015.5.7.) 참조.

35 이러한 견해로 김경희 외(2014), p.41과 한국학중앙연구원, '한국향토문화전자대전' 중 '깽깽이풀'(순천) 참조.

36 『조선한방약료식물조사서』(1917)는 '黃蓮, 朝黃蓮'을 기록했으며 『조선어사전』은 '黃連(황련), 常黃連(샹황련)'을, 『조선식물명휘』(1922)는 '鐵糸草, 黃蓮, 황련, 씽씽이입(藥, 觀賞)'을, 『토명대조선만식물자휘』(1932)는 '[常黃連]샹황련'을, 『선명대화명지부』(1934)는 '쌩쌩이입, 깽깽이풀, 황련'을 기록했다.

Lardizabalaceae 으름덩굴科 (木通科)

으름덩굴과〈Lardizabalaceae R.Br.(1821)〉

으름덩굴과는 국내에 자생하는 으름덩굴에서 유래한 과명이다. '국가표준식물목록'(2018), 『장진성 식물목록』(2014) 및 '세계식물목록'(2018)은 칠레가 원산지인 *Lardizabala*(라르디자발라속)에서 유래한 Lardizabalaceae를 과명으로 기재하고 있으며, 엥글러(Engler), 크론키스트(Cronquist) 및 APG IV (2016) 분류 체계도 이와 같다.

Akebia quinnata *Decaisne*   アケビ   木通
Ŭrum-dŏnggul   으름덩굴(목통)

으름덩굴〈*Akebia quinata* (Houtt.) Decne.(1839)〉

으름덩굴이라는 이름은 『향약구급방』의 '伊屹烏音'(이흘음) 및 『구급간이방언해』의 '이흐름'이라는 표현에서 유래했다. 줄기에 구멍이 있어 공기나 물이 잘 통하고 소변 불통 등을 치료하는 약재로 사용한 점, 그리고 '흐르다'의 15세기 표현도 '흐르다'(석보상절, 1447)인 점에 비추어, '이흘음' 또는 '이흐름'은 이러한 뜻과 연관이 있는 것으로 추정한다.[1] 다만 '이흘음' 또는 '이흐름'의 정확한 어원이나 의미는 알려져 있지 않으므로 추가 연구가 필요하다. 한편 이 나무의 속살이 얼음처럼 보이는 것에서 유래한 이름이라는 견해가 있으나,[2] 얼음의 어원인 '얼다'의 15세기 표현도 현대 국어와 마찬가지로 '얼다'(월인석보, 1459)이므로 당시 표현인 '이흐름'과는 거리가 멀어 타당성이

떨어진다. 또한 이 식물의 열매를 식용해왔으므로 열매라는 의미에 잇닿아 있는 것으로 해석하는 견해가 있으나,[3] 15세기 또는 16세기에 열매를 일컬었던 말은 '이흐름'이 아닌 '여름'(석보상절, 1447)

---

1   『향약채취월령』(1431)의 차자(借字) '水左耳'(수좌이)는 '믈자쉬'(믈자이)를 표기한 것인데, 물을 퍼 올리는(㪺) 기구를 『훈몽자회』(1527)는 '믈자새'라 했으므로 '이흘음' 또는 '이흐름'을 공기나 물이 잘 통하게 한다는 뜻으로 볼 경우 인위적으로 물을 흐르게 한다는 점에서 서로 통하는 의미가 있는 것으로 보인다.

2   이러한 견해로 허북구·박석근(2008b), p.231; 박상진(2001), p.358; 전정일(2009), p.36; 오찬진 외(2015), p.347 참조.

3   이러한 견해로 김종원(2013), p.640과 이덕봉(1963), p.12 참조. 한편 김종원은 『향약채취월령』(1431)의 '水左耳'(수좌이)를 '믈외싀'로 보면서 현대어로 '물외'(水瓜)의 의미이고 "오래된 으름덩굴의 본명"이라고 주장하고 있다. 그러나 15세기에 저술된 『석보상절』(1447)에서 '외'(瓜)는 현대어와 마찬가지로 '외'라고 표기하고 있고 『향약채취월령』을 토대로 저술한 『향약집성방』(1433)은 '通草卽木通'이라고 해 '水左耳'를 기록하지 않았으므로 타당하지 않다. 설령 '水左耳'가 물외로 해석된다고 하더라도 식물명 역시 변화, 발전 및 소멸하는 언어로서의 통유성이 있으며, 『향약구급방』(1236)의 초간본을 기준

이므로 이러한 해석도 타당하지 않다.

속명 *Akebia*는 일본명 アケビ(木通)에서 유래했으며 으름덩굴속을 일컫는다. 종소명 *quinata* 는 '5의, 5개'라는 뜻으로 5장의 작은잎이 달리는 것에서 유래했다.

다른이름 으흐름넝굴(정태현 외, 1923), 으름덩굴(정태현 외, 1936), 목통(정태현 외, 1937), 으름(정태현, 1943), 물외(김종원, 2013)

옛이름 通草/伊乙吾音蔓/伊屹烏音(향약구급방, 1236),[4] 通草/水左耳(향약채취월령, 1431),[5] 木通/목통 (구급방언해, 1466), 이흐름너줄/木通(구급간이방언해, 1489), 通草/으흐름너줄/燕覆子/木通(동의보감, 1613), 木通/으름(주촌신방, 1687), 通草/으흐름너줄(산림경제, 1715), 通草/으흐름너줄(제중신편, 1799), 燕覆子/木通/通脫木/으흐름(물보, 1802), 通草/木通/어흐름(광재물보, 19세기 초), 通草/으흐름/木通(물명고, 1824), 林下夫人(림하부인)/어름(명물기략, 1870), 으름/木通實(한불자전, 1880), 通草/으흐름너줄 (방약합편, 1884), 을음겁직/木通實穀(단방신편, 1908), 木通/어름나무넌출(선한약물학, 1931)[6]

중국/일본명 중국명 木通(mu tong)은 으름덩굴의 줄기 속이 비어서 공기나 물이 잘 통하고 소변을 잘 보게 하는 약재로 사용하는 것과 관련해 유래했다.[7] 일본명 アケビ(木通)에 대해서는, 열매가 익으면 세로줄을 따라 열리면서 다육의 속이 드러나는데 벌어지는(열리는) 열매라는 뜻으로 開け實(アケビ)라고 한 것에서 유래했다는 견해 등이 있다.

참고 [북한명] 으름덩굴 [유사어] 목통(木通), 야목과(夜木瓜), 연복자(燕覆子), 예지자(預智子), 임하부인(林下婦人), 통초(通草), 통탈목(通脫木) [지방명] 어름(강원), 어름/한국바나나(경기), 어름/어름넝쿨/우릉/유름/유릅/으름나무(경남), 어름넝쿨/유름덩굴/유릅덤불/으름나무/으름덩불(경북), 멍이/어그리/어그리나무/어름나무/어름넝쿨/어름덩굴/오줌소태/우름/우름덩굴/으그름/으그리나무/으러리나물/으름나무/한국산바나나(전남), 어름나무/어름덩굴/우름/울음/으름나무/으름넝쿨/한국산바나나(전북), 고냉이똥/너덩줄/우룸쭐/유름/유름줄/유어를쭐/으름줄/잘겡잇줄/조령/존겡잇줄/졸갱이/졸겡

으로 보면 『향약채취월령』 이전에 이미 '伊屹烏音'(이흘음)이라는 이름이 있었으므로 그 타당성은 매우 의문스럽다.

4 『향약구급방』(1236)의 차자(借字) '伊乙吾音蔓/伊屹烏音'(이을오음만/이흘오음)에 대해 남풍현(1981), p.132는 '이흘옴너줄/이흘음'의 표기로 보고 있으며, 손병태(1996), p.62는 '이을음너줄/이흘음'의 표기로, 이덕봉(1963), p.12는 '뿔옴너줄/이흐롬'의 표기로 보고 있다. 다만 이덕봉은 『향약구급방』에 '伊乙吾音蔓'이 아닌 '角乙吾音蔓'이 기록된 것으로 보고 있다.

5 『향약채취월령』(1431)의 차자(借字) '水左耳'(수좌이)에 대해 손병태(1996), p.62는 '믈자이'의 표기로 보고 있으며, 김홍석(2003), p.144는 '믈자싀'의 표기로 보고 있다.

6 『조선한방약료식물조사서』(1917)는 '으흐름년출, 通草(東醫), 유룸년출(濟州島), 木通'을 기록했으며 『조선의 구황식물』(1919)은 '어름딩굴, 으름, 通草'를, 『조선어사전』(1920)은 '通草(통초), 으흐름, 으흐름나무, 木通(목통), 林下婦人(림하부인), 燕覆子(연복ᄌ)'를, 『조선식물명휘』(1922)는 '通草, 蓮, 어름덩굴, 목통(救, 藥)'을, 『토명대조선만식물자휘』(1932)는 '[通草]통초, [木通]목통, [으흐름(나무), [燕覆子]연복ᄌ, [林下婦人]림하부인'을, 『선명대화명지부』(1934)는 '어름덩굴, 목통, 으흐름넝쿨'을, 『조선의산과와산채』(1935)는 '木通, 으름넝쿨'을, 『조선삼림식물편』(1915~1939)은 'ユルン, ノトン, チョルゲンイ, ユールムノンチュル(濟州島)/Yuran, Noton, Cholgen-i, Yurum-monchul, ウクロムヨンチュル(莞島)/Ukuromyongchul, オールム(長城)/Orumu'[유름, 너더, 졸겡이(제주도), 유름년출(완도), 으름(장성)을 기록했다.

7 중국의 이시진은 『본초강목』(1596)에서 "有細細孔 兩頭皆通 故名通草 卽今所謂木通也"(미세한 구멍이 있어서 양 끝이 통하므로 通草라 하였는데, 바로 지금의 木通이다)라고 했다.

이줄/종겡잇줄(제주), 어름/으름/한국바나나(충남), 어름/오름(충북)

Stauntonia hexaphylla *Decaisne* ムベ
Môlĝul 멀꿀

멀꿀〈*Stauntonia hexaphylla* (Thunb.) Decne.(1839)〉

멀꿀이라는 이름은 열매가 적자색으로 익어 멍이 든 것처럼 보이고 덩굴을 이루어 줄로 자라는 식물이라는 뜻에서 유래했다.[8] 『조선삼림수목감요』는 제주 방언 '멀쿨'을 기록했는데[9] 『조선식물향명집』에서 표기를 변경해 현재에 이르고 있다. 제주 방언으로 멀꿀과 비슷한 단어는 '멍꿀, 멍줄, 멍쿨'이 있는데, 그중에서 '멍꿀'이 멀꿀과 가장 유사한 형태다. 제주 방언 '멍'은 표준어와 마찬가지로 '멍(痏)'을, '꿀'은 '덩굴(蔓)'을 뜻한다.[10] 16세기에 저술된 『제주풍토록』은 당시 제주에서 부르는 이름으로 '멍'이라는 한글 표현과 더불어 그에 대한 차자(借字) 표기인 末應(말응)을 함께 기록했다.

속명 *Stauntonia*는 영국인 의사이자 중국 대사였던 G. L. Staunton(1740~1801)의 이름에서 유래한 것으로 멀꿀속을 일컫는다. 종소명 *hexaphylla*는 *hexa*-(6)와 접미사 *-phyllus*-(잎을 가진)의 합성어로 '6개 잎의'라는 뜻이다.

다른이름 멀쿨(정태현 외, 1923), 멀굴(안학수·이춘녕, 1963), 멀꿀나무(임록재 외, 1972)

옛이름 末應/멍(제주풍토록, 1521), 燕覆子(탐라지, 1653),[11] 燕覆子(남환박물, 1704), 燕覆子(성호사설, 1740), 末應(송남잡지, 1855), 燕覆子(오주연문장전산고, 185?), 末應/말응(명물기략, 1870)[12]

---

8 이러한 견해로 박상진(2019), p.151과 오찬진 외(2015), p.351 참조. 다만, 오찬진 외는 열매 속살의 맛이 꿀과 같다고 하여 붙여진 이름이라고 하므로, '멀'을 '멍'이 아닌 '맛'의 뜻으로 해석하는 것으로 보인다.

9 이에 대해서는 『조선삼림수목감요』(1923), p.40 참조.

10 이에 대해서는 현평효·강영봉(2014), p.64, 94 및 석주명(1947), p.27 참조.

11 『탐라지』(1653)는 燕覆子(연복사)에 대해 "實大如木瓜丹黑 剖之子如林下夫人而異子差大味差濃盖"(열매의 크기는 모과와 같고 껍질은 붉은 흑색이다. 이것을 갈라보면 씨가 으름덩굴과 같으면서도 달라서, 조금 크고 맛은 조금 진하다)이라고 기록해 연복자가 멀꿀을 일컫는 이름이었음을 시사하고 있다. 『남환박물』(1704), 『성호사설』(1740) 및 『오주연문장전산고』(185?)의 기록 내용도 이와 유사하다. 한편 이창숙 외(2016), p.231은 『탐라지』의 연복자를 으름덩굴의 열매로 보고 있으나 『탐라지』의 기록에 비추어 타당하지 않아 보인다.

12 『조선식물명휘』(1922)는 '野人瓜, 假荔枝, 郁子(救)'를 기록했으며 『선명대화명지부』(1934)는 '멀쿨'을, 『조선의산과와산채』(1935)는 '野木瓜, 멀쿨'을, 『조선삼림식물편』(1915~1939)은 'モーグクル, ム, メウング(濟州島)/Mong-Kul, Mu, Meung, モーンヨルチュル(莞島)/Mongyolchul, モノツクブル(外羅老島)/Mounokpul'[멍쿨, 머, 멍(제주도), 멍년출(완도), 멍녹풀(외라노도)]을 기록했다.

중국/일본명 중국에서는 멀꿀속(*Stauntonia*)을 들에서 자라는 모과라는 뜻의 野木瓜(ye mu gua)라 칭하고 있으나 *S. hexaphylla*는 분포하지 않는 것으로 보인다. 일본명 ムベ(郁子)는 オオムベ의 약어로, 열매 맛이 달아 열매를 짚꾸러미에 담아 조정에 진상했는데 이를 オオムベ라고 부른 데서 유래했다.

참고 [북한명] 멀꿀나무 [유사어] 야목과(野木瓜) [지방명] 먹나무/멀나무/멍/멍꿀/멍나무(전남), 너덩줄/멍/멍꿀/멍줄/졸겡잇줄(제주), 먹나무(충남)

Menispermaceae 방기科 (防己科)

방기과〈Menispermaceae Juss.(1789)〉

방기과는 국내에 자생하는 방기에서 유래한 과명이다. '국가표준식물목록'(2018), 『장진성 식물목록』 (2014) 및 '세계식물목록'(2018)은 *Menispermum*(새모래덩굴속)에서 유래한 Menispermaceae를 과명으로 기재하고 있으며, 엥글러(Engler), 크론키스트(Cronquist) 및 APG IV(2016) 분류 체계도 이와 같다.

Cocculus trilobus *De Candolle*   アヲツヅラフヂ   木防己
Daeṅgdaeṅgi-doṅggul   댕댕이덩굴

댕댕이덩굴〈*Cocculus orbiculatus* (L.) DC.(1817)〉[1]

댕댕이덩굴이라는 이름은 옛이름 '딩딩이너출'에서 유래한 것으로, 줄기가 공예용으로 사용될 만큼 질기고 튼튼한 덩굴식물이라는 뜻에서 비롯했을 것으로 추정한다.[2] 우리말 '댕댕하다'의 뜻 중에는 '누를 수 없을 정도로 굳고 단단하다'와 '힘이나 세도 따위가 크고 단단하다'가 있고, 북한 말로 '댕댕이'는 '머리가 아플 때 머리를 동이는 데 쓰는 천'을 뜻한다.[3]

속명 *Cocculus*는 장과(漿果)를 뜻하는 그리스어 *coccus*의 축소형으로, 과육과 액즙이 많은 열매가 달려서 붙여졌으며 댕댕이덩굴속을 일컫는다. 종소명 *orbiculatus*는 '원모양의'라는 뜻으로 잎의 모양에서 유래했다.

다른이름 딩딩이넝굴(정태현 외, 1923), 댕댕이덩굴(정태현 외, 1936), 댕댕이넝굴/곳비돗초/댕강넝쿨(정태현, 1943)

옛이름 木防己(동의보감, 1613), 藤蘿/딩딩이너출(동문유해, 1748), 藤蘿/딩딩이너출(몽어유해, 1768), 木防己(광제비급, 1790), 常春藤/딩딩이/龍鱗薜荔(광재물보, 19세기 초), 常春藤/딩딩이(물명고, 1824), 木防己(의휘, 1871), 딩당이(한불자전, 1880), 딩당(의방합편, 19세기), 木防己(수세비결, 1929), 防己/木防己/

---

1 '국가표준식물목록'(2018)은 댕댕이덩굴의 학명을 *Cocculus trilobus* (Thunb.) DC.(1818)로 기재하고 있으나, 『장진성 식물목록』(2014), '세계식물목록'(2018) 및 '중국식물지'(2018)는 본문의 학명을 정명으로 기재하고 있다.

2 이러한 견해로 박상진(2019), p.112와 김종원(2013), p.645 참조. 다만 김종원은 "댕댕이덩굴의 최초 한글 기재는 『조선식물명휘』(1922)의 '곳비돗초'이다"라고 하고 있으나, 댕댕이덩굴은 '딩딩이너출'로 이미 18세기 중엽부터 한글로 표시된 이름이므로 전혀 타당하지 않다.

3 이에 대해서는 국립국어원, '표준국어대사전' 중 '댕댕하다' 및 국립국어원, '우리말샘' 중 '댕댕이' 참조.

곳비돗조(선한약물학, 1931)[4]

중국/일본명 중국명 木防己(mu fang ji)는 목본성의 방기(防己)라는 뜻이다. 일본명 アヲツヅラフヂ(綠葛龍)는 줄기가 녹색을 띠고 칡이나 용처럼 구불거리며 덩굴성을 이루는 것에서 유래했다.

참고 [북한명] 댕댕이덩굴 [유사어] 목방기(木防己), 목향(木香), 벽나(碧蘿), 상춘등(常春藤), 용린(龍鱗), 토고등(土鼓藤) [지방명] 댕댕이줄/댕뎅이줄(강원), 된남덩굴(전남), 고냉이정당/고냉이정동/고넹이정당/고넹이정당/너덩줄/마의정당/쉐정당/쇠정동/쒜정당/정당/정동/참정동/촘정동(제주), 댐댐이넝쿨/댕강나무덩굴/댕댕이(충남), 댕댕이/댕딩이(충북)

Menispermum dahuricum *De Candolle*　カウモリカヅラ
Saemorae-donggul　새모래덩굴

새모래덩굴⟨*Menispermum dauricum* DC.(1817)⟩

새모래덩굴이라는 이름은 『조선식물향명집』에 따른 것으로, 황해도 방언을 채록한 것이다.[5] '새'와 '모래덩굴'의 합성어인데 식물명의 '새'는 쓰임새가 못하거나 모양이 다름을 뜻하고, '모래덩굴'은 모래가 머루에 대한 방언이므로[6] 머루덩굴을 뜻한다. 즉, 새모래덩굴이라는 이름은 머루를 닮았으나 그보다 못하거나 모양이 다르다는 뜻에서 유래했다.[7] 『동의보감』은 생약명으로 '防己'(방기)를 기록했고 한의학에서는 새모래덩굴을 방기로 보아 사용하기도 하지만,[8] 현재 분류학적으로 '방기'는 별도의 종을 일컫는다.

속명 *Menispermum*은 그리스어 *men*(달)과 *sperma*(종자)의 합성어로, 핵(核)이 반달 모양인 것에서 유래해 새모래덩굴 속을 일컫는다. 종소명 *dauricum*은 '다우리아(Dauria) 지방의'라는 뜻으로 최초 발견지 또는 분포지를 나타낸다.

4　『시리산식물조사보고서』(1915)는 'てんでんむんくる'[딩딩이넝쿨]을 기록했으며 『조선어사전』(1920)은 '常春藤(샹츈등), 댕댕이'를, 『조선식물명휘』(1922)는 '防己, 곳비돗조'를, 『토명대조선만식물자휘』(1932)는 '[防己]방긔, [木香]목향, [靑木香]청목향'을, 『선명대화명지부』(1934)는 '곳비돗조, 댕댕이나물'을 기록했다.

5　이에 대해서는 이우철(2005), p.324 참조.

6　이에 대해서는 국립국어원, '우리말샘' 중 '모래' 참조. 다만 '우리말샘'은 '모래'를 '머루'의 경남 방언으로 기록하고 있으나, 모래와 머루의 발음에 비추어 여러 지역에서 사용한 것으로 추정한다.

7　이러한 견해로 김종원(2013), p.647 참조.

8　이에 대해서는 『(신대역) 동의보감』(2012), p.2042 참조.

다른이름 가막덩굴(임록재 외, 1972)

옛이름 防己(동의보감, 1613)[9]

중국/일본명 중국명 蝙蝠葛(bian fu ge)는 잎의 모양이 박쥐(蝙蝠)를 닮은 칡(葛) 같은 덩굴식물이라는 뜻이다. 일본명 カウモリカヅラ(蝙蝠葛)는 잎의 모양이 박쥐(カウモリ)를 닮았고 덩굴을 이루는 것에서 유래했다.

참고 [북한명] 새모래덩굴 [유사어] 상춘등(常春藤), 용린(龍鱗), 토고등(土鼓藤), 편복갈(蝙蝠葛), 편복등(蝙蝠藤) [지방명] 쇠모래(경남), 천등/첨둥/청등(전남), 까마귀열매(함북)

Sinomenium acutum *Rehder et Wilson*   オホツヅラフヂ
Banggi   방기   漢防己

방기〈*Sinomenium acutum* (Thunb.) Rehder & E.H.Wilson(1913)〉

방기라는 이름은 한자어 방기(防己)에서 유래했다. 중국의 이시진은 『본초강목』에서 "防己如險健之人 幸災樂禍 能首爲亂階 若善用之 亦可禦敵 其名或取此義"(방기는 흉험하고 강건한 사람과 같아서 타인이 재화 입는 것을 좋아하고 화근의 주모자가 되기도 하지만 잘 활용하면 적을 막는 데 쓸 수 있다. 그 이름을 이러한 뜻에서 취한 것이리라)라고 했다. 즉, 방기는 몸을 지켜낸다는 의미로 약성에서 유래한 이름으로 보인다.[10]

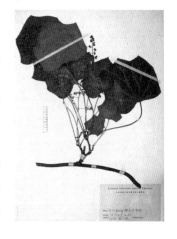

속명 *Sinomenium*은 라틴어 *Sina*(支那: 중국)와 *menis*(반달)의 합성어로, 핵(核)이 반달 모양이고 중국이 원산지인 것에서 유래해 방기속을 일컫는다. 종소명 *acutum*은 '날카로운 모양의'라는 뜻이다.

다른이름 방긔(정태현 외, 1936), 청등(정태현, 1943)

옛이름 防己(조선왕조실록, 1423), 防己(향약집성방, 1433), 防己(세종실록지리지, 1454), 防己(동의보감, 1613), 防己(의림촬요, 1635), 防己(산림경제, 1715), 防己(광제비급, 1790), 防己(만기요람, 1808), 青藤/青風藤(광재물보, 19세기 초), 防己(물명고, 1824), 防己(오주연문장전산고, 185?), 防己(의종손익, 1868), 防己/漢防己(의휘, 1871), 방기뿌리/菰根盤結(신자전, 1915), 漢防己(수세비결, 1929), 防己/漢防己/곳비돗조(선한

---

9   『조선식물명휘』(1922)는 '漢防己'를 기록했다.

10   이러한 견해로 이우철(2005), p.261 참조. 한편 '중국식물지'(2018)는 *Stephania tetrandra* S. Moore(1875)를 '粉防己'(fen fang ji: 분방기)라는 이름으로 기재하고 옛 한약명 防己(방기)를 이 종에 대응시키고 있으며, 중국의 본초명 防己(방기)는 이 종으로 종래 우리나라에서 사용했던 방기(防己)와는 다른 식물로 이해된다.

약물학, 1931)[11]

중국명 风龙(feng long)은 풍사(風邪: 감기)를 일컫는 風(풍)과 상상 속의 동물 龍(용)의 합
성어로, 풍사를 막고 덩굴이 마치 용과 같다는 뜻에서 붙여진 것으로 추정한다. 일본명 オホツヅ
ラフヂ(大葛龍)는 식물체가 크고 칡이나 용처럼 구불거리며 덩굴을 이루는 것에서 유래했다.

참고 [북한명] 방기 [유사어] 청등(青藤), 한방기(漢防己) [지방명] 천둥/천둥덩굴/천등/청둥(전남)

Stephania japonica *Miers*   ハスノハカヅラ
Hambagi 함바기

함박이〈*Stephania japonica* (Thunb.) Miers(1866)〉

함박이라는 이름은 제주 방언에서 유래했는데,[12] 표준어 '함
박'과 마찬가지로 제주 방언 '함박'은 통나무의 속을 파서 큰
바가지같이 만든 그릇(함지박)을 뜻한다.[13] 즉, 함박이는 잎의
모양이 함박(함지박)을 닮았다는 뜻에서 유래한 이름이다. 『조
선식물향명집』은 '함바기'로 기록했으나 『조선삼림식물도설』
에서 '함박이'로 기록해 현재에 이르고 있다.

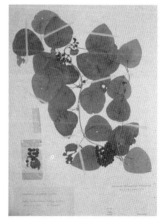

　속명 *Stephania*는 그리스어 *stephanos*(관)에서 유래한 것
으로, 합쳐진 수술의 모양이 왕관처럼 보여서 붙여졌으며 함
박이속을 일컫는다. 종소명 *japonica*는 '일본의'라는 뜻으로
최초 발견지 또는 분포지를 나타낸다.

다른이름 함박이(정태현 외, 1923), 함바기(정태현 외, 1937), 함백
이(박만규, 1949), 함박이덩굴(정태현 외, 1949), 천금등(리용재 외, 2011)[14]

중국/일본명 중국명 千斤藤(qian jin teng)은 千金藤(천금등)이라고도 하는데, 능을 닮은 식물로 천금
같이 귀하다는 뜻이다. 일본명 ハスノハカヅラ(蓮葉蔓)는 연꽃의 잎을 닮은 덩굴이라는 뜻에서 유
래했다.

참고 [북한명] 함박이덩굴 [유사어] 천금등(千金藤) [지방명] 고넹이정동/쉐정동/정동낭/함백이
(제주)

---

11 『조선어사전』(1920)은 '防己(방괴)'를 기록했다.
12 이에 대해서는 『조선삼림수목감요』(1923), p.40과 『조선삼림식물도설』(1943), p.212 참조.
13 이에 대해서는 현평효·강영봉(2014), p.353과 백문식(2014), p.508 참조.
14 『제주도및완도식물조사보고서』(1914)는 'ハンパンギ'[함바기]를 기록했으며 『조선식물명휘』(1922)는 '千金藤, 金龜蓮草'
　　를 기록했다.

Magnoliaceae 목련科 (木蘭科)

> ## 목련과〈Magnoliaceae Juss.(1789)〉
> 목련과는 국내에 자생하는 목련에서 유래한 과명이다. '국가표준식물목록'(2018), 『장진성 식물목록』
> (2014) 및 '세계식물목록'(2018)은 *Magnolia*(목련속)에서 유래한 Magnoliaceae를 과명으로 기재하고
> 있으며, 엥글러(Engler), 크론키스트(Cronquist) 및 APG IV(2016) 분류 체계도 이와 같다.

Illicium anisatum *Linné*　シキミ
Butsun　붓순

붓순나무〈*Illicium anisatum* L.(1759)〉

붓순나무라는 이름은 『한국식물도감(상권 목본부)』에 따른 것으로, 『조선삼림수목감요』의 '붓순'
이라는 한글 표현에서 유래했다. 『조선식물향명집』은 붓순을 기록했다. 붓순이라는 이름은 제주
방언을 채록한 것으로,[1] 제주 방언에서 '붓'은 붓(筆)이며 '순'은 순(筍)으로 표준어와 그 뜻이 일치한
다.[2] 즉, 붓순나무라는 이름은 새싹이 돋아나는 모양이 붓처럼 생긴 나무라는 뜻이다.[3] 열매가 팔각
의 바람개비 모양이어서 제주 방언으로 '팔각낭'이라고도 하며, 『탐라지』에 제주 토산품으로 소개
되어 있다. 중국명 八角(팔각: *Illicium verum*)은 열매를 식용하는 식물로, 열매에 독성이 있는 붓순
나무와는 차이가 있다.

　속명 *Illicium*은 라틴어 *illicio*(꾀다, 유혹하다)에서 유래한 말로, 꽃의 향기가 좋은 것과 연관이
있으며 붓순나무속을 일컫는다. 종소명 *anisatum*은 '*anise*(산형과 식물)의 향이 있는'이라는 뜻으
로 꽃의 향기와 관련 있다.

> **다른이름**　붓순(정태현 외, 1923), 가시목/발갓구(정태현, 1943), 말갈구(박만규, 1949)
> **옛이름**　八角(탐라지, 1653), 莾草(광재물보, 19세기 초), 莾草(수세비결, 1929), 莾草實(선한약물학, 1931)[4]
> **중국/일본명**　중국명 白花八角(bai hua ba jiao)는 흰 꽃이 피고 열매의 모양이 팔각(八角)이라는 뜻이
> 다. 일본명 シキミ에 대해서는, 열매에 독성이 있으므로 악한 과실이라는 뜻의 '惡(ア)しき實'에서
> '惡(ア)'가 생략된 것이라는 견해와, 열매가 가지에 무겁게 달리므로 '重實(シゲミ)'에서 유래했다는

1　이에 대해서는 『조선삼림수목감요』(1923), p.41 참조.
2　이에 대해서는 현평효·강영봉(2014), p.182, 216 참조.
3　이러한 견해로 허북구·박석근(2008b), p.165와 오찬진 외(2015), p.395 참조. 다만 오찬진 외는 잎의 모양이 붓 모양으로
　생긴 것으로 보아 '순'의 의미를 해석하지 않고 있다.
4　『조선어사전』(1920)은 '莾草(망초)'를 기록했으며 『조선식물명휘』(1922)는 '莾草, 芒草(藥)'를, 『토명대조선만식물자휘』
　(1932)는 '[莾草]망초'를, 『선명대화명지부』(1934)는 '붓순'을, 『조선삼림식물편』(1915~1939)은 'プスン/Pusun, プスミ(濟州
　島)/Pusumi'[붓순, 부수미(제주도)]를 기록했다.

견해 등이 있다.

[참고] [북한명] 붓순나무 [유사어] 동독회(東毒茴), 망초(莽草), 진과(秦瓜), 팔각(八角), 팔각회향(八角 茴香) [지방명] 팔각/팔각낭(제주)

Kadsura japonica *Dunal*   サネカヅラ
Nam-omija   남오미자

남오미자〈*Kadsura japonica* (L.) Dunal(1817)〉

남오미자(南五味子)라는 이름은 오미자와 비슷하고 남부 지방에 치우쳐 자란다는 뜻에서 유래했다.[5] 남오미자(南五味子)는 중국에서 전래된 한자어로 1653년에 저술된 중국의 『경악전서』에 그 이름이 보인다.

속명 *Kadsura*는 일본명 Sanekadsura(サネカズラ)의 일부를 취한 것으로 남오미자속을 일컫는다. 종소명 *japonica*는 '일본의'라는 뜻으로 최초 발견지를 나타낸다.

[다른이름] 남오미자나무(한진건 외, 1982)[6]

[중국/일본명] 중국명 日本南五味子(ri ben nan wu wei zi)는 일본에서 자라는 남오미자(南五味子)라는 뜻으로 학명과 관련되어 있다. 일본명 サネカヅラ(實葛)는 열매가 아름답고 칡처럼 덩굴져서 자라기 때문에 붙여졌다.

[참고] [북한명] 남오미자 [유사어] 오미자(五味子) [지방명] 젖꼭지나무(전남), 무늬남/무늬낭/푸숨줄/푸슨줄(제주)

Magnolia Kobus *De Candolle*   コブシ
Mognyŏn   목련

목련〈*Magnolia kobus* DC.(1817)〉[7]

목련이라는 이름은 한자어 목련(木蓮)에서 유래한 것으로, 나무에 피는 연꽃이라는 뜻이다. 즉, 꽃의 모양을 연꽃에 비유한 것에서 유래한 이름이다.[8] 목련은 한자어 신이화(辛夷花)에서 유래한 신

---

5   이러한 견해로 이우철(2005), p.135; 김태영·김진석(2018), p.96; 솔뫼(송상곤, 2010), p.494 참조.

6   『제주도및완도식물조사보고서』(1914)는 'プスン, ススミ'[푸슨, 수수미]를 기록했으며 『조선식물명휘』(1922)는 '南五味子, 六亭劑'를, 『토명대조선만식물자휘』(1932)는 '[五味子]오미즈'를 기록했다.

7   『장진성 식물목록』(2014)은 *Magnolia kobus* Siebold & Zucc.(1845)를 정명으로 기재하고 있으나, 이 학명이 기록된 원문에 의하면 *M. kobus* DC.(1817)로 기재되어 있으므로 명명자 표시에 오기가 있는 것으로 보인다. 따라서 이 책은 '국가표준식물목록'(2018)과 '세계식물목록'(2018)에 따라서 정명을 본문과 같이 기재한다.

8   이러한 견해로 이우철(2005), p.226; 박상진(2011a), p.85; 허북구·박석근(2008b), p.120; 전정일(2009), p.40; 오찬진 외

이꽃(신이곧),[9] 약재로 사용하는 꽃봉오리가 붓을 닮았다는 뜻에서 '붓곳'(붓솟=木筆), 목련의 한 종류인 자목련의 보라색 꽃을 비유한 것에서 '가지꽃'(가지꽂, 가디꽂)[10] 등 여러 이름으로 불렸다. 한편 『조선식물향명집』은 백목련(M. denudata)을 재배식물(栽)로, 목련을 자생종으로 기록했다.

속명 *Magnolia*는 프랑스 몽펠리에 대학의 식물학 교수 Pierre Magnol(1638~1715)의 이름에서 유래했으며 목련속을 일컫는다. 종소명 *kobus*는 목련의 일본명 Kobushi(コブシ)에서 유래했다.

다른이름 목연(정태현 외, 1923), 목란(한진건 외, 1982)

옛이름 木筆花(동국이상국집, 1241), 木蓮(삼국유사, 1281), 木筆花(사가집, 1488), 木筆花(대동운부군옥, 1589), 木筆花/辛夷花/신이곧(언해두창집요, 1608), 辛夷/붇곳/木筆(동의보감, 1613), 辛夷/木蘭/붓꽂/가지꽂(물보, 1802), 辛夷/木筆(광재물보, 19세기 초), 辛夷/붓꽂/가디꽂/木蘭/木蓮(물명고, 1824), 木蓮/묘련(동언고, 1836), 辛夷/신이/木蘭/木蓮(명물기략, 1870), 辛夷花/분꽂/木筆(의휘, 1871), 辛夷/붓꽂(선한약물학, 1931)[11]

중국/일본명 중국명 广玉兰(guang yu lan)은 넓은 목련이라는 뜻으로 꽃의 모양에서 유래했다. 일본명 コブシ(拳)는 꽃봉오리가 주먹(拳)을 연상시킨 데서 붙여졌다.

참고 [북한명] 목련 [유사어] 목필(木筆), 북향화(北向花), 생정(生庭), 신이화(辛夷花), 영춘화(迎春花), [지방명] 목남/산목련(제주)

Magnolia denudata *Desrousseaux* ハクモクレン (栽)
Baeg-mognyŏn 백목련

백목련⟨*Magnolia denudata* Desr.(1792)⟩
백목련이라는 이름은 한자어 백목련(白木蓮)에서 유래한 것으로, 흰색 꽃이 피는 목련이라는 뜻이

(2015), p.364; 강판권(2010), p.947; 기태완(2015), p.189 참조.

9   신이(辛夷)의 유래에 대해 명나라 신해년(辛亥年)에 변방의 소수 민족이 사는 작은 마을(夷)에서 가져온 목련 꽃봉오리로 병을 치료했다는 것에서 붙여진 이름이라는 등의 여러 견해가 있다. 꽃봉오리를 한약재로 사용하는데 그때 매운맛(辛)이 나는 데서 '신(辛)'이 유래하고 띠의 어린싹을 뜻하는 제(荑)에서 '이(夷)'가 유래했다고 한다. 이러한 견해로 강판권(2010), p.947과 기태완(2015), p.190 참조.

10 『고어대사전 1』(2016), p.186은 옛말 '가지꽂 빗'을 보랏빛으로 해석하고 있다.

11 『조선어사전』(1920)은 '木蓮(목련), 木蘭(목란)'을 기록했으며 『조선식물명휘』(1922)는 '辛夷, 生庭, 목련, 생강나무'를, 『선명대화명지부』(1934)는 '목련(연), 목년, 생각나무'를, 『조선삼림식물편』(1915~1939)은 'サインカンナム(濟州島)/Sainkangnam'[생강나무(제주도)]를 기록했다.

다.[12] 『조선식물향명집』은 백목련을 재배식물(栽)로 기록했으며 중국이 원산지다.

속명 *Magnolia*는 프랑스 몽펠리에 대학의 식물학 교수 Pierre Magnol(1638~1715)의 이름에서 유래했으며 목련속을 일컫는다. 종소명 *denudata*는 '나출(裸出)된'이라는 뜻이다.

다른이름 목연(정태현 외, 1923), 힌가지꽃나무(박만규, 1949), 흰가지꽃나무(이영노·주상우, 1956), 목란(임록재 외, 1972), 옥란/유란목란(리용재 외, 2011)

옛이름 白木蓮(관암전서, 19세기 중엽), 白木蓮(다산시문집, 1865)[13]

중국/일본명 중국명 玉兰(yu lan)은 보석(玉) 같은 난(蘭: 목련의 의미로도 쓰였음)이라는 뜻이다. 일본명 ハクモクレン(白木蘭)은 흰색 꽃이 피는 목련(モクレン)이라는 뜻이다.

참고 [북한명] 백목련 [유사어] 목란(木蘭), 백련(白蓮), 신이(辛夷), 옥란(玉蘭)

Magnolia liliflora *Desrousseaux* シモクレン (栽)
Ja-mognyŏn 자목련

자목련〈*Magnolia liliiflora* Desr.(1792)〉

자목련이라는 이름은 한자어 자목련(紫木蓮)에서 유래한 것으로, 자주색 꽃이 피는 목련이라는 뜻이다.[14] 『물명고』에 기록된 '가디숫'(가지꽃)은 보라색(자지색)을 띠는 목련이라는 뜻이다.[15]

속명 *Magnolia*는 프랑스 몽펠리에 대학의 식물학 교수 Pierre Magnol(1638~1715)의 이름에서 유래했으며 목련속을 일컫는다. 종소명 *liliiflora*는 '백합(*Lilium*)과 같은 꽃의'라는 뜻이다.

다른이름 목연(정태현 외, 1923), 까지꽃나무(박만규, 1949), 가지꽃나무(임록재 외, 1996)

옛이름 辛夷/붓숫/가디숫/木蘭/木蓮(물명고, 1824),[16] 紫木蓮(관암전서, 19세기 중엽)[17]

중국/일본명 중국명 紫玉兰(zi yu lan)은 자주색 꽃이 피는 목련(玉蘭)이라는 뜻이다. 일본명 シモクレン(紫木蘭)은 자주색 꽃이 피는 목련(モクレン)이라는 뜻이다.

---

12 이러한 견해로 이우철(2005), p.266; 박상진(2011a), p.88; 허북구·박석근(2008b), p.144; 전정일(2009), p.41; 오찬진 외(2015), p.369 참조. 다만 허북구·박석근은 일본명에서 그 유래를 찾고 있으나 백목련이라는 이름은 우리의 옛 문헌에서도 발견되므로 그 타당성은 의문스럽다.

13 『조선식물명휘』(1922)는 '玉蘭, 木蘭, 목련(觀賞)'을 기록했으며 『토명대조선만식물자휘』(1932)는 '[木蘭(花)]목란(화), [木蓮(花)]목련(화), [白木蓮]빅목련'을, 『선명대화명지부』(1934)는 '목련(연)'을 기록했다.

14 이러한 견해로 이우철(2005), p.437; 허북구·박석근(2008b), p.244; 오찬진 외(2015), p.377; 강판권(2010), p.959 참조. 다만 허북구·박석근은 자목련이 일본명을 차용한 것으로 설명하고 있으나 우리의 옛 문헌에도 나오는 표현이므로 타당성은 의문스럽다.

15 『고어대사전 1』(2016), p.186은 옛말 '가지숫 빗'을 보랏빛으로 해석하고 있다.

16 유희의 『물명고』(1824)는 辛夷(신이)에 대해 "紫苞紅焰作蓮及蘭花香"(자주색 꽃잎과 붉은 암술은 연꽃 모양을 만들고 난초 향이 난다)이라고 기록해, 辛夷(신이)가 자목련을 지칭한 이름이었음을 시사하고 있다.

17 『조선식물명휘』(1922)는 '辛夷, 木蘭, 木蓮, 목련(觀賞)'을 기록했으며 『선명대화명지부』(1934)는 '목련(연)'을, 『조선삼림식물편』(1915~1939)은 'モクニョン(朝鮮)[목련(조선)]'을 기록했다.

참고 [북한명] 자목련 [유사어] 두란(杜蘭), 목란(木蘭), 목필(木筆), 신이(辛夷), 자옥란(紫玉蘭), 자옥련(紫玉蓮) [지방명] 적목련(전남)

Magnolia parviflora *Siebold et Zuccarini*   オホヤマレンゲ
Hambaĝĝot-namu   함박꽃나무

함박꽃나무〈*Magnolia sieboldii* K.Koch(1853)〉

함박꽃나무라는 이름은 '함박꽃'과 '나무'의 합성어로, 함박꽃을 피우는 나무라는 뜻에서 유래했다. 옛 문헌에 따르면 함박꽃은 작약(芍藥)에 대한 고유명이며 한박곳(한박곳)에서 발음이 전이된 단어로, 박꽃과 비슷하게 큰 꽃 또는 함지박(함박)을 닮은 꽃이라는 뜻에서 유래했다. 옛 문헌에 따라 작약을 '함박꽃'이라고도 하지만, 『조선삼림수목감요』는 당시 '함박꽃나무'를 전국적으로 통용(通)되던 이름으로 기록했다. 이에 비추어보면 함박꽃(나무)은 여러 식물을 일컫는 이름으로 사용했던 것으로 보인다. 옛 문헌을 보면 중국명인 天女花(천녀화)라는 이름과 금강산에서 자생하는 식물로 木蘭(목란)이라는 이름으로 기록한 것도 발견된다.[18]

속명 *Magnolia*는 프랑스 몽펠리에 대학의 식물학 교수 Pierre Magnol(1638~1715)의 이름에서 유래했으며 목련속을 일컫는다. 종소명 *sieboldii*는 독일 의사이자 생물학자로 일본 식물을 연구한 Philipp Franz von Siebold(1796~1866)의 이름에서 유래했다.

다른이름 함박꽃나무(정태현 외, 1923), 함백이꽃/흰뛰함박꽃(박만규, 1949), 얼룩함박꽃나무(정태현, 1956), 흰띠함박꽃(안학수·이춘녕, 1963), 목란/산목란(임록재 외, 1972), 목련(한진건 외, 1982), 산목련(이우철, 1996b)

옛이름 天女花(둔촌잡영, 1686), 木蓮(서계집, 1703), 木蘭(동유일기, 1749), 天女花(옥수집, 1866)[19]

중국/일본명 중국명 天女花(tian nü hua)는 천녀(天女: 하늘에서 내려온 신녀) 같은 꽃이라는 뜻이다. 일

---

18 『동유일기』(1749)의 '木蘭'(목란)을 함박꽃나무로 이해하는 견해로 공광성 외(2017), p.130 참조. 한편 박세당이 저술한 『서계집』(1703)에도 "今三角諸山 亦有木蓮"(지금 삼각의 여러 산에도 또한 목련이 있다)이라고 한 것에 비추어 이때 '木蓮'(목련)은 함박꽃나무를 지칭했을 것으로 추론된다.

19 「조선주요삼림수목명칭표」(1912)는 '함박꽃누무'를 기록했으며 『조선식물명휘』(1922)는 '天女花, 함박꽃나무(觀賞)'를, 『토명대조선만식물자휘』(1932)는 '[辛夷]신이, [木筆]목필, [辛夷苞]신이포'를, 『선명대화명지부』(1934)는 '함박꽃나무'를, 『조선삼림식물편』(1915~1939)은 'ハンバルコルナム(全南)/Hanpak-kot-nam, ハンパクコツナム(朝鮮)/Hanbak-ko-nam'[함박꽃나무(전남), 함박꽃나무(조선)]를 기록했다.

본명 オホヤマレンゲ(大山蓮花)는 나라현 오미네산(大峰山)에서 자라고 꽃이 연꽃을 닮은 식물이라는 뜻에서 붙여졌다.

참고 [북한명] 목란 [유사어] 천녀목란(天女木蘭), 천녀화(天女花) [지방명] 함박꽃(경남), 함박꽃(전남), 사낭박(전북)

Schizandra chinensis *Baillon* テフセンゴミシ
Omija 오미자 五味子

오미자〈*Schisandra chinensis* (Turcz.) Baill.(1868)〉

오미자는 오래전부터 약용 및 식용한 식물로, 오미자라는 이름은 열매에서 5가지 맛(五味)이 난다는 뜻에서 유래했다.[20] 중국의 이시진은 『본초강목』에서 "皮肉甘酸 核中辛苦 都有鹹味 此則五味具也 故名爲五味子"(껍질과 살은 달고 시며, 씨는 맵고 쓰면서 모두 짠맛이 있다. 이렇게 5가지 맛이 나 나기 때문에 오미지리고 한다)라고 했다.

속명 *Schisandra*는 그리스어 *schisis*(분열, 갈라진)와 *andros*(수술, 남성, 씨앗)의 합성어로, 꽃밥이 세로로 갈라지는 모양을 나타낸 것이며 오미자속을 일컫는다. 종소명 *chinensis*는 '중국에 분포하는'이라는 뜻으로 최초 발견지 또는 분포지를 나타낸다.

다른이름 오미자(정태현 외, 1923), 개오미자(정태현 외, 1949), 오미자나무(임록재 외, 1996), 조선오미자(리용재 외, 2011)

옛이름 五味子/오미즈(구급간이방언해, 1489), 五味子/오미즈(언해두창집요, 1608), 五味子/오미즈(언해태산집요, 1608), 五味子/오미즈(동의보감, 1613), 五味/오미즈(제중신편, 1799), 五味子/오미즈(물보, 1802), 五味子/오미즈(광재물보, 19세기 초), 오미즈(규합총서, 1809), 五味子/오미자(물명고, 1824), 오미즈/五味子(한불자전, 1880), 五味/오미즈(방약합편, 1884), 五味子/오미자(선한약물학, 1931)[21]

중국/일본명 중국명 五味子(wu wei zi)는 5가지 맛이 난다는 뜻이다. 일본명 テフセンゴミシ(朝鮮五味

---

20 이러한 견해로 이우철(2005), p.404; 박상진(2011a), p.417; 김태영·김진석(2018), p.97; 허북구·박석근(2008b), p.221; 전정일(2009), p.42; 오찬진 외(2015), p.391; 솔뫼(송상곤, 2010), p.488 참조.

21 『조선한방약료식물조사서』(1917)는 '오미자(東醫), 五味子, 北五味子'를 기록했으며 『조선어사전』(1920)은 '五味子(오미즈)'를, 『조선식물명휘』(1922)는 '北五味子, 五味子, 오미자(救)'를, 『토명대조선만식물자휘』(1932)는 '[五味子]오미즈'를, 『선명대화명지부』(1934)는 '오미자(나무)'를, 『조선의산과와산채』(1935)는 '北五味子, 오미자'를, 『조선삼림식물편』(1915~1939)은 'オーミヅャ(全南)/O-mi-dja'[오미자(전남)]를 기록했다.

子)는 한반도(朝鮮)에 분포하는 오미자라는 뜻이다.

참고 [북한명] 오미자나무 [유사어] 북오미자(北五味子) [지방명] 매자열매/오매자/오메지(강원), 오매자/오매자나무/오배자(경기), 오기자/유비자(전남), 오미자나무(전북), 오미저/웨미자(제주), 오매자/왜매자/왜매재(함남), 오매자/오머지/오무자/오무재(함북)

Schizandra nigra *Maximowicz*   マツブサ
Húgomija 흑오미자

흑오미자⟨*Schisandra repanda* (Siebold & Zucc.) Radlk.(1886)⟩

흑오미자(黑五味子)라는 이름은 『조선식물향명집』에 따른 것으로, 열매가 검게(黑) 익는 오미자라는 뜻이며 옛 학명과 관련 있다.[22] 17세기에 저술된 『탐라지』는 흑오미자를 '五味子'(오미자)로 기록했는데, 이에 비추어 예전에는 열매가 붉게 익는 오미자와 같은 이름을 사용한 것으로 보인다[소위 '異物同名'(이물동명)].[23]

속명 *Schisandra*는 그리스어 *schisis*(분열, 갈라진)와 *andros*(수술, 남성, 씨앗)의 합성어로, 꽃밥이 세로로 갈라지는 모양을 나타낸 것이며 오미자속을 일컫는다. 종소명 *repanda*는 '잔물결 치는, 꾸불꾸불한'이라는 뜻으로 잎의 모양에서 유래했다. 옛 종소명 *nigra*는 '검은'이라는 뜻으로 열매가 검게 익는 것에서 유래했다.

다른이름 북오미자(박만규, 1949), 검오미자(안학수·이춘녕, 1963), 검은오미자(임록재 외, 1972)

옛이름 五味子(제주풍토록, 1521), 五味子(탐라지, 1653), 五味子(성호사설, 1740), 五味子(오주연문장전산고, 185?)[24][25]

중국/일본명 중국에서는 흑오미자의 분포가 확인되지 않는다. 일본명 マツブサ(松房)는 줄기를 자르면 소나무 향이 나고 열매가 송이(房)를 이루어 아래로 처져 자라기 때문에 붙여졌다.

참고 [북한명] 검은오미자 [지방명] 오미자쿨/오미저(제주)

---

22 이러한 견해로 이우철(2005), p.602와 박상진(2011a), p.417 참조.

23 그러나 이창숙 외(2016)는 『탐라지』(1653)의 오미자(五味子)는 오미자(*S. chinensis*)를 기록한 것으로 보고 있다.

24 이익의 『성호사설』(1740)은 제주도의 과품(吡羅果品)을 논하면서 "二是五味子 深黑大如蘡薁味又濃甘 土人以充盃盤之用 乾之滋潤異常"[둘째는 오미자(五味子)인데, 빛은 새까맣고 크기는 새머루(蘡薁)와 같으며 맛도 달다. 토착민들은 이를 주안상에 쓰는데, 마를수록 윤기가 더 나니 신기하다]이라고 흑오미자를 기술했다. 이규경의 『오주연문장전산고』(185?)는 제주도의 과일(吡羅異果辨證說)을 논하면서 "五味子 風土錄 實深黑而大如濃熟山葡萄 味又濃甘"(『풍토록』에 의하면 오미자는 열매가 매우 검고 크며 잘 익은 머루와 같고 맛이 또한 아주 달다)이라고 흑오미자를 기술했다. 이러한 기록은 『탐라지』(1653)도 동일하다.

25 『선명대화명지부』(1934)는 '오미자(나무)'를 기록했으며 『조선삼림식물편』(1915~1939)은 'オーミヅャ(濟州島)/Ohmidja'[오미자(제주)]를 기록했다.

Lauraceae 녹나무科 (樟科)

녹나무과〈**Lauraceae** Juss.(1789)〉

녹나무과는 국내에 자생하는 녹나무에서 유래한 과명이다. '국가표준식물목록'(2018), 『장진성 식물목록』(2014) 및 '세계식물목록'(2018)은 *Laurus*(월계수속)에서 유래한 Lauraceae를 과명으로 기재하고 있으며, 엥글러(Engler), 크론키스트(Cronquist) 및 APG IV(2016) 분류 체계도 이와 같다. 다만, APG III (2009) 분류 체계에서 *Machilus*(후박나무속)를 *Persea*(페르세아속)로 통합했다.

Benzoin glaucum *Siebold et Zuccarini*　ヤマカウバシ
Baegdongbaeg-namu　백동백나무

감태나무〈*Lindera glauca* (Siebold & Zucc.) Blume(1851)〉

감태나무라는 이름은 『조선삼림식물도설』에 따른 것이다.[1] 잎이나 일년생가지에서 나는 향기가 해조류인 '감태' 냄새와 비슷해 유래한 이름으로 추정한다.[2] 주로 바닷가 근처에서 자라는 독특한 향이 있는 식물로, 향과 관련된 중국명 山胡椒(산호초)가 우리 문헌에서도 발견된다. 한편 줄기에 검은 때가 끼었다는 뜻에서 유래한 이름으로 보는 견해가 있으나,[3] 회백색 바탕의 줄기에 흰 반점이 드문드문 있는 것을 검은 때로 보기는 어렵다. 『조선식물향명집』에서 기록한 '백동백나무'는 동백나무처럼 열매로 기름을 짜고 잎 뒷면과 나무껍질에 흰색(회갈색)이 돌아서 붙여진 이름이다.

　속명 *Lindera*는 스웨덴 식물학자 Johann Linder(1676~1723)의 이름에서 유래했으며 생강나무속을 일컫는다. 종소명 *glauca*는 '회녹색의, 청록색의'라는 뜻으로 잎 뒷면과 나무껍질에 흰색이 도는 것에서 유래했다.

다른이름　빅동빅나무(정태현 외, 1923), 백동백나무(정태현 외, 1937), 간자목/개박달나무/뢰성목(정태현, 1943), 백동백(이창복, 1966), 흰동백나무(임록재 외, 1972)

1　이에 대해서는 『조선삼림식물도설』(1943), p.219 참조.
2　이에 대해서는 박상진(2015), p.292 참조. 남부 지방에서는 어린잎을 봄에 뜯어 나물로 먹기도 하는데, 그때의 어린잎이 해초처럼 미끄러운 느낌이 있기 때문에 거기서 '감태'나무라는 이름이 유래했을 수도 있다.
3　이러한 견해로 솔뫼(송상곤, 2010), p.140 참조.

옛이름   山胡椒(광재물보, 19세기 초)[4]

중국/일본명   중국명 山胡椒(shan hu jiao)는 산에서 자라는 후추나무(胡椒)라는 뜻이다. 일본명 ヤマカウバシ(山香し)는 산에서 자라고 가지를 꺾으면 향기가 나서 붙여졌다.

참고   [북한명] 흰동백나무 [유사어] 뇌성목(雷聲木), 산호초(山胡椒), 석한죽(石寒竹), 피뢰목(避雷木) [지방명] 도리깨열나무(경상)

Benzoin obtusilobum *O. Kuntz*   ダンコウバイ

Saenggang-namu   생강나무(개동백나무·아구사리)   黃梅木

생강나무〈*Lindera obtusiloba* Blume(1851)〉

생강나무라는 이름은 고유명으로, 가지를 꺾거나 잎을 비비면 생강 냄새가 난다는 뜻에서 유래했다.[5] 19세기에 저술된 한방서 『녹효방』은 '새양늬ᄂᆞᆫ나모'(생강내나는나무)라고 해 생강 냄새에서 이름이 유래했음을 명확히 기록했다. 강원도에서는 남쪽에서 자라는 동백나무 열매의 기름처럼 옛 여인들이 생강나무의 열매로 기름을 짜서 머리에 발랐다고 해 '동백나무'라고 한다. 김유정의 소설 「동백꽃」에 나오는 동백나무는 생강나무를 일컫는 것이다.

속명 *Lindera*는 스웨덴 식물학자 Johann Linder(1676~1723)의 이름에서 유래했으며 생강나무속을 일컫는다. 종소명 *obtusiloba*는 '둔두 잔열의, 열편의 가장자리가 둔한'이라는 뜻으로 잎끝의 갈라짐이 무딘 것에서 유래했다.

다른이름   싱강나무(정태현 외, 1923), 생강나무(정태현 외, 1936), 개동백나무/아구사리(정태현 외, 1937), 동백나무/아위나무(정태현, 1943)

옛이름   黃梅/싱강나모/아희나무(주촌신방, 1687), 鵝孩花(성호사설, 1740),[6] 黃梅枝/生薑木(홍재전서,

---

4   『조선식물명휘』(1922)는 '개박달나무'를 기록했으며 『선명대화명지부』(1934)는 '개박달나무'를, 『조선삼림식물편』(1915~1939)은 'Kamte/カムテ(全南), Pektonpegi/ペクトンペギ, Baegdongbaegnam/ベグドンベクナム(濟州島)'[감태(전남), 백동백, 백동백나무(제주도)]를 기록했다.

5   이러한 견해로 박상진(2001), p.424; 김태영·김진석(2018), p.77; 허북구·박석근(2008b), p.188; 전정일(2009), p.43; 오찬진 외(2015), p.418; 솔뫼(송상곤, 2010), p.150; 김종원(2013), p.626 참조.

6   『성호사설』(1740)은 "木有俗名鵝孩花者 黃蕋繁毳如鵝兒毛 有臭類生薑入扵鄕藥方"[아해화(鵝孩花)라고 부르는 나무가 있는데 노란 꽃이 새끼거위의 털처럼 보들보들하고 생강 냄새가 나는 것으로 향약방(鄕藥方)에 나온다]이라고 기록해, '鵝孩花'(아해화)가 생강나무임을 시사하고 있다.

1787), 黃梅/싱강나모(제중신편, 1799), 黃梅/싱강나모(물보, 1802), 生薑木/서양나모(물명고, 1824), 黃梅茶/生薑樹(송남잡지, 1855), 黃梅/싱강나모(의종손익, 1868), 蠟梅(랍미)/싱양나무/黃梅(황미)(명물기략, 1870), 生薑木/새양늬ᄂᆞᄂᆞ는나모(녹효방, 1873), 싀양나무/황미/黃梅/아히나무(한불자전, 1880), 黃梅/싱강나모(방약합편, 1884), 아의나무(의방합편, 19세기), 黃楊/서양ᄂᆞ무(일용비람기, 연대미상)[7]

<mark>중국/일본명</mark> 중국명 三椏乌药(san ya wu yao)는 잎(가지)이 세 갈래 지는 오약(烏藥: 타이완과 일본 남부 지방 등에서 자라는 녹나무과의 나무)이라는 뜻이다. 일본명 ダンコウバイ(檀香梅)는 나무에서 백단(白檀) 향기가 나며 매화(梅)와 같이 일찍 꽃이 피는 것에서 유래했다.

<mark>참고</mark> [북한명] 생강나무 [유사어] 랍매(蠟梅), 산동백나무(山冬柏一), 삼첩풍(三鉆風), 생단목(生檀木), 수양매(水楊梅), 황매목(黃梅木) [지방명] 동바기/동박/동백/동백기름/동백나무/동백주(강원), 동백/동백기름/동백나무/동백순/봄동백(경기), 도롱백/동박나무/동백/동백나무/동복나무/작설차(경남), 동박/동박나무/동백/동백나무/동복나무/작설차(경북), 생강초/아구사리/아구사리나무(전남), 동백나무/동벽나무/생각나무/생강대나무/아구사리/아구사리나무(전북), 동백/동백기름/동백나무/동백지름/새앙나무(충남), 가죽나무/동백나무(충북)

Benzoin erythrocarpum *Rehder*   カナグギノキ
Bimog-namu   비목나무

비목나무〈*Lindera erythrocarpa* Makino(1897)〉

비목나무라는 이름은 남부 지방의 방언에서 유래한 것으로,[8] 최초의 한글명은 『조선삼림수목감요』에서 발견된다. 『조선삼림수목감요』는 비목나무의 한자명으로 白木(백목)을 기록했는데 이는 중국이나 일본에서 비목나무에 사용하지 않는 한자명이고, 함께 기록한 '보얀폭이'에서 '보얀'은 흐린 흰색을 뜻하는 '보얗다'와 관련 있는 것으로 보인다.[9] 나무껍질이 황백색 또는 흐릿한 흰색을 띠는 점에 비추어 비목나무는 '백목'(白木)에서 파생해 불리던 지방명일 것으로 추정한다.[10] 한편 목재가 단단해 장례 때 하관하는 기구인 풍비(豐碑)나 무덤 앞에 세우는 비목(碑木)으로 사용한 데

---

7 『조선한방약료식물조사서』(1917)는 '싱강나무(京畿, 慶北), 아나무(江原), 黃梅木'을 기록했으며 『조선어사전』(1920)은 '黃梅(황미), 蠟梅(랍미), 새양나무'를, 『조선식물명휘』(1922)는 '黃梅木, 동빅나무, 황미목, 싱강나무(油料, 藥)'를, 『선명대화명지부』(1934)는 '동백나무, 생강나무, 황미목'을, 『조선의산과와산채』(1935)는 '黃梅木, 싱강나무'를, 『조선삼림식물편』(1915~1939)은 '셍ㄴ강남(漢藥)/Saenggangnam, トンビャクナム/Tongbyaknam, トンビャクナム(京畿, 忠淸, 慶南, 全南)/Tongpaiknamu, アグサリ(全南求禮)/Agsari, フックルナム(莞島)/Fucclnam, カサイチュツク(濟州島)/Kaseichuc'[생강나무(한약), 동백나무(경기, 충청, 경남, 전남), 아구사리(전남 구례), 부끌나무(완도), 가새쪽(제주도)]을 기록했다.
8 『조선삼림수목감요』(1923), p.43은 '慶尙' 방언으로, 『조선삼림식물편』(1915~1939)은 '全南' 방언으로 기록했다.
9 이러한 견해로 솔뫼(송상곤, 2010), p.144 참조.
10 이러한 견해로 오찬진 외(2015), p.413 참조.

서 유래했다고 추정하는 견해가 있으나,[11] 하관 시 풍비를 사용하는 것은 중국의 풍습으로[12] 우리의 풍습인지는 명확하지 않으며 비목나무로 비목(碑木)을 만들었다는 기록이나 용례는 발견되지 않으므로 그 타당성은 의문스럽다.[13]

속명 *Lindera*는 스웨덴 식물학자 Johann Linder(1676~1723)의 이름에서 유래했으며 생강나무속을 일컫는다. 종소명 *erythrocarpa*는 '붉은 열매의'라는 뜻으로 열매가 붉게 익어서 붙여졌다.

다른이름 보얀폭이/비목나무(정태현 외, 1923), 보얀목(정태현, 1943), 윤여리나무(박만규, 1949)[14]

중국/일본명 중국명 红果山胡椒(hong guo shan hu jiao)는 붉은 열매가 달리는 산호초(山胡椒: 감태나무)라는 뜻이다. 일본명 カナグギノキ(鉄釘の木)는 쇠로 된 못과 같이 단단한 나무라는 뜻에서 붙여졌다.

참고 [북한명] 비목나무 [유사어] 백목(白木), 첨당과(詹糖果) [지방명] 뱀염푸기/베염부기/베염페기/베염포기/베염푸기/벤페기(제주)

Cinnamomum Camphora *Nees et Eberm.*　クスノキ　樟
Nog-namu 녹나무

녹나무〈*Cinnamomum camphora* (L.) J. Presl(1825)〉

녹나무라는 이름은 어린 나뭇가지가 붉은빛이 도는 녹색을 띠어 마치 쇠에 녹(綠)이 슨 것처럼 보인다는 뜻에서 유래했다. 「화한한명대조표」는 제주 방언을 채록한 '녹ᄂ무'로 기록했는데,[15] 제주에서도 산화 작용으로 인해 쇠붙이 겉에 생기는 물질을 '녹'이라고 한다.[16] 옛 문헌에서 한자명으로 樟(장), 楠(남) 또는 柟(남) 등으로 사용했다. 녹나무의 옛이름으로 『신증유합』은 '남목'이라는 한글명을 기록했으나, 이는 한자명 '楠' 또는 '柟'을 나타낸 것으로 보인다. 한편 『신증동국여지승람』

11　이러한 견해로 김종원(2013), p.619와 박상진(2011b), p.254 참조.
12　이에 대해서는 19세기에 정약용이 저술한 『여유당전서』 중 「喪禮四箋 卷七」 편 참조.
13　이와 관련하여 박상진(2019), p.225는 실제로 비중이 높지 않고 잘 썩지 않는 것도 아니어서 비목(碑木)으로 사용하기에 적합하지 않다는 취지로 설명하고 있다.
14　『선명대화명지부』(1934)는 '보야, 보얀폭이, 비목나무'를 기록했으며 『조선삼림식물편』(1915~1939)은 'ピャイモンナム(全南)/Pyaimon-nam, ペアムポギ(濟州島)/Peam-pogi'[비목나무(전남), 베염포기(제주도)]를 기록했다.
15　제주 방언을 채록했다는 것에 대해서는 『조선삼림수목감요』(1923), p.44 참조.
16　이에 대해서는 현평호·강영봉(2014), p.76 참조.

738

등에서 제주도와 전라도에 분포하는 것으로 기록한 '櫨木'(노목)에 대해 『오주연문장전산고』는 무환자나무과의 모감주나무(木甘珠木)로 해석했으나,[17] 『탐라지』에서 "木有腦香氣"(나무에 뇌향의 기운이 있다)라고 했고 모감주나무에 대해 '櫨木'을 사용한 예가 없는 점에 비추어 녹나무의 차자(借字) 표기로 추정한다.[18] 또한 녹나무의 일년생가지가 연한 초록색을 띠고 있으므로 초록빛 녹(綠)을 써서 녹나무라고 불리게 된 것으로 보는 견해가 있으나,[19] 녹나무의 일년생가지는 황록색이고 나무의 일년생가지는 대부분 녹색이므로 그 타당성은 의문스럽다.

속명 Cinnamomum은 계피를 뜻하는 히브리어 qinnamon 또는 고대 그리스어 kinamomon이 어원으로 녹나무속을 일컫는다. 종소명 camphora는 '장뇌가 있는'이라는 뜻으로 장뇌(樟腦)를 뜻하는 아랍어에서 유래했다.

다른이름 녹나무(정태현 외, 1923)

옛이름 樟木(세조실록, 1462), 樟木/쟝목(구급방언해, 1466), 櫨木(신증동국여지승람, 1530), 楠枏/남목(신증유합, 1576), 櫨木(탐라지, 1653), 櫨木(남환박물, 1704), 樟/樟腦(본사, 1787), 枏/豫樟(물명고, 1824), 櫨木/樟/木甘珠木(오주연문장전산고, 185?), 樟/여쟝나무(신자전, 1915), 樟腦(선한약물학, 1931)[20]

중국/일본명 중국명 樟(zhang)은 녹나무를 나타내기 위해 고안된 한자로, 뜻을 나타내는 木(나무)과 음을 나타내는 章(장)으로 이루어졌으며 나뭇결에 무늬가 많은 것에서 유래했다.[21] 일본명 クスノキ는 '기이한 나무'라는 뜻의 奇しき木(クシキキ) 또는 '즐거운 나무'라는 뜻의 薬の木(クスリノキ), '냄새가 나는 나무'라는 뜻의 臭し木(クサシキ) 등에서 유래했다고 하나 확정된 견해는 없는 것으로 보인다.

참고 [북한명] 녹나무 [유사어] 예장(豫樟), 장뇌(樟腦), 장뇌목(樟腦木), 장뇌수(樟腦樹), 장목(樟木), 장수(樟樹), 향장목(香樟木) [지방명] 녹남/녹낭/농낭/롱낭/우박(제주)

---

17 이창숙 외(2016), p.233은 櫨木을 무환자나무로 해석하고 있다.

18 이러한 견해로 김규섭 외(2015), p.64 참조.

19 이러한 견해로 박상진(2019), p.85 참조.

20 「화한한명대조표」(1910)는 '녹노무, 腦木'을 기록했으며 『조선한방약료식물조사서』(1917)는 '녹나무(濟州島), 厚朴'을, 『조선어사전』(1920)은 '樟木(쟝목)'을, 『조선식물명휘』(1922)는 '樟, 樟樹, 腦木, 녹나무(藥, 工業)'를, 『토명대조선만식물자휘』(1932)는 '[樟木]쟝목'을, 『선명대화명지부』(1934)는 '녹나무'를, 『조선삼림식물편』(1915~1939)은 ノグナム/Nog-nam(濟州島)[녹나무(제주도)]를 기록했다.

21 이러한 견해로 서명응이 저술한 『본사』(1787) 중 '樟' 부분 참조.

Cinnamomum japonicum *Siebold* ヤブニッケイ
Saeṅgdal-namu 생달나무

생달나무〈*Cinnamomum yabunikkei* H.Ohba(2006)〉

생달나무라는 이름은 전남 방언에서 유래한 것으로,[22] 옛 문
헌에 한자명 '栍橽'(생달)로 기록된 바 있다. 한자명 栍橽에서
'栍'은 특별히 기억할 만한 것을 표시하기 위해 글을 써서 붙
이는 좁은 종이쪽(찌)을 뜻하고 '橽'은 박달나무를 뜻한다. 따
라서 생달나무라는 이름은 잎이 찌처럼 좁고 가늘며 박달나
무를 닮았다는 뜻에서 유래한 것으로 추정한다. 栍橽(생달)은
방언에서 사용된 용어를 한자로 차자(借字)했을 가능성도 고
려해볼 수 있다. 그러나 조선 후기 이유원이 저술한 『가오고
략』은 "海南等地 有栍橽實 取油凝而鑄燭不下燭 治婦女乳腫 亦
丁洌水法也"[해남 등지에 생달나무 열매가 있는데, 기름을 취해 응
고시켜 초를 만들면 품질이 기름초(膩燭)보다 뒤떨어지지 않는다. 부

녀의 유종을 치료하는 약으로도 쓴다. 이 또한 정열수(丁洌水: 다산 정약용을 말함)가 고안한 방법이다]라고
했고, 다산 정약용의 『여유당전서』에 동일한 이름이 나오는 것으로 보아 정약용이 부여하거나 기
록한 이름이 민간에 파급되어 유래했을 것으로 보인다.

속명 *Cinnamomum*은 계피를 뜻하는 히브리어 *qinnamon* 또는 고대 그리스어 *kinamomon*
이 어원으로 녹나무속을 일컫는다. 종소명 *yabunikkei*는 생달나무의 일본명 ヤブニッケイ(藪肉
桂)에서 유래했다.

다른이름 싱달무/신신무(정태현 외, 1923)

옛이름 桂(남환박물, 1704),[23] 天竺桂(물명고, 1824), 栍橽(여유당전서, 19세기 초), 栍橽實(가오고략,
1872), 산딜/生橽(녹효방, 1873)[24]

중국/일본명 중국명 天竺桂(tian zhu gui)는 인도에서 온 계(桂: 목서, 녹나무, 월계수 종류의 통칭)라는 뜻
이다. 일본명 ヤブニッケイ(藪肉桂)는 덤불 속에서 자라는 육계(肉桂)라는 뜻이다.

참고 [북한명] 생달나무 [유사어] 천립계(天笠桂), 천축계(天竺桂), 토육계(土肉桂) [지방명] 생대나무

---

22 이에 대해서는 『조선삼림수목감요』(1923), p.44와 『조선삼림식물도설』(1943), p.224 참조.

23 이창숙 외(2016), p.232는 『남환박물』(1704)에 기록된 桂(계)는 생달나무를 지칭한 것으로 보고 있다.

24 『제주도및완도식물조사보고서』(1914)는 '사당나무'[사당낭]를 기록했으며 『조선식물명휘』(1922)는 '土肉桂, 생달나무,
신신무(藥)'를, 『토명대조선만식물자휘』(1932)는 '[土肉桂]토육계'를, 『선명대화명지부』(1934)는 '생달나무, 신신무'를,
『조선삼림식물편』(1915~1939)은 'センタルナム(莞島)/Sental-nam'[생달나무(완도)]를 기록했다.

(전남), 사다기낭/사당낭(제주)

Litsea japonica *Jussien*　ハマビハ
Gamagwe-jognamu　가마귀쪽나무

까마귀쪽나무〈*Litsea japonica* (Thunb.) Juss.(1801)〉

까마귀쪽나무라는 이름은 제주 방언 '까마귀쪽낭'에서 비롯
했다.[25] '까마귀'는 열매가 검게 익는다는 뜻에서 붙여진 말이
고, 족낭이 때죽나무의 제주 방언이므로[26] '쪽낭'은 때죽나무
를 닮았다는 뜻에서 붙여진 말이다. 따라서 까마귀쪽나무라
는 이름은 때죽나무를 닮았으나 열매가 검게 익는다는 뜻에
서 붙여진 것으로 추정한다.[27] 한편 이 나무의 열매는 초록색
으로 맺혀 다음 해 여름과 가을에 걸쳐 푸른빛이 도는 새까만
색으로 익는데, 그 빛깔이 쪽을 삶아 넘색물을 민들였을 때의
진한 흑청색이라서 마치 까마귀의 검푸른 몸빛 같다는 뜻에
서 유래했다는 견해도 있다.[28] 『조선식물향명집』은 '가마귀쪽
나무'로 기록했으나 『한국식물명감』에서 표기법에 맞추어 '까
마귀쪽나무'로 개칭해 현재에 이르고 있다.

속명 *Litsea*는 중국어 李子(li zi, 자두)에서 유래한 것으로, 열매가 작은 자두를 닮은 것을 나타
내며 까마귀쪽나무속을 일컫는다. 종소명 *japonica*는 '일본의'라는 뜻으로 발견지 또는 분포지를
나타낸다.

다른이름　가마귀쪽나무(정태현 외, 1923), 가마귀쪽나무(정태현 외, 1937), 구름비낭(이영노, 1996), 구
롬비(이창복, 2003)[29]

중국/일본명　중국명 木姜子(mu jiang zi)는 목본성 강자(姜子=薑子: 생강과 비슷한 식물)라는 뜻이다. 일
본명 ハマビハ(海浜枇杷)는 바닷가에서 자라는 비파나무를 닮은 식물이라는 뜻이다.

25　이에 대해서는 『조선삼림수목감요』(1923), p.44와 『조선삼림식물편』(1915~1939) 제22집, p.53 참조.
26　이에 대해서는 이 책 '때죽나무' 중 '참고' 부분 참조.
27　『조선삼림수목감요』(1923)는 된소리가 나는 '가마귀쪽나무'로 기록했으나, 『조선삼림식물편』(1915~1939)은 된소리가 아
　　닌 '쪽낭'과 관련 있는 'カマグェジョグナム(濟州島)/Kamagwe-zyog-nam'를 기록하기도 했다.
28　이러한 견해로 박상진(2019), p.62 참조.
29　『선명대화명지부』(1934)는 '가마귀쪽나무'를 기록했으며 『조선삼림식물편』(1915~1939)은 'カマグイチョクナム(濟州島)/
　　Kamagui-chok-nam, カマグェジョグナム(濟州島)/Kamagwe-zyog-nam'[가마귀쪽나무(제주도), 가마귀쪽나무(제주도)]
　　를 기록했다.

[북한명] 까마귀쪽나무 [유사어] 빈비파(瀕枇杷) [지방명] 구럼비낭/구룸비낭/구룸페기/구룸 푸기/구름비낭/부레기낭/부렝기낭/부룸페기(제주), 부레기낭(함북)

Machilus japonica *Siebold et Zuccarini* アヲガシ
Sendal-namu 센달나무

센달나무〈*Machilus japonica* Siebold & Zucc. ex Meisn.(1864)〉[30]

센달나무라는 이름은 『조선삼림수목감요』에 최초 기록된 것으로 보이며, 전남 방언에서 유래했다.[31] 녹나무과 식물 중 센달나무와 함께 제주도와 남부 지방에 서식하는 생달나무(한자어 桂欓에서 유래한 이름으로 잎이 찌처럼 좁고 가늘며 박달나무를 닮았다는 뜻)는 서로 형태가 비슷하고 발음도 유사하다. 실제로 일본어로 센달나무를 최초 기록한 『조선삼림식물편』은 생달나무와 동일한 표기의 이름인 'センタルナム/Sentalnam'을 기록하기도 했다. 이러한 점에 비추어 센달나무는 생달나무로 통칭되다가 발음이 변화해 지역에 따라 '센달나무'로도 불리던 이름이 채록되었을 것으로 추정한다.

속명 *Machilus*는 인도네시아 암보이나의 지역명 *makilan*을 독일 식물학자 Georg Eberhard Rumphius(1627~1702)가 라틴어화한 것으로 후박나무속을 일컫는다. 종소명 *japonica*는 '일본의'라는 뜻으로 발견지 또는 분포지를 나타낸다.

센달나무(정태현 외, 1923)[32]

중국명 長叶润楠(chang ye run nan)은 잎이 긴 윤남(潤楠: 녹나무 종류)이라는 뜻이다. 일본명 アヲガシ(青樫)는 푸른색의 참나무 종류라는 뜻이다.

[북한명] 센달나무 [유사어] 취뇨남(臭尿楠) [지방명] 누룩낭(제주)

---

30 『장진성 식물목록』(2014)은 센달나무의 학명을 본문과 같이 기재하고 있으나, '국가표준식물목록'(2018)은 학명을 *Machilus japonica* Siebold & Zucc.(1846)로, '중국식물지'(2018)는 *Machilus japonica* Siebold & Zuccarini ex Blume(1851)로 명명자를 다르게 기재하고 있다.

31 『조선삼림수목감요』(1923), p.44는 제주 방언에서 유래한 것으로 기록했으나, 『조선삼림식물편』(1915~1939) 제22집, p.34는 전남 방언에서 유래한 것으로 기록했다. 이 책은 생달나무와 발음이 유사한 점에 비추어 전남 방언을 채록한 것으로 보았다.

32 『조선식물명휘』(1922)는 '臭尿楠'을 기록했으며 『선명대화명지부』(1934)는 '센달나무'를, 『조선삼림식물편』(1915~1939)은 'センタルナム/Sentalnam, センダルナム(全南)/Sendalnam'[생달나무, 센달나무(전남)]를 기록했다.

Machilus Thunbergii *Siebold et Zuccarini*　タブ(イヌグス)
Hubag-namu　후박나무　厚朴

후박나무⟨*Machilus thunbergii* Siebold & Zucc. ex Meisn.(1864)⟩ [33]

후박나무라는 이름은 한자어 후박(厚朴)에서 유래한 것으로,
중국의 이시진은 『본초강목』에서 "其木質朴而皮厚 味辛烈而
色紫赤 故有厚朴烈赤諸名"(그 나무가 질박하고 나무껍질이 두터
우며 맛은 맵고 세찬데 그 색이 적자색이어서 후박, 열박, 적박이라는
여러 이름이 있다)이라고 했다. 즉, 나무가 질박하고 나무껍질이
두텁다는 뜻에서 붙여진 이름이다. [34] 종래 중국에서 약재로
사용하는 후박(厚朴)은 목련과 식물에 속하는 종의 나무껍질
을 뜻했으나, [35] 우리나라에는 해당 식물이 분포하지 않아 약성
이 비슷한 녹나무과의 *Machilus thunbergii*를 후박으로 보
고 약용한 것에서 [36] 이 식물에 후박나무라는 이름을 붙였다. [37]
한편 일본은 목련과 식물인 일본목련(*Magnolia obovata*)을 후

박(厚朴)으로 보고 약재로 사용했기 때문에 일제강점기에 도입된 일본목련을 후박이라고 칭하기
도 하지만, [38] 이는 일본의 용례이고 우리의 옛 문헌에서 일컫는 후박은 아니다.

　속명 *Machilus*는 인도네시아 암보이나의 지역명 *makilan*을 독일 식물학자 Georg Eberhard
Rumphius(1627~1702)가 라틴어화한 것으로 후박나무속을 일컫는다. 종소명 *thunbergii*는 스웨

---

33 '국가표준식물목록'(2018), '세계식물목록'(2018) 및 '중국식물지'(2018)는 후박나무의 학명을 *Machilus thunbergii*
　　Siebold & Zucc.(1846)로 기재하고 있으나, 『장진성 식물목록』(2014)은 본문과 같이 기재하고 있으며 1864년에 C. F.
　　Meisner(1800~1874)에 의해 정당하게 공표되었다고 했다.

34 이러한 견해로 김태영·김진석(2018), p.89; 허북구·박석근(2008b), p.324; 오찬진 외(2015), p.421; 강판권(2010), p.931 참조.

35 '중국식물지'(2018)는 *Magnolia officinalis* Rehder & E.H.Wilson(1919)을 '厚朴'으로 보고 있다.

36 『세종실록지리지』(1454)와 『신증동국여지승람』(1530)은 厚朴(후박)을 전라도, 경상도와 제주도 등에 분포하는 식물로 기
　　록했고 『탐라지』(1653)는 제주에서 연말에 진상하는 13종의 약재에 厚朴을 포함하고 있으므로, 대체로 약재 厚朴을 국
　　내에 분포하는 녹나무과의 후박나무로 인식했던 것으로 보인다. 다만 세종5년(1423)의 기록에 명나라에서 수입하는 약
　　재로 厚朴을 언급했고, 『동의보감』(1613)은 厚朴을 唐(당)에서 수입하는 약재라고 표시했으며, 정약용의 『아언각비』(1819)
　　와 이규경의 『오주연문장전산고』(185?)에 중국산 '厚朴'과 국내산 '厚朴'이 서로 다르다는 언급이 있는 것에 비추어, 중국
　　에서 수입한 목련과의 厚朴을 약재로 쓰기도 했던 것으로 보인다.

37 다만 이민화(2015b)에 따르면 한약재 厚朴(후박)은 목련속(*Magnolia*) 식물인 일본 원산의 일본목련(*M. obovata*)과 중국 원
　　산의 중국목련(*M. officinalis*)을 의미하고, 후박나무(*Machilus thunbergii*)는 포함되어 있지 않다. 이에 대한 보다 자세한
　　내용은 이민화(2015b), p.1987 참조.

38 『토명대조선만식물자휘』(1932), p.287은 *Magnolia obovata* Thunb.(1794)를 '[厚朴(木)]후박(목), [厚朴皮]후박피'로 기록
　　했다. 한편 이창숙 외(2016), p.231은 제주 식물을 기록한 『탐라지』(1653)와 『남환박물』(1704)의 후박(厚朴)을 일본목련으
　　로 해석하고 있으나, 당시에 일본목련이 한반도에 분포하지 않았으므로 타당하지 않다.

덴 식물학자로 일본 식물을 연구한 Carl Peter Thunberg(1743~1828)의 이름에서 유래했다.

다른이름 돌쑤나무/후박나무(정태현 외, 1923), 왕후박나무(정태현 외, 1949)

옛이름 厚朴(조선왕조실록, 1423), 厚朴(세종실록지리지, 1454), 厚朴(구급이해방, 1499), 厚朴(신증동국여지승람, 1530), 후박/厚朴(언해태산집요, 1609), 厚朴(동의보감, 1613), 厚朴(의림촬요, 1635), 厚朴(탐라지, 1653), 厚朴(남환박물, 1704), 厚朴(산림경제, 1715), 厚朴(광제비급, 1790), 厚朴/厚皮(청장관전서, 1795), 厚朴(만기요람, 1808), 厚朴(아언각비, 1819), 厚朴(물명고, 1824), 厚朴(오주연문장전산고, 185?), 厚朴/후박(명물기략, 1870), 후박/厚朴(한불자전, 1880), 厚朴(단방비요, 1913), 厚朴(수세비결, 1929)[39]

중국/일본명 중국명 紅楠(hong nan)은 붉은빛이 도는 남(楠: 중국에 분포하는 녹나무과의 상록활엽 교목)이라는 뜻이다. 일본명 タブ는 어원과 유래가 알려져 있지 않으며, 다른이름으로 쓰이는 イヌグス(犬樟)는 녹나무(樟木)와 유사하다는 뜻에서 붙여졌다.

참고 [북한명] 후박나무 [유사어] 토후박(土厚朴) [지방명] 우박나무(경북), 누럭나무/누렁나무/누룩나무/수전과나무/수정과나무/참후박나무/후박피나무(전남), 껍죽/누룩나무/누룩낭/누릅나무/느룩나무/반도리/반두어리/반두월/후박낭(제주), 후방나무(충남)

Neolitsea aciculata *Koidzumi*　イヌガシ
Hinsaedŏgi　힌새더기

새덕이〈*Neolitsea aciculata* (Blume) Koidz.(1918)〉

새덕이라는 이름은 제주 방언 '흰서덕이'에서 유래했다.[40] 일설에는 신 밑창처럼 몸이 납작한 바닷물고기 '서대기'와 비슷한 잎을 가진 나무를 뜻한다고 하지만,[41] 물고기 서대(서대기)의 제주 방언은 '서대, 서치, 섯'으로 그 어형과 발음에서 차이가 있다.[42] 생달나무의 제주 방언이 '사다기낭, 사당낭'인 점에 비추어보면 오히려 '새덕이'는 이와 유사해 사다기(낭)에 대한 발음이 변화된 것으로 보인다. 흰서덕이는 '흰'과 '서덕이'의 합성어로, 잎 뒷면이 흰색이고 잎의 모양이 생달나무(사다기낭)와 유사하다는 뜻에서 유래한 것으로 추정한다. 『조선식물향명집』은 '힌새더기'로 기록했으나 『우리나라 식물자원』에서 '새덕이'로 개칭했다.

---

39 『조선거수노수명목지』(1919)는 '후박, 厚朴'을 기록했으며 『조선어사전』(1920)은 '厚朴(후박)'을, 『조선식물명휘』(1922)는 '楠木, 楠仔木, 厚朴, 후박나무(藥)'를, 『토명대조선만식물자휘』(1932)는 '[楠(子)木]남(ᄌ)목, [枏(子)木]남(ᄌ)목'을, 『선명대화명지부』(1934)는 '돌쑤나무, 후박나무'를, 『조선삼림식물편』(1915~1939)은 'ヌルックナム/Nurucknam, ドウルンナム/Drun-nam, ドルッナム(濟州島)/Doruck-nam, フーバナム(全南, 慶南, 鬱陵島)/Fubanam'[누룩나무, 드른나무, 도룩나무(제주도), 후박나무(전남, 경남, 울릉도)]를 기록했다.

40 이에 대해서는 『조선삼림수목감요』(1923), p.44 참조.

41 이러한 견해로 김태영·김진석(2018), p.83 참조.

42 이에 대해서는 현평호·강영봉(2014), p.200 참조.

속명 *Neolitsea*는 그리스어 *neo*(새로운)와 *Litsea*(까마귀쪽
나무속)의 합성어로, 까마귀쪽나무속과 유사해 붙여졌으며 참
식나무속을 일컫는다. 종소명 *aciculata*는 '바늘모양의'라는
뜻이다.

다른이름 흰식덕이(정태현 외, 1923), 힌새더기(정태현 외, 1937),
흰새덕이(정태현, 1943), 힌생덕이(박만규, 1949), 흰새덕이나무(임
록재 외, 1972)[43]

중국/일본명 중국명 台灣新木姜子(tai wan xin mu jiang zi)는 타
이완에 분포하는 신목강자(新木姜子: 참식나무 종류)라는 뜻이
다. 일본명 イヌガシ(犬-)는 참나무(ガシ)와 유사하다는 뜻에
서 유래했다.

참고 [북한명] 흰새덕이나무 [유사어] 화육계(花肉桂) [지방명] 사대기낭/사데기낭/새댁이/새덕이낭/
신사데기/신새데기/힌새더기(제주)

Neolitsea Sieboldii *Nakai*　シロダモ
Sig-namu　식나무

참식나무〈*Neolitsea sericea* (Blume) Koidz.(1926)〉

참식나무라는 이름은 참(진짜) 식나무라는 뜻으로, 제주 방언
'심낭' 또는 '식낭'에서 유래했다.[44] 제주 방언 '식돗'이 털빛이
흑색과 황색으로 얼룩덜룩한 돼지를 뜻하고 '식쉐'가 칡소(온
몸에 칡덩굴 같은 어룽어룽한 무늬가 있는 소)를 뜻하므로,[45] '식낭'
은 색깔이 섞여 얼룩덜룩한 무늬를 이루는 나무라는 뜻에서
유래한 것으로 추정한다. 즉, 봄에 푸른 잎을 유지한 채 새잎
이 갈색으로 돋는 모습 또는 열매가 붉게 익어 잎과 대비되는
모습이 마치 '식돗' 또는 '식쉐'처럼 얼룩덜룩해 보이는 것에서
붙여진 이름으로 이해된다. 『조선식물향명집』은 '식나무'로 기
록했으나 『조선식물명집』에서 '참식나무'로 개칭해 현재에 이

43　『선명대화명지부』(1934)는 '흰새덕이'를 기록했으며 『조선삼림식물편』(1915~1939)은 'フキンセテギ(濟州島)/Finstegi, ヒ
　　ンセードギ(巨文島, 濟州島)/Hinsedogi'[흰새더기(제주도), 흰새더기(거문도, 제주도)]를 기록했다.
44　이에 대해서는 『조선삼림식물도설』(1943), p.228과 석주명(1947), p.62 참조.
45　'식돗'과 '식쉐'의 뜻에 대해서는 석주명(1947), p.62 참조.

르고 있다.

속명 *Neolitsea*는 그리스어 *neo*(새로운)와 *Litsea*(까마귀쪽나무속)의 합성어로, 까마귀쪽나무속과 유사해 붙여졌으며 참식나무속을 일컫는다. 종소명 *sericea*는 '견모상(絹毛狀)의, 견사상(絹絲狀)의'라는 뜻이다.

다른이름 식나무(정태현 외, 1923)[46]

중국/일본명 중국명 舟山新木姜子(zhou shan xin mu jiang zi)는 저우산(舟山)에 분포하는 신목강자(新木姜子)라는 뜻인데, 新木姜子는 새로운(新) 까마귀쪽나무속(木姜子, *Litsea*)이라는 뜻을 차용한 것으로 보인다. 일본명 シロダモ(白−)는 잎 뒷면에 흰색이 도는 ダモ(タブ와 동형으로 후박나무를 뜻함) 종류라는 뜻이다.

참고 [북한명] 식나무 [유사어] 오과남(五瓜楠), 토후박(土厚朴) [지방명] 반두어리/식남/식낭/심낭(제주)

---

46 『조선식물명휘』(1922)는 '후박나무'를 기록했으며 『선명대화명지부』(1934)는 '후박나무, 희오랑키곡'을, 『조선삼림식물편』(1915~1939)은 'シンナモ(濟州島)/Sinnamo, シグナム(莞島)/Signam'[심나모(제주도), 식나무(완도)]를 기록했다.

Papaveraceae 양귀비꽃科 (罌粟科)

양귀비과〈Papaveraceae Juss.(1789)〉

양귀비과는 재배식물인 양귀비에서 유래한 과명이다. '국가표준식물목록'(2018), 『장진성 식물목록』(2014) 및 '세계식물목록'(2018)은 *Papaver*(양귀비속)에서 유래한 Papaveraceae를 과명으로 기재하고 있으며, 엥글러(Engler), 크론키스트(Cronquist) 및 APG IV(2016) 분류 체계도 이와 같다. 다만, 『조선식물향명집』은 Fumariaceae(현호색과)를 별도 분류하지 않았으나, 엥글러(Engler), 크론키스트(Cronquist) 분류 체계는 별도의 과로 분리했고 '국가표준식물목록'(2018)도 이에 따랐다. 『장진성 식물목록』(2014), '세계식물목록'(2018) 및 APG III(2009) 분류 체계는 Fumariaceae(현호색과)를 다시 포함했고, APG III(2009) 분류 체계부터는 *Coreanomecon*(매미꽃속)도 *Chelidonium*(애기똥풀속)에 통합하고 있다.

○ Adlumia cirrhosa *Rafinesque*　ツルコマクサ
Donggul-myonuri-jumoni　덩굴며누리주머니

줄꽃주머니〈*Adlumia asiatica* Ohwi(1931)〉

줄꽃주머니라는 이름은 덩굴(줄)지어 주머니처럼 생긴 꽃이 달리는 데서 유래한 것으로 추정한다. 『조선식물향명집』에서는 꽃이 '며느리주머니'(금낭화의 다른이름)를 닮았는데 덩굴이 진다고 하여 '덩굴며누리주머니'를 신칭해 기록했으나,[1] 『조선식물명집』에서 '줄꽃주머니'로 개칭해 현재에 이르고 있다.

　속명 *Adlumia*는 미국 식물학자 John Adlum(1759~1836)의 이름에서 유래했으며 줄꽃주머니속을 일컫는다. 종소명 *asiatica*는 '아시아의'라는 뜻으로 원산지 또는 주된 분포지를 나타낸다.

다른이름　덩굴며누리주머니(정태현 외, 1937), 양꽃주머니(정태현, 1965)

중국/일본명　중국명 荷包藤(he bao teng)은 꾸러미를 메고 있는 모양의 덩굴이라는 뜻이다. 일본명 ツルコマクサ(蔓駒草)는 덩굴성으로 금낭화속에 속하는 일본 식물 コマクサ(駒草: 망아지의 얼굴을 닮았다는 뜻에서 유래)를 닮았다는 뜻에서 붙여졌다.

참고　[북한명] 줄꽃주머니

1　이에 대해서는 『조선식물향명집』, 색인 p.35 참조.

Chelidonium majus *Linné*　クサノワウ　白屈菜
Aegidong-pul 애기똥풀(젓풀·까치다리)

애기똥풀〈*Chelidonium asiaticum* (Hara) Krahulc.(1982)〉[2]

애기똥풀이라는 이름은 줄기를 자르면 나오는 노란 유액이 아기가 설사를 할 때 누는 곱똥과 유사하다는 뜻에서 유래했다.[3] 『조선산야생약용식물』에서 최초로 한글명 '아기똥풀'을 기록했고, 『조선식물향명집』에서 '애기똥풀'로 표기를 바꾸었다. 지방명에서도 애기똥풀과 유사한 이름이 발견되는 것에 비추어 민간에서 실제 사용했던 이름을 채록한 것으로 보인다. 다른이름으로 사용된 '씨아똥'은 '씨아'(목화의 씨를 빼는 기구)와 '똥'(糞)의 합성어로, 종자를 목화 씨앗에 비유한 것으로 추정한다.

속명 *Chelidonium*은 그리스어 *chelidon*(제비)에서 유래했으며 꽃이 피는 계절과 연관된 것으로 추정하며 애기똥풀속을 일컫는다. 종소명 *asiaticum*은 '아시아의'라는 뜻으로 주된 분포지를 나타낸다.

다른이름 까치다리/아기똥풀(정태현 외, 1936), 까치다리/젓풀(정태현 외, 1937), 아기똥풀/씨아똥(정태현 외, 1942), 젖풀(안학수·이춘녕, 1963)

옛이름 白屈菜(임원경제지, 1842), 白屈菜/독한소밋자리/까치다리(선한약물학, 1931)[4]

중국/일본명 중국명 白屈菜(bai qu cai)는 줄기에 흰 털이 많고 잎 뒷면이 분백색을 띠는 것과 관련된 이름으로 보이나 정확한 유래는 확인되지 않는다. 일본명 クサノワウ(草の黄)는 노란색 풀이라는 뜻으로 노란색의 유액이 나와서 붙여졌다.

참고 [북한명] 젖풀 [유사어] 백굴채(白屈菜) [지방명] 똥풀/옥풀/옻풀/햇아똥풀(강원), 수박풀(경기), 담초(경남), 담초/똥풀(경북), 똥풀(전남), 달구똥나물/똥풀/아가똥풀/아기똥풀/애기초(전북), 고개초(제주), 똥나물풀/똥풀/연장풀(충남), 똥나물/똥풀/애기똥쑥/연장풀(충북)

2　'국가표준식물목록'(2018)은 애기똥풀의 학명을 *Chelidonium majus* var. *asiaticum* (H. Hara) Ohwi(1949)로 기재하고 있으나, 『장진성 식물목록』(2014)과 '세계식물목록'(2018)은 본문의 학명을 정명으로 기재하고 있다.

3　이러한 견해로 이우철(2005), p.384; 허북구·박석근(2008a), p.149; 이유미(2010), p.159; 김종원(2013), p.62; 권순경(2020.3.18.); 김경희 외(2014), p.43 참조.

4　『제주도및완도식물조사보고서』(1914)는 'ゴウガイチョー'[고개초]를 기록했으며 『조선의 구황식물』(1919)은 '독한소맨자리'를, 『조선식물명휘』(1922)는 '白屈菜, 地黃蓮, 독한소민재리, 씻치다리(毒)'를, 『선명대화명지부』(1934)는 '까치다리, 씻치다리, 독한소민재리'를 기록했다.

Corydalis fumariaefolia *Maximowicz*　ヤツマタエンゴサク
Aegi-hyŏnhosaeg　애기현호색

현호색〈*Corydalis lineariloba* Siebold & Zucc.(1843)〉

'국가표준식물목록'(2018)은 애기현호색을 현호색에 통합해 학명을 *Corydalis remota* Fisch. ex Maxim.(1859)으로 기재하고, 선현호색을 본문의 학명으로 별도 기재하고 있으나, 『장진성 식물목록』(2014)은 애기현호색과 선현호색을 본문의 학명으로 통합한 후 국명을 선현호색으로 하고 있다. 이 책은 통합된 학명에 국명은 현호색으로 기재한다.

○ Corydalis gigantea *Traut. et Mey.* var. macrantha *Regel*　オホムラサキケマン
Kŭn-goebul-jumŏni　큰괴불주머니

큰괴불주머니〈*Corydalis* x *gigantea* Trautv. & C.A.Mey.(1856)〉[5]

큰괴불주머니라는 이름은 식물체가 1.5미터까지 자라는 큰 괴불주머니라는 뜻에서 붙여졌다.[6] 그러나 꽃이 노란색인 괴불주머니와는 달리 자주색 꽃이 피는 것으로 보아, 큰괴불주머니라는 이름에서 '괴불주머니'는 '자주괴불주머니'를 말하는 것으로 추정된다. 『조선식물향명집』에서 전통 명칭 '괴불주머니'를 기본으로 하고 식물의 형태적 특징과 학명의 유래에 기초한 '큰'을 추가해 신칭했다.[7]

　속명 *Corydalis*는 종달새를 뜻하는 그리스어 *korydalis*에서 유래한 말로, 긴 꽃뿔이 달린 꽃의 형태가 종달새의 머리 깃을 닮아 붙여졌으며 현호색속을 일컫는다. 종소명 *gigantea*는 '큰'이라는 뜻으로 식물체가 큰 것에서 유래했다.

다른이름　큰뿔꽃(김현삼 외, 1988)

중국/일본명　중국명 巨紫堇(ju zi jin)은 식물체가 크고 자주색 꽃이 피는 괴불주머니라는 뜻이다. 일본명 オホムラサキケマン(大紫華鬘)은 큰 자주괴불주머니라는 뜻이다.

참고　[북한명] 큰뿔꽃

5　'국가표준식물목록'(2018)은 큰괴불주머니의 학명을 *Corydalis gigantea* Trautv. & Meyer(1856)로 기재하고 있으나, 『장진성 식물목록』(2014)은 본문과 같이 기재하고 있다.

6　이러한 견해로 이우철(2005), p.527 참조.

7　이에 대해서는 『조선식물향명집』, 색인 p.47 참조.

Corydalis incisa *Persoon*　ムラサキケマン
Jaji-goebul-jumóni　자지괴불주머니

자주괴불주머니〈*Corydalis incisa* (Thunb.) Pers.(1806)〉

자주괴불주머니라는 이름은 자주색 꽃이 피는 괴불주머니라는 뜻이다.[8] 『물명고』는 중국명과 유사한 紫菫(자근)에 대한 한글명으로 '밤젓동취'를 기록했으나 현재의 이름으로 이어지지는 않았다. 『조선식물향명집』에서는 '자지괴불주머니'를 신칭해 기록했으나[9] 『조선식물명집』에서 '자주괴불주머니'로 개칭해 현재에 이르고 있다. '자지'는 자주색을 뜻하는 옛 표현이다.

속명 *Corydalis*는 종달새를 뜻하는 그리스어 *korydalis*에서 유래한 말로, 긴 꽃뿔이 달린 꽃의 형태가 종달새의 머리 깃을 닮아 붙여졌으며 현호색속을 일컫는다. 종소명 *incisa*는 '예리하게 갈라지는'이라는 뜻으로 잎이 갈라지는 형태를 나타낸다.

다른이름 자지괴불주머니(정태현 외, 1937), 자주현호색(박만규, 1949), 자주뿔꽃(김현삼 외, 1988)

옛이름 紫菫/밤젓동취(물명고, 1824), 地錦苗(임원경제지, 1842)[10]

중국/일본명 중국명 刻叶紫菫(ke ye zi jin)은 잎이 잘고 예리하게 갈라지며 꽃이 자주색으로 피는 데서 유래했다. 일본명 ムラサキケマン(紫華鬘)은 자주색 꽃이 피는 금낭화라는 뜻이다.

참고 [북한명] 자주뿔꽃 [유사어] 만다라화(曼陀羅華), 紫菫(자근), 자화어등초(紫花魚燈草) [지방명] 배염유지/베염유리/베염유리쿨(제주)

○ Corydalis Nakaii *Ishidoya*　ノエンゴサク
Dúl-hyónhosaeg　들현호색　延胡索(玄胡索)

들현호색〈*Corydalis nakaii* Ishidoya(1928)〉[11]

들현호색이라는 이름은 들에서 자라는 현호색(玄胡索)이라는 뜻이다.[12] 『조선식물향명집』에서 전통 명칭 '현호색'을 기본으로 하고 식물의 산지(産地)를 나타내는 '들'을 추가해 신칭했다.[13]

8　이러한 견해로 이우철(2005), p.438 참조.

9　이에 대해서는 『조선식물향명집』, 색인 p.45 참조.

10　『제주도및완도식물조사보고서』(1914)는 '페ーㅋ゙ンユリ, ペーㅋ゙ンユリ'[베염유리쿨, 베염유리]를 기록했으며 『조선식물명휘』(1922)는 '紫菫, 地錦苡'를 기록했다.

11　'국가표준식물목록'(2018)은 들현호색의 학명을 *Corydalis ternata* (Nakai) Nakai(1914)로 기재하고 있으나, 『장진성식물목록』(2014)과 '세계식물목록'(2018)은 이 학명을 조선현호색〈*Corydalis turtschaninovii* Besser(1834)〉의 이명(synonym)으로 처리했다. 이 책은 『조선식물향명집』에서 기록한 학명을 '세계식물목록'(2018)에서 정명으로 인정하고 있으므로 이를 기재했다. 이에 대해서는 추가 연구가 필요하다.

12　이러한 견해로 이우철(2005), p.199 참조.

13　이에 대해서는 『조선식물향명집』, 색인 p.36 참조.

속명 *Corydalis*는 종달새를 뜻하는 그리스어 *korydalis*에서 유래한 말로, 긴 꽃뿔이 달린 꽃의 형태가 종달새의 머리 깃을 닮아 붙여졌으며 현호색속을 일컫는다. 종소명 *nakaii*는 일본 식물학자로 조선 식물을 연구한 나카이 다케노신(中井猛之進, 1882~1952)의 이름에서 유래했다.

다른이름 꽃나물/에게잎/외잎현호색(박만규, 1949), 세잎현호색(정태현 외, 1949), 논현호색(박만규, 1974), 홀세잎현호색(김현삼 외, 1988), 왕현호색/큰현호색(리용재 외, 2011)

중국/일본명 중국명 三裂延胡索(san lie yan hu suo)[14]는 잎이 3개로 갈라지는 연호색(延胡索: 현호색)이라는 뜻이다. 일본명 ノエンゴサク(野延胡索)는 들에서 자라는 현호색(延胡索)이라는 뜻인데, 일본에는 분포하지 않는 것으로 알려져 있다.

참고 [북한명] 들현호색 [유사어] 현호색(玄胡索) [지방명] 현호색(충북)

Corydalis pallida *Persoon* ミヤマキケマン
Goebul-jumŏni 괴불주머니

괴불주머니〈*Corydalis pallida* (Thunb.) Pers.(1806)〉[15]

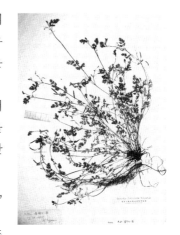

괴불주머니라는 이름은 꽃의 모양이 예전에 아이들이 주머니 끈 끝에 차던 세모 모양의 조그만 노리개인 '괴불주머니'와 유사하다는 뜻에서 유래했다.[16] 괴불주머니라는 한글 식물명은 『조선식물향명집』에서 최초 기록한 것으로 보인다.

　속명 *Corydalis*는 종달새를 뜻하는 그리스어 *korydalis*에서 유래한 말로, 긴 꽃뿔이 달린 꽃의 형태가 종달새의 머리 깃을 닮아 붙여졌으며 현호색속을 일컫는다. 종소명 *pallida*는 '연한 흰색의'라는 뜻으로 꽃의 색깔과 관련된 것으로 보인다.

다른이름 글개풀(정태현 외, 1942), 산해주머니(이창복, 1969b), 뿔꽃(김현삼 외, 1988)[17]

중국/일본명 중국명 黃菫(huang jin)은 노란색 제비꽃이라는 뜻으로 꽃 모양과 연관된 것으로 보인다. 아욱과의 목본인 黃槿(huang jin: *Hibiscus tiliaceus* L.)과는 다른 식물이다. 일본명 ミヤマキケマン(深山黃華鬘)은 깊은 산에서 자라는 노란색 꽃이 피는 금

14　'중국식물지'(2018)는 *Corydalis nakaii*(들현호색)를 별도 분류하지 않고 三裂延胡索(*Corydalis ternata*)으로 통합하고 있다.

15　'국가표준식물목록'(2018)은 본문의 학명으로 괴불주머니를 별도 분류하고 있으나, 『장진성 식물목록』(2014)은 이를 한반도 미분포종으로 보아 별도 분류하지 않으므로 주의가 필요하다.

16　이러한 견해로 이우철(2005), p.85; 허북구·박석근(2008a), p.37; 권순경(2017.6.28.) 참조.

17　『조선식물명휘』(1922)는 '黃菫, 黃花地丁'을 기록했다.

낭화라는 뜻으로 꽃 모양과 연관되어 있다.

참고 [북한명] 뿔꽃 [유사어] 국화황련(菊花黃連), 황근(黃菫), 황화지정(黃化之丁) [지방명] 매매추/멸마추/별마추(전남)

Corydalis Raddeana *Nakai* ナガミノツルキケマン

Ganŭn-goebul-jumŏni 가는괴불주머니

가는괴불주머니〈*Corydalis raddeana* Regel(1861)〉

가는괴불주머니라는 이름은 열매가 가늘고 긴 괴불주머니라는 뜻이다.[18] 『조선식물향명집』에서 전통 명칭 '괴불주머니'를 기본으로 하고 식물의 형태적 특징에 착안한 '가는'을 추가해 신칭했다.[19]

속명 *Corydalis*는 종달새를 뜻하는 그리스어 *korydalis*에서 유래한 말로, 긴 꽃뿔이 달린 꽃의 형태가 종달새의 머리 깃을 닮아 붙여졌으며 현호색속을 일컫는다. 종소명 *raddeana*는 폴란드에서 출생해 조지아에 정착한 독일인 자연연구가 Gustav Ferdinand Richard Radde (1831~1903)의 이름에서 유래했다.

다른이름 가는눈괴불주머니(임록재 외, 1972), 긴괴불주머니(박만규, 1974), 가는눈뿔꽃(임록재 외, 1996)

중국/일본명 중국명 黃花地丁(huang hua di ding)은 노란색 꽃이 피는 지정(地丁: 꽃뿔이 있는 꽃 종류)이라는 뜻이다. 일본명 ナガミノツルキケマン(長実の蔓黃華鬘)은 열매가 길고 노란색 꽃이 피는 금낭화라는 뜻이다.

참고 [북한명] 가는눈뿔꽃

Corydalis remota *Fischer* ヤマエンゴサク

Hyŏnhosaeg 현호색 延胡索(玄胡索)

현호색〈*Corydalis lineariloba* Siebold & Zucc.(1843)〉[20]

현호색이라는 이름은 한자명 '玄胡索'(현호색)에 어원을 둔 것으로, 『향약집성방』은 당시 조선에서

---

18 이러한 견해로 이우철(2005), p.18 참조.
19 이에 대해서는 『조선식물향명집』, 색인 p.30 참조.
20 '국가표준식물목록'(2018)은 현호색의 학명을 *Corydalis remota* Fisch. ex Maxim.(1859)으로, 선현호색의 학명을 *Corydalis lineariloba* Siebold & Zucc.(1845)으로 별도 기재하고 있으나, 『장진성 식물목록』(2014)과 '세계식물목록'(2018)은 본문의 학명을 정명으로 통합했다. 『장진성 식물목록』은 통합된 국명을 선현호색으로 기재하고 있지만, 이 책은 현호색으로 기재했다.

부르던 향명(鄕名)이 玄胡索(현호색)이라고 기록했다. 玄胡索(현호색)의 '玄'(현)은 덩이줄기의 겉이 검은색(『본초강목』은 황색이라 했음)인 것에서, '胡'(호)는 주된 산지가 胡國(호국: 중국 북방의 오랑캐 지역)인 것에서, '索'(색)은 새싹이 묶인 듯이 꼬이는 것에서 유래한 것으로 추정한다.[21] 이후 '玄'(현)이 송나라 진종(眞宗)의 이름과 같아 이를 피하기 위해 延胡索(연호색)이라 고쳐 부르기도 했다. 『물명고』는 한글 표현으로 '녀계구슬'을 기록했는데, 녀계는 기생을 뜻하는 우리말이고 구슬은 덩이줄기의 둥근 모양을 비유한 말이므로 아름다운 구슬이라는 뜻이다. 그러나 다른 문헌이나 방언에서 추가적인 용례는 발견되지 않는다.

속명 *Corydalis*는 종달새를 뜻하는 그리스어 *korydalis*에서 유래한 말로, 긴 꽃뿔이 달린 꽃의 형태가 종달새의 머리 깃을 닮아 붙여졌으며 현호색속을 일컫는다. 종소명 *lineariloba*는 '선형으로 갈라진'이라는 뜻이며 잎이 갈라지는 모양을 나타낸다.

다른이름 현호색(정태현 외, 1936), 가는잎현호색/애기현호색(정태현 외, 1937), 조선현호색(박만규, 1949), 댓잎현호색/빗살현호색(정태현 외, 1949), 소엽현호색(임록재 외, 1972), 둥근잎현호색(이영노, 1976), 가는눈뿔꽃(임록재 외, 1996), 선현호색(Chang et al., 2014)

옛이름 延胡索/玄胡索(향약집성방, 1433), 玄胡索(세종실록지리지, 1454), 玄胡索/훤葓짝(구급방언해, 1466), 玄胡索/현호삭(언해태산집요, 1608), 玄胡索(동의보감, 1613), 延胡索(의림촬요, 1635), 玄胡索(산림경제, 1715), 玄胡索(광제비급, 1790), 玄胡索(만기요람, 1808), 玄胡索/녀계구슐/延胡索(광재물보, 19세기 초), 玄胡索/녀계구슬/延胡索(물명고, 1824), 玄胡索(오주연문장전산고, 185?), 延胡索(선한약물학, 1931)[22]

중국/일본명 중국명 齒瓣延胡索(chi ban yan hu suo)는 이빨 모양의 꽃잎을 가진 연호색(延胡索: 현호색)이라는 뜻이다. 일본명 ヤマエンゴサク(山延胡索)는 산에서 자라는 현호색(延胡索)이라는 뜻이나.

참고 [북한명] 현호색 [유사어] 연호색(延胡索) [지방명] 연호색(강원), 꽃부랭이(전남), 밀레초(전북), 물곳(충남), 물곳(충북), 땅구슬/땅방울(북한)

---

21 이에 대해서는 권순경(2014.5.21.) 참조. 한편 중국의 이중립은 『본초원시』(1612, 明代)에서 "西玄胡索大而皮黑 肉黃"(서쪽에서 나는 현호색은 크고 뿌리는 검으며 속은 노랗다)이라고 했다.

22 『조선어사전』(1920)은 '玄胡索(현호색)'을 기록했으며 『조선식물명휘』(1922)는 '玄胡索, 延胡索, 현호싴(藥)'을, 『토명대조선만식물자휘』(1932)는 '[延胡索]연호삭, [玄胡索]현호삭'을, 『선명대화명지부』(1934)는 '현호색'을 기록했다.

Ganŭnip-hyŏnhosaeg　가는잎현호색

현호색⟨*Corydalis lineariloba* Siebold & Zucc.(1843)⟩

'국가표준식물목록'(2018)은 가는잎현호색을 현호색에 통합해 학명을 *Corydalis remota* Fisch. ex Maxim.(1859)으로 기재하고, 선현호색을 본문의 학명으로 별도 기재하고 있으나, 『장진성 식물목록』(2014)은 가는잎현호색과 선현호색을 본문의 학명으로 통합한 후 국명을 선현호색으로 하고 있다. 이 책은 통합된 학명에 국명은 현호색으로 기재한다.

○ Dicentra spectabilis *De Candolle*　ケマンサウ

Gumnanghwa　금낭화(며누리주머니)　錦囊花

금낭화⟨*Lamprocapnos spectabilis* (L.) T.Fukuhara(1997)⟩[23]

금낭화라는 이름은 한자어 금낭화(錦囊花)에서 유래한 것으로, 꽃대에 여러 개의 꽃이 주렁주렁 달려 있는 모습이 비단으로 된 주머니와 같다는 뜻에서 붙여졌다.[24] 19세기에 저술된 『물명고』는 중국명 荷包牧丹(하포목단)을 언급하면서 우리말 이름 '녀계꼿'을 기록했는데, 녀계와 동음어인 녀계는 '娼 녀계 창'(훈몽자회, 1527)이므로 녀계꼿은 '기생꽃'이라는 뜻이다. 며느리주머니(며누리주머니)는 『조선식물향명집』에 최초 기록되었는데, 『조선식물향명집』은 "지방에 따라 동일 식물에 여러 가지 방언이 있는" 경우에는 "가장 적합하고 보편성이 있는 것을 대표로 채용하고 기타는 ( )로 표시한다고 했다.[25] 따라서 며느리주머니라는 이름은 당시에 향명으로 실제 사용되었던 이름으로, 꽃이 두루주머니(荷包)를 닮았고 화려한 모습이 며느리를 닮았다는 뜻에서 유래한 것으로 추정한다.[26]

23　'국가표준식물목록'(2018)은 금낭화의 학명을 *Dicentra spectabilis* (L.) Lem.(1847)으로 기재하고 있으나, 『장진성 식물목록』(2014), '세계식물목록'(2018) 및 '중국식물지'(2018)는 정명을 본문과 같이 기재하고 있다.

24　이러한 견해로 이우철(2005), p.98; 허북구·박석근(2008a), p.41; 이유미(2010), p.34; 김병기(2013), p.304; 권순경(2020.2.19.) 참조.

25　이에 대해서는 『조선식물향명집』, p.4 사정요지 참조.

26　이윤옥(2015), p.115는 다른이름으로 기록된 '며누리주머니'가 일본명 ケマンサウ의 번역어라는 취지로 주장하고 있으나, 『조선식물향명집』의 사정요지 및 최근 방언 조사에서 강원, 경기, 충북 등지에 '며느리'라는 단어가 포함된 유사한

속명 *Lamprocapnos*는 그리스어 *lampros*(빛나는, 밝은)와 *kapnos*(연기)의 합성어로, 빛나는 연기와 같다는 뜻에서 유래했으며 금낭화속을 일컫는다. 종소명 *spectabilis*는 '장관의, 아름다운'이라는 뜻으로 꽃의 화려한 모습에서 유래한 것으로 보인다.

다른이름 며누리주머니(정태현 외, 1937), 며눌치(정태현 외, 1942), 며느리주머니(이영노·주상우, 1956), 등모란(안학수·이춘녕, 1963)

옛이름 荷包牧丹/녜계꽃(물명고, 1824), 錦囊花(허백당집, 1842), 금낭화/錦囊花(한불자전, 1880)[27]

중국/일본명 중국명 荷包牡丹(he bao mu dan)은 옛날에 작은 물건 등을 보관하기 위해 차고 다니던 주머니인 하포낭자(荷包囊子)를 닮은 모란(牡丹)이라는 뜻이다. 일본명 ケマンサウ(華鬘草)는 꽃이 아래로 처진 꽃자루 다수가 달리는 모양이 불전을 장식하는 꽃다발인 화만(華鬘)을 닮아서 붙여졌다. 화만(華鬘)은 불교 문화권의 공통된 어휘이지만 이를 식물의 이름으로 사용한 예는 일본에만 있는 것으로 보인다.

참고 [북한명] 금낭화 [유사어] 하포목단(荷包牧丹) [지방명] 덩굴모란/매눌취/며눌취나물/며눌치/며느리밥풀떼기/며느리싹/며느리취/며늘취/면누리주머니(강원), 며느리취(경기), 금낭애(경남), 금낭애(경북), 금낭(전남), 금낭애(전북), 밥풀꽃(충남), 며느리꽃/며느리치/며늘치(충북)

Hylomecon japonicum *Prantl et Kundig*　ヤマブキサウ
Norang-maemigot　노랑매미꽃

피나물〈*Hylomecon vernalis* Maxim.(1859)〉

피나물이라는 이름은 줄기를 자르면 붉은 피 같은 유액이 나오고 나물로 식용하는 것에서 유래했다.[28] 『조선식물향명집』은 꽃이 노란색으로 피고 매미를 닮았다는 뜻에서 '노랑매미꽃'으로 기록했으나, 『조선산야생식용식물』에서 '피나물'로 개칭해 현재에 이르고 있다.

속명 *Hylomecon*은 그리스어 *hylo*(숲)와 *mecon*(양귀비)의 합성어로, 숲속에서 자라는 양귀비라는 뜻이며 피나물속을 일컫는다. 종소명 *vernalis*는 '봄의'라는 뜻으로 봄에 꽃이 피는 것에서 유래했다.

다른이름 노랑매미꽃(정태현 외, 1937), 선매미꽃(박만규, 1949),

식물명이 남아 있는 것을 고려할 때 근거 없는 주장이다.

27　『조선어사전』(1920)은 '錦囊花(금낭화)'를 기록했으며 『조선식물명휘』(1922)는 '荷包牧丹, 鈴兒草(觀賞)'를 기록했다.
28　이러한 견해로 이우철(2005), p.581; 허북구·박석근(2008a), p.210; 이유미(2010), p.206; 권순경(2019.8.14.) 참조.

봄매꽃(안학수·이춘녕, 1963), 매미꽃(박만규, 1974)[29]

중국/일본명 중국명 荷青花(he qing hua)는 연꽃을 뜻하는 荷(하), 봄을 뜻하는 青(청)이 합쳐진 것으로 봄에 피는 연꽃을 닮은 식물이라는 뜻으로 해석되나 정확한 유래는 미상이다. 일본명 ヤマブキサウ(山吹草)는 황매화(ヤマブキ)를 닮은 풀이라는 뜻이다.

참고 [북한명] 노랑매미꽃 [유사어] 석개(石芥), 하청화(荷青花) [지방명] 피노물(전남)

Papaver Rhoeas Linné   ヒナゲシ   虞美人草 (栽)
Gae-yanggwebi   개양귀비

개양귀비〈Papaver rhoeas L.(1753)〉

개양귀비라는 이름은『조선식물향명집』에서 신칭한 것으로,[30] 양귀비와 닮았으나 아편을 생산하지 않는다는 뜻에서 붙여졌다.[31] 별칭으로 사용된 '우미인초'는 초(楚)나라 항우의 애첩 우미인의 전설에서 유래한 것이다. 항우가 유방의 군대에 포위되자 우미인은 술자리에서 석별의 정을 읊는 항우의 시에 맞추어 노래를 부른 뒤 목숨을 끊었다고 하는데, 나중에 우미인의 무덤에 개양귀비의 꽃이 피었다는 이야기가 전해진다.

속명 Papaver는 수메르어 pa-pal(새싹, 움트다)과 히브리어 bera(불, 불타는)를 어원으로 하는 고대 라틴명이며 양귀비속을 일컫는다. 종소명 rhoeas는 그리스어에서 유래했으며 꽃이 석류(roia)와 같이 붉다는 뜻이다.

다른이름 미인초(정태현 외, 1936), 꽃양귀비(안학수·이춘녕, 1963), 물감양귀비(임록재 외, 1972), 애기아편꽃(김현삼 외, 1988)

옛이름 虞美人草(동국이상국집, 1241), 虞美人草(동문선, 1478), 麗春花(매월당집, 1583), 虞美人草(지봉유설, 1614), 麗春花(노가재집, 1798), 虞美人草(오주연문장전산고, 185?), 虞美人草(승정원일기, 1884), 麗春花(선한약물학, 1931)[32]

중국/일본명 중국명 虞美人(yu mei ren)은 항우의 애첩 우미인에서 유래했다. 일본명 ヒナゲシ(雛罌

---

29 『조선식물명휘』(1922)는 '荷青花'를 기록했다.
30 이에 대해서는『조선식물향명집』, 색인 p.31 참조.
31 이러한 견해로 이우철(2005), p.55 참조.
32 『조선식물명휘』(1922)는 '虞美人草, 麗春花, 미인초(觀賞)'를 기록했으며『토명대조선만식물자휘』(1932)는 '[(虞)美人草](우)미인초, [麗春花]려춘화'를,『선명대화명지부』(1934)는 '미인초'를 기록했다.

粟)는 병아리를 닮은 양귀비(ケシ)라는 뜻으로 앙증맞은 꽃의 모양에서 유래했다.

[북한명] 애기아편꽃 [유사어] 여춘화(麗春花), 우미인초(虞美人草) [지방명] 화초양귀비(충청)

Papaver somniferum *Linné*　ケシ　罌粟　(栽)
Yanggwebi　양귀비(앵속·약담배·아편꽃)

양귀비〈*Papaver somniferum* L.(1753)〉

양귀비라는 이름은 직접적으로는 한자어 양귀비(楊貴妃)에서 유래한 것으로, 꽃이 중국 당 현종의 애첩 양귀비에 비할 정 도로 아름답게 핀다는 뜻에서 붙여졌다.[33] 문헌상 '양귀비'는 『향약채취월령』의 陽古米(양고미)가 양고미→양구비→양귀 비로 변화한 것이다. 양고미는 중국으로부터 전래된 식물이라 는 점에 비추어 옛이름 '양고미'는 한자명 '罌粟'(앵속)에 대한 풀이로서, 병 모양의 열매에 늘어 있는 고미(菰米. 줄풀의 씨앗) 라는 뜻을 가진 '앵고미'(罌菰米)에서 유래한 것으로 보인다.[34] 앵속(罌粟)을 뜻하는 양고미가 이후 아름다움을 상징하는 유 명한 인물 양귀비(楊貴妃)와 발음상 같거나 유사한 데서 양귀 비로 변화한 것으로 추측한다. 참고로 중국과 일본은 罌粟(앵

속)을 양귀비와 연관해 언급하지 않았다.[35] 한편 양고미를 고유어로 해석하는 견해도 있다.[36]

　속명 *Papaver*는 수메르어 *pa-pal*(새싹, 움트다)과 히브리어 *bera*(불, 불타는)를 어원으로 하는 고 대 라틴명이며 양귀비속을 일컫는다. 종소명 *somniferum*은 '최면의'라는 뜻으로 식물체 성분에 환각성이 있어서 붙여졌다.

앵속각(정태현 외, 1936), 아편꽃/앵속/약담배(정태현 외, 1937)

罌子粟/陰古米(향약채취월령, 1431),[37] 罌子粟/洋古米(향약집성방, 1433),[38] 鶯粟殼/양고미(구 급간이방언해, 1489), 鶯粟殼/陽古未(촌가구급방, 1538), 罌子粟/양귀비/鴉片/양고미(동의보감, 1613), 蔞 粟花/양구빗곳(역어유해, 1690) 양구비곳/蔞粟花(방언집석, 1778), 罌子粟/양귀비곳(광재물보, 19세기 초), 罌子粟/양귀비곳(물명고, 1824), 麗春花(리츈화)/蔞粟殼/楊貴妃/양귀비(명물기략, 1870), 양귀비/楊

33　이러한 견해로 이우철(2005), p.393; 허북구·박석근(2008a), p.77; 김민수(1997), p.720 참조.
34　이러한 견해로 황선엽(2008) 참조.
35　이에 대해서는 기태완(2015), p.343 참조.
36　이러한 견해로 김홍석(2003), p.142 참조. 다만 김홍석은 '양고미'의 의미에 대해 별도로 해설하지는 않았다.
37　김홍석(2003), p.142는 『향약채취월령』(1431)의 향명 '陰古米'의 '陰'은 '陽'을 오사(誤寫)한 것으로 보았다.
38　『향약집성방』(1433)의 차자(借字) '洋古米'(양고미)에 대해 남풍현(1999), p.182는 '양고미'의 표기로 보고 있다.

貴妃(한불자전, 1880), 鶯粟/양귀비(방약합편, 1884), 阿片/양귀비진/罌粟子/양귀비씨(선한약물학, 1931), 양구비(조선구전민요집, 1933)[39]

중국명 罌粟(ying su)는 앵(罌: 배가 부르고 목이 좁고 짧은 병)에 든 좁쌀이라는 뜻으로, 열매와 씨앗의 모양이 병에 든 좁쌀 같은 데서 유래했다.[40] 일본명 ケシ는 중국으로부터 전래된 시기에 사용한 한자명 芥子(ケシ 또는 カイシ)의 음을 따 붙여졌다.

[북한명] 아편꽃 [유사어] 미낭화(米囊花), 아부용(阿芙蓉), 아편꽃(阿片꽃), 앵속(罌粟), 여춘화(麗春花) [지방명] 아편(강원), 양개비/양구비/양기비(경기), 아편/애편/양검대(경남), 아편(경북), 아편/양수과/양쑥갓/앵숫가/앵숫갓/앵쑥갓(전남), 앵수까시/앵숫갓(전북), 아편/야펜/에편고장/엠편고장(제주), 아편/아편대/애편/양개비/양귀비대/예편(충남), 약담배(함경)

---

39 『조선한방약료식물조사서』(1917)는 '양귀비, 鶯束角'을 기록했으며 『조선어사전』(1920)은 '罌粟(잉속), 양귀비, 罌粟殼(잉속각)'을, 『조선식물명휘』(1922)는 '罌子粟, 御米花, 罌粟, 양귀비(藥)'를, 『토명대조선만식물자휘』(1932)는 '[阿芙蓉]아부용, [양귀비], [罌粟花]잉속꼿, [御米花]어미꼿, [罌子粟]잉(ᄌ)속, [御米]어미, [罌粟殼]잉속각'을, 『선명대화명지부』(1934)는 '양귀비'를 기록했다.

40 중국의 이시진은 『본초강목』(1596)에서 罌子粟(앵자속) 및 御米(어미)에 대해 "其實狀如罌子 其米如粟 乃象乎穀而可以供御 故有諸名"[그 열매 모양이 병과 같고 그 씨앗이 좁쌀과 같으니 이에 모양을 곡식(穀)으로 보아 임금에게 바칠 수 있다. 그렇기에 그런 이름이 붙여졌다]이라고 했다.

Cruciferae 십자화科 (十字花科)

십자화과[1] 〈**Brassicaceae** Burnett(1835) = **Cruciferae** Juss.(1789)〉[2]
십자화과는 4개의 꽃잎이 십자(十字)를 이루는 꽃의 형태에서 유래한 과명이다. 『조선식물향명집』과 '국가표준식물목록'(2018)은 엥글러(Engler) 분류 체계와 동일하게 전통적인 명칭인 Cruciferae를 과명으로 기재하고 있으며, 『장진성 식물목록』(2014), '세계식물목록'(2018) 및 크론키스트(Cronquist) 분류 체계는 Brassica(배추속)에서 유래한 표준명인 Brassicaceae를 과명으로 기재하고 있다. APG IV(2016) 분류 체계는 Brassicaceae와 함께 Cruciferae를 병기하고 있다. 한편, 크론키스트 분류 체계는 이 과를 Capparales(카파리스목)로 분류했으나 APG IV(2016) 분류 체계는 Brassicales(십자화목)로 분류한다.

Arabis glabra *Bernhard*　　ハタザホ
Jangdae-namul　　장대나물

장대나물〈*Turritis glabra* L.(1753)〉[3]
장대나물이라는 이름은 가지가 없이 직립하는 모양이 장대와 닮았고 나물로 식용한다는 뜻에서 유래했다.[4] 옛 문헌과 지방명이 확인되지 않는 점에 비추어 『조선식물향명집』에서 새로이 정한 이름으로 추정되지만 이를 별도로 신칭했다고 기록하지 않았으므로 주의가 필요하다.[5] 조선어학회는 대나무로 된 장대(竹竿)에 대한 표준말을 '장대'로 사정했다.[6] 한편 『임원경제지』 중 『인제지(仁濟志)』는 남쪽에서 자라는 겨자를 닮은 식물이라는 뜻의 南芥菜(남개채)라는 이름과 구황식물로 사용했음을 기록했다.

　속명 *Turritis*는 라틴어 *turris*(탑) 또는 *turritus*(탑으로 장식된)에서 유래한 것으로, 식물의 줄기와 잎이 탑을 이루듯 해서 붙여졌으며 장대나물속을 일컫는다. 종소명 *glabra*는 라틴어로 '매끈한, 털이 없는'이라는 뜻으로 식물체에 털이 없이 매끈해서 붙여졌다.

1　이 과의 모식속(模式屬)인 *Brassica*(배추속)와 일관되게 '배추과'로 부르기도 하지만, 이 책에서는 널리 쓰이는 명칭인 '십자화과'로 기재한다.
2　과의 계급을 나타내는 '-aceae'를 사용하지 않아도 되는 예외적인 경우로 Compositae/Asteraceae, Cruciferae/Brassicaceae, Gramineae/Poaceae, Guttiferae/Clusiaceae·Hypericaceae, Labiatae/Lamiaceae, Leguminosae/Fabaceae, Palmae/Arecaceae, Umbelliferae/Apiaceae 등 8개 과가 있으며, 최근엔 표준화된 과명을 일관되게 쓰는 추세다.
3　'국가표준식물목록'(2018)은 장대나물의 학명을 *Arabis glabra* Bernh.(1800)으로 기재하고 있으나, 『장진성 식물목록』(2014), '세계식물목록'(2018) 및 '중국식물지'(2018)는 본문의 학명을 정명으로 기재하고 있다.
4　이러한 견해로 이우철(2005), p.447과 김종원(2016), p.88 참조.
5　이에 대해서는 『조선식물향명집』, 색인 p.46 참조.
6　이에 대해서는 『조선어표준말모음』(1936), p.96 참조.

다른이름 꽃다지/나지(정태현 외, 1942), 장대(박만규, 1949), 깃대나물(리종오, 1964)

옛이름 南芥菜(임원경제지, 1842)

중국/일본명 중국명 旗杆芥(qi gan jie)는 깃대 모양의 냉이라는 뜻이다. 일본명 ハタザホ(旗竿)는 깃대라는 뜻에서 붙여졌다.

참고 [북한명] 깃대나물/장대나물[7] [유사어] 남개채(南芥菜), 새남개(賽南芥) [지방명] 뚝갈(전남)

Arabis Halleri *Linné*   コハクサンハタザホ(マルバハタザホ)
San-jaṅgdae   산장대

산장대⟨*Arabidopsis halleri* (L.) O'Kane & Al-Shehbaz subsp. *gemmifera* (Matsum.) O'Kane & Al-Shehbaz(1997)⟩[8]

산장대라는 이름은 산에서 자라는 장대나물이라는 뜻이다.[9] 『조선식물향명집』에서 장대나물의 '장대'를 기본으로 하고 식물의 산지(産地)를 나타내는 '산'을 추가해 신칭했다.[10]

속명 *Arabidopsis*는 *Arabis*속을 닮았다는 뜻에서 유래한 것으로 애기장대속을 일컫는다. 종소명 *halleri*는 스위스 생리학자이자 자연연구가인 Albrecht von Haller(1708~1777)의 이름에서 유래했으며, 아종명 *gemmifera*는 '살눈을 가진'이라는 뜻으로 무성생식하는 생태를 표현한 것으로 보인다.

다른이름 큰산장대(정태현 외, 1937), 큰산장때(정태현, 1956), 둥글잎장대(안학수·이춘녕, 1963), 자주장대나물(Chang et al., 2014)[11]

중국/일본명 중국명 葉芽鼠耳芥(ye ya shu er jie)는 쥐의 귀 모양을 닮았고 무성생식하는 모습을 빗대어 붙여졌으며 학명과 관련이 있어 보인다. 일본명 コハクサンハタザホ(小白山旗竿)는 이시카와현 하쿠산(白山)에서 발견되어 ハクサンハタザホ(白山旗竿)라 불리는 장대나물(ハタザホ)과 같은 종류로서 크기가 작다(小)는 뜻에서 붙여졌다.

참고 [북한명] 갯장대/큰산장대[12]

---

7 북한에서는 *T. glabra*를 '깃대나물'로, *A. alpina*를 '장대나물'로 하여 별도 분류하고 있다. 이에 대해서는 리용재 외 (2011), p.34, 365 참조.

8 '국가표준식물목록'(2018)은 산장대의 학명을 *Arabis gemmifera* (Matsum.) Makino(1910)로 기재하고 있으나, 『장진성 식물목록』(2014), '세계식물목록'(2018) 및 '중국식물지'(2018)는 별도 속으로 분류해 본문의 학명을 정명으로 기재하고 있다.

9 이러한 견해로 이우철(2005), p.316 참조.

10 이에 대해서는 『조선식물향명집』, 색인 p.40 참조.

11 『장진성 식물목록』(2014)은 *Arabidopsis lyrata* (L.) O'Kane & Al-Shehbaz subsp. *kamchatica* (Fischer ex DC.) O'Kane & Al-Shehbaz(1997)를 '묏장대'로 기재하고 있다.

12 북한에서는 *A. gemmifera*를 '큰산장대'로, *A. japonica*를 '갯장대'로 하여 별도 분류하고, '산장대'를 '갯장대'의 다른 이름으로 보고 있다. 이에 대해서는 리용재 외(2011), p.34 참조.

○ Arabis ligulifolia *Nakai*   ヘラハタザホ
Jugŏg-janḡdae   주걱장대

주걱장대〈*Arabis ligulifolia* Nakai(1919)〉[13]

주걱장대라는 이름은 『조선식물향명집』에 따른 것으로, 잎이 주걱모양으로 생긴 장대나물이라는 뜻에서 유래했다.[14]

속명 *Arabis*는 린네(Carl von Linné, 1707~1778)가 부여한 라틴명으로 나라 이름 *Arabia*를 뜻하며 참장대나물속(신칭)을 일컫는다. 종소명 *ligulifolia*는 '혀모양의 잎을 가진'이라는 뜻이다.

다른이름 긴잎장대(정태현 외, 1949), 긴넢장대(정태현, 1956), 혀잎장대(임록재 외, 1996), 긴잎장때(이우철, 1996b)

중국/일본명 중국은 주걱장대를 별도 분류하지 않고 있다. 일본명 ヘラハタザホ(箆旗竿)는 잎이 주걱모양이고 식물체가 깃대 같아서 붙여졌다.

참고 [북한명] 주걱장대

Arabis nipponica *Boissier*   ヤマハタザホ
Tŏl- janḡdae   털장대

털장대〈*Arabis hirsuta* (L.) Scop.(1772)〉

털장대라는 이름은 줄기 및 식물 전체에 털이 많은 장대나물이라는 뜻이다.[15] 『조선식물향명집』에서 장대나물의 '장대'를 기본으로 하고 식물의 형태적 특징을 나타내는 '털'을 추가해 신칭했다.[16]

속명 *Arabis*는 린네(Carl von Linné, 1707~1778)가 부여한 라틴명으로 나라 이름 *Arabia*를 뜻하며 참장대나물속(신칭)을 일컫는다. 종소명 *hirsuta*는 '거친털이 있는, 털이 많은'이라는 뜻이다.

중국/일본명 중국명 硬毛南芥(ying mao nan jie)는 억센 털이 있는 남개(南芥: 장대나물 종류)라는 뜻이다. 일본명 ヤマハタザホ(山旗竿)는 산에서 자라고 깃대를 닮은 식물이라는 뜻에서 붙여졌다.

참고 [북한명] 털장대

---

13 '국가표준식물목록'(2018)은 주걱장대를 별도의 종으로 분류하고 있으나, 『장진성 식물목록』(2014)은 털장대〈*Arabis hirsuta* Scop.(1772)>의 이명(synonym)으로 처리하고 있으므로 주의가 필요하다.

14 이러한 견해로 이우철(2005), p.483 참조.

15 이러한 견해로 위의 책, p.563 참조.

16 이에 대해서는 『조선식물향명집』, 색인 p.48 참조.

Arabis pendula *Lamarck*　エゾハタザホ
Nŭrŏjin-jaṅgdae　느러진장대

느러진장대〈*Catolobus pendulus* (L.) Al-Shehbaz(2005)〉[17]

느러진장대라는 이름은 장대나물을 닮았고 열매가 아래로 축
늘어진다는 뜻에서 붙여졌다.[18] 『조선식물향명집』에서 장대나
물의 '장대'를 기본으로 하고 학명(*pendula*)과 형태적 특징을
함께 나타내는 '느러진'을 추가해 신칭했다.[19]

　속명 *Catolobus*는 새로운 속명으로 유래는 명확하지 않
다. 다만 *caterpillar*(애벌레)와 *lobos*(꼬투리, 껍질, 잎)의 합성어
로 보면 늘어진 열매를 표현한 것으로 추정할 수 있다. 종소명
*pendulus*는 '늘어진, 매달린'이라는 뜻으로 열매가 밑으로
처지는 것에서 유래했다.

다른이름　늘어진장대(정태현 외, 1949), 느러진장때(정태현, 1956)

중국/일본명　중국명 垂果南芥(chui guo nan jie)는 열매가 아래로
늘어진 것에서 유래했으며 학명과 관련이 있다. 일본명 エゾハタザホ(蝦夷旗竿)는 에조(蝦夷: 홋카
이도의 옛 지명)에서 자라는 장대나물이라는 뜻이다.

참고　[북한명] 늘어진장대

Arabis senanensis *Nakai*　ハクサンハタザホ
Kŭnsan-jaṅgdae　큰산장대

산장대〈*Arabidopsis halleri* (L.) O'Kane & Al-Shehbaz subsp. *gemmifera* (Matsum.) O'Kane
& Al-Shehbaz(1997)〉

'국가표준식물목록'(2018), '세계식물목록'(2018), 이우철(2005) 및 『장진성 식물목록』(2014)은 큰산
장대를 산장대에 통합하고 별도 분류하지 않으므로 이 책도 이에 따른다.

17　'국가표준식물목록'(2018)은 느러진장대의 학명을 *Arabis pendula* L.(1753)로 기재하고 있으나, 『장진성 식물목록』(2014)
　　과 '세계식물목록'(2018)은 별도 속으로 분류하고 정명을 본문과 같이 기재하고 있다.

18　이러한 견해로 이우철(2005), p.158 참조.

19　이에 대해서는 『조선식물향명집』, 색인 p.34 참조.

Brassica campestris *Linné*　ハクサイ　(栽)
Baechu　배추　白菜

배추〈*Brassica rapa* subsp. *pekinensis* (Lour.) Hanelt(1860)〉[20]

배추라는 이름은 흰색이 나는 채소라는 뜻의 한자어 백채(白菜)에서 유래했다. 백채(白菜)가 발음
과정에서 백채→비치→비츠→배추로 변화해 형성된 이름이다.[21] 한자로 菘(숭) 또는 菘菜(숭채)
라고도 했는데, 菘(숭)은 중국의 『강희자전』에 따르면 풀(艸)과 소나무(松)가 합쳐진 글자로 소나무
(꿋꿋한 의지, 志操)를 닮은 풀이라는 뜻이다.

　　속명 *Brassica*는 양배추를 뜻하는 고대 라틴어이며 배추속을 일컫는다. 종소명 *rapa*는 순무
(蕪菁: 무청)를 뜻하는 라틴어에서 유래했으며, 아종명 *pekinensis*는 '베이징에 분포하는'이라는
뜻으로 원산지 또는 분포지를 나타낸다.

다른이름　백차(정태현 외, 1936), 배채(박만규, 1949), 배차(안학수·이춘녕, 1963)

옛이름　菘/白菜/無蘇(향약구급방, 1236),[22] 白菜/비치/菘(훈몽자회, 1527), 菘菜/비치(동의보감, 1613),
白菜/비치(역어유해, 1690), 白菜/비치(동문유해, 1748), 白菜/비치(몽어유해, 1768), 비치/菘(왜어유해,
1782), 비치/菘菜(제중신편, 1799), 白菜/비치(물보, 1802), 菘/白菜(백운필, 1803), 白菜/비츠(광재물보, 19
세기 초), 비치/비츠(규합총서, 1809), 菘菜/비쵸/白菜(몽유편, 1810), 비차/菘(물명고, 1824), 菘(송)/비쥬
(명물기략, 1870), 비치/白菜(한불자전, 1880), 비츠/白菜(한영자전, 1890), 배추/배차/배채(조선어표준말모
음, 1936)[23]

중국/일본명　중국명 白菜(bai cai)는 흰색 채소라는 뜻이다. 일본명 ハクサイ(白菜)도 흰색 채소를 뜻
한다.

참고　[북한명] 배추 [유사어] 백채(白菜), 숭채(菘菜) [지방명] 배차/배치(강원), 배차(경기), 배차/배치/
뱁차/뱁츠/뱁추(경남), 배차/배치/뱁차/뱁추/비치(경북), 배차/배치/봄동/봄똥/저슬/저슬사리(전남),
저슬사리(전북), ᄂᆞ물/노물/당배치/드롯노물/배치/베치(제주), 배차/배치(충청), 배채(녕안), 매제/배채
(함남), 배체(함북)

20　'국가표준식불목록'(2018)은 배추의 학명을 본문과 같이 기재하고 있으나 '세계식물목록'(2018)은 *Brassica rapa* L.(1753)
을 정명으로 기재하고, 『장진성 식물목록』(2014)은 *B. rapa*를 '순무'의 학명으로 기재하고 있으므로 주의가 필요하다.

21　이러한 견해로 이우철(2005), p.263; 이덕봉(1963), p.36; 김민수(1997), p.442; 백문식(2014), p.250 참조.

22　『향약구급방』(1236)의 차자(借字) '無蘇'(무소)에 대해 남풍현(1981), p.94는 '무수'의 표기로 보고 있으며, 이덕봉(1963), p.35
는 '무소'의 표기로 보고 있다. 남풍현 및 이덕봉은 無蘇(무소)를 '무우'(또는 '순무우')와 혼동한 것이라고 보고 있다.

23　『조선어사전』(1920)은 '배추, 白菜(빅채), 배차, 菘菜(숭취)'를 기록했으며 『조선식물명휘』(1922)는 '白菜, 春菘, 蔓菁, 菜子, 비
추, 빅치(食)'를, 『토명대조선만식물자휘』(1932)는 '[白菘]빅숭, [菘菜]숭취, [白菜]빅치, [拜菜]비치, [배차], [배추]'를, 『선명대
화명지부』(1934)는 '배추, 배추종, 백채'를 기록했다.

Brassica juncea *Coss.*　オホガラシ　(栽)
Gat 갓

갓〈*Brassica juncea* (L.) Czern.(1859)〉

갓이라는 이름의 옛말은 '갓'인데 이는 변두리를 뜻하는 'ㄱ' 또는 'ㄱ' 등에서 유래한 것으로, 변두리에서 자라는 풀이라는 뜻으로 추정한다.[24] 갓은 중앙아시아 원산으로 삼국 시대 무렵에 중국을 통해 전래되어 재배한 것으로 알려져 있고, 재배를 하면 쉽게 주변으로 퍼져 경작지 부근에서 잘 자라는데 이러한 생태와 관련 있는 이름으로 보인다. 한편 유래를 한자어 개채(芥菜)에서 찾거나[25] '겨ㅈ'(겨자)로부터 파생된 말로 보는 견해가 있으나,[26] 옛 표현 '겨ㅈ' 또는 '계ㅈ'는 모두 한자어 개자(芥子)에서 파생한 것인 반면에[27] '갓'은 겨ㅈ 또는 계ㅈ와는 다른 한글 표현으로 등장하는 점에 비추어 우리의 옛말로 추정한다.

　속명 *Brassica*는 양배추를 뜻하는 고대 라틴어이며 배추속을 일컫는다. 종소명 *juncea*는 *Juncus*(골풀속)와 유사하다는 뜻으로 꽃대에 골풀처럼 잎이 없는 것에서 유래했다.

｜다른이름｜ 계자(이창복, 1969b), 겨자/상갓(한진건 외, 1982)

｜옛이름｜ 겨ㅈ/계ㅈ/芥子(구급간이방언해, 1489), 겨ㅈ/芥菜(훈몽자회, 1527), 계ㅈ/芥(신증유합, 1576), 芥菜/갓/계ㅈ(동의보감, 1613), 계ㅈ/芥子(색경, 1676), 갓/芥菜(역어유해, 1690), 갓/芥菜(동문유해, 1748), 갓/芥菜(방언집석, 1778), 갓/芥菜(한청문감, 1779), 芥醬/계ㅈ(광재물보, 19세기 초), 기치/갓(규합총서, 1809), 芥/갓(물명고, 1824), 野芥菜(임원경제지, 1842), 芥/ㄱ(명물기략, 1870), 갓/芥(한불자전, 1880)[28]

｜중국/일본명｜ 중국명 芥菜(jie cai)는 겨자(芥)를 닮은 나물이라는 뜻으로, 잎과 열매 등에서 매운맛이 나는 것에서 유래했다. 일본명 オホガラシ(大芥)는 식물체가 큰 겨자(カラシナ)라는 뜻이다.

｜참고｜ [북한명] 갓 [유사어] 개채(芥菜) [지방명] 갓동/갓똥/갓지/깟동/돌갓/붉은갓(전남), 갯나물/갯노물/드릅나물(제주), 가시(함북)

24　이러한 견해로 안옥규(1989), p.174 참조. 안옥규의 견해는 산변두리(산판)를 의미하는 '메갓'에 대한 해설이지만, 갓의 의미에 비추어 식물 '갓'의 의미도 여기서 유추할 수 있을 것으로 보인다.

25　이러한 견해로 이우철(2005), p.41과 한태호 외(2006), p.26 참조.

26　이러한 견해로 김종원(2013), p.296 참조. 김종원은 '갓'에 대한 문헌상의 최초 기록은 『물명고』(1824)라고 주장하고 있으나, 17세기부터 꾸준히 그 표현이 등장하므로 전혀 사실이 아니다.

27　이에 대해서는 국립국어원, '우리말샘' 중 '겨자' 참조.

28　『조선어사전』(1920)은 '갓, 芥菜, 동갓'을 기록했으며 『조선식물명휘』(1922)는 '芥, 辛芥, 芥菜, 갓(食)'을, 『토명대조선만식물자휘』(1932)는 '[菘]숭, [大芥]대개, [紫芥]ㅈ개, [皺葉芥]추엽개, [芥藍]개람, [동-갓]'을, 『선명대화명지부』(1934)는 '갓'을 기록했다.

Brassica nigra *Koch*   カラシナ   (栽)
Gyŏja   겨자   芥

흑겨자〈*Brassica nigra* (L.) K.Koch(1833)〉[29]

흑겨자라는 이름은 씨앗이 검은색으로 익고 겨자(갓)를 닮은 것에서 유래했다. 겨자는 한자어 개
자(芥子)에서 유래한 것으로 계주→겨주→겨자로 변화를 거쳐 형성된 말이다.[30] 흑겨자라는 이름
은 『한조식물명칭사전』에서 발견된다. 옛 문헌의 겨자는 현재의 갓(*B. juncea*), 흑겨자, 벼슬잎겨자
(*B. juncea* var. *crispifolia*)를 총칭했으며, 이들 종에 대해 혼용한 이름으로 이해된다.

　속명 *Brassica*는 양배추를 뜻하는 고대 라틴어이며 배추속을 일컫는다. 종소명 *nigra*는 '검은'
이라는 뜻으로 씨앗이 검은색을 띠는 것에서 유래했다.

다른이름　겨자(정태현 외, 1936), 검은겨자(한진건 외, 1982)

옛이름　芥子/계주/겨주(구급간이방언해, 1489), 겨줏/芥菜(훈몽자회, 1527), 계주/芥(신증유합, 1576),
芥子/겨자(언해구급방, 1608), 芥菜/갓/계주(동의보감, 1613), 계주/芥子(색경, 1676), 芥醬/계주(광재물보,
19세기 초), 花芥/밋갓(물명고, 1824), 계주/芥子(동언고, 1836), 겨亽/셰주/芥(한불자뎐, 1880), 芥子(선하
약물학, 1931), 겨자/개자/게자(조선어표준말모음, 1936)[31]

중국/일본명　중국명 黑芥(hei jie)는 씨앗이 검은색인 겨자(芥)라는 뜻이다. 일본명 カラシナ(芥)는 종
자 또는 잎에서 매운맛이 나는 것과 관련된 이름으로 알려져 있다. 현재 일본에서는 カラシナ를
한자로 芥子菜 또는 辛子菜로 쓰기도 한다.

참고　[북한명] 검은겨자 [지방명] 게자(강원), 게자(경상), 게자(평남), 게자(함남), 계자(함북)

Brassica oleracea *Linné*   ハボタン(タマナ)   (栽)
Yangbaechu   양배추   甘藍

양배추〈*Brassica oleracea* L.(1753)〉[32]

양배추라는 이름은 서양(유럽)에서 들어온 배추라는 뜻에서 유래했다.[33] 1883년 견미사절단의 일

29　『장진성 식물목록』(2014)에는 기재되어 있지 않으나 '국가표준식물목록'(2018), '세계식물목록'(2018) 및 '중국식물지'(2018)
　　에 본문의 학명이 정명으로 기재되어 있다.

30　이러한 견해로 김민수(1997), p.66 참조.

31　『조선어사전』(1920)은 '개(芥), 芥子(개자), 芥菜(개치), 갓무, 밋갓, 白芥子(빅개자)'를 기록했으며 『조선식물명휘』(1922)는 '芥,
　　芥藍菜, 갓, 계주(食)'를, 『토명대조선만식물자휘』(1932)는 '[芥(子)菜]개(주)치, [갓무], [밋갓], [갓], [(白)芥子](빅)개주, 겨주'
　　를, 『선명대화명지부』(1934)는 '갓, 겨자'를 기록했다.

32　'국가표준식물목록'(2018)과 '중국식물지'(2018)는 양배추의 학명을 *Brassica oleracea* var. *capitata* L.(1753)로 기재하고 있으
　　나, 『장진성 식물목록』(2014)과 '세계식물목록'(2018)은 이를 이명(synonym) 처리하고 본문의 학명을 정명으로 기재하고 있다.

33　이러한 견해로 이우철(2005), p.394와 안옥규(1989), p.2 참조.

원으로 미국을 다녀온 최경석이 이후 설치된 농무목축시험장에서 재배하는 식물의 목록을 기록한 것 중에 영어명 cabbage의 한글명 '가베지'가 보이며, 이것이 한반도에서 최초로 양배추를 재배한 기록으로 보인다. 북한명 가두배추는 평북 방언으로 '가두'(가드라들다: 오그라들다)와 '배추'의 합성어다.[34]

속명 *Brassica*는 양배추를 뜻하는 고대 라틴어이며 배추속을 일컫는다. 종소명 *oleracea*는 '식용 채소의'라는 뜻이다.

다른이름 가두배추/간낭배추(임록재 외, 1972), 감람/통양배추(한진건 외, 1982), 통가두배추(임록재 외, 1996)

옛이름 가베지(농무목축시험장소존곡약종, 1884)[35]

중국/일본명 중국명 甘蓝(gan lan)은 잎에서 단맛이 나고 진한 남색을 띤다는 뜻이다. 일본명 ハボタン(葉牡丹)은 잎이 크고 모여 있는 것이 모란꽃을 닮았다는 뜻에서 붙여졌다.

참고 [북한명] 가두배추 [유사어] 감람(甘藍) [지방명] 가다배추/까달배/까달배차/까달배추(경기), 가덜배차/까덜배채/달배차/주묵배채(경남), 가다배추/까달배차/까덜배채/양뱁추/카배추(경북), 까달배차/까달배추(전라), 스카나믈(제주), 따두배채/양배차/호배차(충청), 가도배/가두배(평북), 가달배/가도배/가두배/까다배/까달배(평안), 가두배/가두배채(함남), 가두배/다두배차/다두배채/다드배채(함북), 간낭배추/깨달배추/둥글배추(황해)

Brassica Rapa *Linné*   カブラ   (栽)
Sutmu 슷무   蕪菁

순무⟨*Brassica rapa* L.(1854)⟩

순무라는 이름은 『향약집성방』의 '禾菁'(쉿무수) 및 『구급간이방언해』의 '쉿무수'에 어원을 두고 있다. 쉿무수는 '쉬'와 '무수'의 합성어다. 『향약집성방』의 '禾'(화)에 대해 『훈몽자회』는 "禾 쉬 화 穀之總名"(禾는 화라고 하는데 이는 '쉬'로 곡식을 총칭하는 말이다)이라고 했으므로 '쉿무수'는 곡식처럼 식용할 수 있는 '무'라는 뜻이다. 한편 그보다 앞선 『향약구급방』은 순무를 '眞菁'(진청)이라 하고 있는데, 이는 蘿蔔(나복)을 중국(唐)에서 전래된 '댓무수'(唐菁)로 본 것과 대비해 蔓菁/蕪菁(만청/무청)을 당시에 재배종으로 고유한 우리의 것이라는 뜻을 가진 '춤무수'로 본 것에서 기인한다. 이와 같이 『향약구급방』과 『향약집성방』의 기록을 아울러 살피면 '쉿무수'는 당시에 재래종으로 키우는 진짜 우리의 무라는 뜻과 곡식처럼 식용할 수 있다는 의미가 함께 있고, 이후 쉿무수 → 쉿

---

34 이러한 견해로 안옥규(1989), p.1 참조.
35 『조선식물명휘』(1922)는 '甘藍, 包包菜, 양빗추(食)'를 기록했으며 『토명대조선만식물자휘』(1932)는 '[洋白菜]양빅치, [아라스비차]'를, 『선명대화명지부』(1934)는 '양배추(차)(치)'를 기록했다.

무우→쉰무우→순무로 변화해왔으므로 순무도 그와 같은 뜻이 있는 이름이다.[36] 『조선식물향명집』은 옛말의 표현에 따라 '숫무'로 기록했으나 『조선식물명집』에서 '순무'로 개칭해 현재에 이르고 있다.

속명 *Brassica*는 양배추를 뜻하는 고대 라틴어로 배추속을 일컫는다. 종소명 *rapa*는 순무를 일컫는 고대 라틴어에서 유래했다.

다른이름 숫무(정태현 외, 1937), 순무우(임록재 외, 1972)

옛이름 蔓菁子/眞菁實(향약구급방, 1236),[37] 蕪菁/蔓菁/禾菁(향약집성방, 1433),[38] 쉰무수(구급간이방언해, 1489), 蘋菪/쉰무수(사성통해, 1517), 蕪菁/쉰무수(간이벽온방, 1525), 蔓菁/쉰무수(훈몽자회, 1527), 숫무수(분문온역이해방, 1542), 쉰무우/菁(신증유합, 1576), 蕪菁/쉰무우(언해두창집요, 1608), 蔓菁/쉰무우(동의보감, 1613), 蕪菁/쉰무우(구황촬요벽온방, 1639), 蔓菁/쉰무우(역어유해, 1690), 蔓菁/쉰무우(방언집석, 1778), 쉰무우/菁(왜어유해, 1782), 蔓菁/쉰무우(해동농서, 1799), 蔓菁/쉰무우(제중신편, 1799), 쉰무우/蔓菁(몽유편, 1810), 蔓菁/숫무우/蕪菁(물명고, 1824), 숫무우/蔓菁(의종손익, 1868), 숫무우/蔓菁(방약합편, 1884), 蔓菁子/쉰무우(의방합편, 19세기), 武候菜/숫무/蔓菁(박물신서, 19세기), 尺苽蕪菁/숫무(일용비람기, 연대미상), 菁/숫무우(아학편, 1908), 封/숫무/蕪菁(의시옥편, 1921), 슌무/쉰무(조선어표준말모음, 1936)[39]

중국/일본명 중국명 蔓菁(man jing)에 대해 『본초강목』은 북쪽 지방 사람들이 칭하는 이름이라고 했으나 그 의미는 기록하지 않고 있다. 다른이름으로 蕪蕪(손무)가 기록되어 있다. 일본명 カブラ(株ら)는 뿌리(株)를 뜻하며 뿌리를 식용하는 것에서 유래했다.

참고 [북한명] 순무우 [유사어] 만청(蔓菁), 무청(蕪菁), 제갈채(諸葛菜) [지방명] 노배/모배/청노배호무꾸/호무끼(함북)

---

36 이러한 견해도 손병태(1996), p.77; 남풍현(1981), p.67; 장충덕(2007), p.22; 한태호 외(2006), p.43 참조.

37 『향약구급방』(1236)의 차자(借字) '眞菁實'(진청실)에 대해 남풍현(1981), p.67; 손병태(1996), p.77; 이덕봉(1963), p.34는 '춤무수삐'의 표기로 보고 있다.

38 『향약집성방』(1433)의 차자(借字) '禾菁'(화청)에 대해 남풍현(1996), p.182는 '쉰무수'의 표기로 보고 있으며, 손병태(1996), p.77은 '쉬무수'의 표기로 보고 있다.

39 『조선어사전』(1920)은 '蕪菁(무청, 순무, 諸葛菜(제갈치), 蔓菁(만청)'을 기록했으며 『조선식물명휘』(1922)는 '蕪菁, 수무(食)'를, 『토명대조선만식물자휘』(1932)는 '[蕪菁]무정, [蔓菁]만경, [諸葛菜]제갈치, [순무], [蔓菁子]만경즈, [순무씨]'를, 『선명대화명지부』(1934)는 '수무, 게길무, 게질무'를 기록했다.

Capsella Bursa-pastoris *Moench*　ナヅナ　薺
Naengi　냉이(나생이)

냉이⟨*Capsella bursa-pastoris* (L.) Medik.(1792)⟩

냉이라는 이름은 나싀→나이→낭이→냉이로 변화해온 고
유어인데, 그 정확한 의미와 유래는 알려져 있지 않다.[40] 땅에
서 새로 생겨난 생명체로 먹을 수 있는 반가운 나물이라는
뜻에서 유래했다고 보는 견해가 있으나,[41] 나물의 옛말은 'ᄂ
ᄆᆞᆯ'(분류두공부시언해, 1481)이고 냉이의 15세기 고형은 '나싀'이
므로 그 타당성은 의문스럽다.

속명 *Capsella*는 라틴어 *capsa*(주머니)의 축소형으로, 열
매의 모양이 주머니와 같아서 붙여졌으며 냉이속을 일컫는다.
종소명 *bursa-pastoris*는 '목동의 주머니'라는 뜻으로 열매의
모양에서 유래했다.

다른이름　냉이(정태현 외, 1936), 나생이(정태현 외, 1937), 나생개
(정태현 외, 1942), 나숭게(안학수·이춘녕, 1963)

옛이름　薺/羅耳(향약집성방, 1433),[42] 나싀/薺(분류두공부시언해, 1481), 나싀/薺菜(사성통해, 1517), 薺/
나싀(훈몽자회, 1527), 薺菜/나싀(동의보감, 1613), 나이/薺(시경언해, 1613), 薺菜/나이(신간구황촬요,
1660), 薺菜/낭이(박통사언해, 1677), 薺菜/나이(주촌신방, 1687), 나히/薺菜(역어유해, 1690), 薺菜/나이
(산림경제, 1715), 나히/甘薺菜(동문유해, 1748), 野薺菜/낭히(방언집석, 1778), 낭이/薺(왜어유해, 1782),
薺菜/낭이(해동농서, 1799), 薺/나이(물보, 1802), 薺/나이(물명고, 1824), 薺/낭이(명물기략, 1870), 낭이/薺
(한불자전, 1880), 냉이/薺(국한회어, 1895), 나생개(조선구전민요집, 1933), 냉이/나생이/나이(조선어표준말
모음, 1936)[43]

중국/일본명　중국명 薺(ji)는 냉이를 나타내는 한자로, 이시진은 『본초강목』에서 "薺生濟澤 故謂之
薺"(제는 나루터와 못에 자라기 때문에 제라고 한다)라고 했다. 일본명 ナヅナ(薺菜)는 우리말 냉이를

40　이러한 견해로 이우철(2005), p.137과 김민수(1997), p.194 참조. 한편 강길운(2010), p.283은 냉이와 유사한 말로 만주어에
　　niyajiba, 일본어에 najuna가 있는 것에 비추어 고대 민족의 형성기에 유래한 말이라고 이해하고 있다.

41　이러한 견해로 김종원(2013), p.301과 김경희 외(2014), p.47 참조.

42　『향약집성방』(1433)의 차자(借字) '羅耳'에 대해 남풍현(1999), p.183은 '나싀'의 표기로 보고 있다.

43　『제주도및완도식물조사보고서』(1914)는 'ナンシ, ナンジ'[난시, 난지]를 기록했으며 『조선의 구황식물』(1919)은 '닝이(水
　　原), 나싱이(京畿, 江原, 忠北, 慶北), 싱이, 나시풀(咸南), 난장이풀(濟州)'을, 『조선어사전』(1920)은 '냉이, 薺菜, 나이'를, 『조선
　　식물명휘』(1922)는 '薺, 닝이, 나싱이(救)'를, 『토명대조선만식물자휘』(1932)는 '[薺菜]졔취, [나이], [냉이]'를, 『선명대화명지
　　부』(1934)는 '냉이, 나생이, 나순개'를, 『조선의산과와산채』(1935)는 '薺, 나생이(냉이)'를 기록했다.

768

뜻하는 ナヅ와 나물을 뜻하는 ナ가 합쳐진 말로 이해되고 있다.

참고 [북한명] 냉이 [유사어] 제채(薺菜) [지방명] 나상우/나새이/나생이/나칭/남새이/낭생이/내이/맹이/참나생이(강원), 나생이/나숭개/나시/내이/참냉이(경기), 구리이젓/구링이좃/나사니/나새이/나생이/나쇙이/나수렝이/나숭개/나스댕이/나스랭이/나승개/나시/나시갱이/나시래잉/나시랭이/나신게/나싱이/나지랭이/난쇙이/날생이/내사이/내이/시겡이/신나물/신내이/신냉이/씬내이/씬너물/씸내이(경남), 나새이/나생이/나수렝이/나숭개/나스랭이/나시/나시니/나시랭이/나이/난새이/난쇙이/난싱이/난지/날쌔이/내사니/내이/밥부재나물/신냉이/씬내이/야생이/야시갱이/야시랭이(경북), 구링이좃/나산구/나상게/나상구/나새/나생기/나생이/나수/나순개/나순재/나숭게/나스/나승개/나시/나시랭이/나중개/날생이/남수/내생이/야숭개/좁쌀개이(전남), 나산구/나생이/나수/나순개/나순재/나숭개/나숭게/나승개/나시이/나싱개/나중개/남수/내생이/내이/매운때(전북), 난상이/난새이/난셍이/난시/난쟁이/난젱이풀/난지/난지쿨/난지풀(제주), 나상개/나상이/나생갱이/나싕개/나슴개/나승개/나승갱이/나승깨/나시/나싱개/나싱갱이/나쑹개/낙신개이/내이(충남), 나사이/나새이/나생이/나숭개/나승개/나슴갱이/나시/나신개/나신게/나싱개/나싱게/나싱기/나싱이/나씨/내이(충북), 나이/낭낭이/낭이/내이(평남), 나이/낭낭이/낭이/내이/냉내이(평북), 나시/내기/내키/냉키/노애기/미시(함북), 애이/앵이/예이(황해)

Cardamine flexuosa *Withering* タネツケバナ
Hwan͡gsae-naen͡gi 황새냉이

황새냉이〈*Cardamine flexuosa* With.(1796)〉

황새냉이라는 이름은 냉이와 유사한데 냉이에 비해 맛이 없고 열매가 긴 뿔 모양인 것을 황새에 비유한 데서 유래했다.[44] 황새냉이의 옛이름은 『향약구급방』의 '두루미냉이'(豆音矣薺/두름의나ㅿㅣ)였으나 근세에 황새냉이(황ㅅㅣ나이)로 변해 황새냉이속(*Cardamine*) 식물을 일컫는 이름이 되었다.[45] 그런데 『동의보감』은 '葶藶/두루믜나이'에 대해 "在處有之 苗葉似薺 三月開花 微黃 結角"(곳곳에서 자라는데 싹과 잎이 냉이와 비슷하고 삼월에 연한 노란 꽃이 피어 꼬투리를 맺는다)이라고 했으므로, 두루미냉이는 흰 꽃이 피는 황새냉이보다 재쑥(*Descurainia sophia*) 또는 꽃다지(*Draba nemorosa*)를 일컬었을 가능성도 있다.[46] 한편 황새냉이를 『조선식물명휘』에 근거한 것으로 보고 논바닥에서 먹이를 찾는 기러기나 두루미에 잇닿은 이름이라는 견해가 있으나,[47] 이는 버의 묘판과 관련한 일본

44 '두루미냉이'에 대해 이와 유사한 견해로 손병태(1996), p.40 참조.

45 이러한 견해로 이덕봉(1963), p.17 참조.

46 '중국식물지'(2018)는 꽃다지<*Draba nemorosa* L.(1753)>를 정력(葶苈, ting li)으로 칭하고 있다.

47 이러한 견해로 김종원(2013), p.304 참조.

명에서 그 유래를 찾는 것이고 우리의 옛 문헌 기록을 고려하지 않은 것이므로 타당하지 않다.

속명 *Cardamine*는 식용하는 논냉이의 일종을 뜻하는 그리스어 *kardamon*에서 유래했으며 황새냉이속을 일컫는다. 종소명 *flexuosa*는 '물결 모양의, 구불구불한'이라는 뜻으로 줄기나 잎에 굴곡이 있는 데서 유래한 것으로 보인다.

옛이름 葶藶/豆音矣薺/豆衣乃耳(향약구급방, 1236),[48] 葶藶/豆音矣羅耳(향약채취월령, 1431), 葶藶/豆音矣羅耳(향약집성방, 1433),[49] 甘葶藶/둔두루믜나싀(구급간이방언해, 1489), 葶藶/豆乙音羅伊/두름의나이(촌가구급방, 1538), 葶藶/두루믜나이(동의보감, 1613), 葶藶/두루의나시삐(사의경험방, 17세기), 葶藶/두루믜나이(산림경제, 1715), 葶藶/두르믜나이(제중신편, 1799), 葶藶/항서나이/葶藶/大室/大敵/狗薺(광재물보, 19세기 초), 葶藶/한서나이/狗薺/葶(물명고, 1824), 葶藶/두르믜낭이(방약합편, 1884), 葶藶/두루믜낭이(자전석요, 1909), 한새낭이/菥蓂/大薺(신자전, 1915), 葶藶/두루믜낭이(의서옥편, 1921)[50]

중국/일본명 중국명 弯曲碎米荠(wan qu sui mi ji)는 굽은 씨방을 가진 쇄미제(碎米薺: 싸라기 같은 씨앗이 들어 있는 냉이)라는 뜻이다. 일본명 タネツケバナ(種漬花)는 꽃의 모양이 볍씨의 싹을 틔우기 위해 물에 담가놓은 모습이라는 뜻으로, 벼의 묘판을 만들 무렵 꽃이 피는 것에서 유래했다.

참고 [북한명] 황새냉이 [유사어] 구제(狗薺), 쇄미제(碎米薺), 정력(葶藶) [지방명] 드렁냉이(경기), 황새나물(경남), 별나새이(경북), 황새나생이(충북)

Cardamine flexuosa *With.* var. fallax *Schultz* コメバタネツケバナ
Jobsal-naeñgi 좁쌀냉이

좁쌀냉이〈*Cardamine parviflora* L.(1758)〉[51]

좁쌀냉이라는 이름은 황새냉이에 비해 잎이 좁쌀처럼 소형이라는 뜻에서 붙여졌다.[52] 『조선식물향명집』에서 전통 명칭 '냉이'를 기본으로 하고 식물의 형태적 특징을 나타내는 '좁쌀'을 추가해 신칭했다.[53]

---

48 『향약구급방』(1236)의 차자(借字) '豆音矣薺/豆衣乃耳(두음의제/두의내이)에 대해 남풍현(1981), p.116은 '두름의나싀/두의나싀'의 표기로 보고 있으며, 손병태(1996), p.39는 '두음의나싀/두의나싀'의 표기로, 이덕봉(1963), p.17은 '두름의나이'의 표기로 보고 있다.

49 『향약집성방』(1433)의 차자(借字) '豆音矣羅耳'(두음의나이)에 대해 남풍현(1999), p.177은 '두름의나싀'의 표기로 보고 있다.

50 『조선의 구황식물』(1919)은 '황서넝이(水原), 닝이(仁川, 京城, 江原, 平南), 나싀(咸南), 기나싱이(慶州), 碎米薺, 薄菜'를 기록했으며 『조선어사전』(1920)은 '두루미낭이, 葶藶(뎡력), 葶藶子(뎡력즈)'를, 『조선식물명휘』(1922)는 '碎米薺, 野芹菜, 薄菜, 닝이, 황서넝이(救)'를, 『선명대화명지부』(1934)는 '냉이, 황새넝(엉)이'를 기록했다.

51 '국가표준식물목록'(2018)은 *Cardamine parviflora* L.(1753)을 '좀냉이'로, *Cardamine fallax* L.(1753)을 '좁쌀냉이'로 별도 분류하고 있으나 *C. fallax*는 실체가 확인되지 않는 것으로 보인다. 『장진성 식물목록』(2014), '중국식물지'(2108) 및 '세계식물목록'(2018)은 본문의 학명을 정명으로 기재하고 있다.

52 이러한 견해로 이우철(2005), p.478 참조.

53 이에 대해서는 『조선식물향명집』, 색인 p.46 참조.

속명 *Cardamine*는 식용하는 논냉이의 일종을 뜻하는 그리스어 *kardamon*에서 유래했으며 황새냉이속을 일컫는다. 종소명 *parviflora*는 '작은 꽃의'라는 뜻이다.

다른이름 선황새냉이(박만규, 1949), 민털황새냉이/선털황새냉이(안학수·이춘녕, 1963), 말황새냉이/민좁쌀냉이(리종오, 1964), 좁쌀황새냉이(임록재 외, 1972), 좁냉이(Chang et al., 2014)

중국/일본명 중국명 小花碎米荠(xiao hua sui mi ji)는 작은 꽃이 피는 쇄미제(碎米薺: 싸라기 같은 씨앗이 들어 있는 냉이)라는 뜻으로 학명과 연관이 있다. 일본명 コメバタネツケバナ(米葉種潰花)는 잎이 쌀알 같은 황새냉이(タネツケバナ)라는 뜻이다.

참고 [북한명] 말황새냉이/좁쌀황새냉이[54]

Cardamine impatiens *Linné*　エゾノジヤニンジン
Ŝari-naeṅgi　싸리냉이

싸리냉이〈*Cardamine impatiens* L.(1753)〉

싸리냉이라는 이름은 싸리를 닮은 냉이라는 뜻이다. 『조선식물향명집』에서 전통 명칭 '냉이'를 기본으로 하고 식물의 형태를 나타내는 '싸리'를 추가해 신칭했다.[55] 『조선산야생식용식물』은 어린 잎과 줄기를 식용한 것으로 기록했는데, 그때의 겹잎이 싸리 종류(예컨대 땅비싸리)를 닮은 것에 착안한 이름으로 추정한다.

속명 *Cardamine*는 식용하는 논냉이의 일종을 뜻하는 그리스어 *kardamon*에서 유래했으며 황새냉이속을 일컫는다. 종소명 *impatiens*는 '참을성이 없는'이라는 뜻으로 열매가 익어 씨앗이 산포(散布)되는 모습에서 유래한 것으로 보인다.

다른이름 수채화(정태현 외, 1942), 싹리냉이(박만규, 1949), 싸리황새냉이(임록재 외, 1972), 긴잎황새냉이(한진건 외, 1982)[56]

중국/일본명 중국명 弹裂碎米荠(tan lie sui mi ji)는 열매가 익으면 터져서 씨앗을 산포하는 쇄미제(碎米薺: 싸라기 같은 씨앗이 들어 있는 냉이)라는 뜻으로 학명과 연관이 있다. 일본명 エゾノジヤニンジン(蝦夷の蛇胡蘿蔔)은 에조(蝦夷: 홋카이도의 옛 지명)에 분포하고 뱀이 좋아하며 당근(ニンジン)을 닮

---

54 북한에서는 *C. parviflora*를 '말황새냉이'로, *C. brachycarpa*를 '좁쌀황새냉이'로 하여 별도 분류하고 있다. 이에 대해서는 리용재 외(2011), p.70 참조.
55 이에 대해서는 『조선식물향명집』, 색인 p.39 참조.
56 『조선식물명휘』(1922)는 '水菜花'를 기록했다.

은 식물이라는 뜻이다.

참고 [북한명] 싸리황새냉이

⊗ Cardamine komarovi *Nakai*　サジガラシ
Núnjaeñgi-naeñgi　느쟁이냉이

느쟁이냉이〈*Cardamine komarovii* Nakai(1914)〉

느쟁이냉이라는 이름은 '느쟁이'와 '냉이'의 합성어로, 잎이 명아주를 닮은 냉이라는 뜻에서 유래한 것으로 추정한다. '느쟁이'는 명아주의 강원 방언으로,[57] 『조선식물향명집』은 명아주의 다른이름으로 '느쟁이'를 기록했는데 실제로 잎의 모양이 명아주의 잎과 유사하다. 『조선식물향명집』의 색인에서 '느쟁이냉이'를 신칭하지 않은 이름으로 기록한 것으로 보아 실제 지방에서 사용하는 조선명을 채록한 것으로 보인다.

　속명 *Cardamine*는 식용하는 논냉이의 일종을 뜻하는 그리스어 *kardamon*에서 유래했으며 황새냉이속을 일컫는다. 종소명 *komarovii*는 러시아 식물학자로 만주 식물을 연구한 Vladimir Leontyevich Komarov(1869~1945)의 이름에서 유래했다.

다른이름 주걱냉이(안학수·이춘녕, 1963), 숟가락냉이(리종오, 1964), 느장이냉이(정태현, 1965), 숟가락황새냉이(임록재 외, 1972), 상갓(임록재 외, 1996), 능쟁이냉이/산갓(리용재 외, 2011)[58]

중국/일본명 중국명 翼柄碎米荠(yi bing sui mi ji)는 잎자루에 날개가 있는 쇄미제(碎米薺: 싸라기 같은 씨앗이 들어 있는 냉이)라는 뜻이다. 일본명 サジガラシ(匙芥)는 잎이 숟가락 모양이고 겨자(또는 갓)를 닮은 식물이라는 뜻에서 붙여졌다.

참고 [북한명] 산갓 [지방명] 산갓(경북)

Cardamine leucantha *O. E. Schultz*　コンロンサウ
Minari-naeñgi　미나리냉이

미나리냉이〈*Cardamine leucantha* (Tausch) O.E.Schulz(1903)〉

미나리냉이라는 이름은 잎은 미나리를 닮았고 꽃은 냉이를 닮았다는 뜻에서 붙여졌다.[59] 『조선식물향명집』에서 전통 명칭 '냉이'를 기본으로 하고 식물의 형태적 특징을 나타내는 '미나리'를 추

57　이에 대해서는 국립국어원 '우리말샘' 중 '느쟁이' 참조.
58　『조선의산과와산채』(1935)는 '산갓풀'을 기록했다.
59　이러한 견해로 이우철(2005), p.241 참조.

772

가해 신칭했다.[60] 『물명고』는 『조선식물명휘』와 『조선산야생
식용식물』에 기록된 石芥菜(석개채)와 유사한 石芥(석개)를 기
록하면서 한글명으로 '산갓'이라고 했으나, 그 설명에서 "低小
者"(낮고 작게 자란다)라고 했으므로 냉이류에서 상대적으로 크
게 자라는 미나리냉이를 지칭하지는 않은 것으로 보인다.

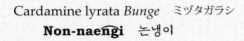

속명 *Cardamine*는 식용하는 논냉이의 일종을 뜻하는 그
리스어 *kardamon*에서 유래했으며 황새냉이속을 일컫는다.
종소명 *leucantha*는 '하얀 꽃의'라는 뜻으로 흰색 꽃이 피는
것에서 유래했다.

다른이름 셕개채(정태현 외, 1942), 승마냉이(안학수·이춘녕,
1963), 미나리황새냉이(임록재 외, 1972)

옛이름 石芥/산갓(물명고, 1824)[61]

중국/일본명 중국명 白花碎米荠(bai hua sui mi ji)는 흰색 꽃이 피는 쇄미제(碎米荠: 싸라기 같은 씨앗이
들어 있는 냉이)라는 뜻이며 학명과 연관이 있다. 일본명 コンロンサウ(崑崙草)는 정확한 어원은 알
수 없으나 흰색 꽃이 피는 모습을 곤륜산의 흰 눈에 비유한 것으로 추정하고 있다.

참고 [북한명] 미나리황새냉이 [유사어] 석개채(石芥菜), 채자칠(菜子七) [지방명] 삼나물/삼베나무/
삼베나물(강원), 민미나리(경북)

Cardamine lyrata *Bunge* ミヅタガラシ
Non-naengi 논냉이

논냉이〈*Cardamine lyrata* Bunge(1833)〉
논냉이라는 이름은 냇가나 논밭 근처 도랑에서 나는 냉이라는 뜻이다.[62] 『조선식물향명집』에서
전통 명칭 '냉이'를 기본으로 하고 식물의 생육 상태를 나타내는 '논'을 추가해 신칭했다.[63]

속명 *Cardamine*는 식용하는 논냉이의 일종을 뜻하는 그리스어 *kardamon*에서 유래했으며
황새냉이속을 일컫는다. 종소명 *lyrata*는 '머리 부분이 크고 깃처럼 갈라진, 하프 모양의'라는 뜻
이다.

다른이름 논황새냉이(김현삼 외, 1988)

60 이에 대해서는 『조선식물향명집』, 색인 p.37 참조.
61 『조선식물명휘』(1922)는 '假芹菜, 石芥菜'를 기록했다.
62 이러한 견해로 이우철(2005), p.152 참조.
63 이에 대해서는 『조선식물향명집』, 색인 p.34 참조.

중국/일본명 중국명 水田碎米荠(shui tian sui mi ji)는 논에서 자라는 쇄미제(碎米薺: 싸라기 같은 씨앗이 들어 있는 냉이)라는 뜻이다. 일본명 ミヅタガラシ(水田芥)는 물이 있는 곳에서 자라는 개구리자리(タガラシ)라는 뜻이다.

참고 [북한명] 논황새냉이 [유사어] 수전쇄미제(水田碎米薺)

Dontostemon dentatus *Ledebour*　ハナハタザホ
Gańun-jańgdae　가는장대

가는장대〈*Dontostemon dentatus* (Bunge) C.A.Mey. ex Ledeb.(1841)〉

가는장대라는 이름은 잎이 피침모양으로 좁은 장대나물이라는 뜻이다.[64] 『조선식물향명집』에서 장대나물의 '장대'를 기본으로 하고 식물의 형태를 나타내는 '가는'을 추가해 신칭한 후[65] 현재에 이르고 있다.

　속명 *Dontostemon*은 그리스어 *odons*(이빨)와 *stemon*(수술)의 합성어로, 수술의 모양이 이빨을 닮아 붙여졌으며 가는장대속을 일컫는다. 종소명 *dentatus*는 '이빨 모양의, 톱니가 있는'이라는 뜻으로 잎가장자리에 톱니가 있어서 붙여졌다.

다른이름 꽃장대(박만규, 1949), 가는장때(정태현, 1957), 가는꽃장대(한진건 외, 1982)

중국/일본명 중국명 花旗杆(hua qi gan)은 꽃이 깃대처럼 생겼다는 뜻이다. 일본명 ハナハタザホ(花旗竿)는 꽃이 아름다운 장대나물(ハタザホ)이라는 뜻이다.

참고 [북한명] 꽃장대

Draba nemorosa *L.* var. hebecarpa *Ledebour*　イヌナヅナ
Ĝotdaji　꽃따지

꽃다지〈*Draba nemorosa* L.(1753)〉

꽃다지라는 이름은 '꽃'(花)과 '다지'(다대: 薺)의 합성어로, 꽃이 지고 나서 꽃자루 형태의 열매가 맺히는 모양에서 유래한 것으로 보인다. 옛 문헌에 기록된 고유어 '곳다지' 또는 '꼿다지'에 근거하고, 그 최초 표현은 17세기 말 『역어유해』의 '곳다대'로 거슬러 올라간다. 곳다대(꽃다대)의 유래와 관련해, 한꺼번에 노란 꽃이 많이 피어 있는 데서 명명된 것으로 보는 견해와[66]

64　이러한 견해로 이우철(2005), p.26 참조.
65　이에 대해서는 『조선식물향명집』, 색인 p.30 참조.
66　이러한 견해로 손병태(1996), p.40 참조. '다대'를 현대어 '다지다지'의 의미로 보는 것으로 해석된다.

꽃이 아래에서 위로 하나씩 피고 닫는(지는) 모습 때문에 붙여진 이름으로 보는 견해가 있다.[67] 그러나 18세기 문헌들에서 꽃자루(또는 꽃받침)라는 뜻의 花蒂(화체)에 대해 '곳다대' 또는 '곳두대'로 동일하게 표기했던 점에[68] 비추어 곳다대는 꽃자루나 꽃받침 같은 모양의 열매를 맺는 것과 관련된 이름으로 보인다. 한편『광재물보』에 기록된 鼠麴草(서국초)라는 이름을 근거로 '곳다대'를 떡쑥(Gnaphalium affine)의 옛말로 이해하는 견해도 있다.[69] 이는 떡쑥을 鼠麴草(서국초)로 기재하고 있는 '중국식물지'의 영향으로 보이지만,[70] 옛 문헌에서 '곳다대'와 '곳

다지'는 한자 표현 狗脚踵菜(구각종채)를 공유하고 있어 '곳다대' 역시 꽃다지와 관련된 이름이라 할 수 있다. 그리고 葶藶子(정력자)를 꽃다지로 해설하는 견해가 있는데,[71]『동의보감』도 葶藶子(정력자)에 대해 "三月開花 微黃"(삼월에 연한 노란 꽃이 핀다)이라고 설명하고 있어 꽃다지를 지칭했을 가능성이 있다.[72]『조선식물향명집』은 전통적으로 사용하던 '꽃따지'로 기록했으나『우리나라 식물명감』에서 '꽃다지'로 개칭해 현재에 이르고 있다.

　속명 Draba는 그리스어 draba(매운)에서 유래한 것으로, 잎과 줄기에서 매운맛이 난다는 뜻에서 디오스코리데스(Dioscorides, 40~90)가 Cardaria draba에 부여한 이름을 전용했으며 꽃다지속을 일컫는다. 종소명 nemorosa는 '숲속에서 자라는'이라는 뜻이다.

다른이름　꽃따지(정태현 외, 1937), 코딱지나물(안학수·이춘녕, 1963)

옛이름　곳다대/狗脚踵菜(역어유해, 1690), 곳다지(해동가요, 1755), 花多的(백운필, 1803), 鼠麴草/곳다지/佛耳草(광재물보, 19세기 초), 鼠麴草/곳다듸(물명고, 1824), 狗脚踵菜/구각종치/곳다지(명물기략, 1870), 곳다지(두견성, 1913), 葶藶/두르미낭이씨/꽂따지(선한약물학, 1931), 곳다지(조선구전민요집, 1933)[73]

67　이러한 견해로 김종원(2013), p.306 참조. '다대'를 '닫이'(閉)의 의미로 해석한다. 이와 관련해 김종원은 꽃다지의 유래를 모리 다메조(森爲三)의『조선식물명휘』(1922)에서 온 것으로 설명하고 있으나, 옛 문헌 기록에 정면으로 배치되는 주장으로 보인다.

68　'곳다대'로 기록한 문헌으로『동문유해』(1748),『몽어유해』(1768),『역어유해보』(1775)가 있고, '곳두대'로 기록한 문헌으로『방언집석』(1778)이 있다.

69　이러한 견해로 김종원(2013), p.164 참조.

70　이에 대해서는 '중국식물지'(2018) 중 'Gnaphalium affine D. Don' 참조.

71　이러한 견해로 손병태(1996), p.306 참조.

72　다만 식품의약품안전처가 고시하는『대한민국약전외 한약(생약)규격집』이 2013.11.21에 개정됨으로써 한약재 정력자(葶藶子)는 '재쑥'과 '다닥냉이'만을 의미하고, 꽃다지는 제외되었다. 이에 대해서는 양선규 외(2016), pp.27-36 참조.

73　『조선한방약료식물조사서』(1917)는 '두루뭇나이, 葶藶子'를 기록했으며『조선의 구황식물』(1919)은 '곳다지(江原), 속풀(吉州), 葶藶'을,『조선식물명휘』(1922)는 '葶藶, 狗薺, 곳따지, 뎡녁즈(救)'를,『토명대조선만식물자휘』(1932)는 '[葶藶]뎡력, [두

중국명 葶藶(ting li)는 중국의 옛 생약명에서 유래했으나 『본초강목』은 그 의미가 알려져 있지 않다고 기록했다. 일본명 イヌナヅナ(犬薺)는 냉이(ナヅナ)와 유사하게(犬) 식용한 것에서 유래했다.

참고 [북한명] 꽃다지 [유사어] 강제(江薺), 정력자(葶藶子) [지방명] 꽃다젱이/꽃단지(강원), 꽃단지(경기), 꽁다지/꽁따지/꽃다대/코따데이(경북), 꽃나물/꽃노물/나순이/코딱지나물(전남), 꼬추냉이/꽃나물/꽃단지/도리깨쟁이/코딱지나물(전북), 꽃다지나물(충남), 꽃다댕이/꽃대지(충북), 꼬따디/꼬차대/꽃다대/코따대(함북)

○ Erysimum aurantiacum *Maximowicz*　オホスズシロサウ
Bujigaeng-namul　부지깽이나물

부지깽이나물〈*Erysimum perofskianum* Fisch. & C.A.Mey.(1838)〉[74]

부지깽이나물이라는 이름은 기다랗게 올라가는 줄기가 부지깽이로 사용하기 적당하고 나물로 식용한 것에서 유래했다고 추정한다. '부지깽이'는 아궁이 따위에 불을 땔 때 불을 헤치거나 끌어내거나 거두어 넣거나 하는 데 쓰는 가느스름한 막대기(火杖)를 뜻한다.[75] 일제강점기 문헌에서 천문동(*Asparagus cochinchinensis*)의 조선명을 '부지낑나물'이라 하고 있는 점에 비추어,[76] 부지깽이나물은 어린순을 나물로 식용하고 부지깽이로 사용하기에 적당한 긴 줄기가 있는 식물에 두루 사용하던 이름으로 이해된다.

속명 *Erysimum*은 테오프라스토스(Theophrastus, B.C. 371~B.C.287)가 어떤 정원식물에 사용한 이름인 *erysimon*에서 유래한 것으로 쑥부지깽이속을 일컫는다. 종소명 *perofskianum*은 러시아 식물학자 Perofsky의 이름에서 유래했는데, Perofsky의 생몰 연도나 활동상에 대해서는 알려져 있지 않다.

다른이름 좀부지깽이(박만규, 1949), 부지깽이(임록재 외, 1972), 큰쑥왕부지깽이(박만규, 1974), 부지깽이나물(한진건 외, 1982), 노란냉이(임록재 외, 1996)

루미낭이], [葶藶子]뎡력즈'를, 『선명대화명지부』(1934)는 '곳다지, 뎡력자'를 기록했다.

74 '국가표준식물목록'(2018)은 부지깽이나물의 학명을 *Erysimum amurense* Kitag.(1937)으로 기재하고 있으나, 『장진성 식물목록』(2014)과 '세계식물목록'(2018)은 본문의 학명을 정명으로 기재하고 있다.

75 『조선어사전』(1920)은 '火杖(화장)'을 '부지팽이'로 해설했으나, 현재 '표준국어대사전'은 '부지깽이'와 '부지팽이' 중에서 부지깽이를 표준어로 하고 있다.

76 이에 대해서는 『조선식물명휘』(1922), p.86 참조.

중국명 糖芥(tang jie)는 단맛이 나는 개(芥: 갓 또는 겨자)라는 뜻이다. 일본명 オホスズシ
ロサウ(大淸白草)는 식물체가 큰 スズシロサウ(淸白草: 무의 옛이름)라는 뜻이다.

참고 [북한명] 노란냉이 [지방명] 천동초(충남)

Erysimum cheiranthoides *Linné*　エゾスズシロ
Ŝug-bujiĝaenĝi　쑥부지깽이

쑥부지깽이⟨*Erysimum cheiranthoides* L.(1753)⟩

쑥부지깽이라는 이름의 정확한 유래는 밝혀진 것이 없다.[77] 다만 유사한 식물로 '부지깽이나물'이
있는 점에 비추어, 쑥부지깽이라는 이름은 '쑥'과 '부지깽이'의 합성어로 잎의 가장자리에 톱니가 있
고 회녹색이 도는 것에서 '쑥'이 연상되고 줄기가 길게 올라가는 식물체의 모습이 '부지깽이나물'을
닮았다는 뜻에서 유래한 것으로 추정한다.

　속명 *Erysimum*은 테오프라스토스(Theophrastus, B.C.371~B.C.287)가 어떤 정원식물에 사용
한 이름인 *erysimon*에서 유래한 것으로 쑥부지깽이속을 일컫는다. 종소명 *cheiranthoides*는
Cheiranthus(꽃무속)와 유사해 붙여졌다.

다른이름 쑥부지깽이나물(박만규, 1949), 민부지깽이(이창복, 1969b), 약노란냉이(임록재 외, 1996), 쑥노
란냉이(리용재 외, 2011)

중국/일본명 중국명 小花糖芥(xiao hua tang jie)는 작은 꽃이 피어나는 당개(糖芥: 부지깽이나물의 중국
명)라는 뜻이다. 일본명 エゾスズシロ(蝦夷淸白)는 에조(蝦夷: 홋카이도의 옛 지명)에 분포하는 スズシ
ロサウ(淸白草: 무의 옛이름)라는 뜻이다.

참고 [북한명] 쑥노란냉이

Isatis oblongata *De Candolle*　タイセイ　大靑
Daechŏng　대청

대청⟨*Isatis tinctoria* L.(1753)⟩

대청이라는 이름은 한자명 '大靑'(대청)에서 유래한 것으로,[78] 줄기와 잎이 모두 매우 푸르다는 뜻
이다. 대청은 푸른색을 내는 염료로 사용된 식물이다. 옛 문헌에는 배추와 쪽을 닮았다는 뜻의 菘
藍(숭람)이라는 한자명으로 기록한 예도 발견된다. 현재 한약재로 사용하는 대청엽(大靑葉)은 대청

---

77 이러한 견해로 이우철(2005), p.373 참조.
78 이러한 견해로 위의 책, p.172 참조.

을 포함하지 않고, *Isatis indigofera* 및 여뀌과의 *Polygonum tinctoria*의 잎을 뜻한다.[79]

속명 *Isatis*는 진청색(津靑色) 염료로 사용되었던 식물의 고대 그리스명 *isatis* 또는 *isatidos*에서 유래한 것으로 대청속을 일컫는다. 종소명 *tinctoria*는 '염색용의, 염료의'라는 뜻으로 염료로 사용한 것에서 유래했다.

다른이름 갯갓(안학수·이춘녕, 1963), 좀대청(임록재 외, 1972), 물감대청/중국대청(리용재 외, 2011)

옛이름 蓼藍/룡람(구급방언해, 1466), 大靑(동의보감, 1613), 大靑(광제비급, 1790), 大靑(광재물보, 19세기 초), 大靑(경세유표, 1817), 靑藍/大靑(목민심서, 1818), 大靑(물명고, 1824), 菘藍(임원경제지, 1842), 菘藍(오주연문장전산고, 185?), 大靑/大靑葉(수세비결, 1929), 대청(조선구전민요집, 1933)[80]

중국/일본명 중국명 菘藍(song lan)은 배추(菘)를 닮은 쪽(藍)이라는 뜻에서 유래했다. 일본명 *タイセイ*(大靑)의 유래는 한국명과 동일하다.

참고 [북한명] 대청/물감대청/중국대청[81] [유사어] 당본초(唐本草), 당청화(唐靑華), 대청엽(大靑葉), 숭람(菘藍), 요람(蓼藍)

○ Lepidium micranthum *Ledebour*　ヒメグンバイナヅナ
Dadag-naengi　다닥냉이

다닥냉이⟨*Lepidium apetalum* Willd.(1800)⟩
다닥냉이라는 이름은 열매가 다닥다닥 달리는 냉이라는 뜻에서 유래했다.[82] '다닥다닥'은 자그마한 것들이 한곳에 많이 붙어 있는 모양을 일컫는 우리말이다.[83] 『조선식물향명집』에서 한글명이 최초로 발견되는 것으로 보이며 현재 추천명으로 사용하고 있다. 한편 열매가 달린 자루를 흔들면 '다닥다닥' 소리가 난다는 뜻에서 붙여진 이름이라는 견해가 있는데,[84] 이는 『향약구급방』에 기록된 豆音矣薺(두음의제) 또는 豆衣乃耳(두의내이)를 콩 소리 나는 냉이 또는 콩냉이로 해석한 것에 근거한다. 그러나 의태어인 '다닥다닥'을 의성어로 해석하는 것은 정상적인 우리말 해석의 범위를 넘어서고, 이두식 차자(借字) 표기를 오독한 것에서 비롯했기에 취할 바 아닌 것으로 생각된

79　이에 대한 보다 자세한 내용은 『대한민국약전외 한약(생약)규격집』(2016), p.52 참조.

80　『조선어사전』(1920)은 '菘藍(숭람)'을 기록했으며 『조선식물명휘』(1922)는 '大靑, 大藍, 大靛(染料)'을, 『토명대조선만식물자휘』(1932)는 '[菘藍]숭람, [大靑]대청, [唐靑花]당청화'를 기록했다.

81　북한에서는 *I. japonica*를 '대청'으로, *I. tinctoria*를 '물감대청'으로, *I. oblongata*를 '중국대청'으로 하여 별도 분류하고 있다. 이에 대해서는 리용재 외(2011), p.189 참조.

82　이러한 견해로 이우철(2005), p.161; 허북구·박석근(2008a), p.64; 김경희 외(2014), p.45 참조.

83　『조선어사전』(1917)은 '다닥위다닥위'에 대해 '稠疊附着的 貌(다작다작. 略 다다다닥)'라고 기록했는데 꽃과 열매 등이 떼 지어 나오는 모양이라는 뜻이므로 같은 취지로 해설했으며, 『조선어표준말모음』(1936), p.81은 '다닥다닥'에 대해 빽빽하게 달린 모양(稠着貌)으로 해설했다.

84　이러한 견해로 김종원(2013), p.307 참조.

다.[85]

속명 *Lepidium*은 '*lepis, lepidos*'(비늘, 비늘조각)를 어원으로 하는 고대 그리스명 *lepidion*(작은 비늘)에서 유래했으며, 작은 열매 형태를 비유한 것으로 다닥냉이속을 일컫는다. 종소명 *apetalum*은 '꽃잎이 없는'이라는 뜻으로 꽃잎이 퇴화해서 작아진 것을 나타낸다.

옛이름 獨行草(임원경제지, 1842)

중국/일본명 중국명 独行菜(du xing cai)은 사람을 토하게 하고 설사하게 하는 채소란 의미로 유추된다.『본초강목』의 馬兜鈴(마두령: 쥐방울덩굴) 편에서 이시진은 吐利人(사람을 토하고 설사하게 함)하기에 獨行(독행)이라 한다고 했다. 일본명 ヒメグンバイナヅナ(姫軍配薺)는 식물체가 작아 아기 같은 말냉이(グンバイナヅナ)라는 뜻이다.

참고 [북한명] 다닥냉이 [유사어] 정력(葶藶), 정력자(葶藶子) [지방명] 냉이(충남)

⊗ Nasturtium globosum *Turcz.* var. brachypetalum *Nakai*　テフセンタマイヌガラシ
Gusŭl-naengi　구슬냉이

구슬갓냉이⟨*Rorippa globosa* (Turcz. ex Fisch. & C.A.Mey.) Hayek(1911)⟩
구슬갓냉이라는 이름은 열매의 모양이 구슬같이 생긴 개갓냉이라는 뜻에서 유래했다.[86] 19세기에 저술된『임원경제지』중『인제지(仁濟志)』및『조선식물명휘』는 구황식물로 식용했음을 기록했다.『조선식물향명집』은 '구슬냉이'로 기록했으나『한국식물도감(하권 초본부)』에서 '구슬갓냉이'로 개칭해 현재에 이르고 있다.

속명 *Rorippa*는 독일 작센 지방에서 이 식물을 부르던 옛이름 *rorippen*이 라틴어화한 것으로

85　『향약구급방』(1236)의 차자(借字) '豆音矣薺'(두음의제)는 '豆'(음차)+'音'(음차)+'矣'(음차)+'薺'(훈차)로, 이에 대해 남풍현(1981), p.116은 '두름의나싀'의 표기로 보고 있으며, 손병태(1996), p.39는 '두음의나싀'의 표기로, 이덕봉(1963), p.17은 '두름의나이'의 표기로 보고 있다. 그리고 차자(借字) '豆衣乃耳'(두의내이)는 '豆'(음차)+'衣'(음차)+'乃'(음차)+'耳'(음차)로 남풍현(1981), p.116은 '두의나싀'의 표기로 보고 있으며, 손병태(1996), p.39는 '두의나싀'의 표기로 보고 있다. 이는 이후『향약채취월령』(1431)과『향약집성방』(1433)의 '豆音矣羅耳'로,『구급간이방언해』(1489)의 '도두루미나이'로,『촌가구급방』(1538)의 '豆乙音羅伊/두름의나이'로,『동의보감』(1613)의 '두름의나이'로,『산림경제』(1715)의 '두루미나이'로,『제중신편』(1799)의 '두르믜나이'로,『방약합편』(1884)의 '두르믜낭이'로,『자전석요』(1909)의 '두루믜낭이'로 변화하고, 현대 음으로는 '두루믜냉이'를 나타낸다. 두루믜냉이는 열매가 긴 뿔 모양으로 두루미(鶴)를 닮은 냉이라는 뜻인데, 이후 이 이름은 사라지고 현재는 '황새냉이'로 전화되었다[이에 대한 자세한 내용은 손병태(1996), p.40과 이덕봉(1963), p.17 참조]. 따라서『향약구급방』의 차자(借字) 표현인 '豆音矣薺'(두음의제)와 '豆衣乃耳'(두의내이)를 콩다닥냉이와 콩냉이로 해석하는 것은 근거가 없는 주장이다.

86　이러한 견해로 이우철(2005), p.88 참조.

개갓냉이속을 일컫는다. 종소명 *globosa*는 '구형(球形)의'라는 뜻으로 열매의 모양에서 유래했다.

다른이름 구슬냉이(정태현 외, 1937), 구실냉이(박만규, 1949), 참구슬냉이(정태현 외, 1949), 참속이풀(리종오, 1964), 구슬속속이풀(임록재 외, 1972), 둥근속속이풀(한진건 외, 1982), 구슬개갓냉이(이우철, 1996b)[87]

옛이름 風花菜/銀條菜(임원경제지, 1842)

중국/일본명 중국명 风花菜(feng hua cai)는 바람꽃 나물이라는 뜻으로, 노랗게 총상꽃차례로 피는 꽃의 모양을 바람꽃에 비유한 것으로 추정한다. 일본명 テフセンタマイヌガラシ(朝鮮玉犬芥子)는 한반도에 분포하고 열매가 구슬처럼 달리는 개갓냉이(イヌガラシ)라는 뜻이다.

참고 [북한명] 구슬속속이풀

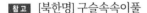

Nasturtium palustre *De Candolle*　スカシタゴボウ
Sogsogipul　속속이풀

속속이풀〈*Rorippa palustris* (L.) Besser(1821)〉

속속이풀이라는 이름의 유래는 정확히 밝혀진 바가 없다.[88] 다만 1908년에 편찬된 『부인필지』는 '속속겻'을 속옷을 뜻하는 것으로, 『조선어사전』은 "여인(女人)의 천신설의(襯身褻衣)의 칭(稱)"이라고 해설하고 있는 점을 참고할 만하다.[89] 즉, 속속이풀이라는 이름은 '속속이'(속속겻)와 '풀'(草)의 합성어로, 갈라진 잎이 뿌리와 줄기에 층층이 달린 모습을 속옷에 비유한 데서 유래했다고 추정할 수 있다. 『제주도및완도식물조사보고서』는 제주 방언으로 'ソクッギクル'(속속이쿨)을 기록했는데, 제주 방언에서 '속속들이'는 깊은 곳까지 샅샅이 살핀다는 뜻이므로[90] '속속겻'과 유사한 의미가 있는 것으로 보인다. 한편 식물체를 뽑아 올리면 쏙쏙 뽑히기 때문에 붙여진 이름으로 보는 견해가 있으나,[91] 유사한 시기의 『조선어사전』에서도 의태어 쏙쏙은 '쏙쏙'으로 표기하고 있으므로 그러한 유래 가능성은 높아 보이지 않는다. 『임원경제지』 중 『인제지(仁濟志)』는 물가에서 자라는

87　『조선식물명휘』(1922)는 '銀條菜(救)'를 기록했다.
88　이러한 견해로 이우철(2005), p.350 참조.
89　『조선어표준말모음』(1936), p.19도 '속속곳'을 표준말로 하면서 이와 유사한 견해로 해설했다.
90　이에 대해서는 현평효·강영봉(2014), p.210 참조.
91　이러한 견해로 김종원(2013), p.312 참조.

겨자라는 뜻의 水芥菜(수개채)라는 이름과 함께 구황식물로 이용했음을 기록했다. 한편『조선산야
생식용식물』은『임원경제지』에서 중국의『구황본초』를 참고해 기록한 風花菜(풍화채)를 속속이
풀로 보았으나, '중국식물지'는 風花菜를 구슬갓냉이(Rorippa globosa)로 이해하고 있으므로 주의
가 필요하다.[92]

속명 Rorippa는 독일 작센 지방에서 이 식물을 부르던 옛이름 rorippen이 라틴어화한 것으로
개갓냉이속을 일컫는다. 종소명 palustris는 라틴어 palus(늪지대, 습지)에서 유래한 것으로 '늪지
대에서 자라는, 습지에서 자라는'이라는 뜻이다.

다른이름 황새나생이(정태현 외, 1942), 속속냉이(안학수·이춘녕, 1963)

옛이름 水芥菜(임원경제지, 1842)[93]

중국/일본명 중국명 沼生蔊菜(zhao sheng han cai)는 늪지에서 자라는 한채(蔊菜: 개갓냉이)라는 뜻이
다. 일본명 スカシタゴボウ(透し田牛蒡)는 뿌리가 우엉(ゴボウ)을 닮은 데서 유래했는데, スカシタ(透
し田)라는 단어가 붙은 이유는 알려져 있지 않다.

참고 [북한명] 속속이풀 [유사어] 정력(葶藶), 풍화채(風花菜) [지방명] 돌나생이(경북)

Nasturtium sublyratum *Franchet et Savatier*   イヌガラシ
Gae-gat   개갓

개갓냉이〈*Rorippa indica* (L.) Hiern(1896)〉

개갓냉이라는 이름은 '갓'과 '냉이'를 닮았다는 뜻에서 유래했다.[94] '갓'과 유사하다는 의미에서
『조선식물향명집』은 '개갓'으로 기록했으나,『조선식물명집』에서 냉이를 닮았다는 의미가 추가되
었다. 옛이름으로 산에서 자라는 갓이라는 뜻의 '산갓'도 발견되지만 국명으로 이어지지는 않았
다. 한편『조선산야생식용식물』은 개갓냉이(산무시풀)의 한자명을『임원경제지』에서 중국의『구
황본초』를 참고해 기록한 水芥菜(수개채)와 유사한 水芥(수개)로 기록했으나, 중국에서 水芥菜(수개
채)는 속속이풀(Rorippa palustre)을 뜻하므로 주의가 필요하다.[95]

속명 Rorippa는 독일 작센 지방에서 이 식물을 부르던 옛이름 rorippen이 라틴어화한 것으로
개갓냉이속을 일컫는다. 종소명 indica는 '인도의'라는 뜻으로 원산지 또는 발견지를 나타낸다.

92　株楠(2015), p.96도 風花菜(풍화채)를 구슬갓냉이로 보고 있다.

93　『제주도및완도식물조사보고서』(1914)는 'ソクッギクル'[속속이쿨]을 기록했으며『조선의 구황식물』(1919)은 '황새나무'
　　를,『조선식물명휘』(1922)는 '葶藶, 葶'을 기록했다.『조선식물명휘』의 기록은 葶藶(정력)을 '속속이풀'로 이해한 松村任三
　　(1920), p.239에 근거한 것으로 보인다. 또한『조선의 구황식물』의 '황새나무'는 정확히 어떤 종을 지칭하는지 명확하지
　　않으나, 이 책은『조선산야생식용식물』(1942)에서 '황새나생이'라고 한 것에 견주어 속속이풀을 지칭한 것으로 보았다.

94　이러한 견해로 이우철(2005), p.43 참조.

95　이러한 견해로 株楠(2015), p.405 참조.

다른이름 개갓(정태현 외, 1937), 산무시풀(정태현 외, 1942), 쇠냉이(박만규, 1949), 개갓냉이(정태현, 1957), 산부시풀/준속속이풀(임록재 외, 1972), 갓냉이(박만규, 1974), 선속속이풀(이우철, 1996b)

옛이름 蔊菜/산갓(광재물보, 19세기 초), 蔊菜/삿갓(물명고, 1824), 薗/산갓(의서옥편, 1921)[96]

중국/일본명 중국명 蔊菜(han cai)는 나물로 식용하는 한(蔊: 개갓)이라는 뜻이다. 일본명 イヌガラシ (犬芥子)는 겨자(カラシナ)와 유사하다는 뜻에서 붙여졌다.

참고 [북한명] 준속속이풀 [유사어] 산개채(山芥菜), 한채(蔊菜)

Raphanus Raphanistrum *Linné* ハマダイコン
Mu-ajaebi 무아재비

갯무 〈*Raphanus sativus* f. *raphanistroides* Makino(1909)〉[97]
갯무라는 이름은 『한국쌍자엽식물지』에 따른 것으로, 바닷가에서 자라는 무라는 뜻에서 유래했다.[98] 『조선식물향명집』은 무를 닮았다는 뜻에서 '무아재비'로 기록했다. 한편 '국가표준식물목록'은 『조선식물향명집』에서 기록한 학명 *Raphanus raphanistrum* L.(1753)을 근거로 '무아재비'를 '서양무아재비'의 다른이름으로 처리하고 있다. 그러나 서양무아재비의 국내분포는 『한국귀화식물원색도감』에 의해 확인됐으므로,[99] 『조선식물향명집』은 학명을 잘못 적용했을 뿐이고 서양무아재비를 지칭하지는 않았던 것으로 판단된다.

속명 *Raphanus*는 그리스어 *raphanos*(빨리 깨어나다)에서 유래한 것으로, 발아(發芽)가 빨리 되는 특징이 있어 붙여졌으며 무속을 일컫는다. 종소명 *sativus*는 '재배하는'이라는 뜻이며, 품종명 *raphanistroides*는 *Raphanus raphanistrum*종과 닮았다는 뜻이다.

다른이름 무아재비(정태현 외, 1937), 벗어난무우(안학수·이춘녕, 1963), 무우아재비(리종오, 1964), 들무우(리용재 외, 2011)

---

96 『제주도및완도식물조사보고서』(1914)는 'ハンチュ'[한채]를 기록했으며 『조선식물명휘』(1922)는 '蔊菜, 황식나싱이, 황식내싱이(救)'를, 『토명대조선만식물자휘』(1932)는 '[蔊菜]한척, [들갓]'을, 『선명대화명지부』(1934)는 '황새나(내)생이'를 기록했다.

97 '국가표준식물목록'(2018)은 갯무의 학명을 이창복(1980)을 근거로 *Raphanus sativus* var. *hortensis* f. *raphanistroides* Makino로 기재하고 있으나 이는 출처가 불분명하여 이우철(2005)에 따라 본문과 같이 기재한다. 한편 『장진성 식물목록』(2014)은 위 학명을 무<*Raphanus sativus* L.(1753)>에 통합하고 있으므로 주의가 필요하다.

98 이러한 견해로 이우철(2005), p.231 참조.

99 이에 대해서는 박수현(1995), p.371 참조.

중국명 野萝卜(ye luo bo)는 야생에서 자라는 나복(蘿蔔: 무)이라는 뜻이다. 일본명 ハマダ イコン(浜大根)은 해안가에서 자라는 무(ダイコン)라는 뜻이다.

참고 [북한명] 들무우/무우아재비[100] [지방명] 개노물/갯노물/고새나물/고세나무/고세노물/고세노 물/드릅노물/드릇노물/들나물/들노물/들은노물/제주무/풀노물(제주)

Raphanus sativus *Linné* ダイコン
Mu 무 蘿蔔

무〈*Raphanus sativus* L.(1753)〉

무와 유사한 갯무가 한반도에 자생하고, 무를 뜻하는 시베리아 지역어 murik, 만주어 mursa, menji 등 유사한 발음이 있는 것에 비추어 무라는 이름은 고유어로 이해되지만,[101] 그 정확한 유래는 알려져 있지 않다. 무라는 이름의 유래를 한자어 나복(蘿蔔)에서 찾는 견해가 있으나[102] 무와는 음이 전혀 달라 타당하지 않다. 일부에서는 순무를 뜻하는 한자 蕪(무)에서 유래한 것으로 보기도 하지만[103] 무를 일컫는 한자 표기를 蕪(무)로 사용한 예를 찾기 어렵다. 한편 무의 옛말인 '댓무우(댓무수)'의 '댓'은 '唐'(당)의 의미로 중국에서 전래된 무라는 뜻을 갖고 있으나[104] 현재는 사용하지 않는 표현이다. 또한 우리말 나박김치의 '나박'이라는 말은 한자어 나복(蘿蔔)에서 음이 변형된 것이다.[105]

속명 *Raphanus*는 그리스어 *raphanos*(빨리 깨어나다)에서 유래한 것으로, 발아(發芽)가 빨리 되는 특징이 있어 붙여졌으며 무속을 일컫는다. 종소명 *sativus*는 '재배하는'이라는 뜻으로, 오래전부터 식용으로 재배한 것에서 유래했다.

다른이름 무(정태현 외, 1936), 무시(박만규, 1949), 무우(리종오, 1964)

옛이름 蘿蔔/萊菔/唐菁(향약구급방, 1236),[106] 萊菔/唐菁(향약집성방, 1433),[107] 댓무수(월인석보, 1459), 무수/菁(분류두공부시언해, 1481), 뭊/蘿蔔(금강경삼가해, 1482), 蘿蔔子/냇무수(구급간이방언해, 1489), 댓무수(번역노걸대, 1517), 무수/蔔(번역소학, 1518), 蘿蔔/댓무수(훈몽자회, 1527), 무(소학언해, 1588), 蘿

---

100 북한에서는 *R. raphanistrum*을 '들무우'로, *R. sativus* var. *raphanistroides*를 '무우아재비'로 하여 별도 분류하고 있다. 이에 대해서는 리용재 외(2011), p.295 참조.
101 이러한 견해로 강길운(2010), p.560 참조.
102 이러한 견해로 이우철(2005), p.231 참조.
103 이러한 견해로 한태호 외(2006), p.37 참조.
104 이러한 견해로 남풍현(1981), p.51; 손병태(1996), p.77; 이덕봉(1963), p.35; 장충덕(2007), p.22 참조.
105 이에 대해서는 김민수(1997), p.176 참조.
106 『향약구급방』(1236)의 차자(借字) '唐菁'(당청)에 대해 남풍현(1981), p.51은 '댓무수'의 표기로 보고 있으며, 손병태(1996), p.77은 '대무수'의 표기로, 이덕봉(1963), p.35는 '당무우'의 표기로 보고 있다.
107 『향약집성방』(1433)의 차자(借字) '唐菁'(당청)에 대해 남풍현(1999), p.183은 '댓무수'의 표기로 보고 있다.

蔔/댄무우/듸무우(언해구급방, 1608), 菜蔔/댄무우(동의보감, 1613), 蘿蔔/댄무우(신간구황촬요, 1660), 蘿蔔/무우(역어유해, 1690), 蘿葍/무우(동문유해, 1748), 蘿葍/듸무우(몽어유해, 1768), 蘿葍/댓무우(방언집석, 1778), 蘿葍根/무우(해동농서, 1799), 菜蔔/댄무우(제중신편, 1799), 菜蔔/무우(광재물보, 19세기 초), 蘿蔔/무슈/무우(명물기략, 1870), 무/菁(한불자전, 1880), 무/蘿(한영자전, 1890), 무즘채/菁菹(국한회어, 1895), 蘿蔔子/댱무우(의방합편, 19세기), 萊菔子/단무우씨(선한약물학, 1931), 무/무수/무(조선어표준말모음, 1936)[108]

중국/일본명 중국명 萝卜(luo bo)는 오래전 유럽에서 전래될 때 *raphanus, raphanos, rapa* 등이 음차 되어 萊菔(내복), 蘆萉(노비) 등으로 불리다가 蘿蔔(나복)으로 정착된 것으로 추정한다. 일본명 ダイコン(大根)은 큰 뿌리를 가진 채소라는 뜻이다.

참고 [북한명] 무우 [유사어] 나복(蘿蔔), 내복(萊菔), 노복(蘆蔔), 청근(菁根) [지방명] 무꾸/무끼/무수/무청/뭉우/미우/시래기/열무/지래무/지래무꾸(강원), 무꾸/무끼/무수/무시/무유/뮈/미우/시래기/시레기/열무(경기), 무끼/무수/무시/씨락국(경남), 무구/무꾸/무끼/무수/무시(경북), 무수/무시/무시뿌랭이/장다리무/짠다리풀/짱다리(전남), 동삼/무수/무수밥/무시/무시뿌랭기/무시뿌랭이/무청/시래기(전북), 남삐/남피/넘피/놈삐/무수/무시나물/미(제주), 무/시래기(충남), 무꼬/무끼/무수(충청), 무끼/뭉이(평안), 무끄/무끼/무스/묶/미끼(함경), 무깨/무유/무이/뮈/뮈유/미우(황해)

Sysymbrium Maximowiczii *Palibin*   ハナナヅナ
Jaṅgdae-naeṅgi   장대냉이

장대냉이〈*Berteroella maximowiczii* (Palib.) O.E.Schulz(1919)〉

장대냉이라는 이름은 같은 십자화과에 장대나물이라는 이름이 있는 것에 비추어볼 때 줄기가 장대처럼 길게 자라는 냉이라는 뜻에서 유래한 것으로 추정한다. 『조선식물향명집』에서 그 한글명이 발견되는데, 신칭한 이름으로 기록하지 않았으므로 실제 사용하는 조선명을 채록했을 것으로 보인다.

속명 *Berteroella*는 이탈리아 식물학자이자 물리학자인 Carlo Luigi Giuseppe Bertero (1789~1831)의 이름에서 유래한 것으로 장대냉이속을 일컫는다. 종소명 *maximowiczii*는 러시아 식물학자로 동북아 식물을 연구한 Carlo Johann Maximowicz(1827~1891)의 이름에서 유래했다.

다른이름 꽃장대(박만규, 1949), 장때냉이(안학수·이춘녕, 1963), 꽃대냉이(박만규, 1974)

중국/일본명 중국명 锥果芥(zhui guo jie)는 송곳처럼 날카로운 모양의 열매가 달리는 개(芥: 겨자)라는

108 『조선어사전』(1920)은 '무우, 蘿蔔(라복), 蘿蔔子(라복ᄌ), 蘆蔔(로복), 萊菔(릐복), 菁根(정근), 무, 무수'를 기록했으며 『조선식물명휘』(1922)는 '萊菔, 蘿蔔, 무(食)'를, 『토명대조선만식물자휘』(1932)는 '[蘿蔔]라복, [蘆蔔]로복, [萊菔]릐복, [菁根]정근, [武侯菜]무후처, [無憂菜]무우처, [무우], [무], [무수], [무청]'을, 『선명대화명지부』(1934)는 '무, 무수'를 기록했다.

뜻이다. 일본명 ハナナヅナ(花薺)는 꽃이 아름다운 냉이(ナヅナ)라는 뜻이다.

참고 [북한명] 장대냉이

Sysymbrium Sophia *Linné*   クヂラグサ
Jaesûg   재쑥

재쑥〈*Descurainia sophia* (L.) Webb ex Prantl(1892)〉

재쑥이라는 이름은 『조선식물명휘』에 따른 것으로, 당시 민간에서 사용하던 이름을 채록한 것으로 보인다. 정확한 유래는 알려져 있지 않으나,[109] 겨울 동안 로제트형 잎과 식물체 전체가 흰색 털로 덮여 있어 전체적으로 재(灰)색을 띠고 잎이 쑥을 닮은 점에 비추어, 재색이 나는 쑥(蒿)이라는 뜻에서 유래한 것으로 추정한다.[110] 한편 『동의보감』 및 『물명고』 등의 한약명 葶藶(정력)은 황새냉이를 뜻하지만,[111] 『동의보감』과 『물명고』는 "三月開花 微黃"(삼월에 연한 노란색 꽃이 핀다)이라고 설명하고 있어 이를 재쑥으로 이해하기도 한다.[112] 『임원경제지』는 재쑥을 구황식물로 기록했다.

속명 *Descurainia*는 프랑스 약재사이자 식물학자인 Francois Descourain(1658~1740)의 이름에서 유래했으며 재쑥속을 일컫는다. 종소명 *sophia*는 라딘어로 '현사의' 또는 '지혜의'라는 뜻인데, 성인 소피아 또는 로마 시대 본초학자 이름에서 유래한 것으로 알려져 있다.

다른이름 반올나물(정태현 외, 1942), 당근냉이(박만규, 1949)

옛이름 葶藶子/두루믜나이삐(동의보감, 1613), 葶藶/한식나이(물명고, 1824), 佈娘蒿/米蒿(임원경제지, 1842)[113]

---

109 이러한 견해로 이우철(2005), p.449 참조.

110 이러한 견해로 김종원(2013), p.65 참조. 불에 타고 남는 가루 모양의 물질을 뜻하는 '재(灰)'를 일컫는 옛말은 '지'로서 『조선식물명휘』(1922)에 기록된 표현과 일치한다. '지'라는 표현이 등장하는 문헌으로는 『월인석보』(1459), 『훈몽자회』(1527), 『동문유해』(1748), 『아학편』(1908) 등 참조.

111 葶藶(정력)에 대한 한글명 '두루믜나이' 및 '한식나이'는 현재의 황새냉이(*Cardamine flexuosa* With.)를 지칭하는 것으로 보인다. 이에 대한 보다 자세한 내용은 이 책 '황새냉이' 항목 참조.

112 한약명 葶藶(정력)에 재쑥이 포함된다는 견해로는 『(신대역) 동의보감』(2012), p.2056 참조. 식품의약품안전처가 고시하는 『대한민국약전외 한약(생약)규격집』이 2013.11.21에 개정됨으로써 한약재 정력자(葶藶子)는 '재쑥'과 '다닥냉이'만을 의미하고, 꽃다지는 제외되었다. 이에 대한 보다 자세한 내용은 양선규 외(2016), pp.27-36 참조.

113 『조선식물명휘』(1922)는 '지쑥(救)'을 기록했으며 『선명대화명지부』(1934)는 '재쑥'을 기록했다.

중국명 播娘蒿(bo niang hao)는 씨가 산포되는 모양을 씨를 뿌리는(播) 아가씨(娘)에 비유한 것으로 보인다. 일본명 クヂラグサ(鯨草)는 잎이 잘게 갈라진 형상이 고래 수염 모양을 닮아 붙여졌다.

[북한명] 재쑥 [유사어] 미호(米蒿), 정력자(葶藶子), 포랑호(佈娘蒿)

Thlaspi arvense *Linné* グンバイナヅナ
Mal-naeñgi 말냉이

말냉이〈*Thlaspi arvense* L.(1753)〉

말냉이라는 이름은 경기 및 강원 등지에서 실제 사용하던 이름을 채록한 것으로,[114] 열매가 큰(말) 냉이라는 뜻에서 유래했다.[115] 한편 말냉이의 '말'은 말처럼 크고 힘이 센 느낌이 나고 실제로 십자화과 속에서 가장 크게 자라는 냉이 종류라는 뜻에서 유래했다고 보는 견해가 있으나,[116] 말냉이가 냉이보다는 다소 크게 자라지만 십자화과에서 가장 크게 자라는 것은 아니므로 흔히 보는 냉이보다 크다는 의미로 봐야 할 것이다. 『동의보감』에서 열매를 약재로 사용한다는 뜻에서 菥蓂子(석명자)라 하고, 한글명을 '굴근나이'(굵은냉이)라고 한 것도 열매가 큰 것에서 비롯한 것으로 이해된다. 19세기에 저술된 『임원경제지』 중 『인제지(仁濟志)』는 구황식물로 遏藍菜(알람채)를 기록했다.

속명 *Thlaspi*는 그리스어 *thlaein*(깨다, 뭉개다)이 어원으로, 납작한 단각과(短角果)를 가졌다고 해서 붙여졌으며 말냉이속을 일컫는다. 종소명 *arvense*는 '밭에서 자라는, 경작하는'이라는 뜻이다.

菥蓂子/羅耳實(향약집성방, 1433),[117] 菥蓂子/굴근나이/大薺(동의보감, 1613), 菥蓂/大薺(광재물보, 19세기 초), 菥蓂子/大薺(물명고, 1824), 遏藍菜(임원경제지, 1842), 菥蓂/大薺(송남잡지, 1855), 菥蓂/大薺(낙하생집, 19세기), 菥蓂子(의방합편, 19세기), 菥蓂/大薺/한새낭이(신자전, 1915), 菥蓂/大薺/큰냉이(의

---

114 이에 대해서는 『조선의 구황식물』(1919), p.17 참조.
115 이러한 견해로 이우철(2005), p.215 참조.
116 이러한 견해로 김종원(2013), p.316 참조.
117 『향약집성방』(1433)의 차자(借字) '羅耳實'(나이실)에 대해 남풍현(1999), p.175는 '나싀씨'의 표기로 보고 있다.

서옥편, 1921), 菥蓂/大薺(수세비결, 1929)[118]

중국/일본명 중국명 菥蓂(xi ming)은 굵은 냉이를 뜻하는 菥(석)과 풀을 뜻하는 蓂(명)이 합쳐져서 말냉이를 나타낸다. 일본명 グンバイナヅナ(軍配薺)는 군바이(軍配) 모양의 냉이(ナヅナ)라는 뜻인데, 군바이는 일본 전통 씨름(스모)에서 심판이 들고 있는 부채 또는 일본군 장교의 부채 모양 지휘 도구를 말한다.

참고 [북한명] 말냉이 [유사어] 고고채(苦苦菜), 석명(菥蓂), 알람채(遏藍菜), 패장초(敗醬草) [지방명] 냉이(충북)

---

118 『조선의 구황식물』(1919)은 '말닝이(京畿, 江原其他), 過藍菜'를 기록했으며 『조선어사전』(1920)은 '말맹이, 遏藍菜(알람치)'를, 『조선식물명휘』(1922)는 '遏藍菜, 大薺, 말닝이(救)'를, 『토명대조선만식물자휘』(1932)는 '[遏藍菜]알람치, [말맹이]'를, 『선명대화명지부』(1934)는 '말냉이'를 기록했다.

Droseraceae 끈끈이科 (茅膏菜科)

끈끈이귀개과〈Droseraceae Salisb.(1808)〉

끈끈이귀개과는 국내에 자생하는 끈끈이귀개에서 유래한 과명이다. '국가표준식물목록'(2018), 『장진성 식물목록』(2014) 및 '세계식물목록'(2018)은 Drosera(끈끈이주걱속)에서 유래한 Droseraceae를 과명으로 기재하고 있으며, 엥글러(Engler), 크론키스트(Cronquist) 및 APG IV(2016) 분류 체계도 이와 같다.

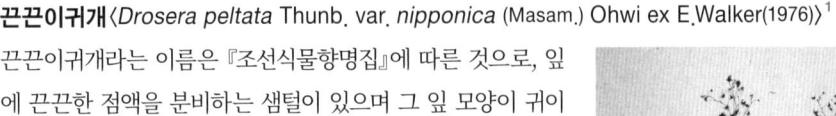

Drosera peltata *Sm.* var. lunata *Clarke*　イシモチサウ
Gûngûni-gwegae　끈끈이귀개

끈끈이귀개〈*Drosera peltata* Thunb. var. *nipponica* (Masam.) Ohwi ex E.Walker(1976)〉[1]

끈끈이귀개라는 이름은 『조선식물향명집』에 따른 것으로, 잎에 끈끈한 점액을 분비하는 샘털이 있으며 그 잎 모양이 귀이개(귀개)와 비슷한 데서 유래했다.[2] 19세기 초에 저술된 『광재물보』는 한자명 茅膏菜(모고채)를 기록했는데 끈끈이귀개와 끈끈이주걱 중 어느 식물을 일컫는지는 분명하지 않다.

　속명 *Drosera*는 그리스어 *drosaros*(이슬이 많은, 이슬 맞은)에서 유래한 것으로, 잎의 샘털이 분비하는 점액을 이슬에 비유했으며 끈끈이주걱속을 일컫는다. 종소명 *peltata*는 '방패 모양의'라는 뜻이며, 변종명 *nipponica*는 '일본의'라는 뜻이다.

다른이름　끈끈이귀이개(이영노·주상우, 1956)

옛이름　茅膏菜/粘人手(광재물보, 19세기 초)

중국/일본명　중국명 茅膏菜(mao gao cai)는 점액이 맺히는 모양을 나타낸 것이다. 일본명 イシモチサウ(石持草)는 잎에 벌레를 잡기 위한 점액이 붙어 있는 모습이 마치 작은 돌이 식물체에 붙어 있는 것처럼 보인다는 뜻에서 유래했다.

참고　[북한명] 끈끈이귀개

1　'국가표준식물목록'(2018)은 끈끈이귀개의 학명을 *Drosera peltata* var. *nipponica* (Masam.) Ohwi(1976)로 기재하고 있으나, 『장진성 식물목록』(2014)은 본문의 학명을 정명으로 기재하고 있다.

2　이러한 견해로 이우철(2005), p.123 참조.

Drosera rotundifolia *Linné*   モウセンゴケ   茅膏菜
Ĝunĝuni-jugóg   끈끈이주걱

끈끈이주걱〈*Drosera rotundifolia* L.(1753)〉

끈끈이주걱이라는 이름은 『조선식물향명집』에 따른 것으로,
점액을 분비하는 잎의 형태가 주걱모양이라는 뜻에서 유래했
다.[3] 19세기 초에 저술된 『광재물보』는 한자명 '茅膏菜'(모고채)
를 기록했는데 끈끈이귀개와 끈끈이주걱 중 어느 식물을 일컫
는지는 분명하지 않다. 그러나 『조선식물향명집』은 한자명 茅
膏菜(모고채)를 넣어 끈끈이주걱을 일컫는 것으로 기록했다.

속명 *Drosera*는 그리스어 *drosaros*(이슬이 많은, 이슬 맞은)
에서 유래한 것으로, 잎의 샘털이 분비하는 점액을 이슬에 비
유했으며 끈끈이주걱속을 일컫는다. 종소명 *rotundifolia*는
'둥근 잎의'라는 뜻이다.

옛이름   茅膏菜/粘人手(광재물보, 19세기 초)[4]

중국/일본명   중국명 圓叶茅膏菜(yuan ye mao gao cai)는 둥근 잎의 모고채(茅膏菜: 끈끈이귀개)라는 뜻
이다. 일본명 モウセンゴケ(毛氈苔)는 잎 표면에 털이 많은 모양이 모전(毛氈: 융단) 같고 이끼를 닮
은 식물이라는 뜻에서 유래했다.

참고   [북한명] 끈끈이주걱 [유사어] 모고채(茅藁菜), 모드라기풀, 모전태(毛氈苔), 원엽모고채(圓葉茅
藁菜)

---

3   이러한 견해로 이우철(2005), p.123 참조.
4   『조선식물명휘』(1922)는 '茅膏菜'를 기록했다.

Crassulaceae 돌나물科 (景天科)

돌나물과〈Crassulaceae J.St.-Hil.(1805)〉

돌나물과는 국내에 자생하는 돌나물에서 유래한 과명이다. '국가표준식물목록'(2018), 『장진성 식물목록』(2014) 및 '세계식물목록'(2018)은 Crassula(크라술라속)에서 유래한 Crassulaceae를 과명으로 기재하고 있으며, 엥글러(Engler), 크론키스트(Cronquist) 및 APG IV(2016) 분류 체계도 이와 같다. 한편, 크론키스트 분류 체계는 이 과를 Rosales(장미목)로 분류했으나, APG IV(2016) 분류 체계는 Saxifragales(범의귀목)로 분류한다.

Cotyledon japonica *Maximowicz*　ツメレンゲ
Bawesol　바위솔(집웅지기)

바위솔〈Orostachys japonica (Maxim.) A.Berger(1930)〉

바위솔이라는 이름은 바위가 많은 암벽에 주로 자라고 소나무를 닮은 데서 유래했다.[1] 옛이름은 바위에 산다는 뜻의 바위지기(바회직이) 또는 집의 지붕 위에 자란다고 해 지붕지기(집우디기)이다. 바위솔은 『조선식물명휘』에서 최초로 보이는 이름이며, 석송(石松) 또는 와송(瓦松)이 전화되어 민간에서 부르던 이름을 채록한 것으로 보인다.

속명 Orostachys는 그리스어 oros(산)와 stachys(이삭)의 합성어로, 산에서 자생하고 이삭 모양의 꽃차례를 이루는 데서 유래했으며 바위솔속을 일컫는다. 종소명 japonica는 '일본의'라는 뜻으로 발견지 또는 분포지를 나타낸다.

다른이름 　집웅지기(정태현 외, 1937), 와송(정태현, 1957), 지붕지기(안학수·이춘녕, 1963), 넓은잎바위솔(임록재 외, 1972), 넓은잎지붕지기(박만규, 1974), 오송(안학수 외, 1982), 와농(임록재 외, 1996), 이발바위솔(리용재 외, 2011)

옛이름 　昨葉荷草/瓦松/無根草(향약집성방, 1433), 昨葉荷草/瓦松/집우디기(동의보감, 1613), 瓦衣/瓦松(지봉유설, 1614), 瓦松(의림촬요, 1635), 石松塔/바회직이(한청문감, 1779), 昨葉荷草/瓦松(광재물보, 19세기 초), 昨葉荷草/瓦松(물명고, 1824), 瓦松(연경재전집, 1840), 瓦松(임하필기, 1871), 瓦松(의휘, 1871),

---

1　이러한 견해로 허북구·박석근(2008a), p.102; 이유미(2010), p.308; 김종원(2013), p.1063; 김병기(2013), p.39 참조. 다만 허북구·박석근은 솔방울을 연상시키는 것에서 유래했다고 기술하고 있으나, 잎의 끝에 가시가 달리는 모양이나 전초의 모양 등이 소나무(솔)를 연상시킨다고 보는 것이 보다 형태에 적합해 보인다.

瓦松(의방합편, 19세기), 瓦松/無根草(수세비결, 1929)[2]

중국/일본명 중국명 晩红瓦松(wan hong wa song)은 기와지붕 위에 자라며 가을에 붉게 물이 든다는 뜻이다. 일본명 ツメレンゲ(爪蓮華)는 잎이 가늘고 뾰족한 것이 손톱 같고 연꽃을 닮았다는 뜻에서 붙여졌다.

참고 [북한명] 바위솔/넓은잎바위솔[3] [유사어] 경천(景天), 석송(石松), 와화(瓦花), 일년송(一年松), 작엽하화(昨葉荷花) [지방명] 바이솔/삼층개/신탑/와송(경남), 와송이(경북), 와송(전남/전북), 고양이발톱/와송/와송이(함북)

Cotyledon malacophylla *Pallas*   アヲノイハレンゲ
Dunggun-bawesol   둥근바위솔

둥근바위솔〈*Orostachys malacophylla* (Pall.) Fisch.(1808)〉

둥근바위솔이라는 이름은 잎 모양이 둥근 바위솔이라는 뜻이다. 『조선식물명휘』에서 '바위솔'을 기록한 것에 비추어 근대 식물분류학의 도입 이전에는 둥근바위솔도 바위솔이라는 이름으로 총칭했을 것(소위 '異物同名')으로 짐작된다. 『조선식물향명집』에서 전통 명칭 '바위솔'을 기본으로 하고 식물의 형태적 특징을 나타내는 '둥근'을 추가해 신칭했다.[4]

속명 *Orostachys*는 그리스어 *oros*(산)와 *stachys*(이삭)의 합성어로, 산에서 자생하고 이삭 모양의 꽃차례를 이루는 데서 유래했으며 바위솔속을 일컫는다. 종소명 *malacophylla*는 '부드러운 잎의'라는 뜻이다.

다른이름 음달바우솔(박만규, 1949), 응달바위솔(안학수·이춘녕, 1963)[5]

중국/일본명 중국명 钝叶瓦松(dun ye wa song)은 잎이 뾰족하지 않고 둔한(鈍葉) 바위솔이라는 뜻이

---

2 『조선어사전』(1920)은 '집우지기, 瓦松(와송), 瓦花(와화), 昨葉荷花(작엽하화)'를 기록했으며 『조선식물명휘』(1922)는 '바위솔, 와송'을, 『토명대조선만식물자휘』(1932)는 *Sedum sarmentosum*에 대해 '[瓦松]와송, [瓦花]와화, [昨葉荷草]작엽하초, [집우지기], [집우머기]'를, 『선명대화명지부』(1934)는 '바위솔, 와송'을 기록했다.

3 북한에서는 *O. erubescens*를 '바위솔'로, *O. japonica*를 '넓은잎바위솔'로 하여 별도 분류하고 있다. 이에 대해서는 리용재 외(2011), p.245 참조.

4 이에 대해서는 『조선식물향명집』, 사정요지와 색인 p.36 참조.

5 『조선식물명휘』(1922)는 '石蓮華, 屋遊, 瓦松, 바위솔, 와송'을 기록했으며 『선명대화명지부』(1934)는 '바위솔, 와송'을 기록했다.

다. 일본명 アヲノイハレンゲ(綠岩蓮華)는 잎이 녹색이고 바위에서 자라며 연꽃을 닮았다는 뜻에서 붙여졌다.

참고 [북한명] 둥근바위솔 [유사어] 와송(瓦松)

⊗Cotyledon saxatilis *Nakai*   モモイロレンゲ
Moran-bawesol 모란바위솔

모란바위솔〈*Orostachys saxatilis* (Nakai) Nakai(1942)〉[6]
모란바위솔이라는 이름은 『조선식물향명집』에서 신칭한 것으로,[7] 평양의 모란대에서 최초 발견된 바위솔이라는 뜻에서 붙여졌다.[8]

　속명 *Orostachys*는 그리스어 *oros*(산)와 *stachys*(이삭)의 합성어로, 산에서 자생하고 이삭 모양의 꽃차례를 이루는 데서 유래했으며 바위솔속을 일컫는다. 종소명 *saxatilis*는 '바위 위에서 자라는, 바위틈에서 자라는'이라는 뜻이다.

중국/일본명 모란바위솔의 중국 분포는 확인되지 않는 것으로 보인다. 일본명 モモイロレンゲ(桃色蓮華)는 복사꽃 색을 띠며 연꽃을 닮았다는 뜻에서 붙여졌다.

참고 [북한명] 모란바위솔

Cotyledon shikokiana *Makino*   チヤボツメレンゲ
Nanjaengi-bawesol 난쟁이바위솔

난쟁이바위솔〈*Orostachys sikokiana* (Makino) Ohwi(1953)〉[9]
난쟁이바위솔이라는 이름은 키가 난쟁이처럼 작은 바위솔이라는 뜻이다.[10] 『조선식물향명집』에서 전통 명칭 '바위솔'을 기본으로 하고 식물의 형태적 특징을 나타내는 '난쟁이'를 추가해 신칭했다.[11] 일본명에서 유래했다고 보는 견해가 있으나,[12] 작다는 의미는 같지만 난쟁이와 당닭(矮鶏)은 표현에서 차이가 있고 바위솔이라는 기본으로 하는 명칭에도 차이가 있다.

6　'국가표준식물목록'(2018)은 모란바위솔의 학명을 본문과 같이 기재하고 있으나, '세계식물목록'(2018), '중국식물지'(2018) 및 『장진성 식물목록』(2014)은 이를 따로 분류하고 있지 않으므로 주의가 필요하다.

7　이에 대해서는 『조선식물향명집』, 색인 p.37 참조.

8　이러한 견해로 이우철(2005), p.224 참조.

9　'국가표준식물목록'(2018)은 난쟁이바위솔의 학명을 *Meterostachys sikokiana* (Makino) Nakai(1935)로 기재하고 있으나, 『장진성 식물목록』(2014)과 '세계식물목록'(2018)은 정명을 본문과 같이 기재하고 있다.

10　이러한 견해로 이우철(2005), p.133과 김병기(2013), p.40 참조.

11　이에 대해서는 『조선식물향명집』, 색인 p.33 참조.

12　이러한 견해로 이우철(2005), p.133 참조.

속명 *Orostachys*는 그리스어 *oros*(산)와 *stachys*(이삭)의
합성어로, 산에서 자생하고 이삭 모양의 꽃차례를 이루는 데
서 유래했으며 바위솔속을 일컫는다. 종소명 *sikokiana*는
'(일본) 시코쿠(四國)의'라는 뜻으로 최초 발견지를 나타낸다.

다른이름 난장이바위솔(안학수·이춘녕, 1963), 돌바위솔(임록재
외, 1996)

중국/일본명 난쟁이바위솔의 중국 분포는 확인되지 않는다. 일본
명 チャボツメレンゲ(矮鶏爪蓮華)는 당닭(矮鶏)을 닮은 바위솔
종류(ツメレンゲ)라는 뜻이다.

참고 [북한명] 돌바위솔 [유사어] 사국경천(四國景天)

Penthorum chinense *Pursh*　タコノアシ
Nagji-dari　낙지다리

낙지다리〈*Penthorum chinense* Pursh(1814)〉

낙지다리라는 이름은 『조선식물향명집』에 따른 것으로, 꽃차
례가 줄기 끝부분에서 여러 갈래로 나뉘고 꽃차례마다 촘촘
히 달리는 꽃과 열매의 모양이 마치 낙지의 다리 흡반(吸盤)
처럼 보이는 데서 유래했다.[13] 옛 문헌과 방언에서 낙지다리
와 유사한 한글명이 발견되지 않는 점, 그리고 중국명과 일본
명의 유래를 고려할 때 일본명의 영향을 받아 『조선식물향명
집』에서 신칭한 이름으로 이해된다.[14] 『조선산야생약용식물』
은 '백염초'라는 이름을 기록했으나 그 의미와 유래는 확인되
지 않는다.

　속명 *Penthorum*은 그리스어 *pens*(다섯)와 *horos*(표준, 특
징)의 합성어로, 꽃이 5수성(五數性)인 것에서 유래했으며 낙지
다리속을 일컫는다. 종소명 *chinense*는 '중국의'라는 뜻으로 발견지 또는 분포지를 나타낸다.

다른이름 백염초(정태현 외, 1936), 낙지다리풀(김현삼 외, 1988)

옛이름 扯根菜(임원경제지, 1842)

13　이러한 견해로 이우철(2005), p.132와 허북구·박석근(2008a), p.56 참조.
14　이러한 견해로 이우철(2005), p.132 참조. 다만 『조선식물향명집』, 색인 p.33은 이를 신칭한 이름으로 기록하지 않았으므
　　로 주의가 필요하다.

중국명 扯根菜(che gen cai)는 중국의 『구황본초』에 기록된 식물명으로 뿌리를 뜯어내는 나물이라는 뜻인데, 부스럼 속의 망울(根)을 걷어내는(扯) 약효와 관련된 것으로 보이나 정확한 유래는 미상이다. 일본명 タコノアシ(蛸の足)는 꽃차례가 분지하는 모양을 낙지의 다리에 비유해 붙여졌다.

참고 [북한명] 낙지다리풀 [유사어] 수택란(水澤蘭), 택자원(澤紫苑)

○ Rhodiola elongata *Fischer et Meyer*　イハベンケイサウ
Dolgot　돌꽃

돌꽃〈*Rhodiola elongata* (Ledeb.) Fisch. & Mey.(1841)〉[15]

돌꽃이라는 이름은 돌(石) 틈에서 꽃을 피우는 식물이라는 뜻에서 유래했다.[16] 『조선식물향명집』에서 최초로 그 이름이 발견되는 것으로 보인다.

속명 *Rhodiola*는 그리스어 *rhodon*(장미, rose)에서 유래한 것으로, 이 속 식물 중 땅속줄기에서 장미 향이 나는 것이 있어 붙여졌으며 돌꽃속을 일컫는다. 종소명 *elongata*는 '늘어가는, 연장하는'이라는 뜻이다.

다른이름 가는잎돌꽃(박만규, 1974), 왕돌꽃(임록재 외, 1996), 바위돌꽃(Chang et al., 2014)

중국/일본명 중국명 红景天(hong jing tian)은 붉은색 꽃이 피는 경천(景天: 꿩의비름)이라는 뜻이다. 일본명 イハベンケイサウ(岩弁慶草)는 바위에서 자라는 꿩의비름(ベンケイサウ)이라는 뜻이다.

참고 [북한명] 돌꽃/왕돌꽃[17]

---

15 『장진성 식물목록』(2014)과 '세계식물목록'(2018)은 *Sedum roseum* (L.) Scop.(1771)을 돌꽃에 대한 정명으로 기재하면서 좁은잎돌꽃에 대해서는 속명을 달리해 *Rhodiola angusta* Nakai(1914)를 정명으로 기재하고 있다. 돌꽃과 좁은잎돌꽃의 속명을 달리하는 분류학적 근거가 분명하지 않아 이 책은 '국가표준식물목록'(2018)에 기재된 학명을 본문의 학명으로 기록했으나, 이에 대한 추가적인 확인과 연구가 필요하다.

16 이러한 견해로 이우철(2005), p.181과 이윤옥(2015), p.74 참조. 다만 이윤옥은 일본명에서 그 직접적 유래를 찾고 있으나, 일본명의 イハ(岩)에서 어느 정도 영향을 받았을 가능성은 있어도 어형과 그 뜻이 다르므로 유래를 일본명에서 찾는 것은 타당하지 않아 보인다.

17 북한에서는 *R. elongata*를 '돌꽃'으로, *R. rosea*를 '왕돌꽃'으로 하여 별도 분류하고 있다. 이에 대해서는 리용재 외 (2011), p.298 참조.

○ Rhodiola ramosa *Nakai* ホソバイハレンゲ
Ganùn-dolgot 가는돌꽃

좁은잎돌꽃〈*Rhodiola angusta* Nakai(1914)〉

좁은잎돌꽃이라는 이름은 잎이 좁고 돌꽃을 닮았다는 뜻에서 유래했으며 학명과 관련이 있다.[18] 『조선식물향명집』에서는 가지가 많이 분지하는 돌꽃이라는 뜻의 '가는돌꽃'을 신칭해 기록했으나,[19] 『우리나라 식물자원』에서 '좁은잎돌꽃'으로 개칭해 현재에 이르고 있다.

속명 *Rhodiola*는 그리스어 *rhodon*(장미, rose)에서 유래한 것으로, 이 속 식물 중 땅속줄기에서 장미 향이 나는 것이 있어 붙여졌으며 돌꽃속을 일컫는다. 종소명 *angusta*는 '좁은'이라는 뜻으로 잎의 모양이 좁은 것에서 유래했으며, 옛 종소명 *ramosa*는 '분지하는'이라는 뜻이다.

다른이름 가는돌꽃(정태현 외, 1937), 바위돌꽃(리종오, 1964), 가지돌꽃(이창복, 1966), 각시바위돌꽃(임록재 외, 1972), 각씨바위돌꽃(한진건 외, 1982)

중국/일본명 중국명 长白红景天(chang bai hong jing tian)은 백두산에서 자라는 홍경천(紅景天: 돌꽃의 중국명)이라는 뜻이다. 일본명 ホソバイハレンゲ(細葉岩蓮華)는 잎이 좁고 바위에서 자라며 연꽃을 닮았다는 뜻에서 붙여졌다.

참고 [북한명] 각시바위돌꽃

Sedum Aizoon *Linné* ヤマキリンサウ(ホソバノキリンサウ)
Ganùn-gwongui-birùm 가는꿩의비름

가는기린초〈*Sedum aizoon* L.(1753)〉

가는기린초라는 이름은 기린초에 비해 잎이 가는 것에서 유래했다.[20] 『조선식물향명집』에서는 잎이 가는 꿩의비름이라는 뜻의 '가는꿩의비름'을 신칭해 기록했으나,[21] 『조선식물명집』에서 '가는기린초'로 개칭해 현재에 이르고 있다.

속명 *Sedum*은 플리니우스(Plinius, 23~79)가 돌나물과의 식물(houseleek)에 사용한 라틴명에서 유래했다. 라틴어 *sedo*(진정시키다) 또는 *sedeo*(앉다)에서 유래했다는 설도 있으며 돌나물속을 일컫는다. 종소명 *aizoon*은 '늘푸른 식물의'라는 뜻으로 다른 식물의 속명에서 전용한 것이다.

다른이름 가는꿩의비름(정태현 외, 1937), 집우지기(정태현 외, 1942), 가는기린초(리종오, 1964), 가는잎

---

18 이러한 견해로 이우철(2005), p.480 참조.
19 이에 대해서는 『조선식물향명집』, 색인 p.30 참조.
20 이러한 견해로 이우철(2005), p.18 참조.
21 이에 대해서는 『조선식물향명집』, 색인 p.30 참조.

기린초(박만규, 1974)[22]

중국/일본명 중국명 費菜(fei cai)는 널리 쓰이는 흔한 나물이라는 뜻이다. 일본명 ヤマキリンサウ(山麒麟草)는 산에 사는 기린초라는 뜻이며, 또 다른 일본명 ホソバノキリンサウ(細葉麒麟草)는 가는 잎을 가진 기린초라는 뜻이다.

참고 [북한명] 가는기린초 [유사어] 경천(景天), 기린초(麒麟草)

Sedum albo-roseum *Baker*   ベンケイサウ(ハマレンゲ)
Ĝwôngŭi-birŭm   꿩의비름

꿩의비름⟨*Hylotelephium erythrostictum* (Miq.) H.Ohba(1977)⟩

꿩의비름이라는 이름은 꽃이 피어 있는 모습이 꿩을 연상시키고 (쇠)비름을 닮았다는 뜻에서 유래했다.[23] 문헌상 옛이름으로 탑을 닮은 모양의 나물이라는 뜻의 '塔菜'(탑ㄴ물) 또는 지붕 위에서 자란다는 뜻의 '지부지기(집우디기)'가 있으나, 이 이름들은 돌나물 또는 바위솔 등과 오인될 가능성이 있으므로 옛이름을 택하지 않고 '꿩의비름'이라는 이름을 신칭한 것으로 보인다.[24] 한자어로 산의 바위 위 등에 자란다는 뜻에서 경천(景天)이라 하고, 줄기와 잎이 다육성이어서 불에 강하다는 뜻에서 신화초(愼火草)라고도 한다.

속명 *Hylotelephium*은 그리스어 *hylo*(숲)와 *telepheion* (건강)에서 유래했으며 꿩의비름속을 일컫는다. 종소명 *erythrostictum*은 '붉은 줄의'라는 뜻이다.

다른이름 경천/섬나물(임록재 외, 1972), 경천초(한진건 외, 1982)

옛이름 戒火/景天/塔菜(향약구급방, 1236),[25] 景天(향약집성방, 1433), 景天/집우디기/愼火草(동의보감, 1613), 景天/엉경쿠(주촌신방, 1687), 景天/지부지기/愼花草(산림경제, 1715), 景天/집우지기/愼火(광재물보, 19세기 초), 景天/집우디기/愼火(물명고, 1824), 景天/엉검쾌/더부지기(의휘, 1871), 景天/愼火草(수세

---

22 『조선식물명휘』(1922)는 '土三七'을 기록했다.

23 이러한 견해로 손병태(1996), p.118 참조. 『동의보감』(1613)은 景天(경천)에 대해 "苗葉似馬齒莧而大"[싹과 잎은 마치현(쇠비름)과 비슷한데 크다]라고 해 쇠비름과 닮았음을 기록했다.

24 다만 『조선식물향명집』, 색인 p.33은 신칭한 이름으로 기록하고 있지 않아 지방 방언에서 유래했을 수도 있다.

25 『향약구급방』(1236)의 차자(借字) '塔菜'(탑채)에 대해 남풍현(1981), p.35는 '탑ㄴ물'의 표기로 보고 있으며, 손병태(1996), p.14는 '탑ㄴ물'의 표기로, 이덕봉(1963), p.178은 '탑칙'의 표기로 보고 있다. 또한 이덕봉은 『향약구급방』의 '탑칙'는 돌나물로 전화된 것으로, 『동의보감』(1613)의 '집우디기'는 '집위지키기' 또는 '집웅지키기'와 동의어로 추정했다.

비결, 1929), 景天草(선한약물학, 1931)[26]

중국/일본명 중국명 八宝(ba bao)는 여덟 가지 보물 또는 불교 용어로서 보석의 수(數)가 많음을 나타내는데 좋은 것을 강조한 의미로 보인다. 일본명 ベンケイサウ(弁慶草)는 다육성의 줄기잎을 잘라도 잘 시들지 않고 땅속에 꽂으면 다시 자라므로 벤케이(弁慶: 가마쿠라 시대의 호걸)를 닮았다는 뜻에서 붙여졌다.

참고 [북한명] 꿩의비름 [유사어] 경천(景天), 신화(愼火) [지방명] 임금님선인장(충남)

○ Sedum Alfredi *Hance*   コモチマンネングサ
Maldông-birûm   말똥비름

말똥비름〈*Sedum bulbiferum* Makino(1903)〉

말똥비름이라는 이름은 '말똥'과 '비름'의 합성어로 '말똥'은 살눈이 떨어지는 모습에서, '비름'은 잎의 모양이 쇠비름을 닮은 것에서 유래했다. 즉, 살눈을 만드는 쇠비름을 닮은 식물이라는 뜻이다.[27] 『조선식물향명집』에 최초 기록된 이름으로 보인다.

속명 *Sedum*은 플리니우스(Plinius, 23~79)가 돌나물과의 식물(houseleek)에 사용한 라틴명에서 유래했다. 라틴어 sedo(진정시키다) 또는 sedeo(앉다)에서 유래했다는 설도 있으며 돌나물속을 일컫는다. 종소명 *bulbiferum*은 '비늘줄기가 있는'이라는 뜻으로, 살눈을 만드는 것에서 유래했다.

다른이름 알돌나물아재비(박만규, 1949), 알돌나물(리종오, 1964), 싹눈돌나물(박만규, 1974), 만년초/말퉁나물(한진건 외, 1982)[28]

중국/일본명 중국명 珠芽景天(zhu ya jing tian)은 살눈이 있는 경천(景天: 꿩의비름)이라는 뜻이다. 일본명 コモチマンネングサ(子持万年草)는 살눈이 있는 돌나물(マンネングサ)이라는 뜻이다.

참고 [북한명] 알돌나물 [유사어] 석판채(石板菜), 소전초(小箭草) [지방명] 개비름(경남)

---

26 『조선어사전』(1920)은 '집우지기, 景天(경텬), 愼花(신화)'를 기록했으며 『조선식물명휘』(1922)는 '景天, 八寶兒'를, Crane (1931)은 '초구금화, 梢口金花'를, 『토명대조선만식물자휘』(1932)는 '[景天(草)]경텬(초), [愼火(草)]신화(초), [집우지기], [집우머기]'를 기록했다.

27 이러한 견해로 김종원(2013), p.904 참조.

28 『조선식물명휘』(1922)는 '石板菜, 馬屎莧'을 기록했다.

Sedum kamtschaticum *Fischer et Meyer*   キリンサウ
Girincho   기린초

기린초⟨*Sedum kamtschaticum* Fisch. & C.A.Mey.(1841)⟩

기린초라는 이름은 한자어 기린초(麒麟草)에서 유래한 것으로, 두꺼운 잎과 노랗게 피는 꽃 모양이 상상 속 동물인 기린(麒麟) 또는 그 뿔을 닮았다는 뜻에서 붙여졌다.[29] 옛 문헌에서 발견되는 식물명이다.

속명 *Sedum*은 플리니우스(Plinius, 23~79)가 돌나물과의 식물(houseleek)에 사용한 라틴명에서 유래했다. 라틴어 *sedo*(진정시키다) 또는 *sedeo*(앉다)에서 유래했다는 설도 있으며 돌나물속을 일컫는다. 종소명 *kamtschaticum*은 '캄차카의'라는 뜻으로 최초 발견지를 나타낸다.

다른이름 넓은잎기린초(정태현 외, 1949), 각시기린초(정태현, 1970)

옛이름 麒麟草(다산집, 1685), 麒麟草(모주집, 1790)[30]

중국/일본명 중국명 堪察加景天(kan cha jia jing tian)은 캄차카(堪察加)반도에 분포하는 경천(景天: 찡의비름)이라는 뜻이다. 일본명 キリンサウ(麒麟草)는 한자명을 음독한 것으로 한국명과 같다.

참고 [북한명] 기린초 [유사어] 비채(費菜)

○ Sedum Middendorfianum *Maximowicz*   ヒメキリンサウ
Gagsi-girincho   각시기린초

애기기린초⟨*Phedimus middendorffianus* (Maxim.) 't Hart(1995)⟩[31]

애기기린초라는 이름은 기린초에 비해 식물 전체의 크기가 작은 데서 유래했다.[32] 『조선식물향명집』에서는 '각시기린초'를 신칭해 기록했으나[33] 『한국식물도감(하권 초본부)』에서 '애기기린초'로 개칭해 현재에 이르고 있다.

속명 *Phedimus*는 그리스어 *phaidimos*(빛나는)에서 비롯한 것으로, 이 속의 어떤 종의 잎 모양에서 유래했다고 추정되며 애기기린초속을 일컫는다. 종소명 *middendorffianus*는 러시아 출

---

29 이러한 견해로 이우철(2005), p.101; 허북구·박석근(2008a), p.43; 이유미(2010), p.251; 김종원(2013), p.1065 참조. 다만 이우철 및 김종원은 기린초가 일본명에서 유래했다고 설명하고 있으나, 우리의 옛 문헌에서도 발견되는 이름이므로 그 타당성은 의심스럽다.

30 『조선의 구황식물』(1919)는 '이시'를 기록했으며 『조선어사전』(1920)은 '麒麟草(긔린초)'를, 『조선식물명휘』(1922)는 '費菜, 黃菜子, 이시(救)'를, 『토명대조선만식물자휘』(1932)는 '[麒麟草]긔린초'를, 『선명대화명지부』(1934)는 '이시'를 기록했다.

31 '국가표준식물목록'(2018)은 애기기린초의 학명을 *Sedum middendorffianum* Maxim.(1859)으로 기재하고 있으나, 『장진성 식물목록』(2014), '세계식물목록'(2018) 및 '중국식물지'(2018)는 본문의 학명을 정명으로 기재하고 있다.

32 이러한 견해로 이우철(2005), p.381 참조.

33 이에 대해서는 『조선식물향명집』, 색인 p.30 참조.

신의 생물학자 Alexander Theodor von Middendorff(1815~1894)의 이름에서 유래했다.

다른이름 각시기린초(정태현 외, 1937), 버들잎기린초(박만규, 1949), 각씨기린초(도봉섭 외, 1958), 버들
기린초(안학수·이춘녕, 1963), 애기꿩의비름(이영노, 1996)

중국/일본명 중국명 吉林景天(ji lin jing tian)은 지린(吉林) 지역에 분포하는 경천(景天: 꿩의비름)이라는
뜻이다. 일본명 ヒメキリンサウ(姬麒麟草)는 식물체가 작고 귀여운 기린초(キリンサウ)라는 뜻이다.

참고 [북한명] 각시기린초 [유사어] 구경천(狗景天)

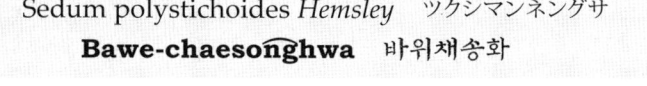

Sedum polystichoides *Hemsley* ツクシマンネングサ
Bawe-chaesonghwa 바위채송화

바위채송화〈*Sedum polytrichoides* Hemsl.(1887)〉

바위채송화라는 이름은 바위에서 자라는 채송화라는 뜻이
다.[34] 『조선식물향명집』에서 전통 명칭 '채송화'를 기본으로
하고 식물의 산지(産地)를 나타내는 '바위'를 추가해 신칭했
다.[35]

　속명 *Sedum*은 플리니우스(Plinius, 23~79)가 돌나물과의
식물(houseleek)에 사용한 라틴명에서 유래했다. 라틴어 *sedo*
(진정시키다) 또는 *sedeo*(앉다)에서 유래했다는 설도 있으며 돌
나물속을 일컫는다. 종소명 *polytrichoides*는 '*Polytrichum*
(솔이끼속)과 비슷한(-*oides*)'이라는 뜻이다.

다른이름 개돌나물(박만규, 1949), 대마채송화(오수영, 1985)

중국/일본명 중국명 蘚状景天(xian zhuang jing tian)은 이끼 모양
의 경천(景天: 꿩의비름)이라는 뜻이다. 일본명 ツクシマンネングサ(土筆万年草)는 잎이 ツクシ(쇠뜨
기)를 닮은 돌나물(マンネングサ)이라는 뜻이다.

참고 [북한명] 바위채송화 [유사어] 유엽경천(柳葉景天)

34　이러한 견해로 이우철(2005), p.257과 김병기(2013), p.31 참조.
35　이에 대해서는 『조선식물향명집』, 색인 p.37 참조.

○ Sedum sarmentosum *Bunge*   ツルマンネングサ

Dol-namul   돌나물

돌나물〈Sedum sarmentosum Bunge(1833)〉

돌나물이라는 이름은 돌(石)이 많이 나는 곳에서 자라는 나물이라는 뜻에서 유래했다.[36] 『산림경제』에서 한글 '돌ᄂᆞ물'을 직역한 한자명 石菜(석채)를 기록한 것으로 보아, 돌나물의 '돌'은 돌(石)의 의미로 주된 서식처를 나타낸다고 이해된다. 『조선산야생식용식물』은 돌나물이 변형된 경남 및 경기 방언으로 '돈나물'을 기록하기도 했다.[37]

속명 Sedum은 플리니우스(Plinius, 23~79)가 돌나물과의 식물(houseleek)에 사용한 라틴명에서 유래했다. 라틴어 sedo (진정시키다) 또는 sedeo(앉다)에서 유래했다는 설도 있으며 돌나물속을 일컫는다. 종소명 sarmentosum은 '덩굴줄기의, 기는줄기가 있는'이라는 뜻으로 포복성줄기로 번식하는 것에서 유래했다.

다른이름 돈나물(정태현 외, 1936), 돈노물(안학수·이춘녕, 1963)

옛이름 石菜/돌ᄂᆞ물(산림경제, 1715), 佛甲草/돌나물(광재물보, 19세기 초), 佛甲草/돌나물(물명고, 1824), 佛甲草/돌ᄂᆞ물(오주연문장전산고, 185?), 石菜(의휘, 1871), 石菜(의방합편, 19세기), 佛甲草(선한약물학, 1931), 돈나물/돌나물(조선구전민요집, 1933)[38]

중국/일본명 중국명 垂盆草(chui pen cao)는 분(盆)에서 아래로 드리워져 자라는 식물이라는 뜻이다. 일본명 ツルマンネングサ(蔓万年草)는 덩굴로 자라고 중간중간 고사하지만 영구히(萬年) 생존한다는 뜻에서 붙여졌다.

참고 [북한명] 돌나물 [유사어] 갑초(甲草), 불갑초(佛甲草), 수분초(垂盆草), 전채(錢菜) [지방명] 돈나물/돌나물(강원), 돈나물/돈나물/돗나물(경기), 돈나물/돈나이/돈냉이/돈데이/돌나물(경남), 돈나물/돌내이/돌냉이/돌지/돌째/돌찌이(경북), 돈나물/돈너물/돈노물/돌나물/돌노물/돗나물(전남), 돈나물/돈노물/돈나물/돌노물/돗나물(전북), 돈나물/돈너물/돌나물/돌너물/돗나물/동나물/동너물(충남), 돈

36 이러한 견해로 이우철(2005), p.181; 이유미(2010), p.57; 김종원(2013), p.1069; 김병기(2013), p.30; 권순경(2016.6.8.) 참조.

37 이에 대해서는 『조선산야생식용식물』(1942), p.132 참조.

38 『조선외 구황식물』(1919)은 '돌나물'을 기록했으며 『조선어사전』(1920)은 '돌나물, 佛甲草(불갑초)'를, 『조선식물명휘』(1922)는 '野馬齒莧, 火建草, 돌나물(救)'을, 『토명대조선만식물자휘』(1932)는 '[佛甲草]불갑초, [石蓮花]석련(년)화(꽃), [돌나물]'을, 『선명대화명지부』(1934)는 '돌나무(물)'을, 『조선의산과와산채』(1935)는 '돌나물'을 기록했다.

나물/돈냉이/돈너물(충북), 돈나물(함북)

Sedum spectabile *Bory*   オホベンケイサウ
Kùn-ĝwônĝùi-birùm   큰꿩의비름

큰꿩의비름〈*Hylotelephium spectabile* (Boreau) H.Ohba(1977)〉

큰꿩의비름이라는 이름은 꿩의비름 종류 중에서 식물체가 크
다는 뜻에서 붙여졌다.[39] 『조선식물향명집』에서 '꿩의비름'을
기본으로 하고 식물의 형태적 특징을 나타내는 '큰'을 추가해
신칭했다.[40]

속명 *Hylotelephium*은 그리스어 *hylo*(숲)와 *telepheion*
(건강)에서 유래했으며 꿩의비름속을 일컫는다. 종소명
*spectabile*는 '장관의, 눈에 띄는'이라는 뜻이다.

중국/일본명 중국명 长药八宝(chang yao ba bao)는 수술(꽃밥)이
긴 팔보(八寶: 꿩의비름의 중국명)라는 뜻이다. 일본명 オホベン
ケイサウ(大弁慶草)는 식물체가 큰 꿩의비름(ベンケイサウ)이라
는 뜻이다.[41]

참고 [북한명] 큰꿩의비름 [유사어] 경천(景天), 장약경천(長葯景天)

Sedum Telephium *L.* var. purpureum *Linné*   ムラサキベンケイサウ(エゾベンケイサウ)
Jaji-ĝwônĝùi-birùm   자지꿩의비름

자주꿩의비름〈*Hylotelephium pallescens* (Freyn) H.Ohba(1977)〉[42]

자주꿩의비름이라는 이름은 전초(全草)가 자주색인 꿩의비름이라는 뜻이다.[43] 『조선식물향명집』
에서는 '자지꿩의비름'을 신칭해 기록했으나[44] 『조선식물명집』에서 '자주꿩의비름'으로 개칭해 현

---

39 이러한 견해로 이우철(2005), p.529 참조.
40 이에 대해서는 『조선식물향명집』, 색인 p.47 참조.
41 『조선식물명휘』(1922)는 '鶴眠草'를 기록했다.
42 '국가표준식물목록'(2018)은 자주꿩의비름의 학명을 *Hylotelephium telephium* (L.) H.Ohba(1977)로, 키큰꿩의비름의
    학명을 *Hylotelephium pallescens* (Freyn) H.Ohba(1977)로 기재하고 있으나, '세계식물목록'(2018)과 『장진성 식물목
    록』(2014)은 본문의 학명을 정명으로 기재하고 있다.
43 이러한 견해로 이우철(2005), p.438 참조.
44 이에 대해서는 『조선식물향명집』, 색인 p.45 참조.

재에 이르고 있다. '자지'는 '자주'의 옛 표현이므로 그 의미는 동일하다.[45]

속명 *Hylotelephium*은 그리스어 *hylo*(숲)와 *telepheion*(건강)에서 유래했으며 꿩의비름속을 일컫는다. 종소명 *pallescens*는 '연한 흰색의'라는 뜻이며, 옛 변종명 *purpureum*은 '자주색의'라는 뜻이다.

다른이름 자지꿩의비름(정태현 외, 1937)[46]

중국/일본명 중국명 白八宝(bai ba bao)는 흰 꽃이 피는 팔보(八寶: 꿩의비름의 중국명)라는 뜻이다.[47] 일본명 ムラサキベンケイサウ(紫弁慶草)는 자주색인 꿩의비름(ベンケイサウ)이라는 뜻이다.

참고 [북한명] 자주꿩의비름/참자주꿩의비름[48] [지방명] 비름(충남)

Sedum viviparum *Maximowicz* コモチベンケイサウ
Saeĝi-ĝwôṅgŭi-birŭm 새끼꿩의비름

새끼꿩의비름 〈*Hylotelephium viviparum* (Maxim.) H.Ohba(1977)〉

새끼꿩의비름이라는 이름은 살눈이 있는 꿩의비름이라는 뜻이며 학명에서 유래했다.[49] 『조선식물향명집』에서 '꿩의비름'을 기본으로 하고 식물의 형태적 특징 및 학명에 착안한 '새끼'를 추가해 신칭했다.[50]

속명 *Hylotelephium*은 그리스어 *hylo*(숲)와 *telepheion*(건강)에서 유래했으며 꿩의비름속을 일컫는다. 종소명 *viviparum*은 '태생의, 모체에서 발아하는, 살눈이 있는'이라는 뜻이다.

다른이름 바위채송화(박만규, 1949), 싹눈꿩의비름(박만규, 1974)

중국/일본명 중국명 珠芽八宝(zhu ya ba bao)는 살눈이 있는 팔보(八寶: 꿩의비름의 중국명)라는 뜻이다. 일본명 コモチベンケイサウ(子持弁慶草)는 살눈이 있는 꿩의비름(ベンケイサウ)이라는 뜻이다.

참고 [북한명] 새끼꿩의비름

---

45 이에 대해서는 『고어대사전 17』(2016), p.46 참조.
46 『조선식물명휘』(1922)는 '梢口金花'를 기록했다.
47 '중국식물지'(2018)는 *Hylotelephium triphyllum* (Haworth) Holub(1983)을 자주색인 꿩의비름이라는 뜻의 紫八宝(zi ba bao)로 기재하고 있다.
48 북한에서는 *H. purpureum*을 '자주꿩의비름'으로, *H. telephium*을 '참자주꿩의비름'으로 하여 별도 분류하고 있다. 이에 대해서는 리용재 외(2011), p.326 참조.
49 이러한 견해로 이우철(2005), p.323 참조.
50 이에 대해서는 『조선식물향명집』, 색인 p.40 참조.

Saxifragaceae 범의귀科 (虎耳草科)

범의귀과 〈Saxifragaceae Juss.(1789)〉

범의귀과는 국내에 자생하는 범의귀¹에서 유래한 과명이다. '국가표준식물목록'(2018), 『장진성 식물목록』(2014) 및 '세계식물목록'(2018)은 Saxifraga(범의귀속)에서 유래한 Saxifragaceae를 과명으로 기재하고 있으며, 엥글러(Engler), 크론키스트(Cronquist) 및 APG IV(2016) 분류 체계도 이와 같다. 이 과는 분류 체계마다 다양하게 정의되었던 과로서 엥글러 분류 체계는 광범위하게 정의한 바 있다. 또한 엥글러 및 크론키스트 분류 체계는 Rosales(장미목)로 분류했으나, APG IV(2016) 분류 체계는 Saxifragales(범의귀목)로 분류한다.

○ Aceriphyllum Rossi *Engler*　イハヤツデ(タンチヤウサウ)
Dol-danpung　돌단풍(장쟝포)

돌단풍 〈*Mukdenia rossii* (Oliv.) Koidz.(1935)〉

돌단풍이라는 이름은 깊은 계곡 물가 바위(돌)틈에서 자라고 잎이 단풍나무를 닮았다는 뜻에서 유래했다.² 『조선식물명휘』에 기록된 '쟝쟝포'는 손바닥(掌)을 닮은 장포라는 뜻으로 추정하는데, 이를 다른이름으로 처리한 것에 비추어 당시 민간에서 부르던 이름 중에 '돌단풍'이 보다 보편적인 이름이었던 것으로 보인다.³ 조선 시대 문집에 기록된 암홍엽(巖紅葉)이라는 표현이 바위에서 자라는 붉은 잎이라는 뜻으로 돌단풍과 일맥상통하는 이름이지만 현재의 돌단풍을 지칭하는지는 명확하지 않다.

　속명 *Mukdenia*는 *Mukden*(만주의 선양 지역)을 가리키는 말로 원산지의 지명에서 유래했으며 돌단풍속을 일컫는다. 종소명 *rossii*는 스코틀랜드 출신의 선교사 John Ross(1842~1915)의 이름에서 유래했다.

▨ 다른이름 ▨ 장장포(정태현 외, 1937), 부처손(정태현, 1956), 장장풍(안학수·이춘녕, 1963), 돌나리(이창복,

---

1　'국가표준식물목록'(2018)은 범의귀<*Saxifraga furumii* Nakai(1918)>를 별도 종으로 분류하고 있으나, 『장진성 식물목록』(2014)은 구름범의귀<*Saxifraga laciniata* Nakai & Takeda(1914)>의 이명(synonym)으로 기재하고 있다. 또한 '중국식물지'(2018)는 별도 분류하지 않으며 '세계식물목록'(2018)은 미해결학명(unresolved name)으로 기재하고 있다.

2　이러한 견해로 이우철(2005), p.181; 허북구·박석근(2008a), p.73; 이유미(2010), p.61 참조.

3　『한국의 민속식물』(2017), p.502는 '돌단풍'이 실제로 경기도 인근에서 사용하는 방언임을 기록하고 있다.

1980), 장장풀(리용재 외, 2011)

옛이름 巖紅葉(서포집, 1702), 巖紅葉(송파집, 1715)[4]

중국/일본명 중국명 槭叶草(qi ye cao)는 단풍나무 잎을 닮은 풀이라는 뜻이다. 일본명 イハヤツデ(岩八手)는 바위틈에서 자라고 잎의 모양이 8개의 손가락처럼 보여서 붙여졌다.

참고 [북한명] 돌단풍 [유사어] 노호장(老虎掌), 색엽초, 석호채(石虎菜), 암홍엽(岩紅葉) [지방명] 바우나리/부체손(강원), 돌난풍(경기), 방구나리(경북), 돌미나리(충남)

⊗Aceriphyllum Rossi *Engler* var. multilobum *Nakai*   オホタンチヤウサウ(ハウチハヤツデ)
Kùn-doldanpung 큰돌단풍

큰돌단풍⟨*Mukdenia rossii* f. *multiloba* (Nakai) W.T.Lee(1996)⟩[5]

큰돌단풍이라는 이름은 손바닥 모양의 잎이 5~7개로 갈라지는 돌단풍에 비해 잎이 7~13개로 많이 갈라져서 붙여졌다.[6] 『조선식물향명집』에서 '돌단풍'을 기본으로 하고 식물의 형태적 특징을 나타내는 '큰'을 추가해 신칭했다.[7]

속명 *Mukdenia*는 *Mukden*(만주의 선양 지역)을 가리키는 말로 원산지의 지명에서 유래했으며 돌단풍속을 일컫는다. 종소명 *rossii*는 스코틀랜드 출신의 선교사 John Ross(1842~1915)의 이름에서 유래했으며, 품종명 *multiloba*는 '여러 개로 얕게 갈라진'이라는 뜻이다.

다른이름 가시잎돌단풍(리종오, 1964), 둥근돌단풍(임록재 외, 1972), 돌부채손(한진건 외, 1982), 가시돌단풍(리용재 외, 2011)

중국/일본명 중국에서는 이를 별도 분류하지 않고 있다. 일본명 オホタンチヤウサウ(大丹頂草)는 크고 두루미를 닮은 풀이라는 뜻으로 추정한다.

참고 [북한명] 가시돌단풍

---

4 『조선식물명휘』(1922)는 '쟝쟝포(救)'를 기록했으며 『선명대화명지부』(1934)는 '쟝쟝포'를 기록했다.

5 '국가표준식물목록'(2018)은 큰돌단풍의 학명을 본문과 같이 별도 분류하고 있으나, '세계식물목록'(2018)과 '중국식물지'(2018)는 이를 별노 분류하시 않고 『장진싱 식물목록』(2014)은 돌단풍(*M. rossii*)에 통합하고 있으므로 주의를 요한다.

6 이러한 견해로 이우철(2005), p.531 참조.

7 이에 대해서는 『조선식물향명집』, 색인 p.47 참조.

○ Astilbe chinensis *Fr. et Sav.* var. Davidii *Franchet*　オホチダケサシ(カラノチダケサシ)
Noru-ojum　노루오줌

노루오줌〈*Astilbe chinensis* (Maxim.) Franch. & Sav.(1873)〉[8]

노루오줌이라는 이름은 『조선식물향명집』에서 그 표현이 처음 발견되는 것으로 보인다. 이 식물은 눈개승마와 유사한 모양으로 자라는데, 어린 새싹을 나물로 사용하는 눈개승마와 달리 맛이 쓰고 미약하지만 좋지 않은 냄새가 나기 때문에 식용하지 않는다. 노루오줌이라는 이름은 그 냄새를 노루의 오줌 냄새(누린내)라 여긴 것에서 유래했다.[9] 한편 (i) 노루가 자주 오는 물가에서 많이 보여 그렇게 붙여졌다는 견해,[10] (ii) 노루삼과 잎 등이 유사한데 노루삼의 속명 *Actaea*의 뜻 중에 냄새가 강한 식물을 일컫는 의미가 있어 이를 참고해 노루오줌이라는 이름이 유래했고 일본명에 잇닿아 있다는 견해[11]가 있다. (i)의 견해는 이름에 오줌이 들어가는 것을 설명하지 못하므로 타당성이 없어 보인다. (ii)의 견해는 실제로 뿌리의 냄새가 역겹거나 강하지 않은 것에 근거하고 있으나, 노루삼의 속명 *Actaea*는 딱총나무(접골목)를 뜻하는 그리스어 *aktea*에서 유래하고 이와 잎이 유사해 린네가 노루삼속에 전용한 것에서 현재의 속명이 되었다는 것이 대체적인 견해다.[12] 또한 노루오줌의 일본명 チダケサシ(乳蕈刺)에는 오줌이라는 뜻이 내포되어 있지 않다. 따라서 노루삼의 속명에서 노두오줌이라는 이름이 도출되었고 일본명에 잇닿아 있다는 것은 타당성이 없는 주장으로 보인다.

　속명 *Astilbe*는 그리스어 *a*(~없는)와 *stilbe*(윤기)의 합성어로, 비슷하게 생긴 *Aruncus*(눈개승마속)에 비해 잎과 꽃이 덜 반들거린다는 뜻이며 노루오줌속을 일컫는다. 종소명 *chinensis*는 '중국에 분포하는'이라는 뜻으로 발견지 또는 원산지를 나타낸다.

다른이름　큰노루오줌(정태현 외, 1949), 왕노루오줌(안학수·이춘녕, 1963), 노루풀(김현삼 외, 1988), 큰노루풀(임록재 외, 1996)[13]

8　'국가표준식물목록'(2018)과 '세계식물목록'(2018)은 *Astilbe rubra* Hook.f. & Thomson(1857)을 정명으로 기재하고 있으나, 『장진성 식물목록』(2014)과 '중국식물지'(2018)는 본문의 학명을 정명으로 기재하고 있다.

9　이러한 견해로 허북구·박석근(2008a), p.62; 이유미(2010), p.263; 권순경(2017.2.28.) 참조.

10　이러한 견해로 제갈영(2008), p.197 참조.

11　이러한 견해로 김종원(2016), p.98 참조.

12　이에 대해서는 牧野富太郞(2008), p.1281 참조.

13　『조선식물명휘』(1922)는 '落新婦'를 기록했다.

중국/일본명 중국명 落新婦(luo xin fu)는 꽃이 예뻐서 출가한 신부처럼 보인다는 뜻으로 유추되나 정확한 유래는 확인되지 않는다. 일본명 オホチダケサシ(大乳蕈刺)는 식물체가 큰 チダケサシ(乳蕈刺: 흰 유액이 있으며 버섯을 생산하는 데 사용하고 줄기에 가시 같은 털이 있다는 뜻으로 일본산 노루오줌 종류인 A. microphylla에 대한 일본명)라는 뜻이다.

참고 [북한명] 노루풀 [유사어] 낙신부(落新婦), 소승마(小升麻), 적승마(赤升麻)

○ Astilbe chinensis *Fr. et Sav.* var. paniculata *Nakai*   ミヤマチダケサシ
Dunggun-noru-ojum   둥근노루오줌

노루오줌 ⟨*Astilbe chinensis* (Maxim.) Franch. & Sav.(1873)⟩
'국가표준식물목록'(2018), '중국식물지'(2018) 및 이우철(2005)은 둥근노루오줌을 별도 분류하지 않고, 『장진성 식물목록』(2014)과 '세계식물목록'(2018)은 둥근노루오줌의 학명을 노루오줌 학명의 이명(synonym)으로 처리하고 있으므로 이 책도 이에 따른다.

⊗ Astilbe koreana *Nakai*   タリホノチダケサシ
Sugun-noru-ojum   숙은노루오줌

숙은노루오줌 ⟨*Astilbe koreana* (Kom.) Nakai(1918)⟩[14]
숙은노루오줌이라는 이름은 꽃차례가 고개를 숙이는 노루오줌이라는 뜻이다.[15] 『조선식물향명집』에서 '노루오줌'을 기본으로 하고 식물의 형태적 특징을 나타내는 '숙은'을 추가해 신칭했다.[16]

　속명 *Astilbe*는 그리스어 a(~없는)와 *stilbe*(윤기)의 합성어로, 비슷하게 생긴 *Aruncus*(눈개승마속)에 비해 잎과 꽃이 덜 반들거린다는 뜻이며 노루오줌속을 일컫는다. 종소명 *koreana*는 '한국의'라는 뜻으로 원산지를 나타낸다.

다른이름 이끈노루오줌(박만규, 1949), 조선노루풀(임록재 외,

14　'국가표준식물목록'(2018)은 숙은노루오줌의 학명을 본문과 같이 기재하고 있으나, '세계식물목록'(2018)과 '중국식물지'(2018)는 *Astilbe grandis* Stapf ex E.H.Wilson(1905)을 정명으로 기재하고, 『장진성 식물목록』(2014)은 노루오줌(A. chinensis)에 통합하고 있으므로 주의를 요한다.
15　이러한 견해로 이우철(2005), p.361; 김병기(2013), p.189; 권순경(2017.2.28.) 참조.
16　이에 대해서는 『조선식물향명집』, 색인 p.42 참조.

1996), 숙은노루풀/큰노루풀(리용재 외, 2011)

중국명 大落新婦(da luo xin fu)는 낙신부(落新婦: 노루오줌)에 비해 식물체가 크다는 뜻에서 붙여졌다. 일본명 タリホノチダケサシ(垂り穂の乳蕈刺)는 꽃차례가 아래로 처진 チダケサシ(乳蕈刺: A. microphylla에 대한 일본명)라는 뜻에서 유래했지만 일본에 분포하지는 않는다.

[북한명] 숙은노루풀/큰노루풀[17]

○ Chrysosplenium baicalense *Maximowicz* ケネコノメサウ
Tŏl-gwaeṅginun 털괭이눈

털괭이눈 ⟨*Chrysosplenium pilosum* Maxim.(1859)⟩ [18]

털괭이눈이라는 이름은 '털'과 '괭이눈'의 합성어로, 털이 있는 괭이눈이라는 뜻이다.[19] 『조선식물향명집』에서 '괭이눈'을 기본으로 하고 식물의 형태적 특징을 나타내는 '털'을 추가해 신칭했다.[20]

속명 *Chrysosplenium*은 그리스어 *chrysos*(황금의)와 *spleen*(비장)의 합성어로, 꽃의 색이 노랗고 이 속 식물 중에 비장에 약효가 있는 것이 있어서 유래했으며 괭이눈속을 일컫는다. 종소명 *pilosum*은 연모(부드러운 털)가 있는 것을 뜻한다.

흰괭이눈/흰털괭이눈(안학수·이춘녕, 1963), 털괭이눈풀(김현삼 외, 1988)

중국명 毛金腰(mao jin yao)는 털이 있는 금요(金腰: 괭이눈속의 중국명)라는 뜻이다. 일본명 ケネコノメサウ(毛苗の眼草)는 털이 있는 괭이눈이라는 뜻이다.

[북한명] 털괭이눈풀

⊗ Chrysosplenium barbatum *Nakai* シラゲネコノメサウ
Hin-gwaeṅginun 흰괭이눈

흰괭이눈 ⟨*Chrysosplenium pilosum* var. *fulvum* (A.Terracc.) H.Hara(1957)⟩ [21]

흰괭이눈이라는 이름은 흰 (털이 있는) 괭이눈이라는 뜻에서 유래했다.[22] 『조선식물향명집』에서는

---

17 북한에서는 *A. koreana*를 '숙은노루풀'로, *A. grandis*를 '큰노루풀'로 하여 별도 분류하고 있다. 이에 대해서는 리용재 외(2011), p.44 참조.
18 정영호·김영동(1988), pp.33-63에 따르면 털괭이눈의 국내 분포는 확인되지 않는다고 한다.
19 이러한 견해로 이우철(2005), p.551 참조.
20 이에 대해서는 『조선식물향명집』, 색인 p.48 참조.
21 '국가표준식물목록'(2018)은 흰괭이눈의 학명을 본문과 같이 기재하고 있으나, '세계식물목록'(2018), '중국식물지'(2018) 및 『장진성 식물목록』(2014)은 흰괭이눈을 별도 분류하지 않고 털괭이눈(*C. pilosum*)에 통합하고 있으므로 주의가 필요하다.
22 이러한 견해로 이우철(2005), p.604와 김병기(2013), p.184 참조.

'힌괭이눈'을 신칭해 기록했으나[23] 『조선식물명집』에서 표기법에 맞추어 '흰괭이눈'으로 개칭해 현재에 이르고 있다.

속명 *Chrysosplenium*은 그리스어 *chrysos*(황금의)와 *spleen*(비장)의 합성어로, 꽃의 색이 노랗고 이 속 식물 중에 비장에 약효가 있는 것이 있어서 유래했으며 괭이눈속을 일컫는다. 종소명 *pilosum*은 연모(부드러운 털)가 있는 것을 뜻하며, 변종명 *fulvum*은 '다갈색의'라는 뜻이다.

다른이름 힌괭이눈(정태현 외, 1937), 흰털괭이눈(이창복, 1969b)

중국/일본명 '중국식물지'는 이를 별도 분류하지 않고 있다. 일본명 シラゲネコノメサウ(白毛苗の眼草)는 흰 털이 있는 괭이눈이라는 뜻이다.

참고 [북한명] 흰털괭이눈풀 [유사어] 제주괭이눈(濟州-), 큰괭이눈 [지방명] 호도디기(경북)

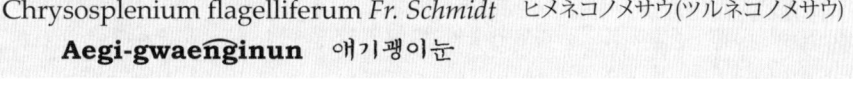

Chrysosplenium flagelliferum *Fr. Schmidt*　ヒメネコノメサウ(ツルネコノメサウ)
Aegi-gwaenginun　애기괭이눈

애기괭이눈〈*Chrysosplenium flagelliferum* F.Schmidt(1868)〉

애기괭이눈이라는 이름은 『조선식물향명집』에서 신칭한 것으로[24] 식물체가 작고 귀여운 괭이눈이라는 뜻이다.[25] 옛 문헌이나 지방 방언 등에서 별도 명칭이 존재했다는 흔적은 발견되지 않는다.

속명 *Chrysosplenium*은 그리스어 *chrysos*(황금의)와 *spleen*(비장)의 합성어로, 꽃의 색이 노랗고 이 속 식물 중에 비장에 약효가 있는 것이 있어서 유래했으며 괭이눈속을 일컫는다. 종소명 *flagelliferum*은 '기는줄기가 있는'이라는 뜻으로 기는줄기를 통해 번식하는 것에서 유래했다.

다른이름 덩굴괭이눈(박만규, 1949), 애기괭이눈풀(김현삼 외, 1988)

중국/일본명 중국명 蔓金腰(man jin yao)는 기는줄기(덩굴)로 번식하는 금요(金腰: 괭이눈속의 중국명)라는 뜻이다. 일본명 ヒメネコノメサウ(姬苗の眼草)는 식물체가 작고 귀여운 괭이눈이라는 뜻이다.

참고 [북한명] 애기괭이눈풀

---

23 이에 대해서는 『조선식물향명집』, 색인 p.47 참조.
24 이에 대해서는 위의 책, 색인 p.42 참조.
25 이러한 견해로 이우철(2005), p.380과 김병기(2013), p.185 참조.

Chrysosplenium Grayanum *Maximowicz* ネコノメサウ
Gwaenginun 괭이눈

괭이눈〈*Chrysosplenium grayanum* Maxim.(1877)〉[26]

괭이눈이라는 이름은 『조선식물향명집』에 따른 것으로, 꽃이
필 때의 모습이 괭이(고양이)의 눈을 닮은 풀이라는 뜻에서 유
래했다.[27] 옛 문헌이나 지방 방언 등에서 괭이눈을 일컫는 이
름은 발견되지 않으며, 일본명의 영향을 받은 것으로 이해된
다. 그동안 괭이눈은 국내 분포가 확인되지 않아 미분포 식물
로 알려졌으나,[28] 최근 국내 서식지가 확인되었다.

　속명 *Chrysosplenium*은 그리스어 *chrysos*(황금의)와
spleen(비장)의 합성어로, 꽃의 색이 노랗고 이 속 식물 중에
비장에 약효가 있는 것이 있어서 유래했으며 괭이눈속을 일
컫는다. 종소명 *grayanum*은 미국 식물학의 아버지라 불리는
식물학자 Asa Gray(1810~1888)의 이름에서 유래했다.

다른이름　괭의눈(한진건 외, 1982), 괭이눈풀(김현삼 외, 1988)

중국/일본명　'중국식물지'는 괭이눈을 별도 분류하지 않고 있으며, 괭이눈속(genus)을 일컫는 金腰(jin
yao)는 금색 신장이라는 뜻으로 속명 *Chrysosplenium*을 참조한 것으로 추정한다. 일본명 ネコ
ノメサウ(苗の眼草)는 꽃이 고양이의 눈을 닮은 풀이라는 뜻이다.

참고　[북한명] 괭이눈풀 [유사어] 금전고엽초(金錢苦葉草)

⊗Chrysosplenium halaisanense *Nakai* サイシウネコノメサウ
Hanra-gwaenginun 한라괭이눈

금괭이눈〈*Chrysosplenium pilosum* Maxim. var. *sphaerospermum* (A.Terracc.) H.Hara(1957)〉

'국가표준식물목록'(2018), '세계식물목록'(2018) 및 『장진성 식물목록』(2014)은 한라괭이눈을 별도
분류하지 않고 금괭이눈에 통합하고 있으므로 이 책도 이에 따른다.

26　'국가표준식물목록'(2018)과 '세계식물목록'(2018)은 괭이눈의 학명을 본문과 같이 기재하고 있으나, 『장진성 식물목록』
　　(2014)과 '중국식물지'(2018)는 별도 분류하지 않고 있다.
27　이러한 견해로 이우철(2005), p.84; 허북구·박석근(2008a), p.36; 이유미(2010), p.25; 김병기(2013), p.182; 권순경(2016.4.13.)
　　참조.
28　이에 대해서는 정영호·김영동(1988), pp.33-63 참조.

Chrysosplenium ramosum *Maximowicz*   マルバネコノメサウ
Gaji-gwaenginun   가지괭이눈

가지괭이눈〈*Chrysosplenium ramosum* Maxim.(1859)〉

가지괭이눈이라는 이름은 '가지'와 '괭이눈'의 합성어로, 가지가 갈라지는 괭이눈이라는 뜻이다.[29] 『조선식물향명집』에서 '괭이눈'을 기본으로 하고 식물의 특징 및 학명에 근거한 '가지'를 추가해 신칭했다.[30]

속명 *Chrysosplenium*은 그리스어 *chrysos*(황금의)와 *spleen*(비장)의 합성어로, 꽃의 색이 노랗고 이 속 식물 중에 비장에 약효가 있는 것이 있어서 유래했으며 괭이눈속을 일컫는다. 종소명 *ramosum*은 '가지가 갈라지는'이라는 뜻이다.

다른이름 검정괭이눈/털괭이눈(박만규, 1949), 둥근잎괭이눈(임록재 외, 1972), 가지괭이눈풀/둥근괭이눈(임록재 외, 1996)

중국/일본명 중국명 多枝金腰(duo zhi jin yao)는 가지가 많은 금요(金腰: 괭이눈속의 중국명)라는 뜻이다. 일본명 マルバネコノメサウ(丸葉苗の眼草)는 둥근 잎을 가진 괭이눈이라는 뜻이다.

참고 [북한명] 가지괭이눈풀

Chrysosplenium trachyspermum *Maximowicz*   タチネコノメサウ
Sŏn-gwaenginun   선괭이눈

선괭이눈〈*Chrysosplenium sinicum* Maxim.(1877)〉

선괭이눈이라는 이름은 줄기에 털이 없이 꼿꼿이 서 있고 괭이눈을 닮은 모습 때문에 붙여졌다.[31] 『조선식물향명집』에서 '괭이눈'을 기본으로 하고 식물의 형태적 특징을 나타내는 '선'을 추가해 신칭했다.[32]

속명 *Chrysosplenium*은 그리스어 *chrysos*(황금의)와 *spleen*(비장)의 합성어로, 꽃의 색이 노랗고 이 속 식물 중에 비장에 약효가 있는 것이 있어서 유래했으며 괭이눈속을 일컫는다. 종소명

---

29 이러한 견해로 이우철(2005), p.33과 김병기(2013), p.183 참조.
30 이에 대해서는 『조선식물향명집』, 색인 p.30 참조.
31 이러한 견해로 이우철(2005), p.331과 김병기(2013), p.182 참조.
32 이에 대해서는 『조선식물향명집』, 색인 p.40 참조.

*sinicum*은 '중국의'라는 뜻으로 최초 발견지를 나타낸다.

다른이름 큰옹예괭이눈(박만규, 1949), 큰수술괭이눈(안학수·이춘녕, 1963), 큰바위괭이눈(임록재 외, 1972), 방울괭이눈(한진건 외, 1982), 선괭이눈풀(김현삼 외, 1988), 방울괭이눈풀(리용재 외, 2011)

중국/일본명 중국명 中华金腰(zhong hua jin yao)는 중국에 분포하는 금요(金腰: 괭이눈속의 중국명)라는 뜻으로 학명을 참조한 것으로 추정한다. 일본명 タチネコノメサウ(立苗の眼草)는 줄기가 선 괭이눈이라는 뜻이다.

참고 [북한명] 방울괭이눈풀/선괭이눈풀[33]

Chrysosplenium sphaerospermum *Maximowicz* コガネネコノメサウ
Al-gwaenginun 알괭이눈

금괭이눈〈*Chrysosplenium pilosum* Maxim. var. *sphaerospermum* (A.Terracc.) H.Hara(1957)〉
금괭이눈이라는 이름은 '금'과 '괭이눈'의 합성어다. 꽃받침조각과 꽃 주위 잎의 색깔이 노랗게 금가루를 뿌려놓은 것 같아 '금'이라는 수식어가, 열매(또는 꽃)의 모양이 고양이의 눈을 닮아 '괭이눈'이라는 이름이 유래했다.[34] 『조선식물향명집』은 꽃의 모양에 착안해 '알괭이눈'으로 기록했으나 『한국쌍자엽식물지』에서 '금괭이눈'으로 개칭해 현재에 이르고 있다.

속명 *Chrysosplenium*은 그리스어 *chrysos*(황금의)와 *spleen*(비장)의 합성어로, 꽃의 색이 노랗고 이 속 식물 중에 비장에 약효가 있는 것이 있어서 유래했으며 괭이눈속을 일컫는다. 종소명 *pilosum*은 연모(부드러운 털)가 있는 것을 뜻하며, 변종명 *sphaerospermum*은 '씨앗이 둥근'이라는 뜻이다.

다른이름 알괭이눈(정태현 외, 1937), 천마괭이눈(정영호·김영동, 1988),[35] 황금빛괭이눈풀(김현삼 외, 1988)

중국/일본명 중국명 柔毛金腰(rou mao jin yao)는 부드러운 털이 있는 금요(金腰: 괭이눈속의 중국명)라는 뜻이다. 일본명 コガネネコノメサウ(黄金苗の眼草)는 꽃이 황금색이 나는 괭이눈이라는 뜻이다.

---

33 북한에서는 *C. sinicum*을 '방울괭이눈풀'로, *C. trachyspermum*을 '선괭이눈풀'로 하여 별도 분류하고 있다. 이에 대해서는 리용재 외(2011), p.180 참조.

34 이러한 견해로 이우철(2005), p.97과 김병기(2013), p.183 참조.

35 정영호·김영동(1988), pp.33-63은 국내에 분포하는 종은 일본의 금괭이눈과는 다른 *Chrysosplenium pilosum* var. *valdepilosum* Ohwi(1934)라는 견해를 취하고 있다.

⊗Deutzia coreana *Léveillé et Vanihot*　テフセンウメウツギ
Maehwa-malbaldori　매화말발도리

매화말발도리〈*Deutzia uniflora* Shirai(1898)〉

매화말발도리라는 이름은 꽃이 매화를 닮은 말발도리라는 뜻
이다.[36] 『조선식물향명집』에서 전통 명칭 '말발도리'를 기본으
로 하고 식물의 특징을 나타내는 '매화'를 추가해 신칭했다.[37]

　속명 *Deutzia*는 Carl Peter Thunberg(1743~1828)가 일본
의 식물을 탐사할 때 자신의 후견인이었던 네덜란드 법률가
Johan van der Deutz(1743~1788)를 기리기 위해 붙였으며
말발도리속을 일컫는다. 종소명 *uniflora*는 '꽃이 1개인'이라
는 뜻이다.

다른이름 　삼지말발도리(정태현 외, 1937), 댕강목/좁은잎댕강목/
해남말발도리(정태현, 1943), 개말발도리(박만규, 1949), 좁은잎말
발도리(정태현 외, 1949), 세가지털말발도리(안학수·이춘녕, 1963),
지이말발도리(이창복, 1966), 지리말발도리(이창복, 1980)

중국/일본명 　매화말발도리의 중국 분포는 확인되지 않는다. 일본명 テフセンウメウツギ(朝鮮梅空木)
는 한반도에 분포하는 매화를 닮은 빈도리(ウツギ)라는 뜻이다.

참고 [북한명] 매화말발도리/삼지말발도리[38]

○Deutzia glabrata *Komarov*　テフセンウツギ
Daenggang-malbaldori　댕강말발도리

물참대〈*Deutzia glabrata* Kom.(1904)〉

물참대라는 이름은 강원도 방언에서 유래한 것으로,[39] 계곡의 습지 등 물이 많은 곳에서 자라고

36　이러한 견해로 이우철(2005), p.218; 김태영·김진석(2018), p.320; 전정일(2009), p.45; 솔뫼(송상곤, 2010), p.396 참조.

37　이에 대해서는 『조선식물향명집』, 색인 p.36 참조.

38　북한에서는 *D. corcana*를 '매화말발도리'로, *D. triradiata*를 '삼지말발도리'로 하여 별도 분류하고 있다. 이에 대해서는
　　리용재 외(2011), p.124 참조.

39　이에 대해서는 『조선삼림식물도설』(1943), p.233 참조.

참대(왕대)를 닮은 식물이라는 뜻에서 붙여진 이름으로 추정한다. 『조선식물향명집』은 '댕강말발도리'로 기록했으나 『조선삼림식물도설』에서 '물참대'로 개칭해 현재에 이르고 있다.

속명 *Deutzia*는 Carl Peter Thunberg(1743~1828)가 일본의 식물을 탐사할 때 자신의 후견인이었던 네덜란드 법률가 Johan van der Deutz(1743~1788)를 기리기 위해 붙였으며 말발도리속을 일컫는다. 종소명 *glabrata*는 '털이 없는, 매끈한'이라는 뜻으로 말발도리에 비해 꽃받침대 등에 털이 없어서 붙여졌다.

다른이름 말발도리나무(정태현 외, 1923), 댕강말발도리(정태현 외, 1937), 댕강목(박만규, 1949)[40]

중국/일본명 중국명 光萼溲疏(guang e sou shu)는 꽃받침에 털이 없어 매끈한 수소(溲疏: 말발도리)라는 뜻이다. 일본명 テフセンウツギ(朝鮮空木)는 한반도(조선)에 분포하는 빈도리(ウツギ) 종류라는 뜻이다.

참고 [북한명] 댕강말발도리 [유사어] 조선매수소(朝鮮梅溲疏)

⊗Deutzia parviflora *Bunge* タウウツギ
Malbaldori-namu 말발도리나무

말발도리〈*Deutzia parviflora* Bunge(1833)〉

말발도리라는 이름은 강원 방언으로,[41] 열매의 모양이 말굽(말발)을 닮았다는 뜻에서 유래했다.[42] 『조선삼림수목감요』와 『조선식물향명집』은 '말발도리나무'로 기록했으나 『우리나라 식물명감』에서 '말발도리'로 개칭해 현재에 이르고 있다.

속명 *Deutzia*는 Carl Peter Thunberg(1743~1828)가 일본의 식물을 탐사할 때 자신의 후견인이었던 네덜란드 법률가 Johan van der Deutz(1743~1788)를 기리기 위해 붙였으며 말발도리속을 일컫는다. 종소명 *parviflora*는 '꽃이 작은'이라는 뜻이다.

다른이름 말발도리나무(정태현 외, 1923), 태백말발도리/털말발도리(정태현, 1943), 속리말발도리(이창복, 1966), 북말발도리(한진건 외, 1982)

---

40 『선명대화명지부』(1934)는 '말발도리나무'를 기록했다.
41 이에 대해서는 『조선삼림수목감요』(1923), p.47과 『조선삼림식물도설』(1943), p.234 참조.
42 이러한 견해로 박상진(2019), p.134; 김태영·김진석(2018), p.323; 허북구·박석근(2008b), p.110; 전정일(2009), p.44; 솔뫼(송상곤, 2010), p.388 참조.

溲疏/巨骨(광재물보, 19세기 초)[43]

중국명 小花溲疏(xiao hua sou shu)는 작은 꽃이 피는 수소(溲疏: 말발도리)라는 뜻이다. 일본명 タウウツギ(唐空木)는 중국을 비롯한 대륙에 분포하는 빈도리(ウツギ)라는 뜻이다.

[북한명] 말발도리나무 [유사어] 당매수소(唐梅溲疏)

Deutzia paniculata *Nakai* ホナガウツギ
Ĝori-malbaldori 꼬리말발도리

꼬리말발도리〈*Deutzia paniculata* Nakai(1913)〉

꼬리말발도리라는 이름은 꽃차례가 꼬리처럼 긴 모양을 이루는 말발도리라는 뜻이다.[44] 『조선식물향명집』에서 전통 명칭 '말발도리'를 기본으로 하고 식물의 특징을 나타내는 '꼬리'를 추가해 신칭했다.[45]

속명 *Deutzia*는 Carl Peter Thunberg(1743~1828)가 일본의 식물을 탐사할 때 자신의 후견인이었던 네덜란드 법률가 Johan van der Deutz(1743~1788)를 기리기 위해 붙였으며 말발도리속을 일컫는다. 종소명 *paniculata*는 '원뿔모양꽃차례'라는 뜻으로 꽃차례의 모양에서 유래했다.

이삭말발도리(박만규, 1949)

꼬리말발도리의 중국 분포는 확인되지 않는다. 일본명 ホナガウツギ(穗長空木)는 이삭이 긴 빈도리(ウツギ)라는 뜻이다.

[북한명] 꼬리말발도리 [유사어] 장수수소(長穗溲疏)

○ Deutzia prunifolia *Rehder* イハウツギ
Bawe-malbaldori 바위말발도리

바위말발도리〈*Deutzia grandiflora* Bunge(1833)〉[46]

바위말발도리라는 이름은 바위틈에서 자라는 말발도리라는 뜻이다.[47] 옛 문헌이나 지방 방언에서 발견되지 않는 것에 비추어 별도의 이름이 없었거나 말발도리 등으로 통칭되었을 것으로 추정한다. 『조선식물향명집』에서 전통 명칭 '말발도리'를 기본으로 하고 식물의 산지(産地)를 나타내는

---

43 『선명대화명지부』(1934)는 '말발도리나무'를 기록했다.
44 이러한 견해로 이우철(2005), p.116; 나영학(2016), p.281; 솔뫼(송상곤, 2010), p.392 참조.
45 이에 대해서는 『조선식물향명집』, 색인 p.32 참조.
46 '국가표준식물목록'(2018)은 바위말발노리의 학병을 *Deutzia grandiflora* var. *baroniana* Diels(1831)로, 큰꽃말발도리의 학명을 *Deutzia grandiflora* Bunge(1833)로 기재하고 있으나 『장진성 식물목록』(2014)은 본문의 학명으로 통합해 기재하고 있다.
47 이러한 견해로 이우철(2005), p.256 참조.

'바위'를 추가해 신칭했다.[48] '말발도리'는 실제 조선에서 사용
했던 명칭이며 '바위'는 일본명의 영향을 받은 것으로 보인다.

　속명 *Deutzia*는 Carl Peter Thunberg(1743~1828)가 일본
의 식물을 탐사할 때 자신의 후견인이었던 네덜란드 법률가
Johan van der Deutz(1743~1788)를 기리기 위해 붙였으며
말발도리속을 일컫는다. 종소명 *grandiflora*는 '큰 꽃의'라는
뜻으로 말발도리에 비해 꽃이 큰 것에서 유래했다.

다른이름　파삭다리(박만규, 1949)

중국/일본명　중국명 大花溲疏(da hua sou shu)는 큰 꽃이 피는 수
소(溲疏: 말발도리)라는 뜻이다. 일본명 イハウツギ(岩空木)는 바
위에 피는 빈도리(ウツギ) 종류라는 뜻이다.

참고　[북한명] 바위말발도리

○ Deutzia triradiata *Nakai*　チイサンウメウツギ
Samji-malbaldori　삼지말발도리

매화말발도리〈*Deutzia uniflora* Shirai(1898)〉
'국가표준식물목록'(2018), 『장진성 식물목록』(2014) 및 '세계식물목록'(2018)은 삼지말발도리를 매
화말발도리에 통합하고 별도 분류하지 않으므로 이 책도 이에 따른다.

Hydrangea serrata *Seringe* var. acuminata *Nakai*　サハアヂサイ
San-sugug　산수국

산수국〈*Hydrangea macrophylla* (Thunb.) Ser. subsp. *serrata* (Thunb.) Makino(1929)〉[49]
산수국이라는 이름은 산에서 자라는 수국이라는 뜻이다.[50] 이름과 관련해 한자어 산수국(山水菊)
에 어원을 둔 것으로 산에서 자라고 물을 좋아하며 국화 같은 꽃을 피운다는 뜻이라고 보는 견해
가 있으나,[51] '수국'은 꽃 모양이 수(繡)를 놓아 만든 둥근 공(球 또는 毬)과 같다는 뜻에서 유래한 이

48　이에 대해서는 『조선식물향명집』, 색인 p.37 참조.
49　'국가표준식물목록'(2018)은 산수국의 학명을 *Hydrangea serrata* f. *acuminata* (Siebold & Zucc.) E.H.Wilson(1923)
　　으로 기재하고 있으나, 『장진성 식물목록』(2014)은 정명을 본문과 같이 기재하고 있다. 참고로 '세계식물목록'(2018)은
　　Hydrangea serrata f. *acuminata* (Siebold & Zucc.) E.H.Wilson(1923)을 미해결학명(Unresolved name)으로 기재했다.
50　이러한 견해로 이우철(2005), p.313; 전정일(2009), p.46; 오찬진 외(2015), p.435; 솔뫼(송상곤, 2010), p.408 참조.
51　이러한 견해로 이유미(2010), p.340 참조.

름이므로 타당하지 않은 주장이다. 『조선식물향명집』에서 전통 명칭 '수국'을 기본으로 하고 식물의 산지(産地)를 나타내는 '산'을 추가해 신칭했다.[52] 그런데 Florence H. Crane이 저술한 『Flowers and Folk-lore from far Korea』도 한글명 '산수국'을 기록하고 있는 점을 고려할 때 종래 사용된 이름일 가능성도 있다.

속명 *Hydrangea*는 그리스어 *hydro*(물)와 *angeion*(그릇)의 합성어로, 습한 곳을 좋아하는 특성을 나타내고 삭과(蒴果)를 그릇에 비유한 것이며 수국속을 일컫는다. 종소명 *macrophylla*는 '큰 잎의'라는 뜻이며, 아종명 *serrata*는 '톱니가 있는'이라는 뜻이다.

다른이름 수국(정태현 외, 1923), 털수국(박만규, 1949), 털산수국(이창복, 1966)

옛이름 土常山(선한약물학)[53]

중국/일본명 중국명 山绣球(shan xiu qiu)는 산에서 자라는 수구(綉球: 수국의 중국명)라는 뜻이다.[54] 일본명 サハアヂサイ(沢紫陽花)는 습기가 많은 풀밭 같은 곳에서 자라는 수국(アヂサイ)이라는 뜻이다.

참고 [북한명] 산수국 [유사어] 토상산(土常山) [지방명] 수구화(강원), 도깨비고장/도체비고장/도체비낭/도체이낭/돗채비고장/물파리(제주)

Hydrangea macrophylla *Seringe*   テマリバナ(アヂサイ)   (栽)
Sugug   수국

수국〈*Hydrangea macrophylla* (Thunb.) Ser.(1830)〉
수국이라는 이름은 꽃 모양이 수(繡)를 놓아 만든 둥근 공(球 또는 毬)과 같다는 뜻에서 유래했다.[55] 한편 물을 좋아하는 국화라는 뜻의 한자어 수국(水菊)에서 유래했다고 보는 견해가 있으나,[56] 옛 문헌을 살펴보면 '繡毬'(수구) 또는 '繡球'(수구)가 계속 사용되다가 19세기 초에 이르러 발음이 변

---

52 이에 대해서는 『조선식물향명집』, 색인 p.40 참조.
53 Crane(1931)은 '산수국, 山水菊'을 기록했으며 『선명대화명지부』(1934)는 '수국, 슈국'을 기록했다..
54 '중국식물지'(2018)는 山绣球(산수구)를 별도 기재하지 않고 있으나 '中国植物物种名录'(CPNI)은 학명을 *H. macrophylla* var. *normalis*로 기재하고 있다.
55 이러한 견해로 박상진(2011a), p.137; 전정일(2009), p.46; 기태완(2015), p.499 참조.
56 이러한 견해로 이우철(2005), p.357; 허북구·박석근(2008a), p.195; 강판권(2010), p.1023 참조. 한편 허북구·박석근은 물을 좋아하고 꽃이 공처럼 둥글어서 水毬花(수구화)에서 유래했다고 보는 견해를 소개하고 있으나, 이러한 한자 표기가 발견되지는 않으므로 근거 없는 주장으로 보인다.

화한 '수국'이라는 표현이 발견되므로 타당하지 않은 주장으로 보인다. 水菊(수국)이라는 한자명도 주로 그 이후에 등장하므로 수구(繡毬 또는 繡球)가 발음 과정에서 수국으로 변화하고 나서 생성된 것으로 이해된다.

속명 *Hydrangea*는 그리스어 *hydro*(물)와 *angeion*(그릇)의 합성어로, 습한 곳을 좋아하는 특성을 나타내고 삭과(蒴果)를 그릇에 비유한 것이며 수국속을 일컫는다. 종소명 *macrophylla*는 '큰 잎의'라는 뜻이다.

다른이름 분수국(윤평섭, 1989)

옛이름 繡毬(성호사설, 1740), 粉團花(필운고, 1747), 繡球/八仙花(열하일기, 1780), 繡毬花/粉團/佛頭(노가재집, 1798), 繡球花(물보, 1802), 綉菊/唐菊/西蕃菊(백운필, 1803), 繡毬/수국(광재물보, 19세기 초), 繡毬/수국(물명고, 1824), 八仙花(춘정집, 1825), 繡毬花(연경재전집, 1840), 綉毬(오주연문장전산고, 185?)[57]

중국/일본명 중국명 绣球(xiu qiu)는 비단으로 수놓아 만든 것 같은 둥근 꽃이라는 뜻이다.[58] 일본명 テマリバナ(手毬花)는 꽃이 놀이하는 공과 닮았다는 뜻에서 유래했다. アヂサイ(紫陽花)는 자주색 꽃이 모여 피는 꽃이라는 뜻으로, 당나라 시인 백거이(白居易)가 보라색의 꽃을 자양화(紫陽花)라 언급한 것에서 유래했다.

참고 [북한명] 수국/큰잎수국[59] [유사어] 분단화(粉團花), 수구화(繡毬花), 자양화(紫陽花), 집진람(集眞藍), 칠변화(七變化), 팔선화(八仙花) [지방명] 수국꽃(전남), 사발꽃(제주)

Hydrangea petiolaris *Siebold et Zuccarini*　　ツルアヂサイ
Nónchul-sugug　　넌출수국

등수국⟨*Hydrangea anomala* D. Don subsp. *petiolaris* (Siebold & Zucc.) E.M. McClint.(1956)⟩[60]

57　『조선어사전』(1920)은 '繡毬花(슈구화), 水菊(수국), 粉團花(분단화), 紫陽花(ᄌ양화)'를 기록했으며 『조선식물명휘』(1922)는 '繡毬花, 粉團, 水菊花, 수국(觀賞)'을, 『토명대조선만식물자휘』(1932)는 '[繡(綉)毬花]슈구화, [水菊(花)]슈국(화)'를, 『선명대화명지부』(1934)는 '수국, 슈국'을 기록했다.

58　'중국식물지'(2018)는 별도 기재하지 않고 있으나 '중국식물지'의 영문판(efloras.org)은 *H. macrophylla*를 '绣球'(수구)로 기재하고 있다.

59　북한에서는 *H. macrophylla* var. *otaksa*를 '수국'으로, *Hydrangea macrophylla*를 '큰잎수국'으로 하여 별도 분류하고 있다. 이에 대해서는 리용재 외(2011), p.182 참조.

60　'국가표준식물목록'(2018)은 등수국의 학명을 *H. petiolaris* Siebold & Zucc.(1840)으로 기재하고 있으나, 『장진성 식물목록』(2014)은 본문의 학명을 정명으로 기재하고 있다.

등수국이라는 이름은 등나무처럼 넝쿨이 지는 수국이라는 뜻에서 유래했다.[61] 『조선식물향명집』에서는 '넌출수국'을 신칭해 기록했으나,[62] 『조선수목』에서 '등수국'으로 개칭해 현재에 이르고 있다.

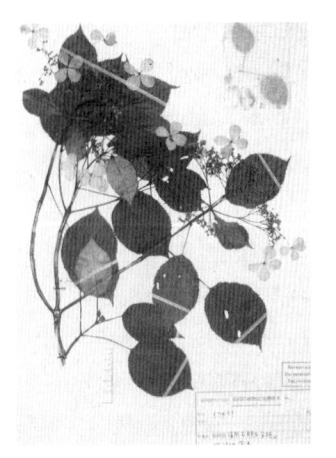

　속명 *Hydrangea*는 그리스어 *hydro*(물)와 *angeion*(그릇)의 합성어로, 습한 곳을 좋아하는 특성을 나타내고 삭과(蒴果)를 그릇에 비유한 것이며 수국속을 일컫는다. 종소명 *anomala*는 '변칙의, 이상한'이라는 뜻이며, 아종명 *petiolaris*는 '잎자루 위의'라는 뜻이다.

다른이름　넌출수국(정태현 외, 1937), 덩굴수국/섬수국(박만규, 1949)[63]

중국/일본명　중국명 冠盖绣球(guan gai xiu qiu)는 고대 관리의 갓과 수레 덮개 같은 수구(绣球: 수국의 중국명)라는 뜻으로 이해된다. 일본명 ツルアヂサイ(蔓紫陽花)는 덩굴이 지는 수국(アヂサイ)이라는 뜻이다.

참고　[북한명] 넌출수국 [유사어] 등수구(藤繡毬), 만수구(蔓繡毬) [지방명] 남송악/줄사발꽃(제주)

Parnassia palustris *Linné*　ウメバチサウ
Mul-maehwapul　물매화풀

물매화〈*Parnassia palustris* L.(1753)〉
물매화라는 이름은 꽃이 매화를 닮았고 물이 많은 계곡 등에 분포한다는 뜻에서 유래했다.[64] 『조선식물향명집』에서는 '물매화풀'을 신칭해 기록했으나,[65] 『우리나라 식물명감』에서 '물매화'로 개칭해 현재에 이르고 있다.

　속명 *Parnassia*는 그리스 파르나소스(Parnassus)산에서 유래한 것으로 물매화속을 일컫는다. 종소명 *palustris*는 '습지생의, 소지생(沼池生)의'라는 뜻으로 서식처와 관련 있다.

다른이름　물매화풀(정태현 외, 1937), 풀매화(박만규, 1974)[66]

중국/일본명　중국명 梅花草(mei hua cao)는 매화를 닮은 꽃이 피어나는 풀이라는 뜻이다. 일본명 ウ

61　이러한 견해로 이우철(2005), p.138 참조.
62　이에 대해서는 『조선식물향명집』, 색인 p.34 참조.
63　『조선삼림식물편』(1915~1939)은 'ナムソンアッキ(濟州島)/Namson-acc'[남송악(제주도)]을 기록했다.
64　이러한 견해로 이우철(2005), p.235; 허북구·박석근(2008a), p.88, 권순경(2015.1.21.) 참조.
65　이에 대해서는 『조선식물향명집』, 색인 p.37 참조.
66　『조선식물명휘』(1922)는 '梅鉢草'를 기록했다.

メバチサウ(梅鉢草)는 일본 한 가문(家門)의 문장(紋章)인 ウメバチ(梅鉢)와 꽃이 비슷한 것에서 유래했다.

참고 [북한명] 물매화풀 [유사어] 계순초(鷄脤草), 매화초(梅花草), 창이칠(蒼耳七) [지방명] 매화풀 (함북)

○ Philadelphus mandschuricus *Nakai*　オホバイクワウツギ
Wang-gogwang-namu　왕고광나무

왕고광나무〈*Philadelphus koreanus* var. *robustus* (Nakai) W.T.Lee(1996)〉[67]
왕고광나무라는 이름은 식물체가 큰(왕) 고광나무라는 뜻에서 붙여졌다.[68] 『조선식물향명집』에서 전통 명칭 '고광나무'를 기본으로 하고 식물의 형태적 특징을 나타내는 접두사 '왕'을 추가해 신칭했다.[69]

　속명 *Philadelphus*는 그리스어 *philos*(좋아하는)와 *adelphos*(형제)의 합성어로, 가지 모양을 나타낸 것으로 추정하며 고광나무속을 일컫는다. 종소명 *koreanus*는 '한국의'라는 뜻이며, 변종명 *robustus*는 '대형의, 강한'이라는 뜻이다.

다른이름 꼭지긴고광나무(정태현, 1943), 큰오이순(박만규, 1949), 꼭지고광나무(정태현 외, 1949)

중국/일본명 중국명 毛盘山梅花(mao pan shan mei hua)[70]는 꽃받침대에 털이 있는 산매화(山梅花: 고광나무)라는 뜻이다. 일본명 オホバイクワウツギ(大梅花空木)는 식물체가 큰 고광나무(バイクワウツギ)라는 뜻이다.

참고 [북한명] 꼭지고광나무/왕고광나무[71] [유사어] 대산매화(大山梅花)

67　'국가표준식물목록'(2018)은 본문의 학명으로 왕고광나무를 별도 분류하고 있으나, '중국식물지'(2018)와 '세계식물목록'(2018)은 본문의 학명을 별도 기재하고 있지 않으며, 『장진성 식물목록』(2014)은 본문의 학명을 얇은잎고광나무(*P. tenuifolius*)에 통합해 이명(synonym) 처리하고 있으므로 주의가 필요하다. 한편 '국가표준식물목록'(2018)은 꼭지고광나무〈*Philadelphus schrenkii* var. *mandshuricus* (Maxim.) Kitag(1939)〉를 별도 분류하고 있으나 이 책은 얇은잎고광나무에 통합하고 있는 『장진성 식물목록』(2014)에 근거해 이 역시 별도 분류하지 않았다.

68　이러한 견해로 이우철(2005), p.408 참조.

69　이에 대해서는 『조선식물향명집』, 색인 p.44 참조.

70　'중국식물지'(2018)는 *Philadelphus schrenkii* var. *mandshuricus* (Maximowicz) Kitagawa(1939)라는 학명으로 분류하고 있다.

71　북한에서는 *P. mandshuricus*를 '꼭지고광나무'로, *P. robustus*를 '왕고광나무'로 하여 별도 분류하고 있다. 이에 대해서는 리용재 외(2011), p.263 참조.

○ Philadelphus pekinensis *Ruprecht*   ヒメバイクワウツギ
Daṅg-gogwaṅg-namu   당고광나무

애기고광나무〈*Philadelphus pekinensis* Rupr.(1857)〉

애기고광나무라는 이름은 식물체가 작은(아기) 고광나무라는 뜻에서 유래했다.[72] 『조선식물향명집』에서는 중국에서 자라는 고광나무라는 뜻의 학명에 근거해 '당고광나무'를 신칭해 기록했으나,[73] 『조선수목』에서 '애기고광나무'로 기록해 현재에 이르고 있다.

속명 *Philadelphus*는 그리스어 *philos*(좋아하는)와 *adelphos*(형제)의 합성어로, 가지 모양을 나타낸 것으로 추정하며 고광나무속을 일컫는다. 종소명 *pekinensis*는 '베이징에 분포하는'이라는 뜻으로 최초 발견지를 나타낸다.

다른이름 당고광나무(정태현 외, 1937), 각시고광나무(정태현, 1943)

옛이름 太平花(서애문집, 1633), 太平花(연려실기술, 1776)[74]

중국/일본명 중국명 太平花(tai ping hua)는 근심 없이 평화로운 꽃이라는 뜻으로, 흰 꽃이 소담스럽게 피는 모습 때문에 붙여진 것으로 추정한다. 일본명 ヒメバイクワウツギ(姫梅花空木)는 식물체가 작은 고광나무(バイクワウツギ)라는 뜻이다.

참고 [북한명] 각시고광나무 [유사어] 태평화(太平花), 희산매화(姫山梅花)

⊗ Philadelphus lasiogynus *Nakai*   シラゲバイクワウツギ
Tŏl-gogwaṅg-namu   털고광나무

털고광나무〈*Philadelphus schrenkii* Rupr. var. *jackii* Koehne(1911)〉[75]

털고광나무라는 이름은 잎맥 위에 털이 있는 고광나무라는 뜻이다. 『조선식물향명집』에서 전통명칭 '고광나무'를 기본으로 하고 식물의 특징을 나타내는 '털'을 추가해 신칭했다.[76]

속명 *Philadelphus*는 그리스어 *philos*(좋아하는)와 *adelphos*(형제)의 합성어로, 가지 모양을

---

72 이러한 견해로 이우철(2005), p.380 참조.

73 이에 대해서는 『조선식물향명집』, 색인 p.35 참조.

74 『조선식물명휘』(1922)는 '오이순(救)'을 기록했다.

75 '국가표준식물목록'(2018)은 본문의 학명으로 털고광나무를 별도 분류하고 있으나, '세계식물목록'(2018)은 이에 대한 학명을 별도 기재하고 있지 않으며, 『장진성 식물목록』(2014)은 고광나무<*Philadelphus tenuifolius* Rupr. & Maxim. var. *schrenkii* (Rupr.) J.J.Vassil.(1940)>에 통합해 이명(synonym) 처리하고 있으므로 주의를 요한다. 한편 '국가표준식물목록'(2018)과 이우철(1996b)은 『조선식물향명집』에 기록된 '털고광나무'를 흰털고광나무<*Philadelphus schrenkii* var. *lasiogynus* (Nakai) W.T.Lee(1996)>에 통합하고 있으나, 『상신성 식물목록』(2014)은 이 역시 고광나무의 이명으로 처리하고 있다.

76 이에 대해서는 『조선식물향명집』, 색인 p.48 참조.

나타낸 것으로 추정하며 고광나무속을 일컫는다. 종소명 *schrenkii*는 독일 생물학자 Alexander Gustav von Schrenk(1816~1876)의 이름에서 유래했으며, 변종명 *jackii*는 스코틀랜드 식물학자 William Jack(1795~1822)의 이름에서 유래했다.

다른이름 힌털고광나무(이창복, 1947), 흰털고광나무(정태현 외, 1949)

중국/일본명 중국명 河北山梅花(he bei shan mei hua)는 허베이(河北) 지방에 자라는 산매화(山梅花: 고광나무)라는 뜻이다. 일본명 シラゲバイクワウツギ(白毛梅花空木)는 흰 털이 있는 고광나무(バイクワウツギ)라는 뜻이다.

참고 [북한명] 흰털고광나무[77]

○ Philadelphus Schrenkii *Ruprecht*　マンシウバイクワウツギ
Gogwang-namu　고광나무

고광나무⟨*Philadelphus tenuifolius* Rupr. & Maxim. var. *schrenkii* (Rupr.) J.J.Vassil.(1940)⟩[78]

고광나무라는 이름은 고갱이(풀이나 나무의 줄기 한가운데 있는 연한 심)처럼 생긴 어린 새순을 먹는다는 뜻에서 유래한 것으로 추정한다.[79] 『조선삼림수목감요』에 최초 기록된 이름으로,[80] 『조선식물향명집』을 거쳐 현재에 이르고 있다. 어린순을 오이순이라고 해 식용하는데, 겨울눈에서 새순이 돋는 모습이 마치 배추의 고갱이와 같은 느낌을 준다. 고갱이의 옛 표현으로 고광과 발음이 유사한 '고강이'가 있는 것도[81] 그러한 유래 추정의 근거가 된다. 한편 한 줄기의 빛을 뜻하는 孤光(고광)에서 유래했다고 보아 하얀 꽃이 밤을 밝힐 정도로 무리 지어 피기 때문에 이런 이름이 붙었다고 추정하는 견해가 있으나,[82] 고광나무의 한자 표현은 '山梅花'(산매화)이고[83] 孤光(고광)

으로 표현한 예를 발견하기 어려워 타당성은 의문스럽다. 『조선의 구황식물』에 기록된 '오이순'은

---

77 북한에서는 *P. lasiogynus*를 '흰털고광나무'로 보고 털고광나무는 통합해 처리하고 있다. 이에 대해서는 리용재 외(2011), p.263 참조.
78 '국가표준식물목록'(2018)은 고광나무의 학명을 *Philadelphus schrenkii* Rupr.(1857)로 기재하고 있으나, 『장진성 식물목록』(2014)은 정명을 본문과 같이 기재하고 있다.
79 이러한 견해로 솔뫼(송상곤, 2010), p.382 참조.
80 『조선삼림수목감요』(1923), p.48은 전도(全道)에서 통용되는(通) 이름으로 기록하고 있다.
81 고갱이를 '고강이'로 표현한 것에 대해서는 『신자전』(1915) 중 '고강이' 참조.
82 이러한 견해로 박상진(2001), p.332 참조.
83 이에 대해서는 『조선삼림식물도설』(1943), p.244 참조.

어린순을 나물로 식용할 때 오이 맛이 나는 것에서 유래한 이름이라고 추정한다.[84]

　속명 *Philadelphus*는 그리스어 *philos*(좋아하는)와 *adelphos*(형제)의 합성어로, 가지 모양을 나타낸 것으로 추정하며 고광나무속을 일컫는다. 종소명 *tenuifolius*는 '얇은 잎의'라는 뜻이며, 변종명 *schrenkii*는 독일 생물학자 Alexander Gustav von Schrenk(1816~1876)의 이름에서 유래했다.

다른이름 　고광나무/쇠영꽃나무/오이순(정태현 외, 1923), 쇠영꽃나무(정태현, 1943), 털고광나무(이창복, 1966)

옛이름 　山梅花(신증동국여지승람, 1530)[85]

중국/일본명 　중국명 东北山梅花(dong bei shan mei hua)는 둥베이(東北) 지방에 분포하며 산에 자라는 매화라는 뜻이다. 일본명 マンシウバイクワウツギ(滿洲梅花空木)는 만주에 분포하고 매화를 닮은 빈도리(ウツギ)라는 뜻이다.

참고 　[북한명] 고광나무 [유사어] 조선산매화(朝鮮山梅花) [지방명] 명나물/명태나물/뿌구기나물/오이나물/오이풀(강원), 오속순/오이순/오이순나물/오이풀/이석추나물(경기), 백새덩굴/뱁새덩굴/빕새덩굴/오이꽃나물/오이순/오이채나물(충남), 백새덩굴/뱁새덩굴/빕새덩굴/빕새덩쿨/오이채나물(충북)

○ Philadelphus tenuifolius *Ruprecht et Maximowicz*　　ウスババイクワウツギ
Yŏlbŭnip-gogwang-namu 　엷은잎고광나무

얇은잎고광나무〈*Philadelphus tenuifolius* Rupr. & Maxim.(1856)〉

얇은잎고광나무라는 이름은 잎이 상대적으로 얇은 고광나무라는 뜻에서 유래했다.[86] 『조선식물향명집』에서는 '엷은잎고광나무'를 신칭해 기록했으나,[87] 『조선식물명집』에서 같은 뜻의 '얇은잎고광나무'로 개칭해 현재에 이르고 있다.

　속명 *Philadelphus*는 그리스어 *philos*(좋아하는)와 *adelphos*(형제)의 합성어로, 가지 모양을 나타낸 것으로 추정하며 고광나무속을 일컫는다. 종소명 *tenuifolius*는 '얇은 잎의'라는 뜻이다.

다른이름 　엷은잎고광나무(정태현 외, 1937), 여른닢고광나무(정태현, 1943), 엷은닢고광나무(이창복, 1947), 넓은잎고광나무(박만규, 1949)

중국/일본명 　중국명 薄叶山梅花(bo ye shan mei hua)는 잎이 얇은 산매화(山梅花: 고광나무)라는 뜻으

84　이러한 견해로 오찬진 외(2015), p.443 참조.
85　『조선의 구황식물』(1919)은 '오이순(水原, 龍仁其他), 山梅花'를 기록했으며 『조선식물명휘』(1922)는 '오이순(救)'을, 『선명대화명지부』(1934)는 '오이슌'을 기록했다.
86　이러한 견해로 이우철(2005), p.392 참조.
87　이에 대해서는 『조선식물향명집』, 색인 p.43 참조.

822

로 학명과 연관되어 있다. 일본명 ウスババイクワウツギ(薄葉梅花空木)는 잎이 얇은 고광나무(バイ
クワウツギ)라는 뜻이다.

참고 [북한명] 얇은잎고광나무

○ Ribes burejense *Fr. Schmidt* ハリスグリ
Banûl-ĝachibab-namu 바늘까치밥나무

바늘까치밥나무〈*Ribes burejense* F.Schmidt(1868)〉

바늘까치밥나무라는 이름은 열매와 가지 등에 바늘 같은 가
시를 가진 까치밥나무라는 뜻이다.[88] 『조선식물향명집』에서
'까치밥나무'를 기본으로 하고 식물의 형태적 특징을 나타내
는 '바늘'을 추가해 신칭했다.[89]

　속명 *Ribes*는 아랍어 *ribas*(신맛 나는)에서 유래했다는 설
과 붉은 구스베리의 덴마크어 *ribs*에서 유래했다는 설이 있으
며 까치밥나무속을 일컫는다. 종소명 *burejense*는 '(아무르강
의 지류인) 부레야(Bureya)강 유역에 분포하는'이라는 뜻이다.

다른이름 반늘까치밥나무(정태현, 1943), 바눌까치밥나무(정태
현, 1957)

중국/일본명 중국명 刺果茶藨子(ci guo cha biao zi)는 열매에 가시
가 있는 다표자(茶藨子: 까치밥나무속의 중국명)라는 뜻이다. 일본명 ハリスグリ(針酸塊)는 바늘을 가진
까치밥나무 종류(スグリ)라는 뜻이다.

참고 [북한명] 바늘까치밥나무 [유사어] 침산정자(針山定子)

○ Ribes diacantha *Pallas* トゲスグリ
Gasi-ĝachibab-namu 가시까치밥나무

가시까치밥나무〈*Ribes diacanthum* Pall.(1776)〉

가시까치밥나무라는 이름은 까치밥나무와 비슷한데 줄기 등에 가시가 있다는 뜻에서 붙여졌다.[90]
『조선식물향명집』에서 '까치밥나무'를 기본으로 하고 식물의 형태적 특징을 나타내는 '가시'를 추

88　이러한 견해로 이우철(2005), p.253 참조.

89　이에 대해서는 『조선식물향명집』, 색인 p.37 참조.

90　이러한 견해로 이우철(2005), p.30 참조.

가해 신칭했다.[91]

속명 *Ribes*는 아랍어 *ribas*(신맛 나는)에서 유래했다는 설과 붉은 구스베리의 덴마크어 *ribs*에서 유래했다는 설이 있으며 까치밥나무속을 일컫는다. 종소명 *diacanthum*은 '가시가 2개 있는'이라는 뜻이다.

다른이름 가시바늘까치밥나무(강병화, 1997)

중국/일본명 중국명 双刺茶藨子(shuang ci cha biao zi)는 한 쌍의 가시가 있는 다표자(茶藨子: 까치밥나무속의 중국명)라는 뜻으로 학명을 참조했다. 일본명 トゲスグリ(刺酸塊)는 가시가 있는 까치밥나무 종류(スグリ)라는 뜻이다.

참고 [북한명] 가시까치밥나무 [유사어] 자산정자(刺山定子)

○ Ribes distans *Jan.* var. typicum *Nakai*　ホザキヤブサンザシ
Ĝori-ĝachibab-namu　꼬리까치밥나무

꼬리까치밥나무〈*Ribes komarovii* Pojark.(1936)〉

꼬리까치밥나무라는 이름은 짐승의 꼬리 같은 꽃차례를 가진 까치밥나무라는 뜻이다.[92] 『조선식물향명집』에서 '까치밥나무'를 기본으로 하고 식물의 형태를 나타내는 '꼬리'를 추가해 신칭했다.[93]

속명 *Ribes*는 아랍어 *ribas*(신맛 나는)에서 유래했다는 설과 붉은 구스베리의 덴마크어 *ribs*에서 유래했다는 설이 있으며 까치밥나무속을 일컫는다. 종소명 *komarovii*는 러시아 식물학자로 만주 식물을 연구한 Vladimir Leontyevich Komarov(1869~1945)의 이름에서 유래했다.

다른이름 이삭까치밥(박만규, 1949)

중국/일본명 중국명 长白茶藨子(chang bai cha biao zi)는 백두산에 분포하는 다표자(茶藨子: 까치밥나무속의 중국명)라는 뜻이다. 일본명 ホザキヤブサンザシ(穗咲き藪山査)는 꽃차례가 이삭 모양으로 피는 까마귀밥나무(ヤブサンザシ)라는 뜻이다.

참고 [북한명] 꼬리까치밥나무

91　이에 내해서는 『조선식물향명집』, 색인 p.30 참조.
92　이러한 견해로 이우철(2005), p.116 참조.
93　이에 대해서는 『조선식물향명집』, 색인 p.32 참조.

Ribes fasciculata *Siebold et Zuccarini*　ヤブサンザシ
Gamagwebabyŏrŭm-namu　가마귀밥여름나무

까마귀밥나무〈*Ribes fasciculatum* Siebold & Zucc.(1845)〉[94]

까마귀밥나무라는 이름은 열매가 크고 아름다워 까마귀가
좋아할 만한 열매를 가진 나무라는 뜻에서 유래했다.[95]『조선
식물향명집』은 황해도 방언을 채록해 '가마귀밥여름나무'로
기록했는데,[96] 이는 까마귀의 밥이 되는 여름('열매'의 옛말)이
열린다는 뜻이다. 원래 가마귀밥나무(까마귀밥나무)는 생열귀
나무(*Rosa davurica*)를 일컫는 말로 기록되기도 했고,[97]『조선
식물향명집』은 불두화(현재의 백당나무)를 일컫는 이름으로 기
록하기도 했다.[98]『조선식물향명집』에서 기록한 '가마귀밥여
름나무'는 다른 종의 이름과 구별하기 위해 '가마귀밥나무'에
열매라는 뜻의 '여름'을 추가한 것으로 보인다. 이러한 점에 비
추어 까마귀밥나무(또는 가마귀밥나무)는 크고 아름다운 열매
를 가진 여러 종의 식물을 일컫는 이름으로 혼용된 것으로 추정한다.『대한식물도감』에서 생열귀
나무 및 백당나무와 혼동할 우려가 더 이상 없음에 따라 '여름'을 삭제하고 표기법에 맞추어 '까
마귀밥나무'로 개칭해 현재에 이르고 있다.

　　속명 *Ribes*는 아랍어 *ribas*(신맛 나는)에서 유래했다는 설과 붉은 구스베리의 데마크어 *rihs*에
서 유래했다는 설이 있으며 까치밥나무속을 일컫는다. 종소명 *fasciculatum*은 '속생(束生)의'라
는 뜻으로 땅에서 줄기가 더부룩하게 다발로 올라오는 것을 나타낸다.

다른이름　가마귀밥여름나무(정태현 외, 1937), 개당주나무(정태현, 1943), 꼬리까치밥나무(박만규,
1949), 호가마귀밥여름나무(정태현 외, 1949), 까마귀밥여름나무(안학수·이춘녕, 1963), 북가마귀밥여
름나무(한진건 외, 1982)

중국/일본명　중국명 簇花茶藨子(cu hua cha biao zi)는 꽃이 무리 지어 피는 다표자(茶藨子: 까치밥나무

94　'국가표준식물목록'(2018)은 변종인 *Ribes fasciculatum* var. *chinense* Maxim.(1874)을 '까마귀밥여름나무'로, *R.*
　　*fasciculatum*을 '개당주나무'로 기재하고 있고, '세계식물목록'(2018)과 '중국식물지'(2018)도 두 종을 분리해 기재하고
　　있으나,『장진성 식물목록』(2014)은 본문의 학명을 정명으로 해 통합 처리하고 있다.

95　이러한 견해로 박상진(2011a), p.249 참조.

96　'가마귀밥여름나무'가 황해도 방언이라는 것에 대해서는『조선산야생식용식물』(1942), p.133 참조.

97　*Rosa davurica*라는 학명에 대해『조선식물명휘』(1922)는 '山刺玫, 가마귀밥나무'를,『조선삼림식물편』(1915~1939)은 'カ
　　マグイバンナム(昌城)/Kamaqui-pan-nam, カマグバブナム(江原)/Kamagu-bab-nam'[까마귀밥나무(창성), 까마구밥나무
　　(강원)]를 기록했다.

98　이에 대해서는 이 책 '백당나무' 항목 참조.

속의 중국명)라는 뜻이다. 일본명 ヤブサンザシ(藪山査)는 덤불(숲)을 이루고 산사나무를 닮았다는 뜻에서 유래했다.

참고 [북한명] 까마귀밥여름나무 [유사어] 등롱과(燈籠果), 산정자(山定子), 칠해목(漆解木) [지방명] 꺽새나물(경북)

○ Ribes horridum *Maximowicz* クロミノハリスグリ

Gamag-banŭl-ĝachibab-namu 가막바늘까치밥나무

까막바늘까치밥나무〈*Ribes horridum* Rupr. ex Maxim.(1859)〉

까막바늘까치밥나무라는 이름은 과실이 검게 익고 잎자루와 줄기 등에 바늘모양의 가시가 밀생(密生)하는 까치밥나무라는 뜻에서 유래했다.[99] 『조선식물향명집』에서는 '가막바늘까치밥나무'를 신칭해 기록했으나,[100] 『한국식물명감』에서 표기법에 맞추어 '까막바늘까치밥나무'로 개칭해 현재에 이르고 있다.

속명 *Ribes*는 아랍어 *ribas*(신맛 나는)에서 유래했다는 설과 붉은 구스베리의 덴마크어 *ribs*에서 유래했다는 설이 있으며 까치밥나무속을 일컫는다. 종소명 *horridum*은 '삐죽삐죽한, 거친, 사나운'이라는 뜻으로 식물체의 가시 모양에서 유래했다.

다른이름 가막바늘까치밥나무(정태현 외, 1937), 가막반늘까치밥나무(정태현, 1943), 가마귀밥(박만규, 1949), 까마귀밥(안학수·이춘녕, 1963)

중국/일본명 중국명 密刺茶藨子(mi ci cha biao zi)는 가시가 밀생하는 다표자(茶藨子: 까치밥나무속의 중국명)라는 뜻이다. 일본명 クロミノハリスグリ(黒実の針酸塊)는 검은 열매와 가시를 가진 까치밥나무 종류(スグリ)라는 뜻이다.

참고 [북한명] 가막바늘까치밥나무 [유사어] 흑실작탁목(黑實鵲啄木)

○ Ribes mandschuricum *Komarov* var. villosum *Komarov* オホモミジスグリ

Ĝachibab-namu 까치밥나무

까치밥나무〈*Ribes mandshuricum* (Maxim.) Kom.(1904)〉

까치밥나무라는 이름은 강원 방언에서 유래했으며,[101] '까치밥'과 '나무'의 합성어로 열매(漿果)를

---

99 이러한 견해로 이우철(2005), p.28 참조.
100 이에 대해서는 『조선식물향명집』, 색인 p.30 참조.
101 이에 대해서는 『조선산야생식용식물』(1942), p.133 참조.

까치가 잘 먹는다는 뜻이다.[102] 그러나 높은 산의 수림 속에서 자라므로 실제로 까치가 잘 먹는다기보다는 열매를 식용하기 곤란한 까마귀밥나무에 비해[103] 식용하기에 좋은 열매가 열리는 나무라는 뜻에서 유래한 이름으로 추정한다.

속명 *Ribes*는 아랍어 *ribas*(신맛 나는)에서 유래했다는 설과 붉은 구스베리의 덴마크어 *ribs*에서 유래했다는 설이 있으며 까치밥나무속을 일컫는다. 종소명 *mandshuricum*은 '만주 지역의'라는 뜻으로 발견지 또는 분포지를 나타낸다.

중국/일본명 중국명 东北茶藨子(dong bei cha biao zi)는 둥베이(東北) 지역에 분포하는 다표자(茶藨子: 다갈색의 쥐눈이콩 같은 열매를 가진 식물이라는 뜻으로 까치밥나무속의 중국명)라는 뜻이다. 일본명 オホモミジスグリ(大紅葉酸塊)는 식물체가 크고 잎이 단풍잎과 유사한 スグリ(酸塊: 일본에 분포하는 까치밥나무 종류인 *R. sinanense*의 명칭인데 신맛의 덩어리라는 뜻으로 열매의 맛과 모양에서 유래)라는 뜻이다.[104]

참고 [북한명] 까치밥나무 [유사어] 산앵도(山櫻桃), 산정자(山定子), 작탁목(鵲啄木)

○Ribes procumbens *Pallas*   ハヒスグリ
Nuun-ġachibab-namu   누운까치밥나무

눈까치밥나무〈*Ribes triste* Pall.(1797)〉[105]

눈까치밥나무라는 이름은 줄기가 포복성으로 자라는 까치밥나무라는 뜻에서 유래했다.[106] 『조선식물향명집』에서는 '누운까치밥나무'를 신칭해 기록했으나,[107] 『조선수목』에서 '눈까치밥나무'로 개칭해 현재에 이르고 있다.

---

102 이러한 견해로 이우철(2005), p.114와 허북구·박석근(2008b), p.57 참조.

103 『조선산야생식용식물』(1942), p.133은 까마귀밥나무(가마귀밥여름나무)는 어린잎(嫩葉)을 식용하고, 까치밥나무는 열매(果實)를 식용하는 것으로 기록했다.

104 『조선의산과와산채』(1935)는 '茶藨子'를 기록했다.

105 '국가표준식물목록'(2018)은 본문의 학명을 눈까치밥나무로 기재하고 있지만, 『조선식물향명집』에 기록되고 '세계식물목록'(2018)과 '중국식물지'(2018)에서 별도 종으로 분류하고 있는 *Ribes procumbens* Pallas(1788)에 대해서는 별도 기재하지 않고 있다. 이는 『조선삼림식물도설』(1943)에서 누운까치밥나무의 학명을 *Ribes triste* Pallas(1797)로 기록한 것에서 기인하는데, 이를 『장진성 식물목록』(2014)은 까막까치밥나무로, 김태영·김진석(2018)은 둥근잎눈까치밥나무로 별도 분류하고 있으므로 주의가 필요하다.

106 이러한 견해로 이우철(2005), p.156 참조.

107 이에 대해서는 『조선식물향명집』, 색인 p.34 참조.

속명 Ribes는 아랍어 *ribas*(신맛 나는)에서 유래했다는 설과 붉은 구스베리의 덴마크어 *ribs*에서 유래했다는 설이 있으며 까치밥나무속을 일컫는다. 종소명 *triste*는 '슬픈, 우울한, 어두운 색의'라는 뜻이다.

다른이름 누운까치밥나무(정태현 외, 1937), 가마귀밥/누은까치밥나무(박만규, 1949)

중국/일본명 중국명 矮茶藨子(ai cha biao zi)는 땅에 누워 자라 키가 작은 다표자(茶藨子: 까치밥나무속의 중국명)라는 뜻이다. 일본명 ハヒスグリ(矮酸塊)는 키가 작은 까치밥나무 종류(スグリ)라는 뜻이다.

참고 [북한명] 누운까치밥나무 [유사어] 언작탁목(偃鵲啄木), 왜다표(倭茶藨)

⊗Ribes tricuspe *Nakai* var. typicum *Nakai*　テフセンザリコミ
Chosón-ĝachibab-namu　조선까치밥나무

명자순〈*Ribes maximowiczianum* Kom.(1904)〉

명자순이라는 이름은 전남 방언을 채록한 것으로,[108] 한자어 명자순(榠樝荀 또는 榠櫨荀)에서 유래했다고 추정한다.[109] 이들 한자어가 모두 명자나무의 뜻을 가진 榠(명)을 포함하고 있으므로 '명자'는 명자나무를 닮은 식물이라는 뜻에서 유래했고, '순'(荀)은 새순을 식용한 것에서 유래했다.[110] 즉, 명자순이라는 이름은 나무의 모양 등이 명자나무를 닮았는데 어린 새순을 식용한다는 뜻에서 유래한 것으로 보인다. 『조선식물향명집』에서는 '조선까치밥나무'를 신칭해 기록했으나[111] 『조선삼림식물도설』에서 '명자순'으로 개칭해 현재에 이르고 있다.

속명 Ribes는 아랍어 *ribas*(신맛 나는)에서 유래했다는 설과 붉은 구스베리의 덴마크어 *ribs*에서 유래했다는 설이 있으며 까치밥나무속을 일컫는다. 종소명 *maximowiczianum*은 러시아 식물학자로 동북아 식물을 연구한 Carl Johann Maximowicz(1827~1891)의 이름에서 유래했다.

다른이름 조선까치밥나무(정태현 외, 1937), 일번까치밥나무(정태현, 1943), 좀까치밥나무/참까치밥나무(정태현 외, 1949)[112]

---

108 이에 대해서는 『조선삼림식물도설』(1943), p.252와 『조선삼림식물편』(1915~1939), p.38 참조.
109 오픈마인드, '디지털 한자사전'은 명자순의 한자를 榠樝荀으로 기재했으며 국립국어원, '표준국어대사전'은 榠櫨荀으로 기재했다.
110 『구황식물과 그 식용법』(1944), p.108은 명자순과 같은 속인 끼미귀밥나무의 어린싹(嫩葉)을 식용하는 것으로 기록했다.
111 이에 대해서는 『조선식물향명집』, 색인 p.45 참조.
112 『조선삼림식물편』(1915~1939)은 'ミリョンセムン/Miryonsemun, ミョンチャスン(全南)/ Myongchasun'[미령순(?), 명자

중국명 尖叶茶藨子(jian ye cha biao zi)는 뾰족한 잎을 가진 다표자(茶藨子: 까치밥나무속의 중국명)라는 뜻이다. 일본명 テフセンザリコミ(朝鮮−)는 한반도에 분포하고 산지 사질토(ザリ＝砂利地)에서 자라며 붉은 열매(ぐみ＝茱萸)가 아름다운 식물이라는 뜻에서 붙여졌다.

참고 [북한명] 참까치밥나무 [유사어] 소엽작탁목(小葉鵲啄木)

Ribes ussuriense *Turczaninow* クロスグリ
Gamag-ĝachibab-namu 가막까치밥나무

까막까치밥나무⟨*Ribes procumbens* Pall.(1788)⟩[113]

까막까치밥나무라는 이름은 열매가 검게 익는 까치밥나무라는 뜻에서 유래했다.[114] 『조선식물향명집』에서는 '가막까치밥나무'를 신칭해 기록했으나,[115] 『한국식물명감』에서 표기법에 맞추어 '까막까치밥나무'로 개칭해 현재에 이르고 있다.

속명 *Ribes*는 아랍어 *ribas*(신맛 나는)에서 유래했다는 설과 붉은 구스베리의 덴마크어 *ribs*에서 유래했다는 설이 있으며 까치밥나무속을 일컫는다. 종소명 *procumbens*는 '엎드린, 기는'이라는 뜻으로 줄기가 곧추서지 않고 포복성으로 자라는 것에서 유래했다.

다른이름 가막까치밥나무(정태현 외, 1937), 우수리까치밥나무(박만규, 1949)

중국/일본명 중국명 水葡萄茶藨子(shui pu tao cha biao zi)는 구스베리(水葡萄) 같은 다표자(茶藨子: 까치밥나무속의 중국명)라는 뜻이다. 일본명 クロスグリ(黑酸塊)는 열매가 검게 익는 까치밥나무 종류(スグリ)라는 뜻이다.

참고 [북한명] 가막까치밥나무

Rodgersia podophylla *A. Gray* ヤグルマサウ
Doggaebi-buchae 독개비부채

도깨비부채⟨*Rodgersia podophylla* A. Gray(1859)⟩

도깨비부채라는 이름은 비정상적으로 크고 갈라진 잎 모양이 도깨비를 연상시키고 부채모양으로

순(전남)을 기록했다.

113 '국가표준식물목록'(2018)은 까막까치밥나무의 학명을 *Ribes ussuriense* Jancz.(1906)로 기재하고 있으나 '세계식물목록'(2018)은 이를 미해결학명(unresolved name)으로 기재하고 있으며, '중국식물지'(2018), '세계식물목록'(2018) 및 『장진성 식물목록』(2014)은 본문의 학명을 정명으로 기재하고 있다.
114 이러한 견해로 이우철(2005), p.28 참조.
115 이에 대해서는 『조선식물향명집』, 색인 p.30 참조.

크다는 뜻에서 유래한 것으로 추정한다.[116] 『조선식물향명집』
에서는 '독개비부채'를 신칭해 기록했으나,[117] 『조선식물명집』
에서 표기법에 맞추어 '도깨비부채'로 개칭해 현재에 이르고
있다. 한편 도깨비부채가 한자어 귀두경(鬼頭檠)에서 유래했다
고 해설하는 견해가 있다.[118] 귀두경과 뜻이 유사한 현재의 중
국명 鬼燈檠(귀등경)을 유희의 『물명고』는 산자고(山茨菰)의 별
칭으로 기록하고 있는데, 산자고는 도깨비부채의 형태와 현격
히 다르고, 귀두경에는 부채라는 의미가 없어 귀두경에서 그
유래를 찾는 것은 타당하지 않아 보인다.

　속명 *Rodgersia*는 미국 북태평양탐험대(1853~1856)의 리
더 중 한 사람이었으며 식물 채집에 공헌한 John Rodgers
(1812~1882)의 이름에서 유래한 것으로 도깨비부채속을 일컫는다. 종소명 *podophylla*는 '잎자루
가 있는 잎'라는 뜻이다.

다른이름 　독개비부채(정태현 외, 1937), 도깨비부채씨(안학수·이춘녕, 1963), 수레부채(임록재 외, 1972)[119]

중국/일본명 　중국명 鬼灯檠(gui deng qing)은 귀신(鬼) 문양이 그려져 있는 등경(燈檠: 등잔걸이)을 뜻
하는데, 식물체가 이를 닮은 데서 유래한 것으로 보인다. 일본명 ヤグルマサウ(矢車草)는 잎의 모
양이 단오 때 깃대에 매다는 축의 둘레에 화살 모양의 살을 방사상으로 박은 것(矢車)과 비슷하다
는 뜻에서 붙여졌다.

참고 　[북한명] 수레부채 [유사어] 귀두경(鬼頭檠), 모하(慕荷), 반룡칠(盤龍七)

○Rodgersia tabularis *Komarov*　イヌビヨフウ(フキモドキ)
Gae-byŏngpung　개병풍

개병풍〈*Astilboides tabularis* (Hemsl.) Engl.(1919)〉
개병풍이라는 이름은 『조선식물명휘』에 따른 것으로, 잎과 식물체가 자라는 모습이 국화과의 병
풍(병풍쌈)과 유사하다는 뜻에서 유래했다.[120] 屏風(병풍)은 『물명고』와 『광재물보』에서 防風(방풍)
의 별칭으로, 『광재물보』에서는 수초 종류를 일컫는 이름으로 기록했다.[121] 이 점에 비추어볼 때,

---

116 이러한 견해로 허북구·박석근(2008a), p.70 참조.
117 이에 대해서는 『조선식물향명집』, 색인 p.35 참조.
118 이러한 견해로 이우철(2005), p.178 참조.
119 『조신식물명휘』(1922)는 '鬼頭檠'을 기록했다.
120 이러한 견해로 이우철(2005), p.50 참조.
121 이에 대해서는 정양원 외(1997), p.220 참조.

넓은 잎을 가진 식물에 병풍이라는 명칭을 혼용했던 것으로 보인다. 병풍(屛風)의 다른 말로 사용되는 '평풍'은 병풍의 변한 말이다.[122]

속명 *Astilboides*는 *Astilbe*(노루오줌속)와 *–oides*(~와 비슷한, 닮은)의 합성어로, 꽃차례가 노루오줌속과 닮아 붙여졌으며 개병풍속을 일컫는다. 종소명 *tabularis*는 '평판(平板)의'라는 뜻으로 잎의 모양에서 유래한 것으로 보인다.

다른이름 개평풍(리종오, 1964), 골평풍(임록재 외, 1972)[123]

중국/일본명 중국명 大叶子(da ye zi)는 큰 잎을 가진 식물이라는 뜻이다. 일본명 イヌビキフウ(犬屛風)는 개병풍이라는 뜻이나 일본에는 분포하지 않는 식물이다.

참고 [북한명] 골평풍

Saxifraga cortusaefolia *Siebold et Zuccarini* ダイモジサウ
Bawe-dôgpul 바위떡풀

바위떡풀⟨*Saxifraga fortunei* Hook.(1863)⟩[124]

바위떡풀이라는 이름은 바위 위에서 자라고 두터운 잎 모양이 떡을 연상시키는 풀이라는 뜻에서 붙여졌다.[125] 『조선식물향명집』에서 신칭해 기록했다.[126]

속명 *Saxifraga*는 라틴어에서 유래한 것으로 '돌을 깨는, 돌을 부수는'이라는 뜻이며, 바위틈에서 자라는 식물체의 특성을 나타내고 범의귀속을 일컫는다. 종소명 *fortunei*는 스코틀랜드인으로 아시아 지역의 식물을 채집한 Robert Fortune(1812~1880)의 이름에서 유래했다.

다른이름 섬바위떡풀/지이산떡풀/털바위떡풀(박만규, 1949), 지이산바위떡풀(정태현 외, 1949), 대문자꽃잎풀(안학수·이춘녕, 1963), 지리산바위떡풀(이창복, 1969b)

중국/일본명 중국명 齒瓣虎耳草(chi ban hu er cao)는 이빨 모양의 꽃잎을 가진 호이초(虎耳草: 바위취

---

122 이에 대해서는 국립국어원, '표준국어대사전' 중 '평풍' 참조.

123 『조선식물명휘』(1922)는 '개병풍(觀賞)'을 기록했으며 『선명대화명지부』(1934)는 '개병풍'을 기록했다.

124 '국가표준식물목록'(2018)은 바위떡풀의 학명을 *Saxifraga fortunei* var. *incisolobata* (Engl. & Irmsch.) Nakai(1938)로 기재하고 있으나, 『장진성 식물목록』(2014)과 '세계식물목록'(2018)은 본문의 학명을 정명으로 기재하고 있다.

125 이러한 견해로 이우철(2005), p.256; 허북구·박석근(2008a), p.101; 김병기(2013), p.194 참조. 다만 허북구·박석근은 바위에 떡처럼 붙어 자라는 것에서 유래했다고 보고 있다.

126 이에 대해서는 『조선식물학명집』, 색인 p.37 참조.

의 중국명)라는 뜻이다. 일본명 ダイモジサウ(大文字草)는 꽃이 개화한 모습이 한자 큰 대(大)를 연상시키는 풀이라는 뜻이다.

참고 [북한명] 바위떡풀 [유사어] 화중호이초(華中虎耳草) [지방명] 석삼/석순(전북)

⊗Saxifraga Furumii *Nakai* ヘラユキノシタ
Bòmúigwe 범의귀

범의귀⟨*Saxifraga furumii* Nakai(1918)⟩[127]

범의귀라는 이름은 잎이 호랑이의 귀를 닮았다는 뜻의 한자명 호이초(虎耳草)를 그대로 한글화한 것에서 유래했다.[128] 범의귀라는 한글명은 『조선식물향명집』에 최초로 기록된 것으로 보인다. 한편 풀잎에 난 털이 호랑이 귀의 털과 유사하다는 뜻에서 유래한 것으로 보는 견해가 있으나,[129] 이시진이 『본초강목』에서 "葉大如錢狀似初生小葵葉及虎之耳形"(잎이 크고 동전 모양 같은 어린잎은 작은 아욱의 잎 또는 호랑이의 귀 형태와 비슷하다)이라고 한 것에 비추어 귀의 털과 관련한 이름은 아닌 것으로 판단된다.

속명 *Saxifraga*는 라틴어에서 유래한 것으로 '돌을 깨는, 돌을 부수는'이라는 뜻이며, 바위틈에서 자라는 식물체의 특성을 나타내고 범의귀속을 일컫는다. 종소명 *furumii*는 일본 식물학자 Furumi Masatomi(古海正福, 1888~1930)의 이름에서 유래했다.

다른이름 주걱잎범의귀(안학수·이춘녕, 1963), 범의귀풀(김현삼 외, 1988)

옛이름 虎耳草(광재물보, 19세기 초)[130]

중국/일본명 중국에서는 이를 별도 분류하지 않고 있다. 일본명 ヘラユキノシタ(篦雪の下)는 잎이 주걱모양인 ユキノシタ(雪の下: 눈이 쌓인 아래서도 시들지 않는 것에서, 혹은 아래 2장의 꽃잎을 '눈의 혀'에 비유한 것에서 유래했으며 현재는 바위취의 일본명)라는 뜻이다.

참고 [북한명] 범의귀풀 [유사어] 불이초(佛耳草), 홍선초(紅線草)

---

127 '국가표준식물목록'(2018)은 범의귀를 별도 종으로 분류하고 있으나, 『장진성 식물목록』(2014)은 구름범의귀(*S. laciniata*)에 통합해 이명(synonym) 처리하고, '중국식물지'(2018)는 별도 분류하지 않으며, '세계식물목록'(2018)은 미해결학명(unresolved name)으로 분류하고 있으므로 주의가 필요하다.

128 이러한 견해로 이우철(2005), p.273 참조.

129 이러한 견해로 허북구·박석근(2008a), p.111 참조.

130 『조선어사전』(1920)은 '虎耳草(호이초)'를 기록했으며 『토명대조선만식물자휘』(1932)는 '[虎耳草]호이초'를 기록했다.

Saxifraga laciniata *Nakai et Takeda*　クモマユキノシタ
Gurŭm-bòmŭigwe　구름범의귀

구름범의귀〈*Saxifraga laciniata* Nakai & Takeda(1914)〉

구름범의귀라는 이름은 구름이 머무는 고산에서 자라는 범의귀라는 뜻이다.[131] 『조선식물향명집』에서 하나의 이름으로 여러 식물을 통칭하는 것으로 보고, '범의귀'를 기본으로 하고 식물의 산지(産地)를 나타내는 '구름'을 추가해 신칭했다.[132]

　속명 *Saxifraga*는 라틴어에서 유래한 것으로 '돌을 깨는, 돌을 부수는'이라는 뜻이며, 바위틈에서 자라는 식물체의 특성을 나타내고 범의귀속을 일컫는다. 종소명 *laciniata*는 '잘게 갈라진'이라는 뜻이며 잎의 모양에서 유래한 것으로 보인다.

다른이름 구름범의귀풀(김현삼 외 , 1988)

중국/일본명 중국명 長白虎耳草(chang bai hu er cao)는 백두산에 분포하는 호이초(虎耳草: 바위취의 중국명)라는 뜻이다. 일본명 クモマユキノシタ(雲間雪の下)는 구름 사이에 분포하는 ユキノシタ(바위취의 일본명)라는 뜻이다.

참고 [북한명] 구름범의귀풀 [유사어] 고산호이초(高山虎耳草)

⊗Saxifraga oblongifolia *Nakai*　テフセンイハブキ
Bawechwe　바위취

바위취〈*Saxifraga stolonifera* Curtis(1774)〉[133]

바위취라는 이름은 바위틈에서 자라는 나물 종류(취)라는 뜻에서 유래했다.[134] '취'라는 이름이 붙었으나 현재는 나물보다는 주로 관상용으로 재배하거나 약용한다.[135] 방언에 유사한 명칭이 현존하는 것에 비추어 당시 방언을 채록한 것으로 추정하며, 한글명은 『조선식물향명집』에서 처음 발견되는 것으로 보인다.

　속명 *Saxifraga*는 라틴어에서 유래한 것으로 '돌을 깨는, 돌을 부수는'이라는 뜻이며, 바위틈에서 자라는 식물체의 특성을 나타내고 범의귀속을 일컫는다. 종소명 *stolonifera*는 '기는줄기가

---

131 이러한 견해로 이우철(2005), p.87 참조.

132 이에 대해서는 『조선식물향명집』, 범례 3항과 색인 p.32 참조.

133 '국가표준식물목록'(2018)은 바위취의 학명을 *Saxifraga stolonifera* Meerb.(1775)로 기재하고 있으나, 『장진성 식물목록』(2014), '세계식물목록'(2018) 및 '중국식물지'(2018)는 본문의 학명을 정명으로 기재하고 있다.

134 이러한 견해로 허북구·박석근(2008a), p.103 참조.

135 『조선산야생식용식물』(1942), p.134는 어린잎(嫩葉)을 식용하는 것으로 기록했다. 현재 한약명 호이초(虎耳草)가 바위취의 전초를 뜻하는 것으로 보고 있다. 이에 대한 자세한 내용은 『대한민국약전외 한약(생약)규격집』(2016), p.210 참조.

있는'이라는 뜻으로 기는줄기로 번식하는 것에서 유래했다.

다른이름 석상초(정태현 외, 1942), 겨우사리범의귀(박만규, 1949), 겨의사리범의귀/바위치(이영노·주상우, 1956), 범의귀(안학수·이춘녕, 1963), 참바위취(리종오, 1964), 바위범의귀(임록재 외, 1996)

옛이름 虎耳草(광재물보, 19세기 초)[136]

중국/일본명 중국명 虎耳草(hu er cao)는 잎 등이 호랑이의 귀를 닮았다는 뜻이다. 일본명 テフセンイハブキ(朝鮮岩蕗)는 한반도(朝鮮)에 분포하는 イハブキ(岩蕗: 바위틈에서 자라고 잎이 머위를 닮은 것에서 유래했으며 바위취의 별명)라는 뜻이다.

참고 [북한명] 바위취/참바위취[137] [유사어] 등이초(橙耳草), 석하엽(石荷葉), 호이초(虎耳草) [지방명] 바우나리(강원), 바위나물/호이초(경기), 바우초(경남)

Saxifraga punctata *Linné* チシマイハブキ
Top-bawechwe 톱바위취

톱바위취〈*Saxifraga nelsoniana* D.Don(1822)〉[138]

톱바위취라는 이름은 잎에 이빨 모양의 톱니가 있고 바위취를 닮았다는 뜻에서 붙여졌다.[139] 『조선식물향명집』에서 하나의 이름으로 여러 식물을 통칭하는 것으로 보고, 전통 명칭 '바위취'를 기본으로 하고 식물의 형태를 나타내는 '톱'을 추가해 신칭했다.[140]

속명 *Saxifraga*는 라틴어에서 유래한 것으로 '돌을 깨는, 돌을 부수는'이라는 뜻이며, 바위틈에서 자라는 식물체의 특성을 나타내고 범의귀속을 일컫는다. 종소명 *nelsoniana*는 영국 식물채집가 David Nelson(?~1789)의 이름에서 유래했다. 옛 종소명 *punctata*는 '반점이 있는, 가는 점이 있는'이라는 뜻이다.

다른이름 바위취(박만규, 1949), 멧바위취(박만규, 1974)

중국/일본명 중국명 斑点虎耳草(ban dian hu er cao)는 반점이 있는 호이초(虎耳草: 바위취의 중국명)라

---

136 『조선어사전』(1920)은 '虎耳草(호이초)'를 기록했다.

137 북한에서는 *S. stolonifera*를 '바위취'로, *S. oblongifolia*를 '참바위취'로 하여 별도 분류하고 있다. 이에 대해서는 리용재 외(2011), p.320 참조.

138 '국가표준식물목록'(2018)은 톱바위취의 학명을 *Saxifraga punctata* L.(1753)로 기재하고 있으나, 『장진성 식물목록』(2014)과 '중국식물지'(2018)는 학명을 본 문과 같이 기재하고 있으며 '세계식물목록'(2018)은 별도 종으로 기재하고 있다.

139 이러한 견해로 이우철(2005), p.568 참조.

140 이에 대해서는 『조선식물향명집』, 범례 3항과 색인 p.48 참조.

는 뜻으로 옛 학명과 연관되어 있다. 일본명 チシマイハブキ(千島岩蕗)는 쿠릴열도(千島列島)에서 자라는 イハブキ(岩蕗: 바위취의 별명)라는 뜻이다.

참고 [북한명] 톱바위취

○ Saxifraga manshuriensis *Komarov*   シロバナクロクモサウ(テフセンクロクモサウ)
Hin-bawechwe   흰바위취

흰바위취〈*Saxifraga manchuriensis* (Engl.) Kom.(1904)〉

흰바위취라는 이름은 꽃이 흰색인 바위취라는 뜻에서 유래했다.[141] 『조선식물향명집』에서는 '힌바위취'를 신칭해 기록했으나,[142] 『조선식물명집』에서 표기법에 맞추어 '흰바위취'로 개칭해 현재에 이르고 있다.

　속명 *Saxifraga*는 라틴어에서 유래한 것으로 '돌을 깨는, 돌을 부수는'이라는 뜻이며, 바위틈에서 자라는 식물체의 특성을 나타내고 범의귀속을 일컫는다. 종소명 *manchuriensis*는 '만주에 분포하는'이라는 뜻으로 발견지 또는 분포지를 나타낸다.

다른이름 힌바위취(정태현 외, 1937), 힌범의귀(박만규, 1949), 흰꽃바위취(정태현, 1956), 흰범의귀(안학수·이춘녕, 1963)

중국/일본명 중국명 腺毛虎耳草(xian mao hu er cao)는 줄기와 잎자루 등에 샘털이 있는 것에서 유래했다. 일본명 シロバナクロクモサウ(白花黒雲草)는 흰 꽃이 피며 흑운초(黒雲草: 일본에 분포하는 범의귀속 식물)를 닮은 식물이라는 뜻이다.

참고 [북한명] 흰바위취

---

141 이러한 견해로 이우철(2005), p.609 참조.
142 이에 대해서는 『조선식물향명집』, 색인 p.47 참조.

Hamamelidaceae 조록나무科 (金縷梅科)

조록나무과[1] 〈**Hamamelidaceae** R.Br.(1818)〉

조록나무과는 국내에 자생하는 조록나무에서 유래한 과명이다. '국가표준식물목록'(2018), 『장진성 식물목록』(2014) 및 '세계식물목록'(2018)은 *Hamamelis*(풍년화속)에서 유래한 Hamamelidaceae 를 과명으로 기재하고 있으며, 엥글러(Engler), 크론키스트(Cronquist) 및 APG IV(2016) 분류 체계도 이 와 같다. 크론키스트와 같은 전통적인 분류 체계는 Hamamelidales(조록나무목)로 분류했으나 APG IV(2016) 분류 체계는 Saxifragales(범의귀목)로 분류한다.

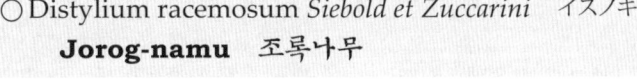

○ Distylium racemosum *Siebold et Zuccarini*   イスノキ
   Jorog-namu   조록나무

조록나무〈*Distylium racemosum* Siebold & Zucc.(1841)〉

조록나무라는 이름은 제주 방언 '조롱낭'에서 유래한 것으로,[2] 잎에 생긴 벌레혹이 주머니 모양의 자루 즉 조롱처럼 보여서 붙여졌다.[3] 『조선삼림수목감요』와 『조선식물명휘』는 산유자나무라는 이름도 함께 기록했는데, 山柚子(산유자)는 목질이 단단해 예로부터 악기나 가구재 등으로 활용도가 높아 옛 문헌에도 나타나는 이름이다. 그러나 문헌상의 山柚子(산유자)가 조록나무(*D. racemosum*)와 현재의 산유자나무(*Xylosma japonica*) 중 어느 종을 뜻하는지는 분명하지 않다. 두 종 모두 목질이 단단해 비슷한 용도로 사용할 수 있고, 산유자나무의 잎에서도 비슷한 벌레혹이 만들어지며, 분포 지역이 겹치고, 그 서술 내용이 분명하지 않기 때문인데, 이에 대해서는 보다 자세한 연구가 필요하다.[4]

속명 *Distylium*은 그리스어 *dis*(2)와 *stylos*(암술대)의 합성어로, 암술대가 2개인 것에서 유래했으며 조록나무속을 일컫는다. 종소명 *racemosum*은 '총상꽃차례'라는 뜻으로 꽃이 피는 모

---

1 이 과의 모식속(模式屬)인 *Hamamelis*(풍년화속)와 일관되게 '풍년화과'로 부르기도 하지만, 이 책에서는 자생종인 조록나무에서 과명을 취한 '국가표준식물목록'(2018)처럼 '조록나무과'로 기재한다.

2 이에 대해서는 『조선삼림수목감요』(1923), p.49와 『조선삼림식물도설』(1943), p.256 참조.

3 이러한 견해로 박상진(2011b), p 437; 김태영·김진석(2018), p.133; 허북구·박석근(2008b), p.250; 송홍선(2004.) 참조.

4 이창숙 외(2016)는 『세종실록지리지』(1454)와 『탐라지』(1653)의 산유자는 산유자나무로 분류하고 『신증동국여지승람』(1530)과 『남환박물』(1704)의 산유자는 유자나무(*Citrus junos*)로 분류하고 있어 그 타당성은 의문스럽다.

양에서 유래했다.

다른이름 산유자나무/조록나무(정태현 외, 1923), 잎버레혹나무(안학수·이춘녕, 1963), 조롱나무(김태영·김진석, 2018)

옛이름 山柚子(세종실록지리지, 1454), 山柚子(신증동국여지승람, 1530), 山柚子(탐라지, 1653), 山柚子(남환박물, 1704), 蚊母樹(성호사설, 1740), 山柚子(가례도감의궤, 1759), 山柚子(목민심서, 1818), 山柚子(오주연문장전산고, 185?)[5]

중국/일본명 중국명 蚊母樹(wen mu shu)는 벌레혹이 있는 나무라는 뜻으로 한국명 조록나무와 뜻이 통한다. 일본명 イスノキ는 어원 불명으로 유래가 알려져 있지 않다.

참고 [북한명] 조록나무 [유사어] 문모수(蚊母樹), 산유자(山柚子) [지방명] 산유지남/조레기/조레기낭/조로기/조롱낭(제주)

---

5 「화한한명대조표」(1910)는 '산유쟈ᄂ무, 由抽子'를 기록했으며 『조선식물명휘』(1922)는 '石頭稞子, 蚊母樹, 산유자나무'를, 『선명대화명지부』(1934)는 '산유자나무, 조록나무'를 기록했다.

Pittosporaceae 섬음나무科 (海桐科)

> **돈나무과〈Pittosporaceae R.Br.(1814)〉**
> 돈나무과는 국내에 자생하는 돈나무에서 유래한 과명이다. '국가표준식물목록'(2018), 『장진성 식물목록』(2014) 및 '세계식물목록'(2018)은 *Pittosporum*(돈나무속)에서 유래한 Pittosporaceae를 과명으로 기재하고 있으며, 엥글러(Engler), 크론키스트(Cronquist) 및 APG IV(2016) 분류 체계도 이와 같다. 크론키스트와 같은 전통적인 분류 체계는 Rosales(장미목)로 분류했으나 APG IV(2016) 분류 체계는 Apiales(산형목)로 분류한다.

Pittosporum Tobira *Aiton* トベラ

Sŏm-ŭm-namu 섬음나무

돈나무〈*Pittosporum tobira* (Thunb.) W.T.Aiton(1811)〉

돈나무라는 이름은 『조선삼림식물도설』에 따른 것으로, 제주 방언 '똥낭'에서 유래했다.[1] 꽃이 지고 난 가을과 겨울에 노란 열매가 벌어지면서 끈끈하고 악취가 나는 액체가 분비되는데, 이때 온갖 곤충은 물론 특히 파리가 많이 꼬여 지저분하고 냄새가 좋지 않아 '똥'(糞)을 연상시키는 나무라는 뜻에서 제주 방언 똥낭이 유래했고 이를 돈나무로 채록한 것이다.[2] 잎을 비비거나 가지를 꺾거나 뿌리의 껍질을 벗길 때에도 강한 악취가 난다. 한편 해동(海桐)은 『향약채취월령』과 『동의보감』에 나타나는 한약재의 이름인데, 국내에서 중국의 해동(海桐)을 구하기가 어려우므로 음나무(*Kalopanax septemlobus*)를 그 대용으로 사용해왔다. 그러나 일본에서는 19세기경부터 海桐(해동)을 トベラ(섬음나무, 돈나무)를 의미한 것으로 이해했고,[3] 이러한 역사성을 반영해 『조선식물향명집』에서 제주 등의 섬 지역에 분포하는 음나무라는 뜻의 '섬음나무'를 신칭한 것으로 이해된다.[4]

속명 *Pittosporum*은 그리스어 *pitta*(수지, 樹脂)와 *spora*(열매)의 합성어로, 열매가 까맣고 윤이

---

1   제주 방언에서 유래했다는 견해로는 『조선삼림식물도설』(1943), p.256과 이우철(2005), p.181 참조.
2   이러한 견해로 박상진(2011b), p.223; 허북구·박석근(2008b), p.90; 전정일(2009), p.47; 오찬진 외(2015), p.450 참조.
3   松村任三(1920)는 *P. Tobira* Ait.에 대한 한자명을 '海桐花, 海童'으로 기록했다.
4   '섬음나무'가 신칭한 이름이라는 점에 대해서는 『조선식물향명집』, 색인 p.41 참조.

나며 점착성이 있는 것에서 유래했으며 돈나무속을 일컫는다. 종소명 *tobira*는 이 식물을 일컫는 일본명 トベラ에서 유래했다.

다른이름 음나무(정태현 외, 1923), 섬음나무(정태현 외, 1937), 음나무(정태현, 1943), 섬엄나무(정태현 외, 1949), 갯똥나무/해동(안학수·이춘녕, 1963)

옛이름 海桐皮/엄나무겁질(동의보감, 1613)[5]

중국/일본명 중국명 海桐(hai tong)은 바닷가에 자라는 동(桐: 오동나무)이라는 뜻이다.[6] 일본명 トベラ 는 돈나무의 냄새가 귀신을 쫓아낸다고 생각해 가지를 꺾어 문짝(扉, トビラ)에 걸어두는 풍습에서 유래했다.

참고 [북한명] 섬엄나무 [유사어] 소년약(小年藥), 칠리화(七里花), 해동화(海桐花) [지방명] 가마귀똥/ 가마귀똥낭/개똥낭/똥낭/섬비/해동목(제주)

---

5   『조선어사전』(1920)은 '海桐(히동), 엄나무, 海桐皮(히동피)'를 기록했으며 『조선식물명휘』(1922)는 '海桐花, 海檀'을, 『토 명대조선만식물자휘』(1932)는 '[海桐(木)]히동(나무), [嚴木]엄나무, [海桐皮]히동피'를, 『선명대화명지부』(1934)는 '음나무' 를, 『조선삼림식물편』(1915~1939)은 'トンナム(濟州島)/Tong-nam, ピトンナム(濟州島)/Pitong-nam, ケボートルナム(莞島)/ Kebotol-nam'[똥낭(제주도), 피똥낭(제주도), 갯똥나무(완도)]를 기록했다.

6   '중국식물지'(2018)는 일본의 영향을 받아 돈나무를 海桐(hai tong)으로 기록하고 있으나, 중국의 이시진은 『본초강목』 (1596)에서 중국 남해 지역의 산지 계곡에 자라는 식물로 가시가 있고 붉은색으로 꽃이 핀다[生南海山谷中 (중략) 枝幹有 刺 花色深紅]고 했으므로, 가시가 없으며 흰색 꽃이 피는 돈나무를 海桐으로 지칭하지 않았다.

Platanaceae 풀라탄科 (鈴懸木科)

버즘나무과⟨Platanaceae T.Lestib.(1826)⟩

버즘나무과는 재배식물인 버즘나무에서 유래한 과명이다. '국가표준식물목록'(2018), 『장진성 식물목록』(2014) 및 '세계식물목록'(2018)은 Platanus(버즘나무속)에서 유래한 Platanaceae를 과명으로 기재하고 있으며, 엥글러(Engler), 크론키스트(Cronquist) 및 APG IV(2016) 분류 체계도 이와 같다. 크론키스트와 같은 전통적인 분류 체계는 Hamamelidales(조록나무목)로 분류했으나, APG IV(2016) 분류 체계는 Proteales(프로테아목)로 분류한다.

Platanus orientalis *Linné*　スズカケノキ　　(栽)
Pullatan-namu　풀라탄나무

버즘나무⟨*Platanus orientalis* L.(1753)⟩

버즘나무라는 이름은 『조선수목』에 따른 것으로, 나무껍질의 큰 조각이 떨어진 부분이 암회색 또는 회백색을 띠어 마치 피부에 버즘이 핀 것처럼 보인다는 뜻에서 유래했다.[1] '버즘'은 '버짐'의 강원과 제주 등지의 방언인데[2] 식물명에 사용하고 있다. 『조선식물향명집』은 속명 *Platanus*의 발음을 축약해 '풀라탄나무'로 기록했다. 국내에 식재된 종은 양버즘나무(*Platanus occidentalis* L.)이고, 버즘나무는 국내에 자생하지 않으며 식재 여부도 불분명한 것으로 알려져 있다.[3]

속명 *Platanus*는 그리스어 *platys*(넓은)에서 유래한 말로 잎이 넓어서 붙여졌으며 버즘나무속을 일컫는다. 종소명 *orientalis*는 '동방의, 동부의'라는 뜻으로 주된 분포지를 나타낸다.

다른이름　풀라탄나무(정태현 외, 1937), 버즘나무(이창복, 1947), 푸라타나스(박만규, 1949), 플라타나스(이영노·주상우, 1956), 푸라탄나무(도봉섭 외, 1958), 버짐나무/플라타너스(안학수·이춘녕, 1963), 방울나무/플라타누스(리종오, 1964)

중국/일본명　중국명 三球悬铃木(san qiu xuan ling mu)는 열매가 3개인 현령목(懸鈴木: 방울을 단 나무라는 뜻)이라는 뜻으로 열매의 모양을 강조한 이름이다. 일본명 スズカケノキ(鈴懸の木)도 방울같이 생긴 열매가 달린 나무라는 뜻이다.

참고　[북한명] 방울나무 [유사어] 법국오동(法國梧桐) [지방명] 플라타너스(경기)

1　이러한 견해로 이우철(2005), p.271; 박상진(2011b), p.149; 김태영·김진석(2018), p.131; 허북구·박석근(2008b), p.149; 오찬진 외(2015), p.463 참조.
2　이에 대해서는 국립국어원, '우리말샘' 중 '버즘' 참조.
3　이러한 견해로 김태영·김진석(2018), p.131 참조.

Spiraeaceae 조팝나무科 (繡線菊科)

장미과 〈Rosaceae Juss.(1789)〉

『조선식물향명집』은 나카이 다케노신(中井猛之進, 1882~1952)의 영향을 받아 Spiraeaceae(조팝나무과)를 별도의 과로 분류했으나, '국가표준식물목록'(2018), 『장진성 식물목록』(2014) 및 '세계식물목록'(2018)은 Rosaceae(장미과)에 포함해 *Spiraea*(조팝나무속)로 분류하고 있다. 엥글러(Engler), 크론키스트(Cronquist) 및 APG IV(2016) 분류 체계도 이와 같다. 다만, 하위 분류로 Spiraeoideae(조팝나무아과)를 정의하기도 한다.

⊗Neillia Uekii *Nakai*　スグリウツギ
Nadu-gugsu-namu　나두국수나무

나도국수나무 〈*Neillia uekii* Nakai(1912)〉

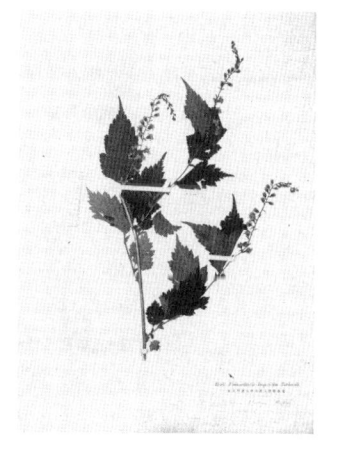

나도국수나무라는 이름은 국수나무와 비슷한 데서 유래했다.[1] 『조선식물향명집』은 같은 뜻의 '나두국수나무'로 기록했으나, 표기법의 변화에 따라 『조선식물명집』에서 개칭해 현재에 이르고 있다. 『조선식물향명집』은 '나두국수나무'를 신칭한 이름으로 기록하지 않았으므로[2] 방언을 채록한 것에서 유래했을 가능성이 있다.

속명 *Neillia*는 스코틀랜드 에든버러의 인쇄업자였으며 현재의 왕립원예협회(Royal Caledonian Horticultural Society)의 설립자이자 의장이었던 Patrick Neill(1776~1851)의 이름에서 유래했으며 나도국수나무속을 일컫는다. 종소명 *uekii*는 일본 식물학자로 조선 식물을 연구한 우에키 호미키(植木秀幹, 1882~1976)의 이름에서 유래했다.

다른이름　나두국수나무(정태현 외, 1937), 조팝나무아재비(박만규, 1949), 민나도국수나무(정태현 외, 1949), 민조팝나무아재비(안학수·이춘녕, 1963), 민둥나도국수나무(한진건 외, 1982)[3]

중국/일본명　중국명 东北绣线梅(dong bei xiu xian mei)는 둥베이(東北) 지방에 분포하는 수선매(繡線梅: *Neillia thyrsiflora*를 말하며 국내에는 분포하지 않는 종임)라는 뜻이다. 일본명 スグリウツギ(酸塊

1　이러한 견해로 이우철(2005), p.126 참조.
2　이에 대해서는 『조선식물향명집』, 색인 p.33 참조.
3　『조선식물명휘』(1922)는 '갈미나무'를 기록했으며 『선명대화명지부』(1934)는 '갈매나무'를 기록했다.

空木)는 까치밥나무(スグリ)와 빈도리(ウツギ)를 닮은 식물이라는 뜻이다.

참고 [북한명] 나도국수나무 [유사어] 화남리(華南梨)

○Opulaster amurensis *Kuntz*　テマリシモツケ
San-gugsu-namu　산국수나무

산국수나무〈*Physocarpus amurensis* (Maxim.) Maxim.(1879)〉

산국수나무라는 이름은 『조선식물향명집』에서 신칭한 것으로[4] 그 유래는 미상이라고 한다.[5] 그러나 식물명에서 '산'은 산에서 자라는 식물에 붙이는 말이므로, 산에서 자라는 국수나무라는 뜻에서 유래했다고 본다.

속명 *Physocarpus*는 그리스어 *physa*(주머니, 기포, 수포)와 *karpos*(열매)의 합성어로, 주머니 같은 열매가 있다는 뜻에서 유래했으며 산국수나무속을 일컫는다. 종소명 *amurensis*는 '아무르강 유역에 분포하는'이라는 뜻으로 최초 발견지를 나타낸다.

다른이름 타래조팝나무(박만규, 1949), 산수국나무(이우철, 1996b)

중국/일본명 중국명 风箱果(feng xiang guo)는 풀무를 닮은 열매가 달리는 식물이라는 뜻이다. 일본명 テマリシモツケ(手鞠下野)는 불두화(テマリバナ)와 일본조팝나무(シモツケ)를 닮은 식물이라는 뜻이다.

참고 [북한명] 산국수나무

⊗Opulaster insularis *Nakai*　タケシマシモツケ
Sŏm-gugsu-namu　섬국수나무

섬국수나무〈*Physocarpus insularis* (Nakai) Nakai(1952)〉[6]

섬국수나무라는 이름은 울릉도(섬)에서 나는 (산)국수나무라는 뜻이다.[7] 『조선식물향명집』에서 전통 명칭 '국수나무'를 기본으로 하고 식물의 산지(産地)를 나타내고 학명에서 유래한 '섬'을 추가해 신칭했다.[8]

속명 *Physocarpus*는 그리스어 *physa*(주머니, 기포, 수포)와 *karpos*(열매)의 합성어로, 주머니

---

4 이에 대해서는 『조선식물향명집』, 색인 p.39 참조.
5 이러한 견해로 이우철(2005), p.305 참조.
6 '국가표준식물목록'(2018)은 섬국수나무를 별도의 종으로 분류하고 있으나, 『장진성 식물목록』(2014)은 이를 인가목조팝나무<*Spiraea chamaedryfolia* L.(1753)>에 통합해 별도 분류하지 않으므로 주의가 필요하다.
7 이러한 견해로 이우철(2005), p.337과 오찬진 외(2015), p.528 참조.
8 이에 대해서는 『조선식물향명집』, 색인 p.41 참조.

같은 열매가 있다는 뜻에서 유래했으며 산국수나무속을 일컫는다. 종소명 *insularis*는 '섬에서 자라는'이라는 뜻으로 울릉도산임을 나타낸다.

다른이름 섬조팝나무(박만규, 1949), 섬산국수나무/섬산조팝나무(리용재 외, 2011)

중국/일본명 중국에는 분포하지 않는 종이며 '중국식물지'도 이를 기재하지 않고 있다. 일본명 タケシマシモツケ(鬱陵島下野)는 울릉도에서 나는 일본조팝나무(シモツケ)를 닮은 식물이라는 뜻이다.

참고 [북한명] 섬산국수나무

⊗Pentactina rupicola *Nakai* フサシモツケ
Gùmgang-gugsu-namu 금강국수나무

금강인가목⟨*Pentactina rupicola* Nakai(1917)⟩

금강인가목이라는 이름은 『조선삼림식물도설』에 따른 것으로, 금강산에서 나는 인가목조팝나무라는 뜻에서 유래했다.[9] 『조선식물향명집』에서는 금강산에서 자라고 국수나무를 닮았다는 뜻에서 '금강국수나무'를 신칭해 기록했다.[10] 조팝나무속(*Spiraea*)에 비해 꽃잎 5장은 선형이고 밑씨는 2개이며 골돌(蓇葖)은 봉선(逢線)이 양쪽으로 터지는 등의 이유로 나카이 다케노신(中井猛之進, 1882~1952)에 의해 새로운 속(genus)으로 분류되었으나, 하위 종(species)이 추가적으로 발견되지 않는 등 속과 종의 개념을 혼돈했다는 비판이 제기되고 있다.[11]

속명 *Pentactina*는 그리스어 *pente*(5)와 *actinum*(방사상의)의 합성어로, 꽃이 5갈래의 방사상으로 퍼지는 것에서 유래했으며 금강인가목속을 일컫는다. 종소명 *rupicola*는 '암석으로 된 절벽에서 자라는'이라는 뜻이다.

다른이름 금강국수나무(정태현 외, 1937), 금강조팝나무(안학수·이춘녕, 1963)

중국/일본명 한국 특산종으로 중국에는 분포하지 않는다. 일본명 フサシモツケ(総下野)는 꽃이 송이처럼 모여 축 늘어져서 자라는(総) 일본조팝나무(シモツケ)라는 뜻이다.

참고 [북한명] 금강국수나무

---

9 이러한 견해로 이우철(2005), p.97 참조.

10 이에 대해서는 『조선식물향명집』, 색인 p.33 참조.

11 나카이 다케노신이 속(genus)으로 구분할 특징과 종(species)으로 구별할 특징을 자주 혼동했다는 지적으로 장진성(1994) 등 참조.

Sorbaria stellipila *Schneider*　ホザキナナカマド
Gaeswedâng-namu　개쉬땅나무

개쉬땅나무(쉬땅나무)〈*Sorbaria sorbifolia* (L.) A.Braun(1860)〉[12]

개쉬땅나무라는 이름은 열매가 달리는 꽃차례가 수수깡을 연
상시키는(개) 나무라는 뜻에서 유래했다. 『조선식물향명집』은
평북 방언에서 유래한 '개쉬땅나무'로 기록했는데,[13] 『대한식
물도감』에서 "화서(花序)가 수수 이삭 같기 때문에 '쉬땅나무'
라 하며, 개쉬땅나무라고 할 필요가 없다"[14]라고 한 이래로 쉬
땅나무를 추천명으로 사용하고 있다. 개쉬땅나무는 쉬땅나
무를 닮았다는(개) 뜻인데 별도로 쉬땅나무가 없으니 '개쉬땅
나무'를 개칭해 '쉬땅나무'로 하자는 취지였다.[15] 그러나 쉬땅
은 평안도 및 함남 방언으로 수수깡을 뜻하고,[16] 개쉬땅나무
는 쉬땅나무를 닮았다는 뜻이 아니라 '개＋쉬땅＋나무'로 수
수깡을 닮은 나무라는 뜻이어서 쉬땅나무의 존재를 전제로

하지 않는 이름이다. 『조선삼림식물편』에 따르면 '개쉬땅나무'라는 이름 자체가 평북 방언으로 그
지역에서 불리던 그대로의 이름이라는 점을 고려할 때 『대한식물도감』의 내용에는 의문점이 남
는다. 북한은 오래전부터 '쉬땅나무'로 개칭해 이를 정명으로 하고 있다. 한편 나무 속이 비어 있어
불에 탈 때 '쉬' 소리가 나다가 '땅' 하면서 터지는 것에서 유래한 이름이라는 견해가 있으나,[17] 최
초 개쉬땅나무로 채록된 이름이므로 이러한 해석은 근거가 없는 것으로 판단된다. 『신증동국여지
승람』은 현재의 중국명과 유사한 珍珠花(진주화)를 기록했는데, 중국에 분포한다고 했으므로 직접
적으로 개쉬땅나무를 지칭하지는 않는 것으로 보인다.

　속명 *Sorbaria*는 *Sorbus*(마가목속)와 잎의 모양이 닮은 것에서 유래했으며 개쉬땅나무속을 일
컫는다. 종소명 *sorbifolia*는 '*Sorbus*(마가목) 잎과 같은'이라는 뜻이다.

12　'국가표준식물목록'(2018)은 개쉬땅나무의 학명을 *Sorbaria sorbifolia* var. *stellipila* Maxim.(1879)으로 기재하고 있다.
　　그러나 『장진성 식물목록』(2014)은 이를 본문 기재 학명의 이명(synonym)으로 통합하고 있고, '중국식물지'(2018)에 의하
　　면 *S. sorbifolia* var. *stellipila*는 잎 뒷면에 별모양털이 밀생하는 종을 말하는데 국내 분포종은 이와 차이가 있으므로
　　정명을 본문에 기재된 것으로 한다.
13　개쉬땅나무가 평북 방언에서 유래했다는 것에 대해서는 『조선삼림수목감요』(1923), p.49 참조.
14　이에 대해서는 이창복(1980), p.426 참조.
15　이러한 견해로 이우철(2005), p.54 참조.
16　이에 대해서는 국립국어원, '우리말샘' 중 '쉬땅' 참조.
17　이러한 견해로 전정일(2009), p.50 참조. 한편 박상진(2019), p.282는 '수숫단나무'라 부르다가 '수숫땅나무'가 되었고 다시
　　쉬땅나무로 변했다고 주장하고 있으나 문헌이나 기타 근거가 있는 것이 아니어서 타당성은 의문스럽다.

다른이름 긔쉬쌍나무/마가목(정태현 외, 1923), 곤자리순(정태현 외, 1942), 밥쉬나무/쉬나무(정태현, 1943), 쉬땅나무(리종오, 1964)

옛이름 珍珠花(신증동국여지승람, 1530)[18]

중국/일본명 중국명 珍珠梅(zhen zhu mei)는 진주 같은 꽃이 피는 매실나무라는 뜻이다. 일본명 ホザキナナカマド(穗咲き七竈)는 이삭 모양으로 꽃이 피고 목질이 단단해 아궁이 일곱 곳을 태울 정도라는 뜻에서 붙여졌다.

참고 [북한명] 쉬땅나무 [유사어] 진주화(珍珠花) [지방명] 쉬나무(함남), 밥쉬나무(함북)

⊗Spiraea koreana *Nakai*　テフセンシモツケ
Cham-jopab-namu　참조팝나무

참조팝나무〈*Spiraea fritschiana* C.K.Schneid.(1905)〉

참조팝나무라는 이름은 한반도 고유종의 진짜(참) 조팝나무라는 뜻이다.[19] 『조선식물향명집』에서 전통 명칭 '조팝나무'를 기본으로 하고 식물의 산지(産地)를 나타내는 '참'을 추가해 신칭했다.[20]

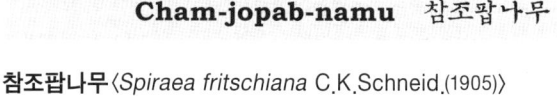

　속명 *Spiraea*는 그리스어 *speira*(나선, 화환, 바퀴)에 어원을 둔 *speiraia*(이 식물로 화환을 만들었고 어떤 종은 열매의 모양이 나선형이어서 붙여진 이름)에서 전용·유래했으며 조팝나무속을 일컫는다. 종소명 *fritschiana*는 오스트리아 식물채집가 Karl Fritsch(1864~1934)의 이름에서 유래했다.

다른이름 좀조팝나무(정태현 외, 1937), 바위좀조팝나무(정태현, 1943), 고려조팝나무/물조팝나무(박만규, 1949), 왕조팝나무(안학수·이춘녕, 1963), 애기바위조팝나무(안학수 외, 1982), 둥근잎조팝나무(김태영·김진석, 2018)

중국/일본명 중국명 华北绣线菊(hua bei xiu xian ju)는 화베이(華北: 황허강 중·상류) 지방에 분포하는 수선국(繡線菊: 꼬리조팝나무의 중국명)이라는 뜻이다. 일본명 テフセンシモツケ(朝鮮下野)는 한반도에 분포하고 일본조팝나무(シモツケ)를 닮았다는 뜻이다.

참고 [북한명] 참조팝나무 [유사어] 소엽화(笑靨花), 조선수선국(朝鮮繡線菊)

18　『조선식물명휘』(1922)는 '珍珠花, 走馬蓁, 긔쉬단나무'를 기록했으며 『선명대화명지부』(1934)는 '개쉬단나무, 개쉬쌍나무, 마가목'을, 『조선삼림식물편』(1915~1939)은 'Kai sui tan nam(平北)[개쉬땅나무(평북)]'를 기록했다.

19　이러한 견해로 이우철(2005), p.510과 박상진(2019), p.349 참조.

20　이에 대해서는 『조선식물향명집』, 색인 p.46 참조.

○Spiraea media *Schmidt* var. oblongifolia *Beck.*　ナガバシモツケ
Ginip-jopab-namu　긴잎조팝나무

긴잎조팝나무〈*Spiraea media* Schmidt(1792)〉

긴잎조팝나무라는 이름은 잎이 긴 조팝나무라는 뜻이다.[21] 『조선식물향명집』에서 전통 명칭 '조
팝나무'를 기본으로 하고 식물의 형태적 특징을 나타내는 '긴잎'을 추가해 신칭했다.[22]

　속명 *Spiraea*는 그리스어 *speira*(나선, 화환, 바퀴)에 어원을 둔 *speiraia*(이 식물로 화환을 만들었
고 어떤 종은 열매의 모양이 나선형이어서 붙여진 이름)에서 전용·유래했으며 조팝나무속을 일컫는다.
종소명 *media*는 '중간의, 중간종의'라는 뜻이다.

다른이름　긴닢조팝나무(이창복, 1947), 정화조팝나무(박만규, 1949), 긴조팝나무(한진건 외, 1982)

중국/일본명　중국명 欧亚绣线菊(ou ya xiu xian ju)는 유럽과 아시아에 걸쳐 분포하는 수선국(繡線菊:
꼬리조팝나무의 중국명)이라는 뜻이다. 일본명 ナガバシモツケ(長葉下野)는 긴 잎을 가진 일본조팝
나무(シモツケ)라는 뜻이다.

참고　[북한명] 긴잎조팝나무

⊗Spiraea microgyna *Nakai*　コゴメシモツケ
Jom-jopab-namu　좀조팝나무

좀조팝나무〈*Spiraea microgyna* Nakai(1915)〉[23]

좀조팝나무라는 이름은 씨방이 작은(좀) 조팝나무라는 뜻이다.[24] 『조선식물향명집』에서 전통 명
칭 '조팝나무'를 기본으로 하고 식물의 형태적 특징과 학명에서 유래한 '좀'을 추가해 신칭했다.[25]

　속명 *Spiraea*는 그리스어 *speira*(나선, 화환, 바퀴)에 어원을 둔 *speiraia*(이 식물로 화환을 만들었
고 어떤 종은 열매의 모양이 나선형이어서 붙여진 이름)에서 전용·유래했으며 조팝나무속을 일컫는다.
종소명 *microgyna*는 '작은 씨방의'라는 뜻으로 열매가 상대적으로 작은 것에서 유래했다.

다른이름　애기조팝나무(안학수·이춘녕, 1963)

중국/일본명　'중국식물지'는 이를 별도 기재하지 않고 있다. 일본명 コゴメシモツケ(小米下野)는 씨방
이 작은 일본조팝나무(シモツケ)라는 뜻이다.

21　이러한 견해로 이우철(2005), p.109 참조.
22　이에 대해서는 『조선식물향명집』, 색인 p.33 참조.
23　'국가표준식물목록'(2018)은 좀조팝나무를 별도 분류하고 있으나, 이우철(2005)과 『장진성 식물목록』(2014)은 참조팝나무
　　에 통합하고 있고, 김태영·김진석(2018)도 이를 별도 분류하지 않으므로 주의가 필요하다.
24　이러한 견해로 이우철(2005), p.476 참조.
25　이에 대해서는 『조선식물향명집』, 색인 p.46 참조.

○ Spiraea obtusa *Nakai*　ヤマシモツケ
San-jopab-namu　산조팝나무

산조팝나무〈*Spiraea blumei* G.Don(1832)〉

산조팝나무라는 이름은 산에서 자라고 조팝나무를 닮은 식물이라는 뜻이다.[26] 『조선식물향명집』에서 전통 명칭 '조팝나무'를 기본으로 하고 식물의 산지(産地)를 나타내는 '산'을 추가해 신칭했다.[27]

속명 *Spiraea*는 그리스어 *speira*(나선, 화환, 바퀴)에 어원을 둔 *speiraia*(이 식물로 화환을 만들었고 어떤 종은 열매의 모양이 나선형이어서 붙여진 이름)에서 전용·유래했으며 조팝나무속을 일컫는다. 종소명 *blumei*는 독일계 네덜란드 식물학자 Karl Ludwig von Blume(1796~1862)의 이름에서 유래했다.

다른이름 긴잎산조팝나무(정태현 외, 1937), 개조팝나무/찰조팝나무(박만규, 1949), 넓은잎산조팝나무(정태현, 1970)

옛이름 麻葉繡毬(물명고, 1824)

중국/일본명 중국명 绣球绣线菊(xiu qiu xiu xian ju)는 수국을 닮은 수선국(繡線菊: 꼬리조팝나무의 중국명)이라는 뜻이다. 일본명 ヤマシモツケ(山下野)는 산에서 자라는 일본조팝나무(シモツケ)라는 뜻이다.

참고 [북한명] 산조팝나무 [유사어] 마엽수구(麻葉繡球)

○ Spiraea prunifolia *Sieb. et Zucc.* var. simpliciflora *Nakai*　ヒトヘノシジミバナ
Jopab-namu　조팝나무　木常山

조팝나무〈*Spiraea prunifolia* Siebold & Zucc. f. *simpliciflora* Nakai(1909)〉

조팝나무라는 이름에서 조팝은 '조(ㅎ)'(粟)와 '밥'(飯)의 합성어로, 작은 꽃들이 모여 있는 모양이 조로 만든 밥 또는 튀긴 좁쌀을 붙인 것 같다는 뜻에서 유래했다.[28] 조선어학회가 저술한 『조선

26 이러한 견해로 이우철(2005), p.316; 솔뫼(송상곤, 2010), p.746; 박상진(2019), p.350 참조.
27 이에 대해서는 『조선식물향명집』, 색인 p.40 참조.
28 이러한 견해로 이우철(2005), p.463; 김민수(1997), p.933; 박상진(2011a), p.177; 허북구·박석근(2008b) p.253; 전정일(2009), p.51; 오찬진 외(2015), p.413; 솔뫼(송상곤, 2010), p.738; 김종원(2013), p.674 참조.

이표준말모음』은 한자명 粟飯(속반)의 뜻으로 표준말을 '조밥'으로, 방언을 '조팝'으로 기록했다.[29]
『동의보감』은 '조팝나모'로 기록했으며 이후 '조팝나무'가 되어 현재에 이르고 있다.

속명 *Spiraea*는 그리스어 *speira*(나선, 화환, 바퀴)에 어원을 둔 *speiraia*(이 식물로 화환을 만들었고, 어떤 종은 열매의 모양이 나선형이어서 붙여진 이름)에서 전용·유래했으며 조팝나무속을 일컫는다. 종소명 *prunifolia*는 'Prunus(벚나무속)와 잎이 비슷한'이라는 뜻이며, 품종명 *simpliciflora*는 '홑꽃의'라는 뜻이다.

다른이름　　조팝나무(정태현 외, 1923), 홑조팝나무(안학수·이춘녕, 1963), 조밥나무(이창복, 1980)

옛이름　　恒山(향약구급방, 1236), 常山/조팝나모/蜀漆(동의보감, 1613), 常山/조팝나모(제중신편, 1799), 常山/조밥나물/恒山/鷄尿草(광재물보, 19세기 초), 常山/조팝나모/恒山/鷄尿草/鴨尿草(물명고, 1824), 常山/조팝나무불휘(의휘, 1871), 常山/조팝나모(방약합편, 1884), 木常山(수진경험신방, 1913)[30]

중국/일본명　　중국명 单瓣李叶绣线菊(dan ban li ye xiu xian ju)는 홑꽃에 자두나무 잎과 유사한 수선국(繡線菊: 꼬리조팝나무의 중국명)이라는 뜻이다. 일본명 ヒトヘノシジミバナ(一重の蜆花)는 한 겹 꽃으로 된 シジミバナ(蜆花: 꽃이 핀 모양이 도롱이벌레를 연상시킨다는 뜻으로, 조팝나무 원종의 일본명)라는 뜻이다.

참고　　[북한명] 조팝나무 [유사어] 계뇨초(鷄尿草), 목상산(木常山), 소엽화(笑靨花), 압뇨초(鴨尿草), 촉칠(蜀漆)

Spiraea pseudo-crenata *Nakai*　　ナガバノヤマシモツケ
Ginip-san-jopab-namu　긴잎산조팝나무

긴잎산조팝나무〈*Spiraea pseudocrenata* Nakai(1919)〉[31]

긴잎산조팝나무라는 이름은 잎이 길고 산조팝나무를 닮았다는 뜻에서 붙여졌다.[32] 『조선식물향명집』에서 전통 명칭 '조팝나무'를 기본으로 하고 식물의 형태적 특징과 산지(産地)를 나타내는 '긴잎산'을 추가해 신칭했다.[33]

속명 *Spiraea*는 그리스어 *speira*(나선, 화환, 바퀴)에 어원을 둔 *speiraia*(이 식물로 화환을 만들었

29　이에 대해서는 『조선어표준말모음』(1936), p.7 참조.
30　『조선한방약료식물조사서』(1917)는 '조팝나무(平北), 常山'을 기록했으며 『조선어사전』(1920)은 '조팝나무, 蜀漆(촉칠), 鴨尿草(압뇨초)'를, 『조선식물명휘』(1922)는 '常山, 조팝나무, 상산(藥, 觀賞)'을, 『조선삼림식물편』(1915~1939)은 'Chuttonnam (全南), Chopapnam(平北)[추통나무(?)(전남), 조팝나무(평북)]를 기록했다.
31　'국가표준식물목록'(2018)은 긴잎산조팝나무를 별도의 종으로 분류하고 있으나, '세계식물목록'(2018)은 Spiraea blumei var. obtusata (Nakai) Sugim.(1972)를 학명으로 해서 산조팝나무의 변종으로 분류하고 있고, 『장진성 식물목록』(2014)은 당조팝나무(S. chinensis)에, 이우철(2005)은 산조팝나무(S. blumei)에 각각 통합하고 별도 분류하지 않으므로 주의가 필요하다.
32　이러한 견해로 이우철(2005), p.108 참조.
33　이에 대해서는 『조선식물향명집』, 색인 p.33 참조.

848

고 어떤 종은 열매의 모양이 나선형이어서 붙여진 이름)에서 전용·유래했으며 조팝나무속을 일컫는다. 종소명 *pseudocrenata*는 'crenata 종(種)과 비슷한'이라는 뜻이다.

다른이름 긴닢산조팝나무(이창복, 1947), 개조팝나무/긴잎조팝나무(안학수·이춘녕, 1963)

중국/일본명 '중국식물지'는 이를 별도 기재하지 않고 있다. 일본명 ナガバノヤマシモツケ(長葉の山下野)는 긴 잎을 가진 산조팝나무(ヤマシモツケ)라는 뜻이다.

참고 [북한명] 긴잎산조팝나무

○Spiraea pubescens *Turczaninow*　ウスゲシモツケ
Agujaṅ-namu　아구장나무

아구장나무〈*Spiraea pubescens* Turcz.(1832)〉

아구장나무라는 이름은 꽃이 하얗게 피는 아가위(산사나무)를 닮았고 관목으로 자라는 작대기 같은 나무라는 뜻에서 유래한 것으로 추정한다. 함북 방언을 채록한 것인데,[34] '아구'와 '장나무'의 합성어로 '아구'는 산사나무를 뜻하는 아가위의 방언이고,[35] '장나무'는 작대기 또는 막대기(杆子 또는 材)의 뜻이다.[36] 한편 '아구'(아가위의 방언)+'장'[한자어 土庄花(토장화)의 장(庄)]+'나무'로 보아 토장(장원)에서 실로 예쁘게 수를 놓는 국화라는 뜻의 중국명 토장수선국(土庄繡線菊)과 관련 있는 이름으로 해석하는 견해가 있다.[37] 그러나 방언에서 한사냉이 결합해 식물명이 형성되는 경우는 이례적이고, 옛 문헌에서도 토장(土庄)이라는 어휘는 흔히 사용되지 않았으며, 토장수선국(土庄繡線菊)이라는 이름이 사용된 예도 발견되지 않는다. 무엇보다 이러한 해석은 『조선식물향명집』에 기록된 '누리장나무'의 '장나무'에 대한 이해를 불가능하게 만든다는 점을 고려할 때 그 타당성은 의문스럽다.

---

34 『조선삼림식물도설』(1943), p.270은 함북 방언을 채록한 이름이라는 것을 명기하고 있다.

35 이에 대해서는 고려대학교민족문화연구원, '고려대한국어대사전' 중 '아구' 참조. '고려대한국어대사전'은 '아구'를 경상 방언으로 기록하고 있는데, 남북 분단으로 인해 현재 아가위에 대한 함북의 정확한 방언은 확인되지 않는 것으로 보인다. 한편 『조선식물향명집』은 생강나무의 향명으로 '아구사리'를 기록하고 있는데, 아구사리의 '아구' 역시 작은 열매가 열린다는 뜻의 아가위(아가외)와 관련 있는 명칭으로 보인다.

36 『교린수지』(1881)는 작대기 또는 막대기의 뜻으로 '장나무'를 기록했고, 『동국신속삼강행실도』(1617)는 '댱나무'를 물건을 받치거나 버티는 데 쓰는 굵고 긴 나무라는 뜻의 長木(장목)의 의미로 사용했으며, 『조선어표준말모음』(1936), p.96은 나무로 된 막대기(木竿)에 대한 표준말로 '장나무'를 기록했다.

37 이러한 견해로 김종원(2013), p.1074 참조.

속명 *Spiraea*는 그리스어 *speira*(나선, 화환, 바퀴)에 어원을 둔 *speiraia*(이 식물로 화환을 만들었고 어떤 종은 열매의 모양이 나선형이어서 붙여진 이름)에서 전용·유래했으며 조팝나무속을 일컫는다. 종소명 *pubescens*는 '잔털이 있는'이라는 뜻인데, 잎 뒷면과 잎자루에 털이 있으나 꽃자루에는 대개 털이 없는 것이 특징이다.

다른이름 물참대(정태현, 1943), 아구장조팝나무(임록재 외, 1972)

중국/일본명 중국명 土庄绣线菊(tu zhuang xiu xian ju)는 장원(莊園)이나 시골 농막에서 자라는 수선국(繡線菊: 꼬리조팝나무의 중국명)이라는 뜻이다. 일본명 ウスゲシモツケ(薄毛下野)는 얇은 털이 있는 일본조팝나무(シモツケ)라는 뜻이다.

참고 [북한명] 아구장조팝나무

Spiraea salicifolia *L.* var. lanceolata *Torrey et Gray*　ホザキシモツケ
Ĝori-jopab-namu　꼬리조팝나무

꼬리조팝나무〈*Spiraea salicifolia* L.(1753)〉

꼬리조팝나무라는 이름은 꼬리같이 긴 꽃차례가 있는 조팝나무라는 뜻이다.[38] 『조선식물향명집』에서 전통 명칭 '조팝나무'를 기본으로 하고 식물의 형태적 특징을 나타내는 '꼬리'를 추가해 신칭했다.[39]

속명 *Spiraea*는 그리스어 *speira*(나선, 화환, 바퀴)에 어원을 둔 *speiraia*(이 식물로 화환을 만들었고 어떤 종은 열매의 모양이 나선형이어서 붙여진 이름)에서 전용·유래했으며 조팝나무속을 일컫는다. 종소명 *salicifolia*는 '*Salix*(버드나무속)와 비슷한 잎의'라는 뜻으로 잎이 버드나무를 닮은 것에서 유래했다.

다른이름 붉은조록싸리(정태현, 1943), 개쥐땅나무(박만규, 1949)[40]

중국/일본명 중국명 绣线菊(xiu xian ju)는 수를 놓는 실과 같이 예쁜 국화라는 뜻이다. 일본명 ホザキシモツケ(穗咲き下野)는 꽃이 이삭처럼 피는 シモツケ(下野)라는 뜻인데, シモツケ는 일본조팝나무(*S. japonica*)가 도치기현의 시모쓰케(下野) 지역에서 처음 발견되어 붙여진 이름이다.

---

38 이러한 견해로 이우철(2005), p.116; 박상진(2019), p.349; 허북구·박석근(2008b), p.5; 전정일(2009), p.52 참조.
39 이에 대해서는 『조선식물향명집』, 색인 p.32 참조.
40 『조선한방약료식물조사서』(1917)는 '조팝나무'를 기록했으며 『조선식물명휘』(1922)는 '붉은초록싸리(觀賞)'를, 『선명대화명지부』(1934)는 '붉은초록싸리'를 기록했다.

⊗Spiraea sylvestris *Nakai*   モリシモツケ
Dombul-jopab-namu   덤불조팝나무

덤불조팝나무〈*Spiraea miyabei* Koidz.(1906)〉

덤불조팝나무라는 이름은 숲(덤불)에서 나는 조팝나무 또는
덤불을 이루는 조팝나무라는 뜻이다.[41] 『조선식물향명집』에
서 전통 명칭 '조팝나무'를 기본으로 하고 식물의 생태적 특징
을 나타내는 '덤불'을 추가해 신칭했다.[42]

　속명 *Spiraea*는 그리스어 *speira*(나선, 화환, 바퀴)에 어원을
둔 *speiraia*(이 식물로 화환을 만들었고 어떤 종은 열매의 모양이
나선형이어서 붙여진 이름)에서 전용·유래했으며 조팝나무속을
일컫는다. 종소명 *miyabei*는 홋카이도(北海道)의 식물을 연구
한 일본 식물학자 미야베 긴고(宮部金吾, 1860~1951)의 이름에
서 유래했다.

다른이름 　덤불잎조팝나무(Chang et al., 2014)

중국/일본명 　중국명 长蕊绣线菊(chang rui xiu xian ju)는 긴 꽃술을 가진 수선국(繡線菊: 꼬리조팝나무
의 중국명)이라는 뜻이다. 일본명 モリシモツケ(森下野)는 수풀을 이루는 일본조팝나무(シモツケ)라
는 뜻이다.

참고 　[북한명] 덤불조팝나무 [유사어] 삼수선국(森綉線菊)

○Spiraea trichocarpa *Nakai*   テフセンコデマリ
Galgi-jopab-namu   갈기조팝나무

갈기조팝나무〈*Spiraea trichocarpa* Nakai(1909)〉

갈기조팝나무라는 이름은 꽃이 달리는 일년생가지가 갈기와 같이 한쪽으로 나는 조팝나무라는
뜻이다.[43] 『조선식물향명집』에서 전통 명칭 '조팝나무'를 기본으로 하고 식물의 특징을 나타내는

41　이러한 견해로 이우철(2005), p.175 참조.

42　이에 대해서는 『조선식물향명집』, 색인 p.35 참조.

43　이러한 견해로 이우철(2005), p.38; 박상진(2019), p.349; 김태영·김진석(2018), p.347; 나영학(2016), p.335 참조.

'갈기'를 추가해 신칭했다.[44] '갈기'는 말이나 사자 따위의 목덜미에 난 긴 털을 뜻하는 고유어이다.

　속명 Spiraea는 그리스어 speira(나선, 화환, 바퀴)에 어원을 둔 speiraia(이 식물로 화환을 만들었고 어떤 종은 열매의 모양이 나선형이어서 붙여진 이름)에서 전용·유래했으며 조팝나무속을 일컫는다. 종소명 trichocarpa는 '털이 있는 열매의'라는 뜻이다.

다른이름　갈키조팝나무(정태현 외, 1949), 갈퀴조팝나무(안학수·이춘녕, 1963)

중국/일본명　중국명 毛果绣线菊(mao guo xia xian ju)는 열매에 털이 있는 수선국(繡線菊: 꼬리조팝나무의 중국명)이라는 뜻이다. 일본명 テフセンコデマリ(朝鮮小手毬)는 한반도에 자라는 공조팝나무(コデマリ, S. cantoniensis)라는 뜻이다.

참고　[북한명] 갈퀴조팝나무 [유사어] 소엽화(笑靨花)

Spiraea ulmifolia Scopoli　アイヅシモツケ
Ingamog-jopab-namu　인가목조팝나무

인가목조팝나무〈Spiraea chamaedryfolia L.(1753)〉

인가목조팝나무라는 이름은 『조선식물향명집』에서 신칭한 것으로,[45] '인가목'과 '조팝나무'의 합성어다. '인가목'이라는 이름은 조선 후기의 『물명고』에 최초 등장하는데, 중국옛 문헌에서 지팡이로 사용한 것으로 기재된 靈壽木(영수목)과 扶老杖(부로장)이 인가목일 가능성이 있다는 취지로 기록했다. 인가목이라는 이름과 관련이 있는 식물로 땃두릅나무(Oplopanax elatus), 인가목(Rosa acicularis), 인가목조팝나무(Spiraea chamaedryfolia)가 있는데,[46] 이 중에서 지팡이로 사용 가능한 식물은 인가목조팝나무이다. 또한 강원 방언으로 인가목이 사용된 점을 고려하면, 『물명고』의 '인가목'은 인가목조팝나무를 일컬었을 가능성이 높다.[47] 『조선삼림식물도설』

은 땃두릅나무의 한자명을 人伽木(인가목)으로 기록했는데, 땃두릅나무의 약성이나 자생지를 고려

44　이에 대해서는 『조선식물향명집』, 색인 p.30 참조.

45　이에 대해서는 위의 책, 색인 p.44 참조.

46　이 밖에 금강인가목〈Pentactina rupicola Nakai(1917)〉이 있으나 이는 일제강점기에 비로소 발견되었고, 인가목조팝나무와 닮아 유래한 이름으로 이해된다.

47　국립수목원, '국가생물종지식정보시스템'은 인가목조팝나무에 대해 "목재는 지팡이 재료로 쓰인다"라고 하고 있다. 또한 『조선삼림식물도설』(1943), p.274는 인가목을 인가목조팝나무의 강원 방언으로, p.542는 한자로 '人伽木'(인가목)으로 표현하고 있다.

하면 인삼과 약성이 유사한 목본성 식물 또는 절이 있는 깊은 산속에 자라는 나무라는 뜻으로 보인다. 결국 인가목조팝나무라는 이름은 민간에서 약재로 사용하기도 하는데 약성이 비슷한 측면이 있고 분포지나 관목으로 자라는 모습이 땃두릅나무와 유사하고, 조팝나무를 닮았다는 뜻에서 유래한 것으로 보인다. 한편 인가목조팝나무에 대해 흰인가목(Rosa koreana)과 꽃이 유사해 붙여진 이름이라는 견해가 있으나,[48] 흰인가목 및 인가목(R. acicularis)이 단독으로 큰 꽃을 피우는 반면에 인가목조팝나무는 편평꽃차례를 이루고 개별 꽃 모양도 다르므로 타당하지 않아 보인다.

속명 *Spiraea*는 그리스어 *speira*(나선, 화환, 바퀴)에 어원을 둔 *speiraia*(이 식물로 화환을 만들었고 어떤 종은 열매의 모양이 나선형이어서 붙여진 이름)에서 전용·유래했으며 조팝나무속을 일컫는다. 종소명 *chamaedryfolia*는 '*Teucrium chamaedrys*(담곽향)와 비슷한 잎'이라는 뜻이다.

다른이름 인가목/조팝나무/털인가목조팝나무(정태현, 1943), 기장조팝나무/철연죽/털철연죽(박만규, 1949), 천년죽(안학수·이춘녕, 1963), 느릅조팝나무(리용재 외, 2011)

옛이름 靈壽/扶老/椐櫄(성호사설, 1740), 靈壽木/인가목/扶老杖/椐/櫄(물명고, 1824)

중국/일본명 중국명 石蚕叶绣线菊(shi can ye xiu xian ju)는 석잠(石蠶)의 잎을 닮은 수선국(繡線菊: 꼬리조팝나무의 중국명)이라는 뜻이다. 일본명 アイヅシモツケ(會津下野)는 아이즈(會津) 지역에서 발견된 일본조팝나무(シモツケ)라는 뜻이다.

참고 [북한명] 느릅조팝나무/인가목조팝나무[49]

Stephanandra incisa *Zabel*　コゴメウツギ
Gugsu-namu　국수나무

국수나무〈*Stephanandra incisa* (Thunb.) Zabel(1885)〉

국수나무라는 이름은 『조선식물명휘』에 최초 기록되었으며, 강원 방언을 채록한 것이다.[50] 줄기의 뻗침이나 흰색의 속(pith)이 국수 가락과 비슷한 나무라는 뜻에서 유래했다.[51] 옛날 아이들이 소꿉놀이를 할 때 나무의 줄기에서 속을 뽑아 국수라고 부르며 놀았다고도 하며, 가지를 잘라 벗기면 껍질이 국수같이 얇게 벗겨진다는 뜻으로 해석하는 견해도 있다.[52] 한편 한자어 국수(菊繡)에서 유래한 이름으로 꽃잎이 수(繡)를 놓은 듯하고 꽃 모양이 국화 같다는 뜻으로 해석하는 견해가 있으

48 이러한 견해로 솔뫼(송상곤, 2010), p.750 참조.
49 북한에서는 S. ulmifolia를 '느릅조팝나무'로, S. ussuriensis를 '인가목조팝나무'로 하여 별도 분류하고 있다. 이에 대해서는 리용재 외(2011), p.338 참조.
50 강원도 방언을 채록한 이름이라는 것에 대해서는 『조선삼림식물도설』(1943), p.276 참조.
51 이러한 견해로 이우철(2005), p.91; 김태영·김진석(2018), p.351; 허북구·박석근(2008b), p.52; 박상진(2001), p.406; 강판권(2010), p.365; 솔뫼(송상곤, 2010), p.664 참조.
52 이러한 견해로 오찬진 외(2015), p.413 참조.

나,[53] 국수나무의 꽃이 국화와 비슷하다고 할 수 없고 국수(菊繡)라는 한자어를 사용한 근거가 없어 타당성은 의문스럽다.

속명 *Stephanandra*는 그리스어 *stephanos*(관)와 *andron*(수술)의 합성어로, 수술이 관(冠) 모양이어서 붙여졌으며 국수나무속을 일컫는다. 종소명 *incisa*는 '예리하게 갈라진'이라는 뜻이다.

다른이름 고광나무(정태현 외, 1923), 거렁방이나무/뱁새더울(정태현, 1943)[54]

중국/일본명 중국명 小米空木(xiao mi kong mu)는 꽃이 마치 좁쌀 같고 줄기의 속이 비어 있는 나무라는 뜻이다. 일본명 コゴメウツギ(小米空木)는 꽃이 좁쌀 같고 빈도리(ウツギ)를 닮았다는 뜻이다.

참고 [북한명] 국수나무 [유사어] 소진주화(小珍珠花) [지방명] 국숫대(경기), 셍이독가리/셍이독까리/셍이독꾸리/셍이독낭/셍이폭낭(제주), 각숫대(충북)

---

53 이러한 견해로 한진건(1990), p.69 참조.

54 『조선식물명휘』(1922)는 '국수나무'를 기록했으며 『선명대화명지부』(1934)는 '국수나무, 고광나무'를, 『조선삼림식물편』(1915~1939)은 'Sehganjarinam, Chutarnam(濟州), Pepuseinungkul(全南), Kukusunam(京畿, 江原)'[셍이독낭, 추타르낭(제주), 뱁새넝쿨(전남), 국수나무(경기, 강원)]를 기록했다.

Ponaceae 배나무科 (梨科)

장미과〈Rosaceae Juss.(1789)〉

『조선식물향명집』은 나카이 다케노신(中井猛之進, 1882~1952)의 영향을 받아 Pomaceae(배나무과)[1]를 별도의 과로 분류했으나, '국가표준식물목록'(2018), 『장진성 식물목록』(2014) 및 '세계식물목록'(2018)은 Rosaceae(장미과)에 포함해 *Pyrus*(배나무속)로 분류하고 있다. 엥글러(Engler), 크론키스트(Cronquist) 및 APG IV(2016) 분류 체계도 이와 같다. 다만, 하위 분류로 Maloideae(능금아과)를 정의하기도 한다.

○ Chaenomeles trichogyna *Nakai*　テフセンボケ　木瓜
Myŏngja-namu　명자나무(애기씨꽃나무)

명자나무〈*Chaenomeles lagenaria* (Loisel.) Koidz.(1909)〉[2]

명자나무라는 이름은 중국에서 전래된 것이다. 이 식물을 관상용 또는 약재(열매)로 사용했는데 한자로 榠樝(명사)로 표기되었으므로 명사의 발음이 전이되었거나, 명사의 열매를 榠子(명자)라고 하는데 이것에서 '명자'가 유래한 것으로 보인다.[3] 16세기에 저술된 『훈몽자회』는 '榠樝'(명사)의 '樝'(사)에 대해서 '명잣 쟈'라고 표기해 zhā(쟈)로 읽었음을 기록했다. 한편 榠樝(명사)는 중국에서는 남쪽에서 자라는 아가위라는 뜻으로 모과나무(*C. sinensis*)를 일컫지만,[4] 우리나라에서는 명자나무를 일컫는 한자로 사용해왔다.[5]

　속명 Chaenomeles는 그리스어 chaino(갈라지다)와 melon(사과)의 합성어로, 열매가 사과 같지만 익으면 갈라지는 봉선(縫線)이 있는 데서 유래했으며 명자나무속을 일컫는다. 종소명 *lagenaria*는 '병 모양의, 표주박

1　『조선식물향명집』의 라틴어 학명 Ponaceae는 『조선삼림식물편』(1915~1939)에 기록된 라틴어 학명 Pomaceae의 오기로 보인다.

2　『장진성 식물목록』(2014)은 본문의 학명을 정명으로 기재하고 있으나, '국가표준식물목록'(2018), '세계식물목록'(2018) 및 '중국식물지'(2018)는 *Chaenomeles speciosa* (Sweet) Nakai(1927)를 정명으로 기재하고 있으므로 주의가 필요하다.

3　이러한 견해로 박상진(2011a), p.67과 기태완(2015), p.162 참조.

4　중국의 이시진은 『본초강목』(1596)에서 "木李生於吳越 故鄭樵通志謂之蠻樝云 俗呼爲木梨 則榠樝蓋蠻樝之訛也"[木李(목이)는 오월 지역에서 자라기 때문에 정초통지는 이를 만사(蠻樝)라 했고 흔히 木梨(목리)라고도 한다. 즉 榠樝(명사)는 蠻樝(만사)가 변화한 것이다]라고 했다.

5　이에 대해서는 『(신대역) 동의보감』(2012), p.1954 참조.

모양의'라는 뜻으로 열매의 모양에서 유래했다.

다른이름 명자나무/산당화/아기씨꽃나무/청자(정태현 외, 1923), 애기씨꽃나무(정태현 외, 1937), 가시덕이/산당화/풀명자나무/청자(정태현, 1943), 가시덱이(박만규, 1949), 명자꽃(이창복, 1966), 풀명자(이창복, 1969b), 잔털명자나무(김현삼 외, 1988)

옛이름 樆櫨/蠻櫨(향약집성방, 1433), 명쟈/榠櫨(사성통해, 1517), 명쟛/榠櫨(훈몽자회, 1527), 榠櫨/명쟈(동의보감, 1613), 榠櫨(여암유고, 18세기 말), 山棠花(간옹집, 1795), 榠櫨/명쟈(물보, 1802), 樆子/榠樆/木李/木梨(백운필, 1803), 榠櫨/사금(광재물보, 19세기 초), 榠櫨/사금(물명고, 1824), 櫨/명차(자류주석, 1856), 榠櫨/명샤(명물기략, 1870), 榠櫨/명자(녹효방, 1873), 명자/榠櫨(자전석요, 1909), 榠櫨/명사나무(신자전, 1915), 櫨/명자(의서옥편, 1921)[6]

중국/일본명 중국명 皱皮木瓜(zhou pi mu gua)는 열매에 주름이 있는 모과(木瓜)라는 뜻이다. 일본명 テフセンボケ(朝鮮木瓜)는 한반도에 자라는 모과(木瓜)라는 뜻이다.

참고 [북한명] 명자나무 [유사어] 백해당(白海棠) [지방명] 모개/모게이/모괘(강원), 모개(경남), 모개(경북), 가모개/각시꽃/각시꽃나무/각시나무/메조꽃/모겨/모괴/민중나무(전남), 모가(전북), 헤당화(제주), 모가/무과/무아과(충남), 모가/모개/모게이(충북)

⊗Cotoneaster Wilsonii *Nakai*   タケシマシヤリントウ
Sŏm-gaeyagwang̅-namu   섬개야광나무

섬개야광나무〈*Cotoneaster multiflorus* Bunge(1830)〉[7]
섬개야광나무라는 이름은 섬(울릉도)에서 자라며 야광나무를 닮은(개) 나무라는 뜻이다.[8] 『조선식물향명집』에서 '개야광나무'를 기본으로 하고 식물의 산지(産地)를 나타내는 '섬'을 추가해 신칭했다.[9]

속명 *Cotoneaster*는 quince(모과)에서 온 고대 라틴어 *cotone*(모과)와 *aster*(~와 닮은)의 합성어로, 잎이 모과나무와 비슷한 것에서 유래했으며 개야광나무속을 일컫는다. 종소명 *multiflorus*는 '꽃이 많은'이라는 뜻이다.

다른이름 섬개야광(이창복, 1966), 섬야광나무(임록재 외, 1972)

---

6 『조선어사전』(1920)은 '榠櫨(명차), 명자'를 기록했으며 『조선식물명휘』(1922)는 '木瓜, 명자, 청자, 아기씨꽃나무(救, 觀賞)'를, 『토명대조선만식물자휘』(1932)는 '[櫨]사, [樆子(木)]차즈(목)'를, 『선명대화명지부』(1934)는 '명자(나무), 아가씨꽃나무, 청자'를, 『조선삼림식물편』(1915~1939)은 'Hhya-tang-hoa(Quelpaert), Myong-cha(Kyong-geui), San-dang-hoa(Chol-la)'[해당화(제주), 명자(경기), 산당화(전라)]를 기록했다.

7 '국가표준식물목록'(2018)은 학명을 *Cotoneaster wilsonii* Nakai(1918)로 기재해 섬개야광나무를 울릉도 고유종으로 보고 있으나, 『장진성 식물목록』(2014)은 중국과 러시아 동부 지역에 광범위하게 자라는 *Cotoneaster multiflorus* Bunge(1830)와 동일종으로 보고 있다.

8 이러한 견해로 이우철(2005), p.337 참조.

9 이에 대해서는 『조선식물향명집』, 색인 p.41 참조.

중국/일본명 중국명 水枸子(shui xun zi)는 물가에서 자라는 순자(枸子: 개야광나무 종류)라는 뜻이다. 일본명 タケシマシヤリントウ(鬱陵車輪棠)는 울릉도에 분포하고 잎이 수레바퀴와 같이 둥글며 산사나무(棠)를 닮았다는 뜻에서 유래했다.

참고 [북한명] 섬야광나무 [유사어] 임금(林檎)

○ Cotoneaster Zabeli *Schneider* テフセンシヤリントウ
Gaeyagwang-namu 개야광나무

개야광나무(둥근잎개야광)〈*Cotoneaster integerrimus* Medik.(1793)〉[10]

개야광나무라는 이름은 야광나무와 유사하다는(개) 뜻에서 붙여졌다.[11] 『조선식물향명집』에서 야광나무를 닮았다는 뜻으로 '개야광나무'를 신칭했는데,[12] 『한국수목도감』에서 잎이 둥근 개야광나무라는 뜻으로 '둥근잎개야광'이라는 이름을 부여했고 '국가표준식물목록'에서 이 이름을 추천명으로 하고 있다. 그러나 개야광나무는 *Cotoneaster*를 대표하는 종이고 같은 속에 섬개야광나무가 있는 점에 비추어, 명칭의 변경이 오히려 혼선을 불러일으키는 것으로 보인다. 이 책은 『조선식물향명집』의 국명에 따랐다.

속명 *Cotoneaster*는 quince(모과)에서 온 고대 라틴어 cotone(모과)와 aster(~와 닮은)의 합성어로, 잎이 모과나무와 비슷한 것에서 유래했으며 개야광나무속을 일컫는다. 종소명 *integerrimus*는 '매우 완전한, 전연(全緣)의'라는 뜻으로 잎의 모양에서 유래했다.

다른이름 북선야광나무(박만규, 1949), 조선야광나무(안학수·이춘녕, 1963), 조선개야광나무(리종오, 1964), 둥근잎개야광(이창복, 1966), 조선섬야광나무(임록재 외, 1972), 둥근잎개야광나무(이영노, 1996), 둥근잎야광나무(Chang et al., 2014)

중국/일본명 중국명 全緣枸子(quan yuan xun zi)는 잎에 톱니가 없이 둥근 형태인 전연(全緣)의 순자(枸子: 개야광나무 종류)라는 뜻으로 학명과 연관되어 있다. 일본명 テフセンシヤリントウ(朝鮮車輪棠)는 한반도(조선)에 분포하고 잎이 수레바퀴와 같이 둥글며 산사나무(棠)를 닮았다는 뜻에서 유래했다.

---

10 '국가표준식물목록'(2018)은 둥근잎개야광의 학명을 *Cotoneaster integerrima* Medik.(1793)으로 기재하고 있으나 오기로 보인다.
11 이러한 견해로 이우철(2005), p.55 참조.
12 이에 대해서는 『조선식물향명집』, 색인 p.31 참조.

[북한명] 조선섬야광나무

⊗Crataegus Komarovi *Sargent*   ウスバサンザシ
Inori-namu   이노리나무

이노리나무⟨*Malus komarovii* (Sarg.) Rehder(1920)⟩[13]

이노리나무라는 이름은 함남 방언에서 유래했다.[14] 이노리나
무는 '이'(잎)와 '노리나무'(윤노리나무 또는 그 유사종)의 합성어
로, 산사나무와 비교해 잎이 3~5장의 손 모양(장상)으로 갈라
지는 특징이 있고 이깔나무(잎갈나무의 옛이름)의 '이'가 잎을
뜻하는 것을 고려할 때, 잎이 손 모양으로 갈라지는 윤노리나
무라는 뜻일 것으로 추정한다. 『조선식물향명집』에서 이름이
최초로 보이는데, 『조선삼림수목감요』는 '산사나무'라는 이름
이 통용되는 것으로 소개하고 있는 것에 비추어 옛날에는 산
사나무 또는 그와 유사한 종으로 파악했던 것으로 보인다. 이
노리나무와 윤노리나무의 분포 지역이 일치하지 않아 이노리
나무의 '노리'가 윤노리를 일컫는지는 다소 불명확하다. 다만

조선 후기에 저술된 신재효의 『춘향가』에 '윤유리(尹楡理) 지팡막대'라는 표현이 등장하고, 일제강
점기에 저술된 남호거사의 『성춘향가』에 '육노리 집핑이'라는 표현이 등장하는 것에 비추어, 윤노
리나무는 상당히 널리 퍼진 이름이어서 이노리나무가 주로 분포하는 북부 지방에서도 그 축약형
이 등장 가능했을 것으로 보인다.

속명 *Malus*는 그리스어 *malon*(사과)에서 유래했으며 사과나무속을 일컫는다. 종소명
*komarovii*는 러시아 식물학자로 만주 식물을 연구한 Vladimir Leontjevich(Leontevich) Komarov
(1869~1945)의 이름에서 유래했다.

산사나무(정태현 외, 1923), 왕이노리/털이노리나무(정태현, 1943)[15]

중국명 山楂海棠(shan zha hai tang)은 산사나무를 닮은 해당[海棠: *Malus*(사과나무속)의
중국명]이라는 뜻이다. 일본명 ウスバサンザシ(薄葉山査)는 잎이 얇은 산사나무라는 뜻이다.

[북한명] 이노리나무 [유사어] 박엽산사목(薄葉山査木)

---

13 '국가표준식물목록'(2018)은 이노리나무의 학명을 *Crataegus komarovii* Sarg.(1912)로 기재하고 있으나 이는 옛 학명이
    며, 『장진성 식물목록』(2014), '중국식물지'(2018) 및 '세계식물목록'(2018)은 본문의 학명을 정명으로 기재하고 있다.

14 이에 대해서는 『조선삼림식물도설』(1943), p.306 참조.

15 『선명대화명지부』(1934)는 '산사나무'를 기록했다.

○ Crataegus Maximowiczii *Schneider*　ミヤマサンザシ
Moe-sansa-namu　뫼산사나무

아광나무〈*Crataegus maximowiczii* C.K.Schneid.(1906)〉

아광나무라는 이름의 유래와 의미에 대해서는 자세히 알려진 바가 없다. 다만 아광나무는 산사나무와 근연종으로 북방 계통의 식물이므로 산사나무 또는 그와 유사한 방언에서 유래했을 가능성이 있어 보인다. 산사나무의 옛이름은 아가외나무(열매가 외처럼 둥그런 작은 나무라는 뜻)이고 산사나무의 북한 방언은 찔광나무(가시가 있고 잎에 광이 나는 나무라는 뜻)이므로, 아광나무는 '아'(아가외나무)와 '광나무'(찔광나무 또는 잎에서 유래한 나무의 명칭)의 합성어라고 추정한다. 한편 국립국어원의 '우리말샘'은 '아광'을 아그배의 강원 방언으로 기록하고 있다.[16] 『조선식물향명집』에서는 전통 명칭 '산사나무'를 기본으로 하고 식물의 산지(産地)를 나타나는 '뫼'를 추가해 '뫼산사나무'를 신칭했으나,[17] 『조선삼림식물도설』에서 함남 방언을 채록한 '아광나무'로 기록해 현재에 이르고 있다.

　속명 *Crataegus*는 *kratos*(힘)와 *akis*(가시)의 합성어로, 산사나무 종류의 고대 그리스명 *krataigos* 또는 뾰족한 잎을 가진 어떤 식물을 일컫던 라틴어 *crategos*에서 유래했으며 산사나무속을 일컫는다. 종소명 *maximowiczii*는 러시아 식물학자로 동북아 식물을 연구한 Carl Johann Maximowicz(1827~1891)의 이름에서 유래했다.

다른이름 뫼산사나무(정태현 외, 1937), 산산사나무(박만규, 1949), 묏산사나무(리종오, 1964), 야광나무(이창복, 1969b), 뫼찔광나무(임록재 외, 1972), 두메산사나무/아장나무(리용재 외, 2011)

중국/일본명 중국명 毛山楂(mao shan zha)는 털이 많은 산사나무라는 뜻이다. 일본명 ミヤマサンザシ(深山山楂)는 깊은 산속에서 자라는 산사나무라는 뜻이다.

참고 [북한명] 뫼찔광나무 [유사어] 심산사사목(深山山査木)

○ Crataegus pinnatifida *Bunge* var. major *Brown*　ヒロハサンザシ
Nolbunip-sansa-namu　넓은잎산사나무

넓은잎산사〈*Crataegus pinnatifida* var. major N.E.Br.(1886)〉[18]

넓은잎산사라는 이름은 넓은 잎을 가진 산사나무라는 뜻에서 유래했다.[19] 『조선식물향명집』에서

16　이에 대해서는 국립국어원, '우리말샘' 중 '아광' 참조.
17　이에 대해서는 『조선식물향명집』, 색인 p.37 참조.
18　'국가표준식물목록'(2018), '세계식물목록'(2018) 및 '중국식물지'(2018)는 넓은잎산사〈*Crataegus pinnatifida* var. major N.E.Br.(1886)〉를 산사나무〈*Crataegus pinnatifida* Bunge(1833)〉의 변종으로 별도 분류하고 있으나, 『장진성 식물목록』(2014)은 산사나무에 통합하고 있으므로 주의가 필요하다.
19　이러한 견해로 이우철(2005), p.142 참조.

는 '넓은잎산사나무'를 신칭해 기록했으나,[20] 『우리나라 식물자원』에서 '넓은잎산사'로 개칭해 현재에 이르고 있다.

속명 *Crataegus*는 *kratos*(힘)와 *akis*(가시)의 합성어로, 산사나무 종류의 고대 그리스명 *krataigos* 또는 뾰족한 잎을 가진 어떤 식물을 일컫던 라틴어 *crategos*에서 유래했으며 산사나무속을 일컫는다. 종소명 *pinnatifida*는 '깃모양으로 갈라진'이라는 뜻으로 갈라진 잎의 모양에서 유래했다. 변종명 *major*는 '주요한'이라는 뜻이다.

다른이름 넓은잎산사나무(정태현 외, 1937), 넓은닢산사나무(이창복, 1947), 큰아가위나무(박만규, 1949), 넓은잎찔광나무/참찔광나무(임록재 외, 1972)[21]

중국/일본명 중국명 山里红(shan li hong)은 산골 마을에 자라고 붉은 열매가 달리는 나무라는 뜻이다. 일본명 ヒロハサンザシ(廣葉山楂子)는 잎이 넓은 모양의 산사나무라는 뜻이다.

참고 [북한명] 참찔광나무[22] [유사어] 산사(山査)

○ Crataegus pinnatifida *Bunge*   オホサンザシ   山査
Sansa-namu   산사나무(아가위나무)

산사나무〈*Crataegus pinnatifida* Bunge(1833)〉

산사나무라는 이름은 산에서 자라는 아가위나무를 뜻하는 한자어 산사수(山楂樹)에서 온 말이다.[23] 산사나무의 옛이름은 '아가외나무'인데, 아가외는 '아가'(아기)와 '외'(오이)의 합성어로 둥근 열매가 아기처럼 작은 것에서 유래했다.[24] 북한에서는 평북 방언에서 유래한 '찔광나무'라고 부르는데 가시가 있고 잎에 광이 나는 것과 관련 있는 이름이다.[25]

속명 *Crataegus*는 *kratos*(힘)와 *akis*(가시)의 합성어로, 산사나무 종류의 고대 그리스명 *krataigos* 또는 뾰족한 잎을 가진 어떤 식물을 일컫던 라틴어 *crategos*에서 유래했으며 산사나무속을 일컫는다. 종소명 *pinnatifida*는 '깃모양으로 갈라

GANG WEON HERBARIUM

---

20 이에 대해서는 『조선식물향명집』, 색인 p.34 참조.
21 『조선식물명휘』(1922)와 『선명대화명지부』(1934)는 '산사나무'를 기록했다.
22 북한에서 임록재 외(1996)는 참찔광나무를 별도 분류하고 있으나 리용재 외(2011)는 이를 별도 분류하지 않으므로 주의를 요한다.
23 이러힌 견해로 이우철(2005), p.312; 전정일(2009), p.63; 오찬진 외(2015), p.505 참조.
24 이러한 견해로 박상진(2001), p.420과 김종원(2013), p.656 참조.
25 이러한 견해로 김종원(2013), p.659 참조.

진'이라는 뜻으로 갈라진 잎의 모양에서 유래했다.

다른이름 산사나무/아가위나무(정태현 외, 1923), 동배나무/아그배나무/애광나무/질배나무/찔구배나무(정태현, 1943), 산사(박만규, 1949), 찔광나무(임록재 외, 1972)

옛이름 棠/棣/아가외/山梨紅(훈몽자회, 1527), 山査子/아가외(언해두창집요, 1608), 山楂子/아가외(동의보감, 1613), 아가외나무(주촌신방, 1687), 山裏紅/아가외(역어유해, 1690), 山楂子/아가외/棠毬子(산림경제, 1715), 山査(열하일기, 1780), 아가외/棠(왜어유해, 1782), 山査(정조실록, 1792), 山楂/繋梅/아가외(물명고, 1824),[26] 山樝(산사)/아가위(명물기략, 1870), 小梨木/아가위(의휘, 1871), 아가외/아가외나무/棠(한불자전, 1880), 山査/아가외(방약합편, 1884), 棠/樝/아가위(신자전, 1915), 山楂子/아가위(선한약물학, 1931)[27]

중국/일본명 중국명 山楂(shan zha)는 산에서 자라는 사(楂)라는 뜻인데, '楂'가 어떤 나무를 지칭하는지에 대해서는 여전히 논란이 많으며 특정 종보다는 유사한 나무를 통칭한 것으로 보인다. 일본명 オホサンザシ(大山楂子)는 큰 산사나무라는 뜻으로, サンザシ는 한자명 山楂子(산사자)를 음독한 것이다.

참고 [북한명] 찔광나무 [유사어] 당구자(棠毬子), 산사목(山査木) [지방명] 동배/동배나무/애강나무/왜강/외강나무(강원), 아가오/아가위/아개나무/조랑/조랑나무/쫄강/통배(경기), 아구/아그배(경남), 산사/실배/실배나무/질배(경북), 산사자(전남), 제비추리(전북), 아고배(충청), 딸광나무(평북), 오매지(함북)

○ Crataegus pinnatifida *Bunge* var. psilosa *Schneider*　ホソバサンザシ
Jobŭnip-sansa-namu　좁은잎산사나무

좁은잎산사〈*Crataegus pinnatifida* f. *psilosa* (C.K.Schneid.) Kitag.(1979)〉[28]

좁은잎산사라는 이름은 잎이 좁은 산사나무라는 뜻에서 유래했다.[29] 『조선식물향명집』에서는 '좁은잎산사나무'를 신칭해 기록했으나,[30] 『한국수목도감』에서 '좁은잎산사'로 개칭해 현재에 이르고

---

26 『물명고』(1824)는 이외에도 '棠梨 아가위'라고 기록해 '山楂 아가외'와의 관계가 논란이 되고 있다.

27 『조선주요삼림수목명칭표』(1912)는 '길깅이ᄂ무'를 기록했으며 『조선한방약료식물조사서』(1917)는 '산사나무, 아가의(東醫), 山査, 山査肉, 山査子, 棠毬子'를, 『조선의 구황식물』(1919)은 '산사나무, 길광이나무, 山楂子'를, 『조선어사전』(1920)은 '山査子(산사ᄌ), 아가위나무'를, 『조선식물명휘』(1922)는 '羊杌子, 山査, 아가위나무, 산사나무(救, 藥)'를, 『토명대조선만식물자휘』(1932)는 '[山樝(木)]산사(나무), [山査(木)]산사(나무), [山楂子]산사ᄌ, [山査子]산사ᄌ, [棠毬子]당구즈, [아가위(나무)], [山査肉]산사육'을, 『선명대화명지부』(1934)는 '산사나무, 길광이나무, 아기위나무'를, 『조선의산과와산채』(1935)는 '山査子, 산사나무'를, 『조선삼림식물편』(1915~1939)은 'San-sa'[산사]를 기록했다.

28 '국가표준식물목록'(2018)은 본문의 학명을 산사나무〈*Crataegus pinnatifida* Bunge(1833)〉의 품종으로, '세계식물목록'(2018)과 '중국식물지'(2018)는 산사나무의 변종으로 별도 분류하고 있으나, 『장진성 식물목록』(2014)은 산사나무에 통합하고 있으므로 주의가 필요하다.

29 이러한 견해로 이우철(2005), p.481 참조.

30 이에 대해서는 『조선식물향명집』, 색인 p.46 참조.

있다.

속명 *Crataegus*는 *kratos*(힘)와 *akis*(가시)의 합성어로, 산사나무 종류의 고대 그리스명 *krataigos* 또는 뾰족한 잎을 가진 어떤 식물을 일컫던 라틴어 *crategos*에서 유래했으며 산사나무속을 일컫는다. 종소명 *pinnatifida*는 '깃모양으로 갈라진'이라는 뜻으로 갈라진 잎의 모양에서 유래했다. 품종명 *psilosa*는 그리스어 *psilos*에서 유래한 것으로 '평활한, 털이 없는, 매끈한'이라는 뜻이다.

다른이름 좁은잎산사나무(정태현 외, 1937), 좁은닢산사나무(이창복, 1947), 좁아가위나무(박만규, 1949), 좁은잎찔광나무(임록재 외, 1972), 좁은산사나무(이영노, 1996)[31]

중국/일본명 중국명 无毛山楂(wu mao shan zha)는 털이 없는 산사나무라는 뜻으로 학명과 연관되어 있다. 일본명 ホソバサンザシ(細葉山楂子)는 잎이 가는 모양의 산사나무라는 뜻이다.

참고 [북한명] 좁은잎찔광나무[32] [유사어] 산사(山査)

○ Malus asiatica *Nakai*　テフセンリンゴ　(栽)
Nùnggùm　능금

능금나무〈*Malus asiatica* Nakai(1915)〉

능금나무라는 이름은 한자명 '林檎'(림금)에 뿌리를 둔 것으로, 림금→닝금→능금으로 발음이 변화했다.[33] 중국의 이시진은 『본초강목』에서 "此果味甘 能來眾禽于林 故有林檎 來禽之名"[이 식물의 과실 맛이 달아서 많은 동물들을 숲으로 불러 모을 수 있기에 임금(林檎)과 내금(來檎)이라는 이름으로 불린다]이라고 했다. 『조선식물향명집』은 '능금'으로 기록했으나 『조선수목』에서 '능금나무'로 개칭했다. 능금보다 열매가 크게 자라는 사과도 중국에서 전래된 이름인데 『역어유해』에 沙果(사과)로 기록된 것에서 유래한다.[34]

속명 *Malus*는 그리스어 *malon*(사과)에서 유래했으며 사과나무속을 일컫는다. 종소명 *asiatica*는 '아시아의'라는 뜻으로 원산지를 나타낸다.

---

31 『조선식물명휘』(1922)와 『선명대화명지부』(1934)는 '산사나무'를 기록했으며 『조선삼림식물편』(1915~1939)은 'San-sa'[산사]를 기록했다.
32 북한에서 임록재 외(1996)는 좁은잎찔광나무를 별도 분류하고 있으나 리용재 외(2011)는 이를 별도 분류하지 않으므로 주의를 요한다.
33 이러한 견해로 이우철(2005), p.159; 허북구·박석근(2008b), p.75; 오찬진 외(2015), p.471; 조항범(1997), p.211 참조.
34 이러한 견해로 조항범(1997), p.211 참조.

다른이름 능금(정태현 외, 1937)

옛이름 林檎/悶子訃(계림유사, 1103), 來檎(고려도경, 1124), 林檎(향약집성방, 1433), 닝금/檎/沙果(훈몽자회, 1527), 林檎/님금(언해구급방, 1608), 林檎/님금(동의보감, 1613), 頻婆果(박통사언해, 1677), 林檎(산림경제, 1715), 림금/林檎(왜어유해, 1782), 檳子/님금(몽어유해, 1790), 檎/능금(물보, 1802), 林檎/능금/來禽/文林郎果/花紅/柰子/멋(물명고, 1824), 능금/樍/來禽(동언고, 1836), 來禽/文林郎果(임원경제지, 1842), 林檎/來禽(송남잡지, 1855), 林檎/림금/능금/柰/來禽/文林郎果/輕翠(명물기략, 1870), 능금/檎(한불자전, 1880), 林檎/능금(신자전, 1915), 檎/임금(의서옥편, 1921), 능금(조선구전민요집, 1933), 능금(조선어표준말모음, 1936)[35]

중국/일본명 중국명 花红(hua hong)은 꽃이 눈에 띄고 붉은색 과일이 달리는 나무라는 뜻이다. 일본명 テフセンリンゴ(朝鮮林檎)는 한반도에 분포하는 능금(リンゴ)이라는 뜻이다.

참고 [북한명] 능금나무 [유사어] 임금(林檎), 화홍(花紅) [지방명] 능굼(강원), 능금(경기), 눙금/능가/능굼/능김/밍금(경남), 눙굼/눙금/능굼(경북), 능금낭/능낭(제주), 닝금(평남), 닝금나무(평북)

Malus baccata *Bork*. var. mandschurica *Schneider* エゾコリンゴ
Tŏl-yagwaṅ-namu 털야광나무

털야광나무⟨*Malus baccata* var. *mandshurica* (Maxim.) C.K.Schneid.(1906)⟩[36]

털야광나무라는 이름은 『조선식물향명집』에서 신칭한 것으로,[37] 야광나무와 닮았으나 잎 뒷면과 잎자루에 털이 끝까지 남는다는 뜻에서 붙여졌다.[38]

속명 *Malus*는 그리스어 *malon*(사과)에서 유래했으며 사과나무속을 일컫는다. 종소명 *baccata*는 '장과(漿果)의'라는 뜻으로 열매의 모양에서 유래했으며, 변종명 *mandshurica*는 '만주의'라는 뜻으로 발견지를 나타낸다.

---

35 『조선어사전』(1920)은 '林檎(림금), 능금, 능금나무'를 기록했으며 『조선식물명휘』(1922)는 '林檎, 陵果, 능금(食)'을, 『토명대조선만식물자휘』(1932)는 '[林檎(木)]림금(나무), [눙금(나무)]'을, 『선명대화명지부』(1934)는 '능금'을, 『조선의산과와산채』(1935)는 '朝鮮林檎'을, 『조선삼림식물편』(1915~1939)은 'イングム(全南, 慶南, 京畿, 平安)/Ingum'[임금(전남, 경남, 경기, 평안)]을 기록했다.

36 '국가표준식물목록'(2018)은 털야광나무를 본문의 학명으로 별도 분류하고 있으나, 『장진성 식물목록』(2014)은 이를 야광나무(*M. baccata*)에 통합하고, '중국식물지'(2018)도 이를 별도 분류하지 않으므로 주의가 필요하다.

37 이에 대해서는 『조선식물향명집』, 색인 p.48 참조.

38 이러한 견해로 이우철(2005), p.561 참조.

다른이름　야광나무(정태현 외, 1923), 매주나무/팟배나무(정태현 외, 1942), 개귀타리나무/동배나무/
아가위나무(정태현, 1943), 만주아그배나무(박만규, 1949), 털매지나무(리용재 외, 2011)[39]

중국/일본명　중국에서는 이를 별도 분류하지 않는 것으로 보인다. 일본명 エゾコリンゴ(蝦夷小林檎)는
에조(蝦夷: 홋카이도의 옛 지명)에 분포하고 작은 능금(リンゴ)이라는 뜻이다.

참고　[북한명] 털야광나무 [유사어] 산형자(山荊子)

○Malus baccata *Bork.* var. sibirica *Schneider*　シベリアコリンゴ
Yagwang-namu　야광나무(돌배나무)

야광나무〈*Malus baccata* (L.) Borkh.(1803)〉

야광나무라는 한글명은 『조선삼림수목감요』에서 최초 발견
되며, 평북 방언을 채록한 것이다.[40] '야광'은 야광주(夜光珠)와
같이 빛을 내어 칠흑같이 어두운 밤을 밝혀준다는 뜻으로, 야
광나무라는 이름은 흰 꽃이 흐드러지게 피어 밤에도 밝게 빛
나는 나무인 데서 유래했다.[41] 옛 문헌은 사과나무 종류를 일
컫는 말로 㮌(내), 柰(내), 檳(빈), 林檎(임금) 등을 기록했으나 야
생에서 자라는 야광나무를 정확히 일컫는 이름은 발견되지
않는 것으로 보인다.

속명 *Malus*는 그리스어 *malon*(사과)에서 유래했으며 사과
나무속을 일컫는다. 종소명 *baccata*는 '장과(漿果)의'라는 뜻
으로 열매의 모양에서 유래했다.

다른이름　야광나무(정태현 외, 1923), 돌배나무(정태현 외, 1937), 동배나무/아가위나무/아그배나무(정태
현, 1943), 당아그배나무(안학수·이춘녕, 1963), 당야광나무(리종오, 1964), 매지나무(한진건 외, 1982)[42]

39　『조선식물명휘』(1922)는 '아가위나무(救)(觀賞)'를 기록했으며 『선명대화명지부』(1934)는 '아가우나무, 야광나무'를, 『조선
　　삼림식물편』(1915~1939)은 'Yah-kan-nam(平北)[야광나무(평북)]를 기록했다.

40　이에 대해서는 『조선삼림수목감요』(1923), p.58; 『조선삼림식물도설』(1943), p.289; 『조선삼림식물편』(1915~1939) 제6집,
　　p.39 참조.

41　이러한 견해로 박상진(2011a), p.155; 허북구·박석근(2008b), p.213; 전정일(2009), p.67; 오찬진 외(2015), p.522; 솔뫼(송상곤,
　　2010), p.712 참조. 밤에도 빛이 나는 보석이라는 뜻의 한자명 '夜光珠'(야광주)를 한글 '야광주'로 기록한 문헌으로는 『동
　　문유해』(1748)와 『한불자전』(1880) 참조.

42　『조선식물명휘』(1922)는 '아가위나무, 돌비나무(救)'를 기록했으며 『토명대조선식물자휘』(1932)는 학명을 *Malus baccata*
　　로 해서 '[柰]내, [蘋婆(木)]빈파(나무), [㮌(나무)], [돌능금], [沙果(木)]사과(나무)'를, 『선명대화명지부』(1934)는 '돌배나무, 아
　　가위나무, 야광나무'를, 『조선삼림식물편』(1915~1939)은 'トルペイナム(江原)/Tolpei-nam, ヤーカンナム(平北)/Yah-kan-
　　nam'[돌배나무(강원), 야광나무(평북)]를 기록했다.

중국/일본명 중국명 山荊子(shan jiang zi)는 산에서 자라는 형자(荊子: 보통명사로서 가시나무 또는 *Vitex*속 식물의 중국명)라는 뜻이다. 일본명 シベリアコリンゴ는 시베리아 지역에 분포하는 작은 능금(リンゴ)이라는 뜻이다.

참고 [북한명] 야광나무 [유사어] 만주해당(滿洲海棠), 임금(林檎) [지방명] 아그배(경상)

Malus Sieboldii *Rehder* ズミ
Agûbae-namu 아그배나무

아그배나무〈*Malus toringo* (Siebold) de Vriese(1856)〉[43]

아그배나무라는 이름은 '아그'와 '배'와 '나무'의 합성어로, 나무에 열리는 작은 열매가 아기 배(작은 배) 모양인 데서 유래했다.[44] 19세기 이후의 문헌에 기록된 '아가비'의 '아가'는 아기의 옛말이고, '비'는 배(梨)의 옛말이라는 점이 이를 뒷받침한다. 옛 문헌상의 '아가비' 또는 '아그비'가 현재의 산사나무를 뜻하는 棠(당)을 한자로 사용하고 있어 정확히 어떤 종을 의미하는지는 명확하지 않다. 『조선식물명휘』와 『조선삼림수목감요』에서 현재의 아그배나무를 지칭했던 전남 방언을 채록했고, 이를 『조선식물향명집』에서 다시 기록해 현재에 이르고 있다.[45] 한편 잎이 갈라지는 형태에서 '아귀'가 아그배로 되었다는 견해가 있으나,[46] 문헌 기록에 의하면 근거 없는 주장으로 판단된다.

속명 *Malus*는 그리스어 *malon*(사과)에서 유래했으며 사과나무속을 일컫는다. 종소명 *toringo*는 *Malus*(사과나무속) 식물을 가리키는 일본어에서 유래했다.

다른이름 아그비나무(정태현 외, 1923), 시볼드아그배나무(박만규, 1949), 삼엽매지나무(한진건 외, 1982), 세잎매지나무(리용재 외, 2011)

---

43 '국가표준식물목록'(2018)과 '중국식물지'(2018)는 아그배나무의 학명을 *Malus sieboldii* (Regel) Rehder(1915)로 기재하고 있으나, 『장진성 식물목록』(2014)은 본문의 학명을 정명으로 기재하고 있다. 한편, '세계식물목록'(2018)은 두 학명을 별개의 종으로 기재하고 있다.
44 이러한 견해로 김태영·김진석(2018), p.420; 허북구·박석근(2008b), p.206; 전정일(2009), p.68; 오찬진 외(2015), p.519; 솔뫼(송상곤, 2010), p.706 참조.
45 아그배나무가 전남 방언에서 비롯했다는 것에 대해서는 『조선삼림수목감요』(1923), p.58과 『조선삼림식물도설』(1943), p.290 참조.
46 이러한 견해로 허북구·박석근(2008b), p.206 참조.

옛이름 아가비/山楂/杭櫐梅/山裏紅(물보, 1802), 杜/아가비/甘棠(몽유편, 1810), 아그비/棠(물명집, 19세기), 아그비숫(내방가사, 연대미상), 兒棃/이그비(의휘, 1871), 아가위/棠(한불자전, 1880), 杜/아가배/甘棠(자전석요, 1909), 杜/아가배/棠(신자전, 1915), 아그배(조선구전민요집, 1933)[47]

중국/일본명 중국명 三叶海棠(san ye hai tang)은 잎이 3개로 갈라지는 해당[海棠: Malus(사과나무속)의 중국명]이라는 뜻이다. 일본명 ズミ(染み)는 이 나무의 껍질을 염료로 사용한 것에서 유래했다.

참고 [북한명] 아그배나무 [유사어] 해홍(海紅) [지방명] 아가배/아가위(경기), 아그배/질배(경북), 독배나무/돌배/아그배(전남), 아그배(전북), 아가배나무/아그배/아기배나무(충남)

○ Micromeles alnifolia *Kochne* var. hirtella *Nakai*　ケアヅキナシ
Tŏl-patbae-namu　털팥배나무

털팥배나무〈*Sorbus alnifolia* f. *hirtella* (Nakai) W.T.Lee(1996)〉[48]

털팥배나무라는 이름은 『조선식물향명집』에서 신칭한 것으로,[49] 털(단모)이 있는 팥배나무라는 뜻이다.[50]

　속명 *Sorbus*는 마가목의 고대 라틴명 *Sorbus*에서 유래했으며 마가목속을 일컫는다. 종소명 *alnifolia*는 'Alnus(오리나무속)의 잎과 비슷한'이라는 뜻이며, 품종명 *hirtella*는 '짧은 털이 있는, 다소 털이 많은'이라는 뜻이다.

다른이름 털팟배나무(이창복, 1947), 솜털팟배나무(박만규, 1949), 털팟배(이창복, 1966), 털팥배(이창복, 1980)

중국/일본명 중국에서는 이를 별도 분류하지 않고 있다. 일본명 ケアヅキナシ(毛小豆梨)는 털이 있는 팥배나무 종류라는 뜻이다.

참고 [북한명] 털팥배나무[51] [유사어] 수유(水楡)

47　『조선의 구황식물』(1919)은 '아가우나무'를 기록했으며 『조선식물명휘』(1922)는 '아그븨나무(救)'를, 『선명대화명지부』(1934)는 '아그배나무'를, 『조선의산과와산채』(1935)는 '棠棃, 아가븨나무'를 기록했다.

48　'국가표준식물목록'(2018)은 털팥배나무의 학명을 본문과 같이 기재해 별도 종으로 구별하고 있으나, 『장진성 식물목록』(2014), '중국식물지'(2018) 및 '세계식물목록'(2018)은 이를 별도 분류하지 않으므로 주의를 요한다.

49　이에 대해서는 『조선식물향명집』, 색인 p.48 참조.

50　이러한 견해로 이우철(2005), p.566 참조.

51　북한에서 임록재 외(1996)는 털팥배나무를 분류하고 있으나 리용재 외(2011)는 이를 별도 분류하지 않고 있다. 이에 대해서는 리용재 외(2011), p.228 참조.

○Micromeles alnifolia *Kochne* var. macrophylla *Nakai*　オホバアヅキナシ
Wang-patbae-namu 왕팥배나무

팥배나무⟨*Sorbus alnifolia* (Siebold & Zucc.) K.Koch(1864)⟩
'중국식물지'(2018)와 '세계식물목록'(2018)은 왕팥배나무를 별도 분류하지 않고, '국가표준식물목록'(2018)과 『장진성 식물목록』(2014)은 팥배나무에 통합하고 있으므로 이 책도 이에 따른다.

Micromeles alnifolia *Kochne* var. tiliaefolia *Schneider*　アヅキナシ
Patbae-namu 팥배나무

팥배나무⟨*Sorbus alnifolia* (Siebold & Zucc.) K.Koch(1864)⟩

팥배나무라는 이름은 열매가 작고 흰 점이 산재해 팥(小豆) 모양이고 흰색의 꽃이 피는 모습이 배나무(梨木)를 닮았다는 뜻에서 유래했다.[52] 팥배나무라는 이름이 본격적으로 등장한 18세기 말의 『제중신편』에서 팥을 뜻하는 '팟'(豆)과 '배나무'(梨)가 합쳐진 한자명 '豆梨木'(두리목)을 기록한 것이 이를 뒷받침한다.[53]

속명 *Sorbus*는 마가목의 고대 라틴명 *Sorbus*에서 유래했으며 마가목속을 일컫는다. 종소명 *alnifolia*는 '*Alnus*(오리나무속)의 잎과 비슷한'이라는 뜻이다.

다른이름　물잉도나무/벌벅나무/운향나무/팟빈나무(정태현 외, 1923), 왕팥배나무(정태현 외, 1937), 산매주나무/벌배나무/팟배나무(정태현 외, 1942), 물방치나무/물잉도나무/산매자나무(정태현, 1943), 둥근닢팟배나무(이창복, 1947), 둥근팟배나무(박만규, 1949), 달피팥배나무/둥근잎팥배나무/참팥배나무(안학수·이춘녕, 1963), 긴팟배/왕잎팟배/팟배(이창복, 1966), 긴팥배/왕잎팥배(이창복, 1980), 왕잎팥배나무(이영노, 1996)

옛이름　豆梨木/팟빈나무(제중신편, 1799), 甘梨/팟비(물보, 1802), 杜梨/푸비(물명고, 1824), 棠梨(임원경제지, 1842), 팟빈나무/豆梨木(한불자전, 1880), 팟빈/棣(아학편, 1908), 팟비/棣(자전석요, 1909), 팟배

---

52 이러한 견해로 이우철(2005), p.573; 박상진(2011a), p.195; 허북구·박석근(2008b), p.299; 전정일(2009), p.70; 오찬진 외(2015), p.593; 강판권(2010), p.351; 솔뫼(송상곤, 2010), p.716 참조. 다만 강판권, 오찬진 외 및 솔뫼는 열매의 크기가 팥만하게 작다는 의미에서 유래를 찾고 있으나 열매의 크기가 팥과 같지는 않아 타당성은 의문스럽다.
53 한편 일본명에 팥배를 뜻하는 '豆梨'가 있다는 것만으로 일본명에서 유래를 찾는 견해로는 황중락·윤영활(1992), p.103 참조.

나무/山梨(신자전, 1915)[54]

중국/일본명 중국명 水榆花楸(shui yu hua qiu)는 팥배나무를 일컫는 수유(水榆)와 화추(花楸: 마가목속 식물)의 합성어이다. 일본명 アヅキナシ(小豆梨)는 팥(小豆)을 닮은 배나무(ナシ)라는 뜻이다.

참고 [북한명] 팥배나무[55] [유사어] 감당(甘棠), 감당목(甘棠木), 당리(唐梨), 두리(豆梨, 杜梨), 수유(水榆) [지방명] 팥배/팥배낭그/팥배낭기(강원), 팥배(경기), 방망치나무(전남), 목세낭(제주), 팟배나무(충남)

⊗Pyrus Fauriei *Schneider*   フオリナシ

Jom-dolbae-namu 좀돌배나무

콩배나무〈*Pyrus calleryana* Decne. var. *fauriei* (C.K.Schneid.) Rehder(1920)〉

콩배나무라는 이름은 열매가 1센티미터 이내의 소형으로 콩처럼 작은 배나무라는 뜻에서 유래했다.[56] 콩배나무의 '콩'이 일본명에서 영향을 받았다고 보는 견해도 있으나,[57] 『오주연문장전산고』에 콩배를 뜻하는 豆梨(두리)라는 표현이 등장하는 것을 볼 때 우리말 표현에도 콩과 배를 연관하는 이름이 있으므로 그 타당성은 의문스럽다.[58] 『조선식물향명집』에서는 '좀돌배나무'를 신칭해 기록했으나[59] 『조선삼림식물도설』에서 '콩배나무'로 개칭해 현재에 이르고 있다.

속명 *Pyrus*는 배나무를 뜻하는 고대 라틴어 *Pirus*에서 유래했으며 배나무속을 일컫는다. 종소명 *calleryana*는 프랑스 선교사이자 식물채집가 Joseph Maxime Marie Callery(1810~1862)의 이름에서, 변종명 *fauriei*는 프랑스 선교사이자 식물학자 Urbain Jean Faurie(1847~1915)의 이름에서 유래했다.

다른이름 돌배나무/좀돌배나무(정태현 외, 1937), 문배/산돌배(박만규, 1949), 황이(안학수·이춘녕, 1963)

옛이름 鹿梨/돌빅/山梨(광재물보, 19세기 초), 鹿梨/山梨/홍비(물명고, 1824), 棠/豆梨(오주연문장전산고, 185?)[60]

---

54 「조선주요삼림수목명칭표」(1912)는 '팟븨나무'를 기록했으며 『조선거수노수명목지』(1919)는 '팟븨ㄴ무'를, 『조선어사전』(1920)은 '甘棠(당리), 팟배, 팟배나무'를, 『조선식물명휘』(1922)는 '팟븨나무, 벌븨나무'를, 『토명대조선만식물자휘』(1932)는 '[杜]두, [甘棠]감당, [唐梨]당리, [豆梨]두리, [팟배나무]'를, 『선명대화명지부』(1934)는 '물앵도나무, 벌배나무, 운향나무, 팟배나무'를, 『조선삼림식물편』(1915~1939)은 'ウンヒャンナム(平北)/Un-hyang-nam, パッペイナム(京畿)/Pat'pai-nam, ムルアイングトナム(全南)/Mul-aingto-nam'[은행나무(평북), 팥배나무(경기), 물앵도나무(전남)]를 기록했다.

55 북한에서는 팥배나무를 *Micromeles*로 분류하고 있다. 이에 대해서는 리용재 외(2011), p.228 참조.

56 이러한 견해로 이우철(2005), p.524; 박상진(2019), p.392; 김태영·김진석(2018), p.417 참조.

57 이러한 견해로 이우철(2005), p.524 참조.

58 다만 『오주연문장전산고』(185?)는 "棠 俗名豆梨"(당은 속명으로 두리라 한다)라고 하고 있어 豆梨(두리)가 현재의 콩배나무를 일컫는지는 분명하지 않다.

59 이에 대해서는 『소선식물향명집』, 색인 p.45 참조.

60 『조선어사전』(1920)은 '鹿梨(록리)'를 기록했으며 『조선식물명휘』(1922)는 '鹿梨(록리), 돌븨나무(救)'를, 『조선의산과와산채』(1935)는 '山梨, 배나무'를 기록했다.

중국명 豆梨(dou li)는 콩처럼 작은 배라는 뜻이다. 『조선식물향명집』에 기록된 일본명 フオリナシ(Faurie梨)는 당시 종소명으로 기록된 선교사 U. Faurie의 이름에서 유래했으며, 현재 일본명은 콩처럼 작은 배라는 뜻의 マメナシ(豆梨)이므로 한·중·일 삼국이 같은 뜻의 이름을 사용하고 있다.

참고 [북한명] 콩배나무 [유사어] 녹리(鹿梨), 대두이(大豆梨), 두율(豆栗) [지방명] 산배(강원), 산배/쫄대(경기), 독배나무(전남), 독배나무(전북), 꽝베낭/돌베낭/들베낭/산베낭(제주)

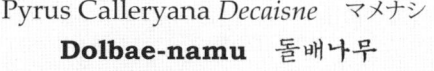

Pyrus Calleryana Decaisne マメナシ
Dolbae-namu 돌배나무

돌배나무〈*Pyrus pyrifolia* (Burm.f.) Nakai(1926)〉

돌배나무라는 이름은 야생하는(돌) 배나무라는 뜻에서 유래했다.[61] 돌배를 뜻하는 한자명 '石梨'(석리), 산에서 자라는 배나무라는 뜻의 '山梨'(산리)와 한글명 '돌비'가 옛 문헌에 기록된 바 있다. 『조선식물향명집』의 '돌배나무'는 현재의 콩배나무(*Pyrus calleryana* var. *fauriei*)를 가리키며, *Pyrus pyrifolia*(또는 그 이명)에 대한 국명으로 '돌배나무'가 기록된 문헌은 『조선삼림식물도설』이다. 한편 돌배나무의 원산지는 중국 남부와 동남아시아로 국내에 분포하지 않는다는 견해도 있다.[62]

속명 *Pyrus*는 배나무를 뜻하는 고대 라틴어 *Pirus*에서 유래했으며 배나무속을 일컫는다. 종소명 *pyrifolia*는 '*Pyrus*(배나무속)의 잎과 비슷한'이라는 뜻이다.

다른이름 꼭지긴돌배나무/돌배나무(정태현, 1943), 산배나무(김현삼 외, 1988)

옛이름 山梨(목은집, 1404), 石梨(선조실록, 1595), 鹿梨/돌비/山梨(광재물보, 19세기 초), 石梨(오주연문장전산고, 185?), 山梨(산리)/문비/抄梨/鹿梨(명물기략, 1870), 石梨/돌비(의휘, 1871), 돌비나모(의방합편, 19세기)[63]

---

61 이러한 견해로 이우철(2005), p.182 참조.

62 이러한 견해로 김태영·김진석(2018), p.416 참조.

63 『조선의 구황식물』(1919)은 '돌배나무'를 기록했으며 『조선어사전』(1920)은 '쏠ㅅ배, 山梨(산리)'를, 『조선식물명휘』(1922)는 '돌비'를, 『토명대조선만식물자휘』(1932)는 '[鹿梨]록리, [文香梨]문향리, [紋梨]문리'를, 『선명대화명지부』(1934)는 '돌배(나무)'를, 『조선의산과와산채』(1935)는 '鹿梨, 돌비나무'를 기록했다.

중국명 沙梨(sha li)는 모래땅(沙)에서 자라는 이(梨: 배나무)라는 뜻이다. 『조선식물향명집』에 기록된 일본명 マメナシ(豆梨)는 콩배나무라는 뜻이며, 돌배나무에 대한 현재의 일본명은 산에서 자라는 배나무라는 뜻의 ヤマナシ(山梨)이다.

참고 [북한명] 돌배나무 [유사어] 산리(山梨) [지방명] 돌배/산돌배/씬배(강원), 돌배/배나무/산돌배 (경기), 돌배(경남), 돌배/돌배나무/산돌배/질배(경북), 독배/독배나무/돌배/산배나무(전남), 독배/독배 나무/돌배/똘배나무/산배나무/아그배나무(전북), 돌앵두(충남), 돌배/똘배(함북)

Pyrus serotina *Rehder*　ナシ　梨 (栽)
Bae-namu　배나무

배나무〈*Pyrus pyrifolia* var. *culta* (Makino) Nakai(1926)〉[64]

배나무라는 이름의 정확한 의미와 유래는 알려져 있지 않다. 다만 한국어와 같은 계열로 추정되는 길랴크(Gilyak)어에서 'pe'(페)를 '과즙이 많은 과일을 따다'라는 뜻으로 사용하는 것에 비추어 한국어의 '배'도 이와 유사한 뜻을 가진 것으로 추정하는 견해가 있다.[65] 한편 한자어 이(梨) 또는 백과(百果)가 변해 '배'가 된 것으로 보는 견해가 있으나,[66] 배나무는 한반도에도 야생하는 종류가 있고 한자(漢字) 도래 이전에도 식용했을 가능성이 높아 고유어에서 유래한 것으로 보인다.

속명 *Pyrus*는 배나무를 뜻하는 고대 라틴어 *Pirus*에서 유래했으며 배나무속을 일컫는다. 종소명 *pyrifolia*는 '*Pyrus*(배나무속)의 잎과 비슷한'이라는 뜻이며, 변종명 *culta*는 '재배하는'이라는 뜻으로 재배하는 종임을 나타낸다.

다른이름 배(정태현 외, 1936), 일본배(이창복, 1966), 일본배나무(이창복, 1980)

옛이름 梨/敗(계림유사, 1103), 梨(삼국사기, 1145), 梨木(삼국유사, 1281), 梨/배(구급방언해, 1466), 비ᄂᆞᆨ /梨(분류두공부시언해, 1481), 梨/비나모(구급간이방언해, 1489), 비/梨(훈몽자회, 1527), 비/梨(신증유합, 1576), 비/梨(방언집석, 1778), 비/梨(물명고, 1824), 비/梨(명물기략, 1870), 배/梨/비나무/梨木(한불자전, 1880), 비/梨(방약합편, 1884), 비나무(사민필지, 1889), 배/梨(신자전, 1915), 배나무(조선구전민요집, 1933)[67]

64　'국가표준식물목록'(2018)과 '세계식물목록'(2018)은 배나무의 학명을 본문과 같이 별도 분류하고 있으나 '중국식물지'(2018)는 별도 분류하지 않으며, 『장진성 식물목록』(2014)은 돌배나무(*P. pyrifolia*)에 통합하고 있으므로 주의가 필요하다.

65　이에 대해서는 강길운(2010), p.627 참조.

66　이러한 견해로 이우철(2005), p.263과 『명물기략』(1870) 중 '梨' 참조. 『명물기략』은 "俗以百果宗 轉訓비"(백과의 으뜸이므로 이것이 변해 비가 되었다)라고 기록했다.

67　『조선거수노수명목지』(1919)는 '비ᄂᆞ무, 梨木'을 기록했으며 『조선어사전』(1920)은 '배나무, 참배, 배, 梨木(리목)'을, 『조선식물명휘』(1922)는 '梨, 일본비, 비나무(食)'를, 『토명대조선만식물자휘』(1932)는 '[梨木]리목, [(참)배나무], [梨花]리화, [(참)배]'를, 『선명대화명지부』(1934)는 '배나무, 일본배'를, 『조선삼림식물편』(1915~1939)은 'Ilpon-pei'(일본배)를 기록했다.

중국/일본명 중국에서는 배나무를 별도 분류하지 않지만, 돌배나무를 뜻하는 중국명 沙梨(sha li)는 모래땅(沙)에 자라는 이(梨: 배나무)라는 뜻이다.[68] 일본명 ナシ는 어원 불명의 일본 옛이름에서 유래했다.

참고 [북한명] 배나무 [유사어] 이목(梨木), 이수(梨樹) [지방명] 논골배/배/배낭그(강원), 배(경남), 배/참배/참배나무(전남), 배(전북), 배낭/베낭(제주)

Pyrus ussuriensis *Maximowicz* テフセンヤマナシ(イヌナシ)
San-dolbae 산돌배

산돌배⟨*Pyrus ussuriensis* Maxim.(1856)⟩

산돌배라는 이름은 산에서 나는 야생의 배나무라는 뜻이다.[69] 옛 문집 등에는 산에서 자라는 배나무라는 뜻의 山梨(산리)라는 표현이 등장하지만 정확히 산돌배라는 종을 일컫는지는 분명하지 않다. 한글명 '산돌배'는『조선식물향명집』에서 전통 명칭 '돌배'를 기본으로 하고 식물의 산지(産地)를 나타내는 '산'을 추가해 신칭했다.[70]

속명 *Pyrus*는 배나무를 뜻하는 고대 라틴어 *Pirus*에서 유래했으며 배나무속을 일컫는다. 종소명 *ussuriensis*는 '우수리강 유역에 분포하는'이라는 뜻으로 발견지 또는 분포지를 나타낸다.

다른이름 돌비나무/아그비나무(정태현 외, 1923), 돌배나무(정태현 외, 1942), 문배나무/돌배(정태현, 1943), 산돌배나무(이창복, 1947)

옛이름 山梨(계산기정, 1804), 山梨(연경재전집, 1840)[71]

중국/일본명 중국명 秋子梨(qiu zi li)는 가을 이(梨: 배나무)라는 뜻이다. 일본명 テフセンヤマナシ(朝鮮山梨)는 한반도의 산에 분포하는 배나무(ナシ)라는 뜻이다.

---

68 중국의 이시진은『본초강목』(1596)에서 "(震亨曰) 梨者 利也 其性下行流利也"(배는 이로운 것인데 그 성질이 아래로 흐르기 때문에 이롭다)라고 했다.

69 이러한 견해로 이우철(2005), p.307과 오찬진 외(2015), p.555 참조.

70 이에 대해서는『조선식물향명집』, 색인 p.40 참조.

71 『조선어사전』(1920)은 '山梨(산리), 똘ㅅ배'를 기록했으며『조선식물명휘』(1922)는 '돌비(救)'를,『토명대조선만식물자휘』(1932)는 '[山梨]산리, [酸梨]산리, [돌(石)배(梨)나무], [돌(ㅅ)배]'를,『선명대화명지부』(1934)는 '돌배(나무)'를,『조선의산과와산채』(1935)는 '朝鮮梨, 비나무, 돌비'를,『조선삼림식물편』(1915~1939)은 'トルペイ(京畿, 平安)/Tol-pei, トルペイナム(平北, 江原)/Tol-pei-nam'[돌배(경기, 평안), 돌배나무(평북, 강원)]를 기록했다.

[북한명] 산돌배나무 [유사어] 녹리(鹿梨), 산리(山梨) [지방명] 신배/신배나무(강원), 돌배(경남), 돌배나무/신배(경북), 독배나무(전북)

⊗Pourthiaea villosa *Decaisne* var. brunnea *Nakai* アツバカマツカ
Dôgip-yunnori 떡잎윤노리

떡윤노리나무〈*Pourthiaea villosa* var. *brunnea* (H.Lév.) Nakai(1916)〉[72]

떡윤노리나무라는 이름은 잎이 떡처럼 두꺼운 윤노리나무라는 뜻에서 유래했다.[73] 『조선식물향명집』에서는 '떡잎윤노리'를 신칭해 기록했으나,[74] 『조선수목』에서 '떡윤노리나무'로 개칭해 현재에 이르고 있다.

속명 *Pourthiaea*는 프랑스 선교사로 병인박해 때 사망한 Jean Antoine Charles Pourthié(申妖案, 1830~1866)의 이름에서 유래했으며 윤노리나무속(*Photinia*)의 이명(synonym)으로 취급되나 학자에 따라 이견이 있다. 종소명 *villosa*는 '긴 연모(軟毛)가 있는'이라는 뜻으로 잎과 꽃차례에 있는 털에서 유래했으며, 변종명 *brunnea*는 '짙은 갈색의'라는 뜻이다.

떡잎윤노리(정태현 외, 1937), 떡닢윤노리(정태현, 1943), 떡윤여리(박만규, 1949), 떡잎윤노리나무(리종오, 1964), 털윤여리나무(이창복, 1966), 떡윤노리(이창복, 1980)

중국에서는 이를 별도 분류하지 않고 있다. 일본명 アツバカマツカ(厚葉鎌柄)는 잎이 두터운 윤노리나무 종류(カマツカ)라는 뜻이다.

[북한명] 떡잎윤노리나무

Pourthiaea villosa *Decaisne* var. coreana *Nakai* ウスゲカマツカ
Jantôl-yunnori 잔털윤노리

윤노리나무〈*Photinia villosa* (Thunb.) DC.(1825)〉

'국가표준식물목록'(2018)은 잔털윤노리를 민윤노리나무<*Pourthiaea villosa* var. *laevis* (Thunb.) Stapf(1932)>에 통합하고, 『장진성 식물목록』(2014)은 이를 민윤노리나무와 함께 윤노리나무에 통합하며, '중국식물지'(2018)는 이를 별도 분류하지 않고 있다. 이 책은 윤노리나무에 통합하는 견해에 따른다.

---

72 '국가표준식물목록'(2018)은 떡윤노리나무를 별도 분류하고 있으나, 『장진성 식물목록』(2014)과 '세계식물목록'(2018)은 윤노리나무<*Photinia villosa* (Thunb.) DC.(1825)>에 통합해 이명(synonym) 처리하고 있으므로 주의를 요한다.
73 이러한 견해로 이우철(2005), p.204 참조.
74 이에 대해서는 『조선식물향명집』, 색인 p.35 참조.

○ Pourthiaea villosa *Decaisne* var. longipes *Nakai*　ナガエカマツカ
Ĝogji-yunnori　꼭지윤노리

윤노리나무⟨*Photinia villosa* (Thunb.) DC.(1825)⟩[75]

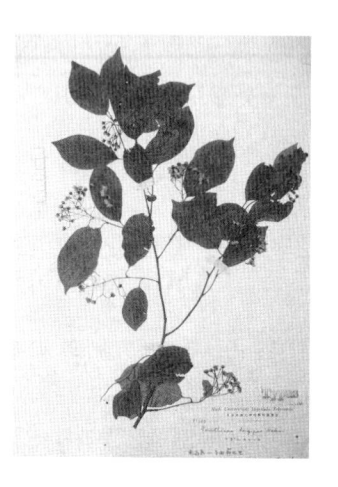

윤노리나무라는 이름은 황해도 방언을 채록한 것으로,[76] 나무
가 단단해 윷놀이에 사용하는 윷을 만들기에 적합한 나무라
는 뜻에서 유래했다.[77] 윤노리나무는 가지가 가늘고 탄성이 좋
아 소코뚜레나 지팡이 등을 만드는 데 사용하므로 윷을 만드
는 데도 적합하다. 윷의 옛말은 '윳'으로[78] 그 표기가 일치하지
는 않지만 방언에서 발음이 달라지기도 하고, 현재 대부분 지
역에서 윷놀이를 '윤노리'로 부르고 있다.[79] 조선 후기에 저술
된 신재효의 『춘향가』에 '윤유리(尹楡理) 지팡막대'라는 표현
이 등장하고, 일제강점기에 저술된 남호거사의 『성춘향가』에
'육로리 집찍이'라는 표현이 등장하는 것에 비추어, 윤노리는
상당히 널리 퍼진 이름으로 이해된다. 『조선식물향명집』에서
는 꽃자루(열매자루)가 길다는 뜻에서 '꼭지윤노리'를 신칭해 기록했으나,[80] 『조선삼림식물도설』에
서 '윤노리나무'로 기록해 현재에 이르고 있다.[81]

　속명 *Photinia*는 그리스어 *photeinos*(빛나는)에서 유래한 것으로, 광택이 나는 가죽질의 붉은
새잎 때문에 붙여졌으며 윤노리나무속을 일컫는다. 종소명 *villosa*는 '긴 연모(軟毛)가 있는'이라
는 뜻으로 잎과 꽃차례에 있는 털에서 유래했다.

다른이름　노각나무/유수리나무(정태현 외, 1923), 꼭지윤노리(정태현 외, 1937), 꼭지윤여리/윤여리나
무/참윤여리(박만규, 1949), 꼭지윤여리나무/긴윤노리나무/민윤여리나무/쇠코뚜레나무(안학수·이춘
녕, 1963), 잔털윤노리나무(임록재 외, 1972), 큰윤노리나무(리용재 외, 2011)

75　'국가표준식물목록'(2018)은 윤노리나무의 학명을 *Pourthiaea villosa* (Thunb.) Decne.(1874)로 기재하고 있으나, '세계식
　　물목록'(2018), '중국식물지'(2018) 및 『장진성 식물목록』(2014)은 본문의 학명을 정명으로 기재하고 있다.

76　이에 대해서는 『조선삼림식물도설』(1943), p.301 참조.

77　이러한 견해로 박상진(2019), p.317; 허북구·박석근(2008b), p.230; 오찬진 외(2015), p.531; 솔뫼(송상곤, 2010), p.760 참조.

78　이에 대해서는 『고어대사전 16』(2016), p.324 참조.

79　국립국어원이 2011년 지역 방언 조사를 한 결과에 따르면 경기, 강원, 경남, 경북, 전남, 충북, 충남, 제주에서 공통적으로
　　'윤노리'로 발음한다. 이에 대해서는 문화체육관광부 주관, 국립국어원 어문연구팀 담당, 「2011년도 권역별 지역어 조사
　　및 전사」 내용 참조.

80　이에 대해서는 『조선식물향명집』, 색인 p.32 참조.

81　『조선삼림식물도설』(1943)은 *Pourthiaea laevis*(민윤노리나무)에 대한 국명으로 윤노리나무를 기록했고, *Pourthiaea*
　　*villosa*에 윤노리나무라는 이름을 부여한 것은 『한국수목도감』(1966)에 따른 것이다.

石楠(물명고, 1824), 윤유리/尹楡理(춘향가, 1867~1873), 육로리(성춘향가, 1915)[82]

중국/일본명 중국명 毛叶石楠(mao ye shi nan)은 잎에 털이 있는 석남(石楠: 돌이 많은 지역에서 자라는 녹나무 종류라는 뜻)이라는 뜻이다. 일본명 ナガエカマツカ(長柄鎌柄)는 꽃자루가 긴 윤노리나무 종류(カマツカ)라는 뜻이다.

참고 [북한명] 꼭지윤노리나무/윤노리나무[83] [유사어] 모엽석남근(毛葉石南根), 우비목(牛鼻木) [지방명] 유뉴리낭/윤낭/윤노리낭/윤누리/윤누리낭/윤유리/윤유리낭/윤이리낭/임노리/임노리낭(제주), 윤노리/윤우리나무(충남)

Pourthiaea Zollingeri *Decaisne*   カマツカ
Min-yunnori-namu   민윤노리나무

민윤노리나무⟨*Pourthiaea villosa* var. *laevis* (Thunb.) Stapf(1932)⟩[84]

민윤노리나무라는 이름은 윤노리나무에 비해 꽃차례에 털이 없거나 거의 없다는 뜻에서 붙여졌다.[85] 『조선식물향명집』에서 전통 명칭 '윤노리나무'를 기본으로 하고 식물의 형태적 특징을 나타내는 접두사 '민'을 추가해 신칭했다.[86]

　　속명 *Pourthiaea*는 프랑스 선교사로 병인박해 때 사망한 Jean Antoine Charles Pourthié(申妖案, 1830~1866)의 이름에서 유래했으며 윤노리나무속을 일컫는다. 종소명 *villosa*는 '긴 연모(軟毛)가 있는'이라는 뜻으로 잎과 꽃차례에 있는 털에서 유래했다. 변종명 *laevis*는 '반들반들한, 매끈한, 평활한'이라는 뜻으로 잎과 꽃차례에 털이 없거나 거의 없는 것에서 유래했다.

다른이름 잔털윤노리(정태현 외, 1937), 윤노리나무(정태현 외, 1942), 민윤여리나무/윤여리나무(박만규, 1949), 쇠코뚜레나무(안학수·이춘녕, 1963), 좀윤노리(이창복, 1980)[87]

중국/일본명 중국명 无毛毛叶石楠(wu mao mao ye shi nan)은 털이 없는 모엽석남(毛葉石楠: 윤노리나무의 중국명)이라는 뜻이다. 일본명 カマツカ(鎌柄)는 낫자루라는 뜻으로, 나무로 낫자루를 만들었

82 　『조선식물명휘』(1922)는 *Pourthiaea villosa* v. *longipes*에 대해 '노각나무'를, *Pourthiaea villosa* v. *zollingeri*에 대해 '유수리'를 기록했으며 『토명대조선만식물자휘』(1932)는 *Pourthiaea variabilis*에 대해 '[코쭐에나무], [코나무]'를, 『조선삼림식물편』(1915~1939)은 'Nakak-nam(慶南)'[노각나무(경남)]를 기록했다.

83 　북한에서는 *P. longipes*를 '꼭지윤노리나무'로, *P. villosa*를 '윤노리나무'로 하여 별도 분류하고 있다. 이에 대해서는 리용재 외(2011), p.280 참조.

84 　'국가표준식물목록'(2018)은 민윤노리나무를 별도 분류하고 있으나, 『장진성 식물목록』(2014)은 윤노리나무⟨*Photinia villosa* (Thunb.) DC.(1825)⟩에 통합해 이명(synonym) 처리하고 있으므로 주의를 요한다.

85 　이러한 견해로 이우철(2005), p.249 참조.

86 　이에 대해서는 『조선식물향명집』, 색인 p.37 참조.

87 　『조선식물명휘』(1922)는 '유수리'를 기록했으며 『선명대화명지부』(1934)는 '노긕니무, 유스리'를, 『조선삼림식물편』(1915~1939)은 'ユンナム/Yong-nam, ユンノリ(濟州島)/Yun-nori, ユスリ(慶南, 全南), ノカックナム/Nokak-nam, ハインクチャモック(慶南)/Haingucha-mok'[윤낭, 윤노리(제주도), 유수리(경남, 전남), 노각나무, 행우차목(?)(경남)]을 기록했다.

던 것에서 유래했다.

참고 [북한명] 민윤노리나무 [지방명] 윤노리/윤유리(제주)

Pseudocydonia sinensis *Schneider*　クワリン　木瓜　(栽)
Mogwa　모과

모과나무⟨*Pseudocydonia sinensis* (Thouin) C.K.Schneid.(1906)⟩[88]

모과나무라는 이름은 열매의 모양과 색에서 유래한 것으로, '모과'는 한자어 목과(木瓜)가 발음 과정에서 'ㄱ'이 탈락한 것이며 나무에 달리는 외(오이 또는 참외)라는 뜻이다.[89] 『조선식물향명집』은 '모과'로 기록했으나 『조선삼림식물도설』에서 '모과나무'로 개칭해 현재에 이르고 있다.

　속명 *Pseudocydonia*는 *pseudos*(가짜의)와 *Cydonia*(키도니아속: 털모과속)의 합성어로, 키도니아속과 유사하다는 뜻이며 모과나무속을 일컫는다. 종소명 *sinensis*는 '중국에 분포하는'이라는 뜻으로 원산지를 나타낸다.

다른이름　모과나무(정태현 외, 1923), 모과(정태현 외, 1936), 목과나무(도봉섭 외, 1958), 모개나무(안학수·이춘녕, 1963)

옛이름　木瓜(향약집성방, 1433), 木瓜/목광(구급방언해, 1466), 木瓜/모과(구급간이방언해, 1489), 楸/모과/木瓜(훈몽자회, 1527), 木瓜/목과(언해태산집요, 1608), 木瓜/모과(언해구급방, 1608), 木瓜/모과(동의보감, 1613), 木瓜/모과(방언집석, 1778), 목과/木瓜(왜어유해, 1782), 모과/木瓜(제중신편, 1799), 木瓜/모과(광재물보, 19세기 초), 木瓜/楸/모과(물명고, 1824), 목과/木瓜(의종손익, 1868), 木瓜(목과)/모과/樝子(명물기략, 1870), 모과/木果(한불자전, 1880), 모과/木瓜(국한회어, 1895), 木瓜/모과(신자전, 1915), 木瓜/모과(선한약물학, 1931)[90]

---

88 '세계식물목록'(2018)과 '중국식물지'(2018)는 모과나무의 학명을 *Chaenomeles sinensis* (Thouin) Koehne(1890)로 기재하고 있으나 『장진성 식물목록』(2014)은 본문의 학명을 정명으로 기재하고 있다. '국가표준식물목록'(2018)은 앞의 학명 모두를 기재해 혼선이 있다.

89 이러한 견해로 이우철(2005), p.224; 박상진(2005), p.528; 허북구·박석근(2008b), p.118; 전정일(2009), p.64; 오찬진 외(2015), p.467; 장충덕(2007), p.135 참조.

90 『조선한방약료식물조사서』(1917)는 '모과(東醫), 木苽, 木果'를 기록했으며 『조선거수노수명목지』(1919)는 '모과누무, 木果'를, 『조선어사전』(1920)은 '木瓜(목과), 모과'를, 『조선식물명휘』(1922)는 '木瓜, 榲櫏, 모과, 모우가(食)'를, 『토명대조선만식물자휘』(1932)는 '[榠樝(木)]명사(목), [華欄(木)]화려(목), [樺榴(木)]화류(목), [花梨(木)]화리(목), [木瓜]모과(木)'를, 『선명대화명지부』(1934)는 '모과(나무), 모우과'를, 『조선삼림식물편』(1915~1939)은 'ムーゲ, ムーガ(京畿, 全南, 黃海)/Mokkwa, Mouge, Mouga'[모과, 모우가(경기, 전남, 황해)]를 기록했다.

중국명 木瓜(mu gua)는 한국명과 같은 뜻에서 유래했다. 일본명 クワリン(花櫚)은 모과나무의 나뭇결이 종려나무와 유사하다는 뜻에서 유래했다.

[북한명] 모과나무 [유사어] 명사(榠樝), 화리목(花梨木) [지방명] 모개(강원), 모개/모과(경남), 모개/모개나무(경북), 모개/모개나무/모계나무/모과(전남), 모개/모개나무(전북), 모궤낭(제주), 모개/모과/무과/무아과(충남), 모개/모개나무(충북)

Raphiolepis liukiuensis *Nakai*　ナガバシャリンバイ
Ginip-dajóñgkúm-namu　긴잎다정큼나무

긴잎다정큼〈*Rhaphiolepis indica* var. *liukiuensis* (Koidz.) Kitam.(1974)〉[91]

긴잎다정큼이라는 이름은 '긴잎다정큼나무'를 축약한 것이며 잎이 긴 다정큼나무라는 뜻이다.[92] 『조선식물향명집』에서는 '긴잎다정큼나무'를 신칭해 기록했으나[93] 『대한식물도감』에서 '긴잎다정큼'으로 개칭해 현재에 이르고 있다. 다정큼나무라는 이름은 전남 방언을 채록한 것으로,[94] 가지 여러 개가 끝에서 모여 다정하게 크는 나무라는 뜻에서 유래했다고 추정하는 견해가 있다.[95] 『조선식물명휘』에 기록된 '다정꿈나무'가 문헌 최초 기록으로 추정되고, 『조선삼림수목감요』에서 '다정큼나무'로 변경 기록해 현재에 이르고 있다.

　속명 *Rhaphiolepis*는 그리스어 *rhaphis*(침)와 *lepis*(비늘조각)의 합성어로, 침(바늘) 모양의 포(苞)에서 유래했으며 다정큼나무속을 일컫는다. 종소명 *indica*는 '인도의'라는 뜻으로 원산지를 나타내며, 변종명 *liukiuensis*는 '류큐(琉球: 오키나와)에 분포하는'이라는 뜻으로 발견지 또는 분포지를 나타낸다.

다정큼나무(정태현 외, 1923), 긴잎다정큼나무(정태현 외, 1937), 긴닢다정큼나무(정태현, 1943), 긴잎다정금나무(안학수·이춘녕, 1963), 가는잎다정큼나무(한진건 외, 1982)[96]

91　'국가표준식물목록'(2018)은 긴잎다정큼을 본문의 학명으로 별도 분류하고 있으나, 『장진성 식물목록』(2014)은 다정큼나무〈*Rhaphiolepis indica* (L.) Lindl. ex Ker var. *umbellata* (Thunb.) H.Ohashi(1988)〉에 통합하고 있으므로 주의가 필요하다.

92　이러한 견해로 이우철(2005), p.107 참조.

93　이에 대해서는 『조선식물향명집』, 색인 p.33 참조.

94　이에 대해서는 『조선삼림수목감요』(1923), p.53과 『조선삼림식물도설』(1943), p.304 참조.

95　이러한 견해로 박상진(2019), p.95; 허북구·박석근(2008b), p.82; 오찬진 외(2015), p.559 참조.

96　『조선식물명휘』(1922)는 '다정꿈나무'(색인에는 '다정굼나무'로 기록)를 기록했으며 『조선삼림식물편』(1915~1939)은 'タチョンクムナム(莞島)/Tachon-kum-nam'[다정꿈나무(완도)]를, Crane(1931)은 '해동화, 海桐花'를 기록했다.

중국명 石斑木(shi ban mu)는 다정큼나무속 식물을 일컫는 것으로, 돌 모양의 반점이 있는 나무라는 뜻인데 잎 뒷면의 그물 모양 맥 때문에 붙여진 것으로 추정한다. 일본명 ナガバシヤリンバイ(長葉車輪梅)는 잎이 상대적으로 길며 흰 꽃이 매화 같고 작은 가지에 잎이 모여 있는 모습이 수레바퀴와 닮았다는 뜻에서 붙여졌다.

<u>참고</u> [북한명] 긴잎다정큼나무 [유사어] 차륜매(車輪梅)

Raphiolepis ovata *Briot*   マルバシヤリンバイ
Donggŭnip-dajŏngkŭm-namu   동근잎다정큼나무

둥근잎다정큼⟨*Raphiolepis indica* var. *integerrima* (Hook. & Arn.) Rehder ex Ohwi(1974)⟩[97]
둥근잎다정큼이라는 이름은 '동근잎다정큼나무'(둥근잎다정큼나무)를 축약한 것이며 잎이 둥근 다정큼나무라는 뜻이다.[98] 다정큼나무라는 이름은 전남 방언을 채록한 것으로,[99] 가지 여러 개가 끝에서 모여 다정하게 크는 나무라는 뜻에서 유래했다고 추정하는 견해가 있다.[100] 『조선삼림식물도설』에 기록된 '쪽나무'는 열매를 이용해 초본성 식물 '쪽'처럼 염색제로 활용한 것과 관련된 이름으로 추정한다.[101] 『조선식물향명집』에서는 '동근잎다정큼나무'를 신칭해 기록했으나[102] 『대한식물도감』에서 '둥근잎다정큼'으로 개칭해 현재에 이르고 있다.

속명 *Raphiolepis*는 그리스어 *rhaphis*(침)와 *lepis*(비늘조각)의 합성어로, 침(바늘) 모양의 포(苞)에서 유래했으며 다정큼나무속을 일컫는다. 종소명 *indica*는 '인도의'라는 뜻으로 원산지를 나타내며, 변종명 *integerrima*는 '매우 완전한, 전연(全緣)의'라는 뜻으로 잎이 둥글고 톱니가 거의 없는 것에서 유래했다.

<u>다른이름</u> 다정큼나무(정태현 외, 1923), 동근잎다정큼나무(정태현 외, 1937), 동근닢다정큼나무/쪽나무(정태현, 1943), 둥근닢다정금나무(이창복, 1947), 둥근잎다정금나무(이영노·주상우, 1956), 둥글잎다정금나무(안학수·이춘녕, 1963)

<u>옛이름</u> 橄櫚/쪽나무(주촌신방, 1687), 橄欖/쪽나무(의방합편, 19세기)[103]

---

97 '국가표준식물목록'(2018)은 둥근잎다정큼을 본문의 학명으로 별도 분류하고 있으나, 『장진성 식물목록』(2014)은 다정큼나무<*Raphiolepis indica* (L.) Lindl. ex Ker var. *umbellata* (Thunb.) H.Ohashi(1988)>에 통합하고 있으므로 주의가 필요하다.

98 이러한 견해로 이우철(2005), p.193 참조.

99 이에 대해서는 『조선삼림수목감요』(1923), p.53과 『조선삼림식물도설』(1943), p.304 참조.

100 이러한 견해로 허북구·박석근(2008b), p.82와 오찬진 외(2015), p.559 참조.

101 이러한 견해로 허북구·박석근(2008b), p.82 참조.

102 이에 대해서는 『조선식물향명집』, 색인 p.35 참조.

103 『주촌신방』(1687)과 『의방합편』(19세기)에 기록된 '쪽나무'의 한자명 중 橄欖(감람)은 국내에서 생산되지 않는 약재인데 속명(俗名)이 기록된 것으로 보아 자생식물에 대한 명칭으로 전용한 것으로 보인다. 그러나 현재의 다정큼나무를 지칭하는

중국/일본명 중국명 石斑木(shi ban mu)는 다정큼나무속 식물을 일컫는 것으로, 돌 모양의 반점이 있는 나무라는 뜻인데 잎 뒷면의 그물 모양 맥 때문에 붙여진 것으로 추정한다. 일본명 マルバシヤリンバイ(丸葉車輪梅)는 잎이 상대적으로 둥글며 흰 꽃이 매화 같고 작은 가지에 잎이 모여 있는 모습이 수레바퀴와 닮았다는 뜻에서 붙여졌다.

참고 [북한명] 둥근잎다정큼나무 [유사어] 차륜매(車輪梅)

○ Sorbus amurensis *Kochne* タウナナカマド
Dang-magamog 당마가목

당마가목〈*Sorbus pohuashanensis* (Hance) Hedl.(1901)〉[104]

당마가목이라는 이름은 『조선식물향명집』에서 신칭한 것으로,[105] 중국(唐)에 분포하는 마가목이라는 뜻이다.[106] 당마가목이 한반도의 중부 이북 및 중국 동북부에 주로 분포하는 점에 비추어볼 때, '당'(唐)은 주로 북쪽인 중국에 분포한다는 뜻에서 유래한 것으로 추정한다.

속명 *Sorbus*는 마가목의 고대 라틴명 *Sorbus*에서 유래했으며 마가목속을 일컫는다. 종소명 *pohuashanensis*는 중국 베이징 북서쪽에는 있는 '바이화산(百花山)에 분포하는'이라는 뜻으로 발견지 또는 분포지를 나타낸다.

다른이름 아물마가목(이창복, 1947), 털눈마가목(임록재 외, 1972), 털순마가목(한진건 외, 1982)[107]

중국/일본명 중국명 花楸樹(hua qiu shu)는 꽃이 아름답고 가래나무를 닮은 나무라는 뜻이다. 일본명 タウナナカマド(唐七竈)는 중국에 분포하는 마가목(ナナカマド)이라는 뜻이다.

참고 [북한명] 털눈마가목 [유사어] 당마아목(唐馬牙木), 정공등(丁公藤), 천산화추(天山花楸)

지는 명확하지 않다. 한편 『물명고』(1824)는 '쪽나모, 柤'로 기록해 감탕나무로 보고 있다.

104 '국가표준식물목록'(2018)은 당마가목의 학명을 *Sorbus amurensis* Koehne(1912)로 기재하고 있으나, 『장진성 식물목록』(2014)과 '중국식물지'(2018)는 본문의 학명을 정명으로 기재하고 있다.

105 이에 대해서는 『조선식물향명집』, 색인 p.35 참조.

106 이러한 견해로 이우철(2005), p.168 참조.

107 「조선주요삼림수목명칭표」(1915b)는 '마가목'을 기록했으며 『조선식물명휘』(1922)는 '마가목'을, 『선명대화명지부』(1934)는 '마가목(나무)'을, 『조선삼림식물편』(1915~1939)은 'マガモック(京畿)/Maga-mok'[마가목(경기)]을 기록했다.

⊗Sorbus amurensis *Kochne* var. lanata *Nakai*　シラゲナナカマド
Hintŏl-magamog　힌털마가목

흰털당마가목⟨*Sorbus amurensis* var. *lanata* Nakai(1916)⟩[108]

흰털당마가목이라는 이름은 흰 털이 있는 당마가목이라는 뜻이다.[109] 『조선식물향명집』에서는 '힌털마가목'을 신칭해 기록했으나,[110] 『한국수목도감』에서 '흰털당마가목'으로 개칭해 현재에 이르고 있다.

　　속명 *Sorbus*는 마가목의 고대 라틴명 *Sorbus*에서 유래했으며 마가목속을 일컫는다. 종소명 *amurensis*는 '아무르강 유역에 분포하는'이라는 뜻으로 최초 발견지를 나타내며, 변종명 *lanata*는 '연모(軟毛)가 있는'이라는 뜻으로 잎의 뒷면이나 겨울눈에 부드러운 털이 밀생(密生)하는 것을 뜻한다.

다른이름　마가목(정태현 외, 1923), 힌털마가목(정태현 외, 1937), 흰털마가목(정태현, 1943), 힌털아무르마가목(이창복, 1947), 털당마가목(박만규, 1949), 털눈흰털마가목/흰털눈마가목(임록재 외, 1972)[111]

중국/일본명　중국에서는 이를 별도 분류하지 않는 것으로 보인다. 일본명 シラゲナナカマド(白毛七竈)는 흰 털이 있는 마가목(ナナカマド)이라는 뜻이다.

참고　[북한명] 흰털눈마가목[112]

○Sorbus amurensis *Koch*. var. rufescens *Nakai*　コゲチヤナナカマド
Chabit-magamog　차빗마가목

차빛당마가목⟨*Sorbus amurensis* var. *rufa* Nakai(1919)⟩[113]

차빛당마가목이라는 이름은 차 빛깔(적갈색)이 나는 당마가목이라는 뜻에서 유래했으며 학명 및 일본명과 관련된 것으로 추정한다.[114] 『조선식물향명집』에서는 '차빗마가목'을 신칭해 기록했으

---

108 '국가표준식물목록'(2018)은 흰털당마가목을 별도 분류하고 있으나, 『장진성 식물목록』(2014)은 마가목에 통합하고, '중국식물지'(2018)와 '세계식물목록'(2018)은 별도 분류하지 않으므로 주의가 필요하다.

109 이러한 견해로 이우철(2005), p.617 참조.

110 이에 대해서는 『조선식물향명집』, 색인 p.49 참조.

111 『조선삼림식물편』(1915~1939)은 'Maga-mok(京畿, 全南)'[마가목(경기, 전남)]을 기록했다.

112 북한에서 임록재 외(1996)는 흰털눈마가목을 분류하고 있으나, 리용재 외(2011)는 이를 별도 분류하지 않고 있다. 이에 대해서는 리용재 외(2011), p.334 참조.

113 '국가표준식물목록'(2018)은 차빛당마가목을 별도 분류하고 있으나, 『장진성 식물목록』(2014)은 마가목⟨*Sorbus commixta* Hedl.(1901)⟩에 통합하고, '중국식물지'(2018)와 '세계식물목록'(2018)은 별도 분류하지 않으므로 주의가 필요하다.

114 이러한 견해로 이우철(2005), p.499 참조.

나,[115] 『한국수목도감』에서 '차빛당마가목'으로 개칭해 현재에 이르고 있다.

속명 *Sorbus*는 마가목의 고대 라틴명 *Sorbus*에서 유래했으며 마가목속을 일컫는다. 종소명 *amurensis*는 '아무르강 유역에 분포하는'이라는 뜻으로 원산지를 나타내며, 변종명 *rufa*는 '적갈색의'라는 뜻이다.

다른이름 차빗마가목(정태현 외, 1937), 차빛마가목(정태현, 1943), 차빗아물마가목(이창복, 1947), 차빗당마가목(박만규, 1949), 차빛눈털마가목/차빛흰털마가목(임록재 외, 1972)

중국/일본명 중국에서는 이를 별도 분류하지 않고 있다. 일본명 コゲチヤナナカマド(こげ茶七竈)는 불에 눌어 차 빛깔이 나는 마가목(ナナカマド)이라는 뜻이다.

참고 [북한명] 차빛털눈마가목[116] [유사어] 정공등(丁公藤), 초다마아목(燋茶馬牙木), 흑수화추(黑手花楸)

Sorbus commixta *Hedlund*   ナナカマド
Magamog   마가목

마가목〈*Sorbus commixta* Hedl.(1901)〉

마가목이라는 이름은 다양한 한자 표현에 '馬'(마)가 공통적으로 쓰인 것을 볼 때 말(馬)과 연관해 유래했을 것으로 추정하지만, 정확한 어원이나 의미는 확인되지 않는다.[117] 한글로는 『동의보감』 등에서 발견되며, 한자 표현은 馬價木, 馬家木, 馬加木, 馬可木, 馬哥木 등인데 다양한 한자 표현이 등장하는 것에 비추어 고유명을 한자로 차자(借字)해 표기한 것으로 추정한다. 한편 새싹이 돋을 때 말의 이빨처럼 힘차게 솟아난다는 뜻의 마아목(馬牙木)에서 유래한 이름으로 보는 견해가 있다.[118] 그러나 '馬牙木'(마아목)이라는 한자 표현은 일제강점기에 저술된 『조선식물명휘』에 기록된 '馬牙皮'(마아피)에서 유래한 것으로 보이지만, 옛 문헌의 한자 표기와는 차이가 있어 타당

---

115 이에 대해서는 『조선식물향명집』, 색인 p.46 참조.

116 북한에서 임록재 외(1996)는 차빛털눈마가목을 분류하고 있으나, 리용재 외(2011)는 이를 별도 분류하지 않고 있다. 이에 대해서는 리용재 외(2011), p.334 참조.

117 이러한 견해로 박상진(2011a), p.350 참조. 이의봉 저술의 『고금석림』(1789)은 한자 어원설의 견지에서 '馬價木'(마가목)으로 기록하고, 산에 사는 노인이 자신이 가진 마가목으로 지팡이를 만들어 말 한 필과 바꾼 데서 유래한 이름으로 해설하기노 했나.

118 이러한 견해로 이우철(2005), p.209; 김태영·김진석(2018), p.412; 허북구·박석근(2008b), p.106; 오찬진 외(2015), p.494; 솔 뫼(송상곤, 2010), p.754 참조.

성은 의문스럽다. 『임원경제지』 중 『인제지(仁濟志)』는 花楸樹(화추수)라는 이름으로 꽃을 구황식물로 식용한다고 기록했다.

속명 *Sorbus*는 마가목의 고대 라틴명 *Sorbus*에서 유래했으며 마가목속을 일컫는다. 종소명 *commixta*는 '혼합한'이라는 뜻이다.

다른이름 마가목(정태현 외, 1923), 은빛마가목(박만규, 1949)

옛이름 馬價木(동문선, 1478), 馬價木(선조실록, 1595), 丁公藤/마가목/南藤(동의보감, 1613), 馬價木(승정원일기, 1637), 馬駕木(실험단방, 1709), 馬家木(열하일기, 1780), 馬加木(홍재전서, 1787), 馬價木/丁公藤(고금석림, 1789), 馬價木/栲栳(물명고, 1824), 花楸樹(임원경제지, 1842), 丁公藤/馬可木(오주연문장전산고, 185?), 馬加木實(의휘, 1871), 마가목/馬哥木(한불자전, 1880), 丁公藤/마가목(방약합편, 1884), 丁公藤(동의수세보원, 1894)[119]

중국/일본명 중국에서는 마가목속(*Sorbus*)을 꽃이 피는 가래나무 종류라는 뜻으로 花楸(hua qiu: 화추)라고 하나 *Sorbus commixta* 종의 분포는 확인되지 않는다. 일본명 ナナカマド(七竈)는 목재가 매우 타기 어려워 아궁이(カマド)에 일곱 번 넣어도 잘 타지 않는다는 뜻에서 유래했다.

참고 [북한명] 마가목 [유사어] 남등(南藤), 석남등(石南藤), 정공등(丁公藤) [지방명] 마강목/마개목나무(강원), 마구마/마구막/마구막나무/물릉도마가목/짜바구(경북), 마개목/마기목(전북), 마께낭(제주), 마자묵(함남/함북)

Sorbus commixta *Hedlund* var. rufo-ferruginea *Schneider*   サビバナナカマド
Nogbit-magamog 녹빛마가목

녹마가목〈*Sorbus commixta* var. *rufoferruginea* C.K.Schneid.(1906)〉[120]

녹마가목이라는 이름은 잎 표면에 녹슨 빛깔의 털이 있는 마가목이라는 뜻에서 유래했다.[121] 『조선식물향명집』에서는 '녹빛마가목'을 신칭해 기록했으나,[122] 『대한식물도감』에서 '녹마가목'으로 개칭해 현재에 이르고 있다.

속명 *Sorbus*는 마가목의 고대 라틴명 *Sorbus*에서 유래했으며 마가목속을 일컫는다. 종소명

---

119 「조선주요삼림수목명칭표」(1912)는 '마가목ㄴ무'를 기록했으며 『조선한방약료식물조사서』(1917)는 '마가목, 馬牙皮, 丁公藤'을, 『조선어사전』(1920)은 '마가목, 丁公藤(뎡공등), 石南藤(석남등), 南藤(남등)'을, 『조선식물명휘』(1922)는 '丁公藤, 馬牙皮, 마아피, 마게목, 정공등(藥, 薪炭)'을, 『선명대화명지부』(1934)는 '마가목(나무), 마게목, 마아피, 정공등'을, 『조선삼림식물편』(1915~1939)은 'マギャイモック(全南)/Magyai-mok'[마게목(전남)]을 기록했다.

120 '국가표준식물목록'(2018)은 녹마가목을 별도 분류하고 있으나, 『장진성 식물목록』(2014)과 '세계식물목록'(2018)은 마가목에 통합하고 있으므로 주의가 필요하다.

121 이러한 견해로 이우철(2005), p.152 참조.

122 이에 대해서는 『조선식물향명집』, 색인 p.34 참조.

*commixta*는 '혼합한'이라는 뜻이며, 변종명 *rufoferruginea*는 '적갈색의, 녹슨 색의'라는 뜻이다.

다른이름 녹빛마가목(정태현 외, 1937), 왕털마가목(정태현, 1943), 녹닢마가목(이창복, 1947)

중국/일본명 중국에서는 마가목속(*Sorbus*)을 꽃이 피는 가래나무 종류라는 뜻으로 花楸(hua qiu: 화추)라고 하나 녹마가목은 별도 분류하지 않는다. 일본명 サビバナナカマド(錆葉七竈)는 잎의 표면에 녹슨 색깔의 털이 있는 마가목(ナナカマド)이라는 뜻이다.

참고 [북한명] 녹빛마가목[123]

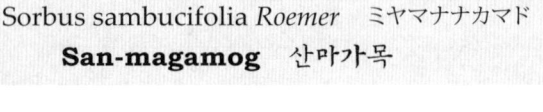

Sorbus sambucifolia *Roemer* ミヤマナナカマド
San-magamog 산마가목

산마가목〈*Sorbus sambucifolia* (Cham. & Schltdl.) M.Roem. (1847)〉[124]

산마가목이라는 이름은 깊은 산에 자라는 마가목이라는 뜻이다.[125] 『조선식물향명집』에서 전통 명칭 '마가목'을 기본으로 하고 식물의 산지(産地)를 나타내는 '산'을 추가해 신칭했다.[126]

속명 *Sorbus*는 마가목의 고대 라틴명 *Sorbus*에서 유래했으며 마가목속을 일컫는다. 종소명 *sambucifolia*는 '*Sambucus*(딱총나무속)와 비슷한 잎'이라는 뜻이다.

다른이름 두메마가목(안학수·이춘녕, 1963)

중국/일본명 중국에서는 마가목속(*Sorbus*)을 꽃이 피는 가래나무 종류라는 뜻으로 花楸(hua qiu: 화추)라고 하나 *Sorbus sambucifolia* 종의 분포는 확인되지 않는다. 일본명 ミヤマナナカマド(深山七竈)는 깊은 산에 분포하는 마가목(ナナカマド)이라는 뜻이다.

참고 [북한명] 산마가목

---

123 북한에서 임록재 외(1996)는 녹빛마가목을 분류하고 있으나, 리용재 외(2011)는 이를 별도 분류하지 않고 있다. 이에 대해서는 리용재 외(2011), p.139 참조.
124 '국가표준식물목록'(2018)은 산마가목의 학명을 *Sorbus sambucifolia* var. *pseudogracilis* C.K.Schneid.(1906)로 기재하고 있으니, 『강진성 식물목록』(2014)은 본문의 학명을 정명으로 기재하고 있다.
125 이러한 견해로 이우철(2005), p.308 참조.
126 이에 대해서는 『조선식물향명집』, 색인 p.40 참조.

Rosaceae 장미科 (薔薇科)

장미과〈Rosaceae Juss.(1789)〉

장미과는 재배식물인 장미(薔薇)에서 유래한 과명이다. '국가표준식물목록'(2018), 『장진성 식물목록』
(2014) 및 '세계식물목록'(2018)은 Rosa(장미속)에서 유래한 Rosaceae를 과명으로 기재하고 있으며,
엥글러(Engler), 크론키스트(Cronquist) 및 APG IV(2016) 분류 체계도 이와 같다. 엥글러 분류 체계는
Spiraeoideae(조팝나무아과), Rosoideae(장미아과), Prunoideae(벚나무아과), Chrysobalanoideae,
크론키스트 분류 체계는 Spiraeoideae(조팝나무아과), Rosoideae(장미아과), Prunoideae(벚나무아
과), Maloideae(능금아과), APG IV(2016) 분류 체계는 Rosoideae(장미아과), Dryadoideae(담자리아과),
Amygdaloideae(벚나무아과)의 하위분류를 둔다.

⊗ Agrimonia coreana *Nakai*   テフセンキンミヅヒキ

Kùn-jipsin-namul   큰짚신나물

산짚신나물〈*Agrimonia coreana* Nakai(1918)〉

산짚신나물이라는 이름은 높은 산에서 자라는 짚신나물이
라는 뜻에서 유래했다.[1] 턱잎이 부채모양이고 수술의 개수가
18~27개인 점에서 턱잎이 낫모양이고 수술이 10~17개인 짚
신나물과 구별되고, 짚신나물에 비해 보다 높은 산지에 주로
분포한다.[2] 『조선식물향명집』에서는 식물체가 짚신나물보다
크다는 뜻에서 '큰짚신나물'을 신칭했으나,[3] 『조선식물명집』에
서 '산짚신나물'로 개칭해 현재에 이르고 있다.

속명 *Agrimonia*는 양귀비의 고대 그리스명 *argemone*
또는 디오스코리데스(Dioscorides, 40~90)가 바람꽃속에 붙
인 이름 *argemonion*에서 유래했다는 설과, *agros*(들판)와
monos(홀로)의 합성어 또는 *agrimaios*(야생의)에서 유래했다
는 설이 있으며 짚신나물속을 일컫는다. 종소명 *coreana*는 '한국의'라는 뜻으로 한국 특산종임
을 나타내지만 최근 러시아, 중국 동북부 및 일본 등에서도 분포가 확인되고 있다.

다른이름 큰짚신나물(정태현 외, 1937), 큰집신나물/산집신나물(박만규, 1949)

---

1 이러한 견해로 이우철(2005), p.317과 김종원(2013), p.100 참조.

2 이에 대해서는 『한국속식물지』(2018), p.734 참조.

3 이에 대해서는 『조선식물향명집』, 색인 p.47 참조.

중국/일본명 중국명 托叶龙芽草(tuo ye long ya cao)는 턱잎이 있는 용아초(龍芽草: 짚신나물의 중국명)
라는 뜻이다. 일본명 テフセンキンミヅヒキ(朝鮮金水引)는 한반도 특산종인 짚신나물(キンミヅヒキ)
이라는 뜻이다.

참고 [북한명] 산짚신나물

Agrimonia Eupatoria *Linné* オホキンミヅヒキ
Dúnggol-jipsin-namul 등골짚신나물

짚신나물〈*Agrimonia pilosa* Ledeb.(1823)〉

'국가표준식물목록'(2018)은 등골짚신나물〈*Agrimonia eupatoria* L.(1753)〉을 재배식물로 하여
짚신나물과 별도의 종으로 기재하고 있으나, 이는 이후 재배식물로 도입된 것으로 『조선식물향명
집』의 등골짚신나물과는 다른 종이다. 『조선식물향명집』에 기록된 등골짚신나물은 자생식물에
부여된 이름이었으나 현재 짚신나물에 통합하고 별도 분류하지 않으므로 이 책도 이에 따른다.

Agrimonia pilosa *Ledebour* キンミヅヒキ
Jipsin-namul 짚신나물

짚신나물〈*Agrimonia pilosa* Ledeb.(1823)〉

짚신나물이라는 이름은 옛이름 '집신나물'에서 비롯한 것으
로, 잎의 모양이 짚신과 비슷하고 나물로 식용한 것에서 유래
했다.[4] 일제강점기에 저술된 한의서 『제중신방』은 한글로 '집
신나물'을 기록하면서 한자로 '草鞋菜'(초혜채)라고 표기했는
데, 풀로 된 신발을 닮았고 나물(菜)로 사용한다는 뜻이므로
짚신나물과 뜻이 통한다. 일제강점기에 정태현(1882~1971)이
주도해 저술한 『조선산야생식용식물』은 '집신나물'이 강원도
및 경기도에서 어린잎을 식용하면서 실제 사용했던 이름이라
고 기록했는데, 식용하는 어린잎이 모여 자라는 모습에서 이
름이 유래했을 것으로 추정한다. 다만 옛날에 짚신을 신고 다
녔을 때 가시가 있는 열매가 짚신에 붙어 씨앗이 산포된 데서

---

4 이러한 견해로 이우철(2005), p.496과 이유미(2010), p.406 참조.

유래한 이름으로 보는 견해도 있다.[5] 옛 문헌에서 발견되는 낭아초(狼牙草)라는 이름은 이리의 이빨을 닮은 풀이라는 뜻으로 뿌리의 모양에서 유래한 것이다.[6]

속명 *Agrimonia*는 양귀비의 고대 그리스명 *argemone* 또는 디오스코리데스(Dioscorides, 40~90)가 바람꽃속에 붙인 이름 *argemonion*에서 유래했다는 설과, *agros*(들판)와 *monos*(홀로)의 합성어 또는 *agrimaios*(야생의)에서 유래했다는 설이 있으며 짚신나물속을 일컫는다. 종소명 *pilosa*는 '연모(軟毛)가 있는, 털로 덮인'이라는 뜻이다.

다른이름 짚신초(정태현 외, 1936), 등골짚신나물(정태현 외, 1937), 짚신나물(정태현 외, 1942), 산짚신나물(박만규, 1949), 큰골짚신나물(정태현 외, 1949), 북짚신나물(안학수 외, 1982), 랑아/룡아초(리용재 외, 2011)

옛이름 狼牙草/狼矣牙(향약구급방, 1236),[7] 牙子/狼牙草/狼牙/狼齒(향약집성방, 1433), 狼牙/낭아초/牙子(동의보감, 1613), 藁鞋翁草/집신하라비쫄뿌리(주촌신방, 1687), 狼牙/집신나물/犬牙(광재물보, 19세기 초), 狼牙/집신나물(물명고, 1824), 狼牙草/집신나물/藁鞋翁草/집신한아비플뿌리(의휘, 1871), 狼牙草/집신나물(녹효방, 1873), 狼牙草/藁鞋翁草/집신할아비플 불휘/집신나물(의방합편, 19세기), 草鞋菜/집신나물(제중신방, 1923)[8]

중국/일본명 중국명 龙芽草(long ya cao)는 잎의 크기와 배열이 고르지 않은 것 또는 이삭의 모양이 용의 이빨을 닮았다고 하여 붙여졌으며, 지혈 효과와 관련된 전설이 깃든 '仙鶴草'(선학초)란 이름도 있다.[9] 일본명 キンミヅヒキ(金水引)는 꽃이 노란색으로 피고 꽃차례가 이삭여뀌(ミヅヒキ)를 닮았다는 뜻이다.

참고 [북한명] 짚신나물 [유사어] 낭아(狼牙), 낭아채(狼牙菜), 낭아초(狼牙草), 용아초(龍牙草) [지방명] 용아초(경기), 선학초(전남), 짚신풀(전북), 버선나물/버섯나물(함북)

Dryas octopetala L. var. asiatica *Nakai*   チヤウノスケサウ
Damjariġot-namu   담자리꽃나무

담자리꽃나무〈*Dryas octopetala* L. var. *asiatica* (Nakai) Nakai(1918)〉

---

5   이러한 견해로 정연옥 외(2010) 중 '짚신나물'과 김종원(2013), p.653 참조.

6   『동의보감』(1613)은 "根黑 若獸之齒牙 故以名之"(뿌리는 검고 짐승의 어금니 같기 때문에 낭아라 했다)라고 기록했다.

7   『향약구급방』(1236)의 차자(借字) '狼矣牙'(낭의아)에 대해 남풍현(1981), p.57은 '일히의엄'의 표기로 보고 있으며, 이덕봉(1963), p.19는 '이릐엄'의 표기로 보고 있다.

8   『조선한방약료식물조사서』(1917)는 Agrimonia eupatoria에 대해 '낭아초(東醫), 狼牙'를 기록했으며 『조선의 구황식물』(1919)은 '집신나물'을, 『조선어사전』(1920)은 '牙子(아즈), 狼牙草(랑아초), 狼齒, 狼牙(랑아), 狼子(랑즈), 犬牙'를, 『조선식물명휘』(1922)는 A. eupatoria에 대해 '龍牙草, 蛇疙瘩'을, 『토명대조선만식물자휘』(1932)는 '[金線草]금션초'를 기록했다.

9   중국의 『본초강목』(1596)은 馬鞭草(마편초)의 별칭으로 기록된 '龍牙'(용아)에 대해 "龍牙・鳳頸 皆因穗取名"(용아와 봉경은 모두 이삭의 형태로 이름을 취하였다)이라고 기록했다.

담자리꽃나무라는 이름은 『조선식물향명집』에서 처음으로 한글명이 발견되는데, 우리말 '담자리'는 짐승의 털로 색을 맞추고 무늬를 놓아 두툼하게 짠 부드러운 담요라는 뜻으로 한자어 모전(毛氈)을 일컫는다.[10] 따라서 고산지대 개활지에서 땅에 낮게 깔려 무리 지어 자라는 모습을 담요로 본 것에서 유래한 이름이다. 『조선삼림식물도설』은 담자리꽃나무의 한자어를 같은 뜻을 가진 毛氈花樹(모전화수)로 기록하면서 조선명을 채록한 지역을 별도로 기록하지 않은 점에 비추어 담자리꽃나무라는 이름은 『조선식물향명집』에서 신칭했을 것으로 추론된다.

속명 Dryas는 그리스 신화의 나무의 요정인 dryas에서 유래한 것으로 참나무 종류로 전용(轉用)되었다가 잎이 닮은 것에서 다시 전용되어 담자리꽃나무속을 일컫는다. 종소명 octopetala는 '8개의 꽃잎이 있는'이라는 뜻이고, 변종명 asiatica는 '아시아의'라는 뜻으로 주된 분포지를 나타낸다.

다른이름 담자리꽃(임록재 외, 1972)

중국/일본명 중국명 东亚仙女木(dong ya xian nu mu)는 동아시아에 분포하는 선녀 같은 나무라는 뜻이다. 일본명 チヤウノスケサウ(長之助草)는 러시아 식물학자로 동북아 식물을 연구한 Carl Johann Maximowicz(1827~1891)의 조수였던 일본 식물학자 스가와 조노스케(須川長之助, 1842~1925)가 처음으로 채집해서 붙여졌다.

참고 [북한명] 담자리꽃 [유사어] 다판목(多瓣木), 모전화수(毛氈花樹), 선녀목(仙女木)

Duchesnea indica *Focke*　ヘビイチゴ
Baeam-dalgi　배암딸기

뱀딸기〈*Duchesnea chrysantha* (Zoll. & Moritzi) Miq.(1855)〉[11]

뱀딸기라는 이름은 중국에서 전래된 '蛇苺'(사매)를 차용한 것으로 이를 번역하면 뱀딸기가 되며, 열매와 자라는 모습 등이 딸기를 닮았으나 그보다 못하다는 뜻에서 유래했다.[12] 어린잎과 열매를 식용하고 전초를 약용했다.[13] 중국의 『신농본초경집주』는 "蛇苺 園野多有之 子赤色 極似苺子而不堪啖 亦無以此爲樂者"(사매는 밭과 들에 흔하게 자란다. 열매는 붉은색으로 딸기와 매우 비슷한데 감히 삼키기가 어렵다. 또한 이를 좋아하는 이가 없다)라고 기록한 것도 뱀딸기라는 이름의 유래를 알 수 있게 한다. 한편 뱀딸기를 일본명 ヘビイチゴ(蛇苺)에서 유래한 이름으로 설명하는 견해가 있으나,[14] 옛

---

10 『신자전』(1915)은 '毛席, 담자리 綫(毯)'을, 『동몽수독천자문』(1925)은 '담자리 전(氈)'을 기록했다.

11 '국가표준식물목록'(2018)은 학명을 Duchesnea indica (Andrews) Focke(1888)로 기재하고 있으나, 『장진성 식물목록』(2014)은 본문의 학명을 정명으로 기재하고 있다.

12 이러한 견해로 허북구·박석근(2008a), p.106 참조.

13 『조선산야생식용식물』(1942), p.138은 열매를 아이들이 날것으로 먹는다고 기술했으나, 독이 있어 많이 먹지는 못한다.

14 이러한 견해로 이우철(2005), p.268 참조.

문헌 『향약집성방』은 향명(鄕名)을 '蛇達只'(사달지)라고 기록했는데 이는 蛇(훈차: 비얌)와 達(음차: 달)과 只(음차: 지)가 합쳐진 것으로 '비얌달기'를 표기한 것이고, 그 이후로도 여러 문헌에서 현재의 뱀딸기와 유사한 표현이 발견되므로 타당하지 않은 견해. 또한 뱀이 서식하는 곳에서 자라고 기는줄기로 살아가는 형태에서 비롯되었다는 견해도 있으나,[15] 딸기도 기는줄기로 번식한다는 점에서 타당성은 의문스럽다. 『조선식물향명집』은 전통 명칭이자 실제로 경기도에서 사용하던 '배암딸기'로 기록했으나, 『조선식물명집』에서 표기법의 변화에 따라 '뱀딸기'로 개칭해 현재에 이르고 있다.

속명 Duchesnea는 프랑스 식물학자 Antane Nicolas Duchesne(1747~1827)의 이름에서 유래했으며 뱀딸기속을 일컫는다. 종소명 chrysantha는 '노란색 꽃의'라는 뜻으로 노란색으로 변하는 꽃에서 유래했다.

다른이름 배얌쌀기/개미쌀(정태현 외, 1936), 배암딸기(정태현 외, 1937), 배얌딸기/개미딸(정태현 외, 1942), 큰배암딸기(박만규, 1949), 홍실뱀딸기(안학수·이춘녕, 1963), 산뱀딸기/가락지나물/쇠스랑개비/야양매(한진건 외, 1982)

옛이름 蛇苺/蛇達只(향약집성방, 1433),[16] 蛇苺/비얌빨기(구급간이방언해, 1489), 蛇苺/비얌빨기(동의보감, 1613), 蛇苺草(의림촬요, 1635), 蛇苺/비얌빨기(벽온신방, 1653), 蛇苺草/비얌쌀기(주촌신방, 1687), 가얌이쌀(실험단방, 1709), 蛇苺/바얌쌀기(재물보, 1798), 蛇苺/비얌쓸기/蛇薦/地苺/蠶苺(광재물보, 19세기 초), 스미/비얌쌀기(화왕본긔, 19세기 초), 蛇苺/비얌쓸기(몽유편, 1810), 蛇苺/비얌쌀기/蛇薦/地苺/蠶苺(물명고, 1824), 草茘枝/達其/蛇苺(오주연문장전산고, 185?), 蛇苺/비얌의쓸기(명물기략, 1870), 비얌의쓸기(한불자전, 1880), 蛇苺/비얌쓴올기(박물신서, 19세기), 蛇苺/비얌쌀기(의방합편, 19세기), 蛇苺/비얌달기(의서욕편, 1921), 蛇苺/비얌쌀기(제중신방, 1923), 뱀딸기/땅딸기(조선어표준말모음, 1936)[17]

중국/일본명 중국명 蛇苺(she mei)와 일본명 ヘビイチゴ(蛇苺) 모두 한국명과 동일하게 뱀딸기라는 뜻에서 유래했다.

참고 [북한명] 뱀딸기 [유사어] 땅딸기, 사매(蛇苺), 잠매(蠶苺), 지매(地苺) [지방명] 개딸/개미딸/개미딸구/논딸구/땅딸기/물따구/물딸루/배미딸구/배암딸기/뱀딸구/중딸구/중의딸(강원), 돌딸기/땅

---

15 이러한 견해로 김종원(2013), p.69 참조.

16 『향약집성방』(1433)의 차자(借字) '蛇達只'(사달지)에 대해 남풍현(1999), p.178은 '비얌달기'의 표기로 보고 있다.

17 『조선어사전』(1920)은 '쌍딸기, 地苺(디미), 蛇苺(샤미), 蠶苺(잠미), 배암딸기'를 기록했으며 『조선식물명휘』(1922)는 '鷄冠果, 野楊梅, 비얌딸기'를, Crane(1931)은 '비얌딸기, 鷄冠果'를, 『토명대조선만식물자휘』(1932)는 '[蛇苺]샤미, [地苺]디미, [蠶苺]잠미, [비얌딸기], [쌍딸기]'를, 『선명대화명지부』(1934)는 '배암쌀기'를 기록했다.

딸기/뱀따올기/뱀딸귀/뱀애딸기(경기), 개미딸/땅딸기/배미딸/뱀딸(경남), 개미딸기/뱀딸/중딸(경북), 개딸기/개미딸/구렝이딸/깨미때왈/깸딸/배암딸/배암때/배암때깔/배얌때왈/뱀딸/뱀때알/뱀띠알나무/병때깔/비암때깔/비얌딸/중딸나무/충딸(전남), 개미딸/배암딸/배암때알/뱀딸/뱀떼왈/비암따왈/비암딸광/비암딸기(전북), 개미탈/개엄지탈/게여미탈/게염지탈/뱀탈/베염탈/아야머리탈/아여머리/아이머리/아이모리탈/줄버드멍(제주), 배암딸구/배암딸기/배암딸나무/배암때꼴/배암때뀔/뱜딸/뱜딸구/뱜딸기/병딸기(충남), 개미딸구/개미딸기/배암딸기/배얌딸구/뱀따울/뱀딸/뱜딸구/비암딸(충북), 땅딸기(함북)

⊗ Filipendula glaberrima *Nakai* シラユキサウ
Tŏripul 터리풀

터리풀〈*Filipendula glaberrima* (Nakai) Nakai(1914)〉

터리풀이라는 이름은 '터리'와 '풀'의 합성어로, 꽃이 핀 모습이 마치 털을 묶어 가지 끝에 맨 것처럼 보이는 것에서 유래했다.[18] 터리풀의 '터리'는 털의 옛말이다.[19] 옛 문헌에 자원식물로 이용한 기록은 보이지 않는다. 『조선식물향명집』에서 이름이 최초로 발견된다. 한편 한글명 터리풀도 속명과 마찬가지로 뿌리의 모양에서 유래했다는 견해가 있으나,[20] 약용이나 식용의 목적으로 뿌리를 사용한 식물이 아니므로 타당성은 의문스럽다.

속명 *Filipendula*는 라틴어 *filum*(실)과 *pendulus*(매달린)의 합성어로 땅속줄기의 모양에서 유래했으며 터리풀속을 일컫는다. 종소명 *glaberrima*는 '전혀 털이 없는'이라는 뜻이다.

다른이름 민털이풀/털이풀(안학수·이춘녕, 1963)

중국/일본명 중국명 槭叶蚊子草(qi ye wen zi cao)는 단풍나무의 잎을 닮은 문자초(蚊子草: 모기풀이라는 뜻으로 단풍터리풀의 중국명)라는 뜻이다. 일본명 シラユキサウ(白雪草)는 꽃의 모양이 흰 눈이 온 것 같은 식물이라는 뜻이다.

참고 [북한명] 터리풀 [유사어] 광합엽자(光合葉子)

---

18 이러한 견해로 허북구·박석근(2008a), p.201; 이유미(2010), p.438; 김병기(2013), p.259 참조. 다만 이유미와 김병기는 먼지털이(먼지떨이)와 비슷하다고 해석하지만 '터리'에 먼지털이라는 뜻이 있지는 않으므로 다당성은 의문스럽다.
19 『석보상절』(1447), 『월인천강지곡』(1447) 및 『월인석보』(1459)는 털의 옛말로 '터리'를 기록했다.
20 이러한 견해로 김종원(2016), p.102 참조.

888

⊗ Filipendula koreana *Nakai* カウライカノコ
Bulgŭn-tŏri 붉은터리

붉은터리풀〈*Filipendula koreana* (Nakai) Nakai(1916)〉[21]

붉은터리풀이라는 이름은 꽃이 붉게 피고 터리풀을 닮았다는 뜻에서 유래했다.[22] 열매에 털이 없고 자루가 없으며 꽃색이 붉은 특징 때문에 별도 종으로 분류되었으나,[23] 터리풀도 개체별로 그러한 특성이 나타나는 경우가 있으므로 분류학적 논란이 계속되고 있다. 『조선식물향명집』은 '붉은터리'로 기록했으나 『우리나라 식물자원』에서 '붉은터리풀'로 개칭해 현재에 이르고 있다.

속명 *Filipendula*는 라틴어 *filum*(실)과 *pendulus*(매달린)의 합성어로 땅속줄기의 모양에서 유래했으며 터리풀속을 일컫는다. 종소명 *koreana*는 '한국의'라는 뜻이다.

다른이름 붉은터리(정태현 외, 1937), 붉은털이(안학수·이춘녕, 1963), 분홍터리풀(리용재 외, 2011)

중국/일본명 '중국식물지'는 '槭叶蚊子草'(터리풀)에 통합하여 분류한다. 일본명 カウライカノコ(高麗鹿の子)는 한반도(고려)에 분포하고 식물체의 모양이 새끼 사슴을 닮은 식물이라는 뜻이다.

참고 [북한명] 붉은터리풀/분홍터리풀[24]

⊗ Filipendula koreana *Nakai* var. alba *Nakai* シロバナカウライカノコ
Hin-tŏri 힌터리

흰터리풀〈*Filipendula koreana* (Nakai) Nakai f. *alba* (Nakai) Kitag.(1961)〉[25]

흰터리풀이라는 이름은 흰색의 꽃이 피는 (붉은)터리풀이라는 뜻에서 유래했다.[26] 붉은터리풀과 동일하지만 흰색 꽃이 핀다고 하여 별도 품종으로 분류되어왔다. '국가표준식물목록(개정판)'은 붉은터리풀을 별도 종으로 그대로 두면서도 흰터리풀을 터리풀에 통합함으로써 붉은터리풀의 종의 실체에 대해 더욱 혼란스럽게 하고 있다. 『조선식물향명집』은 '힌터리'로 기록했으나 『우리나라 식물자원』에서 '흰터리풀'로 개칭해 현재에 이르고 있다.

속명 *Filipendula*는 라틴어 *filum*(실)과 *pendulus*(매달린)의 합성어로 땅속줄기의 모양에서 유

21 '국가표준식물목록'(2018)은 붉은터리풀을 별도의 식물로 분류하고 있으나 『장진성 식물목록』(2014), '중국식물지'(2018) 및 '세계식물목록'(2018)은 터리풀에 통합해 이명(synonym) 처리하고 별도 분류하지 않으므로 주의가 필요하다.

22 이러한 견해로 이우철(2005), p.292 참조.

23 이에 대해서는 『한국속식물지』(2018), p.730 참조.

24 북한에서는 *F. koreana*를 '붉은터리풀'로, *F. purprea*를 '분홍터리풀'로 하여 별도 분류하고 있다. 이에 대해서는 리용재 외(2011), p.154 참조.

25 '국가표준식물목록'(2018)은 흰터리풀을 붉은터리풀의 품종으로 별도 분류하고 있으나 『장진성 식물목록』(2014)과 '세계식물목록'(2018)은 이를 별도 분류하지 않고 터리풀에 통합하고 있으므로 주의가 필요하다.

26 이러한 견해로 이우철(2005), p.617 참조.

래했으며 터리풀속을 일컫는다. 종소명 koreana는 '한국의'라는 뜻이며, 품종명 alba는 '흰색의'라는 뜻이다.

다른이름 힌터리(정태현 외, 1937), 흰터리(정태현 외, 1949), 흰털이(안학수·이춘녕, 1963)

중국/일본명 중국에서는 이를 별도 분류하지 않고 있다. 일본명 シロバナカウライカノコ(白花高麗鹿の子)는 흰색 꽃이 피고 한반도(고려)에 분포하며 식물체의 모양이 새끼 사슴을 닮은 식물이라는 뜻이다.

참고 [북한명] 흰터리풀[27]

Filipendula palmata *Maximowicz*　チシマシモツケサウ
Danpuñg-tóri　단풍터리

단풍터리풀〈*Filipendula palmata* (Pall.) Maxim.(1879)〉

단풍터리풀이라는 이름은 잎이 단풍잎처럼 깊게 갈라지는 터리풀이라는 뜻에서 유래했다.[28] 잎이 손바닥 모양으로 5~7개로 깊게 갈라지고 턱잎이 타원모양으로 발달하는 특징이 있다. 단풍터리풀은 학명과 관련한 이름으로 추론된다. 『조선식물향명집』은 '단풍터리'로 기록했으나 『우리나라식물명감』에서 '단풍터리풀'로 개칭해 현재에 이르고 있다.

　속명 *Filipendula*는 라틴어 *filum*(실)과 *pendulus*(매달린)의 합성어로 땅속줄기의 모양에서 유래했으며 터리풀속을 일컫는다. 종소명 *palmata*는 '손바닥 모양의, 장상(掌狀)의'라는 뜻으로 손바닥 모양으로 갈라지는 잎의 형태에서 유래했다.

다른이름 단풍터리(정태현 외, 1937), 흰털이풀(박만규, 1974), 강계터리풀(이창복, 1980)

중국/일본명 중국명 蚊子草(wen zi cao)는 모기풀이라는 뜻으로 작은 꽃과 꽃술의 모양을 모기와 모기의 다리에 비유한 것으로 추정한다. 일본명 チシマシモツケサウ(千島下野草)는 쿠릴열도(千島列島)에 분포하고 일본조팝나무(シモツケ)를 닮은 식물이라는 뜻이다.

참고 [북한명] 단풍터리풀

Fragaria neglecta *Lindley*　エゾクサイチゴ
Đat-đalgi　땃딸기

땃딸기〈*Fragaria yezoensis* H. Hara(1944)〉

27　북한에서 임록재 외(1996)는 '흰터리풀'을 별도 분류했으나 리용재 외(2011)는 이를 별도 분류하지 않고 있나. 이에 내해서는 리용재 외(2011), p.154 참조.
28　이러한 견해로 이우철(2005), p.164 참조.

땃딸기라는 이름은 땅에서 낮게 자라는 딸기라는 뜻에서 유래했다. 『동의보감』은 땅두릅을 '땃둘흡'으로 기록했는데, 여기서 '땃'은 땅의 옛말이므로 땃딸기의 '땃'도 땅의 뜻이다. 목본성으로 자라는 산딸기를 딸기라고도 했으므로 이와 구별하기 위해서 '땃'이 붙여졌다. 18세기 중반에 저술된 『임원경제지』 중 『만학지(晚學志)』는 백두산과 갑산 등에 넝쿨로 자라고 흰색의 작은 꽃이 피며 열매가 선홍색으로 뱀딸기를 닮았다고 하면서, 이를 땅에서 자라는 산딸기라는 뜻의 '地盆子'(지분자)라고 했는데 현재의 땃딸기를 일컬었던 것으로 추론된다.

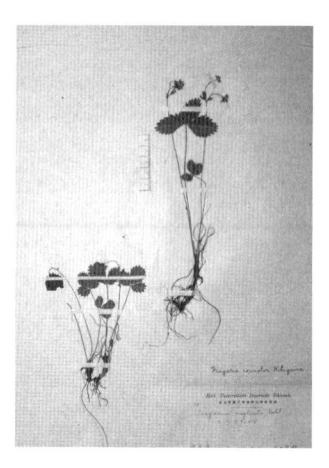

속명 Fragaria는 야생 딸기의 라틴어 fraga에서 유래했는데 히브리어 perah(싹이 트다, 꽃이 피다)에 어원을 두고 있으며 딸기속을 일컫는다. 종소명 yezoensis는 '에조에 분포하는'이라는 뜻으로 발견지가 홋카이도의 옛 지명 에조(エゾ)인 것에서 유래했다.

다른이름 땅딸기(안학수·이춘녕, 1963), 따딸기(리종오, 1964)

옛이름 地盆子(임원경제지, 1842)[29]

중국/일본명 중국명 東方草莓(dong fang cao mei)는 동아시아에 자라는 초본성 딸기(草莓)라는 뜻이다. 일본명 エゾクサイチゴ(蝦夷草莓)는 에조(蝦夷: 홋카이도의 옛 지명)에서 자라는 초본성 딸기(クサイチゴ)라는 뜻이다.

참고 [북한명] 따딸기 [유사어] 초매(草莓)

Fragaria nipponica *Makino* シロバナヘビイチゴ
Hin-datdalgi 흰땃딸기

흰땃딸기〈*Fragaria nipponica* Makino(1912)〉[30]

흰땃딸기라는 이름은 꽃이 흰색이고 땃딸기와 닮았다는 뜻에서 붙여졌다.[31] 『조선식물향명집』에서는 전통 명칭 '땃딸기'를 기본으로 하고 꽃의 색깔을 나타내는 '흰'을 추가해 '흰땃딸기'를 신칭했으나,[32] 『조선식물명집』에서 맞춤법의 변화에 따라 '흰땃딸기'로 개칭해 현재에 이르고 있다. 흰

---

29 『조선식물명휘』(1922)는 '닷딸기(救)'를 기록했으며 『토명대조선만식물자휘』(1932)는 '[(草)莓](초)미, [딸기]'를, 『선명대화명지부』(1934)는 '땃딸기'를 기록했다.

30 '국가표준식물목록'(2018)은 흰땃딸기를 땃딸기와 별도의 종으로 분류하고 있으나, 『장진성 식물목록』(2014)은 땃딸기에 통합하고 '세계식물목록'(2018)은 미해결명(unresolved name)으로 보고 있으므로 주의가 필요하다.

31 이러한 견해로 이우철(2005), p.607 참조.

32 이에 대해서는 『조선식물향명집』, 색인 p.49 참조.

땃딸기는 땃딸기에 비해 식물체가 작고 작은잎도 보다 작은 것에서 구별되고,[33] 둘 다 꽃은 흰색이어서 꽃의 색으로 구별되지는 않는다. 그러므로 흰땃딸기의 '흰'은 뱀딸기와 유사한 것으로 보고 그것과 비교하여 꽃이 흰색이라는 뜻의 일본명 シロバナヘビイチゴ(白花蛇苺)의 'シロバナ'(白花)에서 영향을 받은 것으로 보인다. 땃딸기와 별도의 종으로 구별이 가능한지에 대해서 분류학적 논란이 있다.

속명 Fragaria는 야생 딸기의 라틴어 fraga에서 유래했는데 히브리어 perah(싹이 트다, 꽃이 피다)에 어원을 두고 있으며 딸기속을 일컫는다. 종소명 nipponica는 '일본의'라는 뜻으로 발견지 또는 분포지를 나타낸다.

다른이름 흰땃딸기(정태현 외, 1937), 산땃딸기(박만규, 1949), 산땅딸기/흰땅딸기(안학수·이춘녕, 1963), 흰따딸기(리종오, 1964), 흰뱀딸기(박만규, 1974), 딸기(이우철, 1996b)

중국/일본명 중국명 野草苺(ye cao mei)는 들에서 자라는 초본성 딸기(草苺)라는 뜻이다. 일본명 シロバナヘビイチゴ(白花蛇苺)는 흰색 꽃이 피는 뱀딸기(ヘビイチゴ)라는 뜻이다.

참고 [북한명] 흰따딸기 [유사어] 초매(草苺)

Fragaria vesca *Linné*　ヲランダイチゴ　(栽)
Yang-dalgi　양딸기

딸기〈*Fragaria* x *ananassa* (Weston) Duchesne(1788)〉[34]

딸기라는 이름은 『훈몽자회』에 '딸기'로 기록된 우리말로 딸기 → 쓸기 → 쌀기 → 딸기로 변화해왔으며, 무더기를 뜻하는 떨기에서 유래했거나[35] 만주어 등에 씨앗의 의미로 동음어인 tar가 있는 것에 비추어 씨앗이라는 뜻에서 유래했다고 하는 견해가 있다.[36] 현재 식용하는 딸기는 아메리카 원산으로 20세기경 일본을 통해 전래된 것으로 알려져 있다. 『조선식물향명집』은 서양에서 전래된 딸기라는 뜻에서 '양딸기'로 기록했으나, 『우리나라 식물자원』에서 '딸기'로 개칭해 현재에 이르고 있다.

속명 Fragaria는 야생 딸기의 라틴어 fraga에서 유래했는데 히브리어 perah(싹이 트다, 꽃이 피다)에 어원을 두고 있으며 딸기속을 일컫는다. 종소명 ananassa는 'Ananas의'라는 뜻으로 Bromeliaceae(파인애플과)의 Ananas(아나나스속) 식물과 닮았다는 뜻이다.

---

33 이에 대해서는 이상태(2018), p.721 참조. 반면에 牧野富太郎(2008), p.284는 꽃자루에 개출모(開出毛)가 있는지 여부에 따라 구별하고 있다.

34 '국가표준식물목록'(2018)과 '세계식물목록'(2018)은 학명을 *Fragaria* x *ananassa* (Duchesne ex Weston) Duchesne ex Rozier(1785)로 기재하고 있으나, 『장진성 식물목록』(2014)은 본문의 학명을 정명으로 기재히고 있다.

35 이러한 견해로 백문식(2014), p.178 참조.

36 이러한 견해로 서정범(2000), p.212 참조.

다른이름 양딸기(정태현 외, 1937), 밭딸기(임록재 외, 1972), 재배종딸기(한진건 외, 1982), 사철딸기/뱀 따딸기(리용재 외, 2011)

옛이름 苺/딸기(훈몽자회, 1527), 草荔枝/똘기(몽어유해, 1768), 草荔枝/똘기(한청문감, 1779), 苺/싸을 기(왜어유해, 1782), 草荔枝/達其/蛇苺(오주연문장전산고, 185?), 馬苺/딸기/覆盆草(자류주석, 1856)[37]

중국/일본명 중국명 草苺(cao mei)는 나무딸기(苺)에 대비하여 초본성 딸기라는 뜻이다. 일본명 ヲラ ンダイチゴ(Olanda苺)는 네덜란드(Olanda)로부터 도입된 딸기라는 뜻이다.

참고 [북한명] 밭딸기/사철딸기[38] [유사어] 초매(草苺) [지방명] 딸/딸구/딸루(강원), 따올기/따울귀/ 따울기/딸구/딸귀(경기), 딸(경남), 따리/따알/딸/딸구/딸귀(경북), 따기/딸/떼알/떼왈(전남), 따올/따올 기/따울/딸광(전북), 덜기/탈(제주), 따울/딸/딸개이/딸갱이/딸귀/때꼴(충남), 따울/딸/딸구(충북), 따기 (평북), 달기/딸개(함남), 달기/딸귀(함북)

Geum aleppicum George   オホダイコンサウ
Kùn-baeam-mu   큰배암무

큰뱀무〈Geum aleppicum Jacq.(1786)〉

큰뱀무라는 이름은 뱀무에 비해 식물체가 보다 크다는 뜻에 서 유래했다.[39] 일제강점기에 식용식물을 조사·기록한 『조 선산야생식용식물』은 어린잎(嫩葉)을 드물게 식용하고, 그 에 대한 조선명은 강원과 경기에서 '집신나물'로 부른다고 기 록했다. 집신나물로 부르는 다른 식물이 있었으므로 소위 이 물동명(異物同名)의 이름이었던 것으로 보인다. 『조선식물향 명집』은 Agrimonia pilosa를 '짚신나물'로 기록하고, G. aleppicum에 대해 '큰배암무'를 신칭해 기록했다.[40] 이후 『조 선식물명집』에서 '큰뱀무로 개칭해 현재에 이르고 있다. 한편 『조선식물명휘』에 기록된 한자어 蛇節大草(사절대초)를 참고 한 것에서 큰뱀무라는 이름이 유래했다고 보는 견해도 있다.[41]

속명 Geum은 허브베니트(herb Bennet=G. urbanum)의 고대 라틴명에서 유래한 것으로 뱀무

---

37 『토명대조선만식물자휘』(1932)는 '[(草)苺](초)미, 짤기'를 기록했다.
38 북한에서는 F. ananassa를 '밭딸기'로, F. vesca를 '사철딸기'로 하여 별도 분류하고 있다. 이에 대해서는 리용재 외 (2011), p.157 참조.
39 이러한 견해로 이우철(2005), p.534 참조.
40 이에 대해서는 『조선식물향명집』, 색인 p.47 참조.
41 이러한 견해로 김종원(2016), p.108 참조.

속을 일컫는다. 종소명 aleppicum은 시리아 '알레포(Aleppo)의'라는 뜻으로 발견지 또는 분포지를 나타낸다.

다른이름 큰배암무(정태현 외, 1937), 집신나물(정태현 외, 1942)[42]

중국/일본명 중국명 路边青(lu bian qing)은 길가에서 자라는 푸른색의 풀이라는 뜻이다. 일본명 オホダイコンサウ(大大根草)는 식물체가 큰 뱀무(ダイコンサウ)라는 뜻이다.

참고 [북한명] 큰뱀무 [유사어] 수라복(水蘿蔔), 수양매(水楊梅), 오기조양초(五氣朝陽草) [지방명] 잡새기나물(충북)

Geum japonicum *Thunberg*   ダイコンサウ
Baeam-mu   배암무

뱀무〈*Geum japonicum* Thunb.(1784)〉

뱀무라는 이름은 잎몸의 모양이 무를 닮았는데 무보다는 가치가 덜하다는 뜻에서 유래한 이름으로 추정한다. 옛날에는 전초를 약용하고 어린잎을 식용했다.[43] 중국에서는 뱀무속(*Geum*)을 '水楊梅'(수양매)라는 이름으로 약용했다.[44] 우리의 옛 문헌에도 '水楊梅'(수양매)라는 이름이 보이기는 하지만 현재의 이름으로 이어지지는 않았다. '배암무'라는 이름은 『조선식물향명집』에서 최초로 보이는데, 달리 방언과 문헌에서 이름이 확인되지 않는다. 『조선식물명집』에서 맞춤법에 따라 '뱀무'로 개칭해 현재에 이르고 있다.

속명 *Geum*은 허브베니트(herb Bennet=*G. urbanum*)의 고대 라틴명에서 유래한 것으로 뱀무속을 일컫는다. 종소명 *japonicum*은 '일본의'라는 뜻으로 발견지 또는 분포지를 나타낸다.

다른이름 배암무(정태현 외, 1937)

옛이름 水楊梅/地椒(광재물보, 19세기 초), 地椒/野小椒/水楊梅(수세비결, 1929), 水楊梅(선한약물학, 1931)[45]

중국/일본명 중국명 日本路边青(ri ben lu bian qing)은 일본에 분포하는 노변청(路邊靑: 큰뱀무의 중국명)이라는 뜻으로 학명과 연관되어 있다. 일본명 ダイコンサウ(大根草)는 뿌리에서 나온 잎이 큰 잎과 작은 잎이 교차로 달리는 모양을 왜무(ダイコン)의 잎에 비유한 것에서 유래했다.

참고 [북한명] 뱀무 [유사어] 수양매(水楊梅) [지방명] 배암딸기(전라)

---

42 『조선식물명휘』(1922)는 '蛇節大草'를 기록했다.

43 이에 대해서는 『한국식물도감(하권 초본부)』(1956), p.313과 『한국의 민속식물』(2017), p.523 참조.

44 중국의 『본초강목』(1596)은 '水楊梅'(수양매)에 대해 "生水邊 條葉甚多 生子如楊梅狀"(물기에서 나고 가지와 잎이 매우 많으며, 양매와 같은 씨가 맺힌다)이라고 기록했다.

45 『조선식물명휘』(1922)는 '水楊梅'를 기록했다.

Kerria japonica *De Candolle*　ヤマブキ

Jugdohwa　죽도화(황매화)

황매화〈*Kerria japonica* (L.) DC.(1818)〉

황매화라는 이름은 꽃이 노란색으로 피고 매화를 닮았다는
뜻에서 유래했다.[46] 17세기에 간행된 『의림촬요』는 黃梅花(황
매화)를 辛夷花(신이화: 목련 종류)로 기록했고 18세기 말에 간
행된 『청장관전서』는 중국에 분포하는 蠟梅(납매)로 기록해
현재의 황매화를 일컫는 것인지는 명확하지 않다. 황매화라는
한글명은 남부 지방에서 널리 사용하는 향명을 채록한 것에
서 비롯했다.[47] 『조선식물향명집』은 녹색의 가는 줄기를 대나
무에, 꽃의 모양을 복사나무(桃)에 빗댄 전남 방언 '죽도화'를
대표적인 이름으로 기록했으나, 『조선삼림식물도설』에서 '황
매화'를 대표적인 이름으로 기록해 현재에 이르고 있다.

　속명 *Kerria*는 영국 식물학자 John Bellenden Ker(1764~
1842)의 이름에서 유래했으며 황매화속을 일컫는다. 종소명 *japonica*는 '일본의'라는 뜻으로 발
견지 또는 분포지를 나타낸다.

다른이름　죽단화/죽도화(정태현 외, 1923), 수중화(정태현, 1943), 수중화(정태현, 1957)

옛이름　棣棠(동문선, 1478), 辛夷花/黃梅花(의림촬요, 1635), 棣棠(성호사설, 1740), 蠟梅/黃梅花(청장관
전서, 1795), 棣棠(물명고, 1824), 竹桃花(연경재전집, 1840), 棣棠(오주연문장전산고, 185?)[48]

중국/일본명　중국명 棣棠花(di tang hua)는 이스라지(白棣)를 닮은 당(棠: 팥배나무, 산사나무 등을 일컫는
말)이라는 뜻이다. 일본명 ヤマブキ(山吹)는 산에서 자라고 가지가 약해서 바람이 불면 가지가 쉽
게 떨리는 것에서 유래했다.

참고　[북한명] 황매화 [유사어] 봉당화(蜂棠花), 죽매화나무, 체당화(棣棠花), 출장화(黜墻花), 황매
(黃梅) [지방명] 줄창화(제주), 매화꽃(충남)

46　이러한 견해로 이우철(2005), p.598; 박상진(2019), p.428; 허북구·박석근(2008b), p.318; 전정일(2009), p.54; 유기억(2008b),
　　p.251; 오찬진 외(2015), p.512 참조.

47　이에 대해서는 『조선삼림식물도설』(1943), p.313 참조.

48　『제주도및완도식물조사보고서』(1914)는 'ツルチャンホア'[출장화]를 기록했으며 『지리산식물조사보고서』(1915)는 'ちゅ
　　とう-ほあ'[죽도화]를, 『조선어사전』(1920)은 '黜墻花(출ㅅ장화)'를, 『조선식물명휘』(1922)는 '棣棠花, 小通花, 슈즁화(觀賞)'
　　를, 『토명대조선만식물자휘』(1932)는 '黜墻花(출ㅅ장화)'를, 『선명대화명지부』(1934)는 '죽두(도)화, 죽단화, 황매나무, 슈즁
　　화'를, 『조선삼림식물편』(1915~1939)은 'チユックトゥホア(全南)/Chuk-tou-hoa'[죽도화(전남)]를 기록했다.

Potentilla Anserina *Linné*　エゾツルキンバイ
Nuun-yaṅgjiġot　누운양지꽃

눈양지꽃〈*Potentilla egedii* Wormsk.(1818)〉[49]

눈양지꽃이라는 이름은 누운 양지꽃이라는 뜻으로 기는줄기를 뻗는 모습이 누워서 자라는 것처럼 보인다고 하여 붙여졌다.[50] 『조선식물향명집』에서는 '양지꽃'을 기본으로 하고 식물의 형태적 특징을 나타내는 '누운'을 추가해 '누운양지꽃'을 신칭했으나,[51] 『대한식물도감』에서 '누운양지꽃'을 축약한 '눈양지꽃'으로 변경해 현재에 이르고 있다.

　　속명 *Potentilla*는 라틴어 *potens*(강력한, 효과적인)에서 유래했는데 이 속 어떤 종들의 약성을 언급한 것이며 양지꽃속을 일컫는다. 종소명 *egedii*는 덴마크/노르웨이 지역의 루터교 선교사이자 식물학자였던 Paul Egede(1708~1789)의 이름에서 유래했다.

다른이름　누운양지꽃(정태현 외, 1937), 누운딱지꽃(임록재 외, 1972), 넌출양지꽃(리용재 외, 2011)

중국/일본명　중국명 蕨麻(jue ma)는 고사리와 삼을 닮았다는 뜻에서 유래했다. 일본명 エゾツルキンバイ(蝦夷蔓金梅)는 에조(蝦夷: 홋카이도의 옛 지명)에 자라고 덩굴성이며 꽃이 노란색으로 피고 매화를 닮은 식물이라는 뜻이다.

참고　[북한명] 누운딱지꽃/넌출양지꽃[52]

Potentilla chinensis *Seringe*　カハラサイコ
Ḍagjiġot　딱지꽃

딱지꽃〈*Potentilla chinensis* Ser.(1825)〉

딱지꽃이라는 이름은 식용하는 잎이 땅에서 붙어 퍼져서 자라는 모습이 딱지를 연상시키는 것에서 유래했다.[53] 『조선식물명휘』에서 '싹지'라는 한글명이 처음 발견된다. 옛날에는 어린잎을 나물로 식용했다.[54] 어린잎 표면에 털이 없어 윤기가 돌며 딱딱해 보이는 모습이 마치 딱지처럼 보인다. 딱지는 어떤 것의 딱딱한 껍질 또는 그림이나 글을 써넣어 어떤 표로 쓰는 종잇조각이나 딱딱한

49　'국가표준식물목록'(2018)은 눈양지꽃의 학명을 *Potentilla egedei* var. *groenlandica* (Tratt.) Polunin(1939)으로 기재하고 있으나, 『장진성 식물목록』(2014)은 본문의 학명을 정명으로 기재하고 있다.

50　이러한 견해로 이우철(2005), p.155 참조.

51　이에 대해서는 『조선식물향명집』, 색인 p.34 참조.

52　북한에서는 *P. pacifica*를 '누운딱지꽃'으로, *P. anserina*를 '넌출양지꽃'으로 하여 별도 분류하고 있다. 이에 대해서는 리용재 외(2011), p.280 참조.

53　이러한 견해로 김종원(2013), p.906과 김병기(2013), p.213 참조.

54　딱지꽃의 어린잎(嫩葉)을 식용했다는 것에 대해서는 『조선산야생식용식물』(1942), p.138 참조.

종이로 만든 아이들의 장난감을 말한다.[55]

속명 *Potentilla*는 라틴어 *potens*(강력한, 효과적인)에서 유래했는데 이 속 어떤 종들의 약성을 언급한 것이며 양지꽃속을 일컫는다. 종소명 *chinensis*는 '중국에 분포하는'이라는 뜻으로 최초 발견지 또는 분포지를 나타낸다.

다른이름 동녹풀(정태현 외, 1936), 갯딱지(정태현 외, 1937), 동녹나물/딱지(정태현 외, 1942), 당딱지꽃(정태현, 1956)[56]

중국/일본명 중국명 委陵菜(wei ling cai)는 언덕(委陵) 위에서 자라는 식용하는 식물이라는 뜻으로 보인다. 일본명 カハラサイコ(河原柴胡)는 강가 자갈밭에 자라는 시호(柴胡)라는 뜻으로, 땅속줄기를 약재로 쓰는 시호와 땅속줄기의 모습이 닮은 것에서 유래했다.

참고 [북한명] 딱지꽃 [유사어] 근두채(根頭菜), 위릉채(菱陵菜) [지방명] 배갯잎/지네초(경북), 산딱지/선모초/지네초/진해발초/진해초(전남), 지네풀/해래비꽃(제주)

Potentilla chinensis *Seringe* var. concolor *Frachet et Savatier*　ケカハラサイコ
Tôl-dagji　털딱지

털딱지꽃〈*Potentilla chinensis var. concolor* Franch. & Sav.(1878)〉[57]

털딱지꽃이라는 이름은 딱지꽃을 닮았는데 잎 양면에 털이 밀생(密生)하는 것에서 유래했다.[58] 『조선식물향명집』에서는 전통 명칭 '딱지(꽃)'를 기본으로 하고 식물의 형태적 특징을 나타내는 '털'을 추가해 '털딱지'를 신칭했으나,[59] 『조선식물명집』에서 '털딱지꽃'으로 개칭해 현재에 이르고 있다.

　속명 *Potentilla*는 라틴어 *potens*(강력한, 효과적인)에서 유래했는데 이 속 어떤 종들의 약성을 언급한 것이며 양지꽃속을 일컫는다. 종소명 *chinensis*는 '중국에 분포하는'이라는 뜻으로 최초 발견지 또는 분포지를 나타내며, 변종명 *concolor*는 '같은 색의'라는 뜻이다.

---

55 『한불자전』(1880)은 '딱지'에 대해 "Ecaille dure de la noix. Ecaille d'écrevisse de tortue etc, Croûte d'une plaie."(호두의 딱딱한 껍질, 가재, 거북 등의 껍질, 상처의 딱지)라고 기록했다.

56 『조선식물명휘』(1922)는 '菱陵菜, 根頭菜, 집신나물, 딱지(敕)'를 기록했으며 『선명대화명지부』(1934)는 '딱지, 집신나물'을 기록했다.

57 '국가표준식물목록'(2018)은 본문의 학명으로 털딱지꽃을 별도의 종으로 기재하고 있으나, 『장진성 식물목록』(2014)은 본문의 학명을 딱지꽃의 학명의 이명(synonym)으로 통합해 처리하고 있으므로 주의가 필요하다.

58 이러한 견해로 이우철(2005), p.555 참조.

59 이에 대해서는 『조선식물향명집』, 색인 p.48 참조.

중국/일본명 중국에서는 이를 별도 분류하지 않고 있다. 일본명 ケカハラサイコ(毛河原柴胡)는 털이 있는 딱지꽃(カハラサイコ)이라는 뜻인데, 일본(YList)에서는 현재 별도 분류하지 않는 것으로 보인다.

참고 [북한명] 털딱지꽃[60] [유사어] 위릉채(委陵菜)

○ Potentilla chinensis *Seringe* var. littoralis *Nakai* ハマサイコ
Gaet-dagji 갯딱지

딱지꽃⟨*Potentilla chinensis* Ser.(1825)⟩

'국가표준식물목록'(2018)과 『장진성 식물목록』(2014)은 갯딱지⟨*Potentilla chinensis* Ser. var. *littoralis* Nakai(1918)⟩를 별도 분류하지 않고 딱지꽃에 통합하고 있으므로 이 책도 이에 따른다.

⊗ Potentilla Dickinsii *Franchet et Savatier* var. breviseta *Nakai* テフセンイハキンバイ
Jarun-yangjigot 짜른양지꽃

참양지꽃⟨*Potentilla dickinsii* var. *breviseta* Nakai(1914)⟩[61]

참양지꽃이라는 이름은 한국에 분포하는 진짜(참) 양지꽃이라는 뜻에서 유래했다.[62] 『조선식물향명집』에서는 짧은 센털이 있는 (돌)양지꽃이라는 뜻에서 '짜른양지꽃'을 신칭했으나,[63] 『조선식물명집』에서 '참양지꽃'으로 개칭해 현재에 이르고 있다.

속명 *Potentilla*는 라틴어 *potens*(강력한, 효과적인)에서 유래했는데 이 속 어떤 종들의 약성을 언급한 것이며 양지꽃속을 일컫는다. 종소명 *dickinsii*는 영국 의사로 일본 식물을 유럽에 알린 Frederick Victor Dickins(1838~1915)의 이름에서 유래했다. 변종명 *breviseta*는 '짧은 가시털이 있는, 짧은 센털이 있는'이라는 뜻이다.

다른이름 짜른양지꽃(정태현 외, 1937), 쩌른잎양지꽃(박만규, 1949), 참돌양지꽃(임록재 외, 1972)

중국/일본명 중국에서는 이를 별도 분류하지 않고 있다. 일본명 テフセンイハキンバイ(朝鮮岩金梅)는 한반도(조선)에 분포하는 돌양지꽃(イハキンバイ)이라는 뜻이다.

---

60 북한에서 임록재 외(1996)는 *P. chinensis* var. *concolor*를 '털딱지꽃'으로 별도 분류했으나, 리용재 외(2011), p.280 이하는 이를 별도 분류하지 않고 있으므로 주의를 요한다.

61 '국가표준식물목록'(2018)은 참양지꽃의 학명을 본문과 같이 기재하여 별도 분류하고 있으나, 『장진성 식물목록』(2014)은 돌양지꽃⟨*P. ancistrifolia* var. *dickinsii*⟩이 이명(synonym)으로 분류하고 있으므로 주의가 필요하다.

62 이러한 견해로 이우철(2005), p.508 참조.

63 이에 대해서는 『조선식물향명집』, 색인 p.45 참조.

⊗ Potentilla Dickinsii *Franchet et Savatier* var. glabrata *Nakai*　タケシマイハキンバイ

Sŏm-yangjigot　섬양지꽃

섬양지꽃⟨*Potentilla dickinsii* var. *glabrata* Nakai(1918)⟩[65]

섬양지꽃이라는 이름은 섬(울릉도)에서 나는 (돌)양지꽃이라는 뜻에서 붙여졌다.[66] 일본명 タケシマイハキンバイ는 나카이 다케노신(中井猛之進, 1882~1952)이 울릉도를 탐사하고 난 이후에 명명한 이름이므로 당시에 울릉도를 다케시마(タケシマ)로 인식하고 있었음을 알려준다. 『조선식물향명집』에서 전통 명칭 '양지꽃'을 기본으로 하고 식물의 산지(産地)를 나타내는 '섬'을 추가해 신칭했다.[67]

　　속명 *Potentilla*는 라틴어 *potens*(강력한, 효과적인)에서 유래했는데 이 속 어떤 종들의 약성을 언급한 것이며 양지꽃속을 일컫는다. 종소명 *dickinsii*는 영국 의사로 일본 식물을 유럽에 알린 Frederick Victor Dickins(1838~1915)의 이름에서 유래했다. 변종명 *glabrata*는 '탈모가 된, 다소 매끈한'이라는 뜻으로 식물체에 털이 없는 것을 나타낸다.

다른이름　울릉양지꽃(박만규, 1949), 민양지꽃(안학수·이춘녕, 1963), 섬돌양지꽃(임록재 외, 1972)

중국/일본명　'중국식물지'는 이를 별도 기재하지 않고 있다. 일본명 タケシマイハキンバイ(鬱陵岩金梅)는 울릉도에 분포하는 돌양지꽃(イハキンバイ)이라는 뜻이다.

참고 [북한명] 섬돌양지꽃[68]

Potentilla Dickinsii *Fr. et Sav.* var. typica *Nakai*　イハキンバイ

Dol-yangjigot　돌양지꽃

돌양지꽃⟨*Potentilla ancistrifolia* Bunge var. *dickinsii* (Franch. & Sav.) Koidz.(1909)⟩[69]

64　북한에서 임록재 외(1996)는 '참돌양지꽃'을 별도 분류하고 있으나, 리용재 외(2011)는 이를 별도 분류하지 않고 있다. 이에 대해서는 리용재 외(2011), p.280 참조.

65　'국가표준식물목록'(2018)은 섬양지꽃을 돌양지꽃의 변종으로 별도 기재하고 있으나, 『장진성 식물목록』(2014)은 돌양지꽃⟨*P. ancistrifolia* var. *dickinsii*⟩의 이명(synonym)으로 처리하고 별도 분류하지 않으므로 주의가 필요하다.

66　이러한 견해로 이우철(2005), p.342 참조.

67　이에 대해서는 『조선식물향명집』, 색인 p.41 참조.

68　북한에서 임록재 외(1996)는 '섬돌양지꽃'을 별도 분류하고 있으나, 리용재 외(2011)는 이를 별도 분류하지 않고 있다. 이에 대해서는 리용재 외(2011), p.280 참조.

69　'국가표준식물목록'(2018)은 돌양지꽃의 학명을 *Potentilla dickinsii* Franch. & Sav.(1878)로 기재하고 있으나, 『장진성 식물목록』(2014), '중국식물지'(2018) 및 '세계식물목록'(2018)은 정명을 본문과 같이 기재하고 있다.

돌양지꽃이라는 이름은 돌(바위)에 붙어 자라는 양지꽃이라
는 뜻에서 붙여졌다.[70] 실제로 산지의 햇볕이 잘 들고 건조한
바위틈 또는 물빠짐이 잘되는 척박한 사질토에 주로 자란다.
『조선식물향명집』에서 전통 명칭 '양지꽃'을 기본으로 하고
식물의 산지(産地)를 나타내는 '돌'을 추가해 신칭했다.[71]

속명 *Potentilla*는 라틴어 *potens*(강력한, 효과적인)에서 유
래했는데 이 속 어떤 종들의 약성을 언급한 것이며 양지꽃속
을 일컫는다. 종소명 *ancistrifolia*는 '갈고리 모양의'라는 뜻
으로 잎가장자리의 톱니 모양에서 유래한 이름으로 추정한
다. 변종명 *dickinsii*는 영국 의사로 일본 식물을 유럽에 알린
Frederick Victor Dickins(1838~1915)의 이름에서 유래했다.

다른이름 바위양지꽃(박만규, 1949), 헛돌양지꽃(리용재 외, 2011)

중국/일본명 중국명 薄叶皱叶委陵菜(bo ye zhou ye wei ling cai)는 얇고 주름진 잎을 가진 위릉채(委
陵菜: 딱지꽃의 중국명)라는 뜻이다. 일본명 イハキンバイ(岩金梅)은 바위에 자라고 노란색 꽃이 피는
매화를 닮은 식물이라는 뜻이다.

참고 [북한명] 헛돌양지꽃/돌양지꽃[72]

Potentilla discolor *Bunge* ツチグリ
Chilyangjigot 칠양지꽃

솜양지꽃〈*Potentilla discolor* Bunge(1833)〉

솜양지꽃이라는 이름은 양지꽃에 비해 잎 뒷면에 흰색의 솜털이 밀생(密生)하는 특징이 있는 것에
서 유래했다.[73] 옛날에는 땅속줄기를 아이들의 간식으로 식용했다.[74] 『조선식물향명집』에서는 전
통 명칭 '양지꽃'을 기본으로 하고 식물의 형태적 특징을 나타내는 '칠'을 추가해 '칠양지꽃'을 신
칭했으며,[75] 잎 뒷면을 마치 흰색으로 칠(漆)한 것 같은 양지꽃이라는 뜻으로 추정한다. 『우리나라
식물명감』에서 '솜양지꽃'으로 개칭해 현재에 이르고 있다. 옛 문헌에서는 식용 및 약용했던 뿌리

---

70 이러한 견해로 이우철(2005), p.183과 김병기(2013), p.246 참조.

71 이에 대해서는 『조선식물향명집』, 색인 p.35 참조.

72 북한에서는 *P. ancistrifolia*를 '헛돌양지꽃'으로, *P. dickinsii*를 '돌양지꽃'으로 하여 별도 분류하고 있다. 이에 대해서는
    리용재 외(2011), p.280 참조.

73 이러한 견해로 이우철(2005), p.353 참조

74 이에 대해서는 『조선산야생식용식물』(1942), p.139 참조.

75 이에 대해서는 『조선식물향명집』, 색인 p.47 참조.

를 으뜸이 되는 인삼으로 본 元蔘(원삼)과 중국에서 전래된 飜白草(번백초)라는 한자명도 발견되지만 현재의 이름으로 이어지지는 않았다.

속명 *Potentilla*는 라틴어 *potens*(강력한, 효과적인)에서 유래했는데 이 속 어떤 종들의 약성을 언급한 것이며 양지꽃속을 일컫는다. 종소명 *discolor*는 '다른 색의, 여러 색의'라는 뜻으로 잎의 앞면과 뒷면의 색이 다른 것에서 유래했다.

다른이름 원삼(정태현 외, 1936), 칠양지꽃(정태현 외, 1937), 닭의발톱(안학수·이춘녕, 1963), 번백초/뽕구지(리용재 외, 2011)

옛이름 元蔘(정조실록, 1787), 飜白草(재물보, 1798), 飜白草/天藕/鷄腿根/胡鷄腿(광재물보, 19세기 초), 飜白草/鷄腿菜/天藕(물명고, 1824), 飜白草(임원경제지, 1842), 元蔘(여유당전서, 19세기 초), 원삼(한불자전, 1880)[76]

중국/일본명 중국명 飜白草(fan bai cao)는 잎 뒷면의 하얀 솜털 때문에 붙여졌으며, 흰색이 나부끼는 풀이라는 뜻이다. 일본명 ツチグリ(土栗)는 비대하게 발달하여 식용하는 땅속줄기를 땅속의 밤(クリ)에 비유한 것이다.

참고 [북한명] 솜양지꽃 [유사어] 계퇴아(鷄腿兒), 계퇴채(鷄腿菜), 번백초(飜白草), 원삼(元蔘) [지방명] 딴쟁이(경북), 닥발/득발/던덕/주넹이풀(제주)

Potentilla fragarioides Linné キジムシロ
Yangjigot 양지꽃

양지꽃〈*Potentilla fragarioides* L.(1753)〉[77]

양지꽃이라는 이름은 무덤가와 같은 양지바른 곳에서 꽃이 피어나는 것에서 유래했다.[78] 이른 봄에 양지바른 곳에서 가장 먼저 피는 꽃 중의 하나로 옛날에는 봄에 잎을 채취해 나물로 식용했다.[79] 『조선산야생식용식물』은 경기도 광릉 방언으로 '소시랑까비'를 기록했는데, 이는 '소시랑'(쇠스랑의 방언)과 '까비'(조각이나 토막을 뜻하는 말)의 합성어로 깃모양겹잎의 끝이 3장으로 큰 모양을

---

76 『조선식물명휘』(1922)는 '飜白草, 鷄腿子'를 기록했으며 『토명대조선만식물자휘』(1932)는 *P. freyniana*에 대해 '[飜白草]번빅초, [鷄腿根]계퇴근, [鷄腿子]계퇴즈'를 기록했는데 이는 세잎양지꽃(*P. freyniana*)이 아니라 솜양지꽃(*P. discolor*)에 대한 이름으로 이해된다.

77 '국가표준식물목록'(2018)은 양지꽃의 학명을 *Potentilla fragarioides* var. *major* Maxim.(1859)으로 기재하고 있으나, '장진성 식물목록'(2014), '중국식물지'(2018) 및 '세계식물목록'(2018)은 본문의 학명을 정명으로 기재하고 있다.

78 이러한 견해로 이우철(2005), p.395; 허북구·박석근(2008a), p.152; 이유미(2010), p.169; 김종원(2013), p.459 참조.

79 이에 대해서는 『조선산야생식용식물』(1942), p.138 참조.

이루는 것을 농기구 쇠스랑에 빗댄 것에서 유래한 이름으로 보인다. 『조선식물향명집』에서 최초로 '양지꽃'이라는 한글명이 확인되는데, 실제로 불리던 향명을 채록한 것인지 아니면 『조선식물향명집』에서 신칭한 것인지에 대해서는 정확한 기록이 없어 명확하지 않다. 한편 소시랑개비를 가락지에서 유래한 말로 주장하는 견해가 있으나,[80] 쇠스랑의 옛말은 '쇼시랑'(훈몽자회, 1527)으로 농기구를 의미하므로 타당하지 않은 것으로 판단된다.

속명 *Potentilla*는 라틴어 *potens*(강력한, 효과적인)에서 유래했는데 이 속 어떤 종들의 약성을 언급한 것이며 양지꽃속을 일컫는다. 종소명 *fragarioides*는 '*Fragaria*(딸기속)와 비슷한'이라는 뜻으로 딸기와 닮은 것에서 유래했다.

다른이름 배암대활(정태현 외, 1936), 소시랑까비(정태현 외, 1942), 좀양지꽃(박만규, 1949), 소시랑개비/큰소시랑개비(정태현 외, 1949), 애기양지꽃/왕양지꽃/큰쇠스랑개비(안학수·이춘녕, 1963)[81]

중국/일본명 중국명 莓叶委陵菜(mei ye wei ling cai)는 딸기의 잎을 닮은 위릉채(委陵菜: 딱지꽃의 중국명)라는 뜻이다. 일본명 キジムシロ(雉蓆)는 꿩이 자리 잡은 풀밭이라는 뜻으로 서식지를 반영한 이름이다.

참고 [북한명] 양지꽃/좀양지꽃[82] [유사어] 치자연(雉子筵) [지방명] 달구밥(전남)

Potentilla Freyniana *Bornmueller* ミツバツチグリ
Seip-yaṅjiġot 세잎양지꽃

세잎양지꽃〈*Potentilla freyniana* Bornm.(1904)〉

세잎양지꽃이라는 이름은 잎이 3개씩 달리는 양지꽃이라는 뜻에서 붙여졌다.[83] 깃모양겹잎인 양지꽃과 달리 작은잎이 3장씩 달리는 특징이 있다. 『조선식물향명집』에서 전통 명칭 '양지꽃'을 기

---

80 이러한 견해로 김종원(2016), p.117 참조. 한편 김종원은 『조선식물명휘』(1922)의 '소즈랑개비'가 최초의 한글 기록이라고 주장하고 있으나, 그보다 앞서 『조선의 구황식물』(1919)에서 구황식물로 '소스랑가븨'를 기록했기 때문에 이 역시 타당하지 않다.

81 『조선식물명휘』(1922)는 '집신나물(救)'을 기록했으며 『선명대화명지부』(1934)는 '집신나물'을, 『조선의산과와산채』(1935)는 '집신나물'을 기록했다.

82 북한에서는 P. sprengeliana를 '양지꽃'으로, P. fragarioides를 '좀양지꽃'으로 하여 별도 분류하고 있다. 이에 대해서는 리용재 외(2011), p.281 참조.

83 이러한 견해로 이우철(2005), p.348 참조. 다만 이우철은 세 잎이 나는 돌양지꽃이라는 일본명에서 유래했다고 하지만, 일본명은 세잎솜양지꽃이라는 뜻이고 한국명에는 돌양지꽃과 솜양지꽃의 의미가 없으므로 그 타당성은 의문스럽다.

본으로 하고 식물의 형태적 특징을 나타내는 '세잎'을 추가해 신칭했다.[84] 봄에 새싹을 나물로 식용하는데[85] 별도의 방언이나 이름이 발견되지 않는 것에 비추어 『조선식물향명집』 이전에는 양지꽃이나 기타의 방언으로 통칭했던 것으로 보인다.

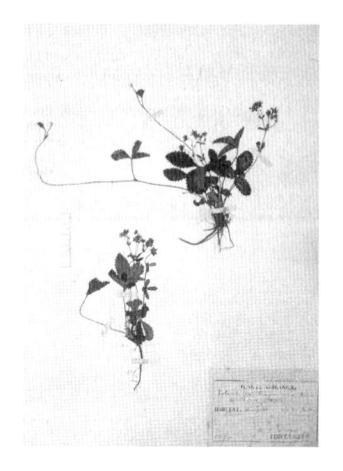

속명 *Potentilla*는 라틴어 *potens*(강력한, 효과적인)에서 유래했는데 이 속 어떤 종들의 약성을 언급한 것이며 양지꽃속을 일컫는다. 종소명 *freyniana*는 오스트리아 식물학자 J. F. Freyn(1845~1903)의 이름에서 유래했다.

다른이름 털양지꽃(정태현 외, 1949), 우단양지꽃(안학수·이춘녕, 1963), 털세잎양지꽃(이창복, 1969b)[86]

중국/일본명 중국명 三叶委陵菜(san ye wei ling cai)는 3개의 잎이 달리는 위릉채(委陵菜: 딱지꽃의 중국명)라는 뜻이다. 일본명 ミツバツチグリ(三葉土栗)은 잎이 3개씩 달리는 솜양지꽃(ツチグリ)이라는 뜻이다.

참고 [북한명] 세잎양지꽃

Potentilla fruticosa *Linné*   キンラウバイ
Mulŝari 물싸리

물싸리⟨*Potentilla fruticosa* L.(1753)⟩[87]

물싸리라는 이름은 고산의 습지(물)에서 자라는 싸리라는 뜻에서 유래했다. 『조선식물향명집』은 자생지인 함경남도 방언을 채록해 기록했는데,[88] 이 이름이 현재에 이르고 있다. 중국 청나라 때 저술된 『성경통지』는 "長春花 柔條紛披 黃花爛漫 遂時開放"(장춘화는 가지가 부드럽고 어지럽게 갈라지는데 노란 꽃이 화려하게 시간에 따라 피어난다)이라고 기록했다. 우리나라의 『광재물보』도 '長春花'(장춘화)를 노란색의 잔 같은 꽃이 핀다는 뜻을 지닌 金盞草(금잔초)를 별칭으로 하고 습초(濕草)로 분류했는데, 그 내용으로 보아 물싸리를 기록했던 것으로 보인다.

속명 *Potentilla*는 라틴어 *potens*(강력한, 효과적인)에서 유래했는데 이 속 어떤 종들의 약성을

---

84 이에 대해서는 『조선식물향명집』, 색인 p.41 참조.
85 이에 대해서는 『한국식물도감(하권 초본부)』(1956), p.320과 『한국의 민속식물』(2017), p.533 참조.
86 『토명대조선만식물자휘』(1932)는 P. freyniana에 대한 조선명으로 '[翻白草]번빅초, [鷄腿根]계퇴근, [鷄腿子]계퇴즈'를 기록했으나, 이는 세잎양지꽃(P. freyniana)이 아니라 솜양지꽃(P. discolor)에 대한 이름으로 이해된다.
87 '국가표준식물목록'(2018)은 물싸리의 학명을 *Potentilla fruticosa* var. *rigida* (Wall.) Th.Wolf(1908)로 기재하고 있으나, 『장진성 식물목록』(2014)과 '중국식물지'(2018)는 본문의 학명을 정명으로 기재하고 있다.
88 이에 대해서는 『조선삼림식물도설』(1943), p.314 참조.

언급한 것이며 양지꽃속을 일컫는다. 종소명 *fruticosa*는 '관목 형태의'라는 뜻으로 식물체의 모양을 나타낸다.

옛이름 長春花/金蓋草(광재물보, 19세기 초)[89]

중국/일본명 중국명 金露梅(jin lu mei)는 노란색 꽃이 이슬처럼 피어나고 매화를 닮았다는 뜻이다. 일본명 キンラウバイ(金露梅)도 중국명과 동일하다.

참고 [북한명] 물싸리 [유사어] 금랍매(金蠟梅), 금로매(金露梅), 장춘화(長春花)

Potentilla Matsumurae *Wolf* ミヤマキンバイ

Gin-yaṅgjiġot 긴양지꽃

좀양지꽃⟨*Potentilla matsumurae* Th.Wolf(1908)⟩[90]

좀양지꽃이라는 이름은 고산(한라산 정상 부근)에서 자라는 식물체가 작은 양지꽃이라는 뜻에서 유래했다.[91] 『조선식물향명집』에서는 잎이 긴 양지꽃이라는 뜻의 '긴양지꽃'을 신칭했으나,[92] 『조선식물명집』에서 '좀양지꽃'으로 개칭해 현재에 이르고 있다.

속명 *Potentilla*는 라틴어 *potens*(강력한, 효과적인)에서 유래했는데 이 속 어떤 종들의 약성을 언급한 것이며 양지꽃속을 일컫는다. 종소명 *matsumurae*는 일본 도쿄대학의 식물분류학자였던 마쓰무라 진조(松村任三, 1856~1928)의 이름에서 유래했다.

다른이름 긴양지꽃(정태현 외, 1937), 두메양지꽃(리종오, 1964)

중국/일본명 '중국식물지'는 이를 별도 분류하지 않고 있다. 일본명 ミヤマキンバイ(深山金梅)는 깊은 산에서 자라고 노란색의 꽃이 매화를 닮았다는 뜻이다.

참고 [북한명] 두메양지꽃

Potentilla nivea *L.* var. vulgaris *Chamisso et Schlechtendal* ウラジロキンバイ

Ůn-yaṅgjiġot 은양지꽃

은양지꽃⟨*Potentilla nivea* L.(1753)⟩

은양지꽃이라는 이름은 잎 뒷면에 은(銀)과 같이 흰색 털이 있는 양지꽃이라는 뜻에서 붙여졌다.[93]

---

89 『토명대조선만식물자휘』(1932)는 '[長春花]장춘화'를 기록했다.
90 '국가표준식물목록'(2018)은 좀양지꽃을 별도의 종으로 분류하고 있으나, 『장진성 식물목록』(2014)은 은양지꽃(*P. nivea*)에 통합하고 별도 분류하지 않으므로 주의가 필요하다.
91 이러한 견해로 이우철(2005), p.475 참조.
92 이에 대해서는 『조선식물향명집』, 색인 p.33 참조.
93 이러한 견해로 이우철(2005), p.429 참조.

잎의 앞면에는 비단 같은 짧은 털이 있지만 잎의 뒷면, 꽃자루와 잎자루에는 솜털과 같이 밀생(密生)하는 흰색의 털이 있어 은백색으로 보인다. 『조선식물향명집』에서 전통 명칭 '양지꽃'을 기본으로 하고 식물의 형태적 특징과 학명에 착안한 '은'을 추가해 신칭했다.[94]

속명 *Potentilla*는 라틴어 *potens*(강력한, 효과적인)에서 유래했는데 이 속 어떤 종들의 약성을 언급한 것이며 양지꽃속을 일컫는다. 종소명 *nivea*는 '눈 같은, 눈처럼 흰'이라는 뜻으로 잎 뒷면이 흰 것에서 유래했다.

다른이름 유구양지꽃(박만규, 1949), 은빛딱지(안학수·이춘녕, 1963)

중국/일본명 중국명 雪白委陵菜(xue bai wei ling cai)는 눈처럼 흰 위릉채(委陵菜: 딱지꽃의 중국명)라는 뜻이다. 일본명 ウラジロキンバイ(裏白金梅)는 잎 뒷면이 흰색이고 꽃이 노란색으로 피며 매화를 닮은 식물이라는 뜻이다.

참고 [북한명] 은양지꽃

○ Potentilla supina *Linné* ヲキジムシロ
Kùn-yaṅjiġot 큰양지꽃

개소시랑개비〈*Potentilla supina* L.(1753)〉

개소시랑개비라는 이름은 소시랑개비(양지꽃)와 비슷하다는 뜻에서 유래했다.[95] 『조선식물향명집』에서는 전통 명칭 '양지꽃'을 기본으로 하고 식물의 형태적 특징을 나타내는 '큰'을 추가해 '큰양지꽃'을 신칭했으나,[96] 『조선산야생식용식물』은 경기도 광릉 방언으로 '소시랑까비'라는 이름이 있었다는 것을 기록했다. 이후 『조선식물명집』에서 양지꽃의 다른이름으로 '소시랑개비'를 기록하면서 이와 유사하다는 뜻에서 '개소시랑개비'를 기록해 현재에 이르고 있다.

속명 *Potentilla*는 라틴어 *potens*(강력한, 효과적인)에서 유래했는데 이 속 어떤 종들의 약성을 언급한 것이며 양지꽃속을 일컫는다. 종소명 *supina*는 '납작하게 깔린, 위로 향한, 자빠진'이라는 뜻으로 사방으로 퍼져 자라는 것에서 유래했다.

다른이름 큰양지꽃(정태현 외, 1937), 수소시랑개비(박만규, 1949), 깃쇠스랑개비(임록재 외, 1972), 개쇠

94 이에 대해서는 『조선식물향명집』, 색인 p.44 참조.
95 이러한 견해로 이우철(2005), p.53 참조.
96 이에 대해서는 『조선식물향명집』, 색인 p.47 참조.

스랑개비/개쇠시랑개비/갯쇠스랑개비(한진건 외, 1982)

중국/일본명 중국명 朝天委陵菜(chao tian wei ling cai)는 하늘을 향한 위릉채(委陵菜: 딱지꽃의 중국명)
라는 뜻이다. 일본명 ヲキジムシロ(雄雉蓆)는 수컷 양지꽃이라는 뜻으로 양지꽃에 비해 식물체가
더 넓게 퍼져 커 보이는 것에서 유래했다.

참고 [북한명] 깃쇠스랑개비 [유사어] 치자연(雉子筵)

Potentilla Wallichiana *Delil* ヲヘビイチゴ
Soesŭranggaebi 쇠스랑개비

가락지나물〈*Potentilla kleiniana* Wight & Arn.(1834)〉[97]

가락지나물이라는 이름은 아이들이 꽃을 따서 가락지를 만
들어 놀이에 사용하고 나물로 식용하는 것에서 유래했다.[98] 옛
날에는 어린잎(嫩葉)을 삶아 데친 나물 또는 생채로 식용하거
나 전초를 약재로 사용했다.[99] 자생지 중의 하나인 함경남도
방언을 채록한 것에서 유래한 이름이다.[100] 『조선식물향명집』
은 '쇠스랑개비'로 기록했으나 『조선산야생식용식물』에서 '가
락지나물'을 대표적인 이름으로 기록해 현재에 이르고 있다.
쇠스랑개비와 같은 뜻을 가진 소시랑개비(소시랑까비)가 양지
꽃의 다른이름으로 사용됨에 따라 방언(향명)에서 채록된 가
락지나물을 추천명으로 한 것으로 추론된다. 옛 문헌에는 한
자명 '蛇含'(사함)을 차용한 '뱀의혀'(비야민혀 또는 비양의혀)가

기록되었는데, 이는 뱀에 물린 상처를 치료하는 약재로 사용했던 것에서 유래한 이름이다.[101] 뱀
의혀는 최근 방언 조사에서 그와 유사한 이름이 남아 있지 않은 것에 비추어 실제 사용한 이름이
아니라 문헌에만 존재하는 이름이었을 것으로 추론된다.

속명 *Potentilla*는 라틴어 *potens*(강력한, 효과적인)에서 유래했는데 이 속 어떤 종들의 약성

---

97 '국가표준식물목록'(2018)은 가락지나물의 학명을 *Potentilla anemonefolia* Lehm.(1853)으로 기재하고 있으나, 『장진
성 식물목록』(2014), '중국식물지'(2018) 및 '세계식물목록'(2018)은 정명을 본문과 같이 기재하고 있다.

98 이러한 견해로 이우철(2005), p.27; 김병기(2013), p.247; 김종원(2013), p.457 참조.

99 이에 대해서는 『조선산야생식용식물』(1942), p.140과 『한국의 민속식물』(2017), p.529 참조.

100 이에 대해서는 『조선산야생식용식물』(1942), p.140 참조. 한편 김종원(2013), p.457은 '가락지나물'에 대해 일부러 작명한
이름이라고 주장하고 있으나 근거가 있는 주장은 아닌 것으로 판단된다.

101 『동의보감』(1613)은 '蛇含草(비야미혀)'에 대해 "借入見蛇被傷 一蛇含草着瘡上 傷蛇乃去 因用此有效故名"(옛날에 이떤 사귈이
뱀에 상처를 입었는데 사함초를 상처에 붙이자 뱀 상처가 이내 사라졌다고 한다. 이를 약으로 써보니 효과가 있어 이러한 이름이 붙여졌다)
이라고 기록했다.

을 언급한 것이며 양지꽃속을 일컫는다. 종소명 *kleiniana*는 독일 생물학자이자 채집가인 Jacob Theodor Klein(1685~1759)의 이름에서 유래한 것으로 추정된다.

다른이름 쇠스랑개비(정태현 외, 1937), 흰디딸기덤불(정태현 외, 1942), 소스랑개비(박만규, 1949), 가는잎쇠스랑개비/애기쇠스랑개비(안학수·이춘녕, 1963), 아기쇠스랑개비/작은잎가락지나물/큰잎가락지나물(안학수 외, 1982), 소시랑개비(김종원, 2013)

옛이름 蛇含草/비암의현란(언해구급방, 1608), 蛇含/비야미혀/蛇含草(동의보감, 1613), 蛇含草(사의경험방, 17세기), 蛇含草/비야미혀(산림경제, 1715), 蛇含/비얌의혀(광재물보, 19세기 초), 蛇含/바얌의혀/小龍牙(물명고, 1824), 蛇含草(의종손익, 1868), 蛇含草/비암의셔풀(의휘, 1871), 蛇含草(의방합편, 19세기)[102]

중국/일본명 중국명 蛇含委陵菜(she han wei ling cai)는 뱀에 물린 상처를 치료하는 위릉채(委陵菜: 딱지꽃의 중국명)라는 뜻이다. 일본명 ヲヘビイチゴ(雄蛇苺)는 수컷 뱀딸기라는 뜻으로 뱀딸기에 비해 식물체가 대형인 것에서 유래했다.

참고 [북한명] 쇠스랑개비 [유사어] 사함초(蛇含草), 오아두묘(吾兒頭苗) [지방명] 소시랑개비/소시랑깨피(경기), 가락뿌리/가랑이/반지나물/소시랑개비(전북)

Rhodotypos tetrapetala *Makino*   シロヤマブキ
Byŏngarigot-namu   병아리꽃나무

병아리꽃나무〈*Rhodotypos scandens* (Thunb.) Makino(1913)〉

병아리꽃나무라는 이름은 '병아리'와 '꽃'과 '나무'의 합성어로 꽃이 병아리와 같은 나무라는 뜻이며, 순백색의 하얀 꽃을 병아리처럼 귀엽다고 본 것에서 유래했다.[103] 4~5월에 흰색 꽃이 피는데, 그 꽃의 모습을 병아리에 비유한 것으로 보인다. 『조선식물향명집』에서 최초로 이름이 발견되는데, 자생지 중의 하나인 황해도의 방언을 채록한 것이다.[104] 한자어 계마(鷄麻)에서 유래한 이름이라는 견해가 있으나,[105] 계마(鷄麻)는 최근에 알려진 이름으로 우리의 옛 문헌에서는 이름이 발견되지 않고 뜻도 서로 달라 타당하지 않은 것으로 보인다. 관상용으로 사용했다는 것 외에 달리 병아리꽃나무를 이용한 기록은 보이지 않는다.

속명 *Rhodotypos*는 그리스어 *rhodon*(장미)과 *typos*(형태)의 합성어로 꽃과 식물체가 장미를 닮았다는 뜻에서 유래했으며 병아리꽃나무속을 일컫는다. 종소명 *scandens*는 '붙잡고 오르는

---

102 『조선의 구황식물』(1919)은 '소스랑가븨'를 기록했으며 『조선어사전』(1920)은 '蛇含草(샤함초), 배암의혀'를, 『조선식물명휘』(1922)는 '蛇含, 五皮楓, 소즈랑개비, 중달구(색인: 중딸구)'를, 『토명대조선만식물자휘』(1932)는 '[蛇含草]샤함초, [배암의혀]'를, 『선명대화명지부』(1934)는 '소즈랑게비, 중딸구'를 기록했다.
103 이러한 견해로 박상진(2019), p.209; 허북구·박석근(2008b), p.154; 전정일(2009), p.53; 강판권(2015), p.361 참조.
104 황해도 방언에서 유래했다는 것과 관상용으로 이용했다는 것에 대해서는 『조선삼림식물도설』(1943), p.315 참조.
105 이러한 견해로 이우철(2005), p.276 참조.

성질의'라는 뜻으로 줄기가 늘어져 덩굴처럼 보이는 것에서 유래했다.

다른이름 죽도화(정태현 외, 1923), 자마꽃/이리화/개함박꽃나무/대대추나무(정태현, 1943), 병아리꽃(이창복, 1966)[106]

중국/일본명 중국명 鸡麻(ji ma)는 명(明)나라 때 조헌가(趙獻可)가 지은 『의관(醫貫)』(1617)에 기록된 이름으로, 일년생가지가 녹색을 띠고 길게 위로 뻗어 자라는 모습이 마(麻)의 줄기를 닮았다는(鶏) 뜻에서 유래한 것으로 추론된다. 일본명 シロヤマブキ(白山吹)는 흰색 꽃이 피는 황매화(ヤマブキ)라는 뜻이다.

참고 [북한명] 병아리꽃나무 [유사어] 계마(鶏麻)

Rosa acicularis *Lindley* オホミヤマバラ
Ingamog 인가목

인가목⟨*Rosa acicularis* Lindl.(1820)⟩

인가목이라는 이름은 줄기에 가시가 많고 깊은 산에 분포하는 점이 땅두릅나무와 비슷하거나 또는 관목으로 자라는 형태나 깊은 산에 자라는 점이 인가목조팝나무와 비슷해 이들과 이름을 혼용한 것에서 유래한 것으로 추정한다. 『조선삼림식물도설』은 땅두릅나무의 한자명을 인삼 같은 줄기를 가진 나무라는 뜻의 '人伽木'(인가목)으로 기록했는데,[107] 땅두릅나무는 두릅나무과의 식물로 '刺人蔘'(자인삼)이라고도 하며 약성이 인삼과 유사해 예부터 약재로 사용해왔다.[108] 현재의 인가목은 줄기에 가시가 많은 것이나 깊은 산에 분포하는 특성이 땅두릅나무와 유사하기 때문에 옛날에는 땅두릅나무와 이름의 혼용이 있었던 것으로 추정된다. 또한 '인가목'이라는 한글명은 조선 후기에 저술된 『물명고』에 처음으로 보이는데, 지팡이를 만들었다고 하므로 이는 현재의 인가목조팝나무를 일컫는 것으로 이해된다.[109] 강원도에서는 인가목조팝나무를 인가목이라고도 한다.[110] 현재의 인가목은 지팡이를 만드는 인가목조팝나무와 관목으로 자라거나 깊은 산속에서 자라는 점 등이 유사

106 『조선식물명휘』(1922)는 '죽두화(觀賞)'를 기록했으며 『선명대화명지부』(1934)는 '죽두화, 죽덩화'를 기록했다.
107 이에 대해서는 『조선삼림식물도설』(1943), p.542 참조. 또한 『한국의 자원식물 II』(1996), p.152와 『한국의 자원식물 III』(1996), p.170도 동일하다.
108 이에 대해서는 『조선삼림식물도설』(1943), p.543 참조.
109 이에 대해서는 이 책 '인가목조팝나무' 항목 참조. 한편 『한불자전』(1880)에도 '인가목'이라는 이름이 기록되었는데, 곧게 자라고 약용으로 쓴다고 하므로 땅두릅나무를 일컬었을 것으로 추론된다. 다만 『한불자전』은 한자명을 '印歌木'(인가목)으로 기록하고 있어 이에 대한 추가적인 연구가 필요하다.
110 이에 대해서는 『조선삼림식물도설』(1943), p.274 참조.

하기 때문에 인가목조팝나무와도 이름의 혼용이 있었던 것으로 추정된다.

속명 *Rosa*는 아카드어 *russu*(붉은)에서 유래한 고대 라틴명으로 장미속을 일컫는다. 종소명 *acicularis*는 '가시가 있는, 뻣뻣한 털이 많은'이라는 뜻으로 식물체에 가시와 털이 많은 것에서 유래했다.

다른이름 가시나무(정태현 외, 1923), 민둥인가목/붉은인가목/제주가시나무/흰넌가목(정태현, 1943), 둥근민둥인가목/털민둥인가목/흰민둥인가목(이창복, 1947), 민인가목(박만규, 1949), 자주인가목(정태현, 1957), 갈미봉장미/담자인가목/제주장미/제주찔레나무(안학수·이춘녕, 1963), 관모인가목/금강찔레(이창복, 1966), 제주찔레(이창복, 1980)

옛이름 靈壽木/인가목/扶老杖/椐/樻(물명고, 1824), 인가목/印歌木(한불자전, 1880)

중국/일본명 중국명 刺薔薇(ci qiang wei)는 가시가 많은 장미라는 뜻이다. 일본명 オホミヤマバラ(大深山薔薇)는 식물체가 크고 깊은 산속에서 자라는 장미라는 뜻이다.

참고 [북한명] 민둥인가목 [지방명] 도꼬리낭/독고리낭/똥고리낭(제주)

Rosa chinensis *Jacquin* カウシンバラ (栽)
Wŏlgehwa 월게화

월계화〈*Rosa chinensis* Jacq.(1768)〉

월계화라는 이름은 한자명 '月季花'(월계화)에서 유래한 것으로 꽃이 계절마다(月季) 쉼 없이 핀다는 뜻에서 유래했다.[111] 19세기에 저술된 『물명고』는 '월계'에 대해 "花四時不絶"(꽃은 사철 끊어지지 않는다)이라고 기록했다. 옛 문헌에서는 四季花(사계화)라는 명칭을 사용하기도 했으나 『물명고』 등은 별도 식물로 보기도 했다. 『조선식물향명집』은 '월게화'로 기록했으나 『조선삼림식물도설』에서 '월계화'로 개칭해 현재에 이르고 있다.

속명 *Rosa*는 아카드어 *russu*(붉은)에서 유래한 고대 라틴명으로 장미속을 일컫는다. 종소명 *chinensis*는 '중국에 분포하는'이라는 뜻으로 원산지 또는 분포지를 나타낸다.

다른이름 월계화(정태현 외, 1936), 월게화(정태현 외, 1937), 장춘화/보상화/월월홍(임록재 외, 1972), 월계수(이창복, 1980), 월계화나무(이영노, 1996)

---

111 이러한 견해로 이우철(2005), p.424 참조.

옛이름 四季花(양화소록, 1471), 四季花/스계화(번역노걸대, 1517), 四季花/스겟곳(번역박통사, 1517), 四季花/스계화(노걸대언해, 1670), 月季花/월계(역어유해, 1690), 月季花/월계(방언집석, 1778), 月季花/월계(재물보, 1798), 四季花/月季花(해동농서, 1799), 月季花/月月花/월계(물보, 1802), 月季花/월계(광재물보, 19세기 초), 月季花/월계/月月紅/勝春(물명고, 1824), 月季/월계(명물기략, 1870)[112]

중국/일본명 중국명 月季花(yue ji hua)는 『본초강목』에 기록된 약재 식물명으로 꽃이 사계절 계속 핀다는 뜻이다. 일본명 カウシンバラ(庚申薔薇)는 장미를 닮았는데 사계절 꽃이 핀다고 하여 십이지 중의 하나인 カウシン(庚申)을 사계절이라는 의미로 사용해 붙여졌다.

참고 [북한명] 월계화 [유사어] 사계(四季), 사계화(四季花), 월계꽃, 월월홍(月月紅), 장미(薔薇), 장춘화(長春花)

Rosa davurica *Pallas*   ヤマハマナス
Saengyŏlgwe-namu   생열귀나무

생열귀나무〈*Rosa davurica* Pall.(1789)〉

생열귀나무라는 이름은 '생'(강조의 의미)과 '열귀'(아가위)와 '나무'(木)의 합성어로 꽃과 열매 등이 아가위(해당화 또는 산사나무)를 닮았다는 뜻에서 유래한 것으로 추정한다. 『조선식물향명집』에 최초 기록된 이름으로 자생지 중의 하나인 함경남도 방언을 채록한 것이다.[113] '생'은 생떼 또는 생트집처럼 강조의 뜻으로 사용되는 말이고, '열귀'는 아가위의 함경도 방언에서 유래했다.[114] 19세기 중반에 간행된 『북새기략』 중 '공주풍토기'는 당시 함경북도 경흥 방언으로 해당화 열매를 '悅口'(열구)라 한다고 기록했다. 현재의 '열귀'와 비슷하다. 아가위의 옛말은 '아가외'인데 『훈몽자회』는 해당화(海棠花)의 당(棠)으로, 『동의보감』은 '山査子'(산사나무)에 대한 우리말 표현으로 기록

했으므로, 아가위는 해당화 또는 산사나무를 닮은 장미과의 식물을 지칭했던 이름이다. 『조선식물명휘』와 『조선삼림식물편』에 '가마귀밥나무'라는 이름도 기록되어 있지만, 『조선식물향명집』

---

112 『지리산식물조사보고서』(1915)는 '月計花'[월계화]를 기록했으며 『조선어사전』(1920)은 '月季花(월계화)'를, 『조선식물명휘』(1922)는 '月季花, 長春花, 장미, 월계화(觀賞)'를, Crane(1931)은 '월계쏫, 月桂花'를, 『토명대조선만식물자휘』(1932)는 '[月季花]월계화'를, 『선명대화명지부』(1934)는 '월계화'를 기록했다.
113 이에 대해서는 『조선삼림식물도설』(1943), p.318 참조.
114 이에 대해서는 국립국어원, '우리말샘' 중 '열귀' 참조.

은 범의귀과의 식물에 대해 '가마귀밥여름나무'라는 명칭을 사용했으므로 이 이름을 제외한 것으로 이해된다.

속명 *Rosa*는 아카드어 *russu*(붉은)에서 유래한 고대 라틴명으로 장미속을 일컫는다. 종소명 *davurica*는 '(바이칼호 동쪽) 다후리아 지방의'라는 뜻으로 발견지를 나타낸다.

다른이름 히당화(정태현 외, 1923), 뱀의찔네/가마귀밥나무/붉은인가목/좀붉은인가목/해당화(정태현, 1943), 뱀찔네/산붉은인가목(박만규, 1949), 뱀의찔레/생열귀장미(안학수·이춘녕, 1963)

옛이름 海棠花實/悅口(북새기략, 1843)[115]

중국/일본명 중국명 山刺玫(shan ci mei)는 산에서 자라고 가시가 있는 해당화(玫瑰)라는 뜻이다. 일본명 ヤマハマナス(山海棠花)는 산에서 자라는 해당화(ハマナス)를 닮은 식물이라는 뜻이다.

참고 [북한명] 생열귀나무 [유사어] 산매괴(山玫塊), 자매과(刺莓果) [지방명] 열그밥(함북)

⊗Rosa koreana *Komarov*   ヒメサンシヤウバラ
Hin-ingamog   흰인가목

흰인가목〈*Rosa koreana* Kom.(1901)〉

흰인가목이라는 이름은 꽃이 흰색이고 인가목을 닮았다는 뜻에서 붙여졌다.[116] 인가목과 비슷하지만 꽃이 흰색이고 하나의 잎에 달리는 작은잎이 7~11(13)개로 많으며 작은잎이 보다 작은 것에서 인가목과 구별된다.[117] 『조선식물향명집』에서는 전통 명칭 '인가목'을 기본으로 하고 꽃의 색깔을 나타내는 '흰'을 추가해 '흰인가목'을 신칭했으나,[118] 『조선식물명집』에서 맞춤법에 따라 '흰인가목'으로 개칭해 현재에 이르고 있다.

속명 *Rosa*는 아카드어 *russu*(붉은)에서 유래한 고대 라틴명으로 장미속을 일컫는다. 종소명 *koreana*는 '한국의'라는 뜻으로 한국 특산종임을 나타내지만 중국 동북부 지역에도 분포하는 것으로 확인되고 있다.

다른이름 히인가목(정태현 외, 1937), 흰닌가목(정태현, 1943), 바늘인가목/흰꽃인가목(리용재 외, 2011)

중국/일본명 중국명 长白蔷薇(chang bai qiang wei)는 장백산(백두산)에서 자라는 장미(薔薇)라는 뜻이다. 일본명 ヒメサンシヤウバラ(姬山椒薔薇)는 식물체가 작고 산초를 닮은 장미(バラ)라는 뜻이다.

---

115 『조선식물명휘』(1922)는 '山刺玫, 가마귀밥나무'를 기록했으며 『토명대조선만식물자휘』(1932)는 '[山玫瑰(花)]산미괴(화), [山刺玫(花)]산주미(화)'를, 『선명대화명지부』(1934)는 '가마귀밥나무, 해당화'를, 『조선삼림식물편』(1915~1939)은 'カマグイバンナム(昌城)/Kamaqui-pan-nam, カマグバブナム(江原)/Kamagu-bab-nam'[까마귀밥나무(창성), 까마귀밥나무(강원)]를 기록했다.

116 이러한 견해로 이우철(2005), p.613 참조.

117 이에 대해서는 김태영·김진석(2018), p.379 참조.

118 이에 대해서는 『조선식물향명집』, 색인 p.49 참조.

Rosa Luciae *Franchet et Rochebrunne*   テリハノイバラ(ハヒイバラ)
Dolgasi-namu   돌가시나무

돌가시나무〈*Rosa lucieae* Franch. & Rochebr. ex Crép.(1871)〉[119]

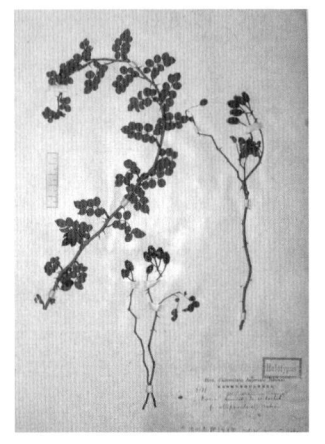

돌가시나무라는 이름은 주로 돌이 많은 땅이나 바위틈 등에 줄기를 뻗어 자라고 줄기에 가시(刺)가 많은 것에서 유래했다.[120] 주된 자생지 중의 하나인 전남 방언을 채록한 것이다.[121] 19세기 저술된『물명고』는 '쌍가식'라는 이름을 기록했는데, 줄기를 땅에 뻗어 자라는 형태에 비추어 돌가시나무라는 이름과 통하는 것으로 보인다.[122] 한편 잎이 돌처럼 단단하고 가시가 많은 나무라는 뜻에서 유래한 이름으로 보는 견해가 있다.[123] 그러나『조선식물향명집』에 기록된 돌나물, 돌단풍, 돌담고사리, 돌마타리 등의 식물명에서 '돌'은 바위에서 자란다는 뜻이므로 타당하지 않으며, 지역 방언에서 유래한 이름을 지나치게 일본명에 의존해 해석한 것으로 보인다.

속명 *Rosa*는 아카드어 *russu*(붉은)에서 유래한 고대 라틴명으로 장미속을 일컫는다. 종소명 *lucieae*는 프랑스 식물학자로 일본에서 활동한 Paul Amedée Ludovic Savatier(1830~1891)의 부인인 Madame Lucie Savatier의 이름에서 유래했다.

다른이름 돌가시나무/새비나무(정태현 외, 1923), 대도가시나무/긴돌가시나무/홍돌가시나무(정태현, 1943), 붉은돌가시나무/대마도가시나무(박만규, 1949), 대마도장미/대마도가시나무/긴돌장미/홍돌장미(안학수·이춘녕, 1963), 반들가시나무(정태현, 1965), 제주찔레(이창복, 1980)

옛이름 牛棘/십가식/쌍가식/馬棘/山棘/刺花(물명고, 1824)[124]

---

119 '국가표준식물목록'(2018)은 돌가시나무의 학명을 *Rosa wichuraiana* Crep. ex Franch. & Sav.(1873)로 기재하고 있으나,『장진성 식물목록』(2014)과 '세계식물목록'(2018)은 본문의 학명을 정명으로 기재하고 있다.

120 이러한 견해로 박상진(2019), p.115와 솔뫼(송상곤, 2010), p.734 참조.

121 이에 대해서는『조선삼림수목감요』(1923), p.60 참조. 다만『조선식물향명집』, 색인 p.35는 '돌'을 추가해 신칭한 이름으로 기록하고 있으나『조선삼림수목감요』에 비추어 이는 오기로 보인다.

122 『물명고』(1824)는 "野薔薇之一類 其刺粗而長 曾見有南湖有"(찔레꽃의 일종인데 그 가시는 거칠고 길다. 직접 보니 남쪽 지방에 있었다)라고 기록한 것에 비추어 '쌍가식'는 현재의 돌가시나무를 지칭했을 것으로 보인다. 다만『물명고』는 "花紅多刺"(꽃은 붉고 가시가 많다)라고 하여 돌가시나무의 형태와 차이가 있다는 설명도 함께 기록했다.

123 이러한 견해로 김종원(2013), p.1072 참조.

124 『선명대화명지부』(1934)는 '돌가시나무, 새비나무'를 기록했으며『조선삼림식물편』(1915~1939)은 'サイピナム(濟州島)/

[중국/일본명] 중국명 光叶薔薇(guang ye qiang wei)는 잎에 윤기가 도는 장미(薔薇)라는 뜻이다. 일본명 テリハノイバラ(照葉野薔薇)는 잎이 반들거리는 찔레꽃(ノイバラ)이라는 뜻이다.

[참고] [북한명] 돌가시나무 [유사어] 돌장미(－薔薇) [지방명] 땅가시나무(경기), 딱가시/딱가시나무/딸가시/딸가시나무(경남), 땅찔레(경북), 거문도찔레꽃/구렝이풀/땅가시/땅가시나무/땅가시덩굴/땅까시/땅까시나무/땅까지나무/땅찔레/땅찔룩(전남), 땅가시나무/땅까시나무(전북), 감은가시낭/검은가시낭/돌가시낭(제주)

⊗ Rosa Maximowicziana *Regel* ツルノイバラ
Yonggasi-namu 용가시나무

용가시나무〈*Rosa maximowicziana* Regel(1878)〉

용가시나무라는 이름은 '용'(龍)과 '가시나무'(刺木)의 합성어로 줄기가 용처럼 뻗어 나가고 식물체에 가시가 많은 것에서 유래한 것으로 추정한다. 주요 자생지 중의 하나인 평안북도 방언을 채록한 것이다.[125] 다만 우리나라 최초의 목본류에 대한 식물도감인 『조선삼림식물도설』은 돌가시나무와 동일하게 "伏臥生"(엎드려 누워 자란다)이라고 하면서 남부 지역에도 분포하는 식물로 기록했다. 이러한 이유로 돌가시나무에 보다 뜻이 가까운 '땅가시나무'와 같은 이름이 용가시나무의 방언이나 다른이름으로 기록된 것으로 보인다. 『조선식물명휘』에서 '영가시동불'(용가시덩굴의 오기로 보임)로 기록한 것을 『조선삼림수목감요』에서 '용가시나무'로 기록했고, 『조선식물향명집』에서도 동일하게 기록해 현재에 이르고 있다.

속명 *Rosa*는 아카드어 *russu*(붉은)에서 유래한 고대 라틴명으로 장미속을 일컫는다. 종소명 *maximowicziana*는 러시아 식물학자로 동북아 식물을 연구한 Carl Johann Maximowicz (1827~1891)의 이름에서 유래했다.

[다른이름] 용가시나무(정태현 외, 1923), 찔이나무(정태현, 1943), 땅가시나무(박만규, 1949), 줄들장미/돌가시나무/돌장미/찔레나무(안학수·이춘녕, 1963), 민줄들장미(안학수 외, 1982)[126]

Saibi-nam, トウルカシ(莞島)/Tou-ru-ka-shi'[새비낭(제주도), 돌가시(완도)]를 기록했다.
125 이에 대해서는 『조선삼림수목감요』(1923), p.60과 『조선삼림식물도설』(1943), p.322 참조.
126 『조선식물명휘』(1922)는 '영가시동불(香科)'을 기록했으며 『선명대화명지부』(1934)는 '영가시동불, 용가시나무'를, 『조선삼림식물편』(1915~1939)은 'ヨンガシトンブル(平北)/Yong-gashi-ton-pul'[영가시동불(평북)]을 기록했다.

중국/일본명 중국명 傘花薔薇(san hua qiang wei)는 꽃차례가 우산 모양인 장미(薔薇)라는 뜻이다. 일본명 ツルノイバラ(蔓野薔薇)는 덩굴로 자라는 찔레꽃(ノイバラ)이라는 뜻이다.

참고 [북한명] 용가시나무 [지방명] 구렝이풀/땅까시나무(전남)

Rosa polyantha *Siebold et Zuccarini*   ノイバラ
Jille-namu   찔레나무

찔레꽃⟨*Rosa multiflora* Thunb.(1784)⟩

찔레꽃이라는 이름은 옛말 '딜위'에서 유래했는데 '딜'은 찌르다의 뜻이고 '위'는 명사화 접미사로, 가시에 찔리는 꽃이라는 뜻에서 붙여졌다.[127] 같은 장미속 식물 중에 인가 주변에서 쉽게 볼 수 있고 어린순을 먹는 것으로 찔레꽃, 돌가시나무, 용가시나무 등이 있는데, 모두 가시 또는 가시로 찔리는 것과 관련이 있는 이름이다. 이는 그 식물명들이 어린순을 먹었던 풍습에서 비롯되었음을 알게 해준다. 『동의보감』에 '딜위'라는 한글명이 최초로 보이며[128] 딜위→질늬(찔늬)→찔레로 변화해 현재에 이르렀는데, 이는 '찌르다'라는 동사가 디르다(또는 디로다)→지르다→찌르다로 변화한 과정과 동일하다.[129] 한편 『향약채취월령』은 '棠毬子'(당구자)에 대한 향명으로 '地乙梨'를 기록했는데 이는 '딜빙'를 표기한 것이므로 아기배라는 뜻의 '아가외'와 마찬가지로 '딜위'는 열매를 배(梨)로 본 것에서 유래했다는 견해가 있다.[130] 그러나 '댓딜위'를 기록한 『훈몽자회』는 아가'외'라고 표기했고 '딜위여름'을 기록한 『동의보감』도 아가'외'로 표기했으므로 딜위의 '위'와 표기가 일치하지 않는 문제점이 있다. 또한 아가외가 '아가위'의 형태가 되는 것은 19세기 후반인 점에 비추어 16~17세기에 '딜위'라는 표현이 나오는 찔레꽃과는 어원상으로도 차이가 있어 타당

127 이러한 견해로 백문식(2014), p.464; 박상진(2019), p.362; 허북구·박석근(2008b), p.269; 이유미(2015), p.298; 전정일(2009), p.57; 오찬진 외(2015), p.577; 솔뫼(송상곤, 2010), p.728; 김양진(2011), p.28; 안옥규(1996), p.393; 김종원(2013), p.665 참조.
128 그보다 앞서 『훈몽자회』(1527)에는 '댓딜위'라는 한글명이 보이지만, 이는 '海棠'(해당)에 대한 우리말 이름이었다. 한편 김종원(2013), p.665는 한글명 찔레나무가 최초로 보이는 것은 『조선식물명휘』(1922)의 '찔메나무'라고 주장하고 있으나, 우리의 옛 문헌을 살피지 않은 결과로 보인다. 옛 문헌의 표현 및 방언 기록과 비교해보면 『조선식물명휘』의 '찔메나무'는 조선어와 한글 표기에 익숙하지 않았던 모리 다메조(森爲三)가 잘못 기록한 것으로 보는 것이 타당할 것이다.
129 '찌르다'라는 뜻의 옛말로 『월인석보』(1459)는 '디루(다)'를, 『구급방언해』(1466)는 '딜이' 및 '디르는'을, 『구급간이빙인해』(1489)는 '딜이'를, 『소학언해』(1588)는 '딜어'를 기록했다.
130 이러한 견해로 조항범(2014), p.11 이하 참조.

하지 않아 보인다.[131] 『조선식물향명집』에 기록된 '찔레나무'는 경기도 방언에서 채록한 것인데,[132] 『대한식물도감』에서 '찔레꽃'으로 개칭해 현재에 이르고 있다.

속명 *Rosa*는 아카드어 *russu*(붉은)에서 유래한 고대 라틴명으로 장미속을 일컫는다. 종소명 *multiflora*는 '다화의, 꽃이 많은'이라는 뜻이다.

다른이름 가시나무/시비나무/설널네나무/찌룩나무/찔네나무(정태현 외, 1923), 찔레나무(정태현 외, 1937), 찔네나무/새비나무/질꾸나무/질누나무/찔꾸나무(정태현, 1943), 들장미/찔룩나무(안학수·이춘녕, 1963), 찔레(이창복, 2003)

옛이름 棠毬子/地乙梨(향약채취월령, 1431), 營實/薔薇/牛棘(향약집성방, 1433), 營實/딜위여름/野薔薇子(동의보감, 1613), 野薔薇(의림촬요, 1635), 찔네나무/吉果木(실험단방, 1709), 野薔薇(연행일기, 1712), 薔蘼/찔늬나무(재물보, 1798), 野薔薇(연암집, 18세기 말), 찔릐/쟝미(물보, 1802), 營實/찔늬나무/薔薇/山棘(광재물보, 19세기 초), 野薔薇/질늬(물명고, 1824), 野薔薇(다산시문집, 1865), 野薔薇(오주연문장전산고, 185?), 蒺藜/찔늬/蕡(자류주석, 1856), 疾梨/질리/찔에(명물기략, 1870), 질녀숫(농가월령가, 1876), 질네나무/荊木(한불자전, 1880), 질늬숫/刺桐花(박물신서, 19세기), 荊花/질늬숫(의방합편, 19세기), 榮實/찔네나무열매(선한약물학, 1931), 찔네/찔네숫/찔니/찔렁숫(조선구전민요집, 1933), 찔레/野薔薇/지뤼/야장미(조선어표준말모음, 1936)[133]

중국/일본명 중국명 野薔薇(ye quiang wei)는 야생의 장미(薔薇)라는 뜻이다.[134] 일본명 ノイバラ(野薔薇)는 들에서 자라는 장미(イバラ)라는 뜻이다.

참고 [북한명] 찔레나무 [유사어] 들장미(-薔薇), 야장미(野薔薇), 약왕자(藥王子), 영실장미(營實薔薇) [지방명] 까마구/까마구열매/까치밥/씰레/찔렁/찔레/찔레순/찔루/찔루꽃/찔루낭그/찔룩(강원), 까치

131 『향약채취월령』(1431)은 2년 후에 간행되는 『향약집성방』(1433)의 저술을 위한 기초 자료의 성격을 가지는 것인데, 『향약채취월령』에 '棠毬子/地乙梨'라고 기록된 약재는 『향약집성방』에 반영되지 않았고, 『향약집성방』은 찔레꽃의 열매를 뜻하는 '營實'(영실)을 기록하면서도 향명을 '地乙梨'로 기록하지 않았다는 점에서 조항범(2014), p.11 이하의 주장은 타당성이 없어 보인다. 또한 '딜위'를 열매의 명칭으로 볼 경우 『동의보감』(1613)에 기록된 '딜위여름'(=찔레열매)의 설명이 어렵게 된다(조항범의 주장에 따르면 딜위여름은 딜위라는 열매의 열매가 된다). 이 문제를 해결하기 위해 조항범은 그 이전에 딜위가 나무를 뜻하는 명칭을 함께 가졌다고 주장하고 있으나 근거는 없는 것으로 이해된다. 『향약채취월령』과 『향약집성방』의 관계에 대해서는 남풍현(1999), p.185 이하 참조.

132 이에 대해서는 『조선삼림수목감요』(1923), p.59와 『조선삼림식물도설』(1943), p.324 참조.

133 『조선의 구황식물』(1919)은 '찔네나무'를 기록했으며 『조선어사전』(1920)은 '野薔薇(야쟝미), 찔네, 營實(영실), 쥐위'를, 『조선식물명휘』(1922)는 '野薔薇, 藥王子, 찔메나무, 장미(香料, 救)'를, Crane(1931)은 '찔매나무숫'을, 『토명대조선만식물자휘』(1932)는 '[野薔薇]야쟝미, [질위나무], [찔네나무], [營實]영실, [질위], [찔네], [野薔薇花]야쟝미화(꽃)'를, 『선명대화명지부』(1934)는 '찔네(에)나무, 설널네나무, 장미, 새비나무'를, 『조선삼림식물편』(1915~1939)은 'サイビナム, サイヲルビ(濟州島)/Saibi-nam, Sai-orepi(莞島)/Chiil-ku-nam, シヨクノルネナム(平安)/Sol-nol-ne-nam, チヤンミ(京畿)/Chang-mi, チルリナム(江原)/Chi-ruri-nam'[새비나무, 새오레비(제주도), 찔구나무(완도), 설널네나무(평안), 장미(경기), 찔루나무(강원)를 기록했다.

134 중국의 『본초강목』(1596)은 "此草蔓柔靡 依牆援而生 故名牆蘼 其莖多刺勒人 牛喜食之 故有山棘牛勒諸名"(이 식물은 덩굴로 부드럽게 붙어 자라는데 담장에 기대어 나무로 장미라고 한다. 줄기에는 가시가 많아 사람에게 달라붙지만 소는 잘 먹으므로 산극, 우륵 등의 여러 가지 이름이 있다)이라고 기록했다.

밤나무/까치밥나무/꿩의밥/멍게/영실/찔레/찔레나무/찔레순/찔죽(경기), 짜치밥/찔레/찔레나무/찔레순/찔루(경남), 질레꽃/질로/질루/찔레/찔레나무/찔레순/찔루/찔루꽃(경북), 산딸기(울릉), 까상구/까치밥/깐지밥/깐치밥/깐치밥/들장미/찔구/찔구기/찔구꽃/찔구나무/찔레/찔레나무/찔레딸기/찔루/찔루꽃/찔룩/찔룩구/찔룩꽃/찔룩나무/참찔룩/토끼장이(전남), 가시나무/까치밥/깐지밥/때찔룩/찔구/찔레/찔레나무/찔루/찔루나무/찔룩/찔룩구/찔룩나무(전북), 도꼬리/도꼬리낭/독고리낭/독그리/독꼬리/들장미/똥고리낭/똥구리낭/똥꼬리/새베낭/새비낭/세비낭/주레비낭/찔레(제주), 찔레/찔레나무/찔레나무꽃/찔레순(충남), 찔레/찔레나무/찔레순/찔롱(충북), 황소나물(평북), 엉거꿍이(평안)

○ Rosa pimpinellifolia *Linné*　タウサンシヤウバラ
Donggul-ingamog　둥굴인가목

둥근인가목⟨*Rosa spinosissima* L.(1753)⟩[135]

둥근인가목이라는 이름은 열매가 원모양인 인가목이라는 뜻에서 유래했다.[136] 흰인가목과 유사한데 열매가 둥근 것과 작은잎이 달걀모양이라는 점 등에서 구별된다고 하나, 국내에 분포하는 종인지에 대해서는 논란이 있다.[137] 『조선식물향명집』에서는 전통 명칭 '인가목'을 기본으로 하고 식물의 형태적 특징을 나타내는 '동글'을 추가해 '동글인가목'을 신칭했으나,[138] 『조선식물명집』에서 맞춤법에 따라 '둥근인가목'으로 개칭해 현재에 이르고 있다.

　속명 *Rosa*는 아카드어 *russu*(붉은)에서 유래한 고대 라틴명으로 장미속을 일컫는다. 종소명 *spinosissima*는 '가시가 밀생(密生)하는'이라는 뜻이다.

다른이름　가시나무(정태현 외, 1923), 동글인가목(정태현 외, 1937), 둥군인가목(이창복, 1947), 둥굴인가목(박만규, 1949), 덩굴인가목(안학수·이춘녕, 1963)

중국/일본명　중국명 密刺薔薇(mi ci qiang wei)는 가시가 밀생하는 장미(薔薇)라는 뜻이다. 일본명 タウサンシヤウバラ(搭山椒薔薇)는 탑 모양을 하고 산초를 닮은 장미(バラ)라는 뜻이다.

참고　[북한명] 둥근인가목

---

135 '국가표준식물목록'(2018)은 둥근인가목의 학명을 *Rosa pimpinellifolia* L.(1753)로 기재하고 있으나, '세계식물목록'(2018), '중국식물지'(2018) 및 김태영·김진석(2018), p.379는 본문의 학명을 정명으로 기재하고 있다.
136 이러한 견해로 이우철(2005), p.192 참조.
137 한편 장진성 외(2011), p.233은 둥근인가목의 학명을 본문의 것으로 하되, 흰인가목(*R. koreana*)과 같은 종으로 보고 있다.
138 이에 대해서는 『조선식물향명집』, 색인 p.36 참조.

⊗ Rosa rubro-stipullata *Nakai*   ミヤマイバラ
Bulgŭn-ingamog   붉은인가목

붉은인가목〈*Rosa davurica* Pall. var. *alpestris* (Nakai) Kitag.(1979)〉[139]

붉은인가목이라는 이름은 인가목을 닮았는데 높은 산에서
자라며 꽃이 더 붉은 것에서 유래한 것으로 보인다. 『조선식
물향명집』에서 전통 명칭 '인가목'을 기본으로 하고 식물의 색
깔을 나타내는 '붉은'을 추가해 신칭했다.[140] 그러나 식물분류
학적으로 붉은인가목은 생열귀나무(*R. davurica*)의 변종으로
꽃자루가 짧고 작은잎의 개수가 적은 것 등에서 별도 분류되
고 있다.[141]

  속명 *Rosa*는 아카드어 *russu*(붉은)에서 유래한 고대 라틴
명으로 장미속을 일컫는다. 종소명 *davurica*는 '(바이칼호 동
쪽) 다후리아 지방의'라는 뜻으로 발견지를 나타낸다. 변종명
*alpestris*는 '고산의, 초본대의'라는 뜻으로 고산지대에 분포
함을 나타낸다.

다른이름   가시나무(정태현 외, 1923)

중국/일본명   '중국식물지'는 이를 별도 분류하지 않고 있다. 일본명 ミヤマイバラ(深山薔薇)는 깊은 산
에서 자라는 장미(イバラ)라는 뜻이다.

참고   [북한명] 붉은인가목

Rosa rugosa *Thunberg*   ハマナス
Haedanghwa   해당화   海棠花

해당화〈*Rosa rugosa* Thunb.(1784)〉

해당화라는 이름은 한자명 '海棠花'(해당화)에서 비롯한 것으로 바다에 피는 당(棠) 꽃이라는 뜻에
서 유래했다.[142] 해당화의 '당'(棠)이 무엇인지에 대해『훈몽자회』는 아가위(산사나무의 옛말)를 일컫

---

139 '국가표준식물목록'(2018)과 이우철(2005)은 붉은인가목을 생열귀나무에 통합하고 별도 분류하지 않으나, 『장진성 식물
   목록』(2014)과 '세계식물목록'(2018)은 이를 별도 분류하고 있다.
140 이에 대해서는『조선식물향명집』, 색인 p.39 참조.
141 이에 대해서는 장진성 외(2011), p.230 참조. 그러나 김태영·김진석(2018), p.380은 생열귀나무와 같은 종으로 보고 별도
   분류하지 않으므로 주의가 필요하다.
142 이러한 견해로 이우철(2005), p.588; 박상진(2019), p.412; 전정일(2009), p.58 참조.

는 것이라 했고, 요즘도 사전에 따라서는 '棠'을 아가위라고 하고 있다. 이에 따르면 바다에 피는 산사나무의 꽃이 바로 해당화인 셈이다. 그러나 『동의보감』은 산사나무를 당구자(棠毬子)라고 하여 棠(당)이라 직접 명시하지 않았고, 일부 사전에서는 '棠'을 팥배나무로 해설하기도 하며(한자로 '甘棠'이라고 한다), 이스라지를 '棠棣'(당체)라고도 하고, 명자나무를 '山棠花'(산당화)라고도 한다. 그러므로 '棠'(당)이 산사나무를 의미하는지 정확하지 않고, 산사나무, 팥배나무, 이스라지 또는 명자나무 등의 꽃과 유사한 것으로 짐작될 뿐이다. 이렇게 된 이유는 전통적으로 식물의 명칭에서 한자의 쓰임이 중국의 것과 정확히 일치하지 않는 것과 관련이 있다.[143] 옛 문헌에 '海棠'(해당)을

한글로 '댓딜위'와 '댓질늬'로 표현한 것이 있는데, 이것은 방언에서 때찔루(때질레)로 나타나는 이름에 대한 옛말로 보이며 해당화를 찔레와 비유해서 인식하기도 했음을 알려준다.

속명 *Rosa*는 아카드어 *russu*(붉은)에서 유래한 고대 라틴명으로 장미속을 일컫는다. 종소명 *rugosa*는 '주름진'이라는 뜻으로 잎의 표면에 주름이 있는 것에서 유래했다.

다른이름 히당화(정태현 외, 1923), 해당화(정태현 외, 1936)

옛이름 海棠花(동국이상국집, 1241), 海棠花(고려사, 1451), 海棠花(세종실록지리지, 1454), 海棠/댓딜위(훈몽자회, 1527), 海棠/히당(역어유해, 1690), 海棠/히당(방언집석, 1778), 海棠花/히당화(왜어유해, 1782), 玫瑰/해당화(재물보, 1798), 海棠/玫瑰花/裵回花(아언각비, 1819), 海棠/히당화/海紅/海棠梨(광재물보, 19세기 초), 紫玫瑰/댓질늬/海棠(물명고, 1824), 海棠花實/悅口(북새기략, 1843), 玫瑰花/海棠(오주연문장전산고, 185?), 海棠/히당(명물기략, 1870), 히당화/海棠花/미괴화/玫瑰花(한불자전, 1880), 玫瑰花/海棠花(수세비결, 1929), 玫瑰花(선한약물학, 1931), 해당화(조선구전민요집, 1933)[144]

중국/일본명 중국명 玫瑰(mei gui)는 열매가 붉은 옥구슬을 닮았다는 뜻이다. 중국에서는 다른이름으로 海棠花(해당화)를 쓰기도 한다.[145] 일본명 ハマナス(浜梨)는 바닷가에서 자라는 배나무라는 뜻

---

143 조선 후기에 이규경은 『오주연문장전산고』(185?)에서 중국의 해당과 우리나라의 해당이 이름은 같지만 종류가 다르고, 우리가 해당이라고 하는 것은 중국의 玫瑰(매괴)라는 점을 고증했다.

144 『조선식물명휘』(1922)는 '玫瑰, 梅槐, 히당화(救, 香料, 觀賞)'를 기록했으며 Crane(1931)은 '히당화, 海棠花'를, 『토명대조선만식물자휘』(1932)는 '[玫瑰(花)]미괴(화), [裵回(花)]비회(화), [海棠(花)]히당(화)'를, 『선명대화명지부』(1934)는 '해당화'를, 『조선의산과와산채』(1935)는 '玫瑰, 해당화'를, 『조선삼림식물편』(1915~1939)은 'ハイタンホア, ヒヤータンホア(京畿)/Hai-tang-hoa, Hya-tang-hoa'[해당화(경기)]를 기록했다.

145 중국의 『본초강목』(1596)은 '李德裕 花木記云 凡花木名海者 皆從海外來 如海棠之類是也 又李白詩注云 海紅乃花名 出新羅國甚多 則海棠之自海外有據矣'[이덕유의 화목기에서는 '꽃과 나무에 해(海)라는 이름이 있으면 모두 해외에서 들어온 것인데, 해당 같은 종류가 그렇다'라고 했다. 이백 시의 해설에서는 '해홍은 꽃 이름인데, 신라(新羅)에서 매우 많이 난다'라고 했다. 그렇다면 해당은 해외에서 왔다는 근거가 있다]라고 하여 신라에서 온 것으로 이해하기도 했다.

으로 열매의 모양을 배에 비유한 것에서 유래했다.

참고 [북한명] 해당화 [유사어] 금앵화(金櫻花), 때찔레, 매괴화(玫瑰花), 월계(月季) [지방명] 동부리/때찔루/열구꽃/해동화/해장화(강원), 멍게나무/명감/해당자(경기), 동구리(경북), 동고리(울릉), 해가꽃(전남), 땡감나무(충남), 해당와/해동와(충북), 장미(함북)

○ Rosa xanthinoides *Nakai*　キバナヤエハマナス
Noraṅg-haedaṅghwa　노랑해당화

노랑해당화〈*Rosa xanthina* Lindl.(1820)〉

노랑해당화라는 이름은 꽃이 노란색으로 피는 해당화(海棠花)라는 뜻에서 붙여졌다.[146] 『조선식물향명집』에서 전통 명칭 '해당화'를 기본으로 하고 식물의 형태적 특징과 학명에서 유래한 '노랑'을 추가해 신칭했다.[147]

　속명 *Rosa*는 아카드어 *russu*(붉은)에서 유래한 고대 라틴명으로 장미속을 일컫는다. 종소명 *xanthina*는 '황색의'라는 뜻으로 꽃의 색깔에서 유래했다.

다른이름 히당화(정태현 외, 1923), 노란해당화(정태현, 1943)

옛이름 黃海棠(아언각비, 1819), 黃海棠(오주연문장전산고, 185?), 黃海棠(임하필기, 1871), 黃海棠(가오고략, 1872)[148]

중국/일본명 중국명 黃刺玫(huang ci mei)는 노란색의 꽃이 피는 가시가 있는 해당화(玫瑰)라는 뜻이다. 일본명 キバナヤエハマナス(黃花八重浜梨)는 노란색 꽃이 겹으로 피는 해당화(ハマナス)라는 뜻이다.

참고 [북한명] 노랑해당화 [유사어] 황자매(黃刺玫), 황화매괴(黃花玫瑰), 황화해당(黃花海棠)

Rubus asper *Wallich*　コジキイチゴ
Goji-dalgi　거지딸기

거지딸기〈*Rubus sumatranus* Miq.(1860)〉[149]

---

146 이러한 견해로 이우철(2005), p.150 참조. 다만 이우철은 일본명에서 유래했다고 하지만, 옛 문헌에 노랑해당화라는 의미의 黃海棠(황해당)이라는 표현이 보이는 것으로 보아 타당하지 않은 것으로 생각된다.

147 이에 대해서는 『조선식물향명집』, 색인 p.34 참조.

148 『조선식물명휘』(1922)는 '히당화(觀賞)'를 기록했으며 Crane(1931)은 '루른월계, 黃月桂'를, 『토명대조선만식물자휘』(1932)는 '[長春刺玫]장춘즈미, [黃花玫瑰]황화미괴, [黃海棠(花)]황히당(화), [누른비회화]'를, 『선명대화명지부』(1934)는 '해당화'를, 『조선삼림식물편』(1915~1939)은 'ハイタンホア(京畿)/Hai-tang-hoa'[해당화(경기)]를 기록했다.

149 '국가표준식물목록'(2018)은 거지딸기의 학명을 *Rubus sorbifolius* Maxim.(1871)으로 기재하고 있으나, 『장진성 식물목

거지딸기라는 이름은 숲 가장자리 또는 계곡가에 모여 자라고 줄기에 붉은 샘털이 있으며 꽃잎이 다른 산딸기속 식물보다 작은 모습이 거지를 연상시킨다는 뜻에서 유래한 것으로 추정한다. 『조선식물향명집』에서 전통 명칭 '딸기'를 기본으로 하고 식물의 형태적 특징을 나타내는 '거지'를 추가해 신칭한 것으로 짐작된다.[150] 일본명 コジキイチゴ(乞食苺)에 걸식을 하는 딸기라는 뜻이 있고, 『조선삼림식물도설』에 한자명을 '乞食苺'(걸식매)로 기록했으며, 옛 학명의 종소명 asper에 거칠다는 뜻이 있는 점을 고려할 때 일본명과 학명의 영향을 받은 것으로 추론된다.

속명 Rubus는 고대 라틴어로 붉다는 뜻의 ruber에서 유래했는데 열매가 붉은 것을 뜻하며 산딸기속을 일컫는다. 종소명 sumatranus는 '수마트라(Sumatra)의'라는 뜻으로 주된 분포지가 동남아시아의 수마트라섬인 것에서 유래했다. 옛 종소명 asper는 그리스어로 '거친, 까칠까칠한'이라는 뜻이다.

다른이름 거지딸(박만규, 1949), 맛노랑딸기(임록재 외, 1972), 복딸기(이우철, 1996b)

중국/일본명 중국명 红腺悬钩子(hong xiao xuan gou zi)는 붉은색 샘털이 있는 현구자(懸鉤子: 갈고리가 매달려 있다는 뜻으로 산딸기 종류의 중국명)라는 뜻이다. 일본명 コジキイチゴ(乞食苺)는 걸식하는 딸기(イチゴ)라는 뜻으로, 유래에 대해서 여러 견해가 있으나 열매의 가운데가 비어 있는 것이 거지가 사용하는 그릇과 닮았다는 견해가 유력하다.

참고 [북한명] 맛노랑딸기 [유사어] 걸식매(乞食苺), 복분자(覆盆子) [지방명] 딸기/참딸기(전남)

Rubus Buergeri *Miquel* フユイチゴ
Gyŏul-đalgi 겨울딸기

겨울딸기⟨*Rubus buergeri* Miq.(1867)⟩

겨울딸기라는 이름은 가을에 결실한 열매가 한겨울에 붉게 익는 산딸기라는 뜻에서 유래했다.[151] 아열대 지방에서는 봄에 꽃이 피어 여름에 열매가 익지만, 한반도에서는 여름에 꽃이 피고 10~12월에 열매가 익는데 이를 식용한다.[152] 겨울딸기라는 이름은 『조선식물향명집』에 최초로 보이는데

록』(2014), '세계식물목록'(2018) 및 '중국식물지'(2018)는 정명을 본문과 같이 기재하고 있다.

150 다만 『조선식물향명집』, 색인 p.32에는 신칭한 이름인지 여부가 불확실하게 기록되어 있다.

151 이러한 견해로 이우철(2005), p.71; 김태영·김진석(2018), p.375; 허북구·박석근(2008b), p.41 참조.

152 이에 대해서는 『조선삼림식물도설』(1943), p.331과 김태영·김진석(2018), p.375 참조.

별도로 신칭했다고 기록하지 않은 점에 비추어 당시 자생지에서 실제로 사용한 이름을 채록한 것으로 보인다. 옛 문헌 『재물보』, 『광재물보』 및 『물명고』는 중국에서 겨울딸기라는 뜻으로 사용하는 '寒莓'(한매)를 산딸기 종류 중의 하나로 기록하기도 했다.

　　속명 Rubus는 고대 라틴어로 붉다는 뜻의 ruber에서 유래했는데 열매가 붉은 것을 뜻하며 산딸기속을 일컫는다. 종소명 buergeri는 독일인으로 네덜란드 정부에 채용된 탐험가로서 일본 식물을 채집한 Heinrich Burger(1804~1858)의 이름에서 유래했다.

다른이름 겨울딸(박만규, 1949), 땅줄딸기/왕딸/늘푸른줄딸(안학수·이춘녕, 1963), 땅딸기(한진건 외, 1982)

옛이름 寒莓(재물보, 1798), 蓬蘽/멍석뿔기/覆盆/寒莓/割田蔍(광재물보, 19세기 초), 蓬蘽/멍더리쌀기/寒莓(물명고, 1824)[153]

중국/일본명 중국명 寒莓(han mei)는 추운 겨울에 열매가 익는 산딸기(莓)라는 뜻이다. 일본명 フユイチゴ(冬莓)는 겨울에 열매가 익는 딸기(イチゴ)라는 뜻이다.

참고 [북한명] 겨울딸기 [유사어] 지매(地莓), 한매(寒莓) [지방명] 저슬탈(제주)

Rubus corchorifolius *Linné fil.*　　ビラウドイチゴ
Suri-đalgi　수리딸기

수리딸기〈*Rubus corchorifolius* L.f.(1781)〉

수리딸기라는 이름은 산딸기속 식물 중에서 다소 키가 크게 자라고 큰 꽃이 피는 모습 등이 맹금류 수리를 연상시키는 딸기라는 뜻에서 유래한 것으로 추정한다. 『조선삼림수목감요』에서 주요 자생지인 전라남도 방언 '수리쌀'(수리딸)을 채록한 것이다.[154] 『조선식물향명집』에서 이 이름을 '수리딸기'로 개칭해 현재에 이르고 있다. 전남 방언으로 솔개를 '수리겡이'라고 하므로[155] 이에 따라 수리딸기의 '수리'를 위와 같이 해석했다. 그러나 수리는 단오를 달리 일컫는 말이기도 하고 열매가 그 무렵에 익는데 산딸기 종류 중에서 으뜸이라고 할 만큼 맛있으므로, 단오와 관련해 유래한 이름일 수도 있다.

---

153 『조선식물명휘』(1922)는 '寒莓, 地莓'를 기록했다.
154 이에 대해서는 『조선삼림수목감요』(1923), p.62와 『조선삼림식물도설』(1943), p.332 참조.
155 이에 대해서는 이기갑 외(1998), p.367 참조.

속명 *Rubus*는 고대 라틴어로 붉다는 뜻의 *ruber*에서 유래했는데 열매가 붉은 것을 뜻하며 산딸기속을 일컫는다. 종소명 *corchorifolius*는 피나무과 황마속(*Corchorus*) 식물과 잎이 유사하다는 뜻에서 유래했다.

다른이름 수리쌀(정태현 외, 1923), 청수리딸(정태현, 1943), 민수리딸(안학수·이춘녕, 1963)[156]

중국/일본명 중국명 山莓(shan mei)는 산에서 자라는 딸기(莓)라는 뜻이다. 일본명 ビラウドイチゴ(羽緞莓)는 어린가지나 꽃받침 등에 비로드(벨벳=우단) 모양의 잔털이 밀생(密生)하는 딸기(イチゴ)라는 뜻이다.

참고 [북한명] 수리딸기 [유사어] 목매(木莓), 산매(山莓), 현구자(懸鉤子) [지방명] 딸구/산딸구/산딸기/섬딸기/수레딸/수리딸/수리떼알(전남), 산딸기/산떼왈(전북), 뱀딸기/산딸기(충남)

Rubus coreanus *Miquel*   トックリイチゴ   覆盆子
Bogbunja-dalgi 복분자딸기

복분자딸기〈*Rubus coreanus* Miq.(1867)〉

복분자딸기라는 이름은 중국에서 전래된 한자 '복분자'(覆盆子)와 '딸기'라는 고유어가 합해진 말로, '복분자'는 열매를 약재로 사용하면 요강을 엎어놓아도 좋을 정도로 신장을 좋게 한다는 뜻에서,[157] '딸기'는 산딸기 종류의 열매라는 뜻에서 유래했다.[158] 복분자딸기는 약재로 사용할 때 약성과 관련한 이름이다.[159] 옛 문헌에 기록된 覆盆子(복분자)는 덩굴이 아닌 나무 모양을 이루는 산딸기 종류 일반에 붙이는 이름이었으며,[160] 이에 대한 한글명은 멍덕딸기, 딸기, 복분자, 나무딸기, 검은멍덕딸기, 곰딸기, 명석딸기 등 다양했다. 즉, 동물이명(同物異名)과 이물동명(異物同名)이 혼재되어 있었던 것으로 보인다. 『조선삼림수목감요』에서 주요 자생지 중의 하나인 전라남도에서 실

---

156 『조선식물명휘』(1922)는 '山抛子, 懸鉤子'를 기록했으며 『선명대화명지부』(1934)는 '수리쌀'을, 『조선삼림식물편』(1915~1939)은 'Surital-nam'[수리딸나무]를 기록했다.

157 『동의보감』(1613)은 "益腎精 止小便利 當覆其尿器 故如此取名"(콩팥을 깨끗하게 하는 데 도움을 주고 소변이 새는 것을 멎게 하여 요강을 엎어놓아도 된다고 해서 복분자라고 이름하였다)이라고 기록했다. 한편 송나라 때의 구종석은 『본초연의』(1116)에서 "益腎臟 縮小便 服之當覆其溺器 如此取名也"(신장에 유익하고 소변이 자주 나오는 것을 줄이며, 복용하면 요강을 엎어버릴 정도로 오줌이 세게 나오므로 이와 같은 이름을 갖게 되었다)라고 했다.

158 이러한 견해로 이우철(2005), p.278; 박상진(2019), p.214; 허북구·박석근(2008a), p.157; 전정일(2009), p.56; 오찬진 외(2015), p.562 참조.

159 이와 관련하여 강판권(2015), p.369는 열매가 동이를 엎어놓은 것 같다고 하여 붙여진 이름으로 보고 있다. 그러나 '覆盆子'(복분자)는 한국과 중국 모두 주요 약재로 사용하고 있으므로 그에 따른 이름이며, 열매의 형태에서 유래했다고 볼 문헌적 근거는 없는 것으로 보인다.

160 『동의보감』(1613)은 "作藤蔓生者 蓬蘽也 作樹條者 覆盆也"(덩굴을 만들어 자라는 것이 봉류이고 줄기가 나무처럼 곧게 서서 자라는 것이 복분자이다)라고 기록했다.

제 사용하는 용례에 따라 '복분자쌀'을 대표적 명칭으로 채록했고,[161] 『조선식물향명집』에서 '복분자딸기'로 개칭해 현재에 이르고 있다.

속명 *Rubus*는 고대 라틴어로 붉다는 뜻의 *ruber*에서 유래했는데 열매가 붉은 것을 뜻하며 산딸기속을 일컫는다. 종소명 *coreanus*는 '한국의'라는 뜻으로 발견지를 나타낸다.

다른이름 곰쌀/복분자쌀(정태현 외, 1923), 복분자쌀(정태현 외, 1936), 복분자딸(정태현 외, 1942), 곰딸/곰의딸(정태현, 1943), 복분자(이창복, 1966)

옛이름 覆盆子/末應德達(향약채취월령, 1431), 覆盆子/末應德達/懸鉤子(향약집성방, 1433),[162] 覆盆子/멍덕딸기(구급간이방언해, 1489), 苺/딸기/覆盆子(훈몽자회, 1527), 覆盆子/末應德達/멍덕달기(촌가구급방, 1538), 覆盆子/복분ᄌ(언해태산집요, 1608), 覆盆子/나모딸기(동의보감, 1613), 覆盆子/딸기(역어유해, 1690), 覆盆子/나모쌀(사의경험방, 17세기), 覆盆子/나무쌀기(산림경제, 1715), 覆盆子(광제비급, 1790), 覆盆子/나모쌀기(재물보, 1798), 覆盆子/나모ᄠᆯ기(제중신편, 1799), 覆盆子/검은멍덕쌀기(물보, 1802), 覆盆子/곰쓸기(광재물보, 19세기 초), 覆盆子/곰쌀기(물명고, 1824), 覆盆子/나모ᄠᆯ기(의종손익, 1868), 覆盆子/복분ᄌ/멍덕쓸기(명물기략, 1870), 覆盆/나모쌀기(녹효방, 1873), 覆盆子/나모쓸기(방약합편, 1884), 覆盆子/멍셕쌀기(일용비람기, 연대미상), 覆盆(매천집, 1911), 覆盆子(수세비결, 1929), 覆盆子/나무 쌀기(선한약물학, 1931)[163]

중국/일본명 중국명 揷田泡(cha tian pao)는 밭에 삽목하면 무성하게 자란다는 뜻이며, 중국에서는 멍덕딸기(*R. idaeus*)를 복분자(覆盆子)라고 부르나 혼칭한 흔적이 보인다. 일본명 トックリイチゴ(德利莓)는 열매가 아가리가 잘쪽한 술병(德利)을 닮은 딸기(イチゴ)라는 뜻이다.

참고 [북한명] 복분자딸기 [유사어] 나무딸기, 복분자(覆盆子), 현구자(懸鉤子) [지방명] 복분자주/수리딸(강원), 딸기/띨구/복분자/산딸기(경기), 복분자딸(경남), 나무딸기(경북), 고무떼왈/복기요/산떼왈/수리떼알(전남), 고무딸/고무딸기/고무떼왈/곰때알/곰때왈/복군자(전북), 가막탈낭/가믄탈낭/가시탈/감은탈/거막탈/검은탈/까만탈/보리탈/복분자/한탈(제주), 넝쿨딸기/멍석딸구/야생복분자(충남), 곰딸기(함북)

---

161 이에 대해서는 『조선삼림수목감요』(1923), p.63 참조. 한편 『조선삼림식물도설』(1943), p.333은 복분자딸기를 조선의 남쪽 지역에서 통용(通)하는 이름이라고 기록했다.

162 『향약집성방』(1433)의 차자(借字) '末應德達'(말응덕달)에 대해 남풍현(1999), p.182는 '멍덕딸'의 표기로 보고 있으며, 손병태(1996), p.73은 '멍덕달'의 표기로 보고 있다.

163 『지리산식물조사보고서』(1915)는 'コ-むんた-ゐ'[검은딸]을 기록했으며 『조선의 구황식물』(1919)은 '나무 쌀긔'를, 『조선어사전』(1920)은 '나무 쌀기, 覆盆子(복분ᄌ), 딸기'를, 『조선식물명휘』(1922)는 '覆盆子, 蕎麥抛子'를, 『선명대화명지부』(1934)는 '곰쌀, 복분자쌀'을, 『조선삼림식물편』(1915~1939)은 'コ-ムンタル(全南)/Koh-mun-tal'[검은딸(전남)]을 기록했다.

Rubus crataegifolius *Bunge* クマイチゴ
San-dalgi-namu 산딸기나무

산딸기〈*Rubus crataegifolius* Bunge(1833)〉

산딸기라는 이름은 산에서 자라는 딸기라는 뜻에서 유래했다.[164] 산딸기라는 이름을 한글로 기록한 옛 문헌은 보이지 않으나 같은 뜻의 한자명 山莓(산매)는 여러 곳에서 발견된다. 옛 문헌에서 한글명으로는 '나무딸기'가 같은 의미로 사용된 것으로 보인다. 산딸기라는 한글명은 『조선식물향명집』에서 황해도 방언 '산딸기나무'를 채록한 것에서 유래했다.[165] 『한국식물명감』에서 '산딸기'로 개칭해 현재에 이르고 있다.

속명 *Rubus*는 고대 라틴어로 붉다는 뜻의 *ruber*에서 유래했는데 열매가 붉은 것을 뜻하며 산딸기속을 일컫는다. 종소명 *crataegifolius*는 장미과 산사나무속(*Crataegus*) 식물과 잎이 닮아서 붙여졌다.

다른이름 나무쌀기/흰쌀(정태현 외, 1923), 산딸기나무(정태현 외, 1937), 나무딸기/복분자(정태현 외, 1942), 긴닢나무딸기/참딸/흰딸/함박딸(정태현, 1943), 곰딸(박만규, 1949), 긴나무딸기(정태현, 1957), 나무딸(안학수·이춘녕, 1963), 긴잎산딸기나무(임록재 외, 1972)

옛이름 懸鉤子/나모ᄲᆯ기/木莓/山莓(광재물보, 19세기 초), 懸鉤子/나모쌀기/木莓/山莓(물명고, 1824), 懸鉤子/현구ᄌ/ᄯᅳᆯ기/木莓/山莓/樹莓(명물기략, 1870), 懸鉤子/나무싸올기(박물신서, 19세기), 쌀기/覆盆子(조선어사전[심], 1925), 懸鉤子/木莓(수세비결, 1929)[166]

중국/일본명 중국명 牛叠肚(niu die du)는 소의 접힌 배라는 뜻으로 열매의 모양에서 유래한 것으로 추론된다. 일본명 クマイチゴ(熊莓)는 곰의 딸기라는 의미로 거친 야생에서 자라는 딸기(イチゴ)라는 뜻이다.

참고 [북한명] 산딸기나무 [유사어] 목매(木莓), 산매(山莓), 우질두(牛迭肚), 현구자(懸鉤子) [지방명] 나무딸/낭구딸구/딸기/딸기나무/산딸/산딸구낭그/산딸구낭기/산딸기/산딸나무/산멍이/수레딸

---

164 이러한 견해로 이우철(2005), p.308; 박상진(2019), p.243; 유기억(2008b), p.236; 솔뫼(송상곤, 2010), p.676 참조.

165 황해도 방언에서 유래했다는 것에 대해서는 『조선삼림식물도설』(1943), p.334 참조.

166 『제주도및완도식물조사보고서』(1914)는 'ハンタール'[한탈]을 기록했으며 『지리산식물조사보고서』(1915)는 'とっぷじゅ'[탑쥬]를, 『조선한방약료식물조사서』(1917)는 '나모쌀기, 覆盆子'를, 『조선식물명휘』(1922)는 '沙窩, 蓬藟, 나무쌀기'를, 『토명대조선민식물자휘』(1932)는 '[木苺]목민, [覆盆子]복분ᄌ, [나무-ᄯᅵᆯ기]'를, 『신명대화명지부』(1934)는 '나무-ᄯᅵᆯ기, 곰의ᄯᅵᆯ기'를, 『조선삼림식물편』(1915~1939)은 'トップジュ─(全南)/Topp-jyu, ナムタルキ(京畿)/Nam-tarki, ハンタール(濟州島)/Hantal'[탑쥬(전남), 나무딸기(경기), 한탈(제주도)]을, 『조선의산과와산채』(1935)는 '懸鉤子, 나무쌀기'를 기록했다.

기(강원), 나무딸기/딸구/딸기/복분자/산따올기/산딸구/산딸귀(경기), 곰부딸/나무딸기/딸/산딸/수루
치딸/신딸/줄딸(경남), 나무딸/나무딸기/딸/딸나무/산딸(경북), 딸기/딸나무/딸맹이/때알/산따왈/산
때/산때깔/산때알/산때왈/장미딸/참딸/참딸기/참딸나무(전남), 딸기/산따왈/산따울/산딸광/산때왈/
산떼알/소딸(전북), 감티탈낭/드르탈/밀탈/보리탈/산딸기나무/중딸기/탈/한탈/한탈낭(제주), 산딸구/
참딸기/함박딸/함박딸구(충남), 나무딸/멍석딸기/산딸/산딸구(충북), 가시딸기/딸기(함북)

⊗ Rubus croceacantha *Léveillé*　サイシウヤマイチゴ
Gòmún-đalgi　검은딸기

검은딸기〈*Rubus croceacanthus* H. Lév.(1913)〉

검은딸기라는 이름은 검붉은 색의 열매가 열리는 (산)딸기라는 뜻이다.[167] 주된 자생지인 제주에서
사용하던 방언 '가막탈낭'(검은딸기나무)에서 비롯했으며,[168] 열매가 검붉게 익는 데서 유래한 것으
로 추정한다. 전체적으로 검게 익는 복분자딸기의 열매와는 차이가 있다. 산딸기 종류의 열매는
대체로 검붉게 익지만, 제주에는 거지딸기와 같이 노란색이 강하게 돌면서 익는 산딸기 종류가 있
기 때문에 이에 대비하여 붙여진 이름으로 보인다. 『조선식물명휘』는 채집지를 제주도로 하여 '고
문달'로 기록했는데, 제주 방언 '가막탈'을 일본인 모리 다메조(森爲三, 1884~1962)가 잘못 기록
한 것으로 보인다. 『조선식물향명집』에서 이를 정정해 '검은딸기'로 기록해 현재에 이르고 있다.

　　속명 *Rubus*는 고대 라틴어로 붉다는 뜻의 *ruber*에서 유래했는데 열매가 붉은 것을 뜻하며 산
딸기속을 일컫는다. 종소명 *croceacanthus*는 그리스어 *croce*(실)와 *acanthus*(가시)의 합성어로
암술머리가 가늘고 긴 데서 유래했다.

다른이름　섬딸(박만규, 1949), 검섬딸기(안학수·이춘녕, 1963), 검정딸기(리용재 외, 2011)[169]

중국/일본명　중국명 薄瓣悬钩子(bao ban xuan gou zi)는 꽃잎이 얇은 현구자(懸鉤子: 갈고리가 매달려
있다는 뜻으로 산딸기 종류의 중국명)라는 뜻이다.[170] 일본명 サイシウヤマイチゴ(濟州山苺)는 제주에
서 자라는 산딸기(ヤマイチゴ)라는 뜻이다.

참고　[북한명] 검정딸기 [유사어] 산매(山苺) [지방명] 가막탈낭/가믄탈낭/감은탈낭/검은탈낭/콩탈
(제주)

---

167 이러한 견해로 이우철(2005), p.68 참조.
168 이에 대해서는 『조선삼림식물도설』(1943), p.336 참조.
169 『조선식물명휘』(1922)는 '고문달'을 기록했으며 『선명대화명지부』(1934)는 '고문달'을 기록했다.
170 중국의 『본초습유』(783)는 懸鉤子(현구자)에 대해 "莖上有刺如懸鉤 故名"(줄기에 갈고리가 매달려 있는 듯한 가시가 있으므로 이
　　러한 이름이 지어졌다)이라고 기록했다.

Rubus hirsutus *Thunberg*　クサイチゴ
Jang-dalgi　장딸기

장딸기〈*Rubus hirsutus* Thunb.(1813)〉

장딸기라는 이름은 '장'(醬)과 '딸기'(苺)의 합성어로 열매가 붉
은색으로 익는 산딸기 종류라는 뜻에서 유래한 것으로 추정
한다. 주된 자생지인 제주 방언을 채록한 것이다.[171] 제주 방언
에서 '장'은 내륙 지역과 마찬가지로 '장'(醬)을 뜻하고 '장'은
된장과 더불어 고추장을 포함하므로, 식용하는 붉게 익은 열
매가 고추장처럼 보인다고 하여 유래한 이름으로 보인다.[172]
다만 『조선삼림수목감요』는 자생지 중의 한 곳인 '全南'(전남)
방언에서 유래했다고 하고, 전남에서는 '장가이나'(작은 딸)와
'장각시'(작은 계집)와 같이 '장'을 작다는 뜻으로도 사용하며
다른이름으로 땃딸기(땅딸기)가 있는 것에 비추어 군락을 이루

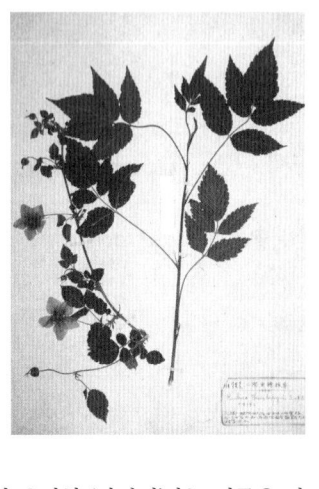

어 낮게 자라는 모습에서 유래한 이름일 수도 있다. 한편 18세
기 말~19세기 초에 저술된 『재물보』와 『물보』에 현재의 이름과 유사한 '쟝쌀기'라는 이름을 기
록한 것이 보이지만, 정확히 어떤 종의 식물을 지칭한 것인지는 분명하지 않다.

속명 *Rubus*는 고대 라틴어로 붉다는 뜻의 *ruber*에서 유래했는데 열매가 붉은 것을 뜻하며 산
딸기속을 일컫는다. 종소명 *hirsutus*는 '털이 많은, 거친 털의'라는 뜻이다.

다른이름　장쌀(정태현 외, 1923), 땃딸기(정태현, 1943), 노란장딸(정태현, 1957), 땅딸기(안학수·이춘녕,
1963)

옛이름　黃獨/土卵/쟝쌀기(재물보, 1798), 黃柿/土卵/쟝쌀기(물보, 1802)[173]

중국/일본명　중국명 蓬蘽(peng lei)는 쑥처럼 자라면서 덩굴을 짓는다고 하여 붙여졌다.[174] 일본명 クサ
イチゴ(草苺)는 풀같이 보이는 딸기(イチゴ)라는 뜻이다.

---

171 이에 대해서는 『조선삼림식물도설』(1943), p.336과 『한국식물도감(상권 목본부)』(1957), p.135 참조. 다만 『조선삼림수목감
　요』(1923), p.63은 '全南'(전남)의 방언을 채록한 것으로 기록해, 전라남도 방언에서 유래한 이름일 수도 있으므로 주의가
　필요하다.

172 이에 대해서는 현평호·강영봉(2014), p.284 참조.

173 『선명대화명지부』(1934)는 '쟝쌀'을 기록했으며 『조선삼림식물편』(1915~1939)은 'カムテタルギ(濟州島)/Kamte-talgi, チヤ
　ンタール(莞島)/Chang-tar'[감티탈기(제주도), 쟝딸(완도)]을 기록했다.

174 중국의 『본초강목』(1596)은 "蓬蘽與覆盆同類 故別錄謂一名覆盆 此種生於丘陵之間 藤葉繁衍 蓬蓬果累 異於覆盆 故曰蓬蘽
　陵蘽 卽藤也 其實八月始熟 俚人名割田藨"[봉루와 복분은 같은 종류이다. 그래서 명의별록은 '일명 복분이라 한다'라 했다. 이 종은 구
　릉 사이에서 자라고 덩굴과 잎이 무성하게 이어진다는 점이 복분과 다르다. 그러므로 봉루 또는 능루라 한다. 즉 덩굴이다. 그 열매는 음력 8
　월이 되어서야 익는데, 사람들은 할전표(밭으로 무성히 번지는 딸기)라고 한다]라고 기록했다.

926

⊗ Rubus hongnoensis *Nakai* サイシウバライチゴ
Gasi-dalgi 가시딸기

가시딸기〈*Rubus pungens* Cambess(1844)〉[175]

가시딸기라는 이름은 제주 방언 '가시탈낭'에서 유래한 것으로 추정된다.[176] 어린가지에는 가시가 간혹 있으나 줄기와 잎 등에는 가시가 없다. 상록성 참나무의 열매(도토리)를 '가시'라 하고[177] 산딸나무를 제주 방언으로 '가시틀'이라고 하므로, 가시딸기의 '가시'는 刺(자)의 의미가 아니라 열매의 모양이 도토리(가시)와 비슷하게 생겼다는 뜻으로 추론된다. 한편 줄기와 엽축에 가시가 있는 산딸기라는 뜻에서 유래한 이름이라는 견해가 있다.[178] 그러나 가시딸기는 실제 줄기와 엽축을 포함한 식물 전체에 가시가 거의 없으므로 이러한 해석의 타당성은 의문스럽다.

속명 *Rubus*는 고대 라틴어로 붉다는 뜻의 *ruber*에서 유래했는데 열매가 붉은 것을 뜻하며 산딸기속을 일컫는다. 종소명 *pungens*는 '뾰족한, 신랄한, 점으로 뒤덮인'이라는 뜻이다.

다른이름 가시딸(박만규, 1949), 섬가시딸기(안학수·이춘녕, 1963)

중국/일본명 중국명 针刺悬钩子(zhen ci xuan gou zi)는 피침모양의 가시가 있는 현구자(懸鉤子: 갈고리가 매달려 있다는 뜻으로 산딸기 종류의 중국명)라는 뜻으로 학명과 연관되어 있다. 일본명 サイシウバライチゴ(濟州薔薇苺)는 제주도에 자라는 장미를 닮은 딸기라는 뜻으로 *R. hongnoensis*와 연관된 이름으로 보인다.

참고 [북한명] 가시딸기/고슴도치딸기[179] [지방명] 가시탈낭/곡지탈/보리탈낭/빨간탈(제주)

---

175 '국가표준식물목록'(2018)은 가시딸기의 학명을 *Rubus hongnoensis* Nakai(1914)로 기재하고 있으나, 『장진성 식물목록』(2014)과 『중국식물지』(2018)는 본문의 학명을 정명으로 기재하고 있다.

176 제주 방언 '가시탈낭'에 대해서는 현평호·강영봉(2014), p.18 참조. 『조선삼림식물도설』(1943), p.338은 '가시딸기'가 제주 방언을 채록한 것이라는 점을 명시하지 않고 있다. 그러나 『조선식물향명집』에 최초 기록된 이름이고 '가시'와 '딸기'의 합성어임에도 『조선식물향명집』, 색인 p.30은 이를 신칭한 이름으로 기록하지 않았으므로 지방 방언을 채록했다는 점을 나타내는 것으로 보인다.

177 이에 대해서는 국립국어원, '표준국어대사전' 중 '가시' 참조.

178 이러한 견해로 이우철(2005), p.31과 김태영·김진석(2018), p.374 참조.

179 북한에서는 *R. hongnoensis*를 '가시딸기'로, *R. pungens*를 '고슴도치딸기'로 하여 별도 분류하고 있다. 이에 대해서는 리용재 외(2011), p.306 이하 참조.

○ Rubus Idaeus *L.* var. concolor *Nakai*　テフセンキイチゴ
Namu-dalgi　나무딸기

나무딸기〈*Rubus matsumuranus var. concolor* (Kom.) Kitag.(1979)〉[180]

나무딸기라는 이름은 목본성인 산딸기 종류라는 뜻에서 유래했다.[181] 나무딸기는 멍덕딸기와 유사한데 잎 뒷면에 털이 없는 것에서 별도 분류되었으나[182] 지속적인 논란이 있다. 17세기에 저술된 『동의보감』에 기록된 나무딸기(나모ᅋᆞᆯ기)를 비롯해 옛 문헌의 이름은 목본성 산딸기 종류를 뜻하는 명칭으로서 특정한 종의 식물을 일컬었다고 보기는 어렵다.

속명 *Rubus*는 고대 라틴어로 붉다는 뜻의 *ruber*에서 유래했는데 열매가 붉은 것을 뜻하며 산딸기속을 일컫는다. 종소명 *matsumuranus*는 일본 도쿄대학의 식물분류학자였던 마쓰무라 진조(松村任三, 1856~1928)의 이름에서 유래했으며, 변종명 *concolor*는 '같은 색의'라는 뜻이다.

다른이름 나무쌀기(정태현 외, 1923), 곰의딸/복금자딸(정태현, 1943), 참나무딸기(안학수·이춘녕, 1963)

옛이름 覆盆子/나모ᅋᆞᆯ기(동의보감, 1613), 覆盆子/나모쌀(사의경험방, 17세기), 覆盆子/나무딸기(산림경제, 1715), 覆盆子/나모쌀기(재물보, 1798), 覆盆子/나모ᄯᅳᆯ기(제중신편, 1799), 懸鉤子/나모쌀기/木莓(물보, 1802), 懸鉤子/나모ᄯᅳᆯ기/木莓/山莓(광재물보, 19세기 초), 懸鉤子/나모쌀기/木莓/山莓/薊(물명고, 1824), 覆盆子/나모ᄯᅳᆯ기(의종손익, 1868), 懸鉤子/현구ᄌᆞ/木莓/山莓/樹莓(명물기략, 1870), 覆盆/나모쌀기(녹효방, 1873), 覆盆子/나모ᄶᅳᆯ기(방약합편, 1884), 懸鉤子/나무ᄶᅡ올기(박물신서, 19세기), 懸鉤子/木莓(수세비결, 1929)[183]

중국/일본명 중국에서는 이를 별도 분류하지 않는 것으로 보인다. 일본명 テフセンキイチゴ(朝鮮木莓)는 한반도에 분포하는 목본성 딸기(イチゴ)라는 뜻이다.

참고 [북한명] 나무딸기 [유사어] 복분자(覆盆子) [지방명] 한탈(제주)

---

180 '국가표준식물목록'(2018)은 본문의 학명으로 나무딸기를 별도 분류하고 하고 있으나, 『장진성 식물목록』(2014)은 멍덕딸기에 통합하고, '중국식물지'(2018)는 별도 분류하지 않으므로 주의가 필요하다.

181 이러한 견해로 이우철(2005), p.131과 한태호 외(2006), p.9 참조.

182 이에 대해서는 『조선삼림식물노설』(1943), p.339 참조.

183 『조선의 구황식물』(1919)은 '나무쌀긔'를 기록했으며 『선명대화명지부』(1934)는 '나무쌀기'를, 『조선의산과와산채』(1935)는 '懸鉤子, 나무쌀기'를 기록했다.

○ Rubus Idaeus *L.* var. microphyllus *Turczaninow*　テフセンウラジロイチゴ
Móngdóg-dalgi　멍덕딸기

멍덕딸기〈*Rubus idaeus* L.(1753)〉[184]

멍덕딸기라는 이름은 꽃과 열매의 모양이 벌통 위를 덮는 재래식 뚜껑인 '멍덕'을 닮았다는 뜻에서 유래했다.[185] 『향약채취월령』에 기록된 차자(借字) 표현 '末應德達'(멍덕딸)이 어원이며, 현재의 종(species)을 일컫는 말로 사용하게 된 것은 『조선식물향명집』에서 주요 자생지인 강원 지역에서 사용하는 바에 따라 조선명을 사정한 것에서 비롯했다.[186] 17세기 초에 저술된 『동의보감』은 탕액편에서 "蓬蘽 멍덕딸기 作藤蔓生者 蓬蘽也 作樹條者覆盆也"[봉류는 멍덕딸기라고 한다. 덩굴로 된 것이 봉류이고 나무로 된 것은 복분자(나무딸기)이다]라고 하여 蓬蘽(봉류)는 '멍덕딸기'로, 覆盆子(복분자)는 '나무딸기'로 대별했다.

그러나 '멍덕딸'이라는 이름은 이미 『동의보감』 이전에 간행된 『향약채취월령』과 『향약집성방』에서 한자명을 '覆盆子'(복분자)로 하여 기록했다. 즉, 고유어인 '멍덕딸'은 『동의보감』 간행 이전에 한자명을 覆盆子(복분자)로 하여 약재로 사용하는 여러 산딸기 종류의 열매를 함께 일컫는 이름이었고, 『동의보감』 간행 이후의 문헌에도 '멍덕쓸기'의 한자명을 覆盆子(복분자)라 한 것도 발견되므로 『동의보감』의 기록대로만 사용하지는 않았던 것으로 보인다. 멍덕은 짚을 틀어서 바가지 모양으로 만드는데,[187] 그 모양이 멍덕딸기를 비롯한 여러 산딸기 종류의 꽃이나 열매 모양과 비슷하다. 갈대로 만든 삿갓을 '갈멍덕'이라 하고 충남 방언으로 '소멍덕'은 소의 부리망을 뜻하는데,[188] 그 모양이 역시 산딸기 종류의 꽃이나 열매 모양과 비슷하다. 한편 멍덕딸기라는 이름을 강원도 방언으로 보고, 눈에 빠지지 않도록 신 바닥에 대는 설피를 고유어로 멍덕신이라고 하는데 이것과 뜻이 잇닿아 있다고 주장하는 견해가 있다.[189] 그러나 『조선식물향명집』에서는 옛이름인 멍덕딸기가 어떤 종의 식물을 일컫는 이름으로 사용하는지에 대

---

184 '국가표준식물목록'(2018)은 *Rubus idaeus* var. *microphyllus* Turcz.(1843)를 멍덕딸기로, *R. idaeus*를 라즈베리로 구분하여 기재하고 있으나, 『장진성 식물목록』(2014)은 *R. idaeus* var. *microphyllus*를 *R. idaeus*의 이명(synonym)으로 기재하고 있으므로 주의를 요한다.

185 이러한 견해로 박상진(2019), p.244와 손병태(1996), p.177 참조.

186 이에 대해서는 『조선삼림식물도설』(1943), p.339 참조.

187 이에 대해서는 국립국어원, '표준국어대사전' 중 '멍덕' 참조.

188 이에 대해서는 국립국어원, '표준국어대사전' 중 '갈멍덕'과 국립국어원, '우리말샘' 중 '소멍덕' 참조.

189 이러한 견해로 김종원(2016), p.119 참조.

해 강원 지역에서 실제로 부르는 바에 따라 사정했다는 것이지, 멍덕딸기라는 이름이 강원도 방언에서 유래했다는 것이 아니다. 멍덕딸기는 위에서 살펴본 바와 같이 이미 15세기에 저술된 『향약채취월령』에 등장하는 이름이다.

속명 *Rubus*는 고대 라틴어로 붉다는 뜻의 *ruber*에서 유래했는데 열매가 붉은 것을 뜻하며 산딸기속을 일컫는다. 종소명 *idaeus*는 크레타섬에 있는 '이다(Ida)산의'라는 뜻이다.

다른이름 산멍덕딸기(박만규, 1949), 긴잎멍덕딸기/멧딸기(안학수·이춘녕, 1963), 화태나무딸기(리종오, 1964), 두메딸기(김현삼 외, 1988)

옛이름 覆盆子/末應德達(향약채취월령, 1431), 覆盆子/末應德達(향약집성방, 1433),[190] 覆盆子/멍덕딸기(구급간이방언해, 1489), 覆盆子/末應德達/멍덕달기(촌가구급방, 1538), 蓬藟/멍덕딸기(동의보감, 1613), 蓬藟/멍덕딸기(산림경제, 1715), 蓬藟/멍덕딸기(재물보, 1798), 耨田薼/멍덕딸기(물보, 1802), 蓬藟/멍더리딸기/寒莓(물명고, 1824), 覆盆子/복분ᄌᆞ/멍덕쓸기(명물기략, 1870), 멍덕쓸기/覆盆子(한불자전, 1880), 蓬藟/멍덕쓸기(방약합편, 1884)[191]

중국/일본명 중국명 复盆子(fu pen zi)는 먹게 되면 소변이 자주 나오는 것을 방지하고 오줌 줄기가 요강을 엎어버릴 정도로 세게 나온다는 뜻에서 유래했다. 일본명 テフセンウラジロイチゴ(朝鮮裏白莓)는 한반도에 자라며 잎 뒷면이 흰색인 딸기라는 뜻이다.

참고 [북한명] 멍덕딸기 [유사어] 복분자(覆盆子) [지방명] 몽덕딸(경남), 멍덕따올/멍덕딸/멍덕때왈(전북), 몽독딸(충북)

⊗ Rubus myriadenus *Léveillé et Vanihot*　シロミノイチゴ
Bogdal-namu　복딸나무

복딸나무〈*Rubus sorbifolius* var. *myriadenus* (H.Lév. & Vaniot) T.B.Lee(1966)〉[192]
복딸나무라는 이름은 '복분자딸기나무'를 축약한 것으로 추정한다. 복딸나무는 제주도와 전남에서 발견된 종으로 거지딸기와 비슷하지만 산방꽃차례를 이루고 열매가 타원모양으로 흰색이라는 점에서 별도 분류되었는데, 분류의 타당성에 대해서는 논란이 지속되고 있다. 제주도의 방언을 채록한 것에서 유래했다.[193]

---

190 『향약집성방』(1433)의 차자(借字) '末應德達'(말응덕달)에 대해 남풍현(1999), p.182는 '멍덕딸'의 표기로 보고 있으며, 손병태(1996), p.73은 '멍덕달'의 표기로 보고 있다.
191 『조선식물명휘』(1922)는 '耨田薼, 紅梅消, 멍석딸기'를 기록했으며 『토명대조선만식물자휘』(1932)는 '[薼]표, [山莓]산미, [蓬藟]봉류, [멍석쌀기]'를 기록했다.
192 '국가표준식물목록'(2018)은 복딸나무를 거지딸기의 변종으로 분류하고 하고 있으나, 『장진성 식물목록』(2014)과 '중국식물지'(2018)는 거지딸기에 통합하고 별도 분류하지 않으므로 주의가 필요하다.
193 이에 대해서는 『조선삼림수목감요』(1923), p.63과 『조선삼림식물도설』(1943), p.340 참조.

속명 *Rubus*는 고대 라틴어로 붉다는 뜻의 *ruber*에서 유래했는데 열매가 붉은 것을 뜻하며 산딸기속을 일컫는다. 종소명 *sorbifolius*는 장미과 *Sorbus*(마가목속)와 비슷한 잎을 가졌다는 뜻에서 유래했으며, 변종명 *myriadenus*는 '분비샘이 많은'이라는 뜻이다.

다른이름 복쌀나무(정태현 외, 1923), 복달나무(정태현, 1957), 백딸나무(안학수·이춘녕, 1963), 복딸기/흰딸기(임록재 외, 1972)[194]

중국/일본명 중국에서는 이를 별도 분류하지 않고 있다. 일본명 シロミノイチゴ(白身ノ苺)는 식물체에 흰색이 강하게 나는 딸기(イチゴ)라는 뜻이다.

참고 [북한명] 복딸기 [유사어] 감대딸기

○ Rubus Oldhami *Miquel* ベニバナサナギイチゴ
Dŏnggul-dalgi 덩굴딸기

줄딸기〈*Rubus pungens* Cambess. var. *oldhamii* (Miq.) Maxim.(1872)〉[195]

줄딸기라는 이름은 줄기가 줄처럼 덩굴지는 딸기라는 뜻으로,[196] 줄기와 열매의 모양에서 유래했다. 줄기가 옆으로 비스듬히 벋으며, 열매는 6~8월에 붉게 익는데 식용한다. 『조선식물향명집』은 제주 방언에서 유래한 '덩굴딸기'로 기록했으나 『조선삼림식물도설』에서 강원 방언에서 유래한 '줄딸기'를 다른이름으로 기록했고,[197] 『대한식물도감』에서 보편적인 명칭으로 '줄딸기'를 기록해 현재에 이르고 있다.

속명 *Rubus*는 고대 라틴어로 붉다는 뜻의 *ruber*에서 유래했는데 열매가 붉은 것을 뜻하며 산딸기속을 일컫는다. 종소명 *pungens*는 '뾰족한, 신랄한, 점으로 뒤덮인'이라는 뜻이다. 변종명 *oldhamii*는 영국 식물채집가로 일본과 타이완의 식물을 채집한 Richard Oldham(1837~1864)의 이름에서 유래했다.

다른이름 동술딸기(정태현 외, 1923), 덩굴딸기(정태현 외, 1937), 수리딸/멍덕딸/가시딸기(정태현 외, 1942), 곰의딸/동꿀딸기/덤불딸기(정태현, 1943), 애기오엽딸기(안학수·이춘녕, 1963), 동줄딸기/곰의딸

194 『조선식물명휘』(1922)는 '감듸딸기'를 기록했으며 『선명대화명지부』(1934)는 '복쌀나무'를, 『조선삼림식물편』(1915~1939)은 'ポクタルタールナム(濟州島)/Pok-tal-tar-nam'[복탈딸낭(제주도)]을 기록했다.
195 '국가표준식물목록'(2018)은 줄딸기의 학명을 *Rubus oldhamii* Miq.(1867)로 기재하고 있으나, 『장진성 식물목록』(2014)과 '중국식물지'(2018)는 정명을 본문과 같이 기재하고 있으므로 주의가 필요하다.
196 이러한 견해로 이우철(2005), p.485; 박상진(2019), p.244; 허북구·박석근(2008b), p.264; 솔뫼(송상곤, 2010), p.690 참조.
197 이에 대해서는 『조선삼림식물도설』(1943), p.344 참조.

기(임록재 외, 1972)[198]

중국/일본명 중국명 香莓(xiang mei)는 향기가 있는 산딸기(莓)라는 뜻이다. 일본명 ベニバナサナギ イチゴ(紅花木苺)는 붉은 꽃이 피는 산딸기(木苺)라는 뜻이다.

참고 [북한명] 덩굴딸기 [유사어] 복분자(覆盆子) [지방명] 끔이딸/덤불딸나무/덩굴딸기/술딸기/주먹딸기/줄딸구/중딸구/중딸기(강원), 논딸기/중딸기(경기), 덤풀딸/덩쿨딸/복분자/줄딸/줄딸구/중딸기(경남), 덤불딸기(경북), 감은탈/보리탈(제주), 덤불딸(충북)

Rubus phoenicolasius *Maxim.* ウラジロイチゴ(ベニガライチゴ)
Bulgŭn-gasidalgi 붉은가시딸기

곰딸기〈*Rubus phoenicolasius* Maxim.(1872)〉

곰딸기라는 이름은 옛이름 곰쌀기(곰뜰기)에서 유래했는데, 줄기와 꽃자루 등에 긴 가시와 더불어 붉은 샘털이 촘촘하게 달린 모습이 곰을 연상시킨다는 뜻에서 붙여졌다.[199] 『조선식물향명집』에서는 줄기에 붉은색의 샘털이 마치 가시처럼 보이는 산딸기라는 뜻에서 '붉은가시딸기'를 신칭했으나,[200] 『조선삼림식물도설』에서 다른이름으로 '곰딸기'를 기록했고 『우리나라 식물명감』에서 '곰딸기'를 추천명으로 사용해 현재에 이르고 있다.

　속명 *Rubus*는 고대 라틴어로 붉다는 뜻의 *ruber*에서 유래했는데 열매가 붉은 것을 뜻하며 산딸기속을 일컫는다. 종소명 *phoenicolasius*는 라틴어 *phoenicius*(적자색의)와 *cola* (동물의 뻣뻣한 털)의 합성어로 식물체의 줄기에 붉은 샘털이 많은 것을 나타낸 것으로 추정된다.

다른이름 붉은가시딸기(정태현 외, 1937), 호랑딸기/명덕딸/방갓딸(정태현 외, 1942), 수리딸나무(정태현, 1943), 곰딸나무(이창복, 1947), 샘가시딸나무(안학수·이춘녕, 1963), 섬가시딸나무(안학수 외, 1982)

옛이름 蓬蘽子/普盤/木莓/곰쌀기(물보, 1802), 覆盆子/곰뜰기(광재물보, 19세기 초), 覆盆子/곰쓸기(물명고, 1824), 곰의쌀기/覆葐(한불자전, 1880), 蓬蘽子/곰ᄯ올기(박물신서, 19세기)[201]

---

198 『조선의 구황식물』(1919)은 '덩쿨딸기'를 기록했으며『조선식물명휘』(1922)는 '동쑬딸기'를, 『선명대화명지부』(1934)는 '동굴딸기'를, 『조선의산과와산채』(1935)는 '동길딸기'를 기록했다.

199 이러한 견해로 박상진(2019), p.244; 전정일(2009), p.55; 솔뫼(송상곤, 2010), p.682 참조.

200 이에 대해서는 『조선식물향명집』, 색인 p.39 참조.

201 『조선삼림식물편』(1915~1939)은 'コンムタルキ(京畿)/Kom-taruki'[곰딸기(경기)]를 기록했다.

중국명 多腺悬钩子(duo xian xuan gou zi)는 선모(腺毛: 샘털)가 많은 현구자(懸鉤子: 갈고리가 매달려 있다는 뜻으로 산딸기 종류의 중국명)라는 뜻이다. 일본명 ウラジロイチゴ(裏白莓)는 잎 뒷면에 흰색이 나는 딸기(イチゴ)라는 뜻이다.

참고 [북한명] 붉은가시딸기 [유사어] 복분자(覆盆子) [지방명] 고무딸/고무딸나무/곰딸구/공딸기(강원), 고무딸기(경남), 고무딸기/곰딸/멍덕딸기/명주딸/산딸기(경북), 고무딸/곰딸구/딸구(전남), 곰보딸(전북), 고무딸구/고무딸기/멍석딸(충북)

⊗ Rubus schizostylus *Léveillé et Vanihot*　トゲツルイチゴ
Gasi-bogbunja-dalgi　가시복분자딸기

가시복분자딸기〈*Rubus schizostylus* H.Lév.(1908)〉[202]

가시복분자딸기라는 이름은 가시가 있는 복분자딸기라는 뜻에서 붙여졌다.[203] 복분자딸기와 유사하지만, 땅에 기어서 자라며 주로 3출겹잎이고 작은잎이 보다 작은 것에서 차이가 있다.[204] 『조선식물향명집』에서 전통 명칭 '복분자딸기'를 기본으로 하고 식물의 형태적 특징을 나타내는 '가시'를 추가해 신칭했다.[205]

속명 *Rubus*는 고대 라틴어로 붉다는 뜻의 *ruber*에서 유래했는데 열매가 붉은 것을 뜻하며 산딸기속을 일컫는다. 종소명 *schizostylus*는 그리스어 *schizo*(분열된)와 *stylus*(암술대)의 합성어로 암술대가 갈라져 있다는 뜻에서 유래했다.

다른이름 가시복분자딸(박만규, 1949), 가시복분자(이창복, 1966)

중국/일본명 '중국식물지'는 이를 별도 분류하지 않고 있다. 일본명 トゲツルイチゴ(刺蔓莓)는 가시가 있고 덩굴을 이루는 딸기(イチゴ)라는 뜻이다.

참고 [북한명] 가시복분자딸기 [유사어] 복분자(覆盆子)

202 '국가표준식물목록'(2018)은 가시복분자딸기를 본문의 학명으로 별도 분류하고 있으나, 『장진성 식물목록』(2014)은 가시복분자딸기를 복분자딸기(R. coreanus)에 통합하고 있으므로 주의가 필요하다.
203 이러한 견해로 이우철(2005), p.31 참조.
204 이에 대해서는 김태영·김진석(2018), p.367 참조.
205 이에 대해서는 『조선식물향명집』, 색인 p.30 참조.

⊗ Rubus takesimensis *Nakai*　タケシマクマイチゴ
Sŏm-namu-đalgi　섬나무딸기

섬나무딸기〈*Rubus takesimensis* Nakai(1918)〉[206]

섬나무딸기라는 이름은 섬(울릉도)에 분포하는 나무딸기(=산딸기)라는 뜻에서 붙여졌다.[207] 울릉도에 분포하는 특산종으로 산딸기와 유사하지만 가시가 없는 특징 때문에 나카이 다케노신(中井猛之進, 1882~1952)에 의해 신종으로 분류되었다. 『조선식물향명집』에서 전통 명칭 '나무딸기'를 기본으로 하고 식물의 산지(産地)를 나타내는 '섬'을 추가해 신칭했다.[208]

　　속명 *Rubus*는 고대 라틴어로서 붉다는 뜻의 *ruber*에서 유래했는데 열매가 붉은 것을 뜻하며 산딸기속을 일컫는다. 종소명 *takesimensis*는 '울릉도에 분포하는'이라는 뜻으로 서식처가 울릉도인 것에서 유래했다. 다케시마는 일본이 불렀던 울릉도의 옛 지명이다.

다른이름 섬산딸기나무(이창복, 1947), 왕곰딸기(안학수·이춘녕, 1963), 섬산딸기(이창복, 1966), 엄나무딸기(한진건 외, 1982), 섬딸기(임록재 외, 1996)

중국/일본명 중국에는 분포하지 않는 식물로 보인다. 일본명 タケシマクマイチゴ(竹島熊苺)는 울릉도(タケシマ)에 분포하는 산딸기(クマイチゴ)라는 뜻이다.

참고 [북한명] 섬딸기 [유사어] 홍매초(紅梅草) [지방명] 딸기/딸때/산딸기/참딸기(경북), 콩탈(제주)

Rubus triphyllus *Thunberg*　ナハシロイチゴ
Mŏngsŏg-đalgi　멍석딸기

멍석딸기〈*Rubus parvifolius* L.(1753)〉

멍석딸기라는 이름은 멍석을 깔아놓은 것처럼 줄기가 땅바닥을 기면서 자라는 산딸기라는 뜻으로, 줄기가 자라는 모습을 짚으로 네모지게 만든 큰 깔개인 멍석에 비유한 것에서 유래했다.[209] 멍석딸기는 산딸기속 중에서 줄딸기와 더불어 옆으로 기면서 자라는 특징이 있다. 19세기에 저술된 『한불자전』과 『한영자전』은 '멍석'을 짚으로 만든 자리라는 뜻의 '藁席'(고석)으로 해설했고, 일제강점기에 심의린이 저술한 『보통학교 조선어사전』도 '멍석'을 "곡식 널어 말리는 것"으로 해설했다. 그와 일치되게 19세기의 문헌에서 '멍석딸기(멍석뿔기)'라는 이름이 발견된다. 17세기 초에 저술

---

206 '국가표준식물목록'(2018)은 섬나무딸기를 본문의 학명으로 별도 분류하고 있으나, 『장진성 식물목록』(2014)과 '세계식물목록'(2018)은 산딸기(*R. crataegifolius*)에 통합해 이명(synonym)으로 처리하고 있으므로 주의를 요한다.
207 이러한 견해로 이우철(2005), p.338 참조.
208 이에 대해서는 『조선식물향명집』, 색인 p.41 참조.
209 이러한 견해로 허북구·박석근(2008b), p.117; 박상진(2019), p.244; 손병태(1996), p.74; 김태영·김진석(2018), p.368; 오찬진 외(2015), p.569; 솔뫼(송상곤, 2010), p.686 참조.

된 『동의보감』은 "蓬蘽 멍덕딸기 作藤蔓生者 蓬蘽也 作樹條者 覆盆也"[봉류는 멍덕딸기라고 한다. 덩굴로 된 것이 봉류이고 나무로 된 것은 복분자(나무딸기)이다]라고 했는데, 이러한 蓬蘽(봉류)의 뜻에 '멍덕'보다는 '멍석'(멍셕)이 보다 어울린다는 인식이 19세기 문헌에 멍석딸기(멍셕딸기)라는 이름이 등장한 계기가 된 것으로 보인다. 한편 옛이름 멍덕딸기(또는 멍덕딸기)를 일본인이 저술한 『조선식물명휘』에서 잘못 채록해 '멍석딸기'로 기록함으로써 발생한 혼선으로 이해하는 견해가 있다.[210] 그러나 우리의 옛 문헌에도 기록된 이름이므로 전혀 근거가 없는 주장이다. 『조선삼림수목감요』는 '멍석딸기'가 서울(京城)에서 사용하는 보편적인 이름이라는 점을 기록했다.[211] 또한 『조선삼

림수목감요』는 전남 방언으로 '번둥딸나무'(번둥딸나무)를 기록했는데, 옆으로 기면서 자라는 줄기의 모습을 번둥거리는 것으로 본 데서 유래한 이름으로 추론되지만 현재의 이름으로 이어지지는 않았다.

속명 Rubus는 고대 라틴어로 붉다는 뜻의 ruber에서 유래했는데 열매가 붉은 것을 뜻하며 산딸기속을 일컫는다. 종소명 parvifolius는 '작은잎의'라는 뜻이다.

다른이름 멍석딸기/번둥딸나무(정태현 외, 1923), 닭이(정태현 외, 1936), 멍덕딸/수리딸(정태현 외, 1942), 덤풀딸기/멍딸기/멍두딸/번둥딸나무/사슨딸기/수리딸나무(정태현, 1943), 멍석딸/제주멍석딸(박만규, 1949), 애기멍석딸기/제주멍석딸기(안학수·이춘녕, 1963)

옛이름 蓬蘽/멍석딸기/覆盆/寒莓/割田藨(광재물보, 19세기 초), 藈田藨/멍셕ᄯ올기(박물신서, 19세기), 覆盆子/멍셕딸기(일용비람기, 연대미상)[212]

중국/일본명 중국명 茅莓(mao mei)는 띠 모양으로 자라는 딸기 종류(莓)라는 뜻으로 덩굴을 이루어 줄기로 번식하는 것에서 유래한 이름으로 추정한다. 일본명 ナハシロイチゴ(苗代莓)는 못자리(苗代)가 만들어지는 시기에 열매가 익는 딸기(イチゴ)라는 뜻이다.

참고 [북한명] 멍석딸기 [유사어] 과강룡(過江龍), 녹매(鹿莓), 봉류(蓬蘽), 산매(山苺), 홍매소(紅梅消) [지방명] 고무딸나무/곰딸기/덩굴딸기/멍둥딸/멍석딸/멍석딸구(강원), 멍석따오기/멍석따올기/멍석

---

210 이러한 견해로 김종원(2013), p.671 참조.

211 이에 대해서는 『조선삼림수목감요』(1923), p.63과 『조선삼림식물도설』(1943), p.341 참조.

212 『지리산식물조사보고서』(1915)는 'ぽんどんたるなむ'[번둥딸나무]를 기록했으며 『조선의 구황식물』(1919)은 '멍석딸긔'를, 『조선식물명휘』(1922)는 '藈田藨, 紅梅消, 멍석딸기(救)'를, 『토명대조선만식물자휘』(1932)는 '[藨]표, [山莓]산미, [蓬蘽]봉류, [멍석딸기]'를, 『선명대화명지부』(1934)는 '딸기, 멍석딸기, 번둥딸나무, 쌀기'를, 『조선의산과와산채』(1935)는 '멍석딸기'를, 『조선삼림식물편』(1915~1939)은 'ポンドンタールナム(全南)/Pon-dong-tal-nam, サスンタルギ(濟州島)/Sasun-tarugi'[번둥딸나무(전남), 사슨딸기(제주도)]를 기록했다.

따울기/멍석딸귀/산딸기(경기), 나무딸/이까리딸(경남), 덤불딸/덤풀딸/멍둥딸/왕딸기(경북), 딸나무/
먹떼알/밭딸기/보리딸/보리딸기/보리탈/시금딸/시금딸나무(전남), 개미딸/딸기/멍석따울/함박딸기
(전북), 가시탈/밀탈/뱀탈/보리탈/빨간탈/콩탈/탈(제주), 멍석딸/멍석딸구/산딸기(충남), 딸나무/멍군
딸/멍석딸/멍석딸구(충북)

Sanguisorba hakusanensis *Makino*   カライトサウ
San-oipul   산오이풀

산오이풀⟨*Sanguisorba hakusanensis* Makino(1907)⟩

산오이풀이라는 이름은 높은 산에서 자라고 잎에서 오이 냄새가 나는 풀이라는 뜻에서 붙여졌
다.[213] 『조선식물향명집』에서 전통 명칭 '오이풀'을 기본으로 하고 식물의 산지(産地)을 나타내는
'산'을 추가해 신칭했다.[214]

속명 *Sanguisorba*는 라틴어 *sanguis*(피)와 *sorbeo*(흡수하다)의 합성어로 땅속줄기에 탄
닌(tannin) 성분이 많아 지혈효과가 있기 때문에 붙여졌으며 오이풀속을 일컫는다. 종소명
*hakusanensis*는 일본 이시카와현의 '하쿠산(白山)에 분포하는'이라는 뜻으로 최초 발견지를 나
타낸다.

중국/일본명 중국에는 분포하지 않는 종으로 보인다. 일본명 カライトサウ(唐糸草)는 꽃이 피는 모양
이 중국에서 수입한 명주실(唐絲)처럼 보인다는 뜻에서 유래했다.[215]

참고 [북한명] 산오이풀 [유사어] 지유(地楡) [지방명] 지유(강원), 오이풀(경남), 찔렁(충북)

Sanguisorba officinalis *Linné*   ワレモカウ   地楡
Oipul   오이풀(수박풀)

오이풀⟨*Sanguisorba officinalis* L.(1753)⟩

오이풀이라는 이름은 식물의 잎을 따 비벼서 코에 대어보면 오이 냄새가 진하게 나고 나물로 식용
한 것에서 유래했다.[216] 땅속줄기는 약용하고 봄의 어린잎은 식용했다.[217] 『향약구급방』과 『향약채
취월령』에 향명으로 기록된 '瓜菜'(과채)의 '瓜'(과)는 모두 오이라는 뜻으로 비비면 오이 냄새가 나

---

213 이러한 견해로 이우철(2005), p.315; 허북구·박석근(2008a), p.125; 김병기(2013), p.255; 김종원(2016), p.124 참조.
214 이에 대해서는 『조선식물향명집』, 색인 p.40 참조.
215 『지리산식물조사보고서』(1915)는 'ちゅ-ち'[지유지]를 기록했으며 Crane(1931)은 '호라비대'를 기록했다.
216 이러한 견해로 이우철(2005), p.405; 이덕봉(1963), p.15; 남풍현(1981), p.121; 허북구·박석근(2008a), p.160; 김병기(2013),
   p.255; 김종원(2013), p.463 참조.
217 오이풀의 식용에 대해서는 『조선산야생식용식물』(1942), p.143 참조.

는 것에서 유래한 이름이다. 18세기 말에는 수박의 재배가 성행하면서 수박 냄새가 난다는 뜻의 수박나물(슈박나물)이라는 이름을 기록하기도 했다. 또한 19세기에 저술된 『의휘』는 참외 냄새가 나는 풀이라는 뜻의 '춤외늿는풀'을 기록했다. 『조선식물향명집』은 옛 문헌의 '외나물'과 뜻이 통하면서 실제 사용했던 것으로 추정되는 '오이풀'로 기록해 현재에 이르고 있다.

속명 *Sanguisorba*는 라틴어 *sanguis*(피)와 *sorbeo*(흡수하다)의 합성어로 땅속줄기에 탄닌(tannin) 성분이 많아 지혈 효과가 있기 때문에 붙여졌으며 오이풀속을 일컫는다. 종소명 *officinalis*는 '약용의, 약효가 있는'이라는 뜻으로 약재로 사용한 것에서 유래했다.

다른이름 수박풀/지유초/외풀(정태현 외, 1936), 지우초(박만규, 1949), 외순나물/지유(정태현 외, 1949), 외나물(김종원, 2013)

옛이름 地楡/瓜菜/苽菜(향약구급방, 1236),[218] 地楡/瓜菜(향약채취월령, 1431), 地楡/苽菜(향약집성방, 1433),[219] 地楡/띵융(구급방언해, 1466), 외누믌불휘/地楡(구급간이방언해, 1489), 地楡/苽菜/따외(촌가구급방, 1538), 地楡/디유(언해태산집요, 1608), 地楡/외누믈불휘(동의보감, 1613), 地楡草/수박춤외의나는풀(주촌신방, 1687), 地楡/외누믈불휘(사의경험방, 17세기), 地楡(광제비급, 1790), 地楡/슈박나물(재물보, 1798), 地楡/외나믈불휘(제중신편, 1799), 地楡/슈박누믈(물보, 1802), 地楡/슈박나물/玉豉/酸赭(광재물보, 19세기 초), 地楡/외누물/玉豉/酸赭(물명고, 1824), 地楡(임원경제지, 1842), 爛石草/地楡草(송남잡지, 1855), 地楡/춤외늿는풀(의휘, 1871), 地楡/외나말쑤리(방약합편, 1884), 地楡(수세비결, 1929), 地楡/외나물쑤리(선한약물학, 1931)[220]

중국/일본명 중국명 地楡(di yu)는 굵은 땅속줄기가 지혈 작용을 해 약재로 사용하는데, 땅에 퍼져 자라고 잎이 비술나무와 비슷하다는 뜻이다.[221] 일본명 ワレモカウ(吾木香)는 땅속줄기에서 목향(木香)이 난다고 하여 붙여졌다.

---

218 『향약구급방』(1236)의 차자(借字) '瓜菜/苽菜'(과채)에 대해 남풍현(1981), p.120은 '외누믈'의 표기로 보고 있으며, 이덕봉(1963), p.15는 '외나믈'의 표기로 보고 있다.
219 『향약집성방』(1433)의 차자(借字) '苽菜'(과채)에 대해 남풍현(1999), p.177은 '외누믈'의 표기로 보고 있다.
220 『조선한방약료식물조사서』(1917)는 '외나말(東醫), 地楡'를 기록했으며 『조선의 구황식물』(1919)은 '외풀, 수박풀, 외나물, 오이풀, 地楡'를, 『조선어사전』(1920)은 '玉豉(옥시), 외나물'을, 『조선식물명휘』(1922)는 '地楡, 野升麻, 외풀, 수박풀, 디유(救, 藥)'를, 『토명대조선만식물자휘』(1932)는 '[地楡]디유, [玉豉]옥시, [외나물]'을, 『선명대화명지부』(1934)는 '디유, 수박풀, 외나물, 외줄'을 기록했다.
221 중국의 『신농본초경집주』(6세기 초)는 "其葉似楡而長 初生布地 故名"(잎이 비술나무와 유사하면서 길고 처음에는 땅에 퍼져 나므로 지유라는 이름이 지어졌다)이라고 기록했다.

[북한명] 오이풀 [유사어] 옥시(玉豉), 지유(地楡) [지방명] 대추풀/외풀/지유(강원), 오이나물/지우초(경기), 산오이풀/지구초/지우치(경북), 외느리/지우초/지치(전남), 수박풀/애나물/외나물/외노물/지우초(전북), 가신새/시호/오나리/오나리불휘/오나릿불리/오나릿불휘/오나릿불히/인경초/잉경초(제주), 지우치(충북)

Sanguisorba tenuifolia *Fischer* シロバナワレモカウ
Ganún-oipul 가는오이풀

가는오이풀〈*Sanguisorba* x *tenuifolia* Fisch. ex Link(1821)〉

가는오이풀이라는 이름은 오이풀에 비해 잎이 가늘다는 뜻에서 붙여졌다.[222] 『조선식물향명집』에서 전통 명칭 '오이풀'을 기본으로 하고 식물의 형태적 특징과 학명에 착안한 '가는'을 추가해 신칭했다.[223]

속명 *Sanguisorba*는 라틴어 *sanguis*(피)와 *sorbeo*(흡수하다)의 합성어로 땅속줄기에 탄닌(tannin) 성분이 많아 지혈효과가 있기 때문에 붙여졌으며 오이풀속을 일컫는다. 종소명 *tenuifolia*는 '가느다란 잎의, 세엽(細葉)의'라는 뜻이다.

흰오이풀(박만규, 1949), 애기오이풀(정태현 외, 1949), 흰가는오이풀/작은꽃흰오이풀(리종오, 1964), 좁은잎오이풀(임록재 외, 1972), 흰오이풀/붉은오이풀(박만규, 1974)[224]

중국명 細葉地楡(xi ye di yu)는 잎이 가는 오이풀(地楡)이라는 뜻이다. 일본명 シロバナワレモカウ(白花吾木香)는 흰 꽃이 피는 오이풀(ワレモカウ)이라는 뜻이다.

[북한명] 가는오이풀 [유사어] 수지유(水地楡)

Sanguisorba tenuifolia *Fischer* var. purpurea *Trautvetter et Meyer* オホワレモカウ
Jaji-ganún-oipul 자지가는오이풀

자주가는오이풀〈*Sanguisorba tenuifolia* var. *purpurea* Trautv. & Mey.(1856)〉[225]

자주가는오이풀이라는 이름은 꽃의 색깔이 자주색인 가는오이풀이라는 뜻에서 붙여졌다.[226] 『조

---

222 이러한 견해로 이우철(2005), p.21 참조.

223 이에 대해서는 『조선식물향명집』, 색인 p.30 참조.

224 『조선식물명휘』(1922)는 '野官花, 오이나물(救)'을 기록했으며 『선명대화명지부』(1934)는 '오이나물'을 기록했다.

225 '국가표준식물목록'(2018)은 자주가는오이풀을 본문의 학명으로 별도 분류하고 있으나, 『장진성 식물목록』(2014), '중국식물지'(2018) 및 '세계식물목록'(2018)은 가는오이풀에 통합하고 이명(synonym)으로 처리하고 있으므로 주의가 필요하다. 한편 '국가표준식물목록'(2018)은 자주가는오이풀의 종소명을 *tenuiflora*로 기재했으나 이것은 *tenuifolia*의 오기로 보인다.

226 이러한 견해로 이우철(2005), p.437 참조.

선식물향명집』에서는 전통 명칭 '오이풀'을 기본으로 하고 식물의 형태적 특징을 나타내는 '자지가는'을 추가해 '자지가는오이풀'을 신칭했으나,[227] 『조선식물명집』에서 '자주가는오이풀'로 개칭해 현재에 이르고 있다. '자지'는 자주의 옛말이다.

속명 *Sanguisorba*는 라틴어 *sanguis*(피)와 *sorbeo*(흡수하다)의 합성어로 땅속줄기에 탄닌(tannin) 성분이 많아 지혈효과가 있기 때문에 붙여졌으며 오이풀속을 일컫는다. 종소명 *tenuifolia*는 '가느다란 잎의, 세엽(細葉)의'라는 뜻이며, 변종명 *purpurea*는 '자주색의'라는 뜻으로 꽃의 색깔에서 유래했다.

다른이름 자지가는오이풀(정태현 외, 1937), 긴자주가는오이풀(임록재 외, 1972)

중국/일본명 '중국식물지'는 가는오이풀에 통합하고 별도 분류하지 않고 있다. 일본명 オホワレモカウ(大吾木香)는 식물체가 큰 오이풀(ワレモカウ)이라는 뜻이다.

참고 [북한명] 긴자주가는오이풀[228]

---

227 이에 대해서는 『조선식물향명집』, 색인 p.45 참조.
228 북한에서 임록재 외(1996)는 '긴자주가는오이풀'을 별도 분류하고 있으나 리용재 외(2011)는 이를 별도 분류하지 않고 있다. 이에 대해서는 리용재 외(2011), p.315 참조.

Drupaceae 벗나무科 (櫻桃科)

장미과⟨Rosaceae Juss.(1789)⟩

『조선식물향명집』은 나카이 다케노신(中井猛之進, 1882~1952)의 영향을 받아 Drupaceae(Amygdalaceae, 벗나무과)를 별도 분류했으나, '국가표준식물목록'(2018), 『장진성 식물목록』(2014) 및 '세계식물목록'(2018)은 Rosaceae(장미과)의 *Prunus*(벗나무속)로 분류하고 있다. 엥글러(Engler), 크론키스트(Cronquist) 및 APG IV(2016) 분류 체계도 이와 같다. 다만, 하위분류로 Prunoideae(벗나무아과) 또는 Amygdaloideae(벗나무아과)를 정의하기도 한다.

○ Princepia sinensis *Oliver* グミモドキ
Binchu-namu 빈추나무

빈추나무⟨*Prinsepia sinensis* (Oliv.) Oliv. ex Bean(1909)⟩

빈추나무라는 이름은 자생지인 평안남도 방언에서 유래한 것이지만,[1] 그 정확한 뜻이나 어원은 알려져 있지 않다. 가을에 자주색으로 익는 열매를 식용하고, 씨앗을 蕤仁(유인) 등의 이름으로 약용했다. 평안남도에서는 자두나무를 '추리'라고 하고 분포 지역이 북쪽으로 중국의 영향이 강하므로, 빈추나무는 '빈'(扁의 발음 변화)과 '추'(추리)의 뜻으로 핵(核)이 납작하고 자두나무를 닮았다는 데서 유래한 이름일 수도 있다.

속명 *Prinsepia*는 영국 학자로 인도를 연구한 James Prinsep(1799~1840)의 이름에서 유래한 것으로 빈추나무속을 일컫는다. 종소명 *sinensis*는 '중국에 분포하는'이라는 뜻이다.

다른이름 비추나무(한진건 외, 1982)

옛이름 蕤核(동의보감, 1613), 蕤仁(의림촬요, 1635), 蕤仁(산림경제, 1715), 白桵(본사, 1787), 蕤核/白桵(광재물보, 19세기 초), 蕤子(물명고, 1824), 蕤仁(변례집요, 1842), 蕤子(주재집, 1849), 蕤仁(의감산정요결, 1849)

중국/일본명 중국명 東北扁核木(dong bei bian he mu)는 둥베이(東北) 지역에 분포하는 편핵목[扁核木: *P. utilis*의 중국명으로, 약용하는 핵(核)이 납작한 모양을 이루는 것에서 유래한 이름으로 추정한다]이라는 뜻이다. 일본명 グミモドキ(茱萸擬)는 잎 뒷면이 다갈색으로 보리수나무(グミ)와 비슷하다는 뜻이다.

참고 [북한명] 빈추나무 [유사어] 유인(蕤仁), 유자(蕤子), 유핵(蕤核)

---

1 이에 대해서는 『조선삼림식물도설』(1943), p.346과 이우철(2005), p.296 참조.

Prunus Ansu *Komarov*　アンズ　（栽）
Salgu-namu　살구나무　杏

살구나무〈*Prunus armeniaca* L.(1753)〉

살구나무라는 이름은 옛이름 '슬고'에서 유래했으며 슬고→
살고→살구로 변화해왔다.[2] '슬고'의 의미에 대해 열매가 황색
을 띠는 특성을 들어 노란색을 뜻하는 '술'(sora, 黃)과 '고'(명
사화 접미사)의 합성어로 해석하는 견해가 있으나[3] 정확한 어원
은 알려져 있지 않다.[4] 한편 19세기에 저술된 『동언고』와 『송
남잡지』는 살구의 약재로서의 효능 중에 개고기를 먹고 체했
을 때 해독하는 작용이 있음을 근거로 한자어 '殺狗'(살구)에서
그 어원을 찾고 있으나,[5] 이러한 한자 표현은 후대에 등장하고
15세기 이래로 '슬고'라는 한글 표현이 등장하는 것에 비추어
이는 고유어를 정확한 근거 없이 한자로 환원하는 해석으로
보인다. 또한 살구라는 뜻의 일본명에서 유래한 학명(ansu)에
서 유래한 것으로 보는 견해가 있으나,[6] 일본명 アンズ는 한자 杏(행)의 고대 중국어 발음을 음차
(音借)한 것이므로 근거가 미약하다. 그리고 『장자(莊子)』의 고사에 나오는 공자가 강의할 때 즐겨
앉았다는 杏壇(행단)에 대해 지금까지는 은행나무로 이해하기도 했으나, 중국 문헌을 고증한 결과
고사에서 杏壇(행단)은 상징적인 의미일 뿐 실제 공자가 사용한 것은 아니며 후대에 공자의 사당에
壇(단)을 만들면서 살구나무를 심은 것에서 유래한 것으로 이때 '杏'(행)은 살구나무를 일컫는다.[7]

　　속명 *Prunus*는 서양자두나무의 고대 라틴명에서 유래한 것으로 벚나무속을 일컫는다. 종소
명 *armeniaca*는 '살구색의, 적황색의' 또는 캅카스 지역에 있는 '아르메니아(*Armenia*)의'라는 뜻
이다.

다른이름　살구나무(정태현 외, 1923), 살구(정태현 외, 1936), 회령백살구나무(임록재 외, 1972)

3　이러한 견해로 김대식(1987), p.73 참조.

4　장충덕(2007), p.146은 어문학적으로 '고'가 명사화 접미사라면 형태소 경계에서 'ㄹ' 뒤의 'ㄱ'은 약화되어 '슬오'로 나타
나야 하지만 그런 예가 전혀 없으므로 슬고는 단일어로 인식되었다고 보고 있다. 한편 살(肉)에 대한 옛 표기는 '술'(구급
방언해, 1466)이고 공이에 대한 옛 표기는 '고'(훈몽자회, 1527)인 점에 비추어, 식용하는 과일의 과육이 짙은 살색이고 그 모
양이 공이의 끝처럼 둥근 형태를 띠므로 열매의 형태적 특징에서 유래한 우리말 표현일 수도 있다. 이러한 견해로 박상진
(2019), p.255 참조.

5　이러한 견해로 오찬진 외(2015), p.537과 강판권(2007), p.105 참조.

6　이러한 견해로 이우철(2005), p.319 참조.

7　이러한 견해로 김종덕(2008), p.9 참조.

옛이름 杏(삼국유사, 1281), 杏/所貴(조선관역어, 15세기 초),[8] 杏仁/슬고(구급방언해, 1466), 杏/슬고(분류두공부시언해, 1481), 杏/슬고(남명집언해, 1482), 杏仁/슬고삐(구급간이방언해, 1489), 杏/슬고(훈몽자회, 1527), 杏/슬고(신증유합, 1576), 杏仁/슬고씨(언해구급방, 1608), 杏核仁/슬고삐(동의보감, 1613), 杏/슬고(신간구황촬요, 1660), 杏子/슬고(역어유해, 1690), 杏子/슬고(동어유해, 1748), 杏/슬고(왜어유해, 1781), 杏仁/슬고씨(광제비급, 1790), 杏/살고(재물보, 1798), 杏/살고(해동농서, 1799), 杏/살구(물보, 1802), 杏/살구(광재물보, 19세기 초), 힝ᄌ/살고(규합총서, 1809), 杏/살고/㮌梅(물명고, 1824), 杏/살구/殺狗(동언고, 1836), 杏/殺狗(송남잡지, 1855), 슬고삐/杏仁(의종손익, 1868), 杏/힝/살고(명물기략, 1870), 살구나무/杏木(한불자전, 1880), 살구/杏(한영자전, 1890), 杏/살구(자전석요, 1909), 杏/살구(신자전, 1915), 杏仁/살구씨(선한약물학, 1931), 살구/살구낭게(조선구전민요집, 1933)[9]

중국/일본명 중국명 杏(xing)은 살구나무를 나타내기 위해 고안된 한자로 나무를 뜻하는 木(목)과 입을 뜻하는 口(구)가 합쳐진 글자이며, 가지 사이에 열매가 달린 모양을 형상화한 것이다.[10] 일본명 アンズ(杏)는 '杏'의 고대 중국어(唐) 발음에서 유래했다.

참고 [북한명] 살구나무/회령백살구나무[11] [유사어] 행(杏), 행수(杏樹), 행인(杏仁) [지방명] 살구/살구낭그/살구낭기(강원), 개살구/산파/살구(경기), 살개/살구/살기/쌀구(경남), 개살구/떡살구/살고/살구/살기/쌀구(경북), 살구(전라), 살귀/슬궤/슬귀/슬기(제주), 살구(충남), 살기(함경), 살귀(황해)

Prunus Buergeriana *Miquel* イヌザクラ
Sŏm-gaebŏt-namu 섬개벗나무

섬개벗나무〈*Prunus buergeriana* Miq.(1865)〉

섬개벗나무라는 이름은 섬(제주)에서 자라고 개벗나무와 비슷하다는 뜻에서 붙여졌다.[12] 제주도에 분포하는 낙엽 활엽 교목이다. 『조선식물향명집』에서는 전통 명칭 '벗나무'를 기본으로 하고 식물의 산지(産地)와 형태적 특징을 나타내는 '섬'과 '개'를 추가해 '섬개벗나무'를 신칭했으나,[13] 『한국

---

8   강신항(1971), p.47은 『조선관역어』(15세기 초)의 '所貴'(소귀)를 '슬고'의 음차로 보고 있다.

9   『조선한방약료식물조사서』(1917)는 '살구나무, 杏仁'을 기록했으며 『조선거수노수명목지』(1919)는 '살구느무, 杏'을, 『조선어사전』(1920)은 '杏子木(힝ᄌ목), 杏仁(힝인), 杏花(힝화), 살구, 살구나무'를, 『조선식물명휘』(1922)는 '杏, 杏樹, 살구나무'를, 『토명대조선만식물자휘』(1932)는 '[杏(子)木]힝(ᄌ)목, [살구나무], [杏花]힝화, [杏子]힝ᄌ, [살구], [(㮌)杏仁](감)힝인, [杏松津]힝송진'을, 『선명대화명지부』(1934)는 '살구나무'를, 『조선의산과와산채』(1935)는 '杏, 살구나무'를 기록했다.

10 중국의 『본초강목』(1596)은 "杏字篆文象子在木枝之形"(행 자는 전서에서 열매가 나뭇가지에 달려 있는 형상을 본떴다)이라고 기록했다.

11 북한은 P. ansu를 '살구나무'로, P. armeniaca를 '회령백살구나무'로 하여 별도 분류하고 있다. 이에 대해서는 리용재 외(2011), p.283 참조.

12 이러한 견해로 이우철(2005), p.336 참조.

13 이에 대해서는 『조선식물향명집』, 색인 p.41 참조.

식물명감』에서 맞춤법에 따라 '섬개벚나무'로 개칭해 현재에 이르고 있다.

속명 *Prunus*는 서양자두나무의 고대 라틴명에서 유래한 것으로 벚나무속을 일컫는다. 종소명 *buergeriana*는 독일 식물학자로 일본 식물을 채집 연구한 Heinrich Bürger(1804~1858)의 이름에서 유래했다.

다른이름 섬개벚나무(정태현 외, 1937), 섬산벚나무(임록재 외, 1996)

옛이름 橉木/㯉木(본사, 1787), 橉木/㯉木/㯉筋木(광재물보, 19세기 초)

중국/일본명 중국명 橉木(lin mu)는 섬개벚나무를 일컫는 명칭인데, 橉(인)은 '木'(목: 나무)과 '粦'(인: 도깨비불)이 합쳐진 글자로 진홍색의 염색제로 사용한 것과 관련 있는 이름으로 추정한다.[14] 일본명 イヌザクラ(犬桜)는 벚나무 종류(サクラ)와 닮았다는 뜻에서 유래했다.

참고 [북한명] 섬산벚나무 [유사어] 초독앵도(稍禿櫻桃) [지방명] 사오기(제주)

⊗ Prunus densifolia *Kochne*   ホソバザクラ
Bogsuñgaip-bŏt-namu   복숭아잎벚나무

가는잎벚나무〈*Prunus serrulata* Lindl. var. *densiflora* (Koehne) Uyeki(1940)〉[15]

가는잎벚나무라는 이름은 벚나무에 비해 잎이 좁아 가늘어 보인다는 뜻에서 유래했다.[16] 『조선식물향명집』에서는 전통 명칭 '벚나무'를 기본으로 하고 식물의 형태적 특징을 나타내는 '복숭아잎'을 추가해 '복숭아잎벚나무'를 신칭했으나,[17] 『조선삼림식물도설』에서 '가는잎벚나무'로 개칭했고 이것을 『한국수목도감』에서 맞춤법에 따라 '가는잎벚나무'로 개칭해 현재에 이르고 있다.

속명 *Prunus*는 서양자두나무의 고대 라틴명에서 유래한 것으로 벚나무속을 일컫는다. 종소명 *serrulata*는 '가는톱니가 있는'이라는 뜻이며, 변종명 *densiflora*는 '꽃이 빽빽한'이라는 뜻이다.

다른이름 복숭아잎벚나무(정태현 외, 1937), 가는닢벚나무/복송아닢벚나무(정태현, 1943), 좁은닢벚나무(이창복, 1947), 긴잎벚나무(박만규, 1949), 복사잎벚나무(정태현 외, 1949)

중국/일본명 중국에서는 이를 별도 분류하지 않고 있다. 일본명 ホソバザクラ(細葉桜)는 가는 잎을 가진 벚나무 종류(サクラ)라는 뜻이다.

---

14 중국의 『설문해자』(121)는 "粦 鬼火也 兵死及馬牛之血爲粦"(인은 도깨비불이다. 병사와 우마의 피를 '인'이라 한다)이라고 기록했고, 『본초강목』(1596)은 "橉木 一名 㯉 此木最硬 梓人謂之 橉筋木 是也 木入染絳用 葉亦可醸酒"(인목, 일명 '담'이라고 하는 이 나무는 아주 단단해서 목수들이 이를 인근목이라고 했다. 이 나무는 진홍색을 내는 염색용으로 하고 또한 잎으로 술을 빚을 수 있다)라고 기록했다.

15 '국가표준식물목록'(2018)은 본문의 학명으로 가는잎벚나무를 별도 분류하고 있으나, 『장진성 식물목록』(2014)은 벚나무에 통합하고 별도 분류하지 않으므로 주의가 필요하다.

16 이러한 견해로 이우철(2005), p.24 참조.

17 이에 대해서는 『조선식물향명집』, 색인 p.38 참조.

Prunus donarium *Siebold*　ヤマザクラ
Bôt-namu　벚나무

벚나무〈*Prunus serrulata* Lindl. f. *spontanea* (E.H.Wilson) Chin S. Chang(2007)〉[18]

벚나무라는 이름은 벗(또는 벋)이 열리는 나무라는 뜻에서 유래했는데, '벗'('벋')은 검게 익는 열매(黑櫻)를 일컫던 말이다.[19] 중국에서 樺木(화목: 樺木皮)으로 기록한 것은 자작나무와 그 유사한 종을 의미하지만,[20] 벚나무의 나무껍질과 목재의 쓰임새가 자작나무와 유사한 것 때문에 우리나라에서는 자작나무와 벚나무 종류 모두에 사용되었다. 먼저, 『동의보감』을 비롯한 한의서에서 '樺木皮' 또는 '樺木皮 봇'이라고 기록한 것은 자작나무 또는 만주자작나무를 뜻한다.[21] 『신증동국여지승람』에서 '樺皮'(화피)를 함경도와 평안도에 나는 산물로 취급한 것, 『성호사설』에서 "樺木名産扵北地"(화목은 북쪽 지역에서 나는 것이 유명하다)라고 한 것, 『본사』에서 "則樺是北産也"(즉 화목은 북쪽에서 난다)라고 한 것 등에서 '樺木'(화목)도 분포 지역에 비추어 동일한 뜻으로 보인다. 반면에 『청장관전서』에서 '櫻花'(앵화)를 '樺'(화)로 본 것, 『몽유편』과 『명물기략』에서 '樺'(또는 '樺木')를 벚(벚나무)으로 본 것, 『자선석요』와 『신자전』 등에서 벚나무(벚나무)를 '樺'(화)라고 한 것은 벚나무 종류로 이해한 것이다.[22] 하나의 문헌에서 벚나무 종류와 자작나무 종류를 달리 기록한 경우도 있는데 『역어유해』에서 '樺皮木 봇나모'와 '山桃 벚'을 별도로 기록한 것, 『물보』에서 '樺 봇'과 '野櫻 벚'을 구별해 기록한 것, 『물명고』에서 '樺木 봇나무'와 '黑櫻桃 벋'(또는 '山桃 벚')을 따로 기록한 것 등이 그것이다. 이때 한자명 '樺皮木'(화피목), '樺'(화) 또는 '樺木'(화목)과 한글명 '봇'(또는 '봇나무')은 자작나무 종류를 뜻하는 것으로 해석된다. 그 외 옛 문헌에서 자세한 내용을 기술하

18　'국가표준식물목록'(2018)은 벚나무의 학명을 *Prunus serrulata* var. *spontanea* (Maxim.) E.H.Wilson(1916)으로 기재하고 있으나 『장진성 식물목록』(2014)은 본문의 학명을 정명으로 기재하고 있다.

19　이러한 견해로 박상진(2019), p.203; 허북구·박석근(2008b), p.150; 전정일(2009), p.61 참조.

20　'중국식물지'(2018)는 樺木(화목)을 자작나무가 속한 *Betula*속 식물을 총칭하는 용어로 사용하고 있다.

21　이에 대해서는 『(신대역) 동의보감』(2012), p.2123 참조.

22　『청장관전서』(1/95)에서 "倭俗重櫻花 櫻者山櫻 卽樺也"(왜인의 풍속은 앵화를 중하게 여기는데, 앵은 산앵이니 곧 화이다)라고 한 것과 『다산시문집』(1865)에서 "睆睆山櫻黑"(잘 익은 산앵은 빛이 검고)이라고 한 것에 비추어 山櫻(산앵)은 앵도나무가 아닌 벚나무 종류를 지칭한 것으로 보인다.

지 않은 경우 한자 '樺'(화)와 한글 '봇'은 그 뜻이 명확하지 않아 식별이 어려우며, 벚나무 종류와 자작나무 종류를 혼용했을 수도 있다. 한편 중국에서 전래된 한자명 '柰'(내)에 대해 『분류두공부시언해』는 '멎 柰'로, 『훈몽자회』는 '棕 멋'으로, 『신증유합』은 '柰 멀'으로, 『동의보감』은 '柰子 멀'으로, 『역어유해』는 '柰子 멋'으로 기록했는데, 한글명 '멋'('멎' 및 '멀')은 열매가 붉게 익는 작은 사과 종류를 일컬었던 것으로 보인다.[23] 그런데 사과의 전래와 함께 한자명 '沙果'(사과)가 널리 사용되면서,[24] 우리말 '멋'('멎' 및 '멀')은 다른 식물의 이름과 혼용한 것으로 보인다. 이와 관련해 『아언각비』는 "柰者 蘋婆也 訓之爲山櫻 方言柰曰沙果 山櫻曰벗 又訛爲멋"(내는 빈파인데 산앵이라고 한다. 우리말로는 내를 사과라 하고 산앵은 '벗'이라 하는데 또 와전되어 '멋'이라고도 한다)이라고 했고, 『물명고』는 "我東北道有呼멋者是也云 而今之少見者 訛傳爲벗 有識者又以爲사과 均非也"(우리의 동북도 지역에서 '멋'이라고 부르는 것이 柰者인데, 요즘에 식견이 얕은 자는 와전하여 '벗'이라 하고 유식한 사람은 이를 사과라 하지만 모두 잘못이다)라고 해 '멋'과 '벗'의 혼용이 있었던 것을 기록했다. 또한 『물명고』는 "山桃 實小以黑 벗"(산도는 열매가 작고 검으며 '벗'이라 한다)이라고 했고, "黑櫻桃 벋 人家櫻桃 亦有一種 色黑者 而山産者必黑也"(흑앵도는 '벋'이라고 하는데, 인가의 앵도에도 색이 검은 것이 한 종류 있다. 그러나 산에서 나는 것은 반드시 검다)라고 기록해 '벗'(또는 '벋')이 사과 종류인 '멋'과 비슷하지만 열매가 작고 검다고 했다. 이상을 종합하면 한자명 '樺'(화)와 그에 대한 한글명 '봇'은 나무껍질과 목재의 쓰임새가 비슷했으며, 옛 문헌은 벚나무 종류와 자작나무 종류를 구분하기도 했지만 어떤 문헌은 혼용하기도 했는데 사과의 종류를 지칭하는 고유어 '멋'('멎' 또는 '멀')이 이것에 혼용되어 열매가 작고 검게 익는 식물을 뜻하는 '벗'('벋')이라는 말이 별도로 형성된 것으로 보인다. 즉, 벚나무는 어원 불명의 봇(봇나무)과 '멋'이 혼용되다가 검은색의 작은 열매가 달리는 나무라는 뜻이 형성되었고, 어원학적으로는 봇나무→벗나무(벋나무)→벚나무로 변화해왔다.[25] 위와 같은 어원상의 혼용은 식물학 서적에도 반영되었는데 『조선삼림식물도설』은 '벗나무'(벚나무)의 한자명으로 '山櫻'(산앵), '樺木'(화목), '柰'(내)를 모두 기록했다. 『조선식물향명집』은 옛 문헌의 표현대로 '벗나무'로 기록했으나 『한국수목도감』에서 맞춤법에 따라 '벚나무'로 개칭해 현재에 이르고 있다.

속명 Prunus는 서양자두나무의 고대 라틴명에서 유래한 것으로 벚나무속을 일컫는다. 종소명 serrulata는 '가는톱니가 있는'이라는 뜻이며, 품종명 spontanea는 '야생의, 자생의'라는 뜻이다.

다른이름 벗나무/기벗나무(정태현 외, 1923), 산벗나무(박만규, 1949), 참벗나무/산벗나무(안학수·이춘녕, 1963), 참벗나무(리용재 외, 2011)

옛이름 樺/봇나무(사성통해, 1517), 樺/봇(훈몽자회, 1527), 봇/樺(노걸대언해, 1670), 山桃/벗(역어유해,

---

23 '중국식물지'(2018)는 '柰'(내)를 사과나무<Malus pumila Mill.(1768)>의 별칭으로 사용하고 있다.

24 『성종실록』(1483)에 명나라에 성절사로 간 동지충주부사가 '沙果'를 중국에 진헌한 것으로 나오는 것에 비추어 그 이전에 우리나라에서도 사과를 재배했던 것으로 보인다.

25 어원 변화에 대해서는 김민수(1997), p.456 참조.

1690), 樺樹皮/봇나모(동문유해, 1748), 樺樹皮/봇나모(한청문감, 1779), 樺/봇(왜어유해, 1782), 櫻花/山櫻/樺(청장관전서, 1795), 山桃/벗(재물보, 1798), 樺實/벗(해동농서, 1799), 野櫻/벗(물보, 1802), 山櫻桃/樺/벗(몽유편, 1810), 山桃/벗/野櫻(광재물보, 19세기 초), 奈/山櫻/沙果/벗/멋(아언각비, 1819), 山桃/벗/黑櫻桃/벋(물명고, 1824), 山櫻(허백당집, 1842), 山櫻/벗(오주연문장전산고, 185?), 山櫻(다산시문집, 1865), 樺木/벗나무(명물기략, 1870), 봇나무/樺木(한불자전, 1880), 벗나무(사민필지, 1889), 樺/벗나무/黑櫻/벗/樗(자전석요, 1909), 樺/벗나무(한선문신옥편, 1913), 樺/벗나무/樗(신자전, 1915), 잉화/櫻花/샛지곳(조선어사전[심], 1925), 샛(조선구전민요집, 1933)[26]

중국에서는 이를 별도 분류하지 않는 것으로 보인다. 일본명 ヤマザクラ(山桜)는 산에서 자라는 벗나무 종류(サクラ)라는 뜻이다.

[북한명] 산벗나무 [유사어] 내(奈), 벗꽃나무, 산앵(山櫻), 야앵화(野櫻花), 화목(樺木) [지방명] 버찌/벗남/벗낭구/벚/뻣/사쿠라(강원), 버뜨르/버리뚝/버찌/벗낭구/벚/뻐수/뻐찌/뻔나무/뻣낭구/뻣/사구라나무(경기), 버찌/뻣낭구/뻣(경남), 버지나무/벗남/뻣낭그(경북), 버찌/버찌나무/벗낭구/뻐찌/뻔/뻗나무/뻣나무/뻣(전남), 뻔/뻔나무/뻣(전북), 먹사오기/벗남/사오기/사옥낭/사쿠(제주), 버찌/버찌나무/벗/뻣낭구/뻣/뻣나무/사구라나무/사쿠라/사쿠라나무(충남), 버찌/뻣낭구/뻣낭그/뻣낭기/뻣나무(충북)

○ Prunus grandulosa *Thunberg*　ニハザクラ
Ogmae 옥매

옥매⟨*Prunus grandulosa* Thunb. f. *albiplena* Koehne(1912)⟩[27]

옥매라는 이름은 한자명 '玉梅'(옥매)에서 비롯한 것으로 겹으로 흰색 꽃이 피는 모습이 옥처럼 눈부시게 하얗고 매화를 닮았다는 뜻에서 유래했다.[28] 『조선식물향명집』은 *P. grandulosa* (*glandulosa*의 오기로 보임)에 대한 조선명을 '옥매'로 기록했으나, 『대한식물도감』에서 야생하는 종의 꽃은 흰색 또는 연분홍색으로 핀다고 하여 *P. glandulosa*를 '산옥매'로 하고 흰색 겹꽃 원예용 재배종인 *P. glandulosa* f. *albiplena*를 '옥매'로 개칭해 현재에 이르고 있다.

---

26 「화한한명대조표」(1910)는 '벗ㄴ무'를 기록했으며 『조선한방약료식물조사서』(1917)는 학명을 *P. serrulata*로 하여 '봇나무, 봇(東醫), 樺皮'를, 『조선의 구황식물』(1919)은 '벗나무'를, 『조선어사전』(1920)은 '樺木(화목), 벗나무, 櫻木(잉목), 벗지, 黑櫻(흑잉), 벗'을, 『조선식물명휘』(1922)는 '櫻, 山櫻, 樺皮, 奈, 벗나무, 화피(藥, 觀賞)'를, 『토명대조선만식물자휘』(1932)는 '[樺木]화목, [山櫻]산잉, [벗나무], [멋나무], [黑櫻]흑잉, [벗(지)], [멋(지)]'를, 『선명대화명지부』(1934)는 '개벗나무, 벗나무, 화피'를, 『조선의산과와산채』(1935)는 '벗나무'를, 『조선삼림식물편』(1915~1939)은 'Pot'nam'[벗나무]를 기록했다.

27 '국가표준식물목록』(2018)은 본문의 학명으로 옥매를 별도 분류하고 있으나, 『장진성 식물목록』(2014)은 본문의 학명을 산옥매⟨*Prunus glandulosa* Thunb.(1784)⟩에 통합하고 '중국식물지'(2018)도 이를 별도 분류하지 않으므로 주의가 필요하다.

28 『조선삼림식물도설』(1943), p.350은 옥매에 대한 한자를 '玉梅'로 기록했다.

속명 *Prunus*는 서양자두나무의 고대 라틴명에서 유래한 것으로 벚나무속을 일컫는다. 종소명 *glandulosa*는 '분비샘이 있는'이라는 뜻이다. 품종명 *albiplena*는 *alba*(흰)와 *plenus*(많은, 겹의)의 합성어로 꽃이 희고 겹꽃인 것을 나타낸다.

다른이름 흰옥매(박만규, 1949), 백매(정태현, 1957), 만첩옥매(이창복, 1966)

옛이름 玉梅花(물명고, 1824)[29]

중국/일본명 중국에서는 옥매를 별도 분류하지 않고 산옥매(P. glandulosa)를 麥李(mai li)라 하는데 보리를 닮은 자두나무(李)라는 뜻이다. 일본명 ニハザクラ(庭桜)는 정원에 식재하는 벚나무 종류(サクラ)라는 뜻이다.

참고 [북한명] 옥매/만첩옥매[30]

○ Prunus Ishidoyana *Nakai*　オクヤマニハウメ
San-isuraji-namu　산이스라지나무

산이스라지⟨*Prunus japonica* Thunb.(1784)⟩[31]

산이스라지라는 이름은 산에서 자라는 야생의 앵두나무라는 뜻의 '묏이스랏(묏이스랒)'에서 유래했다.[32] 함경북도에서 표본을 채집한 기록이 있는 낙엽 활엽 관목으로, 이스라지에 비해 잎자루와 꽃자루가 상대적으로 짧고 잎에 겹톱니가 발달하는 특징에 의해 분류된 종이다.[33] 『훈몽자회』는 櫻桃(앵도)를 '이스랏'이라고 했으므로 『향약구급방』 등의 '묏이스랏(묏이스랒)'은 산에서 자라는 앵도(앵두)라는 뜻이다. 『몽어유해』와 『한청문감』은 현재와 표기가 유사한 '산이스랏'을 기록하기도 했다. 한편 심산에 나는 이스라지라는 뜻의 일본명에서 유래를 찾는 견해가 있으나,[34] 일본명은 매화에 비유한 반면에 산이스라지는 앵두나무와 유사하다고 본 것이어서 그 뜻이 다를 뿐

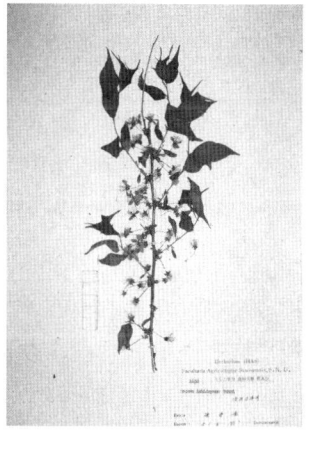

29 『조선한방약료식물조사서』(1917)는 '郁李仁'을 기록했으며 『조선어사전』(1920)은 '玉梅(옥미)'를, 『선명대화명지부』(1934)는 '산매자나무, 옥리인'을 기록했다.

30 북한에서는 P. glandulosa를 '옥매'로 P. glandulosa f. albiplena를 '만첩옥매'로 보고 있다. 이에 대해서는 리용재 외(2011), p.284와 임록재 외(1996) 10, p.38 참조.

31 '국가표준식물목록'(2018)은 산이스라지의 학명을 Prunus ishidoyana Nakai(1919)로 기재하고 있으나 『장진성 식물목록』(2014)은 본문의 학명을 정명으로 기재하고 있다.

32 이러한 견해로 이덕봉(1963), p.29와 손병태(1996), p.70 참조.

33 이에 대해서는 장진성 외(2011), p.237, 249 참조.

34 이러한 견해로 이우철(2005), p.315 참조.

만 아니라 옛 문헌에 기록된 이름이므로 일본명과는 전혀 관련이 없다고 할 것이다. 『조선식물향
명집』은 함경남도 방언 '산이스라지나무'를 채록해 기록했으나,[35] 『한국수목도감』에서 '산이스라지'
로 개칭해 현재에 이르고 있다.

속명 *Prunus*는 서양자두나무의 고대 라틴명에서 유래한 것으로 벚나무속을 일컫는다. 종소명
*japonica*는 '일본의'라는 뜻으로 발견지를 나타낸다.

다른이름 산이스라지나무(정태현 외, 1937), 산앵도나무(정태현, 1943), 산앵두나무(박만규, 1949), 산
이스라치나무(리종오, 1964), 꽃들앵두나무(리용재 외, 2011)

옛이름 郁李/小叱伊賜羅次(향약구급방, 1236),[36] 묏이스랏나모(사성통해, 1517), 郁李仁/묏이스랏
씨(동의보감, 1613), 棠棣/뫼이스랏(시경언해, 1613), 郁李樹/묏이스랏나모(역어유해, 1690), 郁李樹/묏이
스랏씨(산림경제, 1715), 郁李/산이스랏(몽어유해, 1768), 郁李/산이스랏(한청문감, 1779), 郁李仁/뫼이슬
앗씨(해동농서, 1799), 郁李仁/묏이스랏씨(제중신편, 1799), 郁李/산잉도(물보, 1802), 郁李/산이스랏(몽
유편, 1810), 郁李/뫼이스랏(물명고, 1824), 榶李/산이슬앗(임원경제지, 1842), 榶李/뫼이스랕(자류주석,
1856), 산이스랏/산매자(조선어표준말모음, 1936)[37]

중국/일본명 중국명 郁李(yu li)는 향기가 있는 자두나무(李)라는 뜻이다.[38] 일본명 オクヤマニハウメ
(奧山庭梅)는 깊은 산에서 자라고 정원에 식재하며 매화(ウメ)를 닮았다는 뜻에서 유래했다.

참고 [북한명] 산이스라치나무/꽃들앵두나무[39] [유사어] 산매자(山梅子), 욱리(郁李), 욱리인(郁李仁)

Prunus Itosakura *Siebold*　ヒガンザクラ
Olbŏt-namu　올벚나무

올벚나무〈*Prunus spachiana* (Lavallée ex Ed. Otto) Kitam. f. *ascendens* (Makino) Kitam.(1971)〉[40]
올벚나무라는 이름은 꽃이 잎보다 먼저 핀다는 뜻 또는 다른 벚나무 종류보다 일찍 꽃이 핀다는

---

35 함경남도 방언을 채록했다는 것에 대해서는 『조선삼림식물도설』(1943), p.352 참조.
36 『향약구급방』(1236)의 차자(借字) '小叱伊賜羅次'(소질이사라차)에 대해 남풍현(1981), p.105는 '묏이스랏'의 표기로 보고 있
　으며, 손병태(1996), p.70은 '묏이스랏'의 표기로, 이덕봉(1963), p.29는 '묏이사랏'의 표기로 보고 있다.
37 『토명대조선만식물자휘』(1932)는 학명을 P. glandulosa로 하여 '[棠棣]당톄, [千金藤]쳔금등, [車下梨]챠하리, [鬱李]울리,
　[薁李]욱리, [郁李]욱리, [山櫻桃(木)]산잉도(나무), [산(ㅅ)이스랏(나무)], [郁李子]욱리즈, [雀梅子]쟉미즈, [山梅子]산미즈, [郁李
　仁]욱리인'을 기록했다.
38 중국의 『본초강목』(1596)은 "郁 山海經作栯 馥郁也 花實俱香 故以名之"(郁은 산해경에서는 栯으로 썼는데 향기가 성하다고 했다.
　꽃과 열매에 향이 있어 이런 이름이 붙여졌다)라고 기록했다.
39 북한에서는 P. ishidoyana를 '산이스라치나무'로, P. japonica를 '꽃들앵두나무'로 하여 별도 분류하고 있다. 이에 대해
　서는 리용재 외(2011), p.284 참조.
40 '국가표준식물목록'(2018)은 올벚나무의 학명을 Prunus pendula f. ascendens (Makino) Kitam.(1954)으로 기재하고
　있으나 『장진성 식물목록』(2014)은 본문의 학명을 정명으로 기재하고 있다.

뜻에서 붙여졌다.[41] 『조선식물향명집』에서는 전통 명칭 '벗나무'를 기본으로 하고 식물의 생태적 특징을 나타내는 '올'을 추가해 '올벗나무'를 신칭했으나,[42] 『한국수목도감』에서 맞춤법에 따라 '올벗나무'로 개칭해 현재에 이르고 있다.

　속명 *Prunus*는 서양자두나무의 고대 라틴명에서 유래한 것으로 벗나무속을 일컫는다. 종소명 *spachiana*는 프랑스 식물학자 Édouard Spach(1801~1879)의 이름에서 유래했으며, 품종명 *ascendens*는 '상향의, 위로 올라가는'이라는 뜻이다.

다른이름 올벗나무(정태현 외, 1937), 발강올벗나무(정태현, 1943), 화엄벗나무(박만규, 1949), 붉은올벗나무(안학수·이춘녕, 1963), 화엄올벗나무(이영노, 1996)

중국/일본명 중국에서는 이를 별도 분류하지 않는 것으로 보인다. 일본명 ヒガンザクラ(彼岸桜)는 춘분이나 추분 전후 각 3일간을 합한 7일간(彼岸)에 꽃이 피는 벗나무 종류(サクラ)라는 뜻이다.

참고 [북한명] 올벗나무[43] [유사어] 사앵(絲櫻)

⊗ Prunus Leveillei *Koehne*　テフセンヤマザクラ
Gae-bòt-namu　개벗나무

개벗나무〈*Prunus sargentii* Rehder var. *verecunda* (Koidz.) Chin S. Chang(2004)〉[44]
개벗나무라는 이름은 벗나무와 비슷하다는 뜻에서 붙여졌다.[45] 산벗나무와 유사한데 잎의 털이 빨리 떨어지는 것에서 구별되는 특징이 있는 것으로 설명하기도 하지만 종 분류의 의의에 대해서는 논란이 지속되고 있다.[46] 『조선식물향명집』에서는 '개벗나무'를 신칭했으나[47] 『한국수목도감』에서 맞춤법에 따라 '개벗나무'로 개칭해 현재에 이르고 있다.

　속명 *Prunus*는 서양자두나무의 고대 라틴명에서 유래한 것으로 벗나무속을 일컫는다. 종소명 *sargentii*는 미국 식물학자 C. S. Sargent(1841~1927)의 이름에서 유래했으며, 변종명 *verecunda*

41　이러한 견해로 이우철(2005), p.406; 박상진(2019), p.205; 강판권(2015), p.271 참조.
42　이에 대해서는 『조선식물향명집』, 색인 p.43 참조.
43　북한에서 임록재 외(1996)는 P. itosakura var. ascendens를 '올벗나무'로 분류하고 있으나, 리용재 외(2011)는 이를 별도 분류하지 않고 있다. 이에 대해서는 리용재 외(2011), p.283 참조.
44　'국가표준식물목록'(2018)은 개벗나무의 학명을 Prunus verecunda (Koidz.) Koehne(1912)로 기재하고 있으나, 『장진성 식물목록』(2014)은 국명을 분홍벗나무로 하고 본문의 학명을 정명으로 기재하고 있다.
45　이러한 견해로 이우철(2005), p.50과 허북구·박석근(2008b), p.32 참조.
46　종 분류의 타당성이 없다는 취지의 견해로 『한국속식물지』(2017), p.754 참조.
47　이에 대해서는 『조선식물향명집』, 색인 p.31 참조.

는 '적당한, 중용의, 내성적인'이라는 뜻이다.

다른이름 개벗나무/털벗나무/분홍벗나무(정태현 외, 1937), 좀벗나무(정태현, 1943), 산벗나무(박만규, 1949), 분홍벚나무/털벚나무(이창복, 1966), 벗나무(임록재 외, 1972), 좀벚나무(이영노, 1996)[48]

중국/일본명 중국에서는 이를 별도 분류하지 않는 것으로 보인다. 일본명 テフセンヤマザクラ(朝鮮山桜)는 한반도(조선)에 분포하는 벚나무(ヤマザクラ)라는 뜻이다.

참고 [북한명] 벗나무/분홍벗나무[49]

⊗ Prunus Leveillei *Koehne* var. tomentella *Nakai* ビラウドヤマザクラ
Tȯl-bȯt-namu 털벗나무

털벚나무〈*Prunus serrulata* Lindl. var. *tomentella* Nakai(1915)〉[50]

털벚나무라는 이름은 잎자루, 잎 뒷면 및 꽃자루에 융단 같은 털이 있는 벚나무라는 뜻에서 붙여졌다.[51] 털벚나무의 '털'은 식물의 형태적 특징을 나타내는 것으로 학명 또는 일본명과 관련 있는 이름으로 보인다. 『조선식물향명집』에서는 '털벗나무'를 신칭했으나[52] 『한국수목도감』에서 맞춤법에 따라 '털벚나무'로 개칭해 현재에 이르고 있다.

속명 *Prunus*는 서양자두나무의 고대 라틴명에서 유래한 것으로 벚나무속을 일컫는다. 종소명 *serrulata*는 '가는톱니가 있는'이라는 뜻이며, 변종명 *tomentella*는 '가는 솜털이 밀생(密生)하는'이라는 뜻이다.

다른이름 털벗나무(정태현 외, 1937), 우단잎벚나무(안학수·이춘녕, 1963)[53]

중국/일본명 중국에서는 이를 별도 분류하지 않는 것으로 보인다. 일본명 ビラウドヤマザクラ(羽緞山桜)는 비로드(벨벳=우단) 같은 털이 있는 벚나무 종류(サクラ)라는 뜻이다.

참고 [북한명] 털벗나무[54]

---

48 『지리산식물조사보고서』(1915)는 'ほぁんぎゃんい'[환개이]를 기록했으며 『조선한방약료식물조사서』(1917)는 '봇나무, 봇(東醫), 樺皮'를, 『선명대화명지부』(1934)는 '벗나무'를, 『조선삼림식물편』(1915~1939)은 'Pot'nam'[벗나무]를 기록했다.

49 북한에서는 *P. leveilleana*를 '벗나무'로, *P. vercunda*를 '분홍벗나무'로 하여 별도 분류하고 있다. 이에 대해서는 리용재 외(2011), p.284 참조.

50 '국가표준식물목록'(2018)은 털벚나무<*Prunus serrulata* var. *tomentella* Nakai(1915)>를 별도 분류하고 있으나, 『장진성 식물목록』(2014)은 벚나무에 통합하고 김태영·김진석(2018)도 이를 별도 분류하지 않으므로 주의가 필요하다.

51 이러한 견해로 이우철(2005), p.557 참조.

52 이에 대해서는 『조선식물향명집』, 색인 p.48 참조.

53 『조선식물명휘』(1922)는 '벗나무(食, 觀賞)'를 기록했으며 『조선삼림식물편』(1915~1939)은 'Pot'nam'[벗나무]를 기록했다.

54 북한에서 임록재 외(1996)는 '털벗나무'를 별도 분류하고 있으나 리용재 외(2011)는 이를 별도 분류하지 않고 있다. 이에 대해서는 리용재 외(2011), p.283 이하 참조.

Prunus Leveillei *Koehne* var. verecunda *Nakai*　カスミザクラ
Bunhong-bot-namu　분홍벗나무

개벗나무〈*Prunus sargentii* Rehder var. *verecunda* (Koidz.) Chin S. Chang(2004)〉

'국가표준식물목록'(2018)과『장진성 식물목록』(2014)은『조선식물향명집』에 기록된 학명의 식물을 별도 분류하고 있지 않으므로 이 책도 이에 따른다. 다만 '국가표준식물목록'(2018)은 국명을 '개벗나무'로 하여 학명을 *Prunus verecunda* (Koidz.) Koehne(1912)로 기재하고 있으나,『장진성 식물목록』(2014)은 국명을 '분홍벗나무'로 하여 본문의 학명으로 기재하고 있다.

○ Prunus Maackii *Ruprecht*　ウラボシザクラ
Gae-botji-namu　개벗지나무

개벗지나무〈*Prunus maackii* Rupr.(1857)〉

개벗지나무라는 이름은 벗나무(벗지나무)와 닮았다는 뜻에서 유래했다.[55] 개벗지나무라는 이름은 주요 자생지인 평안북도 방언을 채록한 것이다.[56] 개벗지나무의 '벗지'(현대어: 버찌)는 벗나무의 열매를 뜻하며,[57] 벗지나무는 벗나무와 같은 뜻이다.『조선식물향명집』은 '개벗지나무'로 기록했으나『한국수목도감』에서 맞춤법에 따라 '개벗지나무'로 변경해 현재에 이르고 있다.

　속명 *Prunus*는 서양자두나무의 고대 라틴명에서 유래한 것으로 벗나무속을 일컫는다. 종소명 *maackii*는 러시아 식물분류학자 Richard Otto Maack(1825~1886)의 이름에서 유래했다.

다른이름　기벗지나무(정태현 외, 1923), 개벗지나무(정태현 외, 1937), 개벗나무(정태현, 1943), 별벗나무(박만규, 1949), 별벗나무/산샘털벗나무(안학수·이춘녕, 1963), 개벗나무(이창복, 1966), 별벗지나무(한진건 외, 1982), 개버찌나무(이영노, 1996)[58]

55　이러한 견해로 이우철(2005), p.50 참조.

56　이에 대해서는『조선삼림수목감요』(1923), p.65와『조선삼림식물도설』(1943), p.363 참조.

57　『조선어사전』(1917)은 '벗지'에 대해 "櫻木의 子의 稱. 略稱 '벗'"(벗나무 열매를 일컫는데 약칭으로 '벗'이라고 한다)이라고 기록했다.

58　『조선식물명휘』(1922)는 '갸버지(工業)'를 기록했으며『토명대조선만식물자휘』(1932)는 '[개벗(멋)나무], [개벗(멋)지]'를,『선명대화명지부』(1934)는 '갸버지, 개벗지나무'를 기록했다.

중국명 斑叶稠李(ban ye chou li)는 잎에 반점(잎 뒷면의 선점)이 있는 귀룽나무(稠李)라는
뜻이다. 일본명 ウラボシザクラ(裏星桜)는 뒷면에 별이 있는 벚나무(ヤマザクラ)라는 뜻으로 잎 뒷
면에 선점이 있는 것에서 유래한 것으로 추정한다.

참고 [북한명] 별벚나무 [유사어] 구내자(狗奈子)

○ Prunus mandschurica *Koehne* マンシウアンズ
Gae-salgu-namu 개살구나무

개살구나무〈*Prunus mandshurica* (Maxim.) Koehne(1893)〉

개살구나무라는 이름은 살구나무와 비슷하지만 열매가 더 시
고 떫으며 약성이 살구보다 못하다는 뜻에서 유래했다.[59] 재배
식물인 살구나무와 달리 경북·충북 이북의 산지에서 자라는
자생종으로, 정원수로 식재하고 목재는 도구를 만들었으며 열
매는 드물게 약용하거나 식용했다.[60] 옛 문헌에서는 산에서 자
라는 살구나무라는 뜻의 '山杏'(산행)이라는 이름이 발견되고,
그에 대응하는 한글명으로 '뫼살구'라는 이름도 일제강점기의
문헌에서 발견되는 점에 비추어 개살구나무와 뫼살구나무라
는 이름이 함께 사용되었던 것으로 보인다. 약성과 관련해『동
의보감』은 "山杏不堪入藥 須家園種者"(산행의 씨는 약에 넣을 수
없고 반드시 집 뜰에 심은 살구의 씨를 써야 한다)라고 기록하기도
했다.[61]

　속명 *Prunus*는 서양자두나무의 고대 라틴명에서 유래한 것으로 벚나무속을 일컫는다. 종소명
*mandshurica*는 '만주의'라는 뜻이다.

다른이름 기살구나무(정태현 외, 1923), 개살구(이창복, 1966), 산살구나무(임록재 외, 1972)

옛이름 山杏(향약집성방, 1433), 山杏(동의보감, 1613), 山杏(산림경제, 1715), 山杏木(경모궁악기조성청의
궤, 1777), 山杏(여유당전집, 19세기), 개살구(대한매일신보, 1910), 개살구(동아일보, 1921), 개살구(조선구
전민요집, 1933)[62]

---

59 이러한 견해로 이우철(2005), p.52와 박상진(2019), p.256 참조.
60 이에 대해서는『조선산야생식용식물』(1942), p.144와『조선삼림식물도설』(1943), p.348 참조.
61 『향약집성방』(1433)도 "山杏不堪入藥"(산행은 약으로 쓰지 않는다)이라고 기록했다.
62 『조선한방약료식물조사서』(1917)는 '뫼이스랏, 산민지(東醫), 烏梅'를 기록했으며『조신어사진』(1920)은 '개살구'를,『조선
식물명휘』(1922)는 '뫼살구(工業, 藥)'를,『토명대조선만식물자휘』(1932)는 '뫼살구, 山杏'을,『선명대화명지부』(1934)는 '뫼살
구, 개살구나무'를,『조선삼림식물편』(1915~1939)은 'Kyai-sarugo(平北), Sarugo, Sarukunam'[개살구(평북), 살구, 살구

중국명 東北杏(dong bei xing)은 둥베이(東北) 지방에 분포하는 살구나무(杏)라는 뜻이다. 일본명 マンシウアンズ(滿洲杏)는 만주에 분포하는 살구나무(アンズ)라는 뜻이다.

참고 [북한명] 산살구나무 [유사어] 고행인(苦杏仁), 구행(狗杏), 산행(山杏) [지방명] 개살구(전남/함북)

Prunus Maximowiczii *Ruprecht*　ミヤマザクラ
San-gae-botji-namu　산개벚지나무

산개벚지나무〈*Prunus maximowiczii* Rupr.(1857)〉

산개벚지나무라는 이름은 높은 산에서 자라는 개벚지나무라는 뜻에서 붙여졌다.[63] 꽃과 열매가 개벚지나무 또는 귀룽나무와 비슷한데, 개벚지나무에 비해 보다 높은 산지에서 자란다.[64] 『조선식물향명집』에서는 실제 조선에서 사용하는 '개벚지나무'를 기본으로 하고 식물의 산지(産地)를 나타내는 '산'을 추가해 '산개벚지나무'를 신칭했으나,[65] 『한국수목도감』에서 맞춤법에 따라 '산개벚지나무'로 개칭해 현재에 이르고 있다.

속명 *Prunus*는 서양자두나무의 고대 라틴명에서 유래한 것으로 벚나무속을 일컫는다. 종소명 *maximowiczii*는 러시아 식물학자로 동북아 식물을 연구한 Carlo Johann Maximowicz (1827~1891)의 이름에서 유래했다.

다른이름 산개벚지나무(정태현 외, 1937), 산개벚나무(박만규, 1949), 산개벚나무/산개버찌나무(안학수·이춘녕, 1963), 산개벚지(리종오, 1964), 산벚지나무(임록재 외, 1996)[66]

중국/일본명 중국명 黑櫻桃(hei ying tao)는 열매가 검게 익는 앵도 종류(櫻桃)라는 뜻이다. 일본명 ミヤマザクラ(深山桜)는 깊은 산에서 자라는 벚나무 종류(サクラ)라는 뜻이다.

참고 [북한명] 산벚지나무 [지방명] 사옥(제주)

나무를 기록했다.

63 이러한 견해로 이우철(2005), p.303 참조. 다만 이우철은 일본명 미야마자쿠라(ミヤマザクラ)에서 유래했다고 기술하고 있으나, 국명은 개벚지나무라는 전통 명칭에 대응하는 반면에 일본명은 깊은 산에서 자라는 벚나무라는 뜻으로 그 대칭하는 어형이 다른 것에 비추어 타당하지 않은 것으로 보인다.

64 이에 대해서는 김태영·김진석(2018), p.385 참조.

65 이에 대해서는 『조선식물향명집』, 색인 p.39 참조.

66 『제주도및완도식물조사보고서』(1914)는 'サ ヲ ック'[사옥]을 기록했으며 『조선식물명휘』(1922)는 '野櫻桃, 귀룽나무'를, 『선명대화명지부』(1934)는 '귀룽(룽)나무'를, 『조선삼림식물편』(1915~1939)은 'Kuirunnam(平北), Kom-e-kui-run-nam(平北), Saoc(濟)'[귀룽나무(평북), 곰의귀룽나무(평북), 사옥(제주)]을 기록했다.

Prunus Mume *Siebold et Zuccarini* ウメ

Maehwa-namu 매화나무 梅

매실나무(매화나무)〈*Prunus mume* (Siebold) Siebold & Zucc.(1836)〉

매실나무라는 이름은 매화의 열매를 뜻하는 한자어 '梅實'(매실)과 '나무'가 합쳐진 것으로 매실이 열리는 나무라는 뜻에서 유래했다.[67] 중국의 『본초강목』에 따르면 梅(매)는 열매가 나무 위에 달린 모양을 본떠 만든 이름이다.[68] 한편 한자 '梅'(매)를 어머니가 되는 것을 알리는 나무라는 뜻으로 해석하는 견해가 있으나,[69] '梅'는 木(목)과 每(매)가 합쳐진 것이므로 이와 같은 해석의 타당성은 의문스럽다. 『조선식물향명집』은 '매화나무'로 기록했으나 『조선삼림식물도설』에서 '매실나무'로 개칭해 현재에 이르고 있다.

　　속명 *Prunus*는 서양자두나무의 고대 라틴명에서 유래한 것으로 벚나무속을 일컫는다. 종소명 *mume*는 매화의 일본명 우메(ウメ)에서 유래했다.

다른이름 매실나무(정태현 외, 1923), 매실(정태현 외, 1936), 매화나무(정태현 외, 1937)

옛이름 梅花(삼국사기, 1145), 梅(삼국유사, 1281), 梅實(향약집성방, 1433), 梅花(양화소록, 1471), 梅花/미홰(분류두공부시언해, 1481), 烏梅/白梅/미홧여름/미실(구급간이방언해, 1489), 梅/미화(번역노걸대, 1517), 梅/미화(훈몽자회, 1527), 梅/미실/미화(신증유합, 1576), 梅花/미화(언해두창집요, 1608), 梅實/미화여름(동의보감, 1613), 梅/미화(시경언해, 1613), 梅子/미실(역어유해, 1690), 梅花/매화(방언집석, 1778), 梅/미화(왜어유해, 1782), 梅/미실(재물보, 1798), 梅/미(해동농서, 1799), 미화(규합총서, 1809), 梅/미실/曹公(광재물보, 19세기 초), 梅/미화(물명고, 1824), 梅/미화(자류주석, 1856), 梅花/미화(명물기략, 1870), 매실/枚實/매화/미화/梅化(한불자전, 1880), 梅/매실(교린수지, 1881), 梅花/미화(한영자전, 1890), 梅/미화(아학편, 1908), 梅/매실(자전석요, 1909), 梅樹/매화나무(신자전, 1915), 白梅/烏梅/매화열매(선한약물학, 1931), 매화옺(조선구전민요집, 1933)[70]

67　이러한 견해로 이우철(2005), p.217과 허북구·박석근(2008b), p.115 참조.

68　중국의 『본초강목』(1596)은 "梅古文作呆 象子在木上之形 梅乃杏類 故反杏爲呆 書家訛爲甘木 後作梅 從每 諧聲也 或云梅者媒也 媒合衆味"('梅'는 옛 문헌에서 '呆'라고 썼다. 열매가 나무 위에 있는 모양을 본뜬 것이다. '梅'는 '杏'의 종류이기 때문에 '杏'을 거꾸로 하여 '呆'라고도 했다. 서가들은 '甘木'으로 잘못 쓰기도 했다. 나중에 '梅'가 되었는데 '每'라고 읽는다. 혹자는 '梅'를 '媒'라고도 하는데 '媒'는 여럿이 합하여 '味'가 되기도 한다)라고 기록했다.

69　이러한 견해로 전정일(2009), p.59 참조.

70　『제주도및완도식물조사보고서』(1914)는 'メシル'[매실]을 기록했으며 『조선한방약료식물조사서』(1917)는 '미화(方藥), 烏

중국/일본명 중국명 梅(mei)는 매실나무를 나타내기 위해 고안된 한자로, 열매가 나무 위에 달려 있는 모양을 본뜬 글자이다. 일본명 ウメ(梅)의 유래에 대해서는 한자명 '烏梅'(오매)에서 유래했다는 견해, 중국어 'mui' 또는 'mei'에서 유래했다는 견해, 한국어 '매'에서 유래했다는 견해 등이 있다.

참고 [북한명] 매화나무 [유사어] 매화(梅花), 매화수(梅花樹), 오매(烏梅), 일지춘(一枝春) [지방명] 매실/매와/오매(경기), 매실/매하(경상), 매실(전라), 매설낭/매실/매실낭/매주낭/매쥐낭/메설낭/메슬낭/메실낭/메쥐낭/메화낭(제주), 매실/매와/매화(충청), 매와(함경)

⊗ Prunus Nakaii *Léveillé*　テフセンニハウメ
San-aengdo　산앵도

이스라지〈*Prunus japonica* Thunb. var. *nakaii* (H.Lév.) Rehder(1921)〉

이스라지라는 이름은 산에서 자라는 야생의 앵도나무라는 뜻의 '묏이스랏(묏이스랒)'에서 묏이 탈락하고 이스랏은 이스랏→이스라지로 변화한 것이다.[71] 『훈몽자회』는 櫻桃(앵도)를 '이스랏'이라고 했으므로 『사성통해』 등의 '묏이스랏(묏이스랒)'은 산에서 자라는 앵도라는 뜻이다. 『물보』는 '산잉도'(山櫻桃)라 기록해 그 뜻을 한자로 명시하기도 했으며, 북한에서는 이것이 변형된 '산앵두나무'라는 이름을 사용하고 있다. '이스랏'(이스라지)은 옛 문헌에서는 앵도를 일컫는 고유어이지만 그 정확한 어원은 알려져 있지 않다.[72] 한편 옛 문헌에서는 산에서 자라는 매실나무를 닮았다는 뜻의 山梅子(산매자)도 함께 기록했지만 현재는 진달래과의 산매자나무를 일컫는 이름으로 사용하고 있다. 『조선식물향명집』은 경기도에서 사용했던 '산앵도'를 보다 보편적인 이름으로 보고 기록했으나, 『한국수목도감』에서 황해도 방언에서 유래한 '이스라지나무'를 축약한 '이스라

梅'를, 『조선어사전』(1920)은 '梅花(미화), 梅實(미실)'을, 『조선식물명휘』(1922)는 '梅, 미화(食)'를, 『토명대조선만식물자휘』(1932)는 '[梅木]미목, [梅花]미화, [梅子]미즈'를, 『선명대화명지부』(1934)는 '매실나무, 매화(나무)'를, 『조선삼림식물편』(1915~1939)은 'Mesil(酒)'[매실(제주)]을 기록했다.

71 이러한 견해로 이덕봉(1963), p.29; 손병태(1996), p.70; 솔뫼(송상곤, 2010), p.764 참조. 한편 솔뫼(송상곤)는 열매가 '이슬'(露) 같다는 뜻에서 유래한 이름으로 보고 있는데, 옛말 '이슬'과 '이스랏' 사이의 상관에 대해서는 보다 면밀한 어원학적 연구가 필요하다.

72 『산림경제』(1715)는 "俗傳 櫻桃喜頻移 故名曰移徙樂"[전해지는 시쳇말에 의하면 "앵두는 자주 이사 다니기를 좋아하므로 이스랏(移徙樂)이라 한다"고 하였다]이라고 기록했는데, 고유어를 정확한 근거 없이 한자로 환원한 것으로 말 그대로 속전(俗傳)인 것으로 보인다.

지'로 개칭해 현재에 이르고 있다.[73]

속명 *Prunus*는 서양자두나무의 고대 라틴명에서 유래한 것으로 벚나무속을 일컫는다. 종소명 *japonica*는 '일본의'라는 뜻으로 발견지를 나타낸다. 변종명 *nakaii*는 일본 식물학자 나카이 다케노신(中井猛之進, 1882~1952)의 이름에서 유래했다.

다른이름 산잉도나무/오얏(정태현 외, 1923), 산유스라나무(정태현 외, 1936), 산앵도(정태현 외, 1937), 산앵도나무(정태현 외, 1942), 유수라지나무/오얏/이스라지나무(정태현, 1943), 물앵두(박만규, 1949), 산앵두나무(정태현 외, 1949), 이스라치나무(리종오, 1964)

옛이름 郁李/小때伊賜羅次/山梅子(향약구급방, 1236),[74] 郁李/山梅子(향약채취월령, 1431), 郁李仁/山梅子(향약집성방, 1433),[75] 郁李/산미즈삐(구급간이방언해, 1489), 郁李樹/산미즈(훈몽자회, 1527), 郁李仁/山梅子/산미즈삐(촌가구급방, 1538), 郁李仁/묏이스랏삐/산미즈/車下梨/千金藤(동의보감, 1613), 棠棣/산미즈/뫼이스랏(시경언해, 1613), 郁李樹/묏이스랏나모(역어유해, 1690), 郁李樹/묏이스랏삐/산미즈(산림경제, 1715), 郁李/산이스랏(몽어유해, 1768), 郁李/산이스랏(한청문감, 1779), 郁李/山移徙樂/常棣(본사, 1787), 郁李/잔미즈(재물보, 1798), 郁李仁/뫼이슬앗삐/신미셔(해동농서, 1799), 郁李仁/묏이스랏삐(제중신편, 1799), 郁李/산미즈/산잉도/棠棣(물보, 1802), 郁李/산이스랏(몽유편, 1810), 郁李/산미즈(광재물보, 19세기 초), 郁李/산미즈/뫼이스랏(물명고, 1824), 棚李/산이슬앗(임원경제지, 1842), 棚李/雀李/뫼이스랕(자류주석, 1856), 郁李/산리스랏(명물기략, 1870), 郁李/이스랏(신자전, 1915), 郁李仁(선한약물학, 1931)[76]

중국/일본명 중국명 長梗郁李(chang geng yu li)는 잎자루와 꽃자루가 긴 산이스라지(郁李)라는 뜻이다. 일본명 テフセンニハウメ(朝鮮庭梅)는 한반도(조선)에 분포하고 정원에서 식재하는데 매화를 닮았다는 뜻에서 유래했다.

참고 [북한명] 산앵두나무 [유사어] 당옥매(唐玉梅), 욱리(郁李), 욱리인(郁李仁), 참옥매화(-玉梅花) [지방명] 물앵도/물앵두/산앵도/산앵두(강원), 산수라지/산앵두(경기), 이슬아지(경북), 물앵두(전남), 산앵두(전북), 물앵두/산앵도/산앵두/앵두나무(충남)

---

73 '산앵도'와 '이스라지나무'가 각각 경기도와 황해도 방언이라는 점에 대해서는 『조선삼림식물도설』(1943), p.352 참조.

74 『향약구급방』(1236)의 차자(借字) '小때伊賜羅次/山梅子'(소질이사라차/산매자)에 대해 남풍현(1981), p.105는 '묏이스랏/산미즈'의 표기로 보고 있으며, 손병태(1996), p.70은 '묏이스랏/산미즈'의 표기로, 이덕봉(1963), p.29는 '묏이사랏/산미자'의 표기로 보고 있다.

75 『향약집성방』(1433)의 차자(借字) '山梅子'(산매자)에 대해 남풍현(1996), p.179는 '산미즈'의 표기로 보고 있으며, 이덕봉(1963), p.29는 '산미자'의 표기로 보고 있다.

76 『조선한방약료식물조사서』(1917)는 '벚나무, 볏(東醫), 산우수라나무'를 기록했으며 『조선의 구황식물』(1919)은 '산잉도'를, 『조선어사전』(1920)은 '郁李(욱리), 郁李仁(욱리인), 薁李(욱리), 鬱李(울리), 雀梅(쟉매), 車下梨(챠하리), 千金藤, 棠棣, 山(산)매즈(子), 산(山)이스랏, 산(山)이스랏나무'를, 『조선식물명휘』(1922)는 '산잉도, 오얏(食)'을, 『토명대조선만식물자휘』(1932)는 학명을 P. glandulosa로 하여 '[棠棣]당톄, [千金藤]쳔금등, [車下梨]챠하리, [鬱李]울리, [薁李]욱리, [郁李]욱리, [山櫻桃(木)]산잉도(나무), [산(ㅅ)이스랏(나무)], [郁李子]욱리즈, [雀梅子]쟉미즈, [山梅子]산미즈, [郁李仁]욱리인'을, 『선명대화명지부』(1934)는 '산앵도, 오얏'을, 『조선의산과와산채』(1935)는 '郁李, 산잉도나무'를 기록했다.

Prunus Padus *Linné* エゾノウハミヅザクラ
Gwerung-namu 귀룽나무

귀룽나무〈*Prunus padus* L.(1753)〉

귀룽나무라는 이름은 줄기가 아홉 마리의 용이 꿈틀거리는
모양 같다는 뜻의 구룡목(九龍木)에서 유래한 것으로 추정한
다.[77] 가지가 아래로 어지럽게 휘어지는 모습에서 다른 나무들
과 쉽게 구별되고, 가지가 땅에 닿으면 그로부터 번식이 이루
어지기도 한다. 18세기 초반에 저술된 문헌에서 한자명 '九龍
木'(구룡목)이 처음 발견되고, 19세기 중엽 이후에 한글로 '귀
농나무', '귀롱나무', '구롱나무' 등 형태가 변한 표기가 발견
된다. 또 '鬼弄木', '鬼籠木', '龜弄木', '貴弄木' 등과 같은 다양
한 한자 표현도 함께 보이는데, 이는 우리말 발음을 한자로 나
타내기 위한 차자(借字) 표기로 이해된다. 다만 최초로 기록된
'九龍木'(구룡목) 역시 차자 표기일 수도 있으므로 어원학적 측
면에서 보다 세밀한 추가 연구가 필요하다. 한편 잎이 핀 다음에 달리는 하얀 꽃이 마치 뭉게구름
같다 하여 '구름나무'로 불리다가 귀룽나무가 되었다는 견해가 있다.[78] 그러나 구름나무로 기록되
었거나 어형이 변화한 것이 확인되지 않고, 구름(雲)에 대한 18~19세기의 표기는 '구룸', '구롬', '구
름', '구름' 등으로 귀룽나무와 한글 표현과 어형이 일치하지 않는다. 또한 구름나무로 번역될 수
있는 '雲樹'(운수)나 '雲木'(운목)이라는 한자어가 옛 문헌에 수없이 기록되었지만[79] 귀룽나무와 연
관되어 설명되지는 않았다는 점을 고려할 때 위 주장의 타당성은 의문스럽다. 일제강점기에 일
본인 나카이 다케노신(中井猛之進, 1882~1952)이 저술한 『조선삼림식물편』에 구름나무와 유사한
'Kurum-nam'이라는 기록이 보이고 북한에서는 '구름나무'라는 이름을 사용하는데, 이것은 귀
룽나무의 어원이라기보다는 귀룽나무 또는 그 유사한 표현이 변화한 방언형일 가능성이 높아 보
인다. 『조선삼림식물도설』은 한자명을 '九龍木'(구룡목)으로 기록했다.

---

77 이러한 견해로 이우철(2005), p.93; 박상진(2001), p.390; 오찬진 외(2015), p.474; 솔뫼(송상곤, 2010), p.256; 강판권(2015),
    p.331 참조. 다만 오찬진 외는 압록강 변의 구룡연에서 많이 자란다고 하여 유래한 이름으로 보고 있으나 문헌적 근거가
    있는 주장은 아닌 것으로 보인다.

78 이러한 견해로 박상진(2019), p.57 참조.

79 우리의 옛 문헌에 '雲樹'(운수) 또는 '雲木'(운목)이 자주 등장하는 이유는 두보(杜甫)의 「春日憶李白(춘일억이백)」이라는 시에
    나오는 "渭北春天樹 江東日暮雲 何時一樽酒 重與細論文"(위수 북쪽엔 봄 하늘의 나무요, 강 동쪽엔 해 저문 구름이로다. 어느 때나
    한 동이 술을 두고서 우리 함께 글을 조용히 논해 볼꼬) 중 樹(수)와 雲(운)이 합쳐진 '雲樹'(운수)가 벗을 그리워하는 마음을 뜻하
    는 것으로 이해되었기 때문이다.

속명 *Prunus*는 서양자두나무의 고대 라틴명에서 유래한 것으로 벚나무속을 일컫는다. 종소명 *padus*는 이 종류 식물의 고대 그리스명에서 유래했다.

다른이름 귀롱나무(정태현 외, 1923), 귀롱나무(박만규, 1949), 귀롱목/구룡목(안학수·이춘녕, 1963), 구름나무(리종오, 1964)

옛이름 九龍木(실험단방, 1709), 鬼籠花(이옥전집, 1815), 九龍(물명고, 1824), 櫻額/稠李子(연경재전집, 1840), 鬼弄木(송남잡지, 1855), 鬼籠木/귀농나무/龜弄木/귀롱나무(의휘, 1871), 귀롱ㄴ모/귀롱나무/貴弄木(녹효방, 1873), 귀롱나무(의방합편, 19세기), 貴弄木/구롱나무(의방, 연대미상), 구름나무(조선구전민요집, 1933)[80]

중국/일본명 중국명 稠李(chou li)는 조밀하게 달리는 자두(李)라는 뜻으로 촘촘한 꽃이 달리는 꽃차례를 나타낸 것으로 보인다. 일본명 エゾノウハミヅザクラ(蝦夷の上溝桜)는 에조(蝦夷: 홋카이도의 옛 지명)에 분포하고, 옛날에 점을 볼 때 사용하던 벚나무 종류(サクラ)라는 뜻이다.

참고 [북한명] 구름나무 [유사어] 구룡목(九龍木), 앵액(櫻額), 조리(稠梨) [지방명] 귀룡나무(강원), 구릉목(경남)

○ Prunus Padus *L*. var. glauca *Nakai*   ウラジロウハミヅザクラ
Hin-gwerung-namu   힌귀룽나무

흰귀룽나무⟨*Prunus padus* f. *glauca* (Nakai) Kitag.(1979)⟩[81]

흰귀룽나무라는 이름은 잎 뒷면이 흰색인 귀룽나무라는 뜻에서 붙여졌다.[82] 『조선식물향명집』에서는 전통 명칭 '귀룽나무'를 기본으로 하고 잎의 색깔을 나타내는 '힌'을 추가해 '힌귀룽나무'를 신칭했으나,[83] 『조선삼림식물도설』에서 맞춤법에 따라 '흰귀룽나무'로 개칭해 현재에 이르고 있다.

속명 *Prunus*는 서양자두나무의 고대 라틴명에서 유래한 것으로 벚나무속을 일컫는다. 종소명 *padus*는 이 종류 식물의 고대 그리스명에서 유래했으며, 품종명 *glauca*는 '회녹색의, 청록색의'라는 뜻이다.

---

80 「화한한명대조표」(1910)는 '귀름ㄴ무'를 기록했으며 「조선주요삼림수목명칭표」(1915a)는 '귀름ㄴ무'를, 『지리산식물조사보고서』(1915)는 '<くるんなむ, くりょんもっく>[구룸나무, 귀룡목]을, 『조선거수노수명목지』(1919)는 '귀름ㄴ무, 雲木'을, 『조선의 구황식물』(1919)은 '조리나물'을, 『조선어사전』(1920)은 '귀롱나무'를, 『조선식물명휘』(1922)는 '稠梨, 귀롱나무'를, 『토명대조선만식물자휘』(1932)는 '귀롱나무'를, 『선명대화명지부』(1934)는 '귀롱목(나무), 귀류(룡)나무'를, 『조선삼림식물편』(1915~1939)은 'Kya-bodi(平北), Kurum-nam(全南, 平北, 咸南, 咸北, 京畿), Korön-mok(全南, 慶南), Pyolpai-nam(平北)'[개버찌(평북), 구룸나무(전남, 평북, 함남, 함북, 경기), 귀룡목(전남, 경남), 팥배나무(평북)]를 기록했다.

81 '국가표준식물목록'(2018)은 흰귀룽나무를 본문의 학명으로 별도 분류하고 있으나, 『장진성 식물목록』(2014)은 귀룽나무(*P. padus*)에 통합하고 별도 분류하지 않으므로 주의를 요한다.

82 이러한 견해로 이우철(2005), p.604 참조.

83 이에 대해서는 『조선식물향명집』, 색인 p.49 참조.

다른이름 한귀룽나무(정태현 외, 1937), 흰귀룽나무(도봉섭 외, 1958), 흰귀룽목/흰털귀룽나무(안학수·이춘녕, 1963), 흰구름나무(임록재 외, 1972), 흰귀룽(이우철, 1996b)

중국/일본명 중국에서는 이를 별도 분류하지 않는 것으로 보인다. 일본명 ウラジロウハミゾザクラ(裏白上溝桜)는 잎 뒷면이 흰색이고, 옛날에 점을 볼 때 사용하던 벚나무 종류(サクラ)라는 뜻이다.

참고 [북한명] 흰구름나무[84]

○ Prunus Padus *L.* var. pubescens *Regel*   シラゲウハミゾザクラ
Hintŏl-gwerung-namu   흰털귀룽나무

흰털귀룽나무⟨*Prunus padus* var. *pubescens* Regel & Tiling(1858)⟩[85]
흰털귀룽나무라는 이름은 잎 뒷면에 흰색의 잔털이 있는 귀룽나무라는 뜻에서 붙여졌다.[86] 『조선식물향명집』에서는 전통 명칭 '귀룽나무'를 기본으로 하고 식물의 형태적 특징을 나타내는 '흰털'을 추가해 '흰털귀룽나무'를 신칭했으나,[87] 『조선삼림식물도설』에서 '흰털귀룽나무'로 개칭해 현재에 이르고 있다.

속명 *Prunus*는 서양자두나무의 고대 라틴명에서 유래한 것으로 벚나무속을 일컫는다. 종소명 *padus*는 이 종류 식물의 고대 그리스명에서 유래했으며, 변종명 *pubescens*는 '솜털이 뒤덮인'이라는 뜻이다.

다른이름 흰털귀룽나무(정태현 외, 1937), 털귀룽나무(박만규, 1949), 흰털귀룽나무(도봉섭 외, 1958), 털귀룽목(안학수·이춘녕, 1963), 털귀룽/흰털귀룽(이창복, 1966), 흰털구름나무(임록재 외, 1972)

중국/일본명 중국에서는 이를 별도 분류하지 않는 것으로 보인다. 일본명 シラゲウハミゾザクラ(白毛上溝桜)는 잎 뒷면에 흰 털이 있고, 옛날에 점을 볼 때 사용하던 벚나무 종류(サクラ)라는 뜻이다.

참고 [북한명] 흰털구름나무

---

84 북한에서 임록재 외(1996)는 '흰구름나무'(흰귀룽나무)를 별도 분류하고 있으나 리용재 외(2011)는 이를 별도 분류하지 않는 것으로 보인다. 이에 대해서는 리용재 외(2011), p.285 참조.
85 '국가표준식물목록'(2018)은 흰털귀룽나무를 본문의 학명으로 별도 분류하고 있으나, 『장진성 식물목록』(2014)은 귀룽나무(P. padus)에 통합하고 별도 분류하지 않으므로 주의를 요한다.
86 이러한 견해로 이우철(2005), p.617 참조.
87 이에 대해서는 『조선식물향명집』, 색인 p.49 참조.

○ Prunus Padus *L*. var. rufo-ferruginea *Nakai*   サビゲウハミヅザクラ
Nogtŏl-gwerung-namu   녹털귀룽나무

차빛귀룽〈*Prunus padus* f. *rufo-ferruginea* (Nakai) W.T.Lee(1996)〉[88]

차빛귀룽이라는 이름은 잎 뒷면의 맥에 차 빛깔(갈색)의 털이 밀생(密生)하는 귀룽나무라는 뜻에서 유래했다.[89] 『조선식물향명집』에서는 '녹털귀룽나무'를 신칭해 기록했으나[90] 『한국수목도감』에서 '차빛귀룽'으로 개칭해 현재에 이르고 있다.

속명 *Prunus*는 서양자두나무의 고대 라틴명에서 유래한 것으로 벚나무속을 일컫는다. 종소명 *padus*는 이 종류 식물의 고대 그리스명에서 유래했으며, 품종명 *rufo-ferruginea*는 '적갈색의, 녹슨 색깔의'라는 뜻이다.

다른이름 녹털귀룽나무(정태현 외, 1937), 차빛귀룽나무(이창복, 1947), 녹털귀룽목/녹털귀룽나무(안학수·이춘녕, 1963), 차빛귀룽(이창복, 1966), 녹빛털구름나무(임록재 외, 1972), 녹빛털귀룽나무(한진건 외, 1982)

중국/일본명 중국에서는 이를 별도 분류하지 않는 것으로 보인다. 일본명 サビゲウハミヅザクラ(錆毛上溝桜)는 녹슨 색깔의 털이 있고, 옛날에 점을 볼 때 사용하던 벚나무 종류(サクラ)라는 뜻이다.

참고 [북한명] 녹빛털구름나무[91]

⊗ Prunus Padus *L*. var. seoulensis *Nakai*   ケイジヤウウハミヅザクラ
Sŏul-gwerung-namu   서울귀룽나무

서울귀룽나무〈*Prunus padus* var. *seoulensis* (H.Lév.) Nakai(1914)〉[92]

서울귀룽나무라는 이름은 서울에서 자라는 귀룽나무라는 뜻에서 붙여졌다.[93] 『조선식물향명집』에서 전통 명칭 '귀룽나무'를 기본으로 하고 식물의 산지(産地)와 학명에 착안한 '서울'을 추가해 신칭했다.[94]

---

88 '국가표준식물목록'(2018)은 차빛귀룽을 본문의 학명으로 별도 분류하고 있으나, 『장진성 식물목록』(2014)은 이를 별도 분류하지 않으므로 주의를 요한다.

89 이러한 견해로 이우철(2005), p.499 참조.

90 이에 대해서는 『조선식물향명집』, 색인 p.34 참조.

91 북한에서 임록재 외(1996)는 '녹빛털구름나무'(차빛귀룽)를 별도 분류하고 있으나, 리용재 외(2011)는 이를 별도 분류하지 않는 것으로 보인다. 이에 대해서는 리용재 외(2011), p.285 참조.

92 '국가표준식물목록'(2018)은 서울귀룽나무를 본문의 학명으로 별도 분류하고 있으나, 『장진성 식물목록』(2014)은 귀룽나무(P. padus)에 통합하고 있으므로 주의를 요한다.

93 이러한 견해로 이우철(2005), p.328 참조.

94 이에 대해서는 『조선식물향명집』, 색인 p.40 참조.

속명 *Prunus*는 서양자두나무의 고대 라틴명에서 유래한 것으로 벚나무속을 일컫는다. 종소명 *padus*는 이 종류 식물의 고대 그리스명에서 유래했으며, 변종명 *seoulensis*는 '서울에 분포하는'이라는 뜻이다.

다른이름 귀룽나무(정태현 외, 1936), 서울귀룽나무(도봉섭 외, 1958), 서울귀룽목(안학수·이춘녕, 1963), 서울귀룽(이창복, 1966), 서울구름나무(임록재 외, 1972), 긴꼭지구름나무(임록재 외, 1996)

중국/일본명 중국에서는 이를 별도 분류하지 않는 것으로 보인다. 일본명 ケイジヤウウハミヅザクラ (京城上溝桜)는 경성(서울)에 분포하고 옛날에 점을 볼 때 사용하던 벚나무 종류(サクラ)라는 뜻이다.

참고 [북한명] 긴꼭지구름나무[95] [유사어] 구룡목(九龍木)

Prunus paracerasus *Koehne*　ケヤマザクラ
Jantŏl-bŏt-namu　잔털벗나무

잔털벗나무〈*Prunus serrulata* Lindl. var. *pubescens* (Makino) Nakai(1915)〉

잔털벗나무라는 이름은 잎 뒷면, 잎자루와 꽃자루에 잔털이 있는 벚나무라는 뜻에서 붙여졌다.[96] 『조선식물향명집』에서는 전통 명칭 '벚나무'를 기본으로 하고 식물의 형태적 특징을 나타내는 '잔털'을 추가해 '잔털벗나무'를 신칭했으나,[97] 『대한식물도감』에서 맞춤법에 따라 '잔털벗나무'로 개칭해 현재에 이르고 있다.

속명 *Prunus*는 서양자두나무의 고대 라틴명에서 유래한 것으로 벚나무속을 일컫는다. 종소명 *serrulata*는 '가는톱니가 있는'이라는 뜻이며, 변종명 *pubescens*는 '솜털이 뒤덮인'이라는 뜻이다.

다른이름 잔털벗나무(정태현 외, 1937), 흰털벗나무(정태현, 1943)[98]

중국/일본명 중국명 毛叶山樱花(mao ye shan ying hua)는 잎에 털이 있고 산에서 자라는 벚나무 종류(樱花)라는 뜻이다. 일본명 ケヤマザクラ(毛山桜)는 잎에 털이 있는 벚나무(ヤマザクラ)라는 뜻이다.

참고 [북한명] 흰털벗나무[99]

---

95 북한에서 임록재 외(1996)는 '긴꼭지구름나무'(서울귀룽나무)를 별도 분류하고 있으나, 리용재 외(2011)는 이를 별도 분류하지 않고 있다. 이에 대해서는 리용재 외(2011), p.285 참조.
96 이러한 견해로 이우철(2005), p.445 참조.
97 이에 대해서는 『조선식물향명집』, 색인 p.45 참조.
98 『조선식물명휘』(1922)는 '사옥(絲옥)'을 기록했으며 『선명대화명지부』(1934)는 '벚나무'를, 『조선삼림식물편』(1915~1939)은 'Pot'nam'[벚나무]를 기록했다.
99 북한에서는 학명을 *P. leveilleana* var. *pillosa* 또는 *P. incisa*로 하여 '흰털벗나무'라는 명칭을 사용하고 있다. 이에 대해서는 리용재 외(2011), p.283 이하 참조.

Prunus Persica *Stokes* モモ (栽)
Bogsunga-namu 복숭아나무 桃

복숭아나무(복사나무)〈*Prunus persica* (L.) Stokes(1812)〉[100]

복숭아나무라는 이름은 15세기의 '복셩' 또는 '복샹'에 꽃을 뜻하는 한자 '花'(화)가 결합해 '복셩화' 또는 '복샹화'로 쓰이다가, 복셩화/복샹화→복숑화/복숑아→복숑와/복셩아→복숭아로 정착된 것이다.[101] 그러나 그 정확한 뜻은 알려져 있지 않다.[102] 중국 서북부 지방이 원산지로 『삼국사기』에는 삼국 시대부터 재배한 것으로 보이는 기록이 있다. 『조선식물향명집』은 '복숭아나무'로 기록했으나, 『조선삼림식물도설』에서 '복사나무'를 통용(通)하는 이름으로 보아 개칭해 현재에 이르고 있다. 그러나 문헌의 기록이나 실제 사용례에 비추어 복숭아나무가 보다 보편적인 이름으로 판단된다. 한편 복사나무라는 이름의 유래를 한자어 도(桃) 및 도인(桃仁)에서 찾는 견

해,[103] 열매에 털이 많아 털북숭이라고 하던 것이 변했다는 견해,[104] 복을 주는 신선의 꽃이라는 뜻에서 유래했다는 견해[105] 등이 있으나, 모두 어원학적인 근거가 있는 주장은 아닌 것으로 보인다.

속명 *Prunus*는 서양자두나무의 고대 라틴명에서 유래한 것으로 벚나무속을 일컫는다. 종소명 *persica*는 '페르시아의'라는 뜻의 라틴어로 복숭아나무를 일컫는데, 중국에서 페르시아를 거쳐 유럽에 소개되었기 때문이다.

다른이름 복사나무(정태현 외, 1923), 복숭아나무(정태현 외, 1937), 복성아나무(박만규, 1949), 복상나무/복성나무/복송나무(안학수·이춘녕, 1963), 복사(이창복, 1966)

옛이름 桃(삼국사기, 1145), 山桃(삼국유사, 1281), 桃/卜賞(조선관역어, 15세기 초),[106] 桃/복샹화/복셩화나모(구급방언해, 1466), 桃/복셩/복셩닭/복셩화(분류두공부시언해, 1481), 桃/복셩화/복샹화(구급간이방언해, 1489), 桃/복셩화(훈몽자회, 1527), 桃/복셩화(분문온역이해방, 1542), 桃/복숑화/복숑아(언해구급

---

100 '국가표준식물목록'(2018)은 복사나무의 학명을 *Prunus persica* (L.) Batsch(1801)로 기재하고 있으나, 『장진성 식물목록』(2014)은 본문의 학명을 정명으로 기재하고 있다.

101 이러한 견해로 장충덕(2007), p.159 참조.

102 이러한 견해로 김민수(1997), p.473 참조.

103 이러한 견해로 이우철(2005), p.279 참조.

104 이러한 견해로 오찬진 외(2015), p.534 참조.

105 이러한 견해로 김양진(2011), p.20 참조.

106 『조선관역어』(15세기 초)의 차자(借字) '卜賞'(복상)에 대해 강신항(1971), p.49는 '복셩'의 표기로 보고 있으며, 권인한(1998), p.83은 '복샹'의 표기로 보고 있다.

방, 1608), 桃/복숭와(언해두창집요, 1608), 桃核仁/복숑화씨(동의보감, 1613), 桃/복숑아(구황촬요벽온방, 1639), 桃子/복쇼와(역어유해, 1690), 桃/복쇼아(동문유해, 1748), 桃/복셩화(박통사신석언해, 1765), 桃/복쇼아(몽어유해, 1768), 桃/복숑화(방언집석, 1778), 桃/복셩화(왜어유해, 1782), 桃仁/복슈와씨(광제비급, 1790), 桃/복쇼아(재물보, 1798), 桃/복숑화(제중신편, 1799), 桃/복셩화(해동농서, 1799), 桃/복숑아(물보, 1802), 복셩화(규합총서, 1809), 桃/복셩화(광재물보, 19세기 초), 桃/봉셩이(물명고, 1824), 桃/도/복쇼와(명물기략, 1870), 복소아/복숑아/도화/桃花(한불자전, 1880), 桃/복숭아(교린수지, 1881), 桃/복숑화(방약합편, 1884), 桃/복숭아(국한회어, 1895), 도화/桃花/봉숭아씃(조선어사전[심], 1925), 白桃花/桃仁/복숭아씃/봉숭화씨(선한약물학, 1931), 복숭아/복송아/복사(조선어표준말모음, 1936)[107]

중국/일본명 중국명 桃(tao)는 복숭아나무를 나타내기 위해 고안된 한자로, 나무를 뜻하는 木(목)과 많음을 뜻하는 兆(조)가 합쳐진 글자이다.[108] 일본명 モモ(桃)는 식용할 수 있는 열매를 뜻하는 マミ(真実)가 변한 것이라고도 하고, 열매가 붉기 때문에 타는 열매라는 뜻의 マエミ(燃実)가 변해 형성된 말이라는 등 여러 견해가 있다.

참고 [북한명] 복숭아나무 [유사어] 도수(桃樹), 도화수(桃花樹), 선과수(仙果樹) [지방명] 복사/복상/복상낭기/복숭아(강원), 숭아/참복숭아(경기), 복석나무/복숭나무(경남), 복성나무/복숭아(경북), 복송/복송나무/복송낭/복숭아/참복송나무/참복숭아(전남), 복송아/복숭아/참복송(전북), 도실낭/도아낭/도애낭/드릅복송대/복도낭/복송개낭/복송게낭/복숭게/복숭게낭/복숭아/봉숭게/웨니낭(제주), 복숭아(충남/충북), 복새나무/복쇠나무/복쇄나무/복수애나무/복숭애나무(평북)

Prunus Persica *Stokes* var. nectarina *Maximowicz* ズバイモモ
Súngdo-bogsunga 승도복숭아

복숭아나무〈*Prunus persica* (L.) Stokes(1812)〉

승도(僧桃)복숭아라는 이름은 열매가 둥글고 털이 없이 매끈한 것이 승려(僧)를 연상시키는 복숭아나무라는 뜻에서 유래했지만, '국가표준식물목록'(2018)에 등재되어 있지 않고 『장진성 식물목록』(2014)은 복숭아나무에 통합하고 있으므로 이 책도 이에 따른다.

107 『제주도및완도식물조사보고서』(1914)는 'ポクソンワ'[복숭아]를 기록했으며 『조선어사전』(1920)은 '桃實, 桃花(도화), 복송아, 복사나무, 복사'를, 『조선식물명휘』(1922)는 '桃, 복송아, 복사나무(食, 觀賞)'를, Crane(1931)은 '복숭아, 桃'를, 『토명대조선만식물자휘』(1932)는 '[桃]도, [복사나무], [복송아], [복사], [桃花]도화, [桃仁]도인, [桃松津]도송진, [桃膠]도교, [桃毛]도모, [桃梟]도효'를, 『선명대화명지부』(1934)는 '복사나무, 복송아'를, 『조선의산과와산채』(1935)는 '桃, 복사나무'를, 『조선삼림식물편』(1915~1939)은 'Poksonwa(濟), Poksa-nam(京城)'[복숭아(제주), 복사나무(경성)]를 기록했다.
108 중국의 『본초강목』(1596)은 "桃性早花 易植而子繁 故字從木兆"(복숭아나무의 특성은 꽃을 빨리 피우고, 쉽게 심을 수 있으며 열매가 많이 달린다. 그래서 글자를 木과 兆에 따랐다)라고 기록했다.

⊗ Prunus quelpaertensis *Koidzumi*　タンナヤマザクラ
Saog　사옥

사옥〈*Prunus serrulata* Lindl. var. *quelpaertensis* (Nakai) Uyeki(1940)〉[109]

사옥이라는 이름은 제주도에서 벚나무 종류를 일컫는 '사오
기' 또는 '사옥낭'에서 유래했다.[110] 일년생가지에 털이 없고 광
택이 있는 것을 별도 변종으로 분류했으나, 별도 분류가 타당
한지는 논란이 지속되고 있다. 제주 방언으로 '사옥낭'이 벚나
무를 일컫는 말이라는 점은 확인되지만,[111] '사오기' 또는 '사옥'
의 정확한 뜻이나 어원은 알려져 있지 않다.

　속명 *Prunus*는 서양자두나무의 고대 라틴명에서 유래한
것으로 벚나무속을 일컫는다. 종소명 *serrulata*는 '가는톱니
가 있는'이라는 뜻이다. 변종명 *quelpaertensis*는 '제주도에
분포하는'이라는 뜻이며, *quelpaert*는 라틴어로 제주도를 일
컫는다.

다른이름　제주산벚나무(박만규, 1949), 제주산벚나무(안학수·이춘녕, 1963)[112]

중국/일본명　중국에서는 이를 별도 분류하지 않는 것으로 보인다. 일본명 タンナヤマザクラ(耽羅山
桜)는 탐라(제주)에 분포하는 벚나무(ヤマザクラ)라는 뜻이다.

참고　[북한명] 제주산벚나무 [지방명] 먹사오기/사오기/사옥낭(제주)

Prunus sachalinensis *Koidzumi*　オホヤマザクラ
San-bŏt-namu　산벚나무

산벚나무〈*Prunus sargentii* Rehder(1908)〉

산벚나무라는 이름은 높은 산지에서 자라는 벚나무라는 뜻에서 붙여졌다.[113] 『조선식물향명집』에
서는 전통 명칭 '벚나무'를 기본으로 하고 식물의 산지(産地)를 나타내는 '산'을 추가해 '산벚나무'

---

109 '국가표준식물목록'(2018)은 학명을 *Prunus serrulata* var. *quelpaertensis* Uyeki(1940)로 하여 '사옥'을 별도 분류하
　고 있으나, 『장진성 식물목록』(2014)은 '잔털벚나무'에 통합하고 별도 분류하지 않으므로 주의가 필요하다.
110 제주 방언에서 유래했다는 것에 대해서는 『조선삼림식물도설』(1943), p.357 참조.
111 이에 대해서는 석주명(1947), p.54 참조.
112 『조선식물명휘』(1922)는 '사옥(觀賞)'을 기록했으며 『선명대화명지부』(1934)는 '사옥'을, 『조선삼림식물편』(1915~1939)은
　'Sa-oc(濟)'[사옥·(제주)]을 기록했다.
113 이러한 견해로 이우철(2005), p.311; 박상진(2019), p.204; 솔뫼(송상곤, 2010), p.694 참조.

를 신칭했으나,[114] 『한국식물명감』에서 맞춤법에 따라 '산벚나무'로 개칭해 현재에 이르고 있다.

속명 *Prunus*는 서양자두나무의 고대 라틴명에서 유래한 것으로 벚나무속을 일컫는다. 종소명 *sargentii*는 미국 식물학자 C. S. Sargent(1841~1927)의 이름에서 유래했다.

다른이름 산벚나무(정태현 외, 1937), 사젠트벚나무(박만규, 1949), 왕산벚나무/홍산벚나무(안학수·이춘녕, 1963), 큰산벚나무(임록재 외, 1972)[115]

중국/일본명 중국명 大山櫻(da shan ying)은 큰 산에서 자라는 벚나무 종류(櫻)라는 뜻이다. 일본명 オホヤマザクラ(大山桜)는 큰 산에서 자라는 벚나무 종류(サクラ)라는 뜻이다.

참고 [북한명] 큰산벚나무 [유사어] 산앵(山櫻), 야앵화(野櫻花) [지방명] 버찌/벚나무(울릉), 버찌(충남)

Prunus serrulata *Lindley* var. compta *Nakai*   アケボノザクラ
Jom-bŏt-namu   좀벗나무

개벚나무〈*Prunus sargentii* Rehder var. *verecunda* (Koidz.) Chin S. Chang(2004)〉
'국가표준식물록'(2018)은 좀벚나무를 개벚나무(*P. verecunda*)에 통합하고, 『장진성 식물목록』(2014)은 분홍벚나무(개벚나무)(*P. sargentii* var. *verecunda*)에 통합하고 있으므로 이 책도 별도 분류·해설하지 않기로 한다.

⊗ Prunus takesimensis *Nakai*   タケシマザクラ
Sŏm-bŏt-namu   섬벗나무

섬벚나무〈*Prunus takesimensis* Nakai(1918)〉
섬벚나무라는 이름은 섬(울릉도)에서 자라는 벚나무라는 뜻에서 붙여졌다.[116] 『조선식물향명집』에서는 '섬벚나무'를 신칭했으나[117] 『한국식물명감』에서 맞춤법에 따라 '섬벚나무'로 개칭해 현재에 이르고 있다.

속명 *Prunus*는 서양자두나무의 고대 라틴명에서 유래한 것으로 벚나무속을 일컫는다. 종소명 *takesimensis*는 '울릉도에 분포하는'이라는 뜻이다.

---

114 이에 대해서는 『조선식물향명집』, 색인 p.40 참조.
115 『제주도및완도식물조사보고서』(1914)는 'ポッナム'(벚나무)를 기록했으며 『조선식물명휘』(1922)는 '벚나무(觀賞)'를, 『선명대화명지부』(1934)는 '벚나무'를 기록했다.
116 이러한 견해로 이우철(2005), p.340 참조.
117 이에 대해서는 『조선식물향명집』, 색인 p.41 참조.

다른이름 섬벗나무(정태현 외, 1937), 섬벚(이창복, 1966)

중국/일본명 중국에서는 섬벚나무가 분포하지 않아 별도 분류하지 않는 것으로 보인다. 일본명 タケ シマザクラ(鬱陵桜)는 다케시마(タケシマ: 당시에 일본인이 울릉도를 흔히 부르던 명칭)에 분포하는 벚 나무 종류(サクラ)라는 뜻이다.

참 고 [북한명] 섬벗나무 [지방명] 뻐찌/벚나무(울릉)

Prunus tomentosa *Thunberg* var. insularis *Koehne*   ユスラウメ   (栽)
Aengdo   앵도

앵도나무(앵두나무)〈*Prunus tomentosa* Thunb.(1784)〉

앵도나무라는 이름은 중국에서 전래된 한자어 '櫻桃'(앵도)에 서 비롯한 것으로, 벚(櫻)을 닮은 복숭아(桃) 같다는 뜻이다.[118] '櫻'(앵)은 발음이 같고 꾀꼬리를 뜻하는 '鶯'(앵)에서 유래했다 고도 한다. 중국 원산으로 우리나라에는 오래전부터 도입되 어 재배하는 식물이었다. 옛사람들은 앵도나무의 열매가 일찍 익기 때문에 이를 귀하게 여겨 종묘에 올리기도 했다.[119] 『동의 보감』은 중국의 기록을 참고해 "爲鶯鳥所含 且形似桃 故曰櫻 桃"(꾀꼬리가 먹고 또한 생김새가 복숭아와 같기 때문에 앵도라고 했 다)라고 기록했다. 옛날에는 재배하는 종을 고유명으로 '이스 랏'이라 하고, 산지에서 자생하는 종을 고유명으로 '묏이스랏' 이라고도 했다. 『조선식물향명집』은 '앵도'로 기록했으나 『조선 삼림식물도설』에서 '앵도나무'로 개칭해 현재에 이르고 있다. 표준어는 '앵두나무'이다.

속명 *Prunus*는 서양자두나무의 고대 라틴명에서 유래한 것으로 벚나무속을 일컫는다. 종소명 *tomentosa*는 '조밀하게 털이 있는'이라는 뜻으로 씨방에 털이 있음을 나타낸다.

다른이름 잉도나무(정태현 외, 1923), 앵도(정태현 외, 1936), 앵두나무(정태현 외, 1949)

옛이름 櫻桃/伊士수叱(향약집성방, 1433),[120] 이스랏/이스랏/이스라지/櫻桃(분류두공부시언해, 1481), 이스랏/櫻桃(번역박통사, 1517), 櫻桃/이스랏/含桃(훈몽자회, 1527), 櫻/잉도(신증유합, 1576), 櫻桃/잉도 (언해구급방, 1608), 櫻桃/잉도(언해두창집요, 1608), 櫻桃/이스랏/含桃(동의보감, 1613), 櫻桃(실험단방,

---

118 이러한 견해로 이우철(2005), p.391; 박상진(2019), p.298; 장충덕(2007), p.168; 허북구·박석근(2008b), p.211 참조.

119 『동의보감』(1613)은 "先白果而熟 故古人多貴之 以薦寢廟"(모든 과실 가운데서 세일 먼서 익기 때문에 옛사람들은 이를 귀하게 여겨 침묘에 올렸다)라고 기록했다.

120 『향약집성방』(1433)의 차자(借字) '伊士수叱'(이사라질)에 대해 남풍현(1999), p.182는 '이스랏'의 표기로 보고 있다.

1709), 櫻桃/잉도(방언집석, 1778), 櫻桃/잉도(왜어유해, 1782), 櫻桃(광제비급, 1790), 櫻桃/잉도(재물보, 1798), 櫻桃/잉도(해동농서, 1799), 櫻桃/잉도(제중신편, 1799), 櫻/잉도/含桃(물보, 1802), 잉도(규합총서, 1809), 櫻桃/이스랏/잉도/含桃(광재물보, 19세기 초), 櫻桃/이스랏/鶯桃(물명고, 1824), 櫻桃/잉도(의종손익, 1868), 櫻桃/잉도/鶯桃(명물기략, 1870), 잉도/櫻桃(한불자전, 1880), 잉도/櫻桃(한영자전, 1890), 櫻/잉도(아학편, 1908), 櫻/앵도(자전석요, 1909), 櫻桃/含桃/시랏/이시랏/앵도(신자전, 1915), 櫻/잉도(의서옥편, 1921), 앵도/앵두(조선구전민요집, 1933), 앵두/앵도(조선어표준말모음, 1936)[121]

중국/일본명 중국명 毛櫻桃(mao ying tao)는 씨방에 털이 있는 앵도(櫻桃: P. pseudocerasus의 중국명)라는 뜻으로 학명과 의미가 상통한다.[122] 일본명 ユスラウメ(−梅)는 흔듦(搖)을 뜻하는 ユスリ와 ウメ(梅: 매실나무)의 합성어로, 조금만 흔들려도 가지가 움직이고 매실나무를 닮았다는 뜻이다.

참고 [북한명] 앵두나무 [유사어] 매도(梅桃), 산두자(山豆子), 앵도(鶯桃), 영도(英桃), 함도(含桃) [지방명] 앵도낭그/앵도낭기/앵두낭그/앵두낭기(강원), 앵두낭/앵주낭/어영뒤낭/에영뒤낭/에영지낭/에영ᄌ낭/엔도낭/엔주낭/엔쥐낭/외영뒤낭/우영뒤낭(제주), 앵두(충남/함북)

Prunus triflora *Roxburgh*　スモモ　(栽)
Jadu-namu　자두나무(오얏)　李

자두나무〈*Prunus salicina* Lindl.(1830)〉

자두나무라는 이름은 한자어 '紫桃'(자도)에서 비롯했는데 복숭아나무와 비슷하면서 열매가 자주색을 띠는 것에서 유래했다.[123] 한자어 紫桃(자도)가 발음 과정에서 즈도→자도→자두로 변화했다. 옛 문헌에는 고유어로 오얏(외얏)이 널리 기록되었고 한자어 紫桃(자도)는 드물게 보이지만, 19세기에 이르러 한자 표현 紫桃(자도)의 빈도가 높아지고 한글로 된 표현도 등장한다. 『조선식물향명집』에 자두나무의 다른이름으로 기록된 오얏의 정확한 어원 또는 유래는 알려져 있지 않다. 자두나무가 중국에서 전래한 것으로 보는 견해가 있으나,[124] 최근 강원도에서 자생지가 발견되어 연구가 진행 중이므로 한반도 자생종으로 재배했을 가능성도 있는 것으로 보인다. 『조선삼림수목감요』

---

121 『제주도및완도식물조사보고서』(1914)는 'エントウ'[앵도]를 기록했으며 『조선어사전』(1920)은 '櫻桃(잉도), 含桃(함도), 이스랏, 잉두'를, 『조선식물명휘』(1922)는 '山櫻桃, 梅桃, 櫻桃, 잉도(食)'를, Crane(1931)은 '잉도, 櫻桃'를, 『토명대조선만식물자휘』(1932)는 '[櫻桃(木)잉도(나무), [잉두나무], [含桃(木)함도(나무), [이스랏(나무)], [櫻桃花)잉도곳'을, 『선명대화명지부』(1934)는 '앵도나무'를, 『조선의산과와산채』(1935)는 '梅桃, 앵도나무, 잉도나무'를, 『조선삼림식물편』(1915~1939)은 'Yento, Yengto-nam'[앵도, 앵도나무]를 기록했다.

122 중국의 『본초강목』(1596)은 櫻桃(앵도)에 대해서 "其顆如瓔珠 故謂之櫻 而許愼作鶯桃云 鶯所含食 故又曰含桃"(그 열매가 옥구슬과 같아서 櫻이라고 하고, 허신은 鶯桃라고 썼는데 꾀꼬리가 이를 먹기 때문에 含桃라고도 한다)라고 기록했다.

123 이러한 견해로 이우철(2005), p.436; 박상진(2019), p.334; 김무림(2015), p.662; 장충덕(2007), p.172; 허북구·박석근(2008b), p.243; 오찬진 외(2015), p.548; 강판권(2015), p.253 참조.

124 이에 대해서는 박상진(2019), p.334 참조.

에서 경기 방언으로 사용되던 '자두나무'를 채록했고,[125] 이것이 『조선식물향명집』으로 이어져 현재에 이르고 있다. 북한에서는 '추리나무'라는 이름을 사용하는데, 이는 옛 문헌에서 드물게 보이는 한자어 '紫李'(자리)가 지역 방언에서 변화한 것으로 추정된다.[126]

속명 *Prunus*는 서양자두나무의 고대 라틴명에서 유래한 것으로 벚나무속을 일컫는다. 종소명 *salicina*는 '*Salix*(버드나무속)와 비슷한'이라는 뜻이다.

다른이름 자두나무(정태현 외, 1923), 오얏(정태현 외, 1937), 자도나무/오얏나무(정태현, 1943), 추리나무/외지(임록재 외, 1972)

옛이름 李(삼국사기, 1145), 李(향약집성방, 1433), 紫桃(동문선, 1478), 외얏/李(분류두공부시언해, 1481), 李樹/오얏나모(남명집언해, 1482), 李/오얏(구급간이방언해, 1489), 李/오얏(신증유합, 1576), 紫桃(해사록, 1590), 李/오얏나모(언해두창집요, 1608), 李核仁/오얏씨(동의보감, 1613), 李/외얏(시경언해, 1613), 紫桃(성소부부고, 1613), 紫桃(부상록, 1617), 李子/외얏(역어유해, 1690), 李子/외얏(동문유해, 1748), 李子/외얏(몽어유해, 1768), 李子/외얏(방언집석, 1778), 李子/외얏(한청문감, 1779), 紫桃(일성록, 1795), 李/오얏(재물보, 1798), 李實/외얏(제중신편, 1799), 李/외앗(해동농서, 1799), 李/외앗(물보, 1802), 李/외앗/紫桃(물명고, 1824), 紫桃/李(송남잡지, 1855), 紫李(다산시문집, 1865), 紫李(옥수집, 1866), 李實/외얏(의종손익, 1868), 李/리/외얏(명물기략, 1870), 오얏/외얏/李/자도/紫桃(한불자전, 1880), 李/외얏(방약합편, 1884), 오얏나무/즈도(사민필지, 1889), 즈도/紫桃(한영자전, 1890), 紫桃/자도(국한회어, 1895), 즈도(사민필지, 1898), 자도/紫桃(일용비람기, 연대미상), 李/오얏(자전석요, 1909), 李/오얏(신자전, 1915), 오얏/李(조선어사전[심], 1925), 오얏/외얏(조선어표준말모음, 1936)[127]

중국/일본명 중국명 李(li)는 자두나무를 나타내기 위해 고안된 한자로 木(목)과 子(자)가 합쳐진 글자이며, 열매를 많이 맺는 나무라는 뜻에서 유래한 이름으로 알려져 있다.[128] 일본명 スモモ(酸桃)는 신맛이 많이 나는 복숭아나무(モモ)라는 뜻이다.

참고 [북한명] 추리나무 [유사어] 이수(李樹), 이자수(李子樹) [지방명] 개타리/개터리/고야/괴타리/깨나무/오야/오얏/자두(강원), 애아치/오얏/자두/풍개(경남), 깨끼/애추나무/추리(경북), 자도나무/자두/자두낭구/좌도나무/차두나무/피자두(전남), 옹애나무/자도/자두/추리(전북), 자두(충남), 고야/오야나무/자두(충북), 왜지/추리(평남/평북/함남/황해), 놀/왜지/추리(함북)

---

125 이에 대해서는 『조선삼림수목감요』(1923), p.69 참조.
126 이러한 견해로 박상진(2019), p.334 참조.
127 『조선의 구황식물』(1919)은 '오얏나무'를 기록했으며 『조선어사전』(1920)은 '紫桃(즈도), 紫李(즈리), 李花(리화), 오얏, 오얏나무'를, 『조선식물명휘』(1922)는 '오얏나무, 紫桃, 자도(食)'를, 『토명대조선만식물자휘』(1932)는 '[李(樹)]리(슈), [오얏나무], [李花]리화, [李子]리즈, [오얏]'을, 『조선삼림식물편』(1915~1939)은 'o-yat(平南), Chado(平北), Nongu-nam(平北), o-yat(全南)'[오얏(평남), 자도(평북), 논구나무(평북), 오얏(전남)]을, 『선명대화명지부』(1934)는 '오얏나무, 자두나무'를, 『조선의산과와산채』(1935)는 '李, 자두나무'를 기록했다.
128 중국의 『본초강목』(1596)은 '李乃木之多子者 故字從木子'(李는 열매가 많은 나무이다. 그러므로 글자는 木과 子를 따랐다)라고 기록했다.

⊗ Prunus triloba *Lindley* var. truncata *Komarov*　オヒヤウモモ
　　Puldôgi　풀또기

풀또기〈*Prunus triloba* Lindl.(1857)〉[129]

풀또기라는 이름은 함경북도 회령과 무산 방언을 채록한 것으로,[130] 그 정확한 유래와 어원은 알려져 있지 않다. 북한 방언으로 오뚝이를 '오또기'라고 하는 것에 비추어 풀또기도 풀이 높이 자란 모습처럼 보이는 것과 관련된 이름으로 추론되지만, 함경북도 방언에 대한 연구가 충분하지 않아 그 정확한 유래는 추가적인 조사와 연구가 필요하다.

　속명 *Prunus*는 서양자두나무의 고대 라틴명에서 유래한 것으로 벚나무속을 일컫는다. 종소명 *triloba*는 '셋으로 갈라진'이라는 뜻이다.

다른이름　풀또끼(도봉섭 외, 1958), 참풀또기(임록재 외, 1972)[131]

중국/일본명　중국명 榆叶梅(yu ye mei)는 비술나무(楡樹)의 잎을 닮은 매화(梅)라는 뜻이다. 일본명 オヒヤウモモ는 난티나무(オヒヤウニレ)를 닮은 복숭아나무(モモ)라는 뜻이다.

참고　[북한명] 참풀또기/풀또기[132] [유사어] 유엽매(楡葉梅)

⊗ Prunus verecunda *Koehne* var. Sontagiae *Nakai*　ヒメヤマザクラ
　　Ĝot-bôt-namu　꽃벗나무

꽃벚나무〈*Prunus serrulata* Lindl.(1830)〉[133]

꽃벚나무라는 이름은 꽃이 아름다운 벚나무라는 뜻에서 붙여졌다.[134] 일제강점기에 나카이 다케노신(中井猛之進, 1882~1952)이 『조선삼림식물편』에서 조사한 바에 따르면 당시 조선에서는 '벚나무'로 통칭했고 별도의 명칭이 없었던 것으로 보인다. 『조선식물향명집』에서는 전통 명칭 '벚나무'

---

129 '국가표준식물목록'(2018)은 풀또기의 학명을 *Prunus triloba* var. *truncata* Kom.(1903)으로 기재하고 있는데, 이는 러시아 식물학자 코마로프(V.L. Komarov, 1869~1945)가 한반도 분포종을 별도의 변종으로 분류한 것에서 비롯한 것이다. 그러나 기본종과 식별이 곤란해 『장진성 식물목록』(2014)은 본문의 학명을 정명으로 기재하고 있으며 '중국식물지'(2018)도 별도의 변종으로 분류를 하지 않고 있다.

130 이에 대해서는 『조선삼림식물도설』(1943), p.372 참조.

131 『조선식물명휘』(1922)는 '楡葉桃, 풀도기(觀賞)'를 기록했으며 『선명대화명지부』(1934)는 '풀도기'를, 『조선의산과와산채』(1935)는 '풀또기'를, 『조선삼림식물편』(1915~1939)은 'Poltogi(咸北)[풀또기](함북)'를 기록했다.

132 북한에서는 P. *triloba*를 '참풀또기'로, P. *triloba* var. *truncata*를 '풀또기'로 하여 별도 분류하고 있다. 이에 대해서는 임록재 외(1996) 10, p.39 참조.

133 '국가표준식물목록'(2018)은 꽃벚나무의 학명을 *Prunus serrulata* var. *sontagiae* Nakai(1916)로 기재하고 있으나, 『장진성 식물목록』(2014)은 정명을 본문과 같이 기재하고 있다.

134 이러한 견해로 이우철(2005), p.119 참조.

를 기본으로 하고 식물의 특징을 나타내는 '꽃'을 추가해 '꽃벗나무'를 신칭했으나,[135] 『한국식물명
감』에서 맞춤법에 따라 '꽃벗나무'로 개칭해 현재에 이르고 있다.

속명 *Prunus*는 서양자두나무의 고대 라틴명에서 유래한 것으로 벚나무속을 일컫는다. 종소명
*serrulata*는 '가는톱니가 있는'이라는 뜻이다.

다른이름 꽃벗나무(정태현 외, 1937), 애기산벚나무(안학수·이춘녕, 1963), 꽃벚꽃나무(Chang et al.,
2014)[136]

중국/일본명 중국명 山櫻花(shan ying hua)는 산에 자라는 벚나무 종류(櫻花)라는 뜻이다. 일본명 ヒ
メヤマザクラ(姫山桜)는 크기가 작은 벚나무(ヤマザクラ)라는 뜻이다.

참고 [북한명] 꽃벗나무

Prunus yedoensis *Matsumura*　ソメイヨシノ(ヨシノザクラ)
Saĝura　사꾸라

왕벚나무(일본왕벚나무)〈*Prunus* x *yedoensis* Matsum.(1901)〉

왕벚나무라는 이름은 꽃이 크고 많이 피며 아름다운(왕) 벚나무라는 뜻에서 유래했다.[137] 『조선
식물향명집』은 일본에서 전래된 벚나무라는 뜻으로 일본명 소메이요시노자쿠라(ソメイヨシノザ
クラ, 染井吉野桜)에서 유래한 '사꾸라'로 기록했으나, 『한국식물명감』에서 '왕벚나무'로 개칭한 후
최근까지 이 이름으로 불렸다. 일본산 소메이요시노자쿠라(이하 "일본왕벚나무")는 올벚나무와 오
오시마벚나무(*P. lannesiana* var. *speciosa*)의 교잡종으로 알려졌으나 자생지에서 야생하는 개
체는 지금까지 확인되지 않았다.[138] 한편 1908년 가톨릭 신부로 파견되어 제주도에 근무하던 프
랑스 신부 타케(Emil Joseph Taquet, 1873~1952)가 한라산에서 자생하는 일본왕벚나무와 형태
가 유사한 개체의 표본을 채집해 독일로 보낸 것이 독일 식물학자 Bernhard Adalbert Emil
Koehne(1848~1918)에 의해 일본왕벚나무의 변종으로 발표되었다.[139] 그 이후 일본왕벚나무와 한
라산의 자생 분류군이 동일한 종인지에 관해 지속적인 논쟁이 벌어졌는데, 국내에서는 둘을 동일
한 종으로 보고 한라산을 비롯한 한반도가 자생지이며 이로부터 일본왕벚나무가 기원한 것으로
이해하는 것이 일반적이었다. 그러나 최근 유전자 조사에 따르면 제주도에 분포하는 분류군은 올
벚나무를 모계로 하고 벚나무 또는 산벚나무 등을 부계로 하는 자연교잡종으로, 일본왕벚나무와

---

135 이에 대해서는 『조선식물향명집』, 색인 p.32 참조.
136 『선명대화명지부』(1934)는 '벗나무'를 기록했으며 『조선삼림식물편』(1915~1939)는 'Pot'nam'[벚나무]를 기록했다.
137 이러한 견해로 이우철(2005), p.411; 박상진(2019), p.204; 전정일(2009), p.61; 힌대호 외(2006), p.165 참조.
138 이에 대해서는 김태영·김진석(2018), p.395와 Yô Takenaka(1963), pp.207-211 참조.
139 이때 발표된 학명은 *Prunus yedoensis* var. *nudiflora* Koehne(1912)였다.

서로 구별되는 분류군으로 확인되었다.[140]

속명 *Prunus*는 서양자두나무의 고대 라틴명에서 유래한 것으로 벚나무속을 일컫는다. 종소명 *yedoensis*는 '에도(江戶: 일본 도쿄의 옛이름)에 분포하는'이라는 뜻이다.

다른이름 사꾸라(정태현 외, 1937), 사구라나무(정태현, 1943), 민벚나무/왕벚나무(박만규, 1949), 제주벚나무(도봉섭 외, 1958), 사꾸라나무/참벚나무/큰벚나무(안학수·이춘녕, 1963), 큰꽃벚나무(정태현, 1965), 제주벚나무(이창복, 1966)

중국/일본명 중국명 東京櫻花(dong jing ying hua)는 도쿄(東京)에 자라는 벚나무(櫻花)라는 뜻이다. 일본명 ソメイヨシノ(染井吉野)는 에도 시대 말기부터 재배종 벚나무를 많이 키웠던 소메이(染井) 마을과 야생하는 벚나무를 활용한 벚꽃놀이로 유명한 요시노(吉野)산을 합성해 만든 이름으로, 1900년 도쿄의 우에노(上野) 공원에서 벚나무 종류를 조사하던 중 발견된 종에 붙여졌다.

참고 [북한명] 제주벚나무 [유사어] 야앵화(野櫻花) [지방명] 사오기(제주), 버찌나무(충북)

---

140 M.S. Cho et al.(2014), pp.1976-1986과 조명숙 외(2016), pp.247-255 참조.

Leguminosae 콩科 (荳科)

콩과〈Fabaceae Lindl.(1836) = **Leguminosae** Juss.(1789)〉[1]

콩과는 재배식물인 콩에서 유래한 과명이다. 『조선식물향명집』, '국가표준식물목록'(2018) 및 '세계식물목록'(2018)은 엥글러(Engler) 분류 체계와 동일하게 전통적인 명칭인 Leguminosae를 과명으로 기재하고 있으며, 『장진성 식물목록』(2014)과 크론키스트(Cronquist) 분류 체계는 더 이상 쓰이지 않는 속명인 Faba에서 유래한 표준명인 Fabaceae를 과명으로 기재하고 있다. APG IV(2016) 분류 체계는 Fabaceae와 함께 Leguminosae를 병기하고 있다. 콩과는 난초과와 국화과에 이어 매우 큰 과로서 벼과와 함께 식량 자원으로 인류에게 아주 중요한 분류군이다.

Aeschynomene indica *Linné* クサネム
Jagwepul 자귀풀

자귀풀〈*Aeschynomene indica* L.(1753)〉

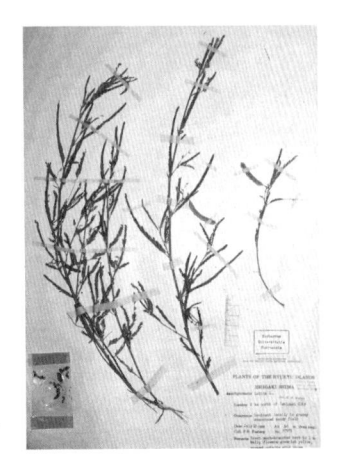

자귀풀이라는 이름은 잎의 형태가 닮았을 뿐만 아니라 자귀나무와 같이 잎이 야간에 수면운동을 하므로 자귀나무를 닮은 초본성 식물이라는 뜻에서 유래했다. 한편 한글명 '자귀풀'을 일본명 クサネム(草合歡)에서 유래한 것으로 보는 견해가 있다.[2] 그러나 19세기 초에 저술된 『광재물보』는 '合明草'(합명초)에 대해 "夜葉亦合"(밤에 잎이 다시 합해진다)이라고 기록해일찍이 잎이 수면운동을 하는 초본성 식물을 인식했고,[3] 『한불자전』 등은 한글로 '자귀풀'을 기록했으므로 타당성이 없는 주장으로 보인다.

　속명 *Aeschynomene*는 접촉에 민감한 식물인 미모사 (*Mimosa pudica*)의 라틴명으로 그리스어 *aischyno*(부끄러운)에서 유래했으며 자귀풀속을 일컫는다. 종소명 *indica*는 '인도의'라는 뜻이다.

1　과의 계급을 나타내는 어미 '-aceae'를 사용하지 않아도 되는 예외적인 경우로 Compositae/Asteraceae, Cruciferae/Brassicaceae, Gramineae/Poaceae, Guttiferae/Clusiaceae · Hypericaceae, Labiatae/Lamiaceae, Leguminosae/Fabaceae, Palmae/Arecaceae, Umbelliferae/Apiaceae의 8개 과가 있으며, 최근엔 표준화된 과명을 일관되게 쓰는 추세이다.

2　이러한 견해로 김종원(2013), p.319 참조.

3　『광재물보』(19세기 초)는 合明草(합명초)에 대해 "生下濕地 葉與決明仝 野葉亦合"(저습지에 자라고, 잎은 결명자와 같다고 전해지며, 밤에는 잎이 다시 합해진다)이라고 기록했다. 이에 대해서는 정양원 외(1997), p.634 참조.

마디깍지풀(안학수·이춘녕, 1963)

옛이름 合明草(광재물보, 19세기 초), 馬蹄決明/즈괴밥(물명고, 1824), 작위풀(의휘, 1871), 자귀풀(한불자전, 1880)[4]

중국/일본명 중국명 合萌(he meng)은 잎이 합쳐지고 자귀나무(萌葛)를 닮았다는 뜻이다. 일본명 クサネム(草合歡)는 자귀나무(ネムノキ)를 닮았는데 초본성 식물이라는 뜻이다.

참고 [북한명] 자귀풀 [유사어] 합맹(合萌) [지방명] 자골/자골초/자귤/자글/자쿨(세주)

⊗ Albizzia coreana *Nakai* オホバネムノキ
Wang-jagwe-namu 왕자귀나무

왕자귀나무〈*Albizia kalkora* (Roxb.) Prain(1897)〉

왕자귀나무라는 이름은 잎이 상대적으로 큰(왕) 자귀나무라는 뜻에서 붙여졌다.[5] 『조선식물향명집』에서 전통 명칭 '자귀나무'를 기본으로 하고 식물의 형태적 특징을 나타내는 '왕'을 추가해 신칭했다.[6] 『조선삼림식물도설』은 전남 어청도에서 사용하는 방언 '작읫대나무'를 기록했으나, 이는 '자귀나무'의 방언형으로 식물분류학 도입 이전에는 자귀나무와 왕자귀나무를 별도 구별하지 않았다는 점을 시사한다.

속명 *Albizia*는 자귀나무를 유럽에 최초로 소개한 18세기의 이탈리아 자연사학자 Filippo Delgi Albizzi(생몰연도 미상)의 이름에서 유래했으며 자귀나무속을 일컫는다. 종소명 *kalkora*는 인도 벵골의 지역명에서 유래했다.

다른이름 작읫대나무(정태현, 1943), 자읫대나무(임록재 외, 1972), 흰사귀나무(현진건 외, 1982)

중국/일본명 중국명 山槐(shan huai)는 산에서 자라는 회화나무(槐)라는 뜻이다. 일본명 オホバネムノキ(大葉合歡木)는 잎이 큰 자귀나무(ネムノキ)라는 뜻이다.

참고 [북한명] 왕자귀나무/흰자귀나무[7] [유사어] 합환목(合歡木)

---

4 『조선식물명휘』(1922)는 '合萌, 田皁角'을 기록했으며 『토명대조선만식물자휘』(1932)는 '[含羞草]함슈초, [자귀풀]'을 기록했다.
5 이러한 견해로 이우철(2005), p.414 참조.
6 이에 대해서는 『조선식물향명집』, 색인 p.44 참조.
7 북한에서는 A. coreana를 '왕자귀나무'로, A. kalkora를 '흰자귀나무'로 하여 별도 분류하고 있다. 이에 대해서는 리용재 외(2011), p.19 참조.

Albizzia Julibrissin *Durazz*   ネムノキ
Jagwe-namu   자귀나무

자귀나무〈*Albizia julibrissin* Durazz.(1772)〉

자귀나무라는 이름은 한자명 合歡木(합환목), 夜合樹(야합수),
合昏(합혼) 등이 모두 잎의 수면운동과 관련한 이름인 것에 비
추어, 잠을 자는 나무라는 뜻에서 유래한 것으로 추정한다.[8]
수면운동을 하는 잎의 모양이 남녀가 서로 안고 잠자는 모습
같다고 하여 부부의 금실을 상징하기도 한다. 한글명은 17세
기에 저술된 『동의보감』에 '자괴나모'로 처음 나타나지만, 15
세기에 저술된 『향약집성방』은 향명을 '佐歸木'(좌귀목)으로
기록했는데 이를 한글로 표기하면 '자귀나모'가 된다. 현대어
'잠자다'의 15세기 표현은 '즘자다'이므로 '자귀'는 '자'(잠자다)
와 '귀'(어귀의 의미)가 합쳐진 말로 보인다.[9] 한편 자귀나무라는
이름의 유래에 관해서는 여러 견해가 있다. (i) 한자명 佐歸木

(좌귀목) 또는 自歸木(자귀목)을 잎이 스스로 돌아간다는 뜻으로 해석해 이로부터 '자귀나모'가 유
래했다고 보는 견해가 있으나,[10] 자귀나무는 옛 문헌에 '佐槐'(좌괴) 및 '作(山鬼)木'(작괴목)의 형태로
도 사용했으므로 이는 고유어 '자귀나모'의 이두식 차자(借字) 표기로 이해된다. (ii) 잎이 수면운
동을 하는 모양이 귀신과 같다고 해서 자귀나무라는 이름이 유래했다는 견해가 있으나,[11] 귀신을
'자귀' 또는 '자괴'로 사용한 예는 발견하기 어렵다. (iii) 나무를 깎아 다듬는 연장의 하나인 자귀
의 손잡이로 쓰였던 것에서 유래했다는 견해가 있으나,[12] 자귀(錛)의 옛말인 '자괴'는 『역어유해』에
그 표현이 처음 보이고 그 이전에는 『훈몽자회』와 『박통사언해』에서 '항괴'라고 표현하고 있어 자
귀나무의 옛 표현과 차이가 있다. (iv) 부부의 만남을 뜻하는 우리말 '짝'에서 짝나무가 변화한 것
이라는 견해가 있으나,[13] 짝의 옛말은 『훈몽자회』에서 '짝'이라고 하므로 표현의 차이가 있고 짝나
무 또는 짜기나무로 사용된 용례도 발견되지 않는다.

8   이러한 견해로 박상진(2019), p.332 참조.

9   15세기에 '잠자다'를 '즘자다'로 표기한 문헌으로는 『월인천강지곡』(1447), 『분류두공부시언해』(1481), 『구급간이방언해』
    (1489) 등이 있다.

10 이러한 견해로 이우철(2005), p.436과 이덕봉(1963), p.30 참조. 다만 이덕봉은 스스로 접힌다는 뜻의 '自歸木'(자귀목)에서
    유래한 것으로 추정하고 있으나 그러한 한자명의 사용례는 발견되지 않고 있다.

11 이러한 견해로 허북구·박석근(2008b), p.242; 전정일(2009), p.71; 기태완(2015), p.553 참조.

12 이러한 견해로 박상진(2001), p.478과 강판권(2015), p.203 참조.

13 이러한 견해로 김종원(2013), p.675와 유기억(2008b), p.161 참조.

속명 *Albizia*는 자귀나무를 유럽에 최초로 소개한 18세기의 이탈리아 자연사학자 Filippo Delgi Albizzi(생몰연도 미상)의 이름에서 유래했으며 자귀나무속을 일컫는다. 종소명 *julibrissin* 은 페르시아어 *gul-i abrisham*에서 유래한 말로 비단꽃(silk flower)이라는 뜻이다.

다른이름 작위나무(정태현 외, 1923), 야합수(리용재 외, 2011)

옛이름 夜合花/沙乙木花(향약구급방, 1236),[14] 合歡/佐歸木(향약집성방, 1433),[15] 佐槐(명종실록, 1554), 夜合樹/ᄌ괴나모(언해구급방, 1608), 合歡皮/자괴나모겁질/合婚/夜合皮(동의보감, 1613), 合歡木/合昏/夜合(지봉유설, 1614), 合歡木/자괴나무/자리나무(주촌신방, 1687), 合歡木/짜귀사리(실험단방, 1709), 合歡皮/자괴나모겁질/夜合皮/合昏(산림경제, 1715), 合歡/作(山鬼)木/靑裳/萌葛/烏賴樹(본사, 1787), 合歡皮(광제비급, 1790), 合歡/자귀나무(재물보, 1798), 合歡/작의나무(물보, 1802), 合歡木/ᄌ귀나무(광재물보, 19세기 초), 合歡木/ᄌ괴나모/合昏/夜合/靑裳/萌葛/鳥賴樹(물명고, 1824), 合歡/합환(명물기략, 1870), 合歡木/쟈과나무겁질(의휘, 1871), 자귀나무(한불자전, 1880), 合歡皮/자괴나모겁질(의방합편, 19세기), 合歡皮/짝우나무씹줄(선한약물학, 1931), 자귀나무/자구나무(조선어표준말모음, 1936)[16]

중국/일본명 중국명 合欢(he huan)은 남녀가 함께 합한다는 의미로 밤에 잎이 수면운동을 하여 합해지는 모습에서 유래했다.[17] 일본명 ネムノキ(合歡木)는 자다(眠)라는 뜻의 ネムル가 어원으로 밤에 잎이 수면운동을 하는 모습 때문에 붙여졌다.

참고 [북한명] 자귀나무 [유사어] 맹갈(萌葛), 야합수(夜合樹), 합혼목(合昏木), 합환목(合歡木), 합환피(合歡皮) [지방명] 자구나무/짜구나무/짜구사리(경남), 짜구사리(경북), 소찰밥나무/쇠까잘나무/짜구나무/짜구대나무(전남), 짜구나무/짜구대나무/짜구때기나무/짜굿대나무(전북), 자구나무/자구남/자구낚/자구낚섭/자굴낭/자귀낭(제주), 자귓대나무/짜구나무/짜굿대나무(충남)

14 『향약구급방』(1236)의 차자(借字) '沙乙木花'(사을목화)에 대해 남풍현(1981), p.97은 '살나곳'의 표기로 보고 있으며, 이덕봉(1963), p.30은 '사기나모곳'의 표기로 보고 있다.

15 『향약집성방』(1433)의 차자(借字) '佐歸木'(좌귀목)에 대해 남풍현(1999), p.179는 '자귀나모'의 표기로 보고 있으며, 이덕봉(1963), p.30은 '자귀나모'의 표기로 보고 있다.

16 「화한한명대조표」(1910)는 '짝우ㄴ무'를 기록했으며 「조선주요삼림수목명칭표」(1915a)는 '자귀ㄴ무'를, 『조선어사전』(1920)은 '合歡木(합환목), 合昏木(합혼목), 夜合花(야합화), 자귀나무'를, 『조선식물명휘』(1922)는 '合歡, 萌葛, 짝우나무(觀賞)'를, 『토명대조선만식물자휘』(1932)는 '[合歡木]합환목, [合婚木]합혼목, [夜合木]야합목, [자귀나무]'를, 『선명대화명지부』(1934)는 '짜구나무, 작위나무'를 기록했다.

17 중국의 『본초습유』(783)는 "其葉至暮卽合 故云合昏"(이 나무의 잎은 저녁이 되면 합해지기 때문에 합혼이라 한다)이라고 기록했다.

Arachis hypogaea *Linné*　ナンキンマメ(ラッカセイ)　(栽)
Naghwasaeng　낙화생(호콩)

땅콩⟨Arachis hypogaea L.(1753)⟩

땅콩이라는 이름은 열매인 콩이 땅속에 생긴다는 뜻에서 유래했다.[18] 옛 문헌에 기록된 한자명 '落花生'(낙화생)은 수정된 씨방이 땅속으로 들어가 열매를 맺기 시작하는 것에서 유래한 이름이다.[19] 『조선식물향명집』은 전통 명칭인 '낙화생'으로 기록했으나 『우리나라 식물명감』에서 '땅콩'으로 개칭해 현재에 이르고 있다. 한편 중국에서 들어온 콩이라는 의미의 당콩(唐−)에서 땅콩이 유래했다는 견해가 있으나,[20] 식물명에서 '땅'을 당(唐)의 뜻으로 사용한 사례가 없어 타당성은 의문스럽다.

　속명 *Arachis*는 테오프라스토스(Theophrastus, B.C.371~B.C.287)가 콩과 식물의 일종에 붙였던 *arachos*, *arakos*에서 유래했으며 땅콩속을 일컫는다. 종소명 *hypogaea*는 '땅속에 사는, 지하의'라는 뜻이다.

다른이름 낙화생/호콩(정태현 외, 1937), 락화생(도봉섭 외, 1958)

옛이름 짱공(실험단방, 1709), 落花生(열하일기, 1780), 落花生(청장관전서, 1795), 落花生(백운필, 1803), 落花生(계산기정, 1804), 落花生/낙화싱(광재물보, 19세기 초), 落花生(물명고, 1824), 落花生(임원경제지, 1842), 落花生(신기천험, 1866), 낙화싱/落花生(한불자전, 1880), 落花生/호콩(선한약물학, 1931)[21]

중국/일본명 중국명 落花生(luo hua sheng)은 꽃이 떨어져 열매가 생긴다는 뜻이다. 일본명 ナンキンマメ(南京豆)는 중국의 남부 지방에서 전래된 콩이라는 뜻이다.

참고 [북한명] 락화생 [유사어] 낙화생(落花生), 남경두(南京豆), 향우(香芋) [지방명] 땅잣(경북), 따콩(평안), 대국콩/마마콩(함남), 마마콩(함북)

18　이러한 견해로 이우철(2005), p.202; 김무림(2015), p.334; 안옥규(1996), p.380 참조.
19　저자 미상의 『계산기정』(1804)은 "落花生之果 其實結於已落之花 故曰落花生"(낙화생의 열매는 떨어진 꽃에서 열매를 맺기 때문에 낙화생이라 한다)이라고 기록했다.
20　이러한 견해로 김양진(2011), p.82 참조.
21　『조선어사전』(1920)은 '落花生(락화싱), 南京豆(남경두), 땅콩'을 기록했으며 『조선식물명휘』(1922)는 '落花生, 花生, 長生菓, 호콩, 락화싱(食)', 『토명대조선만식물자휘』(1932)는 '[落花生]낙화싱, [南京豆]남경콩, [땅콩]'을, 『선명대화명지부』(1934)는 '락화생, 호콩'을 기록했다.

⊗ Astragalus dahuricus *De Candolle*　　ムラサキワウギ
Jaji-hwanggi　자지황기

자주황기⟨*Astragalus mongholicus* Bunge var. *dahuricus* (DC.) Podlech(1999)⟩[22]

자주황기라는 이름은 자주색의 황기라는 뜻으로 꽃이 자주색으로 피는 것에서 유래했다.[23] 『조선식물향명집』에서는 '황기'를 기본으로 하고 자주의 옛 표현 '자지'를 추가해 '자지황기'를 신칭했으나,[24] 『조선식물명집』에서 '자주황기'로 개칭해 현재에 이르고 있다.

속명 *Astragalus*는 복사뼈 또는 그 비슷한 모양을 가진 콩과 식물에 사용되던 용어로 고대 그리스명에서 유래했으며 황기속을 일컫는다. 종소명 *mongholicus*는 '몽골의'라는 뜻으로 원변종의 최초 발견지 또는 분포지를 나타낸다. 변종명 *dahuricus*는 '(바이칼호 동쪽) 다후리아 지방의'라는 뜻으로 최초 발견지 또는 분포지를 나타낸다.

다른이름　자지황기(정태현 외, 1937), 자주꽃황기(박만규, 1949), 자주단너삼(임록재 외, 1996)[25]

중국/일본명　중국명 达乌里黄耆(da wu li huang qi)는 다후리아 지방에 분포하는 황기(黄耆)라는 뜻이다. 일본명 ムラサキワウギ(紫黄耆)는 자주색 꽃이 피는 황기(ワウギ)라는 뜻이다.

참고　[북한명] 자주단너삼

Astragalus membranaceus *Fischer*　　キバナワウギ
Hwanggi　황기(단너삼)　黃芪

황기(단너삼)⟨*Astragalus membranaceus* Moench(1794)⟩[26]

황기라는 이름은 한자명 黄耆(황기) 또는 黄芪(황기)에서 유래한 것으로[27] 약재로 사용하는 뿌리가 길고 노랗다고 하여 붙여졌다. 강원도 이북의 산지에 분포하는 여러해살이풀로 예로부터 뿌리를 약용했다.[28] 중국의 『본초강목』은 "耆長也 黄耆色黄 爲補藥之長 故名 今俗通作黄芪"[기는 길다는 뜻이다. 황기의 색은 노랗다. 보약으로 사용하면 장수할 수 있다. 그래서 붙여진 이름이다. 지금 민간에서는 황기(黄芪)로 통용하여 쓴다]라고 기록했다. 한편 황기의 우리말 표현 '단너삼'은 고삼(苦

22　'국가표준식물목록'(2018)과 '중국식물지'(2018)는 자주황기의 학명을 *Astragalus dahuricus* (Pall.) DC.(1825)로 기재하고 있으나, 『장진성 식물목록』(2014)은 본문의 학명을 정명으로 기재하고 있다.

23　이러한 견해로 이우철(2005), p.441 참조.

24　이에 대해서는 『조선식물향명집』, 색인 p.45 참조.

25　『조선식물명휘』(1922)는 '野豆角花'를 기록했다.

26　'국가표준식물목록'(2018)과 '중국식물지'(2018)는 황기의 학명을 *Astragalus mongholicus* Bunge(1868)로 기재하고 있으나, 『장진성 식물목록』(2014)은 본문의 학명을 정명으로 기재하고 있다.

27　이러한 견해로 이우철(2015), p.598 참조.

28　이에 대해서는 『한국식물도감(하권 초본부)』(1956), p.336 참조.

蔘)을 '쓴너삼'이라고 한 것에 대비해 뿌리에서 단맛이 난다는 뜻이다.[29]

속명 *Astragalus*는 복사뼈 또는 그 비슷한 모양을 가진 콩과 식물에 사용되던 용어로 고대 그리스명에서 유래했으며 황기속을 일컫는다. 종소명 *membranaceus*는 '막질의, 막 모양의'라는 뜻이다.

다른이름 단너삼/황기(정태현 외, 1936), 노랑황기(박만규, 1949), 도미황기(정태현, 1970), 몽골단너삼(리용재 외, 2011)

옛이름 黃蓍/甘板麻/數板麻/目白甘板麻(향약구급방, 1236),[30] 黃芪/甘板麻(향약채취월령, 1431), 黃蓍/甘板麻(향약집성방, 1433),[31] 黃蓍/든너삸불휘(구급간이방언해, 1489), 黃芪/황기(언해두창집요, 1608), 黃芪/황기(언해태산집요, 1608), 黃芪/든너삼불휘(동의보감, 1613), 黃芪(실험단방, 1709), 黃芪(광제비급, 1790), 草黃芪/단너삼(재물보, 1798), 黃芪/단너슴(제중신편, 1799), 黃芪/단나슴/등츔/黃蓍(광재물보, 19세기 초), 草黃芪/단너삼/黃蓍(물명고, 1824), 黃芪/단너슴불휘(의종손익, 1868), 黃芪(의휘, 1871), 황기/黃芪(한불자전, 1880), 黃芪/단너슴쑬리(방약합편, 1884), 黃芪/단너삼쑬리(박물신서, 19세기), 黃芪(수세비결, 1929), 黃蓍/단너삼쑬리(선한약물학, 1931)[32]

중국/일본명 중국명 蒙古黃蓍(meng gu huang qi)는 몽골에서 자라는 황기(黃蓍)라는 뜻이다. 일본명 キバナワウギ(黃花黃蓍)는 노란색 꽃이 피는 황기(黃蓍)라는 뜻이다.

참고 [북한명] 단너삼/몽골단너삼[33] [유사어] 기초(芰草) [지방명] 항기/황게(강원), 항기/황귀(경남), 향기(경북), 행기(전북), 황개/황겨/황계/횅교(충남), 황개/황기/횅개(충북), 황개(함북)

Astragalus sinicus Linné   レンゲサウ(ゲンゲ)   (栽)
Jaunyŏng   자운영

자운영〈*Astragalus sinicus* L.(1767)〉

---

29 이러한 견해로 손병태(1996), p.65와 이덕봉(1963), p.8 참조.
30 『향약구급방』(1236)의 차자(借字) '甘板麻/數板麻/目白甘板麻'(감판마/수판마/목백감판마)에 대해 남풍현(1981), p.139는 '든널삼/수널삼/눈흰든널삼'의 표기로 보고 있으며, 이덕봉(1963), p.8은 '단너삼/두너삼/흰즈수너삼'의 표기로 보고 있다.
31 『향약집성방』(1433)의 차자(借字) '甘板麻'에 대해 남풍현(1999), p.175는 '든덜삼'의 표기로 보고 있다.
32 『조선한방약료식물조사서』(1917)는 '단너삼(東醫), 黃芪'를 기록했으며 『조선어사전』(1920)은 '黃蓍(황기), 黃芪(황기)'를, 『조선식물명휘』(1922)는 '黃芪, 황지, 단너삼(藥)'을, 『토명대조선만식물자휘』(1932)는 '[黃蓍]황기, [黃芪]황기, [芪草]기초, [단너삼]'을, 『선명대화명지부』(1934)는 '황지, 단너삼'을 기록했다.
33 북한에서는 A. membranaceus를 '단너삼'으로, A. mongholicus를 '몽골단너삼'으로 하여 별도 분류하고 있다. 이에 대해서는 리용재 외(2011), p.45 참조.

자운영이라는 이름은 한자명 '紫雲英'(자운영)에서 유래한 것으로, 꽃이 자주색으로 피고 광물의 일종인 雲英(운영)을 닮았다고 하여 붙여졌다.[34] 녹비식물로 이용하기 위해 중국으로부터 도입된 것인데 어린잎을 식용하기도 했다.[35] 4세기 초에 저술된 중국의 『포박자』는 '雲英'(운영)을 雲母(운모)의 일종으로 오색이 나면서 푸른빛이 강한 광물로 기록했는데, 이것이 이후 식물 이름으로 전용된 것이다. 꽃의 모양을 광물에 비유한 것으로 보인다. 『조선식물향명집』은 재배식물로 기록했으나 현재는 야생화가 이루어져 남부 지방에서 자생한다. 옛 문헌에 별도로 기록한 내용이 발견되지 않는 것에 비추어 도입 시기는 그리 오래되지 않은 것으로 추정된다.

속명 Astragalus는 복사뼈 또는 그 비슷한 모양을 가진 콩과 식물에 사용되던 용어로 고대 그리스명에서 유래했으며 황기속을 일컫는다. 종소명 sinicus는 라틴어 Sina(支那: 중국)와 icus(형용사화 접미사)의 합성어로 '중국의'라는 뜻이다.

중국/일본명 중국명 紫云英(zi yun ying)은 한국명과 동일하다. 일본명 レンゲサウ(蓮華草)는 원모양 꽃차례로 달리는 꽃의 모양을 연꽃에 비유한 것에서 유래했다.[36]

참고 [북한명] 자운영 [유사어] 홍화채(紅花菜) [지방명] 자구대/팝시/팝씨(경기), 풀시/풀씨(경남), 도리깨/자구장/자구정/자두캥/자우령/자울령/자울영/풀씨(전남), 자우녕/자우영/자울령/잔대기풀/풀씨/풀씨노물(전북), 자우영/자우정/자운영나물/자울령(충남)

Caesalpinia japonica *Siebold et Zuccarini*   ジャケツイバラ
Silgòri-namu   실거리나무

실거리나무〈*Caesalpinia decapetala* (Roth) Alston(1931)〉
실거리나무라는 이름은 줄기·가지·잎에 꼬부라진 가시가 있어 옷이 한번 걸리면 벗어날 수 없는 나무라는 뜻에서 유래했다.[37] 종자는 염주를 만드는 것에 사용했으며, 주요 자생지인 제주 방언 '실거리낭'을 채록한 것에서 비롯되었다.[38] 중국에서 사용했던 '雲實'(운실)과 '天豆'(천두)라는 약재

---

34   이러한 견해로 이우철(2005), p.437과 夏纬瑛(1990), p.148 참조.
35   이에 대해서는 『한국의 민속식물』(2017), p.604 참조.
36   『조선식물명휘』(1922)는 '紫雲英, 翹搖車, 紅花菜(飼料)'를 기록했다.
37   이러한 견해로 이우철(2005), p.368; 박상진(2019), p.286; 김태영·김진석(2018), p.427; 허북구·박석근(2008b), p.204; 전정일(2009), p.73 참조.
38   이에 대해서는 『조선삼림수목감요』(1923), p.72와 『조선삼림식물도설』(1943), p.374 참조.

명이 옛 문헌에서 확인되지만, 18세기 말 이후의 일부 문헌에서만 보이는 것에 비추어 널리 사용한 이름은 아니었던 것으로 추론된다.

속명 *Caesalpinia*는 피사의 식물원 원장이었던 이탈리아 식물학자 Andrea Cesalpino(1519~1603)의 이름에서 유래한 것으로 실거리나무속을 일컫는다. 종소명 *decapetala*는 '꽃잎이 10개인'이라는 뜻이다.

다른이름 실거리나무(정태현 외, 1923), 띠거리가시(정태현, 1943), 띠거리나무(안학수·이춘녕, 1963), 띠거리나무(리용재 외, 2011)

옛이름 雲英/雲英/天豆(재물보, 1798), 雲實/員實/天豆/馬豆(광재물보, 19세기 초), 雲實/員實/天豆/馬豆(물명고, 1824), 天豆/雲實(수세비결, 1929), 雲實/天豆(선한약물학, 1931)[39]

중국/일본명 중국명 云实(yun shi)는 직역하면 구름의 열매라는 뜻으로 『본초강목』에 실린 약재명이지만 그 정확한 유래는 알려져 있지 않다.[40] 일본명 ジャケツイバラ(蛇結茨)는 줄기가 덩굴성이고 굽어 있는 모양이 뱀이 똬리를 틀고 있는 듯하고 가시나무(イバラ)를 닮았다는 뜻에서 유래했다.

참고 [북한명] 실거리나무 [유사어] 야조각(野皁角), 운실(雲實), 천두(天豆) [지방명] 단추거리나무(전남), 가풀낭/갑풀낭/범주리가시/범주리낭/범지리낭/수꾸리낭/시커리가시낭/실거리낭/실구렝낭/쑥고리낭/씰거리낭(제주)

Canavalia ensiformis *De Candolle* ナタマメ
Jagdukong 작두콩

작두콩〈*Canavalia ensiformis* (L.) DC.(1825)〉

작두콩이라는 이름은 꼬투리가 작두의 칼날 모양인 콩 종류라는 뜻이다.[41] 작두는 말과 소의 먹이로 쓰이는 짚과 풀을 써는 연장을 말한다. 19세기에 저술된 『임원경제지』는 "刀豆亦荅之類也 一名挾劍豆...(중략)...其挾形似人挾劍 橫斜而生 則指此也"(도두는 팥 종류이며 일명 협검두라 한다... 그 깍지의 모양은 사람이 칼을 찬 것처럼 비스듬히 자란다고 하였는데 이것을 일컫는다)라고 기록했다. 작두콩이라는 이름은 『임원경제지』에 기록된 挾劍豆(협검두)와 유사한 뜻에서 유래했다. 다만 옛 문헌의 挾劍豆(협검두)가 정확히 어떤 종류인지에 대해서는 논란이 있으므로 주의가 필요하다.

---

39 『조선식물명휘』(1922)는 '雲實, 野皁角'을 기록했으며 『선명대화명지부』(1934)는 '실거리나무'를 기록했나.
40 중국의 『본초강목』(1596)은 '員實 員亦音雲 其義未詳'(員實 員의 음은 雲인데 그 뜻은 알려져 있지 않다)이라고 기록했다.
41 이에 대해서는 국립국어원, '표준국어대사전' 중 '작두콩' 참조.

속명 Canavalia는 작두콩에 대한 말라바르(인도 남서부 지역)의 토착어 kanavali(숲속에 자라는 덩굴식물이라는 뜻)에서 유래한 것으로 해녀콩속을 일컫는다. 종소명 ensiformis는 '칼모양의'라는 뜻이다.

다른이름 줄작두콩(이우철, 1996b)

옛이름 刀豆(조선왕조실록, 1491), 刀豆(연암집, 18세기 말), 刀豆(농정회요, 183?), 刀豆/挾劍豆(임원경제지, 1842), 挾劍豆/東豆(오주연문장전산고, 185?), 挾劍豆/東豆(임하필기, 1871), 刀豆(단방비요경험신편, 1913), 刀豆(선한약물학, 1931)[42]

중국/일본명 중국명 直生刀豆(zhi sheng dao dou)는 아관목 형태로 곧게 자라고 열매가 칼을 닮은 콩이라는 뜻이다. 일본명 ナタマメ(鉈豆)는 열매가 도끼처럼 보이는 콩(マメ)이라는 뜻이다.

참고 [북한명] 작두콩 [유사어] 도두(刀豆), 협검두(挾劍豆) [지방명] 짜두콩(전남), 잠녀콩(제주)

○ Caragana chamlagu *Bunge*　ムレスズメ
Goldamcho　골담초

골담초⟨*Caragana sinica* (Buc'hoz) Rehder(1941)⟩

골담초라는 이름은 한자명 '骨擔草'(골담초)에서 유래한 것인데 뼈를 책임지는 풀이라는 뜻으로 뼈와 관련된 질병에 사용되어서 붙여졌다.[43] 한편 뿌리가 생약으로 골담(骨痰)에 잘 듣는 풀이라는 뜻에서 骨痰草(골담초)라고 했다가 骨擔草(골담초)가 되었다는 견해가 있으나,[44] '骨痰草'라는 표기는 문헌으로 확인되지 않는 것으로 보인다.

속명 Caragana는 시베리아골담초(*C. arborescens*)의 몽골명인 qaraqan에서 유래한 것으로 골담초속을 일컫는다. 종소명 sinica는 '중국의'라는 뜻으로 원산지를 나타내지만 한국에서도 자생지가 발견되었다.[45]

다른이름 골담초(정태현 외, 1923)

---

42 『제주도및완도식물조사보고서』(1914)는 'チャムニョッコン'[잠녀콩]을 기록했으며 『조선어사전』(1920)은 '刀豆(도두)'를, 『조선식물명휘』(1922)는 '刀豆, 關刀豆, 광정이(食)'를, 『토명대조선만식물자휘』(1932)는 '[刀豆]도두, [挾劍豆]협검두'를, 『선명대화명지부』(1934)는 '광정이'를 기록했다.

43 이러한 견해로 이우철(2005), p.78 참조.

44 이러한 견해로 허북구·박석근(2008b), p.47과 김태영·김진석(2018), p.438 참조.

45 '국가생물종지식정보시스템'(2018) 중 '골담초' 부분은 우리나라에서도 군락지가 경북 및 중부 지방의 산지에서 발견된 것으로 보고하고 있다.

仙飛花(매산집, 1790), 金雀花(물명고, 1824), 錦鷄兒(임원경제지, 1842), 仙飛花樹(송남잡지, 1855), 선비화(조선구전민요집, 1933)⁴⁶

중국/일본명 중국명 錦鸡儿(jin ji er)는 조류 금계(錦鷄)를 닮은 식물이라는 뜻이다. 일본명 ムレスズメ(群雀)는 가지에 밀생(密生)해서 피는 꽃이 참새 무리가 모여 있는 것처럼 보인다는 뜻에서 붙여졌다.

참고 [북한명] 골담초 [유사어] 금계아(錦鷄兒), 금작근(金雀根), 금작화(金雀花) [지방명] 곤담초/골단초/골단추/골담추/골담추(경기), 고담추/골남초/골담초나무(경남), 고고치/골담추/버선꽃/버선나무(경북), 곤단초/곤단추/곤달초/골단초/골단추/골담추/곰담초(전남), 곤단초/곤단추/골단초/골단추/골담추(전북), 곤달초/곤달추/곤달추나무/곤담추/골단초/골단추/골단추나무/골담초/골담추/골담치/버선꽃/버선꽃나무/비선꽃나무/산약나무(충남), 버선꽃(충북)

○ Caragana microphylla *Lamarck* コバノムレスズメ
Jom-goldamcho 좀골담초

좀골담초〈*Caragana microphylla* Lam.(1785)〉

좀골담초라는 이름은 잎이 작은 골담초라는 뜻에서 붙여졌다.⁴⁷ 함경북도 이북의 산지에 분포하는 낙엽 활엽 관목으로 다른 골담초 종류에 비해 작은잎이 많이 달리고 크기가 작은 특징이 있다. 『조선식물향명집』에서 전통 명칭 '골담초'를 기본으로 하고 식물의 형태적 특징과 학명에 착안한 '좀'을 추가해 신칭했다.⁴⁸

　속명 *Caragana*는 시베리아골담초(*C. arborescens*)의 몽골명인 qaraqan에서 유래한 것으로 골담초속을 일컫는다. 종소명 *microphylla*는 '작은잎의'라는 뜻이다.

중국/일본명 중국명 小叶锦鸡儿(xiao ye jin ji er)는 잎이 작은 금계아(錦鷄兒: 골담초의 중국명)라는 뜻으로 학명과 같은 의미이다. 일본명 コバノムレスズメ(小葉の群雀)는 작은잎을 가진 골담초(ムレスズメ)라는 뜻이다.

참고 [북한명] 좀골담초 [유사어] 소엽골담초(小葉骨擔草)

46　『조선한방약료식물조사서』(1917)는 '버션꼿(慶北), 骨擔草'를 기록했으며 『조선어사전』(1920)은 '金雀花(금쟉화)'를, 『조선식물명휘』(1922)는 '金雀花, 錦鷄兒, 骨擔草, 골담초(栽)'를, Crane(1931)은 '골담초, 骨擔草'를, 『토명대조선만식물자휘』(1932)는 '[金雀치금쟉목, [金雀花]금쟉화, [骨擔草]골담초'를, 『선명대화명지부』(1934)는 '골담초'를 기록했나.

47　이러한 견해로 이우철(2005), p.466 참조.

48　이에 대해서는 『조선식물향명집』, 색인 p.45 참조.

Cassia nomame *Siebold*　カハラケツメイ
Chapul　차풀

차풀〈*Chamaecrista nomame* (Makino) H.Ohashi(1989)〉[49]

치풀이라는 이름은 전초를 엽차의 재료로 사용한 것에서 유래했다.[50] 덜 익은 열매와 그에 붙은 줄기잎을 차 대신 사용했으며, 경성(서울)에서 실제 사용하는 이름을 채록한 것이다.[51] 매대풀이라는 방언도 보이지만 그 정확한 뜻은 알려져 있지 않다. 중국 명나라 초기에 편찬된 『구황본초』에는 구황식물로 기록된 것에서 유래하는 '山扁豆'(산편두)와 '茳芒決明'(강망결명)이라는 이름도 보인다. 『토명대조선만식물자휘』와 『조선산야생식용식물』에는 '草決明'(초결명)과 '還瞳子'(환동자)라는 이름이 보이는데, 이는 중국의 『본초강목』과 우리나라의 『산림경제』에 따르면 결명자〈*Senna tora* (L.) Roxb.(1832)〉의 별칭이므로 예전에는 종종 결명자와 이름을 혼용했던 것으로 보인다.

속명 *Chamaecrista*는 그리스어 *chamai*(지면의, 왜소한)와 라틴어 *crista*(새의 볏)의 합성어로 차풀속을 일컫는다. 종소명 *nomame*는 일본어 노마메(ノマメ: 야생하는 콩이라는 뜻)에서 유래했다.

다른이름 매대풀/작위풀/차풀(정태현 외, 1936), 며누리감나물(정태현 외, 1949), 메느리감나물(정태현, 1956), 갯차(안학수·이춘녕, 1963), 눈차풀(이창복, 1969b), 며느리감나무(이영노, 1996)

옛이름 山扁豆/茳芒決明(광재물보, 19세기 초), 山扁豆(농정회요, 183?), 山扁豆(임원경제지, 1842), 山扁豆(선한약물학, 1931)[52]

중국/일본명 중국명 豆茶決明(dou cha jue ming)은 차로 마시고 콩을 닮은 결명자(決明)라는 뜻이다. 일본명 カハラケツメイ(川原決明)는 강가의 모래밭에서 주로 자라고 결명자(ケツメイシ)와 비슷하다는 뜻이다.

참고 [북한명] 차풀 [유사어] 관문초(關門草), 산편두(山扁豆), 초결명(草決明), 환동자(還瞳子) [지방명] 자골/자굴(제주)

---

49 '국가표준식물목록'(2918)은 차풀의 학명을 *Chamaecrista nomame* (Siebold) H.Ohashi(1989)로 기재하고 있으나, '세계식물목록'(2018)은 *Chamaecrista nomame* (Sieber) H.Ohashi로 기재하고 있으며 『장진성 식물목록』(2014)과 'IPNI'(2018)는 정명을 본문과 같이 기재하고 있다.

50 이러한 견해로 이우철(2005), p.500; 허북구·박석근(2008a), p.190; 유기억(2018a), p.244 참조.

51 이에 대해서는 『조선산야생식용식물』(1942), p.146 참조.

52 『조선의 구황식물』(1919)은 '메나리감나무'를 기록했으며 『조선식물명휘』(1922)는 '山扁豆, 望江南, 메느리감나무, 차풀(救)'을, 『토명대조선만식물자휘』(1932)는 *Cassia mimosoides*에 대해 '[決明子]결명ᄌ, [草決明]초결명, [馬蹄決明]마뎨결명, [還瞳子]환동ᄌ'를, 『선명대화명지부』(1934)는 '메느리감나무, 차풀'을, 『조선의산과와산채』(1935)는 '山扁豆, 며느리감나무'를 기록했다.

Cercis chinensis *Bunge*   ハナズハウ   (栽)
Bagtaegi-namu   박태기나무

박태기나무〈*Cercis chinensis* Bunge(1833)〉

박태기나무라는 이름은 봄에 꽃자루가 짧은 자주색의 꽃이
모여서 피는 모양이 밥알처럼 보이는 나무라는 뜻에서 유래
했다.[53] 꽃이 모여서 피는 모양을 형제애에 비유해 여러 문집
에 자주 등장하는 식물이다. 전라도 방언을 채록한 것에서 비
롯한 이름이다.[54] 방언 중에 박태기나무와 유사한 밥풀꽃, 밥
태기나무, 밥태기꽃 등이 있는데 '밥풀'은 밥알의 다른 표현이
고, '밥태기'는 밥알의 전라도 방언이기도 하다.[55] 17세기에 허
균이 저술한 『성소부부고』에는 구기자, 파, 박태기나무, 등나
무 등의 꽃으로는 반찬을 만들 수 있다고 하여 먹을거리로 사
용했음을 알 수 있는데, 꽃의 모양에서 밥알을 연상했을 것
으로 보인다. 한편 꽃 모양이 밥알을 틔긴(튀긴) 것 같다고 하

여 밥틔기 나무라는 뜻에서 유래했다고 보는 견해가 있으나,[56] '밥틔기나무'라는 어형은 방언에서
도 발견되지 않으므로 타당성에는 의문이 있다. 그런데 『조선삼림식물도설』은 박태기나무의 다른
이름으로 '소방목, 蘇方木'을 기록했다. 소방목은 동남아 원산으로 중국에서도 재배하는 식물인데
박태기나무와는 다른 *Caesalpinia sappan* L.(1753)을 일컫는다.[57] 『동의보감』은 '蘇方木, 다목'에
대해 중국(唐)에서 수입하는 약재로 기록했고 『물명고』는 "我東用倭國者"(우리나라에서는 일본의
것을 사용한다)라고 하여 국내에는 분포하지 않는 식물로 보았으나,[58] 『지봉유설』과 『송남잡지』는
남해에서 난다고 하여 마치 우리나라에서도 생산이 되는 것처럼 기록했다.[59] 『조선삼림식물도설』
의 '소방목'은 이러한 명칭의 혼용을 반영하는 것으로 보인다.

　속명 *Cercis*는 유럽박태기(Judas tree, *C. siliquastrum*) 또는 박태기나무의 고대 그리스명

---

53 이러한 견해로 박상진(2019), p.181; 허북구·박석근(2008b), p.136; 조항범(2018.4.20.); 유기억(2018b), p.57; 전정일(2009),
　　p.72; 기태완(2015), p.242 참조.
54 이에 대해서는 『조선삼림식물도설』(1943), p.376과 이우철(2005), p.258 참조.
55 이에 대해서는 국립국어원, '우리말샘' 중 '밥태기' 참조.
56 이러한 견해로 오찬진 외(2015), p.608 참조.
57 이에 대해서는 '중국식물지'(2018) 중 *Caesalpinia sappan* 참조. 중국명은 '苏木'(소목)이다.
58 『물명고』(1824)는 그 형태에 대해 "黃花子黑 煮其木而染赤"(꽃은 노랗고 열매는 검다. 그 나무를 삶아서 붉은색을 내는 염료로 사
　　용한다)이라 기록해 현재의 *Caesalpinia sappan*과 일치되게 기술했다.
59 『지봉유설』(1614)은 "蘇方木出南海 用以染色 今之蘇木蓋是也 俗謂丹木"(소방목은 남해에서 난다. 염색제로 쓰며 현재 소목이 이
　　것인데 소위 다목이라 한다)이라고 기록했다.

*kerkis*에서 유래했으며 박태기나무속을 일컫는다. 종소명 *chinensis*는 '중국에 분포하는'이라는 뜻으로 원산지를 나타낸다.

다른이름 동백/소방목(정태현, 1943), 밥테기꽃나무(박만규, 1949), 박태기꽃나무/밥태기꽃나무/개소 방목(안학수·이춘녕, 1963), 자형(임록재 외, 1972), 구슬꽃나무(김현삼 외, 1988)

옛이름 紫荊花樹(동문선, 1478), 紫荊花(성소부부고, 1613), 紫荊(연암집, 18세기 말), 紫荊/肉紅/內消/ 紫珠(본사, 1787), 紫荊(존재집, 1796), 紫荊/紫珠/肉紅(광재물보, 19세기 초), 紫荊/紫珠(물명고, 1824), 紫 荊(다산시문집, 1865), 紫荊/ㅈ형(명물기략, 1870), 紫荊(운양집, 1914)[60]

중국/일본명 중국명 紫荊(zi jing)은 자주색 꽃이 피는 형(荊: 가시나무나 광대싸리 등을 일컫는 말)이라는 뜻이다.[61] 일본명 ハナズハウ(花蘇方)는 붉은색이 강한 꽃이 붉은색의 염료를 만드는 소방목(蘇方木)을 닮았다는 뜻이다.

참고 [북한명] 구슬꽃나무 [유사어] 만조홍(滿條紅), 자형(紫荊), 자형목(紫荊木) [지방명] 밥때기나무/밥태기꽃/밥태기나무(전남), 밥풀꽃(충남), 박태나무(충북)

Crotalaria sessiliflora *Linné*   タヌキマメ
Hwal-namul   활나물

활나물 ⟨*Crotalaria sessiliflora* L.(1753)⟩

활나물이라는 이름은 어긋나기를 하는 잎이 길게 자라면서 휘어지는 모양이 활을 닮았다는 뜻에서 유래한 것으로 추정한다.[62] 전국의 산과 들에 분포하는 한해살이풀로 꽃은 7~8월에 자주색으로 피고 잎이 피침모양으로 길게 자라는 특성이 있다. 구전으로 내려오는 '나물타령'에 '이엉끼 부렁 활나물'이라는 가사가 있는 것으로 보아 실제 나물로 식용했고, 잎이나 줄기 등이 휘어지는 모습을 활에 비유한 것으로 보인다.

　　속명 *Crotalaria*는 캐스터네츠나 딱따기와 같은 타악기를 뜻하는 그리스어 *krotalon* 또는 라틴어 *crotalum*에서 유래한 것으로, 마른 깍지를 흔들면 씨가 딸랑거린다고 하여 붙여졌으며 활나물속을 일컫는다. 종소명 *sessiliflora*는 '꽃자루가 없는'이라는 뜻이다.

옛이름 활나물(조선구전민요집, 1933)[63]

---

60 『지리산식물조사보고서』(1915)는 '紫末花'를 기록했으며 『조선식물명휘』(1922)는 '紫荊, 滿條紅, 동빅'을, 『토명대조선만식물자휘』(1932)는 '[紫荊(木)ㅈ형(나무)'을, 『선명대화명지부』(1934)는 '동백'을 기록했다.

61 중국의 『본초강목』(1596)은 "其木似黃荊而色紫 故名"(그 나무가 황형과 비슷하면서 자주색이어서 이렇게 이름 붙여졌다)이라고 기록했다. 한편 중국에서 '紫荊'(자형)과 '紫珠'(자주)가 어떤 식물을 뜻하는지에 대해서는 중국 문헌에서도 논란이 있어 왔다. 이에 대한 자세한 내용은 『나무열전』(2016), p.368 참조.

62 이러한 견해로 김종원(2016), p.134 참조.

63 『조선식물명휘』(1922)는 '野白合, 활나물'을 기록했으며 『선명대화명지부』(1934)는 '활나물'을 기록했다.

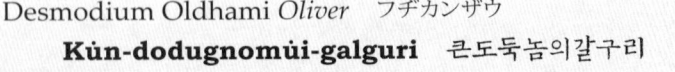

중국/일본명 중국명 野百合(ye bai he)는 들에서 자라는 백합이라는 뜻이다. 일본명 タヌキマメ(狸豆)
는 털이 많은 열매의 모양을 너구리(狸)에 비유하고 콩을 닮았다는 뜻이다.

참고 [북한명] 활나물 [유사어] 구령초(狗鈴草), 농길리(農吉利), 야지마(野芝麻) [지방명] 화살나무
(강원)

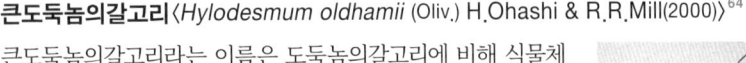

Desmodium Oldhami *Oliver*　フヂカンザウ

Kùn-dodugnomùi-galguri　큰도둑놈의갈구리

큰도둑놈의갈고리〈*Hylodesmum oldhamii* (Oliv.) H.Ohashi & R.R.Mill(2000)〉[64]

큰도둑놈의갈고리라는 이름은 도둑놈의갈고리에 비해 식물체
가 크고 작은잎이 많다는 뜻에서 붙여졌다.[65] 전국의 산지에
드물게 분포하는 여러해살이풀로 작은잎이 5~7개로 달리는
특징이 있다. 『조선식물향명집』에서는 '큰도둑놈의갈구리'를
신칭했으나[66] 『한국식물명감』에서 맞춤법에 따라 '큰도둑놈의
갈고리'로 개칭해 현재에 이르고 있다.

　속명 *Hylodesmum*은 그리스어 *hyle*(숲)와 *desmos*(띠, 끈)
의 합성어로, 숲에서 자라고 열매가 띠 모양이라는 뜻에서 유
래했으며 도둑놈의갈고리속을 일컫는다. 종소명 *oldhamii*는
영국 식물채집가로 일본과 타이완의 식물을 채집한 Richard
Oldham(1837~1864)의 이름에서 유래했다.

다른이름 큰도둑놈의갈구리(정태현 외, 1937), 큰도독놈갈쿠리(박만규, 1949), 큰갈구리풀(리종오,
1964), 큰도둑놈의갈쿠리(이창복, 1969b)

중국/일본명 중국명 羽叶長柄山螞蝗(yu ye chang bing shan ma huang)은 깃모양의 잎을 가진 개도둑
놈의갈고리(長柄山螞蝗)라는 뜻이다. 일본명 フヂカンザウ(藤甘草)는 꽃이 등(フヂ)을 닮았고 열매는
감초와 유사하다는 뜻이다.

참고 [북한명] 큰갈구리풀

64　'국가표준식물목록'(2018)은 큰도둑놈의갈고리의 학명을 *Desmodium oldhami* Oliv.(1865)로 기재하고 있으나, 『장진성
　　식물목록』(2014), '중국식물지'(2018) 및 '세계식물목록'(2018)은 본문의 학명을 정명으로 기재하고 있다.

65　이러한 견해로 이우철(2005), p.531 참조.

66　이에 대해서는 『조선식물향명집』, 색인 p.47 참조.

Desmodium racemosum *De Candolle* ヌスビトハギ

Dodugnomúi-galguri 도둑놈의갈구리

도둑놈의갈고리〈*Hylodesmum podocarpum* (DC.) H.Ohashi & R.R.Mill subsp. *oxyphyllum* (DC.) H.Ohashi & R.R.Mill(2000)〉[67]

도둑놈의갈고리라는 이름은 '도둑놈'과 '갈고리'가 합쳐진 말로, 열매의 겉에 살고리 같은 털이 있어 옷깃이나 다른 물체에 잘 붙고 이러한 방법으로 열매가 산포(散布)되는데 이를 도둑놈에 비유한 것에서 유래했다.[68] 식용 또는 약용하지 않아 옛이름은 확인되지 않으며, 『조선식물향명집』에서 최초로 발견되는 이름이다. '도둑놈'은 일본명 중 ヌスビト(盜人)와 같은 콩과의 '도둑놈의지팽이'(=고삼)에서 영향을 받은 것으로 보인다. 그러나 일본명 ヌスビトハギ(盜人萩)는 열매와 꽃의 모양에서 유래한 것이라면, '도둑놈의갈고리'는 열매가 산포되는 모습을 형상화한 것이어서 뜻에서 차이가 있다. 『조선식물향명집』은 '도둑놈의갈구리'로 기록했으나 『한국식물명감』에서 맞춤법에 따라 '도둑놈의갈고리'로 개칭해 현재에 이르고 있다.

속명 *Hylodesmum*은 그리스어 *hyle*(숲)와 *desmos*(띠, 끈)의 합성어로, 숲에서 자라고 열매가 띠 모양이라는 뜻에서 유래했으며 도둑놈의갈고리속을 일컫는다. 종소명 *podocarpum*은 '자루가 있는 열매의'라는 뜻이고, 아종명 *oxyphyllum*은 '뾰족한 잎 모양의'라는 뜻이다.

다른이름 도둑놈의갈구리(정태현 외, 1937), 도둑놈갈쿠리(박만규, 1949), 갈구리풀(리종오, 1964), 도둑놈의갈쿠리(이창복, 1969b), 도둑놈갈구리(박만규, 1974), 갈쿠리풀(한진건 외, 1982)[69]

중국/일본명 중국명 尖叶长柄山蚂蝗(jian ye chang bing shan ma huang)은 잎이 뾰족한 개도둑놈의갈고리(長柄山螞蝗)라는 뜻이다. 일본명 ヌスビトハギ(盜人萩)는 열매 두 개가 반달 모양이어서 도둑이 조심해서 걷는 발걸음처럼 보이고 꽃이 싸리(ハギ)를 닮은 것에서 유래했다.

참고 [북한명] 갈구리풀 [지방명] 도둑놈갈고리(강원), 도둑싸리(전북)

---

67 '국가표준식물목록'(2018)은 도둑놈의갈고리의 학명을 *Desmodium podocarpum* var. *oxyphyllum* (DC.) H.Ohashi (1971)로 기재하고 있으나, 『장진성 식물목록』(2014), '중국식물지'(2018) 및 '세계식물목록'(2018)은 본문의 학명을 정명으로 기재하고 있다.

68 이러한 견해로 허북구·박석근(2008a), p.71 참조.

69 『조선식물명휘』(1922)는 '小豆子, 青金釭草'를 기록했다.

Dolichos Lablab *Linné* フヂマメ(センゴクマメ) (栽)
Ĝachi-koñĝ 까치콩

까치콩(편두)〈*Lablab purpureus* (L.) Sweet(1826)〉[70]

까치콩이라는 이름은 한자명 '鵲豆'(작두)에서 비롯했으며 씨앗의 모양이 까치를 닮은 것에서 유래했다. 남아메리카 원산으로 15세기에 저술된 『세종실록지리지』에 이름이 기록된 것에 비추어 우리나라에는 고려 시대에 전래된 것으로 추정된다. 『동의보감』은 "亦名鵲豆 以其黑間而有白道如鵲也"(또한 작두라고도 하는데 그것은 검은 바탕에 흰 줄이 있어서 까치와 비슷하다고 해서 붙여진 이름이다)라고 기록했다. 옛 문헌에 鵲豆(작두)와 함께 기록된 편두(扁豆)는 『임원경제지』에서 "藊豆亦荅之類也 本作扁 莢形匾也"(변두는 '답'류이다. 본래 '편'이라고 쓰는데 꼬투리의 모양이 편평하다)라고 기록한 것에 비추어 콩의 꼬투리가 편평하다는 것에서 유래한 이름이다.

속명 *Lablab*는 까치콩 종류에 대한 아라비아어에서 유래했으며 까치콩속(편두속)을 일컫는다. 종소명 *purpureus*는 '자색의'라는 뜻으로 꽃의 색깔에서 유래했다.

다른이름 백편두(정태현 외, 1936), 제비콩(박만규, 1949), 편두(이창복, 1980), 나물콩(한진건 외, 1982), 편두콩(김현삼 외, 1988)

옛이름 藊豆/汝注乙豆(향약구급방, 1236),[71] 白扁豆(세종실록지리지, 1454), 藊豆/빅변두(구급간이방언해, 1489), 藊豆/변두(훈몽자회, 1527), 白扁豆/빅편두(언해구급방, 1608), 藊豆/변두콩/鵲豆/白扁豆(동의보감, 1613), 白扁豆(승정원일기, 1642), 扁豆/변두콩(제중신편, 1799), 藊豆/빅변두(물보, 1802), 鵲豆/黑扁豆/흑변두(광재물보, 19세기 초), 鵲豆/黑扁豆(물명고, 1824), 白扁豆(농정회요, 183?), 藊豆/扁豆/沿籬豆/蛾眉豆/白扁豆(임원경제지, 1842), 藊豆/변두(명물기략, 1870), 빅변두/白扁豆(한불자전, 1880), 扁豆/변두콩(방약합편, 1884), 白扁豆/변두콩(선한약물학, 1931)[72]

중국/일본명 중국명 扁豆(bian dou)는 콩꼬투리의 모양이 편평한 것에서 유래했다.[73] 일본명 フヂマメ(藤豆)는 꽃의 모양이 등(フヂ)을 닮은 콩이라는 뜻이다.

참고 [북한명] 까치콩 [유사어] 변두(藊豆), 작두(鵲豆), 편두(扁豆) [지방명] 제비콩(충북)

---

70 '국가표준식물목록'(2018)은 편두〈*Dolichos lablab* L.(1753)〉를 별도 종으로 분류 및 기재했으나, 2007년경부터 정명을 정하지 않고 단순히 이명(synonym)으로 처리한 후 별도 분류하지 않고 있다. 또한 『장진성 식물목록』(2014)은 이를 별도 종으로 기재하지 않고 있다. 그러나 국내에서 오래전부터 식용 목적으로 재배하는 식물이므로 이 책에서는 '세계식물목록'(2018)과 '중국식물지'(2018)에 근거하여 본문의 학명을 정명으로 하여 별도 분류했다.

71 『향약구급방』(1236)의 차자(借字) '汝注乙豆'(여주을두)에 대해 남풍현(1981), p.132는 '너줄콩'의 표기로 보고 있으며, 이덕봉(1963), p.34는 '너줄콩'의 표기로 보고 있다.

72 『조선어사전』(1920)은 '白扁豆(빅변두), 白藊豆(빅변두), 藊豆(변두)'를 기록했으며 『조선식물명휘』(1922)는 '藊豆, 鵲豆, 蛾眉豆, 각두(食)'를, 『토명대조선만식물자휘』(1932)는 '[扁豆]편두, [藊豆]편두'를, 『선명대화명지부』(1934)는 '각두, 작두'를 기록했다.

73 중국의 『본초강목』(1596)은 "藊本作扁 莢形扁也"(변은 본래 '편'이라고 쓰는데 꼬투리의 모양이 편평하다)라고 기록했다.

Echinosophora koreensis *Nakai*　イヌクララ
Gae-nùsam　개느삼

개느삼〈*Sophora koreensis* Nakai(1919)〉[74]

개느삼이라는 이름은 느삼(=고삼)과 잎과 꽃 등의 생긴 모습이
비슷하다는 뜻에서 유래했다.[75] 주요 자생지인 함경남도 방언
을 채록한 것에서 비롯했다.[76] 느삼은 '너삼'이 어원으로 널(板)
과 삼(蔘)의 합성어인데, 뿌리가 인삼을 닮았고 널빤지처럼 넓
다는 뜻에서 유래했으며 고삼을 일컫는 말이다.[77] 북한에서는
느삼(=고삼)을 닮았는데 목본성 식물이라고 하여 '느삼나무'
라는 이름을 사용하고 있다.

　　속명 *Sophora*는 아라비아어 *sophera, sufayra*에서 유래
한 것으로 린네(Carl von Linné, 1707~1787)가 우리나라에는
분포하지 않는 *Sophora alopecuroides* L.(苦豆子, 고두자)을
설명하기 위해 사용한 것에서 비롯되어 고삼속을 일컫는다.
종소명 *koreensis*는 '한국에 분포하는'이라는 뜻으로 한국 특산식물임을 나타낸다.

다른이름 기느삼(정태현 외, 1923), 개미풀(정태현, 1943), 개능함(박만규, 1949), 개너삼(정태현 외, 1949),
개능삼(안학수·이춘녕, 1963), 느삼나무/엽주나무(리종오, 1964), 개능암(리용재 외, 2011)[78]

중국/일본명 중국에는 분포하지 않는 식물이다. 일본명 イヌクララ(犬眩草)는 고삼(クララ)과 비슷하다
(犬)는 뜻인데, 일본에는 분포하지 않는 식물이므로 조선명 '개느삼'을 차용해 만든 이름으로 보
인다.

참고 [북한명] 느삼나무 [유사어] 구고삼(狗苦蔘)

74　'국가표준식물목록'(2018)은 개느삼의 학명을 *Echinosophora koreensis* (Nakai) Nakai(1923)로 하여 한국에만 존재하
　　는 특산속으로 분류하고 있으나, 『장진성 식물목록』(2014), '세계식물목록'(2018) 및 'YList'(2018)는 정명을 본문의 학명으
　　로 기재하고 있다. 다만 『장진성 식물목록』은 *Sophora koreensis* (Nakai) Nakai(1919)를 정명으로 기재했으나 최초 발
　　표된 학명을 기준으로 살펴보면 본문의 학명을 오기한 것으로 보인다.

75　이러한 견해로 이우철(2016), p.75; 박상진(2019), p.28; 전정일(2009), p.75; 오찬진 외(2015), p.611 참조.

76　이에 대해서는 『조선삼림수목감요』(1923), p.73과 『조선삼림식물도설』(1943), p.378 참조.

77　널빤지(널판자)의 '널'이 넓다는 뜻에서 유래했다는 것에 대해서는 백문식(2014), p.117 참조.

78　『선명대화명지부』(1934)는 '개느삼'을 기록했다.

Falcata japonica *Komarov* ヤブマメ

Sae-kong 새콩

새콩〈*Amphicarpaea bracteata* subsp. *edgeworthii* (Benth.) H.Ohashi(1966)〉

새콩이라는 이름은 콩에 비해 야생에서 자라 품질이 낮거나 모양이 다른 것에서 유래했다.[79] 식물명에서 '새'(鳥)는 개(犬)와 마찬가지로 기본적인 명칭에 비해서 품질이 낮거나 모양이 다르다고 여긴 데서 붙여지는 말이다. 한편 새콩이라는 이름은 덩불을 이루는 콩이라는 뜻의 일본명 ヤブマメ(藪豆)에서 유래했다는 견해가 있으나,[80] 국명 새콩에는 덤불 또는 수풀이라는 뜻이 없으며 새콩이라는 옛이름이 있는 것에 비추어 타당하지 않다.

속명 *Amphicarpaea*는 그리스어 *amphi*(두 가지의)와 *carpos*(열매)의 합성어로 꼬투리 모양이 두 종류임을 나타내며 새콩속을 일컫는다. 종소명 *bracteata*는 '포엽이 있는'이라는 뜻이며, 아종명 *edgeworthii*는 영국 식물학자 M. P. Edgeworth(1812~1881)의 이름에서 유래했다.

옛이름 料豆草/새콩(역어유해, 1690), 澇豆/새콩(한청문감, 1779)[81]

중국/일본명 중국명 兩型豆(liang xing dou)는 꼬투리가 두 가지 형태로 달린다는 뜻의 속명과 관련되어 있다. 일본명 ヤブマメ(藪豆)는 덤불을 이루거나 수풀 사이에서 자라는 콩이라는 뜻이다.

참고 [북한명] 새콩 [유사어] 양형두(兩型豆) [지방명] 들콩(강원), 생이콩(제주), 콩(충남)

○ Gleditschia caspica *Desfontaines* ヒメサイカチ

Ajaebigwajŭl-namu 아재비과즐나무

아자비과즐〈*Gleditsia japonica* Miq. var. *stenocarpa* (Nakai) Nakai(1952)〉

아자비과즐이라는 이름은 '아자비'와 '과즐'이 합쳐진 말로, 길게 늘어진 열매와 그 안의 씨앗의 모양이 한과의 일종인 과줄(과즐)을 닮았다는 뜻에서 유래했다. 주엽나무와 닮았으나 열매가 꼬이

79 이러한 견해로 김종원(2016), p.132 참조.

80 이러한 견해로 이우철(2005), p.325 참조.

81 『제주도및완도식물조사보고서』(1914)는 'サイバット'[새팟]을 기록했으며 『조선의 구황식물』(1919)은 '식콩넝쿨'을, 『조선식물명휘』(1922)는 '식콩넝굴(救)'을, 『토명대조선만식물자휘』(1932)는 '[贼豆]적두, [쇠콩(넝쿨)]'을, 『조선의산과와산채』(1935)는 '螃豆, 豌豆, 식콩넝쿨, 새롱넝굴'을, 『선명대화명지부』(1934)는 '새콩넝굴'을 기록했다.

지 않고 약간 구부러지는 특징을 근거로 변종으로 분류되었다. '아자비'는 아재비 또는 아저씨의 옛말이고,[82] '과즐'은 한과의 일종인 과줄의 옛말이다.[83] 옛적에 이 식물의 떡잎을 아이들이 한과 (과줄)처럼 먹기도 했다.[84] 『조선식물향명집』은 평북 방언에서 유래한 '아재비과즐나무'로 기록했으나,[85] 『대한식물도감』에서 옛말의 표기 '아자비과즐'로 수정해 현재에 이르고 있다.

속명 Gleditsia는 독일 식물학자이자 의사로 식물의 성과 생식에 대해 선구적으로 연구한 Johann Gottlieb Gleditsch(1714~1786)의 이름에서 유래했으며 주엽나무속을 일컫는다. 종소명 japonica는 '일본의'라는 뜻으로 발견지 또는 분포지를 나타낸다. 변종명 stenocarpa는 '너비가 좁은 열매의'라는 뜻이다.

다른이름 아재비과즐나무(정태현 외, 1937), 아자비과줄나무(정태현, 1943), 애기개조각자나무(안학수·이춘녕, 1963), 아자비과줄(이창복, 1966), 까스삐주엽나무(리용재 외, 2011)

중국/일본명 중국에서는 이를 별도 분류하지 않고 있다. 일본명 ヒメサイカチ(姫皂莢)는 식물체가 작은 주엽나무(サイカチ)라는 뜻이다.

참고 [북한명] 까스삐주엽나무 [유사어] 과줄주엽나무

○ Gleditschia koraiensis *Nakai*   テフセンサイカチ
Juyŏb-namu   주엽나무   皂莢

주엽나무〈*Gleditsia japonica* Miq.(1867)〉

주엽나무라는 이름은 약재명으로 전래된 중국명 皂莢(조협: 조협)을 발음하는 과정에서 모음조화가 이루어지고 ㅎ음이 탈락하면서 '주엽'으로 변화한 것에서 유래했다.[86] 중국의 『본초강목』은 "皂莢 莢之樹皂 故名"(나무 열매의 꼬투리가 검은 비단 같기 때문에 조협이라는 이름이 붙여졌다)이라고 기록했다. 따라서 주엽나무라는 이름도 콩과 식물로 열매의 꼬투리가 검은 비단처럼 보이는 것에서 유래한 것이라고 할 수 있다. 『조선산야생약용식물』에 기록된 '가막과줄나무'의 '가막'도 검다(黑)는 뜻으로 이해된다. 또한 『조선삼림수목감요』에 기록된 '아자비과줄나무'는 주엽나무의 평북 방언으로[87] 아이들이 이 식물의 떡잎을 먹었던 것에서 유래한 이름이지만, 현재는 주엽나무의 변

---

82 아재비를 '아자비'로 표기한 것에 대해서는 『내훈』(1475), 『분류두공부시언해』(1481), 『신증유합』(1576), 『방언집석』(1778), 『자전석요』(1909), 『신자전』(1915) 등 참조.

83 과줄을 '과즐'로 표기한 것으로는 『동문유해』(1748)에서 '油果子 과즐'로, 『한청문감』(1779)에서 '高麗餠 과즐'로, 『물보』에서 '粗粒 과즐'로 기록한 것 등이 있다.

84 이에 대해서는 이덕봉(1963), p.30 참조.

85 이에 대해서는 『조선삼림수목감요』(1923), p.72와 『조선삼림식물도설』(1943), p.378 참조.

86 이러한 견해로 이우철(2005), p.483; 박상진(2019), p.356; 남풍현(1981), p.119; 이덕봉(1963), p.30; 김태영·김진석(2018), p.49; 솔뫼(송상곤, 2010), p.904 참조. 한편 '皂'(조)는 '皁'(조)의 속자(俗字)이다.

87 이에 대해서는 『조선삼림수목감요』(1923), p.72 참조.

종 식물에 대한 명칭으로 사용하고 있다. 옛 문헌의 皂莢(조협) 또는 皂角(조각)이 현재의 주엽나무인지 중국에서 전래된 조각 자나무인지는 다소 불분명한데, 18세기 말에 저술된 『광제비 급』은 중국에서 전래된 조각자나무를 약재로 사용한다는 뜻 으로 '皂角'(조각)에 대한 한글명을 '당쥐염으름'으로 기록하기 도 했다. 한편 지방에 따라서는 '쥐엄나무'라고도 하는데 쥐엄 떡(인절미를 송편처럼 빚어 팥소를 넣고 콩가루를 묻힌 떡)을 떠올 리기 때문에 붙여진 이름으로 추론하는 견해가 있으나,[88] 『향 약구급방』의 차자(借字) '鼠厭木實'(쥐염나모여름)이 변화한 것 으로 이 역시 皂莢(조협)을 발음하는 과정에서 생겨난 이름이 다.[89]

속명 Gleditsia는 독일 식물학자이자 의사로 식물의 성과 생식에 대해 선구적으로 연구한 Johann Gottlieb Gleditsch(1714~1786)의 이름에서 유래했으며 주엽나무속을 일컫는다. 종소명 japonica는 '일본의'라는 뜻으로 발견지 또는 분포지를 나타낸다.

다른이름 아자비과줄나무/주엽나무(정태현 외, 1923), 가막과줄나무/주엽나무(정태현 외, 1936), 조각 자나무(안학수·이춘녕, 1963)

옛이름 皂莢(한림별곡, 1215), 皂莢/注也邑/鼠厭木實(향약구급방, 1236),[90] 皂莢/走葉木(향약채취월령, 1431), 皂莢(세종실록지리지, 1454), 皂角/조각/皂莢/조협(구급간이방언해, 1489), 주엽/皂莢(우마양저염역 병치료방, 1548), 皂角/쥐엄(언해구급방, 1608), 皂莢/주엽나모여름/皂角/皂角子/皂角刺(동의보감, 1613), 皂莢/조협/주엽(구황촬요벽온방, 1639), 皂角樹/주엽나모(역어유해, 1690), 皂角樹/주엽나모(동문유해, 1748), 皂角樹/주엽나모(방언집석, 1778), 皂角樹/주엽나모(한청문감, 1779), 皂莢/주엽나무(재물보, 1798), 皂莢/쥬엽나모여름(제중신편, 1799), 皁莢樹/주엽남우(물보, 1802), 皂莢/쥐염나무/皂角/烏犀/天 丁(광재물보, 19세기 초), 주엽남오(규합총서, 1809), 皂莢/쥐엽/皂角/鷄栖子/皂角刺(물명고, 1824), 쥬염나 무/白粉(자류주석, 1856), 皂莢/조협/쥬렵나무(명물기략, 1870), 쥐염나무/쥬염나무/朱髻木(한불자전, 1880), 皂莢/쥬업나모여름(방약합편, 1884), 皁莢子(수세비결, 1929), 皂莢/皂角刺/皂角子/주염나무(선한

88 이러한 견해로 박상진(2019), p.356과 허북구·박석근(2008b), p.260 참조.
89 이에 대해서는 남풍현(1981), p.119 참조. 반면에 손병태(1996), p.71은 '鼠厭'(쥐염)에 대해 1942년에 재출간된 『향약집성 방』(1433)에 나오는 '猪牙皁莢'(저아조협)을 근거로 돼지의 어금니나 쥐의 이와 같다는 뜻으로 새기고 있으나, 최근의 출판 본이 옛 명칭에 직접 영향을 미쳤다고 보기 어려울 뿐만 아니라 중국에서 분류하는 주엽나무 종류에 대한 언급이어서 '鼠厭'(쥐염)의 유래에 대한 근거는 아닌 것으로 보인다.
90 『향약구급방』(1236)의 차자(借字) '注也邑/鼠厭木實'(주야읍/서염목실)에 대해 남풍현(1981), p.118은 '주엽/쥐엄나모여름'의 표기로 보고 있으며, 이덕봉(1963), p.30은 '주얍/쥐염나모여름'의 표기로, 손병태(1996), p.71은 '주엽/쥐염나모여름'의 표기 로 보고 있다.

약물학, 1931)[91]

중국/일본명 중국명 山皂莢(shan zao jia)는 산에서 자라는 조협(皂莢)이라는 뜻이다. 중국에서는 皂莢
(조협)을 조각자나무(G. sinensis)에 대한 명칭으로 사용하고 있다. 일본명 テフセンサイカチ(朝鮮皂
莢)는 한반도(조선)에 분포하는 サイカチ(皂莢)라는 뜻이다. サイカチ는 조각자나무의 고대 일본명
サイカイシ(西海子)가 변화한 것에서 유래했다.

참고 [북한명] 주염나무 [유사어] 조각수(皂角樹/皂角樹), 조자자(皂刺子), 조협(皂莢/皂莢) [지방명] 쥐
엄나무(경기), 주염(경북), 조각자나무(전북), 쥐엄나무(충북)

Glycine Soja Bentham   ダイヅ(マメ)   (栽)
Kong 콩 大豆

콩 〈Glycine max (L.) Merr.(1917)〉

콩이라는 이름은 고리 또는 둥근 것을 가리키는 '고' 또는 '공'이 어원으로 둥근 것을 뜻한다.[92] 식
물명에서 '콩'은 '콩버들'과 '콩오랑캐'(콩제비꽃)와 같이 잎 등이 둥근 모양이라는 뜻에서 붙여지는
말이다. 한편 한자어 대두(大豆)에서 콩이라는 이름이 유래한 것으로 보는 견해가 있으나,[93] 콩은
고유어로 한자어와는 발음과 어형에서도 차이가 있다.

　속명 Glycine는 그리스어 glykys(달콤한)에서 유래한 것으로 이 속의 어떤 종들은 열매 및 잎
과 뿌리에서 단맛이 나기 때문에 붙여졌으며 콩속을 일컫는다. 종소명 max는 크다는 의미로 추
정되나 정확한 유래는 알려져 있지 않다.

다른이름 대두(정태현, 1949), 풋베기콩(이영노, 1996)

옛이름 豆/太(계림유사, 1103), 豆/菽(삼국사기, 1145), 콩/大豆(훈민정음해례본, 1446), 콩(구급방언해,
1466), 大豆/콩(구급간이방언해, 1489), 豆/孔(조선관역어, 15세기 말), 콩(번역노걸대, 1517), 太葉/콩닙(구
황촬요, 1554), 菽/콩(신증유합, 1576), 太/콩/黑豆/거믄콩(신간구황촬요, 1660), 豆/콩(역어유해, 1690), 大
豆/굴근콩(광제비급, 1790), 大豆/콩(재물보, 1798), 大豆葉/콩닙(해동농서, 1799), 大豆/콩(물보, 1802), 大
豆/콩/菽(광재물보, 19세기 초), 콩(규합총서, 1809), 大豆/콩(몽유편, 1810), 大豆/콩/菽(물명고, 1824), 大
豆角/콩각지(농정회요, 183?), 大豆/대두/콩/태(명물기략, 1870), 콩/콩팟/太(한불자전, 1880), 黑大豆/검

---

91 「조선주요삼림수목명칭표」(1912)는 '주염ㄴ무'를 기록했으며 「조선주요삼림수목명칭표」(1915a)는 '주념ㄴ무'를, 『조선한방
　약료식물조사서』(1917)는 '쥬엽나무, 皂莢, 皂刺, 白皂刺'를, 『조선거수노수명목지』(1919)는 '주염ㄴ무, 皂角木'을, 『조선어사
　전』(1920)은 '皂角(조각), 皂角子(조각주), 皂莢(조협), 皂莢子(조협주), 주염나무'를, 『조선식물명휘』(1922)는 '皂莢, 朱犀木, 주엽
　나무(工業)'를, 『토명대조선만식물자휘』(1932)는 '[皂莢樹]조협나무, [주엽나무]'를, 『선명대화명지부』(1934)는 '아지비과줄
　나무, 쥬염나무, 주업나무'를, 『조선의산과와산채』(1935)는 '皂莢, 쥬염나무'를 기록했다.
92 이러한 견해로 백문식(2014), p.478과 김인호(2001), p.172 참조.
93 이러한 견해로 이우철(2005), p.524 참조.

은콩(선한약물학, 1931), 콩(조선구전민요집, 1933)[94]

중국/일본명 중국명 大豆(da dou)는 큰 두(豆)라는 뜻으로, '豆'는 원래 제사에 사용하는 그릇의 모양을 본뜬 상형문자였으나 한(漢)대에 콩을 의미하는 것으로 가차(假借)되었다.[95] 일본명 ダイヅ(大豆)는 한자명 大豆를 음독한 것이고, 다른이름 マメ는 일본 고유어로 둥근 열매라는 뜻의 マルメ(円実)의 축약형이라는 견해 등이 있으나 정확한 유래는 알려져 있지 않다.

참고 [북한명] 콩 [유사어] 숙(菽) [지방명] 대두박(강원), 장단콩/콩청대(경기), 된당/양대(경북), 검정콩/대두/메주콩/박콩/서리태/쓴콩/약콩/콩대/콩떡/흑두(전남), 대두/콩깻묵/흑두(전북), 두부/둠비/콩나물/콩노물/콩잎/콩주름/콩지름(제주), 메주콩/서리태/좀콩(충남), 쾡(충북), 각대덩굴/코이/큉(함북)

Glycine ussuriensis *Regel et Maack*. ツルマメ
Dolkong 돌콩

돌콩〈*Glycine max* (L.) Merr. subsp. *soja* (Siebold & Zucc.) H.Ohashi(1982)〉[96]

돌콩이라는 이름은 야생에서 자라는(돌) 콩이라는 뜻에서 유래했다.[97] 식물명에서 '돌'은 야생 또는 돌이 많은 곳에서 자란다는 뜻에서 붙여지는 말이다.[98] 돌콩은 『조선식물명휘』에 처음 이름이 보이는데, 일본명과는 그 뜻이 상이하므로 실제 민간에서 사용하던 조선명을 채록한 것으로 보인다. 옛 문헌에 돌콩과 비슷한 뜻의 '野豆'(야두)와 '山黑豆'(산흑두)라는 이름이 보이지만 현재의 돌콩을 일컬었는지는 불명확하다.

속명 *Glycine*는 그리스어 *glykys*(달콤한)에서 유래한 것으로 이 속의 어떤 종들은 열매 및 잎과 뿌리에서 단맛이 나기 때문에 붙여졌으며 콩속을 일컫는다. 종소명 *max*는 크다는 의미로 추정되나 정확한 유래는 알려져 있지 않다. 아종명 *soja*는 간장을 뜻하는 일본어 쇼유(しょうゆ, 醬油)에서 유래했다.

94 『조선어사전』(1920)은 '大豆(대두), 太(태), 콩'을 기록했으며 『조선식물명휘』(1922)는 '大豆, 菽, 人䓁, 콩(食)'을, 『토명대조선만식물자휘』(1932)는 G. soja를 학명으로 하여 '[大豆]대두, [太]태, [콩]'을, 『선명대화명지부』(1934)는 '콩'을 기록했다.

95 『임원경제지』(1842) 중 『본리지(本利志)』는 "豆 象子在莢中之形"(두는 씨가 콩깍지 안에 있는 형상을 본뜬 것이다)이라고 기록했다.

96 '국가표준식물목록'(2018)과 '중국식물지'(2018)는 돌콩의 학명을 Glycine soja Siebold & Zucc.(1845)로 기재하고 있으나, 『장진성 식물목록』(2014)과 '세계식물목록'(2018)은 본문의 학명을 정명으로 기재하고 있나.

97 이러한 견해로 이우철(2005), p.183과 김종원(2013), p.75 참조.

98 이에 대해서는 허북구·박석근(2008a), p.11 참조.

옛이름 野豆(조선왕조실록, 1553), 野豆(여유당전서, 19세기 초), 山黑豆(임원경제지, 1842)[99]

중국/일본명 중국명 野大豆(ye da dou)는 야생에서 자라는 콩(大豆)이라는 뜻이다. 일본명 ツルマメ (蔓大豆)는 덩굴이 지는 콩(マメ)이라는 뜻이다.

참고 [북한명] 돌콩 [유사어] 야대두등(野大豆藤), 야료두(野料豆) [지방명] 야생콩(경북), 쥐콩/쥐풀 (함북)

○ Indigofera Kirilowii *Maximowicz*　テフセンニハフヂ
D̂aṅg̊bis̊ari　땅비싸리

땅비싸리〈*Indigofera kirilowii* Maxim. ex Palib.(1898)〉

땅비싸리라는 이름은 비싸리(댑싸리)를 닮아 빗자루를 만드는 용도로 사용했는데 비싸리보다 작고 땅에 붙어서 자란다는 뜻에서 유래했다.[100] 전국의 산지에 분포하는 낙엽 활엽 소관목으로 개체가 큰 것은 잔가지가 튼튼해 싸리처럼 빗자루를 만들어 사용하기도 했다.[101] 『조선식물명휘』에 '쌍비싸리'라는 이름이 처음으로 보이는데 경기도 방언을 채록한 것이다.[102] 19세기 말에 저술된 한의서인 『녹효방』은 현재의 땅비싸리와 유사한 '쌍싸리'라는 이름을 기록했다. 山豆根(산두근)이라는 한자명으로 약재로 사용했다는 기록도 보이지만, 이는 중국 원산의 월남괴(越南槐, *Sophora tonkinensis*)의 뿌리를 지칭하는 것이라는 견해도 있다.[103]

속명 *Indigofera*는 라틴어 *indigo*(남색)와 *fera*(품다, 가지다)의 합성어로, 이 속의 식물들이 남색 염료로 사용된 것에서 유래했으며 땅비싸리속을 일컫는다. 종소명 *kirilowii*는 러시아인으로 학생 시절에 시베리아와 중국 동북부 식물을 채집하고 연구한 Ivan Petrovich Kirilov(Kirilow) (1821~1842)의 이름에서 유래했다.

다른이름 쌍비싸리(정태현 외, 1923), 논싸리/젓밤나무(정태현, 1943), 고려당비사리/완도땅비사리(박만규, 1949), 좀땅비싸리(정태현 외, 1949), 민땅비싸리(이창복, 1966), 땅비수리/민땅비수리(박만규, 1974)

99 『조선식물명휘』(1922)는 '山黃豆, 落豆花, 돌콩(食)'을 기록했으며 『선명대화명지부』(1934)는 '돌콩'을 기록했다.
100 이러한 견해로 박상진(2019), p.127; 허북구·박석근(2008b), p.101; 오찬진 외(2015), p.618; 솔뫼(송상곤, 2010), p.888; 김종원(2013), p.679 참조.
101 이에 대해서는 박상진(2019), p.127 참조.
102 이에 대해서는 『조선삼림수목감요』(1923), p.73과 『조선삼림식물도설』(1943), p.380 참조.
103 이러한 견해로 『본초도감』(2014), p.60 참조.

옛이름 山豆根(의림촬요, 1635), 山豆根(정조실록, 1786), 山豆根(광재물보, 19세기 초), 山豆根(경세유표, 1817), 山豆(물명고, 1824), 山豆根(오주연문장전산고, 185?), 山豆根(의휘, 1871), 쌍싸리(녹효방, 1873), 山豆根(선한약물학, 1931)[104]

중국/일본명 중국명 花木藍(hua mu lan)은 꽃이 아름다운 목람(木藍: I. tinctoria)이라는 뜻이다. 일본 명 テフセンニハフヂ(朝鮮庭藤)는 한반도(조선)에 분포하고 정원에 식재하는 등나무(フヂ)를 닮은 식물이라는 뜻이다.

참고 [북한명] 땅비싸리 [유사어] 산두근(山豆根), 토두근(土豆根) [지방명] 땅홑잎/조록싸리(충북)

Lathyrus Davidii *Hance* イタチササゲ
Hwallyañ-namul 활량나물

활량나물⟨*Lathyrus davidii* Hance(1871)⟩

활량나물이라는 이름은 화살촉 같은 턱잎과 길게 뻗는 줄기, 굽은 열매 모양이 활과 활을 쏘는 사람을 연상시키고 나물로 식용한 것에서 유래한 것으로 추정한다. 턱잎이 잎처럼 크고 열매는 납작한 협과로 활처럼 굽으며 어린잎은 식용했다.[105] 『조선산야생식용식물』은 주요 자생지인 경기도 광릉 방언을 채록한 것과 활 모양을 한 푸성귀라는 뜻의 한자명 '弓蔬'(궁소)를 함께 기록해 그 유래를 추론케 하고 있다. 19세기 말에 저술된 『한영자전』은 활을 쏘는 사람(an archer)을 '활량'으로 기록하기도 했다. 한편 애기완두에 비해 식물체가 대형(활량=闊良)인 나물이란 뜻에서 유래한 이름이라는 견해가 있다.[106] 그러나 식물분류학이 보편화되기 이전의 시대에 실제 민간에서 사용하던 방언에서 애기완두와 대비해 식물명이 만들어졌다고 보기는 어렵다. 또한 원기가 없고 얼굴이 파리하다는 뜻의 우리말 '한량하다'에서 전화된 것에서 유래를 찾아야 한다는 견해도 있다.[107] 그러나 '한량하다'는 한자어 '한량(寒凉)'에서 파생된 것으로 '활량하다'로 전화되어 사용된 예는 발견하기 힘들다.

---

104 『조선식물명휘』(1922)는 '쌍비싸리, 젓밤나무'를 기록했으며 『토명대조선만식물자휘』(1932)는 '[藤(木)]등(나무)'를 기록했는데 이는 오기록으로 보인다. 『선명대화명지부』(1934)는 '쌍비싸리, 젓밤나무'를 기록했다.
105 이에 대해서는 『조선산야생식용식물』(1942), pp.146-147 참조.
106 이러한 견해로 이우철(2005), p.597 참조.
107 이러한 견해로 김종원(2016), p.143 참조.

속명 *Lathyrus*는 풀완두(*Lathyrus sativus* L.)의 고대 그리스명 *lathyros*에서 유래한 것으로 연리초속을 일컫는다. 종소명 *davidii*는 중국에서 활동한 프랑스 신부로 자연연구가였던 Armand David(1826~1900)의 이름에서 유래했다.

다른이름 활나물(정태현 외, 1942), 활양나물(박만규, 1949)[108]

중국/일본명 중국명 大山黧豆(da shan li dou)는 식물체가 큰 산려두(山黧豆: 연리초의 중국명)라는 뜻이다. 일본명 イタチササゲ(鼬豇豆)는 꽃이 나중에 짙은 노란색으로 변하는 것이 족제비의 털 색깔을 연상시키는 동부(ササゲ)라는 뜻이다.

참고 [북한명] 활량나물 [유사어] 궁소(弓蔬), 대산여두(大山黧豆), 산강두(山豇豆) [지방명] 팔랑개비/할나물/화살나물/활나무/활나물/활낭귀/활랑개비(강원), 활장대나물(경기), 할랑나무(경남), 달구벼슬/할나물/활나물/활장대/활장대나물/활짱대(경북), 활나물(충북), 원두나물/원디나물(함북)

Lathyrus maritimus *Bigel* ハマエンドウ
Gaet-wandu 갯완두

갯완두〈*Lathyrus japonicus* Willd.(1802)〉

갯완두라는 이름은 '갯'(해안가)과 '완두'(豌豆)의 합성어로, 바닷가에서 자라는 완두라는 뜻에서 붙여졌다.[109] 『조선식물향명집』에서 전통 명칭 '완두'를 기본으로 하고 식물의 산지(産地)를 나타내는 '갯'을 추가해 신칭했다.[110] 옛 문헌은 한자명 '大豆黃卷'(대두황권)과 함께 한글명 '콩기룸'을 기록했다. 19세기에 저술된 『오주연문장전산고』는 대두황권에 대해 우리나라의 동해에서 난다는 취지로 기록하고 있어 갯완두를 일컫는 것으로 사용하기도 했지만, 『동의보감』은 "黃卷 是以生豆爲蘖"[황권(대두황권)은 생콩으로 기른 싹을 말한다]이라고 하여 콩(*Glycine max*)으로 만든 콩나물을 뜻하는 이름이기도 했으므로[111] 문헌별로 일컫는 식물이 동일하지는 않았던 것으로 보인다. '大豆黃卷'(대두황권)은 콩의 새싹을 말려서 약재로 사용하는데 노란색이면서 돌돌 말리는 모양인 것에서 유래한 이름이다.[112]

속명 *Lathyrus*는 풀완두(*L. sativus*)의 고대 그리스명 *lathyros*에서 유래한 것으로 연리초속을

---

108 『조선의 구황식물』(1919)은 '활양나무'를 기록했으며 『조선식물명휘』(1922)는 '莊芒決明, 활양나물'을, 『토명대조선만식물자휘』(1932)는 '[山豇豆]산강두'를, 『선명대화명지부』(1934)는 '활양나물, 활나물'을, 『조선의산과와산채』(1935)는 '활양나물'을 기록했다.

109 이러한 견해로 이우철(2005), p.64와 허북구·박석근(2008a), p.26 참조.

110 이에 대해서는 『조선식물향명집』, 색인 p.31 참조.

111 이러한 견해로 『신대역』 동의보감』(2012), p.1843 참조.

112 중국의 『신농본초경집주』(6세기 초)는 "大豆爲蘖芽 生五寸長 便乾之 名爲黃卷"(대두가 싹이 터서 길이 5촌 정도로 자랐을 때 이를 말린다. 이름을 황권이라고 한다)이라고 기록했다.

일컫는다. 종소명 *japonicus*는 '일본의'라는 뜻으로 최초 발견지를 나타낸다.

다른이름 대두황권(정태현 외, 1936), 반들갯완두(정태현 외, 1949)

옛이름 大豆黃卷(향약집성방, 1433), 大豆黃卷(구급이해방, 1499), 大豆黃卷/콩기름(동의보감, 1613), 大豆黃卷(의림촬요, 1635), 大豆黃卷(실험단방, 1709), 大豆黃卷(산림경제, 1715), 大豆黃卷/黃卷菜/豆乳/金沙(오주연문장전산고, 185?), 大豆黃卷(송남잡지, 1855), 大豆黃卷(의종손익, 1868), 대두황권/大豆黃卷(한불자전, 1880), 大豆黃卷/콩기름슌(방약합편, 1884), 大豆黃卷(수세비결, 1929)[113]

중국/일본명 중국명 海濱山黧豆(hai bin shan li dou)는 해빈(海濱: 해변)에서 자라는 산려두(山黧豆: 연리초의 중국명)라는 뜻이다. 일본명 ハマエンドウ(浜豌豆)는 해변에서 자라는 완두(エンドウ)라는 뜻이다.

참고 [북한명] 갯완두 [유사어] 대두황권(大豆黃卷) [지방명] 새콩나물(경기)

Lathyrus palustris *L.* var. linearifolius *Seringe* レンリサウ
Yònricho 연리초

연리초〈*Lathyrus quinquenervius* (Miq.) Litv,(1932)〉

연리초라는 이름은 한자어 연리초(連理草)에서 비롯된 것으로 2장으로 마주나기를 하는 작은잎이 마치 연리지(連理枝)와 같이 붙어 있는 것처럼 보이는 풀이라는 뜻에서 유래했다.[114] 『조선식물향명집』에서 한글명이 처음으로 보이는데 중국과 우리의 옛 문헌에서 발견되지 않는 한자어인 점에 비추어 일본명 レンリサウ(連理草)에서 영향을 받은 이름으로 추정된다.

속명 *Lathyrus*는 풀완두(*L. sativus*)의 고대 그리스명 *lathyros*에서 유래한 것으로 연리초속을 일컫는다. 종소명 *quinquenervius*는 *quinque*(5)와 *nervius*(신경, 잎맥)의 합성어로 '5맥(五脈)의'라는 뜻이다.

다른이름 참열리초(박만규, 1949), 갈퀴완두(안학수·이춘녕, 1963), 덩굴연리/북새완두(박만규, 1974)[115]

중국/일본명 중국명 山黧豆(shan li dou)는 산에서 자라는 여두(黧豆: *Mucuna pruriens* var. *utilis*)라 뜻이며, 여두(黧豆)는 일명 우단콩의 일종으로 씨앗이 검다는 뜻이나 실제로는 갈색, 황색, 흰색 등으로 다양하다. 일본명 レンリサウ(連理草)는 작은잎이 2개씩 마주나기를 하는 모습이 서로 연결되어 있는 것처럼 보인다는 뜻이다.

참고 [북한명] 연리초 [유사어] 산려두(山黧豆)

---

113 『조선어사전』(1920)은 '大豆黃卷(대두황권)'을 기록했으며 『조선식물명휘』(1922)는 '野豌豆'를 기록했다.
114 이러한 견해로 이우철(2005), p.400 참조.
115 『조선식물명휘』(1922)는 '山黧豆'를 기록했다.

○ Lathyrus humilis *Fischer*　コエンドウ
Aegi-wandu　애기완두

애기완두 〈*Lathyrus humilis* (Ser.) Spreng.(1826)〉

애기완두라는 이름은 식물체가 작아 아기 같은 완두라는 뜻에서 붙여졌다.[116] 『조선식물향명집』
에서 전통 명칭 '완두'를 기본으로 하고 식물의 형태적 특징을 나타내는 '애기'를 추가해 신칭했
다.[117]

　　속명 *Lathyrus*는 풀완두(*L. sativus*)의 고대 그리스명 *lathyros*에서 유래한 것으로 연리초속을
일컫는다. 종소명 *humilis*는 '키가 작은'이라는 뜻으로 식물체가 작다는 뜻에서 붙여졌다.

　다른이름　산완두(박만규, 1949)

　중국/일본명　중국명 矮山黧豆(ai shan li dou)는 키가 작은 산려두(山黧豆: 연리초의 중국명)라는 뜻으로
학명과 같은 의미이다. 일본명 コエンドウ(小豌豆)는 식물체가 작은 완두(エンドウ)라는 뜻이다.

　참고　[북한명] 애기완두

Lespedeza bicolor *Turczaninow*　エゾヤマハギ
Ŝari　싸리

싸리 〈*Lespedeza bicolor* Turcz.(1840)〉

싸리라는 이름은 옛말 '뿌리'가 어원이지만 그 정확한 뜻이나 유래는 알려져 있지 않다. 다만 빗
자루를 만들어 '쓸다'는 뜻에서 유래한 이름으로 보는 견해가 있다.[118] 18세기에 편찬된 시조집인
『청구영언』은 싸리로 만든 빗자루라는 뜻의 '뿌리뷔'를 기록해 이 나무로 빗자루를 만들었음을
알려준다. 한편 싸리의 유래에 대해 살림이나 생활을 뜻하는 옛말 '사리'에서 온 것으로, 사리→
싸리나무→싸리가 되었다고 보는 견해가 있다.[119] 그러나 싸리의 옛말은 '뿌리'이므로 타당하지
않다.

　　속명 *Lespedeza*는 프랑스 식물학자 André Michaux(1746~1802)의 북아메리카 플로리다 탐사
활동을 후원한 스페인 총독 Vicente Manuel de Céspedes(1721?~1794)를 기리기 위한 이름으로
Céspedes를 Lespedez로 오기한 데서 유래했으며 싸리속을 일컫는다. 종소명 *bicolor*는 '두 가

---

116 이러한 견해로 이우철(2005), p.388 참조.

117 이에 대해서는 『조선식물향명집』, 색인 p.43 참조.

118 이러한 견해로 솔뫼(송상곤, 2010), p.876 참조. '비로 쓰레기 따위를 밀어내거나 한데 모아서 버리다'라는 뜻의 '쓸다'에 대
　　해 『월인석보』(1459), 『백련초해』(16세기 중엽) 및 『동국신속삼강행실도』(1617)는 '쓸다'로 표기해 당시 싸리에 대한 표기
　　'뿌리'와 그 표현이 유사하다.

119 이러한 견해로 박상진(2019), p.287 참조.

지 색의'라는 뜻이다.

다른이름 싸리/참싸리/곤자리쿨(정태현 외, 1923), 좀풀싸리(정태현 외, 1937), 싸리나무/좀싸리(정태현, 1943), 애기싸리(박만규, 1949), 산싸리(도봉섭 외, 1958), 애기싸리나무/좀산싸리(안학수·이춘녕, 1963)

옛이름 荊/가시나모(구급간이방언해, 1489), 荊條/뿌리(사성통해, 1517), 黃荊/뿌리(언해두창집요, 1608), 荊條/뿔리(역어유해, 1690), 뿌리남게(청구영언, 1728), 荊條/쓰리(동문유해, 1748), 荊條/뿌리(몽어유해, 1768), 荊條/뿔이(방언집석, 1778), 杻檍/쓰리(재물보, 1798), 杻/牡荊/뿌리(광재물보, 19세기 초), 杻/牡荊/쓰리(물명고, 1824), 胡枝子(임원경제지, 1842), 牡荊/모형/쓰리(명물기략, 1870), 싸리나무/杻木(한불자전, 1880), 杻木/뿌리나모(의방합편, 19세기), 싸리나무(조선구전민요집, 1933)[120]

중국/일본명 중국명 胡枝子(hu zhi zi)는 가지를 여러 용도로 이용한 것과 관련해 붙여진 이름으로 싸리를 가리킨다. 일본명 エゾヤマハギ(蝦夷山萩)는 에조(蝦夷: 홋카이도의 옛 지명)의 산에서 자라는 싸리(ハギ)라는 뜻으로, ハギ(萩)는 나무에서 새싹이 트는 모습이라는 뜻의 ハエキ(生芽)에서 유래한 일본 고유어이다.

참고 [북한명] 싸리나무 [유사어] 산싸리, 소형(小荊), 호지자(胡枝子) [지방명] 싸래/싸랙지/싸리갱이/싸리깨/싸리꽃/싸리나무/싸리손/쌀개나무/쌔리/참싸리(강원), 싸래/싸래순/싸리나무/싸릿대(경기), 싸리나무/싸리비/싸릿대(경남), 싸리나무(경북), 골비싸리/물비싸리/비싸리/싸래기나물/싸레비/싸리나무/싸리대/싸리비낭(전남), 싸래/싸래기/싸리나무/싸리대/싸리비/써리발/써리빨(전북), 간저리낭/간저리풀/간지리낭/곤저리쿨/곤저리풀/곤지리/근저리낭/싸리나무(제주), 싸리나무/싸리대/싸리비/싸리순/싸리잎(충남), 싸리순(충북)

Lespedeza cuneata *G. Don* メドハギ
Bisuri 비수리

비수리〈*Lespedeza cuneata* (Dum.Cours.) G.Don.(1832)〉

비수리라는 이름은 줄기의 껍질(비수리)로 노끈 등을 만든 것에서 유래한 것으로 추정한다.[121] 벗겨놓은 껍질을 '비스리'(비사리)라고 했는데,[122] 비수리의 껍질의 용도가 싸리와 비슷한 점에 비추어 이와 관련해 형성된 이름으로 보인다. 한자명으로 야관문(夜關門)이라고 하는데 이는 밤에 문의 빗

---

120 『제주도및완도식물조사보고서』(1914)는 'ゴンジャリクル'[곤자리쿨]을 기록했으며 『조선어사전』(1920)은 '牡荊(모형), 小荊(소형), 싸리'를, 『조선식물명휘』(1922)는 '싸리'를, 『토명대조선만식물자휘』(1932)는 '[牡荊]모형, [小荊]소형, [싸리나무]'를, 『선명대학명지부』(1934)는 '싸리'를 기록했다.

121 이에 대해서는 김종원(2013), p.465 참조.

122 이에 대해서는 『고어대사전 10』(2016), p.505 참조. 또한 『한불자전』(1880)과 『조선어사전』(1920), p.427도 '비사리'를 같은 뜻으로 기록했다.

장을 열게 하는 식물이라는 뜻으로 양기를 회복하는 민간 약
재로 사용하는 것과 관련한 이름이지만 『동의보감』을 비롯한
주요 의서에서 야재로 다루지는 않았다.

　속명 *Lespedeza*는 프랑스 식물학자 André Michaux
(1746~1802)의 북아메리카 플로리다 탐사활동을 후원한 스페
인 총독 Vicente Manuel de Céspedes(1721?~1794)를 기리
기 위한 이름으로 Céspedes를 Lespedez로 오기한 데서 유
래했으며 싸리속을 일컫는다. 종소명 *cuneata*는 '쐐기모양의'
라는 뜻으로 잎의 모양에서 유래했다.

다른이름 　공겡이대(박만규, 1949)

중국/일본명 　중국명 截叶铁扫帚(jie ye tie sao zhou)는 갈라진 잎
의 철소추(鐵掃帚: 쇠빗자루라는 뜻으로 비수리 종류의 중국명)라는 뜻이다. 일본명 メドハギ(蓍萩)는
점을 볼 때 사용하는 도구(蓍)의 재료로 사용하는 싸리(ハギ)라는 뜻이다.

참고 　[북한명] 비수리 [유사어] 노우근(老牛筋), 야관문(夜關門) [지방명] 야간문/야관문(강원), 야관
문(경기), 싸릿대/야관문(경남), 공깃대(경북), 비사리/비싸리대/야관문(전남), 야관문(전북), 꾀꼬질/댑
싸리/믈너울/비치락낭/쉽싸리풀/셀사리/쉡사리/쉡사리풀/쉽싸리/야관문/햅싸리(제주), 야관문(함북)

Lespedeza cyrtobotrya *Miquel* 　ミヤマハギ(マルバハギ)
Cham-ŝari 　참싸리

참싸리 〈*Lespedeza cyrtobotrya* Miq.(1867)〉

참싸리라는 이름은 진짜(참) 싸리라는 뜻에서 유래했다.[123] 목
재로 세공재를 만들거나 나무껍질을 섬유로 이용했다. 자생지
중의 하나인 강원도 방언을 채록한 것이다.[124]

　속명 *Lespedeza*는 프랑스 식물학자 André Michaux
(1746~1802)의 북아메리카 플로리다 탐사활동을 후원한 스페
인 총독 Vicente Manuel de Céspedes(1721?~1794)를 기리
기 위한 이름으로 Céspedes를 Lespedez로 오기한 데서 유
래했으며 싸리속을 일컫는다. 종소명 *cyrtobotrya*는 '굽은
꽃송이의'라는 뜻으로 꽃차례의 모습을 나타낸다.

---

123 이러한 견해로 이우철(2005), p.508과 박상진(2019), p.288 참조.
124 이에 대해서는 『조선삼림식물도설』(1943), p.390 참조.

싸리(정태현 외, 1923), 참싸리(정태현, 1926), 긴잎참싸리(이창복, 1966), 참싸리나무(한진건 외, 1982)

楉/츰짜리(물보, 1802)[125]

중국명 短梗胡枝子(duan geng hu zhi zi)는 짧은 자루의 호지자(胡枝子: 싸리의 중국명)라는 뜻으로, 꽃자루가 짧은 것을 나타낸 이름으로 보인다. 일본명 ミヤマハギ(深山萩)는 깊은 산속에서 자라는 싸리(ハギ)라는 뜻이다.

[북한명] 참싸리 [유사어] 단서호지자(短序胡枝子) [지방명] 싸리(강원), 싸리대(경북), 비싸리/싸리/싸리나무/싸리대(전남), 싸리(충청)

Lespedeza japonica *Bailey* var. intermedia *Nakai*　テフセンヤマハギ
Pul-ŝari　풀싸리

풀싸리〈*Lespedeza thunbergii* Nakai subsp. *formosa* (Vogel) H.Ohashi(2001)〉

풀싸리라는 이름은 싸리에 비해 겨울에 지상부가 말라 죽어 초본(草本)처럼 보인다는 뜻에서 유래했다.[126] 『조선식물향명집』은 별도로 신칭한 이름으로 기록하지 않은 점에 비추어 지방에서 실제로 사용하는 이름을 채록한 것으로 추론된다.

　　속명 *Lespedeza*는 프랑스 식물학자 André Michaux(1746~1802)의 북아메리카 플로리다 탐사 활동을 후원한 스페인 총독 Vicente Manuel de Céspedes(1721?~1794)를 기리기 위한 이름으로 Céspedes를 Lespedez로 오기한 데서 유래했으며 싸리속을 일컫는다. 종소명 *thunbergii*는 스웨덴 식물학자로 일본 식물을 연구한 Carl Peter Thunberg(1743~1828)의 이름에서 유래했으며, 아종명 *formosa*는 '아름다운'이라는 뜻이다.

밀때싸리/속리산싸리(정태현, 1943), 잔잎싸리(박만규, 1949), 속리싸리/늦싸리(정태현 외, 1949), 긴잎풀싸리(안학수·이춘녕, 1963), 능수싸리/올싸리(임록재 외, 1972)[127]

중국명 美丽胡枝子(mei li hu zhi zi) 아름다운(美麗) 호지자(胡枝子: 싸리의 중국명)라는 뜻으로 학명과 같은 의미이다. 일본명 テフセンヤマハギ(朝鮮山萩)는 한반도에 분포하고 산에서 자라는 싸리(ハギ)라는 뜻이다.

[북한명] 능수싸리/풀싸리[128]

---

125 『선명대화명지부』(1934)는 '싸리'를 기록했다.
126 이러한 견해로 이우철(2005), p.579; 김태영·김진석(2018), p.450; 허북구·박석근(2008b), p.302 참조.
127 『지리산식물조사보고서』(1915)는 'こりびさり'[골비사리]를 기록했으며 『조선식물명휘』(1922)는 '싸리(工業)'를, 『선명대화명지부』(1934)는 '싸리'를 기록했다.
128 북한에서는 *L. formosa*를 '능수싸리'로, *L. japonica*를 '풀싸리'로 하여 별도 분류하고 있다. 이에 대해서는 리용재 외 (2011), p.203 참조.

⊗ Lespedeza Maximowiczii *Schneider*　テフセンキハギ

Jorog-ŝari　조록싸리

조록싸리⟨*Lespedeza maximowiczii* C.K.Schneid.(1907)⟩

조록싸리라는 이름은 벗겨놓은 줄기 껍질의 가느다란 모양을 '조록'하다고 본 것에서 유래한 것으로 추정한다. 주요 자생시인 경상남도 방언을 채록한 것이다.[129] '조록'은 '조록조록'에서 유래한 말로 잔주름이 고르게 많이 잡힌 모양을 말한다.[130] 옛날에는 조록싸리를 비롯해 싸리 종류의 줄기 껍질을 벗겨 노끈 등을 만들었는데[131] 벗겨놓은 줄기 껍질의 가느다란 모습이 마치 잔주름이 잡힌 것처럼 보이기도 한다. 한편 잎의 모양이 어린아이들이 액막이로 차고 다니던 호리병 모양의 '조롱'을 닮았다는 뜻으로 보는 견해가 있으나,[132] 삼출겹잎에서 호리병을 연상하기는 쉽지 않고 현재의 방언 조사에도 '조롱싸리'의 어형은 발견되지 않아서 타당성은 의문스럽다. 또한 조록나무와 잎이 닮았다는 뜻에서 유래한 이름으로 보는 견해가 있으나,[133] 조록나무는 경상남도에서는 분포지가 알려져 있지 않으므로 조록나무에서 유래했다고 보기는 어렵다.

속명 *Lespedeza*는 프랑스 식물학자 André Michaux(1746~1802)의 북아메리카 플로리다 탐사 활동을 후원한 스페인 총독 Vicente Manuel de Céspedes(1721?~1794)를 기리기 위한 이름으로 Céspedes를 Lespedez로 오기한 데서 유래했으며 싸리속을 일컫는다. 종소명 *maximowiczii*는 러시아 식물학자로 동북아 식물을 연구한 Carl Johann Maximowicz(1827~1891)의 이름에서 유래했다.

다른이름　조록싸리(정태현, 1926), 참싸리(정태현, 1943), 통영싸리(박만규, 1949)

중국/일본명　중국명 宽叶胡枝子(kuan ye hu zhi zi)는 잎이 넓은 호지자(胡枝子: 싸리의 중국명)라는 뜻이다. 일본명 テフセンキハギ(朝鮮木萩)는 한반도(조선)에 분포하는 목본성 싸리(ハギ)라는 뜻이다.

참고　[북한명] 조록싸리 [지방명] 싸리/쪼록싸리(강원), 비싸리/싸리/싸리나무/싸리대(전남), 고롭싸리/조록싸리나무(전북), 싸리/싸생이(충남), 싸리(충북)

---

129 이에 대해서는 『조선삼림식물도설』(1943), p.391 참조.
130 국립국어원, '표준국어대사전' 중 '조록조록' 참조. 또한 옛말에서도 '조록'이 같은 뜻으로 사용되기도 했다. 이에 대해서는 『고어대사전 17』, p.825 참조.
131 이에 대해서는 『조선삼림식물도설』(1943), p.391과 『한국의 민속식물』(2017), p.631 참조.
132 이러한 견해로 박상진(2019), p.288 참조.
133 이러한 견해로 솔뫼(송상곤, 2010), p.882와 전정일(2009), p.77 참조. 다만 전정일은 열매가 '조롱조롱' 달린 것에서 유래한 것으로 보고 있으나, 이러한 어형이 나타나지 않는 점에서는 같은 문제점이 있다.

⊗ Lespedeza Maximowiczii *Schneider* var. tomentella *Nakai*　シモフリキハギ
Tôl-namu-ŝari　털나무싸리

털조록싸리〈*Lespedeza maximowiczii var. tomentella* Nakai(1927)〉[134]

털조록싸리라는 이름은 조록싸리와 닮았는데 줄기와 잎에 털이 밀생(密生)하는 것에서 유래했다.[135] 『조선식물향명집』에서는 전통 명칭 '싸리'를 기본으로 하고 식물의 형태적 특징과 학명에 착안한 '털'과 '나무'를 추가해 '털나무싸리'를 신칭했으나,[136] 『우리나라 식물명감』에서 '털조록싸리'로 개칭해 현재에 이르고 있다.

속명 *Lespedeza*는 프랑스 식물학자 André Michaux(1746~1802)의 북아메리카 플로리다 탐사 활동을 후원한 스페인 총독 Vicente Manuel de Céspedes(1721?~1794)를 기리기 위한 이름으로 Céspedes를 Lespedez로 오기한 데서 유래했으며 싸리속을 일컫는다. 종소명 *maximowiczii*는 러시아 식물학자로 동북아 식물을 연구한 Carl Johann Maximowicz(1827~1891)의 이름에서 유래했다. 변종명 *tomentella*는 '면모가 밀생하는'이라는 뜻으로 일년생가지와 잎에 털이 밀생하는 것에서 유래했다.

다른이름 털나무싸리(정태현 외, 1937)

중국/일본명 중국에서는 이를 별도 분류하지 않고 있다. 일본명 シモフリキハギ(霜降り木萩)는 잎의 털 때문에 마치 서리가 내린 것처럼 희끗희끗한 목본성 싸리(ハギ)라는 뜻이다.

참고 [북한명] 털조록싸리[137]

Lespedeza tomentosa *Siebold*　イヌハギ
Gae-ŝari　개싸리

개싸리〈*Lespedeza tomentosa* (Thunb.) Siebold ex Maxim.(1873)〉

개싸리라는 이름은 싸리와 닮았지만 싸리보다 못하거나 쓸모가 덜하다는 뜻에서 유래했다.[138] 『조선식물향명집』에서 그 이름이 처음으로 보이는데, 이를 신칭한 이름으로 기록하지 않았으므

---

134 '국가표준식물목록'(2018)은 본문의 학명으로 '털조록싸리'를 별도 분류하고 있으나, 『장진성 식물목록』(2014)은 이를 조록싸리(*L. maximowiczii*)에 통합하고, '중국식물지'(2018)와 '세계식물목록'(2018)은 이를 별도 분류하지 않으므로 주의가 필요하다.

135 이러한 견해로 이우철(2005), p.564 참조.

136 이에 대해서는 『조선식물향명집』, 색인 p.48 참조.

137 북한에서 임록재 외(1996)는 '털조록싸리'를 별도 분류하고 있으나, 리용재 외(2011)는 이를 별도 분류하지 않고 있다. 이에 대해서는 리용재 외(2011), p.202 이하 참조.

138 이러한 견해로 이우철(2005), p.54와 김종원(2013), p.466 참조.

로[139] 방언을 채록했을 가능성이 있다.

속명 *Lespedeza*는 프랑스 식물학자 André Michaux(1746~1802)의 북아메리카 플로리다 탐사 활동을 후원한 스페인 총독 Vicente Manuel de Céspedes(1721?~1794)를 기리기 위한 이름으로 Céspedes를 Lespedez로 오기한 데서 유래했으며 싸리속을 일컫는다. 종소명 *tomentosa*는 '조밀한 솜털이 있는'이라는 뜻으로 줄기에 털이 많아서 붙여졌다.

다른이름 개풀싸리/딤불싸리(안학수·이춘녕, 1963), 들싸리(임록재 외, 1972)[140]

중국/일본명 중국명 绒毛胡枝子(rong mao hu zhi zi)는 줄기에 솜털이 많은 호지자(胡枝子: 싸리의 중국명)라는 뜻이다. 일본명 イヌハギ(犬萩)는 싸리(ハギ)를 닮은 식물이라는 뜻이다.

참고 [북한명] 들싸리 [유사어] 단서호지자(短序胡枝子) [지방명] 싸리나무(충남)

○ Lespedeza trichocarpa *Persoon*　オホメドハギ
Kùn-bisuri　큰비수리

호비수리〈*Lespedeza davurica* (Laxm.) Schindl.(1926)〉

호비수리라는 이름은 북쪽 지방(胡)에 주로 자라는 비수리라는 뜻에서 유래한 것으로 추정한다. 꽃자루와 꽃차례 등이 긴 특징으로 비수리와 별도의 종으로 분류되고 있다.[141] 식물명에서 '호'는 북쪽 지방에서 자라는 식물에 붙이는 경우가 많고, 학명에 '(바이칼호 동쪽) 다후리아 지방의'라는 뜻의 *davurica*가 있는 점에 비추어 북쪽 지방에서 주로 자라는 비수리라는 뜻에서 붙여진 이름일 것으로 본다. 한편 호비수리라는 이름은 비수리에 비해 잎이 길다는 뜻에서 유래했다고 보는 견해가 있으나,[142] 식물명에서 '호'가 그러한 뜻으로 사용된 예를 발견하기 어렵다. 『조선식물향명집』에서는 전통 명칭 '비수리'를 기본으로 하고 식물의 형태적 특징을 나타내는 '큰'을 추가해 '큰비수리'를 신칭했으나,[143] 『조선식물명집』에서 식물의 산지(産地) 및 학명에 착안한 '호비수리'로 개칭해 현재에 이르고 있다.

속명 *Lespedeza*는 프랑스 식물학자 André Michaux(1746~1802)의 북아메리카 플로리다 탐사 활동을 후원한 스페인 총독 Vicente Manuel de Céspedes(1721?~1794)를 기리기 위한 이름으로 Céspedes를 Lespedez로 오기한 데서 유래했으며 싸리속을 일컫는다. 종소명 *davurica*는 '(바이칼호 동쪽) 다후리아 지방의'라는 뜻으로 발견지 또는 분포지를 나타낸다.

---

139 이에 대해서는 『조선식물향명집』, 색인 p.31 참조.
140 『조선식물명휘』(1922)는 '山豆花, 野闾茱'를 기록했다.
141 이에 대해서는 『한국속식물지』(2018), p.810 참조.
142 이러한 견해로 이우철(2005), p.592 참조.
143 이에 대해서는 『조선식물향명집』, 색인 p.47 참조.

다른이름 큰비수리(정태현 외, 1937), 큰땅비사리(박만규, 1949), 왕비수리(안학수·이춘녕, 1963), 큰땅비수리(박만규, 1974), 다후리비수리(한진건 외, 1982)

중국/일본명 중국명 興安胡枝子(xing an hu zhi zi)는 중국 싱안(興安)에 주로 자라는 호지자(胡枝子: 싸리의 중국명)라는 뜻이다. 일본명 オホメドハギ(大薯萩)는 비수리(メドハギ)보다 식물체가 크다는 뜻이다.

참고 [북한명] 큰비수리 [유사어] 야관문(夜關門)

Lespedeza virgata *De Candolle*   マキエハギ
Jom-pul-ŝari   좀풀싸리

좀싸리〈*Lespedeza virgata* (Thunb.) DC.(1825)〉

좀싸리라는 이름은 가지가 가늘고 긴(좀) 싸리라는 뜻으로 학명에서 유래했다.[144] 중부 이남의 산지에 주로 분포하는 낙엽 활엽 반관목으로 가지와 꽃줄기가 실같이 가는 특징이 있다. 『조선식물향명집』에서는 '풀싸리'를 기본으로 하고 식물의 형태적 특징을 나타내는 '좀'을 추가해 '좀풀싸리'를 신칭했으나,[145] 『조선삼림식물도설』에서 '좀싸리'로 개칭해 현재에 이르고 있다.

속명 *Lespedeza*는 프랑스 식물학자 André Michaux(1746~1802)의 북아메리카 플로리다 탐사 활동을 후원한 스페인 총독 Vicente Manuel de Céspedes(1721?~1794)를 기리기 위한 이름으로 Céspedes를 Lespedez로 오기한 데서 유래했으며 싸리속을 일컫는다. 종소명 *virgata*는 '가늘고 긴 가지가 있는'이라는 뜻이다.

다른이름 좀풀싸리(정태현 외, 1937), 실대싸리(안학수·이춘녕, 1963)[146]

중국/일본명 중국명 細梗胡枝子(xi geng hu zhi zi)는 가는 줄기를 가진 호지자(胡枝子: 싸리의 중국명)라는 뜻으로 학명에서 유래했다. 일본명 マキエハギ(蒔繪萩)는 가느다란 가지의 모습이 옻칠 위에 금이나 은가루를 뿌리고 무늬를 그려 넣은 일본 고유의 칠공예(蒔繪)를 연상시키고 싸리(ハギ)를 닮았다는 뜻이다.

참고 [북한명] 좀싸리

---

144 이러한 견해로 이우철(2005), p.474와 김종원(2013), p.469 참조.
145 이에 대해서는 『조선식물향명집』, 색인 p.46 참조.
146 『지리산식물조사보고서』(1915)는 'くゎんでびさり'[광대비싸리]를 기록했다.

Lotus corniculatus *L.* var. *japonica* *Regel*   ミヤコグサ
Bòl-noraṅgi   벌노랑이

벌노랑이⟨*Lotus corniculatus* L. var. *japonica* Regel(1864)⟩

벌노랑이라는 이름은 '벌'과 '노랑이'의 합성어로, 벌(들판)에서
자라고 노란 꽃이 피는 풀이라는 뜻에서 유래했다.[147] 『조선식
물향명집』은 '벌노랑이'를 신칭한 이름으로 기록했다.[148] 19세
기 초에 저술된 『광재물보』는 중국에서 전래된 한자명 '百脈
根'(백맥근)에 대해 "狀似苜蓿 花黃 根如遠志"(모양은 개자리와
비슷하고 꽃은 노란색이며 뿌리는 원지를 닮았다)라고 하여 현재의
'벌노랑이'를 일컫는 이름으로 기록했으나 현재의 이름으로
이어지지는 않았다.

　속명 *Lotus*는 클로버나 연꽃 등 여러 종류의 식물을 일컫던
그리스어 *lotos*에서 기원해 린네(Carl von Linné, 1707~1787)가
속명으로 사용하면서 정착한 것으로 벌노랑이속을 일컫는다.
종소명 *corniculatus*는 '작은 뿔 모양의'라는 뜻이며, 변종명 *japonica*는 '일본의'라는 뜻이다.

다른이름 노랑들콩(박만규, 1949), 노랑돌콩(박만규, 1974), 털벌노랑이/잔털벌노랑이(안학수 외, 1982)

옛이름 百脈根(광재물보, 19세기 초)[149]

중국/일본명 중국명 光叶百脉根(guang ye bai mai gen)은 잎이 넓은 백맥근(百脈根: 백 가지 줄기와 뿌리
가 있다는 뜻으로 *L. corniculatus*의 중국명)이라는 뜻이다. 일본명 ミヤコグサ(都草)는 이 식물이 도
읍지(ミヤコ)였던 교토(京都) 부근에 많았던 것에서 유래했다.

참고 [북한명] 벌노랑이 [유사어] 백맥근(百脈根) [지방명] 개자리/개자리쿨(제주)

Maackia amurensis *Regel et Maximowicz*   カライヌエンジユ
Darùb-namu   다릅나무

다릅나무⟨*Maackia amurensis* Rupr.(1856)⟩

다릅나무라는 이름은 '달다'와 '느릅나무'가 합해진 말로, 느릅나무를 닮았는데 나무껍질이 얇

---

147 이러한 견해로 이우철(2005), p.272; 허북구·박석근(2008a), p.109; 김종원(2013), p.82 참조.
148 이에 대해서는 『조선식물향명집』, 색인 p.38 참조.
149 『조선식물명휘』(1922)는 '百脈根, 大酸米草'를 기록했다.

게 벗겨져 말리는 것이 마치 불에 달아오른 모습 같다는 뜻에서 유래한 것으로 추정한다.[150] 예부터 목재를 기구나 농구를 만들었고, 나무껍질은 염료로 사용하고 달여서 약재로도 사용했다.[151] 다릅나무의 나무껍질은 느릅나무와 달리 묵을수록 짙은 갈색이 되면서 얇게 갈라져 종잇장처럼 벗겨지는 특징이 있다. 옛 문헌은 15세기의 『월인석보』 이래로 '달다'를 현재와 같은 뜻(쇠나 돌 따위가 열로 몹시 뜨거워지다)으로 사용하고 있다. 17세기에 저술된 『역어유해』는 한글명으로 '다릅나모'를 기록하면서 한자로 '炮火木'(포화목)이라고 했는데, 이는 중국에서는 사용하지 않은 한자이므로 다릅나모(다릅나무)를 나타내기 위해 고안된 것으로 보이며 불로 통째로 구운 나

무라는 뜻이 있다. 19세기에 저술된 『물명고』는 炮火木(포화목)을 '楡(느릅나무)' 항목에 붙여(附) 설명하면서 "亦近楡類"(역시 느릅나무 종류와 유사하다)라고 기록했다. 이러한 점에 비추어 다릅나무는 '달'('달다'의 어간)과 '느릅나무'가 합쳐지면서 '달'의 'ㄹ'과 '느릅나무'의 '느'가 탈락되어 형성된 말로 보인다. 한편 나무의 변재(邊材)와 심재(心材)의 색깔이 다르거나 겉과 속이 다른 나무라 하여 '다른나무'가 '다릅나무'로 변했다고 보는 견해가 있으나,[152] 어원학적인 근거가 있는 주장은 아닌 것으로 보인다. 식물분류학에 근거해 식물명을 '다릅나무'로 한 것은 『조선삼림수목감요』에 따른 것이며 당시 통용되었던 이름을 채록한 것이다.[153] 또한 다릅나무는 다른 여러 이름으로 불리기도 했는데, 나무껍질을 염료와 약재로 사용했던 것과 관련하여 경성에서는 '개물푸레나무', 나무의 재질이 단단해 가구재로 이용한 것과 관련하여 경기도에서는 '개박달나무', 가지를 이용해 소코뚜레로 사용한 것과 관련하여 함경북도에서는 '소코둘개나무', 경상남도에서는 '소터래나무'라고 했다.[154]

속명 *Maackia*는 시베리아에서 연구 활동을 한 에스토니아 자연사학자 Richard Karlovich Maack(1825~1886)의 이름에서 유래한 것으로 다릅나무속을 일컫는다. 종소명 *amurensis*는 '아무르강 유역에 분포하는'이라는 뜻으로 분포지 또는 발견지를 나타낸다.

다른이름 다릅나무/기물푸레나무(정태현 외, 1923), 개물푸레나무/개박달나무/다름나무/소터래나

---

150 이러한 견해로 솔뫼(송상곤, 2010), p.780 참조.
151 기구, 농구 및 염료의 사용에 대해서는 『조선삼림식물도설』(1943), p.397 참조. 약재 사용에 대해서는 『고어대사전 5』(2016), p.451 참조.
152 이러한 견해로 전정일(2009), p.76과 오찬진 외(2015), p.629 참조.
153 이에 대해서는 『조선심림수목감요』(1923), p 73 참조. 한편 이우철(2005), p.161은 황해도 방언을 채록한 것으로 기록하고 있으나, 『조선삼림식물도설』(1943), p.398에 따르면 황해도 지방에서는 '다릅나무'라 한 것으로 기록되어 있다.
154 이에 대한 자세한 내용은 『조선삼림식물도설』(1943), p.396 참조.

무/쇠코둘개나무(정태현, 1943), 쇠코뜨래나무(박만규, 1949), 쇠코뚜래나무/좀실다름나무(안학수·이춘녕, 1963)

옛이름 炮火木/다릅나모(역어유해, 1690), 炮火木/다릅나무(재물보, 1798), 炮火木/다릅나무(광재물보, 19세기 초), 炮火木/다릅나모(물명고, 1824), 達音木(의휘, 1871), 達音木/달음나무(녹효방, 1873), 다람나무/茶果木/쇠다람나무/多男木(한불자전, 1880), 달음나모(의방합편, 19세기)[155]

중국/일본명 중국명 朝鮮槐(chao xian huai)는 한반도에 분포하는 회화나무(槐)라는 뜻이다. 일본명 カライヌエンジユ(唐犬槐)는 중국에서 전래되었고 회화나무(エンジュ)를 닮았다는 뜻이다.

참고 [북한명] 다릅나무 [유사어] 당양괴(唐懷槐), 양괴(懷槐), 조선괴(朝鮮槐) [지방명] 나람낭기/다락나무/다람낭그/다랍낭기/다름나무(강원), 다릅재기(평북)

⊗ Maackia Fauriei *Nakai*   サイシウイヌエンジウ
Solbi-namu 솔비나무

솔비나무⟨*Maackia floribunda* (Miq.) Takeda(1913)⟩[156]

솔비나무라는 이름은 제주도 방언 '솔피낭'에서 유래한 것으로,[157] 정확한 뜻이나 어원은 알려진 것이 없다. 전통적으로 목재를 가구재나 농기구를 만들거나 나무껍질을 염료로 사용해왔다.[158] 제주 방언으로 '솔박'은 나무를 둥그스름하고 납죽하게 파서 만든 바가지 비슷한 그릇을 말하는데,[159] '솔피낭'과 어간이 겹치는 점에 비추어 그와 비슷한 용기를 만들고 나무껍질을 염료로 사용한 것과 관련하여 '피'가 추가된 것에서 유래한 이름으로 추정한다. 한편 '솔피낭'은 쇠물푸레나무(*Fraxinus sieboldiana*)의 제주 방언이기도 한데,[160] 쇠물푸레나무도 가구재 등을 만드는 데 이용했다.[161]

속명 *Maackia*는 시베리아에서 연구 활동을 한 에스토니아 자연사학자 Richard Karlovich Maack(1825~1886)의 이름에서 유래한 것으로 다릅나무속을 일컫는다. 종소명 *floribunda*는 '꽃

---

155 「화한한명대조표」(1910)는 '기믈푸레ᄂᆞ무'를 기록했으며 「조선주요삼림수목명칭표」(1915a)는 '다릅ᄂᆞ무'를, 『지리산식물조사보고서』(1915)는 '소-てれ나ᄆ'[소터래나무]를, 『조선거수노수명목지』(1919)는 '기박달ᄂᆞ무'를, 『조선식물명휘』(1922)는 '高麗槐, 懷槐, 기믈푸레나무(工業)'를, 『토명대조선만식물자휘』(1932)는 '[懷槐]괴회, [개괴화나무], [개회야나무]'를, 『선명대화명지부』(1934)는 '개믈푸레(나무), 다릅나무'를 기록했다.

156 「국가표준식물목록」(2018)은 솔비나무의 학명을 *Maackia fauriei* (H.Lév.) Takeda(1913)로 기재하고 있으나, 『장진성 식물목록』(2014)과 '세계식물목록'(2014)은 본문의 학명을 정명으로 기재하고 있다.

157 이에 대해서는 『조선삼림수목감요』(1923), p.73과 『조선삼림식물도설』(1943), p.398 참조.

158 이에 대해서는 『조선삼림식물도설』(1943), p.399와 『한국의 민속식물』(2017), p.635 참조.

159 이에 대해서는 현평호·강영봉(2014), p.212와 석주명(1947), p.59 참조. 다만 석주명은 이를 '솔쌕 = 손쌕'으로 기록했다.

160 이에 대해서는 국립국어원, '우리말샘' 중 '솔피낭' 참조.

161 이에 대해서는 『조선삼림식물도설』(1943), p.595 참조.

이 많은, 꽃이 잘 피는'이라는 뜻이다.

다른이름 솔비나무(정태현 외, 1923)[162]

중국/일본명 중국명 多花马鞍樹(duo hua ma an shu)는 많은 꽃을 피우는 마안수(馬鞍樹: 말의 안장을 닮은 나무라는 뜻으로 M. hupehensis의 중국명)라는 뜻이다. 일본명 サイシウイヌエンジウ(齊州犬槐)는 제주에 분포하는 다릅나무(イヌエンジウ)라는 뜻이다.

참고 [북한명] 솔비나무 [유사어] 제주회괴(齊州檞槐) [지방명] 솔피나무/솔피낭(제주)

Medicago denticulata *Willdenow*   ウマゴヤシ   苜蓿
Gaejari 개자리

개자리〈*Medicago polymorpha* L.(1753)〉

개자리라는 이름은 줄기가 갈라져 땅 위를 기면서 자라는 모습이 과녁 앞에 파놓은 구덩이처럼 보인다는 뜻에서 유래한 것으로 추정한다. 『조선식물향명집』에서 그 이름이 처음 발견되는데, 현재의 방언 조사 결과에 따르면 제주에서 '개자리쿨' 또는 '개자리풀'이라는 이름이 발견되는 것에 비추어[163] 당시 실제로 사용하던 이름을 채록한 것으로 추론된다. 개자리가 정확히 무엇을 의미하는지 명확하지 않지만, 1936년에 조선어학회가 편찬한 『조선어표준말모음』에 개자리를 '貫革前陷地'(과녁 앞에 파놓은 구덩이)라고 기록하고 있는 것에 비추어 줄기가 옆으로 퍼져 자라는 모습에서 유래한 이름으로 보인다. 『동의보감』 등에 기록된 '거여목'은 비위가 상한 것을 치료하는 약성이 있는 것에 비추어 '거여'(거엽다)와 '목'(喉)의 합성어로 목을 거엽게(튼튼하게) 한다는 뜻에서 유래한 것으로 추정한다. 15~16세기에 저술된 『법화경언해』와 『소학언해』는 '거엽다'를 '웅건하다' 또는 '굳세고 씩씩하다'는 뜻으로 사용했다.[164]

속명 *Medicago*는 메디아(이란고원 서북부에 있던 고대왕국)에서 전래되었다고 하여 자주개자리를 부르던 그리스어 *medike* 또는 라틴어 *medica*가 어원으로 개자리속을 일컫는다. 종소명 *polymorpha*는 '여러 모양의'라는 뜻으로 꽃과 열매의 모양들이 달라서 붙여진 이름으로 보인다.

다른이름 고여독(정태현, 1956), 꽃자리풀(김현삼 외, 1988)

옛이름 苜蓿/거여목(동의보감, 1613), 苜蓿/거유목(역어유해, 1690), 苜蓿/거유목(방언집석, 1778), 苜蓿/거여목(재물보, 1798), 苜蓿/거여목(제중신편, 1799), 苜蓿/계여목(해동농서, 1799), 苜蓿/鵝兒頸(백운

---

162 『조선식물명휘』(1922)는 '솔비나무(工業)'를 기록했으며 『선명대화명지부』(1934)는 '솔비나무'를 기록했다.
163 이에 대해서는 현평효·강영봉(2014), p.25와 국립국어원, '우리말샘' 중 '개자리쿨'과 '개자리풀' 참조. 한편 제주에서는 개자리를 넣어 된장국을 끓여 먹었다. 이에 대해서는 『한국의 민속식물』(2017), p.636과 국립국어원, '우리말샘' 중 '개자리국' 참조.
164 이에 대한 자세한 내용은 『고어대사전 1』(2016), p.614 참조.

필, 1803), 苜蓿/牧宿/게우목(광재물보, 19세기 초), 苜蓿/게우목(물명고, 1824), 苜蓿/木粟/光風草(임원경제지, 1842), 苜蓿/거여목(자류주석, 1856), 苜蓿/거어목(의종손익, 1868), 苜蓿/목숙/거의목(명물기략, 1870), 게목/목숙/苜蓿(한불자전, 1880), 苜蓿/거여목(방약합편, 1884), 苜蓿/계유-무(일용비람기, 연대미상), 苜蓿/거여목(자전석요, 1909), 苜蓿/大宛草/거여목/連枝草(신자전, 1915), 苜蓿/거여목/連枝草(의서옥편, 1921), 게목/거여목/苜蓿(조선어표준말모음, 1936)[165]

중국/일본명 중국명 南苜蓿(nan mu xu)는 남쪽 시방에서 수로 자라는 자주개자리(苜蓿)라는 뜻이다.[166] 일본명 ウマゴヤシ(馬肥し)는 말을 살찌게 한다는 뜻으로, 이 종 식물이 말을 키우는 데 좋은 사료로 사용되어서 붙여졌다.

참고 [북한명] 꽃자리풀 [유사어] 광풍초(光風草), 금지초(金枝草), 목속(木粟), 목숙(苜蓿) [지방명] 가자리/개자리쿨/개자리풀/괭이밥(제주)

Microlespedeza striata *Makino*　ヤハズサウ
Maedûbpul 매듭풀

매듭풀〈*Kummerowia striata* (Thunb.) Schindl.(1912)〉

매듭풀이라는 이름은 '매듭'과 '풀'의 합성어로, 줄기에서 잎이 나올 때 턱잎이 달리는 모습이 마치 매듭(마디)이 있는 것처럼 보인다는 뜻에서 유래한 것으로 추정한다. 『조선식물명휘』에서 구황식물로 '미듭'을 기록한 것이 최초의 이름으로 보이는데, 중국명 및 일본명과 뜻이 다른 점에 비추어 실제 민간에서 사용하던 조선명을 기록한 것으로 보인다. 『동의보감』은 마디풀(*Polygonum aviculare*)에 대한 명칭으로 '온ᄆ듭'(온매듭)을 기록했는데, 매듭풀은 줄기의 모습이 마디풀과 닮았다는 뜻에서 이름이 전용(轉用)된 것으로 보인다. 『임원경제지』 중 『인제지(仁濟志)』는 구황식물로 鷄眼草(계안초)에 대해 "生荒野揚地 生葉如鷄眼大似酸漿 而圓"(거친 들판에 분포하는데

땅에 바짝 붙어서 자란다. 잎은 닭의 눈 크기만 하고 꽈리와 비슷한데 약간 둥글다)이라고 기록했다. 한편

165 『제주도및완도식물조사보고서』(1914)는 'キャチャリ'[개자리]를 기록했으며 『조선어사전』(1920)은 '苜蓿(목숙), 거여목, 게목'을, 『조선식물명휘』(1922)는 '苜蓿, 麥旋子, 기치리, 고여독(飼料)'을, 『토명대조선만식물자휘』(1932)는 *M. sativa*에 대해 '[苜蓿]목숙, [거여목], [게목]'을, 『선명대화명지부』(1934)는 '개자리, 고여독'을 기록했다.
166 중국의 『본초강목』(1596)은 "苜蓿 郭璞作牧宿 謂其宿根自生 可飼牧牛馬也"(목숙' 곽박은 '牧宿'이라고 했다. 그 여러해살이 뿌리가 스스로 자라고 소와 말을 기르는 데 먹일 수 있기 때문에 그렇게 부른다)라고 기록했다.

매듭풀은 잎을 찢으면 맥을 따라 매듭(마디)처럼 뜯어지는 것에서 유래한 이름이라는 견해가 있다.[167] 그러나 잎이 맥을 따라 찢어지는 모양은 일본명의 유래에 적합한 해석일지는 몰라도 우리말 매듭에 그러한 뜻이 있지는 않으므로 타당성은 의문스럽다.

속명 *Kummerowia*는 독일 식물학자 J. Kummerow(1927~2004)의 이름에서 유래했으며 매듭 풀속을 일컫는다. 종소명 *striata*는 '줄 모양의, 줄이 있는'이라는 뜻이다.

다른이름 매돕풀(박만규, 1949), 가위풀/가새풀(안학수·이춘녕, 1963)

옛이름 鷄眼草(임원경제지, 1842)[168]

중국/일본명 중국명 鸡眼草(ji yan cao)는 닭의 눈과 같은 풀이라는 뜻으로 식용하는 잎이 닭의 눈 크기만 하다는 것에서 유래했다. 일본명 ヤハズサウ(矢筈草)는 작은잎의 끝이 약간 오목하고 기울어진 맥을 따라 찢어지는 모습이 화살의 오늬(矢筈)를 닮은 풀이라는 뜻이다.

참고 [북한명] 매듭풀 [유사어] 계안초(鷄眼草), 금창초(金瘡草) [지방명] 돗수에/돗치기쿨(제주)

Microlespedeza striata *Makino* var. stipulacea *Makino*　マルバヤハズサウ
Donggun-maedubpul　동근매듭풀

둥근매듭풀〈*Kummerowia stipulacea* (Maxim.) Makino(1914)〉

둥근매듭풀이라는 이름은 잎이 둥근 매듭풀이라는 뜻에서 유래했다.[169] 매듭풀에 비해 작은잎이 둥근 특징이 있다. 『조선식물향명집』에서는 전통 명칭 '매듭풀'을 기본으로 하고 식물의 형태적 특징을 나타내는 '동근'을 추가해 '동근매듭풀'을 신칭했으나,[170] 『조선식물명집』에서 맞춤법에 따라 '둥근매듭풀'로 개칭해 현재에 이르고 있다.

속명 *Kummerowia*는 독일 식물학자 J. Kummerow(1927~2004)의 이름에서 유래했으며 매듭 풀속을 일컫는다. 종소명 *stipulacea*는 '턱잎이 있는'이라는 뜻이다.

다른이름 동근매듭풀(정태현 외, 1937), 둥근잎매돕풀(박만규, 1949), 동근매돕풀(정태현, 1956), 둥근 잎가위풀/둥근잎매듭풀(안학수·이춘녕, 1963), 동글잎매듭풀(박만규, 1974), 둥근잎가새풀(안학수 외, 1982)

중국/일본명 중국명 长萼鸡眼草(chan ge ji yan cao)는 긴 꽃받침이 있는 계안초(鷄眼草: 매듭풀의 중국명)라는 뜻이다. 일본명 マルバヤハズサウ(円葉矢筈草)는 잎이 둥근 모양의 매듭풀(ヤハズサウ)이라

---

167 이러한 견해로 이우철(2005), p.217과 김종원(2013), p.80 참조.
168 『조선어사전』(1920)은 '鷄眼草(계안초)'를 기록했으며 『조선식물명휘』(1922)는 '鷄眼草, 班珠科, 미듭(救)'을, 『토명대조선만식물자휘』(1932)는 '[鷄眼草]계안초'를, 『선명대화명지부』(1934)는 '매듭'을, 『조선의산과와산채』(1935)는 '鷄眼草, 미듭'을 기록했다.
169 이러한 견해로 이우철(2005), p.192 참조.
170 이에 대해서는 『조선식물향명집』, 색인 p.35 참조.

는 뜻이다.

참고 [북한명] 둥근잎매듭풀 [유사어] 계안초(鷄眼草)

Milletia floribunda *Matsumura* フヂ (栽)
Dúng 등 藤

등〈*Wisteria floribunda* (Willd.) DC.(1825)〉

등이라는 이름은 한자명 '藤'(등)에서 유래했는데, 藤(등)은 풀 艸(초)와 물 솟을 滕(등)이 합쳐진 글자로 위를 향해 다른 식물을 감고 올라가는 덩굴식물이라서 붙여졌다.[171] 옛 문헌에서 '藤'(등)은 현재의 등을 뜻하기도 하지만 『동의보감』에 나타난 '藤梨'(등리)는 다래나무(獼猴桃)를 가리키고, 『훈몽자회』는 "藤 너출 등 俗凡稱蔓"(藤은 너출 '등'이라고 하는데 세상에서는 널리 덩굴을 일컫는다)이라고 기록했다. 따라서 옛 문헌의 '藤'(등)이 무엇을 뜻하는지는 개별적인 고찰이 필요하다. 『조선식물향명집』은 등을 재배식물로 기록했고 '중국식물지'도 일본 원산으로 중국에서는 식재한다고 기록했다. 국내에서는 제주도와 남부 일부 지방에서 야생화가 이루어진 개체들이 발견되기 때문에 '국가표준식물목록'은 자생식물로 분류하고 있다. 한편 칡과 등이 얽힌 모양을 뜻하는 갈등(葛藤)은 왼쪽으로 감는 칡(葛)과 오른쪽으로 감는 등(藤)나무가 함께 사는 장소에서 관찰이 가능하므로 오른쪽으로 감는 등이 분포하는 일본 남부 지역에서 만들어진 단어라는 주장이 있다.[172] 그러나 갈등(葛藤)이란 말은 덩굴식물이 얽혀 있는 모습 자체를 뜻하며 감는 방향과는 직접적 관련이 없고, 법구경(法句經) 등 불교 경전을 한역(漢譯)하면서 형성되었다.

속명 *Wisteria*는 미국 의사 Caspar Wistar(1761~1818)의 이름에서 유래했으며 등속을 일컫는다. 종소명 *floribunda*는 '꽃이 많은, 꽃이 잘 피는'이라는 뜻이다.

다른이름 참등(정태현, 1943), 참등나무/조선등나무(박만규, 1949), 등나무(안학수·이춘녕, 1963), 등덩굴(리종오, 1964), 왕등나무(안학수 외, 1982), 연한붉은참등덩굴(한진건 외, 1982), 참등덩굴(임록재 외, 1996)

옛이름 藤/등(훈몽자회, 1527), 藤/등(신증유합, 1576), 藤子/등(동문유해, 1748), 藤/등(왜어유해, 1782),

---

171 이러한 견해로 이우철(2005), pp.199-200; 박상진(2019), p.123; 허북구·박석근(2008b), p.98; 전정일(2009), p.78 참조. 또한 한자명 '藤'(등)을 위와 같이 해석하는 것에 대해서는 加納喜光(2008), p.322 참조.
172 이러한 견해로 김종원(2013), p.689 참조.

紫藤(광재물보, 19세기 초), 藤竿/등(박물신서, 1810), 藤竿/등(몽유편, 1810), 藤/등/紫藤(물명고, 1824), 藤/등(자류주석, 1856), 등/藤(한불자전, 1880), 등/藤(한영자전, 1890), 藤/등(자전석요, 1909), 藤/등(신자전, 1915)[173]

중국/일본명 중국명 多花紫藤(duo hua zi teng)은 자주색의 많은 꽃이 피는 등(藤)이라는 뜻으로 학명과 관련이 있다. 일본명 フヂ(藤)는 藤(등)의 일본 고유어로, 길게 뻗은 꽃차례 모양을 본떠 フキチリ(吹き散り)라고 한 것이 축약되었다는 등의 여러 유래가 알려져 있으나 확정적인 견해는 없는 것으로 보인다.

참고 [북한명] 참등 [유사어] 다화자등(多花紫藤), 성등(省藤) [지방명] 등나무(전남), 등너출(제주)

Phaseolus chrysanthos *Savi*   アヅキ   (栽)
Pat 팥 小豆

팥〈*Vigna angularis* (Willd.) Ohwi & H.Ohashi(1969)〉
팥이라는 이름은 옛이름 퐛(퐈)이 어원이며 퐛/퐈→퐛→팟→팥으로 변화해왔다.[174] 하지만 그 정확한 의미는 알려져 있지 않다. 중국 원산으로 알려져 있으며, 한반도의 선사 시대 유적에서 팥의 씨앗이 발견되는 점에 비추어 오래전부터 재배한 식물로 확인된다. 한편 한자어 소두(小豆)에서 유래한 것으로 보는 견해도 있으나,[175] '퐛'은 한자어와는 어형이 같지 않은 고유어로 타당성은 의문스럽다. 또한 어원과 관련해, 콩비지의 '비지'가 콩의 뜻이 있는 점에 비추어 옛이름은 콩이라는 뜻의 '빋'으로 소급된다고 보는 견해도 있다.[176]

속명 *Vigna*는 이탈리아 식물학자이자 피사(Pisa)식물원 원장이었던 Dominico Vigna(?~1647)의 이름에서 유래했으며 동부속을 일컫는다. 종소명 *angularis*는 '각이 진, 모가 난'이라는 뜻이다.

다른이름 적두팟(정태현 외, 1936), 팟(박만규, 1949), 적두/적두팥(한진건 외, 1982)

옛이름 腐婢花/小豆花(향약구급방, 1236),[177] 腐婢/小豆花(향약채취월령, 1431), 腐婢/小豆花(향약집성방, 1433),[178] 퐛/小豆(훈민정음해례본, 1466), 퐛/퐈(구급방언해, 1466), 赤小豆/붉근퐛(구급간이방언해,

---

173 『조선어사전』(1920)은 '紫藤(즈등), 藤(등), 등나무'를 기록했으며 『조선식물명휘』(1922)는 '藤, 등(觀賞)'을, 『토명대조선만식물자휘』(1932)는 학명을 *Indigofera kirilovii*로 하여 '[藤(木)]등(나무)'을, 『선명대화명지부』(1934)는 '등'을 기록했다.
174 이러한 견해로 국립국어원, '우리말샘' 중 '팥' 참조.
175 이러한 견해로 이우철(2005), p.572 참조.
176 이러한 견해로 서정범(2000), p.536과 강길운(2010), p.1177 참조. 이러한 견해에 따르면, 콩을 뜻하는 몽골어 'bolčak'과 'burčak'이 팥과 어원이 같다고 한다.
177 『향약구급방』(1236)의 차자(借字) '小豆花'(소두화)에 대해 남풍현(1981), p.81은 '퐛곶'의 표기로 보고 있다.
178 『향약집성방』(1433)의 차자(借字) '小豆花'(소두화)에 대해 남풍현(1999), p.182는 '쇼두화'의 표기로 보고 있다.

1489), 폿(간이벽온방, 1525), 小豆/폿(훈몽자회, 1527), 븕근폿(언해태산집요, 1608), 腐婢/赤小豆(동의보감, 1613), 赤小豆/블근퐃(구황촬요벽온방, 1639), 小豆/폿(역어유해, 1690), 小豆/폿(동문유해, 1748), 小豆/불근존폿(광제비급, 1790), 小豆/폿(재물보, 1798), 小豆/팟(물보, 1802), 젹두/팟(규합총서, 1809), 赤小豆/불근폿(광재물보, 19세기 초), 小豆/폿/赤豆/紅豆(물명고, 1824), 블근팟/赤豆(의종손익, 1868), 小豆/쇼듀/폿(명물기략, 1870), 팟/豆(한불자전, 1880), 팟/小豆(조선어사전[심], 1925), 赤小豆(선한약물학, 1931), 팟(조선구전민요집, 1933), 팥/팟/퐡(조선이표준말모음, 1936)[179]

중국/일본명 중국명 赤豆(chi dou)는 붉은색 콩이라는 뜻이다. 일본명 アヅキ(小豆)의 정확한 유래는 알려져 있지 않으나, 일본의 옛 문헌에 赤小豆라는 기록이 있는 것에 비추어 붉은색의 작은 콩이라는 뜻의 アカツキ에서 유래한 것으로 추정하고 있다.

참고 [북한명] 팥 [유사어] 소두(小豆), 적두(赤豆) [지방명] 팟/팥잎(강원), 팍/팥잎/펄/폿/폭/퐅(경남), 녹두/폿/퐃/퐅/풋(전남), 팥잎/펏/폿(전북), 참팟/참폿/ᄎᆞᆷ폿/파/퐁/폳/풋(제주), 팥기(평남), 파기/팍/퐑/패기(평안), 배끼/패끼(함경), 잔콩/참팥/퐟/포치(함북)

Phaseolus minimus *Roxburg* ヤブツルアヅキ
Sae-pat 새팔

새팥〈*Vigna angularis* (Willd.) Ohwi & H.Ohashi var. *nipponensis* (Ohwi) Ohwi & H.Ohashi(1969)〉

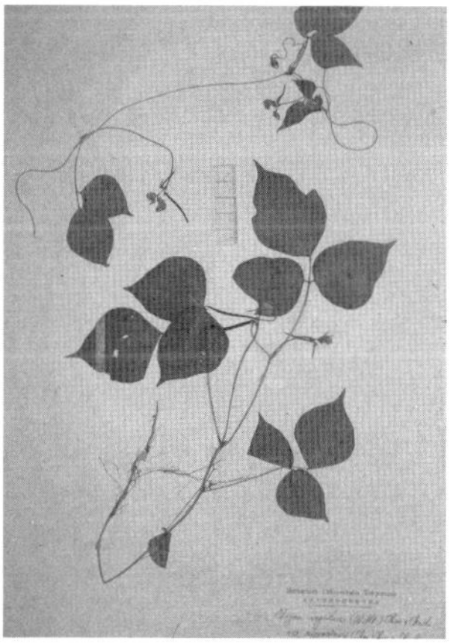

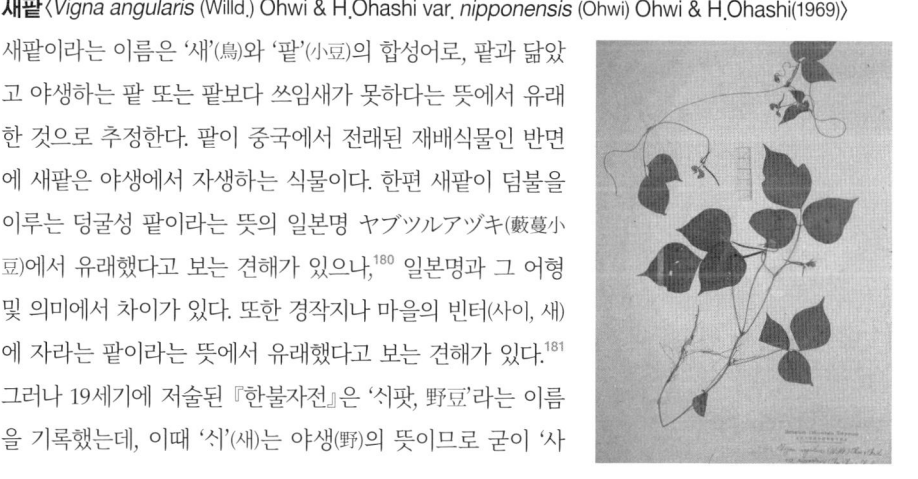

새팥이라는 이름은 '새'(鳥)와 '팥'(小豆)의 합성어로, 팥과 닮았고 야생하는 팥 또는 팥보다 쓰임새가 못하다는 뜻에서 유래한 것으로 추정한다. 팥이 중국에서 전래된 재배식물인 반면에 새팥은 야생에서 자생하는 식물이다. 한편 새팥이 덤불을 이루는 덩굴성 팥이라는 뜻의 일본명 ヤブツルアヅキ(藪蔓小豆)에서 유래했다고 보는 견해가 있으나,[180] 일본명과 그 어형 및 의미에서 차이가 있다. 또한 경작지나 마을의 빈터(사이, 새)에 자라는 팥이라는 뜻에서 유래했다고 보는 견해가 있다.[181] 그러나 19세기에 저술된 『한불자전』은 '식팟, 野豆'라는 이름을 기록했는데, 이때 '식'(새)는 야생(野)의 뜻이므로 굳이 '사

179 『조선어사전』(1920)은 '小豆(쇼두), 팟, 赤小豆(젹소두), 赤豆(젹두), 紅豆(홍두), 붉은팟, 예팟, 제배부체'를 기록했으며 『조선식물명휘』(1922)는 '小豆, 殘豆, 赤小豆, 팟(食)'을, 『토명대조선만식물자휘』(1932)는 '[小豆]쇼두, [팟]'을, 『선명대화명지부』(1934)는 '팟'을 기록했다.

180 이러한 견해로 이우철(2005), p.325 참조.

181 이러한 견해로 김종원(2013), p.97 참조.

이'의 뜻으로 해석할 이유는 없어 보인다. 또한 『토명대조선만식물자휘』의 '쇠팟'이 본래 이름이라
는 근거로, 열매가 작고 거칠어 가축이 먹을 만한 꼴이 된 것에서 생겨난 이름으로 보는 견해도 있
다.[182] 그러나 『토명대조선만식물자휘』의 '쇠팟'은 조선명으로 함께 '돌팟'을 기록했고 '시콩'(새콩)
에 대해서도 '쇠콩'으로 기록했으므로[183] 새팟(시팟)에 대한 오기일 가능성이 높고, 식물명에서 본
래 이름이 있을 수 없으므로 그 유래의 타당성도 의문스럽다. 『조선식물향명집』은 새팥을 신칭한
이름으로 기록하지 않았고,[184] 옛 문헌에서도 발견되는 이름인 점에 비추어 당시 조선에서 실제 사
용하던 이름을 채록한 것으로 추론된다.

　　속명 Vigna는 이탈리아 식물학자이자 피사(Pisa)식물원 원장이었던 Dominico Vigna(?~1647)
의 이름에서 유래했으며 동부속을 일컫는다. 종소명 angularis는 '각이 진, 모가 난'이라는 뜻이
며, 변종명 nipponensis는 '일본 혼슈(本州) 또는 일본에 분포하는'이라는 뜻으로 최초 발견지 또
는 분포지를 나타낸다.

다른이름 　돌팥(박만규, 1974)

옛이름 　野綠豆/새녹두(재물보, 1798), 野綠豆/새록두(광재물보, 19세기 초), 野綠豆/새녹두(물명고,
1824), 돌팟/石豆/시팟/野豆(한불자전, 1880)[185]

중국/일본명 　'중국식물지'는 팥(V. angularis)에 통합하고 있다. 일본명 ヤブツルアヅキ(藪蔓小豆)는 덤
불과 덩굴을 이루는 팥(アヅキ)이라는 뜻이다.

참고 　[북한명] 새팥 [유사어] 야록두(野綠豆)

Phaseolus radiatus *Linné*　ヤヘナリ　　(栽)
Nogdu　녹두

녹두〈*Vigna radiata* (L.) R.Wilczek(1954)〉
녹두라는 이름은 한자명 '綠豆'(녹두)에서 비롯했는데, 녹색 콩이라는 뜻으로 종자가 녹색을 띠는
것에서 유래했다.[186] 인도 원산으로 우리나라에서는 부소산성 내의 백제 군창지에서 출토된 바 있
으므로 청동기 시대에 이미 녹두의 재배가 시작된 것으로 추측된다.[187] 조선 초기에 저술된 『향약
집성방』은 한자명 菉豆(녹두)에 대해 향명(鄕名)도 '菉豆'라고 기록해 당시의 이름도 녹두(또는 록두)

---

182 이러한 견해로 김종원(2016), p.181 참조.
183 이에 대해서는 『토명대조선만식물자휘』(1932), p.374 참조.
184 이에 대해서는 『조선식물향명집』, 색인 p.40 참조.
185 『조선어사전』(1920)은 '돌팟'을 기록했으며 『토명대조선만식물자휘』(1932)는 '[賊小豆]적소두, [쇠팟(넝쿨)], [돌팟]'을 기록
　　했다.
186 이러한 견해로 이우철(2005), p.152 참조.
187 이에 대해서는 『한국민족문화대백과사전』(2014) 중 '녹두' 참조.

였음을 알게 해준다.

속명 *Vigna*는 이탈리아 식물학자이자 피사(Pisa)식물원 원장이었던 Dominico Vigna(?~1647)의 이름에서 유래했으며 동부속을 일컫는다. 종소명 *radiata*는 '방사상(放射狀)의'라는 뜻이다.

다른이름 녹두(정태현 외, 1936), 돔부(박만규, 1949), 록두(임록재 외, 1972)

옛이름 菉豆(향약구급방, 1236), 菉豆(향약집성방, 1433), 녹두/菉豆(구급간이방언해, 1489), 菉豆/록누(훈몽자회, 1527), 菉豆/녹두(우마양저염역병치료방, 1548), 菉豆/녹두(언해구급방, 1608), 菉豆/녹두(동의보감, 1613), 菉豆/녹두(박통사언해, 1677), 菉豆/綠豆(실험단방, 1709), 菉豆/녹두(박통사신석언해, 1765), 菉豆/녹두(방언집석, 1778), 菉豆/록두(왜어유해, 1782), 綠豆(광제비급, 1790), 綠豆/녹두(재물보, 1798), 菉豆/록두(제중신편, 1799), 綠豆/녹두(물보, 1802), 녹두/록두(규합총서, 1809), 綠豆/록두(광재물보, 19세기 초), 綠豆/녹두(물명고, 1824), 綠豆(임원경제지, 1842), 菉豆/녹두(의종손익, 1868), 綠豆/록두(명물기략, 1870), 녹두(농가월령가, 1876), 녹두/綠豆(한불자전, 1880), 菉豆/녹두(방약합편, 1884), 綠豆/록두(선한약물학, 1931), 록두/녹도꽃(조선구전민요집, 1933)[188]

중국/일본명 중국명 綠豆(lu dou)는 녹색의 콩이라는 뜻이다.[189] 일본명 ヤヘナリ(八重生り)는 열매가 여러 겹으로 다닥다닥 열린다는 뜻이다.

참고 [북한명] 녹두 [지방명] 녹두나물(강원), 녹도/녹디(경남), 가지박두리/녹도/녹디/녹두/울양대(경북), 녹디/녹지/숙주나물/숙지나물(전남), 녹듸/녹디(제주), 돔부/숙주나물/팥(충남), 녹두기(평안), 녹데/녹뒤(함남), 녹데(함북)

Phaseolus vulgaris *Linné*　インゲンマメ　(栽)
Gangnangkong 강낭콩

강낭콩〈*Phaseolus vulgaris* L. var. *humilis* Alef.〉[190]

강낭콩이라는 이름은 '강남'(江南)과 '콩'(豆)의 합성어가 강낭콩으로 변화한 것으로, 중국의 강남에서 전래된 콩이라는 뜻에서 유래했다.[191] 멕시코가 원산으로 중국의 남부 지방을 통해 우리나라에 전래되었다. 19세기에 저술된 『한불자전』과 『한영자전』은 강낭콩의 어원을 알려주는 '江南

---

188 『조선어사전』(1920)은 '綠豆(록두)'를 기록했으며 『토명대조선만식물자휘』(1932)는 '[綠豆]록두, [녹두]'를, 『선명대화명지부』(1934)는 '녹두'를 기록했다.

189 중국의 『본초강목』(1596)은 "綠以色名也 舊本作菉者 非矣"(색깔이 녹색이어서 붙여진 이름이다. 옛날에는 주로 '菉'(녹)이라 썼는데 잘못된 것이다)라고 기록했다.

190 '국가표준식물목록'(2018)은 본문의 학명으로 강낭콩을 별도 분류하지만, 『장진성 식물목록』(2014), 'YList'(2018) 및 '세계식물목록'(2018)은 덩굴강낭콩〈*Phaseolus vulgairs* L.(1753)〉의 학명만을 기재하고 강낭콩에 대한 본문의 학명을 별도 기재하지 않고 있고 기재 원문이 확인되지 않으므로 주의가 필요하다.

191 이러한 견해로 이우철(2005), p.41; 백문식(2014), p.31; 김무림(2015), p.84; 김양진(2011), p.80 참조.

太'(강남태)를 기록한 바 있다. 강남은 중국 양쯔강의 남쪽 지역을 이르는 말이지만, 조선 시대에는 중국을 뜻하는 말이기도 했다.

속명 *Phaseolus*는 '작은 배 또는 조각배'를 뜻하는 그리스어 *phaselos*에서 유래한 것으로 꼬투리의 모양 때문에 붙여졌으며 강낭콩속을 일컫는다. 종소명 *vulgaris*는 '보통의'라는 뜻이며, 변종명 *humilis*는 '키가 작은'이라는 뜻이다.

다른이름 덩굴강남콩(이창복, 1980), 당콩(이우철, 1996b), 앉은강남콩/앉은당콩(리용재 외, 2011)

옛이름 豌/츨콩/강남콩(훈몽자회, 1527), 龍爪豆/강남콩(재물보, 1798), 龍爪豆/강남콩(광재물보, 19세기 초), 龍爪豆/강남콩(물명고, 1824), 강낭콩/江南太(한불자전, 1880), 강낭콩/江南太(한영자전, 1890), 강낭콩/강남콩(조선구전민요집, 1933)[192]

중국/일본명 중국명 龙牙豆(long ya dou)는 용의 어금니를 닮은 콩이라는 뜻으로, 끝이 휘어지는 꼬투리의 모양에서 유래한 것으로 보인다. 일본명 インゲンマメ(隱元豆)는 중국에서 귀화한 은원(隱元) 선사가 전달한 콩(マメ)이라는 뜻이다.

참고 [북한명] 강남콩/앉은강남콩[193] [유사어] 강남두(江南豆) [지방명] 감자밭콩/광쟁이/광지이/양대(강원), 왜콩(경기), 짝두콩(경남), 덤불양대/덤불콩/땅콩/양대콩(경북), 두물콩/줄콩(전남), 고자리콩/마늘밭콩(전북), 강냉이콩/콩(충남), 감자밭콩/감자콩/안질콩(충북), 단코/단콩/장물열콩(함남), 샐열콩/열괴/장물열콩(함북), 앉음배콩(황해)

Pisum arvense *Linné* アカエンドウ
Bulgŭn-wandu 붉은완두

붉은완두〈*Pisum sativum* var. *arvense* (L.) Trautv.〉[194]

붉은완두라는 이름은 붉은색으로 꽃이 피는 완두라는 뜻에서 붙여졌다.[195] 유럽이 원산지인 두해살이풀로 가을에 식재하여 봄에 붉은색의 꽃이 핀다. 『조선식물향명집』에서 전통 명칭 '완두'를 기본으로 하고 식물의 형태적 특징을 나타내는 '붉은'을 추가해 신칭했다.[196]

속명 *Pisum*은 완두의 고대 그리스명 *pison*에서 유래한 라틴명으로 완두속을 일컫는다. 종소

---

192 『조선어사전』(1920)은 '강남콩'을 기록했으며 『조선식물명휘』(1922)는 '菜頭, 雲豆, 花雲豆, 치두(食)'를, 『토명대조선만식물자휘』(1932)은 '[菜頭]치두, [芸豆]운두, [雲豆]운두, [강남콩]'을, 『선명대화명지부』(1934)는 '강낭콩, 채두'를 기록했다.

193 북한에서는 *P. vulgaris*를 '강남콩'으로, *P. nanus*를 '앉은강남콩'으로 하여 별도 분류하고 있다. 이에 대해서는 리용재 외(2011), p.263 참조.

194 '국가표준식물목록'(2018)은 본문의 학명으로 붉은완두를 별도 분류하고 있지만, 『장진성 식물목록』(2014)과 '세계식물목록'(2018)은 별도 기재하지 않고 있고 기재 원문이 확인되지 않으므로 주의가 필요하다.

195 이러한 견해로 이우철(2005), p.291 참조.

196 이에 대해서는 『조선식물향명집』, 색인 p.39 참조.

명 *sativum*은 '재배하는'이라는 뜻이며, 변종명 *arvense*는 '밭에서 자라는, 경작하는'이라는 뜻이다.

중국/일본명 '중국식물지'는 이를 별도 분류하지 않고 있다. 일본명 アカエンドウ(赤豌豆)는 한국명과 동일하게 붉은색 꽃이 피는 완두(エンドウ)라는 뜻이다.[197]

참고 [북한명] 붉은완두

Pisum sativum *Linné*　シロエンドウ　豌豆 (栽)
Wandu 완두

완두〈*Pisum sativum* L.(1753)〉

완두라는 이름은 한자명 '豌豆'(완두)에서 유래했다.[198] 지중해가 원산지인 두해살이풀로 우리나라에서는 조선 초기에 약재로 사용한 기록이 발견된다. 중국의 『본초강목』은 "胡豆 豌豆也 其苗柔弱宛宛 故得豌名"(호두는 완두이다. 그 싹이 유약하고 구불거리기 때문에 '豌'이라는 이름을 얻었다)이라고 기록했다. 따라서 완두라는 이름은 싹이 유약하고 구불거리는 콩이라는 뜻이다. 지방에 따라서는 가을철에 보리를 심을 때 보리밭가에 함께 심어 수확한다고 해 '보리콩'이라고도 한다.

속명 *Pisum*은 완두의 고대 그리스명 *pison*에서 유래한 라틴명으로 완두속을 일컫는다. 종소명 *sativum*은 '재배하는'이라는 뜻으로 재배종 식물임을 나타낸다.

다른이름 흰꽃완두(안학수·이춘녕, 1963)

옛이름 豌豆(향약집성방, 1433), 豌/츨콩(훈몽자회, 1527), 豌豆/완두콩(언해구급방, 1608), 豌豆/원두/蠶豆(동의보감, 1613), 豌豆/胡豆(광재물보, 19세기 초), 豌豆/관정이/戎菽/荏菽(물명고, 1824), 豌豆(임원경제지, 1842), 豌豆/원두(명물기략, 1870), 豌豆/완두/西胡豆(의서옥편, 1921)[199]

중국/일본명 중국명 豌豆(wan dou)는 한국명과 동일하다. 일본명 シロエンドウ(白豌豆)는 흰색 꽃이 피는 완두(エンドウ)라는 뜻이다.

참고 [북한명] 완두 [유사어] 융숙(戎菽), 임숙(荏菽), 잠두(蠶豆), 호두(胡豆) [지방명] 만두콩/애콩(전남), 보리콩(제주), 완두콩(충남), 원디(함경)

---

197 『조선식물명휘』(1922)는 '豌豆, 荷蘭豆, 완두(食)'를 기록했으며 『선명대화명지부』(1934)는 '완두'를 기록했다.
198 이러한 견해로 이우철(2005), p.407과 허북구·박석근(2008a), p.26 참조.
199 『조선어사전』(1920)은 '豌豆(완두)'를 기록했으며 『조선식물명휘』(1922)는 '豌豆, 荷蘭豆, 완두(食)'를, 『토명대조선만식물자휘』(1932)는 '[豌豆]완두, [西胡豆]시호두'를 기록했다.

Pueraria hirsuta *Matsumura* クズ 葛
Chulg 츩

칡〈*Pueraria montana* (Lour.) Merr. var. *lobata* (Willd.) Maesen & S.M. Almeida ex Sanjappa & Predeep(1992)〉[200]

칡이라는 이름은 옛말 '즐'이 '츩'을 거쳐 변화한 것으로 그 정확한 유래는 알려져 있지 않지만, 『향약구급방』의 '叱乙'(즐)을 줄(線)로 보아 덩굴식물로 덩굴 껍질을 섬유 등으로 이용한 것에서 유래한 이름으로 추정한다.[201] 한편 유래를 한자명 '葛'(갈)에서 찾는 견해가 있으나,[202] '즐' 또는 '츩'은 한자 '葛'과는 발음이 다른 고유어이므로 타당하지 않아 보인다. 또한 칭칭 감는다는 뜻의 '칠기'에서 칡이 유래했다고 보는 견해도 있으나,[203] 칡의 옛말은 '즐'이고 칠기는 후대에 확인되는 방언이므로 이를 칡의 유래로 볼 수는 없다. 그리고 질기다는 뜻의 '질기'가 칡이 되었다고 보는 견해도 있으나,[204] 언어학적으로 근거가 있는 주장은 아닌 것으로 보인다. 『조선식물향명집』은 전통 명칭 '츩'으로 기록했으나 『조선식물명집』에서 '칡'으로 개칭해 현재에 이르고 있다.

속명 *Pueraria*는 스위스 식물학자 Marc Nicolas Puerari(1766~1845)의 이름에서 유래했으며 칡속을 일컫는다. 종소명 *montana*는 '산의, 산에서 자라는'이라는 뜻으로 주로 산지에서 자라는 것에서 유래했으며, 변종명 *lobata*는 '얕게 갈라진'이라는 뜻이다.

다른이름 츩(정태현 외, 1923), 칙덤불(정태현, 1943), 칙(박만규, 1949), 칡덤불(이영노, 1996), 노란털칡(리용재 외, 2011)

옛이름 葛根/叱乙根/叱乙(향약구급방, 1236),[205] 葛根/夫乙田仲(향약채취월령, 1431), 츩/葛(분류두공부시언해, 1481), 葛根/葛粉/츩불휘(구급간이방언해, 1489), 츩/葛(훈몽자회, 1527), 葛/츩불희(언해구급방,

---

200 '국가표준식물목록'(2018)은 칡의 학명을 *Pueraria lobata* (Willd.) Ohwi(1947)로 기재하고 있으나, 『장진성 식물목록』(2014)은 정명을 본문과 같이 기재하고 있다.

201 이러한 견해로 백문식(2014), p.473 참조. 백문식은 의태부사 '친친'과 '칭칭'를 동근어(同根語)로 보고 있다.

202 이러한 견해로 이우철(2005), p.522와 허북구·박석근(2008b), p.283 참조. 한편 허북구·박석근은 한자명 '葛'(갈)을 '츩'으로 잘못 읽은 것에서 유래한 것으로 보고 있으나, 『훈몽자회』(1527)는 '葛 츩 갈'이라고 기록해 고유어로서 '츩'과 한자 발음으로서 '갈'을 명백히 구별하고 있으므로 근거 있는 주장은 아닌 것으로 보인다.

203 이러한 견해로 김종원(2013), p.681 참조.

204 이러한 견해로 오찬진 외(2015), p.632; 김양진(2011), p.101; 솔뫼(송상곤, 2010), p.892 참조.

205 『향약구급방』(1236)의 차자(借字) '叱乙根/叱乙'(질을근/질을)에 대해 남풍현(1981), p.27은 '즐불휘/즐'의 표기로 보고 있으며, 이덕봉(1963), p.11은 '츩불휘'의 표기로, 손병태(1996), p.11은 '즐불휘/즐'의 표기로 보고 있다.

1020

1608), 葛根/츩불휘(동의보감, 1613), 葛/츩(신간구황촬요, 1660), 葛藤/츩(역어유해, 1690), 葛根/츩불휘(산림경제, 1715), 츩/野麻(한청문감, 1779), 츩/葛(왜어유해, 1782), 葛/츩(재물보, 1798), 葛根/츩불휘(제중신편, 1799), 葛藤/츩(물보, 1802), 葛/츩(물명고, 1824), 츩/葛(자류주석, 1856), 葛/갈/츩(명물기략, 1870), 칡/츩/葛/갈근/葛根/갈화/葛花(한불자전, 1880), 葛/츩(교린수지, 1881), 葛根/츩불휘(방약합편, 1884), 葛根/츩쑤리(선한약물학, 1931), 칡/츩(조선어표준말모음, 1936)[206]

중국/일본명 중국명 葛(gě)는 츩을 나타내기 위해 고안된 한자로 풀을 뜻하는 艸(초)와 曷(갈)이 합쳐진 글자인데, 어원상 渴(갈)과 동원어로 다른 식물을 감아서 마르게 하는 모습과 관련이 있다.[207] 일본명 クズ(葛)는 クズカズラ(葛蔓)의 축약형으로, 옛적에 야마토국(大和国) 요시노가와(吉野川)의 クズ(国栖)가 갈분(葛粉)의 산지인 것에서 유래했다고 알려져 있다.

참고 [북한명] 칡/노란털칡[208] [지방명] 갈근/칠개이/칠구레이/칠기/칡기/칡넝굴/칡뿌리/칡순(강원), 갈근/칠뿌리/칡순(경기), 가을칠기/삼칠기/알칠기/칠/칠거리/칠기/칡꽃/칡덩굴/칡뿌리/칙(경남), 칠/칠개이/칠갱이/칠경이/칠기/칡덩굴/칙(경북), 칠(울릉), 칙/칡갱이/칡깽이/칡넝쿨/칡덩굴/칡뿌리(전남), 갈근/암칡/칙/칙넝쿨/칠거지/칡갱이/칡뿌리(전북), 곡뿌리/꺽/꾹줄/끅/끅줄/칙/칙줄(제주), 청월치끈/청치끈/칠거지/칡넝쿨/칡순(충남), 칠개이/칠거지/칠구쟁이/칠기(충북), 칠기(평안), 츩(함남)

Sophora angustifolia *Siebold et Zuccarini*   クララ   苦蔘
Dodugnomúi-jipaengi   도둑놈의지팽이

고삼(쓴너삼)〈*Sophora flavescens* Aiton(1789)〉

고삼이라는 이름은 한자어 고삼(苦蔘)에서 비롯한 것으로, 산삼처럼 생긴 뿌리가 괴로울 정도로 쓰다는 뜻에서 유래했다.[209] 옛이름 중 '너삼'은 널(板)과 삼(蔘)의 합성어로 뿌리가 인삼을 닮았는데 널빤지처럼 넓은 형태라는 뜻에서 유래한 이름이고,[210] '쓴너삼'(쓴너삼)은 황기를 단너삼이라고 한 것과 비교해 매우 쓴 맛이 난다는 뜻에서 유래한 이름이다.[211] '비얌의정즈(비얌의경자)'라는 명칭도 보이지만, 이에 대한 정확한 유래는 알려져 있지 않다. 또한 줄기를 길게 뻗는 모양을 도둑놈

---

206 『조선한방약료식물조사서』(1917)는 '츩(東醫), 葛根, 葛花'를 기록했으며 『조선의 구황식물』(1919)은 '칙, 葛'을, 『조선어사전』(1920)은 '葛(갈)'을, 『조선식물명휘』(1922)는 '츩, 葛藤, 칙, 츩(救, 藥)'을, Crane(1931)은 '측, 葛'을, 『토명대조선만식물자휘』(1932)는 '[葛]갈, [츩], [葛藤]갈등, [츩덩굴]'을, 『선명대화명지부』(1934)는 '측, 칙'을, 『조선의산과와산채』(1935)는 '葛, 츠리, 츠리'를 기록했다.

207 이러한 견해로 加納喜光(2008), p.269 참조.

208 북한에서는 P. lobata를 '칡'으로, P. montana를 '노란털칡'으로 하여 별도 분류하고 있다. 이에 대해서는 리용재 외 (2011), p.289 참조.

209 이러한 견해로 이우철(2005), p.77 참조.

210 널빤지(널판자)의 '널'이 넓다는 뜻에서 유래했다는 것에 대해서는 백문식(2014), p.117 참조.

211 이러한 견해로 손병태(1996), p.15 참조.

의 지팡이에 비유해 '도둑놈의지팡이'로 불리기도 했다. 『조선식물향명집』은 전통 명칭 '도둑놈의지팡이'를 조선명으로 기록했으나, 『우리나라 식물명감』에서 '고삼'으로 개칭해 현재에 이르고 있다.

속명 *Sophora*는 아랍어 *sophera*에서 유래한 것으로 린네(Carl von Linné, 1707~1787)가 일명 고두자(苦豆子, *S. alopecuroides*)에 전용한 것에서 비롯했으며 고삼속을 일컫는다. 종소명 *flavescens*는 '누른빛이 도는'이라는 뜻이다.

다른이름 뱀의정자나무(정태현 외, 1936), 도둑놈의지팽이(정태현 외, 1937), 도둑놈의지팽이(도봉섭·심학진, 1948), 너삼/도둑놈집팽이(박만규, 1949), 도둑놈의지팡이(정태현 외, 1949), 능암/넓은잎능암(리종오, 1964), 느삼(박만규, 1974)

옛이름 苦蔘/板麻(향약구급방, 1236),[212] 苦蔘/板麻(향약채취월령, 1431), 苦蔘/板麻(향약집성방, 1433),[213] 苦蔘/쓴너삶불휘(구급간이방언해, 1489), 苦蔘/板麻/너삼(촌가구급방, 1538), 苦蔘/쁜너삼불휘/水槐/地槐(동의보감, 1613), 苦蔘/쁜너삼블휘(구황촬요벽온방, 1639), 苦蔘/너삼(주촌신방, 1687), 苦蔘/쓴능암쓸이(광제비급, 1790), 苦蔘/쓴너삼/비얌의졍자/苦蘵(재물보, 1798), 苦蔘/쁜너슴불휘(제중신편, 1799), 苦蔘/쁜너삼/野槐根(물보, 1802), 고삼/너삼(화왕본긔, 19세기 초), 苦蔘/비얌의경자/苦蘵(광재물보, 19세기 초), 苦蔘/비얌의경자/水槐/地槐/苦蘵(물명고, 1824), 苦蔘/쁜너슴불휘(의종손익, 1868), 苦蔘/너삼/쓴너삼(의휘, 1871), 苦蔘/너삼/쁜너삼/도독놈의지픵이(녹효방, 1873), 고삼/너삼/苦蔘(한불자전, 1880), 苦蔘/쁜너슴불휘(방약합편, 1884), 비양의경자(의방합편, 19세기), 苦蔘/쓴너삼/배암에정자/도둑놈의지팽이(선한약물학, 1931), 너삼/쓴너삼/도둑놈의지팡이(조선어표준말모음, 1936)[214]

중국/일본명 중국명 苦参(ku shen)은 옛 본초명에서 유래한 것으로 한국명과 동일하다. 일본명 クララ는 クララクサ(眩草)의 축약형으로, 눈앞이 아찔해 잘 보이지 않는 것을 치료하는 약재로 사용한 데서 붙여졌다.

참고 [북한명] 능암 [유사어] 고식(苦蘵) [지방명] 너삼/느삼/느삼대/여삼(강원), 느삼/도둑놈의지팡

---

212 『향약구급방』(1236)의 차자(借字) '板麻'(판마)에 대해 남풍현(1981), p.36은 '널삼'의 표기로 보고 있으며, 이덕봉(1963), p.12는 '너삼'의 표기로, 손병태(1996), p.15는 '널삼'의 표기로 보고 있다.

213 『향약집성방』(1433)의 차자(借字) '板麻'(판마)에 대해 남풍현(1999), p.176은 '널삼'의 표기로 보고 있다.

214 『제주도및완도식물조사보고서』(1914)는 'コーサム'[고삼]을 기록했으며 『지리산식물조사보고서』(1915)는 'こさむ'[고삼]을, 『조선한방약료식물조사서』(1917)는 '쓴너삼(東醫), 너삼(慶北), 苦蔘'을, 『조선어사전』(1920)은 '苦蔘(고솜), 苦蘵, 地槐, 陵郞(릉랑), 水槐(슈괴), 쑹莖, 虎麻(초마), 쓴너슴'을, 『조선식물명휘』(1922)는 '苦蔘, 野槐, 고삼, 도독놈의지픵이(藥)'를, 『토명대조선만식물자휘』(1932)는 '[苦蔘]고삼, [苦蘵]고식, [野槐]야회, [地槐]디회, [水槐]슈회, [虎麻]호마, [쑹莖]즁경, [陵郞]릉랑, [쓴너삼]'을, 『선명대화명지부』(1934)는 '고삼, 너삼, 도독놈의지팽이'를 기록했다.

이/도둑놈지팡이/도둑놈지패(경기), 너삼/넉삼대/느삼대(경남), 너삼/느삼/느삼대(경북), 너삼/너삼대/
느삼/느어삼(전남), 너삼/너삼대/여삼대/지우초(전북), 고슴/너삼/너슴/너삼뿌리/여삼(제주), 고삼대/느
삼/느삼대/도둑놈의지팡이/으삼/으삼뿌리(충남), 너삼대/느삼/이삼대/인삼대(충북), 느암(평안)

Styphnolobium japonicum *Schott*　エンジュ　槐
Hoehwa-namu　회화나무

회화나무〈*Styphnolobium japonicum* (L.) Schott(1830)〉

회화나무라는 이름은 한자명 '槐花'(괴화)를 중국 음으로 읽은
회화(또는 홰화)에 '나무'를 추가해 만들어졌다.[215] 중국 주나라
에서 관직을 이 나무에 비유해 삼공(三公)을 '三槐'(삼괴)라 불
렀는데,[216] 이러한 문화가 우리나라에도 전래되어 정원수로 활
용했으며 꽃, 가지, 열매, 나무껍질, 뿌리 등을 약재로 사용했
다. 17세기에 저술된 『역어유해』는 회화나무를 뜻하는 한자
명 '槐樹'의 당시 중국 발음을 '홰슈' 또는 '홰쓔'로 기록했다.
한편 옛 문헌에서 槐(괴)는 종종 느티나무를 뜻하기도 했는데
『삼국사기』의 槐谷(괴곡)은 느티나무골이며, 『세종실록』에서
笏(홀)을 만드는 재료로 언급된 槐木(괴목)은 느티나무를 일컫
는 것이다.[217] 이와 관련해 19세기에 저술된 『물명고』는 그것이
잘못된 것이라고 지적하기도 했다.[218]

　속명 *Styphnolobium*은 그리스어 *styphnos*(시큼한, 신랄한)와 *lobos*(꼬투리)의 합성어로, 열매
의 맛이 시고 쓴 데서 유래했으며 회화나무속을 일컫는다. 종소명 *japonicum*은 '일본의'라는 뜻
으로 최초 발견지 또는 분포지를 나타낸다.

다른이름　회나무(정태현 외, 1923), 회화나무(정태현 외, 1926), 과나무(박만규, 1949), 괴나무(안학수·이
춘녕, 1963)

---

215 이러한 견해로 이우철(2005), p.600; 이덕봉(1963), p.25; 박상진(2019), p.434; 김태영·김진석(2018), p.434; 허북구·박석근
　　(2008b), p.323; 유기억(2008b), p.188; 전정일(2009), p.74; 오찬진 외(2015), p.640 참조.

216 중국의 『본초강목』(1596)은 "王安石釋云 槐黃中懷其美 故三公位之"(왕안석이 해석하기를 槐는 노란색의 가운데 그 아름다움을 품
　　고 있다. 그래서 삼공의 자리이다)라고 기록했다.

217 이에 대해서는 박상진(2001), p.145 참조.

218 『물명고』(1824)는 "槐音懷 擧世知之 而徐四佳無端以爲 느티괴 遂誤後俗 何也"(槐는 음이 회이다. 세상에서 이를 알지만 서사가
　　는 까닭 없이 느틱 괴라고 했다. 풍속을 그르치게 하니 어찌하리)라고 기록했다.

槐/槐樹(삼국사기, 1145), 槐/廻之木(향약구급방, 1236),[219] 槐樹(삼국유사, 1281), 槐花木皮/槐
白皮(향약채취월령, 1431), 槐實/槐枝/槐花(향약집성방, 1433), 槐花/횃황(구급방언해, 1466), 槐花/회화나
못곳(구급간이방언해, 1489), 槐樹/회화(훈몽자회, 1527), 槐樹/회화(신증유합, 1576), 槐實/회화나모여름
(동의보감, 1613), 槐樹/회화나모/靑槐樹(역어유해, 1690), 槐樹/회화나모(동문유해, 1748), 槐樹/회화나
모(몽어유해, 1768), 槐樹/회화나모(방언집석, 1778), 槐/괴화나모(한청문감, 1779), 槐/회화(왜어유해,
1782), 槐/회화나무(재물보, 1798), 槐花/회화나모곳(제중신편, 1799), 槐/회화(해동농서, 1799), 槐花/회
화(물보, 1802), 괴화/회화(규합총서, 1809), 槐/회화(몽유편, 1810), 槐/회화나무/檟(광재물보, 19세기 초),
槐/檟/회화나모(물명고, 1824), 槐/괴/檟槐/회화나무(명물기략, 1870), 회화나무/檜花木/괴화/槐花(한불
자전, 1880), 槐花/회화나모곳(방약합편, 1884), 槐/회화나무(아학편, 1908), 槐/회화나무(신자전, 1915),
槐花/회화나무(선한약물학, 1931), 괴목/槐木/홰나무(조선어사전[김], 1925), 홰나무/회야나무/회화나
무/괴화나무/괴목(조선어표준말모음, 1936)[220]

중국명 槐(huai)의 유래에 대해서는 여러 견해가 있는데, 마음에 품는 생각을 뜻하는 懷
(회) 또는 돌아간다는 뜻의 歸(귀)에서 유래했다고도 한다.[221] 일본명 エンジユ(槐)는 회화나무의 열
매라는 뜻의 한자명 槐子(괴자)를 발음한 옛이름 エニス가 변화한 이름으로 알려져 있다.

[북한명] 회화나무 [유사어] 괴목(槐木), 괴화(槐花), 괴화수(槐花樹), 학자수(學者樹), 홰나무, 회
화목(槐花木) [지방명] 해나무(경기), 회나무(경남)

Trifolium Lupinaster *Linné* シヤジクサウ
Dalgujipul 달구지풀

달구지풀〈*Trifolium lupinaster* L.(1753)〉

달구지풀이라는 이름은 돌려나는 작은잎의 모양이 달구지의 바퀴를 닮은 풀이라는 뜻에서 유래

---

219 『향약구급방』(1236)의 차자(借字) '廻之木'(회지목)에 대해 남풍현(1981), p.39는 '횟나모'의 표기로 보고 있으며, 이덕봉
(1963), p.25는 '회의나모'의 표기로 보고 있다.

220 「화한한명대조표」(1910)는 '횃화ㄴ무'를 기록했으며 「조선주요삼림수목명칭표」(1912)는 '회ㄴ무'를, 「조선주요삼림수목명
칭표」(1915a)는 '회화ㄴ무'를, 『조선한방약료식물조사서』(1917)는 '회화나무, 槐莢, 槐角, 槐實'을, 『조선거수노수명목지』
(1919)는 '듀넙ㄴ무, 槐, 槐花樹'를, 『조선의 구황식물』(1919)은 '괴화나무'를, 『조선어사전』(1920)은 '槐木(괴목), 槐花(괴화),
괴화나무, 회야나무'를, 『조선식물명휘』(1922)는 '槐, 槐樹, 회나무, 괴화나무(工業, 染料)'를, 『토명대조선만식물자휘』(1932)
는 '[槐木]회나무, [檟木]괴목, [檟花木]괴화나무, [회야나무]'를, 『선명대화명지부』(1934)는 '괴화나무, 홰나무'를, 『조선의산
과와산채』(1935)는 '槐, 회나무'를 기록했다.

221 중국의 『본초강목』(1596)은 "吳澄注云 槐之言懷也 懷來人於此也...(중략)...春秋元命包云 槐之言歸也 古者樹槐 聽訟其下 使
情歸實也"[오등주가 이르기를 槐는 懷를 말하는 것인데 사람을 따라오게 하는 것이 이것이다라고 했고...(중략)...춘추의
원명포는 이르기를 槐는 歸를 말하는 것인데 옛사람들은 槐를 심고 그 아래에서 송사를 들었는데 情으로 實에 돌아가도
록 하였다]라고 기록했다.

했다.[222] 『조선식물향명집』에서 그 이름이 처음으로 보이는데, 옛 문헌에서 이를 기록한 이름이 별도로 확인되지 않는 점에 비추어 일본명을 참고해 『조선식물향명집』의 저자들이 신칭한 이름일 것으로 추정한다.

속명 *Trifolium*은 '*tri*'(3)와 '*folium*'(잎)의 합성어로 잎이 3장이라는 뜻이며 토끼풀속을 일컫는다. 종소명 *lupinaster*는 콩과의 '*Lupinus*(가는잎미선콩속)와 비슷한'이라는 뜻이다.

중국/일본명 중국명 野火球(ye huo qiu)는 들에 있는 불덩이라는 뜻으로 붉은 꽃 때문에 붙여진 것으로 보인다. 일본명 シヤジクサウ(車軸草)는 돌려나는 작은잎의 배열이 수레의 축과 같아 보인다는 뜻이다.[223]

참고 [북한명] 달구지풀 [지방명] 달구뱅이(충남)

Trifolium pratense Linné　アカツメクサ　(栽)
Bulgùn-toĝipul　붉은토끼풀

붉은토끼풀 〈*Trifolium pratense* L.(1753)〉

붉은토끼풀이라는 이름은 붉은색의 꽃이 피고 토끼가 잘 먹는 풀이라는 뜻에서 붙여졌다.[224] 20세기 초기에 사료식물로 도입되었다가 재배지에서 탈출한 귀화식물로 전국에 분포한다. 『조선식물향명집』에서 '토끼풀'을 기본으로 하고 식물의 형태적 특징을 나타내는 '붉은'을 추가해 신칭했다.[225] 또한 『조선식물향명집』은 당시에 이미 야생화가 진행된 토끼풀과 달리 붉은토끼풀에 대해서는 재배식물(栽)로 기록했다.

속명 *Trifolium*은 '*tri*'(3)와 '*folium*'(잎)의 합성어로 잎이 3장이라는 뜻이며 토끼풀속을 일컫는다. 종소명 *pratense*는 '초원에서 자라는'이라는 뜻이다.

중국/일본명 중국명 红车轴草(hong che zhou cao)는 붉은색 꽃이 피는 차축초(車軸草: 선갈퀴의 중국명)라는 뜻으로, 백차축초(白車軸草: 토끼풀)와 대비되는 이름이다. 일본명 アカツメクサ(赤詰草)는 붉은색 꽃이 피는 토끼풀 종류(ツメクサ)라는 뜻이다.

참고 [북한명] 붉은토끼풀

---

222 이러한 견해로 이우철(2005), p.165와 김종원(2016), p.162 참조.
223 『조선식물명휘』(1922)는 '也火秋'를 기록했다.
224 이러한 견해로 이우철(2005), p.292 참조.
225 이에 대해서는 『조선식물향명집』, 색인 p.39 참조.

Trifolium repens *Linné*   シロツメクサ(オランダゲンゲ)
Toĝipul   토끼풀

토끼풀 〈*Trifolium repens* L.(1753)〉

토끼풀이라는 이름은 토끼가 잘 먹는 풀이라는 뜻에서 유래
했다.[226] 유럽 원산으로 20세기 초반에 도입된 것으로 알려져 있
으며, '토끼풀'이라는 한글명은 『조선식물향명집』에서 최초로
발견된다. 『조선식물향명집』에서 별도로 재배종(栽) 표시를 하
지 않은 점에 비추어 그 당시에 이미 야생화가 상당히 진행되
었던 것으로 보인다.

　속명 *Trifolium*은 '*tri*'(3)와 '*folium*'(잎)의 합성어로 잎이 3
장이라는 뜻이며 토끼풀속을 일컫는다. 종소명 *repens*는 '기
어가는'이라는 뜻이며 땅 위로 줄기를 뻗어 자라는 것에서 유
래했다.

다른이름　크로바(박만규, 1949), 클로바(안학수·이춘녕, 1963), 흰
토끼풀(리용재 외, 2011)

옛이름　크로바꽃(동아일보, 1929)

중국/일본명　중국명 白车轴草(bai che zhou cao)는 흰색 꽃이 피는 차축초(車軸草: 선갈퀴의 중국명)라
는 뜻으로 홍차축초(紅車軸草: 붉은토끼풀)와 대비되는 이름이다. 일본명 シロツメクサ(白詰草)는 흰
꽃이 피고 네덜란드에서 유리제품을 수입할 때 완충재(詰)로 채웠던 풀로서 도입되었다는 뜻이고,
다른이름 オランダゲンゲ(和蘭紫雲英)는 네덜란드에서 전래된 자운영(ゲンゲ)이라는 뜻이다.

참고　[북한명] 토끼풀 [유사어] 삼소초(三消草), 클로버 [지방명] 반지나물/토께이풀/퇴께이풀(강원),
모자리/토끼밥/퇴끼풀(경기), 돌풀씨/모자리풀/토까이풀(경남), 토깨이풀(경북), 개자운영/똘자운영/
방석풀/시게풀/시계풀/장운영/토깽이풀/토꾕이풀/퇴끼쌀밥/퇴끼풀(전남), 크로바/퇴끼풀(전북), 돗
쇠/돗수애/돗쐐기(제주), 말자운영/씨앗똥/크로바/크로버/퉤끼풀(충남), 말풀/먹초/새똥/쇠똥/시금풀/
쌔똥(충북), 말풀(함경)

---

226 이러한 견해로 이우철(2005), p.567; 유기억(2018a), p.160; 김종원(2013), p.90 참조.

Vicia amoena *Fischer* var. oblongifolia *Regel*　ツルフヂバカマ
Galki-namul　갈키나물

갈퀴나물〈*Vicia amoena* Fisch. ex Ser.(1825)〉

갈퀴나물이라는 이름은 다른 물체를 감아 줄기를 지탱하는 갈퀴손(덩굴손)이 있고 니 물로 식용한다는 뜻에서 유래했다.[227] 『조선식물향명집』은 자생지인 지리산 부근에서 사용하는 방언인 '갈키나물'로 기록했으나,[228] 『조선식물명집』에서 '갈퀴나물'로 개칭해 현재에 이르고 있다.

　속명 *Vicia*는 라틴어 *vincire*(감다)가 어원으로 덩굴손이 많은 것을 나타내며 나비나물속을 일컫는다. 종소명 *amoena*는 '귀여운, 아름다운'이라는 뜻이다.

다른이름　싸리둥지나물(정태현 외, 1942), 참갈키/큰갈키나물(박만규, 1949), 녹두두미(정태현, 1956), 갈퀴덩굴(안학수·이춘녕, 1963), 말굴레풀(리종오, 1964), 말굴레(임록재 외, 1972)[229]

중국/일본명　중국명 山野豌豆(shan ye wan dou)는 산에서 자라는 야완두(野豌豆: 구주갈퀴덩굴 또는 나비나물속의 중국명)라는 뜻이다. 일본명 ツルフヂバカマ(蔓藤袴)는 덩굴로 자라고 자색의 꽃이 피는 모양을 등골나물(フヂバカマ)에 비유한 것이다.

참고　[북한명] 말굴레풀 [유사어] 산야완두(山野豌豆) [지방명] 옥괘기(제주)

Vicia angustifolia *Roth*　ホソバヤハズエンドウ
Ganùn-galki-namul　가는갈키나물

가는살갈퀴〈*Vicia angustifolia* L. ex Reichard(1788)〉

가는살갈퀴라는 이름은 살갈퀴에 비해 잎이 가늘다는 뜻에서 유래했다.[230] 『조선식물향명집』에서는 전통 명칭 '갈키나물'을 기본으로 하고 식물의 형태적 특징을 나타내는 '가는'을 추가해 '가는갈키나물'을 신칭했으나,[231] 『조선식물명집』에서 '가는살갈퀴'로 개칭해 현재에 이르고 있다.

---

227 이러한 견해로 이우철(2005), p.39와 김종원(2016), p.169 참조.
228 이에 대해서는 『조선산야생식용식물』(1942), p.147 참조.
229 『조선식물명휘』(1922)는 '녹두두미, 갈키나물(敎)'을 기록했으며 『선명대화명지부』(1934)는 '녹두두미, 갈키나물'을, 『조선의산과와산채』(1935)는 '조리나물'을 기록했다.
230 이러한 견해로 이우철(2005), p.20 참조.
231 이에 대해서는 『조선식물향명집』, 색인 p.30 참조.

속명 *Vicia*는 라틴어 *vincire*(감다)가 어원으로 덩굴손이 많은 것을 나타내며 나비나물속을 일컫는다. 종소명 *angustifolia*는 '좁은 잎의'라는 뜻이다.

다른이름 가는갈키나물(정태현 외, 1937), 가는갈퀴나물(정태현 외, 1949), 산갈퀴/좀산갈퀴(박만규, 1974), 가는살말굴레(리종오, 1964), 가는갈퀴/살갈퀴(이창복, 1969b), 가는살말굴레풀(김현삼 외, 1988), 살말굴레풀(이영노, 1996), 덤불갈퀴나물/가는갈퀴덩굴(임록재 외, 1996)[232]

중국/일본명 중국명 窄叶野豌豆(zhai ye ye wan dou)는 잎이 좁은 야완두(野豌豆: 구주갈퀴덩굴 또는 나비나물속의 중국명)라는 뜻이다. 일본명 ホソバヤハズエンドウ(細葉矢筈豌豆)는 가는 잎을 가졌고 잎의 끝부분이 화살의 오늬(矢筈)를 닮은 완두(エンドウ)라는 뜻이다.

참고 [북한명] 가는살말굴레풀 [지방명] 가는갈키노물/가는갈키노믈(전라), 붓개기/조근복개기(제주)

Vicia Cracca *Linné*　クサフヂ
Dúng-galki-namul　등갈키나물

등갈퀴나물〈*Vicia cracca* L.(1753)〉

등갈퀴나물이라는 이름은 덩굴(藤)이 지는 갈퀴나물이라는 뜻에서 유래한 것으로 추정한다. 『조선식물향명집』에서는 전통 명칭 '갈키나물'을 기본으로 하고 식물의 형태적 특징을 나타내는 '등'을 추가해 '등갈키나물'을 신칭했으나,[233] 『조선식물명집』에서 '등갈퀴나물'로 개칭해 현재에 이르고 있다. 한편 잎차례가 등나무를 닮은 갈퀴나물이라는 뜻에서 유래한 것으로 보는 견해도 있다.[234] 『조선산야생식용식물』은 '말맹이덩굴'이라는 이름을 기록했고 『한불자전』은 그와 유사한 풀의 이름으로 '말망이'를 기록했으나 현재의 이름으로 이어지지는 않았다.

속명 *Vicia*는 라틴어 *vincire*(감다)가 어원으로 덩굴손이 많은 것을 나타내며 나비나물속을 일컫는다. 종소명 *cracca*는 콩의 고대 라틴명에서 유래했다.

다른이름 등갈키나물(정태현 외, 1937), 말맹이덩굴(정태현 외, 1942), 등갈퀴덩굴(안학수·이춘녕, 1963), 등말굴레(리종오, 1964), 등말굴레풀(김현삼 외, 1988)

옛이름 말망이(한불자전, 1880)

중국/일본명 중국명 广布野豌豆(guang bu ye wan dou)는 넓게 퍼져서 자라는 또는 널리 분포하는 야완두(野豌豆: 구주갈퀴덩굴 또는 나비나물속의 중국명)라는 뜻이다. 일본명 クサフヂ(草藤)는 꽃과 식물체 전체가 등나무(フヂ)와 유사한데 초본성이라는 뜻에서 붙여졌다.

---

232 『조선식물명휘』(1922)는 '大巢菜'를 기록했다.
233 이에 대해서는 『조선식물향명집』, 색인 p.36 참조.
234 이러한 견해로 김종원(2016), p.172 참조.

Vicia hirsuta *Koch*　スズメノエンドウ
Sae-wandu　새완두

새완두〈*Vicia hirsuta* (L.) Gray(1821)〉

새완두라는 이름은 '새'(鳥)와 '완두'(豌豆)의 합성어로, 완두를 닮았는데 쓰임새가 이보다 못하다는 뜻에서 유래했다.[235] 『조선식물향명집』에서 이름이 최초로 보이지만 이를 신칭한 이름으로 기록하지 않았고,[236] 옛 명칭에 '새팥'과 같이 새를 식물명으로 사용하는 예가 있는 점을 고려할 때 실제 사용하는 지방명에서 유래했을 것으로 보인다. 19세기 초에 저술된 『물명고』는 중국명 小巢菜(소소채)를 기록하면서 한글명을 'ᄌᆡ괴밥'이라고 했는데 현재의 이름으로 이어지지는 않았다.

속명 *Vicia*는 라틴어 *vincire*(감다)가 어원으로 덩굴손이 많은 것을 나타내며 나비나물속을 일컫는다. 종소명 *hirsuta*는 '털이 많은, 거친 털이 있는'이라는 뜻이다.

다른이름 털새완두(안학수·이춘녕, 1963)

옛이름 翹搖/ᄌᆞ괴밥(재물보, 1798), 小巢菜/翹搖/ᄌᆞ과밥(광재물보, 19세기 초), 小巢(죽석관유집, 19세기 초), 野蠶豆/ᄌᆡ괴밥/小巢菜(물명고, 1824), 小巢菜/翹搖(임원경제지, 1842)[237]

중국/일본명 중국명 小巢菜(xiao chao cai)는 크기가 작은 소채[巢菜: 야완두(野豌豆)의 다른 말로 구주갈퀴덩굴 또는 나비나물속의 중국명]라는 뜻이다. 일본명 スズメノエンドウ(雀野豌豆)는 직역하면 참새 들완두인데, 살갈퀴(ヤハズエンドウ)를 닮았다는 뜻에서 유래했다고 한다.

참고 [북한명] 새완두 [지방명] 싸래기나물(전남)

---

235 이러한 견해로 이우철(2005), p.325와 김종원(2016), p.175 참조. 다만 이우철 및 김종원은 새완두가 일본명에서 유래한 것으로 보고 있다.

236 이에 대해서는 『조선식물향명집』, 색인 p.40 참조.

237 『조선식물명휘』(1922)는 '小巢菜, 薇, 荅(救)'를 기록했으며 『토명대조선만식물자휘』(1932)는 '[雀豌豆]쟉완두, [고비]'를 기록했다.

Vicia nipponica *Matsumura* var. typica *Nakai*　ヨツバハギ
Neip-galki　네잎갈키

네잎갈퀴나물〈*Vicia nipponica* Matsum.(1902)〉

네잎갈퀴나물이라는 이름은 하나의 잎에 작은잎이 네 장인 갈퀴나물이라는 뜻에서 유래했다.[238] 다만 작은잎은 2~3쌍으로 네 장 이상인 경우도 있어 반드시 네 장의 작은잎을 가진 것은 아니다. 『조선식물향명집』에서는 전통 명칭 '갈키'(갈키나물)를 기본으로 하고 식물의 형태적 특징을 나타내는 '네잎'을 추가해 '네잎갈키'를 신칭했으나,[239] 『원색대한식물도감』에서 '네잎갈퀴나물'로 개칭해 현재에 이르고 있다.

　속명 *Vicia*는 라틴어 *vincire*(감다)가 어원으로 덩굴손이 많은 것을 나타내며 나비나물속을 일컫는다. 종소명 *nipponica*는 '일본의, 혼슈(本州)의'라는 뜻이다.

다른이름　네잎갈키(정태현 외, 1937), 네잎갈퀴(정태현 외, 1949), 네잎갈퀴덩굴(이창복, 1969b), 네잎말굴레(임록재 외, 1972), 네잎꽃갈퀴(이영노, 1996), 네잎말굴레풀(김현삼 외, 1988)

중국/일본명　이 종의 중국 분포는 확인되지 않는다. 일본명 ヨツバハギ(四葉萩)는 잎이 네 장이고 싸리나무(ハギ)를 닮았다는 뜻이다.

참고　[북한명] 네잎말굴레풀

Vicia pallida *Turczaninow*　ヒロハノクサフヂ
Nŏrŭnip-galki　너른잎갈키

넓은잎갈퀴〈*Vicia japonica* A. Gray(1859)〉

넓은잎갈퀴라는 이름은 갈퀴나물을 닮았는데 상대적으로 잎이 넓다고 하여 붙여졌다.[240] 『조선식물향명집』에서는 전통 명칭 '갈키'(갈키나물)를 기본으로 하고 식물의 형태적 특징을 나타내는 '너른잎'을 추가해 '너른잎갈키'를 신칭했으나,[241] 『조선식물명집』에서 '넓은잎갈퀴'로 개칭해 현재에 이르

---

238 이러한 견해로 이우철(2005), p.145 참조.
239 이에 대해서는 『조선식물향명집』, 색인 p.34 참조.
240 이러한 견해로 이우철(2005), p.139 참조.
241 이에 대해서는 『조선식물향명집』, 색인 p.34 참조.

고 있다.

속명 *Vicia*는 라틴어 *vincire*(감다)가 어원으로 덩굴손이 많은 것을 나타내며 나비나물속을 일 컫는다. 종소명 *japonica*는 '일본의'라는 뜻으로 최초 발견지 또는 분포지를 나타낸다.

다른이름 너른잎갈키(정태현 외, 1937), 넓은잎갈키(박만규, 1949), 넓은잎말굴레/넓은잎갈퀴덩굴/싸리덩굴(임록재 외, 1972), 넓은잎등갈퀴(박만규, 1974), 넓은잎말굴레풀(김현삼 외, 1988)

중국/일본명 중국명 東方野豌豆(dong fang ye wan dou)는 동양(東洋)에 분포하는 야완두(野豌豆: 구주 갈퀴덩굴 또는 나비나물속의 중국명)라는 뜻이다. 일본명 ヒロハノクサフヂ(廣葉の草藤)는 잎이 넓고 등갈퀴나물(クサフヂ)을 닮았다는 뜻이다.

참고 [북한명] 넓은잎말굴레풀

Vicia Pseudo-Orobus *Fischer et Meyer* オホバクサフヂ
Kún-dúnggalki 큰등갈키

큰등갈퀴〈*Vicia pseudoorobus* Fisch. & C.A.Mey.(1835)〉

큰등갈퀴라는 이름은 (잎이) 큰 등갈퀴나물이라는 뜻에서 유래했다.[242] 『조선식물향명집』에서는 전통 명칭 '갈키'(갈키나물)를 기본으로 하고 식물의 형태적 특징을 나타내는 '큰'과 '등'을 추가해 '큰등갈키'를 신칭했으나,[243] 『조선식물명집』에서 '큰등갈퀴'로 개칭해 현재에 이르고 있다. 일본명 과 어형과 의미가 거의 유사한 점에 비추어 '큰'과 '등'은 일본명의 영향을 받은 것으로 추론된다.

속명 *Vicia*는 라틴어 *vincire*(감다)가 어원으로 덩굴손이 많은 것을 나타내며 나비나물속을 일 컫는다. 종소명 *pseudoorobus*는 '*Orobus*(연리초속에 통합됨)와 비슷한'이라는 뜻이다.

다른이름 큰등갈키(정태현 외, 1937), 큰등갈퀴덩굴(안학수·이춘녕, 1963), 큰등말굴레(임록재 외, 1972), 큰갈퀴(이창복, 1980), 큰등말굴레풀(김현삼 외, 1988), 둔한잎큰등말굴레풀(임록재 외, 1996)[244]

중국/일본명 중국명 大叶野豌豆(da ye ye wan dou)는 잎이 큰 야완두(野豌豆: 구주갈퀴덩굴 또는 나비나 물속의 중국명)라는 뜻이다. 일본명 オホバクサフヂ(大葉草藤)은 잎이 큰 등갈퀴나물(クサフヂ)이라 는 뜻이다.

참고 [북한명] 큰등말굴레풀

---

242 이러한 견해로 이우철(2005), p.531 참조.
243 이에 대해서는 『조선식물향명집』, 색인 p.47 참조.
244 『조선식물명휘』(1922)는 '槐條花'를 기록했다.

Vicia sativa Linné　ヤハズエンドウ
Sal-galki　살갈키

살갈퀴〈*Vicia angustifolia* var. *segetilis* (Thuill.) K.Koch.〉[245]

살갈퀴라는 이름은 갈퀴나물을 닮았고 잎 끝부분이 안으로 들어가는 모양이 화살의 오늬를 닮았다는 뜻에서 유래했다.[246] 옛 문헌에서 화살의 재료로 사용한다는 뜻에서 이대(*Pseudosasa japonica*)를 '살대'라고 했던 것에 비추어[247] 살갈퀴의 '살'은 화살을 가리킨다. 『조선식물향명집』은 '살갈키'를 신칭한 이름으로 기록하지 않았으므로,[248] 실제 사용한 이름을 채록했을 가능성이 있는 것으로 보인다. 이후 『조선식물명집』에서 맞춤법에 따라 '살갈퀴'로 개칭해 현재에 이르고 있다.

속명 *Vicia*는 라틴어 *vincire*(감다)가 어원으로 덩굴손이 많은 것을 나타내며 나비나물속을 일컫는다. 종소명 *angustifolia*는 '좁은 잎의'라는 뜻이며, 변종명 *segetilis*는 '밭에서 자라는'이라는 뜻이다.

다른이름 살갈키(정태현 외, 1937), 살갈퀴덩굴(안학수·이춘녕, 1963), 살말굴레/산갈퀴덩굴(임록재 외, 1972), 살말굴레풀(김현삼 외, 1988), 산갈퀴(리용재 외, 2011)[249]

중국/일본명 중국명 窄叶野豌豆(zhai ye ye wan dou)는 좁은 잎의 야완두(野豌豆: 구주갈퀴덩굴 또는 나비나물속의 중국명)라는 뜻이다. 일본명 ヤハズエンドウ(矢筈豌豆)는 잎의 끝부분이 화살의 오늬(矢筈)를 닮은 완두(エンドウ)라는 뜻이다.

참고 [북한명] 살말굴레풀 [지방명] 가시랑쿨(전북), 보깨기/북깨기/오깨기/오깨끼/옥괘기/큰북개기(제주), 갈퀴나물(충북)

○ Vicia saxajuga *Nakai*　タチクサフヂ
Son-dunggalki　선등갈키

선등갈퀴〈*Vicia heptajuga* Nakai(1952)〉[250]

245 '국가표준식물목록'(2018)은 본문의 학명을 정명으로 기재하고 있으나, 『장진성 식물목록』(2014)은 가는살갈퀴(*V. angustifolia*)만을 분류하고 별도로 변종을 분류하고 있지 않으므로 주의가 필요하다.

246 이러한 견해로 김종원(2013), p.92 참조.

247 이에 대해서는 『한청문감』(1779)과 『자전석요』(1909) 참조.

248 이에 대해서는 『조선식물향명집』, 색인 p.40 참조.

249 『조선식물명휘』(1922)는 '野麥豌豆, 野菜豆'를 기록했다.

250 '국가표준식물목록'(2018)은 본문의 학명으로 '선등갈퀴'를 별도 분류하고 있으나, 『장진성 식물목록』(2014)은 비합법적으로 출판한 이름(invalidly published name)으로 분류했으며, 이우철(2005), p.332는 광릉갈퀴(*V. venosa* var. *cuspidata*)에 통합하고 있으므로 주의가 필요하다.

선등갈퀴라는 이름은 식물체가 서서 자라고 등갈퀴나물을 닮았다는 뜻에서 유래한 것으로 추정한다. 줄기가 직립하는 특징에 의해 별도 분류되었으나 분류의 타당성에는 논란이 있다. 『조선식물향명집』에서는 전통 명칭 '갈키'(갈키나물)를 기본으로 하고 식물의 형태적 특징을 나타내는 '선'과 '등'을 추가해 '선등갈키'를 신칭했으나,[251] 『조선식물명집』에서 '선등갈퀴'로 개칭해 현재에 이르고 있다.

속명 *Vicia*는 라틴어 *vincire*(감다)가 어원으로 덩굴손이 많은 것을 나타내며 나비나물속을 일컫는다. 종소명 *heptajuga*는 '7개의 깃모양겹잎인'이라는 뜻이다.

다른이름 선등갈키(정태현 외, 1937), 선등갈퀴덩굴(안학수·이춘녕, 1963), 선등말굴레(임록재 외, 1972), 선등말굴레풀(김현삼 외, 1988)

중국/일본명 '중국식물지'는 이를 별도 분류하지 않고 있다. 일본명 タチクサフヂ(立草藤)는 식물체가 서서 자라는 등갈퀴나물(クサフヂ)이라는 뜻에서 유래했으나, 일본에서도 현재는 별도 분류하지 않고 있다.[252]

참고 [북한명] 선등말굴레풀

○ Vicia subcuspidata *Nakai* テフセンヨツバハギ
Kwaṅgnuṅ-galki 광능갈키

광릉갈퀴〈*Vicia venosa* (Link) Maxim var. *cuspidata* Maxim.(1886)〉

광릉갈퀴라는 이름은 경기도 광릉에서 최초로 발견된 갈퀴나물이라는 뜻에서 유래했다.[253] 『조선식물향명집』에서는 전통 명칭 '갈키'(갈키나물)를 기본으로 하고 식물의 산지(産地)를 나타내는 '광능'을 추가해 '광능갈키'를 신칭했으나,[254] 『조선식물명집』에서 맞춤법에 따라 '광릉갈퀴'로 개칭해 현재에 이르고 있다.

속명 *Vicia*는 라틴어 *vincire*(감다)가 어원으로 덩굴손이 많은 것을 나타내며 나비나물속을 일컫는다. 종소명 *venosa*는 '뚜렷한 맥이 있는'이라는 뜻이며, 변종명 *cuspidata*는 '급격히 뾰족해지는, 볼록하고 딱딱한 것이 있는'이라는 뜻이다.

251 이에 대해서는 『조선식물향명집』, 색인 p.41 참조.
252 이에 대해서는 牧野富太郎(2008), p.337 이하 참조.
253 이러한 견해로 이우철(2005), p.82 이하 참조.
254 이에 대해서는 『조선식물향명집』, 색인 p.31 참조.

다른이름 광능갈키(정태현 외, 1937), 싸리나물(정태현 외, 1942), 광릉갈퀴덩굴(안학수·이춘녕, 1963), 선등갈퀴(리종오, 1964), 광릉말굴레/선등말굴레/선등갈퀴덩굴(임록재 외, 1972), 광릉말굴레풀(김현삼 외, 1988), 광릉말굴레나물(이영노, 1996)[255]

중국/일본명 '중국식물지'는 이를 기재하지 않고 있다. 일본명 テフセンヨツバハギ(朝鮮四葉萩)는 조선에 분포하는 네잎갈퀴나물(ヨツバハギ)이라는 뜻이다.

참고 [북한명] 광릉말굴레풀 [유사어] 산야완두(山野豌豆) [지방명] 싸리나물(강원), 싸리우쟁이(경북)

Vicia tenuifolia *Roth*　ホソバクサフヂ
Ganŭn-dŭṅggalki　가는등갈키

가는등갈퀴〈*Vicia tenuifolia* Roth(1788)〉

가는등갈퀴라는 이름은 잎이 가늘고 등갈퀴나물을 닮았다는 뜻에서 유래했다.[256] 작은잎이 피침 모양 또는 선형을 이루는 특징이 있다. 『조선식물향명집』에서는 전통 명칭 '갈키'(갈키나물)를 기본으로 하고 식물의 형태적 특징과 학명에 착안한 '가는'과 '등'을 추가해 '가는등갈키'를 신칭했으나,[257] 『조선식물명집』에서 '가는등갈퀴'로 개칭해 현재에 이르고 있다.

　　속명 *Vicia*는 라틴어 *vincire*(감다)가 어원으로 덩굴손이 많은 것을 나타내며 나비나물속을 일컫는다. 종소명 *tenuifolia*는 '가는 잎의, 얇은 잎의'라는 뜻이다.

다른이름 가는등갈키(정태현 외, 1937), 가는등갈퀴덩굴(안학수·이춘녕, 1963), 가는등말굴레풀(리용재 외, 2011)

중국/일본명 중국명 细叶野豌豆(xi ye ye wan dou)는 잎이 가는 야완두(野豌豆: 구주갈퀴덩굴 또는 나비나물속의 중국명)라는 뜻이다. 일본명 ホソバクサフヂ(細葉草藤)는 잎이 가는 등갈퀴나물(クサフヂ)이라는 뜻이다.

참고 [북한명] 가는등말굴레풀

○ Vicia tridentata *Bunge*　ノエンドウ
Dŭl-wandu　들완두

들완두〈*Vicia bungei* Ohwi(1936)〉

---

255 『조선의산과와산채』(1935)는 '부두채'를 기록했다.
256 이러한 견해로 이우철(2005), p.19 참조.
257 이에 대해서는 『조선식물향명집』, 색인 p.30 참조.

들완두라는 이름은 '들'(野)과 '완두'(豌豆)의 합성어로, 들에서 야생하고 완두를 닮은 식물이라는 뜻에서 붙여졌다.[258] 『조선식물향명집』에서 전통 명칭 '완두'를 기본으로 하고 식물의 산지(産地)를 나타내는 '들'을 추가해 신칭했는데,[259] 이 과정에서 일본명을 참고한 것으로 보인다. 옛 문헌 『물명고』 등은 중국에서 유래한 한자명 野豌豆(야완두)를 기록하고 있으나, 이를 薇(미: 고비)와 관련해 설명하고 있어 콩과 식물을 지칭하는지는 명확하지 않다.

속명 *Vicia*는 라틴어 *vincire*(감다)기 이원으로 덩굴손이 많은 것을 나타내며 나비나물속을 일컫는다. 종소명 *bungei*는 러시아 식물학자로 북중국의 식물을 연구한 Alexander Georg von Bunge(1803~1890)의 이름에서 유래했다.

옛이름 野豌豆(광재물보, 19세기 초), 野豌豆/大巢菜(물명고, 1824), 野豌豆(농정회요, 183?), 野豌豆(임원경제지, 1842)[260]

중국/일본명 중국명 大花野豌豆(da hua ye wan dou)는 꽃이 큰 야완두(野豌豆: 구주갈퀴덩굴 또는 나비나물속의 중국명)라는 뜻이다. 일본명 ノエンドウ(野豌豆)는 들에서 자라는 완두(エンドウ)라는 뜻이다.

참고 [북한명] 들완두 [유사어] 야완두(野豌豆)

Vicia unijuga *Al. Brown*   ナンテンハギ
Nabi-namul   나비나물

나비나물〈*Vicia unijuga* A. Braun(1853)〉

나비나물이라는 이름은 서로 마주나기를 하는 2개의 잎이 마치 나비의 날개처럼 보이고 나물로 식용한다는 뜻에서 유래했다.[261] 어린잎을 식용했으며 주요 자생지인 경기도 광릉 방언을 채록한 것이다.[262]

속명 *Vicia*는 라틴어 *vincire*(감다)가 어원으로 덩굴손이 많은 것을 나타내며 나비나물속을 일컫는다. 종소명 *unijuga*는 '홑 겹잎의'라는 뜻으로 2개의 작은잎이 하나의 짝을 이룬 모양을 나타낸다.

다른이름 봉올나비나물/가지나비나물(박만규, 1949), 큰나비나

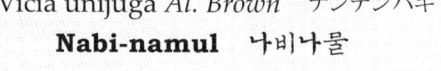

---

258 이러한 견해로 이우철(2005), p.199 참조.
259 이에 대해서는 『조선식물향명집』, 색인 p.36 참조.
260 『조선식물명휘』(1922)는 '山藊豆(救, 飼料)'를 기록했다.
261 이러한 견해로 이우철(2005), p.131; 허북구·박석근(2008a), p.55; 김종원(2016), p.176 참조.
262 이에 대해서는 『조선산야생식용식물』(1942), p.149 참조.

물/꽃나비나물(정태현 외, 1949), 참나비나물(안학수·이춘녕, 1963), 민나비나물(이창복, 1969b)[263]

중국/일본명 중국명 歪头菜(wai tou cai)는 비뚤어진 머리 모양의 채소라는 뜻으로, 쌍을 이루는 잎 2 장이 마치 비뚤어진 머리 모양처럼 보여서 붙여진 이름으로 추정된다. 일본명 ナンテンハギ(南天萩)는 작은잎이 매자나무과의 남천(ナンテン)과 닮은 싸리 종류(ハギ)라는 뜻이다.

참고 [북한명] 나비나물 [유사어] 삼령자(三鈴子), 왜두채(歪頭菜) [지방명] 녹두나물/콩나물(강원), 콩나물(경남), 까그레이/녹두나물/녹디나물/콩나물/콩대가리(경북), 새써/콩나물/콩다지나물(충북)

Vigna sinensis *Hasskarl*　ササゲ　　(栽)
Dongbu　동부(광정이)

동부〈*Vigna unguiculata* (L.) Walp.(1842)〉

동부라는 이름은 18세기 문헌에 나타나는 '동비'에 어원을 둔 것으로 동비→동뷔→동부로 변화했다. 중국명 豇豆(강두)가 콩꼬투리에 붉은색이 도는 것에서 유래한 이름인 점을 고려하면, 콩의 꼬투리에 붉은색이 많이 도는 것을 동(銅: 구리)에, 콩의 모양을 작은 비(배, 梨)에 비유한 것에서 유래한 이름으로 추정한다.[264] 평안도 방언에는 '동배'라는 어휘가 그대로 잔존하고 있어 동부의 유래를 뒷받침한다. 16세기에 저술된 『훈몽자회』는 '광쟝이'라는 이름을 기록했는데, 『본초강목』에 따르면 중국명에 廣雅(광아)라는 이름이 있었다고 하고 우리 문헌에 긴 콩이라는 뜻의 長豆(장두)라는 이름이 있는 것에 비추어 콩이 다른 종류보다 상대적으로 크고 넓으며 꼬투리가 길다는 뜻의 한자어 광장(廣長)에서 유래했을 것으로 생각된다. 이후 광쟝이→광졍이→광적이→광정이→광저기로 변화했고, 현재 동부라는 이름과 함께 사용하고 있다.[265]

　속명 *Vigna*는 이탈리아 식물학자이자 피사(Pisa)식물원 원장이었던 Dominico Vigna(?~1647)의 이름에서 유래했으며 동부속을 일컫는다. 종소명 *unguiculata*는 '손톱 같은, 밑동이 잘록한'이라는 뜻이다.

다른이름 광정이(정태현 외, 1937), 광쟁이/돔부(박만규, 1949)

옛이름 豇豆/광쟝이/長豆(훈몽자회, 1527), 莞豆/광쟝이(박통사언해, 1677), 莞豆/광쟝이/豇豆/長豆(역어유해, 1690), 豇豆/동비(동문유해, 1748), 莞豆/광쟝이(박통사신석언해, 1765), 豌/동부(몽어유해, 1768), 豌豆/동비/豇豆/광쟝이(한청문감, 1779), 豇豆(청장관전서, 1795), 豇豆/동부(재물보, 1798), 東豆/동뷔(해동농서, 1799), 豇豆/蜂躁(연암집, 18세기 말), 豇豆/광졍이(물보, 1802), 豇豆/동부/降蘡/裙帶豆(광재물보, 19세기 초), 豇豆/동부/裙帶豆(물명고, 1824), 豇豆(농정회요, 183?), 豇豆/降蘡(임원경제지,

---

263 『조선식물명휘』(1922)는 '水皂英, 歪頭菜'를 기록했으며 『조선의산과와산채』(1935)는 '부두채'를 기록했다.
264 『훈몽자회』(1527)는 銅(동)에 대해 '구리 동'으로, 리(梨)에 대해 '비 리'로 기록했다.
265 이에 대해서는 국립국어원, '표준국어대사전' 중 '광저기' 참조. '동부'와 더불어 '광저기'를 표준어로 하고 있다.

1842), 豇豆/광쟝이콩(자류주석, 1856), 豇豆/광적이/東背/동뷔(명물기략, 1870), 동부(한불자전, 1880), 豌/동부(자전석요, 1909), 豌/동부(신자전, 1915), 광저기/광정이(조선어표준말모음, 1936)[266]

중국/일본명 중국명 豇豆(jiang dou)는 꼬투리에 붉은색이 많이 도는 콩(豆)이라는 뜻이다.[267] 일본명 ササゲ(捧げ/豇豆)는 열매가 맺는 초기에 위를 향하는 모습에서 유래한 이름으로 알려져 있다.

참고 [북한명] 동부 [유사어] 강두(豇豆), 광저기, 동부콩, 홍두(紅豆) [지방명] 양대(강원), 돌부(경기), 돔부/동불/동비/본디/뽄디/양대(경남), 돔비/동불/양대(경북), 덤부/돔보/돔부/듬부/콩(전남), 가마귀돔비(제주), 돔모/둔부(충남), 동배(평안)

---

266 『조선어사전』(1920)은 '豇豆(강두), 광적이, 광정이, 동부'를 기록했으며 『조선식물명휘』(1922)는 '豇豆, 豑豆, 동부, 홍누(食)'를, 『토명대조선만식물자휘』(1932)는 '[豇豆]강두, [광정이], [광적기]'를, 『선명대화명지부』(1934)는 '동부, 홍누'를 기록했다.

267 중국의 『본초강목』(1596)은 "此豆紅色居多 英必雙生 故有豇䮂䮂之名 廣雅指爲胡豆誤矣"(이 콩은 홍색이 많이 돌고 꼬투리가 반드시 쌍으로 나기 때문에 '강'과 '강쌍'이라는 이름이 유래했다. '광아'는 호두를 오인한 것이다)라고 기록했다.

Geraniaceae 쥐손이풀科 (牻牛兒科)

쥐손이풀과〈Geraniaceae Juss.(1789)〉

쥐손이풀과는 국내에 자생하는 쥐손이풀에서 유래한 과명이다. '국가표준식물목록'(2018), 『장진성 식물목록』(2014) 및 '세계식물목록'(2018)은 *Geranium*(쥐손이풀속)에서 유래한 Geraniaceae를 과명으로 기재하고 있으며, 엥글러(Engler), 크론키스트(Cronquist) 및 APG IV(2016) 분류 체계도 이와 같다.

○ Geranium davuricum *Dc. Candolle*   ダフリアフウロ
San-jwesoni   산쥐손이

산쥐손이〈*Geranium dahuricum* DC.(1824)〉

산쥐손이라는 이름은 고산의 정상 부근에 자라는 쥐손이풀이라는 뜻에서 붙여졌다.[1] 지리산 이북의 높은 산에서 자라는 여러해살이풀이다. 『조선식물향명집』에서 전통 명칭 '쥐손이'(쥐손이풀)를 기본으로 하고 식물의 산지(産地)를 나타내는 '산'을 추가해 신칭했다.[2]

　속명 *Geranium*은 그리스어 *geranos*(학)가 어원으로 분열과(分裂果)인 열매의 모양이 학의 부리를 닮은 것에서 유래했으며 쥐손이풀속을 일컫는다. 종소명 *dahuricum*은 '다후리아(Dahurica) 지방의'라는 뜻이다.

다른이름 산쥐손이풀(도봉섭 외, 1956), 산쥐소니(안학수·이춘녕, 1963), 다후리아쥐손이(리종오, 1964), 산손잎풀(김현삼 외, 1988)[3]

중국/일본명 중국명 粗根老鸛草(cu gen lao guan cao)는 크고 거친 뿌리를 가진 노관초(老鸛草: 세잎쥐손이 또는 쥐손이풀속의 중국명)라는 뜻이다. 일본명 ダフリアフウロ(-風露)는 다우리아 지역에서 자라는 쥐손이풀 종류(フウロ)라는 뜻이다.

참고 [북한명] 산손잎풀 [지방명] 설새쿨(제주)

⊗ Geranium eriostemen *Fisch*. var. megalanthum *Nakai*   ハナフウロ
Ĝot-jwesoni   꽃쥐손이

꽃쥐손이〈*Geranium platyanthum* Duthie(1906)〉[4]

1　이러한 견해로 이우철(2005), p.316 참조.
2　이에 대해서는 『조선식물향명집』, 색인 p.40 참조.
3　『조선식물명휘』(1922)는 '紫石桂花'를 기록했다.
4　'국가표준식물목록'(2018)은 꽃쥐손이의 학명을 *Geranium eriostemon* Fisher ex DC.(1824)로 기재하고 있으나 해당

꽃쥐손이라는 이름은 꽃이 크고 넓은 쥐손이풀이라는 뜻에서 붙여졌다.[5] 『조선식물향명집』에서 전통 명칭 '쥐손이'(쥐손이풀)를 기본으로 하고 식물의 형태적 특징과 학명에 착안한 '꽃'을 추가해 신칭했으며,[6] 이 과정에서 일본명을 참조했을 가능성도 엿보인다.

속명 *Geranium*은 그리스이 *geranos*(학)가 어원으로 분열과(分裂果)인 열매의 모양이 학의 부리를 닮은 것에서 유래했으며 쥐손이풀속을 일컫는다. 종소명 *platyanthum*은 '넓은 꽃의'라는 뜻으로 꽃이 크고 넓은 것에서 유래했으며, 옛 변종명 *megalanthum*도 '꽃이 큰'이라는 뜻이다.

다른이름 털쥐손이(박만규, 1949), 꽃쥐손이풀(도봉섭 외, 1956), 꽃쥐소니/털쥐소니/낭림쥐소니(안학수·이춘녕, 1963), 꽃털쥐손이풀(임록재 외, 1972), 털손잎풀(김현삼 외, 1988)[7]

중국/일본명 중국명 毛蕊老鸛草(mao rui lao guan cao)는 수술에 털이 있는 노관초(老鸛草: 세잎쥐손이 또는 쥐손이풀속의 중국명)라는 뜻이다. 일본명 ハナフウロ(花風露)는 꽃이 넓고 큰 쥐손이풀 종류(フウロ)라는 뜻이다.

참고 [북한명] 털손잎풀 [유사어] 노관초(老鸛草)

⊗ Geranium japonicum *Franchet et Savatier*   タチフウロ
Sŏn-ijilpul   선이질풀

선이질풀〈*Geranium krameri* Franch. & Sav.(1878)〉
선이질풀이라는 이름은 이질풀을 닮았는데 줄기 및 꽃대가 곧추선다는 뜻에서 붙여졌다.[8] 전국의 산과 들에 분포하는 여러해살이풀로 줄기가 직립하는 특성이 있다. 『조선식물향명집』에서 전통 명칭 '이질풀'을 기본으로 하고 식물의 형태적 특징을 나타내는 '선'을 추가해 신칭했다.[9]

학명은 조류, 균류와 식물에 대한 국제명명규약(ICN)의 일부 조약에 어긋난 서명(illegitimate name)으로 취급되고 있다. 이에 대해서는 '세계식물목록'(2018) 참조. 『장진성 식물목록』(2014), '중국식물지'(2018) 및 '세계식물목록'(2018)은 모두 본문의 학명을 정명으로 기재하고 있다.
5   이러한 견해로 이우철(2005), p.121 참조.
6   이에 대해서는 『조선식물향명집』, 색인 p.32 참조.
7   『조선식물명휘』(1922)는 '竹沙七'을 기록했다.
8   이러한 견해로 이우철(2005), p.334 참조.
9   이에 대해서는 『조선식물향명집』, 색인 p.41 참조.

속명 *Geranium*은 그리스어 *geranos*(학)가 어원으로 분열과(分裂果)인 열매의 모양이 학의 부리를 닮은 것에서 유래했으며 쥐손이풀속을 일컫는다. 종소명 *krameri*는 독일 생물학자로 일본 식물을 탐사한 Wilhelm Heinrich Kramer(?~1765)의 이름에서 유래했다.

다른이름 선쥐손이풀(도봉섭 외, 1956), 세잎쥐손이/간도쥐손이/선이지풀(한진건 외, 1982), 선손잎풀(김현삼 외, 1988), 헛손잎풀(리용재 외, 2011)

중국/일본명 중국명 突节老鹳草(tu jie lao guan cao)는 꺾이는 마디가 있는 노관초(老鹳草: 세잎쥐손이 또는 쥐손이풀속의 중국명)라는 뜻이다. 일본명 タチフウロ(立風露)는 줄기가 서서 자라는 쥐손이풀 종류(フウロ)라는 뜻이다.

참고 [북한명] 선손잎풀/헛손잎풀[10] [유사어] 노관초(老鹳草)

⊗ **Geranium koraiensis *Nakai*** カウライフウロ
Gin-ijilpul 긴이질풀

둥근이질풀⟨*Geranium koreanum* Kom.(1901)⟩

'국가표준식물목록'(2018)과 이우철(2005)은 긴이질풀을 둥근이질풀에 통합 처리하고, 『장진성 식물목록』(2014)은 이를 별도 분류하지 않으며, '세계식물목록'(2018)은 미해결학명(unresolved name)으로 처리하고 있다. 이 책에서는 이를 별도 분류 및 해설하지 않는다.

⊗ **Geranium koreanum *Komarov*** テウセンフウロ
Dunggun-ijilpul 둥근이질풀

둥근이질풀⟨*Geranium koreanum* Kom.(1901)⟩

둥근이질풀이라는 이름은 이질풀을 닮았는데 꽃이 크고 끝이 둥글며 턱잎이 넓은 달걀모양을 이룬다는 뜻에서 붙여진 것으로 추정한다. 잎이 상대적으로 둥근 모양에서 유래했다고 보는 견해도 있다.[11] 『조선식물향명집』에서 전통 명칭 '이질풀'을 기본으로 하고 식물의 형태적 특징을 나타내는 '둥근'을 추가해 신칭했다.[12]

속명 *Geranium*은 그리스어 *geranos*(학)가 어원으로 분열과(分裂果)인 열매의 모양이 학의 부리를 닮은 것에서 유래했으며 쥐손이풀속을 일컫는다. 종소명 *koreanum*은 '한국의'라는 뜻으로 한

---

10 북한에서는 *G. krameri*를 '선손잎풀'로, *G. japonicum*을 '헛손잎풀'로 하여 별도 분류하고 있다. 이에 대해서는 리용재 외(2011), p.163 참조.
11 이러한 견해로 김종원(2016), p.187 참조.
12 이에 대해서는『조선식물향명집』, 색인 p.36 참조.

반도 특산종임을 나타내지만 중국 동북부 지역에도 분포한다.

다른이름 긴이질풀(정태현 외, 1937), 둥근쥐손이풀(도봉섭 외, 1956), 왕이질풀(안학수·이춘녕, 1963), 둥근쥐손이(리종오, 1964), 산이질풀(박만규, 1974), 둥근손잎풀(김현삼 외, 1988)

중국/일본명 중국명 朝鮮老鶴草(chao xian lao guan cao)는 조선에 분포하는 노관초(老鶴草: 세잎쥐손이 또는 쥐손이풀속의 중국명)라는 뜻이다. 일본명 テウセンフウロ(朝鮮風露)는 한반도(조선)에 분포하는 쥐손이풀 종류(フウロ)라는 뜻이다.

참고 [북한명] 둥근손잎풀 [유사어] 노관초(老鶴草), 조선방우아묘(朝鮮牻牛兒苗), 현초(玄草)

○ Geranium Maximowiczii *Regel* モモイロフウロ
Bunhoṅg-jwesoni 분홍쥐손이

분홍쥐손이〈*Geranium maximowiczii* Regel & Maack(1861)〉

분홍쥐손이라는 이름은 분홍색의 꽃이 피는 쥐손이풀이라는 뜻에서 붙여졌다.[13] 『조선식물향명집』에서 전통 명칭 '쥐손이'(쥐손이풀)를 기본으로 하고 꽃의 색깔을 나타내는 '분홍'을 추가해 신칭했다.[14]

속명 *Geranium*은 그리스어 *geranos*(학)가 어원으로 분열과(分裂果)인 열매의 모양이 학의 부리를 닮은 것에서 유래했으며 쥐손이풀속을 일컫는다. 종소명 *maximowiczii*는 러시아 식물학자로 동북아 식물을 연구한 Carl Johann Maximowicz(1827~1891)의 이름에서 유래했다.

다른이름 분홍쥐손이풀(박만규, 1949), 분홍쥐소니(안학수·이춘녕, 1963), 분홍손잎풀(김현삼 외, 1988)

중국/일본명 중국명 興安老鶴草(xing an lao guan cao)는 산시성 싱안(興安)에 분포하는 노관초(老鶴草: 세잎쥐손이 또는 쥐손이풀속의 중국명)라는 뜻이다. 일본명 モモイロフウロ(桃色風露)는 복숭아꽃 색을 가진 쥐손이풀 종류(フウロ)라는 뜻이다.

참고 [북한명] 분홍손잎풀

13　이러한 견해로 이우철(2005), p.288 참조.
14　이에 대해서는 『조선식물향명집』, 색인 p.39 참조.

Geranium nepalense *Sweet*   ゲンノシヤウコ(フウロサウ)
Ijilpul   이질풀(쥐손이풀)   牻牛兒

이질풀〈*Geranium nepalense* Sweet var. *thunbergii* (Siebold ex Lindl. & Paxton) Kudô(1922)〉[15]

이질풀이라는 이름은 세균에 의한 장 감염으로 피가 섞인 설사를 하는 이질병(痢疾病)의 치료에 쓰이는 식물이라는 뜻에서 유래했다.[16] 줄기잎과 전초를 설사 및 이질병을 치료하는 약재로 사용했다.[17] 『임원경제지』 중 『인제지(仁濟志)』는 중국에서 전래된 한자명 牻牛兒苗(방우아묘)와 함께 구황식물로 사용했음을 기록했다.[18] 이질풀은 『조선식물향명집』에서 최초로 발견되는 이름인데, 『조선산야생식용식물』과 『조선산야생약용식물』에서 별도로 '이질풀'을 기록하지 않은 점을 고려하면 『조선식물향명집』에서 신칭한 이름일 가능성도 있다.

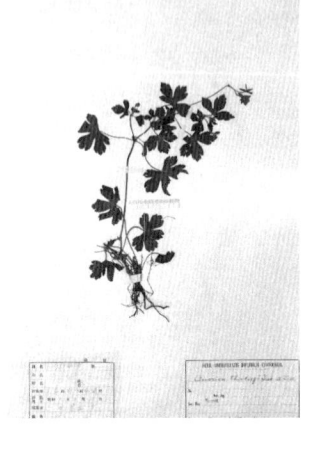

속명 *Geranium*은 그리스어 *geranos*(학)가 어원으로 분열과(分裂果)인 열매의 모양이 학의 부리를 닮은 것에서 유래했으며 쥐손이풀속을 일컫는다. 종소명 *nepalense*는 '네팔에 분포하는'이라는 뜻이다. 변종명 *thunbergii*는 스웨덴 식물학자로 일본 식물을 연구한 Carl Peter Thunberg(1743~1828)의 이름에서 유래했다.

다른이름   쥐손이풀/거십초(정태현 외, 1936), 개발초(박만규, 1949), 민들이질풀/쥐소니풀(안학수·이춘녕, 1963), 붉은이질풀(이창복, 1969b), 광지풀(한진건 외, 1982), 분홍이질풀(안학수 외, 1982), 리질풀(리용재 외, 2011)

옛이름   牻牛兒苗(임원경제지, 1842), 牻牛兒/구절초/거십초/쥐손이풀(선한약물학, 1931)[19]

중국/일본명   중국명 中日老鸛草(zhong ri lao guan cao)는 중국, 일본 및 동북아에 걸쳐 분포하는 노관초(老鸛草: 세잎쥐손이 또는 쥐손이풀속의 중국명)라는 뜻이다. 일본명 ゲンノシヤウコ(現の証拠)는 먹으면 바로 약효가 나는 식물이라는 뜻이다.

참고   [북한명] 리질풀 [유사어] 노관초(老鸛草), 방우아(牻牛兒) [지방명] 이정초(경북), 이슬초/이정초

---

15 '국가표준식물목록'(2018)은 이질풀의 학명을 *Geranium thunbergii* Siebold & Zucc.(1845)로 기재하고 있으나, 『장진성 식물목록』(2014)은 본문의 학명을 정명으로 기재하고 있다.

16 이러한 견해로 이우철(2005), p.432; 허북구·박석근(2008a), p.170; 이유미(2010), p.397; 김종원(2016), p.189 참조.

17 이에 대해서는 『조선산야생약용식물』(1936), p.377 참조.

18 『조선산야생식용식물』(1942), p.149도 어린잎을 식용한다는 점을 기록했다.

19 『조선식물명휘』(1922)는 '牻牛兒, 紫地楡, 鼠掌草, 거십초, 구절초, 쥐손이풀'을 기록했으며 Crane(1931)은 '설우초'를, 『선명대화명지부』(1934)는 '거십초, 구절초, 쥐손이풀'을 기록했다.

(전남), 갯노초/방일초/설사쿨/설사풀(제주)

Geranium sibiricum *Linné* イチゲフウロ
Jwesonipul 쥐손이풀

쥐손이풀〈*Geranium sibiricum* L.(1753)〉

쥐손이풀이라는 이름은 옛이름 '쥐손플' 또는 '쥐손풀'에서 유
래한 것으로, 잎(또는 열매)이 갈라지는 모양이 쥐의 손처럼 보
이는 풀이라는 뜻에서 붙여졌다.[20] 『조선식물명휘』는 쥐손이
풀이라는 이름을 기록하면서 같은 뜻을 가진 한자명 鼠掌草
(서장초)를 함께 기록했다. 한글명 쥐손이풀을 기록한 『광제비
급』과 『녹효방』 등은 산형과의 사상자(蛇床子, *Torilis japonica*)
에 대한 명칭으로 사용했는데, 사상자도 잎이 작은 열편(裂片)
으로 갈라지는 모양을 취하는 것에 비추어 쥐손이풀이라는
이름은 그러한 모양을 취하는 여러 식물의 이름으로 혼용하
다가 현재의 쥐손이풀에 정착된 이름으로 보인다.

　속명 *Geranium*은 그리스어 *geranos*(학)가 어원으로 분열
과(分裂果)인 열매의 모양이 학의 부리를 닮은 것에서 유래했으며 쥐손이풀속을 일컫는다. 종소명
*sibiricum*은 '시베리아의'라는 뜻으로 주된 분포지를 나타낸다.

다른이름　거십초(정태현 외, 1942), 쥐소니풀(안학수·이춘녕, 1963), 긴꽃쥐손이(임록재 외, 1972), 손잎
풀(김현삼 외, 1988)

옛이름　蛇床子/쥐손플(광제비급, 1790), 老鸛草(임원경제지, 1842), 蛇床子/쥐른물(의휘, 1871), 蛇床/
쥐손풀(녹효방, 1873)[21]

중국/일본명　중국명 鼠掌老鸛草(shu zhang lao guan cao)는 열매와 잎이 쥐의 손바닥처럼 갈라지는
노관초(老鸛草: 세잎쥐손이 또는 쥐손이풀속의 중국명)라는 뜻이다. 일본명 イチゲフウロ(一華風露)는
꽃이 하나씩 달리는 フウロ(風露: 바람과 이슬)이라는 의미로 쥐손이풀속의 일본명)라는 뜻이다.

참고　[북한명] 손잎풀 [유사어] 노관초(老鸛草), 노학초(老鸛草), 방우아묘(牤牛兒苗), 자지유(紫地楡)
[지방명] 개발초/쥐손풀(강원), 쥐손풀(경기), 쥐풀/지발초(전남), 주섬풀/쥐섬풀(전북), 더위풀(함북)

20　이러한 견해로 김병기(2013), p.288과 김종원(2013), p.102 참조.
21　『조선식물명휘』(1922)는 '鼠掌草, 거십쵸, 구절쵸, 쥐손이풀(藥)'을 기록했으며 『선명대화명지부』(1934)는 '거십초, 구절쵸,
　　쥐손이풀'을 기록했다.

Oxalidaceae 괭이밥科 (酢漿草科)

괭이밥과〈Oxalidaceae R.Br.(1818)〉

괭이밥과는 국내에 자생하는 괭이밥에서 유래한 과명이다. '국가표준식물목록'(2018), 『장진성 식물목록』(2014) 및 '세계식물목록'(2018)은 *Oxalis*(괭이밥속)에서 유래한 Oxalidaceae를 과명으로 기재하고 있으며, 엥글러(Engler), 크론키스트(Cronquist) 및 APG IV(2016) 분류 체계도 이와 같다.

Oxalis Acetosella *Linné*　コミヤマカタバミ
Aegi-gwaengibab　애기괭이밥

애기괭이밥〈*Oxalis acetosella* L.(1753)〉

애기괭이밥이라는 이름은 큰괭이밥에 비해 식물체가 애기처럼 작고 귀엽다는 뜻에서 붙여졌다.[1] 전국의 산지에 분포하는 여러해살이풀로 흰색 꽃이 피며 큰괭이밥에 비해 식물체가 작다. 『조선식물향명집』에서 전통 명칭 '괭이밥'을 기본으로 하고 식물의 형태적 특징과 학명에 착안한 '애기'를 추가해 신칭했다.[2]

　속명 *Oxalis*는 그리스어 *oxys*(신, 시큼한)가 어원으로 잎과 줄기에서 신맛이 나는 것에서 유래했으며 괭이밥속을 일컫는다. 종소명 *acetosella*는 마디풀과의 수영(*Rumex acetosa*)의 축소형으로 같은 신(*acetosus*)맛이 나는 것에서 유래했다.

다른이름　산괭이밥(리종오, 1964), 애기괭이밥풀(김현삼 외, 1988), 큰선괭이밥(임록재 외, 1996), 큰선괭이밥풀(리용재 외, 2011)

중국/일본명　중국명 白花酢浆草(bai hua cu jiang cao)는 흰 꽃이 피는 괭이밥(酢漿草)이라는 뜻이다. 일본명 コミヤマカタバミ(小深山傍食)는 식물체가 작고 깊은 산속에서 자라는 괭이밥(カタバミサウ)이라는 뜻이다.

참고　[북한명] 애기괭이밥풀/큰선괭이밥풀[3] [지방명] 고냉이풀(충북)

1　이러한 견해로 이우철(2005), p.380 참조.
2　이에 대해서는 『조선식물향명집』, 색인 p.42 참조.
3　북한에서는 *O. acetosella*를 '애기괭이밥풀'로, *O. taquetii*를 '큰선괭이밥풀'로 하여 별도 분류하고 있다. 이에 대해서는 리용재 외(2011), p.247 참조.

Oxalis corniculata *Linné*   カタバミサウ

Gwaengibab   괭이밥

괭이밥〈*Oxalis corniculata* L.(1753)〉

괭이밥이라는 이름은 식물체에 들어 있는 산 성분이 소화를 촉진하는 효과가 있어 고양이가 소화가 되지 않을 때 뜯어 먹는 풀이라는 뜻에서 유래했다.[4] 옛 문헌에 나오는 '괴승아' 또는 '괴싀영'에서 '괴'는 고양이를,[5] '승아' 또는 '싀영'은 마디풀과의 수영(*Rumex acetosa*)을 뜻하므로 '괴승아' 또는 '괴싀영'은 수영과 비슷하게 신맛이 강하게 난다는 뜻에서 유래한 이름이다. 괭이밥이라는 이름은 옛 문헌에서 확인되지는 않으나, 최근 방언 조사에서 여러 지방에 '괭이밥', '괭이풀', '고양이풀', '고양이나물' 등의 표현이 남아 있는 것에 비추어[6] 옛말 '괴승아' 또는 '괴싀영'이 변화한 것으로 실제로 사용하던 명

칭으로 추정된다. 중국에서 유래한 한자명 酢漿草(초장초)에 대해 19세기 중엽에 저술된 『오주연문장전산고』는 "酢漿草 味酸如醋 故名"(초장초는 맛이 신 것이 식초와 같기 때문에 그러한 이름으로 불린다)이라고 기록했다.

속명 *Oxalis*는 그리스어 *oxys*(신, 시큼한)가 어원으로 잎과 줄기에서 신맛이 나는 것에서 유래했으며 괭이밥속을 일컫는다. 종소명 *corniculata*는 '작은 뿔 모양의'라는 뜻으로 열매가 작은 뿔 모양인 것에서 유래했다.

다른이름 시금풀(정태현 외, 1936), 괴싱이(정태현 외, 1942), 시금초/외풀(박만규, 1949), 괴승애(안학수·이춘녕, 1963), 눈괭이밥/붉은괭이밥/자주괭이밥(이창복, 1969b), 괴승아(임록재 외, 1972), 괭이밥풀(한진건 외, 1982)

옛이름 酢漿草/怪僧牙(향약집성방, 1433),[7] 酢漿草/괴승아/酸車草(동의보감, 1613), 古僧牙/고싀영(주촌신방, 1687), 酢漿草(영조실록, 1730), 酢漿草/고싀영(재물보, 1798), 酸模/괴싀영(물보, 1802), 酢漿草/괴승아(몽유편, 1810), 酢漿草/괴싀영/酸漿(광재물보, 19세기 초), 酢漿草/괴싀영/三葉酢漿/酸母(물명고, 1824), 酢漿草/紫英草(오주연문장전산고, 185?), 괴싀영/酸草(한불자전, 1880), 古僧牙/고싀영(의방합편, 19

---

4 이러한 견해로 유기억(2018a), p.106과 김종원(2013), p.100 참조.

5 고양이를 '괴'로 표기한 옛 문헌으로 『능엄경언해』(1461), 『구급간이방언해』(1489), 『훈몽자회』(1527), 『신증유합』(1576), 『역어유해』(1690), 『한불자전』(1880) 등이 있다.

6 이에 대해서는 『한국의 민속식물』(2017), p.666 참조.

7 『향약집성방』(1433)의 차자(借字) '怪僧牙'(괴승아)에 대해 남풍현(1999), p.178은 '괴승아'의 표기로 보고 있다.

세기), 酢漿草/괴승마(박물신서, 19세기), 酢漿草(수세비결, 1929)[8]

중국/일본명 중국명 酢浆草(cu jiang cao)는 식초와 같이 신맛이 나는 풀이라는 뜻에서 유래했다.[9] 일본명 カタバミサウ(傍食草)는 잎이 접혀질 때 반쪽을 먹은 듯이 보이는 풀이라는 뜻이다.

참고 [북한명] 괭이밥풀 [유사어] 산거초(酸車草), 산미초(酸米草), 초장초(酢漿草) [지방명] 고냉이시금/고냉이풀/고냥이밥/고냥이시금/고양이시금/괭이나물/시금치(강원), 고양이풀(경기), 개왜(경남), 시금초나물(경북), 고시/눈텅개/애풀/에풀/왜풀(전남), 고양이신금/괭이풀/며느리눈물/신고수/신곰/신금/양반고수/양반신금(전북), 가마귀연줄/가마귀외/가마귀웨줄/가매기외줄/고넹이술/생이연줄/생이외/생이웨줄/소곰장시풀(제주), 고시엉/고양이시엉/고이시냥/고이시양/고이시엉/시엉(충남), 고양이시금/괭이밥(충북)

Oxalis obtriangulata *Maximowicz* オホヤマカタバミ
Kún-gwaengibab 큰괭이밥

큰괭이밥⟨*Oxalis obtriangulata* Maxim.(1867)⟩

큰괭이밥이라는 이름은 괭이밥에 비해 식물체가 크다는 뜻에서 붙여졌다.[10] 『조선식물향명집』에서 전통 명칭 '괭이밥'을 기본으로 하고 식물의 형태적 특징을 나타내는 '큰'을 추가해 신칭했다.[11]

속명 *Oxalis*는 그리스어 *oxys*(신, 시큼한)가 어원으로 잎과 줄기에서 신맛이 나는 것에서 유래했으며 괭이밥속을 일컫는다. 종소명 *obtriangulata*는 '역삼각형의'라는 뜻으로 잎의 모양에서 유래했다.

다른이름 큰괭이밥풀(김현삼 외, 1988)[12]

중국/일본명 중국명 三角叶酢浆草(san jiao ye cu jiang cao)는 잎이 삼각형인 괭이밥(酢漿草)이라는 뜻이다. 일본명 オホヤマカ

---

8   『지리산식물조사보고서』(1915)는 'しんなむる'[신나물]을 기록했으며 『조선의 구황식물』(1919)은 '쉬영'을, 『조선어사전』(1920)은 '酢漿, 酸車草(산거초), 酢漿草, 괴승아'를, 『조선식물명휘』(1922)는 '酢漿草, 酸米草, 시금쵸, 괴싱이'를, 『토명대조선만식물자휘』(1932)는 '[酢漿草]작쟝초, [酸車草]산거초, [괴승아]'를, 『선명대화명지부』(1934)는 '광이발자구, 괴싱이, 시금초'를 기록했다.

9   중국의 『본초강목』(1596)은 "此小草三葉酸也 其味如醋 與燈籠草之酸漿 名同物異"(이 작은 풀은 삼엽산으로 맛이 식초와 같이 시다. 산장이라고 하는 등롱초와 이름은 같지만 다른 식물이다)라고 기록했다.

10 이러한 견해로 이우철(2005), p.527 참조.

11 이에 대해서는 『조선식물향명집』, 색인 p.47 참조.

12 『조선의산과와산채』(1935)는 '酢醬草, 시금초'를 기록했다.

タバミ(大深山傍食)는 식물체가 크고 깊은 산속에서 자라는 괭이밥(カタバミサウ)이라는 뜻이다.

참고 [북한명] 큰괭이밥풀 [유사어] 초장초(酢漿草)

Oxalis stricta *Linné* タチカタバミ
Sȯn-gwaeṅgibab 선괭이밥

선괭이밥⟨*Oxalis stricta* L.(1753)⟩

선괭이밥이라는 이름은 줄기가 옆으로 눕는 괭이밥에 비해 식물체가 곧추서서 자란다는 뜻에서 붙여졌다.[13] 전국의 인가와 들에 분포하는 여러해살이풀로 괭이밥에 비해 줄기가 위로 곧추서는 특징이 있다. 『조선식물향명집』에서 전통 명칭 '괭이밥'을 기본으로 하고 식물의 형태적 특징을 나타내는 '선'을 추가해 신칭했다.[14]

　속명 *Oxalis*는 그리스어 *oxys*(신, 시큼한)가 어원으로 잎과 줄기에서 신맛이 나는 것에서 유래했으며 괭이밥속을 일컫는다. 종소명 *stricta*는 '직립한, 딱딱한'이라는 뜻으로 줄기가 곧추서는 것에서 유래했다.

다른이름　왕시금초(박만규, 1949), 왕괭이밥(안학수·이춘녕, 1963), 왜선괭이밥(리종오, 1964), 왜선괭이밥(임록재 외, 1972), 왕괭이밥풀(김현삼 외, 1988), 곧은괭이밥풀/작은선괭이밥풀(임록재 외, 1996)[15]

중국/일본명　중국명 直酢浆草(zhi cu jiang cao)는 줄기가 곧게 자라는 괭이밥(酢漿草)이라는 뜻이다. 일본명 タチカタバミ(立傍食)는 식물체가 곧추서서 자라는 괭이밥(カタバミサウ)이라는 뜻이다.

참고 [북한명] 곧은괭이밥풀 [유사어] 초장초(酢漿草)

13　이러한 견해로 이우철(2005), p.331 참조.
14　이에 대해서는 『조선식물향명집』, 색인 p.41 참조.
15　『조선식물명휘』(1922)는 '시금쵸, 괴싱이(救)'를 기록했으며 『선명대화명지부』(1934)는 '괴싱이'를 기록했다.

Tropaeolaceae 할련科 (金蓮花科)

한련과〈Tropaeolaceae Juss. ex DC.(1824)〉

한련과는 재배종인 한련에서 유래한 과명이다. '국가표준식물목록'(2018), 『장진성 식물목록』(2014) 및 '세계식물목록'(2018)은 *Tropaeolum*(한련속)에서 유래한 Tropaeolaceae를 과명으로 기재하고 있으며, 엥글러(Engler), 크론키스트(Cronquist) 및 APG IV(2016) 분류 체계도 이와 같다.

Tropaeolum majus *Linné*　ノウゼンハレン　金蓮花 (栽)
Hallyŏn　할련

한련화〈*Tropaeolum majus* L.(1753)〉

한련화라는 이름은 한자명 '旱蓮花'(한련화)에서 유래한 것으로 뭍(뭍: 건조한 곳)에서 자라는 연(蓮)을 닮은 꽃이라는 뜻에서 붙여졌다.[1] 잎자루가 잎의 가운데 있는 모양이 연잎을 닮았다. 옛 문헌에 기록된 旱蓮(또는 旱連), 旱蓮草(한련초) 및 旱蓮花(한련화)가 한약재로 사용되는 경우에는 한련화가 아니라 국화과의 한련초(*Eclipta prostrata*)를 일컫는 것이므로 주의가 필요하다. 『조선식물향명집』은 한자 旱蓮(한련)에 대해 당시 표기인 '할련'으로 기록했으나, 『대한식물도감』에서 한련초와 구별하기 위해 '한련화'로 기록해 현재에 이르고 있다.

　속명 *Tropaeolum*은 로마 병사들이 승전 후 적들의 갑옷과 무기를 막대기에 걸고 자축한 것에서 유래한 그리스어 tropaion(트로피)이 어원이며, 잎이 방패를 닮고 꽃은 피 묻은 투구를 연상시킨다고 해 린네(Carl von Linné, 1707~1787)가 붙였으며 한련화속을 일컫는다. 종소명 *majus*는 '거대한, 보다 큰'이라는 뜻이다.

다른이름　할련(정태현 외, 1937), 한련(정태현 외, 1949), 금련화/나스터츔(안학수·이춘녕, 1963)

옛이름　旱蓮(존재집, 1796), 旱蓮(완당선생전집, 1865), 旱蓮(옥수집, 1866)[2]

중국/일본명　중국명 旱金蓮(han jin lian)은 건조한 뭍에서는 자라는 금련화(金蓮花: 중국금매화)라는 뜻이다. 일본명 ノウゼンハレン(凌霄葉蓮)은 꽃이 능소화(ノウゼンカズラ)와 닮았고 잎의 모양이 연(レン)을 닮았다는 뜻이다.

참고　[북한명] 금련화 [유사어] 금련화(金蓮華), 한금련(旱金蓮), 한련(旱蓮)

1　이러한 견해로 이우철(2005), p.586 참조.
2　『조선어사전』(1920)은 '旱蓮(한련)'을 기록했으며 『조선식물명휘』(1922)는 '金蓮華, 활련(賞觀)'을, 『선명대화명지부』(1934)는 '활련'을 기록했다.

Linaceae 아마科 (亞麻科)

아마과 ⟨Linaceae DC. ex Perleb(1818)⟩
아마과는 재배종인 아마(亞麻)에서 유래한 과명이다. '국가표준식물목록'(2018), 『장진성 식물목록』
(2014) 및 '세계식물목록'(2018)은 *Linum*(아마속)에서 유래한 Linaceae를 과명으로 기재하고 있으며,
엥글러(Engler), 크론키스트(Cronquist) 및 APG IV(2016) 분류 체계도 이와 같다.

Linum stellarioides *Planchon*　マツバニンジン
Gae-ama　개아마

개아마 ⟨*Linum stelleroides* Planch.(1848)⟩

개아마라는 이름은 섬유작물로 재배했던 아마(亞麻)와 닮았는데 쓸모가 덜하다는 뜻 또는 야생
하는 아마라는 뜻에서 붙여졌다.[1] 아마(亞麻)는 중앙아시아 원산의 재배종 식물로 삼(麻)에 버금간
다는 뜻이며 아마포를 만드는 섬유작물이었다. 개아마는 생김새와 용도도 아마와 비슷하다. 북
한에서는 들에서 야생하는 아마라는 뜻으로 '들아마'라는 이름을 사용하고 있다. 『조선식물향명
집』에서 전통 명칭 '아마'를 기본으로 하고 식물의 형태적 특징을 나타내는 '개'를 추가해 신칭했
다.[2]

　속명 *Linum*은 '밧줄, 실, 아마'를 일컫는 라틴어로 그리스어 *linon*(실, 줄기)이 어원이며 아마속
을 일컫는다. 종소명 *stelleroides*는 '팥꽃나무과의 *Stellera*(피뿌리풀속)와 비슷한(-*oides*)'이라는
뜻이다.

다른이름　들아마(리종오, 1964)

중국/일본명　중국명 野亚麻(ye ya ma)는 들에서 자라는 야생 아마(亞麻)라는 뜻이다. 일본명 マツバ
ニンジン(松葉人参)은 소나무의 잎을 닮은 인삼(ニンジン)이라는 뜻이지만, 이 식물에 인삼이라는
명칭이 부여된 이유는 확인되지 않고 있다.

참고　[북한명] 들아마

1　이러한 견해로 이우철(2005), p.55와 김종원(2016), p.193 참조.
2　이에 대해서는 『조선식물향명집』, 색인 p.31 참조.

Zygophyllaceae 남가새科 (蒺藜科)

남가새과〈Zygophyllaceae R.Br.(1814)〉

남가새과는 국내에 자생하는 남가새에서 유래한 과명이다. '국가표준식물목록'(2018), 『장진성 식물목록』(2014) 및 '세계식물목록'(2018)은 *Zygophyllum*에서 유래한 Zygophyllaceae를 과명으로 기재하고 있으며, 엥글러(Engler), 크론키스트(Cronquist) 및 APG IV(2016) 분류 체계도 이와 같다.

Tribulus terrestris *Linné*　ハマビシ　蒺藜

Namgasae　남가새

남가새〈*Tribulus terrestris* L.(1753)〉

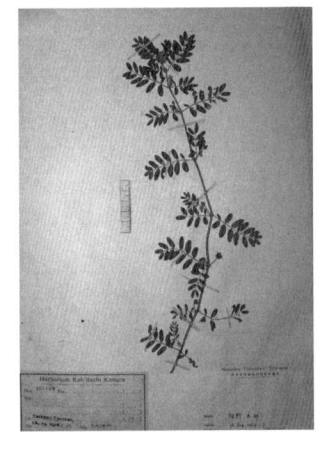

남가새라는 이름은 옛이름 '납가시'에서 유래한 것으로, 열매의 모양이 납(鑞)으로 만든 가시처럼 보인다는 뜻에서 붙여진 것으로 추정한다.[1] 열매는 9월경에 성숙하는데 표면에 딱딱한 가시가 있으며, 뿌리와 열매를 약용했다.[2] 생약명 蒺藜(질려)에서 '蒺'(질)은 마름쇠(끝이 송곳처럼 뾰족한 네 개의 발을 가진 쇠못)를 뜻하는데 아프게 한다는 뜻이 있다. 이에 대한 한글명인 옛이름 '납가시'에서 '납'은 금속 납(鑞)을 뜻하고,[3] '가시'는 가시(莿)를 나타내는 옛말이다.[4] 따라서 열매가 금속 납으로 만든 가시처럼 보인다는 것으로 생약명 蒺藜(질려)와 뜻이 통한다. 한편 옛이름 '납가시'의 '납'을 원숭이(猴)의 뜻으로 보는 견해가 있는데,[5] 『훈몽자회』 등에서 원숭이 '납'으로 표현

한 것은 맞지만 가시가 있는 열매를 약용하면서 생겨난 것과 연관성을 찾기 어려운 해석으로 보인다. 또한 남쪽에 사는 가새(가위)처럼 갈라진 잎을 가진 식물이라는 뜻으로 추정하는 견해가 있으나,[6] 이 역시 남가새가 옛이름 '납가시'에서 유래했다는 것을 고려하지 않은 해석으로 타당하지 않다고 할 것이다.

1　이러한 견해로 이우철(2005), p.134 참조. 이우철은 한자명 蒺藜(질려) 또는 莿蒺藜(자질려)의 차용어로 이해하고 있다.
2　이에 대해서는 『조선산야생약용식물』(1936), p.141과 『한국식물도감(하권 초본부)』(1956), p.381 참조.
3　금속 납(鑞)을 '납'으로 표기한 문헌으로는 『법화경언해』(1463), 『훈몽자회』(1527), 『신증유합』(1576), 『방언집석』(1778), 『몽유편』(1810) 등이 있다.
4　가시(莿 또는 荊)를 '가시'로 표기한 문헌으로는 『능엄경언해』(1461), 『구급간이방언해』(1489), 『훈몽자회』(1527) 등이 있다.
5　이러한 견해로 이덕봉(1963), p.7 참조.
6　이러한 견해로 '국립공원공단 생물종정보'(2018) 중 '남가새' 참조.

속명 Tribulus는 tria(3)와 bolos(뾰족한 끝)의 합성어인 그리스어 tribolos가 어원으로, 열매가 2개의 뿔모양 가시를 가진 세모진모양으로 구성된 것을 나타내며 남가새속을 일컫는다. 종소명 terrestris는 '뭍에 사는, 지면의'라는 뜻으로 지면을 기면서 덩굴성으로 자라는 것을 나타낸다.

다른이름 남가새(정태현 외, 1936), 백질려(정태현 외, 1949), 납가새(안학수·이춘녕, 1963), 백질녀(리용재 외, 2011)

옛이름 蒺藜子/古冬非居參(향약구급방, 1236),[7] 蒺藜子/凸今非居口(향약채취월령, 1431), 蒺藜子(향약집성방, 1433), 蒺藜子/蠟居塞(촌가구급방, 1538), 蒺藜(대동운부군옥, 1589), 白蒺藜/빅질려(언해두창집요, 1608), 白蒺藜/납가시(동의보감, 1613), 茨/납가시(시경언해, 1613), 蒺藜/질려(구황촬요벽온방, 1639), 蒺藜子/납가식(사의경험방, 17세기), 蒺藜/납가식(재물보, 1798), 蒺藜/납가식(제중신편, 1799), 蒺藜/서마름(물보, 1802), 蒺藜/납가시/茨(광재물보, 19세기 초), 刺蒺藜/납가시(물명고, 1824), 蒺藜/씰늬/賚(자류주석, 1856), 蒺藜/납가시(의종손익, 1865), 茨/납가시(명물기략, 1870), 蒺藜/납가시(방약합편, 1884), 蒺藜/납가새(자전석요, 1909), 蒺藜/납가새(신자전, 1915), 蒺藜/납가시(의서옥편, 1921), 蒺藜子(선한약물학, 1931)[8]

중국/일본명 중국명 蒺藜(ji li)는 열매의 가시가 사람을 상하게 하지만 이롭다는 뜻으로[9] 생약명에서 유래했다. 일본명 ハマビシ(浜菱)는 해변가에 자라는 마름이라는 뜻이다.

참고 [북한명] 남가새 [유사어] 백질려(白蒺藜), 자질려(刺蒺藜), 질려(蒺藜), 질리자(蒺藜子)

---

7   『향약구급방』(1236)의 차자(借字) '古冬非居參'(고동비거삼)에 대해 남풍현(1981), p.122는 '고돌비거슴'의 표기로 보고 있으며, 이덕봉(1963), p.7은 '고돌비거슴'의 표기로 보고 있다.

8   『조선어사전』(1920)은 '蒺藜(질려), 납가새'를 기록했으며 『조선식물명휘』(1922)는 '蒺藜, 茨蒺藜, 남가시, 빅질려'를, 『토명대조선만식물자휘』(1932)는 '[蒺藜]질려, 납가새'를, 『선명대화명지부』(1934)는 '남가새, 백질려'를 기록했다.

9   중국의 『본초강목』(1596)은 "蒺疾也 藜利也 茨刺也 其刺傷人 甚疾而利也"('질'은 병이고 '여'는 이로움이고 '자'는 가시이다. 그 가시가 사람을 상하게 하고 병을 심하게 하지만 이롭기 때문이다)라고 기록했다.

Rutaceae 산초科 (芸香科)

운향과〈Rutaceae Juss.(1789)〉

운향과는 재배식물인 운향에서 유래한 과명이다. '국가표준식물목록'(2018), 『장진성 식물목록』(2014)
및 '세계식물목록'(2018)은 *Ruta*(운향속)에서 유래한 Rutaceae를 과명으로 기재하고 있으며, 엥글러
(Engler), 크론키스트(Cronquist) 및 APG IV(2016) 분류 체계도 이와 같다.

Citrus junos *Siebold* ユズ 柚 (栽)
Yuja-namu 유자나무

유자나무〈*Citrus* x *junos* Siebold ex Tanaka(1922)〉[1]

유자나무라는 이름은 한자명 '柚子'(유자)에서 유래했다.[2] 중국
의 『본초강목』은 "柚 色油然 其状如卣 故名"(柚는 색이 윤기가
나고 그 모양이 술통과 같아서 붙여진 이름이다)이라고 기록했다.
즉, '柚'(유)는 열매의 색깔과 모양을 본뜬 한자이다. 다만 현재
중국에서 '柚'(you)는 우리와 달리 *Citrus maxima* (Burman)
Merrill(1917)이라는 종을 일컫고 있다.[3] 17세기에 허균이 지
은 『성소부부고』는 "柚子 産濟州及兩南海邊"(유자는 제주와 경
상도 전라도 남쪽 해변에서 난다)이라고 기록했는데, 17세기의 산
지(産地)가 현재와 유사함을 알 수 있다. 유자라는 이름이 기
록된 것은 고려 시대에 저술된 『파한집』으로까지 거슬러 올
라간다.

　속명 *Citrus*는 그리스어 *kitron*(상자)을 어원으로 하는 *citron*(시트론, *C. medica*)의 고대 라틴명
이며 귤나무속을 일컫는다. 종소명 *junos*는 유자(柚子)의 고대 일본명 ユノス(柚酸)에서 유래했다.

다른이름　산유자나무(정태현, 1943), 유자(한진건 외, 1982)

옛이름　柚子(파한집, 1260), 柚子(태조실록, 1392), 柚/유즈(훈몽자회, 1527), 柚/유즈(신증유합, 1576),
柚子/유즈(동의보감, 1613), 柚子(성소부부고, 1613), 柚子(승정원일기, 1623), 柚子(기언, 1689), 柚子(산림경
제, 1715), 柚子/유즈(방언집석, 1778), 柚/유즈(왜어유해, 1782), 柚/유즈(재물보, 1798), 柚/유즈(제중신편,

---

1　'국가표준식물목록'(2018)은 유자나무의 학명을 *Citrus junos* Siebold ex Tanaka(1922)로 기재하고 있으나, 『장진성 식
　　물목록』(2014)과 '중국식물지'(2018)는 자연교잡종으로 보아 학명을 본문과 같이 기재하고 있다.
2　이러한 견해로 이우철(2005), p.426과 장충넉(2007), p.170 참조.
3　이에 대해서는 '중국식물지'(2018) 중 '*Citrus maxima*' 참조.

1799), 柚/유주(해동농서, 1799), 柚/유주/欚/壺柑/臭橙(광재물보, 19세기 초), 柚子(만기요람, 1808), 유주(규합총서, 1809), 柚子(목민심서, 1818), 柚/유주/條壺柑/臭橙(물명고, 1824), 柚/유주(의종손익, 1868), 柚子/유주(명물기략, 1870), 유주/猶子(한불자전, 1880), 유자귤/橘(국한회어, 1895), 유주(사민필지, 1898), 유자나무/유쟈(조선구전민요집, 1933)[4]

중국/일본명 중국명 香橙(xiang cheng)은 향이 있는 등[橙: 당귤나무(오렌지) 또는 귤 종류의 중국명]이라는 뜻이다. 일본명 ユズ(柚子)는 한자명 柚子(유사)를 음녹한 것이다.

참고 [북한명] 유자나무 [유사어] 산유자목(山柚子木), 유자(柚子) [지방명] 유자(전남), 당유자/댕우지낭/댕유자/댕유지/소유지/소유주/유자/유자낭/유지/유지낭/유주낭(제주)

Citrus nobilis *Loureiro* ミカン 蜜柑
Gyul-namu 귤나무 (栽)

귤나무(온주밀감)〈*Citrus reticulata* Blanco(1837)〉[5]

귤나무라는 이름은 열매인 귤(橘)이 열리는 나무라는 뜻에서 유래했다.[6] 한자 橘(귤)은 나무를 뜻하는 '木'(목)과 색채가 있는 상서로운 구름을 뜻하는 '喬'(율)이 합쳐진 글자로, 열매의 겉은 붉은데 속이 노란색인 것이 喬(율)을 닮은 나무라는 뜻이다.[7] 오래전부터 제주에서 귤나무를 재배했으며, 8세기에 저술된 일본의 『고사기(古事記)』에서 "서기 60년경 다지마 모리란 사람이 제주의 감귤을 가져왔다"라고 기록한 것에 비추어[8] 제주의 귤나무 종류가 일본으로 건너가기도 한 것으로 보인다. 18세기에 제주도에 관해 기록한 『남환박물』은 제주도에 있는 귤의 종류로 唐金橘(당금귤), 金橘(금귤), 洞庭橘(동정귤), 柑子(감자), 靑橘(청귤), 山橘(산귤), 石金橘(석금귤), 등자귤(橙子橘)

4 『조선어사전』(1920)은 '柚子(유주), 柚子花(유주화)'를 기록했으며 『조선식물명휘』(1922)는 '柚'를, 『토명대조선만식물자휘』(1932)는 '[(山)柚子木](산)유주목, [(山)柚子](산)유주, [柚子花]유주화, [柚(子)皮]유(주)피'를 기록했다.

5 '국가표준식물목록'(2018)은 온주밀감(귤나무)의 학명을 *Citrus unshiu* (Yu.Tanaka ex Swingle) Marcow(1921)로 기재하고 있으나, 『장진성 식물목록』(2014), '세계식물목록'(2018) 및 '중국식물지'(2018)는 본문의 학명을 정명으로 기재하고 있다.

6 이러한 견해로 이우철(2005), p.94 참조.

7 중국의 『본초강목』(1596)은 "橘 從喬音鷸 諧聲也 又雲五色為慶二色為喬 喬雲外赤內黃 非煙非霧 郁郁紛紛之象 橘實外赤內黃 剖之香霧紛郁 有似乎喬雲 橘之從又取此意也"(橘은 喬에 따르고 음은 홀인데 해성이다. 또한 구름은 5색인데 상서로운 2색을 율이라고 한다. 율운은 밖은 붉고 안은 노랗다. 연기도 아니고 안개도 아니면서 성하고 섞이는 모양이다. 귤의 열매는 밖은 붉고 안은 노란색인데 이를 가르면 향이 있고 안개처럼 섞이고 성하다. 율운이라고 하는 것과 비슷하다. 귤은 이에 따르고 이러한 뜻을 취한 것이다)라고 기록했다.

8 이에 대해서는 박상진(2011a), p.243 참조.

등이 있다는 것을 기록했다. 그러나 현재 식용하는 귤은 제주도에 부임한 프랑스 신부 타케(Emile Joseph Taquet, 1873~1952)가 1911년 일본에서 가져온 종(소위 '온주밀감')을 기본으로 하여 교배한 품종이 대부분이어서 옛날의 귤과는 모양과 맛에서 차이가 있다. 이로 인해 '국가표준식물목록'은 학명을 *C. unshiu*로 하고 국명도 '온주밀감'으로 기재하고 있다. 온주밀감은 중국 원저우(溫州)에서 유래한 밀감이라는 뜻이다.

속명 *Citrus*는 그리스어 *kitron*(상자)을 어원으로 하는 *citron*(시트론, *C. medica*)의 고대 라틴명이며 귤나무속을 일컫는다. 종소명 *reticulata*는 '그물 모양의'라는 뜻이다.

다른이름 밀감나무(정태현 외, 1949), 참귤나무(안학수·이춘녕, 1963), 귤/온주밀감(이창복, 1966), 옹진귤나무(김현삼 외, 1988), 운슈귤나무(리용재 외, 2011)

옛이름 橘(삼국사기, 1145), 橘(태조실록, 1392), 柑橘(세종실록, 1424), 洞庭橘/橘(세종실록지리지, 1454), 橘樹(양화소록, 1471), 橘(분류두공부시언해, 1481), 橘皮/귨거플(구급간이방언해, 1489), 金橘/귤(훈몽자회, 1527), 橘/귤(신증유합, 1576), 橘/柑橘(대동운부군옥, 1589), 橘皮/귤피(언해구급방, 1608), 橘皮/동뎡귤/柑子(동의보감, 1613), 柑/金橘/洞庭橘/山橘(탐라지, 1653), 金橘/귤(역어유해, 1690), 金橘/洞庭橘/柑子/山橘(남환박물, 1704), 蜜柑(해유록, 1719), 蜜柑(청천집, 18세기), 金橘/귤(동문유해, 1748), 金橘/귤(몽언유해, 1768), 金橘/귤(방언집석, 1778), 橘子/귤(한청문감, 1779), 橘柑/귤감(왜어유해, 1782), 橘/귤(재물보, 1798), 橘/귤(해동농서, 1799), 柑子/中蜜柑(계산기정, 1804), 橘/귤/黃橘(광재물보, 19세기 초), 橘/귤(물명고, 1824), 橘/귤(자류주석, 1856), 橘/귤(명물기략, 1870), 귤/橘/귤감/橘柑/감ᄌ/柑子(한불자전, 1880), 橘/귤/木奴(자전석요, 1909), 橘/귤/木奴(신자전, 1915), 귤/쥴(조선어표준말모음, 1936)[9]

중국/일본명 중국명 柑橘(gan ju)는 柑(감)과 橘(귤)의 합성어로, 柑(감)은 달다는 뜻이므로 단맛이 나는 열매가 달리는 귤(橘)이라는 뜻이다.[10] 일본명 ミカン(蜜柑)은 한자명 蜜柑(밀감)을 음독한 것으로, 꿀과 같이 단맛이 나는 감(柑: 귤의 다른이름)이라는 뜻이다.

참고 [북한명] 옹진귤나무/붉은귤나무[11] [유사어] 감귤(柑橘), 감자목(柑子木), 밀감(蜜柑) [지방명] 귤(전라), 굴/굴남/굴낭/미깡/미깡낭/밀감/홍굴(제주)

---

9   『조선한방약료식물조사서』(1917)는 '귤, 陳皮, 靑皮'를 기록했으며 『조선어사전』(1920)은 '橘(귤), 감ᄌ(柑子)나무, 귤(橘)나무, 蜜柑'을, 『조선식물명휘』(1922)는 '柑'을, 『토명대조선만식물자휘』(1932)는 '[柑子木]감ᄌ나무, [黃柑]황감, [蜜柑]밀감, [柑子]감ᄌ'를, 『선명대화명지부』(1934)는 '밀감나무'를 기록했다.

10 중국의 『본초강목』(1596)은 "未經霜時猶酸 霜後甚甜 故名柑子"(서리가 내리기 전에는 오히려 시지만 서리가 내린 후에는 매우 단맛이 나므로 감자라는 이름이 붙었다)라고 기록했다.

11 북한에서는 *C. unshiu*를 '옹진귤나무'로, *C. reticulata*를 '붉은귤나무'로 하여 별도 분류하고 있다. 이에 대해서는 리용재 외(2011), p.96 참조.

○ Dictamnus albus *Linné*　ハクセン　白鮮皮
Baegson　백선

백선〈*Dictamnus albus* L.(1753)〉[12]

백선이라는 이름은 한자명 '白鮮'(백선)에서 비롯한 것인데, 이
는 白羊鮮(백양선)을 축약한 것으로 식물체에서 나는 강한 향
기가 마치 양에서 나는 노린내와 같고 뿌리가 희고 곱다는 뜻
에서 유래했다.[13] 『동의보감』은 "以其氣似羊羶 故俗呼爲白羊
鮮"(그 냄새가 양의 누린내와 비슷해서 민간에서는 백양선이라고 부
른다)이라고 기록했다. 한자명 白鮮(백선)은 白蘚이라고도 했
는데, 蘚(선)은 이끼의 뜻으로 뿌리껍질의 말려놓은 모양을 이
끼에 비유한 것으로 추정한다. 옛 문헌에 기록된 우리말 표현
'검화'의 정확한 어원이나 유래는 알려져 있지 않다.

　속명 *Dictamnus*는 이 속 어떤 식물의 주산지(主産地)인 크
레타섬의 산 이름 Dicte에서 유래한 그리스명 *diktamnon*이
어원으로 백선속을 일컫는다. 종소명 *albus*는 '흰색의'라는 뜻이다.

다른이름　검화불황(정태현 외, 1936), 자래초(박만규, 1949), 자라풀(안학수·이춘녕, 1963), 검화/털검화
(리종오, 1964), 흰검화/유럽검화/유럽백선(리용재 외, 2011)

옛이름　白鮮皮(향약제생집성방, 1398), 白鮮/檢花(향약채취월령, 1431), 白蘚/檢花(향약집성방, 1433),[14]
白鮮皮(세종실록지리지, 1454), 白鮮皮(구급이해방, 1499), 苔蘚/白蘚/검화(사성통해, 1517), 白鮮皮/檢花
根/검황불히(촌가구급방, 1538), 白鮮/검황불휘(동의보감, 1613), 白蘚皮(의림촬요, 1635), 白蘚/검화(역어
유해, 1690), 白羊鮮/白鮮(광제비급, 1790), 白羊鮮/白鮮(광재물보, 19세기 초), 白鮮皮(여유당전서, 19세기 초), 白
羊鮮/검횟/金雀兒(물명고, 1824), 白鮮皮(의감산정요결, 1849), 白蘚/검황불휘(의종손익, 1868), 白鮮皮(의
휘, 1871), 白蘚皮(각사등록, 1885), 白鮮/검화불히(의방합편, 19세기), 白鮮皮(수세비결, 1929)[15]

12　'국가표준식물목록'(2018)과 '중국식물지'(2018)는 백선의 학명을 *Dictamnus dasycarpus* Turcz.(1842)로 기재하고 있으
　　나, 『장진성식물목록』(2014)과 '세계식물목록'(2018)은 이를 이명(synonym)으로 처리하고 본문의 학명을 정명으로 기재하
　　고 있다.

13　이러한 견해로 이우철(2005), p.266 참조.

14　『향약집성방』(1433)의 차자(借字) '檢花'(검화)에 대해 남풍현(1999), p.176은 '검화'의 표기로 보고 있다.

15　『지리산식물조사보고서』(1915)는 'びゃくそん'[백선]을 기록했으며 『조선한방약료식물조사서』(1917)는 '白蘚'을, 『조선의
　　구황식물』(1919)은 '빅선피'를, 『조선어사전』(1920)은 '白鮮(선), 白羊鮮(빅양션), 검화'를, 『조선식물명휘』(1922)는 '白鮮, 빅
　　선피, 검황불황(救, 藥)'을, 『토명대조선만식물자휘』(1932)는 '[白鮮]빅션, [白羊鮮]빅양션, [검화(풀)], [검화쑤리], [白鮮皮]빅
　　션피'를, 『선명대화명지부』(1934)는 '백선피, 검황'을 기록했다.

중국/일본명 중국명 白鮮(bai xian)은 한국명과 같은 뜻에서 유래했다.[16] 일본명 ハクセン(白鮮)은 한자명 白鮮(백선)을 음독한 것이다.

참고 [북한명] 검화/흰검화[17] [유사어] 백선피(白鮮皮), 백양선(白羊鮮) [지방명] 동삼/봉삼/봉화삼(경기), 봉삼(전라/충남)

○ Evodia Danielli *Hemsley* テフセンゴシュ
Suyu-namu 수유나무

쉬나무〈*Tetradium daniellii* (Benn.) T.G.Hartley(1981)〉[18]

쉬나무라는 이름은 한자명 '茱萸木'(수유목)에 대한 한글명 '수유나무'를 줄여 부른 것에서 유래했다.[19] 『조선식물향명집』은 한자명을 그대로 읽은 '수유나무'를 조선명으로 기록했으나, 『조선삼림수목감요』와 『조선삼림식물도설』에서 수유나무를 축약한 전남 방언 '쉬나무'를 채록해 현재에 이르고 있다.[20] 한자명 茱萸(수유)는 수유나무를 나타내기 위해서 고안된 것이지만 정확한 유래는 알려져 있지 않다.[21] 『동의보감』은 茱萸(수유)를 3종류로 구분했는데 '吳茱萸'(오수유), '食茱萸'(식수유), '山茱萸'(산수유)가 그것이다.[22] 식수유(食茱萸)는 운향과의 머귀나무를 뜻하고, 산수유(山茱萸)는 층층나무과의 산수유를 뜻한다.[23] 오수유(吳茱萸)에 대해 '중국식물지'는 중국에 분포하

고 국내에서는 자생하지 않는 오수유<*Tetradium ruticarpum* (A. Jussieu) T.G.Hartley(1981)>

---

16 중국의 『도경본초』(1061)는 "根似蔓菁 皮黃白而 心實 其氣息都似羊羶"(뿌리는 무와 비슷하며 껍질은 황백색이고 가운데는 딱딱하다. 양에서 나는 누린내와 같은 냄새가 난다)이라고 기록했다.

17 북한에서는 *D. dasycarpus*를 '검화'로, *D. albus*를 '흰검화'로 하여 별도 분류하고 있다. 이에 대해서는 리용재 외(2011), p.126 참조.

18 '국가표준식물목록'(2018)은 쉬나무의 학명을 *Euodia daniellii* (Benn.) Hemsl.(1886)로 기재하고 있으나, 『장진성 식물목록』(2014), '세계식물목록'(2018) 및 '중국식물지'(2018)는 본문의 학명을 정명으로 기재하고 있다.

19 이러한 견해로 이우철(2005), p.363; 박상진(2019), p.281; 허북구·박석근(2008b), p.201; 오찬진 외(2015), p.656; 솔뫼(송상곤, 2010), p.538; 강판권(2015), p.615 참조.

20 이에 대해서는 『조선삼림수목감요』(1923), p.75와 『조선삼림식물도설』(1943), p.406 참조.

21 중국의 『본초연의』(1116)는 "山茱萸與吳茱萸甚不相類 治療大同 未審何緣命此名也"(산수유와 오수유는 그다지 비슷하지는 않고 치료하는 것도 크게 같지 않다. 어떤 이유에서 이런 이름이 지어지게 되었는지 알지 못한다)라고 기록했다. 다만 박상진(2019), p.248과 허북구·박석근(2008b), p.201은 '茱萸'(수유)의 '朱'(주)와 '臾'(유)에 착안해 '붉은색 열매를 매다는 나무'라고 해석하고 있다.

22 『물명고』(1824)도 이와 같이 기록했다.

23 이러한 견해로 『(신대역) 동의보감』(2012), p.2091 참조.

라 하고, 『동의보감』도 吳茱萸(오수유)를 唐(당: 중국)으로부터 수입하는 약재라고 기록했다. 그런데 『동의보감』은 吳茱萸(오수유)를 설명하면서 "我國維慶州有之 他處無"(우리나라는 오직 경주에만 있으며 다른 곳에는 없다)라고 하여 우리나라에도 자생하는 곳이 있는 것으로 기록했고, 『세종실록지리지』와 『신증동국여지승람』은 吳茱萸(오수유)가 경상도에서 난다고 기록했다. 또한 19세기에 저술된 『만기요람』은 영남에 '石茱萸'(석수유)가 분포하는 것으로 기록했고 『구급이해방』과 『의림촬요』도 '石茱萸'(석수유)를 약재로 쓴다고 기록했는데, 石茱萸(석수유)는 야생하는(石) 수유라는 뜻이다. 따라서 옛 문헌에 '吳茱萸'(오수유)로 기록된 것은 일부에서는 중국산 오수유를 약재로 사용했지만, 일부에서는 국내에 자생하는 현재의 쉬나무로 중국산 오수유를 대신해 약재로 사용했을 것으로 추정한다. 조선 후기에는 약재로 사용하는 식물의 명칭을 吳茱萸(오수유)가 아닌 茱萸(수유)로 사용하기도 했다.

속명 *Tetradium*은 그리스어 *tetras*(숫자 4)에서 유래한 말로, 형태학적 특징인 4수성의 열매, 꽃잎, 꽃받침과 관련해 붙여졌으며 쉬나무속을 일컫는다. 종소명 *daniellii*는 영국 외과의사이자 식물학자인 William Freeman Daniell(1818~1865)의 이름에서 유래했다.

다른이름 쉬나무/쇠동빅나무(정태현 외, 1923), 수유나무(정태현 외, 1937), 소동나무/쇠동백나무(정태현, 1943), 시유나무(박만규, 1949), 다지나무(정태현, 1957)

옛이름 吳茱萸(향약집성방, 1433), 吳茱萸(세종실록지리지, 1454), 오수유/吳茱萸(구급간이방언해, 1489), 石茱萸(구급이해방, 1499), 吳茱萸(신증동국여지승람, 1530), 吳茱萸/오수유(언해구급방, 1608), 오수유/吳茱萸(언해태산집요, 1608), 吳茱萸(동의보감, 1613), 石茱萸(의림촬요, 1635), 茱萸/수유(왜어유해, 1782), 吳茱萸(청장관전서, 1795), 吳茱(제중신편, 1799), 吳茱萸(광재물보, 19세기 초), 石茱萸(만기요람, 1808), 吳茱萸(목민심서, 1818), 吳茱萸(물명고, 1824), 茱萸/슈유/椒子(자류주석, 1856), 슈유나무/茱萸木(한불자전, 1880), 吳茱(방약합편, 1884), 茱萸/수유(자전석요, 1909), 茱萸/슈유(신자전, 1915), 茱萸/수유(의서옥편, 1921), 吳茱萸(선한약물학, 1931)[24]

중국/일본명 중국명 臭檀吳萸(chou tan wu yu)는 잎에서 냄새가 나고 檀(단: 콩과의 *Dalbergia*속 나무를 일컫는데 이 속의 많은 종들이 향기로운 목재를 생산함)을 닮은 오수유(吳茱萸)라는 뜻이다.[25] 일본명 テフセンゴシユ(朝鮮吳茱萸)는 한반도에 분포하는 오수유(ゴシユ)라는 뜻이다.

참고 [북한명] 수유나무 [유사어] 수유목(茱萸木), 오수유(吳茱萸) [지방명] 까치나물(강원), 소동나무(경북/충북), 수나무(전라)

---

24 『조선어사전』(1920)은 '吳茱萸(오슈유)'를 기록했으며 『조선식물명휘』(1922)는 '抛辣子, 茱萸木, 슈유나무'를, 『토명대조선만식물자휘』(1932)는 '[吳茱萸]오슈유'를, 『선명대화명지부』(1934)는 '슈유나무'를, 『조선의산과와산채』(1935)는 '吳茱萸, 쉬나무'를 기록했다.

25 중국의 『본초습유』(783)는 吳茱萸(오수유)에 대해 "茱萸南北總有 入藥以吳地者爲好 所以有吳之名也"(수유는 남과 북 모두에 있다. 약으로는 오나라 지역의 것이 좋은데 그래서 오가 이름에 들어 있는 것이다)라고 기록했다.

Fagara ailanthoides *Engler*　カラスザンセウ
Mŏgwe-namu　머귀나무

머귀나무〈*Zanthoxylum ailanthoides* Siebold & Zucc.(1845)〉

머귀나무라는 이름은 '머귀' 또는 '머귀낡'이 어원으로, 열매 등을 식용하므로 먹는(먹＋위) 나무라는 뜻에서 유래한 것으로 추정한다.[26] 제주 방언을 채록한 것이다.[27] 『동의보감』 등에 기록된 '食茱萸/수유나모(슈유나무)'가 현재의 머귀나무를 지칭한다.[28] 그런데 '머귀'(머귀낡)는 한자명 梧桐(오동)에 대한 고유어였는데,[29] 옛 문헌에는 한자명 '梧桐'이 오동나무와 벽오동 중 어떤 식물을 의미하는지 엄밀하게 구분되어 있지 않아 혼란스럽다.[30] 한편 벽오동은 예부터 씨앗을 식용했고,[31] 식수유(食茱萸) 열매도 저장하여 식용했다.[32] 결국 옛적에 수유(茱萸)와 오동(梧桐)을 둘러싼 명칭의 혼동이 있었는데, 유사하게 식용한 것 등으로 인하여 제주에서는 오동나무나 벽오동

이 아닌 식수유(食茱萸)를 '머귀낡' 또는 '머귀낭'이라 했다. 그리고 식물의 분포지에서 실제 조선인이 사용하는 향명(鄕名)을 주로 하여 조선명을 정리하고자 했던 『조선식물향명집』은 제주에서 사용하는 이름을 조선명으로 기록함으로써 현재의 이름이 정착된 것이다.

　　속명 *Zanthoxylum*은 그리스어 *xanthos*(노란색)와 *xylon*(목재)의 합성어로, 이 속의 어떤 종들의 뿌리에서 노란색 염료를 채취했기 때문에 붙여졌으며 초피나무속을 일컫는다. 종소명 *ailanthoides*는 '*Ailanthus*(가죽나무속)와 비슷한(-oides)'이라는 뜻이다.

다른이름　머귀나무(정태현 외, 1923), 민머귀나무(정태현 외, 1937), 매오동나무(박만규, 1949)

옛이름　食茱萸(세종실록, 1430), 食茱萸(구급이해방, 1499), 食茱萸/수유나모여름(동의보감, 1613), 食

26　이러한 견해로 박상진(2019), p.144와 강판권(2015), p.611 참조. 다만 박상진은 '먹는쉬나무'가 먹이쉬나무→먹기쉬나무 →머귀나무가 되었다고 하지만 그러한 어원 변화는 확인되지 않는다.

27　이에 대해서는 『조선삼림수목감요』(1923), p.76; 『조선삼림식물도설』(1943), p.407; 이우철(2005), p.219 참조.

28　이러한 견해로 『신대역』 동의보감』(2012), p.2097과 '중국식물지'(2018) 중 '*Z. ailanthoides*' 참조.

29　梧桐(오동)을 '머귀' 또는 그 유사어로 기록한 주요한 문헌으로 다음과 같은 것이 있다. 梧桐/머귀(월인석보, 1459), 머귀낡 /桐(분류두공부시언해, 1481), 梧桐子/머귀여름(구급간이방언해, 1489), 梧/桐/머귀(훈몽자회, 1527), 梧/桐/머귀(신증유합, 1576), 桐 葉/머귀나모닙(동의보감, 1613), 梧桐樹/머괴나무(역어유해, 1690), 梧桐樹/머귀나무(방언집석, 1778), 梧桐樹/머귀나무(한청문감, 1779), 岡桐/머귀(물명고, 1824), 桐/머귀나무(아학편, 1908), 梧桐/머귀/오동(신자전, 1915).

30　이에 대해서는 박상진(2011b), p.105 참조.

31　이에 대해서는 『조선삼림식물도설』(1943), p.507 참조.

32　식수유 열매의 식용에 대해서 서호수가 저술한 『해동농서』(1799)는 "其子辛辣如椒 淹藏作果品"(그 열매는 산초처럼 맵다. 오래 저장했다가 간식용품을 만든다)이라고 기록했다.

茱萸(의림촬요, 1635), 食茱萸/식슈유(해동농서, 1799), 食茱萸/슈유나무/樾子/艾子(광재물보, 19세기 초), 食茱萸(낙하생집, 19세기 초), 食茱萸/슈유나모/越椒/樾子/辣子(물명고, 1824), 食茱萸(임원경제지, 1842), 食茱萸(오주연문장전산고, 185?), 食茱萸(의종손익, 1868), 슈유나무/茱萸木(한불자전, 1880), 食茱萸(선한약물학, 1931)[33]

중국/일본명 중국명 椿叶花椒(chun ye hua jiao)는 참죽나무의 잎과 유사한 화초(花椒: 초피나무와 유사한 Z. bungeanum의 중국명)라는 뜻이며, 먹을 수 있는 수유라고 하여 식수유(食茱萸)라 부르기도 한다. 일본명 カラスザンセウ(烏山椒)는 초피나무(サンセウ)와 닮았고 이 나무의 씨앗을 까마귀(カラス)가 먹는다 하여 붙여졌다.

참고 [북한명] 머귀나무 [유사어] 식수유(食茱萸), 야초(野椒) [지방명] 머구남/머구낭/머귀남/머귀낭/머기낭/모기낭(제주)

○ Fagara ailanthoides *Engler* var. inermis *Nakai*   トゲナシカラスザンセウ
Min-mŏgwe-namu   민머귀나무

머귀나무〈*Zanthoxylum ailanthoides* Siebold & Zucc.(1845)〉
'국가표준식물목록'(2018), '세계식물목록'(2018) 및 『장진성 식물목록』(2014)은 *Zanthoxylum ailanthoides* Siebold & Zucc. var. *inerme* Rehder & E.H. Wilson(1919)을 머귀나무에 통합하고 이명(synonym)으로 처리하므로 이 책도 별도 분류하지 않기로 한다. 한편 『조선식물향명집』과 '국가표준식물목록'(2018)에 기록된 학명 *Fagara ailanthoides* var. *inermis* Nakai(1919)는 IPNI(International Plant Name Index)에 따르면 나카이 다케노신(中井猛之進, 1882~1952)이 『울릉도식물조사서』(1919)에 기록한 학명이지만 식물의 특징에 대한 기재문이 없고 최초 학명에 대한 인용 없이 임의로 부여한 것이어서 나명(nomen nudum)이면서 비합법적으로 출판한 이름(invalidly published name)이다.

⊗ Fagara Fauriei *Nakai*   コカラスザンセウ
Jom-mogwe-namu   좀머귀나무

좀머귀나무〈*Zanthoxylum fauriei* (Nakai) Ohwi(1953)〉
좀머귀나무라는 이름은 머귀나무에 비해 잎 등이 작다는 뜻에서 붙여졌다.[34] 『조선식물향명집』

---

33 『제주도및완도식물조사보고서』(1914)는 'オドンナム, モグイナム'[오동나무, 머귀나무]를 기록했으며 『조선어사전』(1920)은 '茱萸(슈유), 食茱萸(식슈유)'를, 『조선식물명휘』(1922)는 '食茱萸, 越椒'를, 『선명대화명지부』(1934)는 '머귀나무'를 기록했다.
34 이러한 견해로 이우철(2005), p.470 참조.

에서 전통 명칭 '머귀나무'를 기본으로 하고 식물의 형태적 특징을 나타내는 '좀'을 추가해 신칭했다.[35] 좀머귀나무는 머귀나무와 유사하지만 잎과 작은잎이 왜소한데, 머귀나무와 산초나무의 자연 교잡종으로 알려져 있다.[36]

속명 *Zanthoxylum*은 그리스어 *xanthos*(노란색)와 *xylon*(목재)의 합성어로, 이 속의 어떤 종들의 뿌리에서 노란색 염료를 채취했기 때문에 붙여졌으며 초피나무속을 일컫는다. 종소명 *fauriei*는 프랑스 선교사로 일본에서 식물 채집을 한 Urbain Jean Faurie(1847~1915)의 이름에서 유래했다.

중국/일본명 '중국식물지'는 이를 별도로 기재하지 않고 있다. 일본명 コカラスザンセウ(小烏山椒)는 작은 머귀나무(カラスザンセウ)라는 뜻이다.

참고 [북한명] 좀머귀나무

Fagara schinifolia *Engler*   イヌザンセウ   崖椒
Bunji-namu   분지나무

산초나무〈*Zanthoxylum schinifolium* Siebold & Zucc.(1845)〉

산초나무라는 이름은 한자명 '山椒'(산초)에서 유래한 것으로 산에서 자라고 '椒'(초)라는 독특한 향이 나는 나무라는 뜻이다.[37] 열매로 기름을 짜거나 약용했다.[38] 옛 문헌은 한글명으로 '분디나모'와 '난듸나무'를 기록했는데 그 정확한 유래와 어원은 알려져 있지 않다. 『조선식물향명집』은 분디나무에서 유래한 '분지나무'로 기록했으나 『조선삼림식물도설』에서 '산초나무'로 개칭해 현재에 이르고 있다. 한편 17세기에 저술된 『동의보감』은 현재의 초피나무를 '蜀椒'(촉초)라 하고 산초나무를 '秦椒'(진초)로 구별했으나, 19세기에 저술된 『물명고』는 현재의 초피나무를 '秦椒'(진초)라 하고 산초나무를 '崖椒'(애초)로 기록해 이름에 혼용이 있었다.[39]

속명 *Zanthoxylum*은 그리스어 *xanthos*(노란색)와 *xylon*(목재)의 합성어로, 이 속의 어떤

---

35 이에 대해서는 『조선식물향명집』, 색인 p.45 참조.
36 이에 대해서는 김태영·김진석(2018), p.581 참조.
37 이러한 견해로 이우철(2005), p.317; 박상진(2019), p.252; 허북구·박석근(2008b), p.180; 전정일(2009), p.80; 오찬진 외 (2015), p.675 참조.
38 이에 대해서는 『조선삼림식물도설』(1943), p.409 참조.
39 『물명고』(1824)는 '崖椒'(애초)에 대해 "山生不堪和味"(산에서 자라는데 화미가 뛰어나지 않다)라고 기록했다.

종들의 뿌리에서 노란색 염료를 채취했기 때문에 붙여졌으며 초피나무속을 일컫는다. 종소명 *schinifolium*은 '옻나무과의 *Schinus*(스키누스속)와 잎이 비슷한'이라는 뜻이다.

다른이름 산초나무(정태현 외, 1923), 산추(정태현 외, 1936), 분지나무(정태현 외, 1937), 산추나무(박만규, 1949), 개산초나무(이영노·주상우, 1956), 상초나무(안학수·이춘녕, 1963), 분디나무(임록재 외, 1972), 상초(이영노, 1996)

옛이름 분디낡(악학궤범, 1493), 山椒/분디(훈몽자회, 1527), 秦椒/분디여름/느뇌(동의보감, 1613), 山椒樹/분디나모(역어유해, 1690), 山椒/분지(산림경제, 1715), 山椒樹/분지나모(방언집석, 1778), 秦椒/厓椒/산초/난듸나무(재물보, 1798), 秦椒/난듸(물보, 1802), 秦椒/분지(몽유편, 1810), 崖椒/난듸나무/산쵸/野草(광재물보, 19세기 초), 崖椒/난듸나모/野草(물명고, 1824), 秦椒/분디여름(임원경제지, 1842), 山椒皮(의휘, 1871), 산추나무/山椒木(녹효방, 1873), 산초/山椒(한불자전, 1880), 山椒/난듸나무(신자전, 1915)[40]

중국/일본명 중국명 靑花椒(qing hua jiao)는 식물체가 푸른색을 띠는 화초(花椒: 초피나무와 유사한 *Z. bungeanum*의 중국명)라는 뜻이다. 일본명 イヌザンセウ(犬山椒)는 초피나무(サンセウ)와 비슷하지만 좀 못하다는 뜻이다.

참고 [북한명] 분지나무 [유사어] 당의(唐藃), 산초(山椒), 애초(崖椒), 야초(野椒), 진초(秦椒) [지방명] 산초/산초기름/산초낭기/산추/찬초/찬추/첸추/친추나무(강원), 분지/분지나무/산초/산추(경기), 난대/난도/난두나무/닌디/산초/산초기름/산추/재피/절초나무(경남), 난대/난대나무/난데/난도/난두나무/난디나무/산초/산초나물/산초싹/산추/삼추/재피나무(경북), 산초/산추/산추기름/산추나무/선초나무/잼피/전초재피/전추나무(전남), 산초/산초기름/산추/산추나무(전북), 개는독낭/개제피/개제피낭/개죄피/산초/줴피낭/참제피/합개낭(제주), 산초/산초기름/산추나무/초피나무(충남), 산초/산추/산추나무/상추나무(충북)

○ Fagara schinifolia *Engler* var. inermis *Nakai* トゲナシイヌザンセウ
Min-bunji-namu 민분지나무

민산초나무〈*Zanthoxylum schinifolium* Siebold & Zucc. var. *inermis* (Nakai) T.B.Lee(1966)〉[41]
민산초나무라는 이름은 가시가 없는(민) 산초나무라는 뜻에서 유래했다.[42] 가시가 없는 특징을 근

---

40 『제주도및완도식물조사보고서』(1914)는 'ナントンナム'[난도나무]를 기록했으며 『지리산식물조사보고서』(1915)는 'さんちょう'[산쵸]를, 『조선한방약료식물조사서』(1917)는 '조피나무, 산초나무, 川椒'를, 『조선의 구황식물』(1919)은 '분지나무'를, 『조선어사전』(1920)은 '난듸나무, 山椒(산초), 秦椒(진쵸)'를, 『조선식물명휘』(1922)는 '山厓椒, 산초나무, 분치나무(救)'를, 『토명대조선만식물자휘』(1932)는 '[山椒(木)]산쵸(나무), [분지나무]'를, 『선명대화명지부』(1934)는 '산초나무, 분치나무'를 기록했다.
41 '국가표준식물목록'(2018)은 민산초나무를 산초나무의 변종으로 별도 분류하고 있으나, 『장진성 식물목록』(2014)은 산초나무(*Z. schinifolium*)에 통합하고 있으므로 주의를 요한다.
42 이러한 견해로 이우철(2005), p.248 참조.

거로 별도 변종으로 분류하고 있으나 분류학적 타당성에 대해서는 논란이 있다. 『조선식물향명집』에서는 '민분지나무'를 신칭했으나,[43] 『조선삼림식물도설』에서 '민산초나무'로 개칭해 현재에 이르고 있다.

　속명 *Zanthoxylum*은 그리스어 *xanthos*(노란색)와 *xylon*(목재)의 합성어로, 이 속의 어떤 종들의 뿌리에서 노란색 염료를 채취했기 때문에 붙여졌으며 초피나무속을 일컫는다. 종소명 *schinifolium*은 '옻나무과의 *Schinus*(스키누스속)와 잎이 비슷'이라는 뜻이다. 변종명 *inermis*는 '침이 없는, 무장하지 않은'이라는 뜻으로 가시가 없는 것을 나타낸다.

다른이름 민분지나무(정태현 외, 1937), 전주산추나무(박만규, 1949), 민산초(이창복, 1966), 전주산초(이창복, 1969b)

중국/일본명 '중국식물지'는 이를 별도 분류하지 않고 있다. 일본명 トゲナシイヌザンセウ(刺無シ犬山椒)는 가시가 없는 산초나무(イヌザンセウ)라는 뜻이다.

참고 [북한명] 민분지나무[44]

○ Fagara schinifolia *Engler* var. microphylla *Nakai*　コバノイヌザンセウ
Jom-bunji-namu　좀분지나무

『조선식물향명집』은 좀분지나무의 학명을 모리 다메조(森爲三, 1884~1962)가 저술한 『조선식물명휘』(1922)에 최초 기록된 것으로, 명명자를 T. Nakai로 기록하고 있다. 그러나 실제로 나카이 다케노신(中井猛之進, 1882~1952)에 의해 라틴어 기재문으로 학명이 발표된 적이 없고 그 이후의 새로운 조합도 종의 특징을 기재하지 않았으므로 비합법적으로 출판한 이름(invalidly published name)에 해당한다.[45] 한편 '국가표준식물목록'(2018)은 『조선식물향명집』의 '좀분지나무'를 '좀산초나무'로 개칭한 『조선삼림식물도설』(1943)에 따라 국명을 '좀산초나무'로 하고, 산초나무의 품종으로 별도 분류한 『한국식물명고』(1996)의 견해를 채용해 학명을 *Zanthoxylum schinifolium* f. *microphyllum* (Nakai) W.T.Lee(1996)로 기재하고 있다. 그러나 좀산초나무에 대한 이 학명 역시 비합법적으로 출판한 이름인 *Fagara schinifolia* (Siebold & Zucc.) Engl. var. *microphylla* Nakai ex T.Mori(1922)를 기본명(basionym)으로 하여 조합한 학명이어서 비합법적으로 출

43　이에 대해서는 『조선식물향명집』, 색인 p.37 참조.

44　북한에서 임록재 외(1996)는 '민분지나무'를 별도 분류하고 있으나, 리용재 외(2011)는 이를 별도 분류하지 않고 있다. 이에 대해서는 리용재 외(2011), p.151 참조.

45　이에 대한 보다 자세한 내용은 장진성·김휘(2002), p.365 참조. 비합법적으로 출판한 이름 *Fagara schinifolia* Engler var. *microphylla* Nakai(1922)를 나명(nomen nudum)으로 히어 조합한 *Fagara schinifolia* Engl. var. *microphylla* Nakai ex T.Mori(1952)도 동일하다.

판한 이름에 해당한다.[46] 따라서 이 책은 비합법적으로 출판한 이름의 사용을 금지하는 ICN (International Code of Nomenclature for algae, fungii, and plants, 2018)의 규정에 따라 이를 별도로 분류 및 해설하지 않기로 한다.

○ Phellodendron amurense *Ruprecht*　アムールキハダ　黃檗(黃柏)
Hwanggyongpi-namu　황경피나무

황벽나무〈*Phellodendron amurense* Rupr.(1857)〉

황벽나무라는 이름은 한자명 '黃蘗'(또는 黃檗: 황벽)에서 유래한 것으로, 나무의 속껍질이 노란색이고 쓴맛의 열매가 달린다는 뜻에서 유래했다.[47] 목재는 건축재로 이용했고, 나무껍질은 코르크 채취와 노란색을 내는 염료로 사용했으며, 나무껍질과 열매를 약용했다.[48] 중국의 『신농본초경집주』는 "其皮黃 而苦 俗呼爲子蘗"(그 나무껍질은 황색이고 쓰며, 민간에서는 열매를 벽이라고 일컫는다)이라고 기록했는데, '蘗'(벽)은 황벽나무를 지칭하면서 쓰다는 뜻을 함께 가지고 있다. 그러나 쓴맛이 아주 강하지는 않다. 나무껍질이 노란색을 띠고 측백나무(또는 잣나무)처럼 높게 자란다고 하여 황백(黃柏/黃栢)이라고도 했다. 『조선식물향명집』은 전통적으로 사용하던 명칭인 '황경피나무'로 기록했으나, 『조선삼림식물도설』에서 '황벽나무'로 개칭해 현재에 이르고 있다.

　속명 *Phellodendron*은 그리스어 *phellos*(코르크)와 *dendron*(나무)의 합성어로, 목재가 두터운 코르크층을 가지고 있는 것에서 유래했으며 황벽나무속을 일컫는다. 종소명 *amurense*는 '아무르강 유역에 분포하는'이라는 뜻이다.

다른이름　황벽나무(정태현, 1926), 황경피나무(정태현 외, 1937), 황경나무/황병피나무(정태현, 1943)

옛이름　黃蘗(향약구급방, 1236), 黃蘗(향약집성방, 1433), 黃蘗皮(세종실록지리지, 1454), 黃蘗/黃벽(구급방언해, 1466), 黃蘗/황벽피(구급간이방언해, 1489), 蘗/黃蘗木/황병피나모(사성통해, 1517), 蘗/황벽피(훈몽자회, 1527), 黃柏/황벽(언해구급방, 1608), 黃蘗/황벽나모겁질/黃柏(동의보감, 1613), 暖木/黃蘗木/

46　이에 대한 자세한 내용은 IPNI(International Plant Name Index) 중 해당 학명 참조.

47　이러한 견해로 박상진(2019), p.430; 김태영·김진석(2018), p.583; 허북구·박석근(2008b), p.319; 오찬진(2015), p.661; 솔뫼(송상곤, 2010), p.544; 강판권(2015), p.607 참조. 다만 박상진은 '蘗'이 속껍질을 뜻하는 것으로 보고 있다.

48　이에 대해서는 『조선삼림식물도설』(1943), p.412 참조. 나무껍질을 염료로 사용한 것에서 대해서는 『규합총서』(1809)와 『본사』(1787) 참조.

황벽나모(역어유해, 1690), 黃柏/황벽나모겁질/黃檗(산림경제, 1715), 暖木/황빅나모(동문유해, 1748), 暖木/황빅나모(몽어유해, 1768), 黃檗木/황벽나모(방언집석, 1778), 暖木/황빅(한청문감, 1779), 檗/黃檗/黃柏(본사, 1787), 黃檗/황빅피나무(재물보, 1798), 黃檗/황벽나모겁질/黃柏(제중신편, 1799), 黃栢/황경피(물보, 1802), 황빅(규합총서, 1809), 檗木/황빅나무/黃檗(광재물보, 19세기 초), 黃檗/황빅피/暖木/黃栢(물명고, 1824), 檗/황경피나무(자류주석, 1856), 黃檗/황벽나모겁질(의종손익, 1868), 檗木/벽목/黃栢/황빅(명물기략, 1870), 황빅/黃栢(한불자전, 1880), 黃檗/황벽나모겁질/黃柏/黃栢(방약합편, 1884), 黃檗/황경피누무(일용비람기, 연대미상), 檗/황경피(아학편, 1908), 檗/黃柏/황경피나무(자전석요, 1909), 黃木/황경피/檗/檗(신자전, 1915), 黃檗/黃栢/황백나무겁질(선한약물학, 1931), 함경나무/행겡나무/황경나무(조선구전민요집, 1933)[49]

중국/일본명 중국명 黃檗(huang bo)는 속껍질이 노란색인 것에서 유래했다. 일본명 アムールキハダ(-黃膚)는 아무르 지방에 분포하고 노란색의 껍질을 가졌다는 뜻이다.

참고 [북한명] 황경피나무 [유사어] 벽목(檗木), 황백(黃柏/黃栢) [지방명] 황경피나무(전남), 한배낭/함배낭/함백피/황겡피낭/황백기낭/황백비낭/황벡피낭/황벡비낭/황벽피낭/황벽비/횐백낭/휀벳낭(제주), 황경피나무/황백나무(충북), 황백나무(함북)

⊗ Phellodendron insulare *Nakai*　タケシマキハダ　黃柏
Sŏm-hwanggyŏngpi-namu　섬황경피나무

화태황벽나무〈*Phellodendron amurense* Rupr. var. *sachalinense* F.Schmidt(1868)〉[50]
화태황벽나무라는 이름은 화태(樺太: 사할린) 지역에 분포하는 황벽나무라는 뜻에서 유래했다.[51] 잎에 털이 없는 특징을 근거로 별도 변종으로 분류된 것이지만 분류학적 타당성은 논란이 있다. 『조선식물향명집』은 울릉도(섬)에 분포하는 황경피나무(황벽나무)라는 뜻에서 '섬황경피나무'로 기록했으나, 『조선삼림식물도설』에서 '화태황벽나무'로 기록해 현재에 이르고 있다.

　　속명 *Phellodendron*은 그리스어 *phellos*(코르크)와 *dendron*(나무)의 합성어로, 목재가 두터운 코르크층을 가지고 있는 것에서 유래했으며 황벽나무속을 일컫는다. 종소명 *amurense*는 '아

---

49 「화한한명대조표」(1910)는 '황경느무'를 기록했으며 「조선주요삼림수목명칭표」(1915a)는 '황경피누무'를, 『지리산식물조사보고서』(1915)는 'ㅎ.ㅘ.ㄴ.ㄱ.ㅕ.ㅇ.ㅍ.ㅣ.ㄴ.ㅏ.ㅁ.ㅜ.'[황경피나무]를, 『조선한방약료식물조사서』(1917)는 '황경나무, 黃檗皮, 黃柏皮, 黃柏實'을, 『조선어사전』(1920)은 '黃柏(황빅), 黃檗(황벽), 黃柏皮(황빅피), 황경피, 황경나무'를, 『조선식물명휘』(1922)는 '黃檗, 檗木, 황경나무, 황벽나무(工業, 藥)'를, 『토명대조선만식물자휘』(1932)는 '[黃檗(木)]황벽(나무), [黃柏(木)]황빅(나무), [황경나무], [黃柏皮]황경피, [黃柏子]황경즈, [檀桓]단환'을, 『선명대화명지부』(1934)는 '황벽나무, 황경나무'를 기록했다.

50 '국가표준식물목록'(2018)은 화태황벽나무를 황벽나무의 변종으로 별도 분류하고 있으나, 『장진성 식물목록』(2014), '중국식물지'(2018) 및 '세계식물목록'(2018)은 황벽나무(*P. amurense*)에 통합하고 있으므로 주의가 필요하다.

51 이러한 견해로 이우철(2005), p.597 참조.

무르강 유역에 분포하는'이라는 뜻이며, 변종명 *sachalinense*는 '사할린에 분포하는'이라는 뜻이다.

다른이름 섬황경피나무(정태현 외, 1937), 너른닢황벽나무(정태현, 1943), 큰황벽나무(박만규, 1949), 화태황경피나무/넓은잎황경피나무(정태현 외, 1949), 섬황벽나무(안학수·이춘녕, 1963), 넓은잎황벽나무(이창복, 1966), 섬황벽(이창복, 1969b), 큰황경피나무(임록재 외, 1972), 넓은잎황벽(이창복, 1980), 북황벽나무(리용재 외, 2011)[52]

중국/일본명 중국에서는 화태황벽나무를 황벽나무에 통합하고 별도 분류하지 않고 있다. 일본명 タケシマキハダ(竹島黄蘗)는 울릉도(タケシマ)에 분포하는 황벽나무(キハダ)라는 뜻이다.

참고 [북한명] 섬황경피나무/큰황경피나무[53] [유사어] 황백(黃柏) [지방명] 행경피/행기피/행련피/행열피나무(울릉)

○ Phellodendron molle *Nakai*　ビロウドキハダ　黄柏
Tŏl-hwanggyŏngpi-namu　털황경피나무

털황벽⟨*Phellodendron amurense* Rupr. f. *molle* (Nakai) W.T.Lee(1996)⟩[54]

털황벽이라는 이름은 털이 있는 황벽나무라는 뜻에서 유래했다.[55] 황벽나무에 비해 잎 뒷면에 융털이 밀생(密生)한다. 『조선식물향명집』에서는 전통 명칭 '황경피나무'를 기본으로 하고 식물의 형태적 특징을 나타내는 '털'을 추가해 '털황경피나무'를 신칭했으나,[56] 『한국수목도감』에서 '털황벽'으로 개칭해 현재에 이르고 있다.

속명 *Phellodendron*은 그리스어 *phellos*(코르크)와 *dendron*(나무)의 합성어로, 목재가 두터운 코르크층을 가지고 있는 것에서 유래했으며 황벽나무속을 일컫는다. 종소명 *amurense*는 '아무르강 유역에 분포하는'이라는 뜻이며, 품종명 *molle*는 '부드러운, 연모(軟毛)가 있는'이라는 뜻이다.

다른이름 털황경피나무(정태현 외, 1937), 털황벽나무(이창복, 1947), 우단황경나무(박만규, 1949), 우단황벽나무(안학수·이춘녕, 1963)

중국/일본명 중국에서는 이를 별도 분류하지 않고 있다. 일본명 ビロウドキハダ(羽緞黄蘗)는 우단과

52　『조선한방약료식물조사서』(1917)는 '황벽나무, 黃柏'을 기록했다.

53　북한에서는 *P. insulare*를 '섬황경피나무'로, *P. sachalinnense*를 '큰황경피나무'로 하여 별도 분류하고 있다. 이에 대해서는 리용재 외(2011), p.263 참조.

54　'국가표준식물목록'(2018)은 털황벽을 황벽나무의 품종으로 별도 분류하고 있으나, 『장진성 식물목록』(2014)과 '중국식물지'(2018)는 황벽나무(*P. amurense*)에 통합하고 있으므로 주의가 필요하다.

55　이러한 견해로 이우철(2005), p.567 참조.

56　이에 대해서는 『조선식물향명집』, 색인 p.48 참조.

같은 질감의 황벽나무(キハダ)라는 뜻이다.

참고 [북한명] 털황경피나무 [유사어] 황백(黃柏)

Poncirus trifoliata *Rafinesque*   カラタチ   枳殼
Taengja-namu   탱자나무

탱자나무〈*Citrus trifoliata* L.(1753)〉

탱자나무라는 이름은 15세기부터 등장하는 옛이름 '팅ᄌ'에서 유래했는데, 그 정확한 어원은 알려져 있지 않다.[57] 다만 귤의 종류(광귤나무)를 일컫는 橙子(등자)의 발음이 변한 것으로 추정하는 견해가 있다.[58] 『사성통해』, 『훈몽자회』 및 『역어유해』는 한자명으로 '醜橙'(추등) 및 '醜橙樹'(추등수)를 기록했는데, 橙(등: 광귤나무)에 비해 못하다는 뜻으로 탱자나무를 橙(등: 중국 고대 발음 dəng)에 비유해 사용한 바 있으므로 '橙'(등)이 탱으로 변화했을 가능성도 있어 이에 대한 면밀한 어학적 검토가 필요하다.

속명 *Citrus*는 그리스어 *kitron*(상자)을 어원으로 하는 *citron*(시트론, *C. medica*)의 고대 라틴명이며 귤나무속을 일컫는다. 종소명 *trifoliata*는 '3엽(三葉)'이라는 뜻으로 잎이 3출겹잎인 것에서 유래했다.

다른이름 팅자나무(정태현 외, 1923), 탱자나무(정태현 외, 1936)

옛이름 枳/只沙里皮/只沙伊(향약구급방, 1236),[59] 枳/樬子(향약집성방, 1433),[60] 枳/팅지(금강경삼가해, 1482), 枳樹皮/팅ᄌ나못거플(구급간이방언해, 1489), 枳/팅ᄌ/醜橙(사성통해, 1517), 枳/팅ᄌ/醜橙樹(훈몽자회, 1527), 枳實/팅ᄌ여름/倭橘(동의보감, 1613), 醜橙樹/팅ᄌ나모(역어유해, 1690), 醜橙樹/팅ᄌ나모(방언집석, 1778), 枳/팅ᄌ(왜어유해, 1782), 枳木/樬子木(본사, 1787), 枳/팅ᄌ(재물보, 1798), 枳實/팅ᄌ여름/枳殼(제중신편, 1799), 枳/팅ᄌ(광재물보, 19세기 초), 팅ᄌ(규합총서, 1809), 枳實/팅ᄌ(물명고, 1824),

---

57 이러한 견해로 김민수(1997), p.1076 참조.

58 이러한 견해로 박상진(2019), p.394 참조. 다만 박상진은 중국에서 유래된 가시가 있는 나무라는 뜻의 唐刺(당자)가 탱자가 되었다고도 하지만, 탱자나무를 '唐刺'로 표기한 예를 찾기 어렵다. 또한 전정일(2009), p.81은 가시나무라는 뜻에서 유래했다고 하나 근거를 찾기 어렵다.

59 『향약구급방』(1236)의 차자(借字) '只沙里皮/只沙伊'(지사리피/지사이)에 대해 남풍현(1981), p.119는 '기사리거플/기사리'의 표기로 보고 있으며, 이덕봉(1963), p.28은 '기사리겁질/기사리'의 표기로 보고 있다.

60 『향약집성방』(1433)의 '樬子'(탱자)의 '樬'에 대해 남풍현(1981), p.119는 '棖'(정)을 바탕으로 한 한국의 속자(俗字)로 '橙'(등)과 같은 의미로 보고 있다.

撑子木/팅ᄌ목(명물기략, 1870), 팅ᄌ/枳子(한불자전, 1880), 枳實/팅ᄌ여름/枳殼(방약합편, 1884), 팅ᄌ/枳子(한영자전, 1890), 枳子/탱자(국한회어, 1895), 枳實/탱자열음(선한약물학, 1931), 탱자나무/탱주낭게(조선구전민요집, 1933)[61]

중국/일본명 중국명 枳(zhi)는 탱자나무를 나타내기 위해 고안된 한자로 나무를 뜻하는 木(목)과 只(지)가 합쳐진 것인데, 굴에 비해 열매가 작은 것과 관련이 있는 이름으로 알려져 있다. 『설문해자』는 "木似橘 從木只聲"(굴과 비슷한 나무이고 소리는 只로 난다)이라고 기록했다. 일본명 カラタチ는 カラタチバナ(唐橘)의 약어로 중국(唐)에서 전래된 굴나무(タチバナ)라는 뜻이다.

참고 [북한명] 탱자나무 [유사어] 구귤(枸橘), 지(枳), 지각(枳殼), 지귤(枳橘), 지실(枳實) [지방명] 탱주낭그(강원), 탱주나무(경북), 탱자(경상/전북/충남), 울타리/탱개/탱자(전남), 개탕쉬낭/개탕쥐낭/갱탕지탱기낭/탱우지/탱자낭/텡ᄌ낭/퉁쥐낭/퉁지낭(제주)

○ Zanthoxylum Bungei *Planchon*　オホザンセウ(タウザンセウ)
Wang-chopi-namu　왕초피나무(왕산초나무)

왕초피나무〈*Zanthoxylum simulans* Hance(1866)〉[62]
왕초피나무라는 이름은 식물체가 큰(왕) 초피나무라는 뜻에서 붙여졌다.[63] 제주도의 산지에 분포하는 낙엽 활엽 관목으로 잎과 열매 등 식물체가 초피나무에 비해 상대적으로 큰 특징이 있다. 목재는 가구재를 만들었으며, 열매는 약용했고 씨앗은 기름을 짜며 잎은 식용했다.[64] 『조선식물향명집』에서 전통 명칭 '초피나무'를 기본으로 하고 식물의 형태적 특징을 나타내는 '왕'을 추가해 신칭했다.[65]

　속명 *Zanthoxylum*은 그리스어 *xanthos*(노란색)와 *xylon*(목재)의 합성어로, 이 속의 어떤 종들의 뿌리에서 노란색 염료를 채취했기 때문에 붙여졌으며 초피나무속을 일컫는다. 종소명 *simulans*는 '유사한, 흉내 내는'이라는 뜻이다.

다른이름 초피나무(정태현 외, 1923), 왕산초나무(정태현 외, 1937), 왕좀피나무/왕조피나무(안학수·이

61　『제주도및완도식물조사보고서』(1914)는 'テンジャ'[탱ᄌ]를 기록했으며 『조선어사전』(1920)은 '枸橘(구귤), 枳殼(기각), 枳實(기실), 탱자, 탱자나무'를, 『조선식물명휘』(1922)는 '枳橘, 枳殼, 팅ᄌ나무, 지각(藥)'을, 『토명대조선만식물자휘』(1932)는 '[枳橘]지귤, [탱자(나무), [枳殼]지각, [枳實]지실'을, 『선명대화명지부』(1934)는 '지각, 탱자나무'를, 『조선의산과와산채』(1935)는 '枸橘, 힝자나무'를 기록했다.

62　'국가표준식물목록'(2018)은 *Zanthoxylum coreanum* Nakai(1928)를 '왕초피나무'로, *Zanthoxylum simulans* Hance(1866)를 '중국왕초피나무'로 하여 별도 분류하고 있으나, 『장진성 식물목록』(2014)은 *Zanthoxylum coreanum* Nakai(1928)를 본문 학명의 이명(synonym)으로 기재하고 있다.

63　이러한 견해로 이우철(2005), p.415와 박상진(2019), p.381 참조.

64　이에 대해서는 『조선삼림식물도설』(1943), p.416 참조.

65　이에 대해서는 『조선식물향명집』, 색인 p.44 참조.

춘녕, 1963), 왕초피(이창복, 1980)[66]

중국/일본명 중국명 野花椒(ye hua jiao)는 들에서 자라는 또는 야생의 화초(花椒: 초피나무와 유사한 Z. bungeanum의 중국명)라는 뜻이다. 일본명 オホザンセウ(大山椒)는 식물체가 큰 초피나무(サンセウ)라는 뜻이다.

참고 [북한명] 왕초피나무 [유사어] 대애초(大崖椒), 화초(花椒) [지방명] 개난독낭/개논독낭/논독낭/돌감/학개/학기(제주)

Zanthoxylum piperitum *De Candolle* サンセウ 山椒
Chopi-namu 초피나무(산초나무)

초피나무〈*Zanthoxylum piperitum* (L.) DC.(1824)〉

초피나무라는 이름은 이 나무의 열매껍질을 뜻하는 한자어 '초피'(椒皮)에서 유래했으며, 『동의보감』에 기록된 '쵸피나모'가 직접적 어원이다.[67] 열매껍질을 약용하고, 검은색의 씨앗으로 기름을 짜며, 잎과 열매껍질은 식용했다.[68] 한자 椒(초)는 '木'(목: 나무)과 '叔'(숙: 콩/豆)이 합쳐진 말로, 콩처럼 작은 열매에서 향기가 나는 식물을 총칭한다.[69] 옛 문헌은 초피나무를 지칭하는 것으로 川椒(천초), 花椒(화초), 蜀椒(촉초), 파초(巴椒), 秦椒(진초), 漢椒(한초), 大椒(대초) 등을 기록했다. 『동의보감』은 현재의 초피나무를 '蜀椒'(촉초)라고 하고 산초나무를 '秦椒'(진초)로 구별했으나, 현재 중국에서는 촉초와 진초를 구별하지 않고 중국에 분포하는 花椒〈*Zanthoxylum bungeanum*

Maxim.(1871)〉를 일컫는 이름으로 사용하고 있다.[70] 추어탕 등에 사용하는 향신료를 흔히 산초(山椒)라고 하고 있으나, 실제로는 초피나무의 열매껍질을 말하는 것이다. 한편 『조선식물향명집』은 다른이름으로 '산초나무'를 기록해 당시에도 초피나무와 산초나무라는 이름은 서로 혼용하고 있

---

66 『제주도및완도식물조사보고서』(1914)는 'ケナントンナム, アックナム'[개난독낭, 아퀴낭]을 기록했으며 『조선식물명휘』(1922)는 '花椒, 川椒, 산초나무'를, 『토명대조선만식물자휘』(1932)는 '[蜀椒]쵹쵸, [巴椒]파쵸, [川椒]쳔쵸, [南椒]남쵸, [點椒]뎜쵸, [漢椒]한쵸, [蓎藙]당의, [초피나무]'를, 『선명대화명지부』(1934)는 '산초나무'를 기록했다.

67 이러한 견해로 박상진(2019), p.381과 손병태(1996), p.72 참조.

68 이에 대해서는 『조선삼림식물도설』(1943), p.417 참조. 한편 『의림촬요』(1635)는 川椒(천초=초피나무)의 껍질을 물속에서 문지르면 물고기를 잡을 수 있다고 기록했다.

69 이에 대해서는 加納喜光(2008), p.77 참조.

70 이에 대해서는 '중국식물지'(2018) 중 '花椒(hua jiao)' 부분 참조.

었음을 알려준다.

　속명 *Zanthoxylum*은 그리스어 *xanthos*(노란색)와 *xylon*(목재)의 합성어로, 이 속의 어떤 종들의 뿌리에서 노란색 염료를 채취했기 때문에 붙여졌으며 초피나무속을 일컫는다. 종소명 *piperitum*은 '*Piper*(후추속)와 닮은'이라는 뜻이다.

다른이름 초피나무/전피(정태현 외, 1923), 견피나무(정태현 외, 1936), 산초나무(정태현 외, 1937), 낟듸나무(정태현 외, 1942), 전피/제피ㅏ무/샹초나무(정태현, 1943), 좀피나무/조피나무/젠피나무/전피나무(안학수·이춘녕, 1963), 조피나무(이영노, 1996)

옛이름 川椒/眞椒(향약구급방, 1236),[71] 蜀椒/椒皮(향약집성방, 1433),[72] 川椒(세종실록지리지, 1454), 川椒/生椒/쳔쵸/죠피/죠핏여름(구급간이방언해, 1489), 川椒/秦椒/蜀椒/죠피(훈몽자회, 1527), 川椒(신증동국여지승람, 1530), 川椒/전초/蜀椒(촌가구급방, 1538), 川椒/쳔쵸(신증유합, 1576), 川椒/쳔초(언해구급방, 1608), 蜀椒/쵸피나모여름/川椒/巴椒/漢椒(동의보감, 1613), 蜀椒/속쵸(구황촬요벽온방, 1639), 花椒/川椒/쳔쵸(역어유해, 1690), 蜀椒/쵸피나모여름/川椒/巴椒/漢椒(산림경제, 1715), 花椒樹/전쵸나모(동문유해, 1748), 花椒樹/전쵸나모(몽어유해, 1748), 花椒/쳔쵸(방언집석, 1778), 花椒樹/쳔쵸나모(한청문감, 1779), 川椒/쳔쵸(왜어유해, 1782), 秦椒/산초(재물보, 1798), 蜀椒/쵸피나무/川椒(제중신편, 1799), 蜀椒/쳔초(해동농서, 1799), 花椒/쳔쵸(물보, 1802), 쳔초(규합총서, 1809), 川椒/전쵸(몽유편, 1810), 蜀椒/젼쵸/川椒(광재물보, 19세기 초), 秦椒/쵸피나모/大椒/花椒(물명고, 1824), 蜀椒/쵸비나무여름(임원경제지, 1842), 쳔초/川椒(한불자전, 1880), 椒蜀椒/쵸피나무/川椒(방약합편, 1884), 川椒(수세비결, 1929), 山椒/분지나무/초피나무/산초나무(선한약물학, 1931)[73]

중국/일본명 중국명 胡椒木(hu jiao mu)는 후추(胡椒)와 비슷한 향이 나는 나무라는 뜻에서 유래했다. 일본명 サンセウ(山椒)는 산에 자라는 향기로운 열매가 열리는 나무라는 뜻이다.

참고 [북한명] 초피나무 [유사어] 산초(山椒), 진초(秦椒), 천초(川椒), 촉초(蜀椒), 화초(花椒) [지방명] 괴피/괴피나무/방아/산초/재피/제피나무/조피/체추/체피낭그/쳔추낭기/쳰피/초피/최피나무/최피낭그(강원), 계피/재피나무/전추/제피나무(경기), 개피나무/계피/재피/제피/젠피/지피/집초(경남), 계피/난대나무/산초/재피/잰피/제피나무/젠피/진피/조피/지피나무/초피(경북), 계피나무/재피/잼피나무/제피/젠피/젬피/좀피(전남), 계피/계피나무/잼피나무/제피/젠피나무/젬피나무/좀피(전북), 재피/

---

71 『향약구급방』(1236)의 차자(借字) '眞椒'(진초)에 대해 남풍현(1981), p.127은 '진죠'의 표기로 보고 있으며, 손병태(1996), p.72도 '진죠'의 표기로 보고 있다.

72 『향약집성방』(1433)의 차자(借字) '椒皮'(초피)에 대해 남풍현(1999), p.179는 '죠피'의 표기로 보고 있다.

73 『제주도및완도식물조사보고서』(1914)는 'チェッピ, サンチョーナム, チョーピナム'[재피, 산쵸낭, 줴피낭]을 기록했으며 『지리산식물조사보고서』(1915)는 'こ-ちょんちょう'[개쳔쵸]를, 『조선한방약료식물조사서』(1917)는 '초피나무, 山椒'를, 『조선어사전』(1920)은 '蜀椒(촉초), 南椒, 點椒, 川椒, 巴椒(파초), 漢椒, 초피나무'를, 『조선식물명휘』(1922)는 '秦椒, 山椒, 산초나무'를, 『토명대조선만식물자휘』(1932)는 '[秦椒]진초, [山椒]산초, [난듸나무]'를, 『선명대화명지부』(1934)는 '산초나무, 초피나무'를, 『조선의산과와산채』(1935)는 '山椒, 초피나무'를 기록했다.

재피낭/조피낭/죄피낭/줴피낭/촘제피(제주), 개피/계피/상초나무/재피나무/제피나무/천초/초피(충남), 개피/산초나무/재피/제피나무/진초(충북)

Zanthoxylum planispinum *Siebold et Zuccarini*　フユザンセウ
Gae-sancho　개산초

개산초⟨*Zanthoxylum armatum* DC.(1824)⟩[74]

개산초라는 이름은 산초나무를 닮았는데 쓸모가 덜하다는 뜻에서 유래했다.[75] 산초나무에 비해 열매와 잎을 별도로 이용하지는 않았던 것으로 보인다.[76] 『조선삼림수목감요』에서 주요 자생지 중의 한 곳인 전라남도 방언인 '긔산초나무'를 채록했는데,[77] 『조선식물향명집』에서 이를 축약한 '개산초'로 기록해 현재에 이르고 있다. 한편 갯가에 난다는 뜻에서 유래한 이름으로 보는 견해가 있으나,[78] 채록 당시의 이름이나 현재의 방언에 따르면 개산초의 '개'는 狗(구)의 뜻이므로 타당하지 않은 것으로 보인다.

속명 *Zanthoxylum*은 그리스어 *xanthos*(노란색)와 *xylon*(목재)의 합성어로, 이 속의 어떤 종들의 뿌리에서 노란색 염료를 채취했기 때문에 붙여졌으며 초피나무속을 일컫는다. 종소명 *armatum*은 '가시가 있는, 무장한'이라는 뜻으로 줄기와 엽축 등에 가시가 있는 것에서 유래했다.

다른이름 긔산초나무(정태현 외, 1923), 개산초나무(정태현, 1943), 겨울사리좀피나무(박만규, 1949), 사철초피나무(리종오, 1964), 개산초피나무(임록재 외, 1972)[79]

중국/일본명 중국명 竹叶花椒(zhu ye hua jiao)는 대나무의 잎을 닮은 화초(花椒: 초피나무와 유사한 *Z. bungeanum*의 중국명)라는 뜻이다. 일본명 フユザンセウ(冬山椒)는 겨울(フユ)에도 잎이 떨어지지 않는 초피나무(サンセウ)라는 뜻이다.

참고 [북한명] 사철초피나무 [유사어] 화초(花椒) [지방명] 개제피/개제피나무/애제피/에제피나무(경상), 산초/전초나무(전남), 개산추(전북), 개줴피낭/개줴피낭/난독낭/논독낭/돌갑낭/아쿠남/학귀낭(제주), 산초(충북)

74　'국가표준식물목록'(2018)은 *Zanthoxylum planispinum* Siebold & Zucc.(1845)를 정명으로 하고 본문의 학명을 이명(synonym)으로 기재하고 있으나, 『장진성 식물목록』(2014)은 본문의 학명을 정명으로 기재하고 있다.

75　이러한 견해로 이우철(2005), p.52와 박상진(2019), p.253 참조.

76　이에 대해서는 『조선삼림식물도설』(1943), p.417 참조. 다만 『한국의 민속식물』(2017), p.698에 따르면 일부 지방에서 열매를 민간약과 식재료로 사용하는 것으로 보인다.

77　이에 대해서는 『조선삼림수목감요』(1923), p.76 참조.

78　이러한 견해로 솜뫼(송상곤, 2010), p.528 참조.

79　『제주도및완도식물조사보고서』는 'チューキヲッ, ブチョー, アックイナム'[츄쿄, 푸츄, 아쿠남]을 기록했으며 『지리산식물조사보고서』(1915)는 'ちょんちょう'[천쵸]를, 『조선식물명휘』(1922)는 '花椒, 狗花椒(工業)'를 기록했다.

Simarubaceae 소태나무科 (苦木科)

소태나무과〈Simaroubaceae[1] DC.(1811)〉

소태나무과는 국내에 자생하는 소태나무에서 유래한 과명이다. '국가표준식물목록'(2018), 『장진성 식물목록』(2014) 및 '세계식물목록'(2018)은 *Simarouba*에서 유래한 Simaroubaceae를 과명으로 기재하고 있으며, 엥글러(Engler), 크론키스트(Cronquist) 및 APG IV(2016) 분류 체계도 이와 같다.

Ailanthus glandulosa *Desfontaines* シンジュ 樗

Gajung-namu 가중나무 (栽)

가죽나무〈*Ailanthus altissima* (Mill.) Swingle(1916)〉

가죽나무라는 이름은 어린순을 먹을거리로 사용한 참죽나무(튱나무)에 대비하여 쓸모가 덜하다는 뜻의 '개듕나무'(또는 개튱나무)에서 유래했다.[2] 목재로 농구를 만들었으며 뿌리의 껍질을 약용했다.[3] 16세기 저술된 『사성통해』와 『훈몽자회』는 '개듕나모'로 기록했는데, 어린순을 식용하는 참죽나무를 '튱나모'라고 했으므로 개듕나모는 '개'(犬)와 '듕나모'(튱나모)가 합쳐진 말로 추정한다.[4] 이후 개듕나모→개듁나모(가듁나모)→개듁나무→가죽나무→가즁나무(가중나무)→가죽나무로 변화하여 현재에 이르렀다. 한편 가짜 중나무라는 뜻의 '假僧木'(가승나무)이 발음 과정에서 가죽나무가 된 것으로, 참중나무(참죽나무)에 비해 먹을 수 없다는 데서 유래한 이름이라

고 보는 견해가 있다.[5] 그러나 가죽나무의 최초 표현은 '개듕나모'로 '개즁나모'가 아니었고,[6] '假僧木'(가승목)은 19세기경에 나타나는 표현으로 한글명 가죽나무(또는 가중나무)를 나타내기 위한 차자(借字) 표기이므로 이것에서 유래를 찾을 수는 없는 것으로 보인다. 지역에 따라서는 멀구슬나

1 『조선식물향명집』은 Engler und Prantl(1899)과 Engler(1919)의 표기와 같이 과명의 철자를 Simarubaceae로 기재했다.

2 이러한 견해로 조항범(2016.6.), p.66; 유기억(2008b), p.106; 김종원(2013), p.693 참조.

3 이에 대해서는 『조선산야생약용식물』(1936), p.146과 『조선삼림식물도설』(1943), p.418 참조.

4 『사성통해』(1517) 및 『훈몽자회』(1527)와 비슷한 시기에 저술된 『구급간이방언해』(1489)는 야생하는 나리라는 뜻으로 '百合, 개나리'를, 『촌가구급방』(1530)은 '犬伊日, 개나리'를 기록했다.

5 이러한 견해로 이우철(2005), p.33; 박상진(2019), p.20; 오찬진 외(2015), p.679; 강판권(2015), p.669 참조.

6 15~16세기 '중'(僧)에 대해 『번역박통사』(1510)는 '즁'으로, 『훈몽자회』(1527)는 '僧 즁 승'으로, 『신증유합』(1576)은 '僧 즁 승'으로 표기했으므로 참죽나무의 '튱나모'와는 발음과 표기에서 차이가 있다.

무과의 참죽나무를 가죽나무라고 부르고 있어 이름에 혼용이 있다. 『조선식물향명집』은 '가중나무'로 기록했으나 『우리나라 식물명감』에서 '가죽나무'로 기록해 현재에 이르고 있다.

속명 *Ailanthus*는 몰루카 제도의 지역명인 *ailanto*(하늘에 닿는, 하늘의 나무, 천국의 나무)에서 유래한 것으로 가죽나무속을 일컫는다. 종소명 *altissima*는 '키가 매우 큰'이라는 뜻으로 교목임을 나타낸다.

다른이름 가중나무(정태현 외, 1923), 개죽나무(박만규, 1949), 까중나무(안학수·이춘녕, 1963)

옛이름 樗根白皮(향약집성방, 1433), 樗/개듥나모/山椿/虎目樹(사성통해, 1517), 樗/개듥나모/虎目樹/臭椿(훈몽자회, 1527), 樗/개듥나무(신증유합, 1576), 樗/개듥나무(시경언해, 1613), 樗根白皮/가둑나모불휫겁질/虎目皮(동의보감, 1613), 臭椿樹/개듥나무/虎目樹/山椿(역어유해, 1690), 假樗/가죽나모(산림경제, 1715), 臭椿樹/개죽나모(방언집석, 1778), 臭椿樹/개죽나모(한청문감, 1779), 樗/가죽나무(재물보, 1798), 樗根/가쥭나모불휘겁질(제중신편, 1799), 樗/가듁(물보, 1802), 樗/假忠木(백운필, 1803), 樗/가죽나무(몽유편, 1810), 樗/가죽나무/臭樗(광재물보, 19세기 초), 樗/ㄱ죽나무/臭杶/虎目樹/大眠桐(물명고, 1824), 樗根/가죽나모불휘겁질(의종손익, 1868), 樗/뎌/가즁나무(명물기략, 1870), 가즁나무/기죽나무/樗木(한불자전, 1880), 樗根/가죽나모쑤리겁질(방약합편, 1884), 가죽나무/樗(국한회어, 1895), 樗根/가즁나무(박물신서, 19세기), 樗/가즁ᄂᆞ무(일용비람기, 연대미상), 可竹木/가죽나모(의방합편, 19세기), 樗/가죽나무/樺(자전석요, 1909), 樗木/假僧木(운양집, 1914), 樗/가죽나무/惡木(신자전, 1915)[7]

중국/일본명 중국명 臭椿(chou chun)은 냄새가 나는 참죽나무(椿)라는 뜻이다. 일본명 シンジュ(神樹)는 메이지 시대에 도입된 것으로 속명이 '하늘의 나무(천상의 나무)'라는 뜻을 가진 것에서 영향을 받아 붙여졌다.

참고 [북한명] 가중나무 [유사어] 가승목(假僧木), 악목(惡木),[8] 저근백피(樗根白皮), 저근피(樗根皮), 저목(樗木), 저백피(樗白皮), 호목수(虎目樹) [지방명] 가승나무/가조나무/가족낭그/가족낭기/축낭그(강원), 가죽나물(경기), 가죽나물/가죽잎/까죽/까죽나무/까죽잎/까중나무/깨죽나무/설죽나무/쭉나무(전남), 가중나무/가쥭나무/개가죽나무/까죽나무/까중가리/까중가리나무/까쭉나무/깨죽나무/깨중가리/쭉나무(전북), 까죽나무(충남), 참죽나무(충북), 가두나무(함경)

---

7   「화한한명대조표」(1910)는 '가둑ᄂᆞ무'를 기록했으며 『조선한방약료식물조사서』(1917)는 '가둑나무(京畿), 가둑나모(東醫), 樗'를, 『조선거수노수명목지』(1919)는 '가둑ᄂᆞ무, 假僧木'을, 『조선어사전』(1920)은 '樗木(져목), 가죽나무'를, 『조선식물명휘』(1922)는 '臭椿, 樗, 개듥나무'를, 『토명대조선만식물자휘』(1932)는 '[樗(子木)]저(져목), [갈구나무], [가죽나무], [樗子]갈구실, [樗根皮]저근피'를, 『선명대화명지부』(1934)는 '개듥나무, 자죽나무, 가중나무'를 기록했다.

8   『토명대조선만식물자휘』(1932), p.423은 가죽나무가 목재로서 쓸모가 많지 않아 '못쓸나무'(惡木)라는 이름이 전래되고 있는 것으로 기술하고 있는데, 이는 실제 나무가 쓸모가 없다기보다는 장자(莊子) 외편의 '山木'(산목)에 저목(樗木)이 다루기가 어려워 목수들이 거들떠보지 않는다는 옛이야기로부터 싱거난 것이라고 한다. 이에 대한 보다 자세한 내용은 박상진(2011b), p.10 참조.

Picrasma ailanthoides *Planchon* ニガキ 苦木
Sotae-namu 소태나무

소태나무〈*Picrasma quassioides* (D.Don) Benn.(1844)〉

소태나무라는 이름은 이 나무의 껍질을 사용하기 위해서 나무를 자르면 안쪽의 노란색 심재(心材)가 마치 별을 박아놓은 것처럼 보이는 것에서 유래한 것으로 추정한다. 나무껍질은 매우 질겨서 미투리(신발) 따위의 뒤를 동이는 데 쓰고, 나무껍질과 열매에 매우 쓴 맛을 내는 콰신(quassin)이라는 성분이 있어 이를 약재로 사용했다. 또한 수액을 산모가 아기 젖을 뗄 때 사용하기도 했다.[9] 소태나무라는 이름은 17세기 이후의 문헌에서 약재로 사용한 기록들이 확인되는데, '소태'의 정확한 어원과 유래는 알려져 있지 않다. 다만 그즈음에 '쇼틱셩' 또는 '소틱셩'이라는 단어가 문헌에 기록된 것이 확인되는데,[10] 현대어로는 '별박이'이다. 별박이는 이마에 흰 털의 점이 마치 별처럼 박힌 말을 뜻한다.[11] 쇼틱셩(소틱셩)에서 '셩'은 별(星)을 의미하므로 '쇼틱(소틱)'는 전체에서 점처럼 박혀 있는 것을 뜻하는 우리말로 이해된다. 이에 비추어보면 소태나무를 '소태'라고 한 것은 목재에서 유난하게 진한 노란색을 띠는 심재의 모습을 별박이(소태셩)에 비유한 데서 유래한 것으로 추정된다. 윤기 있는 검은 열매가 마치 별이 하늘에 박혀 있는 듯도 하므로 이에서 유래했을 수도 있다. 한편 소의 태처럼 매우 쓴 맛이 나는 데서 소태나무라는 이름이 유래했다고 보는 견해가 있다.[12] 그러나 소의 태는 예부터 식용 또는 약용하지 않았고,[13] 소의 태를 쓴맛의 대표 격으로 사용한 기록도 발견되지 않는다.[14] 소의 태에서 유래했다면 어원학적으로도 옛 문헌에서 쇠귀나

---

9 이에 대해서는 『조선산야생약용식물』(1936), p.417; 『조선삼림식물도설』(1943), p.419; 『한국의 민속식물』(2017), p.704 참조.

10 옛 문헌의 이 기록은 이마에 흰 털이 박힌 말(馬)의 종류를 뜻하는데, 『역어유해』(1690)는 '玉頂馬 쇼틱셩마'를, 『동문유해』(1748)는 '玉頂馬 쇼틱셩물'을, 『한청문감』(1779)은 '玉頂 쇼틱셩'을, 『물명고』(1824)는 '駒 소틱셩 玉頂'을 기록했다.

11 이에 대해서는 유희(2019), p.79와 국립국어원, '표준국어대사전' 중 '별박이' 참조.

12 이러한 견해로 김태영·김진석(2018), p.569; 오찬진 외(2015), p.682; 솔뫼(송상곤, 2010), p.478; 『한국의 민속식물』(2017), p.704 참조.

13 '紫河車'(자하거) 또는 '胞衣'(포의)라는 명칭으로 사람의 태반을 약재로 기록한 문헌으로 『향약집성방』(1433), 『동의보감』(1613), 『실험단방』(1709), 『의휘』(1871), 『의방합편』(19세기), 『단곡경험방』(연대미상), 『의원거강』(연대미상), 『의가비결』(1928), 『수세비결』(1929) 등이 있다. 또한 '猫胎衣'(묘태의)라는 이름으로 고양이의 태반을 약재로 기록한 문헌으로 『동의보감』(1613)이 있다. '馬胎衣'(마태의=물이슴)라는 이름으로 말의 태반을 약재로 기록한 문헌으로는 『주촌신방』(1687)과 『의방합편』(19세기)이 있다. 그리고 '驢駒衣'(여구의)라는 이름으로 당나귀의 태반을 약재로 기록한 문헌으로 『의방합편』(19세기)이 있다. 그러나 소의 태반을 약재로 사용한 문헌은 발견되지 않는 것으로 보인다.

14 사람의 태반을 약재로 사용하는 것과 관련해 『동의보감』(1613) 탕액편은 "胞衣變成水 안쎄사근믈 味辛 無毒"(태반삭은믈

물과 같이 쇠틔(또는 쇠틔)로 표기했어야 하므로 타당하지 않다고 할 것이다. 또한 매우 쓴 맛을 뜻하는 소태맛이 나는 데서 유래한 이름으로 보는 견해도 있으나,[15] 소태나무 껍질의 맛을 소태맛이라고 하므로 동어반복으로 보인다.

속명 *Picrasma*는 그리스어 *pikrasmos*(쓴맛, 신랄함)에서 유래한 말로 나무껍질에서 매우 쓴 맛이 나기 때문에 붙여졌으며 소태나무속을 일컫는다. 종소명 *quassioides*는 '*Quassia*(콰시아속)와 비슷한'이라는 뜻이며, 이 속의 *Quassia amara*(일명 수리남떡갈나무)는 쓴맛이 나는 나무로 유명하다.

다른이름 소틔나무(정태현 외, 1923), 소태나무(정태현 외, 1936), 쇠태(정태현, 1943)

옛이름 苦木皮/쇼틔나무(주촌신방, 1687), 小太木皮(실험단방, 1709), 苦樺皮/솟틔(의휘, 1871), 소틔/若木(한불자전, 1880), 苦楝樹皮(수세비결, 1929)[16]

중국/일본명 중국명 苦树(ku shu) 및 일본명 ニガキ(苦木)는 모두 잎과 줄기에서 괴로울 정도로 매우 쓴 맛이 나는 것에서 유래했다.

참고 [북한명] 소태나무 [유사어] 고목(苦木), 산핵호수(山核胡樹), 애칠수(崖漆樹), 태실(太實), 황련수(黃楝樹) [지방명] 소태/소태낭그/소태낭기(강원), 소데나무/소태/솔태/솔태나무/수태나무(경남), 소꼬투리나무/소태/소태고나무(전남), 솔태/솔태나무(제주)

을 '안째사근물'이라 하고 맛은 맵고 독은 없다)이라고 기록했다. 소의 태반을 약재로 사용한 기록이 없어 그 맛을 별도로 기록한 것이 발견되지 않으나, 사람의 태반에 관한 기록에 비추어볼 때 옛사람들이 소의 태반을 매우 쓴 맛(味苦)이 나는 것으로 이해하지도 않았을 것으로 추론된다.

15 이러한 견해로 허북구·박석근(2008b), p.194; 전정일(2009), p.62; 김종원(2013), p.698 참조.

16 『조선주요삼림수목명칭표』(1912)는 '소틔ㄴ무'를 기록했으며 『제주도및완도식물조사보고서』(1914)는 'ソーテーナム'[소태낭]을, 『조선거수노수명목지』(1919)는 '소틔ㄴ무, 苦木'을, 『조선어사전』(1920)은 '소태나무, 苦木'을, 『조선식물명휘』(1922)는 '苦楝子, 소틔나무'를, 『토명대조선만식물자휘』(1932)는 '[黄楝(木)황련(나무), [소태나무]'를, 『선명대화명지부』(1934)는 '소태나무, 소래나무'를 기록했다.

Meliaceae 참죽나무科 (棟科)

멀구슬나무과〈Meliaceae Juss.(1789)〉

멀구슬나무과는 국내에 자생하는 멀구슬나무(棟, 연)에서 유래한 과명이다. '국가표준식물목록'(2018),
『장진성 식물목록』(2014) 및 '세계식물목록'(2018)은 Melia(멀구슬나무속)에서 유래한 Meliaceae를 과
명으로 기재하고 있으며, 엥글러(Engler), 크론키스트(Cronquist) 및 APG IV(2016) 분류 체계도 이와 같
다. 세계에서 가장 좋은 가구용 나무로 알려진 마호가니(Swietenia mahogani L.)가 속한 과이기도 하다.

Melia japonica *D. Don*　　センダン
Mŏlgusŭl-namu　　멀구슬나무

멀구슬나무〈*Melia azedarach* L.(1753)〉

멀구슬나무라는 이름은 '멀'과 '구슬'과 '나무'의 합성어로, 주
요 자생지인 제주 방언을 채록한 것이다.[1] 제주 방언에 '몰쿠
실낭'이 있는 것에 비추어 '멀'은 물(馬)을 뜻하고 '구슬'은 구
슬(玉)을 뜻하는데,[2] 노랗게 익은 열매를 옛날부터 약용 및 식
용했으므로 그 모양이 말의 구슬, 즉 말방울과 흡사하게 생긴
것에서 유래한 이름으로 보인다. 옛 문헌에 기록된 한자명 金
鈴子(금령자)도 금으로 만든 방울이라는 뜻이므로 멀구슬나무
와 그 의미가 통한다. 한편 염주를 만들 수 있다고 하여 목구
슬나무로 불리다가 이후 멀구슬나무가 되었다는 견해[3]와 열매
가 구슬 모양인데 익으면 과육이 푸석푸석해 멀건 구슬 모양
이 된다고 하여 멀건 구슬나무라는 뜻에서 멀구슬나무가 되

었다는 견해가 있다.[4] 그러나 모두 제주 방언과 무관한 해석이어서 타당하지 않다고 할 것이다. 멀
구슬나무의 꽃이 보라색으로 늦봄에 피는 것에서 유래한 연화풍(棟花風)이라는 한자어는 곡우(穀
雨) 때 부는 바람을 일컬으며, 이를 고비로 봄이 가고 여름이 오는 상징으로 사용하기도 했다.

　　속명 Melia는 서양물푸레나무(*Fraxinus ornus* L.)의 고대 그리스명에서 유래한 것으로, 잎의 모

1　이에 대해서는 『조선삼림수목감요』(1923), p.78과 『조선삼림식물도설』(1943), p.420 참조. 한편 『동의보감』(1613)은 "我國
　　維濟州有之 他處無"(우리나라에서는 오직 제주도에만 있고 다른 곳에는 없다)라고 기록했다.
2　제주 방언에서 '물'은 말(馬)을 의미한다는 것과 구슬(구실)은 구슬(玉)을 의미한다는 것에 대해서는 현평효·강영봉(2014),
　　p.128, 45 참조.
3　이러한 견해로 박상진(2019), p.150과 강판권(2015), p.539 참조.
4　이러한 견해로 허북구·박석근(2008b), p.116 참조.

양이 닮아서 붙여졌으며 멀구슬나무속을 일컫는다. 종소명 *azedarach*는 멀구슬나무의 페르시아명 *azaddhirakt*에서 유래했다.

다른이름 멀구슬나무/구주목(정태현, 1923), 구주나무(박만규, 1949), 말구슬나무(안학수·이춘녕, 1963)

옛이름 楝實/苦楝根皮(향약집성방, 1433), 川楝子(구급이해방, 1499), 練實/金鈴子/川練子/苦練子(동의보감, 1613), 苦楝根/川楝子/金鈴子(의림촬요, 1635), 金鈴子/楝實/川鍊子(실험단방, 1709), 苦練根白皮(산림경제, 1715), 楝/金鈴子(본사, 1787), 고련근(규합총서, 1809), 楝/苦楝/金鈴子(광재물보, 19세기 초), 苦楝根白皮(목민심서, 1818), 楝/苦練根/川練子/金鈴子(물명고, 1824), 苦楝樹(해동역사, 1841), 苦練根(오주연문장전산고, 185?), 楝花/金鈴子(송남잡지, 1855), 苦練/고연/金鈴子(명물기략, 1870), 고련근/苦練根(한불자전, 1880), 川楝子(방약합편, 1884), 苦楝根(의방합편, 19세기), 楝/고련나무(의서옥편, 1921), 苦楝實(수세비결, 1929), 苦楝子(선한약물학, 1931)[5]

중국/일본명 중국명 楝(lian)은 멀구슬나무를 나타내기 위해 고안된 한자로, 잎이 불순물을 걸러낼 수 있다는 뜻에서 유래했다.[6] 일본명 センダン은 정확한 어원은 알려져 있지 않으나 한자명 栴檀(전단)에서 유래한 것으로 추정된다.

참고 [북한명] 멀구슬나무 [유사어] 고련근(苦楝根), 고련자(苦楝子), 천련자(川楝子) [지방명] 개구슬나무/고령개나무/고링개나무/구슬나무/몰꼬실(전남), 고령근/동쿠실낭/마주목/머쿠슬낭/머쿠실/머쿠실낭/먹구슬낭/먹구실낭/먹쿠슬/먹쿠슬낭/먹쿠실/먹쿠실낭/멀쿠실나무/멀쿠실낭/멀쿠지/멀쿠지낭/멍쿠실나무/멍쿠실낭/모쿠슬낭/모쿠실낭/목슬낭/몰구슬낭/몰쿠실낭/몽쿠실낭/물쿠슬낭/물쿠실낭/물쿠지낭/뭉쿠실낭/옹쿠실낭(제주), 먹구슬나무(충북)

Toona sinensis *Roemer*　チヤンチン　椿 (栽)
Chamjung-namu　참중나무(총나무)

참죽나무〈*Toona sinensis* (Juss.) M.Roem.(1846)〉[7]

참죽나무라는 이름은 강한 냄새 때문에 먹지 못하는 가죽나무에 대비하여 진짜의 죽나무(杶木,

---

5 「화한한명대조표」(1910)는 '구슈목'을 기록했으며 『제주도및완도식물조사보고서』(1914)는 'ボグナム, マルクシナム, マクシル, ヨンモック'[복낭, 말쿠실낭, 말쿠실, 련목]을, 『조선거수노수명목지』(1919)는 '멀구슬ᄂ무'를, 『조선어사전』(1920)은 '苦楝根(고련근), 苦楝實(고련실), 金鈴子(금령즈), 川楝子(천련즈)'를, 『조선식물명휘』(1922)는 '楝, 苦楝子, 구주목(工業)'을, 『토명대조선만식물자휘』(1932)는 '[楝]련, [苦楝(木)]고련(나무), [苦楝子]고련즈, [苦楝實]고련실, [川楝子]천련즈, [金鈴子]금령즈, [苦楝根]고련근'을, 『선명대화명지부』(1934)는 '멀구슬나무, 구주목'을 기록했다.
6 중국의 『본초강목』(1596)은 "楝葉可以練物 故謂之楝 其子如小鈴 熟則黃色如金鈴 象形也"(楝의 잎은 불순물을 걸러낼 수 있는 물건으로 사용할 수 있기 때문에 楝이라고 부른다. 그 열매는 작은 방울 같고 익으면 노란색이 되어 금방울 같아 그 형상을 딴 것이다)라고 기록했다.
7 '국가표준식물목록'(2018)은 참죽나무의 학명을 *Cedrela sinensis* Juss.(1830)로 기재하고 있으나, 『장진성 식물목록』(2014), '세계식물목록'(2018) 및 '중국식물지'(2018)는 학명을 본문과 같이 기재하고 있다.

춘목)라는 뜻에서 유래했다.[8] 중국 남부 등이 원산인 재배식물로 목재는 기구와 농구재를 만들고 어린잎은 식용했다.[9] 중국에서는 옛적에 '杶木'이라 했는데, 한자 '杶'(춘)에 대해 후한 시대에 저술된 『설문해자』는 "木也 從木屯聲(나무이다 '屯'으로 읽는다)이라고 했다. 이에 대한 중세 발음은 '튠' 또는 '퉁'이었다.[10] 이는 사스크리트어 'toon' 및 속명과도 연결된다. 이를 16세기에 저술된 『사성통해』와 『훈몽자회』는 '튱나모'로 기록했는데, 이후 튱나모→듁나모→듁나무(듕ㄴ무)→듁나무로 발음이 변화했다. 그리고 냄새가 강해 먹지 못하는 가죽나무와 대비되면서 진짜라는 뜻의 '참(춤)'이 추가되어 현재의 이름이 정착된 것으로 보인다.[11] 한편 사찰에서 승려(중)들이 어린순

을 튀김으로 만들어 먹었다고 해서 붙여진 참중나무(眞僧木)에서 유래한 것으로, 진짜 중나무라고 해석하는 견해가 있다.[12] 그러나 최초 '튱나모'로 기록된 이름이고,[13] '眞僧木'(진승목)이라는 이름은 20세기 초에 저술된 『운양집』에 수록된 『춘목원기』 등 후대에 나타나는 표현으로 참듁나무(또는 참중나무)를 나타내기 위한 차자(借字) 표기로 이해되므로 이것에서 유래를 찾을 수는 없는 것으로 보인다. 지역에 따라서는 이를 '가죽나무'로 부르는 곳이 있어 이름의 혼용이 있다. 『조선식물향명집』은 '참중나무'로 기록했으나 『우리나라 식물명감』에서 '참죽나무'로 기록해 현재에 이르고 있다.

속명 *Toona*는 인도마호가니(*T. ciliata*)에 대한 산스크리트어 *toon* 또는 *tunna*에서 유래한 것으로 참죽나무속을 일컫는다. 종소명 *sinensis*는 '중국에 분포하는'이라는 뜻으로 주된 분포지 또는 원산지를 나타낸다.

다른이름 참중나무/쑥나무(정태현 외, 1923), 충나무(정태현 외, 1937), 쭉나무(정태현, 1943)

옛이름 香椿(향약제생집성방, 1398), 香椿/椿樹(향약집성방, 1433), 椿木/杶木/튱나모(사성통해, 1517), 椿樹/튱나모(훈몽자회, 1527), 椿/츈나무(신증유합, 1576), 椿木葉/椿木皮(동의보감, 1613), 椿樹/튱나모(역어유해, 1690), 椿椿/춤듁나무(산림경제, 1715), 樹/츈나무(동문유해, 1748), 椿樹/츈나무(몽어유해, 1768),

8   이러한 견해로 황선엽(2014), p.83; 조항범(2016.6.), p.68; 김종원(2013), p.693; 솔뫼(송상곤, 2010), p.292 참조.
9   이에 대해서는 『조선산야생식용식물』(1942), p.153과 『조선삼림식물도설』(1943), p.419 참조.
10   박성훈(2013), p.152는 '屯'(둔)에 대해 tún(튠)으로 읽었던 것으로 보고 있다.
11   한편 김종원(2013), p.693은 어원에 근거해 "참죽나무는 죽(튱나무), 가죽나무는 개죽(듕)나무가 올바른 이름이다"라고 주장하고 있다. 그러나 식물의 국명은 식물분류학이라는 과학에 근거한 것이기도 하지만 언어공동체가 사용하는 언어이기도 하므로 다수가 소통수단으로 사용하는 이름에 옳고 그름이 있을 수 없고, 시대에 따라 변화해온 언어의 역사성을 무시하고 초기의 언어만이 옳다는 것도 수용하기 어려운 주장이다.
12   이러한 견해로 이우철(2005), p.510; 박상진(2019), p.20; 강판권(2015), p.545 참조.
13   15~16세기 '중'(僧)에 대해 『번역박통사』(1510)는 '즁'으로, 『훈몽자회』(1527)는 '僧 즁 승'으로, 『신증유합』(1576)은 '僧 즁 승'으로 표기했으므로 참죽나무의 '튱나모'와는 발음과 표기에서 차이가 있다.

椿/츈나모(한청문감, 1779), 樗欇/可竹木(본사, 1787), 杶/참죽나무(재물보, 1798), 欇/츰죽나모(해동농서, 1799), 椿/츰듁(물보, 1802), 杶/椿/眞忠木(백운필, 1803), 椿/참죽나무(몽유편, 1810), 椿/참죽나무/樗(광재물보, 19세기 초), 杶/참죽나모/香杶(물명고, 1824), 椿/츈(명물기략, 1870), 楝杶/참죽ㄴ무(일용비람기, 연대미상), 椿木/眞僧木(운양집, 1914), 椿/香樗/참죽나무(자전석요, 1909), 椿/참죽나무/杶(신자전, 1915), 椿根皮(선한약물학, 1931)[14]

중국/일본명 중국명 香椿(xiang chun)은 악취가 나는 가죽나무(臭椿)에 비해 향기로운 냄새가 난다는 뜻이다. 일본명 チヤンチン(香椿)은 한자명 香椿(향춘)에 대한 일본 발음 シヤンチュン이 변화하여 형성되었다.

참고 [북한명] 참중나무 [유사어] 진승목(眞僧木), 춘백피(椿白皮), 향춘(香椿) [지방명] 가죽나무/가죽나물/가중나무(강원), 가죽나무/가죽나물/쭉나무/참가죽나무/참숙나무/참죽낭구/참죽순/청중나무(경기), 가죽/가죽나물/가중나무(경남), 가자구나물/가재나물/가죽/가죽나무/가중나무/가중나물/가중이/아방잎/죽나무(경북), 가죽나무/깨죽나물/쭉나무/참죽(전남), 가죽나무/까중나무/깨죽/깨죽나무/깨중가리/쭉나무(전북), 가죽/가죽나무/가죽순/개가죽나무/까죽/까죽나무/까죽나무순/뚜까리/죽나무/죽순/쭉나무/참죽/참죽나물/참중나무/참중낭구/천둥나무/청죽나무/청중나무(충남), 가죽나무/가중/까중나무(충북)

---

14 「화한한명대조표」(1910)는 '참듁ㄴ무'를 기록했으며 「조선주요삼림수목명칭표」(1915a)는 '참죽ㄴ무'를, 『조선거수노수명목지』(1919)는 '참듁ㄴ무, 眞僧木'을, 『조선의 구황식물』(1919)은 '참죽나무, 香椿'을, 『조선어사전』(1920)은 '香椿, 참죽나무'를, 『조선식물명휘』(1922)는 '椿, 香椿, 참듁나무(救, 工業)'를, 『토명대조선만식물자회』(1932)는 '[香椿(木)]향춘(나무), 향저(나무), 참죽나무'를, 『선명대화명지부』(1934)는 '참쭉나무, 참듁나무, 잠쥭나무, 쭉나무'를, 『조선의산과와산채』(1935)는 '香椿, 참중나무를 기록했다.

Polygalaceae 원지科 (遠志科)

원지과 〈Polygalaceae Hoffmanns. & Link(1809)〉

원지과는 국내에 자생하는 원지에서 유래한 과명이다. '국가표준식물목록'(2018), 『장진성 식물목록』(2014) 및 '세계식물목록'(2018)은 Polygala(원지속)에서 유래한 Polygalaceae를 과명으로 기재하고 있으며, 엥글러(Engler), 크론키스트(Cronquist) 및 APG IV(2016) 분류 체계도 이와 같다. 엥글러 분류 체계는 Geraniales(쥐손이풀목), 크론키스트 분류 체계는 Polygalales(원지목)로 분류했으나 APG IV(2016) 분류 체계는 Fabales(콩목)로 분류한다.

Polygala japonica *Houttuyn*　ヒメハギ

Yǒngsincho　영신초(아기풀)　靈神草

애기풀(아기풀) 〈*Polygala japonica* Houtt.(1779)〉

애기풀이라는 이름은 옛 문헌에 기록된 '아기플'이 어원으로, 식물체의 모양이 아기같이 작고 가련한 모양의 꽃을 피우는 풀이라는 뜻에서 유래했다.[1] 잎은 약재로 사용하고[2] 어린잎은 식용했다.[3] 옛 문헌에 기록된 한자명 小草(소초)가 애기풀과 뜻이 통한다. 한편 일본명 ヒメハギ(姬萩)에서 유래를 찾는 견해가 있으나,[4] 애기풀은 고려 시대인 13세기에 저술된 『향약구급방』에도 기록된 차자(借字) 표현 '阿只草'(아기풀)에서 유래한 것이어서 일본명과는 관련이 없다. 옛 문헌에서는 생약명 遠志(원지)의 우리말(鄕名)을 '아기풀'(애기풀)이라고 했으나, 『조선식물향명집』은 당시 민간에서 부르던 것에 따라 P. tenuifolia를 '원지'로, P. japonica를 '영신초'로 기록하면서 지역에 따라서는 영신초를 '아기풀'이라고 부른다고 기록했다. 『조선식물명집』에서 '아기풀'을 '애기풀'로 개칭해 현재에 이르고 있다. 그러나 현재 표준어는 '애기'가 아니라 '아기'이고, 둘은 뜻과 어감에서 별 차이가 없으므로 『조선식물향명집』의 기록에 따라 아기풀로 이름을 환원할 필요가 있다. 『조선식물향명집』에 기록된 영신초(靈神草)는 혼령과 정신의 풀이라는 뜻으로, 강장제 등으로 사용한 약성 때문에 붙여진 이름으로 추정한다.

속명 Polygala는 polys(많다)와 gala(젖)의 합성어로 젖의 분비를 촉진한다고 하여 디오스코리데스(Dioscorides, 40~90)가 원지(milkwort) 종류에 붙인 그리스명 polygalon에서 유래했으며 원지속을 일컫는다. 종소명 japonica는 '일본의'라는 뜻으로 발견지를 나타낸다.

1　이러한 견해로 남풍현(1981), p.106; 이덕봉(1963), p.6; 손병태(1996), p.52; 김종원(2013), p.481 참조.
2　이에 대해서는 『조선산야생약용식물』(1936), p.149 참조.
3　이에 대해서는 『조선산야생식용식물』(1942), p.153 참조.
4　이러한 견해로 이우철(2005), p.390 참조.

아기풀(정태현 외, 1936), 영신초(정태현 외, 1937), 령신초(리종오, 1964)

옛이름 遠志/非師豆刀草/阿只草(향약구급방, 1236),[5] 遠志/小草(목은집, 1404), 遠志/阿只草/非師豆刀草(향약채취월령, 1431), 遠志/阿只草(향약집성방, 1433),[6] 遠志/아기촛불휘(구급간이방언해, 1489), 狗尾草/遠志/아기플(사성통해, 1517), 遠志/阿只草/아기플(촌가구급방, 1538), 遠志/원지(언해태산집요, 1608), 遠志/아기플불휘(동의보감, 1613), 遠志/아기플/狗尾草(역어유해, 1690), 遠志/아기플불휘/小草(산림경제, 1715), 遠志/아기풀불휘(제중신편, 1799), 遠志/원지/蔓/小草(물보, 1802), 원지/아기플(화왕본긔, 19세기 초), 遠志/아기풀(물명고, 1824), 蔓/아기풀(명물기략, 1870), 遠志/아기풀쑤리(방약합편, 1884), 遠志/아기풀쑤리(선한약물학, 1931)[7]

중국/일본명 중국명 瓜子金(gua zi jin)은 크기가 오이씨만 한 금이라는 뜻인데, 『본초강목』에서는 금(金)의 종류를 일컫는 말이었으나 식물명에 전용된 것으로 열매의 모양에서 유래한 것으로 추정한다. 일본명 ヒメハギ(姫萩)는 크기가 아담한 것에서 ヒメ(姫), 꽃이 싸리꽃를 닮아 ハギ(萩)라고 한 것에서 유래했다.

참고 [북한명] 애기풀 [유사어] 과자금(瓜子金), 극원(棘菀), 세초(細草), 영신초(靈神草), 원지(遠志), 지시초(地蒔草)

○ Polygala tenuifolia *Willdenow*　イトヒメハギ　遠志
Wŏnji　원지

원지〈*Polygala tenuifolia* Willd.(1753)〉

원지라는 이름은 중국에서 전래된 한자명 '遠志'(원지)에서 유래했다.[8] 뿌리와 줄기잎을 약용했다.[9] 중국의 『본초강목』은 "此草腹之 能益智强志 故有遠志之稱"(이 풀을 복용하면 지혜를 더하고 마음을 강하게 할 수 있으므로 원지라는 이름이 유래했다)이라고 기록했다. 『동의보감』도 그 약효에 대해 "療健忘 安魂魄 令人不迷惑"(건망증을 치료하고 정신을 안정시킬 뿐 아니라 정신이 흐려지지 않게 한다)이라

5　『향약구급방』(1236)의 차자(借字) '非師豆刀草/阿只草'(비사두도초/아지초)에 대해 남풍현(1981), p.106은 '비수두도플/아기플'의 표기로 보고 있으며, 이덕봉(1963), p.6은 '비사두도갈풀/아기풀'의 표기로, 손병태(1996), p.52는 '비사두도플/아기풀'의 표기로 보고 있다.

6　『향약집성방』(1433)의 차자(借字) '阿只草'(아지초)에 대해 남풍현(1996), p.175는 '아기플'의 표기로 보고 있으며, 이덕봉(1963), p.6은 '아기풀'의 표기로 보고 있다.

7　『조선한방약료식물조사서』(1917)는 '아기풀(東醫), 靈神草'를 기록했으며 『조선어사전』(1920)은 '細草(세초), 棘菀(극원), 遠志(원지), 아기풀'을, 『조선식물명휘』(1922)는 '瓜子金, 地蒔草, 아가풀(救, 藥)'을, 『토명대조선만식물자휘』(1932)는 '[遠志]원지, [棘菀]극원, [細草]세쵸, [小草]쇼초, [아기풀]'을, 『선명대화명지부』(1934)는 '아가풀'을, 『조선의산과와산채』(1935)는 '遠志, 원지'를 기록했다.

8　이러한 견해로 이우철(2005), p.424; 이덕봉(1963), p.6; 김종원(2016), p.214 참조.

9　이에 대해서는 『조선산야생약용식물』(1936), p.150 참조.

고 기록했다. 옛 문헌에서는 생약명 遠志(원지)의 우리말(鄕名)을 '아기풀'(애기풀)이라고 했는데, 『조선산야생약용식물』은 당시 약재시장에서 P. tenuifolia는 뿌리를, P. japonica는 줄기잎을 약재로 사용한 것으로 기록했다. 『조선식물향명집』은 당시 민간에서 부르던 것에 따라 P. tenuifolia를 '원지'로, P. japonica를 '영신초'(아기풀)로 기록했다.

속명 Polygala는 polys(많다)와 gala(젖)의 합성어로 젖의 분비를 촉진한다고 하여 디오스코리데스(Dioscorides, 40~90)가 원지(milkwort) 종류에 붙인 그리스명 polygalon에서 유래했으며 원지속을 일컫는다. 종소명 tenuifolia는 라틴어 tenuis(가는, 섬세한, 얇은)와 folia(잎)의 합성어로 잎이 가늘고 긴 특징에서 유래했다.

다른이름 원지(정태현 외, 1936), 실영신초(박만규, 1949), 애기원지(안학수·이춘녕, 1963), 실령신초(리종오, 1964), 아기원지(박만규, 1974)

옛이름 遠志/非師豆刀草/阿只草(향약구급방, 1236), 遠志/小草(목은집, 1404), 遠志/阿只草/非師豆刀草(향약채취월령, 1431), 遠志/阿只草(향약집성방, 1433), 遠志(세종실록지리지, 1454), 아기촛불휘/遠志(구급간이방언해, 1489), 遠志(구급이해방, 1499), 狗尾草/遠志/아기플(사성통해, 1517), 遠志/阿只草/아기플(촌가구급방, 1538), 遠志/원지(언해태산집요, 1608), 遠志/아기플불휘(동의보감, 1613), 遠志(의림촬요, 1635), 遠志(기언, 1689), 遠志/아기플/狗尾草(역어유해, 1690), 遠志/아기플불휘/小草(산림경제, 1715), 遠志(성호사설, 1740), 遠志/아기풀불휘(제중신편, 1799), 遠志/小草/細草(광재물보, 19세기 초), 遠志/원지/蔓/小草(물보, 1802), 遠志(만기요람, 1808), 원지/아기플(화왕본긔, 19세기 초), 遠志/아기풀(물명고, 1824), 遠志(임원경제지, 1842), 원지/遠知(한불자전, 1880), 遠志/아기풀쑤리(방약합편, 1884), 遠志(운양집, 1914)[10]

중국/일본명 중국명 远志(yuan zhi)는 한국명과 동일하다. 일본명 イトヒメハギ(糸姫萩)는 잎이 실처럼 가는 애기풀(ヒメハギ)이라는 뜻이다.

참고 [북한명] 원지 [유사어] 세초(細草), 소초(小草), 요(蔓)

---

10 『조선한방약료식물조사서』(1917)는 '遠志'를 기록했으며 『조선식물명휘』(1922)는 '遠志, 遠茝, 靈神草, 아기풀, 령신초(藥)'를, 『선명대화명지부』(1934)는 '령신쵸, 아기풀'을 기록했다.

Polygala triphylla *Hamilton*　ヒナノキンチャク
Byŏngari-pul　병아리풀

병아리풀〈*Polygala tatarinowii* Regel(1861)〉

병아리풀이라는 이름은 식물체가 작고 앙증맞아 병아리를 닮았다는 뜻에서 유래했다. 일본명 중 'ヒナ'에 날짐승의 새끼 또는 병아리의 뜻이 있으므로 병아리풀의 유래를 일본명에서 찾는 견해가 있다.[11] 그러나 같은 속의 식물인 원지(遠志)를 전통적으로 애기풀(아기풀)이라고 했고 병아리풀은 꽃의 모양 등이 애기풀과 닮았는데 전체가 작고 앙증맞다는 뜻인 반면에, 일본명은 작은 열매의 모양에 착안한 이름이므로 일부 영향을 받았을지라도 유래를 일본명에서 찾기는 어려운 것으로 보인다. 실제 사용하는 방언을 채록한 것인지 아니면 『조선식물향명집』에서 신칭한 이름인지는 명확하지 않다.

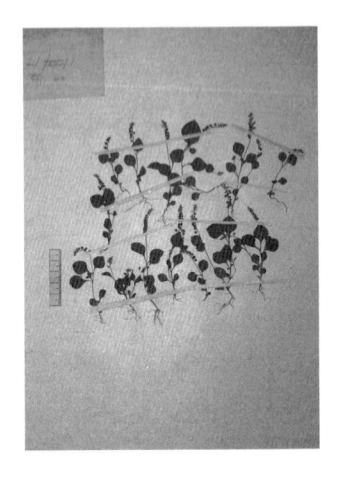

속명 *Polygala*는 polys(많다)와 gala(젖)의 합성어로 젖의 분비를 촉진한다고 하여 디오스코리데스(Dioscorides, 40~90)가 원지(milkwort) 종류에 붙인 그리스명 polygalon에서 유래했으며 원지속을 일컫는다. 종소명 *tatarinowii*는 러시아 식물학자로 중국 식물을 채집한 Alexander Alexejevitch Tatarinow(1817~1889)의 이름에서 유래했다.

다른이름 좀영신초(박만규, 1949)

중국/일본명 중국명 小扁豆(xiao bian dou)는 식물체가 작고 까치콩(扁豆)을 닮았다는 뜻이다. 일본명 ヒナノキンチャク(雛の巾着)는 열매의 모양이 돈주머니(キンチャク)를 닮았는데 어린 새(ヒナ)처럼 작다는 뜻에서 유래했다.

참고 [북한명] 병아리풀

Salomonia stricta *Siebold et Zuccarini*　ヒナノカンザシ
Byŏngari-dari　병아리다리

병아리다리〈*Salomonia ciliata* (L.) DC.(1824)〉[12]

---

11 이러한 견해로 이우철(2005), p.276과 김종원(2016), p.211 참조.

12 '국가표준식물목록'(2018)은 병아리다리의 학명을 *Salomonia oblongitolia* DC.(1824)로 기재하고 있으나, 『장진성 식물목록』(2014)과 '중국식물지'(2018)는 본문의 학명을 정명으로 기재하고 있다.

병아리다리라는 이름은 가녀린 꽃차례의 모양을 병아리의 다리에 비유한 것에서 유래했다.[13] 옛 이름이 별도로 확인되지 않는 것으로 보아 병아리의 비녀라는 뜻의 일본명에서 '병아리'를 차용해 『조선식물향명집』에서 신칭한 것으로 추정된다.

속명 *Salomonia*는 그리스어 *salos*(불안정한 동작)와 *monos*(하나, 단독)의 합성어로, 가녀린 식물체의 모양에서 유래했다는 설과 이스라엘의 왕 솔로몬(Solomon, B.C.973~B.C.937)의 이름에서 유래했다는 설이 있으며 병아리나리속을 일컫는다. 종소명 *ciliata*는 '연모(軟毛)가 있는'이라는 뜻이다.

다른이름 원지(박만규, 1949), 병아리다리풀(임록재 외, 1996)[14]

중국/일본명 중국명 椭圆叶齿果草(tuo yuan ye chi guo cao)는 잎은 타원모양이며 열매는 이빨 모양인 풀이라는 뜻이다. 일본명 ヒナノカンザシ(雛の簪)는 병아리의 비녀라는 뜻으로 가녀린 작은 꽃을 단 꽃차례의 모양 때문에 붙여졌다.

참고 [북한명] 병아리다리풀

13　이러한 견해로 이우철(2005), p.276과 허북구·박석근(2008a), p.112 참조.
14　『조선식물명휘』(1922)는 '小扁豆'를 기록했다.

Euphorbiaceae 대극科 (大戟科)

대극과〈Euphorbiaceae Juss.(1789)〉

대극과는 국내에 자생하는 대극에서 유래한 과명이다. '국가표준식물목록'(2018), 『장진성 식물목록』
(2014) 및 '세계식물목록'(2018)은 Euphorbia(대극속)에서 유래한 Euphorbiaceae를 과명으로 기재하
고 있으며, 엥글러(Engler), 크론키스트(Cronquist) 및 APG IV(2016) 분류 체계도 이와 같다.

Acalypha australis *Linné*　エノキグサ(アミガササウ)

Ĝaepul　깨풀

깨풀〈*Acalypha australis* L.(1753)〉

깨풀이라는 이름은 잎의 모양이 깻잎(들깨)과 닮은 풀이라는 뜻에서 유래했다.[1] 대극과의 식물이
지만 잎의 생김새가 꿀풀과인 들깨와 비슷하며, 어린잎은 식용했다.[2] 『조선산야생식용식물』은 깨
풀과 유사한 뜻을 가진 '들깨나물'이라는 이름을 강원도 영월에서 부르는 방언이라는 점을 기록
하기도 했다. 『조선식물명휘』에서 조선명으로 '깨풀'을 채록한 것이 문헌상 최초로 발견되는 이름
으로 보이며, 『조선식물향명집』에서 조선어학회가 1933년에 제정한 '한글 마춤법 통일안'의 된소
리에 대한 맞춤법에 따라 '깨풀'로 변경해 현재에 이르고 있다.

　　속명 *Acalypha*는 쐐기풀의 고대 그리스명 *akalephe*에서 유래한 말로 *Urtica*(쐐기풀속)와 잎
이 닮았다고 생각한 린네(Carl von Linné, 1707~1787)가 붙였으며 깨풀속을 일컫는다. 종소명
*australis*는 '남쪽의, 남방의, 남반구의'라는 뜻이다.

다른이름　들깨나물(정태현 외, 1942), 들깨풀(박만규, 1949)[3]

중국/일본명　중국명 铁苋菜(tie xian cai)는 억센 털비름(苋菜)이라는 뜻이다. 일본명 エノキグサ(榎草)
는 팽나무(エノキ)와 비슷한 잎을 가진 풀(クサ)이라는 뜻이다.

참고　[북한명] 깨풀 [유사어] 철현채(鐵莧菜) [지방명] 무시지심/채소지심(전북), 복콜/복쿨/복풀(제주)

1　이러한 견해로 이우철(2005), p.115; 유기억(2018a), p.168; 김종원(2013), p.321 참조.
2　이에 대해서는 『조선산야생식용식물』(1942), p.152 참조.
3　『제주도및완도식물조사보고서』(1914)는 '보ックル'[복쿨]을 기록했으며 『조신식물명휘』(1922)는 '鐵莧菜, 깨풀'을, 『선명
　대화명지부』(1934)는 '깨풀'을 기록했다.

Daphniphyllum macropodum *Miquel* ユヅリハ
Gulgŏri-namu 굴거리나무

굴거리나무〈*Daphniphyllum macropodum* Miq.(1867)〉

굴거리나무라는 이름은 주요 자생지인 제주 방언 '굴거리낭'에서 유래했다.[4] 제주도의 방언에 '굴거리' 및 그와 유사한 '굴거기'와 '굴게'라는 단일한 어형이 남아 있지 않으므로 그 정확한 유래를 찾기는 어렵다. 다만 '굴거리낭'을 분석해보면 '굴'은 산골을 뜻하고,[5] '거리'는 거리왓(일정한 거리 내에 있는 밭)과 같이 일정한 지역에 있다는 것을 뜻하며,[6] '낭'은 나무를 뜻하는 것으로 해석할 수 있다. 이에 따라 굴거리나무라는 이름은 산지(산골) 숲속에서 군락을 이루거나 일정한 지역에 모여 자라는 모습에서 유래한 것으로 추론된다. 옛 문헌에서 중국에서 유래한 한자명 交讓樹(교양수)와 交讓木(교양목)이 발견

되지만, 구체적으로 한반도에 분포하는 굴거리나무를 일컫는 것인지는 명확하지 않다. 한편 굿판에서 굿거리로 사용한 나무라는 뜻에서 유래했다고 보는 견해가 있다.[7] 그러나 '굿하다'를 제주 방언으로 '굿치다'로 표현하는 차이가 있을 뿐 '굿'이라는 단어는 내륙과 동일하게 사용했는데[8] 굴거리나무의 제주 방언 '굴거리낭'에서 '굿'의 어형은 발견되지 않고, 굿거리에 이용했다는 민속 기록도 존재하지 않아 그 타당성은 의문스럽다.

속명 *Daphniphyllum*은 그리스어 *daphne*(월계수의 옛이름)와 *phyllon*(잎)의 합성어로, 잎의 형태가 월계수와 비슷한 것에서 유래했으며 굴거리나무속을 일컫는다. 종소명 *macropodum*은 '긴 자루의, 굵은 줄기의'라는 뜻으로 긴 잎자루의 형태에서 유래했다.

다른이름 　굴거리나무/만병초(정태현 외, 1923), 청대동(박만규, 1949), 굴거리(이창복, 1966)

옛이름 　交讓樹(동국이상국집, 1241), 交讓木(기언, 1689)[9]

중국/일본명 　중국명 交让木(jiao rang mu)는 새잎이 날 때 묵은잎이 자리를 양보한다고(交讓) 하여 붙

4　이에 대해서는 『조선삼림수목감요』(1923), p.78과 『조선삼림식물도설』(1943), p.421 참조.

5　이에 대해서는 석주명(1947), p.20 참조.

6　이에 대해서는 현평효·강영봉(2014), p.27 참조.

7　이러한 견해로 박상진(2019), p.54와 오찬진 외(2015), p.705 참조.

8　이에 대해서는 석주명(1947), p.21과 현평효·강영봉(2014), p.48 참조.

9　『제주도및완도식물조사보고서』(1914)는 'クルゲナム, クルゴリナム, キョーリョンモック'[굴게낭, 굴거리낭, 교양목]을 기록했으며 「조선주요삼림수목명칭표」(1915a)는 '굴거리ㄴ무'를, 『조선식물명휘』(1922)는 '交讓樹, 山黃樹, 굴거리나무'를, 『선명대화명지부』(1934)는 '굴거리나무'를 기록했다.

여겼다. 일본명 ユヅリハ(讓葉)도 중국명과 유사한 뜻에서 유래했다.

참고 [북한명] 굴거리나무 [유사어] 교양수(交讓樹), 우이풍(牛耳楓) [지방명] 개국활/국깔나무/국활/
국활나무/굴활나무/만병초/해동피(전남), 국활/굴거기낭/굴거리남/굴거리낭/굴게남/굴게낭/굴괴남/
굴괴낭/굴궤낭/배염푸기/피낭(제주), 굴거리(충북)

Daphniphyllum glaucescens *Blume* ヒメユヅリハ
Jom-gulgori-namu 좀굴거리나무

좀굴거리나무⟨*Daphniphyllum teijsmannii* Zoll. ex Teijsm. & Binn.(1864)⟩[10]
좀굴거리나무라는 이름은 식물체가 작은(좀) 굴거리나무라는 뜻에서 붙여졌다.[11] 굴거리나무에 비
해 잎이 작고 수꽃에 꽃받침이 있는 점에서 구별된다.[12] 『조선식물향명집』에서 전통 명칭 '굴거리
나무'를 기본으로 하고 식물의 형태적 특징을 나타내는 '좀'을 추가해 신칭했다.[13]

속명 *Daphniphyllum*은 그리스어 *daphne*(월계수의 옛이름)와 *phyllon*(잎)의 합성어로, 잎의
형태가 월계수와 비슷한 것에서 유래했으며 굴거리나무속을 일컫는다. 종소명 *teijsmannii*는 네
덜란드 원예가 J. E. Teijsmann(1808~1882)의 이름에서 유래했다.

다른이름 좀굴거리(이창복, 1966), 애기굴거리나무(한진건 외, 1982)[14]

중국/일본명 좀굴거리나무의 중국 분포는 확인되지 않는다. 일본명 ヒメユヅリハ(姬讓葉)는 작은 굴
거리나무(ユヅリハ)라는 뜻이다.

참고 [북한명] 좀굴거리나무 [유사어] 교양목(交讓木), 우이풍(牛耳楓) [지방명] 굴거리낭/굴괴낭/피
낭(제주)

Euphorbia Esula *Linné* ハギクサウ
Hin-daegug 흰대극

흰대극⟨*Euphorbia esula* L.(1753)⟩
흰대극이라는 이름은 식물체 전체에 털이 없고 매끄러운 것이 분백색으로 보이는 대극이라는 뜻

---

10 '국가표준식물목록'(2018)은 *Daphniphyllum teijsmanni* Zoll. ex Kurz(1864)로 기재하고 있으나, 『장진성 식물목록』
   (2014)과 'IPNI'(2018)는 정명을 본문과 같이 기재하고 있다.
11 이러한 견해로 이우철(2005), p.466 참조.
12 이에 대해서는 김태영·김진석(2018), p.137 참조.
13 이에 대해서는 『조선식물향명집』, 색인 p.45 참조.
14 『조선식물명휘』(1922)는 '青黃剛樹'를 기록했다.

에서 유래했다.[15] 『한국식물도감(하권 초본부)』에 "全株無毛 粉白"(전체에 털이 없고 분백색이다)이라고 기록한 것에서 유래를 추정할 수 있다.[16] 『조선식물향명집』에서는 전통 명칭 '대극'을 기본으로 하고 식물의 색깔을 나타내는 '흰'을 추가해 '흰대극'을 신칭했으나,[17] 『조선식물명집』에서 맞춤법에 따라 '흰대극'으로 개칭해 현재에 이르고 있다.

속명 *Euphorbia*는 로마 시대 모리타니의 왕 유바 2세의 시의(侍醫)였던 Euphorbus(B.C.30~A.D.23)의 이름에서 유래한 것으로, 유액을 약용했기에 좋은(*eu*)과 식품(*phorbe*)이란 의미도 내포하고 있으며 대극속을 일컫는다. 종소명 *esula*는 '매운, 구황식물의'라는 뜻이다.

다른이름 흰대극(정태현 외, 1937), 노랑대극(박만규, 1949), 흰대국(이영노·주상우, 1956), 노랑등대풀(안학수·이춘녕, 1963), 노랑버들옻(리종오, 1964), 흰버들옻(임록재 외, 1972)[18]

중국/일본명 중국명 乳浆大戟(ru jiang da ji)는 우윳빛 즙액이 나오는 대극(大戟)이라는 뜻이다. 일본명 ハギクサウ(葉菊草)는 붉게 물든 잎이 국화의 꽃처럼 보이는 풀이라는 뜻이다.

참고 [북한명] 흰버들옻 [유사어] 대극(大戟)

Euphorbia Helioscopia *Linné*   トウダイグサ
Dúngdae-pul 등대풀

등대풀〈*Euphorbia helioscopia* L.(1753)〉

등대풀이라는 이름은 꽃차례가 등대(燈臺)를 닮은 풀이라는 뜻에서 유래했다.[19] 옛말 등대(燈臺)는 20세기 초반에 등대(lighthouse)를 건설하기 이전에는, 등잔을 받치는 대(등잔 받침대 또는 손잡이)라는 의미로 사용했다.[20] 일제강점기에 저술된 『제주도및완도식물조사보고서』는 당시 제주도 방언으로 'トゥデクル'(도데쿨)이 있음을 기록했고, 현재의 방언 조사에서도 유사한 이름이 발견되는 점에 비추어 제주 방언을 채록한 이름으로 보인다.[21] 한편 옛 문헌에 중국에서 전래된 한자명 澤漆(택칠)이라는 이름이 기록되었으나, 『동의보감』은 중국의 『신농본초경집주』와 『경사증류비급본초』의

---

15 이러한 견해로 김종원(2013), p.472 참조.
16 이에 대해서는 『한국식물도감(하권 초본부)』(1956), p.385 참조.
17 이에 대해서는 『조선식물향명집』, 색인 p.49 참조.
18 『조선식물명휘』(1922)는 '大戟'을 기록했다.
19 이러한 견해로 이우철(2005), p.200 참조.
20 이에 대해서는 『고어대사전 6』(2016), p.630 참조. 또한 『한불자전』(1880)도 등의 손잡이를 뜻하는 것으로 해설하고 있다.
21 김종원(2013), p.475와 이윤옥(2015), p.133은 "일본명 토우다이는 망망대해에서 항해를 돕는 등대를 지칭하는 것이 아니기 때문에 한글명 등대풀은 일본명을 오역한 것이다"라거나 "한국에서는 일본말의 등대가 등잔을 가리키는 것인지 모르고 누군가 알량하게 등대라고 번역한 것을 받아들여 지금까지 등대풀이 된 것이다"라고 주장하고 있다. 그러나 옛말 '등대'의 의미를 잘못 이해했을 뿐만 아니라 당시 제주도에서 실제 사용했을 것으로 보이는 이름을 오로지 비슷하다는 이유만으로 일본명을 번역했다는 주장은 설득력이 떨어진다.

영향을 받아 "此大戟之苗也"(이것은 대극의 어린싹이다)라고 기록해[22] 택칠을 대극과 구별되는 별도 식물로 보지 않았다.[23]

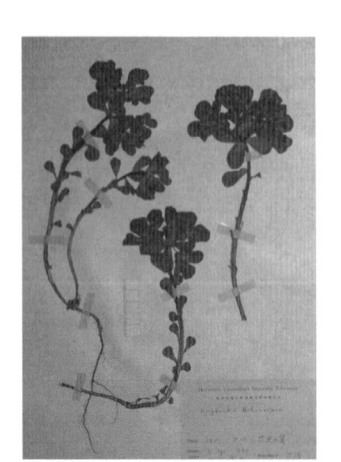

속명 *Euphorbia*는 로마 시대 모리타니의 왕 유바 2세의 시의(侍醫)였던 Euphorbus(B.C.30~A.D.23)의 이름에서 유래한 것으로, 유액을 약용했기에 좋은(*eu*)과 식품(*phorbe*)이란 의미도 내포하고 있으며 대극속을 일컫는다. 종소명 *helioscopia*는 '해를 향하는'이라는 뜻으로 식물체가 하늘을 향하는 모습에서 유래했다.

다른이름 등대대극/등대초(박만규, 1974)

옛이름 澤漆/柳漆(향약채취월령, 1431), 澤漆/柳漆苗(향약집성방, 1433),[24] 澤漆(세종실록지리지, 1454), 澤漆(동의보감, 1613), 澤漆(산림경제, 1715), 澤漆/漆莖/五鳳草/猫兒眼睛草/綠葉綠花草(광재물보, 19세기 초), 澤漆/柰莖/五鳳草(물명고, 1824), 澤漆(선한약물학, 1931)[25]

중국/일본명 중국명 澤漆(ze qi)는 잎을 자르면 나오는 흰색의 유액을 윤기(澤)가 있는 옻(漆)으로 본 것에서 유래했다.[26] 일본명 トウダイグサ(灯台草)는 한국명과 같은 연유에서 유래했다.

참고 [북한명] 등대풀 [유사어] 택칠(澤漆) [지방명] 도데쿨/등듸쿨/등듸풀/등디쿨/등디풀/등지풀(제주)

Euphorbia humifusa *Willdenow* ニシキサウ
Dâng-bindae 땅빈대

땅빈대〈*Euphorbia humifusa* Willd. ex Schltdl.(1814)〉

땅빈대라는 이름은 잎이 작으며 식물체가 땅에 깔린 모양을 곤충 빈대에 비유한 것에서 유래했

---

22 『향약집성방』(1433)은 "柳漆苗"(버들옷삯)라고 하여 택칠을 버들옷(大戟)의 새싹으로 보았고, 홍만선이 저술한 『산림경제』(1715)는 "大戟毒 버들옷 卽澤漆根也"(대극은 버들옷인데 즉 택칠의 뿌리다)라고 하여 대극을 택칠의 뿌리를 일컫는 것으로 보았다.

23 『물명고』(1824)는 "此別是一種草 而東醫以爲大戟苗 誤矣"(이것은 별도 종의 풀로 보는 것이 옳다. 그러나 동의보감은 대극의 싹으로 보았다. 이는 잘못이다)라고 하여 택칠을 대극과 구별되는 별도의 식물로 보았다. 다만 『물명고』는 필사본으로 공적인 출판을 하지 않은 문헌이어서 널리 읽히지 않았다. 이에 대한 보다 자세한 내용은 홍윤표(2016), p.197 참조.

24 『향약집성방』(1433)의 차자(借字) '柳漆苗'(유칠묘)에 대해 남풍현(1996), p.177은 '버들옷삯'의 표기로 보고 있다.

25 『제주도및완도식물조사보고서』(1914)는 'トゥデクル'[도데쿨]을 기록했으며 『조선어사전』(1920)은 '綠葉綠花草(록엽록화초), 澤漆(틱칠), 猫睛草(묘정초), 五鳳草(오봉초)'를, 『조선식물명휘』(1922)는 '澤漆, 猫兒眼睛(毒)'을, 『토명대조선만식물자휘』(1932)는 '[澤漆(草)]틱칠(초), [猫睛草]묘정초, [五鳳草]오봉초, [綠葉綠花草]록엽록화초'를 기록했다.

26 중국의 『신농본초경집주』(6세기 초)는 "生時摘葉有白汁 故名澤漆"(살아 있을 때 잎을 따면 흰 즙이 나오기 때문에 택칠이라는 이름이 붙여졌다)라고 기록했다.

다.[27] 전국의 밭가 및 집안 마당 등에서 기어 자라는 특징이 있으며, 어린잎은 식용하고 전초를 민간 약재로 사용했다.[28] 땅빈대라는 이름은 『조선식물향명집』에서 처음 보이는데 신칭한 이름인지 당시에 실제로 사용하던 이름을 채록한 것인지는 명확하지 않다. 『재물보』에 기록된 한글명 '약진아비'는 약성을 가지 아비 같은 고마운 존재라는 뜻을 기진 것으로 추론되지만 현재의 이름으로 이어지지는 않았다. 방언에서 발견되는 '비단풀'이라는 이름은 잎의 모양을 비단에 비유한 것으로 한자명 '地錦'(지금)을 번역한 차용어로 보인다.

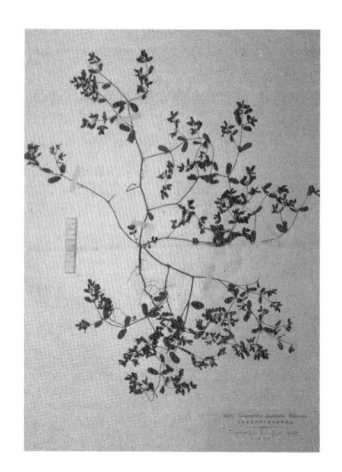

속명 *Euphorbia*는 로마 시대 모리타니의 왕 유바 2세의 시의(侍醫)였던 Euphorbus(B.C.30~A.D.23)의 이름에서 유래한 것으로, 유액을 약용했기에 좋은(eu)과 식품(phorbe)이란 의미도 내포하고 있으며 대극속을 일컫는다. 종소명 *humifusa*는 '지면에 퍼지는'이라는 뜻으로 자라는 모양에서 유래했다.

다른이름 점박이풀(김현삼 외, 1988)

옛이름 地錦/약진아비(재물보, 1798), 地錦/약진아비/地朕/草血竭/地錦草(광재물보, 19세기 초), 地錦/약진아비/馬蟻草(물명고, 1824), 地錦/草血竭(수세비결, 1929)[29]

중국/일본명 중국명 地錦草(di jin cao)는 땅에 깔린 비단풀이라는 뜻으로, 지면에 낮게 깔리며 자라는 붉은 줄기와 녹색 잎의 조화를 비단에 비유한 것이다.[30] 참고로 '중국식물지'는 담쟁이덩굴도 地錦(di jin)이라는 이름으로 기재하고 있다. 일본명 ニシキサウ(錦草)도 비단풀이라는 뜻으로 줄기와 잎의 모양이 비단과 비슷하다는 것에서 유래했다.

참고 [북한명] 점박이풀 [유사어] 지금(地錦), 지금초(地錦草), 지짐(地朕), 초혈갈(草血竭), 혈견수(血見愁), 혈풍초(血風草) [지방명] 비단풀(경기/경상/충북), 딸감나무/비단뿌리/비단풀(전남), 공장리/비단풀(전북), 고롬쿨/고롬풀/고롭쿨/고름풀/비단풀/빈대풀/젓쿨/제쿨(제주)

---

27 이러한 견해로 이우철(2005), p.202와 김종원(2013), p.106 참조.

28 이에 대해서는 『한국의 민속식물』(2017), p.673 참조.

29 『제주도및완도식물조사보고서』(1914)는 'コロンクル, ジョットクル, チゴム'[고롬쿨, 젓토쿨, 지곰]을 기록했으며 『조선어사전』(1920)은 '地錦(디금), 地朕(디짐), 血見愁(혈견수), 血風草(혈풍초)'를, 『조선식물명휘』(1922)는 '地錦, 形花草'를, 『토명대조선만식물자휘』(1932)는 '[地錦(草)]디금(초), [地朕(草)]디짐(초), [血風草]혈풍초, [血見愁]혈견수, [草血竭]초혈갈'을 기록했다.

30 중국의 『본초강목』(1596)은 "赤莖布地 故曰地錦 專治血病 故俗稱爲血竭 血見愁 馬蟻 雀兒喜聚之 故有馬蟻 雀單之名"(붉은 줄기가 땅에 깔리므로 지금이라 한다. 혈병을 치료하는 데만 쓰므로 민간에서는 혈갈, 혈견수라고도 한다. 마의와 작아는 모이는 것을 좋아하므로 마의, 작단이라는 이름을 가지게 되었다)이라고 기록했다.

Euphorbia Jolkinii *Boissicu*   ハマタイゲキ

Am-daegúg   암대극

암대극〈*Euphorbia jolkinii* Boiss.(1860)〉

암대극이라는 이름은 한자명 '巖大戟'(암대극)[31]에서 유래한 것으로,[32] 해안가의 바위틈에서 주로 자라는 대극이라는 뜻이다. 제주도와 남부 지방의 해안가 바위틈에서 자라는 여러해살이풀이다. 다른이름으로 기록된 바위대극이나 바위버들옺은 암대극을 풀어서 설명한 이름이다.『조선식물향명집』에서는 전통 명칭 '대극'을 기본으로 하고 식물의 산지(産地)를 나타내는 '암'을 추가해 신칭한 것으로 기록했으나,[33] 일제강점기에 기록된『제주도및완도식물조사보고서』에 제주도 방언으로 암대극과 유사한 'アムータイクル'(암대쿨)이 있어 제주 방언에서 유래했을 가능성도 있으므로 이에 대한 추가적인 연구가 필요하다.

  속명 *Euphorbia*는 로마 시대 모리타니의 왕 유바 2세의 시의(侍醫)였던 Euphorbus(B.C.30~A. D.23)의 이름에서 유래한 것으로, 유액을 약용했기에 좋은(*eu*)과 식품(*phorbe*)이란 의미도 내포하고 있으며 대극속을 일컫는다. 종소명 *jolkinii*는 1854~1855년에 일본에서 식물을 채집한 Peter Jolkin(?~?)의 이름에서 유래했다.

다른이름 갯바위대극(안학수·이춘녕, 1963), 바위대극(리종오, 1964), 갯대극(박만규, 1974), 바위버들옺(임록재 외, 1972)[34]

중국/일본명 중국명 大狼毒(da lang du)는 식물체가 큰 낭독(狼毒: 낭독 또는 피뿌리풀의 중국명)이라는 뜻이다. 일본명 ハマタイゲキ(浜大戟)는 해변에 자라는 대극(大戟)이라는 뜻이다.

참고 [북한명] 바위버들옺 [유사어] 약대극(約大戟)

Euphorbia maculata *Linné*   コニシキサウ

Aegi-dangbindae   애기땅빈대

애기땅빈대〈*Euphorbia supina* Raf.(1817)〉[35]

애기땅빈대라는 이름은 식물체의 크기가 작은(애기) 땅빈대라는 뜻에서 붙여졌다.[36]『조선식물향

---

31 이에 대해서는『한국식물도감(하권 초본부)』(1956), p.387 참조.

32 이러한 견해로 이창복(1980), p.512와 이유미(2013), p.55 참조.

33 이에 대해서는『조선식물향명집』, 색인 p.42 참조.

34 『제주도및완도식물조사보고서』(1914)는 'アムータイクル, サッチョークル'[암대쿨, 사쵸쿨]을 기록했다.

35 '국가표준식물목록'(2018)은 애기땅빈대를 별도의 종으로 분류하고 있으나,『장진성 식물목록』(2014), '세계식물목록'(2018) 및 '중국식물지'(2018)는 큰땅빈대(*E. maculata*)에 통합하고 있으므로 주의가 필요하다.

36 이러한 견해로 이우철(2005), p.383과 유기억(2018a), p.124 참조.

명집』에서 전통 명칭 '땅빈대'를 기본으로 하고 식물의 형태적 특징을 나타내는 '애기'를 추가해 신칭했다.[37]

속명 *Euphorbia*는 로마 시대 모리타니의 왕 유바 2세의 시의(侍醫)였던 Euphorbus(B.C.30∼A.D.23)의 이름에서 유래한 것으로, 유액을 약용했기에 좋은(eu)과 식품(phorbe)이란 의미도 내포하고 있으며 대극속을 일컫는다. 종소명 *supina*는 '퍼진'이라는 뜻으로 식물체가 퍼져서 자라는 모습에서 유래했다

다른이름 좀땅빈대(박만규, 1949), 애기점박이풀(김현삼 외, 1988)

중국/일본명 중국명 斑地锦(ban di jin)은 잎에 얼룩무늬가 있는 지금초(地錦草: 땅빈대의 중국명)라는 뜻이다. 일본명 コニシキサウ(小錦草)는 식물체가 작은 땅빈대(ニシキサウ)라는 뜻이다.

참고 [북한명] 애기점박이풀 [지방명] 비단풀(경북), 비단풀/쇠마당(전북)

○ Euphorbia Pallasii *Turczaninow*　ヒロハタカトウダイ
Nangdog　랑독(큰대극)　狼毒

낭독〈*Euphorbia fischeriana* Steud.(1840)〉

낭독이라는 이름은 중국에서 전래된 한자명 '狼毒'(낭독)에서 유래한 것으로, 이리(狼)처럼 맹렬하고 사나울 정도로 독(毒)이 강하다는 뜻에서 붙여졌다.[38] 북부 지방에 주로 분포하는 여러해살이풀로 예부터 뿌리를 약용했다.[39] 한글명으로 오독도기(오독뜨기 및 오독독이)가 옛 문헌에서 발견되고『조선산야생약용식물』은 그 명칭을 기록했으나,『조선식물향명집』은 한자어 '랑독'(낭독)을 보편적인 이름으로 보아 이를 조선명으로 기록했다.『조선식물명집』에서 맞춤법에 따라 '낭독'으로 개칭해 현재에 이르고 있다. 한편 한글명 오독도기는『향약채취월령』과『향약집성방』에서 차자(借字) 표현으로 '吾獨毒只'(오독독지)를 기록해 독성과 연관된 이름으로 보이지만 그 정확한 뜻은 알려져 있지 않다. 또한 오독도기가 어떤 식물을 일컫는지는 혼동이 있었는데,『조선식물향명집』은 미나리아재비과의 진범에 대한 다른이름으로 기록하기도 했다.[40] 한방에서는 생약명 낭독(狼毒)을 낭독(*E. fisheriana*)과 붉은대극(*E. ebracteolata*)의 뿌리로 보고 있으나,[41] 팥꽃나무과의 피뿌리풀(*Stellera chamaejasme*)의 뿌리를 포함하는 견해도 있다.[42] 한편『향약구급방』과『향약집성방』은 오독도기에 해당하는 한자명을 '藺茹'(여여)로 보았는데,『향약채취월령』은 '狼毒'(낭독)으로

37　이에 대해서는『조선식물향명집』, 색인 p.42 참조.

38　이러한 견해로 이우철(2005), p.136 참조.

39　이에 대해서는『조선산야생약용식물』(1936), p.152 참조.

40　이에 대해서는『조선식물향명집』, p.64 '진범' 참조.

41　이에 대해서는『대한민국약전외 한약(생약)규격집』(2016), p.36 참조.

42　이에 대해서는『(신대역) 동의보감』(2012), p.2066 참조.

보았고, 『동의보감』과 『물명고』는 '藺茹'와 '狼毒'을 별개의 식물로 보았으며, 『의종손익』은 '藺茹'를 '茜草'(천초: 꼭두서니)와 같은 것으로 보기도 했다. 중국의 『본초강목』은 '藺茹'에 대해 "弘景日 今第一出高麗 色黃 初斷時汁出凝黑如漆 故云漆頭 次出近道"(도홍경이 이르기를 지금은 고려에서 나는 것을 가장 으뜸으로 치는데, 노란색이다. 처음에 잘랐을 때 즙이 나와 굳으면서 옻처럼 검게 되므로 칠두라고 하고 두 번째 것을 근도라고 한다)라고 기록해 한반도에서 자라는 식물로 보았으나 정확히 어떤 종의 식물을 일컫는지는 알려져 있지 않다.

속명 *Euphorbia*는 로마 시대 모리타니의 왕 유바 2세의 시의(侍醫)였던 Euphorbus(B.C.30~A.D.23)의 이름에서 유래한 것으로, 유액을 약용했기에 좋은(*eu*)과 식품(*phorbe*)이란 의미도 내포하고 있으며 대극속을 일컫는다. 종소명 *fischeriana*는 러시아 식물분류학자 Friedrich Ernst Ludwig von Fisher (1782~1854)의 이름에서 유래했다.

다른이름 오독독이(정태현 외, 1936), 랑독/큰대극(정태현 외, 1937), 팔라시대극(박만규, 1949), 오독도기(리종오, 1964), 민대극(이영노, 1996)

옛이름 藺茹/烏得夫得/五得浮得(향약구급방, 1236),[43] 狼毒/吾獨毒只(향약채취월령, 1431), 藺茹/吾獨毒只(향약집성방, 1433),[44] 藺茹(세종실록지리지, 1454), 狼毒(구급이해방, 1499), 浪毒/藺茹/吾毒獨只/오독도기(촌가구급방, 1538), 狼毒/오독뜨기/藺茹(동의보감, 1613), 狼毒/藺茹(의림촬요, 1635), 狼毒/오독뜨기(산림경제, 1715), 狼毒/오독독이(재물보, 1798), 낭독/오독톳기(화왕본긔, 19세기 초), 狼毒/오독독이(광재물보, 19세기 초), 狼毒(여유당전서, 19세기 초), 狼毒/오독독이/藺茹(물명고, 1824), 藺茹(해동역사, 1841), 狼毒/藺茹(오주연문장전산고, 185?), 狼毒/오독뜨기/藺茹/茜草(의종손익, 1868), 狼毒/오독도키(의서옥편, 1921), 狼毒(수세비결, 1929)[45]

중국/일본명 중국명 狼毒(lang du)는 독이 많은 식물이라는 뜻으로[46] 한국명과 동일하다. 일본명 ヒロハタカトウダイ(廣葉高灯台)는 잎이 넓은 대극(タカトウダイ)이라는 뜻이다.

참고 [북한명] 오독도기

---

43 『향약구급방』(1236)의 차자(借字) '烏得夫得/五得浮得'(오득부득/오득부득)에 대해 남풍현(1981), p.99는 '오득부득'의 표기로 보고 있으며, 이덕봉(1963), p.22는 '오득부득'의 표기로, 손병태(1996), p.48은 '오독도기'의 표기로 보고 있다.

44 『향약집성방』(1433)의 차자(借字) '吾獨毒只'(오독독지)에 대해 남풍현(1999), p.178은 '오독뜨기'의 표기로 보고 있다.

45 『조선어사전』(1920)은 '狼毒(낭독), 오독쓰기'를 기록했다.

46 중국의 『본초강목』(1596)은 狼毒에 대해 "觀其名 知其毒矣"(그 이름을 살피면 그 독을 알 수 있다)라고 기록했다.

Euphorbia pekinensis *Ruprecht*   タカトウダイ
Daegŭg   대극   大戟

대극〈*Euphorbia pekinensis* Rupr.(1859)〉

대극이라는 이름은 한자명 '大戟'(대극)이 어원으로, 뿌리를 약
용하는데 뿌리의 맵고 쓴 맛이 사람의 목을 찌를 정도라는 뜻
에서 유래했다.[47] 옛 문헌에는 한자명 大戟(대극)의 한글명으로
'버들옷', '돌옷', '능슈버들(능쇼버들)' 등이 기록되어 있다. 그중
『향약구급방』이래로 가장 오래된 우리말 표현은 '버들옷'(버
들옷)으로, 잎이 버드나무의 잎을 닮았고 줄기를 자르면 흰색
진이 나오는 것이 옻을 닮았기 때문에 붙여진 이름이다.[48] 『조
선식물향명집』은 한자명에서 유래한 '대극'을 당시에 보다 보
편적으로 사용하는 이름으로 보고 이를 기록했다.

속명 *Euphorbia*는 로마 시대 모리타니의 왕 유바 2세의 시
의(侍醫)였던 Euphorbus(B.C.30~A.D.23)의 이름에서 유래한
것으로, 유액을 약용했기에 좋은(*eu*)과 식품(*phorbe*)이란 의미도 내포하고 있으며 대극속을 일컫
는다. 종소명 *pekinensis*는 '베이징에 분포하는'이라는 뜻으로 최초 발견지를 나타낸다.

다른이름 우독초/능수버들(정태현 외, 1936), 버들옻(리종오, 1964)

옛이름 大戟/楊等柒(향약구급방, 1236),[49] 大戟/柳漆(향약채취월령, 1431), 大戟/柳漆(향약집성방,
1433),[50] 大戟/땡격(구급방언해, 1466), 大戟/디극(언해구급방, 1608), 大戟/대극(언해두창집요, 1608), 大
戟/버들옷/澤漆根(동의보감, 1613), 大戟(실험단방, 1709), 大戟/돌옷/澤漆根(산림경제, 1715), 大戟(광제비
급, 1790), 大戟/응슈버들(재물보, 1798), 大戟/버들옷(제중신편, 1799), 大戟/능쇼버들(물보, 1802), 大戟/
능슈버들(광재물보, 19세기 초), 대극/버들옷(화왕본긔, 19세기 초), 大戟/능슈버들/버들옷(물명고,
1824), 大戟/버들옷(의종손익, 1868), 大戟/능수버들(의휘, 1871), 대극/능슈버들/大戟(한불자전, 1880),
大戟/버들옷(방약합편, 1884), 大戟(수세비결, 1929), 大戟/버들옷(선한약물학, 1931)[51]

---

47 이러한 견해로 이우철(2005), p.170과 이덕봉(1963), p.18 참조.

48 이러한 견해로 이덕봉(1963), p.18과 김종원(2013), p.477 참조. 『물명고』(1824)는 "折之有白漿 初生時莖末葉如柳葉而不
尖"(줄기를 자르면 흰색 진이 나온다. 처음 자라는 줄기 끝의 잎은 버들잎 같으나 뾰족하지 않다)이라고 기록했다.

49 『향약구급방』(1236)의 차자(借字) '楊等柒'(양등칠)에 대해 남풍현(1981), p.61과 이덕봉(1963), p.18은 '버들옷'의 표기로 보
고 있다.

50 『향약집성방』(1433)의 차자(借字) '柳漆'(유칠)에 대해 남풍현(1999), p.177은 '버들옷'의 표기로 보고 있다.

51 『조선어사전』(1920)은 '大戟(대극), 버들옷'을 기록했으며 『조선식물명휘』(1922)는 '大戟, 勒馬宣, 愚毒草, 우독쵸(毒)'를, 『토
명대조선만식물자휘』(1932)는 '[大戟(草)]대극(초), [버들옷지]'를, 『선명대화명지부』(1934)는 '우독초'를 기록했다.

중국명 大戟(da ji)는 한국명과 같다.[52] 일본명 タカトウダイ(高灯台)는 높은 등대를 연상시킨다는 뜻으로, 등대풀(トウダイグサ)보다 크고 높다는 의미에서 유래했다.

참고 [북한명] 버들옻 [유사어] 우독초(愚毒草), 택칠(澤漆) [지방명] 싸리나물(강원)

Euphorbia Sieboldiana *Morren et Decaisne* ナツトウダイ
Gamsu 감수 甘遂

개감수〈*Euphorbia sieboldiana* Morren & Decne.(1836)〉

개감수라는 이름은 한약재 감수(甘遂)와 생김새가 닮았으나 약재로 사용하지 못해 쓸모가 덜하다는 뜻에서 유래했다.[53] 전국에 분포하는 여러해살이풀로 땅속줄기가 덩이를 형성하지 않기 때문에 약재로 사용하기가 어렵다. 『조선식물향명집』은 '감수'(甘遂)로 기록했으나 『조선식물명집』에서 '개감수'로 개칭해 현재에 이르고 있다. 한약재로 사용하는 甘遂(감수)는 국내에 분포하지 않고, 중국에만 분포하는 *Euphorbia kansui* S.L.Liou ex S.B.Ho(1981)(중국명: 甘遂, gan sui)의 뿌리를 일컫는 이름이었다. 『동의보감』은 甘遂(감수)에 대해 뿌리를 약재로 사용한다는 기록과 함께 그 표제에 '唐'(당)이라

고 표시해 중국에서 수입하는 약재임을 명기했다. 또한 정태현이 주도하여 저술한 『조선산야생약용식물』은 일본명 ナツトウダイ를 甘遂(감수)라고도 하지만 조선에서는 약재로 사용하지 않는다고 기록했다.[54] 이러한 점을 고려해 『조선식물명집』에서 '감수'를 '개감수'로 개칭한 것으로 짐작된다. 한편 감수의 야생형이라는 뜻에서 유래한 것으로 보는 견해도 있으나,[55] 한약재 감수를 국내에서 재배했는지도 확인되지 않으므로 재배와 야생으로 대비된 것인지는 의문스럽다. 북한에서는 한반도에 분포하는 *E. siebodiana*를 '감수'라고 하고 중국에 자생하는 *E. kansui*를 '진감수'라고 부르고 있다.[56]

속명 *Euphorbia*는 로마 시대 모리타니의 왕 유바 2세의 시의(侍醫)였던 Euphorbus(B.C.30~A.

---

52 중국의 『본초강목』(1596)은 大戟에 대해 "其根辛苦 戟人咽喉 故名"(그 뿌리가 맵고 쓴데 사람의 목을 찌르기 때문에 붙여진 이름이다)이라고 기록했다.

53 이러한 견해로 이우철(2005), p.43 참조.

54 이에 대해서는 『조선산야생약용식물』(1936), p.249 참조. 또한 『대한민국약전외 한약(생약)규격집』(2016), p.12도 생약명 甘遂(감수)는 중국에 분포하는 *E. kansui*의 덩이줄기를 일컫는다고 기록하고 있다.

55 이러한 견해로 김종원(2016), p.198 참조.

56 이에 대해서는 리용재 외(2011), p.148 참조.

D.23)의 이름에서 유래한 것으로, 유액을 약용했기에 좋은(*eu*)과 식품(*phorbe*)이란 의미도 내포하고 있으며 대극속을 일컫는다. 종소명 *sieboldiana*는 독일 의사이자 생물학자로 일본 식물을 연구한 Philipp Franz von Siebold(1796~1866)의 이름에서 유래했다.

다른이름 감수(정태현 외, 1937), 능수버들/산감수(박만규, 1949), 참대극(정태현 외, 1949), 산참대극/좀능수버들(안학수·이춘녕, 1963), 산개감수(이창복, 1969b), 좀개감수(안학수 외, 1982)

옛이름 甘遂(구급이해방, 1466), 甘遂(동의보감, 1613), 甘遂(의림촬요, 1635), 甘遂(산림경제, 1715), 甘遂(경종실록, 1723), 甘遂(광재물보, 19세기 초), 甘遂(물명고, 1824), 甘遂(승정원일기, 1868), 감슈/甘遂(한불자전, 1880), 甘遂(선한약물학, 1931)[57]

중국/일본명 중국명 钩腺大戟(gou xian da ji)는 갈고리 모양의 선체(腺體)가 있는 대극(大戟)이라는 뜻이다. 일본명 ナツトウダイ(夏灯台)는 여름(ナツ)에 나는 등대풀(トウダイグサ)이라는 뜻이다.

참고 [북한명] 감수 [유사어] 감수(甘遂)

Excaecaria japonica *Mueller*   シラキ
Saramju-namu   사람주나무

사람주나무〈*Neoshirakia japonica* (Siebold & Zucc.) Esser(1998)〉[58]

사람주나무라는 이름은 경상도에서 부르는 '산호자나무'가 변화했거나 채록 과정에서 변형된 것으로 추정한다. 열매를 식용하거나 기름을 짰으며, 어린잎을 데쳐 나물로 이용했다.[59] 주된 분포지 중의 하나인 경상남도 방언을 채록한 것이다.[60] 경상남도에서는 '산호자나물'이라고 하여 어린잎을 살짝 데쳐서 젓국 양념에 버무려 먹는데, 이러한 '산호자'가 변형된 것으로 보이는 '사노자' 및 '싸노자'라는 방언을 아직도 사용하고 있다. 『조선삼림수목감요』에 방언에서 채록한 '사람주나무'라는 이름이 최초로 기록되었다. 19세기에 저술된 『물명고』는 珊瑚子(산호자)에 대해 "葉如山茶而小"(잎이 동백나무와 비슷하지만 작

---

57 『지리산식물조사보고서』(1915)는 'むるぴさり'[물비사리]를 기록했으며 『조선식물명휘』(1922)는 '甘遂'를, 『토명대조선만식물자휘』(1932)는 *E. Gmelini*에 대해 '[甘遂(草)]감슈(초)'를 기록했다.

58 '국가표준식물목록'(2018)은 사람주나무의 학명을 *Sapium japonicum* (Siebold & Zucc.) Pax & Hoffm.(1912)으로 기재하고 있으나, '세계식물목록'(2018)과 『장진성 식물목록』(2014)은 이를 이명(synonym)으로 처리하고 본문의 학명을 정명으로 기재하고 있다.

59 이에 대해서는 『조선삼림식물도설』(1943), p.422와 『한국의 민속식물』(2017), p.680 참조.

60 이에 대해서는 『조선삼림수목감요』(1923), p.79와 『조선삼림식물도설』(1943), p.422 참조.

다)라고 기록했는데, 제주에서 '쇠동백나무'라고 불렸던 것에 비추어 『물명고』의 珊瑚子(산호자)는 현재의 사람주나무를 일컫었던 이름으로 추론된다. 한편 나무껍질이 흰색을 띠는 것이 마치 '사람이 서 있는 기둥(柱) 모습의 나무'라는 뜻에서 사람주나무라는 이름이 붙여졌다고 보는 견해가 있으나,[61] 소교목으로 줄기가 사람의 몸처럼 두꺼워지지 않으므로 타당성은 의문스럽다.

속명 Neoshirakia는 그리스어 neo(새로운)와 Shirakia(사람주나무속의 옛 속명)의 합성어로, 명명규약에 위반된 Shirakia를 새로운 속명으로 명명한 것이며 사람주나무속을 일컫는다. 종소명 japonica는 '일본의'라는 뜻으로 발견지를 나타낸다.

다른이름 사람주나무/쇠동백나무(정태현 외, 1923), 신방나무/아구사리/귀룽목(정태현, 1943), 귀룽목(박만규, 1949), 위롱목(안학수·이춘녕, 1963)

옛이름 珊瑚子(물명고, 1824)[62]

중국/일본명 중국명 白木烏桕(bai mu wu jiu)는 나무껍질이 흰 오구나무(烏桕)라는 뜻이다. 일본명 シラキ(白木)는 나무껍질이 흰색을 띠는 것에서 유래했다.

참고 [북한명] 사람주나무 [지방명] 사노자/산호자/싸노자/아구사리(경남), 산호자나무(경북), 쇠돔박낭/쉐돔박방(제주)

Mallotus japonicus *Mueller* アカメガシハ
Yedóg-namu 예덕나무(비당나무)

예덕나무〈*Mallotus japonicus* (L.f.) Müll.Arg.(1865)〉

예덕나무라는 이름은 작은(倭) 닥나무(楮)라는 뜻에서 유래한 것으로 추정한다. 제주 및 남부 지방의 산지에 주로 자라는 낙엽 활엽 관목인데, 씨앗으로 기름을 짜고 목재로 상자와 같은 기구를 만들었으며 줄기껍질을 밧줄로 이용했다.[63] 주요 자생지인 전라남도 방언을 채록한 것이다.[64] 『조선삼림식물도설』에 따르면 전남 어청도에서는 '비닥나무'라고 불렸고, 경상남도에서는 '예닥나무'라고 불렸다고 하므로 예덕나무의 기본적인 어형은 '닥나무'로 추정된다. 닥나무와 수형이나 잎의 모양이 비슷하며, 종이를 만든 것은 아니었지만 줄기 껍질을 이용했던 것도 유사하다. 한편 15세기에 저술된 『구급간이방언해』는 대추(大棗)에 비해 묏대추(酸棗)가 작다고 하여 '예초'라고 했고, 18세기 말과 19세기에 저술된 『해동농서』, 『행포지』 및 『녹효방』은 팥(豆)의 한 종류인 '倭豆'(왜

---

61 이러한 견해로 박상진(2019), p.254; 오찬진 외(2015), p.187; 솔뫼(송상곤, 2010), p.244 참조.

62 『제주도및완도식물조사보고서』(1914)는 'スートンベッキ'[쇠돔박]을 기록했으며 「조선주요삼림수목명칭표」(1915a)는 '쇠동빅ᄂ무'를, 『지리산식물조사보고서』(1915)는 'くぉしれいなむ'[고시래나무]를, 『조선식물명휘』(1922)는 '勒, 귀룽목'을, 『선명대화명지부』(1934)는 '귀룽목, 사람주나무'를 기록했다.

63 이에 대해서는 『조선삼림식물도설』(1943), p.422와 『한국의 민속식물』(2017), p.676 참조.

64 이에 대해서는 『조선삼림수목감요』(1923), p.78과 『조선삼림식물도설』(1943), p.422 참조.

두)를 한글로 '예픗'이라고 표기해 '예'를 작다(倭)는 뜻으로 사용했다. 이에 비추어 '예닥나무'는 작은(倭) 닥나무(楮: 꾸지나무를 포함해 널리 닥나무속 식물을 총칭하는 의미)라는 뜻으로 추론되며, '예덕나무'는 예닥나무의 또 다른 방언형으로 이해된다. 최근의 방언 조사에서는 전라남도에서 '예닥나무'라는 방언형이 확인된다. 한편 한자명 '야오동'이 '위오덩'을 거쳐 에덩니무란 이름으로 변한 것이라고 추정하는 견해가 있으나,[65] 그러한 어형의 변화가 확인되지 않고 우리 옛 문헌에서 '野梧桐'(야오동)이라는 이름이 발견되지도 않으므로 그 타당성은 의문스럽다.

속명 *Mallotus*는 그리스어 *mallotos*(털로 뒤덮인, 양털 같은)에서 유래한 말로, 식물체에 긴 솜털이 있고 열매에 샘털이 밀생(密生)하기 때문에 붙여졌으며 예덕나무속을 일컫는다. 종소명 *japonicus*는 '일본의'라는 뜻으로 발견지를 나타낸다.

다른이름 예덕나무(정태현 외, 1923), 비당나무(정태현 외, 1937), 꽤넢나무/비닥나무/예닥나무(정태현, 1943), 시닥나무/에덕나무(박만규, 1949)[66]

중국/일본명 중국명 野梧桐(ye wu tong)은 들에서 자라는 또는 야생의 오동(梧桐: 벽오동의 중국명)이라는 뜻이다. 일본명 アカメガシハ(赤芽柏)는 떡갈나무(カシハ: カシワ의 옛 표기)처럼 음식을 올리는 데 쓰는 잎의 순이 붉다는 뜻이다.

참고 [북한명] 예덕나무 [유사어] 야동(野桐), 야오동(野梧桐) [지방명] 야생헛개나무/예닥나무/이닥나무(전남), 다간족낭/다간죽/다간죽낭/다군작낭/다근작낭/다근재기낭/다근죽낭/복닥낭/복달낭/뽁닥낭/뽕닥/뽕닥낭/뽕땅낭(제주)

Phyllanthus Urinaria *Linné*   コミカンサウ
You-gusul   여우구슬

여우구슬〈*Phyllanthus urinaria* L.(1753)〉
여우구슬이라는 이름은 잎(葉) 아래에 앙증맞게 달리는 구슬 모양의 열매를 여우의 이미지에 비

65   이러한 견해로 박상진(2019), p.303 참조.
66   「조선주요삼림수목명칭표」(1912)는 '비당ㄴ무'를 기록했으며 『제주도및완도식물조사보고서』(1914)는 'トアクンチュギ, トアクンチュック'[다군작, 다근죽]을, 『조선식물명휘』(1922)는 '野桐, 楸樹, 비당나무'를, 『선명대화명지부』(1934)는 '예덕나무, 비당나무'를 기록했다.

유해 붙여졌다.[67] 『조선식물향명집』에서 식물(열매)의 형태적 특징을 나타내는 '여우구슬'이라는 이름을 신칭했다.[68] 같은 속인 '여우주머니'라는 이름에서 '여우'를 차용한 것으로 보인다. 서유구가 저술한 『임원경제지』는 한자명 '地槐菜'(지괴채)를 기록했으나,[69] 현재의 이름으로 이어지지는 않았다.

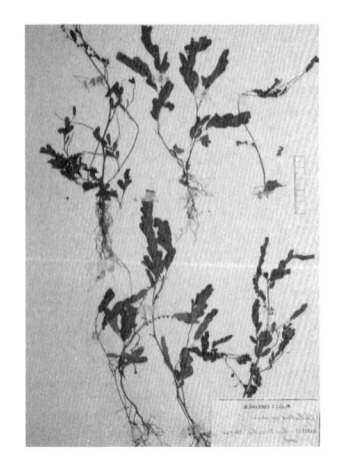

속명 Phyllanthus는 그리스어 phyllon(잎)과 anthos(꽃)의 합성어로, 종종 이 속의 꽃이 잎모양줄기에서 피기 때문에 붙여졌으며 여우주머니속을 일컫는다. 종소명 urinaria는 '요도(尿道)의'라는 뜻이다.

다른이름 구슬풀(임록재 외, 1996)

옛이름 地槐菜(임원경제지, 1842)[70]

중국/일본명 중국명 叶下珠(ye xia zhu)는 잎 아래 구슬 같은 열매가 달린다는 뜻이다. 일본명 コミカンサウ(小蜜柑草)는 작은 귤(ミカン)처럼 생긴 열매가 열리는 풀이라는 뜻이다.

참고 [북한명] 구슬풀 [지방명] 닥고날풀/닥고달풀/닥쿨/득풀/생이풀(제주)

○ Phyllanthus ussuriensis *Ruprecht et Maximowicz*   テフセンミカンサウ
Yóu-jumóni   여우주머니

여우주머니〈*Phyllanthus ussuriensis* Rupr. & Maxim.(1857)〉

여우주머니라는 이름은 잎겨드랑이에 달리는 자루가 있는 열매의 모양을 주머니에 빗대고 그 모습이 앙증맞다고 여우에 비유한 것에서 유래했다.[71] 여우구슬에 비해 열매에 자루가 달리는 특징이 있다. 『조선식물향명집』은 '여우구슬'은 신칭한 이름으로, '여우주머니'는 신칭하지 않는 이름으로 기록한 것에 비추어[72] 여우주머니는 당시 실제 사용했던 이름을 채록한 것으로 보인다.

속명 Phyllanthus는 그리스어 phyllon(잎)과 anthos(꽃)의 합성어로, 종종 이 속의 꽃이 잎모양줄기에서 피기 때문에 붙여졌으며 여우주머니속을 일컫는다. 종소명 ussuriensis는 '우수리강

---

67 이러한 견해로 김종원(2013), p.108 참조. 다만 김종원은 여우구슬이라는 이름이 중국명 엽하주(葉下珠)에 잇닿아 있다고 주장하고 있으나, 열매의 모양을 구슬로 본 것 외에 직접적 연관이 확인되지는 않는다.

68 이에 대해서는 『조선식물향명집』, 색인 p.43 참조.

69 '地槐菜'(지괴채)를 여우구슬로 보는 견해로는 朱橚(2008), p.98 참조.

70 『조선식물명휘』(1922)는 '珍珠草, 故芷'를 기록했다.

71 이러한 견해로 허북구·박석근(2008a), p.158과 김종원(2013), p.108 참조. 다만 허북구·박석근은 꽃이 달린 모양을 여우주머니에 비유한 것으로 기술하고 있으나, 여우구슬이라는 이름과의 관계 등을 고려하면 열매의 모양에서 유래한 것으로 보는 것이 타당하다고 생각된다.

72 이에 대해서는 『조선식물향명집』, 색인 p.43 참조.

유역에 분포하는'이라는 뜻으로 최초 발견지 또는 주된 분포지를 나타낸다.

다른이름 좀여우구슬(박만규, 1949), 주머니구슬풀(임록재 외, 1996)

중국/일본명 중국명 蜜柑草(mi gan cao)는 귤처럼 생긴 열매가 달리는 풀이라는 뜻이다. 일본명 テフセンミカンサウ(朝鮮蜜柑草)는 한반도에 분포하는 귤(ミカン)처럼 생긴 열매가 열리는 풀이라는 뜻이다.

참고 [북한명] 주머니구슬풀

Ricinus communis *Linné* タウゴマ (栽) 蓖麻
Pimaja 피마자(아주까리)

피마자〈*Ricinus communis* L.(1753)〉

피마자라는 이름은 한자명 '蓖麻子'(비마자)의 발음이 변화한 것에서 유래했다.[73] 인도 및 아프리카가 원산으로 국내에서는 재배한다. 蓖麻子(비마자)의 '蓖'(비)는 일부 문헌에서는 발음이 비슷한 '萆'(비)로도 쓰는데 열매가 굽어 진드기처럼 생겼다는 뜻이고, '麻'는 잎이 삼(麻)을 닮았다는 뜻이며, '子'(자)는 씨앗을 약용하는 것에서 유래했다.[74] 고려 시대에 저술된 『향약구급방』에 약재로 향명(鄕名)도 함께 기록된 것에 비추어 최소한 그즈음에는 국내에 도입되었던 것으로 보인다. 피마자의 다른 이름인 아주까리는 오래된 우리말로 『향약구급방』은 한자를 차자(借字)하여 '阿叱加伊'(아즛가리)로 기록했고, 17세기에 저술된 『동의보감』은 '아즛가리'라는 한글로 기록했는데 그 정

확한 뜻은 알려져 있지 않다. 다만 예부터 인도산 가리륵[訶梨勒: *Terminalia chebula* Retz.(1788)]의 열매를 수입해 약재로 사용했는데, 이를 15세기에 '아즛'(訶子)라 기록한 것이 있으며[75] 그 핵(核)의 모양이 피마자의 씨앗과 비슷하다. 이와 관련하여 아즛가리(아주까리)라는 이름이 유래했을 수 있으므로 이에 대한 추가적인 연구가 필요하다.

속명 *Ricinus*는 씨앗이 양이나 개에 들끓는 해충의 일종인 진드기나 이(蝨) 종류인 *ricinus*와 닮았다고 하여 붙여졌으며 피마자속을 일컫는다. 종소명 *communis*는 '보통의, 통상의, 공통의'

---

73 이러한 견해로 이우철(2005), p.581과 장충덕(2007), p.84 참조.

74 중국의 『도경본초』(1061)는 "葉似大麻 子形宛如牛蜱故名"(잎은 삼과 비슷한데 열매가 구부정하여 쇠진드기처럼 생겼기 때문에 그러한 이름으로 불린다)이라고 기록했다.

75 『구급간이방언해』(1489)는 '아즛/訶梨勒'을, 『언해두창집요』(1608)는 '아즛/訶子'를 기록했다.

라는 뜻으로 해당 속 식물 중에 기본이 되는 종이라는 것이다.

다른이름 피마자(정태현 외, 1936), 아주까리(정태현 외, 1937), 아죽까리(박만규, 1949), 피마주(임록재 외, 1972)

옛이름 萆麻子/阿此加伊實/阿次加伊(향약구급방, 1236),[76] 草麻子/阿次此加伊(향약채취월령, 1431), 蓖麻子(향약집성방, 1433), 草麻子/비마즈씨(구급간이방언해, 1489), 蓖/피마즈(훈몽자회, 1527), 草麻子/비마즈(언해구급방, 1608), 蓖/피마즈(언해태산집요, 1608), 草麻子/아즛가리(동의보감, 1613), 蓖麻/피마즈(역어유해, 1690), 蓖麻/피마즈(동문유해, 1748), 蓖麻/피마즈(몽어유해, 1768), 蓖麻子/아즉싸리씨(광제비급, 1790), 蓖麻/피마즈(재물보, 1798), 蓖麻子/비마즈(제중신편, 1799), 蓖麻/비마(해동농서, 1799), 蓖麻/피마쟈(물보, 1802), 蓖麻/아족가리(광재물보, 19세기 초), 아즛가리/피마즈(화왕본긔, 19세기 초), 蓖麻/草麻子/아족가리(물명고, 1824), 草麻子/비마즈(의종손익, 1868), 아쥬싸리/皮麻子/피마즈(한불자전, 1880), 蓖麻子/비마즈(방약합편, 1884), 아쥬싸리/皮麻子(국한회어, 1895), 蓖麻子/비마자/아주싸리(선한약물학, 1931), 아죽가리/아주싸리(조선구전민요집, 1933), 아주까리/피마주/피마자(조선어표준말모음, 1936)[77]

중국/일본명 중국명 蓖麻(bi ma)는 한국명과 유래가 동일하다. 일본명 タウゴマ(唐胡麻)는 중국(唐)에서 전래되었고 씨앗으로 참깨(ゴマ)처럼 기름을 짤 수 있다는 뜻에서 유래했다.

참고 [북한명] 피마주 [유사어] 비마(蓖麻), 비마자(草麻子) [지방명] 동박/아주까리/아주까리기름/피마주/피마주기름/피마주지름/피마지(강원), 아주까리/아주꽈리/치마자/피마주/피마중(경기), 아주가리/아주까리/아주까지/아주깨/피마주/피마지(경남), 미마지/선비나물/아주까리/피마재/피마지(경북), 아주까리/아주깔/푸마지/피나지나무/피마시/피마주/피마지(전남), 아주까리/피마주/피마지(전북), 피만즈/피만자/피만주/피만쥐/피만지(제주), 아주까루/아주까리/아주까리나무/아주까지/아주깨/피마주/피마지(충남), 아주까리/피마지(충북), 피마지(평북), 피마재/피마지(함남), 피마디/피마재/피마즈(함북)

Securinega fluggeoides *Mueller*   ヒトツバハギ

Gaṅgdae-sari 광대싸리

광대싸리⟨*Flueggea suffruticosa* (Pall.) Baill.(1858)⟩[78]

---

76 『향약구급방』(1236)의 차자(借字) '阿此加伊實/阿次加伊'(아질가이실/아차가이)에 대해 남풍현(1981), p.134는 '아즈가리씨/아즈가리'의 표기로 보고 있으며, '阿次加伊'(아차가이)에 대해 이덕봉(1963), p.20은 '아잣가리'의 표기로 보고 있다.

77 『조선한방약료식물조사서』(1917)는 '아쥬까리(京畿, 慶尙), 蓖麻子'를 기록했으며 『조선어사전』(1920)은 '草麻(비마), 草麻子(비마즈), 蓖麻(비마), 蓖麻子(비마즈), 피마주, 아주싸리'를, 『조선식물명휘』(1922)는 '蓖麻, 草麻子, 피마즈(藥, 油料)'를, 『토명대조선만식물자휘』(1932)는 '[蓖麻]피마, [草麻]비마, [피마주], [草麻子]비마즈, [아주가리]'를, 『선명대화명지부』(1934)는 '피마자, 아주가리, 아주싸리'를 기록했다.

78 '국가표준식물목록'(2018)은 광대싸리의 학명을 *Securinega suffruticosa* (Pall.) Rehder(1932)로 기재하고 있으나, 『장진성 식물목록』(2014)과 '세계식물목록'(2018)은 이를 이명(synonym)으로 처리하고 본문의 학명을 정명으로 기재하고 있다.

광대싸리라는 이름은 진짜 싸리가 아니라 광대처럼 싸리 흉내를 내는 나무라는 뜻에서 유래했다.[79] 수형과 잎 등이 싸리와 닮았으나 꽃의 형태와 홑잎인 것 등에서 콩과인 싸리와 차이가 있으며, 어린잎을 식용했다.[80] 싸리와 광대싸리는 그 형태가 비슷해 옛날부터 이름의 혼동이 있었는데, 정약용(1762~1836)이 저술한『아언각비』는 '杻'(유)를 현재의 싸리로, '荊'(형)을 현재의 광대싸리로 대별하기도 했다.[81] 그러나 비슷한 시기에 저술된『물명고』는 '杻'(유)와 '牡荊'(모형)의 한글명을 모두 '싸리'라고 기록하기도 했다. 형태의 유사성과 명칭의 혼동으로 인해 광대싸리라는 이름이 생겨난 것으로 보인다. 한편 한반도 북쪽 지방의 광대놀이처럼 굿할 때 싸리 대신 사용했던 것에서 유래했다고 보는 견해가 있으나,[82] 그에 대한 근거는 발견되지 않는다. 또한 광대싸리라는 이름이 일본명 ヒトツバハギ(一葉萩)를 번역한 것이라는 주장이 있으나,[83] 옛 문헌에도 기록된 우리말이므로 이 역시 근거가 없는 주장이다. 그리고 잎이 넓고 크다(廣大)는 뜻에서 광대싸리라는 견해가 있으나,[84] '광대'라는 말은 오래된 고유어이므로 이를 한자로 환원해 해석하기는 어렵다.

속명 Flueggea는 독일 의사이자 식물학자인 Johannes Flüggé(1775~1816)의 이름에서 유래한 것으로 광대싸리속을 일컫는다. 종소명 suffruticosa는 '아관목(亞灌木)의'라는 뜻이다.

다른이름 광대싸리/구럭싸리/맵쌀(정태현 외, 1923), 굿싸리(정태현 외, 1942), 고리비아리/공정싸리/굴싸리(정태현, 1943), 싸리버들옺(김현삼 외, 1988), 멥쌀(이영노, 1996)

옛이름 荊條/牡荊/광대뿌리(물보, 1802), 荊/牡荊(아언각비, 1819), 광대쌀이/傀杻(한불자전, 1880), 荊/광대뿌리(물명괄, 19세기), 荊/광대싸리(자전석요, 1909), 광대싸리(조선구전민요집, 1933)[85]

중국/일본명 중국명 一叶萩(yi ye qiu)는 단엽을 가진 싸리(萩=胡枝子, 호지자)라는 뜻이다. 일본명 ヒトツバハギ(一葉萩)도 단엽을 가진 싸리(ハギ)라는 뜻이다.

참고 [북한명] 싸리버들옺 [유사어] 호자(楛子), 황형(黃荊) [지방명] 관대싸리/관대쌀/광대나물/광대싸리나물/싸리/싸리나물/싸리대(강원), 구살순/구싸리순/굴싸리/굴싸리순/굽싸리순(경기), 싸리(경북), 고리싸리/골싸리/구리싸리나물/굽싸리/싸리/싸리순(충남), 곱싸리/국싸리순/굽싸리/급싸리(충북)

---

79 이러한 견해로 박상진(2019), p.45; 김태영·김진석(2018), p.507; 오찬진 외(2015), p.699 참조.
80 이에 대해서는『조선산야생식용식물』(1942), p.152 참조.
81 정약용의『아언각비』(1819)는 '牡荊'(모형)이 '杻(싸리나무)'가 아니라 '荊(광대싸리)'이라 지적하고 있다. 이에 대해서는 정약용(1976), p.61 참조.
82 이러한 견해로 김종원(2013), p.692 참조.
83 이러한 견해로 이윤옥(2015), p.69 참조.
84 이러한 견해로 솔뫼(송상곤, 2010), p.238 참조.
85 『조선의 구황식물』(1919)은 '굴싸리(水原, 龍仁), 참싸리(淸州), 광듸싸리, 구럭새리'를 기록했으며『조선어사전』(1920)은 '黃荊, 광대싸리'를,『조선식물명휘』(1922)는 '광듸싸리, 굴싸리(救)'를,『토명대조선만식물자휘』(1932)는 '[黃荊]황형, [광대싸리]'를,『선명대화명지부』(1934)는 '구럭싸리, 광대싸리, 굴싸리, 맵쌀'을,『조선의산과와산채』(1935)는 '굴싸리'를 기록했다.

Buxaceae 회양목科 (黃楊科)

회양목과 〈Buxaceae Dumort.(1822)〉

회양목과는 국내에 자생하는 회양목에서 유래한 과명이다. '국가표준식물목록'(2018), 『장진성 식물목록』(2014) 및 '세계식물목록'(2018)은 Buxus(회양목속)에서 유래한 Buxaceae를 과명으로 기재하고 있으며, 엥글러(Engler), 크론키스트(Cronquist) 및 APG IV(2016) 분류 체계도 이와 같다.

○ Buxus koreana *Nakai*   テウセンヒメツゲ   黃楊木

Hoeyangmog   회양목

회양목 〈*Buxus microphylla* Siebold & Zucc.(1845)〉[1]

회양목이라는 이름은 중국에서 전래된 한자명 '黃楊木'(황양목)의 발음이 '화양목'을 거쳐 '회양목'으로 변화한 것이다.[2] 목질이 단단해 나무로 도장 등 여러 물건을 만들며, 가지와 잎은 약용했다.[3] 황양목은 잎 또는 나무속에서 노란색이 돌고 사시나무 종류(楊)를 닮은 나무라는 뜻이다.[4] 한편 석회암 지대가 발달한 강원도 회양(淮陽)에서 많이 자라는 나무라는 뜻에서 유래한 이름이라는 견해가 있으나,[5] 회양목이 유독 회양에만 많다고 보기 어렵고 한자명 '淮陽木'(회양목)으로 기록된 문헌이 발견되지 않는 점에 비추어 타당성은 의문스럽다. 회양목은 예부터 여러 쓰임새가 있었는데 『신증동국여지승람』은 조선 시대에 16세 이상의 남성이 찼던 호패(號牌) 중 생원과 진사는 황양목으로 만든 패를 찬다고 했고, 『본사』는 목질이 단단해 도장(印)을 파거나 빗(櫛)을 만들며 잎은 부인병과 부스럼을 치료하는 약재로 사용한다고 기록했다.

---

1 '국가표준식물목록'(2018)은 『조선식물향명집』에 기록된 *Buxus koreana* Nakai ex Chung & al.(1937)을 학명으로 기재하고 있으나, 이 학명은 『조선식물향명집』에도 기재 원문이 없어 비합법적으로 출판한 이름(invalidly published name)이다. 따라서 이 책은 『장진성 식물목록』(2014)과 김태영·김진석(2018)의 견해를 따른다. 한편 '국가표준식물목록'(2018)은 본문의 학명을 '좀회양목'으로 별도 분류하고 있다.
2 이러한 견해로 허북구·박석근(2008b), p.180과 김태영·김진석(2018), p.506 참조.
3 이에 대해서는 『조선산야생약용식물』(1936), p.153과 『조선삼림식물도설』(1943), p.424 참조.
4 중국의 『군방보』(1621)는 "黃楊木理細膩 枝幹繁多 性堅 致難長 歲長一寸 閏月年反縮一寸 謂之厄閏 葉小而厚 色青微黃"(황양목은 나뭇결이 섬세하고 가지와 줄기가 많고 단단하며 크게 자라지 않아서 1년에 한 치씩 큰다. 윤달이 있는 해에도 한 치를 자라기가 힘들기 때문에 윤달을 괴롭히는 것이라 일컫는다. 잎은 작고 두꺼우며 약간 노란색을 띤 푸른색이다)이라고 기록했다.
5 이러한 견해로 박상진(2019), p.433; 오찬진 외(2015), p.709; 강판권(2015), p.389 참조.

속명 *Buxus*는 그리스어 *pyxos*(상자)에서 유래한 것으로 이 속 식물로 작은 상자를 만들어서 붙여졌으며 회양목속을 일컫는다. 종소명 *microphylla*는 '작은 잎의'라는 뜻이다.

다른이름 회양목(정태현 외, 1923), 섬회양목/좀회양목(정태현, 1943), 회양나무/섬회양나무(박만규, 1949), 도장나무/화양목(안학수·이춘녕, 1963), 고양나무/섬고양나무/좀고양나무(리종오, 1964), 섬회양(이영노, 1996)

옛이름 黃楊(삼국사기, 1145), 黃楊木(태종실록, 1410), 黃楊木(동문선, 1478), 黃楊木(신증동국여지승람, 1530), 黃楊木/황양목(노걸대언해, 1670), 黃楊(기언, 1689), 黃楊木(역어유해, 1690), 黃楊木(산림경제, 1715), 黃楊木(연려실기술, 1776), 黃楊木/황양목(방언집석, 1778), 黃楊木(본사, 1787), 黃楊木/화양목(재물보, 1798), 黃楊木/황양목(해동농서, 1799), 黃楊/황양목(물보, 1802), 黃楊木/화양목(광재물보, 19세기초), 黃楊/화양목(물명고, 1824), 黃楊/黃楊木(송남잡지, 1855), 黃柳/회양목(명물기략, 1870), 회양목/檜陽木(한불자전, 1880), 檗/枰/회양목(신자전, 1915)[6]

중국/일본명 중국명 日本黃杨(ri ben huang yang)은 일본에 분포하는 황양(黃楊: *Buxus sinica*의 중국명)이라는 뜻이다. 일본명 テウセンヒメツゲ(朝鮮姫黃楊)는 한반도에 분포하고 식물체가 작은 ツゲ(회양목 종류의 일본명)라는 뜻으로, ツゲ는 次의 뜻을 가진 ツグ가 변화한 것이며 잎이 층을 이루어 자란다고 하여 붙여졌다.

참고 [북한명] 고양나무 [유사어] 황양목(黃楊木) [지방명] 고양나무/고양낭구/고양묵/도장나무/도장목/호양목(강원도), 도장낭/화양목(제주)

6　『제주도및완도식물조사보고서』(1914)는 'ホイヤンモック'[화양목]을 기록했으며 『지리산식물조사보고서』(1915)는 'へひゃんもっく'[회양목]을, 『조선어사전』(1920)은 '黃楊木(황양목), 회양목'을, 『조선식물명휘』(1922)는 '黃楊, 檜楊木, 회양목(觀賞)'을, 『토명대조선만식물자휘』(1932)는 '[黃楊(木)]황양(목), [회양목]'을, 『선명대화명지부』(1934)는 '황양목, 회양목'을 기록했다.

Empetraceae 시로미科 (岩高蘭科)

> **진달래과〈Ericaceae Juss.(1789)〉**
> 진달래과는 국내에 자생하는 진달래에서 유래한 과명이다. 『장진성 식물목록』(2014), '세계식물목록'(2018) 및 APG IV(2016) 분류 체계는 *Erica*(에리카속)에서 유래한 Ericaceae를 과명으로 기재하고 있다. 한편 엥글러(Engler) 및 크론키스트(Cronquist) 분류 체계는 *Empetrum*(시로미속)에서 유래한 Empetraceae(시로미과)를 별도 분류하나, APG II(2003) 분류 체계부터는 Empetraceae(시로미과), Pyrolaceae(노루발과), Monotropaceaee(수정난풀과)를 Ericaceae(진달래과)에 포함시켜 분류한다.

Empetrum nigrum *Linné* ガンカウラン 岩高蘭
Siromi 시로미

시로미〈*Empetrum nigrum* L.(1753)〉[1]

시로미라는 이름은 검은색으로 익는 열매가 시큼한 맛이 나므로 '시다'라는 뜻에서 유래했다.[2] 제주도 한라산 정상과 북쪽의 고산 지대에 자라는 식물로 『조선삼림수목감요』에서 자생지인 제주도의 방언 '시로미'를 기록한 것에서 비롯한 이름이다.[3] 현재 제주도에서 시라미, 시러미, 시럼비 등 시로미와 유사한 이름으로 불리고 있다. 『조선식물향명집』도 '시로미'로 기록했으며 현재 남북한 모두 동일한 이름으로 부르고 있다.

속명 *Empetrum*은 고대 그리스어 *en*(가운데)과 *petros*(바위)의 합성어로 '바위 위에'라는 뜻이며, 고산의 바위틈에서 자란다고 하여 붙여졌으며 시로미속을 일컫는다. 종소명 *nigrum*은 '검은'이라는 뜻으로 열매의 색깔에서 유래했다.

다른이름 시로미(정태현 외, 1923), 검은시로미(리용재 외, 2011)

옛이름 瀛州實(탐라지, 1653),[4] 瀛州實(남환박물, 1704), 瀛州實(임원경제지, 1842)[5]

---

1 '국가표준식물목록'(2018)은 시로미의 학명을 *Empetrum nigrum* var. *japonicum* K.Koch(1853)로 기재하고 있으나, 『장진성 식물목록』(2014)은 본문의 학명으로 기재하고 있다.

2 이러한 견해로 박상진(2019), p.283과 김태영·김진석(2018), p.283 참조.

3 이에 대해서는 『조선삼림수목감요』(1923), p.79와 『조선삼림식물도설』(1943), p.426 참조.

4 『탐라지』(1653)는 "瀛州實 生漢拏山上 實小黑而甘"(영주실은 한라산에서 자란다. 열매는 작으면서 검고 달다)이라고 했는데, 현재의 '시로미'를 기록한 것으로 추정한다. 이러한 견해로 이원진(2002), p.55 참조.

5 『제주도및완도식물조사보고서』(1914)는 'シローミ'[시로미]를 기록했으며 『조선식물명휘』(1922)는 '岩高蘭, 老鴉眼, 시령

중국/일본명 중국명 岩高兰(yan gao lan)은 높은 지대의 바위에서 자라는 난초라는 뜻이다. 일본명 ガンカウラン(岩高蘭)도 중국명과 동일하다.

참고 [북한명] 시로미/검은시로미[6] [유사어] 광아안(光鴉眼), 암고란(岩高蘭), 오리(烏李), 오립(烏立) [지방명] 시라미/시러미/시럼비/시루미(제주)

이(救)'를, 『토명대조선만식물자휘』(1932)는 중국명으로 '[烏李], [烏立], [老鴉眼]'을, 『선명대화명지부』(1934)는 '시령이, 시로미'를, 『조선삼림식물편』(1915~1939)은 'シロミ, シルミ(濟州島)'[시로미, 시루미(제주도)]를 기록했다.

6 북한에서는 *E. asiaticum*을 '시로미'로, *E. nigrum*을 '검은시로미'로 하여 별도 분류하고 있다. 이에 대해서는 리용재 외(2011), p.138 참조.

Anacardiaceae 옻나무科 (漆樹科)

옻나무과〈Anacardiaceae R.Br.(1818)〉

옻나무과는 국내에 자생하는 옻나무에서 유래한 과명이다. '국가표준식물목록'(2018), 『장진성 식물목록』(2014) 및 '세계식물목록'(2018)은 *Anacardium*(아나카르디움속)에서 유래한 Anacardiaceae를 과명으로 기재하고 있으며, 엥글러(Engler), 크론키스트(Cronquist) 및 APG IV(2016) 분류 체계도 이와 같다. 대부분 독성을 지닌 종들이지만 망고나무(*Mangifera indica* L.)의 열매는 식용한다.

Rhus javanica *Linné* ヌルデ(フシノキ)

Bulg-namu 붉나무(오배자) 五倍子

붉나무〈*Rhus chinensis* Mill.(1768)〉[1]

붉나무라는 이름은 붉은 나무의 뜻으로 잎이 붉게 물드는 것에서 유래했다.[2] 가을의 단풍이 유난히 곱고 붉은 특징이 있다. 줄기 및 벌레집을 약용하며, 잎과 줄기는 식용하고,[3] 열매를 소금 대용으로 사용하며, 잎과 벌레집은 염료로 사용했다.[4] 붉나무의 한글명은 『우마양저염역병치료방』에 '붉나모'로 기록되어 있는데, 15~16세기 문헌은 붉다(赤)를 '븕다'로 표기했으므로 '붉나무' 역시 붉은 나무라는 뜻이다.[5] 벌레집을 약용할 때 이를 오배자(五倍子)라고 했고,[6] 열매에서 짠맛이 나기 때문에 소금나무라는 뜻으로 염부목(鹽膚木 또는 鹽麩木)이라고 했으며, 수천의 금(金)만큼이나 효용이 많은 귀중한 나무라는 뜻으로 천금목(千金木)이라 했고, 벌레집의 모양이 바닷

속의 조개를 닮았다고 하여 문합(文蛤)이라고도 했다. 한편 『동의보감』은 한자명 安息香(안식향)의

---

1 '국가표준식물목록'(2018)은 붉나무의 학명을 *Rhus javanica* L.(1753)로 기재하고 있으나, 『장진성 식물목록』(2014), '세계식물목록'(2018) 및 '중국식물지'(2018)는 정명을 본문과 같이 기재하고 있다.

2 이러한 견해로 이우철(2005), p.289; 박상진(2019), p.223; 허북구·박석근(2008b), p.164; 오찬진 외(2015), p.717; 솔뫼(송상곤, 2010), p.516; 김종원(2013), p.703; 강판권(2015), p.657 참조.

3 『구황촬요』(1554)는 붉나무의 껍질로 죽을 만들어 구황식물로 사용했음을 기록했고, 『조선산야생식용식물』(1942), p.154는 어린순을 식용했음을 기록했다.

4 이에 대해서는 『조선삼림식물도설』(1943), p.427 참조.

5 붉다를 '븕다'로 기록한 문헌으로는 『석보상절』(1447), 『용비어천가』(1447), 『번역노걸대』(1517), 『소학언해』(1588) 등이 있다.

6 중국이 『본초강목』(1596)은 "五倍當作五棓 見山海緖"(오배는 五棓로 써야 한다. 산해경에 그 이름이 보인다)라고 했으므로, 오배자는 '五棓木'(오비목)의 열매라는 뜻에서 유래한 것이다.

한글명을 '붉나모진'라고 기록해 이물동명(異物同名)의 이름을 사용했다. 중국에서는 安息香(an xi xiang)을 때죽나무과의 *Styrax benzoin* Dryand(1787)를 일컫는 이름으로 사용하고, 『동의보감』에서는 비록 '붉나모진'이라고 했지만 제주도와 충청도에 난다고 한 점에 비추어 때죽나무(*Styrax japonicus*)를 가리킨 것으로 추론된다. 그러나 한글명의 동일성으로 인하여 안식향은 종종 붉나무의 수액을 의미하는 것으로 이해되기도 했다.[7]

속명 *Rhus*는 그리스어 *rhodos*(붉은)가 어원으로 추정되는 무두붉나무(*R. coriaria*)의 고대 그리스명 *rhous*에서 유래한 것으로 붉나무속을 일컫는다. 종소명 *chinensis*는 '중국에 분포하는'이라는 뜻으로 최초 발견지를 나타낸다.

다른이름 불나무/굴나무/오배자나무/붉나무(정태현 외, 1923), 오배자(정태현 외, 1937), 뿔나무(정태현, 1943), 북나무(박만규, 1949)

옛이름 柴/孛南木(계림유사, 1103), 五倍子(향약제생집성방, 1398), 五倍子/文蛤/百蟲倉(향약채취월령, 1431), 五倍/文蛤/千金木(향약집성방, 1433), 五倍子(세종실록지리지, 1454), 五倍子/우비ᄌ(구급간이방언해, 1489), 붉나모/千金木/火乙叱羅毛(우마양저염역병치료방, 1541), 千金木/붉나모(구황촬요, 1554), 五倍子/오비ᄌ(언해태산집요, 1608), 五倍子/오비ᄌ(언해두창집요, 1608), 五倍子/붉나모여름/白蟲倉/文蛤(동의보감, 1613), 붉나무(벽온신방, 1653), 千金葉/북나무(주촌신방, 1687), 五倍子/千金木/븍나모(사의경험방, 17세기), 五倍木皮/쌀나무(실험단방, 1709), 五倍子/붉나모여름(산림경제, 1715), 千金木皮/블남우것플(광제비급, 1790), 山樗/북나무(재물보, 1798), 五倍/북나모여름(제중신편, 1799), 膚木/북나무(해동농서, 1799), 千金木/북남우(물보, 1802), 栲/북나무(광재물보, 19세기 초), 栲/북나모/山樗/楢/千金樹/膚木/鹽麩子樹(물명고, 1824), 安息香/五倍子/北木(송남잡지, 1855), 五倍/북나모여름/文蛤(의종손익, 1868), 安息香/북나무진/千金木津(명물기략, 1870), 千金木/복나무(의휘, 1871), 북나무/오비ᄌ/五倍子木(한불자전, 1880), 五倍/북나모여름/文蛤(방약합편, 1884), 오비ᄌ(사민필지, 1889), 五倍/북나무녈미(박물신서, 19세기), 栲/북ᄂ무(일용비람기, 연대미상), 五倍子/북나무여름(선한약물학, 1931)[8]

중국/일본명 중국명 盐麸木(yan fu mu)는 소금열매(鹽麩: 염부)가 달리는 나무라는 뜻으로 열매에서 소금 맛이 나는 것에서 유래했다. 일본명 ヌルデ(白膠木)는 줄기에 상처를 내어 흰색의 액을 채취해 도료로 사용한 것에서 유래했다.

참고 [북한명] 붉나무 [유사어] 문합(文蛤), 염부목(鹽膚木/鹽麩木), 오배자(五倍子), 천금목(千金木)

---

7 『명물기략』(1870)은 "安息香 북나무진 千金木之津(안식향은 북나무진이라고 하는데 천금목의 수액이다)이라고 기록하기도 했으며, 『조선삼림식물도설』(1943)은 붉나무의 수액을 '安息香'(안식향)이라고 부른다고 기록했다.

8 『화한한명대조표』(1910)는 '북ᄂ무'를 기록했으며 『제주도및완도식물조사보고서』(1914)는 'ブックナム, ブックチップナム, ブックタグナム'[붉낭구, 뿍작낭, 붉닥닝]을, 『조선한방약료식물조사서』(1917)는 '붉나무, 五倍子'를, 『조선식물명휘』(1922)는 '鹽膚木, 鹽麩子, 북나무, 五倍子, 오비ᄌ(藥)'를, 『토명대조선만식물자휘』(1932)는 '[鹽膚木]염부목, [붉나무], [북나무], [鹽麩子]염부ᄌ, [五倍子]오비ᄌ'를, 『선명대화명지부』(1934)는 '굴나무, 붉나무, 북나무, 불나무, 오배자, 오배자나무'를, 『조선의산과와산채』(1935)는 '鹽膚木, 붉나무'를 기록했다.

[지방명] 깨불나무/불짓낭구/붕텡이낭그/붕텡이낭기/뿌지나무/뿌징낭구/뿌찍나무/뿔나무/뿔레나무/뿔진나무/뿔찐나무/뿡진나무/오배자(강원), 오배자나무(경기), 뿔나무/오배자(경남), 뿔나무/오배자/오배자나무(경북), 뿔나무/오배자/오부자/오비자(전남), 뿔나무/오배자/오비자(전북), 동녕바치낭/북낭/북칠낭/붉낭/우분지(제주), 북나무/오배자/오배자나무(충남), 붉낭구/붕땡이나무/붕팅이/뽁나무/뽁작나무/오배자/오배자나무(충북)

Rhus sylvestris *Siebold et Zuccarini*   ヤマハゼ
San-gómyaṅ-ot-namu   산검양옻나무

산검양옻나무 ⟨*Toxicodendron sylvestre* (Siebold & Zucc.) Kuntze(1891)⟩ [9]

산검양옻나무라는 이름은 산에서 자라는 검양옻나무라는 뜻에서 유래했다.[10] 남부 지역, 충청, 경기 및 황해도의 산지에 분포하는 낙엽 활엽 소교목으로, 목재는 세공품을 만들었으며 어린잎은 식용했다.[11] 『조선식물향명집』에서는 전통 명칭 '검양옻나무'를 기본으로 하고 식물의 산지(産地)와 학명에 착안한 '산'을 추가해 '산검양옷나무'를 신칭했으나,[12] 『한국식물도감(상권 목본부)』에서 맞춤법에 따라 '산검양옻나무'로 개칭해 현재에 이르고 있다.

속명 *Toxicodendron*은 그리스어 *toxikon*(화살에 묻히는 독)과 *dendron*(나무)의 합성어로, 독이 있는 나무라는 뜻이며 옻나무속을 일컫는다. 종소명 *sylvestre*는 '숲에서 자라는, 야생의'라는 뜻이다.

다른이름 검양옻나무(정태현 외, 1923), 산검양옻나무(정태현 외, 1937), 거먕옻나무/검먕옻나무(안학수·이춘녕, 1963)[13]

중국/일본명 중국명 木蠟樹(mu la shu)는 열매를 짓찧어서 목랍(木蠟)을 만드는 나무라는 뜻이다. 일본명 ヤマハゼ(山黄櫨)는 산에서 자라고 황갈색의 잎을 가진 나무라는 뜻이다.

참고 [북한명] 산검양옻나무 [유사어] 양칠수(野漆樹) [지방명] 황칠낭(제주), 엄나무/옻나무(충남)

---

9 '국가표준식물목록'(2018)은 산검양옻나무의 학명을 *Rhus sylvestris* Siebold & Zucc.(1845)로 기재하고 있으나, 『장진성 식물목록』(2014), '세계식물목록'(2018) 및 '중국식물지'(2018)는 정명을 본문과 같이 기재해 속의 분류를 달리한다.

10 이러한 견해로 이우철(2005), p.304와 박상진(2019), p.311 참조.

11 이에 대해서는 『조선삼림식물도설』(1943), p.429와 『한국의 민속식물』(2017), p.711 참조.

12 이에 대해서는 『조선식물향명집』, 색인 p.39 참조.

13 『지리산식물조사보고서』(1915)는 'きゃをっなむ'[개옷나무]를 기록했으며 『조선식물명휘』(1922)는 '野漆樹'를 기록했다.

Rhus succedanea *L.* var. japonica *Engler* ハゼノキ
Gomyang-ot-namu 검양옻나무

검양옻나무〈*Toxicodendron succedaneum* (L.) Kuntze(1891)〉[14]

검양옻나무라는 이름은 자생지 중의 하나인 전라남도 방언을
채록한 것이다.[15] 표준어로는 기망옻나무라고 하는데, '거먕빛'
은 아주 짙게 검붉은 빛깔을 뜻한다.[16] 이러한 점에 비추어 검양
옻나무는 '검양'(거먕=검붉은 빛깔)과 '옻나무'의 합성어로, 단풍
이 검붉은 빛깔로 든다는 뜻에서 유래한 이름으로 보인다.『조
선식물향명집』은 '검양옻나무'로 기록했으나『한국식물도감
(상권 목본부)』에서 맞춤법에 따라 '검양옻나무'로 개칭해 현재
에 이르고 있다. 한편 '검양'을 검은 옻이 나오며 바다(洋)를 건
너왔다는 뜻으로 보는 견해가 있으나,[17] 자생종 식물이어서 바
다를 건너왔다고 볼 이유는 없어 보인다.

　속명 *Toxicodendron*은 그리스어 *toxikon*(화살에 묻히
는 독)과 *dendron*(나무)의 합성어로, 독이 있는 나무라는 뜻이며 옻나무속을 일컫는다. 종소명
*succedaneum*은 '대용의, 모방의'라는 뜻이다.

> **다른이름** 검양옻나무(정태현 외, 1923)

> **옛이름** 黃櫨(광재물보, 19세기 초)[18]

> **중국/일본명** 중국명 野漆(ye qi)는 들에서 자라는 옻나무(漆)라는 뜻이다. 일본명 ハゼノキ(黃櫨の木)
는 일설에 의하면 황갈색의 잎을 가진 나무라는 뜻에서 유래했다고 한다.

> **참고** [북한명] 검양옻나무 [유사어] 거먕옻나무, 임배자(林背子), 황로(黃櫨) [지방명] 개옷낭/개웃
낭/개칠낭/황칠낭(제주)

---

14 '국가표준식물목록'(2018)은 검양옻나무의 학명을 *Rhus succedanea* L.(1771)로 기재하고 있으나,『장진성 식물목록』
　(2014), '세계식물목록'(2018) 및 '중국식물지'(2018)는 정명을 본문과 같이 기재해 속의 분류를 달리한다.

15 이에 대해서는『조선삼림수목감요』(1923), p.80과『조선삼림식물도설』(1943), p.428 참조.

16 이에 대해서는 국립국어원, '표준국어대사전' 중 '거먕빛' 참조.

17 이러한 견해로 솔뫼(송상곤, 2010), p.510 참조.

18 『제주도및완도식물조사보고서』(1914)는 'ケヲットナム, ノモック'[게옷낭, 노목]을 기록했으며『토명대조선만식물자휘』
　(1932)는 '[白蠟木]빅랍나무'를,『선명대화명지부』(1934)는 '검양옻나무'를 기록했다.

Rhus trichocarpa *Miquel*　ヤマウルシ
Gae-ot-namu　개옻나무

개옻나무〈*Toxicodendron trichocarpum* (Miq.) Kuntze(1891)〉[19]

개옻나무라는 이름은 '개'와 '옻나무'의 합성어로, 옻나무와
비슷하지만 그다지 쓸모가 덜하다는 뜻에서 유래했다.[20] 옻
을 채취하기는 하지만 옻나무에 비해 양도 적게 나오고 품질
도 못하다. 『조선삼림수목감요』는 경기도 방언을 채록한 '기
옻나무'를 기록했다.[21] 19세기 중엽에 저술된 『오주연문장전산
고』는 '山漆木'(산칠목)에 대해 "此是漆之自生山中者"(이것은 산
중에 자생하는 옻나무를 말한다)라고 기록해, 옛날에는 산옻나
무라고 부르기도 했다는 것을 추론케 한다. 『조선식물향명집』
은 '개옻나무'로 기록했으나 『한국식물도감(상권 목본부)』에서
맞춤법에 따라 '개옻나무'로 개칭해 현재에 이르고 있다.

　　속명 *Toxicodendron*은 그리스어 *toxikon*(화살에 묻히
는 독)과 *dendron*(나무)의 합성어로, 독이 있는 나무라는 뜻이며 옻나무속을 일컫는다. 종소명
*tricocarpum*은 '털이 있는 열매의'라는 뜻이다.

다른이름　기옻나무(정태현 외, 1923), 개옻나무(정태현 외, 1937), 새옻나무(박만규, 1949), 새옻나무(안
학수·이춘녕, 1963), 털옻나무(임록재 외, 1972), 털옻나무(김현삼 외, 1988)

옛이름　山漆木(오주연문장전산고, 185?)[22]

중국/일본명　중국명 毛漆树(mao qi shu)는 열매에 털이 있는 옻(漆)나무라는 뜻이다. 일본명 ヤマウル
シ(山一)는 산에서 자라는 옻나무(ウルシ)라는 뜻이다.

참고　[북한명] 털옻나무 [유사어] 산칠수(山漆樹) [지방명] 옻/옻나무/참옻(강원), 옻나무/칠목(경기),
옻나무(경남), 옻순(경북), 옻나무(전라), 개옻/옻나무/옻순/참옻(충남), 옻나무/옻/합순(제주)

19　'국가표준식물목록'(2018)은 개옻나무의 학명을 *Rhus tricocarpa* Miq.(1865)로 기재하고 있으나, 『장진성 식물목록』
　　(2014), '세계식물목록'(2018) 및 '중국식물지'(2018)는 정명을 본문과 같이 기재해 속의 분류를 달리한다.

20　이러한 견해로 이우철(2005), p.56; 박상진(2019), p.311; 허북구·박석근(2008b), p.35; 오찬진 외(2015), p.713; 솔뫼(송상곤,
　　2010), p.504; 김종원(2013), p.704 참조.

21　이에 대해서는 『조선삼림수목감요』(1923), p.81 참조.

22　「화한명대조표」(1910)는 '기옻나무'를 기록했으며 『제주도및완도식물조사보고서』(1914)는 'ハフスン'[합순]을, 『지리
　　산식물조사보고서』(1915)는 'しゃをんなむ'[새옻나무]를, 『조선식물명휘』(1922)는 '기옻나무'를, 『토명대조선만식물자휘』
　　(1932)는 '[山漆]산칠, [산(ㅅ)옻나무], [개옻나무]'를, 『선명대화명지부』(1934)는 '개옻나무, 산옻나무'를, 『조선의산과와산
　　채』(1935)는 '기옻나무'를 기록했다.

Rhus vernicifera *De Candolle*   ウルシ   漆
Ot-namu   옻나무

옻나무〈*Toxicodendron vernicifluum* (Stokes) F.A.Barkley(1940)〉[23]

옻나무라는 이름은 옻을 생산하는 나무라는 뜻에서 유래했
다.[24] 나무껍질에서 추출한 액을 '옻'이라 하며 도료 및 약재로
사용하고, 어린잎을 식용했다.[25] 『조선식물향명집』은 '옷나무'
로 기록했으나 『한국식물도감(상권 목본부)』에서 맞춤법에 따
라 '옻나무'로 개칭해 현재에 이르고 있다. 한편 '옻'의 옛이름
인 '옷'을 나무에서 나오는 물이라는 뜻으로 해석하는 견해도
있다.[26]

속명 *Toxicodendron*은 그리스어 *toxikon*(화살에 묻히는
독)과 *dendron*(나무)의 합성어로, 독이 있는 나무라는 뜻이며
옻나무속을 일컫는다. 종소명 *vernicifluum*은 '바니시가 나
는'이라는 뜻이다.

다른이름 옷나무(정태현 외, 1923), 참옷나무(박만규, 1949), 참옻나무(안학수·이춘녕, 1963), 라크나무
(리용재 외, 2011)

옛이름 옷(석보상절, 1447), 옷(월인석보, 1459), 옷/漆(묘법연화경언해, 1463), 옷/漆(분류두공부시언해,
1481), 漆/옷(구급간이방언해, 1489), 榛/옷/옷나모(훈몽자회, 1527), 漆/옷(신증유합, 1576), 乾漆/무른옷
(동의보감, 1613), 漆/옷(시경언해, 1613), 옷(사미인곡, 1768), 漆樹/옷나모(해동농서, 1799), 漆樹/옷(물보,
1802), 漆/옷나무(광재물보, 19세기 초), 漆/옷(물명고, 1824), 漆/칠/옷(명물기략, 1870), 옷나무/칠목/漆木
(한불자전, 1880), 榛/옷나무(아학편, 1908), 榛/漆/옷나무(자전석요, 1909), 漆/옷(신자전, 1915), 옷나무/옷
낭게(조선구전민요집, 1933), 옻/옷/옽(조선어표준말모음, 1936)[27]

중국/일본명 중국명 漆树(qi shu)는 물방울이 떨어지는 모양을 본뜬 것으로 옻(漆)을 생산하는 나무

---

23 '국가표준식물목록'(2018)은 옻나무의 학명을 *Rhus vernicifllua* Stokes(1812)로 기재하고 있으나, 『장진성 식물목록』
   (2014), '세계식물목록'(2018) 및 '중국식물지'(2018)는 정명을 본문과 같이 기재해 속의 분류를 달리한다.
24 이러한 견해로 허북구·박석근(2008b), p.224 참조.
25 이에 대해서는 『조선산야생식용식물』(1942), p.155와 『조선삼림식물도설』(1943), p.430 참조.
26 이러한 견해로 서정범(2000), p.453 참조.
27 「화한한명대조표」(1910)는 '옷ㄴ무'를 기록했으며 『제주도및완도식물조사보고서』(1914)는 'オ─トナム, チルナム, オ─チ
   ルナム'[옷낭, 칠낭, 옻칠낭]을, 『조선한방약료식물조사서』(1917)는 '옷나무, 漆液'을, 『조선의 구황식물』(1919)은 '옷나무'
   를, 『조선어사전』(1920)은 '漆木(칠목), 옷나무'를, 『조선식물명휘』(1922)는 '漆, 옷나무(藥, 救, 工業用)'를, 『토명대조선만식물
   자휘』(1932)는 '[榛]칠, [漆木]칠목, [옷나무]'를, 『선명대화명지부』(1934)는 '옷나무'를, 『조선의산과와산채』(1935)는 '漆樹,
   옷나무'를 기록했다.

라는 뜻이다.[28] 일본명 ウルシ는 기름기가 있는 액이라는 의미의 ウルシル(潤汁) 또는 칠을 하는 액이라는 의미의 ヌルシル(塗汁)에서 유래했다.

참고 [북한명] 옻나무 [유사어] 건칠(乾漆), 칠(漆), 칠수(漆樹) [지방명] 옻/옻낭구/옻낭그/옻낭기/참옻(강원), 옻/옻순/칠목(경기), 옻순(경북), 오돌나무/오돌낭구/옷나무/옷낭구/옻/옻칠나무/참옻/참옻나무(전남), 오돌나무/참옻나무(전북), 개옷낭/옷칠낭/옻낭/칠/칠낭(제주), 옻/옻나무순/옻순/옻칠/참옻(충남), 개옻나무/옻순/참옻나무(충북)

---

28 중국의 『본초강목』(1596)은 "許愼說文云 漆本作桼 木汁可以髹物 其字象水滴而下之形也"[허신의 설문해자에서 '칠(漆)'은 본래 칠(桼)로 썼고, 이 나무의 즙으로 물건에 옻칠을 할 수 있으며 그 글자는 물방울이 떨어져 내리는 모양을 본떴다' 하였다]라고 기록했다.

Aquifoliaceae 감탕나무科 (冬靑科)

감탕나무과⟨Aquifoliaceae Bercht. & J.Presl(1825)⟩

감탕나무과는 국내에 자생하는 감탕나무에서 유래한 과명이다. '국가표준식물목록'(2018), 『장진성 식물목록』(2014) 및 '세계식물목록'(2018)은 aquifolius(뾰족한 잎을 가진) 식물 또는 유럽호랑가시나무(Ilex aquifolium L.: holly, ilex)에서 유래한 것으로 여겨지는 Aquifoliaceae를 과명으로 기재하고 있으며, 엥글러(Engler), 크론키스트(Cronquist) 및 APG IV(2016) 분류 체계도 이와 같다.

○ Ilex cornuta *Lindley et Paxton*   ヒヒラギモドキ

Myoaja-namu   묘아자나무

호랑가시나무⟨*Ilex cornuta* Lindl. & Paxton(1850)⟩

호랑가시나무라는 이름은 잎가장자리에 난 톱니의 가시 모양이 예리한 것이 마치 호랑이 같다는 뜻에서 유래했다.[1] 제주도 및 전남·북에 분포하며, 열매를 식용하고 가시가 달린 잎과 줄기를 벽사용으로 사용했다.[2] 『조선식물향명집』은 고양이 새끼의 가시라는 뜻의 한자명 猫兒刺(묘아자)를 음차한 '묘아자나무'를 조선명으로 기록했다.[3] 이후 『조선삼림식물도설』에서 전라남도 방언을 채록해 '호랑이가시나무'로 기록했고,[4] 이것을 『조선수목』에서 '호랑가시나무'로 개칭해 현재에 이르고 있다. 호랑가시나무를 한자명으로 枸骨(구골) 또는 狗骨(구골)이라고도 하는데,[5] 현재 한글명 '구골나무'는 물푸레나무과의 *Osmanthus heterophyllus* (G.Don) P.S.Green(1958)을 일컫는 이름으로 사용하고 있다.

---

1 이러한 견해로 이우철(2005), p.591; 박상진(2019), p.421; 김태영·김진석(2018), p.501; 허북구·박석근(2008b), p.312; 오찬진 외(2015), p.740; 강판권(2015), p.677 참조. 한편 박상진은 호랑이 등이 가려우면 이 나무의 잎 가시에 등을 문질러 댄다는 뜻에서 유래했다고도 설명하고 있으나, 호랑가시나무의 분포지가 남쪽 해안가에 치우쳐 있어 호랑이의 분포지와는 차이가 있는 점을 고려한다면 의문스럽다.

2 이에 대해서는 『한국의 민속식물』(2017), p.729 참조.

3 중국의 『본초강목』(1596)은 "猫兒刺 葉有五刺如猫之形故名"(묘아자는 잎에 5개의 가시가 있는데 그 모양이 고양이와 닮은 것에서 붙여졌다)이라고 기록했다.

4 이에 대해서는 『조선삼림식물도설』(1943), p.430 참조.

5 중국의 『본초습유』(783)는 枸骨(구골)에 대해 "此木肌白如狗之骨"(이 나무의 나무껍질은 희고 개의 뼈와 닮았다)이라고 하여 '枸骨'을 '狗骨'로도 썼다.

속명 *Ilex*는 호랑잎가시나무(*Quercus ilex* L.: holm oak)의 고대 라틴명에서 유래한 것으로 감탕나무속을 일컫는다. 종소명 *cornuta*는 '뿔(角)이 있는'이라는 뜻으로 이 식물의 잎가장자리에 난 가시 모양에서 유래했다.

다른이름 묘아자나무(정태현 외, 1937), 호랑이가시나무/묘아자(정태현, 1943), 호랑이가시/모아자(박만규, 1949), 둥근잎호랑가시(이창복, 1966), 범의발나무(한진건 외, 1982)

옛이름 枸骨(본사, 1787), 狗骨/貓兒刺(광재물보, 19세기 초), 狗骨/기동빅(물명고, 1824)[6]

중국/일본명 중국명 枸骨(gou gu)는 구기자(枸)와 같은 열매가 달리고 나무껍질이 뼈다귀(骨)처럼 희다는 뜻이다. 일본명 ヒヒラギモドキ(柊擬き)는 구골나무(ヒヒラギ)를 닮았다는 뜻이다.

참고 [북한명] 호랑가시나무 [유사어] 구골(枸骨/狗骨), 묘아자(貓兒刺) [지방명] 뿔나무(전남), 남소왕이/남소웽이/소웽이가시낭/호랑가시/호렝이가시낭/호렝이발콥(제주)

Ilex crenata *Thunb.* var. microphylla *Maximowicz* イヌツゲ
Ĝwanĝĝwanĝ-namu 꽝꽝나무

꽝꽝나무〈*Ilex crenata* Thunb.(1784)〉

꽝꽝나무라는 이름은 나뭇잎이 두터워 불에 타면 '꽝꽝' 하고 소리를 내는 것에서 유래했다.[7] 나무가 단단해 목판, 도장, 빗, 나무못이나 가구재 등을 만드는 데 이용했다.[8] 실제로 불에 태우면 잎이 탈 때 다른 나무에 비해 타는 소리가 크게 난다. 『조선삼림수목감요』에서 제주 방언을 채록해 '쌍쌍나무'로 기록한 것에서 비롯했으며,[9] 『조선식물명집』에서 1933년에 조선어학회가 제정한 '한글 마춤법 통일안'의 된소리에 대한 맞춤법에 따라 '꽝꽝나무'로 변경해 현재에 이르고 있다.[10] 한편 뼈와 같은 딴딴한 심이 있는 나무라는 뜻에서 유래한 이름이라는 견해가 있다.[11] 제주 방언으로 '꽝'(쌍)은 뼈 또는 응어리를 뜻하며 '꽝들다'는 딴딴한 심이 박히다의 뜻이 있으므로[12] 일리

6　『제주도및완도식물조사보고서』(1914)는 'ナムソワイ'[남소왕이]를 기록했으며 『조선어사전』(1920)은 '狗骨(구골), 貓兒子(묘ㅇ지)'를, 『조선식물명휘』(1922)는 '貓兒屎, 貓兒刺'를, Crane(1931)은 '묘아즈, 貓兒荊'을, 『토명대조선만식물자휘』(1932)는 '[狗骨木]구골나무, [貓兒刺]묘ㅇ즈'를 기록했다.

7　이러한 견해로 오찬진 외(2015), p.728; 강판권(2015), p.681; 『한국민족문화대백과사전』(2014) 중 '꽝꽝나무' 참조.

8　이에 대해서는 『조선삼림식물도설』(1943), p.431과 『한국민족문화대백과사전』(2014) 중 '꽝꽝나무' 참조.

9　이에 대해서는 『조선삼림수목감요』(1923), p.81과 『조선삼림식물도설』(1943), p.431 참조.

10　조선어학회의 '한글 마춤법 통일안'의 아래아(ㆍ)와 된소리 표기법 등에 반대해 박승빈 및 최남선 등을 필두로 한 조선어학연구회는 반대운동을 조직했으며, 그러한 논쟁은 『조선식물향명집』 저자들 내부에까지 번졌고 『조선식물향명집』 저자들 다수가 조선어학회의 안을 지지하자 이에 견해를 달리한 윤인섭는 마지막에 저자에서 빠지기도 했다. 이에 대해서는 소인영(1994), p.109 참조.

11　이러한 견해로 박상진(2019), p.66과 허북구·박석근(2008b), p.59 참조.

12　제주 방언 '꽝'이 뼈를 뜻한다는 것에 대해서는 고려대학교민족문화연구원, '고려대한국어대사전' 중 '꽝' 참조. 제주 방언 '쌍'이 응어리를 뜻한다는 것에 대해서는 석주명(1947), p.19 그리고 제주 방언 '꽝들다'가 딴딴한 심이 박히다의 뜻으

는 있지만, '꽝꽝'이라는 의성어 형태로 채록된 것에 비추어 불에 타는 소리에서 유래했을 것으로 보인다.

속명 *Ilex*는 호랑잎가시나무(*Quercus ilex* L.: holm oak)의 고대 라틴명에서 유래한 것으로 감탕나무속을 일컫는다. 종소명 *crenata*는 '둥근 톱니 모양의'라는 뜻으로 이 식물의 잎가장자리 모양에서 유래했다.

다른이름 쌍쌍나무(정태현 외, 1923), 좀꽝꽝나무(이창복, 1976), 큰잎꽝꽝나무(한진건 외, 1982)[13]

중국/일본명 중국명 齿叶冬青(chi ye dong qing)은 톱니 모양의 잎을 가진 동청(冬青: 감탕나무 종류 또는 중국먼나무의 중국명)이라는 의미로 학명과 뜻이 통한다. 일본명 イヌツゲ(犬黄楊)는 회양목(ツゲ)과 비슷하지만 그보다 못하다는 뜻이다.

참고 [북한명] 꽝꽝나무 [유사어] 파연동청(波緣冬青) [지방명] 때죽나무(전남), 꽝꽝낭/꽝꽝이낭/꽝낭/꾀꽝낭(제주)

Ilex integra *Thunberg*   モチノキ
Gamtang-namu   감탕나무

감탕나무〈*Ilex integra* Thunb.(1784)〉

감탕나무라는 이름은 나무껍질로 감탕을 만든 것에서 유래했다.[14] 주요 자생지인 제주도 방언을 채록한 것으로,[15] 감탕은 아교풀과 송진 따위를 끓여서 만든 접착제를 말한다. 16세기에 저술된 『훈몽자회』는 끈끈한 접착제를 뜻하는 '鰽'(이)를 '감탕'이라고 기록했다. 감탕나무를 한자로는 '冬青'(동청)이라고 하는데, 문헌에 따라 '冬青'(동청)을 '사철나무', '겨우살이', '광나무', '감탕나무', '측백나무' 등으로 혼용하고 있으므로 개별 문헌을 해석할 때에는 주의가 필요하다.

속명 *Ilex*는 호랑잎가시나무(*Quercus ilex* L.: holm oak)의 고대 라틴명에서 유래한 것으로 감탕나무속을 일컫는다. 종소명 *integra*는 '전연(全緣)의'라는 뜻으로 이 식물의 밋밋한 잎가장자리의 모양에서 유래했다.

로 사용한다는 것에 대해서는 현평효·강영봉(2014), p.63 참조.

13 『제주도및완도식물조사보고서』(1914)는 'キャーカムナム, サングウェナム'[꾀꽝낭, 산꽝낭]을 기록했으며 『선명대화명지부』(1934)는 '쌍쌍나무'를 기록했다.

14 이러한 견해로 박상진(2019), p.24; 허북구·박석근(2008b), p.27; 김태영·김진석(2018), p.502; 오찬진 외(2015), p.725; 강판권(2015), p.673 참조.

15 이에 대해서는 『조선삼림수목감요』(1923), p.81과 『조선삼림식물도설』(1943), p.432 참조.

다른이름 감탕나무(정태현 외, 1923), 끈제기나무/떡가지나무(정태현, 1943)

옛이름 黏木(탐라지, 1653),[16] 冬靑/凍靑(본사, 1787), 冬靑/凍靑/겨으살이(물명고, 1824), 黏木/甘湯(오주연문장전산고, 185?)[17]

중국/일본명 중국명 全缘冬青(quan yuan dong qing)은 잎가장자리가 밋밋한(全緣) 동청(冬靑: 감탕나무 종류 또는 중국먼나무의 중국명)이라는 의미로 학명과 뜻이 통한다. 일본명 モチノキ(黐の木)는 이 나무의 나무껍질을 이용해 トリモチ(鳥黐: 새를 잡는 끈끈이)를 만들 수 있는 것에서 유래했다.

참고 [북한명] 감탕나무 [유사어] 동청(冬靑) [지방명] 까마중(경북), 개먹낭/개먼낭/개멋낭/구룽피/먼낭/멋낭(제주)

Ilex macropoda *Miquel* アヲハダ

Daepaejib-namu 대팻집나무

대팻집나무〈*Ilex macropoda* Miq.(1867)〉

대팻집나무라는 이름은 목재가 치밀하고 무거우며 건조 후에도 갈라지지 않아 대팻집을 만드는 데서 유래했다.[18] 목재는 세공재를 만들었고, 어린잎은 식용했으며, 나무껍질에서 나오는 끈끈한 액은 접착제로 이용했다.[19] 대팻집은 목공구인 대패의 날을 박게 되어 있는 나무틀을 말한다. 주요 자생지인 전라남도 방언을 채록한 것이다.[20] 『조선삼림식물도설』은 목재로 '挽物細工材'(대패세공재)를 만들었음을 기록했다.

　속명 *Ilex*는 호랑잎가시나무(*Quercus ilex* L.: holm oak)의 고대 라틴명에서 유래한 것으로 감탕나무속을 일컫는다. 종소명 *macropoda*는 '긴 자루의, 굵은 축의'라는 뜻이다.

다른이름 딩피집나무/물안포기나무/눈이리나무(정태현 외, 1923), 대패집나무(박만규, 1949), 대팟집나무(안학수·이춘녕, 1963)[21]

16　『탐라지』(1653)는 "黏木 皮似厚朴 搗爲末 水洗去滓 取汁著物 則鳥鼠蟲蛇之類 黏合如膠 不能解脫 俗名甘湯"(첨목의 껍질은 후박나무와 비슷하다. 빻아서 가루를 만들고 물에 씻어 찌꺼기를 제거하고 즙을 취해서 물건에 바르면 새, 쥐, 곤충, 뱀 따위가 달라붙으면 아교와 같아 벗어날 수가 없다. 민간에서 감탕이라 부른다)이라고 기록했다.

17　『제주도및완도식물조사보고서』(1914)는 'クルンピ'[구룽피]를 기록했으며 『조선식물명휘』(1922)는 '細葉冬靑, 갑탕나무'를, 『토명대조선만식물자휘』(1932)는 '[天蓼]텬료, [木蓼]목료'를, 『선명대화명지부』(1934)는 '감탕나무'를 기록했다.

18　이러한 견해로 박상진(2019), p.109; 김태영·김진석(2018), p.499; 허북구·박석근(2008b), p.88; 솔매(송상곤, 2010), p.64 참조.

19　이에 대해서는 『조선삼림식물도설』(1943), p.433과 『한국의 민속식물』(2017), p.732 참조.

20　이에 대해서는 『조선삼림수목감요』(1923), p.81과 『조선삼림식물도설』(1943), p.432 참조.

21　『제주도및완도식물조사보고서』(1914)는 'ムランペギナム'[무란페기남]을 기록했으며 『조선식물명휘』(1922)는 '무란빅이나

1116

중국/일본명 중국명 大柄冬青(da bing dong qing)은 잎자루가 긴 동청(冬靑: 감탕나무 종류 또는 중국먼
나무의 중국명)이라는 뜻이다. 일본명 アヲハダ(靑膚)는 나무껍질을 벗기면 푸른색을 띠는 것에서
유래했다.

참고 [북한명] 대패집나무 [유사어] 귀두청(鬼兜靑) [지방명] 무란페기남/물갈페지낭(제주), 대패집
나무(충남)

Ilex rotunda *Thunberg*   フクラシバ(クロガネモチ)
Jom-gamtang-namu   좀감탕나무

먼나무〈*Ilex rotunda* Thunb.(1784)〉

먼나무라는 이름은 가을에 붉게 익은 열매가 겨울 동안 계속
달려 있는 모양이 작은 사과인 '멋'을 닮았다는 뜻에서 유래
한 것으로 추정한다. 전남 방언을 채록한 것에서 비롯했다.[22]
옛날에 작은 사과 종류에 대해 『분류두공부시언해』는 '멋, 柰'
로, 『훈몽자회』는 '樆, 멋'으로, 『신증유합』은 '柰, 멀'으로, 『동
의보감』은 '柰子, 멀'으로, 『역어유해』는 '柰子, 멋'으로 기록했
다. 현재는 사용하지 않는 표현이지만, 제주 방언 조사에 따르
면 감탕나무 종류를 '멋낭'으로 기록해 옛 표현이 그대로 남
아 있었던 것이 확인되며,[23] 제주 방언으로 먼나무를 '먼낭'이
라고도 한다.[24] 먼나무는 붉은 열매가 잎이 떨어진 겨울에도
계속 남아 있는데, 이 모습에 착안해 붉은 열매를 가진 사과

종류를 뜻하는 사라진 옛말 멋낭(또는 멋나무)이라는 이름을 빌려 사용하다가 먼나무로 발음이 변
화해 형성된 이름이라는 것이다. 한편 먼나무의 나무껍질이 검은색이거나 먹을 만들 때 속껍질을
이용한 것에서 '먹낭'이라는 제주 이름이 변해 먼나무가 되었다는 견해가 있으며,[25] 잎자루가 멀리
떨어져 있거나 멀리서 보아야 아름다움이 드러난다는 뜻에서 유래했다는 견해도 있다.[26] 『조선식

무(救)'를, 『선명대화명지부』(1934)는 '대태집나무, 물란백이나무, 물안포기나무'를 기록했다.

22 이에 대해서는 『조선삼림식물도설』(1943), p.434와 이우철(2005), p.219 참조.

23 감탕나무 종류를 제주 방언으로 '멋낭'이라고 했다는 기록으로는 석주명(1947), p.39와 국립국어원, '우리말샘' 중 '멋낭'
    참조.

24 이에 대해서는 현평호·강영봉(2014), p.130 참조.

25 이러한 견해로 박상진(2019), p.149; 김태영·김진석(2018), p.503; 오찬진 외(2005), p.737 참조. 한편 박상진(2011b)은 잎자
    루가 감탕나무보다 멀리 붙어 있다는 뜻에서 유래했다고 하지만, 방언에서 유래한 옛이름을 근대 분류학적 시각에서 붙
    인 이름으로 접근하여 해석하는 것이어서 선뜻 동의하기 어렵다.

26 이러한 견해로 전정일(2009), p.85 참조.

물향명집』에서는 전통 명칭 '감탕나무'를 기본으로 하고 식물의 형태적 특징을 나타내는 '좀'을 추가해 '좀감탕나무'를 신칭했으나,[27] 『조선삼림식물도설』에서 전남 방언을 채록한 '먼나무'를 다른 이름으로 기록했으며 『한국식물도감(상권 목본부)』에서 '먼나무'를 대표적인 이름으로 변경해 현재에 이르고 있다.

속명 *Ilex*는 호랑잎가시나무(*Quercus ilex* L.: holm oak)의 고대 라틴명에서 유래한 것으로 감탕나무속을 일컫는다. 종소명 *rotunda*는 '둥근, 살찐'이라는 뜻으로 잎이 둥근 특징을 나타낸다.

다른이름 좀감탕나무(정태현 외, 1937)[28]

중국/일본명 중국명 铁冬青(tie dong qing)은 쇳빛을 띠는 동청(冬青: 감탕나무 종류 또는 중국먼나무의 중국명)이라는 뜻이다. 일본명 フクラシバ(膨ら柴)는 잎이 불에 닿으면 표면이 부풀어 오르는 나무라는 뜻으로, 현재는 동청목(*I. pedunculosa*)을 일컫는 이름이다. 함께 사용된 クロガネモチ(黒鉄糯)는 철과 같이 검은빛을 띠는 감탕나무 종류(モチ)라는 뜻이다.

참고 [북한명] 좀감탕나무 [유사어] 구필응(救必應) [지방명] 먹낭/먼낭/멋낭/멍낭(제주)

---

27 이에 대해서는 『조선식물향명집』, 색인 p.45 참조.
28 『제주도및완도식물조사보고서』(1914)는 ソンナム[논낭]을 기록했다.

Celastraceae 화살나무科 (衛予科)

노박덩굴과〈Celastraceae R.Br.(1814)〉

노박덩굴과는 국내에 자생하는 노박덩굴에서 유래한 과명이다. '국가표준식물목록'(2018), 『장진성 식물목록』(2014) 및 '세계식물목록'(2018)은 *Celastrus*(노박덩굴속)에서 유래한 Celastraceae를 과명으로 기재하고 있으며, 엥글러(Engler), 크론키스트(Cronquist) 및 APG IV(2016) 분류 체계도 이와 같다.

Punji-namu 푼지나무

푼지나무〈*Celastrus flagellaris* Rupr.(1857)〉

푼지나무라는 이름은 직접적으로는 『조선삼림수목감요』에서 전라남도 방언을 채록한 것에서 유래했다.[1] 덩굴성 식물로 줄기에 턱잎이 변한 가시가 있으며 어린잎을 식용했다.[2] 그런데 『조선삼림식물도설』은 전라남도에서 '분지나무'로도 불린다는 것을 기록했다. 즉, 푼지나무는 분지나무라고도 불리었으므로 분지나무의 발음이 변형된 것으로 보인다. 한편 분지나무는 산초나무를 뜻하는 옛말로,[3] 현재도 지역별로는 산초나무를 분지나무라고도 한다. 줄기에 가시가 있는 특징 등이 유사한데, 이러한 모습 때문에 이름의 혼용이 있었던 것으로 추론된다.

속명 *Celastrus*는 테오프라스토스(Theophrastus, B.C. 371~B.C.287)가 유럽호랑가시나무(*Ilex aquifolium* L.)에 붙인 고대 그리스명 kelastros에서 전용된 것으로 노박덩굴속을 일컫는다. 종소명 *flagellaris*는 '채찍 모양의, 기는줄기가 있는'이라는 뜻으로 덩굴성으로 뻗어 나가는 모양에서 유래했다.

다른이름 푼지나무(정태현 외, 1923), 분지나무/청다래년줄(정태현, 1943)[4]

중국/일본명 중국명 刺苞南蛇藤(ci bao nan she teng)은 턱잎이 변한 가시가 있는 남사등(南蛇藤: 노박덩굴의 중국명)이라는 뜻이다. 일본명 イハウメヅル(岩梅蔓)는 바위에 자라는 매화를 닮은 덩굴식물

---

1 이에 대해서는 『조선삼림수목감요』(1923), p.84와 『한국식물도감(상권 목본부)』(1957), p.305 참조.

2 이에 대해서는 김태영 · 김진석(2018), p.495와 『조선삼림식물도설』(1943), p.436 참조.

3 이에 대해서는 이 책 '분지나무' 항목 참조.

4 『제주도및완도식물조사보고서』(1914)는 'ポンジナム'[푼지나무]를 기록했으며 『선명대화명지부』(1934)는 '푼지나무'를 기록했다.

이라는 뜻이다.

참고 [북한명] 푼지나무 [유사어] 자남사등(刺南蛇藤)

Celastrus orbiculatus *Thunberg* ツルウメモドキ
Nabag-dŏnggul 노박덩굴(눕방구덩굴)

노박덩굴〈*Celastrus orbiculatus* Thunb.(1784)〉

노박덩굴이라는 이름은 주요 자생지인 경기도 방언을 채록한
것이다.[5] 정확한 어원이나 유래는 알려져 있지 않으나, 황해도
방언에 '노박따위나무'라는 이름이 있는데[6] 노박덩굴과 어형
이 유사해 그 유래를 추론해볼 수 있다. 노박따위나무는 '노'
와 '박따위'(박다위)와 '나무'의 합성어로 '노'는 노끈(繩)을 뜻하
는 우리말로 『월인석보』, 『훈몽자회』, 『광재물보』 등에 기록
된 말이고, '박다위'(박따위)는 짐짝을 걸어서 메는 데에 사용
하는 종이나 삼노를 꼬아서 길게 엮어 만든 멜빵으로 이 역시
우리말이다.[7] 노박덩굴의 줄기 껍질은 예로부터 노끈 등을 만
드는 재료로 사용되어왔던 것에 비추어,[8] 노박따위나무는 노
끈과 박다위를 만드는 재료로 사용된 것에서 유래한 이름이

고 '노박덩굴'은 노박따위나무의 축약어에 덩굴식물이라는 점을 강조한 것으로 추론된다. 한편 이
름의 유래에 대해, 어수룩하고 순박함을 의미하는 한자어 노박(魯朴)에서 유래한 것으로 '아주 흔
하다, 늘 있다'는 뜻에서 찾는 견해,[9] 길섶(길가)을 뜻하는 한자어 노방(路傍)에서 유래해 노박으로
변한 것으로 길가에서 흔하게 만날 수 있는 덩굴의 뜻이라는 견해,[10] 길을 가로막는 덩굴이라는
뜻의 '路泊癈'(노박폐)에서 유래했다는 견해,[11] 노란 열매가 달린다는 의미에서 유래했다는 견해[12]
등이 있다. 그러나 노박덩굴이 경기도 방언을 채록한 이름이므로 민간에서 흔하게 불리었을 이름
이고, 약재명에서 유래한 것이 아닌데도 한자어에서 유래를 찾는 것이어서 설득력이 떨어진다. 한

---

5   이에 대해서는 『조선삼림수목감요』(1923), p.84와 『조선삼림식물도설』(1943), p.434 참조.
6   노박따위나무가 황해도 방언에서 유래한 것이라는 것에 대해서는 『조선삼림식물도설』(1943), p.434 참조.
7   이에 대해서는 국립국어원, '표준국어대사전' 중 '박다위' 참조.
8   이에 대해서는 『조선삼림식물도설』(1943), p.435 참조.
9   이러한 견해로 김종원(2013), p.710 참조.
10   이러한 견해로 박상진(2019), p.84와 유기억(2016.3.12.) 참조.
11   이러한 견해로 허북구·박석근(2008b), p.71과 전정일(2009), p.87 참조.
12   이러한 견해로 솔뫼(송상곤, 2010), p.100과 오찬진 외(2015), p.743 참조.

편 경북 방언에 열매의 색깔에 근거한 것으로 보이는 노랑꽃나무가 있으므로,[13] 노박덩굴은 열매의 색깔에 근거해 노랑(黃)과 박(匏)의 합성어일 가능성이 있다. 그러나 우리말 '노랑'에서 '노'만을 분리해 이름에 반영하는 용례를 찾기 어렵다.

속명 *Celastrus*는 테오프라스토스(Theophrastus, B.C.371~B.C.287)가 유럽호랑가시나무(*Ilex aquifolium* L.)에 붙인 고대 그리스명 *kelastros*에서 전용된 것으로 노박덩굴속을 일컫는다. 종소명 *orbiculatus*는 '원형의'라는 뜻으로 잎의 모양을 표현한 것에서 유래했다.

다른이름 노박덩굴/노방핑너울(정태현 외, 1923), 놉방구덩굴(정태현 외, 1937), 녹박덩굴/녹방귀덩굴(정태현 외, 1942), 노방패너울/노랑꽃나무/노파위나무/노박따위나무/노팡개더울(정태현, 1943), 노방덩굴(박만규, 1949)

옛이름 노방귀(한불자전, 1880)[14] [15]

중국/일본명 중국명 南蛇藤(nan she teng)은 줄기가 뱀 종류인 남사(南蛇)를 닮은 등나무라는 뜻이다. 일본명 ツルウメモドキ(蔓梅擬き)는 덩굴지고 낙상홍(ウメモドキ)을 닮았다는 뜻이다.

참고 [북한명] 노박덩굴 [유사어] 과산등(菓山藤), 금홍수(金紅樹), 남사등(南蛇藤), 황두판(黃豆瓣) [지방명] 노빵개(경남), 노박열매/노판구/노팡개/노팡개나물/노팡게(경북), 본지낭/본지쿨/뽄지낭(제주), 노방덩굴(충남)

○ Euonymus Bungeana *Maximowicz*　ヒメマユミ
Jom-chambitsal-namu　좀참빗살나무

좀참빗살나무〈*Euonymus bungeana* Maxim.(1859)〉[16]

좀참빗살나무라는 이름은 식물체가 작은(좀) 참빗살나무라는 뜻에서 붙여졌다.[17] 참빗살나무에 비해 잎이 작은 특징이 있다. 『조선식물향명집』에서 전통 명칭 '참빗살나무'를 기본으로 하고 식물의 형태적 특징을 나타내는 '좀'을 추가해 신칭했다.[18]

---

13 이에 대해서는 『조선삼림식물도설』(1943), p.434 참조.

14 『한불자전』(1880)은 "노방귀, Plante, esp, de seringat"라고 기록해 노방귀가 식물로 고광나무의 종류인 것처럼 기록했으나, 고광나무에 관한 방언과 유사어에 '노방귀'와 유사한 명칭이 없는 점에 비추어 노박덩굴을 기록한 것으로 추론된다.

15 『제주도및완도식물조사보고서』(1914)는 '폰지남'(본지낭)을 기록했으며 『지리산식물조사보고서』(1915)는 '의쿠방우징'[노방울]을, 『조선식물명휘』(1922)는 '菓山藤, 金紅樹, 노박덩굴, 놉방굴덩굴'을, 『선명대화명지부』(1934)는 '노박덩굴, 노방팽너울, 놉방굴덩굴'을 기록했다.

16 '국가표준식물목록'(2018)은 본문의 학명으로 '좀참빗살나무'를 별도 분류하고 있으나, 『장진성 식물목록』(2014)은 좁은잎참빗살나무〈*Euonymus hamiltonianus* Wall. var. *maackii* (Rupr.) Kom.(1904)〉에 통합하고, '세계식물목록'(2018)과 '중국식물지'(2018)는 *Euonymus maackii* Rupr.(1959)에 통합하고 있으므로 주의가 필요하다.

17 이러한 견해로 이우철(2005), p.477 참조.

18 이에 대해서는 『조선식물향명집』, 색인 p.46 참조.

속명 *Euonymus*는 유럽회나무(*E. europaeus*)의 고대 그리스명으로 '좋은 이름'이란 뜻의 고대 그리스어 *euonymon*에서 유래했으며 화살나무속을 일컫는다. 종소명 *bungeana*는 러시아인으로 북중국 및 시베리아의 식물을 연구한 Alexander Georg von Bunge(1803~1890)의 이름에서 유래했다.

다른이름 찬빗살나무(정태현 외, 1923), 동골닢참빗살나무(정태현, 1943), 좀챔빗나무(박만규, 1949), 둥근잎참빗살나무(정태현 외, 1949), 애기화살나무(안학수·이춘녕, 1963)[19]

중국/일본명 중국명 白杜(bai du)는 나무껍질 등이 하얀 두리(杜梨: *Pyrus betulifolia* Bunge, 자작잎배나무의 중국명)라는 뜻이다. 일본명 ヒメマユミ(姬真弓)는 아기처럼 작은 참빗살나무(マユミ)라는 뜻이다.

참고 [북한명] 좀참빗살나무 [유사어] 사면목(絲棉木)

Euonymus Sieboldiana *Blume* マユミ
Chambitsal-namu 참빗살나무

참빗살나무⟨*Euonymus hamiltonianus* Wall.(1824)⟩

참빗살나무라는 이름은 옛날에 목재로 참빗(篦子)의 살을 만들었던 것에서 유래했다.[20] 주요 자생지인 전라남도 방언을 채록한 것이다.[21] 한편 참빗은 대나무로 만드는 것이므로 참빗살나무로 참빗을 만든 것은 아니며, 나무의 쓰임새가 좋다는 뜻에서 유래했다는 견해가 있다.[22] 또한 참빗은 박달나무로 만드는 것이므로 참빗살나무는 빛살(햇볕)에 잘 견디는 나무라는 뜻의 '진짜 빛살나무'라는 뜻에서 유래했다는 견해도 있다.[23] 이러한 견해는 모두 참빗살나무로는 참빗(篦子)을 만들지 못한다는 것에 근거한다. 이와 관련하여 17세기에 저술된 『지봉유설』은 "按梳以木爲之 篦以竹爲之 俗所謂眞梳是也 今人混稱爲梳則誤矣"[나무로 만든 빗을 '梳'(소)라고 하고 대나무로 만든

빗을 '篦'(비)라고 한다. 세속에서 참빗(眞梳)이 이것이다. 현재 사람들은 혼동하여 '梳'(소)라 부르는

---

19 『조선식물명휘』(1922)는 '白杜, 明開野合'을 기록했으며 『선명대화명지부』(1934)는 '찬빗살나무'를 기록했다.

20 이러한 견해로 오찬진 외(2015), p.754; 솔매(송상곤, 2010), p.116; 강판권(2015), p.403 참조.

21 이에 대해서는 『조선삼림수목감요』(1923), p.84와 『조선삼림식물도설』(1943), p.447 참조.

22 이러한 견해로 허북구·박석근(2008b), p.274 참조.

23 이러한 견해로 박상진(2019), p.372 참조. 한편 박상진은 참빗은 박달나무로 주로 만든다고 하지만, 문헌으로 확인되는 근거가 있는 주장은 아닌 것으로 보인다.

데 잘못된 것이다｣라고 했다.『지봉유설』에 언급된 것처럼 옛 문헌에서는 대체로 나무로 만든 성긴 빗을 한글로 '얼레빗(얼에빗)'이라 하며 한자로 梳子(소자), 月梳(월소), 木梳(목소)라 했고, 대나무를 촘촘하게 만든 빗을 한글로 '참빗(춤빗)'이라고 하며 한자로 篦子(비자), 眞梳(진소), 竹梳(죽소)라고 하여 대별했던 것으로 파악된다. 그런데 16세기에 저술된『훈몽자회』는 "篦 춤빗 비 俗稱 希篦子 密篦子"[篦(비)는 참빗 비이다. 속칭으로 성긴 참빗과 촘촘한 참빗을 말한다]라고 하여 참빗에 성긴 것과 촘촘한 것이 있다고 했고,『승정원일기』1623년의 기록에는 '眞木梳'(진목소)라고 표현해 나무로 만든 빗(木梳)에도 참빗이 있다는 것을 시사했다. 또 17세기 후반의『노걸대언해』는 "굴근 춤빗 일빅 낫 빅 춤빗 일빅 낫 大篦子 一百箇 密篦子 一百箇"[굵은(성긴) 참빗 일백 개와 촘촘한 참빗 일백 개]라고 해 참빗에도 성긴 것과 촘촘한 것이 구별된다고 했고, 17세기 후반의『역어유해』도 "설픤 춤빗 希篦子"(성긴 참빗)가 있음을 기록했다. 즉, 옛날에는 현재처럼 대나무로 만드는 촘촘한 것만 참빗으로 지칭했던 것이 아니었으므로, 참빗살나무로는 참빗을 만들 수 없다는 주장은 사실이 아닌 것으로 보인다. 참빗살나무라는 이름이 채록된 전라남도의 최근 방언 조사에서 나타나는 '챔빗나무'와 '챔빗살나무'에서 '챔빗'이 참빗의 방언형이라는 점도 참빗살나무라는 이름이 참빗과 관련이 있음을 말해준다. 게다가 참빗살나무라는 이름에는 쓰임새로 좋다는 뜻이 없고, 빛(光)에 대해『조선식물향명집』은 '눈빛승마'와 같이 '빛'으로 표기하고 '빗'으로는 표기하지 않았다. 또한 참빗살나무는 진짜(참) 활이라는 일본명과 잇닿아 있는 명칭이라고 주장하는 견해가 있는데,[24] 방언에 근거해 명칭을 기록한『조선삼림수목감요』와『조선삼림식물도설』의 기록과 배치되고 최근의 방언 조사에서도 유사한 이름이 확인되는 점에서 타당성이 없어 보인다.

속명 *Euonymus*는 유럽회나무(*E. europaeus*)의 고대 그리스명으로 '좋은 이름'이란 뜻의 고대 그리스어 *euonymon*에서 유래했으며 화살나무속을 일컫는다. 종소명 *hamiltonianus*는 영국 물리학자이자 식물학자인 Francis Buchanan Hamilton(1762~1829)의 이름에서 유래했다.

다른이름 찬빗살나무(정태현 외, 1923), 회닙나무(정태현 외, 1942), 물뿌리나무(정태현, 1943), 화살나무(박만규, 1949)[25]

중국/일본명 중국명 西南卫矛(xi nan wei mao)는 시난(西南) 지방에 분포하는 위모(衛矛: 화살나무의 중국명)라는 뜻이다. 일본명 マユミ(眞弓)는 이 나무의 재질이 강하고 잘 휘어지는 특징 때문에 예부터 활의 재료라고 알려진 것에서 유래했다.

참고 [북한명] 참빗살나무/메참빗살나무/둥근참빗살나무[26] [유사어] 귀전우(鬼箭羽) [지방명] 참햊

---

24 이러한 견해로 김종원(2013), p.717 참조.

25 『지리산식물조사보고서』(1915)는 'ㅅㅔㄴㅏㅁ'[회나무]를 기록했으며『조선의 구황식물』(1919)은 '흰나무'를,『조선식물명휘』(1922)는 '桃葉衛矛, 白杜, 흰나무, 훗닙나무(救, 觀賞)'를,『토명대조선만식물자휘』(1932)는 조선명 없이 중국명으로 '[金銀柳], [明開夜合木]'을,『선명대화명지부』(1934)는 '찬빗살나무, 훈닙나무, 흰나무'를 기록했다.

26 북한에서는 *E. sieboldiana*를 '참빗살나무'로, *E. cetidens*를 '메참빗살나무'로, *E. quelpaertensis*를 '둥근참빗살나무'로 하여 별도 분류하고 있다. 이에 대해서는 리용재 외(2011), p.147 참조.

님나물(강원), 홑잎나물(경기), 참벗살(경북), 삼빗나무/참빗나물/챔빗나무/챔빗살나무(전남), 참비자나무(충남)

Euonymus japonicus *Thunberg* マサキ 杜沖
Sachŏl-namu 사철나무

사철나무〈*Euonymus japonicus* Thunb.(1780)〉

사철나무라는 이름은 사계절 내내 늘 푸른 나무라는 뜻에서 유래했다.[27] 주요 자생지인 전라남도 방언을 채록한 것이다.[28] 옛 문헌에는 '冬靑'(동청)으로 기록되었는데, 이는 현재의 '사철나무', '겨우살이', '광나무', '감탕나무' 등을 혼용한 것이어서 개별 문헌을 해석할 때에는 주의가 필요하다.[29] 한편 『조선식물향명집』은 한자명으로 '杜沖'(두충)을 기록했다. 현재 두충은 두충과의 두충〈*Eucommia ulmoides* Oliv.(1890)〉을 일컫는 이름으로 사용하고 있으나, 이는 1926년경 도입된 식물이다. 옛 문헌에서 杜沖(또는 杜沖)은 문헌별로 현재의 들쭉나무, 만병초, 두충(수입 약재) 또는 사철나무를 일컫는 것으로 혼용되어 왔으므로 문헌을 읽을 때에 주의가 필요하다.[30]

속명 *Euonymus*는 유럽회나무(*E. europaeus*)의 고대 그리스명으로 '좋은 이름'이란 뜻의 고대 그리스어 *euonymon*에서 유래했으며 화살나무속을 일컫는다. 종소명 *japonicus*는 '일본의'라는 뜻으로 최초 발견지를 나타낸다.

다른이름 사철나무/겨우사리나무(정태현 외, 1923), 개동굴나무/동청목/너른닢사철나무/무른나무(정태현, 1943), 들축나무(박만규, 1949), 넓은잎사철나무(정태현 외, 1949), 겨우살이나무/무른나무(안학수·이춘녕, 1963), 긴잎사철(이창복, 1980), 무른사철나무(안학수 외, 1982), 푸른나무(김현삼 외, 1988)

옛이름 杜沖(세종실록지리지, 1454), 杜沖(대동군부운옥, 1589), 冬靑樹(산림경제, 1715), 冬靑木(청장관전서, 1795), 杜沖(아언각비, 1819), 冬靑樹/杜沖木(오주연문장전산고, 185?), 亽쳘나무/四季木(한어지남, 1913)[31]

---

27 이러한 견해로 이우철(2005), p.301; 박상진(2019), p.240; 김태영·김진석(2018), p.484; 허북구·박석근(2008b), p.176; 전정일(2009), p.86; 오찬진 외(2015), p.750 참조.

20 이에 대해서는 『조선삼림수목감요』(1923), p.83 참조.

29 이에 대한 자세한 내용은 박상진(2011b), p.263 참조..

30 이에 대해서는 공광성(2017), p.71 이하 참조.

31 『제주도및완도식물조사보고서』(1914)는 'ピポンナム'[피퐁낭]을 기록했으며 『지리산식물조사보고서』(1915)는 'とうるちゅ

중국/일본명 중국명 冬青卫矛(dong qing wei mao)는 겨울에도 푸른 위모(衛矛: 화살나무의 중국명)라는 뜻이다. 일본명 マサキ(真青木)는 진짜 푸른 나무라는 뜻에서 유래했거나 울타리용 나무라는 뜻의 マセキ(籬木)에서 전화된 것이라고 하지만, 정확한 유래는 알려져 있지 않다.

참고 [북한명] 사철나무 [유사어] 동청(冬青), 두충(杜沖), 사계목(四季木), 조경초(調經草) [지방명] 들축낭그/들축낭기(강원), 개동백(전남), 들충이나무(전북), 사철낭/피풍낭(제주), 들충나무(충청)

○ Euonymus Maackii *Ruprecht* テウセンマユミ
Hoe-namu 회나무

회나무〈*Euonymus planipes* (Koehne) Koehne(1906)〉[32]

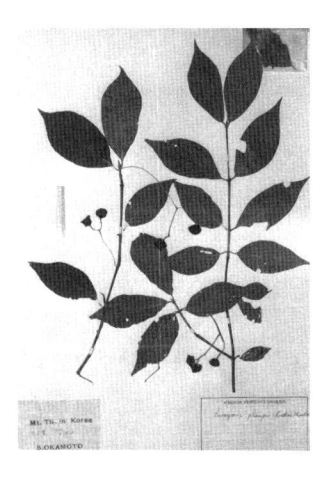

회나무라는 이름은 '회'와 '나무'의 합성어로, 이른 봄에 나물로 식용하는 잎의 모양이 회(膾)를 닮았고 그와 비슷한 맛이 나는 나무라는 뜻에서 유래한 것으로 추정한다.[33] 『동의보감』은 '부듸회'라고 기록했는데 이때 '부듸'는 가마니나 베를 짤 때 날을 고르며 씨를 치는 구실을 하는 기구를 의미하므로,[34] 난상 긴타원모양을 이루는 잎의 모양에 착안한 이름으로 보인다. 또한 『물명고』는 '회납'이라고 기록했는데 이때 '납'은 잎의 옛말이므로, 역시 '회나무'라는 이름이 잎의 모양에서 유래했다는 것을 뒷받침한다. 그런데 옛 문헌에서 '부듸회', '회나무' 또는 '회납'이라는 이름과 화살나무를 뜻하는 한자어 귀전우(鬼箭羽)를 함께 기록한 점에 비추어볼 때, 옛 문헌에서 '회나무'는 화살나무를 일컫는 것으로 사용되었으나 같은 속(genus)에 속해 형태와 용도(식용, 약용 및 목재로 활용)가 비슷하기 때문에 전용된 이름으로 보인다. 『조선식물향명집』은 북한 방언을 채

-んなも'[둘죽나무]를, 『조선어사전』(1920)은 '冬青(동청), 스(四)철나무'를, 『조선식물명휘』(1922)는 '杜沖, 黃爪龍樹, 冬青木, 스철나무, 동청목(觀賞)'을, Crane(1931)은 '부방등, 扶芳藤'을, 『토명대조선만식물자휘』(1932)는 '[杜仲]두중, [思仙木]스션목, [둘죽나무]'를, 『선명대화명지부』(1934)는 '겨우사리나무, 동청목, 등청목, 사철나무'를 기록했다.

32 『장진성 식물목록』(2014)은 본문의 학명을 정명으로 기재하고 있으나, '국가표준식물목록'(2018), '세계식물목록'(2018) 및 '중국식물지'(2018)는 이를 이명(synonym)으로 하고 *Euonymus sachalinensis* (F.Schmidt) Maxim.(1881)을 정명으로 기재하고 있다.

33 회나무가 원래 지칭했던 화살나무(*E. alatus*)의 잎을 거의 전 지역에서 식용했다는 것에 대해서는 『한국의 민속식물』(2017), p.737 참조.

34 '부듸'는 현대어로 '바디'이며, '부듸'를 그러한 뜻으로 사용한 것에 대해서는 『훈몽자회』(1527), 『역어유해』(1690), 『방언집석』(1778) 등 참조.

록함으로써 E. planipes(옛 학명 E. Maackii)라는 종에 대해 '회나무'라는 이름이 정착되었다.[35] 한편 회나무라는 이름은 일제강점기에 기록된 '흰나무'에서 파생된 것으로 휘는 나무라는 뜻이라고 보는 견해가 있으나[36] 옛 문헌의 기록과는 맞지 않는 주장이다.

속명 *Euonymus*는 유럽회나무(*E. europaeus*)의 고대 그리스명으로 '좋은 이름'이란 뜻의 고대 그리스어 *euonymon*에서 유래했으며 화살나무속을 일컫는다. 종소명 *planipes*는 '평발의, 맨발의'라는 뜻이다.

다른이름 회나무(정태현 외, 1923), 좀나래회나무(정태현 외, 1937), 지이회나무/나래회나무(박만규, 1949), 자주나래회나무(안학수·이춘녕, 1963), 조선회나무(리종오, 1964)

옛이름 衛矛/부딕회/鬼箭羽(동의보감, 1613), 鬼箭/귀전(구황촬요벽온방, 1639), 鬼箭樹/회나모(역어유해, 1690), 衛矛/회닙나무/鬼箭/神箭(광재물보, 19세기 초), 부딕화/衛矛(화왕본긔, 19세기 초), 衛矛/회닙/鬼箭羽/神羽(물명고, 1824), 회나무/회목/栧木(한불자전, 1880)[37]

중국/일본명 중국명 东北卫矛(dong bei wei mao)는 둥베이(東北) 지방에 분포하는 위모(衛矛: 화살나무의 중국명)라는 뜻이다. 일본명 テウセンマユミ(朝鮮真弓)는 한반도에 분포하는 참빗살나무(マユミ)라는 뜻이다.

참고 [북한명] 조선회나무/좀나래회나무[38]

Euonymus macroptera *Ruprecht*　ヒロハツリバナ
Narae-hoe-namu　나래회나무

나래회나무〈*Euonymus macropterus* Rupr.(1857)〉

나래회나무라는 이름은 열매에 큰 날개가 있는 회나무라는 뜻에서 붙여졌다.[39] 1936년 조선어학회에서 펴낸 『조선어표준말모음』은 '나래'를 날개의 방언으로 기록했다.[40] 『조선식물향명집』에서 전통 명칭 '회나무'를 기본으로 하고 식물의 형태적 특징과 학명에 근거한 '나래'를 추가해 신칭했다.[41]

속명 *Euonymus*는 유럽회나무(*E. europaeus*)의 고대 그리스명으로 '좋은 이름'이란 뜻의 고대

---

35 이에 대해서는 『조선삼림식물도설』(1943), p.446 참조.

36 이러한 견해로 김종원(2013), p.717 참조.

37 『제주도및완도식물조사보고서』(1914)는 'ケンチャイ'[겜채]를 기록했다.

38 북한에서는 E. maackii를 '조선회나무'로, E. planipes를 '좀나래회나무'로 하여 별도 분류하고 있다. 이에 대해서는 리용재 외(2011), p.147 참조.

39 이러한 견해로 이우철(2005), p.130; 박상진(2019), p.71; 허북구·박석근(2008b), p.63; 오찬진 외(2015), p.746; 솔매(송상곤, 2010), p.132 참조

40 이에 대해서는 『조선어표준말모음』(1936), p.36 참조.

41 이에 대해서는 『조선식물향명집』, 색인 p.33 참조.

그리스어 *euonymon*에서 유래했으며 화살나무속을 일컫는다. 종소명 *macropterus*는 *macro*(큰)와 *pterus*(날개)의 합성어로 '큰 날개의'라는 뜻이며, 이 식물의 열매에 큰 날개가 발달하는 것에서 유래했다.

다른이름 회나무(정태현 외, 1923), 회뚝이나무(박만규, 1949)

중국/일본명 중국명 黃心卫矛(huang xin wei mao)는 열매의 속이 짙은 노란색인 위모(衛矛: 화살나무의 중국명)라는 뜻에서 유래한 이름으로 추정한다. 일본명 ヒロハツリバナ(廣葉吊花)는 잎이 넓은 참회나무(ツリバナ)라는 뜻이다.

참고 [북한명] 나래회나무 [유사어] 귀전우(鬼箭羽)

Euonymus oxyphylla *Miquel* ツリバナ
Cham-hoe-namu   참회나무

참회나무〈*Euonymus oxyphyllus* Miq.(1865)〉

참회나무라는 이름은 진짜(참) 회나무라는 뜻에서 유래했다.[42] 흔히 식물명에서 '참'은 진짜 또는 품질이 좋다는 뜻에서 붙여진다. 『조선식물향명집』에서 강원 방언을 채록한 것에서 비롯한 이름이다.[43]

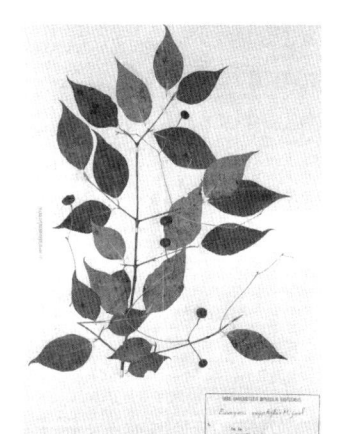

  속명 *Euonymus*는 유럽회나무(*E. europaeus*)의 고대 그리스명으로 '좋은 이름'이란 뜻의 고대 그리스어 *euonymon*에서 유래했으며 화살나무속을 일컫는다. 종소명 *oxyphyllus*는 '예리한 잎의'라는 뜻이다.

다른이름 회나무(정태현 외, 1923), 회나무/회뚝이나무(정태현, 1943), 참화나무(도봉섭 외, 1948), 회똥나무/뿔회나무/노랑회나무(안학수·이춘녕, 1963)[44]

중국/일본명 중국명 垂丝卫矛(chui si wei mao)는 꽃자루가 실처럼 길게 늘어진 위모(衛矛: 화살나무의 중국명)라는 뜻이다. 일본명 ツリバナ(吊花)는 꽃꽂이 그릇을 천장에 매달아 꽃을 늘어뜨리는 꽃꽂이를 일컫는 말로 꽃자루가 길게 늘어진 모양에서 유래했다.

참고 [북한명] 참회나무 [유사어] 수사위모(垂絲衛矛) [지방명] 홑잎나물(경기)

---

42 이러한 견해로 솔매(송상곤, 2010), p.128 참조.
43 『조선식물향명집』, 색인 p.46은 신칭한 이름으로 기록했으나, 『조선삼림식물도설』에 이르러 강원도 방언임이 확인되어 그 내역을 기록한 것으로 보인다. 이에 대해서는 『조선삼림식물도설』(1943), p.444 참조.
44 『조선식물명휘』(1922)는 '회나무'를 기록했으며 『선명대화명지부』(1934)는 '화나무'를 기록했다.

○ Euonymus pauciflora *Ruprecht*　イトマユミ
Sil-hoe-namu　실회나무

회목나무〈*Euonymus verrucosus* Scop. var. *pauciflorus* (Maxim.) Regel(1861)〉[45]

회목나무라는 이름의 정확한 뜻이나 어원은 알려져 있지 않다. 다만 '회목'이 손목이나 발목의 잘록한 부분을 뜻하므로 가늘고 긴 모양의 꽃자루를 회목에 비유한 것에서 유래했을 것으로 추정한다.[46] 함북 방언을 채록한 것이다.[47] 『조선식물향명집』에서는 전통 명칭 '회나무'를 기본으로 하고 꽃자루가 실처럼 가늘다는 식물의 형태적 특징을 나타내는 '실'을 추가해 '실회나무'를 신칭했다.[48] 그러나 『조선삼림식물도설』에서 강원 방언인 '개회나무'의 다른이름으로 '회목나무'를 기록했고, 『조선수목』에서 '회목나무'를 대표적 명칭으로 기록해 현재에 이르고 있다.

속명 *Euonymus*는 유럽회나무(*E. europaeus*)의 고대 그리스명으로 '좋은 이름'이란 뜻의 고대 그리스어 *euonymon*에서 유래했으며 화살나무속을 일컫는다. 종소명 *verrucosus*는 '사마귀 모양의 돌기가 있는'이라는 뜻으로 줄기에 적갈색의 사마귀 같은 돌기가 발달한 것에서 유래했다. 변종명 *pauciflorus*는 '적은 수의 꽃의'라는 뜻이다.

다른이름　실회나무(정태현 외, 1937), 개회나무(정태현, 1943), 개개회나무(정태현 외, 1949)

중국/일본명　중국명 瘤枝卫矛(liu zhi wei mao)는 가지에 돌기(혹)가 난 위모(衛矛: 화살나무의 중국명)라는 뜻이다. 일본명 イトマユミ(糸真弓)는 꽃자루가 실처럼 가는 참빗살나무(マユミ)라는 뜻이다.

참고　[북한명] 실회나무

Euonymus radicans *Siebold*　ツルマサキ
Jul-sachŏl-namu　줄사철나무

줄사철나무〈*Euonymus fortunei* (Turcz.) Hand.-Mazz.(1933)〉[49]

45　『장진성 식물목록』(2014)은 본문과 같이 학명을 기재하고 있으나 '국가표준식물목록'(2018)은 *Euonymus pauciflorus* Maxim.(1859)을 정명으로 기재하고 있으며, '세계식물목록'(2018)과 '중국식물지'(2018)는 이를 이명(synonym)으로 하고 *Euonymus verrucosus* Scop.(1771)을 정명으로 기재하고 있다.

46　『한영자전』(1890)은 '회목'에 대해 "ankle or wrist"라고 했고, 『조선어사전』(1917)은 "手와 臂의 接續處와 脚과 足의 接續處의 統稱"이라고 해설했다.

47　이에 대해서는 『조선삼림식물도설』(1943), p.445 참조.

48　이에 대해서는 『조선식물향명집』, 색인 p.42 참조.

49　'국가표준식물목록'(2018)은 본문의 학명을 좀사철나무로, *Euonymus fortunei* var. *radicans* (Siebold & Miq.) Rehder (1938)를 줄사철나무로 구분하여 기재하고 있으나, 『장진성 식물목록』(2014)과 '세계식물목록'(2018)은 후자를 본문 학명의 이명(synonym)으로 기재하고 있다.

줄사철나무라는 이름은 줄을 벋는 사철나무라는 뜻에서 붙여졌다.[50] 『조선식물향명집』에서 전통 명칭 '사철나무'를 기본으로 하고 식물의 형태적 특징을 나타내는 '줄'을 추가해 신칭했다.[51] 19세기 초에 저술된 『광재물보』는 한자명 扶芳藤(부방등)에 대해 "如絡石蔓延樹木"(털마삭줄과 같이 덩굴로 길게 자라는 나무이다)이라고 기록했다. 한편 한자명 薜荔(벽려)에 대해 '중국식물지'는 왕모람(Ficus pumila)으로 보고 있는데, 국내 일부 견해는 이를 줄사철나무로 보기도 하며[52] 『조선삼림식물도설』도 줄사철나무의 한자명을 薜荔(벽려)로 기록했다. 또한 옛 문헌에는 薜荔(벽려)에 대해 한글로 '담쟝이', '담댱이', '담장이' 등으로 기록해 현재의 담쟁이덩굴(Parthenocissus

tricuspidata)을 일컫는 것으로 읽히기도 하며, 털마삭줄(Trachelospermum jasminoides)을 뜻하는 絡石(낙석)을 함께 기록하기도 했으므로 개별 문헌을 해석할 때에는 주의가 필요하다.

속명 Euonymus는 유럽회나무(E. europaeus)의 고대 그리스명으로 '좋은 이름'이란 뜻의 고대 그리스어 euonymon에서 유래했으며 화살나무속을 일컫는다. 종소명 fortunei는 스코틀랜드 출신으로 동아시아의 식물 채집가인 R. Fortune(1812~1880)의 이름에서 유래했다.

다른이름 덩굴사철나무/덩굴들축(박만규, 1949), 줄사철(이창복, 1966)

옛이름 荔薜(분류두공부시언해, 1481), 薜荔/담쟝이/薜荔草(훈몽자회, 1527), 薜荔/담댱이(언해구급방, 1608), 薜荔(동의보감, 1613), 薜荔/벽려(왜어유해, 1782), 扶芳藤(광재물보, 19세기 초), 薜荔/木蓮/木饅頭(물명고, 1824), 薜荔/墻衣/絡石(송남잡지, 1855), 薜荔/담장이(자전석요, 1909), 荔/薜荔/香草/벽려풀(신자전, 1915)[53]

중국/일본명 중국명 扶芳藤(fu fang teng)은 바위나 나무를 타고 오르는 아름다운 덩굴(藤)이라는 뜻이다. 일본명 ツルマサキ(蔓真青木)는 덩굴지는 사철나무(マサキ)라는 뜻이다.

참고 [북한명] 줄사철나무 [유사어] 벽려(薜荔), 부방등(扶芳藤) [지방명] 사철나무(충북)

---

50 이러한 견해로 이우철(2005), p.486 참조.
51 이에 대해서는 『조선식물향명집』, 색인 p.47 참조.
52 이러한 견해로 '한의학고전DB' 중 '국역 동의보감'의 '薜荔'와 『고어대사전 9』(2016), p.596 참조.
53 『조선식물명휘』(1922)는 '扶芳藤'을 기록했으며 『토명대조선만식물자휘』(1932)는 '[薜荔]벽려, [담장이]'를 기록했다.

Euonymus sachalinensis *Maximowicz*　カラフトツリバナ

Jom-narae-hoe-namu　좀나래회나무

회나무〈*Euonymus planipes* (Koehne) Koehne(1906)〉

'국가표준식물목록'(2018)과 이우철(2005)은 좀나래회나무를 회나무에 통합하고, 『장진성 식물목록』(2014)은 이를 별도 분류하지 않으므로 이 책도 이에 따른다.

Euonymus striata *Makino*　コマユミ

Hoetip-namu　횟잎나무

회잎나무〈*Euonymus alatus* (Thunb.) Siebold f. *ciliatodentatus* (Franch. & Sav.) Hiyama(1956)〉[54]

회잎나무라는 이름은 회나무의 잎을 가진 나무라는 뜻으로, 잎의 모양이 회나무와 닮았고 식용할 때 맛이 비슷하다고 하여 유래한 것으로 추정한다.[55] 예부터 이른 봄에 새로 나는 잎을 나물로 식용했다.[56] 황해도 방언을 채록한 것이다.[57] 19세기에 저술된 『물명고』는 '회납'이라는 이름과 화살나무를 뜻하는 한자명 鬼箭羽(귀전우)를 함께 기록한 점에 비추어볼 때, 옛 문헌에서 '회납'은 화살나무를 일컫는 것으로 사용된 것이었으나 같은 속(genus)에 속해 형태와 용도(식용, 약용 및 목재로 활용)가 비슷하기 때문에 지역에서 전용된 이름으로 보인다. 『조선식물향명집』은 '횟잎나무'로 기록했으나 『조선식물명집』에서 '회잎나무'로 개칭해 현재에 이르고 있다.

　속명 *Euonymus*는 유럽회나무(*E. europaeus*)의 고대 그리스명으로 '좋은 이름'이란 뜻의 고대 그리스어 *euonymon*에서 유래했으며 화살나무속을 일컫는다. 종소명 *alatus*는 '날개가 있는'이라는 뜻으로 줄기에 화살 날개 모양의 코르크가 발달하는 것에서 유래했다. 품종명 *ciliatodentatus*는 *ciliatus*(가장자리에 털이 있는)와 *dentatus*(뾰족한 톱니가 있는)의 합성어로 잎가장자리에 예리한 톱니가 털처럼 난 것에서 유래했다.

54　'국가표준식물목록'(2018)과 『장신성 식물목록』(2014)은 본문의 학명으로 회잎나무를 별도 분류하고 있으나, '세계식물목록'(2018)은 이를 화살나무(*E. alatus*)에 통합하고 별도 분류하지 않으므로 주의가 필요하다.

55　이러한 견해로 박상진(2019), p.426 참조. 다만 박상진은 잎을 '홑잎나물'이라고 하는데 이것에서 회잎나무가 되었다고 설명하고 있으나, 옛 문헌에 따르면 회납(회잎)으로 불렸고 홑잎나물은 지방에서 사용하는 방언형이라고 할 것이다.

56　이에 대해서는 『조선삼림식물도설』(1943), p.442 참조.

57　이에 대해서는 같은 곳 참조.

다른이름 회닢나무/회나무(정태현 외, 1923), 횟잎나무(정태현 외, 1937), 회닢나무(정태현, 1943), 좀회나무/좀화살나무(리종오, 1964), 좀회잎나무(임록재 외, 1972), 흰잎나무(리용재 외, 2011)

옛이름 鬼箭羽/회닙나무(주촌신방, 1687), 衛矛/회닙나무/鬼箭(재물보, 1798), 衛矛/회닙나무/鬼箭/神箭(광재물보, 19세기 초), 衛矛/회닙/鬼箭羽/神羽(물명고, 1824)[58]

중국/일본명 중국에서는 별도 분류하지 않는 식물로 보인다. 일본명 コマユミ(小真弓)는 작은 참빗살나무(マユミ)라는 뜻이다.

참고 [북한명] 좀회나무 [유사어] 귀전우(鬼箭羽) [지방명] 핸님무/핸잎/핸잎나무/햇님/햇님나물/햇잎/햇잎나물/혼잎/혼잎나무/홋잎/홑잎/홑잎나무/홑잎나물/홴잎/횟잎/횟잎나무/횟잎나물(강원), 혼닢/혼잎/혼잎나무/혼잎나물/홑잎/흔닢(경기), 핸잎/혼잎/홀잎/홀잎나무/홀잎나물/흰잎(경남), 산홀닙/햇남나물/헷닙나물/홀닢/홀립/홀잎/홋잎/홑닙/홑잎/햇닙/횟님나무/훌닙/흰닙(경북), 횟님나물(전북), 핸잎/혼잎/혼잎나물(충남), 혼잎/홑잎/흔닙/흔립(충북)

Euonymus striata *Makino* var. alata *Makino* ニシキギ
Hwasal-namu 화살나무(홋잎나무·참빗나무)

화살나무〈*Euonymus alatus* (Thunb.) Siebold(1830)〉

화살나무라는 이름은 줄기에 날개 모양의 코르크가 발달하는 것을 화살의 깃에 비유한 데서 유래했다.[59] 목재로 지팡이와 활을 만들었고, 작은가지에 달린 코르크질의 날개는 약용했으며, 어린잎은 식용했다.[60] 한자명 鬼箭羽(귀전우)와 닿아 있는 이름으로 『조선식물향명집』에서 경남 방언을 채록해 현재에 이르고 있다.[61] 옛 문헌은 '부듸회', '회나모' 또는 '회닙나무'를 기록했고 『조선식물향명집』은 다른이름으로 '홋잎나무'와 '참빗나무'를 기록했으나, 이러한 이름들은 현재 화살나무속(*Euonymus*)의 다른 종의 식물을 일컫는 것으로 사용하고 있다.

  속명 *Euonymus*는 유럽회나무(*E. europaeus*)의 고대 그리

---

58 『조선한방약료식물조사서』(1917)는 '바듸회(東爾), 회닙나무, 鬼箭羽'를 기록했으며 『조선식물명휘』(1922)는 '桃葉衛豫, 회닙나무, 회나무를, 『선명대화명지부』(1934)는 '회나무, 회닙나무, 흘입나무, 홰나무를, 『조선의산과와산채』(1935)는 '회남나무'를 기록했다.

59 이러한 견해로 이우철(2005), p.596; 박상진(2019), p.425; 김태영·김진석(2018), p.488; 허북구·박석근(2008b), p.317; 이유미(2015), p.360; 유기억(2008b), p.79; 오찬진 외(2015), p.758; 솔매(송상곤, 2010), p.122; 강판권(2015), p.399 참조.

60 이에 대해서는 『조선삼림식물도설』(1943), p.437 참조.

61 이에 대해서는 같은 곳 참조.

스명으로 '좋은 이름'이란 뜻의 고대 그리스어 *euonymon*에서 유래했으며 화살나무속을 일컫는다. 종소명 *alatus*는 '날개가 있는'이라는 뜻으로 줄기에 화살의 깃(날개)을 닮은 코르크가 발달해서 붙여졌다.

다른이름 회닙나무/화살나무(정태현, 1936), 홋잎나무/참빗나무(정태현 외, 1937), 참빗살나무/홋닢나무(정태현, 1943), 챔빗나무(박만규, 1949), 참빗나무/홑잎나무(안학수·이춘녕, 1963)

옛이름 衛矛/排帶會(향약집성방, 1433),[62] 衛矛/부듸회/鬼箭羽(동의보감, 1613), 鬼箭/귀전(구황촬요벽온방, 1639), 鬼箭羽/회닙나무(주촌신방, 1687), 鬼箭樹/회나모(역어유해, 1690), 衛矛/培帶瓜(본사, 1787), 衛矛/회닙나무/鬼箭(재물보, 1798), 衛矛/회닙나무/鬼箭/神箭(광재물보, 19세기 초), 부듸화/衛矛(화왕본긔, 19세기 초), 衛矛/회닙/鬼箭羽/神羽(물명고, 1824)[63]

중국/일본명 중국명 卫矛(wei mao)는 식물의 가지에 달린 화살 깃(箭羽) 모양의 날개를 날개가 달린창에 비유한 것이다.[64] 일본명 ニシキギ(錦木)는 가을의 아름다운 단풍의 모습을 비단에 비유한 것에서 유래했다.

참고 [북한명] 화살나무 [유사어] 귀전우(鬼箭羽), 위모(衛矛), 혼전우(魂箭羽) [지방명] 핸잎/햇넘나물/햇잎/햇잎나물/혼잎/혼잎나물/홑잎/홑잎나무/홴잎/횟잎/횟잎나물/횟잎낭그/횟잎낭기(강원), 혼닢/혼잎/혼잎나무/혼잎나물/홋잎/홋잎나무/홑잎/홑잎나물/회잎나무/흔닢(경기), 참홀잎/핸잎/혼잎/홀잎/홀잎나물/홋잎나무/홋잎나물/휜잎(경남), 땅홀잎/참홀잎/핸님나물/핸잎/햇님나물/햇잎/홀닙/홀잎/홀잎나물/홋잎나무/홑잎나무/홴잎나물/휜잎(경북), 누룩나무/빗살나무/참빗나무/참빗나물/참빗살/참빗살나무/챔빗나무/홑잎나물(전남), 참빗나무/참빗살나무/햇님나무/햇님나물/홀잎/홀잎나무/횟잎나무(전북), 살낭/족꿔남/츰빗낭/챙빗낭(제주), 참빗살나무/챔빗나무/챔빗살나무/챔빗쟁이/핸님/핸잎/햇님나무/햇잎/햇잎나물/혼잎/혼잎나물/홑잎/홑잎나물/홑잎싹(충남), 참빛나무/햇잎나물/혼잎/홀잎나물/홑잎/흔닙/흔립(충북)

---

62 『향약집성방』(1433)의 차자(借字) '排帶會'(배대회)에 대해 남풍현(1999), p.179는 '비디회'의 표기로 보고 있다.

63 『제주도및완도식물조사보고서』(1914)는 'チョンピットナム, ジョックイナム'[츰빗낭, 족꿔남]을 기록했으며 『조선한방약료식물조사서』(1917)는 E. striata var. alata에 대해 '바디회(東醫), 회닙나무, 鬼箭羽'를, 『조선의 구황식물』(1919)은 '흔림나무'를, 『조선어사전』(1920)은 '鬼箭羽(귀전우), 衛矛(위모)'를, 『조선식물명휘』(1922)는 '衛豫, 八樹, 鬼剪羽, 흔립나무, 화살나무(救, 觀賞, 藥)'를, 『토명대조선만식물자휘』(1932)는 '[衛矛]위모, [활(ㅅ)살나무], [화살나무], [살나무], [鬼箭羽]귀전우'를, 『선명대화명지부』(1934)는 '흔림나무, 돗이불나무, 버나무, 화살나무'를, 『조선의산과와산채』(1935)는 '衛矛, 흔림나무'를 기록했다.

64 중국의 『본초강목』(1596)은 "齊人謂箭羽為衛 此物幹有直羽 如箭羽 矛刃自衛之狀 故名"(제나라 사람들은 화살의 깃을 일컬어 '衛'라고 했는데 이 식물의 줄기에 곧은 깃이 있으므로 화살의 깃과 같고 창날이 스스로 지키는 모습을 하고 있어 그러한 이름이 유래했다) 이라고 기록했다.

Tripterygium Regelii *Sprague et Takeda*   クロヅル
Meyŏgsun-namu   메역순나무

미역줄나무〈*Tripterygium regelii* Sprague & Takeda(1912)〉

미역줄나무라는 이름은 덩굴이 마치 '미역' 줄기가 뻗는 모습과 같다는 뜻에서 유래했다.[65] 덩굴성 식물로 봄에 어린순을 삶아 나물로 하거나 생재로 식용했다.[66] 『조선식물향명집』에 기록된 메역순나무에서 '메역'은 미역의 옛말로[67] 어린순을 식용한 것과 관련이 있는 이름으로 보이며, 미역줄나무는 어린순이 미역 줄기처럼 뻗어 자라는 나무라는 뜻으로 이해된다. 『조선삼림식물도설』은 경상북도 방언에서 유래한 '미역줄나무'로 기록해 현재에 이르고 있다. 한편 중국에 '雷公藤'(뇌공등)의 별칭으로 黃藤(황등)이 있고, 19세기 초에 저술된 『광재물보』는 "黃藤 狀如防己 能去飮食毒"(황등은 방기를 닮았는데 음식 독을 제거할 수 있다)이라고 기록한 것에 비추어 옛적에 미역줄나무에 대한 인식이 있었던 것으로 추론된다.

속명 *Tripterygium*은 그리스어 tria(3)와 pterygion(작은 날개)의 합성어로, 열매에 달리는 삼각형의 날개를 나타낸 것이며 미역줄나무속을 일컫는다. 종소명 regelii는 독일 분류학자로 러시아 식물을 연구한 Eduard August von Regel(1815~1892)의 이름에서 유래했다.

다른이름 메역순나무(정태현 외, 1937), 한삼덤불/노방구덤불(정태현, 1943), 미역순나무(안학수·이춘녕, 1963), 노랑덩굴(리종오, 1964), 참메역순나무(리용재 외, 2011)

옛이름 黃藤(광재물보, 19세기 초)[68]

중국/일본명 중국명 东北雷公藤(dong bei lei gong teng)은 둥베이(東北) 지역에 분포하는 뇌공등(雷公藤: 중국에 분포하는 *T. wilfordii*의 중국명)[69]이라는 뜻이다. 일본명 クロヅル(黑蔓)는 검은 덩굴이라는 뜻으로 덩굴이 띠는 색에서 유래했다.

참고 [북한명] 메역순나무/참메역순나무[70] [지방명] 한삼덤불(강원)

---

65 이러한 견해로 박상진(2019), p.175; 허북구·박석근(2008b), p.131; 오찬진 외(2015), p.761; 솔매(송상곤, 2010), p.110 참조.

66 이에 대해서는 『한국의 민속식물』(2017), p.747 참조.

67 이에 대해서는 『고어대사전 7』(2016), p.722 참조.

68 『조선식물명휘』(1922)는 '昆明山海棠'을 기록했다.

69 雷公(뇌공)은 중국 전설 속의 인물로 황제의 신하인데 의학에 정통한 것으로 알려져 있다. 따라서 雷公藤(뇌공등)이라는 이름은 약재로 효과가 있는 등나무라는 뜻으로 추론된다.

70 북한에서는 *T. regelii*를 '메역순나무'로, *T. wilfordii*를 '참메역순나무'로 하여 별도 분류하고 있다. 이에 대해서는 리용재 외(2011), p.362 참조.

Staphyleaceae 고추나무科 (省沽油科)

고추나무과⟨Staphyleaceae Martinov(1820)⟩

고추나무과는 국내에 자생하는 고추나무에서 유래한 과명이다. '국가표준식물목록'(2018), 『장진성 식물목록』(2014) 및 '세계식물목록'(2018)은 *Staphylea*(고추나무속)에서 유래한 Staphyleaceae를 과명으로 기재하고 있으며, 엥글러(Engler), 크론키스트(Cronquist) 및 APG IV(2016) 분류 체계도 이와 같다.

Euscaphis japonica Pax. ゴンズヰ
Malojumdâe 말오줌때

말오줌때⟨*Euscaphis japonica* (Thunb.) Kanitz(1878)⟩

말오줌때라는 이름은 '말오줌'과 '때'의 합성어로 말오줌 냄새가 나는 작대기 같은 곧은 줄기를 가진 나무라는 뜻에서 유래한 것으로 추정한다.[1] 말오줌때에서 '말오줌'은 가지와 잎 등에서 좋지 않는 냄새가 난다는 뜻이고, '때'는 대(작대기)의 된소리로 가지나 줄기 등을 일컫는 것으로 보인다. 주요 자생지인 전라남도 방언을 채록한 것인데,[2] 실제로 가지를 꺾으면 좋지 않은 냄새가 난다.

속명 *Euscaphis*는 그리스어 *eu*(좋은)와 *skaphis*(배, 사발)의 합성어로 열매의 꼬투리 모양을 나타낸 것이며 말오줌때속을 일컫는다. 종소명 *japonica*는 '일본의'라는 뜻으로 발견지를 나타낸다.

다른이름 말오줌씨(정태현 외, 1923), 말오즘나무(박만규, 1949), 말오줌대(정태현 외, 1949), 나도딱총나무(임록재 외, 1972), 칠선주나무(이영노, 1996), 말오줌때나무(Chang et al., 2014)[3]

중국/일본명 중국명 野鴉椿(ye ya chun)은 야생하고 검은 열매가 달리는 참죽나무(椿)를 닮은 나무라는 뜻이다. 일본명 ゴンズヰ는 같은 이름을 가진 어류에서 유래했는데, 목재로서 그다지 쓸모가 없어 어류로서 쓸모가 없는 것과 같다는 뜻에서 붙여졌다.

---

1 이러한 견해로 이우철(2005), p.215; 박상진(2019), p.136; 오찬진 외(2015), p.764 참조. 다만 박상진은 '때'를 말오줌 냄새의 더러움을 강조히 는 말로 보고 있다.
2 이에 대해서는 『조선삼림수목감요』(1923), p.85와 『조선삼림식물도설』(1943), p.452 참조..
3 『조선식물명휘』(1922)는 '栲, 野鴉椿'을 기록했으며 『선명대화명지부』(1934)는 '말오줌때'를 기록했다.

[북한명] 나도딱총나무 [유사어] 야아춘자(野鴉椿子) [지방명] 은정목/음정목(전북), 딱총나무/
말오동낭/말오줌낭/몰오좀낭/뮐오동낭/뮐오름낭/뮐오좀낭/뮐오줌낭(제주), 말오줌나무(충남)

Staphylea Bumalda *Siebold et Zuccarini*   ミツバウツギ   省沽油
Gochu-namu   고추나무

고추나무〈*Staphylea bumalda* DC.(1825)〉

고추나무라는 이름은 잎의 모양이 고추와 유사한 나무라는 뜻에서 유래했다.[4] 구황식물로 사용한
어린잎이[5] 고춧잎을 닮았고 실제 맛도 고춧잎과 비슷하다. 자생지 중의 하나인 경상도 방언을 채
록한 것이다.[6]

　속명 *Staphylea*는 그리스어 *staphyle*(포도송이, 꽃송이)가 어원으로 총상꽃차례의 모양 때
문에 붙여졌으며 고추나무속을 일컫는다. 종소명 *bumalda*는 이탈리아 식물학자 Ovidio
Montalbano(1601~1671)의 라틴명 Johannus Antonius Bumaldus에서 유래했다.

기절초나무/미영다리나무/고추나무(정태현 외, 1923), 고초닙나물(정태현 외, 1942), 개절초
나무/고치때나무/까자귀나무/미영꽃나무/미영다래나무/매대나무/쇠열나무/철쭉닢(정태현, 1943),
넓은잎고추나무/둥글잎고추나무/민고추나무/반들잎고추나무(안학수·이춘녕, 1963), 둥근잎고추나
무(안학수 외, 1982)[7]

중국명 省沽油(sheng gu you)는 나쁜 것을 제거하는 기름이라는 뜻으로, 종자유로 마른
기침과 여성의 산후 어혈불순을 치료하는 약재로 쓰인 것에서 유래했다. 일본명 ミツバウツギ(三
葉空木)는 삼출겹잎을 가졌고 병꽃나무(ウツギ)를 닮은 식물이라는 뜻이다.

[북한명] 고추나무 [유사어] 성고유(省沽油) [지방명] 가자구눈까리/고추나물/고추잎/고추잎
사구/고치나물/고칫잎/꼬춧잎/꼬칫잎(강원), 고추나물/고추잎/고춧대/고춧순/고춧잎/고춧잎나물(경
기), 고춧잎/고치이파리/꼬칫잎/절천엎/철천잎/철철홑잎(경남), 가자구나물/꼬춧대/저추입/절춧닙/절
춧닙나물/준줄뱅이/철뚱나무/철천잎나무(경북), 고춧잎/고칫잎/꼬시노물/꼬치노물/꼬칫잎(전남), 산
꼬치나물(전북), 고칫낭(제주), 고추나물/고추순/고춧대순/고춧잎나물/고춧잎새/고칫잎나무/산고춧
잎(충남), 고추잎나무(충북)

4　이러한 견해로 이우철(2005), p.78; 박상진(2019), p.41; 김태영·김진석(2018), p.536; 허북구·박석근(2008b), p.46; 전정일
　　(2009), p.88; 오찬진 외(2015), p.767; 솔매(송상곤, 2010), p.84 참조.

5　이에 대해서는『조선산야생식용식물』(1942), p.156과『조선삼림식물도설』(1943), p.453 참조.

6　이에 대해서는『조선삼림수목감요』(1923), p.85와『조선삼림식물도설』(1943), p.452 참조.

7　『조선의 구황식물』(1919)은 '고초나물'을 기록했으며『조선식물명휘』(1922)는 '省沽油, 고추나무(救)'를,『선명대화명지부』
　　(1934)는 '고츄나무, 개절초나무'를,『조선의산과와산채』(1935)는 '省沽油, 고추나무'를 기록했다.

Aceraceae 단풍科 (槭樹科)

단풍나무과〈Aceraceae Juss.(1789)〉

단풍나무과는 국내에 자생하는 단풍나무에서 유래한 과명이다. '국가표준식물목록'(2018)과 『장진성 식물목록』(2014)은 *Acer*(단풍나무속)에서 유래한 Aceraceae를 과명으로 기재하고 있으며, 엥글러(Engler)와 크론키스트(Cronquist) 분류 체계도 이와 같다. 한편 '세계식물목록'(2018)과 APG IV(2016) 분류 체계는 Hippocastanaceae(칠엽수과), Aceraceae(단풍나무과)를 Sapindaceae(무환자나무과)에 포함시켜 분류한다.

○ Acer barbinerve *Maximowicz*　テウセンアサノハカヘデ
Chóngsidag-namu　청시닥나무

청시닥나무〈*Acer barbinerve* Maxim.(1867)〉

청시닥나무라는 이름은 '청'(靑)과 '시닥나무'의 합성어로, 시닥나무에 비해 잎자루 및 일년생가지와 줄기에 푸른빛이 돈다는 뜻에서 붙여졌다.[1] 『조선식물향명집』에서 전통 명칭 '시닥나무'를 기본으로 하고 식물의 형태적 특징을 나타내는 '청'을 추가해 신칭했다.[2] 『조선산야생약용식물』은 지리산 인근에서 사용하는 방언으로 '천년초'라는 이름을 기록했으나 현재의 이름으로 이어지지는 않았다.

　속명 *Acer*는 아카드어 *arku*(긴, 큰)가 어원으로 유럽에 자생하는 단풍나무(field maple: *A. campestre*)의 라틴명에서 유래했으며 단풍나무속을 일컫는다. 종소명 *barbinerve*는 '맥에 수염이 있는'이라는 뜻으로, 잎 뒷면의 주맥과 측맥의 겨드랑이에 털이 밀생(密生)하는 특징에서 유래했다.

다른이름 　천년초(정태현 외, 1936), 개시닥나무/산겨릅나무(정태현, 1943), 청여장/털시닥나무(박만규, 1949), 민시닥나무/청영자(안학수·이춘녕, 1963), 푸른시닥나무(김현삼 외, 1988)

중국/일본명　중국명 簇毛枫(cu mao feng)은 잎 뒷면의 주맥과 측맥의 겨드랑이에 털이 밀생하는 특징에서 유래했으며 종소명의 유래와 비슷하다. 일본명 テウセンアサノハカヘデ(朝鮮麻の葉楓)는 한반도에 분포하는 アサノハカヘデ(麻の葉楓: *A. argutum*의 일본명으로 삼잎을 닮은 것에서 유래함)라는 뜻이다.

참고　[북한명] 청시닥나무 [유사어] 박모척수(薄毛槭樹)

1　이러한 견해로 이우철(2005), p.517 참조.
2　이에 대해서는 『조선식물향명집』, 색인 p.47 참조.

Acer Ginnala *Maximowicz*   カラコギカヘデ(シンナム)
Sin-namu   신나무

신나무〈*Acer tataricum* L. subsp. *ginnala* (Maxim.) Wesm.(1890)〉

신나무라는 이름은 널리 단풍나무류(楓)에 대한 우리 옛말 '싣'에 '나무'(木)가 추가되이 싣나모→싯나모→신나모→신나무로 변해 형성된 말이다.[3] 옛 한의서 중 일부와 현재 일부 지역에서 뿌리 또는 줄기를 약재로 사용한 것으로 보이지만 보편적으로 사용하는 약재는 아니었다.[4] 옛말 '싣'의 정확한 어원이나 뜻은 알려져 있지 않다. 다만 현대어 '싯누렇다', '시퍼렇다', '시꺼멓다' 등의 '싯' 또는 '시'라는 표현이 매우 짙고 선명하다는 뜻을 더하는 접두사이고,[5] 단풍나무류가 가을이 되면 잎의 색깔이 짙게 변하는 특성이 있으므로, '싣'은 색깔이 매우 짙고 선명하다는 뜻과 관련 있는 옛말로 추론된다. 옛 문헌 중 『물명고』는 신나무(茶條樹)에 대해 "蝦蟆手之類而葉稍

長"(단풍나무 종류 중에서 잎의 끝이 길다)이라고 기록해 현재의 신나무를 일컫는 것으로 사용한 경우도 보이지만, 대체로 옛 문헌에서 신나무(싣나모/싯나모)는 특정한 종이 아니라 널리 단풍나무류를 일컬었던 것으로 보인다. 신나무가 현재의 종을 일컫는 이름으로 특정된 것은 경기도 방언을 채록한 것에서 비롯했다.[6] 한편 이 나무 뿌리의 백색 껍질을 등창(背腫)의 약재로 사용했는데 그 맛이 시다는 것에서 신나무라는 이름이 유래한 것으로 보는 견해가 있다.[7] 그러나 신나무 뿌리의 약재 사용은 일부 한의서에만 나타날 뿐이고, '시다'(酸)의 15세기 표기는 '싀다'(능엄경언해, 1461)였으므로 신나무에 대한 당시 표현 '싣'과 어원상의 차이가 뚜렷해 합리적 근거가 있는 주장으로는 보이지 않는다. 또한 줄기를 삶은 물로 씻으면 낫는 나무라는 뜻의 싯나무에서 유래했다는 견해가 있으나,[8] 옛 한의서에 기록된 약재식물은 아니었으므로 이 역시 타당성은 의문스럽다. 그리고 씨를 바람에 싣고 나아가는 모양을 뜻하는 한자 楓(풍)과 같은 뜻으로 싣나무라는 이름이 유래했다는 견해

3 이러한 견해로 박상진(2019), p.285; 김민수(1997), p.654; 허북구·박석근(2008b), p.203 참조. 다만 박상진은 한자명 '色木'(색목)이 '색나무'로 되었다가 신나무로 변했다고 하지만, 실제 어원의 변화와는 상이한 주장으로 보인다.
4 경기도 일부 지역에서 약재로 사용했다는 것에 대해서는 『한국의 민속식물』(2017), p.719 참조.
5 이에 대해서는 국립국어원, '표준국어대사전' 중 '싯-'과 '시-' 참조.
6 경기도 방언을 채록했다는 점에 대해서는 『조선삼림식물도설』(1943), p.453 참조.
7 이러한 견해로 김종원(2013), p.708 참조.
8 이러한 견해로 오찬진 외(2015), p.784와 솔뫼(송상곤, 2010), p.204 참조.

도 있으나,[9] 한자 楓(풍)은 가지가 바람에 흔들리는 형상을 나타내는 것이므로 타당하지 않다.

속명 Acer는 아카드어 arku(긴, 큰)가 어원으로 유럽에 자생하는 단풍나무(field maple: A. campestre)의 라틴명에서 유래했으며 단풍나무속을 일컫는다. 종소명 tataricum은 '타타르(Tatar)의'라는 뜻으로 주요 분포지를 나타내며, 아종명 ginnala는 이 나무의 시베리아 지방명에서 유래했다.

다른이름 신나무(정태현 외, 1923), 시닥나무/시다기나무/광이신나무(정태현, 1943), 괭이신나무(이창복, 1969b), 곽지신나무(임록재 외, 1972), 시닥채나무(임록재 외, 1996), 따따르단풍나무(리용재 외, 2011)

옛이름 싣/楓(훈민정음해례본, 1446), 楓樹/싣ᄂᆞ(구급방언해, 1466), 싣ᄂᆞ/싣나모/楓(분류두공부시언해, 1481), 싣나못불휘/楓(구급간이방언해, 1489), 楓/신나모/茶條樹/色木(훈몽자회, 1527), 싯나모/楓(신증유합, 1576), 茶條樹/色木/신나무(역어유해, 1690), 茶條樹/싯나무(동문유해, 1748), 茶條樹/신나모(몽어유해, 1768), 茶條樹/신나무(방언집석, 1778), 烏茶/싯나무(한청문감, 1779), 楓/신나무(왜어유해, 1782), 茶條樹/신나모(광재물보, 19세기 초), 茶條樹/신나모(물명고, 1824), 茶條木/色木/신나모(오주연문장전산고, 185?), 신나무/楓(한불자전, 1880), 신나모/帆樹(국한회어, 1895), 橘/楓/신나무/단풍나무(신자전, 1915), 신나무(조선구전민요집, 1933)[10]

중국/일본명 중국명 茶条枫(cha tiao feng)은 이 나무의 잎을 차로 먹었다는 것에서 유래했다. 일본명 カラコギカヘデ(鹿子木楓)는 나무껍질이 벗겨지면 새끼 사슴(カラコ)과 같은 무늬가 보인다는 뜻에서 유래했다.

참고 [북한명] 신나무/따따르단풍나무[11] [유사어] 다조수(茶條樹), 색목(色木), 풍수(楓樹) [지방명] 신당낭구/신탕낭구(강원), 싱낭나무(경기), 신낭구(경북/충북), 시대나무(함경), 시대기나무(황해)

○ Acer Ishidoyana *Nakai* オクヤマハウチハ
San-danpung-namu 산단풍나무

산단풍나무〈Acer pseudosieboldianum (Pax) Kom. var. ishidoyanum (Nakai) Uyeki(1940)〉[12]

---

9 이러한 견해로 김양진(2011), p.43 참고.

10 『화한한명대조표』(1910)는 '신ᄂ무'를 기록했으며 『지리산식물조사보고서』(1915)는 'しんなむ'[신나무]를, 『조선어사전』(1920)은 '신나무, 단풍나무'를, 『조선식물명휘』(1922)는 '신나무(染料)'를, 『토명대조선만식물자휘』(1932)는 '[楓樹]풍슈, [丹楓]단풍(나무), [신나무]'를, 『선명대화명지부』(1934)는 '시닥나무, 신나무'를, 『조선삼림식물편』(1915~1939)은 'シンナム(京畿, 慶南, 全南)/Shin-nam, シタクナム(平北)/Sitaknam'[신나무(경기, 경남, 전남), 시닥나무(평북)]를 기록했다.

11 북한에서는 A. ginnala를 '신나무'로, A. tataricum을 '따따르단풍나무'로 하여 별도 분류하고 있다. 이에 대해서는 리용재 외(2011), p.6, 7 참조.

12 '국가표준식물목록'(2018)은 산단풍나무를 별도 분류하고 있으나, 『장진성 식물목록』(2014)과 '세계식물목록'(2018)은 당단풍나무(A. pseudosieboldianum)에 통합하고 있으므로 주의가 필요하다.

산단풍나무라는 이름은 깊은 산에서 자라는 '단풍나무'라는 뜻에서 붙여졌다.[13] 『조선식물향명집』에서 전통 명칭 '단풍나무'를 기본으로 하고 식물의 산지(産地)를 나타내는 '산'을 추가해 신칭했으며[14] 현재에 이르고 있다. '국가표준식물목록'은 산단풍나무를 당단풍나무의 변종으로 보고있으나, 당단풍나무의 이명(synonym) 목록에도 본문의 학명을 포함하고 있으니 분류에 혼동이있다. 정명을 정리하는 과정에서 혼선이 생긴 것으로 보이며, 세계적으로도 당단풍나무에 통합하는 추세이므로 당단풍나무의 이명으로 처리될 가능성이 높다.

속명 *Acer*는 아카드어 *arku*(긴, 큰)가 어원으로 유럽에 자생하는 단풍나무(field maple: *A. campestre*)의 라틴명에서 유래했으며 단풍나무속을 일컫는다. 종소명 *pseudosieboldianum*은 *pseudo*(가짜의, 유사한)와 *sieboldianum*(일본 식물을 연구한 Siebold)의 합성어로 *A. sieboldianum*이라는 종과 비슷하다는 뜻에서 유래했다. 변종명 *ishidoyanum*은 한반도에서 약용식물을 연구한 일본인 이시도야 쓰토무(石戸谷勉, 1891~1958)의 이름에서 유래했다.

다른이름 산단풍(이창복, 1966), 산넓은잎단풍나무(김현삼 외, 1988), 산넓은잎단풍(이우철, 1996b)

중국/일본명 중국에서는 이를 별도 분류하지 않는 것으로 보인다. 일본명 オクヤマハウチハ(深山羽団扇)는 깊은 산에서 자라는 ハウチハ(羽団扇: *A. japonicum*의 일본명으로 새의 깃으로 만든 부채 종류와 잎이 닮은 것에서 유래함)라는 뜻이다.

참고 [북한명] 산넓은잎단풍나무[15]

Acer mono *Maximowicz*   イタヤカヘデ
Gorosoe-namu   고로쇠나무

고로쇠나무〈*Acer pictum* Thunb. var. *mono* (Maxim.) Maxim. ex Franch.(1883)〉

고로쇠나무라는 이름은 초봄에 수액을 채취해 먹으면 뼈에 이롭다는 뜻의 한자어 골리수(骨利水)또는 골리수(骨利樹)에서 유래한 것으로 알려져 있다.[16] 『조선삼림수목감요』에서 평북 방언을 채록함으로써[17] 국명으로 '고로쇠나무'가 정착되었다. 『조선삼림식물도설』은 수액을 약용한다고 기록했고,[18] 현재도 각 지역에서 수액을 채취해 약용 또는 식용하며,[19] 지방명에서 '고래물', '고로수',

13 이러한 견해로 이우철(2005), p.307 참조.
14 이에 대해서는 『조선식물향명집』, 색인 p.40 참조.
15 북한에서 임록재 외(1996)는 '산넓은잎단풍나무'로 분류하고 있으나, 리용재 외(2011)는 이를 별도 분류하지 않고 있다. 이에 대해서는 리용재 외(2011), p.6 참조.
16 이러한 견해로 박상진(2019), p.39; 백문식(2014), p.49; 허북구·박석근(2008b), p.44; 오찬진 외(2015), p.770; 솔뫼(송상곤, 2010), p.204; 강판권(2015), p.437 참조.
17 이에 대해서는 『조선삼림수목감요』(1923), p.87 참조.
18 이에 대해서는 『조선삼림식물도설』(1943), p.457 참조.
19 이에 대해서는 『한국의 민속식물』(2017), p.716 참조.

'골리수' 및 '물통나무'라는 이름이 발견되는 점에 비추어 고로쇠나무라는 이름은 수액을 채취하는 것과 관련한 이름으로 보인다. 다만 한자명 骨利水(또는 骨利樹)가 기록된 문헌이 발견되지 않고, 19세기에 저술된 『물명고』는 '고리'(谷)와 '신나무'의 합성어로 추정되는 '고리신나무'라는 이름을 기록했으며, 『조선삼림식물도설』은 강원 방언으로 '신나무'라 부르기도 했다고 하므로 어원과 유래에 대해서는 추가적인 조사와 연구가 필요하다.

속명 *Acer*는 아카드어 arku(긴, 큰)가 어원으로 유럽에 자생하는 단풍나무(field maple: *A. campestre*)의 라틴명에서 유래했으며 단풍나무속을 일컫는다. 종소명 *pictum*은 '색이 있는, 색채가 있는, 아름다운'이라는 뜻이다. 변종명 *mono*는 '하나의, 일(1)의'라는 뜻으로 잎의 가운데 열편(裂片)이 다시 갈라지지 않는 특징을 나타낸다.

다른이름 고로쇠나무(정태현 외, 1923), 단풍나무(정태현, 1926), 신나무(정태현, 1943), 참고리실나무/개고리실나무(박만규, 1949), 개고로쇠나무(안학수·이춘녕, 1963), 우산고로쇠(이창복, 1966), 섬고로쇠(정태현, 1970), 울릉단풍나무(한진건 외, 1982)

옛이름 楓/고리신나무/香楓/靑楓/樶樶(물명고, 1824)[20]

중국/일본명 중국명 五角枫(wu jiao feng)은 열편이 5개인 잎(五角)을 가진 단풍나무 종류(枫)라는 뜻이다. 일본명 イタヤカヘデ(板屋楓)는 잎이 겹쳐 우거진 모습이 마치 판잣집(板屋)의 지붕같이 보이는 단풍나무 종류(カヘデ)라는 뜻이다.

참고 [북한명] 고로쇠나무 [유사어] 색목척(色木槭), 지금척(地錦槭) [지방명] 고래물/고레술/고로쇠/고루세낭그/고루세낭기/고루쇠/고루쇠낭그/고루쇠낭기(강원), 고로쇠/고로쇠나물/물통나무(경기), 고로쇠/골리수/물나무(경남), 거저나무/고래솔/고래솔나무/고로쇠/고로수(경북), 고로쇠/고로수(전남), 그레수기(제주), 고로쇠(전북/충남/함북)

Acer mono *Maximowicz* var. Savatieri *Nakai*　イタマキイタヤ
Wang-gorosoe-namu　왕고로쇠나무

왕고로쇠나무〈*Acer mono* Maxim. var. *savatieri* (Pax) Nakai(1932)〉[21]

왕고로쇠나무라는 이름은 고로쇠나무보다 잎이 더 크고 넓다(왕)는 뜻에서 붙여졌다. 『조선식물향명집』에서 전통 명칭 '고로쇠나무'를 기본으로 하고 식물의 형태적 특징을 나타내는 '왕'을 추

---

20 「화한한명대조표」(1910)는 '고로쇠느무'를 기록했으며 『지리산식물조사보고서』(1915)는 'しんなむ'[신나무]를, 『조선식물명휘』(1922)는 '고로쇠나무(工業)'를, 『선명대화명지부』(1934)는 '고로(루)쇠나무'를, 『조선삼림식물편』(1915~1939)은 'コロソイナム(平南)/Korosainam, シンナム(全南)/Shinnam'[고로쇠나무(평남), 신나무(전남)]를 기록했다.

21 '국가표준식물목록'(2018)은 본문의 학명으로 왕고로쇠나무를 별도의 종으로 분류하고 있으나, 『장진성 식물목록』(2014)은 털고로쇠나무〈*Acer pictum* Thunb.(1784)〉의 이명(synonym)으로, '세계식물목록'(2018)은 별도 기재하지 않고 있으므로 주의가 필요하다.

가해 신칭했다.[22] 고로쇠나무에 비해 잎이 갈라짐이 많고 갈라진 열편(裂片)이 보다 넓으며 열매가 수평으로 벌어진다는 특징을 근거로 변종으로 분류했으나, 고로쇠나무의 종내 변이형으로 취급하는 것이 일반적인 견해이다.

속명 *Acer*는 아카드어 *arku*(긴, 큰)가 어원으로 유럽에 자생하는 단풍나무(field maple: *A. campestre*)의 라틴명에서 유래했으며 단풍나무속을 일컫는다. 종소명 *mono*는 '하나의, 일(1)의'라는 뜻이며, 변종명 *savaticri*는 메이지 시대에 일본 식물을 채집했던 프랑스 의사 Ludvic Savatier(1830~1891)의 이름에서 유래했다.

다른이름 왕고로쇠(이창복, 1947), 왕넓은잎고로쇠나무(임록재 외, 1996)

중국/일본명 중국에서는 이를 별도 분류하지 않는 것으로 보인다. 일본명 イトマキイタヤ(糸巻板屋)는 여러 갈래로 갈라진 잎의 모습이 실감개(絲卷)를 닮은 고로쇠나무(イタヤカヘデ)라는 뜻이다.

참고 [북한명] 왕고로쇠나무[23]

○ Acer mandshuricum *Maximowicz*   マンシウカヘデ
Bogjang-namu   복장나무

복장나무〈*Acer mandshuricum* Maxim.(1867)〉

복장나무라는 이름은 잎과 열매 등이 복자기와 매우 닮아 복자기와 같은 뜻으로 사용된 방언을 채록한 것에서 유래한 이름으로 추정한다.[24] 『조선식물향명집』에서 강원 방언을 채록함으로써[25] *A. mandshuricum*에 대해 '복장나무'라는 이름이 정착되었다. 잎이 삼출겹잎인 것과 열매의 모양 등이 복자기와 매우 유사하며, 북한에서는 복자기와 어형(語形)이 비슷한 '복작나무'로 불린다. 옛날에는 목재가 단단해 복자기와 복장나무 모두 가구재나 기구를 제작하는 중요 재료로 사용했다.[26] 방언으로 사용된 개박달나무(기박달느무), 까치박달(까치박달), 복박달나무 등은 목질이 견고한 것이 박달나무와 비슷하다는 뜻에서 유래한 이름으로 보인다. 한편 복장나무라는

22 이에 대해서는 『조선식물향명집』, 색인 p.44 참조.
23 북한에서 임록재 외(1996)는 왕고로쇠나무를 별도 분류하고 있으나, 리용재 외(2011)는 이를 별도 분류하지 않고 있다. 이에 대해서는 리용재 외(2011), p.6 이하 참조.
24 이러한 견해로 솔뫼(송상곤, 2010), p.204 참조.
25 이에 대해서는 『조선삼림식물도설』(1943), p.456과 이우철(2005), p.279 참조.
26 이에 대해서는 『조선삼림식물도설』(1943), pp.456-457 참조.

이름이 길흉을 점쳐서 정한다는 뜻의 복정(卜定)과 관련이 있다고 추정하는 견해가 있으나,[27] 복자기를 점치는 일에 사용했다는 기록이 보이지 않으며,[28] 복정(卜定)에서 복장으로 변화했다는 기록도 없어 그 타당성은 의문스럽다.

속명 *Acer*는 아카드어 *arku*(긴, 큰)가 어원으로 유럽에 자생하는 단풍나무(field maple: *A. campestre*)의 라틴명에서 유래했으며 단풍나무속을 일컫는다. 종소명 *mandshuricum*은 '만주의'라는 뜻으로 최초 발견지 또는 주된 분포지를 나타낸다.

다른이름 까치박달(정태현 외, 1923), 복장나무(정태현, 1926), 까치박달(정태현, 1943), 복박나무(박만규, 1949), 까치박달나무(안학수·이춘녕, 1963), 복작나무(리종오 외, 1964), 까침박달/복박달나무(임록재 외, 1972)[29]

중국/일본명 중국명 东北枫(dong bei feng)은 둥베이(東北) 지방에 분포하는 단풍나무 종류(枫)라는 뜻이다. 일본명 マンシウカヘデ(満州楓)는 만주(滿州) 지방에 분포하는 단풍나무 종류(カヘデ)라는 뜻이다.

참고 [북한명] 복작나무 [유사어] 백유(白杻) [지방명] 까치박달(평북)

Acer palmatum *Thunb*. var. coreanum *Nakai*　テウセンヤマモミヂ
Danpuṅ-namu　단풍나무

단풍나무〈*Acer palmatum* Thunb.(1784)〉

단풍나무라는 이름은 한자어 '丹楓'(단풍)에서 비롯한 것으로, 가을에 잎이 붉게 물들고 가는 가지가 바람에 흔들리는 모양을 나타낸 것에서 유래했다.[30] 전라북도 이남의 남부 지방과 제주도에 분포하는 낙엽 활엽 교목으로, 남부 지방에서 널리 사용하는 방언을 채록함으로써[31] 단풍나무라는 이름이 현재의 종(species)을 일컫게 되었다.[32]

---

27 이러한 견해로 박상진(2019), p.217 참조.

28 일본인 식물학자 이시도야 쓰토무(石戶谷勉, 1891~1958)가 저술한 『조선거수노수명목지』(1919), p.178은 평안남도 덕천군에 수령 300년으로 추정되는 복장나무 한 그루가 있음을 기록하면서 "落葉セハ直ニ降雪アリト云フ"라고 기록해 낙엽이 바로 떨어지면 눈이 내리는 것을 예측한다고 했다. 그런데 식물명을 '긔박달ㄴ무'라고 불렀고, 神木(신목) 또는 堂山木(당산목)이 아닌 명성이 알려져 있다는 뜻의 名木(명목)으로 분류했으며, 문언으로는 날씨에 대한 예측의 성격이 강한 것으로 이해된다. 따라서 이를 근거로 길흉을 점쳤다고 보기는 어렵다.

29 『조선거수노수명목지』(1919)는 '긔박달ㄴ무'를 기록했으며 『조선식물명휘』(1922)는 '싯치박달(工業)'을, 『선명대화명지부』(1934)는 '싯치박달'을, 『조선삼림식물편』(1915~1939)은 'カチパクタル/Kochi-paktar'[까치박달]을 기록했다.

30 이러한 견해로 이우철(2005), p.163; 박상진(2019), p.97; 허북구·박석근(2008b), p.85; 전정일(2009), p.90; 유기억(2008b), p.96; 강판권(2015), p.431 참조.

31 단풍나무가 A. palmatum을 일컫는 남부 지방의 방언이었다는 점에 대해서는 『조선삼림수목감요』(1923), p.87과 『조선삼림식물도설』(1943), p.465 참조.

32 18세기 말에 저술된 『본사』(1787)는 '楓樹'에 대해 "言支弱善搖 風至則橚橚然鳴也 其从木从風意同"[가지가 유약해 잘 흔들

속명 *Acer*는 아카드어 *arku*(긴, 큰)가 어원으로 유럽에 자생하는 단풍나무(field maple: *A. campestre*)의 라틴명에서 유래했으며 단풍나무속을 일컫는다. 종소명 *palmatum*은 '손바닥 모양의'라는 뜻으로 잎의 생김새에서 유래했다.

다른이름 단풍나무(정태현 외, 1923), 모미지나무(정태현, 1943), 산단풍나무(박만규, 1949), 내장단풍(이창복, 1966), 붉은단풍나무/색단풍나무(김현삼 외, 1988), 색깔단풍나무(리용재 외, 2011)

옛이름 丹楓(동국이상국집, 1241), 丹楓(동문선, 1478), 楓樹/단풍나모(방언집석, 1778), 楓樹/단풍(한청문감, 1779), 丹楓/단풍나무(광재물보, 19세기 초), 蝦蟆手樹/단풍(물명고, 1824), 楓/櫩櫩/단풍(자류주석, 1856), 楓/丹楓/단풍나무(명물기략, 1870), 단풍나무/丹楓木(한불자전, 1880), 단풍나무/丹楓木(한영자전, 1890), 楓/단풍ㄴ무(일용비람기, 연대미상), 단풍/楓樹(아학편, 1908), 櫩/楓/단풍나무(자전석요, 1909), 단풍/丹楓/단풍나무(조선어사전[심], 1925)[33]

중국/일본명 중국명 鸡爪枫(ji zhua feng)은 잎의 생김새가 닭발(鷄爪)과 유사한 단풍나무 종류(楓)라는 뜻이다. 단풍나무를 뜻하는 한자 楓은 '木'(목)과 '風'(풍)이 합쳐진 글자로, 갈라진 잎 또는 가지가 바람에 떨리는 것을 형상화한 것으로 알려져 있다. 일본명 テウセンヤマモミヂ(朝鮮山紅葉)는 한반도(조선)의 산에 분포하는 단풍나무 종류(モミヂ)라는 뜻이다.[34]

참고 [북한명] 단풍나무 [유사어] 계조축(鷄爪槭), 단풍(丹楓) [지방명] 단풍낭고(강원), 단풍낭고(경북), 풍나무/환풍나무(전남), 가레쑥/그레수기/단풍남/단풍낭/물수낭(제주)

○ Acer Pseudo-Sieboldianum *Komarov* タウハウチハカヘデ

Dang-danpung-namu 당단풍나무

당단풍나무〈*Acer pseudosieboldianum* (Pax) Kom.(1904)〉

당단풍나무라는 이름은 한자명 '唐丹楓'(당단풍)에서 비롯한 것으로, 상대적으로 더 북쪽(唐)에서

리는 것을 이르는 말로, 바람이 불면 흔들흔들하며 울린다. 楓(풍) 자가 木(목) 자와 風(풍) 자로 된 것과 같다]이라고 기록했다. 한편 김양진(2011), p.43은 한자 '楓'(풍)이 열매를 바람에 날려 보내는 속성을 나타낸다고 주장하고 있으나, 이에 대한 근거는 확인되지 않는 것으로 보인다.

33 「조선주요삼림수목명칭표」(1915a)는 '단풍ㄴ무'를 기록했으며 『조선어사전』(1920)은 '丹楓(단풍), 단풍나무'를, 『조선식물명휘』(1922)는 '楓樹, 鷄爪樹, 丹楓, 단풍(觀賞)'을, 『선명대화명지부』(1934)는 '단풍나무'를, 『조선삼림식물편』(1915~1939)은 'シンナム(全南)/Shin-nam'[신나무(전남)]를 기록했다.

34 일본명 テウセンヤマモミヂ는 『조선식물향명집』에 기록된 학명 *A. palmatum* var. *coreanum*에 대한 것이고, 흔히 지칭하는 단풍나무(*A. palmatum*)의 일본명은 イロハモミジ(七葉紅葉) 혹은 イロハカエデ(七葉楓)이다. モミジ(紅葉)는 잎이 붉게 물드는 것에서, カエデ(楓)는 개구리의 손이라는 뜻으로 잎이 갈라지는 모양에서 유래했다.

자라는 단풍나무라는 뜻에서 붙여졌다.[35] 남부 지방에 주로 분포하는 단풍나무에 비해 북쪽에 분포하며 만주를 거쳐 러시아까지 자란다. 옛 문헌의 단풍(丹楓)이라는 이름이 현재의 단풍나무와 당단풍나무 중 어느 종을 뜻하는지는 분명하지 않다. 18세기 말에 저술된 『본사』는 '楓樹'(풍수)를 언급하면서 금강산이 모두 풍수로 뒤덮여 있다고 했는데, 단풍나무의 분포 지역에 비추어 이때의 풍수는 현재의 당단풍나무로 보인다. 『조선삼림수목감요』는 당시 당단풍나무도 '단풍나무'라고 불렸음을 기록했다. 『조선식물향명집』에서 전통 명칭 '단풍나무'를 기본으로 하고 식물의 산지(産地)를 나타내는 '당'을 추가해 신칭했다.[36] 이 과정에서 '당'이라는 말이 우리 문헌에서

는 발견되지 않고 일본명에 '唐'이 포함된 것에 비추어 이로부터 영향을 받았던 것으로 보인다.

속명 Acer는 아카드어 arku(긴, 큰)가 어원으로 유럽에 자생하는 단풍나무(field maple: A. campestre)의 라틴명에서 유래했으며 단풍나무속을 일컫는다. 종소명 pseudosieboldianum은 pseudo(가짜의, 유사한)와 sieboldianum(일본 식물을 연구한 Siebold)의 합성어로 A. sieboldianum이라는 종과 비슷하다는 뜻에서 유래했다.

다른이름 단풍나무(정태현 외, 1923), 고로실나무/박달나무/고로쇠나무/좁은단풍/서울단풍/아기단풍(정태현, 1943), 서울섬달나무(박만규, 1949), 왕단풍나무/참당단풍나무/털단풍나무/애기단풍나무(정태현 외, 1949), 왕실단풍나무(안학수·이춘녕, 1963), 서울단풍나무(리종오, 1964), 당단풍/왕단풍(이창복, 1966), 애기단풍(안학수 외, 1982), 넓은잎단풍나무(김현삼 외, 1988)

옛이름 楓樹(본사, 1787), 단풍(조선구전민요집, 1933)[37]

중국/일본명 중국명 紫花枫(zi hua feng)은 자색의 꽃을 피우는 단풍나무 종류(楓)라는 뜻이다. 일본명 タウハウチハカヘデ(唐羽団扇楓)는 중국에 분포하고 ハウチハ(羽団扇: A. japonicum의 일본명으로 새의 깃으로 만든 부채 종류와 잎이 닮은 것에서 유래함)를 닮은 단풍나무 종류(カヘデ)라는 뜻이다.

참고 [북한명] 넓은잎단풍나무 [유사어] 단풍(丹楓), 당단풍(唐丹楓) [지방명] 단풍나무(강원/충북)

---

35 이러한 견해로 이우철(2005), p.168과 박상진(2019), p.98 참조.

36 이에 대해서는 『조선식물향명집』, 색인 p.35 참조.

37 「조선주요삼림수목명칭표」(1912)는 '단풍'을 기록했으며 「조선주요삼림수목명칭표」(1915a)는 '단풍ㄴ무'를, 『지리산식물조사보고서』(1915)는 'たんぷんなむ'[단풍나무]를, 『조선식물명휘』(1922)는 '단풍(觀賞)'을, 『선명대화명지부』(1934)는 '단풍, 단풍나무'를, 『조선삼림식물편』(1915~1939)은 'ペルゴンナム(濟州島)/Perugon-nam, タンプンナム(京畿, 全南)/Tanpung-nam, サンキョルップナム(平北)/Sankyorupp-nam, シンナム(全南)/Shin-nam'[벨곤낭(제주도), 단풍나무(경기, 전남), 산겨릅나무(평북), 신나무(전남)]를 기록했다.

Acer takesimense *Nakai*　タケシマハウチハ
Sŏm-danpung-namu　섬단풍나무

섬단풍나무〈*Acer takesimense* Nakai(1918)〉[38]

섬단풍나무라는 이름은 섬(울릉도)에 나는 단풍나무라는 뜻에서 붙여졌다.[39] 울릉도 특산으로 알려진 좋으로 당단풍나무를 닮았으니 잎의 열편(裂片)이 11~13개로 당단풍나무(9~11개)보다 많다고 하여 별도의 종으로 분류되었다. 그러나 울릉도 내에서도 잎의 열편의 개수는 차이가 많아 분류학적 논란이 지속되고 있다. 『조선식물향명집』에서 전통 명칭 '단풍나무'를 기본으로 하고 식물의 산지(産地)를 나타내는 '섬'을 추가해 신칭했다.[40]

　속명 *Acer*는 아카드어 *arku*(긴, 큰)가 어원으로 유럽에 자생하는 단풍나무(field maple: *A. campestre*)의 라틴명에서 유래했으며 단풍나무속을 일컫는다. 종소명 *takesimense*는 '울릉도에 분포하는'이라는 뜻이다.

다른이름 섬당단풍나무(임록재 외, 1972), 섬넓은잎단풍나무(임록재 외, 1996)

중국/일본명 중국에는 분포하지 않는 식물이다. 일본명 タケシマハウチハ(竹島羽団扇)는 울릉도(タケシマ)에 분포하는 ハウチハ(羽團扇: *A. japonicum*의 일본명으로 새의 깃으로 만든 부채 종류와 잎이 닮은 것에서 유래함)라는 뜻이다.

참고 [북한명] 섬넓은잎단풍나무

○ Acer tegmentosum *Maximowicz*　テウセンウリハダカヘデ
San-gyŏrŭb-namu　산겨릅나무

산겨릅나무〈*Acer tegmentosum* Maxim.(1856)〉

산겨릅나무라는 이름은 '산'(山)과 '겨릅'(껍질을 벗긴 삼대: 麻骨)과 '나무'(木)의 합성어로, 산에서 자라고 가지가 겨릅을 닮았으며 그와 유사한 용도로 사용하는 나무라는 뜻에서 유래했다.[41] 평북 방

---

38 '국가표준식물목록'(2018)은 섬단풍나무를 별도의 종으로 분류하고 있으나, '세계식물목록'(2018)은 당단풍나무의 아종 〈*Acer pseudosieboldianum* (Pax) Kom. subsp. *takesimense* (Nakai) P.C.de Jong(1994)〉으로, 『장진성 식물목록』(2014)은 당단풍나무(*A. pseudosieboldianum*)에 통합하고 있으므로 주의가 필요하다.

39 이러한 견해로 이우철(2005), p.339 참조.

40 이에 대해서는 『조선식물향명집』, 색인 p.41 참조.

41 이러한 견해로 박상진(2019), p.241 참조. 한편 박상진은 겨릅대를 산간 지방에서 지붕을 이는 데 사용했고 산에서 '겨릅'으로 쓸 수 있는 나무라고 해서 산겨릅나무가 되었다고 하지만, 실제로 산겨릅나무를 그러한 용도로 사용했는지에 대한 근거는 찾을 수 없다.

언을 채록한 것에서 비롯했는데,[42] 가지의 껍질을 벗겨 노끈(繩)으로 사용하는 것이[43] 삼(麻)의 껍질을 벗겨 노끈과 베옷을 짜던 것과 비슷하다고 해 붙여진 이름이다. 『조선식물명휘』는 '삼겨릅나무'로, 『조선삼림수목감요』는 '삼거릅나무'로 기록해 식물명에 '삼'(麻)의 뜻이 보다 분명하게 명시되어 있었으나, 『조선식물향명집』에서 '산겨릅나무'로 개칭해 현재에 이르고 있다. 가지와 나무껍질을 달여 민간약으로도 사용하는데 강원도나 경남에서는 나무껍질의 모양이 벌집과 같아 '벌나무'라고도 한다.[44]

속명 Acer는 아카드어 arku(긴, 큰)가 어원으로 유럽에 자생하는 단풍나무(field maple: A. campestre)의 라틴명에서 유래했으며 단풍나무속을 일컫는다. 종소명 tegmentosum은 '비늘눈으로 덮인'이라는 뜻으로 겨울눈이 섭합상(鑷合狀)의 비늘눈으로 덮인 모습에서 유래했다.

다른이름 삼거릅나무(정태현 외, 1923), 산저릅/참거릅나무(정태현, 1943), 산겨릅나무(박만규, 1949)[45]

중국/일본명 중국명 靑楷枫(qing kai feng)은 줄기가 푸르고 곧게 뻗어 자라는 단풍나무 종류(楓)라는 뜻이다. 한편 중문판 '중국식물지'(中国植物志, FRPS)는 산겨릅나무의 중국명을 靑楷槭(qing kai qi)로 달리 기록하고 있다. 일본명 テウセンウリハダカヘデ(朝鮮瓜膚楓)는 한반도에 분포하는 ウリハダ(瓜膚: A. rufinerve의 일본명으로 나무껍질의 색과 무늬가 참외를 닮은 것에서 유래한 이름으로 산겨릅나무와 흡사함)를 닮은 단풍나무 종류(カヘデ)라는 뜻이다.

참고 [북한명] 산겨릅나무 [유사어] 청해축(靑楷槭) [지방명] 벌나무/벌나물/산청목(강원/경남), 뻘나무(전북)

Acer triflorum *Komarov*   オニメグスリ
Bugjagi   북자기

복자기〈*Acer triflorum* Kom.(1901)〉

복자기라는 이름은 털이 있는 삼출겹잎의 독특한 모양 또는 겨울눈과 열매에 털이 밀생(密生)하는 모습이 털이 보송하게 난 노루(사슴)를 뜻하는 '복쟉이' 또는 '복쟝이'를 닮았다는 뜻에서 유래한 것으로 추정한다. 평북 방언을 채록한 것에서 비롯했다.[46] 『조선식물향명집』의 '북자기'를 거쳐 『조선삼림식물도설』에서 '복자기'로 개칭해 현재에 이르고 있다. 최초 한글명 '북작이'를 기록한 『조선식물명휘』는 '복자기'를 잘못 기록한 것으로 보인다. 노루(사슴)를 '복쟉이' 또는 '복쟝이'

---

42 이에 대해서는 『조선삼림수목감요』(1923), p.87과 『조선삼림식물도설』(1943), p.470 참조.
43 『조선삼림식물도설』(1943), p.470은 산겨릅나무의 용도와 관련해 "樹皮は繩の代用"(나무껍질은 노끈의 대용)이라고 기록했다.
44 '벌나무'의 유래에 대해서는 『한국의 민속식물』(2017), p.720 참조.
45 「조선주요삼림수목명칭표」(1912)는 '삼거릅ㄴ무'를 기록했으며 『조선식물명휘』(1922)는 '삼겨릅나무'를, 『선명대화명지부』(1934)는 '삼겨릅나무'를 기록했다.
46 이에 대해서는 『조선삼림수목감요』(1923), p.86과 『조선삼림식물도설』(1943), p.456 참조.

로 표현한 것은 19세기 문헌에서 보이며 현재 고라니를 '복작노루'라고도 하는데,[47] 모두 복자기와 같은 뜻을 가진 단어로 이해된다. 또한 방언으로 사용된 나도박달, 가슬박달, 개박달나무, 까치박달 등은 나무의 재질이 단단한 것이 박달나무와 유사하다는 뜻에서 유래했다. 그리고 『조선삼림식물도설』은 복자기의 한자명을 '杻'(유)로 표기했는데, '杻'를 현재의 박달나무를 뜻하는 '牛筋'(우근)으로 본 『물명고』와 닿아 있다. 그러나 비슷한 시기에 저술된 『광재물보』는 '杻'를 "疑是뿌리之類"(아마도 이는 싸리의 종류이다)라 기록했고, 18세기에 기록된 『영종대왕실록청의궤』는 '杻箒'(축추: 싸리비)라고 기록한 것을 포함해 다수의 옛 문헌은 싸리나무속 식물로 보았다. 한편 복

자기라는 이름은 점치는 일과 관련해 점쟁이를 뜻하는 복자(卜者)에서 유래했다고 보는 견해가 있다.[48] 그러나 복자기를 점치는 일에 사용했다는 기록은 보이지 않는다.

속명 Acer는 아카드어 arku(긴, 큰)가 어원으로 유럽에 자생하는 단풍나무(field maple: A. campestre)의 라틴명에서 유래했으며 단풍나무속을 일컫는다. 종소명 triflorum은 '3화(三花)의'라는 뜻으로 꽃이 세 송이씩 모여 피는 것에서 유래했다.

다른이름 긔박달나무/북작이(정태현 외, 1923), 북자기(정태현 외, 1937), 가슬박달/개박달나무/까치박달/나도박달/산참대(정태현, 1943), 젓털복자기(이창복, 1947), 나도박달나무(안학수·이춘녕, 1963), 복자기나무(리종오, 1964), 젖털복자기(이창복, 1966)

옛이름 杻/檍(광재물보, 19세기 초), 杻/쪽나모/檍/牛筋(물명고, 1824)[49]

중국/일본명 중국명 三花枫(san hua feng)은 꽃이 세 송이씩 모여 피는 단풍나무 종류(枫)라는 뜻으로 학명에서 유래한 것으로 보인다. 일본명 オニメグスリ(鬼眼薬)는 식물체가 귀신(鬼)처럼 큰 メグスリノキ(眼薬の木: A. maximowiczianum)의 일본명으로 예로부터 이 나무의 껍질을 달인 즙을 안약으로 이용한 것에서 유래함)라는 뜻이다.

참고 [북한명] 복자기나무 [유사어] 우근자(牛筋子), 유(杻), 유근자(紐筋子) [지방명] 가슬박달/까치박달/나도박달(강원), 개박달나무(경기), 산참대(황해)

---

47 『물보』(1802)와 『물명괄』(19세기)은 어린 노루(사슴)를 "麋, 복쟉이"라고 기록했으며, 서강대 보관본 『물명고』(19세기)는 "麋, 복장이"라고 기록했다. 『물명괄』과 『물명고』의 기록에 대해서는 『고어대사전 9』(2016), p.836 참조.
48 이러한 견해로 박상진(2019), p.217과 전정일(2009), p.91 참조.
49 『조선식물명휘』(1922)는 '북작이'를 기록했으며 『토명대조선만식물자휘』(1932)는 '[杻]뉴, [牛筋子]우근ᄌ'를, 『선명대화명지부』(1934)는 '북작이'를, 『조선삼림식물편』(1915~1939)은 'プックチャキ/Pukchaki'[북작이]를 기록했다.

○ Acer Tschonoskii *Maximowicz* var. rubripes *Komarov*　テウセンミネカヘデ
Sidag-namu　시닥나무

시닥나무〈*Acer komarovii* Pojark.(1949)〉

시닥나무라는 이름은 단풍나무를 일컫는 '싣'에서 유래한 것
으로 추정한다.[50] 주요 자생지인 평안북도 방언을 채록한 것이
다.[51] 단풍나무의 옛말은 '싣'인데 시닥은 이와 어형이 비슷한
점에 비추어 '싣'에서 파생된 방언형으로 추론된다.『조선삼림
수목감요』에서 '시당나무'로 최초 기록되었다가『조선식물향
명집』에서 '시닥나무'로 개칭해 현재에 이르고 있다. 북한에서
사용하는 '단풍자래'는 강원 방언으로 '자래'가 생나무 또는
땔나무를 뜻하는 말이므로, 단풍나무를 닮은 땔감으로 사용
하는 나무라는 뜻에서 유래한 것으로 보인다.

속명 *Acer*는 아카드어 *arku*(긴, 큰)가 어원으로 유럽에 자
생하는 단풍나무(field maple: *A. campestre*)의 라틴명에서 유
래했으며 단풍나무속을 일컫는다. 종소명 *komarovii*는 구소련 식물분류학자로 만주의 식물을
연구한 V. L. Komarov(1869~1945)의 이름에서 유래했다.

다른이름　시당나무(정태현 외, 1923), 단풍자래(정태현, 1943)

옛이름　시닥나무(김소월, 1920)[52][53]

중국/일본명　중국명 小楷槭(xiao kai qi)는 산겨릅나무(靑楷槭)에 비해 잎과 식물체 등이 작다는 뜻에
서 유래한 것으로 추정한다. 일본명 テウセンミネカヘデ(朝鮮峰楓)는 한반도에 분포하는 ミネカヘ
デ(峰楓: *A. tschonoskii*의 일본명으로 고산에서 자라는 단풍나무라는 뜻)라는 뜻이다.

참고　[북한명] 단풍자래 [지방명] 신닥나무/신탁나무(강원), 시대나무/시대낭그(함남), 시대나무(함
북), 시닥채나무/시대기나무(황해)

50　이러한 견해로 이우철(2005), p.365 참조.
51　이에 대해서는『조선삼림수목감요』(1923), p.87과『조선삼림식물도설』(1943), p.470 참조.
52　시인 김소월은 시 「낭인의 봄」(1920.3.)과 「가을 개벽」(1922.8.)에 북한 방언인 '시닥나무'를 시어(詩語)로 사용했다. 이에 대
　　한 자세한 내용은『고어대사전 12』(2016), p.785 참조.
53　『선명대화명지부』(1934)는 '시당나무'를 기록했다.

Acer ukurunduense *Trautvetter et Meyer*　オガラバナ
Bugegot-namu　부게꽃나무

부게꽃나무〈*Acer caudatum* Wall. var. *ukurunduense* (Trautv. & C.A.Mey.) Rehder(1905)〉[54]

부게꽃나무라는 이름은 꽃차례가 위로 솟아 있는 모습이 북
어(부게)처럼 생겼다는 뜻에서 유래한 것으로 추정한다.[55] 『조
선삼림수목감요』에서 '부게꼿나무'로 기록한 것이 현재의 이
름과 가장 유사한데, 자생지 중의 하나인 전라남도 방언을 채
록한 것에서 비롯했다.[56] '부게'는 명태를 말린 북어에 대한 강
원, 경기 및 함북 방언인데,[57] 북어를 옛말로 '부겨' 또는 '부거'
라고도 했다.[58] 전남에서 '부게'를 북어를 뜻하는 말로 사용했
다는 문헌적 근거는 발견되지 않지만, 인근 지역의 방언과 옛
말의 표현 그리고 황록색의 꽃차례가 위로 곧추선 모양에서
북어를 연상할 수 있기에 꽃차례의 모양에서 유래한 이름으
로 보인다.

　속명 *Acer*는 아카드어 *arku*(긴, 큰)가 어원으로 유럽에 자생하는 단풍나무(field maple: *A.
campestre*)의 라틴명에서 유래했으며 단풍나무속을 일컫는다. 종소명 *caudatum*은 '꼬리가
있는, 꼬리 모양의'라는 뜻으로 잎의 모양에서 유래했다. 변종명 *ukurunduense*는 '시베리아
Ukurund에 분포하는'이라는 뜻이다.

다른이름　부게꼿나무(정태현 외, 1923), 산겨릅나무/부갸근나무/청부게꽃나무(정태현, 1943), 털부갸
근나무(박만규, 1949)[59]

중국/일본명　중국명 花楷枫(hua kai feng)은 꽃이 곧게 서는 단풍나무 종류(楓)라는 뜻이다. 일본명
オガラバナ(麻幹花)는 이 나무의 재질이 껍질을 벗긴 삼대(겨릅)와 같이 부드러운 것에서 유래했다.

참고　[북한명] 부게꽃나무 [유사어] 북해척수(北海槭樹)

54　'국가표준식물목록'(2014)은 본문의 학명을 이명(synonym)으로, *Acer ukurunduense* Trautv. & C.A.Mey.(1856)를 정명
　　으로 하여 『장진성 식물목록』(2014)과는 반대로 기재하고 있다.

55　이러한 견해로 박상진(2019), p.218 참조.

56　이에 대해서는 『조선삼림수목감요』(1923), p.87과 『조선삼림식물도설』(1943), p.471 참조.

57　이에 대해서는 국립국어원, '우리말샘' 중 '부게' 참조.

58　이에 대해서는 『고어대사전 10』(2016), pp.4-5 참조.

59　『지리산식물조사보고서』(1915)는 'ぶけくんなむ, ぶぎゃぐんなむ'[부게꽃나무, 부갸근나무]를 기록했으며 『조선식물명
　　휘』(1922)는 '부갸근나무'를, 『선명대화명지부』(1934)는 '부갸근나무, 부게꼿나무'를, 『조선삼림식물편』(1915~1939)은 'ブ
　　ギャグンナム(全南)/Bugyagun-nam'[부갸근나무(전남)]를 기록했다.

Sapindaceae 무환자科 (無患子科)

무환자나무과〈Sapindaceae Juss.(1789)〉

무환자나무과는 재배종인 무환자나무에서 유래한 과명이다. '국가표준식물목록'(2018), '세계식물목록'(2018) 및 『장진성 식물목록』(2014)은 *Sapindus*(무환자나무속)에서 유래한 Sapindaceae를 과명으로 기재하고 있으며, 엥글러(Engler), 크론키스트(Cronquist) 및 APG IV(2016) 분류 체계도 이와 같다. 그리고 '세계식물목록'(2018)과 APG IV(2016) 분류 체계는 Hippocastanaceae(칠엽수과), Aceraceae(단풍나무과)를 Sapindaceae(무환자나무과)에 포함한다.

Koelreuteria paniculata *Laxmann*　モクゲンジ
Mogamju-namu　모감주나무

모감주나무〈*Koelreuteria paniculata* Laxm.(1772)〉

모감주나무라는 이름은 한자명 '무환자'(無患子)의 옛말 '모관쥬'가 변화한 것으로, 무환자와 동일하게 열매 혹은 씨앗으로 염주를 만들었기 때문에 이름이 혼용되어 유래했다.[1] 씨앗을 염주를 만드는 것에 사용했다.[2] 『훈몽자회』는 '無患子'(무환자)를 '모관쥬'라고 기록했는데, 이것이 이후 모관쥬→모감쥬(모괌쥬)→모감주→모감주나무로 표기가 변화했다. 모관쥬는 무환자(無患子)라는 한자어에 염주의 뜻을 가진 珠(주)가 결합해 형성된 것으로 이해되고 있다.[3] 19세기에 저술된 『물보』는 무환자나무를 나타내는 한자 '桓'(환)과 '無患子'(무환자)에 대해 '모감쥬'라고 했고, 20세기에 저술된 『자전석요』는 무환자나무를 뜻하는 한자 '槵'(환)과 '無患'(무환)에 대해 '모감주'라

고 했으며, 『신자전』은 한자 '桓'(환)에 대해 '모감주나무'라 하여 문헌상 모감주나무라는 한글명이 무환자나무를 일컫는 말이었다는 것을 명확하게 나타내고 있다. 그런데 우리나라에서 무환자나무는 제주도에서만 자생했고, 이를 구하기가 쉽지 않아 내륙에서는 현재의 모감주나무 열매로

---

1 이러한 견해로 유기억(2008b), p.178과 김종원(2013), p.1077 참조.

2 이에 대해서는 『조선삼림식물도설』(1943), p.473 참조.

3 이덕봉(1963), p.29는 '모관쥬'를 無患子木(무환자목)의 발음이 변화한 것으로 보고 있으며, 남풍현(1981), p.72는 無患子(무환자)에 염주를 나타내는 珠(주)가 섞여 만들어진 어형으로 보고 있다.

염주를 만들기도 했다.[4] 이 과정에서 이름의 혼용이 발생했다.[5] 이물동명(異物同名)의 상황에서 『조선식물향명집』은 전남에서 부르는 용례에 따라 *K. paniculata*에 대해 '모감주나무'라는 이름을 사정하고, *Sapindus mukorossi*에 대해 한자명 '無患子木'(무환자목)을 표현한 '무환자나무'라는 이름을 사정함으로써 현재의 이름이 정착되었다. 중국의 『본초강목』은 모감주나무를 欒華(난화)라는 이름의 약재로 사용한다고 기록했으나, 본초학에 관한 우리 문헌에는 별도의 기록이 나타나지 않으며 최근에 이르러서야 약재로 사용하는 것으로 보인다.[6] 한편 송나라의 유명한 승려인 묘감(妙堪) 또는 불교의 마지막 깨달음을 일컫는 묘각(妙覺)에 염주를 뜻하는 주(珠)가 붙어 '묘감주나무' 또는 '묘각주나무'라고 부르다가 모감주나무가 되었다는 견해가 있다.[7] 그러나 문헌의 기록에 반할 뿐만 아니라 묘감주 또는 묘각주라는 표현이 발견되지 않는다.

속명 *Koelreuteria*는 독일 식물학자 Joseph Gottlieb Kolreuter(1734~1806)의 이름에서 유래했으며 모감주나무속을 일컫는다. 종소명 *paniculata*는 '원뿔모양꽃차례의'라는 뜻으로 이 나무의 꽃차례의 모양에서 유래했다.

다른이름 염주나무(정태현, 1943)

옛이름 欒華/木欒子(본사, 1787), 欒華(광재물보, 19세기 초), 欒華(오주연문장전산고, 185?)[8]

중국/일본명 중국명 欒樹(luan shu)는 그 정확한 뜻은 알려져 있지 않으나, 열매의 모양이 각진 종과 같아 붙여진 것으로 보인다.[9] 일본명 モクゲンジ(木欒子)는 중국명 欒樹(난수)의 열매를 뜻하는 木

---

4 옛날에 나무를 둥글고 작게 깎아 염주를 만드는 기술이 부족해 주로 식물의 열매 또는 씨앗을 염주를 만드는 재료로 활용했는데, 그러한 식물로 모감주나무(*K. paniculata*), 무환자나무(*Sapindus mukorossi*), 보리자나무(*Tilia miqueliana*) 등과 그 대용으로서 찰피나무(*Tilia mandshurica*), 연꽃(*Nelumbo nucifera*), 염주(*Coix lacryma-jobi*) 등을 주로 사용했다고 한다. 이에 대해서는 박희준(2012), p.56 참조.

5 『조선삼림식물도설』(1943), pp.473-474에 따르면, 전남에서는 *K. paniculata*에 대해서 모감주나무라고 했고, 제주에서는 *S. mukorossi*에 대해서 모감주나무라 불렀다. 즉, 두 종류의 식물에 하나의 이름이 있는 것으로 『조선식물향명집』 서문에서 언급한 이른바 이물동명(異物同名)의 상황으로 이해된다.

6 欒華(난화)를 한약재로서 눈의 질환에 사용하는 것에 대해서 안덕균(2014), p.152 참조.

7 이러한 견해로 박상진(2019), p.154; 오찬진 외(2015), p.796; 강판권(2015), p.467 참조. 또한 박상진은 귀하고 신비한 구슬을 뜻하는 감주(紺珠)라는 단어에 염주를 만드는 나무가 합쳐져 목감주(木紺珠)나무라고 하다가 모감주나무가 되었다면서 『오주연문장전산고』(185?)에 '목감주'라는 표현이 나오고, 『의림촬요』(1635)에 '감주목'이라는 이름이 나온다고 주장하고 있다. 그러나 『오주연문장전산고』는 "晉崔豹 古今注 拾櫨木 一名無患 昔有神巫 得鬼則以此爲棒殺之 我濟州府多有之 俗呼木甘珠木"(진나라 최표는 고금주에서 습노목이라고 했는데 다른 말로 무환이라고 한다. 옛날에 무당이 있어 이 나무로 몽둥이를 만들어 귀신을 죽였다고 한다. 우리나라에는 제주부에 이것이 많이 있다. 속칭으로 '모감주나무'라고 한다)이라고 기록했는데, 이것은 무환자나무(無患)를 해설한 것이며 '木紺珠木'(목감주목)은 이두식 차자 표기로 '木'(음차: 모)+'紺'(음차: 감)+'珠'(음차: 주)+'木'(훈차: 나무)를 나타내는 것이다. 이것을 같은 시대의 표기로 옮기면 '모감쥬나무'를 나타낸 것이어서 '목감주'와는 무관하다. 『의림촬요』는 "紺珠木香檳榔丸"(감주목향빈랑환)이라고 기록했는데, 이것은 목향과 빈랑이라는 식물로 만든 감주(紺珠: 보배로운 구슬) 모양의 환(丸)이라는 뜻이지 '감주목'이라는 표현이 아니다. 따라서 이 역시 근거 없는 주장으로 이해된다.

8 『조선식물명휘』(1922)는 '欒樹'를 기록했으며 『토명대조선만식물자휘』(1932)는 '[栢]환, [楤]환, [無患樹]무환슈, [無患子]무환주'를 기록했다.

9 중국의 단옥재가 저술한 『설문해자주』(1815)는 "欒木 似欄 欄者今之棟字 本艸經有欒華 未知是不 借爲圓曲之偁 如鐘角曰欒"(난목은 欄과 비슷한데 欄은 오늘날 棟이다. 본초경은 난화가 있는데 이것이 아닌지 알지 못한다. 오늘날 둥글고 굽은 것을 칭하는데 종

欒子(목란자)를 음독한 것이다.

참고 [북한명] 모감주나무 [유사어] 난목(欒木), 난수(欒樹), 난화(欒華), 목난수(木欒樹) [지방명] 염주나무(충남)

Sapindus Mukurosi *Gaertner*　ムクロジ　無患子
Muhwanja-namu 무환자나무

무환자나무〈*Sapindus mukorossi* Gaertn.(1788)〉

무환자나무라는 이름은 한자어 무환자(無患子)에서 비롯한 것으로 재앙과 병을 없앨 수 있다는 뜻에서 유래했다.[10] 중국의 옛 문헌에 이 나무로 몽둥이를 만들어 귀신을 물리쳤다는 이야기가 있어 재앙과 병을 물리칠 수 있다는 뜻을 가지게 되었다.[11] 『동의보감』에 따르면 무환자의 껍질로 얼굴의 주근깨와 목의 질환을 치료했으며, 핵(核) 속에 있는 알맹이를 태워 악한 기운을 물리치는 데 사용하고, 핵(核)은 옻칠한 구슬 같아서 승려들의 염주를 만드는 재료이기도 했다.[12] 또한 열매의 즙액을 세척제로 사용했다.[13] 우리나라에서는 제주도에서만 자생하고 일부 남부 지방의 사찰과 민간 주변에서 식재하는데 『제주풍토록』, 『신증동국여지승람』, 『동의보감』, 『오주연문장전산고』 등은 제주에서 나는 식물로 기록했다.[14] 중국에서 전래된 한자명 無患子(무환자)를 『향약구급방』은 굼벵이(蠐螬)나무라는 뜻의 '부븨야기나무'(또는 부배야기나무)라고 했으나 이후로 사용하지 않아 소멸되었으며, 『훈몽자회』는 無患子(무환자)에서 발음이 변화한 '모관쥬'라고 기록했는데

의 모서리를 일컬어 '난'이라 한다)이라고 기록했다.

10 이러한 견해로 이우철(2005), p.232; 박상진(2019), p.166; 김태영·김진석(2018), p.537; 허북구·박석근(2008b), p.126; 오찬진 외(2015), p.799; 강판권(2015), p.463 참조.

11 중국의 『본초습유』(783)는 "古今注云 昔有神巫曰寶眊 能符劾百鬼 得鬼則以此木爲棒棒殺之 世人相傳 以此木爲器用 以厭鬼魅 故號曰無患"(고금주에 이르기를 옛날에 보이라는 무당이 백 가지 귀신을 부적으로 쫓을 수 있었는데 귀신을 만나면 이 나무로 몽둥이를 만들어 때려죽였다. 세상 사람들이 전하기를 이 나무로 그릇을 만들면 귀신이 싫어하므로 무환이라고 한다)이라고 기록했다. 한편 국립수목원, '국가생물종지식정보시스템' 중 '무환자나무'에서는 "이 나무를 심으면 자녀에게 화가 미치지 않는다 하여 무환자(無患者)라 한다"라고 설명하고 있으나, 무환자나무에는 자녀라는 뜻이 없고 한자로 無患者로 쓰지도 않는다.

12 이에 대해서는 『(신대역) 동의보감』(2010), p.2121 참조.

13 이에 대해서는 『조선삼림식물도설』(1943), p.474 참조.

14 무환자나무의 분포지에 대해서는 김태영·김진석(2018), p.537 참조. 『동의보감』(1613)은 "我國惟齊州有之"(우리나라에는 제수노에서만 난나)라고 기록했다. 한편 김종원(2013), p.1077은 우리나라에서는 무환자 나무가 야생하는 고유종이 아니라 재배했던 중국 식물이라고 주장하고 있으나, 옛 문헌에 근거할 때 타당성이 없는 것으로 보인다.

이것이 이후 모관쥬→모감쥬(모괌쥬)→모감주→모감주나무로 변화했다.[15] 그러나 현재 모감주나무라는 이름은 무환자나무가 아니라 모감주나무(*Koelreuteria paniculata*)라는 별도의 식물을 일컫는 것으로 사용하고 있다.

속명 *Sapindus*는 라틴어 *sapo*(비누)와 *Indus*(인도)의 합성어로 '인도의 비누'라는 뜻인데, 열매 껍질에 비누 성분이 들어 있어 예부터 인도에서 세척제로 사용한 것에서 유래했으며 무환자나무속을 일컫는다. 종소명 *mukorossi*는 이 나무의 일본명 무쿠로지(ムクロジ)에서 유래했다.

다른이름 모감주나무(정태현 외, 1923)

옛이름 木串子/夫背也只木實(향약구급방, 1236),[16] 無患子皮(향약집성방, 1433), 無患木(제주풍토록, 1521), 槵/모관쥬/無患木(훈몽자회, 1527), 無患子(신증동국여지승람, 1530), 無患子/모관쥬(언해구급방, 1608), 無患子皮/모관쥬나모겁질(동의보감, 1613), 無患木/無患珠(지봉유설, 1614), 無患子(성호사설, 1740), 無患子/募貫珠(본사, 1787), 無患子/모감쥬(재물보, 1798), 桓/無患子/모감쥬(물보, 1802), 無患子/모감쥬/肥珠子/油珠子/菩提子/桓(광재물보, 19세기 초), 無患子花(낙하생집, 19세기 초), 槵/모괌쥬/無患子(물명고, 1824), 無患木/桓(송남잡지, 1855), 老欄/拾櫚木/無患子木/木紺珠木(오주연문장전산고, 185?), 無患子/무감쥬나무(명물기략, 1870), 環木/모감쥬(박물신서, 19세기), 槵/모감쥬/無患(자전석요, 1909), 桓/모감주나무(신자전, 1915)[17]

중국/일본명 중국명 无患子(wu huan zi)는 나무로 만드는 목기가 잡귀를 막을 수 있다는 뜻에서 유래했다. 일본명 ムクロジ(無患子)는 중국명을 음독한 것이다.

참고 [북한명] 무환자나무 [유사어] 고주자(苦珠子), 무환수(無患樹), 연명피(延命皮), 편목(楄木), 흑단자(黑丹子) [지방명] 도욕/모감주나무/모감주낭/모개낭/모과낭/모괘낭/무환자낭/무게낭(제주)

---

15 이덕봉(1963), p.29는 '모관쥬'를 無患子木(무환자목)의 발음이 변화한 것으로 보고 있으며, 남풍현(1981), p.72는 無患子(무환자)에 염주를 나타내는 珠(주)가 섞여 만들어진 어형으로 보고 있다.

16 『향약구급방』(1236)의 차자(借字) '木串子/夫背也只木實'(목관자/부배야기목실)에 대해 남풍현(1981), p.70은 '모관즈/부빅야기나모여름'의 표기로 보고 있으며, 차자 '夫背也只木'(부배야지목)에 대해 이덕봉(1963), p.29는 '부배야기나무'의 표기로 보고 있다.

17 「화한한명대조표」(1910)는 '모관주ᄂ무'를 기록했으며 「조선주요삼림수목명칭표」(1915a)는 '모관쥬ᄂ무'를, 『조선거수노수명목지』(1919)는 '모관주ᄂ무'를, 『조선어사전』(1920)은 '無患子(무환즈), 모감주나무'를, 『조선식물명휘』(1922)는 '無患子, 모관주나무'를, 『선명대화명지부』(1934)는 '모관(감)쥬나무'를 기록했다.

Sabiaceae 나도밤나무科 (泡吹科)

> **나도밤나무과〈Sabiaceae Blume(1851)〉**
> 나도밤나무과는 국내에 자생하는 나도밤나무에서 유래한 과명이다. '국가표준식물목록'(2018), '세계
> 식물목록'(2018) 및 『장진성 식물목록』(2014)은 Sabia(사비아속)에서 유래한 Sabiaceae를 과명으로
> 기재하고 있으며, 엥글러(Engler), 크론키스트(Cronquist) 및 APG IV(2016) 분류 체계도 이와 같다.

Meliosma myriantha *Siebold et Zuccarini*　アハブキ
Nadobam-namu　나도밤나무

나도밤나무〈*Meliosma myriantha* Siebold & Zucc.(1845)〉

나도밤나무라는 이름은 '나도'와 '밤나무'의 합성어로, 잎의 모양이 밤나무와 닮았다는 뜻에서 유래
했다.[1] 주요 자생지인 전라남도 방언을 채록한 것이다.[2] 19세기에 저술된 『한불자전』에도 기록된 이
름이다. 열매와 꽃은 밤나무와 현저한 차이가 있으나 잎의 모양이 밤나무와 유사하다.

속명 *Meliosma*는 그리스어 *meli*(꿀)와 *osme*(냄새, 향수)의 합성어로, 꽃에서 꿀 냄새가 나는
것에서 유래했으며 나도밤나무속을 일컫는다. 종소명 *myriantha*는 '꽃이 많이 피는'이라는 뜻
이다.

다른이름　나도밤나무(정태현 외, 1923), 나도합다리나무(김현삼 외, 1988)

옛이름　나두밤나무(한불자전, 1880)[3]

중국/일본명　중국명 多花泡花樹(duo hua pao hua shu)는 꽃이 많이 피는 포화수(泡花樹: *M. cuneifolia*
의 중국명으로 총상꽃차례의 꽃이 거품처럼 무성한 나무라는 뜻)라는 뜻이다. 일본명 アハブキ(泡吹)는
가지를 베면 거품이 생기거나 소복하게 피는 흰 꽃의 모양이 거품을 연상시킨다는 뜻에서 유래
했다.

참고　[북한명] 나도합다리나무 [지방명] 너도밤나무(전남), 넙죽이낭/술조기남/숨조기낭(제주), 밤
나무(충남)

---

1 이러한 견해로 이우철(2005), p.127; 박상진(2019), p.70; 허북구·박석근(2008b), p.62; 김태영·김진석(2018), p.128; 오찬진
   외(2015), p.802; 김인호(2001), p.206 참조.
2 이에 대해서는 『조선삼림수목감요』(1923), p.88과 『조선삼림식물도설』(1943), p.475 참조.
3 『제주도및완도식물조사보고서』(1914)는 'スルジョギナム'[술조기남]을 기록했으며 『지리산식물조사보고서』(1915)는 'な
   どばんなむ'[나도밤나무]를, 『조선식물명휘』(1922)는 '泡吹, 泡花樹, 나도밤나무'를, 『선명대화명지부』(1934)는 '나도밤나
   무'를 기록했다.

⊗ Meliosma Oldhami *Maximowicz*　ヌルデアハブキ

Habdari-namu　합다리나무

합다리나무〈*Meliosma pinnata* (Roxb.) Maxim. var. *oldhamii* (Miq. et Maxim.) Beusekom(1971)〉[4]

합다리나무라는 이름의 정확한 유래는 알려져 있지 않다. 다만 어린순의 모습을 '합'과 '나리'에 비유한 것에서 유래한 이름으로 추정한다. 잎은 작은잎이 4~7쌍인 깃모양겹잎이고, 예부터 어린순을 식용하고 나무는 땔거리로 사용했다.[5] 주요 자생지인 전라남도 방언을 채록한 것에서 비롯했다.[6] 식용하는 어린잎이 깃모양겹잎으로 돋는 모습이 마치 예전에 여자들의 머리숱이 많아 보이라고 덧넣었던 딴머리(다리)처럼 보이고, 여러 깃모양겹잎이 모여 돋는 새순의 모양은 그릇(합, 盒)처럼 보이기도 한다. 다리를 방언에서 '다래'라고도 하는데, 현재 방언 조사에서 합다리나무의 방언형으로 '합다래'의 형태가 나타난다. 또한 제주도에서는 '합순'을 개옻나무를 일컫는 말로

도 사용하는데,[7] 합다리나무와 개옻나무는 모두 깃모양겹잎으로 새순이 돋는 모습이 비슷하다. 제주 방언으로 '갓다리꽃'의 '갓'을 갓(笠)으로 독해하면 삿갓을 닮았다는 뜻이 된다는 점도 위와 같은 합다리나무라는 이름의 유래를 뒷받침한다.[8] 한편 줄기가 곧고 길며 잿빛 껍질을 가지고 있어서 학의 다리 나무, 즉 학다리나무가 변한 것으로 추정하는 견해가 있다.[9] 그러나 여러 방언형에서 '학'으로 된 이름은 발견되지 않으므로 타당성은 의문스럽다.

　속명 *Meliosma*는 그리스어 *meli*(꿀)와 *osme*(냄새, 향수)의 합성어로, 꽃에서 꿀 냄새가 나는 것에서 유래했으며 나도밤나무속을 일컫는다. 종소명 *pinnata*는 '깃털 모양의'라는 뜻으로 잎이 깃모양겹잎을 이루는 것에서 유래했다. 변종명 *oldhamii*는 영국 식물채집가로 일본과 타이완의 식물을 채집한 Richard Oldham(1837~1864)의 이름에서 유래했다.

다른이름　합다리나무(정태현 외, 1923), 합대나무(정태현, 1943)[10]

4　'국가표준식물목록'(2018)은 합다리나무의 학명을 *Meliosma oldhamii* Maxim.(1876)으로 기재하고 있으나, 『장진성 식물목록』(2014)은 정명을 본문과 같이 기재하고 있다.

5　이에 대해서는 『조선산야생식용식물』(1942), p.157과 『조선삼림식물도설』(1943), p.475 참조.

6　이에 대해서는 『조선삼림수목감요』(1923), p.88과 『조선삼림식물도설』(1943), p.475 참조.

7　이에 대해서는 석주명(1947), p.91 참조.

8　실제로 제주도에서는 삿갓의 끈을 '갓친'이라고 하고 삿갓 형태의 모자를 '갓모즈'라고 한다. 이에 대해서는 현평호·강영봉(2014), p.23 참조.

9　이러한 견해로 박상진(2019), p.411과 솔매(송상곤, 2010), p.88 참조.

10　『제주도및완도식물조사보고서』(1914)는 'カッタリスム'[갓다리순]을 기록했으며 『지리산식물조사보고서』(1915)는 'はぶ

중국/일본명 중국명 羽叶泡花树(yu ye pao hua shu)는 깃모양 잎을 가진 포화수(泡花樹: *M. cuneifolia*의 중국명으로 총상꽃차례의 꽃이 거품처럼 무성한 나무라는 뜻)라는 뜻이다. 일본명 ヌルデアハブキ(白膠木泡吹)는 붉나무(ヌルデ)를 닮은 나도밤나무(アハブキ)라는 뜻이다.

참고 [북한명] 합다리나무 [지방명] 삽다리/함다리/합다니/합다래/합다리/합딸나무(경남), 합나리나무/합다래/합다리/합다리나무순/합다리나물/합다리순/합달나무(전남), 합다래/합다리/합달나무(전북), 갓다리꽃/박다리꽃/합기낭/합순/합순낭(제주)

たりなむ'[합다리나무]를, 『선명대화명지부』(1934)는 '합다리나무'를 기록했다.

Balsaminaceae 봉선화科 (鳳仙花科)

봉선화과 〈Balsaminaceae A.Rich.(1822)〉

봉선화과는 국내에서 널리 재배하고 있는 봉선화에서 유래한 과명이다. '국가표준식물목록'(2018),
'세계식물목록'(2018) 및 『장진성 식물목록』(2014)은 *balsamina*(라틴 식물명)에서 유래한
Balsaminaceae를 과명으로 기재하고 있으며, 엥글러(Engler), 크론키스트(Cronquist) 및 APG IV
(2016) 분류 체계도 이와 같다.

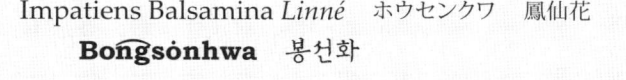

Impatiens Balsamina *Linné*　ホウセンクワ　鳳仙花
Bongsonhwa　봉선화

봉선화 〈*Impatiens balsamina* L.(1753)〉

봉선화라는 이름은 한자명 '鳳仙花'(봉선화)에서 유래한 것으
로, 꽃의 모양이 마치 봉황과 신선을 연상시킨다고 하여 붙여
졌다.[1] 달리 '봉숭아'라고도 하는데, 이는 한자명 鳳仙花(봉선
화)가 발음 과정에서 '봉슈화'를 거쳐 '봉숭아'가 된 것이다.[2]
봉숭아는 한자명이 발음 과정에서 우리말로 변화한 사례이다.
한편 고려 말에 저술된 『동국이상국집』은 중국에서는 사용하
지 않는 한자명 '鳳翔花'를 기록했는데, 이것이 현재의 봉선화
를 일컬었던 것으로 보기도 한다.[3]

속명 *Impatiens*는 인내하지 못한다는 의미의 라틴어로 건
드리면 터지는 열매의 속성 때문에 붙여졌으며 봉선화속을
일컫는다. 종소명 *balsamina*는 봉선화의 고대 라틴명에서 유
래했다.

다른이름　봉선화(정태현 외, 1936), 봉숭아(박만규, 1974)

옛이름　鳳翔花(동국이상국집, 1241), 鳳翔花(사가집, 1488), 鳳翔花(대동운부군옥, 1589), 鳳仙花/봉선화
(언해구급방, 1608), 鳳仙花/봉션화/金鳳花(동의보감, 1613), 鳳仙花(의림촬요, 1635), 鳳仙花/金鳳花/봉선화
(역어유해, 1690), 鳳仙花/봉소화(사의경험방, 17세기), 鳳仙花/隱性子/金鳳花(산림경제, 1715), 鳳仙花/金鳳

---

1 이러한 견해로 이우철(2005), p.280; 한태호 외(2006), p.118; 김무림(2015), p.465; 장충덕(2007), p.128; 김인호(2001), p.196;
　이상화(1998c), p.339 참조.
2 이러한 견해로 김무림(2005), p.465 참조.
3 이에 대해서는 기태완(2015), p.435 참조.

花/봉선화(방언집석, 1778), 鳳仙花/봉선화(왜어유해, 1782), 鳳仙花/봉선화(재물보, 1798), 鳳仙花/隱仙(해동농서, 1799), 鳳仙花(화암수록, 18세기 말), 鳳仙花/봉선화(물보, 1802), 븕봉선하(규합총서, 1809), 鳳仙花/봉쇼화(몽유편, 1810), 鳳仙花/봉슈화/金鳳花(물명고, 1824), 鳳仙花(임원경제지, 1842), 鳳仙花(송남잡지, 1855), 鳳仙子/봉선화씨(의종손익, 1868), 鳳仙花/봉선화/봉숭화(명물기략, 1870), 봉선화(농가월령가, 1876), 봉선화/鳳仙花(한불자전, 1880), 鳳仙子/봉선화씨(방약합편, 1884), 봉선화/鳳仙花(한영자전, 1890), 봉선화/鳳仙花(국한회어, 1895), 봉선화/鳳仙花(일용비람기, 연대미상), 鳳仙花/봉송화(박물신서, 19세기), 봉숭아/봉숭애꼿/봉선화(조선구전민요집, 1933), 봉숭아/봉선화/봉사(조선어표준말모음, 1936)[4]

중국/일본명 중국명 凤仙花(feng xian hua)는 한국명과 동일하다.[5] 일본명 ホウセンクワ(鳳仙花)도 한자명 鳳仙花(봉선화)를 음독한 것이다.

참고 [북한명] 봉선화 [유사어] 금봉화(金鳳花), 지갑화(指甲花) [지방명] 봉새/봉송화/봉수아/봉숭아(강원), 봉숭아/흰봉숭아(경기), 봉새/봉선나/봉순하/봉숭아(경남), 본선나/봉순나/봉숭화(경북), 봉사꽃/봉사나무/봉숭아/봉숭화/붕숭아(전남), 봉사꽃/봉숭아/봉숭화/흰봉숭아(전북), 베염고장/소입(제주), 봉송화/봉숭아(충남), 봉숭아(충북), 봉사꽃/봉쇄(평남), 봉사꽃/봉새/봉솨/봉쇄/봉쇠/봉싱애(평북), 봉새/봉생애/봉수애/봉재(함남), 봉사꽃(함북)

○ Impatiens furcillata *Hemsley*   ヤマツリフネサウ
San-mulbongsòn   산물봉선

산물봉선〈*Impatiens furcillata* Hemsl.(1886)〉[6]
산물봉선이라는 이름은 산에서 자라는 물봉선이라는 뜻에서 붙여졌다.[7] 『조선식물향명집』에서 전통 명칭 '물봉선'을 기본으로 하고 식물의 산지(産地)를 나타내는 '산'을 추가해 신칭했다.[8]

속명 *Impatiens*는 인내하지 못한다는 의미의 라틴어로 건드리면 터지는 열매의 속성 때문에 붙여졌으며 봉선화속을 일컫는다. 종소명 *furcillata*는 '작게 2개씩 갈라진'이라는 뜻으로 꽃의 입술꽃잎이 자루가 있고 둘로 갈라지는 것을 나타낸다.

---

4   『지리산식물조사보고서』(1915)는 '鳳仙花'[봉선화]를 기록했으며 『조선한방약료식물조사서』(1917)는 '봉선화(東醫), 鳳仙子'를, 『조선어사전』(1920)은 '鳳仙花(봉선화), 金鳳花(금봉화), 봉(鳳)사, 봉(鳳)숭화'를, 『조선식물명휘』(1922)는 '鳳仙花, 媚客, 小桃紅, 봉선화(觀賞)'를, 『토명대조선만식물자휘』(1932)는 '[鳳仙花]봉선화, [金鳳花]금봉화, [봉숭화], [봉사]'를, 『선명대화명지부』(1934)는 '봉선화'를 기록했다.
5   중국의 『이여정군방보』(1621)는 "其花頭翅尾足俱翹然如鳳狀 故又有金鳳之名"(그 꽃이 머리, 날개, 꼬리와 발을 모두 갖추고 깃털의 모양이 봉황의 모양이어서 봉선화라고 하고, 달리 금봉이라고도 한다)이라고 기록했다.
6   기존의 거제물봉선과 처진물봉선을 산물봉선과 동일한 종으로 보아 통합 처리하여 국명을 '처진물봉선'으로, 학명을 *Impatiens furcillata* Hemsl.(1886)로 하여야 한다는 견해가 있다. 이에 대해서는 지성진 외(2010) 참조.
7   이러한 견해로 이우철(2005), p.309 참조.
8   이에 대해서는 『조선식물향명집』, 색인 p.40 참조.

다른이름 산물봉숭(안학수·이춘녕, 1963), 산물봉숭아(리종오, 1964)[9]

중국/일본명 중국명 东北凤仙花(dong bei feng xian hua)는 둥베이(東北) 지방에서 자라는 봉선화(鳳仙花)라는 뜻이다. 일본명 ヤマツリフネサウ(山釣船草)는 산에서 자라는 물봉선(ツリフネサウ)이라는 뜻이다.

참고 [북한명] 산물봉숭아

⊗ Impatiens koreana *Nakai* シロツリフネサウ
Hin-mulbongsón 흰물봉선

흰물봉선〈*Impatiens textori* Miq. var. *koreana* (Nakai) Nakai(1917)〉[10]

흰물봉선이라는 이름은 흰색 꽃이 피는 물봉선이라는 뜻에서 유래했다.[11] 물봉선과 동일하지만 흰색의 꽃이 피는 특징으로 인하여 별도의 변종으로 분류되었다. 『조선식물향명집』에서는 전통 명칭 '물봉선'을 기본으로 하고 꽃의 색깔을 나타내는 '흰'을 추가해 '힌물봉선'을 신칭했으나,[12] 『조선식물명집』에서 맞춤법에 따라 '흰물봉선'으로 개칭해 현재에 이르고 있다.

속명 *Impatiens*는 인내하지 못한다는 의미의 라틴어로 건드리면 터지는 열매의 속성 때문에 붙여졌으며 봉선화속을 일컫는다. 종소명 *textori*는 일본 식물을 채집한 C. M. Textor(?~?)의 이름에서 유래했으며, 변종명 *koreana*는 '한국의'라는 뜻이다.

다른이름 흰물봉숭/민물봉숭(안학수·이춘녕, 1963), 흰물봉숭아(리종오, 1964)

중국/일본명 중국에서는 이를 별도 분류하지 않고 있다. 일본명 シロツリフネサウ(白釣船草)는 흰색 꽃이 피는 물봉선(ツリフネサウ)이라는 뜻이다.

참고 [북한명] 흰물봉숭아 [유사어] 야봉선화(野鳳仙花)

Impatiens Noli-tangere *Linné* キツリフネサウ
Norang-mulbongsón 노랑물봉선

노랑물봉선〈*Impatiens noli-tangere* L.(1753)〉

노랑물봉선이라는 이름은 노란색의 꽃이 피는 물봉선이라는 뜻에서 붙여졌다.[13] 『조선식물향명

---

9 『조선식물명휘』(1922)는 '小指甲花'를 기록했다.

10 '국가표준식물목록'(2018)은 본문의 학명으로 흰물봉선을 별도 분류하고 있으나, 『장진성 식물목록』(2014)은 물봉선(*I. textori*)에 통합하고, '중국식물지'(2018)는 이를 별도 분류하지 않으므로 주의가 필요하다.

11 이러한 견해로 이우철(2005), p.608 참조.

12 이에 대해서는 『조선식물향명집』, 색인 p.49 참조.

13 이러한 견해로 이우철(2005), p.148 참조.

집』에서 전통 명칭 '물봉선'을 기본으로 하고 꽃의 색깔을 나타내는 '노랑'을 추가해 신칭했다.[14]

속명 *Impatiens*는 인내하지 못한다는 의미의 라틴어로 건드리면 터지는 열매의 속성 때문에 붙여졌으며 봉선화속을 일컫는다. 종소명 *noli-tangere*는 '만지지 말라'라는 뜻으로 만지면 열매가 터져서 씨앗이 산포(散布)되는 특징에서 유래했다.

다른이름 노랑물봉숭(안학수·이춘녕, 1963), 노랑물봉숭아(리종오, 1964), 노랑물봉선화(이창복, 1969b)[15]

중국/일본명 중국명 水金凤(shui jin feng)은 물가에서 자라고 노란색(금색) 꽃이 피는 봉선화(鳳仙花)라는 뜻이다. 일본명 キツリフネサウ(黄釣船草)는 노란색 꽃이 피는 물봉선(ツリフネサウ)이라는 뜻이다.

참고 [북한명] 노랑물봉숭아 [유사어] 야봉선화(野鳳仙花)

Impatiens Textori *Miquel* ツリフネサウ
Mul-bongson 물봉선

물봉선〈*Impatiens textori* Miq.(1865)〉

물봉선이라는 이름은 산 계곡의 물가에 주로 자라는 봉선화(鳳仙花)라는 뜻에서 유래했다.[16] 표준어는 '물봉숭아'와 '물봉선화'를 함께 사용하고 있다. 『조선식물향명집』은 신칭한 이름으로 기록하지 않았고,[17] 일제강점기에 저술된 『토명대조선만식물자휘』에 물봉선과 유사한 '물금봉화'라는 이름이 기록되어 있는 점에 비추어 실제 지역에서 사용하는 방언을 채록한 것으로 추정한다.

속명 *Impatiens*는 인내하지 못한다는 의미의 라틴어로 건드리면 터지는 열매의 속성 때문에 붙여졌으며 봉선화속을 일컫는다. 종소명 *textori*는 일본 식물을 채집한 C. M. Textor (?~?)의 이름에서 유래했다.

다른이름 둥둥이때(정태현 외, 1942), 물봉숭/털물봉숭(안학수·이춘녕, 1963), 물봉숭아(리종오, 1964)[18]

중국/일본명 중국명 野凤仙花(ye feng xian hua)는 야생의 봉선화(鳳仙花)라는 뜻이다. 일본명 ツリフネサウ(釣船草)는 꽃이 고기잡이배와 비슷하게 생긴 풀이라는 뜻이다.

참고 [북한명] 물봉숭아 [유사어] 야봉선화(野鳳仙花) [지방명] 물봉숭아(경기), 말무작쿨(제주)

---

14 이에 대해서는 『조선식물향명집』, 색인 p.34 참조.
15 『조선식물명휘』(1922)는 '水金鳳, 輝棻花'를 기록했다.
16 이러한 견해로 이우철(2005), p.236과 허북구·박석근(2008a), p.90 참조.
17 이에 대해서는 『조선식물향명집』, 색인 p.37 참조.
18 『제주도및완도식물조사보고서』(1914)는 'ムルマジャツクル'[말무작쿨]을 기록했으며 『조선식물명휘』(1922)는 '野鳳仙花'를, Crane(1931)은 '들봉선화, 野鳳仙花'를, 『토명대조선만식물사휘』(1932)는 '[野鳳仙花]야봉숭학, [水金鳳花]슈(물)금봉화, [개봉사]'를 기록했다.

Rhamnaceae 갈매나무科 (鼠李科)

갈매나무과〈Rhamnaceae Juss.(1789)〉

갈매나무과는 국내에 자생하는 갈매나무에서 유래한 과명이다. '국가표준식물목록'(2018), 세계식물
목록'(2018) 및 『장진성 식물목록』(2014)은 *Rhamnus*(갈매나무속)에서 유래한 Rhamnaceae를 과명
으로 기재하고 있으며, 엥글러(Engler), 크론키스트(Cronquist) 및 APG IV(2016) 분류 체계도 이와 같다.

Hovenia dulcis *Thunberg*   ケンポナシ
Hotgae-namu   헛개나무

헛개나무〈*Hovenia dulcis* Thunb.(1781)〉

헛개나무라는 이름은 옛말 '회짯'(또는 회갓)이 어원으로, 부풀
어 오른 열매자루에 열매가 달리는 모습을 회깟에 비유한 것
에서 유래한 이름으로 추정한다. 예부터 나무를 가구재로 사
용했고, 열매가 익을 때 열매자루가 부풀어 오르며 단맛이 강
하게 나는데 이 열매자루를 식용 및 약용했다.[1] 자생지 중의
하나인 강원 방언을 채록한 것이다.[2] 19세기 초에 저술된 『물
명고』는 "有子著枝端 大如指長數寸 八月熟 味甘 生南方 枝葉
皆可噉 能解酒毒"(두드러진 가지 끝에 열매가 있는데 손가락 몇 마
디 길이 정도로 크며 8월에 성숙하고 맛이 달다. 남쪽에서 자라고 가
지와 잎을 모두 먹을 수 있는데 술독을 능히 풀 수 있다)이라고 하면
서 한글명을 '회짯'으로 기록했다. 회짯(또는 회갓)은 소의 간,
처녑, 양, 콩팥 따위를 잘게 썰고 온갖 양념을 하여 만든 회를 뜻한다.[3] 회짯(또는 회갓)의 뜻과 『물
명고』의 기록에 비추어 열매자루에 달린 열매의 모습을 본떠 만든 이름이며, 헛개나무의 '헛개'는
회짯(또는 회갓)의 방언형으로 추론할 수 있다. 한편 헛개나무의 방언으로 호리깨나무가 있고 '호
리깨'는 벼의 낱알을 훑을 때 쓰는 도구인 벼훑이의 방언이므로 열매와 열매자루의 모양이 벼훑
이를 닮았다고 본 것에서 유래했다고 보는 견해가 있다.[4] 호리깨나무의 '호리깨'에 그러한 뜻이 있
다고 하더라도 호리깨나무는 전북 방언에서 유래한 이름이어서 강원 방언인 '헛개'에 그러한 뜻

---

1   이에 대해서는 『조선산야생식용식물』(1942), p.158 참조.
2   이에 대해서는 『조선삼림식물도설』(1943), p.478 참조.
3   이에 대해서는 국립국어원, '표준국어대사전' 중 '회짯' 참조. 또한 『악학궤범』(1493)은 '회ㅅ갓'을 회깟의 뜻으로 기록했다.
4   이러한 견해로 박상진(2019), p.418 참조.

이 있다고 단정하기 어렵고,[5] 헛개와 유사한 이름을 기록한 『물명고』의 기록에 비추어 타당하지 않은 것으로 보인다. 또한 한자어 지구자(枳椇子)에서 유래했다는 견해가 있으나,[6] 한자어로 표시된 지구(枳椇 또는 枳枸)는 열매와 열매자루의 모양과 관련된 이름이기는 하지만 발음과 어형에서 유사성은 없는 것으로 생각된다. 그리고 이 나무 밑에서는 술이 썩어 헛것이 된다는 뜻에서 유래했다고 보는 견해도 있으나,[7] 옛말과 방언을 고려하지 않은 일종의 민간어원설로 보인다. 『조선식물향명집』은 '홋개나무'로 기록했으나 『조선삼림식물도설』에서 '헛개나무'로 개칭해 현재에 이르고 있다.

속명 *Hovenia*는 Carl Peter Thunberg(1743~1828)의 일본 식물채집을 도왔던 네덜란드 상원의원 David van der Hoven(1724~1787)의 이름에서 유래했으며 헛개나무속을 일컫는다. 종소명 *dulcis*는 '맛이 단'이라는 뜻으로 열매자루가 과육처럼 부풀어 단맛이 나는 것에서 유래했다.

다른이름 볼게나무/호리씨나무(정태현 외, 1923), 호리깨나무(정태현 외, 1942), 고려호리깨나무(박만규, 1949), 볼개나무(안학수·이춘녕, 1963), 민헛개나무(리종오, 1964)

옛이름 枳椇子(향약집성방, 1433), 枳椇/枳枸(홍재전서, 1787), 枳椇子/회갓열민(재물보, 1798), 枳椇(대산집, 1802), 枳枸/枳椇/白石木(광재물보, 19세기 초), 枳椇/白石李/회솟/枳枸(물명고, 1824), 枳椇/枳枸(여유당전서, 19세기 초), 枳椇木/枳枸樹/枳枸木/木蜜/拐棗(오주연문장전산고, 185?), 枳枸/기구(명물기략, 1870), 枳枸(방약합편, 1884), 枳枸/木蜜(선한약물학, 1931)[8]

중국/일본명 중국명 北枳椇(bei zhi ju)는 북쪽에 분포하는 헛개나무(枳椇, 지구)라는 뜻이다.[9] [10] 일본명 ケンポナシ(玄圃梨 또는 手棒梨)는 중국 곤륜산에 있다는 선인의 거소인 현포(玄圃)를 연상시키는 배(ナシ)를 닮은 식물이라는 뜻, 또는 열매와 열매자루의 모양이 조막손(手棒)과 배(ナシ)를 닮았다는 뜻에서 유래했다는 등의 견해가 있다.

참고 [북한명] 헛개나무 [유사어] 계조자(鷄爪子), 괴조(拐棗), 목밀(木蜜), 목산호(木珊瑚), 지구(枳椇/枳枸) [지방명] 메대추나무(경기), 헐깨/호리깨/호리깨나무/호릿개(경북), 측백나무/헛개낭구(전남), 허

---

5   벼훑이의 강원도 방언으로는 '벼찍개', '벼찍개', '벼호리', '째개', '쩍개', '찌개', '찍개', '홀태', '홀개', '훌치기' 등이 있으나, '헛개'라는 형태는 발견되지 않는 것으로 보인다. 이에 대해서는 『우리나라 방언사전(강원도편)』(2017) 중 '벼훑이' 참조.
6   이러한 견해로 이우철(2005), p.590 참조.
7   이러한 견해로 솔뫼(송상곤, 2010), p.46 참조.
8   『조선식물명휘』(1922)는 '枳椇, 보리개나무(工業)'를 기록했으며 『토명대조선만식물자휘』(1932)는 '[枳椇子]기구(나무), [鷄距子]계거즈'를, 『선명대화명지부』(1934)는 '보리개나리, 호리깨나무'를, 『조선의산과와산채』(1935)는 '枳椇, 호리씨나무'를, 『조선삼림식물편』(1915~1939)은 'ポリケナム(鬱陵島)/Porike-nam'[볼게나무(울릉도)]를 기록했다.
9   중국의 『본초강목』(1596)은 "枳椇徐鍇註說文作横橄 又作枳枸 皆屈曲不伸之意 此樹多枝而曲 其子亦卷曲 故以名之"(지구는 설문해자에 대한 서개의 주에 横橄 또는 枳枸로 되어 있는데 모두 굽어서 펴지 못한다는 뜻이다. 이 나무는 가지가 많아 구부러졌고 열매도 구불구불 말려 있으므로 이름 지어졌다)라고 기록했다.
10 '중국식물지'(2018)는 *Hovenia acerba* Lindl.(1820)을 枳椇(zhi ju)로, *H. dulcis*를 北枳椇(bei zhi ju)로 하여 별도 분류하고 있으나, '국가표준식물목록'(2018)과 『장진성 식물목록』(2014)은 이를 통합하여 선자를 후자의 이명(synonym)으로 기재하고 있다. '세계식물목록'(2018)도 별도 분류하고 있다.

깨낭(제주), 헛개(함북)

Paliurus ramosissimus *Poiret*　ハマナツメ
Gaet-daechu-namu　갯대추나무

갯대추나무⟨*Paliurus ramosissimus* (Lour.) Poir.(1816)⟩

갯대추나무라는 이름은 바닷가(갯)에 나는 대추나무라는 뜻에서 붙여졌다.[11] 대추나무와는 속(genus)이 다르지만 꽃과 잎의 모양 등이 비슷해 대추나무라는 이름이 붙었다. 옛 문헌 중 『본사』 등은 중국에서 '马甲子'(마갑자)의 다른이름으로 사용하는 '白棘'(백극)이라는 이름을 기록한 것이 보이지만 현재의 이름으로 이어지지는 않았다. 『조선식물향명집』에서 전통 명칭 '대추나무'를 기본으로 하고 식물의 산지(産地)를 나타내는 '갯'을 추가해 신칭했다.[12]

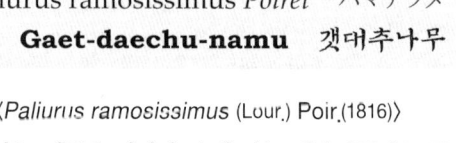

　속명 *Paliurus*는 예수의 가시면류관을 만든 나무라 하여 Christ's-thorn으로도 불리는 지중해갯대추나무(P. spina-christi Mill.)의 고대 그리스명 *paliouros*에서 유래했으며 갯대추나무속을 일컫는다. 종소명 *ramosissimus*는 '여러 갈래로 갈라지는'이라는 뜻이다.

다른이름　개대추나무(리종오, 1964), 갯대추(이창복, 1966)

옛이름　白棘(동의보감, 1613), 白棘/棘刺/棘針/刺原/馬胸(본사, 1787), 白棘/棘刺/棘針/赤龍瓜(광재물보, 19세기 초), 白棘(물명고, 1824)[13]

중국/일본명　중국명 马甲子(ma jia zi)는 열매가 말의 갑옷(馬甲)처럼 단단한 것에서 유래했다. 일본명 ハマナツメ(浜棗/浜夏芽)는 해변(ハマ)에서 자라는 대추나무(ナツメ)라는 뜻이다.

참고　[북한명] 갯대추나무 [유사어] 마갑자(馬甲子), 백극(白棘)

11　이러한 견해로 이우철(2005), p.62와 박상진(2019), p.108 참조.

12　이에 대해서는 『조선식물향명집』, 색인 p.31 참조.

13　『조선식물명휘』(1922)는 '烏棘仔, 蘿蔘'을 기록했다.

Rhamnella franguloides *Weberbauer* ネコノチチ
Gamagwe-begae 가마귀베개(푸대추나무)

까마귀베개〈*Rhamnella franguloides* (Maxim.) Weberb.(1895)〉

까마귀베개라는 이름은 통모양의 열매가 베개를 닮았고 까마 귀처럼 까맣게 익는다는 뜻으로, 열매를 까마귀의 베개에 비 유한 것에서 유래했다.[14] 일제강점기에 전라남도에 '망개나무' 와 '가마귀마개'라는 이름이 있었고 제주에는 '가마귀베개'라 는 이름이 있었는데,[15] 그중에서 『조선식물향명집』은 '가마귀 베개'를 보다 일반적으로 사용하는 이름으로 보고 이를 조선 명으로 기록했다. 이후 『한국식물명감』에서 맞춤법에 따라 '까마귀베개'로 개칭해 현재에 이르고 있다. 제주도에서는 현 재도 까마귀를 '가마귀'로, 베개를 '베게'로 사용하고 있다.[16]

속명 *Rhamnella*는 *Rhamnus*(갈매나무속)의 축소형으로 갈매나무속 식물을 닮은 것에서 유래했으며 까마귀베개속을 일컫는다. 종소명 *franguloides*는 'Frangula(프랑굴라속)와 유사한'이라는 뜻이다.

다른이름 망기나무/가마귀마기/가마귀벼기(정태현 외, 1923), 가마귀베개/푸대추나무(정태현 외, 1937), 가마귀마개/망개나무(정태현, 1943), 가마귀벼개(정태현 외, 1949), 까마귀벼개(리종오, 1964), 헛 갈매나무(김현삼 외, 1988), 까마귀마게(이영노, 1996)[17]

중국/일본명 중국명 猫乳(mao ru)와 일본명 ネコノチチ(猫の乳)는 타원모양의 열매가 마치 고양이의 젖꼭지처럼 생겼다고 해서 붙여졌다.

참고 [북한명] 헛갈매나무 [유사어] 난엽묘유(卵葉猫乳) [지방명] 가마귀마께/가마귀막게/가마귀밥 낭/가마귀오동낭/가메기낭/가메기막께/가메기베게/가메기오동낭/마께유름(제주)

---

14 이러한 견해로 박상진(2019), p.61과 오찬진 외(2015), p.818 참조.

15 당시의 방언에 대해서는 『조선삼림수목감요』(1923), p.90과 『조선삼림식물도설』(1943), p.479 참조. 다만 『조선삼림식물 편』(1915~1939)은 모두를 제주도 방언으로 기록했다.

16 이에 대해서는 현평효·강영봉(2014), p.59, 168 참조.

17 『제주도및완도식물조사보고서』(1914)는 'マッケナム, カマグイマッケ, カマグイビッゲ'[망개낭, 가마귀마개, 가마귀베게] 를 기록했으며 『선명대화명지부』(1934)는 '가막귀마개, 가마귀막개, 망개나무'를, 『조선삼림식물편』(1915~1939)은 'マッケ ナム(濟州島)/Makke-nam, カマグィマッケ(濟州島)/Kamagui-makke, カマグイピヲゲ(濟州島)/Kamagui-pioge'[망개낭(제 주도), 가마귀마개(제주도), 가마귀베개(제주도)]를 기록했다.

Rhamnus davurica *Pallas*   テウセンクロツバラ
Galmae-namu 갈매나무

갈매나무〈Rhamnus davurica Pall.(1776)〉

갈매나무라는 이름은 '갈'(小)과 '매'(梅實)와 '나무'(木)의 합성어로, 약재로 사용하는 열매기 매실을 닮았는데 크기가 작다는 뜻에서 유래한 것으로 추정한다.[18] 갈매나무라는 이름은 옛이름 '갈미'에서 유래했지만, 그 정확한 유래는 알려져 있지 않다. 다만 열매를 牛李子(우리자) 또는 鼠李子(서리자)라 하여 약용했는데, 그 뜻이 자두(李)를 닮았는데 야생하거나(牛) 작다는(鼠) 뜻인 것에 비추어 열매의 모양과 관련된 이름으로 보인다.[19] 한편 갈매나무의 껍질은 예부터 염색제로 사용했으며,[20] 갈매색은 갈매나무의 껍질에서 나오는 색으로 짙은 초록색을 의미한다.[21] 『한불자전』은 푸른색을 염색하는 나무라는 뜻의 '染靑木'(염청목)이라는 이름을 기록하기도 했다.

속명 *Rhamnus*는 수메르어 *rab*(막대기, 나뭇가지)가 어원으로 그리스어로는 '가시로 뒤덮인 관목', 라틴어로는 '갈매나무, 지중해갯대추나무'를 의미하는 *rhamnos*에서 유래했으며 갈매나무속을 일컫는다. 종소명 *davurica*는 '(바이칼호 동쪽) 다후리아 지방의'라는 뜻으로 최초 발견지를 나타낸다.

다른이름 갈미나무(정태현 외, 1923), 갈매나무(정태현 외, 1936), 참갈매나무(정태현, 1943)

옛이름 山李子/牛李子(향약집성방, 1433), 牛李子/鼠李子(동의보감, 1613), 牛李/鼠李/楮李/皁李/烏巢子(본사, 1787), 雀梅/갈미나무(재물보, 1798), 갈미(규합총서, 1809), 갈미나모/鼠李/皁李(물명괄, 19세기), 鼠李(임원경제지, 1842), 갈매나무/染靑木(한불자전, 1880), 갈미나무/鼠李/牛李/皁李(신편문자류집초, 19세기), 牛李子(수세비결, 1929), 鼠李子(선한약물학, 1931)[22]

---

18 이러한 견해로 이우철(2005), p.38 참조. 이우철은 갈매나무의 유래를 한자 鼠李(서리)에서 찾고 있으므로 유실수의 열매에 빗대어 형성된 이름이라는 점에서 서로 통하는 해석으로 이해된다. 한편 김무림(2015), p.72는 '갈까마귀'의 '갈'이 접두어로서 작다는 의미라고 해석하고 있다.

19 『재물보』(1798)는 한자명 '雀梅'(작매)의 한글명을 '갈미나무'로 하여 "似梅而小"(매화와 비슷하지만 작다)라고 기록했다.

20 이에 대해서는 『조선삼림식물도설』(1943), p.481과 『한국의 민속식물』(2017), p.753 참조.

21 이에 대한 자세한 내용은 『고어대사전 1』(2016), p.320 참조. 한편 박상진(2019)는 갈매나무라는 이름이 갈매색을 얻을 수 있는 나무라는 것에서 유래했다고 보고 있으나, 갈매나무로 염색해서 나오는 색이 갈매색이므로 타당하지 않다고 할 것이다.

22 『조선어사전』(1920)은 '鼠李(서리), 牛李(우리), 楮李(져리), 皁李(조리), 갈매나무'를 기록했으며 『조선식물명휘』(1922)는 '凍綠, 老鴉言, 갈미나무(染料)'를, 『토명대조선만식물자휘』(1932)는 '[鼠李]서리, [牛李]우리, [皁李]조리, [楮李]져리, [鼠李子]

중국명 鼠李(shu li)는 열매가 쥐(鼠)처럼 작은 자두(李)를 닮았고 잎도 비슷한 것에서 유래한 것으로 보인다.[23] 일본명 テウセンクロツバラ(朝鮮黒つ薔薇)는 한반도(조선)에 분포하는 クロツバラ(黒つ薔薇: 참갈매나무의 일본명으로 열매가 검고 장미처럼 가시가 있어 붙여짐)라는 뜻이다.

[북한명] 갈매나무 [유사어] 서리(鼠李), 우리(牛李), 저리(楮李), 조리(皂李) [지방명] 서리(강원), 쥐똥나무(전북)

⊗ Rhamnus koraiensis *Schneider* マルバクロウメモドキ
Tòl-galmae-namu 털갈매나무

털갈매나무〈*Rhamnus rugulosa* Hemsl.(1886)〉[24]

털갈매나무라는 이름은 식물체에 털이 있는 갈매나무라는 뜻에서 붙여졌다. 『조선식물향명집』에서 전통 명칭 '갈매나무'를 기본으로 하고 식물의 형태적 특징을 나타내는 '털'을 추가해 신칭했다.[25]

속명 *Rhamnus*는 수메르어 *rab*(막대기, 나뭇가지)가 어원으로 그리스어로는 '가시로 뒤덮인 관목', 라틴어로는 '갈매나무, 지중해갯대추나무'를 의미하는 *rhamnos*에서 유래했으며 갈매나무속을 일컫는다. 종소명 *rugulosa*는 '약간 주름이 있는'이라는 뜻이다.

갈미나무(정태현 외, 1923)[26]

중국명 朝鮮鼠李(chao xian shu li)는 한반도(朝鮮)에 분포하는 서리(鼠李: 갈매나무의 중국명)라는 뜻이다. 일본명 マルバクロウメモドキ(丸葉黒梅擬き)는 둥근 잎을 가졌고 열매가 검은색이며 낙상홍(ウメモドキ)을 닮았다는 뜻이다.

[북한명] 털갈매나무

서리즈, [鼠李皮]서리피'를, 『선명대화명지부』(1934)는 '갈매나무'를, 『조선삼림식물편』(1915~1939)은 'カルマイナム(平北)/karumai-nam, カルメナム(平北)/Kalme-nam'[갈매나무(평북), 갈메나무(평북)]를 기록했다.

23 다만 중국의 『본초강목』(1596)은 "鼠李 方音亦作楮李 未詳名義 可以染綠 故俗稱皂李及烏巢"(서리는 방언으로 저리라고 쓰기도 하지만 이름과 의미가 확실하지 않다. 푸르게 물들일 수 있으므로 민간에서는 조리 또는 오소라고 일컫는다)라고 기록했다.

24 '국가표준식물목록'(2018)은 털갈매나무의 학명을 *Rhamnus koraiensis* C.K. Schneid.(1908)로 기재하고 있으나, 『장진성 식물목록』(2014)은 본문의 학명을 정명으로 기재하고 있다.

25 이에 대해서는 『조선식물향명집』, 색인 p.48 참조.

26 『지리산식물조사보고서』(1915)는 '기루미ㅔ나무'[갈매나무]를 기록했으며 『조선식물명휘』(1922)는 '갈매나무(藥)'를, 『선명대화명지부』(1934)는 '갈매나무'를 기록했다.

⊗ Rhamnus Schneideri *Léveillé et Vanihot*　ヤブクロウメモトギ
Jagjarae-namu　짝자래나무

짝자래나무〈*Rhamnus yoshinoi* Makino(1904)〉

짝자래나무라는 이름은 짝대기(작대기)나 땔감 정도로 사용하는 나무라는 뜻에서 유래한 것으로 추정한다. 강원도 방언을 채록한 것이다.[27] 『한국식물도감(상권 목본부)』은 강원도 방언인 '자래나무'를 추천명으로 기록했는데, 자래나무라는 이름에서 '자래'는 심마니들의 은어로 '땔나무' 또는 '생나무'를 이르는 말이다.[28] 한편 옛날에는 갈매나무와 짝자래나무는 모두 나무껍질을 갈매색을 내는 염료로 사용했는데,[29] 강원도에는 두 종의 식물이 모두 분포하고 있다. 짝자래나무는 갈매나무에 비해 왜소하게 자라기 때문에 상대적으로 나무껍질을 채취하기가 쉽지 않았을 것으로 짐작된다. 이러한 점을 고려하면 짝자래나무는 갈매나무보다 다소 쓸모가 덜하다는 의미가 부여되어, 차라리 땔나무 또는 생나무로나 쓸 만한 나무라는 뜻으로 불렸을 것으로 추론된다. 자래에 작대기의 강원도 방언인 '짝대기'[30]의 '짝'을 추가해, 땔나무와 생나무의 뜻을 강조한 것으로 해석할 수 있다. 『조선삼림식물도설』은 한자명을 '藪鼠李'(수서리)로 기록했는데, 이는 덤불을 이루는 갈매나무라는 뜻이므로 짝자래나무의 유래와 뜻이 닿아 있는 것으로 보인다. 북한에서는 1960년대 이래로 '갈매나무'를 기본으로 하고 앞에 '짝자래'를 추가한 '짝자래갈매나무'를 사용하고 있다.

　　속명 *Rhamnus*는 수메르어 *rab*(막대기, 나뭇가지)가 어원으로 그리스어로는 '가시로 뒤덮인 관목', 라틴어로는 '갈매나무, 지중해갯대추나무'를 의미하는 *rhamnos*에서 유래했으며 갈매나무속을 일컫는다. 종소명 *yoshinoi*는 일본 식물연구자 요시노 젠스케(吉野善介, 1877~1964)의 이름에서 유래했다.

　다른이름　갈미나무(정태현 외, 1923), 갈매나무/연밥갈매나무(정태현, 1943), 민연밥갈매/만주갈매나무(박만규, 1949), 자래나무(정태현, 1957), 짝자래갈매나무(리종오, 1964), 만주짝자래나무(이창복, 1966)[31]

27　이에 대해서는 『조선삼림식물도설』(1943), p.483과 이우철(2005), p.496 참조.
28　이에 대해서는 국립국어원, '표준국어대사전' 중 '자래' 참조.
29　짝자래나무의 나무껍질을 염료로 사용한 것에 대해서는 『조선삼림식물도설』(1943), p.483 참조.
30　이에 대해서는 국립국어원, '우리말샘' 중 '짝대기' 참조.
31　『선명대화명지부』(1934)는 '갈매나무'를 기록했다.

중국/일본명 중국명 东北鼠李(dong bei shu li)는 둥베이(東北) 지방에 분포하는 서리(鼠李: 갈매나무의 중국명)라는 뜻이다. 일본명 ヤブクロウメモドキ(藪黒梅擬き)는 가지가 우거지고 열매가 검은색이며 낙상홍(ウメモトキ)을 닮았다는 뜻이다.

참고 [북한명] 짝자래갈매나무 [유사어] 수서리(藪鼠李)

⊗ Rhamnus Taquetii *Léveillé*　サイシウクロツバラ
Jom-galmae-namu　좀갈매나무

좀갈매나무〈*Rhamnus taquetii* (H.Lév. & Vaniot) H.Lév.(1912)〉

좀갈매나무라는 이름은 갈매나무에 비해 식물체와 잎 등이 작다는 뜻에서 붙여졌다.[32] '갈매나무'는 예부터 사용한 고유 명칭이고 '좀'은 작다는 뜻을 가진 우리말 표현이다.[33] 모리 다메조(森爲三, 1884~1962)가 저술한『조선식물명휘』는 일본명만 기록하고 조선명은 기록하지 않았다. 기존에는 별도 종의 식물로 보지 않았기 때문에 우리 이름이 따로 없었고, 일제의 입장에서는 장차 일본명으로 부르고자 했으므로 굳이 새로운 조선명을 만들 필요성이 없기 때문이었다. 그러나 한반도에 분포하는 식물에 대한 조선명을 찾고, 없는 경우 이를 새로이 만들고자 했던『조선식물향명집』의 저자들은 전통 명칭 '갈매나무'를 기본으로 하고 식물의 형태적 특징을 나타내는 '좀'을 추가해 '좀갈매나무'를 신칭했다.[34] 이러한 방식은 좀갈매나무가 갈매나무속의 식물이라는 점을 알려주면서도 형태에서 차이가 있어 갈매나무와는 다른 종의 식물이라는 것을 나타내므로, 식물분류학이라는 과학적 토대 위에 전통 지식과 문화를 결합하고자 한 것이었다.[35]

속명 *Rhamnus*는 수메르어 *rab*(막대기, 나뭇가지)가 어원으로 그리스어로는 '가시로 뒤덮인 관목', 라틴어로는 '갈매나무, 지중해갯대추나무'를 의미하는 *rhamnos*에서 유래했으며 갈매나무속을 일컫는다. 종소명 *taquetii*는 프랑스 출신 신부로 제주도의 식물을 채집하고 연구한 Emile Joseph Taquet[1873~1952, 한국명 엄택기(嚴宅基)]의 이름에서 유래했다.

다른이름 섬갈매나무(안학수·이춘녕, 1963)

---

32 이러한 견해로 이우철(2005), p.464 참조. 다만 이우철은 좀갈매나무의 종을 분류할 때 '돌갈매나무'와 비교해 잎이 작고 둥글며 잎이 어긋나는 특징 때문이었으므로 돌갈매나무에 비해 잎이 작다는 뜻에서 '좀'의 유래를 찾고 있다.

33 고려대학교민족문화연구원, '고려대 한국어대사전' 중 '좀'은 그 뜻을 "일부 동물 명사나 식물 명사 앞에 붙어, '작은' 혹은 '졸아든'의 뜻을 더하는 말"이라고 해설하고 있다.

34 이에 대해서는『조선식물향명집』, 색인 p.45 참조.

35 이러한 식물명의 사정(査定) 방식에 대한 자세한 내용은『조선식물향명집』, p.4 사정요지 참조. 한편 이윤옥(2015), p.31은 우리 풀꽃 이름이『조선식물향명집』부터 '좀'스러워졌다는 취지로 비난하면서, "좀갈매나무는 특이하게도 원래 이름은 제주흑장미(사이슈쿠로쓰바라)였다"라고 주장하고 있다. 그러나 우리말 '좀'이 "행동이나 생각이 잘고 옹졸한"이라는 뜻이 있으나 식물명에서는 작다는 뜻일 뿐 그러한 뜻이 없다. 또한 사이슈쿠로쓰바리(제주 흑장미)라는 명칭은 '원래'의 이름이 아니라 참갈매나무의 일본명에 제주를 일본식 발음으로 추가한 것이다.

중국에는 분포하지 않는 종으로 보인다. 일본명 サイシウクロツバラ(濟州黑つ薔薇)는 제주도에 분포하는 クロツバラ(黑つ薔薇: 참갈매나무의 일본명으로 열매가 검고 장미처럼 가시가 있어 붙여짐)라는 뜻이다.

[북한명] 좀갈매나무 [유사어] 서리(鼠李)

Sageretia theezans *Brongniart* クロイゲ
Sangdong-namu 상동나무

상동나무〈*Sageretia thea* (Osbeck) M.C.Johnst.(1968)〉

상동나무라는 이름은 겨울에도 살아 있다는 뜻의 한자명 '生冬木'(생동목)이 변화한 것에서 유래했다.[36] 반상록(半常綠) 관목으로 대체로 겨울에도 잎이 남아 있고 열매가 겨울에 익어가므로 그와 같은 이름이 유래했다. 제주 방언 '상동낭'을 채록한 것으로,[37] 『조선삼림식물도설』은 한자명 '生冬木'(생동목)을 함께 기록해 어원을 추론케 하고 있다.

속명 *Sageretia*는 프랑스 식물학자 Augustin Sageret (1763~1851)의 이름에서 유래했으며 상동나무속을 일컫는다. 종소명 *thea*는 중국명 tcha(차, 茶)에서 유래한 것으로 잎이 차나무와 비슷해 붙여졌다.

상동나무(정태현 외, 1923)[38]

중국명 雀梅藤(que mei teng)은 참새 같은 작은 매실이 열리는 등(藤)이라는 뜻으로, 먹을 수 있는 작은 열매가 달리고 때로 덩굴처럼 자라는 데서 유래한 것으로 보인다. 일본명 クロイゲ는 오키나와(沖繩) 방언에서 유래한 것으로, 줄기 끝에 검은색의 가시(トゲ)가 흔하게 달려서 붙여졌다.

[북한명] 상동나무 [유사어] 생동목(生冬木) [지방명] 삼동/삼동낭/상동/상동낭/팥볼레(제주)

---

36 이러한 견해로 박상진(2019), p.259; 김태영·김진석(2018), p.516; 허북구·박석근(2008b), p.185; 오찬진 외(2015), p.821 참조.

37 이에 대해서는 『조선삼림수목감요』(1923), p.90과 『조선삼림식물도설』(1943), p.485 참조.

38 『제주도및완도식물조사보고서』(1914)는 'サンドンナム'[상동나무]를 기록했으며 『조선식물명휘』(1922)는 '상동나무(食)'를, 『선명대화명지부』(1934)는 '상동나무'를, 『조선삼림식물편』(1915~1939)은 'サンドンナム(濟州島)/Sandong-nam, サンクムナム'[상동나무(제주도)], 상굼낭]을 기록했다.

Zyzyphus sativa *Gaert.* var. inermis *Schneider*　ナツメ
Daechu　대추　大棗

대추나무〈*Ziziphus jujuba* Mill.(1768)〉[39]

대추나무라는 이름은 한자명 '大棗'(대조)가 어원으로 가시가 많다는 뜻이며, 그 발음이 대초→대죠→대추로 변화한 것에서 유래했다.[40] 홍석모가 저술한 『동국세시기』는 오월 단옷날 오시(午時)에 행하는 '嫁棗樹'(가조수: 대추나무 시집보내기)라는 풍습이 있는데 도끼나 낫으로 줄기를 이리저리 쳐서 상처를 주는 것으로, 이렇게 하면 대추가 많이 열린다고 기록했다.[41] 『조선식물향명집』은 '대추'로 기록했으나 『조선산야생식용식물』에서 '대추나무'로 개칭해 현재에 이르고 있다.

속명 *Ziziphus*는 지중해 지역에 분포하는 대추나무의 일종인 *Z. lotus*에 대한 페르시아어 zizifum(zizafun)이 어원인 그리스어 zizyphon에서 유래했으며 대추나무속을 일컫는다. 종소명 jujuba는 대추의 아랍명에서 유래했다.

다른이름　듸초나무(정태현 외, 1923), 대초(정태현 외, 1936), 대추(정태현 외, 1937), 녀초(정태현, 1943)

옛이름　大棗(향약구급방, 1236), 大棗(향약집성방, 1433), 대초/棗(분류두공부시언해, 1481), 棗/대초(구급간이방언해, 1489), 대죠나모/대초/棗木(번역노걸대, 1517), 棗/대초(훈몽자회, 1527), 棗/대죠(신증유합, 1576), 棗/대초(소학언해, 1588), 棗/듸됴(언해구급방, 1608), 大棗/대죠(언해두창집요, 1608), 大棗/대쥬(동의보감, 1613), 棗/대죠(시경언해, 1613), 棗/대죠남기(동국신속삼강행실도, 1617), 棗/대죠(구황촬요벽온방, 1639), 棗/대죠(신간구황촬요, 1660), 대죠나모/棗木(노걸대언해, 1670), 棗兒/대죠(역어유해, 1690), 棗/대죠(몽어유해, 1768), 棗/대죠(방언집석, 1778), 棗/대죠(왜어유해, 1782), 대초/棗木(고문진보언해, 18세기 말), 棗/듸죠(재물보, 1798), 棗/대초(해동농서, 1799), 棗/대죠(물보, 1802), 듸죠(규합총서, 1809), 棗/대초/大棗/美棗/百益紅(광재물보, 19세기 초), 棗/대죠/百益紅(물명고, 1824), 棗/조/대죠(명물기략, 1870), 대조/대초/大棗(한불자전, 1880), 大棗/대추(교린수지, 1881), 대초/大棗(한영자전, 1890), 棗/듸죠(아학편, 1908), 赤心果/대초/棗(자전석요, 1909), 刺實/赤心果/대초/棗(신자전, 1915), 대초/棗(조선어사전[심],

---

39　'국가표준식물목록'(2018)은 대추나무의 학명을 *Ziziphus jujuba* var. *inermis* (Bunge) Rehder(1922)로 기재하고 있으나, 『장진성 식물목록』(2014)은 본문의 학명을 정명으로 기재하고 있다.

40　이러한 견해로 이우철(2005), p.172; 김민수(1997), p.245; 장충덕(2007), p.151; 허북구·박석근(2008b), p.187; 오찬진 외(2015), p.825 참조.

41　이에 대해서는 홍석모(2009), p.131, 235 참조.

1925), 大棗/대추(선한약물학, 1931), 대초/대추남게/대추나무/대초나무(조선구전민요집, 1933), 대추/대초/대조(조선어표준말모음, 1936)[42]

중국/일본명 중국명 枣(zao)는 나뭇가지에 가시가 많은 것에서 유래했다.[43] 일본명 ナツメ(棗/夏芽)는 초여름이 되어서야 움이 트는 것에서 유래했다.

참고 [북한명] 대추나무 [유사어] 대조(大棗), 조목(棗木) [지방명] 대추술(경기), 때추나무(경남), 대초나무(경북), 대촌나모(전남), 대초/대초낭/내추낭/데초낭/데추낭(제주)

Zyzyphus sativa *Gaert.* var. spinosa *Schneider* サネブトナツメ
Moet-daechu 묏대추

묏대추나무⟨*Ziziphus jujuba* Mill. var. *spinosa* (Bunge) Hu ex H.F.Chow(1934)⟩[44]

묏대추나무라는 이름은 산(뫼)에서 야생하는 대추나무라는 뜻에서 유래했다.[45] 『조선식물향명집』은 '묏대추'로 기록했으나 『조선삼림식물도설』에서 '묏대추나무'로 개칭해 현재에 이르고 있다. 『조선삼림식물도설』에 따르면 '묏대추나무'는 경기 방언이고 '산대추나무'는 평북 방언인데 '묏대추나무'가 보다 보편적인 이름이었다. 옛이름에는 작은(倭) 대추라는 뜻의 '예초'[46]와 중국명 酸棗(산조)를 차용한 것으로 보이는 '싄대초'(신대추)도 발견된다.

속명 *Ziziphus*는 지중해 지역에 분포하는 대추나무의 일종인 *Z. lotus*에 대한 페르시아어 *zizifum*(*zizafun*)이 어원인 그리스어 *zizyphon*에서 유래했으며 대추나무속을 일컫는다.

---

42 『제주도및완도식물조사보고서』(1914)는 'テッチョー'[데초]를 기록했으며 『조선한방약료식물조사서』(1917)는 '듸초나무, 大棗'를, 『조선거수노수명목지』(1919)는 '듸초누무, 棗木'을, 『조선어사전』(1920)은 '大棗(대조), 대추, 棗木(조목), 대추나무'를, 『조선식물명휘』(1922)는 '棗, 紅棗, 대추(食, 藥)'를, 『토명대조선만식물자휘』(1932)는 '[棗木]조목, [大棗木]대추나무, [大棗]대추, [乾棗]간조, [棗仁]조인'을, 『선명대화명지부』(1934)는 '대추, 대초나무'를, 『조선삼림식물편』(1915~1939)은 'テチュー(濟州島)/Techu, タイジュナム(京畿, 咸南, 平南, 江原)/Tai-hu-nam'[대추(제주도), 대추나무(경기, 함남, 평남, 강원)]를, 『조선의 산과와산채』(1935)는 '棗, 대초나무, 듸초나무'를 기록했다.

43 중국의 『본초강목』(1596)은 "大曰棗 小曰棘 棘酸棗也 棗性高 故重束 棘性低 故並束 束音次 棗 棘皆有刺鍼 會意也"(큰 것은 조라 하고 작은 것을 극이라 하는데 극은 산조이다. 조는 높이 오르려는 성질이 있어 자를 위아래 겹쳤고 극은 낮게 내려가려는 성질이므로 나란히 하였다. 자는 음이 次이다. 조와 극은 모두 가시가 있고 회의문자이다)라고 기록했다.

44 '국가표준식물목록'(2018)은 『장진성 식물목』(2014)에서 대추나무로 기재하고 있는 *Ziziphus jujuba* Mill.(1768)을 정명으로 기재하고 있다.

45 이러한 견해로 이우철(2005), p.228; 박상진(2019), p.108; 김종원(2013), p.1078 참조.

46 이에 대해서는 남풍현(1999), p.85 참조.

종소명 *jujuba*는 대추의 아랍명에서 유래했다. 변종명 *spinosa*는 '가시가 많은'이라는 뜻으로 줄기에 가시가 발달하는 것에서 유래했다.

다른이름 묏디초/산디초나무(정태현 외, 1923), 묏대초나무(정태현 외, 1936), 묏대추(정태현 외, 1937), 산대추나무(정태현, 1943), 살매나무(임록재 외, 1972), 메대추나무(한진건 외, 1982)

옛이름 酸棗/三於大棗(향약구급방, 1236),[47] 酸棗/三彌泥大棗(향약채취월령, 1431), 酸棗/三彌泥大棗(향약집성방, 1433),[48] 酸棗仁/예초삐(구급간이방언해, 1489), 酸棗/싄대초/樲(훈몽자회, 1527), 酸棗仁/山大棗/산대초(촌가구급방, 1538), 酸棗仁/묏대쵸삐(동의보감, 1613), 棘/신대쵸(시경언해, 1613), 酸棗仁/묏뎌쵸삐(산림경제, 1715), 樲木/酸棗(본사, 1787), 酸棗仁/묏대쵸삐(제중신편, 1799), 酸棗仁/묏대쵸삐(해동농서, 1799), 山棗/酸棗(광재물보, 19세기 초), 酸棗/멧대추/樲/棘/山棗(물명고, 1824), 酸棗/묏대툐(임원경제지, 1842), 酸棗/싄디툐(자류주석, 1856), 酸棗仁/묏디쵸삐(의종손익, 1868), 酸棗仁/묏대쵸삐(방약합편, 1884), 酸棗仁/뫼대쵸시(박물신서, 19세기), 酸棗/신대초/樲棘(자전석요, 1909), 酸棘/신대초나무(신자전, 1915), 酸棗仁/뫼대초씨(선한약물학, 1931)[49]

중국/일본명 중국명 酸枣(suan zao)는 맛이 신(酸) 대추나무(棗)라는 뜻이다. 일본명 サネブトナツメ(核太棗/核太夏芽)는 씨앗을 감싸는 핵이 큰 대추나무(ナツメ)라는 뜻이다.

참고 [북한명] 묏대추나무 [유사어] 산조(酸棗), 산조(山棗), 산조인(酸棗仁) [지방명] 살맹이씨(평북)

---

47 『향약구급방』(1236)의 차자(借字) '三於大棗'(삼미대조)에 대해 남풍현(1981), p.85는 '사미대조'의 표기인데 沙彌(동자승)의 뜻으로 보고 있으며, 이덕봉(1963), p.207은 '삼미대조'의 표기인데 산뫼대조의 뜻으로, 손병태(1996), p.67은 '삼미대조'의 표기인데 산속의 대추의 뜻으로 보고 있다.

48 『향약집성방』(1433)의 차자(借字) '三彌泥大棗'(삼미니대조)에 대해 남풍현(1999), p.178은 '사미니대조'의 표기로 보고 있으며, 손병태(1996), p.67은 '삼미니대조'의 표기로 보고 있다.

49 『조선의 구황식물』(1919)은 '묏디초'를 기록했으며 『조선어사전』(1920)은 '酸棗(산조), 酸棗仁(산조인), 산ㅅ대초, 산(山)ㅅ대초나무'를, 『조선식물명휘』(1922)는 '酸棗, 묏대추, 산초(食, 藥)'를, 『토명대조선만식물자휘』(1932)는 '[樲]이, [酸棗木]산(ㅅ)대추나무, [酸棗子]산(ㅅ)대추, [酸棗仁]산조인'을, 『선명대화명지부』(1934)는 '묏대추, 산죠(초), 산ㅊ'를, 『조선삼림식물편』(1915~1939)은 'タイチョナム(平南)/Taicho-nam'[대쵸나무(평남)]를 기록했다.

Vitaceae 포도科 (葡萄科)

포도과〈Vitaceae Juss.(1789)〉

포도과는 널리 재배하는 포도에서 유래한 과명이다. '국가표준식물목록' (2018), '세계식물목록' (2018) 및 『장진성 식물목록』 (2014)은 Vitis(포도속)에서 유래한 Vitaceae를 과명으로 기재하고 있으며, 엥글러(Engler), 크론키스트(Cronquist) 및 APG IV(2016) 분류 체계도 이와 같다.

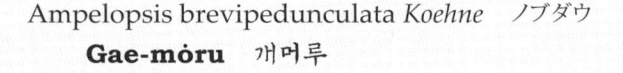

Ampelopsis brevipedunculata *Koehne*   ノブダウ

Gae-mŏru   개머루

개머루〈*Ampelopsis heterophylla* (Thunb.) Siebold & Zucc.(1845)〉

개머루라는 이름은 식물의 형태가 머루와 비슷하지만 맛이 좋지 않아 그보다 쓸모가 덜하다는 뜻에서 유래했다.[1] 지역에 따라서는 열매를 식용하기도 하며 민간약재로 쓰기도 한다.[2] 옛 문헌에는 그 이름이 보이지 않으나, 『조선식물향명집』이 저술될 즈음에는 '개머루'가 전국적으로 통용(通)되는 보편적인 이름이었던 것으로 보인다.[3]

속명 *Ampelopsis*는 그리스어 *ampelos*(포도, 덩굴)와 *opsis* (닮은, 비슷한)의 합성어로 포도를 닮았다는 뜻이며 개머루속을 일컫는다. 종소명 *heterophylla*는 '이엽성(異葉性)의, 잎이 서로 다른'이라는 뜻으로 잎의 모양이 다양하게 변하는 것을 나타낸다.

다른이름 긔머루(정태현 외, 1923), 돌머루(김현삼 외, 1988), 섬머루(리용재 외, 2011)[4]

중국/일본명 중국명 류마蛇葡萄(yi ye she pu tao)는 잎의 형태가 다양한 사포도(蛇葡萄: 품질이 떨어지는 포도라는 뜻으로 개머루속 또는 A. glandulosa의 중국명)라는 뜻이다. 일본명 ノブダウ(野葡萄)는 야

---

1 이러한 견해로 이우철(2005), p.48; 박상진(2019), p.146; 김태영·김진석(2018), p.531; 허북구·박석근(2008b), p.31; 오찬진 외(2015), p.828; 김종원(2013), p.718 참조.

2 이에 대해서는 『토명대조선만식물자휘』(1932), p.456과 『한국의 민속식물』(2017), p.757 참조.

3 이에 대해서는 『조선삼림수목감요』(1923), p.91과 『조선삼림식물도설』(1943), p.489 참조.

4 『제주도및완도식물조사보고서』(1914)는 'クエモル'[개머루]를 기록했으며 『조선식물명휘』(1922)는 '蛇葡萄, 七角藤, 개모루, 하늘수박'을, 『토명대조선만식물자휘』(1932)는 '[蛇葡萄]샤포도, [개머루]'를, 『선명대화명지부』(1934)는 '개모루, 개머루'를, 『조선삼림식물편』(1915~1939)은 'クエモル(齊州)/Que-moru, キヤイモルク(平安)/Kyai-moruk'[개머루(제주), 개멀구(평안)]를 기록했다.

생하는 포도(ブダウ)라는 뜻이다.

참고 [북한명] 섬머루/돌머루[5] [유사어] 사포도(蛇葡萄) [지방명] 돌머루(경기), 버두(경남), 개멀구(경북), 개멀구/뚜물쿠/뜬물쿠/뜬물쿠머루/머루/멀구나무/산포도(전남), 머루(전북), 개멀구/머루(충남)

Ampelopsis japonica *Makino*   カガミグサ
Gawetop   가위톱   白蘞

가회톱⟨*Ampelopsis japonica* (Thunb.) Makino(1903)⟩

가회톱이라는 이름은 잎의 열편(裂片)이 갈라진 모양을 개(犬)의 발톱(爪)에 비유한 것에서 유래했다.[6] 예부터 뿌리를 종기를 치료하는 한약재로 사용했으며, 3~5개의 작은잎이 깃모양으로 깊게 갈라지는 특징이 있어 비슷한 식물과 쉽게 구별된다. 현존하는 우리나라에서 가장 오래된 의학서인 『향약구급방』은 이두식 차자(借字) 표현인 '犬伊刀叱草'(견이도질초: 가회돗풀)를 기록했는데, 이후 가히돗→가히톳→가히톱→가회톱(가희톱)으로 변해 현재의 이름으로 정착되었다. '가히'는 개(犬 또는 狗)의 옛말이고,[7] '돗'과 '톳'의 한글 어형은 확인되지 않으나 그 이후에 나타나는 '톱'은 발톱(爪)의 옛말이므로,[8] '가히돗풀'은 개의 발톱 풀이라는 뜻으로 잎이 갈라진 모양으로 다른 식

물과 구별했다. 한편 이후 잎의 갈라진 모양을 '가위'(鋏)로 보아 '개'(犬)의 어형이 교체되었다고 보는 견해가 있다.[9] '가위톱'과 같은 이름에서 일부 그러한 모습이 보이기는 하지만, 후대에 나타나는 '가히'(가회)와 '가희'가 모두 개(犬)를 뜻하는 말이므로[10] 여전히 옛말의 의미는 이어져 오는 것으로 보인다. 『조선식물향명집』은 '가위톱'으로 기록했으나 『조선삼림식물도설』에서 옛 문헌에 기록된 '가회톱'으로 이름을 변경해 현재에 이르고 있다.

---

5   북한에서는 *A. brevipedunculata*를 '섬머루'로, *A. heterophylla*를 '개머루'로 하여 별도 분류하고 있다. 이에 대해서는 리용재 외(2011), p.26 참조.

6   이러한 견해로 이덕봉(1963), p.18; 남풍현(1981), p.78; 손병태(1996), p.33 참조.

7   『월인석보』(1457)는 "狗ᄂᆞᆫ 가히라"로, 『훈몽자회』(1527)는 "犬 가히 견"으로, 『구급간이방언해』(1489)는 "미친 가히 믈이니 風犬傷"이라고 기록했다.

8   『월인천강지곡』(1447)과 『석보상절』(1447)은 발톱을 "톱"으로, 『훈몽자회』(1527)는 "톱 距"로, 『신증유합』(1576)은 "爪 톱 조"라고 기록했다.

9   이러한 견해로 손병태(1996), p.33과 이은규(1993), p.82 참조. 가위(鋏)는 ᄀᆞ애→ᄀᆞ새→ᄀᆞ애→가이→가위로 변화한 것이므로 가위톱을 제외하고는 어형이 겹치거나 유사하지노 않다.

10 『역어유해』(1690)는 "狗娘的 가회삐"로, 『구급간이방언해』(1489)는 "가히터리 狗毛"라고 기록했다.

속명 *Ampelopsis*는 그리스어 *ampelos*(포도, 덩굴)와 *opsis*(닮은, 비슷한)의 합성어로 포도를 닮았다는 뜻이며 개머루속을 일컫는다. 종소명 *japonica*는 '일본의'라는 뜻으로 최초 발견지 또는 분포지를 나타낸다.

다른이름 가회톱(정태현 외, 1923), 가위톱(정태현 외, 1937), 매염(박만규, 1949), 백염(안학수·이춘녕, 1963), 백렴(한진건 외, 1982)

옛이름 白斂/犬伊刀叱草/犬刀叱草/犬刀次草(향약구급방, 1236),[11] 白蘞(향약제생집성방, 1398), 白蘞/加海土(향약채취월령, 1431), 白藥/犬矣吐叱(향약집성방, 1433),[12] 白蘞/가히톳불휘(구급간이방언해, 1489), 白斂/가희톱플(사성통해, 1517), 白斂/犬矣吐邑/가히톱(촌가구급방, 1538), 白斂/가희톱(동의보감, 1613), 白斂(광재비급, 1790), 白斂/가회톱/白草/白根(광재물보, 19세기 초), 白斂/가회톱/猫兒卵(물명고, 1824), 白蘞/가회톱(의종손익, 1868), 白蘞/가히톱(방약합편, 1884), 白斂/가희톱(의서옥편, 1921), 白斂/가회톱(선한약물학, 1931)[13]

중국/일본명 중국명 白蘞(bai lian)은 뿌리의 속이 흰 덩굴로서 염창(斂瘡)을 치료하는 약이라는 뜻이다.[14] 일본명 カガミグサ(鏡草)는 잎에 산(酸) 성분이 있어 거울을 닦는 용도로 사용한 것에서 유래했다는 견해 등이 있으나 정확한 유래는 알려져 있지 않다.

참고 [북한명] 가위톱 [유사어] 묘아란(猫兒卵), 백렴(白蘞), 백초(白草), 염초(蘞草)

Parthenocissus Thunbergii *Nakai*   ツタ(ナツヅタ)
Damjaengi-donggul   담쟁이덩굴

담쟁이덩굴〈*Parthenocissus tricuspidata* (Siebold & Zucc.) Planch.(1887)〉

담쟁이덩굴이라는 이름은 담장에 붙는 덩굴식물이라는 뜻의 '담쟝이'에서 유래했으며, 담(牆) + 쟝이(접미사)가 담쟝이 → 담쟹이 → 담장이넌출 → 담쟁이덩굴로 변화해 오늘에 이른 것이다.[15] 옛 문

---

11 『향약구급방』(1236)의 차자(借字) '犬伊刀叱草/犬刀叱草/犬刀次草'(견이도질초/견도질초/견도차초)에 대해 남풍현(1981), p.77은 '가히돗플/가히돗플/가히돕'의 표기로 보고 있으며, 손병태(1996), p33은 '犬伊刀叱草/犬刀叱草'에 대해 '가히돗플/가히돗플'의 표기로, 이덕봉(1963), p.18은 '犬伊刀叱草'에 대해 '가이돗풀'의 표기로 보고 있다.

12 『향약집성방』(1433)의 차자(借字) '犬矣吐叱'(견의토질)에 대해 남풍현(1999), p.177은 '가히이톳'의 표기로 보고 있다.

13 『조선한방약료식물조사서』(1917)는 '빅금, 가회톱(東醫), 白斂'을 기록했으며 『조선어사전』(1920)은 '白蘞(빅렴), 白草(빅초), 가회톱'을, 『조선식물명휘』(1922)는 '白蘞, 빅금, 가회톱(藥)'을, 『토명대조선만식물자휘』(1932)는 '[蘞草]렴초, [白蘞]빅렴, [白草]빅초, [가회톱], [白根]빅근, [猫兒卵]묘어란'을, 『선명대화명지부』(1934)는 '가회톱, 톱백금'을 기록했다.

14 중국의 『경사증류비급본초』(1082)는 "皮赤黑肉白 二月八月採根"(껍질은 검붉은 색이고 속은 희다. 음력 2월과 8월에 뿌리를 캔다)이라고 기록했고, 구종석이 저술한 『본초연의』(1116)는 "白蘞服餌方小用 惟斂瘡方多用之 故名白蘞"(백렴은 적게 사용하는 약재이지만 오직 염창을 치료하는 것에서는 많이 사용하기 때문에 이름을 백렴이라고 했다)이라고 기록했다.

15 이러한 견해로 이우철(2005), p.167; 박상진(2019), p.101; 허북구·박석근(2008b), p.86; 오찬진 외(2015), p.831; 솔뫼(송상곤, 2010), p.930; 김종원(2013), p.723; 강판권(2015), p.1015 참조. 한편 장충덕(2007), p.70은 담(牆) + 장(牆) + 이(접미사)의 합성어로 보고 있으므로 주의가 필요하다.

헌에 담장이(또는 담쟝이)와 함께 쓰인 중국에서 전래된 한자명
'薜荔'(벽려)에 대해 '중국식물지'는 '왕모람'을 일컫는 것으로
보고 있으나, 국내 일부 견해는 '줄사철나무'로 보기도 한다.[16]
19세기에 저술된 『물명고』는 '薜荔'를 담쟁이덩굴(담쟝이)과
별도로 분류하면서 이를 덩굴성 목본(樹木)으로 보고, "其味
微溢 童兒多食之"(열매는 그 맛이 약간 꺼칠한데 아이들이 많이 먹
는다)라고 기록해 왕모람을 강하게 시사했다. 또한 한자명 '絡
石'(낙석)에 대해 '중국식물지'는 '털마삭줄'로 보고 있고, 17세
기에 저술된 『동의보감』도 "葉似細橘...(중략)...花白子黑"(잎은
작은 귤잎 비슷하며, 꽃은 희고 씨는 검다)이라고 하여 마삭줄 종
류를 강하게 시사했다.[17] 따라서 옛 문헌에서 담장이(담쟝이)라
는 이름은 현재의 담쟁이덩굴과 더불어 왕모람(또는 줄사철나무)과 마삭줄(털마삭줄)을 혼용한 것이
므로 문헌별로 해석에 주의가 필요하다. 『조선식물향명집』은 문헌이 아니라 당시 조선에서 실제
로 사용하는 이름을 조사했고, 그에 따라 '담쟁이덩굴'이 P. tricuspidata를 일컫는 것으로 통용
한다는 것을 확인해 기록했으며 그것이 현재에 이르고 있다.[18]

속명 Parthenocissus는 그리스어 parthenos(처녀)와 kissos(담쟁이덩굴)의 합성어에서 유래한
것으로, 미국담쟁이덩굴에 대한 토착어 또는 단성꽃을 나타낸 것으로 추정하며 담쟁이덩굴속을
일컫는다. 종소명 tricuspidata는 '3철두(三凸頭)의, 3첨두(三尖頭)의'라는 뜻으로 잎의 모양에서 유
래했다.

다른이름 담장이넝굴(정태현 외, 1923), 바위옷/다무락옷(정태현 외, 1936), 돌담장이/담장넝쿨(정태현,
1943), 돌담쟁이(안학수·이춘녕, 1963), 담장이덩굴(도봉섭 외, 1956), 담장덩굴(리용재 외, 2011)

옛이름 薜荔/담쟝이/薜荔草(훈몽자회, 1527), 薜荔/담댱이(언해구급방, 1608), 絡石/담쟝이/石薜荔(동
의보감, 1613), 洛石/담쟝이(주촌신방, 1687), 八散葫/담쟝이(역어유해, 1690), 爬山虎/담쟝이(동문유해,
1748), 爬山虎/담쟝이(몽어유해, 1768), 八散葫/담쟝이(방언집석, 1778), 爬山虎/담쟝이(한청문감, 1779),
絡石/담쟝이(재물보, 1798), 絡石/담쟝이(제중신편, 1799), 薜荔/地錦/絡石/담쟝이(물보, 1802), 千歲藟/
담쟝이(광재물보, 19세기 초), 낙셕/담쟝이(화왕본긔, 19세기 초), 千歲虆/담쟝(물명고, 1824), 女蘿/담쟝
이(자류주석, 1856), 담쟝이(한불자전, 1880), 담쟝이/絡石(한영자전, 1890), 絡石/담쟝이(국한회어, 1895),

16 이러한 견해로 '한의학고전DB' 중 '국역 동의보감'의 '薜荔' 참조.
17 이를 털마삭줄을 기록한 것으로 보는 견해로『(신대역) 동의보감』(2012), p.2009 참조.
18 담쟁이덩굴(또는 담장넝쿨)이 P. tricuspidata를 지칭하는 통용(通)하는 이름이었다는 것에 대해서는 『조선삼림수
     목감요』(1923), p.92와『조선삼림식물도설』(1943), p.491 참조. 『조선식물향명집』에 기록된 학명 Parthenocissus
     thunbergii (Siebold & Zucc.) Nakai(1952)는 Parthenocissus tricuspidata (Siebold & Zucc.) Planch.(1887)의 이명
     (synonym)이다.

絡石/담장이(박물신서, 19세기), 薜荔/담장이(의방합편, 19세기), 薜荔/담장이(자전석요, 1909), 蘿/담장이넌출(신자전, 1915)[19]

중국/일본명 중국명 地锦(di jin)은 땅에 있는 비단이라는 뜻으로 줄기가 붉은 것을 비단에 비유한 것이다.[20] 일본명 ツタ(蔦)는 물체를 따라서 뭔가 전달한다(傳)는 뜻의 일본어 ツタワル에서 유래했다.

참고 [북한명] 담장덩굴 [유사어] 나만(蘿蔓), 원의(垣衣), 장춘등(長春藤), 지금(地錦) [지방명] 담쟁이/돌담쟁이(강원), 담재이덩굴(경남), 담덤불/남쟁이덩굴순(경북), 담장넝끄랭이/담쟁이영쿨/땅쿨(전남), 눈깔나무/바우손/바우옷(전북), 눈벨레기/담장이/담쟁이/담쟁이꿀/담젱이꿀/담젱이줄(제주), 담댕이넝쿨(충남), 배미너출(함남)

○ Vitis amurensis *Ruprecht*　テウセンヤマブダウ
Wang-móru　왕머루

왕머루〈*Vitis amurensis* Rupr.(1857)〉

왕머루라는 이름은 야생하는 머루 종류 중에서 열매가 보다 크고 더 맛이 있다는 뜻에서 유래했다.[21] 당시 통용(通)되는 이름을 채록한 것이다.[22] 머루(*V. coignetiae*)가 울릉도 등 일부 지역에만 분포하는 반면에 왕머루는 야생하는 머루 종류 중에서 가장 넓게 분포한다. 따라서 옛 문헌에서 야생하는 포도(山葡萄)를 일컫는 '머루'라는 이름은 왕머루를 일컬은 것으로 보인다. 그런데 16세기에 저술된 『훈몽자회』는 '멀위'(머루)의 한자명을 葡萄(포도)라고 하여 포도(*V. vinifera*)를 일컫는 말로 기록했고, 17세기에 저술된 『동의보감』도 야생하는 포도를 '묃멀위'(묏머루)라고 기록했다. 즉, 옛 문헌에서 '머루'라는 이름은 재배하는 포도를 뜻하기도 했고 야생하는 머루 종류를 뜻하기도 했던 것으로 보인다. 이러한 이름의 혼용으로 인해 야생하는 머루 중에서 특별하다는

---

19 『제주도및완도식물조사보고서』(1914)는 '탐ジャンイ'[담장이]를 기록했으며 『조선어사전』(1920)은 '薜荔(벽려), 絡石(락석), 담장이'를, 『조선식물명휘』(1922)는 '地錦, 담장이덩굴(觀賞)'을, 『토명대조선만식물자휘』(1932)는 '[石薜荔]셕폐려, [洛石]락석, [담장이]'를, 『선명대화명지부』(1934)는 '담장이덩굴'을, 『조선삼림식물편』(1915~1939)은 'タンヂヤンイ(濟州島)/Tan-jan-i, タンヂヨンチュル(莞島)/Tande-yong-chul, タムズヤンイノンクル(京畿)/Tamjaninongkul'[담장이(제주도), 담대넌출(완도), 담장이넝쿨(경기)]를 기록했다.

20 중국의 『본초강목』(1596)은 "赤莖布地 故曰地錦"(붉은 줄기가 땅에 넓게 깔려 자라기 때문에 이름을 지금이라 한다)이라고 기록했다.

21 이러한 견해로 박상진(2019), p.146; 오찬진 외(2015), p.835; 솔뫼(송상곤, 2010), p.910 참조.

22 이에 대해서는 『조선삼림수목감요』(1923), p.92와 『조선삼림식물도설』(1943), p.492 참조.

뜻으로 민간에서는 '왕머루'라는 이름이 널리 사용되었고, 이를 채록함으로써 현재의 이름이 정착된 것으로 보인다.

속명 *Vitis*는 아카드어 *ebitu*(묶인)에 어원을 둔 라틴어 *vietum*(굽은, 땋은, 엮은)에서 유래했으며 포도의 고대 라틴명으로 포도속을 일컫는다. 종소명 *amurensis*는 '아무르강 유역에 분포하는'이라는 뜻이다.

다른이름 왕머루(정태현 외, 1923), 멀구넝굴/머래순/잔털왕머루(정태현, 1943), 머루(박만규, 1949), 잔털머루/제주새머루(안학수·이춘녕, 1963), 털새머루(이창복, 1966), 머루나무/멀구넝쿨(리용재 외, 2011)

옛이름 멀위(악장가사, 고려 말~조선 초), 蘡薁/山葡萄(향약집성방, 1433), 葡萄/멀위(훈몽자회, 1527), 山葡萄(신증동국여지승람, 1530), 蘡薁/뫼멀위/山葡萄(동의보감, 1613), 藟/멀애/묏멀애(시경언해, 1613), 蘡薁/머루(주촌신방, 1687), 山葡萄/멀위(역어유해, 1690), 山葡萄/멀위(종묘의궤, 1694), 臭李子/머뤼(동문유해, 1748), 臭李子/머뤼(몽어유해, 1768), 山葡萄/멀위(방언집석, 1778), 稠李子/머뤼(한청문감, 1779), 蘡薁/머루(재물보, 1798), 蘡薁/山葡萄/麻婁(마과회통, 1798), 蘡薁/묏머루(제중신편, 1799), 稠李子/蘡薁/櫻額梨/山蒲桃/머로(물보, 1802), 山葡萄/머루(몽유편, 1810), 蘡薁/머루/山葡萄/野葡萄(광재물보, 19세기 초), 山葡萄/머루/野葡萄(물명고, 1824), 山葡萄(임원경제지, 1842), 蘡薁/묏머류(의종손익, 1868), 蘡薁/영욱/멀우/뫼욱(명물기략, 1870), 蘡薁/머루(녹효방, 1873), 藟/藟蔓/머루/머루덩굴(한불자전, 1880), 蘡薁/묏머루(방약합편, 1884), 蘡薁/머루(일용비람기, 연대미상), 蘡薁/머루(박물신서, 19세기), 蘡薁/머루(의서옥편, 1921), 머루(조선구전민요집, 1933)[23]

중국/일본명 중국명 山葡萄(shan pu tao)는 산에서 자라는 포도(葡萄)라는 뜻이다. 일본명 テウセンヤマブダウ(朝鮮山葡萄)는 한반도에 분포하는 머루(ヤマブダウ)라는 뜻이다.

참고 [북한명] 머루나무 [유사어] 산포도(山葡萄), 야포도(野葡萄), 영욱(蘡薁) [지방명] 머루/멀구(강원), 머루/산머루(경기), 머래/머루/머리/모루(경남), 머루/멀구/산머루/산멀구/산포도(경북), 멀구(전남), 머루(전북), 둥달멀리/등당멀리/등덕멀리/멀리(제주), 머루(충남), 뚱멀구(평북), 머구/머루/머리/멀구/멀기/산머루/산멀기/산포도(함북)

23 『제주도및완도식물조사보고서』(1914)는 '모ㄹ'[머루]를 기록했으며 「조선주요삼림수목명칭표」(1915a)는 '왕머루'를, 『조선의 구황식물』(1919)은 '머루, 멧머루, 완머루'를, 『조선어사전』(1920)은 '山葡萄(산포도), 木龍(목룡), 野葡萄(야포도), 蘡薁(영옥), 머루'를, 『조선식물명휘』(1922)는 '왕모루(食, 製酒)'를, 『토명대조선만식물자휘』(1932)는 '[山葡萄]산포도, [野葡萄]야포도, [木龍]목룡, [머루], [멀구], [멀굼]'을, 『선명대화명지부』(1934)는 '왕모(머루)'를, 『조선의산과와산채』(1935)는 '山葡萄, 왕머루'를, 『조신심림식물편』(1915~1939)은 'サンポドウナム(莞島)/Sanpodo-nam, モル(齊州島)/Moru, モイットモル(京城)/Moit-mor, ワンモル(京畿)/Wan-moru, チャンモルック(平南)/Chang-moruk, モルック(平北)/Moruk'[산포도나무(완도), 머루(제주도), 묏머루(경성), 왕머루(경기), 청멀구(평남), 멀구(평북)]를 기록했다.

Vitis amurensis *Ruprecht* var. Coignetii *Nakai*　ヤマブタウ
Móru　머루

머루〈*Vitis coignetiae* Pulliat ex Planch.(1883)〉

머루라는 이름은 고려 시대에 저술된 것으로 추정되는 「청산별곡」에 기록된 '멀위'가 어원으로, 멀위→멀애→머르→머루의 형태로 변화하여 형성되었다. 울릉도, 남부 지역 및 제주도에 분포하는 낙엽 활엽 덩굴성 목본이다. 머루의 옛이름 '멀위'나 머루의 정확한 유래는 밝혀져 있지 않은데,[24] 몽골어에 moyil(머루), 만주어에 mucu(포도), 길랴크어에 mecak(머루) 등 유사한 표현이 한반도 주변에 존재하는 것에 비추어 아주 오래 전에 형성되어 우리말로 정착된 것으로 보인다. 식물의 분포 지역에 비추어볼 때 옛 문헌에서 야생하는 포도(山葡萄)를 일컫는 '머루'라는 이름은 왕머루(*V. amurensis*)를 일컫은 것으로 보인다. 16세기에 저술된 『훈몽자회』는 '멀위'(머루)

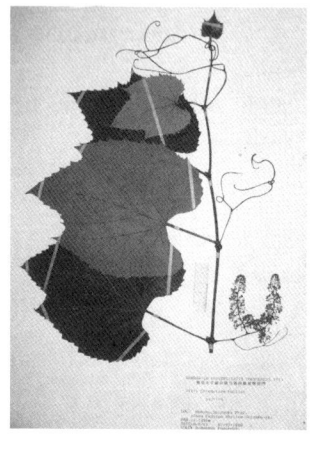

의 한자명을 葡萄(포도)라고 하여 포도(*V. vinifera*)를 일컫는 말로 기록했고, 17세기에 저술된 『동의보감』도 야생하는 포도를 '묏멀위'(묏머루)라고 기록했다. 즉, 옛 문헌에서 '머루'라는 이름은 재배하는 포도를 뜻하기도 했고 야생하는 머루 종류를 뜻하기도 했던 것으로 보인다. 이러한 이름의 혼용으로 인해 야생하는 머루 중에서 특별하다는 뜻으로 민간에서는 '왕머루'라는 이름이 널리 사용되어 이를 채록하고, 울릉도에 분포하는 것으로 알려진 머루에 대해서는 옛 문헌의 기록에 근거해 명칭을 부여함으로써 현재의 이름이 정착된 것으로 보인다. 북한에서는 *V. amurensis*를 '머루나무'(머루)라 하고, *V. coignetiae*를 '산머루'라 하고 있다.

속명 *Vitis*는 아카드어 *ebitu*(묶인)에 어원을 둔 라틴어 *vietum*(굽은, 땋은, 엮은)에서 유래했으며 포도의 고대 라틴명으로 포도속을 일컫는다. 종소명 *coignetiae*는 프랑스 세밀화가 Marie-Gabrielle Coignet(1793~1830)의 이름에서 유래한 것으로 추정된다.

다른이름　산포도(정태현, 1943), 산머루(박만규, 1949), 머래순/멀구넝굴/왕머루(안학수 · 이춘녕, 1963)

옛이름　멀위(악장가사, 고려 말~조선 초), 山葡萄(제주풍토록, 1521)[25]

중국/일본명　중국명 毛葡萄(mao pu tao)는 잎 뒷면 등에 털이 있는 포도(葡萄)라는 뜻이다. 일본명 ヤマブタウ(山葡萄)는 산에서 나는 포도(ブタウ)라는 뜻이다.

---

24 이러한 견해로 김민수(1997), p.347 참조.
25 『선명대화명지부』(1934)는 '개머루, 메머루'를 기록했다.

[북한명] 산머루 [유사어] 산등등앙(山藤藤秧), 산포도(山葡萄) [지방명] 머구/머우/멀구(울릉),
갓멀뤄/것멀리/고냉일멀리/머래/멀/멀기/멀리/멀위/멀이/산멀리/중당멀리(제주)

Vitis flexuosa *Thunberg* サンカクヅル
Sae-móru 새머루

새머루〈*Vitis flexuosa* Thunb.(1793)〉

새머루라는 이름은 머루를 닮았으나 머루보다 못하다는 뜻으로, 머루에 '새'(鳥)가 추가된 것이
다.[26] 주된 쓰임새가 열매를 식용한 것이었으므로,[27] 맛에서 머루 또는 왕머루보다 못하다고 본 것
에서 유래한 이름이다. 당시 조선에서 널리 통용(通)된 이름을 채록한 것이다.[28] 한편 잎이 머루보
다 훨씬 작으므로 소(小) 혹은 쇠가 붙어 '소머루'나 '쇠머루'로 부르다가 새머루가 되었다고 보는
견해가 있다.[29] 그러나 작다는 뜻의 소 또는 쇠가 '새'로 전환된 사례를 찾기 어렵고 새머루와 비슷
한 종인 까마귀머루(가마귀머루)도 실제 사용하던 방언으로 새(鳥)의 종류가 식물명에 포함되어 있
다는 점을 고려할 때, 오직 새머루의 '새'만을 작다는 뜻으로 이해할 이유는 없다고 본다.

속명 *Vitis*는 아카드어 *ebitu*(묶인)에 어원을 둔 라틴어 *vietum*(굽은, 땋은, 엮은)에서 유래했으며
포도의 고대 라틴명으로 포도속을 일컫는다. 종소명 *flexuosa*는 '물결모양의, 구불구불한'이라는
뜻이다.

싀머루(정태현 외, 1923), 새머루덩굴(정태현 외, 1942), 산포도(정태현, 1943)[30]

중국명 葛藟葡萄(ge lei pu tao)는 칡덩굴처럼 이리저리 얽혀 자라는 포도(葡萄)라는 뜻이
다. 일본명 サンカクヅル(三角蔓)는 세모진모양의 잎을 가진 덩굴(ツル)이라는 뜻이다.

[북한명] 새머루 [유사어] 갈류(葛藟), 조왜자(鳥娃子) [지방명] 머루(경기), 머루(울릉), 멀리(제
주), 머루/산포도(충남)

---

26 이러한 견해로 이우철(2005), p.323 참조.
27 이에 대해서는 『조선산야생식용식물』(1942), p.159 참조.
28 이에 대해서는 『조선삼림수목감요』(1923), p.92와 『조선삼림식물도설』(1943), p.494 참조.
29 이러한 견해로 박상진(2019), p.147과 솔뫼(송상곤, 2010), p.920 참조.
30 『제주도및완도식물조사보고서』(1914)는 'モル'[머루]를 기록했으며 『조선의 구황식물』(1919)은 '산포도'를, 『조선식물명
휘』(1922)는 '葛藟, 산포도(救)'를, 『조선의산과와산채』(1935)는 '산머루'를, 『선명대화명지부』(1934)는 '산포도, 새머루'를,
『조선삼림식물편』(1915~1939)은 'モル(齊州島)/Moru, サイモル(京畿)/Saimoru'[머루(제주도), 새머루(경기)]를 기록했다.

Vitis Thunbergii *Siebold et Zuccarini*　エビヅル
Gamagwe-móru　가마귀머루

까마귀머루〈*Vitis heyneana* Roem. & Schult. subsp. *ficifolia* (Bunge) C.L.Li(1996)〉[31]

까마귀머루라는 이름은 검게 익는 열매를 까마귀에 비유한
데서 유래한 것으로 추정한다.[32] 제주 방언을 채록한 것이다.[33]
제주에서는 까마귀쪽나무와 같이 열매가 검게 익을 때 흔히
'까마귀'라는 말을 붙이므로, 까마귀머루라는 이름도 이러한
뜻에서 유래한 것으로 보인다. 한편 까마귀가 잘 먹는 열매가
달리는 머루라는 뜻에서 유래한 이름으로 보는 견해도 있으
며,[34] 잎이 까마귀발 같다는 뜻에서 유래한 이름으로 보는 견
해도 있다.[35] 옛 문헌에 기록된 '蘡薁'(영욱)을 까마귀머루를 일
컫는 이름으로 보기도 하는데, 이는 중국에서 전래된 한자
명 蘡薁(영욱)을 중국에서 까마귀머루와 형태가 비슷한 *Vitis*
bryoniifolia Bunge(1883)를 일컫는 이름으로 사용하는 것에
근거하고 있다.[36] 그러나 『동의보감』은 蘡薁(영욱)을 널리 야생하는 포도라는 뜻의 山葡萄(산포도),
즉 '묃멀위'(묏머루)라고 하고 있기 때문에 이를 까마귀머루라는 종만을 가리키는 이름으로 보기는
어렵다. 『조선식물향명집』은 '가마귀머루'로 기록했으나 『한국식물명감』에서 맞춤법의 변화에 따
라 '까마귀머루'로 개칭해 현재에 이르고 있다.

속명 *Vitis*는 아카드어 *ebitu*(묶인)에 어원을 둔 라틴어 *vietum*(굽은, 땋은, 엮은)에서 유래했으며
포도의 고대 라틴명으로 포도속을 일컫는다. 종소명 *heyneana*는 독일 식물학자 Dr. Benjamin
Heyne(1770~1819)의 이름에서 유래했으며, 아종명 *ficifolia*는 *Ficus*(무화과나무속)의 식물과 잎이
비슷하다는 뜻이다.

■ 다른이름 ■　식멀구/가마귀멀구/모러나무(정태현 외, 1923), 가마귀머루(정태현 외, 1937), 모래나무/새멀
구/참멀구(정태현, 1943), 돌머루/가새머루(박만규, 1949), 청가마귀머루(임록재 외, 1972), 참밀구(이영

31 '국가표준식물목록'(2018)은 까마귀머루의 학명을 *Vitis ficifolia* var. *sinuata* (Regel) H. Hara(1954)로 기재하고 있으나,
　『장진성 식물목록』(2014)과 '중국식물지'(2018)는 본문의 학명을 정명으로 기재하고 있다.

32 이러한 견해로 김종원(2013), p.725 참조.

33 이에 대해서는 『조선삼림수목감요』(1923), p.92와 『조선삼림식물도설』(1943), p.496 참조.

34 이러한 견해로 박상진(2019), p.147 참조.

35 이러한 견해로 솔뫼(송상곤, 2010), p.916 참조.

36 이에 대해서는 '중국식물지'(2018) 중 '蘡薁(ying yu)' 참조. 한편 중국의 『본초강목』(1596)은 '蘡薁'에 대해 "名義未詳"(이름
　의 뜻은 명확하지 않다)이라고 기록했다.

노, 1996), 뽕잎머루/새우머루나무(리용재 외, 2011)

옛이름 山葡萄(제주풍토록, 1521), 蘡薁/묀멀위/山葡萄(동의보감, 1613)[37]

중국/일본명 중국명 桑叶葡萄(sang ye pu tao)는 잎이 뽕나무의 잎을 닮은 포도(葡萄)라는 뜻으로 잎이 뽕잎처럼 갈라지는 것에서 유래했다. 일본명 エビヅル(蝦蔓)는 어린잎 뒷면에 밀생(密生)하는 백색 또는 홍갈색의 털을 새우(蝦)의 색에 비유하고 덩굴로 자란다는 뜻이다.

참고 [북한명] 까마귀머루/뽕잎머루[38] [유사어] 영욱(蘡薁) [지방명] 새멀구(경북), 가메기멀뤼/가메기멀리/고냉이멀리/멀리낭(제주), 까막멀구(충북)

Vitis vinifera *Linné*　ブダウ　葡萄　(栽)
Podo　포도

포도〈*Vitis vinifera* L.(1753)〉

포도라는 이름은 한자명 '葡萄'(포도)를 우리말로 발음한 것으로, 페르시아어 부도우(budow)를 한자 葡萄(포도)로 옮긴 것에서 유래했다.[39] 서아시아가 원산지로 서역을 통해 중국에 전해졌고, 그것이 다시 고려 시대에 우리나라에 전래된 것으로 추정하고 있다. 조선 초기에 저술된 『훈몽자회』는 "葡 멀위 포 萄 멀위 도 在家者曰葡萄 在山者曰山葡萄"(멀위 '포'와 멀위 '도'라고 한다. 집에 있는 것을 포도라고 하고 산에 있는 것을 산포도라고 한다)라고 하여 포도를 한반도에서 야생하는 '멀위'로 기록하기도 했다.

　속명 *Vitis*는 아카드어 *ebitu*(묶인)에 어원을 둔 라틴어 *vietum*(굽은, 땋은, 엮은)에서 유래했으며 포도의 고대 라틴명으로 포도속을 일컫는다. 종소명 *vinifera*는 '포도주를 만드는'이라는 뜻이다.

다른이름 포도(정태현 외, 1936), 포도나무(한진건 외, 1982), 유럽포도(이영노, 1996)

옛이름 葡萄朶(동국이상국집, 1241), 葡萄(목은집, 1404), 葡萄(세종실록지리지, 1454), 葡萄(분류두공부시언해, 1481), 葡萄/보도(번역박통사, 1517), 葡萄/멀위(훈몽자회, 1527), 葡萄/보도(언해두창집요, 1608), 葡萄/보도(동의보감, 1613), 葡萄藤/포도너출(몽어유해, 1768), 葡萄/포도(방언집석, 1778), 葡萄/포도(왜어유해, 1782), 葡萄/포도(재물보, 1798), 浦萄/포도(제중신편, 1799), 葡萄/포도(해동농서, 1799), 葡萄/포도(물보, 1802), 葡萄/포도/蒲桃/草龍珠(광재물보, 19세기 초), 蒲桃/葡萄/포도/草龍珠(물명고, 1824), 葡萄/포도(자류주석, 1856), 葡萄/포도(의종손익, 1868), 葡萄/포도(명물기략, 1870), 포도/葡萄/포도덤불/

---

37 『제주도및완도식물조사보고서』(1914)는 'カマグイモルグヮイ'[가마귀멀귀]를 기록했으며 『조선식물명휘』(1922)는 '蘡薁, 참멀구, 시멀구(敎)'를, 『선명대화명지부』(1934)는 '새멀구, 참멀구'를, 『조선삼림식물편』(1915~1939)은 'カマグイモルグウイ(齊州島)/Kamagi-molugwi, モライナム(慶南)/Morainam'[가마귀멀귀(제주도), 모라나무(경남)]를 기록했다.

38 북한에서는 *V. thunbergii*를 '까마귀머루'로, *V. ficifolia*를 '뽕잎머루'로 하여 별도 분류하고 있다. 이에 대해서는 리용재 외(2011), p.378 참조.

39 이러한 견해로 박상진(2019), p.403; 허북구·박석근(2008b), p.301; 오찬진 외(2015), p.838 참조.

葡萄蔓(한불자전, 1880), 葡萄/포도(방약합편, 1884), 포도/葡萄(한영자전, 1890), 萄/포도(아학편, 1908), 葡萄/포도(자전석요, 1909), 葡萄/포도(의서옥편, 1921)[40]

중국/일본명 중국명 葡萄(pu tao)와 일본명 ブダウ(葡萄)도 한국명의 유래와 같다.[41]

참고 [북한명] 포도 [유사어] 마유(馬乳), 수정(水晶), 초용주(草龍珠) [지방명] 포두(경기), 뽀도/포두(경남), 뽀도/포두(경북), 포도나무/포두(전남), 포두(전북/제주)

---

40 『조선어사전』(1920)은 '葡萄(포도)'를 기록했으며 『조선식물명휘』(1922)는 '葡萄, 포도(食, 製酒)'를, 『토명대조선만식물자휘』(1932)는 '[葡萄]포도, [蒲萄]포도'를, 『선명대화명지부』(1934)는 '포도'를 기록했다.
41 중국의 『본초강목』(1596)은 "葡萄 漢書作蒲桃 可以造酒 人醺飲之 則酶然而醉 故有是名"(葡萄는 한서에서 蒲桃라고 썼다. 술을 만들 수 있고 사람들이 모여서 술을 마시고 술을 마시면 취하게 되므로 이런 이름으로 부르게 되었다)이라고 기록했다.

Tiliaceae 피나무科 (田麻科)

> **피나무과〈Tiliaceae Juss.(1789)〉**
>
> 피나무과는 국내에 자생하는 피나무에서 유래한 과명이다. '국가표준식물목록'(2018)과 『장진성 식물목록』(2014)은 Tilia(피나무속)에서 유래한 Tiliaceae를 과명으로 기재하고 있으며, 엥글러(Engler)와 크론키스트(Cronquist) 분류 체계도 이와 같다. 한편 '세계식물목록'(2018)과 APG IV(2016) 분류 체계는 Tiliaceae(피나무과)와 Sterculiaceae(벽오동과)를 Malvaceae(아욱과)에 포함시켜 분류한다.

⊗ Corchoropsis intermedia *Nakai*　ヒメカラスノゴマ
Am-ĝachiĝae　암까치깨

암까치깨〈*Corchoropsis intermedia* Nakai(1914)〉[1]

암까치깨라는 이름은 수까치깨에 대비하여 암컷의 모습이 강하다는 뜻에서 붙여졌다.[2] 수까치깨에 비해 열매의 꽃받침이 앞으로 숙여 있으며 꽃이 작고 잎에 털이 적은 모습을 암컷으로 본 것이다. 『조선식물향명집』에서 '까치깨'를 기본으로 하고 식물의 형태적 특징을 나타내는 '암'을 추가해 신칭했다.[3]

　속명 *Corchoropsis*는 피나무과의 *Corchorus*(황마속)와 *opsis*(~와 유사한)의 합성어로 잎이 황마와 유사한 것에서 유래했으며 까치깨속을 일컫는다. 종소명 *intermedia*는 '중간의'라는 뜻으로 수까치깨와 까치깨의 중간형이라는 의미에서 유래했다.

다른이름 청산까치깨(이창복, 1969b)

중국/일본명 중국에서는 이를 별도 분류하지 않고 있다. 일본명 ヒメカラスノゴマ(姫烏の胡麻)는 식물체가 여린 수까치깨(カラスノゴマ)라는 뜻이다.

참고 [북한명] 암까치깨

1　'국가표준식물목록'(2018)은 암까치깨를 본문과 같이 별도 분류하고 있으나 『장진성 식물목록』(2014), '중국식물지'(2018) 및 '세계식물목록'(2018)은 수까치깨(*C. tomentosa*)에 통합하고 별도 분류하지 않으므로 주의를 요한다.

2　이러한 견해로 이우철(2005), p.378 참조.

3　이에 대해서는 『조선식물향명집』, 색인 p.42 참조.

○ Corchoropsis psilocarpa *Harms et Loesner* テウセンカラスノゴマ
Ĝachiĝae 까치깨

까치깨〈*Corchoropsis tomentosa* (Thunb.) Makino var. *psilocarpa* (Harms & Loes.) C.Y.Wu & Y.Tan(1994)〉[4]

까치깨라는 이름은 열매가 께(참깨)를 닮았으나 쓰임새가 없어 깨보다 못하다는 뜻에서 유래했다.[5] 수까치깨에 비해 잎 표면에 가는 털이 있고 꽃이 다소 작은 편이며 열매에 털이 거의 없는 특징이 있다.[6] 『조선식물향명집』에서 최초로 기록한 이름으로 보인다. 옛이름이 발견되지 않고 달리 방언도 발견되지 않는 점에 비추어, 까마귀의 참깨라는 뜻의 일본명에서 영향을 받아 『조선식물향명집』에서 신칭한 이름으로 추론된다.

속명 *Corchoropsis*는 피나무과의 *Corchorus*(황마속)와 *opsis*(~와 유사한)의 합성어로 잎이 황마와 유사한 것에서 유래했으며 까치깨속을 일컫는다. 종소명 *tomentosa*는 '가는 면모(綿毛)가 밀생(密生)하는'이라는 뜻이다. 변종명 *psilocarpa*는 '평활한 열매의'라는 뜻으로 열매에 털이 없는 것에서 유래했다.

중국/일본명 중국명 光果田麻(guang guo tian ma)는 열매에 털이 없어 윤기가 나는 전마(田麻: 수까치깨의 중국명)라는 뜻이다. 일본명 テウセンカラスノゴマ(朝鮮鳥の胡麻)는 한반도에 분포하는 수까치깨(カラスノゴマ)라는 뜻이다.

참고 [북한명] 까치깨 [유사어] 전마(田麻)

Corchoropsis tomentosa *Makino* カラスノゴマ
Su-ĝachiĝae 수까치깨

수까치깨〈*Corchoropsis tomentosa* (Thunb.) Makino(1903)〉

수까치깨라는 이름은 암까치깨(또는 까치깨)에 대비하여 수컷의 성격이 강하다는 뜻에서 붙여졌

---

4 '국가표준식물목록'(2018)은 까치깨의 학명을 *Corchoropsis psilocarpa* Harms & Loes(1904)로 기재하고 있으나, 『장진성 식물목록』(2014)과 '세계식물목록'(2018)은 본문의 학명을 정명으로 기재하고 있다.
5 이러한 견해로 이우철(2005), p.113 참조.
6 이에 대해서는 『한국식물도감(하권 초본부)』(1956), p.398 참조.

다.[7] 까치깨에 비해 잎 양면에 별 모양의 털이 있고 꽃이 다소 크고 열매에도 별 모양의 털이 있는 특징이 있다.[8] 이러한 털이 많은 특징을 고려해 '수'(컷)가 추가된 것으로 보인다. 『조선식물향명집』에서 '까치깨'를 기본으로 하고 식물의 형태적 특징 및 학명에 착안한 '수'를 추가해 신칭했다.[9] 한편 수까치깨를 더 남성적으로 보는 이유를 자라는 환경이 더욱 건조하고 불안정하기 때문이라고 보는 견해가 있으나,[10] 수까치깨도 밭가 등에서 자라는 경우가 많고 두 종류의 서식처가 겹치기도 하며 종소명이 털이 많은 형태적 특징을 고려한 것이라는 점에 비추어 그 타당성은 의문스럽다.

속명 *Corchoropsis*는 피나무과의 *Corchorus*(황마속)와 *opsis*(~와 유사한)의 합성어로 잎이 황마와 유사한 것에서 유래했으며 까치깨속을 일컫는다. 종소명 *tomentosa*는 '가는 면모(綿毛)가 밀생(密生)하는'이라는 뜻이다.

다른이름 푸른까치깨(박만규, 1949), 털까치깨(안학수·이춘녕, 1963), 참까치깨/민까치깨(박만규, 1974), 암까치깨(이창복, 1969b)[11]

중국/일본명 중국명 田麻(tian ma)는 밭가 근처에서 자라는 황마(黃麻)를 닮은 풀이라는 뜻이다. 일본명 カラスノゴマ(烏の胡麻)는 열매의 모양을 까마귀가 좋아하는 참깨(ゴマ)라고 본 것에서 유래했다.

참고 [북한명] 수까치깨 [유사어] 전마(田麻) [지방명] 까치깨(충남)

Grewia parviflora *Bunge* エノキウツギ(ウヲドリギ)
Janggubam-namu 장구밤나무

장구밤나무〈*Grewia biloba* G. Don(1831)〉[12]
장구밤나무라는 이름은 열매가 2~4개씩 붙어 있는 모양이 전통악기 '장구'와 '밤톨'이 붙어 있는 모양을 닮았다는 뜻에서 유래한 것으로 추정한다. 주요 자생지 중의 하나인 전라남도 방언을 채록한

---

7   이러한 견해로 김종원(2013), p.112 참조.
8   이에 대해서는 『한국식물도감(하권 초본부)』(1956), p.398 참조.
9   이에 대해서는 『조선식물향명집』, 색인 p.42 참조.
10 이러한 견해로 김종원(2013), p.111 참조.
11 『조선식물명휘』(1922)는 '田麻, 地溝葉'을 기록했다.
12 '국가표준식물목록'(2018)은 장구밤나무의 학명을 *Grewia parviflora* Bunge(1833)로 기재하고 있으나, 『장진성 식물목록』(2014), '중국식물지'(2018) 및 '세계식물목록'(2018)은 본문의 학명을 정명으로 기재하고 있다.

것이다.[13] 한편 2~4개씩 붙어 자라는 열매의 모습을 보고 장구모양의 방(梆: 목탁)을 닮았다고 하여 '장구방나무'라고 하다가 '장구밥나무'가 되었다는 견해가 있다.[14] 그러나 방언에서 유래한 식물명이 한자에서 유래한 경우는 이례적이고, '장구방나무'라는 이름은 문헌과 최근의 방언 조사에서도 확인되지 않는 이름이다. 다른이름으로 기록된 '장구밥나무'는 『한국수목도감』에서 전라남도 일부 지역의 방언을 새로이 채록한 것으로, 열매가 장구처럼 생겼고 식용(밥)할 수 있다는 뜻에서 유래한 이름으로 추론된다. 최근의 방언 조사에 따르면, '장구밥나무'라는 이름은 원래 이름을 채록한 전남뿐만 아니라 전북, 충남, 경기도 등 자생지에서 널리 사용하는 이름으로 확인된다.[15]

속명 *Grewia*는 영국 식물학자 Nehemiah Grew(1641~1712)의 이름에서 유래했으며 장구밥나무속을 일컫는다. 종소명 *biloba*는 '2천열(淺裂)의, 잎의 열편(裂片)이 2개 있는'이라는 뜻으로 열매가 귓불처럼 둥글게 2개씩 붙어 있는 모습에서 유래했다.

다른이름 장구밥나무(정태현 외, 1923), 잘먹기나무(정태현, 1943), 장구밥나무(이창복, 1966)[16]

중국/일본명 중국명 扁担杆(bian dan gan)은 작은 방망이라는 뜻이다. 일본명 エノキウツギ(榎卯木)는 잎이 팽나무류를 닮았고 줄기는 말발도리 종류(ウツギ)를 닮았다는 뜻이다.

참고 [북한명] 장구밥나무 [유사어] 왜왜권(娃娃拳), 편담격자(扁擔格子) [지방명] 개불나무/깨불나무/때깔/방망치나무/장구밥(전남), 장구밥나무(전북)

Tilia amurensis *Komarov*　アムールシナノキ
Dal-pi-namu 달피나무

피나무〈*Tilia amurensis* Rupr.(1869)〉
피나무라는 이름은 예부터 이 나무의 나무껍질을 밧줄이나 노끈, 각종 농사 도구나 어망 등을 만드는 데 사용했으므로,[17] '껍질(皮)을 쓰는 나무'라는 뜻에서 유래했다.[18] 옛 문헌 중 『임하필기』는

13　이에 대해서는 『조선삼림수목감요』(1923), p.94와 『조선삼림식물도설』(1943), p.497 참조.
14　이러한 견해로 박상진(2019), p.342와 오찬진 외(2015), p.845 참조.
15　이에 대해서는 『한국의 민속식물』(2017), p.767 참조.
16　『조선식물명휘』(1922)는 '扁擔格子'를 기록했으며 『선명대화명지부』(1934)는 '장구밥나무'를, 『조선삼림식물편』(1915~1939)은 'チャンビルナム(莞島)/Chang-bil-nam'[창빌나무(완도)]를 기록했다.
17　나무껍질의 쓰임새에 대해서는 『조선삼림식물도설』(1943), p.499와 『한국의 민속식물』(2017), p.768 참조.
18　이러한 견해로 박상진(2019), p.407; 허북구·박석근(2008b), p.305; 이유미(2015), p.314; 오찬진 외(2015), p.849 참조.

피나무의 한자명을 껍질나무라는 뜻의 '皮木'(피목)이라고 기록했고, 『만기요람』은 피나무의 껍질로 만든 밧줄이나 노끈을 뜻하는 '樺皮所'(달피바)를 기록하기도 했다.[19] 『조선식물향명집』은 『일성록』에 있는 나무껍질이 박달나무처럼 질기고 단단하다는 뜻의 '樺皮木'(달피목)에 어원을 두고 강원도 방언인 '달피나무'로 기록했다. 이는 T. amurensis를 '달피나무'로, T. amurensis var. barbigera를 '피나무'로 하여 별도 분류한 것에서 비롯한 것이지만,[20] 『대한식물도감』에서 양자를 통합하고 국명을 '피나무'로 하여 현재에 이르고 있다.

속명 Tilia는 피나무 종류의 고대 라틴명에서 유래했는데, 꽃자루의 포엽(包葉) 때문에 ptilon(날개)이 어원이란 설이 일반적이지만 그리스어 tilos(섬유)에서 유래했다는 견해도 있으며 피나무속을 일컫는다. 종소명 amurensis는 '아무르강 유역에 분포하는'이라는 뜻으로 발견지 또는 분포지를 나타낸다.

다른이름 피나무(정태현 외, 1923), 참피나무(정태현, 1926), 달피나무(정태현 외, 1937), 꽃피나무(박만규, 1949), 털피나무(이창복, 1966)

옛이름 椵木(세종실록, 1422), 椵/피나모/木槿(사성통해, 1517), 椵/椵/피나모(훈몽자회, 1527), 椵/피나모(신증유합, 1576), 椵木/피나모(역어유해, 1690), 椵樹/皮樹(성호사설, 1740), 椵木/피나모(동문유해, 1748), 椵木(경모궁악기조성청의궤, 1777), 椵木/피나모(방언집석, 1778), 椵樹/피나무/椵木皮/피나모거플(한청문감, 1779), 椵/椵/피나모(왜어유해, 1782), 樺皮木/樺皮索(일성록, 1797), 椵/피나우(물보, 1802), 椵木/樺皮所(만기요람, 1808), 椵/피나무(광재물보, 19세기 초), 椵/피나모(물명고, 1824), 椵木/皮木(임하필기, 1871), 피나무/피목/皮木(한불자전, 1880), 피나모/椵(한영자전, 1890), 피누무/椵(일용비람기, 연대미상), 椵木/피나무(박물신서, 19세기), 피나무(조선구전민요집, 1933)[21]

중국/일본명 중국명 紫椵(zi duan)은 피나무 종류를 총칭하는 椵樹(단수)와 나무껍질에 붉은색 무늬가 있다는 의미의 紫(자)가 합쳐진 것에서 유래했다. 일본명 アムールシナノキ(-椵木)는 아무르강 유역에 분포하는 シナノキ[科の木/級の木: 일본피나무의 일본명으로, シナ는 매다(結ぶ) 등의 뜻을 가진 아이누족의 고유어에서 유래함]라는 뜻이다.

---

19 '樺皮所'(달피소)는 달피바의 차자(借字)로서 피나무의 껍질로 만든 줄을 뜻한다. 이에 대해서는 단국대학교 동양학연구원, '한국한자어사전' 중 '樺皮所' 참조.

20 이에 대해서는 『조선삼림식물도설』(1943), pp.498-499 참조. 다만 『조선식물향명집』은 피나무를 별도로 기록하지 않았다.

21 「화한한명대조표」(1910)는 '피누무'를 기록했으며 「조선주요삼림수목명칭표」(1912)는 '되누무'를, 『조선거수노수명목지』(1919)는 '픠누무, 皮木'을, 『조선어사전』(1920)은 '피나무, 椵木(단목)'을, 『조선식물명휘』(1922)는 '菩堤樹, 피나무(工業)'를, 『토명대조선만식물자휘』(1932)는 '[椵木]가목, [皮木]피나무'를, 『선명대화명지부』(1934)는 '피나무'를, 『조선삼림식물편』(1915~1939)은 'ピナム(咸鏡, 平安, 黃海, 京畿, 江原)/Pi-nam'[피나무(함경, 평안, 황해, 경기, 강원)]를 기록했다.

참고 [북한명] 피나무 [유사어] 가목(椵木), 단목(椴木), 자단(紫椴), 피목(皮木) [지방명] 피낭그/피낭기(강원), 황경피나무(전북)

⊗ Tilia koreana *Nakai*   テウセンシナノキ
Yŏnbab-pi-namu   연밥피나무

연밥피나무⟨*Tilia amurensis* var. *taquetii* (C.K. Schneid.) Liou & Li(1955)⟩[22]
연밥피나무라는 이름은 피나무에 비해 열매가 긴타원모양으로 연밥(연꽃의 열매)을 닮았다는 뜻에서 붙여졌다.[23] 『조선식물향명집』에서 전통 명칭 '피나무'를 기본으로 하고 식물의 형태적 특징을 나타내는 '연밥'을 추가해 신칭했다.[24]

　속명 *Tilia*는 피나무 종류의 고대 라틴명에서 유래했는데, 꽃자루의 포엽(苞葉) 때문에 *ptilon*(날개)이 어원이란 설이 일반적이지만 그리스어 *tilos*(섬유)에서 유래했다는 견해도 있으며 피나무속을 일컫는다. 종소명 *amurensis*는 '아무르강 유역에 분포하는'이라는 뜻으로 발견지를 나타낸다. 변종명 *taquetii*는 프랑스 출신 신부로 제주도의 식물을 채집하고 연구한 Emile Joseph Taquet[1873~1952, 한국명 엄택기(嚴宅基)]의 이름에서 유래했다.

다른이름 피나무(정태현 외, 1923)[25]

중국/일본명 중국명 小叶紫椴(xiao ye zi duan)은 작은 잎을 가진 자단(紫椴: 피나무의 중국명)이라는 뜻이다. 일본명 テウセンシナノキ(朝鮮椴木)는 한반도(조선)에 분포하는 일본피나무(シナノキ)라는 뜻이다.

참고 [북한명] 연밥피나무

⊗ Tilia insularis *Nakai*   タケシマシナノキ
Sŏm-pi-namu   섬피나무

섬피나무⟨*Tilia insularis* Nakai(1917)⟩[26]

---

22 '국가표준식물목록'(2018)은 연밥피나무의 학명을 *Tilia koreana* Nakai(1913)로 하여 별도 분류하고 있으나, 이 학명은 『장진성 식물목록』(2014), p.651에 따르면 조류, 균류와 식물에 대한 국제명명규약(ICN)을 준수하지 않은 비합법적으로 출판한 이름(invalidly published name)이다. '세계식물 목록'(2018)과 '중국식물지'(2018)는 정명을 본문과 같이 기재하고 있으므로 이에 따르기로 한다. 다만 『장진성 식물목록』은 이 학명을 피나무(*T. amurensis*)에 통합하고 있으므로 주의가 필요하다.
23 이러한 견해로 이우철(2005), p.400 참조.
24 이에 대해서는 『조선식물향명집』, 색인 p.43 참조.
25 『선명대화명지부』(1934)는 '피나무'를 기록했으며 『조선삼림식물편』(1915~1939)은 'ビナム(江原)/Pi-nam'[피나무(강원)]를 기록했다.
26 '국가표준식물목록'(2018)은 섬피나무의 학명을 본문과 같이 하여 별도 종으로 분류하고 있으나, 『장진성 식물목록』

섬피나무라는 이름은 울릉도(섬)에 나는 피나무라는 뜻에서 붙여졌다.[27] 『조선식물향명집』에서 전통 명칭 '피나무'를 기본으로 하고 식물의 산지(産地)를 나타내는 '섬'을 추가해 신칭했다.[28] 그러나 피나무는 잎의 털이 있고 없음과 그 종류에서 다양한 변이가 있어 섬피나무를 별도의 종으로 분류하는 것에 대해서 논란이 있다.[29]

속명 Tilia는 피나무 종류의 고대 라틴명에서 유래했는데, 꽃자루의 포엽(苞葉) 때문에 ptilon(날개)이 어원이란 설이 일반적이지만 그리스어 tilos(섬유)에서 유래했다는 견해도 있으며 피나무속을 일컫는다. 종소명 insularis는 '섬의'라는 뜻으로 울릉도 특산식물임을 나타낸다.

중국/일본명 중국에서는 이를 별도 분류하지 않고 있다. 일본명 タケシマシナノキ(鬱陵椴木)는 울릉도에 분포하는 일본피나무(シナノキ)라는 뜻이다.[30]

참고 [북한명] 섬피나무 [지방명] 피나무(울릉)

○ Tilia mandshurica *Ruprecht et Maximowicz*   マンシウシナノキ
Chal-pi-namu   찰피나무

찰피나무〈*Tilia mandshurica* Rupr. & Maxim.(1856)〉

찰피나무라는 이름은 제대로 되거나 품질이 좋은 피나무라는 뜻으로, 열매로 염주를 만들었던 것과 관련하여 유래한 이름으로 추정한다.[31] 강원 방언을 채록한 것이다.[32] 식물명에서 '찰'은 찰조팝나무와 찰복숭아처럼 '품질이 좋은', '충실한' 또는 '제대로 된'이라는 뜻으로,[33] 피나무처럼 나무껍질로 노끈 등을 만들었고 그것에 덧붙여 염주의 재료로 활용된 것에서 유래했을 것으로 추정한다.[34] 『조선삼림수목감요』에서 평안북도 방언으로 '염주나무'로 불리고 있었다는 점을 기록한 것도 그러한 추정을 뒷받침한다. 한편 바람이 불면 찰랑찰랑한다고 하여 찰피나무라는 이름이 붙여졌다고 보는 견해가 있다.[35] 그러나 피나무는 16세기 이후로 전국적으로 통용되었던 이름이고,

(2014)은 피나무(*T. amurensis*)에 통합하고 있으므로 주의를 요한다.

27 이러한 견해로 이우철(2005), p.344 참조.

28 이에 대해서는 『조선식물향명집』, 색인 p.41 참조.

29 이에 대해서는 김태영·김진석(2018), p.232 참조.

30 『조선삼림식물편』(1915~1939)은 'ビナム(鬱陵島)/Pi-nam'[피나무(울릉도)]를 기록했다.

31 이러한 견해로 박상진(2019), p.407 참조.

32 이에 대해서는 『조선삼림식물도설』(1943), p.503 참조.

33 이에 대해서는 국립국어원, '표준국어대사전' 중 '찰'과 김인호(2001), p.189 참조.

34 옛날에는 주로 식물의 열매 또는 씨앗을 염주를 만드는 재료로 활용했는데 그러한 식물로 모감주나무(*Koelreuteria paniculata*), 무환자나무(*Sapindus mukorossi*), 보리자나무(*T. miqueliana*) 등이 있고, 그 대용으로는 찰피나무(*T. mandshurica*), 연꽃(*Nelumbo nucifera*), 염주(*Coix lacryma-jobi*) 등을 주로 사용했다고 한다. 이에 대해서는 박희준(2012), p.56 참조.

35 이러한 견해로 솔매(송상곤, 2010), p.942 참조.

포엽이 있어 바람에 휘날리는 것은 피나무 종류 전체가 마찬가지인데 찰피나무에만 그러한 뜻으로 이름이 붙여졌다는 것은 억지스러워 보인다.

속명 *Tilia*는 피나무 종류의 고대 라틴명에서 유래했는데, 꽃자루의 포엽(苞葉) 때문에 *ptilon*(날개)이 어원이란 설이 일반적이지만 그리스어 *tilos*(섬유)에서 유래했다는 견해도 있으며 피나무속을 일컫는다. 종소명 *mandshurica*는 '만주의'라는 뜻으로 발견지 또는 분포지를 나타낸다.

다른이름 염주나무(정태현 외, 1923), 금강피나무(박만규, 1949), 설악보리수/염주보리수(안학수 외, 1982)[36]

중국/일본명 중국명 糠椴(kang duan)은 쌀겨가 있는 피나무라는 뜻으로 잎자루 등에 털이 밀생(密生)하는 피나무 종류(椴)라는 뜻이며, 辽椴(liao duan)이라 하여 중국의 동북 요(遼) 지역에서 나는 피나무 종류(椴)라 부르기도 한다. 일본명 マンシウシナノキ(滿洲椴木)는 만주에 분포하는 일본피나무(シナノキ)라는 뜻이다.

참고 [북한명] 찰피나무 [유사어] 강단(糠椴)

⊗ Tilia megaphylla *Nakai*　オホボタイヅユ
Yomju-namu　염주나무

염주나무〈*Tilia megaphylla* Nakai(1914)〉[37]

염주나무라는 이름은 열매로 절에서 사용하는 염주를 만든다는 뜻에서 유래했다.[38] 열매가 둥근 모양으로 단단해 염주를 만들 수 있다. 주요 자생지인 경기도 방언을 채록한 것이다.[39]

속명 *Tilia*는 피나무 종류의 고대 라틴명에서 유래했는데, 꽃자루의 포엽(苞葉) 때문에 *ptilon*(날개)이 어원이란 설이 일반적이지만 그리스어 *tilos*(섬유)에서 유래했다는 견해도 있으며 피나무속을 일컫는다. 종소명 *megaphylla*는 '큰 잎의'라는 뜻으로 잎이 다른 피나무 종류에 비해 큰 것

---

36 『지리산식물조사보고서』(1915)는 'ぼりじゃ'[보리샤]를 기록했으며 『조선식물명휘』(1922)는 '柸, 椵樹, 念珠木, 피나무, 넘쥬나무(工業)'를, 『선명대화명지부』(1934)는 '피나무, 염주나무'를, 『조선삼림식물편』(1915~1939)은 'キャビナム(平安, 咸南)/Kyai-pi-nam'[개피나무(평안, 함남)]를 기록했다.

37 '국가표준식물목록'(2018)은 염주나무의 학명을 본문과 같이 하여 별도 종으로 분류하고 있으나, 『장진성 식물목록』(2014)은 찰피나무(*T. mandshurica*)에 통합하고, '중국식물지'(2018)와 '세계식물목록'(2018)은 *Tilia mandshurica* var. *megaphylla* (Nakai) Liou et Li(1955)를 정명으로 하여 찰피나무의 변종으로 분류하고 있으므로 주의가 필요하다.

38 이러한 견해로 이우철(2005), p.402; 박상진(2019), p.300; 허북구·박석근(2008b), p.215 참조.

39 이에 대해서는 『조선삼림식물도설』(1943), p.504 참조.

에서 유래했다.

옛이름 피나무(정태현 외, 1923), 둥근잎염주나무(박만규, 1949), 찰피나무(한진건 외, 1982), 구슬피나무(김현삼 외, 1988), 염주피나무(임록재 외, 1996)[40]

중국/일본명 중국명 棱果辽椴(leng guo liao duan)은 열매에 능각이 있는 요단(遼椴: 찰피나무의 중국명)이라는 뜻이다. 일본명 オホボタイヅユ(大菩提樹)는 잎이 큰 보리자나무(ボタイヅユ: 피나무의 다른이름으로 일본에서는 보리자나무에 대한 명칭으로 사용함)라는 뜻이다.

참고 [북한명] 구슬피나무 [유사어] 자단(紫椴)

○ Tilia ovalis *Nakai*　カウライボタイヅユ
Unggi-pi-namu　웅기피나무

웅기피나무〈*Tilia ovalis* Nakai(1921)〉[41]

웅기피나무라는 이름은 함북 웅기에서 나는 피나무라는 뜻에서 붙여졌다.[42] 강원도 이북의 높은 산에 분포하는 낙엽 활엽 교목으로 찰피나무를 닮았으나 열매가 달걀모양이라는 점에서 차이가 있다. 『조선식물향명집』에서 전통 명칭 '피나무'를 기본으로 하고 식물의 산지(産地)를 나타내는 '웅기'를 추가해 신칭했다.[43]

속명 *Tilia*는 피나무 종류의 고대 라틴명에서 유래했는데, 꽃자루의 포엽(苞葉) 때문에 *ptilon*(날개)이 어원이란 설이 일반적이지만 그리스어 *tilos*(섬유)에서 유래했다는 견해도 있으며 피나무속을 일컫는다. 종소명 *ovalis*는 '넓은타원모양의'라는 뜻으로 열매가 넓은타원모양임을 나타낸다.

다른이름 웅거피나무(한진건 외, 1982), 선봉피나무(김현삼 외, 1988), 선뽕피나무(이우철, 1996b)

중국/일본명 중국명 卵果糠椴(luan guo kang duan)은 달걀모양의 열매를 가진 강단(糠椴: 찰피나무의 중국명)이라는 뜻이다. 일본명 カウライボタイヅユ(高麗菩提樹)는 한반도(고려)에 분포하는 보리자나무(ボタイヅユ)라는 뜻이다.

참고 [북한명] 선봉피나무

---

40 『선명대화명지부』(1934)는 '피나무'를 기록했다.

41 '국가표준식물목록'(2018)은 웅기피나무의 학명을 본문과 같이 하여 별도 종으로 분류하고 있으나, 『장진성 식물목록』(2014)은 찰피나무(*T. mandshurica*)에 통합하고 별도 분류하지 않으며, '중국식물지'(2018)와 '세계식물목록'(2018)은 *Tilia mandshurica* var. *ovalis* (Nakai) Liou & Li(1955)를 정명으로 하여 찰피나무의 변종으로 분류하고 있으므로 주의가 필요하다.

42 이러한 견해로 이우철(2005), p.423 참조.

43 이에 대해서는 『조선식물향명집』, 색인 p.44 참조.

⊗Tilia rufa *Nakai*　キツネシナノキ
Töl-pi-namu　털피나무

털피나무〈*Tilia rufa* Nakai(1921)〉[44]

털피나무라는 이름은 잎 뒷면 전체에 갈색 털이 있는 피나무라는 뜻에서 붙여졌다.[45] 『조선식물향명집』에서 전통 명칭 '피나무'를 기본으로 하고 식물의 형태적 특징을 나타내는 '털'을 추가해 신칭했다.[46] 그러나 피나무는 잎에 털이 있고 없음과 그 종류에서 다양한 변이가 있어 털피나무를 별도의 종으로 분류할 수 없다는 견해가 유력하다.[47]

속명 *Tilia*는 피나무 종류의 고대 라틴명에서 유래했는데, 꽃자루의 포엽(苞葉) 때문에 *ptilon*(날개)이 어원이란 설이 일반적이지만 그리스어 *tilos*(섬유)에서 유래했다는 견해도 있으며 피나무속을 일컫는다. 종소명 *rufa*는 '적갈색의'라는 뜻으로 잎 뒷면에 갈색의 털이 있는 것에서 유래했다.

다른이름　피나무(정태현 외, 1923)[48]

중국/일본명　중국에서는 이를 별도 분류하지 않고 있다. 일본명 キツネシナノキ(狐椴木)는 여우를 닮은 일본피나무(シナノキ)라는 뜻으로, 잎 뒷면에 털이 많은 것을 여우에 비유한 것으로 추정한다.

참고　[북한명] 털피나무 [지방명] 피나무(강원)

⊗Tilia semicostata *Nakai*　ボタイジユモドキ
Gae-yŏmju-namu　개염주나무

개염주나무〈*Tilia semicostata* Nakai(1914)〉[49]

개염주나무라는 이름은 염주나무와 닮았다는 뜻에서 붙여졌다.[50] 실제로는 염주나무보다는 찰피나무와 닮았는데, 열매의 중앙 이하까지 능각이 발달하는 특징이 있다. 분류학적 타당성에 대해서는 논란이 있다. 『조선식물향명집』에서 전통 명칭 '염주나무'를 기본으로 하고 식물의 형태적

44　'국가표준식물목록'(2018)은 본문의 학명으로 털피나무를 별도 종으로 분류하고 있으나, 『장진성 식물목록』(2014)과 '중국식물지'(2018)는 피나무(*T. amurensis*)에 통합하고 있으므로 주의가 필요하다.

45　이러한 견해로 이우철(2005), p.566 참조.

46　이에 대해서는 『조선식물향명집』, 색인 p.48 참조.

47　이러한 견해로 김태영·김진석(2018), p.232 참조.

48　『선명대화명지부』(1934)는 '피나무'를 기록했으며 『조선식물삼림편』(1915~1939)은 'ビナム(江原)'[피나무-(강원)]를 기록했다.

49　'국가표준식물목록'(2018)은 개염주나무의 학명을 본문과 같이 하여 별도 종으로 분류하고 있으나, 『장진성 식물목록』(2014)은 찰피나무(*T. mandshurica*)에 통합하고, '중국식물지'(2018)는 이를 별도 분류하지 않으므로 주의가 필요하다.

50　이러한 견해로 이우철(2005), p.56 참조.

특징을 나타내는 '개'를 추가해 신칭했다.[51]

속명 Tilia는 피나무 종류의 고대 라틴명에서 유래했는데, 꽃자루의 포엽(包葉) 때문에 ptilon (날개)이 어원이란 설이 일반적이지만 그리스어 tilos(섬유)에서 유래했다는 견해도 있으며 피나무 속을 일컫는다. 종소명 semicostata는 '반주맥이 있는'이라는 뜻으로 열매의 절반 이하까지 능각이 있는 것에서 유래했다.

다른이름 피나무(정태현 외, 1923), 좀염주나무(임록재 외, 1972), 좀구슬피나무(임록재 외, 1996)

중국/일본명 중국에서는 이를 별도 분류하지 않고 있다. 일본명 ボタイヅユモドキ(菩提樹擬き)는 보리자나무(ボタイヅユ)를 닮은 나무라는 뜻이다.

참고 [북한명] 좀구슬피나무

⊗ Tilia Taquetii *Schneider*　クハノハシナノキ
Bôṅg-pi-namu　뽕피나무

뽕잎피나무〈*Tilia taquetii* C.K.Schneid.(1909)〉[52]

뽕잎피나무라는 이름은 잎이 뽕나무를 닮은 피나무라는 뜻에서 유래했다.[53] 피나무에 비해 잎이 작고 잎 모양이 뽕나무처럼 보인다고 하여 별도 종으로 분류되었으나 분류학적 타당성에 대해서는 논란이 있다. 『조선식물향명집』에서는 전통 명칭 '피나무'를 기본으로 하고 식물의 형태적 특징을 나타내는 '뽕'을 추가해 '뽕피나무'를 신칭했으나,[54] 『우리나라 식물명감』에서 '뽕잎피나무'로 개칭해 현재에 이르고 있다.

속명 Tilia는 피나무 종류의 고대 라틴명에서 유래했는데, 꽃자루의 포엽(包葉) 때문에 ptilon(날개)이 어원이란 설이 일반적이지만 그리스어 tilos(섬유)에서 유래했다는 견해도 있으며 피나무속을 일컫는다. 종소명 taquetii는 프랑스 출신 신부로 제주도의 식물을 채집하고 연구한 Emile Joseph Taquet[1873~1952, 한국명 엄택기(嚴宅基)]의

51　이에 대해서는 『조선식물향명집』, 색인 p.31 참조.
52　'국가표준식물목록'(2018)은 뽕잎피나무를 본문과 같이 분류하고 있으나 『장진성 식물목록』(2014)은 피나무(T. amurensis)에 통합하여 별도 분류하지 않으므로 주의가 필요하다.
53　이러한 견해로 이우철(2005), p.297; 허북구·박석근(2008b), p.171; 솔뫼(송상곤, 2010), p.936 참조.
54　이에 대해서는 『조선식물향명집』, 색인 p.39 참조. 한편 『조선식물향명집』, p.114는 '뽕피나무'로 기록했으나 색인에는 '뽕피나무'로 기록했고, 『조선삼림식물도설』(1943), p.501도 '뽕피나무'로 기록하고 있는 점을 고려할 때 『조선식물향명집』, p.114의 '뽕피나무'는 '뽕피나무'의 오기로 보인다.

이름에서 유래했다.

다른이름 피나무(정태현 외, 1923), 뽕피나무(정태현 외, 1937), 뽕피나무(정태현, 1943), 뽕닢피나무(이창복, 1947)

중국/일본명 중국명 小叶紫椴(xiao ye zi duan)은 작은 잎을 가진 자단(紫椴: 피나무의 중국명)이라는 뜻이다. 일본명 クハノハシナノキ(桑の葉椴木)는 뽕나무의 잎을 닮은 일본피나무(シナノキ)라는 뜻이다.

참고 [북한명] 뽕잎피니무

Malvaceae 무궁화科 (錦葵科)

아욱과〈Malvaceae Juss.(1789)〉

아욱과는 재배식물인 아욱에서 유래한 과명이다. '국가표준식물목록'(2018), 『장진성 식물목록』(2014) 및 '세계식물목록'(2018)은 Malva(아욱속)에서 유래한 Malvaceae를 과명으로 기재하고 있으며, 엥글러(Engler), 크론키스트(Cronquist) 및 APG IV(2016) 분류 체계도 이와 같다. 한편 '세계식물목록'(2018)과 APG IV(2016) 분류 체계는 피나무과(Tiliaceae)와 벽오동과(Sterculiaceae)를 아욱과(Malvaceae)에 포함시켜 분류한다.

Abelmoschus Manihot *Medicus*　トロロアヤヒ　黃蜀葵 (栽)
Hwang-choggyu　황촉규(닥풀)

닥풀〈*Abelmoschus manihot* (L.) Medik.(1787)〉[1]

닥풀이라는 이름은 뿌리와 열매에 점액이 많아 닥나무로 한지를 만들 때 이 식물의 뿌리를 첨가제로 사용한 것에서 유래했다. 닥풀의 뿌리에서 나오는 점액을 닥나무 끓인 물에 첨가하면 한지가 고르게 만들어진다. 한편 닥나무의 섬유를 닥(딱)붙게 한다는 뜻에서 유래한 이름으로 보는 견해가 있으나,[2] 닥나무와 함께 한지를 만든다는 것 외에 딱 붙게 한다는 의미가 닥풀에 있는지는 명확하지 않다. 19세기 중엽에 저술된 『오주연문장전산고』는 紙品(지품: 종이)을 만드는 것과 관련해 "或用黃蜀葵根"(또는 황촉규의 뿌리를 사용한다)이라고 기록했다. 또한 18세기에 저술된 『청장관전서』 등에는 '黃葵'(황규) 또는 '黃蜀葵'(황촉규)에 대한 한글명을 '히블아기' 또는 '희바라기'라고 했는데 현재의 해바라기가 아니라 닥풀을 일컫는 이름이므로 옛 문헌을 해석할 때에는 주의가 필요하다.[3]

속명 *Abelmoschus*는 아라비아어 *abu-l-mosk*(사향의 원천)라는 뜻으로, 열매에서 향이 나는 것에서 유래했으며 닥풀속을 일컫는다. 종소명 *manihot*은 이 꽃의 브라질 토속명에서 유래했다.

1　'국가표준식물목록'(2018)은 닥풀의 학명을 *Hibiscus manihot* L.(1753)로 기재하고 있으나, 『장진성 식물목록』(2014), '세계식물목록'(2018) 및 '중국식물지'(2018)는 본문의 학명을 정명으로 기재하고 있다.
2　이러한 견해로 이우철(2005), p.163 참조.
3　이에 대한 자세한 내용은 김종덕·고병희(2001), p.35 참조.

다른이름 황촉규(정태현 외, 1937), 당촉규화(박만규, 1949), 당황촉규/촉귀(안학수·이춘녕, 1963)

옛이름 黃蜀葵(동국이상국집, 1241), 黃蜀葵/一日花(향약채취월령, 1431), 黃蜀葵/黃葵花/一日花(향약집성방, 1433),[4] 黃蜀葵花/일일화(동의보감, 1613), 楮糊/닥풀(광재물보, 19세기 초), 黃蜀葵(이옥전집, 1815), 楮糊(물명고, 1824), 黃蜀葵(오주연문장전산고, 185?), 楮糊草/닥풀(의휘, 1871), 닥풀/楮糊草(녹효방, 1873), 닥풀/楮糊(일용비람기, 연대미상)[5]

중국/일본명 중국명 黃蜀葵(huang shu kui)는 노란색의 꽃이 피는 접시꽃(蜀葵)이라는 뜻이다. 일본명 トロロアヲヒ(~葵)는 종이를 만드는 재료로 사용했는데, 마 종류(トロロ)처럼 점성이 있고 아욱 종류(アヲヒ)를 닮았다는 뜻이다.

참고 [북한명] 황촉규화 [유사어] 저호(楮糊), 황촉규(黃蜀葵) [지방명] 마당피/새마/어삼/청마(함북)

Abutilon Avicennae *Gaertner* イチビ (栽)
Ójógwe 어저귀

어저귀〈*Abutilon theophrasti* Medik.(1787)〉

어저귀라는 이름은 천이나 노끈 등을 만드는 식물이라는 뜻에서 유래한 것으로 추정한다. 열매를 약용하고 줄기의 껍질로 섬유를 만들었다.[6] 『동의보감』은 '苘實'(경실)에 대한 한글명이 '어저귀여름'이고 이를 이질(痢疾) 등의 치료에 사용하며, "卽今人取以績布及打繩索者 卽白麻也"(곧 지금 사람들이 껍질로 천을 짜고 노끈을 꼬는 것이다. 곧 백마이다)라고 기록했다. 『훈몽자회』도 '白麻'(백마), 즉 흰색의 삼이라고 하여 섬유재로 사용한다는 것을 기록했다. 어저귀는 그 이름이 처음 보이는 『훈몽자회』의 '항것귀' 및 '주머귀'와 어형(語形)이 매우 유사한데, '항것귀'는 '항'(大)과 '것'(物)과 '귀'(접사)로 大薊(대계: 엉겅퀴를 한방에서 이르는 말)를 뜻하고,[7] '주머귀'는 '줌'(주먹)과 '어귀'(접사)로 拳(권: 주먹)을 뜻한다.[8] 이에 비추어 '어저귀'는 '엊(또는 엇)'과 '어귀'(접사)로 분석할 수 있다.

---

4 『향약집성방』(1433)의 차자(借字) '一日花'(일일화)에 대해 남풍현(1999), p.183은 '일싈화'의 표기로 보고 있다.

5 『조선식물명휘』(1922)는 '黃蜀葵, 花葉草, 당촉규화(製紙用)'를 기록했으며 『토명대조선만식물자휘』(1932)는 '[黃蜀葵]황촉규, [唐蜀葵花]당(ㅅ)촉규화'를, 『선명대화명지부』(1934)는 '당촉규화'를 기록했다.

6 이에 대해서는 『한국식물도감(하권 초본부)』(1956), p.400 참조.

7 이에 대해서는 백문식(2014), p.381 참조.

8 이에 대해서는 김무림(2015), p.201 참조. 그 외에도 『월인석보』(1459), 『능엄경언해』(1461), 『분류두공부시언해』(1481), 『신증유합』(1576) 등에 주먹(拳)을 뜻하는 '주머귀'라는 표현이 나온다.

『훈몽자회』와 비슷한 시대에 저술된 『능엄경언해』는 "엇근 것 簡"이라고 기록했는데, 글을 쓰기 위해 엮은 대쪽을 '簡'(간)이라고 했다. '엇'에 어떤 것을 엮어 만든다는 뜻이 있으므로, 이를 어저 귀에 대응해보면 줄기 껍질을 엮어 천이나 노끈을 만드는 식물이라는 뜻을 유추할 수 있다.[9] 『사성 통해』는 어저귀에 대한 한자명 '茼麻'(경마)와 같은 것으로 사용되는 '䔛麻'(경마)에 대한 한글명으로 베를 짜는 삼과 유사하다는 뜻으로 추정되는 '뚝삼'(뚝삼)을 기록했는데, 그 후에도 어저귀와 함께 일부 문헌에 사용되었지만 현재는 사라진 말이다. 한편 일제강점기에 일본인이 기록한 문헌에서 보이는 '오작의'와 '어적위'라는 이름을 근거로, 어저귀를 작은 관목처럼 크게 자라는 줄기가 밟히거나 채취될 때 '어적어적' 소리가 나는 것에서 유래한 이름으로 보는 견해가 있다.[10] 그러나 '오작의'와 '어적위'는 어저귀라는 말이 형성된 16~18세기에는 전혀 보이지 않는 표현이고, '어적 어적'이라는 표현도 현대어로서 이름이 형성되었던 때의 언어로 보기 어려우므로 그 타당성은 의문스럽다.

속명 *Abutilon*은 이 식물의 아랍명 *abutilun*에서 유래했으며 어저귀속을 일컫는다. 종소명 *theophrasti*는 열대 지역에 주로 분포하는 *Theophrasta*(테오프라스타속) 식물과 비슷하다는 뜻이다.

다른이름 오작이/청마(박만규, 1949), 모싯대(정태현 외, 1949)

옛이름 䔛麻/뚝삼(사성통해, 1517), 䔛/어저귀/白麻(훈몽자회, 1527), 枲/뚝삼(소학언해, 1588), 茼實/어 저귀여름/白麻(동의보감, 1613), 䔛麻/뚝삼(가례언해, 1632), 䔛麻/어저귀(역어유해, 1690), 뚝삼(청구영언, 1728), 䔛麻/어저귀(동문유해, 1748), 䔛麻/어저귀(몽어유해, 1768), 䔛麻/어저귀(한청문감, 1779), 茵麻/어 자귀(재물보, 1798), 䔛/白麻/어자괴(물보, 1802), 茼/어쟈귀(몽유편, 1808), 茼麻/白麻/어즈귀(물명고, 1824), 茵麻/항마/어져외/白麻(명물기략, 1870), 어저귀(한불자전, 1880), 蕡/어져귀(의서옥편, 1921)[11]

중국/일본명 중국명 茼麻(qing ma)에서 '茼'(경)은 뜻을 나타내는 艸(초)와 음을 나타내는 冋(경)이 합쳐진 것으로 어저귀를 뜻하며, '麻'(마)는 삼을 뜻하는 것으로 줄기 껍질을 벗겨 베와 노끈 등을 만드는 것에서 유래했다. 일본명 イチビ는 옛말에서 유래한 것으로 여러 견해가 나뉘는데, 부싯돌로쳐서 일으키는 불이라는 뜻의 ウチビ(打火)가 전화한 것이라고도 하고 한국의 옛말 '어저귀'가 변화한 것이라고도 한다.

참고 [북한명] 어저귀 [유사어] 경마(茼麻), 백마(白麻), 청마(青麻) [지방명] 어주에/언주에(제주), 마

---

9 다만 어저귀의 직접적 어원으로 보이는 '엊'이 실을 꼬거나 엮는 것과 관련한 표현은 보이지 않고, '엊그'가 '엊'으로 변화할 수 있는지 등 정확히 해명되지 않는 어원학적 문제가 있으므로 이에 대한 보다 면밀한 연구가 필요하다.

10 이러한 견해로 김종원(2013), p.114 참조.

11 『제주도및완도식물조사보고서』(1914)는 'ヲジュウェ'[어주에]를 기록했으며 『조선어사전』(1920)은 '白麻(빅마), 茼麻(경마), 어저귀',『조선식물명휘』(1922)는 '茼麻, 오작의, 靑麻, 어적위(纖維)'를,『토명대조선만식물자휘』(1932)는 '[茼麻]경마, [䔛麻]경마, [白麻]빅마, [어저귀]마'를,『선명대화명지부』(1934)는 '오작의, 어적위'를,『조선삼림식물편』(1915~1939)은 'オジュウ ェ(濟州島)/Ojuwe'[어주에(제주도)]를 기록했다.

Althaea rosea *Cavanilles* タチアヲヒ 蜀葵 (栽)
Choggyuhwa 촉규화

접시꽃〈*Alcea rosea* L.(1753)〉[12]

접시꽃이라는 이름은 꽃잎이 옆으로 퍼진 큰 꽃의 모습을 접
시에 비유한 것에서 유래했다.[13] 통일신라 때에 원문이 저술된
것으로 추정되는 문헌에도 이름이 보이는 점에 비추어 오래전
에 전래된 식물로, 전초(全草)를 약재로 쓰고 어린잎을 식용하
기도 했다.[14] 『조선식물향명집』은 한자명 '蜀葵花'에서 유래한
'촉규화'로 기록했으나, 『우리나라 식물명감』에서 '접시꽃'으
로 기록해 현재에 이르고 있다. 『조선구전민요집』은 '접시꼿'
이라는 이름을 기록했고, 여러 지역의 방언에서 접시꽃 또는
접시꽃이 변형된 것으로 보이는 명칭이 발견되는 점에 비추어
방언을 채록한 것으로 보인다.

　속명 *Alcea*는 아욱의 고대 그리스명 *alkea*에서 유래한 라
틴어로 접시꽃속을 일컫는다. 종소명 *rosea*는 '장밋빛의, 담홍색의'라는 뜻이다.

다른이름 촉규화(정태현 외, 1936), 접중화/떡두화(김현삼 외, 1988)

옛이름 蜀葵花(고운집, 9세기), 蜀葵/葵花(향약집성방, 1433), 蜀葵花/쇽규화(구급간이방언해, 1489), 紅
蜀葵/불근꼿피는규화/蜀葵(동의보감, 1613), 蜀葵花(성소부부고, 1613), 蜀葵花(의림촬요, 1635), 葵花/蜀
葵/규화(산림경제, 1715), 蜀葵花(성호사설, 1740), 蜀葵/규화(재물보, 1798), 蜀葵花/규화(물보, 1802), 蜀
葵花(이옥전집, 1815), 蜀葵/촉규화(광재물보, 19세기 초), 촉규화(화왕본긔, 19세기 초), 蜀葵/규화(물명고,
1824), 蜀葵花/戎葵(송남잡지, 1855), 蜀葵花/촉규화(명물기략, 1870), 규화/葵花/촉규화/蜀葵花(한불자
전, 1880), 蜀葵/촉규화(일용비람기, 연대미상), 蜀葵/촉규화(신자전, 1915), 蜀葵(선한약물학, 1931), 접시
꼿(조선구전민요집, 1933)[15]

---

12 '국가표준식물목록'(2018)은 접시꽃의 학명을 *Althaea rosea* (L.) Cav.(1786)로 기재하고 있으나, 『장진성 식물목록』(2014),
　'중국식물지'(2018) 및 '세계식물목록'(2018)은 본문의 학명을 정명으로 기재하고 있다.
13 이러한 견해로 이우철(2005), p.451 참조.
14 이에 대해서는 『한국의 민속식물』(2017), p.772 참조.
15 『조선어사전』(1920)은 '蜀葵(촉규), 德頭花(덕두화)'를 기록했으며 『조선식물명휘』(1922)는 '蜀葵, 葵花, 촉규화(觀賞)'를, 『토
　명대조선만식물자휘』(1932)는 '[蜀葵花]촉규화, [德頭花]덕두화'를, 『선명대화명지부』(1934)는 '촉규화'를 기록했다.

중국명 蜀葵(shu kui)는 중국 촉(蜀: 현재의 쓰촨성)에서 자라는 아욱(葵)이라는 뜻이다.[16] 일본명 タチアヲヒ(立葵)는 곧추서서 자라는 아욱 종류(アヲヒ)라는 뜻이다.

참고 [북한명] 접중화 [유사어] 규화(葵花), 덕두화(德頭花), 촉규(蜀葵), 촉규화(蜀葵花), 층층화(層層花) [지방명] 꼬꼬댁꽃/접시국화/즙시꽃(강원), 으숭아/접시꽃나무(경기), 접시나물(경북), 접시꽃나무/흰접시꽃(전남), 깜박꽃/흰접시꽃(전북), 가지깽이고장/접치꽃/촉교화(제주), 모시꽃/채키화(충남), 채키화(충북), 뚝두화/뚝둥에꽃/촉게(평북), 접시꽃(함경)

Gossypium Nanking *Meyer*   ワタ   棉花 (栽)
Moghwa   목화(면화)

목화〈*Gossypium arboreum* L.(1753)〉[17]

목화라는 이름은 한자명 '木花'(목화)가 어원인데 이는 '木綿花'(또는 木棉花: 목면화)의 줄임말로, 무명(綿)의 재료가 되는 목본성 식물(꽃)이라는 뜻에서 유래했다.[18] 인도의 열대 지방이 원산으로 한반도에서는 한해살이풀이지만 원산지에서는 관목처럼 자라는 여러해살이풀이다. 목화는 『태조실록』 중 1398년의 기록에 따라 문익점(1329~1398)에 의해 고려 공민왕 때인 1361년에 도입된 것으로 알려져 있으나, 삼국 시대에 이미 재배 또는 직포에 대한 기록과 흔적이 있어 실제 도입 시기는 훨씬 더 오래 전으로 추정된다. 한자 '綿'(면)은 실을 나타내는 '糸'(사)와 피륙을 나타내는 '帛'(백)이 합쳐진 글자로, 무명(솜)을 원료로 한 실이나 그 실로 짠 천을 나타낸다. 木綿花(목면화)는 원산지에서 중국으로 도입될 때 키가 커서 나무(목본성)로 보이는 것에서 유래한 이름이다.[19] 다른이름으로 면화(綿花/棉花)라고 부르기도 한다.

  속명 *Gossypium*은 목화의 고대 라틴명으로 열매가 벌어져 부풀어 오르는 모습을 종기(gossum)에 비유한 것에서 유래했으며 목화속을 일컫는다. 종소명 *arboreum*은 '나무의'라는 의미로 목본 같다는 뜻이다.

다른이름 면화(정태현 외, 1937), 미영(박만규, 1949), 재래면(한진건 외, 1982)

옛이름 木縣樹(태조실록, 1398), 綿花(태종실록, 1406), 木花(세조실록, 1463), 木花(신증동국여지승람,

---

16 중국의 『본초습유』(783)는 "郭璞注云 今蜀葵也 葉似葵 花如木槿花 戎蜀其所自來 因以名之"(곽박은 주에서 '지금의 촉규이다. 잎은 해바라기와 같고 꽃은 목근화와 같다. 서융과 촉에서 들어왔기 때문에 이름 지어졌다'라고 하였다)라고 기록했다.

17 '국가표준식물목록'(2018)은 목화의 학명을 *Gossypium hirsutum* Lam.(1786)으로 기재하고 있으나, 『장진성 식물목록』(2014)은 본문의 학명을 기재하고 있고 '중국식물지'(2018)는 *Gossypium hirsutum* L.(1753)에 대해 중국명 陆地棉(lu di mian)이라는 별도의 종으로 분류하고 있으므로 주의가 필요하다.

10 이러한 견해로 이우철(2005), p.227 참조.

19 중국의 『본초강목』(1596)은 "木綿有二種 似木者名古貝 似草者名古終"(목면은 두 종류가 있다. 나무와 비슷한 것을 고패라 하고, 풀과 비슷한 것을 고종이라 한다)이라고 기록했다.

1530), 木綿(대동운부군옥, 1589), 木綿花(동의보감, 1613), 木綿花(지봉유설, 1614), 木花(승정원일기, 1625), 木花(산림경제, 1715), 木花(연려실기술, 1776), 木花(열하일기, 1780), 木綿/목면(해동농서, 1799), 木綿/명화(광재물보, 19세기 초), 木花(경세유표, 1817), 綿花/면화/木綿花(물명고, 1824), 木綿花(허백당집, 1842), 木棉花/木綿花/木棉/草綿(오주연문장전산고, 185?), 棉花/면화(명물기략, 1870), 면화/棉花(농부월령가, 1876), 면화/綿花/목면/木綿/목화/木花(한불자전, 1880), 木花/목화(교린수지, 1881), 목화/木花(한영자전, 1890), 木花/면화(의방합편, 19세기), 木綿子/면화씨(단방비요, 1913), 면화/綿花/목화(조선어사전[심], 1925), 목화/미영(조선구전민요집, 1933)[20]

중국/일본명 중국명 樹棉(shu mian)은 무명을 생산하는 목본성의 식물이라는 뜻이다.[21] 일본명 ワタ는 그 유래가 명확하게 알려져 있지 않다.

참고 [북한명] 목화 [유사어] 면화(棉花/綿花), 목면(木棉/木綿) [지방명] 먹하/명/목하/목화다래/무명(강원), 견화/먹하/면화/명/목하/목하꽃/목화다래(경기), 다래/다래꽃/드레꽃/맹/면베/명/명다래/명베/목하꽃/목해꽃/목화다래/무명/미영꽃(경남), 명(경북), 다래/면해씨/명/명베/명씨/명주/미역나무/미역씨/미영쑹어리/미영쓩이/미영씨(전남), 다래/명/명베/목하/목해/미영/미영베/미영쑹어리/미영쓩이(전북), 멘네/멘헤/면해(제주), 다래/목하/목화나무/목화다래/목화솜/목화씨(충남), 목하(충북), 매내캐/메캐(평북), 메낭(황해)

Hibiscus mutabilis *Linné* フヤウ 芙蓉 (栽)
Buyonghwa 부용화

부용〈*Hibiscus mutabilis* L.(1753)〉

부용이라는 이름은 한자명 '木芙蓉'(목부용)의 축약형으로 목본성 부용이라는 뜻인데, 한자명 '芙蓉'(부용)은 연꽃을 의미하므로 연꽃을 닮은 꽃이 피는 나무라는 뜻에서 유래한 것이다.[22] 꽃의 화려함을 연꽃과 같다고 본 것이며, 같은 뜻으로 木蓮(목련)이라고도 한다. 한편 17세기에 저술된 『동의보감』에 기록된 '芙蓉'(부용)은 '白蓮'(백련)과 함께 기록된 것에 비추어 연꽃을 일컫고, 19세기에 저술된 『물명고』에 기록된 '芙蓉'(부용)은 '菊名'(국명)으로 국화의 종류이다. 따라서 옛 문헌에서 '芙蓉'(부용)은 현재의 부용뿐만 아니라 다른 식물을 일컫기도 했으므로 주의가 필요하다. 『조선식물향명집』은 '부용화'로 기록했으나 『우리나라 식물명감』에서 '부용'으로 개칭해 현재에 이르고 있다.

---

20 『조선어사전』(1920)은 '木花(목화), 綿花(면화), 草綿(초면), 솜'을 기록했으며 『조선식물명휘』(1922)는 '草棉, 棉花(纖維)'를, 『토명대조선만식물자휘』(1932)는 '[綿麻]면마, [草綿]초면, [綿花]면화, [木花]목화, [去核花]거홀화, [당탄], [당태], [솜음], [솜]'을, 『선명대화명지부』(1934)는 '목화'를 기록했다.

21 '중국식물지'(2018)는 본문의 학명에 대해서 키가 크고 목본성이라 하여 '樹棉(shu mian)'이라 하고, *Gossypium herbaceum* L.(1753)은 키가 작고 초본성이라 하여 '草棉(cao mian)'이라 하여 별도 분류하고 있다.

22 이러한 견해로 이우철(2005), p.282; 허북구·박석근(2008b), p.160; 강판권(2015), p.831 참조.

속명 Hibiscus는 아욱 또는 겨우살이처럼 점액 성분이 있거나 가지가 유연한 식물을 일컫던 그리스어 ibiskos(또는 ebiskos)가 어원으로, 로마의 박물학자이자 역사가인 플리니우스(Plinius, 23~79)가 marsh-mallow(Althaea officinalis)에 붙인 라틴명에서 유래했으며 무궁화속을 일컫는다. 종소명 mutabilis는 '변하기 쉬운, 색이 변하는'이라는 뜻으로 잎이 다양하게 갈라지는 것에서 유래했다.

다른이름 부용화(정태현 외, 1937), 목부용(안학수·이춘녕, 1963)

옛이름 木芙蓉(세종실록, 1447), 木芙蓉(성소부부고, 1613), 木芙蓉(농사집성, 1655), 木芙蓉/木蓮/拒霜花(산림경제, 1715), 木芙蓉/木蓮/拒霜(본사, 1787), 木芙蓉/木蓮/拒霜(재물보, 1798), 木芙蓉/木蓮/拒霜花(해동농서, 1799), 木芙蓉(광재물보, 19세기 초), 목부용(화왕본긔, 19세기 초), 木芙蓉/木蓮/地芙蓉/拒霜(물명고, 1824), 木芙蓉/木蓮(송남잡지, 1855), 木芙蓉/목부용(명물기략, 1870), 木芙蓉(임하필기, 1871), 芙蓉(녹효방, 1873), 芙蓉/木芙容/花葉皮(의방합편, 19세기), 목부용/木芙蓉(일용비람기, 연대미상), 木芙蓉/拒霜(수세비결, 1929)[23]

중국/일본명 중국명 木芙蓉(mu fu rong)은 목본성 연꽃이라는 뜻이다.[24] 일본명 フヤウ(芙蓉)는 중국명 '木芙蓉'(목부용)을 축약한 '芙蓉'(부용)을 음독한 것이다.

참고 [북한명] 부용 [유사어] 거상화(拒霜花), 목련(木蓮), 목부용(木芙蓉) [지방명] 화초무궁화(경기)

Hibiscus syriacus Linné ムクゲ 木槿 (栽)
Mugunghwa 무궁화 無窮花

무궁화〈Hibiscus syriacus L.(1753)〉

무궁화라는 이름은 중국에서 전래된 한자명 '木槿花'(목근화)를 발음하는 과정에서 무긴화 → 무깅화 → 무궁화로 변한 것에서 유래했다.[25] 중국 남부가 원산으로 우리나라에서는 황해도가 북방 한계선이며,[26] 인가 부근에 식재하는 낙엽 활엽 관목이다. 고려 후기에 저술된 『동국이상국집』에 '槿花'(근화) 및 우리말 무궁을 차자(借字)한 한자 표현 '無窮'과 '無宮'이 기록된 것에 비추어 도

---

23 『조선어사전』(1920)은 '木芙蓉(목부용), 芙蓉, 拒霜'을 기록했으며 『조선식물명휘』(1922)는 '芙蓉花, 木芙蓉(觀賞)'을, 『토명대조선만식물자휘』(1932)는 '[(木)芙蓉](목)부용, [芙蓉花]부용화, [拒霜花]거상화'를 기록했다.

24 중국의 『본초강목』(1596)은 "此花艶如荷花 故有芙蓉木蓮之名 八九月始開 故名拒霜"(이 꽃은 연꽃처럼 고우므로 부용이나 목련이라는 이름이 있다. 8~9월에 꽃이 피기 시작하므로 거상이라 한다)이라고 기록했다.

25 이러한 견해로 김민수(1997), p.379; 백문식(2014), p.217; 김무림(2015), p.402; 장충덕(2007), p.142; 심재기(1999), pp.31-33; 조항범(2018.7.20.); 박상진(2019), p.164; 허북구·박석근(2008b), p.123; 김양진(2011), p.60 참조. 국어학에서는 『역어유해』(1690)와 『방언집석』(1778) 등 어학 관련 옛 문헌에서 한자로 '木槿花'로 쓰고 그 중국음을 '무긴화'로 본 것 등을 근거로 하다.

26 이에 대해서는 『조선삼림식물도설』(1943), p.506 참조. 한편 북한의 『조선고등식물분류명집』(1964), p.89; 『식물원색도감』(1988), p.374; 『조선약용식물지 I』(1999), p.262는 '전국' 또는 '전국 각지'에서 재배하는 것으로 기록하고 있다.

입 시기는 그 이전으로 보인다. 옛 문헌에 기록된 한자명 '無窮花', '無宮花', '舞宮花' 및 '蕪藭花'는 모두 중국에서 사용하지 않는 표현으로 우리말 발음을 나타내기 위한 차자(借字) 표기이다. 즉, 중국어 木槿花(무긴화)가 한글 발음으로 '무궁화'로 변화한 뒤 원래 한자와는 다른 한자명이 생겨난 것이다. 반면에 한자명 '無窮花'(무궁화)가 어원으로 꽃이 끊임없이 피는 것에서 유래했다고 보는 견해가 있으나,[27] 옛 문헌에 다양한 한자 표기가 있는 점에 비추어 한자명은 한글명 무궁화를 한자로 나타내기 위한 차자 표기라고 할 것이다.[28] 또한 한반도가 원산지이므로 고유의 식물 이름이 있었을 것이 분명하다면서 전남에서 부르는 '무우게'가 무궁화의 원래 명칭이거나 이로

부터 무궁화라는 이름이 유래했다고 주장하는 견해가 있다.[29] 그러나 무궁화의 원산지를 한반도로 볼 수 없고, '무우게'는 '木槿'(목근)과 발음이 유사한 점에 비추어 무궁화가 도입된 후에 생겨난 방언으로 보인다. 한편 중국의 『산해경』[30]에서 薰華草(훈화초)를 기록한 것과 신라 최치원이 당나라에 보낸 표사(表辭)에서 신라를 槿花鄕(근화향)으로 칭하던 것 등을 근거로, 한반도가 무궁화의 원산지라고 주장하는 견해가 있다.[31] 그러나 한반도에서 무궁화의 자생지가 발견된 바가 없고 어떤 식물을 일컫는 명칭인지 불명확한 옛 문헌을 근거로 식물의 원산지를 논하는 것은 과학에 근거하지 않은 주장으로 보인다.[32]

27 이러한 견해로 진정일(2009), p.95; 오찬진 외(2015), p.852; 강판권(2015), p.835; 박영수(1995), p.244; 이상화(1998), p.360 참조.

28 다만 다양한 한자 표기가 '無窮花'라는 표기로 정착되는 과정에서 중국이나 일본과는 다른 꽃이 계속하여 피어나는 특징을 인식하는 문화가 형성된 것으로 보인다.

29 이러한 견해로 유달영·염도의(1983), p.96, 208; 유기억(2008b), p.223; 이경선 외(1986) 참조. 또한 김정상(1955)도 이와 유사한 견해를 취하는 것으로 보인다.

30 4세기에 저술된 것으로 추정하는 중국의 『산해경』은 "君子國在其北 衣冠帶劍 食獸 使二大虎在旁 其人好讓不爭 有薰華草 朝生暮死 一曰在肝楡之尸北"(군자국이 그 북쪽에 있다. 의관을 갖추고 칼을 차고 있으며 짐승을 잡아먹고 두 마리의 호랑이를 부려 곁에 두고 있다. 그 사람들은 사양하기를 좋아하여 다투지 않는다. 훈화초라는 식물이 있는데 아침에 나서 저녁에 죽는다. 혹은, 간유의 북쪽에 있다고도 한다)이라고 기록했다. 신화에 가까운 이 책을 자생지 논의의 근거로 삼기에는 무리가 있다.

31 이러한 견해로 유달영·염도의(1983), p.88, 208 참조.

32 무궁화의 한반도 자생지와 관련하여 나카이 다케노신(中井猛之進, 1882~1952)이 『조선삼림식물편』 제21집, p.104에서 자신이 저술한 『조선식물(상권)』(1914)을 근거로 무궁화를 귀화식물로 본 적이 있으나, 그는 자신의 연구 대상인 한반도 식물의 독자성을 주장하기 위해 자주 한반도 자생 여부를 과장한 바 있고(예컨대 산수유, 아욱 등), 자신이 저술한 『조선식물(상권)』, p.170에서도 중국 원산의 식재식물로 기재하고 있어 그 주장을 신뢰하기 어렵다. 이후의 연구에서도 한반도에서 자생하는 개체는 발견된 적이 없으며, 『조선식물명휘』(1922), 『조선삼림수목감요』(1923), 『조선삼림식물향명집』(1937), 『조선삼림식물도설』(1943), 『우리나라 식물명감』(1949), 『한국수목도감』(1966), 『원색한국식물도감』(1996), '국가표준식물목록'(2018) 등은 모두 무궁화를 식재하여 재배하는 식물로 기록했다. 영국의 '왕립식물원(Kew Botanical Garden)'(2018)과 미국의 '미주리식물원(Missouri Botanical Garden)'(2018)도 중국 남부나 남동부 지역을 원산지로 보고 있다.

속명 *Hibiscus*는 아욱 또는 겨우살이처럼 점액 성분이 있거나 가지가 유연한 식물을 일컫던 그리스어 *ibiskos*(또는 *ebiskos*)가 어원으로, 로마의 박물학자이자 역사가인 플리니우스(Plinius, 23~79)가 marsh-mallow(*Althaea officinalis*)에 붙인 라틴명에서 유래했으며 무궁화속을 일컫는다. 종소명 *syriacus*는 '시리아의'라는 뜻으로 학명을 부여한 린네(Carl von Linné, 1707~1787)가 원산지를 시리아(Syria)로 오인한 것에서 유래했으며 실제 자생지는 중국 남부이다.

다른이름 무궁화나무(정태현 외, 1923), 무궁화(정태현 외, 1936), 목근화(안학수·이춘녕, 1963), 목근(이영노, 1996)

옛이름 槿花/無窮/無宮(동국이상국집, 1241), 木槿/無窮花木(향약집성방, 1433),[33] 木槿花/무궁화(사성통해, 1517), 槿/蕣/木槿花/무궁화(훈몽자회, 1527), 槿/무궁화(운회옥편, 1536), 木槿/無窮/無宮/日及(대동운부군옥, 1589), 無窮花(학봉전집, 1593), 木槿/무궁화(동의보감, 1613), 蕣/일일화(시경언해, 1613), 木槿花/朝生夕死(지봉유설, 1614), 無窮花(해월집, 1622), 木槿/무궁화(주촌신방, 1687), 木槿花/무궁화(역어유해, 1690), 木槿/무궁화(사의경험방, 17세기), 木槿/舞宮花(산림경제, 1715), 木槿花/무궁화(방언집석, 1778), 槿花草/木槿花(동사강목, 1778), 木槿/無窮花(본사, 1787), 無窮花(가운문고, 18세기 말), 木槿/蕪窮花(화암수록, 18세기 말), 木槿/무궁화(재물보, 1798), 木槿/무궁화(물보, 1802), 木槿/무궁화(광재물보, 19세기 초), 木槿/무궁화(몽유편, 1810), 木槿/椴/무궁화/櫬/蕣/日及(물명고, 1824), 木槿/무궁화/無窮花(동언고, 1836), 薰華草/木槿花(해동역사, 1841), 木槿/椴/蕣/日及/玉蒸/朱槿/蕣華/舞宮花(임원경제지, 1842), 木槿花(이계집, 1843), 木槿花/瘡子花/裏梅花/無窮花(오주연문장전산고, 185?), 櫬/槿榮/무궁화(자류주석, 1856), 木槿(다산시문집, 1865), 木槿/목근/無窮/무궁(명물기략, 1870), 槿花/무궁화/無窮花(의휘, 1871), 槿花草/木槿花(임하필기, 1871), 無窮花/무궁화(국한회어, 1895), 木槿/蕣/무궁화(일용비람기, 연대미상), 槿花/無窮花(후산집, 1904), 槿/무궁화(국한문신옥편, 1908), 蕣/木槿/무궁화(자전석요, 1909), 木槿/椴/櫬/日及/王蒸/無華/朝華暮落/무궁화(신자전, 1915), 근화/槿花/무궁화/無窮花(조선어사전[심], 1925), 木槿花/무궁화/無窮(동아일보, 1925), 無窮花(조선구전민요집, 1933), 木槿花/무궁화(조선일보, 1935)[34]

중국/일본명 중국명 木槿(mu jin)은 목본성 근(槿)이라는 뜻으로, '槿'은 뜻을 나타내는 '木'(목: 나무)과 음을 나타냄과 동시에 근소(僅少)하다는 뜻을 나타내는 '堇'(근)으로 이루어진 글자이며 아침에 피었다가 저녁에 시드는 꽃의 수명이 짧다는 뜻이다.[35] 일본명 ムクゲ(木槿)는 한자명 '木槿'(목근)을 음독한 것에서 유래했으며, 일본에서도 오래전에 중국에서 전래된 이 나무를 정원 등에 식재하고

---

33 『향약집성방』(1433)의 차자(借字) '無窮花木'(무궁화목)에 대해 남풍현(1999), p.179는 '무궁화나모'의 표기로 보고 있다.

34 『제주도및완도식물조사보고서』(1914)는 'ブクムホア'[부구무화]를 기록했으며 『조선어사전』(1920)은 '槿花(근화), 木槿, 無窮花'를, 『조선식물명휘』(1922)는 '木槿花, 槿木, 蕣, 무궁화(觀賞)'를, Crane(1931)은 '무궁화'를, 『토명대조선만식물자휘』(1932)는 '[木槿(花)]무근(화), [槿花]근화, [蕣華]순화'를, 『선명대화명지부』(1934)는 '무궁화(나무)'를, 『조선삼림식물편』(1915~1939)은 'ブクムホア(全南)/Bukumuhoa'[부구무화(전남)]를 기록했다.

35 중국의 『본초강목』(1596)은 '此花朝開暮落 故名日及 曰槿曰蕣 猶僅榮一瞬之義也'(이 꽃은 아침에 피었다가 저녁에 지므로 일급이라 한다. 근과 순이라 한 것은 한순간의 영화라는 뜻이다)라고 기록했다.

있다.[36]

참고 [북한명] 무궁화나무 [유사어] 근화(槿花), 목근화(木槿花), 순화(舜花), 일급(日及) [지방명] 무궁아(경남), 눈에피꽃/눈에핀꽃/무개나무/무우게/우리나라꽃(전남), 북무화(제주)

Hibiscus Trionum *Linné*　ギンセンクワ(テウロサウ)
Subagpul　수박풀

수박풀〈*Hibiscus trionum* L.(1753)〉

수박풀이라는 이름은 잎의 모양이 수박과 유사하다는 뜻에서 유래했다.[37] 잎이 3~5갈래로 깊게 갈라져 수박의 잎과 비슷한 모양이 된다. 『임원경제지』는 '野西瓜苗'(야서과묘)의 새싹과 잎을 채취해 삶아 조리하여 구황식물로 이용한다고 기록했다. 수박풀이라는 한글명은 『조선식물향명집』에서 최초로 발견된다.

　속명 *Hibiscus*는 아욱 또는 겨우살이처럼 점액 성분이 있거나 가지가 유연한 식물을 일컫던 그리스어 *ibiskos*(또는 *ebiskos*)가 어원으로, 로마의 박물학자이자 역사가인 플리니우스(Plinius, 23~79)가 marsh-mallow(*Althaea officinalis*)에 붙인 라틴명에서 유래했으며 무궁화속을 일컫는다. 종소명 *trionum*은 꽃이 피어 있는 동안이 3시간밖에 지속되지 않는 것을 뜻한다.

옛이름　野西瓜苗(임원경제지, 1842)[38]

중국/일본명　중국명 野西瓜苗(ye xi gua miao)는 들에서 자라는 수박(西瓜)의 싹을 닮은 식물이라는 뜻이다. 일본명 ギンセンクワ(銀錢花)는 꽃의 색깔과 모양이 은색의 동전처럼 생겼다는 뜻이다.

참고 [북한명] 수박풀 [유사어] 미호인(美好人), 야서과(野西瓜), 조로초(朝露草)

36　한편 일본의 *Hibiscus*속 식물 전문가인 다치바나 요시시게(立花吉茂, 1926~2005)는 일본명 ムクゲ는 한국명 '無窮花'에서 유래한 것으로 보았다. 이에 대해서는 立花吉茂(1989), p.6 참조.
37　이러한 견해로 이우철(2005), p.358 참조.
38　『조선식물명휘』(1922)는 '野西瓜苗, 和尙頭'를 기록했으며 『토명대조선만식물자휘』(1932)는 '[草芙蓉]초부용'을 기록했다.

○ Malva olitoria *Nakai*   テウセンフユアヲヒ(リヨウリアヲヒ)
Aug 아욱 (栽)

아욱⟨*Malva verticillata* L.(1753)⟩

아욱이라는 이름은 만주어 아부하(abu-ha)가 전래되어 토착화하는 과정에서 발음이 변화한 것이다.[39] 고려 시대에 저술된 『향약구급방』에 약재로 명칭이 기록된 것에 비추어 그 이전에 우리나라에 전래된 것으로 보인다. 『향약구급방』의 차자(借字) 표현 '阿夫實'(아부실)은 '아부삐'(아보삐)의 표기이고, 함경도 방언으로 '아부기' 등이 남아 있는 것은 만주어와의 유사성을 보여준다. 아부/아보 →(아부)→아혹→아옥→아욱으로 변화해 현재의 이름이 정착했다.

　속명 *Malva*는 그리스어 *malakos*(부드러운)가 어원으로 잎이 부드러운 것 또는 아욱을 먹으면 장의 운동을 부드럽게 한다는 뜻이 있으며 아욱속을 일컫는다. 종소명 *verticillata*는 '돌려나는'이라는 뜻으로 잎겨드랑이에서 꽃이 돌려나는 듯한 모양 또는 바퀴처럼 생긴 열매의 모양과 관련이 있어 보인다.

다른이름　아옥(박만규, 1949), 겨울아욱(임록재 외, 1972), 들아욱(박만규, 1974)

옛이름　葵子/阿夫實(향약구급방, 1236),[40] 冬葵子/阿郁(향약채취월령, 1431), 冬葵子/阿郁(향약집성방, 1433),[41] 아옥/葵(구급방언해, 1466), 葵菜/아혹/아옥(분류두공부시언해, 1481), 葵子/아혹삐(구급간이방언해, 1489), 葵/아옥(훈몽자회, 1527), 葵菜/아혹(신증유합, 1576), 葵菜/아욱치(언해구급방, 1608), 冬葵子/돌아옥삐(동의보감, 1613), 아혹/葵(시경언해, 1613), 葵菜/아옥(신간구황촬요, 1660), 葵菜/아혹(역어유해, 1690), 葵菜/아혹(동문유해, 1748), 葵菜/아혹(몽어유해, 1768), 葵菜/아혹(방언집석, 1778), 葵/아옥(왜어유해, 1782), 葵/아옥(재물보, 1798), 葵/아옥(해동농서, 1799), 葵/아욱(물보, 1802), 露葵/아옥(광재물보, 19세기 초), 葵菜/ᄋᆞ옥(몽유편, 1810), 露葵/아옥(물명고, 1824), 葵/아옥(자류주석, 1856), 葵/규/아옥(명물기략, 1870), 아옥/葵(한불자전, 1880), 冬葵子/아옥씨/露葵(방약합편, 1884), 아욱/蘉菜(국한회어, 1895), 葵子/아옥삐(의방합편, 19세기), 葵/아옥(아학편, 1908), 葵/아옥(자전석요, 1909), 冬葵子/葵子(선한약물학, 1931), 아욱/아옥(조선어표준말모음, 1936)[42]

중국/일본명　중국명 野葵(ye kui)는 들에서 자라는 규(葵: 아욱, 접시꽃, 해바라기 등의 총칭)라는 뜻이다.

39　이러한 견해로 백문식(2014), p.351; 강길운(2010), p.863; 김무림(2015), p.587 참조.
40　『향약구급방』(1236)의 차자(借字) '阿夫實'(아부실)에 대해 남풍현(1981), p.48은 '아보삐'의 표기로 보고 있으며, 이덕봉(1963), p.38은 '아부여름'의 표기로 보고 있다.
41　『향약집성방』(1433)의 차자(借字) '阿郁'(아욱)에 대해 남풍현(1999), p.182은 '아욱'의 표기로 보고 있다.
42　『제주도및완도식물조사보고서』(1914)는 'アヲック'[아옥]을 기록했으며 『조선어사전』(1920)은 '露葵(로규), 아옥'을, 『조선식물명휘』(1922)는 '아옥(食)'을, 『토명대조선만식물자휘』(1932)는 '[葵菜]규치, [아옥]'을, 『선명대화명지부』(1934)는 '아옥'을, 『조선삼림식물편』(1915~1939)은 'アオク(京畿, 忠北, 忠南, 全南 等)/Aok, オ ツク(平南)/Auck, カ―レ(濟州島)/Kare'[아옥(경기, 충북, 충남, 전남 등), 아욱(평남), 가레(제주도)]를 기록했다.

'葵'(규)는 뜻을 나타내는 艸(초: 풀)와 음을 나타내는 癸(계)가 합쳐진 글자로 잎이 태양을 향하는 식물 종류를 일컫는다. 일본명 テウセンフユアヲヒ(朝鮮冬葵)는 한반도에 분포하고 겨울에 잎이 녹색을 유지하는 아욱 종류(アヲヒ)라는 뜻이다.

참고 [북한명] 아욱 [유사어] 규(葵), 노규(露葵), 동규(冬葵), 파루초(破樓草) [지방명] 아우(경기), 아구/아국/아북/아우/아웁/아웃(경남), 아국/아방/아복/아부지/아북/아웅(경북), 아궁/아옹(전남), 어욱/어웨기낭(제주), 동규자(충북), 아우기(평북), 아북(함남), 아부기/아북(함북)

Malva sylvestris L. var. mauritiana *Boissieu* ゼニアヲヒ (栽)
Dang-aug 당아욱

당아욱 〈*Malva sylvestris* L.(1753)〉[43]

당아욱이라는 이름은 중국(唐)에서 전래된 아욱이라는 뜻에서 유래했다.[44] 아시아가 원산으로 중국을 통해 전래된 한해살이풀이다. 한자명 錦葵(금규)는 비단처럼 아름다운 아욱이라는 뜻이다.

속명 *Malva*는 그리스어 *malakos*(부드러운)가 어원으로 잎이 부드러운 것 또는 아욱을 먹으면 장의 운동을 부드럽게 한다는 뜻이 있으며 아욱속을 일컫는다. 종소명 *sylvestris*는 '숲속에서 자라는, 야생의'라는 뜻이다.

다른이름 당아옥(박만규, 1949), 키아욱(임록재 외, 1996), 참아욱(리용재 외, 2011)

옛이름 錦葵/荏葵(향약집성방, 1433), 錦葵/荊葵(청장관전서, 1795), 錢葵(노가재집, 1798), 錦葵/荊葵 (광재물보, 19세기 초), 錦葵/荊葵(물명고, 1824), 錦葵/錢葵(오주연문장전산고, 185?), 錦葵/錢葵(송남잡지, 1855), 荍/苬芺/錦葵/荊葵(시명다식, 1865)[45]

중국/일본명 중국명 錦葵(jin kui)는 꽃이 비단과 같이 예쁜 규(葵: 아욱, 접시꽃, 해바라기 등의 총칭)라는 뜻이다. 일본명 ゼニアヲヒ(錢葵)는 꽃의 모양이 동전처럼 생긴 아욱 종류(アヲヒ)라는 뜻이다.

참고 [북한명] 키아욱/참아욱[46] [유사어] 금규(錦葵), 전규(錢葵)

---

43 '국가표준식물목록'(2018)은 당아욱의 학명을 *Malva sylvestris* var. *mauritiana* Boiss.(1867)로, '중국식물지'(2018)는 *Malva cathayensis* M. G. Gilbert, Y. Tang & Dorr(2007)로 기재하고 있으나, 『장진성 식물목록』(2014)은 본문의 학명을 정명으로 기재하고 있다.

44 이러한 견해로 이우철(2005), p.168 참조.

45 『조선어사전』(1920)은 '錦葵(금규), 錢葵(전규)'를 기록했으며 『조선식물명휘』(1922)는 '錦葵, 冬葵菜(觀賞)'를, 『토명대조선만식물자휘』(1932)는 '[錦葵(花)]금규(화), [錢葵(花)]전규(화)'를 기록했다.

46 북한에서는 *M. mauritiana*를 '키아욱'으로, *M. sylvestris*를 '참아욱'으로 하여 별도 분류하고 있다. 이에 대해서는 리용재 외(2011), p.220 참조.

Sterculiaceae 벽오동科 (梧桐科)

벽오동과〈Sterculiaceae Vent.(1807)〉

벽오동과는 재배식물인 벽오동에서 유래한 과명이다. '국가표준식물목록'(2018)과 『장진성 식물목록』
(2014)은 Sterculia(스테르쿨리아속)에서 유래한 Sterculiaceae를 과명으로 기재하고 있으며, 엥글러
(Engler)와 크론키스트(Cronquist) 분류 체계도 이와 같다. 한편 '세계식물목록'(2018)과 APG IV(2016)
분류 체계는 Tiliaceae(피나무과)와 Sterculiaceae(벽오동과)를 Malvaceae(아욱과)에 포함시켜 분류
한다.

Firmiana platanifolia *Schott et Endlicher*　アヲギリ　梧桐
Byŏgodoñg-namu　벽오동나무　(栽)

벽오동〈*Firmiana simplex* (L.) W.Wight(1909)〉

벽오동이라는 이름은 한자명 '碧梧桐'(벽오동)에서 유래했으며,
잎이 오동나무의 잎과 비슷하게 생겼으나 나무껍질이 초록색
이라는 뜻에서 붙여졌다.[1] 예부터 여러 용도로 사용했는데 관
상수로 정원 등에 식재하고, 목재는 가구나 악기 등의 재료이
며, 나무껍질의 섬유는 베를 짜고, 수액은 종이를 만드는 풀로
쓰며, 씨앗은 식용했다.[2] 한자명 '梧桐'이 현삼과의 오동나무와
벽오동과의 벽오동 중 어떤 식물을 의미하는지 옛 문헌은 엄
밀하게 구분하지 않고 기록해 혼돈스러운데, 용도가 비슷해서
그리했던 것으로 보인다.[3] 오동(梧桐)에 대한 옛 한글명인 '머
귀'(머귀나무)는 열매를 식용했으므로 먹는(먹＋위) 나무라는
뜻에서 유래한 것으로 추정되지만, 현재는 운향과의 머귀나무
를 일컫는 이름으로 사용하고 있다. 『조선식물향명집』은 '벽오동나무'로 기록했으나 『조선삼림식
물도설』에서 '벽오동'으로 개칭해 현재에 이르고 있다.

　속명 *Firmiana*는 오스트리아 정치가인 Karl Joseph von Firmian(1718~1782)의 이름에서 유
래했으며 벽오동속을 일컫는다. 종소명 *simplex*는 '단일의, 단생의, 무분지의'라는 뜻이다.

1　이러한 견해로 이우철(2005), p.274; 박상진(2019), p.206; 김태영·김진석(2018), p.234; 허북구·박석근(2008b), p.151; 강판
　권(2015), p.425 참조.
2　이에 대해서는 『조선삼림식물도설』(1943), p.507 참조.
3　이에 대해서는 박상진(2011b), p.105 참조.

다른이름 벽오동나무(정태현 외, 1923), 청오동나무(김현삼 외, 1988)

옛이름 梧桐/머귀(월인석보, 1459), 梧桐子/옹통즁(구급방언해, 1466), 桐/머귀(분류두공부시언해, 1481), 머귀낡/桐桐樹(구급간이방언해, 1489), 梧桐/머귀(훈몽자회, 1527), 桐/머귀(신증유합, 1576), 碧梧桐(매월당집, 1583), 桐葉/머귀나모닙(동의보감, 1613), 桐/머괴(시경언해, 1613), 靑桐(지봉유설, 1614), 머귀나모/桐(가례언해, 1632), 梧桐樹/머괴나모(역어유해, 1690), 碧梧桐/梧櫃(성호사설, 1740), 梧桐樹/머귀나모(방언집석, 1778), 梧桐樹/머귀나모(한청분감, 1779), 碧梧桐(열하일기, 1780), 梧桐/靑桐(본사, 1787), 靑桐(청장관전서, 1795), 梧桐/벽오동(재물보, 1798), 梧/벽梧桐(물보, 1802), 梧桐/벽오동/榈/靑桐(광재물보, 19세기 초), 梧桐/벽오동/榈/榮木(물명고, 1824), 碧梧桐(의감산정요결, 1849), 碧梧桐(다산시문집, 1865), 오동나무/梧桐/머귀나무(한불자전, 1880), 梧桐/머긔낡(교린수지, 1881), 梧/벽오동(아학편, 1908), 碧梧桐(운양집, 1914), 梧/머귀(신자전, 1915)[4]

중국/일본명 중국명 梧桐(wu tong)은 『본초강목』에서 "樹似桐而皮靑不皴 其木無節直生 理細而性緊"(동과 비슷하지만 껍질이 푸르고 거칠지는 않으며, 나무에 마디가 없고 곧게 자라며, 결이 곱고 견고하다)이라고 기록하는 등 예부터 벽오동을 지칭했으나, 정확한 뜻은 알려져 있지 않다.[5] 일본명 アヲギリ(靑桐)는 나무껍질이 푸른색이 나는 오동나무라는 뜻이다.

참고 [북한명] 청오동나무 [유사어] 오동(梧桐), 청동목(靑桐木) [지방명] 벡오동/비오동나무(경남), 백오동나무(경북), 벽오동나무/오동나무(전남), 백오동(전북), 백오동나무/벽오동나무(충남)

---

4 『조선어사전』(1920)은 '碧梧桐(벽오동), 靑桐(청동)'을 기록했으며 『조선식물명휘』(1922)는 '梧桐, 桐麻, 벽오동나무'를, 『토명대조선만식물자휘』(1932)는 '[靑桐(木)]청동(나무), [碧梧桐]벽오동(나무)'를, 『선명대화명지부』(1934)는 '벽오동나무'를 기록했다.

5 중국의 『본초강목』(1596)은 "梧桐名義未詳"(오동의 이름과 뜻은 밝혀져 있지 않다)이라고 기록했다. 桐에 관해서는 "本經桐葉 卽 白桐也 桐華威筒 故謂之桐 其材輕虛色白而有綺文 故俗謂之白桐泡桐 故謂之椅桐也"(본경에서 동엽이라 한 것은 백동이다. 桐은 꽃이 비어 있는 통과 같아서 붙여진 이름이다. 목재는 가볍고 약하며 흰색이고 예쁜 무늬가 있어 예로부터 민간에선 백동, 포동으로 불렸으며 의동이라 하는 것이다)라고 기록했는데, 현재의 白花泡桐[bai hua pao tong, *Paulownia fortunei* (Seem.) Hemsl.]을 일컫는 것으로 보이지만 이런 유의 나무를 통칭하는 것으로도 쓰인다. 또한 조선 후기에 저술된 『본사』(1787)는 梧(오)는 5개의 씨앗이 열매 안에 유두 모양으로 붙어 있어 오(五)와 구(口)로 이루어졌고, 桐(동)은 꽃의 속이 빈 것이 통(筒)과 같아서 붙여진 이름이라는 취지로 기록했다. 이에 대한 자세한 내용은 『나무열전』(2016), p.189, 194 참조.

Dilleniaceae 다래科 (獼猴桃科)

다래나무과⟨Actinidiaceae Engl. & Gilg.(1824)⟩

다래나무과는 국내에 자생하는 다래(다래나무)에서 유래한 과명이다. '국가표준식물목록'(2018), '세계
식물목록'(2018) 및 『장진성 식물목록』(2014)은 Actinidia(다래나무속)에서 유래한 Actinidiaceae를
과명으로 기재하고 있으며, 크론키스트(Cronquist)와 APG IV(2016) 분류 체계도 이와 같다. 『조선식물
향명집』은 엥글러(Engler) 분류 체계에 따라 Actinidia(다래나무속)를 Dilleniaceae(딜레니아과)로 기록
했다.

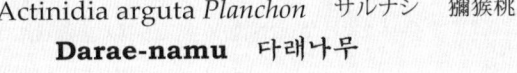

Actinidia arguta *Planchon* サルナシ 獼猴桃
Darae-namu 다래나무

다래⟨*Actinidia arguta* (Siebold & Zucc.) Planch. ex Miq.(1867)⟩

다래라는 이름은 '들'(달다)과 '이'(명사화 접사)가 합쳐진 말로,
들+이→드래→다리→다래로 변화한 것에서 유래했다.[1] 열
매와 어린순을 식용했으며 줄기와 열매는 약용했다.[2] 식용하
는 열매에 단맛이 강하다. 목화의 미성숙 열매도 씹으면 단맛
이 나므로 다래라고 일컫는다. 옛 문헌에 기록된 한자명 獼猴
桃(미후도)는 원숭이가 잘 먹는 복숭아라는 뜻이다.[3] 『조선식
물향명집』은 '다래나무'로 기록했으나 『우리나라 식물자원』
에서 '다래'로 개칭해 현재에 이르고 있다.

  속명 *Actinidia*는 그리스어 *aktin*(광선)에서 유래한 것으로
방사상의 암술머리를 나타내며 다래나무속을 일컫는다. 종소
명 *arguta*는 '예리한 이빨의, 뾰족한'이라는 뜻이다.

다른이름 다래나무(정태현 외, 1936), 참다래나무/다래너출(정태현, 1943), 다래덩굴/참다래(안학수·
이춘녕, 1963), 청다래너출(정태현, 1965), 청달래나무(이영노, 1996)

옛이름 드래(악장가사, 고려 말~조선 초), 獼猴桃/月乙羅(향약집성방, 1433),[4] 獼猴桃/드래(구급간이방

---

1 이러한 견해로 백문식(2014), p.133; 박상진(2019), p.94; 김태영·김진석(2018), p.223; 허북구·박석근(2008b), p.81; 전정일
   (2009), p.96; 솔매(송상곤, 2010), p.198; 김인호(2001), p.209 참조.
2 이에 대해서는 『조선삼림식물도설』(1943), p.508과 『한국의 민속식물』(2017), p.433 참조.
3 중국의 『본초강목』(1596)은 "其形如梨 其色如桃 而獼猴喜食 故有諸名"(모양은 배와 같고 색은 복숭아와 같지만 원숭이가 잘 먹으
   므로 여러 가지 이름이 있다)이라고 기록했다.
4 『향약집성방』(1433)의 차자(借字) '月乙羅'(월을라)에 대해 남풍현(1999), p.182는 '드래'의 표기로 보고 있다.

언해, 1489), 獼猴桃/梬棗/드래/圓棗(사성통해, 1517), 梬/드래/梬棗/藤梨(훈몽자회, 1527), 獼猴桃/드래/藤梨(동의보감, 1613), 獼猴桃/다리(주촌신방, 1687), 水苦梨木/들외나모(역어유해, 1690), 獼猴桃/㤡艾(성호사설, 1760), 梬棗/드래(방언집석, 1778), 獼猴桃/미후도/디릐(광제비급, 1790), 獼猴桃/드릐(재물보, 1798), 獼猴桃/다래(제중신편, 1799), 獼猴桃/梬棗/드래(물보, 1802), 獼猴桃/드릐(몽유편, 1810), 獼猴桃/다리/藤梨/木子·(광재물보, 19세기 초), 獼猴桃/드릐/獼猴梨/藤梨(물명고, 1824), 獼猴桃/다리(의종손익, 1868), 獼猴桃/미후도/디라/다레(명물기략, 1870), 다리(농가월령가, 1876), 다래/薷/다리(한불자전, 1880), 獼猴桃/다리(방약합편, 1884), 獼猴桃/다리(박물신서, 19세기)[5]

중국/일본명 중국명 軟棗獼猴桃(ruan zao mi hou tao)는 열매가 연한 대추와 같은 미후도(獼猴桃: 다래 종류의 중국명)라는 뜻이다. 일본명 サルナシ(猿梨)는 원숭이가 먹는 배(ナシ)라는 뜻이다.

참고 [북한명] 다래나무 [유사어] 등리(藤梨), 등천료(藤天蓼), 미후도(獼猴桃), 미후리(獼猴梨) [지방명] 다래나물/다래덤불이/다래순/다래쭈/달래/산다래/참다래(강원), 다래순나물/다래잎/다래주(경기), 다래나무/다래몽댕이/다래순/달래/산다래(경남), 다래몽다리/다래몽데/다래몽둥이/다래미/다래순/멀구덩굴/지근도나무/지금도나무/참다래(경북), 개멀구/다래나무/다래순/산따래/조선다래/지근도나무/지근두/지금도나무(전남), 다래나물/다래덩굴(전북), 도래/드래낭/드레쿨/드렛줄/드렛출/산다래/주근디/죽은디(제주), 꼬투리/다래넝쿨/다래순/덩굴다래/산다래(충남), 다래순/달래(충북), 거래(평북)

Actinidia Kolomikta *Ruprecht*　ミヤマサルナシ
Jwe-darae-namu　쥐다래나무

쥐다래〈*Actinidia kolomikta* (Maxim. & Rupr.) Maxim.(1859)〉

쥐다래라는 이름은 다래와 비슷하지만 열매의 맛이나 쓰임새가 다래보다 못하다는 뜻에서 유래했다.[6] 주요 자생지인 강원도 방언을 채록한 것에서 비롯했다.[7] 일제강점기에 저술된 『조선식물명휘』와 『토명대조선만식물자휘』는 '쥐다래나무'라는 이름을 개다래(*A. polygama*)의 다른이름으로도 기록했고, 『조선의산과와산채』는 현재와 같은 '쥐다리나무'를 기록했다. 이에 비추어 다래와 비슷한 식물을 그 열매의 맛이나 쓰임새가 다래보다 못하다고 해서 '개다래' 또는 '쥐다래'로 이름

5　『제주도및완도식물조사보고서』(1914)는 'タルラナム, タルレナム'[달래낭, 달레낭]을 기록했으며 『지리산식물조사보고서』(1915)는 'たれんなんくる'[다래넝쿨]을, 『조선의 구황식물』(1919)은 '다리나무, 獼猴桃'를, 『조선어사전』(1920)은 '다래, 藤梨(등리), 藤天蓼(등텬료), 獼猴桃(미후도)'를, 『조선식물명휘』(1922)는 '獼猴桃, 다리나무(救)'를, 『토명대조선만식물자휘』(1932)는 '[梬]영, [梬]이, [梬棗]영조, [梬棗]이조, [藤梨]등리, [羊桃]양도, [獼猴桃]미후도, [다래나무], [참다래], [木通]목통'을, 『선명대화명지부』(1934)는 '다래나무'를, 『조선의산과와산채』(1935)는 '獼猴桃, 다리나무'를 기록했다.

6　이러한 견해로 이우철(2005), p.488 참조. 다만 이우철은 강원 방언과 함께 구조미후도(狗棗獼猴桃)에서 유래를 찾고 있으나, '쥐'라는 뜻이 없는 한자명을 직접적 유래로 볼 수 있는지는 의문스럽다.

7　이에 대해서는 『조선삼림식물도설』(1943), p.509 참조.

을 혼용해 부르다가 점차 현재의 이름으로 정착된 것으로 보인다. 『조선식물향명집』은 '쥐다래나무'로 기록했으나 『한국수목도감』에서 '쥐다래'로 개칭해 현재에 이르고 있다.

속명 *Actinidia*는 그리스어 *aktin*(광선)에서 유래한 것으로 방사상의 암술머리를 나타내며 다래나무속을 일컫는다. 종소명 *kolomikta*는 시베리아에서 사용하는 지역명에서 유래했다.

다른이름 쥐다래나무(정태현 외, 1937), 쇠젓다래(정태현, 1943), 쉬젓가래(안학수·이춘녕, 1963), 넓은잎다래나무(한진건 외, 1982), 좀다래나무(임록재 외, 1996)[8]

중국/일본명 중국명 狗枣猕猴桃(gou zao mi hou tao)는 다래(软枣猕猴桃)보다 열매의 맛과 효용이 못하다는 뜻에서 유래했다. 일본명 ミヤマサルナシ(深山猿梨)는 심산에서 자라는 다래(サルナシ)라는 뜻이다.

참고 [북한명] 좀다래나무 [유사어] 구조미후도(狗棗獼猴桃)

Actinidia polygama *Planchon*   マタタビ
Gae-darae-namu   개다래나무

개다래〈*Actinidia polygama* (Siebold & Zucc.) Planch. ex Maxim.(1859)〉

개다래라는 이름은 다래와 비슷하지만 열매가 혓바닥을 쏘는 듯한 맛을 낼 뿐 달지 않아 먹기가 쉽지 않고 쓰임새가 덜하여 다래보다 못하다는 뜻에서 유래했다.[9] 주요 자생지인 강원도 방언을 채록한 것에서 비롯했다.[10] 열매를 식용할 수는 있으나 다래보다 단맛이 덜하다. 옛 문헌에 기록된 한자명 木天蓼(목천료)는 열매에서 쏘는 듯한 맛이 나는 것이 여뀌 종류(天蓼)와 비슷한데 목본성(나무)이라는 뜻이다.[11] 『조선식물향명집』은 '개다래나무'로 기록했으나 『조선식물명집』에서 '개다래'로 축약해 현재에 이르고 있다.

속명 *Actinidia*는 그리스어 *aktin*(광선)에서 유래한 것으로 방사상의 암술머리를 나타내며 다래나무속을 일컫는다. 종소명 *polygama*는 '잡성주의'라는 뜻이다.

---

8   『지리산식물조사보고서』(1915)는 'をみぢゃんくる'[오미자웅쿨]을 기록했으며 『조선의산과와산채』(1935)는 '쥐다리나무'를 기록했다.
9   이러한 견해로 이우철(2005), p.46; 허북구·박석근(2008b), p.30; 솔뫼(송상곤, 2010), p.204 참조.
10   이에 대해서는 『조선삼림수목감요』(1923), p.95와 『조선삼림식물도설』(1943), p.510 참조.
11   중국의 『본초강목』(1596)은 "其樹高而味辛如蓼 故名 又馬蓼亦名天蓼而物異"(이 나무는 높이 자라고 맛은 매운 것이 여뀌와 같으므로 이렇게 이름 지어졌다. 마료도 천료라고 하지만 다른 것이다)라고 기록했다.

다른이름 기다리나무/못좃다리나무/쥐다리나무(정태현 외,
1923), 쥐다래나무/개다래나무(정태현 외, 1936), 말다래/못좃다
래나무(정태현, 1943), 묵다래나무(박만규, 1949), 말다래나무(리
종오, 1964), 쉬젓가래(안학수 외, 1982), 큰다래나무(임록재 외,
1996)

옛이름 木天蓼(광재물보, 19세기 초), 木天蓼(수세비결, 1929), 木
天蓼/天蓼(선한약물학, 1931)[12]

중국/일본명 중국명 葛枣獼猴桃(ge zao mi hou tao)는 칡덩굴처럼

뻗고 열매가 대추 같은 미후도(獼猴桃: 다래 종류의 중국명)라는
뜻이다. 일본명 マタタビ는 아이누어 マタタムブ에서 유래했
는데, マタ는 겨울(冬)을 뜻하고 タムブ는 거북껍질을 뜻하는
것으로 겨울에 벌레집으로 된 열매가 달려 있는 모양이 거북껍질과 유사하다고 하여 붙여졌다.

참고 [북한명] 큰다래나무 [유사어] 금련지(金蓮枝), 목천료(木天蓼), 천료(天蓼) [지방명] 다래(전남),
게드레낭(제주)

---

12 『조선어사전』(1920)은 '天蓼(텬료), 木蓼(목료)'를 기록했으며 『조선식물명휘』(1922)는 '木天蓼, 金蓮枝, 쥐다리, 개다리(救)'
    를, 『토명대조선만식물자휘』(1932)는 '[木天蓼]목텬료, [藤天蓼]등텬료, [紅樗棗]홍잉조, [牛嬭柿]우내시, [고욤(나무)], [개다
    래], [쥐다래]'를, 『조선의산과와산채』(1935)는 '기다리나무'를, 『선명대화명지부』(1934)는 '개다리나무, 개다래, 못좃다래
    나무, 쥐다래(나무)'를 기록했다. 다만 『토명대조선만식물자휘』가 언급하고 있는 『동의보감』(1613)의 '[牛嬭柿]우내시, [고
    욤(나무)]'는 고욤나무(*Diospyros lotus*)를 일컫는 것으로 개다래와는 무관한 것인데, 북쪽 지역에서는 개다래나무에 대해
    이러한 이름을 사용한다고 기록했다.

Theaceae 차나무科 (山茶科)

차나무과〈Theaceae Mirb. ex Ker Gawl.(1816)〉

차나무과는 국내에 자생하는 차나무에서 유래한 과명이다. '국가표준식물목록'(2018)과 『장진성 식물목록』(2014)은 *Camellia*(동백나무속)로 분류되어 더 이상 쓰이지 않는 속명인 *Thea*(차나무속)에서 유래한 Theaceae를 과명으로 기재하고 있으며, 크론키스트(Cronquist) 분류 체계도 이와 같다. 한편 엥글러(Engler) 분류 체계는 Camelliaceae(Theaceae, Ternstroemiaceae)를 과명으로 기재했으며, '세계식물목록'(2018)과 APG IV(2016) 분류 체계는 Theaceae(차나무과)에서 일부 속을 Pentaphylacaceae(펜타필락스과)로 분리하여 분류했다.

Camellia japonica *Linné fil.*   ツバキ   山茶
Dongbaeg-namu   동백나무

동백나무〈*Camellia japonica* L.(1753)〉

동백나무라는 이름은 한자명 '冬栢'(冬柏: 동백)에서 비롯한 것으로, 추운 겨울에 꽃을 피우고 푸르른 나무라는 뜻에서 유래했다.[1] 열매로 기름을 짜고 약용하기도 했다.[2] 冬栢(동백)이라는 명칭은 고려 시대의 문헌에서도 발견되는데, 중국에서는 '山茶'(산다)라 하고 별도로 冬栢(동백) 또는 冬柏(동백)이라는 한자를 사용하지 않았으므로 우리나라에서 만들어진 한자명으로 보인다. 우리말 '동백'을 나타내기 위한 차자(借字)로 보는 견해도 있으나[3] 명확한 근거는 없는 주장으로 보인다. 한자 栢(백) 또는 柏(백)은 옛 문헌에서는 잣나무 또는 측백나무를 뜻했는데, 동백나무에서는 겨울에도 푸른 나무라는 뜻으로 사용했다. 『조선식물향명집』은 주된 분포지인 전남에서 사용하는 명칭인 '동백나무'를 채록했다.[4]

속명 *Camellia*는 체코슬로바키아 예수회 선교사로 필리핀 식물을 유럽에 소개한 G. J. Kamel

1 이러한 견해로 이우철(2005), p.184; 박상진(2019), p.116; 김태영·김진석(2018), p.220; 허북구·박석근(2008b), p.93; 전정일(2009), p.99; 오찬진 외(2015), p.870; 이상화(1998), p.205 참조.
2 이에 대해서는 『조선삼림식물도설』(1943), p.511 참조.
3 이러한 견해로 기태완(2015), p.16 참조.
4 이에 대해서는 『조선삼림수목감요』(1923), p.97과 『조선삼림식물도설』(1943), p.511 참조.

(Camel, 1661~1706)의 이름에서 유래했으며 동백나무속을 일컫는다. 종소명 *japonica*는 '일본의'라는 뜻으로 최초 발견지 또는 분포지를 나타낸다.

다른이름 동빅나무(정태현 외, 1923), 뜰동백나무/흰동백나무(이창복, 1966), 들동백(이창복, 1980)

옛이름 冬栢花(동국이상국집, 1241), 山茶(향약집성방, 1433), 冬栢(세종실록지리지, 1454), 山茶花/冬栢(양화소록, 1471), 山茶花(동의보감, 1613), 冬花/동빅(역어유해, 1690), 山茶花/冬栢(산림경제, 1715), 冬栢/동빅(왜어유해, 1782), 山茶/冬栢(본사, 1787), 山茶/동빅(재물보, 1798), 山茶花/冬栢(해동농서, 1799), 山茶/동빅(광재물보, 19세기 초), 동빅(화왕본긔, 19세기 초), 山茶/冬栢/春白(아언각비, 1819), 山茶/동빅/冬栢(물명고, 1824), 冬栢(오주연문장전산고, 185?), 山茶/冬栢/동빅(명물기략, 1870), 山茶/冬栢(의휘, 1871), 冬栢/동빅(일용비람기, 연대미상), 동백(조선구전민요집, 1933)[5]

중국/일본명 중국명 山茶(shan cha)는 산에서 자라는 차나무라는 뜻이다.[6] 일본명 ツバキ(椿)는 두터운 잎을 가진 나무라는 뜻의 アツバキ(厚葉樹) 또는 고운 잎을 가진 나무라는 뜻의 ツヤバキ(艶葉樹)가 변화한 것이라는 견해가 있으나, 정확한 유래는 밝혀지지 않은 듯하다. 일본명에서 쓰는 한자 椿(춘)은 한국과 중국에서는 참죽나무를 뜻하지만, 733년에 저술된 『출운국풍토기(出雲国風土記)』와 그 이전의 죽간(竹簡)에서 동백나무를 지칭하는 한자로 쓰인 이래로 다수의 일본 옛 문헌은 이와 같이 표현해 현재에 이르고 있다.

참고 [북한명] 동백나무 [유사어] 산다(山茶) [지방명] 동백/동백기름(경남), 동백깝부기(울릉), 동백/동백기름/동백떡/동북나무/동북떡(전남), 담백나무/동백(전북), 돔박낭/동박/동박나무/동박낭/동배낭/동백낭(제주), 동백꽃/된방나무/춘백(충남)

Eurya emarginata *Makino*   ハマヒサカキ
Sŏm-jwedong-namu   섬쥐똥나무

우묵사스레피〈*Eurya emarginata* (Thunb.) Makino(1904)〉

우묵사스레피라는 이름은 잎의 끝이 우묵하게(凹) 들어가는 사스레피나무라는 뜻에서 유래했다.[7] 사스레피나무를 닮았지만 잎끝이 둥글거나 오목하고 잎가장자리가 뒤쪽으로 말리는 모양에서 차

---

5 「화한한명대조표」(1910)는 '동빅'을 기록했으며 『제주도및완도식물조사보고서』(1914)는 'トンバグナム, トンペクナム'[돔박낭, 동백낭]을, 『조선어사전』(1920)은 '冬栢(동빅), 동빅나무, 山茶(산다), 山茶花(산다화)'를, 『조선식물명휘』(1922)는 '山茶, 耐冬花, 동빅나무(油料, 觀賞)'를, Crane(1931)은 '동빅나무, 耐冬花'를, 『토명대조선만식물자휘』(1932)는 '[山茶(木)]산다(목), [冬栢(木)]동빅(나무), [山茶花]산다화'를, 『선명대화명지부』(1934)는 '동백나무'를, 『조선삼림식물편』(1915~1939)은 'トンペクナム, トンバグナム, トンビャクナム'[동백낭, 돔박낭, 동빅나무]를 기록했다.

6 중국의 『본초강목』(1596)은 "其葉類茗 又可作飲 故得茶名"(잎이 차와 비슷하고 또한 음료를 만들 수 있으므로 차라는 이름을 얻었다)이라고 기록했다.

7 이러한 견해로 이우철(2005), p.420; 박상진(2019), p.235; 오찬진 외(2015), p.880 참조.

이가 있다. 『조선삼림수목감요』는 열매의 모양에서 유래한 제주 방언인 '쥐똥나무'를 기록했으나,[8] 이는 이물동명(異物同名)으로 Ligustrum obtusifolium에 대한 명칭이기도 했다. 『조선식물향명집』에서는 '쥐똥나무'를 기본으로 하고 식물의 산지(産地)를 나타내는 '섬'을 추가해 '섬쥐똥나무'를 신칭했다.[9] 이후 『한국수목도감』에서 제주 방언인 '사스레피'를 기본으로 하고 식물의 형태적 특징을 나타내는 '우묵'을 추가한 '우묵사스레피'로 개칭해 현재에 이르고 있다.

속명 Eurya는 그리스어 eurys(넓은, 큰)에서 유래한 것으로 꽃잎(petal)과 꽃받침조각(sepal)을 언급한 것으로 보이며 사스레피나무속을 일컫는다. 종소명 emarginata는 '끝에 얕은 균열이 있는, 요두(凹頭)의'라는 뜻으로 잎의 모양에서 유래했다.

다른이름 쥐똥나무(정태현 외, 1923), 섬쥐똥나무(정태현 외, 1937), 우묵사스레피나무(이창복, 1947), 개사스레피나무(리종오, 1964), 갯쥐똥나무(정태현, 1965), 갯사스레피나무(임록재 외, 1972)[10]

중국/일본명 중국명 濱柃(bin ling)은 해안가에 자라는 영목(柃木: 사스레피나무의 중국명)이라는 뜻이다. 일본명 ハマヒサカキ(浜姫栄木)는 해안가에 자라는 사스레피나무(ヒサカキ)라는 뜻이다.

참고 [북한명] 갯사스레피나무 [유사어] 빈령(濱柃) [지방명] 가스래기낭/가스레기/가스레기낭/가스룩낭/가스룽낭/가스르기낭/ᄀ시락낭/가시룽낭/고스닥(제주)

Eurya japonica *Thunberg*　ヒサカキ
Sasure-pi-namu　사스레피나무

사스레피나무〈*Eurya japonica* Thunb.(1783)〉

사스레피나무라는 이름은 나뭇가지가 지저분해 보인다는 뜻에서 유래했다고 추정한다. 목재는 세공재를 만들고 태운 재는 매염제(媒染劑)로 사용했다.[11] 꽃이나 열매가 달린 흔적이 지저분하게 남아 있고, 키가 작아 주위의 다른 큰 나무의 잎 등이 가지에 걸려 있어 늘 어수선해 보인다. 주요 자생지인 제주도 방언을 채록한 것이다.[12] 제주도 방언 중 사스레피와 유사한 것으로 '사스람ᄒ다'

8　이에 대해서는 『조선삼림수목감요』(1923), p.97 참조.
9　이에 대해서는 『조선식물향명집』, 색인 p.41 참조.
10　『제주도및완도식물조사보고서』(1914)는 'チュイトンナム'[쥐똥나무]를 기록했으며 『선명대화명지부』(1934)는 '쥐똥나무'를, 『조선삼림식물편』(1915~1939)은 'チュイトンナム'[쥐똥나무]를 기록했다.
11　이에 대해서는 『조선삼림식물도설』(1943), p.513 참조.
12　이에 대해서는 『조선삼림수목감요』(1923), p.97과 『조선삼림식물도설』(1943), p.513 참조.

라는 표현이 있는데, 이는 털이나 머리카락 따위가 꽤 엉성하고 어수선하게 일어나 있는 모습을 뜻한다.[13] 또한 최근의 방언 조사에 따르면 제주 방언으로 '가스르기낭'과 그와 유사한 표현들이 남아 있는데, 이는 옛 표현 'ㄱ스라기'(분류두공부시언해, 1481)와 비슷하다. 'ㄱ스라기'의 현대어는 가시랭이로 풀이나 나무의 가시 부스러기를 뜻하므로,[14] 이 억시 '사스람ㅎ다'와 뜻이 비슷해 사스레피나무라는 이름의 유래를 뒷받침한다. 한편 나무의 껍질을 벗겨 씹어보면 쌉싸래한 맛이 나는데 이것이 '사스레'가 되고, 껍질을 뜻하는 피(皮)가 붙어 사스레피나무가 되었다는 견해가 있다.[15] 그러나 사스레피나무라는 이름은 제주도의 방언을 채록한 것이고 나무의 껍질을 식용하거나 약용한 기록은 발견되지 않으므로 타당성은 의문스럽다.

　　속명 Eurya는 그리스어 eurys(넓은, 큰)에서 유래한 것으로 꽃잎(petal)과 꽃받침조각(sepal)을 언급한 것으로 보이며 사스레피나무속을 일컫는다. 종소명 japonica는 '일본의'라는 뜻으로 최초 발견지 또는 분포지를 나타낸다.

다른이름　사스레피나무/무치러기나무(정태현 외, 1923), 세푸랑나무/가새목(정태현, 1943), 섬사스레피나무(한진건 외, 1982)[16]

중국/일본명　중국명 柃木(ling mu)의 한자 柃(령)은 '木'(목: 나무)과 '令'(령: 방울)이 합쳐진 글자로, 꽃이 조밀하게 달린 모양을 방울에 비유한 데서 유래한 것으로 추정한다. 일본명 ヒサカキ(姫栄木)는 ヒメサカキ의 줄임말로 식물체가 작은 비쭈기나무(サカキ)라는 뜻이다.

참고　[북한명] 사스레피나무 [유사어] 영목(柃木) [지방명] 가스래기낭/가스룽낭/가스르기낭/가시락낭/가시룽낭/잉끼낭(제주)

13　이에 대해서는 석주명(1947), p.54 참조. 석주명은 '사스람ㅎ다'를 '거푸스스하다'(거푸시시하다)라고 해설하고 있다.

14　이에 대해서는 국립국어원, '표준국어대사전' 중 '가시랭이' 참조.

15　이러한 견해로 박상진(2019), p.235 참조.

16　「화한한명대조표」(1910)는 '사스레피ㄴ무'를 기록했으며 『제주도및완도식물조사보고서』(1914)는 'ムルチョレギナム, カスーロック'[무치러기낭, 가시락]을, 『조선식물명휘』(1922)는 '柃, 사스레피나무(薪炭)'를, 『선명대화명지부』(1934)는 '무처러기나무, 사스레피나무'를, 『조선삼림식물편』(1915~1939)은 'ムルチョレギナム, カスーロック, サスンレピナム, キャイドンボック'[무처러기나무, 가시락, 사스레피나무, 개돈복]을 기록했다.

Sakakia ochnacea *Nakai*   サカキ
Bijugi-namu   비쭈기나무

비쭈기나무 ⟨*Cleyera japonica* Thunb.(1783)⟩

비쭈기나무라는 이름은 겨울눈과 새순이 뾰족하고 길면서 낫처럼 휘어져 있는 모양을 비쭉하다고 본 것에서 유래했다.[17] 주요 자생지인 제주 방언을 채록한 것이다.[18] 제주 방언으로 '비죽낭'이라고도 하는데, 제주 방언에서 '비죽'은 표준어와 마찬가지로 물체의 끝이 조금 길게 내밀려 있는 모양을 뜻한다.[19]

　　속명 *Cleyera*는 독일 의사로서 네덜란드 동인도회사에서 식물학자이자 군인으로 근무하면서 아시아의 약초를 연구한 Andreas Cleyer(1634~1698)의 이름에서 유래했으며 비쭈기나무속을 일컫는다. 종소명 *japonica*는 '일본의'라는 뜻으로 최초 발견지 또는 분포지를 나타낸다.

［다른이름］ 빗죽이나무(정태현 외, 1923), 빗죽나무(박만규, 1949), 비쭉이나무(정태현 외, 1949)[20]

［중국/일본명］ 중국명 紅淡比(hong dan bi)는 정확한 유래는 미상이나 종자의 색이나 꽃의 향기와 관련이 있어 보인다. 일본명 サカキ(榊木)는 일 년 내내 잎이 녹색으로 푸른 나무라는 뜻이다.

［참고］ [북한명] 비쭈기나무 [유사어] 신(榊), 홍담비(紅淡比) [지방명] 비주기/비주기낭/비죽낭(제주)

Stewartia koreana *Nakai*   カウライシヤラノキ
Nogag-namu   노각나무

노각나무 ⟨*Stewartia pseudocamellia* Maxim.(1867)⟩

노각나무라는 이름은 나무의 재질이 단단해 녹각목(鹿角木)을 만들 만한 나무라는 뜻에서 유래한 것으로 추정한다. 나무의 재질이 단단해 여러 농기구나 가구재를 만들었다.[21] 자생지인 전라남도 방언을 채록한 것이다.[22] 녹각목은 나무줄기를 사슴뿔 모양으로 뾰족하게 다듬어 적의 접근을 막는 방어물로 사용하는 나무를 뜻한다.[23] 녹각목으로 어떤 나무를 사용했는지에 대해서 남아 있

17　이러한 견해로 박상진(2019), p.28; 김태영·김진석(2018), p.217; 허북구·박석근(2008b), p.169 참조.

18　이에 대해서는 『조선삼림수목감요』(1923), p.96과 『조선삼림식물도설』(1943), p.514 참조.

19　이러한 견해로 현평호·강영봉(2014), p.184 참조.

20　『제주도및완도식물조사보고서』(1914)는 'ピチュック'[비주기]를 기록했으며 『조선식물명휘』(1922)는 '榊, 紅淡比, 비죽이나무'를, 『선명대화명지부』(1934)는 '빗죽이나무, 비죽이나무'를, 『조선삼림식물편』(1915~1939)은 'ピチュック'[비쭈기]를 기록했다.

21　이에 대해서는 『한국의 민속식물』(2017), p.441 참조.

22　이에 대해서는 『조선삼림수목감요』(1923), p.96과 『조선삼림식물도설』(1943), p.515 참조.

23　鹿角木(녹각목)의 의미에 대해서는 한국학중앙연구원, '한국학진흥사업성과포털' 중 '鹿角木' 참조. 한편 이러한 뜻으로 '鹿角木'(녹각목)을 기록한 문헌으로는 『성종실록』(1474, 1476), 『중종실록』(1510), 『충암집』(1552), 『동강문집』(1661), 『노걸

는 기록은 없다. 그러나 주로 왜구로부터의 방어와 관련한 군
사 용구였는데 왜구의 주된 침입 지역이 노각나무의 분포 지
역과 겹치고, 노각나무의 재질이 단단하며, 『노걸대언해』 등
은 군사용 녹각(鹿角)을 '노각'으로 표기하기도 했으므로 유래
를 위와 같이 추정한다. 한편 노각나무는 ㅣ나무껍질이 사슴뿔
처럼 보드랍고 항금빛을 가진 아름다운 나무라는 뜻에서 '녹
각(鹿角)나무'라고 하다가 발음이 쉬운 노각나무가 되었다는
견해가 있다.[24] 그러나 노각나무를 '녹각나무'로 기록한 문헌
이 없고, 노각나무의 나무껍질은 오래되면 벗겨져 흑갈색의
얼룩이 생기는데 이로부터 녹각(鹿角)을 연상하기는 쉽지 않
다. 옛날에 경상도에서는 때죽나무를 '노각나무'라고도 했는
데, 노각나무가 나무껍질의 색깔 때문에 생긴 이름이라면 때죽나무의 나무껍질은 검은색이므로
그 타당성은 의문스럽다.[25] 또한 해오라기의 다리라는 뜻의 노각(鷺脚)에서 유래했다는 견해도 있
으나[26] 근거가 있는 주장은 아닌 것으로 보인다. 『조선삼림식물도설』은 평안도에서 벗겨지는 나무
껍질의 모습이 비단처럼 아름답다고 하여 '비단나무'라고도 불렀다는 것을 기록했다.

속명 *Stewartia*는 영국 백작으로 식물을 연구한 John Stuart(1713~1792)의 이름에서 유래했으
며 노각나무속을 일컫는다. 종소명 *pseudocamellia*는 '동백과 유사한'이라는 뜻으로 동백나
무를 닮았다는 의미이다.

다른이름 노각나무(정태현 외, 1923), 노가지나무/비단나무/금수목(정태현, 1943), 나도노각나무(한진
건 외, 1982)[27]

중국/일본명 '중국식물지'는 이를 기재하지 않고 있다. 일본명 カウライシヤラノキ(高麗娑羅樹)는 한반
도에 분포하는 사라수(シヤラノキ)라는 뜻인데, 사라수(娑羅樹: *Shorea robusta*)는 부처가 열반에 들
때 도처에 있었다는 사라수(娑羅樹)로 잘못 알려진 것에서 유래했다.

참고 [북한명] 노각나무 [유사어] 금수목(錦繡木), 모란(帽蘭)

대언해』(1670), 『성호사설』(1740), 『연려실기술』(1776) 등이 있다.

24 이러한 견해로 박상진(2019), p.81; 김태영·김진석(2018), p.218; 허북구·박석근(2008b), p.68; 전정일(2009), p.97; 오찬진 외
(2015), p.883; 솔뫼(송상곤, 2010), p.798 참조.

25 경상도에서 때죽나무(*Styrax japonicus*)를 '노각나무'로 불렀다는 것에 대해서는 『조선삼림식물도설』(1943), p.584 참조.
또한 때죽나무도 재질이 단단해 가구재나 농기구 등을 만드는 재료로 사용했다는 것에 대해서는 『조선삼림식물도설』
(1943), p.585와 『한국의 민속식물』(2017), p.910 참조.

26 이러한 견해로 강판권(2015), p.581 참조.

27 『지리산식물조사보고서』(1915)는 'のがぢなむ'[노가지나무]를 기록했으며 『조선식물명휘』(1922)는 '노각나무'를, 『선명대
화명지부』(1934)는 '노각나무'를, 『조선삼림식물편』(1915~1939)은 'ノカックナム(全南), クンスモック(平南)'[노각나무(전남),
금수목(평남)]을 기록했다.

Thea sinensis *Linné* チヤ 茶
Cha-namu 차나무

차나무〈*Camellia sinensis* (L.) Kuntze(1887)〉

차나무라는 이름은 '차'(茶)에 목본성 식물을 뜻하는 '나무'가 추가된 것으로, 전라남도 방언에서 유래했다.[28] 어린잎은 차로 이용하고 열매는 기름을 짜며 뿌리는 노끈을 만들었다.[29] 중국 남부에서 다(茶)를 우린 물을 뜻하는 '테(te)'가 북쪽으로 가면서 발음이 '타(ta)' 또는 '차(cha)'가 되었고, 이것을 우리도 그대로 받아들여 '차'로 부르게 되었다.[30] 15세기에 저술된 『동국여지승람』은 신라 42대 홍덕왕(재위기간: 826~836) 때에 당나라에 사신으로 갔던 김대렴(金大廉)이 귀국길에 차나무의 종자를 가지고 와 지리산에 심은 것이 시초가 되어 오늘에 전해오고 있다는 취지로 기록했다. 『동의보감』은 한글명으로 '쟉셜차'라고 기록했는데, 이는 '雀舌茶'(작설차)의 뜻으로 새로 나는 잎이 참새의 혀를 닮았다는 것에서 유래했다.[31]

속명 *Camellia*는 체코슬로바키아 예수회 선교사로 필리핀 식물을 유럽에 소개한 G. J. Kamel(Camel, 1661~1706)의 이름에서 유래했으며 동백나무속을 일컫는다. 종소명 *sinensis*는 '중국에 분포하는'이라는 뜻이다.

다른이름 챠나무/작셜챠(정태현 외, 1923)

옛이름 茶(삼국사기, 1145), 茗苦樣茗/眞茶(향약집성방, 1433),[32] 차/茗(분류두공부시언해, 1481), 茶/쟉셜차(구급간이방언해, 1489), 茶/茗/차(훈몽자회, 1527), 茗舌茶/雀舌茶/쟉셜차(촌가구급방, 1538), 苦茶/쟉셜차(동의보감, 1613), 茶/차(박통사언해, 1677), 茶/차(역어유해, 1690), 茶/쟉셜차(산림경제, 1715), 茶/차(방언집석, 1778), 茶/차(광재물보, 19세기 초), 茶/쟉셜나모(물명고, 1824), 雀舌茶/茶/茗(송남잡지, 1855), 茶/차(자류주석, 1856), 茶/차(명물기략, 1870), 茶茗/작셜차(방약합편, 1884), 茶芽/茗/차싹(신자전,

---

28 이러한 견해로 이우철(2005), p.499 참조. 다만 이우철은 다(茶)라는 뜻의 일본명을 직접적 유래로 설명하고 있으나, 15세기 이래로 우리의 고유어도 '차'이므로 전혀 타당하지 않다. '차나무'라는 이름이 전남 방언을 채록한 것이라는 점에 대해서는 『조선삼림식물도설』(1943), p.516 참조.

29 이에 대해서는 『조선삼림식물도설』(1943), p.516 참조.

30 이러한 견해로 박상진(2019), p.364; 김태영·김진석(2018), p.219; 허북구·박석근(2008b), p.272; 전정일(2009), p.98; 오찬진 외(2015), p.874; 김인호(2001), p.110 참조.

31 이러한 견해로 김민수(1997), p.878 참조.

32 『향약집성방』(1433)의 차자(借字) '眞茶'(진다)에 대해 남풍현(1981), p.178은 '춤차'의 표기로 보고 있다.

1915), 茶芽/茗/차싹(의서옥편, 1921), 茶/차(선한약물학, 1931)[33]

중국/일본명 중국명 茶(cha)는 차나무를 나타내기 위해 고안된 한자로,『설문해자』는 "苦茶也 從艸余聲"(苦茶를 가리키는 것으로 '艸'의 의미에 '余'는 음이다)이라고 기록했다. 일본명 チャ(茶)는 한자 '茶'(다)를 음독한 것이다.

참고 [북한명] 차나무 [유사어] 다(茶), 작설차(雀舌茶) [지방명] 녹차/색살나무/차(경남), 차낭(제주)

---

33 『조선어사전』(1920)은 '茶(차), 차(茶)나무'를 기록했으며『조선식물명휘』(1922)는 '茗, 茶, 檟, 荈, 차나무-(嗜好科)'를, Crane (1931)은 '차나무, 茶'를,『토명대조선만식물자휘』(1932)는 '[茶]차, [다나무], [雀舌]쟉셜'을,『선명대화명지부』(1934)는 '작설챠, 차나무, 챠나무'를,『조선삼림식물편』(1915~1939)은 'ヂャ, ヂャクショルジャ'[챠, 작설챠]를 기록했다.

Guttiferae 물네나물科 (金絲桃科)

> **물레나물과 〈Hypericaceae Juss.(1789)〉**[1]
> **클루시아과 〈Clusiaceae Lindl.(1836)〉**[2]
>
> 물레나물과는 국내에 자생하는 물레나물에서 유래한 과명이다. 『조선식물향명집』과 '국가표준식물목
> 록'(2018)은 엥글러(Engler) 분류 체계와 동일하게 전통적인 명칭인 Guttiferae를 과명으로 기재하고 있
> 다. 『장진성 식물목록』(2014)과 크론키스트(Cronquist) 분류 체계는 Clusia(클루시아속)에서 유래한 표
> 준명인 Clusiaceae를 과명으로 기재하고 있으며, '세계식물목록'(2018)과 APG IV(2016) 분류 체계는
> Hypericum(물레나물속)을 독립된 과로 분리해 Hypericaceae로 기재하고 있다. 그리고 APG IV(2016)
> 분류 체계는 Clusiaceae에 기존의 Guttiferae를 병기하고 있다.[3]

Hypericum Ascyron Linné　トモエサウ　金絲桃
Mulne-namul　물네나물

물레나물 〈*Hypericum ascyron* L.(1753)〉

물레나물이라는 이름은 꽃잎이 바람개비처럼 휘어져 있는 모습이 실을 잣는 물레와 닮았다는 뜻
에서 유래했다.[4] 어린잎은 나물로 식용했다.[5] 한글명은 『조선식물명휘』에 처음으로 보이는데 어형
과 뜻이 일본명 및 중국명과 동일하지는 않으므로 실제로 조선에서 사용한 이름을 채록한 것으로
보인다. 현재의 방언 조사에서 물레나물이 변형된 것으로 보이는 여러 이름이 있는 것도 물레나
물이 오래된 이름이라는 점을 뒷받침한다. 『조선식물향명집』은 '물네나물'로 기록했으나 『조선식
물명집』에서 맞춤법에 따라 '물레나물'로 개칭해 현재에 이르고 있다.

　속명 *Hypericum*은 고대 그리스명 *hypereikon*에 어원을 두고 있으며 *hyper*(위)와 *eikon*(그
림)의 합성어로, 귀신을 쫓기 위해 그림 위에 꽃을 올려놓던 풍습에서 유래한 것으로 추정하며 물
레나물속을 일컫는다. 종소명 *ascyron*은 '단단하지 않은'이라는 뜻으로 물레나물의 그리스명에
서 유래했다.

1　최근의 계통분류학적 연구 성과를 반영한 APG III(2009) 분류 체계는 종전의 Guttiferae를 Clusiaceae와 Hypericaceae의
　　두 과로 분리해 기재했으며, 이 책도 국명의 과명을 클루시아과(Clusiaceae)와 물레나물과(Hypericaceae)로 나누어 기재한다.
2　과의 계급을 나타내는 어미 '-aceae'를 사용하지 않아도 되는 예외적인 경우로 Compositae/Asteraceae, Cruciferae/
　　Brassicaceae, Gramineae/Poaceae, Guttiferae/Clusiaceae · Hypericaceae, Labiatae/Lamiaceae, Leguminosae/
　　Fabaceae, Palmae/Arecaceae, Umbelliferae/Apiaceae의 8개 과가 있으며, 최근엔 표준화된 과명을 일관되게 쓰는
　　추세이다.
3　ANGIOSPERM PHYLOGENY WEBSITE(http://www.mobot.org) 참조.
4　이러한 견해로 이우철(2005), p.235; 허북구 · 박석근(2008a), p.86; 김종원(2013), p.453 참조.
5　이에 대해서는 『조선산야생식용식물』(1942), p.161 참조.

다른이름 물네나물/애기물네나물/큰물네나물(정태현 외, 1937),
큰물레나물(정태현 외, 1949), 매대채(정태현, 1956), 긴물레나물/
좀물레나물(박만규, 1974)

옛이름 金絲荷葉(광재물보, 19세기 초), 金絲荷葉(물명고, 1824),
金絲荷葉(오주연문장전산고, 185?), 물레등이/물레꼿(조선구전민
요집, 1933)[6]

중국/일본명 중국명 黄海棠(huang hai tang)은 노란색 꽃이 피는
해당(海棠: 사과나무속 식물의 중국명)이라는 뜻이다. 일본명 ト
モエサウ(巴草)는 꽃잎이 말리는(巴) 식물이라는 뜻이다.

참고 [북한명] 물레나물 [유사어] 금사도(金絲桃), 금사하엽(金
絲荷葉) [지방명] 물레노물/물레뱅이/물레쟁이(전남), 뺑꾸대/뽕
꾸대(함북)

Hypericum Ascyron *L.* var. longistylum *Maximowicz*   オホトモエサウ
Kùn-mulne-namul 큰물네나물

물레나물〈*Hypericum ascyron* L.(1753)〉

큰물네나물(큰물레나물)은 암술대가 물레나물에 비해 길게 자라는 특징으로 인하여 변종으로 별
도 분류되었으나, 생태적 차이에 불과한 것으로 판명되어 '국가표준식물목록'(2018), 『장진성 식물
목록』(2014), '세계식물목록'(2018) 및 '중국식물지'(2018)는 물레나물에 통합하고 별도 분류하지 않
으므로 이 책도 이에 따른다.

○ Hypericum attenuatum *Choisy*   シナオトギリ
Chae-gochu-namul 채고추나물

채고추나물〈*Hypericum attenuatum* Fisch. ex Choisy(1821)〉

채고추나물이라는 이름은 꽃잎 가장자리의 잔톱니가 채를 썰어놓은 것처럼 보이고 고추나물을
닮았다는 뜻에서 유래한 것으로 추정한다. 우리말 '채'에는 여러 뜻이 있지만, '야채나 과일 따위
를 가늘고 길쭉하게 잘게 써는 일 또는 그 야채나 과일'을 뜻하기도 한다.[7] 고추나물에 비해 상

---

6 『조선식물명휘』(1922)는 '金絲桃, 金絲蝴蝶, 마디처, 물네나물'을 기록했으며 Crane(1931)은 '문수버들'을, 『선명대화명지
   부』(1934)는 '마대채, 물네나물'을 기록했다.

7 이에 대해서는 국립국어원, '표준국어대사전' 중 '채' 참조.

대적으로 큰 꽃잎의 모양에서 유래한 이름으로 보인다. 한편 『조선식물명휘』에 기록된 한자명 '趕山鞭'(간산편)의 의미에 비추어 '채'는 채찍의 뜻에서 유래한 것으로 보는 견해도 있다.[8] 그러나 『조선식물향명집』은 '채고추나물'을 신칭한 이름으로 기록하지 않은 점에[9] 비추어 실제 지방에서 사용하던 이름을 채록한 것으로 추론되어 한자명에서 유래를 찾는 것은 의문스럽다.

속명 Hypericum은 고대 그리스명 hypereikon에 어원을 두고 있으며 hyper(위)와 eikon(그림)의 합성어로, 귀신을 쫓기 위해 그림 위에 꽃을 올려놓던 풍습에서 유래한 것으로 추정하며 물레나물속을 일컫는다. 종소명 attenuatum은 '점점 뾰족해지는'이라는 뜻이다.

중국/일본명 중국명 趕山鞭(gan shan bian)은 사냥하는 데 쓰는 채찍이라는 뜻으로 약성과 관련해 유래한 것으로 보인다. 일본명 シナオトギリ(支那弟切)는 중국(支那)에 분포하는 고추나물(オトギリサウ)이라는 뜻이다.[10]

참고 [북한명] 채고추나물

Hypericum erectum *Thunberg*   オトギリサウ
Gochu-namul   고추나물

고추나물〈*Hypericum erectum* Thunb.(1784)〉

고추나물이라는 이름은 연교(連翹)와 약성이 유사하고 어린잎을 나물로 한다는 뜻의 '교초채'(翹草菜)를 교초나물이라고 부르다 고추나물로 변한 것에서 유래했다.[11] 19세기에 저술된 『물명고』는 중국에서 전래된 한자명 '小連翹'(소연교)에 대해 "鱧腸一種黃花者 取其實充連翹用"(한련초의 일종으로 노란색 꽃이 핀다. 그 열매를 연교 대용으로 사용한다)이라고 기록했는데, 노란색 꽃이 피고 한련초와 닮았다고 해설한 점을 고려할 때 현재의 '고추나물'을 일컬었던 것으로 보인다. 『토명대조선만식물자휘』는 연교나물이라는 뜻의 '翹草菜'(교초채)를 한글로 '교초나물'이라고 기록했는데, 이것이 변해 고추나물이 된 것으로 보인다. 고추나물의 한글명은 『조선식물명휘』에 처음으로 보

---

8   이러한 견해로 김종원(2016), p.87 참조.
9   이에 대해서는 『조선식물향명집』 색인, p.46 참조.
10 『조선식물명휘』(1922)는 '趕山鞭'을 기록했다.
11 이러한 견해로 김종원(2013), p.86 참조.

이는데, 중국명 및 일본명과 차이가 있는 것에 비추어 당시에 실제 사용한 이름을 채록한 것으로 추정한다. 『조선식물향명집』은 이를 계승해 현재에 이르고 있다.

속명 *Hypericum*은 고대 그리스명 *hypereikon*에 어원을 두고 있으며 *hyper*(위)와 *eikon*(그림)의 합성어로, 귀신을 쫓기 위해 그림 위에 꽃을 올려놓던 풍습에서 유래한 것으로 추정하며 물레나물속을 일컫는다. 종소명 *erectum*은 '직립하는'이라는 뜻이다.

옛이름 小連翹(물명고, 1824), 弟切草/小連翹(선한약물학, 1931), 小連翹/고초나물(동아일보, 1936)[12]

중국/일본명 중국명 小连翘(xiao lian qiao)는 식물체가 작은 연교 (連翹: 개나리 종류의 열매)라는 뜻으로 약성과 열매 모양이 비슷한 것에서 유래했다. 일본명 オトギリサウ(弟切草)는 형제가 약성을 비밀로 하기로 한 것을 동생이 누설했다고 하여 형이 동생을 살해한 헤이안 시대의 전설에 근거한 것이다.

참고 [북한명] 고추나물 [유사어] 소연교(小連翹) [지방명] 꼬초나물(강원), 가지꾸나물(경북)

○ Hypericum Gebleri *Ledebour*   ヒメトモエサウ
Aegi-mulne-namul   애기물네나물

물레나물〈*Hypericum ascyron* L.(1753)〉
'국가표준식물목록'(2018)과 『장진성 식물목록』(2014)은 애기물네나물(애기물레나물)을 별도 분류하지 않고 물레나물에 통합 처리하고 있으므로 이 책도 이에 따른다.

Hypericum japonicum *Thunberg*   ヒメオトギリ
Aegi-gochu-namul   애기고추나물

애기고추나물〈*Hypericum japonicum* Thunb.(1784)〉
애기고추나물이라는 이름은 고추나물에 비해 식물체가 아기처럼 작다는 뜻에서 붙여졌다.[13] 『조선식물향명집』에서 전통 명칭 '고추나물'을 기본으로 하고 식물의 형태적 특징을 나타내는 '애기'

---

12 『조선식물명휘』(1922)는 '小連翹, 고초나물(藥, 救)'을 기록했으며 『토명대조선만식물자휘』(1932)는 '[連翹(草)]런교(초), [小連翹]쇼련교, [어아리(나무)], [翹草茱]교초나물'을, 『선명대화명지부』(1934)는 '고초나물'을 기록했다.
13 이러한 견해로 이우철(2005), p.380 참조.

를 추가해 신칭했다.[14]

속명 *Hypericum*은 고대 그리스명 *hypereikon*에 어원을 두고 있으며 *hyper*(위)와 *eikon*(그림)의 합성어로, 귀신을 쫓기 위해 그림 위에 꽃을 올려놓던 풍습에서 유래한 것으로 추정하며 물레나물속을 일컫는다. 종소명 *japonicum*은 '일본의'라는 뜻이다.

다른이름 큰잎애기고추나물(리종오, 1964)[15]

중국/일본명 중국명 地耳草(di er cao)는 땅에서 자라는 귀(耳)라는 뜻으로 새싹의 모습에서 유래한 것으로 추정한다. 일본명 ヒメオトギリ(姬弟切)는 식물체가 작고 귀여운 고추나물(オトギリサウ)이라는 뜻이다.

참고 [북한명] 애기고추나물 [유사어] 지이초(地耳草)

Hypericum Thunbergii *Franchet et Savatier* マルバヒメオトギリ
Donggun-aegi-gochu-namul 동근애기고추나물

애기고추나물⟨*Hypericum japonicum* Thunb.(1784)⟩

'국가표준식물목록'(2018)은 동근애기고추나물(둥근애기고추나물)을 좀고추나물에 통합하고 별도 분류하지 않으며, 『장진성 식물목록』(2014)과 '중국식물지'(2018)는 애기고추나물에 통합하고 별도 분류하지 않으므로 이 책도 이에 따른다.

Hypericum Yabei *Léveillé et Vanihot* コケオトギリ
Jom-gochu-namul 좀고추나물

좀고추나물⟨*Hypericum laxum* (Blume) Koidz.(1926)⟩[16]

좀고추나물이라는 이름은 고추나물에 비해 식물체가 작다는 뜻에서 붙여졌다.[17] 『조선식물향명집』에서 전통 명칭 '고추나물'을 기본으로 하고 식물의 형태적 특징을 나타내는 '좀'을 추가해 신칭했다.[18]

속명 *Hypericum*은 고대 그리스명 *hypereikon*에 어원을 두고 있으며 *hyper*(위)와 *eikon*(그

---

14 이에 대해서는 『조선식물향명집』, 색인 p.42 참조.
15 『조선식물명휘』(1922)는 '對口草, 地鼻椒'를 기록했다.
16 '국가표준식물목록'(2018)은 본문의 학명으로 좀고추나물을 별도 분류하고 있으나, 『장진성 식물목록』(2014)과 '중국식물지'(2018)는 애기고추나물(*H. japonicum*)에 통합해 이명(synonym)으로 처리하고 별도 분류하지 않으므로 주의가 필요하나.
17 이러한 견해로 이우철(2005), p.466 참조.
18 이에 대해서는 『조선식물향명집』, 색인 p.45 참조.

림)의 합성어로, 귀신을 쫓기 위해 그림 위에 꽃을 올려놓던 풍습에서 유래한 것으로 추정하며 물레나물속을 일컫는다. 종소명 *laxum*은 '성근, 벌린'이라는 뜻이다.

다른이름 둥근애기고추나물(정태현 외, 1937), 애기고추나물(박만규, 1949), 둥근애기고추나물(정태현 외, 1949), 둥근잎애기고추나물(리종오, 1964)

중국/일본명 '중국식물지'는 이를 별도 분류하지 않고 있다. 일본명 コケオトギリ(苔弟切)는 식물체가 매우 작아 이끼(苔)와 같은 고추나물(オトギリサウ)이라는 뜻이다.

참고 [북한명] 좀고추나물

1227

Tamaricaceae 위성류科 (檉柳科)

위성류과〈Tamaricaceae Link(1821)〉

위성류과는 재배식물인 위성류에서 유래한 과명이다. '국가표준식물목록'(2018), '세계식물목록'(2018) 및 『장진성 식물목록』(2014)은 *Tamarix*(위성류속)에서 유래한 Tamaricaceae를 과명으로 기재하고 있으며, 엥글러(Engler), 크론키스트(Cronquist) 및 APG IV(2016) 분류 체계도 이와 같다.

Tamarix chinensis *Loureiro*   ギョリウ   檉柳

Wesóngryu   위성류   (栽)

위성류〈*Tamarix chinensis* Lour.(1790)〉

위성류라는 이름은 한자명 '渭城柳'(위성류)가 어원으로, 중국 진(秦)나라의 수도였던 위성(渭城)에 많이 자라는 버드나무(柳) 라는 뜻에서 유래했다.[1] 전국의 공원이나 정원에 식재하는 식 물로 서해안 일부 지역에 야생하고, 가지가 아래로 처지며 초 여름과 가을 2회에 걸쳐 꽃이 피는 특징이 있다. 버드나무라 는 이름과 달리 버드나무와는 전혀 다른 과에 속하는 식물이 다. 옛 문헌에 기록된 '垂絲柳'(수사류)는 비늘모양의 잎이 실처 럼 아래로 처지는 것이 버드나무와 비슷하다는 뜻에서 유래 한 이름이다. 옛 문헌에는 '당버들'이라는 한글명도 보이지만 현재의 이름으로 이어지지는 않았다. 『조선식물향명집』은 식 재식물(栽)로 보았고, '국가표준식물목록'도 재배종으로 보고 있으나, 중국의 자생지와 환경이 유사한 서해안 습지에서 야생화된 개체가 발견되고 있으므로 자 생종 또는 귀화종으로 보기도 한다.

속명 *Tamarix*는 고대 라틴어로 피레네의 *Tamaris*강 유역에 많이 서식하는 것에서 유래했으 며 위성류속을 일컫는다. 종소명 *chinensis*는 '중국에 분포하는'이라는 뜻으로 최초 발견지 또는 분포지를 나타낸다.

다른이름 위성류(정태현 외, 1923), 향성류(이창복, 1947), 평양위성류(박만규, 1949), 향성류(이창복, 1966), 참위성류(리용재 외, 2011)

---

1 이러한 견해로 이우철(2005), p.425; 박상진(2019), p.314; 허북구·박석근(2008b), p.229, 오찬진 외(2015), p.889; 강판권 (2015), p.827 참조.

옛이름　檉柳/雨師/三春柳/三眠柳/垂絲柳(본사, 1787), 渭城柳/위셩뉴(물보, 1802), 檉柳/당버들/赤檉/河柳/三春柳/觀音柳(광재물보, 19세기 초), 河柳/당버들/赤檉/垂絲柳/三眠柳/觀音柳(물명고, 1824), 檉/垂絲柳/西河柳/菱殊柳/渭城柳(여유당전서, 19세기 초), 檉/河柳/하류/위성류(자류주석, 1856), 檉柳/渭城柳/위성류/赤柳/河柳/垂絲柳/三眠柳/觀音柳(명물기략, 1870), 당버들/渭城柳(일용비람기, 연대미상)[2]

중국/일본명　중국명 檉柳(cheng liu)는 성스러운 나무라는 뜻으로, 성스러운 나무라는 뜻의 정(檉)과 버드나무를 닮았다는 뜻의 류(柳)과 합쳐진 것이다.[3] 일본명 ギヨリウ(御柳)는 성스러운 버드나무라는 뜻으로 중국명에 맞추어 붙여졌다.

참고　[북한명] 위성류/참위성류[4] [유사어] 수사류(垂絲柳), 우사(雨師), 정류(檉柳), 하류(河柳)

2　『조선어사전』(1920)은 '渭城柳(위성류), 능수버들'을 기록했으며 『조선식물명휘』(1922)는 '檉柳, 菩薩柳, 三春柳, 위성유(觀賞)'를, 『토명대조선만식물자휘』(1932)는 '[檉]정, [檉柳]정류, [渭城柳]위성류, [三春柳]삼춘류, [觀音柳]관음류, [垂絲柳]슈수류, [능수버들]'을, 『선명대화명지부』(1934)는 '위성유'를 기록했다.

3　중국의 『본초강목』(1596)은 "羅願爾雅翼云 天之將雨 檉先知之 起氣以應 又負霜雪不凋 乃木之聖者也 故字從聖 又名雨師"(나원의 이아익에서는 '비가 오려고 할 때 檉이 먼저 알고서 기운을 일으키고 반응하며 또한 서리와 눈을 맞으면서 시들지 않으니 나무 가운데 성스러운 것이다. 그러므로 聖을 따랐다. 또는 우사라고도 한다'라고 했다)라고 기록했다.

4　북한에서는 T. juniperina를 '위성류'로, T. chinensis를 '참위성류'로 하여 별도 분류하고 있다. 이에 대해서는 리용재 외(2011), p.348 참조.

Violaceae 오랑캐꽃科 (菫菜科)

제비꽃과〈Violaceae Batsch(1802)〉

제비꽃과는 국내에 자생하는 제비꽃에서 유래한 과명이다. '국가표준식물목록'(2018), '세계식물목록'(2018) 및 『장진성 식물목록』(2014)은 Viola(제비꽃속)에서 유래한 Violaceae를 과명으로 기재하고 있으며, 엥글러(Engler), 크론키스트(Cronquist) 및 APG IV(2016) 분류 체계도 이와 같다.

Viola acuminata *Ledebour* エゾノタチツボスミレ

Jolbang-orangkae 졸방오랑캐

졸방제비꽃〈Viola acuminata Ledeb.(1842)〉

졸방제비꽃이라는 이름은 식용하는 어린잎의 모습이 '졸뱅이'를 연상시키는 것에서 유래했다고 추정하는데, 졸뱅이는 곡식을 이는 조리(竹籬)의 강원도 및 경상도 방언이다.[1] 원줄기가 있고 잎은 달걀모양의 심장형으로 끝이 뾰족해지는 특징이 있으며, 어린잎을 식용했다.[2] 일제강점기의 기록에 따르면 졸방제비꽃과 유사한 형태의 이름으로 '즘방나물'과 '졸방나물'이 확인되는데, '나물'이라는 말에서 확인되듯이 어린잎을 구황식물로 식용한 것에서 유래했으므로 '졸방'도 식용하는 어린잎의 모양과 관련이 있는 것으로 보인다. 『조선산야생식용식물』에 경기도 방언으로 기록된 '조개나물'이라는 이름도 잎의 모양이 '조개'를 연상시킨다는 뜻에서 유래한 것으로 보인다. 또한 현재 방언 조사에서 확인되는 '종지나물'과 '종발나물'이라는 이름도 종지와 종발이 모두 작은 그릇을 뜻하므로 잎의 모양에서 유래한 것으로 추론된다. 19세기 중엽에 저술된 『임원경제지』 중 『인제지(仁齊志)』에 구황식물로 기록된 '菫菫菜'(근근채)를 졸방제비꽃으로 보기도 한다.[3] 한편 꽃의 크기에 비해 씨방의 크기가 작아서 붙여진 이름으로 추정하는 견해가 있으나,[4] 어린잎을 나물로 식용하면서 생겨난 이름이므로 분류학적 분석에 근거해 이름이 생겨나지는 않았을 것으로 보인다. 『조선식물향명집』에서는 전통 명칭 '오랑캐'(꽃)를 기본으로 하고 방언에서 유래한 '졸방'을 추가해 '졸방오랑

---

1 이에 대해서는 고려대학교민족문화연구원, '고려대한국어대사전' 중 '졸뱅이' 참조.
2 이에 대해서는 『조선산야생식용식물』(1942), p.406과 『한국의 민속식물』(2017), p.719 참조.
3 『조선산야생식용식물』(1942), p.406은 졸방제비꽃에 대한 한자명을 '菫菫菜'로 기록했다.
4 이러한 견해로 유기억(2013), p.58 참조.

캐'를 신청했으나,[5] 『조선식물명집』에서 '졸방제비꽃'으로 개칭해 현재에 이르고 있다.

속명 *Viola*는 라틴어로 보라색 꽃을 뜻하고 최초로 일컬은 제비꽃이 보라색인 것에서 유래했으며 제비꽃속을 일컫는다. 종소명 *acuminata*는 '끝이 뾰족한'이라는 뜻으로 잎이 점차 날카롭게 되는 것에서 유래했다.

다른이름 졸방오랑캐(정태현 외, 1937), 조개나물(정태현 외, 1942), 졸방나물(박만규, 1949), 졸방울제비꽃(이영노·주상우, 1956)

옛이름 菫菫菜(임원경제지, 1842)[6]

중국/일본명 중국명 鸡腿菫菜(ji tui jin cai)는 닭의 다리를 닮은 제비꽃 종류(菫菜)라는 뜻이다. 일본명 エゾノタチツボスミレ(蝦夷の立坪菫)는 에조(蝦夷: 홋카이도의 옛 지명)에 분포하는 낚시제비꽃(タチツボスミレ)이라는 뜻이다.

참고 [북한명] 졸방제비꽃 [유사어] 주변강(走邊疆) [지방명] 종지나물(강원), 종발나물/쪽박나물(경북), 제비꽃(충청)

⊗ Viola albida *Palibin* var. Takahashii *Nakai*　キクバコマスミレ
Danpung-orangkae　단풍오랑캐

단풍제비꽃 ⟨*Viola albida* Palib. f. *takahashii* (Makino) W.T. Lee(1996)⟩[7]

단풍제비꽃이라는 이름은 잎이 단풍나무의 잎처럼 갈라지는 제비꽃이라는 뜻에서 유래했다.[8] 『조선식물향명집』에서는 전통 명칭 '오랑캐'(꽃)를 기본으로 하고 식물의 형태적 특징을 나타내는 '단풍'을 추가해 '단풍오랑캐'를 신청했으나,[9] 『조선식물명집』에서 '단풍제비꽃'으로 개칭해 현재에 이르고 있다.

속명 *Viola*는 라틴어로 보라색 꽃을 뜻하고 최초로 일컬은 제비꽃이 보라색인 것에서 유래했으며 제비꽃속을 일컫는다. 종소명 *albida*는 '연한 백색의'라는 뜻으로 꽃의 색에서 유래했으며, 품종명 *takahashii*는 일본인 '다카하시(高橋)의'라는 뜻이다.

다른이름 단풍오랑캐(정태현 외, 1937), 단풍씨름꽃(박만규, 1949), 단풍잎제비꽃(안학수·이춘녕, 1963)

중국/일본명 중국명 菊叶菫菜(ju ye jin cai)는 국화 잎을 닮은 제비꽃 종류(菫菜)라는 뜻이다. 일본명

---

5 이에 대해서는 『조선식물향명집』, 색인 p.45 참조.

6 『조선의 구황식물』(1919)은 '즘방나물, 오랑키꼿(水原), 우풀(洪川)'을 기록했으며 『조선식물명휘』(1922)는 '菫菜, 졸방나물(救)'을, 『선명대화명지부』(1934)는 '졸방나물'을, 『조선의산과와산채』(1935)는 '菫, 오랑키꼿'을 기록했다.

7 '국가표준식물목록'(2018)은 본문의 학명으로 단풍제비꽃을 태백제비꽃의 품종으로 하여 별도 분류하고 있으나, 『장진성 식물목록』(2014)은 남산제비꽃에 통합하고 있으므로 주의가 필요하다.

8 이러한 견해로 이우철(2005), p.164와 허북구·박석근(2008a), p.66 참조.

9 이에 대해서는 『조선식물향명집』, 색인 p.34 참조.

キクバコマスミレ(菊高麗菫)는 잎이 국화처럼 갈라지는 태백제비꽃(コマスミレ)이라는 뜻이다.

참고 [북한명] 단풍제비꽃[10]

⊗ Viola albida *Palibin* var. typica *Nakai*　コマスミレ
Taebaeg-orangkae　태백오랑캐

태백제비꽃〈*Viola albida* Palib.(1899)〉

태백제비꽃이라는 이름은 '태백'(太白)과 '제비꽃'(菫)의 합성어로, 꽃이 크고 흰색인 제비꽃이라는 뜻에서 유래한 것으로 추정한다. 한글명을 처음으로 부여한 『조선식물향명집』의 저자들이 저술한 『한국식물도감(하권 초본부)』에서 꽃이 대형(大形)이면서 흰색(白色)이라고 기술하고 있는 것과 학명의 종소명이 꽃의 색깔을 뜻하는 것도 태백제비꽃이라는 이름의 유래를 추론케 한다.[11] 한편 '태백'이라는 지명에서 태백제비꽃이라는 이름이 유래한 것으로 보는 견해가 있다.[12] 그러나 태백제비꽃에 대한 최초 학명을 발표한 러시아 식물학자 I.V. Palibin(1872~1949)의 표본은 1894년 손탁(Marie Antoinette Sontag, 1838~1922)이 서울 덕수궁, 경기도 시흥 및 서울 효창

동에서 채집한 것이었으며,[13] 이후 일본인 식물학자들의 연구 자료가 된 표본도 고이시카와식물원(小石川植物園)의 전속 채집인이었던 우치야마 도미지로(內山富次郎, 1846~1915)가 1900년과 1902년에 걸쳐 경기도 남한산과 서울 북한산에서 채집한 것이었다.[14] 그 이후의 연구에서도 달리 태백산 또는 태백에서 채집된 표본을 활용한 사례는 확인되지 않는다. 또한 태백산 또는 태백을 이 종의 특별한 분포지로 볼 근거도 없다. 따라서 태백제비꽃의 '태백'은 지명을 뜻한다고 보기는 어려운

10 북한에서 임록재 외(1996)는 '단풍제비꽃'을 별도 분류하고 있으나, 리용재 외(2011)는 이를 별도 분류하지 않고 있다. 이에 대해서는 리용재 외(2011), p.376 참조.

11 『한국식물도감(하권 초본부)』(1956)은 『조선식물향명집』의 저자 중 도봉섭(都逢涉, 1904~?)이 최초 원고를 저술했으나 남북 분단으로 직접 발표를 하지 못하고, 또 다른 저자인 정태현(鄭泰鉉, 1882~1971)의 이름으로 발표된 한반도에 분포하는 초본류 식물을 해설한 식물도감이다. 태백제비꽃에 대한 자세한 기술 내용은 『한국식물도감(하권 초본부)』(1956), p.407 참조.

12 이러한 견해로 유기억(2013), p.171과 김병기(2013), p.272 참조.

13 손탁은 프랑스 출신 독일인으로 조선 황실의 의전을 담당했으며, 서울과 인근의 식물을 채집했다. I.V. Palibin의 표본에 대한 자세한 내용은 Alisa Grabovskaya-Borodina et al.(2013), p.201 참조. 한편 위 표본에 기록된 지명에 대해서는 장진성 외(2015), p.103, 141 참조.

14 이에 대한 자세한 내용은 T. Nakai(1909), p.68 참조. 한편 위 표본에 기록된 지명에 대해서는 장진성 외(2015), p.100, 141 참조.

것으로 판단된다. 『조선식물향명집』에서는 전통 명칭 '오랑캐'(꽃)를 기본으로 하고 식물의 형태적 특징 및 학명을 참고한 '태백'을 추가해 '태백오랑캐'를 신칭했으나,[15] 『조선식물명집』에서 '태백제 비꽃'으로 개칭해 현재에 이르고 있다.

속명 *Viola*는 라틴어로 보라색 꽃을 뜻하고 최초로 일컫은 제비꽃이 보라색인 것에서 유래했으며 제비꽃속을 일컫는다. 종소명 *albida*는 '연한 백색의'라는 뜻으로 꽃의 색에서 유래했다.

다른이름 시름꽃(성태현 외, 1936), 태백오랑캐(정태현 외, 1937), 태백씨름꽃/사향씨름꽃(박만규, 1949), 태백산제비꽃(안학수·이춘녕, 1963)

중국/일본명 중국명 朝鮮菫菜(chao xian jin cai)는 한반도에 분포하는 제비꽃 종류(菫菜)라는 뜻으로, 서울 인근에서 학명 부여의 근거가 된 표본이 채집된 것에서 비롯한다. 일본명 コマスミレ(高麗菫) 는 조선(高麗)에 분포하는 제비꽃(スミレ)이라는 뜻이다.

참고 [북한명] 태백제비꽃 [유사어] 자화지정(紫花地丁) [지방명] 하얀제비꽃(경기), 제비꽃(충남)

Viola biflora *Linné*   キバナノコマノツメ
Jangbaeg-orangkae   장백오랑캐

장백제비꽃〈*Viola biflora* L.(1753)〉

장백제비꽃이라는 이름은 백두산(장백산)에 분포하는 제비꽃 종류라는 뜻에서 유래했다.[16] 강원도 설악산 이북의 고산에 분포하는 여러해살이풀이다. 『조선식물향명집』에서는 전통 명칭 '오랑캐'(꽃)를 기본으로 하고 식물의 산지(産地)를 나타내는 '장백'을 추가해 '장백오랑캐'를 신칭했으나,[17] 『조선식물명집』에서 '장백제비꽃'으로 개칭해 현재에 이르고 있다. 한편 '장백산'은 현재의 '백두산'을 달리 일컫는 이름으로, 『세종실록』에도 '白頭山'(백두산)과 '長白山'(장백산)을 함께 기록하는 등 명칭을 혼용하였다.

속명 *Viola*는 라틴어로 보라색 꽃을 뜻하고 최초로 일컫은 제비꽃이 보라색인 것에서 유래했으며 제비꽃속을 일컫는다. 종소명 *biflora*는 '2개의 꽃이 피는(二花의)'이라는 뜻으로 줄기에서 꽃대가 2개 또는 그 이상이 되는 것에서 유래했다.

---

15 이에 대해서는 『조선식물향명집』, 색인 p.47 참조.
16 이러한 견해로 이우철(2005), p.447과 유기억(2013), p.37 참조.
17 이에 대해서는 『조선식물향명집』, 색인 p.45 참조.

장백오랑캐(정태현 외, 1937), 장백산제비꽃(안학수·이춘녕, 1963), 장백노랑제비꽃(박만규, 1974)

중국명 双花菫菜(shuang hua jin cai)는 2개의 꽃이 피는 제비꽃 종류(菫菜)라는 뜻으로 학명과 관련해 붙여진 것으로 추정한다. 일본명 キバナノコマノツメ(黃花の駒の爪)는 노란색의 꽃이 피고, 잎이 말의 발굽 모양이라는 뜻이다.

[북한명] 장백제비꽃

○ Viola chaerophylloides *Makino*   ナンザンスミレ
Namsan-orangkae   남산오랑캐

남산제비꽃〈*Viola albida* Palib. var. *chaerophylloides* (Regel) F. Maek. ex Hara(1954)〉

남산제비꽃이라는 이름은 남산에서 최초로 발견된 제비꽃이라는 뜻에서 유래했다.[18] 『조선식물향명집』에서는 전통 명칭 '오랑캐'(꽃)를 기본으로 하고 식물의 산지(産地)를 나타내는 '남산'을 추가해 '남산오랑캐'를 신칭했으나,[19] 『조선식물명집』에서 '남산제비꽃'으로 개칭해 현재에 이르고 있다. 그런데 이 식물이 최초로 발견된 남산이 어디인지는 알려지지 않았다. 일본명과 중국명 모두 南山(남산)을 포함하고 있어 남산이 한반도가 아닌 일본 또는 중국의 어느 지역을 일컫는 것은 아닌지 하는 의문도 있었다. 이와 관련해 일본명 ナンザンスミレ(南山菫)는 일본 식물학자 마키노 도미타로(牧野富太郎, 1862~1957)가 *Viola dissecta* var. *chaerophylloides* (Regel)

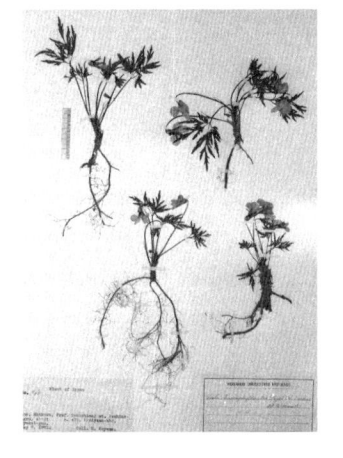

Makino(1912)라는 학명을 부여하면서 일본명을 알파벳으로 'Nanzan-sumire'로 한 것이 최초의 기록으로 보인다.[20] 이 논문에서 마키노 도미타로는 해당 종이 일본과 조선에 분포한다는 점을 기록하면서 표본을 채집한 일본의 여러 산을 언급했으나, 여기에 南山(남산)을 별도로 기록하지 않았다. 그 후 일본 식물학자 나카이 다케노신(中井猛之進, 1882~1952)은 마키노 도미타로가 발표한 위 학명의 종을 채집한 장소인 조선 중부 지방의 지명을 "mons Namsan(T. UCHIYAMA), mons Penkhansan(T. UCHIYAMA)"이라고 기록했다.[21] 여기서 T. UCHIYAMA는 도쿄대학교 부속 고

---

18   이러한 견해로 이우철(2005), p.135; 유기억(2013), p.156; 김병기(2013), p.270 참조.
19   이에 대해서는 『조선식물향명집』, 색인 p.34 참조.
20   이에 대해서는 T. Makino(1912), p.153 참조.
21   이에 대해서는 T. Nakai(1916), p.282 참조.

이시카와식물원(小石川植物園)의 전속 채집인이었던 우치야마 도미지로(內山富次郞, 1846~1915)를 말하는데, 그는 1900년과 1902년 두 차례에 걸쳐 서울을 중심으로 식물 표본을 채집한 바 있다. 현재 남아 있는 실제 표본 기록을 조사한 결과, 나카이 다케노신이 기록하고 우치야마 도미지로가 식물 표본을 채집한 Namsan은 현재 서울의 남산(南山)을 의미하고, Penkhansan은 현재 서울의 북한산(北漢山)을 의미하는 것으로 밝혀졌다.[22] 따라서 남산제비꽃이라는 이름의 '남산'은 현재 서울의 남산을 뜻한다. 서울 남산에서 최초로 발견하고 채집한 표본을 근거로 ナンザンスミレ(南山菫)라는 일본명이 먼저 생겼고, 이를 참고해 '남산오랑캐'(남산제비꽃)라는 한국명이 탄생했으며, 그 이후 南山菫菜라는 중국명이 일본명과 한국명의 영향을 받아 형성된 것으로 보인다.

속명 Viola는 라틴어로 보라색 꽃을 뜻하고 최초로 일컫은 제비꽃이 보라색인 것에서 유래했으며 제비꽃속을 일컫는다. 종소명 albida는 '연한 백색의'라는 뜻이다. 변종명 chaerophylloides는 'chaerophylla 종과 유사한'이라는 뜻인데, chaerophylla는 cheirophylla의 오기로 '손바닥 모양 잎의'라는 뜻이다.

다른이름 남산오랑캐(정태현 외, 1937)[23]

중국/일본명 중국명 南山菫菜(nan shan jin cai)는 1955년에 그 이름이 처음 발견되는 것에 비추어 한국명과 일본명으로부터 영향을 받아 붙여진 것으로 추정한다.[24] 일본명 ナンザンスミレ(南山菫)는 마키노 도미타로에 의해 붙여진 것으로 서울의 남산(南山)에 분포하는 제비꽃이라는 뜻이다.

참고 [북한명] 남산제비꽃 [유사어] 정독초(疔毒草)

Viola chinensis *Don* スミレ
Orangkaegot 오랑캐꽃(장수꽃·씨름꽃·께비꽃)

제비꽃〈*Viola mandshurica* W.Becker(1917)〉

제비꽃이라는 이름은 꽃이 물 찬 제비와 같이 예쁘다거나 튀어나온 꽃뿔의 모양이 제비를 닮았다는 뜻에서 유래했다.[25] 옛 문헌에서 뒤통수의 한가운데에 골을 따라 아래로 뾰족하게 내민 머리털을 '제비초리'로 표현한 것에 비추어, 제비꽃은 꽃의 생긴 모습 때문에 붙여진 이름이라는 것을 알수 있다.[26] 제비꽃에는 여러 이름이 있는데 꽃뿔이 있는 독특한 모습이 오랑캐를 연상시킨다는 뜻

---

22 이에 대해서는 장진성 외(2015), pp.141-142 참조.

23 『조선식물명휘』(1922)는 '길오징이나물(救, 觀賞)'을 기록했는데 학명을 V. dissecta로 하고 일본명을 'ナンザンスミル, nanzan-sumire'로 하고 있기 때문에 현재의 간도제비꽃과 남산제비꽃 중 어느 종을 일컫은 것인지는 명확하지 않다.

24 이에 대해서는 竹內亮(1955), p.84 참조.

25 이러한 견해로 이우철(2005), p.453; 백문식(2014), p.441; 이유미(2013), p.187 참조.

26 『역어유해』(1690)는 '져빅초리'로, 『물명고』는 '졉의쵸리'로 기록했다.

에서 '오랑캐꽃'이라고 하며,[27] 아이들이 꽃을 걸어 시합을 하는 꽃씨름 놀이에 사용했다고 하여 '씨름꽃'이라고 하고,[28] 꽃의 모양이 장수(將帥)처럼 생겼다고 하여 '장수꽃'이라고도 한다. 지방에 따라서는 민들레처럼 땅에 붙어 자란다고 하여 '앉은뱅이꽃'이라고 하며, 열매로 쌀밥보리밥 놀이를 했다고 하여 '쌀밥보리밥'이라고 하고, 꽃으로 반지를 만들었다고 하여 '반지나물'이라고도 한다. 옛 문헌에서는 자주색 꽃이 피고 고무래 모양으로 땅에 붙어 자란다는 뜻인 紫花地丁(자화지정)이라고 했으며,[29] 식용한다는 뜻의 '菜'(채)가 포함되어 菫菜(근채) 또는 菫菫菜(근근채)라고도 했다.[30] 또한 19세기 중엽에 저술된 『오주연문장전산고』는 제비꽃 종류를 '如意草'(여의초)라고 부르며 여러 용도로 활용한 것을 기록했는데,[31] '如意草'(여의초)는 뜻대로 이루어진다는 뜻이 있어 김홍도(1745~1806)가 그린 〈황묘농접도(黃猫弄蝶圖)〉에는 제비꽃 종류를 전면에 배치해 소원 성취를 기원하는 상징으로 사용하기도 했다. 한편 제비꽃이라는 이름의 유래와 관련해, 제비가 오는 때와

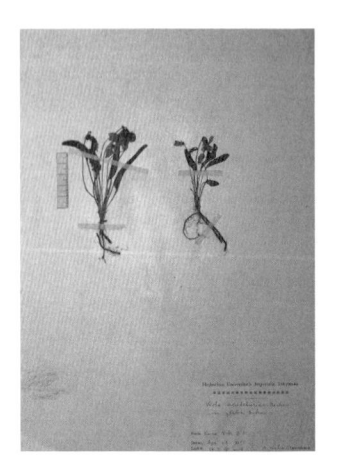

27 김종원(2016), p.225는 오랑캐꽃의 유래에 대해 나물로서 격이 떨어지는 것을 낮잡아 이른 것으로 보고 있으나, 1939년에 지어진 이용악의 시 「오랑캐꽃」에 "어찌보면 너의 뒷모양이 머리태를 드리인 오랑캐의 뒷머리와 같은 까닭이라 전한다"라고 한 것과 제비꽃으로 꽃씨름 놀이를 한 것에 비추어보면 독특한 꽃의 모양이 오랑캐를 연상시킨다는 뜻에서 유래한 이름으로 보인다. 이러한 견해로 허북구·박석근(2008a), p.180 참조.

28 이러한 견해로 이상희(2004a), p.251 참조. 또한 村山智順(1941), p.18은 경기 지역에서 제비꽃으로 '花戰'(화전: 꽃씨름)을 하는 것으로 기록했다.

29 '중국식물지'(2018)는 한자명 紫花地丁(zi hua di ding)을 중국에 분포하는 제비꽃 종류인 Viola philippica Cav.(1800)를 일컫는 것으로 보고 있다. 우리나라의 현대 한의학에서도 널리 제비꽃속 식물의 지상부를 의미하는 것으로 청열 해독의 효능을 가진 한약재로 활용하고 있다[이에 대해서는 안덕균(2014), p.86 참조]. 그런데 『동의보감』(1613)과 『의림촬요』(1635)는 紫花地丁(자화지정)을 大薊(대계: 엉겅퀴)의 일종이라고 했으므로, 자화지정이 정확히 어떤 식물을 지칭하는지에 대해 혼선을 빚어왔다.

30 『물명고』(1824)는 董菜(근채)에 대해 "食之甘滑"(이를 먹으면 달고 부드럽다)이라고 했고, 『임원경제지』(1842)는 "董董菜 生田野 苗初撂地生 葉似鈹箭頭而葉帶甚長 葉間攢華開紫花結三辨萌兒 中有子如芥子茶褐色味甘 抹苗葉煠熟水浸淘淨油鹽調食"(근근채는 밭과 들에 자라는데 싹이 처음에는 땅에 붙어 자란다. 잎은 파전두와 비슷한데 잎의 띠가 매우 길다. 잎 사이에 옹이 같은 것이 모여 있고 자주색으로 꽃이 피며 세 개로 된 삭과가 맺힌다. 가운데에 겨자 크기만 한 종자가 있고 다갈색이고 맛이 달다. 싹과 잎을 채취하여 데친 후 물에 깨끗이 씻어 기름과 소금으로 조리해서 먹는다)이라고 기록했다. 또한 『조선산야생약용식물』(1936), p.164와 『조선산야생식용식물』(1942), p.162는 董董菜(근근채)가 제비꽃을 일컫는 이름이고, 약용과 식용하는 식물이라고 기록했다.

31 『오주연문장전산고』(185?)는 "若値大軍大荒無糧絶食之時 采來將松柏葉一切靑草 只用此葉包裹 到口細嚼 雖百草俱變爲美味 食之可以延生 此草不擇地而生 細尋可得 又治多年膿血惡瘡 採來陰乾擣末 雞子淸調敷 神效"(만약 큰 전쟁이나 큰 흉년을 만나 식량이 없어 먹을 것이 떨어진 때에는, 여의초를 캔 다음 솔잎과 잣나무 잎이나 일체 푸른 풀을 가져다 여의초로 싸서 입안에 넣고 잘 씹으면, 아무 풀이라도 모두 아름다운 맛으로 변하므로 여의초를 먹으면 생명을 연장할 수 있다. 여의초는 땅을 가리지 않고 어디에나 자라 자세히 찾아보면 얻을 수 있다. 또 여러 해 묵은 피고름이 든 악성 종기도 치료할 수 있는데, 방법은 여의초를 캐다가 그늘에 말린 뒤 가루로 만든 다음 달걀로 깨끗이 조제하여 환부에 바르면 신효를 본다)라고 기록했다.

꽃이 피는 시기가 일치하는 점에 착안해 붙여진 이름이라는 견해가 있다.[32] 그러나 제비가 도래하기 이전에도 개화하는 종류가 상당히 있으며 개화 시기도 일정하지 않다는 점에서 타당하지 않은 것으로 보인다. 또한 제비꽃이라는 이름을 일본의 정서 및 문화와 잇닿아 있는 이름으로 보는 견해가 있다.[33] 이 견해는 『조선식물명휘』에서 최초 '오랑키꽃'으로 기록된 것과 제비꽃에 대한 일본의 풍속이 다양한 점 등을 근거로 하고 있으나, 일본명에 제비꽃 또는 그와 유사한 이름이 존재하지 않고, 제비꽃과 관련한 다양한 우리의 문화가 손재했다는 점을 간과한 주장으로 보인다. 『조선식물향명집』은 '오랑캐꽃'을 추천명으로 하고 '제비꽃'을 다른이름으로 기록했으나, 『조선식물명집』에서 '제비꽃'을 추천명으로 채택해 현재에 이르고 있다.

속명 *Viola*는 라틴어로 보라색 꽃을 뜻하고 최초로 일컬은 제비꽃이 보라색인 것에서 유래했으며 제비꽃속을 일컫는다. 종소명 *mandshurica*는 '만주의'라는 뜻으로 최초 발견지 또는 분포지를 나타낸다.

다른이름　오랑캐풀(정태현 외, 1936), 오랑캐꽃/장수꽃/씨름꽃(정태현 외, 1937), 외나물/잇꽃(정태현 외, 1942), 민오랑캐(박만규, 1949), 병아리꽃(정태현, 1956), 민들제비꽃/참제비꽃(안학수·이춘녕, 1963), 옥녀제비꽃(이창복, 1969b), 앉은뱅이꽃/가락지꽃(박만규, 1974), 참털제비꽃/큰제비꽃(안학수 외, 1982)

옛이름　紫花地丁(동의보감, 1613), 紫花地丁(의림촬요, 1635), 紫花地丁(마과회통, 1798), 菫菜(순암집, 18세기 말), 紫花地丁/米布袋(광재물보, 19세기 초), 紫花地丁/菫菜(물명고, 1824), 菫菫菜(임원경제지, 1842), 如意草(오주연문장전산고, 185?), 오랑캐꼿(한불자전, 1880), 제비꽃(동아일보, 1931),[34] 제비꽃(조선일보, 1934),[35] 오랭캐꽃/씨름꽃(동아일보, 1936)[36]

중국/일본명　중국명 东北菫菜(dong bei jin cai)는 둥베이(東北) 지방에 분포하는 제비꽃 종류(菫菜)라는 뜻이다. '菫'(菫)은 투구꽃속 식물(*Aconitum*)을 의미하기도 했으나 현재는 제비꽃속을 일컫는다. 일본명 スミレ(菫)는 スミイレ의 약자로 목수가 사용하는 먹줄통(墨入れ)을 닮았다는 뜻에서 유래했다는 것이 마키노 도미타로(牧野富太郎, 1862~1957) 이래의 일반적인 견해이지만, 그에 맞는 옛말을 찾기 어려워 여러 논란이 있다.

---

32 이러한 견해로 허북구·박석근(2008a), p.180; 유기억(2013), p.273; 김병기(2013), p.268 참조.

33 이러한 견해로 김종원(2016), p.223 이하 참조.

34 『동아일보』1931년 5월 31일 자 기사에 해주 흰솔이라는 이름으로 "제비꽃 문들네꽃 어우러져 피인 들에 한나븨 노랑나븨 활귀있게 춤을 추다 잇따금 꽃에 앉으면 다시 날 줄 모르네"라는 시가 실려 있다.

35 『조선일보』1934년 6월 7일 자 문일평의 사설 중 燕子花(제비꽃)에 대한 해설의 서두에 아이들이 제비꽃으로 노래를 부르는 내용이 실려 있다. 다만 이때 燕子花(연자화)는 제비붓꽃을 일컫는 이름이므로 주의가 필요하다.

36 『제주도및완도식물조사보고서』(1914)는 'マルマヂャックル'[말마쟝쿨]을 기록했으며 『조선한방약료식물조사서』(1917)는 '오랑키꼿(京城), 紫花地丁'을, 『조선의 구황식물』(1919)은 '알꼿(慶北), 오랑키꼿(京畿, 江原), 안즌빙이꼿(河東), 菫, 馬頭花'를, 『조선어사전』(1920)은 '오랑캐꼿, 菫'을, 『조선식물명휘』(1922)는 '紫花地丁, 菫, 米布袋, 蒲公英, 오랑키꼿, 자화디정(藥, 救)'을, Crane(1931)은 '안즌방이꼿, 오랑캐꼿, 菫'을, 『토명대조선만식물자휘』(1932)는 '[元良哈花]오랑캐꼿'을, 『선명대화명지부』(1934)는 '오랑캐(케)꼿, 오란(랑)개꼿, 자화디정'을, 『조선의산과와산채』(1935)는 '菫, 오랑키꼿'을 기록했다.

[북한명] 제비꽃 [유사어] 근근채(菫菫菜), 여의초(如意草), 자화지정(紫花地丁) [지방명] 앉은뱅이꽃/장수꽃(강원), 반지꽃/반지꽃나물/반지나물/쌀밥보리밥/지비추리/오랑캐풀(경기), 말꽃/앉은뱅이풀/제비나물(경남), 종지나물/황새꽃(경북), 시름꽃/시름꽃나무/시름꽃나물/오랑캐꽃(전남), 돌치풀/시름꽃나무/시름꽃나물/제비취(전북), 말고장/말코장/멀쌈고장/몰싸움고장/믈고장/믈싸옴고장/믈싸움고장/믈쌈고장/믈코장/숩쿨/쏠궤꽃/쏠깨풀/쏠궤꽃/쏠궤풀/아즌배기꼿/아진배기고장/아진배기꽃/아진베기(제주), 보리밥쌀밥/쌀나무/오랑캐꽃/지심(충남), 밥풀꽃(충북), 앉은뱅이꽃(평안), 봉기풀(함남)

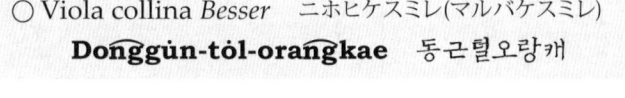

○ Viola collina *Besser* ニホヒケスミレ(マルバケスミレ)
Donggun-tol-orangkae 동근털오랑캐

둥근털제비꽃⟨*Viola collina* Besser(1822)⟩

둥근털제비꽃이라는 이름은 잎이 둥글고 잎과 꽃자루 등에 털이 있는 제비꽃이라는 뜻에서 유래했다.[37] 잎뿐만 아니라 열매도 둥글고 털이 있다. 『조선식물향명집』에서는 전통 명칭 '오랑캐'(꽃)를 기본으로 하고 식물의 형태적 특징을 나타내는 '둥근털'을 추가해 '둥근털오랑캐'를 신칭했으나,[38] 『조선식물명집』에서 '둥근털제비꽃'으로 개칭해 현재에 이르고 있다.

속명 *Viola*는 라틴어로 보라색 꽃을 뜻하고 최초로 일컬은 제비꽃이 보라색인 것에서 유래했으며 제비꽃속을 일컫는다. 종소명 *collina*는 '구릉에 사는, 언덕에 사는'이라는 뜻으로 자생지의 환경적 특성을 나타낸다.

다른이름 둥근털오랑캐(정태현 외, 1937), 둥근털제비꽃(정태현 외, 1949), 둥글제비꽃(박만규, 1974)

중국/일본명 중국명 球果菫菜(qiu guo jin cai)는 열매가 둥근 제비꽃 종류(菫菜)라는 뜻이다. 일본명 ニホヒケスミレ(匂い毛菫)는 향과 털이 있는 제비꽃(スミレ)이라는 뜻이고, マルバケスミレ(丸葉毛菫)는 잎이 둥글고 털이 있는 제비꽃이라는 뜻이다.

참고 [북한명] 둥근털제비꽃

---

37 이러한 견해로 이우철(2005), p.195와 유기억(2013), p.117 참조.
38 이에 대해서는 『조선식물향명집』, 색인 p.36 참조.

Viola crassa *Makino*   タカネスミレ
Kŭn-jaṅbaeg-oraṅgkae   큰장백오랑캐

구름제비꽃〈*Viola crassa* Makino(1905)〉[39]

구름제비꽃이라는 이름은 구름이 모이는 높은 산에서 자라는 제비꽃이라는 뜻에서 유래했다.[40] 닝림산 이북의 높은 산에 분포하는 여러해살이풀로 장백제비꽃과 비슷하지만 줄기에 붉은빛이 돌며 잎이 두껍고 맥이 뚜렷하며 털이 없다는 점 때문에 별도 종으로 분류되었다. 『조선식물향명집』에서는 전통 명칭 '오랑캐'(꽃)를 기본으로 하고 식물의 형태적 특징과 산지(産地)를 나타내는 '큰'과 '장백'을 추가해 '큰장백오랑캐'를 신칭했으나,[41] 『조선식물명집』에서 '구름제비꽃'으로 개칭해 현재에 이르고 있다. '구름제비꽃' 또는 그와 유사한 방언이 발견되지 않으므로 '구름제비꽃'도 신칭한 이름으로 추정된다.

속명 *Viola*는 라틴어로 보라색 꽃을 뜻하고 최초로 일컬은 제비꽃이 보라색인 것에서 유래했으며 제비꽃속을 일컫는다. 종소명 *crassa*는 '두꺼운, 다육성의'라는 뜻으로 두꺼운 잎의 모양에서 유래했다.

다른이름 큰장백오랑캐(정태현 외, 1937), 구름털제비꽃(이창복, 1969b), 구름노랑제비꽃(박만규, 1974)
중국/일본명 중국에서는 이를 별도 분류하지 않고 있다. 일본명 タカネスミレ(高嶺菫)는 높은 산봉우리에서 자라는 제비꽃(スミレ)이라는 뜻이다.

참고 [북한명] 구름제비꽃

○ Viola diamantica *Nakai*   フキスミレ
Gŭmgaṅ-oraṅgkae   금강오랑캐

금강제비꽃〈*Viola diamantiaca* Nakai(1919)〉

금강제비꽃이라는 이름은 금강산에서 발견된 제비꽃이라는 뜻에서 유래했다.[42] 금강제비꽃에 대한 학명은 도쿄대학교 부속 고이시카와식물원(小石川植物園)의 전속 채집인이었던 우치야마 도미지로(內山富次郎, 1846~1915)가 1902년에 금강산에서 채집한 표본을 근거로 하여 명

---

39 '국가표준식물목록'(2018)은 구름제비꽃을 별도 종으로 분류하고 있으나, 『장진성 식물목록』(2014)은 장백제비꽃(*V. biflora*)에 통합하고 별도 분류하지 않으므로 주의가 필요하다.

40 이러한 견해로 이우철(2005), p.87과 유기억(2013), p.319 참조. 다만 이우철은 '구름제비꽃'이 일본명에서 유래했다고 설명하고 있으나, 뜻은 닿아 있을지라도 '구름'과 '제비꽃'은 모두 일본어와는 차이가 있으므로 직접적 유래를 일본명에서 찾기는 어려워 보인다.

41 이에 대해서는 『조선식물향명집』, 색인 p.47 참조.

42 이러한 견해로 이우철(2005), p.97; 유기억(2013), p.132; 김병기(2013), p.274 참조.

명되었다.[43] 『조선식물향명집』에서는 전통 명칭 '오랑캐'(꽃)를 기본으로 하고 식물의 산지(産地)와 학명에 착안한 '금강'을 추가해 '금강오랑캐'를 신칭했으나,[44] 『조선식물명집』에서 '금강제비꽃'으로 개칭해 현재에 이르고 있다.

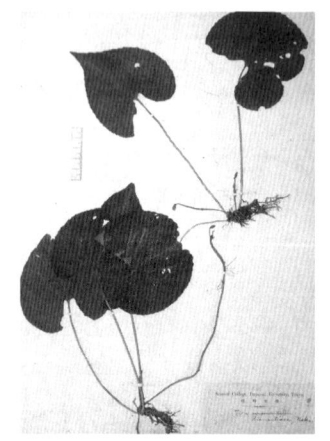

속명 *Viola*는 라틴어로 보라색 꽃을 뜻하고 최초로 일컬은 제비꽃이 보라색인 것에서 유래했으며 제비꽃속을 일컫는다. 종소명 *diamantiaca*는 '금강의'라는 뜻으로 금강산에서 발견한 것에서 유래했다.

다른이름 금강오랑캐(정태현 외, 1937), 금강산제비꽃(안학수·이춘녕, 1963)

중국/일본명 중국명 大叶菫菜(da ye jin cai)는 잎이 큰 제비꽃 종류(菫菜)라는 뜻이다. 일본명 フキスミレ(蕗菫)는 줄기를 뻗어 번식하는 모습이 머위(フキ)를 닮은 제비꽃(スミレ)이라는 뜻이다.

참고 [북한명] 금강제비꽃 [유사어] 자화지정(紫花地丁), 촌절칠(寸節七)

○ Viola dissecta *Ledebour*　カントウスミレ
Gando-orangkae　간도오랑캐

간도제비꽃〈*Viola dissecta* Ledeb.(1829)〉[45]

간도제비꽃이라는 이름은 한반도의 북쪽 간도 지방에 분포하는 제비꽃이라는 뜻에서 유래했다.[46] 러시아 및 중국 동북부(만주)에 널리 분포한다. 『조선식물향명집』에서는 전통 명칭 '오랑캐'(꽃)를 기본으로 하고 식물의 산지(産地)를 나타내는 '간도'를 추가해 '간도오랑캐'를 신칭했으나,[47] 『조선식물명집』에서 '간도제비꽃'으로 개칭해 현재에 이르고 있다.

속명 *Viola*는 라틴어로 보라색 꽃을 뜻하고 최초로 일컬은 제비꽃이 보라색인 것에서 유래했으며 제비꽃속을 일컫는다. 종소명 *dissecta*는 '많이 갈라지는, 전열의'라는 뜻으로 갈라지는 잎의 모양에서 유래했다.

다른이름 간도오랑캐(정태현 외, 1937), 만주씨름꽃(박만규, 1949), 만주제비꽃(안학수·이춘녕, 1963),

---

43 이에 대해서는 T. Nakai(1919), pp.204-205 참조.

44 이에 대해서는 『조선식물향명집』, 색인 p.33 참조.

45 '국가표준식물목록'(2018)은 간도제비꽃을 별도 분류하지 않고 있으나, 『장진성 식물목록』(2018), '중국식물지'(2018) 및 '세계식물목록'(2018)은 본문의 학명을 정명으로 하여 별도 분류하고 있다.

46 이러한 견해로 유기억(2013), p.149 참조.

47 이에 대해서는 『조선식물향명집』, 색인 p.30 참조.

갈래잎제비꽃(임록재 외, 1972)[48]

중국/일본명 중국명 裂叶菫菜(lie ye jin cai)는 잎이 갈라지는 제비꽃 종류(菫菜)라는 뜻이다. 일본명 カントウスミレ(間島菫)는 간도 지방에서 나는 제비꽃(スミレ)이라는 뜻이다.

참고 [북한명] 갈래잎제비꽃

○ Viola epipsila *Ledebour*　タニマスミレ
Nuun-orangkae　누운오랑캐

누운제비꽃〈*Viola epipsiloides* A. Love & D. Love(1975)〉[49]

누운제비꽃이라는 이름은 줄기가 기어서 자라 번식하는 제비꽃이라는 뜻에서 유래했다.[50] 원줄기는 없고, 땅속줄기가 땅을 기면서 번식하는 특징이 있다.[51] 『조선식물향명집』에서는 전통 명칭 '오랑캐'(꽃)를 기본으로 하고 식물의 형태적 특징을 나타내는 '누운'을 추가해 '누운오랑캐'를 신칭했으나,[52] 『조선식물명집』에서 '누은제비꽃'으로 개칭했고 이것을 『우리나라 식물자원』에서 '누운제비꽃'으로 개칭해 현재에 이르고 있다. 한편 잎의 표면이 평활하다는 학명에 근거해 잎이 옆으로 눕듯이 옆으로 퍼져 자라는 것에서 유래한 이름으로 보는 견해도 있다.[53]

　속명 *Viola*는 라틴어로 보라색 꽃을 뜻하고 최초로 일컫은 제비꽃이 보라색인 것에서 유래했으며 제비꽃속을 일컫는다. 종소명 *epipsiloides*는 '*epipsila*와 비슷한'이라는 뜻이며, *epipsila*는 '표면이 평활한'이라는 뜻으로 잎의 형태에서 유래했다.

다른이름 누운오랑캐(정태현 외, 1937), 누은오랑캐(박만규, 1949), 누은제비꽃(정태현 외, 1949), 보흥제비꽃(이창복, 1969b), 북방누운제비꽃(리용재 외, 2011)

중국/일본명 중국명 溪菫菜(xi jin cai)는 계곡에서 자라는 제비꽃 종류(菫菜)라는 뜻이다. 일본명 タニマスミレ(谷間菫)는 골짜기 사이에 분포하는 제비꽃(スミレ)이라는 뜻이다.

참고 [북한명] 누운제비꽃/북방누운제비꽃[54]

---

48 『조선식물명휘』(1922)는 '길오징이나물(救, 觀賞)'을 기록했다. 다만 『조선식물명휘』, p.255는 학명과 달리 일본명을 'ナンザンスミル, nanzan-sumire'로 하고 있기 때문에 현재의 남산제비꽃을 일컬을 것일 수도 있으므로 주의가 필요하다.
49 '국가표준식물목록'(2018)은 누운제비꽃의 학명을 *Viola epipsila* Ledeb.(1820)로 기재하고 있으나, 『장진성 식물목록』(2014), '중국식물지'(2018) 및 '세계식물목록'(2018)은 본문의 학명을 정명으로 기재하고 있다.
50 이러한 견해로 이우철(2005), p.155 참조.
51 이에 대해서는 『한국식물도감(하권 초본부)』(1956), p.412 참조.
52 이에 대해서는 『조선식물향명집』, 색인 p.34 참조.
53 이러한 견해로 유기억(2013), p.319 참조.
54 북한에서는 *V. repens*를 '누운제비꽃'으로, *V. epipsila*를 '북방누운제비꽃'으로 하여 별도 분류하고 있다. 이에 대해서는 리용재 외(2011), pp.375-376 참조.

낚시제비꽃〈*Viola grypoceras* A. Gray(1856)〉

낚시제비꽃이라는 이름은 줄기 아래쪽에 붙어 있는 턱잎의
가장자리가 가는 낚싯줄처럼 잘게 찢어져 있는 모습이 마치
낚시꾼이 여러 개의 낚싯대를 드리워 놓은 것 같다는 뜻에서
유래했다.[55] 종소명도 턱잎의 모양과 관련된 것으로 낚시제비
꽃이라는 한글명과 뜻이 통한다. 한편 여름 이후에 나오는 어
린 닫힌꽃의 모양에서 유래한 이름이라는 견해가 있으나,[56] 닫
힌꽃의 모양이 다른 제비꽃과 특별한 차이가 있다고 보기가
어려워 타당하지 않은 것으로 생각된다.『조선식물향명집』에
서는 전통 명칭 '오랑캐'(꽃)를 기본으로 하고 식물의 형태적
특징과 학명에 착안한 '낚시'를 추가해 '낚시오랑캐'를 신칭했
으나,[57]『조선식물명집』에서 '낙시제비꽃'으로 개칭했고 이것
을『한국식물명감』에서 맞춤법에 따라 '낚시제비꽃'으로 개칭해 현재에 이르고 있다.

속명 *Viola*는 라틴어로 보라색 꽃을 뜻하고 최초로 일컫은 제비꽃이 보라색인 것에서 유래했으
며 제비꽃속을 일컫는다. 종소명 *grypoceras*는 '굽은 뿔 모양의'라는 뜻으로 갈라진 턱잎의 굽은
모양을 나타낸다.

다른이름　낚시오랑캐(정태현 외, 1937), 낙시오랑캐(박만규, 1949), 낙시제비꽃(정태현 외, 1949), 낙씨제
비꽃(리종오, 1964)

중국/일본명　중국명 紫花菫菜(zi hua jin cai)는 자주색의 꽃이 피는 제비꽃 종류(菫菜)라는 뜻이다. 일
본명 タチツボスミレ(立壺菫)는 줄기가 서는 콩제비꽃(壺菫: ツボスミレ)이라는 뜻이다.

참고　[북한명] 낚시제비꽃 [유사어] 지황과(地黃瓜)

흰털제비꽃〈*Viola hirtipes* S.Moore(1879)〉

55 이러한 견해로 유기억(2013), p.85 참조.

56 이러한 견해로 김종원(2016), p.220 참조.

57 이에 대해서는『조선식물향명집』, 색인 p.33 참조.

흰털제비꽃이라는 이름은 잎자루와 꽃자루에 흰색의 긴 털이 있는 제비꽃이라는 뜻에서 유래했다.[58] 『조선식물향명집』에서는 전통 명칭 '오랑캐'(꽃)를 기본으로 하고 식물의 형태적 특징 및 학명에 착안한 '흰털'을 추가해 '흰털오랑캐'를 신칭했으나,[59] 『조선식물명집』에서 '흰털제비꽃'으로 개칭해 현재에 이르고 있다.

속명 *Viola*는 라틴어로 보라색 꽃을 뜻하고 최초로 일컬은 제비꽃이 보라색인 것에서 유래했으며 제비꽃속을 일컫는다. 종소명 *hirtipes*는 '많은 털이 있는 자루의'라는 뜻이다.

다른이름 흰털오랑캐(정태현 외, 1937), 광능오랑캐(박만규, 1949), 광릉제비꽃(정태현 외, 1949), 솜제비꽃(안학수 외, 1982)[60]

중국/일본명 중국명 毛柄堇菜(mao bing jin cai)는 잎자루와 꽃자루에 털이 많은 제비꽃 종류(堇菜)라는 뜻이다. 일본명 サクラスミレ(桜菫)는 꽃잎이 벚나무의 꽃잎과 비슷한 모양인 제비꽃(スミレ)이라는 뜻이다.

참고 [북한명] 흰털제비꽃

⊗ Viola insularis *Nakai*　タケシマスミレ
Sŏm-orangkae　섬오랑캐

큰졸방제비꽃〈*Viola kusanoana* Makino(1912)〉

큰졸방제비꽃이라는 이름은 졸방제비꽃에 비해 식물체가 크다는 뜻에서 유래했다.[61] 울릉도의 산지에 분포하는 여러해살이풀로 졸방제비꽃에 비해 잎이 더 둥근 모양이고 턱잎이 넓고 얕게 갈라지는 특징이 있다. 『조선식물향명집』에서는 전통 명칭 '오랑캐'(꽃)를 기본으로 하고 식물의 산지(産地)를 나타내는 '섬'을 추가해 '섬오랑캐'를 신칭했다.[62] 그 후 『조선식물명집』에서 큰졸방제비꽃이 섬제비꽃과 별도 분류되었고, 『대한식물도감』에서 두 종을 통합함으로써 '큰졸방제비꽃'이라는 이름이 정착되었다.

속명 *Viola*는 라틴어로 보라색 꽃을 뜻하고 최초로 일컬은 제비꽃이 보라색인 것에서 유래했으

58　이러한 견해로 이우철(2005), p.618과 유기억(2013), p.226 참조.
59　이에 대해서는 『조선식물향명집』, 색인 p.49 참조.
60　『조선식물명휘』(1922)는 '오랑케꽃'을 기록했으며 『선명대화명지부』(1934)는 '오랑캐꽃'을 기록했다.
61　이러한 견해로 이우철(2005), p.542와 유기억(2013), p.79 참조.
62　이에 대해서는 『조선식물향명집』, 색인 p.41 참조.

며 제비꽃속을 일컫는다. 종소명 *kusanoana*는 일본 균류 연구의 선구자인 구사노 슌스케(草野俊助, 1874~1962)의 이름에서 유래했다.

다른이름 섬오랑캐(정태현 외, 1937), 죽도오랑캐(박만규, 1949), 섬제비꽃(정태현 외, 1949), 왕졸방나물(안학수·이춘녕, 1963), 졸방제비꽃(박만규, 1974)

중국/일본명 중국에는 분포하지 않는 것으로 보인다. 일본명 タケシマスミレ(竹島菫)는 울릉도(竹島)에서 자라는 제비꽃(スミレ)이라는 뜻이다. 최근에 사용하고 있는 オタチツボスミレ(大立坪菫)는 식물체가 큰 낚시제비꽃(タチツボスミレ)이라는 뜻이다.

참고 [북한명] 큰졸방제비꽃

⊗ Viola Ishidoyana *Nakai*   マルバアカネスミレ
Isidoya-orangkae   이시도야오랑캐

털제비꽃 〈*Viola phalacrocarpa* Maxim.(1876)〉

이시도야오랑캐라는 이름은 일제강점기에 경성제대 약리학 교수였던 이시도야 쓰토무(石戶谷勉, 1891~1958)의 이름에서 유래했다. 그러나 '국가표준식물목록'(2018)과 『장진성 식물목록』(2014)은 이를 털제비꽃에 통합하고 별도 분류하지 않으므로 이 책도 이에 따른다.

Viola japonica *Langsdorf*   コスミレ
Wae-orangkae   왜오랑캐

왜제비꽃 〈*Viola japonica* Langsd. ex DC.(1824)〉

왜제비꽃이라는 이름은 제비꽃에 비해 식물체가 작다는 뜻에서 유래한 것으로 추정한다. 개화기의 높이가 6~12cm 정도로 제비꽃에 비해 크기가 작다. 한편 왜제비꽃이라는 이름이 일본(倭)에 나는 제비꽃이라는 뜻으로 학명에서 유래한 이름이라는 견해가 있다.[63] 발견지의 의미로 학명에 일본(*japonica*)이라는 이름이 있으나 왜제비꽃을 특별히 일본에 분포하는 종으로 이해할 이유가 없고,[64] 제비꽃에 비해 식물체가 옆으로 퍼져 다소 작은 느낌을 주며, 당시 일본명 コスミレ가 작은 제비꽃이라는 뜻에서 붙여졌다는 점 등을 고려하면 식물체가 작다는 의미에서 붙여진 이름으로 이해된다. 다른이름 중 '좀제비꽃', '작은제비꽃' 및 '졸제비꽃'은 왜제비꽃과 서로 뜻이 통하는 이름들이다. 『조선식물향명집』에서는 전통 명칭 '오랑캐'(꽃)를 기본으로 하고 식물의 형태적 특징을

---

63 이러한 견해로 이우철(2005), p.417과 유기억(2013), p.236 참조.
64 『조선식물명휘』(1922), p.256은 '제주도, 경성'에서 그 분포를 확인한 것으로 기록했다.

나타내는 '왜'를 추가해 '왜오랑캐'를 신칭했으나,[65] 『조선식물명집』에서 '왜제비꽃'으로 개칭해 현재에 이르고 있다.

　　속명 *Viola*는 라틴어로 보라색 꽃을 뜻하고 최초로 일컫은 제비꽃이 보라색인 것에서 유래했으며 제비꽃속을 일컫는다. 종소명 *japonica*는 '일본의'라는 뜻으로 최초 발견지 또는 분포지를 나타낸다.

다른이름 왜오랑캐(정태현 외, 1937), 알록오랑캐/주걱오랑캐/좀제비꽃/얼룩왜제비꽃(박만규, 1974), 작은제비꽃(김현삼 외, 1988), 졸제비꽃(임록재 외, 1996)[66]

중국/일본명 중국명 犁头草(li tou cao)는 잎이 쟁기를 닮은 풀이라는 뜻이다. 일본명 コスミレ(小菫)는 식물체가 작은 제비꽃(スミレ)이라는 뜻이다.

참고 [북한명] 졸제비꽃 [유사어] 지정(地丁)

○ Viola lactiflora *Nakai*　ヒロハシロスミレ
Hinjŏt-orangkae　힌젓오랑캐

흰젖제비꽃〈*Viola lactiflora* Nakai(1914)〉

흰젖제비꽃이라는 이름은 우윳빛의 꽃이 피는 제비꽃이라는 뜻에서 유래했다.[67] 『조선식물향명집』에서는 전통 명칭 '오랑캐'(꽃)를 기본으로 하고 꽃의 색깔과 학명에 착안한 '힌젓'을 추가해 '힌젓오랑캐'를 신칭했으나,[68] 『조선식물명집』에서 '흰젖제비꽃'으로 개칭했다. 이후 『한국식물명감』에서 맞춤법에 따라 '흰젖제비꽃'으로 개칭하고 『우리나라 식물자원』에서 이를 추천명으로 채택해 현재에 이르고 있다.

　　속명 *Viola*는 라틴어로 보라색 꽃을 뜻하고 최초로 일컫은 제비꽃이 보라색인 것에서 유래했으며 제비꽃속을 일컫는다. 종소명 *lactiflora*는 '우윳빛 꽃의'라는 뜻으로 꽃이 젖과 같은 흰색이라는 뜻에서 유래했다.

다른이름 힌젓오랑캐(정태현 외, 1937), 힌꽃오랑캐(박만규, 1949), 흰젓제비꽃(정태현 외, 1949), 흰애기제비꽃(안학수·이춘녕, 1963)

65　이에 대해서는 『조선식물향명집』, 색인 p.44 참조.
66　『조선식물명휘』(1922)는 '犁頭菜'를 기록했다.
67　이러한 견해로 이우철(2005), p.614; 유기억(2013), p.300; 김종원(2016), p.222 참조.
68　이에 대해서는 『조선식물향명집』, 색인 p.49 참조.

중국명 白花菫菜(bai hua jin cai)는 흰색 꽃이 피는 제비꽃 종류(菫菜)라는 뜻이다. 일본 명 ヒロハシロスミレ(広葉白菫)는 넓은 잎을 가지고 흰색 꽃을 피우는 제비꽃(スミレ)이라는 뜻이다.

참고 [북한명] 흰젖제비꽃

⊗ Viola mirabilis *L.* var. brevicalcarata *Nakai*　カウライイブキスミレ
Nôlbûnip-oraṅgkae　넓은잎오랑캐

넓은잎제비꽃⟨*Viola mirabilis* L.(1753)⟩

넓은잎제비꽃이라는 이름은 잎이 넓은 제비꽃이라는 뜻에서 유래했다.[69] 『조선식물향명집』에서 는 전통 명칭 '오랑캐'(꽃)를 기본으로 하고 식물의 형태적 특징을 나타내는 '넓은잎'을 추가해 '넓 은잎오랑캐'를 신칭했으나,[70] 『조선식물명집』에서 '넓은잎제비꽃'으로 개칭해 현재에 이르고 있다.

　속명 *Viola*는 라틴어로 보라색 꽃을 뜻하고 최초로 일컫은 제비꽃이 보라색인 것에서 유래했으 며 제비꽃속을 일컫는다. 종소명 *mirabilis*는 '기이한, 놀라운'이라는 뜻으로 잎과 꽃이 다른 종 류에 비해 큰 데서 유래했다.

다른이름 넓은잎오랑캐(정태현 외, 1937), 넓은제비꽃(이창복, 1969b), 참넓은잎제비꽃(안학수 외, 1982)

옛이름 見腫消(광재물보, 19세기 초)[71]

중국/일본명 중국명 奇류菫菜(qi yi jin cai)는 기이(奇異)한 제비꽃 종류(菫菜)라는 뜻으로, 학명에서 유 래한 이름으로 추정한다. 일본명 カウライイブキスミレ(高麗伊吹菫)는 한반도(高麗)에 분포하고 이 부키산(伊吹山)에서 최초로 발견된 제비꽃(スミレ)이라는 뜻이다.

참고 [북한명] 넓은잎제비꽃

Viola Okuboi *Makino*　ケマルバスミレ
Jantôl-oraṅgkae　잔털오랑캐

잔털제비꽃⟨*Viola keiskei* Miq.(1865)⟩

잔털제비꽃이라는 이름은 꽃자루와 잎 등에 잔털이 있는 것에서 유래했다.[72] 『조선식물향명집』에 서는 전통 명칭 '오랑캐'(꽃)를 기본으로 하고 식물의 형태적 특징을 나타내는 '잔털'을 추가해 '잔

69　이러한 견해로 이우철(2005), p.143과 유기억(2013), p.109 참조.
70　이에 대해서는 『조선식물향명집』, 색인 p.34 참조.
71　『조선식물명휘』(1922)는 '見腫消'를 기록했다.
72　이러한 견해로 이우철(2005), p.445와 유기억(2013), p.192 참조.

털오랑캐'를 신칭했으나,[73] 『조선식물명집』에서 '잔털제비꽃'
으로 개칭해 현재에 이르고 있다.

　　속명 *Viola*는 라틴어로 보라색 꽃을 뜻하고 최초로 일컬
은 제비꽃이 보라색인 것에서 유래했으며 제비꽃속을 일컫는
다. 종소명 *keiskei*는 일본 식물학자 이토 게이스케(伊藤圭介,
1803~1901)의 이름에서 유래했다.

다른이름 　잔털오랑캐(정태현 외, 1937), 털둥근잎제비꽃(리종오,
1964), 둥근잔털제비꽃(안학수 외, 1982), 둥근잎제비꽃(김현삼
외, 1988)

중국/일본명 　'중국식물지'는 이를 별도 분류하지 않고 있다. 일본
명 ケマルバスミレ(毛円葉菫)는 털이 있고 잎이 원형인 제비꽃
(スミレ)이라는 뜻이다.

참고 　[북한명] 둥근잎제비꽃

Viola Patrini *De Candolle* 　シロバナスミレ(シロスミレ)
Hin-oraṅgkae 　한오랑캐

흰제비꽃〈*Viola patrinii* DC. ex Ging.(1824)〉

흰제비꽃이라는 이름은 흰색의 꽃이 피는 제비꽃이라는 뜻에서 유래했다.[74] 『조선식물향명집』은
'한오랑캐'로 기록했으나[75] 『조선식물명집』에서 '흰제비꽃'으로 개칭해 현재에 이르고 있다.

　　속명 *Viola*는 라틴어로 보라색 꽃을 뜻하고 최초로 일컬은 제비꽃이 보라색인 것에서 유래
했으며 제비꽃속을 일컫는다. 종소명 *patrinii*는 시베리아를 여행한 프랑스인 Eugene L. M.
Patria(1742~1815)의 이름에서 유래했다.

다른이름 　한오랑캐(정태현 외, 1937), 털한씨름꽃/흰씨름꽃(박만규, 1949), 민흰제비꽃/털대흰제비꽃
(이창복, 1969b), 털흰제비꽃(안학수 외, 1982)[76]

중국/일본명 　중국명 白花地丁(bai hua di ding)은 흰색 꽃이 피고 땅에 고무래처럼 붙어 자란다는 뜻
이다. 일본명 シロバナスミレ(白花菫)는 흰색 꽃이 피는 제비꽃(スミレ)이라는 뜻이다.

73　이에 대해서는 『조선식물향명집』, 색인 p.45 참조.

74　이러한 견해로 이우철(2005), p.614와 유기억(2013), p.291 참조.

75　『조선식물향명집』, 색인 p.49는 '한오랑캐'를 신칭한 이름으로 기록했으나, 『조선식물명휘』(1922), p.257은 한글명으로
　　'흰오랑캐꽃'을 기록한 바 있기 때문에 『조선식물향명집』의 신칭했다는 기록은 오기로 보인다.

76　『조선식물명휘』(1922)는 '흰오랑캐꽃'을 기록했으며 『선명대화명지부』(1934)는 '흰오랑캐꽃'을 기록했다.

Viola phalacrocarpa *Maximowicz*　アカネスミレ
Tòl-orangkae　털오랑캐

털제비꽃〈*Viola phalacrocarpa* Maxim.(1876)〉

털제비꽃이라는 이름은 전체에 짧고 퍼진 털이 있는 제비꽃이라는 뜻에서 유래했다.[77] 잎은 긴타원모양이고 전체와 열매에 털이 있는 특징이 있다. 『조선식물향명집』에서는 전통 명칭 '오랑캐(꽃)'를 기본으로 하고 식물의 형태적 특징을 나타내는 '털'을 추가해 '털오랑캐'를 신칭했으나,[78] 『조선식물명집』에서 '털제비꽃'으로 개칭해 현재에 이르고 있다.

　속명 *Viola*는 라틴어로 보라색 꽃을 뜻하고 최초로 일컫은 제비꽃이 보라색인 것에서 유래했으며 제비꽃속을 일컫는다. 종소명 *phalacrocarpa*는 '털이 없는 열매의'라는 뜻이지만 실제로는 열매에 털이 있다.

다른이름 털오랑캐/이시도야오랑캐(정태현 외, 1937), 털씨름꽃(박만규, 1949), 이시도야제비꽃(정태현 외, 1949), 민둥제비꽃(한진건 외, 1982)[79]

중국/일본명 중국명 茜菫菜(qian jin cai)는 꼭두서니(茜)를 닮은 제비꽃 종류(菫菜)라는 뜻이다. 일본명 アカネスミレ(茜菫)는 꽃이 홍자색으로 피는데 염색제로 사용하면 꼭두서니(茜)의 색이 나는 제비꽃(スミレ)이라는 뜻이다.

참고 [북한명] 털제비꽃 [유사어] 자화지정(紫花地丁)

Viola Raddeana *Regel*　タチスミレ
Sòn-orangkae　선오랑캐

선제비꽃〈*Viola raddeana* Regel(1861)〉

선제비꽃이라는 이름은 줄기가 곧추서 있는 제비꽃이라는 뜻에서 유래했다.[80] 『조선식물향명집』에서는 전통 명칭 '오랑캐'(꽃)를 기본으로 하고 식물의 형태적 특징을 나타내는 '선'을 추가해 '선오랑캐'를 신칭했으나,[81] 『조선식물명집』에서 '선제비꽃'으로 개칭해 현재에 이르고 있다.

77　이러한 견해로 이우철(2005), p.564; 유기억(2013), p.207; 김종원(2016), p.230 참조.
78　이에 대해서는 『조선식물향명집』, 색인 p.48 참조.
79　『조선식물명휘』(1922)는 '오랑캐꽃'을 기록했으며 『선명대화명지부』(1934)는 '오랑캐꽃'을 기록했다.
80　이러한 견해로 이우철(2005), p.334와 유기억(2013), p.51 참조.
81　이에 대해서는 『조선식물향명집』, 색인 p.41 참조.

속명 *Viola*는 라틴어로 보라색 꽃을 뜻하고 최초로 일컬은 제비꽃이 보라색인 것에서 유래했으며 제비꽃속을 일컫는다. 종소명 *raddeana*는 폴란드에서 출생해 조지아에 정착한 독일인 자연과학자 Gustav Ferdinand Richard Radde(1831~1903)의 이름에서 유래했다.

다른이름 선오랑캐(정태현 외, 1937), 선씨름꽃(박만규, 1949)

중국/일본명 중국명 立菫菜(li jin cai)는 줄기가 직립하는 제비꽃 종류(菫菜)라는 뜻이다. 일본명 タチスミレ(立菫)는 줄기가 식립하는 제비꽃(スミレ)이라는 뜻이다.

참고 [북한명] 선제비꽃

Viola Rossi *Hemsley*　アケボノスミレ
Goĝal-oranĝkae　고깔오랑캐

고깔제비꽃〈*Viola rossii* Hemsl.(1886)〉

고깔제비꽃이라는 이름은 잎이 올라올 때 고깔모양을 이루는 제비꽃이라는 뜻에서 유래했다.[82] 한편 꽃뿔의 모양이 고깔과 유사하다고 하여 붙여진 이름이라는 견해가 있으나,[83] 제비꽃 종류 중에서 고깔제비꽃만 꽃뿔이 독특하다고 하기 어려워 타당성은 의문이다. 『조선식물향명집』에서는 전통 명칭 '오랑캐'(꽃)를 기본으로 하고 식물의 형태적 특징을 나타내는 '고깔'을 추가해 '고깔오랑캐'를 신칭했으나,[84] 『조선식물명집』에서 '고깔제비꽃'으로 개칭해 현재에 이르고 있다.

속명 *Viola*는 라틴어로 보라색 꽃을 뜻하고 최초로 일컬은 제비꽃이 보라색인 것에서 유래했으며 제비꽃속을 일컫는다. 종소명 *rossii*는 스코틀랜드 선교사 John Ross(1842~1915)의 이름에서 유래했다.

다른이름 고깔오랑캐(정태현 외, 1937)[85]

중국/일본명 중국명 辽宁菫菜(liao ning jin cai)는 중국 랴오닝(遼寧) 지방에 분포하는 제비꽃 종류(菫菜)라는 뜻이다. 일본명 アケボノスミレ(曙菫)는 선홍의 꽃 색깔이 동틀 무렵의 빛 같은 제비꽃(스미레)이라는 뜻이다.

참고 [북한명] 고깔제비꽃 [유사어] 자화지정(紫花地丁) [지방명] 반지꽃(강원), 제비꽃/조갑진나물(충북)

---

82 이러한 견해로 유기억(2013), p.125; 이유미(2013), p.187; 허북구·박석근(2008a), p.29; 김병기(2013), p.270 참조.

83 이러한 견해로 이우철(2005), p.74 참조.

84 이에 대해서는 『조선식물향명집』, 색인 p.32 참조.

85 『조선식물명휘』(1922)는 '오랑케꼿'을 기록했으며 『선명대화명지부』(1934)는 '오랑캐꼿'을, 『조선의산과와산채』(1935)는 '菫, 오랑키꼿'을 기록했다.

⊗ Viola seoulensis *Nakai*　ケイジヤウスミレ
Sŏul-orangkae　서울오랑캐

서울제비꽃⟨*Viola seoulensis* Nakai(1918)⟩[86]

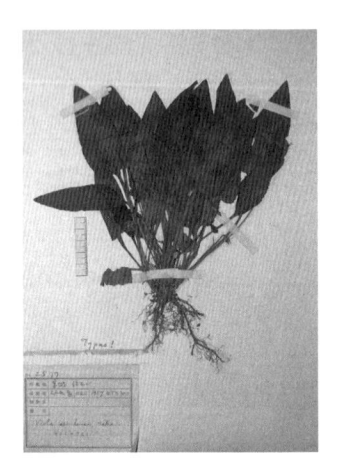

서울제비꽃이라는 이름은 최초 발견지가 서울이어서 붙여진
학명에서 유래했다.[87] 학명이 부여될 당시 식물의 표본이 주로
서울에서 채집되었는데[88] 이에 근거해 학명이 부여되었다. 최
근에는 전국적으로 분포하는 것이 확인되고 있다.[89]『조선식
물향명집』에서는 전통 명칭 '오랑캐'(꽃)를 기본으로 하고 식
물의 산지(産地)를 나타내는 '서울'을 추가해 '서울오랑캐'를 신
칭했으나,[90]『조선식물명집』에서 '서울제비꽃'으로 개칭해 현
재에 이르고 있다.

　속명 *Viola*는 라틴어로 보라색 꽃을 뜻하고 최초로 일컫은
제비꽃이 보라색인 것에서 유래했으며 제비꽃속을 일컫는다.
종소명 *seoulensis*는 '서울에 분포하는'이라는 뜻으로 최초
발견지가 서울이어서 붙여졌다.

다른이름　서울오랑캐(정태현 외, 1937), 긴털제비꽃(임록재 외, 1996)

중국/일본명　중국에는 분포하지 않는 식물이다. 일본명 ケイジヤウスミレ(京城菫)는 서울(京城)에서 발
견된 제비꽃(スミレ)이라는 뜻이며, 일본에 분포하지는 않는다.

참고　[북한명] 긴털제비꽃 [유사어] 자화지정(紫花地丁)

Viola Selkirkii *Pursh*　ミヤマスミレ
Moe-orangkae　뫼오랑캐

뫼제비꽃⟨*Viola selkirkii* Pursh ex Goldie(1822)⟩

뫼제비꽃이라는 이름은 산(뫼)에 분포하는 제비꽃이라는 뜻에서 유래했다.[91]『조선식물향명집』에

86　'국가표준식물목록'(2018)과 달리『장진성 식물목록』(2014)은 서울제비꽃을 털제비꽃(*V. phalacrocarpa*)의 이명(synonym)
　　으로 처리하고 별도 분류하고 있지 않으므로 주의가 필요하다.
87　이러한 견해로 이우철(2005), p.329와 유기억(2013), p.219 참조.
88　이에 대해서는 T. Nakai(1918), p.206 참조.
89　이에 대해서는 유기억(2013), p.219 참조.
90　이에 대해서는『조선식물향명집』, 색인 p.40 참조.
91　이러한 견해로 이우철(2005), p.228과 유기억(2013), p.254 참조.

서는 전통 명칭 '오랑캐'(꽃)를 기본으로 하고 식물의 산지(産地)를 나타내는 '뫼'를 추가해 '뫼오랑캐'를 신칭했으나,[92] 『조선식물명집』에서 '뫼제비꽃'으로 개칭해 현재에 이르고 있다.

속명 *Viola*는 라틴어로 보라색 꽃을 뜻하고 최초로 일컫은 제비꽃이 보라색인 것에서 유래했으며 제비꽃속을 일컫는다. 종소명 *selkirkii*는 『로빈슨 크루소』의 모델이 된 선원 Selkirk의 이름 또는 캐나다 영지(領地)를 가졌던 Selkirk경을 기리기 위해 붙여졌다고 하나 정확한 유래는 확인되지 않는다.

다른이름 뫼오랑캐(정태현 외, 1937), 묏오랑캐(박만규, 1949), 메제비꽃/메오랑캐/알룩메제비꽃(안학수·이춘녕, 1963), 알록뫼제비꽃(이창복, 1969b), 멧제비꽃(박만규, 1974), 산제비꽃(김현삼 외, 1988)

중국/일본명 중국명 深山菫菜(shen shan jin cai)는 깊은 산에서 자라는 제비꽃 종류(菫菜)라는 뜻이다. 일본명 ミヤマスミレ(深山菫)는 깊은 산에 분포하는 제비꽃(スミレ)이라는 뜻이다.

참고 [북한명] 뫼제비꽃 [유사어] 자화지정(紫花地丁)

⊗ Viola Selkirkii *Pursh* var. albiflora *Nakai*　シロバナミヤマスミレ
Hinmoe-orangkae　힌뫼오랑캐

흰뫼제비꽃⟨*Viola selkirkii* Pursh ex Goldie f. *albiflora* (Nakai) F.Maek. ex H.Hara(1954)⟩[93]
흰뫼제비꽃이라는 이름은 흰색 꽃이 피는 뫼제비꽃이라는 뜻에서 유래했다.[94] 뫼제비꽃과 동일하지만 꽃이 흰색으로 피는 것에서 차이가 있다. 『조선식물향명집』에서는 '뫼오랑캐'를 기본으로 하고 꽃의 색깔을 나타내는 '힌'을 추가해 '힌뫼오랑캐'를 신칭했으나,[95] 『우리나라 식물자원』에서 '흰뫼제비꽃'으로 개칭해 현재에 이르고 있다.

속명 *Viola*는 라틴어로 보라색 꽃을 뜻하고 최초로 일컫은 제비꽃이 보라색인 것에서 유래했으며 제비꽃속을 일컫는다. 종소명 *selkirkii*는 『로빈슨 크루소』의 모델이 된 선원 Selkirk의 이름 또는 캐나다 영지(領地)를 가졌던 Selkirk경을 기리기 위해 붙여졌다고 하나 정확한 유래는 확

---

92 이에 대해서는 『조선식물향명집』, 색인 p.37 참조.
93 '국가표준식물목록'(2018)은 뫼제비꽃의 품종으로 흰뫼제비꽃을 별도 분류하고 있으나, 『장진성 식물목록』(2014), '세계식물목록'(2018) 및 '중국식물지'(2018)는 뫼제비꽃의 이명(synonym)으로 처리하고 별도 분류하지 않으므로 주의가 필요하다.
94 이러한 견해로 이우철(2005), p.608 참조.
95 이에 대해서는 『조선식물향명집』, 색인 p.49 참조.

인되지 않는다. 품종명 albiflora는 '흰색 꽃의'라는 뜻으로 꽃이 흰색인 것에서 유래했다.

다른이름 흰뫼오랑캐(정태현 외, 1937), 흰메제비꽃(안학수·이춘녕, 1963)

중국/일본명 중국에서는 이를 별도 분류하지 않고 있다. 일본명 シロバナミヤマスミレ(白深山菫)는 흰색 꽃이 피는 뫼제비꽃(ミヤマスミレ)이라는 뜻이다.

참고 [북한명] 흰뫼제비꽃[96]

Viola Sieboldiana *Makino*　ヒゴスミレ
Gil-orangkae　길오랑캐

『조선식물명휘』(1922)는 한글명 '길오징이나물'로 기록했고 『조선식물향명집』은 '길오랑캐'로 기록했으나, 『조선식물명집』(1949)에서 국내에 분포하지 않는 것으로 보아 삭제된 이후 '국가표준식물목록'(2018)과 『장진성 식물목록』(2014)에서도 별도 분류하지 않고 있다. 따라서 이 책도 이에 따른다. 참고로 '세계식물목록'(2018)에 따라 인정된 학명(accepted name)은 *Viola chaerophylloides* (Regel) W.Becker(1902)이다.

○ Viola variegata *Fischer* var. ircutiana *Regel*　アヲノゲンジスミレ
Chŏngja-orangkae　청자오랑캐

알록제비꽃〈*Viola variegata* Fisch. ex Link(1821)〉

알록제비꽃이라는 이름은 잎 표면에 흰색의 얼룩무늬가 있는 제비꽃이라는 뜻에서 유래했다.[97] 『조선식물향명집』에서는 전통 명칭 '오랑캐'(꽃)를 기본으로 하고 식물의 형태적 특징을 나타내는 '청자'(靑紫)를 추가해 '청자오랑캐'를 신칭했으나,[98] 『조선식물명집』에서 잎의 표면 무늬에 착안한 '알록제비꽃'으로 개칭해 현재에 이르고 있다.

　속명 *Viola*는 라틴어로 보라색 꽃을 뜻하고 최초로 일컬은 제비꽃이 보라색인 것에서 유래했으며 제비꽃속을 일컫는다. 종소명 *variegata*는 '반점이 있는, 무늬가 있는'이라는 뜻으로

96　북한에서 임록재 외(1996)는 '흰뫼제비꽃'을 별도 분류하고 있으나, 리용재 외(2011)는 이를 별도 분류하고 있지 않다. 이에 대해서는 리용재 외(2011), p.376 참조.

97　이러한 견해로 이우철(2005), p.377; 유기억(2013), p.199; 허북구·박석근(2008a), p.148; 김병기(2013), p.272 참조.

98　이에 대해서는 『조선식물향명집』, 색인 p.47 참조.

잎 표면에 얼룩무늬가 있는 것에서 유래했다.

다른이름 청자오랑캐(정태현 외, 1937), 알룩오랑캐(박만규, 1949), 청알룩제비꽃(정태현 외, 1949), 알룩제비꽃/얼룩오랑캐(안학수·이춘녕, 1963)[99]

중국/일본명 중국명 斑叶菫菜(ban ye jin cai)는 잎에 무늬가 있는 제비꽃 종류(菫菜)라는 뜻이다. 일본명 アヲノゲンジスミレ(青の源氏菫)는 푸른색이 도는 자주알룩제비꽃(ゲンジスミレ)이라는 뜻이다.

참고 [북한명] 일룩제비꽃 [유사어] 반엽근채(斑葉菫菜)

Viola variegata *Fischer* var. nipponica *Makino* ゲンジスミレ
Jaji-orangkae 자지오랑캐

자주알룩제비꽃〈*Viola tenuicornis* W.Becker(1916)〉[100]

자주알룩제비꽃이라는 이름은 잎 표면에는 흰색의 무늬가 없거나 거의 없고 잎 뒷면에 자주색이 나타나는 알룩제비꽃이라는 뜻에서 유래했다.[101] 『조선식물향명집』에서는 전통 명칭 '오랑캐'(꽃)를 기본으로 하고 식물의 형태적 특징(꽃색)을 나타내는 '자지'를 추가해 '자지오랑캐'를 신칭했으나,[102] 『조선식물명집』에서 '자주알룩제비꽃'으로 개칭해 현재에 이르고 있다.

속명 *Viola*는 라틴어로 보라색 꽃을 뜻하고 최초로 일컬은 제비꽃이 보라색인 것에서 유래했으며 제비꽃속을 일컫는다. 종소명 *tenuicornis*는 '가는 뿔 모양의'라는 뜻으로 꽃뿔의 모양이 가는 것에서 유래했다.

다른이름 자지오랑캐(정태현 외, 1937), 자주오랑캐(박만규, 1949), 알룩제비꽃(정태현 외, 1949)[103]

중국/일본명 중국명 细距菫菜(xi ju jin cai)는 꽃뿔이 가는 제비꽃 종류(菫菜)라는 뜻으로 학명에서 유래했다. 일본명 ゲンジスミレ(源氏菫)는 일본 헤이안 시대의 장편소설 『겐지 이야기(源氏物語)』에 나오는 주인공을 연상시키는 제비꽃(スミレ)이라는 뜻이다.

참고 [북한명] 자주알룩제비꽃[104]

---

99 『조선식물명휘』(1922)는 '貫頭尖, 犁頭尖(觀賞)'을 기록했다.

100 '국가표준식물목록'(2018)은 자주알룩제비꽃의 학명을 *Viola variegata* var. *chinensis* Bunge(1861)로 하여 알룩제비꽃 (*V. variegata*)의 변종으로 취급하고 있으나, 『장진성 식물목록』(2014), '중국식물지'(2018) 및 '세계식물목록'(2018)은 본문의 학명을 정명으로 하여 별도 종으로 분류하고 있다.

101 이러한 견해로 이우철(2005), p.440 참조.

102 이에 대해서는 『조선식물향명집』, 색인 p.45 참조.

103 『조선식물명휘』(1922)는 '오랑키矢(觀賞)'를 기록했으며 『선명대화명지부』(1934)는 '오랑캐矢'을 기록했다.

104 북한에서 임록재 외(1996)는 '자주알룩제비꽃'을 알룩제비꽃의 변종으로 분류하고 있으나, 리용재 외(2011)는 이를 별도 분류하지 않으므로 주의가 필요하다. 이에 대해서는 리용재 외(2011), p.376 참조.

Viola vercunda *A. Gray*   ツボスミレ
Kong-orangkae   콩오랑캐

콩제비꽃〈*Viola arcuata* Blume(1825)〉[105]

콩제비꽃이라는 이름은 꽃이 콩같이 작아 앙증맞게 생긴 제
비꽃이라는 뜻에서 유래했다.[106] 콩같이 작은 잎을 가졌다는
뜻에서 유래한 이름으로 보기도 한다.[107] 19세기에 저술된 『오
주연문장전산고』는 중국에서 사용하는 한자명 '如意草'(여의
초)에 대해 "葉多似撥菜葉 又似杏子葉 中間挺出一枝 狀如意鉤
因名如意草"(잎이 많아 발채 잎과 같고 또 은행나무 잎과도 같으며,
중간에서 가지 하나가 뻗어 나와 모양이 여의구처럼 생겼기 때문에
여의초라고 이름한 것이다)라고 그 유래를 기록했다. 『조선식물
향명집』에서는 전통 명칭 '오랑캐'(꽃)를 기본으로 하고 식물
의 형태적 특징을 나타내는 '콩'을 추가해 '콩오랑캐'를 신칭했
으나,[108] 『조선식물명집』에서 '콩제비꽃'으로 개칭해 현재에 이
르고 있다.

　속명 *Viola*는 라틴어로 보라색 꽃을 뜻하고 최초로 일컫은 제비꽃이 보라색인 것에서 유래했으
며 제비꽃속을 일컫는다. 종소명 *arcuata*는 '아치 모양의, 활처럼 굽어진'이라는 뜻에서 유래했다.

다른이름　콩오랑캐(정태현 외, 1937), 조개나물(박만규, 1949), 조갑지나물(정태현, 1956), 좀턱제비꽃
(정태현, 1970)

옛이름　如意草(오주연문장전산고, 185?)[109]

중국/일본명　중국명 如意草(ru yi cao)는 잎이 불교의 법회나 설법 때 법사가 손에 드는 기구인 여의
(如意)를 닮은 풀이라는 뜻이다. 일본명 ツボスミレ(壺菫)는 꽃의 모양이 작은 항아리 같은 제비꽃
(スミレ)이라는 뜻이다.

참고　[북한명] 콩제비꽃 [지방명] 조갑지나물(경북), 제비꽃(충북)

---

105 '국가표준식물목록'(2018)은 콩제비꽃의 학명을 *Viola verecunda* A. Gray(1858)로 기재하고 있으나, 『장진성 식물목록』
　(2014), '세계식물목록'(2018) 및 '중국식물지'(2018)는 정명을 본문과 같이 기재하고 있다.
106 이러한 견해로 이우철(2005), p.524 참조. 다만 이우철은 콩제비꽃이 일본명에서 유래한 것으로 설명하고 있으나, 뜻이 같
　지 않아 타당성은 의문스럽다.
107 이러한 견해로 유기억(2013), p.43 참조.
108 이에 대해서는 『조선식물향명집』, 색인 p.47 참조.
109 『조선식물명휘』(1922)는 '菫菜'를 기록했다.

⊗ Viola Websteri *Hemsley*　カウライタデスミレ
Waṅg-oraṅgkae　왕오랑캐

왕제비꽃〈*Viola websteri* Hemsl.(1886)〉

왕제비꽃이라는 이름은 식물체가 큰(왕) 제비꽃이라는 뜻에서
유래했다.[110] 『조선식물향명집』에서는 전통 명칭 '오랑캐'(꽃)를
기본으로 하고 식물의 형태적 특징을 나타내는 '왕'을 추가해
'왕오랑캐'를 신칭했으나,[111] 『조선식물명집』에서 '왕제비꽃'으
로 개칭해 현재에 이르고 있다.

　속명 *Viola*는 라틴어로 보라색 꽃을 뜻하고 최초로 일컬은
제비꽃이 보라색인 것에서 유래했으며 제비꽃속을 일컫는다.
종소명 *websteri*는 선교사이며 식물채집가인 Webster의 이
름에서 유래한 것으로 알려져 있으나, 정확히 어떤 인물을 지
칭하는지는 확인되지 않는다.

■다른이름■ 왕오랑캐(정태현 외, 1937), 여뀌잎제비꽃(안학수·이춘
녕, 1963), 큰제비꽃(김현삼 외, 1988)

■중국/일본명■ 중국명 蓼叶菫菜(liao ye jin cai)는 여뀌의 잎을 닮은 제비꽃 종류(菫菜)라는 뜻이다. 일본
명 カウライタデスミレ(高麗蓼菫)는 한반도에 분포하는 여뀌(タデ)의 잎을 닮은 제비꽃(スミレ)이라
는 뜻이다.

■참고■ [북한명] 왕제비꽃

Viola xanthopetala *Nakai*　キスミレ
Noraṅg-oraṅgkae　노랑오랑캐

노랑제비꽃〈*Viola orientalis* (Maxim.) W.Becker(1915)〉

노랑제비꽃이라는 이름은 노란색의 꽃이 피는 제비꽃이라는 뜻에서 유래했다.[112] 『조선식물향명
집』에서는 전통 명칭 '오랑캐'(꽃)를 기본으로 하고 꽃의 색깔을 나타내는 '노랑'을 추가해 '노랑오
랑캐'를 신칭했으나,[113] 『조선식물명집』에서 '노랑제비꽃'으로 개칭해 현재에 이르고 있다.

---

110 이러한 견해로 이우철(2005), p.414와 김병기(2013), p.275 참조.
111 이에 대해서는 『조선식물향명집』, 색인 p.44 참조.
112 이러한 견해로 이우철(2005), p.150과 유기억(2013), p.27 참조.
113 이에 대해서는 『조선식물향명집』, 색인 p.34 참조.

속명 *Viola*는 라틴어로 보라색 꽃을 뜻하고 최초로 일컬은 제비꽃이 보라색인 것에서 유래했으며 제비꽃속을 일컫는다. 종소명 *orientalis*는 '동양의, 동방의'라는 뜻이다.

다른이름 노랑오랑캐(정태현 외, 1937), 노랑오랑캐꽃(박만규, 1949)[114]

중국/일본명 중국명 東方菫菜(dong fang jin cai)는 동방에 분포하는 제비꽃 종류(菫菜)라는 뜻으로 학명에서 유래했다. 일본명 キスミレ(黃菫)는 노란색 꽃이 피는 제비꽃(スミレ)이라는 뜻이다.

참고 [북한명] 노랑제비꽃 [지방명] 제비꽃(충북)

---

114 『조선의산과와산채』(1935)는 '菫, 오랑키싯'을 기록했다.

Flacourtiaceae (椅木科)[1]

이나무과〈Flacourtiaceae Rich. ex DC.(1824)〉

이나무과는 국내에 자생하는 이나무에서 유래한 과명이다. '국가표준식물목록'(2018)과 『장진성 식물 목록』(2014)은 Flacourtia(플라코우르티아속)에서 유래한 Flacourtiaceae를 과명으로 기재하고 있으며, 엥글러(Engler)와 크론키스트(Cronquist) 분류 체계도 이와 같다. 그러나 '세계식물목록'(2018)과 APG IV(2016) 분류 체계는 Salicaceae(버드나무과)에 포함시켜 분류한다.

Xylosma Apatis *Koidzumi* クスドイゲ

Sanyuja-namu 산유자나무

산유자나무〈*Xylosma japonica* (Thunb.) A.Gray ex H.Ohashi(1999)〉

산유자나무라는 이름은 유자나무처럼 가지에 가시가 있고 산에서 자란다는 뜻에서 유래한 것으로 추정한다.[2] 주요 자생지인 제주 방언을 채록한 것에서 유래했다.[3] 옛 문헌에도 나타나는 한자명 山柚子(산유자)는 목질이 단단해 예로부터 악기나 가구재 등으로 활용도가 높았다. 그러나 조록나무와 분포 지역이 중복되고 목질이 단단한 부분 등이 비슷해, 문헌상의 山柚子(산유자)가 조록나무와 현재의 산유자나무 중 어느 종을 의미하는지 분명하지 않으므로 이에 대한 추가적인 연구가 필요하다. 옛 문헌에서는 중국에서 전래된 한자명 柞木(작목)과 그 나무껍질을 약재로 사용한 기록도 발견된다.

속명 *Xylosma*는 그리스어 *xylon*(나무)과 *osmos*(향)의 합성어로 향이 있는 나무라는 뜻이며 산유자나무속을 일컫는다. 종소명 *japonica*는 '일본의'라는 뜻이다.

다른이름 산유자나무(정태현 외, 1923), 산수유자나무(임록재 외, 1972)

옛이름 柞木皮(향약집성방, 1433), 山柚子(세종실록지리지, 1454), 山柚子(신증동국여지승람, 1530), 山

---

1 『조선식물향명집』은 한글명 '산유자科'의 기재를 누락했지만 목차에서는 밝혀두고 있다. 이 책은 『조선식물향명집』의 오기(誤記)도 그대로 반영한다는 취지로 동일하게 한글명을 기재하지 않았다.

2 이러한 견해로 박상진(2019), p.251 참조.

3 이에 대해서는 『조선삼림수목감요』(1923), p.98과 『조선삼림식물도설』(1943), p.518 참조. 한편 석주명(1947), p.54는 '산유지남'을 조록나무의 제주 방언으로 기록했다.

柚子(탐라지, 1653), 山柚子(남환박물, 1704), 山柚子(가례도감의궤, 1759), 山柚子(목민심서, 1818), 柞木/鑿子木(광재물보, 19세기 초), 柞木/鑿子(물명고, 1824), 山柚子(오주연문장전산고, 185?), 산유즈/山楢子(한불자전, 1880)[4]

중국/일본명 중국명 柞木(zuo mu)는 참나무류(柞)만큼 나무의 재질이 단단하다는 뜻에서 유래했다.[5] 일본명 クスドイゲ(-刺)는 정확한 유래는 알려져 있지 않으나, 나무에 있는 가시가 クサフ(고슴도치의 옛말)의 바늘처럼 보이는 イゲ(가시의 옛말) 같다는 뜻에서 유래했다고 한다.

참고 [북한명] 산유자나무 [유사어] 동청수(冬青樹), 산유자(山柚子), 산유자목(山柚子木), 작목(柞木) [지방명] 산유지남/서월낭/소왁낭/소왕낭가시/수왁낭(제주)

---

4 『제주도및완도식물조사보고서』(1914)는 'スウォンナム'[소왕낭]을 기록했으며 『조선어사전』(1920)은 '山柚子木(산유즈목)'을, 『선명대화명지부』(1934)는 '산유자나무'를 기록했다.
5 중국의 『본조강목』(1596)은 "此木堅忍 可爲鑿柄 故俗名鑿子木 方書皆作柞木 蓋昧此義也 柞乃橡櫟之名 非此木也"(이 나무는 단단하고 질겨서 끝의 손잡이를 만들 수 있으므로 세상에서는 착자목이라 한다. 약방문을 적은 책에서는 모두 작목이라 하는데 이러한 뜻이 잘 드러나지 않는다. 상수리나무나 참나무 종류의 이름이지 이 나무를 말하는 것이 아니다)라고 기록했다.

Thymeleaceae 팥꽃나무科 (瑞香科)

팥꽃나무과 〈Thymelaeaceae Juss.(1789)〉

팥꽃나무과는 국내에 자생하는 팥꽃나무에서 유래한 과명이다. '국가표준식물목록'(2018), '세계식물목록'(2018) 및 『장진성 식물목록』(2014)은 *Thymelaea*(티멜라에아속)에서 유래한 Thymelaeaceae를 과명으로 기재하고 있으며, 엥글러(Engler), 크론키스트(Cronquist) 및 APG IV(2016) 분류 체계도 이와 같다.

Daphne Genkwa *Siebold et Zuccarini* チヤウジザクラ
Patĝot-namu 팥꽃나무

팥꽃나무 〈*Daphne genkwa* Siebold & Zucc.(1835)〉

팥꽃나무라는 이름은 초봄에 피는 꽃이 팥알과 비슷한 붉은 빛이 도는 자주색인 것에서 유래했다.[1] 전라남도 해남에서 사용하는 방언이었는데,[2] 약용하는 꽃의[3] 유난히 짙은 색깔에서 유래했다. 한편 꽃의 형태가 팥꽃과 비슷해서 붙여진 이름으로 보는 견해가 있으나,[4] 팥꽃나무는 긴 통꽃인 반면에 팥(*Phaseolus angularis*)은 나비모양꽃부리이므로 꽃의 형태가 전혀 유사하지 않다. 이 나무의 꽃이 필 무렵에 조기가 잘 잡힌다고 하여 '조기꽃나무'라고도 불린다.[5]

속명 *Daphne*는 아카드어 *dapnu*(영웅적인, 싸움의)가 어원으로 월계수(*Laurus nobilis*)의 그리스명이었으나 전용되어 잎의 형태가 비슷한 팥꽃나무속을 일컫는다. 종소명 *genkwa*는 팥꽃나무의 중국명인 芫花(원화)를 일본식으로 읽은 것에서 유래했다.

다른이름 니팝나무/팟꽃나무(정태현, 1943), 이팝나무/넓은이팝나무(박만규, 1949), 넓은잎이팝나무

---

1 이러한 견해로 박상진(2019), p.545와 오찬진 외(2015), p.899 참조.

2 이에 대해서는 『조선삼림식물도설』(1943), p.520 참조.

3 『동의보감』(1613)의 탕액편은 "正二月花發紫碧色 葉未生時收花 日乾"(음력 1~2월에 꽃이 자벽색으로 핀다. 잎이 돋기 전에 꽃을 따서 햇볕에 말린다)이라고 기록했다. 다만 『조선산야생약용식물』(1936), p.250은 일제강점기의 약재시장에서 거래되는 약재를 기준으로 할 때 '芫花'(원화)를 조선에서 이용하지 않는 약용식물로 기록한 것에 비추어 널리 사용하지는 않았던 것으로 보인다.

4 이러한 견해로 허북구·박석근(2008b), p.297 참조.

5 이에 대해서는 이영노(2006), p.746 참조.

(정태현, 1957), 넓은잎팟꽃나무(이창복, 1966), 서향(임록재 외, 1972), 넓은잎팥꽃나무(이창복, 1980), 이 팥나무/조기꽃나무(이영노, 1996)

옛이름 芫花(향약제생집성방, 1398), 芫花(향약집성방, 1433), 芫花(구급이해방, 1499), 芫花(동의보감, 1613), 芫花(산림경제, 1715), 芫花(재물보, 1798), 芫花/杜芫/赤芫(광재물보, 19세기 초), 芫花(여유당전서, 19세기 초), 芫花/杜芫/赤芫(물명고, 1824), 芫花葉(오주연문장전산고, 185?), 芫花(의종손익, 1868), 芫花(의휘, 1871), 芫花(선한약물학, 1931)[6]

중국/일본명 중국명 芫花(yuan hua)는 꽃봉오리를 약재로 사용한 것에서 유래했으나, 팥꽃나무를 일컫는 한자 芫(원)의 정확한 뜻은 알려져 있지 않다. 일본명 チャウジザクラ(丁字桜)는 꽃이 한자 '丁'(정)을 닮았고 벚나무(サクラ)와 비슷하다는 뜻에서 유래했다.

참고 [북한명] 팥꽃나무 [유사어] 원화(芫花)

Daphne kamtschatica *Maximowicz*　テウセンオニシバリ
Hwatae-dag-namu　화태닥나무

두메닥나무⟨*Daphne kamtschatica* Maxim.(1859)⟩[7]

두메닥나무라는 이름은 두메(깊은 산)에서 자라는 닥나무라는 뜻에서 유래했다.[8] 지리산 이북의 높은 산지에 분포하는 낙엽 활엽 관목으로 꽃과 열매가 아름답다. 닥나무와는 형태적으로 차이가 많으나 종이를 만드는 쓰임새가 같아 '닥나무'라는 이름이 붙여진 것으로 이해된다.[9] 『조선식물향명집』은 '닥나무'를 기본으로 하고 식물의 주된 산지(産地)를 나타내는 '화태'(樺太: 현재의 사할린)를 추가해 '화태닥나무'를 신칭했으나,[10] 『한국식물도감(상권 목본부)』에서 '두메닥나무'로 개칭해 현재에 이르고 있다.

　속명 *Daphne*는 아카드어 *dapnu*(영웅적인, 싸움의)가 어원

6　『조선어사전』(1920)은 '芫花(원화)'를 기록했으며『토명대조선만식물자휘』(1932)는 '[芫花]원화'를,『조선삼림식물편』(1915~1939)은 'ナシ'[나시]를 기록했다.

7　'국가표준식물목록'(2018)은 두메닥나무의 학명을 *Daphne pseudomezereum* var. *koreana* (Nakai) Hamaya(1959) 로 기재하고 있으나,『장진성 식물목록』(2014)은 정명을 본문의 학명으로 기재하고 있으며 '세계식물목록'(2018)은 정명을 *Daphne koreana* Nakai(1937)로 기재하고 있다.

8　이러한 견해로 이우철(2005), p.187; 박상진(2019), p.258; 허북구·박석근(2008b), p.95 참조.

9　이에 대해서는『조선삼림식물도설』(1943), p.519 참조.

10　이에 대해서는『조선식물향명집』, 색인 p.49 참조.

으로 월계수(*Laurus nobilis*)의 그리스명이었으나 전용되어 잎의 형태가 비슷한 팥꽃나무속을 일컫는다. 종소명 *kamtschatica*는 '캄차카반도의'라는 뜻으로 발견지 또는 분포지를 나타낸다.

다른이름 화태닥나무(정태현 외, 1937), 조선닥나무(박만규, 1949), 백서향나무(한진건 외, 1982)[11]

중국/일본명 중국명 朝鮮瑞香(chao xian rui xiang)은 한반도에서 자라는 서향(瑞香)이라는 뜻이다. 일본명 テウセンオニシバリ(朝鮮鬼縛り)는 한반도에 분포하고 나무껍질의 울퉁불퉁한 모습이 귀신이 얽어매고 있는 섯 같다는 뜻에서 유래했다.

참고 [북한명] 조선닥나무

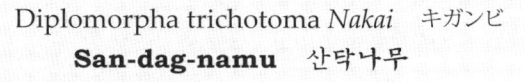

Diplomorpha trichotoma *Nakai*　キガンビ
San-dag-namu　산닥나무

산닥나무〈*Wikstroemia trichotoma* (Thunb.) Makino(1897)〉

산닥나무라는 이름은 산에 나는 닥나무라는 뜻으로, 나무껍질로 종이를 만들었던 것에서 유래했다.[12] 닥나무와 형태적으로 차이가 많지만 종이를 만들 수 있는 것에서 '닥나무'라는 이름이 붙여진 것으로 이해된다.[13] 땔나무의 꽃이라는 뜻을 가진 한자명 '蕘花'(요화)는 19세기 초에 저술된『광재물보』에서 발견되지만, 한글명 '산닥나무'는『조선식물향명집』에서 최초로 발견된다.[14]

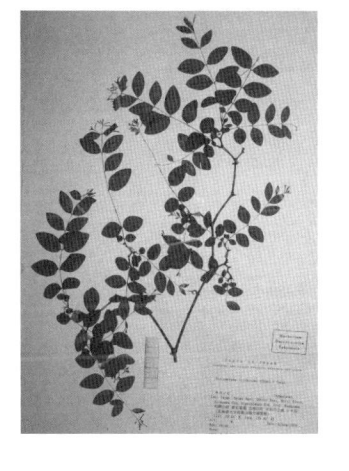

　속명 *Wikstroemia*는 스웨덴 식물학자 J. E. Wikstroem (1789~1856)의 이름에서 유래한 것으로 산닥나무속을 일컫는다. 종소명 *trichotoma*는 '3개로 분기하는, 세 갈래의'라는 뜻으로 산닥나무의 줄기가 세 갈래로 분지하는 모양에서 유래했다.

다른이름 강화산딱나무(정태현, 1943)

옛이름 蕘花(광재물보, 19세기 초), 蕘花(선한약물학, 1931)[15]

중국/일본명 중국명 白花蕘花(bai hua rao hua)는 흰색 꽃이 피는 산닥나무 종류(蕘花: 땔나무라는 뜻

11　『조선삼림식물편』(1915~1939)은 'ナシ'[나시]를 기록했다.
12　이러한 견해로 이우철(2005), p.307과 김태영·김진석(2018), p.464 참조.
13　이에 대해서는『조선삼림식물도설』(1943), p.521 참조.
14　『조선식물향명집』, 색인 p.40은 신칭한 이름으로 기록하지 않았으므로 주의가 필요하다.
15　『조선삼림식물편』(1915~1939)은 'ナシ'[나시]를 기록했다.

으로 산닥나무속을 총칭함)라는 뜻이다. 일본명 キガンピ(黄雁皮)는 노란색 꽃이 피는 ガンビ(雁皮:
옛이름 カニヒ가 변화한 것으로 W. sikokiana의 일본명)라는 뜻이다.

[북한명] 산닥나무/강화산닥나무[16] [유사어] 요화(蕘花)

Edgeworthia chrysantha *Lindley*　ミツマタ　(栽)
Sama-namu　삼아나무　三椏

삼지닥나무〈*Edgeworthia chrysantha* Lindl.(1846)〉

삼지닥나무라는 이름은 가지가 세 갈래(三枝)로 갈라지는 닥
나무라는 뜻에서 유래했다.[17] 어린가지가 보통 세 갈래로 갈라
져서 자라는 특성이 있고, 나무껍질은 종이를 만드는 원료로
사용했다.[18] 식물의 형태적 특징과 용도에 착안해 붙여진 이름
이다. 『조선식물향명집』은 '삼아나무'로 기록했으나 『조선삼
림식물도설』에서 '삼지닥나무'로 개칭해 현재에 이르고 있다.

　속명 *Edgeworthia*는 영국 식물학자 M. P. Edgeworth
(1812~1881) 부부의 이름에서 유래한 것으로 삼지닥나무속을
일컫는다. 종소명 *chrysantha*는 '노란색 꽃의'라는 뜻으로 삼
지닥나무의 노란색 꽃에서 유래했다.

삼아나무(정태현 외, 1937), 황서향나무(안학수·이춘녕,
1963), 매듭삼지닥나무(한진건 외, 1982)[19]

중국명 结香(jie xiang)은 가지가 부드러워 매듭을 지을 수 있고 꽃의 향기가 좋은 식물
이라는 뜻이다. 일본명 ミツマタ(三椏)는 가지가 세 갈래로 나뉘는 모양에서 유래했다.

[북한명] 삼지닥나무 [유사어] 삼아목(三椏木), 삼지목(三枝木), 황서향(黃瑞香)

16　북한에서는 W. trichotoma를 '산닥나무'로, W. insularis를 '강화산닥나무'로 하여 별도 분류하고 있다. 이에 대해서는
　　리용재 외(2011), p.379 참조.
17　이러한 견해로 이우철(2005), p.321; 박상진(2019), p.258; 김태영·김진석(2018), p.466; 허북구·박석근(2008b), p.184; 오찬
　　진 외(2015), p.902 참조.
10　이에 대해서는 『조선삼림식물도설』(1943), p.523 참조.
19　『조선식물명휘』(1922)는 '三椏, 結香, 蒙花(製紙)'를 기록했으며 『토명대조선만식물자휘』(1932)는 '[三椏木]삼아목, [三枝木]
　　삼차목, [密蒙花]밀몽화'를 기록했다.

○ Stellera rosea *Nakai*　ベニバナイモガンビ
Piburi-ĝot　피뿌리꽃

피뿌리풀〈*Stellera chamaejasme* L.(1753)〉

피뿌리풀이라는 이름은 뿌리가 피와 같이 붉은색을 띤다는 뜻에서 유래했다.[20] 뿌리가 긴 방추
형으로 껍질은 직갈색이고 속은 흰색인데 독성이 강해 물고기를 잡는 데 이용했다.[21] 옛 약재명
狼毒(낭독)을 '중국식물지'는 피뿌리풀로 보고 있으나, 『동의보감』과 『물명고』는 '狼毒'(낭독)에
대해 "根皮黃肉白"(뿌리의 껍질은 누렇고 속은 희다)이라고 기록해 우리나라에서는 대극과의 낭독
(*Euphorbia fischeriana*)과 그 유사종으로 보았다.[22] 『조선식물향명집』은 '피뿌리꽃'으로 기록했으
나 『우리나라 식물자원』에서 '피뿌리풀'로 개칭해 현재에 이르고 있다.

속명 *Stellera*는 독일 식물학자로 러시아와 알래스카의 식물을 연구한 Georg Wihelm Steller
(1709~1746)의 이름에서 유래했으며 피뿌리풀속을 일컫는다. 종소명 *chamaejasme*는 '작은 자스
민의'라는 뜻으로 꽃이 자스민과 비슷한 것에서 유래했다.

다른이름　서흥닥나무(박만규, 1949), 처녀풀(정태현 외, 1949), 처녀꽃/서흥처녀꽃(리종오, 1964), 처녀
뿔(이영노, 1996)

중국/일본명　중국명 狼毒(lang du)는 이리 같은 독성이 있다는 뜻으로, 맹독성 식물이라는 데서 유래
했다. 일본명 ベニバナイモガンビ(紅花芋雁皮)는 꽃과 뿌리가 붉은색인 ガンビ(雁皮: 옛이름 カニヒ
가 변화한 것으로 *W. sikokiana*의 일본명)라는 뜻이다.

참고　[북한명] 피뿌리꽃

20　이러한 견해로 이우철(2005), p.581 참조.
21　이에 대해서는 도봉섭·심학진(1948), p.53 참조.
22　이에 대해서는 『(신대역) 동의보감』(2012), p.2066 참조.

Elaeagnaceae 보리수나무科 (胡頹子科)

보리수나무과〈Elaeagnaceae Juss.(1789)〉

보리수나무과는 국내에 자생하는 보리수나무에서 유래한 과명이다. '국가표준식물목록'(2018), '세계
식물목록'(2018) 및 『장진성 식물목록』(2014)은 *Elaeagnus*(보리수나무속)에서 유래한 Elaeagnaceae
를 과명으로 기재하고 있으며, 엥글러(Engler), 크론키스트(Cronquist) 및 APG IV(2016) 분류 체계도 이
와 같다.

Elaeagnus crispa *Thunb*. var. typica *Nakai*　アキグミ
Borisu-namu　보리수나무

보리수나무〈*Elaeagnus umbellata* Thunb.(1784)〉

보리수나무라는 이름은 가을에 익는 작은 열매의 과육을 먹
고 나면 남는 수과(瘦果)가 보리(麥)와 닮은 나무라는 뜻에서
유래했다.[1] 16세기에 편찬된 『조선왕조실록』 중 『연산군일기』
는 이두식 차자(借字) 표기로 '甫里樹'(보리수)를 기록해 오래전
부터 '보리수'라는 이름을 사용했다는 것을 알게 해준다.[2] 18
세기에 저술된 『실험단방』은 '麥糞木'(맥분목: 보리똥나무의 뜻)
이라는 이름을 기록했고, 19세기에 저술된 『물명고』는 "子如
小麥"(씨앗이 작은 보리와 같다)이라고 기록해 보리수나무의 '보
리'가 보리(麥)의 뜻이며 열매와 관련한 이름이라는 점을 추
론하게 한다. 옛 문헌에 나타나는 '보리쏭나무(보리동나무)'
는 방언에 '벌똥' 또는 '파리똥'이 있는 것에 비추어 '보리'(麥)

와 '똥'(糞: 곤충의 똥)의 합성어로, 수과가 보리를 닮았고 잎과 어린가지나 열매의 표면에 있는 작
은 점(點)을 벌이나 파리 등 곤충의 똥에 비유한 것에서 유래한 이름으로 추정된다.[3] 또한 옛 문헌

1　이러한 견해로 박상진(2019), p.213; 허북구·박석근(2008b), p.156; 오찬진 외(2015), p.906 참조. 다만 박상진은 보리수나무
　가 보리밥나무의 열매와 모양이 같은 데서 유래했다고 설명하지만, 문헌의 기록을 보면 보리밥나무라는 이름이 먼저 등
　장했다고 확정하기는 어렵다.
2　『연산군일기』(1500)는 3월 1일에 "下書于全羅道監司曰 冬栢木五六株 各盛盆載土 竝載漕船以進 甫里樹實 待熟封進"(전라
　도 감사에게 하서하기를, '동백나무 5~6그루를 각각 화분에 담고 흙을 덮어 같이 조운선에 실어 보내고, 보리수 열매를 익기를 기다려 봉진
　하라'고 했다)이라고 기록했는데, 지역이 남부인 전라도이고 봄에 열매가 익는다고 했으므로 '甫里樹實'(보리수 열매)은 보리
　밥나무(*E. macrophylla*) 또는 보리장나무(*E. glabra*)를 지칭했을 것으로 보인다. 이러한 견해로 박상진(2019), p.213 참조.
3　한편 이와 관련하여 박상진(2011a), p.312는 작은 점들이 파리똥을 연상케 하는데 파리(蠅)의 방언 '포리'가 변화해 보리
　가 된 것으로 보기도 한다. 그러나 방언 '벌똥'은 파리가 아닌 벌(蜂)을 뜻하고 파리의 옛말은 '푸리'여서 보리수나무와 어

에 기록된 '가을보리슈'(가을보리수)는 다른 보리수나무속 식물의 열매가 봄에 익는 것에 비해 가을에 익는 것에서 유래한 이름이다. 한편 『석보상절』 등에 기록된 '菩提樹'(보리수)는 산스크리트어 bodhidruma를 한자로 차자(借字) 표기한 것으로,[4] 석가모니가 깨달음을 얻은 곳에 있던 나무라고 하여 불교에서 신성시하는 뽕나무과의 인도보리수(Ficus religiosa) 또는 이를 대신해 사찰(절)에서 식재하는 피나무과의 보리자나무(Tilia miqueliana)를 뜻한다. 따라서 보리수나무와는 전혀 다른 식물을 일컫는 이름이다. 다만 조선 후기에 보리수나무를 나타내는 한자명을 '菩提樹'(보리수)로 기록하기도 했으므로 이름의 혼용이 있었음을 추론케 한다. 또한 봄에 열매가 달리는 모양을 보고 보리 수확량을 점치는 풍습과 관련한 이름이라는 견해가 있으나,[5] 보리수나무는 가을에 열매가 익고 열매가 봄에 익는 보리장나무와 보리밥나무는 일정한 지역에만 분포한다는 점을 고려하면 타당성은 의문스럽다.

속명 Elaeagnus는 그리스어 elaia(올리브)와 agnos(이탈리아목형의 그리스명)의 합성어로, 올리브와 비슷한 열매가 열리고 이탈리아목형(Vitex angus-castus)과 비슷하게 흰색의 잎을 가졌다는 뜻에서 유래했으며 보리수나무속을 일컫는다. 종소명 umbellata는 '우산모양꽃차례의'라는 뜻으로 꽃차례의 모양에서 유래했다.

다른이름 보리수나무/볼네나무/보리장나무(정태현 외, 1923), 보리똥나무/보리화주나무(정태현, 1943), 볼똥나무(박만규, 1949), 산보리수나무(한진건 외, 1982)

옛이름 甫里樹實(조선왕조실록, 1500), 보리쫑나무(주촌신방, 1687), 麥糞木/보리동나무(실험단방, 1709), 보류슈(청구영언, 1728), 蕘楚(홍재전서, 1787), 胡頹子/보리슈(재물보, 1798), 枸奈子/보리슈(물보, 1802), 胡頹子/가을보리슈/蕘楚(광재물보, 19세기 초), 羊桃/胡頹子/가을보리슈/蕘楚(물명고, 1824), 蕘楚(시명다식, 1865), 菩利/보리슈나모(의휘, 1871), 菩提樹/보리쫑나무(녹효방, 1873), 蕘楚/보리수(신자전, 1915), 보리수/보제수(조선어표준말모음, 1936)[6]

중국/일본명 중국명 牛奶子(niu nai zi)는 열매의 모양이 소의 젖을 닮았다는 뜻에서 유래했다. 일본명 アキグミ(秋茱萸)는 가을에 열매가 익는 수유나무 종류(グミ)라는 뜻이다.

참고 [북한명] 보리수나무 [유사어] 목우내(木牛奶), 용화수(龍華樹/龍花樹), 우내자(牛奶子), 호퇴자(胡頹子) [지방명] 버리수/보루장나무/보리똥/보리매자/보리수/보리장나무(강원), 버러수/버루수/버리

형이 다르기 때문에, '보리수나무'의 어원을 파리에서 찾는 것은 근거가 없는 주장으로 보인다.

4 이러한 견해로 김민수(1997), p.467과 박상진(2011a), p.312 참조.

5 이러한 견해로 이유미(2015), p.248 참조.

6 『제주도및완도식물조사보고서』(1914)는 '볼레, 볼레나ᄆ'[볼레, 볼레낭]을 기록했으며 『지리산식물조사보고서』(1915)는 'ᄲᅩ릿ᄯᅩᆼ남ᄆ'[보리똥나무]를, 『조선의 구황식물』(1919)은 '보리수나무'를, 『조선어사전』(1920)은 '菩提樹(보리슈)'를, 『조선식물명휘』(1922)는 '牛奶子, 羊母奶子, 보리슈나무'를, 『토명대조선만식물자휘』(1932)는 '[茱萸]슈유, [食茱萸]식슈유, [茱萸子]슈유즈, [보리씨나무]'를, 『선명대화명지부』(1934)는 '보리장나무, 보리수나무, 볼네나무'를, 『조선의산과와산채』(1935)는 '胡頹子, 보리수나무'를, 『조선삼림식물편』(1915~1939)은 'ボリスナム, ムルボナム, ボルレ, ボルレナム, ムクポクナム, ボルノナム'[보리수나무, 물보나무, 볼레, 볼레나무, 물포구나무, 볼노나무]를 기록했다.

수/보리수/부루수/뻘뚱나무/뽀루수/뽀리수/뽈뚝/뽈똥/뽈뚝/뽈뚱이/산보리수(경기), 물포구나무/보리똥/보리수/보리포구/보리포도/볼똥/뽈동나무/뽈똥(경남), 물포고/물포구/밀부리나무/벌똥/보리동/보리두나무/보리둑/보리똥/보리뚝나무/보리밥/보리밥때/보리수/보리포구나무/볼똥나무/뽈뚝나무/파리똥나무/풍대나무(경북), 가을포리똥/벌똥나무/보리똥/볼똥/볼통나무/봄포리똥/뻘뚝나무/뽀리똥/뽈뚝/파리똥/포리똥나무(전남), 벌똥나무/보리똥/보리수/파리똥/포리똥(전북), 벌레낭/보리벌래/보리볼래/보리볼레낭/볼래낭/볼레/볼레나무/볼레낭/뽈내기낭/뽈레낭/조폴레/팥볼레/폿볼레/폿볼레낭/폴볼레(제주), 버리똥/보루수/보루수나무/뻐루수/뽀루수/뽀르수/뽈똥/파리똥(충남), 떡보리나무/버리둑/버리떡/벌뚝/벌뚱/보리똥/보리뚝나무(충북)

Elaeagnus glabra *Thunberg*   ツルグミ
Dŏnggul-bolle-namu   덩굴볼레나무

보리장나무〈*Elaeagnus glabra* Thunb.(1784)〉

보리장나무라는 이름은 '보리'(麥)와 '장'(醬)과 '나무'(木)의 합성어로, 열매(수과)가 보리(麥)를 닮고 붉게 익는 과육(果肉)은 '醬'(장: 고추장과 된장 등의 총칭)과 같다는 뜻에서 유래한 것으로 추정한다. 전라남도 방언을 채록한 것이다.[7] 『조선식물향명집』에서는 줄기가 덩굴을 이루는 경향이 있는 볼레나무(보리수나무의 제주 방언)라는 뜻에서 '덩굴볼레나무'를 신칭해 기록했으나,[8] 『조선삼림식물도설』에서 전남 방언에서 채록한 '보리장나무'를 조선명으로 기록해 현재에 이르고 있다. 옛 문헌에 기록된 '봄보리슌'는 열매가 봄에 익는 것에서 유래했는데, 현재의 보리장나무와 보리밥나무 중 어느 종을 일컫는지는 명확하지 않다. 한편 보리장나무라는 이름이 보리보다 열매가 먼저 익고 창자(腸)처럼 줄기가 구불구불 길게 뻗으면서 자란다는 뜻에서 유래했다고 보는 견해도 있으나,[9] 식물분류학이 도입되기 이전에 형성된 방언에서 다른 유사한 종과 구별해 인식했다고 보기는 어렵다.

  속명 *Elaeagnus*는 그리스어 *elaia*(올리브)와 *agnos*(이탈리아목형의 그리스명)의 합성어로, 올리브와 비슷한 열매가 열리고 이탈리아목형(*Vitex angus-castus*)과 비슷하게 흰색의 잎을 가졌다는

---

7   이에 대해서는 『조선삼림식물도설』(1943), p.525와 이우철(2005), p.277 참조.
8   이에 대해서는 『조선식물향명집』, 색인 p.35 참조.
9   이러한 견해로 박상진(2019), p.210 참조.

뜻에서 유래했으며 보리수나무속을 일컫는다. 종소명 *glabra*는 '털이 없는'이라는 뜻이다.

다른이름 보리장나무/볼네나무(정태현 외, 1923), 덩굴볼레나무(정태현 외, 1937), 덩굴보리수나무(안학수·이춘녕, 1963), 볼레나무(이영노, 1996)

옛이름 甫里樹實(조선왕조실록, 1500), 菩提實(탐라지, 1653), 羊桃/봄보리슈/萇楚(광재물보, 19세기 초), 胡頹子/봄보리슈/萇楚(물명고, 1824), 菩提實(임원경제지, 1842)[10]

중국/일본명 중국명 蔓胡頹子(man hu tui zi)는 덩굴을 이루는 호퇴자(胡頹子: 풍겐스보리장나무의 중국명)라는 뜻이다. 일본명 ツルグミ(蔓茱萸)는 덩굴을 이루는 수유나무 종류(グミ)라는 뜻이다.

참고 [북한명] 보리장나무 [유사어] 만호퇴자(蔓胡頹子), 삼월황자(三月黃子) [지방명] 뽈두(경북), 볼뚜(울릉), 개볼/개불/꼬리볼레/꼬리볼레낭/꼬리불레/마께볼레낭/막개볼레/막게볼레/먹볼레낭/밋볼레낭/밑볼레낭/보리볼레/보리볼레낭/볼래낭/볼레/폿벌레/풋볼래(제주)

Elaeagnus macrophylla *Thunberg*　オホバグミ
Bom-borisu-namu　봄보리수나무

보리밥나무〈*Elaeagnus macrophylla* Thunb.(1784)〉

보리밥나무라는 이름은 크고 능선이 있는 열매(수과)의 모양이 보리(麥)로 지은 밥처럼 보인다는 뜻에서 유래한 것으로 추정한다.[11] 10~11월에 황백색의 꽃이 피고, 3~4월에 붉은색으로 열매가 익는다. 『조선식물향명집』에 기록된 '봄보리수나무'는 열매가 봄에 익는 것에서 유래한 이름이다. 19세기에 저술된 『물명고』는 "胡頹子 子大如小杏 核有四路者 봄보리슈"(호퇴자 중에서 열매가 커서 작은 살구와 같고 씨앗에는 네 개의 능선이 있는 것이 봄보리슈이다)라고 기록하기도 했다. 『조선삼림식물도설』에서 경상남도 방언을 채록해 최초로 기록했고, 『한국수목도감』에서 추천명으로 기재해 현재에 이르고 있다.

속명 *Elaeagnus*는 그리스어 *elaia*(올리브)와 *agnos*(이탈리아목형의 그리스명)의 합성어로, 올리브와 비슷한 열매가 열리고 이탈리아목형(*Vitex angus-*

---

10 『조선식물명휘』(1922)는 '三月黃子, 牛奶子'를 기록했으며 『토명대조선만식물자휘』(1932)는 '봄보리씨나무'를, 『선명대화명지부』(1934)는 '보리장나무, 볼네나무'를, 『조선삼림식물편』(1915~1939)은 'ボルノナム, カシボルックナム'[볼네노나무, 가시뽈뚝나무]를 기록했다.

11 이러한 견해로 박상진(2019), p.213; 오찬진 외(2015), p.912; 솔뫼(송상곤, 2010), p.426 참조. 다만 박상진은 보리보다 먼저 열매가 익는다고 하여 '보리'라는 이름이 유래한 것으로 설명하고 있으나, 보리수나무와 그 유사한 종을 기록한 옛 문헌에는 열매의 모양을 보리(麥)와 비교하거나 비유한 기록이 있는 것에 비추어 타당하지 않아 보인다.

castus)과 비슷하게 흰색의 잎을 가졌다는 뜻에서 유래했으며 보리수나무속을 일컫는다. 종소명 *macrophylla*는 라틴어 *macro*(커다란)와 *phyllon*(잎)의 합성어로 잎이 넓고 큰 것에서 유래했다.

다른이름 보리수나무(정태현 외, 1923), 봄보리수나무(정태현 외, 1937), 봄보리똥나무(정태현 외, 1942), 보리똥나무(정태현, 1943)

옛이름 甫里樹實(조선왕조실록, 1500), 菩提實(탐라지, 1653), 羊桃/봄보리슈/莄楚(광재물보, 19세기 초), 胡頹子/봄보리슈/莄楚(물명고, 1824), 菩提實(임원경제지, 1842)[12]

중국/일본명 중국명 大叶胡頹子(da ye hu tui zi)는 큰 잎을 가진 호퇴자(胡頹子: 풍겐스보리장나무의 중국명)라는 뜻이다. 일본명 オホバグミ(大葉茱萸)는 잎이 큰 수유나무 종류(グミ)라는 뜻이다.

참고 [북한명] 봄보리수나무 [유사어] 동조(冬棗), 호퇴자(胡頹子) [지방명] 때부루/때뿌르/때부루(경기), 뻘뚜/뽈뚜/뽈뤼똥나무/뿌리똥나무/뿔똥나무(경남), 뻘뚜/뽈두/뽈두나무/뽈뚜(경북), 검보리똥/보리똥/보리수/봄보리똥/뺄뚝/뽈똑/뽈뚝/포리똥(전남), 보리볼레/보리볼레낭(제주)

Elaeagnus pungens *Thunberg*   ナハシログミ
Bolle-namu   볼레나무

『조선삼림수목감요』(1923)에서 '볼네나무'로 최초 기록한 이래 『조선식물향명집』에서도 제주 방언인 '볼레나무'로 기록했다. 그러나 『조선삼림식물도설』(1943)과 『조선식물명집』(1949)에서는 별도로 기록하지 않았으며, '국가표준식물목록'(2018)과 『장진성 식물목록』(2014)에서도 한국 분포종으로 분류하지 않았다. 따라서 이 책도 이에 따른다. 한편 '중국식물지'(2018)에 따르면 *Elaeagnus pungens* Thunb.(1784)(중국명: 胡頹子, 풍겐스보리장나무)는 중국과 일본에 분포하는 종이다.

Elaeagnus submacrophylla *Servettaz*   オホバツルグミ
Waṅg-bolle-namu   왕볼레나무

큰보리장나무〈*Elaeagnus x submacrophylla* Servett.(1909)〉

큰보리장나무라는 이름은 보리장나무에 비해 잎이 크다는 뜻에서 유래했다.[13] 중국에 분포하는 풍겐스보리장나무(*E. pungens*)와 보리밥나무(*E. macrophylla*)의 자연 교잡종이라고 하지만, 종의

---

12 『토명대조선만식물자휘』(1932)는 '봄보리씨나무'를 기록했으며 『선명대화명지부』(1934)는 '보리수(슈)나무'를, 『조선삼림식물편』(1915~1939)은 'ポンボルトン, ボンボルトウックナム, ボルックナム, ボルノナム'[봄보리똥, 봄뽈뚝나무, 뽈뚝나무, 볼네나무]를 기록했다.

13 이러한 견해로 이우철(2005), p.534 참조.

실체에 대한 분류학적 논란이 지속되고 있다.[14] 『조선식물향명집』에서는 방언에서 유래한 이름인 '볼레나무'를 기본으로 하고 식물의 형태적 특징을 나타내는 '왕'을 추가해 '왕볼레나무'를 신칭했으나,[15] 『조선삼림식물도설』에서 '큰보리장나무'로 개칭해 현재에 이르고 있다.

속명 *Elaeagnus*는 그리스어 *elaia*(올리브)와 *agnos*(이탈리아목형의 그리스명)의 합성어로, 올리브와 비슷한 열매가 열리고 이탈리아목형(*Vitex angus-castus*)과 비슷하게 흰색의 잎을 가졌다는 뜻에서 유래했으며 보리수나무속을 일컫는다. 종소명 *submacrophylla*는 '*macrophylla*종과 유사한, 다소 잎이 큰'이라는 뜻이다.

다른이름 볼네나무(정태현 외, 1923), 왕볼레나무(정태현 외, 1937), 왕볼네나무(정태현, 1943), 왕보리장나무(안학수·이춘녕, 1963)

중국/일본명 '중국식물지'는 이를 별도 기재하지 않고 있다. 일본명 オホバツルグミ(大葉蔓茱萸)는 잎이 크고 덩굴을 이루는 수유나무 종류(グミ)라는 뜻이다.

참고 [북한명] 왕보리장나무 [유사어] 대엽만호퇴자(大葉蔓胡頹子) [지방명] 마께볼레낭(제주)

---

14 이에 대해서는 『한국속식물지』(2018), p.823 참조.
15 이에 대해서는 『조선식물향명집』, 색인 p.44 참조.

Lythraceae 부처꽃科 (千屈菜科)

부처꽃과〈Lythraceae J.St.-Hil.(1805)〉
부처꽃과는 국내에 자생하는 부처꽃에서 유래한 과명이다. '국가표준식물목록'(2018), '세계식물목록'(2018) 및 『장진성 식물목록』(2014)은 *Lythrum*(부처꽃속)에서 유래한 Lythraceae를 과명으로 기재하고 있으며, 엥글러(Engler), 크론키스트(Cronquist) 및 APG IV(2016) 분류 체계도 이와 같다. 한편 '세계식물목록'(2018)과 APG IV(2016) 분류 체계는 Trapaceae(마름과)와 Punicaceae(석류나무과)를 Lythraceae(부처꽃과)에 포함시켜 분류한다.

Lagerstroemia indica *Linné* サルスベリ

Baerong-namu 배롱나무 百日紅

배롱나무〈*Lagerstroemia indica* L.(1759)〉

배롱나무라는 이름은 중국에서 전래된 한자명 '百日紅'(백일홍)에 어원을 두고 있으며, 백일홍나무가 발음 과정에서 배롱나무로 변한 것이다.[1] 원뿔모양꽃차례의 아래부터 차례로 피는 꽃은 붉은색으로 초여름에 시작해 가을까지 이어지는데, 이로부터 백 일 동안 붉다는 뜻으로 백일홍나무라는 이름이 붙여졌으며 옛 문헌은 '빅일홍'으로 기록했다. 배롱나무라는 한글명이 정착된 것은 주요 식재지인 전라남도 방언을 『조선삼림수목감요』에서 '비롱나무'로 채록한 것에서 비롯했다.[2] 한편 배롱나무는 비교적 어린 시기에 전체 수형을 형성해 그 모양을 유지하면서 크게(소교목) 자라는데, 이로 인해 원줄기와 가지가 일체성이 강해서 나무껍질을 간질이면 나무 전체가 흔들린다. 이것 때문에 중국에서는 간지럼을 두려한다는 뜻으로 怕痒樹(파양수)라고도 했으며, 이를 차용해 '간지럼나무'라고도 했다. 초본성 백일홍과 구별하기 위해 '목백일홍(木百日紅)'이라고도 한다.

속명 *Lagerstroemia*는 린네의 지인이었으며 스웨덴 상인이자 식물채집가로 중국과 인도의 식물을 채집한 Magnus von Lagerström(1691/1696~1759)의 이름에서 유래했으며 배롱나무속을 일컫는다. 종소명 *indica*는 '인도의'라는 뜻으로 주된 분포지를 나타낸다.

---

1 이러한 견해로 이우철(2005), p.263; 박상진(2019), p.187; 김태영·김진석(2018), p.460; 허북구·박석근(2008b), p.140; 오찬진 외(2015), p.917; 전정일(2009), p.101; 유기억(2008b), p.183; 조항범(2017.8.11.); 기태완(2015), p.654 참조.
2 이에 대해서는 『조선삼림수목감요』(1923), p.100과 『조선삼림식물도설』(1943), p.529 참조.

다른이름 비롱나무(정태현 외, 1923), 백일홍나무(임록재 외, 1972)

옛이름 百日紅(목은집, 1404), 紫薇花/百日紅/怕痒樹(양화소록, 1471), 紫微花(동문선, 1478), ᄌ미/紫微(분류두공부시언해, 1481), 百日紅/紫微花(대동운부군옥, 1589), 百日紅(병자일본일기, 1637), 百日紅(계곡집, 1643), 紫薇/百日紅(산림경제, 1715), 紫薇花(해동농서, 1799), 百日百紅(화암수록, 18세기 말), 百日紅/紫薇/빅일홍(물보, 1802), 怕痒樹/百日紅/빅일홍(광재물보, 19세기 초), 紫薇/빅일홍/痒樹/百日紅(물명고, 1824), 百日紅(송남잡지, 1855), 紫薇花(다산시문집, 1865), 紫薇/ᄌ미/百日紅/빅일홍(명물기략, 1870), 빅일홍/百日紅(한불자전, 1880), 百日紅(매천집, 1911)³

중국/일본명 중국명 紫薇(zi wei)는 자주색 꽃이 피는 미(薇: 장미 종류를 일컫는 말)라는 뜻이다.⁴ 일본명 サルスベリ(猿滑)는 원숭이가 미끄러질 정도라는 뜻으로, 줄기 껍질이 얇게 벗겨져 매끈하게 되는 모습에서 유래했다.

참고 [북한명] 배롱나무 [유사어] 간지럼나무, 목백일홍(木百日紅), 백일홍(百日紅), 자미화(紫薇花), 파양수(怕痒樹), 파양화(怕痒花) [지방명] 목백일홍(경기), 귀신꽃/백일홍/백일홍나무(경남), 백일홍/쌀밥나무(전남), 백일홍(전북), 백일홍/벡일홍/벡일홍낭/저금낭/저금타는낭/ᄌ금타는낭(제주), 백일홍(충남)

Lythrum anceps *Makino*   ミソハギ
Buchŏgot 부처꽃

부처꽃〈*Lythrum salicaria* L.(1753)〉⁵

부처꽃이라는 이름은 백중날에 부처를 공양하는 꽃으로 사용되던 데서 유래한 것으로 추정한다.⁶ 19세기 중엽에 저술된 『임원경제지』 중 『인제지(仁齊志)』는 구황식물로 기록했다. 우리나라는 예부터 음력 7월 15일의 백중날에 꽃, 과일 등을 마련해 부처를 공양하는 풍습이 있었고,⁷ 고려 시대에 제작된 것으로 알려진 수덕사 대웅전 벽화에 나타나듯이 불전의 난간에 생화나 조화

---

3 「화한한명대조표」(1910)는 '빅일홍'을 기록했으며 『제주도및완도식물조사보고서』(1914)는 '페키르폰, 페이일호ン'[벡일홍, 백일홍]을, 『조선어사전』(1920)은 '怕痒樹(패양슈), 百日紅(빅일홍), 紫薇(ᄌ미)'를, 『조선식물명휘』(1922)는 '百日紅, 紫薇, 紫荊, 백일홍나무(觀賞)'를, Crane(1931)은 '빅일홍나무, 百日紅'을, 『토명대조선만식물자휘』(1932)는 '[紫薇(花)]ᄌ미(화), [百日紅]빅일홍, 怕痒樹]패양수'를, 『선명대화명지부』(1934)는 '배롱나무, 백일홍나무'를 기록했다.

4 '薇'(미)에 대해서 중국의 옛 문헌 『설문해자』(121)는 '草也'(풀이다)라고 하여 초본성 식물을 지칭하는 것으로 사용했으나, 청나라 때 저술된 『강희자전』(1716)은 '薔薇'(장미)를 뜻한다고 보는 등 장미와 유사한 나무 종류를 지칭하기도 했다.

5 '국가표준식물목록'(2018)은 *Lythrum anceps* (Koehne) Makino(1908)를 '부처꽃'으로, *Lythrum salicaria* L.(1753)을 '털부처꽃'으로 하여 별도 분류하고 있으나, 『장진성 식물목록』(2014), '중국식물지'(2018) 및 '세계식물목록'(2018)은 *Lythrum anceps* (Koehne) Makino(1908)를 *Lythrum salicaria* L.(1753)의 이명(synonym)으로 보고 있으며 『장진성 식물목록』(2014)은 국명을 '부처꽃'으로 기재하고 있다.

6 이러한 견해로 김병기(2013), p.203 참조.

7 백중날의 우란분회 풍속에 대한 자세한 내용은 오출세(2002), p.171 이하 참조.

를 공양하는 풍습이 있었는데 여기에는 부들과 같은 물에서 자라는 식물도 포함되었다.[8] 그러나 우리나라에서 백중날에 부처꽃을 공양화로 사용했다는 것을 명시한 자료는 발견되지 않는다. 반면에 일본에서는 부처꽃을 정령이 깃든 꽃으로 보아 불교 행사에서 사용했으며, 禊萩(계추, ミソハギ)라는 이름은 이를 표현하고 있다.[9] 따라서 불전에 꽃을 공양하는 풍습은 우리나라에도 있었으나, 부처꽃이라는 이름이 생겨난 것은 일제강점기에 일본식 불교 행사가 전래된 것과 관련이 있는 것으로 추정된다. 한편 『조선식물향명집』이 발간되기 이전에 부처꽃이라는 이름이 발견되는 것에 비추어,[10] 당시 실제 꽤 사용되었던 이름으로 보인다. 일본명 ミソハギ는 일설에 따르면 계(禊)라는 풍습에 사용되는 싸리(萩)를 닮은 식물이라는 뜻이므로, 한국명 부처꽃과 그 이름의 유래가 동일하지는 않다.

속명 Lythrum은 산스크리트어 rudhiram에서 온 것으로, 그리스어로 lythron은 피를 의미하는데 꽃의 색깔이 붉은 것을 나타내며 부처꽃속을 일컫는다. 종소명 salicaria는 잎 모양이 'Salix(버드나무속)와 비슷한'이라는 뜻이다.

다른이름 두렁꽃(김현삼 외, 1988)

옛이름 千屈菜(임원경제지, 1842), 부처꽃(동아일보, 1936)[11]

중국/일본명 중국명 千屈菜(qian qu cai)는 명나라 때의 『구황본초』에 구황식물로 기록된 명칭이지만 그 정확한 유래는 알려져 있지 않다. 다만 꽃이 자주색(꼭두서니색)으로 피고 식용 가능하다는 뜻의 '茜苣'(천거)가 변화한 이름이라는 견해가 있다.[12] 일본명 ミソハギ는 의견이 통일되어 있지 않은데, 개울가에서 자라는 싸리를 닮은 식물이라는 뜻의 溝萩(구추)에서 유래했다는 견해와 몸을 깨끗이 하는 풍습인 계(禊)에 사용하고 싸리(萩)를 닮은 식물이라는 뜻의 禊萩(계추)에서 유래했다는 견해가 있다.

참고 [북한명] 두렁꽃 [유사어] 대아초(對牙草), 천굴채(千屈菜)

⊗ Rotala koreana *Nakai*　テウセンキカシグサ
Sae-madigot　새마디꽃

마디꽃〈*Rotala indica* (Willd.) Koehne(1880)〉

8　이에 대한 보다 자세한 내용은 이상화(2004), p.322 이하 참조.
9　이에 대한 보다 자세한 내용은 김종원(2013), p.322 참조.
10　식물 관련 자료나 문헌 등에서 부처꽃이라는 이름이 발견되지는 않지만, 『조선식물향명집』이 저술되기 전인 1936년 6월 7일 자 『동아일보』에 "千屈菜은 日本名 ミソハギ인데 漢方名은 없고 朝鮮名은 '부처꽃' 卽 佛花이라 합니다"라고 기록하고 있는 점에 비추어, 부처꽃은 『조선식물향명집』에 기록되기 이전에 신문에 날 정도로 널리 사용되었던 이름으로 추론된다.
11　『조선식물명휘』(1922)는 '千屈菜, 河西柳'를 기록했다.
12　이에 대한 자세한 내용은 夏纬瑛(1990), p.133 참조.

'국가표준식물목록'(2018), 『장진성 식물목록』(2014) 및 '중국식물지'(2018)는 새마디꽃을 별도 분류하지 않고 마디꽃에 통합하고 있으므로 이 책도 이에 따른다.

Rotala leptopetala *Koehne* var. littorea *Koehne* ミヅキカシグサ
Mul-madi-ĝot 물마디꽃

물마디꽃 〈*Rotala leptopetala* var. *littorea* (Miq.) Koehne(1880)〉[13]

물마디꽃이라는 이름은 물이 많은 습한 곳에서 주로 자라는 마디꽃 종류라는 뜻에서 붙여졌다.[14] 『조선식물향명집』에서 '마디꽃'을 기본으로 하고 식물의 주된 산지(産地)와 학명에 착안한 '물'을 추가해 신칭했다.[15]

속명 *Rotala*는 라틴어 *rota*(바퀴), *rotalis*(바퀴 달린)에서 유래한 것으로 돌려나기를 하는 잎과 관련된 이름이며 마디꽃속을 일컫는다. 종소명 *leptopetala*는 '얇은 꽃잎이 있는'이라는 뜻이며, 변종명 *littorea*는 '해안의, 물가의'라는 뜻이다.

다른이름 물마디풀(박만규, 1974), 개마디꽃(안학수 외, 1982)

중국/일본명 중국명 五蕊节节菜(wu rui jie jie cai)는 5개의 꽃술이 있는 절절채(節節菜: 마디꽃의 중국명)라는 뜻이다. 일본명 ミヅキカシグサ는 물이 많은 곳에서 자라는 마디꽃(キカシグサ)이라는 뜻이다.

참고 [북한명] 물마디꽃

Rotala mexicana *Cham. et Schl.* var. Spruceana *Koehne* ミヅマツバ
Ganùn-madiĝot 가는마디꽃

가는마디꽃 〈*Rotala mexicana* Cham. Schltdl.(1830)〉[16]

가는마디꽃이라는 이름은 잎이 가는 마디꽃이라는 뜻에서 붙여졌다. 『조선식물향명집』에서 '마디꽃'을 기본으로 하고 식물의 형태적 특징을 나타내는 '가는'을 추가해 신칭했다.[17]

속명 *Rotala*는 라틴어 *rota*(바퀴), *rotalis*(바퀴 달린)에서 유래한 것으로 돌려나기를 하는 잎과

---

13 '국가표준식물목록'(2018)은 본문의 학명으로 물마디꽃을 별도 분류하고 있으나, 『장진성 식물목록』(2014)은 가는마디꽃 〈*Rotala mexicana* Cham. & Schltdl.(1830)〉에 통합하여 별도 분류하지 않으므로 주의가 필요하다.

14 이러한 견해로 이우철(2005), p.235 참조.

15 이에 대해서는 『조선식물향명집』, 색인 p.37 참조.

16 '국가표준식물목록'(2018)은 가는마디꽃의 학명을 *Rotala pusilla* Tul.(1856)로 기재하고 있으나, 『장진성 식물목록』(2014)과 '중국식물지'(2018)는 본문의 학명을 정명으로 기재하고 있다.

17 이에 대해서는 『조선식물향명집』, 색인 p.30 참조.

관련된 이름이며 마디꽃속을 일컫는다. 종소명 *mexicana*는 '멕시코의'라는 뜻으로 발견지 또는 분포지를 나타낸다.

다른이름 물솔잎(정태현, 1970), 가는마디풀(박만규, 1974), 가는물마디꽃(리용재 외, 2011)

중국/일본명 중국명 轮叶节节菜(lun ye jie jie cai)는 잎이 돌려나기를 하는 절절채(節節菜: 마디꽃의 중국명)라는 뜻이다. 일본명 ミヅマツバ(水松葉)는 식물이 수분을 좋아하고 잎이 돌려나기를 하는 모양이 소나무(マツ)의 잎을 닮았다는 뜻에서 유래했다.

참고 [북한명] 가는마디꽃

Rotala ulginosa *Miquel* キカシグサ
Madiġot 마디꽃

마디꽃⟨*Rotala indica* (Willd.) Koehne(1880)⟩

마디꽃이라는 이름은 꽃이 줄기 마디에 모여 피는 것에서 유래했다.[18] 19세기에 저술된 『임원경제지』 중 『인제지(仁齊志)』는 구황식물로 한자명 '節節菜'(절절채)를 기록했는데 마디꽃과 뜻이 통하는 이름이다. 한글명은 『조선식물향명집』에서 처음으로 발견된다.

속명 *Rotala*는 라틴어 rota(바퀴), rotalis(바퀴 달린)에서 유래한 것으로 돌려나기를 하는 잎과 관련된 이름이며 마디꽃속을 일컫는다. 종소명 *indica*는 '인도의'라는 뜻으로 발견지 또는 분포지를 나타낸다.

다른이름 새마디꽃(정태현 외, 1937), 개마디꽃(박만규, 1949), 눈마디꽃(도봉섭 외, 1958), 참마디꽃(정태현, 1970), 마디풀/새마디풀(박만규, 1974)

옛이름 節節菜(임원경제지, 1842)[19]

중국/일본명 중국명 节节菜(jie jie cai)는 꽃이 줄기 마디에 모여 피고 채소로 식용한 것에서 유래했다. 일본명 キカシグサ는 유래가 알려져 있지 않다.

참고 [북한명] 마디꽃/새마디꽃[20] [유사어] 절절채(節節菜)

---

18 이러한 견해로 이우철(2005), p.209와 김종원(2013), p.325 참조.

19 『조선식물명휘』(1922)는 '節節菜'를 기록했으며 『조선의산과와산채』(1935)는 '節節菜'를 기록했다.

20 북한에서는 *R. indica*를 '마디꽃'으로, *R. koreana*를 '새마디꽃'으로 하여 별도 분류하고 있다. 이에 대해서는 리용재 외 (2011), p.305 참조.

Punicaceae 석류科 (安石榴科)

석류나무과〈**Punicaceae** Bercht. & J.Presl(1825)〉

석류나무과는 재배식물인 석류나무에서 유래한 과명이다. '국가표준식물목록'(2018)과 『장진성 식물목록』(2014)은 *Punica*(석류나무속)에서 유래한 Punicaceae를 과명으로 기재하고 있으며, 엥글러(Engler)와 크론키스트(Cronquist) 분류 체계도 이와 같다. 그러나 '세계식물목록'(2018)과 APG IV(2016) 분류 체계는 Trapaceae(마름과)와 함께 Punicaceae(석류나무과)를 Lythraceae(부처꽃과)에 포함하고 있다.

Punica Granatum *Linné*   ザクロ   石榴

Sŏgnyu-namu   석류나무   (栽)

석류나무〈*Punica granatum* L.(1753)〉

석류나무라는 이름은 한자명 '石榴'(석류)에 어원을 두고 있는데, 석류는 중국 한나라의 사신 장건(張騫, ?~B.C.114)이 서역의 안석국(安石國: 지금의 이란 지역에 있던 고대 왕국)에서 가져온 榴(류)라는 뜻에서 安石榴(안석류)라고 부르다가 이것이 축약되어 石榴(석류)가 된 것이다.[1] 榴(류)는 열매가 혹(瘤)처럼 늘어져 매달려 있다는 뜻이다. 고려 시대에 저술된 『동국이상국집』에서 石榴花(석류화)라는 이름이 발견되고, 『고려사절요』에 고려 의종 때인 1151년에 石榴花(석류화)에 대한 언급이 나오는 것으로 기록해, 최소한 고려 시대에는 석류나무가 국내에 도입되었던 것으로 보인다.[2] 15세기에 저술된 『양화소록』은 중국의 문헌을 인용해 "格物叢花云 榴花來從安石國 故名安石榴"(격물총화에 이르기를 석류화는 안석국으로부터 왔기 때문에 안석류라고 이름이 붙여졌다)라고 기록했으나, 17세기에 저술된 『지봉유설』은 "然余聞榴性喜石 故今南方人以石裹根而種之 又山居四要 種石榴法 置雜石於枝間云 石榴之稱 其或以是歟"(내가 듣기로 석류는 성질이 돌을 좋아한다고 하고 지금 남방인들은 돌로 뿌리를 감싸도록 하여 심는다. 또한 산거사요의 석류를 심는 법에는 가지 사이에 잡석을 둔다고 했으므로 석류라는 이름은 혹시 이것 때문이 아닌가)라고 하여 이름의 유래를 달리 해석하기도 했다.

---

1   이러한 견해로 이우철(2005), p.330; 박상진(2019), p.265; 장충덕(2007), p.163; 허북구·박석근(2008b), p.191; 오찬진 외 (2015), p.922; 강판권(2015), p.555 참조.
2   통일신라 기와에 석류당초문(石榴唐草紋)이 있는 것을 근거로 8세기를 전후해서 도입된 것으로 보기도 한다.

속명 *Punica*는 *Poenus*(카르타고인, 카르타고의)에서 유래한 라틴명으로, 석류의 원산지가 카르타고라 생각한 데서 붙여진 것이며 석류나무속을 일컫는다. 종소명 *granatum*은 '낟알 모양의'라는 뜻으로 많은 씨앗의 모양에서 유래했다.

다른이름 석류나무(정태현 외, 1923), 석유(정태현 외, 1936), 석누나무(박만규, 1949)

옛이름 石榴花(동국이상국집, 1241), 石榴花(목은집, 1404), 石榴花(향약집성방, 1433), 石榴花(고려사절요, 1452), 安石榴/海榴(양화소록, 1471), 石榴花/석룾곶(구급간이방언해, 1489), 석류/石榴(번역박통사, 1517), 石榴/셕뉴(훈몽자회, 1527), 石榴(신증동국여지승람, 1530), 榴/셕뉴(신증유합, 1576), 石榴/셕뉴(동의보감, 1613), 石榴(지봉유설, 1614), 石榴/셕뉴(노걸대언해, 1670), 石榴花/셕류곳(역어유해, 1690), 石榴花/安石榴/海榴(산림경제, 1715), 石榴/셕뉴(박통사신석언해, 1765), 石榴/셕뉴(방언집석, 1778), 石榴/셕류(왜어유해, 1782), 石榴/셕류(제중신편, 1799), 石榴/셕류(해동농서, 1799), 安石榴/셕류(물보, 1802), 安石榴/셕류(광재물보, 19세기 초), 셕뉴(규합총서, 1809), 安石榴/셕뉴(물명고, 1824), 安石榴石/若榴榴/丹若/金罌(임원경제지, 1842), 셕류(자류주석, 1856), 安石榴/海榴/倭榴(다산시문집, 1865), 安石榴/안셕류(명물기략, 1870), 석류/石榴(한불자전, 1880), 석류/石榴(한영자전, 1890), 石榴/석류(국한회어, 1895), 석류(화왕본긔, 19세기 초), 石榴/석유(일용비람기, 연대미상), 榴/석류(아학편, 1908), 石榴/석류(자전석요, 1909), 石榴(선한약물학, 1931), 석류(조선구전민요집, 1933)[3]

중국/일본명 중국명 石榴(shi liu)는 한국명과 동일하게 安石榴(안석류)를 축약한 것에서 유래했다.[4] 일본명 ザクロ(石榴)는 한자명 '石榴'(석류)를 음독한 것이다.

참고 [북한명] 석류나무 [유사어] 안석류(安石榴), 해류(海榴) [지방명] 석류(경남), 석노나무/석류/송류(전남), 석류(전북)

---

3 『조선한방약료식물조사서』(1917)는 '셕류(東醫), 셕류나무, 石榴'를 기록했으며 『조선어사전』(1920)은 '榴花(류화), 석류(石榴)나무'를, 『조선식물명휘』(1922)는 '安石榴, 石榴, 셕류나무(藥, 食, 觀賞)'를, Crane(1931)은 '석류, 石榴'를, 『토명대조선만식물자휘』(1932)는 '[石榴(木)]석류(나무), [山石榴]산셕류, [石榴花]셕류화, [石榴皮]셕류피'를, 『선명대화명지부』(1934)는 '셕류나무'를 기록했다.

4 중국의 『본초강목』(1596)은 "榴者瘤也 丹實垂垂如贅瘤也 博物志云 漢張騫出使西域 得塗林安石國榴種以歸 故名安石榴"(榴는 혹이다. 붉은 열매가 혹처럼 드리워져 있기 때문이다. 박물지는 전하기를 한나라 장건이 서역에 사신으로 갔다가 안석국의 도림에서 석류의 씨앗을 얻어서 돌아왔기 때문에 안석류라 한다고 하였다)라고 기록했다.

Alangiaceae 박쥐나무科 (瓜木科)

박쥐나무과〈Alangiaceae DC.(1828)〉

박쥐나무과는 국내에 자생하는 박쥐나무에서 유래한 과명이다. '국가표준식물목록'(2018)과 『장진성 식물목록』(2014)은 *Alangium*(박쥐나무속)에서 유래한 Alangiaceae를 과명으로 기재하고 있으며, 엥글러(Engler)와 크론키스트(Cronquist) 분류 체계도 이와 같다. 그러나 '세계식물목록'(2018)과 APG IV(2016) 분류 체계는 Alangiaceae(박쥐나무과)를 Cornaceae(층층나무과)에 포함시켜 분류한다.

Marlea macrophylla *Sieb. et Zucc.* var. trilobata *Nakai*　ウリノキ
Bagjwe-namu　박쥐나무

박쥐나무〈*Alangium platanifolium* (Siebold & Zucc.) Harms(1898)〉[1]

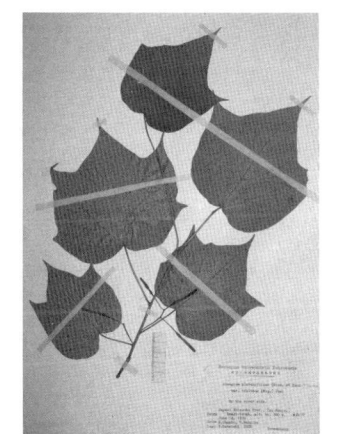

박쥐나무라는 이름은 박쥐의 날개가 펼쳐진 것처럼 생긴 잎의 모양에서 유래했다.[2] 어린잎은 식용하고 나무껍질은 벗겨 노끈 대신으로 사용했다.[3] 『조선삼림수목감요』는 경상남도 방언인 '누른듸나무'를 기록했으나, 『조선식물향명집』은 주요 자생지인 강원도의 방언인 '박쥐나무'를 보다 보편적인 이름으로 보고 조선명으로 기록했다.[4] 어린잎을 식용하면서 잎의 모양에 착안해 형성된 이름으로 추론되며, 지방명에서도 잎의 식용과 관련해 '나물'이나 '잎'이 포함된 이름이 발견된다.

속명 *Alangium*은 이 속 식물의 한 종(*A. salviifolium*)에 대한 인도 서남부 케랄라 지역의 토속어인 말라얄람어 *alangi* 또는 *angolam*에서 유래한 것으로 박쥐나무속을 일컫는다. 종소명 *platanifolium*은 '*Platanus*(버즘나무속)와 비슷한 잎의'라는 뜻으로 버즘나무속 식물과 잎이 유사하다는 뜻에서 유래했다.

다른이름　누른듸나무(정태현 외, 1923), 새박나무(정태현 외, 1942), 누른대나무(정태현, 1943), 털박쥐

1　『장진성 식물목록』(2014)은 본문의 학명을 정명으로 기재하고 있으나, '국가표준식물목록'(2018)은 이를 '단풍잎박쥐나무'로, *Alangium platanifolium* var. *trilobum* (Miq.) Ohwi(1965)를 '박쥐나무'로 기재하고 있다. '세계식물목록'(2018)은 후자를 본문 학명의 이명(synonym)으로 기재하고 있다.

2　이러한 견해로 이우철(2005), p.258; 박상진(2019), p.180; 허북구·박석근(2008b), p.135; 솔뫼(송상곤, 2010), p.60; 오찬진 외(2015), p.926 참조.

3　이에 대해서는 『조선산야생식용식물』(1942), p.164와 『조선삼림식물도설』(1943), p.531 참조.

4　강원 방언을 채록했다는 점에 대해서는 『조선삼림식물도설』(1943), p.531 참조.

나무(안학수·이춘녕, 1963)[5]

중국/일본명 중국명 瓜木(gua mu)는 잎과 꽃봉오리가 오이(瓜)를 닮은 나무라고 해서 붙여졌다. 일본명 ウリノキ(瓜の木)는 잎의 모양이 오이(ウリ)의 잎과 유사한 데서 유래했다.

참고 [북한명] 박쥐나무[6] [유사어] 과목(瓜木) [지방명] 남방잎(경기/경남), 남방잎/노방잎/박쥐나물/방잎/뻔나무/평풍나물(경북), 누른대나무(전남), 박쥐나물(충남)

---

5   『조선식물명휘』(1922)는 '瓜木, 鴨脚板樹, 八角楓(薪炭)'을 기록했으며 『선명대화명지부』(1934)는 '누른대나무'를 기록했다.
6   북한에서는 A. macrophyllum을 '박쥐나무'로, A. plantanifolium을 '단풍박쥐나무'로 하어 별도 분류히고 있다. 이에 대해서는 리용재 외(2011), p.18 참조.

Oenotheraceae 바늘꽃科 (柳葉菜科)

바늘꽃과 〈Onagraceae Juss.(1789)〉

바늘꽃과는 국내에 자생하는 바늘꽃에서 유래한 과명이다. '국가표준식물목록'(2018), '세계식물목록'(2018) 및 『장진성 식물목록』(2014)은 *Onagra*(오나그라속)에서 유래한 Onagraceae를 과명으로 기재하고 있으며, 엥글러(Engler), 크론키스트(Cronquist) 및 APG IV(2016) 분류 체계도 이와 같다. 『조선식물향명집』은 Oenotheraceae(Onagraceae)로 기재한 『Syllabus der Pflanzenfamilien』(1919)의 표기를 따른 것으로 보인다.

Circaea alpina *Linné*   ミヤマタニタデ
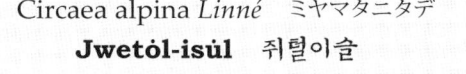
Jwetŏl-isŭl   쥐털이슬

쥐털이슬 〈*Circaea alpina* L.(1753)〉

쥐털이슬이라는 이름은 식물체의 크기가 작은 것을 쥐에 비유해 붙여진 것으로 추정한다. 높이 6~15cm 정도로 털이슬속 식물 중에 크기가 작은 특징이 있다. 『조선식물향명집』은 신칭했다는 것을 별도로 표시하지 않았으나,[1] 기본으로 하고 있는 '털이슬'이라는 이름을 『조선식물향명집』에서 신칭했다는 점을 고려하면 '쥐털이슬' 역시 신칭한 것으로 추론된다.

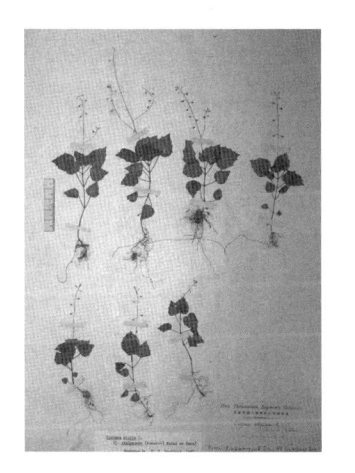

속명 *Circaea*는 그리스 신화에서 마술로 오디세우스의 부하들을 돼지로 둔갑시켰다는 마녀 키르케(*Circe*)의 이름에서 유래한 것으로 털이슬속을 일컫는다. 종소명 *alpina*는 '고산에 서식하는'이라는 뜻으로 주된 분포지를 나타낸다.

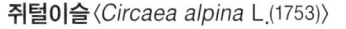 큰쥐털이슬(정태현 외, 1937), 두메털이슬(김현삼 외, 1988)

중국/일본명 중국명 高山露珠草(gao shan lu zhu cao)는 고산에 분포하는 노주초(露珠草: 쇠털이슬의 중국명)라는 뜻이다. 일본명 ミヤマタニタデ(深山谷蓼)는 심산의 골짜기에 분포하는 여뀌(タデ)를 닮은 풀이라는 뜻이다.

참고 [북한명] 두메털이슬

---

1 이에 대해서는 『조선식물향명집』, 색인 p.46 참조.

○ Circaea alpina *L.* var. caulescens *Komarov* オホミヤマタニタデ
Kùn-jwetòlisùl 큰쥐털이슬

개털이슬〈*Circaea alpina* L. subsp. *caulescens* (Kom.) Tatew.(1940)〉[2]
개털이슬이라는 이름은 쥐털이슬과 유사하다는(개) 뜻에서 유래했다.[3] 줄기 털의 유무와 작은꽃자
루의 형태 등을 구별 기준으로 하여 별도의 아종으로 분류되고 있으나 분류학적 타당성에 대해
서는 논란이 있다. 『조선식물향명집』에서는 쥐털이슬보다 개체가 크다는 뜻으로 '큰쥐털이슬'을
신칭했으나,[4] 『한국식물명감』에서 '개털이슬'로 기록해 현재에 이르고 있다.

　속명 *Circaea*는 그리스 신화에서 마술로 오디세우스의 부하들을 돼지로 둔갑시켰다는 마녀
키르케(*Circe*)의 이름에서 유래한 것으로 털이슬속을 일컫는다. 종소명 *alpina*는 '고산에 서식하
는'이라는 뜻으로 주된 분포지를 나타내며, 아종명 *caulescens*는 '줄기가 있는'이라는 뜻이다.

다른이름 큰쥐털이슬(정태현 외, 1937), 털이슬(박만규, 1949), 말털이슬(한진건 외, 1982), 큰두메털이슬
(임록재 외, 1996)

중국/일본명 중국명 深山露珠草(shen shan lu zhu cao)는 심산에 분포하는 노주초(露珠草: 쇠털이슬의
중국명)라는 뜻이다. 일본명 オホミヤマタニタデ(大深山谷蓼)는 식물체가 큰 쥐털이슬(ミヤマタニタ
デ)이라는 뜻이다.

참고 [북한명] 큰두메털이슬[5]

Circaea cordata *Royle* ウシタキサウ
Soetòl-isùl 쇠털이슬

쇠털이슬〈*Circaea cordata* Royle(1834)〉
쇠털이슬이라는 이름은 식물체가 털이슬과 닮았다는 뜻에서 유래했다.[6] 털이슬과 비슷하나 전체
에 털이 많고 잎은 넓은 달걀모양을 이루는 것에서 구별된다. 『조선식물향명집』은 신칭했다는 것

2　'국가표준식물목록'(2018)과 이우철(2005)은 큰쥐털이슬을 쥐털이슬(*C. alpina*)에 통합하고 있으나, 『장진성 식물목록』
　　(2014)과 '세계식물목록'(2018)은 이 학명을 *Circaea alpina* L. subsp. *caulescens* (Kom.) Tatew.(1940)의 이명(synonym)
　　으로 보아 별도의 종으로 취급하고 있으므로 이 책도 이에 따라 별도의 종으로 취급했다. 한편 '국가표준식물목록'(2018)
　　은 개털이슬의 학명을 *Circaea alpina* f. *pilosula* (H.Hara) Kitag.(1979)으로 기재하고 있으나, 『장진성 식물목록』(2014)
　　은 이 학명 역시 본문 학명의 이명(synonym)으로 보고 있다.
3　이러한 견해로 이우철(2005), p.59 참조.
4　이에 대해서는 『조선식물향명집』, 색인 p.47 참조.
5　북한에서 임록재 외(1996)는 이를 별도 분류하고 있으나, 리용재 외(2011)는 이를 별도 분류하지 않고 있다. 이에 대해서는
　　리용재 외(2011), p.95 참조.
6　이러한 견해로 이우철(2005), p.357 참조.

을 별도로 표시하지 않았으나,[7] 기본으로 하고 있는 '털이슬'이라는 이름을 『조선식물향명집』에서 신칭했다는 점을 고려하면 '쇠털이슬' 역시 신칭한 것으로 추론된다.

속명 *Circaea*는 그리스 신화에서 마술로 오디세우스의 부하들을 돼지로 둔갑시켰다는 마녀 키르케(Circe)의 이름에서 유래한 것으로 털이슬속을 일컫는다. 종소명 *cordata*는 '심장모양의'라는 뜻으로 잎밑이 심장모양을 이루는 것에서 유래했다.

중국/일본명 중국명 露珠草(lu zhu cao)는 열매의 샘털 끝에 맺히는 점액을 이슬방울이 맺히는 풀에 비유한 것이다. 일본명 ウシタキサウ(牛滝草)는 우시타키야마(牛滝山)라는 지명에서 유래했다는 설과 쇠털이슬의 열매에 맺힌 이슬 모양을 소의 침에 비유한 일본 동부 지방의 방언에서 유래했다는 설이 있다.

참고 [북한명] 쇠털이슬

Circaea lutetiana *Linné*　ヤマタニタデ
Maltŏl-isŭl 말털이슬

말털이슬〈*Circaea canadensis* (L.) Hill var. *quadrisulcata* (Maxim.) Boufford(2005)〉[8]

말털이슬이라는 이름은 털이슬과 비슷하지만 말(馬)처럼 크다는 뜻에서 유래한 것으로 추정한다. 털이슬에 비해 털이 거의 없으며 꽃은 붉은빛을 띠는 특징이 있다. 『조선식물향명집』은 신칭했다는 것을 별도로 표시하지 않았으나,[9] 기본으로 하고 있는 '털이슬'이라는 이름을 『조선식물향명집』에서 신칭했다는 점을 고려하면 '말털이슬' 역시 신칭한 것으로 추론된다.

속명 *Circaea*는 그리스 신화에서 마술로 오디세우스의 부하들을 돼지로 둔갑시켰다는 마녀 키르케(Circe)의 이름에서 유래한 것으로 털이슬속을 일컫는다. 종소명 *canadensis*는 '캐나다에 분포하는'이라는 뜻이다. 변종명 *quadrisulcata*는 '4개의 홈이 있는'이라는 뜻으로 열매에 세로로 된 4개의 홈이 있는 것에서 유래했다.

다른이름 털이슬(리종오, 1964), 산털이슬(박만규, 1974), 참말털이슬(리용재 외, 2011)

---

7 이에 대해서는 『조선식물향명집』, 색인 p.42 참조.
8 '국가표준식물목록'(2018)과 '중국식물지'(2018)는 *Circaea quadrisulcata* (Maxim.) Franch. & Sav.(1873)를 정명으로 기재하고 있으나, 『장진성 식물목록』(2014)은 본문의 학명을 정명으로 기재하고 있다.
9 이에 대해서는 『조선식물향명집』, 색인 p.36 참조.

중국/일본명 중국명 水珠草(shui zhu cao)는 열매의 샘털 끝에 맺히는 점액을 진주(水珠)에 비유한 것에서 유래했다. 일본명 ヤマタニタデ(山谷蓼)는 산의 골짜기에 분포하는 여뀌(タデ)를 닮은 풀이라는 뜻이다.

참고 [북한명] 털이슬/참말털이슬[10]

Circaea quadrisulcata *Maximowicz* ミヅタマサウ
Tŏlisúl 털이슬

털이슬〈*Circaea mollis* Siebold & Zucc.(1847)〉

털이슬이라는 이름은 열매에 샘털이 밀생(密生)하고 그 끝에 이슬처럼 점액이 맺힌 모습 때문에 붙여졌다.[11] 옛 문헌에 별도로 기록된 이름이 보이지 않고 방언도 별로 확인되지 않는 것으로 보인다. 『조선식물향명집』은 '털이슬'을 신칭한 이름으로 기록했는데,[12] 식물의 형태적 특징, 특히 열매의 모양을 고려해 붙인 이름으로 추론된다.

　속명 *Circaea*는 그리스 신화에서 마술로 오디세우스의 부하들을 돼지로 둔갑시켰다는 마녀 키르케(*Circe*)의 이름에서 유래한 것으로 털이슬속을 일컫는다. 종소명 *mollis*는 '부드러운, 연모(軟毛)가 있는'이라는 뜻이다.

다른이름 말털이슬(리종오, 1964)

중국/일본명 중국명 南方露珠草(nan fang lu zhu cao)는 남쪽(南方)에 분포하는 노주초(露珠草: 쇠털이슬의 중국명)라는 뜻이다. 일본명 ミヅタマサウ(水玉草)는 열매의 샘털 끝에 맺히는 점액을 물방울(ミズタマ)에 비유한 것에서 유래했다.

참고 [북한명] 말털이슬 [유사어] 분조근(粉條根)

10　북한에서는 *C. quardrisulcata*를 '털이슬'로, *C. lutetiana*를 '참말털이슬'로 하여 별도 분류하고 있다. 이에 대해서는 리용재 외(2011), p.95 참조.
11　이러한 견해로 이우철(2005), p.563 참조.
12　이에 대해서는 『조선식물향명집』, 색인 p.48 참조.

Epilobium angustifolium *Linné* ヤナギラン
Bunhoṅg-banŭl-ĝot 분홍바늘꽃

분홍바늘꽃⟨*Epilobium angustifolium* L.(1753)⟩

분홍바늘꽃이라는 이름은 분홍색 꽃이 피는 바늘꽃이라는 뜻에서 붙여졌다.[13] 당시에 사용하는 별도의 이름이 없어, 『조선식물향명집』에서 '바늘꽃'을 기본으로 하고 꽃의 색깔(식물의 형태)에 착안한 '분홍'을 추가해 신칭했다.[14]

속명 *Epilobium*은 그리스어 *epi*(위쪽)와 *lobos*(꼬투리)의 합성어로, 꽃잎이 꼬투리 모양의 씨방 위에 붙어 있는 것을 나타내며 바늘꽃속을 일컫는다. 종소명 *angustifolium*은 '가는 잎의, 폭이 좁은 잎의'라는 뜻이다.

다른이름 버들잎바늘꽃(안학수·이춘녕, 1963), 큰바늘꽃(박만규, 1974)[15]

중국/일본명 중국명 柳兰(liu lan)과 일본명 ヤナギラン(柳蘭)은 모두 잎이 버드나무의 잎을 닮았고 꽃은 난초와 비슷하다는 뜻에서 유래했다.

참고 [북한명] 분홍바늘꽃

Epilobium cephatostigma *Haussknecht* イハアカバナ
Dol-banŭlĝot 돌바늘꽃

돌바늘꽃⟨*Epilobium amurense* Hausskn. subsp. *cephalostigma* (Hausskn.) C.J.Chen & Hoch & P.H.Raven(1992)⟩[16]

돌바늘꽃이라는 이름은 돌(바위)이 있는 곳에서 주로 자라는 바늘꽃이라는 뜻에서 붙여졌다.[17] 『조선식물향명집』에서 '바늘꽃'을 기본으로 하고 식물의 산지(産地)를 나타내는 '돌'을 추가해 신칭했는데,[18] 어두에 추가된 '돌'은 일본명의 イハ(岩)에서 영향을 받은 것으로 보인다.

---

13 이러한 견해로 이우철(2005), p.288과 김종원(2016), p.232 참조.
14 이에 대해서는 『조선식물향명집』, 색인 p.39 참조.
15 『토명대조선만식물자휘』(1932)는 '[柳葉菜]류엽칙'를 기록했다.
16 '국가표준식물목록'(2018)은 돌바늘꽃의 학명을 *Epilobium cephalostigma* Hausskn.(1879)으로 기재하고 있으나, 『장진성 식물목록』(2014)과 '중국식물지'(2018)는 본문의 학명을 정명으로 기재하고 있다.
17 이러한 견해로 이우철(2005), p.182 참조.
18 이에 대해서는 『조선식물향명집』, 색인 p.35 참조.

속명 *Epilobium*은 그리스어 *epi*(위쪽)와 *lobos*(꼬투리)의 합성어로, 꽃잎이 꼬투리 모양의 씨방 위에 붙어 있는 것을 나타내며 바늘꽃속을 일컫는다. 종소명 *amurense*는 '아무르강 유역에 분포하는'이라는 뜻이며, 아종명 *cephalostigma*는 '머리모양의 암술머리를 가진'이라는 뜻이다.

다른이름 참바늘꽃/금강바늘꽃(박만규, 1949), 흰털바늘꽃(안학수·이춘녕, 1963), 원산바늘꽃(임록재 외, 1972)

중국/일본명 중국명 光滑柳叶菜(guang hua liu ye cai)는 전초에 샘털이 없어 매끈한 유엽채(柳葉菜: 큰바늘꽃의 중국명)라는 뜻이다. 일본명 イハアカバナ(岩赤花)는 암석지(イハ)에서 자라는 바늘꽃(アカバナ)이라는 뜻이다.

참고 [북한명] 돌바늘꽃

○ Epilobium hirsutum *Linné*　オホアカバナ
Kún-banúlgot　큰바늘꽃

큰바늘꽃〈*Epilobium hirsutum* L.(1753)〉

큰바늘꽃이라는 이름은 식물체가 큰 바늘꽃이라는 뜻에서 붙여졌다.[19] 높이 약 70cm에 달할 정도로 크게 자란다. 기존에 식물명이 존재하지 않았기 때문에, 『조선식물향명집』에서 '바늘꽃'을 기본으로 하고 식물의 형태적 특징을 나타내는 '큰'을 추가해 신칭했다.[20]

속명 *Epilobium*은 그리스어 *epi*(위쪽)와 *lobos*(꼬투리)의 합성어로, 꽃잎이 꼬투리 모양의 씨방 위에 붙어 있는 것을 나타내며 바늘꽃속을 일컫는다. 종소명 *hirsutum*은 '거센털이 있는, 털이 많은'이라는 뜻이다.

다른이름 산바늘꽃(박만규, 1949)[21]

중국/일본명 중국명 柳叶菜(liu ye cai)는 잎이 버드나무의 잎을 닮았고 나물로 식용한다는 뜻이다. 일본명 オホアカバナ(大赤花)는 키가 큰 바늘꽃(アカバナ)이라는 뜻이다.

참고 [북한명] 큰바늘꽃 [유사어] 수접골단(水接骨丹)

---

19 이러한 견해로 이우철(2005), p.533 참조.
20 이에 대해서는 『조선식물향명집』, 색인 p.47 참조.
21 『조선식물명휘』(1922)는 '柳葉菜, 大婆針'을 기록했다.

Epilobium nudicarpum *Komarov*　ヒロハイハアカバナ
Nolbunip-banulgot　넓은잎바늘꽃

넓은잎바늘꽃〈*Epilobium cephalostigma* Hausskn. var. *nudicarpum* (Kom.) H.Hara(1942)〉[22]
넓은잎바늘꽃이라는 이름은 잎이 넓은 (돌)바늘꽃이라는 뜻에서 붙여졌다.[23] 돌바늘꽃과 비슷하지만 상대적으로 넓다고 하여 별도 종으로 분류되었으나 분류학적 타당성에 대해서는 논란이 있다. 『조선식물향명집』에서 '바늘꽃'을 기본으로 하고 식물의 형태적 특징에 착안한 '넓은잎'을 추가해 신칭했는데,[24] 어두에 추가된 '넓은잎'은 일본명 중 ヒロハ(廣葉)에서 영향을 받은 것으로 보인다.

　속명 *Epilobium*은 그리스어 *epi*(위쪽)와 *lobos*(꼬투리)의 합성어로, 꽃잎이 꼬투리 모양의 씨방 위에 붙어 있는 것을 나타내며 바늘꽃속을 일컫는다. 종소명 *cephalostigma*는 '머리모양의 암술머리를 가진'이라는 뜻이며, 변종명 *nudicarpum*은 '벌거벗은 열매의'라는 뜻이다.

다른이름　산바늘꽃(박만규, 1949), 넓은잎돌바늘꽃(안학수·이춘녕, 1963), 민돌바늘꽃(박만규, 1974), 넓은잎버들꽃(한진건 외, 1982)

중국/일본명　중국에서는 이를 별도 분류하지 않고 있다. 일본명 ヒロハイハアカバナ(廣葉岩赤花)는 잎이 넓은 돌바늘꽃(イハアカバナ)이라는 뜻이다.

참고　[북한명] 산바늘꽃/넓은잎바늘꽃[25]

Epilobium palustre *Linné*　ヤナギアカバナ
Bodul-banulgot　버들바늘꽃

버들바늘꽃〈*Epilobium palustre* L.(1753)〉
버들바늘꽃이라는 이름은 가느다란 잎이 버드나무의 잎을 닮은 바늘꽃이라는 뜻에서 붙여졌다.[26] 『조선식물향명집』에서 '바늘꽃'을 기본으로 하고 식물의 형태적 특징을 나타내는 '버들'을 추가해 신칭했는데,[27] 어두의 '버들'은 중국명 柳葉(유엽)과 일본명 ヤナギ(버드나무)의 영향을 받은

22　'국가표준식물목록'(2018)은 넓은잎바늘꽃을 별도 분류하고 있으나, 『장진성 식물목록』(2014), '세계식물목록'(2018) 및 '중국식물지'(2018)는 돌바늘꽃에 통합하고 별도 분류하지 않으므로 주의가 필요하다.

23　이러한 견해로 이우철(2005), p.141 참조.

24　이에 대해서는 『조선식물향명집』, 색인 p.34 참조.

25　북한에서는 *E. montanum*을 '산바늘꽃'으로, *E. nudicarpum*을 '넓은잎바늘꽃'으로 하여 별도 분류하고 있다. 이에 대해서는 리용재 외(2011), p.139 참조.

26　이러한 견해로 이우철(2005), p.270 참조.

27　이에 대해서는 『조선식물향명집』, 색인 p.38 참조.

것으로 보인다.

속명 *Epilobium*은 그리스어 *epi*(위쪽)와 *lobos*(꼬투리)의 합성어로, 꽃잎이 꼬투리 모양의 씨방 위에 붙어 있는 것을 나타내며 바늘꽃속을 일컫는다. 종소명 *palustre*는 라틴어 *palus*(늪지)에서 유래한 것으로 '늪지를 좋아하는, 늪지에서 자라는'이라는 뜻이다.

다른이름 좀버들바늘꽃(박만규, 1949), 구름바늘꽃(정태현, 1956), 가지바늘꽃(임록재 외, 1972)

중국/일본명 중국명 沼生柳叶菜(zhao sheng liu ye cai)는 습지에 사는 유엽채(柳葉菜: 큰바늘꽃의 중국명)라는 뜻이다. 일본명 ヤナギアカバナ(柳赤花)는 버드나무(ヤナギ)의 잎을 닮은 바늘꽃(アカバナ)이라는 뜻이다.

참고 [북한명] 버들바늘꽃

○ Epilobium palustre *L*. var. Fischerianum *Haussknecht*　チゴアカバナ
Aegi-banúlġot　애기바늘꽃

애기바늘꽃〈*Epilobium palustre* L. var. *fischerianum* Hausskn.(1884)〉[28]

애기바늘꽃이라는 이름은 식물체 크기가 작은(애기) 바늘꽃이라는 뜻에서 붙여졌다.[29] 『조선식물향명집』에서 '바늘꽃'을 기본으로 하고 식물의 형태적 특징을 나타내는 '애기'를 추가해 신칭했다.[30]

속명 *Epilobium*은 그리스어 *epi*(위쪽)와 *lobos*(꼬투리)의 합성어로, 꽃잎이 꼬투리 모양의 씨방 위에 붙어 있는 것을 나타내며 바늘꽃속을 일컫는다. 종소명 *palustre*는 라틴어 *palus*(늪지)에서 유래한 것으로 '늪지를 좋아하는, 늪지에서 자라는'이라는 뜻이다. 변종명 *fischerianum*은 러시아 분류학자 Friedrich Ernst Ludwig Fischer(1782~1854)의 이름에서 유래했다.

다른이름 좀버들바늘꽃(박만규, 1949)

중국/일본명 중국에서는 이를 별도 분류하지 않는 것으로 확인된다. 일본명 チゴアカバナ(稚児赤花)는 애기같이 크기가 작은 바늘꽃(アカバナ)이라는 뜻이다.

참고 [북한명] 애기바늘꽃

---

28 '국가표준식물목록'(2018)은 본문의 학명으로 애기바늘꽃을 별도 분류하고 있으나, 『장진성 식물목록』(2014), '세계식물목록'(2018) 및 '중국식물지'(2018)는 버들바늘꽃(*E. palustre*)에 통합하고 있으므로 주의가 필요하다.

29 이러한 견해로 이우철(2005), p.385 참조.

30 이에 대해서는 『조선식물향명집』, 색인 p.43 참조.

Epilobium pyrricholophum *Franchet et Savatier* アカバナ
Banúlĝot 바늘꽃

바늘꽃〈*Epilobium pyrricholophum* Franch. & Sav.(1878)〉

바늘꽃이라는 이름은 수정이 된 씨방이 바늘처럼 길쭉하게 자라는 모양에서 유래한 것으로 추정한나.『소선식불향명집』에서 그 이름이 최초로 발견되며 옛 문헌에도 이를 일컫는 이름은 보이지 않는다.

　속명 *Epilobium*은 그리스어 *epi*(위쪽)와 *lobos*(꼬투리)의 합성어로, 꽃잎이 꼬투리 모양의 씨방 위에 붙어 있는 것을 나타내며 바늘꽃속을 일컫는다. 종소명 *pyrricholophum*은 '붉은색의 씨앗에 솜털이 있는'이라는 뜻이다.

다른이름　한라바늘꽃(이창복, 1969b)

중국/일본명　중국명 长籽柳叶菜(chang zi liu ye cai)는 씨앗이 긴 유엽채(柳葉菜: 큰바늘꽃의 중국명)라는 뜻이다. 일본명 アカバナ(赤花)는 가을에 잎과 줄기가 붉게 물드는 꽃이라는 뜻이다.

참고　[북한명] 바늘꽃 [유사어] 심담초(心膽草), 유엽채(柳葉菜)

Oenothera Lamarckiana *Seringe* オホマツヨヒグサ　(栽)
Dalmajiĝot 달맞이꽃

큰달맞이꽃〈*Oenothera glazioviana* Micheli(1875)〉[31]

큰달맞이꽃이라는 이름은 식물체가 큰 달맞이꽃이라는 뜻에서 유래했다.[32]『조선식물향명집』은 '달맞이꽃'으로 기록했으나『한국식물도감(하권 초본부)』에서 '큰달맞이꽃'으로 개칭해 현재에 이르고 있다.『조선식물향명집』은 재배식물(栽)로 기록했으나 현재는 야생화하여 귀화식물로 취급하고 있다.

　속명 *Oenothera*는 그리스어 *oinos*(술)와 *thera*(전리품)의 합성어에서 유래한 것으로, 식물의 즙이 잠을 유발한다고 하여 붙여졌으며 달맞이꽃속을 일컫는다. 종소명 *glazioviana*는 프랑스 풍경화가이자 식물학자 Auguste Francois Marie Glaziou(1828~1906)의 이름에서 유래했다.

31　'국가표준식물목록'(2018)은 큰달맞이꽃의 학명을 *Oenothera erythrosepala* Borbás(1903)로 기재하고 있으나,『장진성 식물목록』(2014), '세계식물목록'(2018) 및 '중국식물지'(2018)는 본문의 학명을 정명으로 기재하고 있다.

32　이러한 견해로 이우철(2005), p.530 참조.

다른이름 달맞이꽃(정태현 외, 1937), 왕달맞이꽃(안학수·이춘녕, 1963), 월견초/깨풀(임록재 외, 1972)

중국/일본명 중국명 黃花月见草(huang hua yue jian cao)는 노란색 꽃을 피우는 월견초(月見草: 달맞이꽃의 중국명)라는 뜻이다. 일본명 オホマツヨヒグサ(大待宵草)는 식물체 크기가 큰 달맞이꽃(マツヨヒグサ)이라는 뜻이다.

참고 [북한명] 달맞이꽃 [유사어] 월견초(月見草) [지방명] 달맞이꽃(충북)

Oenothera odorata *Jacquin*   マツヨヒグサ
Gùm-dalmajiĝot 금달맞이꽃

달맞이꽃⟨*Oenothera biennis* L.(1753)⟩

달맞이꽃이라는 이름은 꽃이 밤에 달을 맞이하여 핀다는 뜻에서 유래했다.[33] 『조선식물명휘』는 재배종(裁培)으로 기록했으나 현재는 야생화가 진행되어 귀화식물로 분류된다. 『조선식물향명집』은 큰달맞이꽃(*O. glazioviana*)을 '달맞이꽃'으로, 달맞이꽃(*O. biennis*)을 '금달맞이꽃'으로 기록했으나, 『한국식물도감(하권 초본부)』에서 '금달맞이꽃'을 '달맞이꽃'으로 개칭해 현재에 이르고 있다. 달맞이꽃이라는 한글명은 『조선식물향명집』에서 처음으로 발견되는데, 신칭한 이름인지 지방명을 채록한 것인지는 분명하지 않다.

속명 *Oenothera*는 그리스어 *oinos*(술)와 *thera*(전리품)의 합성어에서 유래한 것으로, 식물의 즙이 잠을 유발한다고 하여 붙여졌으며 달맞이꽃속을 일컫는다. 종소명 *biennis*는 '월년생의, 이년생의'라는 뜻으로 가을에 잎이 나서 해를 넘겨 사는 것에서 유래했다.

다른이름 금달맞이꽃(정태현 외, 1937), 겹달맞이꽃(안학수·이춘녕, 1963), 올달맞이꽃(리종오, 1964)

중국/일본명 중국명 月见草(yue jian cao)는 달을 보면서 피는 꽃이라는 뜻이다. 일본명 マツヨヒグサ(待宵草)는 밤을 기다리는 풀이라는 뜻으로 밤에 꽃을 피우는 모습에서 유래했다.

참고 [북한명] 금달맞이꽃/올달맞이꽃[34] [유사어] 월견초(月見草) [지방명] 월견초(강원), 달맞이(경기), 달맞이(경남), 달맞이/들깨(경북), 달맞이꽃나무(충남), 달맞이(충북), 깨나물/깨풀/달맞이/들깨/뜰

---

33 이러한 견해로 이우철(2005), p.165; 김무림(2015), p.289; 유기억(2018a), p.180; 김양진(2011), p.27 참조. 한편 김무림은 한자명 月㫎草(월견초)가 직접적 어원으로 이를 번역 차용한 이름으로 보고 있다.

34 북한에서는 *O. odorata*를 '금달맞이꽃'으로, *O. biennis*를 '올달맞이꽃'으로 하여 별도 분류하고 있다. 이에 대해서는 리용재 외(2011), p.242 참조.

깨(함북)

Trapa natans *L.* var. bispinosa *Makino*　ヒシ　菱
Marùm　마름

마름〈*Trapa japonica* Flerow(1925)〉

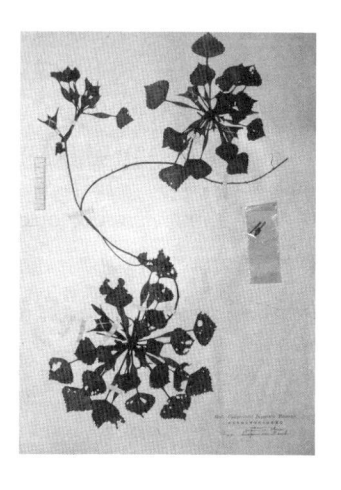

마름이라는 이름은 '말'과 '밤'의 합성어를 어원으로 하는데, '말'은 물풀을 뜻하는 우리말이고 '밤'은 식용하는 열매 밤을 뜻하는 것으로 밤과 비슷한 열매가 열리는 물풀이라는 뜻에서 유래했다.[35] 말밤→말왐→말암→마람→마름으로 변화해 형성되었다. 『동의보감』은 "煮熟 取仁作粉 極白滑 宜人 一名芰實"(마름을 삶아 익힌 다음 씨를 빼서 가루를 내면 아주 희고 미끄러운데 사람에게 좋다. 일명 기실이라고 한다)이라고 기록해, 열매를 식용한 것에서 생겨난 이름이라는 것을 뒷받침한다. 현재의 방언에도 '말밤' 또는 '몰밤'이라는 표현이 남아 있다. 도형의 한 종류인 마름모는 한자로 菱形(능형)이라고 하는데,[36] 마름 잎의 모양에서 유래한 이름으로 이해된다.

속명 *Trapa*는 라틴어 *calcitrapa*(마름쇠)의 축소형으로, 열매에 가시가 있는 모양이 마름쇠를 연상시킨다는 데서 유래했으며 마름속을 일컫는다. 종소명 *japonica*는 '일본의'라는 뜻으로 최초 발견지 또는 분포지를 나타낸다.

다른이름　골뱅이(정태현 외, 1949), 참마름(리용재 외, 2011)

옛이름　芰實/末栗(향약채취월령, 1433), 藻/말왐(능엄경언해, 1461), 菱/말왐(분류두공부시언해, 1481), 菱/菱角/말왐(사성통해, 1517), 菱/말왐/菱角/水栗(훈몽자회, 1527), 菱實/菱栗/마람(촌가구급방, 1538), 蘋/말왐(신증유합, 1576), 菱仁/말왐(동의보감, 1613), 藻實/마름(주촌신방, 1687), 菱角/마람/말암/水栗 (역어유해, 1690), 菱仁/말암(산림경제, 1715), 菱角/마름(동어유해, 1748), 菱角/마름(몽어유해, 1768), 菱角/마름(방언집석, 1778), 菱角/마름(한청문감, 1779), 菱/말음(왜어유해, 1782), 芰實/마름(재물보, 1798), 淩/芰/마름(물보, 1802), 菱葉/마름/水栗(물명고, 1824), 淩/芰/마름/水栗(자류주석, 1856), 淩/릉/淩角/마름(명물기략, 1870), 菱實/末栗(농가월령가, 1876), 菱/말음(교린수지, 1881), 마름/萍/藻(국한회어, 1895), 藻

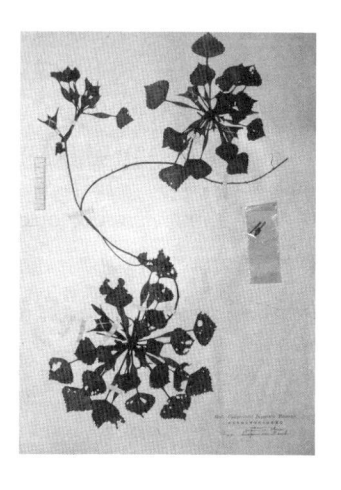 35　이러한 견해로 김민수(1997), p.316; 백문식(2014), p.190; 김무림(2015), p.352; 김양진(2011), p.66; 김종원(2013), p.921 참조. 한편 『월인석보』(1459)는 "鐵蒺는 말바미라"라고 기록했는데, 鐵蒺(질려: 마름쇠)의 모양이 마름의 열매와 비슷한 것에 비추어 말밤을 뜻하는 옛 표현으로 '말밤'이 존재했다는 것이 확인된다.

36　이에 대해서는 국립국어원, '표준국어대사전' 중 '능형' 참조.

實/마름(의방합편, 19세기), 蔆/마름(신자전, 1915), 菱/말밤(동몽수독천자문, 1925)[37]

중국/일본명 중국명 欧菱(ou ling)은 유럽(歐)에서 온 마름(菱)이라는 뜻이다.[38] 일본명 ヒシ(菱)는 잎 또는 열매의 모양이 마름모모양과 유사해 붙여졌다.

참고 [북한명] 마름/참마름[39] [유사어] 기(菱), 능실(菱實), 능인(菱仁) [지방명] 말밤/말치/말풀(강원), 말밤/말밥/몰/몰밤/밤/올비이(경남), 말밤/말밤수(경북), 몰밤(전남), 말뭬이(제주), 말까시(충남), 말밤(충북), 말개미(평북), 말배/말배이(함경)

Trapa natans *L.* var. *incisa Makino*   ヒメヒシ
Aegi-marùm   애기마름

애기마름 〈*Trapa incisa* Siebold & Zucc.(1846)〉

애기마름이라는 이름은 마름에 비해 잎과 식물체가 작다는 뜻에서 붙여졌다.[40] 『조선식물명휘』는 현재의 '마름'과 '애기마름'에 대한 한글명을 모두 '마름'으로 기록한 것에 비추어, 당시에는 별도의 식물명이 없이 '마름'으로 통칭했던 것으로 보인다. 이러한 경우에 대해서 『조선식물향명집』의 서문은 '이물동명'(異物同名)에 해당한다고 기록했다. 『조선식물향명집』에서 전통 명칭 '마름'을 기본으로 하고 식물의 형태적 특징을 나타내는 '애기'를 추가해 신칭했다.[41]

속명 *Trapa*는 라틴어 *calcitrapa*(마름쇠)의 축소형으로, 열매에 가시가 있는 모양이 마름쇠를 연상시킨다는 데서 유래했으며 마름속을 일컫는다. 종소명 *incisa*는 '날카롭게 갈라진'이라는 뜻이다.

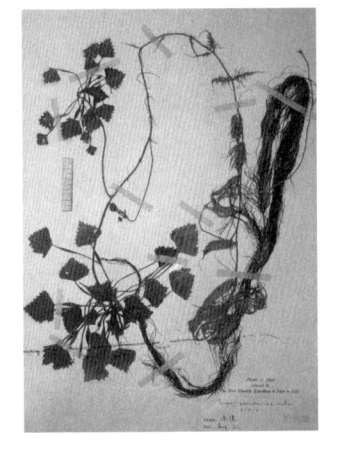

---

37 『조선의 구황식물』(1919)은 '마름'을 기록했으며 『조선식물명휘』(1922)는 '菱, 菱, 마름, 벌밤(救)'을, 『토명대조선만식물자휘』(1932)는 '[菱(蔆)草]릉초, [菱草]기초, [말움풀], [菱花]릉화, [菱實]릉실, [말움], [맘]'을, 『선명대화명지부』(1934)는 '마름, 벌밤, 벌암'을 기록했다.

38 중국에서는 마름 종류를 菱實(기실) 또는 蔆(능)이라고도 하는데, 『본초강목』(1596)은 "其葉支散 故字從支 其角 棱峭 故謂之蔆 而俗呼爲蔆角也"[그 잎이 가지로 흩어지기 때문에 '支'(지)에 따르고, 그 끝에 모서리가 있고 가파르기 때문에 '蔆'(능)이라고 하고 세상에서는 '蔆角'(능각)이라고 한다]라고 기록했다.

39 북한에서는 T. japonica를 '마름'으로, T. bispinosa를 '참마름'으로 하여 별도 분류하고 있다. 이에 대해서는 리용재 외 (2011), p.358 참조.

40 이러한 견해로 이우철(2005), p.384; 허북구·박석근(2008a), p.150; 김종원(2013), p.923 참조.

41 이에 대해서는 『조선식물향명집』, 색인 p.43 참조.

중국/일본명 중국명 細果野菱(xi guo ye ling)은 작은 열매가 달리고 야생하는 마름 종류(菱)라는 뜻이다. 일본명 ヒメヒシ(姫菱)는 식물체가 작은 마름(ヒシ)이라는 뜻이다.

참고 [북한명] 애기마름/늪마름[43]

---

42 『조선식물명휘』(1922)는 '菱科, 마름(救)'을 기록했으며 『선명대화명지부』(1934)는 '마림, 마름, 벌밤'을 기록했다.

43 북한에서는 *T. incisa*를 '애기마름'으로, *T. natans*를 '늪마름'으로 하여 별도 분류하고 있다. 이에 대해서는 리용재 외 (2011), p.358 참조.

Halorrhagidaceae 개미탑科 (蟻塔科)

개미탑과〈Haloragaceae R.Br.(1814)〉[1]

개미탑과는 국내에 자생하는 개미탑에서 유래한 과명이다. '국가표준식물목록' (2018), '세계식물목록' (2018) 및 『장진성 식물목록』(2014)은 *Haloragis*(개미탑속)에서 유래한 Haloragaceae를 과명으로 기재하고 있으며, 엥글러(Engler), 크론키스트(Cronquist) 및 APG IV(2016) 분류 체계도 이와 같다.

Halorrhagis micrantha *R. Brown* アリノタウグサ
Gaemitap 개미탑

개미탑〈*Gonocarpus micranthus* Thunb.(1783)〉[2]

개미탑이라는 이름은 꽃대와 꽃이 피는 모양이 탑(塔)과 같고, 작은 꽃의 모양은 개미(蟻)와 비슷하다는 뜻에서 붙여졌다.[3] 『조선식물향명집』은 신칭한 이름으로 기록했는데,[4] 옛 문헌에서 별도로 이름이 발견되지 않고 유사한 방언이 보이지 않으며 일본명과 뜻이 유사한 점에 비추어 일본명의 영향을 받아 만들어진 이름으로 보인다.

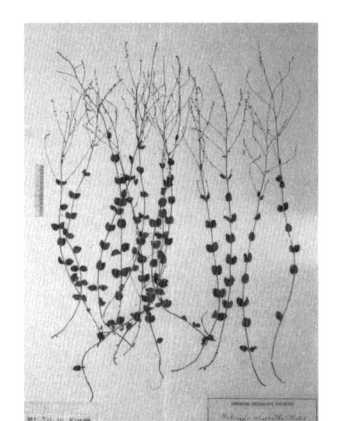

속명 *Gonocarpus*는 그리스어 *gonia*(각, 모서리)와 *karpos* (열매, 과일)의 합성어로, 골이 진 능(稜)이 있는 열매를 나타낸 것이며 개미탑속을 일컫는다. 종소명 *micranthus*는 '작은 꽃의'라는 뜻이다.

다른이름 개미탑풀(이영노·주상우, 1956)[5]

중국/일본명 중국명 小二仙草(xiao er xian cao)는 작은 신선이 둘 있는 것 같은 풀이라는 뜻이다. 일본명 アリノタウグサ(蟻の塔草)는 작은 꽃을 개미에, 꽃이 달려 있는 모습을 개미가 쌓아놓은 탑(개밋둑)에 비유한 것에서 유래했다.

참고 [북한명] 개미탑풀 [유사어] 의탑(蟻塔)

---

1 엥글러는 『Syllabus der pflanzenfamilien』(1919)에 Halorrhagaceae로 기재했으나, 『조선식물향명집』은 Halorrhagidaceae로 기록한 『조선식물명휘』(1922)의 오기를 따른 것으로 보인다.
2 '국가표준식물목록'(2018)은 개미탑의 학명을 *Haloragis micrantha* (Thunb.) R.Br. ex Siebold & Zucc.(1845)로 기재하고 있으나, 『장진성 식물목록』(2014), '중국식물지'(2018) 및 '세계식물목록'(2018)은 본문의 학명을 정명으로 기재하고 있다.
3 이러한 견해로 김종원(2016), p.236 참조.
4 이에 대해서는 『조선식물향명집』, 색인 p.31 참조.
5 『제주도및완도식물조사보고서』(1914)는 'ムルチュル'[물출]을 기록했으며 『조선식물명휘』(1922)는 '蟻塔'을 기록했다.

Myriophyllum spicatum *Linné* ホザキフサモ
Isag-mulsusemi 이삭물수세미

이삭물수세미〈*Myriophyllum spicatum* L.(1753)〉

이삭물수세미라는 이름은 이삭 모양으로 꽃을 피우는 물수세미라는 뜻에서 붙여졌다.[6] 중국에서는 별칭으로 금붕어를 닮은 수초라는 뜻의 '金魚藻'(금어조) 또는 수초가 모여 있다는 뜻의 '聚藻'(취조)라고도 한다. 19세기에 저술된 『물명고』는 '聚藻'(취조)라는 표제하에 "葉細如魚鰓 中鋸鎈 節節連生"(잎이 가늘고 물고기의 아가미와 같으며 가운데는 톱니와 칼 모양이 있고 마디마디가 이어져 자란다)이라고 하여 중국명과 동일한 한자명을 기록했으나, 현재의 이름으로 이어지지는 않았다. 『조선식물향명집』에서 '물수세미'를 기본으로 하고 식물의 형태적 특징과 학명에 착안한 '이삭'을 추가해 신칭했다.[7]

속명 *Myriophyllum*은 그리스어 *myrios*(많은, 무수한, 무한한)와 *phyllon*(잎)의 합성어로, 잎이 섬세하게 갈라져 무수히 많은 것을 나타내며 물수세미속을 일컫는다. 종소명 *spicatum*은 '이삭 같은, 이삭이 달린'이라는 뜻으로 꽃차례가 이삭 모양인 것에서 유래했다.

다른이름 이삭물수셈이(박만규, 1949), 붕어마름/금붕어마름(안학수·이춘녕, 1963)

옛이름 聚藻/水蘊(광재물보, 19세기 초), 聚藻/牛尾蘊/牛藻(물명고, 1824)[8]

중국/일본명 중국명 穗状狐尾藻(sui zhuang hu wei zao)는 이삭꽃차례를 가진 호미조(狐尾藻: 물수세미의 중국명)라는 뜻이다. 일본명 ホザキフサモ(穗咲き房藻)는 이삭 모양으로 꽃을 피우는 물수세미(フサモ)라는 뜻이다.

참고 [북한명] 이삭물수세미 [유사어] 취조(聚藻)

Myriophyllum verticillatum *Linné* フサモ
Mul-susemi 물수세미

물수세미〈*Myriophyllum verticillatum* L.(1753)〉

물수세미라는 이름은 물속에 자라고 선형으로 갈라진 잎의 모양이 수세미를 연상시킨다고 하여 붙여졌다.[9] 『조선식물향명집』에서 한글명이 처음으로 발견되는데, 종래의 전통 명칭을 채록한 것인지 또는 신칭한 것인지는 명확하지 않다.

6　이러한 견해로 이우철(2005), p.431과 김종원(2013), p.925 참조.

7　이에 대해서는 『조선식물향명집』, 색인 p.44 참조.

8　『조선식물명휘』(1922)는 '水藻, 蘊, 札草'를 기록했다.

9　이러한 견해로 이우철(2005), p.237 참조.

속명 *Myriophyllum*은 그리스어 *myrios*(많은, 무수한, 무한한)와 *phyllon*(잎)의 합성어로, 잎이 섬세하게 갈라져 무수히 많은 것을 나타내며 물수세미속을 일컫는다. 종소명 *verticillatum*은 '돌려나기의'라는 뜻으로 잎의 모양에서 유래했다.

다른이름 붕어풀/금붕어풀(안학수·이춘녕, 1963)

중국/일본명 중국명 狐尾藻(hu wei zao)는 잎이 여우의 꼬리를 닮은 수초(藻)라는 뜻이다. 일본명 フサモ(房藻)는 잎이 가마나 옷 따위에 장식으로 다는 여러 가닥의 실을 뜻하는 술(フサ)을 닮은 수초(モ)라는 뜻이다.

참고 [북한명] 물수세미

Araliaceae 오갈피나무科 (五加科)

두릅나무과⟨Araliaceae Juss.(1789)⟩

두릅나무과는 국내에 자생하는 두릅나무에서 유래한 과명이다. '국가표준식물목록' (2018), '세계식물목록' (2018) 및 『장진성 식물목록』(2014)은 *Aralia*(두릅나무속)에서 유래한 Araliaceae를 과명으로 기재하고 있으며, 엥글러(Engler), 크론키스트(Cronquist) 및 APG IV(2016) 분류 체계도 이와 같다.

○ Acanthopanax sessiliflorum *Seemann*　マンシウウコギ
Ogalpi-namu　오갈피나무　五加皮

오갈피나무⟨*Eleutherococcus sessiliflorus* (Rupr. & Maxim.) S.Y.Hu(1980)⟩

오갈피나무라는 이름은 '오갈피'와 '나무'의 합성어로, 잎이 5개로 갈라지고 수피(나무껍질)를 약재로 쓴다는 뜻의 한자명 '五加皮'(오가피)가 발음 과정에서 오갈피로 변화한 것에서 유래했다.[1] 전국의 산지에 드물게 분포하는 낙엽 활엽 관목으로 나무껍질을 약재로 사용하고,[2] 봄의 새싹은 식용했다.[3] 五加皮(오가피)는 중국에서 유래한 한자명이며,[4] 19세기에 저술된 『명물기략』은 "五加 俗轉 오갈피"(五加가 풍속에 따라 변하여 '오갈피'가 되었다)라고 기록했다. 한편 『동의보감』은 '五加皮'(오가피)에 대한 한글명을 '갓둘흅'으로, '獨活'(독활)에 대한 한글명을 '갓둘흅'으로 기록해 이름을 혼용하기도 했다.

　속명 *Eleutherococcus*는 그리스어 *eleutheros*(자유로운, 마음대로)와 *kokkos*(열매)의 합성어로, 열매 모양에서 유래했으며 오갈피나무속을 일컫는다. 종소명 *sessiliflorus*는 '꽃자루가 없는'이라는 뜻이다.

다른이름　오갈피나무(정태현 외, 1923), 서울오갈피(정태현, 1943), 서울오갈피나무(이창복, 1947), 참오갈피나무(안학수·이춘녕, 1963), 오갈피(이창복, 1966)

옛이름　五加皮/오가피(언해태산집요, 1608), 五加皮/갓둘흅(동의보감, 1613), 五加/地斗乙泹/文章(본

1　이러한 견해로 이우철(2005), p.403; 박상진(2019), p.304; 허북구·박석근(2008b), p.217; 이유미(2015), p.517; 오찬진 외(2015), p.936; 솔뫼(송상곤, 2010), p.256; 강판권(2015), p.493 참조.

2　이에 대해서는 『조선산야생약용식물』(1936), p.165 참조.

3　이에 대해서는 『조선산야생식용식물』(1942), p.165 참조.

4　청나라 때 저술된 지리지인 『성경통지』(1734)는 "五葉交加 故名"(오엽이 서로 더해져 있어 그러한 이름이 유래했다)이라고 기록했다.

사, 1787), 五加皮(광제비급, 1790), 五加/오가피(재물보, 1798), 五加皮/오가피(물보, 1802), 五加/오가피(광재물보, 19세기 초), 五加/오가피(물명고, 1824), 五加皮(송남잡지, 1855), 五加/오가/오갈피(명물기략, 1870), 오갈피/오가피/五加皮(한불자전, 1880), 五加木/오가피ㄴ무(일용비람기, 연대미상), 五加皮/닷둘흡(선한약물학, 1931)[5]

중국/일본명 중국명 无梗五加(wu geng wu jia)는 꽃자루가 없는 오가(五加: 오갈피나무속 또는 오갈피나무 종류의 중국명)라는 뜻으로 학명과 부합한다. 일본명 マンシウウコギ(滿洲五加)는 만주에 분포하는 오갈피나무 종류(ウコギ)라는 뜻이다.

참고 [북한명] 오갈피나무 [유사어] 오가피(五加皮) [지방명] 가시오갈피/오가주/오갈/오갈피/옹알피(강원), 산오갈피나무/오가피/오갈피/오갈피나물(경기), 오가피/오갈피(경남), 가시오갈피나무/오가피나무/오갈피(경북), 오가피/오가피나무/오갈피/오골피(전남), 오가피나무/오갈피(전북), 오가피/오가피낭/오갈피/오갈피낭/올갈피낭(제주), 오가피/오가피나물/오가피열매/오갈피/오갈피순(충남), 오가피나무/오갈피(충북)

○ Acanthopanax koreanum *Nakai*　タンナウコギ
Sŏm-ogalpi　섬오갈피

섬오갈피나무〈*Eleutherococcus nodiflorus* (Dunn) S.Y.Hu(1980)〉[6]

섬오갈피나무라는 이름은 '섬'과 '오갈피나무'의 합성어로, 제주도(섬)에서 자라는 오갈피나무라는 뜻에서 붙여졌다.[7] 제주도 및 인근 섬에 자라는 낙엽 활엽 관목으로 나무껍질을 약재로 사용했다.[8] 『조선식물향명집』에서는 전통 명칭 '오갈피'를 기본으로 하고 식물의 산지(産地)를 나타내는 '섬'을 추가해 '섬오갈피'를 신칭했으나,[9] 『조선삼림식물도설』에서 '섬오갈피나무'로 개칭해 현재에 이르고 있다.

　속명 *Eleutherococcus*는 그리스어 *eleutheros*(자유로운, 마음대로)와 *kokkos*(열매)의 합성어

5　『지리산식물조사보고서』(1915)는 'をんなむ'[옴나무]를 기록했으며 『조선한방약료식물조사서』(1917)는 '오갈피나무, 잣둘흡(東醫), 잣둘흠(方藥)'을, 『조선의 구황식물』(1919)은 '오갈피나무'를, 『조선어사전』(1920)은 '五加皮(오가피), 잣두릅'을, 『조선식물명휘』(1922)는 '五加皮, 오갈피나무(救)'를, 『토명대조선만식물자휘』(1932)는 '[五加皮木]오가피목, [잣두릅나무]'를, 『선명대화명지부』(1934)는 '오갈피나무'를, 『조선의산과와산채』(1935)는 '五加, 오갈피나무, 오갈피나무'를, 『조선삼림식물편』(1915~1939)은 '五加皮木(北朝鮮方言)/Ogalpinam'[오갈피나무(북조선방언)]를 기록했다.
6　'국가표준식물목록'(2018)은 섬오갈피나무의 학명을 *Eleutherococcus gracilistylus* (W.W.Sm.) S.Y.Hu(1980)로 기재하고 있으나, '중국식물지'(2018), '세계식물목록'(2018) 및 『장진성 식물목록』(2014)은 이 학명을 이명(synonym)으로 처리하고 본문의 학명을 정명으로 기재하고 있다.
7　이러한 견해로 이우철(2005), p.342 참조.
8　이에 대해서는 『조선삼림식물도설』(1943), p.533 참조.
9　이에 대해서는 『조선식물향명집』, 색인 p.41 참조.

로, 열매 모양에서 유래했으며 오갈피나무속을 일컫는다. 종소명 *nodiflorus*는 '마디 위에서 꽃을 피우는'이라는 뜻이다.

다른이름 섬오갈피(정태현 외, 1937)[10]

중국/일본명 중국명 細柱五加(xi zhu wu jia)는 암술대가 가는 오가(五加: 오갈피나무속 또는 오갈피나무 종류의 중국명)라는 뜻이다. 일본명 タンナウコギ(耽羅五加)는 제주(탐라)에 분포하는 오갈피나무 종류(ウコギ)라는 뜻이다.

참고 [북한명] 섬오갈피나무 [지방명] 가시오가피/오가목/오가피/오갈목/오갈피낭/올갈피낭(제주)

Aralia cordata *Thunberg* ウド 獨活
Doghwal 독활(토당귀)

독활〈*Aralia cordata* Thunb. var. *continentalis* (Kitag.) Y.C.Chu(1989)〉[11]

독활이라는 이름은 한자명 '獨活'(독활)에서 기원한 것으로, 바람도 없는데 혼자서 움직이는 것처럼 보인다는 뜻에서 유래했다.[12] 중국의 『신농본초경집주』는 "此草得風不搖 無風自動 故名 獨活"(이 풀은 바람이 불면 흔들리지 않고 바람이 없으면 스스로 움직이므로 독활이라 부른다)이라고 기록했다. 혼자 움직이는 풀이라는 뜻에서 독요초(獨搖草)라고도 한다. 옛이름으로 땅이나 산 등에서 자라는 두릅이라는 뜻으로 땅두릅, 땃두릅 및 뫼두릅이라는 이름이 있었으나, 남쪽에서 자라는 땅두릅〈*Aralia cordata* Thunb.(1784)〉을 별도 종으로 분류함으로써 독활이라는 한자명에서 유래한 이름이 변종에 대한 명칭으로 채택되어 현재에 이르고 있다.

속명 *Aralia*는 프랑스 식물학자 Joseph Pitton de Tournefort(1656~1708)가 북아메리카 인디언의 토명 *Aralie*를 붙인 것에서 유래했으며 두릅나무속을 일컫는다. 종소명 *cordata*는 '심장모양의'라는 뜻이며, 변종명 *continentalis*는 '대륙의'라는 뜻으로 땅두릅이 일본이나 한반도 남부

---

10 『제주도및완도식물조사보고서』(1914)는 'ㅋ가피, ㅋ갈ㄹ피, ㅋ가모ㄱ'[오가피, 오갈피, 오가목]을 기록했으며 『조선식물명휘』(1922)는 '五加, 五加皮, 땃두릅, 섯두릅(救)'을, 『조선삼림식물편』(1915~1939)은 '五加木(濟州島方言)/Oga-mok'[오가목(제주도방언)]을 기록했다.

11 땅두릅〈*Aralia cordata* Thunb.(1784)〉과 독활〈*Aralia cordata* Thunb. var. *continentalis* (Kitag.) Y.C.Chu(1989)〉을 별도의 종으로 보는 견해에 따른 이 책은 한글명의 유래를 살펴보는 집필 목적에 부합하게 『조선식물향명집』의 학명이 아니라 한글명 기준으로 내용을 서술하기로 한다.

12 이러한 견해로 이우철(2005), p.181 참조.

에 분포하는 것에 비교해 변종인 독활은 대륙에 분포하는 것에서 유래했다.

다른이름 쌋두릅(정태현 외, 1936), 토당귀(정태현 외, 1937), 땃두릅(정태현 외, 1942), 땃두릅나물/땅두릅나물/풀두릅(안학수·이춘녕, 1963), 뫼두릅(리종오, 1964), 땅두릅(박만규, 1974), 뫼두릅나무(이영노, 1996)

옛이름 獨活/虎驚草(향약구급방, 1236),[13] 獨活/虎驚草(향약채취월령, 1431), 獨活/地頭乙戶邑(향약집성방, 1433),[14] 獨活/독활(구급간이방언해, 1489), 獨活/쌋둘흡(동의보감, 1613), 獨活/쌋둘흡(산림경제, 1715), 土當歸/쌍두릅(재물보, 1798), 獨活/쌋들흡(제중신편, 1799), 獨活/독활(물보, 1802), 獨活/아상이/獨搖草(광재물보, 19세기 초), 獨活(물명고, 1824), 독활/獨活(한불자전, 1880), 獨活/묏둘흡(방약합편, 1884), 獨活/묏둘흡/토당귀(선한약물학, 1931)[15]

중국/일본명 '중국식물지'는 독활(A. cordata var. continentalis)을 별도 기재하지 않고 있으며, 땅두릅(A. cordata)을 食用土当归(shi yong tu dang gui)로 기재하고 있는데 먹을 수 있는 토당귀(土當歸: 땅두릅 종류의 중국명)라는 뜻이다. 일본명 ウド(独活)는 혼자서 움직인다는 뜻으로, ウゴク(動く)로 불리다 ウド가 되었다는 견해가 있으나 정확한 어원은 알려져 있지 않다.

참고 [북한명] 뫼두릅 [유사어] 독요초(獨搖草), 토당귀(土當歸) [지방명] 갈금/개두릅/땅두릅(강원), 땅두릅(경기), 개두릅/땅두릅/참두릅(경남), 땅두릅(경북), 개두릅/땃두릅/땅두릅/땅드릅나무/밭두릅/엄두릅(전남), 땅두릅(전북), 두릅나무/땅두릅/섭독활(충남), 땅두릅(충북)

Aralia elata *Seemann* タラノキ
Dúrúb-namu 드릅나무

두릅나무〈*Aralia elata* (Miq.) Seem.(1868)〉

두릅나무라는 이름은 『동의보감』에 기록된 '둘흡'에서 비롯한 것으로, 땅에서 자라는 쌋둘흡(땅두릅)에 비해 나무에서 새순이 나온다는 뜻에서 유래했다.[16] 15세기에 저술된 『향약집성방』은 한자명 獨活(독활)에 대한 향명으로 이두식 차자(借字) 표기인 '地頭乙戶邑'(쌋둘흡)을 기록했다. 이후 17세기에 저술된 『동의보감』에 이르러 중국에서 사용하지 않는 한자명 木頭菜(목두채)에 대한 한

---

13 『향약구급방』(1236)의 차자(借字) '虎驚草'(호경초)에 대해 남풍현(1981), p.65는 '?둘흡플'의 표기로 보고 있으며, 손병태(1996), p.25는 '범두리플'의 표기로 보고 있다.

14 『향약집성방』(1433)의 차자(借字) '地頭乙戶邑'(지두을호읍)에 대해 남풍현(1999), p.175는 '쌋둘흡'의 표기로 보고 있다.

15 『제주도및완도식물조사보고서』(1914)는 'タングイ'[당귀]를 기록했으며 『조선한방약료식물조사서』(1917)는 '닷둘흡(東醫), 묏둘흡(方藥), 獨活'을, 『조선의 구황식물』(1919)은 '독활'을, 『조선어사전』(1920)은 '쌋두릅, 獨活(독활)'을, 『조선식물명휘』(1922)는 '土當歸, 獨活, 독활, 토당귀(食)'를, 『토명대조선만식물자휘』(1932)는 '[獨活]독활, [土當歸]토당귀, [쌋두릅(나물)]'을, 『선명대화명지부』(1934)는 '독활, 토당귀'를, 『조선의산과와산채』(1935)는 '土當歸, 독활'을 기록했다.

16 木頭菜(목두채)와 같은 뜻으로 이해하는 견해로 이우철(2005), p.186; 박상진(2019), p.118; 오찬진 외(2015), p.929 참조.

글명으로 '샷둘흅'(땅두릅)에서 '샷'이 사라진 '둘흅'(두릅)을 기록했는데, 한자명과 함께 읽으면 땅에서 자라는 풀이 아니라 '나무로 자라는 둘흅이라는 식물'의 뜻이 된다. 다만 '둘흅'(두릅)이라는 한글명 자체의 어원이나 유래는 알려져 있지 않다.[17] 한편 『동의보감』은 두릅나무에 대해 "煮作茹作殖食之佳"(삶아서 나물이나 설임해서 먹는다)라고 하여 그 식용 방법을 기록하기도 했다. 『조선식물향명집』은 '드릅나무'로 기록했으나 『조선산야생식용식물』에서 '두릅나무'로 개칭해 현재에 이르고 있다.

속명 *Aralia*는 프랑스 식물학자 Joseph Pitton de Tournefort (1656~1708)가 북아메리카 인디언의 토명 *Aralie*를 붙인 것에서 유래했으며 두릅나무속을 일컫는다. 종소명 *elata*는 '큰 키의'라는 뜻이다.

다른이름 두릅나무(정태현 외, 1923), 드릅나무(정태현 외, 1937), 참두릅(정태현, 1943), 둥근잎두릅나무(정태현 외, 1949), 드릅나무/민두릅나무(안학수·이춘녕, 1963), 둥근잎두릅(이창복, 1966), 참두릅(이영노, 1966)

옛이름 木頭菜/둘흅(동의보감, 1613), 搖頭菜/둘옵(역어유해, 1690), 搖頭菜/둘옵(방언집석, 1778), 撚木/鵲不踏(본사, 1787), 木頭菜(청장관전서, 1795), 楤木/두릅(재물보, 1798), 木頭菜/두릅(해동농서, 1799), 두릅/搖頭/鵲不踏(물명유해, 19세기 초), 木頭菜(만기요람, 1808), 木頭菜/두릅(몽유편, 1810), 楤木/두릅/木頭菜(물명고, 1824), 木頭菜(연경재전집, 1840), 楤木/樠木/新木/木頭菜木/豆乙邑木/搖頭菜/둘옵(오주연문장전산고, 185?), 木頭菜/목두치/두릅(명물기략, 1870), 두릅(농가월령가, 1876), 두릅/搖頭菜(한불자전, 1880), 두릅나물(조선구전민요집, 1933)[18]

중국/일본명 중국명 楤木(song mu)에서 '楤'(총)은 두릅나무를 일컫는 한자인데, 중국의 『강희자전』은 '楤'(총) 또는 '樠'(총)과 같은 글자로 보고 "尖頭擔也"(뾰족한 머리를 가졌다)라고 기록한 것으로 보

---

17 이와 관련하여 허북구·박석근(2008b), p.194는 조기 등 물고기를 짚으로 엮은 것을 이르는 '두름'과 관련된 것으로 추정하고 있다. 한편 김종원(2013), p.730은 『조선삼림식물도설』(1943)을 근거로 두릅이라는 이름에 어린순이라는 의미가 있다고 주장하고 있으나, 『조선삼림식물도설』(1943), p.536에는 그러한 내용이 기록되어 있지 않다.

18 「화한한명대조표」(1910)는 '두름ㄴ무'를 기록했으며 『제주도및완도식물조사보고서』(1914)는 '두울르, 두울르'[두릅, 들굽]을, 『지리산식물조사보고서』(1915)는 '두ㅕ르, 두ㅕ르'[두릅, 두릅]을, 『조선거수노수명목지』(1919)는 '두릅ㄴ무'를, 『조선어사전』(1920)은 '木頭菜(목두치), 搖頭菜(요두치), 두릅'을, 『조선식물명휘』(1922)는 '楤木, 木頭菜, 두릅나무(救, 藥)'를, 『토명대조선만식물자휘』(1932)는 '[楤木]총목, [楤木]총목, [두릅나무], [木頭菜]목두치, [吻頭菜]문두치, [搖頭菜]요두치, [두릅나물]'을, 『선명대화명지부』(1934)는 '두릅나무'를, 『조선의산과와산채』(1935)는 '楤, 두릅나무'를, 『조선삼림식물편』(1915~1939)은 'オガビ/Ogapi, オガルビ/Ogalpi, オーガモク/Oga-mok, トウールップ/Tourupp, トゥールンナム/Tourunnam, ドロウンナム/Dorounnam(朝鮮土名)'[오가피, 오갈피, 오가목, 두릅, 두릅나무, 도룬나무(조선토명)]를 기록했다.

아 겨울눈이나 새싹의 모양을 나타낸 것으로 보인다. 일본명 タラノキ의 정확한 어원은 알려져 있지 않으며 장남의 나무라는 뜻의 タロウノキ(太郎の木)가 변화한 것이라는 견해, 잎이 생선 대구(タラ)와 닮았다는 뜻의 タラキョウ가 변화한 것이라는 견해, 고대에 한반도로부터 독활(ツチタラ)이 전래되어 이것에서 변화한 이름이라는 견해 등이 있다.

참고 [북한명] 두릅나무 [유사어] 목두채(木頭菜), 자로아(刺老鴉), 총목(楤木) [지방명] 두릅나물/드릅/드릅나무/드릅나물/드릅낭그/드릅낭기/참두릅/참드릅/참드릅나무(강원), 개두릅/나무두릅/드릅/두릅나물/드릅/드릅나무/참두릅/참두릅나무(경기), 개두릅/나무두릅/누릅나무/더럽나무/두릅/두릅나물/드릅/참두릅/참드릅/창응개싹(경남), 두름/두릅/드릅/참두릅(경북), 가시나무/두룸/두름/두릅/드릅/엄나무/참두름/참두릅(전남), 두럼/두릅/산두릅/참드릅나무(전북), 두릅/두릅나물/둘굽/드릅나무/들곱낭/들국/들굽낭/들급/들급나물/들급낭/즐굽(제주), 나무두릅/낭구나무/두름/두릅/드럽나무/드릅나무/병구나무/산드릅나무/엄/참두릅(충남), 두룹/두릅나물/드릅/참두릅(충북), 두릅나무(평북), 두루피/두릅나물/드리피/참두릅(함북)

○ Echinopanax elatum *Nakai*　テウセンハリブキ
Ḓaḓùrùb-namu　따드릅나무

땃두릅나무 ⟨*Oplopanax elatus* (Nakai) Nakai(1927)⟩

땃두릅나무라는 이름은 '땃'[땅(地)의 옛말][19]과 가까운, 즉 키가 크지 않은 두릅나무라는 뜻에서 유래했다.[20] 줄기와 가지를 약용했다.[21] 옛 문헌에서 땃두릅(나무)은 현재의 독활 또는 땅두릅을 일컫는 이름이었으나 땃두릅나무가 그와 유사하게 생겼으므로 지방에 따라 이름의 혼용이 있었던 것으로 보인다. 현재와 같이 *O. elatus*라는 종에 대해 땃두릅나무라는 이름이 기록된 것은 강원도 방언에 따른 것이다.[22] 『조선식물향명집』은 '따드릅나무'로 기록했으나 『조선삼림식물도설』에서 '땃두릅나무'로 개칭해 현재에 이르고 있다. 『조선삼림식물도설』은 인삼 같은 줄기를 가진 나무라는 뜻의 한자명 '人伽木'(인가목)을 기록하기도 했는데, 약용하는 줄기의 약성이 자인삼(刺人蔘)이라는 별칭처럼 인삼과 비슷하다는 뜻에서 유래한 것으로 보인다.

　속명 *Oplopanax*는 그리스어 *hoplon*(도구, 무기)과 *Panax*(인삼속)의 합성어로, 가시가 있는 인삼이라는 뜻이며 땃두릅나무속을 일컫는다. 종소명 *elatus*는 '큰 키의'라는 뜻이다.

다른이름 따드릅나무(정태현 외, 1937), 따두릅나무(박만규, 1949), 땅두릅나무/바늘두릅나무(안학수·

---

19 땅을 '땃'으로 표기하고 있는 옛 문헌으로는 『월인석보』(1459)와 『번역소학』(1518) 등이 있다.
20 이러한 견해로 박상진(2019), p.119 참조.
21 약용에 대해서는 『조선삼림식물도설』(1943), p.543 참조.
22 강원도 방언에서 유래했다는 것에 대해서는 『조선삼림식물도설』(1943), p.542 참조.

이춘녕, 1963), 개두릅나무(임록재 외, 1972), 섬땅두릅나무(리용재 외, 2011)

중국/일본명 중국명 刺參(ci shen)은 줄기에 가시가 있는 인삼(人蔘)이라는 뜻이다. 일본명 テウセンハ リブキ(朝鮮針一)는 한반도(조선)에 분포하고 가시가 많으며 잎이 국화과의 머위(フキ)를 닮았다는 뜻이다.

참고 [북한명] 땅두릅나무/섬땅두릅나무[23] [유사어] 인가목(人伽木), 자삼(紫蔘), 자인삼(刺人蔘), 천 독활(川獨活) [지방명] 낫두릅/전삼(경남)

Eleutherococcus senticosus *Maximowicz* エゾウコギ
Gasi-ogalpi 가시오갈피

가시오갈피〈*Eleutherococcus senticosus* (Rupr. & Maxim.) Maxim.(1859)〉[24]

가시오갈피라는 이름은 '가시'와 '오갈피'의 합성어로, 식물 전 체에 바늘모양의 가시가 있는 오갈피나무라는 뜻에서 붙여졌 다.[25] 줄기와 잎자루 등에 회백색의 바늘 같은 가시가 밀생(密 生)한다. 『조선식물향명집』에서 전통 명칭 '오갈피'를 기본으 로 하고 식물의 형태적 특징을 나타내는 '가시'를 추가해 신칭 했다.[26] 『조선삼림수목감요』에 따르면 옛날에는 '오갈피나무' 라는 이름으로 통칭한 것으로 보이는데, 『여유당전서』는 한자 명으로 '白刺五加皮'(백자오가피)를 기록해 가시오갈피를 일컫 는 것으로 추론되는 이름을 남기기도 했다.

속명 *Eleutherococcus*는 그리스어 *eleutheros*(자유로운, 마음대로)와 *kokkos*(열매)의 합성어로, 열매 모양에서 유래했 으며 오갈피나무속을 일컫는다. 종소명 *senticosus*는 '가시가 밀생하는'이라는 뜻으로 식물체에 가시가 많아서 붙여졌다.

다른이름 오갈피나무(정태현 외, 1923), 왕가시오갈피(정태현, 1943), 가시오갈피나무/왕가시오갈피나 무(이창복, 1947), 민가시오갈피(이창복, 1980)

옛이름 白刺五加皮(여유당전서, 19세기 초)[27]

---

23 북한에서는 *Echinopanax elatum*을 '땅두릅나무'로, *Echinopanax japonicum*을 '섬땅두릅나무'로 하여 별도 분류 하고 있다. 이에 대해서는 리용재 외(2011), p.134 참조.
24 『장진성 식물목록』(2014)은 이를 별도 기재하지 않고 있다.
25 이러한 견해로 이우철(2005), p.31과 허북구·박석근(2008b), p.23 참조.
26 이에 대해서는 『조선식물향명집』, 색인 p.30 참조.
27 『지리산식물조사보고서』(1915)는 'をがるぴなむ'[오갈피나무]를 기록했으며 『조선식물명휘』(1922)는 '五加皮, 오갈피나

중국/일본명 중국명 刺五加(ci wu jia)는 가시가 있는 오가(五加: 오갈피나무속 또는 오갈피나무 종류의 중국명)라는 뜻이다. 일본명 エゾウコギ(蝦夷五加)는 에조(蝦夷: 홋카이도의 옛 지명)에 분포하는 오갈피나무 종류(ウコギ)라는 뜻이다.

참고 [북한명] 가시오갈피나무 [유사어] 자오가(刺五加) [지방명] 섬오갈피/잔가시오가피/잔가시오갈피(경기), 가시오가피/가시오갈피나무/가지오갈피(전남), 오가피/오갈피(충북)

Hedera Tobleri *Nakai*   キヅタ   常春藤
Songag   송악

송악〈*Hedera rhombea* (Miq.) Siebold & Zucc. ex Bean(1914)〉

송악이라는 이름은 겨울에 익어가는 둥근 열매의 윗부분이 칼로 거칠게 썰어놓은 모양과 비슷하다는 뜻에서 유래한 것으로 추정한다. 줄기와 잎을 외상 치료 등의 목적으로 약용하고, 잎은 가축의 사료로 사용하며, 열매는 염료(染料)로 쓰거나 송악총(굴노락총 또는 소왁총)이라는 아이들 장난감의 탄알로 이용하기도 했다.[28] 주요 자생지인 전라남도 방언을 채록한 것에서 비롯했다.[29] 현재 전남 방언집이나 방언사전에 유래를 추적할 수 있는 '송악'의 방언형이 보이지 않고 오히려 제주 지역에서는 '소왁', '송낙' 및 '송왁'과 유사한 방언이 발견되는데, 제주 방언으로 '소왁소왁'은 "물건을 조금 작고 거칠게 칼로 빨리 써는 모양"을 말한다.[30] 윗부분이 마치 칼로 도려낸 듯

한 열매의 모양과 방언 '소왁소왁'의 뜻이 통하는 것을 고려할 때 열매의 모양에서 송악이라는 이름이 유래한 것으로 추정한다. 전남 어청도에서는 담장에서 잘 자란다고 하여 '담장나무'라고 했는데,[31] 북한은 현재 이 이름을 사용하고 있다. 또한 남부 지방에서는 잎을 소가 잘 먹는다고 하여 소밥(소밥나무)이라고도 했다.[32] 중국은 송악속 식물을 常春藤(상춘등)이라고 했는데, 이는 우리 옛 문헌에서도 발견되는 이름이다. 하지만 열매가 푸른색(碧色)이라 하고 한글명을 '딩딩이'라 하고

무를, 『선명대화명지부』(1934)는 '오갈피나무'를, 『조선삼림식물편』(1915~1939)은 '五加皮木(北鮮ノ方言)/Ogalpi-nam'[오갈피나무(북선의방언)]를 기록했다.

28 이에 대해서는 『조선삼림식물도설』(1943), p.539와 『한국의 민속식물』(2017), p.544 참조.
29 이에 대해서는 『조선삼림수목감요』(1923), p.101과 『조선삼림식물도설』(1943), p.539 참조.
30 이에 대해서는 석주명(1947), p.58과 현평호·강영봉(2014), p.213 참조.
31 이에 대해서는 『조선삼림식물도설』(1943), p.539 참조.
32 이에 대해서는 『대한식물도감』(1980), p.572 참조.

있는 것에 비추어, 우리 옛 문헌에 기록된 常春藤(상춘등)은 현재의 댕댕이덩굴을 일컬었던 것으로 보인다.[33] 한편 소가 잘 먹어 소쌀나무라고 한 것이 소왁낭을 거쳐 송악이 되었다거나 소나무같이 늘푸른나무지만 바위에 붙어 자란다고 하여 한자로 松岳(송악)이라고 한 것에서 유래했다는 견해도 있다.[34] 그러나 남부 지방에서 소가 잘 먹는다고 하여 불리던 이름은 '소밥나무'이고, 자귀나무의 전남 방언으로 '소찰밥나무'가 있으나[35] 어형이 송악과는 차이가 있으며 송악만 어형의 변화를 거쳤다고 보기 어렵고, 松岳(송악)이라는 한자를 사용한 근거도 찾기 어려워 타당성은 의문스럽다.

속명 Hedera는 아카드어 kadru, kadaru에서 유래한 양담쟁이(ivy: Hedera helix L.)의 라틴명으로 송악속을 일컫는다. 종소명 rhombea는 '마름모모양의'라는 뜻으로 잎의 모양에서 유래했다.

다른이름 송악(정태현 외, 1923), 담장나무(정태현, 1943), 소밥(이창복, 1980), 상춘등(한진건 외, 1982), 큰잎담장나무(김현삼 외, 1988)

옛이름 常春藤/딩딩이/土鼓藤/龍鱗薜荔(광재물보, 19세기 초), 常春藤/딩딩이/土鼓藤/龍鱗荔(물명고, 1824)[36]

중국/일본명 중국명 菱叶常春藤(ling ye chang chun teng)은 마름모모양의 잎을 가진 상춘등(常春藤: 늘 봄처럼 푸른색인 덩굴식물이라는 뜻으로 Hedera nepalensis var. sinensis의 중국명)이라는 뜻이다. 일본명 キヅタ(木蔦)는 담쟁이덩굴(ツタ)과 비슷한데 목본성이 강하다고 하여 붙여졌다.

참고 [북한명] 담장나무 [유사어] 상춘등(常春藤) [지방명] 절사리(경남), ᄀ노락/ᄀᆯ노락/소왁/송낙/송왁(제주)

Kalopanax pictum *Nakai*   ハリギリ
Ŏm-namu   엄나무   海桐木

음나무⟨*Kalopanax septemlobus* (Thunb.) Koidz.(1925)⟩

음나무라는 이름은 옛이름 '엄나모'가 어원으로, 엄(새싹)이 돋는 식물이라는 뜻에서 유래한 것으로 추정한다. 경기도 방언을 채록한 것이다.[37] 『조선식물향명집』은 옛 문헌에 나오는 '엄나모'에서 온 '엄나무'로 기록했으나, 식물의 실제 자생지에서 조선인이 사용하는 식물명을 조선명 사정

---

33 『물명고』(1824)는 常春藤(상춘등)에 대해 "結子圓 熟時如珠碧色"(열매가 둥글게 열리는데 익으면 구슬과 같고 벽색이다)이라고 기록했다.

34 이러한 견해로 박상진(2019), p.276과 강판권(2015), p.483 참조.

35 이에 대해서는 『한국의 민속식물』(2017), p.597 참조.

36 『제주도및완도식물조사보고서』(1914)는 'ソンアック[송악]'을 기록했으며 『조선식물명휘』(1922)는 '常春藤, 爬山虎'를, 『토명대조선만식물자휘』(1932)는 '[常春藤]샹춘등, [土鼓藤]토고등, [龍鱗]룡린, [댕댕이]'를, 『선명대화명지부』(1934)는 '송악'을, 『조선삼림식물편』(1915~1939)은 'ソンアック/Song-ak, クカマックサル/Kamaksal(朝鮮土名)'[송악, 가막살(조선토명)]을 기록했다.

37 이에 대해서는 『조선삼림식물도설』(1943), p.541 참조.

의 우선적인 원칙으로 삼은 것에서 '음나무'라는 이름이 정착 되었다. 옛이름 '엄나모'에서 '엄'은 풀이나 나무의 새로 돋아 나오는 싹을 의미하는 말이다.[38] '엄'은 현대어 '움'으로 변화했고 '음'은 '움'의 황해도 방언으로,[39] 음나무라는 이름이 새싹을 의미하는 '엄'에서 유래했다는 것을 뒷받침한다. 한편 한자명 '海桐'(해동)은 중국에서 유래한 것인데 『본초강목』은 "生南海山谷中...(중략)...枝幹有刺 花色深紅"(중국 남해 지역의 산골짜기에 자란다. 가시가 있고 짙은 붉은색으로 꽃이 핀다)이라고 기록했으므로, 음나무와는 다른 식물이었지만 국내에서는 중국의 海桐(해동)을 구하기가 어려워 음나무를 그 대용으로 사용했던 것으로 보인다.[40] 『본초강목』의 海桐(해동)은 현재 제주에서

식재하고 있는 닭벼슬나무<Erythrina crista-galli L.(1753)>의 근연종인 Erythrina variegata L.(1753)(중국명: 刺桐)을 뜻하는 것으로 이해되고 있다.[41] 한편 엄나무라는 이름의 유래와 관련하여 가시가 엄(嚴)하게 생겨서 붙여졌다는 견해가 있다.[42] 그러나 엄나무는 오래된 고유어로 '掩'(엄), '奄'(엄), '儼'(엄), '嚴'(엄) 등 다양한 한자로 표기했는데, 이때 한자는 뜻을 나타내는 것이 아니라 음(音)을 빌려 쓴 것이고, 엄하다는 의미의 '嚴(엄)'도 일제강점기 즈음에 등장하는 표현이다. 또한 옛날에 음나무로 6각형의 노리개를 만들어 어린아이에게 채워줌으로써 악귀가 들어오지 못하게 했는데, 이것을 '음'이라고 한 데서 음나무라는 이름이 유래했다는 견해가 있다.[43] 그러나 음나무의

---

38 『법화경언해』(1463), 『분류두공부시언해』(1481), 『훈몽자회』(1527), 『역어유해』(1690), 『왜어유해』(1782) 등은 '엄'을 萌芽 (맹아), 苗(묘) 또는 芽(아)의 뜻으로 기록했다. 또한 옛날에 천마(Gastrodia elata)의 새싹을 赤箭(적전)이라고 하여 약재로 사용하면서 『동의보감』(1613)은 이를 '赤箭 텬맛삭'이라 했고 『촌가구급방』(1538)은 '赤箭 수자히엄'이라고 했는데, '텬마'='수자히'이므로 '삭'(새싹)='엄'임을 알 수 있다.

39 이에 대해서는 국립국어원, '우리말샘' 중 '음' 참조.

40 옛 문헌에서도 음나무를 海桐(해동)으로 보아 약재로 사용한다고 했으나, 海桐(해동)과 음나무는 다른 식물임을 인식하기도 했다. 『동의보감』(1613)은 海桐(해동)에 대해 "我國惟濟州有之"(우리나라에는 오직 제주에만 있다)라고 기록했고, 『본사』 (1787)는 "許浚東醫寶鑑 以海桐皮爲俗名奄木之皮 然俗名奄木 其葉興桐葉迥異 又無夏秋榮觀之花 海桐之非奄木 審矣"(허준의 동의보감에서는 해동피를 속명으로 엄나무껍질이라 했다. 그러나 속명으로 엄나무라 불리는 나무는 그 잎이 오동나무의 잎과는 전혀 다르다. 또한 여름과 가을에 꽃의 화려함도 볼 수 없다. 해동이 엄나무가 아닌 것은 명백하다)라고 기록하기도 했다. 한편 일본에서는 海桐(해동)을 卜べラ(돈나무)를 의미한 것으로 이해했고, 일제강점기를 통해 우리에게 일정한 영향을 주기도 했다. 마쓰무라 진조(松村任三, 1856~1928)가 저술한 『일본식물명휘』(1920)는 돈나무(Pittosporum Tobira)에 대한 한자명을 '海桐花, 海童'으로 기록했는데, 돈나무는 가시가 없고 흰색의 꽃이 피기 때문에 『본초강목』(1596)의 '海桐'(해동)과는 차이가 있다. 그러나 현재 '중국식물지'(2018)는 '海桐'(해동)을 돈나무를 일컫는 명칭으로 사용하고 있어, 역으로 일본명의 영향이 있었던 것으로 보인다.

41 이에 대해서는 『(신대역) 동의보감』(2012), p.2112와 '중국식물지'(2018) 중 'Erythrina variegata L.(1753)' 부분 참조.

42 이러한 견해로 박상진(2019), p.322; 허북구·박석근(2008b), p.233; 전정일(2009), p.103; 오찬진 외(2015), p.944; 강판권 (2015), p.477 참조.

43 이러한 견해로 솔뫼(송상곤, 2010), p.264와 유기억(2008b), p.171 참조.

1304

가시가 벽사의 역할을 하는 신목으로 사용된 것은 맞지만 노리개의 명칭을 '음'으로 사용했다는 기록은 발견되지 않는다. 그리고 옛 문헌에서 음나무를 '牙木'(아목)으로 표현한 것을 근거로, 한자 '牙'(아)는 보통 '어금니'를 뜻하고 이에 대응하는 짐승의 날카로운 이가 바로 '엄니'이므로 나무줄기에 '엄니'처럼 생긴 크고 날카로운 가시가 있어서 유래한 이름이라고 보는 견해가 있다.[44] 그러나 '牙木'(아목)이라는 이름을 표기한 『악학궤범』과 비슷한 시대에 저술된 『훈몽자회』는 "牙 엄 이" 라 하여 당시 어금니를 '엄'이라고 했다는 것이므로, 牙木(아목)은 '牙'(아)의 뜻 '엄'과 '木'(목)의 뜻 '나무'를 빌려 '엄나모'를 나타낸 이두식 차자(借字) 표기여서 그 뜻을 바로 한자어에서 찾을 수는 없을 것으로 보인다.

속명 Kalopanax는 그리스어 kalos(아름다운)와 Panax(인삼속)의 합성어로, 잎의 모양이 인삼속과 닮았고 아름답다는 뜻이며 음나무속을 일컫는다. 종소명 septemlobus는 '7개로 얕게 갈라지는'이라는 뜻으로 잎의 모양에서 유래했다.

다른이름 음나무(정태현 외, 1923), 엄나무(정태현 외, 1937), 개두릅나무/당음나무/멍구나무(정태현, 1943), 엉개나무(박만규, 1949), 당엄나무(안학수·이춘녕, 1963)

옛이름 海桐皮/掩木皮(향약채취월령, 1431), 海桐皮/掩木皮(향약집성방, 1433),[45] 海桐皮(세종실록지리지, 1454), 牙木(악학궤범, 1493), 海桐皮/掩木皮(엄나모거피)(촌가구급방, 1538), 海桐皮/엄나모겁질(동의보감, 1613), 海桐皮(탐라지, 1653), 海桐皮/엄남무겁질(주촌신방, 1687), 刺楸樹/엄나모(역어유해, 1690), 刺楸樹/엄나모(동문유해, 1748), 刺楸樹/엄나모(몽어유해, 1768), 牙木(경모궁악기조성청의궤, 1777), 刺楸樹/엄나모(방언집석, 1778), 海桐/엄나모겁질(제중신편, 1799), 刺楸/엄나모(광재물보, 19세기 초), 刺楸/엄나모(물명고, 1824), 海桐皮/奄木/奄/儼木(오주연문장전산고, 185?), 海桐/엄나모겁질(의종손익, 1868), 업나무(한불자전, 1880), 海桐皮/엄나모겁질(방약합편, 1884)[46]

중국/일본명 중국명 刺楸(ci qiu)는 가시가 있는 추(楸: 만주개오동의 중국명, Catalpa bungei)라는 뜻이다. 일본명 ハリギリ(針桐)는 식물체에 가시가 있고 큰 잎이 오동나무(キリ)를 닮았다는 뜻이다.

참고 [북한명] 엄나무 [유사어] 아목(牙木), 자동(刺桐), 자추(刺楸), 해동(海桐) [지방명] 개두릅/개두릅나무/개두릅순/개드릅/엄나무/엄나무순/엄두릅(강원), 개두릅/개두릅나무/멍구/범구/벙구나무/벙구나물/봉구/엄나무(경기), 개두릅/개두릅나무/땅두릅/엄나무/엉개/엉개나무/엉개나물/엉게나

---

44 이러한 견해로 조항범(2019.7.19.) 참조.

45 『향약집성방』(1433)의 차자(借字) '掩木皮'(엄목피)에 대해 남풍현(1999), p.179는 '엄나무겁질'의 표기로 보고 있다.

46 「화한한명대조표」(1910)는 '엄ᄂ무'를 기록했으며 『제주도및완도식물조사보고서』(1914)는 'オムナム, オツプナム'[엄낭, 음낭]을, 『조선주요삼림수목명칭표』(1915a)는 '음ᄂ무'를, 『조선한방약료식물조사서』(1917)는 '엄나무, 海桐皮, 海東皮'를, 『조선거수노수명목지』(1919)는 '음ᄂ무, 嚴木, 海桐皮'를, 『조선의 구황식물』(1919)은 '엄나무, 嚴木, 刺楸'를, 『조선어사전』(1920)은 '海桐(히동), 楤木(총목), 海桐皮(히동피), 刺桐, 嚴木, 엄나무'를, 『조선식물명휘』(1922)는 '刺楸, 嚴木, 海東木, 엄나무, 히동목(救)'을, 『토명대조선만식물자휘』(1932)는 '[刺桐]ᄌ동, [嚴木]엄나무'를, 『선명대화명지부』(1934)는 '음나무, 해동목, 엄나무'를, 『조선의산과와산채』(1935)는 '刺楸, 엄나무'를, 『조선삼림식물편』(1915~1939)은 'オムナム/Om-nam, オツプナム/Op-nam, ボンナム/Bong-nam'[엄낭, 음낭, 봉나무]를 기록했다.

무/응개나물/응게나무(경남), 개두릅/개드릅/엄나무/엄남개/엄두릅나무/엉개/엉개나무/음나무/응개
나무/응개나물/응게나무/해동피(경북), 가시나무/개두름/개두릅/밤구나무/범구/범구나무/병구/병
구나무/병구나물/봉구/봉구나무/엄개나무/엄나무/엄두릅/음개나무/음두릅/응개/응개나무/해동피
(전남), 개두릅/개두릅나무/병구나무/엄나무(전북), 가시생송/가시엄낭/엄낭/음낭/음낭순(제주), 가시
나무/개두릅/멍구나무/범구나무/범구나물/병구/병구나무/병구나물/병구잎/엄나무/엄나무순/업나
무(충남), 개두릅/개두릅나무/엄나무(충북)

○ Panax Ginseng *C. A. Meyer*   ニンジン   人蔘
Insam   인삼(산삼)   山蔘

인삼〈*Panax ginseng* C.A.Mey.(1842)〉

인삼이라는 이름은 한자명 '人蔘'(인삼)에서 유래한 것으로, 뿌리가 사람의 모습을 닮은 삼(蔘)이라
는 뜻에서 붙여졌다.[47] 고유어로는 '심'이라고 하는데, '심다'(植)와 '심마니'(산삼을 캐는 것을 직업으로
하는 사람)에 그 흔적이 남아 있으나 정확한 어원은 밝혀져 있지 않다.[48] 야생에서 자라는 인삼을
별도로 구별해 산삼(山蔘)이라 부르기도 하는데, 인삼의 재배는 고려 시대부터 시작된 것으로 추
정되고 있다. 인삼은 신비한 효험이 있다고 하여 '신초(神草)', 높은 계급에 해당되어 사람이 받든다
는 의미로 '인함(人銜)', 해를 등지고 음지를 향해 있으므로 '귀개(鬼蓋)' 등의 이름으로도 불리는데
모두 중국에서 전래된 한자명이다.

  속명 *Panax*는 그리스어 *pan*(모든)과 *akos*(치료)의 합성어에서 유래한 라틴어로, 만병통치약이라
는 뜻이며 인삼속을 일컫는다. 종소명 *ginseng*은 한자명 人蔘(인삼)의 영어식 발음에서 유래했다.

다른이름 인삼(정태현 외, 1936), 산삼(정태현 외, 1937)

옛이름 人蔘(계원필경, 886), 人蔘(삼국사기, 1145), 人蔘(향약구급방, 1236), 人蔘(향약제생집성방, 1398),
人蔘(태종실록, 1402), 人蔘(고려사절요, 1452), 人蔘/심/신슴(구급간이방언해, 1489), 人蔘/신슴(번역노걸
대, 1517), 人蔘/심(우마양저염역병치료방, 1548), 蔘/인슴(신증유합, 1576), 仁蔘/인삼(언해구급방, 1608), 人
蔘/인슴(언해태산집요, 1608), 人蔘/심/神草(동의보감, 1613), 인슴/人蔘(벽온신방, 1653), 심/蔘(노걸대언해,
1670), 人蔘(일성록, 1775), 人蔘/인슴(방언집석, 1778), 人蔘/인삼(광제비급, 1790), 人蔘/삼(재물보, 1798),
人蔘/심(제중신편, 1799), 家蔘/가삼(해동농서, 1799), 人蔘/샴(물보, 1802), 人蔘/슴/蔘/人銜/鬼蓋(광재물
보, 19세기 초), 人蔘/심/神草/人銜/鬼蓋(물명고, 1824), 葠/인슴/人蔘/神草(자류주석, 1856), 인삼/仁蔘/산
삼/山蔘(한불자전, 1880), 蔘/심(방약합편, 1884), 인슴/仁蔘(한영자전, 1890), 人蔘/인삼/葠/神草(자전석요,

---

47 이러한 견해로 이우철(2005), p.433; 김인호(2001), p.203; 박영수(1995), p.480 참조.
48 이에 대해서는 백문식(2014), p.334 참조. 한편 김무림(2015), p.502는 국어의 고유어 '심'에서 한자어 '삼(蔘)'이 만들어진
   것으로 보고 있다.

1909), 人蓘/인삼/神草(신자전, 1915), 人蔘/인슴/神草(의서옥편, 1921), 인삼/人蔘(조선어사전[심], 1925), 人蔘/삼(선한약물학, 1931)[49]

중국/일본명 중국명 人參(ren shen)은 본래는 '人薓'(인삼)으로 뿌리가 사람을 닮았으며 시간이 갈수록 땅속으로 길게 자라고 신령스럽다고 하여 붙여졌으며, 薓의 자획이 복잡하다 하여 후대에 參으로 대체한 것이다.[50] 일본명 ニンジン(人參)은 한자명 '人參'(인삼)을 음독한 것에서 유래했으며, 일본에는 사생하지 않고 18세기에 조선으로부터 씨앗이 전래되어 재배되는 종이다.[51]

참고 [북한명] 인삼 [유사어] 신초(神草), 심 [지방명] 산삼(강원), 개성인삼/산삼/삼/장뇌삼(경기), 산삼/삼(경북), 건삼/산삼/삼(전남), 건삼/선삼(전북), 산삼/인샘(충청), 네갓바리/네닙외귀/무립디기/세갓바리/알코/오방초(평북), 방초/방추/언삼(함남), 산삼/은삼/장뇌삼/장로(함북), 밭삼(황해)

Textoria morbifera *Nakai*   テウセンカクレミノ
Hwangchil-namu   황칠나무

황칠나무〈*Dendropanax trifidus* (Thunb.) Makino ex H.Hara(1940)〉[52]

황칠나무라는 이름은 나무에서 생산되는 노란색의 수액(樹液)을 예로부터 노란색의 옻(漆)과 같다는 뜻으로 황칠(黃漆)이라고 한 것에서 유래했다.[53] 나무에서 생산되는 노란색의 수액을 가구 등에 칠하는 도료로 사용해왔다.[54] 주요 자생지인 제주에서 실제 사용하는 명칭을 채록한 것에서 유래했다.[55] 송나라 사절로 고려를 방문한 서극(徐兢)이 저술한 『고려도경』은 "羅州道 出白附子 黃漆 皆土貢也"(나주에서는 백부자와 황칠이 나는데 모두 조공품이다)라고 해 한반도 남부 지역에서 오래전부터 황칠이 생산되고 있었다는 점을 기록했다.

---

49 『조선한방약료식물조사서』(1917)는 '삼, 人蔘'을 기록했으며 『조선어사전』(1920)은 '人蔘(인슴), 蔘(슴), 仁蔘(인슴), 地精(디졍), 三椏(삼아)'를, 『조선식물명휘』(1922)는 '人蔘, 山蔘, 人蓘, 三七, 인삼, 산삼(藥)'을, Crane(1931)은 '인삼꼿, 人蔘花'를, 『토명대조선만식물자휘』(1932)는 '[(人)蓘](인)슴, [人蔘]인슴, [仁蔘]인슴, [蔘]슴, [三椏]삼아, [地精]디졍'을, 『선명대화명지부』(1934)는 '인삼, 산삼'을 기록했다.

50 중국의 『본초강목』(1596)은 "人薓年深 浸漸長成者 根如人形 有神 故謂之人薓 神草 薓字從薓 亦浸漸之義 薓卽浸字 後世因字文繁 遂以參星之字代之 從簡便爾"[人薓은 해가 갈수록 땅속으로 점차 길게 자라는 것이다. 뿌리가 사람의 모습을 닮았고 신령스러움이 있으므로 인삼 또는 신초라고 한다. 薓자는 薓을 따른 것으로 점차 그 효과를 나타낸다는 뜻이기도 하다. 즉, 薓은 浸과 같은 것으로 후세에 글자가 복잡하다 하여 마침내 參星(황도28수 중 21번째 별자리로 서양의 오리온자리에 해당)의 글자로 대신하여 간편함을 따랐다]라고 기록했다.

51 이에 대해서는 牧野富太郞(2008), p.501 참조.

52 '국가표준식물목록'(2018)은 황칠나무의 학명을 *Dendropanax morbiferus* H.Lév.(1910)로 기재하고 있으나, 『장진성식물목록』(2014)과 '중국식물지'(2018)는 본문의 학명을 정명으로 기재하고 있다.

53 이러한 견해로 이우철(2005), p.599; 박상진(2019), p.432; 김태영·김진석(2018), p.589; 허북구·박석근(2008b), p.320; 오찬진 외(2015), p.933; 강판권(2015), p.487 참조.

54 이에 대해서는 『조선삼림식물도설』(1943), p.543 참조.

55 이에 대해서는 『조선삼림수목감요』(1923), p.101과 『조선삼림식물도설』(1943), p.543 참조.

속명 *Dendropanax*는 그리스어 *dendron*(나무)과 *Panax* (인삼속)의 합성어로, 인삼과 유사한데 나무이기 때문에 붙여졌으며 황칠나무속을 일컫는다. 종소명 *trifidus*는 '셋으로 갈라지는'이라는 뜻으로 잎의 모양에서 유래했다.

다른이름 황칠나무(정태현 외, 1923), 노란옻나무(김현삼 외, 1988)

옛이름 黃漆(고려도경, 1123), 黃漆(고려사절요, 1452), 黃漆樹 (대동운부군옥, 1589), 黃漆(지봉유설, 1614), 安息香/黃漆木(탐라지, 1653), 黃漆(기언, 1689), 黃漆(성호사설, 1740), 黃漆/黃漆樹(동사강목, 1778), 黃漆(정조실록, 1794), 黃木(일성록, 1794), 黃漆(광재물보, 19세기 초), 黃漆/황(물명고, 1824), 黃漆(해동역사, 1841), 黃漆(다산시문집, 1865)[56]

중국/일본명 중국명 三裂樹参(san lie shu shen)는 세 갈래로 갈라지는 나무 인삼이라는 뜻으로 학명과 상응하는 이름이다. 일본명 テウセンカクレミノ(朝鮮隱蓑)는 한반도(조선)에 분포하고 잎의 모양이 몸을 숨기기 위해 두르는 도롱이(蓑)처럼 보인다고 하여 붙여졌다.

참고 [북한명] 황칠나무 [유사어] 황칠목(黃漆木), 황칠수(黃漆樹) [지방명] 대방구(전남), 담배통나무/황칠낭(제주)

---

56 『제주도밒완도식물조사보고서』(1914)는 'ハンチルナム'[한칠낭]을 기록했으며 『조선식물명휘』(1922)는 '황칠나무'를, 『토명대조선만식물자휘』(1932)는 '[黃漆木]황칠나무'를, 『선명대화명지부』(1934)는 '황칠나무'를, 『조선삼림식물편』 (1915~1939)은 'ファンチュルナム, ハンチルナム, シックナム(朝鮮土名)'[황칠낭, 한칠낭, 식나무(조선토명)]를 기록했다.

Umbelliferae 미나리科 (繖形科)

산형과[1] ⟨Apiaceae Lindl.(1836) = Umbelliferae Juss.(1789)⟩[2]

산형과(繖形科)는 이 식물군이 갖는 대표적 형질인 산형화서(umbel)에서 유래한 과명이다. 『조선식물향명집』과 '국가표준식물목록'(2018)은 엥글러(Engler) 분류 체계와 동일하게 전통적인 명칭인 Umbelliferae를 과명으로 기재하고 있으며, 『장진성 식물목록』(2014), '세계식물목록'(2018) 및 크론키스트(Cronquist) 분류 체계는 Apium(솔잎미나리속)에서 유래한 표준명인 Apiaceae를 과명으로 기재하고 있다. APG IV(2016) 분류 체계는 Apiaceae와 함께 Umbelliferae를 병기하고 있다.

Angelica anomala *Lallem*　エゾニウ
Gae-guritdae　개구릿대

개구릿대 ⟨*Angelica anomala* Ave-Lall.(1843)⟩

개구릿대라는 이름은 약재로 사용하는 구릿대를 닮았는데 약성이 그보다 못하다는 뜻에서 붙여졌다.[3] 구릿대에 비해 소총포편이 없거나 적으며 잎집의 바깥 면에 털이 밀생(密生)한다는 이유에서 별도 분류된 식물이지만, 지리강활(A. amurensis) 및 삼수구릿대(A. jaluana)와 분류학적 혼란이 계속되고 있는 종이다.[4] 『조선식물향명집』에서 전통 명칭 '구릿대'를 기본으로 하고 식물의 형태적 특징을 나타내는 '개'를 추가해 신칭했다.[5] 옛 본초학 문헌에 기록된 '白芷'(백지)라는 이름으로 약용한 식물은 일반적으로 구릿대를 일컫는 것으로 이해되지만, 개구릿대를 포함하는 것으로 이해되기도 한다.[6]

---

1 NLSK(National Institute of Biological Resources, 2011)와 같이 국내에 자생하는 대표적인 종인 미나리로부터 차용한 '미나리과'를 쓰는 경우도 있으나, 미나리 또한 이 과의 모식속에 속하지 않는 한계가 있으므로 이 책은 통상적으로 사용하는 '산형과'로 기재한다.
2 과의 계급을 나타내는 어미 '-aceae'를 사용하지 않아도 되는 예외적인 경우로 Compositae/Asteraceae, Cruciferae/Brassicaceae, Gramineae/Poaceae, Guttiferae/Clusiaceae · Hypericaceae, Labiatae/Lamiaceae, Leguminosae/Fabaceae, Palmae/Arecaceae, Umbelliferae/Apiaceae의 8개 과가 있으며, 최근엔 표준화된 과명을 일관되게 쓰는 추세이다.
3 이러한 견해로 이우철(2005), p.44 참조.
4 『국가표준식물목록』(2017), pp.359-360은 위 3종을 모두 분류하고 있으나, 『장진성 식물목록』(2014), p.210은 삼수구릿대를 개구릿대에 통합하고 지리강활은 별도 분류하지 않고 있다.
5 이에 대해서는 『조선식물향명집』, 색인 p.31 참조.
6 이에 대해서는 『(신대역) 동의보감』(2012), p.2030 참조.

속명 Angelica는 그리스어 angelos(천사)에서 유래한 것으로 강심효과가 있는 약효와 관련하여 죽은 사람을 소생시킨다는 뜻에서 붙여졌으며 당귀속을 일컫는다. 종소명 anomala는 '변칙의, 이상한'이라는 뜻이다.

다른이름 지리강활(정태현, 1956), 개구리대/토당귀(리종오, 1964), 호당귀(임록재 외, 1972), 구릿대(박만규, 1974), 좁은잎구릿대(김현삼 외, 1988), 갯구릿대/북개구릿대(임록재 외, 1996)[7]

중국/일본명 중국명 狹叶当归(xia ye dang gui)는 잎이 좁은 당귀(當歸, A. sinensis)라는 뜻이다. 일본명 エゾニウ(蝦夷-)는 에조(蝦夷: 홋카이도의 옛 지명)에 분포하는 ニウ(아이누족의 방언으로 잎과 줄기가 부드러워 나물로 이용한다는 뜻)라는 뜻이다.

참고 [북한명] 좁은잎구릿대/토당귀[8] [유사어] 백지(白芷) [지방명] 백지(경북)

○ Angelica crucifolia *Komarov*   カウライヒメノダケ
Chŏnyŏ-badi   처녀바디

처녀바디⟨*Angelica cartilaginomarginata* (Makino) Nakai(1909)⟩

처녀바디라는 이름은 바디나물을 닮았는데 바디나물과 달리 흰색의 꽃이 피는 것을 '처녀'에 비유한 데서 유래한 것으로 추정한다. 전국의 산과 들에 자라는 여러해살이풀로 꽃은 8~9월에 흰색으로 피고, 잎과 전초는 바디나물과 유사하다. 『조선식물향명집』에서 그 이름이 처음 보이지만 별도로 신칭한 이름으로 기록하지 않았으므로[9] 당시에 사용되던 이름을 채록한 것으로 보인다. 한편 19세기에 저술된 『물명고』는 '前胡 샤향취'에 가을에 자주색과 흰색의 꽃이 핀다고 했으므로, 여기서 '前胡'(전호)는 현재의 바디나물(*Angelica decursiva*)과 그 유사종(흰바디나물 또는 처녀바디)을 의미했던 것으로 보인다.[10]

---

7 『조선한방약료식물조사서』(1917)는 '나고초(江原), 구리듸(東醫), 白芷'를 기록했으며 『조선식물명휘』(1922)는 '白芷, 단귀, 빅지(藥, 救)'를, 『토명대조선만식물자휘』(1932)는 '[白芷]빅지, [구리대뿌리]'를, 『선명대화명지부』(1934)는 '단귀, 백지'를, 『조선의산과와산채』(1935)는 '벅지'를 기록했다.

8 북한에서는 A. amurensis를 '좁은잎구릿대'로, A. anomala를 '토당귀'로 하여 별도 분류하고 있다. 이에 대해서는 리용재 외(2011), p.30 참조.

9 이에 대해서는 『조선식물향명집』, 색인 p.46 참조.

10 유희의 『물명고』(1821)는 "初生似邪蒿 葉如野菊而細瘦 秋紫白花 類蔥花 其根皮黑肉白其香 샤향취"(처음 싹이 돋을 때 사호와 비슷하다. 잎은 야국을 닮았는데 가늘고 여리다. 가을에 자주색과 흰색의 꽃이 피고 꽃은 모여나는 종류이다. 그 뿌리의 표피는 검은색이고 뿌리 속은 희고 향기가 있다. '샤향취'라고 한다)라고 기록했다.

속명 Angelica는 그리스어 angelos(천사)에서 유래한 것으로 강심효과가 있는 약효와 관련하여 죽은 사람을 소생시킨다는 뜻에서 붙여졌으며 당귀속을 일컫는다. 종소명 cartilaginomarginata 는 '가장자리가 연골질인'이라는 뜻이다.

다른이름 흰바디/처녀백지/애기백지/개백지(박만규, 1949), 흰사약채(안학수·이춘녕, 1963), 손바디나 물(이창복, 1969b), 좀바디나물(김현삼 외, 1988)

옛이름 前胡/샤향지(물명고, 1824)

중국/일본명 중국명 长鞘当归(chang qiao dang gui)는 긴 잎집(葉鞘)을 가진 당귀(當歸, A. sinensis)라 는 뜻이다. 일본명 カウライヒメノダケ(高麗姫-)는 한반도(고려)에 분포하고 아기처럼 작은 바디나물 (ノダケ)이라는 뜻이다.

참고 [북한명] 좀바디나물 [지방명] 개당구/군대(강원), 까막발(경북)

Angelica davurica *Maximowicz*　コエゾニウ　白芷
Guritdae　구릿대

구릿대〈*Angelica dahurica* (Fisch. ex Hoffm.) Benth. & Hook.f. ex Franch. & Sav(1873)〉

구릿대라는 이름은 줄기가 적갈색으로 구리(銅) 색깔과 같고 대나무(또는 막대기)처럼 곧게 자란다는 뜻에서 유래한 것으로 추정한다.[11] 줄기는 적갈색을 띠고 예부터 뿌리를 약용했으며 어린잎은 식용했다.[12] 옛 본초학 문헌에 기록된 白芷(백지)라는 이름으로 약용한 식물이 어떤 종인지에 대해서는 견해가 나뉘 어, 일본인 학자가 저술한 『조선식물명휘』와 『토명대조선만식 물자휘』는 개구릿대(A. anomala)로 보았다. 그러나 정태현이 주도해 저술한 『조선산야생약용식물』은 대구 약재시장에서 실제 거래되는 약재를 기준으로 하여 구릿대(A. dahurica)로 보았고, 이를 『조선식물향명집』에서 계승해 현재에 이르고 있 다.[13] 한편 구릿대라는 이름은 '구리'와 '대'의 합성어로, 『사성 통해』에서 큰 뱀(大蛇)을 '구리'라고 했으므로 굵은 능구렁이 같고 막대기처럼 생긴 것에서 유래했

---

11 이러한 견해로 김병기(2013), p.213 참조.

12 어린잎을 식용했다는 것에 대해서는 『조선산야생식용식물』(1942), p.166 참조.

13 이에 대해서는 『조선산야생약용식물』(1936), p.169 참조. 한편 현재 식품의약품안전처의 약전에도 구릿대를 白芷(백지)로 보고 있다. 이에 대해서는 『대한민국약전 제11개정 해설서(하권)』(2015), p.1899 참조.

다고 보는 견해가 있다.[14] 그러나 16세기 초에 저술된 『사성통해』는 큰 뱀을 '구렁이'라고 기록했으며, 당시 능구렁이를 구리로 표현한 기록을 발견하기 어려워 타당성은 의문스럽다.

속명 *Angelica*는 그리스어 *angelos*(천사)에서 유래한 것으로 강심효과가 있는 약효와 관련하여 죽은 사람을 소생시킨다는 뜻에서 붙여졌으며 당귀속을 일컫는다. 종소명 *dahurica*는 '다후리아(Dahurica) 지방의'라는 뜻이다.

다른이름 구릿대(정태현 외, 1936), 구리때(박만규, 1949), 구릿때/백지(정태현, 1956), 구리대(리종오, 1964)

옛이름 白芷/仇里竹根(향약채취월령, 1431), 白芷/仇里竹根(향약집성방, 1433),[15] 白芷/구리댓불휘(구급간이방언해, 1489), 白芷/구리대(사성통해, 1517), 白芷/仇里竹根(촌가구급방, 1538), 白芷/구리디불희(언해구급방, 1608), 白芷/빅지(언해두창집요, 1608), 白芷/빅지(언해태산집요, 1608), 白芷/구리댓불휘(동의보감, 1613), 白芷/빅지(구황촬요벽온방, 1639), 白芷/구리댓불휘(사의경험방, 17세기), 白芷(광제비급, 1790), 白芷/구리디(재물보, 1798), 白芷/구리댓불휘(제중신편, 1799), 白芷/구리디(광재물보, 19세기 초), 白芷/구리대(물명고, 1824), 白芷/雌九里臺(송남잡지, 1855), 白芷/구리댓불휘(의종손익, 1868), 구리디/빅지/白芷(한불자전, 1880), 白芷/구리대/芷(자전석요, 1909), 白芷/구리대/芷(신자전, 1915), 白芷/구리디/芷(의서옥편, 1921), 白芷/구리댓쏠휘(선한약물학, 1931)[16]

중국/일본명 중국명 白芷(bai zhi)는 약재로 사용하는 뿌리가 흰색이라는 뜻에서 유래했다.[17] 일본명 コエゾニウ(小蝦夷-)는 식물체가 작은 개구릿대(エゾニウ)라는 뜻이지만, 현재는 갑옷을 닮은 풀이라는 뜻의 ヨロイグサ(鎧草)라는 이름을 주로 사용하고 있다.

참고 [북한명] 구릿대 [유사어] 립(芷), 백지(白芷) [지방명] 구랫대/백지(경기), 백지(경남), 옆구리대/옆구릿대(전남), 구렁대/구령대/구리대/수리대(제주)

Angelica decursiva *Franchet et Savatier*   ノダケ   前胡
Badi-namul 바디나물

바디나물〈*Angelica decursiva* (Miq.) Franch. & Sav.(1873)〉

바디나물이라는 이름은 잎집처럼 생긴 총포에서 꽃이 나오는 모습이 바디를 연상시킨다는 뜻에

---

14 이러한 견해로 김종원(2016), p.239와 손병태(1996), p.139 참조.

15 『향약집성방』(1433)의 차자(借字) '仇里竹根'(구리죽근)에 대해 남풍현(1981), p.176은 '구리대불휘'의 표기로 보고 있으며, 손병태(1996), p.35는 '구리대불휘'의 표기로 보고 있다.

16 『조선어사전』(1920)은 '白芷(빅지), 구리대쑤리'를 기록했다.

17 중국의 『본초강목』(1596)은 "初生根幹爲芷 則白芷之義取乎此也"[처음에 난 뿌리와 줄기가 지(芷)이니, 백지의 뜻은 여기에서 취한 것이다]라고 기록했다.

서 유래한 것으로 추정한다.[18] 어린잎을 식용했다.[19] 『조선의 구황식물』은 '바듸나물'로, 『조선식물명휘』는 '바듸나물'로 기록한 것을 『조선식물향명집』에서 '바다나물'로 표기를 변경한 것인데, '바듸' 및 '바듸'는 베틀, 가마니틀, 방직기 따위에 딸린 기구의 하나인 바디를 뜻한다.[20] 한편 잘 해지는 곳에 안으로 덧대는 헝겊 조각을 이르는 고유어 '바대'에서 유래한 이름으로 보는 견해가 있으나,[21] 바대는 현대어로 옛말에서는 나타나지 않아 타당성에는 의문이 있다. 중국에서 전래된 한자명 前胡(전호)는 문헌에 종을 특정할 수 있는 내용이 기록되어 있지 않아 혼용이 있었다. 일제강점기에 저술된 『조선식물명휘』

와 『토명대조선만식물자휘』는 前胡(전호)에 대한 옛이름 '사양채'(또는 사약채)를 혼용하여 기록했고, 『조선식물향명집』도 바다나물과 전호(A. sylvestris) 모두에 한자명 '前胡'(전호)를 기록하기도 했다. 그러나 19세기에 저술된 『물명고』는 가을에 자주색과 흰색의 꽃이 핀다고 기록했으므로, '前胡'(전호)는 현재의 바다나물과 그 유사종을 의미했던 것으로 보인다.[22] 한의학에서는 前胡(전호)를 중국에 분포하는 *Peucedanum praeruptorum* Dunn (1903)과 한반도에 분포하는 바다나물의 뿌리로 보아 약재로 사용하고 있다.[23] 옛이름 '샤향취(사양치)'는 『향약집성방』에서 그다지 좋지 않은 향(뱀의 향기)이 나는 채소라는 의미의 한자명 '蛇香菜'(사향채)로 기록했고 『물명고』에서 뿌리에 향기가 있다고 했으므로, 약재로 사용하는 뿌리에서 뱀의 향기가 나고 나물로 식용한 것에서 유래한 것으로 보인다.

속명 *Angelica*는 그리스어 *angelos*(천사)에서 유래한 것으로 강심효과가 있는 약효와 관련하여 죽은 사람을 소생시킨다는 뜻에서 붙여졌으며 당귀속을 일컫는다. 종소명 *decursiva*는 '지느러미가 있는'이라는 뜻으로 엽축의 날개 모양 때문에 붙여졌다.

다른이름 바다나물/개당귀(정태현 외, 1942), 사약채/힌사약채(박만규, 1949), 흰꽃바다나물(이영노,

18 이러한 견해로 김병기(2013), p.214 참조.
19 이에 대해서는 『조선산야생식용식물』(1942), p.166 참조.
20 이에 대해서는 국립국어원, '표준국어대사전' 중 '바디' 참조. 현대어 '바디'의 어원은 『분류두공부시언해』(1481)의 '부듸'이고, 『자류주석』(1856), 『한불자전』(1880), 『자전석요』(1909), 『신자전』(1915), 『조선어사전』(1920) 등은 '바듸'로 표기했으며, 연대미상의 『잡록 수호지』는 '바듸'로 표기했다. 『잡록 수호지』의 기록에 대해서는 『고어대사전 9』(2016), p.23 참조.
21 이러한 견해로 김종원(2016), p.242 참조.
22 유희의 『물명고』(1824)는 "初生似邪蒿 葉如野菊而細瘦 秋紫白花 類蔥花 其根皮黑肉白其香 사향취"(처음 싹이 돋을 때 사호와 비슷하다. 잎은 야국을 닮았는데 가늘고 여리다. 가을에 자주색과 흰색의 꽃이 피고 꽃은 모여나는 종류이다. 그 뿌리의 표피는 검은색이고 뿌리 속은 희고 향기가 있다. '샤향취'라고 한다)라고 기록했다.
23 이에 대해서는 『대한민국약전외 한약(생약)규격집』(2016), p.166 참조. 한편 중국에서는 前胡(qian hu)를 기름나물속에 속하는 *Peucedanum praeruptorum* Dunn(1903)으로 보고 있다. 이에 대해서는 '중국식물지'(2018) 참조.

1976)

옛이름 前胡/蛇香菜(향약집성방, 1433),[24] 前胡(세종실록지리지, 1454), 前胡(구급이해방, 1499), 前胡/샤양칫불휘(동의보감, 1613), 前胡(승정원일기, 1625), 前胡(의림촬요, 1635), 前胡/샤양치불휘(산림경제, 1715), 前胡(일성록, 1777), 前胡(마과회통, 1798), 前胡/사양칫불휘(제중신편, 1799), 前胡(만기요람, 1808), 前胡/샤향취(물명고, 1824), 前胡/사양챗쑤리(방약합편, 1884), 前胡/사양챗쑤리/바대나물(선한약물학, 1931)[25]

중국/일본명 중국명 紫花前胡(zi hua qian hu)는 자주색 꽃이 피는 전호(前胡: *Peucedanum praeruptorum*의 중국명 또는 기름나물속, 당귀속, 큰참나물속, 산미나리속 식물의 통칭)라는 뜻이다. 일본명 ノダケ는 정확한 유래는 알려져 있지 않으나 한자명 '土當歸'(토당귀)를 음독한 것에서 유래했다는 견해가 있다.

참고 [북한명] 바디나물 [지방명] 까막취(강원), 가막취/갈고리나물/개당/개당나물/개발작/반디나물(경기), 까막바리/까막발/까막발나물(경남), 까마구발/까막바리/까막발/까막발나물/바디재이/바디쟁이/바리쟁이(경북), 개발자국나물/까치발나물/연삼(충남)

○ Angelica distans *Nakai* オホシラハノダケ
Hin-badinamul 흰바디나물

흰바디나물〈*Angelica cartilaginomarginata* var. *distans* (Nakai) Kitag.(1936)〉[26]

흰바디나물이라는 이름은 흰색의 꽃이 피고 바디나물을 닮았다는 뜻에서 붙여졌다. 『조선식물향명집』에서는 전통 명칭 '바디나물'을 기본으로 하고 식물의 형태적 특징을 나타내는 '흰'을 추가해 '힌바디나물'을 신칭했으나,[27] 『조선식물명집』에서 맞춤법에 따라 '흰바디나물'로 개칭해 현재에 이르고 있다. 한편 19세기에 저술된 『물명고』는 '前胡 샤향취'에 가을에 자주색과 흰색의 꽃이 핀다고 기록했으므로, 여기서 '前胡'(전호)는 현재의 바디나물(*Angelica decursiva*)과 그 유사종(흰바디나물 또는 처녀바디)을 의미했던 것으로 보인다.[28]

속명 *Angelica*는 그리스어 *angelos*(천사)에서 유래한 것으로 강심효과가 있는 약효와 관련하여

---

24 『향약집성방』(1433)의 차자(借字) '蛇香菜'(사향채)에 대해 남풍현(1999), p.176은 '샤향취'의 표기로 보고 있다.

25 『조선의 구황식물』(1919)은 '바듸나물'을 기록했으며 『조선식물명휘』(1922)는 '前胡, 사약채, 바디나물(救)'을, 『토명대조선만식물자휘』(1932)는 '[前胡]전호, [사양채]'를, 『선명대화명지부』(1934)는 '바대나물, 사약채'를, 『조선의산과와산채』(1935)는 '前胡, 새약치'를 기록했다.

26 '국가표준식물목록'(2018)은 본문의 학명으로 흰바디나물을 별도 분류하고 있으나, 『장진성 식물목록』(2014)은 이를 처녀바디(*A. cartilaginomarginata*)에 통합하고, '중국식물지'(2018)는 이를 별도 분류하지 않으므로 주의가 필요하다.

27 이에 대해서는 『조선식물향명집』, 색인 p.49 참조.

28 유희이 『물명고』(1824)는 "初生似邪蒿 葉如野菊而細瘦 秋紫白花 類蔥花 其根皮黑肉白其香 샤향취"(처음 싹이 돋을 때 사호와 비슷하다. 잎은 야국을 닮았는데 가늘고 여리다. 가을에 자주색과 흰색의 꽃이 피고 꽃은 모여나는 종류이다. 그 뿌리의 표피는 검은색이고 뿌리 속은 희고 향기가 있다. '샤향취'라고 한다)라고 기록했다.

죽은 사람을 소생시킨다는 뜻에서 붙여졌으며 당귀속을 일컫는다. 종소명 *cartilaginomarginata* 는 '가장자리가 연골질인'이라는 뜻이며, 변종명 *distans*는 '떨어져 있는'이라는 뜻이다.

다른이름 흰바디나물(정태현 외, 1937), 흰바디(박만규, 1949), 흰사약채(안학수·이춘녕, 1963)

옛이름 前胡/샤향취(물명고, 1824)

중국/일본명 '중국식물지'는 이를 별도 기재하지 않고 있다. 일본명 オホシラハノダケ(大-)는 식물체가 크고 흰색의 꽃이 피는 모습이 처녀(シラハ) 같은 바디나물(ノダケ)이라는 뜻이다.

참고 [북한명] 흰바디나물

○ Angelica flaccida *Komarov*   コバノノダケ
Janip-badi   잔잎바디

잔잎바디⟨*Angelica czernaevia* (Fisch. & C.A.Mey.) Kitag.(1936)⟩

잔잎바디라는 이름은 '잔잎'과 '바디'의 합성어로, 잎이 작은 바디나물이라는 뜻에서 유래했다.[29] 옛 문헌에 기록된 이름과 최근의 방언이 확인되지 않는 점에 비추어 『조선식물향명집』에서 전통 명칭 '바디'(나물)를 기본으로 하고 식물의 형태적 특징을 나타내는 '잔잎'을 추가해 신칭한 것으로 추정된다.[30]

속명 *Angelica*는 그리스어 *angelos*(천사)에서 유래한 것으로 강심효과가 있는 약효와 관련하여 죽은 사람을 소생시킨다는 뜻에서 붙여졌으며 당귀속을 일컫는다. 종소명 *czernaevia*는 러시아 식물학자 Vassilii Matveievitch Czernajew(1796~1871)의 이름에서 유래한 것으로 보인다.

다른이름 선바디나물/개강활(박만규, 1949), 가는잎바디(박만규, 1974)

중국/일본명 중국명 柳叶芹(liu ye qin)은 버드나무 잎 모양의 근(芹: 미나리 종류의 중국명)이라는 뜻이다. 일본명 コバノノダケ(小葉の-)는 작은잎을 가진 바디나물(ノダケ)이라는 뜻이다.

참고 [북한명] 선바디나물

○ Angelica koreana *Maximowicz*   テウセンオニウド
Ganghwal   강활   羌活

강활⟨*Ostericum praeteritum* Kitag.(1971)⟩[31]

---

29 이러한 견해로 이우철(2005), p.444 참조.

30 다만 『조선식물향명집』, 색인 p.45는 신칭했다는 점을 별도로 표시하지 않고 있으므로 주의가 필요하다.

31 '국가표준식물목록'(2018)은 강활의 학명을 본문과 같이 기재하고 있으나, 『장진성 식물목록』(2014)은 묏미나리속의 가는바디(*O. maimowiczii*)의 이명(synonym)으로 처리하고, '중국식물지'(2018)와 '세계식물목록'(2018)은 학명을 *Ostericum*

강활이라는 이름은 한자명 '羌活'(강활)에서 비롯한 것으로, 중국의 강(羌) 지역에서 자라는 약성이 활발(맹렬)한 식물이라는 뜻에서 유래했다.[32] 6세기경 저술된 중국의 『신농본초경집주』는 "此州郡縣並是羌地 羌活形細而多節軟潤 氣息極猛烈"(이것이 자라는 주, 군, 현은 모두 강 지역이다. 강활은 모양이 가늘면서 마디가 많고 엷으면서 반질반질하며, 기운과 숨이 매우 맹렬하다)이라고 기록했다. 중국에서는 예부터 강활이 어떤 식물을 일컫는 것인지에 대해서 논의가 분분했다. 예컨대 『본초강목』은 "獨活羌活乃一類二種 以他地者爲獨活 西羌者爲羌活"(독활과 강활은 한 가지이면서 두 종류로 다른 지역의 것은 독활이라 하고 서강 지역의 것은 강활이라 한다)이라고 하여 독활과 유사한

식물로 보기도 했다. 현재 '중국식물지'는 노란색의 꽃이 피는 *Notopterygium incisum* Ting ex H. T. Chang(1975)을 '羌活'(강활)로 보고 있다. 우리나라에서도 羌活(강활)에 대해서 19세기에 저술된 『물명고』는 "六月開花 或黃或紫"(음력 6월에 꽃이 피는데 어떤 것은 노랗고 어떤 것은 자주색이다)라고 기록해 현재의 종과는 다른 식물을 일컬었던 것으로 보이고, 『조선식물향명집』에 기록된 *Angelica koreana* Maximowicz(1887)를 현재는 신감채(*O. grosseserratum*)에 통합하고 있는 등 분류학적 실체는 여전히 논란이 되고 있다.[33] 또한 최근 강활<*Angelica reflexa* B.Y. Lee(2013)>로 분류하는 것은 기존의 강활(*O. praeteritum*)을 신감채에 통합하는 견해에 따라 강활을 일컫는 별도의 식물이 없다는 인식을 바탕으로 한 이름이어서 전통적으로 사용하던 羌活(강활)이라는 이름에 대한 종을 동정(同定)한 것은 아니므로 주의가 필요하다.[34]

속명 *Ostericum*은 그리스어 *hysterikos*(히스테리)가 어원으로, 이 속 식물이 히스테리에 효과가 있어 약용한 것에서 유래했으며 묏미나리속을 일컫는다. 종소명 *praeteritum*은 '지나간, 과거의'라는 뜻이다.

다른이름 강활(정태현 외, 1936), 강호리(정태현 외, 1949)

옛이름 羌活/강활(구급간이방언해, 1489), 羌活(구급이해방, 1499), 羌活(중종실록, 1544), 강호리/羌活/강활(언해두창집요, 1608), 羌活/강호리(동의보감, 1613), 羌活(의림촬요, 1635), 羌活/강호리(산림경제, 1715), 獨活/강호리/羌活(재물보, 1798), 羌活/강호리(제중신편, 1799), 羌活/강호리/羌靑/胡王使者/張生

sieboldii (Miq.) Nakai var. *praeteritum* (Kitagawa) Huang(1971)으로 기재하고 묏미나리(*O. sieboldii*)의 변종으로 보고 있으므로 주의가 필요하다.

32   이러한 견해로 이우철(2005), p.42 참조.

33   이에 대해서는 '국가표준식물목록'(2018)과 『장진성 식물목록』(2014), p.218 참조.

34   이에 대해서는 Lee et al.(2013), pp.245-248 참조. 한편 『장진성 식물목록』(2014), p.211은 이 학명을 왜천궁<*Angelica genuflexa* Nutt. ex Torr. & A. Gray(1840)>에 통합하고 이명(synonym)으로 처리하고 있으므로 주의가 필요하다.

草(광재물보, 19세기 초), 강활/강호리(화왕본긔, 19세기 초), 羌活(목민심서, 1818), 羌活/아샹이/강호리/羌靑/獨搖草/護羌使者/張生草(물명고, 1824), 羌活/강호리(방약합편, 1884), 羌活/강호리(선한약물학, 1931)[35]

중국/일본명 중국명 狭叶山芹(xia ye shan qin)은 좁은 잎을 가진 산근(山芹: 묏미나리의 중국명)이라는 뜻이다. 일본명 テウセンオニウド(朝鮮鬼独活)는 한반도(조선)에 분포하는 식물체가 큰 독활(ウド)이라는 뜻이다.

참고 [북한명] 강활 [유사어] 강청(羌靑), 장생초(張生草) [지방명] 독활(충남)

○ Angelica Maximowiczii *Bentham et Hooker* ホソバノダケ
Ganŭn-badi 가는바디

가는바디〈*Ostericum maximowiczii* (F.Schmidt) Kitag.(1936)〉

가는바디라는 이름은 바디나물을 닮았는데 그보다 잎의 열편이 가늘다는 뜻에서 붙여졌다.[36] 잎이 3회 깃모양겹잎으로 작은잎은 피침모양으로 가늘게 갈라진다. 『조선식물향명집』에서 전통 명칭 '바디'(나물)를 기본으로 하고 식물의 형태적 특징을 나타내는 '가는'을 추가해 신칭했다.[37]

　속명 *Ostericum*은 그리스어 *hysterikos*(히스테리)가 어원으로, 이 속 식물이 히스테리에 효과가 있어 약용한 것에서 유래했으며 묏미나리속을 일컫는다. 종소명 *maximowiczii*는 러시아 식물학자로 동북아 식물을 연구한 Carl Johann Maximowicz(1827~1891)의 이름에서 유래했다.

다른이름 가는잎마디나물(박만규, 1949), 가는멧미나리(박만규, 1974), 신감채(한진건 외, 1982), 가는바디풀(임록재 외, 1996)

중국/일본명 중국명 全叶山芹(quan ye shan qin)은 톱니가 없는 전연의 잎을 가진 산근(山芹: 묏미나리의 중국명)이라는 뜻이다. 일본명 ホソバノダケ(細葉–)는 가는 잎을 가진 바디나물(ノダケ)이라는 뜻이다.

참고 [북한명] 가는바디풀

35　『조선한방약료식물조사서』(1917)는 '강호리(東醫), 羌活'을 기록했으며 『조선어사전』(1920)은 '羌活, 강호리'를, 『조선식물명휘』(1922)는 '羌活, 강활(藥)'을, 『토명대조선만식물자휘』(1932)는 '[羌活]강활, [강호리]'를, 『선명대화명지부』(1934)는 '강활'을 기록했다.

36　이러한 견해로 이우철(2005), p.20 참조.

37　이에 대해서는 『조선식물향명집』, 색인 p.30 참조.

1317

Angelica Miqueliana *Maximowicz*　ヤマゼリ
Moet-minari 묏미나리

묏미나리〈*Ostericum sieboldii* (Miq.) Nakai(1942)〉

묏미나리라는 이름은 산(뫼)에 사는 미나리 또는 산지에서 야
생하는 미나리라는 뜻에서 유래했다.[38] 옛 문헌에서 현재의 묏
미나리를 일컫는 기록은 별도로 발견되지 않는 것으로 보인다.
『향약구급방』의 '山叱水乃立'(묏믈나리)이나 『동의보감』의 '묃
미나리'는 "葉如竹葉 亦似麥門冬葉而短 七月開黃花"(잎은 댓잎
과 같고, 맥문동 잎과도 비슷한데 조금 짧다. 음력 7월에 노란 꽃이 핀
다)라고 했으므로 현재의 시호를 일컫는 것이다.[39] 묏미나리와
같은 뜻을 지닌 한자명 '山芹'(또는 山芹菜)을 기록한 『물명고』는
한글명으로 '참나물'(또는 츰ㄴ물)이라 하고 "葉大似當歸 味香
美"(잎은 크고 당귀와 비슷한데 맛은 향기롭고 좋다)라고 했으므로,
당시의 '山芹'(산근)은 현재의 참나물을 일컫는 것으로 보인다.[40]
『조선식물향명집』을 저술할 당시의 방언도 별도로 확인되지 않고 있다. 『조선식물향명집』에서는
묏미나리의 꽃 색이나 겹잎의 잎의 모양 등이 미나리와 비슷하므로 옛 문헌에서 시호의 한글명으로
사용했던 '묏미나리'라는 한글명을 빌려와 이름을 신칭한 것으로 보인다.[41] 『조선식물향명집』 이후
에 정태현이 주도해 저술한 『조선산야생식용식물』은 '산미나리'라는 조선명이 있었음을 기록했고,
현재의 방언 조사에서도 각 지역에서 '돌미나리', '산미나리', '멧미나리' 등이 발견되었다.[42] 이러한
점에 비추어 문헌에 기록되지는 않았지만 묏미나리와 비슷한 명칭을 실제로 민간에서 사용했을 수
있으며 그 뜻이 묏미나리와 큰 차이가 없으므로, 『조선식물명집』에서 이름을 개칭하지 않았고 그

38 이러한 견해로 이우철(2005), p.228 참조.

39 '묏미나리'라는 이름이 시호를 일컫는 것으로 보이는 옛 문헌의 기록으로는 柴胡/山叱水乃立(향약구급방, 1236), 柴胡/묏미
나리(분문온역이해방, 1542), 柴胡/묃미나리(동의보감, 1613), 柴胡/묏미나리(사의경험방, 17세기), 柴胡/묃미나리/츰ㄴ물불휘(산림
경제, 1715), 柴胡/묏미나리(제중신편, 1799), 柴胡/묏미ㄴ리/地薰(물명고, 1824), 柴胡/묏미나리(의종손익, 1868), 柴胡/묏미나리(방
약합편, 1884) 등이 있다.

40 한자명 '山芹'이 현재의 참나물을 일컫는 것으로 보이는 옛 문헌의 기록으로는 山芹菜/츰ㄴ물(역어유해, 1690), 山芹/참나
물(광재물보, 19세기 초), 山芹/참나믈(물명고, 1824), 山芹菜/츰ㄴ물(오주연문장전산고, 185?), 山芹(의휘, 1871) 등이 있다.

41 『조선식물향명집』, 색인 p.37은 전통 명칭 '미나리'를 기본으로 하고 식물의 산지(産地)를 나타내는 '묏'을 추가해 이름을
신칭한 것으로 기록했다. 그러나 정태현이 주도해 저술한 『조선산야생약용식물』(1936), p.174는 약재명 '柴胡'(시호)에 대
한 조선명으로 '묏미나리, 시호'를 기록했던 점을 고려할 때 묏미나리라는 이름을 완전히 새롭게 정했다기보다는 문헌에
기록된 '柴胡'(시호)의 한글명을 차용해 묏미나리(O. sieboldii)를 일컫는 이름으로 사용한 것으로 보이고, 『조선식물향명
집』 색인에서 이름을 신칭했다는 취지로 기록한 것은 이와 같은 뜻으로 추론된다.

42 이에 대해서는 『한국의 민속식물』(2017), p.879 참조.

이름이 현재로 이어지고 있는 것으로 보인다. 한편 묏미나리라는 이름이 산미나리라는 뜻의 일본명 ヤマゼリ에서 유래했다는 견해가 있다.[43] 그러나 다른 종의 식물을 일컫긴 했지만 옛 문헌에 '묏미나리'라는 이름이 있었고, 같은 뜻의 '山芹'(산근)이라는 한자명이 있었으며 중국명도 동일한 것을 고려할 때, 그 유래를 일본명에서 찾는 것은 무리가 있는 해석으로 보인다.

속명 *Ostericum*은 그리스어 *hysterikos*(히스테리)가 어원으로, 이 속 식물이 히스테리에 효과가 있어 약용한 것에서 유래했으며 묏미나리속을 일컫는다. 종소명 *sieboldii*는 독일 의사이자 생물학자로 일본 식물을 연구한 Philipp Franz von Siebold(1796~1866)의 이름에서 유래했다.

다른이름 산미나리(정태현 외, 1942), 뫼미나리(임록재 외, 1972), 멧미나리(박만규, 1974), 메미나리(한진건 외, 1982)

중국/일본명 중국명 山芹(shan qin)은 산에서 자라는 근(芹: 미나리 종류의 중국명)이라는 뜻이다. 일본명 ヤマゼリ(山芹)도 산에서 자라는 미나리(セリ)라는 뜻이다.

참고 [북한명] 뫼미나리 [유사어] 산근(山芹) [지방명] 돌미나리/미나리/시호(강원), 돌미나리(경기), 돌미나리(경남), 돌미나리/맷미나리/멧미나리(경북), 돌미나리(전북), 산미나리(충남)

Angelica polymorpha *Maximowicz*　シラネセンキユ　川芎
Gunggungi 궁궁이(천궁)

궁궁이〈*Angelica polymorpha* Maxim.(1873)〉

궁궁이라는 이름은 '궁궁'(芎藭)과 '이'(접미사)의 합성어로, '궁궁'(芎藭)은 활 모양으로 하늘을 향해 끝없이 이어져 있는 모습을 나타내며 약성이 주로 사람의 머리를 치료하는 것에서 유래했다.[44] 중국의 『본초강목』은 "或云 人頭穹窿窮高 天之象也 此藥上行 專治頭腦諸疾 故有芎藭之名"(혹은 사람의 머리가 하늘 높이 솟아 있어 하늘의 모양이라 하였다. 이 약은 위쪽을 운행하여 머리의 여러 가지 질병을 주로 치료하므로 궁궁이라는 이름이 있게 되었다)이라고 기록했다. 옛 문헌에서는 '芎藭'(궁궁)과 '川芎'(천궁)을 따로 보지 않았는데,[45] 현재 芎藭(궁궁)은 *A. polymorpha*를 일컫고 川芎(천궁)은 *Ligusticum officinale*를 일컫는 이름으로 사용하고 있다.[46] 13세기에 저술된 『향약구급방』은

43　이러한 견해로 이우철(2005), p.228 참조.
44　이러한 견해로 이우철(2005), p.93과 이덕봉(1963), p.7 참조.
45　중국의 『본초강목』(1596)은 "以胡戎者爲佳 故曰胡藭 古人因其根節狀如馬銜 謂之馬銜芎藭 後世因其狀如雀腦 謂之雀腦芎 其出關中者 呼爲京芎 亦曰西芎 出蜀中者 爲川芎 出天台者 爲台芎 出江南者 爲撫芎 皆因地而名也"(오랑캐 지역에서 나는 것을 좋게 여기므로 호궁이라 한다. 옛사람들은 뿌리와 마디의 모양이 마함과 같기 때문에 마함궁궁이라 하였다. 후세에는 참새의 뇌와 같기 때문에 작뇌궁이라 하였다. 관중에서 나는 것을 경궁이라 부르거나 서궁이라 하고, 촉 지역에서 나는 것은 천궁이라 하고, 천태 지역에서 나는 것은 태궁이라 하고, 강남에서 나는 것은 무궁이라 하는데, 모두 지역으로 인하여 이름이 붙여졌다)라고 하였고, 우리 옛 문헌 『물명고』(1824)는 "川芎 芎藭出於蜀中"(천궁은 촉 지역에서 나는 궁궁이다)이라고 기록했다.
46　'중국식물지'(2018)는 '川芎'(芎藭)을 *Ligusticum sinense* cv. Chuanxiong을 일컫는 명칭으로 사용하고 있으며, 한의학계에

고유어로 뱀말이풀(뷘얌말이풀) 또는 뱀두르기풀(뷘얌두러기풀)
이 있었음을 기록했으나, 15세기 이후 소멸되어 현재의 이름
으로 이어지지는 않았다.

속명 *Angelica*는 그리스어 *angelos*(천사)에서 유래한 것
으로 강심효과가 있는 약효와 관련하여 죽은 사람을 소생
시킨다는 뜻에서 붙여졌으며 당귀속을 일컫는다. 종소명
*polymorpha*는 '여러 형태의'라는 뜻이다.

다른이름 천궁(정태현 외, 1937), 분주나물/산천궁(정태현 외,
1942), 제주사약채(박만규, 1949), 개강활(정태현 외, 1949), 천궁
(정태현, 1956), 토천궁(안학수·이춘녕, 1963), 백봉천궁/심산천궁
(임록재 외, 1972)

옛이름 芎藭/芎藭草/蛇休草/蛇避草(향약구급방, 1236),[47] 芎藭/蛇休草/蛇避草(향약채취월령, 1431),
芎藭(향약집성방, 1433), 芎藭(세종실록지리지, 1454), 芎藭/궁궁잇불휘(구급간이방언해, 1489), 川芎/천궁
(언해두창집요, 1608), 川芎/천궁(언해태산집요, 1608), 芎藭/궁궁이/雀腦芎/川芎/蘪芎/蘪蕪(동의보감,
1613), 芎藭/궁궁이(재물보, 1798), 川芎/궁궁(제중신편, 1799), 芎藭/궁궁이닙(물보, 1802), 芎藭/궁궁이/
胡芎/香果川芎(광재물보, 19세기 초), 궁궁/궁궁이(화왕본긔, 19세기 초), 芎藭/궁궁이/胡芎/香果/川芎(물
명고, 1824), 芎藭/胡藭/川芎(임원경제지, 1842), 芎藭/궁궁/香草(자류주석, 1856), 川芎/궁궁(의종손익,
1868), 텬궁/川芎(농가월령가, 1876), 궁궁이/川芎(한불자전, 1880), 川芎/궁궁(방약합편, 1884), 芎藭/궁궁
이(한영자전, 1890), 芎藭/궁궁이(국한회어, 1895), 芎藭/궁궁이(일용비람기, 연대미상), 芎/궁궁이(아학편,
1908), 香草/芎藭/궁궁이(자전석요, 1909), 芎藭/香草/궁궁이/芸(신자전, 1915), 芎/香草/궁궁이(의서옥
편, 1921), 川芎/궁궁이(선한약물학, 1931)[48]

중국/일본명 중국명 拐芹(guai qin)은 지팡이를 닮은 근(芹: 미나리 종류의 중국명)이라는 뜻으로, 줄기
가 지팡이를 닮았다고 하여 붙여진 것으로 보인다. 일본명 シラネセンキュ(白根川芎)는 시라네산
(白根山)에서 발견된 천궁(川芎)이라는 뜻이다.

참고 [북한명] 백봉천궁 [유사어] 궁궁(芎藭), 산궁궁(山芎藭), 산천궁(山川芎), 운초(芸草), 운향(芸香),

서는 『동의보감』(1613)의 '芎藭/궁궁이'를 중국천궁(*Ligusticum sinense*) 또는 천궁(*Ligusticum officinale*)의 땅속줄기를 뜻하
는 것으로 보고 있다. 이에 대해서는 『신대역』 동의보감』(2012), p.2007 참조. 한편 『조선산야생약용식물』(1936), p.175도 대
구, 대전 및 평양의 약재시장에서 거래되는 천궁(川芎)을 *Ligusticum officinale*(=*Cnidium officinale*)로 보았다.

47 『향약구급방』(1236)의 차자(借字) '蛇休草/蛇避草'(사휴초/사피초)에 대해 남풍현(1981), p.46은 '뷘얌말이풀/뷘얌두러기풀'의
표기로 보고 있으며, 이덕봉(1963), p.7은 '뷘얌말풀/?'의 표기로, 손병태(1996), p.18은 '뷘얌말풀/뷘얌둘홉풀'의 표기로 보
고 있다.

48 『조선한방약료식물조사서』(1917)는 *Cnidium officinale*에 대해 '궁궁이(東醫), 川芎'을 기록했으며 『조선어사전』(1920)은
'芎藭(궁궁), 궁궁이'를, 『조선식물명휘』(1922)는 '當歸, 川芎, 천궁(藥)'을, 『토명대조선만식물자휘』(1932)는 *C. officinale*에
대해 '[川芎]천궁, [芎藭]궁궁이, [蘪蕪(茶)]미무(나물)'를, 『선명대화명지부』(1934)는 '천궁'을 기록했다.

천궁(川芎), 천궁이(川芎이) [지방명] 궁갱이/도랑대(강원), 궁게이/궁깽이(경남), 거른대/거무노리(경북), 궁겅이/궁겡이/궁경이/궁궝이/궁깅이(제주)

○ Angelica tenuissima *Nakai*　ニホヒウヰキヤウ
Gobon　고본　藁本·古本

고본⟨*Angelica tenuissima* Nakai(1919)⟩

고본이라는 이름은 한자명 '藁本'(고본)에서 비롯했으며 '藁'(고)는 마른나무, '本'(본)은 뿌리의 뜻으로, 뿌리의 윗부분에서 싹이 나는 부분까지의 모양이 마른나무와 비슷하다는 뜻에서 유래했다.[49] 『동의보감』은 "葉似白芷香 又似芎藭 但藁本葉細耳 以其根上苗下似藁 故名藁本"(잎은 백지향이나 궁궁이와 유사한데 다만 고본은 잎이 가늘 뿐이다. 그 뿌리 위에 싹이 나는데 그 아래가 마른나무와 비슷해서 고본이라고 하였다)이라고 기록했다. 즉, 뿌리와 싹이 나는 모양에서 유래한 이름이다.

　속명 *Angelica*는 그리스어 *angelos*(천사)에서 유래한 것으로 강심효과가 있는 약효와 관련하여 죽은 사람을 소생시킨다는 뜻에서 붙여졌으며 당귀속을 일컫는다. 종소명 *tenuissima*는 '매우 섬세한, 매우 얇은'이라는 뜻으로 가늘게 갈라지는 잎의 모양에서 유래했다.

다른이름　고번(정태현 외, 1936), 고분(임록재 외, 1972)

옛이름　藁本(향약집성방, 1433), 藁本(세종실록지리지, 1454), 藁本(구급이해방, 1499), 藁本(신증동국여지승람, 1530), 藁苯/地新草/숭의ᄂ물(촌가구급방, 1538), 藁本/고본(언해태산집요, 1608), 藁本(동의보감, 1613), 藁本/고본(구황촬요벽온방, 1639), 藁本(산림경제, 1715), 藁本(광제비급, 1790), 藁本(광재물보, 19세기 초), 藁本(만기요람, 1808), 藁本(목민심서, 1818), 藁本(물명고, 1824), 藁本(의종손익, 1856), 藁本(의휘, 1871), 藁本(수세비결, 1929), 藁本(선한약물학, 1931)[50]

중국/일본명　중국명 細叶藁本(xi ye gao ben)은 잎이 가는 고본(藁本: 중국에서는 *Ligusticum sinense*를 일컬음)이라는 뜻이다. 일본명 ニホヒウヰキヤウ(匂い茴香)는 향이 있는 회향(ウヰキヤウ)이라는 뜻이다.

참고　[북한명] 고본

49　이러한 견해로 이우철(2005), p.76과 김병기(2013), p.213 참조.
50　『조선어사전』(1920)은 '藁本(고본)'을 기록했으며 『조선식물명휘』(1922)는 '古本'을, 『토명대조선만식물자휘』(1932)는 '[藁本]고본'을 기록했다.

⊗ Angelica Uchiyamana *Yabe* ニホヒウド
Singamchae 신감채(辛甘菜) 當歸

신감채〈*Ostericum grosseserratum* (Maxim.) Kitag.(1936)〉

신감채라는 이름은 한자명 '辛甘菜'(신감채)에서 비롯했으며,
어린잎을 나물로 식용할 때 맵고 단 맛이 나는 것에서 유래했
다.[51] 어린잎을 식용했다.[52] 옛 문헌에 기록된 '辛甘菜'(신감채)
와 '辛甘草'(신감초)는 원래 중요 약재였던 當歸(당귀)의 별칭이
었다. 17세기에 저술된 『동악집』은 "當歸俗名辛甘"(당귀를 속
명으로 신감이라 한다)이라고 했고, 19세기에 저술된 『물명고』
는 당귀의 별칭으로 '辛甘菜'(신감채)를 기록하면서 "東俗語"(우
리나라의 속어이다)라고 했으며, 『명물기략』도 당귀의 별칭으
로 "辛甘草 신감초"를 기록했다. 그런데 일제강점기에 일본인

이 조선 식물을 조사한 『조선한방약료식물조사서』와 『조선
식물명휘』는 일부 지역의 방언 조사 등을 근거로 우리 옛 문
헌의 '當歸'(당귀)를 참당귀〈*Angelica gigas* Nakai(1917)〉가 아닌 신감채〈*A. uchiyamana*(=*O.
grosseserratum*)〉로 보았다. 정태현이 주도해 저술한 『조선산야생약용식물』은 대구와 평양의 약
재시장을 조사하여 실제 조선에서는 참당귀(*A. gigas*)를 약재로 사용한다는 것을 확인하고, 신감
채(*O. grosseserratum*)를 당귀로 보지 않았다.[53] 참당귀는 중요 약재임과 동시에 어린잎을 식용했
는데,[54] 이 과정에서 지역에 따라 당귀와 신감채(신감초)라는 이름이 여러 식물을 일컫는 것으로 혼
용되었던 것으로 보인다.[55] 『조선식물향명집』은 옛 문헌의 기록보다 실제 지역에서 사용하는 말을
우선하여 '신감채'라는 이름을 기록했고 이것이 현재에 이르고 있다.

속명 *Ostericum*은 그리스어 *hysterikos*(히스테리)가 어원으로, 이 속 식물이 히스테리에 효과
가 있어 약용한 것에서 유래했으며 묏미나리속을 일컫는다. 종소명 *grosserratum*은 '큰 톱니
가 있는'이라는 뜻으로 잎의 모양에서 유래했다.

다른이름 신가삼/당귀(박만규, 1949), 강활(한진건 외, 1982)

---

51 이러한 견해로 이우철(2005), p.366 참조.
52 이에 대해서는 『한국의 민속식물』(2017), p.877 참조.
53 이에 대해서는 『조선산야생약용식물』(1936), p.170 참조.
54 참당귀(*A. gigas*)의 어린잎을 식용했다는 것에 대해서는 『조선산야생식용식물』(1942), p.167 참조.
55 강원도에서 '辛甘草'(신감초)를 현재이 신감채를 의미하는 것으로 사용했다는 것에 대해서는 『조선한방약료식물조사서』
    (1917), p.56 참조. 그리고 현재의 신감채를 경남에서는 당귀라고도 한다는 것에 대해서는 『한국의 민속식물』(2017),
    p.877 참조.

僧甘草/辛甘草(목은집, 1404), 辛甘草(세종실록지리지, 1454), 辛甘菜(연산군일기, 1500), 辛甘菜(신증동국여지승람, 1530), 辛甘菜(승정원일기, 1631), 辛甘菜/當歸(동악집, 1640), 辛甘草(산림경제, 1715), 辛甘菜(연려실기술, 1776), 辛甘草/신감치(해동농서, 1799), 辛甘菜(만기요람, 1808), 當歸/승엄초/辛甘菜(물명고, 1824), 辛甘菜(오주연문장전산고, 185?), 當歸/당귀/辛甘草/신감초(명물기략, 1870), 승검초/싱검초(조선어표준말모음, 1936)[56]

중국명 大齒山芹(da chi shan qin)은 큰 톱니가 있는 잎을 가진 산근(山芹: 묏미나리의 중국명)이라는 뜻이다. 현재 중국에서 當歸(당귀)는 *Angelica sinensis* (Oliv.) Diels(1900)를 일컫는다. 일본명 ニホヒウド(匂い独活)는 향이 있는 독활(ウド)이라는 뜻이다.

[북한명] 신감채 [유사어] 당귀(當歸), 신감초(辛甘草) [지방명] 당구/당귀(경남), 묵밭두드러기(경북)

Anthriscus sylvestris *Hoffmann*　シヤク
Jónho　전호　前胡

전호〈*Anthriscus sylvestris* (L.) Hoffm.(1814)〉

전호라는 이름은 중국에서 전래된 한자명 '前胡'(전호)에서 유래한 것으로 그 정확한 뜻은 알려져 있지 않다.[57] 옛 문헌에 기록된 前胡(전호)가 어떤 종을 일컫는 것인지를 확인하기 어려워 실제 사용할 때 종(species)의 혼동이 있었던 것으로 보인다. 일제강점기에 저술된 『조선식물명휘』와 『토명대조선만식물자휘』는 前胡(전호)에 대한 옛이름 '사양채'(또는 사약채)를 혼용하여 기록했고, 『조선식물향명집』도 바다나물과 전호 모두에 한자 '前胡'(전호)를 기록하기도 했다. 한편 19세기에 저술된 『물명고』는 가을에 자주색과 흰색의 꽃이 핀다고 기록했으므로, '前胡'(전호)는 현재의 바다나물과 그 유사종을 의미했던 것으로 보인다.[58] 중국에서는 前胡(qian hu)를 기름나

56　『조선한방약료식물조사서』(1917)는 '辛甘草(江原), 승엄초, 當歸(東醫)'를 기록했으며 『조선의 구황식물』(1919)은 '승걸초'를, 『조선식물명휘』(1922)는 '當歸, 당귀, 승엄초(藥)'를, 『토명대조선만식물자휘』(1932)는 학명 *Ligusticum scoticum*에 대해 '[當歸(草)]당귀(초), [승검초], [辛甘菜]신감치'를, 『선명대화명지부』(1934)는 '당귀, 승엄초, 승엄초'를 기록했다.

57　중국의 『본초강목』(1596)은 "名義未解"(이름의 의미를 해석할 수 없다)라고 기록했다.

58　유희의 『물명고』(1824)는 "初生似邪蒿 葉如野菊而細瘦 秋紫白花 類蔥花 其根皮黑肉白其香 샤향취"(처음 싹이 돋을 때 사호와 비슷하다. 잎은 야국을 닮았는데 가늘고 여리다. 가을에 자주색과 흰색의 꽃이 피고 꽃은 모여나는 종류이다. 그 뿌리의 표피는 검은색이고 뿌리 속은 희고 향기가 있다. '샤향취'라고 한다)라고 기록했다.

물속에 속하는 *Peucedanum praeruptorum* Dunn(1903)으로 보고 있다.[59]

속명 *Anthriscus*는 향초의 일종인 southern chervil(*Scandix australis* L.)의 고대 그리스명 *anthriskon*에서 유래했으며 전호속을 일컫는다. 종소명 *sylvestris*는 '숲속에서 자라는, 야생의'라는 뜻이다.

다른이름 동치/사양채(정태현 외, 1936), 동지(박만규, 1949), 사약채(정태현 외, 1949), 반들전호/큰전호(안학수·이춘녕, 1963), 생치나물/물생치나물(김현삼 외, 1988), 산생치나물(리용재 외, 2011)

옛이름 前胡/蛇香菜(향약집성방, 1433),[60] 前胡(세종실록지리지, 1454), 前胡(구급이해방, 1499), 前胡/射香菜/샤향치(촌가구급방, 1538), 前胡/샤양칫불휘(동의보감, 1613), 前胡(승정원일기, 1625), 前胡(의림촬요, 1635), 前胡/샤양칫불휘(산림경제, 1715), 前胡(일성록, 1777), 前胡/샤양취(재물보, 1798), 前胡(마과회통, 1798), 前胡/사양칫불휘(제중신편, 1799), 前胡/전호(물보, 1802), 前胡(만기요람, 1808), 前胡/샤향치(물명고, 1824), 前胡/사양챗뿌리(방약합편, 1884)[61]

중국/일본명 중국명 峨參(e shen)은 높은 산 또는 산 사면에서 자라는 인삼(參)이라는 뜻으로, 서식처와 뿌리를 약용한 것과 관련된 이름으로 보인다. 일본명 シャク는 어원 불명으로, 원래는 サクラ 불리는 シシウド(독활)를 지칭하는 이름이었다고 한다.

참고 [북한명] 생치나물/산생치나물[62] [지방명] 묵밭디디기/물상초/물생추/물생취/분주/분추(강원), 목밭디디/분재나물/전어/전오/전호나물(경북), 갯당근/새새이/세생이/쌔쌔이(전남), 개당근(전북)

⊗ **Bupleurum euphorbioides** *Nakai*   タイゲキサイコ
Dúngdae-siho   등대시호

등대시호〈*Bupleurum euphorbioides* Nakai(1914)〉

등대시호라는 이름은 노란색의 우산모양꽃차례로 피는 꽃의 모양이 등대를 연상시키는 시호라는 뜻에서 붙여진 것으로 추정한다. 『조선식물향명집』에서 전통 명칭 '시호'를 기본으로 하고 식물의 형태적 특징을 나타내는 '등대'를 추가해 신칭했다.[63] 일제강점기에 '등대'는 배의 항해를 안내하는 탑 모양의 시설인 등대뿐만 아니라 등잔을 받치는 대(등잔 받침대 또는 손잡이)의 뜻으로도 사용했

---

59 한의학에서는 前胡(전호)를 중국에 분포하는 *Peucedanum praeruptorum* Dunn(1903)과 한반도에 분포하는 바디나물(*Angelica decursiva*)의 뿌리로 보아 약재로 사용하고 있다. 이에 대해서는 『대한민국약전외 한약(생약)규격집』(2016), p.166 참조.

60 『향약집성방』(1433)의 차자(借字) '蛇香菜'(사향채)에 대해 남풍현(1999), p.176은 '샤향치'의 표기로 보고 있다.

61 『조선한방약료식물조사서』(1917)는 '시양치(東醫), 前胡'를 기록했으며 『조선어사전』(1920)은 '前胡, 사양채'를, 『조선식물명휘』(1922)는 '前胡, 전호, 샤양치(藥)'를, 『선명대화명지부』(1934)는 '샤양채, 전호'를 기록했다.

62 북한에서는 *A. aemula*를 '생치나물'로, *A. sylvestris*를 '산생치나물'로 하여 별도 분류하고 있다. 이에 대해서는 리용재 외(2011), p.170 참조.

63 이에 대해서는 『조선식물향명집』, 색인 p.36 참조.

고, 등대풀의 '등대'도 등잔을 받치는 대의 뜻이므로 꽃차례가 등대풀을 닮았다는 뜻에서 유래했을 수도 있다.

속명 *Bupleurum*은 그리스어 *bous*(황소)와 *pleuron*(갈비뼈)의 합성어로, 아미(*Ammi majus*)의 그리스명에서 유래했으며 시호속을 일컫는다. 종소명 *euphorbioides*는 *Euphorbia*(대극속)와 유사하다는 뜻이다.

다른이름 등때시호(정태현, 1956)

중국/일본명 중국명 大苞柴胡(da bao chai hu)는 포엽이 큰 시호(柴胡: 두메시호 또는 시호속의 중국명)라는 뜻이다. 일본명 タイゲキサイコ(大戟柴胡)는 대극을 닮은 시호(サイコ)라는 뜻으로 학명에서 유래한 것으로 보인다.

참고 [북한명] 등대시호 [유사어] 시호(柴胡)

Bupleurum falcatum *Linné*　ミシマサイコ　柴胡
Siho 시호

시호⟨*Bupleurum falcatum* L.(1753)⟩

시호라는 이름은 한자명 '柴胡'(시호)에 어원을 두고 있는데 '柴'(시)는 섶(땔감)을 뜻하고 '胡'(호)는 풀을 뜻하므로, 땔감으로 사용할 수 있는 풀이라는 뜻에서 유래했다.[64] 중국에서는 茈胡(시호)라고도 했는데, 중국의 『본초강목』은 "茈胡之茈音柴 茈胡生山中 嫩則可茹 老則采而爲柴 故苗有芸蒿山菜茹草之名 而根名柴胡也"(茈胡의 茈는 음이 시이다. 시호는 산속에서 자란다. 어린 것은 먹을 수 있고 늙은 것은 채취하여 땔감으로 쓴다. 그러므로 싹은 운호, 산채, 여초라는 이름이 있는데 뿌리의 이름은 시호이다)라고 기록했다. 옛 문헌에 따르면 13세기에는 야생하는 미나리라는 뜻의 '돌이믈나리'와 '뮛믈나리'라는 우리말 이름을 이두식 차자(借字)로 기록했는데, 그중 '돌이믈나리'(돌의미나리)는

15세기 이후에는 소멸한 것으로 보인다. 15세기 이후에는 '뮛믈나리'가 '뮛미나리(뭍미나리, 뮛미ᄂ리)'로 변화해 한자명 '싀호(시호)'와 함께 쓰였으며, 18세기에 저술된 『산림경제』에서는 춤나물(참나물)이라는 한글명도 발견되고, 조선 후기에 이르러 한자 사용의 보편화 경향과 더불어 점차 '시

64 이러한 견해로 이우철(2005), p.366 참조.

호'가 우세한 이름이 된 것으로 보인다.[65] 묏미나리라는 이름은 일제강점기에도 발견되는데, 『조선산야생약용식물』은 '柴胡'(시호)에 대한 한글명으로 '묏미나리'와 '시호'가 있었음을 기록했다. 그 직후인 『조선식물향명집』에서 시호를 보다 보편적인 이름으로 보고[66] 이를 조선명으로 하여 현재에 이르고 있다. 한편 옛말 '묏미나리'는 『조선식물향명집』에서 같은 산형과의 식물인 *Ostericum sieboldii*를 일컫는 이름으로 기록해 현재도 이와 같이 사용하고 있다.

속명 *Bupleurum*은 그리스어 *bous*(황소)와 *pleuron*(갈비뼈)의 합성어로, 아미(*Ammi majus*)의 그리스명에서 유래했으며 시호속을 일컫는다. 종소명 *falcatum*은 '낫모양의'라는 뜻으로 가늘고 휘어진 잎의 모양에서 유래했다.

다른이름 묏미나리/시호(정태현 외, 1936), 큰잎시호(박만규, 1949)

옛이름 柴胡/猪矣水乃立/山叱水乃立(향약구급방, 1236),[67] 柴胡(고려사절요, 1452), 柴胡/싀호(구급간이방언해, 1489), 柴胡/묏미나리(분문온역이해방, 1542), 싀호/柴胡(언해두창집요, 1608), 싀호(언해태산집요, 1608), 柴胡/묃미나리(동의보감, 1613), 柴胡(의림촬요, 1635), 싀호/柴胡(벽온신방, 1653), 柴胡/묏미나리(사의경험방, 17세기), 柴胡/묃미나리/츰누물불휘(산림경제, 1715), 柴胡(성호사설, 1740), 柴胡(광제비급, 1790), 柴胡/묏미ᄂᆞ리(재물보, 1798), 柴胡/묏미나리(제중신편, 1799), 柴胡/싀호(물보, 1802), 柴胡(만기요람, 1808), 柴胡(목민심서, 1818), 柴胡/묏미ᄂᆞ리/地薰(물명고, 1824), 柴胡(오주연문장전산고, 185?), 柴胡/묏미나리(의종손익, 1868), 柴胡(임하필기, 1871), 柴胡(의휘, 1871), 싀호/柴胡(농가월령가, 1876), 柴胡/묏미나리(방약합편, 1884), 柴胡/시호(홍루몽, 1884), 柴胡(의방합편, 19세기), 柴胡(하재일기, 1911), 柴胡/묏미나리(선한약물학, 1931)[68]

중국/일본명 '중국식물지'는 *B. falcatum*을 별도 분류하지 않고 있다. 다만 *Bupleurum chinense* DC.(1830)를 민간에서는 柴胡(chai hu)라 일컫기도 하며, 이 속(*Bupleurum*)에 대한 속명(genus name)으로도 사용한다. 일본명 ミシマサイコ(三島柴胡)는 시즈오카현의 미시마(三島)에서 자라는

---

65 이에 대해서 이덕봉(1963), p.4는 '묏미나리'라는 고유명이 쇠퇴하고 근세에 와서 시호의 한자명이 통용되었다고 기록하기도 했다. 한편 최근의 방언 조사에서는 '묏미나리' 또는 그와 유사한 명칭은 전혀 발견되지 않는데, 옛 문헌의 기록에도 불구하고 '묏미나리'는 실제로는 그렇게 흔하게 사용하지 않았을 수 있음을 추론케 한다[최근 방언 조사에 대해서는 『한국의 민속식물』(2017), p.862 참조]. 또한 시호가 꽃이 노란색으로 피고 잎은 홑잎으로, 꽃이 흰색이고 겹잎을 이루는 '미나리'와 형태적으로 차이가 많아 일반인의 입장에서는 미나리와의 유사성을 쉽게 발견하기 어려운 점도 영향을 미쳤을 것으로 추론된다.

66 『조선식물향명집』, p.4의 사정요지는 "지방에 따라 동일식물에 여러 가지 방언이 있는 경우에는 그 식물에 가장 적합하고 보편성이 있는 것을 대표로 채용한다"라는 취지로 기록했다.

67 『향약구급방』(1236)의 차자(借字) '猪矣水乃立/山叱水乃立'(저의수내립/산질수내립)에 대해 남풍현(1981), p.97은 '돝이믈나리/묏믈나리'의 표기로 보고 있으며, 손병태(1996), p.45는 '묏믈나립/돝의믈나립'의 표기로, 이덕봉(1963), p.4는 '돗의미나리/묏미나리'의 표기로 보고 있다.

68 『조선한방약료식물조사서』(1917)는 '묏미나리(東醫), 柴胡'를 기록했으며 『조선어사전』(1920)은 '뫼ㅅ미나리, 柴胡'를, 『조선식물명휘』(1922)는 '柴胡, 北柴胡, 竹葉柴胡, 시호, 묏미나리(藥, 救)'를, 『토명대조선만식물자휘』(1932)는 '[(北)柴胡](북)시호, [北胡]북호, [竹葉柴胡]죽엽시호, [뫼(ㅅ)미나리]'를, 『선명대화명지부』(1934)는 '묏미나리, 시호'를, 『조선의산과와산채』(1935)는 '柴胡, 시호'를 기록했다.

시호(サイコ)라는 뜻이다.

참고 [북한명] 큰잎시호/시호[69] [유사어] 북시호

⊗ Bupleurum latissimum *Nakai* タケシマサイコ
Sŏm-siho 섬시호

섬시호〈*Bupleurum latissimum* Nakai(1917)〉

섬시호라는 이름은 울릉도(섬)에 자라는 시호라는 뜻에서 붙여졌다.[70] 울릉도 특산종으로 잎이 콩팥상의 달걀모양으로 다른 시호 종류에 비해 넓은 편이다. 『조선식물향명집』에서 전통 명칭 '시호'를 기본으로 하고 식물의 산지(産地)를 나타내는 '섬'을 추가해 신칭했다.[71]

속명 *Bupleurum*은 그리스어 *bous*(황소)와 *pleuron*(갈비뼈)의 합성어로, 아미(*Ammi majus*)의 그리스명에서 유래했으며 시호속을 일컫는다. 종소명 *latissimum*은 '매우 넓은'이라는 뜻으로 잎이 넓은 것에서 유래했다.

중국/일본명 중국에는 분포하지 않는 식물이다. 일본명 タケシマサイコ(鬱陵島柴胡)는 다케시마(タケシマ: 당시에 일본인이 울릉도를 흔히 부르던 명칭)에서 자라는 시호(サイコ)라는 뜻이다.

참고 [북한명] 섬시호

Bupleurum Léveilléi *De Boissieu* サイシウサイコ
Jeju-siho 졔주시호

좀시호〈*Bupleurum longiradiatum* Turcz. f. *leveillei* (H.Boissieu) Kitag.(1961)〉[72]

좀시호라는 이름은 식물체가 작은 (개)시호라는 뜻에서 유래했다.[73] 제주의 산지에 분포하는 여러

---

69 북한에서는 *B. falcatum*을 '큰잎시호'로, *B. komarovianum*을 '시호'로 하여 별도 분류하고 있다. 이에 대해서는 리용재 외(2011), p.61 참조.

70 이러한 견해로 이우철(2005), p.341 참조.

71 이에 대해서는 『조선식물향명집』, 색인 p.41 참조.

72 '국가표준식물목록'(2018)은 좀시호를 개시호의 품종으로 분류하고 있으나, 『장진성 식물목록』(2014)과 '세계식물목록'(2018)은 개시호(*B. longiradiatum*)와 통합하고 별도 분류하지 않으므로 주의가 필요하다.

73 이러한 견해로 이우철(2005), p.474 참조.

해살이풀로 개시호를 닮았는데 높이가 30cm 정도로 작다. 『조선식물향명집』에서는 전통 명칭 '시호'를 기본으로 하고 식물의 산지(産地)를 나타내는 '제주'를 추가해 '제주시호'를 신칭했으나,[74] 『조선식물명집』에서 '좀시호'로 개칭해 현재에 이르고 있다.

속명 *Bupleurum*은 그리스어 *bous*(황소)와 *pleuron*(갈비뼈)의 합성어로, 아미(*Ammi majus*)의 그리스명에서 유래했으며 시호속을 일컫는다. 종소명 *longiradiatum*은 '긴 방사상의'라는 뜻이다. 품종명 *leveillei*는 프랑스 식물학자 Augustin Abel Hector Léveillé(1864~1918)의 이름에서 유래했다.

다른이름 제주시호(정태현 외, 1937), 애기시호(안학수·이춘녕, 1963), 탐라시호(박만규, 1974)

중국/일본명 중국에서는 이를 별도 분류하지 않고 있다. 일본명 サイシウサイコ(濟州柴胡)는 제주도에서 자라는 시호(サイコ)라는 뜻이다.

참고 [북한명] 좀시호

○ Bupleurum longe-radiatum *Turczaninow*   オホホタルサイコ
Kún-siho   큰시호

개시호〈*Bupleurum longiradiatum* Turcz.(1844)〉

개시호라는 이름은 시호와 닮았다는 뜻에서 유래했다.[75] 전국의 산지에 분포하는 여러해살이풀로 잎은 자루가 없이 줄기를 감싸며 시호에 비해 상대적으로 큰 특징이 있다. 어린잎을 식용했다.[76] 『조선식물향명집』에서는 전통 명칭 '시호'를 기본으로 하고 식물의 형태적 특징을 나타내는 '큰'을 추가해 '큰시호'를 신칭했으나,[77] 『조선산야생식용식물』에서 '개시호'라는 이름을 기록해 현재에 이르고 있다.

속명 *Bupleurum*은 그리스어 *bous*(황소)와 *pleuron*(갈비뼈)의 합성어로, 아미(*Ammi majus*)의 그리스명에서 유래했으며 시호속을 일컫는다. 종소명 *longiradiatum*은 '긴 방사상의'라는 뜻으로 꽃이 달리는 모양에서 유래했다.

다른이름 큰시호(정태현 외, 1937), 갯시호/큰잎시호(임록재 외, 1996)[78]

중국/일본명 중국명 大叶柴胡(da ye chai hu)는 잎이 큰 시호(柴胡: 두메시호 또는 시호속의 중국명)라는 뜻이다. 일본명 オホホタルサイコ(大螢柴胡)는 식물체가 크고 반딧불이가 자라는 야생에 분포하는

---

74 이에 대해서는 『조선식물향명집』, 색인 p.45 참조.

75 이러한 견해로 이우철(2005), p.54와 김종원(2016), p.247 참조.

76 이에 대해서는 『조선산야생식용식물』(1942), p.168 참조.

77 이에 대해서는 『조선식물향명집』, 색인 p.47 참조.

78 『조선한방약료식물조사서』(1917)는 '묏미나리(東醫), 柴胡'를 기록했다.

시호(サイコ)라는 뜻이다.

참고 [북한명] 큰시호 [지방명] 시호/죽시호(강원), 시호(경기)

Bupleurum multinerve *De Candolle* ミヤマサイコ
San-siho 산시호

『조선식물향명집』에 국명 산시호로 기록된 *Bupleurum multinerve* DC.(1928)는 러시아 등에 분포하는 종으로 국제적으로 승인된 학명(accepted name)이며, 북한에서는 한반도에 분포하는 것으로 인정하고 있다[이에 대해서는 리용재 외(2011), p.61 참조]. 일제강점기에 저술된 『조선식물명휘』(1922)는 금강산에서 채취한 것으로 하여 한글명 없이 학명과 일본명을 기록했고 『조선식물향명집』은 이를 계승했다. 그러나 『조선식물명집』(1949)에서 국내 분포가 확인되지 않은 것으로 보아 이를 별도 기재하지 않았고, 현재 '국가표준식물목록'(2018)과 『장진성 식물목록』(2014)도 이를 별도 기재하지 않고 국내에 분포하지 않는 종으로 취급하고 있다.

○ Bupleurum scorzoneraefolium *Willdenow* ホソバミシマサイコ
Ganún-siho 가는시호 柴胡

참시호〈*Bupleurum falcatum* L. var. *scorzonerifolium* (Willd.) Ledeb(1844)〉[79]
참시호라는 이름은 진짜 시호라는 뜻에서 유래했다.[80] 시호를 닮았으나 잎이 선형으로 시호에 비해 가늘다. 『조선식물향명집』에서는 전통 명칭 '시호'를 기본으로 하고 식물의 형태적 특징을 나타내는 '가는'을 추가해 '가는시호'를 신칭했으나,[81] 『조선식물명집』에서 '참시호'로 개칭해 현재에 이르고 있다.

속명 *Bupleurum*은 그리스어 *bous*(황소)와 *pleuron*(갈비뼈)의 합성어로, 아미(*Ammi majus*)의 그리스명에서 유래했으며 시호속을 일컫는다. 종소명 *falcatum*은 '낫모양의'라는 뜻이며, 변종명 *scorzonerifolium*은 국화과 *Scorzonera*(쇠채속)와 잎이 비슷하다고 하여 붙여졌다.

다른이름 가는시호(정태현 외, 1937), 시호(박만규, 1949)

옛이름 韭葉茈胡(물명고, 1824)[82]

---

79 '국가표준식물목록'(2018)은 참시호를 시호의 변종으로 분류하고 있으나, 『장진성 식물목록』(2014)과 '세계식물목록'(2018)은 시호(*B. falcatum*)와 통합하고 별도 분류하지 않으므로 주의가 필요하다.

80 이러한 견해로 이우철(2005), p.508 참조.

81 이에 대해서는 『조선식물향명집』, 색인 p.30 참조.

82 『물명고』(1824)에 기록된 부추의 잎을 닮은 시호라는 뜻의 '韭葉茈胡'(구엽시호)가 참시호를 의미한다는 견해로는 김종원(2016), p.248 참조.

중국명 红柴胡(hong chai hu)는 붉은 시호(柴胡: 두메시호 또는 시호속의 중국명) 종류라는 뜻이다. '중국식물지'는 참시호의 학명을 *B. scorzonerifolium*으로 하여 두메시호(北柴胡, *B. chinense*)와 함께 뿌리를 약재로 쓰는 시호(柴胡)의 주된 2종으로 보고 있으며, 시호(*B. falcatum*)는 별도 분류하지 않고 있다. 일본명 ホソバミシマサイコ(狹葉三島柴胡)는 가는 잎을 가진 시즈오카현의 미시마(三島)에서 자라는 시호(サイコ)라는 뜻이다.

참고 [북한명] 참시호 [유사어] 시호(柴胡)

Cicuta virosa *Linné*　ドクゼリ
Dog-minari 독미나리

독미나리〈*Cicuta virosa* L.(1753)〉

독미나리라는 이름은 식물체에 독이 있는 미나리라는 뜻에서 붙여졌다.[83] 강원도 이북의 수변이나 습지에 분포하는 여러해살이풀로 전체에 독이 있다. 『조선식물향명집』에서 전통 명칭 '미나리'를 기본으로 하고 식물의 성질을 나타내는 '독'을 추가해 신칭했다.[84]

　속명 *Cicuta*는 나도독미나리(*Conium maculatum*)의 고대 라틴명에서 유래한 것으로 줄기의 마디 사이가 비어 있어(*cyein*) 붙여졌는데, 소크라테스가 마신 독배의 원료로도 알려져 있으며 독미나리속을 일컫는다. 종소명 *virosa*는 '유독한'이라는 뜻으로 독성을 나타낸다.

다른이름 개발나물아재비(안학수·이춘녕, 1963)[85]

중국/일본명 중국명 毒芹(du qin)은 독이 있는 근(芹: 미나리 종류의 중국명)이라는 뜻이다. 일본명 ドクゼリ(毒芹)는 미나리(セリ)와 유사한데 독이 있다는 뜻에서 유래했다.

참고 [북한명] 독미나리

Cnidium japonicum *Miquel*　ハマゼリ
Gaet-sasangja 갯사상자

갯사상자〈*Cnidium japonicum* Miq.(1867)〉

갯사상자라는 이름은 바닷가에서 자라는 사상자라는 뜻에서 붙여졌다.[86] 제주도, 남부 지방, 동해

83　이러한 견해로 이우철(2005), p.180 참조.
84　이에 대해서는 『조선식물향명집』, 색인 p.35 참조.
85　『조선의 구황식물』(1919)은 '밤갓'을 기록했으며 『조선식물명휘』(1922)는 '野芹菜花, 돌미나리, 곰비지(毒)'를, 『선명대화명지부』(1934)는 '곰배지, 돌미나리'를 기록했다.
86　이러한 견해로 이우철(2005), p.63 참조.

안의 강원도 및 서해안의 황해도까지 바닷가에 분포하는 두해살이풀이다. 『조선식물향명집』에서 전통 명칭 '사상자'를 기본으로 하고 식물의 산지(産地)를 나타내는 '갯'을 추가해 신칭했다.[87]

속명 Cnidium은 해파리나 쐐기풀을 의미하는 그리스어 knide 또는 라틴어 cnide에서 유래한 것으로, 꽃 모양이나 두드러기를 치료하는 약효와 연관된 것으로 보이며 갯사상자속을 일컫는다. 종소명 japonicum은 '일본의'라는 뜻으로 발견지를 나타낸다.

다른이름 갯미나리(박만규, 1949), 개사상자(리종오, 1964)[88]

중국/일본명 중국명 滨蛇床(bin she chuang)은 해변가에서 자라는 벌사상자(蛇床)라는 뜻이다. 일본명 ハマゼリ(浜芹)는 해안가에서 자라는 미나리(セリ)라는 뜻이다.

참고 [북한명] 갯사상자

Cryptotaenia japonica *Hasskarl*　ミツバゼリ
Padùdùg-namul　파드득나물

파드득나물〈*Cryptotaenia japonica* Hassk.(1855)〉

파드득나물이라는 이름은 나물로 먹는 어린잎의 반질거리는 모습이 파드득 소리가 날 것 같다고 하여 붙여진 것으로 추정한다. 19세기 말에 저술된 『한불자전』은 사시나무를 '파드득 나무'라고 기록했는데, 파드득나물의 '파드득'과 비슷한 뜻으로 해석된다. 파드득나물이라는 이름은 『조선식물명휘』에 최초로 기록되었는데, 일본명과 그 뜻이 전혀 같지 않고 경기도 방언 조사에서 같은 이름이 발견되는 것에 비추어 당시 실제 사용하던 방언을 채록한 것으로 보인다.[89] 재배가 쉽기 때문에 옛날부터 재배가 이루어졌으며, 나물로 식용할 때 그 맛이 참나물과 비슷해 흔히 참나물이라는 이름으로 유통되기도 한다.

속명 Cryptotaenia는 그리스어 kryptos(숨겨진)와 tainia(그물눈 모양의 레이스, 리본)의 합성어로 열매의 모양을 언급한 것이며 파드득나물속을 일컫는다. 종소명 japonica는 '일본의'라는 뜻으로 최초 발견지 또는 분포지를 나타낸다.

다른이름 참나물/반듸나물(정태현 외, 1942), 반디나물(정태현 외, 1949), 바드득나물(안학수·이춘녕,

---

87 이에 대해서는 『조선식물향명집』, 색인 p.31 참조.
88 『조선식물명휘』(1922)는 '蛇床子'를 기록했다.
89 최근의 방언 조사에 대해서는 『한국의 민속식물』(2017), p.867 참조.

중국/일본명 중국명 鴨儿芹(ya er qin)은 새끼 오리를 닮은 근(芹: 미나리 종류의 중국명)이라는 뜻으로, 어린잎의 앙증맞은 모습에서 유래한 것으로 추정한다. 일본명 ミツバゼリ(三葉芹)는 잎이 3개로 달리는 미나리 종류(セリ)라는 뜻이다.

참고 [북한명] 파드득나물 [유사어] 압각판(鴨脚板), 압아근(鴨兒芹), 야촉규(野蜀葵) [지방명] 밤나물(강원), 까막발/반들나물/참나물(경북), 미나리풀/반두나물/반두노물/반디노물(전남), 밤나물(전북), 꿩발(제주)

Daucus Carota *Linné* ニンジン 胡蘿蔔 (栽)
Danggun 당근

당근〈*Daucus carota* L. subsp. *sativus* (Hoffm.) Arcang.(1882)〉

당근이라는 이름은 한자명 '唐根'(당근)에서 비롯되었으며, 뿌리를 식용하고 중국(唐)에서 전래되었다는 뜻에서 유래했다.⁹¹ 중앙아시아 원산으로 16세기에 우리나라에 전래된 것으로 추정되며,⁹² 문헌의 기록은 18세기에 이르러 나타나고 있다. 옛 문헌에는 중국명 胡蘿蔔(호나복)이 함께 기록되기도 했다.

　속명 *Daucus*는 수메르어 *de*(불)가 어원으로 그리스어 *daio*(뜨겁게 하다), *daukos*(달콤한, 달콤한 주스, 당근)를 거쳐 붉은색 뿌리 또는 달콤한 즙을 뜻하며 당근속을 일컫는다. 종소명 *carota*는 당근의 고대 라틴명으로 *caro*(붉은색)에 어원을 두고 있다. 아종명 *sativus*는 '재배하는, 경작하는'이라는 뜻이다.

다른이름 홍당무(임록재 외, 1972), 홍당무우(리용재 외, 2011)

옛이름 胡蘿蔔/唐根(연행일기, 1713), 胡蘿蔔/당근(재물보, 1798), 蘿蔔/당근(물보, 1802), 胡蘿蔔/唐根(계산기정, 1804), 胡蘿蔔/당근(광재물보, 19세기 초), 胡蘿蔔/당근(물명고, 1824), 胡蘿蔔(임원경제지, 1842), 胡蘿蔔(오주연문장전산고, 185?), 당근/唐根(한불자전, 1880), 胡蘿蔔/당근/唐根(교린수지, 1881)⁹³

중국/일본명 중국명 胡萝卜(hu luo bo)는 오랑캐(胡) 지역에서 전래된 나복(蘿蔔: 무의 중국명)이라는 뜻이다. 일본명 ニンジン(人參)은 식용하는 뿌리의 모양이 인삼(朝鮮人蔘)과 닮았다는 뜻에서 붙여졌다.

---

90 『제주도및완도식물조사보고서』(1914)는 'クォンミナリ'[꿩미나리]를 기록했으며 『조선식물명휘』(1922)는 '鴨脚板, 젓가락나물, 파드득나물(救)'을, 『선명대화명지부』(1934)는 '젓가락나물, 점나도나물, 파드득나물'을, 『조선의산과와산채』(1935)는 '鴨脚板, 참나물'을 기록했다.

91 이러한 견해로 이우철(2005), p.167 참조.

92 이에 대해서는 『한국민족문화대백과사전』(2014) 중 '당근' 참조.

93 『조선어사전』(1920)은 '唐根(당근), 홍당무를 기록했으며 『조선식물명휘』(1922)는 '胡蘿蔔, 紅菜頭, 당근(食)'을, 『토명대조선만식물자휘』(1932)는 '[胡蘿蔔]호라복, [紅大根]홍당무, [唐根]당근'을, 『선명대화명지부』(1934)는 '당근'을 기록했다.

참고 [북한명] 홍당무우 [유사어] 당나복(唐蘿蔔), 학슬풍(鶴虱風), 호나복(胡蘿蔔), 홍나복(紅蘿蔔),
홍당무(紅唐-) [지방명] 인삼무/인삼무꾸(강원), 양무시(경남)

Foeniculum officinale *Linné*　ウヰキヤウ　茴香 (栽)
Hoehyaṅg　회향

회향〈*Foeniculum vulgare* Mill.(1768)〉

회향이라는 이름은 한자명 '茴香'(회향)에서 비롯되었으며, 향
이 강해 음식을 만들 때 냄새를 제거하거나 향이 돌아오게 하
는 효능이 있어 붙여진 것으로 추정한다.[94] 6세기 초에 저술된
중국의 『신농본초경집주』는 "煮臭肉 下少許 卽無臭氣 臭醬入
末亦香 故曰回香"[냄새나는 고기를 삶을 때 조금만 넣어도 곧 냄새
가 없어지며 냄새나는 장(醬)에 가루를 넣으면 또한 향기롭게 되므로
회향(回香)이라고 한다]이라고 기록했다. 한자로 懷香(회향)이라
고도 한다.[95] 『동의보감』은 "我國種植 處處有之"(우리나라에도
심어서 곳곳에 있다)라고 기록했고, 『세종실록지리지』는 제주,
경상도, 전라도, 충청도 및 황해도에 재배하는 것으로 기록했
으며, 『임원경제지』는 재배법을 기록하기도 했다. 『조선식물

향명집』은 재배식물(栽)로 기록했으나 옛적에 약용 목적으로 도입해 재배하다가 탈출해서 제주,
울릉도, 서울 등에서 야생하기 때문에 현재는 귀화식물로 분류한다.[96]

속명 *Foeniculum*은 라틴어 *faenum*(건초)에서 유래했는데, 실모양으로 갈라지는 잎을 건초에
비유한 것으로 회향속을 일컫는다. 종소명 *vulgare*는 '보통의, 통상의'라는 뜻이다.

다른이름 회향(정태현 외, 1936)

옛이름 茴香子(향약구급방, 1236),[97] 茴香(목은집, 1404), 懷香子/加音草(향약채취월령, 1431), 懷香子/
茴香(향약집성방, 1433), 茴香(세종실록지리지, 1454), 茴香/회향(구급간이방언해, 1489), 茴香(구급이해방,
1499), 茴/懷/회향(훈몽자회, 1527), 茴香(동의보감, 1613), 茴香(산림경제, 1715), 茴香/회향(물보, 1802), 懷

94 이러한 견해로 이우철(2005), p.600 참조.
95 중국의 『본초강목』(1596)은 "俚俗多懷之衿衽 咀嚼 恐懷香之名"(세상 사람들이 많이 옷깃이나 옷섶에 품고 다니며 씹어 먹으므로
아마도 '懷香'이라는 이름은 이 때문일 것이다)이라고 기록했다. 중국 송나라 때의 『본초도경』(1061)은 "懷香子亦名茴香 北人呼
爲茴香 聲相近也"(懷香子를 달리 茴香이라고도 하며 북쪽 사람들은 茴香이라 부르는데 서로 소리가 비슷하다)라고 하여 懷香(회향)에
서 음이 비슷하여 茴香(회향)이 된 것으로 설명했다.
96 이에 대해서는 '국가표준식물목록'(2018) 중 '회향'과 박수현(2009), p.244 참조.
97 『향약구급방』(1236)은 "鄕名亦同"(향명도 역시 같다)이라고 하여 예부터 '회향'이라고 불렀다는 것을 기록했다.

香/대회/茴香/八角香(광재물보, 19세기 초), 茴香(만기요람, 1808), 懷香/대회/大茴香/八角茴香(물명고, 1824), 茴香(농정회요, 183?), 茴香/懷香/八角珠(임원경제지, 1842), 회향/茴香(한불자전, 1880), 茴香/회향/大茴香/小茴香(신자전, 1915), 茴香(선한약물학, 1931)[98]

중국/일본명 중국명 茴香(hui xiang)은 懷香(회향)에서 음이 전이되어 형성된 것이다. 일본명 ウヰキヤウ(茴香)는 한자명 '茴香'(회향)을 음독한 것에서 유래했다.

참고 [북한명] 회향 [유사어] 회향자(懷香子), 회향풀(茴香풀) [지방명] 회양(제주)

Hydrocotyle javanica *Thunberg*　オホバチドメグサ
Kún-pimagi　큰피막이

큰피막이풀〈*Hydrocotyle javanica* Thunb.(1798)〉[99]

큰피막이풀이라는 이름은 잎이 큰 피막이라는 뜻에서 유래했다.[100] 『조선식물향명집』에서는 '피막이(풀)'를 기본으로 하고 식물의 형태적 특징을 나타내는 '큰'을 추가해 '큰피막이'를 신칭했으나,[101] 『한국동식물도감 제5권 식물편 보유편』에서 '큰피막이풀'로 개칭해 현재에 이르고 있다.

속명 *Hydrocotyle*는 그리스어 *hydro*(물)와 *cotyle*[작은 컵, 공동(空洞)]의 합성어로, 방패모양의 잎 또는 주로 물가에서 자라는 것을 언급한 것이며 피막이속을 일컫는다. 종소명 *javanica*는 '자바의'라는 뜻이다.

다른이름 큰피막이(정태현 외, 1937), 큰피마기(박만규, 1949), 단풍잎피막이풀(안학수·이춘녕, 1963), 큰잎피막이(이창복, 1969b), 큰잎피막이풀(임록재 외, 1972)

중국/일본명 중국명 乞食碗(qi shi wan)은 잎의 모양이 남에게 음식을 빌어먹을 때 쓰는 주발 같다는 뜻으로 보인다. 일본명 オホバチドメグサ(大葉血止草)는 잎이 큰 피막이(チドメグサ)라는 뜻이다.

참고 [북한명] 큰잎피막이풀 [지방명] 벤데/빈네/빈데쿨/쏘비네/쐬비네(제주)

98　『지리산식물조사보고서』(1915)는 '懷香'을 기록했으며 『조선한방약료식물조사서』(1917)는 '小回香'을, 『조선어사전』(1920)은 '大茴香(대회향), 小茴香(쇼회향), 회향(茴香)'을, 『조선식물명휘』(1922)는 '懷香, 茴香, 화향(hoihyung)(藥)'을, 『토명대조선만식물자휘』(1932)는 '[茴香]회향(풀), [大茴香]대회향'을, 『선명대화명지부』(1934)는 '화향, 회향, 회향'을 기록했다.

99　'국가표준식물목록'(2018)은 큰피막이풀의 학명을 *Hydrocotyle nepalensis* Hook.(1822)으로 기재하고 있으나, 『장진성식물목록』(2014), '중국식물지'(2018) 및 '세계식물목록'(2018)은 본문의 학명을 정명으로 기재하고 있다.

100　이러한 견해로 이우철(2005), p.554 참조.

101　이에 대해서는 『조선식물향명집』, 색인 p.47 참조.

Hydrocotyle sibthorpioides *Lamarck*   チドメグサ
Pimagipul   피막이풀

피막이⟨*Hydrocotyle sibthorpioides* Lam.(1789)⟩

피막이라는 이름은 피를 막는 풀이라는 뜻에서 유래했다.[102] 민간에서 잎을 지혈제로 사용했다.[103] 『조선식물향명집』은 '피막이풀'로 기록했으나 『원색대한식물도감』에서 '피막이'로 개칭해 현재에 이르고 있다. 19세기 초에 저술된 『광재물보』는 고수(*Coriandrum sativum*)를 닮았다는 뜻의 '石胡荽'(석호유)와 '天胡荽'(천호유)라는 이름을 기록한 것에 비추어, 우리나라에서도 인식했던 식물로 보인다. 그러나 '피막이풀'이라는 이름을 『조선식물향명집』의 저자들이 일본명을 차용해 신칭한 것인지, 아니면 민간에서 실제 사용하는 이름을 채록한 것인지는 불명확한 것으로 보인다.

속명 *Hydrocotyle*는 그리스어 *hydro*(물)와 *cotyle*[작은 컵, 공동(空洞)]의 합성어로, 방패모양의 잎 또는 주로 물가에서 자라는 것을 언급한 것이며 피막이속을 일컫는다. 종소명 *sibthorpioides*는 *Sibthorpia*(아욱메풀속의 옛 속명)의 식물과 유사하다고 하여 붙여졌다.

다른이름 피막이풀(정태현 외, 1937), 피마기풀(박만규, 1949), 갈래잎피막이풀(임록재 외, 1996), 천호유(리용재 외, 2011)

옛이름 石胡荽/天胡荽/野園荽/鷄腸草/鵝不食草(광재물보, 19세기 초)[104]

중국/일본명 중국명 天胡荽(tian hu sui)는 꽃 모양이 하늘에 별이 총총히 박힌 것 같은 호유(胡荽: 고수를 달리 부르는 중국명, *Coriandrum sativum*)[105]라는 뜻으로 추정되나 정확한 유래는 미상이다. 일본명 チドメグサ(血止草)는 이 풀을 상처 난 곳의 피를 멈추게 하는 데 사용한 것에서 유래했다.

참고 [북한명] 피막이풀 [유사어] 석호유(石胡荽), 아불식초(鵝不食草), 야원유(野園荽) [지방명] 빈네풀(제주)

Hydrocotyle Wilfordii *Maximowicz*   ノチドメ
Sòn-pimagi   선피막이

선피막이⟨*Hydrocotyle maritima* Honda(1825)⟩[106]

---

102 이러한 견해로 이우철(2005), p.581 참조.

103 이에 대해서는 『한국식물도감(하권 초본부)』(1956), p.469 참조.

104 『조선식물명휘』(1922)는 '石胡荽'를 기록했다.

105 芫荽(원유, *Coriandrum sativum*: 고수)의 옛이름으로 뿌리잎이 피막이와 닮았다.

106 '국가표준식물목록'(2018)은 본문의 학명으로 선피막이를 별도 분류하고 있으나, 『장진성 식물목록』(2014), '중국식물지' (2018) 및 '세계식물목록'(2018)은 큰피막이⟨*Hydrocotyle ramiflora* Maxim.(1887)⟩에 통합하여 이명(synonym)으로 처리하고 있으므로 주의가 필요하다.

선피막이라는 이름은 피막이를 닮았으나 줄기의 끝이 다소 선다는 뜻에서 붙여졌다. 잎자루가 길며 줄기의 끝이 곧추서는 특성이 있다. 『조선식물향명집』에서 '피막이(풀)'를 기본으로 하고 식물의 형태적 특징을 나타내는 '선'을 추가해 신칭했다.[107]

속명 *Hydrocotyle*는 그리스어 *hydro*(물)와 *cotyle*[작은 컵, 공동(空洞)]의 합성어로, 방패모양의 잎 또는 주로 물가에서 자라는 것을 언급한 것이며 피막이속을 일컫는다. 종소명 *maritima*는 '바다의, 해변에서 자라는'이라는 뜻이다.

다른이름 갯피막이(박만규, 1949), 갯피막이풀/들피막이풀/선피막이풀/장밧대(안학수·이춘녕, 1963), 개피막이(리종오, 1964), 들피막이(박만규, 1974)

중국/일본명 '중국식물지'는 이를 큰피막이(*H. ramiflora*)에 통합하여 長梗天胡荽(chang geng tian hu sui)라고 하며, 잎자루가 긴 천호유(天胡荽: 피막이의 중국명)라는 뜻이다. 일본명 ノチドメ(野血止)는 들에서 자라는 피막이(チドメグサ)라는 뜻이다.

참고 [북한명] 갯피막이풀 [유사어] 천호유(天胡荽) [지방명] 피막이풀(전남/제주)

Oenanthe japonica *Nakai*　イヌゼリ
Gae-minari　개미나리

개미나리〈*Oenanthe javanica* var. *japonica* (Maxim.) Honda(1939)〉[108]
개미나리라는 이름은 미나리와 비슷하다는 뜻에서 유래했다.[109] 미나리와 비슷하지만 제주도에서 자라고 정소엽이 잘게 갈라지는 것을 특징으로 하여 변종으로 분류한 것이지만, 분류학적 타당성에 대해서는 논란이 있다. 『조선식물향명집』에 최초로 기록된 이름으로 보이는데, 이를 별도로 신칭한 이름으로 기록하지 않았고[110] 미나리의 지방명 중에 '개미나리'라는 이름이 있는 것에 비추어 실제로 지방에서 사용하는 이름을 채록한 것으로 추론된다.

속명 *Oenanthe*는 그리스어 *oenis*(포도주)와 *anthos*(꽃)의 합성어로, 포도주 향이 나는 꽃을 가진 식물이라는 뜻이며 미나리속을 일컫는다. 종소명 *javanica*는 '자바의'라는 뜻이며, 변종명

---

107 이에 대해서는 『조선식물향명집』, 색인 p.41 참조.
108 '국가표준식물목록'(2018)은 본문의 학명으로 개미나리를 별도 분류하고 있으나, 『장진성 식물목록』(2014)과 'YList'(2018)는 본문의 학명을 미나리〈*Oenanthe javanica* (Blume) DC.(1830)〉에 통합하여 이명(synonym)으로 처리하고, '중국식물지'(2018)는 이를 별도 분류하지 않으므로 주의가 필요하다.
109 이러한 견해로 이우철(2005), p.49 참조.
110 이에 대해서는 『조선식물향명집』, 색인 p.31 참조.

*japonica*는 '일본의'라는 뜻이다.

중국/일본명 중국에서는 이를 별도 분류하지 않고 있다. 일본명 イヌゼリ(犬芹)는 미나리(セリ)와 비슷한 형태적 특징이 있다는 뜻에서 붙여졌다.[111]

참고 [북한명] 미나리[112]

Oenanthe stolonifera *De Candolle*   セリ   芹
Minari   미나리

미나리〈*Oenanthe javanica* (Blume) DC.(1830)〉

미나리의 '미'는 미역과 미더덕처럼 믈(水)이 변화한 말이고 '나리'(百合)는 풀의 의미를 지니는 것으로, 미나리라는 이름은 물에서 자라는 풀이라는 뜻에서 유래했다.[113] 믈나리를 어원으로 하여 미나리→미느리→미나리로 변화했다. 19세기에 저술된 『농가월령가』는 정월령(正月令)에 "엄파와 미느리를 무엄의 겻드리면 보기의 신신ᄒᆞ야 오신치(五辛菜)를 부러워하랴"라고 기록해, 한겨울에도 신선한 미나리의 새싹을 식용했음을 알려주고 있다.

속명 *Oenanthe*는 그리스어 *oenis*(포도주)와 *anthos*(꽃)의 합성어로, 포도주 향이 나는 꽃을 가진 식물이라는 뜻이며 미나리속을 일컫는다. 종소명 *javanica*는 '자바의'라는 뜻이다.

다른이름 미나리(정태현 외, 1936), 잔잎미나리(리종오, 1964)

옛이름 미나리/芹(분류두공부시언해, 1481), 芹/미나리(훈몽자회, 1527), 芹/미나리(신증유합, 1576), 水芹/미나리(언해구급방, 1608), 芹/미나리(시경언해, 1613), 水芹/미나리/水英(동의보감, 1613), 水芹菜/미나리(역어유해, 1690), 水芹/미나리(동문유해, 1748), 芹菜/미나리(몽어유해, 1768), 芹菜/미나리(한청문감, 1779), 芹/미나리(왜어유해, 1782), 芹/미느리(재물보, 1798), 水芹/미나리(제중신편, 1799), 芹/미나리(해동농서, 1799), 水芹/미나리(물보, 1802), 芹/미느리(광재물보, 19세기 초), 미느리(규합총서, 1809), 水芹/靳/미느리(물명고, 1824), 芹/미느리(자류주석, 1856), 水芹/미나리(의종손익, 1868), 芹/미랄이(명물기략, 1870),

---

111 『제주도및완도식물조사보고서』(1914)는 'キャミナリ'[개미나리]를 기록했다.

112 북한에서는 개미나리를 별도 분류하지 않고 미나리〈*Oenanthe javanica* (Blume) DC.(1830)〉에 통합 처리하고 있다. 이에 대해서는 리용재 외(2011), p.242 참조.

113 이러한 견해로 이우철(2005), p.241; 백문식(2014), p.228; 김민수(1997), p.402; 서정범(2000), p.275; 김무림(2015), p.418; 장충덕(2007), p.26; 김종원(2013), p.927 참조.

미느리(농가월령가, 1876), 미나리/芹(한불자전, 1880), 水芹/미나리(방약합편, 1884), 미나리/芹(한영자전, 1890), 芹/미나리(아학편, 1908), 芹/미나리(자전석요, 1909), 芹/미나리(신자전, 1915), 芹/水菜/미나리(의 서옥편, 1921), 미나리/메나리곳(조선구전민요집, 1933)[114]

중국명/일본명 중국명 水芹(shui qin)은 물에서 자라는 근(芹: 미나리 종류의 중국명)이라는 뜻인데, '芹'(근)은 어린싹의 모습이 목판을 자른 것과 비슷해 보이는 모습을 나타낸다. 일본명 セリ(芹)는 어린싹이 자라는 모습이 서로 다투는 것처럼 보인다고 하여 경쟁한다는 뜻의 セリ(競り)로 불리던 것에서 유래했다.

참고 [북한명] 미나리 [유사어] 근(芹), 근채(芹菜), 수근(水芹) [지방명] 돌미나리/메나리/산미나리/ 참나물(강원), 돌미나리/미나지/미나지나물/산미나리(경기), 개미나리/돌미나리/산미나리(경남), 거르 제/돌미나리/미난지(경북), 돌미나리/불미나리/산미나리(전남), 개미나리/개미나물/논미나리/돌미나 리/미나랑주/밭미나리/불미나리(전북), 멧네기/미나기/미내기/미네기/민내기/밋내기(제주), 금미나 리/돌미나리/산미나리(충남), 돌매나리/돌미나리/매나리/메나리/불미나리(충북), 들미나리/선미나리/ 아즈방미나리/앉은뱅이미나리(함남)

○ Peucedanum elegans *Komarov* ホソバハウフウ
Ganùn-girùm-namul 가는기름나물

가는기름나물⟨*Peucedanum elegans* Kom.(1901)⟩
가는기름나물이라는 이름은 기름나물에 비해 잎이 가늘다는 뜻에서 붙여졌다.[115] 『조선식물향명 집』에서 전통 명칭 '기름나물'을 기본으로 하고 식물의 형태적 특징을 나타내는 '가는'을 추가해 신칭했다.[116]

　속명 *Peucedanum*은 그리스어 *peuke*(소나무)와 *danos*(마른, 건조한)의 합성어로, 쓴맛이 나는 것에서 유래했으며 기름나물속을 일컫는다. 종소명 *elegans*는 '가는, 부드러운, 우아한'이라는 뜻 으로 잎의 모양을 나타낸다.

다른이름 가는잎기름나물(박만규, 1949)

중국명/일본명 중국명 刺尖前胡(ci jian qian hu)는 가는 잎의 모양이 뾰족한 가시처럼 보이고 전호(前胡: *P. praeruptorum*의 중국명 또는 기름나물속, 당귀속, 큰참나물속, 산미나리속 식물의 통칭)를 닮았다는

---

114 『제주도및완도식물조사보고서』(1914)는 'チャンミナリ'[잔미나리]를 기록했으며 『조선의 구황식물』(1919)은 '메나리, 미 나리, 미나치(龍仁), 水芹'을, 『조선어사전』(1920)은 '芹菜(근치), 水芹(슈근), 水英(슈영), 미나리, 돌미나리'를, 『조선식물명휘』 (1922)는 '芹, 水芹, 芹菜, 미나리(食)'를, 『토명대조선만식물자휘』(1932)는 '[水芹]슈근, [水蘄]슈졈, [水英]슈영, [芹菜]근치, [미나리]'를, 『선명대화명지부』(1934)는 '미나리'를, 『조선의산과와산채』(1935)는 '芹, 미나리'를 기록했다.

115 이러한 견해로 이우철(2005), p.18 참조.

116 이에 대해서는 『조선식물향명집』, 색인 p.30 참조.

뜻이다. 일본명 ホソバハウフウ(細葉防風)는 잎이 가는 방풍(ハウフウ)이라는 뜻이다.

참고 [북한명] 가는기름나물

Peucedanum japonicum *Thunberg*   ボタンバウフウ
Gaet-girûm-namul   갯기름나물

갯기름나물〈*Peucedanum japonicum* Thunb.(1784)〉

갯기름나물이라는 이름은 '갯'과 '기름나물'의 합성어로, 바닷가(갯)에서 나는 기름나물이라는 뜻에서 붙여졌다.[117] 흔히 '방풍' 또는 '방풍나물'이라는 이름으로 식용하지만 약재로 사용하는 방풍(防風)은 별도의 식물이다.[118] 『조선식물향명집』에서 전통 명칭 '기름나물'을 기본으로 하고 식물의 산지(産地)를 나타내는 '갯'을 추가해 신칭했다.[119]

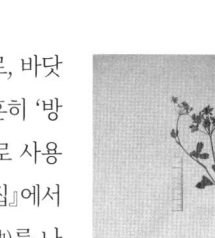

　속명 *Peucedanum*은 그리스어 *peuke*(소나무)와 *danos*(마른, 건조한)의 합성어로, 쓴맛이 나는 것에서 유래했으며 기름나물속을 일컫는다. 종소명 *japonicum*은 '일본의'라는 뜻으로 최초 발견지를 나타낸다.

다른이름 미역방풍/목단방풍/보얀기름나물(안학수·이춘녕, 1963), 개기름나물(리종오, 1964)

옛이름 防葵/防菀(광재물보, 19세기 초), 防葵(물명고, 1824)[120]

중국/일본명 중국명 濱海前胡(bin hai qian hu)는 바닷가에 자라고 전호(前胡: *P. praeruptorum*의 중국명 또는 기름나물속, 당귀속, 큰참나물속, 산미나리속 식물의 통칭)를 닮았다는 뜻이다. 일본명 ボタンバウフウ(牡丹防風)는 모란을 닮은 방풍(ハウフウ)이라는 뜻이다.

참고 [북한명] 갯기름나물 [유사어] 방규(防葵), 석방풍(石防風) [지방명] 방풍/방풍나물(강원/경남), 단풍/방풍(경기), 방풍(경북), 갯나물/단풍/단풍뿌리/방풍/방풍대/병풍대/식방풍/참방풍/팬풍대/팽풍대/편풍대(전남), 방풍/장포(전북), 갯방풍/모살방풍/바다방풍/방풍/방풍면(제주), 밤풍/방통/방풍나물(충남), 미나리아재비/방풍/방풍나물(충북)

---

117 이러한 견해로 이우철(2005), p.61 참조.
118 이에 대해서는 『대한민국약전 제11개정 해설서(하권)』(2015), p.1896 참조.
119 이에 대해서는 『조선식물향명집』, 색인 p.31 참조.
120 『조선식물명휘』(1922)는 '防葵, 房菀'을 기록했다.

Peucedanum terebinthaceum *Fischer*　カハラバウフウ
Girum-namul　기름나물

기름나물〈*Peucedanum terebinthaceum* (Fisch. ex Trevir.) Fisch. ex Turcz.(1844)〉

기름나물이라는 이름은 잎에 마치 기름을 바른 것처럼 광택
이 있고 나물로 식용한다는 뜻에서 유래했다.[121] 전국의 산지
에 분포하는 여러해살이풀로 어린잎을 식용했다.[122] 주요 자생
지인 경기도 방언을 채록한 것이다.[123]

속명 *Peucedanum*은 그리스어 *peuke*(소나무)와 *danos*(마른,
건조한)의 합성어로, 쓴맛이 나는 것에서 유래했으며 기름나물
속을 일컫는다. 종소명 *terebinthaceum*은 피스타키아 테레빈
투스(*Pistacia terebinthus*)와 비슷하다는 뜻에서 붙여졌다.

다른이름　산미나리/물뚝갈(정태현 외, 1942), 참기름나물(박만
규, 1949), 두메기름나물(정태현 외, 1949), 두메방풍(정태현,
1957), 산기름나물(이창복, 1969b)

옛이름　기름나물(조선구전민요집, 1933)[124]

중국/일본명　중국명 石防风(shi fang feng)은 돌 틈에서 자라는 방풍(防風: *Saposhnikovia divaricata*의
중국명)이라는 뜻이다. 일본명 カハラバウフウ(河原防風)는 강가 모래밭에서 자라는 방풍(バウフウ)
이라는 뜻이다.

참고　[북한명] 기름나물 [유사어] 석방풍(石防風) [지방명] 기름쟁이(경남), 지름나물(경북), 개당근
(전남), 지름나물(충북)

Phellopterus littoralis *Bentham*　ハマバウフウ
Gaet-bangpung　갯방풍

갯방풍〈*Glehnia littoralis* F.Schmidt ex Miq.(1867)〉

갯방풍이라는 이름은 바닷가에서 자라는 방풍이라는 뜻에서 붙여졌다.[125] 『조선식물향명집』에서

---

121 이러한 견해로 이우철(2005), p.101 참조.
122 이에 대해서는 『조선산야생식용식물』(1942), p.171과 『한국식물도감(하권 초본부)』(1956), p.477 참조.
123 이에 대해서는 『조선산야생식용식물』(1942), p.171 참조.
124 『조선식물명휘』(1922)는 '防風, 石防風, 기름나물, 부직간나물(救)'을 기록했으며 『선명대화명지부』(1934)는 '기름나물, 부
　　식산나불'을 기록했다.
125 이러한 견해로 이우철(2005), p.63 참조.

전통 명칭 '방풍'을 기본으로 하고 식물의 산지(産地)와 학명에 착안한 '갯'을 추가해 신칭했다.[126] 옛 문헌에서 바닷가에서 자라는 방풍이라는 뜻의 히방풍(海防風)이라는 이름이 발견되지만 현재의 이름으로 이어지지는 않았다.[127] 한약재로 사용하는 방풍(防風)은 한반도 북부 지방 일부에서 자라고 중·남부 지방에서는 자생하기 어렵다. 그러므로 『세종실록지리지』와 『신증동국여지승람』에 남부 지방에서 자생하는 식물로 기록된 것은 방풍과 다른 유사한 종을 약재로 대용한 것으로 추정된다. 『조선산야생약용식물』은 '防風'(방풍)이라는 생약명으로 대구, 대전 및 평양의 약재시장에서 거래되는 종은 갯방풍 <Phellopterus littoralis(=G. littoralis)>이라고 기록했다.[128]

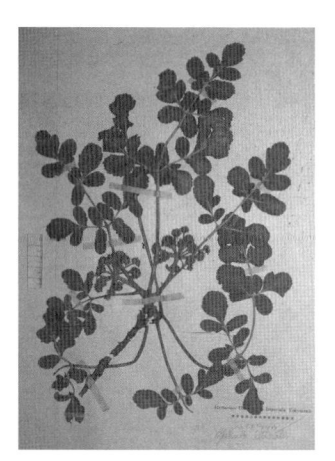

속명 Glehnia는 러시아 채집가인 Peter von Glehn(1835~1876)의 이름에서 유래했으며 갯방풍속을 일컫는다. 종소명 littoralis는 '바닷가에서 자라는'이라는 뜻이다.

다른이름 방풍(정태현 외, 1936), 갯향미나리(안학수·이춘녕, 1963), 개방풍(리종오, 1964), 방풍나물(한진건 외, 1982)

옛이름 防風(세종실록지리지, 1454), 防風/海防風(신증동국여지승람, 1530), 防風粥(성소부부고, 1613), 防風粥(산림경제, 1715), 海防風(청장관전서, 1795), 杏葉菜/히방풍/歪脖菜(물보, 1802), 海防風(만기요람, 1808), 海防風(오주연문장전산고, 185?), 海防風(관암전서, 19세기 중엽)[129]

중국/일본명 중국명 珊瑚菜(shan hu cai)는 산호를 닮았고 채소(菜蔬)로 식용한다는 뜻으로, 꽃이 피는 모습을 산호(珊瑚)에 빗댄 것으로 보인다. 일본명 ハマバウフウ(浜防風)는 해안가에서 자라는 방풍(バウフウ)이라는 뜻이다.

참고 [북한명] 갯방풍 [유사어] 북사삼(北沙參), 해방풍(海防風) [지방명] 갯방풍/해산풍(경기), 해방풍(경북/전남), 모살방풍/방풍(제주), 돌방풍(충남)

---

126 이에 대해서는 『조선식물향명집』, 색인 p.31 참조.

127 『성소부부고』(1613)는 "防風粥 余外家江陵 土多產防風 二月 土人乘露曉摘其初芽"(방풍죽: 나의 외가는 강릉이다. 그곳에는 방풍이 많이 난다. 2월이면 그곳 사람들은 해가 뜨기 전에 이슬을 맞으며 처음 돋아난 싹을 딴다)라고 기록했고, 『만기요람』(1808)은 서해 남부 지역에 "有海防風其嫩芽作菜 味甚香佳"(해방풍이 나는데 그 새싹을 나물로 먹으면 매우 향기롭고 맛나다)라고 하여 防風(방풍) 또는 海防風(해방풍)을 식용했음을 기록했다. 여기서 防風(방풍) 또는 海防風(해방풍)은 방풍(Saposhnikovia divaricata)이 주로 북쪽에 분포한다는 점을 고려하면 갯기름나물(Peucedanum japonicum) 또는 갯방풍(G. littoralis)으로 추정되지만 어느 종을 일컫는지는 명확하지 않은 것으로 보인다.

128 이에 대해서는 『조선산야생약용식물』(1936), p.176 참조. 한편 『대한민국약전 제11개정 해설서(하권)』(2015), p.1896은 생약명 방풍(防風)을 현재의 방풍(S. divaricata)으로 보고 있다.

129 『조선한방약료식물조사서』(1917)는 '방풍나무(方藥), 병풍나말(東醫)'을 기록했으며 『토명대조선만식물자휘』(1932)는 '[珊瑚菜]산호처'를, 『선명대화명지부』(1932)는 '방풍'을, 『조선의산과와산채』(1935)는 '防風, 방뜩'을 기록했다.

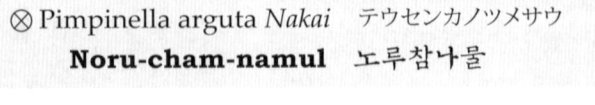
⊗ Pimpinella arguta *Nakai*　テウセンカノツメサウ
Noru-cham-namul　노루참나물

노루참나물⟨*Pimpinella komarovii* (Kitag.) R.H. Shan & F.T. Pu(1985)⟩[130]
노루참나물이라는 이름은 잎의 모습을 노루에 비유하고 참나물을 닮았다는 뜻에서 붙여진 것으로 추정한다. 잎이 2회 3출하는 달걀 같은 타원모양으로 끝이 꼬리처럼 길어지는 특성이 있다.[131] 『조선식물향명집』에서 전통 명칭 '참나물'을 기본으로 하고 식물의 형태적 특징을 나타내는 '노루'를 추가해 신칭했다.[132]

속명 *Pimpinella*는 *pepo*(호박) 또는 *pampinus*(포도의 잎 또는 새순)가 어원으로 추정되는 라틴어 *pipinella*에서 유래한 것으로 참나물속을 일컫는다. 종소명 *komarovii*는 러시아 식물학자로 만주와 시베리아 분포 식물을 연구한 Vladimir Leontyevich Komarov(1869~1945)의 이름에서 유래했다.

다른이름　가령참나물(이창복, 1969b)

중국/일본명　중국명 辽冀茴芹(liao ji hui qin)은 랴오닝성(遼寧省)과 허베이성(河北省)에 걸쳐 분포하는 회근(茴芹: 회향을 닮은 미나리 종류라는 뜻으로 *P. anisum*의 중국명이며 참나물속을 일컫기도 함)이라는 뜻이다. 일본명 テウセンカノツメサウ(朝鮮鹿ノ爪草)는 한반도(조선)에 분포하고 2회 3출하는 줄기잎의 모양이 사슴의 발톱을 닮은 풀이라는 뜻이다.

참고　[북한명] 노루참나물

○ Pimpinella brachycarpa *Nakai*　ミツバヒカゲゼリ
Cham-namul　참나물

참나물⟨*Pimpinella brachycarpa* (Kom.) Nakai(1909)⟩
참나물이라는 이름은 '참'과 '나물'이 합쳐진 말로, 참은 좋다(眞)는 뜻이고 나물은 식용할 수 있다(菜)는 뜻이므로 맛이 있는 좋은 식용식물이란 뜻이다.[133] 식물체에 좋은 향기가 있어 예부터 어

---

130 '국가표준식물목록'(2018)은 노루참나물의 학명을 *Pimpinella gustavohegiana* Koidz.(1930)로 기재하고 있으나, 『장진성 식물목록』(2014)과 '중국식물지'(2018)는 본문의 학명을 정명으로 기재하고 있으며, '세계식물목록'(2018)은 *Pimpinella gustavohegiana* Koidz.(1930)를 미해결학명(unresolved name)으로 보고 있다.
131 이에 대한 보다 자세한 내용은 장근정 외(1999) 참조.
132 이에 대해서는 『조선식물향명집』, 색인 p.34 참조.
133 이러한 견해로 이우철(2005), p.503 참조.

린잎을 식용했다.[134] 17세기에 저술된 『역어유해』 이래로 한글명이 여러 문헌에 보이며, 음운상으로는 춤ᄂ믈 → 춤나믈 → 참나물로 변화해왔다. 예부터 사용하던 한자명은 산에서 자라는 미나리를 닮은 나물이라는 뜻의 '山芹菜'(산근채)이다.

속명 *Pimpinella*는 pepo(호박) 또는 pampinus(포도의 잎 또는 새순)가 어원으로 추정되는 라틴어 pipinella에서 유래한 것으로 참나물속을 일컫는다. 종소명 *brachycarpa*는 그리스어 brachy(짧은)와 carpus(열매)의 합성어로 열매의 길이가 짧다는 뜻이다.

다른이름 가는참나물(정태현 외, 1937), 거린당이/머내지(정태현 외, 1942), 산노루참나물(박만규, 1949), 큰산미나리(임록재 외, 1972), 겹참나물(박만규, 1974)

옛이름 山芹菜/츰ᄂ믈(역어유해, 1690), 山芹菜/츰나믈(방언집석, 1779), 山芹/참나물(재물보, 1798), 早芹/츰ᄂ믈(물보, 1802), 山芹/참나믈(광재물보, 19세기 초), 山芹/참나믈(물명고, 1824), 山芹菜/츰ᄂ물(오주연문장전산고, 185?), 山芹(의휘, 1871), 참나물(조선구전민요집, 1933)[135]

중국/일본명 중국명 短果茴芹(duan guo hui qin)은 짧은 열매를 가진 회근(茴芹: 회향을 닮은 미나리 종류라는 뜻으로 *P. anisum*의 중국명이며 참나물속을 일컫기도 함)이라는 뜻이다. 일본명 ミツバヒカゲゼリ(三葉日陰芹)는 잎이 3개로 그늘에서 자라는 미나리(セリ)라는 뜻이지만, 일본에 분포하지 않는 식물이다.

참고 [북한명] 참나물 [유사어] 단과회근(短果茴芹), 산근채(山芹菜) [지방명] 나물취/밤나물(강원), 단나물(경기), 구머이(경남), 애기참나물(경북), 반두나물/반두노물/비듬나물/참노물(전남), 반들딱지/참노물(전북), 꿩발/산노물/촘노물(제주), 챔나물(황해)

⊗ Pimpinella koreana *Nakai*   テウセンヒカゲミツバ
Ganŭn-cham-namul   가는참나물

가는참나물⟨*Pimpinella koreana* (Y.Yabe) Nakai(1909)⟩[136]

가는참나물이라는 이름은 참나물에 비해 잎이 가늘게 갈라지는 특징이 있다는 뜻에서 붙여졌다.[137] 『조선식물향명집』에서 전통 명칭 '참나물'을 기본으로 하고 식물의 형태적 특징을 나타내는

---

134 이에 대해서는 『조선산야생식용식물』(1942), p.171 참조.

135 『조선의 구황식물』(1919)은 '참나물'을 기록했으며 『조선식물명휘』(1922)는 '참나물(救)'을, 『토명대조선만식물자휘』(1932)는 조선명 없이 중국명으로 '[紫菫], [野芹菜]'를, 『선명대화명지부』(1934)는 '참나물'을, 『조선의산과와산채』(1935)는 '침나물'을 기록했다.

136 '국가표준식물목록'(2018)은 본문의 학명으로 가는참나물을 별도 분류하고 있으나, 참나물도 잎이 갈라지기 때문에 가는참나물은 참나물의 연속적 변이에 불과하므로 참나물(*P. brachycarpa*)에 통합해야 한다는 견해가 유력하다. 이러한 견해로 이우철(2005), p.503; 장근정 외(1999), p.151; 『장진성 식물목록』(2014), p.219 참조.

137 이러한 견해로 이우철(2005), p.26 참조.

'가는'을 추가해 신칭했다.[138]

속명 *Pimpinella*는 *pepo*(호박) 또는 *pampinus*(포도의 잎 또는 새순)가 어원으로 추정되는 라틴어 *pipinella*에서 유래한 것으로 참나물속을 일컫는다. 종소명 *koreana*는 '한국의'라는 뜻으로 한국 특산종이라는 뜻이다.

다른이름 그늘참나물/가는잎참나물(리종오, 1964)

중국/일본명 중국명 朝鮮茴芹(chao xian hui qin)은 한반도(조선)에 분포하는 회근(茴芹: 회향을 닮은 미나리 종류라는 뜻으로 *P. anisum*의 중국명이며 참나물속을 일컫기도 함)이라는 뜻이다. 일본명 テウセンヒカゲミツバ(朝鮮日陰三葉)는 한반도(조선)에 분포하고 그늘에서 자라며 잎이 3개라는 뜻이다.

참고 [북한명] 그늘참나물 [지방명] 참나물(경기)

Sanicula elata *Hamilton*　ウマノミツバ
Cham-bandi　참반디

참반디〈*Sanicula chinensis* Bunge(1833)〉

참반디라는 이름은 나물로 식용하는 어린잎이 갈라지는 모양이나 열매가 성숙했을 때의 모양이 반디를 연상시키는 것에서 유래한 것으로 추정한다. 『조선식물명휘』에 기록된 '참반듸'에서 유래했고 이는 진짜 반듸라는 뜻인데, '반듸'는 반딧불이(螢)를 뜻하므로[139] 식물체의 모양을 반딧불이에 비유한 것으로 보인다. 『조선산야생식용식물』은 경상남도, 강원도 및 경기도에서 어린잎을 식용하고 '반듸나물'이라고 부르고 있음을 기록했다.

속명 *Sanicula*는 라틴어 *sano*(치료)가 어원으로 식물의 약효 때문에 붙여졌으며 참반디속을 일컫는다. 종소명 *chinensis*는 '중국에 분포하는'이라는 뜻으로 최초 발견지 또는 분포지를 나타낸다.

다른이름 반듸나물(정태현 외, 1942), 참반듸(정태현, 1956), 참바디나물(박만규, 1974), 참바디(한진건 외, 1982), 높은참반디(리용재 외, 2011)[140]

---

138 이에 대해서는 『조선식물향명집』, 색인 p.30 참조.
139 이에 대한 자세한 내용은 『고어대사전 9』(2016), p.121 참조.
140 『조선식물명휘』(1922)는 '山芥菜, 蘽豆菜, 참반듸(救)'를 기록했으며 『선명대화명지부』(1934)는 '참반듸'를, 『조선의산과와 산채』(1935)는 '山芥菜, 참반듸'를 기록했다.

중국/일본명 중국명 变豆菜(bian dou cai)는 열매 모양과 연관된 이름으로 추정되지만 정확한 유래는 미상이다. 일본명 ウマノミツバ(馬之三葉)는 잎이 세 잎으로 된 것과 비슷한 형태를 띠고 식용하는 데 말이 먹을 정도라는 뜻에서 붙여졌다.

참고 [북한명] 참반디/높은참반디[141] [유사어] 대폐근초(大肺筋草), 변두채(變豆菜), 산개채(山芥菜) [지방명] 밥나물/산취/취나물(강원), 참나물(경기), 반달비(경남), 반대나물/반들나물/밤나물/밥나물 (경북), 산취(전남)

Sanicula rubriflora *Fr. Schmidt*   クロバナウマノミツバ
Bulgŭn-cham-bandi   붉은참반디

붉은참반디〈*Sanicula rubriflora* F.Schmidt ex Maxim.(1859)〉

붉은참반디라는 이름은 붉은색 꽃이 피는 참반디라는 뜻에서 붙여졌다.[142] 『조선식물향명집』에서 전통 명칭 '참반디'를 기본으로 하고 식물의 형태적 특징과 학명을 참조한 '붉은'을 추가해 신칭했다.[143]

속명 *Sanicula*는 라틴어 *sano*(치료)가 어원으로 식물의 약효 때문에 붙여졌으며 참반디속을 일컫는다. 종소명 *rubriflora*는 '붉은 꽃의'라는 뜻이다.

다른이름 붉은참반듸(정태현, 1956), 붉은참바디(박만규, 1974)

중국/일본명 중국명 红花变豆菜(hong hua bian dou cai)는 붉은색 꽃이 피는 변두채(變豆菜: 참반디의 중국명)라는 뜻이다. 일본명 クロバナウマノミツバ(黑花馬之三葉)는 짙붉어 검게 보이는 꽃을 피우는 참반디(ウマノミツバ)라는 뜻이다.

참고 [북한명] 붉은참반디

Sanicula tuberculata *Maximowicz*   フキヤミツバ
Aegi-cham-bandi   애기참반디

애기참반디〈*Sanicula tuberculata* Maxim.(1867)〉

애기참반디라는 이름은 참반디에 비해 식물체의 크기가 작다는 뜻에서 붙여졌다.[144] 『조선식물향명집』에서 전통 명칭 '참반디'를 기본으로 하고 식물의 형태적 특징을 나타내는 '애기'를 추가해

---

141 북한에서는 *S. chinensis*를 '참반디'로, *S. elata*를 '높은참반디'로 하여 별도 분류하고 있다. 이에 대해서는 리용재 외 (2011), p.315 참조.
142 이러한 견해로 이우철(2005), p.292 참조.
143 이에 대해서는 『조선식물향명집』, 색인 p.39 참조.
144 이러한 견해로 이우철(2005), p.390 참조.

신칭했다.[145]

속명 *Sanicula*는 라틴어 *sano*(치료)가 어원으로 식물의 약효 때문에 붙여졌으며 참반디속을 일컫는다. 종소명 *tuberculata*는 '작은 혹이 있는'이라는 뜻으로 열매의 모양에서 유래했다.

다른이름 애기참바디(박만규, 1974)[146]

중국/일본명 중국명 瘤果变豆菜(liu guo bian dou cai)는 열매에 혹이 있는 변두채(變豆菜: 참반디의 중국명)라는 뜻이다. 일본명 フキヤミツバ(吹屋三葉)는 오카야마현 후키야(吹屋) 지역에서 최초 발견된 참반디(ウマノミツバ)라는 뜻이다.

참고 [북한명] 애기참반디 [지방명] 밤내이/밤냉이(경북)

Siler divaricatum *Bentham et Hooker*　バウフウ　防風
Bangpung 방풍

방풍〈*Saposhnikovia divaricata* (Turcz.) Schischk.(1951)〉[147]

방풍이라는 이름은 한자명 '防風'(방풍)에서 비롯한 것으로, 풍(중풍 등 뇌혈관의 장애로 인한 병)을 막는 작용을 한다는 뜻에서 유래했다.[148] 중국의 『본초강목』은 "防者 御也 其功療風最要 故名 屏風者 防風隱語也"('防'은 막는다라는 뜻이다. 그 쓰임은 '風'을 치료하는 데 가장 긴요하다. 그래서 그러한 이름으로 불린다. 병풍이라고 하는 것은 방풍의 은어다)라고 기록했다. 옛이름에 방풍과 더불어 '병풍나물'(병풍ㄴ물)이라는 이름이 등장하는 것은 이러한 이유이며, '나물'이라는 이름에 보이듯이 식용으로도 사용했음을 말해준다. 우리나라에서는 북부 지방이 방풍의 자생지임에도 불구하고 『세종실록지리지』와 『신증동국여지승람』은 남부 지방에서 자생하는 식물로 기록했는데, 이는 다른

유사한 종을 약재로 대용하기도 한 것에서 비롯되었다고 추정한다. 『조선산야생약용식물』은 '防風'(방풍)이라는 생약명으로 대구, 대전 및 평양의 약재시장에서 거래되는 종은 현재의 방풍이 아

---

145 이에 대해서는 『조선식물향명집』, 색인 p.43 참조.

146 『조선식물명휘』(1922)는 '참반듸(救)'를 기록했으며 『선명대화명지부』(1934)는 '참반듸'를, 『조선의산과와산채』(1935)는 '참반듸'를 기록했다.

147 '국가표준식물목록'(2018)은 방풍의 학명을 *Ledebouriella seseloides* (Hoffm.) H. Wolff(1910)로 기재하고 있으나, 『장진성 식물목록』(2014), '중국식물지'(2018) 및 '세계식물목록'(2018)은 본문의 학명을 성명으로 기재하고 있다.

148 이러한 견해로 이우철(2005), p.262 참조.

니라 갯방풍<*Phellopterus littoralis*(=*Glehnia littoralis*)>이라고 기록했다.[149]

속명 *Saposhnikovia*는 러시아 식물학자 Sapozhnikov Vasily Vasilyevich(1861~1924)의 이름에서 유래했으며 방풍속을 일컫는다. 종소명 *divaricata*는 '큰 각도로 벌어진'이라는 뜻이다.

다른이름 가는잎방풍/개방풍(박만규, 1949), 산방풍(임록재 외, 1972), 신방풍(이우철, 1996b)

옛이름 防風(세종실록지리지, 1454), 防風/방붕(구급방언해, 1466), 防風/방풍(구급간이방언해, 1489), 防風(신증동국여지승람, 1530), 防風/屏風菜/屏風ㄴ물(촌가구급방, 1538), 防風/방풍(언해두창집요, 1608), 防風/방풍(언해태산집요, 1608), 防風/방풍ㄴ믈불휘(동의보감, 1613), 防風/방풍ㄴ믈불휘(산림경제, 1715), 防風/병풍나물(재물보, 1798), 防風/병풍나모불휘(제중신편, 1799), 防風/방풍(물보, 1802), 防風/병풍나물(광재물보, 19세기 초), 防風/병풍나물(화왕본긔, 19세기 초), 防風/병풍나물(물명고, 1824), 防風/병풍나모불휘(의종손익, 1868), 방풍/防風(농가월령가, 1876), 방풍/防風(한불자전, 1880), 防風/병풍나무쑤리(방약합편, 1884), 防風/병풍나물쑤리(선한약물학, 1931)[150]

중국/일본명 중국명 防风(fang feng)은 한국명과 유래가 같다. 일본명 バウフウ(防風)는 한자명 '防風'(방풍)을 음독한 것이다.

참고 [북한명] 방풍 [유사어] 병풍(屏風) [지방명] 방풍나무/방풍나물/음방풍(전남)

○ Sium cicutaefolium *Gmel.* var. angustifolium *Komarov*　テウセンヌマゼリ
Ganŭn-gaebal-namul　가는개발나물

개발나물〈*Sium suave* Walter(1788)〉

가는개발나물은 잎이 개발나물에 비해 가늘다고 해서 변종으로 별도 분류되었으나, '국가표준식물목록'(2018)과 『장진성 식물목록』(2014)은 개발나물에 통합하고 별도 분류하지 않으므로 이 책도 이에 따른다.

○ Sium cicutaefolium *Gmel.* var. latifolium *Komarov*　タウヌマゼリ
Gaebal-namul　개발나물

개발나물〈*Sium suave* Walter(1788)〉

개발나물이라는 이름은 식용하는 어린잎의 모양이 개의 발을 닮았다고 본 데서 유래한 것으

---

149 이에 대해서는 『조선산야생약용식물』(1936), p.176 참조. 한편 『대한민국약전 제11개정 해설서(하권)』(2015), p.1896은 생약재 방풍(防風)을 현재의 방풍(*S. divaricata*)으로 보고 있다.
150 『조선의 구황식물』(1919)은 '방풍'을 기록했으며 『조선어사전』(1920)은 '병풍나물, 防風'을, 『조선식물명휘』(1922)는 '防風, 白毛草, 방풍(救, 藥)'을, 『토명대조선만식물자휘』(1932)는 '[防風]방풍, [병풍나물]'을, 『선명대화명지부』(1934)는 '방풍'을 기록했다.

로 추정한다. 전국에 분포하는 여러해살이풀이다. 유독식물이지만 독성을 빼고 어린잎을 식용했다.[151] 자생지 중의 하나인 함경남도 방언을 채록한 것에서 비롯했다.[152] 당시 사용하던 방언으로 '밤조지', '동채싹', '동취나물' 등이 확인되지만 현재의 이름으로 이어지지는 않았다.

속명 *Sium*은 켈트어 *siw*(물)가 어원인 습지식물의 고대 그리스어 *sion*에서 유래한 것으로 개발나물속을 일컫는다. 종소명 *suave*는 라틴어 *suavis*에서 유래한 말로 '부드러운'이라는 뜻이다.

다른이름 밤조지(정태현 외, 1936), 가는개발나물(정태현 외, 1937), 동채싹(정태현 외, 1942), 당개발나물(박만규, 1949), 넓은잎개발나물(리종오, 1964), 가락잎풀/개발풀(김현삼 외, 1988)

옛이름 동취나물(조선구전민요집, 1933)[153]

중국/일본명 중국명 澤芹(ze qin)은 못(습지)에서 자라는 근(芹: 미나리 종류의 중국명)이라는 뜻이다. 일본명 タウヌマゼリ(唐沼芹/唐沢芹)는 중국(唐)에서 전래된 늪지에서 자라는 미나리(セリ)라는 뜻이다.

참고 [북한명] 가락잎풀 [유사어] 산고본(山藁本) [지방명] 개발초(강원), 개발추(경기)

Sium Ninsii *Linné*　ムカゴニンジン
Gamja-gaebal-namul　감자개발나물

감자개발나물 〈*Sium ninsi* Thunb.(1784)〉

감자개발나물이라는 이름은 개발나물을 닮았는데 감자와 같은 덩이뿌리가 있다는 뜻에서 붙여졌다.[154] 개발나물에 비해 다육성의 덩이뿌리가 발달하며 잎겨드랑이에서 살눈이 만들어지는 특징이 있다. 『조선식물향명집』에서 전통 명칭 '개발나물'을 기본으로 하고 식물의 형태적 특징을 나타내는 '감자'를 추가해 신칭했다.[155]

속명 *Sium*은 켈트어 *siw*(물)가 어원인 습지식물의 고대 그리스어 *sion*에서 유래한 것으로 개발나물속을 일컫는다. 종소명 *ninsi*는 人參(인삼)의 일본식 발음에서 유래했다.

다른이름 무강개발나물(박만규, 1949), 섬개발나물(임록재 외, 1972), 알개발나물(박만규, 1974), 섬가락잎풀/감자가락잎풀(김

151 이에 대해서는 『조선산야생식용식물』(1942), p.173 참조.
152 『조선산야생식용식물』(1942), p.173은 '개발나물'은 함경남도 방언이고, '동채싹'은 경기도 방언임을 기록했다.
153 『조선식물명휘』(1922)는 '개발나물'을 기록했으며 『선명대화명지부』(1934)는 '개발나물'을, 『조선의산과와산채』(1935)는 '밖졋'을 기록했다.
154 이러한 견해로 이우철(2005), p.40 참조.
155 이에 대해서는 『조선식물향명집』, 색인 p.31 참조.

현삼 외, 1988)[156]

중국/일본명 중국에서는 이를 별도 분류하지 않고 있다. 일본명 ムカゴニンジン(零余子人參)은 살눈을 만들고 뿌리가 비대해져 방추형을 이루는 것이 인삼을 닮았다는 뜻이다.

참고 [북한명] 섬가락잎풀/감자가락잎풀[157] [유사어] 산고본(山藁本)

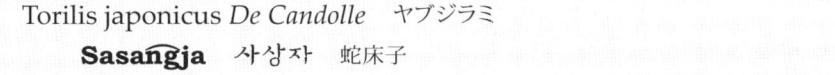

Torilis japonicus *De Candolle* ヤブジラミ
Sasangja 사상자 蛇床子

사상자〈*Torilis japonica* (Houtt.) DC.(1830)〉

사상자라는 이름은 한자명 '蛇床子'(사상자)에서 비롯했으며, 이 식물이 자라는 곳에서 뱀이 우글거리고 뱀이 이 식물의 씨앗을 먹는다고 알려진 것에서 유래했다.[158] 중국의 『본초강목』은 "蛇虺喜臥於下食其子 故有蛇床 蛇粟諸名"(뱀과 독사가 이 식물의 아래에서 잘 누워 자고 그 종자를 먹으므로 사상과 사속이라는 이름이 붙었다)이라고 기록했다. 중국과 일본에서는 생약명 蛇床子(사상자)가 갯사상자속의 *Cnidium monnieri* (L.) Cusson(1782)(한국명: 벌사상자)을 일컫는 것으로 보고 있다.[159] 그러나 우리나라에서는 식물분류학이 도입되던 시기에 대구, 대전 및 평양의 약재시장에서 *T. japonica*를 蛇床子(사상자)로 거래했다고 기록한 것에 비추어, 대체로 이를 蛇床子(사상자)로 인식하고 약용한 것으로 보인다.[160] 한편 『구급간이방언해』 등에 기록된 '비얌도랏'(뱀도랏)은

---

156 『조선의산과와산채』(1935)는 '밤젓'을 기록했다.
157 북한에서는 *S. ninsi*를 '섬가락잎풀'로, *S. tenua*를 '감자가락잎풀'로 하여 별도 분류하고 있다. 이에 대해서는 리용재 외 (2011), p.332 참조.
158 이러한 견해로 이우철(2005), p.300 참조.
159 중국에 대해서는 '중국식물지'(2018) 중 '*Cnidium monnieri* (L.) Cuss.' 부분 참조. 그리고 일본에 대해서는 松村任三 (1920), p.92와 牧野富太郎(2008), p.512 참조.
160 이에 대해서는 『조선산야생약용식물』(1936), p.177 참조. 한편 『대한민국약전외 한약(생약)규격집』(2016), p.95는 벌사상자 (*C. monnieri*) 또는 사상자(*T. japonica*)의 열매를 蛇床子(사상자)로 보고 약재로 사용하고 있으며, 『한국의 민속식물』(2017), p.890에 따르면 현재의 사상자를 '蛇床子'(사상자)로 보아 약재로 사용하고 있기도 하다. 그런데 김종원(2013), p.127은 "중국에서 蛇床子(사상자)는 우리의 벌사상자의 씨앗을 지칭하고 우리도 원래 그렇게 온전케 사용했는데 일본인이 저술한 『조선식물명휘』(1922)에서 혼동해서 벌사상자와 사상자의 이름이 뒤바뀌어 버렸다"라는 취지로 주장하고 있다. 그러나 옛 본초학은 현재와 같이 학명으로 종을 특정해서 식물명을 사용하거나 전승한 것이 아니고 일정한 쓰임새(예컨대 약용)가 같으면 여러 식물을 통칭하기도 했으며, 국가와 지방 그리고 문헌을 달리하여 다른 식물을 일컫기도 했다. 따라서 우리도 원래 그렇게 사용했다는 것은 현재의 한의학계와 최근의 민속식물 이용 형태 조사에도 반하는 독자적 견해로 보인다.

'비얌'(뱀)과 '도랏'(도라지)의 합성어로 '비얌'은 한자명 蛇床子(사상자)에서, '도랏'은 도라지(桔梗)의 뜻으로 뿌리의 모양이 유사한 것에서 유래한 이름이다.[161]

속명 *Torilis*는 어원이 알려져 있지 않은데, 이탈리아 생물학자 Umberto Quattrocchi(1947~현재)에 따르면 특별한 의미가 없거나 '꿰뚫다, 찌르다'라는 뜻의 라틴어 *toreo*에서 유래한 것으로 가시 같은 털이 있는 열매 모양 때문에 붙여졌으며 사상자속을 일컫는다. 종소명 *japonica*는 '일본의'라는 뜻으로 발견지 또는 분포지를 나타낸다.

다른이름 배암도랏(정태현 외, 1936), 묵밧뒤뒤기/배얌도랏(정태현 외, 1942), 진들개미나리(안학수·이춘녕, 1963), 뱀도랏(리종오, 1964)

옛이름 蛇床子/蛇音置良只茱實(향약구급방, 1236),[162] 蛇床子/蛇都羅比/蛇音置良只(향약채취월령, 1431), 蛇床子/蛇都羅比(향약집성방, 1433),[163] 蛇床子/비얌도랏씨(구급간이방언해, 1489), 蛇床子/蛇道乙羅比/비얌돌랏(촌가구급방, 1538), 蛇床子/사상자(언해태산집요, 1608), 蛇床子/비얌도랏씨(동의보감, 1613), 蛇床子(의림촬요, 1635), 蛇床子/비얌도랏씨(산림경제, 1715), 蛇床子/쥐손플(광제비급, 1790), 蛇床子/바얌도랏(재물보, 1798), 蛇床子/비얌도랏씨(제중신편, 1799), 蛇床/비얌도랏(광재물보, 19세기 초), 蛇狀/바얌도랏(물명고, 1824), 蛇床/假芎藭(송남잡지, 1855), 蛇床子/쥐른풀(의휘, 1871), 蛇床/쥐손풀(녹효방, 1873), 蛇床子/비얌도랏씨(방약합편, 1884), 蛇床子/배암도랏씨(선한약물학, 1931)[164]

중국/일본명 중국명 小茓衣(xiao qie yi)는 식물체가 작은 절의(茓衣: 열매가 옷에 잘 붙는 것을 훔쳐 가는 것에 비유한 것으로 개사상자의 중국명)라는 뜻이다.[165] 일본명 ヤブジラミ(藪虱)는 수풀에 있는 이(虱)라는 뜻으로, 가시 같은 털이 있는 열매가 수풀에 떨어져 몸에 잘 붙는데 이를 이(虱)에 비유한 것에서 유래했다.

참고 [북한명] 뱀도랏 [유사어] 절의(茓衣), 파의초(破衣草), 파자초(破子草) [지방명] 개궁궁이(경북), 개당근(전북)

---

161 이러한 견해로 이덕봉(1963), p.9와 손병태(1996), p.37 참조. 한편 김종원(2013), p.124는 '도랏'에 대해서 '똬리를 틀다'라는 뜻으로 해석하고 있다.

162 『향약구급방』(1236)의 차자(借字) '蛇音置良只茱實'(사음치량지채실)에 대해 남풍현(1981), p.83은 '부얌두러기ㄴ물(씨)'의 표기로 보고 그 뜻은 '뱀이 두른 나물(씨)'이라 하고 있으며, 이덕봉(1963), p.9는 '비얌두랏나믈씨'의 표기로 보고 있다.

163 『향약집성방』(1433)의 차자(借字) '蛇都羅比'(사도라질)에 대해 남풍현(1999), p.176은 '비얌도랏'의 표기로 보고 있으며, 이덕봉(1963), p.9는 '뱀도랏'의 표기로 보고 있다.

164 『조선한방약료식물조사서』(1917)는 '비얌도랏(東醫), 蛇床子'를 기록했으며 『조선어사전』(1920)은 '蛇床子(사상ㅈ), 배암도랏'을, 『조선식물명휘』(1922)는 '茓衣, 破衣草, 蛇床子, 사상ㅈ'를, 『토명대조선만식물자휘』(1932)는 Cnidium monnieri에 대해 '[蛇床子]샤상ㅈ, [輿蛇子]훼샹ㅈ, [배암도랏]'을, 『선명대화명지부』(1934)는 '배암도랏, 사상자'를 기록했다.

165 한편 유희가 저술한 『물명고』(1824)는 蛇狀(사상)과 별도의 식물로서 '蕭挐'(게나)의 별칭으로 '茓衣'(절의)을 기록하면서 미나리(芹)와 유사하다고 했는데, 이것이 어떤 식물을 일컬었는지는 보다 자세한 연구가 필요하다.

Cornaceae 산수유科 (山茱萸科)

층층나무과〈**Cornaceae** Bercht. & J.Presl(1825)〉

층층나무과는 국내에 자생하는 층층나무에서 유래한 과명이다. '국가표준식물목록'(2018), '세계식물목록'(2018) 및 『장진성 식물목록』(2014)은 *Cornus*(층층나무속)에서 유래한 Cornaceae를 과명으로 기재하고 있으며, 엥글러(Engler), 크론키스트(Cronquist) 및 APG IV(2016) 분류 체계도 이와 같다. 한편 '세계식물목록'(2018)과 APG IV(2016) 분류 체계는 Cornaceae(층층나무과)로 분류했던 식나무(*Aucuba japonica* Thunb.)를 Garryaceae(식나무과)로 분류했으며, 박쥐나무〈*Alangium platanifolium* (Siebold et Zucc.) Harms〉가 속한 Alangiaceae(박쥐나무과)를 Cornaceae(층층나무과)에 포함시켰다.

Aucuba japonica *Thunberg*　アヲキ
Sig-namu　식나무

식나무〈*Aucuba japonica* Thunb.(1783)〉

식나무라는 이름은 주요 자생지인 제주도의 방언 '식낭'에서 유래했다.[1] 제주 방언 '식돗'이 털빛이 흑색과 황색으로 얼룩덜룩한 돼지를 뜻하고, '식쉐'가 칡소(온몸에 칡덩굴 같은 어룽어룽한 무늬가 있는 소)를 뜻하므로,[2] '식낭'은 색깔이 섞여 얼룩덜룩한 무늬를 이루는 나무라는 뜻에서 유래한 것으로 추정한다. 즉, 봄에 푸른 잎을 유지한 채 새잎이 갈색으로 돋는 모습 또는 열매가 붉게 익어 잎과 대비되는 모습이 마치 '식돗' 또는 '식쉐'처럼 얼룩덜룩해 보인다는 뜻에서 붙여진 이름으로 이해된다. 제주 방언으로 '신남(신나무)'이라는 이름도 기록되었는데,[3] '신'은 제주 방언으로 신발(靴)을 뜻하므로[4] 넓적하고 크게 자라는 잎의 모양을 신발에 비유한 것에서 유래한 것으로 추정한다. 북한은 이러한 의미의 '넙적나무'라는 이름을 사용하고 있다. 『조선식물향명집』은 녹나무과의 *Neolitsea sericea*에 대해서도 제주 방언을 채록한 '식나무'로 기록했으나, 『조선식물명집』에서 '참식나무'로 개칭해 서로 다른 이름으로 불리게 되었다.

1　이에 대해서는 『조선삼림수목감요』(1923), p.103과 『조선삼림식물도설』(1943), p.544 참조.
2　'식돗'과 '식쉐'의 뜻에 대해서는 석주명(1947), p.62 참조.
3　이에 대해서는 석주명(1947), p.62와 『조선식물명휘』(1922), p.274 참조.
4　이에 대해서는 현평호·강영봉(2014), p.223 참조.

속명 Aucuba는 이 속 식물의 일본명 アオキバ(青木葉)에서 유래했으며 식나무속을 일컫는다. 종소명 japonica는 '일본의'라는 뜻으로 발견지 또는 분포지를 나타낸다.

다른이름 식나무(정태현 외, 1923), 넓적나무(박만규, 1949), 넙적나무(임록재 외, 1972), 청목(안학수 외, 1982)[5]

중국/일본명 중국명 青木(qing mu)는 어린 줄기 또는 잎이 푸른색인 나무라는 뜻이다. 일본명 アヲキ (青木)도 줄기가 푸른색인 나무라는 뜻이다.

참고 [북한명] 넙적나무 [유사어] 도엽산호(桃葉珊瑚), 천각판(天脚板), 청목(青木) [지방명] 식낭/신남 (제주)

Cornus brachypoda C. A. Meyer   クマノミヅキ
Gomŭi-malchae-namu   곰의말채나무

곰의말채나무〈Cornus macrophylla Wall.(1820)〉

곰의말채나무라는 이름은 곰이 사는 깊은 산속에서 자라는 말채나무라는 뜻에서 붙여진 것으로 추정한다. 『조선식물향명집』에서 전통 명칭 '말채나무'를 기본으로 하고 식물의 산지 (産地)의 나타내는 '곰의'를 추가해 신칭했다.[6] 당시 방언으로 '말채나무'와 '층층나무'라는 이름만이 발견되는 것으로 보아 이물동명(異物同名)으로 이름의 혼용이 있었던 것으로 추론된 다. 『조선삼림식물도설』에서 한자명을 일본명에서 유래한 '熊 水木'(웅수목)으로 기록한 것에 비추어, 추가된 '곰의'는 지역을 나타내는 일본명의 クマノ(熊野)에서 영향을 받은 것으로 보인 다.[7] 한편 잎이 곰처럼 큰 말채나무라는 뜻에서 유래한 이름으로 보는 견해도 있다.[8]

속명 Cornus는 라틴어 cornu(뿔)가 어원으로 미국산수유(Cornus mas)의 라틴명에서 전용되어 층층나무속을 일컫는다. 종소명 macrophylla는 '큰 잎의'라는 뜻으로 잎이 상대적으로 크고 측맥이 많아서 붙여졌다.

다른이름 말채나무(정태현 외, 1923), 곰말채나무(이창복, 1947), 곰의말채(이창복, 1966), 큰말채나무

---

5 『조선식물명휘』(1922)는 '梔葉, 珊瑚, 신나무'를 기록했으며 『선명대화명지부』(1934)는 '신나무, 식나무'를 기록했다.
6 이에 대해서는 『조선식물향명집』, 색인 p.32 참조.
7 이러한 견해로 이우철(2005), p.80과 박상진(2019), p.138 참조.
8 이러한 견해로 솔뫼(송상곤, 2010), p.780 참조.

(리용재 외, 2011)

옛이름 松楊/椋木(본사, 1787), 松楊/椋子木(광재물보, 19세기 초), 松楊(물명고, 1824)[9]

중국/일본명 중국명 楝木(lai mu)에서 楝는 음을 나타내는 來(래)와 뜻을 나타내는 木(목)이 합쳐진 것으로, 우리나라에서는 푸조나무를 뜻하지만 중국에서는 말채나무 종류를 뜻한다. '중국식물지'는 『구황본초』에 기록된 '椋子木'(양자목)을 다른이름으로 보고 있다. 일본명 クマノミヅキ(熊野水木)는 와카야마현의 구마노(熊野)에 분포하는 층층나무(ミヅキ)라는 뜻이다.

참고 [북한명] 곰말채나무 [유사어] 내목(棶木) [지방명] 물막께낭(제주), 말채나무(충남)

Cornus controversa *Hemsley*　ミヅキ
Chúngchúng-namu　층층나무

층층나무〈*Cornus controversa* Hemsl.(1909)〉

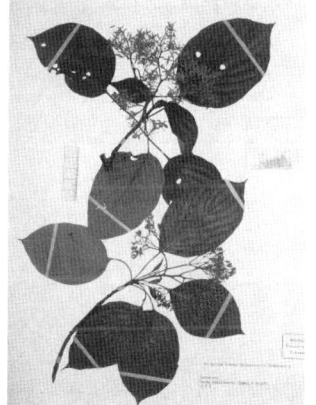

층층나무라는 이름은 돌려나는 가지가 층을 이루어 자라는 나무라는 뜻에서 유래했다.[10] 경기도 방언(향명)을 채록한 것이다.[11] 16세기에 저술된 『고사촬요』와 19세기에 저술된 『의방합편』은 말(馬)의 개창(疥瘡: 옴)을 치료할 때 '層層木'(층층목)의 기름을 사용한다고 기록했는데, 이때 層層木(층층목)은 층층나무를 표기한 것으로 추정된다.

속명 *Cornus*는 라틴어 *cornu*(뿔)가 어원으로 미국산수유(*Cornus mas*)의 라틴명에서 전용되어 층층나무속을 일컫는다. 종소명 *controversa*는 '논쟁적인, 반대 방향의'라는 뜻이다.

다른이름 층층나무/물째금나무/말치나무(정태현 외, 1923), 물깨금나무/말채나무/꺼그렁나무(정태현, 1943)

옛이름 層層木(고사촬요, 1554), 松楊/椋子木(광재물보, 19세기 초), 松楊/椋(물명고, 1824), 층층나무/層層木(한불자전, 1880), 層層木(의방합편, 19세기)[12]

9　『조선삼림식물편』(1915~1939)은 'チンヂナム/Chinjinam, チンナム/Chin-nam((朝鮮土名)[층층나무, 층나무(조선토명)]를 기록했다.

10　이러한 견해로 이우철(2005), p.521; 박상진(2019), p.385; 허북구·박석근(2008b), p.281; 오찬진 외(2015), p.964; 솔뫼(송상곤, 2010), p.854; 강판권(2015), p.519 참조.

11　이에 대해서는 『조선삼림수목감요』(1923), p.104와 『조선삼림식물도설』(1943), p.547 참조.

12　「조선주요삼림수목명칭표」(1912)는 '물씨금ㄴ무'를 기록했으며 「조선주요삼림수목명칭표」(1915a)는 '층층ㄴ무'를, 『지리산식물조사보고서』(1915)는 'ちんちぎなむ, じんなむ'[층층나무, 층나무]를, 『조선식물명휘』(1922)는 '松楊, 棶, 冬靑葉, 물

중국명 灯台樹(deng tai shu)는 나뭇가지가 층을 이루어 자라는 모습이 등잔의 받침대처럼 보인다는 뜻에서 붙여졌다. 일본명 ミヅキ(水木)는 수액이 많은 나무라는 뜻으로, 봄에 가지를 꺾으면 물이 나와서 붙여졌다.

[북한명] 층층나무 [유사어] 등대수(燈臺樹), 송양(松楊), 양자목(椋子木) [지방명] 막께낭/무디목(제주)

⊗ Cornus coreana *Wangerin* テウセンミヅキ
Malchae-namu 말채나무

말채나무〈*Cornus walteri* Wangerin(1908)〉

말채나무라는 이름은 일년생가지가 탄력이 좋아 잘 꺾어지지 않으므로 말채(찍)로 사용하는 나무라는 뜻에서 유래했다.[13] 주요 자생지인 경기도 방언을 채록한 것에서 비롯했다.[14] 『조선삼림수목감요』는 '말치나무'로 기록했는데, '말치'는 옛말로 말채찍을 뜻한다.[15] 실제로 나뭇가지가 가늘고 길며 잘 휘어지는 특성이 있으며, 강원도에서는 이러한 특성을 반영해 '빼빼목'이라고도 한다.

속명 *Cornus*는 라틴어 *cornu*(뿔)가 어원으로 미국산수유(*Cornus mas*)의 라틴명에서 전용되어 층층나무속을 일컫는다. 종소명 *walteri*는 미국 생물학자 Thomas Walter(1740~1788)의 이름에서 유래했다.

말치나무(정태현 외, 1923), 말채목(안학수·이춘녕, 1963)[16]

중국명 毛梾(mao lai)는 일년생가지, 잎 뒷면과 꽃자루 등에 털이 있는 내목(梾木: 곰의말채나무의 중국명)이라는 뜻이다. 일본명 テウセンミヅキ(朝鮮水木)는 조선에 분포하는 층층나무(ミヅキ)라는 뜻이다.

씻금나무'를, 『선명대화명지부』(1934)는 '쌀채나무, 물개금, 물쌔금나무, 층층나무'를, 『조선삼림식물편』(1915~1939)은 'チンジンナム/Chin-jin-nam, ミエーインナム/Mieinnam(朝鮮土名)'[층층나무, 미영나무(조선토명)]를 기록했다.

13　이러한 견해로 박상진(2019), p.157; 김태영·김진석(2018), p.474; 허북구·박석근(2008b), p.111; 오찬진 외(2015), p.954; 솔뫼(송상곤, 2010), p.860; 강판권(2015), p.523 참조.

14　이에 대해서는 『조선삼림식물도설』(1943), p.546 참조.

15　'말치'를 밀채찍의 뜻으로 사용한 것에 대해서는 『고어대사전 7』(2016), p.527 참조.

16　「조선주요삼림수목명칭표」(1912)는 '말치ㄴ무'를 기록했으며 「조선주요삼림수목명칭표」(1915a)는 '층층ㄴ무'를, 『조선식물명휘』(1922)는 '말채나무'를, 『선명대화명지부』(1934)는 '말채(재)나무'를 기록했다.

Cornus alba *Linné*　シラタマミヅキ
Hin-malchae-namu　힌말채나무

흰말채나무〈*Cornus alba* L.(1767)〉

흰말채나무라는 이름은 말채나무를 닮았으나 열매가 흰색으로 익는 것에서 유래했다.[17] 평안북도
이북의 산지 분포하고 열매가 가을에 흰색으로 익으며, 정원수로 널리 식재하고 있다. 『조선식
물향명집』에서는 전통 명칭 '말채나무'를 기본으로 하고 식물의 형태적 특징 및 학명에서 유래한
'힌'을 추가해 '힌말채나무'를 신칭했으나,[18] 『조선삼림식물도설』에서 맞춤법에 따라 '흰말채나무'
로 개칭해 현재에 이르고 있다.

　　속명 *Cornus*는 라틴어 *cornu*(뿔)가 어원으로 미국산수유(*Cornus mas*)의 라틴명에서 전용되어
층층나무속을 일컫는다. 종소명 *alba*는 '흰색의'라는 뜻으로 열매가 하얗게 익는 것에서 유래했다.

다른이름　힌말채나무(정태현 외, 1937), 아라사말채나무(이창복, 1947), 붉은말채(박만규, 1949)

중국/일본명　중국명 紅瑞木(hong rui mu)는 붉고 상서로운 나무라는 뜻으로, 가지가 붉은 것에서 유
래한 것으로 추정한다. 일본명 シラタマミヅキ(白玉水木)는 열매가 흰색의 옥구슬 같은 층층나무
(ミヅキ)라는 뜻이다.

참고　[북한명] 흰말채나무 [유사어] 백옥수목(白玉水木), 홍서목(紅瑞木)

Cynoxylon japonica *Nakai*　ヤマボウシ
Sandal-namu　산딸나무

산딸나무〈*Cornus kousa* F.Buerger ex Hance(1873)〉[19]

산딸나무라는 이름은 딸기와 비슷한 열매가 열리며 산에서 자라는 나무라는 뜻에서 유래했다.[20]
열매가 9~10월에 빨간색으로 익는데 딸기를 닮았다. 『조선삼림수목감요』에서 제주도 방언을 채

---

17 이러한 견해로 이우철(2005), p.608; 김태영·김진석(2018), p.472; 박상진(2019), p.139; 유기억(2008b), p.255 참조.
18 이에 대해서는 『조선식물향명집』, 색인 p.49 참조.
19 '국가표준식물목록'(2018)은 정명을 *Cornus kousa* F.Buerger ex Miquel(1866)로 기재하고 있으나, 『장진성 식물목록』
　　(2014)과 '세계식물목록'(2018)은 본문의 학명을 정명으로 기재하고 있다.
20 이러한 견해로 박상진(2019), p.245; 김태영·김진석(2018), p.477; 유기억(2008b), p.127; 전정일(2009), p.104; 오찬진 외
　　(2015), p.957; 강판권(2015), p.533 참조.

록한 것에서 비롯했다.[21]

속명 *Cornus*는 라틴어 *cornu*(뿔)가 어원으로 미국산수유 (*Cornus mas*)의 라틴명에서 전용되어 층층나무속을 일컫는 다. 종소명 *kousa*는 산딸나무에 대한 일본 하코네(箱根) 방언 クサ에서 유래했다.

다른이름 산쌀나무/들믜나무/박달나무/쇠박달나무(정태현 외, 1923), 애기산딸나무(정태현 외, 1937), 들매나무/준딸/미영꽃나 무/소리딸(정태현, 1943), 소리딸나무/준딸나무(이창복, 1947), 굳 은산딸나무(안학수·이춘녕, 1963)

옛이름 四照花(하재일기, 1891)[22]

중국/일본명 중국명 日本四照花(ri ben si zhao hua)는 일본에서 자라는 사조화(四照花)라는 뜻인데, 四照花(*C. kousa* subsp. *chinensis*)는 중국의 옛 문헌 『산해경』 에서 유래한 것으로 꽃이 사방을 환하게 비춘다는 뜻이다. 일본명 ヤマボウシ(山法師)는 산에서 자라는데 하얀 총포가 두건처럼 보이며 모여서 피는 꽃을 승려로 보아 붙여졌다.

참고 [북한명] 산딸나무 [유사어] 사조화(四照花), 야여지(野荔枝) [지방명] 박달나무(강원/경기/전남/ 충북), 물박달나무/박달나무(전북), 가시틀/촘틀/틀/틀낭(제주), 박달나무/배딸나무(충남)

○ Cynoxylon japonica *Nakai* var. viridis *Nakai*　ヒメヤマボウシ
Aegi-sandâl-namu　애기산딸나무

산딸나무〈*Cornus kousa* F.Buerger ex Hance(1873)〉
'국가표준식물목록'(2018)과 이우철(2005)은 애기산딸나무를 산딸나무에 통합하고, 『장진성 식물 목록』(2014)은 이를 별도 분류하지 않으므로 이 책도 이에 따른다.

---

21 이에 대해서는 『조선삼림수목감요』(1923), p.103과 『조선삼림식물도설』(1943), p.548 참조.
22 「조선주요삼림수목명칭표」(1912)는 '드믜ㄴ무'를 기록했으며 『제주도및완도식물조사보고서』(1914)는 'シヤンタール'[산 딸]을, 「조선주요삼림수목명칭표」(1915b)는 '틀믜ㄴ무'를, 『조선식물명휘』(1922)는 '四照花, 石棗, 드믜나무, 박달나무 (觀賞, 工業)'를, 『조선의산과와산채』(1935)는 '四照花, 틀듸나무'를, 『선명대화명지부』(1934)는 '산쌀나무'를, 『조선삼림 식물편』(1915~1939)은 'トウメイナム/Tumei-nam, パクタールナム/Paktal-nam, シヤンタール/Syang-tal, トルナム/ Torunam(朝鮮土名)'[들메나무, 박달나무, 산딸, 돌나무(조선토명)]를 기록했다.

Macrocarpium officinale *Nakai*   サンシユユ   山茱萸
San-suyu-namu   산수유나무

산수유 ⟨*Cornus officinalis* Siebold & Zucc.(1835)⟩

산수유라는 이름은 한자명 '山茱萸'(산수유)에서 유래한 것으로, 산에서 자라는 수유(茱萸)라는 뜻이다.[23] 중국명을 그대로 사용한 것인데, 산수유에서 '수유'(茱萸)의 정확한 뜻과 유래는 알려져 있지 않다.[24] 산수유는 『삼국사기』에 따르면 신라 경문왕 때 중국에서 전래되었으며, 고려 시대에 저술된 『향약구급방』에 '山茱萸'(산수유)뿐만 아니라 '數要木'(수유나모)라는 속명(俗名)이 기록된 것에 비추어 고려 시대에 이미 널리 약재로 사용한 것으로 보인다. 『조선식물향명집』은 재배(栽)하는 종이라는 점을 별도로 표시하지 않았고 『조선삼림식물도설』은 전남, 충남과 경기도에서 자생하는 식물로 기록했는데, 이는 나카이 다케노신(中井猛之進, 1882~1952)이 경기도 광릉에 분포하는 거

목(巨木)을 근거로 산수유를 조선의 자생식물로 잘못 이해한 것에서 비롯했다.[25] 현재 '국가표준식물목록'은 이를 정정해 재배식물로 기록하고 있다. 『조선식물향명집』은 '산수유나무'로 기록했으나 『대한식물도감』에서 '산수유'로 개칭해 현재에 이르고 있다.

속명 *Cornus*는 라틴어 *cornu*(뿔)가 어원으로 미국산수유(*Cornus mas*)의 라틴명에서 전용되어 층층나무속을 일컫는다. 종소명 *officinalis*는 '약용의, 약효가 있는'이라는 뜻으로 열매를 약용한 것에서 유래했다.

다른이름 산수유나무(정태현 외, 1923), 산슈유나무(정태현 외, 1936), 산시유나무(박만규, 1949)

옛이름 山茱萸(삼국사기, 1145), 山茱萸/數要木實(향약구급방, 1236),[26] 山茱萸(삼국유사, 1281), 山茱萸(향약제생집성방, 1398), 山茱萸(향약집성방, 1433), 山茱萸(세종실록지리지, 1454), 山茱萸(구급이해방, 1499), 山茱萸(신증동국여지승람, 1530), 茱萸/石棗(동의보감, 1613), 山茱萸/石棗(의림촬요, 1635), 山茱萸

---

23 이러한 견해로 이우철(2005), p.313; 박상진(2019), p.248; 김태영·김진석(2018), p.475; 허북구·박석근(2008b), p.179; 전정일(2009), p.106; 유기억(2018b), p.31; 오찬진 외(2015), p.960 참조.

24 중국의 『본초연의』(1116)는 "山茱萸與吳茱萸甚不相類 治療大不同 未審何緣命此名也"(산수유와 오수유는 그다지 비슷하지는 않고 치료하는 것도 크게 같지 않다. 어떤 이유에서 이런 이름이 지어졌는지 알지 못한다)라고 기록했다. 다만 박상진(2019), p.248, 허북구·박석근(2008b), p.201 및 전정일(2009), p.106은 '茱萸'(수유)의 '朱'(주)와 '萸'(유)에 착안해 '붉은색 열매를 매다는 나무' 또는 '생으로 먹을 수 있는 붉은색 열매를 가진 나무'라고 해석하고 있다.

25 이에 대한 보다 자세한 내용은 『토명대조선만식물자휘』(1932), p.514 참조.

26 『향약구급방』(1236)의 차자(借字) '數要木實'(수요목실)에 대해 남풍현(1981), p.84는 '수유나모여름'의 표기로 보고 있으며, '數要木'(수요목)에 대해 이덕봉(1963), p.29는 '수요나모'의 표기로 보고 있다.

/石棗(산림경제, 1715), 山茱萸(일성록, 1776), 山茱萸/石棗/肉棗/雞足(본사, 1787), 山茱萸(청장관전서, 1795), 山茱萸(재물보, 1798), 山茱(제중신편, 1799), 山茱萸/산슈유/鬼實/蜀酸棗/肉棗(광재물보, 19세기 초), 山茱萸(만기요람, 1808), 山茱萸/蜀酸棗/肉棗(물명고, 1824), 山茱萸/산슈유(명물기략, 1870), 山茱(방약합편, 1884), 山茱萸(수세비결, 1929), 山茱萸(선한약물학, 1931)[27]

중국/일본명 중국명 山茱萸(shan zhu yu)와 일본명 サンシュユ(山茱萸)는 모두 한국명과 같다.

참고 [북한명] 산수유나무 [유사어] 석조(石棗), 육조(肉棗), 촉산조(蜀酸棗) [지방명] 산수유주/산시유나무(강원), 산수유나무(충북)

---

27 『지리산식물조사보고서』(1915)는 'さんじんなむ'[산진나무]를 기록했으며 『조선한방약료식물조사서』(1917)는 '산수유나무, 山茱萸'를, 『조선어사전』(1920)은 '山茱萸(산슈유), 石棗(석죠)'를, 『조선식물명휘』(1922)는 '山茱萸, 石棗, 산슈유(藥, 觀賞)'를, 『토명대조선만식물자휘』(1932)는 '[山茱萸]산슈유, [石棗]석조'를, 『선명대화명지부』(1934)는 '산수유(나무), 산슈유, 슈유'를, 『조선의산과와산채』(1935)는 '山茱萸, 산수유나무'를 기록했다.

Pirolaceae 노루발科 (鹿蹄草科)

노루발과〈**Pyrolaceae** Lind.(1829)〉[1]

노루발과는 국내에 자생하는 노루발에서 유래한 과명이다. '국가표준식물목록'(2018)은 *Pyrola*(노루발속)에서 유래한 Pyrolaceae를 과명으로 기재하고 있으며, 엥글러(Engler)와 크론키스트(Cronquist) 분류 체계도 이와 같다. 그러나 『장진성 식물목록』(2014), '세계식물목록'(2018) 및 APG IV(2016) 분류 체계는 Empetraceae(시로미과), Pyrolaceae(노루발과) 및 Monotropaceae(수정난풀과)를 Ericaceae(진달래과)에 포함하여 분류한다.

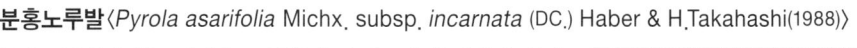

Pirola incarnata *Fischer*　ベニバナイチヤクサウ

Bunhong-norubal　분홍노루발

분홍노루발〈*Pyrola asarifolia* Michx. subsp. *incarnata* (DC.) Haber & H.Takahashi(1988)〉

분홍노루발이라는 이름은 노루발과 닮았으나 황백색의 꽃이 피는 노루발과 달리 연분홍색의 꽃이 핀다는 뜻에서 붙여졌다.[2] 『조선식물향명집』에서 전통 명칭 '노루발(풀)'을 기본으로 하고 꽃의 색깔 및 학명에 착안한 '분홍'을 추가해 신칭했다.[3]

　속명 *Pyrola*는 라틴어 *pyrum*(배나무)의 축소형으로 잎 모양이 유사해 붙여졌으며 노루발속을 일컫는다. 종소명 *asarifolia*는 '*Asarum*(족도리풀속) 잎의'라는 뜻으로 쥐방울덩굴과 족도리풀속 식물들과 잎이 닮은 것에서 유래했다. 아종명 *incarnata*는 '살색의'라는 뜻으로 꽃의 색깔을 나타낸다.

다른이름　분홍노루발풀(안학수·이춘녕, 1963)

중국/일본명　중국명 紅花鹿蹄草(hong hua lu ti cao)는 붉은색 꽃이 피는 녹제초(鹿蹄草: 노루발 종류인 *Pyrola calliantha*의 중국명)라는 뜻이다. 일본명 ベニバナイチヤクサウ(紅花一藥草)는 붉은 꽃이 피는 노루발(イチヤクサウ)이라는 뜻이다.

참고　[북한명] 분홍노루발풀

1　『조선식물향명집』은 Pirolaceae로 기재한 『Syllabus der pflanzenfamilien』(1919)의 표기를 따랐다.

2　이러한 견해로 이우철(2005), p.288 참조.

3　이에 대해서는 『조선식물향명집』, 색인 p.39 참조.

Pirola japonica *Siebold*　イチヤクサウ
Norubalpul　노루발풀

노루발〈*Pyrola japonica* Klenze ex Alef,(1856)〉

노루발이라는 이름은 한자명 '鹿蹄草'(녹제초)에서 유래한 것으로, 겨울에도 푸른 잎의 모양이 노루(사슴)의 발 또는 발자국을 연상시킨다고 하여 붙여졌다.[4] 19세기 중엽에 저술된 『물명고』는 鹿蹄草(녹제초)에 대해 꽃이 봄에 자주색(春色紫花)으로 핀다고 한 점에 비추어 현재의 분홍노루발을 일컫는 이름으로 추론되지만, 『조선산야생약용식물』은 약제로 사용하는 鹿蹄草(녹제초)가 현재의 노루발을 일컫는 것으로 기록했다. 한편 18세기에 저술된 『산림경제』에 기록된 鹿蹄草(녹제초)는 현재의 산자고를 말하는 것이므로 주의가 필요하다. 『조선식물향명집』은 '노루발풀'로 기록했으나 『우리나라 식물명감』에서 '노루발'로 개칭해 현재에 이르고 있다.

　속명 *Pyrola*는 라틴어 *pyrum*(배나무)의 축소형으로 잎 모양이 유사해 붙여졌으며 노루발속을 일컫는다. 종소명 *japonica*는 '일본의'라는 뜻으로 발견지 또는 분포지를 나타낸다.

다른이름 록제초(정태현 외, 1936), 노루발풀(정태현 외, 1937), 애기노루발(정태현 외, 1949), 애기노루발풀(안학수 외, 1982)

옛이름 鹿蹄草(재물보, 1798), 鹿蹄草/小秦王草(광재물보, 19세기 초), 鹿蹄草(물명고, 1824), 鹿蹄草(선한약물학, 1931)[5]

중국/일본명 중국명 日本鹿蹄草(ri ben lu ti cao)는 학명과 같이 일본에 분포하는 녹제초(鹿蹄草: 노루발 종류인 *Pyrola calliantha*의 중국명)[6]라는 뜻이다. 일본명 イチヤクサウ(一藥草)는 이뇨제나 지혈제 등의 약초로 이용한 것에서 유래했다.

참고 [북한명] 노루발풀 [유사어] 녹수초(鹿壽草), 녹제초(鹿蹄草), 파혈주(破血舟) [지방명] 노루발족/노루밥줄(경기), 금강초/노근방초(전남), 금강초/냉초/노루발풀/저슬사리/저지사리(전북), 금상초/노루발톱(충남)

4　이러한 견해로 이우철(2005), p.150; 허북구·박석근(2008a), p.60; 김종원(2013), p.733 참조.

5　『조선식물명휘』(1922)는 '鹿蹄草, 破血舟'를 기록했다.

6　중국의 『본초강목』(1596)은 "鹿蹄葉菁形 能合金瘡 故名試劍草 又山慈姑亦名鹿蹄 與此不同"(녹제는 잎의 모양을 본뜬 것이다. 금창을 아물게 할 수 있으므로 이름을 시검초라 한다. 또한 산자고도 이름이 녹제인데 이것과는 같지 않다)이라고 기록했다.

Pirola renifolia *Maximowicz*　ジンヤウイチヤクサウ
Kongpat-norubal　콩팥노루발

콩팥노루발〈*Pyrola renifolia* Maxim.(1859)〉

콩팥노루발이라는 이름은 잎의 모양이 콩팥(신장)처럼 생긴 노루발이라는 뜻에서 붙여졌다.[7] 『조선식물향명집』에서 전통 명칭 '노루발(풀)'을 기본으로 하고 식물의 형태적 특징 및 학명에 착안한 '콩팥'을 추가해 신칭했다.[8]

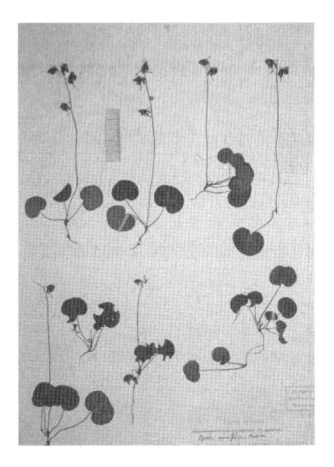

　속명 *Pyrola*는 라틴어 *pyrum*(배나무)의 축소형으로 잎 모양이 유사해 붙여졌으며 노루발속을 일컫는다. 종소명 *renifolia*는 '콩팥모양 잎의'라는 뜻으로 잎의 모양을 나타낸다.

다른이름　콩팟노루발(박만규, 1949), 콩팥노루발풀(안학수·이춘녕, 1963)

중국/일본명　중국명 肾叶鹿蹄草(shen ye lu ti cao)는 신장(콩팥) 모양의 잎을 가진 녹제초(鹿蹄草: 노루발 종류인 *Pyrola calliantha*의 중국명)라는 뜻이다. 일본명 ジンヤウイチヤクサウ(腎葉一藥草)는 잎이 신장(콩팥)을 닮은 노루발(イチヤクサウ)이라는 뜻이다.

참고　[북한명] 콩팥노루발풀 [유사어] 녹수초(鹿壽草), 녹제초(鹿蹄草)

Pirola rotundifolia *Linné*　エゾイチヤクサウ
Jugog-norubal　주걱노루발

주걱노루발〈*Pyrola minor* L.(1753)〉

주걱노루발이라는 이름은 잎자루가 길게 뻗어난 잎의 모양이 주걱을 닮은 노루발이라는 뜻에서 붙여졌다.[9] 『조선식물향명집』에서 전통 명칭 '노루발(풀)'을 기본으로 하고 식물의 형태적 특징을 나타내는 '주걱'을 추가해 신칭했다.[10]

　속명 *Pyrola*는 라틴어 *pyrum*(배나무)의 축소형으로 잎 모양이 유사해 붙여졌으며 노루발속을 일컫는다. 종소명 *minor*는 '작은, 가벼운'이라는 뜻이다.

7　이러한 견해로 이우철(2005), p.525 참조.
8　이에 대해서는 『조선식물향명집』, 색인 p.37 참조.
9　이러한 견해로 이우철(2005), p.482 참조.
10　이에 대해서는 『조선식물향명집』, 색인 p.46 참조.

다른이름 주걱노루발풀(안학수·이춘녕, 1963), 둥근잎노루발풀(리용재 외, 2011)[11]

중국/일본명 중국명 短柱鹿蹄草(duan zhu lu ti cao)는 암술머리가 짧은 녹제초(鹿蹄草: 노루발 종류인 *Pyrola calliantha*의 중국명)라는 뜻이다. 일본명 エゾイチヤクサウ(蝦夷一藥草)는 에조(蝦夷: 홋카이도의 옛 지명)에서 자라는 노루발(イチヤクサウ)이라는 뜻이다.

참고 [북한명] 주걱노루발풀/둥근잎노루발풀[12]

Pirola secunda *Linné* コバノイチヤクサウ
Saeĝi-norubal 새끼노루발

새끼노루발〈*Orthilia secunda* (L.) House(1921)〉[13]

새끼노루발이라는 이름은 식물체가 작은(새끼) 노루발이라는 뜻에서 붙여졌다.[14] 식물체의 크기가 작으며 꽃이 한쪽으로만 달리는 특징이 있다. 『조선식물향명집』에서 전통 명칭 '노루발(풀)'을 기본으로 하고 식물의 형태적 특징을 나타내는 '새끼'를 추가해 신칭했다.[15]

속명 *Orthilia*는 그리스어 *orthos*(곧은, 키가 큰)가 어원으로 꽃줄기 한쪽으로만 꽃이 달리는 것을 나타내며 새끼노루발속을 일컫는다. 종소명 *secunda*는 '한쪽에 치우쳐서 달리는'이라는 뜻으로 꽃차례의 모양에서 유래했다.

다른이름 좀노루발(박만규, 1974), 새끼노루발풀(안학수·이춘녕, 1963)

중국/일본명 중국명 单側花(dan ce hua)는 꽃이 꽃자루의 한쪽 측면에만 달린다는 뜻이다. 일본명 コバノイチヤクサウ(小葉の一藥草)는 작은잎을 가진 노루발(イチヤクサウ)이라는 뜻이다.

참고 [북한명] 새끼노루발풀

---

11 『조선식물명휘』(1922)는 '鹿蹄草, 破血舟'를 기록했다.

12 북한에서는 *P. minor*를 '주걱노루발풀'로, *P. roundifolia*를 '둥근잎노루발풀'로 하여 별도 분류하고 있다. 이에 대해서는 리용재 외(2011), p.291 참조.

13 '국가표준식물목록'(2018)은 새끼노루발을 *Pyrola*(노루발속)로 분류하여 정명을 *Pyrola secunda* L.(1753)로 기재하고 본문의 학명을 이명(synonym)으로 처리하고 있으나, 『장진성 식물목록』(2014), '세계식물목록'(2018) 및 '중국식물지'(2018)는 본문과 같이 *Orthilia*(새끼노루발속)로 분류한다.

14 이러한 견해로 이우철(2005), p.323 참조.

15 이에 대해서는 『조선식물향명집』, 색인 p.40 참조.

Ericaceae 진달래科 (躑躅科)

진달래과〈Ericaceae Juss.(1789)〉

진달래과는 국내에 자생하는 진달래에서 유래한 과명이다. '국가표준식물목록'(2018), '세계식물목록'(2018) 및 『장진성 식물목록』(2014)은 Erica(에리카속)에서 유래한 Ericaceae를 과명으로 기재하고 있으며, 엥글러(Engler), 크론키스트(Cronquist) 및 APG IV(2016) 분류 체계도 이와 같다. 그리고 『장진성 식물목록』(2014), '세계식물목록'(2018) 및 APG IV(2016) 분류 체계는 Empetraceae(시로미과), Pyrolaceae(노루발과) 및 Monotropaceae(수정난풀과)를 Ericaceae(진달래과)에 포함하고 있다.

Hugeria japonica *Nakai*　アクシバ
Sanmaeja-namu　산매자나무

산매자나무〈*Vaccinium japonicum* Miq.(1863)〉

산매자나무라는 이름은 '산매자'(山梅子: 이스라지)와 '나무'의 합성어로, 붉게 익는 열매가 이스라지를 닮은 나무라는 뜻에서 유래한 것으로 추정한다. 제주도 한라산에서 자라는 낙엽 활엽 관목으로 열매는 둥근 모양으로 9~10월에 붉게 익는데 이를 식용한다.[1] 제주도의 방언을 채록한 것이다.[2] 山梅子(산매자)는 『향약구급방』, 『향약집성방』, 『동의보감』 등의 옛 문헌에서 이스라지(郁李)를 일컫는 이름으로 사용해온 것인데, 열매가 둥근 모양으로 붉게 익으며 먹을 수 있다는 점에서 서로 닮았다. 이 때문에 제주에서는 이름을 혼용한 것으로 보이며, 『조선식물향명집』은 문헌보다 실제 조선에서 사용하는 이름을 우선하여 산매자나무를 조선명으로 기록한 것으로 보인다.[3]

　　속명 *Vaccinium*은 아카드어 *bakkitu*(직업적인 조문객) 또는 그리스어 *hyakinthos*(히야신스, 보라색, 암적색)를 어원으로 하는 라틴명 *Bakinthos*(산앵도나무, 블루베리)에서 유래했으며 산앵도나

1 　열매를 식용했다는 것에 대해서는 『조선삼림식물도설』(1943), p.553 참조.

2 　이에 대해서는 『조선삼림수목감요』(1923), p.108과 『조선삼림식물도설』(1943), p.553 참조.

3 　한편 『조선삼림식물도설』(1943)은 한자명으로 '山小蘗'(산소벽)을 기록했는데, 산에서 자라는 매자나무(小蘗: *Berberis koreana*)라는 뜻이다. 즉, 산매자나무를 매자나무와 유사하다고 이해한 것으로 보이는데, 산매자나무는 매자나무와 달리 가시가 없고 山小蘗(산소벽)이라는 한자명이 옛 문헌에서 발견되지도 않는 점을 고려할 때 유래를 오해하여 기록한 이름으로 보인다.

무속을 일컫는다. 종소명 japonicum은 '일본의'라는 뜻으로 발견지 또는 분포지를 나타낸다.

다른이름 산미지나무(정태현 외, 1923), 물간두(정태현, 1943)[4]

중국/일본명 중국명 日本扁枝越橘(ri ben bian zhi yue ju)는 일본에 분포하는 가지가 납작한 월귤(越橘)이라는 뜻이다. 일본명 アクシバ의 유래는 논란이 있는데 일설에 의하면 가지가 녹색이 약하다는 뜻의 アオキシバ(靑木柴)라고 한 것이 변화한 것이라 하고, 또 다른 일설에 의하면 나무를 태워 잿물을 만든 것에서 アクシバ(灰汁柴)라고 했다고도 한다.

참고 [북한명] 산매자나무 [유사어] 산소벽(山小蘗) [지방명] 산메자낭(제주)

Ledum palustre L. var. angustum *Busch.*   ホソバイソツツジ
Ganŭnip-baegsancha   가는잎백산차

좁은백산차〈*Ledum palustre* var. *decumbens* Aiton(1789)〉[5]

좁은백산차라는 이름은 백산차와 닮았으나 그에 비해 잎이 좁다는 뜻에서 유래했다.[6] 백산차에 비해 잎이 가늘다는 이유에서 별도 분류되고 있으나 분류학적 타당성은 논란이 있다. 『조선식물향명집』에서는 '백산차'를 기본으로 하고 식물의 형태적 특징을 나타내는 '가는잎'을 추가해 '가는잎백산차'를 신칭했으나,[7] 『한국수목도감』에서 '좁은백산차'로 개칭해 현재에 이르고 있다.

속명 *Ledum*은 수지(樹脂)를 채취하던 지중해 연안의 관목 이름에서 유래한 것으로 백산차속을 일컫는다. 종소명 *palustre*는 '늪지에서 자라는'이라는 뜻이며, 변종명 *decumbens*는 '옆으로 누운'이라는 뜻이다.

다른이름 가는잎백산차(정태현 외, 1937), 애기백산차/좀백산차/좁은닢백산차(이창복, 1947), 가는잎애기백산차(안학수·이춘녕, 1963)

중국/일본명 중국명 小叶杜香(xiao ye du xiang)은 잎이 작은 두향(杜香: 백산차 종류의 중국명)이라는 뜻이다. 일본명 ホソバイソツツジ(細葉磯躑躅)는 잎이 가는 백산차(イソツツジ)라는 뜻이다.

참고 [북한명] 좀백산차

---

4 『제주도및완도식물조사보고서』(1914)는 'サンメジナム'[산메자낭]을 기록했으며 『조선의 구황식물』(1919)은 '산미지나무'를, 『조선식물명휘』(1922)는 '산미지나무, 물간두'를, 『선명대화명지부』(1934)는 '물간두, 산매지나무를 기록했다.
5 '국가표준식물목록'(2018)은 본문의 학명으로 좁은백산차를 별도 분류하고 있으나, 『장진성 식물목록』(2014)과 김태영·김진석(2018)은 백산차(*R. tomentosum*)의 생태변이로 보아 통합하고 있으므로 주의가 필요하다.
6 이러한 견해로 이우철(2005), p.23 참조.
7 이에 대해서는 『조선식물향명집』, 색인 p.30 참조.

Ledum palustre *L.* var. diversipilosum *Nakai*　イソツツジ
Baegsancha　백산차　白山茶

백산차〈*Rhododendron tomentosum* Harmaja(1990)〉[8]

백산차(白山茶)라는 이름은 중국 지린성(吉林省) 백산(白山) 지역에서 나는 차(茶)라는 뜻에서 유래했다. 잎에 녹특한 향기가 있고 잎을 차로 대용했다.[9] 주요 자생지인 함경북도 방언을 채록한 것이다.[10]

속명 *Rhododendron*은 그리스어 *rhodon*(장미)과 *dendron*(나무)의 합성어로 장미를 닮은 나무라는 뜻인데, 꽃의 모양을 나타낸 것으로 추정하며 진달래속을 일컫는다. 종소명 *tomentosum*은 '가는 솜털이 밀생(密生)하는'이라는 뜻이다.

다른이름 빅산차(정태현 외, 1923), 털백산차(정태현, 1943), 큰백산차(박만규, 1949), 북백산차(안학수·이춘녕, 1963)

옛이름 白山茶(성소부부고, 1613)[11]

중국/일본명 중국명 杜香(du xiang)은 중국산 콩배나무 종류인 두리(杜梨, *Pyrus betulifolia*)를 닮았고 향기가 있어서 붙여졌다. 일본명 イソツツジ(磯躑躅)에서 イソ(磯)는 イワ(岩)의 오기로, 돌이 많은 곳에서 자라는 철쭉(ツツジ)이라는 뜻이다.

참고 [북한명] 백산차 [유사어] 백산다(白山茶)

○ Ledum palustre *L.* var. subulatum *Nakai*　ナガバイソツツジ
Ginip-baegsancha　긴잎백산차

'국가표준식물목록'(2018)과 『장진성 식물목록』(2014)은 이를 별도 분류하지 않으므로 이 책도 이에 따른다.[12]

8　『장진성 식물목록』(2014)은 진달래속(*Rhododendron*)으로 보는 견해에 따라 학명을 본문과 같이 기재하고 있으나, '국가표준식물목록'(2018)은 *Ledum palustre* var. *diversipilosum* Nakai(1917)로, '세계식물목록'(2018)은 *Ledum macrophyllum* Tolm.(1953)으로, '중국식물지'(2018)는 *Ledum palustre* L.(1753)로 기재하여 *Ledum*(백산차속)을 별도 분류하고 있으므로 주의가 필요하다.

9　이에 대해서는 『조선삼림식물도설』(1943), p.558 참조.

10　이에 대해서는 『조선삼림수목감요』(1923), p.105와 『조선삼림식물도설』(1943), p.558 참조.

11　『조선식물명휘』(1922)는 *L. palustre* v. *angustum*에 대해 '白山茶, 빅산차'를 기록했으며 『토명대조선만식물자휘』(1932)는 *L. palustre*에 대해 '[白山茶]빅산차(다)'를, 『선명대화명지부』(1934)는 '백산챠'를 기록했다.

12　긴잎백산차의 학명으로 『조선식물향명집』에 기록된 *Ledum palustre* L. var. *subulatum* Nakai(1917)와 동일 국명

Rhododendron chrysanthum *Pallas*   キバナシャクナゲ
Norang-manbyŏngcho   노랑만병초

노랑만병초〈*Rhododendron aureum* Georgi(1775)〉

노랑만병초라는 이름은 노란색 꽃이 피는 만병초라는 뜻에
서 붙여졌다.[13] 『조선식물향명집』에서 전통 명칭 '만병초'를 기
본으로 하고 식물의 형태적 특징과 학명에 근거한 '노랑'을 추
가해 신칭했다.[14] 북한에서는 노랑만병초를 '만병초', 만병초를
'큰만병초'라고 한다.

　　속명 *Rhododendron*은 그리스어 *rhodon*(장미)과 *dendron*
(나무)의 합성어로 장미를 닮은 나무라는 뜻인데, 꽃의 모양
을 나타낸 것으로 추정하며 진달래속을 일컫는다. 종소명
*aureum*은 '황금색의'라는 뜻으로 꽃의 색깔에서 유래했다.

　　다른이름　만병초/들쭉나무(정태현 외, 1923), 들쭉나무(정태현,
1943), 노랑꽃만병초(박만규, 1949), 노란만병초(정태현 외, 1949),
노랑뚝갈나무(리종오, 1964), 노란뚜깔나무(임록재 외, 1972), 백두산만병초(임록재 외, 1996)[15]

　　중국/일본명　중국명 牛皮杜鵑(niu pi du juan)은 소가죽을 닮은 두견(杜鵑: *Rhododendron simsii*, 진달
래속의 일종으로 '심스아잘레아'의 중국명)이라는 뜻으로, 가죽질의 잎 때문에 붙여졌다. 일본명 キバ
ナシャクナゲ(黃花石南花)는 노란색의 꽃이 피는 석남화(石南花)라는 뜻이다.

　　참고　[북한명] 만병초 [유사어] 만병초(萬病草), 석남화(石南花), 황만병초(黃萬病草)

Rhododendron davuricum *Linné*   トキハゲンカイ
San-jindalnae   산진달내

산진달래〈*Rhododendron dauricum* L.(1753)〉

산진달래라는 이름은 주로 높은 산에 분포하는 진달래라는 뜻에서 붙여졌다.[16] 평안북도 이북의

에 대한 학명으로 『한국식물도감(하권 초본부)』(1956)에 기록된 *Ledum palustre* L. var. *longifolium* Freyn(1902)은
더 이상 쓰이지 않고 있다. 다만, 『세계식물목록』(2018)은 *Ledum palustre* var. *subulatum* Nakai를 *Rhododendron
subulatum* (Nakai) Harmaja(2002)의 이명(synonym)으로 기재하고 있다.

13　이러한 견해로 이우철(2005), p.148과 박상진(2019), p.133 참조.

14　이에 대해서는 『조선식물향명집』, 색인 p.34 참조.

15　『토명대소선만식불자휘』(1932)는 '[石南花]석남화'를 기록했다.

16　이러한 견해로 이우철(2005), p.317 참조.

높은 산지에 주로 분포하는 상록 활엽 관목이다. 『조선식물향명집』에서는 전통 명칭 '진달내'를 기본으로 하고 식물의 산지(産地)를 나타내는 '산'을 추가해 '산진달내'를 신칭했으나,[17] 『한국수목도감』에서 맞춤법에 따라 '산진달래'로 개칭해 현재에 이르고 있다.

속명 *Rhododendron*은 그리스어 *rhodon*(장미)과 *dendron*(나무)의 합성어로 장미를 닮은 나무라는 뜻인데, 꽃의 모양을 나타낸 것으로 추정하며 진달래속을 일컫는다. 종소명 *dauricum*은 '다우리아(Dauria) 지방의'라는 뜻으로 최초 발견지 또는 분포지를 나타낸다.

다른이름 산진달래(정태현 외, 1937), 산진달내나무(정태현, 1943), 산진달네(박만규, 1949), 산진달래나무(정태현 외, 1949)[18]

중국/일본명 중국명 兴安杜鹃(xing an du juan)은 산시성 싱안(興安) 지역에 분포하는 두견(杜鵑: *Rhododendron simsii*, 진달래속의 일종으로 '심스아잘레아'의 중국명)이라는 뜻이다. 일본명 トキハゲンカイ(常綠玄海)는 잎이 상록성인 진달래(ゲンカイツツジ)라는 뜻이다.

참고 [북한명] 산진달래 [유사어] 야두견화(野杜鵑花)

Rhododendron Fauriei *Franchet* var. rufescens *Nakai*　シロバナシャクナゲ

Manbyŏngcho　만병초　萬病草

만병초〈*Rhododendron brachycarpum* D.Don ex G.Don(1834)〉

만병초라는 이름은 여러 가지 병에 효력이 있는 풀이라는 뜻의 한자명 '萬病草'(만병초)에서 유래했다.[19] 예로부터 잎을 약재로 사용했는데 근육과 뼈의 병과 피부병을 치료하고, 콩팥의 기운을 북돋아 성 기능을 강하게 하며, 다리의 약한 것을 치료한다고 보았다.[20] 나무(木)인데 풀(草)로 본 것은 잎을 약재로 사용했기 때문으로 보인다. 『오주연문장전산고』에 '萬病草'(만병초)라는 한자명이 기록되어 있지만 현재의 만병초를 일컫는지는 불명확하다. 만병초라는 한글명이 20세기 초엽에 전국적으로 통용(通)되었던 것에 비추어, 민간에서 널리 약재로 사용했던 것으로 보인다.[21] 한편 옛 문헌에 기록된 석남(石南 또는 石楠)이 어떤 식물을 일컫는지에 대해서는 논란이 있다. 중국에서는 『본초강목』 등에 기록된 '石南'(석남)에 대해 홍가시나무〈*Photinia serratifolia* (Desf.) Kalkman(1973)〉를 일컫는 것으로 보고 있으며, 우리의 『동의보감』도 '石南葉'(석남엽)을 중국(唐)

17　이에 대해서는 『조선식물향명집』, 색인 p.40 참조.
18　『조선식물명휘』(1922)는 '野杜鵑花(觀賞)'를 기록했다.
19　이러한 견해로 이우철(2005), p.211; 김태영·김진석(2018), p.285; 박상진(2019), p.133: 허북구·박석근(2008b), p.109; 전정일(2009), p.107; 오찬진 외(2015), p.967 참조.
20　만병초의 약성에 대해서는 『조선산야생약용식물』(1936), p.180 참조.
21　한글명 '만병초'가 일제강점기에 통용(通)된 이름이라는 점에 대해서는 『조선삼림수목감요』(1923), p.107과 『조선삼림식물도설』(1943), p.562 참조.

에서 수입한 약재로 기록한 것에 비추어 홍가시나무를 말하는 것으로 보인다.[22] 그런데 『고려사절요』, 『세종실록지리지』, 『신증동국여지승람』, 『만기요람』, 『임하필기』 등은 울릉도에 분포하는 식물로 기록했으며, 『조선산야생약용식물』은 당시 전국에서 가장 큰 규모로 알려진 대구의 약재시장에서 '石南葉'(석남엽)으로 거래되는 약용식물이 '만병초'라고 기록했던 점을 고려할 때, 민간에서는 중국에서 수입하는 石南葉(석남엽)을 국내에 자생하는 만병초로 이해하고 사용했던 것으로 보인다.

속명 *Rhododendron*은 그리스어 *rhodon*(장미)과 *dendron* (나무)의 합성어로 장미를 닮은 나무라는 뜻인데, 꽃의 모양을 나타낸 것으로 추정하며 진달래속을 일컫는다. 종소명 *brachycarpum*은 '짧은 열매의'라는 뜻이다.

다른이름 만병초/들쭉나무(정태현 외, 1923), 들쭉나무/뚝갈나무/홍만병초(정태현, 1943), 붉은꽃만병초(박만규, 1949), 흰만병초(안학수·이춘녕, 1963), 홍뚜갈나무(리종오, 1964), 붉은만병초(임록재 외, 1972), 큰만병초(김현삼 외, 1988), 백산만병초/백산뚜깔나무/짧은열매만병초(리용재 외, 2011)

옛이름 石南草(고려사절요, 1452), 石南草(세종실록지리지, 1454), 石南草(신증동국여지승람, 1530), 石南葉(동의보감, 1613), 石楠皮(의림촬요, 1635), 石楠花(성호사설, 1740), 石南(연려실기술, 1776), 石楠(만기요람, 1808), 石南/風若/鬼目(광재물보, 19세기 초), 石楠(물명고, 1824), 石楠/萬病草(오주연문장전산고, 185?), 石楠(임하필기, 1871), 만병죠/萬病草(한불자전, 1880), 石南/風藥/南藤(수세비결, 1929), 石南葉(선한약물학, 1931)[23]

중국/일본명 중국에는 분포하지 않는 것으로 보인다. 일본명 シロバナシャクナゲ(白花石南花)는 흰색 꽃이 피는 석남화(石南花)라는 뜻이다.

참고 [북한명] 짧은열매만병초/큰만병초[24] [유사어] 만병엽(萬病葉), 석남(石南) [지방명] 만뱅초(울릉), 말오줌나무(전남), 만년초/말년초(제주)

---

22 이러한 견해로 『(신대역) 동의보감』(2012), p.2125 참조.

23 『지리산식물조사보고서』(1915)는 'まんびょんちょう'[만병초]를 기록했으며 『조선식물명휘』(1922)는 '石南, 萬病草, 만병초(觀賞)'를, 『토명대조선만식물자휘』(1932)는 '石南花'를, 『선명대화명지부』(1934)는 '들쭉나무, 들쭉나무, 만병초'를, 『조선삼림식물편』(1915~1939)은 'マンビヨンチヨウ(慶尙, 鬱陵)/Man-byon-cho, トウルチユンナム(江原)/Tl-Chun -nam'[만병초(경상, 울릉), 들쭉나무(강원)]를 기록했다.

24 북한에서는 *R. brachycarpum*을 '짧은열매만병초'로, *R. fauriei*를 '큰만병초'로 하여 별도 분류하고 있다. 이에 대해서는 리용재 외(2011), p.299 참조.

○ Rhododendron micranthum *Turczaninow*　コゴメツツジ(ホザキツツジ)
Ĝori-jindalnae　꼬리진달내

꼬리진달래〈*Rhododendron micranthum* Turcz.(1837)〉

꼬리진달래라는 이름은 꽃차례가 동물의 꼬리를 연상시키는 진달래 종류라는 뜻에서 붙여졌다.[25] 흰색의 꽃이 총상꽃차례에 20여 개가 모여 달리는데 그 모양이 마치 동물의 꼬리처럼 보인다. 『조선식물향명집』에서는 전통 명칭 '진달내'를 기본으로 하고 식물의 형태적 특징을 나타내는 '꼬리'를 추가해 '꼬리진달내'를 신칭했으나,[26] 『조선식물명집』에서 맞춤법에 따라 '꼬리진달래'로 개칭해 현재에 이르고 있다.

속명 *Rhododendron*은 그리스어 *rhodon*(장미)과 *dendron*(나무)의 합성어로 장미를 닮은 나무라는 뜻인데, 꽃의 모양을 나타낸 것으로 추정하며 진달래속을 일컫는다. 종소명 *micranthum*은 '꽃이 작은'이라는 뜻이다.

다른이름　꼬리진달내(정태현 외, 1937), 참꽃나무겨우사리(정태현, 1943), 겨우사리참꽃(박만규, 1949), 겨우사리참꽃나무(안학수·이춘녕, 1963)

중국/일본명　중국명 照山白(zhao shan bai)는 흰 꽃이 밝게 피는 것을 과장해서 산을 비춘다고 표현한 것으로 보인다. 일본명 コゴメツツジ(小米躑躅)는 싸라기 같은 꽃이 피는 철쭉(ツツジ)이라는 뜻이고, ホザキツツジ(穂咲き躑躅)는 이삭 모양의 꽃차례를 가진 철쭉(ツツジ)이라는 뜻이다.

참고　[북한명] 꼬리진달래

Rhododendron mucronulatum *Turczaninow*　ゲンカイツツジ
Jindalnae　진달내　杜鵑花

진달래〈*Rhododendron mucronulatum* Turcz.(1837)〉

진달래라는 이름은 옛이름 '진들뷔(진들뵈)'에서 유래한 것으로, '진'은 꽃 색이 진하다는 뜻의 고유어고 '들뷔(들뵈)'는 산야에서 자라는 먹을 수 있는 들꽃이라는 뜻의 고유어다. 따라서 진한 분홍색의 꽃이 피고 식용할 수 있는 들꽃이라는 뜻에서 붙여진 이름으로 추정한다.[27] 『향약채취월령』과 『향약집성방』에 기록된 차자(借字) 표현 盡月背(진월배)가 진달래의 어원이다. 이는 '진들뷔(진

25　이러한 견해로 이우철(2005), p.116과 박상진(2019), p.65 참조.

26　이에 대해서는 『조선식물향명집』, 색인 p.32 참조.

27　이러한 견해로 전정일(2009), p.108 참조. 또한 진달래라는 이름에서 '진'을 짙은 색의 꽃으로 풀이하는 견해로는 손병태(1996), p.48과 허북구·박석근(2008b), p.268 참조. '달래'를 들꽃의 의미로 해석하는 견해로는 백문식(2014), p.658; 오찬진 외(2015), p.970; 조항범(2009), p.32 참조. 다만, 조항범은 '들외'를 꽃나무로 보고 있으나, 『훈몽자회』(1527)의 '곰들외'가 초본성 식물이라는 점을 고려하면 '나무'의 의미가 있다고 보기는 어려운 것으로 판단된다.

들뷔)'를 표기한 것으로 이후 진돌외→진돌위→진돌릐/진달늬→진달니→진달너→진달래로 변화·정착되었다. 진달래는 유사한 철쭉에 비해 꽃 색이 진한데 앞의 옛 문헌들과 비슷한 시기에 저술된 『구급간이방언해』는 진한 기름(肥脂)을 '진기름'으로 기록했다. 또한 진달래는 꽃을 식용했는데 『훈몽자회』는 식용 가능하며 산야에서 야생하는 곰취를 '곰돌외'로 기록해 진달래라는 이름에 대한 앞의 해석을 뒷받침한다. 한편 진달래를 참꽃이라 부르고 철쭉을 개꽃이라 부르는 것을 이유로, 진달래의 '진'을 참된 것 또는 진짜를 뜻하는 접두어로 보는 견해가 있다.[28] 그러나 참꽃이라는 이름은 진돌뷔(진돌뷔)가 나타난 당대의 표기가 아니고, 참된 것 또는 진짜의 의미였다면 '盡'(진)이 아니라 '眞'(진)으로 표기했을 것이므로 타당하지 않은 것으로 보인다. 또한 진달래의 '달래'를 산(山)의 옛 표현 '들'과 접미사 '애'가 결합된 것으로 보아 산에서 피는 꽃으로 해석하거나,[29] 달래(Allium monanthum)로 보거나[30] 자주색 꽃의 의미로 보는 견해가 있다.[31] 그러나 돌애로 보는 견해는 『향약채취월령』과 『향약집성방』에 기록된 '진돌뷔(진돌뷔)'를 설명하기 어렵고, 백합과의 달래는 『향약집성방』에 '月乙賴伊'(월을뢰이: 돌뢰)로 기록되어 어형에서 차이가 있으며, 『훈몽자회』에 기록된 '곰돌외'는 노란색 꽃이 핀다는 점에서 모두 타당하지 않은 것으로 보인다.[32] 『향약채취월령』 등의 '羊蹢躅花'(양척촉화)는 중국에서 전래된 한자명으로 독성이 있어 양(羊)이 먹으면 죽을 수 있다는 뜻이고,[33] '중국식물지'는 황철쭉(R. molle)을 일컫는 명칭으로 사용하고 있지만 우리의 15~16세기 문헌은 이를 진달래를 일컫는 것으로 사용했다.[34] 옛 문헌에 기록된 杜鵑花(두견

---

28 이러한 견해로 김민수(1997), p.971; 백문식(2014), p.658; 장충덕(2007), p.117; 천정아(2012), p.76; 조항범(2009), p.328; 솔뫼(송상곤, 2010), p.142 참조.

29 이러한 견해로 천정아(2012), p.74 참조.

30 이러한 견해로 김민수(1997), p.971과 오찬진 외(2015), p.970 참조.

31 이러한 견해로 손병태(1996), p.48 참조.

32 한편 김종원(2013), pp.736-740은 『구급간이방언해』(1489)의 '진돌읫곳'이 최초의 한글 표현이라는 점을 근거로 "그 본명이 진달래꽃"이고, 한자명 羊蹢躅花(양척촉화)를 근거로 옛말 '진돌읫곳'은 현재의 철쭉 종류를 지칭했던 것이므로 "진득진득한 철쭉 종류 진득이의 새싹에서 전화한 이름임에 틀림없다"라고 주장하고 있다. 그러나 『구급간이방언해』는 "羊蹢躅花 늣거사 픈 굴근 진달래꽃"(羊蹢躅花 늦게야 핀 굵은 진달래꽃)이라고 기록해 약용할 때 꽃 부위를 사용한다는 의미이므로 본명이라고 할 수 없고, 중국명 羊蹢躅花(양척촉화)에 한글명 '진돌읫곳'을 대입한 것은 옛 문헌에서 흔히 나타나는 명칭의 혼용일 가능성이 높으므로 현재의 철쭉을 뜻한다고 단정할 수 없다는 점에서 경청할 만한 주장은 아닌 것으로 보인다.

33 중국의 『신농본초경집주』(6세기 초)는 "羊食其葉蹢躅而死 故名"(양이 그 잎을 먹으면 비틀거리다 죽기 때문에 그 이름이 붙여졌다)이라고 기록했다.

34 羊蹢躅花(양척촉화)와 지방 방언의 여러 혼선을 근거로 장충덕(2007), p.116; 천정아(2012), p.70; 홍윤표(2006), p.3은 사물에 대한 혼란(즉, 철쭉과 진달래 종류를 구분하지 못함)으로 발생한 현상으로 보고 있으나, 식용 및 약용할 때 철쭉은 독성이 있고 진달래는 독성이 없으므로 그러한 관점에서 식물을 이해하던 시대에 사물의 혼돈이 있었다고 보기는 어렵다. 명칭의 전래 과정에서 동물이명(同物異名)이나 이물동명(異物同名)과 같은 명칭의 섞임(혼효) 양태는 매우 흔하므로 이로 인한 혼선으로 보인다. 한편 손병태(1996), p.48은 『동의보감』(1613) 탕액편의 '羊蹢躅 텩툑곳'을 진달래를 지칭한 명칭으로 보고 있으나, 『동의보감』은 "性溫 味甘 有大毒"(성질은 따뜻하고 맛은 달며 독이 많다)이라 했으므로 이는 철쭉(R. schlippenbachii) 또는 황철쭉(R. molle)을 일컬을 것이다.

화) 역시 중국에서 전래된 한자명으로, 꽃잎에 얼룩무늬가 있는 것이 목에 무늬가 있는 뻐꾸기(杜鵑)와 유사하다는 뜻에서 유래한 이름이다.[35] 『조선식물향명집』은 종래 조선에서 널리 사용하던 명칭인 '진달내'로 기록했으나, 『조선식물명집』에서 맞춤법에 따라 '진달래'로 개칭해 현재에 이르고 있다.

속명 *Rhododendron*은 그리스어 *rhodon*(장미)과 *dendron*(나무)의 합성어로 장미를 닮은 나무라는 뜻인데, 꽃의 모양을 나타낸 것으로 추정하며 진달래속을 일컫는다. 종소명 *mucronulatum*은 '약간 미세하게 볼록한'이라는 뜻이다.

다른이름 진달늬(정태현 외, 1923), 진달내/왕진달내(정태현 외, 1937), 왕진달내나무/참꽃나무(정태현, 1943), 진달네(박만규, 1949), 왕진달래(정태현 외, 1949)

옛이름 羊躑躅/盡月背(향약채취월령, 1431), 羊躑躅/盡月背(향약집성방, 1433),[36] 羊躑躅花/진들욋곳(구급간이방언해, 1489), 들욋곳(악학궤범, 1493), 羊蹢躅/진들위/山蹢躅(훈몽자회, 1527), 杜/진들위(광주천자문, 1575), 杜/진들외(백련초해, 1576), 杜鵑花/진들릐(역어유해, 1690), 杜鵑花/진들릐(방언집석, 1778), 杜鵑花/딘달늬(재물보, 1798), 杜鵑花/진달늬(광재물보, 19세기 초), 두견화(규합총서, 1809), 진달늬/山躑躅(몽유편, 1810), 杜鵑花/眞different此巖花(이옥전집, 1815), 杜鵑/딘달늬(물명고, 1824), 杜鵑/진달래(자류주석, 1856), 杜鵑/두견/진달네(명물기략, 1870), 두견/두견화/진달니/杜鵑/杜鵑花(한불자전, 1880), 진달늬/杜鵑(한영자전, 1890), 진달늬/杜鵑花(국한회어, 1895), 杜鵑/진달래(신자전, 1915), 두견화/杜鵑花/진달래꾳(조선어사전[심], 1925), 두견화/진달내/천지꽃/杜鵑花(조선구전민요집, 1933), 진달래/긴달래/진달레(조선어표준말모음, 1936)[37]

중국/일본명 중국명 迎红杜鹃(ying hong du juan)은 꽃 색이 붉은 두견(杜鵑: *Rhododendron simsii*, 진달래속의 일종으로 '심스아잘래아'의 중국명)이라는 뜻이다. 일본명 ゲンカイツツジ(玄海躑躅)는 현해탄(玄海灘)에 근접한 지역에서 자라는 철쭉(ツツジ)이라는 뜻이다.

참고 [북한명] 진달래나무 [유사어] 두견화(杜鵑花), 산척촉(山躑躅) [지방명] 긴다래/진달래꽃/진달루/참꽃/창꽃(강원), 긴다래/꽃장다리/진달래꽃/참꽃/창꽃(경기), 개꽃/긴다래/연달래/진달래꽃/참꽃/참꽃/참꽃나무/창꽃(경남), 개참꽃/긴다래/연달래/진다래/진달리/진디기/참꽃/참꽃나무/창꽃(경북), 개꽃/계꽃/긴다래/진달리/진지리꼿/진질꽃/참꽃/참꽃나무/참진달래/창꽃/창꽃나무(전남), 긴다래/진달리/참꽃/참꽃나무/참진달래/창꽃(전북), 긴다래/산달귀/선달꼿/선달레꼿/신달레/신달뤼/신들

---

35 이러한 견해로 김민수(1997), p.971과 홍윤표(2006), p.3 참조.

36 『향약집성방』(1433)의 차자(借字) '盡月背'(진월배)에 대해 남풍현(1999), p.177은 '진들비'의 표기로 보고 있으며, 손병태(1996), p.48과 장충덕(2007), p.117은 '진들뵈'의 표기로 보고 있다.

37 『조선어사전』(1920)은 '杜鵑(두견), 杜鵑花(두견화), 山躑躅(산척촉), 진달늬'를 기록했으며 『조선식물명휘』(1922)는 '진달늬(觀賞)'를, Crane(1931)은 '진달네꾳, 두견화, 杜鵑花'를, 『토명대조선만식물자휘』(1932)는 '[山蹢躅]산척촉, [산(ㅅ)철쭉], [참꾳나무], [진달내], [杜鵑花]두견화'를, 『선명대화명지부』(1934)는 '진달내, 진달내꾳'을, 『조선의산과와산채』(1935)는 '진달늬꾳'을, 『조선삼림식물편』(1915~1939)은 'チンタライ(京畿)/Ching-tarai'[진달래(경기)]를 기록했다.

레냥/신들위/신들위낭/안짐베기고장낭/전기꽃/접동꽃/진달레낭/진달뤼/진달리/진들위낭(제주), 긴다래/진달래꽃/진달래나무/진달래뿌리/진달리/참꽃/창꽃(충남), 긴다래/진달래꽃/참꽃/참꽃나무/창꽃(충북), 잔달귀/진달루/진달뤼/진달리(함남), 무슨둘레꽃/첸지꽃/천지꽃/텐디꽃(함북)

○ Rhododendron mucronulatum *Turcz.* var. albiflorum *Nakai*　シロバナゲンカイツツジ
Hin-jindalnae　힌진달내

흰진달래〈*Rhododendron mucronulatum f. albiflorum* (Nakai) Okuyama(1955)〉[38]
흰진달래라는 이름은 순백색의 꽃이 피는 진달래라는 뜻에서 붙여졌다.[39] 진달래와 동일하지만 흰색의 꽃이 피는 변이체인데 별도 분류가 가능한지에 대해서는 분류학적 논란이 있다. 『조선식물향명집』에서는 전통 명칭 '진달내'를 기본으로 하고 꽃의 색깔을 나타내는 '흰'을 추가해 '흰진달내'를 신칭했으나,[40] 『조선식물명집』에서 '흰진달래'로 개칭해 현재에 이르고 있다.

　속명 *Rhododendron*은 그리스어 *rhodon*(장미)과 *dendron*(나무)의 합성어로 장미를 닮은 나무라는 뜻인데, 꽃의 모양을 나타낸 것으로 추정하며 진달래속을 일컫는다. 종소명 *mucronulatum*은 '약간 미세하게 볼록한'이라는 뜻이며, 품종명 *albiflorum*는 '흰색 꽃의'라는 뜻이다.

다른이름 흰달달내(정태현 외, 1937), 흰진달내(정태현, 1943), 흰진달래나무(임록재 외, 1972)

중국/일본명 중국에서는 이를 별로 분류하지 않는 것으로 보인다. 일본명 シロバナゲンカイツツジ(白花玄海躑躅)는 흰색 꽃이 피는 진달래(ゲンカイツツジ)라는 뜻이다.

참고 [북한명] 흰진달래나무[41] [유사어] 백두견화(白杜鵑花)

⊗ Rhododendron mucronulatum *Turcz.* var. ciliatum *Nakai*　ケゲンカイツツジ
Tòl-jindalnae　털진달내

털진달래〈*Rhododendron mucronulatum var. ciliatum* Nakai(1917)〉[42]
털진달래라는 이름은 잎 뒷면에 백색의 털(연모)이 있는 진달래라는 뜻에서 붙여졌다.[43] 『조선식물

---

38 '국가표준식물목록'(2018)은 본문의 학명으로 흰진달래를 별도 분류하고 있으나, 『장진성 식물목록』(2014)은 이를 진달래(*R. mucronulatum*)에 통합하고 '중국식물지'(2018)와 '세계식물목록'(2018)은 이를 별도 분류하지 않으므로 주의가 필요하다.
39 이러한 견해로 이우철(2005), p.615 참조.
40 이에 대해서는 『조선식물향명집』, 색인 p.49 참조.
41 북한에서 임록재 외(1996)는 '흰진달래나무'를 별도 분류하고 있으나, 리용재 외(2011)는 이를 별도 분류하지 않는 것으로 보인다. 이에 대해서는 리용재 외(2011), p.299 참조.
42 '국가표준식물목록'(2018)은 본문의 학명으로 털진달래를 별도 분류하고 있으나, 『장진성 식물목록』(2014)은 이를 진달래(*R. mucronulatum*)에 통합하고 '중국식물지'(2018)는 이를 별도 분류하지 않으므로 주의가 필요하다.
43 이러한 견해로 이우철(2005), p.565 참조.

향명집』에서는 전통 명칭 '진달내'를 기본으로 하고 식물의 형태적 특징 및 학명에 근거한 '털'을 추가해 '털진달내'를 신칭했으나,[44] 『조선식물명집』에서 맞춤법에 따라 '털진달래'로 개칭해 현재에 이르고 있다.

속명 *Rhododendron*은 그리스어 *rhodon*(장미)과 *dendron*(나무)의 합성어로 장미를 닮은 나무라는 뜻인데, 꽃의 모양을 나타낸 것으로 추정하며 진달래속을 일컫는다. 종소명 *mucronulatum*은 '약간 미세하게 볼록한'이라는 뜻이며, 변종명 *ciliatum*은 '솜털이 있는'이라는 뜻이다.

다른이름 털진달내(정태현 외, 1937), 털진달내나무/진달래나무/참꽃나무(정태현, 1943), 털진달네(박만규, 1949), 털진달래나무(임록재 외, 1972)[45]

중국/일본명 '중국식물지'는 이를 별도 분류하지 않고 있다. 일본명 ケゲンカイツツジ(毛玄海躑躅)는 털이 있는 진달래(ゲンカイツツジ)라는 뜻이다.

참고 [북한명] 털진달래나무[46]

Rhododendron mucronulatum *Turcz.* var. latifolium *Nakai*   ヒロハノゲンカイツツジ
Waṅg-jindalnae   왕진달버

진달래〈*Rhododendron mucronulatum* Turcz.(1837)〉

'국가표준식물목록'(2018)과 『장진성 식물목록』(2014)은 왕진달래를 진달래에 통합하고, '중국식물지'(2018)와 『세계식물목록』(2018)은 이를 별도 분류하지 않으므로 이 책도 이에 따른다.

○ Rhododendron parvifolium *Adams*   サカイツツジ
Hwaṅgsan-chamg̑ot   황산참꽃

황산차〈*Rhododendron lapponicum* (L.) Wahlenb.(1812)〉[47]

황산차라는 이름은 중국의 황산 지역에서 나는 차라는 뜻에서 유래했다.[48] 『조선식물향명집』에서는 전통 명칭 '참꽃'을 기본으로 하고 식물의 산지(産地)를 나타내는 '황산'을 추가해 '황산참꽃'을

---

44 이에 대해서는 『조선식물향명집』, 색인 p.48 참조.
45 『조선식물명휘』(1922)는 '진달늬(觀賞)'를 기록했다.
46 북한에서 임록재 외(1996)는 '털진달래나무'를 별도 분류하고 있으나, 리용재 외(2011)는 이를 별도 분류하지 않고 있다. 이에 대해서는 리용재 외(2011), p.299 참조.
47 '국가표준식물목록'(2018)은 황산차의 학명을 *Rhododendron lapponicum* subsp. *parvifolium* var. *parvifolium* (Adams) T. Yamaz.(1996)로 기재하고 있으나, 『장진성 식물목록』(2014), '세계식물목록'(2018) 및 '중국식물지'(2018)는 본문의 학명을 정명으로 기재하고 있다.
48 이러한 견해로 이우철(2005), p.599 참조.

신칭했으나,[49] 『조선삼림식물도설』에서 함경북도의 방언을 채록한 '황산차'로 개칭해 현재에 이르고 있다.[50]

속명 *Rhododendron*은 그리스어 *rhodon*(장미)과 *dendron*(나무)의 합성어로 장미를 닮은 나무라는 뜻인데, 꽃의 모양을 나타낸 것으로 추정하며 진달래속을 일컫는다. 종소명 *lapponicum*은 스칸디나비아반도 북부 '라플란드(Lapland) 지역의'라는 뜻이다.

다른이름 황산참꽃(정태현 외, 1937), 황산참꽃나무(리용재 외, 2011)

옛이름 黄山茶(성소부부고, 1613)

중국/일본명 중국명 高山杜鵑(gao shan du juan)은 높은 산에서 자라는 두견(杜鵑: *Rhododendron simsii*, 진달래속의 일종으로 '심스아잘레아'의 중국명)이라는 뜻이다. 일본명 サカイツツジ(境躑躅)는 경계를 이루는 철쭉(ツツジ)이라는 뜻으로, 사할린과 러시아(소련)의 경계에 분포하는 것에서 유래했다.

참고 [북한명] 황산참꽃나무 [유사어] 야두견화(野杜鵑花), 황산다(黄山茶)

○Rhododendron parvifolium *Adams* var. alpinum *Busch*　モウセンツツジ
Damjari-chamĝot　담자리참꽃

담자리참꽃〈*Rhododendron lapponicum* subsp. *parvifolium* var. *alpinum* (Glehn) T.Yamaz.(1996)〉[51]
담자리참꽃이라는 이름은 고산 지대의 개활지에서 땅에 낮게 깔려 무리 지어 자라는 것이 담자리와 같고 참꽃나무를 닮았다는 뜻에서 유래했을 것으로 추정한다. 우리말에서 '담자리'는 짐승의 털로 색을 맞추고 무늬를 놓아 두툼하게 짠 부드러운 담요인 모전(毛氈)을 뜻한다.[52] 『조선식물향명집』은 신칭한 이름으로 기록하지 않아 방언에서 유래했을 가능성이 있다.[53]

속명 *Rhododendron*은 그리스어 *rhodon*(장미)과 *dendron*(나무)의 합성어로 장미를 닮은 나무라는 뜻인데, 꽃의 모양을 나타낸 것으로 추정하며 진달래속을 일컫는다. 종소명 *lapponicum*은 스칸디나비아반도 북부 '라플란드(Lapland) 지역의'라는 뜻이다. 아종명 *parvifolium*은 '작은 잎의'라는 뜻이며, 변종명 *alpinum*은 '고산에 서식하는'이라는 뜻이다.

다른이름 애기황산참꽃(리종오, 1964), 담자리꽃나무/담자리참꽃나무(이창복, 1966), 점백이진달래(리용재 외, 2011)

49　이에 대해서는 『조선식물향명집』, 색인 p.49 참조.
50　이에 대해서는 『조선삼림식물도설』(1943), p.567 참조.
51　'국가표준식물목록'(2018)은 담자리참꽃을 본문의 학명으로 별도 분류하고 있으나, 『장진성 식물목록』(2014), '중국식물지'(2018) 및 '세계식물목록'(2018)은 황산차(*R. lapponicum*)에 통합하고 별도 분류하지 않으므로 주의가 필요하다.
52　『신자전』(1915)은 '毛席, 담자리 毯(毯)'을, 『동목수독천자문』(1925)은 '담자리 전(氈)'을 기록했다.
53　이에 대해서는 『조선식물향명집』, 색인 p.35 참조.

중국에서는 이를 황산차(*R. lapponicum*)에 통합하고 별도 분류하지 않고 있다. 일본명 モウセンツツジ(毛氈躑躅)는 고산 지대 개활지에서 땅에 낮게 깔려 자라는 모습을 양탄자(毛氈)에 비유해 붙여졌다.

참고 [북한명] 담자리꽃나무 [유사어] 모전척촉(毛氈躑躅)

○Rhododendron Redowskianum *Maximowicz* クモマツツジ
Jom-chamĝot 좀참꽃

좀참꽃〈*Rhododendron redowskianum* Maxim.(1859)〉

좀참꽃이라는 이름은 식물체가 작고 참꽃나무를 닮았다는 뜻에서 유래했다.[54] 식물명에서 '좀'은 식물체가 작다는 뜻으로, 『조선식물향명집』에서는 주로 기존의 전통 명칭이 없는 경우 새로운 종의 이름을 부여하기 위해 사용했다. 또한 『조선삼림식물도설』에 '좀참꽃나무'를 별도의 방언에서 채록했다는 기록이 없는 것을 고려할 때 『조선식물향명집』에서 신칭한 이름으로 추정한다.[55]

  속명 *Rhododendron*은 그리스어 *rhodon*(장미)과 *dendron*(나무)의 합성어로 장미를 닮은 나무라는 뜻인데, 꽃의 모양을 나타낸 것으로 추정하며 진달래속을 일컫는다. 종소명 *redowskianum*은 러시아 식물채집가 Ivan Redowski(1774~1807)의 이름에서 유래했다.

다른이름 좀참꽃나무(정태현, 1943), 묏참꽃나무(박만규, 1949), 두메참꽃나무/멧참꽃나무(안학수·이춘녕, 1963), 메참꽃나무(임록재 외, 1996)

중국/일본명 중국명 叶状苞杜鹃(ye zhuang bao du juan)은 포가 잎의 모양을 한 두견(杜鹃: *Rhododendron simsii*, 진달래속의 일종으로 '심스아잘레아'의 중국명)이라는 뜻이다. 일본명 クモマツツジ(雲間躑躅)는 구름 사이에서 자라는 철쭉(ツツジ)이라는 뜻이다.

참고 [북한명] 좀참꽃 [유사어] 소척촉(小躑躅)

Rhododendron Schlippenbachii *Maximowicz* クロフネツツジ
Chŏljug-namu 철쭉나무(함박꽃)

철쭉〈*Rhododendron schlippenbachii* Maxim.(1871)〉

철쭉이라는 이름은 한자명 '躑躅'(척촉)에 어원을 두고 있으며, 이에 대한 발음이 텩툑→턱툑→철듁→철쭉으로 변화한 것에서 유래했다.[56] 한자명 躑躅(척촉)은 羊躑躅(양척촉)에서 유래했는데, 중

---

54 이러한 견해로 이우철(2005), p.477 참조.
55 다만 『조선식물향명집』, 색인 p.46은 신칭한 이름이라는 점을 명기하지 않았으므로 주의가 필요하다.
56 이러한 견해로 이우철(2005), p.514; 박상진(2019), p.376; 김민수(1997), p.1006; 장충덕(2007), p.133; 허북구·박석근(2008b),

국의 『신농본초경집주』는 "羊食其葉躑躅而死 故名"(양이 그 잎을 먹으면 비틀거리다 죽기 때문에 그 이름이 붙여졌다)이라고 기록했다.[57] 실제로 진달래와 달리 꽃에 독성이 있어 옛날에는 이를 약재로 사용하기도 했다. 꽃을 먹을 수 있는 진달래에 비해 먹지 못한다고 하여 지방에 따라서는 '개꽃나무'라고 부르기도 한다. 옛 문헌의 '躑躅'(척촉)이 정확히 어떤 식물을 의미하는지는 분명하지 않은데, 일부 문헌은 진달래(진들위)라는 한글명으로 기록하기도 했으며 山躑躅(산척촉)이라는 명칭을 함께 쓰기도 했다. 현재 중국에서는 羊躑躅(yang zhi zhu)를 노란색 꽃이 피는 중국산의 *Rhododendron molle* (Blum) G. Don(1834)을 일컫는 이름으로 사용하고 있다. 『조선식물향명

집』은 '철쭉나무'로 기록했으나, 『한국식물명고』에서 축약된 '철쭉'으로 기록해 현재에 이르고 있다. 한편 한자명 '躑躅'(척촉)을 직역해 꽃이 아름다워 발걸음을 머뭇머뭇하게 한다는 뜻에서 유래했다는 견해가 있으나,[58] '躑躅'이 '羊躑躅'의 줄임말이라는 점을 간과한 것으로 보인다.

속명 *Rhododendron*은 그리스어 *rhodon*(장미)과 *dendron*(나무)의 합성어로 장미를 닮은 나무라는 뜻인데, 꽃의 모양을 나타낸 것으로 추정하며 진달래속을 일컫는다. 종소명 *schlippenbachii*는 한국 동해안을 탐색한 후 철쭉의 표본을 채집한 러시아 함장 Baron Alexander von Schlippenbach(1828~?)의 이름에서 유래했다.

다른이름 철쭉나무(정태현 외, 1923), 철쭉나무/함박꽃(정태현 외, 1937), 개꽃나무(정태현, 1943), 철쭉나무(박만규, 1949), 참철쭉(안학수·이춘녕, 1963), 철쭉꽃(이창복, 1966), 철쭉(이영노, 1996)

옛이름 躑躅花(삼국유사, 1281), 羊躑躅/尽月背(향약채취월령, 1431), 躑躅花/羊躑躅(향약집성방, 1433), 躑躅/텩툭(훈몽자회, 1527), 躑躅/텩툭(신증유합, 1576), 텩툭/躑躅(백련초해, 1576), 躑躅/텩툭곳(언해구급방, 1608), 羊躑躅/텩툭꽃/躑躅花(동의보감, 1613), 映山紅/텩툭(역어유해, 1690), 躑躅/척촉(왜어유해, 1782), 철쥭(규합총서, 1809), 躑躅/철쭉(몽유편, 1810), 山躑躅/철쥭/山石榴(광재물보, 19세기 초), 山躑躅/映山紅/철듁(물명고, 1824), 羊躑躅/철쭉(자류주석, 1856), 洋躑躅/양텩쵹/텰쥭(명물기략, 1870), 철쥭/棣杜(한불자전, 1880), 躑躅/철쭉(교린수지, 1881), 杜鵑/철쥭(한영자전, 1890), 躑躅花/척촉화(국한회어, 1895), 躑躅花/철쥭(박물신서, 19세기), 躅/철쥭(자전석요, 1909), 躅/躅/철쥭꽃(신자전, 1915), 躅/철쥭(의

p.276; 이유미(2015), p.387; 전정일(2009), p.110; 오찬진 외(2015), p.974 참조.

57 『동의보감』(1613)도 "羊躑躅卽今躑躅花也 羊誤食躑躅而死 故以爲名"(양척촉은 지금의 철쭉꽃이다. 양이 잘못 먹으면 비틀거리다 죽기 때문에 양척촉이라고 한다)이라고 기록했다.

58 이러한 견해로 유기억(2008b), p.84와 솔뫼(송상곤, 2010), p.780 참조.

서옥편, 1921)[59]

중국/일본명 중국명 大字杜鵑(da zi du juan)은 큰대자 모양의 두견(杜鵑: *Rhododendron simsii*, 진달래속의 일종으로 '심스아잘레아'의 중국명)이라는 뜻으로, 같은 속 식물 중에서 꽃과 식물체가 상대적으로 커서 붙여진 것으로 보인다. 일본명 クロフネツツジ(黑船躑躅)는 유럽에서 만들어진 대양 항해용 대형함인 흑선(黑船)에 실려 도입된 철쭉(ツツジ)이라는 뜻에서 유래했다.

참고 [북한명] 철쭉나무 [유사어] 산척촉(山躑躅), 양척촉(羊躑躅), 척촉화(躑躅花) [지방명] 진달래(강원), 개꽃/개꽃나무/개진달래(전남), 개꽃나무(전북), 개꽃(충남)

Rhododendron Tschonoskii *Maximowicz* シロバナノコメツツジ
Hin-chamĝot 힌참꽃

흰참꽃나무〈*Rhododendron tschonoskii* Maxim.(1871)〉

흰참꽃나무라는 이름은 꽃이 흰색으로 피는 참꽃나무라는 뜻에서 유래했다.[60] 『조선식물향명집』은 '힌참꽃'으로 기록했으나 『조선삼림식물도설』에서 맞춤법에 맞추어 '흰참꽃'으로 개칭했고, 『한국식물도감』에서 '흰참꽃나무'로 개칭해 현재에 이르고 있다. 『조선삼림식물도설』에서 '흰참꽃'이 방언을 채록한 것이라고 별도로 기록하지 않은 것에 비추어, 『조선식물향명집』의 '힌참꽃'은 신칭한 이름으로 추정된다. 17세기 초에 저술된 『설정시집』은 "聽說山中白躑躅"(산속에 백척촉이 있다고 들었네)이라 하여 야생하는 흰철쭉을 기록하기도 했다.

속명 *Rhododendron*은 그리스어 *rhodon*(장미)과 *dendron*(나무)의 합성어로 장미를 닮은 나무라는 뜻인데, 꽃의 모양을 나타낸 것으로 추정하며 진달래속을 일컫는다. 종소명 *tschonoskii*는 일본 식물학자 스가와 조노스케(須川長之助, 1842~1925)의 이름에서 유래했다.

다른이름 힌참꽃(정태현 외, 1937), 흰참꽃(정태현, 1943), 산힌참꽃나무/세잎참꽃(박만규, 1949), 큰흰참꽃나무(안학수·이춘녕, 1963), 십자참꽃(이창복, 1966)

옛이름 白躑躅(설정시집, 17세기 초)

중국/일본명 '중국식물지'는 이를 기재하지 않고 있다. 일본명 シロバナノコメツツジ(白花米躑躅)는 작은 흰 꽃이 마치 쌀을 뿌려놓은 것 같은 철쭉(ツツジ)이라는 뜻이다.

참고 [북한명] 흰참꽃나무 [유사어] 백척촉(白躑躅)

59 『지리산식물조사보고서』(1915)는 'ちょるくん'[철군]을 기록했으며 『조선어사전』(1920)은 '羊躑躅(양척촉), 玉支(옥지), 躑躅花(척촉화), 철쭉'을, 『조선식물명휘』(1922)는 '함박꽃나무(觀賞)'를, Crane(1931)은 '진달네꽃, 杜鵑花'를, 『선명대화명지부』(1934)는 '함박꽃나무, 철쭉나무'를, 『조선삼림식물편』(1915~1939)은 'ヂヨルチユク(京畿)/Jyol-chuk, ツーキヨンホア(全南)/Tu-kyong-hoa'[철쭉(경기), 두견화(전남)]를 기록했다.

60 이러한 견해로 이우철(2005), p.616 참조.

Rhododendron Weyrichii *Maximowicz*　ホンツツジ
Cham̂got-namu　참꽃나무

참꽃나무〈*Rhododendron weyrichii* Maxim.(1870)〉

참꽃나무라는 이름은 다른 진달래속 식물에 비해 꽃이 크고 식물체가 높게 자라는 모양이 진짜(참) 꽃나무(철쭉)라는 뜻에서 유래했다.[61] 제주에 분포한다. 전통적으로 철쭉에 비해 진달래의 꽃을 식용할 수 있다고 하여 '참꽃'이라고 했다. 참꽃나무라는 이름은 종래의 전통 명칭을 사용한 것이기는 하지만, 꽃과 전초에 독성이 있어 실제로 식용이 어려우므로 전통 명칭의 의미와는 차이가 있다.[62] 진달래속 식물 중 모양이 장대해서 전통적으로 사용하던 '참'(진짜)이라는 뜻을 차용하고, 당시에 진짜 철쭉이라는 뜻으로 이해되던 일본명의 영향을 받아 형성된 이름으로 추론된다.[63]

　　속명 *Rhododendron*은 그리스어 *rhodon*(장미)과 *dendron* (나무)의 합성어로 장미를 닮은 나무라는 뜻인데, 꽃의 모양을 나타낸 것으로 추정하며 진달래속을 일컫는다. 종소명 *weyrichii*는 러시아인으로 동북아 식물을 채집한 Heinrich Weyrich (1828~1863)의 이름에서 유래했다.

다른이름 신달위(정태현, 1943), 털참꽃나무(이창복, 1947), 제주참꽃나무(박만규, 1949), 섬분홍참꽃나무/제주분홍참꽃나무(안학수·이춘녕, 1963)[64]

중국/일본명 중국에는 분포하지 않는 식물이다. 일본명 ホンツツジ(眞躑躅)는 식물체가 장대한 것이 진짜 철쭉(ツツジ)이라는 뜻에서 붙여졌지만, 현재 일본에서는 장대한 모양이 남성적인 느낌이 나는 철쭉이라는 뜻의 オンツツジ(雄躑躅)를 주로 사용하고 있다.

참고 [북한명] 제주참꽃나무 [유사어] 진척촉(眞躑躅) [지방명] 박달낭/신달레/신달레낭/신달유/신들위/신돌레낭/신돌위/진달래/진달레낭(제주)

61　이러한 견해로 이우철(2005), p.502; 박상진(2019), p.565; 허북구·박석근(2008b), p.273 참조.

62　다만 제주 방언 '신달위'(신들위) 또는 '신달레낭'은 신맛이 나는 진달래라는 뜻으로 해석되므로, 제주도에서 식용하는 관습이 있었는지에 대해서는 별도의 추가적인 연구가 필요하다.

63　이와 관련하여 『조선삼림식물도설』(1943), p.571은 한자명을 '眞躑躅'(진척촉)으로 기록했다.

64　『제주도및완도식물조사보고서』(1914)는 'シンダルウヰ, シンドリヨコ'[신달위, 신달유]를 기록했으며 『조선식물명휘』(1922)는 '신달위(觀賞)'를, 『선명대화명지부』(1934)는 '신달위'를, 『조선삼림식물편』(1915~1939)은 'シンダルウヰ/Shin-daru-wi, シンドリヨコ(濟州島)/Shin-do-ryo-ko'[신달위, 신달유(제주도)]를 기록했다.

○ Rhododendron yedoense *Maxim.* var. Poukhanense *Nakai*　テウセンヤマツツジ
San-chóljug　산철쭉

산철쭉〈*Rhododendron yedoense* Maxim. f. *poukhanense* (H.Lév.) Sugim. ex T.Yamaz.(1996)〉

산철쭉이라는 이름은 산에서 자라는 철쭉이라는 뜻에서 유래했다.[65] 옛 문헌의 '躑躅'(척촉)이 정확히 어떤 식물을 의미하는지는 분명하지 않은데, 일부 문헌은 진달래(진들위)라는 한글명으로 기록하기도 했으며, '山躑躅'(산척촉)이라는 명칭을 함께 쓰기도 했다. 다만 19세기에 저술된 『물명고』는 '山躑躅'(산척촉)을 '철듁'이라 하면서 "花似杜鵑稍大"(꽃이 진달래와 비슷한데 줄기 끝에 크게 달린다)라고 하여 현재의 철쭉을 일컬었고, '石巖'(석암)을 "先葉后花 花色丹如血"(잎이 먼저 나고 꽃이 피는데 꽃 색이 피와 같이 붉다)이라고 하여 현재의 산철쭉을 일컬었던 것으로 추론된다. 또한 여러 문집은 '山躑躅'(산척촉)을 기록하면서 봄에 붉게 핀다고 한 점에 비추어 산철쭉을 일

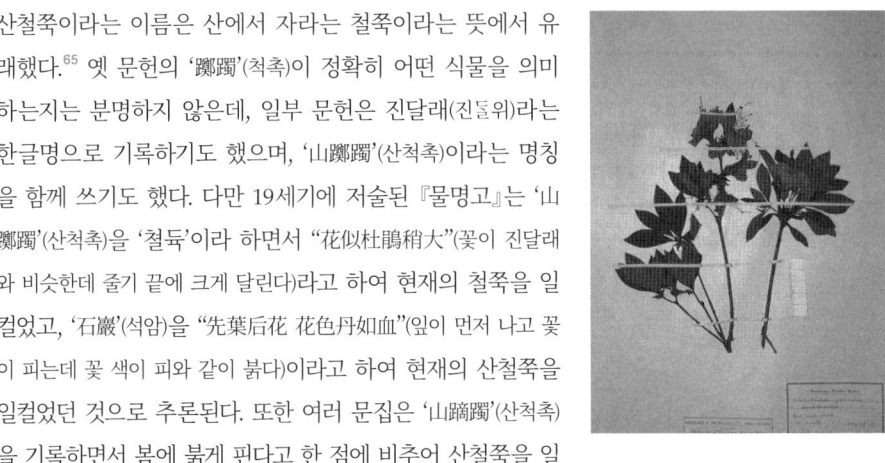

컬었을 것으로 보인다. 그러나 한글명 '산철쭉'은 따로 발견되지 않는데, 『조선식물향명집』은 전통명칭 '철쭉'을 기본으로 하고 식물의 산지(産地)를 나타내는 '산'을 추가해 신칭했다고 기록했다.[66]

속명 *Rhododendron*은 그리스어 *rhodon*(장미)과 *dendron*(나무)의 합성어로 장미를 닮은 나무라는 뜻인데, 꽃의 모양을 나타낸 것으로 추정하며 진달래속을 일컫는다. 종소명 *yedoense*는 에도(江戸: 일본 도쿄의 옛이름)에 분포한다는 뜻이다. 품종명 *poukhanense*는 '북한산에 분포하는'이라는 뜻으로 발견지 또는 분포지를 나타낸다.

다른이름　철쭉(정태현 외, 1923), 개꽃나무/산철죽(박만규, 1949), 물철쭉(이우철, 1996b), 산철죽나무(임록재 외, 1996)

옛이름　山躑躅(사가집, 1488), 躑躅/텩툑/羊躑躅/진들위/山躑躅(훈몽자회, 1527), 山躑躅(금계집, 1548), 山躑躅(매월당집, 1583), 山躑躅(월사집, 1636), 躑躅/山躑躅(여암유고, 1781), 山躑躅/철쥭(재물보, 1798), 山躑躅(노가재집, 1798), 山躑躅/철죽/山石榴(광재물보, 19세기 초), 山躑躅/映山紅/철듁/羊躑躅/

65　이러한 견해로 이우철(2005), p.317; 박상진(2019), p.377; 이유미(2015), p.386; 전정일(2009), p.109; 유기억(2008b), p.84; 솔뫼(송상곤, 2010), p.786 참조. 한편 이우철은 조선 산철쭉이라는 일본명에서 한글명이 유래했다고 기술하고 있으나, 산철쭉이라는 뜻의 '山躑躅'(산척촉)이 우리의 여러 옛 문헌에 등장하므로 그 유래를 전적으로 일본명에서만 찾을 수 있는지는 의문스럽다.

66　이에 대해서는 『조선식물향명집』, 색인 p.40 참조. 한편 『조선식물향명집』은 옛 문헌에 나오는 이름이지만 정확히 해당 종에 일치되는 이름이 아닌 경우 이름을 신칭한 것으로 기록했는데, '산철쭉'과 비슷한 사례로 '묏미나리'가 있다. 이에 대해서는 이 책 '묏미나리' 항목 참조.

石巖/茂丹花/무단화(물명고, 1824)[67]

중국/일본명 중국에서는 이를 별도 분류하지 않는 것으로 보인다. 일본명 テウセンヤマツツジ(朝鮮山踊躅)는 한반도(조선)에 분포하며 산에서 자라는 철쭉(ツツジ)이라는 뜻이다.

참고 [북한명] 산철쭉 [유사어] 산척촉(山踊躅), 양척촉(羊踊躅), 옥지(玉支), 척촉화(踊躅花) [지방명] 젱기고장/진달래(제주), 철쭉(충북)

Vaccinium bracteatum *Thunberg* シヤシヤンポ
Mosae-namu 모새나무

모새나무〈*Vaccinium bracteatum* Thunb.(1784)〉

모새나무라는 이름은 흰 꽃이 가지에 줄지어 피는 모습이 모새와 같은 느낌을 주는 나무라는 뜻에서 유래한 것으로 추정한다.[68] 주요 자생지 중의 하나인 제주 방언 '모새낭'에서 비롯했다.[69] 모새는 가늘고 고운 모래(細沙)를 뜻하는 말로, 제주 방언으로 '모살' 또는 '몰레'라고 한다.[70] 제주에서 '모살낭'이라고 부르던 것이 '모새낭'으로 변화했거나, '모살'을 채록자들이 '모새'로 듣고 채록했을 것으로 보인다. 옛 문헌에서는 현재의 중국명과 동일한 '南燭'(남촉)이라는 한자명도 발견되지만 현재의 이름으로 이어지지는 않았다.

속명 *Vaccinium*은 아카드어 *bakkitu*(직업적인 조문객) 또는 그리스어 *hyakinthos*(히야신스, 보라색, 암적색)를 어원으로 하는 라틴명 *Bakinthos*(산앵도나무, 블루베리)에서 유래했으며 산앵도나무속을 일컫는다. 종소명 *bracteatum*은 '포가 있는'이라는 뜻이다.

다른이름 모싀나무(정태현 외, 1923)

---

67 『지리산식물조사보고서』(1915)는 'ちゃさんほん, きゃこんなむ'[자산홍, 개꽃나무]를 기록했으며 『조선식물명휘』(1922)는 '철쭉(觀賞)'을, 『토명대조선만식물자휘』(1932)는 '[羊踊躅]양척촉, [玉支]옥지, [철쭉], [개꽃나무], [踊躅花]척촉화'를, 『선명대화명지부』(1934)는 '철쭉(쭉)'을 기록했다.

68 이러한 견해로 송홍선(2004), p.102 참조.

69 모새나무가 제주 방언을 채록한 이름이라는 것에 대해서는 『조선삼림수목감요』(1923), p.109와 『조선삼림식물도설』(1943), p.572 참조.

70 『조선어사전』(1917), p.320은 '모새'에 대해 "모래와 同"이라고 기록했으며, 조선어학회가 저술한 『조선어표준말모음』(1936), p.84는 '모새, 細沙'라고 기록했다. 또한 제주 방언으로 모래를 '모살' 또는 '몰레'라고 한다는 점에 대해서는 석주명(1947), p.40과 현평호·강영봉(2014), p.135 참조. 한편 모새나무의 또 다른 자생지인 전남의 해안가 지방에서도 모래는 '모살' 또는 '모새'라고 부른다. 이에 대한 자세한 내용은 이기갑 외(1998), p.235 참조.

南燭/楊桐/文燭(본사, 1787)[71]

중국명 南烛(nan zhu)는 남쪽 지역에서 자라는 촛불(燭)을 닮은 식물이라는 뜻이다. 『조선식물향명집』에 기록된 일본명 シヤシヤンボ는 シヤシヤンボ(小小坊)의 오기로 보이며, 작고 작은 동네라는 뜻으로 둥글고 작은 열매의 모양에서 유래했다.

[북한명] 모새나무 [유사어] 남촉(南燭), 다선목(茶仙木) [지방명] 모새낭(제주)

Vaccinium ciliatum *Thunberg*   ナツハゼ
Jónggúm-namu   정금나무(조가리나무)

정금나무〈*Vaccinium oldhamii* Miq.(1866)〉

정금나무라는 이름은 검은색의 윤기 있고 아름답게 익는 열매가 머루를 닮았다는 뜻에서 유래한 것으로 추정한다. 9~10월에 검은색으로 익는 열매를 예부터 식용했다.[72] 『조선삼림수목감요』에 그 이름이 최초로 보이며, 자생지 중의 하나인 전라남도 방언을 채록한 것이다.[73] '정금'은 머루의 전남 방언이고,[74] 이와 관련하여 전북 방언으로 '징금'이 있다. 『임원경제지』는 찰벼의 종류로 '징금찰(澄黔穤, 징검츨)'을 기록했는데, 여기서 '징금'(또는 징검)은 찰벼 껍질에 검은색이 강한 것과 관련이 있는 이름인 것에 비추어볼 때, 정금(또는 징금)은 검은색 열매를 뜻하는 옛 명칭에서 비롯한 것으로 보인다. 한편 『조선삼림수목감요』에서 충남 방언으로 채록한 '지포나무'의 지포

(紙砲)는 딱총을 뜻하므로 열매의 모양이 딱총의 총알을 닮았다는 뜻이고, 제주 방언으로 채록된 '종가리나무'의 종가리는 종지의 전남 방언이므로 열매(또는 꽃)의 모양이 종지를 연상시킨다는 뜻에서 유래한 것으로 추론된다.

속명 *Vaccinium*은 아카드어 *bakkitu*(직업적인 조문객) 또는 그리스어 *hyakinthos*(히야신스, 보라색, 암적색)를 어원으로 하는 라틴명 *Bakinthos*(산앵도나무, 블루베리)에서 유래했으며 산앵도나무속을 일컫는다. 종소명 *oldhamii*는 영국 식물채집가로 일본과 타이완 식물을 채집한 Richard

---

71 『제주도및완도식물조사보고서』(1914)는 'モシヤイナム'[모새낭]을 기록했으며 『조선식물명휘』(1922)는 '모식나무'를, 『선명대화명지부』(1934)는 '모새나무'를, 『조선삼림식물편』(1915~1939)은 'モシヤイナム(濟州島)/Mo-shai-nam'[모새낭(제주도)]을 기록했다.

72 이에 대해서는 『조선산야생식용식물』(1942), p.175 참조.

73 이에 대해서는 『조선삼림수목감요』(1923), p.109와 『조선삼림식물도설』(1943), p.573 참조.

74 이에 대해서는 국립국어원, '우리말샘' 중 '정금' 참조.

Oldham(1837~1864)의 이름에서 유래했다.

다른이름 종가리나무/정금나무/지포나무(정태현 외, 1923), 조가리나무(정태현 외, 1937), 중금실/지포(정태현 외, 1942)[75]

중국/일본명 중국명 腺齒越橘(xian chi yue ju)는 잎의 가장자리에 샘털이 있는 월귤(越橘)이라는 뜻이다. 일본명 ナツハゼ(夏櫨)는 여름에 검양옻나무(ハゼノキ)와 비슷하게 잎이 붉은색으로 변한다는 뜻에서 붙여졌다.

참고 [북한명] 정금나무 [유사어] 하로(夏櫨) [지방명] 신금나무(경남), 개머리(경북), 깨금/산정금/정금(전남), 경금/경금나무/정금/징금(전북), 삼동/정가리/정갈낭/정갈리/정갈리낭/정갈웨낭/정갈위낭/정갈이낭/정갱이/종가리/지도남(제주)

○ Vaccinium ciliatum *Thunberg* var. glacinum *Nakai*　ウラジロナツハゼ
Jipo-namu　지포나무

지포나무〈*Vaccinium oldhamii* f. *glaucinum* (Nakai) Kitam. (1972)〉[76]

지포나무라는 이름은 열매의 모양이 지포의 총알을 닮았다는 뜻에서 유래한 것으로 추정한다. 충청남도에서 정금나무를 일컫는 방언을 채록한 것이며,[77] 지포(紙砲)는 딱총을 뜻한다. 정금나무의 변종(품종)으로 분류된 것으로, 정금나무와 닮았으나 잎 뒷면이 분백색인 특징이 있다. 그러나 현재 별도의 변종이나 품종이 아닌 개체변이로 이해하는 것이 일반적이다.

속명 *Vaccinium*은 아카드어 *bakkitu*(직업적인 조문객) 또는 그리스어 *hyakinthos*(히야신스, 보라색, 암적색)를 어원으로 하는 라틴명 *Bakinthos*(산앵도나무, 블루베리)에서 유래했으며 산앵도나무속을 일컫는다. 종소명 *oldhamii*는 영국 식물채집가로 일본과 타이완 식물을 채집한 Richard Oldham(1837~1864)의 이름에서 유래했다. 품종명 *glaucinum*은 '흰 가루를 뒤집어쓴'이라는 뜻으로 잎 뒷면에 분백색이 도는 것에서 유래했다.

중국/일본명 중국에서는 이를 별도 분류하지 않는 것으로 보인다. 일본명 ウラジロナツハゼ(裏白夏櫨)는 잎 뒷면이 하얀색인 정금나무(ナツハゼ)라는 뜻이다.

---

75 『제주도및완도식물조사보고서』(1914)는 'チョンガルイ'[종갈리]를 기록했으며 『지리산식물조사보고서』(1915)는 'ちぼ'[지포]를, 『조선의 구황식물』(1919)은 '선겁나무'를, 『조선식물명휘』(1922)는 '선겁나무, 지포'를, 『선명대화명지부』(1934)는 '선겁나무, 종가리나무, 정금나무, 지포, 지포나무'를, 『조선의산과와산채』(1935)는 '夏黃櫨, 정금나무'를, 『조선삼림식물편』(1915~1939)은 'チョンガルイ(濟州島)/Chong-garui, チイボ(全南)/Chiibo'[종가리(제주도), 지포(전남)]를 기록했다.

76 '국가표준식물목록'(2018)은 본문의 학명으로 지포나무를 별도 분류하고 있으나, 『장진성 식물목록』(2014), '중국식물지'(2018) 및 '세계식물목록'(2018)은 정금나무(*V. oldhamii*)에 통합하거나 별도 분류하지 않으므로 주의가 필요하다.

77 이에 대해서는 『조선삼림수목감요』(1923), p.109와 『조선삼림식물도설』(1943), p.574 참조.

[북한명] 지포나무[78]

○ Vaccinium koreanum *Nakai*   テウセンウスノキ
　　Ĝwaeṅ-namu　팽나무

산앵도나무〈*Vaccinium hirtum* Thunb. var. *koreanum* (Nakai) Kitam.(1972)〉

산앵도나무라는 이름은 산속에서 자라며 열매가 붉게 익는 모습이 앵도나무와 비슷하다는 뜻에서 유래했다.[79] 옛 문헌 『물보』 등에 기록된 '산잉도'(산앵도)는 원래 장미과의 이스라지를 일컫는 이름이었으나, 지방에 따라 여러 식물에 산앵도(산앵도나무)라는 이름을 혼용했던 것으로 보인다. 『조선삼림수목감요』, 『조선산야생식용식물』 및 『조선삼림식물도설』에 기록된 '산앵도나무(산잉도나무)'는 자생지 중의 하나인 전라남도 방언을 채록한 것에서 비롯했다.[80] 『조선식물향명집』에 기록된 '팽나무'는 강원 방언을 채록한 것이며, 『조선산야생용식물』에 기록된 '물앵도나무'는 금강산 지역의 방언을 채록한 것이다.[81]

속명 *Vaccinium*은 아카드어 *bakkitu*(직업적인 조문객) 또는 그리스어 *hyakinthos*(히야신스, 보라색, 암적색)를 어원으로 하는 라틴명 *Bakinthos*(산앵도나무, 블루베리)에서 유래했으며 산앵도나무속을 일컫는다. 종소명 *hirtum*은 '짧은 센털이 있는'이라는 뜻이며, 변종명 *koreanum*은 '한국의'라는 뜻으로 발견지 또는 분포지를 나타낸다.

산잉도나무(정태현 외, 1923), 팽나무(정태현 외, 1937), 물앵도나무/산앵도나무(정태현 외, 1942), 산앵두나무(박만규, 1949), 물앵두나무(정태현 외, 1949), 산들쭉나무(리용재 외, 2011)[82]

중국명 紅果越橘(hong guo yue ju)는 열매가 붉게 익는 월귤(越橘)이라는 뜻이다. 일본명 テウセンウスノキ(朝鮮臼ノ木)는 한반도(조선)에 분포하고 열매의 끝이 오목한 것이 절구처럼 생긴

78　북한에서 임록재 외(1996)는 '지포나무'를 별도 분류하고 있으나, 리용재 외(2011)는 이를 별도 분류하지 않고 있다. 이에 대해서는 리용재 외(2011), p.368 참조.

79　이러한 견해로 이우철(2005), p.314; 박상진(2019), p.249; 전정일(2009), p.111; 솔뫼(송상곤, 2010), p.768 참조.

80　이에 대해서는 『조선삼림수목감요』(1923), p.109; 『조선산야생식용식물』(1942), p.175; 『조선삼림식물도설』(1943), p.575 참조. 다만 나카이 다케노신(中井猛之進, 1882~1952)의 『조선삼림식물편』(1915~1939)은 강원 방언으로 기록했다.

81　이에 대해서는 『조선산야생식용식물』(1942), p.175와 『조선삼림식물도설』(1943), p.575 참조.

82　『조선식물명휘』(1922)는 '산잉도(救)'를 기록했으며 『선명대화명지부』(1934)는 '산앵도'를, 『조선의산과와산채』(1935)는 '산앵도나무'를, 『조선삼림식물편』(1915~1939)은 'サンエンタウ(江原)/San-yeng-tau'[산앵도(강원)]를 기록했다.

나무라는 뜻이다.

참고 [북한명] 산들쭉나무 [유사어] 산앵도(山櫻桃)

Vaccinium ulginosum *Linné* クロマメノキ
Duljug-namu 들쭉나무

들쭉나무〈*Vaccinium uliginosum* L.(1753)〉

들쭉나무라는 이름은 '들'과 '죽(粥)'과 '나무'의 합성어로, 들에서 자라고 열매 안의 씨앗이 작아 죽처럼 묽은 나무라는 뜻에서 유래한 것으로 추정한다. 17세기에 저술된 『성소부부고』를 비롯해 여러 문헌은 한자 차자(借字)로 '፸粥'(둘죽), '頭乙粥'(두을죽), '杜乙粥'(두을죽), '豆乙粥'(두을죽) 등을 기록했는데, '죽'은 粥으로 표기가 같고 이를 음(音)과 훈(訓)으로 함께 읽으면 곡식을 오래 끓여 알갱이가 흠씬 무르게 만든 음식을 뜻하는 '죽'(粥)으로 이해할 수 있다.[83] 19세기에 저술된 『물명고』는 "我東北道地 有所謂豆乙粥 子如五味子而無核"(우리나라 동북도 지역에는 소위 들쭉이 있는데 열매가 오미자와 비슷하지만 핵이 없다)이라고 기록해, 이름의 유래에 대한 앞의 추정을 뒷받침한다. '들쭉나무'라는 한글 표기가 정착된 것은 『조선식물향명집』에 따른 것으로, 직접적으로는 평북 및 함경 방언을 채록한 것에서 유래했다.[84] 한편 들판에 줄줄이 무리를 이루어 자란다는 뜻으로 '들줄나무'라고 하다가 들쭉나무가 되었다는 견해가 있으나,[85] 기록을 바탕으로 한 근거 있는 주장은 아닌 것으로 보인다.

속명 *Vaccinium*은 아카드어 *bakkitu*(직업적인 조문객) 또는 그리스어 *hyakinthos*(히야신스, 보라색, 암적색)를 어원으로 하는 라틴명 *Bakinthos*(산앵도나무, 블루베리)에서 유래했으며 산앵도나무속을 일컫는다. 종소명 *uliginosum*은 '습지나 못에 사는'이라는 뜻이다.

다른이름 들쭉나무(정태현 외, 1923), 들쭉(정태현 외, 1942), 들죽나무(도봉섭 외, 1956)

옛이름 ፸粥(성소부부고, 1613), 蒟醬/頭乙粥(지봉유설, 1614), 杜棣/들쥭(한청문감, 1779), 杜仲/杜乙粥(아언각비, 1819), 豆乙粥/蒟醬(물명고, 1824), 櫻額/杜乙粥/杜棣(연경재전집, 1840), 頭乙粥(임원경제지, 1842), 蒟醬/頭乙粥(오주연문장전산고, 185?), 蒟醬/杜棣/頭乙粥(송남잡지, 1855), 杜棣/두제/杜乙粥/들쥭(명물기략, 1870), 들쥭(한불자전, 1880), 杜棣/들죽(물명괄, 19세기), 杜棣/들쥭(신편문자류집초, 19세기),

---

83 들쭉나무에 대한 최초의 한글 표현으로 보이는 『한청문감』(1779)은 '들쥭'으로 기록했는데, '죽'(粥)에 대한 옛 표기는 15~18세기의 『구급방언해』(1466), 『훈몽자회』(1537), 『역어유해』(1690), 『방언집석』(1779) 등에서 모두 '죽'으로 기록해 그 표현이 일치하고 있다.

84 평북 방언이 '들쭉나무'라는 것에 대해서는 『조선삼림수목감요』(1923), p.109 참조. 함경 방언이 '들쭉나무'라는 것에 대해서는 『조선삼림식물도설』(1943), p.574 참조.

85 이러한 견해로 박상진(2019), p.122 참조.

들죽/杜梀(박물신서, 19세기 말)[86]

중국/일본명 중국명 笃斯越橘(du si yue ju)는 흰색이 진한 월귤(越橘)이라는 뜻이다. 일본명 クロマメ
ノキ(黒豆の木)는 검게 익는 열매의 모양을 검은 콩에 비유한 것에서 유래했다.

참고 [북한명] 들쭉나무 [유사어] 수홍화(水紅花), 흑두목(黑豆木)

Vaccinium Vitis-idaea *Linné*　コケモモ　越橘
Wolgul-namu　월귤나무

월귤〈*Vaccinium vitis-idaea* L.(1753)〉

월귤이라는 이름은 중국 양쯔강 이남에 있던 월(越)나라에서
자라는 귤(橘)을 닮았다는 뜻으로, 늘 푸른 잎이 남쪽에서 자
라는 귤의 잎과 닮았다고 본 것에서 유래했다.[87] 월귤은 중국
명나라 때 편찬된 『민서남산지』에 기록된 '越桔'(월길)이 어원
으로, 중국에서는 '桔'(길)을 '橘'(귤)의 속자(俗字)로 썼다. 이후
일본의 『일본식물명휘』에 '越橘'(월귤)로 기록되었고, 『조선식
물명휘』를 거쳐 우리나라에 '越橘'(월귤)로 소개되었으며, 『조
선식물향명집』은 월귤나무로 기록했다. 해방 이후 '땃들죽(땅
들쪽)'이라는 이름도 보이는데, 땅에 붙어서 자라고 식용하는
열매가 들쭉나무를 닮았다는 뜻에서 유래한 것으로 추정한
다. 한편 18세기에 저술된 『홍재전서』에는 '越橘'(월귤)이라는
표현도 보이지만, 현재의 월귤을 지칭한 것이 아니라 남쪽 지방(越)에서 자라는 귤 종류를 뜻한 것
으로 이해된다. 『조선삼림식물도설』에서 '월귤'로 축약해 현재에 이르고 있다.

　속명 *Vaccinium*은 아카드어 *bakkitu*(직업적인 조문객) 또는 그리스어 *hyakinthos*(히야신스, 보
라색, 암적색)를 어원으로 하는 라틴명 *Bakinthos*(산앵도나무, 블루베리)에서 유래했으며 산앵도나
무속을 일컫는다. 종소명 *vitis-idaea*는 '크레타섬 이다산(Ida山)의 포도'라는 뜻으로 그리스 신화
에서 유래했다.

다른이름 월귤나무(정태현 외, 1937), 큰닢월귤(정태현, 1943), 땃들죽(정태현 외, 1949), 땃들죽(도봉섭
외, 1956), 큰잎월귤(정태현, 1957), 큰잎월귤나무/땅들쭉나무/땃들쭉나무(안학수·이춘녕, 1963), 땅들

86　『조선의 구황식물』(1919)은 '절측'을 기록했으며 『조선식물명휘』(1922)는 '들축(救, 食)'을, 『토명대조선만식물자휘』(1932)는
　　'[石躑躅]석척촉, [돌철쭉]'을, 『선명대화명지부』(1934)는 '들쭉나무, 들죽'을, 『조선의산과와산채』(1935)는 '늘축나무, 들쭉
　　나무'를 기록했다.
87　이러한 견해로 박상진(2019), p.313 참조.

쭉(김현삼 외, 1988)

옛이름 越橘(홍재전서, 1787)[88]

중국/일본명 중국명 越橘(yue ju)는 남쪽 지방(越)에서 자라는 귤(橘: 귤 종류를 통칭하는 중국명)과 비슷하다는 뜻이다. 일본명 コケモモ(苔桃)는 줄기가 땅을 기어가는 모습을 이끼(コケ)에 비유하고 붉게 익는 열매를 복숭아(モモ)에 비유한 것이다.

참고 [북한명] 월귤나무 [유사어] 산리과아(山裏果兒), 산중과(山中果), 온보(溫普)

---

88 『조선의 구황식물』(1919)은 '을측, 越橘'을 기록했으며 『조선식물명휘』(1922)는 '越橘(救, 食)'을, 『토명대조선만식물자휘』(1932)는 조선명 없이 중국명으로 '[溫普], [山中果], [山(裏)果兒]'를, 『조선의산과와산채』(1935)는 '越橘, 월귤나무'를 기록했다.

Primulaceae 앵초科 (櫻草科)

앵초과〈**Primulaceae** Batsch ex Borkh.(1794)〉

앵초과는 국내에 자생하는 앵초에서 유래한 과명이다. '국가표준식물목록'(2018), '세계식물목록'(2018) 및 『장진성 식물목록』(2014)은 *Primula*(앵초속)에서 유래한 Primulaceae를 과명으로 기재하고 있으며, 엥글러(Englor), 크론키스트(Cronquist) 및 APG Ⅳ(2016) 분류 체계도 이와 같다.

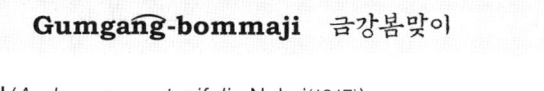

⊗ Androsace cortusaefolia *Nakai*　カラクサザクラ
Gumgang-bommaji　금강봄맞이

금강봄맞이〈*Androsace cortusifolia* Nakai(1917)〉

금강봄맞이라는 이름은 금강산에서 자라는 봄맞이라는 뜻에서 붙여졌다.[1] 금강산에서 최초로 발견되었으며 한국 특산식물로 분류되고 있다. 『조선식물향명집』에서 '봄맞이(꽃)'를 기본으로 하고 식물의 산지(産地)를 나타내는 '금강'을 추가해 신칭했다.[2]

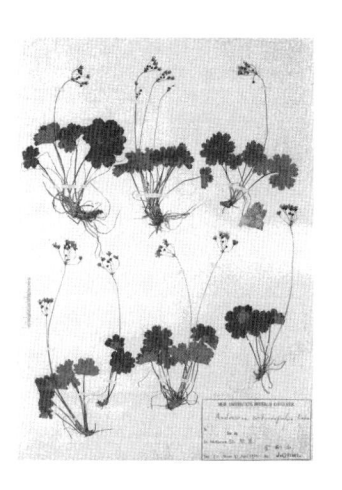

속명 *Androsace*는 디오스코리데스(Dioscorides, 40~90)가 다른 식물에 붙인 이름을 전용한 것인데, 그리스어 *andros*(남자, 수컷)와 *sakos*(방패)의 합성어로 잎 또는 꽃밥의 모양을 묘사한 것이며 봄맞이꽃속을 일컫는다. 종소명 *cortusifolia*는 '*Cortusa*(종다리꽃속)와 잎이 유사한'이라는 뜻이다.

다른이름 금강봄마지(박만규, 1949), 금강봄맞이꽃(박만규, 1974)

중국/일본명 중국에는 분포하지 않는 식물이다. 일본명 カラクサザクラ(唐草桜)는 당초문이 있는 벚나무 종류(サクラ)를 닮은 식물이라는 뜻에서 유래했으나 일본에 분포하지는 않는다.

참고 [북한명] 금강봄맞이

---

1 이러한 견해로 이우철(2005), p.96과 권순경(2019.7.22.) 참조.
2 이에 대해서는 『조선식물향명집』, 색인 p.33 참조.

○ Androsace filiformis *Retzius*　サカコザクラ
Aegi-bommaji　애기봄맞이

애기봄맞이〈*Androsace filiformis* Retz.(1781)〉

애기봄맞이라는 이름은 봄맞이보다 꽃을 비롯하여 형태가 작아서 붙여졌다.[3] 꽃이 봄맞이에 비해 현저히 작고 꽃자루 등도 가늘다. 『조선식물향명집』에서 '봄맞이(꽃)'를 기본으로 하고 식물의 형태적 특징을 나타내는 '애기'를 추가해 신칭했다.[4]

　　속명 *Androsace*는 디오스코리데스(Dioscorides, 40~90)가 다른 식물에 붙인 이름을 전용한 것인데, 그리스어 *andros*(남자, 수컷)와 *sakos*(방패)의 합성어로 잎 또는 꽃밥의 모양을 묘사한 것이며 봄맞이꽃속을 일컫는다. 종소명 *filiformis*는 '실모양의'라는 뜻으로 가녀린 줄기와 꽃차례의 모양을 나타낸다.

　다른이름　애기봄마지(박만규, 1949), 아기봄맞이(이영노·주상우, 1956), 애기봄맞이꽃(박만규, 1974)

　중국/일본명　중국명 東北点地梅(dong bei dian di mei)는 둥베이(東北) 지방에 자라는 점지매(點地梅: 봄맞이의 중국명)라는 뜻이다. 일본명 サカコザクラ(沙河小桜)는 허베이성 사허(沙河) 지방에서 발견된 작은 앵초라는 뜻이다.

　참고　[북한명] 애기봄맞이 [유사어] 동북점지매(東北點地梅)

Androsace saxifragaefolia *Bunge*　リウキユウコザクラ
Bommaji-ĝot　봄맞이꽃

봄맞이〈*Androsace umbellata* (Lour.) Merr.(1919)〉

봄맞이라는 이름은 이른 봄에 피어 봄을 맞이하는 꽃이라는 뜻에서 유래했다.[5] 4~5월에 흰색의 꽃이 우산모양꽃차례로 핀다. 한글명은 『조선식물향명집』에서 최초로 발견되며, 특별히 자원식물로 활용한 기록은 발견되지 않는다. 『조선식물향명집』은 '봄맞이꽃'으로 기록했으나 『우리나라 식물자원』에서 '봄맞이'로 개칭해 현재에 이르고 있다.

　　속명 *Androsace*는 디오스코리데스(Dioscorides, 40~90)가 다른 식물에 붙인 이름을 전용한 것인데, 그리스어 *andros*(남

3　이러한 견해로 김종원(2013), p.328 참조.
4　이에 대해서는 『조선식물향명집』, 색인 p.43 참조.
5　이러한 견해로 이우철(2005), p.280; 허북구·박석근(2008a), p.115; 권순경(2019.7.22.); 김종원(2016), p.260 참조.

자, 수컷)와 *sakos*(방패)의 합성어로 잎 또는 꽃밥의 모양을 묘사한 것이며 봄맞이꽃속을 일컫는다. 종소명 *umbellata*는 '우산모양꽃차례의'라는 뜻으로 꽃차례의 모양을 나타낸다.

다른이름 봄맞이꽃(정태현 외, 1937), 봄마지꽃(박만규, 1949)[6]

중국/일본명 중국명 点地梅(dian di mei)는 땅에 점을 찍은 듯 작고 매화를 닮은 꽃이라는 뜻이다. 일본명 リウキユウコザクラ(琉球小桜)는 오키나와(琉球) 지방에 자라는 작은 앵초라는 뜻이다.

참고 [북한명] 봄맞이 [유사어] 보춘화(報春花), 후롱초(喉嚨草)

○ Cortusa Mattioli *L.* var. pekinensis *Al. Richter*　サクラサウモドキ
Jongdarigot　종다리꽃

종다리꽃⟨*Cortusa matthioli* subsp. *pekinensis* (V.A.Richt.) Kitag.(1939)⟩[7]

종다리꽃이라는 이름은 '종다리'(鳥)와 '꽃'(花)의 합성어로, 풀 속에서 길게 올라온 꽃대가 마치 종다리가 고개를 길게 빼고 주위를 살피는 것 같다는 뜻에서 유래한 것으로 추정한다. 자원식물로 활용한 사례는 발견되지 않으며, 종다리꽃이라는 한글명은 『조선식물향명집』에서 최초로 보인다.

　　속명 *Cortusa*는 이탈리아 파도바 식물원(Orto botanico di Padova)의 원장이었던 G. A. Cortusi (1513~1593)의 이름에서 유래했으며 종다리꽃속을 일컫는다. 종소명 *matthioli*는 이탈리아 의사이자 생물학자인 Pietro Andrea Gregorio Matthiolus(1501~1577)의 이름에서 유래했으며, 아종명 *pekinensis*는 '베이징에 분포하는'이라는 뜻이다.

다른이름 나도깨꽃(안학수·이춘녕, 1963), 눈빛깨풀/눈빛취란화/산종다리꽃(리용재 외, 2011)

중국/일본명 중국명 河北假报春(he bei jia bao chun)은 허베이(河北) 지방에 자라는 것으로 앵초속 식물(報春花)을 닮았다는 뜻이다. 일본명 サクラサウモドキ(桜草擬)는 앵초(サクラサウ)를 닮았다는 뜻이다.

참고 [북한명] 종다리꽃/산종다리꽃[8]

6　『조선식물명휘』(1922)는 '銅錢草, 報春化'를 기록했다.

7　'국가표준식물목록'(2018)은 종다리꽃의 학명을 *Cortusa matthioli* var. *pekinensis* (V.A.Richt.) T.B.Lee(1980)로 기재하고 있으나 이는 비합법적으로 출판한 이름(invalidly published name)이므로, 이 책은 이우철(1996b)에 따른 *Cortusa matthioli* subsp. *pekinensis* (V.A.Richt.) Kitag.(1939)을 정명으로 기재했다. 그러나 '세계식물목록'(2018)은 이 또한 미해결학명(unresolved name)으로 기재하고 있으므로 주의가 필요하다.

8　북한에서는 *C. pekinensis*를 '종다리꽃'으로, *C. mathiolii*를 '산종다리꽃'으로 하여 별도 분류하고 있다. 이에 대해서는 리용재 외(2011), p.106 참조.

Lysimachia barystachys *Bunge*　ノヂトラノオ
Ĝachisuyŏm　까치수염

까치수염⟨*Lysimachia barystachys* Bunge(1833)⟩

까치수염이라는 이름은 흰색으로 피는 꽃차례의 모양이 까치
(鵲)와 수염(鬚髥)을 닮았다는 뜻에서 유래했다.[9] 꽃은 6∼8월
에 흰색으로 피는데 긴 꼬리모양의 총상꽃차례를 이루며, 봄
의 어린잎을 식용했다.[10] 일제강점기에 저술된 『조선의 구황식
물』에 '깟치수염'이라는 한글명이 처음으로 보인다. 19세기 중
엽에 저술된 『임원경제지』는 구황식물로 '星宿菜'(성숙채)를 기
록했는데, 별이 머물고 나물로 식용한다는 뜻으로 꽃의 모양
을 별에 비유한 것에서 유래한 이름이다. 중국에서는 진퍼리
까치수염⟨*Lysimachia fortunei* Maxim.(1868)⟩을 '星宿菜'(성
숙채)로 일컫고 있으나, 밭과 들에서 무리지어 자란다고 기록
하고 있는 점에 비추어 우리나라에서는 까치수염을 일컬었을

가능성이 있다.[11] 한편 까치는 수염이 없다거나, 식용할 때 '수영'처럼 시큼한 맛이 나는 것에 착안
해 '까치수영'을 잘못 기록한 것으로 보아 까치수영을 추천명으로 하자는 주장이 있다.[12] 그러나
『조선의 구황식물』, 『조선식물명휘』 및 『조선식물향명집』에서 일관되게 '까치수염'으로 기록했고,
『조선산야생식용식물』에서 큰까치수염의 경기도 방언으로 '개꼬리풀'을 기록하고 있는 점을 고려
할 때 당시 민간에서 꽃차례의 모양에 착안한 '까치수염'으로 불렀을 것으로 추론되며 잘못 기록
되었다고 단정하기 어렵다. 또한 우리말 중 '까치'에 개비(아버지)라는 뜻이 있다는 것을 근거로 멋
쟁이 남자 어른의 수염이라는 뜻으로 해석하는 견해가 있으나,[13] 수량을 나타내는 말 뒤에 쓰이는
까치와 같은 뜻인 개비와 아버지라는 뜻을 가진 개비는 서로 다른 단어(동음이의어)이고 까치가 아
버지를 뜻하지 않으므로[14] 까치수염과는 관련이 없는 해석으로 보인다.

　속명 *Lysimachia*는 이 속 식물을 발견한 마케도니아 리시마코스(Lysimachos) 왕의 이름에서
유래했다는 설과 그리스어 *lysis*(석방, 작별)와 *mache*(갈등, 불화)의 합성어인 *lysimachos*(갈등의 종

9　이러한 견해로 허북구·박석근(2008a), p.44와 김종원(2013), p.742 참조.

10　이에 대해서는 『한국식물도감(하권 초본부)』(1956), p.487과 『한국의 민속식물』(2017), p.900 참조.

11　한편 『토명대조선만식물자휘』(1932)는 *L. fortunei*에 대한 조선명으로 '[星宿草]성슉초, [星宿菜]성슉쳐'를 기록했다.

12　이러한 견해로 이창복(1980), p.607과 박선주(2016.7.13.) 참조. 한편 박선주는 까치수영의 '수영'이 한자어 '秀穎'(수영)으로
　　잘 여문 이삭을 뜻한다지만, 이 역시 정확한 근거는 확인되지 않는 것으로 보인다.

13　이러한 견해로 김종원(2016), p.263 참조.

14　이에 대해서는 김홍석(2007), p.33 참조.

료)에서 유래했다는 설이 있으며 까치수염속을 일컫는다. 종소명 *barystachys*는 '무거운 이삭을 가진'이라는 뜻으로 꽃차례의 모양에서 유래했다.

다른이름 싸치싕/개고리풀(정태현 외, 1936), 까치수영(이창복, 1980), 꽃꼬리풀(김현삼 외, 1988)

옛이름 星宿菜(임원경제지, 1842)[15]

중국/일본명 중국명 虎尾草(hu wei cao)는 범의 꼬리를 닮았다는 뜻으로 나도바랭이(*Chloris virgata*)의 이름으로도 쓰이며, 이리 꼬리를 닮은 꽃이라는 뜻의 狼尾花(lang wei hua)라는 이름도 혼용하고 있다. 일본명 ノヂトラノオ(野路虎の尾)는 들의 길가에 자라고 호랑이 꼬리를 닮은 식물이라는 뜻에서 유래했다.

참고 [북한명] 꽃꼬리풀 [유사어] 낭미파화(狼尾巴花) [지방명] 개꼬랭이/뱀풀(강원)

Lysimachia clethroides *Duby*　ヲカトラノオ

Kùn-ĝachisuyòm　큰까치수염

큰까치수염⟨*Lysimachia clethroides* Duby(1844)⟩

큰까치수염이라는 이름은 까치수염보다 식물체가 전체적으로 크다는 뜻에서 붙여졌다.[16] 어린잎을 식용하고, 전초를 지혈 용도의 민간약재로 이용했다.[17] 『조선식물향명집』에서 전통 명칭 '까치수염'을 기본으로 하고 식물의 형태적 특징을 나타내는 '큰'을 추가해 신칭했다.[18] 『조선산야생식용식물』은 경남 방언으로 '호라빗대'와 경기 방언으로 '개꼬리풀'이 있다는 것을 기록했으나 현재의 이름으로 이어지지는 않았다.

속명 *Lysimachia*는 이 속 식물을 발견한 마케도니아 리시마코스(Lysimachos) 왕의 이름에서 유래했다는 설과 그리스어 *lysis*(석방, 작별)와 *mache*(갈등, 불화)의 합성어인 *lysimachos*(갈등의 종료)에서 유래했다는 설이 있으며 까치수염속을 일컫는다. 종소명 *clethroides*는 *Clethra*(매화오리나무속)와 비슷하다는 뜻으로 잎이 닮은 것에서 유래했다.

다른이름 말시경(정태현 외, 1936), 호라빗대/개꼬리풀/싸리나물(정태현 외, 1942), 홀아빗대(정태현 외, 1949), 민까치수염(박만규, 1974), 큰까치수영(이창복, 1980), 큰꽃꼬리풀(김현삼 외, 1988)[19]

---

15 『제주도밎완도식물조사보고서』(1914)는 'モコジョ-'[모꼬죠]를 기록했으며 『조선의 구황식물』(1919)은 '왓치수염'을, 『조선식물명휘』(1922)는 '왓치슈염(救)'을, 『토명대조선만식물자휘』(1932)는 *L. clethroides*에 대하여 '[珍珠菜]진슈치'를, 『선명대화명지부』(1934)는 '왓치수염, 굉의목'을, 『조선의산과와산채』(1935)는 '珍珠菜, 왓치슈염'을 기록했다.

16 이러한 견해로 김종원(2016), p.263 참조.

17 이에 대해서는 『조선산야생식용식물』(1942), p.177과 『한국의 민속식물』(2017), p.901 참조.

18 이에 대해서는 『조선식물향명집』, 색인 p.47 참조.

19 『조선식물명휘』(1922)는 '珍珠菜, 扯根菜, 왓치슈염(救)'을 기록했으며 『토명대조선만식물자휘』(1932)는 '[珍珠菜]진슈치'를, 『선명대화명지부』(1934)는 '싸치슈염, 왓치수염'을 기록했다.

중국명 矮桃(ai tao)는 작은 복숭아라는 뜻으로 잎의 모양이 유사한 것에서 유래한 이름으로 추론된다. 일본명 ヲカトラノオ(丘虎の尾)는 언덕이나 무덤가에 자라는 호랑이 꼬리를 닮은 식물이라는 뜻이다.

참고 [북한명] 큰꽃꼬리풀 [유사어] 진주채(珍珠菜) [지방명] 진주채(경기)

Lysimachia davurica *Ledebour* ホソバクサレダマ
Ganún-jobŝalpul 가는좁쌀풀

좁쌀풀〈*Lysimachia davurica* Ledeb.(1814)〉

'국가표준식물목록'(2018)과 『장진성 식물목록』(2014)은 가는좁쌀풀을 좁쌀풀에 통합 처리하고 별도 분류하지 않으므로 이 책도 이에 따른다.

Lysimachia vulgaris *Linné* クサレダマ(イワウサウ)
Jobŝalpul 좁쌀풀

좁쌀풀〈*Lysimachia davurica* Ledeb.(1814)〉[20]

좁쌀풀이라는 이름은 노란색의 작은 꽃들이 원뿔모양꽃차례로 조밀하게 달리는 모양을 좁쌀에 비유한 것에서 유래했다.[21] 일제강점기에 저술된 『토명대조선만식물자휘』에서 최초로 '좁쌀곳'이라는 한글명이 발견되는데, 중국명 및 일본명과 그 뜻과 유래가 상이한 점에 비추어 당시 조선에서 사용하던 이름을 채록한 것으로 보인다. 『조선식물향명집』은 '좁쌀풀'로 기록해 현재에 이르고 있다.

속명 *Lysimachia*는 이 속 식물을 발견한 마케도니아 리시마코스(Lysimachos) 왕의 이름에서 유래했다는 설과 그리스어 *lysis*(석방, 작별)와 *mache*(갈등, 불화)의 합성어인 *lysimachos*(갈등의 종료)에서 유래했다는 설이 있으며 까치수염속을 일컫는다. 종소명 *davurica*는 '(바이칼호 동쪽) 다후리아 지방의'라는 뜻이다.

---

20 '국가표준식물목록'(2018)은 좁쌀풀의 학명을 *Lysimachia vulgaris* var. *davurica* (Ledeb.) R.Kunth(1905)로 기재하고 있으나, 『장진성 식물목록』(2014), '세계식물목록'(2018) 및 '중국식물지'(2018)는 본문의 학명을 정명으로 기재하고 있다.
21 이러한 견해로 이우철(2005), p.478과 김병기(2013), p.449 참조. 또한 『토명대조선만식물자휘』(1932), p.524는 선황색의 작은 꽃들이 모여 있는 것이 좁쌀과 비슷해 유래한 이름이라는 취지로 기록했다.

다른이름 가는좁쌀풀(정태현 외, 1937), 좁쌀까치수염(정태현 외, 1949), 큰좁쌀풀(정태현, 1965), 노란까치수염(임록재 외, 1972), 노란꽃꼬리풀(김현삼 외, 1988), 좁쌀꽃꼬리풀(리용재 외, 2011)[22]

중국/일본명 중국명 黃连花(huang lian hua)는 작고 노란색의 꽃이 5열로 줄지어 피는 것을 나타낸 이름이다. 일본명 クサレダマ(草retama)는 콩과 낙엽 관목으로 스페인에서 도입된 레타마(retama)를 닮은 풀이라는 뜻이다.

참고 [북한명] 좁쌀꽃꼬리풀/노란꽃꼬리풀[23] [유사어] 속미초(粟米草), 황련화(黃蓮花) [지방명] 황련꽃(함북)

Primula modesta *Bisset et Moore* ユキワリサウ
Solaengcho 설앵초

설앵초〈*Primula farinosa* L. subsp. *modesta* (Bisset & S.Moore) Pax(1905)〉[24]

설앵초라는 이름은 한자명 '雪櫻草'(설앵초)에서 유래한 것으로, 앵초를 닮았는데 잎 뒷면의 은황색 가루가 눈(雪)을 연상시킨다고 하여 붙여졌다.[25] 『조선식물향명집』에서 '앵초'라는 명칭을 기본으로 하고 식물의 형태적 특징과 학명에 착안한 '설'(雪)을 추가해 신칭한 것으로 추론된다.[26]

속명 *Primula*는 라틴어 *primus*(최초)가 어원으로 이른 봄에 피는 프리물라 베리스(*P. veris*)에서 유래했으며 앵초속을 일컫는다. 종소명 *farinosa*는 '가루의'라는 뜻으로 잎 뒷면에 가루가 있는 것에서 유래했으며, 아종명 *modesta*는 '온화한, 적당한'이라는 뜻이다.

다른이름 눈깨풀(박만규, 1949), 애기눈깨풀/애기설취란화(안학수·이춘녕, 1963), 분취란화/좀분취란화(박만규, 1974), 좀설앵초(안학수 외, 1982), 설취란화(한진건 외, 1982), 가루앵초(리용재 외, 2011)[27]

중국/일본명 '중국식물지'는 이를 기재하지 않고 있으며, 프리물라 파리노사(*P. farinosa*)에 대하여 잎 뒷면에 분 같은 가루가 있는 앵초 종류(報春花)라는 뜻인 粉报春(fen bao chun)으로 기재하고 있다. 일본명 ユキワリサウ(雪割草)는 고산에서 자라면서 눈이 녹을 즈음에 꽃이 핀다는 뜻이다.

참고 [북한명] 설앵초/가루앵초[28]

---

22 『조선식물명휘』(1922)는 '楊柳花, 黃蓮花, 물비나물'을 기록했으며 『토명대조선만식물자휘』(1932)는 '[粟米草]속미초, [좁쌀꽃]'을, 『선명대화명지부』(1934)는 '물비나물'을 기록했다.

23 북한에서는 *L. davurica*를 '노란꽃꼬리풀'로, *L. vulgaris*를 '좁쌀꽃꼬리풀'로 하여 별도 분류하고 있다. 이에 대해서는 리용재 외(2011), pp.216-217 참조.

24 '국가표준식물목록'(2018)은 설앵초의 학명을 *Primula modesta* var. *hannasanensis* T.Yamaz.(1993)로 기재하고 있으나, 『장진성 식물목록』(2014)은 정명을 본문과 같이 기재하고 있다.

25 이러한 견해로 이우철(2005), p.336 참조.

26 다만 『조선식물향명집』, 색인 p.41은 이를 신칭한 이름으로 기록하고 있지 않으므로 주의가 필요하다.

27 『토명대조선만식물자휘』(1932)는 '[猪牙細辛]져아세신'을 기록했다.

28 북한에서는 *P. modesta*를 '설앵초'로, *P. farinosa*를 '가루앵초'로 하여 별도 분류하고 있다. 이에 대해서는 리용재 외

Primula sieboldii *Morren et Decaisne*　サクラサウ
Aengcho　앵초

앵초〈*Primula sieboldii* E.Morren(1873)〉

앵초라는 이름은 한자명 '櫻草'(앵초)가 어원으로, 꽃의 모양이
앵도나무의 꽃과 유사하다는 뜻에서 유래했다.[29] '櫻'(앵)이라
는 한자는 중국에서 형성된 것이지만, '櫻草'(앵초)라는 식물명
은 중국과 한국에서는 근래의 문헌에서 발견된다. 반면에 일
본에서는 에도 시대 초기인 1681년에 저술된 『花壇綱目(화단
강목)』에도 기록되어 있고, 그즈음에 원예용으로 재배가 시작
된 것으로 알려져 있다. 이에 비추어 일본에서 형성되어 한국
과 중국이 함께 사용하는 명칭으로 추정된다. 일본에서는 벚
나무 종류와 꽃이 비슷하다고 보고 있지만, 우리는 '櫻桃'(앵
도)라는 단어와 친숙하여 쉽게 앵도나무의 꽃을 연상하는 것
으로 이해된다. 일제강점기에 이르러 그 이름이 보이며, 『조선

식물향명집』은 한자명 '櫻草'에 대한 한글 발음 '앵초'를 기록해 현재에 이르고 있다.

　속명 *Primula*는 라틴어 *primus*(최초)가 어원으로 이른 봄에 피는 프리물라 베리스(*P. veris*)에
서 유래했으며 앵초속을 일컫는다. 종소명 *sieboldii*는 독일 의사이자 생물학자로 일본 식물을 연
구한 Philipp Franz von Siebold(1796~1866)의 이름에서 유래했다.

다른이름　깨풀/취란화(박만규, 1949), 연앵초(정태현 외, 1949)

옛이름　앵초/櫻草(동아일보, 1925)[30]

중국/일본명　중국명 櫻草(ying cao)는 벚나무 종류(櫻花)와 꽃잎이 비슷하다는 뜻에서 유래했다. 일본
명 サクラサウ(桜草)는 꽃의 모양이 벚나무 종류(サクラ)를 닮았다는 뜻이다.

참고　[북한명] 앵초 [유사어] 풍륜초(風輪草) [지방명] 배차나물(충북)

　(2011), p.282 참조.
29ᐧ이러한 견해로 이유미(2013), p.166; 허북구·박석근(2008a), p.151; 권순경(2014.7.2.) 참조.
30 『조선어사전』(1920)은 '櫻草(잉초), 風輪草(풍륜초)'를 기록했으며 『조선식물명휘』(1922)는 '櫻草, 翠蘭花, 려형초(觀賞)'를,
　『경성일보』(1925)는 '櫻草'를, 『매일신보』(1932)는 '櫻草花'를, 『토명대조선만식물자휘』(1932)는 '[櫻草]잉초, [風輪草]풍륜
　초'를, 『부산일보』(1934)는 '櫻草'를, 『선명대화명지부』(1934)는 '령형초'를 기록했다.

Trientalis europea *L.* var. arctica *Ledebour*　コツマトリサウ
Gisaenggot　기생꽃

기생꽃〈*Trientalis europaea* L. subsp. *arctica* (Fisch. ex Hook.) Hultén(1930)〉[31]

기생꽃이라는 이름은 식물체가 작고 꽃이 예쁜 것을 기생에 비유한 것에서 유래했다.[32] 꽃은 7~8월에 1~3개씩 피는데, 긴 꽃자루에 달린 흰색 꽃이 매우 아름답고 가녀린 느낌을 준다. 19세기에 저술된 『물명고』는 금낭화의 옛이름으로 기생꽃이라는 뜻을 가진 '녜계씃'을 기록했고, 일제강점기에 편찬된 『조선구전민요집』은 '기생씃'을 기록한 것에 비추어 '기생꽃'은 실제로 민간에서 사용하던 이름을 채록한 것으로 추론된다. 특정한 종을 일컫는 명칭으로 기생꽃이라는 이름을 사용한 것은 『조선식물향명집』이 최초인 것으로 보인다.

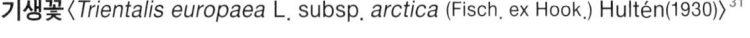
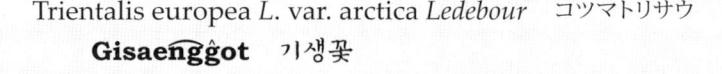

속명 *Trientalis*는 독일 식물학자 Valerius Cordus(1515~1544)가 *Herba trientalis*라고 기록했던 식물의 이름에서 유래한 것으로, 라틴어로 *trientalis*는 1/3피트(feet)를 뜻하며 식물체의 높이 때문에 붙여져 기생꽃속을 일컫는다. 종소명 *europaea*는 '유럽의'라는 뜻이며, 아종명 *arctica*는 '북극의'라는 뜻이다.

다른이름　기생초(박만규, 1949), 좀기생초(박만규, 1974), 애기참꽃(임록재 외, 1996)

옛이름　기생씃(조선구전민요집, 1933)

중국/일본명　'중국식물지'는 이를 기재하지 않고 있으며, 참기생꽃〈*Trientalis europaea* L.(1753)〉을 七瓣蓮(qi ban lian)이라고 하는데 꽃잎이 7장이고 연꽃을 닮았다는 뜻이다. 일본명 コツマトリサウ(小褄取草)는 참기생꽃(褄取草)에 비해 식물체가 작으며, 꽃잎의 모양이 마치 치마를 들어 올린 것 같다는 뜻이다.

참고　[북한명] 애기참꽃

31　'국가표준식물목록'(2018)은 기생꽃의 학명을 *Trientalis europaea* var. *arctica* (Fisch.) Ledeb.(1948)로 기재하고 있으나, 『장진성 식물목록』(2014)은 본문의 학명을 정명으로 기재하고 있다.

32　이러한 견해로 이우철(2005), p.101; 허북구·박석근(2008a), p.43; 권순경(2019.8.29.) 참조. 허북구·박석근은 꽃부리가 기생이 쓰는 것과 비슷하다고 하여 유래한 이름으로 보고 있다.

Plumbaginaceae 기송科 (磯松科)

갯질경과 〈**Plumbaginaceae** Juss.(1789)〉

갯질경과는 국내에 자생하는 갯질경에서 유래한 과명이다. '국가표준식물목록'(2018), '세계식물목록'(2018) 및 『장진성 식물목록』(2014)은 *Plumbago*(플룸바고속)에서 유래한 Plumbaginaceae를 과명으로 기재하고 있으며, 엥글러(Engler), 크론키스트(Cronquist) 및 APG Ⅳ(2016) 분류 체계도 이와 같다.

Statice japonica *Siebold et Zuccarini*   ハマサジ
Gaet-gilgyŏngi 갯길경이

갯길경(갯질경) 〈*Limonium tetragonum* (Thunb.) Bullock(1949)〉

갯길경이라는 이름은 바닷가에 자라는 길경(桔梗: 도라지)이라는 뜻에서 유래했다.[1] 어린잎과 뿌리를 식용했는데,[2] 식용 부위 중의 하나인 뿌리의 모양이 도라지처럼 방추형으로 굵어지는 것을 빗댄 이름이다. 『조선식물향명집』에서는 전통 명칭 '길경(이)'을 기본으로 하고 식물의 산지(産地)를 나타내는 '갯'을 추가해 '갯길경이'를 신칭했다.[3] 이에 대해서 『대한식물도감』은 추천명을 '갯질경'으로 했고 '국가표준식물목록'도 이를 표준명으로 하고 있다. 그런데 '갯질경'이라는 이름은 질경이과의 '갯질경이'(*Plantago major* f. *yezomaritima*)와 어형이 유사해 혼선이 생기고 유래한 뜻에서도 차이가 있다. 이러한 혼선을 피하기 위해 음운현상에도 불구하고 이 책에서는 『조선식물향명집』에 기록된 '갯길경이'의 축약형인 '갯길경'을 추천명으로 했다. 19세기에 저술된 『임원경제지』의 『인제지(仁濟志)』는 구황식물로 '蠟子花菜'(갈자화채)를 기록했는데, 현재의 갯길경을 일컬었던 것으로 보인다.[4]

속명 *Limonium*은 그리스어 *leimon*(목초지, 습윤지, 꽃으로 덮인 지표)이 어원으로, 이 속의 많은 종들이 자라는 서식지를 나타낸 것이며 갯질경속을 일컫는다. 종소명 *tetragonum*은 '4각형의'라

---

1   이러한 견해로 이우철(2005), p.61 참조.

2   이에 대해서는 『한국의 민속식물』(2017), p.905 참조.

3   이에 대해서는 『조선식물향명집』, 색인 p.31 참조.

4   '蠟子花菜'(갈자화채)는 중국의 『구황본초』(1406)에 기록된 이름인데, 중국에서는 『구황본초』의 '蠟子花菜'(갈자화채)를 갯길경과 같은 속으로 중국에 분포하는 종인 *Limonium bicolor* (Bunge) Kuntze(1891)[중국명: 二色补血草(er se bu xue cao)]를 일컫는 것으로 이해하고 있다. 이에 대해서는 朱橚(2015), p.114 참조.

는 뜻이다.

다른이름 갯길경이(정태현 외, 1937), 갯질겡이(박만규, 1949), 갯길경(정태현 외, 1949), 갯질경이/근대아
재비(안학수·이춘녕, 1963), 갯질갱이(박만규, 1974)

옛이름 蟄子花菜(임원경제지, 1842)[5]

중국/일본명 '중국식물지'는 이를 별로 분류하지 않고 있으며, 속명이자 같은 속의 대표적인 종인 리
모니움 시넨세(*L. sinense*)를 补血草(bu xue cao)라 하는데 보혈(補血) 작용을 하는 풀이라는 뜻이
다. 일본명 ハマサジ(浜匙)는 바닷가에 자라고 잎이 숟가락(サジ)을 닮았다는 뜻이다.

참고 [북한명] 갯길경이 [유사어] 기송(磯松) [지방명] 갯근대(경기), 질갱이(충남)

---

5 『제주도및완도식물조사보고서』(1914)는 'ジュークル'[주쿨]을 기록했다.

Ebenaceae 감나무科 (柿樹科)

감나무과⟨Ebenaceae Gürke(1892)⟩

감나무과는 국내에 자생하는 감나무에서 유래한 과명이다. '국가표준식물목록'(2018), '세계식물목록'(2018) 및 『장진성 식물목록』(2014)은 *ebony*(흑단)에서 유래한 Ebenaceae를 과명으로 기재하고 있으며, 엥글러(Engler), 크론키스트(Cronquist) 및 APG IV(2016) 분류 체계도 이와 같다.

Diospyros Kaki *Linné fil.*   カキ   柿
Gam-namu   감나무

감나무⟨*Diospyros kaki* Thunb.(1780)⟩

감나무라는 이름은 열매 감이 열리는 나무라는 뜻이지만, '감'의 정확한 어원 또는 유래는 알려져 있지 않다. 12세기 초반에 저술된 『계림유사』는 차자(借字)로 '坎'(감)으로 표기해 당시에도 현재와 동일하거나 유사하게 불렀다는 것이 확인된다. '감'의 유래에 대해 오래된 해설은 달다는 뜻의 한자 '甘'(감) 또는 '柑'(감)에서 유래했다고 보는 견해이나,[1] 오래전부터 사용하던 한자명은 '柿'(시)였으므로 타당하지 않다. 그 외에 고유어 '갇'이 갇→갈암→가암→감으로 변천되어 왔다는 주장이 있으나,[2] 문헌상 그러한 어원의 변화는 확인되지 않으며 '갇'이 무슨 뜻인지도 규명되지 않는 문제점이 있다. 또한 가지와 비슷한 열매가 열리는 나무라는 뜻의 한자어 柂子木(kaci-mu)가 변

화하여 감이 되었다고 추정하는 견해도 있으나,[3] 문헌에서 그와 같은 표현이 발견되지 않으므로 타당성은 의문스럽다.

속명 *Diospyros*는 그리스어 *dios*(제우스)와 *pyros*(과실)의 합성어로 신의 과일이라는 뜻인데, 감미로운 맛에서 유래했으며 감나무속을 일컫는다. 종소명 *kaki*는 감나무의 일본명 カキ에서 유래했다.

다른이름　감나무(정태현 외, 1923), 감(정태현 외, 1936), 돌감나무(박만규, 1949), 산감나무(이창복, 1966),

---

1 이러한 견해로 이우철(2005), p.40; 한태호(2006), p.7; 오찬진 외(2015), p.985; 강판권(2015), p.771; 나영학(2016), p.636 참조. 또한 19세기에 박경가가 저술한 『동언고』(1836)가 그러하다.

2 이러한 견해로 서정범(2000), p.62; 허북구·박석근(2008b), p.25; 전정일(2009), p.113 참조.

3 이러한 견해로 강길운(2010), p.53 참조.

똘감나무(안학수 외, 1982)

옛이름 柿/坎(계림유사, 1103), 柿(향약집성방, 1433), 감/柿(훈민정음해례본, 1446), 柿/감(번역소학, 1518), 枾/감(훈몽자회, 1527), 柿/감(신증유합, 1576), 紅柿/감(동의보감, 1613), 柿子/감(역어유해, 1690), 柿子/감(동문유해, 1748), 柿子/감(몽어유해, 1768), 柿子/감(방언집석, 1778), 柿/감(왜어유해, 1782), 枾/감(재물보, 1798), 柿子/감(제중신편, 1799), 柿/감(광재물보, 19세기 초), 감(규합총서, 1809), 枾/감/七絶(물명고, 1824), 柿/감(자류주석, 1856), 枾/시/감(명물기략, 1870), 柿根/돌감(의휘, 1871), 감/柑/김나무/柑木(한불자전, 1880), 柿子/감(방약합편, 1884), 감나무(사민필지, 1889), 감/柿(한영자전, 1890), 枾/감(일용비람기, 연대미상), 감/七絶果(박물신서, 19세기), 柿/감(아학편, 1908), 柿/감(자전석요, 1909), 柿/감(신자전, 1915), 감(조선어사전[심], 1925), 감나무/감낭게/갓나무(조선구전민요집, 1933)[4]

중국/일본명 중국명 柿(shi)는 감나무를 나타내기 위해 고안된 한자로, 나무를 뜻하는 木(목)과 음을 나타내는 市(시)가 합쳐진 글자이다. 일본명 カキ의 정확한 유래는 알려져 있지 않으며, 한국명 감에서 유래했다고 보는 견해도 있다.

참고 [북한명] 감나무 [유사어] 시수(柿樹), 시체(柿蒂), 적실과(赤實果), 칠절(七絶) [지방명] 감/감낭그/감낭기/산감/쫑깜/찰감(강원), 감(경남), 감/감나모/돌감(경북), 감/감똑/곶감감/귀한감/단감/대감/대봉감/대봉시/때잘나무/땡감/똘감/장구밤/장두감/홍시감(전남), 감/너성감/땡감나무/똘감/배조리감나무/산감/탕감나무(전북), 감/감남/감낭/폭감/폴감(제주), 감/감꽃/감나무잎/감낭구/감물/감잎/단감나무/대감/땡감/풋감/홍시(충남), 돌감(충북)

Diospyros Lotus *Linné*   マメガキ(シナノガキ)
Goyŏm-namu   고욤나무

고욤나무〈*Diospyros lotus* L.(1753)〉

고욤나무라는 이름은 옛이름 '고욤'에 어원을 두고 있는데, '고욤' 또는 '골'이 고욤의 옛말이고 고욤은 '고'(작은 감)와 '욤'(접미사)의 합성어로 작은 감이라는 뜻에서 유래했다고 한다.[5] 겨울에 작은 감 모양의 열매가 익는데 이를 식용 및 약용했다.[6] 옛적에는 열매 모양이 감(柿)보다 작아 小柿(소

---

4   『화한한명대조표』(1910)는 '감ᄂ무, 柿樹'를 기록했으며 『제주도및완도식물조사보고서』(1914)는 'カンナム'[감나무]를, 『조선거수노수명목지』(1919)는 '감ᄂ무, 柿木'을, 『조선어사전』(1920)은 '柿, 감나무'를, 『조선식물명휘』(1922)는 '柿, 감나무(食)'를, Crane(1931)은 '감, 柿'를, 『토명대조선만식물자휘』(1932)는 '[枾木]시목, [감나무], [감], [沈枾]침시(감), [串枾]곶감, [柿蒂]시체, [柿雪]시설, [柿霜]시상'을, 『선명대화명지부』(1934)는 '감나무'를, 『조선의산과와산채』(1935)는 '柿 감나무'를, 『조선삼림식물편』(1915~1939)은 'カーンナム(朝鮮名)[감나무(조선명)]를 기록했다.

5   이러한 견해로 서정범(2000), p.62; 허북구·박석근(2008b), p.45; 김종원(2013), p.747; 강판권(2015), p.777 참조.

6   이에 대해서는 『조선삼림식물도설』(1943), p.581 참조.

시)라고도 했으며, 열매가 마치 소의 젖처럼 보이는 감 종류라고 하여 우내시(牛奶柿)라고도 했다.[7] 감보다 작은 열매를 맺지만, '고옴'의 어형이 확인되지 않으므로 어원학적으로 추가적인 조사와 연구가 필요하다. 『조선식물향명집』은 최초 '고욤나무'로 기록했으나, 『조선산야생식용식물』에서 옛 표현과 일치하게 '고욤나무'로 기록해 현재에 이르고 있다.

속명 *Diospyros*는 그리스어 *dios*(제우스)와 *pyros*(과실)의 합성어로 신의 과일이라는 뜻인데, 감미로운 맛에서 유래했으며 감나무속을 일컫는다. 종소명 *lotus*는 감의 그리스명에서 유래했다.

다른이름 고욤나무/고양나무(정태현 외, 1923), 고욤/고욤나무(정태현 외, 1936), 고염나무(정태현 외, 1937), 민고욤나무(이창복, 1947)

옛이름 고욤/梬(훈민정음해례본, 1446), 梬/고욤/軟棗兒(사성통해, 1517), 梬/고욤/羊矢棗(훈몽자회, 1527), 小柿/고욤/牛嬭柿(동의보감, 1613), 小柿/고욤(신간구황촬요, 1660), 小柿/고욤(산림경제, 1715), 君遷子/고욤(재물보, 1798), 小柿/괴욤(해동농서, 1799), 羊棗/고욤(물보, 1802), 君遷子/고욤/牛奶柿(광재물보, 19세기 초), 小柿/고욤(몽유편, 1810), 君遷子/고욤/牛奶柿/丁香柿(물명고, 1824), 梒櫨子/梗棗/牛奶柿/丁香柿(임원경제지, 1842), 梬/고욤(자류주석, 1856), 梬柿/픠시/괴옴(명물기략, 1870), 小柿/고욤(의휘, 1871), 고욤/古柿/고욤나무/假柑木(한불자전, 1880), 梬/고욤나무(신자전, 1915)[8]

중국/일본명 중국명 君迁子(jun qian zi)는 임금이 옮겨 간 것(君遷)과 관련된 이름으로 추정되는데, 『본초강목』에 따르면 진(晉)나라 좌사(左思)가 오나라의 도읍인 소주(蘇州)를 읊은 책인 『吳都賦(오도부)』에 처음 나오는 이름이며 유래는 알 수 없다고 했다. 일본명 マメガキ(豆柿)는 콩을 닮은 감이라는 뜻으로, 감을 닮았으나 열매가 작은 것에서 유래했다.

참고 [북한명] 고욤나무 [유사어] 군천자(君遷子), 소시(小柿), 우내시(牛嬭柿), 홍영조(紅梬棗) [지방명] 가음/게암/고야/고얌/고얌나무/고얌낭그/고얌낭기/고욤/괴얌/굄/굄낭그(강원), 가양/가염/개암/겸나무/고얌/고양/얌(경기), 개염/게얌/고얌/고얌나무/고염나무/귀염나무/기암/기얌/기얌나무/기염/기염나무/께감나무(경남), 고얌/고염나무/기암나무/기엄/기염/꼴감(경북), 감나무/갱감/고욤/괴양감/굉감나무/기양감/나도감/땡감/똘감/똘감나무/맥감/접시감(전남), 개욤나무/고욤/고욤감/귀염/귀욤나무/기염나무/똘감나무/며느리감나무/산감나무(전북), 팟감낭/픗감낭(제주), 고얌/고염나무/고염낭구/고엽나무/맹기람(충남), 고얌나무/고염나무(충북), 곰나무(황해)

---

7 중국의 『본초강목』(1596)은 "司馬光名苑云 君遷子似馬奶 卽今牛奶柿也 以形得名"(사마광의 《명원》에서는 '군천자는 말의 젖과 비슷하며, 지금의 우내시이다'라고 하였으니, 그 모양으로 이름을 얻었다)이라고 기록했다.

8 「화한한명대조표」(1910)는 '고욤누무, 梒櫨子'를 기록했으며 『조선의 구황식물』(1919)은 '고욤나무, 小柿, 君遷子'를, 『조선어사전』(1920)은 '君遷(군쳔), 君遷子(군쳔즈), 牛嬭柿(우내시), 紅梬棗(홍영조), 고욤나무, 고욤'을, 『조선식물명휘』(1922)는 '君遷子, 八稜柿, 고욤나무(工業)'를, 『토명대조선만식물자휘』(1932)는 '[小柿]쇼시, [고욤(나무)], [牛嬭柿]우내시, [君遷子]군쳔즈'를, 『선명대화명지부』(1934)는 '고욤나무, 고욤나무'를, 『조선의산과와산채』(1935)는 '군천자, 고욤나무'를, 『조선삼림식물편』(1915~1939)은 'コヨンナム(京畿, 全南)'[고욤나무(경기, 전남)]를 기록했다.

Symplocaceae 노린재나무科 (灰木科)

노린재나무과〈Symplocaceae Desf.(1820)〉

노린재나무과는 국내에 자생하는 노린재나무에서 유래한 과명이다. '국가표준식물목록'(2018), '세계식물목록'(2018) 및 『장진성 식물목록』(2014)은 *Symplocos*(노린재나무속)에서 유래한 Symplocaceae를 과명으로 기재하고 있으며, 엥글러(Engler), 크론키스트(Cronquist) 및 APG IV (2016) 분류 체계도 이와 같다.

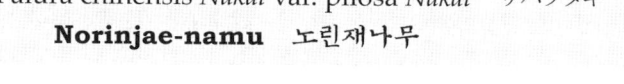

Palura chinensis *Nakai* var. pilosa *Nakai*   サハフタギ
Norinjae-namu   노린재나무

노린재나무〈*Symplocos sawafutagi* Nagam.(1993)〉[1]

노린재나무라는 이름은 이 나무를 태운 재가 누런빛이 돈다는 뜻에서 유래했다.[2] 목재로 지팡이를 만들고 나무를 태워 매염제(媒染劑)로 사용했으며, 어린잎을 식용하기도 했다.[3] 『고려사절요』와 『조선왕조실록』 등에서는 노란색의 재나무라는 뜻의 '黃灰木'(황회목)이라는 한자명이 발견된다. 19세기 초에 저술된 『규합총서』는 회화나무로 초록색 물을 들이거나 지치로 자주색 물을 들일 때 '노른지'를 매염제로 사용한다고 기록했다. 『규합총서』와 비슷한 시대에 저술된 『방언집석』과 『한청문감』에서 달걀의 노른자를 '노른ᄌ'라고 표기했던 것에 비추어, 노른지에서 '노른'은 노란색을 뜻하는 말이다. 노른지→노린지나무→노린재나무로 변화해 정착된 이름이다.[4] 북한에서

는 뜻을 분명히 해서 '노란재나무'로 개칭해 사용하고 있다. 한편 염색 공예에서 노란색으로 염색할 때 매염제로 사용하는 것에서 노린재나무라는 이름이 유래했다고 보는 견해가 있다.[5] 그러나

---

1 '국가표준식물목록'(2018)은 노린재나무의 학명을 *Symplocos chinensis* f. *pilosa* (Nakai) Ohwi(1953)로 기재하고 있으나, 『장진성 식물목록』(2014)은 본문의 학명을 정명으로 기재하고 있다. 한편 '중국식물지'(2018)와 '세계식물목록'(2018)은 *Symplocos paniculata* (Thunb.) Miq.(1867)를 정명으로 기재하고 있다.

2 이러한 견해로 이우철(2005), p.151; 박상진(2019), p.83; 오찬진 외(2015), p.992; 솔뫼(송상곤, 2010), p.94; 강판권(2015), p.1039 참조.

3 이에 대해서는 『조선삼림식물도설』(1943), p.583과 『한국의 민속식물』(2017), p.912 참조.

4 이와 관련해서 박상진(2019), p.83은 노란재나무를 거쳐 노린재나무가 되었다고 주장하고 있으나, 오히려 노란재나무가 최근에 등장한 이름이므로 어원학적으로 타당하지 않은 것으로 보인다.

5 이러한 견해로 김태영·김진석(2018), p.309 참조.

실제로 노린재나무를 태운 재를 물에 타면 누런빛을 띤 잿물을 얻을 수 있을 뿐만 아니라 초록색으로 염색할 때에도 사용하므로 타당하지 않다.

속명 *Symplocos*는 그리스어 *symplpkos*(꼬인, 뒤엉킨)가 어원으로, 수술의 기부가 붙어 있는 것에서 유래했으며 노린재나무속을 일컫는다. 종소명 *sawafutagi*는 일본명 サハフタギ에서 유래했다.

다른이름 노린지나무(정태현 외, 1923), 노란재나무(임록재 외, 1996), 민노린재나무(리용재 외, 2011)

옛이름 黃灰木(고려사절요, 1452), 黃灰木(중종실록, 1513), 黃灰木(일성록, 1800), 黃灰木(임하필기, 1808), 노른지(규합총서, 1809), 黃灰木(오주연문장전산고, 185?), 黃灰木(승정원일기, 1874)[6]

중국/일본명 중국명 白檀(bai tan)는 흰색 꽃이 피는 향기가 나는 나무라는 뜻인데, 중국의 옛 문헌에서 眞檀(진단) 또는 白檀(백단)으로 불리던 나무는 *Santalum album*(중국명 檀香)을 일컫는 것으로 보기 때문에 주의가 필요하다.[7] 일본명 サハフタギ(沢蓋木)는 늪지(澤)를 덮을 만큼 식물이 번성한다는 뜻이다.

참고 [북한명] 노란재나무 [유사어] 우비목(牛鼻木), 화산반(華山礬), 황회목(黃灰木), 회목(灰木) [지방명] 제낭(제주), 노린재(충남)

⊗ Palura Tanakana *Nakai*   クロミノサハフタギ
Gòm-norinjae-namu   검노린재나무

검노린재나무〈*Symplocos tanakana* Nakai(1918)〉

검노린재나무라는 이름은 열매가 검은색을 띠는 노린재나무라는 뜻에서 붙여졌다.[8] 남부 지방의 산지에 주로 분포하는 낙엽 활엽 관목으로 열매는 가을에 검게 익는다. 『조선식물향명집』에서 전통 명칭 '노린재나무'를 기본으로 하고 열매의 색깔을 나타내는 '검'을 추가해 신칭했다.[9]

속명 *Symplocos*는 그리스어 *symplpkos*(꼬인, 뒤엉킨)가 어원으로, 수술의 기부가 붙어 있는 것에서 유래했으며 노린재나무속을 일컫는다. 종소명 *tanakana*는 일본 메이지 시대의 박물학자 다나카 요시오(田中芳男, 1838~1916)의 이름에서 유래한 것으로 추정되고 있다.

다른이름 검은노린재나무(임록재 외, 1972), 검노린재(이창복, 1980), 검은노란재나무(임록재 외, 1996), 검노란재나무(리용재 외, 2011)

6　『제주도및완도식물조사보고서』(1914)는 'トルカムナム'[돌감나무]를 기록했으며 『지리산식물조사보고서』(1915)는 'ゆ−にりなむ, のりんえなむ'[유니리나무, 노린에나무]를, 『조선식물명휘』(1922)는 '檀, 白檀'을, 『선명대화명지부』(1934)는 '노린재나무'를 기록했다.

7　이에 대한 자세한 내용은 공광성(2017), p.50 참조.

8　이러한 견해로 이우철(2005), p.67과 박상진(2019), p.83 참조.

9　이에 대해서는 『조선식물향명집』, 색인 p.32 참조.

중국/일본명 중국에서는 이를 별도 분류하지 않는 것으로 보인다. 일본명 クロミノサハフタギ(黑身ノ 沢蓋木)는 나무껍질이 검은색을 띠는 노린재나무(サハフタギ)라는 뜻이다.

참고 [북한명] 검노란재나무 [유사어] 흑실단(黑實檀)

Palura argutidens *Nakai*　タンナサハフタギ
Sŏm-norinjae-namu　섬노린재나무

섬노린재나무⟨*Symplocos coreana* (H.Lév.) Ohwi(1953)⟩

섬노린재나무라는 이름은 섬(제주)에 자라는 노린재나무라는 뜻에서 붙여졌다.[10] 제주도의 한라산 에 분포하며 열매는 가을에 검게 익는다. 『조선식물향명집』에서 전통 명칭 '노린재나무'를 기본으 로 하고 식물의 산지(産地)를 나타내는 '섬'을 추가해 신칭했다.[11]

　속명 *Symplocos*는 그리스어 *symplpkos*(꼬인, 뒤엉킨)가 어원으로, 수술의 기부가 붙어 있는 것에서 유래했으며 노린재나무속을 일컫는다. 종소명 *coreana*는 '한국의'라는 뜻으로 한국 특산 종임을 의미하지만 일본에도 분포하는 종으로 최초 발견지를 나타낸다.

다른이름 섬노린재(이창복, 1980), 섬노란재나무(임록재 외, 1972)

중국/일본명 '중국식물지'는 이를 기재하지 않고 있다. 일본명 タンナサハフタギ(耽羅沢蓋木)는 제주도 (탐라)에서 발견된 노린재나무(サハフタギ)라는 뜻이다.

참고 [북한명] 섬노란재나무 [유사어] 탐라단(耽羅檀) [지방명] 제낭(제주)

10　이러한 견해로 이우철(2005), p.338; 박상진(2019), p.83; 김태영·김진석(2018), p.310 참조.
11　이에 대해서는 『조선식물향명집』, 색인 p.41 참조.

Styracaceae 때죽나무科 (齊墩果科)

때죽나무과〈Styracaceae DC. & Spreng.(1821)〉

때죽나무과는 국내에 자생하는 때죽나무에서 유래한 과명이다. '국가표준식물목록'(2018), '세계식물
목록'(2018) 및 『장진성 식물목록』(2014)은 Styrax(때죽나무속)에서 유래한 Styracaceae를 과명으로
기재하고 있으며, 엥글러(Engler), 크론키스트(Cronquist) 및 APG IV(2016) 분류 체계도 이와 같다.

Styrax japonica *Siebold et Zuccarini*　　エゴノキ　　齊墩果
Ḍaejug-namu　때죽나무

때죽나무〈*Styrax japonicus* Siebold & Zucc.(1837)〉

때죽나무라는 이름은 나무껍질이 검고 일년생가지의 나무껍
질이 실처럼 벗겨지는 것을 줄기에 때가 많다고 본 것에서 유
래했다고 추정한다.[1] 목재를 공예재로 사용했고, 어린잎은 식
용하기도 했으며, 열매는 찧어 독성으로 고기를 잡거나 기름
을 짜서 석유 대용 및 세척제로 사용했다.[2] 『조선삼림수목감
요』는 전라남도 방언을 채록한 '째쭉나무'로 기록했는데,[3] 전
남 방언에서 '때'는 때(垢)의 뜻이고 '쭉데기'는 줄기의 뜻이므
로[4] 때쭉나무(째쭉나무)는 줄기(나무껍질과 일년생가지)에 때가
있는 것처럼 보인다는 뜻으로 해석된다. 『조선식물향명집』에
서 '때죽나무'로 개칭해 현재에 이르고 있다. 한편 열매에 함
유된 에고사포닌 성분이 물에 풀면 기름때를 없애는 역할을

하므로 비누가 없던 시절에 이 열매를 찧어 푼 물에 빨래를 하여 때를 쭉 뺀다는 뜻에서 때죽나무
가 되었다는 견해가 있는데,[5] 실제 열매에서 채취한 기름을 세척제로 사용하기도 했으므로 이런
뜻에서 유래한 이름으로 볼 수도 있다. 또한 열매가 줄지어 달린 모양이 중들이 모여 있는 모습과
비슷하다고 해서 '떼중나무'라고 했는데 이후 때죽나무가 되었다는 견해와[6] 열매에 함유된 에고
사포닌 성분의 독성이 매우 강해서 옛사람들은 열매를 찧어 냇물에 풀어 물고기들을 기절시켜 잡

1　이러한 견해로 허북구·박석근(2008b), p.102 참조.
2　이에 대해서는 『한국의 민속식물』(2017), p.910 참조.
3　이에 대해서는 『조선삼림수목감요』(1923), p.112와 『조선삼림식물도설』(1943), p.584 참조.
4　이에 대해서는 이기갑(1998), p.191, 584 참조.
5　이러한 견해로 허북구·박석근(2008b), p.102와 솔뫼(송상곤, 2010), p.268 참조.
6　이러한 견해로 박상진(2018), p.128과 강판권(2015), p.1029 참조.

기도 했는데 물고기들이 떼죽음을 당한다는 의미에서 떼죽나무라고 한 것이 때죽나무가 되었다는 견해가 있다.[7] 그러나 최초 채록한 이름과 어형이 다를 뿐만 아니라 최근의 방언 조사에서도 전남 방언에는 '때'의 어형이 보이지 않으므로 타당성에는 의문이 있다. 『동의보감』은 한자명 '安息香'(안식향)에 대한 한글명을 '붉나무진'으로 기록했다. 중국에서는 安息香(안식향)을 때죽나무과의 *Styrax benzoin* Dryand(1787)를 일컫는 이름으로 사용하는데 이 종은 국내에는 분포하지 않고, 『동의보감』은 제주도와 충청도에 난다고 한 점에 비추어 때죽나무를 가리킨 것으로 추론된다. 그러나 한글명의 동일성으로 인해 안식향은 붉나무의 수액을 일컫는 것으로 이해되기도 했으며,[8] 17세기에 저술된 『탐라지』는 "安息香 即黃漆木汁"(안식향은 곧 황칠나무의 진이다)이라고 해 황칠나무로 보기도 했다.

속명 *Styrax*는 수지(樹脂)나 수지를 뽑던 나무에 대한 고대 그리스명 *storax*에서 유래한 것으로 때죽나무속을 일컫는다. 종소명 *japonicus*는 '일본의'라는 뜻으로 최초 발견지 또는 분포지를 나타낸다.

다른이름 노각나무/째쭉나무/족나무(정태현 외, 1923), 때쭉나무(정태현, 1949), 왕때죽나무(정태현, 1957), 대쭉나무(안학수·이춘녕, 1963)

옛이름 安息香/붉나무진(동의보감, 1613), 藥木/杭(백운필, 1803), 齊墩果(광재물보, 19세기 초)[9]

중국/일본명 중국명 野茉莉(ye mo li)는 들에서 자라는 말리(茉莉: 자스민의 일종)라는 뜻이다. 일본명 エゴノキ는 열매에 독성이 있어 먹으면 아리다(エグイ)는 뜻에서 붙여졌다.

참고 [북한명] 때죽나무 [유사어] 매마등(買麻藤), 옥령화(玉鈴花), 제돈과(齊墩果) [지방명] 깨동나무/깨동열매/때죽(경남), 개동나무/깨동나무/때죽(경북), 때뚝나무/때죽/때쭉나무(전남), 깨똥나무/때독나무/때똥나무/때뚝나무/때뚱나무/때죽/때쭉나무(전북), 떼죽낭/족낭/종낭(제주), 깨똥나무/쪽나무(충남)

7   이러한 견해로 박상진(2001), p.493과 허북구·박석근(2008b), p.102 참조.
8   『명물기략』(1870)은 "安息香 붉나무진 千金木之津"(안식향은 붉나무진이라고 하는데 천금목의 수액이다)이라고 기록했으며, 『조선삼림식물도설』(1943)은 붉나무의 수액을 '安息香'(안식향)이라고 부른다고 기록했다.
9   「화한한명대조표」(1910)는 '뇨각ㄴ무'를 기록했으며 『제주도및완도식물조사보고서』(1914)는 'チョンナム'[종낭]을, 『지리산식물조사보고서』(1915)는 'たいじょんなむ'[때죽나무]를, 「조선주요삼림수목명칭표」(1915a)는 '노각ㄴ무'를, 『조선식물명휘』(1922)는 '野茉莉, 齊墩果, 뇨각나무(薪炭)'를, Crane(1931)은 '제돈과, 齊墩果'를, 『토명대조선만식물자휘』(1932)는 '[齊墩果]제돈과, [요각나무]'를, 『선명대화명지부』(1934)는 '째죽나무, 째쭉나무, 소각나무, 족나무'를, 『조선삼림식물편』(1915~1939)은 ソカックナム(慶南)/Nokak-nam, チョックナム(濟州島)/Chok-nam, チョンナム(濟州島)/Chong-nam'[노각나무(경남), 족나무(제주도), 종나무(제주도)]를 기록했다.

Styrax Obassia *Siebold et Zuccarini* ハクウンボク

Jog-dongbaeg 쪽동백

쪽동백나무〈*Styrax obassis* Siebold & Zucc.(1839)〉[10]

쪽동백나무라는 이름은 열매가 동백나무보다 작은 나무라는 뜻에서 유래했다.[11] '쪽'은 여러 뜻으로 사용되는데, '작은'의 뜻을 더하는 접두사로도 사용된다.[12] 목재는 가구재로 사용하고 열매로 기름을 짜서 동백나무와 같이 머릿기름으로 사용했는데[13] 동백나무에 비해 열매가 작아 쪽동백(–冬栢)이라는 이름이 유래했으며, 『조선삼림식물도설』은 당시에 '쪽동백'이 통용(通)되는 이름이라고 기록했다. 『조선식물향명집』은 '쪽동백'으로 기록했으나 『조선수목』에서 '쪽동백나무'로 개칭해 현재에 이르고 있다. 한편 가지가 쭉쭉 벗겨지고 기름을 짠다고 하여 쭉동백나무라는 견해가 있으나,[14] '쭉동백나무'로 기록된 것이 없어 타당성은 의문스럽다. 또한 열매의 모양이 여자가 뒤통수에 땋아서 틀어 올린 머리털인 '쪽'을 닮았다는 뜻에서 유래한 이름이라고 보거나[15] 나뭇잎이 쪽 찐 머리를 하고 있어 유래한 이름이라는 견해도 있으나,[16] 열매와 잎의 모양이 쪽 찐 머리와 비슷하지 않으므로 타당성은 의문스럽다.

속명 *Styrax*는 수지(樹脂)나 수지를 뽑던 나무에 대한 고대 그리스명 *storax*에서 유래한 것으로 때죽나무속을 일컫는다. 종소명 *obassis*는 일본명 オオバヂシャ(大葉萵苣: 큰잎상추라는 뜻)에서 유래한 것으로, オオバヂシャ는 이 식물의 별칭이다.

다른이름 정나무(정태현 외, 1923), 쪽동백(정태현 외, 1937), 대쪽나무/물박달/산아즈까리나무/개동백나무(정태현, 1943), 왕때죽나무(박만규, 1949), 물박달나무/때쪽나무(안학수·이춘녕, 1963), 산아주까리나무(이창복, 1966), 때죽나무(이영노, 1996)[17]

중국/일본명 중국명 玉铃花(yu ling hua)는 꽃이 옥으로 만든 방울 같다는 뜻이다. 일본명 ハクウンボク(白雲木)는 푸른 잎사귀 사이에서 흰 꽃이 피어나는 모양을 흰 구름에 비유하여 붙여졌다.

참고 [북한명] 쪽동백나무 [유사어] 옥령화(玉鈴花) [지방명] 넙죽이/녹촉낭/녹촌남(제주)

---

10 '국가표준식물목록'(2018)은 쪽동백나무의 학명을 *Styrax obassia* Siebold & Zucc.(1839)로 기재하고 있으나, 『장진성식물목록』(2014), '세계식물목록'(2018) 및 '중국식물지'(2018)는 본문의 학명을 정명으로 기재하고 있다.

11 이러한 견해로 박상진(2019), p.361과 전정일(2009), p.114 참조.

12 이에 대해서는 국립국어원, '표준국어대사전' 중 '쪽' 참조.

13 이에 대해서는 『조선삼림식물도설』(1943), p.585 참조.

14 이러한 견해로 솔뫼(송상곤, 2010), p.274 참조.

15 이러한 견해로 나영학(2016), p.645 참조.

16 이러한 견해로 오찬진 외(2015), p.999 참조.

17 「화한한명대조표」(1910)는 '정ㄴ무'를 기록했으며 『제주도및완도식물조사보고서』(1914)는 'ノクチュックナム'[녹촉낭]을, 『조선식물명휘』(1922)는 '玉鈴花, 정나무(薪炭)'를, 『선명대화명지부』(1934)는 '정나무, 개동백나무'를, 『조선삼림식물편』(1915~1939)은 'チュオンナム(江原)/Chuong-nam, ナトハムナム(平北)/Nat-pan-nam, ノクチュックナム(濟州)/Nok-chuk-nam'[정나무(강원), 낫판나무(평북), 녹촉낭(제주)]을 기록했다.

Oleaceae 물푸레나무科 (木犀科)

물푸레나무과〈Oleaceae Hoffmanns. & Link(1809)〉

물푸레나무과는 국내에 자생하는 물푸레나무에서 유래한 과명이다. '국가표준식물목록'(2018), '세계
식물목록'(2018) 및 『장진성 식물목록』(2014)은 *Olea*(올리브나무속)에서 유래한 Oleaceae를 과명으로
기재하고 있으며, 엥글러(Engler), 크론키스트(Cronquist) 및 APG IV(2016) 분류 체계도 이와 같다

⊗ Abeliophyllum distichum *Nakai*　　ウチハノキ
Mison-namu　미선나무

미선나무〈*Abeliophyllum distichum* Nakai(1919)〉

미선나무라는 이름은 열매의 모양이 미선(尾扇)을 닮았다는
뜻에서 유래했다.[1] 꽃은 3~4월에 백색, 연한 황백색 또는 연
홍색으로 피고 열매는 부채모양으로 9~10월에 익는다. 대오
리의 한끝을 가늘게 쪼개어 둥글게 펴고 실로 엮은 뒤, 종이
로 앞뒤를 바른 둥그스름한 모양의 부채를 미선(尾扇)이라고
하는데 열매가 미선을 닮았다. 한반도 특산종으로 1917년에
정태현과 나카이 다케노신(中井猛之進)이 충북 진천군 초평면
용정리에서 최초로 발견한 식물이다. 이를 계기로 학명과 더
불어 일본명 Uchiwa-no-ki(ウチハノキ, 団扇の木)가 신규로 부
여되었고, 한국명은 『조선식물향명집』에서 최초로 보이는데
일본명과 유사하지만 우리의 표현에 맞게 수정하여 신칭한 것
으로 추론된다.

　　속명 *Abeliophyllum*은 *Abelia*(댕강나무속)와 잎(*phyllon*)이 닮았다고 하여 붙여졌으며 미선나
무속을 일컫는다. 종소명 *distichum*은 '2열성의, 2열로 된'이라는 뜻으로 잎이 2열로 줄지어 마주
나기 하는 것에서 유래했다.

다른이름 상아미선나무/둥근미선나무/푸른미선나무(이창복, 1967), 상아미선/둥근미선/푸른미선(이
창복, 1980)

중국/일본명 중국에는 분포하지 않는 식물이다. 일본명 ウチハノキ(団扇の木)는 일본 식물학자 나카

1　이러한 견해로 이우철(2005), p.241; 박상진(2019), p.172; 이유미(2015), p.576; 허북구·박석근(2008b), p.129; 오찬진 외
　(2015), p.1003; 전정일(2009), p.117; 나영학(2016), p.658 참조.

이 다케노신(中井猛之進, 1882~1952)이 충북 진천에서 발견한 직후 부여한 이름으로, 열매가 부채(団扇)를 닮은 나무라는 뜻이다.[2]

참고 [북한명] 미선나무 [유사어] 단선목(團扇木), 연교(連翹)

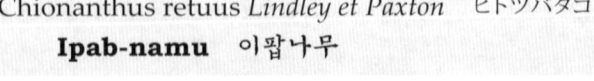

Chionanthus retuus *Lindley et Paxton* ヒトツバタゴ
Ipab-namu 이팝나무

이팝나무〈*Chionanthus retusus* Lindl. & Paxton(1852)〉

이팝나무라는 이름은 흰 꽃이 피는 모습이 쌀밥(이팝)[3]을 연상시키는 나무라는 뜻에서 유래했다.[4] 자생지 중의 하나인 전라남도 방언을 채록한 것이다.[5] 『조선거수노수명목지』는 '白飯木'(백반목)이라는 이름을 기록해 그 뜻을 뒷받침하고 있다. 꽃이 피는 모양으로 그해 벼농사의 풍흉을 짐작했으며, 치성을 드리면 그해에 풍년이 든다고 믿어 신목으로 받들었는데[6] 벼농사가 잘되어 쌀밥을 먹게 되는 데서 유래한 것이라고도 한다.[7] 한편 입하(立夏) 무렵에 꽃이 피기 때문에 이팝나무라고 불렀다고도 하지만,[8] 지역 방언을 채록한 이름이 한자어를 기원으로 하는 것은 매우 이례적이므로 근거가 있는 주장은 아닌 것으로 보인다. 『조선삼림수목감요』에서 '니팝나무'로 기록했는데 『조선식물향명집』에서 '이팝나무'로 개칭해 현재에 이르고 있다.

속명 *Chionanthus*는 그리스어 *chion*(눈)과 *anthos*(꽃)의 합성어로, 나무에 피어 있는 흰색 꽃이 마치 눈이 내린 것 같다고 하여 붙여졌으며 이팝나무속을 일컫는다. 종소명 *retusus*는 '미세하게 오목한 모양의'라는 뜻이다.

다른이름 니팝나무/니얌나무(정태현 외, 1923), 니암나무/뻣나무(정태현, 1943)[9]

2   이에 대해서는 T. Nakai(1919), p.153 이하 참조.
3   조선어학회가 저술한 『조선어표준말모음』(1936), p.7은 쌀밥(米飯)의 지방명을 '이팝'으로, 표준어를 '이밥'으로 기록했다.
4   이러한 견해로 박상진(2019), p.325; 김무림(2015), p.654; 이유미(2015), p.97; 김태영·김진석(2018), p.632; 오찬진 외(2015), p.1006; 유기억(2018), p.116; 김양진(2011), p.55; 나영학(2016), p.654 참조.
5   이에 대해서는 『조선삼림수목감요』(1923), p.113과 『조선삼림식물도설』(1943), p.587 참조.
6   일제강점기에 일본인 이시도야 쓰토무(石戶谷勉)가 저술한 『조선거수노수명목지』(1919), p.158은 남부 지역에서 당산목(堂山木) 또는 신목(神木)으로 보고 있음을 기록했다.
7   이러한 견해로 솔뫼(송상곤, 2010), p.326 참조.
8   이에 대해서는 '두산백과' 중 '이팝나무' 부분 참조.
9   『조선거수노수명목지』(1919)는 '白飯木'을 기록했으며 『조선식물명휘』(1922)는 '이암나무(觀賞)'를, 『선명대화명지부』(1934)

중국/일본명 중국명 流苏树(liu su shu)는 기(旗)나 승교(乘轎) 따위에 달던 술인 유소(流蘇)를 닮은 나무라는 뜻으로, 꽃부리가 길게 늘어지는 모양을 나타낸 것으로 보인다. 일본명 ヒトツバタゴ(一葉ー)는 홑잎을 가진 タゴ라는 뜻으로, タゴ는 물푸레나무(トネリコ)의 다른이름으로 물푸레나무가 겹잎을 가지는 데 비하여 홑잎이라는 뜻이다.

참고 [북한명] 이팝나무 [유사어] 육도목(六道木), 탄율수(炭栗樹) [지방명] 밥태기꽃/밥태기나무(전남), 가리나무/조나무(전북)

○ Forsythia koreana *Nakai*　テウセンレンギョ
Gaenari　개나리　連翹

개나리〈*Forsythia viridissima* Lindl. var. *koreana* Rehder(1924)〉[10]

개나리라는 이름은 노란색의 작은 꽃이 야생의 백합속(*Lilium*) 식물인 '개나리'와 비슷하다는 뜻에서 유래했다.[11] 19세기에 저술된『광재물보』와『물명고』는 '나무개나리'와 '개나리나모'라고 기록해, 개나리를 닮았는데 목본성 식물이라는 뜻에서 유래한 이름이라는 것을 알 수 있다. 예부터 連翹(연교)라고 하여 약재로 사용했는데, 중국 송나라 시대에 저술된『경사증류대관본초』는 "其實片片狀比如翹 故以爲名"(열매는 조각나서 서로 나란히 있는데 새 꼬리의 긴 깃털처럼 생겨서 연교라 한 것이다)이라고 기록했다.[12]『동의보감』은 連翹(연교)에 대한 한글명 '어어리나무여름'을 기록했으나 현재로 이어지지는 않았다. 한편『물보』에 '辛夷, 가지즞, 붓즞'으로 기록된 것을 근거

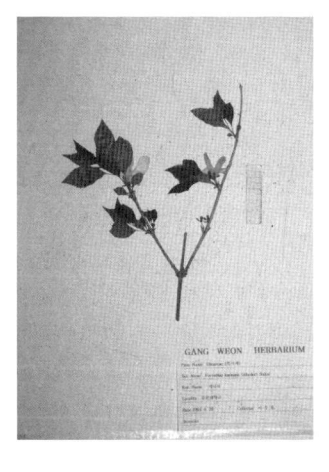

로 개나리의 한자명은 '辛夷'(신이)이고 한글명은 '가지즞'과 '붓즞'인데, 일제강점기의 식민사관이 '개나리'로 추락시킨 것이므로 지금이라도 '가지꽃나무'라고 불러야 한다는 견해가 있다.[13] 그러나 *Forsythia*(개나리속) 식물에 대한 한글명 '나무개나리', '개나리나모', '개나리' 등이 19세기 여러

는 '이암나무'를 기록했다.
10 『장진성 식물목록』(2014)은 개나리의 학명을 본문과 같이 기재하고 있으나, '국가표준식물목록'(2018)은 *Forsythia koreana* (Rehder) Nakai(1926)를 정명으로 하며 '세계식물목록'(2018) 또한 본문의 학명을 이의 이명(synonym)으로 기재하고 있으므로 주의를 요한다.
11 이러한 견해로 박상진(2019), p.26; 유기억(2018), p.43; 조항범(2017.4.21.); 장충덕(2009), p.189; 전정일(2009), p.118; 김양진(2011), p.13 참조.
12 '중국식물지'(2018)는 '連翹'를 중국에 분포하는 개나리속 식물인 당개나리<*Forsythia suspensa* (Thunberg) Vahl(1804)>에 대한 명칭으로 보고 있다.
13 이러한 견해로 김종원(2013), p.1086 참조.

문헌에 기록되었고, 20세기에 이르러 '개나리'가 보편적인 명칭이 된 것이므로[14] 식민사관과 관련이 없다. 또한 『물보』 직후에 저술된 『물명고』는 辛夷(신이)에 대해 "儼如筆頭"(새싹이 붓의 머리와 같다) 하고[15] "紫苞紅焰作蓮及蘭花香"(자주색 꽃잎과 붉은 암술은 연꽃 모양을 만들고 난초향이 난다)이라고 기록해 辛夷(신이)는 현재의 자목련(Magnolia liliiflora)을 일컬었고 '가지꽃'은 꽃이 보라색인 것에서,[16] '붓꽃'은 꽃봉오리의 모양이 붓을 연상시키는 것에서 유래한 이름임을 알 수 있다.[17] 따라서 개나리의 옛이름과도 관련이 없고 전혀 다른 뜻을 가진 '가지꽃'을 사용하자는 주장은 타당성이 없다. 또한 개나리의 '개'가 물가를 나타내는 浦(포)의 뜻이라고 주장하는 견해가 있으나,[18] 개나리의 생태와 어원학상 물가의 뜻으로 해석하기는 어려워 보인다.

속명 Forsythia는 영국왕립원예협회(Royal Horticultural Society) 설립자 중 한 명인 스코틀랜드 원예가 William A. Forsyth(1737~1804)의 이름에서 유래했으며 개나리속을 일컫는다. 종소명 viridissima는 '극히 녹색인'이라는 뜻이며, 변종명 koreana는 '한국의'라는 뜻으로 한국 특산식물임을 나타내지만 자생지가 발견되지 않고 있다.

다른이름 신리화/기나리나무(정태현 외, 1923), 개나리꼿나무/개나리(정태현 외, 1936), 개나리나무(정태현, 1943), 서리개나리나무(이창복, 1947), 가을개나리/어사리(박만규, 1949), 개나리꽃나무(리종오, 1964), 서리개나리(이창복, 1966)

옛이름 連翹(세종실록, 1423), 連翹/년효(언해두창집요, 1608), 連翹/어어리나무여름(동의보감, 1613), 連翹/이스리나모(사의경험방, 17세기), 連翹/어어리나모여름(산림경제, 1715), 辛夷花/개ᄂ리곳(방언집석, 1778), 辛夷花/介辣而(마과회통, 1798), 連翹/나모늬날이(재물보, 1798), 連翹/이어리나모여름(제중신편, 1799), 連翹/나무개나리(광재물보, 19세기 초), 신이/기ᄂ리(화왕본긔, 19세기 초), 連翹(만기요람, 1808), 大連翹/개나리나모/倭連翹(물명고, 1824), 連翹/이어리나모여름(의종손익, 1868), 迎春/기랄이(명물기략, 1870), 連翹/기나리나무(의휘, 1871), 倭黃連翹/개나리(녹효방, 1873), 기나리/어셔리/辛夷花(한불자전, 1880), 連翹/이어리나모여름(방약합편, 1884), 辛夷花/기나리(박물신서, 19세기), 기ᄂ무/連翹(일용비람기, 연대미상), 木連翹/어리나무(의서옥편, 1921), 개나리꼿(동아일보, 1925), 連翹/어어리나무열

14 『조선삼림수목감요』(1923), p.115는 Forsythia viridissima에 대해 '기나리나무'라고 부른 것이 통용(通)되고 있다고 기록했으며, 『조선삼림식물도설』(1943), p.589도 '개나리나무'라고 부르는 것이 통용(通)되고 있다고 기록했다.

15 『물명고』(1824)가 주로 영향을 받은 중국의 『본초강목』(1596)은 "初發如筆頭"(꽃이 필 때 붓의 머리와 같다)라고 기록했다.

16 『고어대사전 1』(2016), p.186은 옛말 '가지꼿 빗'을 보랏빛으로 해석하고 있다.

17 옛 문헌에서 辛夷(신이)와 連翹(연교)는 종종 혼용되었고, 『조선삼림식물도설』(1943), p.589는 개나리의 한자명으로 '連翹'(연교)와 '辛夷花'(신이화)를 함께 기록하기도 했다. 한편 정약용은 『마과회통』(1798)에 "辛夷花 一名迎春花 一名木筆花 早春首發 有迎春之義 花形如筆頭 有木筆之狀 又有一種 早春首發 花黃可愛 俗名介辣伊 李德懋以此爲連翹"(신이화는 일명 영춘화 또는 목필화라 한다. 이른 봄에 먼저 피어서 봄을 맞이한다는 뜻이 있고, 꽃의 모양이 붓 머리와 같아서 나무로 만든 붓 형상이 있다. 또 한 종류가 있는데 이른 봄에 먼저 피고 꽃은 노랗고 사랑스럽다. 속명으로 '개날이'라고 하는데 이덕무는 이것을 연교라고 했다)라고 기록해 신이화를 복련 종류(목필화)와 개나리 종류(연교)를 함께 부르는 이름으로 보았다.

18 이러한 견해로 김무림(2015), p.91 참조.

매(선한약물학, 1931), 개나리꼿/개나리(조선구전민요집, 1933)[19]

중국/일본명 '중국식물지'는 이름 별도 기재하지 않고 있으나, 의성개나리<Forsythia viridissima Lindl.(1840)>를 金钟花(jin zhong hua)라고 하며 금으로 된 종(鐘) 같은 꽃이란 뜻이다. 일본명 テウセンレンギョ(朝鮮連翹)는 한반도(조선)에 분포하는 연교(レンギョ)라는 뜻으로 학명에서 유래한 것으로 추정한다.

참고 [북한명] 개나리꽃나무 [유사어] 망춘(望春), 연교(連翹), 영춘(迎春) [지방명] 매화(강원), 세가비/게나리(제주), 매화(평안/함남)

⊗ Forsythia ovata Nakai　マルバレンギョ
Manrihwa　만리화

만리화〈Forsythia japonica Makino(1914)〉[20]

만리화라는 이름은 길게 줄지어 자라는 모습을 만 리(萬里)에 꽃이 피어 있는 것에 비유해 붙여졌다.[21] 강원 방언을 채록한 것이다.[22] 향기가 만 리까지 퍼진다는 뜻에서 유래한 이름이라는 속설도 있으나, 실제 향기가 강하게 나지 않으므로 타당성은 의문스럽다. 조선 영조 때 간행된 『동계유고』는 "春光萬里花發"(봄볕에 만리화가 피었다)이라고 하여 만리화라는 명칭을 사용하고 있으나 현재의 만리화를 일컫는 것인지는 명확하지 않다.

속명 Forsythia는 영국왕립원예협회(Royal Horticultural Society) 설립자 중 한 명인 스코틀랜드 원예가 William A. Forsyth(1737~1804)의 이름에서 유래했으며 개나리속을 일컫는다. 종소명 japonica는 '일본의'라는 뜻으로 최초 발견지 또는 분포지를 나타내며, 옛 종소명 ovata는 '둥근'이라는 뜻으로 잎의 모양에서 유래했다.

다른이름 금강개나리(박만규, 1949)

옛이름 萬里花(동계유고, 1759)

중국/일본명 중국명 卵叶連翹(luan ye lian qiao)는 달걀모양의 잎을 가진 연교(連翹: 당개나리)라는 뜻이다. 일본명 マルバレンギョ(丸葉連翹)는 둥근 잎을 가진 연교(レンギョ)라는 뜻이다.

---

19 『조선한방약료식물조사서』(1917)는 '신리화, 기나리나무, 어어리나무, 連翹'를 기록했으며 『조선어사전』(1920)은 '辛夷(신이), 迎春(영춘), 개나리'를, 『조선식물명휘』(1922)는 '連翹, 荢黃, 련요, 개나리, 신리화나무(觀賞)'를, Crane(1931)은 '신이화, 荢黃花'를, 『토명대조선만식물자휘』(1932)는 F. suspensa에 대하여 '[辛夷(花)]신이꼿, [迎春化]영춘화, [개나리]'를, 『선명대화명지부』(1934)는 '게나리, 개나리, 개나리나무, 신리화, 신리나무, 련요'를, 『조선삼림식물편』(1915~1939)은 'カイタライ(京畿), オーチューホアナム(慶南), ケーナリナム(古名)'[개다래(경기), 영춘화나무(경남), 개나리나무(고명)]를 기록했다.
20 '국가표준식물목록'(2018)은 만리화의 학명을 Forsythia ovata Nakai(1917)로 기재하고 있으나, 『장진성 식물목록』(2014)은 본문의 학명을 정명으로 기재하고 있으므로 주의가 필요하다.
21 이러한 견해로 이우철(2005), p.210 참조.
22 이에 대해서는 『조선삼림식물도설』(1943), p.590 참조.

⊗ Forsythia saxatilis *Nakai* イハレンギヨ
San-gaenari 산개나리

산개나리〈*Forsythia saxatilis* (Nakai) Nakai(1921)〉[23]

산개나리라는 이름은 산에서 자라는 개나리라는 뜻에서 붙여졌다.[24] 중부 지방의 산지 바위틈이나 석회암 지대에 분포한다. 『조선식물향명집』에서 전통 명칭 '개나리'를 기본으로 하고 식물의 산지(産地)를 나타내는 '산'을 추가해 신칭했다.[25]

속명 *Forsythia*는 영국왕립원예협회(Royal Horticultural Society) 설립자 중 한 명인 스코틀랜드 원예가 William A. Forsyth(1737~1804)의 이름에서 유래했으며 개나리속을 일컫는다. 종소명 *saxatilis*는 '바위 위(틈)에서 자라는'이라는 뜻이다.

다른이름 산개나리나무(이창복, 1947), 북한산개나리(박만규, 1949), 산개나리꽃나무(임록재 외, 1996)

중국/일본명 '중국식물지'는 이를 별도 분류하지 않고 있다. 일본명 イハレンギヨ(岩連翹)는 바위틈에서 자라는 연교(レンギヨ)라는 뜻이다.

참고 [북한명] 산개나리꽃나무 [유사어] 연교(連翹)

Fraxinus mandshurica *Ruprecht* ヤチダモ
Dŭlme-namu 들메나무

들메나무〈*Fraxinus mandshurica* Rupr.(1857)〉

들메나무라는 이름은 나무껍질을 벗겨 신발을 동여매는 끈으로 사용했던 데서 유래한 것으로 추정한다.[26] 목재는 농기구나 가구재로 사용하고 어린잎을 식용하며, 나무껍질이나 뿌리껍질을 민간약재로 사용했다.[27] 경기도 방언을 채록한 것이다.[28] 1936년에 조선어학회가 저술한 『조선어표준말모음』에서 '들메'를 신발 끈을 뜻하는 표준말로 보았고, 『조선삼림수목감요』에 기록된 들미나무

---

23 '국가표준식물목록'(2018)은 산개나리를 본문의 학명으로 하여 별도 분류하고 있으나, 『장진성 식물목록』(2014)은 이를 만리화(*F. japonica*)에 통합하고 본문의 학명을 이명(synonym)으로 처리하고 있으므로 주의가 필요하다.

24 이러한 견해로 이우철(2005), p.303과 오찬진 외(2015), p.1010 참조. 다만 이우철 및 오찬진 외는 바위 곁에서 자라는 개나리라는 뜻의 일본명에서 유래했다고 기술하고 있으나, '바위'와 '산'의 뜻이 같지 않으므로 타당성은 의문스럽다.

25 이에 대해서는 『조선식물향명집』, 색인 p.39 참조.

26 이러한 견해로 박상진(2019), p.121 참조.

27 이에 대해서는 『조선삼림식물도설』(1943), p.593 참조.

28 이에 대해서는 『조선삼림수목감요』(1923), p.112와 『조선삼림식물도설』(1943), p.592 참조.

의 '들미'도 신이 벗겨지지 않도록 신을 발에 동여매는 것을 뜻하므로,[29] 들메나무라는 이름도 이런 뜻과 관련해 유래한 것으로 추론된다. 다만 자원식물로 이용할 때 나무껍질로 실제 '들메'(신발 끈)를 만들어 사용했던 것에 대한 명확한 기록이 없으므로 이에 대해서는 추가적인 조사와 연구가 필요하다.

속명 *Fraxinus*는 서양물푸레나무 또는 잿빛 창(槍)을 뜻하는 라틴명에서 유래한 것으로 물푸레나무속을 일컫는다. 종소명 *mandshurica*는 '만주의'라는 뜻이다.

다른이름 들미나무(정태현 외, 1923), 떡물푸레/들매나무(정태현, 1943)

옛이름 牛筋木/박달나모/들믜(역어유해, 1690), 曲理木/들믜 (방언집석, 1778), 楝/들믜(재물보, 1798), 梾/들믜(물명고, 1824), 楠/들메나무(물명집, 19세기)[30]

중국/일본명 중국명 水曲柳(shui qu liu)는 물가에 자라는 곡류(曲柳: 물푸레나무 종류)라는 뜻이다. 일본명 ヤチダモ(谷地-)는 계곡가에 자라는 ダモ라는 뜻인데, ダモ의 유래는 여러 견해가 대립하고 명확히 확립된 견해가 없는 것으로 보인다.

참고 [북한명] 들메나무 [유사어] 납조(蠟條), 수곡유피(水曲柳皮), 화거류(花柜柳) [지방명] 들무순(경남), 들미소(경북), 들메나무순/들모나물(전남), 들모나무/물뿌리(전북), 덜메나무(황해)

○ Fraxinus rhynchophylla *Hance*   テウセントネリコ
Mulpure-namu   물푸레나무

물푸레나무⟨*Fraxinus chinensis* Roxb. var. *rhynchophylla* (Hance) Hemsl.(1889)⟩[31]
물푸레나무라는 이름은 옛말에서 유래한 것인데 '물'(水)과 '푸레'(青)와 '나무'(木)의 합성어로, 가지를 꺾어 물에 담그면 푸른 수액이 우러나와 물이 푸르게 된다는 뜻에서 붙여졌다.[32] 목재는 기구

---

29 이에 대해서는 『고어대사전 6』(2016), p.598 참조.

30 「화한한명대조표」(1910)는 '들미누무, 楠木'을 기록했으며 「조선주요삼림수목명칭표」(1915a)는 '들미나무'를, 『조선거수노수명목지』(1919)는 '들믜나무, 楠'을, 『조선식물명휘』(1922)는 '들뫼나무, 들미나무(工業)'를, 『토명대조선만식물자휘』(1932)는 '들믜나무'를, 『선명대화명지부』(1934)는 '들메나무'를, 『조선삼림식물편』(1915~1939)은 'トゥルマナム(咸北, 咸南, 江原), トゥルミエイナム(平北), ムルプリナム(全南)'[들뫼나무(함북, 함남, 강원), 들메나무(평북), 물푸레나무(전남)]를 기록했다.

31 '국가표준식물목록'(2018)은 물푸레나무의 학명을 *Fraxinus rhynchophylla* Hance(1869)로 기재하고 있으나, 『장진성 식물목록』(2014)과 '중국식물지'(2018)는 본문의 학명을 정명으로 기재하고 있다.

32 이러한 견해로 백문식(2014), p.227; 이덕봉(1963), p.29; 박상진(2019), p.118; 허북구·박석근(2008b), p.127; 오찬진 외(2015), p.1016; 조항범(2018.7.27.); 김양진(2011), p.48; 솔뫼(송상곤, 2010), p.304; 강판권(2015), p.781; 나영학(2016), p.668 참조.

재로 사용하고 나무껍질은 약용하며, 태운 재는 염료로 사용
했다.[33] 『동의보감』은 "取皮水漬 便碧色 書紙看靑色者 眞也"(껍
질을 물에 담그면 푸른빛이 되는데 이것으로 종이에 글을 썼을 때 푸
른빛으로 보이는 것이 진짜다)라고 기록해 물푸레나무라는 이름
의 유래를 뒷받침한다. 므프레→무프레→무푸레→물푸레
로 변화해 형성된 것이다.

속명 Fraxinus는 서양물푸레나무 또는 잿빛 창(槍)을 뜻하
는 라틴명에서 유래한 것으로 물푸레나무속을 일컫는다. 종
소명 chinensis는 '중국에 분포하는'이라는 뜻이며, 변종명
rhynchophylla는 '부리모양의 잎'이라는 뜻이다.

다른이름 물푸레나무(정태현 외, 1923), 쉬청나무(정태현, 1926),
떡물푸레나무/광능물푸레(정태현, 1943), 민물푸레나무/광릉물푸레(이창복, 1947), 물푸래나무(박만
규, 1949)

옛이름 秦皮/水靑木皮(향약구급방, 1236),[34] 秦皮/水靑木(향약집성방, 1433),[35] 秦皮/므프레/苦裏木(훈
몽자회, 1527), 秦皮/무프렛겁질/白樺木(동의보감, 1613), 苦理木/무프레(역어유해, 1690), 苦理木/무프레
(동문유해, 1748), 무프레/苦理木(몽어유해, 1768), 樞梨木/무프레(방언집석, 1778), 樞梨木/무푸레나모
(한청문감, 1779), 桉/榛皮/白蠟/蕪布乙飫木(본사, 1787), 樺木/무푸레(재물보, 1798), 桉/무푸레/秦皮(광
재물보, 19세기 초), 桉樹/무피레나모(몽유편, 1810), 桉/무푸레/苦理木/水靑木(물명고, 1824), 무푸레/靑
皮木/桉(자류주석, 1856), 무풀레겁풀/秦皮(의종손익, 1868), 桉/무푸레/苦樞/秦(명물기략, 1870), 榛木皮/
무푸레나무섭질(의휘, 1871), 무푸례나무곳(녹효방, 1873), 무푸레나무/靑鞭木(한불자전, 1880), 秦皮/
무풀에겁풀(방약합편, 1884), 桉木/무프레나모(의방합편, 19세기), 무푸리나무/桉木(박물신서, 19세기),
桉/무푸레/靑皮木(자전석요, 1909), 秦皮/물풀에섭질(선한약물학, 1931)[36]

중국/일본명 중국명 花曲柳(hua qu liu)는 꽃이 눈에 띄는 곡류(曲柳: 물푸레나무 종류)라는 뜻이다. 일

---

33 이에 대해서는 『조선삼림식물도설』(1943), p.593 참조.
34 『향약구급방』(1236)의 차자(借字) '水靑木皮'(수청목피)에 대해 남풍현(1981), p.122는 '믈프레나모겁질'의 표기로 보고 있으
며, 이덕봉(1963), p.28은 '물푸레나모겁질'의 표기로 보고 있다.
35 『향약집성방』(1433)의 차자(借字) '水靑木'(수청목)에 대해 남풍현(1999), p.178은 '믈프레나모'의 표기로 보고 있으며, 이덕
봉(1963), p.28은 '물푸레나모'의 표기로 보고 있다.
36 「화한한명대조표」(1910)는 '물푸레누무, 秦皮木'을 기록했으며 『지리산식물조사보고서』(1915)는 '무르푸리나무'[물푸레나
무]를, 「조선주요삼림수목명칭표」(1915a)는 '무푸레누무'를, 『조선한방약료식물조사서』(1917)는 '물푸레나무, 秦皮'를, 『조
선거수노수명목지』(1919)는 '물푸레누무'를, 『조선어사전』(1920)은 '桉木(심목), 水靑木(슈청목), 靑皮木(청피목), 무푸레'를,
『조선식물명휘』(1922)는 '桉, 秦皮, 물푸레나무, 무푸래나무, 진피(工業)'를, 『토명대조선만식물자휘』(1932)는 '[桉木]심목,
[秦皮(樹)]진피(슈), [白樺木]빅심목, [水靑木]슈청목, [靑皮木]청피목, [무푸레나무]'를, 『선명대화명지부』(1934)는 '물푸레나
무, 진피'를, 『조선삼림식물편』(1915~1939)은 'モルレナモ(釜山), ムンプレナム(平北), ムプレナム, ムプレナモ(古名)'[물푸레나
모(부산), 물푸레나무(평북), 물푸레나무, 물푸레나모(고명)]를 기록했다.

본명 テウセントネリコ(朝鮮-)는 한반도(조선)에 분포하는 トネリコ라는 뜻으로, トネリコ는 수액으로 벌레 등을 오지 못하도록 하는데 이로부터 수액을 집에 바르는 나무라는 뜻의 トニヌルキ(戸に塗る木)라는 이름이 유래했고 이것이 변화된 이름이다.

참고 [북한명] 물푸레나무 [유사어] 규목(槻木), 수창목(水蒼木), 수청목(水靑木), 진피(秦皮), 청피목(靑皮木), 침목(梣木) [지방명] 몸푸레낭그/몸푸레낭기/문푸레/문푸레낭그/문푸레낭기/물레나무/물푸레(강원), 부푸레나무(경기), 부푸레/무푸레나무/문푸레/물뿌리나무/물푸레(경남), 떡물푸레/물푸레/열나무(경북), 물뿌레나무/물뿌리나무/물포레나무/물푸레/물푸렙나무/뭉포레나무/윤일우나무(전남), 들모나무/물뿌리/물뿌리나무/물푸레/물푸리나무(전북), 물푸레낭/물ㅍ레낭(제주), 물뿌레/물푸레(충남), 문푸레나무(함남), 물푸리나무(황해)

Fraxinus Sieboldiana *Blume*   コバノトネリコ
Soe-mulpure-namu   쇠물푸레나무

쇠물푸레나무〈*Fraxinus sieboldiana* Blume(1850)〉

쇠물푸레나무라는 이름은 '쇠'와 '물푸레나무'의 합성어로, 물푸레나무에 비해서 잎이 좁고 작으며 식물체도 작다는 뜻으로 쇠(小)를 추가한 것에서 유래했다.[37] 물푸레나무에 비해 작게 자란다. 목재가 단단해서 여러 기구를 만들었다. 자생지 중의 하나인 전라남도에서 실제 사용하는 이름을 채록한 것이다.[38] 한편 꽃이 가늘어서 쇠물푸레나무라고 한다는 견해도 있다.[39]

속명 *Fraxinus*는 서양물푸레나무 또는 잿빛 창(槍)을 뜻하는 라틴명에서 유래한 것으로 물푸레나무속을 일컫는다. 종소명 *sieboldiana*는 독일 의사이자 생물학자로 일본 식물을 연구한 Philipp Franz von Siebold(1796~1866)의 이름에서 유래했다.

다른이름 쇠물푸레나무(정태현 외, 1923), 좀쇠물푸레나무(정태현, 1943), 좀쇠물푸레(이창복, 1947), 쇠물푸래나무(박만규, 1949), 쇠물푸레/계룡쇠물푸레(이창복, 1966)[40]

중국/일본명 중국명 庐山梣(lu shan cen)은 장시성의 루산(廬山)에서 나는 심(梣: 물푸레나무속의 중국명)이라는 뜻이다.[41] 일본명 コバノトネリコ(小葉の-)는 잎이 작은 물푸레나무 종류(トネリコ)라는 뜻이다.

---

37 이러한 견해로 이우철(2005), p.355; 박상진(2019), p.119; 오찬진 외(2015), p.1020; 나영학(2016), p.671 참조.

38 이에 대해서는 『조선삼림수목감요』(1923), p.113과 『조선삼림식물도설』(1943), p.595 참조. 한편 『조선식물향명집』, 색인 p.41은 '쇠물푸레나무'를 신칭한 이름으로 기록했으나, 이는 오기로 판단된다.

39 이러한 견해로 솔뫼(송상곤, 2010), p.310 참조.

40 『제주도및완도식물조사보고서』(1914)는 'ムルパレナム'[물파레남]을 기록했으며 『선명대화명지부』(1934)는 '쇠물푸레나무'를, 『조선삼림식물편』(1915~1939)은 'ムルパレナム(濟州島)'[물파레남(제주도)]을 기록했다.

41 중국의 『본초강목』(1596)은 '梣木'(심목)의 유래에 대해 "其木小而岑高 故因以爲名"(그 나무는 작고 봉우리는 높기 때문에 그러한 이름이 붙여졌다)이라고 기록했다.

참고 [북한명] 쇠물푸레나무 [유사어] 진피(秦皮) [지방명] 쇠뿌레(전북), 물파랑/물푸레낭/솔피낭(제주)

Ligustrum Ibota *Sieb*. var. angustifolium *Blume* イボタノキ
Jwedong-namu 쥐똥나무

쥐똥나무〈*Ligustrum obtusifolium* Siebold & Zucc.(1846)〉

쥐똥나무라는 이름은 작고 까만 열매를 쥐의 똥에 비유한 것에서 유래했다.[42] 생울타리용으로 식재하고 목재로 농기구를 만들었으며, 열매와 나무에 기생하는 백랍충이 분비하는 흰색 납질(백랍)을 약용했다.[43] 19세기에 저술된 『오주연문장전산고』는 "鼠矢木 實如鼠屎故名"(쥐똥나무는 열매가 쥐의 똥과 같기 때문에 붙여진 이름이다)이라고 기록했다. 『물명고』에 기록된 '쥐똥나모'는 별칭으로 겨울에도 푸르다는 뜻의 冬靑(동청)을 기록한 점에 비추어, 활엽수인 현재의 쥐똥나무보다는 상록수인 광나무를 일컫는 이름이었을 가능성이 높다.[44] 다만 실제 민간에서는 현재의 쥐똥나무에 대한 이름으로 보다 널리 사용했고, 『조선식물향명집』은 실제 사용하는 향명을 조선명으로 하는 것을 원칙으로 했기 때문에 현재와 같은 이름이 정착된 것으로 보인다.[45] 별칭으로 사용했던 女貞(여정)은 중국에서 전래한 이름으로 겨울에 푸른 모습이 여자의 정절과 같다는 데서 유래했다.[46] 북한에서는 쥐똥나무를 천하게 부르는 식물명으로 보고 이를 고치라는 김일성의 지시에 따라 '검정알나무'로 개칭했다가 최근에는 털이 있는 광나무라는 뜻의 '털광나무로 부르고 있다.[47]

---

42 이러한 견해로 이우철(2005), p.488; 박상진(2019), p.358; 허북구·박석근(2008b), p.267; 이유미(2018), p.178; 김태영·김진석(2018), p.641; 유기억(2018), p.102; 전정일(2009), p.116; 솔뫼(송상곤, 2010), p.336; 강판권(2015), p.807; 나영학(2016), p.662 참조.

43 이에 대해서는 『한국의 민속식물』(2017), p.923 참조.

44 『물보』(1802)는 "女貞 全羅道島中所産 쥐똥남우 與陸生者異"(여정은 전라도의 섬에서 나는 것을 '쥐똥남우'라고 하는데 육지에서 나는 것과는 다르다)라고 기록했고, 『조선산야생약용식물』(1936), p.181은 '女貞實'(여정실)이라는 생약명으로 대구 약재시장에서 거래되는 약재는 쥐똥나무의 열매가 아니라 광나무(*L. japonicum*)의 열매라는 것을 기록했다.

45 『조선삼림수목감요』(1923), p.114는 통용(通)된 것으로 기록했으나, 『조선삼림식물도설』(1943), p.603은 경기도를 위주로 하여 상대적으로 널리 사용하던 이름이었다는 점을 기록했다.

46 중국의 『본초강목』(1596)은 '女貞'(여정)에 대해 "此木凌冬靑翠 有貞守之操 故以貞女狀之"(이 나무는 겨울에 견디어 푸르고 비취색이 나므로 정조를 지키는 것이어서 정녀의 모습을 빗댄 것이다)라고 기록했다.

47 이와 관련해서 김일성은 "우리나라 식물들 가운데는 쥐똥나무뿐만 아니라 개똥나무, 개살구나무, 개오동나무를 비롯하여 이름을 천하게 부르는 식물이 많은데 그런 이름은 다 고쳐야 합니다"라고 했는데, '검정알나무'로의 개칭은 이것 때문에 생겨난 것으로 추정된다. 이에 대해서는 『조선식물지』(1996), 제3권 서문 참조.

속명 *Ligustrum*은 *ligo*(묶다, 맺다)가 어원으로 이 속 식물(*L. vulgare*)의 나뭇가지를 물건을 묶는 데 사용한 것에서 유래했으며 쥐똥나무속을 일컫는다. 종소명 *obtusifolium*은 '끝이 둔한 잎의'라는 뜻이다.

다른이름 쥐쫑나무(정태현 외, 1923), 백당나무/싸리버들(정태현, 1943), 개쥐똥나무(박만규, 1949), 귀똥나무(한진건 외, 1982), 검정알나무(김현삼 외, 1988), 남정실(이우철, 1996b), 털광나무(임록재 외, 1996)

옛이름 女貞/貞木(본사, 1787), 鼠李/쉬쫑나무(재물보, 1798), 女貞/쥐쫑남우(물보, 1802), 女貞/冬靑/蠟樹(광재물보, 19세기 초), 女貞木(여유당전서, 19세기 초), 女貞/쥐쫑나모/貞木/冬靑/蠟樹(물명고, 1824), 女貞實/冬靑/鼠矢木(송남잡지, 1855), 鼠矢木/藍木/女貞木(오주연문장전산고, 185?), 女貞子(의종손익, 1868), 쥐쫑나무/鼠尿木(한불자전, 1880), 女貞/쥐쫑나무(박물신서, 19세기), 凍靑/女貞(수세비결, 1929)[48]

중국/일본명 중국명 水蠟(shui la)는 수청목(水靑木: 물푸레나무 종류)을 닮은 납수(蠟樹: 쥐똥나무 종류)라는 뜻이다.[49] 일본명 イボタノキ(水蠟の樹)는 イボタロウムシ(水蠟樹蠟虫: 쥐똥밀깍지벌레)가 기생하는 나무라는 뜻이다.[50]

참고 [북한명] 털광나무 [유사어] 백랍목(白蠟木), 수랍목(水蠟木), 수랍수(水蠟樹), 유목(楘木) [지방명] 도치/마물거지/만물거지/쥐똥낭그/쥐똥낭기(강원), 쥐빵나무(경기), 깨똥나무(경북), 남정실나무/도치자락나무/여정실나무/쥐뚝나무/찌똥나무(전남), 쥐똥풀(충남), 개꽝나무/개꽝낭/갯강나무/께꽝낭/꽝나무/꽝낭/꾀꽝낭/섬피낭(제주)

Ligustrum japonicum *Thunberg* ネズミモチ
Gwaṅg-namu 광나무

광나무〈*Ligustrum japonicum* Thunb.(1780)〉

광나무라는 이름은 백랍(白蠟)이 만들어질 때 흰 점액이 나뭇가지를 싸는 모습이 뼈 또는 응어리(꽝)를 연상시킨다는 뜻에서 유래한 것으로 추정한다. 예부터 검게 익은 열매를 약용했다.[51] 주요 자생지인 제주도의 방언을 채록한 것으로,[52] 현재의 방언 조사에 따르면 제주 방언 '꽝낭'이 어원

---

48 『조선어사전』(1920)은 '楘木, 빅랍(白蠟)나무, 楘木(유목), 쥐똥나무'를 기록했으며 『조선식물명휘』(1922)는 '水蠟樹, 小蠟樹, 鼠尿木, 쥐똥나무'를, 『토명대조선만식물자휘』(1932)는 '[楘樹]랍나무, [水蠟樹]슈랍나무'를, 『선명대화명지부』(1934)는 '쥐똥나무'를, 『조선의산과와산채』(1935)는 '쥐똥나무'를, 『조선삼림식물편』(1915~1939)은 'チユイトンナム(黃海)[쥐똥나무(황해)]를 기록했다.

49 중국의 『본초강목』(1596)은 女貞(여정)의 별칭 蠟樹(납수)에 대해 "近時以放蠟蟲 故俗呼爲蠟樹"(최근에는 쥐똥밀깍지벌레를 방사하는데 이 때문에 세상에서는 납수라 부른다)라고 기록했다.

50 『조선식물향명집』의 일본명 'イボタノキ'는 왕쥐똥나무 및 상동잎쥐똥나무의 일본명에 비추어 'イボタノキ'의 오기로 보인다.

51 이에 대해서는 『조선산야생약용식물』(1936), p.184 참조.

52 이에 대해서는 『조선삼림수목감요』(1923), p.114와 『조선삼림식물도설』(1943), p.601 참조.

이다. 제주 방언에서 '꽝'은 뼈 또는 응어리를 뜻한다.[53] 17세기에 저술된 『탐라지』는 제주에서 백랍이 생산된다는 것을 기록했고, 18세기 초에 저술된 『남환박물』은 제주에서 생산해서 조정에 보내는 주요 공물(貢物) 중에 백랍이 포함되어 있음을 기록했다. 19세기에 저술된 『오주연문장전산고』는 광나무(女貞)에서 백랍이 생산되고 우리나라에서 남해안과 제주도에 분포한다고 기록했다.[54] 백랍충이 기생하여 분비하는 흰색 납질(백랍)이 나뭇가지에 붙어 있는 모습이 마치 뼈다귀 또는 응어리진 것처럼 보인다. 꽝낭은 이러한 모습에서 유래했을 것으로 추론된다. 옛 문헌에서 광나무를 달리 납수(蠟樹)라고 하는 것도 위와 같은 유래를 뒷받침한다.[55] 옛 문헌에서 한자명으로

女貞(여정)이라 하고 고유어로 쥐똥나무(쥐똥나모)라 했는데, 『물명고』에 기록된 '쥐똥나모'는 별칭으로 겨울에도 푸르다는 뜻의 冬靑(동청)을 기록한 점에서 비추어 활엽수인 현재의 쥐똥나무보다는 상록수인 광나무를 일컬었을 것으로 보인다. 하지만 『오주연문장전산고』의 '鼠矢木'(서시목: 쥐똥나무의 차자)은 女貞木(여정목)과 다른 식물로 구별한 점에 비추어 현재의 쥐똥나무를 일컫는 이름이었을 것으로 보인다. 이처럼 옛 문헌에서 '女貞'(여정)과 '쥐똥나무'는 혼용이 있었으므로 해석에 주의가 필요하다. 한편 광나무라는 이름의 유래에 대해 상록의 잎에서 윤기가 돌아 광(光)이 나는 것처럼 보이는 것에서 찾는 견해가 있다.[56] 그러나 '꽝낭'이라는 제주 방언과 해설이 일치하지 않고, 상록수가 많은 제주도에서 오직 광나무의 잎만을 빛이 나는 것으로 보았다는 것도 이해하기 어렵다.

속명 Ligustrum은 ligo(묶다, 맺다)가 어원으로 이 속 식물(L. vulgare)의 나뭇가지를 물건을 묶는 데 사용한 것에서 유래했으며 쥐똥나무속을 일컫는다. 종소명 japonicum은 '일본의'라는 뜻이다.

---

53 이에 대해서는 석주명(1947), p.19와 고려대학교민족문화연구원, '고려대한국어대사전' 중 '꽝' 참조.

54 이규경(1788~1856)이 저술한 『오주연문장전산고』(185?)는 "女貞木 一名蠟樹 見上 葉厚而柔長 面靑背淡 長者四五寸 甚茂盛 凌冬不凋 子黑 名女貞實 食之補腎 我東南沿邑及海島中濟州尤盛 可以放蟲生蠟"('여정목'은 일명 '납수'라고 한다. 보기에 잎은 두텁고 부드러우며 긴데 앞면은 푸르고 뒷면은 옅으며 긴 것은 4~5치 정도 되고 매우 무성하게 자라 마르지 않고 겨울을 난다. 열매는 검은데 여정실이라 하고 이것을 먹으면 콩팥을 튼튼하게 한다. 우리나라의 남해 연안 군읍과 섬으로 제주에 무성하다. 백랍충을 방사하여 백랍을 만들 수 있다)이라고 기록했다.

55 『오주연문장전산고』(185?)는 백랍을 생산할 수 있는 나무를 '白蠟樹'(백랍수)라고 칭하면서, '梣木'(심목: 물푸레나무), '女貞木'(여정목: 광나무), '冬靑樹'(동청수: 감탕나무 또는 사철나무), '鼠矢木'(서시목: 쥐똥나무), '山樗木'(산질목: 개옻나무), '䐴櫨樹'(첨저수: 구실잣밤나무?)에서 백랍충(白蠟蟲)을 키울 수 있다고 기록했다.

56 이러한 견해로 박상진(2019), p.44; 김태영·김진석(2018), p.636; 강판권(2015), p.803; 나영학(2016), p.679 참조. 한편 나영학은 제주 방언 '간낭'에서 광나무가 유래했다고 주장하고 있으나, 제주 방언에서 간낭의 '간'이 빛난다는 뜻으로 사용하는 예가 발견되지 않으므로 타당성은 의문스럽다.

다른이름 광나무(정태현 외, 1923)

옛이름 女貞/貞木(본사, 1787), 鼠李/쥐똥나무(재물보, 1798), 女貞/쥐똥남우(물보, 1802), 女貞/冬靑/
蠟樹(광재물보, 19세기 초), 女貞木(여유당전서, 19세기 초), 女貞木/쥐똥나모/貞木/冬靑/蠟樹(물명고, 1824),
女貞實/冬靑/鼠矢木(송남잡지, 1855), 女貞木/蠟樹(오주연문장전산고, 185?), 女貞子(의종손익, 1868), 쥐똥
나무/鼠尿木(한불자전, 1880), 女貞/쥐똥나무(박물신서, 19세기), 凍靑/女貞(수세비결, 1929), 女貞(선한약
물학, 1931)[57]

중국/일본명 중국명 日本女貞(ri ben nu zhen)은 일본에 분포하는 여정(女貞: 당광나무의 중국명)이라는
뜻으로 학명과 연관되어 있다. 일본명 ネズミモチ(鼠糯)는 열매가 쥐의 똥을 닮은 감탕나무(モチノ
キ)라는 뜻이다.

참고 [북한명] 광나무 [유사어] 납수(蠟樹), 동청목(冬靑木), 서재목(鼠梓木), 여정목(女貞木), 정목(貞
木) [지방명] 여정실/여정실나무/쥐똥나무/찌똥나무(전남), 간남/개먹풀낭/쫭낭(제주)

○ Ligustrum lucidum *Aiton*   タウネズミモチ
Dang-gwang-namu   당광나무

당광나무〈*Ligustrum lucidum* W.T.Aiton(1810)〉

당광나무라는 이름은 중국(唐)에 분포하는 광나무라는 뜻에서 붙여졌다.[58] 광나무에 비해 꽃차례
와 잎이 더 크고 잎 뒷면의 맥이 뚜렷해서 별도 분류되는 종이다.[59] 『조선식물향명집』에서 전통 명
칭 '광나무'를 기본으로 하고 식물의 산지(産地)를 나타내는 '당'을 추가해 신칭했는데,[60] 한반도보다
는 중국에 보다 넓게 분포한다는 뜻으로 당시 일본명의 タウ(唐)에서 영향을 받은 것으로 보인다.

속명 *Ligustrum*은 ligo(묶다, 맺다)가 어원으로 이 속 식물(*L. vulgare*)의 나뭇가지를 물건을 묶
는 데 사용한 것에서 유래했으며 쥐똥나무속을 일컫는다. 종소명 *lucidum*은 '광택이 있는, 밝은'
이라는 뜻이다.

다른이름 광나무(정태현 외, 1923), 제주광나무(이창복, 1947), 참여정실(안학수·이춘녕, 1963), 큰광나
무(임록재 외, 1996), 사철광나무/큰잎광나무(리용재 외, 2011)[61]

---

57 『제주도및완도식물조사보고서』(1914)는 'カンナム'[간낭]을 기록했으며 『조선한방약료식물조사서』(1917)는 '女貞, 冬靑'을,
『조선어사전』(1920)은 '女貞木(녀정목), 女貞實(녀정실), 女貞子(녀정즈)'를, 『조선식물명휘』(1922)는 '女貞, 간나무, 녀정나무(救.
藥)'를, 『토명대조선만식물자휘』(1932)는 '[樾木]유(목), [鼠梓]셔주, [楨木]졍목, [女貞木]녀졍목, [冬靑木]동청나무, [四節木]수
절나무, [鼠失木]쥐똥나무, [女貞子]녀졍즈, [女貞實]녀졍실'을, 『선명대화명지부』(1934)는 '간나무, 녀정나무, 광나무'를, 『조
선삼림식물편』(1915~1939)은 'クワンナム(濟州局), チュィートゥルナム(莞島)'[광낭(제주도), 쥐똥나무(완도)]를 기록했다.
58 이러한 견해로 이우철(2005), p.167 참조.
59 이에 대해서는 김태영·김진석(2018), p.637 참조.
60 이에 대해서는 『조선식물향명집』, 색인 p.35 참조.
61 『조선식물명휘』(1922)는 '水蠟樹, 蠟樹, 女貞(藥)'을 기록했으며 『선명대화명지부』(1934)는 '광나무'를 기록했다.

중국명 女貞(nu zhen)은 겨울에도 잎이 푸른 모습이 정절을 지키는 여자의 모습과 같다는 뜻이다.[62] 일본명 タウネズミモチ(唐鼠黐)는 중국에서 전래된 광나무(ネズミモチ)라는 뜻이다.

[참고] [북한명] 사철광나무 [유사어] 당여정(唐女貞) [지방명] 꽝낭(제주)

Ligustrum ovalifolium *Hasskarl*　オホバイボタ
Wang-jwedong-namu　왕쥐똥나무

왕쥐똥나무〈*Ligustrum ovalifolium* Hassk.(1844)〉

왕쥐똥나무라는 이름은 잎과 식물체가 크고(왕) 쥐똥나무를 닮았다는 뜻에서 붙여졌다.[63] 반상록성 활엽 관목으로 쥐똥나무에 비해 식물체가 큰 특징이 있다. 『조선식물향명집』에서 전통 명칭 '쥐똥나무'를 기본으로 하고 식물의 형태적 특징을 나타내는 '왕'을 추가해 신칭했다.[64]

속명 *Ligustrum*은 *ligo*(묶다, 맺다)가 어원으로 이 속 식물(*L. vulgare*)의 나뭇가지를 물건을 묶는 데 사용한 것에서 유래했으며 쥐똥나무속을 일컫는다. 종소명 *ovalifolium*은 '넓은타원모양 잎의'라는 뜻으로 잎의 모양에서 유래했다.

[다른이름] 민광나무/왕검정알나무(임록재 외, 1996)

[중국/일본명] 중국명 卵叶女贞(luan ye nu zhen)은 잎이 달걀모양인 여정(女貞: 당광나무의 중국명)이라는 뜻으로 학명과 같은 의미이다. 일본명 オホバイボタ(大葉水蠟)는 큰 잎을 가진 쥐똥나무(イボタノキ)라는 뜻이다.

[참고] [북한명] 민광나무 [유사어] 수랍과(水蠟果) [지방명] 개꽝낭/섬피낭/께꽝낭(제주)

Ligustrum Quihoui var. latifolia *Nakai*　クロイゲイボタ
Sangdongip-jwedong-namu　상동잎쥐똥나무

상동잎쥐똥나무〈*Ligustrum quihoui* Carrière(1869)〉[65]

상동잎쥐똥나무라는 이름은 상동나무처럼 잎이 작고 겨울에도 푸른 쥐똥나무 종류라는 뜻에서 붙여졌다.[66] 남부 해안 지대에 드물게 분포하는 반상록 활엽 관목으로 잎이 둥글고 큰 특징이 있

---

62 중국의 『본초강목』(1596)은 '女貞'(여정)에 대해 "此木凌冬青翠 有貞守之操 故以貞女狀之"(이 나무는 겨울에 견디어 푸르고 비취색이 나무로 정조를 지키는 것이어서 정녀의 모습을 빗댄 것이다)라고 기록했다.
63 이러한 견해로 이우철(2005), p.414와 나영학(2016), p.668 참조.
64 이에 대해서는 『조선식물향명집』, 색인 p.44 참조.
65 '국가표준식물목록'(2018)은 상동잎쥐똥나무의 학명을 *Ligustrum quihoui* var. *latifolium* Nakai(1922)로 기재하고 있으나, 『장진성 식물목록』(2014)과 '중국식물지'(2018)는 본문의 학명을 정명으로 기재하고 있다.
66 이러한 견해로 이우철(2005), p.322; 김태영·김진석(2018), p.638; 나영학(2016), p.665 참조.

다. 『조선식물향명집』에서 전통 명칭 '쥐똥나무'를 기본으로 하고 식물의 형태적 특징을 나타내는 '상동잎'을 추가해 신칭했다.[67]

속명 *Ligustrum*은 *ligo*(묶다, 맺다)가 어원으로 이 속 식물 (*L. vulgare*)의 나뭇가지를 물건을 묶는 데 사용한 것에서 유래했으며 쥐똥나무속을 일컫는다. 종소명 *quihoui*는 프랑스 식물학자 Antoine Quihou(1820~1889)의 이름에서 유래했다.

다른이름 상동닢쥐똥나무(정태현, 1943), 생동잎쥐똥나무(리종오, 1964), 넓은생동잎쥐똥나무(임록재 외, 1972), 생동잎광나무/생동잎검정알나무/넓은생동잎검정알나무(임록재 외, 1996)

중국/일본명 중국명 小叶女贞(xiao ye nu zhen)은 잎이 작은 여정(女貞: 당광나무의 중국명)이라는 뜻이다. 일본명 クロイゲイボタ(-水蠟)는 상동나무(クロイゲ)를 닮은 쥐똥나무(イボタノキ)라는 뜻이다.

참고 [북한명] 생동잎광나무 [유사어] 생동수랍수(生冬水蠟樹)

⊗Ligustrum salicinum *Nakai*　ヤナギイボタ
Bôdûl-jwedông-namu　버들쥐똥나무

버들쥐똥나무〈*Ligustrum salicinum* Nakai(1918)〉

버들쥐똥나무라는 이름은 버드나무와 유사한 쥐똥나무라는 뜻에서 붙여졌다.[68] 잎이 다소 좁고 길며 암술과 수술이 화통(花筒) 밖으로 돌출하는 특징이 있다. 『조선식물향명집』에서 전통 명칭 '쥐똥나무'를 기본으로 하고 식물의 형태적 특징과 학명에서 차용한 '버들'을 추가해 신칭했다.[69]

속명 *Ligustrum*은 *ligo*(묶다, 맺다)가 어원으로 이 속 식물(*L. vulgare*)의 나뭇가지를 물건을 묶는 데 사용한 것에서 유래했으며 쥐똥나무속을 일컫는다. 종소명 *salicinum*은 '*Salix*(버드나무속)와 비슷한'이라는 뜻이다.

다른이름 버들잎쥐똥나무(박만규, 1949), 버들잎광나무/버들잎검정알나무(임록재 외, 1996), 버들광나무(리용재 외, 2011)

중국/일본명 버들쥐똥나무의 중국 분포는 확인되지 않는다. 일본명 ヤナギイボタ(柳水蠟)는 버드나무의 잎을 닮은 쥐똥나무(イボタノキ)라는 뜻이다.

67　이에 대해서는 『조선식물향명집』, 색인 p.40 참조.
68　이러한 견해로 이우철(2005), p.271 참조.
69　이에 대해서는 『조선식물향명집』, 색인 p.38 참조.

참고 [북한명] 버들광나무 [유사어] 수랍과(水蠟果)

○ Syringa amurensis *Ruprecht* var. genuina *Maximowicz*　マンシウハシドイ
Gaehoe-namu　개회나무

개회나무〈*Syringa reticulata* (Blume) H.Hara(1941)〉[70]

개회나무라는 이름은 '개'와 '회나무'의 합성어로, 회나무를
닮았지만 쓰임새가 덜하다는 뜻에서 유래한 것으로 추정한
다.[71] 마주나기를 하는 어린잎의 모습이 회나무를 닮았다. 노
박덩굴과의 회나무는 회잎나물(홑잎나물)이라고 하여 봄에 어
린잎을 채취해 식용하는 중요한 자원식물이었다. 개회나무는
회나무에 비해 꽃이 더 풍성하고 아름답지만 그러한 쓰임새가
없었기 때문에, 비하의 의미가 아닌 쓰임새가 덜하다는 뜻에
서 '개'라는 접두사가 추가된 것으로 식물이 생존에 중요한 수
단이기도 했던 옛 농경문화의 풍속을 보여주는 이름으로 이
해된다. 목재를 가구재나 기구재 등으로 사용했다.[72] 평안북도
방언을 채록한 것이다.[73] 함경북도에서는 구름나무(귀룽나무)를
닮았다는 의미에서 개구룸나무(개구름나무)라고 불리기도 했다.[74]

속명 *Syringa*는 그리스어 *syrinx*(관, 대롱)가 어원으로 꽃자루의 모양을 나타낸 것이며 수수꽃
다리속을 일컫는다. 종소명 *reticulata*는 '그물 모양의'라는 뜻이다.

다른이름　기회나무(정태현 외, 1923), 개구룸나무/시계나무(정태현, 1943), 참개회나무(리종오, 1964),
개정향나무(한진건 외, 1982), 산회나무/참산회나무(김현삼 외, 1988)[75]

중국/일본명　중국명 暴马丁香(bao ma ding xiang)은 사나운 말을 닮은 정향(丁香: 꽃봉오리가 丁 자 모
양이고 향이 있다는 뜻으로 수수꽃다리속의 중국명)이라는 뜻이지만, 그 정확한 유래는 알려져 있지
않다. 일본명 マンシウハシドイ(滿洲-)는 만주에 분포하는 개회나무 종류[ハシドイ: 나뭇가지 끝에 하

70　'국가표준식물목록'(2018)은 개회나무의 학명을 *Syringa reticulata* var. *mandshurica* (Maxim.) H.Hara(1941)로 기재
　　하고 있으나, 『장진성 식물목록』(2014)은 본문의 학명을 정명으로 기재하고 있다.

71　이러한 견해로 솔뫼(송상곤, 2010), p.316 참조.

72　이에 대해서는 『토명대조선만식물자휘』(1932), p.528 참조.

73　이에 대해서는 『조선삼림수목감요』(1923), p.116과 『조선삼림식물도설』(1943), p.606 참조.

74　이에 대해서는 『조선삼림식물도설』(1943), p.606 참조.

75　『조선식물명휘』(1922)는 '靑杠子, 개회나무'를 기록했으며 『토명대조선만식물자휘』(1932)는 '[丁香木]뎡향나무, [새발샤향
　　나무], [丁香花]뎡향화'를, 『선명대화명지부』(1934)는 '개회나무'를, 『조선삼림식물편』(1915~1939)은 'カホイナム(平北)[개회
　　나무(평북)]를 기록했다.

얀 꽃이 많이 모여 핀다는 뜻의 はしつどい(端集い)에서 유래라는 뜻이다.[76]

참고 [북한명] 산회나무/참산회나무[77] [유사어] 만주정향(滿洲丁香), 폭마자(暴馬子)

Syringa dilatata *Nakai* ヒロハハシドイ
Susugotdari 수수꽃다리

수수꽃다리〈*Syringa oblata* Lindl. subsp. *dilatata* (Rehder) P.S.Green & M.C.Chang(1995)〉[78]

수수꽃다리라는 이름은 원뿔모양꽃차례가 수수의 이삭과 비슷하고 풍성하게 달리는 모습에서 유래했다.[79] '수수'(蜀黍)와 '꽃'(花)과 '다리'(여자들의 머리숱이 많아 보이라고 덧넣었던 딴머리)의 합성어로 이해된다. 한반도 특산종으로 라일락(참수수꽃다리)에 비해 꽃부리 통부가 길고 열매가 긴타원모양으로 좁은 특징이 있다.[80] 주요 자생지인 황해도 방언을 채록한 것이다.[81] 한편 꽃차례(이삭)가 바람에 자주 흔들리는 모양(우수수)에서 유래했다고 보는 견해도 있다.[82] 그러나 '우수수'는 바람에 나뭇잎 따위가 많이 떨어지는 소리 또는 그 모양을 나타내는 것이지 바람에 흔들리는 것을 뜻하는 것은 아니므로 타당성은 의문스럽다.

속명 *Syringa*는 그리스어 *syrinx*(관, 대롱)가 어원으로 꽃자루의 모양을 나타낸 것이며 수수꽃다리속을 일컫는다. 종소명 *oblata*는 '오래된'이라는 뜻이며, 아종명 *dilatata*는 '넓어진'이라는 뜻이다.

다른이름 수수꽃다리(정태현 외, 1923), 개똥나무(정태현, 1943), 정향나무(임록재 외, 1972), 넓은잎정향나무/조선정향나무(임록재 외, 1996)

중국/일본명 중국에는 분포하지 않는 종이다. 일본명 ヒロハハシドイ(廣葉-)는 넓은 잎을 가진 개회

---

76 이에 대해서는 深津正·小林義雄(1993), p.197 참조.

77 북한에서는 *Ligustrina amurensis*를 '산회나무'로, *Syringa reticulata*를 '참산회나무'로 하여 별도 분류하고 있다. 이에 대해서는 리용재 외(2011), p.205, 347 참조.

78 '국가표준식물목록'(2018)은 수수꽃다리의 학명을 *Syringa oblata* var. *dilatata* (Nakai) Rehder(1926)로 기재하고 있으나, 『장진성 식물목록』(2014)과 '세계식물목록'(2018)은 본문의 학명을 정명으로 기재하고 있다.

79 이러한 견해로 박상진(2019), p.279; 허북구·박석근(2008b), p.197; 김양진(2011), p.24; 오찬진 외(2015), p.1034; 유기억(2018), p.67 참조. 한편 김양진은 '다리'가 달려 있다는 뜻의 '달이'에서 유래한 것으로 보고 있다.

80 이에 대해서는 김태영·김진석(2018), p.623 참조.

81 이에 대해서는 『조선삼림수목감요』(1923), p.116과 『조선삼림식물도설』(1943), p.608 참조.

82 이러한 견해로 허북구·박석근(2008b), p.197 참조.

나무 종류(ハシドイ)라는 뜻이지만, 일본에는 분포하지 않는 식물이다.

참고 [북한명] 넓은잎정향나무 [유사어] 정향엽(丁香葉) [지방명] 금계락(전북), 라일락(충남)

⊗Syringa Fauriei *Léveillé* ホソバハシドイ
Bódúl-gaehoe-namu 버들개회나무

버들개회나무〈*Syringa fauriei* H.Lév.(1910)〉

버들개회나무라는 이름은 버드나무의 잎처럼 가는 잎을 가진 개회나무라는 뜻에서 붙여졌다. 꽃과 열매가 작고 잎이 좁고 긴 특징이 있다. 『조선식물향명집』에서 전통 명칭 '개회나무'를 기본으로 하고 식물의 형태적 특징을 나타내는 '버들'을 추가해 신칭했다.[83]

속명 *Syringa*는 그리스어 *syrinx*(관, 대롱)가 어원으로 꽃자루의 모양을 나타낸 것이며 수수꽃다리속을 일컫는다. 종소명 *fauriei*는 프랑스 식물학자로 일본에서 식물을 채집한 Urbain Jean Faurie(1847~1915)의 이름에서 유래했다.

다른이름 버들산회나무(김현삼 외, 1988)

중국/일본명 중국에는 분포하지 않는 식물이다. 일본명 ホソバハシドイ(細葉-)는 가는 잎을 가진 개회나무 종류(ハシドイ)라는 뜻이지만, 일본에는 분포하지 않는 식물이다.

참고 [북한명] 버들산회나무 [유사어] 세엽야정향(細葉野丁香)

⊗Syringa formosissima *Nakai* ハナハシドイ
Ĝot-gaehoe-namu 꽃개회나무

꽃개회나무〈*Syringa wolfii* C.K.Schneid.(1910)〉

꽃개회나무라는 이름은 꽃이 아름다운 개회나무라는 뜻에서 붙여졌다.[84] 높은 산 정상 부근에 분포하며 꽃이 크고 아름다운 특징이 있다. 『조선식물향명집』에서 전통 명칭 '개회나무'를 기본으로 하고 식물의 형태적 특징 및 학명에서 영향을 받은 '꽃'을 추가해 신칭했다.[85]

속명 *Syringa*는 그리스어 *syrinx*(관, 대롱)가 어원으로 꽃자루의 모양을 나타낸 것이며 수수꽃다리속을 일컫는다. 종소명 *wolfii*는 독일계 러시아 수목학자 Egbert Wolf(1860~1931)의 이름에서 유래했다. 옛 종소명 *formosissima*는 '비상하게 아름다운'이라는 뜻으로 꽃의 아름다움에서 유래했다.

---

83 이에 대해서는 『조선식물향명집』, 색인 p.38 참조.
84 이러한 견해로 이우철(2005), p.118; 전정일(2009), p.119; 나영학(2016), p.683 참조.
85 이에 대해서는 『조선식물향명집』, 색인 p.32 참조.

다른이름 털꽃개회나무/짝자게(정태현 외, 1937), 짝짝에나무(정태현, 1943), 짝재래(정태현, 1957), 꽃
정향나무(리종오, 1964)[86]

중국/일본명 중국명 辽东丁香(liao dong ding xiang)은 중국 동북부 랴오둥(遼東) 지방에 분포하는 정
향(丁香: 꽃봉오리가 丁 자 모양이고 향이 있다는 뜻으로 수수꽃다리속의 중국명)이라는 뜻이다. 일본명
ハナハシドイ(花-)는 꽃이 아름다운 개회나무 종류(ハシドイ)라는 뜻이지만, 일본에는 분포하지 않
는 식물이다.

참고 [북한명] 꽃정향나무

⊗Syringa formosissima *Nakai* var. hirsuta *Nakai*　ケハナハシドイ
Tŏl-ĝotgaehoe-namu　털꽃개회나무

털꽃개회나무〈*Syringa wolfii* var. *hirsuta* (C.K.Schneid.) Hatus.(1938)〉[87]
털꽃개회나무라는 이름은 털이 많은 꽃개회나무라는 뜻에서 붙여졌다.[88] 꽃개회나무에 비해 일년
생가지, 잎 뒷면의 맥, 작은 꽃자루 및 꽃받침에 털이 많은 특징이 있어 별도 분류되었으나 분류학
적 타당성에 대해서는 논란이 있다. 『조선식물향명집』에서 전통 명칭 '개회나무'를 기본으로 하고
식물의 형태적 특징을 나타내는 '털'과 '꽃'을 추가해 신칭했다.[89]

　속명 *Syringa*는 그리스어 syrinx(관, 대롱)가 어원으로 꽃자루의 모양을 나타낸 것이며 수수꽃
다리속을 일컫는다. 종소명 *wolfii*는 독일계 러시아 수목학자 Egbert Wolf(1860~1931)의 이름에
서 유래했으며, 변종명 *hirsuta*는 '거친털이 있는, 털이 많은'이라는 뜻이다.

다른이름 짝자게(정태현 외, 1937), 짝자래/짝짝에나무(정태현, 1943), 짝재래(정태현, 1957), 털꽃정향
나무/짝자래나무(리종오, 1964), 털꽃산회나무(임록재 외, 1996)

중국/일본명 중국에서는 꽃개회나무(辽东丁香)에 통합하고 별도 분류하지 않는다. 일본명 ケハナハシ
ドイ(毛花-)는 털이 많고 꽃이 아름다운 개회나무 종류(ハシドイ)라는 뜻이다.

참고 [북한명] 털꽃정향나무[90]

---

86 『지리산식물조사보고서』(1915)는 'のどぅるもっく'[노둘목]을 기록했다.
87 '국가표준식물목록'(2018)은 털꽃개회나무를 별도 분류하고 있으나, 『장진성 식물목록』(2014), '중국식물지'(2018) 및 '세계
　식물목록'(2018)은 꽃개회나무의 이명(synonym)으로 처리하고 있으므로 주의가 필요하다.
88 이러한 견해로 이우철(2005), p.552 참조.
89 이에 대해서는 『조선식물향명집』, 색인 p.48 참조.
90 북한에서 임록재 외(1996)는 '털꽃정향나무'(털꽃개회나무)를 별도 분류하고 있으나, 리용재 외(2011)는 별도 분류하지 않고
　있다. 이에 대해서는 리용재 외(2011), p.347 참조.

⊗ *Syringa patula Nakai* ヒメハシドイ
Am-gaehoe-namu 암개회나무

털개회나무(정향나무)〈*Syringa pubescens* Turcz. subsp. *patula* (Palib.) M.C.Chang & X.L.Chen(1990)〉

'국가표준식물목록'(2018), 『장진성 식물목록』(2014), 이우철(2005), '세계식물목록'(2018) 및 '중국식물지'(2018)는 털개회나무(정향나무)에 통합하고 별도 분류하지 않으므로 이 책도 이에 따른다.

⊗ *Syringa Palibiniana Nakai* テウセンハシドイ
Jonghyang-namu 정향나무

정향나무〈*Syringa patula* (Palib.) var. *kamibayashii* (Nakai) M.Kim(2004)〉[91]

정향나무라는 이름은 한자명 '丁香'(정향)에서 유래한 것으로, 꽃의 모양이 한자 丁(정)처럼 보이고 강한 향(香)이 있다는 뜻에서 붙여졌다.[92] 털개회나무에 비해 잎이 보다 둥근 형태라는 이유로 별도 변종으로 분류되고 있으나, 실제 구별은 쉽지 않아 털개회나무에 통합해야 한다는 견해가 유력하다.[93] 19세기에 저술된 『물명고』는 '丁香'(정향)을 '丁字香'(정자향)이라고도 한다는 것을 기록했다.[94] 중국에서는 丁香(ding xiang)을 수수꽃다리속(*Syringa*)을 일컫는 말로 사용하고 있다.

속명 *Syringa*는 그리스어 *syrinx*(관, 대롱)가 어원으로 꽃자루의 모양을 나타낸 것이며 수수꽃다리속을 일컫는다. 종소명 *patula*는 '열린, 벌어진'이라는 뜻이며, 변종명 *kamibayashii*는 일제강점기에 한반도에서 식물을 채집한 일본인 Keijiro Kamibayashi(?~?)의 이름에서 유래했다.

다른이름 동근정향나무(정태현 외, 1937), 정향나무/둥근정향나무(이창복, 1947), 둥근정향나무(정태현 외, 1949), 참정향나무(도봉섭 외, 1956), 둥근잎정향나무(리종오 외, 1964)

옛이름 丁香(태종실록, 1401), 丁香(고려사절요, 1451), 丁香/뎡향(구급간이방언해, 1489), 丁香/뎡향(언

---

91 '국가표준식물목록'(2018)은 본문의 학명으로 정향나무를 별도 분류하고 있으나, '중국식물지'(2018)와 『장진성 식물목록』(2014)은 털개회나무(*S. pubescens* subsp. *patula*)에 통합하고 별도 분류하지 않으므로 주의가 필요하다.

92 이러한 견해로 박상진(2019), p.345; 허북구·박석근(2008b), p.250; 솔뫼(송상곤, 2010), p.330 참조.

93 이러한 견해로 『장진성 식물목록』(2014), p.463과 김진석·김태영(2018), p.624 참조.

94 중국의 『본초강목』(1596)은 "齊民要術云 雞舌香 俗人以其似丁子 故呼爲丁子香"(제민요술에서는 '계설향은 민간에서 고무래와 비슷하므로 정자향이라 부른다'고 하였다)이라고 기록했다.

해두창집요, 1608), 丁香/뎡향(언해태산집요, 1608), 丁香(동의보감, 1613), 丁香(성소부부고, 1613), 丁香(승정원일기, 1626), 丁香(의림촬요, 1635), 丁香(산림경제, 1715), 丁香(경자연행잡지, 1720), 丁香(일성록, 1795), 丁香(청장관전서, 1795), 丁香(만기요람, 1808), 丁香/새발사향/丁字香(물명고, 1824), 뎡향/丁香/뎡향화/丁香花(한불자전, 1880), 정향/丁香(일용비람기, 연대미상)[95]

중국/일본명 중국명 关东巧玲花(guan dong qia ling hua)는 관둥(關東: 중국 산하이관 동북 지역) 지방에 분포하는 교령화[巧玲化: 예쁜 옥소리가 나는 꽃이라는 뜻으로 참털개회나무(*S. pubescens*)의 중국명]라는 뜻이다. 일본명 テウセンハシドイ(朝鮮-)는 한반도에 분포하는 개회나무 종류(ハシドイ)라는 뜻이다.

참고 [북한명] 정향나무 [유사어] 계설향(鷄舌香), 산침향(山沈香)

⊗ Syringa Palibiniana *Nakai* var. Kamibayashii *Nakai*　マルバハシドイ
Donggun-jonghyang-namu　동근정향나무

털개회나무(정향나무)〈*Syringa pubescens* Turcz. subsp. *patula* (Palib.) M.C.Chang & X.L.Chen(1990)〉
'국가표준식물목록'(2018)은 '둥근정향나무'(동근정향나무)에 대한 학명을 *Syringa velutina* var. *kamibayashii* (Nakai) T.B.Lee(1966)로 하여 별도 분류하고 있으나, 이 학명은 조류, 균류와 식물에 대한 국제명명규약(ICN)의 규정을 준수하지 않은 학명으로 비합법적으로 출판한 이름 (invalidly published name)이다. 한편 이우철(2005)은 둥근정향나무를 '정향나무'에 통합하고 있으며 『장진성 식물목록』(2014)은 '털개회나무'(정향나무)에 통합하고 있으므로 이 책에서는 별도 분류 및 해설하지 않기로 한다.

⊗ Syringa Palibiniana *Nakai* var. lactea *Nakai*　シロバナテウセンハシドイ
Hin-jonghyang-namu　흰정향나무

흰정향나무〈*Syringa patula* (Palib.) var. *kamibayshii* f. *lactea* (Nakai) M.Kim(2004)〉[96]
흰정향나무라는 이름은 흰색의 꽃이 피는 정향나무라는 뜻에서 유래했다.[97] 『조선식물향명집』에서는 전통 명칭 '정향나무'를 기본으로 하고 꽃의 색깔을 나타내는 '흰'을 추가해 '흰정향나무'를 신

---

95 『조선어사전』(1920)은 '雞舌香(계설향), 丁香(뎡향), 새발샤향'을 기록했으며 『조선삼림식물편』(1915~1939)은 'ソドゥルモック(全南)'[노둘목(전남)]을 기록했다.
96 '국가표준식물목록'(2018)은 흰정향나무를 본문의 학명으로 별도 분류하고 있으나, 『장진성 식물목록』(2014)은 털개회나무(정향나무)에 통합 처리하고 있으므로 주의가 필요하다.
97 이러한 견해로 이우철(2005), p.614 참조.

칭했으나,[98] 『조선삼림식물도설』에서 표기법에 맞추어 '흰정향나무'로 개칭해 현재에 이르고 있다.

속명 *Syringa*는 그리스어 *syrinx*(관, 대롱)가 어원으로 꽃자루의 모양을 나타낸 것이며 수수꽃다리속을 일컫는다. 종소명 *patula*는 '열린, 벌어진'이라는 뜻이며, 변종명 *kamibayashii*는 일제강점기에 한반도에서 식물을 채집한 일본인 Keijiro Kamibayashi(?~?)의 이름에서 유래했다. 품종명 *lactea*는 '젖빛의, 유백색의, 우유의'라는 뜻으로 꽃의 색깔에서 유래했다.

다른이름 힌정향나무(정태현 외, 1937), 흰정향나무(이창복, 1947), 흰참정향나무(임록재 외, 1972), 흰털개회나무(이창복, 1980), 흰꽃정향나무(임록재 외, 1996)

중국/일본명 중국에서는 이를 별도 분류하지 않고 있다. 일본명 シロバナテウセンハシドイ(白花朝鮮 -)는 흰 꽃이 피는 정향나무(テウセンハシドイ)라는 뜻이다.

참고 [북한명] 흰꽃정향나무[99]

⊗ Syringa robusta *Nakai*　タチハシドイ
Jagjage　짝자게

꽃개회나무〈*Syringa wolfii* C.K.Schneid.(1910)〉
'국가표준식물목록'(2018), 『장진성 식물목록』(2014), '중국식물지'(2018) 및 '세계식물목록'(2018)은 짝자게를 별도 분류하지 않고 꽃개회나무에 통합하고 있으므로 이 책도 이에 따른다.

⊗ Syringa velutina *Komarov*　ウスゲハシドイ
Tŏl-gaehoe-namu　털개회나무

털개회나무(정향나무)〈*Syringa pubescens* Turcz. subsp. *patula* (Palib.) M.C.Chang & X.L.Chen(1990)〉[100]
털개회나무라는 이름은 벨벳 같은 털이 있는 개회나무라는 뜻에서 붙여졌다.[101] 털의 정도뿐만 아니라 꽃의 형태와 색깔, 열매 모양 등이 개회나무와는 차이가 있다. 『조선식물향명집』에서 전통명칭 '개회나무'를 기본으로 하고 식물의 형태적 특징과 학명에 착안한 '털'을 추가해 신칭했다.[102]

속명 *Syringa*는 그리스어 *syrinx*(관, 대롱)가 어원으로 꽃자루의 모양을 나타낸 것이며 수수꽃

---

98 이에 대해서는 『조선식물향명집』, 색인 p.49 참조.
99 북한에서 임록재 외(1996)는 '흰꽃정향나무'(흰정향나무)를 별도 분류하고 있으나, 리용재 외(2011)는 이를 별도 분류하지 않고 있다. 이에 대해서는 리용재 외(2011), p.346 참조.
100 '국가표준식물목록'(2018)은 털개회나무의 학명을 *Syringa patula* (Palib.) Nakai(1938)로 기재하고 있으나, 『장진성 식물목록』(2014), '세계식물목록'(2018) 및 '중국식물지'(2018)는 정명을 본문과 같이 기재하고 있다.
101 이러한 견해로 이우철(2005), p.550 참조.
102 이에 대해서는 『조선식물향명집』, 색인 p.48 참조.

다리속을 일컫는다. 종소명 *pubescens*는 '가는 연모가 있는'이라는 뜻으로 식물체에 털이 있는 것에서 유래했으며, 옛 종소명 *velutina*는 '벨루도(veludo) 같은, 벨벳(velvet) 같은'이라는 뜻이다. 아종명 *patula*는 '열린, 벌어진'이라는 뜻이다.

다른이름 기회나무(정태현 외, 1923), 정향나무/동근정향나무/힌정향나무/암개회나무/섬개회나무 (정태현 외, 1937), 가는닢정향나무/힌정향나무(정태현, 1943), 가는잎정향나무(정태현 외, 1949), 흰섬 개회니무(이칭복, 1966), 털산회나무(임록재 외, 1996)

중국/일본명 중국명 关东巧玲花(guan dong qiao ling hua)는 관둥(關東: 중국 산하이관 동북 지역) 지방에 분포하는 교령화[巧玲花: 예쁜 옥소리가 나는 꽃이라는 뜻으로 참털개회나무(*S. pubescens*)의 중국명]라는 뜻이다. 일본명 ウスゲハシドイ(薄毛-)는 성긴 털이 있는 개회나무 종류(ハシドイ)라는 뜻이다.

참고 [북한명] 털산회나무 [유사어] 박모야정향(薄毛野丁香)

⊗Syringa venosa *Nakai*　タケシマハシドイ
Sŏm-gaehoe-namu　섬개회나무

섬개회나무⟨*Syringa patula* (Palib.) var. *venosa* (Nakai) M.Kim(2004)⟩[103]

섬개회나무라는 이름은 울릉도(섬)에서 자라는 개회나무라는 뜻에서 붙여졌다.[104] 울릉도에 분포하는 낙엽 활엽 소교목으로 털개회나무(정향나무)를 닮았는데 일년생가지, 잎자루 및 꽃받침에 털이 없는 것을 이유로 별도 분류했으나[105] 분류학적 타당성에 대해서는 논란이 있다. 『조선식물향명집』에서 전통 명칭 '개회나무'를 기본으로 하고 식물의 산지(産地)를 나타내는 '섬'을 추가해 신칭했다.[106]

속명 *Syringa*는 그리스어 *syrinx*(관, 대롱)가 어원으로 꽃자루의 모양을 나타낸 것이며 수수꽃다리속을 일컫는다. 종소명 *patula*는 '열린, 벌어진'이라는 뜻이며, 변종명 *venosa*는 '뚜렷한 맥이 있는'이라는 뜻이다.

다른이름 섬정향나무(리종오, 1964)

중국/일본명 중국에서는 이를 별도 분류하지 않고 있다. 일본명 タケシマハシドイ(鬱陵島-)는 울릉도에 분포하는 개회나무 종류(ハシドイ)라는 뜻이다.

참고 [북한명] 섬정향나무

---

103 '국가표준식물목록'(2018)은 섬개회나무를 본문의 학명으로 별도 분류하고 있으나, 『장진성 식물목록』(2014)은 털개회나무(정향나무)에 통합 처리하고 있으므로 주의가 필요하다.

104 이러한 견해로 이우철(2005), p.337 참조.

105 이에 대해서는 『한국속식물지』(2018), p.1134 참조.

106 이에 대해서는 『조선식물향명집』, 색인 p.41 참조.

Loganiaceae 마전과 (馬錢科)

마전과⟨**Loganiaceae** R.Br. ex Mart.(1827)⟩

마전과는 인도 등이 원산지인 낙엽 교목 마전(馬錢)에서 유래한 과명이다. '국가표준식물목록'(2018), '세계식물목록'(2018) 및 『장진성 식물목록』(2014)은 *Logania*(로가니아속)에서 유래한 Loganiaceae 를 과명으로 기재하고 있으며, 엥글러(Engler), 크론키스트(Cronquist) 및 APG IV(2016) 분류 체계도 이 와 같다.

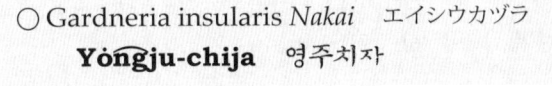

○ Gardneria insularis *Nakai*   エイシウカヅラ
Yóngju-chija   영주치자

영주치자⟨*Gardneria nutans* (Roxb.) Sweet(1826)⟩[1]

영주치자라는 이름은 한자명 '瀛州梔子'(영주치자)에서 유래한 것으로, 제주도의 별칭인 영주(瀛州)에 분포하는 치자(梔子)를 닮은 식물이라는 뜻이다.[2] 제주도와 남부 도서 지역에 분포하는 상록 덩굴성 식물로 황백색의 꽃이 치자와 비슷하다. 중국의 사마천이 저술한 『사기』의 列子(열자) 편은 늙지도 죽지도 않는 약이 있는 삼신산(三神山)이 있는데, 이를 봉래산(蓬萊山), 방장산(方丈山)과 더불어 영주산(瀛洲山)이라고 기록했다. 이 영주산(瀛洲山)을 제주도의 한라산이라고 인식하기도 했기 때문에 제주도를 영주라 일컫기도 한다.

속명 *Gardneria*는 식민지 시대에 네팔에 근무하면서 이끼 채집을 한 영국 관리 Edward Gardner(1784~?)의 이름에서 유래한 것으로 영주치자속을 일컫는다[스코틀랜드 식물학자 George Gardner(1812~1849)의 이름에서 유래했다는 설도 있다]. 종소명 *nutans*는 '굽은, (꽃 따위가) 고개를 숙이는'이라는 뜻으로 덩굴성인 것에서 유래했다.

다른이름   영주덩굴(안학수·이춘녕, 1963), 숙은영주덩굴(리용재 외, 2011), 금오지차(김태영·김진석,

---

1   '국가표준식물목록'(2018)은 영주치자의 학명을 *Gardneria insularis* Nakai(1918)로 하여 고유종으로 보고 있으나, 『장 진성 식물목록』(2014)과 '중국식물지'(2018)는 본문의 학명을 정명으로 하고 *G. insularis*를 통합하여 이명(synonym)으로 처리하고 있다.

2   이러한 견해로 이우철(2005), p.403; 박상진(2019), p.387; 김태영·김진석(2018), p.602 참조.

$2018)^{3}$

중국/일본명 중국명 线叶蓬萊葛(xian ye peng lai ge)는 전설 속의 봉래산(蓬萊山)에 분포하는 선형(線形)의 잎을 가진 칡 같은 식물이라는 뜻이다. 일본명 エイシウカヅラ(瀛州葛)는 전설 속의 영주산(瀛洲山)에 분포하는 덩굴식물이라는 뜻에서 붙여졌는데, 최근에는 ホウライカズラ(蓬萊葛)를 일반적으로 사용하고 있다.

참고 [북한명] 영수덩굴/숙은영주덩굴[4] [유사어] 영주등(瀛州藤)

Mitrasacne alsinoides *R. Brown* ヒメナイ
Byŏrugajaebi 벼룩아재비

벼룩아재비⟨*Mitrasacme indica* Wight(1850)⟩[5]

벼룩아재비라는 이름은 벼룩나물을 닮은 식물이라는 뜻에서 붙여졌다.[6] '벼룩나물'은 벼룩처럼 작은 식물을 가리키고, 미나리아재비와 같이 식물명에서 '아재비'는 대개 비슷한 식물을 일컫는 말이므로 벼룩아재비는 벼룩나물처럼 작게 생긴 식물이라는 뜻이다. 벼룩나물과 달리 식용했다는 기록은 보이지 않는다. 『조선식물향명집』에서 전통 명칭 '벼룩'(나물)을 기본으로 하고 '아재비'를 추가해 신칭했다.[7] 『조선식물향명집』에 기록된 종소명 alsinoides는 벼룩나물(*Stellaria alsine*)과 비슷하다는 뜻이므로, 형태적 특징과 더불어 학명에 착안한 이름으로 추정된다.

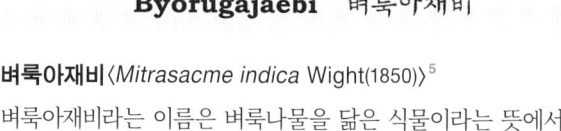

속명 *Mitrasacme*는 그리스어 *mitra*(주교가 의식 때 쓰는 모자나 수건)와 *acme*(꼭대기, 정상)의 합성어로, 화통(花筒, floral tube)을 나타낸 것이며 벼룩아재비속을 일컫는다. 종소명 *indica*는 '인도의'라는 뜻으로 발견지 또는 분포지를 나타낸다.

다른이름 애기벼룩아재비(안학수 외, 1982), 벼룩풀(한진건 외, 1982), 실좀풀꽃(김현삼 외, 1988), 실좀

3   『조선식물명휘』(1922)는 '梔子'를 기록했다.

4   북한에서는 *G. insularis*를 '영주덩굴'로, *G. nutans*를 '숙은영주덩굴'로 하여 별도 분류하고 있다. 이에 대해서는 리용재 외(2011), p.161 참조.

5   '국가표준식물목록'(2018)은 벼룩아재비의 학명을 *Mitrasacme alsinoides* R.Br.(1810)로 기재하고 있으나, 『장진성 식물목록』(2014)과 '중국식물지'(2018)는 본문의 학명을 정명으로 기재하고 있다. 한편 『조선식물향명집』에서 속명을 *Mitrasacne*로 잘못 기록한 것은 『조선식물명휘』(1922)의 오기에서 비롯한 것으로 보인다.

6   이러한 견해로 김종원(2016), p.274 참조.

7   이에 대해서는 『조선식물향명집』, 색인 p.38 참조.

꽃풀(임록재 외, 1996)

중국명 尖帽草(jian mao cao)는 뾰족한 모자를 닮은 풀이라는 뜻으로 속명과 같은 뜻이다. 일본명 ヒメナイ(姫苗)는 어린 새싹이라는 뜻으로 식물체가 작고 앙증맞은 것에서 유래했다.

[북한명] 실종꽃풀 [지방명] 고사쿨/고사풀/고세쿨(제주)

Mitrasacne capillaris *Wallich* アイナイ
Kùn-byòrugajaebi 큰벼룩아재비

큰벼룩아재비⟨*Mitrasacme pygmaea* R.Br.(1810)⟩

큰벼룩아재비라는 이름은 벼룩아재비에 비해 식물체가 크게 자란다는 뜻에서 붙여졌다.[8] 벼룩아재비에 비해 다소 크게 자라지만 개체별로 차이가 있다. 『조선식물향명집』에서 전통 명칭 '벼룩'(나물)을 기본으로 하고 식물체의 형태적 특징과 학명에 착안한 '큰'과 '아재비'를 추가해 신칭했다.[9]

속명 *Mitrasacme*는 그리스어 *mitra*(주교가 의식 때 쓰는 모자나 수건)와 *acme*(꼭대기, 정상)의 합성어로, 화통(花筒, floral tube)을 나타낸 것이며 벼룩아재비속을 일컫는다. 종소명 *pygmaea*는 '작은'이라는 뜻이다.

큰실좀꽃풀(김현삼 외, 1988), 큰실종꽃풀(임록재 외, 1996)[10]

중국명 水田白(shui tian bai)는 논(무논)에서 자라는 하얀 꽃이 피는 식물이란 뜻이다. 일본명 アイナイ(藍苗)는 어린 싹의 줄기가 남색이라는 뜻이다.

[북한명] 큰실종꽃풀 [지방명] 고사풀/고세쿨(제주)

---

8 이러한 견해로 이우철(2005), p.534와 김종원(2016), p.274 참조.
9 이에 대해서는 『조선식물향명집』, 색인 p.47 참조.
10 『제주도및완도식물조사보고서』(1914)는 'コサクル'[고사쿨]을 기록했다.

Gentianaceae 용담科 (龍膽科)

용담과〈Gentianaceae Juss.(1789)〉

용담과는 국내에 자생하는 용담에서 유래한 과명이다. '국가표준식물목록'(2018), '세계식물목록'(2018) 및 『장진성 식물목록』(2014)은 *Gentiana*(용담속)에서 유래한 Gentianaceae를 과명으로 기재하고 있으며, 엥글러(Engler), 크론키스트(Cronquist) 및 APG IV(2016) 분류 체계도 이와 같다.

○ Gentiana detonsa *Rottboell*　ヒゲリンダウ
Suyŏm-yoṅgdam　수염용담

수염용담〈*Gentianopsis barbata* (Froel.) Ma(1951)〉

수염용담이라는 이름은 꽃받침의 열편이 가시처럼 날카로운 것을 수염에 비유하고 용담을 닮았다는 뜻에서 붙여졌다.[1] 북부 산지의 습한 풀밭에서 주로 자라는데 꽃의 모습 등이 용담을 연상케 한다. 『조선식물향명집』에서 전통 명칭 '용담'을 기본으로 하고 식물의 형태적 특징과 학명에 근거한 '수염'을 추가해 신칭했다.[2]

　속명 *Gentianopsis*는 *Gentiana*(용담속)와 *opsis*(비슷하다)의 합성어로, 용담속 식물과 유사하다는 뜻이며 수염용담속을 일컫는다. 종소명 *barbata*는 '까끄라기가 있는, 수염이 있는'이라는 뜻이다.

다른이름　수염과남풀(리종오, 1964), 수염룡담(임록재 외, 1972)

중국/일본명　중국명 扁蕾(bian lei)는 작은 꽃봉오리라는 뜻으로, 용담에 비해 꽃이 작다는 뜻에서 유래한 것으로 보인다. 일본명 ヒゲリンダウ(髭竜胆)는 학명에서 영향을 받은 것으로 수염이 달린 용담(リンダウ)이라는 뜻이다.

참고　[북한명] 수염룡담

○ Gentiana Jamesii *Hemsley*　クモマリンダウ
Biro-yoṅgdam　비로용담

비로용담〈*Gentiana jamesii* Hemsl.(1890)〉

비로용담이라는 이름의 한자명은 '毗盧龍膽'(비로용담)으로, 금강산의 비로봉에 분포하는 용담이

1　이러한 견해로 이우철(2005), p.360 참조.
2　이에 대해서는 『조선식물향명집』, 색인 p.42 참조.

라는 뜻에서 붙여졌다.[3] 강원도 이북의 높은 산지에서 주로 자란다. 『조선식물향명집』에서 전통명칭 '용담'을 기본으로 하고 식물의 산지(産地)를 나타내는 '비로'를 추가해 신칭했다.[4]

속명 *Gentiana*는 용담속 식물의 약효를 발견한 로마 시대 의학자 플리니(Pliny)가 붙인 이름으로, 일리리아의 왕 Gentius(B.C.500년경)의 이름에서 유래했으며 용담속을 일컫는다. 종소명 *jamesii*는 미국 식물학자 Edwin P. James(1797~1861)의 이름에서 유래했다.

다른이름 비로봉용담(박만규, 1949), 비로과남풀(리종오, 1964), 비로룡담(임록재 외, 1972)

중국/일본명 중국명 长白山龙胆(chang bai shan long dan)은 장백산(백두산)에 분포하는 용담(龍膽)이라는 뜻이다. 일본명 クモマリンダウ(雲間竜胆)는 높은 산의 구름 사이에 분포하는 용담(リンダウ)이라는 뜻이지만, 현재 일본에서는 リシリリンダウ(利尻島竜胆)를 주로 사용한다.

참고 [북한명] 비로룡담

Gentiana scabra *Bunge* var. Bungeana *Kusnezoff*　タウリンダウ　龍膽
Yongdam　용담

용담〈*Gentiana scabra* Bunge(1835)〉

용담이라는 이름은 한자명 '龍膽'(용담)에 어원을 둔 것으로, 약재로 사용할 때 상상의 동물인 용(龍)의 쓸개(膽)에서나 느낄 수 있는 쓴맛이 난다는 뜻에서 유래했다.[5] 『동의보감』은 龍膽(용담)에 대해 "味苦如膽 故俗呼爲草龍膽"(맛이 담즙처럼 쓰기 때문에 속칭 '초용담'이라 한다)이라고 기록했다. 옛날부터 약재로 사용했는데[6] '용담(룡담)'과 '과남풀(관음플)'이라는 이름이 함께 기록된 것에 비추어 용담(G. scabra)과 과남풀(G. triflora)을 별도로 구분하지 않았던 것으로 보인다.[7] 『조선식물향명집』은 옛이름 '용담'을 그대로 기록했는데 이 이름이 현재까지 이어져 오고 있다.

속명 *Gentiana*는 용담속 식물의 약효를 발견한 로마 시대

3　이러한 견해로 이우철(2005), p.294 참조.
4　이에 대해서는 『조선식물향명집』, 색인 p.39 참조.
5　이러한 견해로 이우철(2005), p.419; 손병태(1996), p.50; 허북구·박석근(2008a), p.163; 이유미(2013), p.491; 김병기(2013), p.453; 김종원(2016), p.276 참조.
6　이에 대해서는 『조선신야생약용식물』(1936), p.185 참조.
7　식품의약품안전처가 고시하는 생약에 대한 규정에서 龍膽(용담)은 용담(G. scabra)과 과남풀(G. triflora)을 모두 포함하는 것으로 사용되고 있다. 이에 대해서는 이민화(2015b), p.1933 참조.

의학자 플리니(Pliny)가 붙인 이름으로, 일리리아의 왕 Gentius(B.C.500년경)의 이름에서 유래했으며 용담속을 일컫는다. 종소명 *scabra*는 '요철(凸凹)이 있는, 까칠까칠한 면의'라는 뜻으로 줄기와 잎 뒷면의 돌기 때문에 붙여졌다.

다른이름 과남풀/초룡담(정태현 외, 1936), 섬용담(박만규, 1949), 초용담(안학수·이춘녕, 1963), 룡담/거친과남풀(리종오, 1964), 선용담(안학수 외, 1982), 관음초(김종원, 2016)

옛이름 龍膽/觀音草(향약채취월령, 1431), 龍膽/觀音草(향약집성방, 1433),[8] 龍膽/觀音草(세종실록지리지, 1454), 龍膽草/觀音草(촌가구급방, 1538), 草龍膽/초룡담(언해두창집요, 1608), 龍膽/과남플/草龍膽(동의보감, 1613), 草龍膽(승정원일기, 1629), 草龍膽(의림촬요, 1635), 龍膽/과남플/草龍膽(산림경제, 1715), 龍膽/草龍膽(광제비급, 1790), 龍膽/뷔트리싯(재물보, 1798), 龍膽/과남풀(제중신편, 1799), 龍膽草/쵸룡담(물보, 1802), 龍膽/뷔트리싯/草龍膽(광재물보, 19세기 초), 룡담/과남플(화왕본긔, 19세기 초), 龍膽/관음풀/觀音草(물명고, 1824), 龍膽/과남풀(의종손익, 1868), 草龍膽(의휘, 1871), 龍膽/과남풀(방약합편, 1884), 龍膽/龍膽草(수세비결, 1929), 龍膽/과남풀/박근초(선한약물학, 1931)[9]

중국/일본명 중국명 龙胆(long dan)은 잎이 용규(龍葵: 까마중)와 유사하고 쓸개(膽)에서 느낄 수 있는 쓴맛이 난다는 뜻이다.[10] 일본명 タウリンダウ(唐竜胆)는 중국에서 유래한 용담(リンダウ)이라는 뜻이다.

참고 [북한명] 초룡담 [유사어] 용담초(龍膽草), 초용담(草龍膽) [지방명] 초롱단(강원), 초롱단(경북), 담초/초롱잎(전남), 초롱잎(전북), 용담초(충남)

Gentiana squarrosa *Ledebour*　コケリンダウ

Gusilbungi　구실붕이

구슬붕이〈*Gentiana squarrosa* Ledeb.(1812)〉

구슬붕이라는 이름은 '구슬'과 '붕이'의 합성어로, 꽃이 피기 전에 부푼 꽃봉오리의 모습이 구슬을 머금은 것처럼 보인다는 뜻에서 유래했다.[11] '구슬'은 둥근 모양을 가진 玉(옥) 또는 珠(주)의 뜻으로, '붕이'는 『우리나라 식물명감』의 '구실붕이'에 보이듯이 봉오리를 줄인 봉이의 뜻으로 해석

8　『향약집성방』(1433)의 차자(借字) '觀音草'(관음초)에 대해 남풍현(1999), p.175는 '관음플'의 표기로 보고 있다.

9　『조선한방약료식물조사서』(1917)는 '과남플, 草龍膽'을 기록했으며 『조선식물명휘』(1922)는 '龍膽, 龍胆草, 과남풀'을, Crane(1931)은 '룡담초, 龍胆草'를, 『토명대조선만식물자휘』(1932)는 '[龍膽草]룡담초, [草龍膽]초룡담, [과남풀]'을, 『선명대화명지부』(1934)는 '과남풀'을 기록했다.

10　중국의 『본초강목』(1596)은 "葉如龍葵 味苦如膽 因以爲名"(잎이 까마중과 비슷하고 맛은 쓸개처럼 쓰기 때문에 이러한 이름이 붙었다)이라고 기록했다.

11　이러한 견해로 이우철(2005), p.89 참조. 다만 이우철은 키가 작고 가지가 많은 전체의 모양을 둥근 구슬에 비유한 것으로 보고 있다.

된다.[12] 일제강점기의 여러 문헌에 기록되었고 중국명 및 일본명과 뜻이 동일하지 않은 것에 비추어 당시 사용하던 방언을 채록한 것으로 보인다. 한편 구슬붕이의 유래에 대해서 큰구슬붕이의 일본명이 フデリンダウ(筆竜胆)인 것에 비추어 '구슬'과 '붓이'의 합성어로서 꽃봉오리 모양이 붓(筆)을 연상시키고 구슬처럼 앙증맞은 데서 생겨난 이름으로 보는 견해가 있다.[13] 그러나 붓 모양을 뜻하는 말로 '붓이'가 사용된 예가 식물명이나 우리말에 존재하지 않는 데다 방언에서 비롯한 한글명의 유래를 굳이 일본명에서 찾는 것은 이해하기 어려운 주장으로 보인다. 『조선식물향명집』은 '구실붕이'로 기록했으나 『조선식물명집』에서 '구슬붕이'로 개칭해 현재에 이르고 있다.

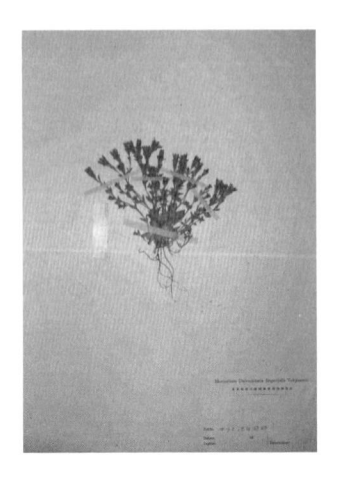

속명 Gentiana는 용담속 식물의 약효를 발견한 로마 시대 의학자 플리니(Pliny)가 붙인 이름으로, 일리리아의 왕 Gentius(B.C.500년경)의 이름에서 유래했으며 용담속을 일컫는다. 종소명 squarrosa는 '비늘로 덮인, 돌기 등으로 거친'이라는 뜻이다.

다른이름 구실붕이(정태현 외, 1937), 구실봉이(박만규, 1949), 구슬봉이(도봉섭 외, 1956), 민구슬봉이(안학수 외, 1982)[14]

중국/일본명 중국명 鳞叶龙胆(lin ye long dan)은 비늘잎을 가진 용담(龍膽)이라는 뜻으로 학명과 연관되어 있다. 일본명 コケリンダウ(苔竜胆)는 이끼처럼 작은 용담(リンダウ)이라는 뜻이다.

참고 [북한명] 구슬봉이 [유사어] 석용담(石龍膽) [지방명] 구실뱅이(전남)

○ Gentiana Thunbergii *Grisebach*   ハルリンダウ
Gin-gusilbungi   긴구실붕이

봄구슬붕이〈*Gentiana thunbergii* (G.Don) Griseb.(1845)〉

봄구슬붕이라는 이름은 봄에 꽃이 피는 구슬붕이라는 뜻이다.[15] 봄구슬붕이의 국내 분포에 대해

---

12 한편 구슬붕이의 '붕이'는 떡붕이(온순한 사람: 강원 방언), 두루붕이/병부이(바보 같은 사람: 제주 방언), 뜨붕이(뚜껑: 함남 방언), 얼붕이/열붕이(얼뜨기: 평안 방언), 아붕이(아버지: 전남/경남 방언) 등의 우리말 쓰임새에 비추어 앞 말의 의미를 강화하는 일종의 명사화 접미사로 이해할 수도 있을 것으로 보인다.

13 이러한 견해로 김종원(2016), p.281 참조.

14 『조선의 구황식물』(1919)은 '구실붕이'를 기록했으며 『조선식물명휘』(1922)는 '龍胆草, 紫花地丁, 구실붕이'를, 『선명대화명지부』(1934)는 '구실붕이, 구실붕이'를, 『조선의산과와산채』(1935)는 '구실붕이'를 기록했다.

15 이러한 견해로 이우철(2005), p.280 참조.

서는 논란이 있다.[16] 『조선식물향명집』에서는 화통(花筒)이 길게 뻗어 올라가는 구슬붕이(구실붕이)라는 뜻의 '긴구실붕이'를 신칭했으나,[17] 『우리나라 식물자원』에서 '봄구슬붕이'로 개칭해 현재에 이르고 있다.

속명 *Gentiana*는 용담속 식물의 약효를 발견한 로마 시대 의학자 플리니(Pliny)가 붙인 이름으로, 일리리아의 왕 Gentius(B.C.500년경)의 이름에서 유래했으며 용담속을 일컫는다. 종소명 *thunbergii*는 스웨덴 식물학자로 일본 식물을 연구한 Carl Peter Thunberg(1743~1828)의 이름에서 유래했다.

다른이름 긴구실붕이(정태현 외, 1937), 봄구실붕이(박만규, 1949), 키다리구슬붕이(임록재 외, 1972), 키구슬붕이/봄구슬붕이(리용재 외, 2011)

중국/일본명 중국명 丛生龙胆(cong sheng long dan)은 총생(叢生: 뭉쳐나기)하는 용담(龍膽)이라는 뜻이다. 일본명 ハルリンダウ(春竜胆)는 봄에 피는 용담(リンダウ)이라는 뜻이다.

참고 [북한명] 키구슬붕이/봄구슬붕이[18]

⊗ Gentiana Uchiyamana *Nakai*　ナガバオホリンダウ
Kalip-yongdam　칼잎용담

과남풀〈*Gentiana triflora* Pall.(1789)〉[19]

과남풀이라는 이름은 생약명 용담(龍膽)의 옛이름 관음플(觀音草)에서 유래한 것으로, 꽃이 피었을 때의 모습 또는 다양한 효과가 있는 약성이 불교의 관세음보살을 연상시킨다는 뜻에서 붙여졌다.[20] 15세기 초엽의 문헌에서도 이름이 발견되며 관음플→과남플→과남풀로 변화해왔다. 중국에서도 '观音草'(guan yin cao, 관음초)를 식물명으로 사용하고 있으나 입술망초와 유사한 *Peristrophe bivalvis*를 일컫는 이름이고 『본초강목』 등의 옛 문헌에서 龍膽(용담)의 별칭으로 사용하지는 않았으며, 우리의 옛 문헌 『향약집성방』에서도 觀音草(관음초)를 龍膽(용담)의 별칭이 아닌 향명(鄕名)으로 기록한 점을 고려할 때 용담속 식물에 대해 '관음플'이라고 한 것은 우리의 풍속으로 이해된다. 따라서 우리의 옛 문헌에 기록된 觀音草(관음초)는 우리말을 표현하기 위한 이

---

16 『조선식물명휘』(1922)는 인천에서 표본을 채집한 것으로 기록하고 있으나, 그 이후 국내에 자생하는 개체가 발견되지 않고, 『한국속식물지』(2018), p.1018은 국내에 자생하는 종의 목록에 봄구슬붕이를 기록하지 않고 있다.

17 이에 대해서는 『조선식물향명집』, 색인 p.33 참조.

18 북한에서는 *G. thunbergii*를 '키구슬붕이'로, *G. verna*를 '봄구슬붕이'로 하여 별도 분류하고 있다. 이에 대해서는 리용재 외(2011), p.163 참조.

19 '국가표준식물목록'(2018)은 과남풀의 학명을 *Gentiana triflora* var. *japonica* (Kusn.) H.Hara(1949)로 기재하고 있으나, 『장진성 식물목록』(2014)과 '중국식물지'(2018)는 본문의 학명을 정명으로 기재하고 있다.

20 이러한 견해로 이우철(2005), p.81; 손병태(1996), p.50; 김종원(2016), p.277 참조.

두식 차자(借字) 표기이며, 한자어 관음초(觀音草)에서 과남풀이 유래했다는 설명은 엄밀하게 살피면 타당하지 않다. 옛날부터 약재로 사용했는데 '용담(룡담)'과 '과남풀(관음풀)'이라는 이름이 함께 기록된 것에 비추어 용담(G. scabra)과 과남풀(G. triflora)을 별도로 구분하지 않고 '龍膽'(용담)이라는 생약명으로 사용한 것으로 보인다.[21] 『조선식물향명집』에서는 용담을 닮았으며 잎이 길고 뾰족하다는 뜻의 '칼잎용담'을 신칭했으나,[22] 『조선식물명집』에서 전통 명칭 '과남풀'로 개칭해 현재에 이르고 있다.

속명 Gentiana는 용담속 식물의 약효를 발견한 로마 시대 의학자 플리니(Pliny)가 붙인 이름으로, 일리리아의 왕 Gentius(B.C.500년경)의 이름에서 유래했으며 용담속을 일컫는다. 종소명 triflora는 '꽃이 3개인'이라는 뜻이지만 반드시 꽃이 3개씩 피는 것은 아니다.

다른이름 칼잎용담(정태현 외, 1937), 초룡담/큰초룡담(박만규, 1949), 큰용담(정태현 외, 1949), 칼잎과남풀/큰과남풀(리종오, 1964), 긴잎용담(이창복, 1969b), 룡담/칼잎룡담/큰잎룡담/큰룡담(임록재 외, 1972), 북과남풀(이우철, 1996b), 관음풀(안덕균, 1998)

옛이름 龍膽/觀音草(향약채취월령, 1431), 龍膽/觀音草(향약집성방, 1433),[23] 龍膽/觀音草(세종실록지리지, 1454), 龍膽/觀音草(촌가구급방, 1538), 龍膽/과남플/草龍膽(동의보감, 1613), 龍膽/과남풀/草龍膽(산림경제, 1715), 龍膽/과남풀(제중신편, 1799), 룡담/과남플(화왕본긔, 19세기 초), 龍膽/관음풀/觀音草(물명고, 1824), 龍膽/과남풀(의종손익, 1868), 龍膽/과남풀(방약합편, 1884)[24]

중국/일본명 중국명 三花龙胆(san hua long dan)은 꽃이 3개씩 피는 용담(龍膽)이라는 뜻으로 학명과 관련한 이름으로 보인다. 일본명 ナガバオホリンダウ(長葉大竜胆)는 잎이 길고 식물체가 큰 용담(リンダウ)이라는 뜻이다.

참고 [북한명] 룡담/칼잎룡담[25] [유사어] 관음초(觀音草), 용담(龍膽), 초룡담(草龍膽)

21 식품의약품안전처가 고시하는 생약에 대한 규정에서 龍膽(용담)은 용담(G. scabra)과 과남풀(G. triflora)을 모두 포함하는 것으로 사용되고 있다. 이에 대해서는 이민화(2015b), p.1933 참조.

22 이에 대해서는 『조선식물향명집』, 색인 p.47 참조.

23 『향약집성방』(1433)의 차자(借字) '觀音草'(관음초)에 대해 남풍현(1999), p.175는 '관음플'의 표기로 보고 있다.

24 『조선어사전』(1920)은 '龍膽(룡담), 草龍膽(초룡담), 과남풀'을 기록했으며 『조선식물명휘』(1922)는 '草龍膽, 초룡담, 촐용담, 과남풀(藥)'을, 『선명대화명지부』(1934)는 '과남풀, 초룡담, 촐옹담'을 기록했다.

25 북한에서는 G. triflora를 '룡담'으로, G. uchiyamai를 '칼잎룡담'으로 하여 별도 분류하고 있다. 이에 대해서는 리용재 외(2011), p.163 참조.

Gentiana Zollingeri *Fawcett*　フデリンダウ
Kùn-gusilbuñgi　큰구실붕이

큰구슬붕이〈*Gentiana zollingeri* Fawc.(1883)〉

큰구슬붕이라는 이름은 구슬붕이 종류 중에서 식물체가 크다는 뜻이다.[26] 구슬붕이에 비해 다소 크게 자라는 특징이 있다. 『조선식물향명집』에서는 '큰구실붕이'를 신칭해 기록했으나[27] 『조선식물명집』에서 '큰구슬붕이'로 개칭해 현재에 이르고 있다.

속명 *Gentiana*는 용담속 식물의 약효를 발견한 로마 시대 의학자 플리니(Pliny)가 붙인 이름으로, 일리리아의 왕 Gentius(B.C.500년경)의 이름에서 유래했으며 용담속을 일컫는다. 종소명 *zollingeri*는 스위스 식물학자 Heinrich Zollinger(1818~1859)의 이름에서 유래했다.

다른이름 큰구실붕이(정태현 외, 1937), 큰구실봉이(박만규, 1949), 큰구슬봉이(도봉섭 외, 1956)

중국/일본명 중국명 笔龙胆(bi long dan)은 꽃이 피는 모양이 붓(筆)처럼 보이는 용담(龍膽)이라는 뜻이다. 일본명 フデリンダウ(筆竜胆)는 중국명과 마찬가지로 꽃이 피는 모양을 붓에 빗댄 것이다.

참고 [북한명] 큰구슬봉이 [유사어] 석용담(石龍膽)

Halenia sibirica *Borkhausen*　ハナイカリ
Datgot　닻꽃

닻꽃〈*Halenia corniculata* (L.) Cornaz(1897)〉

닻꽃이라는 이름은 꽃의 모양이 닻을 닮았다는 뜻에서 유래했다.[28] 4개로 갈라진 꽃부리의 끝에 달리는 꿀샘의 모양으로 인해 꽃이 마치 배가 정박할 때 사용하는 닻(錨/碇)처럼 보인다. 한·중·일이 모두 같은 뜻의 이름을 공유하고 있다.[29] 『조선식물향명집』은 '닷꽃'으로 기록했으나 『우리나라 식물자원』에서 맞춤법에 따라 '닻꽃'으로 개칭해 현재에 이르고 있다.

속명 *Halenia*는 린네(Carl von Linné)의 제자인 Jonas Halen(J. Petrus Halenius, 1727~1810)의 이름에서 유래한 것으로 린네가 제자를 위해 명명했으며 닻꽃속을 일컫는다. 종소명 *corniculata*는 '작은 뿔 모양의'라는 뜻으로 꽃의 모양에서 유래했다.

다른이름 닷꽃(정태현 외, 1937), 닷꽃풀(도봉섭 외, 1956), 단꽃(안학수·이춘녕, 1963), 닻꽃용담(박만규,

---

26 이러한 견해로 이우철(2005), p.527 참조.

27 이에 대해서는 『조선식물향명집』, 색인 p.47 참조.

28 이러한 견해로 이우철(2005), p.167; 허북구·박석근(2008a), p.69; 권순경(2018.11.14.); 김종원(2016), p.281 참조.

29 닻꽃의 일본명 ハナイカリ는 『일본식물명휘』(1884)에서 그 기록이 확인된다. 반면에 한국과 중국은 그 이후의 문헌에서 이름이 확인되는 점에 비추어 일본명의 영향을 받아 형성된 이름으로 보인다. 이에 대해서는 矢田部良吉·松村任三(1884), p.90 참조.

1974)

중국명 花锚(hua mao)는 꽃이 닻(錨)을 닮은 식물이라는 뜻이다. 일본명 ハナイカリ(花碇)는 꽃의 모양이 닻(碇)을 닮았다는 뜻이다.

참고 [북한명] 닻꽃풀 [유사어] 화묘(花錨)

Limnanthemum cristatum Grisebach   ヒメガガブタ
Aegi-óriyóngot   애기어리연꽃

좀어리연꽃〈Nymphoides coreana (H.Lév.) H.Hara(1937)〉

좀어리연꽃이라는 이름은 어리연꽃을 닮았으나 상대적으로 식물체가 작다는 뜻에서 유래했다.[30] 『조선식물향명집』에서는 '어리연꽃'을 기본으로 하고 식물의 형태적 특징을 나타내는 '애기'를 추가해 '애기어리연꽃'을 신칭했으나,[31] 『조선식물명집』에서 '좀어리연꽃'으로 개칭해 현재에 이르고 있다.

속명 Nymphoides는 Nymphaea(수련속)를 닮았다는 뜻으로 어리연꽃속을 일컫는다. 종소명 coreana는 '한국의'라는 뜻으로 한국 특산식물임을 나타내지만 중국에도 분포하는 것으로 알려졌다.

다른이름 애기어리연꽃(정태현 외, 1937), 흰어리연꽃(안학수·이춘녕, 1963), 친어리연꽃(박만규, 1974)

중국/일본명 중국명 小荇菜(xiao xing cai)는 식물체가 소형인 행채(荇菜: 노랑어리연꽃의 중국명)라는 뜻이다. 일본명 ヒメガガブタ(姫鏡蓋)는 식물체가 소형인 어리연꽃(ガガブタ)이라는 뜻이다.

참고 [북한명] 좀어리연꽃/애기어리연꽃[32]

Limnanthemum indicum Grisebach   ガガブタ
Óriyóngot   어리연꽃

어리연꽃〈Nymphoides indica (L.) Kuntze(1891)〉

어리연꽃이라는 이름은 연꽃과 비슷하다는 뜻에서 유래했다.[33] 식물명에서 '어리'는 그 식물과 유사하거나 가까움을 나타내는 말이다. 어리연꽃이라는 한글명은 『조선식물향명집』에서 처음 발견

---

30 이러한 견해로 이우철(2005), p.475 참조.

31 이에 대해서는 『조선식물향명집』, 색인 p.43 참조.

32 북한에서는 N. coreanum을 '좀어리연꽃'으로, N. cristatum을 '애기어리연꽃'으로 하여 별도 분류하고 있다. 이에 대해서는 리용재 외(2011), p.240 참조.

33 이러한 견해로 이우철(2005), p.396과 허북구·박석근(2008a), p.153 참조.

되는데 별도로 신칭한 이름이 아닌 점에 비추어[34] 실제 사용하던 방언을 채록한 것으로 추정된다. 19세기에 저술된 『물명고』는 '荇'(행)에 대해서 "夏開黃花 亦有白花"(여름에 노란 꽃이 피는데 흰색 꽃도 있다)라고 기록해 노랑어리연꽃과 어리연꽃을 모두 일컬었던 것으로 보이며, 그 한글명으로 '도악이'를 기록했으나 성확한 유래는 알려져 있지 않다.

속명 *Nymphoides*는 *Nymphaea*(수련속)를 닮았다는 뜻으로 어리연꽃속을 일컫는다. 종소명 *indica*는 '인도의'라는 뜻이다.

다른이름 금은연(박만규, 1949)

옛이름 荇菜/下鳧葵(향약집성방, 1433), 荇菜/荅(대동운부군옥, 1589), 荇菜(산림경제, 1715), 荅菜/도악이/水鏡草/金蓮子(광재물보, 19세기 초), 荅/도악이/金蓮子(물명고, 1824), 荇絲菜/荇菜荇(임원경제지, 1842), 荅/힝/荇(명물기략, 1870), 荇菜(수세비결, 1929)[35]

중국/일본명 중국명 金銀蓮花(jin yin lian hua)는 금색과 은색의 꽃이 피고 연꽃을 닮았다는 뜻으로, 어리연꽃과 노랑어리연꽃을 함께 일컬었던 것에서 유래했다. 일본명 ガガブタ(鏡蓋)는 잎을 거울의 덮개(鏡蓋: カガミフタ)로 사용한 데서 유래한 것으로, カガミフタ에서 ガガブタ로 변화해서 형성되었다.

참고 [북한명] 어리연꽃 [유사어] 금은련화(金銀蓮花), 행채(荇菜/荅菜)

Limnanthemum nymphoides *Hoffmann*　アサザ
Norang-ŏriyŏngot　노랑어리연꽃

노랑어리연꽃〈*Nymphoides peltata* (S.G.Gmel.) Kuntze(1891)〉

노랑어리연꽃이라는 이름은 꽃이 노란색으로 피고 연꽃을 닮았다(어리)는 뜻에서 붙여졌다.[36] 『조선식물향명집』에서 전통 명칭 '어리연꽃'을 기본으로 하고 꽃의 색깔을 나타내는 '노랑'을 추가해 신칭했다.[37] 19세기에 저술된 『물명고』는 '荅'(행)에 대해서 "夏開黃花 亦有白花"(여름에 노란 꽃이 피는데 흰색 꽃도 있다)라고 기록해 노랑어리연꽃과 어리연꽃을 모두 일컬었던 것으로 보이며, 그 한글명으로 '도악이'를 기록했으나 정확한 유래는 알려져 있지 않다.

---

34 이에 대해서는 『조선식물향명집』, 색인 p.43 참조.
35 『조선식물명휘』(1922)는 '金銀蓮花'를 기록했다.
36 이러한 견해로 이우철(2005), p.149와 김경희 외(2014), p.71 참조.
37 이에 대해서는 『조선식물향명집』, 색인 p.34 참조.

속명 *Nymphoides*는 *Nymphaea*(수련속)를 닮았다는 뜻으로 어리연꽃속을 일컫는다. 종소명 *peltata*는 '방패모양의'라는 뜻으로 잎의 모양에서 유래했다.

다른이름 노란어리연꽃(임록재 외, 1972), 마름나물/노랑이(한진건 외, 1982)

옛이름 荇菜/下鳧葵(향약집성방, 1433), 荇菜/苦(대동운부군옥, 1589), 荇菜(산림경제, 1715), 苦菜/도악이/水鏡草/金蓮子(광재물보, 19세기 초), 苦/도악이/金蓮子(물명고, 1824), 荇絲菜/荇菜荇(임원경제지, 1842), 苦/힝/荇(명물기략, 1870), 荇菜(수세비결, 1929)[38]

중국/일본명 중국명 荇菜(xing cai)는 『시경』과 『설문해자』에 '荇'으로 기록된 것으로,[39] 줄기가 여러 갈래로 줄지어 뻗어가는(行) 모습을 형상화하고 채소로 식용한 것에서 유래했다. 일본명 アサザ(浅沙)는 얕은 물가(淺沙)에 자란다는 뜻이다.

참고 [북한명] 노랑어리연꽃 [유사어] 금은련화(金銀蓮花), 행채(荇菜/苦菜)

Menyanthes trifoliata *Linné* ミヅガシハ 睡菜葉
Jorúm-namul 조름나물

조름나물〈*Menyanthes trifoliata* L.(1753)〉

조름나물이라는 이름은 나물로 식용하는데 먹으면 졸음(睡)이 온다는 뜻에서 유래했다.[40] 전초를 약용하고,[41] 나물이라는 이름에 비추어 식용도 한 것으로 보인다. 19세기 초에 저술된 『광재물보』는 한자명 '睡菜'(수채)를 기록하면서 "食之令人思睡"(이를 먹으면 사람으로 하여금 졸린 생각이 들게 한다)라고 기록해 그 유래를 추론케 한다. 또한 현대어 '졸음'에 대한 조선 후기의 표현이 '조름'이므로[42] 조름나물은 한자명 睡菜(수채)와 같은 뜻으로 이해된다. 『조선식물향명집』에 한글명 조름나물이 최초 기록된 이래 현재에 이르고 있다.

속명 *Menyanthes*는 어떤 수생식물에 대한 고대 그리스명

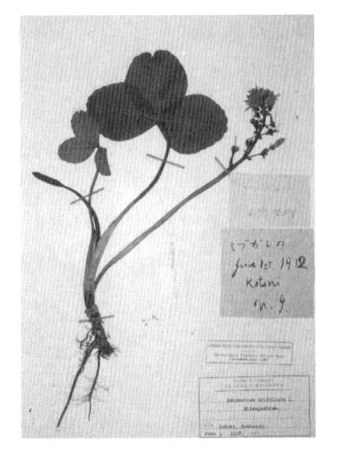

---

38 『조선식물명휘』(1922)는 '苦菜, 茆, 金絲荷葉'을 기록했으며 『토명대조선만식물자휘』(1932)는 '[荇菜]힝치, [苦菜]힝치'를 기록했다.

39 중국의 옛 문헌 『이아(爾雅)』는 '苦'(행)으로 기록했다.

40 이러한 견해로 권순경(2017.7.12.) 참조. 다만 권순경은 물고기의 아가미 안에 있는 빗살 모양의 검붉은 기관을 '조름'이라고 하는데 꽃잎의 털 모양이 조름을 닮았다는 뜻에서 유래했다고도 하지만, '睡菜'(수채)라는 이름에 비추어 타당성은 없는 것으로 보인다.

41 이에 대해서는 『한국식물도감(하권 초본부)』(1956), p.506 참조.

42 이에 대해서는 『고어대사전 17』(2016), p.827 참조.

에서 유래했는데, mene(달, 초승달) 또는 minnyos(작은, 아주 작은)와 anthos(꽃)의 합성어에서 유래한 것으로 추정하며 조름나물속을 일컫는다. 종소명 trifoliata는 '삼출겹잎의, 3개의 잎의'라는 뜻으로 작은잎이 3개씩 달리는 것에서 유래했다.

옛이름 睡菜/眠菜(광재물보, 19세기 초)[43]

중국/일본명 중국명 睡菜(shui cai)는 먹으면 졸음이 온다는 뜻에서 유래했다.[44] 일본명 ミヅガシハ(三柭)는 떡갈나무를 닮은 3개의 잎이 있다는 뜻이다.

참고 [북한명] 조름나물 [유사어] 수채(睡菜)

Swertia chinensis *Franchet*　ムラサキセンブリ
Jaji-ŝunpul　자지쓴풀　當藥

자주쓴풀 〈*Swertia pseudochinensis* H.Hara(1950)〉

자주쓴풀이라는 이름은 꽃이 짙은 자주색으로 피고 아주 쓴 맛이 나는 풀이라는 뜻에서 유래했다.[45] 전초를 민간약재로 사용했다.[46] 『조선식물향명집』에서는 '쓴풀'을 기본으로 하고 꽃의 색깔을 나타내는 '자지'를 추가해 '자지쓴풀'을 신칭했으나,[47] 『조선식물명집』에서 맞춤법에 따라 '자주쓴풀'로 개칭해 현재에 이르고 있다. '자지'는 자주의 옛 표현이다.

　속명 Swertia는 네덜란드 약초재배가 Emanuel Swert(1552~1612)의 이름에서 유래한 것으로 쓴풀속을 일컫는다. 종소명 pseudochinensis는 'chinensis(중국에 분포하는)와 유사한'이라는 뜻이다.

다른이름 당약(정태현 외, 1936), 자지쓴풀(정태현 외, 1937), 쓴풀(정태현 외, 1949), 털쓴풀(한진건 외, 1982)

중국/일본명 중국명 瘤毛獐牙菜(liu mao zhang ya cai)는 꽃의 사상모(絲像毛)에 혹 같은 돌기가 있는 장아채(獐牙菜: 노루의 어금니를 닮은 나물이라는 뜻으로 쓴풀 종류인 S. bimaculata 또는 쓴풀속의 중국명)라는 뜻이다. 일본명 ムラサキセンブリ(紫千振)는 꽃이 자주색으로 피고 쓴맛으로 인해 몸이 천번이나 떨린다는 뜻이다.

참고 [북한명] 자주쓴풀 [유사어] 당약(當藥) [지방명] 쓴풀(경상)

43　『조선식물명휘』(1922)는 '田垂菜'를 기록했다.
44　중국의 『본초강목』(1596)은 睡菜(수채)에 대해 "食之令人思睡 呼爲瞑菜"(이를 먹으면 사람으로 하여금 졸린 생각이 들도록 하기 때문에 눈을 감게 하는 채소라고도 한다)라고 기록했다.
45　이러한 견해로 이우철(2005), p.440; 권순경(2016.12.14.); 김종원(2016), p.285 참조.
46　이에 대해서는 『한국식물도감(하권 초본부)』(1956), p.501과 『한국의 민속식물』(2017), p.931 참조.
47　이에 대해서는 『조선식물향명집』, 색인 p.45 참조.

Swertia tetrapetala *Pallas*   チシマセンブリ
Negwe-sûnpul   네귀쓴풀

네귀쓴풀⟨*Swertia tetrapetala* Pall.(1789)⟩

네귀쓴풀이라는 이름은 꽃잎이 4개(4수성)인 쓴풀 종류라는 뜻에서 붙여졌다.[48] 『조선식물향명집』에서 '쓴풀'을 기본으로 하고 학명과 형태적 특징에 근거한 '네귀'를 추가해 신칭했다.[49]

속명 *Swertia*는 네덜란드 약초재배가 Emanuel Swert (1552~1612)의 이름에서 유래한 것으로 쓴풀속을 일컫는다. 종소명 *tetrapetala*는 '꽃잎이 4개인'이라는 뜻이다.

중국/일본명 중국명 卵叶獐牙菜(luan ye zhang ya cai)는 잎이 달걀모양인 장아채(獐牙菜: 노루의 어금니를 닮은 나물이라는 뜻으로 쓴풀 종류인 S. bimaculata 또는 쓴풀속의 중국명)라는 뜻이다. 일본명 チシマセンブリ(千島千振)는 쿠릴열도(千島)에서 발견된 쓴풀(センブリ)이라는 뜻이다.

참고 [북한명] 네귀쓴풀

Swertia tosaensis *Makino*   イヌセンブリ
Gae-sûnpul   개쓴풀

개쓴풀⟨*Swertia diluta* (Turcz.) Benth. & Hook.f. var. *tosaensis* (Makino) H.Hara(1950)⟩

개쓴풀이라는 이름은 쓴풀과 유사한데 뿌리의 쓴맛이 없거나 덜하다는 뜻에서 유래했다.[50] 실제로 뿌리에 쓴맛이 거의 없다.[51] 『조선식물향명집』에서 그 이름이 처음으로 보이는데 신칭한 이름으로 기록하지 않았고[52] 방언을 채록했다는 기록도 발견되지 않고 있다.

속명 *Swertia*는 네덜란드 약초재배가 Emanuel Swert(1552~1612)의 이름에서 유래한 것으로 쓴풀속을 일컫는다. 종소명 *diluta*는 '약한, 엷은'이라는 뜻이며, 변종명 *tosaensis*는 '도사[土佐:

---

48 이러한 견해로 이우철(2005), p.145 참조.
49 이에 대해서는 『조선식물향명집』, 색인 p.34 참조.
50 이러한 견해로 이우철(2005), p.55 참조.
51 이에 대해서는 『한국식물도감(하권 초본부)』(1956), p.503 참조.
52 이에 대해서는 『조선식물향명집』, 색인 p.31 참조.

시코쿠(四國)의 옛 지명]에 분포하는'이라는 뜻이다.

다른이름 좀쓴풀(임록재 외, 1972), 나도쓴풀(박만규, 1974), 참쓴풀(리용재 외, 2011)

중국/일본명 중국명 日本獐牙菜(ri ben zhang ya cai)는 일본에 분포하는 장아채(獐牙菜: 노루의 어금니를 닮은 나물이라는 뜻으로 쓴풀 종류인 *S. bimaculata* 또는 쓴풀속의 중국명)라는 뜻으로 발견지가 일본인 것에서 유래했다. 일본명 イヌセンブリ(犬千振)는 쓴풀(センブリ)을 닮았는데 뿌리에서 쓴맛이 나지 않는다는 뜻이다.

참고 [북한명] 좀쓴풀/참쓴풀[53]

---

53 북한에서는 *S. diluta*를 '참쓴풀'로, *S. tosanensis*를 '좀쓴풀'로 하여 별도 분류하고 있다. 이에 대해서는 리용재 외 (2011), p.344 참조.

Apocyanaceae 협죽도科 (夾竹桃科)

협죽도과⟨Apocynaceae Juss.(1789)⟩

협죽도과는 재배종인 협죽도에서 유래한 과명이다. '국가표준식물목록'(2018), '세계식물목록'(2018) 및 『장진성 식물목록』(2014)은 Apocynum(수궁초속)에서 유래한 Apocynaceae를 과명으로 기재하고 있으며, 엥글러(Engler), 크론키스트(Cronquist) 및 APG Ⅳ(2016) 분류 체계도 이와 같다. 한편 '세계식물목록'(2018)과 APG Ⅳ(2016) 분류 체계는 Asclepiadaceae(박주가리과)를 Apocynaceae(협죽도과)에 포함해 분류한다.

Trachelospermum asiaticum *Nakai* var. intermedium *Nakai*　テイカカヅラ　絡石
Masagjul　마삭줄

마삭줄⟨*Trachelospermum asiaticum* (Siebold & Zucc.) Nakai(1922)⟩

마삭줄이라는 이름은 삼으로 꼰 밧줄을 뜻하는 '마삭'(麻索)과 '줄'(線)의 합성어로, 덩굴성 줄기를 이용해서 줄을 만들었던 것에서 유래했다.[1] 줄기는 끈을 만들거나 지붕을 얹을 때 묶는 줄로 사용하고, 선박용 줄을 만드는 데도 이용했다.[2] 또한 잎은 말려서 몸에 난 종기나 외상 등을 치료하는 약재로도 사용했다.[3] 한자로는 絡石(낙석)이라고 쓰는데 이를 담쟁이덩굴을 뜻한다고 보기도 하지만,[4] 絡石(낙석)에 대해 『동의보감』은 "葉似細橘...(중략)...花白子黑"(잎은 작은 귤잎 비슷하며, 꽃은 희고 씨는 검다)이라 했고 『물명고』는 "帖石以生蔓 折有白汁"(바위에 붙어 덩굴로 자란다. 꺾으면 흰 즙이 있다)이라고 기록한 것에 비추어 마삭줄을 가리키는 것으로 보인다.[5] 다만 옛 문헌에서 한

글로 담장이(담장이)로 기록하거나 왕모람을 뜻하는 薜荔(벽려)를 함께 사용해 명칭의 혼용이 있으므로 해석할 때에는 주의가 필요하다. 『조선식물향명집』은 '마삭줄'로 기록해 현재에 이르고 있다. 『조선삼림식물도설』에서 '마삭나무'를 전남 어청도에서 사용하는 방언으로 기록한 것에 비추

1 이러한 견해로 박상진(2019), p.131; 오찬진 외(2015), p.1040; 솔뫼(송상곤, 2010), p.948; 김종원(2013), p.749 참조.
2 이에 대해서는 『한국의 민속식물』(2017), p.933 참조.
3 이에 대해서는 『조선산야생약용식물』(1936), p.187 참조.
4 이러한 견해로 박상진(2019), p.101 참조.
5 이러한 견해로 『(신대역) 동의보감』(2012), p.2009 참조.

어 '마삭줄'도 당시 사용하던 방언을 채록한 것으로 추론된다. 한편 열매가 골돌로서 말의 얼굴 형상을 하기 때문에 馬蒴(마삭)에서 유래했다고 보는 견해가 있으나,[6] 옛 문헌에서도 발견되지 않는 한자어를 방언에서 사용했다고 보기는 어렵다.

속명 *Trachelospermum*은 그리스어 *trachelos*(목)와 *sperma*(씨앗)의 합성어로, 열매가 목처럼 길다는 뜻에서 유래했으며 마삭줄속을 일컫는다. 종소명 *asiaticum*은 '아시아의'라는 뜻으로 분포지를 나타낸다.

다른이름 마사나무(정태현 외, 1936), 마삭나무/조선마삭나무/백화등(정태현, 1943), 민마삭나무(이창복, 1947), 겨우사리덩굴/화화등(박만규, 1949), 왕마삭줄/백화마삭줄(정태현 외, 1949), 왕마삭나무(정태현, 1957), 마삭덩굴(안학수·이춘녕, 1963), 민마삭줄(이창복, 1966), 마삭풀(한진건 외, 1982), 마삭덩굴나무(임록재 외, 1996)

옛이름 薜荔/絡石(향약집성방, 1433), 絡石(세종실록지리지, 1454), 絡石/담쟝이/石薜荔(동의보감, 1613), 洛石/담쟝이(주촌신방, 1687), 絡石(일성록, 1793), 絡石/담쟝이(제중신편, 1799), 地錦/絡石/담쟝이(물보, 1802), 絡石/石血/白花藤(광재물보, 19세기 초), 낙셕/담쟝이(화왕본긔, 19세기 초), 絡石/石龍藤/雲珠(물명고, 1824), 薜荔/墻衣/絡石(송남잡지, 1855), 絡石/담쟝이(박물신서, 19세기)[7]

중국/일본명 중국명 亞洲絡石(ya zhou luo shi)는 아시아(亞洲)에 분포하는 낙석(絡石: 털마삭줄의 중국명)이라는 뜻이다.[8] 일본명 テイカカヅラ(定家葛)는 유래에 관해 여러 설이 있지만 가마쿠라 시대의 가인(歌人) 후지와라노 사다이에(藤原定家)의 노래인 テイカ(定家)에서 유래했다는 것이 널리 알려져 있다.

참고 [북한명] 마삭줄 [유사어] 낙석(絡石), 낙석등(絡石藤), 내동(耐冬), 백화등(白花藤), 석벽려(石薜荔), 석혈(石血) [지방명] 마삭(전남), 농파넝굴(전북), 마삭(쿨)(제주)

---

6   이러한 견해로 허북구·박석근(2008b), p.107 참조.

7   『제주도및완도식물조사보고서』(1914)는 'マサクチュル'[마삭줄]을 기록했으며 『조선식물명휘』(1922)는 '絡石, 白花藤'을, Crane(1931)은 '략셕, 絡石'을 기록했다.

8   중국의 『본초강목』(1596)은 "恭曰 俗名耐冬 以其包絡石木而生 故名絡石 山南人謂之石血 療産後血結 大良也"(소공은 '민간에서는 내동이라 한다. 돌과 나무를 얽으면서 자라므로 이름을 낙석이라 한다. 산남 사람들은 석혈이라고 하는데 출산 후 피가 엉기는 것을 치료하는 데 아주 좋다'라 하였다)라고 기록했다.

Asclepiadaceae 박주가리科 (蘿藦科)

박주가리과〈Asclepiadaceae Borkh.(1797)〉

박주가리과는 국내에 자생하는 박주가리에서 유래한 과명이다. '국가표준식물목록'(2018)은 *Asclepias*(아스클레피아스속)에서 유래한 Asclepiadaceae를 과명으로 기재하고 있으며, 엥글러 (Engler)와 크론키스트(Cronquist) 분류 체계도 이와 같다. 그러나 『장진성 식물목록』(2014), '세계식물 목록'(2018) 및 APG IV(2016) 분류 체계는 Asclepiadaceae(박주가리과)를 Apocynaceae(협죽도과)에 포함해 분류한다.

Cynanchum acuminatifolium *Hemsley*   クサタチバナ
Hin-baegmi   힌백미

민백미꽃〈*Vincetoxicum acuminatum* Decne(1844)〉[1]

민백미꽃이라는 이름은 백미꽃에 비하여 전체적으로 털이 없다는(민) 뜻에서 유래했다.[2] 뿌리를 약용하고 어린잎을 식용했다.[3] 『조선식물향명집』에서는 전통 명칭 '백미(꽃)'를 기본으로 하고 꽃의 색깔을 나타내는 '흰'을 추가해 '흰백미'를 신칭했으나,[4] 『조선식물명집』에서 '민백미꽃'으로 개칭해 현재에 이르고 있다. 옛 문헌에 기록되고 약재로도 사용한 한자명 '白前'(백전)을 민백미꽃을 가리키는 것으로 이해하기도 하며,[5] 『물명고』는 '白前'(백전)을 白薇(백미)와 유사한 것으로 보았다.

속명 *Vincetoxicum*은 라틴어 *vinco*(극복하다, 정복하다)와 *toxicum*(독)의 합성어로, 독사에 물린 것 등에 해독 효과가 있다고 믿은 것에서 유래했으며 민백미꽃속을 일컫는다. 종소명 *acuminatum*은 '끝이 점점 뾰족해지는'이라는 뜻으로 열매나 잎의 모양에서 유래했다.

---

1 '국가표준식물목록'(2018)은 민백미꽃의 학명을 *Cynanchum ascyrifolium* (Franch. & Sav.) Matsum.(1912)으로 기재하고 있으나, '중국식물지'(2018)는 학명을 *Cynanchum acuminatifolium* Hemsley(1889)로, 『장진성 식물목록』(2014)은 본문의 학명을 정명으로 기재하고 있다.

2 이러한 견해로 이우철(2005), p.247 참조.

3 이에 대해서는 『한국의 민속식물』(2017), p.934 참조.

4 이에 대해서는 『조선식물향명집』, 색인 p.49 참조.

5 이에 대해서는 이우철(2005), p.247 참조. 한편 '중국식물지'(2018)는 *Cynanchum glaucescens* (Decne.) Hand.-Mazz. (1936)에 대한 중국명을 白前(bai qian)으로 보고 있다.

다른이름 힌백미(정태현 외, 1937), 개백미(박만규, 1949), 흰백미꽃(리종오, 1964), 민백미(박만규, 1974)

옛이름 白前(광재물보, 19세기 초), 白前(물명고, 1824), 白前(수세비결, 1929)[6]

중국/일본명 중국명 潮风草(chao feng cao)는 꽃의 모양이 조풍(潮風: 바다의 밀물과 썰물 때문에 발생하는 바람)을 느끼게 한다는 뜻에서 유래한 것으로 추정한다. 일본명 クサタチバナ(草橘)는 꽃의 모양이 귤을 닮았는데 초본성 식물이라는 뜻이다.

참고 [북한명] 흰백미꽃 [유사어] 백전(白前)

Cynanchum atratum *Bunge* フナバラサウ
Baegmigot 백미꽃(아마존) 白薇

백미꽃⟨*Cynanchum atratum* Bunge(1833)⟩

백미꽃이라는 이름은 한자어 '백미'(白薇)에 어원을 두고 있으며, 뿌리가 희고 가는 것에서 유래했다.[7] 예부터 뿌리를 약재로 사용했다.[8] 『구급간이방언해』는 한글명으로 '마하존'을 기록했는데 이는 불교 용어 '마하'(위대함을 나타내는 말)와 '존자'(학문과 덕행이 뛰어난 부처의 제자를 높여 이르는 말)의 합성어로, 곧추서서 자라고 꽃을 피우는 식물체의 모양을 형상화한 것으로 추정한다.[9] 백미꽃의 다른이름인 '아마존'은 마하존이 변화한 것으로 '아마'와 '존자'의 합성어로 이해되며, 현재는 솜아마존⟨*Cynanchum amplexicaule* (Siebold & Zucc.) Hemsl.(1889)⟩의 국명으로 흔적이 남아 있다. 『조선식물향명집』은 예부터 사용하던 생약명 백미(白薇)에 꽃이 추가된 '백미꽃'을 기록해 현재에 이르고 있다.

속명 *Cynanchum*은 그리스어 *kynos*(개)와 *anchein*(교살하다)의 합성어인 *kynanche*(개의 후두염, 인후염)가 어원으로, 개에 대해 독성을 가진 이 속의 어떤 식물의 이름에서 유래했으며 백미꽃속을 일컫는다. 종소명 *atratum*은 '검게 변한, 얼룩진'이라는 뜻으로 꽃의 색깔이 검붉은 색을 띠어서 붙여졌다.

다른이름 초상산/아마존(정태현 외, 1936), 털백미/털개백미(안학수·이춘녕, 1963), 백미(박만규, 1974), 털개백미꽃(리용재 외, 2011)

옛이름 白薇/摩何尊(향약채취월령, 1431), 白薇(향약집성방, 1433), 白薇(구급방언해, 1466), 白薇/마하존(구급간이방언해, 1489), 白薇/摩阿尊/마아존/徐長卿/서댱경(촌가구급방, 1538), 白薇/븩미(언해태산집요, 1608), 白薇/아마존(동의보감, 1613), 白薇(의림촬요, 1635), 白薇(산림경제, 1715), 白薇(홍재전서, 1787),

---

6 『조선식물명휘』(1922)는 '白薇'를 기록했다.

7 이러한 견해로 이우철(2005), p.266과 김종원(2016), p.293 참조.

8 이에 대해서는 『조선산야생약용식물』(1936), p.188 참조.

9 이러한 견해로 김종원(2013), p.483 참조.

白薇(광제비급, 1790), 白薇/효근새박(재물보, 1798), 白薇/효근싁박(광재물보, 19세기 초), 白薇/이마존/薇草(물명고, 1824), 白薇/이마존(의종손익, 1868), 白薇(의휘, 1871), 白薇/이마존(방약합편, 1884), 白薇(수세비결, 1929)[10]

중국/일본명 중국명 白薇(bai wei)는 약재로 사용하는 뿌리가 가늘고 흰 것에서 유래했다.[11] 일본명 フナバラサウ(舟腹草)는 열매의 모양이 배(舟)의 몸통을 닮았다는 뜻이다.

참고 [북한명] 백미꽃 [유사어] 미초(薇草), 백막(白幕), 초상산(草常山), 춘초(春草) [지방명] 백미(전북)

○ Cynanchum sibiricum *R. Brown* ヤナギカモメヅル
Yangban-pul 양반풀

양반풀〈*Cynanchum thesioides* (Freyn) K.Schum.(1895)〉[12]

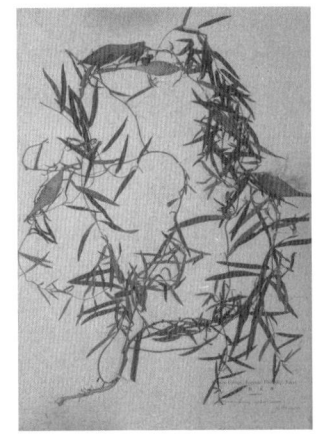

양반풀이라는 이름은 양반(兩班)을 닮은 풀이라는 뜻으로, 식물체가 퍼져 자라는 모습이 양반이 자리를 차지하고 앉은 모습처럼 보인다는 뜻에서 유래한 것으로 추정한다. 『조선식물향명집』에 최초로 기록된 이름인데 신칭한 표기가 없는 것으로 보아 실제 사용한 이름을 채록한 것으로 보인다.

속명 *Cynanchum*은 그리스어 *kynos*(개)와 *anchein*(교살하다)의 합성어인 *kynanche*(개의 후두염, 인후염)가 어원으로, 개에 대해 독성을 가진 이 속의 어떤 식물의 이름에서 유래했으며 백미꽃속을 일컫는다. 종소명 *thesioides*는 'Hesium(제비꿀속)과 유사한'이라는 뜻으로 식물체가 제비꿀속과 닮은 것에서 유래했다.

다른이름 조자화(박만규, 1949), 긴잎선백미꽃(안학수·이춘녕, 1963), 버들박주가리(리종오, 1964), 량박줄/량반풀(임록재 외, 1972), 가는잎새박(박만규, 1974)[13]

중국/일본명 중국명 地梢瓜(di shao gua)는 밭머리에서 자라는 오이를 닮은 풀 또는 땅(들판)에서 자

10 『조선의 구황식물』(1919)은 '빅미'를 기록했으며 『조선어사전』(1920)은 '白微(빅미), 白幕(빅막), 薇草(미초), 아마존'을, 『조선식물명휘』(1922)는 '白薇, 아마존, 빅미(救, 藥)'를, 『토명대조선만식물자휘』(1932)는 '[白微]빅미, [白幕]빅막, [薇草]미초, [草常山]초상산, [아마존]'을, 『선명대화명지부』(1934)는 '아마존, 백미'를, 『조선의산과와산채』(1935)는 '白薇, 빅미'를 기록했다.

11 중국의 『본초강목』(1596)은 '白薇'(백미)에 대해 "微細也 其根細而白也"(微는 가는 것이다. 그 뿌리가 가늘고 희다)라고 기록했다.

12 '국가표준식물목록'(2018)은 양반풀의 학명을 *Cynanchum sibiricum* (L.) R.Br.(1799)로 기재하고 있으나 이는 서명(illegitimate name)이며, 『장진성 식물목록』(2014), '중국식물지'(2018) 및 '세계식물목록'(2018)은 본문의 학명을 정명으로 기재하고 있다.

13 『조선식물명휘』(1922)는 '祖子花, 女靑, 雀瓢'를 기록했다.

라는 초과(梢瓜: 멜론 종류를 일컫는 말)라는 뜻으로 해석된다. 일본명 ヤナギカモメヅル(柳鴎蔓)는 잎이 버드나무의 잎과 유사하고 잎이 마주나는 모습이 갈매기(カモメ)를 닮았으며 덩굴(ツル)로 자란다는 뜻이다.

참고 [북한명] 버들박주가리

○ Cynanchum volubile *Hemsley*　テウセンイケマ
Kŭn-ŭnjoroṅg　큰은조롱

세포큰조롱⟨*Cynanchum volubile* (Maxim.) Hemsl.(1889)⟩

세포큰조롱이라는 이름은 강원도 중부의 세포(洗浦) 지역에서 발견되었고 큰조롱을 닮았다는 뜻에서 유래했다.[14] 강원도 이북에 분포하며 큰조롱과 비슷하게 덩굴성으로 자란다. 『조선식물향명집』에서는 은조롱(큰조롱)을 닮았는데 식물체가 크다고 해서 '큰은조롱'을 신칭했으나,[15] 『우리나라 식물자원』에서 '세포큰조롱'으로 개칭해 현재에 이르고 있다.

속명 *Cynanchum*은 그리스어 *kynos*(개)와 *anchein*(교살하다)의 합성어인 *kynanche*(개의 후두염, 인후염)가 어원으로, 개에 대해 독성을 가진 이 속의 어떤 식물의 이름에서 유래했으며 백미꽃속을 일컫는다. 종소명 *volubile*는 '얽힌, 꼬인'이라는 뜻으로 덩굴식물임을 나타내는 것으로 보인다.

다른이름 큰은조롱(정태현 외, 1937)

중국/일본명 중국명 蔓白前(man bai qian)은 덩굴성 백전(白前: *C. glaucescens*의 중국명)이라는 뜻이다.[16] 일본명 テウセンイケマ(朝鮮-)는 한반도에 분포하는 イケマ(아이누어로 거대한 뿌리라는 뜻으로 *C. caudatum*의 일본명)라는 뜻이다.

참고 [북한명] 큰은조롱

Cynanchum Wilfordii *Hemsley*　コイケマ
Ŭnjoroṅg　은조롱　白何首烏

큰조롱⟨*Cynanchum wilfordii* (Maxim.) Hemsl.(1889)⟩

큰조롱이라는 이름은 '큰'과 '조롱'의 합성어인데 '큰'은 잎과 열매 등이 크다는 뜻에서, '조롱'은 열

---

14 이러한 견해로 이우철(2005), p.348 참조.

15 이에 대해서는 『조선식물향명집』, 색인 p.47 참조.

16 중국의 『본초강목』(1596)은 '白前'(백전)에 대해 "名義未詳"(이름의 뜻은 알지 못한다)이라고 기록했다. 한편 夏纬瑛(1990), p.22는 "前 蓋纖之別字 因其根纖細有白 故名白纖 別而爲白前耳"(前은 아마도 纖의 별자로 보이는데 그 뿌리가 가늘고 희기 때문에 이름을 백섬이라 하였고, 언뜻 들으면 백전으로도 들린다)라고 기록했다.

매가 조롱박과 닮았다는 뜻에서 유래했다. 예부터 덩이뿌리
를 약용했다. 큰조롱의 옛이름 '온조롱'(온죠롱)은 '온'(전부의 또
는 모두의)[17]과 '조롱'(조롱박)[18]의 합성어인데 '온'은 다른 비슷한
식물에 비해 잎 등이 크거나 약성이 뛰어나다는 뜻에서, '조
롱'은 열매가 조롱박을 닮았다는 뜻에서 붙여진 것이다. 『조
선식물향명집』은 『조선식물명휘』에 기록된 '은조롱'을 조선
명으로 기록했으나, 『한국식물도감(하권 초본부)』에서 '큰조
롱'으로 개칭해 현재에 이르고 있다. 이와 관련해서 '큰조롱'
을 '은조롱'의 오기로 보는 견해가 있으나,[19] 일제강점기 이전
의 명칭은 '온조롱'이었고, '온조롱'과 '큰조롱'의 의미가 서로
통하며 현재의 방언 조사에서도 '은조롱'이라는 이름은 발견

되지 않는 반면에 '큰조롱'과 '큰조롱이'라는 방언이 존재하는 것에 비추어[20] '큰조롱'은 오기가 아
니라 옛이름을 계승하면서 실제 사용한 이름을 기록한 것으로 추론된다. 한편 큰조롱에 대한 생
약명은 '何首烏'(하수오)인데 중국에서 何首烏(하수오)는 마디풀과의 *Fallopia multiflora* (Thunb.)
Haraldson(1978)을 일컫지만,[21] 옛날에는 약성이 비슷하여 큰조롱도 何首烏(하수오)로 하여 함께
약용했다.[22]

　속명 *Cynanchum*은 그리스어 *kynos*(개)와 *anchein*(교살하다)의 합성어인 *kynanche*(개의 후
두염, 인후염)가 어원으로, 개에 대해 독성을 가진 이 속의 어떤 식물의 이름에서 유래했으며 백미
꽃속을 일컫는다. 종소명 *wilfordii*는 영국 식물학자로 한국과 일본, 중국 식물을 채집하고 연구
한 Charles Wilford(?~1893)의 이름에서 유래했다.

다른이름　은조롱/하수오(정태현 외, 1936), 새박(박만규, 1949), 새박풀(정태현 외, 1949), 백하수오(리종
오, 1964)

옛이름　何首烏/하슈오(언해태산집요, 1608), 何首烏/온죠롱/새박불휘/交藤/夜合/九眞藤(동의보감,

17　'온'을 현대어와 동일하게 전체 또는 전부라는 의미로 사용한 것에 대해서는 『구급방언해』(1466)와 『분류두공부시언해』
　　(1481) 등 참조.
18　조롱박을 '죠롱박' 또는 '죠롱'으로 표기한 것에 대해서는 『구급간이방언해』(1489)와 『훈몽자회』(1527) 등 참조.
19　이러한 견해로 이우철(2005), p.542 참조. 또한 김인호(2001), p.204는 둥근 잎이 은빛과 같은 색깔을 띠고 조롱 모양을 이
　　룬다고 하여 붙여진 이름으로 해석하고 있으나, 은조롱은 '온조롱'의 오기에서 비롯된 이름이다.
20　국립수목원의 방언 조사 기록인 『한국의 민속식물』(2017), p.937에 따르면 '큰조롱'은 충남 방언, '큰조롱이'는 충북 방언
　　으로 확인된다.
21　이에 대해서는 '중국식물지'(2018) 중 'F. multiflora' 참조. 현재 우리나라의 식품의약품안전처에서 고시하는 생약 관련
　　규정에도 何首烏(하수오)는 마디풀과의 'F. multiflora'를 의미한다. 이에 대해서는 이민화(2015b), p.1970 참조.
22　『동의보감』(1613)은 "根大如拳 有赤白二種 赤者雄 白者雌"(뿌리는 주먹만 한데, 붉은 것과 흰 것의 두 가지가 있다. 붉은 것이 수그
　　루이고 흰 것이 암그루이다)라고 기록했는데, 그중 뿌리가 흰 것이 '큰조롱'을 일컫는 것으로 보인다.

1613), 何首烏/새박(신간구황촬요, 1660), 何首烏/온죠롱/삐박블휘/白何首烏(산림경제, 1715), 何首烏/온
조롱/새박불휘(증보산림경제, 1766), 何首烏/뭿싀박(재물보, 1798), 何首烏/쥴롱/씨박불희(해동농서,
1799), 何首烏/온죠롱(물명고, 1824), 何首烏/온죠롱/싀박불희(임원경제지, 1842), 何首烏/塞朴根(송남잡
지, 1855), 하슈오/何首烏(한불자전, 1880), 何首烏/새박불휘/온조롱(의감중마, 1922), 은조롱/새박뿌리
(조선어표준말모음, 1936)[23]

중국/일본명 중국명 隔山消(ge shan xiao)는 실정에 어두운 것 또는 막힌 것을 없앤다는 뜻으로 약성
과 관련된 이름으로 보인다.[24] 일본명 コイケマ(小-)는 작은 イケマ(아이누어로 거대한 뿌리라는 뜻으
로 C. caudatum의 일본명)라는 뜻이다.

참고 [북한명] 은조롱 [유사어] 백수오(白首烏), 백하수오(白何首烏), 하수오(何首烏) [지방명] 새쪽박/
하수오(강원), 백하수오/하수오(경기), 백수오/백하수오/하수오(경남), 하수오(경북), 백하수오/새밥
나무/샙탕/세박조가리/세밥나무/쇠박주가리/하수오(전남), 백하수오/하수오/화조(충남), 백하수오/
큰조롱이(충북)

Metaplexis japonica *Makino*   ガガイモ   蘿藦
Bagjugari   박주가리

박주가리⟨*Metaplexis japonica* (Thunb.) Makino(1903)⟩

박주가리라는 이름은 '박'(瓢)과 '주가리'(쪼가리: 작은 조각)의 합성어로, 약재로 사용하는 열매가 박
처럼 생겼고 그것이 벌어졌을 때의 모습을 박의 쪼가리로 형상화한 것에서 유래했다.[25] 어린잎과 열
매의 덜 익은 속은 식용했고, 씨앗의 갓털은 인주를 만드는 데 솜 대용으로 사용했으며, 열매와 뿌
리를 약용했다.[26] 박주가리의 옛이름은 '새박(싀박)', '새박너출' 또는 '새박죠가리(싀박죡아리)'이다. 중
국에서 유래한 한자명 '蘿藦'(나마)의 별칭인 '雀瓢'(작표)는 열매가 박을 닮은 식물이라는 뜻이 있고
한글명과 뜻이 통하므로,[27] 새박 등의 한글명은 한자명 雀瓢(작표)가 토착화하면서 형성된 이름으로
추정된다. 한편 한글명 박주가리(박조가리)가 한자명 白兎藿(빅토곽)에서 전화되었다고 보는 견해가
있으나,[28] '白兎藿'(백토곽)은 흰 토끼를 닮은 풀이라는 뜻으로 의미와 발음이 같지 않다.

---

23 『조선한방약료식물조사서』(1917)는 '은죠롱(江原), 싀박, 何首烏'를 기록했으며 『조선어사전』(1920)은 '何首烏, 햐수오, 은
   조롱, 새박뿌리'를, 『조선식물명휘』(1922)는 '白何首烏, 隔山消, 하수오, 새박풀, 은조롱(藥)'을, 『토명대조선만식물자휘』
   (1932)는 '[白兎藿]빅토곽, [(참)박조가리], [해박조가리]'를, 『선명대화명지부』(1934)는 '새박풀, 은조롱, 하수오'를 기록했다.
24 중국의 『본초강목』(1596)은 "治其隔噎食轉食"(목에 체한 음식을 먹을 수 있도록 치료한다)이라고 기록했다.
25 이러한 견해로 유기억(2018), p.193; 권순경(2017.10.19.); 김종원(2013), p.752 참조.
26 이에 대해서는 『조선산야생식용식물』(1942), p.178과 『한국의 민속식물』(2017), p.938 참조.
27 중국의 『본초강목』(1596)은 "其實嫩時有漿 裂時如瓢 故有雀瓢"(열매는 여릴 때는 즙이 있다가 터질 때는 표주박 같으므로 작표라
   는 이름이 있다)라고 기록했다.
28 이러한 견해로 『토명대조선만식물자휘』(1932), p.543 참조.

속명 *Metaplexis*는 그리스어 *meta*(뛰어넘는, 변화된, 다음의)와 *plexis*(꼬기, 엮기, 짜기)의 합성어로, 밧줄을 꼬는 데 쓰는 줄기 등에서 유래했으며 박주가리속을 일컫는다. 종소명 *japonica*는 '일본의'라는 뜻으로 최초 발견지 또는 분포지를 나타낸다.

다른이름 새박(정태현 외, 1936), 새박조가리(정태현 외, 1942), 흰박주가리(리용재 외, 2011), 새박덩굴(김종원, 2013)

옛이름 蘿藦子/鳥朴/女靑/雀瓢(향약집성방, 1433),[29] 蘿藦/새박너출(구급간이방언해, 1489), 蘿藦/시박(훈몽자회, 1527), 蘿藦子/새박/雀瓢(동의보감, 1613), 雀瓢/새박죠가리(사의경험방, 17세기), 蘿摩/시박죠갈이(재물보, 1798), 蘿藦/시박조가리/雀瓢(광재물보, 19세기 초), 蘿藦/새박죠가리/苁蘭/雈/白環藤/羊婆奶/雀瓢(물명고, 1824), 羊角菜(임원경제지, 1842), 시박/雀瓢(박물신서, 19세기), 시박죽아리根(의휘, 1871), 시박족아리(녹효방, 1873), 蘿藦/새박(의방합편, 19세기), 蘿藦(선한약물학, 1931), 박쪼가리(조선구전민요집, 1933)[30]

중국/일본명 중국명 萝藦(luo mo)는 『본초강목』 등 옛 본초서에 기록된 오래된 이름이지만 그 뜻은 알려져 있지 않은 것으로 보인다. 일본명 ガガイモ는 カガむ(かがむ: 구부러지다)라는 뜻으로 낮은 장소에서 줄기가 올라가는 모습을 형상화한 것에서 유래했다는 견해와 잎의 모양이 거북의 등을 닮았다는 뜻에서 ゴガミ[カメ(亀)의 도치기 지역 방언]와 뿌리의 색이 고구마를 닮았다는 뜻에서 イモ(藷)가 합쳐져 형성된 이름이라는 견해가 있다.

참고 [북한명] 박주가리/흰박주가리[31] [유사어] 교등(交藤), 구진등(九眞藤), 나마(蘿藦), 작표(雀瓢) [지방명] 새쪽배기(강원), 박쥐풀(경기), 새조개비/해졸가비(경남), 새밥/새밥나물(경북), 박조가리/박쪼가리(전남), 박조가리/빡주가리(전북), 백하수오/생이족박/생이쪽박/하수/하수오(제주), 박주가지나물/새박주가리/해박주가리(충남)

---

29 『향약집성방』(1433)의 차자(借字) '鳥朴'(조박)에 대해 남풍현(1999), p.177은 '새박'의 표기로 보고 있다.

30 『조선어사전』(1920)은 '蘿藦(라마), 藦子(라마즈), 雀瓢(작표), 交藤, 九眞藤, 새박, 새박조가리, 새박덩굴, 새박뿌리'를 기록했으며 『조선식물명휘』(1922)는 '蘿藦, 苁蘭, 雈, 박주가리(救)'를, 『토명대조선만식물자휘』(1932)는 '[蘿藦]라마, [交藤]교등, [九眞藤]구진등, [새박덩굴], [蘿藦子]라마즈, [雀瓢子]새박조가리, [새박], [蘿藦根]라마근, [새박뿌리]'를, 『선명대화명지부』(1934)는 '박주가리'를 기록했다.

31 북한에서는 *M. japonica*를 '박주가리'로, *M. hemsleyana*를 '흰박주가리'로 하여 별도 분류하고 있다. 이에 대해서는 리용재 외(2011), p.227 참조.

Pycnostelma chinensis *Bunge*　スズサイコ
Sanhaebag　산해박

산해박〈*Vincetoxicum pycnostelma* Kitag.(1940)〉[32]

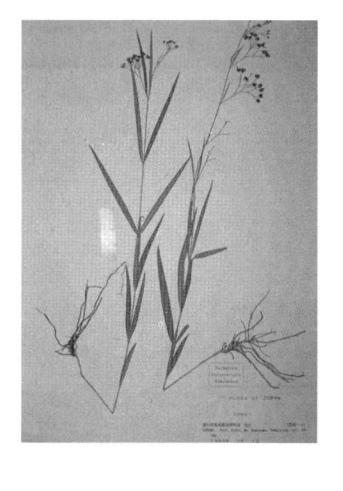

산해박이라는 이름은 산에서 자라는 해박(큰조롱)이라는 뜻
에서 유래한 것으로 추정한다. 예부터 뿌리를 徐長卿(서장경)
또는 竹葉細辛(죽엽세신)이라고 하며 약용했다.[33] 19세기에 저
술된 『임원경제지』에 구황식물로 중국에서 유래한 '雨點兒
菜'(우점아채)가 기록된 것에 비추어 식용하기도 했던 것으로
보인다. 큰조롱을 '해박조가리'라고도 했는데[34] 산해박은 항균
효과가 있다는 점에서 약성이 큰조롱과 비슷하며, 이로 인하
여 파생된 이름으로 추론된다. 한편 산해박은 '산'(山)과 '해박'
의 합성어로 해박은 끈이나 오라 따위로 결박한 것을 풀어준
다는 뜻을 가진 한자어 '解縛'(해박)에서 유래한 것으로 보는
견해가 있으나,[35] '解縛'이라는 한자어가 옛 문헌에서 발견되지
않고 민간에서 실제 사용되던 이름이 한자어에서 유래한 예가 드문 점에 비추어 타당성은 의문스
럽다.

　속명 *Vincetoxicum*은 라틴어 *vinco*(극복하다, 정복하다)와 *toxicum*(독)의 합성어로, 독사
에 물린 것 등에 해독 효과가 있다고 믿은 것에서 유래했으며 민백미꽃속을 일컫는다. 종소명
*pycnostelma*는 그리스어 *pycnos*(밀생하는)와 *stelma*(지주, 支柱)의 합성어로, 여러 줄기가 함께
올라오는 모습 때문에 붙여진 것으로 추정한다.

다른이름　산수박(정태현 외, 1936), 산새박(박만규, 1949), 신해박(안학수·이춘녕, 1963), 백간초(리종오,
1964), 서장령(임록재 외, 1972), 서장경/죽엽세신(임록재 외, 1996)

옛이름　徐長卿/摩何尊(향약집성방, 1433),[36] 徐長卿(세종실록지리지, 1454), 徐長卿(청장관전서, 1795),
徐長卿/鬼督郵(광재물보, 19세기 초), 雨點兒菜(임원경제지, 1842), 徐長卿(오주연문장전산고, 185?), 徐長

32　'국가표준식물목록'(2018)과 '중국식물지'(2018)는 산해박의 학명을 *Cynanchum paniculatum* (Bunge) Kitag. ex
　　H.Hara(1948)로 기재하고 있으나, 『장진성 식물목록』(2014)은 본문의 학명을 정명으로 기재하고 있다.

33　이에 대해서는 『조선산야생약용식물』(1936), p.190 참조.

34　이에 대해서는 『토명대조선만식물자휘』(1932), p.543 참조. 큰조롱의 옛이름은 '온죠롱' 또는 '새박'인데, 해박은 '새박'의
　　방언형으로 추론된다.

35　이러한 견해로 김종원(2013), p.483 이하 참조.

36　『향약집성방』(1433)의 차자(借字) '摩何尊'(마하존)에 대해 남풍현(1999), p.176은 '마하존'의 표기로 보고 있다.

卿(수세비결, 1929)[37]

중국명 徐长卿(xu chang qing)은 이 식물을 약으로 써서 병을 치료한 사람의 이름에서 유래했다.[38] 일본명 スズサイコ(鈴柴胡)는 꽃이 방울처럼 보이고 식물체가 미나리과의 시호와 비슷하다는 뜻이다.

참고 [북한명] 산해박 [유사어] 백미(白薇), 서장경(徐長卿), 우점아채(雨點兒菜), 죽엽세신(竹葉細辛)

---

37 『조선식물명휘』(1922)는 '徐長卿, 竹葉細辛, 萬年草, 산히박'을 기록했으며 『선명대화명지부』(1934)는 '산해박'을 기록했다.
38 중국의 『본초강목』(1596)은 "徐長卿 人名也 常以此藥治邪病 人遂以名之"[서장경은 사람 이름인데, 늘 이 약으로 사증(보통 때는 멀쩡한 사람이 때때로 미친 듯이 행동하는 증세)으로 인한 병을 치료하여서 사람들이 마침내 이름하였다]라고 기록했다.

Convolvulaceae 메꽃科 (旋花科)

> ## 메꽃과〈Convolvulaceae Juss.(1789)〉
> 메꽃과는 국내에 자생하는 메꽃에서 유래한 과명이다. '국가표준식물목록'(2018), '세계식물목록'
> (2018) 및 『장진성 식물목록』(2014)은 *Convolvulus*(서양메꽃속)에서 유래한 Convolvulaceae를 과
> 명으로 기재하고 있으며, 엥글러(Engler), 크론키스트(Cronquist) 및 APG IV(2016) 분류 체계도 이와
> 같다.

○ Calystegia davurica *Choisy*   タチヒルガホ
Sŏn-megŏt   선메꽃

선메꽃〈*Calystegia pellita* (Ledeb.) G.Don(1837)〉[1]

선메꽃이라는 이름은 메꽃을 닮았고 줄기를 뻗어 자라 올라갈 때 곧추서는 모습에서 유래했다.[2]
당시 선메꽃은 따로 분류되지 않고 '메꽃' 또는 '메'로 통칭되고(소위 '이물동명') 있었는데, 『조선식
물향명집』은 사정요지에 기록된 것처럼 대표적 종에 대한 명칭을 '메꽃'으로 하고, 선메꽃에 대해
서는 '메꽃'을 기본으로 하고 식물의 형태적 특징을 나타내는 '선'을 추가해 신칭했다.[3]

속명 *Calystegia*은 그리스어 *kalyx*(꽃받침)와 *stege*(덮개)의 합성어로, 2장의 큰 포엽이 꽃받침
을 가리고 있는 것에서 유래했으며 메꽃속을 일컫는다. 종소명 *pellita*는 라틴어 *pellis*에서 유래
했으며 '피부의, 가죽의'라는 뜻이다.

다른이름 털메꽃(박만규, 1949)[4]

중국/일본명 중국명 藤长苗(teng zhang miao)는 덩굴로 길게 자라는 메꽃 종류라는 뜻이다. 일본명
タチヒルガホ(立昼顔)는 서서 자라는 메꽃(ヒルガホ)이라는 뜻이다.

참고 [북한명] 털메꽃

---

1 '국가표준식물목록'(2018)은 선메꽃의 학명을 *Calystegia dahurica* (Herb.) Choisy(1845)로 기재하고 있으나, 『장진성 식
   물목록』(2014), '중국식물지'(2018) 및 '세계식물목록'(2018)은 본문의 학명을 정명으로 기재하고 있다.
2 이러한 견해로 이우철(2005), p.332 참조.
3 이에 대해서는 『조선식물향명집』, 색인 p.40 참조.
4 『조선식물명휘』(1922)는 '大收萻花, 매(mei, 색인에서는 '메')(救)'를 기록했으며 『선명대화명지부』(1934)는 '메(매)'를 기록했다.

Calystegia japonica *Choisy*　コヒルガホ
Aegi-me̊got　애기메꽃

애기메꽃〈*Calystegia hederacea* Wall.(1824)〉

애기메꽃이라는 이름은 메꽃에 비해서 식물체가 애기(아기)처럼 작다는 뜻에서 붙여졌다.[5] 땅속줄기와 어린잎을 식용했다.[6] 『조선식물향명집』에서 전통 명칭 '메꽃'을 기본으로 하고 식물의 형태적 특징을 나타내는 '애기'를 추가해 신칭했다.[7]

속명 *Calystegia*은 그리스어 *kalyx*(꽃받침)와 *stege*(덮개)의 합성어로, 2장의 큰 포엽이 꽃받침을 가리고 있는 것에서 유래했으며 메꽃속을 일컫는다. 종소명 *hederacea*는 *Hedera*(송악속)와 유사하다는 뜻이다.

다른이름　메싹(정태현 외, 1942), 좀메꽃(박만규, 1974)[8]

중국/일본명　중국명 打碗花(da wan hua)는 灯碗碗花(정완완화)에서 유래했으며 등잔의 사발 같은 꽃이라는 뜻이다. 일본명 コヒルガホ(小昼顔)는 식물체가 작은 메꽃(ヒルガホ)이라는 뜻이다.

참고　[북한명] 애기메꽃 [유사어] 구구앙(狗狗秧)

Calystegia subvolubilis *Don*　ヒルガホ　旋花
Me̊got　메꽃

메꽃〈*Calystegia pubescens* Lindl.(1846)〉[9]

메꽃이라는 이름은 옛이름 '메' 또는 '메싯'에서 유래한 것으로, 땅속줄기를 식용한 것과 연관 있는 것으로 추정한다.[10] 예부터 땅속줄기와 어린잎을 식용했다.[11] '메'는 '메지다', '멥쌀', '메조',

---

5　이러한 견해로 이우철(2005), p.384 참조.

6　이에 대해서는 『한국식물도감(하권 초본부)』(1956), p.514 참조.

7　이에 대해서는 『조선식물향명집』, 색인 p.43 참조.

8　『조선식물명휘』(1922)는 '面根藤兒, 苗'을 기록했다.

9　'국가표준식물목록'(2018)은 메꽃의 학명을 *Calystegia sepium* var. *japonicum* (Choisy) Makino(1912)로 기재하고 있으나, 『장진성 식물목록』(2014)은 이 학명을 본문의 학명에 통합하여 처리하고, '중국식물지'(2018)와 '세계식물목록'(2018)은 본문의 학명을 정명으로 기재하고 있다.

10　이러한 견해로 김양진(2011), p.17과 김종원(2013), p.131 참조.

11　이에 대해서는 『조선산야생식용식물』(1942), p.178 참조.

'메'(제삿밥)와 같이 찰지지 않은 소중한 먹을거리를 뜻한다.[12] 메꽃의 한자명으로 옛 문헌에 나타나는 旋花(선화)는 꽃봉오리가 돌돌 말려서 피는 모습에서, 鼓子花(고자화)는 꽃의 모양이 나팔을 닮은 것에서 유래했다.[13] 한편 『번역노걸대』와 『물보』는 한글명으로 '너출모란'을 기록했는데, 이는 중국명 纏枝牡丹(전지모단)에서 유래한 것으로 줄기가 덩굴로 얽혀 자라고 꽃이 모란과 같이 분홍색으로 예쁘게 핀다는 뜻이다.

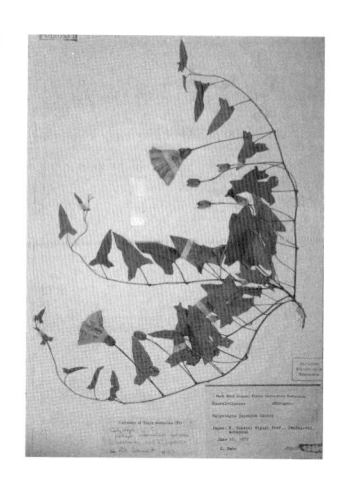

속명 Calystegia은 그리스어 kalyx(꽃받침)와 stege(덮개)의 합성어로, 2장의 큰 포엽이 꽃받침을 가리고 있는 것에서 유래했으며 메꽃속을 일컫는다. 종소명 pubescens는 '가는 연모가 있는'이라는 뜻이다.

다른이름 메(정태현 외, 1949), 가는잎메꽃/가는메꽃(안학수·이춘녕, 1963), 좁은잎메꽃(이창복, 1969b)

옛이름 너출모란/纏枝牡丹(번역노걸대, 1517), 旋葍根/메(언해구급방, 1608), 旋花/멧곳/鼓子花(동의보감, 1613), 鼓子花(지봉유설, 1614), 旋葍根/메블희(신간구황촬요, 1660), 메곳(악학습령, 1713), 旋葍根/메블희(산림경제, 1715), 메/燕伏苗(한청문감, 1779), 旋花/메곳/鼓子花(재물보, 1798), 旋葍根/메블희(해동농서, 1799), 纏枝牡丹/너출모란(물보, 1802), 旋花/메곳(물명고, 1824), 선화/메곳(화왕본긔, 19세기 초), 葍花/纏枝牡丹(임원경제지, 1842), 鼓子花(오주연문장전산고, 185?), 鼓子花/纏枝牡丹/山花兒娘(임하필기, 1871), 메/메싹(한불자전, 1880), 旋花(수세비결, 1929), 旋花/매(선한약물학, 1931), 메곳(조선구전민요집, 1933)[14]

중국/일본명 중국명 柔毛打碗花(rou mao da wan hua)는 가는 연모가 있는 타완화(打碗花: 애기메꽃의 중국명)라는 뜻이다. 일본명 ヒルガホ(昼顔)는 낮의 얼굴이라는 뜻으로 나팔꽃과 마찬가지로 아침 일찍 개화하지만 낮에도 꽃이 시들지 않는 것에서 유래했다.

참고 [북한명] 메꽃 [유사어] 고자화(鼓子花), 구구앙(狗狗秧), 돈장초(独腸草), 미초(美草), 미화(美花), 선복(旋葍), 선화(旋花), 속근근(續筋根) [지방명] 마/마싹/메/메꽃뿌리/메삭/메싸구/메싸구꽃/메싸

---

12 이러한 견해로 백문식(2014), p.207 참조.

13 중국의 『본초강목』(1596)은 "其花不作瓣狀 如軍中所吹鼓子 故有旋花 鼓子之名 一種千葉者 色似粉紅牡丹 俗呼爲纏枝牡丹"(꽃이 판 형태로 피지 않고 군대에서 나팔을 불고 북을 치는 모양과 같아 이름을 '선화'나 '고자'라 한다. 한 종은 겹꽃잎으로 색이 분홍색 모란과 유사하여 민간에서는 '전지모란'이라 부른다)이라고 기록했다. 또한 『동의보감』(1613)은 "一名 鼓子花 言其形肖也"(일명 고자화라 하는데 그 모양이 닮았음을 말한 것이다)라고 기록했다. 한편 권순경(2015.3.18.)은 고자화의 유래에 대해 "거세를 당해서 생식능력이 없는 남자를 흔히 고자라고 하는데 메꽃이 열매를 맺지 못한다고 해서 고자화라는 별명을 얻게 된 것이다"라고 하지만, 메꽃이 열매를 맺지 못하는 것이 아니므로 타당하지 않다.

14 『제주도및완도식물조사보고서』(1914)는 'モマ'[머마]를 기록했으며 『조선의 구황식물』(1919)은 '메, 旋花'를, 『조선어사전』(1920)은 '鼓子花(고즈화), 狍腸草(돈댱초), 美草(미초), 旋花(선화), 메곳'을, 『조선식물명휘』(1922)는 '旋花, 매/메(救)'를, 『토명대조선만식물자휘』(1932)는 '[美草]미초, [狍腸草]돈댱초, [鼓子花]고즈화, [旋花]선화, [메곳], [續筋根]속근근, [메]'를, 『선명대화명지부』(1934)는 '(메/매)'를, 『조선의산과와산채』(1935)는 '旋花, 메삭'을 기록했다.

기/메싹/메싹꽃/멕싸구/멥사귀/멥싹뿌리/모메/뫼(강원), 머마/메/메싹(경기), 머메싹/모메/모메꽃(경남), 메싹/모마꽃/모매싹/모메/모메싹/몸메싹(경북), 메기싹/메기잎싹/메싹/메잎싹/멥싹(전남), 마싹/매쌉기/머마/머맛시/메싹/모마/미쌔기(전북), 메마꽃/미마(제주), 나팔꽃/메싹/혹충(충남), 마/메/모메(충북), 메싹(함북)

Calystegia sepium *R. Brown*   ヒロハヒルガホ
Kùn-meĝot   큰메꽃

큰메꽃〈*Calystegia sepium* (L.) R.Br.(1810)〉

큰메꽃이라는 이름은 (잎이) 큰 메꽃이라는 뜻이다.[15] 메꽃에 비해 잎과 꽃 등이 상대적으로 크다. 『조선식물향명집』에서 전통 명칭 '메꽃'을 기본으로 하고 식물의 형태적 특징을 나타내는 '큰'을 추가해 신칭했다.[16]

속명 *Calystegia*은 그리스어 *kalyx*(꽃받침)와 *stege*(덮개)의 합성어로, 2장의 큰 포엽이 꽃받침을 가리고 있는 것에서 유래했으며 메꽃속을 일컫는다. 종소명 *sepium*은 '생울타리의, 목책의'라는 뜻으로 주로 울타리에서 자란다고 하여 붙여졌다.

다른이름 음양곽메꽃(안학수·이춘녕, 1963), 넓은잎메꽃(박만규, 1974), 울타리메꽃(리용재 외, 2011)[17]

중국/일본명 중국명 旋花(xuan hua)는 돌돌 말려서 피는 꽃봉오리의 모양 또는 나팔을 닮은 모습에서 유래했다.[18] 일본명 ヒロハヒルガホ(廣葉昼顔)는 넓은 잎을 가진 메꽃(ヒルガオ)이라는 뜻이다.

참고 [북한명] 큰메꽃/울타리메꽃[19] [유사어] 구구앙(狗狗秧)

Calystegia Soldanella *R. Brown*   ハマヒルガホ
Haean-meĝot   해안메꽃

갯메꽃〈*Calystegia soldanella* (L.) R.Br.(1810)〉[20]

---

15 이러한 견해로 이우철(2005), p.532 참조.

16 이에 대해서는『조선식물향명집』, 색인 p.47 참조.

17 『조선식물명휘』(1922)는 '旋花, 兎兒苗, 葍子根, 매/메(救)'를 기록했다.

18 중국의『본초강목』(1596)은 "其花不作瓣狀 如軍中所吹鼓子 故有旋花 鼓子之名"(꽃이 판 형태로 피지 않고 군대에서 나팔을 불고 북을 치는 모양과 같아 이름을 '선화'나 '고자'라 한다)이라고 기록했다.

19 북한에서는 *C. americana*를 '큰메꽃'으로, *C. sepia*를 '울타리메꽃'으로 하여 별도 분류하고 있다. 이에 대해서는 리용재 외(?011), p 67 참조.

20 '국가표준식물목록'(2018)은 갯메꽃의 학명을 *Calystegia soldanella* (L.) Roem. & Schultb.(1819)로 기재하고 있으나, '중국식물지'(2018), '세계식물목록'(2018) 및『장진성 식물목록』(2014)은 본문의 학명을 정명으로 기재하고 있다.

갯메꽃이라는 이름은 바닷가(갯가)에서 자라는 메꽃이라는 뜻이다.[21] 해안가 모래사장에서 자라며 잎이 둥근 특징이 있다. 『조선식물향명집』에서는 바닷가에서 자라는 메꽃이라는 뜻의 '해안메꽃'을 신칭했으나,[22] 『우리나라 식물명감』에서 '갯메꽃'으로 개칭해 현재에 이르고 있다.

속명 *Calystegia*은 그리스어 *kalyx*(꽃받침)와 *stege*(덮개)의 합성어로, 2장의 큰 포엽이 꽃받침을 가리고 있는 것에서 유래했으며 메꽃속을 일컫는다. 종소명 *soldanella*는 '작은 동전 모양의'라는 뜻으로 둥근 잎의 모양에서 유래했다.

다른이름 해안메꽃(정태현 외, 1937), 개메꽃(정태현 외, 1949)[23]

중국/일본명 중국명 肾叶打碗花(shen ye da wan hua)는 잎이 콩팥모양인 타완화(打碗花: 애기메꽃의 중국명)라는 뜻이다. 일본명 ハマヒルガホ(浜昼顔)는 해변에서 자라는 메꽃(ヒルガホ)이라는 뜻이다.

참고 [북한명] 갯메꽃 [유사어] 노편초(老扁草) [지방명] 메꽃(전남), 개꽃남(제주), 강아지꽃(충남)

Cuscuta chinensis *Lamarck*　マメダヲシ
Sil-saesam　실새삼　菟絲

실새삼〈*Cuscuta australis* R.Br.(1810)〉

실새삼이라는 이름은 줄기가 실(絲)같이 가는 새삼이라는 뜻이다.[24] 줄기가 진한 노란색이고 가늘게 실모양을 이루는 특징이 있으며, 예부터 열매를 약용했다.[25] 옛 문헌에 기록된 菟絲子(토사자)가 어떤 종의 식물을 일컫는지는 명확하지 않은데, 17세기에 저술된 『동의보감』은 "處處有之 多生豆田中 無根假氣而生 細蔓黃色"(곳곳에서 나는데 대부분 콩밭에서 자란다. 뿌리 없이 다른 식물에 기생하고 가늘게 덩굴지어 자라며 노란색이다)이라고 한 점에 비추어 현재의 실새삼 또는 갯실새삼을 일컬었던 것으로 보인다. 또한 『조선산야생약용식물』은 당시 대구 약재시장 등에서 菟絲子(토사자)라는 이름으로 거래되는 약재를 현재의 '실새삼'으로 기록했다. 『조선식물향명집』은 줄기가 보다 가는 종을 실새삼으로 기록함으로써 현재의 국명이 정착되었다. 『조선식물향명집』은 실새삼을 신칭한 이

---

21 이러한 견해로 이우철(2005), p.62 참조.

22 이에 대해서는 『조선식물향명집』, 색인 p.49 참조.

23 『제주도및완도식물조사보고서』(1914)는 'キャコンナム'[개꽃남]을 기록했으며 『조선의산과와산채』(1935)는 '메삭'을 기록했다.

24 이러한 견해로 이우철(2005), p.369와 김종원(2013), p.336 참조.

25 열매를 약용한 것에 대해서는 『조선산야생약용식물』(1936), p.191 참조.

름으로 기록하지 않았으므로[26] 당시에 실제로 사용하던 방언을 채록한 것으로 보이지만, 정확히 어느 지역의 방언인지는 확인되지 않는다.

속명 *Cuscuta*는 실새삼을 뜻하는 중세 라틴어로 아랍명 *kechout*, *kusuta*, *kushuta*, *keshut* 또는 *kuskut*에서 유래했으며 새삼속을 일컫는다. 종소명 *australis*는 라틴어로 '남쪽의, 남반구의'라는 뜻이다.

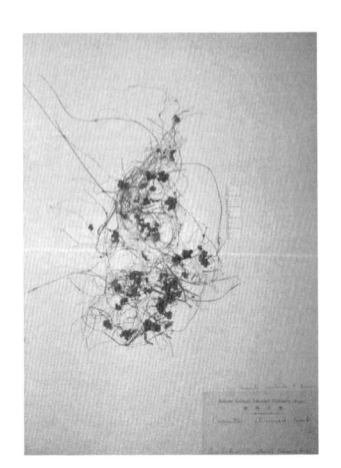

다른이름 새삼덩굴(정태현 외, 1936)

옛이름 兎絲子/새삼삐(동의보감, 1613)[27]

중국/일본명 중국명 南方菟丝子(nan fang tu si zi)는 남쪽에 분포하는 토사자[菟絲子: 갯실새삼(*C. chinensis*)의 중국명]라는 뜻이다. 일본명 マメダヲシ(豆到し)는 콩과 식물에 기생하면서 해를 끼친다는 뜻이다.

참고 [북한명] 실새삼 [유사어] 토사자(兎絲子) [지방명] 뿔리어신새삼(제주)

Cuscuta japonica *Choisy*　ネナシカヅラ
Saesam　새삼　菟絲

새삼〈*Cuscuta japonica* Choisy(1854)〉

새삼이라는 이름은 '새'(鳥)와 '삼'(麻)의 합성어로, 약용하는 씨앗의 모양이 삼(麻)과 비슷하다는 뜻에서 유래했다.[28] 예부터 열매를 약용했다.[29] 중국에서 전래된 한자명 菟絲子/兎絲子(토사자)는 뿌리의 모양이 토끼가 웅크린 듯하고 줄기가 실처럼 가는 것에서 유래한 이름이다.[30] 그런데 토사자가 어떤 종의 식물을 일컫는지 문헌상으로는 명확하지 않다. 17세기에 저술된 『동의보감』은 "處處有之 多生豆田中 無根假氣而生 細蔓黃色"(곳곳에서 나는데 대부분 콩밭에서 자란다. 뿌리 없이 다른 식물에 기생하고 가늘게 덩굴지어 자라며 노란색이다)이라고 한 것에 비추어 현재의 실새삼에 가깝고, 19세기 초에 저술된 『광재물보』는 "無葉有花 白色微紅"(잎이 없이 꽃이 피는데 흰색이고 약간 붉은색이 돈다)이라고 한 것에 비추어 현재의 새삼에 가깝다. 그리고 『조선산야생약용식물』은 당시 대구

---

26 이에 대해서는 『조선식물향명집』, 색인 p.42 참조.
27 『조선식물명휘』(1922)는 '蘇, 血葉藤, 兎絲, 시삼(藥)'을 기록했으며 『선명대화명지부』(1934)는 '새삼'을 기록했다.
28 이러한 견해로 남풍현(1981), p.131과 이덕봉(1963), p.3 참조.
29 이에 대해서는 『한국의 민속식물』(2017), p.951 참조.
30 중국의 『포박자』(4세기)는 "菟絲之草 下有伏兎之根 無此菟 則絲不得生於上 然實不屬也 伏菟抽則菟絲死 又云 菟絲初生之根 其形似兎"(토사라는 풀은 아래 부분에 웅크린 토끼 모양을 한 뿌리가 있다. 이 토끼 없으면 사는 위로 나오지 못하나 실제로 이 둘은 붙어 있지 않다. 복토를 파내면 토사는 죽는다. 또한 토사는 처음 난 뿌리의 모양이 토끼와 유사하다)라고 기록했다.

약재시장 등에서 菟絲子(토사자)라는 이름으로 거래되는 약재를 현재의 '실새삼'으로 기록했다. 『조선식물향명집』은 새삼과 실새삼 모두를 菟絲(토사)라고 일컫는다고 하면서, 형태에 착안해 줄기가 보다 굵은 모양을 한 종을 '새삼'으로, 줄기가 보다 가는 모양을 한 종을 '실새삼'으로 기록해 현재에 이르고 있다. 중국에서는 菟丝子(tu si zi)를 갯실새삼<Cuscuta chinensis Lam.(1786)>을 일컫는 말로 사용하고 있다. 한편 새삼의 유래를 사이에서 흘러나오는 물을 뜻하는 '샘' 또는 '새암'에서 찾는 견해가 있으나,[31] 우물을 뜻하는 샘(泉)의 15~16세기의 표현은 '심'이고[32] 새삼과는 어형이 일치하지 않으므로 타당하지 않은 것으로 보인다.

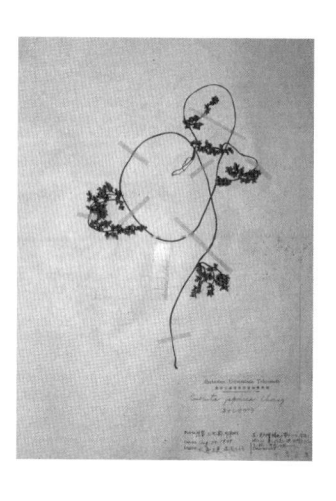

속명 Cuscuta는 실새삼을 뜻하는 중세 라틴어로 아랍명 kechout, kusuta, kushuta, keshut 또는 kuskut에서 유래했으며 새삼속을 일컫는다. 종소명 japonica는 '일본의'라는 뜻으로 발견지 또는 분포지를 나타낸다.

옛이름 兎絲子/鳥伊麻(향약구급방, 1236),[33] 兎絲子/鳥麻(향약채취월령, 1431), 菟絲子/鳥麻(향약집성방, 1433),[34] 菟絲/새삼여름(구급간이방언해, 1489), 菟蘇/새삼(훈몽자회, 1527), 兎絲子/鳥麻/새삼(촌가구급방, 1538), 兎絲子/토ᄉᆞᄌ(언해태산집요, 1608), 兎絲子/새삼ᄡᅵ(동의보감, 1613), 蘿/새삼(시경언해, 1613), 菟絲子/새삼(신간구황촬요, 1660), 兎絲子/새삼(산림경제, 1715), 兎絲子/식삼(증보산림경제, 1766), 兎絲子/식삼씨(재물보, 1798), 兎絲子/새삼씨(해동농서, 1799), 兎絲子/새삼ᄡᅵ(제중신편, 1799), 菟絲子/식샴(물보, 1802), 兎絲子/식삼(광재물보, 19세기 초), 토ᄉᆞᄌ/새삼(화왕본긔, 19세기 초), 兎絲子/새슴/女蘿/金線草(물명고, 1824), 菟蘇/새삼(자류주석, 1856), 식삼/兎絲子(한불자전, 1880), 兎絲子/새삼ᄡᅵ(방약합편, 1884), 菟蘇/새삼(자전석요, 1909), 女蘿草/새삼년줄/菟蘇(신자전, 1915), 兎絲子/식삼(의서옥편, 1921), 菟絲子/새삼씨(선한약물학, 1931)[35]

중국/일본명 중국명 金灯藤(jin deng teng)은 꽃이나 열매가 금으로 만든 등잔처럼 보이며 덩굴성으

---

31 이러한 견해로 김종원(2013), p.337 참조.

32 샘(泉)을 '심'으로 표기한 것으로 『훈민정음해례본』(1446), 『석보상절』(1447), 『훈몽자회』(1527), 『신증유합』(1576) 등이 있다.

33 『향약구급방』(1236)의 차자(借字) '鳥伊麻'(조이마)에 대해 남풍현(1981), p.131과 이덕봉(1963), p.3은 '새삼'의 표기로 보고 있다.

34 『향약집성방』(1433)의 차자(借字) '鳥麻'(조마)에 대해 남풍현(1999), p.175는 '새삼'의 표기로 보고 있다.

35 『제주도및완도식물조사보고서』(1914)는 'ブリヰムスンシスン'[뿔리어신새삼]을 기록했으며 『조선한방약료식물조사서』(1917)는 '식삼, 兎絲子'를, 『조선의 구황식물』(1919)은 '식삼'을, 『조선어사전』(1920)은 '兎絲子(토ᄉᆞᄌ), 새삼씨'를, 『조선식물명휘』(1922)는 '兎絲子, 無娘藤, 식임, 세삼베(救, 藥)'를, 『토명대조선만식물자휘』(1932)는 '[兎絲草]토ᄉᆞ초, [兎絲子]토ᄉᆞᄌ, [새삼씨]'를, 『선명대화명지부』(1934)는 '세삼배(베) 세삼에, 새삼, 새얌, 샘앰, 잼앰'을, 『조선의산과와산채』(1935)는 '兎絲子, 식임'을 기록했다.

로 자란다는 뜻이다. 일본명 ネナシカヅラ(無根藤)는 뿌리가 없이 덩굴로 자란다는 뜻이다.

참고 [북한명] 새삼 [유사어] 금선초(金線草), 토사자(菟絲子) [지방명] 토사자(경기/전북), 태사자(전남), 뿔리어신새삼(제주)

Ipomoea Batatas *Lamarck* var. edulis *Makino*　サツマイモ　甘藷 (栽)
Goguma　고구마

고구마⟨*Ipomoea batatas* (L.) Lam.(1791)⟩

고구마라는 이름은 쓰시마섬에서 사용하던 고꼬이모(こうこういも, 孝行藷)가 고구마로 발음이 변한 것에서 유래했다.[36] 중남미가 원산으로 기록에 따르면 우리나라에 처음 들어온 때는 조선 영조 39년(1763) 10월로, 그 당시 일본에 통신사로 갔던 조엄(1719~1777)이 쓰시마섬에서 고구마를 보고 구황작물로 여겨 씨고구마를 구해 부산진에 가져온 것으로 알려져 있다. 조엄의 일본 기행문『해사일기』는 "名曰甘藷 或云孝子麻 倭音古貴爲麻"(감저라는 것이 있는데 이것을 '효자마'라고도 하고 왜음으로는 '고귀위마'라고 한다)라고 기록했다. 조선 후기에는 한자명으로 甘藷(감저)라고도 했는데, 문헌에서는 현재의 고구마와 감자가 혼용되어 있으므로 주의가 필요하다.『오주연문장전산고』는 주된 재배 지역을 기준으로 하여 현재의 감자를 '北甘藷'(북감저), 현재의 고구마를 '南甘藷'(남감저)라고도 했다.

속명 *Ipomoea*는 그리스어 *ips*(덩굴식물, 덩굴식물을 먹는 벌레)와 *homoios*(유사한)의 합성어로, 길게 줄기를 뻗으며 자라는 모습 또는 *Convolvulus*(서양메꽃속)와 유사하다는 뜻에서 유래했으며 나팔꽃속을 일컫는다. 종소명 *batatas*는 고구마의 남아메리카 토착어에서 유래했다.

다른이름 단고구마(박만규, 1949), 누른살고구마(안학수·이춘녕, 1963)

옛이름 甘藷/孝子麻/古貴爲麻(해사일기, 1764), 甘藷(강씨감저보, 1766), 甘藷(증보산림경제, 1766), 甘藷(북학의, 1778), 甘藷(홍재전서, 1787), 甘藷(정조실록, 1794), 甘藷(재물보, 1798), 甘藷(제중신편, 1799), 甘藷/蕃藷(해동농서, 1799), 甘藷(백운필, 1803), 甘藷/감져(광재물보, 19세기 초), 甘藷(감저신보, 1813), 甘藷(경세유표, 1817), 甘藷/番藷(물명고, 1824), 甘藷(종저보, 1834), 甘藷(농정회요, 1834), 甘藷/蕃藷/蕃薯(임원경제지, 1842), 甘藷/蕃藷/南甘藷/古古里/文畏/朱藷/古今伊(오주연문장전산고, 185?), 甘藷(의종손익, 1868), 甘藷/赤藷/감져/덕지/남감(명물기략, 1870), 甘藷(임하필기, 1871), 南甘藷(동의수세보원, 1894), 남감즈(한불자전, 1880), 고그마(한영자전, 1890), 甘藷/番藷/감저(자전석요, 1909), 고그마/甘藷/감져/효힝져/孝行藷(조선어사전[심], 1925), 고구마/고그마(조선어표준말모음, 1936)[37]

---

36 이러한 견해로 김무림(2015), p.128; 백문식(2014), p.47; 조항범(2018.3.9.); 한태호 외(2006), p.27; 박일환(1994), p.29; 장충덕(2007), p.44; 이재운 외(2008), p.165; 장진한(2001), p.33; 김양진(2011), p.92 참조.
37 『조선어사전』(1920)은 '甘藷(감저), 고그마'를 기록했으며 『조선식물명휘』(1922)는 '甘藷, 蕃薯, 고구마(食)'를, 『토명대조선

중국명 番薯(fan shu)는 무성하게 자라는 마 종류(藷)라는 뜻이다. 일본명 サツマイモ(薩摩芋)는 사쓰마(薩摩)에서 주로 키우는 뿌리 식물이라는 뜻이다.

참고 [북한명] 고구마 [유사어] 감저(甘藷), 남감저(南甘藷), 번저(蕃藷) [지방명] 고고마/단감재/왜감자/왜감재(강원), 고고마(경기), 감자/고고마/고고매/고군매/고마/고매/고오매/고우매(경남), 고마/고굼마(경북), 감자/감제/고구매/남감자/땅좆/진감자(전남), 고고마/고구매/무시감자(전북), 감저/감제/감져/감조/감주/감태/지슬(제주), 감자/갈감자/무감자/무수감자/지주감자(충남), 고고마/고그마/무감자(충북), 감자/감지/단감재/당감재/되감재/디괴/왜감자/왜감재/피감재/호감자(평남), 단감재/되감재/디괴/양감재/왜감자/왜감재/피감재/호감자/호감재(평북), 단감재/사당감자/사탕감재/일본감재(함북), 감자/왜감자/왜감재/호감자/호감지(황해)

Pharbitis hispida *Choisy*   マルバアサガホ
Dŏnggŭnip-napalgot 둥근잎나팔꽃

둥근잎나팔꽃⟨*Ipomoea purpurea* (L.) Roth(1787)⟩

둥근잎나팔꽃이라는 이름은 잎이 둥근 모양이고 꽃의 모양이 악기 나팔(喇叭)을 닮았다는 뜻에서 유래했다.[38] 열대 아메리카 지역 원산으로 국내에는 재배용으로 도입되었다가 일출(逸出)해 야생화한 것이다.[39] 『조선식물향명집』에서는 전통 명칭 '나팔꽃'을 기본으로 하고 식물의 형태적 특징을 나타내는 '동근잎'을 추가해 '동근잎나팔꽃'을 신칭했으나,[40] 『조선식물명집』에서 맞춤법에 따라 '둥근잎나팔꽃'으로 개칭해 현재에 이르고 있다.[41]

속명 *Ipomoea*는 그리스어 *ips*(덩굴식물, 덩굴식물을 먹는 벌레)와 *homoios*(유사한)의 합성어로, 길게 줄기를 뻗으며 자라는 모습 또는 *Convolvulus*(서양메꽃속)와 유사하다는 뜻에서 유래했으며 나팔꽃속을 일컫는다. 종소명 *purpurea*는 '홍자색의, 자주색의'라는 뜻으로 꽃의 색깔에서 유래했다.

다른이름 둥근잎나팔꽃(정태현 외, 1937)

중국/일본명 중국명 圓叶牵牛(yuan ye qian niu)는 잎이 둥근 견우(牵牛: 나팔꽃의 중국명)라는 뜻이다.

만식물자휘』(1932)는 '[甘藷]감서, [南甘藷]남감서, [南藷]남서, [고그마]'를, 『선명대화명지부』(1934)는 '고구마'를 기록했다.
38 이러한 견해로 이우철(2005), p.193 참조.
39 이에 대해서는 박수현(1995), p.262 참조. 한편 『조선식물명휘』(1922), p.295는 경성(京城)에서 "半自生ノ狀ナナス"(반자생의 상태로 되다)라고 기록했다.
40 이에 대해서는 『조선식물향명집』, 색인 p.35 참조.
41 '국가표준식물목록'(2018)은 '둥근잎나팔꽃'이라는 국명이 임양재 외(1980)에서 비롯된 것으로 기록했으나, '세계식물목록'(2018)에 따르면 『조선식물향명집』에 기록된 둥근잎나팔꽃의 학명 *Pharbitis hispida* (Zuccagni) Choisy(1833)는 *Ipomoea purpurea* (L.) Roth(1787)의 이명(synonym)이므로 현재 사용하는 '둥근잎나팔꽃'이라는 국명에 대한 최초 기록은 『조선식물명집』(1949), p.104로 보인다.

일본명 マルバアサガホ(丸葉朝顔)는 잎이 둥근 모양인 나팔꽃(アサガホ)이라는 뜻이다.

참고 [북한명] 둥근잎나팔꽃 [지방명] 나팔꽃(충남)

Pharbitis Nil *Choisy* アサガホ 牽牛子 (栽)
Napalgot 나팔꽃 黑丑

나팔꽃〈*Ipomoea nil* (L.) Roth(1797)〉

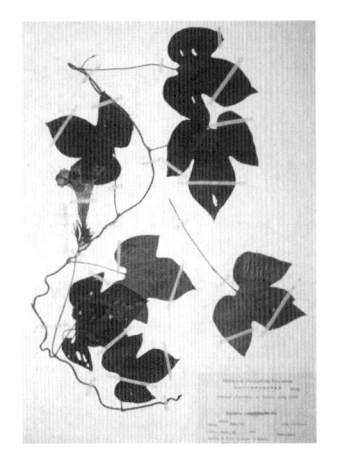

나팔꽃이라는 이름은 꽃의 모양이 악기 나팔(喇叭)을 닮았다는 뜻에서 유래했다.[42] 인도가 원산지로 예부터 관상용으로 재배했고, 씨앗을 약재로 사용했다.[43] 생약명은 牽牛子(견우자)이며 씨앗의 색깔에 따라 '白丑'(백축) 또는 '黑丑'(흑축)이라고도 했다. 19세기에 이르러 꽃의 모양에서 유래한 '나발꽃'이라는 형태의 이름이 등장했는데[44] 표기의 변화에 따라 『조선식물향명집』에서 '나팔꽃'으로 기록해 현재에 이르고 있다.

속명 *Ipomoea*는 그리스어 *ips*(덩굴식물, 덩굴식물을 먹는 벌레)와 *homoios*(유사한)의 합성어로, 길게 줄기를 뻗으며 자라는 모습 또는 *Convolvulus*(서양메꽃속)와 유사하다는 뜻에서 유래했으며 나팔꽃속을 일컫는다. 종소명 *nil*은 남색이라는 뜻의 아랍어에서 유래했다.

다른이름 흑축/백축(정태현 외, 1936), 털잎나팔꽃(한진건 외, 1982)

옛이름 牽牛子/朝生暮落花子(향약구급방, 1236), 牽牛子(향약집성방, 1433), 牽牛子(세종실록지리지, 1454), 牽牛子/견울증(구급방언해, 1466), 牽牛子/견우주(구급간이방언해, 1489), 牽牛子/三日草(촌가구급방, 1538), 牽牛子/견우자(언해구급방, 1608), 牽牛子/견우주(언해두창집요, 1608), 牽牛子/白丑/黑丑(동의보감, 1613), 牽牛子(의림촬요, 1635), 牽牛子/白丑/黑丑(산림경제, 1715), 牽牛花(청장관전서, 1795), 牽牛/黑丑(재물보, 1798), 牽牛(제중신편, 1799), 黑丑/白丑(물보, 1802), 牽牛子/흑축/黑丑/草金鈴/盆甑草(광재물보, 19세기 초), 牽牛花/나발꽃/草金鈴(물명고, 1824), 牽牛花/견우화(화왕본긔, 19세기 초), 牽牛/黑丑(방약합편, 1884), 牽牛子(수세비결, 1929), 牽牛子/나팔꽃씨(선한약물학, 1931)[45]

---

42 이러한 견해로 이우철(2005), p.132; 이덕봉(1963), p.20; 한태호 외(2006), p.79; 김종원(2013), p.133 참조.
43 이에 대해서는 『한국식물도감(하권 초본부)』(1956), p.516 참조.
44 한편 김종원(2013), p.133은 일본인이 저술한 『토명대조선만식물자휘』(1932)에서 한글명 '라발꽃'이 처음 기록되었고 고유명이 없었다고 주장하고 있으나, 19세기 초에 저술된 『물명고』에도 기록된 이름이므로 근거가 없는 주장이다.
45 『조선한방약료식물조사서』(1917)는 '나발꽃(慶北), 牽牛子'를 기록했으며 『조선어사전』(1920)은 '牽牛子(견우주), 牽牛花(견우화), 朝顔花(죠안화)'를, 『조선식물명휘』(1922)는 '白丑, 牽牛子, 黑丑, 흑축, 메꽃(觀賞, 藥)'을, Crane(1931)은 '라발꽃, 黑丑

중국명 牽牛(qian niu)는 밭과 들판에서 자라는 식물의 씨앗을 약재로 사용할 때 사람들이 소를 끌고 다니면서 교역을 한 것에서 유래했다.[46] 일본명 アサガホ(朝顔)는 아침에 꽃을 피우기 때문에 아침의 얼굴이라는 뜻에서 붙여졌다.

참고 [북한명] 나팔꽃 [유사어] 견우(牽牛), 분증초(盆甑草), 천가(天茄) [지방명] 나발꽃/상사화(강원), 들나팔꽃(전남), 강아지꽃(충청), 개지꽃(평북)

Quamoclit vulgaris *Choisy*　ルカウサウ　(栽)
Yuhongcho　유홍초

유홍초⟨*Ipomoea quamoclit* L.(1753)⟩[47]

유홍초라는 이름은 꽃이 붉게 피어 오랫동안 유지된다는 뜻의 한자명 '留紅草'(유홍초)에서 유래했다.[48] 열대 남아메리카 원산의 재배식물로 잎이 빗살처럼 갈라져 새의 깃처럼 보이는 특징이 있어 흔히 '새깃유홍초'라고도 한다. 『조선식물향명집』은 당시에 사용되던 한자명에서 비롯한 이름을 조선명으로 사정한 것으로 추론되지만, 문헌상으로는 '留紅草'(유홍초)라는 이름이 확인되지 않는 것으로 보인다.

　속명 *Ipomoea*는 그리스어 *ips*(덩굴식물, 덩굴식물을 먹는 벌레)와 *homoios*(유사한)의 합성어로, 길게 줄기를 뻗으며 자라는 모습 또는 *Convolvulus*(서양메꽃속)와 유사하다는 뜻에서 유래했으며 나팔꽃속을 일컫는다. 종소명 *quamoclit*는 어원이 불분명한데 아즈텍어나 멕시코어 *quamochitl*에서 유래했다는 견해와, 그리스어 *kyamos*(콩)와 *clitos*(낮은)의 합성어로 덩굴성 콩과 식물과 유사하다는 뜻에서 유래했다는 견해가 있다.

다른이름 누홍초(안학수·이춘녕, 1963)[49]

중국/일본명 중국명 茑萝松(niao luo song)은 잎 모양이 소나무(松)를 닮은 조라(蔦蘿: 담쟁이덩굴 또는 유홍초를 달리 부르는 이름)라는 뜻이다. 일본명 ルカウサウ(縷紅草)는 잎이 실오리처럼 가늘고 꽃이 붉게 핀다는 뜻이다.

참고 [북한명] 유홍초 [유사어] 깃털유홍초(-留紅草), 누홍초(縷紅草), 새깃유홍초(-留紅草)

花'를, 『토명대조선만식물자휘』(1932)는 '[牽牛花]견우화, [朝顔花]죠안화, [喇叭花]라(나)발화(꽃), [牽牛子]견우ᄌ, [黑丑]흑축, [白丑]빅축'을, 『선명대화명지부』(1934)는 '메꽃, 흑축'을 기록했다.

46　중국의 『경사증류비급본초』(1082)는 "此藥始出田野 人牽牛易藥 故以名之"(이 약이 처음 밭과 들에서 났는데 사람들이 소를 끌고 다니면서 교역을 했기 때문에 견우자라 한 것이다)라고 기록했다.

47　'국가표준식물목록'(2018)은 유홍초의 학명을 *Quamoclit pennata* (Desr.) Bojer(1837)로 기재하여 유홍초속을 별도 분류하고 있으나, '세계식물목록'(2018)과 『장진성 식물목록』(2014)은 본문의 학명을 정명으로 기재하여 나팔꽃속(*Ipomoea*)으로 분류하고 있다.

48　이러한 견해로 이우철(2005), p.426 참조.

49　『토명대조선만식물자휘』(1932)는 '[蔦蘿花]됴라화, [청미라화], [겨우살이꽃]'을 기록했다.

Quamoclit coccinea *Linné*   マルバルカウサウ
Donggŭnip-yuhoṅgcho   동근잎유홍초

둥근잎유홍초 〈*Ipomoea cholulensis* Kunth(1818)〉[50]

둥근잎유홍초라는 이름은 잎이 둥근 모양인 유홍초(留紅草)라
는 뜻이다.[51] 북아메리카 원산으로 원예용 식물로 도입했다가
야생화한 귀화식물이다.[52] 『조선식물향명집』에서는 '유홍초'
를 기본으로 하고 식물의 형태적 특징을 나타내는 '동근잎'을
추가해 '동근잎유홍초'를 신칭했으나,[53] 『조선식물명집』에서
맞춤법에 따라 '둥근잎유홍초'로 개칭해 현재에 이르고 있다.

속명 *Ipomoea*는 그리스어 *ips*(덩굴식물, 덩굴식물을 먹는 벌
레)와 *homoios*(유사한)의 합성어로, 길게 줄기를 뻗으며 자라
는 모습 또는 *Convolvulus*(서양메꽃속)와 유사하다는 뜻에서
유래했으며 나팔꽃속을 일컫는다. 종소명 *cholulensis*는 '붉
은색의'라는 뜻이다.

다른이름 동글잎유홍초(박만규, 1949), 붉은유홍초(리용재 외, 2011)[54]

중국/일본명 중국명 橙红茑萝(cheng hong niao luo)는 꽃이 등적색(橙紅)인 조라(茑蘿: 담쟁이덩굴 또는
유홍초를 달리 부르는 이름)라는 뜻이다. 일본명 マルバルカウサウ(丸葉縷紅草)는 잎이 둥근 모양의
유홍초(ルカウサウ)라는 뜻이다.

참고 [북한명] 둥근잎유홍초/붉은유홍초[55] [지방명] 맵싹뿌리(전남), 나팔꽃(충남)

---

50 '국가표준식물목록'(2018)은 둥근잎유홍초의 학명을 *Quamoclit coccinea* Moench(1794)로 기재하고 있다. 그러나 '세
   계식물목록'(2018)은 본문의 학명을 정명으로 기재하여 나팔꽃속(*Ipomoea*)으로 분류하고 있는 반면 『장진성 식물목록』
   (2014)은 별도 분류하지 않고 있으므로 주의가 필요하다.

51 이러한 견해로 이우철(2005), p.194 참조.

52 『조선식물명휘』(1922), p.296은 경성(京城)에서 "自生ノ狀ヲナス"(자생의 상태로 되다)라고 기록했다.

53 이에 대해서는 『조선식물향명집』, 색인 p.35 참조.

54 『조선식물명휘』(1922)는 '茑蘿, 茑蘿松'을 기록했다.

55 북한에서는 *Q. hederifolia*를 '둥근잎유홍초'로 *Q. coccinea*를 '붉은유홍초'로 하여 별도 분류하고 있다. 이에 대해서
   는 리용재 외(2011), p.292 참조.

Polemoniaceae 꽃고비科 (花葱科)

꽃고비과〈Polemoniaceae Juss.(1789)〉

꽃고비과는 국내에 자생하는 꽃고비에서 유래한 과명이다. '국가표준식물목록'(2018), '세계식물목록'(2018) 및 『장진성 식물목록』(2014)은 *Polemonium*(꽃고비속)에서 유래한 Polemoniaceae를 과명으로 기재하고 있으며, 엥글러(Engler), 크론키스트(Cronquist) 및 APG IV(2016) 분류 체계도 이와 같다.

Polemonium caeruleum *Linné*　ハナシノブ
Ĝotgobi　꽃고비

꽃고비〈*Polemonium caeruleum* L. var. *acutiflorum* (Willd. ex Roem. & Schult.) Ledeb.(1847)〉[1]

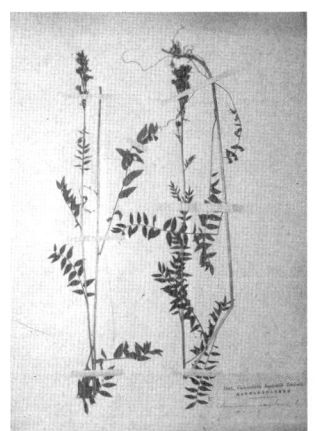

꽃고비라는 이름은 잎이 고비를 닮았는데 화려한 꽃을 피운다고 해서 붙여진 것으로 추정한다.[2] 꽃은 6~8월에 보라색 또는 흰색으로 화려하게 피고, 잎은 고비 또는 고사리와 같은 깃모양겹잎으로 작은잎 6~12쌍이 마주난다. 『조선식물향명집』에서 전통 명칭 '고비'를 기본으로 하고 식물의 형태적 특징을 나타내는 '꽃'을 추가해 신칭했다.[3]

속명 *Polemonium*은 *Hypericum*(물레나물속) 식물의 어떤 종에 대한 그리스명 *polemonion*에서 유래한 것으로 꽃고비속을 일컫는다. 종소명 *caeruleum*은 '푸른색의'라는 뜻으로 꽃의 색깔에서 유래했으며, 변종명 *acutiflorum*은 '뽀족한 꽃의'라는 뜻으로 꽃잎의 끝이 뽀족한 것에서 유래했다.

다른이름　함영꽃고비(박만규, 1949), 푸른꽃고비(리용재 외, 2011)

중국/일본명　중국명 尖裂花葱(jian lie hua ren)은 잎이 첨열(尖裂)하는 화인[花葱: 꽃이 아름답고 인동덩굴을 닮았다는 뜻으로 참꽃고비(*P. caeruleum*)의 중국명]이라는 뜻이다. 일본명 ハナシノブ(花忍)는 꽃이 화려하고 잎이 넉줄고사리(シノブ)를 닮았다는 뜻이다.

참고　[북한명] 꽃고비/푸른꽃고비[4] [유사어] 화총(花葱)

1　'국가표준식물목록'(2018)은 꽃고비의 학명을 *Polemonium racemosum* Kitam.(1941)으로 기재하고 있으나, 『장진성 식물목록』(2014)과 '중국식물지'(2018)는 본문의 학명을 정명으로 기재하고 있다.

2　이러한 견해로 권순경(2019.1.23.) 참조.

3　이에 대해서는 『조선식물향명집』, 색인 p.32 참조.

4　북한에서는 *P. racemosum*을 '꽃고비'로, *P. caeruleum*을 '푸른꽃고비'로 하여 별도 분류하고 있다. 이에 대해서는 리용재 외(2011), p.276 참조.

Borraginaceae 지치科 (紫草科)

지치과〈**Boraginaceae** Juss.(1789)〉

지치과는 국내에 자생하는 지치에서 유래한 과명이다. '국가표준식물목록'(2018), '세계식물목록'(2018) 및 『장진성 식물목록』(2014)은 *Borago*(보라고속)에서 유래한 Boraginaceae를 과명으로 기재하고 있으며, 엥글러(Engler), 크론키스트(Cronquist) 및 APG IV(2016) 분류 체계도 이와 같다. 다만, 『조선식물향명집』은 엥글러(Engler) 분류 체계의 철자 표기에 따라 Borraginaceae로 기록했다.

○ Bothriospermum Imaii *Nakai*   オホハナイバナ

Waṅg-ġotbaji   왕꽃받이

참꽃받이〈*Bothriospermum secundum* Maxim.(1859)〉

참꽃받이라는 이름은 진짜(참) 꽃받이라는 뜻에서 유래했다.[1] 꽃받이와 비슷하지만, 보다 크고 억세며 누운 흰색의 거센털과 잔털이 밀생하는 점에서 차이가 있다. 『조선식물향명집』에서는 식물체가 크다는 뜻의 '왕꽃받이'를 신칭했으나,[2] 『조선식물명집』에서 '참꽃받이'로 개칭해 현재에 이르고 있다.

속명 *Bothriospermum*은 *bothrion*(작은 구멍)과 *sperma*(씨앗)의 합성어로, 작은 씨가 구멍이 나 있는 것에서 유래했으며 꽃받이속을 일컫는다. 종소명 *secundum*은 '한쪽에 치우쳐서 달리는' 이라는 뜻으로 꽃이 한쪽으로만 치우쳐 달리는 것을 나타낸다.

다른이름 왕꽃받이(정태현 외, 1937), 큰꽃마리/왕꽃마리(박만규, 1949), 평양꽃받이(이창복, 1969b), 참꽃마리(박만규, 1974), 참꽃바지(이창복, 1980), 참꽃받이풀(한진건 외, 1982)

중국/일본명 중국명 多苞斑种草(duo bao ban zhong cao)는 포엽이 많은 반종초(斑種草: 씨앗에 반점이 있는 풀이라는 뜻으로 꽃받이 종류인 *B. chinese*의 중국명)라는 뜻이다. 일본명 オホハナイバナ(大葉內花)는 식물체가 큰 꽃받이(ハナイバナ)라는 뜻이다.

참고 [북한명] 참꽃받이

---

1 이러한 견해로 이우철(2005), p.502 참조.

2 이에 대해서는 『조선식물향명집』, 색인 p.44 참조.

Bothriospermum tenellum *Fischer et Meyer*   ハナイバナ
Ĝotbaji   꽃받이

꽃받이⟨*Bothriospermum tenellum* (Hornem.) Fisch. & C.A.Mey.(1835)⟩

꽃받이라는 이름은 포가 꽃을 받치고 있는 모습에서 유래했
다.[3] 꽃차례는 길며 말리지 않고, 잎 같은 포가 달리는 특징이
있다. 우리말 '받이'는 등받이와 같이 어떤 것을 받치고 있을
때 사용하는 말이므로, 꽃받이는 꽃을 받치고 있다는 뜻이다.
『조선식물향명집』에서 그 이름이 처음으로 발견된다.

속명 *Bothriospermum*은 bothrion(작은 구멍)과 *sperma*
(씨앗)의 합성어로, 작은 씨가 구멍이 나 있는 것에서 유래했으
며 꽃받이속을 일컫는다. 종소명 *tenellum*은 '연약한, 부드
러운, 약한'이라는 뜻으로 식물체가 작고 연약한 것에서 유래
했다.

다른이름 나도꽃마리(박만규, 1949), 꽃마리(박만규, 1974), 꽃바
지(이창복, 1980)

중국/일본명 중국명 柔弱斑种草(rou ruo ban zhong cao)는 유약한 반종초(斑種草: 씨앗에 반점이 있는
풀이라는 뜻으로 꽃받이 종류인 *B. chinense*의 중국명)라는 뜻이다. 일본명 ハナイバナ(葉内花)는 잎과
잎 사이에 꽃이 핀다는 뜻에서 유래했으나, 잎이 시든 꽃이라는 뜻에서 유래했다는 견해도 있다.

참고 [북한명] 꽃받이

Lithospermum arvense *Linné*   イヌムラサキ
Gae-jichi   개지치

개지치⟨*Lithospermum arvense* L.(1753)⟩

개지치라는 이름은 지치와 닮았지만 뿌리에 자주색 색소가 없기 때문에 쓸모가 못하다는 뜻에서
유래했다.[4] 어린잎을 식용했다.[5] 『조선식물향명집』에서 최초로 한글명이 보인다. 이와 관련해 일본
명 イヌムラサキ(犬紫)에서 유래한 이름이라는 견해가 있다.[6] 그러나 『조선식물향명집』은 '개지치'

---

3   이러한 견해로 김종원(2013), p.339 참조.

4   이러한 견해로 이우철(2005), p.58과 국립수목원, '국가생물종지식정보시스템' 중 '개지치' 부분 참조.

5   이에 대해서는 『한국식물도감(하권 초본부)』(1956), p.529 참조.

6   이러한 견해로 이우철(2005), p.58과 김종원(2013), p.341 참조.

를 신칭한 이름으로 기록하지 않았고,[7] 약재와 염료로 사용한 지치(紫草)와 구별할 필요가 옛적에도 있었으며, 개살구와 개비자나무와 같이 전통 명칭에도 '개'가 포함된 이름이 발견되는 점에 비추어 실제 사용하던 방언을 채록한 것으로 추론된다.

속명 Lithospermum은 그리스어 lithos(돌)와 sperma(씨앗)의 합성어로, 작은 씨앗이 단단하게 결실하는 것에서 유래했으며 지치속을 일컫는다. 종소명 arvense는 '밭에서 자라는'이라는 뜻이다.

다른이름 좀지치(임록재 외, 1972), 들지치(김현삼 외, 1988)[8]

중국/일본명 중국명 田紫草(tian zi cao)는 밭에서 자라는 자초(紫草: 지치의 중국명)라는 뜻으로 학명과 동일한 의미이다. 일본명 イヌムラサキ(犬紫)는 지치(ムラサキ)와 비슷하지만 뿌리에 자주색의 색소가 없다는 뜻에서 붙여졌다.

참고 [북한명] 좀지치 [지방명] 지추(경남)

Lithospermum erythrorhizon *Siebold et Zuccarini*   ムラサキ   紫草
Jichi   지치

지치⟨*Lithospermum erythrorhizon* Siebold & Zucc.(1846)⟩

지치라는 이름은 『향약채취월령』에 기록된 향명 芝草에 대한 한글 발음 '지초'가 지최→지취→지치로 변화해 형성된 것이다.[9] 뿌리를 약용하거나 자주색을 내는 염료로 사용했다.[10] 한자 '芝'는 신령스럽게 자라는 풀을 형상화한 것으로 중국 후한(後漢) 시대에 저술된 『설문해자』는 "神草也"(신령스러운 풀)라고 했고, 『훈몽자회』는 '靈芝草'(영지초)라고 부르기도 했으므로 芝草(지초)는 신령스러운 풀이라는 뜻에서 유래했다. 그런데 현재 靈芝(영지)가 버섯 종류를 뜻하는 것처럼 애초에 芝草(지초)는 자주색의 뿌리를 염료로 사용한 것에서 유래한 한자명 紫草(자초)와는 다른 식물을 일컫는 것이었는데, 紫草(자초)를 약초로 사용할 때 민간어원적인 해석이 가해져서 '芝

---

7   이에 대해서는 『조선식물향명집』, 색인 p.31 참조.
8   『조선의 구황식물』(1919)은 '경나도나물'을 기록했으며 『조선식물명휘』(1922)는 '麥家公, 경나도나물(救)'을, 『선명대화명지부』(1934)는 '경나도나물'을 기록했다.
9   이러한 견해로 김민수(1997), p.966과 박성훈(2013), p.480 참조.
10 이에 대해서는 『조선산야생약용식물』(1936), p.192와 『한국식물도감(하권 초본부)』(1956), p.529 참조.

草'(지초)라는 뜻이 추가된 것으로 해석되고 있다.[11] 한편 『구급간이방언해』에서 한자명 '紫草'(자초)에 대한 한글명을 '지최'로 기록한 것을 근거로 지치를 한자 '紫草'(자초)에서 비롯한 이름으로 보는 견해가 있다.[12] 그러나 『향약채취월령』과 『향약집성방』은 紫草(자초)와 별도로 향명을 芝草(지초)라고 했고, 지치는 이것이 변형된 말이므로 타당하지 않은 견해로 보인다.

속명 *Lithospermum*은 그리스어 *lithos*(돌)와 *sperma*(씨앗)의 합성어로, 작은 씨앗이 단단하게 결실하는 것에서 유래했으며 지치속을 일컫는다. 종소명 *erythrorhizon*은 '붉은 뿌리의'라는 뜻이다.

다른이름 지초(정태현 외, 1936), 지추(박만규, 1949), 자초(정태현 외, 1949)

옛이름 紫草/芝草(향약채취월령, 1431), 紫草/芝草(향약집성방, 1433),[13] 紫草/지최(구급간이방언해, 1489), 芝/지초/靈芝草(훈몽자회, 1527), 芝/지초(신증유합, 1576), 紫草/즈초(언해태산집요, 1608), 紫草/지최(동의보감, 1613), 紫草茸/지취(두창경험방, 1663), 紫草/지최(산림경제, 1715), 靈芝/지초(방언집석, 1778), 紫草/지최(한청문감, 1779), 芝/지초/紫芝/즈지(왜어유해, 1782), 紫草/지초(재물보, 1798), 紫草/지초(해동농서, 1799), 紫草/지치/藐/茈草(광재물보, 19세기 초), 紫草/지쵸(물보, 1802), 지초/즈초(규합총서, 1809), 紫草/지초/藐(물명고, 1824), 芝/지초/瑞草(자류주석, 1856), 紫草/지치(의종손익, 1868), 紫草/즈쵸/지치/紫丹(명물기략, 1870), 紫草/즈지드리는지초(의휘, 1871), 지초/芝草(한불자전, 1880), 紫草/지추(교린수지, 1881), 紫草/지치(방약합편, 1884), 芝/染茈草/지초(신자전, 1915), 芝/지초(의서옥편, 1921), 紫草/지치(선한약물학, 1931)[14]

중국/일본명 중국명 紫草(zi cao)는 자주색의 뿌리를 가진 식물이라는 뜻으로, 염료로 사용했기 때문에 붙여졌다.[15] 일본명 ムラサキ(紫)는 뿌리를 자주색 염료로 사용하는 것에서 유래했다.

참고 [북한명] 지치 [유사어] 막자초(藐茈草), 자지(紫芝), 자초(紫草/茈草) [지방명] 꾸치/주추/주치/쥐초/쥐치/지우치/지초/지추/지치/쭈치(강원), 자초/쥐치/지추(경기), 주추/주취/주치(경남), 산지치/주추/주취/주치/지우추/지추/쭈치(경북), 제초/지우초/지우추/지초/지추/집주/집추(전남), 주추/주취/주치/지우초/지초/지추/지취/치조(전북), 발지측/주죽/지죽/지측(제주), 주치/지초/지추(충남), 기추/주추/주취/주치/쥐치(충북)

11 이러한 견해로 김민수(1997), p.966 참조.
12 이러한 견해로 김종원(2016), p.310 참조.
13 『향약집성방』(1433)의 차자(借字) '芝草'(지초)에 대해 남풍현(1999), p.176은 '지초'의 표기로 보고 있다.
14 『조선한방약료식물조사서』(1917)는 '지최, 紫草, 紫芝'를 기록했으며 『조선어사전』(1920)은 '紫草(즈초), 紫草茸(즈초용), 지치'를,『조선식물명휘』(1922)는 '紫草, 藐, 茈草, 자초, 지치(藥, 染料)'를,『토명대조선만식물자휘』(1932)는 '[紫草]즈초, [지치], [紫草茸]즈초용'을,『선명대화명지부』(1934)는 '깃치, 자초, 지치'를 기록했다.
15 중국의 『본초강목』(1596)은 "此草花紫根紫 可以染紫故名"(이 식물이 꽃이 자주색이고 뿌리가 자주색이다. 자주색 염료로 쓸 수 있기 때문에 붙여진 이름이다)이라고 기록했다.

Omphalodes sericea *Maximowicz*　ケルリサウ
Gòsintòl-gaejichi　거신털개지치

거센털꽃마리〈*Trigonotis radicans* (Turcz.) Steven(1851)〉

거센털꽃마리는 (참)꽃마리와 닮았는데 줄기와 잎에 거센털이 있는 것에서 유래했다.[16] 『조선식물향명집』에서는 '개지치'를 기본으로 하고 식물의 형태적 특징을 나타내는 '거신털'을 추가해 '거신털개지치'를 신칭했다.[17] 당시 이러한 이름이 부여된 것은 개지치와 유사하다고 본 것에서 비롯했는데 이후 꽃마리속(*Trigonotis*) 식물이라는 것이 밝혀졌고, 이에 따라 『한국쌍자엽식물지』에서 '거센털꽃마리'로 개칭해 현재에 이르고 있다.

　　속명 *Trigonotis*는 그리스어 *trigonos*(삼각형의)와 *otos*(귀)의 합성어로, 열매의 모양에서 유래했으며 꽃마리속을 일컫는다. 종소명 *radicans*는 '뿌리를 가진, 뿌리 모양의'라는 뜻이다.

다른이름　거신털개지치(정태현 외, 1937), 거센털개지치(안학수·이춘녕, 1963), 털개지치(리종오, 1964), 거친털개지치(임록재 외, 1972), 거센털지치(이창복, 1980), 거친꽃마리(임록재 외, 1996)

중국/일본명　중국명 北附地菜(bei fu di cai)는 중국의 북부 지방에 분포하는 부지채(附地菜: 꽃마리의 중국명)라는 뜻이다. 일본명 ケルリサウ(毛瑠璃草)는 털이 있는 ルリサウ[꽃이 푸른색으로 핀다는 뜻으로 자반풀<*Omphalodes krameri* Franch. & Sav.(1878)>의 일본명]라는 뜻이다.

참고　[북한명] 거친꽃마리 [유사어] 북부지채(北附地菜), 조선부지채(朝鮮附地菜)

○ Trigonotis Icumae *Makino*　ツルカメバサウ
Dònggul-ĝotmari　덩굴꽃말이

덩굴꽃마리〈*Trigonotis icumae* (Maxim.) Makino(1917)〉

덩굴꽃마리라는 이름은 줄기가 자라 덩굴지는 꽃마리라는 뜻에서 유래했다.[18] 『조선식물향명집』에서는 전통 명칭 '꽃말이'를 기본으로 하고 식물의 형태적 특징을 나타내는 '덩굴'을 추가해 '덩굴꽃말이'를 신칭했으나,[19] 『우리나라 식물명감』에서 '덩굴꽃마리'로 개칭해 추천명으로 사용하고 있다.

　　속명 *Trigonotis*는 그리스어 *trigonos*(삼각형의)와 *otos*(귀)의 합성어로, 열매의 모양에서 유

16　이러한 견해로 이우철(2005), p.66 참조.
17　이에 대해서는 『조선식물향명집』, 색인 p.32 참조.
18　이러한 견해로 이우철(2005), p.176과 김종원(2016), p.314 참조. 다만 이우철은 '덩굴꽃마리'가 일본명에서 유래한 것으로 기술하고 있으나, '덩굴'이 일본명 'ツル'(蔓)와 유사하여 일부 영향을 받은 것은 확인되지만, 기본적인 명칭인 '꽃마리'는 일본명 'カメバソウ'와 어형과 뜻이 전혀 다르므로 유래를 일본명에서 찾을 수 있는지는 의문스럽다.
19　이에 대해서는 『조선식물향명집』, 색인 p.35 참조.

래했으며 꽃마리속을 일컫는다. 종소명 *icumae*는 일본 식물학자 이이누마 요쿠사이(飯沼慾斎, 1783~1865)의 이름을 잘못 쓴 데서 유래했다.

다른이름 덩굴꽃말이(정태현 외, 1937)

중국/일본명 중국에서의 분포는 확인되지 않는다. 일본명 ツルカメバサウ(蔓亀葉草)는 덩굴이 지고 잎의 모양이 거북(龜)을 닮은 풀이라는 뜻이다.

참고 [북한명] 덩굴꽃마리 [지방명] 깨나물/장기새이/장끼리나물/장떡께이/장찌데이(경북), 가지복대기/종발나물/줄기복대기/짱깨나물(충북)

Trigonotis peduncularis *Bentham* キウリグサ(タビラコ)
Ĝotmari 꽃말이(꽃따지·잣냉이)

꽃마리⟨*Trigonotis peduncularis* (Trevis.) Benth. ex Baker & S.Moore(1879)⟩[20]

꽃마리라는 이름은 '꽃'(花)과 '마리'(捲)의 합성어로, 꽃차례가 태엽처럼 말려 피는 것에서 유래했다.[21] 처음 꽃이 필 때 말려 있는 꽃차례가 펴지면서 나선모양꽃차례를 이루는 특징이 있으며, 어린잎을 식용했다.[22] 『조선식물향명집』은 '꽃말이'로 기록했는데, '말이'는 계란말이와 같이 말려 있는 모양에서 유래한 것이다. 당시 방언으로 '꽃따지'와 '잣냉이'가 있었던 것에 비추어 '꽃말이'도 실제 사용하던 방언을 채록한 것으로 추론된다. 『우리나라 식물명감』에서 '꽃마리'로 개칭해 현재에 이르고 있다.

속명 *Trigonotis*는 그리스어 *trigonos*(삼각형의)와 *otos*(귀)의 합성어로, 열매의 모양에서 유래했으며 꽃마리속을 일컫는다. 종소명 *peduncularis*는 '꽃자루의'라는 뜻으로 꽃차례를 언급한 것이다.

다른이름 꽃말이/꽃따지/잣냉이(정태현 외, 1937), 꽃다지(정태현 외, 1942)[23]

중국/일본명 중국명 附地菜(fu di cai)는 땅에 붙어 자라는 식용식물이라는 뜻이다. 일본명 キウリグサ(胡瓜草)는 잎과 줄기 등의 모양이 오이 종류인 キウリ(胡瓜)를 닮았다는 뜻에서, 다른이름으로

---

20 '국가표준식물목록'(2018)은 꽃마리의 학명을 *Trigonotis peduncularis* (Trevir.) Benth. ex Hemsl.(1879)로 기재하고 있다.

21 이러한 견해로 이우철(2005), p.119; 유기억(2018), p.18; 권순경(2019.6.26.); 김종원(2013), p.344 참조.

22 식용한 것에 대해서는 『조선산야생식용식물』(1942), p.180 참조.

23 『조선의 구황식물』(1919)은 '꽃싸지'를 기록했으며 『조선식물명휘』(1922)는 '鷄腸草, 附地菜, 꽃싸지(救)'를, 『선명대화명지부』(1934)는 '잣냉이, 황나생이, 꽃싸지'를, 『조선의산과와산채』(1935)는 '鷄腸草, 꽃싸지'를 기록했다.

기록된 タビラコ(田平子)는 밭에서 퍼져 자란다는 뜻에서 붙여졌다.

참고 [북한명] 꽃마리 [유사어] 부지채(附地菜) [지방명] 잣냉이(경기), 쪼마리(경북), 꼬망나물(전북), 담배대나물/담뱃대나물/장박나물(충남), 깨나물(충북)

○ Trigonotis radicans *Gürck*　テウセンカメバサウ
Buri-ĝotmari　뿌리꽃말이

참꽃마리〈*Trigonotis radicans* (Turcz.) Steven var. *sericea* (Maxim.) H.Hara(1941)〉

참꽃마리라는 이름은 한반도(조선)에 분포하는 진짜(참)의 꽃마리라는 뜻에서 유래했다.[24] 『조선식물향명집』에서는 전통 명칭 '꽃말이'를 기본으로 하고 줄기에서 뿌리를 내리는 형태적 특징과 학명에서 영향을 받은 '뿌리'를 추가해 '뿌리꽃말이'를 신칭했으나,[25] 『조선식물명집』의 '참꽃말이'를 거쳐 『조선고등식물분류명집』에서 '참꽃마리'로 개칭해 현재에 이르고 있다

속명 *Trigonotis*는 그리스어 *trigonos*(삼각형의)와 *otos*(귀)의 합성어로, 열매의 모양에서 유래했으며 꽃마리속을 일컫는다. 종소명 *radicans*는 '뿌리를 가진, 뿌리 모양의'라는 뜻이며, 변종명 *sericea*는 '비단의, 비단털의'라는 뜻이다.

다른이름 뿌리꽃말이(정태현 외, 1937), 조선꽃마리/뿌리꽃마리(박만규, 1949), 참꽃말이/좀꽃말이(정태현 외, 1949), 왕꽃마리/털꽃마리(박만규, 1974), 좀꽃마리(이창복, 1980)

중국/일본명 중국명 北附地菜(bei fu di cai)는 중국의 북부 지방에 분포하는 부지채(附地菜: 꽃마리의 중국명)라는 뜻이다['중국식물지'는 본문의 학명을 *T. radicans*(거센털꽃마리)에 통합하여 보고 있다]. 일본명 テウヒンカメバサウ(朝鮮亀葉草)는 조선(한반도)에 분포하는 잎의 모양이 거북(龜)을 닮은 풀이라는 뜻이다.

참고 [북한명] 참꽃마리 [지방명] 미물나물(경북), 꽃나물(전북), 가지나물(충북)

Tournefortia sibirica *Linné*　スナビキサウ(ハマムラサキ)
Morae-jichi　모래지치

모래지치〈*Tournefortia sibirica* L.(1753)〉

모래지치라는 이름은 해안가 모래밭에서 자라는 지치라는 뜻에서 붙여졌다.[26] 『조선식물향명집』

24　이러한 견해로 이우철(2005), p.502 참조.
25　이에 대해서는 『조선식물향명집』, 색인 p.39 참조.
26　이러한 견해로 이우철(2005), p.225 참조.

에서 전통 명칭 '지치'를 기본으로 하고 식물의 산지(産地)를 나타내는 '모래'를 추가해 신칭했다.[27]

속명 *Tournefortia*는 프랑스 자연연구가 Joseph Pitton de Tournefort(1656~1708)의 이름에서 유래했으며 모래지치 속을 일컫는다. 종소명 *sibirica*는 '시베리아의'라는 뜻으로 발견지 또는 분포지를 나타낸다.

다른이름　갯모래지치(안학수·이춘녕, 1963)[28]

중국/일본명　중국명 砂引草(sha yin cao)는 땅속줄기가 모래 속으로 길게 뻗어 자라는 풀이라는 뜻이다. 일본명 スナビキサウ (砂引草)는 중국명과 그 뜻이 동일하다.

참고　[북한명] 모래지치 [유사어] 사인초(砂引草)

---

27 이에 대해서는 『조선식물향명집』, 색인 p.37 참조.
28 『조선식물명휘』(1922)는 '地血, 紫丹, 紫草'를 기록했다.

Verbenaceae 마편초科 (馬鞭草科)

> **마편초과 〈Verbenaceae J.St.-Hil.(1805)〉**
>
> 마편초과는 국내에 자생하는 마편초에서 유래한 과명이다. '국가표준식물목록'(2018), '세계식물목록'(2018) 및 『장진성 식물목록』(2014)은 Verbena(마편초속)에서 유래한 Verbenaceae를 과명으로 기재하고 있으며, 엥글러(Engler), 크론키스트(Cronquist) 및 APG IV(2016) 분류 체계도 이와 같다.

Callicarpa dichotoma *Raeuschel* コムラサキ

Jom-jagsal-namu 좀작살나무

좀작살나무 〈*Callicarpa dichotoma* (Lour.) K.Koch(1872)〉

좀작살나무라는 이름은 식물체가 보다 작은(좀) 작살나무라는 뜻에서 붙여졌다.[1] 주로 인가 부근에 식재하고 있다. 『조선식물향명집』에서 전통 명칭 '작살나무'를 기본으로 하고 식물의 형태적 특징을 나타내는 '좀'을 추가해 신칭했다.[2] '국가표준식물목록'은 자생식물로 기록하고 있으나, 현재 국내 자생지는 알려져 있지 않다.[3]

　속명 *Callicarpa*는 그리스어 *kalli*(아름다운)와 *karpos*(열매)의 합성어로, 열매가 아름다운 것에서 유래했으며 작살나무속을 일컫는다. 종소명 *dichotoma*는 '가위 모양으로 가지가 갈라지는'이라는 뜻이다.

중국/일본명 중국명 白棠子樹(bai tang zi shu)는 『구황본초』에서 유래한 것으로, 흰 열매가 열리는 당리(棠梨: 팥배나무나 콩배나무 등을 일컫던 말)에 비유해 붙여졌다. 일본명 コムラサキ(小紫)는 식물체가 작은 작살나무(ムラサキシキブ)라는 뜻이다.[4]

참고 [북한명] 좀작살나무 [유사어] 소자주(小紫珠)

1　이러한 견해로 이우철(2005), p.475; 박상진(2019), p.337; 오찬진 외(2015), p.1050; 강판권(2015), p.506; 나영학(2016), p.701 참조.
2　이에 대해서는 『조선식물향명집』, 색인 p.46 참조.
3　이러한 견해로 김태영·김진석(2018), p.610 참조.
4　『조선식물명휘』(1922)는 '尖尾楓, 靑含條'를 기록했다.

Callicarpa japonica *Thunberg*　ムラサキシキブ
Jagsal-namu　작살나무

작살나무〈*Callicarpa japonica* Thunb.(1784)〉

작살나무라는 이름은 줄기가 물고기를 찔러 잡는 기구인 작살처럼 갈라신다는 뜻에서 유래했다.[5] 가지의 끝이 3갈래씩 갈라지는 특징이 있다. 목재를 연장의 자루나 지팡이로 사용하고, 지역에 따라 가을에 보라색으로 익는 둥근 열매를 식용했다.[6] 전라남도 방언을 채록한 것이다.[7] 옛 문헌에는 자주색의 열매가 열리는 싸리나무라는 뜻의 '紫荊'(자형)과 열매가 자주색의 구슬 같다는 뜻의 '紫珠'(자주)를 기록한 것이 보인다. 한편 이름의 유래와 관련하여 열매를 보고 자주색 쌀(紫米)을 연상하여 자쌀나무라고 하다가 작살나무가 되었다는 견해가 있으나,[8] 열매가 구형으로 쌀과 닮지 않았을 뿐만 아니라 그러한 어원 변화가 확인되지도 않는다.

　속명 *Callicarpa*는 그리스어 *kalli*(아름다운)와 *karpos*(열매)의 합성어로, 열매가 아름다운 것에서 유래했으며 작살나무속을 일컫는다. 종소명 *japonica*는 '일본의'라는 뜻으로 최초 발견지 또는 분포지를 나타낸다.

다른이름　작살나무/송금나무(정태현 외, 1923), 조팝나무(정태현, 1943)

옛이름　紫荊/紫珠/肉紅/內消(광재물보, 19세기 초), 紫荊/紫珠(물명고, 1824)[9]

중국/일본명　중국명 日本紫珠(ri ben zi zhu)는 일본에 분포하고 열매가 자주색으로 구슬 같다는 뜻으로 학명과 연관되어 있다. 일본명 ムラサキシキブ(紫式部)는 자주색의 아름다운 열매를 헤이안 시대의 아름다운 여류 작가인 무라사키 시키부(紫式部)의 이름에 빗댄 것에서 유래했다.

참고　[북한명] 작살나무 [유사어] 자주(紫珠) [지방명] 잘망(전남)

5　이러한 견해로 허북구·박석근(2008b), p.246; 이유미(2015), p.78; 전정일(2009), p.120; 김태영·김진석(2018), p.609; 오찬진 외(2015), p.1048; 솔뫼(송상곤, 2010), p.286; 강판권(2015), p.505; 나영학(2016), p.698 참조.

6　이에 대해서는 『한국의 민속식물』(2017), p.964 참조.

7　이에 대해서는 『조선삼림수목감요』(1923), p.118과 『조선삼림식물도설』(1943), p.622 참조.

8　이러한 견해로 박상진(2019), p.336 참조.

9　『지리산식물조사보고서』(1915)는 '뽀ㅅ쿠테나무'[바삭대나무]를 기록했으며 『조선식물명휘』(1922)는 '紫珠, 작살나무, 송금나무'를, 『선명대화명지부』(1934)는 '작살나무, 송(松)금나무'를, 『조선삼림식물편』(1915~1939)은 'バツサクテナム(全南)/Passakutenam'[바삭대나무(전남)]를 기록했다.

Callicarpa mollis *Siebold et Zuccarini*　ヤブムラサキ
Saebi-namu　새비나무

새비나무〈*Callicarpa mollis* Siebold & Zucc.(1846)〉

새비나무라는 이름은 열매가 보리처럼 생긴 것으로 새의 먹이
가 되는 나무라는 뜻에서 유래한 것으로 추정한다. 일년생가
지에 별모양털이 빽빽하게 나는 특징이 있다. 제주 방언을 채
록한 것에서 비롯한 이름이다.[10] 제주 방언 새비낭은 새비나무
뿐만 아니라 찔레나무를 뜻하기도 했으며 '새베낭, 새보리낭,
새비낭'으로도 불렸다. 이 중 새비낭과 어형이 비슷한 새보리
낭에서 '새'는 제주 방언으로도 새(鳥)이고, '보리'는 찔레나무
와 새비나무의 열매가 모두 새의 중요한 먹이가 되므로 보리
(麥)로, '낭'은 나무(木)의 뜻으로 해석된다. 새비낭은 새보리낭
의 축약형으로 보인다.[11] 최근의 방언 조사에서 확인되는 '곳사
비낭'과 '곳사비낭'에서 '곳(곶)'은 산 또는 숲속이라는 뜻이므

로 숲에서 자라는 새의 먹이가 되는 나무로 추론된다.[12] 한편 일설에 따르면 새비나무는 새순이 나
는 모습을 새우(새비)에 빗댄 것에서 유래했다고 하지만, 제주 방언에서 새우는 '사위' 또는 '새위'
라 하고 '새비'라고 하지 않으므로[13] 타당하지 않은 것으로 보인다.

　속명 *Callicarpa*는 그리스어 *kalli*(아름다운)와 *karpos*(열매)의 합성어로, 열매가 아름다운 것
에서 유래했으며 작살나무속을 일컫는다. 종소명 *mollis*는 '부드러운, 부드러운 털이 있는'이라는
뜻이다.

다른이름　식비나무(정태현 외, 1923), 털작살나무(안학수·이춘녕, 1963)[14]

중국/일본명　중국에서는 *Callicarpa*(작살나무속) 식물을 열매의 색깔과 모양에 근거하여 紫珠(zi zhu)
라고 하나 새비나무의 분포는 확인되지 않는다. 일본명 ヤブムラサキ(藪紫)는 숲에서 자라는 작살
나무(ムラサキシキブ)라는 뜻이다.

참고　[북한명] 털작살나무 [유사어] 백당자수(白棠子樹) [지방명] 곳사비낭/곳사비낭(제주)

10　이에 대해서는 『조선삼림수목감요』(1923), p.118과 『조선삼림식물도설』(1943), p.624 참조.
11　제주 방언 '새', '보리' 및 '낭'의 뜻에 대해서는 현평호·강영봉(2014), p.66, 171, 197 참조.
12　제주 방언 '곳'과 '곶'의 뜻에 대해서는 석주명(1947), p.19와 현평호·강영봉(2014), p.42 참조.
13　이에 대해서는 석주명(1947), p.19와 현평호·강영봉(2014), p.198 참조.
14　『제주도및완도식물조사보고서』(1914)는 'コットサビナム'[곳사비낭]을 기록했으며 『조선식물명휘』(1922)는 '白棠子樹, 女
　　兒茶'를, 『선명대화명지부』(1934)는 '새비나무'를, 『조선삼림식물편』(1915~1939)은 'チョブサルナム(莞島)/Chobsalnam, カ
　　ッサビナム/Kottsabinam, カイビナム/Kapinam(濟州島)'[좁쌀나무(완도), 곳사비낭, 개비낭(제주도)]을 기록했다.

Caryopteris divaricata *Maximowicz*   カリガネサウ
Nurinnae-pul   누린내풀

누린내풀〈*Tripora divaricata* (Maxim.) P.D.Cantino(1998)〉[15]

누린내풀이라는 이름은 식물체에서 누린 냄새가 나는 풀이라는 뜻에서 유래했다.[16] 전초에서 고약한 냄새가 난다. 누린내는 짐승의 고기에서 나는 기름기의 냄새로 옛말은 '누린내' 또는 '누린늬'이다. 19세기에 저술된 『광재물보』와 『물명고』는 중국에서 유래한 '猶'(유)를 기록했는데, 猶는 누린내라는 뜻이므로 한글명과 뜻이 통한다. 누린내풀이라는 한글명은 『조선식물향명집』에서 최초로 발견되며 방언을 채록한 것으로 추론되지만 정확한 지역 등은 확인되지 않는다.

속명 *Tripora*는 그리스어 *tri*(3)와 *poros*(통로, 구멍)의 합성어로, 가지가 3개로 갈라진다는 뜻에서 유래했으며 누린내풀속을 일컫는다. 종소명 *divaricata*는 '넓게 열려 분지하는'이라는 뜻이다.

다른이름   구렁내풀(안학수·이춘녕, 1963), 노린재풀(박만규, 1974)

옛이름   猶/馬唐/臭草(광재물보, 19세기 초), 猶/馬唐/馬飯(물명고, 1824)[17]

중국/일본명   중국명 莸(you)는 뜻을 나타내는 초두머리(艹: 풀, 풀의 싹)와 음(音)을 나타내는 猶(유)가 합쳐진 글자로, 누린내가 나는 풀이라는 뜻이다.[18] 일본명 カリガネサウ(雁草)는 꽃의 모양이 기러기를 닮은 식물이라는 뜻이다.

참고   [북한명] 누린내풀 [유사어] 화골단(化骨丹)

Clerodendron trichotomum *Thunberg*   クサギ
Nurijang-namu   누리장나무(개똥나무)

누리장나무〈*Clerodendrum trichotomum* Thunb.(1780)〉

누리장나무라는 이름은 '누리'와 '장나무'의 합성어로, '누리'는 역한 냄새를 의미하는 누린내라는 뜻이고[19] '장나무'는 작대기 또는 막대기(杆子 또는 材)라는 뜻이다.[20] 따라서 잎 등에서 강한 누린내

---

15 '국가표준식물목록'(2018)은 누린내풀의 학명을 *Caryopteris divaricata* (Siebold & Zucc.) Maxim.(1877)으로 기재하고 있으나, 『장진성 식물목록』(2014)과 '세계식물목록'(2018)은 본문의 학명을 정명으로 기재하고 있다.

16 이러한 견해로 이우철(2005), p.154; 허북구·박석근(2008a), p.62; 권순경(2014.10.29.) 참조.

17 『조선식물명휘』(1922)는 '猶'를 기록했다.

18 중국의 『설문해자』(121)는 猶(유)에 대해 "水邊草也 從艹猶聲"(물가에 자라는 풀이다. 풀의 뜻이고 음은 유이다)이라고 기록했고, 『본초강목』(1596)은 "其氣殠臭 故謂之猶 猶者殠也 朽木臭也 此草莖頗似薰而臭"(누린내가 나므로 '유'라 한다. '유'는 누린내로 나무 썩는 냄새이다. 이 풀의 줄기는 자못 향풀과 유사하면서 악취가 난다)라고 기록했다.

19 『한청문감』(1779)과 『자전석요』(1909)는 역한 냄새라는 뜻으로 '누린내'를, 『몽유편』(1810)은 동일한 의미로 '누린늬'를 기록했다.

20 『교린수지』(1881)는 작대기 또는 막대기를 '쟝나무'로 기록했으며 『동국신속삼강행실도』(1617)는 '댱나무'를 물건을 받치

가 나고 관목으로 작대기 같은 모양으로 자란다는 뜻에서 유래한 이름이다.[21] 가지는 약용하고 어린순은 식용했다.[22] 전라남도 및 경상남도 방언을 채록한 것이다.[23] 옛 문헌의 누리광이(누리광나모)가 어원으로 『조선삼림수목감요』는 '누리장나무'로 기록했고, 이후 『조선식물향명집』을 거쳐 현재에 이르고 있다. 지역에 따라서 개(犬)에서 나는 누린 냄새가 난다고 하여 '개나무', 개똥 냄새가 난다고 하여 '개똥나무'라고도 했다.

속명 *Clerodendrum*은 그리스어 *kleros*(운, 운명)와 *dendrum*(나무)의 합성어로, 이 속 어떤 종들의 약성이 불확실하고 변화가 심한 것에서 유래한 것으로 추정하며 누리장나무속을 일컫는다. 종소명 *trichotomum*은 '3개로 갈라진'이라는 뜻이다.

다른이름 ᄀ|나무/누리장나무(정태현 외, 1923), 개똥나무(정태현 외, 1936), 개똥나무(정태현 외, 1937), 개나무/구릿대나무/개노나무/누리개나무/이라리나무/누른나무/깨타리(정태현, 1943), 구린내나무/누른나무/노나무(안학수·이춘녕, 1963), 취오동(리용재 외, 2011)

옛이름 누리광이/婁里光(소문사설, 18세기 중엽), 누리광나모(물명고, 1824), 婁里光木/ᄀ|ᄂ리(의휘, 1871), 婁里光/누리광나모/ᄀ|투리(녹효방, 1873), 이라리葉(의방합편, 19세기)[24]

중국/일본명 중국명 海州常山(hai zhou chang shan)은 장쑤성 하이저우(海州) 지역에서 나는 상산(常山: *Dichroa febrifuga*)이라는 뜻이다. 일본명 クサギ(臭木)는 냄새가 나는 나무라는 뜻으로 잎에서 강한 냄새가 나는 것에서 유래했다.

참고 [북한명] 누리장나무 [유사어] 취목(臭木), 취오동(臭梧桐), 해주상산(海州常山) [지방명] 송장낭

거나 버티는 데 쓰는 굵고 긴 나무라는 뜻의 長木(장목)으로 기록했고, 『조선어표준말모음』(1936), p.96은 나무로 된 막대기(木竿)에 대한 표준말로 '장나무'를 기록했다.

21 이러한 견해로 이우철(2005), p.154; 박상진(2019), p.86; 허북구·박석근(2008b), p.73; 김태영·김진석(2018), p.612; 전정일(2009), p.121; 오찬진 외(2016), p.1056; 솔뫼(송상곤, 2010), p.280; 강판권(2015), p.509 참조. 다만 이우철은 일본명 クサギ(臭木)에서 유래한 것으로 설명하고 있으나, 한글명 '누리광' 또는 '누리광나모'가 조선 시대 문헌에도 나타나므로 타당하지 않다.

22 이에 대해서는 『조선산야생식용식물』(1942), p.180과 『한국의 민속식물』(2017), p.965 참조.

23 이에 대해서는 『조선삼림수목감요』(1923), p.119와 『조선삼림식물도설』(1943), p.626 참조. 또한 『조선산야생식용식물』(1942), p.180은 경상남도에서도 '누리장나무'로 부르고 있음을 기록했다.

24 『제주도및완도식물조사보고서』(1914)는 'ケナム'[개낭]을 기록했으며 『지리산식물조사보고서』(1915)는 'のりんでなむ'[누르데나무를], 『조선의 구황식물』(1919)은 '누르데, 씨짜리(水原), 느리밤나무, 개나무(濟州), 海州常山'을, 『조선식물명휘』(1922)는 '海州常山, 臭梧桐, 누르데, 씨짜리(救)'를, 『토명대조선만식물자휘』(1932)는 '[鷄尿草]계뇨초, [鴨尿草]압뇨초, [蜀漆(草)]촉칠(초), [臭梧桐(木)]츄오동(나무), [조판나무], [常山]샹산'을, 『선명대화명지부』(1934)는 '누루데, 누리장나무, 느르데, 깨짜리, 개나무, 느리밤나무'를, 『조선의산과와산채』(1935)는 '海州常山, 자나무, ᄀ|나무'를, 『조선삼림식물편』(1915~1939)은 'カイナム(濟州島)'[개낭(제주도)]을 기록했다.

그/송장낭기/지집아낭그/지집아낭기(강원), 누른대나무(경남), 누른대(경북), 구렁대나무/누린대나물(전남), 개똥나무/누릿대나물(전북), 개낭/개낭좌/개똥나무/개똥낭/똥낭(제주), 누르겟잎/누리장(충남)

Verbena officinalis *Linné* クマツヅラ 馬鞭草
Mapyŏncho 마편초

마편초⟨*Verbena officinalis* L.(1753)⟩

마편초라는 이름은 한자명 '馬鞭草'(마편초)에 어원을 두고 있으며, 줄기의 모양이 말의 채찍처럼 생겼다는 뜻에서 유래했다.[25] 예부터 전초(줄기잎과 꽃)를 약재로 사용했다.[26] 17세기에 저술된 『동의보감』은 "抽三四穗 類鞭鞘 故以爲名"(3~4개의 이삭이 나오는데 이것이 채찍 끝처럼 생겨서 마편초라고 부른다)이라고 기록했고, 19세기에 저술된 『의휘』는 말채찍을 닮은 나물이라는 뜻의 한글명 '말치나물'을 기록하기도 했다.

속명 *Verbena*는 라틴어 *verbenae*(월계수, 올리브 등의 잎이나 가지 또는 성스러운 가지) 또는 *verber*(채찍)가 어원이며, 성경의 로마서(書)에 나오는 어떤 신성한 식물에 대한 라틴명으로 마편초속을 일컫는다. 종소명 *officinalis*는 '약용의, 약효가 있는'이라는 뜻으로 마편초가 약재로 사용된 것에서 유래했다.

다른이름 마편초(정태현 외, 1936), 말초리풀(김현삼 외, 1988)

옛이름 馬鞭草(의방유취, 1477), 馬鞭草(동의보감, 1613), 馬鞭草(의림촬요, 1635), 馬鞭草(사의경험방, 17세기), 馬鞭草(광제비급, 1790), 馬鞭草/龍牙草/鳳頸草(광재물보, 19세기 초), 馬鞭草/龍牙草/鳳頸草(물명고, 1824), 馬鞭草(오주연문장전산고, 185?), 馬鞭草/말치나물(의휘, 1871), 馬鞭草(의방합편, 19세기), 馬鞭草(수세비결, 1929), 馬鞭草(선한약물학, 1931)[27]

중국/일본명 중국명 马鞭草(ma bian cao)는 줄기 끝 이삭의 모양이 말채찍을 닮았다는 뜻에서 유래했다.[28] 일본명 クマツヅラ는 10세기경에 저술된 『화명초』에도 기록된 이름이지만 정확한 어원은 알려져 있지 않다.

참고 [북한명] 말초리풀 [유사어] 용아초(龍牙草), 철마편(鐵馬鞭) [지방명] 물추리쿨(제주)

---

25 이러한 견해로 이우철(2005), p.210 참조.

26 이에 대해서는 『조선산야생약용식물』(1936), p.194 참조.

27 『제주도및완도식물조사보고서』(1914)는 'マルチュルクル, マルチュクル, マビョンチョ-'[말추리쿨, 말추쿨, 말빈초]를 기록했으며 『조선어사전』(1920)은 '馬鞭草(마편초)'를, 『조선식물명휘』(1922)는 '馬鞭草, 鐵麻鞭'을, 『토명대조선만식물자휘』(1932)는 '[馬鞭草]마편초'를 기록했다.

28 중국의 『도경본초』(1061)는 "穗類鞭鞘 故名馬鞭"(이삭이 채찍과 유사하여 마편초라 한다)이라고 기록했다.

Vitex rotundifolia *Linné*　ハマガウ　蔓荊子

Sunbigi-namu　순비기나무(만형자·풍나무)

순비기나무〈*Vitex rotundifolia* L.f.(1781)〉

순비기나무라는 이름은 제주 방언 '숨비기낭'에서 유래한 것으로, 나무의 줄기가 모래땅에 숨어 뻗어 나가는 특성 때문에 붙여졌다.[29] 『조선삼림수목감요』에 최초 기록된 이름으로 제주 방언을 채록한 것이다.[30] 제주 방언에서 '숨비다'는 '(해녀가) 숨을 죽이고 깊은 물속으로 들어가다'라는 뜻으로,[31] 나무의 뿌리가 모래땅에 숨어 뻗어 나가는 모습이 숨비는 것과 비슷하다. '숨비기낭'이라는 제주 방언은 최근의 방언 조사에서도 확인되고, 이것을 '순비기나무'로 채록함으로써 현재에 이르고 있다. 예부터 蔓荊(만형)이라고 하여 열매를 약재로 사용했고, 이와 관련하여 '승법실(僧法實)'이라는 이름이 문헌으로 전해지고 있다. 승법실은 열매의 둥근 모양을 승려의 머리에 비유한 이름으로 이해되지만, '승법'이 제주 방언 '순북' 또는 '숨북'과 발음이 유사한 점에 비추어 제주의 옛말에 대한 차자(借字)일 수도 있으므로 이에 대한 추가 연구가 필요하다.[32]

　속명 *Vitex*는 플리니우스(Plinius, 23~79)가 순비기나무 종류에 붙인 라틴명으로, *vieo*(엮다, 땋다, 휘감다)가 어원이며 이 속의 식물로 바구니를 엮은 것에서 기원하며 순비기나무속을 일컫는다. 종소명 *rotundifolia*는 '둥근 잎의'라는 뜻이다.

다른이름　순비기나무(정태현 외, 1923), 승법실(정태현 외, 1936), 만형자/풍나무(정태현 외, 1937), 만형자나무(정태현, 1943), 만형(정태현 외, 1949)

옛이름　蔓荊/僧法實(향약채취월령, 1431), 蔓荊/僧法實(향약집성방, 1433),[33] 蔓荊子(세종실록지리지, 1454), 蔓荊實/승법실(동의보감, 1613), 蔓荊子(의림촬요, 1635), 蔓荊子(탐라지, 1653), 蔓荊子(남환박물, 1704), 蔓荊子/승법실(산림경제, 1715), 蔓荊/僧法實(본사, 1787), 蔓荊子(마과회통, 1798), 蔓荊/승범실(제중신편, 1799), 蔓荊/승법실(광재물보, 19세기 초), 蔓荊/승법실(물명고, 1824), 蔓荊/승범실(의종손익,

---

29　이러한 견해로 박상진(2019), p.280; 허북구·박석근(2008b), p.200; 오찬진 외(2015), p.1043; 나영학(2016), p.694 참조. 한편 오찬진 외와 나영학은 제주 방언 '숨비소리'에서 유래했다고 하고 있으나, 순비기나무의 제주 방언은 '숨비기낭'이지 '숨비소리낭'이 아니므로 타당성은 의문스럽다.

30　이에 대해서는 『조선삼림수목감요』(1923), p.118과 『조선삼림식물도설』(1943), p.628 참조.

31　이에 대해서는 현평호·강영봉(2014), p.218 참조.

32　『세종실록지리지』(1454)와 『탐라지』(1653)는 오래전부터 蔓荊子(만형자)가 제주에 분포하고 있음을 기록했다.

33　『향약집성방』(1433)의 차자(借字) '僧法實'(승법실)에 대해 남풍현(1999), p.178은 '승법실'의 표기로 보고 있다.

1868), 蔓荊子(수세비결, 1929), 蔓荊子/승법실(선한약물학, 1931)[34]

중국/일본명 중국명 单叶蔓荆(dan ye man jing)은 홑잎의 만형(蔓荊, *Vitex trifolia*)이라는 뜻인데 만형(蔓荊)은 덩굴이 지고 삼출겹잎으로 형(荊: 광대싸리 종류)을 닮은 것에서 유래했다.[35] 일본명 ハマガウ는 해변에서 번성해서 자란다는 뜻의 옛이름 ハマホウ가 변화한 것으로 추정되고 있다.

참고 [북한명] 순비기나무 [유사어] 만형자(蔓荊子), 백포강(白蒲羌), 산곶등(山串藤), 승법실(僧法實), 포형(蒱荊) [지방명] 망양자/매영자(경기), 순복(전남), 순베기/순베기낭/순부기/순부기낭/순북낭/순붕/숨베기/숨베기낭/숨부기/숨부기낭/숨북낭/숨비기/숨비기낭/슴붕여름(제주), 풍나무(충남)

---

34 『제주도및완도식물조사보고서』(1914)는 'スンブギナム'[숨부기낭]을 기록했으며 『조선한방약료식물조사서』(1917)는 '승법실, 蔓荊子'를, 『조선어사전』(1920)은 '蔓荊(만형), 蔓荊子(만형ᄌ), 승법실)'을, 『조선식물명휘』(1922)는 '荊, 坤荊, 蔓荊子, 만형ᄌ, 승법실(藥)'을, Crane(1931)은 '만형자, 蔓荊子'를, 『토명대조선만식물자휘』(1932)는 '[蔓荊]만형, [蔓荊子]만형ᄌ, [승법실]'을, 『선명대화명지부』(1934)는 '순비기나무, 승법실, 만형자, 만령자나무'를, 『조선삼림식물편』(1915~1939)은 'スンブギナム/Sung-pugi-nam, スンビキナム(濟州島)'[숨부기낭, 순비기낭(제주도)]을 기록했다.
35 중국의 『본초강목』(1596)은 "其枝小弱如蔓 故曰蔓生"(가지가 작고 약하여 덩굴처럼 보이기 때문에 덩굴로 자란다고 했다)이라고 기록했다.

Labiatae 唇形科[1]

꿀풀과〈**Lamiaceae** Martinov(1820) = **Labiatae** Juss.(1789)〉[2]

꿀풀과는 국내에 자생하는 꿀풀에서 유래한 과명이다. 『조선식물향명집』과 '국가표준식물목록' (2018)은 엥글러(Engler) 분류 체계와 동일하게 전통 명칭인 Labiatae를 과명으로 기재하고 있으며, 『장진성 식물목록』(2014), '세계식물목록' (2018) 및 크론키스트(Cronquist) 분류 체계는 *Lamium*(광대수염속)에서 유래한 표준명인 Lamiaceae를 과명으로 기재하고 있다. APG IV(2016) 분류 체계는 Lamiaceae와 함께 Labiatae를 병기하고 있다. 방향유나 향미료를 얻을 수 있는 식물이 많으며, Verbenaceae(마편초과)와 근연관계로 *Callicarpa*(작살나무속), *Caryopteris*(층꽃나무속), *Clerodendrum*(누리장나무속), *Vitex*(순비기나무속) 등 크론키스트(Cronquist) 분류 체계에서 마편초과에 속했던 여러 속들이 APG III(2009) 분류 체계에서 꿀풀과로 분류되었다.

⊗ Ajuga spectabilis *Nakai*　オ二キランサウ
Jarancho　자란초

자란초〈*Ajuga spectabilis* Nakai(1916)〉

자란초라는 이름은 한자명 '紫蘭草'(자란초)에서 유래했으며 자주색 꽃이 피는 난초를 닮은 식물이라는 뜻에서 붙여졌다.[3] 어린잎을 식용했다.[4] 『조선식물향명집』에서 최초로 이름이 발견되는데 별도로 옛 문헌이나 방언에서는 확인이 되지 않는다. 다만 예부터 한약재로 사용한 '白芨'(백급)을 '紫蘭'(자란)이라고 달리 부르기도 했는데, 이와 이름이 유사한 것에 비추어 일부 지역에서 혼용했을 가능성이 있다.

속명 *Ajuga*는 유래가 불분명하나 그리스어 *a*(아닌, 없는)와 *ingum*(꽃받침)의 합성어로, 꽃받침이 갈라지지 않는 것에서

1　『조선식물향명집』은 본문과 같이 한글과명을 누락했으나 정오표에서 이를 바로잡아 "Labiatae '꿀풀과'(唇形科)"와 같이 기록했다.
2　과의 계급을 나타내는 어미 '-aceae'를 사용하지 않아도 되는 예외적인 경우로 Compositae/Asteraceae, Cruciferae/Brassicaceae, Gramineae/Poaceae, Guttiferae/Clusiaceae·Hypericaceae, Labiatae/Lamiaceae, Leguminosae/Fabaceae, Palmae/Arecaceae, Umbelliferae/Apiaceae의 8개 과가 있으며, 최근엔 표준화된 과명을 일관되게 쓰는 추세이다.
3　이러한 견해로 이우철(2005), p.436 참조.
4　이에 대해서는 『한국의 민속식물』(2017), p.970 참조.

유래했다고 추정하며 조개나물속을 일컫는다. 종소명 *spectabilis*는 '장관의'라는 뜻이다.

다른이름 큰잎조개나물(임록재 외, 1972), 자난초(이창복, 1980)

중국/일본명 중국에는 분포하지 않는 식물이다. 일본명 オニキランサウ(鬼金瘡小草)는 식물체가 큰 금창초(キランサウ)라는 뜻이며, 일본에는 분포하지 않는 식물이다.

참고 [북한명] 큰잎조개나물 [지방명] 누룽지나물(충남)

○ Ajuga multiflora *Bunge* ルリカコサウ
Jogae-namul 조개나물

조개나물⟨*Ajuga multiflora* Bunge(1833)⟩

조개나물라는 이름은 마주나기를 하는 잎 사이에서 꽃이 피는 모양이 마치 조개처럼 보이고 나물로 식용한 것에서 유래했다.[5] 줄기와 잎을 식용했다.[6] 『조선의 구황식물』에 기록된 '조기나물'이 최초의 한글명으로 보인다. 강원도에 조개나물과 유사한 형태의 방언이 남아 있는 것에 비추어 당시 실제 불리던 이름을 채록한 것으로 추론된다. 한편 16세기에 저술된 『훈몽자회』에서 조개(貝)에 대해 '죠개'라고 기록해 그 표기가 다르고, '자그맣다'는 뜻의 옛말이 '쫒기'이므로 작은 나물(쫒기나물)이라는 뜻, 즉 질 떨어지는 조각나물이라는 뜻에서 유래했다고 보는 견해가 있다.[7] 그러나 20세기의 방언에서 채록된 이름에 대해 16세기의 옛 표기와 일치하지 않는다고 하여 조개(蛤)의 뜻이 아니라는 주장도 이상하고, '쫒기나물'이라는 이름도 확인되지 않으며, 현재 방언 조사에서도 조개의 뜻이 포함된 '조갑지나물'이 발견되는 점에 비추어 타당하지 않아 보인다.

속명 *Ajuga*는 유래가 불분명하나 그리스어 *a*(아닌, 없는)와 *ingum*(꽃받침)의 합성어로, 꽃받침이 갈라지지 않는 것에서 유래했다고 추정하며 조개나물속을 일컫는다. 종소명 *multiflora*는 '꽃이 많은'이라는 뜻이다.

옛이름 蛤菜(백운필, 1803)

중국/일본명 중국명 多花筋骨草(duo hua jin gu cao)는 꽃이 많은 근골초(筋骨草: A. ciliata의 중국명으로 근육과 뼈의 통증 해소에 좋은 약성에서 유래한 이름)라는 뜻이다. 일본명 ルリカコサウ(瑠璃夏枯草)는 꽃이 유리색(자색을 띤 남색)으로 꿀풀(カコサウ)을 닮았다는 뜻이다.[8]

참고 [북한명] 조개나물 [유사어] 다화근골초(多化筋骨草) [지방명] 조갑지나물/조잡지나물(강원),

---

5   이러한 견해로 이유미(2013), p.192 참조.
6   이에 대해서는 『한국의 민속식물』(2017), p.969 참조.
7   이러한 견해로 김종원(2016), p.316 참조.
8   『조선의 구황식물』(1919)은 '조기나물'을 기록했으며 『조선식물명휘』(1922)는 '조기나물(救)'을, 『선명대화명지부』(1934)는 '조개나물'을, 『조선의산과와산채』(1935)는 '조기나물'을 기록했다.

가지둥치(경북)

Amethystea caerulea *Linné*　ルリハッカ
Gae-chajúgi　개차즈기

개차즈기〈*Amethystea caerulea* L.(1753)〉

개차즈기라는 이름은 차즈기를 닮은 식물이라는 뜻에서 유래했다.[9] 자주색 계열의 작은 꽃이 조밀하게 달리는 모습이 차즈기와 비슷하다고 하여 유래한 이름으로 보인다. 『조선식물향명집』은 신칭하지 않은 것으로 기록한 점에 비추어[10] 실제로 사용하던 방언을 채록한 것으로 보이지만, 정확히 어느 지역에서 사용하던 이름인지는 알려져 있지 않다. 19세기에 저술된 『임원경제지』의 『인제지(仁濟志)』는 한자명 '水棘針苗'(수극침묘)를 구황식물로 기록했다.

　속명 *Amethystea*는 자수정 또는 덩굴식물의 일종에 대한 이름을 뜻하는 그리스어 *amethystos*에서 유래한 말로, 보랏빛 꽃 색깔 때문에 붙여졌으며 개차즈기속을 일컫는다. 종소명 *caerulea*는 '청색의'라는 뜻으로 꽃의 색깔에서 유래했다.

다른이름　개차즈개(정태현 외, 1949), 개차조기/개차주기(안학수·이춘녕, 1963), 보랏빛차즈기(임록재 외, 1972)

옛이름　水棘針苗(임원경제지, 1842)[11]

중국/일본명　중국명 水棘針(shui ji zhen)은 약성과 관련하여 물가에 사는 극침(棘針: 갈매나무 종류의 약재로 추정) 정도로 짐작되지만 정확한 의미와 유래는 확인되지 않는다. 일본명 ルリハッカ(瑠璃薄荷)는 유리색(자색을 띤 남색)의 꽃이 피는 박하(薄荷)라는 뜻이다.

참고　[북한명] 보랏빛차즈기 [유사어] 수극침(水棘針)

Brunella asiatica *Nakai*　ウツボグサ
Ĝulpul　꿀풀　徐州夏枯草

꿀풀〈*Prunella vulgaris* L. subsp. *asiatica* (Nakai) H.Hara(1948)〉[12]

9　이러한 견해로 이우철(2005), p.58과 김종원(2013), p.345 참조. 다만 김종원은 '배암차즈기'에서 차즈기라는 이름을 빌려 왔다고 추정하고 있다.

10　이에 대해서는 『조선식물향명집』, 색인 p.31 참조.

11　『조선식물명휘』(1922)는 '白草蒿'를 기록했다.

12　'국가표준식물목록'(2018)은 꿀풀의 학명을 *Prunella vulgaris* var. *lilacina* Nakai(1911)로 기재하고 있으나, 『장진성 식물목록』(2014)과 '세계식물목록'(2018)은 본문의 학명을 정명으로 기재하고 있다.

꿀풀이라는 이름은 꽃에 꿀이 많은 풀이라는 뜻에서 유래했다.[13] 전초를 약용하고 어린잎을 식용했다.[14] 19세기에 저술된 『광재물보』와 『물명고』의 '쑬웆'(꿀꽃)이 어원이다. 옛 문헌의 夏枯草(하고초)에 대해 『동의보감』은 한글명 '져비쓸'과 함께 "冬生不凋 春開白花 至五月枯"(겨울에 나서 시들지 않고 봄에 흰 꽃이 피며 5월에 마른다)라고 기록해 현재의 제비꿀(*Thesium chinensis*)을 가리켰던 것으로 보인다.[15] 그런데 『광재물보』는 한글명 '쑬웆'과 함께 "莖端作穗 穗中開淡紫小花"(줄기의 끝에 이삭을 만드는데 이삭에서 담자색의 작은 꽃이 핀다)라고 기록해 현재의 꿀풀을 일컫고 있다. 이와 같이 옛 문헌에서 夏枯草(하고초)는 제비꿀과 꿀풀에 혼용되었으므로 옛 문헌을 해석할 때에 주의가 필요하다.[16]

속명 *Prunella*는 15~16세기에 독일 약재상들이 사용했던 *brunella*가 변형된 것인데 '자주색의'라는 뜻의 독일어 *braun* 또는 라틴어 *prunum*이 어원으로 보이며, 꽃의 색깔을 나타낸 것으로 꿀풀속을 일컫는다. 종소명 *vulgaris*는 '보통의, 통상의'라는 뜻이며, 아종명 *asiatica*는 '아시아의'라는 뜻으로 주된 분포지를 나타낸다.

다른이름 쑬방망이/가지풀(정태현 외, 1936), 가지골나물/꿀박망이/가지복도리(정태현 외, 1942), 꿀방망이(정태현 외, 1949), 붉은꿀풀(이창복, 1969b), 꽃방망이/하고초(임록재 외, 1972), 가지가래꽃(이영노, 1996)

옛이름 夏枯草/쑬웆/乃東/鐵色草(재물보, 1798), 夏枯草/쑬웆/乃東/鐵色草(광재물보, 19세기 초), 夏枯草/쑬웆/鐵色草(물명고, 1824), 夏枯草(임원경제지, 1842), 夏枯草/가지골나무/저븨쓸(선한약물학, 1931)[17]

중국/일본명 '중국식물지'는 본문의 종에 대한 기재 없이 *Prunella vulgaris* L.(1753)을 夏枯草(xia

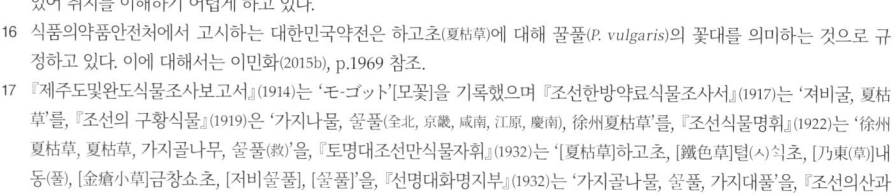

---

13 이러한 견해로 이우철(2005), p.122; 허북구·박석근(2008a), p.39; 이유미(2013), p.259; 김종원(2016), p.335 참조.

14 이에 대해서는 『조선산야생약용식물』(1936), p.196과 『조선산야생식용식물』(1942), p.183 참조.

15 이에 대해서 김종원(2013), p.439는 『동의보감』(1613)의 夏枯草(하고초)는 제비꿀(*T. chinensis*)을 일컫는 것이라는 취지로 기술했으나, 김종원(2016), p.336은 꿀풀(*P. vulgaris* var. *asiatica*)의 흰 꽃 품종을 일컫었다는 취지로 상반되게 기술하고 있어 취지를 이해하기 어렵게 하고 있다.

16 식품의약품안전처에서 고시하는 대한민국약전은 하고초(夏枯草)에 대해 꿀풀(*P. vulgaris*)의 꽃대를 의미하는 것으로 규정하고 있다. 이에 대해서는 이민화(2015b), p.1969 참조.

17 『제주도및완도식물조사보고서』(1914)는 '모-ゴット'[모꽃]을 기록했으며 『조선한방약료식물조사서』(1917)는 '져비굴, 夏枯草'를, 『조선의 구황식물』(1919)은 '가지나물, 쑬풀(全北, 京畿, 咸南, 江原, 慶南), 徐州夏枯草'를, 『조선식물명휘』(1922)는 '徐州夏枯草, 夏枯草, 가지골나무, 쑬풀(救)'을, 『토명대조선만식물자휘』(1932)는 '[夏枯草]하고초, [鐵色草]텰(시)식초, [乃東(草)]내동(풀), [金瘡小草]금창쇼초, [저비쑬풀], [쑬풀]'을, 『선명대화명지부』(1932)는 '가지골나물, 쑬풀, 가지대풀'을, 『조선의산과 와산채』(1935)는 '滁州夏枯草, 가지나무'를 기록했다.

ku cao)로 기재하고 있는데, 여름이 되면 마르는 풀이라는 뜻이다.[18] 일본명 ウツボグサ(靭草)는 꽃이삭의 모양이 화살통(ウツボ)과 비슷한 풀이라는 뜻이다.

참고 [북한명] 꿀풀 [유사어] 서주하고초(徐州夏枯草), 철색초(鐵色草), 하고초(夏枯草), 화하고초(花夏枯草) [지방명] 가두대기/가드대기/가지나물/까드대기/하고초(강원), 가드대기/가드댁이/가지나물/가지데기/하고초(경기), 가시복달나무/가지나물/가지박달/가지보딸나무/가지복다리/가지복달/꿀풀(경북), 가지복대기/까지복달(전남), 모꽃/하고초/할애비고장/화고초(제주), 가지나물/가지박달/가지보딸나무/가지복달/까지복달/꿀풀/하고초(충남), 가지나물/가지박달/가지박도리/가지보딸나무/가지복달/가지복도리/가지복도리나물/까지복달/꽃풀/꿀풀/줄기복다리(충북)

Dracocephalum argunense *Fischer* ムシヤリンダウ
Yongmòri 용머리

용머리⟨*Dracocephalum argunense* Fisch. ex Link(1822)⟩

용머리라는 이름은 꽃의 형태를 용(龍)의 머리에 비유한 것에서 유래했다.[19] 가는 줄기에 잎이 모여 나고 그 위에 보라색의 꽃이 달리는데 그 모습이 마치 용의 머리처럼 보인다. 『조선식물향명집』에 최초 기록된 이름인데 옛 문헌과 방언에서 그 이름이 확인되지 않고, 자원식물로 활용한 기록도 보이지 않는 점에 비추어 속명(학명)에 근거해 신칭한 것으로 추론된다.

속명 *Dracocephalum*은 그리스어 *drakon*(용)과 *kephale*(머리)의 합성어로, 꽃부리와 꽃받침 또는 꽃의 모양이 용의 머리를 연상시킨다 하여 붙여졌으며 용머리속을 일컫는다. 종소명 *argunense*는 '(헤이룽강의 지류) 아르군강에 분포하는'이라는 뜻이다.

중국/일본명 중국명 光萼青兰(guang e qing lan)은 광택이 있는 꽃받침을 가진 청란[青蘭: 시베리아용머리(*D. ruyschiana*)의 중국명]이라는 뜻이다. 일본명 ムシヤリンダウ는 시가현의 무사(武佐)라는 지역에 분포한다는 뜻에서 유래했다는 견해와 선형의 잎에 있는 맥의 모습이 분재 용어인 무자립(武者立)의 줄기와 닮았다는 뜻에서 유래했다는 견해가 대립하고 있다.

참고 [북한명] 용머리 [유사어] 광악청란(光萼青蘭)

---

18 중국의 『본초강목』(1596)은 "震亨曰 此草夏至後卽枯 蓋稟純陽之氣 得陰氣則枯 故有是名"(주진형은 '이 풀은 하지 이후에 바로 마른다. 순수한 양의 기를 지니고 있어서 음기를 만나면 마르므로 이 이름을 갖게 되었다'라고 하였다)이라고 기록했다. 또한 『본초강목』은 "莖端作穗 長一二寸 種中開淡紫小花"(줄기 끝에서 이삭이 자라면 길이가 1~2촌이고 이삭에서 담자색의 작은 꽃이 핀다)라고 하여 현재의 꿀풀을 일컫는 것으로 기록했다.

19 이러한 견해로 이우철(2005), p.419; 허북구·박석근(2008a), p.164; 권순경(2017.9.13.); 김종원(2016), p.322 참조.

Elscholtzia cristata *Willldenow* ナギナタカウジユ
Hyangyu 향유 香薷

향유 ⟨*Elsholtzia ciliata* (Thunb.) Hyl.(1941)⟩

향유라는 이름은 한자명 '香薷'(향유)에 어원을 둔 것으로, 향
기가 강하고 잎이 부드러운 풀이라는 뜻에서 유래했다.[20] 오
래전부터 전초를 약용했다.[21] 잎과 줄기 등에 엘숄치아케톤
(elscholtziaketone)이라는 성분이 있어서 독특한 휘발성의 향
이 난다. 이러한 향 때문에 향유라는 이름이 붙여졌다.[22] 옛이
름으로 '노야기'와 그로부터 변화한 '뇌야기' 및 '소야기' 등의
한글명이 발견되지만 정확한 뜻은 알려져 있지 않다.[23] 『조선
식물향명집』은 한자명에서 유래한 '향유'를 보다 보편적으로
사용하는 이름으로 보고 이를 조선명으로 기록해 현재에 이
르고 있다.

속명 *Elsholtzia*는 독일 식물학자 Johann Siegesmund
Elsholtz(1623~1688)의 이름에서 유래했으며 향유속을 일컫는다. 종소명 *ciliata*는 '부드러운 털
이 있는'이라는 뜻이다.

다른이름 쥐깨풀/노야기(정태현 외, 1936)

옛이름 香薷/奴也只(향약채취월령, 1431), 香薷/奴也只(향약집성방, 1433),[24] 香薷(의방유취, 1477), 香薷/
노야기(구급간이방언해, 1489), 香薷菜/뇌야기(훈몽자회, 1527), 香薷/奴也只/노아기(촌가구급방, 1538),
香薷/노야기(동의보감, 1613), 香薷(의림촬요, 1635), 香薷/노야기(산림경제, 1715), 香薷/노야기(제중신편,
1799), 香薷/노약이/香茹(물명고, 1824), 香薷/소야기(의종손익, 1868), 香薷/노약이(의휘, 1871), 香薷/소
야기(방약합편, 1884), 香薷/노약이(박물신서, 19세기), 香薷/노약이(신자전, 1915), 香薷(수세비결, 1929),
香薷(선한약물학, 1931)[25]

---

20 이러한 견해로 이우철(2005), p.590과 김종원(2013), p.136 참조.

21 이에 대해서는 『조선산야생약용식물』(1936), p.197 참조.

22 중국의 『본초강목』(1596)은 "薷 本作葇 玉篇云 葇菜蘇之類 是也 其氣香 其葉柔 故以名之"(薷는 본래 葇로 쓴다. 옥편에서 유는
채소 종류라고 한 것이다. 향기가 나고 잎이 부드러우므로 이름 지어진 것이다)라고 기록했다.

23 한편 김종원(2013), p.136은 '노야기'의 유래에 대해 '노약'과 '이'의 합성어로 '곱고 아름다운 약성을 지닌 들풀'이라는 뜻
이라고 하지만 어원학적 근거가 있는 주장은 아닌 것으로 보인다.

24 『향약집성방』(1433)의 차자(借字) '奴也只(노야지)에 대해 남풍현(1999), p.183은 '노야기'의 표기로 보고 있다.

25 『제주도및완도식물조사보고서』(1914)는 '프루곤센에크루'[풀콘셍에쿨]을 기록했으며 『조선한방약료식물조사서』
(1917)는 '소야기, 香薷, 香茹'를, 『조선어사전』(1920)은 '香薷(향유), 香茹(향여), 노야기'를, 『조선식물명휘』(1922)는 '香薷, 香
茹, 노야기, 향유(藥)'를, Crane(1931)은 '노야긔'를, 『토명대조선만식물자휘』(1932)는 '[香薷]향유, [香茹]향여, [노야기]'를,

중국/일본명 중국명 香薷(xiang ru)는 한국명과 유래가 동일하다. 일본명 ナギナタカウジユ(薙刀香薷)는 꽃차례의 모양이 언월도를 닮은 향유 종류(カウジユ)라는 뜻이다.

참고 [북한명] 향유 [유사어] 향여(香茹) [지방명] 고요화/노리자리/물팡쿨/소스랑쿨/쇠스랑쿨/향유초(제주)

Glechoma hederacea *L.* var. longituba *Nakai* カウライカキドホシ
Gin-byónggotpul 긴병꽃풀

긴병꽃풀⟨*Glechoma longituba* (Nakai) Kuprian.(1948)⟩[26]

긴병꽃풀이라는 이름은 꽃부리의 통이 길어 긴 병(甁)을 연상시킨다는 뜻에서 붙여졌다.[27] 『조선식물향명집』에서 신칭한 것인데[28] 식물의 형태와 긴 관(管)이 있다는 뜻의 학명에 착안해 붙여진 이름으로 보인다. 옛이름으로 눈이 쌓인 것처럼 보이는 식물이라는 뜻의 한자명 '積雪草'(적설초)가 발견되지만 현재의 이름으로 이어지지는 않았다.

속명 *Glechoma*는 페니로얄민트(*Mentha puleginum*)로 추정되는 박하의 일종에 붙여졌던 고대 그리스명 *glechon*에서 유래했으며 긴병꽃풀속을 일컫는다. 종소명 *longituba*는 '긴 관(管)의'라는 뜻으로 꽃부리가 긴 관 모양인 것에서 유래했다.

다른이름 조선광대수염(박만규, 1949), 참덩굴광대수염(안학수·이춘녕, 1963), 병꽃풀(리종오, 1964), 덩굴광대수염(박만규, 1974), 장군덩이(이영노, 1996)

옛이름 積雪草(동포집, 1757), 積雪草(희암집, 1775), 連錢草/積雪草/新羅薄荷(선한약물학, 1931)[29]

중국/일본명 중국명 活血丹(huo xue dan)은 혈액의 순환을 촉진하는 약효에서 유래한 것으로 추론된다. 일본명 カウライカキドホシ(高麗垣通し)는 한반도에 분포하고 담을 통과한다는 뜻으로, 담벼락 같은 곳에 뿌리를 내리고 자라는 것에서 유래했다.

『선명대화명지부』(1934)는 '노야기, 향유'를 기록했다.
26 '국가표준식물목록'(2018)은 긴병꽃풀의 학명을 *Glechoma grandis* (A.Gray) Kuprian(1948)으로 기재하고 있으나, '중국식물지'(2018)와 『장진성 식물목록』(2014)은 본문의 학명을 정명으로 기재하고 있다.
27 이러한 견해로 이우철(2005), p.104와 권순경(2017.5.31.) 참조.
28 이에 대해서는 『조선식물향명집』, 색인 p.33 참조.
29 『조선어사전』(1920)은 '積雪草(적설초), 金錢花(금전화), 午時花(오시화)'를 기록했으며 『토명대조선만식물자휘』(1932)는 '[積雪草]적설초'를 기록했다.

Lamium amplexicaule *Linné*　ホトケノザ
Gwaṅgdae-namul　광대나물

광대나물〈*Lamium amplexicaule* L.(1753)〉

광대나물이라는 이름은 꽃이 피는 모양이 울긋불긋한 것이 광대를 연상시킨다는 뜻에서 유래했다.[31] 옛날부터 어린잎을 식용했다.[32] 한편 이름의 유래와 관련해 나물로 먹었다는 기록이 없다며, 광대수염을 참고하거나 일본명을 번역한 것이라고 주장하는 견해가 있다.[33] 그러나 『조선의 구황식물』과 『조선산야생식용식물』에 구황식물로 이용했음을 명기했고, 최근 국립수목원에서 지방명과 식물의 이용을 조사한 『한국의 민속식물』에서도 먹거리로 이용하는 것을 기록하고 있다.[34] 방언에도 광대나물과 유사한 광대쟁이 등 변형어가 다수 있고, 19세기 초에 저술된 『물보』는 싸리가 아니면서 싸리와 닮았다는 뜻에서 '광대뻐리'를, 『물명고』는 꽃이 울긋불긋하다고 하

여 '광대쟈약'(광대작약)을 기록해 '광대'가 포함된 식물명이 옛 문헌에 나타나고 있다. 이러한 점에 비추어볼 때 광대나물은 실제 민간에서 사용한 이름을 채록한 것으로 이해된다.

속명 *Lamium*은 플리니우스(Plinius, 23~79)가 광대수염 종류에 붙인 라틴명에서 유래했다거나, 그리스어 *lamia*(마녀, 흡혈귀, 괴물, 넙치 종류의 물고기)에서 기원하여 꽃이 그 물고기의 목과 닮아서 붙여졌다고 하며 광대수염속을 일컫는다. 종소명 *amplexicaule*는 '줄기를 싼 모양의'라는 뜻으로 꽃을 큰 포엽이 감싸고 있는 모양에서 유래했다.

다른이름 **망탱장이/코딱지나물**(정태현 외, 1942), **코딱지나물**(박만규, 1949), **코딱지풀**(정태현 외,

30 북한에서는 *G. hederacea*를 '병꽃풀'로, *G. logituba*를 '긴병꽃풀'로 하여 별도 분류하고 있다. 이에 대해서는 리용재 외(2011), p.165 참조.

31 이러한 견해로 허북구·박석근(2008a), p.33과 권순경(2017.4.12.) 참조.

32 이에 대해서는 『조선산야생식용식물』(1942), p.181 참조.

33 이러한 견해로 김종원(2013), p.349와 이윤옥(2015), p.68 참조. 김종원은 광대나물이 광대수염을 참고로 생겨난 이름으로 추정하고 있으나 광대나물은 당시 조선에서 실제 사용하던 방언을 기록한 이름이므로 타당하지 않다. 또한 이윤옥은 광대나물이 일본명 ホトケノザ(仏の座)를 옮긴 것으로 "부처를 광대로 희화한 이름"이라고 주장하는데, 한국명을 근거 없이 일본명으로 치환하고 우리말 '광대'에 대한 자학적인 이해마저 보여주고 있다.

34 이에 대해서는 『한국의 민속식물』(2017), p.978 참조.

1949), 작은잎광대수염(임록재 외, 1972), 작은잎꽃수염풀(김현삼 외, 1988)[35]

중국/일본명 중국명 宝盖草(bao gai cao)는 꽃이 피는 모양이 불상이나 도사 등의 머리 위에 드리우는 비단으로 만든 큰 일산 따위인 보개(寶蓋)를 닮았다는 뜻이다. 일본명 ホトケノザ(仏の座)도 중국명에 영향을 받은 것으로, 꽃이 피는 모양이 부처의 자리를 연상시킨다는 뜻이다.

참고 [북한명] 작은잎꽃수염풀 [유사어] 보개초(寶蓋草), 풍잔(風蓋) [지방명] 코딱지나물(경기), 모끌레(경남), 달구똥나물/닭똥집나물/말똥나물/장구채/장꼬방나물/장찌뱅이/코딱지나물(경북), 광대노물/광대싸리/광대알나물/광대쟁이/구슬뱅이/구실냉이/꼬따끼/찡나물/찡풀/나말쟁이/나발갱이/나발나물/나발쟁이/몰고개/장구뱅이/장구재비/장구태노물/코딱지나물/코딱지풀/코딸찌(전남), 광대쟁이/광쟁이/찡나물/돌깨쟁이/코딱지나물/콩덕석(전북), 감밥나물/광대사리/짱우리나물/짱주리나물(충남), 강주리나물/광주리나물/짱우리나물/도방구리(충북)

Lamium barbatum *Siebold et Zuccarini* ヲドリコサウ
Gwañgdae-suyòm 광대수염

광대수염〈*Lamium album* L. subsp. *barbatum* (Siebold & Zucc.) Mennema(1989)〉[36]

광대수염이라는 이름은 꽃에 얼룩덜룩한 무늬가 있고 꽃받침 열편이 길게 수염처럼 발달한 모습을 광대의 수염에 비유한 것에서 유래했다.[37] 어린잎을 식용하거나 전초를 민간약재로 사용했다.[38] 『조선식물향명집』에 최초 기록된 이름인데, 같은 속의 광대나물에 '광대'가 있고 학명에 '수염'이라는 뜻이 있으므로 이에 근거해 신칭한 이름일 수도 있다. 그러나 『조선식물향명집』은 신칭한 이름으로 기록하지 않았고,[39] 지방명에 '광대섬'과 같은 유사한 명칭이 있는 것에 비추어 당시 실제 사용하던 향명을 채록했을 것으로 추론된다. 한편 광대수염이 일본명 오도리코소(オドリコソウ)를 번역한 것이라는 견해가

---

35 『조선의 구황식물』(1919)은 '광되나물'을 기록했으며 『조선식물명휘』(1922)는 '광되나물(救)'을, 『선명대화명지부』(1934)는 '광대나물'을, 『조선의산과와산채』(1935)는 '쇠사랑개비'를 기록했다.

36 '국가표준식물목록'(2014)은 광대수염의 학명을 *Lamium album* var. *barbatum* (Siebold & Zucc.) Franch. & Sav.(1875)로 기재하고 있으나, 『장진성 식물목록』(2014)과 '세계식물목록'(2018)은 본문의 학명을 정명으로 기재하고 있다.

37 이러한 견해로 허북구·박석근(2008a), p.33과 김병기(2013), p.420 참조.

38 이에 대해서는 『한국의 민속식물』(2017), p.977 참조.

39 이에 대해서는 『조선식물향명집』, 색인 p.32 참조.

있다.[40] 그러나 오도리코소의 오도리코(おどりこ, 踊(り)子)는 광대보다는 춤추는 여자에 가깝고, 일본명은 오도리코가 쓴 모자와 꽃의 모양이 비슷하다는 것이어서 광대수염과는 그 뜻이 상이하므로 타당성은 의문스럽다.

속명 *Lamium*은 플리니우스(Plinius, 23~79)가 광대수염 종류에 붙인 라틴명에서 유래했다거나, 그리스어 *lamia*(마녀, 흡혈귀, 괴물, 넙치 종류의 물고기)에서 기원하여 꽃이 그 물고기의 목과 닮아서 붙여졌다고 하며 광대수염속을 일컫는다. 종소명 *album*은 '흰색의'라는 뜻으로 꽃의 색깔에서 유래했으며, 아종명 *barbatum*은 '수염이 있는'이라는 뜻으로 가는 포의 모양을 수염에 비유한 것에서 유래했다.

다른이름　산광대(박만규, 1974), 꽃수염풀(김현삼 외, 1988)

옛이름　續斷/검산풀쑤리(선한약물학, 1931)[41]

중국/일본명　중국명 野芝麻(ye zhi ma)는 들에서 자라는 지마(芝麻: 참깨의 중국명)라는 뜻이다. 일본명 ヲドリコサウ(踊子草)는 꽃의 모양이 춤추는 여자(踊子)가 쓴 모자의 모양과 유사한 것에서 유래했다.

참고　[북한명] 꽃수염풀 [유사어] 야지마(野芝麻) [지방명] 말굴래(경북), 광대섬(충북)

⊗Lamium takeshimense *Nakai*　タケシマオドリコサウ
Sŏm-gwangdae-suyŏm　섬광대수염

섬광대수염〈*Lamium takeshimense* Nakai(1919)〉[42]

섬광대수염이라는 이름은 섬(울릉도)에서 자라는 광대수염이라는 뜻에서 붙여졌다.[43] 울릉도와 전라남도 섬에 분포한다. 『조선식물향명집』에서 '광대수염'을 기본으로 하고 식물의 산지(産地)를 나타내는 '섬'을 추가해 신칭했다.[44]

속명 *Lamium*은 플리니우스(Plinius, 23~79)가 광대수염 종류에 붙인 라틴명에서 유래했다거나, 그리스어 *lamia*(마녀, 흡혈귀, 괴물, 넙치 종류의 물고기)에서 기원하여 꽃이 그 물고기의 목과 닮아서 붙여졌다고 하며 광대수염속을 일컫는다. 종소명 *takeshimense*는 '울릉도에 분포하는'이라는 뜻으로 울릉도에서 최초의 표본이 채집된 것에서 유래했다.

다른이름　섬광대나물(박만규, 1949), 큰광대수염(안학수·이춘녕, 1963), 울릉광대수염(임록재 외, 1972),

---

40 이러한 견해로 김종원(2013), p.340 참조.

41 『선한약물학』(1931), p.241은 현재의 속단(*Phlomis umbrosa*)이 아닌 광대수염을 생약명 '續斷'(속단)으로 보고 있으므로 주의가 필요하다.

42 '국가표준식물목록'(2018)은 섬광대수염을 별도 종으로 분류하고 있으나, 『장진성 식물목록』(2014)과 '세계식물목록'(2018)은 광대수염에 통합하고 본문의 학명은 이명(synonym) 처리하고 있으므로 주의가 필요하다.

43 이러한 견해로 이우철(2005), p.337 참조.

44 이에 대해서는 『조선식물향명집』, 색인 p.41 참조.

울릉꽃수염풀(임록재 외, 1996)

중국/일본명 중국에서는 이를 별도 분류하지 않고 있다. 일본명 タケシマオドリコサウ(鬱陵島踊子草)는 울릉도(タケシマ)에 분포하는 광대수염(オドリコサウ)이라는 뜻이다.

참고 [북한명] 울릉꽃수염풀

Leonurus macranthus *Maximowicz* キセワタ
Gae-sogdan 개속단(개방앳잎)

송장풀〈*Leonurus macranthus* Maxim.(1859)〉

송장풀이라는 이름은 약하지만 된장이 썩는 듯한 불쾌한 냄새가 나고, 숲속에 가늘게 곧추서서 자라는데 꽃이 반쯤 벌린 듯하면서 흰색에 붉은색의 줄이 있는 모습이 송장(시체)을 연상시킨다는 뜻에서 유래한 것으로 추정한다.[45] 『조선식물향명집』은 속단을 닮았다는 뜻의 '개속단'과 방아풀을 닮았다는 뜻의 '개방앳잎'으로 기록했으나, 『조선식물명집』에서 '송장풀'로 개칭해 현재에 이르고 있다. '개속단'은 속단과 같이 뼈를 잇게 하는 약성이 비슷하다는 뜻에서 유래한 이름이다. 옛이름으로 한자명 '藆菜'(참채)가 있는데 『광재물보』는 "即益母之白花者"(즉 익모초와 비슷한데 흰색 꽃이 피는 것이다)라고 하여 현재의 송장풀을 묘사하고 있다. 한편 일본명 キセワタ(着セ

綿)에 착안해, 염습할 때 시신을 닦는 솜과 꽃이 유사하다는 의미에서 붙여진 이름이라는 견해가 있다.[46] 그러나 『조선식물향명집』에서 '개속단'을 신칭한 이름으로 기록하지 않은 점을 고려하면[47] 그 이후의 송장풀도 실제로 사용하던 방언을 채록했을 가능성이 있고, 또한 위의 해석대로라면 송장풀이 아닌 '솜풀'(또는 '솜장풀')이 되어야 하므로 주장의 타당성은 의문스럽다.

속명 *Leonurus*는 그리스어 *leon*(사자)과 *oura*(꼬리)의 합성어로, 긴 꽃차례의 모양이 사자의 꼬리를 닮은 것에서 유래했으며 익모초속을 일컫는다. 종소명 *macranthus*는 '큰 꽃의'라는 뜻이다.

다른이름 개속단/개방앳잎(정태현 외, 1937), 산익모초(임록재 외, 1972)

옛이름 藆菜/藋(광재물보, 19세기 초), 藆菜(물명고, 1824)[48]

---

45 이러한 견해로 권순경(2017.10.18.) 참조.
46 이러한 견해로 김종원(2016), p.330 참조.
47 이에 대해서는 『조선식물향명집』, 색인 p.31 참조.
48 『조선식물명휘(1922)』는 '藆菜'를 기록했으며 『토명대조선만식물자휘』(1932)는 '[續斷](草)속단(초)'을 기록했다.

중국/일본명 중국명 大花益母草(da hua yi mu cao)는 꽃이 크고 익모초(益母草)를 닮은 식물이라는 뜻이다. 일본명 キセワタ(着せ綿)는 중양절에 솜으로 몸을 닦는 풍습이 있었는데, 꽃이 그때의 솜을 연상시킨다는 뜻에서 유래했다.

참고 [북한명] 산익모초 [유사어] 조소(糙蘇) [지방명] 주리풀(제주)

Leonurus sibiricus *Linné* メハジキ(ヤクモサウ)
Igmocho 익모초 益母草

익모초〈*Leonurus japonicus* Houtt.(1778)〉

익모초라는 이름은 한자명 '益母草'(익모초)에서 유래한 것으로 산모의 허약해진 몸의 기력을 회복하기에 좋다는 뜻에서 유래했다.[49] 예부터 전초를 약재로 사용했다.[50] 옛이름 '눈비얏'은 『향약집성방』에서 효능에 대해 "明目益精"(눈을 맑게 하고 정력을 돋운다)이라고 했으므로 눈을 보호하는 약이라는 뜻에서, '암눈비얏'은 부인(婦人)에게 효능이 있다는 뜻에서 암(雌)이 덧붙여져 유래한 것으로 이해된다.[51] 『조선식물향명집』은 예부터 사용되던 충울자, 익모초, 눈비얏 및 암눈비얏이라는 이름 중에서 '익모초'를 보다 보편적인 이름으로 보았고, 이 이름이 현재에 이르고 있다.

속명 *Leonurus*는 그리스어 *leon*(사자)과 *oura*(꼬리)의 합성어로, 긴 꽃차례의 모양이 사자의 꼬리를 닮은 것에서 유래했으며 익모초속을 일컫는다. 종소명 *japonicus*는 '일본의'라는 뜻으로 발견지 또는 분포지를 나타낸다.

다른이름 익모초(정태현 외, 1936), 임모초(박만규, 1949), 개방아(한진건 외, 1982), 눈비엿(김종원, 2013)

옛이름 茺蔚/目非阿次/目非也次(향약구급방, 1236),[52] 茺蔚子/目非也叱(향약채취월령, 1431), 茺蔚子/木非也叱(향약집성방, 1433),[53] 茺蔚子(세종실록지리지, 1454), 益母草/눈비엿(구급간이방언해, 1489), 茺蔚

---

49 이러한 견해로 이우철(2005), p.433; 이덕봉(1963), p.4; 손병태(1996), p.165; 허북구·박석근(2008b), p.171; 유기억(2018), p.222; 김종원(2013), p.936 참조.
50 이에 대해서는 『조선산야생약용식물』(1936), p.198 참조.
51 이러한 견해로 남풍현(1981), p.129; 이덕봉(1963), p.4; 장충덕(2007), p.106 참조.
52 『향약구급방』(1236)의 차자(借字) '目非阿次/目非也次'(목비아차/목비야차)에 대해 남풍현(1981), p.129는 '눈비앗/눈비얏'의 표기로 보고 있으며, '目非也次'(목비야차)에 대해 이덕봉(1963), p.4는 '눈비얏'의 표기로 보고 있다.
53 『향약집성방』(1433)의 차자(借字) '木非也叱'(목비야질)에 대해 남풍현(1999), p.175는 '눈비얏'의 표기로 보고 있으며, 이덕봉(1963), p.4도 '눈비얏'의 표기로 보고 있다.

/눈비얏/野蘇子草(사성통해, 1517), 茺蔚/눈비얏/益母/野天麻(훈몽자회, 1527), 茺蔚子/目非也叱/눈비얏 (촌가구급방, 1538), 益母草/눈비아지풀(언해구급방, 1608), 益母草/암눈비앗/익모초(언해태산집요, 1608), 茺蔚子/암눈비얏씨/益母草(동의보감, 1613), 野蘇子草/눈비엿(역어유해, 1690), 茺蔚/益母草(산림 경제, 1715), 益母草/암눈비얏(제중신편, 1799), 茺蔚子/益母草/눈비약이(물보, 1802), 益母/익모초/茺蔚 (광재물보, 19세기 초), 益母/익모쵸(몽유편, 1810), 茺蔚/암눈비얏/益母草(물명고, 1824), 茺蔚/눈비얀/益 母草/野天麻(자류주석, 1856), 益母草/익모초(명물기략, 1870), 익모초/益母草(한불자전, 1880), 益母草/ 암눈바얏(방약합편, 1884), 익모초/益母草(한영자전, 1890), 茺蔚/益母草/익모초(자전석요, 1909), 茺蔚/ 익모초/益母/암눈비얏(신자전, 1915), 蔚/익모초(의서옥편, 1921), 益母草/암눈바앗(선한약물학, 1931)[54]

중국/일본명 중국명 益母草(yi mu cao)는 한국명 익모초와 동일하다.[55] 일본명 メハジキ(目彈)는 아이 들이 줄기의 부드러운 부분으로 눈을 크게 보이도록 하면서 노는 놀이에서 유래했다.

참고 [북한명] 익모초 [유사어] 야천마(野天麻), 충울자(茺蔚子) [지방명] 산모풀/에미풀/육모초/윤모 초/인모초/인모추(강원), 육모초/육모추/인동초(경기), 육모초(경남), 부왕/약쑥/육모초/의모초(경북), 섬모초/씬나물/육모초/익모/익모추/인모초/임마초/임모초/임모추/잉모초(전남), 육모초/익모추/임 모초/임모추(전북), 눈벌레기냥/눈벨레기냥/눈비아기/눈비앗/눈비애기/눈비애기쿨/암놈바시/암눈비 애기쿨/암눈비에기쿨/익모/익모추/익문초/인모초/인문초/임모초(제주), 육모초/육모추/인모초(충 남), 육모초/융무초(충북)

Lophanthus rugosus *Fischer et Meyer*   カハミドリ

Baechohyang   배초향(방앳잎)   排草香

배초향〈*Agastache rugosa* (Fisch. & C.A.Mey.) Kuntze(1891)〉

배초향이라는 이름은 한자명 '排草香'(배초향)이 어원으로, 다른 풀을 물리치는 향기를 가진 식물 이라는 뜻에서 유래했다.[56] 예부터 전초를 약용하고 잎을 식용했다.[57] 중국에서는 '藿香'(곽향)이라 고 하는데, '국가표준식물목록'은 곽향을 *Teucrium veronicoides* Maxim.(1877)을 일컫는 이름

---

54 『지리산식물조사보고서』(1915)는 '益母草'를 기록했으며 『조선한방약료식물조사서』(1917)는 '암눈바얏, 益母草'를, 『조선 의 구황식물』(1919)은 '익모초'를, 『조선어사전』(1920)은 '益母草(익모초), 茺蔚(충울), 암눈비앗'을, 『조선식물명휘』(1922)는 '益 母草, 茺荒蔚, 익모초, 토딜즛(藥)'를, 『토명대조선만식물자휘』(1932)는 '[茺蔚]츙울, [益母草]익모초, [野天麻]야텬마, [암눈비 앗]'을, 『선명대화명지부』(1934)는 '익모초, 애랑쑥, 토딜자'를, 『조선의산과와산채』(1935)는 '益母草, 어모초'를 기록했다.

55 중국의 『본초강목』(1596)은 茺蔚(충울)과 益母草(익모초)의 유래에 대해 "此草及子 皆茺盛密蔚 故名茺蔚 基功宜婦人及明目 益精 故有益母草明之稱"(이 풀과 씨는 모두 빽빽하고 왕성하게 차 있으므로 '충울'이라 한다. 그 효력은 부인의 병증 및 눈을 밝게 하거나 정칙을 돕우는 데 알맞으므로 '익모'나 '익명'이라 칭한다)이라고 기록했다.

56 이러한 견해로 이우철(2005), p.263 참조.

57 이에 대해서는 『한국식물도감(하권 초본부)』(1956), p.536 참조.

1498

으로 사용하고 있으므로 서로 다른 종을 지칭하고 있다.[58] 한편 『동의보감』은 생약명 藿香(곽향)에 대해 국내에 자생하는 종이 아니라 중국(唐)으로부터 수입하는 약재로 보았다. '방아잎' 또는 '방아풀'이라는 방언은 박하(薄荷)로부터 파생된 말로, 식물체에서 강한 향이 나는 것을 박하에 비유한 것에서 유래한 이름으로 추론된다.

속명 *Agastache*는 그리스어 agan(매우 많은)과 stachys(이삭)의 합성어로, 이삭처럼 많이 달리는 꽃 모양에서 유래했으며 배초향속을 일컫는다. 종소명 *rugosa*는 '주름이 있는'이라는 뜻으로 주름진 잎의 모양에서 유래했다.

다른이름 방앳잎(정태현 외, 1937), 깨나물/중개풀(정태현 외, 1942), 방아잎(박만규, 1949), 증개풀/방애잎(정태현 외, 1949), 방아(이영노·주상우, 1956), 방아풀(김현삼 외, 1988)

옛이름 排草香(광재물보, 19세기 초), 排草香(임원경제지, 1842), 방아나물/砒菜(한불자전, 1880), 藿香/排草香(선한약물학, 1931)[59]

중국/일본명 중국명 藿香(huo xiang)은 콩을 뜻하는 '藿'(곽)과 향을 뜻하는 '香'(향)이 합쳐진 것으로, 콩잎을 닮고 향이 난다고 해서 붙여졌다.[60] 일본명 カハミドリ의 정확한 유래나 어원은 알려져 있지 않다.

참고 [북한명] 방아풀 [유사어] 곽향(藿香), 별곽향(別藿香) [지방명] 박하/방아잎/방아풀(강원), 박하나무/박하잎/방아풀(경기), 방아/방아잎/방아초/방아풀/방안잎/방앗잎/방앳잎/방어/방여잎/버리바우(경남), 방아/방아나물/방애/버리바우/버리방우/벌바우(경북), 방아잎/방해나물(전남), 방아/종방애(전북), 박하/백화(충남), 내기/참내귀/참내기(함북)

Lycopus angustus *Makino*   ヒメシロネ
Aegi-soebŝari   애기쉽싸리(애기택란)

애기쉽싸리〈*Lycopus lucidus* Turcz. ex Benth. var. *maackianus* Maxim. ex Herder(1884)〉[61]
애기쉽싸리라는 이름은 식물체가 작은 쉽싸리라는 뜻에서 유래했다.[62] 『조선식물향명집』에서는 방언을 채록한 '쉽싸리'(쉽싸리)를 기본으로 하고 식물의 형태적 특징을 나타내는 '애기'를 추가해

---

58 식품의약품안전처는 생약명 藿香(곽향)에 대해 현재의 배초향을 일컫는 것으로 보고 있다. 이에 대해서는 『대한민국약전 외 한약(생약)규격집』(2016), p.25 참조.

59 『지리산식물조사보고서』(1915)는 'ぱんあい'[방애]를 기록했으며 『조선식물명휘』(1922)는 '排草香, 藿香, 곽향(藥)'을, 『선명대화명지부』(1934)는 '곽향'을 기록했다.

60 중국의 『본초강목』(1596)은 "豆葉曰藿 其葉似之 故名"(콩잎을 곽이라 하는데, 그 잎이 유사하므로 이름 붙여졌다)이라고 기록했다.

61 '국가표준식물목록'(2018)은 애기쉽싸리의 학명을 *Lycopus maackianus* (Maxim. ex Herder) Makino(1897)로 기재하고 있으나, '중국식물지'(2018), 『장진성 식물목록』(2014) 및 '세계식물목록'(2018)은 본문의 학명을 정명으로 기재하고 있다.

62 이러한 견해로 이우철(2005), p.387 참조.

'애기쉽싸리'를 신칭했으나,[63] 『조선식물명집』에서 '애기쉽싸리'로 개칭해 현재에 이르고 있다.

속명 *Lycopus*는 그리스어 *lycos*(늑대)와 *pous*(발)의 합성어에서 유래한 것으로, 잎의 모양이 늑대의 발을 닮았다고 하여 붙여졌으며 쉽싸리속을 일컫는다. 종소명 *lucidus*는 '광택이 있는, 빛나는'이라는 뜻이며, 변종명 *maackianus*는 러시아 식물학자 Richard Otto Maack (1825~1886)의 이름에서 유래했다.

다른이름 애기쉽싸리/애기택란(정태현 외, 1937), 애기쉽사리(이창복, 1969b)[64]

중국/일본명 중국명 류마地笋(yi ye di sun)은 잎 모양이 특이한 지순(地笋: 쉽싸리의 중국명)이라는 뜻이다. 일본명 ヒメシロネ(姬白根)는 식물체가 작고 앙증맞은 쉽싸리(シロネ)라는 뜻이다.

참고 [북한명] 애기쉽싸리

Lycopus coreanum *Léveillé*　　イヌシロネ(コシロネ)
Gae-soebŝari　개쉽싸리(개택란)

개쉽싸리〈*Lycopus coreanus* H.Lév.(1910)〉[65]

개쉽싸리라는 이름은 쉽싸리를 닮았다는 뜻에서 유래했다.[66] 다른 문헌에 이름이 발견되지 않고 『조선식물향명집』에서 '개쉽싸리'라는 이름이 발견되는 점에 비추어 『조선식물향명집』에서 신칭한 것으로 추론된다.[67] 『조선식물명집』에서 '개쉽싸리'로 개칭해 현재에 이르고 있다.

속명 *Lycopus*는 그리스어 *lycos*(늑대)와 *pous*(발)의 합성어에서 유래한 것으로, 잎의 모양이 늑대의 발을 닮았다고 하여 붙여졌으며 쉽싸리속을 일컫는다. 종소명 *coreanus*는 '한국의'라는 뜻으로 한국 특산식물이라는 것을 나타내지만 일본 및 중국에도 분포하는 것으로 알려져 있다.

다른이름 개쉽싸리/개택란(정태현 외, 1937), 섬쉽싸리(박만규, 1949), 고려쉽싸리/제주쉽싸리(리종오, 1964), 쉽사리(이창복, 1969b), 좀개쉽싸리(임록재 외, 1972), 조선쉽싸리/개택란(한진건 외, 1982)

중국/일본명 중국명 小叶地笋(xiao ye di sun)은 잎이 작은 지순(地笋: 쉽싸리의 중국명)이라는 뜻이다. 일본명 イヌシロネ(犬白根)는 쉽싸리(シロネ)를 닮았다는 뜻이다.

참고 [북한명] 고려쉽싸리/제주쉽싸리[68]

63　이에 대해서는 『조선식물향명집』, 색인 p.43 참조.

64　『조선식물명휘』(1922)는 '루藕, 接古草'를 기록했다.

65　'국가표준식물목록'(2018)은 개쉽싸리의 학명을 *Lycopus ramosissimus* (Makino) Makino(1910)로 기재하고 있으나, 『장진성 식물목록』(2014)은 본문의 학명을 정명으로 기재하고 있다.

66　이러한 견해로 이우철(2005), p.54 참조.

67　다만 『조선식물향명집』, 색인 p.31은 신칭한 이름으로 기록하고 있지 않으므로 주의가 필요하다.

68　북한에서는 *L. coreanus*를 '고려쉽싸리'로, *L. ramosissimus*를 '제주쉽싸리'로 하여 별도 분류하고 있다. 이에 대해서는 리용재 외(2011), p.215 참조.

Lycopus lucidus *Turczaninow*　シロネ　澤蘭
Soebŝari　쉽싸리(택란)

쉽싸리〈*Lycopus lucidus* Turcz. ex Benth.(1848)〉

쉽싸리라는 이름은 '쉽'과 '싸리'의 합성어로, 주로 습기가 많
은 지역에서 자라고 싸리처럼 덤불을 이루기 때문에 붙여진
것으로 추정한다. 물가 또는 산지의 습한 곳에서 자라는데, 전
초를 약용하고 땅속줄기와 잎을 식용했다.[69] 일제강점기에 저
술된『조선식물명휘』는 조선명으로 '쇡싸리'를 기록했고, 이것
이『조선식물명집』에서 '쉽싸리'로 변화했다가『조선식물명
집』에서 '쉽싸리'로 개칭해 현재에 이르고 있다. '쇡싸리', '쉽
싸리', '쉽싸리'에서 '쇡', '쉽' 및 '쉽'의 뜻은 알려져 있지 않다.
하지만 한자명 澤蘭(택란)이 늪지와 같은 습기가 많은 지역에서
자라는 난초라는 뜻이고,[70] 실제로 쉽싸리가 주로 자라는 곳
은 습기가 많은 지역이므로 '습'이라는 뜻에서 유래한 것으로

본다. 한편 '소'와 '사리'의 합성어로 소가 방목되는 소택지 같은 곳에서 사리처럼 뭉쳐서 자란다는
뜻에서 유래한 이름으로 보는 견해도 있다.[71]

　속명 *Lycopus*는 그리스어 *lycos*(늑대)와 *pous*(발)의 합성어에서 유래한 것으로, 잎의 모양이
늑대의 발을 닮았다고 하여 붙여졌으며 쉽싸리속을 일컫는다. 종소명 *lucidus*는 '광택이 있는, 빛
나는'이라는 뜻이다.

다른이름　개조박이/쉽싸리(정태현 외, 1936), 택란(정태현 외, 1937), 털쉽사리/쉽사리(이창복, 1969b)

옛이름　澤蘭(세종실록지리지, 1454), 澤蘭/딕란(구급방언해, 1466), 澤蘭(동의보감, 1613), 澤蘭(의림촬요,
1635), 澤蘭(산림경제, 1715), 澤蘭(광제비급, 1790), 澤蘭/地筍(광재물보, 19세기 초), 澤蘭/孩兒菊(물명고,
1824), 地瓜兒(임원경제지, 1842), 澤蘭(의종손익, 1868), 澤蘭/딕란/地笋(명물기략, 1870), 都梁香/澤蘭/草
蘭(수세비결, 1929)[72]

69　이에 대해서는『조선산야생약용식물』(1936), p.199와『조선산야생식용식물』(1942), p.181 참조.
70　중국의『신농본초경집주』(6세기 초)는 "生於澤旁 故名澤蘭 亦名都梁香"(연못가에서 나므로 택란이라 하고, 도량향이라고도 한다)
　　이라고 기록했다.
71　이러한 견해로 김종원(2013), p.942 참조.
72　『조선한방약료식물조사서』(1917)는 '澤蘭'을 기록했으며『조선의 구황식물』(1919)은 '쇡싸리(咸南北), 딕란, 澤蘭, 地瓜兒苗'
　　를,『조선어사전』(1920) '澤蘭(딕란)'을,『조선식물명휘』(1922)는 '澤蘭, 닥란, 쇡싸리(救, 藥)'를,『토명대조선만식물자휘』
　　(1932)는 '[澤蘭]딕란, [艸+棘]䕡]거미, [사라부루]'를,『선명대화명지부』(1934)는 '닥란, 쇡싸리, 택란'을,『조선의산과와산
　　채』(1935)는 '地瓜兒苗, 쇄싸리'를 기록했다.

중국명 地笋(di sun)은 11세기 초의 『증류본초』에서 유래한 것으로 택란의 땅속줄기를 말하는데, 식용하는 땅속줄기(地)의 모양을 죽순(筍)에 빗댄 것이다.[73] '중국식물지'는 '澤蘭'(택란)을 속칭으로 함께 사용하고 있다. 일본명 シロネ(白根)는 흰색이 나는 뿌리가 있다는 뜻에서 붙여졌다.

참고 [북한명] 쉽싸리 [유사어] 지과아묘(地瓜兒苗), 지순(地筍), 택란(澤蘭) [지방명] 굼비나물(경상)

○ Marrubium incisum *Bentham*　シロバナホトケノザ
Hingot-gwangdae-namul　흰꽃광대나물

흰꽃광대나물〈*Lagopsis supina* (Stephan) Ikonn.-Gal.(1937)〉

흰꽃광대나물이라는 이름은 광대나물을 닮았는데 흰색 꽃이 핀다는 뜻에서 유래했다.[74] 5~6월에 흰색 꽃이 피어 줄기에 층을 이루는데 광대수염속(*Lamium*)과는 다른 속의 식물이다. 『조선식물향명집』에서는 전통 명칭 '광대나물'을 기본으로 하고 꽃의 색깔을 나타내는 '흰꽃'을 추가해 '흰꽃광대나물'을 신칭했으나,[75] 『조선식물명집』에서 맞춤법에 따라 '흰꽃광대나물'로 개칭해 현재에 이르고 있다.

속명 *Lagopsis*는 그리스어 *lagos*(토끼)와 *opsis*(비슷한)의 합성어로, 잎 모양 등이 토끼를 연상시킨다고 하여 붙여졌으며 흰꽃광대나물속을 일컫는다. 종소명 *supina*는 '퍼진, 넓은, 자빠진'이라는 뜻이다.

다른이름 흰꽃광대나물(정태현 외, 1937), 힌광대나물(박만규, 1949), 나도광대나물(한진건 외, 1982), 층꽃나물(김현삼 외, 1988)

중국/일본명 중국명 夏至草(xia zhi cao)는 24절기 중 하지(夏至) 무렵에 흰 꽃이 피는 것에서 유래한 것으로 추정한다. 일본명 シロバナホトケノザ(白花仏の座)는 흰 꽃이 피는 광대나물(ホトケノザ)이라는 뜻이다.

참고 [북한명] 층꽃나물

Meehania urticifolia *Makino*　ラシヤウモンカヅラ
Bolgae-donggul　벌깨덩굴

벌깨덩굴〈*Meehania urticifolia* (Miq.) Makino(1899)〉

벌깨덩굴이라는 이름은 '벌'(접두사)과 '깨'(들깨)와 '덩굴'(덤불)의 합성어로, 들깨를 닮았는데 일정

---

73 중국의 『본초강목』(1596)은 "其根可食 故曰地筍"(그 뿌리를 먹을 수 있기 때문에 '지순'이라고 한다)이라고 기록했다.
74 이러한 견해로 이우철(2005), p.604 참조.
75 이에 대해서는 『조선식물향명집』, 색인 p.49 참조.

한 테두리를 벗어나 덩굴로 자라는 식물이라는 뜻에서 유래
한 것으로 추정한다. 접두사 '벌-'은 벌물, 벌불, 벌모 등과 같
이 '일정한 테두리를 벗어난'이라는 뜻이 있다.[76] 잎이 깻잎을
닮았고, 꽃이 지고 난 후에 덩굴을 이루어 번식한다. 옛적에는
어린잎을 식용했다.[77] 『조선식물향명집』에 한글명이 처음으로
기록되었는데, 일제강점기에 식용식물을 조사·기록한 『조선
산야생식용식물』은 경기도 광릉 방언으로 '덤불깨나물'이라
는 이름이 있음을 기록했다. 덤불깨나물은 들깨와 같이 어린
잎을 식용하고 덤불(덩굴)을 이룬다는 뜻으로 벌깨덩굴과 그
뜻이 유사하며, 벌깨덩굴도 실제 사용하는 방언을 기록한 것
으로 추정된다. 한편 '벌'은 향기가 좋고 꿀이 많아 벌이 많은

것에서, '깨'는 잎사귀 모양이 깻잎을 닮았기 때문으로 보는 견해도 있으나,[78] 벌깨덩굴에 유독 꿀
이 많다고 볼 수 없어 타당성은 의문스럽다. 또한 벌(들)에서 자라는 들깨를 닮은 식물인데 덩굴을
이룬다는 뜻에서 유래했다고 보는 견해가 있으나,[79] 벌깨덩굴은 벌(들)이 아니라 산지에서 주로 자
란다.

속명 *Meehania*는 영국 출신의 미국 식물학자 Thomas Meehan(1826~1901)의 이름에서 유래
한 것으로 벌깨덩굴속을 일컫는다. 종소명 *urticifolia*는 'Urtica(쐐기풀속)와 잎이 닮은'이라는 뜻
이다.

다른이름 덤불깨나물(정태현 외, 1942), 벌개덩굴(리종오, 1964)

중국/일본명 중국명 荨麻叶龙头草(qian ma ye long tou cao)는 심마(蕁麻: 쐐기풀속 또는 쐐기풀의 중국명)
와 비슷한 잎을 가진 용두초(龍頭草: *Meehania henryi*의 중국명)라는 뜻이다. 일본명 ラシヤウモン
カヅラ(羅生門蔓)는 넓은 꽃부리의 모습이 일본에 있는 건축물인 라쇼몬(羅生門)을 닮은 덩굴식물
이라는 뜻이다.

참고 [북한명] 벌개덩굴 [유사어] 미한화(美漢花), 지마화(芝麻花) [지방명] 깨나물/깻잎나물/들깨나
물(경기), 벌방아(경남), 깨나물/벌빠구/벌빠구나물/빠구나물/옥도나물/옥동구나물/옥동우나물/초
롱꽃나물(경북), 옥도나물/옥동사리(전북), 깨덩굴(충북)

---

76 이에 대해서는 국립국어원, '표준국어대사전' 중 '벌-' 참조.

77 이에 대해서는 『조선산야생식용식물』(1942), p.182 참조.

78 이러한 견해로 권순경(2018.6.27.) 참조.

79 이러한 견해로 이우철(2005), p.272와 이유미(2013), p.107 참조.

Mentha haplocalyx *Briquet* ハクカ 薄荷
Bagha 박하

박하〈*Mentha arvensis* L. var. *piperascens* Malinv. ex Holmes(1882)〉[80]

박하라는 이름은 한자명 '薄荷'(박하)가 어원으로, 고대 인도의 표준 문장어인 산스크리트어 '파하(Putiha)'에서 유래했다.[81] 잎과 줄기를 약용했다.[82] 옛이름으로 '영싱'(영싱이)이 기록되어 있지만 그 정확한 뜻은 알려져 있지 않다. 한편 『향약구급방』은 향명으로 '芳荷'(방하)를 기록했는데, 이 이름은 현재 박하와 유사한 '방아풀'이나 '방아'(배초향의 방언형)로 변형되어 사용되고 있다.

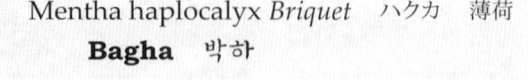

속명 *Mentha*는 죽음을 뜻하는 아카드어 *mitum*, 그리스어 *minthe*가 어원인 박하 종류(mint)에 대한 라틴명으로, 그리스 신화에서 민테(Minthe)는 저승의 신 하데스의 사랑을 받았으나 그의 처 페르세포네에 의해 이 풀로 변했다고 하며 박하속을 일컫는다. 종소명 *arvensis*는 '경작지의, 목초지의'라는 뜻이며, 변종명 *piperascens*는 'Piper(후추속)와 비슷한'이라는 뜻이다.

다른이름 영생이/쥐깨풀/박하(정태현 외, 1936), 털박하(박만규, 1949), 재배종박하(한진건 외, 1982)

옛이름 薄荷/芳荷(향약구급방, 1236),[83] 薄荷/英生(향약채취월령, 1431), 薄荷/英生(향약집성방, 1433),[84] 薄荷/파행(구급방언해, 1466), 薄荷/영싱(구급간이방언해, 1489), 蕎/박하/영싱(훈몽자회, 1527), 薄荷/英生/영싱(촌가구급방, 1538), 薄荷/박하(언해구급방, 1608), 薄荷/박하(언해태산집요, 1608), 薄荷/영싱이(동의보감, 1613), 薄荷/박하(구황촬요벽온방, 1639), 薄荷/엉싱이(사의경험방, 17세기), 薄荷(재물보, 1798), 薄荷/영싱이(제중신편, 1799), 薄荷/박하(물보, 1802), 薄荷/僧荷(아언각비, 1819), 薄荷(광재물보, 19세기 초), 薄荷/영싱이(물명고, 1824), 薄荷/영싱이(의종손익, 1868), 水蘇/薄荷/방아(명물기략, 1870), 박하/薄荷(한불자전, 1880), 薄荷/영싱이(방약합편, 1884), 薄荷(수세비결, 1929), 薄荷/영생이(선한약물학,

---

80 '국가표준식물목록'(2018)은 박하의 학명을 *Mentha piperascens* (Malinv.) Holmes로 기재하고 있으나 실체가 모호한 학명으로 보인다. 『장진성 식물목록』(2014)은 본문의 학명을 정명으로 기재하고 있으며, '중국식물지'(2018)와 '세계식물목록'(2018)은 *Mentha canadensis* L.(1753)을 정명으로 기재하고 있으므로 주의가 필요하다.

81 이러한 견해로 이우철(2005), p.258과 김종원(2013), p.945 참조.

82 이에 대해서는 『조선산야생약용식물』(1936), p.201 참조.

83 『향약구급방』(1236)의 차자(借字) '芳荷'(방하)에 대해 남풍현(1981), p.75는 '방하'의 표기로 보고 있으며, 이덕봉(1963), p.36은 '방하'의 표기로 보고 있다.

84 『향약집성방』(1433)의 차자(借字) '英生'(영생)에 대해 남풍현(1999), p.183은 '영싱'의 표기로 보고 있다.

1931)[85]

중국/일본명 중국명 薄荷(bo he)는 한국명과 동일하다. 일본명 ハクカ(薄荷)는 한자명 '薄荷'(박하)를 음독한 것이다.

참고 [북한명] 박하 [지방명] 물박하/인단풀(강원), 바마(경남), 바가/박화(경북), 바과/박하잎/박학/방안잎/하캇잎(전남), 박화/영새이(전북), 박화(제주), 박화/배초향(충남)

Mosla angustifolia *Makino* ホソバヤマジソ
Ganŭnip-sandŭlgae 가는잎산들깨

가는잎산들깨⟨*Mosla chinensis* Maxim.(1883)⟩

가는잎산들깨라는 이름은 산들깨를 닮았는데 잎이 가늘다는 뜻에서 붙여졌다.[86] 『조선식물향명집』에서 '산들깨'를 기본으로 하고 식물의 형태적 특징을 나타내는 '가는잎'을 추가해 신칭했다.[87]

　속명 *Mosla*는 이 속의 일종에 대한 인도 토속명에서 유래했으며 쥐깨풀속을 일컫는다. 종소명 *chinensis*는 '중국에 분포하는'이라는 뜻으로 발견지 또는 분포지를 나타낸다.

다른이름 가는잎깨풀(박만규, 1949), 실산들깨(한진건 외, 1982), 가는잎산들깨풀(리용재 외, 2011)

중국/일본명 중국명 石香薷(shi xiang ru)는 향유를 닮았지만 그에 못 미치는 식물이라는 뜻이다. 일본명 ホソバヤマジソ(細葉山紫蘇)는 잎이 가는 산들깨(ヤマジソ)라는 뜻이다.

참고 [북한명] 가는잎산들깨풀

Mosla grosse-serrata *Maximowicz* ミゾカウジュ
Jwegae 쥐깨

쥐깨풀⟨*Mosla dianthera* (Buch.-Ham. ex Roxb.) Maxim.(1865)⟩

쥐깨풀이라는 이름은 들깨풀을 닮았는데 식물체가 작고 볼품이 없는 것에서 유래했다.[88] 어린잎을 식용했다.[89] 『조선식물명휘』에 '쥐기'로 최초 기록되었는데 중국명 및 일본명과 뜻이 차이가 있

---

85 『지리산식물조사보고서』(1915)는 '薄荷'를 기록했으며 『조선한방약료식물조사서』(1917)는 '영싱이, 薄荷'를, 『조선어사전』(1920)은 '薄荷(박하), 영생이'를, 『조선식물명휘』(1922)는 '薄荷, 野薄荷, 박하, 영싱이(藥)'를, Crane(1931)은 '익모초, 益母草'를, 『토명대조선만식물자휘』(1932)는 '[薄荷]박하, [영생이], [僧荷]승하'를, 『선명대화명지부』(1934)는 '박하, 영생이'를 기록했다.

86 이러한 견해로 이우철(2005), p.24 참조.

87 이에 대해서는 『조선식물향명집』, 색인 p.30 참조.

88 이러한 견해로 김종원(2013), p.350 참조.

89 이에 대해서는 『한국식물도감(하권 초본부)』(1956), p.554 참조.

는 점에 비추어 당시 사용하던 방언을 채록한 것으로 보인다. 『조선산야생약용식물』은 박하에 대한 금강산 지역의 방언을 '쥐쌔풀'이라고 기록한 것에 비추어 지역마다 이름의 혼용이 있었던 것으로 추론된다. 『조선식물향명집』은 '쥐깨'로 기록했으나 『우리나라 식물명감』에서 '쥐깨풀'로 개칭해 현재에 이르고 있다.

속명 *Mosla*는 이 속의 일종에 대한 인도 토속명에서 유래했으며 쥐깨풀속을 일컫는다. 종소명 *dianthera*는 '꽃밥이 2개인'이라는 뜻이다.

다른이름 쥐깨(정태현 외, 1937), 좀산들깨(박만규, 1949), 좀들깨(임록재 외, 1996), 참산들깨(한진건 외, 1982), 좀들깨풀/좀산깨풀/각시산들깨(리용재 외, 2011)[90]

중국/일본명 중국명 小鱼荠苎(xiao yu ji zhu)는 작은 물고기를 닮은 제저(薺苎: 냉이와 모시풀을 닮았다는 뜻으로 쥐깨풀속 식물 또는 *M. grosseserrata*의 중국명)라는 뜻이다. 일본명 ミゾカウジユ(溝香蕎)는 개울가에서 자라는 향유(香蕎)라는 뜻이다.

참고 [북한명] 좀들깨풀 [유사어] 제저(薺苎)

Mosla japonica *Maximowicz* ヤマジソ
San-dúlĝae 산들깨

산들깨〈*Mosla japonica* (Benth.) Maxim.(1875)〉

산들깨라는 이름은 산에서 자라는 들깨풀이라는 뜻에서 붙여졌다.[91] 낮은 산과 들에서 주로 자라며 줄기잎을 민간에서는 약재로 사용했다.[92] 『조선식물향명집』에서 '들깨(풀)'를 기본으로 하고 식물의 산지(産地)를 나타내는 '산'을 추가해 신칭했다.[93]

속명 *Mosla*는 이 속의 일종에 대한 인도 토속명에서 유래했으며 쥐깨풀속을 일컫는다. 종소명 *japonica*는 '일본의'라는 뜻으로 발견지 또는 분포지를 나타낸다.

다른이름 산들깨풀(리용재 외, 2011)

중국/일본명 산들깨의 중국 분포는 확인되지 않는다. 일본명 ヤマジソ(山紫蘇)는 산에서 자라는 차즈기(シソ)라는 뜻이다.

참고 [북한명] 산들깨풀 [유사어] 산자소(山紫蘇) [지방명] 개유/상유/생유/소유(제주)

---

90 『조선식물명휘』(1922)는 '薺薴, 쥐기'를 기록했으며 『선명대화명지부』(1934)는 '쥐개'를 기록했다.
91 이러한 견해로 이우 철(2005), p.308 참조.
92 이에 대해서는 『한국식물도감(하권 초본부)』(1956), p.555 참조.
93 이에 대해서는 『조선식물향명집』, 색인 p.40 참조.

Mosla punctata *Maximowicz* イヌカウジユ
Dùlĝae-pul 들깨풀

들깨풀〈*Mosla scabra* (Thunb.) C.Y.Wu & H.W.Li(1974)〉[94]

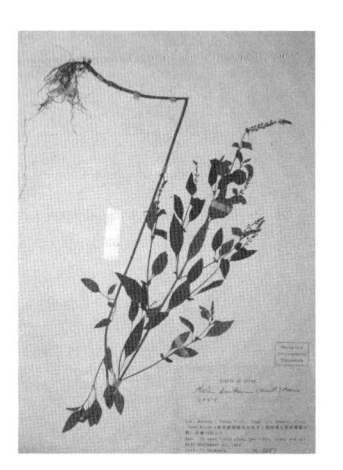

들깨풀이라는 이름은 들깨를 닮은 식물이라는 뜻에서 유래했
다.[95] 줄기잎을 약용하고 어린잎을 식용했다.[96] 들깨풀이라는
이름은 『조선식물향명집』에서 처음으로 발견되는데, 중국명
이나 일본명과 뜻이 동일하지 않고 신칭한 이름으로 기록하지
않은 점에 비추어[97] 실제로 민간에서 사용하던 이름을 채록
한 것으로 보인다. 19세기 초의 『광재물보』는 중국의 『본초강
목』에 기록된 '石薺薴'(석제녕)을 기록하고 있으나 들깨풀을 일
컫는 것인지 명확하지 않아 보인다.

  속명 *Mosla*는 이 속의 일종에 대한 인도 토속명에서 유래
했으며 쥐깨풀속을 일컫는다. 종소명 *scabra*는 '깔깔한'이라
는 뜻으로 잎이 까칠까칠한 형태적 특징을 나타낸다.

다른이름 매가리나물/나숭개/개박화/뇌아기(정태현 외, 1936), 개향유(박만규, 1949), 들깨/쥐깨(한진건
외, 1982)

옛이름 石薺薴(광재물보, 19세기 초)[98]

중국/일본명 중국명 石荠苧(shi ji zhu)는 돌 틈에서 자라거나 또는 좀 못한 제저(薺苧: 냉이와 모시풀을
닮았다는 뜻으로 쥐깨풀속 식물 또는 *M. grosseserrata*의 중국명)라는 뜻이다. 일본명 イヌカウジユ(犬
香薷)는 개향유라는 뜻으로 향이 향유와 비슷한 것에 유래했다.

참고 [북한명] 들깨풀 [유사어] 석제녕(石薺薴), 석제정(石薺薴), 석향유(石香薷) [지방명] 개유(제주),
들깨(충청)

---

94 '국가표준식물목록'(2018)은 *Mosla punctulata* (J.F.Gmelin) Nakai(1928)를 정명으로 기재하고 본문의 학명을 이명
  (synonym)으로 처리하고 있으나, 『장진성 식물목록』(2014), '중국식물지'(2018) 및 '세계식물목록'(2018)은 이 학명을 이명
  으로 처리하고 본문의 학명을 정명으로 기재하고 있다.

95 이러한 견해로 김종원(2013), p.352 참조. 다만 김종원은 향이 비슷하다고 하지만 들깨의 향과 같은 강한 향이 나지는 않
  으므로 타당성은 의문스럽다.

96 이에 대해서는 『조선산야생약용식물』(1936), p.200과 『조선산야생식용식물』(1942), p.182 참조.

97 이에 대해서는 『조선식물향명집』, 색인 p.36 참조.

98 『조선식물명휘』(1922)는 '石薺薴'을 기록했다.

Nepeta Cataria *Linné*　イヌハクカ
Gae-bagha　개박하

개박하〈*Nepeta cataria* L.(1753)〉

개박하라는 이름은 박하와 닮았지만 박하와 같은 강한 향이 없다는 뜻에서 붙여졌다.[99] 제주도의 상록 활엽수림에서 자생한다. 『조선식물향명집』에서 전통 명칭 '박하'를 기본으로 하고 식물의 형태적 특징을 나타내는 '개'를 추가해 신칭했다.[100] 중국에서는 개박하를 '荊芥'(형개)라고 하고 있으나, '국가표준식물목록'은 '형개'(荊芥)를 재배종인 꿀풀과의 *Schizonepeta tenuifolia* var. *japonica* (Maxim.) Kitag.(1939)[중국명: 裂叶荊芥属(lie ye jing jie shu)]을 일컫는 이름으로 사용하고 있다.[101]

속명 *Nepeta*는 라틴어 *nepos*(후손)가 어원인 개박하 종류(*N. italica*)의 이름에서 유래한 것으로 개박하속을 일컫는다. 종소명 *cataria*는 개박하속의 옛 속명 *Cataria*에서 유래했다.

다른이름 　말들깨(한진건 외, 1982), 돌박하(김현삼 외, 1988)

옛이름 　假蘇/鄭芥/荊芥(향약채취월령, 1431), 荊芥/假蘇(향약집성방, 1433), 荊芥/뎡가(구급간이방언해, 1489), 荊芥/뎡가/假蘇(훈몽자회, 1527), 荊芥/형긔(언해구급방, 1608), 荊芥/형긔(언해두창집요, 1608), 荊芥/뎡가(언해태산집요, 1608), 荊芥/뎡가/假蘇(동의보감, 1613), 荊芥/졍긔(광제비급, 1790), 荊芥/졍가(광재물보, 19세기 초), 荊芥/뎡가(물명고, 1824), 荊芥(의종손익, 1868), 荊芥/뎡긔(의휘, 1871), 荊芥(동의수세보원, 1894), 荊芥(의방합편, 19세기), 荊芥(수세비결, 1929)

중국/일본명 　중국명 荊芥(jing jie)는 잎은 형(荊: 광대싸리로 추정)을 닮고 맛과 향은 개(芥: 냉이 종류로 추정)를 닮아서 붙여진 것으로 보인다. 일본명 イヌハクカ(犬薄荷)는 박하를 닮은 식물이라는 뜻이다.

참고 　[북한명] 돌박하 [유사어] 가형개(假荊芥)

Perilla nankinensis *Decaisne*　シソ　紫蘇 (栽)
Chajǔgi　차즈기

차즈기(소엽)〈*Perilla frutescens* (L.) Britton var. *crispa* (Thunb.) H.Deane(1923)〉[102]

차즈기라는 이름은 한자명 '紫蘇'(자소)가 어원으로, 이에 대한 발음이 초소기→초조기→초죠기

99　이러한 견해로 이우철(2005), p.49 참조.

100　이에 대해서는 『조선식물향명집』, 색인 p.31 참조.

101　이민화(2015b), p.1976과 안덕균(2014), p.34는 '荊芥'(형개)가 *S. tenuifolia* var. *japonica*를 일컫는 것으로 보고 있다.

102　'국가표준식물목록'(2018)은 정명을 *Perilla frutescens* var. *acuta* (Odash.) Kudo(1929)로 기재하고 있으나, 『장진성 식물목록』(2014), '중국식물지'(2018) 및 '세계식물목록'(2018)은 이를 이명(synonym)으로 처리하고 본문의 학명을 정명으로 기재하고 있다.

→차즈기로 변화한 것에서 유래했다.[103] 꽃과 잎을 비롯한 전체가 자주색인 특징이 있으며, 잎과 줄기를 약용하고 어린잎과 씨앗을 식용했다.[104] 紫蘇(자소)의 '紫'는 꽃과 잎을 포함하여 전체가 자주색이라는 뜻이고, '蘇'는 약성이 기분을 상쾌하게 한다는 뜻이다.[105] 『조선식물향명집』은 전통적으로 불리던 '차즈기'를 조선명으로 기록했다. 그러나 『대한식물도감』에서 한자명 蘇葉을 그대로 발음한 '소엽'을 기록했으며, '국가표준식물목록'은 이 이름을 추천명으로 사용하고 있다. 그러나 옛 문헌에도 蘇葉(소엽)보다는 紫蘇(자소)가 보편적이며 '배암차즈기' 등의 명칭에 '차즈기'가 그대로 남아 있으므로 추천명을 변경해야 한다고 본다. 현재 중국에서는 '紫蘇'(자소)를 들깨를 일컫는 이름으로 사용하고 있다.

속명 *Perilla*는 유래가 불분명하지만 그리스어 *pera*(주머니)가 어원으로 꽃받침의 모양에서 유래했거나, 동부 인도의 토속명에서 유래한 것으로 추정하며 들깨속을 일컫는다. 종소명 *frutescens*는 '관목 같은'이라는 뜻이며, 변종명 *crispa*는 '주름이 있는'이라는 뜻으로 잎의 모양에서 유래했다.

다른이름 소녑(정태현 외, 1936), 차조기(정태현 외, 1949)

옛이름 蘇子/紫蘇實(향약구급방, 1236),[106] 蘇/紫蘇(향약집성방, 1433),[107] 紫蘇/즁송/츠소기(구급방언해, 1466), 紫蘇/츠쇠(구급간이방언해, 1489), 紫蘇/츠소기(사성통해, 1517), 蘇/츠소기/紫蘇(훈몽자회, 1527), 紫蘇葉/즈소엽/츠죠기(언해구급방, 1608), 紫蘇葉/즈소엽(언해두창집요, 1608), 蘇/츠소기(시경언해, 1613), 紫蘇/츠조기(동의보감, 1613), 紫蘇/츠조기(역어유해, 1690), 紫蘇葉/즈소엽(구황촬요벽온방, 1639), 紫蘇/츠조기(산림경제, 1715), 紫蘇/츠조기(동문유해, 1748), 紫蘇/츠조기(왜어유해, 1782), 紫蘇葉/초셧이입(광제비급, 1790), 蘇/츠조기(재물보, 1798), 蘇子/츠조기(제중신편, 1799), 紫蘇/츠조기(해동농서, 1799), 쟈소엽/츠조기(화왕본긔, 19세기 초), 紫蘇/츠죠기/桂荏(물명고, 1824), 蘇/챠즈기(자류주석, 1856), 紫蘇/츠죠기(의종손익, 1868), 紫蘇/즈소/츠조기/桂荏(명물기략, 1870), 紫蘇/챠됴기(녹효방, 1873), 차죡이/蘇(한불자전, 1880), 紫蘇/츠죠기(방약합편, 1884), 蘇/차죽이(국한회어, 1895), 蘇子/차죽이(박물신서,

---

103 이러한 견해로 이우철(2005), p.500과 손병태(1996), p.81 참조.
104 이에 대해서는 『한국식물도감(하권 초본부)』(1956), p.556 참조.
105 중국의 『강희자전』(1710)은 "蘇 從穌 舒暢也 蘇性舒暢 行氣和血 故謂之蘇"('소'는 穌인데 편안해지고 상쾌해지는 것이다. '소'의 성질이 기를 통하고 피를 편안하게 한다. 그래서 '소'라 한다)라고 기록했다.
106 『향약구급방』(1236)의 차자(借字) '紫蘇實'(자소실)에 대해 남풍현(1981), p.93과 손병태(1996), p.81은 '즈소씨'의 표기로 보고 있으며, 이덕봉(1963), p.36은 '자소씨'의 표기로 보고 있다.
107 『향약집성방』(1433)에 다른이름으로 기록된 '紫蘇'(자소)에 대해 남풍현(1999), p.183과 손병태(1996), p.81은 '즈소'의 표기로 보고 있다.

19세기), 紫蘇/차조기(자전석요, 1909), 紫蘇/차조기(신자전, 1915), 紫蘇/차조기(선한약물학, 1931)[108]

<u>중국/일본명</u> 중국명 回回苏(hui hui su)는 아라비아(回回)에서 전래된 자소(紫蘇)라는 뜻이나 그 정확한 유래는 확인되지 않는다. 일본명 シソ(紫蘇)는 한자명 '紫蘇'(자소)를 음독한 것이다.

<u>참고</u> [북한명] 차조기 [유사어] 계임(桂荏), 소자(蘇子), 자소(紫蘇) [지방명] 깨나물/돌깨/돌깻잎/들깨/약깨/자소(강원), 차주기(경기), 소엽/자소염/자소엽/자소옆(전남), 자소엽(전북), 들노물/소입(제주), 차조기/차지기(충북)

Perilla ocimoides Linné エゴマ 荏 (栽)
Dúlĝae 들깨

들깨〈*Perilla frutescens* (L.) Britton(1894)〉[109]

들깨라는 이름은 '野荏'(야임), 즉 들(야생)의 것으로 품질이 떨어지는 깨라는 뜻에서 유래했다.[110] 동남아 원산의 재배식물로 도입 시기는 정확히 알려져 있지 않으며,[111] 예로부터 잎과 열매를 약용하거나 식용했다.[112] 참깨를 '眞荏'(진임)이라고 한 것에 대비하여 야생의 거친 깨라는 뜻을 지니게 된 것으로 이해된다. 들깨는 『월인석보』와 『구급간이방언해』에 기록된 '두리깨' 또는 '두리째'가 어원으로, 중세 국어에서 '두리'는 '두리다'와 동원어로 둥글다(圓)는 뜻이므로 참깨에 비해 열매가 둥근 깨라는 뜻이다.[113] 어원학상으로는 두리깨 → 딇째 → 들째(들ᄲᅵ) → 들깨로 변화해왔다. 그런데 '들'(野)의 15세기 표기는 『용비어천가』와 『능엄경언해』에 기록된 '드릏'이고, 『법화경언해』에는 '드르'로 기록되었으므로 '두리' 및 '딇'과는 어형에서 차이가 있다. 이것은 '두리깨/딇째'와 '들째(들ᄲᅵ)'는 서로 다른 어형을 가진 단어라는 것을 말해준다.[114] 들째(들ᄲᅵ)라는 이름이 기록될 즈음에 한자명 '野荏'(야임) 또는 '野蘇'(야소)가 보이는 것도 이러한 변화를 뒷받침하는 것으로 이해된다. 한편 '깨'는 참깨와 들깨를 통틀어 이르는 말로 열매(씨앗)의 모양이나 특성과 관련한 이름으로 추정되지만 정확한 유래는 알려져 있지 않다.

---

108 『조선한방약료식물조사서』(1917)는 '챠죠기(京畿), 紫蘇, 蘇葉'을 기록했으며 『조선어사전』(1920)은 '紫蘇(ᄌ소), 蘇葉(소엽), 蘇子(소ᄌ), 차조기'를, 『조선식물명휘』(1922)는 '紫蘇, 소엽, 차조기(食)'를, 『토명대조선만식물자휘』(1932)는 '[蘇]소, [紫蘇]ᄌ소, [野蘇]야소, [차조기], [蘇葉]소엽, [蘇子]소ᄌ'를, 『선명대화명지부』(1934)는 '자쇼, 쇼엽, 차즈기'를 기록했다.

109 '국가표준식물목록'(2018)은 들깨의 학명을 *Perilla frutescens* var. *japonica* (Hassk.) H. Hara(1948)로 기재하고 있으나, 『장진성 식물목록』(2014), '중국식물지'(2018) 및 '세계식물목록'(2018)은 본문과 같이 기재하고 있다.

110 이러한 견해로 이우철(2005), p.197과 장충덕(2007), p.17 참조.

111 이에 대해서는 최춘언(1998), p.444 참조.

112 이에 대해서는 『한국의 민속식물』(2017), p.990 참조.

113 이러한 견해로 김무림(2015), p.327; 서정범(2000), p.206; 한태호 외(2006), p.34 참조. 다만 김민수(1997), p.280과 장충덕(2007), p.14는 중세 국어에서 '두리다'는 두렵다는 뜻이므로, 열매가 둥근 모양에서 들깨가 유래한 것으로 보기 어렵다는 견해를 취하고 있으므로 주의가 필요하다.

114 이에 대해서는 장충덕(2007), p.15 참조.

속명 *Perilla*는 유래가 불분명하지만 그리스어 *pera*(주머니)가 어원으로 꽃받침의 모양에서 유래했거나, 동부 인도의 토속명에서 유래한 것으로 추정하며 들깨속을 일컫는다. 종소명 *frutescens*는 '관목 같은'이라는 뜻이다.

다른이름 들꽤(안학수·이춘녕, 1963)

옛이름 油麻/水荏子(농사직설, 1429), 荏子/水荏子(향약집성방, 1433),[115] 蘇/두리깨(월인석보, 1459), 荏葉/두리뺏닙(구급간이방언해, 1489), 蘇子/듧뻬(사성통해, 1517), 들뻬/듧쌔/荏/蘇(훈몽자회, 1527), 荏子/들뻬(동의보감, 1613), 水蘇麻/水荏子(농사집성, 1655), 荏子/듧쌔(박통사언해, 1677), 蘇子/들쌔(억어유해, 1690), 野荏/들싀(실험단방, 1709), 水蘇麻/水荏/油麻(산림경제, 1715), 蘇子/들쌔(동문유해, 1748), 荏子/듧쌔(박통사신석언해, 1765), 蘇子/들쌔(방언집석, 1778), 蘇子/들쌔(한청문감, 1779), 荏子/들쌔(해동농서, 1799), 荏子/들싀(제중신편, 1799), 水荏/水蘇麻/들싀(광재물보, 19세기 초), 白蘇/靑蘇/臭蔬/野蘇/들쌔(아언각비, 1819), 蘇麻/들쌔(물명고, 1824), 蘇荏/들싀(동언고, 1836), 荏子/들싀(의종손익, 1868), 白蘇/野蘇/들쌔/들싀(명물기략, 1870), 들쌔(농가월령가, 1876), 들싀/水荏(한불자전, 1880), 水荏/들쌔(국한회어, 1895), 들쌔(조선구전민요집, 1933)[116]

중국/일본명 중국명 紫苏(zi su)는 꽃 등이 자주색이 나고 약성이 기분을 상쾌하게 한다는 뜻이다. 일본명 エゴマ(荏胡麻)는 한자명 '荏胡麻'(임호마)를 음독한 것이다.

참고 [북한명] 들깨 [유사어] 백소(白蘇), 수임(水荏), 야임(野荏), 임자(荏子) [지방명] 깨/깻잎/들기름/들지름(강원), 깨/깨나물/둘깨/들깻잎/뜰깨(경기), 깨/깨물/깻잎/두리깨/드르깨/드리깨/들기름/들지름(경남), 깨순/뜰깨(경북), 깻잎/들기름/들깨나무/들꽤/들끠(전남), 들꽤(전북), 깨/깻잎/들꽤/들꿰/유/유섭/유썹/유잎(제주), 깻잎/들기름/참깨(충남), 깻잎/들꽤/뜰깨(충북), 깨(함경)

⊗Phlomis koraiensis *Nakai*　ミヤマキセワタ
San-sogdan　산속단

산속단〈*Phlomis koraiensis* Nakai(1916)〉

산속단이라는 이름은 속단을 닮았는데 높은 산에서 자란다는 뜻에서 붙여졌다.[117] 북부 지방의 높은 산에서 자라며 뿌리와 전초를 약용했다.[118] 『조선식물향명집』에서 전통 명칭 '속단'을 기본으

---

115 『향약집성방』(1433)에 다른이름으로 기록된 '水荏子'(수임자)에 대해 남풍현(1999), p.183은 '슈심자'의 표기로 보고 있다.

116 『조선의 구황식물』(1919)은 '들싀'를 기록했으며 『조선어사전』(1920)은 '荏子(임즈), 白蘇(빅소), 水荏(슈임), 들쌔'를, 『조선식물명휘』(1922)는 '荏, 蘇, 蘇麻, 들싀(油料)'를, 『토명대조선만식물자휘』(1932)는 '[荏]임, [白蘇]빅소, [臭蘇]츄소, [水荏]슈임, [荏子]임즈, [들쌔]'를, 『선명대화명지부』(1934)는 '들쌔'를 기록했다.

117 이러한 견해로 이우철(2005), p.313과 김종원(2016), p.334 참조.

118 이에 대해서는 국립수목원, '국가생물종지식정보시스템' 중 '산속단' 참조.

로 하고 식물의 산지(産地)를 나타내는 '산'을 추가해 신칭했다.[119]

속명 *Phlomis*는 테오프라스토스(Theophrastos, B.C.371~B.C.287) 등이 언급한 속단속 또는 *Verbascum*(우단담배풀속) 어떤 식물의 고대 그리스명에서 유래한 것으로 속단속을 일컫는다. 종소명 *koraiensis*는 '한국에 분포하는'이라는 뜻으로 한국 특산식물임을 나타내지만 중국 동북부에도 분포한다.

다른이름 묏속단(박만규, 1949), 두메속단/멧속단(안학수·이춘녕, 1963), 뫼속단(리용재 외, 2011)

중국/일본명 중국명 长白糙苏(chang bai cao su)는 백두산(長白山) 지역에 분포하는 조소(糙蘇: 거친 들깨 종류란 뜻으로 속단의 중국명)라는 뜻이다. 일본명 ミヤマキセワタ(深山着セ綿)는 깊은 산에 분포하고 송장풀(キセワタ)을 닮은 식물이라는 뜻이다.

참고 [북한명] 산속단 [유사어] 토속단(土續斷)

○ Phlomis Maximowiczii *Regel*   オホバキセワタ
Sogdan 속단 續斷

속단〈*Phlomis umbrosa* Turcz.(1840)〉[120]

속단이라는 이름은 한자명 '續斷'(속단)이 어원으로, 약재로 사용할 때 끊어진 뼈를 이어주는 효능(접골)이 있다는 뜻에서 유래했다.[121] 전초를 약용하고 어린잎을 식용했다.[122] 『동의보감』은 속단의 유래와 관련해 "能止痛生肌 續筋骨 故名爲續斷"(통증을 멎게 할 수 있고 새살을 돋게 하며 근골을 이어주기 때문에 속단이라고 한다)이라고 기록했다.[123] 19세기에 저술된 『광재물보』와 『물명고』는 '뫼들끼'와 '금셩취'를, 『의종손익』과 『방약합편』은 '검산풀'을 기록했으나 현재의 이름으로 이어지지는 않았다. 『조선식물향명집』은 '속단'을 일반적으로 사용하는 이름으로 보았다.

119 이에 대해서는 『조선식물향명집』, 색인 p.40 참조.

120 '국가표준식물목록'(2018)은 속단의 학명을 본문과 같이 기재하고 있으나, 『장진성 식물목록』(2014)은 큰속단〈*Phlomis maximowiczii* Regel(1884)〉에 통합하고 본문의 학명을 이명(synonym)으로 처리하고 있다. 그러나 큰속단은 한반도 북부 및 중국 동북부에 별도 분포하는 종이고 '중국식물지'(2018)와 '세계식물목록'(2018)도 별도 분류하고 있으므로, 이 책에서는 '국가표준식물목록'의 학명을 채택했다.

121 이러한 견해로 이우철(2005), p.350과 김종원(2016), p.332 참조.

122 이에 대해서는 『조선산야생약용식물』(1936), p.202와 『한국식물도감(하권 초본부)』(1956), p.557 참조.

123 중국의 『본초강목』(1596)은 "續斷 屬折 接骨 皆以功命名也"(속단, 속절, 접골 모두 효능으로 붙여진 이름이다)라고 기록했다.

속명 *Phlomis*는 테오프라스토스(Theophrastos, B.C.371~B.C.287) 등이 언급한 속단속 또는 *Verbascum*(우담배풀속) 어떤 식물의 고대 그리스명에서 유래한 것으로 속단속을 일컫는다. 종소명 *umbrosa*는 '음지성의'라는 뜻이다.

다른이름 속단(정태현 외, 1936)

옛이름 續斷(향약집성방, 1433), 續斷(세종실록지리지, 1454), 續斷(의방유취, 1477), 續斷(촌가구급방, 1538), 續斷/속단(언해태산집요, 1608), 續斷(동의보감, 1613), 續斷(의림촬요, 1635), 續斷(광제비급, 1790), 續斷(만기요람, 1808), 續斷/묏들쌔/금셩취(재물보, 1798), 續斷/금셩취/뫼들끼(광재물보, 19세기 초), 續斷/금셩취(물명고, 1824), 續斷/검산풀불휘(의종손익, 1868), 續斷/검산풀뿌리(방약합편, 1884), 續斷(수세비결, 1929)[124]

중국/일본명 중국명 糙苏(cao su)는 거친 들깨 종류(蘇)라는 뜻으로 들깨 종류와 닮은 것에서 유래했다. 일본명 オホバキセワタ(大葉着セ綿)는 잎이 큰 송장풀(キセワタ)이라는 뜻으로 송장풀을 닮은 것에서 유래했다.

참고 [북한명] 속단 [지방명] 녹단(경북), 한속단(전남)

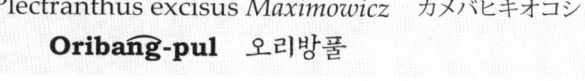

Plectranthus excisus *Maximowicz*   カメバヒキオコシ
Oribañ-pul   오리방풀

오리방풀〈*Isodon excisus* (Maxim.) Kudô(1929)〉

오리방풀이라는 이름은 '오리'(鳧)와 '방풀'(방아풀)의 합성어로, 잎의 끝이 꼬리처럼 길어지는 모양을 오리에 비유하고 방아풀을 닮은 식물이라는 뜻에서 유래한 것으로 추정한다. 어린잎을 식용하고 잎을 향신료로 이용했다.[125] 둥근 잎의 끝이 꼬리처럼 길어지는 모양이 오리를 연상시키고 유사한 식물로 박하를 닮은 식물이라는 뜻을 가진 방아풀이 전통적 명칭이라는 점에 비추어 유래를 위와 같이 추정한다. 『조선식물향명집』에 '오리방풀'로 기록된 이래 현재에 이르고 있다.

속명 *Isodon*은 그리스어 *isos*(같은)와 *odontos*(이빨)의 합성어로, 꽃받침의 열편이 이빨처럼 같은 크기로 찢어지는 것

---

124 『조선한방약료식물조사서』(1917)는 '검산풀, 續斷'을 기록했으며 『조선어사전』(1920)은 '續斷(속단)'을, 『조선식물명휘』(1922)는 '續斷, 속단'을, 『토명대조선만식물자휘』(1932)는 Leonurus macranthus(송장풀)에 대하여 '[續斷(초)]속단(초)'을, 『선명대화명지부』(1934)는 '속단'을 기록했다.

125 이에 대해서는 『한국의 민속식물』(2017), p.974 참조.

에서 유래했으며 산박하속을 일컫는다. 종소명 *excisus*는 '무너진, 쓰러진, 잘라낸'이라는 뜻이다.

다른이름 지이오리방풀(박만규, 1949), 지리산오리방풀(안학수·이춘녕, 1963), 둥근오리방풀(이창복, 1969b)[126]

중국/일본명 중국명 尾叶香茶菜(wei ye xiang cha cai)는 잎이 꼬리모양인 향다채(香茶菜: 향기로운 차와 같은 나물이라는 뜻으로 산박하속 또는 *I. amethystoides*의 중국명)라는 뜻이다. 일본명 カメバヒキオコシ(龜葉引き起こし)는 거북꼬리를 닮은 방아풀(ヒキオコシ)이라는 뜻이다.

참고 [북한명] 오리방풀 [유사어] 향다채(香茶菜) [지방명] 깨나물(강원/경북)

Plectranthus inflexus *Vahl*   ヤマハクカ
San-bagha   산박하

산박하〈*Isodon inflexus* (Thunb.) Kudô(1929)〉

산박하라는 이름은 한자명 '山薄荷'(산박하)가 어원으로, 산에서 자라는 박하(薄荷)라는 뜻에서 붙여졌다.[127] 어린잎을 나물과 국거리로 이용했다.[128] 산박하는 이름과는 달리 박하처럼 향이 강하게 나지는 않는다. 『조선식물향명집』에서 전통 명칭 '박하'를 기본으로 하고 식물의 산지(産地)를 나타내는 '산'을 추가해 신칭했는데,[129] 이 과정에서 일본명 ヤマハクカ (山薄荷)의 영향을 받은 것으로 보인다. 다만 1931년에 저술된 『Flowers and Folk-lore from far Korea』에 조선명으로 '산박화'가 기록된 것으로 보아, 산박하라는 이름이 당시 민간에서 사용되었을 수도 있으므로 이에 대한 추가적인 조사와 연구가 필요하다.

속명 *Isodon*은 그리스어 *isos*(같은)와 *odontos*(이빨)의 합성어로, 꽃받침의 열편이 이빨처럼 같은 크기로 찢어지는 것에서 유래했으며 산박하속을 일컫는다. 종소명 *inflexus*는 '안으로 굽은'이라는 뜻으로 잎가장자리의 둔한톱니가 안쪽으로 굽는 것에서 유래했다.

다른이름 깻잎나물(정태현 외, 1949), 깨잎나물(도봉섭 외, 1957), 깨잎오리방풀(임록재 외, 1972), 털산

---

126 『조선식물명휘』(1922)는 '回菜花'를 기록했다.
127 이러한 견해로 이우철(2005), p.310과 김종원(2013), p.764 참조.
128 이에 대해서는 『한국식물도감(하권 초본부)』(1956), p.539와 『한국의 민속식물』(2017), p.975 참조.
129 이에 대해서는 『조선식물향명집』, 색인 p.40 참조.

박하(Chang et al., 2014)[130]

중국명 内折香茶菜(nei zhe xiang cha cai)는 잎가장자리의 톱니가 안으로 굽는 향다채(香茶菜: 향기로운 차와 같은 나물이라는 뜻으로 산박하속 또는 *I. amethystoides*의 중국명)라는 뜻으로 학명과 같은 의미이다. 일본명 ヤマハクカ(山薄荷)는 산에서 자라는 박하(ハクカ)라는 뜻이다.

[북한명] 깨잎오리방풀 [지방명] 깨나물(경기)

Plectranthus inflexus *Vahl* var. macrophyllus *Maximowicz*　オホバヤマハクカ
Kúnsan-bagha　큰산박하

깨나물⟨*Isodon inflexus* var. *macrophyllus* (Maxim.) Kitag.(1979)⟩[131]

깨나물이라는 이름은 잎이 들깨의 잎과 닮았고 어린순을 나물로 사용한 것에서 유래했다.[132] 산박하에 비해 상대적으로 잎이 넓은 개체를 변종으로 별도 분류한 것이지만 분류학적 타당성에 대해서는 논란이 있다. 『조선식물향명집』에서는 '산박하'를 기본으로 하고 식물의 형태와 학명에 착안한 '큰'을 추가해 '큰산박하'를 신칭했으나,[133] 『조선산야생식용식물』에서 방언을 채록한 '깨나물'을 기록해 현재에 이르고 있다.

　속명 *Isodon*은 그리스어 *isos*(같은)와 *odontos*(이빨)의 합성어로, 꽃받침의 열편이 이빨처럼 같은 크기로 찢어지는 것에서 유래했으며 산박하속을 일컫는다. 종소명 *inflexus*는 '안으로 굽은'이라는 뜻으로 잎가장자리의 둔한톱니가 안쪽으로 굽는 것에서 유래했다. 변종명 *macrophyllus*는 '큰 잎의'라는 뜻이다.

큰산박하(정태현 외, 1937), 큰깨잎오리방풀(임록재 외, 1972)

중국에서는 이를 별도 분류하지 않고 있다. 일본명 オホバヤマハクカ(大葉山薄荷)는 큰 잎을 가진 산박하(ヤマハクカ)라는 뜻이다.

[북한명] 큰깨잎오리방풀[134] [유사어] 산박하(山薄荷)

---

130 Crane(1931)은 '산박하'를 기록했으며 『조선의산과와산채』(1935)는 '박하'를 기록했다.
131 '국가표준식물목록'(2018)은 산박하의 변종으로 별도 분류하고 있으나, 『장진성 식물목록』(2014), '중국식물지'(2018) 및 '세계식물목록'(2018)은 산박하에 통합하고 이명(synonym)으로 처리하고 있으므로 주의가 필요하다.
132 이러한 견해로 이우철(2005), p.114 참조.
133 이에 대해서는 『조선식물향명집』, 색인 p.47 참조.
134 북한에서 임록재 외(1996)는 '큰깨잎오리방풀'을 별도 분류하고 있으나, 리용재 외(2011)는 이를 별도 분류하지 않고 있다. 이에 대해서는 리용재 외(2011), p.273 이하 참조.

Plectranthus glaucocalyx *Maximowicz*　マンシウヒキオコシ
Hoechaehwa　회채화

방아풀 ⟨*Isodon japonicus* (Burm.f.) H.Hara(1948)⟩

방아풀이라는 이름은 『향약구급방』에서 한자명 '薄荷'(박하)를 향명으로 발음이 비슷한 '芳荷'(방하)로도 표기한 데서 유래한 것으로 추정한다.[135] 전초를 약용하고 어린잎을 식용했다.[136] 식물체에서 독특한 향기가 나기 때문에 박하를 일컫는 이름과 혼용된 것으로 보인다. 『조선식물향명집』은 한자명에서 유래한 '회채화'로 기록했는데, 『조선산야생식용식물』에서 경상남도 방언인 '방아'를 채록했고 『조선식물명집』에서 '방아풀'로 개칭해 현재에 이르고 있다.

속명 *Isodon*은 그리스어 *isos*(같은)와 *odontos*(이빨)의 합성어로, 꽃받침의 열편이 이빨처럼 같은 크기로 찢어지는 것에서 유래했으며 산박하속을 일컫는다. 종소명 *japonicus*는 '일본의'라는 뜻으로 발견지 또는 분포지를 나타낸다.

다른이름 옴취(정태현 외, 1936), 회채화(정태현 외, 1937), 방아(정태현 외, 1942), 방아오리방풀(임록재 외, 1972), 남색방아오리방풀/북방오리방풀/북방아풀/연명초(임록재 외, 1996), 북방아오리방풀(리용재 외, 2011)

옛이름 薄荷/芳荷(향약구급방[중], 1417), 香茶菜(임원경제지, 1842)[137]

중국/일본명 중국명 毛叶香茶菜(mao ye xiang cha cai)는 잎에 털이 있는 향다채(香茶菜: 향기로운 차와 같은 나물이라는 뜻으로 산박하속 또는 *I. amethystoides*의 중국명)라는 뜻이다. 일본명 マンシウヒキオコシ(滿洲引き起こし)는 만주에 분포하고 잎을 약재로 사용하는데 기사회생의 효력이 있다는 뜻이다.

참고 [북한명] 방아오리방풀/북방아오리방풀[138] [유사어] 연명초(延命草), 향다채(香茶菜), 회채화(回菜花) [지방명] 방애나물(경기), 방아풀/방안잎/방애잎(전남), 방아나물/방안잎/방애잎/방잎(전북)

---

135 이러한 견해로 이덕봉(1963), p.36과 김종원(2013), p.949 참조.
136 이에 대해서는 『조선산야생식용식물』(1942), p.183과 『한국식물도감(하권 초본부)』(1956), p.540 참조.
137 『조선식물명휘』(1922)는 '囘菜花'를 기록했다.
138 북한에서는 *Plectranthus glaucalyx*를 '북방아오리방풀'로, *Plectranthus japonicus*를 '방아오리방풀'로 하여 별도로 분류하고 있다. 이에 대해서는 리용재 외(2011), p.273 참조.

○ Plectranthus serra *Maximowicz*　ムラサキヒキオコシ
Jaji-hoechaehwa　자지회채화

자주방아풀〈*Isodon serra* (Maxim.) Kudô(1929)〉

자주방아풀이라는 이름은 전체적으로 자주색이 강하게 도는 방아풀이라는 뜻에서 유래했다.[139] 『조선식물향명집』에서는 자주색의 회채화라는 뜻의 '자지회채화'를 신칭했으나,[140] 『조선식물명집』에서 '자주방아풀'로 개칭해 현재에 이르고 있다.

속명 *Isodon*은 그리스어 *isos*(같은)와 *odontos*(이빨)의 합성어로, 꽃받침의 열편이 이빨처럼 같은 크기로 찢어지는 것에서 유래했으며 산박하속을 일컫는다. 종소명 *serra*는 '톱니가 있는'이라는 뜻으로 잎가장자리에 안쪽으로 굽은 톱니가 있는 것에서 유래했다.

다른이름　자지회채화(정태현 외, 1937), 자주회채화(박만규, 1949), 자주오리방풀(임록재 외, 1972)

중국/일본명　중국명 溪黃草(xi huang cao)는 계곡가에 자라는 황초(黃草: 황련)라는 뜻에서 유래한 것으로 추정한다. 일본명 ムラサキヒキオコシ(紫引き起こし)는 자주색이 강한 방아풀(ヒキオコシ)이라는 뜻이다.

참고　[북한명] 자주오리방풀 [유사어] 계황초(溪黃草)

Salvia chinensis *Bentham*　マルバアキノタムラサウ
Donggúnip-baeam-chajúgi　둥근잎배암차즈기

둥근배암차즈기〈*Salvia japonica* Thunb.(1783)〉

둥근배암차즈기라는 이름은 잎이 둥근 모양(달걀모양)인 배암차즈기라는 뜻에서 유래했다.[141] 배암차즈기에 비해 잎이 달걀모양이고 꽃이 큰 특징이 있다. 『조선식물향명집』에서는 '배암차즈기'를 기본으로 하고 식물의 형태적 특징을 나타내는 '둥근잎'을 추가해 '둥근잎배암차즈기'를 신칭했다.[142] 『한국식물도감(하권 초본부)』에서 맞춤법에 따라 '둥근배암차즈기'로 개칭해 현재에 이르고 있다.

속명 *Salvia*는 sage(세이지)의 고대 라틴명에서 유래했는데 아카드어 *salwu*(건강한, 건강에 좋은)가 어원이며 약용했기에 붙여진 것으로 배암차즈기속을 일컫는다. 종소명 *japonica*는 '일본의'라는 뜻으로 발견지 또는 분포지를 나타낸다.

---

139 이러한 견해로 이우철(2005), p.439 참조.
140 이에 대해서는 『조선식물향명집』, 색인 p.45 참조.
141 이러한 견해로 이우철(2005), p.194와 김종원(2016), p.339 참조.
142 이에 대해서는 『조선식물향명집』, 색인 p.35 참조.

다른이름 둥근잎배암차즈기(정태현 외, 1937), 개배암배추/여름
배암배추(박만규, 1949), 둥근잎뱀차조기(정태현 외, 1949), 개뱀
배추(박만규, 1974), 둥근잎배암차즈기(한진건 외, 1982)

옛이름 鼠尾草(광재물보, 19세기 초), 鼠尾草(물명고, 1824), 鼠
尾草(임원경제지, 1842), 鼠尾草(선한약물학, 1931)[143]

중국/일본명 중국명 鼠尾草(shu wei cao)는 꽃차례가 쥐의 꼬리
를 닮은 식물이라는 뜻이다. 일본명 マルバアキノタムラサウ
(丸葉秋の田村草)는 잎이 둥글고 가을에 피는 산비장이(タムラサ
ウ)를 닮은 식물이라는 뜻이다.

참고 [북한명] 둥근잎뱀차조기 [유사어] 서미초(鼠尾草)

Salvia plebia *R. Brown*   ユキミサウ
Baeam-chajŭgi   배암차즈기

배암차즈기〈*Salvia plebeia* R.Br.(1810)〉

배암차즈기라는 이름은 '배암'(蛇)과 '차즈기'(紫蘇)의 합성어
로, 뱀이 자주 출몰하는 들녘에서 자라고 차즈기를 닮았다는
뜻 또는 차즈기보다 쓰임새가 못하다는 뜻에서 붙여졌다. 잎
을 식용하고 전초를 민간약재로 이용하며,[144] 꽃차례와 꽃의
모양이 차즈기를 닮았다. 옛 문헌에 들에서 자라는 차즈기라
는 뜻의 '野紫蘇'(야자소)와 중국명과 동일한 '荔支草'(여지초)가
기록되어 있지만, 현재의 이름으로 이어지지는 않았다. 잎의
표면이 마치 곰보처럼 보인다고 하여 '곰보배추'라고도 한다.
『조선식물향명집』에서 전통 명칭 '차즈기'를 기본으로 하고
식물의 형태적 특징을 나타내는 '배암'을 추가해 신칭했다.[145]
한편 차즈기(紫蘇)를 닮았는데 꽃이 뱀을 닮았다는 뜻에서 유
래한 것으로 설명하는 견해도 있다.[146]

---

143 『조선어사전』(1920)은 '鼠尾草(서미초)'를 기록했으며 『토명대조선만식물자휘』(1932)는 '[鼠尾草]서미초'를 기록했다.
144 이에 대해서는 『한국의 민속식물』(2017), p.996 참조.
145 이에 대해서는 『조선식물향명집』, 색인 p.38 참조.
146 이러한 견해로 김병기(2013), p.424와 김종원(2013), p.947 참조. 한편 김병기는 잎이 차즈기와 닮았다고 하고 있으나, 잎몸
과 앞면의 모습이 상이하므로 타당성은 의문스럽다. 또는 김종원은 식물명에 뱀이 들어간 것은 먹을 수 없는 차즈기라는
의미에서 덧붙여진 이름이라고 주장하고 있으나, 배암차즈기는 지금도 식용하는 식물이며 옛 식물명에 '뱀'(배암)이 있는

속명 Salvia는 sage(세이지)의 고대 라틴명에서 유래했는데 아카드어 salwu(건강한, 건강에 좋은)가 어원이며 약용했기에 붙여진 것으로 배암차즈기속을 일컫는다. 종소명 plebeia는 '보통의'라는 뜻으로 같은 종류의 식물 중 기본이 되는 종이라는 뜻이다.

다른이름 문등초(정태현 외, 1936), 배암배추(박만규, 1949), 뱀차조기(정태현 외, 1949), 뱀배추(박만규, 1974)

옛이름 野蘇(동의보감, 1613), 野紫蘇(의림촬요, 1635), 荔枝草/癩蝦蟆草(열하일기, 1780),[147] 野紫蘇葉(의휘, 1871)[148]

중국/일본명 중국명 荔枝草(li zhi cao)는 잎의 표면이 리치(荔枝: 여지, Litchi chinensis) 열매 표면의 돌기와 같은 형태이기 때문에 붙여진 것으로 보인다. 일본명 ユキミサウ(雪見草)는 눈 구경하는 풀이라는 뜻으로, 꽃이 피는 모양이 눈이 내리는 것을 연상시킨다고 하여 붙여졌다.

참고 [북한명] 뱀차조기 [유사어] 뱀차즈기 [지방명] 복음배추/애기배추(강원), 곰보배추(경기), 곰보배추/문디나물/문디배추/산배추/하룬초/하린초(경남), 곰보나물/곰보배추/만병초/문덩이나물/문둥담배/문둥배추/문디나물/활인초(경북), 곰보배추/곰보풀/배암배추(전남), 곰보배추(전북), 곰보배추/두꺼비나물(충남), 배암차지기(충북)

Satureia chinensis Briquet クルマバナ
Chungchungi-got 층층이꽃

층층이꽃⟨Clinopodium chinense (Benth.) Kuntze var. parviflorum (Kudô) H.Hara(1936)⟩

층층이꽃이라는 이름은 꽃이 층을 이루며 피는 것에서 유래했다.[149] 어린잎을 식용했다.[150] 『조선식물향명집』에서 한글명이 처음 발견되는데, 신칭한 이름인지 실제로 사용하던 방언을 채록한 것인지는 분명하지 않다. 한편 층층이꽃이라는 이름이 수레바퀴처럼 생긴 꽃 모양을 뜻하는 일본명에서 유래했다고 보는 견해가 있으나,[151] 뜻이 같지 않고 고유어에서 유래한 '층층나무'라는 식물명이 있는 것을 고려할 때 일본명과 직접적 상관성은 보이지 않는다.

경우에도 먹지 못한다는 뜻이 있는 것은 아니므로 타당성은 의문스럽다.

147 『열하일기』(1780)는 "荔枝草 一名癩蝦蟆草 四季皆有之 面靑背白麻紋 累累奇臭者是也"[여지초는 다른 이름으로 '나하마초'(두꺼비풀)라고 하는데 사계절 이를 구할 수 있고 표면은 푸르고 뒷면은 흰색으로 삼베의 무늬가 있으며 겹겹이 기이한 냄새가 나는 것이 이것이다]라고 기록했다. 즉, '癩蝦蟆草(나하마초)'라는 이름이 두꺼비 또는 삼베의 무늬가 있는 것과 관련 있는 이름이라는 것을 추론하게 한다.

148 『제주도및완도식물조사보고서』(1914)는 'ヒンセンゲ'[흰생유]를 기록했으며 『조선식물명휘』(1922)는 '野紫蘇, 女蕤, 假蘇'를 기록했다.

149 이러한 견해로 이우철(2005), p.521; 허북구·박석근(2008a), p.198; 김종원(2016), p.318 참조.

150 이에 대해서는 『조선산야생식용식물』(1942), p.184 참조.

151 이러한 견해로 이우철(2005), p.521과 김종원(2016), p.318 참조.

속명 *Clinopodium*은 그리스어 *klinopodion*에서 유래했는데 *kline*(침대, 바닥, 화단)와 *podion*(작은 발)의 합성어로 꽃차례의 모양을 나타낸 것이며 층층이꽃속을 일컫는다. 종소명 *chinense*는 '중국의'라는 뜻으로 발견지 또는 분포지를 나타내며, 변종명 *parviflorum*은 '작은 꽃의, 소형 꽃의'라는 뜻이다.

다른이름 가지세(정태현 외, 1936), 깨나물(정태현 외, 1942), 층꽃 (박만규, 1949), 층층꽃(박만규, 1974)[152]

중국/일본명 '중국식물지'는 이를 별도 기재하지 않고 있으며 *Clinopodium chinense* (Benth.) Kuntze(1891)에 대하여 회전자(風輪) 모양의 꽃차례를 가진 채소라는 뜻의 风轮菜(feng lun cai)로 기재하고 있다. 일본명 クルマバナ(車輪花)는 수레바퀴 같은 꽃차례가 둥근 모양으로 둘러 핀다는 뜻이다.

참고 [북한명] 층층이꽃 [유사어] 풍륜채(風輪菜)

○ Scutellaria baicalensis *George*   コガネバナ   黃芩
Hwanggum   황금

황금〈*Scutellaria baicalensis* Georgi(1775)〉

황금이라는 이름은 한자명 '黃芩'(황금)에서 유래한 것으로, 땅속줄기가 노란색(또는 검노란 색)인 풀이라는 뜻에서 붙여졌다.[153] 북부 지방에 주로 자라지만 다른 지역에서도 재배하던 것이 빠져나가 야생화한 개체가 종종 발견되며, 땅속줄기를 약용하고 어린잎을 식용했다.[154] '黃'(황)은 약재로 쓰는 땅속줄기가 노란색이라는 의미이고 '芩'(금)은 풀이름으로 검노란 색을 나타낸다. 황금의 옛 이름 '솝서근플'은 오래된 땅속줄기의 내부가 썩어 속이 비어 있는 것에서 유래했다.[155] 『향약집성방』은 "其腹中皆爛 故名腐腸"(그 속의 가운데가 대부분 썩어 있기 때문에 이름을 속이 썩은 풀이라 한다)이라고 기록했다. 『조선식물향명집』은 당시 한자명에서 유래한 '황금'을 보다 널리 사용하는 이름으로 보고 조선명으로 사정했다.

속명 *Scutellaria*는 라틴어 *scutella*(작은 방패, 접시)에서 유래한 것으로 위 꽃받침에 둥근 부속

---

152 『조선식물명휘』(1922)는 '슬빠라먹는풀'을 기록했으며 『선명대화명지부』(1934)는 '슬빠러(라)먹는풀'을 기록했다.
153 이러한 견해로 이우철(2005), p.598; 손병태(1996), p.64; 김병기(2013), p.419 참조.
154 이에 대해서는 『조선산야생약용식물』(1936), p.203과 『조선산야생식용식물』(1942), p.184 참조.
155 이러한 견해로 남풍현(1981), p.139와 이덕봉(1963), p.14 참조.

물이 있어서 붙여졌으며 골무꽃속을 일컫는다. 종소명 *baicalensis*는 '바이칼 지방에 분포하는'
이라는 뜻으로 원산지 또는 발견지를 나타낸다.

다른이름 속서근풀(정태현 외, 1936), 속썩은풀(정태현 외, 1949), 골무꽃(한진건 외, 1982)

옛이름 黃芩/所邑朽斤草/精朽草(향약구급방, 1236),[156] 黃芩/裏腐草(향약채취월령, 1431), 黃芩/裏朽斤
草(향약집성방, 1433),[157] 黃芩/뿅곰(구급방언해, 1466), 黃芩/솝서근픏 불휘(구급간이방언해, 1489), 黃芩/
솝서근플(사성통해, 1517), 黃芩/裏朽草/속서근플(촌가구급방, 1538), 黃芩/속서근플(우마양저염역병치
료방, 1541), 황금/黃芩(언해구급방, 1608), 황금/黃芩(언해두창집요, 1608), 黃芩/속서근플/腐腸/子芩/宿
芩(동의보감, 1613), 黃芩/속서근플(산림경제, 1715), 黃芩(광제비급, 1790), 黃芩/속써근플(재물보, 1798),
黃芩/속서근풀(제중신편, 1799), 黃芩/황금(물보, 1802), 黃芩/속서근플(화왕본긔, 19세기 초), 黃芩/속셕
은풀(물명고, 1824), 黃芩/속서근플(의종손익, 1868), 황금/黃芩(한불자전, 1880), 黃芩/속서근플(방약합
편, 1884), 黃芩(수세비결, 1929), 黃芩/속서근플(선한약물학, 1931)[158]

중국/일본명 중국명 黃芩(huang qin)은 한국명과 동일한 뜻에서 유래했다.[159] 일본명 コガネバナ(黃金
花)는 땅속줄기가 황색인 꽃이라는 뜻이다.

참고 [북한명] 속썩은풀 [유사어] 부장(腐腸) [지방명] 황금초(충남)

Scutellaria dependens *Maximowicz* ヒメナミキ
Aegi-golmuĝot 애기골무꽃

애기골무꽃〈*Scutellaria dependens* Maxim.(1859)〉

애기골무꽃이라는 이름은 골무꽃을 닮았는데 식물체가 작다(아기)는 뜻에서 붙여졌다.[160] 『조선식
물향명집』에서 '골무꽃'을 기본으로 하고 식물의 형태적 특징을 나타내는 '애기'를 추가해 신칭했
다.[161]

---

156 『향약구급방』(1236)의 차자(借字) '所邑朽斤草/精朽草'(소읍후근초/정후초)에 대해 남풍현(1981), p.139는 '솝서근플/솝서근플'
　　의 표기로 보고 있으며, 손병태(1996), p.65는 '솝서근플/솝석은플'의 표기로, 이덕봉(1963), p.14는 '솝서근풀/속서근풀'의
　　표기로 보고 있다.

157 『향약집성방』(1433)의 차자(借字) '裏朽斤草'(이후근초)에 대해 남풍현(1999), p.139와 이덕봉(1963), p.14는 '속서근풀'의 표기
　　로 보고 있으며, 손병태(1996), p.65는 '솝서근플'의 표기로 보고 있다.

158 『조선한방약료식물조사서』(1917)는 '黃芩, 속서근풀, 條芩, 片芩'을 기록했으며 『조선어사전』(1920)은 '黃芩(황금), 속썩은
　　풀'을, 『조선식물명휘』(1922)는 '黃芩, 野樹豆花, 황금, 속서근풀(藥)'을, 『토명대조선만식물자휘』(1932)는 '[黃芩(草)]황금
　　(초), [속썩은풀], [속서근플], [條芩]됴금, [子芩]ㅈ금, [宿芩]슉금, [片芩]편금, [腐腸]부쟝'을, 『선명대화명지부』(1934)는 '황
　　금, 속서근풀'을 기록했다.

159 중국의 『본초강목』(1596)은 "芩說文作芩 謂其色黃也 或云芩者 黔也 黔乃黃黑之色也"(芩은 설문해자에 芩으로 되어 있는데 색이
　　누렇다는 것을 말한다. 혹 芩은 黔이라 하는데, 黔은 검누런 색이다)라고 기록했다.

160 이러한 견해로 이우철(2005), p.380 참조.

161 이에 대해서는 『조선식물향명집』, 색인 p.42 참조.

속명 *Scutellaria*는 라틴어 *scutella*(작은 방패, 접시)에서 유래한 것으로 위 꽃받침에 둥근 부속물이 있어서 붙여졌으며 골무꽃속을 일컫는다. 종소명 *dependens*는 '밑으로 처진'이라는 뜻이다.

중국/일본명 중국명 纤弱黄芩(qian ruo huang qin)은 가냘프고 연약한 황금(黃芩)이라는 뜻이다. 일본명 ヒメナミキ(姫浪來)는 아기 같은 참골무꽃(ナミキサウ)이라는 뜻이다.

참고 [북한명] 애기골무꽃 [유사어] 한신초(韓信草)

Scutellaria indica *Linné*   タツナミサウ
Golmu-ĝot   골무꽃

골무꽃〈*Scutellaria indica* L.(1753)〉

골무꽃이라는 이름은 꽃과 열매의 모양이 골무와 닮았다는 뜻에서 유래했다.[162] 골무는 바느질할 때 바늘귀를 밀기 위하여 손가락에 끼는 도구를 말한다. 꽃과 열매가 달리는 모양이 골무와 비슷하다. 골무꽃이라는 이름은 『조선식물향명집』에서 처음 보이는데, 신칭한 이름인지 방언을 채록한 것인지는 분명하지 않다.

속명 *Scutellaria*는 라틴어 *scutella*(작은 방패, 접시)에서 유래한 것으로 위 꽃받침에 둥근 부속물이 있어서 붙여졌으며 골무꽃속을 일컫는다. 종소명 *indica*는 '인도의'라는 뜻으로 발견지 또는 분포지를 나타낸다.

중국/일본명 중국명 韓信草(han xin cao)는 한나라의 장수 한신(韓信)의 이름에서 유래했다. 일본명 タツナミサウ(立浪草)는 꽃의 모양이 거품이 일어 물결치는 것처럼 보인다는 뜻이다.[163]

참고 [북한명] 골무꽃 [유사어] 한신초(韓信草)

Scutellaria indica *L.* var. alpina *Nakai*   ミヤマタツナミサウ
Su-golmuĝot   수골무꽃

골무꽃〈*Scutellaria indica* L.(1753)〉

'국가표준식물목록'(2018)은 *Scutellaria dentata* var. *alpina* Nakai를 학명으로 하여 '수골무꽃'을 별도 분류하고 있으나, 이 학명은 기재 원문이 발견되지 않고 '세계식물목록'(2018)과 'IPNI'(2018) 등에서도 실체가 확인되지 않는 점에 비추어 나명(nomen nudum)으로 추론된다. 『장진성 식물목록』(2014)은 이를 별도 분류하지 않으며, 『국가표준식물목록(개정판)』(2017)도 국명 '수골무

---

162 이러한 견해로 이우철(2005), p.79; 손병태(1996), p.64; 허북구·박석근(2008a), p.30 참조.
163 『조선식물명휘』(1922)는 '紫花地丁'을 기록했다.

꽃'을 '골무꽃'에 통합하고 별도 분류하지 않으므로 이 책도 이에 따른다.

○ Scutellaria indica *L.* var. ussuriensis *Regel*　ヤマタツナミサウ
San-golmuĝot　산골무꽃

산골무꽃〈*Scutellaria pekinensis* Maxim.(1859)〉[164]

산골무꽃이라는 이름은 산지에서 자라는 골무꽃이라는 뜻에
서 붙여졌다.[165] 『조선식물향명집』에서 '골무꽃'을 기본으로
하고 식물의 산지(産地)를 나타내는 '산'을 추가해 신칭했다.[166]

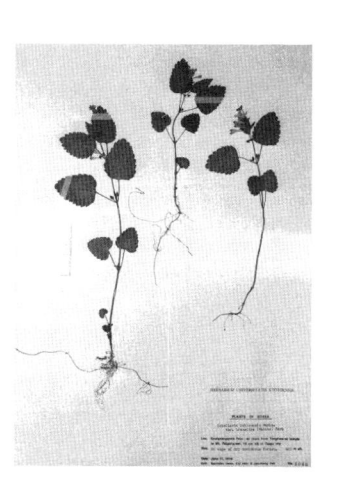

　속명 *Scutellaria*는 라틴어 scutella(작은 방패, 접시)에서 유
래한 것으로 위 꽃받침에 둥근 부속물이 있어서 붙여졌으며
골무꽃속을 일컫는다. 종소명 pekinensis는 '베이징에 분포
하는'이라는 뜻이다.

다른이름 그늘골무꽃/각씨골무꽃(정태현 외, 1949)

중국/일본명 중국명 京黃芩(jing huang qin)은 베이징(北京)에 분
포하는 황금(黃芩)이라는 뜻으로 학명과 동일한 의미이다.[167]
일본명 ヤマタツナミサウ(山立浪草)는 산에 분포하는 골무꽃
(タツナミサウ)이라는 뜻이다.

참고 [북한명] 산골무꽃

⊗ Scutellaria insignis *Nakai*　カウリヤウナミキサウ
Gwangnung-golmuĝot　광능골무꽃

광릉골무꽃〈*Scutellaria insignis* Nakai(1915)〉

광릉골무꽃이라는 이름은 경기도 광릉에서 최초로 발견된 골무꽃이라는 뜻에서 유래했다.[168] 중
부 지방에 분포하는 특산식물이다. 『조선식물향명집』에서는 '골무꽃'을 기본으로 하고 식물의 산

---

164 '국가표준식물목록'(2018)과 '세계식물목록'(2018)은 산골무꽃의 학명을 *Scutellaria pekinensis* var. *transitra* (Makino)
　　H.Hara(1948)로 기재하고 있으나, 『장진성 식물목록』(2014)은 본문의 학명을 정명으로 기재하고 있다.

165 이러한 견해로 이우철(2005), p.304 참조.

166 이에 대해서는 『조선식물향명집』, 색인 p.39 참조.

167 '중국식물지'(2018)는 별도로 *Scutellaria pekinensis* var. *transitra* (Makino) Hara ex H.W. Li et Ohwi(1956)[短促京
　　黃芩(duan cu jing huang qin)]를 기재하고 있다.

168 이러한 견해로 이우철(2005), p.83 참조.

지(産地)를 나타내는 '광능'을 추가해 '광능골무꽃'을 신칭했
으나,[169] 『조선식물명집』에서 맞춤법에 따라 '광릉골무꽃'으로
개칭해 현재에 이르고 있다.

속명 *Scutellaria*는 라틴어 *scutella*(작은 방패, 접시)에서 유
래한 것으로 위 꽃받침에 둥근 부속물이 있어서 붙여졌으며
골무꽃속을 일컫는다. 종소명 *insignis*는 라틴어 *insigne*(훈
장)에서 유래한 것으로 '뚜렷한, 탁월한'이라는 뜻이다.

다른이름 광능골무꽃(정태현 외, 1937), 숲골무꽃(박만규, 1949)

중국/일본명 중국에는 분포하지 않는 식물이다. 일본명 カウリヤ
ウナミキサウ(高麗浪來草)는 한반도 특산종 참골무꽃(ナミキサ
ウ)이라는 뜻이다.

참고 [북한명] 숲골무꽃 [유사어] 한신초(韓信草)

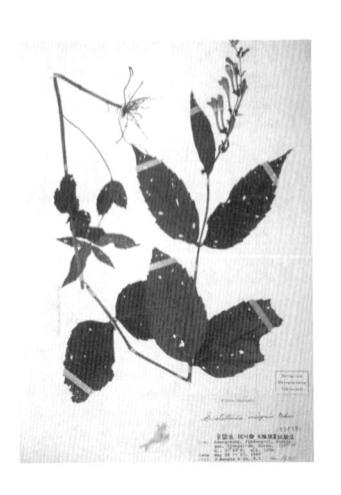

Teucrium japonicum *Houttuyn*   ニガクサ
Gae-gwaghyang   개곽향

개곽향⟨*Teucrium japonicum* Houtt.(1778)⟩

개곽향이라는 이름은 '개'와 '곽향'의 합성어로, 곽향을 닮았
는데 약성이 덜하다는 뜻에서 붙여졌다.[170] 곽향(藿香)은 콩을
뜻하는 '藿'(곽)과 향을 뜻하는 '향(香)'이 합쳐진 이름이며, 더
위 먹었을 때 약으로 사용한다. 『조선식물향명집』에서 전통
명칭 '곽향'을 기본으로 하고 식물의 형태적 특징 또는 약효와
관련한 '개'를 추가해 신칭했다.[171]

속명 *Teucrium*은 고대 의학자 디오스코리데스(Dioscorides)
에 의해 이 속 식물의 근연종에 부여된 이름인데, 그리스 신화
에 나오는 영웅 테우크로스(Teukros)의 이름에 기원을 둔 것
으로 추정하며 곽향속을 일컫는다. 종소명 *japonicum*은 '일
본의'라는 뜻으로 발견지 또는 분포지를 나타낸다.

---

169 이에 대해서는 『조선식물향명집』, 색인 p.32 참조
170 이러한 견해로 이우철(2005), p.44와 김종원(2016), p.345 참조.
171 이에 대해서는 『조선식물향명집』, 색인 p.31 참조.

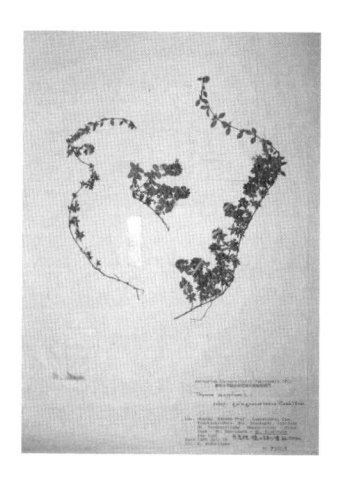

다른이름 가지개곽향(정태현 외, 1949), 좀곽향(김현삼 외, 1988), 쓴방아풀(임록재 외, 1996)[172]

중국/일본명 중국명 穗花香科科(sui hua xiang ke ke)는 이삭 모양의 꽃차례인 향과과(香科科: 곽향속 식물 또는 T. simplex의 중국명)라는 뜻이다. 일본명 ニガクサ(苦草)는 맛이 쓴 풀이라는 뜻이나 식물체에서 쓴맛이 나지는 않는다.

참고 [북한명] 쓴방아풀 [유사어] 야곽향(野藿香)

Thymus Przewalskii *Nakai* ミネジヤカウサウ(ヒヤクリカウ)
Baegnihyaṅ 백리향 百里香

백리향〈*Thymus quinquecostatus* Celak.(1889)〉

백리향이라는 이름은 한자명 '百里香'(백리향)에서 유래한 것으로, 잎에서 나는 향기가 백 리까지 간다는 뜻에서 붙여졌다.[173] 줄기잎을 약용했다.[174] 중국명 '地椒'(지초)를 현재의 백리향으로 인식한 기록들이 옛 문헌에서 발견된다. '百里香'(백리향)이라는 이름도 문집에서 종종 보이지만 식물명으로 특정된 것인지는 명확하지 않다. 『조선식물향명집』은 한글명으로 '백리향'을 기록해 현재에 이르고 있다.

속명 *Thymus*는 thymiao(향기, 향수)가 어원인 고대 그리스명에서 유래한 것으로, 신에게 바치는 것이었기에 신성하다는 의미도 내포하며 백리향속을 일컫는다. 종소명 *quinquecostatus*는 '5개의 주맥이 있는'이라는 뜻이다.

다른이름 섬백리향(정태현 외, 1937), 산백리향(박만규, 1949), 일본백리향(안학수 외, 1982)

옛이름 地椒(매월당집, 1583), 地椒(대동운부군옥, 1589), 地椒(해동잡록, 1670), 地椒(산림경제, 1715), 地椒(광재물보, 19세기 초), 地椒(농정회요, 183?), 地椒/野小椒(수세비결, 1929)[175]

중국/일본명 중국명 地椒(di jiao)는 땅에서 자라는 향초(椒) 종류라는 뜻으로 향이 나는 것에서 유래

---

172 『조선식물명휘』(1922)는 '野藿香'을 기록했다.
173 이러한 견해로 이우철(2005), p.265; 허북구·박석근(2008b); p.143; 이유미(2013), p.317; 김태영·김진석(2018), p.615; 오찬진 외(2015), p.1060; 권순경(2018.10.17.); 안옥규(1989), p.208 참조. 한편 이유미는 향기가 발끝에 묻어 백 리를 가도록 계속 이어진다는 뜻이라고도 한다.
174 이에 대해서는 『조선삼림식물도설』(1943), p.629 참조.
175 『조선식물명휘』(1922)는 '百里香, 山胡椒(藥)'를 기록했으며 『토명대조선만식물자휘』(1932)는 '[香蔬]향소, [馬蹄草]마데초, [취]'를 기록했다.

했다.[176] 일본명 ミネジヤカウサウ(嶺麝香草)는 산에서 자라고 사향의 향이 나는 풀이라는 뜻이다.

참고 [북한명] 백리향 [유사어] 지초(地椒)

Thymus Przewalskii *Nakai* var. magnus *Nakai* イハジヤカウサウ
Sŏm-baegnihyang 섬백리향

섬백리향〈*Thymus quinquecostatus var. japonica* Hara(1937)〉[177]

섬백리향이라는 이름은 울릉도(섬)에 분포하는 백리향이라는 뜻에서 붙여졌다.[178] 울릉도에 분포하며 잎끝이 둥글고 꽃이 대형이라는 이유로 변종으로 분류되지만, 분류학적 타당성에 대해서는 논란이 있다. 『조선식물향명집』에서 '백리향'을 기본으로 하고 식물의 산지(産地)를 나타내는 '섬'을 추가해 신칭했다.[179]

속명 *Thymus*는 thymiao(향기, 향수)가 어원인 고대 그리스명에서 유래한 것으로, 신에게 바치는 것이었기에 신성하다는 의미도 내포하며 백리향속을 일컫는다. 종소명 quinquecostatus는 '5개의 주맥이 있는'이라는 뜻이며, 변종명 japonica는 '일본의'라는 뜻으로 발견지 또는 분포지를 나타낸다.

다른이름 울릉백리향(임록재 외, 1972)

중국/일본명 중국에서는 이를 별도 분류하지 않는 것으로 보인다. 일본명 イハジヤカウサウ(岩麝香草)는 바위틈에서 자라고 사향의 향이 나는 풀이라는 뜻이다.

참고 [북한명] 울릉백리향 [지방명] 백리향(경북)

---

176 중국의 『본초강목』(1596)은 "地椒出北地 卽蔓椒之小者 貼地生葉 形小 味微辛 土人以煮羊肉食 香美"(지초는 북방 지역에서 나는데, 바로 작은 만초이다. 땅에 붙어서 잎이 나고 모습은 작으며, 맛은 약간 맵다. 그 지역 사람들은 양고기를 삶을 때 넣어서 먹는데, 향기롭고 맛있다)라고 기록했다.
177 '국가표준식물목록'(2018)은 섬백리향을 백리향의 변종으로 별도 분류하고 있으나, 이우철(2005), 『장진성 식물목록』(2014) 및 '세계식물목록'(2018)은 백리향(*T. quinquecostatus*)에 통합하고 별도 분류하지 않으므로 주의가 필요하다
178 이러한 견해로 이우철(2005), p.340 참조.
179 이에 대해서는 『조선식물향명집』, 색인 p.41 참조.

Solanaceae 가지科 (茄科)

가지과〈Solanaceae Juss.(1789)〉

가지과는 재배식물인 가지에서 유래한 과명이다. '국가표준식물목록'(2018), '세계식물목록'(2018) 및
『장진성 식물목록』(2014)은 *Solanum*(가지속)에서 유래한 Solanaceae를 과명으로 기재하고 있으며,
엥글러(Engler), 크론키스트(Cronquist) 및 APG IV(2016) 분류 체계도 이와 같다.

Capsicum longum *De. Candolle*   タウガラシ   蕃椒 (栽)
Gocho   고초(당추)

고추〈*Capsicum annuum* L.(1753)〉

고추라는 이름은 한자명 '苦椒'(고초)가 어원으로 괴로울 정도로 매우 매운 맛이 나는 것에서 유
래했다.[1] 남아메리카 원산의 한해살이풀로, 대체로 임진왜란 또는 그 직전인 16세기 말에 일본으
로부터 도입된 것으로 보고 있다.[2] 현재의 고추를 최초로 기록한 문헌은 1614년에 저술된 『지봉유
설』의 '南蠻椒, 倭芥子'로 이해되고 있다. 따라서 그 이전 문헌에 나오는 '고쵸'는 후추(胡椒) 또는
초피(川椒/蜀椒)에 관한 것이며, 고추가 전래된 이후에 후추 또는 초피의 뜻을 지녔던 '고쵸'가 뜻이
변해 오늘날 사용하는 뜻을 지니게 되었다.[3] 일부 옛 문헌을 근거로 고추의 어원을 苦草(고초)로 보
기도 하지만,[4] 苦草(고초)의 중세 국어의 표현은 '고초'이고 苦椒(고초)의 중세 국어 표현은 '고쵸'이
므로 문헌상 고추의 어원은 '苦椒(고쵸)'로 본다.[5] 『조선식물향명집』은 '고초'로 기록했으나 『우리
나라 식물명감』에서 맞춤법의 변화에 따라 '고추'로 개칭해 현재에 이르고 있다.

　속명 *Capsicum*은 그리스어 *kapto*(물다, 삼키다)가 어원으로, 고추의 매운맛에서 유래했으며 고
추속을 일컫는다. 종소명 *annuum*은 '일년생의'라는 뜻이다.

다른이름　고초(정태현 외, 1936), 당추(정태현 외, 1937), 고치(박만규, 1949), 긴고추/꼬치(안학수 외,

---

1　이러한 견해로 이우철(2005), p.77; 백문식(2014), p.56; 서정범(2005), p.64; 김무림(2015), p.149; 한태호 외(2006), p.28; 김
　　동진·조항범(2001), p.49 참조.
2　이에 대해서는 이성우(1978), p.405 참조. 이덕무가 저술한 『청장관전서』(1795)는 "烟草 天正年中 南蠻商舶 始貢之 番椒之
　　種 亦來同時"[담배는 천정(天正, 1573~1591) 때에 남만의 상선이 처음으로 공납했으며, 고추씨도 같은 때에 들어왔다]라고
　　기록했다. 또한 김종덕·고병희(1999a), p.151은 임진왜란 이전에 일본으로부터 도입되어 그중 일부 품종이 다시 일본으로
　　전래된 것으로 보고 있다. 그리고 이재운 외(2008), p.167은 '唐椒'(당초)라는 단어를 근거로 중국과 일본으로부터 동시에
　　들어왔을 것으로 추정하고 있다.
3　이에 대해서는 김종덕(2009), p.106 이하 참조.
4　이러한 견해로 박영수(1997), p.67과 김인호(2001), p.181 참조.
5　이에 대해서는 김종덕·고병희(1999a), p.157 참조. 다만 栗田英二(1999), p.263에 따르면 후추를 일본으로부터 수입함에
　　따라 '胡椒'(호초)의 일본 발음 こしょう(kosyo)가 국내에 전해져 '고쵸'가 된 것이고 한자명 '苦椒'(고초)와 '苦草'(고초)는 사
　　후에 조어된 것이라고 한다.

1982), 남고추(이우철, 1996b)

옛이름 胡椒/고쵸(구급간이방언해, 1489), 椒/고쵸(훈몽자회, 1527), 南蠻椒/倭芥子(지봉유설, 1614), 秦椒/예고쵸(역어유해, 1690), 南椒/남만쵸/倭椒(산림경제, 1715), 番椒/倭椒(성호사설, 1763), 南椒/비고초/南蠻椒(증보산림경제, 1766), 苦椒/倭苦椒(본사, 1787), 番椒(청장관전서, 1795), 倭椒/고쵸/蕃椒(재물보, 1798), 番椒/고쵸(해동농서, 1799), 番椒/고쵸/蠻椒(물보, 1802), 艸椒/蠻椒/苦椒(백운필, 1803), 번초/고초(규합총서, 1809), 番椒/고쵸(몽유편, 1810), 番椒/고쵸/倭椒(광재물보, 19세기 초), 番椒/고쵸(물명고, 1824), 蕃椒/南椒/苦椒(임원경제지, 1842), 蕃椒/苦草/南蠻椒/倭芥子/倭草(오주연문장전산고, 185?), 南蠻椒/苦椒/番椒/倭芥子(송남잡지, 1855), 苦草/고초(명물기략, 1870), 苦椒/곳쵸(녹효방, 1873), 고초/辣子/당초/唐椒(한불자전, 1880), 蠻椒/당곳추(교린수지, 1881), 辣子/고초(한영자전, 1890), 番椒/고초(박물신서, 19세기), 고초/苦草/蕃椒/당쵸/唐椒(조선어사전[심], 1925), 고초/곳초/꼿초/당초(조선구전민요집, 1933), 고추/고쵸/고치(조선어표준말모음, 1936)[6]

중국/일본명 중국명 辣椒(la jiao)는 매우 맵고 강한 맛이 나는 것에서 유래했다. 일본명 タウガラシ(唐辛子)는 중국에서 전래된 매운맛이 나는 열매라는 뜻이다.

참고 [북한명] 고추 [유사어] 고초(苦椒), 당초(唐椒), 번초(蕃椒) [지방명] 고치/꼬초/꼬추/당가리/당가지/댕거지(강원), 꼬추(경기), 고치/꼬추/꼬치(경남), 고치/꼬추/꼬치/식초(경북), 꼬추(전라), 고초/고치(제주), 꼬추(충청), 당가지/댕추/후추(평남), 꼬추/당가지/댕가지(평북), 대끼지/댕가지/댕개지/댕거지/댕꼬지(함남), 고치(함북), 댕구지/댕그지/땡가지(황해)

Chamaesaracha echinata *Makino*   イガホホヅキ
Gasi-ĝwari   가시꽈리

가시꽈리〈*Physaliastrum japonicum* (Franch. & Sav.) Honda(1931)〉

가시꽈리라는 이름은 꽈리를 닮았는데 열매에 가시가 있다는 뜻에서 유래했다.[7] 열매에 침 모양의 돌기가 있는 특징이 있다. 『조선식물향명집』은 '가시꽈리'라는 한글명을 최초로 기록했으나, 이를 신칭한 이름으로 기록하지는 않았다.[8]

속명 *Physaliastrum*은 *Physalis*(꽈리속)와 *astrum*(유사한)의 합성어로, 꽈리속 식물과 비슷하다는 뜻이며 가시꽈리속을 일컫는다. 종소명 *japonicum*은 '일본의'라는 뜻으로 발견지 또는 분

---

6   『제주도및완도식물조사보고서』(1914)는 'コチョ'[고쵸]를 기록했으며 『조선어사전』(1920)은 '苦草(고쵸), 唐草(당쵸), 蕃椒(번초), 고추'를, 『조선식물명휘』(1922)는 '蕃椒, 唐椒, 苦椒, 고초(食)'를, Crane(1931)은 '고초, 苦椒'를, 『토명대조선만식물자휘』(1932)는 '[唐椒]당초, [蕃椒]번초, [苦草]고초, [고초]'를, 『선명대회명지부』(1934)는 '고초, 당초'를 기록했다.

7   이러한 견해로 이우철(2005), p.30 참조.

8   이에 대해서는 『조선식물향명집』, 색인 p.30 참조.

포지를 나타내며, 옛 종소명 *echinata*는 '고슴도치처럼 가시투성이인'이라는 뜻이다.

다른이름 가시꽈리(박만규, 1949)

중국/일본명 중국명 日本散血丹(ri ben san xue dan)은 일본에 분포하는 산혈단(散血丹: 가시꽈리속 또는 *P. kweichouense*의 중국명으로 지혈에 약효가 있어 유래한 이름)이라는 뜻이다. 일본명 イガホホヅキ(毬鬼灯/毬酸漿)는 가시가 있는 꽈리(ホホヅキ)라는 뜻이다.

참고 [북한명] 가시꽈리

Datura alba *Nees* テウセンアサガホ(キチガヒナスビ)
Hin-dogmalpul 흰독말풀 (歸化)

흰독말풀⟨*Datura metel* L.(1753)⟩[9]

흰독말풀이라는 이름은 독말풀을 닮았으나 흰색 꽃이 핀다는 뜻에서 유래했다.[10] 열대 아시아 원산으로 인가 부근에서 자생하기도 하기 때문에 귀화식물로 분류되고 있다. 『조선식물향명집』에서는 '독말풀'을 기본으로 하고 꽃의 색깔을 나타내는 '흰'을 추가해 '흰독말풀'을 신칭했으나,[11] 『조선식물명집』에서 맞춤법에 따라 '흰독말풀'로 개칭해 현재에 이르고 있다.

속명 *Datura*는 산스크리트어 *dhatura* 또는 *dhattura*, 아라비아어 *tatorah*에서 유래한 것으로 독말풀속을 일컫는다. 종소명 *metel*은 아라비아어 *matil*에 어원을 둔 라틴어 *methel*에서 유래했으며 독성이 있는 식물의 씨앗을 일컫는다.

다른이름 가시독말풀(박만규, 1949), 흰꽃독말풀(한진건 외, 1982)[12]

중국/일본명 중국명 洋金花(yang jin hua)는 서양에서 전래된 진귀한 꽃이라는 뜻으로 추정하지만 정확한 유래는 알려져 있지 않다. 일본명 テウセンアサガホ(朝鮮朝顔)는 한반도(조선)에서 일본으로 전래된 나팔꽃(アサガホ)을 닮은 식물이라는 뜻이다.

참고 [북한명] 흰독말풀 [유사어] 만다라화(曼陀羅華), 양금화(洋金花)

---

9 '국가표준식물목록'(2018)은 흰독말풀의 학명을 *Datura stramonium* L.(1753)로 기재하고 있으나, 『장진성 식물목록』(2014), '중국식물지'(2018) 및 '세계식물목록'(2018)은 이 학명을 독말풀의 학명으로 하고 흰독말풀은 본문의 학명을 정명으로 기재하고 있다.

10 이러한 견해로 이우철(2005), p.607 참조.

11 이에 대해서는 『조선식물향명집』, 색인 p.49 참조.

12 『조선식물명휘』(1922)는 '曼陀羅華, 독말풀(毒)'을 기록했으며 『선명대화명지부』(1934)는 '독말풀'을 기록했다.

Datura Tatula *Linné*　ヤウシユテウセンアサガホ
Dogmalpul　독말풀　(歸化)

독말풀〈*Datura stramonium* L.(1753)〉[13]

독말풀이라는 이름은 잎과 씨앗이 맹독성으로 독이 많고 가
루(말)를 약재로 사용하는 데서 유래한 것으로 추정한다.[14] 열
대 아메리카 원산으로 인가 부근에서 자생하기도 하므로 귀
화식물로 분류된다. 잎과 씨앗에 독이 많은데 이를 약용했
다.[15] 중국명에서 유래한 '曼陀羅花'(만다라화)라는 이름이 옛
문헌에 보이는데, 조선 초기에 저술된 『의방유취』에도 유사한
이름이 있으나 현재의 독말풀을 일컫는지는 명확하지 않다.
19세기 중엽에 저술된 『해동역사』는 1712년에 저술된 일본의
『화한삼재도회』를 인용해 만다라화(독말풀)가 조선에서 일본
에 전래되었다고 기록했는데,[16] 이 기록에 따르면 독말풀은 늦
어도 18세기 초엽 이전에 우리나라에 전래된 것으로 보인다.

독말풀이라는 한글명은 민간에서 사용한 이름을 채록한 것으로 추정한다. 옛 문헌에는 '지랄舎'
과 '당쎠'와 같은 한글명도 보이지만 현재의 이름으로 이어지지는 않았다.

　　속명 *Datura*는 산스크리트어 *dhatura* 또는 *dhattura*, 아라비아어 *tatorah*에서 유래한 것으
로 독말풀속을 일컫는다. 종소명 *stramonium*은 흰독말풀의 그리스명에서 유래했다.

다른이름　독말풀(정태현 외, 1936), 네조각독말풀(안학수·이춘녕, 1963), 양독말풀(리종오, 1964), 독말/
다투라잎/만다라잎(한진건 외, 1982), 흰나팔독말풀(임록재 외, 1996)

옛이름　曼陀羅花/만땅랑황(구급방언해, 1466), 蔓陁羅(의방유취, 1477), 曼陀羅花(재물보, 1798), 曼陀
羅花/風茄兒/山茄子(광재물보, 19세기 초), 曼陀羅花/지랄舎(물명고, 1824), 曼陀羅花/朝鮮牽牛花(해동

13　'국가표준식물목록'(2018)은 독말풀의 학명을 *Datura stramonium* var. *chalybaea* W.D.J. Koch(1837)로 기재하고 있
　　으나, 『장진성 식물목록』(2014), '중국식물지'(2018) 및 '세계식물목록'(2018)은 이 학명을 본문 학명의 이명(synonym)으로
　　처리하고 있다.

14　이러한 견해로 이우철(2005), p.180 참조.

15　이에 대해서는 『한국식물도감(하권 초본부)』(1956), p.519 참조. 중국의 『본초강목』(1596)은 "面上生瘡 曼陀羅花 晒乾研末
　　少許貼之"(얼굴에 창이 생긴 증상에 만다라화를 햇볕에 말렸다가 가루 낸 것을 조금씩 붙여준다)라고 기록해 씨앗을 가루 내어 약재
　　로 사용한다는 것을 기록했으며, 우리나라의 『의방유취』(1477)도 가루를 내어 약재로 사용하는 방법을 기록했다.

16　일본의 데라시마 료안(寺島良安, 1654~?)이 1712년에 저술한 『화한삼재도회(和漢三才圖會)』에 기록된 것으로, 『해동역사』
　　(1841)에 인용된 내용은 다음과 같다. "曼陀羅花 近頃來於朝鮮 今人多種之 花似大牽牛花及百合花 故俗稱朝鮮牽牛花 其實
　　似檳榔子 而有細礓文"(만다라화는 근래에 조선에서 들어왔다. 지금은 민가에서 많이 심는다. 꽃은 큰 견우화나 백합화와 비슷하다. 그러
　　므로 속칭 조선견우화라고 한다. 그 열매는 빈랑 열매와 비슷한데 가느다랗게 갈라진 무늬가 있다).

역사, 1841), 曼陀羅花/朝鮮牽牛花/曼珠沙花/石蒜(오주연문장전산고, 185?), 醉仙桃(신기천험, 1866), 당싀(한불자전, 1880), 曼茶羅華/독말풀(선한약물학, 1931)[17]

중국명 曼陀罗(man tuo luo)는 불교에서 천상계에 피는 신성한 꽃이라는 뜻으로 꽃의 독특함과 약성을 만다라에 빗댄 것이다.[18] 일본명 ヤウシユテウセンアサガホ(洋種朝鮮朝顔)는 서양에서 전래된 흰독말풀(テウセンアサガホ)이라는 뜻이다.

참고 [북한명] 독말풀 [유사어] 만다라화(曼陀羅花), 산가자(山茄子), 풍가아(風茄兒) [지방명] 동백고추/동백꽃/사감치(함북)

<h2 style="text-align:center">Hyoscyamus niger Linné　ヒヨス　莨菪子 (中華)
Saripul　사리풀</h2>

사리풀〈*Hyoscyamus niger* L.(1753)〉

사리풀이라는 이름은 열매의 모양이 사리(舍利)를 담은 사리함과 비슷한 것에서 유래했다고 추정한다. 유럽 원산인 재배식물로 일부에선 야생도 하며, 꽃이 진 후 꽃받침이 자라 열매를 감싸는 특징이 있다. 잎과 열매는 맹독성으로 안정제로 약용한다.[19] 『동의보감』에서 "一名天仙子 葉似菘藍 莖有白毛 五月結實 有殼作眔 中子至細 如粟米靑白色"(천선자라고도 한다. 잎은 숭람과 비슷하고 줄기에는 흰 털이 있다. 5월에 열매를 맺는데 항아리처럼 생긴 껍질 속에 좁쌀같이 작은 청백색의 씨들이 들어 있다)이라고 기록한 점도 열매의 독특한 모양이 이름에 영향을 주었을 것을 시사하고 있다. 옛 문헌에 기록된 莨菪子(낭탕자) 또는 天仙子(천선자)가 현재의 미치광이풀과 사리풀 중 어느 식

물을 일컫는 것인지에 대해, 현재 '중국식물지'는 사리풀을 일컫는 것으로 보고 있으나 국내에서는 논란이 있다.[20]

17　『조선식물명휘』(1922)는 '醉心花(佛), 茄兒毒(毒)'을 기록했으며 『토명대조선만식물자휘』(1932)는 '[曼陀羅花]만타라화, [당가지]'를, 『선명대화명지부』(1934)는 '독말풀'을 기록했다.

18　중국의 『본초강목』(1596)은 "法華經言佛說法時 天雨曼陀羅花 又道家北斗有陀羅星使者 手執此花 故後人因以名花 曼陀羅 梵言雜色也"(법화경에서는 부처가 설법을 할 때 하늘에서 만다라화가 비 내리듯 했다고 말했다. 또한 도가에서는 북두칠성 가운데 만다라성의 사자가 있는데 손에 이 꽃을 들고 있다. 그러므로 훗날 사람들이 이로 인해 꽃 이름을 지었다. 만다라는 범어로 잡색이라는 뜻이다)라고 기록했다.

19　이에 대해서는 『한국식물도감(하권 초본부)』(1956), p.519 참조.

20　『(신대역) 동의보감』(2012), p.2056은 『동의보감』(1613)에 기록된 莨菪子(낭탕사)를 '사리풀'로 보고 있다.

속명 *Hyoscyamus*는 그리스어 *hyos*(돼지)와 *kyamos*(콩)의 합성어에서 유래한 것으로, 콩 모양의 열매와 종자 등에 있는 강한 독성이 사람뿐만 아니라 돼지에게도 해롭다는 뜻이며 사리풀 속을 일컫는다. 종소명 *niger*는 '검은'이라는 뜻으로 꽃의 중심부가 검게 보일 정도로 짙은 자주색인 것을 나타낸다.

다른이름 싸리풀(안학수·이춘녕, 1963)

옛이름 莨菪/牛黃/天仙子(향약채취월령, 1431), 莨菪子/草牛黃/天仙子(향약집성방, 1433),[21] 天仙子(세종실록지리지, 1454), 莨菪(의방유취, 1477), 莨菪子/草牛黃/초우황(촌가구급방, 1538), 莨菪/초우황(언해구급방, 1608), 莨菪子/초우웡삐(동의보감, 1613), 莨菪(의림촬요, 1635), 莨菪毒/초우웡삐(산림경제, 1715), 莨菪/초우웡/天仙子(광재물보, 19세기 초), 莨菪/니알히풀/쵸우웡/天仙子(물명고, 1824), 莨菪草/天仙子(오주연문장전산고, 185?), 니아리풀씨(녹효방, 1873), 莨菪子(방약합편, 1884), 莨菪/초우엉(의서옥편, 1921)[22]

중국/일본명 중국명 天仙子(tian xian zi)는 생약명으로 사용하던 이름인데 통증을 완화시키는 약성을 하늘의 신선에 빗댄 것으로 보인다. 일본명 ヒヨス(菲沃斯)는 속명을 약칭한 히요스(*hyos*)에서 유래했다.

참고 [북한명] 사리풀 [유사어] 낭탕자(莨菪子), 사리나물

Lycium chinense *Miller* クコ 枸杞
Gugija 구기자

구기자나무〈*Lycium chinense* Mill.(1768)〉

구기자나무라는 이름은 한자명 '枸杞'(구기)가 어원으로, 줄기에 가시가 있고 가늘며 잘 휜다는 뜻에서 유래했다.[23] 줄기가 가늘며 가지에 흔히 가시가 있는데, 예부터 뿌리와 열매를 약용했으며 어린잎을 식용했다.[24] 중국의 『본초강목』에 따르면 '枸'(구)는 가시가 있는 식물을 뜻하고, '杞'(기)는 가지가 구기자나무와 비슷한 식물을 뜻한다. '중국식물지'는 杞柳(기류)를 개키버들(*Salix integra*)

---

21 『향약집성방』(1433)의 향명 '草牛黃'(초우황)에 대해 남풍현(1999), p.177은 '초우황'의 표기로 보고 있다.

22 『조선어사전』(1920)은 莨菪(랑탕), 초우엉, 莨菪子(랑탕즈), 天仙子(천선즈)'를 기록했으며 『조선식물명휘』(1922)는 '菲沃斯, 샤리나물(藥, 毒)'을, 『토명대조선만식물자휘』(1932)는 '[莨菪(草)]랑탕(초), [초우엉]'을, 『선명대화명지부』(1934)는 '샤리나물'을 기록했다.

23 이러한 견해로 박상진(2019), p.48; 허북구·박석근(2018b), p.49; 오찬진 외(2015), p.1062; 유기억(2018), p.150 참조. 다만 박상진 및 허북구·박석근은 '枸'(구)가 탱자나무를 뜻한다고 보고 있으나, 중국 고대의 『설문해자』(121)는 "枸 木也 可爲醬 出蜀"(구는 나무이다. 장을 담글 수 있는데 촉에서 난다)이라고 기록했고, 명나라 때의 『본초강목』(1596)은 가시가 있는 나무로 기록했으며, 칭니리 때의 『설문해자주』(1815)는 "枸 枳枸也"(구는 헛개나무이다)라고 기록했던 것에 비추어 어떤 나무를 지칭했는지 정확하지 않다. 이 책에서는 『본초강목』에 따라 가시가 있는 나무로 보았다.

24 이에 대해서는 『조선산야생약용식물』(1936), p.204와 『조선산야생식용식물』(1942), p.184 참조.

을 일컫는 말로 사용하고도 있다. 한편 구기자나무는 枸(구)
와 狗(구)가 같은 음으로 나무의 뿌리가 개를 닮았다는 뜻에서
붙여진 이름으로 보는 견해가 있다.[25] 옛 중국 문헌에서 구를
'狗'(구)로 보기도 했으나, 나무뿌리를 형상화했다는 것을 뒷받
침하는 근거는 발견하기 어렵다. 『동의보감』에 기록된 '괴좃나
모여름'은 고양이(괴) 수컷의 생식기를 뜻하는 것으로 열매의
모양에서 유래했다.[26] 『조선식물향명집』은 '구기자'로 기록했
으나 『조선삼림식물도설』에서 '구기자나무'로 변경해 현재에
이르고 있다.

속명 *Lycium*은 *Lycia*(고대 소아시아의 한 지방) 지역의 가시
있는 어떤 관목에 대한 그리스명 *lykion*에서 유래했으며 구기
자나무속을 일컫는다. 종소명 *chinense*는 '중국의'라는 뜻으로 발견지 또는 분포지를 나타낸다.

다른이름 구긔자(정태현 외, 1923), 구귀자나무(정태현 외, 1936), 구기자(정태현 외, 1937), 구긔자나무
(정태현 외, 1942)

옛이름 枸杞(향약구급방, 1236), 枸杞子(목은집, 1404), 枸杞子(향약집성방, 1433), 枸杞子(세종실록지리
지, 1454), 地骨皮/찡공뼝(구급방언해, 1466), 枸杞子/구긔불휫거플(구급간이방언해, 1489), 地骨皮/枸杞
根/구구짓불휘(촌가구급방, 1538), 枸杞/구긔즈(언해구급방, 1608), 枸杞子/괴좃나모여름/地仙/仙人杖
(동의보감, 1613), 枸杞/괴좃나모(산림경제, 1715), 普盤果/구긔즈(방언집석, 1778), 枸杞/구긔즈(재물보,
1798), 枸杞子/괴좃나모여름/地骨皮(제중신편, 1799), 枸杞/쥐좃열믜/구긔즈(광재물보, 19세기 초), 枸杞/
괴좃널믜(물명고, 1824), 枸杞/구긔(자류주석, 1856), 枸杞/구귀즈여름(의종손익, 1868), 枸杞/구긔즈나
무(명물기략, 1870), 구긔즈/枸杞子/디골피/地骨皮(한불자전, 1880), 枸杞/구긔나모/地骨皮(방약합편,
1884), 地骨皮/괴좃나무녈믜(박물신서, 19세기), 枸杞/구기즈(일용비람기, 연대미상), 枸杞/구긔자(자전석
요, 1909), 枸杞/구긔(신자전, 1915), 枸杞子/구긔자여름/地骨皮/구긔자나무쑤리(선한약물학, 1931)[27]

중국/일본명 중국명 枸杞(gou qi)는 '枸'(구)와 '杞'(기)가 합쳐진 것으로, 줄기에 가시가 있고 가지가 가

---

25 이러한 견해로 강판권(2015), p.513 참조.
26 이러한 견해로 박상진(2019), p.48과 김종원(2013), p.139 참조. 다만 박상진은 수캐의 생식기를 닮은 것으로 해석하고 있으
나, 옛말 '괴'는 고양이를 뜻하므로 타당하지 않다. '괴'를 고양이의 뜻으로 기록한 문헌으로는 『능엄경언해』(1461), 『훈몽
자회』(1527), 『신증유합』(1576), 『언해두창집요』(1608), 『동의보감』(1613), 『역어유해』(1690) 등이 있다.
27 『조선한방약료식물조사서』(1917)는 '구기자, 枸杞子, 地骨皮'를 기록했으며 『조선어사전』(1920)은 '枸杞(구긔), 枸杞子(구기
즈), 地仙(디션), 仙人杖(선인쟝), 괴좃나무'를, 『조선식물명휘』(1922)는 '枸杞, 地骨皮, 구긔즈(救, 藥)'를, 『토명대조선만식물자
휘』(1932)는 '[枸杞]구긔, [地仙]디션, [仙人杖]션인쟝, [괴좃나무], [枸杞子]구긔즈, [枸杞苗]구긔묘, [地骨皮]디골피'를, 『선명
대화명지부』(1934)는 '구긔자, 구기자'를, 『조선의산과와산채』(1935)는 '狗杞子, 구기자'를, 『조선삼림식물편』(1915~1939)은
'ククイチャナム/Kukuichanam, ゴイチョッナム/Koichot'nam, クイチャ/kuja(朝鮮)'[구귀자나무, 괴좃나무, 구자(조선)]
를 기록했다.

늘고 잘 휘는 특성에서 유래했다.[28] 일본명 クコ(枸杞)는 한자명 '枸杞'(구기)를 음독한 것이다.

참고 [북한명] 구기자나무 [유사어] 각로(却老), 선인장(仙人杖), 지골피(地骨皮), 지선(地仙) [지방명] 구기자(강원), 구구자/구귀자/구기자(경기), 구구자/구구자나무/구구초/구구초나무/구기자(경남), 고고치/구구자/구구자나무/구구초/구기자/구기자순(경북), 고추나무/구고초/구구자/구구초/구구초나무/구초추/소년초/유부자(전남), 구고초/구구자/구기자/구비자(전북), 구구자/구구자순/구기자/귀기자(충남), 구구자/구기자(충북), 개고치/개고치낭/구기자/일본고치낭(제주)

Nicotiana rustica *Linné*　マルバタバコ　(栽)
Dang-dambae　당담배

당담배〈*Nicotiana rustica* L.(1753)〉

당담배라는 이름은 중국(唐)에서 전래된 담배라는 뜻에서 유래한 것으로 추정한다. 남아메리카 원산으로 노란색의 꽃을 피우며 니코틴과 기타 성분이 담배에 비해 매우 강한 종으로 알려져 있다. 일제강점기와 그 직후에 한반도에서도 일부 재배가 이루어진 것으로 보이나, 현재는 한국과 일본에서는 재배하지 않고 중국 일부와 중앙아시아에서 재배하고 있는 것으로 확인된다. 『조선식물향명집』은 '당담배'로 기록했으나 현재 '국가표준식물목록'에서는 이름조차 사라졌다.

속명 *Nicotiana*는 담배를 처음으로 프랑스(1560년)와 포르투갈에 소개했고 포르투갈 대사를 역임한 프랑스 외교관 Jean Nicot(1530~1600)의 이름에서 유래했으며 담배속을 일컫는다. 종소명 *rustica*는 '시골의, 촌스러운'이라는 뜻이다.

다른이름 토담배/루스티카담배(임록재 외, 1996), 루스티카담배(리용재 외, 2011)[29]

중국/일본명 중국명 黃花烟草(huang hua yan cao)는 노란색 꽃이 피는 연초(烟草: 담배 또는 담배속의 중국명)라는 뜻이다. 일본명 マルバタバコ(丸葉煙草)는 잎이 둥근 모양의 담배라는 뜻이다.

참고 [북한명] 토담배

Nicotiana Tabacum *Linné*　タバコ　煙草　(栽)
Dambae　담배(연초)

담배〈*Nicotiana tabacum* L.(1753)〉

---

28 중국의 『본초강목』(1596)은 "枸杞二樹名 此物棘如枸之刺 莖如杞之條 故兼名之 道書言千載枸杞 其形如犬 故得枸名 未審然否"(구와 기는 두 가지 나무 이름이다. 이것의 가시는 구의 가시와 같고, 줄기는 기나무의 가지와 같으므로 이 둘을 겸해서 이름 지어졌다. 도가의 책에서는 천 년 된 구기는 그 모양이 개와 같으므로 구라는 이름을 얻었다고 했는데, 그런지 모르겠다)라고 기록했다.

29 『조선식물명휘』(1922)는 '烟葉, 菸葉, 되초(嗜好料)'를 기록했으며 『선명대화명지부』(1934)는 '대초'를 기록했다.

담배라는 이름은 포르투갈어 Tobacco(토바코)가 일본어 タバ
コ(타바코)가 되었고, 이것이 우리나라에 전래되었을 때 담파
고(淡婆姑)로 기록되어 담파고→담파귀→담븨→담배로 변화
한 것에서 유래했다.[30] 남아메리카 원산으로 잎을 말아 기호용
으로 피우고 약재로 사용하기도 한다.[31] 17세기에 저술된 『지
봉유설』은 "淡婆姑 草名 亦號南靈草 始出倭國"(담배는 풀이름
인데 남령초라고도 하며, 왜국에서 들어왔다)이라고 기록했는데,
이즈음에 전래된 것으로 추정된다.[32]

속명 Nicotiana는 담배를 처음으로 프랑스(1560년)와 포
르투갈에 소개했고 포르투갈 대사를 역임한 프랑스 외교관
Jean Nicot(1530~1600)의 이름에서 유래했으며 담배속을 일
컫는다. 종소명 tabacum은 담배의 인디언 이름에서 유래했다.

다른이름 담배(정태현 외, 1936), 연초(정태현 외, 1937)

옛이름 淡婆姑/南靈草(지봉유설, 1614), 南靈草/淡泊塊(계곡만필, 1635), 煙/담븨/담바구(동문유해,
1748), 煙/담븨/다마가(몽어유해, 1768), 西草(일성록, 1786), 煙草/佗波古/希施婁/貧報草(청장관전서,
1795), 烟草/담븨(해동농서, 1799), 烟草/담파귀(물보, 1802), 南草/西草(순조실록, 1808), 烟草/담븨/淡婆
姑/淡泊姑/忘憂草(광재물보, 19세기 초), 煙草/담븨/淡巴姑(몽유편, 1810), 菸/南艸/煙茶/淡巴菰/痰破膏
(연경, 1810), 남녕/담븨(화왕본긔, 19세기 초), 南草/담븨/澹泊塊(물명고, 1824), 西草(부연일기, 1828), 南
草/담바(동언고, 1836), 淡婆姑/南靈草(오주연문장전산고, 185?), 煙草/담븨(의종손익, 1868), 煙草/연쵸/
담바고/담베/南草/남초(명물기략, 1870), 南草/담븨(의휘, 1871), 담븨(농가월령가, 1876), 담븨/南草/담파
고/痰破姑(한불자전, 1880), 담븨/南草/남초(한영자전, 1890), 葉草/닙담배(국한회어, 1895), 南草/담븨(박
물신서, 19세기), 煙草/담배(선한약물학, 1931), 담배/담박귀(조선구전민요집, 1933), 담배/담베(조선어표준
말모음, 1936)[33]

중국/일본명 중국명 烟草(yan cao)는 연기가 나는 풀이라는 뜻이다. 일본명 タバコ(煙草)는 포르투갈
어를 일본어로 차음한 것에서 유래했다.

---

30 이러한 견해로 이우철(2005), p.166; 김무림(2015), p.292; 백문식(2014), p.143; 장충덕(2007), p.110; 김동진·조항범(2001),
   p.86; 박영수(1997), p.161; 장진한(2001), p.98; 김인호(2001), p.117 참조.
31 이에 대해서는 『한국의 민속식물』(2017), p.1010 참조.
32 이러한 견해로 신규환·서홍관(2001), p.623 이하 참조. 한편 이재운 외(2008), p.174는 광해군 재위 시절인 1618년에 일본
   또는 중국 베이징을 내왕하던 상인을 통해 들어온 것으로 추정하고 있으며, '南草'(남초)와 '倭草'(왜초)라는 이름은 일본
   에서 전래된 것을 알려주며 '西草'(서초)라는 이름은 베이징에서 전래되었거나 예수교인이 전래한 것을 알려준다고 한다.
33 『조선어사전』(1920)은 '南草(남초), 淡婆古(담파고), 淡婆姑(담파고), 煙草(연초), 담배, 담베'를 기록했으며 『조선식물명휘』
   (1922)는 '煙草, 烟草, 담븨, 연초(嗜好料)'를, 『토명대조선만식물자휘』(1932)는 '[淡巴菰]담파고, [淡婆姑]담파고, [담파구],
   [담배], [담베], [煙草]연초, [南艸]남초, [西草]서초'를, 『선명대화명지부』(1934)는 '담배, 연초'를 기록했다.

참고 [북한명] 담배 [유사어] 남령초(南靈草), 남초(南草), 망우초(忘憂草) [지방명] 담배싹/담보/담부/딤배/봉초담배(강원), 다임배/단배/딤배/심심초/엽초(경남), 담보/담부/담비/딤배(경북), 덤배/덤베/딤배(전남), 담배나무/담배잎/담뱃대/딤배(전북), 남초/속/시름초/시름췌(제주), 단바/담바/헤로/히로(함남), 담바귀/딤바귀/시로/초담배/히로(함북)

Physalis Alkekengi Linné　ホホヅキ
Ĝwari　꽈리

꽈리〈*Physalis alkekengi* L. var. *franchetii* (Mast.) Makino(1908)〉

꽈리라는 이름은 '꼬다'(꼬다)에 둥근 것을 뜻하는 접미사 '아리'가 합쳐진 말로, '꼬여 있는 둥근 모양의 것'이라는 뜻에서 유래했다.[34] 꽃이 진 후 꽃받침이 부풀어 열매를 감싸며 열매는 가을에 붉게 익는데, 열매를 약용 및 식용했다.[35] 꽈리라는 이름은 열매의 모양에서 유래한 것으로, 꽈리고추나 허파꽈리 등에 확장되어 쓰인다. 옛 문헌에 기록된 생약명 '酸漿'(산장)은 신맛이 나는 풀이라는 뜻으로 열매의 맛에서 비롯한 이름인데,[36] 중국에서는 *Physalis alkekengi* L.(1753)을 일컫는 이름으로 사용하고 있다. 한편 입에 대고 불면 '꽈, 꽈' 하고 소리가 나는 것에서 유래한 이름으로 보는 견해도 있다.[37]

속명 *Physalis*는 그리스어 *physa*(방광, 주머니)가 어원으로, 부풀어 오른 꽃받침의 모양 때문에 붙여졌으며 꽈리속을 일컫는다. 종소명 *alkekengi*는 꽈리의 아랍명에서 유래했으며, 변종명 *franchetii*는 프랑스 분류학자로 주로 중국과 일본 식물을 연구한 Adrien René Franchet(1834~1900)의 이름에서 유래했다.

다른이름 쫘리/쌍괄(정태현 외, 1936), 땅꽐(정태현 외, 1942), 꼬아리(박만규, 1949), 때꽐(안학수·이춘녕, 1963)

옛이름 酸漿/叱利阿里(향약채취월령, 1431), 酸漿/叱科阿里(향약집성방, 1433),[38] 酸漿草/쏸쟝촐/꽈리(구급방언해, 1446), 酸漿/叱利阿里/쇠와리(촌가구급방, 1538), 酸漿/쇠아리(동의보감, 1613), 紅姑娘/쇠

---

34 이러한 견해로 백문식(2014), p.95 참조.

35 이에 대해서는 『조선산야생약용식물』(1936), p.205와 『조선산야생식용식물』(1942), p.185 참조.

36 중국의 『본초강목』(1596)은 "酸漿 以子之味名也"(산장은 씨의 맛 때문에 이름 지어졌다)라고 기록했다.

37 이러한 견해로 손병태(1990), p.22 참조.

38 『향약집성방』(1433)의 차자(借字) '叱科阿里'(질과아리)에 대해 남풍현(1999), p.176은 '쐐아리'의 표기로 보고 있다.

아리(역어유해, 1690), 酸漿/꼬아리(사의경험방, 17세기), 紅姑娘/꼬아리(동문유해, 1748), 紅姑娘/꼬아리 (방언집석, 1778), 紅姑娘/꼬아리(한청문감, 1779), 酸漿/꼬아리(재물보, 1798), 酸漿/燈籠果/꼬아리(물보, 1802), 酸漿/酸蔣/꼬아리(몽유편, 1810), 酸漿/꼬아리(광재물보, 19세기 초), 산장/꼬아리(화왕본긔, 19세 기 초), 酸漿/꼬아리/燈籠草/王母珠/紅姑娘(물명고, 1824), 酸漿/꾸아리(의종손익, 1868), 酸漿/산쟝/꼬 아리(명물기략, 1870), 酸醬/대꼬아리(의휘, 1871), 꼬아리(한불자전, 1880), 酸漿/꾸아리(방약합편, 1884), 酸醬/꽈리(국한회어, 1895), 紅卵子/꼬아리(박물신서, 19세기), 馬藍/꼬아리(의서옥편, 1921), 꼬아리/酸漿 (조선어사전[심], 1925), 꽈리/꼬아리/꾸아리(조선어표준말모음, 1936)[39]

중국/일본명 중국명 挂金灯(gua jin deng)은 열매의 모양이 걸려 있는 황금 등잔 같다는 뜻이다. 일본 명 ホホヅキ(鬼灯/酸漿)는 열매의 모양이 귀신 등잔 같다는 뜻이다.

참고 [북한명] 꽈리 [유사어] 고랑채(姑娘菜), 등롱초(燈籠草), 산장(酸漿), 왕모주(王母珠), 홍고랑(紅 姑娘) [지방명] 깨리/쾌리(강원), 깽까리/꽈리나무/꽈리넝쿨/땅까리/띠낄레(경기), 까리/깽매이/땡깔/ 땡꽐/뚜가리/뚜갈/뚜깔(경남), 가리/까리/깔/꾀리/뚜가리/뚜꽈리(경북), 까루/꼬왈/꽈루/꽐/때가리/ 때깔/떼갈/떼깔/떼꽐/떼알/떼왈/뙤깔/띠알/먹떼깔/목떼깔/밭떼깔/분떼왈/왕떼깔/집떼깔/참떼왈(전 남), 꽈루/때가리/때깔/때꽐/때왈/떼깔/떼꽐/떼알/떼왈/뙤깔(전북), 귀/물풋개/불추기/푸께/푸께기/ 푼철귀/푼철귀/풀채기/풋게/하눌푹게/하눌푼철/하눌푼철귀(제주), 때꼴/땡꼴/방앗대꼬리/봉지때꼬 리/산꽈리/주머니딸기(충남), 꾸아리(충북), 꽁아리/꽁알/꾀아리(함남), 꽈지/땅꽈리/집꽈리(함북)

Physalis angulata Linné　センナリホホヅキ
Đang-ĝwari　땅꽈리

땅꽈리⟨*Physalis angulata* L.(1753)⟩

땅꽈리라는 이름은 '땅'(地)과 '꽈리'(酸漿)의 합성어로, 꽈리를 닮았는데 작게 땅에 붙어 자란다는 뜻에서 유래했다. 열대 아메리카 원산으로 약용 목적으로 도입했다가 중부 이남의 밭가와 길가 등에 귀화한 식물로 꽈리보다 작게 자란다. 19세기에 저술된 『물명고』는 '싸꼬아리'를 기록했는 데, '싸'는 땅(地)의 옛말이므로 현재의 땅꽈리와 같은 뜻의 이름이다.

　속명 *Physalis*는 그리스어 *physa*(방광, 주머니)가 어원으로, 부풀어 오른 꽃받침의 모양 때문에 붙여졌으며 꽈리속을 일컫는다. 종소명 *angulata*는 '능각(稜角)이 있는'이라는 뜻이다.

다른이름 때꽈리/덩굴꼬아리/좀꼬아리(박만규, 1949), 애기땅꽈리(정태현 외, 1949), 덩굴꽈리(박만규,

---

39　『제주도및완도식물조사보고서』(1914)는 'ハナルプクカイ'[하눌푹게]를 기록했으며 『조선한방약료식물조사서』(1917)는 '꾸아리, 酸漿'을, 『조선어사전』(1920)은 '酸漿(산쟝), 燈籠草(등롱초), 王母珠(왕모쥬), 紅姑娘(홍고냥), 꼬아리'를, 『조선식물명 휘』(1922)는 '酸漿草, 姑娘菜, 꽈리(觀賞)'를, 『토명대조선만식물자휘』(1932)는 '[酸漿草]산롱초, [燈籠草]등롱초, [王母珠]왕 모쥬, [紅姑娘]홍고냥, [꼬아리], [꾸아리], [고아방두귤]'을, 『선명대화명지부』(1934)는 '꽈리'를 기록했다.

1974)

옛이름 苦蘵/따소아리/紅姑娘(광재물보, 19세기 초), 苦蘵/따소아리/黃蒢(물명고, 1824)[40]

중국/일본명 중국명 苦蘵(ku zhi)는 쓴맛이 나는 땅꽈리 종류라는 뜻이다. 일본명 センナリホホヅキ(千成酸漿)는 작은 열매가 1천 개가 될 정도 많이 달리는 꽈리(ホホヅキ)라는 뜻이다.

참고 [북한명] 땅꽈리 [유사어] 고직(苦蘵), 천포자(天泡子) [지방명] 하눌깽까리(경기), 당깔/두까리/두깔/땅깔/땅깔나무/땡갈/땡까리/땡꽐/땡칼/뚜까리/띵깔(경남), 두까리/따까리/땅꽁알/땅꽁알/뚜까리/지호초(경북), 때갈/때알/땡꽐/띠알/참땡갈/하눌때왈/하늘때괄/하늘때꽐/하늘때왈/하늘땡갈(전남), 때갈(전북), 말푸께/밀푸께/밀푼철귀/불체기/팟푸께/푸게기/푸께/푸께기/푹게/푼철귀/풀처귀/풀철귀/출체기/하늘푸께(제주)

○ Scopolia japonica Maxim. var. parviflora *Nakai* テウセンハシリドコロ
Michigwangi 미치광이 莨菪

미치광이풀〈*Scopolia japonica* Maxim.(1873)〉

미치광이풀이라는 이름은 독성이 강해 많이 먹으면 사람을 미치게 하는 풀이라는 뜻에서 유래했다.[41] 전초에 독성이 있으며, 땅속줄기와 잎을 약용했다.[42] 『동의보감』은 莨菪子(낭탕자)에 대해 "有大毒 主齒痛出蟲 多食令人狂走 見鬼"(독이 많다. 치통에 주로 써서 벌레를 나오게 한다. 많이 먹으면 미쳐 날뛰고 헛것이 보이게 된다)라고 기록해 이름의 유래를 뒷받침한다. 한편 광증(미친병)에 약용하는 것에서 유래한 이름이라는 견해가 있으나,[43] 정확한 근거가 있지는 않은 것으로 보인다. 옛 문헌에 기록된 '莨菪'(낭탕)이라는 이름은 중국에서 전래된 것으로 사람이 먹으면 미치게 하거나 또는 방탕하게 된다는 뜻에서 유래한 것으로 미치광이풀과 그 뜻이 통한다.[44] 莨菪(낭탕)에 대한  한글명으로 기록된 '초우웡'은 식물성 우황(牛黃)이라는 뜻으로, 통증을 완화시켜 주는 약성에서 유래한 이름으로 이해된다. 『물명고』에 기록된 '니알히풀'은 이앓이풀이라는 뜻으로, 치통 치료에

---

40 『제주도및완도식물조사보고서』(1914)는 'キャベロンケ'[가베롬게]를 기록했으며 『조선식물명휘』(1922)는 '苦蘵'을 기록했다.
41 이러한 견해로 이유미(2013), p.93과 권순경(2018.5.18.) 참조.
42 이에 대해서는 『한국식물도감(하권 초본부)』(1956), p.522 참조.
43 이러한 견해로 이우철(2005), p.242 참조.
44 중국의 『본초강목』(1596)은 "莨菪一作(竹/閬)(石+募) 其子服之 令人狂狼放宕 故名"(낭탕은 여탕이라고도 한다. 그 씨를 복용하면 사람을 미치게 하거나 방탕하게 만들기 때문에 이름 지어졌다)이라고 기록했다.

사용한 것에서 유래한 이름이다. 그러나 옛 문헌의 莨菪子(낭탕자)가 어떤 식물을 의미하는지는 논란이 있으며 사리풀로 보기도 한다.[45] 『조선식물향명집』은 '미치광이'로 기록했으나 『우리나라 식물명감』에서 '미치광이풀'로 기록해 현재에 이르고 있다.

속명 *Scopolia*는 오스트리아 학자 J. A. Scopoli(1723~1788)의 이름에서 유래했으며 미치광이풀속을 일컫는다. 종소명 *japonica*는 '일본의'라는 뜻으로 발견지 또는 분포지를 나타낸다.

다른이름 미치광이(정태현 외, 1937), 광대작약/미친풀/이박사풀(정태현 외, 1949), 리박사풀(도봉섭 외, 1956), 낭탕/초우엉(안학수·이춘녕, 1963), 초우성(안학수 외, 1982), 안질풀(한진건 외, 1982), 독뿌리풀(김현삼 외, 1988)

옛이름 莨菪子/牛黃/天仙子(향약채취월령, 1431), 莨菪子/天仙子(향약집성방, 1433), 天仙子(세종실록지리지, 1454), 莨菪(의방유취, 1477), 莨菪/초우황(언해구급방, 1608), 莨菪子/초우웡찌(동의보감, 1613), 莨菪(의림촬요, 1635), 莨菪毒/초우웡찌(산림경제, 1715), 莨菪/초우웡/天仙子(광재물보, 19세기 초), 莨菪/니알히풀/쵸우웡/天仙子(물명고, 1824), 莨菪草/天仙子(오주연문장전산고, 185?), 니아리풀씨(녹효방, 1873), 莨菪子(방약합편, 1884), 莨菪/초우엉(의서옥편, 1921), 莨菪/초우웡(선한약물학, 1931)

중국/일본명 중국에는 분포하지 않는 식물이며, '중국식물지'는 천선자(天仙子: 사리풀)의 다른이름으로 莨菪(lang dang)을 기재하고 있다. 일본명 テウセンハシリドコロ(朝鮮走野老)는 한반도에 분포하며 땅속줄기가 독성이 있는 것이 마과의 도코로(ドコロ)를 닮았다는 뜻이다.

참고 [북한명] 독뿌리풀/안질풀[46] [유사어] 낭탕(莨菪), 천선자(天仙子) [지방명] 낭탕근(경기), 초우(전남), 이앓이풀(충남)

Solanum Lycopersicum *Linné* アカナス(トマト) (栽)
Ilnyòngam 일년감(도마도)

토마토〈*Lycopersicon esculentum* Mill.(1768)〉[47]
토마토라는 이름은 영어 tomato에서 유래한 것으로, 멕시코 남부의 원주민이 사용하던 나우아틀(Nahuatl)어의 tomatl(부풀어 오른 열매)이 어원이며 스페인어 tomate를 거쳐 영어의 tomato가 형

---

45 『(신대역) 동의보감』(2012), p.2056은 사리풀을 '莨菪子'(낭탕자)로 보고, 안덕균(2014), p.849는 미치광이풀을 '東莨菪'(동낭탕)이라고 하여 낭탕자의 일종으로 보고 있다. 한편 『조선식물도설(유독식물편)』(1948)은 한약(漢藥)의 '莨菪子'(낭탕자)는 사리풀이지만 일본약국방의 '莨菪'(낭탕)은 왜미치광이(미치광이풀)라는 취지로 기록했다.

46 북한에서는 S. parviflora를 '독뿌리풀'로, S. japonica를 '안질풀'로 하여 별도 분류하고 있다. 이에 대해서는 리용재 외 (2011), p.323 참조.

47 '국가표준식물목록'(2018)은 토마토의 학명을 Solanum lycopersicum L.(1768)로 기재하고 있으나, 『장진성 식물목록』 (2014)은 이를 본문 학명의 이명(synonym)으로 기재하고 있다. 한편 '세계식물목록'(2018)은 각각을 정명으로 기재하고 있으므로 주의를 요한다.

성된 것으로 알려져 있다. 남아메리카 원산으로 우리나라에는 17세기 초반에 저술된 『지봉유설』에 南蠻柿(남만시)로 기록된 것에 비추어 그 이전에 중국으로부터 전래된 것으로 보인다.[48] 『조선식물향명집』은 한해살이풀로 자라는 감이라는 뜻의 '일년감'으로 기록했으나, 『대한식물도감』에서 영어에서 유래한 '토마토'로 개칭해 현재에 이르고 있다.

속명 *Lycopersicon*은 강한 냄새가 나는 노란색 즙이 있는 이집트의 어떤 식물에 대한 그리스명 *lykopersicon*에서 유래했는데, *lycos*(늑대)와 *persicon*(복숭아)의 합성어로 식물의 독성을 나타낸 것이라는 설이 있으며 토마토속을 일컫는다. 종소명 *esculentum*은 '식용의'라는 뜻으로 식용으로 재배하는 것에서 유래했다.

다른이름 일년감/도마도(정태현 외, 1937), 땅감(박만규, 1949)

옛이름 南蠻柿(지봉유설, 1614), 蕃柿(임원경제지, 1842), 南蠻杮(오주연문장전산고, 185?), 蕃茄(해장집, 1865)[49]

중국/일본명 중국명 蕃茄(fan qie)는 무성히 자라는 가지 또는 붉은 가지라는 뜻이다. 일본명 アカナス(赤茄子)는 빨갛게 익는 가지라는 뜻이다.

참고 [북한명] 도마도 [유사어] 남만시(南蠻杮), 번가(蕃茄), 번시(蕃柿) [지방명] 토매끼/톰배기(강원), 땅감(경기), 땅감/똠박(전남), 땅감(전북), 땅꽁아리(평북), 단주애/버미돌/범돌/토맥(함남), 단주애/버미돌/범돌/베미돌/토맥(함북)

Solanum lyratum *Thunberg* ヒヨトリジヨウゴ
Baepungdung 배풍등 排風藤

배풍등〈*Solanum lyratum* Thunb.(1784)〉

배풍등이라는 이름은 한자명 '排風藤'(배풍등)이 어원으로, 약으로 쓰면 풍(風)을 물리치고 등나무처럼 덩굴식물이라는 뜻에서 유래했다.[50] 열매는 가을에 붉게 익으며 예부터 약용했다.[51] 옛 문헌에 널리 약재로 기록되지 않았으나, 19세기 초에 저술된 『광재물보』에 중국에서 전래된 '白英'(백영)이라는 이름과 함께 '排風'(배풍)이라는 이름이 기록된 것으로 보아 식물에 대한 인식은 있었던 것으로 보인다.

---

48 『지봉유설』(1614)은 "南蠻柿者 草柿也 春生秋實 其味似杮 本出南蠻 近有使臣得種於中朝以來"(남만시라고 하는 것은 풀로 된 감이다. 봄에 싹이 나서 가을에 열매가 맺는데 그 맛이 감과 비슷하다. 본래 남만에서 나는 것인데 최근에 사신이 종자를 중국에서 얻어 조선에 전래되었다)라고 기록했다.

49 『제주도및완도식물조사보고서』(1914)는 'トルニョンカル'[돌논갈]을 기록했으며 『조선식물명휘』(1922)는 '蕃茄, 일년감(食)'을, 『토명대조선만식물자휘』(1932)는 '[蕃茄]번가, [洋茄子]양가지'를, 『선명대화명지부』(1934)는 '일년감'을 기록했다.

50 이러한 견해로 이우철(2005), p.263과 김종원(2013), p.768 참조.

51 이에 대해서는 『조선삼림식물도설』(1943), p.631 참조.

속명 *Solanum*은 *sol*(태양)을 어원으로 하여 태양의 식물이라는 뜻으로 고대 의학자 플리니우스(Plinius)가 까마중으로 추정되는 식물에 붙인 이름인데, *solor*(진정시키다)가 어원으로 식물의 진정 작용 효과에서 유래한 것이란 설도 있으며 가지 속을 일컫는다. 종소명 *lyratum*은 '머리 쪽이 크고 날개 모양으로 갈라지는, 하프(lyra) 모양의'라는 뜻이다.

다른이름 배풍등나무(한진건 외, 1982)

옛이름 白英/穀菜/白草/排風(광재물보, 19세기 초), 白英(수세비결, 1929)[52]

중국명/일본명 중국명 白英(bai ying)은 흰색의 꽃이 피는 것에서 유래했다.[53] 일본명 ヒヨトリジヨウゴ(鵯上戸)는 직박구리가 이 식물의 열매를 먹는 모양이 술 취한 사람들이 모여 있는 것과 유사하다는 뜻이다.

참고 [북한명] 배풍등 [유사어] 백모등(白毛藤) [지방명] 구래밥/구렁이밥/구례밥/단독초/단독풀(전남), 소나쿨(제주), 땡깔(충남)

Solanum Melongena *Linné*   ナスビ(ナス)   笳
Gaji   가지   (栽)

가지〈*Solanum melongena* L.(1753)〉

가지라는 이름은 한자명 '茄子'(가자)가 어원으로, '子'(자)의 중세 국어 발음은 'ᄌᆞ'이지만 고대 국어 발음이 '지'이기 때문에 '가지'로 기록된 것에서 유래했다.[54] 인도 원산의 재배식물로 열매를 식용하고 줄기와 열매 등은 약용했다.[55] 오래전부터 '가ᄌᆞ'가 아닌 '가지'로 불린 것은 중세 국어 형성 이전에 가지가 도입되었다는 것을 뜻한다. 중국을 통해 전래된 것으로 보이는데, 『해동역사』는 당나라 때의 『유양잡조』와 송나라 때의 『본초연의』를 인용하여 신라에서 가지가 재배되었음을 기록했고, 『동의보감』에도 신라의 가지 재배와 생산에 관한 기록이 있는 것에 비추어 삼국 시대 또는 그 이전부터 재배해왔음을 알 수 있다.[56]

---

52 『제주도및완도식물조사보고서』(1914)는 'イルソクル, ソナクル'[일소쿨, 소나쿨]을 기록했으며 『조선식물명휘』(1922)는 '白英, 排風藤'을 기록했다.

53 중국의 『본초강목』(1596)은 "白英謂其花色 穀菜象其葉文 排風言其功用 鬼目象其子形"(백영은 꽃의 색을 말하고 곡채는 잎의 문양을 말하고 배풍은 효용과 쓰임을 말하며 귀목은 씨의 모양을 따른 것이다)이라고 기록했다.

54 이러한 견해로 이우철(2005), p.33; 김무림(2015), p.61; 백문식(2014), p.21; 한태호 외(2006), p.24; 장충덕(2007), p.47 참조.

55 이에 대해서는 『한국의 민속식물』(2017), p.1017 참조.

56 『동의보감』(1613)은 "新羅國出一種 淡光微紫色 蔕長味甘"(신라국에서 나는 가지는 약간 반들거리면서 연한 자줏빛이 나고 꼭지가

속명 *Solanum*은 sol(태양)을 어원으로 하여 태양의 식물이라는 뜻으로 고대 의학자 플리니우스(Plinius)가 까마중으로 추정되는 식물에 붙인 이름인데, *solor*(진정시키다)가 어원으로 식물의 진정 작용 효과에서 유래한 것이란 설도 있으며 가지속을 일컫는다. 종소명 *melongena*는 '오이로 되는'이라는 뜻으로 열매가 오이와 비슷한 모양인 것에서 유래했다.

다른이름 가지(정태현 외, 1936), 까지(박만규, 1949)

옛이름 茄(동국이상국집, 1241), 가지/茄子(구급방언해, 1466), 茄/蔓菁(조선관역어, 15세기 말), 茄子/가지(구급간이방언해, 1489), 茄子/가지(번역노걸대, 1517), 茄/가지(훈몽자회, 1527), 茄/가지(신증유합, 1576), 茄子/가지(동의보감, 1613), 茄子/가지(노걸대언해, 1670), 茄子/가지(역어유해, 1690), 茄子/가지(동문유해, 1748), 茄子/가지(몽어유해, 1768), 茄子/가지(방언집석, 1778), 茄子/가지(한청문감, 1779), 茄/가지(왜어유해, 1782), 茄/가지(재물보, 1798), 茄子/가지(제중신편, 1799), 가지/茄子(물보, 1802), 가지(규합총서, 1809), 茄/가지(몽유편, 1810), 茄/가지/落蘇(광재물보, 19세기 초), 茄子/가지/落蘇(물명고, 1824), 茄子/가지(해동역사, 1841), 茄子/가지(자류주석, 1856), 茄子/가지(의종손익, 1868), 가지(농가월령가, 1876), 茄子/가즈/가지(명물기략, 1870), 가지/茄(한불자전, 1880), 茄子/가지(방약합편, 1884), 茄/가지(국한회어, 1895), 茄/가지(아학편, 1908), 茄子/가지(자전석요, 1909), 茄子/가지(신자전, 1915), 茄子/가지(의서옥편, 1921), 가지/茄子/가즈(조선어사전[심], 1925), 가지/까지곳(조선구전민요집, 1933)[57]

중국/일본명 중국명 茄(qie)는 가지를 일컫는 한자이지만 정확한 유래는 알려져 있지 않다.[58] 일본명 ナス(茄)는 옛말 ナスビ가 축약된 것이지만 여러 견해가 있을 뿐 그 정확한 유래는 알려져 있지 않다.

참고 [북한명] 가지 [유사어] 가자(茄子), 번가(蕃茄) [지방명] 가젱이(강원), 까재/까지/까찌(경남), 가재기/가제/가제이/가젱이/까지/까찌(경북), 까지(전라/충북)

Solanum nigrum *Linné*　イヌホホヅキ　龍葵
Ĝamajuñ　까마중(강태·깜뚜라지)

까마중〈*Solanum americanum* Mill.(1768)〉[59]
까마중이라는 이름은 열매가 검고 둥근 것에서 유래했다.[60] 전초와 뿌리를 약용했고, 가을에 검게

길며 맛이 달다)이라고 기록했다.

57 『조선어사전』(1920)은 '茄子(가즈), 가지'를 기록했으며 『조선식물명휘』(1922)는 '茄, 茄子, 가지(食)'를, 『토명대조선만식물자휘』(1932)는 '[茄子]가즈, [가지]'를, 『선명대화명지부』(1934)는 '가지'를 기록했다.

58 중국의 『도경본초』(1061)는 "按段成式云 茄音加乃蓮莖之名 今呼茄菜 其音若伽 未知所自也"(단성식은 '茄'의 음은 加인데 바로 연 줄기의 이름이다. 지금은 가채라고 부르고 음은 伽와 같지만 유래한 바를 모르겠다고 한다)라고 기록했다.

59 '국가표준식물목록'(2018)은 까마중〈*Solanum nigrum* L.(1753)〉과 미국까마중〈*S. americanum*〉을 별도 분류하고 있으나, 『장진성 식물목록』(2014)과 '세계식물목록'(2018)은 *S. nigrum*을 이명(synonym)으로 처리하고 *S. americanum*에 통합하고 있으므로 주의가 필요하다.

60 이러한 견해로 이우철(2005), p.28; 유기억(2018), p.175; 김종원(2013), p.140 참조.

익는 열매를 식용했다.[61] 최초의 한글명은 『구급간이방언해』의 '가마조싀'로 '가마'와 '조싀'의 합성어이다. '가마'는 검다(黑)는 뜻이다.[62] 15세기 초반에 저술된 『사성통해』는 '荸薺'(발제: 올미 또는 올방개)의 한글명을 '조싀'라고 하고 있는데, 약용하는 뿌리가 둥근 모양이다. 이에 비추어 '가마조싀'는 검은 것과 둥근 모양의 특징에 착안한 것으로, 열매의 모양 때문에 붙여진 이름으로 보인다. 『조선식물향명집』은 당시 실제 사용하던 '까마중'을 기록해 현재에 이르고 있다.

속명 *Solanum*은 sol(태양)을 어원으로 하여 태양의 식물이라는 뜻으로 고대 의학사 플리니우스(Plinius)가 까마중으로 추정되는 식물에 붙인 이름인데, solor(진정시키다)가 어원으로 식물의 진정 작용 효과에서 유래한 것이란 설도 있으며 가지속을 일컫는다. 종소명 *americanum*은 '아메리카의'라는 뜻으로 발견지를 나타낸다.

다른이름 싸마중(정태현 외, 1936), 강태/깜뚜라지(정태현 외, 1937), 가마중(정태현 외, 1942), 먹딸(박만규, 1949), 먹때꽐(안학수·이춘녕, 1963), 까마종이(이영노, 2002)

옛이름 龍葵菜/加亇曹而(향약채취월령, 1431), 龍葵(향약집성방, 1433), 龍葵/가마조싀(구급간이방언해, 1489), 龍葵/싸마종이(언해구급방, 1608), 龍葵/가마조이(동의보감, 1613), 天茄子/가마종이(역어유해, 1690), 龍葵/天茄子/가마종이(방언집석, 1778), 龍葵/가마종이(재물보, 1798), 龍葵/天茄/가마쟈종이(물보, 1802), 龍葵/가마종이/苦葵(광재물보, 19세기 초), 뇽규/가마종이(화왕본긔, 19세기 초), 龍葵/가마종이/天茄子/苦葵(물명고, 1824), 龍葵/가마종이(의종손익, 1868), 龍葵/롱규/가마종이/天茄子(명물기략, 1870), 龍葵/까무종이(의휘, 1871), 龍葵/가마종이/가마종이(녹효방, 1874), 가마종이(한불자전, 1880), 龍葵/가마종이(방약합편, 1884), 龍葵/싸마종이(박물신서, 19세기)[63]

중국/일본명 중국명 龙葵(long kui)는 약성을 해바라기(또는 아욱)에 빗댄 것에서 유래했다.[64] 일본명 イヌホホヅキ(犬酸漿)는 꽈리(ホホヅキ)와 비슷하다는 뜻이다.

참고 [북한명] 까마중 [유사어] 야가자(野茄子), 용규(龍葵), 천가묘아(天茄苗兒), 천가자(天茄子) [지방명] 간탕/감탕/까먹딸/꺼먹딸(강원), 감통나물/까마데기/까마동/까마둥이/까마딩이/까마주/까막사리/깜탕/깜통/깜풍/땅꼴레미(경기), 개댕깔/개뚝갈/개멀구/까막주/때깔나무/땡깔/명때깔/명땡깔/참땡깔(경남), 개머루/개멀구/개멀나무/괴물/까마구찌/까마초(경북), 개멀구/까마죽/깐치밥/깨금/깨금나무/깨금조세/깨음/떼갈/떼깔/먹구슬나무/먹달나무/먹때깔/먹때깔나무/먹때꽐/먹때알나무/먹때왈/먹땡갈/먹떼갈/먹떼깔/먹떼왈/먹띠알/먹띠알나무/밭떼깔/밭떼왈/참떼깔(전남), 검은떼알/깐치밥/꺼먹대가리/먹달강/먹달기/먹달나무/먹때깔/먹때알/먹때왈/먹땡갈/먹떼깔/먹떼알/먹떼왈/목떼

---

61 이에 대해서는 『조선산야생약용식물』(1936), p.206과 『한국식물도감(하권 초본부)』(1956), p.523 참조.

62 백문식(2014), p.16은 새 '가마우지'에 대한 옛말 '가마오디'의 '가마'를 검다(黑)는 뜻으로 보고 있다.

63 『제주도및완도식물조사보고서』(1914)는 'ベロンケ, ケサントン'[베롱개, 개삼동]을 기록했으며 『조선어사전』(1920)은 '龍葵(용규), 싸마종이'를, 『조선식물명휘』(1922)는 '野茄子, 龍葵, 싸마중(救, 毒)'을, 『토명대조선만식물자휘』(1932)는 '[龍葵]롱규, [가마종이]'를, 『선명대화명지부』(1934)는 '삽도라지, 싸마죵(중)'을 기록했다.

64 중국의 『본초강목』(1596)은 "龍葵 言其性滑如葵也"(용규는 그 성질이 해바라기처럼 매끄러운 것을 말한다)라고 기록했다.

깔/한밥떼알(전북), 개베롱개/개불낭/개삼동/개삼동낭/도레미/말오좀/메롱개/물오동낭/베롱개/삼동
(제주), 거먹딸갱이/거먹사리/거먹살/까막싸리/꺼먹달/꺼먹달구/꺼먹대골/꺼먹대꼴/꺼먹딸갱이/꺼
먹딸기나무/꺼먹대꼴/꺼먹땡꼬/때까루나무/때꽐나무/먹달구/먹달나무(충남), 개꽈리(충북), 감태/
깜태(함북), 깜도라지/깜뚜라지(황해)

Solanum tuberosum Linné　ジャガイモ(ジャガタライモ)
Gamja　감자　馬鈴薯 (栽)

감자〈Solanum tuberosum L.(1753)〉

감자라는 이름은 한자명 '甘藷'(감저)가 어원으로, 이에 대한 옛 발음 '감져'가 이후 '감자'로 변화
한 것에서 유래했다.[65] 남아메리카 원산으로 잎과 줄기 및 덩이줄기(괴경)를 식용한다.[66] 우리나라
에는 19세기 초경 중국으로부터 전래된 것으로 알려져 있다.[67] 1850년대 중반에 저술된『오주연
문장전산고』는 "北藷 純廟甲申 乙酉之間 自北徹忽出土甘藷者 一名北甘藷 其狀與南藷迥殊 更非蔓
生 特以根魁如藷"[북저는 순조 갑신년과 을유년(1824~1825) 사이에 도입되었는데 북쪽에 돌아 땅에서 감저
라는 것이 생산되는데 일명 북감저라고도 한다. 그 모양이 남저(고구마)와 더불어 특이하다. 줄기로는 자라지
않는데 뿌리가 마와 비슷하게 크다]라고 기록했다. 19세기 중엽에 저술된『원저보』는 북방으로부터
감자가 들어온 지 7, 8년이 되는 1832년 영국의 상선이 전라북도 해안에서 약 1개월간 머물고 있
을 때, 배에 타고 있던 선교사가 씨감자를 나누어주고 재배법을 가르쳐주었다는 취지로 기록하기
도 했다. 조선 후기 문헌의 甘藷(감저)는 현재의 감자와 고구마 중 어느 식물을 일컫는지 모호하거
나 혼용되기도 했는데,『오주연문장전산고』는 감자를 '北甘藷'(북감저), 고구마를 '南甘藷'(남감저)
라고 기록하기도 했다. 이후 고구마라는 한글명이 정착되면서 甘藷(감저)는 점차 감자를 일컫는 것
으로 정착된 것으로 보인다. 한자명 '甘藷'(감저)가 '감ᄌ' 또는 '감자'로 바뀐 이유는 분명하지 않은
데, '藷(저)'와 '蔗(자)'가 모두 '사탕수수'를 뜻하기도 했기 때문에 발음의 혼용에서 발생했을 것으
로 추론된다.[68]

　속명 Solanum은 sol(태양)을 어원으로 하여 태양의 식물이라는 뜻으로 고대 의학자 플리니우
스(Plinius)가 까마중으로 추정되는 식물에 붙인 이름인데, solor(진정시키다)가 어원으로 식물의
진정 작용 효과에서 유래한 것이란 설도 있으며 가지속을 일컫는다. 종소명 tuberosum은 '덩이

---

[65] 이러한 견해로 이우철(2005), p.40; 김무림(2015), p.80; 백문식(2014), p.27; 한태호 외(2006), p.25; 장충덕(2007), p.30 참조.
　한편 김인호(2001a), p.177은 '감자'를 고유어로 보고 '甘藷'는 고유어를 한자음으로 옮긴 것으로 보고 있으나 어원학적 근
　거는 없는 것으로 보인다.
[66] 이에 대해서는『한국의 민속식물』(2017), p.1020 참조.
[67] 이에 내해서는 김종덕·송일병(1997), p.304 참조.
[68] 이에 대해서는 국립국어원, '우리말샘' 중 '감자' 참조.

줄기(괴경)가 있는'이라는 뜻이다

다른이름 하지감자(박만규, 1949), 하지고구마/마령서(안학수·이춘녕, 1963)

옛이름 甘藷(원서방, 1832), 北藷/北甘藷(오주연문장전산고, 185?), 甘藷(원저보, 1862), 감ᄌᆞ/藷(한불자전, 1880), 감ᄌᆞ/藷/북감ᄌᆞ/北藷(한영자전, 1890), 甘藷/北甘藷(동의수세보원, 1894), 藷/감자(국한회어, 1895), 감자(조선구전민요집, 1933)[69]

중국/일본명 중국명 阳芋(yang yu)는 토란과 비슷한 덩이줄기의 모양에서 유래했다. 일본명 ジャガイモ는 전래지인 자카르타에서 유래했다는 견해가 유력하며, 기타 다양한 견해가 있다.

참고 [북한명] 감자 [유사어] 감저(甘藷), 마령서(馬鈴薯), 북감저(北甘藷), 양우(洋芋) [지방명] 가지감자/감재/감지(강원), 구구매/궁감자/땅감자/잠자/풋감자/하지감자(경남), 감재/하지감자(경북), 감재/감주/동글감자/북감/북감자/북감재/붉감자/풋감자/하지감자/하지감재/하짓감자/하짓감재(전남), 감주/붓감자/왜감자/진고구마/하지감자/하지고구마/하지마(전북), 강기/북감/소지실/지슬/지슬감저/지실(제주), 보리감자/이듬감자/하지감자(충남), 감지(평남), 감쥐/감지/갱게/갱기(함남), 감재/감지/갱게/갱기(함북), 감지/갬지(황해)

---

69 『조선어사전』(1920)은 '馬鈴薯(마령서)'를 기록했으며 『조선식물명휘』(1922)는 '馬鈴薯, 洋芋, 감자(食)'를, 『토명대조선만식물자휘』(1932)는 '[馬鈴薯]마령서, [北甘藷]북감져, [北藷]북져, [藷 薯]번서'를, 『선명대화명지부』(1934)는 '올감자, 감자'를 기록했다.

Scrophulariaceae 현삼科 (玄蔘科)

현삼과⟨Scrophulariaceae Juss.(1789)⟩

현삼과는 국내에 자생하는 현삼에서 유래한 과명이다. '국가표준식물목록' (2018), '세계식물목록'(2018)
및 『장진성 식물목록』(2014)은 *Scrophularia*(현삼속)에서 유래한 Scrophulariaceae를 과명으로 기
재하고 있으며, 엥글러(Engler), 크론키스트(Cronquist) 및 APG IV(2016) 분류 체계도 이와 같다.

Digitalis purpurea *Linné*   ヂキタリス   (栽)
Digitallisŭ 디기탈리스

디기탈리스 푸르푸레아(심장풀)⟨*Digitalis purpurea* L.(1753)⟩

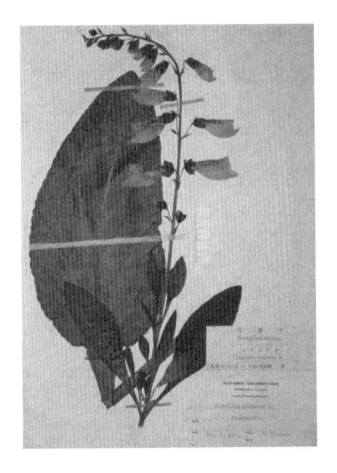

'디기탈리스 푸르푸레아'라는 이름은 이 식물의 학명에서 유
래했다.[1] 유럽 원산으로 5~6월에 자주색의 꽃이 핀다. 화려한
꽃이 피기 때문에 관상용으로 많이 키우고 심장병 치료를 위
한 약재로도 쓰인다. 『한국식물도감(화훼류I)』에 따르면 우리
나라에서 처음 재배된 것은 일제강점기에 이덕봉(1898~1987)
이 자신의 정원에 심은 것이다. 『조선식물향명집』은 속명을
그대로 발음한 '디기탈리스'로 기록했으나, 현재는 '디기탈리
스 푸르푸레아'라는 학명 전체를 국명으로 사용하고 있다.

속명 *Digitalis*는 라틴어 *digitus*(손가락)가 어원으로 관상
(管狀)의 꽃부리가 손가락을 연상시킨다고 붙여졌으며 디기탈
리스속을 일컫는다. 종소명 *purpurea*는 '자주색의'라는 뜻으
로 꽃의 색깔에서 유래했다.

다른이름 디기타리스(박만규, 1949), 디기타리스풀(정태현, 1956), 심장풀(안학수·이춘녕, 1963), 디기달
리스(리종오, 1964), 디기다리스(이창복, 1969b), 심장병풀(임록재 외, 1972), 디기탈리쓰(리용재 외, 2011)[2]

중국/일본명 중국명 毛地黄(mao di huang)은 털이 있고 약재로 사용하는 지황(地黄)을 닮았다는 뜻
이다. 일본명 ヂキタリス는 속명 *Digitalis*를 음독한 것이다.

참고 [북한명] 디기탈리쓰 [유사어] 양지황(洋地黄), 심장초(心臟草)

---

1   이러한 견해로 이우철(2005), p.201 참조.
2   『토명대조선만식물자휘』(1932)는 '[燈籠花]등롱화, [롱꽃]'을 기록했다.

Mazus japonicus *O. Kuntze* トキハハゼ
Gochopul 고초풀(주름잎)

주름잎⟨*Mazus pumilus* (Burm.f.) Steenis(1958)⟩

주름잎이라는 이름은 잎에 주름이 지는 특색이 있는 것에서
유래했다.[3] 뿌리에 가까운 잎들은 주름이 지는 특징이 있으며,
어린잎을 식용했다.[4] 『조선식물향명집』은 식용할 때 매운맛이
난다는 뜻에서 '고초풀'과 '주름잎'을 함께 기록했으나, 『조선
식물명집』에서 '주름잎'으로 추천명을 변경해 현재에 이르고
있다. 『조선산야생식용식물』은 '말맹이'라는 방언도 기록했으
나 현재의 이름으로 이어지지는 않았다.

　속명 *Mazus*는 그리스어 *mazos*(젖꼭지, 유두돌기)에서 유래
한 것으로 아래꽃잎에 유두 모양으로 튀어나온 털 때문에 붙
여졌으며 주름잎속을 일컫는다. 종소명 *pumilus*는 '키가 작
은, 작은'이라는 뜻으로 땅을 기듯이 자라는 식물체의 특성과
관련이 있다.

다른이름　고초풀(정태현 외, 1937), 말맹이(정태현 외, 1942), 담배깡탱이(박만규, 1949), 고추풀(정태현
외, 1949), 선담배풀(안학수·이춘녕, 1963), 담배풀(박만규, 1974), 주름잎풀(김현삼 외, 1988)

옛이름　通泉草(광재물보, 19세기 초)

중국/일본명　중국명 通泉草(tong quan cao)는 뿌리가 물길이 있는 곳까지 닿는 풀이라는 뜻이지만 뿌
리가 그리 깊게 발달하지는 않는다.[5] 일본명 トキハハゼ(常磐爆)는 봄부터 가을까지 계속 꽃을 피
우고 열매가 콩처럼 폭발하듯이 터져 씨앗이 튀어나온다는 뜻이다.

참고　[북한명] 주름잎 [유사어] 녹란화(綠蘭花), 통천초(通泉草)

3　이러한 견해로 이창복(1980), p.672와 김종원(2016), p.360 참조.
4　이에 대해서는 『조선산야생식용식물』(1942), p.185 참조.
5　중국의 『본초강목』(1596)은 "根入地至泉 故名通泉"(뿌리가 땅속 샘이 있는 곳까지 이르므로 통천이라 한다)이라고 기록했다.

○ Mazus stachydifolius *Maximowicz*　タチサギゴケ
Sȯn-gochopul　선고초풀

선주름잎〈*Mazus stachydifolius* (Turcz.) Maxim.(1875)〉

선주름잎이라는 이름은 직립하는(선) 주름잎이라는 뜻에서 유래했다.[6] 높이가 30cm에 달하고 줄기는 곧게 서거나 비스듬히 자라며, 흰 털이 밀생(密生)하는 특징이 있다. 『조선식물향명집』에서는 전통 명칭 '고초풀'을 기본으로 하고 식물의 형태적 특징을 나타내는 '선'을 추가해 '선고초풀'을 신칭했다.[7] 『조선식물명집』에서 '선주름잎'으로 개칭해 현재에 이르고 있는데, 이 이름 역시 신칭한 것으로 추론된다.

　속명 *Mazus*는 그리스어 *mazos*(젖꼭지, 유두돌기)에서 유래한 것으로 아래꽃잎에 유두 모양으로 튀어나온 털 때문에 붙여졌으며 주름잎속을 일컫는다. 종소명 *stachydifolius*는 꿀풀과의 *Stachys*(석잠풀속)와 잎이 유사하다는 뜻에서 유래했다.

다른이름　선고초풀(정태현 외, 1937), 선담배풀(박만규, 1949), 곧은담배풀(안학수·이춘녕, 1963)[8]

중국/일본명　중국명 弹刀子菜(dan dao zi cai)는 씨앗의 특성과 관련된 이름으로 보인다. 일본명 タチサギゴケ(立鷺苔)는 꽃이 피는 모습이 마치 백로가 서 있는 것과 같다는 뜻이다.

참고　[북한명] 선주름잎 [유사어] 녹란화(綠蘭花)

Melampyrum japonicum *Nakai*　ママコナ
Myȯnȯri-bapul　며느리바풀

수염며느리밥풀〈*Melampyrum roseum* Maxim var. *japonicum* Franch. & Sav.(1873)〉[9]

수염며느리밥풀이라는 이름은 포에 있는 가시같이 뾰족한 톱니를 수염에 비유하고, 입술꽃잎에 있는 흰색 무늬를 며느리의 밥풀로 본 것에서 유래했다.[10] 며느리바풀(며느리밥풀)이라는 이름은 『조선식물향명집』에서 처음으로 보인다. '며느리밥풀'에서 '밥풀'은 일본명 마마코나(ママコナ, 飯子菜)에서 영향을 받은 것으로 보는 견해가 있다.[11] 그러나 1931년에 F. H. Crane(1887~1973)이 저술한 『Flowers and folk-lore from far Korea』에서 한글과 한자명으로 '며느리꽃, 婦花'를 기록한

6　이러한 견해로 이우철(2005), p.334 참조.

7　이에 대해서는 『조선식물향명집』, 색인 p.40 참조.

8　『조선식물명휘』(1922)는 '彈力子菜'를 기록했다.

9　'국가표준식물목록'(2018)은 본문의 학명으로 수염며느리밥풀을 별도 분류하고 있으나, 『장진성 식물목록』(2014)과 '세계식물목록'(2018)은 꽃며느리밥풀에 통합하고 있으므로 주의가 필요하다.

10　이러한 견해로 이우철(2005), p.360 참조.

11　이러한 견해로 위의 책, p.222 참조.

것에 비추어, 당시 '며느리바풀' 또는 그와 유사한 이름도 실제 사용하는 이름이었을 것으로 보인다. 『조선식물향명집』은 '며느리바풀'로 기록했으나 『조선식물명집』에서 '수염며느리밥풀'로 개칭해 현재에 이르고 있다.

속명 *Melampyrum*은 그리스어 *melas*(검다)와 *pyros*(밀)의 합성어로, 이 속에 속하는 식물 종자의 색이 검은 것에서 유래했으며 꽃며느리밥풀속을 일컫는다. 종소명 *roseum*은 장미라는 뜻의 *rosa*에서 파생된 말로 장미와 같은 붉은색이 나는 것에서 유래했다. 변종명 *japonicum*은 '일본의'라는 뜻으로 발견지 또는 분포지를 나타낸다.

다른이름 며느리바풀(정태현 외, 1937), 며누리바풀(박만규, 1949), 새애기풀(리종오, 1964), 밥알풀(임록재 외, 1996)[12]

중국/일본명 '중국식물지'는 이를 따로 기재하지 않고 있다. 일본명 ママコナ(飯子菜)는 꽃잎 안쪽의 하얀 부분을 밥풀에 비유한 것으로 밥풀나물이라는 뜻이다.

참고 [북한명] 밥알풀 [유사어] 산라화(山蘿花)

⊗ Melampyrum latifolium *Nakai* ヒカゲママコナ
Sae-myŏnŭri-bapul 새며느리바풀

새며느리밥풀⟨*Melampyrum setaceum* (Maxim. ex Palib.) Nakai var. *nakaianum* (Tuyama) T.Yamaz.(1954)⟩[13]
새며느리밥풀은 며느리밥풀을 닮았다는(새) 뜻에서 유래한 것으로 추정한다. 포가 붉은색인 특징이 있다. 식물명에서 '새'는 기본적인 것을 닮았으나 유사하거나 못하다는 뜻에서 붙여지는 말이다. 『조선식물향명집』에서는 '며느리바풀'을 기본으로 하고 식물의 형태적 특징을 나타내는 '새'를 추가해 '새며느리바풀'을 신칭했으나,[14] 『조선식물명집』에서 '새며느리밥풀'로 개칭해 현재에 이르고 있다.

속명 *Melampyrum*은 그리스어 *melas*(검다)와 *pyros*(밀)의 합성어로, 이 속에 속하는 식물 종자의 색이 검은 것에서 유래했으며 꽃며느리밥풀속을 일컫는다. 종소명 *setaceum*은 '까락 같은'이라는 뜻이며, 변종명 *nakaianum*은 일본 식물분류학자 나카이 다케노신(中井猛之進, 1882~

---

12 Crane(1931)은 '며느리쏫, 婦花'를 기록했다.
13 '국가표준식물목록'(2018)은 새며느리밥풀을 별도 분류하고 있으나, 『장진성 식물목록』(2014)과 '세계식물목록'(2018)은 애기며느리밥풀에 통합하고 있으므로 주의가 필요하다.
14 이에 대해서는 『조선식물향명집』, 색인 p.40 참조.

1952)의 이름에서 유래했다.

다른이름 새며느리바풀(정태현 외, 1937), 새며누리바풀(박만규, 1949), 넓은잎새애기풀(리종오, 1964), 넓은잎밥알풀(임록재 외, 1996)

중국/일본명 '중국식물지'는 이를 별도 분류하지 않고 있다. 일본명 ヒカゲママコナ(日陰飯子菜)는 그늘에서 주로 자라는 며느리밥풀(ママコナ)이라는 뜻이다.

참고 [북한명] 넓은잎밥알풀 [유사어] 산라화(山蘿花)

⊗ Melampyrum ovalifolium *Nakai*   マルバママコナ
Al-myŏnŭri-bapul   알며느리바풀

알며느리밥풀⟨*Melampyrum roseum* Maxim. var. *ovalifolium* Nakai ex Beauverd(1916)⟩

알며느리밥풀이라는 이름은 잎이 달걀모양(알 모양)인 며느리밥풀이라는 뜻에서 유래했다.[15] 잎이 둥근 모양이고 포의 톱니가 가시처럼 발달하는 특징이 있다.『조선식물향명집』에서는 '며느리바풀'을 기본으로 하고 식물의 형태적 특징과 학명에 착안한 '알'을 추가해 '알며느리바풀'을 신칭했으나,[16]『조선식물명집』에서 '알며느리밥풀'로 개칭해 현재에 이르고 있다.

  속명 *Melampyrum*은 그리스어 *melas*(검다)와 *pyros*(밀)의 합성어로, 이 속에 속하는 식물 종자의 색이 검은 것에서 유래했으며 꽃며느리밥풀속을 일컫는다. 종소명 *roseum*은 '장미색의, 연홍색의'라는 뜻이며, 변종명 *ovalifolium*은 '달걀모양 잎의'라는 뜻이다.

다른이름 알며느리바풀(정태현 외, 1937), 둥군잎바풀(박만규, 1949), 둥근잎며느리바풀(안학수·이춘녕, 1963), 둥근잎새애기풀(리종오, 1964), 둥근밥알풀(임록재 외, 1996)

중국/일본명 중국명 卵叶山罗花(luan ye shan luo hua)는 잎이 난(알) 모양인 산라화(山蘿花: 꽃며느리밥풀의 중국명)라는 뜻으로 학명과 동일한 의미이다. 일본명 マルバママコナ(丸葉飯子菜)는 잎이 둥근 며느리밥풀(ママコナ)이라는 뜻이다.

참고 [북한명] 둥근밥알풀

Melampyrum roseum *Maximowicz*   ツシマママコナ
Ĝot-myŏnŭri-bapul   꽃며느리바풀

꽃며느리밥풀⟨*Melampyrum roseum* Maxim.(1859)⟩

---

15 이러한 견해로 이우철(2005), p.378 참조.
16 이에 대해서는『조선식물향명집』, 색인 p.42 참조.

꽃며느리밥풀이라는 이름은 며느리밥풀 종류 중에서 꽃이 가장 아름다운 모습이라는 뜻에서 유래했다.[17] 꽃이 홍자색으로 아름답게 핀다. 『조선식물향명집』에서는 '며느리바풀'을 기본으로 하고 식물의 형태적 특징과 학명에 착안한 '꽃'을 추가해 '꽃며느리바풀'을 신칭했으나,[18] 『조선식물명집』에서 '꽃며느리밥풀'로 개칭해 현재에 이르고 있다.

속명 *Melampyrum*은 그리스어 *melas*(검다)와 *pyros*(밀)의 합성어로, 이 속에 속하는 식물 종자의 색이 검은 것에서 유래했으며 꽃며느리밥풀속을 일컫는다. 종소명 *roseum*은 '장미색의, 연홍색의'라는 뜻이다.

다른이름 꽃며느리바풀(정태현 외, 1937), 꽃며누리바풀/민꽃며누리바풀/돌꽃며누리바풀(박만규, 1949), 꽃새애기풀(리종오, 1964), 꽃밥알풀(임록재 외, 1996)

중국/일본명 중국명 山罗花(shan luo hua)는 산에 자라는 쑥(또는 그물)을 닮은 꽃이라는 뜻이다. 일본명 ツシマママコナ(対馬飯子菜)는 쓰시마(對馬)에서 자라는 며느리밥풀(ママコナ)이라는 뜻이다.

참고 [북한명] 꽃밥알풀 [유사어] 산라화(山蘿花) [지방명] 며느리밥풀/며느리풀(충북)

○ Melampyrum setaceum *Nakai*   ホソバママコナ
Aegi-myŏnŭri-bapul   애기며느리바풀

애기며느리밥풀〈*Melampyrum setaceum* (Maxim. ex Palib.) Nakai(1909)〉

애기며느리밥풀이라는 이름은 잎이 가늘고 개체가 작아 아기 같은 며느리밥풀이라는 뜻에서 유래했다.[19] 잎이 좁고 길게 피침모양으로 발달하는 특징이 있다. 『조선식물향명집』에서는 '며느리바풀'을 기본으로 하고 식물의 형태적 특징을 나타내는 '애기'를 추가해 '애기며느리바풀'을 신칭했으나,[20] 『조선식물명집』에서 '애기며느리밥풀'로 개칭해 현재에 이르고 있다.

속명 *Melampyrum*은 그리스어 *melas*(검다)와 *pyros*(밀)의 합성어로, 이 속에 속하는 식물 종자의 색이 검은 것에서 유래했으며 꽃며느리밥풀속을 일컫는다. 종소명 *setaceum*은 '까락 같은'이라는 뜻이다.

다른이름 애기며느리바풀(정태현 외, 1937), 큰애기바풀/백두산바풀/맛며누리바풀/원산바풀(박만

---

17 이러한 견해로 이우철(2005), p.119와 권순경(2018.7.11.) 참조.
18 이에 대해서는 『조선식물향명집』, 색인 p.32 참조.
19 이러한 견해로 이우철(2005), p.384 참조.
20 이에 대해서는 『조선식물향명집』, 색인 p.43 참조.

규, 1949), 큰애기며느리밥풀/구름며느리밥풀(정태현 외, 1949),
원산며느리바풀(안학수·이춘녕, 1963), 작은새애기풀(리종오,
1964), 백두산꽃며느리밥풀/금강산애기며느리밥풀(이창복,
1969b), 아기며느리밥풀/가는잎며느리밥풀(박만규, 1974), 작은
밥알풀(임록재 외, 1996)

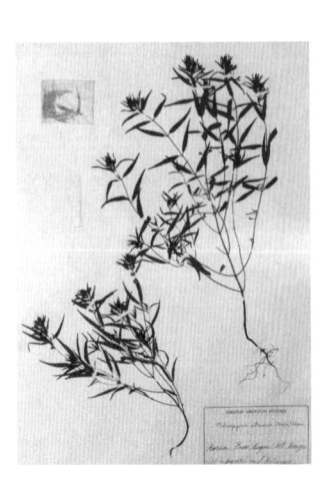

중국/일본명 중국명 狭叶山罗花(xia ye shan luo hua)는 잎이 좁
은 산라화(山蘿花: 꽃며느리밥풀의 중국명)라는 뜻이다. 일본명
ホソバママコナ(細葉飯子菜)는 잎이 좁은 며느리밥풀(ママコナ)
이라는 뜻이다.

참고 [북한명] 작은밥알풀 [유사어] 산라화(山蘿花)

Mimulus inflatus *Nakai* ミゾホホヅキ
Mul-ĝwariajaebi 물꽈리아재비

물꽈리아재비〈*Mimulus tenellus* Bunge var. *nepalensis* (Benth.) P.C.Tsoong(1979)〉[21]
물꽈리아재비라는 이름은 '물'과 '꽈리아재비'의 합성어로, 열매의 모양이 꽈리를 닮았는데 물가
를 좋아하여 습기가 많은 곳에서 자란다는 뜻에서 유래했다.[22] 중부 이남의 산지 습한 곳에서 주
로 자라는 여러해살이풀이다. 식물명에서 '아재비'는 미나리아재비처럼 다른 식물을 닮았다는
뜻이다. 중국명 및 일본명과 그 뜻이 닿아 있다. 물꽈리아재비라는 이름은『조선식물향명집』에
서 처음으로 보이는데, 방언을 채록한 것인지 외국 이름을 참고하여 신칭한 이름인지는 명확하지
않다.

  속명 *Mimulus*는 라틴어 *mimus*(광대)의 축약형으로 꽃의 모양이 이빨 빠진 모습이나 원숭이
얼굴을 닮아 익살스럽게 보인다고 하여 붙여졌으며 물꽈리아재비속을 일컫는다. 종소명 *tenellus*
는 '가늘고 약한'이라는 뜻이며, 변종명 *nepalensis*는 '네팔에 분포하는'이라는 뜻으로 발견지 또
는 분포지를 나타낸다.

다른이름 물꼬리아재비(박만규, 1949), 물꽈리(리용재 외, 2011)

중국/일본명 중국명 尼泊尔沟酸浆(ni bo er gou suan jiang)은 네팔(尼泊爾)에 분포하고 물가(溝)를 좋
아하며 꽈리(酸漿)를 닮았다는 뜻이다. 일본명 ミゾホホヅキ(溝酸漿)는 개울가에 사는 꽈리(ホホヅ

---

21 '국가표준식물목록'(2018)는 물꽈리아재비의 학명을 *Mimulus nepalensis* Benth.(1835)로 기재하고 있으나,『장진성 식
   물목록』(2014), '중국식물지'(2018) 및 '세계식물목록'(2018)은 이를 이명(synonym)으로 처리하고 본문의 학명을 정명으로
   기재하고 있다.
22 이러한 견해로 이우철(2005), p.234 참조.

키)라는 뜻이다.

[북한명] 물꽈리

Paulownia glabrata *Rehder*   シナギリ   (栽)
Odoṅ-namu   오동나무

오동나무〈*Paulownia coreana* Uyeki(1925)〉[23]

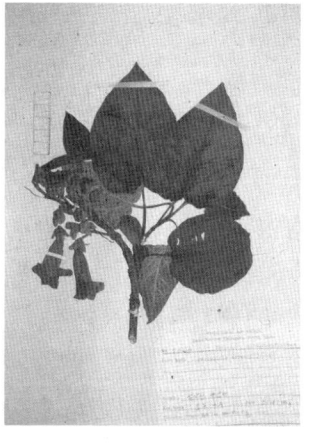

오동나무라는 이름은 한자명 '梧桐'(오동)에서 유래했다.[24] 관상수로 정원 등에 식재하고, 목재는 가구나 악기 등의 재료로 사용했다.[25] 한자명 梧桐(오동)에서 '梧'(오)는 5개의 씨앗이 열매 안에 유두 모양으로 붙어 있어서, 桐(동)은 꽃의 속이 빈 것이 통(筒)과 같아서 붙여졌다.[26] 오동나무의 옛이름은 '머귀나모'인데 현재는 운향과의 머귀나무를 일컫는 것으로 사용하고 있다. 옛 문헌에서 '梧桐'(오동)은 현삼과의 '오동나무'와 벽오동과의 '벽오동'을 일컫는 것으로 혼용되었는데, 쓰임새가 비슷해 비롯된 것으로 보인다.[27]

속명 *Paulownia*는 러시아 공주로 네덜란드의 여왕이 된 Anna Paulowna(1795~1865)의 이름에서 유래했으며 오동나무속을 일컫는다. 종소명 *coreana*는 '한국의'라는 뜻으로 원산지 또는 분포지를 나타낸다.

오동나무(정태현 외, 1923), 오동(박만규, 1949), 붉동나무(안학수·이춘녕, 1963)

梧桐子/옹퉁ᄌᆞ(구급방언해, 1466), 桐/머귀낡(분류두공부시언해, 1481), 梧桐子/머귀여름(구급간이방언해, 1489), 梧桐/머귀(훈몽자회, 1527), 梧桐/머귀나모(본문온역이해방, 1542), 梧/桐/머귀(신증유합, 1576), 桐葉/머귀나모닙(동의보감, 1613), 梧桐/머귀나모(동국신속삼강행실도, 1617), 梧桐/머귀나모(가례언해, 1632), 梧桐樹/머괴나모(역어유해, 1690), 梧桐樹/머귀나모(방언집석, 1778), 岡桐/빅동(한청문감, 1779), 梧桐/오동(왜어유해, 1782), 桐/白桐/泡桐(본사, 1787), 岡桐/머귀(재물보, 1798), 梧桐/머귀(해동

---

23 '국가표준식물목록'(2018)은 참오동나무(*P. tomentosa*)와 오동나무를 별도 구별하고 있으나, 『장진성 식물목록』(2014)과 김태영·김진석(2018)은 *P. coreana*를 별도 분류하지 않으므로 주의가 필요하다. '중국식물지'(2018)는 *P. coreana*를 기재하지 않고 있으며, '세계식물목록'(2018) 또한 미해결학명(unresolved name)으로 기재하고 있다.

24 이러한 견해로 이우철(2005), p.404; 박상진(2019), p.305; 허북구·박석근(2008b), p.219; 강판권(2016), p.189 이하 참조.

25 이에 대해서는 『조선삼림식물도설』(1943), p.632 참조.

26 『본사』(1787)는 梧(오)는 5개의 씨앗이 열매 안에 유두 모양으로 붙어 있어 오(五)와 구(口)로 이루어졌고, 桐(동)은 꽃의 속이 빈 것이 통(筒)과 같아서 붙여진 이름이라는 취지로 기록했다. 이에 대한 자세한 내용은 『나무열전』(2016), p.189, 194 참조.

27 이에 대해서는 박상진(2011b), p.105 참조.

농서, 1799), 桐/먹괴(물보, 1802), 岡桐/罌子桐(광재물보, 19세기 초), 岡桐/白桐/머귀/梧桐/오동(물명고, 1824), 梧桐/오동(자류주석, 1856), 梧桐/오동(명물기략, 1870), 오동나무/梧桐/머귀나무(한불자전, 1880), 梧桐/머귀나무(국한회어, 1895), 桐/머귀나무(아학편, 1908), 梧/오동(자전석요, 1909), 梧桐/머귀/오동(신자전, 1915), 오동/梧桐(조선어사전[심], 1925), 오동나무(조선구전민요집, 1933)[28]

중국/일본명 '중국식물지'는 이를 별도 분류하지 않고 있다. 일본명 シナギリ(支那桐)는 중국에서 전래된 참오동나무(キリ)라는 뜻이다.

참고 [북한명] 오동나무 [유사어] 강동(岡桐), 백동(白桐), 포동(泡桐) [지방명] 백녕추(강원), 오동낭구(전남), 오동(충북)

Paulownia tomentosa *Baillon*　キリ　桐
Cham-odong-namu　　참오동나무

참오동나무 ⟨*Paulownia tomentosa* (Thunb.) Steud.(1841)⟩[29]

참오동나무라는 이름은 진짜(참) 오동나무라는 뜻에서 붙여졌다.[30] 국내에는 울릉도 특산종으로 알려진 것으로, 오동나무에 비해 꽃부리 안쪽에 자주색 줄무늬가 없는 것에서 구별되지만 분류학적 타당성에 대해서는 논란이 있다. 『조선식물향명집』에서 전통 명칭 '오동나무'를 기본으로 하고 '참'을 추가해 신칭했다.[31]

　속명 *Paulownia*는 러시아 공주로 네덜란드의 여왕이 된 Anna Paulowna(1795~1865)의 이름에서 유래했으며 오동나무속을 일컫는다. 종소명 *tomentosa*는 '가는 솜털이 밀생하는'이라는 뜻이다.

다른이름 오동나무(정태현 외, 1923), 참오동(박만규, 1949)[32]

---

28 「화한한명대조표」(1910)는 '머귀누무'를 기록했으며 「조선주요삼림수목명칭표」(1915a)는 '오동누무'를, 『조선거수노수명목지』(1919)는 '오동느무, 梧桐'을, 『조선어사전』(1920)은 '梧桐(오동), 머귀나무'를, 『조선식물명휘』(1922)는 '오동나무(材用)'를, 『토명대조선만식물자휘』(1932)는 P. tomentosa에 대하여 '[梧桐(木)]오동(나무), [白桐(木)]빅동(나무), [머귀나무]'를, 『선명대화명지부』(1934)는 '머귀나무, 오동나무'를, 『조선삼림식물편』(1915~1939)은 'オトーンナム/Otoung-nam, ムクイナモ/Mukuinamo'[오동나무, 머귀나무]를 기록했다.

29 '국가표준식물목록'(2018)은 참오동나무를 오동나무(P. coreana)와 별도 분류하고 있으나, 김태영·김진석(2018) 및 『장진성 식물목록』(2014)은 이를 개체변이로 보아 별도 분류하지 않으므로 주의가 필요하다.

30 이러한 견해로 이우철(2005), p.508과 강판권(2015), p.422 참조.

31 이에 대해서는 『조선식물향명집』, 색인 p.46 참조.

32 「화한한명대조표」(1910)는 '오동느무, 梧桐'을 기록했으며 『조선어사전』(1920)는 '梧桐(오동), 머귀나무'를, 『조선식물명휘』(1922)는 '桐, 白桐, 泡桐, 오동나무(材用)'를, 『토명대조선만식물자휘』(1932)는 '[梧桐(木)]오동(나무), [白桐(木)]빅동(나무), [머귀나무]'를, 『선명대화명지부』(1934)는 '오동나무'를, 『조선삼림식물편』(1915~1939)은 'オトーンナム/Otoung-nam, ムクイナモ/Mukuinamo(朝鮮)'[오동나무, 머귀나무(조선)]를 기록했다.

중국/일본명 중국명 毛泡桐(mao pao tong)은 털이 많은 오동이라는 뜻이다.[33] 일본명 キリ(桐, 切り)는 나뭇가지를 자르면 새순이 빨리 생장하는 것에서 유래했다.

참고 [북한명] 참오동나무 [유사어] 자화포동(紫花泡桐) [지방명] 오동낭(제주)

○ Pedicularis grandiflora *Fischer* オホシホガマ
Kún-soñgipul 큰송이풀

큰송이풀〈*Pedicularis grandiflora* Fisch.(1812)〉[34]

큰송이풀이라는 이름은 송이풀에 비해 꽃이 크다는 뜻에서 붙여졌다.[35] 높이 1m 이상으로 식물체가 크고 꽃도 송이풀에 비해 크게 자란다. 『조선식물향명집』에서 '송이풀'을 기본으로 하고 식물의 형태적 특징과 학명에 착안한 '큰'을 추가해 신칭했다.[36]

속명 *Pedicularis*는 라틴어 *pediculus*(이, 蝨)에서 기원한 이름으로, 이 식물을 접촉한 양들에게 이가 많이 생긴다고 믿은 것에서 유래했으며 송이풀속을 일컫는다. 종소명 *grandiflora*는 '큰 꽃의'라는 뜻이다.

다른이름 큰꽃송이풀(임록재 외, 1972)

중국/일본명 중국명 野蘇子(ye su zi)는 들에서 자라는 차즈기 종류라는 뜻이다. 일본명 オホシホガマ(大塩竈)는 꽃이 큰 송이풀(シホガマギク)이라는 뜻이다.

참고 [북한명] 큰꽃송이풀

Pedicularis mandshurica *Maximowicz* マンシウシホガマ
Manju-soñgipul 만주송이풀

만주송이풀〈*Pedicularis mandshurica* Maxim.(1877)〉

만주송이풀이라는 이름은 만주에서 주로 자라는 송이풀 종류로 북방계 식물이라는 뜻에서 붙여

---

33 중국의 『본초강목』(1596)은 "本經桐葉 卽 白桐也 桐華威筒 故謂之桐 其材輕虛色白而有綺文 故俗謂之白桐泡桐 故謂之椅桐也"(본경에서 동엽이라 한 것은 백동이다. 桐은 꽃이 비어 있는 통과 같아서 붙여진 이름이다. 목재는 가볍고 약하며 흰색이고 예쁜 무늬가 있어 예로부터 민간에선 백동, 포동으로 불렸으며 의동이라 하는 것이다)라고 기록했으며, '중국식물지'(2018)는 *Paulownia fortunei* (Seem.) Hemsl.(1890)을 白花泡桐(bai hua pao tong)으로 기재하고 다른이름으로 '白花桐(桐谱)', '泡桐(本草纲目)' 등을 기재하고 있다.

34 『장진성 식물목록』(2014)은 본문의 학명을 *P. resupinata*(송이풀)의 이명(synonym)으로 보고 있으나, '국가표준식물목록'(2018), '세계식물목록'(2018) 및 '중국식물지'(2018)는 별도의 종으로 구분하고 있다.

35 이러한 견해로 이우철(2005), p.537 참조.

36 이에 대해서는 『조선식물향명집』, 색인 p.47 참조.

졌다.[37] 강원도 이북의 높은 산에 분포하는 여러해살이풀이다. 『조선식물향명집』에서 '송이풀'을 기본으로 하고 식물의 산지 (産地)와 학명에 착안한 '만주'를 추가해 신칭했다.[38]

속명 *Pedicularis*는 라틴어 *pediculus*(이, 蝨)에서 기원한 이름으로, 이 식물을 접촉한 양들에게 이가 많이 생긴다고 믿은 것에서 유래했으며 송이풀속을 일컫는다. 종소명 *mandshurica*는 '만주의'라는 뜻으로 주된 서식지를 나타낸다.

다른이름 산송이풀(임록재 외, 1996)

중국/일본명 중국명 鸡冠子花(ji guan zi hua)는 닭의 볏(鷄冠)을 닮은 꽃이라는 뜻이다. 일본명 マンシウシホガマ(滿州塩竈)는 만주에 자라는 송이풀(シホガマギク)이라는 뜻이다.

참고 [북한명] 산송이풀

Pedicularis resupinata *Linné*　シホガマギク
Songipul　송이풀

송이풀⟨*Pedicularis resupinata* L.(1753)⟩

송이풀이라는 이름은 꽃이 줄기 끝에 덩어리를 이루어 달리는데 송이로 돌려가며 피어난다는 뜻에서 유래했다.[39] 어린잎은 식용했다.[40] 1925년에 저술된 『조선어사전[심]』은 '송이'를 "봉오리, 송아리, 꽃치나 밤송이 갖흔 것을 셀 때에 쓰는 말"이라고 기록했는데, 이 중 '송아리'는 꽃이나 열매 따위가 잘게 모여 달려 있는 덩어리를 말한다. 한편 송이풀은 소금 굽는 가마를 닮았다는 뜻의 일본명 '소금풀(シホガマギク, 塩竈菊)'을 최초 기록 시 잘못 번역했거나, 중국명 '松蒿'(송호)가 있는 것에 비추어 소나무를 닮은 식물이라는 뜻으로 보는 견해가 있다.[41] 그러나 일본명을 번역한 '소금풀'로 사용했다는 근거가 없고, '松蒿'(송호)는 나도송이풀의 중국명이라는 점에 비추어 타당하지 않은 것으로 생각된다. 또한 송이버섯이 날 때쯤에 꽃이 핀다는 뜻에서 유래했다고 보는 견해도 있으나,[42] 송이풀의 개화가 보다 긴 편이어서 타당성에는 의문이 있다.

---

37 이러한 견해로 이우철(2005), p.212 참조.

38 이에 대해서는 『조선식물향명집』, 색인 p.36 참조.

39 이러한 견해로 이우철(2005), p.354 참조.

40 이에 대해서는 『조선산야생식용식물』(1942), p.186 참조.

41 이러한 견해로 김종원(2016), p.353 참조.

42 이러한 견해로 권순경(2017.2.2.) 참조.

속명 *Pedicularis*는 라틴어 *pediculus*(이, 蝨)에서 기원한 이름으로, 이 식물을 접촉한 양들에게 이가 많이 생긴다고 믿은 것에서 유래했으며 송이풀속을 일컫는다. 종소명 *resupinata*는 '반대 방향으로 굽은, 상하가 전도된'이라는 뜻으로 꽃의 모양에서 유래했다.

다른이름 마주송이풀/가지송이풀(정태현 외, 1937), 개조박이(정태현 외, 1942), 도시락나물/마주잎송이풀/이삭송이풀(박만규, 1949), 수송이풀(정태현 외, 1949), 명천송이풀(정태현, 1956), 잔털송이풀/칠보송이풀(안학수·이춘녕, 1963), 그늘송이풀/털송이풀(이창복, 1969b)

옛이름 馬先蒿(광재물보, 19세기 초)[43]

중국/일본명 중국명 返顾马先蒿(fan gu ma xian hao)는 반대로 돌아보고 있는 마선호(馬先蒿: 말똥 냄새가 나고 쑥을 닮았다는 뜻으로 송이풀속의 중국명)라는 뜻으로, 학명과 관련된 이름으로 추론된다.[44] 일본명 シホガマギク(塩竈菊)는 꽃이 소금을 굽는 솥과 비슷하고 잎이 국화를 연상시킨다는 뜻이다.

참고 [북한명] 송이풀 [유사어] 마선호(馬先蒿)

Pedicularis resupinata *L.* var. oppositifolia *Miquel*　ムカヘバシホガマ
Maju-songipul　마주송이풀

송이풀⟨*Pedicularis resupinata* L.(1753)⟩

마주송이풀이라는 이름은 잎이 어긋나기를 하는 송이풀과 달리 마주나기를 한다는 뜻에서 유래했지만, '국가표준식물목록'(2018), 이우철(2005) 및 『장진성 식물목록』(2014)은 별도 분류하지 않고 송이풀에 통합하고 있다.

Pedicularis resupinata *L.* var. ramosa *Komarov*　エダウチシホガマ
Gaji-songipul　가지송이풀

송이풀⟨*Pedicularis resupinata* L.(1753)⟩

'국가표준식물목록'(2018)과 『장진성 식물목록』(2014)은 가지송이풀을 별도 분류하지 않고 송이풀에 통합하고 있으므로 이 책도 이에 따른다.

---

43 『조선식물명휘』(1922)는 '馬尿燒'를 기록했으며 Crane(1931)은 '마뇨소, 馬尿燒'를 기록했다.
44 중국의 『본초강목』(1596)은 "蒿氣如馬矢 故名馬先 乃馬矢字訛也 馬新 又馬先之訛也"(쑥의 냄새가 말똥과 같아서 이름 지어졌다. 마선은 마시의 글자가 와전된 것이다. 마신 또한 마선이 와전된 것이다)라고 기록했다.

Phteirospermum chinense *Bunge*   コシホガマ
Nado-songipul   나도송이풀

나도송이풀⟨*Phtheirospermum japonicum* (Thunb.) Kanitz(1878)⟩

나도송이풀이라는 이름은 식물체의 모습이 송이풀과 비슷하다는 뜻에서 붙여졌다.[45] 반기생성 한해살이풀로 전체의 모양이나 꽃 등이 송이풀과 비슷하게 보인다. 『조선식물향명집』에서 '송이풀'을 기본으로 하고 식물의 형태적 특징을 나타내는 '나도'를 추가해 신칭했다.[46]

속명 *Phteirospermum*은 그리스어 *phtheir*(이, 蝨)와 *sperma*(씨앗)의 합성어로, 씨앗이 곤충 이를 닮았다는 것에서 유래했으며 나도송이풀속을 일컫는다. 종소명 *japonicum*은 '일본의'라는 뜻으로 최초 발견지를 나타낸다.

중국/일본명   중국명 松蒿(song hao)는 소나무 형태를 한 쑥이라는 뜻이다. 일본명 コシホガマ(小塩竈)는 식물체가 작은 송이풀(シホガマギク)이라는 뜻이다.[47]

참고   [북한명] 나도송이풀 [유사어] 송호(松蒿)

○ Rehmannia lutea *Maxim.* var. purpurea *Makino*   アカヤヂワウ
Jihwang   지황   地黃

지황⟨*Rehmannia glutinosa* (Gaertn.) Libosch. ex Steud.(1841)⟩

지황이라는 이름은 한자명 '地黃'(지황)에서 유래한 것으로, 땅속줄기가 노란색으로 염료로 사용하고 야생의 땅에서 자란다고 하여 붙여졌다.[48] 중국이 원산지로 땅속줄기는 굵고 육질로 약용한다.[49] 땅속줄기의 색깔에 대해서는 도감에 따라서는 '붉은빛이 도는 갈색' 등으로 설명하고 있으나, 막 캔 신선한 상태에서는 노란색을 띠는 것으로 알려져 있다.[50] 국내에서는 염료로 활용한 자

---

45 이러한 견해로 이우철(2005), p.128; 권순경(2017.2.2.); 김종원(2013), p.770 참조.

46 이에 대해서는 『조선식물향명집』, 색인 p.33 참조.

47 『조선식물명휘』(1922)는 '荊芥, 土荊芥'를 기록했다.

48 이러한 견해로 이우철(2005), p.493과 夏纬瑛(1990), p.5 참조.

49 이에 대해서는 『조선산야생약용식물』(1936), p.208 참조.

50 이에 대해서는 '중국식물지'(2018) 중 '地黃(di huang)' 참조.

료가 발견되지 않으나, 중국에서는 오래전부터 염료로도 사용했던 것으로 보인다.[51]

속명 *Rehmannia*는 러시아 황제의 주치의 J. Rehmann (1779~1831)의 이름에서 유래했으며 지황속을 일컫는다. 종소명 *glutinosa*는 '점액이 있는'이라는 뜻이다.

다른이름 디황(정태현 외, 1936)

옛이름 地黃(향약집성방, 1433), 地黃(세종실록지리지, 1454), 地黃/디황(구급간이방언해, 1489), 地黃(구급이해방, 1499), 地黃(신증동국여지승람, 1530), 生地黃/싱지황(언해구급방, 1608), 地黃/디황(언해태산집요, 1608), 地黃/디황(언해두창집요, 1608), 地黃(동의보감, 1613), 地黃(의림촬요, 1635), 地黃(사의경험방, 17세기), 地黃/芐/地髓(산림경제, 1715), 地黃(광제비급, 1790), 地黃/싱디황(광재물보, 19세기 초), 地黃(경세유표, 1817), 地黃/싱디황/牛奶子(물명고, 1824), 地黃(의종손익, 1868), 地黃(의방합편, 19세기), 地黃(수세비결, 1929)[52]

중국/일본명 중국명 地黃(di huang)은 한국명과 동일하다. 일본명 アカヤヂワウ(赤矢地黃)는 붉은색 계통의 꽃이 피는 지황(ヂワウ)이라는 뜻인데, 현재는 ジオウ라는 이름을 주로 쓴다.

참고 [북한명] 지황 [유사어] 건지황(乾地黃), 숙지황(熟地黃) [지방명] 생장/생장나무/생지황(경남), 생조왕/셍지왕/셍지황/소생정(제주), 생지황(충북)

⊗Scrophularia koraiensis *Nakai*　テウセンゴマノハグサ
To-hyŏnsam　토현삼　土玄蔘

토현삼〈*Scrophularia koraiensis* Nakai(1909)〉[53]

토현삼이라는 이름은 한자명 '土玄蔘'(토현삼)에서 유래했는데, 재배하지 않고 노지(땅)에서 자라는 현삼이라는 뜻으로 추정한다.[54] 산지 또는 길가에서 자라는데 현삼에 비해 꽃차례가 성기고, 잎이

---

51 중국의 가장 오래된 농학서인 『제민요술』(6세기 초)은 "訖至八月盡九月初根成中染"(팔월부터 구월까지 처음 뿌리로 중염을 만든다)이라고 기록했다.

52 『조선한방약료식물조사서』(1917)는 '地黃, 生地黃, 乾地黃, 熟地黃'을 기록했으며 『조선어사전』(1920)은 '乾地黃(건디황), 生地黃(싱디황), 地黃(디황), 地髓(디슈)'를, 『조선식물명휘』(1922)는 '地黃, 婆口嫺, 디황(藥)'을, 『토명대조선만식물자휘』(1932)는 '[地黃]디황, [地髓]디슈'를, 『선명대화명지부』(1934)는 '디황'을 기록했다.

53 '국가표준식물목록'(2018)은 토현삼을 별도 종으로 분류하고 있으나, 『장진성 식물목록』(2014)은 큰개현삼〈*Scrophularia kakudensis* Franch.(1879)〉에 통합하고 별도 분류하지 않으므로 주의가 필요하다.

54 백문식(2012), p.1118은 토현삼의 '토'에 대하여 "'흙·땅. 대지 또는 부처나 보살이 사는 세상. 흙으로 된. 땅에서 나는. 오행의 하나. 지방'을 뜻하는 말"이라고 해설하고 있어 현삼에 비해 지방(토속)적인 현삼이라는 뜻으로 해석될 가능성을 제기하고 있다. 이에 대해서는 보다 자세한 연구가 필요하다.

긴 달걀모양이며 꽃대는 긴 특징이 있으나 분류학적 타당성에는 논란이 있다. 땅속줄기를 약용했다.[55] 『조선식물향명집』은 신칭한 이름으로 기록하지 않았으므로,[56] 실제 사용하던 명칭을 채록했을 것으로 보인다.

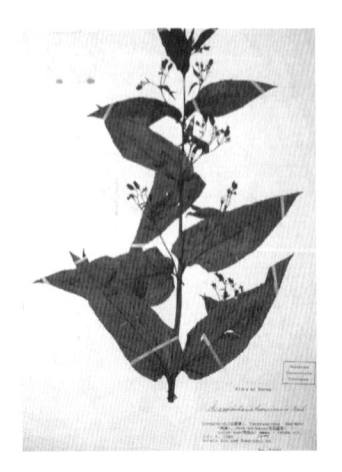

속명 *Scrophularia*는 라틴어 *scrofulae*(목의 분비샘 부종)가 어원으로, 이 속 한 종(*S. nodosa*)의 육질의 땅속줄기가 이를 치료하는 약효가 있다는 데서 유래했으며 현삼속을 일컫는다. 종소명 *koraiensis*는 '한국에 분포하는'이라는 뜻이다.

중국/일본명 '중국식물지'는 이를 별도 분류하지 않고 있다. 일본명 テウセンゴマノハグサ(朝鮮胡麻ノ葉草)는 한반도(조선)에 분포하는 현삼(ゴマノハグサ)라는 뜻이다.[57]

참고 [북한명] 토현삼 [유사어] 현삼(玄蔘)

Scrophularia Oldhami *Oliver* ゴマノハグサ 玄蔘
Hyŏnsam 현삼

현삼〈*Scrophularia buergeriana* Miq.(1865)〉

현삼이라는 이름은 한자명 '玄蔘'(현삼)이 어원으로, 마른 땅속줄기가 검은색(玄)을 띠고 그 약효가 산삼(蔘)에 비견된다는 뜻에서 유래했다.[58] 땅속줄기를 말리면 검게 되는데 이를 약재로 사용한다.[59] 『동의보감』은 "葉似脂麻 七月開花 靑碧色 八月結子 黑色 其根尖長 生靑白 乾卽紫黑 新者潤膩"(잎은 참깨와 비슷하고, 7월에 녹색 꽃이 피며 8월에 검은 씨가 맺힌다. 그 뿌리는 뾰족하고 길며 청백색인데 마르면 자흑색으로 변하며, 갓 캔 것은 기름기가 있다)라고 기록했다. 옛이름으로 '심회초'와 '능쇼초'가 발견되지만 16세기부터 소멸되고 현재는 사용하지 않는 것으로 보이며, 18세기 말경에는 야생하는 참깨(野芝麻)라는 뜻의 '묏춤

---

55 이에 대해서는 『한국식물도감(하권 초본부)』(1956), p.592 참조.
56 이에 대해서는 『조선식물향명집』, 색인 p.48 참조.
57 『조선한방약료식물조사서』(1917)는 '玄蔘'을 기록했으며 『조선식물명휘』(1922)는 '玄蔘, 현삼'을, 『선명대화명지부』(1934)는 '현삼'을 기록했다.
58 이러한 견해로 이우철(2005), p.591 참조.
59 이에 대해서는 『조선산야생약용식물』(1936), p.207 참조.

씨'(뭿참깨)라는 이름이 발견되지만 이 역시 현재는 사용하지 않는 이름이다.

　　속명 *Scrophularia*는 라틴어 *scrofulae*(목의 분비샘 부종)가 어원으로, 이 속 한 종(*S. nodosa*)의 육질의 땅속줄기가 이를 치료하는 약효가 있다는 데서 유래했으며 현삼속을 일컫는다. 종소명 *buergeriana*는 독일 식물학자로 일본 식물을 채집한 Heinrich Bürger(1806~1858)의 이름에서 유래했다.

다른이름　현삼(정태현 외, 1936)

옛이름　玄蔘/心回草/心廻草(향약구급방, 1236),[60] 玄蔘/能消(향약채취월령, 1431), 玄蔘/能消草/野脂麻(향약집성방, 1433),[61] 玄蔘(세종실록지리지, 1454), 玄蔘(구급이해방, 1499), 玄蔘/凌宵草/롱쇼초(촌가구급방, 1538), 玄參/현슴(언해두창집요, 1608), 玄蔘(동의보감, 1613), 玄蔘(의림촬요, 1635), 玄蔘(산림경제, 1715), 玄蔘(광제비급, 1790), 玄蔘/뭿즘씨(재물보, 1798), 玄蔘(제중신편, 1799), 玄蔘(물보, 1802), 玄蔘(만기요람, 1808), 玄蔘/뫼참씨/黑蔘/野脂麻(광재물보, 19세기 초), 현삼/쟌디(화왕본긔, 19세기 초), 玄蔘/黑蔘/野脂麻(물명고, 1824), 玄蔘(의휘, 1871), 玄參(방약합편, 1884), 野脂麻/玄蔘(수세비결, 1929), 玄蔘(선한약물학, 1931)[62]

중국/일본명　중국명 北玄参(bei xuan shen)은 북쪽 지방에서 자라는 현삼(玄蔘: 뿌리가 검고 인삼을 닮았다고 하여 붙여진 이름으로 검은 인삼이라는 뜻이며 현삼속 또는 *S. ningpoensis*의 중국명)이라는 뜻이다.[63] 일본명 ゴマノハグサ(胡麻ノ葉草)는 참깨(胡麻)의 잎을 닮은 풀이라는 뜻이나 실제로 그 잎이 참깨와 같지는 않다.

참고　[북한명] 현삼 [유사어] 야지마(野脂麻), 흑삼(黑蔘) [지방명] 선삼(전북)

Siphonostegia chinensis *Bentham*　ヒキヨモギ
Jolgugdae　절국대

절국대〈*Siphonostegia chinensis* Benth.(1837)〉

절국대라는 이름은 긴 꽃받침통에 꽃이 달린 모양을 절굿공이에 비유한 데서 유래한 것으로 추정한다. 관상용으로 식재하고 전초를 약용한다.[64] 『촌가구급방』의 생약명 漏蘆(누로)에 대한 한글명

60　『향약구급방』(1236)의 차자(借字) '心回草/心廻草'(심회초)에 대해 남풍현(1981), p.136과 이덕봉(1963), p.13은 '심회초'의 표기로 보고 있다.

61　『향약집성방』(1433)의 차자(借字) '能消草'(능소초)에 대해 남풍현(1999), p.176은 '능쇼초'의 표기로 보고 있다.

62　『조선식물명휘』(1922)는 '玄蔘, 逐馬, 현삼'을 기록했으며 『토명대조선만식물자휘』(1932)는 '[玄蔘]현삼, [元蔘]원삼, [野脂麻]야지마',『선명대화명지부』(1934)는 '현삼'을 기록했다.

63　중국의 『본초강목』(1596)은 "玄 黑色也...(중략)...弘景曰 其莖微似人參 故得參名"(현은 검은색이다...(중략)...도홍경이 말하기를 그 줄기는 인삼을 약간 닮았으므로 삼이라는 이름을 얻었다)이라고 기록했다.

64　이에 대해서는 국립수목원, '국가생물종지식정보시스템' 중 '절국대' 참조.

'절곡대'에서 유래했고, 그 이전의 차자(借字) 표기 '伐曲大'(벌곡대)도 이와 관련된 이름으로 보인다. 벌곡대→절곡대→절국대→절국대로 변화해 정착된 이름이다.[65] 절국대는 '절국'과 '대'의 합성어로 이해되고 '대'는 옛 식물명에서는 긴 막대기처럼 자라는 모양을 일컬었으므로 여기에서도 그러한 뜻으로 보이지만, '절국'은 별도로 동일하게 표현한 사례가 발견되지 않아 그 어원이 불확명하다. 다만 '절국'(절곡)과 유사한 표현으로 곡식을 빻는 기구에 대해 옛 문헌은 '절고'(동문유해, 1748), '절구'(물명고, 1824), 절구딕(아학편, 1908), '절구ㅅ고'(한청문감, 1779) 등으로 표기하고 있으므로, 절국대는 '절굿대'가 변이된 이름일 가능성이 있다. 그리고 『동의보감』 등에 기록된 생약명 '劉

寄奴草'(유기노초)를 절국대로 보기도 하지만,[66] 『동의보감』은 "蒿之類也"(쑥의 일종이다)라고 기록했으므로 절국대와 차이가 있다.[67] 한편 『향약집성방』과 『동의보감』에 기록된 한자명 漏蘆(누로)는 국화과의 절굿대(Echinops setifer)를 뜻하므로, 漏蘆(누로)를 현재의 절국대에 대한 한자명으로 표기한 『조선식물명휘』는 오류이며 한글명을 절국대로 명기한 『조선식물향명집』은 거듭된 오류를 범했다고 주장하는 견해가 있다.[68] 그러나 중국 문헌에 근거한 옛 약재명은 중국과 우리의 식물 분포가 동일하지 않았으므로 중국과는 다른 종의 식물을 한자명의 약재로 사용한 경우가 많고,[69] 실제로 1820년대에 저술된 『물명고』는 현삼과의 절국대처럼 노란색 꽃을 피우고 긴 꼬투리를 맺는 식물도 누로(漏蘆)에 포함된다는 점을 명기했다.[70] 따라서 우리의 옛 한의학 문헌에 기록된 생약명을 특정한 종으로 한정하고 다른 문헌의 기록을 오류로 단정하는 것은 타당하지 않다.

속명 Siphonostegia는 그리스어 siphon(관)과 stege(뚜껑, 덮개, 천장)의 합성어로, 긴 꽃받침통

---

65 이러한 견해로 김민수(1997), p.908 참조.

66 이러한 견해로 안덕균(2014), p.552 참조. 또한 『(신대역) 동의보감』(2012), p.2070은 절국대를 '北劉寄奴'(북유기노)로 보고 있다. 한편 『동의보감』(1613)은 '劉寄奴'(유기노)의 유래와 관련하여 "宋高祖劉裕 少名寄奴 用此治金瘡出血如神 故爲名"(송나라 고조 유유의 어릴 때 이름이 기노였는데, 쇠붙이에 상하여 피 흘리는 것을 이것으로 신묘하게 치료하였기 때문에 유기노라고 부른다)이라고 기록했다.

67 『대한민국약전외 한약(생약)규격집』(2016), p.151과 『(신대역) 동의보감』(2012), p.2070은 중국에 분포하는 쑥의 종류인 Artemisia anomala S.Moore(1875)[중국명: 奇蒿(qi hao)]를 '劉寄奴'(유기노)로 보고 있다. 한편 '중국식물지'(2018)는 '刘寄奴'(유기노)를 절국대와 기호(奇蒿) 모두의 별칭으로 기재하고 있다.

68 이러한 견해로 김종원(2016), p.375 참조.

69 『대한민국약전외 한약(생약)규격집』(2016), p.45는 생약명 누로(漏蘆)에 대해 현재의 뻐꾹채와 절굿대 종류를 모두 일컫는 것으로 규정하고 있으며, '중국식물지'(2018)는 절굿대 종류가 아닌 현재의 뻐꾹채를 漏芦(lou lu)로 보고 있다.

70 『물명고』(1824)는 누로(漏蘆)에 대해 關中者(관중자), 海州者(해주자), 沂州者(기주자) 및 秦州者(진주자)의 4종류가 있는데 그중 "秦州者 葉似白蒿 花黃生莢 大如筋許 有四五瓣 七八月後皆黑 異於衆蒿之類"(진주 지역에 나는 것은 잎이 흰쑥을 닮았다. 꽃은 황색이고 꼬투리를 맺는데, 꼬투리는 젓가락 길이 정도로 긴 것도 있다. 4~5쪽으로 갈라진다. 7~8월 이후에 검어진다. 쑥 종류와는 다르다)라고 기록했다.

의 모양에서 유래했으며 절국대속을 일컫는다. 종소명 *chinensis*는 '중국에 분포하는'이라는 뜻이다.

다른이름 절국때(정태현, 1956), 절굿대(안학수·이춘녕, 1963), 유기노(한진건 외, 1982)

옛이름 漏蘆/伐曲大/野蘭(향약집성방, 1433),[71] 漏蘆/絶穀大/절곡대(촌가구급방, 1538), 漏蘆/절국대(동의보감, 1613), 漏蘆/법구치(재물보, 1798), 漏蘆/절국듸(제중신편, 1799), 누로/절국대(화왕본긔, 19세기 조), 漏蘆/법고치/鬼油麻/野蘭(물명고, 1824), 漏蘆/절국듸(의종손익, 1868), 漏蘆/절국듸(방약합편, 1884), 절국대/蘆(자전석요, 1909), 漏蘆(선한약물학, 1931)[72]

중국/일본명 중국명 陰行草(yin xing cao)는 응달(음지)로 가는 풀이라는 뜻으로, 한약재로서의 성질이 음하고 열을 내리는 효과가 있어서 붙여진 것으로 보인다. 일본명 ヒキヨモギ(蟇艾)는 두꺼비 쑥이라는 뜻으로, 자라는 모습이 쑥과 비슷한 것에서 유래했다.

참고 [북한명] 절국대 [유사어] 귀유마(鬼油麻), 누로(漏蘆), 야란(野蘭), 영인진(鈴茵陳), 유기노초(劉寄奴草), 음행초(陰行草), 협호(莢蒿)

○ Veronica amplectens *Nakai*　カヤサントラノヲ
Gayaǧori　가야꼬리

둥근산꼬리풀〈*Pseudolysimachion rotundum* (Nakai) Holub(1967)〉[73]

둥근산꼬리풀이라는 이름은 산꼬리풀을 닮았으나 잎이 보다 둥글다는 뜻에서 유래했다.[74] 산꼬리풀에 비해 잎 모양이 보다 둥근 형태라는 것 때문에 별도 분류되고 있으나 분류학적 타당성에 대한 논란이 계속되고 있다. 『조선식물향명집』에서는 '꼬리'(풀)를 기본으로 하고 가야산에서 최초로 발견되었다는 뜻의 '가야'를 추가해 '가야꼬리'를 신칭했으나,[75] 『우리나라 식물자원』에서 '둥근산꼬리풀'로 개칭해 현재에 이르고 있다.

속명 *Pseudolysimachion*은 pseudo(가짜의, 유사한)와 *Lysimachia*(까치수염속)의 합성어로, 까치수염속의 꽃차례를 닮았다는 뜻에서 유래했으며 꼬리풀속을 일컫는다. 종소명 *rotundum*은

---

71 『향약집성방』(1433)의 차자(借字) '伐曲大'(벌곡대)에 대해 남풍현(1999), p.176은 향명(鄕名)으로 '벌곡대'를 표기한 것으로 보고 있다.

72 『조선어사전』(1920)은 '鬼油麻(귀유마), 莢蒿(협호), 절국대'를 기록했으며 『조선식물명휘』(1922)는 '鬼油麻, 漏蘆, 陰行草'를, 『토명대조선만식물자휘』(1932)는 현재 절굿대를 뜻하는 Echinops dauricus Fischer에 대하여 '[莢蒿]협호, [鬼油麻]귀유마, [漏蘆]루로, [절국대]'를 기록했다. 한편 『조선식물명휘』는 국화과의 Echinops davuricus Fischer에 대해서도 '單州漏蘆, 漏蘆, 수리취(救)'를 기록해 절국대와 절굿대 모두에 대해 '漏蘆'(누로)라고 칭했음을 시사하고 있다.

73 '국가표준식물목록'(2018)은 둥근산꼬리풀의 학명을 Veronica rotunda Nakai(1918)로 기재하고 있으나, 『장진성 식물목록』(2014)과 '중국식물지'(2018)는 Veronica속에서 별도로 독립하여 분류하면서 본문의 학명을 정명으로 기재하고 있다.

74 이러한 견해로 이우철(2005), p.192 참조.

75 이에 대해서는 『조선식물향명집』, 색인 p.30 참조.

'원모양의'라는 뜻으로 잎의 모양에서 유래했다.

다른이름 가야꼬리(정태현 외, 1937), 가야꼬리풀/동글잎꼬리풀(박만규, 1949), 둥근꼬리풀(안학수·이춘녕, 1963), 둥글잎꼬리풀(박만규, 1974), 둥근잎꼬리풀(임록재 외, 1996), 산꼬리풀(Chang et al., 2014)

중국/일본명 중국명 无柄穗花(wu bing sui hua)는 잎자루가 없는 수화(穗花: 이삭 모양의 꽃이 피는 식물이라는 뜻으로 꼬리풀속 또는 이삭꼬리풀의 중국명)라는 뜻이다. 일본명 カハヂシヤ(伽倻山虎の尾)는 가야산에서 자라고 호랑이의 꼬리를 닮았다는 뜻이다.

참고 [북한명] 둥근잎꼬리풀

Veronica Anagallis *Linné*   カハヂシヤ
Mulchinggae-namul   물칭개나물

물칭개나물〈*Veronica undulata* Wall.(1820)〉

물칭개나물이라는 이름은 물가에서 자라고 지칭개와 비슷한 나물이라는 뜻에서 유래한 것으로 추정한다. 물가에 분포하는 두해살이풀로 어린잎을 식용했다.[76] 19세기 중엽에 저술된 『임원경제지』는 '水萵苣'(수와거)에 대해 "葉味微苦 採苜葉 煠熱水淘淨 油鹽調食"(잎의 맛은 약간 쓰다. 어린잎을 채취해 삶아서 익히고 물로 깨끗이 씻어 기름과 소금으로 조리해서 먹는다)이라고 기록했는데, 그 조리법과 맛이 지칭개를 식용할 때와 비슷하다. 또한 충청북도에서는 지칭개를 방언으로 '물침개'라고도 하는데 식용할 때 맛이 유사해 이름의 혼용이 있었던 것으로 보인다. 이러한 점에 비추어 물칭개나물은 지칭개를 닮았지만 물가에서 자란다는 것을 강조한 이름으로 이해된다. 한

자명 水萵苣(수와거) 또는 水苦蕒(수고매)도 물에서 자라고 쓴맛이 나는 씀바귀 또는 상추와 닮았다는 뜻이므로 물칭개나물에 대한 위와 같은 해석과 뜻이 통한다.

속명 *Veronica*는 플리니우스(Plinius, 23~79)가 명명한 *vetonica/vettonica/betonica*에서 유래한 것으로, 성 베로니카(Saint Veronica)를 기념한 이름이라고도 하며 개불알풀속을 일컫는다. 종소명 *undulata*는 '물결모양의'라는 뜻으로 잎의 모양에서 유래했다.

다른이름 물칭개꼬리풀(임록재 외, 1972), 물꼬리풀(박만규, 1974), 물부추(한진건 외, 1982), 물까치꽃(리용재 외, 2011)

---

76 이에 대해서는 『한국식물도감(하권 초본부)』(1956), p.595 참조.

옛이름 水苦蕒(광재물보, 19세기 초), 水萵苣(임원경제지, 1842)[77]

중국/일본명 중국명 水苦荬(shui ku mai)는 물에 사는 씀바귀 종류(苦蕒)라는 뜻이다.[78] 일본명 カハヂシヤ(川萵苣)는 하천에서 자라고 상추(萵苣)와 비슷한 식물이라는 뜻이다.

참고 [북한명] 물칭개꼬리풀 [유사어] 수고매(水苦蕒), 수와거(水萵苣)

Veronica angustifolia *Fischer*   ホソバトラノヲ
Ĝoripul   꼬리풀

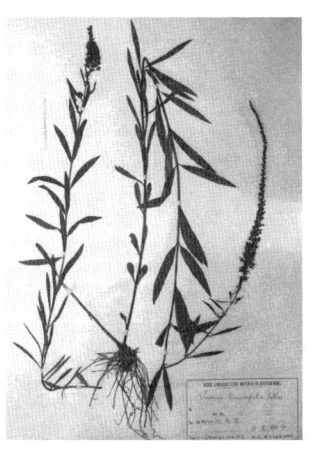

꼬리풀⟨*Pseudolysimachion linariifolium* (Pall. ex Link) Holub(1967)⟩[79]

꼬리풀이라는 이름은 길게 자라는 이삭꽃차례의 모양이 짐승의 꼬리를 연상시킨다는 뜻에서 유래했다.[80] 『조선식물향명집』에서 한글명 '꼬리풀'이 처음 발견되는데 신칭한 이름인지 방언을 채록한 것인지는 분명하지 않다.

속명 *Pseudolysimachion*은 *pseudo*(가짜의, 유사한)와 *Lysimachia*(까치수염속의)의 합성어로, 까치수염속의 꽃차례를 닮았다는 뜻에서 유래했으며 꼬리풀속을 일컫는다. 종소명 *linariifolium*은 *Linaria*(해란초속)와 비슷한 잎을 가졌다는 뜻에서 유래했다.

다른이름 자주꼬리풀(박만규, 1949), 가는잎꼬리풀(박만규, 1974)

중국/일본명 중국명 细叶穗花(xi ye sui hua)는 가는 잎의 수화(穗花: 이삭 모양의 꽃이 피는 식물이라는 뜻으로 꼬리풀속 또는 이삭꼬리풀의 중국명)라는 뜻이다. 일본명 ホソバトラノヲ(細葉虎の尾)는 가는 잎을 가졌고 호랑이의 꼬리를 닮았다는 뜻이다.

참고 [북한명] 꼬리풀/가는잎꼬리풀[81] [유사어] 세엽파파납(細葉婆婆納)

---

77 『조선식물명휘』(1922)는 한자명 '水苦蕒, 水婆菜(救)'를 기록했으며 『토명대조선만식물자휘』(1932)는 '[水苦蕒]슈고미'를 기록했다.

78 중국의 『도경본초』(1061)는 "水苦蕒生宜州溪澗側 葉似苦蕒 厚而光澤 根似白朮而軟 二八九月采其根食之"(수고매는 의주의 시냇가에서 난다. 잎은 씀바귀 종류와 비슷하고 두꺼우면서 반질반질하다. 뿌리는 백출과 비슷하면서 부드럽다. 2월, 8월, 9월에 뿌리를 채취하여 먹는다)라고 기록했다.

79 '국가표준식물목록'(2018)은 꼬리풀의 학명을 *Veronica linariifolia* Pall. ex Link(1820)로 기재하고 있으나, 『장진성 식물목록』(2014), '세계식물목록'(2018) 및 '중국식물지'(2018)는 본문의 학명을 정명으로 기재하고 있다.

80 이러한 견해로 김종원(2016), p.358 참조. 김종원은 꼬리풀이라는 이름을 호랑이의 꼬리를 뜻하는 일본명 トラノオ(虎の尾)에서 영향을 받은 이름으로 추론하고 있다.

81 북한에서는 *Veronica komarovii*를 '꼬리풀'로, *Veronica linariaefolia*를 '가는잎꼬리풀'로 하여 별도 분류하고 있다. 이에 대해서는 리용재 외(2011), p.371 참조.

⊗ Veronica coreana *Nakai*　ミネトラノヲ
Moe-ĝoripul　뫼꼬리풀

지리산꼬리풀〈*Pseudolysimachion rotundum* subsp. *coreanum* (Nakai) D.Y.Hong(1996)〉[82]
지리산꼬리풀이라는 이름은 지리산에서 최초로 발견된 꼬리풀이라는 뜻이다.[83] 잎 등의 모양에서 아종으로 분류되고 있지만 분류학적 타당성에 대해서는 논란이 계속되고 있다. 『조선식물향명집』에서는 '꼬리풀'을 기본으로 하고 식물의 산지(産地)를 나타내는 '뫼'를 추가해 '뫼꼬리풀'을 신칭했으나,[84] 『우리나라 식물자원』에서 '지리산꼬리풀'로 개칭해 현재에 이르고 있다.

속명 *Pseudolysimachion*은 pseudo(가짜의, 유사한)와 *Lysimachia*(까치수염속의)의 합성어로, 까치수염속의 꽃차례를 닮았다는 뜻에서 유래했으며 꼬리풀속을 일컫는다. 종소명 *rotundum*은 '원모양의'라는 뜻으로 잎의 모양에서 유래했으며, 아종명 *coreanum*은 '한국의'라는 뜻이다.

다른이름 뫼꼬리풀(정태현 외, 1937), 지이꼬리풀(박만규, 1974), 큰산꼬리풀(이창복, 1980), 넓은잎꼬리풀(한진건 외, 1982), 조선꼬리풀(임록재 외, 1996), 산꼬리풀(Chang et al., 2014)

중국/일본명 중국명 朝鮮穗花(chao xian sui hua)는 한반도(조선)에서 발견된 수화(穗花: 이삭 모양의 꽃이 피는 식물이라는 뜻으로 꼬리풀속 또는 이삭꼬리풀의 중국명)라는 뜻이다. 일본명 ミネトラノヲ(嶺虎の尾)는 산의 고개에 자라는 호랑이의 꼬리를 닮은 식물이라는 뜻이다.

참고 [북한명] 뫼꼬리풀

⊗ Veronica diamantica *Nakai*　ミヤマトラノヲ
Bonĝnae-ĝoripul　봉래꼬리풀

봉래꼬리풀〈*Veronica kiusiana* var. *diamantiaca* (Nakai) T.Yamaz.(1957)〉[85]
봉래꼬리풀이라는 이름은 금강산(봉래산)에서 최초 발견되었고 꼬리풀을 닮았다는 뜻에서 붙여졌다.[86] 금강산에 분포하는 여러해살이풀로 넓은잎꼬리풀과 닮았으나 전체가 소형이며, 잎 뒤는 흰

---

82 '국가표준식물목록'(2018)는 산꼬리풀의 학명을 *Veronica rotunda* var. *subintegra* (Nakai) T.Yamaz.(1957)로, 지리산꼬리풀의 학명을 *Veronica rotunda* var. *coreana* (Nakai) T.Yamaz.(1957)로 기재하고 있으나, 『장진성 식물목록』(2014)은 *Veronica*속에서 별도로 독립하여 분류하면서 *Pseudolysimachion rotundum*의 국명을 '산꼬리풀'로 하고 이와 관련된 변종을 모두 통합해 처리하고 있으므로 주의가 필요하다. 본문의 학명은 '중국식물지'(2018)와 '세계식물목록'(2018)을 따른 것이다.

83 이러한 견해로 이우철(2005), p.491 참조.

84 이에 대해서는 『조선식물향명집』, 색인 p.37 참조.

85 '국가표준식물목록'(2018)은 본문의 학명으로 봉래꼬리풀을 별도 분류하고 있으나, 『장진성 식물목록』(2014)은 속명을 변경하고 넓은잎꼬리풀(*Pseudolysimachion kiusianum*)에 통합해 별도 분류하지 않으므로 주의가 필요하다.

86 이러한 견해로 이우철(2005), p.280 참조.

빛을 띠고 포는 꽃대보다 긴 특징이 있다. 『조선식물향명집』에서 '꼬리풀'을 기본으로 하고 식물의 산지(産地)를 나타내는 '봉래'를 추가해 신칭했다.[87]

속명 *Veronica*는 플리니우스(Plinius, 23~79)가 명명한 *vetonica/vettonica/betonica*에서 유래한 것으로, 성 베로니카(Saint Veronica)를 기념한 이름이라고도 하며 개불알풀속을 일컫는다. 종소명 *kiusiana*는 '일본 규슈의'라는 뜻이며, 변종명 *diamantiaca*는 '금강산의'라는 뜻으로 최초 발견지를 나타낸다.

다른이름 좀꼬리풀(박만규, 1974)

중국/일본명 '중국식물지'는 이를 별도 분류하지 않고 있다. 일본명 ミヤマトラノヲ(深山虎の尾)는 깊은 산에서 자라는 호랑이의 꼬리를 닮은 식물이라는 뜻이다.

참고 [북한명] 봉래꼬리풀

⊗ Veronica insularis *Nakai*　タケシマクワガタ

Sŏm-ĝoripul　섬꼬리풀

섬꼬리풀〈*Pseudolysimachion nakaianum* (Ohwi) T.Yamaz.(1968)〉[88]

섬꼬리풀이라는 이름은 섬(울릉도)에서 나는 꼬리풀이라는 뜻이다.[89] 울릉도의 산지 숲 가장자리나 풀밭에서 자라는 여러해살이풀로, 산꼬리풀에 비해 잎이 달걀모양이고 꽃자루가 분명하며 꽃차례는 가늘고 꽃이 성글게 달리는 특징이 있다. 『조선식물향명집』에서 '꼬리풀'을 기본으로 하고 식물의 산지(産地)를 나타내는 '섬'을 추가해 신칭했다.[90] 울릉도 특산종으로, 일본명에 있는 다케시마(タケシマ)는 당시 일본인들이 다케시마를 현재의 독도(獨島)가 아닌 울릉도로 인식했다는 사실을 알려준다.

속명 *Pseudolysimachion*은 pseudo(가짜의, 유사한)와 *Lysimachia*(까치수염속의)의 합성어로, 까치수염속의 꽃차례를 닮았다는 뜻에서 유래했으며 꼬리풀속을 일컫는다. 종소명 *nakaianum*은 일본 식물분류학자 나카이 다케노신(中井猛之進, 1882~1952)의 이름에서 유래했다.

---

87 이에 대해서는 『조선식물향명집』, 색인 p.39 참조.

88 '국가표준식물목록'(2018)은 섬꼬리풀의 학명을 *Veronica nakaiana* Ohwi(1938)로 기재하고 있으나, 『장진성 식물목록』(2014)은 속명을 변경하여 본문의 학명을 정명으로 기재하고 있다.

89 이러한 견해로 이우철(2005), p.338 참조.

90 이에 대해서는 『조선식물향명집』, 색인 p.41 참조.

중국에는 분포하지 않은 식물이다. 일본명 タケシマクワガタ(鬱陵島鍬形)는 울릉도(タケシマ)에 분포하는 투구뿔 모양의 장식(鍬形)을 닮은 식물이라는 뜻이다.

참고 [북한명] 섬꼬리풀

Veronica kiusiana *Furumi* ヒロハトラノヲ(ツクシトラノヲ)
Yŏho-ġoripul 여호꼬리풀

넓은잎꼬리풀⟨*Pseudolysimachion kiusianum* (Furumi) Holub(1967)⟩[91]

넓은잎꼬리풀이라는 이름은 잎이 넓은 꼬리풀이라는 뜻에서 유래했다. 잎이 거꿀달걀모양으로 꼬리풀에 비해 넓은 특징이 있다. 『조선식물향명집』은 꽃차례의 모양을 여우의 꼬리에 비유한 '여호꼬리풀'로 기록했으나,[92] 현재는 『대한식물도감』에 기록된 '넓은잎꼬리풀'을 추천명으로 사용하고 있다.

속명 *Pseudolysimachion*은 *pseudo*(가짜의, 유사한)와 *Lysimachia*(까치수염속의)의 합성어로, 까치수염속의 꽃차례를 닮았다는 뜻에서 유래했으며 꼬리풀속을 일컫는다. 종소명 *kiusianum*은 '일본 규슈의'라는 뜻이다.

다른이름 여호꼬리풀(정태현 외, 1937), 큰꼬리풀(박만규, 1949), 여우꼬리풀(리종오, 1964), 선꼬리풀(임록재 외, 1996)

중국/일본명 중국명 长毛穗花(chang mao sui hua)는 긴 털이 있는 수화(穗花: 이삭 모양의 꽃이 피는 식물이라는 뜻으로 꼬리풀속 또는 이삭꼬리풀의 중국명)라는 뜻이다. 일본명 ヒロハトラノヲ(廣葉虎の尾)는 잎이 넓은 호랑이의 꼬리를 닮은 식물이라는 뜻이며, 또 다른 일본명 ツクシトラノヲ(筑紫虎の尾)는 쓰쿠시(筑紫: 규슈의 옛이름)에서 자라는 호랑이의 꼬리를 닮은 식물이라는 뜻이다.

참고 [북한명] 선꼬리풀

Veronica sibirica *Linné* エゾノクガイサウ
Naenġcho 냉초

냉초⟨*Veronicastrum sibiricum* (L.) Pennell(1935)⟩

냉초라는 이름은 한자명 '冷草'(냉초)에서 유래한 것으로, 냉증(冷症)을 치료하는 약으로 사용해서

---

91 '국가표준식물목록'(2018)은 넓은잎꼬리풀의 학명을 *Veronica kiusiana* Furumi(1916)로 기재하고 있으나, 『장진성 식물목록』(2014), '중국식물지'(2018) 및 '세계식물목록'(2018)은 본문의 학명을 정명으로 기재하고 있다.

92 『조선식물향명집』, 색인 p.43은 '여호꼬리풀'을 신칭한 이름으로 기록하고 있지 않으므로 재심사인 강원도 금강산 지역의 방언(향명)을 채록한 이름일 가능성이 있다.

붙여졌다.[93] 땅속줄기를 여성의 냉대하증(冷帶下症)을 치료하는 약재로 사용했다. 평안북도의 희천에서 실제 불리던 이름을 채록한 것이다.[94] 약성이 목본식물인 위령선(威靈仙)과 비슷해 이와 대비하여 초본위령선(草本威靈仙)이라고도 하며, '숨위나물'이라는 이름은 '威靈仙'(위령선)을 '술위ᄂᆞ믈'(술위나물)이라고 한 것에서 유래했다.

속명 Veronicastrum은 Veronica(개불알풀속)와 -astrum (유사한)의 합성어로, Veronica속 식물과 유사하다는 뜻에서 유래했으며 냉초속을 일컫는다. 종소명 sibiricum은 '시베리아의'라는 뜻으로 발견지를 나타낸다.

다른이름 냉초(정태현 외, 1936), 숨위나물(정태현 외, 1937), 민냉초/시베리아냉초/털냉초(박만규, 1949), 민들냉초(안학수·이춘녕, 1963), 좁은잎냉초(이창복, 1969b), 랭풀(임록재 외, 1996)

옛이름 冷草(의방합편, 19세기)[95]

중국/일본명 중국명 草本威灵仙(cao ben wei ling xian)은 위령선(威靈仙: Clematis chinensis의 중국명)과 약효가 비슷한 초본성 식물이라는 뜻이다. 일본명 エゾノクガイサウ(蝦夷の九蓋草)는 에조(蝦夷: 홋카이도의 옛 지명)에서 자라는 잎이 9개의 덮개(층)로 이루어진 식물이라는 뜻이다.

참고 [북한명] 숨위나물 [유사어] 구개초(九蓋草), 냉풀(冷-), 참룡검(斬龍劍), 초본위령선(草本威靈仙)

Veronica virginica *Linné*   クガイサウ   草本威靈仙
Sumwe-namul 숨위나물

냉초〈*Veronicastrum sibiricum* (L.) Pennell(1935)〉

'국가표준식물목록'(2018), 이우철(2005) 및 『장진성 식물목록』(2014)은 숨위나물을 냉초에 통합하고 별도 분류하지 않으므로 이 책도 이에 따른다.

---

93 이러한 견해로 이우철(2005), p.137; 김병기(2013), p.480; 권순경(2020.1.27.); 김종원(2016), p.367 참조.
94 이에 대해서는 『조선산야생약용식물』(1936), p.209 참조.
95 『조선식물명휘』(1922)는 V. virginica의 조선명으로 '草本威靈仙, 威靈仙, 숨위나물(救)'을 기록했으며 『토명대조선만식물자휘』(1932)는 V. sibirica의 조선명으로 '[九蓋草]구개초, [威靈仙]위령선, [숨위나물]'을 기록했다.

Bignoniaceae 능소화科 (紫葳科)

능소화과〈Bignoniaceae Juss.(1789)〉

능소화과는 재배식물인 능소화에서 유래한 과명이다. '국가표준식물목록'(2018), '세계식물목록'(2018) 및 『장진성 식물목록』(2014)은 *Bignonia*(비그노니아속)에서 유래한 Bignoniaceae를 과명으로 기재하고 있으며, 엥글러(Engler), 크론키스트(Cronquist) 및 APG IV(2016) 분류 체계도 이와 같다.

Campsis grandiflora *K. Shum.* ノウゼンカヅラ 凌霄花

Núngsohwa 능소화(금등화)

능소화〈*Campsis grandiflora* (Thunb.) K.Schum.(1894)〉

능소화라는 이름은 한자명 '凌霄花'(능소화)에서 유래한 것으로, 직역하면 하늘을 범하는 꽃이라는 뜻이지만 이를 의역하면 나무에 기대어 하늘 높이 자라는 꽃이란 뜻으로 해석된다.[1] 중국 원산으로 관상용 및 약재로 사용하기 위해 식재해왔다.[2] 중국의 『본초강목』은 나무에 기대어 자라며 높이가 수장(數丈)에 달하여 능소(凌霄)라 한다고 기록해, 나무에 기대어 높이 자라는 덩굴식물이라는 뜻에서 유래한 이름으로 해석했다. 예부터 붉은색으로 피는 꽃이 아름다워 '紫葳'(자위)라고 했으며, 꽃이 피는 모습이 황금이 달린 덩굴 같다는 뜻에서 '金藤花'(금등화)라고 부르기도 했다. 옛적에는 주로 양반집에서 관상용으로 심었다고 하여 '양반꽃'이라는 방언으로 불리기도 했다. 잎이나 꽃가루 등의 독성으로 눈을 멀게 한다고 알려지기도 했으나 과학적 근거가 없는 것으로 확인되었다.[3] 『조선식물향명집』은 '능소화'를 조선명으로 기록해 현재에 이르고 있다.

속명 *Campsis*는 그리스어 *kampsis*(휨, 굽힘)에서 유래한 것으로, 수술이 활처럼 굽은 것을 나

---

1 이러한 견해로 이우철(2005), p.159; 박상진(2019), p.91; 허북구·박석근(2008b), p.77; 전정일(2009), p.123; 기태완(2015), p.696; 강판권(2015), p.847; 나영학(2016), p.712 참조.

2 이에 대해서는 『조선삼림식물도설』(1943), p.633과 『한국의 민속식물』(2017), p.1034 참조.

3 능소화가 눈을 멀게 한다는 설은 예부터 있었는데, 중국의 『본초강목』(1596)은 "凌霄花上露 入目損目"(능소화에 맺힌 이슬은 눈에 들어가면 눈을 손상시킨다)이라고 하였고, 『청장관전서』(1795)는 중국 송나라 때 저술된 『묵객휘서(墨客揮犀)』를 인용하여 "有人仰視凌霄花 露滴眼中 後遂失明"(어떤 사람이 능소화를 쳐다보다가 잎에서 떨어지는 이슬이 눈에 들어갔는데 그 후 마침내 실명했다)이라고 기록하기도 했다. 한편 이러한 내용이 과학적 근거가 없다는 것에 대해서는 국립수목원, '국립수목원 웹진', Vol.60(2015) 중 '숲속 생물 세상' 참조.

타내며 능소화속을 일컫는다. 종소명 *grandiflora*는 '큰 꽃의'라는 뜻이다.

다른이름 능소화(정태현 외, 1936), 금등화(정태현 외, 1937), 능소화나무(정태현, 1943), 릉소화(한진건 외, 1982)

옛이름 紫葳/금등화/凌霄花(동의보감, 1613), 紫葳/凌霄花(의림촬요, 1635), 凌霄花(청정관전서, 1795), 凌霄花(임하필기, 1808), 紫葳/금등화/능쇼화/凌霄(광재물보, 19세기 초), 금등화(화왕본긔, 19세기 초), 紫葳/능능화/凌霄花(물명고, 1824), 凌霄花(송남잡지, 1855), 凌霄花/능쇼화(명물기략, 1870), 紫葳卽/凌霄花(수세비결, 1929), 凌霄花(선한약물학, 1931)[4]

중국/일본명 중국명 凌霄(ling xiao)는 나무에 기대어 자라는 식물이라는 뜻이다.[5] 일본명 ノウゼンカヅラ(凌霄蔓)는 능소 덩굴이라는 뜻이다.

참고 [북한명] 능소화 [유사어] 금등화(金藤花), 능소(凌霄), 자위(紫葳) [지방명] 양반꽃(전북), 미국나팔꽃(제주)

Catalpa ovata *G. Don* キササゲ
Gae-odong 개오동

개오동〈*Catalpa ovata* G.Don(1837)〉

개오동이라는 이름은 오동나무와 유사하지만 쓰임새가 그보다 못하다는 뜻에서 유래했다.[6] 중국 원산으로 오래전부터 정원이나 인가 부근에 식재해왔는데, 목재로 각종 기구를 만들며 나무껍질을 약용했다.[7] 평안북도 방언을 채록한 것이다.[8] 18세기 초에 저술된 『산림경제』는 오동나무를 닮았다는 뜻의 한자명 '假梧桐'(가오동)에 대한 한글명을 '개머귀'라고 했는데, 머귀가 오동나무를 뜻하는 고유어이므로 예부터 개오동이라는 이름은 있었던 것으로 보인다. 또한 18세 말에 저술된 『본사』는 "梓似桐"(개오동은 오동나무를 닮았다)이라고 하여 한자 '梓'(재)가 개오동을 일컫는 것으로도 사용했지만, 그 외에도 혼용되어 여러 나무를 가리키기도 했으므로 옛 문헌을 해석할 때 주의가 필요하다.[9]

---

4 『지리산식물조사보고서』(1915)는 'もんにょん, 木蓮蔓'[목련]을 기록했으며 『조선어사전』(1920)은 '금등화, 紫葳(ㅈ위), 凌霄花(릉쇼화)'를, 『조선식물명휘』(1922)는 '凌霄花, 紫葳, 凌霄'를, 『토명대조선만식물자휘』(1932)는 '[紫葳]ㅈ위, [凌霄花]릉쇼화, [금등화]'를, 『조선삼림식물편』(1915~1939)은 'クムトッンホア'[금등화]를 기록했다.

5 중국의 『본초강목』(1596)은 "俗謂赤艶曰紫葳葳 此花赤艶 故名 附木而上 高數丈 故曰凌霄"(민간에서 붉고 예쁜 것을 자위라고 하는데 이 꽃도 붉고 예쁘므로 이름 지어졌다. 나무에 붙어서 자라고 높이는 몇 장 정도 되므로 능소라고 한다)라고 기록했다.

6 이러한 견해로 이우철(2005), p.56; 허북구·박석근(2008b), p.34; 오찬진 외(2015), p.1073; 강판권(2015), p.851; 나영학(2016), p.709 참조.

7 이에 대해서는 『조선삼림식물도설』(1943), p.634 참조.

8 이에 대해서는 『조선삼림수목감요』(1923), p.120과 『조선삼림식물도설』(1943), p.634 참조.

9 한자 '梓'(재)는 개오동 외에도 때로 가래나무, 자작나무, 예덕나무 또는 물푸레나무 등으로도 사용되었으므로 주의가 필

속명 *Catalpa*는 북아메리카 인디언의 토속명 *catawba* 또
는 *kathulpa*가 어원으로, 미국 노스캐롤라이나주 서부에서
발원하는 카토바(Catawba)강 유역의 인디언 종족 이름에서
유래했으며 개오동속을 일컫는다. 종소명 *ovata*는 '달걀모양
의'라는 뜻으로 잎의 모양에서 유래했다.

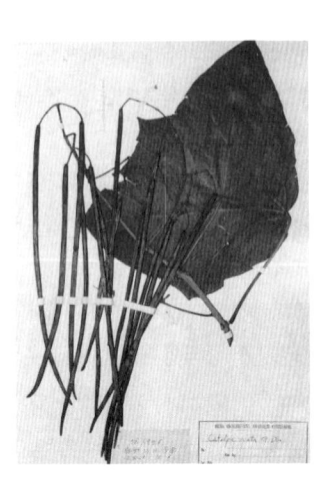

다른이름 기오동나무(정태현 외, 1923), 개오동나무(정태현 외,
1936), 향오동(리종오, 1964), 향오동나무(임록재 외, 1996)

옛이름 梓白皮(향약집성방, 1433), 梓白皮(동의보감, 1613), 假梧
桐(주촌신방, 1687), 樻木(종묘의궤, 1697), 假梧桐/개머귀(산림경제,
1715), 假梧桐(성호사설, 1720), 梓(일성록, 1786), 梓(본사, 1787), 梓/
노나무/木王(광재물보, 19세기 초), 梓/노남우(물보, 1802), 梓/노나
모/木王(물명고, 1824), 梓/노나무(자류주석, 1856), 假梧桐(의휘, 1871), 假梧桐(의방합편, 19세기), 梓/노나
무(아학편, 1908), 梓/노나무(자전석요, 1909), 梓白皮(수세비결, 1929)[10]

중국/일본명 중국명 梓(zi)는 뜻을 나타내는 '木'(목)과 음을 나타내는 '辛'(신)이 합쳐져 여러 식물을
일컫는 것으로 혼용되었으나 현재는 개오동을 일컫고 있다.[11] 일본명 キササゲ(木豇豆)는 목본성인
동부(ササゲ)라는 뜻으로, 개오동의 열매가 콩과의 동부 열매를 닮았다는 뜻이다.

참고 [북한명] 향오동나무 [유사어] 가목(榎木/樻木), 목왕(木王), 재백피(梓白皮) [지방명] 노끈나무/
노나무(경남), 너나무/노나무(전남), 노나무(전북), 노깔나무/노나무(충남)

Catalpa speciosa *Warder* ハナキササゲ (栽)
Yang-gaeodong 양개오동

미국개오동〈*Catalpa speciosa* (Warder ex Barney) Warder ex Engelm.(1880)〉
미국개오동이라는 이름은 북아메리카(미국)에서 전래된 개오동이라는 뜻에서 유래했다.[12] 북아메
리카 원산으로 1905년 평북 선천에 있는 선교사가 처음 도입한 것으로 알려져 있으며 전국 각지에
서 심고 있다. 『조선식물향명집』은 서양에서 전래된 개오동이라는 뜻의 '양개오동'으로 기록했으

요하다. 이에 대해서는 박상진(2011a), p.354 참조.

10 「화한한명대조표」(1910)는 '기오동느무'를 기록했으며 『조선어사전』(1920)은 '木王(목왕), 노나무'를, 『조선식물명휘』(1922)
는 '梓, 楸樹, 木角豆, 기오동나무(工業)'를, 『토명대조선만식물자휘』(1932)는 '[梓]즈, [木王]목왕, [假梧桐木]가오동나무, [노
나무], [木角豆]목각두'를, 『선명대화명지부』(1934)는 '개오동나무'를, 『조선삼림식물편』(1915~1939)은 'カイヲトンナム/
Kai-otong-nam'[개오동나무]를 기록했다.

11 중국의 『설문해자』(121)는 "楸也 從木 宰省聲"(가래나무를 일컫는다. 木은 뜻이고 소리는 辛이다)이라고 기록했다.

12 이러한 견해로 이우철(2005), p.239 참조.

나[13] 『우리나라 식물명감』에서 *C. bignonioides*를 '미국개오동'으로 명명했고, 이후 '국가표준식물목록'은 *C. speciosa*를 일컫는 이름으로 '미국개오동'을 사용하고 있다.

속명 *Catalpa*는 북아메리카 인디언의 토속명 *catawba* 또는 *kathulpa*가 어원으로, 미국 노스캐롤라이나주 서부에서 발원하는 카토바(Catawba)강 유역의 인디언 종족 이름에서 유래했으며 개오동속을 일컫는다. 종소명 *speciosa*는 '아름다운, 화려한'이라는 뜻으로 화려한 꽃의 모습에서 유래했나.

다른이름 양개오동(정태현 외, 1937), 꽃개오동나무(이창복, 1947), 양향오동(리종오, 1964), 꽃개오동(안학수·이춘녕, 1963), 꽃향오동(임록재 외, 1972), 꽃향오동나무(임록재 외, 1996)

중국/일본명 중국명 黃金樹(huang jin shu)는 황백색의 꽃이 피는 것에서 유래한 이름으로 보인다. 일본명 ハナキササゲ(花木豇豆)는 꽃이 화려한 개오동(キササゲ)이라는 뜻으로 학명과 같은 의미이다.

참고 [북한명] 꽃향오동나무

---

13 『조선식물향명집』, 색인 p.43은 '양개오동'을 신칭한 이름으로 기록하지 않았다.

Pedaliaceae 참깨科 (胡麻科)

참깨과〈Pedaliaceae R.Br.(1810)〉

참깨과는 재배식물인 참깨에서 유래한 과명이다. '국가표준식물목록'(2018), '세계식물목록'(2018) 및
『장진성 식물목록』(2014)은 *Pedalium*(페달리움속)에서 유래한 Pedaliaceae를 과명으로 기재하고 있
으며, 엥글러(Engler), 크론키스트(Cronquist) 및 APG IV(2016) 분류 체계도 이와 같다.

Sesamum indicum Linné   ゴマ   胡麻 (栽)
Chamĝae 참깨

참깨〈*Sesamum indicum* L.(1753)〉

참깨라는 이름은 들깨(野荏)에 비해 진짜(참)의 '깨'라는 뜻으로, 쓸모가 많고 품질이 우수한 깨라
는 의미에서 유래했다.[1] 서역으로부터 중국에 전래되었고,[2] 그것이 다시 우리나라에 전래된 것으
로 보이지만 그 정확한 연대는 알려져 있지 않다. 다만 『삼국유사』에 참기름을 뜻하는 '胡麻油'(호
마유)를 불전에 등유로 바치는 이야기가 기록된 것에 비추어 최소한 삼국 시대에는 도입된 것으로
보인다. 조선 시대에 저술된 『명물기략』은 "且野蘇들깨 一名荏也 可壓油而品劣 胡麻油更佳 故俗言
眞荏訓云 춤깨"(또 들깨가 있는데 이것을 임이라고도 하였다. 이것으로 기름을 짜면 질이 나쁜데 참깨로는
질이 좋은 기름을 얻을 수 있어 진임이라 적고 참깨라 부르게 되었다)라고 그 유래를 설명했다. 들깨와 참
깨에 사용되는 '깨'는 아주 작은 열매를 뜻하는 고유어로 이해되지만 정확한 어원과 유래에 대해
서는 알려진 바가 없다. 『조선식물향명집』은 전통적으로 사용했던 '참깨'라는 이름을 조선명으로
사정해 현재에 이르고 있다.

　속명 *Sesamum*은 아카드어 *samassammu, samsammu* 또는 히브리어 *shemen*(기름)이 어
원으로, 플리니우스(Plinius, 23~79)가 기름을 짜는 어떤 식물이나 아주까리에 대한 이름으로 사
용했던 것이 전용되어 참깨속을 일컫는다. 종소명 *indicum*은 '인도의'라는 뜻으로 발견지 또는
원산지를 나타낸다.

다른이름　참새(정태현 외, 1936)

옛이름　胡麻(삼국유사, 1281), 胡麻(고려도경, 1285), 胡麻/荏子(향약구급방, 1417), 胡麻/眞荏子(농사직
설, 1429), 胡麻/黑荏子(향약집성방, 1433), 춤깨(묘법연화경언해, 1463), 胡麻/춤뻬(구급간이방언해, 1489),

---

1　이러한 견해로 이우철(2005), p.502; 김민수(1997), p.992; 백문식(2014), p.446; 장충덕(2007), p.14; 이재운 외(2008), p.146
　　참조.
2　참깨의 원산지는 인도로 알려졌으나 최근에는 중앙아프리카의 사바나 지역이 원산지로 알려져 있다. 이에 대해서는 최
　　춘언(1998), p.443 참조.

胡麻/춤빼(사성통해, 1517), 춤빼(우마양저염역병치료방, 1541), 脂麻/춤빼(언해두창집요, 1608), 芝麻/춤씨(언해구급방, 1608), 胡麻/춤빼(동의보감, 1613), 胡麻/眞荏子(농가집성, 1655), 胡麻/춤새(신간구황촬요, 1660), 춤새(박통사언해, 1677), 芝麻楷/춤개(역어유해, 1690), 芝麻/眞荏/芝麻(산림경제, 1715), 脂麻/춤새(동문유해, 1748), 脂麻/춤새(몽어유해, 1768), 芝麻/춤씨(방언집석, 1778), 脂麻/춤새(한청문감, 1779), 胡麻/거문춤새/白脂麻/흰춤새(해동농서, 1799), 참씨/巨勝黑子(제중신편, 1799), 脂麻/油麻/芝麻/춤새(물보, 1802), 춤씨(규합총서, 1809), 胡麻/참씨(몽유편, 1810), 胡麻/거믄새/춤새(물명고, 1824), 油麻/眞荏/춤새(명물기략, 1870), 芝麻/춤씨(의휘, 1871), 춤씨/진임/眞荏(한불자전, 1880), 胡麻/검은참새(선한약물학, 1931), 참새(조선구전민요집, 1933)[3]

중국/일본명 중국명 芝麻(zhi ma)는 기름을 짜고 삼(麻)과 비슷한 식물이라는 뜻의 脂麻(지마)가 변형된 이름으로 추정한다.[4] 일본명 ゴマ(胡麻)는 서역에서 전래된 마(麻)라는 뜻의 '胡麻'(호마)를 음독한 것이다.

참고 [북한명] 참깨 [유사어] 백유마(白油麻), 백지마(白芝麻/白脂麻), 백호마(白胡麻), 지마(芝麻), 진임(眞荏), 향마(香麻), 호마(胡麻), 흑지마(黑芝麻) [지방명] 참기름/참지름(강원), 먹깨/참기름/참지름(경남), 깨(경북), 깨나무/깨때/깨묵/참기름/참꽤/참꾀(전남), 깨/시금자/참꽤/참꾀(전북), 검은꽤/깨/깨낭/깻잎/꽤/꾀(제주), 참꽤(충북), 깨/깻잎(함북)

Trapella sinensis *Oliver*   ヒシモドキ
Suyŏm-marum   수염마름

수염마름〈*Trapella sinensis* Oliv.(1887)〉[5]

수염마름이라는 이름은 마름을 닮았고 열매의 부속체가 수염 같다는 뜻에서 붙여졌다.[6] 『조선식물향명집』에서 전통 명칭 '마름'을 기본으로 하고 식물의 형태적 특징을 나타내는 '수염'을 추가해 신칭했다.[7]

---

3   『제주도및완도식물조사보고서』(1914)는 'チャンクヮ'[참꾀]를 기록했으며 『조선어사전』(1920)은 '黑油麻(흑유마), 黑芝麻(흑지마), 黑脂麻(흑지마), 黑胡麻(흑호마), 黑荏子(흑임즈), 검은새, 白油麻(빅유마), 白芝麻(빅지마), 白胡麻(빅호마), 油麻(유마), 胡麻(호마), 芝麻(지마), 脂麻(지마), 眞荏(진임), 새, 참새'를, 『조선식물명휘』(1922)는 '胡麻, 芝麻, 脂麻, 참새(食, 油科)'를, Crane(1931)은 '참새, 胡麻'를, 『토명대조선만식물자휘』(1932)는 '[胡麻]호마, [芝麻]지마, [脂麻]지마, [油麻]유마, [眞荏]진임, [참새], [靑蘘]청양'을, 『선명대화명지부』(1934)는 '참새'를 기록했다.

4   중국의 『본초강목』(1596)은 "脂麻衍義 俗作芝麻 非"(본초연의에서는 脂麻라고 하였는데 민간에서는 芝麻라고도 쓰지만 잘못이다)라고 기록했다.

5   '국가표준식물목록'(2018)은 *Trapella sinensis* Oliv.(1887)를 '세수염마름'으로, *Trapella sinensis* var. *antenifera* (H.Lev.) H.Hara(1941)를 '수염마름'으로 하여 별도 분류하고 있으나, 『장진성 식물목록』(2014), '세계식물목록'(2018) 및 '중국식물지'(2018)는 별도 분류하지 않으므로 주의가 필요하다.

6   이러한 견해로 이우철(2005), p.359와 김종원(2013), p.958 참조.

7   이에 대해서는 『조선식물향명집』, 색인 p.42 참조.

속명 *Trapella*는 *Trapa*(마름속)의 축소형으로 생김새와 자생지가 비슷해서 붙여졌으며 수염마름속을 일컫는다. 종소명 *sinensis*는 '중국에 분포하는'이라는 뜻으로 발견지 또는 분포지를 나타낸다.

다른이름 세수염마름(최홍근, 1985)[8]

중국/일본명 중국명 茶菱(cha ling)은 차와 같은 마름이라는 뜻이다. 일본명 ヒシモドキ(菱擬き)는 마름(ヒシ)을 닮은 식물이라는 뜻이다.

참고 [북한명] 수염마름

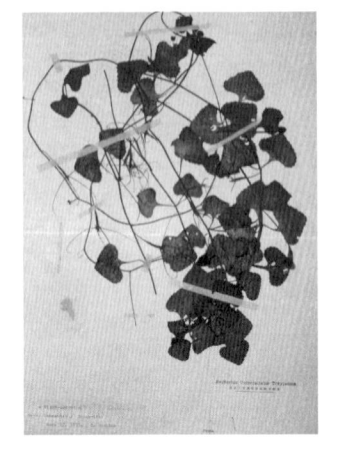

---

8   『조선식물명휘』(1922)는 '茶菱, 藻心'을 기록했다.

Lentibulariaceae 통발科 (狸藻科)

통발과 〈Lentibulariaceae Rich.(1808)〉

통발과는 국내에 자생하는 통발에서 유래한 과명이다. '국가표준식물목록'(2018), '세계식물목록'(2018) 및 『장진성 식물목록』(2014)은 Lentibularia[Utricularia의 동명(isonym), 땅귀개속 또는 통발속]에서 유래한 Lentibulariaceae를 과명으로 기재하고 있으며, 엥글러(Engler), 크론키스트(Cronquist) 및 APG IV(2016) 분류 체계도 이와 같다.

Utricularia bifida *Linné*　ミミカキグサ
Dâng-gwegae　땅귀개

땅귀개 〈*Utricularia bifida* L.(1753)〉

땅귀개라는 이름은 키가 작아 땅에 붙어 자라고 귀이개(귀개)를 닮았다는 뜻에서 유래했다. 벌레잡이식물로 높이 7~15cm의 꽃대에 밝은 노란색의 꽃이 2~10개 달리는데, 그 모습이 귀지를 파내는 귀이개를 닮았다. 귀이개를 옛말로 '귀개'라고도 했다.[1] 한·중·일 모두 식물명의 뜻이 유사하다. 한글명은 『조선식물향명집』에서 최초로 보이는데 방언을 채록한 것인지 신칭한 이름인지는 분명하지 않다.

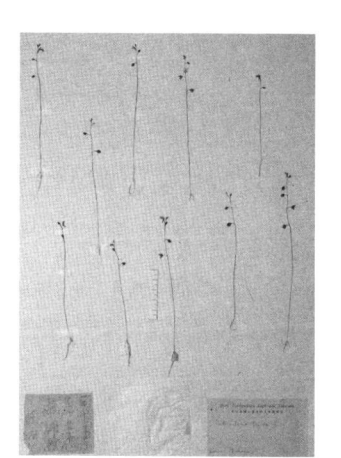

　속명 *Utricularia*는 라틴어 *uterus*(자궁, 틀)의 축소형인 *utriculus*(작은 병, 작은 주머니)에서 유래한 말로 부풀어 오른 벌레잡이잎(捕蟲囊)을 나타낸 것이며 땅귀개속을 일컫는다. 종소명 *bifida*는 '둘로 갈라지는'이라는 뜻이다.

다른이름 땅귀이개(박만규, 1949), 땅귀통발(임록재 외, 1996)

중국/일본명 중국명 挖耳草(wa er cao)는 귀이개를 닮은 풀이라는 뜻이다. 일본명 ミミカキグサ(耳掻草)도 귀이개를 닮은 풀이라는 뜻이다.

참고 [북한명] 땅귀개

1　이에 대해서는 『고어대사전 3』(2016), p.36 참조.

○ Utricularia intermedia *Hayne*   コタヌキモ
Ĝae-tongbal   깨통발

개통발〈*Utricularia intermedia* Hayne(1800)〉

개통발이라는 이름은 통발과 비슷하다는 뜻에서 유래했다.[2] 여러해살이 식충식물로 통발과 달리 땅속줄기가 있어 진흙에 고착하는 특징이 있다. 『조선식물향명집』에서는 '통발'을 기본으로 하고 벌레잡이잎의 모습을 '깨'로 보아 '깨통발'을 신칭했으나,[3] 『우리나라 식물명감』에서 '개통발'로 개칭해 현재에 이르고 있다.

속명 *Utricularia*는 라틴어 *uterus*(자궁, 틀)의 축소형인 *utriculus*(작은 병, 작은 주머니)에서 유래한 말로 부풀어 오른 벌레잡이잎(捕蟲囊)을 나타낸 것이며 땅귀개속을 일컫는다. 종소명 *intermedia*는 '중위의, 중간의'라는 뜻이다.

다른이름 깨통발(정태현 외, 1937), 애기통발(리종오, 1964), 개통말/북통발(박만규 외, 1974)

중국/일본명 중국명 류枝狸藻(yi zhi li zao)는 줄기가 다른 이조(狸藻: 땅귀개속 또는 *U. vulgaris*의 중국명)라는 뜻으로 땅속줄기에만 벌레잡이잎이 달리는 것 때문에 붙여졌다. 일본명 コタヌキモ(小狸藻)는 식물체가 작은 통발(タヌキモ)이라는 뜻이다.

참고 [북한명] 애기통발

Utricularia racemosa *Wallich*   ホザキノミミカキグサ
Isag-gwegae   이삭귀개

이삭귀개〈*Utricularia caerulea* L.(1753)〉[4]

이삭귀개라는 이름은 이삭의 모양을 한 (땅)귀개라는 뜻에서 유래했다.[5] 꽃대에 꽃이 달리는 모양을 '이삭'과 '귀이개'(귀개)를 닮았다고 본 것이다. 한글명은 『조선식물향명집』에서 처음으로 발견되는데 형태와 학명에 착안하여 신칭한 것으로 추론된다.[6]

속명 *Utricularia*는 라틴어 *uterus*(자궁, 틀)의 축소형인 *utriculus*(작은 병, 작은 주머니)에서 유래한 말로 부풀어 오른 벌레잡이잎(捕蟲囊)을 나타낸 것이며 땅귀개속을 일컫는다. 종소명 *caerulea*는 '푸른색의'라는 뜻으로 꽃이 남색 계열로 피는 것에서 유래했다.

---

2   이러한 견해로 이우철(2005), p.59 참조.
3   이에 대해서는 『조선식물향명집』, 색인 p.30 참조.
4   '국가표준식물목록'(2018)은 이삭귀개의 학명을 *Utricularia racemosa* Wall.(1843)로 기재하고 있으나, 『장진성 식물목록』(2014), '중국식물지'(2018) 및 '세계식물목록'(2018)은 본문의 학명을 정명으로 기재하고 있다.
5   이러한 견해로 이우철(2005), p.431 참조.
6   다만 『조선식물향명집』, 색인 p.44는 신칭한 이름으로 기록하지 않았으므로 주의가 필요하다.

다른이름 이삭귀이개/수원땅귀이개(박만규, 1949), 수원땅귀개(이창복, 1969b), 이삭귀통발(임록재 외, 1996)
중국/일본명 중국명 短梗挖耳草(duan geng wa er cao)는 짧은 꽃자루의 알이초(挖耳草: 땅귀개의 중국명)라는 뜻이다. 일본명 ホザキノミミカキグサ(穗喉の耳搔草)는 이삭 모양을 한 땅귀개(ミミカキグサ)라는 뜻이다.

참고 [북한명] 이삭귀개

Utricularia vulgaris *Linné*   タヌキモ
Tongbal   통발

통발〈*Utricularia australis* R.Br.(1810)〉[7]

통발이라는 이름은 벌레잡이잎(捕蟲囊)이 달린 식물체가 물 위에 퍼져 있는 모습이 고기를 잡는 통발과 유사하다는 뜻에서 유래했다.[8] 벌레잡이잎으로 벌레를 잡아 영양분을 섭취하는 식충식물이다. 1915년에 저술된 『신자전』은 "통발 漁具"라고 기록해 고기잡이 도구라는 뜻으로 기록했다. 조선 후기에 저술된 『임원경제지』는 중국에서 유래한 물속에서 자라는 콩을 닮은 식물이라는 뜻의 '水豆兒'(수두아)를 기록하기도 했다. 한글명은 『조선식물향명집』에서 처음으로 발견되는데 종래 실제로 사용하던 방언을 채록한 것인지 신칭한 이름인지는 명확하지 않다.

속명 *Utricularia*는 라틴어 *uterus*(자궁, 틀)의 축소형인 *utriculus*(작은 병, 작은 주머니)에서 유래한 말로 부풀어 오른 벌레잡이잎(捕蟲囊)을 나타낸 것이며 땅귀개속을 일컫는다. 종소명 *australis*는 '남쪽의'라는 뜻이다.

다른이름 큰통발(리용재 외, 2011)

옛이름 水豆兒(임원경제지, 1842)[9]

중국/일본명 중국명 南方狸藻(nan fang li zao)는 남쪽에서 자라는 이조(狸藻: 땅귀개속 또는 *U. vulgaris*의 중국명)라는 뜻으로 학명과 같은 의미이다. 일본명 タヌキモ(狸藻)는 삵의 수초(말)라는 뜻으로 식충식물이라는 의미에서 붙여졌다.

참고 [북한명] 통발/큰통발[10] [유사어] 수두아(水豆兒)

---

7 '국가표준식물목록'(2018)은 통발의 학명을 *Utricularia vulgaris* var. *japonica* (Makino) Tamura(1953)로 기재하고 있으나, 『장진성 식물목록』(2014)은 정명을 본문과 같이 기재하고 있다. 다만 '세계식물목록'(2018)과 '중국식물지'(2018)는 *Utricularia vulgaris* L.(1753)을 별도의 정명으로 인정하고 있으므로 *U. austalis*와 *U. vulgaris*의 종 구별에 대한 보다 세밀한 연구가 필요하다.

8 이러한 견해로 이우철(2005), p.568; 김경희 외(2014), p.81; 권순경(2019.5.29.) 참조.

9 『조선식물명휘』(1922)는 '水豆兒, 蔬荣'를 기록했다.

10 북한에서는 *U. japonica*를 '통발'로, *U. vulgaris*를 '큰통발'로 하여 별도 분류하고 있다. 이에 대해서는 리용재 외(2011), p.367 참조.

Acanthaceae 쥐꼬리망초科 (爵牀科)

쥐꼬리망초과⟨Acanthaceae Juss.(1789)⟩

쥐꼬리망초과는 국내에 자생하는 쥐꼬리망초에서 유래한 과명이다. '국가표준식물목록'(2018), '세계식물목록'(2018) 및 『장진성 식물목록』(2014)은 Acanthus(아칸투스속)에서 유래한 Acanthaceae를 과명으로 기재하고 있으며, 엥글러(Engler), 크론키스트(Cronquist) 및 APG IV(2016) 분류 체계도 이와 같다.

Justicia procumbens *Linné*   キツネノマゴ
Jweĝori-mangcho   쥐꼬리망초

쥐꼬리망초⟨*Justicia procumbens* L.(1753)⟩

쥐꼬리망초라는 이름은 꽃차례 모양이 쥐꼬리를 닮은 망초라는 뜻에서 유래했다.[1] 전초를 爵牀(작상)이라 하며 약용한다.[2] 망초(網草)라는 이름은 뿌리가 그물(網) 모양으로 얽혀 있는 풀이라는 뜻이며 생약명 秦艽(진교)에 대한 향명(鄕名)으로,[3] 우리나라에서는 전통적으로 투구꽃속의 진범(*Aconitum pseudolaeve*)을 일컫는 이름으로 사용해왔다.[4] 그런데 일본 식물학자가 저술한 『조선식물명휘』와 『토명대조선만식물자휘』는 쥐꼬리망초에 대한 조선명을 '망초'로 기록했다. 이는 일본에 분포하는 쥐꼬리망초속의 *Justicia gendarussa* Burm.f.(1768)(일본명: キダチキツネノマゴ)를 '秦艽'(진교)로 보았기 때문인 것으로 추론된다.[5] 쥐꼬리망초라는 한글명은 『조선식물향

---

1 이러한 견해로 유기억(2018), p.250과 김종원(2013), p.485 참조.

2 이에 대해서는 안덕균(2014), p.139 참조.

3 秦艽(진교)에 대한 향명으로 『향약채취월령』(1431)은 '網草'를, 『동의보감』(1613)은 '망초'를, 『물명고』(1824)는 '망효'를 기록했다. 한편 중국은 '秦艽'(진교)를 용담과의 대엽용담⟨*Gentiana macrophylla* Pall.(1789)⟩을 일컫는 이름으로 사용하고 있다. 이에 대해서는 신현철 외(2010), p.328 참조.

4 이에 대해서는 『조선산야생약용식물』(1936), p.94 참조. 정태현은 이 책에서 생약명 秦艽(진교)라는 이름으로 당시 대구, 대전 및 평양의 약재시장에서 거래되는 식물은 현재의 진범(*A. pseudolaeve*)이라는 점을 조사하여 기록했다. 한편 신현철 외(2010), p.332는 "우리나라에서 진교라고 불렸던 식물은 진범일 가능성보다는 쥐꼬리망초(*J. procumbens*)일 가능성이 더 많아 보인다"라고 주장하고 있으나, 실제 자원식물의 이용 형태에 관한 조사 기록에 근거하지 않았을 뿐만 아니라, 『물명고』(1824)는 秦艽(진교)와 별도로 '爵狀'(작상)을 기록하고 있다는 점에서도 타당하지 않은 것으로 보인다. 한편 안덕균(2014), p.329는 진범을 '韓秦艽'(한진교)로 하여 약재로 사용하는 것으로 기록했다.

5 이에 대해서는 松村任三(1920), p.191 참조. 또한 일제강점기에 저술된 『선한약물학』(1931), p.226은 '秦艽/망초'를 *Jastica*

명집』에서 처음으로 발견되는데, 당시 조선의 실정에 맞지 않는 일본인 식물학자들의 조사 결과를 참고는 하되, 종래 전통적으로 '망초'로 이해한 식물과 차이가 있다는 점에서 꽃차례의 모양을 나타내는 '쥐꼬리'를 별도로 추가해 신칭한 것으로 보인다.[6] 한편 19세기에 저술된 『광재물보』와 『물명고』는 중국에서 전래된 爵狀(작상)에 대한 한글명으로 '돌뇌약이'와 '돌노약이'를 기록했는데,[7] '뇌약이' 또는 '노약이'는 香薷(향유)를 일컫는 우리말이므로 향유를 닮았으나 그보다는 못하나는 뜻에서 유래한 이름으로 추론된다. 그러나 현재의 이름으로 이어지지는 않았다.

속명 *Justicia*은 스코틀랜드 원예가이자 식물학자인 James Justice(1698~1763)의 이름에서 유래했으며 쥐꼬리망초속을 일컫는다. 종소명 *procumbens*는 '엎드린, 기는'이라는 뜻이다.

다른이름 쥐꼬리망풀(리종오, 1964), 무릎꼬리풀(김현삼 외, 1988), 꼬리망풀(임록재 외, 1996), 무릎꼬리풀(리용재 외, 2011)

옛이름 爵狀/돌뇌약이(재물보, 1798), 爵狀/돌뇌약이/香蘇/爵麻/赤眼老母草(광재물보, 19세기 초), 爵狀/돌노약이/香蘇/爵麻(물명고, 1824), 秦芃/망초쑤리(선한약물학, 1931)[8]

중국/일본명 중국명 爵床(jue chuang)은 참새(爵)의 자리라는 뜻으로, 거친 곳에서 터를 잡고 자란다는 뜻에서 유래한 것으로 추정한다.[9] 일본명 キツネノマゴ의 유래에 대해서는 의견이 여러 가지인데, 털이 많은 것이 여우(キツネ)를 닮았고 꽃의 모양은 며느리밥풀(ママコナ)을 닮았다는 뜻에서 유래한 것으로 보는 견해가 유력하다.

참고 [북한명] 무릎꼬리풀 [유사어] 작상(爵床)

---

*Jendarussa(Justicia gendarussa*의 오기로 보임)의 뿌리로 보았다.

6　다만 『조선식물향명집』, 색인 p.46은 신칭한 이름으로 기록하고 있지 않으므로 주의가 필요하다.

7　『광재물보』(19세기 초)와 『물명고』(1824)에 기록된 爵狀(작상)의 '狀'(상)은 중국의 『본초강목』(1596)에 기록된 爵床(작상)과 내용이 유사하고 별칭이 같은 점에 비추어 '床'(상)의 오기로 보인다.

8　『조선식물명휘』(1922)는 '爵狀, 鼠尾草, 망초'를 기록했으며 『토명대조선만식물자휘』(1932)는 '[蓁芃]진규, [蓁糺]진규, [蓁瓜]진과, [망초]'를, 『선명대화명지부』(1934)는 '망초'를 기록했다.

9　다만 중국의 『본초강목』(1596)은 "爵床不可解 按吳氏本草作爵麻 甚通"(작상은 해석할 수 없다. 오씨의 본초서에서는 작마라 했는데 잘 통한다)이라고 기록했다.

Phrymaceae 파리풀科 (蠅毒草科)

파리풀과〈Phrymaceae Schauer(1847)〉

파리풀과는 국내에 자생하는 파리풀에서 유래한 과명이다. '국가표준식물목록'(2018), '세계식물목록'(2018) 및 『장진성 식물목록』(2014)은 *Phryma*(파리풀속)에서 유래한 Phrymaceae를 과명으로 기재하고 있으며, 엥글러(Engler)와 APG IV(2016) 분류 체계도 이와 같다. 그러나 크론키스트(Cronquist) 분류 체계는 *Phryma*(파리풀속)를 독립된 과로 분리하지 않고 Verbenaceae(마편초과)에 포함하였다.

Phryma leptostachya *Linné*   ハヘドクサウ   蠅毒草
Paripul 파리풀

파리풀〈*Phryma leptostachya* L. var. *oblongifolia* (Koidz.) Honda(1936)〉[1]

파리풀이라는 이름은 뿌리의 즙으로 파리를 죽이는 데 사용한 것에서 유래했다.[2] 뿌리를 약용하거나 즙을 내어 파리를 잡거나 옴을 치료하는 데 사용했다.[3] 파리풀이라는 한글명은 『조선식물명휘』에서 처음 보이는데 『조선식물향명집』은 이를 이어받아 조선명으로 사정했다. 19세기 말에 저술된 『의휘』에 개창(疥瘡: 옴)을 치료하는 약재로 기록된 '파리사리'는 파리풀을 일컫는 것으로 보인다. 옴을 치료한다는 뜻의 '옴풀'이라는 이름도 있었으며, 씨앗에 갈고리가 있어 사람의 옷이나 짐승의 털에 잘 붙고 이를 통해 번식하는 것에 착안한 이름으로 '도둑놈풀'이라는 방언도 있다.

　속명 *Phryma*는 어원이 확인되지 않고 있으며, 일부 견해에 따르면 인디언 지역명에서 유래했다고 하며 파리풀속을 일컫는다. 종소명 *leptostachya*는 '가는 이삭을 가진'이라는 뜻이며, 변종명 *oblongifolia*는 '긴타원모양의 잎이 있는'이라는 뜻이다.

다른이름　옴풀/금성초/파리풀(정태현 외, 1936), 꼬리창풀(안학수·이춘녕, 1963)

옛이름　透骨草(의종금감, 1742), 파리사리根(의휘, 1871), 파리사리根(녹효방, 1873), 透骨草(의방합편,

---

1　'국가표준식물목록'(2018)은 파리풀의 학명을 *Phryma leptostachya* var. *asiatica* H.Hara(1948)로 기재하고 있으나, 『장진성 식물목록』(2014)과 '세계식물목록'(2018)은 이를 본문 학명의 이명(synonym)으로 처리하고 있다.

2　이러한 견해로 이우철(2005), p.571; 허북구·박석근(2008a), p.207; 김종원(2013), p.772 참조.

3　이에 대해서는 『의휘』(1871), 『의방합편』(19세기) 및 『토명대조선만식물자휘』(1932), p.591 참조.

19세기)[4]

중국/일본명 중국명 透骨草(tou gu cao)는 뼈를 잘 투과시켜 부드럽게 한다는 뜻으로, 풍습(風濕)과 관절염 등에 약재로 사용한 것에서 유래했다.[5] 일본명 ハヘドクサウ(蠅毒草)는 뿌리의 즙으로 파리를 죽인다는 뜻이다.

참고 [북한명] 파리풀 [유사어] 노파자침전(老婆子針錢), 승독초(蠅毒草) [지방명] 도둑놈나무/도둑놈풀(전남), 가스새/가스세/가스쉐/가슨새/가슨세/가시/가시새/가시새풀/가시세/가신새/가신세/가싱새/우령산(제주), 약풀(충남)

---

4 『제주도및완도식물조사보고서』(1914)는 'カシッセ'[가시새]를 기록했으며 『조선식물명휘』(1922)는 '蠅毒草 파리풀'을, 『토명대조선만식물자휘』(1932)는 '[毒蠅草]독승초, [파리풀]'을, 『선명대화명지부』(1934)는 '파리풀'을 기록했다.

5 중국의 『경악전서』(1624)는 "亦善透骨通竅 故又名透骨草"(또한 투골통규에도 좋기 때문에 투골초라고도 한다)라고 기록했다.

Plantaginaceae 질경이科 (車前科)

> **질경이과 〈Plantaginaceae Juss.(1789)〉**
>
> 질경이과는 국내에 자생하는 질경이에서 유래한 과명이다. '국가표준식물목록'(2018), '세계식물목록'(2018) 및 『장진성 식물목록』(2014)은 *Plantago*(질경이속)에서 유래한 Plantaginaceae를 과명으로 기재하고 있으며, 엥글러(Engler), 크론키스트(Cronquist) 및 APG IV(2016) 분류 체계도 이와 같다. '세계식물목록'(2018)과 APG IV(2016) 분류 체계는 Callitrichaceae(별이끼과)도 Plantaginaceae(질경이과)에 포함시켜 분류한다.

⊗ Plantago alata *Nakai*　タンナオオバコ
Som-jilgyongi　섬질경이

섬질경이 〈*Plantago asiatica* f. *polystachya* (Makino) Nakai(1952)〉[1]

섬질경이라는 이름은 제주도(섬)에 분포하는 질경이라는 뜻에서 붙여졌다.[2] 제주에 분포하는 별도 품종으로 분류하고 있으나 분류학적 타당성에 대해서는 논란이 계속되고 있다. 『조선식물향명집』에서 전통 명칭 '질경이'를 기본으로 하고 식물의 산지(産地)를 나타내는 '섬'을 추가해 신칭했다.[3]

　속명 *Plantago*는 라틴어 *planta*(발바닥)에서 유래한 것으로 잎의 모양이 발바닥을 연상시킨다고 하여 붙여졌으며 질경이속을 일컫는다. 종소명 *asiatica*는 '아시아의'라는 뜻으로 분포지를 나타내며, 품종명 *polystachya*는 '이삭이 많은'이라는 뜻이다.

다른이름　한라질경이(리종오, 1964), 참질경이/한나질경이(임록재 외, 1972), 탐라질경이(박만규, 1974)

중국/일본명　'중국식물지'는 이를 별도 분류하지 않고 있다. 일본명 タンナオオバコ(耽羅大葉子)는 제주도에 분포하는 질경이(オオバコ)라는 뜻이다.

참고　[북한명] 참질경이

1　'국가표준식물목록'(2018)은 본문의 학명으로 별도 품종으로 분류하고 있으나, 『장진성 식물목록』(2014)은 질경이(*P. asiatica*)에 통합하고 이 학명은 이명(synonym)으로 처리하고 있으므로 주의가 필요하다.
2　이러한 견해로 이우철(2005), p.344 참조.
3　이에 대해서는 『조선식물향명집』, 색인 p.41 참조.

○ Plantago depressa *Willdenow* ムジナオホバコ
Tŏl-jilgyŏngi 털질경이

털질경이〈*Plantago depressa* Willd.(1814)〉

털질경이라는 이름은 잎에 거센털이 있다는 뜻에서 붙여졌다.[4] 전체에 털이 있는 특징이 있으며, 어린잎은 식용하고 열매는 약용했다.[5] 『조선식물향명집』에서 전통 명칭 '질경이'를 기본으로 하고 식물의 형태적 특징을 나타내는 '털'을 추가해 신칭했다.[6]

속명 *Plantago*는 라틴어 *planta*(발바닥)에서 유래한 것으로 잎의 모양이 발바닥을 연상시킨다고 하여 붙여졌으며 질경이속을 일컫는다. 종소명 *depressa*는 '편평하게 눌러진'이라는 뜻이다.

다른이름 긴질경이(박만규, 1949), 누운털질경이(이창복, 1969b), 긴잎질경이(박만규, 1974)

중국/일본명 중국명 平车前(ping che qian)은 편평한 차전(車前: 질경이속 또는 질경이의 중국명)이라는 뜻으로 학명과 같은 의미이다. 일본명 ムジナオホバコ(狢大葉子)는 오소리처럼 털이 많은 질경이(オホバコ)라는 뜻이다.

참고 [북한명] 털질경이 [유사어] 차전자(車前子) [지방명] 배채기(제주), 질갱이(충남)

Plantago japonica *Franchet et Savatier* タウオホバコ
Wang-jilgyŏngi 왕질경이

왕질경이〈*Plantago major* L.(1753)〉[7]

왕질경이라는 이름은 질경이에 비해 크다는(왕) 뜻에서 붙여졌다.[8] 식물체가 질경이에 비해 월등히 크다. 『조선식물향명집』에서 전통 명칭 '질경이'를 기본으로 하고 식물의 형태적 특징과 학명에 착안한 '왕'을 추가해 신칭했다.[9]

속명 *Plantago*는 라틴어 *planta*(발바닥)에서 유래한 것으로 잎의 모양이 발바닥을 연상시킨다고 하여 붙여졌으며 질경이속을 일컫는다. 종소명 *major*는 '주요한, 보다 큰'이라는 뜻이다.

다른이름 큰질경이(김현삼 외, 1988)[10]

---

4 이러한 견해로 이우철(2005), p.565 참조.
5 이에 대해서는 『한국식물도감(하권 초본부)』(1956), p.608 참조.
6 이에 대해서는 『조선식물향명집』, 색인 p.48 참조.
7 '국가표준식물목록'(2018)은 왕질경이의 학명을 *Plantago major* var. *japonica* (Franch. & Sav.) Miyabe(1890)로 기재하고 있으나, 『장진성 식물목록』(2014)은 본문의 학명을 정명으로 기재하고 있다.
8 이러한 견해로 이우철(2005), p.415 참조.
9 이에 대해서는 『조선식물향명집』, 색인 p.44 참조.
10 『조선한방약료식물조사서』(1917)는 '길경이, 쩌장이, 車前子'를 기록했으며 『조선식물명휘』(1922)는 '길경이(藥, 救)'를, 『선명대화명지부』(1934)는 '길경이'를, 『조선의산과와산채』(1935)는 '길경이'를 기록했다.

중국명 大车前(da che qian)은 식물체가 큰 차전(車前: 질경이속 또는 질경이의 중국명)이라는 뜻이다. 일본명 タウオホバコ(唐大葉子)는 식물체가 큰 형태를 이국적인 것으로 보아, 중국에서 전래한 질경이(オホバコ)라는 뜻에서 붙여졌다.

참고 [북한명] 왕질경이/큰질경이[11] [유사어] 차전자(車前子) [지방명] 배채기(제주)

Plantago kamtschatica *Link.*   エゾオホバコ
Gae-jilgyŏngi   개질경이

개질경이〈*Plantago camtschatica* Cham. ex Link(1821)〉

개질경이라는 이름은 질경이와 유사하다(개)는 뜻에서 붙여졌다.[12] 잎과 씨앗은 약용하고 어린잎을 식용했다.[13] 식물명에서 '개'는 흔히 비슷하거나 대표종에 비해 쓸모가 못하거나 덜하다 뜻으로 사용된다. 『조선식물향명집』에서 전통 명칭 '질경이'를 기본으로 하고 식물의 형태적 특징을 나타내는 '개'를 추가해 신칭했다.[14]

속명 *Plantago*는 라틴어 *planta*(발바닥)에서 유래한 것으로 잎의 모양이 발바닥을 연상시킨다고 하여 붙여졌으며 질경이속을 일컫는다. 종소명 *camtschatica*는 '캄차카 지역의'라는 뜻으로 발견지 또는 원산지를 나타낸다.

다른이름 갯질경이(김현삼 외, 1988)[15]

중국/일본명 중국명 海滨车前(hai bin che qian)은 해변가에서 자라는 차전(車前: 질경이속 또는 질경이의 중국명)이라는 뜻이다. 일본명 エゾオホバコ(蝦夷大葉子)는 에조(蝦夷: 홋카이도의 옛 지명)에서 자라는 질경이(オホバコ)라는 뜻이다.

참고 [북한명] 갯질경이 [유사어] 차전자(車前子) [지방명] 취쿨(제주)

---

11 북한에서는 *P. japonica*를 '왕질경이'로, *P. major*를 '큰질경이'로 하여 별도 분류하고 있다. 이에 대해서는 리용재 외 (2011), p.272 참조.
12 이러한 견해로 이우철(2005), p.58 참조.
13 이에 대해서는 『한국식물도감(하권 초본부)』(1956), p.608 참조.
14 이에 대해서는 『조선식물향명집』, 색인 p.31 참조.
15 『조선의산과와산채』(1935)는 '길경이'를 기록했다.

Plantago lanceolata *Linné* ヘラオホバコ
Chang-jilgyŏngi 창질경이

창질경이〈*Plantago lanceolata* L.(1753)〉

창질경이라는 이름은 잎의 모양이 좁고 긴 모양과 이삭꽃차례
의 모양이 창(槍)을 연상시킨다고 하여 붙여졌다.[16] 유럽 원산
의 여러해살이 귀화식물로, 잎은 좁은 피침모양이며 8~9월에
흰색 꽃이 긴 꽃줄기 끝에 이삭꽃차례로 달린다. 『조선식물향
명집』에서 전통 명칭 '질경이'를 기본으로 하고 식물의 형태적
특징을 나타내는 '창'을 추가해 신칭했다.[17]

　속명 *Plantago*는 라틴어 *planta*(발바닥)에서 유래한 것으
로 잎의 모양이 발바닥을 연상시킨다고 하여 붙여졌으며 질경
이속을 일컫는다. 종소명 *lanceolata*는 '창모양의'라는 뜻으
로 잎 또는 꽃차례의 모양에서 유래했다.

다른이름 양질경이(안학수·이춘녕, 1963)

중국/일본명 중국명 长叶车前(chang ye che qian)은 긴 잎을 가진 차전(車前: 질경이속 또는 질경이의 중
국명)이라는 뜻이다. 일본명 ヘラオホバコ(篦大葉子)는 잎이 주걱모양을 닮은 질경이(オホバコ)라는
뜻이다.

참고 [북한명] 창질경이

Plantago major *L.* var. asiatica *Decaisne* オホバコ　車前
Jilgyŏngi 질경이(길장구·뻬부장·배합조개)

질경이〈*Plantago asiatica* L.(1753)〉

질경이라는 이름은 옛이름 '길경이'가 변한 것으로, 길바닥에서 자라는 것이라는 뜻에서 유래했
다.[18] 들이나 길가에서 자라며, 어린잎은 데쳐서 나물로 먹고 씨앗은 이뇨제 등의 약재로 사용했
다.[19] 한자명은 '車前'(차전)이다. 『동의보감』은 "喜在牛跡中生 故曰車前也"(소가 다니는 길에서 잘 자

16　이러한 견해로 이우철(2005), p.511 참조. 다만 이우철은 잎의 모양이 창을 연상시킨다고 하여 붙여진 이름으로 기술하고
　　있다.

17　이에 대해서는 『조선식물향명집』, 색인 p.46 참조.

18　이러한 견해로 백문식(2014), p.459와 김종원(2013), p.143 참조.

19　이에 대해서는 『조선산야생약용식물』(1936), p.212와 『조선산야생식용식물』(1942), p.186 참조.

라기 때문에 차전이라고 한다)라고 했는데, 길경이는 이러한 車前 (차전)과 뜻이 통한다. 『구급간이방언해』는 한글명으로 '뵈짱 이'를 기록했는데, 질긴 섬유질의 줄기와 잎을 베를 짜는 것에 비유한 이름이다.[20] 한편 질경이를 잘 끊어지지 않고 질긴 잎 의 성질에서 유래한 이름이라고 보는 견해가 있다.[21] 그러나 질 경이의 옛이름은 '길경이'이고 질경이는 구개음화로 발음이 변 화한 것이므로 질기다는 뜻과 관련이 없다.

속명 *Plantago*는 라틴어 *planta*(발바닥)에서 유래한 것으 로 잎의 모양이 발바닥을 연상시킨다고 하여 붙여졌으며 질경 이속을 일컫는다. 종소명 *asiatica*는 '아시아의'라는 뜻으로 원산지를 나타낸다.

다른이름 질경이/뻬부장이(정태현 외, 1936), 길장구/빼부장/배합조개(정태현 외, 1937), 빼부쟁이/뱁 조개(정태현 외, 1942), 빠부쟁이(박만규, 1949), 배부장이(정태현 외, 1949), 빠뿌쟁이/차전(안학수·이춘 녕, 1963), 톱니질경이(이창복, 1969b), 배장이(김종원, 2013)

옛이름 車前子/吉刑荣實(향약구급방[중], 1417),[22] 車前子/布伊作只(향약집성방, 1433),[23] 車前子/뵈짱이 (구급간이방언해, 1489), 茅苢/뵈짱이/蝦蟆衣草(훈몽자회, 1527), 車前子/길경이(언해구급방, 1608), 車前 子/챠젼즈(언해두창집요, 1608), 茅苢/뵙쟝이/길경이(시경언해, 1613), 車前子/길경이삐/뵈짱이삐(동의보 감, 1613), 車前子/길경이삐(사의경험방, 17세기), 車前子/길경이삐/뵈짱이삐(산림경제, 1715), 車前荣/길 경이(몽어유해, 1768), 車前荣/길경이치(한청문감, 1779), 車前/길경이(재물보, 1798), 車前/길경이삐(제중 신편, 1799), 車前/茅苢/길경이(물보, 1802), 車前/길경이(광재물보, 19세기 초), 츠젼즈/길경이(화왕본긔, 19세기 초), 車前草/길경이/當道/茅苢(물명고, 1824), 車前/茅苢/길경이(자류주석, 1856), 車前/길경이 삐(의종손익, 1868), 길경이/茅苢/차젼즈/車前子(한불자전, 1880), 車前/길경이씨/茅苢(방약합편, 1884), 車前草/길경이(국한회어, 1895), 질경이/苢(한영자전, 1897), 車前/길경이씨(박물신서, 19세기), 車前草/茅 苢/길경이(일용비람기, 연대미상), 車前草/茅苢/길경이(자전석요, 1909), 車前草/茅苢/길경이/길장구(신자 전, 1915), 車前/질경이(선한약물학, 1931), 질겡이/길쌍구/길장구(조선구전민요집, 1933)[24]

---

20 이러한 견해로 백문식(2014), p.459와 손병태(1996), p.56 참조. 한편 손병태는 아이들이 잎으로 베짜기 놀이를 하는 것에 서 연유했다고도 한다.

21 이러한 견해로 허북구·박석근(2008a), p.188; 유기억(2018), p.146; 김경희 외(2014), p.83 참조.

22 『향약구급방』(1417)의 차자(借字) '吉刑荣實'(길형채실)에 대해 남풍현(1981), p.123은 '길형ㄴ물'의 표기로 보고 있으며, 손병 태(1996), p.56은 '길형나물삐'로, 이덕봉(1963), p.5는 '길경치'의 표기로 보고 있다.

23 『향약집성방』(1433)의 차자(借字) '布伊作只'(포이작지)에 대해 남풍현(1999), p.175는 '뵈짜기'의 표기로 보고 있으며, 손병태 (1996), p.56은 '뵈자기'의 표기로, 이덕봉(1963), p.5는 '뵈자기'의 표기로 보고 있다.

24 『제주도및완도식물조사보고서』(1914)는 'ベチャギ, ベチェギ, キルギアニ, キルチャンギ'[베차기, 베체기, 실가니, 길자 기]를 기록했으며 『지리산식물조사보고서』(1915)는 'べっびじん'[베비장]을, 『조선한방약료식물조사서』(1917)는 '길경이,

중국/일본명 중국명 車前(che qian)은 수레바퀴가 지나다녀도 끈질기게 자란다는 뜻이다.[25] 일본명 オホバコ(大葉子)는 잎이 크다고 하여 붙여졌다.

참고 [북한명] 질경이 [유사어] 당도(當道), 부이(芣苢/芣苡), 차과로초(車過路草), 차전초(車前草) [지방명] 도라지/뱀자우/빼장구/배짱구/빤장우/뺌장우/뺌짜후/뺌짱/뺌짱우/뺍장우/뺍장우/뻽장우/질갱이/질거이/질경이/질게이/질거이/질광이/질깅이/질재이/질짱구/질짱귀/질쩽이(강원), 질갱이/질경이/질깅이(경기), 길장구/께구리풀/도래/돌가지/돌개/돌래/말짱개이/베부젱이/베뿌젱이/빼때이/빼빼장구/빼빼젱이/빼뿌장이/빼뿌젱이/빼삐재이/뺍장이/뺍젱이/뺏뿌쟁이/뻬부제히/뻬뿌장구/뻬뿌재기/뻬뿌쟁이/뻬삐제이/뻬삐떡/뻬삐젱이/뻽젱이/뽀뽀재이/삐삐재이/삐삐쟁이/삐삐제이/지렁이/질갱이/찡기치(경남), 도라지/도래/돌가지/돌개/뱁재이/뱁쟁이/빠꾸쟁이/빠지데이/빠지재이/빼뿌재이/빼뿌쟁이/빼뿌째이/빼장우/빼짱우/백뿌쟁이/뱁뿌쟁이/뱁새이/뺍자우/뺍장구/뺍장우/뺍재이/뺍쟁이/뺍째이/뺍쨍이/뺍쪼우/뻬삐제이/뻬짜우/뻽자우/뻽자이/뻽제비/뻽젱이/삐삐쟁이/삡재이/삡쟁이/질개이/질갱이/질경이/질거이/질계이/질계히/질광이/질괭이/질기비/질깅이/찔게이/찔기/칠게이(경북), 간경이/개밥/깨뿌쟁이/도라지/도람/돌가지/돌간/때뿌쟁이/밥버대이/뱁빠뿌쟁이/베쁘젱이/베제기/베짠닙/베짠잎/베쩨기/백장닙/백장닢/빠뿌제비/빼뺑이나무/빼뽀쟁이/빼뿌재미/빼뿌재이/빼준닢/빼준잎/빼준닢/뺍쟁이/뺍쨍이/뻬뿌젱이/뻽젱이/뼈재이/뿌부쟁이/삐뿌젱이/제기잎/제기잎삭/제기풀/지끼풀/질갱이/질뻽젱이/짜지/쩔구/찌개풀/찔겡이/참질경이/파뿌쨍이(전남)(전남), 길경이/때뿌쟁이/바뿌제이/밥쟁이/배뿌쟁이/뱁장이/뱁젱이/빠부쟁이/빠뽀쟁이/빠뿌장이풀/빠뿌재미/빠뿌쟁이/빠뿌제비/빠뿌제이/빠뿌젱이/빼뽀쟁이/빼뿌장이/빼뿌재미/뻬뿌쟁이/뻬뿌쟁이나물/뺍쟁이/실경이/질갱이/질거이/질기앙/찔갱이/찔거이(전북), 도라지/배차기/배채기/배체기/베짱잎/베차기/베채기/베체기/베체기고장/베체기꼿/페채기(제주), 길경이/도라지/뱁쟁이/베뿌젱이/쟁이/질갱이/질거이/질경이/질거이/질깅이(충남), 도라지/베뿌젱이/이밥추/질갱이/질거이/질거이/질그렝이/질그링이/질기/질깅이(충북), 띨짱구/찔짱구(평북), 밥조개/배짜개/배쪼개(함남), 배짜개(함북), 길짱귀/찔짱귀(황해)

쎄장이'를, 『조선의 구황식물』(1919)은 '길경이, 질장구, 셜장구, 쇡부장이, 빅장이, 빅항이, 芣苡, 車前'을, 『조선어사전』(1920)은 '車前草(챠젼초), 芣苡(부이), 길경이'를, 『조선식물명휘』(1922)는 '車前, 車前草, 車輪菜, 芣苡, 길경이, 칠장구(救, 藥)'를, 『토명대조선만식물자휘』(1932)는 '[芣苢]부이, [車前草]챠젼초, [길경이], [車前子]챠젼ᄌ'를, 『선명대화명지부』(1934)는 '길경이, 길장구, 질장구, 셜장구, 쎄부장이, 넉장이, 백항이, 칠장구'를, 『조선의산과와산채』(1935)는 '車前, 길경이'를 기록했다.

25 중국의 『본초강목』(1596)은 "陸璣 詩疏云 此草好生道邊及牛馬跡中 故有車前 當道 馬舃 牛遺之名"(육기의 시소에서는 이 풀은 도로변이나 마소가 지나간 자리에서 잘 나므로 차전, 당도, 마석, 우유라는 이름이 있다고 했다)이라고 기록했다.

Plantago sibirica *Poiret* ナガバオホバコ
Gin-jilgyŏngi 긴질경이

털질경이⟨*Plantago depressa* Willd.(1814)⟩

『조선식물향명집』은 긴질경이를 별도 분류하고 있으나, 『조선식물명집』은 이를 별도 분류하지 않았다. 현재 '국가표준식물목록'(2018), 『장진성 식물목록』(2014) 및 '세계식물목록'(2018)은 긴질경이를 털질경이에 통합하고 있으므로 이 책도 이에 따른다.

Rubiaceae 꼭두선이科 (茜草科)

꼭두서니과〈Rubiaceae Juss.(1789)〉

꼭두서니과는 국내에 자생하는 꼭두서니에서 유래한 과명이다. '국가표준식물목록'(2018), '세계식물
목록'(2018) 및 『장진성 식물목록』(2014)은 Rubia(꼭두서니속)에서 유래한 Rubiaceae를 과명으로 기
재하고 있으며, 엥글러(Engler), 크론키스트(Cronquist) 및 APG IV(2016) 분류 체계도 이와 같다.

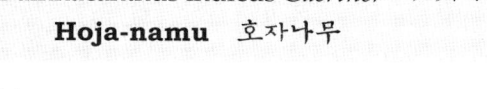

Damnacanthus indicus *Gaertner* アリドホシ

Hoja-namu 호자나무

호자나무〈*Damnacanthus indicus* C.F.Gaertn.(1805)〉

호자나무라는 이름은 한자명 '虎刺'(호자)에서 유래한 것으로
호랑이와 같은 가시라는 뜻이며, 긴 가시가 있는 것을 호랑이
에 비유해 붙여졌다.[1] 잔가지에 턱잎이 변한 가시가 발달하는
특징이 있다. 소가 엎드려 있는 형상의 꽃이라는 뜻의 '伏牛
花'(복우화)와 호랑이의 가시라는 뜻의 '虎刺'(호자)라는 이름이
옛 문헌에 함께 기록된 것에 비추어 옛날부터 그러한 이름으
로 불렸던 것으로 보인다.

　속명 *Damnacanthus*는 그리스어 *damnao*(정복하다, 극복
하다)와 *acantha*(가시)의 합성어로, 줄기에 있는 가시에서 유
래했으며 호자나무속을 일컫는다. 종소명 *indicus*는 '인도의'
라는 뜻이다.

다른이름　화자나무(박만규, 1949)

옛이름　伏牛花/虎刺(본사, 1787), 伏牛花/隔虎刺花/虎刺(광재물보, 19세기 초), 虎刺(물명고, 1824)[2]

중국/일본명　중국명 虎刺(hu ci)는 한국명과 같은 뜻에서 유래했다. 일본명 アリドホシ(蟻通し)는 가시
가 날카로워 개미도 뚫을 수 있다는 뜻이다.

참고　[북한명] 호자나무 [유사어] 복우화(伏牛花), 수정목(壽庭木) [지방명] 냉끼낭(제주)

1　이러한 견해로 이우철(2005), p.592; 박상진(2019), p.422; 허북구·박석근(2008b), p.314; 김태영·김진석(2018), p.649 참조.
2　『조선어사전』(1920)은 '伏牛花(복우화)'를 기록했으며 『조선식물명휘』(1922)는 '虎刺, 伏牛花'를, 『토명대조선만식물자휘』
　(1932) '[伏牛花]복우화'를, 『조선삼림식물편』(1915~1939)은 'ニェンギナム/Nyenginam(濟州島)'[냉끼낭(제주도)]을 기록
　했다.

Galium aparine *Linné*   ヤブヤヘムグラ
Galki-dónggul   갈키덩굴

갈퀴덩굴〈*Galium spurium* L.(1753)〉[3]

갈퀴덩굴이라는 이름은 잎, 줄기 및 열매에 갈고리 같은 가시
가 있고 덩굴을 이루는 식물이라는 뜻에서 유래했다.[4] 잎과 줄
기에 가시털이 있으며, 특히 반원형의 열매가 갈고리 같은 딱
딱한 털로 덮여 있어 다른 물체에 잘 붙는 특성이 있다. 『조선
식물향명집』에서 '갈키덩굴'이라는 한글명이 처음 보이는데,
'갈키'는 갈고리의 방언이다.[5] 『조선산야생식용식물』에서 어
린잎을 식용하고 '가시랑쿠'라는 지역명이 있다고 기록한 점에
비추어 '갈키덩굴'도 당시 사용하던 방언을 채록한 것으로 보
인다. 『한국식물명감』에서 맞춤법에 따라 '갈퀴덩굴'로 개칭
해 현재에 이르고 있다.

　속명 *Galium*은 그리스어로 우유를 뜻하는 *galion*에서 전
용된 것으로, 솔나물(*G. verum*)의 노란 꽃이 치즈를 응고시키거나 착색하는 데 쓰인 것에서 유래
했으며 갈퀴덩굴속을 일컫는다. 종소명 *spurium*은 '가짜의, 잡종의'라는 뜻이다.

▎**다른이름**　갈키덩굴(정태현 외, 1937), 가시랑쿠(정태현 외, 1942), 수레갈키(박만규, 1949), 수레갈퀴(안
학수·이춘녕, 1963), 민갈퀴(리종오, 1964)[6]

▎**중국/일본명**　중국명 猪殃殃(zhu yang yang)은 돼지의 재앙이라는 뜻으로, 돼지가 먹으면 병에 걸린
다는 뜻에서 유래했다.[7] 일본명 ヤブヤヘムグラ(藪八重葎)는 덤불을 이루는 여덟 겹의 덩굴식물이
라는 뜻으로, 덩굴로 자라고 잎과 턱잎이 6~8개씩 돌려나기를 하는 것에서 유래했다.

▎**참고**　[북한명] 갈퀴덩굴 [유사어] 거거등(鋸鋸藤), 저앙앙(猪殃殃) [지방명] 까시랑쟁이(경북), 가시랑
쿠/보리밭풀(전남), 까시낭구(전북)

3　'국가표준식물목록'(2018)은 갈퀴덩굴의 학명을 *Galium spurium* var. *echinospermon* (Wallr.) Hayek(1914)로 기재하
　고 있으나, 『장진성 식물목록』(2014), '중국식물지'(2018) 및 '세계식물목록'(2018)은 이를 별도 분류하지 않고 본문의 학명
　으로 통합하고 있다.
4　이러한 견해로 이우철(2005), p.39와 김종원(2013), p.332 참조.
5　이에 대해서는 국립국어원, '우리말샘' 중 '갈키' 참조.
6　『조선식물명휘』(1922)는 '猪殃殃, 鋸拉草'를 기록했다.
7　중국의 『야채보』(1521)는 "謂猪食之則病 故名"(돼지가 먹으면 병에 걸린다고 하여 이름이 붙여졌다)이라고 기록했다.

Galium davuricum *Turczaninow*   オホバヤヘムグラ
Kúnip-galki-dónggul   큰잎갈키덩굴

큰잎갈퀴 〈*Galium dahuricum* Turcz. ex Ledeb.(1844)〉

큰잎갈퀴라는 이름은 잎이 큰 갈퀴덩굴이라는 뜻에서 유래했다.[8] 잎과 턱잎이 4~6장씩 돌려나기를 하는데, 긴타원모양 또는 거꿀달걀모양으로 갈퀴덩굴에 비해 크게 자란다. 『조선식물향명집』에서는 '갈키덩굴'(갈퀴덩굴)을 기본으로 하고 식물의 형태적 특징을 나타내는 '큰잎'을 추가해 '큰잎갈키덩굴'을 신칭했으나,[9] 『조선식물명집』의 '큰잎갈키'를 거쳐 『우리나라 식물자원』에서 맞춤법에 따라 '큰잎갈퀴'로 개칭해 현재에 이르고 있다. 북한에서도 『조선고등식물분류명집』에서 '큰잎갈퀴'로 개칭했다.

속명 *Galium*은 그리스어로 우유를 뜻하는 *galion*에서 전용된 것으로, 솔나물(*G. verum*)의 노란 꽃이 치즈를 응고시키거나 착색하는 데 쓰인 것에서 유래했으며 갈퀴덩굴속을 일컫는다. 종소명 *dahuricum*은 '다후리아(Dahurica) 지방의'라는 뜻으로 발견지를 나타낸다.

다른이름 큰잎갈키덩굴(정태현 외, 1937), 큰잎갈키/큰네잎갈키(정태현 외, 1949), 다후리아갈퀴(안학수·이춘녕, 1963), 가시꽃갈퀴(박만규, 1974), 큰잎갈퀴덩굴(한진건 외, 1982)

중국/일본명 중국명 大叶猪殃殃(da ye zhu yang yang)은 큰 잎을 가진 저앙앙(猪殃殃: 갈퀴덩굴의 중국명)이라는 뜻이다. 일본명 オホバヤヘムグラ(大葉八重葎)는 큰 잎을 가진 갈퀴덩굴(ヤヘムグラ)이라는 뜻이다.

참고 [북한명] 큰잎갈퀴

Galium gracile *Bunge*   ヨツバムグラ
Netnip-galki-dónggul   넷잎갈키덩굴

네잎갈퀴 〈*Galium bungei* Steud.(1840)〉[10]

네잎갈퀴라는 이름은 잎이 4개인 갈퀴덩굴이라는 뜻에서 유래했다.[11] 잎이 턱잎과 함께 4개씩 돌려나기를 하는 특징이 있다. 『조선식물향명집』에서는 '갈키덩굴'(갈퀴덩굴)을 기본으로 하고 식물

---

8   이러한 견해로 이우철(2005), p.540과 김종원(2016), p.298 참조.

9   이에 대해서는 『조선식물향명집』, 색인 p.47 참조.

10 '국가표준식물목록'(2018)은 네잎갈퀴〈*Galium trachyspermum* A. Gray(1857)〉와 좀네잎갈퀴〈*Galium gracilens* (A. Gray) Makino(1904)〉를 별도 종으로 분류하고 있으나, 『장진성 식물목록』(2014)은 좀네잎갈퀴의 학명을 본문의 것으로 하여 네잎갈퀴를 이에 통합하고 있고, '중국식물지'(2018)와 '세계식물목록'(2018)은 네잎갈퀴의 학명을 *Galium bungei* var. *trachyspermum* (A. Gray) Cufod.(1940)로 하여 변종으로 분류하고 있다.

11 이러한 견해로 이우철(2005), p.145와 김종원(2016), p.301 참조.

의 형태적 특징을 나타내는 '넷잎'을 추가해 '넷잎갈키덩굴'을 신칭했으나,[12] 『조선식물명집』의 '네잎갈키'를 거쳐 『한국식물명감』에서 맞춤법에 따라 '네잎갈퀴'로 개칭해 현재에 이르고 있다.

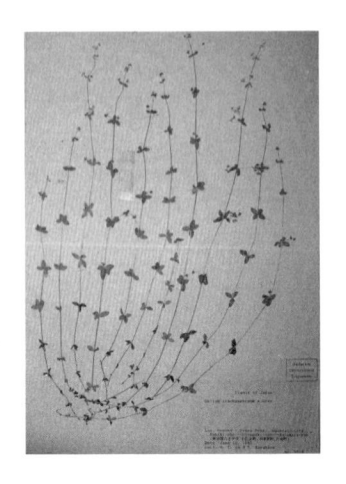

속명 Galium은 그리스어로 우유를 뜻하는 galion에서 전용된 것으로, 솔나물(G. verum)의 노란 꽃이 치즈를 응고시키거나 착색하는 데 쓰인 것에서 유래했으며 갈퀴덩굴속을 일컫는다. 종소명 bungei는 독일계 러시아 식물학자로 시베리아와 중국 식물을 연구한 Alexander Georg von Bunge(1803~1890)의 이름에서 유래했다.

다른이름 넷잎갈키덩굴(정태현 외, 1937), 네잎갈키덩굴(박만규, 1949), 네잎갈키(정태현 외, 1949), 애기네잎갈퀴(리종오, 1964), 네잎갈퀴덩굴(이창복, 1969b)[13]

중국/일본명 중국명 四叶葎(si ye lu)는 잎이 4개로 돌려나는 율초(葎草: 덤불이 무성히 지는 식물이라는 뜻으로 한삼덩굴의 중국명)라는 뜻이다. 일본명 ヨツバムグラ(四葉葎)는 잎이 4개이고 덤불을 이루는 식물이라는 뜻이다.

참고 [북한명] 네잎갈퀴

Galium japonicum *Makino et Nakai*　キヌタサウ
Mindung-galki-donggul　민둥갈키덩굴

민둥갈퀴〈*Galium kinuta* Nakai & H.Hara(1933)〉

민둥갈퀴라는 이름은 열매에 갈고리처럼 생긴 털이 없고 전체가 매끈한 갈퀴덩굴이라는 뜻에서 유래했다.[14] 열매가 반구형으로 털이 없이 평활한 특징이 있다. 『조선식물향명집』에서는 '갈키덩굴'(갈퀴덩굴)을 기본으로 하고 열매의 형태적 특징을 나타내는 '민둥'을 추가해 '민둥갈키덩굴'을 신칭했으나,[15] 『조선식물명집』의 '민둥갈키'를 거쳐 『한국식물명감』에서 맞춤법에 따라 '민둥갈퀴'로 개칭해 현재에 이르고 있다.

속명 Galium은 그리스어로 우유를 뜻하는 galion에서 전용된 것으로, 솔나물(G. verum)의 노

---

12 이에 대해서는 『조선식물향명집』, 색인 p.34 참조.

13 '국가표준식물목록'(2018)에 '네잎갈퀴'의 다른이름으로 기재된 '네잎갈퀴나물', '네잎꽃갈퀴' 및 '네잎말굴레풀'은 네잎갈퀴가 아니라 콩과의 네잎갈퀴니물(*Vicia nipponica*)의 다른이름이므로 주의가 필요하다.

14 이러한 견해로 이우철(2005), p.244 참조.

15 이에 대해서는 『조선식물향명집』, 색인 p.37 참조.

란 꽃이 치즈를 응고시키거나 착색하는 데 쓰인 것에서 유래했으며 갈퀴덩굴속을 일컫는다. 종소명 *kinuta*는 민둥갈퀴의 일본명 키누타소우(キヌタソウ)의 약어에서 유래했다.

다른이름 민둥갈키덩굴(정태현 외, 1937), 민둥갈키(정태현 외, 1949), 민등-갈퀴(이영노, 1996)

중국/일본명 중국명 显脉拉拉藤(xian mai la la teng)은 잎맥이 뚜렷하고 늘어지는 덩굴성(藤) 식물이라는 뜻이다. 일본명 キヌタサウ(砧草)는 열매의 형태가 다듬이질(砧)을 한 것처럼 반드럽다고 하여 붙여진 이름으로 추정된다.

참고 [북한명] 민둥갈퀴

Galium kamtschaticum *Stell*. var. intermedium *Takeda*　オホバヨツバムグラ
Kùn-netnip-galki-dòṅggul　큰넷잎갈키덩굴

털둥근갈퀴〈*Galium kamtschaticum* Steller ex Roem. & Schult.(1827)〉

털둥근갈퀴라는 이름은 잎 표면과 가장자리에 털이 있고 잎이 둥근 모양이라는 뜻에서 유래했다.[16] 잎이 타원모양이고 3맥이 뚜렷하며 턱잎과 함께 4장씩 돌려나지만 원줄기에는 3~6개씩 달리는 특징이 있다. 『조선식물향명집』에서는 '갈키덩굴'(갈퀴덩굴)을 기본으로 하고 식물의 형태적 특징을 나타내는 '큰넷잎'을 추가해 '큰넷잎갈키덩굴'을 신칭했으나,[17] 『대한식물도감』에서 '털둥근갈퀴'로 개칭해 현재에 이르고 있다.

　　속명 *Galium*은 그리스어로 우유를 뜻하는 *galion*에서 전용된 것으로, 솔나물(*G. verum*)의 노란 꽃이 치즈를 응고시키거나 착색하는 데 쓰인 것에서 유래했으며 갈퀴덩굴속을 일컫는다. 종소명 *kamtschaticum*은 '캄차카 지역의'라는 뜻이다.

다른이름 큰넷잎갈키덩굴(정태현 외, 1937), 둥근잎갈키/큰네잎갈키(정태현 외, 1949), 둥근갈키(정태현, 1956), 큰네잎갈퀴/둥근갈퀴/심산갈퀴/민심산갈퀴(안학수·이춘녕, 1963), 털네잎갈퀴/북갈퀴(리종오, 1964), 큰산꽃갈퀴(박만규, 1974)

중국/일본명 중국명 三脉猪殃殃(san mai zhu yang yang)은 잎에 3개의 맥이 있는 저앙앙(猪殃殃: 갈퀴덩굴의 중국명)이라는 뜻이다. 일본명 オホバヨツバムグラ(大葉四葉葎)는 큰 잎을 가진 네잎갈퀴(ヨツバムグラ)라는 뜻이다.

참고 [북한명] 털네잎갈퀴

16　이러한 견해로 이우철(2005), p.554 참조.
17　이에 대해서는 『조선식물향명집』, 색인 p.47 참조.

Galium setuliflorum *Makino* ヤマムグラ
San-galki-dŏnggul 산갈키덩굴

산갈퀴〈*Galium pogonanthum* Franch. & Sav.(1878)〉[18]

산갈퀴라는 이름은 산에서 자라는 갈퀴덩굴이라는 뜻에서 유래했다.[19] 좀네잎갈퀴와 비슷하지만 식물체가 상대적으로 크게 자라는 특징이 있다. 『조선식물향명집』에서는 '갈키덩굴'(갈퀴덩굴)을 기본으로 하고 식물의 산지(産地)를 나타내는 '산'을 추가해 '산갈키덩굴'을 신칭했으나,[20] 『한국쌍자엽식물지』에서 '산갈퀴'로 개칭해 현재에 이르고 있다. 북한은 1964년 간행된 『조선고등식물분류명집』에서 '산갈퀴'로 개칭했다.

속명 *Galium*은 그리스어로 우유를 뜻하는 *galion*에서 전용된 것으로, 솔나물(*G. verum*)의 노란 꽃이 치즈를 응고시키거나 착색하는 데 쓰인 것에서 유래했으며 갈퀴덩굴속을 일컫는다. 종소명 *pogonanthum*은 '수염이 있는 꽃의'라는 뜻이다.

다른이름 산갈키덩굴(정태현 외, 1937), 산갈퀴덩굴(안학수·이춘녕, 1963), 산갈키(이창복, 1969b), 살갈퀴덩굴(이영노, 1996)

중국/일본명 중국명 毛冠四叶葎(mao guan si ye lu)는 모관(毛冠) 같은 꽃이 피고 잎이 4개로 돌려나는 율초(葎草: 덤불이 무성히 지는 식물이라는 뜻으로 한삼덩굴의 중국명)라는 뜻이다. 일본명 ヤマムグラ(山葎)는 산에서 자라는 덤불을 이루는 식물이라는 뜻이다.

참고 [북한명] 산갈퀴 [유사어] 대소채(大巢菜)

Galium trifidum *Linné* ホソバノヨツバムグラ
Ganŭn-netnip-galki-dŏnggul 가는넷잎갈키덩굴

가는네잎갈퀴〈*Galium trifidum* L.(1753)〉

가는네잎갈퀴라는 이름은 잎이 가늘고 턱잎과 함께 4개로 돌려나기 하는 갈퀴덩굴이라는 뜻에서 유래했다.[21] 『조선식물향명집』에서는 '갈키덩굴'(갈퀴덩굴)을 기본으로 하고 식물의 형태적 특징에

---

18 '국가표준식물목록'(2018)은 본문의 학명으로 산갈퀴를 분류하고 더불어 좀네잎갈퀴<*Galium gracilens* (A. Gray) Makino(1904)>를 별도 분류하고 있으나, 『장진성 식물목록』(2014), '중국식물지'(2018) 및 '세계식물목록'(2018)은 좀네잎갈퀴의 학명을 *Galium bungei* Steud.(1840)로 하고 *G. pogoanthum*과 *G. gracilens*를 이에 통합하거나 이에 대한 변종으로 분류하고 있으므로 주의가 필요하다.

19 이러한 견해로 이우철(2005), p.303 참조.

20 이에 대해서는 『조선식물향명집』, 색인 p.39 참조.

21 이러한 견해로 이우철(2005), p.18 참조.

착안한 '가는넷잎'을 추가해 '가는넷잎갈키덩굴'을 신칭했으나,[22] 『한국식물명감』에서 맞춤법에 따라 표기를 변경한 '가는네잎갈퀴'로 개칭해 현재에 이르고 있다.

속명 *Galium*은 그리스어로 우유를 뜻하는 *galion*에서 전용된 것으로, 솔나물(*G. verum*)의 노란 꽃이 치즈를 응고시키거나 착색하는 데 쓰인 것에서 유래했으며 갈퀴덩굴속을 일컫는다. 종소명 *trifidum*은 '3중열(中裂)의, 3개로 갈라지는'이라는 뜻으로 꽃덮이조각과 수술이 3개인 것을 나타낸다.

다른이름 가는넷잎갈키덩굴(정태현 외, 1937), 가는네잎갈키(박만규, 1949), 가는잎갈퀴(박만규, 1974)

중국/일본명 중국명 小叶猪殃殃(xiao ye zhu yang yang)은 작은잎을 가진 저앙앙(猪殃殃: 갈퀴덩굴의 중국명)이라는 뜻이다. 일본명 ホソバノヨツバムグラ(細葉の四葉葎)는 가는 잎을 가진 네잎갈퀴(ヨツバムグラ)라는 뜻이다.

참고 [북한명] 가는네잎갈퀴

Galium verum *Linné*　キバナノカワラマツバ
Solnamul　솔나물

솔나물⟨*Galium verum* L.(1753)⟩[23]

솔나물이라는 이름은 '솔'(松)과 '나물'(菜)의 합성어로, 잎이 솔잎처럼 선형이고 나물로 식용한다는 뜻에서 유래했다.[24] 잎이 선형으로 소나무의 잎을 닮았는데 봄에 어린잎을 채취해 식용했다.[25] 『조선의 구황식물』에 처음으로 한글명이 기록되었으며, 강원도와 경기도의 방언을 채록한 것이다.[26] 『조선식물향명집』에서도 '솔나물'로 기록해 현재에 이르고 있다. 한편 나물로 먹기에는 향이 덜하며 식물체도 거칠고 억세기 때문에 나물로 식용했다는 것은 사실이 아니며, 솔잎을 닮았다는 일본명과 나물로 식용했다는 중국명이 조합되어 이루어진 것이라는 견해가 있다.[27] 그러나 현재에도 식용하는 풍습이 남아 있고 일제강점기뿐만 아니라 현재에도 강원도와 경기도에서 동일하게 사용하는 이름이므로 근거가 있는 주장은 아닌 것으로 보인다.[28]

속명 *Galium*은 그리스어로 우유를 뜻하는 *galion*에서 전용된 것으로, 솔나물(*G. verum*)의 노

22　이에 대해서는 『조선식물향명집』, 색인 p.30 참조.

23　'국가표준식물목록'(2018)과 '중국식물지'(2018)는 솔나물의 학명을 *Galium verum* var. *asiaticum* Nakai(1939)로 기재하고 있으나, 『장진성 식물목록』(2014)과 『세계식물목록』(2018)은 이를 본문의 학명에 통합하고 있다.

24　이러한 견해로 허북구·박석근(2008a), p.137과 김종원(2016), p.303 참조. 또한 『토명대조선만식물자휘』(1932), p.594는 '솔풀' 또는 '솔나물'은 '松草'(송초)의 뜻으로 잎이 소나무를 닮은 것에서 유래한다고 기록했다.

25　이에 대해서는 『조선산야생식용식물』(1942), p.189와 『한국의 민속식물』(2017), p.941 참조.

26　이에 대해서는 『조선산야생식용식물』(1942), p.189 참조.

27　이러한 견해로 김종원(2016), p.941 참조.

28　식용의 풍속에 대한 자세한 내용은 『한국의 민속식물』(2017), p.941 참조.

란 꽃이 치즈를 응고시키거나 착색하는 데 쓰인 것에서 유래했으며 갈퀴덩굴속을 일컫는다. 종소명 *verum*은 '정통의, 진짜의'라는 뜻의 라틴어로 솔나물 종류 중에서 기본종임을 나타낸다.

다른이름 큰솔나물(박만규, 1949), 젖빛솔나물(리용재 외, 2011)

옛이름 松菜(백운필, 1803), 蓬子菜(임원경제지, 1842), 솔풀(동아일보, 1932)[29]

중국/일본명 중국명 蓬子菜(peng zi cai)는 쑥을 닮은 나물이라는 뜻이다. 일본명 キバナノカハラマツバ(黃花の河原松葉)는 노란색의 꽃이 피고 하천 바닥(河原)에 살며 소나무의 잎을 닮은 식물이라는 뜻이다.

참고 [북한명] 솔나물 [유사어] 봉자채(蓬子菜), 송초(松草) [지방명] 닭구똥풀(전북)

Gardenia florida *Linné* クチナシ 梔子 (栽)
Chija 치자

치자나무〈*Gardenia jasminoides* J.Ellis(1761)〉

치자나무라는 이름은 한자명 '梔子'(치자)가 어원으로, 꽃이 술잔을 닮았고 열매를 사용한 것에서 유래했다.[30] 중국 원산으로 열매를 약재와 염색재로 사용했다.[31] 18세기 말에 저술된 『본사』는 "梔子 其花象巵形 故字从木从巵"(치자는 그 꽃의 형상이 술잔 모양이므로 글자가 '木'과 '巵'로 되어 있다)라고 기록했다. 『조선식물향명집』은 중국에서 전래된 한자명에 따라 '치자'로 기록했으나, 『조선삼림식물도설』에서 '치자나무'로 개칭해 현재에 이르고 있다.

　속명 *Gardenia*는 영국 출생의 미국 식물학자이자 자연사학자인 Alexander Garden(1730~1791)의 이름에서 유래했으며 치자나무속을 일컫는다. 종소명 *jasminoides*는 '*Jasminum*(영춘화속)과 비슷한'이라는 뜻으로 향이 비슷한 것에서 유래했다.

다른이름 치자(정태현 외, 1923), 좀치자(박만규, 1949), 겹치자나무(안학수·이춘녕, 1963)

옛이름 薝蔔(삼국유사, 1281), 梔子/芝止(향약채취월령, 1431), 梔子(향약집성방, 1433), 梔子/징 (구급

29 『조선의 구황식물』(1919)은 '솔나물, 소을나물(㕵地), 蓬子菜'를 기록했으며 『조선어사전』(1920)은 '蓬子菜(봉ᄌ치), 솔풀'을, 『조선식물명휘』(1922)는 '蓬子菜, 솔나물(救)'을, 『토명대조선만식물자휘』(1932)는 '[蓬子菜]봉ᄌ치, [솔풀], [솔나물]'을, 『선명대화명지부』(1934)는 '솔나물, 수써풀(出)'을, 『조선의산과와산채』(1935)는 '蓬子菜, 솔나물'을 기록했다.

30 이러한 견해로 박상진(2019), p.386; 허북구·박석근(2008b), p.283; 강판권(2015), p.725 참조. 다만 박상진은 열매의 모양이 술잔을 닮았다고 보고 있다.

31 이에 대해서는 『조선삼림식물도설』(1943), p.637 참조.

방언해, 1446), 梔子花(양화소록, 1471), 梔子/지지삐(구급간이방언
해, 1489), 梔/지지(사성통해, 1517), 梔子/지지/舊蔔(훈몽자회,
1527), 梔子(신증동국여지승람, 1530), 梔子/치즈(언해구급방, 1608),
梔子/치즈(언해두창집요, 1608), 梔子/지지(언해태산집요, 1608),
梔子/지지/山梔桃/越桃(동의보감, 1613), 梔子(의림촬요, 1635), 梔
子(담라지, 1653), 梔子/지지(사의경험방, 17세기), 梔子花/詹菖花
(산림경제, 1715), 梔子花(성호사설, 1740), 梔子/舊蔔/解支/林蘭/鮮
友(본사, 1787), 梔子(광제비급, 1790), 卮子/치즈(재물보, 1798), 梔
子/지지(제중신편, 1799), 梔子/치즈/丹木/越桃/鮮支/舊蔔(광재물
보, 19세기 초), 梔子/치즈/黃支/栢桃/木丹/越桃/鮮支/支子/禪友
(물명고, 1824), 梔子/치즈(명물기략, 1870), 치즈/梔子(한불자전,
1880), 梔子/치자(방약합편, 1884), 梔子(수세비결, 1929), 山梔子/치자(선한약물학, 1931)[32]

중국명 梔子(zhi zi)는 약재명으로 부르기 위하여 고안된 한자(梔)에서 유래했다. 일본명
クチナシ(口無シ)는 입(口)이 없다는 뜻으로, 열매가 익어도 벌어지지 않아 붙여졌다.

참고 [북한명] 치자나무 [유사어] 담복(舊蔔), 산치자(山梔子), 임란(林蘭), 황치화(黃梔花) [지방명] 개
자/치나나무/치자(경기), 야새나무/야새아나무/지자/치나물/치자(경남), 치자(경북), 꽃치자/지자/지자
나무/치자(전남), 비자/지자/추자/치자(전북), 치자/치저낭/치조/치지낭/치즈낭(제주), 지자/치자(충남),
치자(충북)

Paederia chinensis *Hance*　ヘクソカヅラ(ヤイトバナ)
Geyodúng　계요등

계요등〈*Paederia foetida* L.(1767)〉[33]

계요등이라는 이름은 한자명 '鷄尿藤'(계뇨등)에서 유래한 것으로, 닭 오줌 냄새가 나는 덩굴식물
이라는 뜻이다.[34] 식물체에서 악취가 나며, 드물게 약재로 사용했다.[35] 중국에서는 속칭으로 鸡屎

---

32 『조선한방약료식물조사서』(1917)는 '梔子'를 기록했으며 『조선어사전』(1920)은 '梔子(치즈), 치자나무(梔子), 山梔子(산치즈)'
　　를, 『조선식물명휘』(1922)는 '梔子, 黃梔子, 치자(染料)'를, Crane(1931)은 '치즈, 梔子'를, 『토명대조선만식물자휘』(1932)는
　　'[梔子木]치즈나무, [山梔]산치, [(山)梔子](산)치즈, [舊蔔]담복, [梔子花]치즈화'를, 『선명대화명지부』(1934)는 '치자'를 기록
　　했다.
33 '국가표준식물목록'(2018)은 계요등의 학명을 *Paederia scandens* (Lour.) Merr.(1790)로 기재하고 있으나, 『장진성 식물
　　목록』(2014), '세계식물목록'(2018) 및 '중국식물지'(2018)는 본문의 학명을 정명으로 기재하고 있다.
34 이러한 견해로 이우철(2005), p.73; 허북구·박석근(2008b), p.43; 오찬진 외(2015), p.1080; 권순경(2017.2.2.); 김종원(2013),
　　p.757 참조.
35 이에 대해서는 『조선삼림식물도설』(1943), p.637 참조.

藤(계뇨등)과 女青(여청)이라는 이름을 지금도 사용하고 있다. 계요등이라는 한글명은 『조선식물향명집』에서 처음으로 발견되며 그 이름이 현재에 이르고 있다.

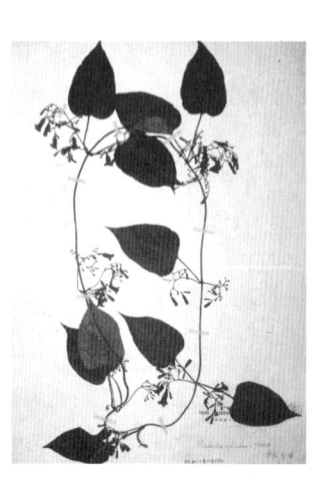

속명 *Paederia*는 라틴어 *paidor*(악취, 오물)에서 유래한 것으로, 이 속 식물 어떤 종들은 상처를 입으면 불쾌한 냄새가 나기 때문에 붙여졌으며 계요등속을 일컫는다. 종소명 *foetida*는 '악취가 나는'이라는 뜻으로 속명과 같은 취지에서 유래했다.

다른이름 계뇨등/구렁내덩굴(안학수·이춘녕, 1963)

옛이름 女青(광재물보, 19세기 초)[36]

중국/일본명 중국명 鸡矢藤(ji shi teng)은 닭의 똥(矢) 냄새가 나는 덩굴식물이라는 뜻이다. 일본명 ヘクソカヅラ(屁糞蔓)는 구린내와 같은 악취가 나는 덩굴식물이라는 뜻이다.

참고 [북한명] 계뇨등 [유사어] 계뇨등(鷄尿藤), 계시등(鷄屎藤), 여청(女靑) [지방명] 넝쿨(경남), 걱정동/게정동/고냉이풀/광난이풀/꺽정동/떡정당/떡정동/마령아/푸숨줄(제주)

Rubia chinensis *Regel*   オホアカネ
Kún-ĝogdusóni   큰꼭두선이

큰꼭두서니〈*Rubia chinensis* Regel & Maack(1861)〉
큰꼭두서니라는 이름은 잎이 상대적으로 큰 꼭두서니라는 뜻에서 유래했다.[37] 『조선식물향명집』에서는 전통 명칭 '꼭두선이'를 기본으로 하고 식물의 형태적 특징을 나타내는 '큰'을 추가해 '큰꼭두선이'를 신칭했으나,[38] 『한국식물명감』에서 '큰꼭두서니'로 개칭해 현재에 이르고 있다.

속명 *Rubia*는 라틴어 *ruber*(붉다)가 어원으로, 이 속 식물의 뿌리를 붉은색 물감의 원료로 사용한 것에서 유래했으며 꼭두서니속을 일컫는다. 종소명 *chinensis*는 '중국에 분포하는'이라는 뜻이다.

다른이름 큰꼭두선이(정태현 외, 1937)[39]

중국/일본명 중국명 中国茜草(zhong guo qian cao)는 중국에 분포하는 천초(茜草: 꼭두서니속 또는 갈퀴

---

36 『제주도및완도식물조사보고서』(1914)는 'トクチョンダン'[떡정당]을 기록했으며 『조선식물명휘』(1922)는 '女靑, 牛皮凍, 鷄尿藤'을, 『조선삼림식물편』(1915~1939)은 'トクチョンダン/Tok-chong-dang(朝鮮名)'[떡정당(조선명)]을 기록했다.

37 이러한 견해로 이우철(2005), p.529 참조.

38 이에 대해서는 『조선식물향명집』, 색인 p.47 참조.

39 『조선식물명휘』(1922)는 '地蘇木, 쇽도션(성)이(救, 染科)'를 기록했으며 『선명대화명지부』(1934)는 '쇽도성이'를 기록했다.

꼭두서니의 중국명)라는 뜻으로 학명과 같은 의미이다. 일본명 オホアカネ(大茜)는 식물체가 큰 꼭두서니(アカネ)라는 뜻이다.

참고 [북한명] 큰꼭두서니 [유사어] 천초(茜草)

Rubia cordifolia *L.* var. cordata *Nakai*　アカネ　茜草
Ĝogdusóni　꼭두선이

꼭두서니⟨*Rubia argyi* (H.Lév. & Vaniot) Hara ex Lauener(1972)⟩[40]

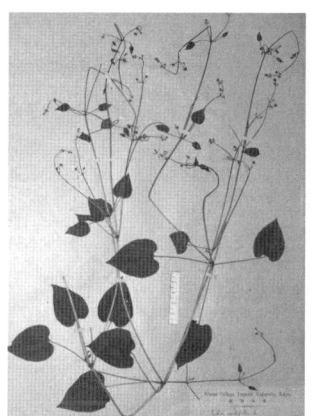

꼭두서니라는 이름은 덩굴로 꼬불거리며 자라고 뿌리를 약재와 염료로 이롭게 사용한다는 뜻에서 유래한 것으로 추정한다. 예부터 뿌리를 약재와 염료로 사용했다.[41] 문헌상 최초 발견되는 한글명은 '곱도숑'이며, 곱도숑 → 곡도숑 → 곡도손 → 곡도선이 → 곡두션이 → 꼭두선이 → 꼭두서니로 변천 과정을 거쳤다. 16세기에 저술된 『악장가사』에 꼬불꼬불 휘돌다라는 뜻의 '곱도'가 있고, 15세기의 『구급간이방언해』에 창포 또는 석창포의 뿌리에 대해 '숑의맛불휘'라고 기록한 것이 있는 것에 비추어, 곱도숑은 '곱도'와 '숑'의 합성어로 꼬불꼬불 휘돌아 자라고 약재나 염료로 사용하는 유용한 식물이라는 뜻으로 해석된다. 한편 (i) 뿌리로 꼭두색(빨간색) 물을 들이는 풀이라는 뜻에서 이름의 유래를 해석하는 견해와[42] (ii) 『구급간이방언해』의 곱도숑에서 '곱도'는 꼭두각시의 옛말이며 '숑'은 창포 뿌리를 의미하는 옛말로 꼭두서니는 귀신이 곡할 것 같은 색조를 내는 식물이란 뜻을 가졌다고 보는 견해가 있다.[43] 그러나 (i) 꼭두색은 꼭두서니색의 줄임말로 보이므로 동의 반복적인 설명이고, (ii) 꼭두각시의 중세어는 '곡두'이지 '곱도'가 아니라는 점에 비추어

---

40 '국가표준식물목록'(2018)은 꼭두서니의 학명을 *Rubia akane* Nakai(1937)로 기재하고 있으나, 『장진성 식물목록』(2014), '세계식물목록'(2018) 및 '중국식물지'(2018)는 본문의 학명을 정명으로 기재하고 있다.

41 『향약집성방』(1433)은 꼭두서니 뿌리(茜根)를 "主寒濕風痺 黃疸"(주로 풍한습으로 인한 비증과 황달을 치료한다)이라고 하면서, 더불어 "茜根一作倩今 近處皆有之 染緋草也"(천근은 倩이라고 하는데, 요즘에는 곳곳에서 다 자라며 비단을 염색할 수 있는 풀이다)라고 기록했다.

42 이러한 견해로 이영득(2010) 중 '꼭두서니' 부분 참조.

43 이러한 견해로 김종원(2013), p.761 참조. 한편 김종원은 "15세기 초 『향약구급방(鄕藥救急方)』에서 한자 여근(蘆根)을 두고서 향명으로 葦乙根(위을근)으로 기재했다. 다름가죽 韋(위), 즉 곱고 부드러운 것, 새 乙(을), 뿌리 根(근)은 곱도숑과 통하는 향명 표기다. 한편 한자 葦(위) 자를 『훈몽자회(訓蒙字會)』는 골위로 번역했다. 그 뜻은 변하는 양상을 말한다. 따라서 곱도숑의 '곱'과 'ㄱ(굴)'은 같은 동원어라는 것을 알 수 있다"라고 주장한다. 그러나 『향약구급방』(1236)의 葦乙根(위을근)은 꼭두서니의 뿌리인 여근(蘆根)의 향명을 기록한 것이 아니라 갈대의 뿌리인 노근(蘆根)의 향명이므로, 이를 꼭두서니와 연결하는 것은 오류이다.

타당하지 않다. 『조선식물향명집』은 '꼭두선이'로 기록했으나 『한국식물명감』에서 '꼭두서니'로 개칭해 현재에 이르고 있다.

속명 *Rubia*는 라틴어 *ruber*(붉다)가 어원으로, 이 속 식물의 뿌리를 붉은색 물감의 원료로 사용한 것에서 유래했으며 꼭두서니속을 일컫는다. 종소명 *argyi*는 '은색의'라는 뜻이다.

다른이름 꼭도선이풀(정태현 외, 1936), 꼭두선이(정태현 외, 1937), 꼭두선이/가삼자리(정태현 외, 1942), 가삼사리(도봉섭 외, 1957)

옛이름 茜(삼국유사, 1281), 茜根/古邑豆訟(향약채취월령, 1431), 茜根/高邑豆訟(향약집성방, 1433),[44] 茜根/곱도쓩 불휘(구급간이방언해, 1489), 곡도숑(번역노걸대, 1517), 蘆/蒨草/곡도숑/茜草(사성통해, 1517), 蒨/茜/곡도손(훈몽자회, 1527), 茜根/高邑道訟(촌가구급방, 1538), 茜根/곡두송이(언해구급방, 1608), 茜根/곡도숑/過山龍(동의보감, 1613), 茹蘆/곡도손(시경언해, 1613), 茜草/곡도송/馬蒨(역어유해, 1690), 茜草/곡도숑(동문유해, 1748), 茜草/곡도숑(몽어유해, 1768), 茜草/곡도숑(방언집석, 1778), 茜草/곡도손이(재물보, 1798), 蒨/곡두손이(물보, 1802), 茜草/곡도손이(몽유편, 1810), 蒨/茜/茅蒐/茹蘆/곡두선이(광재물보, 19세기 초), 茹蘆/곡도송/蒨/茅蒐/地血/牛蔓/風車草/過山龍(물명고, 1824), 茜草/谷豆松伊(오주연문장전산고, 185?), 茜草/곡도손(의종손익, 1868), 茜根/천근/곡두선이/過山龍(명물기략, 1870), 곡두순이/곡두시(한불자전, 1880), 茜草/곡도손(방약합편, 1884), 곡두선이(한영자전, 1890), 茹蘆/곡도선이(일용비람기, 연대미상), 茜/꼭도숀이(아학편, 1908), 茜根/꼭도손(선한약물학, 1931)[45]

중국/일본명 중국명 東南茜草(dong nan qian cao)는 동남 지역에서 나는 천초(茜草: 꼭두서니속 또는 갈퀴꼭두서니의 중국명)라는 뜻이다. 일본명 アカネ(茜)는 뿌리가 붉은색이 나는 것에서 유래했다.

참고 [북한명] 꼭두서니 [유사어] 과산룡(過山龍), 모수(茅蒐), 여려(茹蘆), 천초(茜草) [지방명] 꼭두선이(경기), 장대나물/젓가락나물/젓가치나물/젓까치나물(경북), 꼭두사니(전남), 명지나물(전북), 신경초(충북)

Rubia cordifolia L. var. pratensis *Maximowicz*　クルマバアカネ
Galki-ġogdusòni　갈키꼭두선이

갈퀴꼭두서니〈*Rubia cordifolia* L.(1767)〉[46]

44　『향약집성방』(1433)의 차자(借字) '高邑豆訟'(고읍두송)에 대해 남풍현(1999), p.176과 손병태(1996), p.57은 '곱도숑'의 표기로 보고 있다.

45　『조선한방약료식물조사서』(1917)는 '푸도송, 茜根'을 기록했으며 『조선의 구황식물』(1919)은 '꼭도산'을, 『조선어사전』(1920)은 '茜草(천초), 꼭두선이, 過山龍(과산룡), 茅蒐(모수)'를, 『조선식물명휘』(1922)는 '茜草, 꼭도선(성)이(救, 染料)'를, 『토명대조선만식물자휘』(1932)는 '[茜草]천초, [茅蒐]모기, [過山龍]과산룡, [꼭도선이], [茜草根]천초근'을, 『선명대화명지부』(1934)는 '꼭도산, 꼭도성이, 꼭도숑'을, 『조선의산과와산채』(1935)는 '茜草, 꼭도산'을 기록했다.

46　'국가표준식물목록'(2018)은 갈퀴꼭두서니의 학명을 *Rubia cordifolia* var. *pratensis* Maxim.(1859)으로 기재하고 있으나, 『장진성 식물목록』(2014), '세계식물목록'(2018) 및 '중국식물지'(2018)는 정명을 본문과 같이 기재하고 있다.

갈퀴꼭두서니라는 이름은 돌려나기 하는 잎이 농기구 갈퀴를 닮은 꼭두서니라는 뜻에서 유래했다.[47] 『조선식물향명집』에서는 전통 명칭 '꼭두선이'를 기본으로 하고 식물의 형태적 특징을 나타내는 '갈키'를 추가해 '갈키꼭두선이'를 신칭했으나,[48] 『대한식물도감』에서 '갈퀴꼭두서니'로 개칭해 현재에 이르고 있다.

속명 *Rubia*는 라틴어 *ruber*(붉다)가 어원으로, 이 속 식물의 뿌리를 붉은색 물감의 원료로 사용한 것에서 유래했으며 꼭두서니속을 일컫는다. 종소명 *cordifolia*는 '심장모양 잎의'라는 뜻으로 잎의 모양에서 유래했다.

다른이름 갈키꼭두선이(정태현 외, 1937), 큰갈키꼭두선이(박만규, 1949), 수레갈퀴꼭두서니(안학수·이춘녕, 1963), 갈퀴꼭두선이(리종오, 1964),

중국/일본명 중국명 茜草(qian cao)는 중국의 동쪽보다 서쪽(西)에서 많이 나는 풀(艸)이란 뜻에서 유래했다.[49] 일본명 クルマバアカネ(車葉茜)는 잎과 턱잎이 4~10개씩 돌려나기 하는 모습이 차의 바퀴를 연상시키는 꼭두서니(アカネ)라는 뜻이다.

참고 [북한명] 갈퀴꼭두서니 [유사어] 천초(茜草) [지방명] 돌깔갈이/들깔갈이(전남)

---

47 이러한 견해로 이우철(2005), p.40과 김종원(2016), p.307 참조.
48 이에 대해서는 『조선식물향명집』, 색인 p.30 참조.
49 중국의 『본초강목』(1596)은 "陶隱居本草言東方有而少 不如西方多 則西草爲茜 又以此也"(도은거의 본초에서는 '동방에 있는 것은 매우 적어 서방에 많은 것만 못하다'라고 말했으니 서초가 천이 되는 것은 또한 이 때문이다)라고 기록했다.

Caprifoliaceae 인동科 (忍冬科)

인동과〈Caprifoliaceae Juss.(1789)〉

인동과는 국내에 자생하는 인동(인동덩굴)에서 유래한 과명이다. '국가표준식물목록' (2018), '세계
식물목록' (2018) 및 『장진성 식물목록』(2014)은 Caprifolium[Lonicera의 이명(synonym), 인동속
에서 유래한 Caprifoliaceae를 과명으로 기재하고 있으며, 엥글러(Engler), 크론키스트(Cronquist)
및 APG IV(2016) 분류 체계도 이와 같다. 그리고 '세계식물목록'(2018)과 APG IV(2016) 분류 체계
는 Valerianaceae(마타리과)와 Dipsacaceae(산토끼꽃과)도 Caprifoliaceae(인동과)에 포함시켜 분류
한다.

⊗ Abelia coreana *Nakai*　カウライツクバネウツギ

Tŏl-daenggang-namu　털댕강나무

털댕강나무〈*Abelia dielsii* (Graebn.) Rehder(1911)〉[1]

털댕강나무라는 이름은 잎의 맥과 가장자리에 털이 있는 댕
강나무라는 뜻에서 붙여졌다.[2] 어린잎을 식용했다.[3] 『조선식물
향명집』에서 전통 명칭 '댕강나무'를 기본으로 하고 식물의 형
태적 특징을 나타내는 '털'을 추가해 신칭했다.[4] 『조선산야생
식용식물』은 '명때나물'이라는 이름이 있음을 기록했으나 현
재로 이어지지는 않았다.

속명 *Abelia*는 영국 의학자로 중국에서 근무한 Dr. Clarke
Abel(1780~1826)의 이름에서 유래했으며 댕강나무속을 일
컫는다. 종소명 *dielsii*는 독일 식물학자 Friedrich Ludwig
Emil Diels(1874~1945)의 이름에서 유래했다.

다른이름 명때나물(정태현 외, 1942)

중국/일본명 중국명 南方六道木(nan fang liu dao mu)는 남쪽에서 자라는 육도목(六道木: 섬댕강나무
의 중국명)이라는 뜻이다. 일본명 カウライツクバネウツギ(高麗衝羽根空木)는 한반도 특산종인 댕강

1 　'국가표준식물목록'(2018)은 털댕강나무의 학명을 *Abelia biflora* Turcz.(1837)로 기재하고 있으나, 『장진성 식물목록』
　　(2014)은 본문의 학명을 정명으로 기재하고 있다.
2 　이러한 견해로 이우철(2005), p.554 참조.
3 　이에 대해서는 『조선산야생식용식물』(1942), p.188과 『조선삼림식물도설』(1943), p.639 참조.
4 　이에 대해서는 『조선식물향명집』, 색인 p.48 참조.

나무(ツクバネウツギ)라는 뜻이지만 중국에서도 분포가 확인되고 있다.

참고 [북한명] 털댕강나무 [유사어] 자형(刺荊)

⊗ Abelia insularis *Nakai*　タケシマツクバネウツギ
Sŏm-daenggang-namu　섬댕강나무

섬댕강나무〈*Abelia biflora* Turcz.(1837)〉[5]

섬댕강나무라는 이름은 섬(울릉도)에 분포하는 댕강나무 종류라는 뜻이다.[6] 울릉도 특산종으로 분류해왔으나 중국 분포 종과 동일한 종으로 보기도 한다. 『조선식물향명집』에서 전통 명칭 '댕강나무'를 기본으로 하고 식물의 산지(産地)를 나타내는 '섬'을 추가해 신칭했다.[7]

　　속명 *Abelia*는 영국 의학자로 중국에서 근무한 Dr. Clarke Abel(1780~1826)의 이름에서 유래했으며 댕강나무속을 일컫는다. 종소명 *biflora*는 '꽃이 2개인'이라는 뜻으로 꽃이 2개씩 달리는 형태적 특징을 나타낸다.

중국/일본명 중국명 六道木(liu dao mu)는 줄기에 6줄의 골이 져 있는 나무라는 뜻이다. 일본명 タケシマツクバネウツギ(鬱陵島衝羽根空木)는 울릉도에 분포하는 댕강나무(ツクバネウツギ)라는 뜻이다.

참고 [북한명] 섬댕강나무

⊗ Abelia mosanensis *Chung*　モウサンツクバネウツギ
Daenggang-namu　댕강나무

댕강나무〈*Abelia mosanensis* T.H.Chung ex Nakai(1926)〉[8]

댕강나무라는 이름은 나뭇가지를 꺾으면 '댕강'하고 잘 부러지거나, 봄에 가지의 모습이 쇳소리가 날 정도로 바짝 말라 있다는 뜻에서 유래했다.[9] 봄의 어린잎을 데쳐 식용했다.[10] 주요 자생지인 평

5　'국가표준식물목록'(2018)은 섬댕강나무의 학명을 *Abelia coreana* var. *insularis* (Nakai) W.T.Lee & W.K. Paik(1989)으로 하여 한국(울릉도) 특산종으로 분류하고 있으나, 『장진성 식물목록』(2014)과 '세계식물목록'(2018)은 중국 동북부 등에 분포하는 *Abelia biflora* Turcz.(1837)에 통합하고 있다. 한편 김태영·김진석(2018), p.655는 섬댕강나무를 털댕강나무에 통합하고 있다.

6　이러한 견해로 이우철(2005), p.339 참조.

7　이에 대해서는 『조선식물향명집』, 색인 p.41 참조.

8　'국가표준식물목록'(2018)은 본문의 학명을 '댕강나무'로, *Abelia tyaihyoni* Nakai(1921)를 '줄댕강나무'로 하여 별도 분류하고 있으나, 『장진성 식물목록』(2014)은 본문의 학명을 *A. tyaihyoni*의 이명(synonym)으로 처리하고 '댕강나무'에 통합하고 있으므로 주의가 필요하다.

9　이러한 견해로 박상진(2019), p.110과 오찬진 외(2015), p.1090 참조.

10　이에 대해서는 『조선산야생식용식물』(1942), p.189 참조.

안남도 방언을 채록한 것이다.[11] '댕강'은 작은 물체가 단번에 잘려 나가거나 가볍게 떨어지는 모양을 뜻하지만,[12] 평안남도를 비롯한 북한 지역에서 '댕강댕강'은 단단한 물건이 쇳소리가 날 정도로 바짝 마른 모양을 뜻한다.[13] 이에 비추어 봄에 자원식물로 이용할 때 바짝 마른 나뭇가지의 모습이나 그 가지가 부러지는 모습에서 유래한 이름으로 보인다. 줄기에 6개의 골이 있다고 하여 육조목(六條木)이라고도 하지만 골이 반드시 6줄로 고정되어 있지는 않다. 한편 꽃이나 열매가 가지 끝에 여러 개 모여 매달려 있는 것에서 유래한 이름이라는 견해가 있다.[14] 꽃이나 열매가 달리는 모양에 관한 것은 일본명 중 ツクバネ(衝羽根)와 연관된 해석으로 추정되는데, 우리말 '댕강'이나 '댕강댕강'에는 그러한 뜻이 없으므로 타당하지 않은 것으로 보인다.

속명 *Abelia*는 영국 의학자로 중국에서 근무한 Dr. Clarke Abel(1780~1826)의 이름에서 유래했으며 댕강나무속을 일컫는다. 종소명 *mosanensis*는 '(평안남도) 맹산에 분포하는'이라는 뜻으로 발견지 또는 분포지를 나타낸다.

다른이름 맹산댕강나무(박만규, 1949)

중국/일본명 香花六道木(xiang hua liu dao mu)는 꽃에 향기가 있는 육도목(六道木: 섬댕강나무의 중국명)이라는 뜻이다. 일본명 モウサンツクバネウツギ(孟山衝羽根空木)는 평안남도 맹산에서 나고, 열매가 ツクバネ(衝羽根: 배드민턴공과 비슷한 깃털공)를 닮았으며 빈도리(ウツギ)와 비슷하다는 뜻이다.

참고 [북한명] 댕강나무 [유사어] 육조목(六條木)

⊗ Abelia Tyaihyoni *Nakai*　ヒナツクバネウツギ
Jul-daenggang-namu　줄댕강나무

줄댕강나무〈*Abelia tyaihyoni* Nakai(1921)〉[15]
줄댕강나무라는 이름은 댕강나무에 비해 줄기에 6개의 줄이 뚜렷하다는 뜻에서 붙여졌다.[16] 단양, 제천 및 영월의 석회암 지대에 자생하며 정태현이 처음 발견하여 종소명에 *tyaihyoni*가 붙었

---

11 이에 대해서는 『조선삼림식물도설』(1943), p.640 참조.
12 이에 대해서는 국립국어원, '표준국어대사전' 중 '댕강' 참조.
13 이에 대해서는 『조선말 대사전』(1992) 중 '댕강댕강' 참조. 또한 일제강점기에 저술된 조선어학회의 『조선어표준말모음』(1936), p.81은 '댕강댕강'을 "金屬相觸聲"(금속상촉성)이라고 하여 비슷한 뜻으로 해설하고 있다.
14 이러한 견해로 허북구·박석근(2008b), p.89 참조. 한편 이와 관련해 박상진(2019), p.110은 꽃이 '동강동강' 피어 있다는 뜻에서 '동강나무'로 했다가 '댕강나무'로 변화했을 가능성에 대해서 언급하고 있지만, 그러한 어형의 명칭은 발견되지 않으므로 근거가 있는 주장은 아닌 것으로 보인다.
15 '국가표준식물목록'(2018)은 *A. mosanensis*를 '댕강나무'로, 본문의 학명을 '줄댕강나무'로 하여 별도 분류하고 있으나, 『장진성 식물목록』(2014)은 두 종을 같은 종으로 보고 학명을 선취권이 있는 *A. tyaihyoni*로 하되 국명을 '댕강나무'로 하고 있으므로 주의가 필요하다. 또한 김태영·김진석(2018), p.653도 '댕강나무'와 '줄댕강나무'를 같은 종으로 보고 있다.
16 이러한 견해로 이우철(2005), p.485 참조.

다.『조선식물향명집』에서 전통 명칭 '댕강나무'를 기본으로 하고 식물의 형태적 특징을 나타내는 '줄'을 추가해 신칭했다.[17]

　속명 *Abelia*는 영국 의학자로 중국에서 근무한 Dr. Clarke Abel(1780~1826)의 이름에서 유래했으며 댕강나무속을 일컫는다. 종소명 *tyaihyoni*는 한국 식물학자 정태현(1882~1971)의 이름에서 유래했다.

중국/일본명　중국에서는 이를 별도 분류하지 않는 것으로 보인다. 일본명 ヒナツクバネウツギ(雛衝羽根空木)는 아기 댕강나무(ツクバネウツギ)라는 뜻이다.

참고　[북한명] 줄댕강나무 [유사어] 육도목(六道木)

○ Diervilla florida *Sieb. et Zucc.* var. venusta *Rehder*　オホベニウツギ
Bulgŭn-byŏnggot-namu　붉은병꽃나무

붉은병꽃나무〈*Weigela florida* (Bunge) A.DC.(1839)〉

붉은병꽃나무라는 이름은 꽃이 붉은색인 병꽃나무라는 뜻에서 붙여졌다.[18] 꽃은 5월에 피는데 붉은빛의 갈때기 모양이다.『조선식물향명집』에서 방언에서 유래한 '병꽃나무'를 기본으로 하고 꽃의 색깔을 나타내는 '붉은'을 추가해 신칭했다.[19]

　속명 *Weigela*는 독일 식물학자 Christian Ehrenfried von Weigel(1748~1831)의 이름에서 유래했으며 병꽃나무속을 일컫는다. 종소명 *florida*는 '꽃이 눈에 띄는, 꽃이 피는, 꽃이 충만한'이라는 뜻이다.

다른이름　병숫나무(정태현 외, 1923), 병꽃나무/좀병꽃나무/통영병꽃나무/팟꽃나무(정태현, 1943), 홍병꽃나무(이창복, 1947), 물병꽃나무/당병꽃나무/조선병꽃나무(박만규, 1949), 참병꽃나무(안학수·이춘녕, 1963), 좀병꽃(이창복, 1980)[20]

중국/일본명　중국명 錦帶花(jin dai hua)는 비단 장식을 두른 꽃이라는 뜻으로, 아름다운 꽃의 색깔에서 유래한 것으로 보인다. 일본명 オホベニウツギ(大赤空木)는 식물체가 크고 붉은 꽃이 피는 빈도

17　이에 대해서는『조선식물향명집』, 색인 p.46 참조.
18　이러한 견해로 이우철(2005), p.290; 박상진(2019), p.207; 한태호 외(2006), p.122; 전정일(2009), p.126; 솔뫼(송상곤, 2010), p.594; 나영학(2016), p.719 참조.
19　이에 대해서는『조선식물향명집』, 색인 p.39 참조.
20　『지리산식물조사보고서』(1915)는 'みょんしぇ-なむ'[미영세나무]를 기록했으며『조선식물명휘』(1922)는 '병숫나무, 쇠용숫나무, 개숫나무(觀賞)'를,『선명대화명지부』(1934)는 '개숫나무, 병숫나무, 쇠용숫나무'를 기록했다.

리(ウツギ)라는 뜻이다.

참고 [북한명] 붉은병꽃나무 [유사어] 금대화(錦帶花), 당양로(唐楊櫨)

Diervilla praecox *Lemoine* ビロウドウツギ
Soyŏngdori-namu 소영도리나무

소영도리나무〈*Weigela praecox* (Lemoine) L.H. Bailey(1929)〉[21]

소영도리나무라는 이름은 비단으로 둘러싼 모양의 꽃을 가
진 나무라는 뜻에서 유래한 것으로 추정한다. 붉은병꽃나무
와 비슷하지만 잎의 양면에 털이 있고 잎자루가 짧아 거의 없
으며 꽃부리에 털이 있는 특징 때문에 별도 종으로 구별된다
고 하지만,[22] 분류학적 타당성에 대해서는 논란이 있다. 어린잎
을 식용했다.[23] '소영(素英)'은 중국에서 나는 비단의 하나이고,[24]
'도리'는 둘레 또는 굴대의 옛말이다.[25] 이에 비추어 꽃의 모양
을 비단 종류에 비유한 것에서 유래한 이름으로 추론된다. 조
선명에 이례적으로 한자어와 고유어가 조합되었고, 『조선삼림
식물도설』에 '소영도리나무'라는 이름이 유래한 지방을 기록
하지 않은 것을 고려하면, 『조선식물향명집』에서 신칭한 이름
일 가능성이 있다.[26]

　속명 *Weigela*는 독일 식물학자 Christian Ehrenfried von Weigel(1748~1831)의 이름에서 유
래했으며 병꽃나무속을 일컫는다. 종소명 *praecox*는 '일찍 꽃이 피는, 조숙의'라는 뜻이다.

다른이름 　올소영도리나무(이창복, 1947)

옛이름 　楊櫨/空疏(광재물보, 19세기 초)

중국/일본명 　중국명 早锦带花(zao jin dai hua)는 일찍 꽃이 피는 금대화(錦帶花: 붉은병꽃나무의 중국명)

21　'국가표준식물목록'(2018)은 소영도리나무를 별도 분류하고 있으나, 『장진성 식물목록』(2014)은 이를 붉은병꽃나무(*W.*
　　florida)의 이명(synonym)으로 처리하고, 김태영·김진석(2018), p.658도 소영도리나무를 별도 분류하고 있지 않으므로 주
　　의가 필요하다.
22　이에 대해서는 원효식·김태진(2018), p.1245 참조.
23　이에 대해서는 『한국의 민속식물』(2017), p.1062 참조.
24　이에 대해서는 국립국어원, '표준국어대사전' 중 '소영' 참조.
25　이에 대해서는 국립국어원, '우리말샘' 중 '도리' 참조.
26　다만 『조선식물명휘』(1922), p.327은 붉은병꽃나무에 대한 조선명으로 '쇵용쏫나무, 쇠용쏫나무'라는 이름을 기록했는
　　데, 소영도리나무의 '소영'과 그 어형이 비슷해 실제 사용한 지방명에서 유래했을 가능성도 있으므로 이에 대한 추가적
　　인 조사와 연구가 필요하다.

라는 뜻으로 학명과 같은 의미이다. 일본명 ビロウドウツギ(-空木)는 벨벳을 닮은 빈도리(ウツギ)라는 뜻이다.

참고 [북한명] 소영도리나무 [유사어] 양로(楊櫨) [지방명] 팥꽃나물(강원)

⊗ Diervilla subsessilis *Nakai* カウライウツギ
Byŏnggot-namu 병꽃나무

병꽃나무〈*Weigela subsessilis* (Nakai) L.H.Bailey(1929)〉

병꽃나무라는 이름은 꽃 모양이 병(甁)처럼 보인다는 뜻에서 유래했다.[27] 꽃은 5월에 긴 깔때기 모양으로 피며 안쪽 속은 희지만 겉은 노란색에서 붉은색으로 변한다. 목재는 땔감으로 사용하고 어린잎을 식용했다.[28] 자생지 중의 하나인 함경남도 방언을 채록한 것이다.[29] 19세기에 저술된 『물명고』는 '錦帶'(금대)에 대해 "三月開花 形如鋼鈴 內白外粉紅 亦有深紅花 一樹常有三色"(3월에 꽃이 피는데 그 모양이 쇠방울 같고, 안은 희고 밖은 분홍인데 짙은 붉은색도 있다. 한 나무에 항상 3가지 색이 있다)이라고 하여 병꽃나무를 설명하고 있으며, 그 이름이 꽃의 모양에서 유래했음을 뒷받침하고 있다.

　속명 *Weigela*는 독일 식물학자 Christian Ehrenfried von Weigel(1748~1831)의 이름에서 유래했으며 병꽃나무속을 일컫는다. 종소명 *subsessilis*는 '잎자루가 거의 없는'이라는 뜻으로 잎의 형태에서 유래했다.

옛이름 錦帶(성소부부고, 1613), 錦帶/海仙(광재물보, 19세기 초), 錦帶/海仙(물명고, 1824), 錦帶(오주연문장전산고, 185?)[30]

중국/일본명 중국에는 분포하지 않는 식물로 보인다. 일본명 カウライウツギ(高麗空木)는 한반도에 분포하는 빈도리(ウツギ: 空木이라는 뜻으로 나무의 속이 빈 것에서 유래함)라는 뜻이며, 일본에 분포하지 않는 식물이다.

참고 [북한명] 병꽃나무 [유사어] 금대(錦帶), 양로(楊櫨) [지방명] 팥꽃낭그/팥꽃낭기(강원), 벙어리

27　이러한 견해로 이우철(2005), p.276; 박상진(2019), p.207; 허북구·박석근(2008b), p.153; 전정일(2009), p.127; 솔뫼(송상곤, 2010), p.590; 나영학(2016), p.716 참조.

28　이에 대해서는 『조선삼림식물도설』(1943), p.678과 『한국의 민속식물』(2017), p.1063 참조.

29　이에 대해서는 『조선삼림식물도설』(1943), p.678 참조.

30　Crane(1931)은 '병곳나무, 甁花'를 기록했다.

꽃나무/염꽃나무(경기), 명태쟁이(경남), 명대나물/명태취/미영대나물(경북), 명꽃나물/명태순(충남)

Linnaea borealis *Linné*   リンネサウ
Rinnepul   린네풀

린네풀〈*Linnaea borealis* L.(1753)〉

린네풀이라는 이름은 식물학의 분류 체계를 세운 린네(Carl von Linné)의 이름에서 유래했다.[31] 높은 산 숲속에서 낮고 작게 자라기 때문에 '풀'이라는 이름이 붙었지만 실제로는 목본성 식물이다. 린네는 이 식물을 특히 사랑해서 "이 식물은 나의 꽃이다"라고 했고, 속명을 자신의 이름을 따서 직접 명명했다. 『조선식물향명집』에서 한글명이 처음으로 보이는데, 학명 중 속명에 착안해 신칭한 이름으로 추론된다.

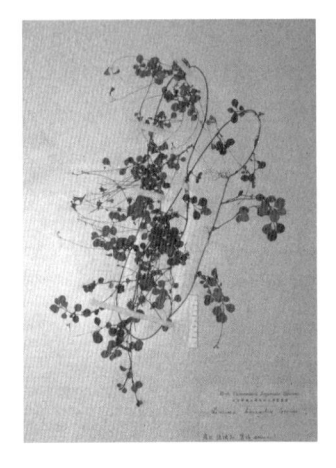

　속명 *Linnaea*는 분류학의 아버지라 불리는 스웨덴 박물학자이자 식물학자인 Carl von Linné(1707~1778)의 이름에서 유래했으며 린네풀속을 일컫는다. 종소명 *borealis*는 '북방의, 북방계의'라는 뜻으로 북방계 식물임을 나타낸다.

다른이름　린네덩굴(박만규, 1949), 린네초(도봉섭 외, 1957)

중국/일본명　중국명 北极花(bei ji hua)는 북극(北極)에서 피는 꽃이라는 뜻이다. 일본명 リンネサウ(-草)는 린네풀이라는 뜻으로 린네를 기리기 위해 붙여졌다.

참고　[북한명] 린네풀 [유사어] 서인초(西人草)

⊗Lonicera cerasoides *Nakai*   チイサンヘウタンボク
Jiisan-goebul-namu   지이산괴불나무

지리괴불나무〈*Lonicera cerasoides* Nakai(1921)〉[32]

지리괴불나무라는 이름은 지리산에 분포하는 괴불나무라는 뜻에서 유래했다.[33] 지리산에서 발견

31　이러한 견해로 이우철(2005), p.208 참조.
32　'국가표준식물목록'(2018)은 본문의 학명으로 지리괴불나무를 별도 분류하고 있으나, 『장진성 식물목록』(2014)과 이우철(2005)은 왕괴불나무〈*Lonicera vidalii* Franch. & Sav.(1878)〉의 이명(synonym)으로 처리하고 있으므로 주의가 필요하다.
33　이러한 견해로 이우철(2005), p.490 참조.

된 종이지만 분류학적 타당성에 대해서는 논란이 있다. 『조선식물향명집』에서는 전통 명칭 '괴불나무'를 기본으로 하고 식물의 산지(産地)를 나타내는 '지이산'을 추가해 '지이산괴불나무'를 신칭했으나,[34] 『한국동식물도감』에서 '지리괴불나무'로 개칭해 현재에 이르고 있다.

속명 *Lonicera*는 독일 수학자이자 식물학자인 Adam Lonitzer(1528~1586)의 이름에서 유래했으며 인동속을 일컫는다. 종소명 *cerasoides*는 *Prunus*(벚나무속)로 변경된 속명인 '*Cerasus*와 비슷한'이라는 뜻이나.

다른이름 지이산괴불나무(정태현 외, 1937), 지리산댕댕이나무(안학수·이춘녕, 1963), 지리산괴불나무(리종오, 1964), 지리산아귀꽃나무/지리산댕강나무(리용재 외, 2011)

중국/일본명 중국에서는 이를 별도 분류하지 않는 것으로 보인다. 일본명 チイサンヘウタンボク(智異山瓢箪木)는 지리산에 분포하는 괴불나무 종류(ヘウタンボク)라는 뜻이다.

참고 [북한명] 지리산아귀꽃나무

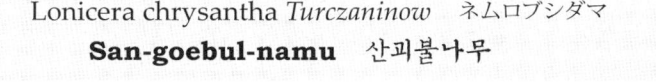

Lonicera chrysantha *Turczaninow*   ネムロブシダマ
San-goebul-namu   산괴불나무

각시괴불나무⟨*Lonicera chrysantha* Turcz. ex Ledeb.(1844)⟩[35]

각시괴불나무라는 이름은 꽃자루가 길게 솟아 꽃이 핀 모습이 각시처럼 예쁜 괴불나무라는 뜻에서 유래했다.[36] 꽃자루가 수직으로 길게 자라는 특징이 있다. 『조선식물향명집』에서는 전통 명칭 '괴불나무'를 기본으로 하고 식물의 산지(産地)를 나타내는 '산'을 추가해 '산괴불나무'를 신칭했으나,[37] 『조선삼림식물도설』에서 '각시괴불나무'로 개칭해 현재에 이르고 있다.

속명 *Lonicera*는 독일 수학자이자 식물학자인 Adam Lonitzer(1528~1586)의 이름에서 유래했으며 인동속을 일컫는다. 종소명 *chrysantha*는 '노란색 꽃의'라는 뜻으로 노란색으로 변하는 꽃에서 유래했다.

다른이름 산괴불나무(정태현 외, 1937), 절초나무(정태현, 1943),

---

34 이에 대해서는 『조선식물향명집』, 색인 p.46 참조.

35 '국가표준식물목록'(2018)은 산괴불나무의 학명을 *Lonicera chrysantha* var. *crassipes* Nakai(1927)로 하여 각시괴불나무의 변종으로 분류하고 있으나, 『장진성 식물목록』(2014), '세계식물목록'(2018) 및 이우철(2005)은 각시괴불나무에 통합하고 별도 분류하지 않는다.

36 이러한 견해로 이우철(2005), p.35 참조.

37 이에 대해서는 『조선식물향명집』, 색인 p.39 참조.

애기괴불나무(이창복, 1947), 각씨괴불나무(정태현 외, 1949), 각시괴불/산괴불(이창복, 1980), 산아귀꽃
나무(김현삼 외, 1988)[38]

중국/일본명 중국명 金花忍冬(jin hua ren dong)은 노란색의 꽃이 피는 인동(忍冬: 인동덩굴의 중국명)이
라는 뜻이다. 일본명 ネムロブシダマ(根室附子玉)는 홋카이도의 네무로(根室) 지방에 분포하며 부자
처럼 독이 있고 열매가 구슬처럼 둥근 모양이라는 뜻이다.

참고 [북한명] 산아귀꽃나무

Lonicera coerulea *L.* var. *altaica Sweet* クロミノウグヒスカグラ
Gae-duljug 개들쭉

개들쭉나무⟨*Lonicera caerulea* var. *emphyllocalyx* (Maxim.) Nakai(1927)⟩[39]
개들쭉나무라는 이름은 들쭉나무를 닮았지만 쓰임새가 그보다 못하다는 뜻에서 유래했다.[40] 댕
댕이나무와 비슷하지만 잎이 보다 넓고 잎 뒷면에 털이 있는 특징 때문에 별도 변종으로 분류되
었다. 열매를 들쭉나무의 열매 대신 식용했으나,[41] 들쭉나무에 비해 단맛이 덜하다. 『조선식물향명
집』은 주요 자생지인 함경남도 풍산 방언을 채록해 '개들쭉'으로 기록했으나,[42] 『한국식물명감』에
서 '개들쭉나무'로 개칭해 현재에 이르고 있다.

속명 *Lonicera*는 독일 수학자이자 식물학자인 Adam Lonitzer(1528~1586)의 이름에서 유래
했으며 인동속을 일컫는다. 종소명 *caerulea*는 '청색의'라는 뜻으로 열매가 검푸른 색으로 익는
것에서 유래했으며, 변종명 *emphyllocalyx*는 '잎 모양으로 된 꽃받침의'라는 뜻이다.

다른이름 개들쭉(정태현 외, 1937), 넓은잎댕댕이/둥글잎댕댕이/수염댕댕이(박만규, 1949), 가는잎댕
댕이나무(안학수·이춘녕, 1963), 마저지나무(리종오, 1964), 개들죽(임록재 외, 1972), 넓은잎댕댕이나무
(이영노, 1996), 매저지나무(리용재 외, 2011)[43]

중국/일본명 중국에서는 이를 별도 분류하지 않고 있다. 일본명 クロミノウグヒスカグラ(黒実鷪神楽)
는 검은 열매가 열리고 꽃이 휘파람새가 모여 노래하고 춤추는 것처럼 보인다는 뜻이다.

참고 [북한명] 매저지나무

---

38 『제주도및완도식물조사보고서』(1914)는 'ケルプナム'[개불낭]을 기록했으며 『지리산식물조사보고서』(1915)는 'ばっさくて
なむ'[바삭대나무]를 기록했다.

39 '국가표준식물목록'(2018)은 본문의 학명으로 개들쭉나무를 별도 분류하고 있으나, 『장진성 식물목록』(2014)과 '중국식물
지'(2018)는 이 학명을 댕댕이나무(*L. caerulea*)에 통합하여 이명(synonym)으로 처리하고 있다.

40 이러한 견해로 이우철(2005), p.47 참조.

41 이에 대해서는 『조선삼림식물도설』(1943), p.643 참조.

42 이에 대해서는 위의 책, p.642 참조.

43 『조선식물명휘』(1922)는 '마지지'를 기록했으며 『선명대화명지부』(1934)는 '마재지'를 기록했다.

Lonicera coerulea *L.* var. edulis *Regel* ケヨノミ
Daengdaengi-namu 댕댕이나무

댕댕이나무〈*Lonicera caerulea* L.(1753)〉[44]

댕댕이나무라는 이름은 열매가 검푸른 색이 나는 것에서 유래한 깃으로 추정한다. 신타원모양의 열매가 가을에 검게 익는데 하얀 가루로 덮여 있어 푸른색이 돈다. 열매를 식용했다.[45] 함경남도 방언을 채록한 것이다.[46] 북한에서는 '댕댕하다'를 '시퍼렇다'의 뜻으로 사용하므로[47] 식용하는 열매의 색깔에서 유래한 것으로 추론된다. 한편 '댕댕하다'를 '살이 몹시 찌거나 붓거나 하여 팽팽한 모양'을 뜻하는 것으로 보아, 열매가 댕댕한 것에서 댕댕이나무가 유래했다고 보는 견해도 있다.[48]

속명 *Lonicera*는 독일 수학자이자 식물학자인 Adam Lonitzer(1528~1586)의 이름에서 유래했으며 인동속을 일컫는다. 종소명 *caerulea*는 '청색의'라는 뜻으로 열매가 검푸른 색으로 익는 것에서 유래했다.

다른이름 마자지(정태현 외, 1942), 댕강나무(박만규, 1949)[49]

중국/일본명 중국명 蓝果忍冬(lan guo ren dong)은 푸른색의 열매가 달리는 인동(忍冬: 인동덩굴의 중국명)이라는 뜻이다. 일본명 ケヨノミ(毛榠)는 털이 많고 팽나무(ヨノミ)를 연상시킨다는 뜻이다.

참고 [북한명] 댕댕이나무 [지방명] 매저지(함북)

Lonicera coerulea *L.* var. glabrescense *Ruprecht* ヒロハケヨノミ
Nolbunip-daengdaengi-namu 넓은잎댕댕이나무

넓은잎댕댕이〈*Lonicera caerulea* var. *longibracteata* f. *ovata* H.Hara(1937)〉[50]

---

44 '국가표준식물목록'(2018)은 댕댕이나무의 학명을 *Lonicera caerulea* var. *edulis* Turcz. ex Herder(1864)로 기재하고 있으나, 『장진성 식물목록』(2014)과 '세계식물목록'(2018)은 이 학명을 본문의 학명에 통합하고 이명(synonym)으로 처리하고 있다.

45 이에 대해서는 『조선산야생식용식물』(1942), p.189와 『한국의 민속식물』(2017), p.1047 참조.

46 이에 대해서는 『조선삼림식물도설』(1943), p.642 참조.

47 이에 대해서는 『조선말 대사전』(1992) 중 '서슬이 댕댕하다' 참조.

48 이러한 견해로 박상진(2019), p.51 참조.

49 『조선의산과와산채』(1935)는 '딩딩이나무'를 기록했다.

50 '국가표준식물목록'(2018)은 넓은잎댕댕이를 본문의 학명으로 별도 분류하고 있으나, 『장진성 식물목록』(2014)은 이 학

넓은잎댕댕이라는 이름은 잎이 넓은 댕댕이나무라는 뜻에서 유래했다. 『조선식물향명집』에서는 방언에서 유래한 '댕댕이나무'를 기본으로 하고 식물의 형태적 특징 및 학명에 착안한 '넓은잎'을 추가해 '넓은잎댕댕이나무'를 신칭했으나,[51] 『우리나라 식물명감』에서 '넓은잎댕댕이'로 이름을 축약해 현재에 이르고 있다.

속명 *Lonicera*는 독일 수학자이자 식물학자인 Adam Lonitzer(1528~1586)의 이름에서 유래했으며 인동속을 일컫는다. 종소명 *caerulea*는 '청색의'라는 뜻으로 열매가 검푸른 색으로 익는 것에서 유래했다. 변종명 *longibracteata*는 '긴 포를 가진'이라는 뜻이며, 품종명 *ovata*는 달걀모양의'라는 뜻으로 잎의 모양에서 유래했다.

다른이름 넓은잎댕댕이나무(정태현 외, 1937), 넓은닢댕댕이나무(정태현, 1943), 넓은잎마저지나무(리종오, 1964), 넓은잎마저귀나무(임록재 외, 1972), 넓은매저지나무(리용재 외, 2011)

중국/일본명 중국에서는 이를 별도 분류하지 않고 있다. 일본명 ヒロハキノミ(廣葉榎)는 잎이 넓고 팽나무(キノミ)와 유사한 식물이라는 뜻이다.

참고 [북한명] 넓은매저지나무

⊗ Lonicera coreana *Nakai*　カウライヘウタンボク
Sutmyŏn̄gdarae-namu　숫명다래나무

숫명다래나무〈*Lonicera coreana* Nakai(1915)〉[52]

숫명다래나무라는 이름은 열매의 모양이 수컷의 성기(불알)와 닮은 것에서 유래한 것으로 추정한다. 나카이 다케노신(中井猛之進, 1882~1951)이 전라남도 백양산에서 처음 발견한 종으로, 길마가지나무에 비해 전체적으로 털이 적어서 별도 종으로 분류되고 있지만, 분류학적 타당성에 대해서는 논란이 있다. 주요 자생지인 전라남도 방언을 채록한 것이다.[53] 숫명다래나무는 '숫'(雄)과 '명다래'와 '나무'(木)의 합성어로 분석할 수 있다. 숫명다래나무의 열매는 식용하는데,[54] '명다래'는 방언으로 목화의 덜 익은 열매를 뜻하고 이 역시 식용했다. 포에서 자라 나오는 열매의 모양이 '명다래'

명을 댕댕이나무(*L. caerulea*)에 통합하여 이명(synonym)으로 처리했고 이우철(2005)은 개들쭉나무(*L. caerulea* var. *emphyllocalyx*)의 이명(synonym)으로 처리했으며, '중국식물지'(2018)와 '세계식물목록'(2018)은 이를 별도 분류하지 않으므로 주의가 필요하다.

51 이에 대해서는 『조선식물향명집』, 색인 p.34 참조.

52 '국가표준식물목록'(2018)은 본문의 학명으로 숫명다래나무를 별도 분류하고 있으나, 이우철(2005), 『장진성 식물목록』 (2014) 및 김진석·김태영(2018)은 길마가지나무(*L. harae*)에 통합하고, '세계식물목록'(2018)은 미해결학명(unresolved name)으로 처리하고 있으므로 주의가 필요하다.

53 이에 대해서는 『조선삼림수목감요』(1923), p.128과 『조선삼림식물도설』(1943), p.646 참조.

54 숫명다래나무의 열매를 식용한 것에 대한 직접적 기록은 없으나, 비슷한 길마가지나무의 열매를 식용했다고 하므로 숫명다래나무의 열매도 식용한 것으로 추론된다. 이에 대해서는 『한국의 민속식물』(2017), p.1048 참조.

와 닮았고, 열매가 다 익은 모습은 수컷의 성기(불알)를 닮아 있다. 식용한 열매의 모양을 빗댄 것에서 유래한 이름으로 짐작된다.

속명 *Lonicera*는 독일 수학자이자 식물학자인 Adam Lonitzer(1528~1586)의 이름에서 유래했으며 인동속을 일컫는다. 종소명 *coreana*는 '한국의'라는 뜻으로 한국에 분포하는 특산식물이라는 뜻에서 유래했다.

다른이름 숫명다래나무(정태현 외, 1923)[55]

중국/일본명 중국에서는 이를 별도 분류하지 않는 것으로 보인다. 일본명 カウライヘウタンボク(高麗瓢箪木)는 한반도(高麗) 특산인 괴불나무(ヘウタンボク)라는 뜻이다.

참고 [북한명] 숫명다래나무

Lonicera Harai *Makino*   ツシマヘウタンボク
Gilmagaji-namu   길마가지나무

길마가지나무〈*Lonicera harae* Makino(1914)〉

길마가지나무라는 이름은 열매의 모양이 길맛가지를 닮았다는 뜻에서 유래한 것으로 추정한다.[56] 『조선식물향명집』에 최초 기록된 이름으로 당시 황해도에서 사용하는 방언을 채록한 것이다.[57] 열매는 2개가 절반 이상이 붙어 있고 붉게 익는데 식용했다.[58] 조선어학회가 저술한 『조선어표준말모음』은 '길마'를 鞍(안장)의 뜻으로 설명했고, 『조선어사전』도 '길마'에 대해서 '荷鞍'(하안: 짐을 싣는 안장)이라고 했다. 이러한 뜻을 가진 길마의 몸을 이루는 말굽 모양의 나뭇가지를 '길맛가지'라고 하는데, 이에 대한 옛말은 '길릇맛가지'로[59] 현대어와 유사하다. 길맛가지는 소나 말의 등에 얹기 위해서 굽어 자란 나뭇가지를 사용하거나 나무를 잇대어 굽은 모양으로 만들었다.

길마가지나무의 자란 열매의 모양이 길맛가지의 모양을 닮았다. 한편 '길마기나무'나 '길막이나무'

---

55 『선명대화명지부』(1934)는 '숫명다래나무'를 기록했다.

56 국립국어원, '표준국어대사전'은 길마가지나무를 '길맛가지나무'로 표기하고 있는데, 이는 '길맛가지'와 '나무'의 합성어로 길마가지나무의 유래를 '길맛가지'에서 찾고 있는 것으로 추론된다.

57 이에 대해서는 『조선삼림식물도설』(1943), p.648과 이우철(2005), p.111 참조.

58 이에 대해서는 『한국의 민속식물』(2017), p.1048 참조.

59 길맛가지에 대해 『번역박통사』(1517)와 『번역노걸대』(1517)는 '기루맛가지'로, 『물명고』(1824)는 '마양이가디'로, 『한불자전』(1880)은 현대어와 동일한 '길마'로 기록했다.

는 최근의 식물분류학 관련 문헌에서 이름이 발견되는데, 산길 가장자리에 가지를 무성하게 뻗어 관목으로 자라는 모습이 마치 길을 막는 것처럼 보인다고 하여 붙여진 이름으로 이해된다. 그러나 최근에 이르러 해석된 것으로 길마가지나무의 직접적 어원 또는 유래라고 보기는 어렵다.

속명 *Lonicera*는 독일 수학자이자 식물학자인 Adam Lonitzer(1528~1586)의 이름에서 유래했으며 인동속을 일컫는다. 종소명 *harae*는 길마가지나무의 표본 채집에 도움을 준 일본인 T. Hara(??~??)의 이름에서 유래했다.[60]

다른이름 숫명다리나무(정태현 외, 1923), 숫명다래나무(정태현 외, 1937), 길마까지나무(정태현 외, 1949), 길마기나무(안학수·이춘녕, 1963), 길막이나무(리용재 외, 2011)[61]

중국/일본명 중국에는 분포하지 않는 식물로 보인다. 일본명 ツシマヘウタンボク(對馬瓢箪木)는 쓰시마(對馬)에 자라는 괴불나무(ヘウタンボク)라는 뜻이다.

참고 [북한명] 길마가지나무

⊗Lonicera insularis *Nakai*   タケシマヘウタンボク
Sŏm-goebul-namu   섬괴불나무

섬괴불나무〈*Lonicera morrowii* A.Gray(1856)〉[62]

섬괴불나무라는 이름은 섬(울릉도)에 자라는 괴불나무라는 뜻에서 붙여졌다.[63] 울릉도에 한정해 분포하는 낙엽 활엽 관목으로 일본 분포종보다 잎이 넓고 입술모양꽃부리라는 점에서 별도로 구별하기도 하지만, 개체 차이로 보아 통합하는 견해가 유력하다. 『조선식물향명집』에서 전통 명칭 '괴불나무'를 기본으로 하고 식물의 산지(産地)를 나타내는 '섬'을 추가해 신칭했다.[64]

속명 *Lonicera*는 독일 수학자이자 식물학자인 Adam Lonitzer(1528~1586)의 이름에서 유래했으며 인동속을 일컫는다. 종소명 *morrowii*는 미국 식물학자로 일본 식물을 채집한 James Morrow(1820~1865)의 이름에서 유래했다.

다른이름 물앵도나무(정태현, 1943), 우단괴불나무(안학수·이춘녕, 1963), 섬아귀꽃나무(임록재 외, 1972)

중국/일본명 중국명 淡黄新疆忍冬(dan huang xin jiang ren dong)은 담황색의 꽃이 피고 신장(新疆)에

---

60 기념학명의 부여 규칙에 따르면 -a로 끝나는 경우에는 성에 상관없이 -e를 붙이고, 그 외의 모음에는 -i를 붙이므로 *harai*로 표기된 일부 자료의 학명은 오기로 봐야 할 것이다.

61 『선명대화명지부』(1934)는 '숫명다래나무'를 기록했다.

62 '국가표준식물목록'(2018)은 섬괴불나무의 학명을 *Lonicera insularis* Nakai(1917)로 기재하고 있으나, 『장진성 식물목록』(2014)은 이 학명을 이명(synonym)으로 처리하고 본문의 학명을 정명으로 기재하고 있으며, '중국식물지'(2018)와 '세계식물목록'(2018)은 *Lonicera tatarica* var. *morrowii* (A. Gray) Q. E. Yang(2011)을 정명으로 기재하고 있다.

63 이러한 견해로 이우철(2005), p.337 참조.

64 이에 대해서는 『조선식물향명집』, 색인 p.41 참조.

분포하는 인동(忍冬: 인동덩굴의 중국명)이라는 뜻이다. 일본명 タケシマヘウタンボク(竹島瓢箪木)는 울릉도(竹島)에 분포하는 괴불나무(ヘウタンボク)라는 뜻이다.

참고 [북한명] 섬아귀꽃나무 [유사어] 금은인동(金銀忍冬) [지방명] 딱총나무/물앵주나무(울릉도)

Lonicera japonica *Thunberg* スヰカヅラ(ニンドウ) 忍冬
Indong-donggul 인동덩굴(금은화) 金銀花

인동덩굴〈*Lonicera japonica* Thunb.(1784)〉

인동덩굴이라는 이름은 한자명 '忍冬'(인동)에서 유래한 것으로, 잎과 줄기가 겨울에도 떨어지지 않고 푸르게 견디고 덩굴식물이라는 뜻이다.[65] 옛이름으로 '겨으사리너출'(겨우살이덩굴)이 있으나 '겨우살이'와 '맥문동'에 대한 옛이름이기도 했다. 18세기에 저술된 『산림경제』는 "凌冬不凋 故又名忍冬"(겨울을 이겨 마르지 않으므로 그 이름을 인동이라 한다)이라고 기록했다. 그 외 꽃이 흰색으로 피었다가 노란색으로 변해간다고 하여 金銀花(금은화), 꽃술이 노인의 수염과 같다고 하여 老翁鬚(노옹수), 꽃잎이 펼쳐진 모양이 해오라기 같다고 하여 鷺鷥藤(노사등), 덩굴성 줄기가 왼쪽으로 감고 올라간다고 하여 左纏藤(좌전등) 따위의 별칭이 있다.

속명 *Lonicera*는 독일 수학자이자 식물학자인 Adam Lonitzer(1528~1586)의 이름에서 유래했으며 인동속을 일컫는다. 종소명 *japonica*는 '일본의'라는 뜻으로 최초 발견지를 나타낸다.

다른이름 닌동넝굴(정태현 외, 1923), 금은화(정태현 외, 1937), 인동넝굴/눙박나무/털인동넝굴(정태현, 1943), 인동넝쿨/털인동넝쿨(이창복, 1947), 섬인동/우단인동(박만규, 1949), 우단인동덩굴(안학수·이춘녕, 1963), 인동(이창복, 1969b)

옛이름 忍冬/金銀花草(향약채취월령, 1431), 忍冬/金銀花草(향약집성방, 1433),[66] 忍冬草/신동총(구급방언해, 1466), 忍冬草/金銀花/금은화(촌가구급방, 1538), 忍冬草/잉동초(언해두창집요, 1608), 忍冬/겨으사리너출/左纏藤/忍冬草/金銀花/水楊藤(동의보감, 1613), 忍冬(의림촬요, 1635), 忍冬/겨으사리너출(사의경험방, 17세기), 忍冬/겨우사리너출(산림경제, 1715), 忍冬/겨우사리(광제비급, 1790), 忍冬/겨으사리싯/

---

65 이러한 견해로 이우철(2005), p.433; 박상진(2019), p.326; 이유미(2015), p.378; 허북구·박석근(2008b), p.235; 김태영·김진석(2018), p.660; 유기억(2018), p.165; 전정일(2009), p.128; 솔뫼(송상곤, 2010), p.556; 강판권(2015), p.1091; 김종원(2013), p.774 참조.

66 『향약집성방』(1433)에 기록된 별칭 '金銀花草'(금은화초)에 대해 남풍현(1999), p.176은 '금은화초'의 표기로 보고 있다.

金銀花(제중신편, 1799), 忍冬/인동/恬藤/老翁藤/金銀花(광재물보, 19세기 초), 인동/겨으수리(화왕본긔, 19세기 초), 忍冬/인동덩굴/鴛鴦藤/鷺鴛藤(물명고, 1824), 忍冬/겨오수리너출(의종손익, 1868), 忍冬/게우사리풀(의휘, 1871), 忍冬/겨우수리너출(녹효방, 1873), 금은화/金銀花(한불자전, 1880), 忍冬/겨우수리너출(방약합편, 1884), 金銀花/겨오사릐꽃(박물신서, 19세기), 金銀花/거아사리꽃(선한약물학, 1931), 금은화(조선구전민요집, 1933)[67]

중국/일본명 중국명 忍冬(ren dong)은 모진 겨울을 견뎌내는 식물이라는 뜻이다.[68] 일본명 スヰカヅラ(吸い葛)는 꽃부리가 꿀을 마시는 입술 모양이고 덩굴식물이라는 뜻이다.

참고 [북한명] 인동덩굴 [유사어] 금은등(金銀藤), 금은화(金銀花), 금차고(金釵股), 노사등(鷺鴛藤), 노옹수(老翁鬚), 밀보등(密補藤), 수양등(水楊藤), 원앙등(鴛鴦藤), 인동(忍冬), 인동초(忍冬草), 좌전등(左纏藤), 통령초(通靈草) [지방명] 인경덩굴/인당굴/인동꽃/인동덤불/인동초/인동풀(강원), 노란덩쿨/은동덩굴/인경덩굴/인동덩굴/인동초/인딩넝쿨(경기), 금은동초/금은화/윤동초/윤동추/은동초/인돈초/인동넝쿨/인동초/인동취/인전초/흰노락쟁이(경남), 운동대/운동초/윤동초/인동/인동덩불/인동초(경북), 은동초/은동추/인동/인동넝쿨/인동덩추/인동초/인동추/임동덩굴/임동초(전남), 언동/운동덩굴/은덩덩굴/인동넝쿨/인동덩굴/인동초/임동덩굴(전북), 금은화/연동고장/연동줄/운동/운동고장/운동고장쿨/운동꼬장/운동초/운동쿨/운둥고장/윤동꼬장/윤동줄/윤동추/은동/은동고장/인동/인동고장/인동꽃/인동줄/인동초/인동출(제주), 금은화/은동넝쿨/인동꽃/인동넝쿨/인동초/인동초넝쿨(충남), 금은화/인동/인동덩굴/인동초(충북)

Lonicera Maackii *Ruprecht*　ハナヘウタンボク
Goebul-namu　괴불나무

괴불나무〈*Lonicera maackii* (Rupr.) Maxim.(1859)〉

괴불나무라는 이름은 꽃과 열매의 모양이 괴불을 닮았다는 뜻에서 유래했다.[69] 열매는 둥근 모양

67　『제주도및완도식물조사보고서』(1914)는 '인동'[인동]을 기록했으며 『지리산식물조사보고서』(1915)는 '인동, 忍冬'[인동]을, 『조선한방약료식물조사서』(1917)는 '인동넌츌, 겨아사리, 忍冬'을, 『조선어사전』(1920)은 '겨우살이넝쿨, 忍冬(인동), 老翁鬚(로옹슈), 鷺鴛藤(로수등), 忍冬草(인동초), 水楊藤, 左纏藤(좌전등), 金銀花(금은화)'를, 『조선식물명휘』(1922)는 '忍冬, 金銀花, 인동나무, 눙박나무(藥, 救)'를, Crane(1931)은 '인동꽃, 忍冬花'를, 『토명대조선만식물자휘』(1932)는 '[忍冬草]인동초, 老翁鬚[로옹슈], 鷺鴛藤[로수등], 左纏藤[좌전등], 水楊藤[슈양등], [겨우산이넝쿨], [金銀花]금은화'를, 『선명대화명지부』(1934)는 '인동나무, 능박나무, 닌동덩굴'을, 『조선의산과와산채』(1935)는 '忍冬, 인동나무'를, 『조선삼림식물편』(1915~1939)은 'インドン/Indon, インドンチョー/Indoncho, インドンノンクル/Indon-nong-kul'[인동, 인동초, 인동넝쿨]을 기록했다.

68　중국의 『신농본초경집주』(6세기 초)는 "處處有之 藤生 凌冬不凋 故名忍冬"(곳곳에 있다. 덩굴로 나고, 추운 겨울에도 시들지 않으므로 인동이라 한다)이라고 기록했다.

69　이러한 견해로 이우철(2005), p.84; 김태영·김진석(2018), p.662; 나영학(2016), p.729; 김종원(2013), p.650 참조.

으로 2개씩 서로 떨어져서 달리고 가을에 붉게 익으며 식용했다.[70] 자생지인 경기도 및 서울의 방언을 채록한 것이다.[71] '괴불'은 괴불주머니의 줄임말로 어린아이가 주머니 끈 끝에 차는 세모 모양의 조그만 노리개를 뜻한다.[72] 조선 후기에 저술된 『재물보』, 『광재물보』 및 『물명고』는 한자명 木半夏(목반하)에 대한 한글명을 '괴불열미'로 기록했는데, '중국식물지'는 木半夏(mu ban xia)를 뜰보리수<Elaeagnus multiflora Thunb.(1784)>를 일컫는 이름으로 사용하고 있다. 한편 열매의 모양이 개의 불알을 닮은 것에서 개불알나무라고 부르다 괴불나무가 되었다는 견해가 있으나,[73] 개의 불알을 괴불이라고 사용한 예를 발견하기 어려우므로 타당성은 의문스럽다.

속명 Lonicera는 독일 수학자이자 식물학자인 Adam Lonitzer(1528~1586)의 이름에서 유래했으며 인동속을 일컫는다. 종소명 maackii는 러시아 식물학자 Richard Otto Maack(1825~1886)의 이름에서 유래했다.

다른이름 절초나무/괴불나무(정태현 외, 1923), 절초나무(정태현, 1943), 아귀꽃나무(김현삼 외, 1988)

옛이름 木半夏/괴불열미(재물보, 1798), 木半夏/괴불열미/四月子/野櫻桃(광재물보, 19세기 초), 木半夏/괴불열미/四月子/野櫻桃(물명고, 1824), 木半夏(수세비결, 1929)[74]

중국/일본명 중국명 金銀忍冬(jin yin ren dong)은 꽃이 흰색으로 피어 노란색으로 변하는 인동(忍冬: 인동덩굴의 중국명)이라는 뜻이다. 일본명 ハナヘウタンボク(花瓢箪木)는 예쁜 꽃이 피고 열매가 표주박을 닮았다는 뜻이다.

참고 [북한명] 아귀꽃나무 [유사어] 금은인동(金銀忍冬) [지방명] 짤매기/짤배기(경기), 개불낭구(전남), 개볼/개볼낭/개불/개불낭/게불/궤불낭(제주)

⊗ Lonicera monantha *Nakai*　グミヘウタンボク
Bolle-goebul-namu　볼레괴불나무

볼레괴불나무〈*Lonicera monantha* Nakai(1921)〉[75]
볼레괴불나무라는 이름은 보리수나무를 닮은 괴불나무라는 뜻에서 붙여진 것으로 추정한다. 볼

---

70 이에 대해서는 『조선삼림식물도설』(1943), p.652 참조.

71 이에 대해서는 『조선삼림수목감요』(1923), p.127과 『조선삼림식물도설』(1943), p.652 참조.

72 이에 대해서는 국립국어원, '표준국어대사전' 중 '괴불' 참조. 1911년 『매일신보』에 연재된 『화의 혈』과 1920년 5월 25일자 『동아일보』 기사는 '괴불'을 괴불주머니의 뜻으로 기록했다.

73 이러한 견해로 박상진(2019), p.46과 오찬진 외(2015), p.1096 참조.

74 『조선식물명휘』(1922)는 '鷄骨頭, 馬尿樹'를 기록했으며 『선명대화명지부』(1934)는 '괴불나무, 절초나무'를, 『조선삼림식물편』(1915~1939)은 'チョルジョーナム(平北)/Chol-jyo-nam'[절초나무(평북)]를 기록했다.

75 '국가표준식물목록'(2018)은 본문의 학명으로 볼레괴불나무를 별도의 종으로 분류하고 있으나, 『장진성 식물목록』(2014), '세계식물목록'(2018), '중국식물지'(2018) 및 이우철(2005)은 털괴불나무(L. subhispida)의 이명(synonym)으로 처리하고 별도 분류하지 않으므로 주의가 필요하다.

레나무는 보리수나무의 다른이름이다. 『조선식물향명집』에서 전통 명칭 '괴불나무'를 기본으로 하고 식물의 형태적 특징을 나타내는 '볼레'를 추가해 신칭했다.[76]

속명 *Lonicera*는 독일 수학자이자 식물학자인 Adam Lonitzer(1528~1586)의 이름에서 유래했으며 인동속을 일컫는다. 종소명 *monantha*는 '꽃이 1개인'이라는 뜻이다.

다른이름 볼네괴불나무(정태현, 1943), 불네괴불(박만규, 1949), 불레괴불나무(이창복, 1980), 털아귀꽃나무(임록재 외, 1996), 볼레아귀꽃나무(리용재 외, 2011)

중국/일본명 중국에서는 이를 별도 분류하지 않는 것으로 보인다. 일본명 グミヘウタンボク(グミ瓢箪木)는 보리수나무(グミ)를 닮은 괴불나무 종류(ヘウタンボク)라는 뜻이다.

참고 [북한명] 볼레아귀꽃나무

⊗ Lonicera nigra *L.* var. barbinervis *Nakai*   ヒメヘウタンボク
Am-goebul-namu   암괴불나무

암괴불나무⟨*Lonicera nigra* L. var. *barbinervis* (Kom.) Nakai(1921)⟩[77]

암괴불나무라는 이름은 식물체가 작고 여린 것을 암컷에 비유해 붙여졌다.[78] 잎이 피침모양이고 꽃자루가 길며 두 줄의 모선(毛線)이 있고 열매가 검게 익는 특징이 있다. 『조선식물향명집』에서 전통 명칭 '괴불나무'를 기본으로 하고 식물의 형태적 특징을 나타내는 '암'을 추가해 신칭했다.[79]

속명 *Lonicera*는 독일 수학자이자 식물학자인 Adam Lonitzer(1528~1586)의 이름에서 유래했으며 인동속을 일컫는다. 종소명 *nigra*는 '검은'이라는 뜻으로 열매가 검은색으로 익는 것에서 유래했으며, 변종명 *barbinervis*는 '맥 위에 털이 있는'이라는 뜻이다.

다른이름 좀괴불(박만규, 1949), 검은아귀꽃나무(임록재 외, 1996), 검정아귀꽃나무(리용재 외, 2011)

중국/일본명 중국명 黑果忍冬(hei guo ren dong)은 열매가 검은색으로 익는 인동(忍冬: 인동덩굴의 중국명)이라는 뜻이다. 일본명 ヒメヘウタンボク(姫瓢箪木)는 어린(아기) 괴불나무 종류(ヘウタンボク)라는 뜻이다.

참고 [북한명] 검은아귀꽃나무/검정아귀꽃나무[80]

---

76 이에 대해서는 『조선식물향명집』, 색인 p.38 참조.

77 '국가표준식물목록'(2018)은 암괴불나무의 학명을 *Lonicera nigrum* var. *barbinervis* (Kom.) Nakai(1921)(*nigrum*은 *nigra*의 오기로 보임)로 기재하고 있으나, 『장진성 식물목록』(2014)은 흰괴불나무(*L. tatarinowii*)에 통합하고 별도 분류하지 않으므로 주의가 필요하다. 또한 '중국식물지'(2018)와 '세계식물목록'(2018)은 정명을 *Lonicera nigra* L.(1753)로 기재하고 있다.

78 이러한 견해로 이우철(2005), p.378 참조. 한편 『조선삼림식물도설』(1943)은 한자명을 '女瓢箪木'(여표단목)으로 하고 있다.

79 이에 대해서는 『조선식물향명집』, 색인 p.42 참조.

80 북한에서는 *L. nigra*를 '검은아귀꽃나무'로, *L. barbinervis*를 '검정아귀꽃나무'로 하여 별도 분류하고 있다. 이에 대해서는 리용재 외(2011), pp.212-213 참조.

Lonicera praeflorens *Batalin*   ハヤザキヘウタンボク
Ol-goebul-namu   올괴불나무

올괴불나무〈*Lonicera praeflorens* Batalin(1892)〉

올괴불나무라는 이름은 꽃이 일찍 피고 열매도 일찍 맺는 괴불나무라는 뜻에서 붙여졌다.[81] 꽃은 3~4월에 연분홍색으로 판다. 1936년 조선어학회가 저술한 『조선어표준말모음』은 '올되다'를 '무成'(일찍 자라다)의 뜻으로 기록했다. 『조선식물향명집』에서 전통 명칭 '괴불나무'를 기본으로 하고 식물의 생태와 학명에 착안한 '올'을 추가해 신칭했다.[82]

속명 *Lonicera*는 독일 수학자이자 식물학자인 Adam Lonitzer(1528~1586)의 이름에서 유래했으며 인동속을 일컫는다. 종소명 *praeflorens*는 '일찍 꽃이 피는'이라는 뜻이다.

다른이름 올아귀꽃나무(김현삼 외, 1988)

중국/일본명 중국명 早花忍冬(zao hua ren dong)은 꽃이 일찍 피는 인동(忍冬: 인동덩굴의 중국명)이라는 뜻이다. 일본명 ハヤザキヘウタンボク(早咲瓢箪木)도 일찍 피는 괴불나무 종류(ヘウタンボク)라는 뜻이다.

참고 [북한명] 올아귀꽃나무 [유사어] 금은인동(金銀忍冬) [지방명] 물앵두(강원)

○ Lonicera Ruprechtiana *Rehder*   ビラウドヘウタンボク
Mulaengdo-namu   물앵도나무

물앵도나무〈*Lonicera ruprechtiana* Regel(1870)〉

물앵도나무라는 이름은 열매가 앵도(앵두)를 닮았는데 물기가 많아 맛이 덜하다는 뜻 또는 앵도나무를 닮았는데 깊은 산 계곡가(물가)에 자란다는 뜻에서 유래한 것으로 추정한다. 일제강점기에 강원도에서 사용했던 '물앵도나무'는 현재의 산앵도나무를 일컫는데,[83] 열매가 앵도를 닮았는데 물기가 많아 맛이 덜하다는 뜻에서 유래한 것으로 추론된다. 또한 '물앵도나무'는 현재의 팥배나무를 일컫는 전라남도 방언이기도 했는데,[84] 열매가 앵도를 닮았고 산지 계곡가(물가)에 주로 자란다는 뜻에서 유래한 것으로 추론된다. 한편 『조선삼림수목감요』는 물앵도나무의 학명을 기록하면서 조선명을 발견하지 못해 별도로 기록하지 않았다.[85] 『조선식물향명집』에서 다른 종의 식물을

---

81   이러한 견해로 이우철(2005), p.406; 허북구·박석근(2008b), p.223; 김태영·김진석(2018), p.667; 오찬진 외(2015), p.1043; 솔뫼(송상곤, 2010), p.598 참조.
82   이에 대해서는 『조선식물향명집』, 색인 p.43 참조.
83   이에 대해서는 『조선삼림식물도설』(1943), p.575 참조.
84   이에 대해서는 위의 책, p.291 참조.
85   이에 대해서는 『조선삼림수목감요』(1923), p.127 참조.

일컫는 방언을 빌려 조선명을 신칭해 기록했다.[86]

속명 *Lonicera*는 독일 수학자이자 식물학자인 Adam Lonitzer(1528~1586)의 이름에서 유래했으며 인동속을 일컫는다. 종소명 *ruprechtiana*는 러시아 식물학자 Franz Josef Ruprecht (1814~1870)의 이름에서 유래했다.

다른이름 털괴풀(박만규, 1949), 물앵두나무(정태현 외, 1949), 털괴불나무(안학수·이춘녕, 1963), 물괴불나무(리종오, 1964), 물아귀꽃나무(임록재 외, 1996)

중국/일본명 중국명 長白忍冬(chang bai ren dong)은 백두산 부근에서 자라는 인동(忍冬: 인동덩굴의 중국명)이라는 뜻이다. 일본명 ビラウドヘウタンボク(羽緞瓢箪木)는 잎 뒷면과 일년생가지에 융털이 자라는 괴불나무(ヘウタンボク)라는 뜻이다.

참고 [북한명] 물아귀꽃나무 [유사어] 금은인동(金銀忍冬)

Lonicera sachalinensis *Nakai*   ベニバナヘウタンボク
Hong-goebul-namu   홍괴불나무

홍괴불나무⟨*Lonicera maximowiczii* (Rupr.) Regel(1857)⟩[87]
홍괴불나무라는 이름은 꽃잎이 붉은 괴불나무라는 뜻에서 붙여졌다.[88] 꽃은 5~6월에 붉은색으로 핀다. 『조선식물향명집』에서 전통 명칭 '괴불나무'를 기본으로 하고 꽃의 색깔을 나타내는 '홍'을 추가해 신칭했다.[89]

속명 *Lonicera*는 독일 수학자이자 식물학자인 Adam Lonitzer(1528~1586)의 이름에서 유래했으며 인동속을 일컫는다. 종소명 *maximowiczii*는 러시아 식물학자로 동북아 식물을 연구한 Carl Johann Maximowicz(1827~1891)의 이름에서 유래했다.

다른이름 붉은아귀꽃나무(김현삼 외, 1988)

---

86 이에 대해서는 『조선식물향명집』, 색인 p.37 참조.
87 '국가표준식물목록'(2018)은 홍괴불나무의 학명을 *Lonicera sachalinensis* (F. Schmidt) Nakai var. *stenophylla* Nakai(1921)로 하고 본문의 학명을 두메홍괴불나무로 기재하고 있으나, '세계식물목록'(2018)과 '중국식물지'(2018)는 양자를 통합하고 본문의 학명을 정명으로 기재하고 있다. 한편 『장진성 식물목록』(2014)은 *Lonicera maximowiczii* (Rupr. ex Maxim.) Rupr. ex Maxim.(1857)으로 기재하고 있어 'IPNI(Internaional Plant Names Index)'(2018)에 따라서 본문과 같이 기재했다.
88 이러한 견해로 이우철(2005), p.594 참조.
89 이에 대해서는 『조선식물향명집』, 색인 p.49 참조.

중국명 紫花忍冬(zi hua ren dong)은 자색 꽃이 피는 인동(忍冬: 인동덩굴의 중국명)이라는 뜻이다. 일본명 ベニバナヘウタンボク(紅花瓢箪木)는 붉은 꽃이 피는 괴불나무 종류(ヘウタンボク)라는 뜻이다.

참고 [북한명] 붉은아귀꽃나무

⊗ Lonicera subhispida *Nakai*　アラゲウグヒスカグラ
Tŏl-goebul-namu　털괴불나무

털괴불나무〈*Lonicera subhispida* Nakai(1921)〉

털괴불나무라는 이름은 잎 뒷면과 가지 등에 거센털이 밀생(密生)하는 괴불나무라는 뜻에서 붙여졌다.[90] 일년생가지에 센털(강모)이 나는 특징이 있다. 『조선식물향명집』에서 전통 명칭 '괴불나무'를 기본으로 하고 식물의 형태적 특징과 학명에 착안한 '털'을 추가해 신칭했다.[91]

속명 *Lonicera*는 독일 수학자이자 식물학자인 Adam Lonitzer(1528~1586)의 이름에서 유래했으며 인동속을 일컫는다. 종소명 *subhispida*는 '다소 거센 털의'라는 뜻이다.

다른이름 볼레괴불나무(정태현 외, 1937), 볼네괴불나무(정태현, 1943), 불네괴불(박만규, 1949), 털아귀꽃나무(김현삼 외, 1988)

중국/일본명 중국명 单花忍冬(dan hua ren dong)은 꽃이 하나씩 피는 인동(忍冬: 인동덩굴의 중국명)이라는 뜻이다. 일본명 アラゲウグヒスカグラ(長尾鶯神楽)는 긴 털이 있고 꽃이 휘파람새가 모여 노래하고 춤추는 것처럼 보인다는 뜻이다.

참고 [북한명] 털아귀꽃나무

Lonicera subsessilis *Rehder*　ミドリヘウタンボク
Chŏng-goebul-namu　청괴불나무

청괴불나무〈*Lonicera subsessilis* Rehder(1920)〉

청괴불나무라는 이름은 잎 양면에 털이 없어 푸르게(靑) 보이는 괴불나무라는 뜻에서 붙여졌다.[92] 잎 양면에 털이 없어 윤기가 도는 것처럼 보인다. 『조선식물향명집』에서 전통 명칭 '괴불나무'를 기본으로 하고 식물의 색깔을 나타내는 '청'을 추가해 신칭했다.[93] 한편 잎이 푸를 때 꽃이 핀다는

90　이러한 견해로 이우철(2005), p.551 참조.
91　이에 대해서는 『조선식물향명집』, 색인 p.48 참조.
92　이러한 견해로 이우철(2005), p.515와 허북구·박석근(2008b), p.278 참조.
93　이에 대해서는 『조선식물향명집』, 색인 p.47 참조.

뜻에서 유래한 이름으로 보는 견해도 있다.[94]

속명 *Lonicera*는 독일 수학자이자 식물학자인 Adam Lonitzer(1528~1586)의 이름에서 유래했으며 인동속을 일컫는다. 종소명 *subsessilis*는 '잎자루가 거의 없는'이라는 뜻으로 꽃자루가 짧은 것에서 유래했다.

다른이름 푸른괴불나무(박만규, 1949), 푸른아귀꽃나무(김현삼 외, 1988)

중국/일본명 중국에는 분포하지 않는 것으로 보인다. 일본명 ミドリヘウタンボク(綠瓢箪木)는 잎의 표면이 짙은 녹색을 띠는 괴불나무 종류(ヘウタンボク)라는 뜻이지만, 일본에는 분포하지 않는 식물이다.

참고 [북한명] 푸른아귀꽃나무 [유사어] 금은인동(金銀忍冬)

⊗ Lonicera Tatarinowi *Maximowicz* var. leptantha *Nakai*　オホウラジロヘウタンボク
Hin-goebul-namu　힌괴불나무

흰괴불나무⟨*Lonicera tatarinowii* Maxim.(1859)⟩[95]

흰괴불나무라는 이름은 잎 뒷면이 흰색인 괴불나무라는 뜻에서 유래했다.[96] 잎 뒷면은 맥 위를 제외한 전체에 털이 있어 흰색으로 보이는 특징이 있다. 『조선식물향명집』에서는 전통 명칭 '괴불나무'를 기본으로 하고 꽃의 색깔을 나타내는 '힌'을 추가해 '힌괴불나무'를 신칭했으나,[97] 『조선삼림식물도설』에서 맞춤법에 따라 '흰괴불나무'로 개칭해 현재에 이르고 있다.

속명 *Lonicera*는 독일 수학자이자 식물학자인 Adam Lonitzer(1528~1586)의 이름에서 유래했으며 인동속을 일컫는다. 종소명 *tatarinowii*는 러시아 식물학자 Alexander Alexejevitch Tatarinow(1817~1886)의 이름에서 유래했다.

다른이름 힌괴불나무(정태현 외, 1937), 왕괴불나무/힌왕괴불나무(박만규, 1949), 흰털괴불나무/은털괴불나무(안학수·이춘녕, 1963), 괴불나무(한진건 외, 1982), 흰아귀꽃나무(김현삼 외, 1988)

중국/일본명 중국명 华北忍冬(hua bei ren dong)은 화베이(華北) 지방에 분포하는 인동(忍冬: 인동덩굴

---

94 이러한 견해로 솔뫼(송상곤, 2010), p.604 참조.
95 '국가표준식물목록'(2018)은 흰괴불나무의 학명을 *Lonicera tatarinowii* var. *leptantha* (Rehder) Nakai(1921)로 기재하고 있으나, 『장진성 식물목록』(2014), '중국식물지'(2018), 및 '세계식물목록'(2018)은 본문의 학명에 통합하고 이 학명을 이명(synonym)으로 처리하고 있다.
96 이러한 견해로 이우철(2005), p.604와 김태영·김진석(2018), p.672 참조.
97 이에 대해서는 『조선식물향명집』, 색인 p.49 참조.

의 중국명)이라는 뜻이다. 일본명 オホウラジロヘウタンボク(大裏白瓢箪木)는 크고 잎의 뒷면이 흰색인 괴불나무 종류(ヘウタンボク)라는 뜻이다.

[북한명] 흰아귀꽃나무

⊗ Lonicera vesicaria *Komarov* タマキンギンボク
Gusul-daengdaengi-namu 구슬댕댕이나무

구슬댕댕이〈*Lonicera vesicaria* Kom.(1901)〉

구슬댕댕이라는 이름은 댕댕이나무에 비해 열매가 구슬처럼 둥글다는 뜻에서 유래했다.[98] 둥근 모양의 열매가 2개씩 반쯤 붙어 붉게 익는 특징이 있다. 『조선식물향명집』에서는 방언에서 유래한 '댕댕이나무'를 기본으로 하고 식물의 형태적 특징을 나타내는 '구슬'을 추가해 '구슬댕댕이나무'를 신칭했으나,[99] 『한국수목도감』에서 '구슬댕댕이'로 축약해 현재에 이르고 있다.

속명 *Lonicera*는 독일 수학자이자 식물학자인 Adam Lonitzer(1528~1586)의 이름에서 유래했으며 인동속을 일컫는다. 종소명 *vesicaria*는 '작은포가 있는'이라는 뜻으로 작은포가 꽃 전체를 둘러싸고 있는 모습 때문에 붙여졌다.

다른이름 구슬댕댕이나무(정태현 외, 1937), 단간목(정태현, 1943)

중국/일본명 중국명 葱皮忍冬(cong pi ren dong)은 나무껍질이 파(葱)처럼 매끈한 인동(忍冬: 인동덩굴의 중국명)이라는 뜻이다. 일본명 タマキンギンボク(玉金銀木)는 열매가 구슬(タマ) 같은 인동덩굴(キンギンボク)이라는 뜻이다.

[북한명] 구슬댕댕이나무 [유사어] 파엽인동(波葉忍冬)

Lonicera Vidalii *Franchet et Savatier* オニヘウタンボク
Wang-goebul-namu 왕괴불나무

왕괴불나무〈*Lonicera vidalii* Franch. & Sav.(1877)〉

왕괴불나무라는 이름은 열매와 잎 등이 큰(왕) 괴불나무라는 뜻에서 붙여졌다.[100] 『조선식물향명집』에서 전통 명칭 '괴불나무'를 기본으로 하고 식물의 형태적 특징을 나타내는 '왕'을 추가해 신칭했다.[101]

---

98 이러한 견해로 이우철(2005), p.89와 박상진(2019), p.91 참조.
99 이에 대해서는 『조선식물향명집』, 색인 p.32 참조.
100 이러한 견해로 이우철(2005), p.409와 박상진(2019), p.47 참조.
101 이에 대해서는 『조선식물향명집』, 색인 p.44 참조.

속명 *Lonicera*는 독일 수학자이자 식물학자인 Adam Lonitzer(1528~1586)의 이름에서 유래했으며 인동속을 일컫는다. 종소명 *vidalii*는 스페인 식물학자 Sebastián Vidaly Soler(1842~1889)의 이름에서 유래했다.

다른이름 지이산괴불나무(정태현 외, 1937), 제주괴불나무(안학수·이춘녕, 1963), 지리괴불나무(정태현, 1965), 왕아귀꽃나무/큰괴불나무(임록재 외, 1996)[102]

중국/일본명 중국에는 분포하지 않는 것으로 보인다. 일본명 オニヘウタンボク(鬼瓢箪木)는 식물체가 큰 괴불나무 종류(ヘウタンボク)라는 뜻이다.

참고 [북한명] 왕아귀꽃나무 [유사어] 금은인동(金銀忍冬)

Sambucus latipinna *Nakai*   ヒロハニハトコ   接骨木
Nòrùnip-dagchoṅg-namu   너른잎딱총나무

넓은잎딱총나무 ⟨*Sambucus latipinna* Nakai(1916)⟩[103]

넓은잎딱총나무라는 이름은 잎이 넓은 딱총나무라는 뜻에서 유래했다.[104] 『조선식물향명집』에서는 방언에서 유래한 '딱총나무'를 기본으로 하고 식물의 형태적 특징과 학명에 착안한 '너른잎'을 추가해 '너른잎딱총나무'를 신칭했으나,[105] 『조선식물명집』에서 맞춤법의 변화에 따라 '넓은잎딱총나무'로 개칭해 현재에 이르고 있다.

속명 *Sambucus*는 어원이 불확실하지만 플리니우스(Plinius, 23~79)가 딱총나무 종류에 붙인 이름으로, 모여나기를 하는 줄기의 모습이 고대 그리스의 악기 삼부카(sambuca)를 닮은 것에서 유래했다는 설이 있으며 딱총나무속을 일컫는다. 종소명 *latipinna*는 '넓은 깃조각의'라는 뜻으로 잎이 넓은 깃모양인 것에서 유래했다.

다른이름 구렁목/지렁쿠나무/기쏭나무/싹초나무(정태현 외, 1923), 너른잎딱총나무(정태현 외, 1937), 너른닢딱총나무/말오좀나무/오른재나무/자반나물(정태현, 1943), 넓은닢딱총나무(이창복, 1947), 넓은잎딱총(박만규, 1949)[106]

---

102 『조선삼림식물편』(1915~1939)은 'ケプルナム(齊州島)/Kepul-nam, パッサクテナム(全南)/Patsakute-nam'[괴불나무(제주도), 바삭대나무(전남)]를 기록했다.
103 '국가표준식물목록'(2018)은 넓은잎딱총나무를 별도의 종으로 분류하고 있으나, 『장진성 식물목록』(2014)은 딱총나무(*S. williamsii*)에 통합해 별도 분류하고 있지 않으며, '중국식물지'(2018) 역시 이를 별도 분류하지 않으므로 주의가 필요하다.
104 이러한 견해로 이우철(2005), p.141 참조.
105 이에 대해서는 『조선식물향명집』, 색인 p.34 참조.
106 『조선어사전』(1920)은 '말오즘나무, 蒴藋, 接骨木'을 기록했으며 『조선식물명휘』(1922)는 '接骨木, 자반나물, 말오줌나무(救, 樂)'를, 『도명대조선만식물자휘』(1932)는 학명 *S. javanica*에 대해 '蒴藋[삭도, [接骨草]접골초, [가(假)말오즙나무]'를, 『선명대화명지부』(1934)는 '구렁목, 지렁쿠나무, 개동(똥)나무, 싹초나무, 말오줌나무, 자반나물'을, 『조선삼림식물편』(1915~1939)은 'タクチョナム(京城)'[딱총나무(경성)]를 기록했다.

중국에서는 이를 별도 분류하지 않고 있다. 일본명 ヒロハニハトコ(廣葉-)는 잎이 넓은 딱총나무 종류(ニハトコ)라는 뜻이다.

[북한명] 넓은잎딱총나무 [유사어] 접골목(接骨木)

Sambucus latipinna *Nakai* var. Miquelii *Nakai*   エゾニハトコ
Jiróngku-namu   지렁쿠나무   接骨木

지렁쿠나무〈*Sambucus racemosa* L. subsp. *kamtschatica* (E.Wolf) Hultén(1930)〉[107]

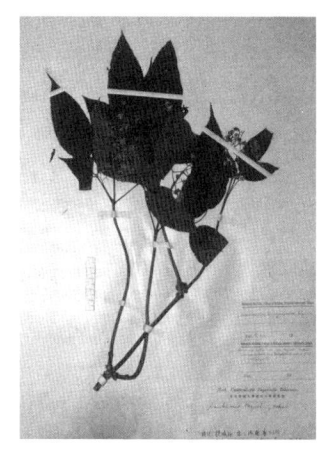

지렁쿠나무라는 이름은 지린내가 나는 나무라는 뜻에서 유래한 것으로 추정한다. 잎과 꽃차례에 털이 있는 것 등을 이유로 딱총나무와 별도로 분류되고 있으나, 연속적 변이로 보아 통합해 분류하는 견해가 유력하다.[108] 자생지 중의 하나인 평안북도 방언을 채록한 것이다.[109] 고려 시대에 저술된 『향약구급방』 이래 약재로 사용했으며, 식물체에서 나는 냄새로 인해 '馬尿木'(마뇨목＝말오줌나무)이라고 했던 것에 비추어 '지렁쿠'는 지린내(오줌 냄새)의 방언형으로 보인다.

속명 *Sambucus*는 어원이 불확실하지만 플리니우스(Plinius, 23~79)가 딱총나무 종류에 붙인 이름으로, 모여나기를 하는 줄기의 모습이 고대 그리스의 악기 삼부카(*sambuca*)를 닮은 것에서 유래했다는 설이 있으며 딱총나무속을 일컫는다. 종소명 *racemosa*는 '총상꽃차례의'라는 뜻으로 꽃차례의 모양에서 유래했으며, 아종명 *kamtschatica*는 '캄차카 지역의'라는 뜻으로 주된 분포지 또는 발견지를 나타낸다.

말오좀나무(정태현 외, 1936), 개똥나무/털지렁쿠나무(정태현, 1943), 개덧나무(리용재 외, 2011)[110]

중국명 西伯利亚接骨木(xi bo li ya jie gu mu)는 시베리아에서 자라는 접골목(接骨木: 딱

---

107 '국가표준식물목록'(2018)은 지렁쿠나무의 학명을 *Sambucus sieboldiana* var. *miquelii* (Nakai) Hara(1951)로 기재하고 있으나,『장진성 식물목록』(2014)은 이를 이명(synonym)으로 처리하고 본문의 학명을 정명으로 기재하고 있다.

108 이러한 견해로 김태영·김진석(2018), p.687 참조.

109 이에 대해서는『조선삼림수목감요』(1923), p.123과『조선삼림식물도설』(1943), p.661 참조.

110 『조선주요삼림수목명칭표』(1915a)는 '말오좀ㄴ무'를 기록했으며『조선어사전』(1920)은 '말오즘나무, 蒴藋, 接骨木'을,『조선식물명휘』(1922)는 '기동나무(藥)'를,『토명대조선만식물자휘』(1932)는 '[接骨木]졉골목, [(참)말오즙나무]'를,『선명대화명지부』(1934)는 '개동(종)나무'를,『조선삼림식물편』(1915~1939)은 'カイトンナムト, チロングナム(平北)[개똥나무, 지렁쿠나무(평북)]를 기록했다.

총나무의 중국명)이라는 뜻이다. 일본명 エゾニハトコ(蝦夷-)는 에조(蝦夷: 홋카이도의 옛 지명)에서 자라는 딱총나무 종류(ニハトコ)라는 뜻이다.

[북한명] 지렁쿠나무 [유사어] 마뇨목(馬尿木), 접골목(接骨木)

Sambucus latipinna *Nakai* var. coreana *Nakai*　　カウライニハトコ　　接骨木
Dagchong-namu　딱총나무

딱총나무〈*Sambucus williamsii* Hance(1866)〉[111]

딱총나무라는 이름은 속(pith)이 크고 제거가 쉬워 이를 딱총을 만드는 데 사용한 것 또는 분지르면 '딱' 하고 딱총 소리가 나는 것에서 유래했다.[112] 『조선삼림수목감요』의 경기 방언을 채록한 '딱총나무'에서 비롯했는데,[113] 『조선식물향명집』은 맞춤법이 제정됨에 따라 된소리 표현을 단일화해서 '딱총나무'로 기록했다. 『향약구급방』 이래 약재로 사용되었으며, 식물체에서 나는 냄새로 인해 말오줌나무(믈오즘나무 또는 말오좀나무)라는 이름으로 기록되어왔으나 방언 조사에서 흔하게 발견되지 않는 것으로 보아 실제로 널리 사용된 이름은 아닌 것으로 보인다. 현재는 울릉도에 분포하는 '말오줌나무'를 일컫는 이름으로 사용하고 있다. 뼈를 붙게 하는 효능이 있다고 하여 '접골목'(接骨木)이라는 한자명으로도 불렸고, 나물로 먹을 때 고기 맛이 난다고 하여 '자반나물'이라고도 한다.

속명 *Sambucus*는 어원이 불확실하지만 플리니우스(Plinius, 23~79)가 딱총나무 종류에 붙인 이름으로, 모여나기를 하는 줄기의 모습이 고대 그리스의 악기 삼부카(sambuca)를 닮은 것에서 유래했다는 설이 있으며 딱총나무속을 일컫는다. 종소명 *williamsii*는 영국 식물학자 Frederic Newton Williams(1862~1923)의 이름에서 유래했다.

다른이름 구렁목/지렁쿠나무/기쫑나무/딱초나무(정태현 외, 1923),[114] 너른잎딱총나무(정태현 외,

---

111 '국가표준식물목록'(2018)은 딱총나무의 학명을 *Sambucus williamsii* var. *coreana* (Nakai) Nakai(1921)로 기재하고 있으나, 『장진성 식물목록』(2014), '세계식물목록'(2018) 및 '중국식물지'(2018)는 본문의 학명을 정명으로 기재하고 있다.

112 이러한 견해로 박상진(2019), p.126; 솔밭(송상곤, 2010), p.574; 오찬진 외(2015), p.1102 참조.

113 『조선삼림수목감요』(1923) p.123은 '딱초나무, Ttakchhong-namu(京畿)'를 기록했는데, 영문 표기와 『조선식물향명집』의 기록에 비추어 '딱초나무'는 '딱총ㅣ나무'의 오기로 이해된다.

114 『조선삼림수목감요』(1923), p.123은 *S. latipinna*라는 학명으로 위와 같은 한글명을 기록했으나, *S. latipinna*를 딱총나무(*S. williamsii*)의 이명(synonym)으로 처리하는 『장진성 식물목록』(2014)에 따라 이 책에서는 딱총나무의 다른이름으로 보았다.

1937), 자반나물/구룡순/말오줌나무(정태현 외, 1942), 개똥나무/청딱총나무(정태현, 1943), 넓은잎딱
총나무(이창복, 1947), 푸른딱총나무(리용재 외, 2011)

옛이름 蒴藋/馬尿木(향약구급방, 1236),[115] 蒴藋(세종실록지리지, 1545), 蒴藋/믈오즘나무/接骨木(동의
보감, 1613), 蒴藋(의림촬요, 1635), 接骨木/續骨木/木蒴藋(본사, 1787), 陸英/믈오좀나무/蒴藋(재물보,
1798), 陸英/말오줌나무(광재물보, 19세기 초), 삭덕/믈오좀(화왕본긔, 19세기 초), 陸英/말오줌나모/蒴
藋/接骨木/堇臬/圾(물명고, 1824), 蒴藋/말오즘나무(의휘, 1871), 蒴藋/말오줌나모/믈오좀남기/章漆樹/
接骨木(의방합편, 19세기), 葉蒴藋/말오줌나무(의서옥편, 1921), 蒴藋(수세비결, 1929), 接骨木/자반나물/
말오줌나무(선한약물학, 1931)[116]

중국/일본명 중국명 接骨木(jie gu mu)는 뼈를 붙이는 나무라는 뜻으로, 뼈가 부러졌을 때 약재로 사
용한 것에서 유래했다.[117] 일본명 カウライニハトコ(高麗-)는 한반도에서 자라는 ニハトコ(어원 불명
으로 딱총나무 종류의 고대 일본명)라는 뜻이다.

참고 [북한명] 딱총나무/푸른딱총나무[118] [유사어] 삭조(蒴藋), 육영(陸英), 접골목(接骨木) [지방
명] 말채나물/접골목(경기), 접골목(전북), 말총나무(제주)

Sambucus pendula *Nakai*   ヤウラクニハトコ
Malojumđae   말오줌떼

말오줌나무〈*Sambucus racemosa* L. subsp. *pendula* (Nakai) H.I.Lim & Chin S.Chang(2009)〉[119]
말오줌나무라는 이름은 식물체에서 지린내와 비슷한 냄새가 나는 것을 말의 오줌에 비유해 붙여
졌다. 울릉도에 분포하며, 가지는 약용하고 어린잎은 식용했다.[120] 고려 시대에 저술된 『향약구급
방』은 향명(鄕名)으로 말오줌나무라는 뜻의 '馬尿木'(마뇨목)을 기록했다. 『조선식물향명집』은 울릉
도 방언 '말오줌떼'를 조선명으로 사정했으나,[121] 『대한식물도감』에서 옛말인 '말오줌나무'로 개칭

---

115 『향약구급방』(1236)의 차자(借字) '馬尿木'(마뇨목)에 대해 남풍현(1981), p.55는 '믈오좀나무'의 표기로 보고 있으며, 이덕봉
(1963), p.21은 '말오좀나모'의 표기로 보고 있다.

116 『지리산식물조사보고서』(1915)는 'くろんも'[구렁목]을 기록했으며 『조선의 구황식물』(1919)은 '자반나물, 接骨木'을, 『조
선어사전』(1920)은 '接骨木(접골목), 말오줍나무'를, 『토명대조선만식물자휘』(1932)는 S. javanica에 대해 '[蒴藋]삭됴, [接骨
藋]접골초, [가(假)말오즘나무]'를, 『선명대화명지부』(1934)는 '말오줌떼'를, 『조선의산과와산채』(1935)는 '接骨木, 자만나물'
을, 『조선삼림식물편』(1915~1939)은 'クロンモ(全南)'[구렁목(전남)]을 기록했다.

117 중국의 『도경본초』(1061)는 "接骨以功而名"(접골목은 그 효능으로 이름 지어졌다)이라고 기록했다.

118 북한에서는 S. coreana를 '딱총나무'로, S. williamsii를 '푸른딱총나무'로 하여 별도 분류하고 있다. 이에 대해서는 리
용재 외(2011), p.315 참조.

119 '국가표준식물목록'(2018)은 말오줌나무의 학명을 Sambucus sieboldiana var. pendula (Nakai) T.B. Lee(1966)로 기재
하고 있으나, 『장진성 식물목록』(2014)은 본문의 학명을 정명으로 기재하고 있다.

120 이에 대해서는 『조선삼림식물도설』(1943), p.660 참조.

121 울릉도 방언에서 유래했다는 것에 대해서는 『조선삼림수목감요』(1923), p.122와 『조선삼림식물도설』(1943), p.660 참조.

해 현재에 이르고 있다.

　속명 *Sambucus*는 어원이 불확실하지만 플리니우스(Plinius, 23~79)가 딱총나무 종류에 붙인 이름으로, 모여나기를 하는 줄기의 모습이 고대 그리스의 악기 삼부카(sambuca)를 닮은 것에서 유래했다는 설이 있으며 딱총나무속을 일컫는다. 종소명 *racemosa*는 '총상꽃차례의'라는 뜻으로 꽃차례의 모양에서 유래했으며, 아종명 *pendula*는 '밑으로 처진'이라는 뜻으로 꽃과 열매가 아래로 처지는 것에서 유래했다.

다른이름 말오줌씨(정태현 외, 1923), 말오줌때(정태현 외, 1937), 말오줌대(정태현, 1943), 말오즘나무(이창복, 1947), 말오줌대(정태현 외, 1949), 울릉딱총나무(리종오, 1964), 울릉말오줌때(정태현, 1965), 울릉말오줌대(이영노, 1996)[122]

중국/일본명 중국에는 분포하지 않는 것으로 보인다. 일본명 ヤウラクニハトコ(瓔珞-)는 부처의 몸에 두루는 장신구인 영락(瓔珞)을 닮은 딱총나무 종류(ニハトコ)라는 뜻이다.

참고 [북한명] 울릉딱총나무 [유사어] 접골목(接骨木) [지방명] 마즈름때나무/마지름때/말오줌때(울릉)

Viburnum Awabucki *K. Koch*　サンゴジユボク
Awae-namu　아왜나무

아왜나무〈*Viburnum odoratissimum* Ker Gawl. ex Rümpler var. *awabuki* (K.Koch) Zabel(1902)〉

아왜나무라는 이름은 외로운 나무라는 뜻으로, 잎에 물기가 많은 것을 외롭다고 보아 붙여진 것으로 추정한다. 잎에 물기가 많아 방화수(防火樹) 목적의 산울타리로 사용했다.[123] 자생지인 제주도의 방언을 채록한 것이다.[124] 나카이 다케노신(中井猛之進, 1882~1951)이 저술한 『조선삼림식물편』은 제주 방언으로 'Awai-nam'(아왜낭)과 'Awei-nam'(아웨낭)이 있다는 것을 기록했는데, 제주 방언으로 '아웨다'는 외롭다는 뜻이다.[125] 방화수로 사용한 것 또는 울타리로 서 있는 모습과 관련된 이름으로 이해된다. 한편 방화수로서 거품을 내뿜는 나무라는 뜻으로, 아왜나무를 일컫기도 했던 일본명 Awabucki(アワブキ, 泡吹木)에서 유래해 '아와나무'로 부르다가 '아왜나무'로 되었다고 해석하는 견해가 있다.[126] 그러나 제주 방언에서 유래한 것이고, 이름이 기록될 당시 제주 방언의 발음에 대한 영문 표기와 일본명의 표기는 차이가 있다. 또한 아왜나무에서 파생된 것으로 추정되는 제주 지명

---

122 『조선삼림식물편』(1915~1939)은 'マルヲチョムテ(鬱陵島)/Mal-o-chom-the'[말오줌때(울릉도)]를 기록했다.
123 이에 대해서는 『조선삼림식물도설』(1943), p.664와 『한국의 민속식물』(2017), p.1059 참조.
124 이에 대해서는 『조선삼림수목감요』(1923), p.125; 『조선삼림식물도설』(1943), p.664; 『조선삼림식물편』(1915~1939) 제11집, p.36 참조.
125 이에 대해서는 고재환(2017), p.200 참조.
126 이러한 견해로 박상진(2019), p.295; 허북구·박석근(2008b), p.207; 김태영·김진석(2018), p.677 참조.

'아왜낭목'과 '아낭거리' 등이 있는 점에 비추어 제주도에서 아왜낭(아웨낭)이라는 이름이 형성된 시기는 오래전으로 추측되고, '아와나무'라는 이름이 발견되지도 않는 점에 비추어 타당성은 의문스럽다. 즉, 일본명이 '아왜나무'의 직접적 어원은 아닌 것으로 보이며, 일본명과 관련이 있다고 하더라도 오래전부터 일본과 교류하는 과정에서 형성된 이름으로 추론된다.[127]

속명 *Viburnum*은 의미 불명의 비브르눔 란타나(*V. lantana*)의 라틴명에서 유래한 것으로 산분꽃나무속을 일컫는다. 종소명 *odoratissimum*은 '최고로 좋은 향기가 나는'이라는 뜻으로 꽃의 향기가 좋은 것에서 유래했다. 변종명 *awabuki*는 이 식물에 대한 과거 일본 추천명 アワブキ(泡吹木)에서 유래했다.

다른이름 아왜나무(정태현 외, 1923), 개아왜나무(한진건 외, 1982), 사철가막살나무(임록재 외, 1996)

옛이름 珊瑚(광재물보, 19세기 초), 珊瑚/火樹(물명고, 1824)[128]

중국/일본명 중국명 日本珊瑚树(ri ben shan hu shu)는 일본에서 자라는 산호수(珊瑚樹: *V. odoratissimum*의 중국명)[129]라는 뜻으로, 붉게 익는 열매를 산호(珊瑚)에 빗댄 것에서 유래했다. 일본명 サンゴジユボク(珊瑚樹木)는 한자명 '珊瑚樹'(산호수)를 음독한 것이다.

참고 [북한명] 사철가막살나무 [유사어] 산호수(珊瑚樹) [지방명] 아왜낭/아웨낭(제주)

Viburnum burejaeticum *Regel et Herder*   クロミガマズミ
San-butĝot-namu   산붓꽃나무

산분꽃나무〈*Viburnum burejaeticum* Regel & Herder(1862)〉

산분꽃나무라는 이름은 깊은 산에서 자라는 분꽃나무라는 뜻에서 유래했다.[130] 강원도 이북의 산지에 자라는 낙엽 활엽 관목이다. 『조선식물향명집』에서는 깊은 산에서 자라고 꽃봉오리가 붓꽃을 닮은 나무라는 뜻의 '산붓꽃나무'를 신칭했다.[131] 『조선삼림식물도설』은 '붓꽃나무'를 강원도

---

127 일본과 제주 방언의 발음이 유사한 것에 대해서는 일본명과 제주어의 관계에 대한 보다 자세한 연구를 통해 추가적인 규명이 필요하다.

128 『선명대화명지부』(1934)는 '아왜나무'를 기록했으며 『조선삼림식물편』(1915~1939)은 'アウエイナム/Awei-nam, アワイナム/Awai-nam(齊州島)'[아웨낭, 아왜낭(제주도)]을 기록했다.

129 자금우과의 국명 '산호수'<*Ardisia pusilla* A.DC.(1834)>와는 다른 종이다.

130 이러한 견해로 이우철(2005), p.311 참조.

131 이에 대해서는 『조선식물향명집』, 색인 p.40 참조.

방언 '분꽃나무'로 변경해 기록했는데, 『조선수목』은 이것을 반영해 '산분꽃나무'로 기록해 현재에 이르고 있다.

속명 *Viburnum*은 의미 불명의 비브르눔 란타나(*V. lantana*)의 라틴명에서 유래한 것으로 산분꽃나무속을 일컫는다. 종소명 *burejaeticum*은 '(아무르강의 지류인) 부레야(Bureya)강 유역의'라는 뜻으로 발견지 또는 주된 분포지를 나타낸다.

다른이름 산붓꽃나무(정태현 외, 1937), 순북꽃나무(박만규, 1949), 순분꽃나무(안학수·이춘녕, 1963)

중국/일본명 중국명 修枝莢蒾(xiu zhi jia mi)는 가지가 잘 다듬어진 협미(莢蒾: 가막살나무의 중국명)라는 뜻이다. 일본명 クロミガマズミ(黒み莢蒾)는 검은빛이 도는 가막살나무(ガマズミ)라는 뜻이다.

참고 [북한명] 산분꽃나무

Viburnum Carlesii *Hemsley* オホチヤウジガマズミ
Buĝot-namu 붓꽃나무

분꽃나무〈*Viburnum carlesii* Hemsl.(1888)〉[132]

분꽃나무라는 이름은 꽃이 긴 통모양으로 분꽃을 닮았고, 꽃이 피었을 때 나는 강한 향이 분 냄새를 연상시킨다는 뜻에서 유래했다.[133] 열매를 식용하기도 한다.[134] 주요 자생지 중의 하나인 강원도의 방언을 채록한 것이다.[135] 『조선삼림수목감요』는 전라남도에서 사용하던 '가막살나무'라는 이름을 확인했으나, '가막살나무'는 *V. dilatatum*을 가리키는 이름으로 사정했으므로 이를 조선명으로 하지는 못했던 것으로 보인다(소위 '異物同名'). 『조선식물향명집』은 꽃봉오리가 붓꽃을 닮은 나무라는 뜻의 '붓꽃나무'로 기록했으나, 『조선삼림식물도설』에서 강원도 방언 '분꽃나무'를 최초로 기록해 현재에 이르고 있다. 『조선삼림식물도설』은 한자명을 분꽃을 닮은 나무라는 뜻의 '粉花木'(분화목)으로 기록해 이름의 유래를 알려주고 있다.

---

132 '국가표준식물목록'(2018)과 이우철(2005), p.340은 한반도 내륙의 석회암 지대에 주로 분포하는 섬분꽃나무<*Viburnum carlesii* var. *bitchiuense* (Makino) Nakai(1914)>를 별도 분류하지 않고 분꽃나무에 통합하고 있지만, 『장진성 식물목록』(2014)과 '중국식물지'(2018)는 이를 별도의 변종으로 분류하고 있으므로 주의가 필요하다. 한편 『조선삼림식물도설』(1943), p.665에 최초로 한글명이 기록된 '섬분꽃나무'의 '섬'은 실제 분포지가 내륙의 석회암 지대로 섬이 포함되어 있지 않고, 『조선삼림식물도설』에 '섬'이라는 명칭이 들어간 조선명에 대한 한자명에 별도로 섬(島)을 나타내는 지명이 명시되지 않았으며, 섬분꽃나무의 특징을 "オホチヤウジガマズミに比し 葉は稍細長, 花は稍小形なり"(분꽃나무에 비해 잎은 약간 가늘고 길며, 꽃은 약간 소형이다)라고 기록하면서 한자명으로 '小粉花木'(소분화목)를 기록한 점을 고려할 때, '섬(島)'의 뜻이 아니라 가늘고(細) 작다(小)는 뜻이 함께 포함된 '섬(纖)'의 뜻으로 추론된다. 한편 변종명 *bitchiuense*는 일본의 옛 지역명인 '빗추(備中)에 분포하는'이라는 뜻으로 섬과 연관된 뜻은 아니다.

133 이러한 견해로 이우철(2005), p.287; 박상진(2019), p.219; 허북구·박석근(2008b), p.16; 오찬진 외(2015), p.1105; 솔뫼(송상곤, 2010), p.586; 나영학(2016), p.719 참조.

134 이에 대해서는 『한국의 민속식물』(2017), p.1056 참조.

135 이에 대해서는 『조선삼림식물도설』(1943), p.665 참조.

속명 *Viburnum*은 의미 불명의 비브르눔 란타나(*V. lantana*)
의 라틴명에서 유래한 것으로 산분꽃나무속을 일컫는다.
종소명 *carlesii*는 영국 식물 채집가 William Richard
Carles(1848~1929)의 이름에서 유래했는데, 그는 1883~1884
년에 인천과 서울에서 식물을 채집한 바 있다.

다른이름 가막살나무(정태현 외, 1923), 붓꽃나무(정태현 외,
1937), 섬분꽃나무(정태현, 1943)[136]

중국/일본명 중국명 紅蕾莢蒾(hong lei jia mi)는 꽃봉오리가 붉은
협미(莢蒾: 가막살나무의 중국명)라는 뜻이다. 일본명 オホチヤ
ウジガマズミ(大丁子莢蒾)는 식물체가 큰 정향나무를 닮은 가
막살나무(ガマズミ)라는 뜻이다.

참고 [북한명] 분꽃나무[137] [유사어] 분화목(粉花木) [지방명] 감벌레/까그배밤나무/까치밥나무(경
기), 붓꽃나무(충남)

Viburnum dilatatum *Thunberg*　ガマズミ
Gamagsal-namu　가막살나무

가막살나무〈*Viburnum dilatatum* Thunb.(1784)〉

가막살나무라는 이름은 나무의 껍질이 검은색을 띠고 사립문(살)을 만드는 데 사용한 것에서 유
래한 것으로 추정한다. 열매를 식용하고 나무를 땔감으로 사용했다.[138] 주요 자생지인 전라남도 방
언을 채록한 것이다.[139] 옛말 '가마오디', '가마괴', '가막조개' 등에서 '가마' 또는 '가막'은 검은색을
뜻하고,[140] 전라남도 방언에서 '살'은 사립(문)을 뜻한다.[141] 한편 열매를 까마귀가 잘 먹는다 해서
'까마귀의 쌀나무'라는 뜻에서 유래했다는 견해가 있으나,[142] 전남 지역을 비롯해 쌀(米)을 '살'로
사용한 예는 발견되지 않아 타당성은 의문스럽다.

속명 *Viburnum*은 의미 불명의 비브르눔 란타나(*V. lantana*)의 라틴명에서 유래한 것으로 산

---

136 『선명대화명지부』(1934)는 '가막살나무'를 기록했다.

137 한편 박상진(2019), p.219는 북한에서는 분꽃나무를 '섬분꽃나무'라고 하고 산분꽃나무를 '분꽃나무'라고 한다고 주장하
고 있다. 그러나 식물명을 기록한 북한의 주요 문헌에는 우리와 사용하는 학명에서 다소 차이는 있지만 국명에는 차이가
없는 것으로 보인다.

138 이에 대해서는 『조선삼림식물도설』(1943), p.667과 『한국의 민속식물』(2017), p.1057 참조.

139 이에 대해서는 『조선삼림식물편』(1915~1939) 제11집, p.93 참조.

140 이러한 견해로 서정범(2000), p.11과 백문식(2014), p.16 참조.

141 이에 대해서는 국립국어원, '우리말샘' 중 '살'과 이기갑 외(1998), p.334 참조.

142 이러한 견해로 박상진(2019), p.14와 솔뫼(송상곤, 2010), p.562 참조.

분꽃나무속을 일컫는다. 종소명 *dilatatum*은 '넓어진, 확대의'라는 뜻이다.

다른이름 털가막살나무(이창복, 1947)

옛이름 探春花(연행일기, 1712), 莢蒾/擊蒾/羿先(본사, 1787), 莢蒾(재물보, 1798), 莢蒾/擊蒾/羿先(광재물보, 19세기 초), 莢迷/擊迷(물명고, 1824), 探春花(몽경당일사, 1885)[143] [144]

중국/일본명 중국명 莢蒾(jia mi)의 정확한 어원은 알려져 있지 않지만 직역하면 열매가 콩꼬투리(莢)를 닮은 蒾(미: 가막살나무 종류를 일컫는 한자로 미혹하다는 뜻의 '迷'에서 파생함)라는 뜻으로, 죽을 끓여 약재로 사용한 것과 관련 있는 이름으로 추정한다.[145] 일본명 ガマズミ(莢蒾)는 정확한 어원이 알려져 있지

않은데, 중국명 莢蒾의 일본어 발음 キョウメイ가 변화한 것이라고도 하고, ズミ(染)는 옛적에 염색 재료로 사용한 것과 관련이 있다거나 신의 열매(神の実, カミノミ)라는 뜻에서 유래했다고도 한다.

참고 [북한명] 가막살나무 [유사어] 협미(莢蒾/莢迷) [지방명] 셍괴낭/얼루레비낭(제주)

Viburnum erosum *Thunb.* var. punctata *Fr. et Sav.* コバノガマズミ
Dôlĝwônĝ-namu 덜꿩나무

덜꿩나무〈*Viburnum erosum* Thunb.(1784)〉

덜꿩나무라는 이름은 들꿩이 좋아하는 열매 또는 열매를 식용하는데 그다지 맛이 있지 않아 들꿩이나 먹을 만하다는 뜻에서 유래한 것으로 추정한다.[146] 어린잎과 가을에 익는 붉은 열매를 식용했다.[147] 『조선식물향명집』에 최초 기록된 이름으로 강원도 방언을 채록한 것이다.[148] 열매가 익

---

143 『몽경당일사』(1885)의 '探春花'(탐춘화)가 현재의 가막살나무를 지칭하는 것인지는 명확하지 않다.
144 『지리산식물조사보고서』(1915)는 'か-まくさるなむ'[가막살나무]를 기록했으며 『조선식물명휘』(1922)는 '莢蒾, 孩兒拳頭, 가막살나무'를, 『토명대조선만식물자휘』(1932)는 '[探春花]탐춘화'를, 『선명대화명지부』(1934)는 '가막살나무'를, 『조선의 산과와산채』(1935)는 '가막살나무'를, 『조선삼림식물편』(1915~1939)은 'カ-マクサルナム(全南)/Kamakusalnam, ススクナム(濟州島)/Sukukunam'[가막살나무(전남), 셍괴낭(제주도)]을 기록했다.
145 중국의 『본초강목』(1596)은 "三蟲下 氣消穀 煮汁和米作粥 飼小兒甚美"(삼충을 없애고 곡식을 소화하는 기운을 돋운다. 삶아 낸 즙에 쌀을 넣고 죽을 쑤어 어린아이에게 먹이면 매우 좋다)라고 기록했다.
146 이러한 견해로 박상진(2019), p.113; 오찬진 외(2015), p.1111; 전정일(2009), p.124; 솔뫼(송상곤, 2010), p.568 참조.
147 이에 대해서는 『조선야야생식용식물』(1942), p.190; 『조선삼림식물도설』(1943), p.667; 『한국의 민속식물』(2017), p.1058 참조.
148 이에 대해서는 『조선삼림식물도설』(1943), p.667 참조.

으면 식용하는데 신맛이 강해서 그다지 맛이 있지는 않다. 한 편 들에 있는 꿩들이 좋아하는 열매를 달고 있다는 뜻의 들꿩나무로 불리다 덜꿩나무가 되었다고도 하지만,[149] 덜꿩나무라는 이름이 채록되었던 즈음인 19세기 말과 20세기 초에는 들 (野)을 '덜'로도 표기했으므로,[150] 들이 '덜'로 변화한 것이 아니라 원래 '덜'이었던 셋으로 이해된다.

속명 Viburnum은 의미 불명의 비브르눔 란타나(V. lantana) 의 라틴명에서 유래한 것으로 산분꽃나무속을 일컫는다. 종소명 erosum은 '고르지 않은 톱니의'라는 뜻으로 잎가장자리 톱니의 모양에서 유래했다.

다른이름 으래나무/물앵도나무(정태현 외, 1942), 긴닢덜꿩나무 (이창복, 1947), 털덜꿩나무/긴잎덜꿩나무(박만규, 1949), 긴잎가막살나무(안학수·이춘녕, 1963), 가새백당나무(한진건 외, 1982)

중국/일본명 중국명 宜昌荚蒾(yi chang jia mi)는 후베이성의 이창(宜昌)에서 나는 협미(荚蒾: 가막살나무의 중국명)라는 뜻이다. 일본명 コバノガマズミ(小葉ノ莢蒾)는 잎이 작은 가막살나무(ガマズミ)라는 뜻이다.

참고 [북한명] 덜꿩나무 [유사어] 선창협미(宜昌荚迷), 소엽탐춘화(小葉探春花) [지방명] 셍괴낭/얼루래비/얼루레비낭/얼우래비낭(제주), 덩꿩나무(충남)

Viburnum furcatum *Blume*　ムシカリ(オホカメノキ)
Bundan-namu　분단나무

분단나무〈*Viburnum furcatum* Blume ex Maxim.(1880)〉

분단나무라는 이름은 하얗게 피는 꽃의 모습이 흰 절편의 원형인 분단(粉團)과 유사한 것에서 유래했다.[151] 5월에 피는 꽃은 흰색으로 가장자리의 무성꽃과 가운데의 양성꽃이 함께 피는 특징이 있다. 『조선식물명휘』에 제주도와 울릉도에서 채록한 한자명 '粉團'(분단)으로 최초 기록되었으며, 『조선식물향명집』에서 '분단나무'로 기록해 현재에 이르고 있다. 粉團(분단)은 떡 종류로 수단(水團) 또는 백단(白團)이라고도 하는데, 단옷날에 만들어 먹었으며 절편의 옛 형태로 이해된다.[152]

149 이러한 견해로 박상진(2019), p.113 참조.
150 이에 대해서는 『한영자전』(1890)과 『삼국지연의』(모종강본, 20세기 초) 등 참조.
151 이러한 견해로 이우철(2005), p.287 참조.
152 『성호사설』(1740)은 "粉團者 一名水團 一名白團 端午時食也"(분단이라는 떡은 수단 또는 백단이라고도 하는데, 단옷날 만들어 먹

속명 *Viburnum*은 의미 불명의 비브르눔 란타나(*V. lantana*)의 라틴명에서 유래한 것으로 산분꽃나무속을 일컫는다. 종소명 *furcatum*은 '가위 모양의'라는 뜻이다.

다른이름 분단(박만규, 1949), 큰넓은잎덜꿩나무(리용재 외, 2011)[153]

중국/일본명 중국명 显脉荚蒾(xian mai jia mi)는 잎의 맥이 두드러지게 나타나는 협미(荚蒾: 가막살나무의 중국명)라는 뜻이다. 일본명 ムシカリ(蟲喰)는 잎이 벌레가 파먹은 것 같은 모양이라는 뜻이다.

참고 [북한명] 분단나무 [유사어] 분단(粉團)

Viburnum koreanum *Nakai* ヒロハガマズミ
Baeam-namu 배암나무

배암나무〈*Viburnum koreanum* Nakai(1921)〉

배암나무라는 이름은 관목으로 자라면서 가지가 잘 휘어져 나무의 모양이 뱀처럼 보이고, 갈라진 잎의 모양이 뱀의 머리를 연상시키는 것에서 유래했다.[154] 잎이 3~4개로 갈라지는 특징이 있다. 주요 자생지 중의 하나인 평안북도 방언을 채록한 것이다.[155] 배암나무라는 이름이 채록될 즈음에 편찬된『조선어사전』은 뱀(蛇)을 '배암'으로 기록했고,『조선산야생약용식물』은 뱀딸기를 '배암쌀기'로, 사상자를 '배암도랏'으로 기록한 점에 비추어, 배암나무의 '배암'도 뱀(蛇)을 뜻하는 것으로 이해된다.『조선삼림수목감요』에서 최초로 '븨암나무'로 기록했고『조선식물향명집』에서 맞춤법의 변화에 따라 '배암나무'로 개칭해 현재에 이르고 있다.

속명 *Viburnum*은 의미 불명의 비브르눔 란타나(*V. lantana*)의 라틴명에서 유래한 것으로 산분꽃나무속을 일컫는다. 종소명 *koreanum*은 '한국의'라는 뜻으로 한국 특산식물임을 나타내지만, 중국 동북부 지역에도 분포하고 있다.

다른이름 븨암나무(정태현 외, 1923)[156]

중국/일본명 중국명 朝鲜荚蒾(chao xian jia mi)는 한반도에 분포하는 협미(荚蒾: 가막살나무의 중국명)

는다)라고 기록했고,『물명고』(1824)는 '分團 슈단 水團'을 기록했다.

153 『조선식물명휘』(1922)는 '粉團'을 기록했다.

154 이러한 견해로 박상진(2019), p.188 참조.

155 이에 대해서는『조선삼림수목감요』(1923), p.125와『조선삼림식물도설』(1943), p.669 참조.

156 『선명대화명지부』(1934)는 '배암나무'를 기록했으며『조선삼림식물편』(1915~1939)은 현재의 백당나무(*V. pubinerve var. calvescens*)에 대해서 'ビヤンナム(平北)'[배암나무(평북)]를 기록했다.

1636

라는 뜻이다. 일본명 ヒロハガマズミ(廣葉莢蒾)는 잎이 넓은 가막살나무(ガマズミ)라는 뜻이다.

참고 [북한명] 배암나무

Viburnum Sargentii *Koehne*　カンボク
Ĝamagwebab-namu　까마귀밥나무(불두화)

백당나무〈*Viburnum opulus* L. var. *calvescens* (Rehder) H.Hara(1956)〉

백당나무라는 이름은 꽃이 하얗게 피는 모양이 마치 흰 엿이나 흰 피륙을 펼쳐놓은 듯하다는 뜻에서 유래한 것으로 추정한다.[157] 5월경에 가장자리에 흰색의 무성꽃과 가운데의 양성꽃이 함께 접시 모양의 편평꽃차례로 핀다. 주요 자생지 중의 하나인 경기도 방언을 채록한 것이다.[158] 옛 문헌에서 흰색의 엿을 의미하는 '빅당'(白糖)을 기록했고,[159] 무명실로 짠 고운 흰색 피륙을 '빅당목'(白唐木) 또는 '빅당'(白唐)이라 했다.[160] 백당의 이러한 뜻과 지방명 '사발꽃나무'가 꽃의 모양과 관련한 이름이라는 점이 유래를 뒷받침한다. 북한에서는 꽃 가장자리에 무성꽃이 배열된 모양이 흰 접시에 음식을 가득 담아둔 것처럼 보인다고 해서 '접시꽃나무'라고 부른다. 한편 하얀 꽃이 작은 단(壇)을 이룬다고 하여 백단(白壇)으로 부르다가 백당나무가 된 것으로 해석하는 견해가 있으나,[161] 한자를 백단(白壇)으로 사용한 예나 백당으로 변화한 것에 대한 자료나 문헌은 발견되지 않는다. 또한 흰색 꽃이 피고 닥나무를 닮았다고 해서 '백닥나무'라고 했는데 그것이 변한 이름이라는 견해가 있으나,[162] 백당나무를 닥나무를 보아야 할 근거는 확인되지 않는다. 흰색 꽃이 피고 불당 앞에 주로 심는 것에서 유래했다는 견해도 있으나,[163] 이 역시 근거는 확인되지 않는 것으로 보인다. 『조선식물향명집』은 방언에서 유래한 것으로 추론되는 '까마귀밥나무'로 기록했으나, 『조선삼림식물도설』에서 '백당나무'로 개칭해 현재에 이르고 있다.

　속명 *Viburnum*은 의미 불명의 비브르눔 란타나(*V. lantana*)의 라틴명에서 유래한 것으로 산분꽃나무속을 일컫는다. 종소명 *opulus*는 단풍나무 종류의 관목에 대한 라틴명에서 유래한 것으로 알려져 있으며, 변종명 *calvescens*는 '털이 없는, 꾸밈없는'이라는 뜻이다.

다른이름 불두화(정태현 외, 1923), 까마귀밥나무(정태현 외, 1937), 청백당나무(정태현, 1943), 민백당나

---

157 이러한 견해로 유기억(2018), p.131 참조. 다만 유기억은 실제로 벌과 나비가 많이 찾아드는 것에 비추어 당분이 많은 나무라는 뜻으로 보고 있다.

158 이에 대해서는 『조선삼림식물도설』(1943), p.671 참조.

159 이에 대해서는 『부인필지』(1908); 『화음계몽언해』(1883); 『조선어사전』(1917) 참조.

160 이에 대해서는 『정미가례시일기』(1847)와 『장기』(1910~1916) 참조.

161 이러한 견해로 박상진(2019), p.189 참조.

162 이러한 견해로 강판권(2015), p.1107 참조.

163 이러한 견해로 솔뫼(송상곤, 2010), p.580 참조.

무(이창복, 1947), 개불두화(박만규, 1949), 접시꽃나무(김현삼 외, 1988), 참접시꽃나무(리용재 외, 2011)

옛이름 불두화/繡毬花(물보, 1802)[164] [165]

중국/일본명 중국명 鸡树条(ji shu tiao)는 직역하면 닭 나무의 가지라는 뜻으로, 갈라지는 잎의 모양이 닭의 발을 닮았다고 본 것으로 추정한다. 일본명 カンボク(肝木)는 약재에 사용할 때 간(肝)에 도움이 되는 나무라는 뜻이다.

참고 [북한명] 접시꽃나무/참접시꽃나무[166] [유사어] 계수조(鷄樹條), 목수국(木水菊), 불두화(佛頭花) [지방명] 불도화/사발꽃/사발꽃나무(경기), 법동화(충남)

Viburnum Wrightii *Miquel* ミヤマガマズミ
San-gamagsal-namu 산가막살나무

산가막살나무 〈*Viburnum wrightii* Miq.(1866)〉

산가막살나무라는 이름은 깊은 산에서 자라는 가막살나무라는 뜻에서 붙여졌다.[167] 전국의 높은 산지에 드물게 자란다. 『조선식물향명집』에서 방언에서 유래한 '가막살나무'를 기본으로 하고 식물의 산지(産地)를 나타내는 '산'을 추가해 신칭했다.[168]

　속명 *Viburnum*은 의미 불명의 비브르눔 란타나(*V. lantana*)의 라틴명에서 유래한 것으로 산분꽃나무속을 일컫는다. 종소명 *wrightii*는 영국 식물학자 C. H. Wright(1864~1941)의 이름에서 유래했다.

다른이름 묏가막살나무(박만규, 1949), 무점가막살나무(이창복, 1966)

중국/일본명 중국명 浙皖荚蒾(zhe wan jia mi)는 제완(浙皖) 지역에 분포하는 협미(荚蒾: 가막살나무의 중국명)라는 뜻이다. 일본명 ミヤマガマズミ(深山荚蒾)는 깊은 산에서 자라는 가막살나무(ガマズミ)라는 뜻이다.

참고 [북한명] 산가막살나무 [유사어] 협미(荚蒾)

---

164 『물보』(1802)에 기록된 '불두화'는 한자로 '繡毬花'(수구화)라고 하고 있으므로 현재의 수국(*Hydrangea macrophylla*) 또는 그와 유사한 종류를 일컫는 것으로 보인다.

165 『지리산식물조사보고서』(1915)는 '뿌르뜨うはぁ'[불두화]를 기록했으며 『조선식물명휘』(1922)는 '佛頭花, 풀두화(觀賞)'를, 『선명대화명지부』(1934)는 '불두화, 풀두화'를, 『조선삼림식물편』(1915~1939)은 'バイアムナム(平北)/Paiam-nam, ピヤンナム(平北)/Piyang-nam, モロチョムナム(平北, 京畿)/Morochom-nam, チュルンナム(平北)/Churunku'[배암나무(평북), 배양나무(평북), 말오좀나무(평북, 경기), 지렁쿠나무(평북)]를 기록했다.

166 북한에서는 *V. sargentii*를 '접시꽃나무'로, *V. opulus*를 '참접시꽃나무'로 하여 별도 분류하고 있다. 이에 대해서는 리용재 외(2011), p.372 참조.

167 이러한 견해로 이우철(2005), p.302와 오찬진 외(2015), p.1108 참조.

168 이에 대해서는 『조선식물향명집』, 색인 p.39 참조.

Adoxaceae 연복초科 (連輻草科)

연복초과 〈Adoxaceae E.Mey.(1839)〉

연복초과는 국내에 자생하는 연복초에서 유래한 과명이다. '국가표준식물목록'(2018), '세계식물목록'(2018) 및 『장진성 식물목록』(2014)은 Adoxa(연복초속)에서 유래한 Adoxaceae를 과명으로 기재하고 있으며, 엥글러(Engler)와 크론키스트(Cronquist) 분류 체계도 이와 같다. 한편 APG IV(2016) 분류 체계는 Viburnaceae(산분꽃나무과)를 연복초과(Adoxaceae)에 포함시켜 분류한다.

Adoxa Moschatellina *Linné*   レンプクサウ   連輻草

Yònbogcho   연복초

연복초 〈Adoxa moschatellina L.(1753)〉

연복초라는 이름은 바큇살(또는 바퀴)이 이어져 있는 풀이라는 뜻으로, 줄기에 5개의 꽃이 바큇살처럼 이어져 피는 모습에서 유래했다. 꽃이 5개 내외가 줄기 끝에 둥글게 모여 달리는 특징이 있다. 『조선식물명휘』는 한자로 '連輻草'(연복초)를 기록했고, 『조선식물향명집』의 한자 표기도 이와 같다. 즉, 연복초에서 '복'의 한자는 '福'(복)이 아니라 바큇살을 의미하는 '輻'(복)이다. 5개의 복스러운 꽃이 피어 있다는 뜻을 지닌 중국명 五福花(오복화)와 통하는 이름으로, 우리 옛 문헌에도 五福花(오복화)라는 표현이 보인다. 한편 연복초를 連福草(연복초)로 보아, 복수초 근처에서 자라던 것이 복수초를 채집할 때 함께 채집되었다고 하여 붙여진 이름으로 보는 견해가 있다.[1] 연

복초의 '복'을 복수초로 본 것으로, 일본 식물분류학자 마키노 도미타로(牧野富太郎, 1862~1957)의 해석에서 기인한 것으로 이해된다. 그러나 실제로 복수초와 연복초는 개화 시기가 다를 뿐만 아니라 서식처가 반드시 같지도 않아 이러한 해석의 타당성은 의문스럽다.

속명 Adoxa는 그리스어 a(결여, 부정의 접두사)와 doxa(찬란한 아름다움, 장관, 명성)의 합성어로, 꽃이 화려하지 않음을 나타내며 연복초속을 일컫는다. 종소명 moschatellina는 '사향 같은 향기가 나는'이라는 뜻이다.

다른이름 련복초(리종오, 1964), 솔걸이풀(리용재 외, 2011)

---

1   이러한 견해로 이우철(2005), p.400과 '국가생물종지식정보시스템' 중 '연복초' 부분 참조.

옛이름 五福花(순재고, 19세기)[2]

중국/일본명 중국명 五福花(wu fu hua)는 5개의 '福(복)'이 있는 꽃이라는 뜻으로 줄기 끝에 5개의 꽃이 달리는 것을 형상화한 이름으로 추정한다. 일본명 レンプクサウ(連福草)는 한자명 '連福草'(연복초)를 음독한 것으로, 마키노 도미타로는 '福'(복)을 フクジュソウ(福壽草)로 보고 땅속줄기로 번식하는 모습이 복수초에 긴 줄이 이어져 온 것으로 보인다는 뜻에서 유래한 이름으로 해석했다.[3]

참고 [북한명] 련복초 [유사어] 연복초(連福草/連幅草)

---

2   『조선식물명휘』(1922)는 '連幅草'를 기록했다.
3   이에 대한 자세한 내용은 牧野富太郎(1940), p.97 참조.

Valerianaceae 마타리科 (敗醬科)

마타리과〈**Valerianaceae** Batsch(1802)〉

마타리과는 국내에 자생하는 마타리에서 유래한 과명이다. '국가표준식물목록'(2018), '세계식물목록'(2018) 및 『장진성 식물목록』(2014)은 *Valeriana*(쥐오줌풀속)에서 유래한 Valerianaceae를 과명으로 기재하고 있으며, 엥글러(Engler)와 크론키스트(Cronquist) 분류 체계도 이와 같다. 한편 '세계식물목록(2018)과 APG IV(2016) 분류 체계는 Valerianaceae(마타리과)를 Caprifoliaceae(인동과)에 포함시켜 분류한다.

Patrinia rupestris *Jussieu*   イハヲミナヘシ
Dol-matari 돌마타리

돌마타리〈*Patrinia rupestris* (Pall.) Juss.(1807)〉

돌마타리라는 이름은 돌 틈에서 자라는 마타리라는 뜻에서 붙여졌다.[1] 산지 돌 틈에서 주로 자란다. 『조선식물향명집』에서 전통 명칭 '마타리'를 기본으로 하고 식물의 산지(産地)와 학명에 착안한 '돌'을 추가해 신칭했다.[2]

속명 *Patrinia*는 프랑스 자연사학자이자 광물학자인 Eugène Louis Melchior Patrin(1742~1815)의 이름에서 유래한 것으로 마타리속을 일컫는다. 종소명 *rupestris*는 '바위 위에서 자라는'이라는 뜻이다.

다른이름 들마타리(이영노, 1996)

중국/일본명 중국명 岩敗醬(yan bai jiang)은 바위에서 자라는 패장(敗醬: 마타리 또는 마타리속의 중국명)이라는 뜻으로 학명과 같은 의미이다. 일본명 イハヲミナヘシ(岩女郎花)는 바위에서 자라는 마타리(ヲミナヘシ)라는 뜻이다.

참고 [북한명] 돌마타리 [유사어] 암패장(岩敗醬)

---

1 이러한 견해로 이우철(2005), p.182 참조.
2 이에 대해서는 『조선식물향명집』, 색인 p.35 참조.

○ Patrinia saniculaefolia *Hemsley*   カラキンレイクワ

Kúm-matari   금마타리

금마타리〈*Patrinia saniculifolia* Hemsl.(1888)〉

금마타리라는 이름은 꽃이 보다 짙은 노랑색으로 피는 마타
리라는 뜻에서 붙여졌다.[3] 꽃이 크고 6~7월에 짙은 노란색으
로 핀다. 『조선식물향명집』에서 전통 명칭 '마타리'를 기본으
로 하고 꽃의 색깔을 나타내는 '금'을 추가해 신칭했다.[4]

속명 *Patrinia*는 프랑스 자연사학자이자 광물학자인 Eugène
Louis Melchior Patrin(1742~1815)의 이름에서 유래한 것으
로 마타리속을 일컫는다. 종소명 *saniculifolia*는 'Sanicula
(참반디속)와 잎이 비슷한'이라는 뜻이다.

다른이름 향마타리(박만규, 1949)[5]

중국/일본명 중국에는 분포하지 않는 식물이다. 일본명 カラキン
レイクワ(空金鈴花)는 일본에 분포하는 마타리 종류인 キンレ
イクワ(金鈴花)를 닮았다는 뜻이다.

참고 [북한명] 금마타리 [유사어] 패장(敗醬) [지방명] 마타리/지화채(강원)

Patrinia scabiosaefolia *Fischer*   ヲミナヘシ   敗醬

Matari   마타리

마타리〈*Patrinia scabiosifolia* Fisch. ex Trevir.(1820)〉

마타리라는 이름은 '맛탈' 또는 '맛타리'에서 비롯했으며 '맛'(味)과 '타리'(갈기)의 합성어로, 맛이
있어 먹을 만하고 갈기를 닮은 식물이라는 뜻에서 유래한 것으로 추정한다. 잎이 깃모양으로 깊게
갈라진다. 생약명으로 敗醬(패장)이라 하며 땅속줄기를 약용했다.[6] 마타리 및 그와 유사한 한글명
은 일제강점기에 식용식물이나 구황식물을 기록한 문헌에서 발견된다. 『조선식물명휘』는 '맛타리'

---

3 이러한 견해로 이우철(2005), p.98 참조.

4 이에 대해서는 『조선식물향명집』, 색인 p.33 참조.

5 『조선식물명휘』(1922)는 '믹타리'(觀賞)를 기록했으며 『선명대화명지부』(1934)는 '맥타리'를 기록했다.

6 『동의보감』(1613)은 "八月採根 暴乾"(음력 8월에 뿌리를 캐어 햇볕에 말린다)이라고 기록했다. 그러나 『조선산야생약용식물』
   (1936), p.251은 敗醬(패장)에 대해서 중국과 일본에서는 약재로 사용하지만 조선에서는 미이용 야생 약용식물로 기록했
   고, 다른 한의학서에도 널리 등장하지는 않는 점에 비추어 약재로 사용했다고 하더라도 널리 이용하지는 않았던 것으로
   보인다.

로, 『조선구전민요집』은 '마타리'로 기록했는데 『조선식물향
명집』에서 '마타리'로 기록해 현재에 이르고 있다. 『조선산야
생식용식물』은 어린잎을 식용한 것으로 기록하면서 '맛타리'
라는 이름이 금강산 지역의 방언임을 기록했다. 짐승의 목덜
미에 난 긴 털을 뜻하는 갈기를 평북 지역에서는 '타리'라 하
고,[7] 드물지 않게 식용한 것에 비주어 '맛타리'는 맛이 있어 먹
을 만한 갈기로 해석할 수 있다. 1937년에 저술된 『조선산 식
물의 조선명고』는 버들분취의 방언으로 '맛탈'을 기록했는
데,[8] 버들분취도 '취'의 일종으로 식용하고 어린잎이 깊게 갈라
지므로 마타리라는 이름의 유래를 위와 같이 추정하는 것을
뒷받침한다. 당시 다른이름으로 기록된 '가양취'와 '가얌취'는
국화과의 개미취에 대한 방언형으로,[9] 땅속줄기를 약용한 데서 이름의 혼용이 있었던 것으로 보
인다. 또 다른이름으로 기록된 '미역취(믹취)'는 국화과의 미역취와 동일하게 어린잎을 식용하면서
미역 맛이 나는 데서 혼용이 있었던 것으로 추론된다. 한편 마타리라는 이름의 유래를 한자명 敗
醬(패장)에서 찾는 견해가 있으나,[10] 그 뜻과 어형(語形)이 전혀 다르다. 또한 '믹타리'라는 이름이 기
록되었다는 것을 근거로 '막'과 '타리'의 합성어로 거친 먹거리라는 뜻에서 유래한 이름으로 보는
견해가 있으나,[11] 『조선식물명휘』는 마타리의 조선명으로 '믹타리'를 기록하지 않았으므로 타당성
은 의문스럽다.[12]

　속명 Patrinia는 프랑스 자연사학자이자 광물학자인 Eugène Louis Melchior Patrin(1742~
1815)의 이름에서 유래한 것으로 마타리속을 일컫는다. 종소명 scabiosifolia는 'Scabiosa(솔체꽃
속)와 잎이 비슷한'이라는 뜻으로 잎의 모양 때문에 붙여졌다.

7　이에 대해서는 고려대학교민족문화연구원, '고려대 한국어대사전' 중 '타리' 참조.

8　이에 대해서는 이덕봉(1937), p.13 참조.

9　이에 대해서는 『한국의 민속식물』(2017), p.1123, 1065 참조. 한편 『고어대사전 1』(2016), p.150은 '가얌이'를 개미의 옛말
　로 기록했다.

10　이러한 견해로 이우철(2005), p.210 참조.

11　이러한 견해로 김종원(2013), p.778 참조.

12　김종원(2013), p.778ннн 모리 다메조(森爲三)가 기록한 『조선식물명휘』(1922)와 『한조식물명칭사전』(1982)에 '믹타리'라는
　이름이 기록되었다는 것을 중요한 논거로 들고 있다. 그러나 『조선식물명휘』, p.333에 기록된 이름은 '믹취'이며 『한조식
　물명칭사전』, p.295에도 '미역취'라는 이름이 있을 뿐 그가 주장하는 '믹타리'는 기록되지 않았다. 다만 『조선식물명휘』,
　p.332는 '믹타리'를 기록했지만 현재의 금마타리(P. saniculifolia)를 지칭하는 이름이고, 미역취를 '믹취'라고 한 것에 비
　추어 '믹'은 미역을 뜻하는 말로 추론된다. 한편 김종원(2016), p.381은 기존의 주장을 되풀이하면서 총각무를 뜻하는 알
　타리무와 대비하여 조선 시대 양반들도 몰랐던 험한 겨울을 나는 백성들의 밥반찬으로서 '거친 알타리'라는 뜻이 있다
　는 주장을 덧붙이고 있다. 그러나 마타리를 식용식물로 사용한 부위는 어린잎과 줄기이고 뿌리를 주로 사용하는 총각무
　와 차이가 있다. 또한 나물(취)로 널리 식용했다면 양반은 몰랐던 문화로 단정할 수 있는지도 의문스러우며, 마타리의 뿌
　리는 총각무처럼 굵어지는 것은 아니므로 이 점에서도 신뢰하기 어려운 주장이다.

다른이름 개미취/맛타리(정태현, 1942), 가양취/미역취(정태현 외, 1949), 가얌취(정태현, 1956)

옛이름 敗醬(향약집성방, 1433), 敗醬(동의보감, 1613), 敗漿/苦菜(광재물보, 19세기 초), 敗醬/鹿腸/苦菜(물명고, 1824), 敗醬(여유당전서, 19세기 초), 敗醬(의휘, 1871), 敗醬/苦菜(수세비결, 1929), 敗醬(선한약물학, 1931), 마타리/맛타리나물(조선구전민요집, 1933)[13]

중국/일본명 중국명 敗醬(bai jiang)은 땅속줄기를 약재로 사용하는데 땅속줄기에서 오래 묵어 쉰 된장 냄새가 난다는 뜻이다.[14] 일본명 ヲミナヘシ(女郎花)는 뚝갈을 ヲトコヘシ(男郎花)라고 하여 남성적인 꽃으로 본 것에 대비해 마타리를 여성적인 꽃으로 본 것에서 유래했다.

참고 [북한명] 마타리 [유사어] 고채(苦菜), 마초(馬草), 여랑화(女郎花), 패장(敗醬) [지방명] 개미추/갬추/갬추밥(강원), 가얌추/가얌취/개감초/개감추/개감취/개미취/개암취/대감취/메타리(경기), 개암초/깨암초/깸초(경남), 개뚝갈/개미초/개암추/갬추/깨뚝갈/산뚝갈(경북), 굼각초/굼랑초(제주), 개금취/개미취/개미치/개암취(충남), 개미취(충북)

Patrinia villosa *Jussieu*　ヲトコヘシ
Ôuggal　뚜깔

뚝갈〈*Patrinia villosa* (Thunb.) Juss.(1807)〉

뚝갈이라는 이름은 맛이 그다지 좋지 않거나 생긴 모습이 뚝뚝하다는 뜻에서 유래한 것으로 추정한다.[15] 어린잎을 식용하고 땅속줄기를 약용했다.[16] 경기도와 강원도의 방언을 채록한 것이다.[17] '뚝'은 뚝뚝하다(바탕이 거세고 단단하다)는 뜻이고, '갈'(또는 '깔')은 상태 또는 바탕의 성질을 나타낸다. 16세기 초에 저술된 『사성통해』는 어저귀를 '뚝삼'(뚝삼)이라고 한다고 기록했고, 일제강점기에 저술된 『조선삼림식물도설』은 만병초를 함경남도에서는 '뚝갈나무'로 부른다고 기록했다. '뚝삼'은 쓰임새가 삼(麻)에 비해 덜하다는 뜻에서, '뚝갈나무'는 형태가 뚝뚝한 모습이라는 뜻에서 유래한 것이므로 뚝갈에 대한 위와 같은 해석을 뒷받침한다. 한편 한자명 煙脂麻(연지마)와 敗醬(패장)에서 유래를 찾는 견해가 있으나,[18] 뚝갈은 우리말 이름이어서 연관 관계를 찾기 어렵다. 또

---

13 『제주도및완도식물조사보고서』(1914)는 'クンガックチョ-'[굼각초]를 기록했으며 『조선의 구황식물』(1919)은 '가얌취'를, 『조선어사전』(1920)은 '敗醬(패장)'을, 『조선식물명휘』(1922)는 '敗醬(女郎花), 맛타리, 가얌취, 딕취(救)'를, Crane(1931)은 '맛타리'를, 『토명대조선만식물자휘』(1932)는 '[敗醬(草)]패장(초)'를, 『선명대화명지부』(1934)는 '가얌취, 맛타리, 맥취, 댁달(탈)취'를, 『조선의산과와산채』(1935)는 '女郎花, 개미취'를 기록했다.

14 중국의 『신농본초경집주』(6세기 초)는 "根作陳敗豆醬氣 故以爲名"(뿌리는 오래 묵어 쉰 된장 냄새가 나기 때문에 패장이라 한다)이라고 기록했다.

15 이러한 견해로 김병기(2013), p.431 참조.

16 이에 대해서는 『조선산야생식용식물』(1942), p.191과 『한국의 민속식물』(2017), p.1066 참조.

17 이에 대해서는 『조선산야생식용식물』(1942), p.191 참조.

18 이러한 견해로 이우철(2005), p.205 참조.

한 어린잎이 마타리보다 투박하여 부드러운 맛이 없다는 뜻의 뚝뚝하다의 '뚝'과 알타리무의 '알'이 합성된 것에서 유래한 이름으로 추정하는 견해가 있으나,[19] 땅속줄기가 알타리무처럼 굵어지지는 않으므로 타당성은 의문스럽다. 『조선식물향명집』은 방언에서 유래한 '뚜깔'로 기록했으나, 『조선산야생식용식물』에서 '뚝갈'로 개칭해 현재에 이르고 있다.

속명 *Patrinia*는 프랑스 자연사학자이자 광물학자인 Eugène Louis Melchior Patrin(1742~1815)의 이름에서 유래한 것으로 마타리속을 일컫는다. 종소명 *villosa*는 '부드러운 털이 있는'이라는 뜻으로 잎과 줄기 등에 부드러운 털이 있는 것에서 유래했다.

다른이름 뚜깔(정태현 외, 1937), 부덕갬취(정태현 외, 1942), 뚝깔(정태현 외, 1949), 흰미역취(안학수·이춘녕, 1963)

옛이름 敗醬(동의보감, 1613), 敗醬(여유당전서, 19세기 초), 敗醬(물명고, 1824), 쑥욱갈(조선구전민요집, 1933)[20]

중국/일본명 중국명 攀倒甑(pan dao zeng)은 중국 후난성(湖南省) 방언 반도준(攀刀峻)에서 유래한 것이라 하나 정확한 의미는 불명이다. 일본명 ヲトコヘシ(男郎花)는 마타리를 ヲミナヘシ(女郎花)라고 하여 여성적인 꽃으로 본 것에 대비해 뚝갈을 남성적인 꽃으로 본 것에서 유래했다.

참고 [북한명] 뚝갈 [유사어] 백화패장(白花敗醬), 연지마(煙脂麻), 황굴화(黃屈花) [지방명] 개미취/갬치/등걸취/뚜까리/뚜깔/뚝가리/뚝갈나물/뚝갈이/뚝까리/뚝깔/뛰깔이/띠까리(강원), 둑갈/뒤깔나물/디갈/때깔/떡갈/뚝굴/뚝깔/뚝깔나물/띠깔(경기), 깨미치/딱주/뚝갈나물/뚝깔(경남), 개미치/갬추/깨뚜까리/깨뚝갈/뚜까리/뚜까리나물/뚝가리/뚝갈나물/뚝갈초/뚝까리/부엌딱취/아구디/참뚝갈/취띠(경북), 된장뚝갈/뚝가/뚝갈잎/써래빨/참뚝갈(전남), 개암취/때갈/때깔/띠갈/띠껄/띠껄나물(충남), 개감추/개암추/뚝가리(충북)

Valeriana officinale *Linné*   カノコサウ(ハルヲミナヘシ)   吉草
Jweojum-pul   쥐오줌풀(길초)

쥐오줌풀〈*Valeriana fauriei* Briq.(1914)〉

쥐오줌풀이라는 이름은 뿌리에서 나는 악취가 쥐 오줌 냄새와 비슷하다는 뜻에서 유래했다.[21] 어

---

19 이러한 견해로 김종원(2013), p.780 참조.

20 『조선의 구황식물』(1919)은 '쏫갈(水原, 龍仁), 듬골나물, 마타리, 마라리(平壤), 등골나물(全北), 男郎花'를 기록했으며 『조선어사전』(1920)은 '敗醬(패쟝)'을, 『조선식물명휘』(1922)는 '男郎花, 煙脂麻, 簡, 씩갈, 뚝쌀, 마타리(救)'를, 『선명대화명지부』(1934)는 '쑥깔, 씩갈, 씩쟐듬을나물, 듬골나물, 마타리'를, 『조선의산과와산채』(1935)는 '男郎花, 敗醬, 마타리'를 기록했다.

21 이러한 견해로 이우철(2005), p.489; 허북구·박석근(2008a), p.185; 권순경(2018.2.7.); 김종원(2016), p.282 참조. 다만 김종원은 일본명의 鹿子草(녹자초)를 사슴 새끼의 냄새가 나는 풀이라고 해석하면서 이것이 실마리가 되어 생겨난 이름이라고

린잎을 식용하고 뿌리와 전초를 약용했다.[22] 1936년 『동아일보』에서 '쥐오줌풀'로 그 이름이 처음 발견되며, 방언을 채록한 것으로 추론된다. 『조선산야생약용식물』과 『조선산야생식용식물』은 한글명으로 '찍귀사리(떡귀사리)'를 기록했는데, 귀사리는 도깨비바늘의 방언이므로 찍귀사리는 식용하는 잎이 도깨비바늘을 닮았다는 뜻에서 유래한 이름으로 보인다.

속명 *Valeriana*는 로마 시대 Valeria(로마 시대 Pannonia 지방의 일부) 지역의 식물명 또는 로마 황제 Publius Aurelius Licinius Valerianus(재위기간: 253~260)의 이름에서 유래했다고 알려져 있으며 쥐오줌풀속을 일컫는다. 종소명 *fauriei*는 프랑스 식물학자 Urbain Jean Faurie (1847~1915)의 이름에서 유래했다.

다른이름 찍귀사리(정태현 외, 1936), 길초/가는쥐오줌(정태현 외, 1937), 떡귀사리(정태현 외, 1942), 쥐오즘풀(박만규, 1949), 줄댕가리(정태현 외, 1949), 은댕가리(정태현, 1956), 중댕가리(도봉섭 외, 1957), 은대가리(안학수·이춘녕, 1963), 바구니나물(김현삼 외, 1988)

옛이름 纈草根(선한약물학, 1931), 吉草/쥐오줌풀(동아일보, 1936)[23]

중국/일본명 중국명 纈草(xie cao)는 염색(纈)의 재료로 사용하는 식물이라는 뜻이다. 일본명 カノコサウ(鹿の子草)는 분홍의 꽃 색이 고르지 않고 얼룩덜룩한 것이 사슴 새끼의 몸에 있는 무늬를 연상시킨다는 뜻이다.

참고 [북한명] 바구니나물 [유사어] 길초(吉草), 발지마(拔地麻), 향초(香草), 힐초(纈草) [지방명] 꽃나물/둥댕가리/중대가리/중댕가리/중댕거리/중동가리(강원), 단나물/중단가리(경기), 꽃나물/삼베나물/중댕가리(경북), 콱향(제주), 마타리/승두초/중대가리/중댕가리(충북)

Valeriana officinale *L.* var. angustifolia *Ruprecht* ホソバカノコサウ
Ganŭn-jweojum   가는쥐오줌

쥐오줌풀〈*Valeriana fauriei* Briq.(1914)〉

이우철(2005)은 가는쥐오줌을 쥐오줌풀에 통합하고 '국가표준식물목록'(2018)과 『장진성 식물목록』(2014)은 이를 별도 분류하지 않으므로 이 책도 이에 따른다.

주장하고 있으나, 일본명의 뜻이 그렇지도 않거니와 그런 뜻이라고 가정하더라도 사슴 새끼의 냄새가 나는 풀과 쥐 오줌 냄새가 나는 풀이라는 이름이 어떻게 잇닿아 있고 실마리가 되었는지는 의문스럽다.

22 이에 대해서는 『조선산야생약용식물』(1936), p.216과 『조선산야생식용식물』(1942), p.192 참조.

23 『제주도및완도식물조사보고서』(1914)는 'クヮックヒョン'[콱향]을 기록했으며 『조선식물명휘』(1922)는 '拔地麻(藥)'를 기록했다.

○ Valeriana officinale *L.* var. incisa *Nakai*　ケカノコサウ
Tŏl-jweojum　털쥐오줌

설령쥐오줌풀〈*Valeriana amurensis* P.A.Smirn. ex Kom.(1932)〉

설령쥐오줌풀이라는 이름은 함경북도 설령(雪嶺) 부근에서 자라는 쥐오줌풀이라는 뜻에서 유래했다.[24] 평안북노 이북의 습한 풀밭에서 자라고 위쪽 줄기, 꽃차례 및 포에 샘털이 있는 특징 때문에 별도 분류되고 있다. 『조선식물향명집』에서는 '쥐오줌'(풀)을 기본으로 하고 식물의 형태적 특징을 나타내는 '털'을 추가해 '털쥐오줌'을 신칭했으나,[25] 『우리나라 식물자원』에서 '설령쥐오줌풀'로 개칭해 현재에 이르고 있다.

속명 *Valeriana*는 로마 시대 Valeria(로마 시대 Pannonia 지방의 일부) 지역의 식물명 또는 로마 황제 Publius Aurelius Licinius Valerianus(재위기간: 253~260)의 이름에서 유래했다고 알려져 있으며 쥐오줌풀속을 일컫는다. 종소명 *amurensis*는 '아무르강 유역에 분포하는'이라는 뜻으로 발견지 또는 분포지를 나타낸다.

다른이름　털쥐오줌(정태현 외, 1937), 털바구니나물(임록재 외, 1996)

중국/일본명　중국명 黑水纈草(hei shui xie cao)는 아무르강(黑龍江) 유역에 분포하는 힐초(纈草: 쥐오줌풀의 중국명)라는 뜻으로 학명과 같은 의미이다. 일본명 ケカノコサウ(毛鹿の子草)는 털이 있는 쥐오줌풀(カノコサウ)이라는 뜻이다.

참고　[북한명] 털바구니나물

○ Valeriana officinale *L.* var. integra *Nakai*　ナガバカノコサウ
Ginip-jweojum　긴잎쥐오줌

긴잎쥐오줌풀〈*Valeriana dageletiana* var. *integra* (Nakai) Nakai ex F.Maek.(1933)〉[26]

긴잎쥐오줌풀이라는 이름은 (넓은잎)쥐오줌풀을 닮았는데 잎이 상대적으로 길다는 뜻에서 유래했다. 『조선식물향명집』에서는 '쥐오줌'(풀)을 기본으로 하고 식물의 형태적 특징을 나타내는 '긴잎'을 추가해 '긴잎쥐오줌'을 신칭했으나,[27] 『한국쌍자엽식물지』에서 '긴잎쥐오줌풀'로 개칭해 현재에 이르고 있다.

24　이러한 견해로 이우철(2005), p.335 참조.

25　이에 대해서는 『조선식물향명집』, 색인 p.48 참조.

26　'국가표준식물목록'(2018)은 긴잎쥐오줌풀을 넓은잎쥐오줌풀의 변종으로 별도 분류하고 있으나, 이우철(2005), 『장진성 식물목록』(2014) 및 '세계식물목록'(2018)은 넓은잎쥐오줌풀에 통합하고 별도 분류하지 않으므로 주의가 필요하다.

27　이에 대해서는 『조선식물향명집』, 색인 p.33 참조.

속명 *Valeriana*는 로마 시대 Valeria(로마 시대 Pannonia 지방의 일부) 지역의 식물명 또는 로마 황제 Publius Aurelius Licinius Valerianus(재위기간: 253~260)의 이름에서 유래했다고 알려져 있으며 쥐오줌풀속을 일컫는다. 종소명 *dageletiana*는 프랑스 자연과학자 Joseph Lepaute Dagelet(1751~1788)의 이름에서 유래했으며, 변종명 *integra*는 '천연의, 완전한'이라는 뜻이다.

다른이름 긴잎쥐오줌(정태현 외, 1937)

중국/일본명 '중국식물지'는 이를 별도 분류하지 않고 있다. 일본명 ナガバカノコサウ(長葉鹿の子草)는 긴 잎을 가진 쥐오줌풀(カノコサウ)이라는 뜻이다.

참고 [북한명] 없음[28]

Valeriana officinale *L.* var. latifolia *Miquel*   ヒロハカノコサウ
Nolbunip-jweojum   넓은잎쥐오줌

넓은잎쥐오줌풀〈*Valeriana sambucifolia* J.C.Mikan ex Pohl(1809)〉[29]
넓은잎쥐오줌풀이라는 이름은 잎이 넓은 모양인 쥐오줌풀이라는 뜻에서 유래했다.[30] 울릉도와 북부 지방 숲속에서 자라고 뿌리와 전초를 약용한다.[31] 『조선식물향명집』에서는 '쥐오줌'(풀)을 기본으로 하고 식물의 형태적 특징과 학명에 착안한 '넓은잎'을 추가해 '넓은잎쥐오줌'을 신칭했으나,[32] 『한국식물명감』에서 '넓은잎쥐오줌풀'로 개칭해 현재에 이르고 있다.

속명 *Valeriana*는 로마 시대 Valeria(로마 시대 Pannonia 지방의 일부) 지역의 식물명 또는 로마 황제 Publius Aurelius Licinius Valerianus(재위기간: 253~260)의 이름에서 유래했다고 알려져 있으며 쥐오줌풀속을 일컫는다. 종소명 *sambucifolia*는 *Sambucus*(딱총나무속)와 잎이 유사하다는 뜻이며, 옛 변종명 *latifolia*는 '넓은 잎의'라는 뜻이다.

다른이름 넓은잎쥐오줌(정태현 외, 1937), 섬오줌풀(박만규, 1949), 긴잎쥐오줌풀(박만규, 1974), 섬쥐오줌풀(안학수 외, 1982), 넓은잎바구니나물(김현삼 외, 1988), 섬바구니나물(임록재 외, 1996)

중국/일본명 '중국식물지'는 이를 별도 분류하지 않고 있다. 일본명 ヒロハカノコサウ(廣葉鹿の子草)는 넓은 잎을 가진 쥐오줌풀(カノコサウ)이라는 뜻이다.

참고 [북한명] 섬바구니나물 [유사어] 힐초(纈草)

---

28 북한에서는 이를 별도 분류하지 않고 있다. 이에 대해서는 리용재 외(2011), p.368 참조.
29 '국가표준식물목록'(2018)은 넓은잎쥐오줌풀의 학명을 *Valeriana dageletiana* Nakai ex F.Maek.(1933)로 기재하고 있으나, 『장진성 식물목록』(2014)은 이 학명을 이명(synonym)으로 처리하고 본문의 학명을 정명으로 기재하고 있다.
30 이러한 견해로 이우철(2005), p.143 참조.
31 이에 대해서는 『한국식물도감(하권 초본부)』(1956), p.628 참조.
32 이에 대해서는 『조선식물향명집』, 색인 p.34 참조.

Dipsaceae 산나복科 (山蘿蔔科)

산토끼꽃과〈**Dipsacaceae** Juss.(1789)〉

산토끼꽃과는 국내에 자생하는 산토끼꽃에서 유래한 과명이다. '국가표준식물목록'(2018)과 『장진성 식물목록』(2014)은 *Dipsacus*(산토끼꽃속)에서 유래한 Dipsacaceae를 과명으로 기재하고 있으며, 엥글러(Engler)와 크론키스트(Cronquist) 분류 체계도 이와 같다. 한편 '세계식물목록'(2018)과 APG IV(2016) 분류 체계는 Dipsacaceae(산토끼꽃과)를 Caprifoliaceae(인동과)에 포함시켜 분류한다.

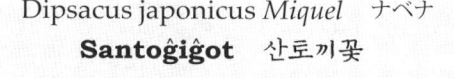

Dipsacus japonicus *Miquel*   ナベナ
Santoĝiĝot   산토끼꽃

산토끼꽃〈*Dipsacus japonicus* Miq.(1867)〉

산토끼꽃이라는 이름은 머리모양꽃차례가 산토끼를 닮았다는 뜻에서 유래한 것으로 추정한다.[1] 긴 꽃자루 끝에 달리는 꽃차례의 형태적 특징을 비유한 이름으로 보인다. 한글명은 『조선식물향명집』에서 처음 발견되는데, 방언을 채록한 것인지 신칭한 이름인지는 분명하지 않다.

속명 *Dipsacus*는 플리니우스(Plinius)가 명명한 디프사쿠스 풀로눔(*D. fullonum*)의 라틴명으로 그리스어 *dipsa*(갈증)에서 유래했는데, 유합된 잎의 밑부분에 빗물을 머금을 수 있어 붙여졌으며 산토끼속을 일컫는다. 종소명 *japonicus*는 '일본의'라는 뜻으로 발견지 또는 분포지를 나타낸다.

다른이름 산토끼풀(김현삼 외, 1988)

옛이름 川續斷(향약집성방, 1433), 川續斷(수세비결, 1929)[2]

중국/일본명 중국명 日本续断(ri ben xu duan)은 학명과 연관된 이름이며 일본에 분포하는 속단(續斷: 산토끼꽃속의 중국명)이라는 뜻이다. 일본명 ナベナ는 유래가 알려져 있지 않다.

참고 [북한명] 산토끼꽃

---

1 이러한 견해로 김종원(2016), p.387 참조.
2 『조선식물명휘』(1922)는 한자로 '續斷'을 기록했다.

○ Scabiosa Fischeri *De Candolle*　テウセンマツムシサウ

Sol-cheġot　솔체꽃

솔체꽃〈*Scabiosa comosa* Fisch. ex Roem. & Schult.(1818)〉[3]

솔체꽃이라는 이름은 '솔'과 '체꽃'의 합성어로, 잎이 솔잎처럼 가는 체꽃이라는 뜻에서 유래했다.[4] '체'는 가루를 곱게 치거나 액체를 밭거나 거르는 데 쓰는 기구인 체를 닮았다는 뜻으로 꽃의 모양에서 유래했고, '솔'은 잎의 모양에서 유래한 것으로 보인다. 한편 솔체꽃이라는 이름을 '솔체'와 '꽃'의 합성어로 보고, '솔체'는 일본명 중 일본 불교 예불에 사용하는 악기 종류인 마쓰무시(マツムシ, 松虫)에서 유래했다고 주장하는 견해가 있다.[5] 그러나 『조선식물향명집』에 '체꽃'이라는 이름이 별도로 기록되었으므로 솔체를 단일어로 보기 어렵고, 솔체와 일본어 마쓰무시(松虫)도 음이나 뜻이 서로 달라 주장의 타당성은 의문스럽다. 중국에서는 산에서 자라는 무라는 뜻

의 '山蘿蔔'(산나복)을 솔체꽃의 별칭으로 하는데, 『아언각비』의 산나복은 더덕이나 산삼을 일컫는 것이지만 『임원경제지』의 산나복은 잎이 국화와 비슷하고 자주색 꽃이 핀다고 하므로 현재의 솔체꽃 또는 그 유사종을 가리키는 이름으로 추론된다.[6] 『조선식물향명집』에서 '솔체꽃'이라는 이름이 처음으로 보이는데, 방언을 채록한 것인지 신칭한 이름인지는 분명하지 않다.

속명 *Scabiosa*는 '옴 오른, 짓무른, 거칠거칠한'(*scabiosus*)이란 뜻으로 피부병에 약효가 있는 것에서 유래했으며 체꽃속을 일컫는다. 종소명 *comosa*는 '(머리 또는 털이) 촘촘한'이라는 뜻으로 머리모양꽃차례를 나타낸다.

다른이름　체꽃(박만규, 1949)

3　'국가표준식물목록'(2018)은 솔체꽃의 학명을 *Scabiosa tschiliensis* Gruning(1913)으로 기재하고 있으나, 『장진성 식물목록』(2014)과 '중국식물지'(2018)는 본문의 학명을 정명으로 기재하고 있다. 한편 김종원(2016), p.391은 옛 종소명 *tschiliensis*에 대하여 지리산에서 채집된 표본으로 생긴 이름이라 하고 있으나, 솔체꽃에 대한 옛 학명은 1913년에 부여된 것으로 한반도에서 채집한 표본과는 관련이 없고 중국 허베이성 Tschili(七里) 지방을 나타내는 이름이다.

4　이러한 견해로 이유미(2005.10.) 참조. 다만 이유미는 잎이 솔잎처럼 체를 친 듯 가늘다고 해설하고 있으나, 야채나 과일 따위를 가늘고 길쭉하게 잘게 써는 일은 '채'라고 하므로 주장의 타당성에는 의문이 있다.

5　이러한 견해로 김종원(2016), p.392 참조. 한편 김종원은 '체꽃'이라는 이름이 『한국식물도감(하권 초본부)』(1956)에서 처음 만들어진 이름이라고 주장하고 있으나, 『조선식물향명집』에 기록된 이름이므로 이 역시 오류로 보인다.

6　한편 김종원(2016), p.392는 『토명대조선만식물자휘』(1932)의 기록을 근거로 『아언각비』(1819)의 '山蒸多德'이 솔체의 옛이름이라는 취지로 설명하고 있으나, 이는 沙蔘(사삼)에 대한 설명으로 "蔓生根可茹"(덩굴로 자라고 뿌리는 먹을 수 있다)라고 기록했으므로 더덕(또는 그와 유사한 덩굴성 식물)을 일컫는 것이라는 점이 명확히 나타나 있다. 그럼에도 불구하고 이를 솔체꽃을 포함하는 산채(山菜, 산나물)에 대한 우리말로 해석하는 것이 타당한지는 의문스럽다.

山菜/山蘿蔔/山燕多德(아언각비, 1819), 山蘿蔔(임원경제지, 1842)[7]

중국명 蓝盆花(lan pen hua)는 남색의 동이(질그릇 종류의 하나)를 닮은 꽃이라는 뜻이다. 일본명 テウセンマツムシサウ(朝鮮松虫草)는 한반도에서 자라는 솔체꽃 종류(マツムシサウ)라는 뜻이다.

[북한명] 솔체꽃 [유사어] 산나복(山蘿蔔)

Scabiosa Fischeri *DC.* var. alpina *Nakai*   タカネマツムシサウ
Gurŭm-cheĝot   구름체꽃

구름체꽃 ⟨*Scabiosa tschiliensis* f. *alpina* (Nakai) W.T.Lee(1996)⟩[8]

구름체꽃이라는 이름은 '구름'(雲)과 '체꽃'의 합성어로, 구름이 머무는 높은 산에서 자라는 체꽃이라는 뜻에서 유래했다.[9] 키가 작은 고산형으로 별도 품종으로 분류되었으나 분류학적 타당성에 대해서는 논란이 계속되고 있다. 『조선식물향명집』에서 구름체꽃이라는 이름이 처음 발견되는데, '체꽃'을 기본으로 하고 식물의 산지(産地)와 학명에 착안한 '구름'을 추가해 신칭한 것으로 추정된다.[10]

속명 *Scabiosa*는 '옴 오른, 짓무른, 거칠거칠한'(*scabiosus*)이란 뜻으로 피부병에 약효가 있는 것에서 유래했으며 체꽃속을 일컫는다. 종소명 *tschiliensis*는 '중국 허베이성 톈진(天津) 부근의 Tschili(七里)에 분포하는'이라는 뜻이며, 품종명 *alpina*는 '고산의, 고산에 서식하는'이라는 뜻이다.

'중국식물지'는 이를 별도 분류하지 않고 있다. 일본명 タカネマツムシサウ(高嶺松虫草)는 높은 봉우리에서 자라는 솔체꽃 종류(マツムシサウ)라는 뜻이다.

[북한명] 구름체꽃[11] [유사어] 산나복(山蘿蔔)

Scabiosa japonica *Miquel*   マツムシサウ
Cheĝot   체꽃

체꽃 ⟨*Scabiosa tschiliensis* f. *pinnata* (Nakai) W.T.Lee(1996)⟩[12]

---

7 『조선식물명휘』(1922)는 '山蘿蔔(救)'을 기록했으며 『토명대조선만식물자휘』(1932)는 '[山菜]산치, [산승더썩나물]'을 기록했다.

8 '국가표준식물목록'(2018)은 본문의 학명으로 구름체꽃을 별도 분류하고 있으나, 『장진성 식물목록』(2014)과 '중국식물지'(2018)는 솔체꽃(*S. comosa*)에 통합하고 있으므로 주의가 필요하다.

9 이러한 견해로 이우철(2005), p.87 참조.

10 다만 『조선식물향명집』, 색인 p.32는 신칭한 이름으로 기록하고 있지 않으므로 주의가 필요하다.

11 북한에서 임록재 외(1996)는 '구름체꽃'을 별도 분류하고 있으나, 리용재 외(2011)는 별도 분류하지 않고 있다. 이에 대해서는 리용재 외(2011), p.320 참조.

12 '국가표준식물목록'(2018)은 본문의 학명으로 체꽃을 별도 품종으로 분류하고 있으나, 『장진성 식물목록』(2014)은 솔체꽃(*S. comosa*)에 통합하고, '중국식물지'(2018)와 '세계식물목록'(2018)은 본문의 학명으로는 별도 분류하고 있지 않으므로

체꽃이라는 이름은 농기구인 '체'를 닮은 꽃이라는 뜻에서 유래했다.[13] 솔체꽃과 비슷하지만 잎이 깊게 갈라지는 특징이 있어 별도 품종으로 분류되었으나, 분류학적 타당성에 대해서는 논란이 있다. '체'는 가루를 곱게 치거나 액체를 받거나 거르는 데 쓰는 기구를 뜻한다.[14] 편평한 머리모양꽃차례를 이루는 꽃의 모양을 체에 비유한 것으로 보인다. 『조선식물향명집』에 최초로 기록된 이름인데, 방언을 채록한 것인지 신칭한 이름인지는 명확하지 않다.

속명 Scabiosa는 '옴 오른, 짓무른, 거칠거칠한'(scabiosus)이란 뜻으로 피부병에 약효가 있는 것에서 유래했으며 체꽃속을 일컫는다. 종소명 tschiliensis는 '중국 허베이성 톈진(天津) 부근의 Tschili(七里)에 분포하는'이라는 뜻이며, 품종명 pinnata는 '깃모양의'라는 뜻으로 잎이 잘게 갈라지는 것에서 유래했다.

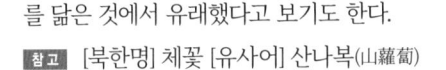 가는잎체꽃(이영노, 1996)

중국/일본명 '중국식물지'는 이를 별도 분류하지 않고 있다. 일본명 マツムシサウ(松虫草)의 유래는 정확히 알려져 있지 않지만,[15] 일부에서는 꽃이 일본 불교의 예불에 사용하는 악기인 マツムシ(松虫)를 닮은 것에서 유래했다고 보기도 한다.

참고 [북한명] 체꽃 [유사어] 산나복(山蘿蔔)

주의가 필요하다.

13 이러한 견해로 허북구·박석근(2008a), p.195 참조.
14 이에 대해서는 국립국어원, '표준국어대사전' 중 '체' 참조. 『조선어사전』(1920)도 같은 취지로 해설했다.
15 이에 대해서는 牧野富太郎(2008), p.723 참조.

Cucurbitaceae 박과 (葫蘆科)

박과〈Cucurbitaceae Juss.(1789)〉

박과는 재배식물인 박에서 유래한 과명이다. '국가표준식물목록'(2018), '세계식물목록'(2018) 및 『장진성 식물목록』(2014)은 Cucurbita(호박속)에서 유래한 Cucurbitaceae를 과명으로 기재하고 있으며, 엥글러(Engler), 크론키스트(Cronquist) 및 APG IV(2016) 분류 체계도 이와 같다.

Actinostemma racemosum *Maximowicz*   ゴキヅル
Dugóng-dónggul 뚜껑덩굴

뚜껑덩굴〈*Actinostemma lobatum* (Maxim.) Maxim. ex Franch. & Sav.(1875)〉

뚜껑덩굴이라는 이름은 덩굴식물이고 열매가 성숙하면 윗부분이 뚜껑이 열리듯이 떨어져 나가는 것에서 유래했다.[1] 『조선식물향명집』에서 한글명이 처음으로 발견된다. 19세기 초에 저술된 『광재물보』는 중국에서 전래된 뚜껑이 있는 그릇을 의미하는 '合子'(합자)를 닮은 풀이라는 뜻의 '合子草'(합자초)를 기록했고, 그 뜻이 현재의 뚜껑덩굴과 비슷하다.

  속명 *Actinostemma*는 그리스어 *akti*(선, 빛)와 *stemma*(왕관, 화관)의 합성어로, 꽃받침이나 꽃부리(화관)가 깊고 가늘게 갈라져 방사상인 것에서 유래했으며 뚜껑덩굴속을 일컫는다. 종소명 *lobatum*은 라틴어 *lobus*(귓불)와 *-atus*(형용사화 접미사)의 합성어로, 귓불 모양으로 둥근 돌기가 있다는 뜻에서 유래했다.

다른이름 뚜껑덩굴(박만규, 1949), 뚝껑덩굴(정태현, 1956), 단풍잎뚜껑덩굴/합자초(안학수·이춘녕, 1963), 개뚜껑덩굴(한진건 외, 1982)

옛이름 合子草(광재물보, 19세기 초)[2]

중국/일본명 중국명 盒子草(he zi cao)는 뚜껑이 있는 그릇을 닮은 식물이라는 뜻이다.[3] 일본명 ゴキヅル(合器蔓)는 그릇을 합쳐놓은 듯한 모양을 한 덩굴이라는 뜻이다. 한·중·일 모두 뜻이 통한다.

---

1 이러한 견해로 이우철(2005), p.205와 김종원(2013), p.911 참조.
2 『조선식물명휘』(1922)는 '合子草'를 기록했다.
3 중국의 『본초강목』(1596)은 '盒子草'(합자초)에 대해 "葉尖花白 子中有兩片如合子"(잎은 뾰족하고 꽃은 희며, 씨 속에 두 조각이 합쳐져 있는 모양으로 있다)라고 기록했다.

Benincasa hispida *Cogn.* トウグワ 冬瓜 (栽)
Donga 동아

동아〈*Benincasa hispida* (Thunb.) Cogn.(1881)〉[5]

동아라는 이름은 한자명 '冬瓜'(동과)가 '동아'로 발음이 변화한 것이다.[6] 인도 원산으로 약용과 식용 목적으로 재배한 식물이다. 열매가 겨울에 익고 씨앗을 겨울에 일찍 심는데, 열매가 오이(瓜)처럼 생겼다는 뜻에서 冬瓜(동과)라고 하였다. 19세기에 저술된 『명물기략』은 "冬瓜 俗轉동아"(동과가 민간에서 변화해 동아가 되었다)라고 기록했다. 동과 → 동화 → 동하 → 동아로 변화해 형성되었다. 열매가 청록색이었다가 껍질에 분이 생겨 하얗게 된다고 해서 '白瓜'(백과) 또는 '白冬瓜'(백동과)라고도 한다.[7] 『조선식물향명집』은 전통 명칭 '동아'를 조선명으로 사정해 현재에 이르고 있다.

속명 *Benincasa*는 플람스인(Flemish) 식물학자로 이탈리아 피사(Pisa)의 식물원 원장을 지낸 Giuseppe Benincasa(?~1596) 백작의 이름에서 유래했으며 동아속을 일컫는다. 종소명 *hispida*는 '센털이 있는'이라는 뜻으로 줄기 등에 털이 많은 것에서 유래했다.

다른이름 동아(정태현 외, 1936), 동과(이창복, 1969b), 동박(한진건 외, 1982)

옛이름 冬瓜(목은집, 1404), 冬瓜/동광(구급방언해, 1466), 冬瓜子/동화·동화씨(구급간이방언해, 1489), 冬瓜/동화(번역노걸대, 1517), 冬苽/동화(언해구급방, 1608), 白冬瓜/동화/地芝(동의보감, 1613), 冬瓜/동과(박통사언해, 1677), 冬瓜/동화(역어유해, 1690), 冬瓜子/동화씨(사의경험방, 17세기), 冬瓜/동화(방언집석, 1778), 冬瓜/동화(한청문감, 1779), 冬瓜/동과(왜어유해, 1782), 冬瓜/동하(광제비급, 1790), 冬瓜/동화/白瓜(재물보, 1798), 冬瓜/동화(제중신편, 1799), 冬瓜/동화(해동농서, 1799), 冬瓜/동화/白瓜(물보, 1802), 동과/동아(규합총서, 1809), 白冬瓜/동아(몽유편, 1810), 冬瓜/동화/白瓜(광재물보, 19세기 초), 冬瓜/동하/白瓜/水芝/地芝/瓜練(물명고, 1824), 冬瓜/동아(명물기략, 1870), 冬瓜/동아(녹효방, 1873), 동아(한불자전, 1880), 白冬瓜/동와(박물신서, 19세기), 동아/동과(조선어표준말모음, 1936)[8]

---

4 북한에서는 *A. racemosum*을 '뚜껑덩굴'로, *A. lobatum*을 '단풍잎뚜껑덩굴'로 하여 별도 분류하고 있다. 이에 대해서는 리용재 외(2011), p.11 참조.

5 '국가표준식물목록'(2018)은 동아의 학명을 *Benincasa cerifera* (Thunb.) Cogn.(1818)로 기재하고 있으나, 『장진성 식물목록』(2014), '세계식물목록'(2018) 및 '중국식물지'(2018)는 이 학명을 이명(synonym)으로 처리하고 정명을 본문과 같이 기재하고 있다.

6 이러한 견해로 김무림(2015), p.314 참조.

7 『동의보감』(1613)은 중국의 『증류본초』(1082)를 인용하여 "一名地芝 蔓生 結實初則靑綠色 經霜則皮上白如塗粉 故云白冬瓜"(지지라고도 하는데, 덩굴지어 자란다 열매가 처음 맺힐 때는 청록색이다가 서리 내린 후에는 껍질이 분가루를 바른 것같이 희게 되어 백동과라고 한다)라고 기록했다.

8 『조선어사전』(1920)은 '冬瓜(동과), 동아'를 기록했으며 『조선식물명휘』(1922)는 '冬瓜, 白瓜, 節瓜, 동아(食)'를, 『토명대조선만

중국명 冬瓜(dong gua)는 서리가 내린 후에 오이처럼 생긴 열매가 익어 수확하고 겨울에 일찍 씨앗을 심는 것에서 유래했다.[9] 일본명 トウグワ(冬瓜)는 한자명 '冬瓜'(동과)를 음독한 것이다.

참고 [북한명] 동과 [유사어] 동과(冬瓜), 백과(白瓜), 백동과(白冬瓜)

Citrullus vulgaris *Schrader*　スヰクワ　西瓜 (栽)
Subag　수박

수박〈*Citrullus lanatus* (Thunb.) Matsum. & Nakai(1916)〉[10]

수박이라는 이름은 '수'(水)와 '박'(匏)의 합성어로, 물이 많은 박이라는 뜻에서 유래했다.[11] 열매가 둥글고 수분이 많다. 한글명은 슈박에서 수박으로 변화해 형성되었다. 아프리카 원산으로 서역으로부터 중국에 전래되었다고 하여 한자로는 '西瓜'(서과)라고 한다. 17세기 초에 허균이 저술한 『성소부부고』에 "西瓜 前朝洪茶丘始種于開城"(서과는 고려 때 홍다구가 처음 개성에 심었다)이라고 기록된 것을 근거로 우리나라에는 고려 시대에 전래된 것으로 보고 있다.

　　속명 *Citrullus*는 *Citrus*(귤속)에서 유래한 것으로, 이 속의 식물 중 레몬색 열매가 열리는 것은 귤속의 과일과 상당히 닮았다고 해서 붙여졌으며 수박속을 일컫는다. 종소명 *lanatus*는 '연모가 있는'이라는 뜻이다.

다른이름　수박(정태현 외, 1936)

옛이름　西瓜(목은집, 1404), 슈박/西瓜(번역노걸대, 1517), 瓜/슈박(언해두창집요, 1608), 西瓜/슈박(동의보감, 1613), 西瓜(성소부부고, 1613), 水菓(의림촬요, 1635), 西瓜/슈박(박통사언해, 1677), 西瓜/슈박(역어유해, 1690), 슈박(청구영언, 1728), 西苽/슈박(동문유해, 1748), 西瓜/슈박(몽어유해, 1768), 西瓜/슈박(방언집석, 1778), 西瓜/슈박(한청문감, 1779), 西瓜/슈박(재물보, 1798), 西瓜/슈박(제중신편, 1799), 西瓜/수박(해동농서, 1799), 西瓜/슈박(물보, 1802), 西瓜/슈박(광재물보, 19세기 초), 西瓜/수박/靑橙瓜/寒瓜(물명고, 1824), 西瓜/슈박(해동역사, 1841), 西瓜/셔과/水瓤/슈박(명물기략, 1870), 슈박/셔과/西瓜(한불자전, 1880), 西瓜/슈박(방약합편, 1884), 수박/西苽(국한회어, 1895), 수박/西瓜(조선어사전[심], 1925), 西瓜/수

식물자휘』(1932)는 '[冬瓜]동과, [白冬瓜]빅동과, [地芝]디지, [동아]'를, 『선명대화명지부』(1934)는 '동아, 동애'를 기록했다.

9　중국의 『본초강목』(1596)은 "冬瓜 以其冬熟也 又賈思勰云 冬瓜正二三月種之 若十月種者 結瓜肥好 乃勝春種 則冬瓜之名或又以此也"(동과는 겨울에 익는다. 또한 가사협은 '동과는 1~2월이나 3월에 심는다. 10월에 심은 것은 크고 좋은 동과가 맺히고 봄에 심은 것보다 좋다'고 하였다. 그렇다면 동과라는 명칭이 붙은 것은 이러한 특이한 성질 때문이 아닌가 한다)라고 기록했다.

10　'국가표준식물목록'(2018)은 수박의 학명을 *Citrullus vulgaris* Schrad.(1836)로 기재하고 있으나, 『장진성 식물목록』(2014), '중국식물지'(2018) 및 '세계식물목록'(2018)은 학명을 본문과 같이 기재하고 있다.

11　이러한 견해로 이우철(2005), p.358; 김민수(1997), p.615; 김무림(2015), p.539; 한태호 외(2006), p.42; 장충덕(2007), p.166; 김양진(2011), p.90 참조. 한편 조항범(2019.6.7.)은 "'슈박'에 쓰인 '슈'의 성조는 상성(上聲)인 데 반해 한자 '水'의 성조는 거성(去聲)이어서 성조의 불일치를 보이기 때문"에 수박의 '수'를 水(수)로 보기 어렵다는 입장을 취하고 있으나, 우리의 옛말에서 한자의 성조를 중국 그대로의 것으로 지켜 사용했는지는 의문스럽다.

박(선한약물학, 1931), 수박(조선구전민요집, 1933), 수박/서과(조선어표준말모음, 1936)[12]

중국/일본명 중국명 西瓜(xi gua)는 서쪽 지역에서 전래되었으며 오이(瓜) 닮았다는 뜻이다.[13] 일본명 スヰクワ(西瓜)는 한자명 '西瓜'(서과)를 음독한 발음이 변화한 것이다.

참고 [북한명] 수박 [유사어] 서과(西瓜), 수과(水瓜)

Cucumis alba *Nakai* (栽)
Baegsagwa 백사과

참외⟨*Cucumis melo* L.(1753)⟩

'국가표준식물목록'(2018), 이우철(2005), 『장진성 식물목록』(2014) 및 '세계식물목록'(2018)은 백사과를 참외에 통합하고 있으므로 이 책도 이에 따른다.

Cucumis microsperma *Nakai* (栽)
Gam-chamoe 감참외

참외⟨*Cucumis melo* L.(1753)⟩

'국가표준식물목록'(2018), 『장진성 식물목록』(2014) 및 '세계식물목록'(2018)은 감참외를 참외에 통합하거나 별도 분류하지 않으므로 이 책도 이에 따른다.

Cucumis microsperma *Nakai* var. koreana *Nakai*
Gaeguri-chamoe 개구리참외

참외⟨*Cucumis melo* L.(1753)⟩

'국가표준식물목록'(2018), 『장진성 식물목록』(2014) 및 '세계식물목록'(2018)은 개구리참외를 참외에 통합하거나 별도 분류하지 않으므로 이 책도 이에 따른다.

---

12 『조선어사전』(1920)은 '水瓜(수과), 슈박'을 기록했으며 『조선식물명휘』(1922)는 '西瓜, 수박(食)'을, 『토명대조선만식물자휘』(1932)는 '[西瓜]서과, [水瓜]수과, [슈박]'을, 『선명대화명지부』(1934)는 '수박'을 기록했다.

13 중국의 『본초강목』(1596)은 "按胡嶠陷虜記言嶠征回紇 得此種歸 名曰西瓜"(호교의 함로기에서 '내가 위구르를 정벌하고 이 종자를 얻어서 돌아와서는 서과라고 이름 지었다'라고 하였다)라고 기록했다.

Cucumis Melo *Linné*　マクワウリ　甜瓜 (栽)
Chamoe 참외

참외⟨*Cucumis melo* L.(1753)⟩[14]

참외라는 이름은 단맛이 나는 진짜(참) 외(오이)라는 뜻에서 유래했다.[15] 인도 및 중국 등이 원산으로 열매를 식용하고 열매자루 등을 약용했다.[16] 『고려사』의 후삼국에 관한 기록에 '甛瓜'(첨과)라는 이름이 기록된 점에 비추어, 우리나라에는 그 이전에 도입된 것으로 보인다. 『조선식물향명집』은 실제 사용하고 문헌에 기록된 명칭에 따라 '참외'로 기록해 현재에 이르고 있다.

　속명 *Cucumis*는 '오이'나 '멜론'에 대한 라틴명으로 아카드어 *kukkubu*(작은 질그릇 단지)가 어원이며, 열매의 모양이 작은 단지를 연상시킨다고 하여 붙여졌으며 오이속을 일컫는다. 종소명 *melo*는 사과의 일종에 대한 이름이었으나 변형되어 참외를 뜻하고 있다.

다른이름　참외(정태현 외, 1936), 감참외/개구리참외/백사과(정태현 외, 1937), 사향참외(리용재 외, 2011)

옛이름　甛瓜(고려도경, 1123), 甛瓜(목은집, 1404), 甛瓜子/眞瓜子(향약채취월령, 1431), 甛瓜/眞瓜(향약집성방, 1433),[17] 甛瓜(고려사, 1451), 瓜/추믜(구급간이방언해, 1489), 甛瓜/춤외(번역노걸대, 1517), 甛瓜/추믜(사성통해, 1517), 甛瓜/眞瓜/춤외(촌가구급방, 1538), 苽/춤외/참외(언해구급방, 1608), 甛瓜/춤외(동의보감, 1613), 瓜/추믜(벽온신방, 1653), 瓜/香瓜/춤외(역어유해, 1690), 甛苽/眞苽/춤외(산림경제, 1715), 추뮈(청구영언, 1728), 甛苽/춤외(동문유해, 1748), 춤외(박통사신석언해, 1765), 甛苽/춤외(몽어유해, 1768), 瓜/香瓜/춤외(방언집석, 1778), 甛瓜/참외/甘瓜(재물보, 1798), 甛苽/춤외(제중신편, 1799), 甛瓜/춤외(해동농서, 1799), 甛瓜/춤외(물보, 1802), 甛果/참외/甘瓜(광재물보, 19세기 초), 甛苽/眞苽/참외(몽유편, 1810), 甛瓜/참외/甘瓜(물명고, 1824), 甛苽/춤외(의종손익, 1868), 甛瓜/첨과/眞瓜/춤외(명물기략, 1870), 춤외/진과/眞瓜(한불자전, 1880), 甛苽/춤외(방약합편, 1884), 眞瓜/甛瓜/참외(국한회어, 1895), 참외(조선구전민요집, 1933), 참외/참이/참의(조선어표준말모음, 1936)[18]

14　'국가표준식물목록'(2018)은 참외의 학명을 *Cucumis melo* var. *makuwa* Makino(1928)로 기재하고 있으나, 『장진성식물목록』(2014), '세계식물목록'(2018) 및 '중국식물지'(2018)는 이 학명을 이명(synonym)으로 처리하고 정명을 본문과 같이 기재하고 있다.

15　이러한 견해로 이우철(2005), p.509; 백문식(2014), p.466; 강헌규(1999), p.32; 한태호 외(2006), p.49; 장충덕(2007), p.150; 김양진(2011), p.85 참조.

16　이에 대해서는 한국학중앙연구원, '한국민족문화대백과사전' 중 '참외' 참조.

17　『향약집성방』(1433)의 차자(借字) '眞瓜'(진과)에 대해 남풍현(1999), p.183은 '춤외'의 표기로 보고 있다.

18　『조선어사전』(1920)은 '眞瓜(진과), 甛瓜(텸과), 참외, 개똥참외'를 기록했으며 『조선식물명휘』(1922)는 '甛瓜, 越瓜, 참외(食)'를, 『토명대조선만식물자휘』(1932)는 '[甛瓜]텸과, [甘瓜]감과, [眞瓜]진과, [참외], [참의], [瓜滯]과체, [苦丁香]고뎡향'을, 『선명대화명지부』(1934)는 '참외'를 기록했다.

중국명 甛瓜(tian gua)는 단맛이 나는 오이(瓜)라는 뜻이다.[19] 일본명 マクワウリ(真桑瓜)는 마쿠와(真桑) 지역에서 나는 오이(ウリ)라는 뜻이다.

참고 [북한명] 참외 [유사어] 감과(甘瓜), 진과(眞瓜), 첨과(甛瓜) [지방명] 애/참우/참위/참이(강원), 참위/참이/채미/챔이/챙이(경기), 노랑애/애/외/차에/차왜/차외/참애/참위/참이(경남), 긴마까/외/위참이/위치미/차왜/참애/참위/참이(경북), 개똥참외/두레/똥참외/마까/마카/외/주래/주래나무/주레/주레/줄외(전남), 간절기/갈장귀/갈장기/갈장재/개똥참외/고깔쟁이/국갈쟁이참웨/촘왜(제주), 참애/참오이/참우/참위/참이(충남), 참애/참우/참이/챙이(충북), 참애/참우/참이(평남), 참애/참우(평북), 참애(함경), 참애/참이/채미/챔이/챙이(황해)

Cucumis sativus Linné キウリ 胡瓜 (栽)
Oe 외(물외)

오이〈*Cucumis sativus* L.(1753)〉

오이라는 이름은 고유어 '외'에서 유래했는데 정확한 어원은 알려져 있지 않다.[20] 인도 원산으로 중국을 통해 전래되었으며 식용 목적으로 널리 재배한다. 『고려사』의 기록 중 후삼국 때에 '黃瓜'(황과)라는 이름이 기록된 것에 비추어 통일신라 또는 그 이전의 시기에 한반도에 전래된 것으로 보고 있다. '외'는 참외, 수세미외, 돌외 및 산외와 같이 덩굴식물로서 통모양의 열매가 달리는 박과 식물 또는 그와 유사한 식물에 대한 우리말 표현이다. 『조선식물향명집』은 전통적으로 사용하던 '외'와 수분(물)이 많은 외라는 뜻의 '물외'로 기록했으나, 『조선식물명집』에서 '오이'로 변경해 현재에 이르고 있다.

속명 *Cucumis*는 '오이'나 '멜론'에 대한 라틴명으로 아카드어 *kukkubu*(작은 질그릇 단지)가 어원이며, 열매의 모양이 작은 단지를 연상시킨다고 하여 붙여졌으며 오이속을 일컫는다. 종소명 *sativus*는 '재배하는'이라는 뜻이다.

다른이름 외(정태현 외, 1936), 외/물외(정태현 외, 1937)

옛이름 瓜/苽(조선관역어, 15세기 초), 胡瓜葉/苽(향약집성방, 1433), 黃瓜(고려사, 1451), 瓜/외(구급방언해, 1466), 黃瓜/외(분류두공부시언해, 1481), 瓜/외(금강경삼가해, 1482), 葫瓜/외/瓠(사성통해, 1517), 苽/외(훈몽자회, 1527), 瓜/외(신증유합, 1576), 胡瓜/외/黃瓜(동의보감, 1613), 黃瓜/외(노걸대언해, 1670), 黃瓜/외(역어유해, 1690), 黃瓜/외(박통사신석언해, 1765), 黃瓜/외(방언집석, 1778), 王瓜/외(한청문감, 1779), 苽/외(왜어유해, 1782), 胡瓜/외/黃瓜(재물보, 1798), 黃瓜/외(해동농서, 1799), 黃瓜/胡瓜/靑瓜/외(물보, 1802),

---

19 중국의 『본초강목』(1596)은 "甛瓜之味甛於諸瓜 故獨得甘 甛之稱"(참외의 맛은 여타의 오이보다 달기 때문에 홀로 감이나 첨이라는 명칭을 얻었다)이라고 기록했다.
20 이러한 견해로 이우철(2005), p.405 참조.

외(규합총서, 1809), 靑瓜/외/黃瓜(몽유편, 1810), 胡瓜/외(광재물보, 19세기 초), 胡瓜/물외/黃瓜(물명고, 1824), 黃瓜/외(자류주석, 1856), 胡瓜/외(의종손익, 1868), 黃苽/황과/외(명물기략, 1870), 水瓜/물외(의휘, 1871), 외/苽/물외/水瓜(한불자전, 1880), 苽/외(한영자전, 1890), 瓜/외(자전석요, 1909), 瓜/물외(신자전, 1915), 瓜/외(의서옥편, 1921), 오이/瓜(조선어사전[심], 1925), 오이(조선구전민요집, 1933), 오이(외)(조선어표준말모음, 1936)[21]

중국/일본명 중국명 黃瓜(huang gua)는 열매가 익으면 노란색이 되는 것에서 유래했다.[22] 일본명 キウリ(胡瓜)는 호(오랑캐) 지역에서 전래된 오이 종류(ウリ)라는 뜻이다.

참고 [북한명] 오이 [유사어] 호과(胡瓜), 황과(黃瓜) [지방명] 물오이/물요이/왜/우이(강원), 외이/우이(경기), 모레/무래/무리/물래/물에/물웨/물위/애/얘/왜/외이/이/이이(경남), 무리/물래/물이/왜/위무리/이(경북), 무레/물래/물에/물외/물요이/물웨/애/왜(전남), 무뢰/물래/물례/물외(전북), 물뤠/물외지/물웨/웨(제주), 물에/오이순/왜/우이(충남), 무휘/우이(충북), 외이/우이(평남), 갈켓/물위/왜/외이/우이(평북), 물에/애/왜/우이(함남), 애/왜/우이(함북)

Cucurbita moschata *Duch.* var. Toonas *Makino* トウナス(カボチヤ) 南瓜
Hobag 호박

호박〈*Cucurbita moschata* Duchesne(1786)〉

호박이라는 이름은 '호'(胡)와 '박'(匏)의 합성어로, 북쪽 오랑캐 지역으로부터 전래된 박(둥근 물체)이라는 뜻에서 유래했다.[23] 아메리카 대륙이 원산지로 우리나라에는 16~17세기경에 전래된 것으로 추정되는데, 19세기 중반에 저술된 『오주연문장전산고』는 "番椒與南瓜 來于我東 則在於宣廟壬辰之後 與煙草同出 自倭國及中原 流傳三種 始播一國"(고추와 호박이 우리나라에 전래된 것은 선조 때 임진왜란 이후로 담배와 같이 나타났다. 일본과 중국으로부터 이 세 가지가 전해져서 비로소 전국에 퍼지기 시작했다.)이라고 기록했다. 이에 비추어 호박은 비슷한 시기에 중국과 일본으로부터 전래된 것으로 보이며, 호박이라는 이름은 중국으로부터 전래되었다고 이해한 것에서 비롯했다. 옛 문헌에서는 일본으로부터 전래된 오이라는 뜻의 倭瓜(왜과)라는 이름과 절에서 많이 재배해 승려들이 먹는

---

21 『조선어사전』(1920)은 '胡瓜(호과), 黃瓜(황과), 외'를 기록했으며 『조선식물명휘』(1922)는 '胡瓜, 黃瓜, 靑瓜, 외(食)'를, 『토명대조선만식물자휘』(1932)는 '[黃瓜]황과, [胡瓜]호과, [(물)외(의)], [瓜菜]과처, [외(의)나물]'을, 『선명대화명지부』(1934)는 '외, 물외, 오이'를 기록했다.

22 중국의 『본초강목』(1596)은 "張騫使西域得種 故名胡瓜 按杜寶拾遺錄云 隋大業四年避諱 改胡瓜爲黃瓜"(장건이 사신으로 서역에 가서 씨를 얻었으므로 호과라고 한다. 두보의 습유록에서는 수나라 대업 4년에 황제의 이름자를 피하기 위해 호과를 황과로 고쳤다)라고 기록해 胡瓜(호과)에서 유래한 것으로 보았다.

23 이러한 견해로 이우철(2005), p.592; 김무림(2015), p.765; 백문식(2014), p.515; 서정범(2000), p.557; 한태호 외(2006), p.54; 장충덕(2007), p.40; 안옥규(1989), p.359 참조.

채소라는 뜻의 僧蔬(승소)라는 이름도 발견된다.[24] 한자명 南瓜(남과)는 중국에서 기원한 것으로, 중국 남쪽에 먼저 전래되어 재배되다가 북쪽으로 퍼져 간 것에서 유래한 이름이다.

　　속명 *Cucurbita*는 라틴어 *Cucumis*(오이)와 *orbis*(구형)의 합성어로 박의 고대 라틴명이며 호박속을 일컫는다. 종소명 *moschata*는 '사향의'라는 뜻으로 익은 열매에서 향이 난다고 하여 붙여졌다.

다른이름 당호박(한진건 외, 1982), 동양호박/조선호박(리용재 외, 2011)

옛이름 南瓜(성소부부고, 1613), 南瓜/호박(실험단방, 1709), 胡瓜/南瓜/矮瓜/唐胡瓜(성호사설, 1740), 倭瓜/호박/南瓜(억어유해보, 1775), 倭瓜/호박(방언집석, 1778), 倭瓜/호박(한청문감, 1779), 南瓜/호박(왜어유해, 1782), 南瓜(청장관전서, 1795), 南瓜/오박(재물보, 1798), 南瓜/호박(제중신편, 1799), 南瓜/호박(해동농서, 1799), 南瓜/호박(물보, 1802), 南瓜/당호박(광재물보, 19세기 초), 南瓜/好朴(낙하생집, 19세기 초), 南瓜/호박(몽유편, 1810), 南瓜/호박(물명고, 1824), 南/唐琥珀(부연일기, 1828), 南瓜/胡朴/僧蔬(오주연문장전산고, 185?), 南瓜/호박(의종손익, 1868), 南瓜/남과/胡瓞/호박/倭瓜(명물기략, 1870), 南瓜/호박(의휘, 1871), 호박/南瓜(한불자전, 1880), 南瓜(방약합편, 1884), 南瓜/호박(국한회어, 1895), 南瓜/호박(의방합편, 19세기), 南瓜/호박(일용비람기, 연대미상), 南瓜/호박(선한약물학, 1931), 호박(조선구전민요집, 1933), 호박/남과(조선어표준말모음, 1936)[25]

중국/일본명 중국명 南瓜(nan gua)는 남쪽 지역에서 전래된 오이 종류(瓜)라는 뜻이다.[26] 일본명 トウナス(唐茄子)는 당나라에서 전래된 가지(ナス)와 비슷한 식물이라는 뜻이며, 다른이름으로 기록된 カボチヤ는 캄보디아에서 전래되었다는 뜻이다.

참고 [북한명] 호박 [유사어] 남과(南瓜), 남과자(南瓜子) [지방명] 되호박(강원), 단호박/애호박(경기), 호박잎(경남), 낭개/호박꼰드레/호박꼰드레미(경북), 남과/단호박(전남), 대기/동지/동지쟁이/애호박/재기/쟁이/호박잎(제주), 늙은호박/마디호박/호박잎(충남), 만박호/만호박(평남), 고매기/곤매시/곳매지(함남), 도애/도왜/동애(함북), 꼰매지(황해)

Lagenaria vulgaris *Seringe*　ユウガホ　葫蘆 (栽)
Bag　박

박〈*Lagenaria siceraria* (Molina) Standl.(1930)〉[27]

---

24 이를 근거로 일본에서 전래된 것으로 보기도 한다. 이에 대해서는 이재운 외(2008), p.234 참조.
25 『조선어사전』(1920)은 '南瓜(남과), 호박'을 기록했으며 『조선식물명휘』(1922)는 '南瓜, 金瓜, 蕃南瓜, 蕃瓜, 호박(食)'을, 『토명대조선만식물자휘』(1932)는 '[南瓜]남과, [호박]'을, 『선명대화명지부』(1934)는 '호박'을 기록했다.
26 중국의 『본초강목』(1596)은 "南瓜種出南番 轉入閩浙 今燕京諸處亦有之矣"(남과는 남번에서 난 종자가 복건성과 절강성 지역으로 들어왔으며, 지금은 연경의 여러 곳에도 있다)라고 기록했다.
27 '국가표준식물목록'(2018)은 박의 학명을 *Lagenaria leucantha* Rusby(1896)로 기재하고 있으나, 『장진성 식물목록』(2014), '세계식물목록'(2018) 및 '중국식물지'(2018)는 학명을 본문과 같이 기재하고 있다.

박이라는 이름은 둥근 물체를 뜻하는 고유어로, 열매가 둥근 것에서 유래했다.[28] 인도·아프리카가 원산지로 오래전에 도입된 식물이다. 『삼국사기』는 "辰人謂瓠爲朴 以初大卵如瓠 故爲朴爲性"(진한 사람들은 瓠를 '박'이라고 했는데 처음의 큰 알이 박의 모양과 비슷하게 생겼으므로 그의 성을 朴이라고 하였다)이라고 기록해 신라의 건국 신화에 그 이름이 등장하며, 신라 초기에도 '박'(朴)이라고 불렀고 알처럼 둥근 모양을 '박'이라고 했다는 것을 알 수 있다. 호'박'과 수'박'과 같이 그 열매가 둥근 것이나 두레박이나 박아지(바가지)와 같이 둥근 모양의 기구나 용기를 뜻하는 것으로 그 뜻이 확장되었다. 그러나 원래 둥근 물체를 '박'이라고 했고 그 이름이 열매가 둥근 박(瓠)에 붙여진 것인지, 아니면 박의 열매가 둥근 것에서 출발하여 그 뜻이 확장되었는지는 명확하지 않으므로 이에 대해서는 어원학적 연구가 필요하다.

　　속명 Lagenaria는 그리스어 lagenos(목이 길고 둥근 병, 병)에서 유래한 것으로, 열매의 모양이 목이 길고 둥근 병처럼 보이는 것에서 유래했으며 박속을 일컫는다. 종소명 siceraria는 라틴어 sicera(포도주 외의 취하게 하는 음료)에서 유래했다.

다른이름　바가지(박만규, 1949), 바가지박(안학수·이춘녕, 1963)

옛이름　瓠/朴(삼국사기, 1145), 苦瓠/朴葉/朴(향약구급방, 1236),[29] 瓠(동국이상국집, 1241), 瓠/朴(삼국유사, 1281), 葫蘆(목은집, 1404), 苦瓠/苦瓢(향약집성방, 1433), 드븨/瓠(훈민정음해례본, 1446), 葫蘆/박(구급방언해, 1466), 瓠/박(분류두공부시언해, 1481), 胡蘆/박(금강경삼가해, 1482), 葫蘆子/죠롱박(구급간이방언해, 1489), 葫蘆/박(번역노걸대, 1517), 匏/박(번역소학, 1518), 匏/박(훈몽자회, 1527), 瓢/박(신증유합, 1576), 匏/박(소학언해, 1588), 苦瓠/쓴박/甘瓠/든박(동의보감, 1613), 葫蘆/박(역어유해, 1690), 瓠/박(어제내훈언해, 1736), 葫蘆/박(동문유해, 1748), 葫蘆/박(몽어유해, 1768), 葫蘆/박(방언집석, 1778), 葫蘆/박(한청문감, 1779), 壺盧/박(재물보, 1798), 匏/박(해동농서, 1799), 瓠壺靈/박(물보, 1802), 匏瓜/박/壺盧(광재물보, 19세기 초), 匏瓜/박/壺盧/瓠瓜(물명고, 1824), 匏/瓠/박/葫蘆(명물기략, 1870), 박/匏(한불자전, 1880), 葫蘆/박(박물신서, 19세기), 瓠/박(신자전, 1915), 瓠/박(의서옥편, 1921), 박/匏(조선어사전[심], 1925), 박곳(조선구전민요집, 1933)[30]

중국/일본명　중국명 葫芦(hu lu)는 '壺蘆'(호로) 또는 '壺盧'(호로)에서 변화한 것으로, 열매가 호리병 모양으로 팽창하여 둥근 모양을 이루는 것에서 유래했다.[31] 일본명 ユウガホ(夕顔)는 밤의 얼굴이라는 뜻으로 밤에 꽃이 피는 것에서 유래했다.

참고　[북한명] 박 [유사어] 포과(匏瓜), 포로(匏蘆) [지방명] 고지(강원), 박꽃/박속(경기), 박나물/참박

28　이러한 견해로 백문식(2014), p.233 참조.
29　『향약구급방』(1236)의 차자(借字) '朴'(박)에 대해 남풍현(1981), p.36과 이덕봉(1963), p.36은 '박'의 표기로 보고 있다.
30　『조선어사전』(1920)은 '壺蘆(호로), 葫蘆(호로), 호로박'을 기록했으며 『조선식물명휘』(1922)는 '蒲蘆, 壺蘆, 匏, 葫蘆, 박(食)'을, 『토명대조선만식물자휘』(1932)는 '[瓠果]호과, [떫瓠]떔호, [匏蘆]포로, [壺盧]호로, [葫蘆]호로, [(호로)박], [박쇼지], [瓠犀]호셔, [박속]'을, 『선명대화명지부』(1934)는 '박, 진박'을 기록했다.
31　이에 대해서는 夏纬瑛(1990), p.229 참조.

(경남), 박꼰드레(경북), 박나물/박노물(전남), 박나물(전북), 킥/킥쭐/쿨락/쿨락쭐/쿨왁(제주), 박나물/박속(충남), 고지박(충북)

Luffa cylindrica *Roemer* ヘチマ 絲瓜 (栽)
Susemioe 수셰미외

수세미오이〈*Luffa cylindrica* (L.) M.Roem.(1846)〉

수세미오이라는 이름은 '수세미'와 '오이'의 합성어로, 열매 속의 섬유로 그릇을 닦는 수세미를 만들고 오이(외)를 닮았다는 뜻에서 유래했다.[32] 열대 아시아가 원산지로 우리나라에서는 오래전부터 재배해온 것으로 추정되지만, 정확한 전래 시기는 알려지지 않았다. 전초를 약용하고 연한 열매는 식용했으며, 속은 그릇을 닦는 데 사용했다.[33] 수세미의 정확한 어원은 알려지지 않았으나 『신증유합』에 물로 씻는다는 뜻의 '수세'라는 이름이 기록되었고 그즈음에 물로 씻는다는 뜻의 한자 '水洗'(수세)가 기록된 것에 비추어, 한자어 '수세'(水洗)에 명사를 만드는 접미사 '미'가 추가되어 형성된 이름으로 추정된다. 수세미오이라는 이름은 수세→수세외→수세미외→수세미오이의 형태로 변화해왔다. 『조선식물향명집』은 '수세미외'로 기록했으나 『우리나라 식물명감』에서 '수세미오이'로 개칭해 현재에 이르고 있다.

속명 *Luffa*는 수세미오이의 아라비아 이름(*luff, luf, louf, loofah, loofa, lufa*)에서 유래했으며 수세미오이속을 일컫는다. 종소명 *cylindrica*는 '통모양의'라는 뜻으로 열매가 통모양인 것에서 유래했다.

다른이름 쑤셤이외(정태현 외, 1936), 수세미외(정태현 외, 1937), 수세미(이영노·주상우, 1956)

옛이름 絲瓜/虞刺(향약집성방, 1433), 苴/수세(신증유합, 1576), 絲瓜/수세외(언해두창집요, 1608), 絲瓜/수세외/天蘿/天絡絲/虞刺葉(동의보감, 1613), 稍瓜/수세외(박통사언해, 1677), 絲瓜/수세외(역어유해, 1690), 絲瓜/수세외/天蘿/天絡絲(산림경제, 1715), 絲瓜/수세외(동문유해, 1748), 稍瓜/수세외(박통사신석언해, 1765), 絲瓜/수세외(방언집석, 1778), 絲瓜/수세외(한청문감, 1779), 絲瓜/수세외(광제비급, 1790), 絲瓜/수세외(재물보, 1798), 絲瓜/수시외(제중신편, 1799), 綠瓜/슈셰외(물보, 1802), 絲瓜/수세외(광재물보, 19세기 초), 絲瓜/슈셰외/天絲瓜(물명고, 1824), 絲瓜/수세외/물외(농정회요, 183?), 絲瓜(임원경제지, 1842), 絲瓜/ㅅ과/슈쇠외(명물기략, 1870), 絲瓜/슈셰외(의휘, 1871), 絲瓜/수시외(녹효방, 1873), 사과/眞苽(한불자전, 1880), 絲苽/수시외(방약합편, 1884), 綠瓜/슈져외(일용비람기, 연대미상), 絲瓜/수세외(선한약물학, 1931), 수세미외/수셍이외(조선어표준말모음, 1936)[34]

---

32 이러한 견해로 한태호 외(2006), p.137과 김양진(2011), p.108 참조.
33 『산림경제』(1715)는 종기를 치료하는 약재로 사용하는 것뿐만 아니라 "嫩者煮熟薑醋食之 枯者去皮及子 用瓠滌器"(연한 것을 삶아서 생강과 초에 조미하여 먹는다. 그리고 마른 것은 껍질과 씨를 제거하고 속은 수세미로 사용한다)라고 해 그 사용법을 기록했다.
34 『조선어사전』(1920)은 '絲瓜(ㅅ과), 수세외'를 기록했으며 『조선식물명휘』(1922)는 '絲瓜, 水瓜, 布瓜, 수솀이오이'를, 『토명

중국/일본명 중국명 丝瓜(si gua)는 껍질을 제거한 속의 내용물이 실을 닮았고 열매가 오이와 유사하다고 하여 붙여졌다.[35] 일본명 ヘチマ는 한자명 糸瓜를 훈독한 いとうり의 방언 とうり와 관련이 있는 것으로 알려져 있으나 정확한 어원은 알려져 있지 않다.

참고 [북한명] 수세미오이 [유사어] 사과(絲瓜), 사과락(絲瓜絡) [지방명] 수세미/수세이/수셍이/쑤세이/쑤셍이(강원), 수세미/수세미외(경기), 수세/수세미/수세이/수쎄미/쑤새/쑤세/쑤세미외/쑤시/쑤시미/쑤쎄/쑤쎄미/쑤씨/쑤씨미/헤치마(경남), 수세미/수시/수쎄미/수제/수제나무/쑤쎄미/쑤쎄이(경북), 수세미/수시미/쑤셍이/쑤시미/씨세미/찌세미(전남), 수세미/수시미/시세미(전북), 사가웨/소가웨/소가훼/소개외/소래외/수세/수세기/수세미/하늘래기(제주), 수세미/수시미/쑤세미(충남), 수세미/수시미(충북), 수세기(평남), 수석오이/수세기/시세기오이(평북), 쑤시미(함남), 수세기오이(황해)

Momordica charantia *Linné*　ツルレイシ　(栽)
Yòju　여주

여주〈*Momordica charantia* L.(1753)〉

여주라는 이름은 한자명 '荔枝'(여지)가 어원으로, 이에 대한 발음이 변한 것에서 유래했다고 추정한다. 열대 아시아 원산으로 중국을 통해 우리나라에 전래되었으며, 열매를 약용하거나 식용했다.[36] 17세기에 저술된 『동의보감』은 중국(唐)에서 수입하는 약재(리치; *Litchi chinensis* 추정)로 기록해 다른 식물을 일컬었으므로 주의가 필요하다. 『동의보감』은 중국의 『증류본초』를 인용하여 '荔枝'(여지)에 대해 "結實時 枝弱而蒂牢 不可摘取 以刀斧劙取其枝 故以爲名耳"(열매를 맺을 때 줄기는 약하고 꼭지는 단단하여 딸 수 없으므로 칼이나 도끼로 그 줄기를 잘라야 하기 때문에 이름 붙여졌다)라고 기록했다. 옛 문헌에 '荔枝'(여지)에 대한 다양한 한글 표현이 보이지만 '여주'라는 이름은 발견되지 않으며, 북한에서는 '유자'라고 하는 점에 비추어 『조선식물향명집』에 기록된 '여주'도 그 당시에 실제 사용하던 방언 중의 하나로 보인다. 조선어학회가 편찬한 『조선어표준말모음』은 '여주'와 '여지' 중 여주를 보다 보편적인 말로 보아 표준어로 사정했다.

　　속명 *Momordica*는 라틴어 *momordi*(물다)에서 유래한 것으로 삐죽삐죽하고 울퉁불퉁한 열매의 모양이 마치 물린 것 같아서 붙여졌으며 여주속을 일컫는다. 종소명 *charantia*는 쓴맛이 나는 박 종류에 대한 힌두 이름에서 유래했다.

다른이름 긴여주/여지(박만규, 1949), 여자(안학수·이춘녕, 1963), 유자(리종오, 1964)

대조선만식물자휘』(1932)는 '[絲瓜]수과, [수세외], [수섬이외]'를, 『선명대화명지부』(1934)는 '수셈이오이'를 기록했다.

35　중국의 『본초강목』(1596)은 "此瓜老則筋絲羅織 故有絲羅之名"(이 수세미외는 익으면 근사가 마치 그물을 짜놓은 듯하므로 '사라'라는 이름이 붙었다)이라고 기록했다.

36　이에 대해서는 『한국의 민속식물』(2017), p.812 참조.

荔枝(목은집, 1404), 荔枝/려지(분류두공부시언해, 1481), 荔芰/례지(번역노걸대, 1517), 荔支/례지(번역박통사, 1517), 荔枝(동의보감, 1613), 荔芰/녀지(노걸대언해, 1670), 荔子/녀지(박통사신석언해, 1765), 荔芰/례지(방언집석, 1778), 荔枝/려지(왜어유해, 1782), 苦瓜/녀지/錦荔支(재물보, 1798), 荔枝/례지(제중신편, 1799), 苦瓜/金荔芰/금여지(물보, 1802), 苦瓜/녀지/錦荔枝/癩葡萄(광재물보, 19세기 초), 녀지(화왕본긔, 19세기 초), 苦瓜/녀디/錦荔支/癩葡萄(물명고, 1824), 錦荔枝(임원경제지, 1842), 荔枝/려지(자류주석, 1856), 荔枝/례치(의종손익, 1868), 苦瓜/고과/荔枝/례지(명물기략, 1870), 荔枝/례지(방약합편, 1884), 荔枝/례지(자전석요, 1909), 荔枝/례지(신자전, 1915), 荔枝/례지(의서옥편, 1921), 荔枝(선한약물학, 1931), 여주/여지(조선어표준말모음, 1936)[37]

중국명 苦瓜(ku gua)는 쓴맛이 나는 오이 종류라는 뜻이다. 일본명 ツルレイシ(蔓荔枝)는 덩굴성 여지(レイシ)라는 뜻이다.

[북한명] 유자 [유사어] 고과(苦瓜), 금려지(錦荔枝), 나포도(癩葡萄), 여지(荔枝) [지방명] 유주(경기), 여자/여지(전남), 녀자(전북)

Thladiantha dubia *Bunge*   ワウクワ(キバナカラスウリ)   王瓜
Wanggwa   왕과

왕과〈*Thladiantha dubia* Bunge(1833)〉

왕과라는 이름은 한자명 '王瓜'(왕과)에서 유래했으며 큰 오이라는 뜻에서 붙여졌다.[38] '왕'은 식용하는 덩이뿌리가 큰 것에서, '과'는 작지만 열매의 모양이 오이를 닮았고 덩이뿌리의 맛이 오이와 비슷한 것에서 유래한 이름으로 보인다. 옛이름 쥐춤미(쥐춤외)는 鼠瓜(서과)의 뜻으로 열매가 작은 것을 빗댄 이름이고, '싸외(쌍외)'는 土瓜(토과)의 뜻으로 땅속의 덩이뿌리를 생식한 것에서 유래한 이름이다.[39]

속명 *Thladiantha*는 그리스어 *thladias*(거세당한 사람)와 *anthos*(꽃)의 합성어로, 압착된 수술이 중성화되었다고 여긴 것에서 유래했으며 왕과속을 일컫는다. 종소명 *dubia*는 '의심스러운, 불확정적인'이라는 뜻이다.

쥐참외(임록재 외, 1972), 큰새박(박만규, 1974), 주먹외(김현삼 외, 1988), 주먹참외(임록재 외, 1996)

---

37 『조선어사전』(1920)은 '苦瓜(고과), 蔓荔枝(만려지), 錦荔枝, 癩葡萄(라포도), 荔枝(려지)'를 기록했으며 『토명대조선만식물자휘』(1932)는 '[苦瓜]고과, [癩葡萄]라포도, [錦荔枝]금려지, [蔓荔枝]만려지, [荔枝]려지'를 기록했다.

38 이러한 견해로 이우철(2005), p.409 참조.

39 중국의 『본초강목』(1596)은 "土瓜其根作土氣 其實似瓜也 或云根味如瓜 故名土瓜 王字不知何義"(토과는 그 뿌리에서 흙의 기운을 만들어내며 열매는 오이와 비슷하다. 혹 뿌리의 맛이 오이와 유사하므로 토과라 한다. 왕 자는 무슨 뜻인지 알지 못한다)라고 기록했다.

옛이름 土芷/王瓜/鼠芷根/鼠瓜(향약구급방, 1236),[40] 王瓜/鼠瓜(향약채취월령, 1431), 王瓜/鼠瓜(향약집성방, 1433),[41] 土瓜根/쥐츳딧불휘(구급간이방언해, 1489), 芴//菲/土瓜/쥐츳미(사성통해, 1517), 王瓜/쥐춤외불휘/土瓜(동의보감, 1613), 王瓜(성소부부고, 1613), 王瓜(지봉유설, 1614), 王瓜/土瓜(의림촬요, 1635), 土瓜/쥐춤외(역어유해, 1690), 王瓜/짜외/土瓜(재물보, 1798), 王瓜/짜외/土瓜(광재물보, 19세기 초), 王瓜(목민심서, 1818), 王瓜/짜외/土瓜(물명고, 1824), 王瓜/黃苽瓜/土瓜/新羅葛(해동역사, 1841), 王瓜/쥐춤외(임원경제지, 1842), 王瓜/鼠瓜/土瓜(오주연문장전산고, 185?), 黃瓜/황과/王瓜/土瓜/쥐춤외(명물기략, 1870), 쌍외/地瓜(한불자전, 1880), 王瓜/土瓜(수세비결, 1929), 王瓜(선한약물학, 1931)[42]

중국/일본명 중국명 赤瓟(chi bao)는 붉은 조롱박이라는 뜻으로, 열매가 붉게 익는 것에서 유래했다. 일본명 ワウクワ(王瓜)는 한자명 '王瓜'(왕과)를 음독한 것이다.

참고 [북한명] 주먹참외 [유사어] 적박(赤瓟), 토과(土瓜)

○ Trichosanthes Kirilowi *Maximowicz* テウセンカラスウリ 天瓜
Hanultari 하눌타리 栝樓

하늘타리〈*Trichosanthes kirilowii* Maxim.(1859)〉

하늘타리라는 이름은 옛이름 '하ᄂᆞᆯ두래'에서 온 것으로, 줄기를 뻗어 하늘을 향해 올라가고 열매가 다래(두래)처럼 둥글게 생긴 것에서 유래했다.[43] 열매와 덩이줄기를 약용하고, 덩이줄기를 말려서 만든 가루를 '天花粉'(천화분)이라고 하여 식용했다.[44] 『훈몽자회』는 별칭으로 '天瓜'(천과)를 기록했는데, 덩굴을 지어 하늘에 열리는 오이라는 뜻으로 '하ᄂᆞᆯ두래'와 그 뜻이 통한다. 한편 하늘타리를 '하늘'과 '다리'의 합성어로, 다리는 털(毛)의 고형 '덜'과 동원어로 '타리'(실이 엉켜 있는 모양)와 뜻이 통하므로 꽃의 모양이 머리털이나 실이 엉켜 있는 것 같다는 뜻에서 유래한 이름으로 보기도 하며,[45] 노랗게 익은 열매

---

40 『향약구급방』(1236)의 차자(借字) '鼠芷根/鼠瓜'(서고근/서과)에 대해 남풍현(1981), p.131은 '쥐외불휘/쥐외'의 표기로 보고 있으며, '鼠瓜'(서과)에 대해 이덕봉(1963), p.15는 '쥐외'의 표기로 보고 있다.

41 『향약집성방』(1433)의 차자(借字) '鼠瓜'(서과)에 대해 남풍현(1999), p.177과 이덕봉(1963), p.15는 '쥐외'의 표기로 보고 있다.

42 『조선어사전』(1920)은 '王瓜(왕과), 土瓜(토과), 쥐참외'를 기록했으며 『조선식물명휘』(1922)는 '王瓜, 苽瓜, 赤瓟子'를, 『토명대조선만식물자휘』(1932)는 '[王瓜]왕과, [土瓜]토과, [쥐참외]'를 기록했다.

43 이러한 견해로 이덕봉(1963), p.11; 남풍현(1981), p.37; 김종원(2013), p.727 참조. 한편 김종원은 덩이뿌리(塊根)가 발달하는 것을 '다래'로 보기도 한다.

44 이에 대해서는 『조선산야생약용식물』(1936), p.217과 『조선산야생식용식물』(1942), p.192 참조.

45 이러한 견해로 김홍석(2007), p.265 참조. '하늘타리' 관련 부분에서 김홍석은 하늘타리를 하늘과 다리의 합성어로 보고 있다.

가 하늘의 달과 같다는 뜻에서 유래했다는 견해도 있다.[46] 『조선식물향명집』은 '하눌타리'로 기록했으나 『우리나라 식물자원』에서 '하늘타리'로 개칭해 현재에 이르고 있다. 북한에서는 1964년에 저술된 『조선고등식물분류명집』에서 '하늘타리'로 개칭해 사용하고 있다.

속명 *Trichosanthes*는 그리스어 *thrichos*(털)와 *anthos*(꽃)의 합성어로, 꽃잎이 실모양으로 갈라지는 것에서 유래했으며 하늘타리속을 일컫는다. 종소명 *kirilowii*는 러시아 출신으로 동북아 식물을 채집한 P. J. Kirilov(1801~1864)의 이름에서 유래했다.

다른이름 하날수박/한울타리(정태현 외, 1936), 하눌타리/괄루(정태현 외, 1937), 하눌수박(박만규, 1949), 쥐참외(정태현 외, 1949), 자주꽃하눌수박(안학수·이춘녕, 1963), 하늘수박(박만규, 1974), 하늘다래(김종원, 2013)

옛이름 括蔞/天叱月乙/天原乙/天乙根(향약구급방, 1236),[47] 括蔞/天叱月伊(향약채취월령, 1431), 括蔞/天叱月伊(향약집성방, 1433),[48] 栝蔞/하ᄂᆞᆶᄃᆞ래/하ᄂᆞᆶ다래(구급간이방언해, 1489), (艹/舌＋瓜)(艹/婁＋瓜)/하ᄂᆞᆺᄃᆞ래(사성통해, 1517), (艹/舌＋瓜)(艹/婁＋瓜)/하ᄂᆞᆺᄃᆞ래/天瓜(훈몽자회, 1527), 苦蔞/天叱他里/하늘타리(촌가구급방, 1538), 瓜蔞/하늘타리/天花粉/瓜蔞/天瓜/天圓子(동의보감, 1613), 天瓜/하늘타리(역어유해, 1690), 栝樓/하늘타리(재물보, 1798), 瓜蔞/하늘타리(제중신편, 1799), 瓜蔞/하눌타리/天瓜(물보, 1802), 栝樓/하늘타리/瓜蔞/天瓜(광재물보, 19세기 초), 瓜蔞/하늘타리/天花粉(몽유편, 1810), 栝樓/하날탈이/瓜蔞/天瓜(물명고, 1824), (艹/舌＋瓜)(艹/婁＋瓜)/하늘다리(자류주석, 1856), 瓜蔞/하늘타리/天花粉(의종손익, 1868), 瓜蔞/하날타리/天花粉(방약합편, 1884), 天花粉/하늘타리(박물신서, 19세기), 栝樓仁/天花粉/하날타리(선한약물학, 1931)[49]

중국/일본명 중국명 栝楼(gua lou)는 줄기가 누각(樓)을 감고 올라가는 것에서 유래했다.[50] 일본명 テウセンカラスウリ(朝鮮烏瓜)는 한반도에 자라는 カラスワリ(烏瓜: 까마귀참외라는 뜻으로 *T. cucumeroides*의 일본명)라는 뜻이다.

---

46 이러한 견해로 손병태(1996), p.17 참조.

47 『향약구급방』(1236)의 차자(借字) '天叱月乙/天原乙/天乙根'(천질월을/천원을/천을근)에 대해 남풍현(1981), p.176은 '하ᄂᆞᆶ둘/하ᄂᆞᆶ툴/하늘둘불휘'의 표기로 보고 있으며, 손병태(1996), p.120은 '하늘돌/하ᄂᆞᆶ다래/하늘불휘'의 표기로 보고 있고, '天原乙/天乙根'(천원을/천을근)에 대해 이덕봉(1963), p.11은 '하늘불/하늘불휘'의 표기로 보고 있다.

48 『향약집성방』(1433)의 차자(借字) '天叱月伊'(천질월이)에 대해 남풍현(1999), p.176은 '하ᄂᆞᆶ둘이'의 표기로 보고 있다.

49 『조선한방약료식물조사서』(1917)는 '하날타리(東醫), 하날수박(江原, 慶北), 瓜蔞, 天花粉'을 기록했으며 『조선어사전』(1920)은 '瓜蔞(과루), 栝樓(괄루), 瓜蔞仁(과루인), 瓜蔞根(과루근), 天花粉, 하늘타리'를, 『조선식물명휘』(1922)는 '瓜蔞, 藥瓜, 天瓜, 花苦瓜, 쥐참외, 탕외(救, 藥)'를, 『토명대조선만식물자휘』(1932)는 '[瓜蔞]과루, [天瓜]텬과, [天圓子]텬원즈, [하늘타리], [한울타리], [瓜蔞仁]과루인, [瓜蔞根]과루근'을, 『선명대화명지부』(1934)는 '쥐참외, 탕외'를, 『조선의산과와산채』(1935)는 '括樓, 한울타리'를 기록했다.

50 중국의 『본초강목』(1596)은 "蓏與蓏同 許慎云 木上曰果 地下曰蓏 此物蔓生附木 故得兼名 詩云 果蓏之實 亦施於宇 是矣 栝樓卽果蓏二字音轉也"('蓏'와 '蓏'는 같다. 허신은 '나무에 있는 것을 과, 땅에 있는 것을 蓏라 한다'라고 하였다. 이 식물은 나무에 붙어 덩굴로 나므로 두 가지를 아울러 이름 지어졌다. 시경에서 '과라의 열매 집에 까지 뻗었네'라고 한 것이다. 괄루는 곧 '과라' 두 사의 음이 변화한 것이다)라고 기록했다.

[북한명] 하늘타리 [유사어] 과루(瓜蔞), 괄루(栝蔞), 오과(烏瓜), 천원자(天圓子) [지방명] 외가(강원), 하눌수박/하늘수박/하아수박/하알수박/항알수박(경남), 하늘수박(경북), 개수박/개수박나무/타래박/타루박/하눌수박/하니수박/하루박/하루박나무/하루수박(전남), 하늘수박/하늘탁(전북), 두래기/두루애기/처나반/하눌에기/하늘내기/하늘래기/하늘레기/하늘에기/하늘왜기/하늘웨기/한랭이(제주), 하눌타리/하늘타리/한울타리(충남), 하눌타리/하늘수박/하늘타리(충북), 쥐차무/큰새박(평북)

Trichosanthes japonica *Regel* キカラスウリ
Norang-hanultari 노랑하늘타리

노랑하늘타리⟨*Trichosanthes kirilowii* Maxim. var. *japonica* Kitam.(1943)⟩[51]
노랑하늘타리라는 이름은 하늘타리를 닮았는데 열매가 노란색이 나는 것에서 유래했다. 남부 지방에 주로 분포하며, 잎이 얕게 갈라지고 열매가 달걀모양으로 노란색인 특징이 있어 별도 변종으로 분류되고 있다. 『조선식물향명집』에서는 전통 명칭 '하늘타리'를 기본으로 하고 열매의 색깔을 나타내는 '노랑'을 추가해 '노랑하눌타리'를 신칭했으나,[52] 『우리나라 식물자원』에서 '노랑하늘타리'로 개칭해 현재에 이르고 있다. 한편 노란 꽃이 피는 하늘타리라는 뜻으로 이름의 유래를 해설하는 견해가 있으나,[53] 노랑하늘타리의 꽃은 하늘타리와 마찬가지로 흰색이므로 타당하지 않은 견해다.

속명 *Trichosanthes*는 그리스어 *thrichos*(털)와 *anthos*(꽃)의 합성어로, 꽃잎이 실모양으로 갈라지는 것에서 유래했으며 하늘타리속을 일컫는다. 종소명 *kirilowii*는 러시아 출신으로 동북아 식물을 채집한 P. J. Kirilov(1801~1864)의 이름에서 유래했으며, 변종명 *japonica*는 '일본의'라는 뜻으로 발견지 또는 분포지를 나타낸다.

노랑하눌타리(정태현 외, 1937), 쥐참외(정태현 외, 1949), 흰꽃하눌수박(안학수·이춘녕, 1963), 섬하늘타리(박만규, 1974)[54]

'중국식물지'는 이를 별도 분류하지 않고 있다. 일본명 キカラスウリ(黃烏瓜)는 열매의 색이 노란 カラスワリ(烏瓜: 까마귀참외라는 뜻으로 *T. cucumeroides*의 일본명)라는 뜻이다.

[북한명] 노랑하늘타리 [유사어] 과루(瓜蔞), 괄루(栝蔞), 천원자(天圓子) [지방명] 하알수박/항알수박(경남), 하눌수박/하늘수박/하늘타리(전남), 노랑하늘내기/두레기/두루애기/들애기/하늘레기/하늘수박/하늘애기(제주)

---

51 '국가표준식물목록'(2018)은 노랑하늘타리를 하늘타리의 변종으로 하여 별도 분류하고 있으나, 『장진성 식물목록』(2014), '중국식물지'(2018) 및 '세계식물목록'(2018)은 이를 별도 분류하지 않으므로 주의를 요한다.

52 이에 대해서는 『조선식물향명집』, 색인 p.34 참조.

53 이러한 견해로 이우철(2005), p.150 참조.

54 『제주도및완도식물조사보고서』(1914)는 'ハナルレギ'[하늘레기]를 기록했으며 『조선식물명휘』(1922)는 '栝蔞, 瓜蔞'를 기록했다.

Campanulaceae 도라지科 (桔梗科)

초롱꽃과〈Campanulaceae Juss.(1789)〉

초롱꽃과는 국내에 자생하는 초롱꽃에서 유래한 과명이다. '국가표준식물목록'(2018), '세계식물목록'(2018) 및 『장진성 식물목록』(2014)은 Campanula(초롱꽃속)에서 유래한 Campanulaceae를 과명으로 기재하고 있으며, 엥글러(Engler), 크론키스트(Cronquist) 및 APG IV(2016) 분류 체계도 이와 같다.

⊗ Adenophora curvidens *Nakai*　ノコギリシヤジン
Tob-jandae　톱잔대

톱잔대〈*Adenophora pereskiifolia* (Fisch. ex Schult.) G.Don(1830)〉[1]

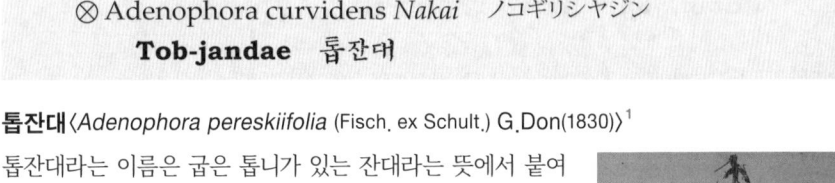

톱잔대라는 이름은 굽은 톱니가 있는 잔대라는 뜻에서 붙여졌다.[2] 잎은 어긋나기 하고 선형 또는 피침모양이며 가장자리에 굽은 톱니가 있으며, 뿌리를 식용했다.[3] 『조선식물향명집』에서 전통 명칭 '잔대'를 기본으로 하고 식물의 형태적 특징과 학명에 착안한 '톱'을 추가해 신칭했다.[4]

속명 *Adenophora*는 그리스어 *aden*(샘, 분비선)과 *phoreo*(지탱하다, 지니다)의 합성어로, 식물체 전체에 유액을 내는 샘세포가 있는 것에서 유래했으며 잔대속을 일컫는다. 종소명 *pereskiifolia*는 *Pereskia*속 식물과 잎이 비슷하다고 하여 붙여졌다.

다른이름　북모시나물(박만규, 1949), 톱날잔대(박만규, 1974), 넓은버들잎잔대(리용재 외, 2011)

중국/일본명　중국명 长白沙参(chang bai sha shen)은 백두산에서 자라는 사삼(沙參: 당잔대 또는 잔대속의 중국명)이라는 뜻이다. 일본명 ノコギリシヤジン(鋸沙參)은 톱니가 있는 사삼(シヤジン)이라는 뜻이다.

참고　[북한명] 톱잔대/넓은버들잎잔대[5] [유사어] 제니(薺苨)

1　'국가표준식물목록'(2018)은 톱잔대의 학명을 *Adenophora curvidens* Nakai(1915)로 기재하고 있으나, 『장진성 식물목록』(2014), '세계식물목록'(2018) 및 '중국식물지'(2018)는 정명을 본문과 같이 기재하고 있다.

2　이러한 견해로 이우철(2005), p.568 참조.

3　이에 대해서는 『한국식물도감(하권 초본부)』(1956), p.634 참조.

4　이에 대해서는 『조선식물향명집』, 색인 p.48 참조.

5　북한에서는 *A. curvidens*를 '톱잔대'로, *A. pereskiifolia*를 '넓은버들잎잔대'로 하여 별도 분류하고 있다. 이에 대해서

⊗ Adenophora grandiflora *Nakai*　キキヤウシヤジン
Kún-jandae　큰잔대

도라지모시대〈*Adenophora grandiflora* Nakai(1909)〉

도라지모시대라는 이름은 꽃이 도라지를 닮은 모시대라는 뜻
에시 유래했다.[6] 모시내에 비해 꽃이 상대적으로 큰 특징이 있
다.[7] 『조선식물향명집』에서는 꽃이 큰 잔대라는 뜻의 '큰잔대'
를 신칭했으나,[8] 『우리나라 식물자원』에서 '도라지모시대'로
개칭해 현재에 이르고 있다.

속명 *Adenophora*는 그리스어 *aden*(샘, 분비선)과 *phoreo*
(지탱하다, 지니다)의 합성어로, 식물체 전체에 유액을 내는 샘
세포가 있는 것에서 유래했으며 잔대속을 일컫는다. 종소명
*grandiflora*는 '큰 꽃의'라는 뜻으로 잔대속 식물 중에서 상
대적으로 꽃이 큰 것에서 유래했다.

다른이름　큰잔대(정태현 외, 1937), 도라지모시나물(박만규,
1949), 도라지잔대(박만규, 1974), 도라지모싯대(이영노, 1996)

중국/일본명　'중국식물지'는 이를 기재하지 않고 있다. 일본명 キキヤウシヤジン(桔梗沙参)은 도라지
(桔梗)를 닮은 사삼(シヤジン)이라는 뜻이지만 일본에 분포하지 않는 식물이다.

참고　[북한명] 큰잔대 [지방명] 말간딱지(경북)

Adenophora remotiflora *Miquel*　ソバナ
Mosîdae　모시때

모시대〈*Adenophora remotiflora* (Siebold & Zucc.) Miq.(1866)〉

모시대라는 이름은 '모시'와 '대'의 합성어로, 잎이 모시풀을 닮았고 대나무(또는 작대기)처럼 가늘
고 길게 자란다는 뜻에서 유래한 것으로 추정한다. 어린잎과 뿌리를 식용하거나 약용했다.[9] 『조선
의 구황식물』에서 '모시듸'로 기록한 것이 문헌상 처음으로 보이며, 『조선산야생약용식물』의 '모

는 리용재 외(2011), p.12 참조.

6　이러한 견해로 이우철(2005), p.179 참조.
7　이에 대해서는 유기억(2018), p.1208 참조.
8　이에 대해서는 『조선식물향명집』, 색인 p.47 참조.
9　이에 대해서는 『조선산야생약용식물』(1936), p.218과 『조선산야생식용식물』(1942), p.193 참조.

시나물'과 『조선식물향명집』의 '모시때'를 거쳐 『우리나라 식물자원』에서 '모시대'로 기록해 현재에 이르고 있다. 잎이 비슷한 식물로 모시풀(*Boehmeria nivea*)이 있고, 식물체가 가늘면서 곧게 줄기를 올려 1m 내외까지 자라는 유사한 종으로 잔대가 있는 점에 비추어볼 때 잎과 줄기의 형태를 형상화한 이름으로 보인다. 옛 문헌에 기록된 '薺苨'(제니)가 정확히 어떤 종을 일컫는지는 분명하지 않다. 한편 모시대는 일제강점기에 만들어진 이름으로 중국명 地蔘(지삼)이나 일본명 岨菜(저채)에 잇닿아 있는 것으로 해석하는 견해가 있다.[10] 그러나 『조선의 구황식물』은 수원 및 용인에서 실제로 사용한 이름으로 기록했고, 국립수목원이 조사하여 기록한 『한국의 민속식물』에

서도 모시대와 유사한 방언이 다수 발견되며, 그 뜻도 일본명과 같지 않다.

속명 *Adenophora*는 그리스어 *aden*(샘, 분비선)과 *phoreo*(지탱하다, 지니다)의 합성어로, 식물체 전체에 유액을 내는 샘세포가 있는 것에서 유래했으며 잔대속을 일컫는다. 종소명 *remotiflora*는 '드문드문 달리는 꽃의'라는 뜻으로 꽃차례의 모양에서 유래했다.

다른이름 모시나물(정태현 외, 1936), 모시때(정태현 외, 1937), 게로기(정태현 외, 1942), 모싯대(박만규, 1949), 뭉아지(리종오, 1964), 모시잔대/게루기(임록재 외, 1972), 그늘모시대(이상태 외, 1990)

옛이름 薺苨/獐矣皮/獐矣加次(향약구급방, 1236), 薺苨/季奴只(향약채취월령, 1431), 薺苨/季奴只(향약집성방, 1433), 薺苨/계로기(사성통해, 1517), 薺苨/계료기(훈몽자회, 1527), 薺苨/겨로기(언해구급방, 1608), 薺苨/계료기(동의보감, 1613), 薺苨/겨루기(역어유해, 1690), 薺苨/계로기(재물보, 1798), 薺苨/계륙이(물보, 1802), 薺苨/겨로기/杏蔘/苨苨/岾吉更(물명고, 1824), 薺苨/계로기(의종손익, 1868), 薺苨/제니/겨류기/香蔘(명물기략, 1870), 薺苨/계로기(방약합편, 1884), 薺苨/계로기(선한약물학, 1931), 개록이/결욱이(조선구전민요집, 1933)[11]

중국/일본명 중국명 薄叶荠苨(bao ye ji ni)는 얇은 잎을 가진 제니(薺苨: 모시대 종류인 *A. trachelioides*의 중국명)라는 뜻이다. 일본명 ソバナ(蕎麥菜)는 잎을 식용하는 방법이 메밀과 유사한 것에서 유래했는데, 돌산에서 자라는 나물이라는 뜻의 岨菜(저채)에서 유래했다고 보는 견해도 있다.

참고 [북한명] 모시잔대 [유사어] 제니(薺苨), 지삼(地蔘), 행엽사삼(杏葉沙蔘), 행엽채(杏葉菜) [지방명] 모시잎/모시잔대/모싯대/무잔대/우잔대/초롱꽃/초롱단(강원), 굴나물/모시나물/모싯대(경기), 모

---

10 이러한 견해로 김종원(2016), p.394 참조.

11 『조선의 구황식물』(1919)은 '모시딕(水原, 龍仁), 薺苨'를 기록했으며 『조선식물명휘』(1922)는 '薺苨, 地蔘, 苨苨, 모시딕(救)'를, 『토명대조선만식물자휘』(1932)는 '[薺苨]졔니, [岾桔梗]텸길경, [계로기]'를, 『선명대화명지부』(1934)는 '세로기, 계록기(이), 모시대'를 기록했다.

시딱주(경남), 모시나물/모시다대/모시딱/모시딱주/모시딱취/무시대/잔대/참도슬피/초롱당(경북), 모시/모싯대/모싯똥(전남), 초령단(전북), 진뿌리(제주), 모싯때(충북)

Adenophora verticillata *Fischer* var. typica *Regel*   ツリガネニンジン
Jandae   잔대   薺苨

잔대〈*Adenophora triphylla* (Thunb.) A.DC.(1830)〉[12]

잔대라는 이름은 『청구영언』에 기록된 옛이름 '잔다괴'에서 유래했다. 봄에 새싹을 나물로 먹고 뿌리는 구워 먹거나 약재로 사용했다.[13] 잔대의 정확한 어원은 밝혀져 있지 않지만 유사한 더덕이나 만삼이 덩굴로 자라는 반면에 줄기가 1m 내외로 곧추서서 자라는 점에 비추어, '잔다괴'는 '잔'('가늘고 작은'의 뜻을 더하는 접두사, 小)과 '다'(대 또는 딕, 작대기 또는 竹)와 '괴'(명사화 접미사)의 합성어로 작게 자라는 작대기 같다는 뜻에서 유래했을 것으로 추정한다.[14] 옛 문헌의 한자명 '薺苨'(제니)가 어떤 식물을 일컫는 것인지는 문헌별로 정확하지 않아 혼선이 있다.[15] 옛 문헌에서는 '獐矣皮'(노루이갗) 및 '계로기'(겨로기)라는 이름도 발견되지만 유래가 알려져 있지 않다. 한편 잔대의 유래에 대해 "1922년 『조선식물명휘』에 처음으로 나타나는 찬릐(Channai)에 잇닿을 것으로 보인다"라는 주장이 있다.[16] 그러나 옛 문헌에 '잔다괴' 및 '잔딕'라는 표현이 있을 뿐만 아니라, 『조선의 구황식물』에서 수원을 중심으로 하여 채록한 '찬딕 및 잔딕귀'라는 이름을 기록한 것과 현재의 방언 조사를 고려할 때, 『조선식물명휘』의 '찬릐'는 조선어에 익숙하지 않은 모리 다메조(森爲三)가 잘못 기록한 것으로 보인다. 또한 한자어 잔대(盞臺)에서 유래한 이름으로 꽃의 모양이 술잔 받침을 닮아서 붙여졌다고 보는 견해도 있으나,[17] 잔대는 우리말이므로 한자어에서 유래를 찾기는 어려워 보인다.

12 '국가표준식물목록'(2018)은 잔대의 학명을 *Adenophora triphylla* var. *japonica* (Regel) H.Hara(1951)로 기재하고 있으나, '세계식물목록'(2018)은 이를 본문 학명의 종내 변이로 보고 있으며 『장진성 식물목록』(2014)은 본문의 학명에 통합하여 분류한다.
13 이에 대해서는 『조선산야생식용식물』(1942), p.193과 『한국의 민속식물』(2017), p.1077 참조.
14 백문식(2014), p.428은 '잔딕'의 '잔'을 잘다(小)는 뜻으로 해석하고 있다.
15 일제강점기 때 약용식물을 조사·기록한 『조선산야생약용식물』(1936), p.218은 현재의 '모시대'를 일컫는 것으로 보았다.
16 이러한 견해로 김종원(2016), p.399 참조.
17 이러한 견해로 김병기(2013), p.471 참조.

속명 *Adenophora*는 그리스어 *aden*(샘, 분비선)과 *phoreo*(지탱하다, 지니다)의 합성어로, 식물체 전체에 유액을 내는 샘세포가 있는 것에서 유래했으며 잔대속을 일컫는다. 종소명 *triphylla*는 '삼출겹잎의'라는 뜻이지만 잎의 형태는 다양하다.

다른이름 딱주(정태현 외, 1942), 가는잎딱주/갯딱주(박만규, 1949)

옛이름 薺苨/獐矣加次/獐矣皮(향약구급방, 1236),[18] 薺苨/季奴只(향약채취월령, 1431), 薺苨/季奴只(향약집성방, 1433),[19] 薺苨/쪵녕(구급방언해, 1466), 薺苨/게로깃불휘(구급간이방언해, 1489), 薺苨/계로기(사성통해, 1517), 薺苨/계로기(훈몽자회, 1527), 薺苨/겨로기(언해구급방, 1608), 薺苨/계로기(동의보감, 1613), 薺苨/겨류기(역어유해, 1690), 薺苨/계로기(산림경제, 1715), 잔다괴(청구영언, 1728), 薺苨/계로기/쟌디(재물보, 1798), 薺苨/계륙이(물보, 1802), 薺苨/계로기/잔디/苨苨/杏蔘/蔓蔘/牴桔梗(광재물보, 19세기 초), 薺苨/겨로기/杏蔘/牴桔梗(물명고, 1824), 薺苨/盞多貴/蔓蔘(오주연문장전산고, 185?), 薺苨/계로기(의종손익, 1868), 薺苨/졔니/겨류기/香參(명물기략, 1870), 薺苨/잔디/蔓蔘/쟌다괴(의휘, 1871), 蔓蔘/잔디(녹효방, 1873), 薺苨/계로기(방약합편, 1884), 蔓蔘/쟌디(의방합편, 19세기), 싹쥬/개록이/결욱이(조선구전민요집, 1933)[20]

중국/일본명 중국명 轮叶沙参(lun ye sha shen)은 잎이 돌려나기 하는 사삼(沙參: 모래땅에서 나는 인삼이라는 뜻으로 당잔대 또는 잔대속의 중국명)이라는 뜻이다.[21] 일본명 ツリガネニンジン(釣鐘人蔘)은 꽃은 범종을 닮았고 뿌리는 인삼을 닮았다는 뜻이다.

참고 [북한명] 잔대 [유사어] 사삼(沙蔘) [지방명] 따주/딱개추/딱주/딱주기/딱주사/딱주생이/딱주시기/딱주싹/딱죽이/딱지/무시잔대/잔대싹/잔디/잔디싹/짝두싹/짠디/참딱주(강원), 겨륵/기러기싹/딱주기/산아구/삽숙/잔다구/잔다귀/잔대기/잔대기순/잔대순/잔대싹/잔드기/잔디나물/잔치(경기), 따주/딱개추/딱주/딱주기/딱주잎/딱죽이/딱추/무시잔대/작두/잔대기/짝도/짝두/짝두싹/짠대/짠대싹/짠디/짭조/짭쪼루(경남), 넓은잔대/단대/단대싹/딱주/딱주사/딱주싹/딱주잎/딱지/맑은딱주/부엌

18 『향약구급방』(1236)의 차자(借字) '獐矣加次/獐矣皮'(장의가차/장의피)에 대해 남풍현(1981), p.117은 '노루이갖'의 표기로 보고 있으며, 손병태(1996), p.54는 '놀이갖'의 표기로, 이덕봉(1963), p.16은 '놀이갖'의 표기로 보고 있다. 한편 김종원(2016), p.400은 "향약구급방에 나타난 장의피(獐矣皮)와 저우치치(猪牟知次)는 각각 잔대와 계로기에 잇닿은 향명 표기로 보인다"라고 주장하고 있으나, 『향약구급방』에 실제 기록된 향명과 표기가 다를 뿐만 아니라 어원학적으로 근거 있는 주장은 아닌 것으로 보인다.

19 『향약집성방』(1433)의 차자(借字) '季奴只'(계노지)에 대해 남풍현(1999), p.177과 손병태(1996), p.54는 '계로기'의 표기로 보고 있다.

20 『조선한방약료식물조사서』(1917)는 '게로기, 薺苨'를 기록했으며 『조선의 구황식물』(1919)은 '찬디(水源其他), 잔디귀(水源), 닥취, 沙蔘'을, 『조선어사전』(1920)은 '薺苨(졔니), 계로기'를, 『조선식물명휘』(1922)는 학명 A. latifolia에 대해 '沙蔘, 杏葉沙蔘, 닥취, 찬리(救, 藥)'를, Crane(1931)은 '초롱꽃, 燈花'를, 『토명대조선만식물자휘』(1932)는 '[(杏葉)沙蔘](힝엽)사슴, [참더덕(나물)]'을, 『선명대화명지부』(1934)는 '닥취, 잔대'를, 『조선의산과와산채』(1935)는 '薺苨, 잔대'를 기록했다.

21 중국의 『본초강목』(1596)은 "薺苨多汁 有濟(氵 苨)之狀 故以名之 濟(氵 苨) 濃露也 其根如沙參而葉如杏 故河南人呼爲杏葉沙參"(졔니는 즙이 많아 이슬을 모아놓은 모습을 하고 있으므로 이름 지어졌다. 졔니는 진한 이슬이다. 뿌리는 사삼과 같으면서 잎은 살구와 같다. 그러므로 하남 지역 사람들은 행엽사삼이라 부른다)이라고 기록했다.

딱주/산다구/작두/작두싹/잔다구/잔대싹/잔디/잔디디/짝두/짝두사/짝두싹/짠대/짠디/참딱주(경북), 닥주/돌가지/딱기/딱꾸/딱주/딱지/딱찌/딱취/산딱지/잔다구/잔다쿠/코딱끼(전남), 딱주/딱주싹/딱주 잎/딱지/딱초/잔나비/잔다구/잔대싹/잔대잎/잔디/짠다구/짠대(전북), 꿰더덕/더덕/던덕/딱지/산승/ 생이던덕(제주), 기러기싹/때꽃/잔다구/잔대나물/잔대술/잔대싹/잔대싹나물/잔디/잠도라지/장노/ 장독(충남), 딱주/잔대나물/잔대싹/잔디(충북), 닥시사/닥시삭/닥시싹/닭시사/장백사삼(함북)

Campanula glomerata Linné　ヤツシロサウ
Jaji-ǧotbanǧmaengi　자지꽃방맹이

자주꽃방망이〈*Campanula glomerata* L. subsp. *speciosa* (Hornem. ex Spreng.) Domin(1936)〉[22]
자주꽃방망이라는 이름은 자주색의 꽃이 모여 방망이 모양을 이룬다고 하여 붙여졌다.[23] 아이들이 꽃가지 여러 개를 꺾어 긴 꼬챙이에 둥글고 길게 둘러 묶어 가지고 노는 것을 '꽃방망이'라고 하는데,[24] 자주색의 꽃이 모여 피고 꽃방망이처럼 보인다는 뜻에서 유래한 이름으로 보인다. 『조선식물향명집』에서는 '꽃방맹(망)이'를 기본으로 하고 꽃의 색깔을 나타내는 '자지'(자주의 옛말)를 추가해 '자지꽃방맹이'를 신칭했으나,[25] 『조선식물명집』에서 맞춤법의 변화에 따라 '자주꽃방망이'로 개칭해 현재에 이르고 있다.

속명 *Campanula*는 라틴어 *campana*(종)에서 유래된 것으로, 꽃부리의 모양이 종을 닮았다고 하여 붙여졌으며 초롱꽃속을 일컫는다. 종소명 *glomerata*는 '모여서 구형이 된'이라는 뜻으로 꽃이 뭉쳐나기 하는 것에서 유래했다. 아종명 *speciosa*는 '아름다운, 화려한, 볼만한 가치가 있는'이라는 뜻이다.

다른이름 자지꽃방맹이(정태현 외, 1937), 꽃방맹이(박만규, 1949), 꽃방망이(안학수·이춘녕, 1963)

중국/일본명 중국명 聚花风铃草(ju hua feng ling cao)는 꽃이 뭉쳐서 나는 풍령초(風鈴草: *C. medium* 또는 초롱꽃속의 중국명)라는 뜻이다. 일본명 ヤツシロサウ(八代草)는 구마모토현 야쓰시로(八代)에서 최초 발견된 식물이라는 뜻이다.

참고 [북한명] 꽃방망이 [지방명] 초롱동이(경북)

---

22 '국가표준식물목록'(2018)은 자주꽃방망이의 학명을 *Campanula glomerata* var. *dahurica* Fisch. ex Ker Gawl.(1822)로 기재하고 있으나, 『장진성 식물목록』(2014), '중국식물지'(2018) 및 '세계식물목록'(2018)은 이 학명을 이명(synonym)으로 처리하고 본문의 학명을 정명으로 기재하고 있다.

23 이러한 견해로 이우철(2005), p.438; 권순경(2016.8.10.); 김종원(2016), p.406 참조.

24 이에 대해서는 국립국어원, '표준국어대사전' 중 '꽃방망이' 참조.

25 이에 대해서는 『조선식물향명집』, 색인 p.45 참조.

Campanula punctata *Lamarck*　ホタルブクロ
Chorong-got　초롱꽃

초롱꽃〈*Campanula punctata* Lam.(1785)〉

초롱꽃이라는 이름은 꽃의 모양이 밤에 불을 밝히는 초롱(燈)을 닮았다는 뜻에서 유래했다.[26] 어린잎을 식용했다.[27] 조선총독부에서 간행한 『조선어사전』은 '초롱'을 "夜行時에 手挭하는 燈의 總稱"(야행할 때 손에 쥐는 등의 총칭)이라고 기록했다. 19세기 말에 저술된 『한불자전』에 '쵸롱숏'이라는 이름이 발견되는 것을 고려할 때 『조선식물향명집』에서 당시 사용하던 이름을 채록한 것으로 추론되며,[28] 19세기에 저술된 『환재집』과 『한불자전』은 '燭籠花'(촉롱화)와 '쵸롱숏/燭籠花'가 자주색 꽃이 핀다고 한 것에 비추어 초롱꽃이라는 이름은 여러 종의 식물을 일컬었던 것으로 보인다.[29]

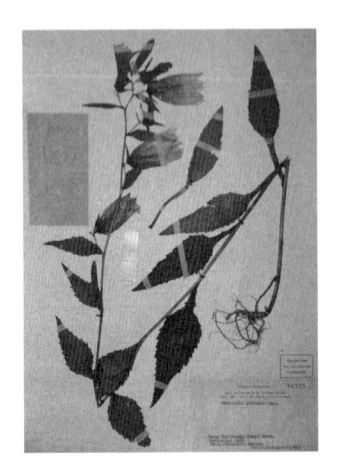

　속명 *Campanula*는 라틴어 *campana*(종)에서 유래된 것으로, 꽃부리의 모양이 종을 닮았다고 하여 붙여졌으며 초롱꽃속을 일컫는다. 종소명 *punctata*는 '반점이 있는'이라는 뜻으로 꽃 안쪽에 짙은 반점이 있는 것에서 유래했다.

옛이름　燭籠臺/초롱디(의휘, 1871), 燭籠花(환재집, 1877), 쵸롱숏/燭籠花(한불자전, 1880), 초롱숏(동아일보, 1925)[30]

중국/일본명　중국명 紫斑风铃草(zi ban feng ling cao)는 자주색 무늬가 있는 풍령초(風鈴草: 바람이 불면 울리는 작은 종인 풍경을 닮은 꽃이라는 뜻으로 *C. medium* 또는 초롱꽃속의 중국명)라는 뜻이다. 일본명 ホタルブクロ(蛍袋)는 어린아이들이 이 꽃으로 반딧불이를 잡고 놀았다는 것에서 유래했다.

참고　[북한명] 초롱꽃 [유사어] 자반풍령초(紫斑風鈴草) [지방명] 까마구오줌통/초롱단(강원), 까마

26　이러한 견해로 이우철(2005), p.518; 허북구·박석근(2008a), p.197; 이유미(2013), p.433; 김경희 외(2014), p.85; 김종원(2016), p.409 참조.

27　이에 대해서는 『한국의 민속식물』(2017), p.1084 참조.

28　한편 김종원(2016), p.409는 "식물 이름에 '초롱'이 들어간 것은 20세기의 일"이라고 주장하고 있으나, 옛 문헌의 기록을 살피지 않은 견해로 보인다.

29　박규수가 저술한 『환재집』(1877)은 "此物到處有之 其根俗所謂沙蔘相似 七八月開紫花 兩兩相對 下垂如鈴如燈籠 故樵童稱燭籠花 有花大者亦有花小者 其實一物也"(이 식물은 곳곳에 있습니다. 그 뿌리는 세속에서 사삼이라고 말하는 것과 서로 비슷합니다. 7, 8월에 자주색 꽃이 두 송이씩 서로 마주 보고 핍니다. 그 아래에는 마치 방울 같고 등롱 같은 것이 달리기 때문에 초동들이 '촉롱화'라고 부릅니다. 꽃이 큰 것도 있고 작은 것도 있지만 실제로는 한 종류입니다)라고 기록했는데, 이때 촉롱화는 잔대 또는 모시대를 일컬었고, 『한불자전』(1880)은 '쵸롱숏/燭籠花'에 대해 "Digigale pourprée, scrofiularinée"(자줏빛의 디기탈리스, ?)라고 기록해 잔대(모시대) 또는 자주꽃방망이를 일컬었던 것으로 보인다.

30　『조선식물명휘』(1922)는 '山小菜(救)'를 기록했으며 『토명대조선만식물자휘』(1932)는 '[錦囊花]금낭화'를 기록했다.

구오줌통/까마귀오줌통/단지꽃/등꽃/딸방기꽃/모시나물/모시대/모시딱취/자주꽃방망이(경북), 초
롱꽃나물(전남)

⊗Campanula takesimana *Nakai*　タケシマホタルブクロ
Sŏm-choronggot　섬초롱꽃

섬초롱꽃⟨*Campanula takesimana* Nakai(1919)⟩[31]

섬초롱꽃이라는 이름은 섬(울릉도)에 분포하는 초롱꽃이라는 뜻에서 붙여졌다.[32] 울릉도에 분포하
는 여러해살이풀로 초롱꽃에 비해 보다 크고 꽃이 홍자색이다. 『조선식물향명집』에서 전통 명칭
'초롱꽃'을 기본으로 하고 식물의 산지(産地)와 학명에 착안한 '섬'을 추가해 신칭했다.[33]

　속명 *Campanula*는 라틴어 campana(종)에서 유래된 것으로, 꽃부리의 모양이 종을 닮았다고
하여 붙여졌으며 초롱꽃속을 일컫는다. 종소명 *takesimana*는 '울릉도의'라는 뜻으로 울릉도 특
산종임을 나타낸다.

다른이름　흰섬초롱꽃(이창복, 1969b)

중국/일본명　중국에는 분포하지 않는 식물이다. 일본명 タケシマホタルブクロ(鬱陵島螢袋)는 다케시마
(タケシマ: 당시에 일본인이 울릉도를 흔히 부르던 명칭)에 분포하는 초롱꽃(ホタルブクロ)이라는 뜻이다.

참고　[북한명] 섬초롱꽃 [지방명] 모시나물/모시딱지(경북), 모시따깨(울릉)

Codonopsis lanceolata *Bentham et Hooker*　ツルニンジン
Dŏdŏg　더덕　沙蔘

더덕⟨*Codonopsis lanceolata* (Siebold & Zucc.) Benth. & Hook.f. ex Trautv.(1879)⟩

더덕이라는 이름은 뿌리에 울퉁불퉁하고 작은 혹 같은 것이 붙어 있는 모습을 '더데'나 '더더귀'로
형상화한 것에서 유래했다.[34] 덩굴식물로 뿌리를 약용하거나 식용했다.[35] 부스럼 딱지나 때 따위가
거듭 붙어서 된 조각을 '더데' 또는 '더뎅이'라 하고,[36] 자그마한 것들이 곳곳에 많이 붙어 있는 모

31　'국가표준식물목록'(2018)은 섬초롱꽃의 학명을 본문과 같이 하여 별도 분류하고 있으나, 최근의 유전자 조사 결과 초롱
　　꽃과 별다른 차이가 없어 『장진성 식물목록』(2014)과 '세계식물목록'(2018)은 초롱꽃(C. punctata)에 통합하고 있으므로
　　주의를 요한다.

32　이러한 견해로 이우철(2005), p.344와 허북구·박석근(2008a), p.135 참조.

33　이에 대해서는 『조선식물향명집』, 색인 p.41 참조.

34　이러한 견해로 백문식(2014), p.147과 김종원(2016), p.415 참조. 다만 김종원은 돌이 덕지덕지 쌓인 산비탈 숲속 땅바닥에
　　사는 것에 잇닿은 말이라고도 하고 있다.

35　이에 대해서는 『조선산야생약용식물』(1936), p.219와 『조선산야생식용식물』(1942), p.194 참조.

36　옛 표현으로 『구급방언해』(1466)의 '더데', 『동문유해』(1748)의 '더뎅이'가 있다.

양을 '더덕더덕하다'고 한다.[37] 강원도 방언에 '더데기'가 있는데, 뿌리의 모양과 관련한 이름이다. 옛 문헌에서 한자로는 沙蔘(사삼)이라고 했는데, 뿌리가 인삼과 비슷하며 모래땅에서 잘 자란다는 뜻이다.[38] 중국의 『본초강목』은 '沙參'(사삼)과 '羊乳'(양유)를 같은 식물을 일컫는 것으로 기록했으나, '중국식물지'는 '沙參'(사삼)을 당잔대(Adenophora stricta)를 가리키는 이름으로, '羊乳'(양유)를 더덕을 가리키는 이름으로 사용하고 있다. 우리의 옛 문헌에서 沙蔘(사삼)이 어떤 식물을 일컫는지에 대해 『동의보감』은 식물의 형태를 기술하지 않아 불명확하지만, 19세기에 저술된 『물명고』는 "似桔梗而蔓生"(도라지와 비슷하지만 덩굴로 자란다)이라고 하여 현재의 '더덕' 또는 '만삼'

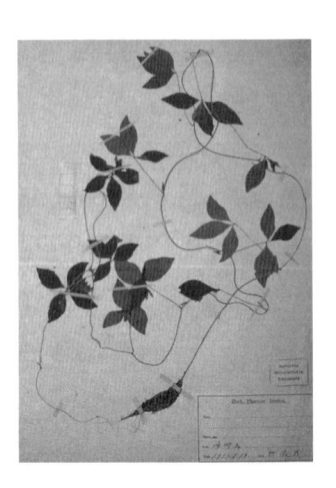

을 일컬었던 것으로 보인다. 일제강점기 때 약용식물을 조사·기록한 『조선산야생약용식물』은 당시 약재시장에서 沙蔘(사삼)이라는 이름이 현재의 더덕을 일컫는 이름이었다는 것을 기록했다. 한편 더덕의 유래를 한자명 土德(토덕)에서 찾기도 하지만,[39] 더덕의 한자는 沙蔘(사삼)으로 사용되어 왔고 더덕은 고유어이므로 타당하지 않은 해석이다.

속명 Codonopsis는 그리스어 kodon(종)과 opsis(닮은)의 합성어로, 꽃부리가 종을 닮은 데서 유래했으며 더덕속을 일컫는다. 종소명 lanceolata는 '창모양의'라는 뜻으로 뿌리의 모양에서 유래했다.

다른이름 더덕(정태현 외, 1936), 참더덕(유기억 외, 1989)

옛이름 沙蔘/加德(향약채취월령, 1431), 沙蔘/加德(향약집성방, 1433),[40] 沙蔘/더덕(구급간이방언해, 1489), 沙蔘/더덕/人藥/作葍(훈몽자회, 1527), 沙蔘/더덕(구황촬요, 1554), 沙蔘/더덕(신증유합, 1576), 沙蔘/더덕(언해구급방, 1608), 沙蔘/더덕(동의보감, 1613), 山蔘/더덕(역어유해, 1690), 沙蔘/더덕(산림경제, 1715), 沙蔘/더덕(동문유해, 1748), 沙蔘/더덕(몽어유해, 1768), 茗蒳菜/더덕(방언집석, 1778), 더덕/茗蒳菜(한청문감, 1779), 蔘/더덕(왜어유해, 1782), 沙蔘/더덕/鈴兒草(재물보, 1798), 沙蔘/더덕(제중신편, 1799), 沙蔘/더덕/白蔘/羊乳/羊婆奶/鈴兒草(광재물보, 19세기 초), 沙蔘/더덕/白蔘/羊乳/羊婆奶/鈴兒草/虎髮(물명고, 1824), 沙蔘/더덕/土德(동언고, 1836), 沙蔘/더덕(의종손익, 1868), 沙蔘/사삼/더덕/羊乳(명물기략, 1870), 더덕/沙蔘(한불자전, 1880), 沙蔘/더덕(방약합편, 1884), 沙蔘/더덕(일용비람기, 연대미상), 沙蔘/더덕/葍(신

---

37 옛 표현으로 『사민필지』(1889)의 '더더귀'가 있다.

38 중국의 『본초강목』(1596)은 "沙參白色 宜於沙地 故名"(사삼은 색이 희고 모래땅에 알맞으므로 이름 지어졌다)이라고 기록했다.

39 『동언고』(1836)는 "沙蔘을 더덕이라 홈은 土德이니 土精의 化혼 배니 其狀이 塊纍然 후니라"라고 기록했다.

40 『향약집성방』(1433)의 차자(借字) '加德'(가덕)에 대해 남풍현(1999), p.176은 '더덕'의 표기로 보고 있다.

자전, 1915), 沙蔘/더덕(선한약물학, 1931)[41]

중국/일본명 중국명 羊乳(yang ru)는 뿌리에 흰 즙이 많은 것을 양의 젖에 비유한 데서 유래했다.[42] 일본명 ツルニンジン(蔓人蔘)은 덩굴성 인삼(ニンジン)이라는 뜻이다.

참고 [북한명] 더덕 [유사어] 사삼(沙蔘), 산해라(山海螺), 양유(羊乳), 영아초(鈴兒草) [지방명] 더데기/산더칙(강원), 백삼(경기), 더더기/더덕초/더둑/디덕(경남), 더더기/더드미/디디기/참더덕(경북), 도덕/도라지/산더덕(전남), 더덕뿌렝이/더벅(전북), 던덕/산승/산싱/신싱(제주), 더득/산더덕(충남), 더딜기/삼성더데기(함남), 더덕이/더딜기(함북)

○ Codonopsis sylvestris *Komarov*　ヒカゲツルニンジン
Mansam　만삼　蔓蔘

만삼〈*Codonopsis pilosula* (Franch.) Nannf.(1929)〉

만삼이라는 이름은 한자명 '蔓蔘'(만삼)에서 유래한 것으로, 뿌리가 인삼을 닮았는데 덩굴성으로 자란다는 뜻에서 붙여졌다.[43] 뿌리를 약용하거나 식용했다.[44] 옛 문헌에서 만삼은 종종 모시대 또는 잔대를 의미하는 薺苨(제니)와 혼용했고, 일제강점기에 저술된 『조선식물명휘』는 '더덕'을 일컫는 것으로 기록하기도 했다. 일제강점기에 약용식물을 조사·기록한 『조선산야생약용식물』은 당시 대구, 대전 및 평양의 약재시장에서 생약명 '蔓蔘'(만삼)으로 거래되는 식물이 *C. pilosula*(=*C. sylvestris*)라고 기록했고, 『조선식물향명집』은 이를 이어받아 현재에 이르고 있다.

속명 *Codonopsis*는 그리스어 *kodon*(종)과 *opsis*(닮은)의 합성어로, 꽃부리가 종을 닮은 데서 유래했으며 더덕속을 일컫는다. 종소명 *pilosula*는 '부드러운 털이 있는'이라는 뜻이다.

---

41 『제주도및완도식물조사보고서』(1914)는 'シスン, サンスン'[신싱, 산싱]을 기록했으며 『지리산식물조사보고서』(1915)는 'とどぎ, とでぎ'[더덕, 더데기]를, 『조선한방약료식물조사서』(1917)는 '더덕, 莎蔘'을, 『조선의 구황식물』(1919)은 '더덕, 참더덕, 莎蔘, 羊乳'를, 『조선어사전』(1920)은 '더덕, 沙蔘(사슴)'을, 『조선식물명휘』(1922)는 '羊乳, 奶樹, 더덕, 참더덕(藥, 救)'을, 『토명대조선만식물자휘』(1932)는 '[蔓蔘]만슴, 더덕나물'을, 『선명대화명지부』(1934)는 '더덕, 참더덕'을, 『조선의산과와산채』(1935)는 '沙蔘, 더덕'을 기록했다.

42 중국의 『본초강목』(1596)은 "其根多白汁 俚人呼爲羊婆奶 別錄有名未用 羊乳卽此也"(그 뿌리에 흰 즙이 많아서 지역 사람들은 양파내라고 부르는데, 명의별록에서 이름은 있으나 쓰지 않는 항목에 있는 양유가 이것이다)라고 기록했다.

43 이러한 견해로 이우철(2005), p.211 참조.

44 약용 및 식용에 대해서는 『조선산야생약용식물』(1936), p.220과 『조선산야생식용식물』(1942), p.194 참조.

다른이름 만삼(정태현 외, 1936), 삼승더덕(리용재 외, 2011)

옛이름 蔓蔘(일성록, 1788), 薺苨/계로기/잔딕/蔓蔘(광재물보, 19세기 초), 薺苨/蓋多貴/蔓蔘(오주연문장전산고, 185?), 蔓蔘/쟌다괴(의휘, 1871), 蔓蔘/잔딕(녹효방, 1873), 蔓蔘(승정원일기, 1875), 蔓蔘(환재집, 1877), 蔓蔘/쟌딕(의방합편, 19세기)[45]

중국/일본명 중국명 党参(dang shen)은 상당(上黨, 산시성 동남부) 지역에서 나는 삼(蔘)이라는 뜻이다. 일본명 ヒカゲツルニンジン(日陰蔓人蔘)은 음지에서 자라는 더덕(ツルニンジン)이라는 뜻이다.

참고 [북한명] 만삼

○ Codonopsis ussuriensis *Hemsley* バアソブ
Sogyŏng-bulal 소경불알

소경불알〈*Codonopsis ussuriensis* (Rupr. & Maxim.) Hemsl.(1889)〉

소경불알이라는 이름은 더덕에 비해 뿌리가 길게 자라지 않고 둥근 모양인데 소경이 더듬듯이 만져보아야 비로소 알 수 있다는 뜻에서 유래했다.[46] 흔히 '소경의 불알'로 보아 시각 장애인을 비하한 표현이라 보기도 하지만, 둥근 뿌리의 모양을 소경의 불알에 비유할 이유가 없어 이러한 해석의 타당성은 의문스럽다. 덩이뿌리를 식용했는데[47] 그 색깔이 노란색이어서 캘 때 흙과 뒤섞이면 쉽게 구별이 되지 않으므로 이를 표현한 것으로 보인다. 『조선식물향명집』에서 '소경불알'이라는 이름이 처음 발견되는데, 방언(향명)을 채록한 것인지 또는 신칭한 이름인지 명확하지 않다.

속명 *Codonopsis*는 그리스어 *kodon*(종)과 *opsis*(닮은)의 합성어로, 꽃부리가 종을 닮은 데서 유래했으며 더덕속을 일컫는다. 종소명 *ussuriensis*는 '우수리강 유역에 분포하는'이라는 뜻으로 발견지 또는 분포지를 나타낸다.

다른이름 소경불알더덕(박만규, 1949), 만삼아재비(도봉섭 외, 1957), 알더덕(박만규, 1974), 알만삼(이창복, 2003), 까치더덕(리용재 외, 2011)[48]

---

45 『조선한방약료식물조사서』(1917)는 '蔓蔘'을 기록했으며 『조선의 구황식물』(1919)은 '더덕, 蔓蔘'을, 『조선식물명휘』(1922)는 '蔓蔘, 더덕(藥, 救)'을, 『선명대화명지부』(1934)는 '참더덕'을, 『조선의산과와산채』(1935)는 '蔓蔘, 더덕'을 기록했다.
46 이러한 견해로 이우철(2005), p.348 참조.
47 이에 대해서는 『한국식물도감(하권 초본부)』(1956), p.644와 『한국의 민속식물』(2017), p.1089 참조.
48 『조선한방약료식물조사서』(1917)는 '빅경부랄'을 기록했으며 『조선의 구황식물』(1919)은 '더덕'을, 『조선식물명휘』(1922)는 '奶樹, 山海螺, 더덕'을 기록했다.

중국/일본명 중국명 雀斑党参(que ban dang shen)은 꽃 안쪽의 자색 무늬가 주근깨(雀斑)를 연상시키는 당삼(黨參: 만삼의 중국명)이라는 뜻이다. 일본명 バアソブ(婆-)는 일본의 지역 방언으로 バア는 노파(婆)라는 뜻이고 ソブ는 주근깨(ソバカス, 雀斑)의 뜻으로, 꽃 안쪽의 자주색 무늬가 노파의 얼굴을 연상시킨다고 하여 붙여졌다.

참고 [북한명] 만삼아재비 [유사어] 오소리당삼(烏蘇哩黨蔘) [지방명] 까치더덕/깐치더덕(전북), 던덕(제주)

⊗ Hanabusaya asiatica *Nakai*　　ハナブササウ
Gumgang-choroñg　금강초롱(화방초)

금강초롱꽃⟨*Hanabusaya asiatica* (Nakai) Nakai(1911)⟩

금강초롱꽃이라는 이름은 금강산에서 발견되었고 꽃이 초롱꽃을 닮았다는 뜻에서 유래했다.[49] 경기도·강원도·함경남도 등지의 높은 산에 분포하는 한국 특산종이다. 잎이 줄기 중간에서는 어긋나고 윗부분의 것은 마디 사이가 좁아서 뭉쳐난 것같이 보이고, 수술이 모여 있는(집약수술) 특징이 있어 별도 속으로 분류되었다.[50] 『조선식물향명집』에서는 전통 명칭 '초롱'(꽃)을 기본으로 하고 식물의 산지(産地)를 나타내는 '금강'(산)을 추가해 '금강초롱'을 신칭했으나,[51] 『대한식물도감』에서 '금강초롱꽃'으로 개칭해 현재에 이르고 있다. 1936년 4월 21일 자 『동아일보』 기사에 '금강초롱'이라는 이름이 보이지만, 이는 『조선식물향명집』의 제2저자 도봉섭(1906~?)에 의해 발표된 것으로 종래 사용하던 전통적 명칭이 아니라 새로이 신칭한 이름을 『조선식물향명집』 발간 이전에 발표한 것으로 추정된다. 그 이전에 달리 기록된 문헌이나 방언은 발견되지 않는다.

　　속명 *Hanabusaya*는 나카이 다케노신(中井猛之進, 1882~1951)이 표본을 채집해 조선 식물 연구에 도움을 준 일본 외교관 하나부사 요시모토(花房義質, 1842~1917)를 기리는 뜻에서 부여한 것이며 금강초롱꽃속을 일컫는다. 종소명 *asiatica*는 '아시아의'라는 뜻이다.

다른이름 금강초롱/화방초(정태현 외, 1937)

---

49 이러한 견해로 이우철(2005), p.97; 허북구·박석근(2008a), p.40; 안옥규(1996), p.56; 박일환(1994), p.38; 권순경(2014.8.13.)
　　참조.
50 이에 대해서는 T. Nakai(1911), p.62 참조.
51 이에 대해서는 『조선식물향명집』, 색인 p.33 참조.

금강초롱/화방초(동아일보, 1936)

중국에는 분포하지 않는 식물이다. 일본명 ハナブササウ(花房草)는 일본 외교관 하나부사 요시모토(花房義質)의 이름에서 유래했다.

[북한명] 금강초롱[52]

⊗ Hanabusaya latisepala *Nakai*　キタヤマハナブササウ
Gòmsan-choroṇg　검산초롱

검산초롱꽃〈*Hanabusaya latisepala* Nakai(1921)〉[53]

검산초롱꽃이라는 이름은 함경남도 검산령에서 발견되었고 꽃이 초롱꽃을 닮았다는 뜻에서 유래했다.[54] 함경남도와 평안북도에 분포하는 여러해살이풀로, 금강초롱꽃에 비해 꽃받침이 다소 넓다는 이유로 별도 종으로 분류되었으나 분류학적 타당성에 대해서는 논란이 있다. 『조선식물향명집』에 기록된 '검산초롱'이 최초의 한글명으로, 전통 명칭 '초롱'(꽃)을 기본으로 하고 식물의 산지(産地)를 나타내는 '검산'(령)을 추가해 신칭했으나,[55] 『대한식물도감』에서 '검산초롱꽃'으로 개칭해 현재에 이르고 있다.

속명 *Hanabusaya*는 나카이 다케노신(中井猛之進, 1882~1951)이 표본을 채집해 조선 식물 연구에 도움을 준 일본 외교관 하나부사 요시모토(花房義質, 1842~1917)를 기리는 뜻에서 부여한 것이며 금강초롱꽃속을 일컫는다. 종소명 *latisepala*는 '넓은 꽃받침의'라는 뜻으로 금강초롱꽃에 비해 꽃받침의 열편이 넓고 톱니가 있는 것에서 유래했다.

검산초롱(정태현 외, 1937)

중국에는 분포하지 않는 식물이다. 일본명 キタヤマハナブササウ(劍山花房草)는 검산령에서 나는 금강초롱꽃(ハナブササウ)이라는 뜻이다.

[북한명] 검산초롱[56]

---

52 북한에서는 금강초롱꽃의 학명을 *Keumkangsania asiatica* Kim.(1976)으로 기재하고 있으나, '세계식물목록'(2018)은 이를 이명(synonym)으로 처리하고 있으며 세계적으로 통용되지 않는 학명이다.

53 '국가표준식물목록'(2018)은 검산초롱꽃을 금강초롱꽃과 분리하여 별도 식물로 분류하고 있으나, 『장진성 식물목록』(2014)과 '세계식물목록'(2018)은 이를 금강초롱꽃(*H. asiatica*)에 통합하고 별도 분류하지 않으므로 주의를 요한다.

54 이러한 견해로 이우철(2005), p.67 참조.

55 이에 대해서는 『조선식물향명집』, 색인 p.32 참조.

56 북한에서는 검산초롱꽃의 학명을 *Keumkangsania latisepala* Kim.(1976)으로 기재하고 있으나, '세계식물목록'(2018)은 이명(synonym)으로 처리하고 인정하지 않는 학명이다.

Lobelia radicans *Thunberg*　ミゾカクシ
Suyŏm-garaeǧot　수염가래꽃

수염가래꽃〈*Lobelia chinensis* Lour.(1790)〉

수염가래꽃이라는 이름은 '수염'(鬚)과 '가래'(枚)와 '꽃'의 합성
어로, 꽃부리가 5개로 갈라지는 모양이 수염을 연상시키고 꽃
의 모양이 농기구인 가래를 닮았다는 뜻에서 유래했다.[57] 『조
선식물향명집』에서 '수염가래꽃'이라는 이름이 최초로 발견
되는데, 방언을 채록한 것인지 또는 신칭한 이름인지는 명확
하지 않다.

속명 *Lobelia*는 플랑드르(Flandre)의 물리학자이자 식물학
자인 Matthias de Lobel(1538~1616)의 이름에서 유래했으며
숫잔대속을 일컫는다. 종소명 *chinensis*는 '중국에 분포하는'
이라는 뜻으로 발견지 또는 분포지를 나타낸다.

　다른이름　수염가래(리종오, 1964)

　옛이름　半邊蓮/急解索(광재물보, 19세기 초)[58]

　중국/일본명　중국명 半边莲(ban bian lian)은 꽃이 연꽃을 연상시키지만 반쪽 가장자리에만 꽃이 피는
듯한 모양이라는 뜻이다.[59] 일본명 ミゾカクシ(溝隠)는 개울에 숨어서 자라는 식물이라는 뜻이다.

　참고　[북한명] 수염가래 [유사어] 반변련(半邊蓮)

Lobelia sessilifolia *Lamarck*　サハギケフ(チヤウジナ)
Sutjandae　숫잔대

숫잔대〈*Lobelia sessilifolia* Lamb.(1811)〉

숫잔대라는 이름은 '숫'(수컷)과 '잔대'의 합성어로, 잔대를 닮았으나 더 억세고 거칠어 보인다는
뜻에서 유래한 것으로 추정한다. 산지의 습지에서 주로 자라는데 땅속줄기가 있고 보라색 꽃이
피는 모습 등에서 잔대와 비슷하다. 식물명에서 '수(숫)'는 수까치깨와 숫명다래나무와 같이 일반

57　이러한 견해로 김종원(2013), p.370 참조. 다만 김종원은 '가래'가 대표적 논 잡초인 식물 가래에서 유래했다고 하고 있으
　　나, 식물명 '가래'는 잎의 모양이 농기구 가래와 유사한 것에서 유래한 이름이고 수염가래꽃과 식물 가래는 형태에서 차
　　이가 많으므로 타당하지 않은 것으로 보인다.

58　『조선식물명휘』(1922)는 '半邊蓮'을 기록했다.

59　중국의 『본초강목』(1596)은 "秋開小花 淡紅紫色 止有半邊 如蓮花狀 故名"(가을에 작은 꽃이 피는데 옅은 홍자색이고 절반까지
　　피고 연꽃 모양과 같아서 이름 지어졌다)이라고 기록했다.

적으로 수컷의 뜻으로, 보다 거칠고 억세어 보일 때 사용하는
것이므로 '숫잔대'의 '숫'을 수컷의 의미로 해석한다. 한편 습
지에 사는 잔대라는 뜻의 습잔대가 변화해 숫잔대가 되었다
고 해석하는 견해가 있다.[60] 북한에서 추천명을 '습잔대'로 하
고 일본명에 늪지를 뜻하는 サハ(沢)가 들어 있는 것에서 비롯
하는 것으로 이해된다. 그러나 숫잔대는 방언(향명)에서 유래
한 것으로 보이는데 방언에서 습(濕)을 '숫'으로 사용한 예가
보이지 않고, '습잔대'로 사용한 예도 발견되지 않고 있다.

　　속명 Lobelia는 플랑드르(Flandre)의 물리학자이자 식물학
자인 Matthias de Lobel(1538~1616)의 이름에서 유래했으며
숫잔대속을 일컫는다. 종소명 sessilifolia는 '자루가 없는 잎'
의 뜻으로 잎자루가 없는 것에서 유래했다.

다른이름 　진들도라지(박만규, 1949), 잔대아재비(박만규, 1974), 습잔대(김현삼 외, 1988)[61]

중국/일본명 　중국명 山梗菜(shan geng cai)는 산에서 자라고 도라지(桔梗)를 닮은 나물이라는 뜻이다.
일본명 サハギケフ(沢桔梗)는 늪지에서 자라는 도라지라는 뜻이다.

참고 　[북한명] 습잔대 [유사어] 산경채(山梗菜)

Phyteuma japonica *Miquel*　シデシヤジン
Yomaja　염아자

영아자〈*Asyneuma japonicum* (Miq.) Briq.(1931)〉

영아자라는 이름은 방울 모양의 꽃을 피우는 식물인 영아초(鈴兒草=더덕)를 닮은 식물이라는 뜻에
서 유래한 것으로 추정한다. 뿌리가 굵어지는 특성이 있으며, 어린잎을 식용했다.[62] 19세기에 저술
된 『물명고』와 『임원경제지』는 沙蔘(사삼, 더덕)의 별칭으로 '鈴兒草'(영아초)를 기록했는데, 이는 꽃
의 모양이 방울을 닮은 것에서 유래한 이름이다.[63] 『조선식물향명집』은 『조선식물명휘』에서 기록
한 '염아자'를 그대로 조선명으로 기록했으나, 『한국식물도감(하권 초본부)』에서 '영아자'로 변경해

60　이러한 견해로 권순경(2019.1.9.)과 이동혁(2013b), p.273 참조.
61　『조선식물명휘』(1922)는 '山梗菜, 숫잔딕(藥)'를 기록했으며 『토명대조선만식물자휘』(1932)는 '[山梗菜]산경치'를, 『선명대
　　화명지부』(1934)는 '숫잔대'를, 『조선의산과와산채』(1935)는 '山梗菜, 숫산딕'를 기록했다.
62　이에 대해서는 『조선산야생식용식물』(1942), p.194와 『한국의 민속식물』(2017), p.1082 참조.
63　서유구가 저술한 『임원경제지』(1842) 중 『관휴지(灌畦志)』는 '沙蔘'(사삼)에 대해 "秋月 葉間開小紫花 長二三分 狀如鈴
　　鐸"(가을에 작은 자주색의 꽃이 잎 사이에서 피는데 길이 2~3푼이고 방울 또는 목탁과 모양이 같다)이라고 기록했다.

현재에 이르고 있다.[64] 한편 당산나무에 흰 띠종이를 꽂은 새끼줄을 돌리는 길지(吉紙) 문화를 일컫는 우리 고유 명칭에서 유래했다는 견해가 있다.[65] 일본명 シデシヤジン(四手沙蔘)에서 길지(吉紙) 문화인 シデ(四手)가 우리나라에서 기원한다는 것에 근거를 두고 있으나, 이러한 풍습을 염아자(영아자)라고 했다는 것은 추정일 뿐이고 이에 대한 근거는 발견되지 않는 것으로 보인다.

속명 Asyneuma는 그리스어 a(부정)와 syn(유사)과 euma(속명 Phyteuma의 약어)의 합성어로, 과거 영아사가 속했던 속명 Phyteuma와 다른 속이라는 뜻에서 붙여졌으며 영아자속을 일컫는다. 종소명 japonicum은 '일본의'라는 뜻으로 분포지 또는 발견지를 나타낸다.

다른이름 염아자(정태현 외, 1937), 미나리싹(정태현 외, 1942), 여마자(박만규, 1949), 염마자(박만규, 1974)

옛이름 沙蔘/鈴兒草(광재물보, 19세기 초), 沙蔘/더덕/鈴兒草(물명고, 1824), 沙蔘/鈴兒草(임원경제지, 1842), 鈴兒草/沙蔘(송남잡지, 1855)[66]

중국/일본명 중국명 牧根草(mu gen cao)는 뿌리를 기르는 풀이라는 뜻으로, 뿌리가 굵어지는 것에서 유래한 이름으로 추정한다. 일본명 シデシヤジン(四手沙蔘)은 가늘게 갈라진 꽃부리의 열편을 신에게 바치기 위해 나무에 매다는 무명실인 シデ(四手)와 비슷하다고 본 것에서 유래했다.

참고 [북한명] 염아자 [유사어] 산만청(山蔓菁) [지방명] 단나물/매나리싹/물잔대/미나리싹(강원), 미나리싹(경기), 물잔대/민다래끼/민드라지/민드레끼(경북)

Platycodon glaucum *Nakai*　キキヤウ　桔梗
Doraji　도라지

도라지〈*Platycodon grandiflorus* (Jacq.) A.DC.(1830)〉

도라지라는 이름은 옛이름 '도랏'이 어원이며, 돌밭과 같은 척박한 곳에서 자라는 것이라는 뜻에서 유래했다.[67] 옛날부터 뿌리를 약용하거나 식용했다.[68] 옛 문헌에 '돌앗'이라는 이름이 기록되어 있고 방언에 돌가지(돌갓)라는 이름이 남아 있는 것으로 보아, '도랏'은 '돌'(石)과 '갓'(物)의 합성어

---

64 『조선식물명휘』(1922)는 '염아자'로 기록했으나, 『조선의 구황식물』(1919)과 『선명대화명지부』(1934)는 '명아자'라는 이름을 기록하고 있는 것에 비추어 조선어에 익숙하지 못한 일본인들의 오채록일 수도 있을 것으로 추론된다.

65 이러한 견해로 김종원(2016), p.402 참조.

66 『조선의 구황식물』(1919)은 '명아자'를 기록했으며 『조선식물명휘』(1922)는 '염아자(救)'를, 『선명대화명지부』(1934)는 '명아자삭(다), 염아자'를 기록했다. 『조선의 구황식물』은 선외유용구황식물(選外有用救荒植物)의 한 종류로 '명아자'를 기록하고 있는데, 명아주과의 명아주(*Chenopodium album*)에 대해서는 구황식물 一五(15)로 '능징이, 명아자비, 명아지, 명와더, 바아씨, 머엇딘, 명아주'라는 이름으로 별도 기록하고 있으므로 이때 '명아자'는 영아자를 일컫는 것으로 추론된다.

67 이러한 견해로 백문식(2014), p.154와 김종원(2016), p.414 참조.

68 이에 대해서는 『조선산야생약용식물』(1936), p.221과 『조선산야생식용식물』(1942), p.195 참조.

이고 '갓'은 현재의 것(物)을 뜻한다.[69] 한편 도라지는 '똘'(돌)과 '兒芝'(아지)가 합쳐진 말로 '돌'은 뿌리 또는 식물체의 모양에서, '아지'는 어린 가지에서 유래한 것으로 해석하는 견해가 있다.[70] 그러나 도라지는 최근에 이르러 형성된 이름이고, 예부터 자원식물로 이용한 자생종의 어원을 한자에서 찾는 것도 특별한 근거가 없으므로 타당성은 의문스럽다. 또한 '돌갓'이 어원으로 갓(갓)에 비해 야생 또는 질이 낮다는 뜻에서 유래했다고 보는 견해도 있으나,[71] 갓(갓)과 도라지는 자원식물로서 이용 형태가 달라 수긍하기 어렵다.

속명 *Platycodon*은 그리스어 *platys*(넓은)와 *kodon*(종)의 합성어로 꽃의 모양에서 유래했으며 도라지속을 일컫는다. 종소명 *grandiflorus*는 '큰 꽃의'라는 뜻으로 꽃이 큰 것에서 유래했다.

다른이름 도라지(정태현 외, 1936), 약도라지(박만규, 1949)

옛이름 桔梗/道羅次/刀ㅅ次(향약구급방, 1236),[72] 桔梗/都乙羅呬(향약채취월령, 1431), 桔梗/都乙羅呬(향약집성방, 1433),[73] 桔梗/도랏(구급간이방언해, 1489), 苦葽/도랏(훈몽자회, 1527), 桔梗/道乙阿叱/돌앗(촌가구급방, 1538), 桔梗/돌앗(우마양저염역병치료방, 1543), 桔梗/돌앚(구황촬요, 1554), 桔梗/도랏(동의보감, 1613), 桔梗/길경(구황촬요벽온방, 1639), 桔梗/도랏(신간구황촬요, 1660), 桔葽/도랏(역어유해, 1690), 桔梗/도랏(산림경제, 1715), 桔葽/도랏(동문유해, 1748), 桔葽/도랏(몽어유해, 1768), 桔梗/도랏(재물보, 1798), 桔梗/도랏(제중신편, 1799), 桔梗/도랏(물보, 1802), 桔梗/도랏/白藥/梗草(광재물보, 19세기 초), 길경/도랏(규합총서, 1809), 桔梗/도랏(몽유편, 1810), 桔梗/도랏/白藥/梗草/紫花草(물명고, 1824), 桔梗/도랏(의종손익, 1868), 吉梗/길경/도랏(명물기략, 1870), 길경/도라지/桔梗(한불자전, 1880), 桔梗/도랏(방약합편, 1884), 桔梗/도랏(자전석요, 1909), 桔梗/도랏(의서옥편, 1921), 桔梗/도라지(선한약물학, 1931), 도라지나물(조선구전민요집, 1933), 도라지/도랏(조선어표준말모음, 1936)[74]

---

69 『훈몽자회』(1527)는 한자 '物'(물)에 대해 '갓 믈'이라고 해설했다.

70 이러한 견해로 허북구·박석근(2008a), p.72 참조. 한편 『동언고』(1836)는 '똘兒芝'(돌아지)를 어원으로 보고 '똘兒'(兒는 어조사로 石의 의미)와 '芝'가 합쳐진 말로 보아 石耳(석이) 또는 石芝(석지)로 해석했다.

71 이러한 견해로 장충덕(2007), p.75 참조.

72 『향약구급방』(1236)의 차자(借字) '道羅次/刀ㅅ次'(도랏차/도ㅅ차)에 대해 남풍현(1981), p.50은 '도랏'의 표기로 보고 있으며, 손병태(1996), p.19는 '도랏'의 표기로, 이덕봉(1963), p.17은 '도랏'의 표기로 보고 있다.

73 『향약집성방』(1433)의 차자(借字) '都乙羅呬'(도을라질)에 대해 남풍현(1981), p.50과 남풍현(1999), p.177은 '도랏'의 표기로 보고 있으며, 손병태(1996), p.19는 '도랏'의 표기로, 이덕봉(1963), p.17은 '돌랏'의 표기로 보고 있다.

74 『제주도및완도식물조사보고서』(1914)는 'トラット, トラヂ'[도랏, 도라지]를 기록했으며 『지리산식물조사보고서』(1915)는 'とらじ, 桔梗'[도라지, 길경]을, 『조선하방약료식물조사서』(1917)는 '도랏, 도라지, 桔梗'을, 『조선의 구황식물』(1919)은 '도라지, 桔梗'을, 『조선어사전』(1920)은 '吉更(길경), 桔梗, 도랏, 도라지'를, 『조선식물명휘』(1922)는 '桔梗, 梗草, 도라지(救, 藥)'를, Crane(1931)은 '도라지, 桔梗'을, 『토명대조선만식물자휘』(1932)는 '[桔梗]길경, [도라지], [도랏]'을, 『선명대화명지부』

중국/일본명 중국명 桔梗(jie geng)은 뿌리가 튼튼하고 곧게 자라는 것에서 유래했다.[75] 일본명 キキ
ヤウ(桔梗)는 한자명 '桔梗'(길경)을 음독한 것이다.

참고 [북한명] 도라지 [유사어] 길경(桔梗/吉更), 백약(白藥) [지방명] 돌가지/산도라지/집도라지(강원),
산도라지(경기), 도래/돌가지/돌개/산도라지/장생도라지(경남), 길경/도대/도랏/도래/도래지/돌가지/돌
개/돌개이/돌갱이/돌래/산도라지/산도래이(경북), 도갓노물/도랏/돌가지/돌가지나물/돌갓/돌갓구/또
라지/백도라지/산도라지/산놀갓/볼가지/볼갓/흰노라지(전남), 돌가지/산노라지(전북), 백토란/토단(제
주), 길경/백도라지/산도라지/참도라지(충남), 도래지(충북), 돌가지(평북/함북)

(1934)는 '도라지'를, 『조선의산과와산채』(1935)는 '桔梗, 도라지'를 기록했다.
75 중국의 『본초강목』(1596)은 "草之根結實而梗直 故名"(풀의 뿌리가 튼튼하고 곧으므로 길경이라 이름 지어졌다)이라고 기록했다.

Compositae 국화科 (菊科)

> 국화과〈Asteraceae Bercht. & J.Presl(1820) = **Compositae** Giseke(1792)〉[1]
> 국화과는 재배식물인 국화에서 유래한 과명이다. 『조선식물향명집』(1937), '국가표준식물목록'(2018), '세계식물목록'(2018)은 엥글러(Engler) 분류 체계와 동일하게 전통적인 명칭인 Compositae를 과명으로 기재하고 있으며, 『장진성 식물목록』(2014)과 크론키스트(Cronquist) 분류 체계는 Aster(참취속)에서 유래한 표준화된 명칭 Asteraceae를 과명으로 기재하고 있다. APG IV(2016) 분류 체계는 Asteraceae와 함께 Compositae를 병기하고 있으며, Rhaponticum(뻐꾹채속)을 Leuzea(레우제아속)에, Dracopis(천인국아재비속)를 Rudbeckia(원추천인국속)에 통합하여 분류한다.

Achillea sibirica *Ledebour* ノコギリサウ
Gasaepul 가새풀(배암세·톱풀)

톱풀〈Achillea alpina L.(1753)〉

톱풀이라는 이름은 잎이 깊게 찢어진 열편이 날카롭게 생겨서 양쪽에 날이 있는 톱을 연상시킨다는 뜻에서 유래했다.[2] 어린잎과 줄기를 식용하고, 전초와 열매를 약용했다.[3] 잎이 깊게 갈라진 것이 가위(가새)를 닮았다고 하여 '가새풀'이라고도 했다. 톱풀은 당시 사용하던 방언을 채록한 것으로 추정되는데, 『조선식물향명집』은 가새풀을 조선명으로 기록했으나 『조선식물명집』에서 추천명을 '톱풀'로 개칭해 현재에 이르고 있다.[4] 『물명고』는 뺑쑥(쎼양)을 닮았다(괴)는 뜻에서 '괴쎼양'이라는 한글명을 기록했으나 현재로 이어지지는 않았다.[5] 한편 중국에서는 예부터 蓍草(시초)를 점

---

1 과의 계급을 나타내는 어미 '-aceae'를 사용하지 않아도 되는 예외적인 경우로 Compositae/Asteraceae, Cruciferae/Brassicaceae, Gramineae/Poaceae, Guttiferae/Clusiaceae·Hypericaceae, Labiatae/Lamiaceae, Leguminosae/Fabaceae, Palmae/Arecaceae, Umbelliferae/Apiaceae의 8개 과가 있으며, 최근엔 표준화된 과명을 일관되게 쓰는 추세이다.

2 이러한 견해로 이우철(2005), p.568; 허북구·박석근(2008a), p.203; 김종원(2016), p.418 참조.

3 이에 대해서는 『조선산야생약용식물』(1936), p.222와 『조선산야생식용식물』(1942), p.195 참조.

4 이와 관련하여 김종원(2016), p.418은 '톱풀'이라는 이름이 『조선식물향명집』에서 만들어진 이름으로 일본명에서 왔다고 주장하고 있다. 그러나 『조선식물향명집』은 '가새풀(배암세·톱풀)'을 모두 기록하고 대표적 조선명을 '가새풀'로 하였다. 『조선식물향명집』의 사정요지는 "조선 각지에서 실지 조사 수집한 향명을 주로 하고", "종래 문헌에 기재된 것을 참고로 하"였으며, "교육상 실용상 부득이한 것에 한해서는"(즉, 기존 명칭이 없는 경우) 새로이 이름 짓는(신칭) 것을 원칙으로 했다는 점에서, 이미 '가새풀'과 '배암세'라는 향명(방언)이 있다는 것을 기록했는데 별도로 이름을 신칭할 이유가 없었다. 또한 "동일 식물에 여러 가지 방언이 있는 것"에 대해서는 "그 식물 또는 그 방언에 가장 적합하고 보편성이 있는 것을 대표로 채용"한다고 했으므로, 『조선식물명집』(1949)에서 대표명(추천명)을 '톱풀'로 한 것은 1949년에 이르러서는 '톱풀'이라는 이름이 보다 보편적으로 사용되었음을 알려준다. '톱풀'이라는 이름이 일본명 ノコギリサウ와 뜻이 유사한 것은 맞지만, 이것만을 근거로 '톱풀'이 일본명에서 '왔다'고 볼 수는 없다.

5 한편 김종원(2106), p.418은 『물명고』(1824)에 기록된 '괴쎼양'이 변천되어 가새풀로 이어졌다는 취지로 주장하고 있으나,

을 보는 데 이용했고 우리의 문헌에도 이러한 용도로 기록했
으나, 대부분의 문헌은 자생하는 톱풀과 직접 연결시켜 이해
하지는 않았던 것으로 보인다.

속명 *Achillea*는 트로이 전쟁의 영웅 아킬레스(Achiles)가
케이론(Cheiron)으로부터 이 식물의 치유 효과를 배운 데서
유래했으며 톱풀속을 일컫는다. 종소명 *alpina*는 '고산의, 고
산에 서식하는'이라는 뜻이다.

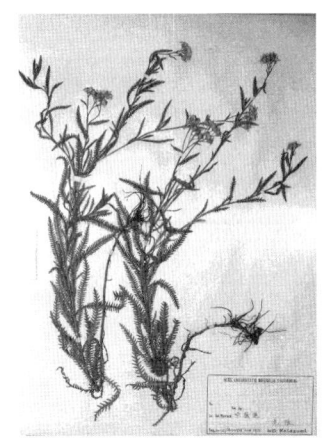

다른이름 가새풀(정태현 외, 1936), 배암세(정태현 외, 1937), 배얌
세(정태현 외, 1942), 배암새(정태현 외, 1949), 배암채(안학수·이춘
녕, 1963)

옛이름 蓍草(계원필경, 886), 蓍草(동국이상국집, 1241), 蓍草(목
은집, 1404), 蓍草(성호사설, 1704), 蓍(재물보, 1798), 蓍/괴쒸양(광재물보, 19세기 초), 蓍/괴쒸양(물명고,
1824), 蓍草(오주연문장전산고, 185?)[6]

중국/일본명 중국명 高山蓍(gao shan shi)는 높은 산에서 자라는 시(蓍: 오래 사는 풀이라는 뜻으로 톱풀
속의 중국명)라는 뜻으로 학명과 같은 의미이다.[7] 일본명 ノコギリサウ(鋸草)는 톱을 닮은 풀이라는
뜻으로 잎의 모양에서 유래했다.

참고 [북한명] 톱풀 [유사어] 시초(蓍草), 신초(神草), 영초(靈草), 오공초(蜈蚣草), 일지호(一枝蒿) [지방
명] 참벗나물(경북), 지네풀(전북)

Adenocaulon adhaerescens Maximowicz   ノブキ

Myŏlgachi   멸가치

멸가치⟨*Adenocaulon himalaicum* Edgew.(1846)⟩

멸가치라는 이름은 '멸'(멸치)과 '가치'(개비)의 합성어로, 열매의 모양이 멸치가 개비로 늘어서 있
는 것 같다고 본 데서 유래한 것으로 추정한다. 열매가 곤봉형으로 방사상으로 달리는 독특한 모
양을 취하며, 잎과 줄기로 나물을 해 먹거나 국거리로 식용했다.[8] 며르치나물, 멸치나물, 멸가찌,
멧고기나물(경북 방언으로 멸치를 멧고기라고 함) 등의 방언은 모두 어류 멸치(鰛魚)와 관련된 이름

그 뜻과 어형이 상이하므로 근거가 있는 주장은 아닌 것으로 보인다.

6   『조선의 구황식물』(1919)은 '솔나물, 빅암의제, 비암세, 가세풀(城南, 全北), 蓍'를 기록했으며 『조선식물명휘』(1922)는 '蓍, 黃
    芪, 가서풀, 비암세(救)'를, 『토명대조선만식물자휘』(1932)는 '[蓍草]시초'를, 『선명대화명지부』(1934)는 '가서풀'을 기록했다.

7   중국의 『본초강목』(1596)은 "陸佃埤雅云 草之多壽者 故字從蓍"(육전의 비아에서는 '오래 사는 풀이므로 글자가 기를 따랐다'라고
    하였다)라고 기록했다.

8   이에 대해서는 『조선산야생식용식물』(1942), p.195와 『한국의 민속식물』(2017), p.1094 참조.

으로, 방사상으로 퍼진 열매의 모양이 마치 멸치가 매달려 있는 것처럼 보인다. 한편 식용하는 잎은 약간 쓰면서 졸깃한데, 이를 멸치(鱴魚)와 가지(茄子)의 맛에 빗댄 것에서 유래한 이름일 수도 있다. 또한 『조선의 구황식물』은 '열가지'라는 이름을, 『조선산야생식용식물』은 '명가지'라는 이름을 기록했는데, 멸치를 지방에 따라서는 '열치' 또는 '명어치'라고도 하므로 이 역시 '멸치'와 '가지'의 합성어로 이해된다. 강원도에서는 '말발나물'이라고 하는데 식용하는 잎의 모양을 말발굽에 빗댄 것에서 유래한 이름이다.[9]

속명 Adenocaulon은 그리스어 adenos(샘, 분비선)와 kaulos (줄기)의 합성어로, 줄기 상부와 열매에 분비선이 있는 것에서 유래했으며 멸가치속을 일컫는다. 종소명 himalaicum은 '히말라야산맥의'라는 뜻으로 분포지 또는 발견지를 나타낸다.

다른이름 옹취/명가지(정태현 외, 1942), 개머위(박만규, 1949), 홍취(정태현 외, 1949), 호로채(도봉섭 외, 1957)

옛이름 和尙菜(임원경제지, 1842)[10]

중국/일본명 중국명 和尙菜(he shang cai)는 승려(和尙)들이 먹는 나물 또는 승려를 닮은 나물이라는 뜻이다. 일본명 ノブキ(野蕗)는 들(野)에서 자라는 머위(フキ)라는 뜻이다.

참고 [북한명] 멸가치 [유사어] 야료(野蓼), 호로채(葫蘆菜), 화상채(和尙菜) [지방명] 말발나물(강원), 멸치나물(경기), 명가지(경남), 멧고기나물/며르치나물/멸치나물/명가지(경북), 개머굿대/호미취/호미치(전남), 맬라취/호미취(전북), 음취(충남), 멸가찌(충북)

Ainsliaea acerifolia *Schultz* モミヂハグマ

Danpungchwe 단풍취

단풍취〈Ainsliaea acerifolia Sch.Bip.(1861)〉

단풍취라는 이름은 잎이 단풍나무의 잎과 유사한 취(나물)라는 뜻에서 붙여졌다.[11] 잎이 원줄기 가운데 돌려나기를 한 것처럼 달리고 둥근 모양인데 끝이 갈라져 단풍잎처럼 보이며, 어린잎을 식

---

9   이에 대해서는 『한국의 민속식물』(2017), p.1094 참조.
10 『조선의 구황식물』(1919)은 '열가지'를 기록했으며 『조선식물명휘』(1922)는 '和尙菜, 葫蘆菜, 멸가치(救)'를, 『선명대화명지부』(1934)는 '열가지, 멸가치'를, 『조선의산과와산채』(1935)는 '和尙菜, 맬가지'를 기록했다.
11 이러한 견해로 이우철(2005), p.164와 허북구·박석근(2008a), p.67 참조.

용했다.[12] 『조선식물향명집』에서 먹는 나물을 뜻하는 고유어 '취'를 기본으로 하고 식물의 형태와 학명에 착안한 '단풍'을 추가해 신칭했다.[13] 『조선산야생식용식물』에 경상남도와 강원도 방언으로 기록된 '괴발딱취'는 잎이 고양이(괴)의 발을 닮은 성질이 거친(딱) 나물이라는 뜻으로 추정되며, 현재 강원도 방언으로 확인되는 '종이취' 또는 '종이나물'도 나물로 식용하지만 종이처럼 그다지 맛이 있지 않다는 뜻에서 유래한 이름으로 추정된다.

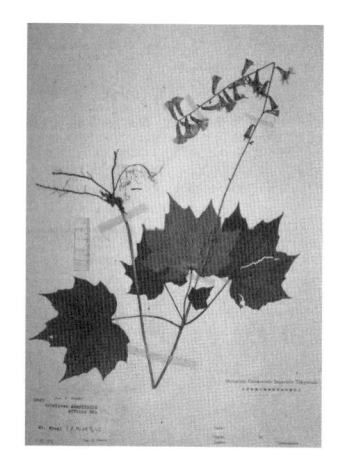

속명 Ainsliaea는 영국 의사이자 식물학자인 Whitelaw Ainslie(1767~1837)의 이름에서 유래했으며 단풍취속을 일컫는다. 종소명 acerifolia는 'Acer(단풍나무속)를 닮은 잎의'라는 뜻이다.

다른이름 괴발딱취/장이나물(정태현 외, 1942), 괴발딱지/좀단풍취(박만규, 1949), 가야단풍취(이창복, 1980), 괴불딱취(이영노, 1996)

중국/일본명 중국명 槭叶兔儿风(qi ye tu er feng)은 단풍의 잎을 닮은 토아풍(兔兒風: 단풍취속의 중국명)이라는 뜻이다. 일본명 モミヂハグマ(紅葉白熊)는 단풍잎(紅葉)을 닮은 ハグマ(白熊: 야크 꼬리의 흰 털로 승려들이 장식용으로 쓰거나 불구를 만들기도 함)라는 뜻이다.

참고 [북한명] 단풍취 [지방명] 개발도지/조우추/종이나물/종이취(강원), 게발딱지/옥동나물(경남), 옥발나물/종이나물/종이풀나물(경북), 각시대/개발딱주/개발딱지/개발때죽/괴불딱지/괴불딱지/단풍나물(전남), 개발딱주/개발딱지/게발딱주/종우나물/종우대/종우재이/종이대(전북)

Arctium Lappa Linné ゴバウ 牛蒡 (栽)
Uwông 우웡

우엉〈Arctium lappa L.(1753)〉

우엉이라는 이름은 한자명 '牛蒡'(우방)이 어원으로, 이에 대한 발음이 우방→우웡→우엉으로 변한 것에서 유래했다.[14] 牛蒡(우방)은 중국 한나라 말기에 저술된 『명의별록』에 처음 기록된 이름으

---

12 식용했다는 것에 대해서는 『조선산야생식용식물』(1942), p.196 참조.
13 이에 대해서는 『조선식물향명집』, 색인 p.34 참조. 다만 이덕봉(1937), p.11은 신칭한 이름으로 기록하지 않았으며, 방언에 '단풍나물'(단풍나물)이 있는 점에 비추어 당시 방언을 채록했을 수도 있으므로 주의가 필요하다. 또한 이덕봉(1937), p.11은 당시 방언으로 '바위나리'라는 이름이 있었음을 기록했다.
14 이러한 견해로 이우철(2005), p.421; 손병태(1990), p.28; 김무림(2015), p.643 참조.

로, 잎과 뿌리가 소처럼 크다는 뜻에서 붙여진 것으로 추정된다.[15] 중국에서 식용과 약용 목적으로 들여와 재배하는 식물이었는데, 인가 부근에 야생화해 자라기도 한다. 한자로 惡實(악실)이라고도 하는데, 열매에 갈고리 같은 가시가 많아서 붙여진 이름이다. 또한 鼠粘子(서점자)는 열매에 가시가 많아 쥐가 지나가다가 붙잡힌다는 뜻이다.[16] 『조선식물향명집』은 전통 명칭 '우웡'으로 기록했으나 『우리나라 식물명감』에서 표준어에 맞추어 '우엉'으로 개칭해 현재에 이르고 있다.

속명 Arctium은 그리스어 arktos(곰)가 어원으로 머리모양 꽃차례 또는 총포의 모양을 곰에 빗댄 것으로 우엉속을 일컫는다. 종소명 lappa는 우엉의 라틴명에서 유래했다.

다른이름 우엉(정태현 외, 1936), 우웡(정태현 외, 1937), 우벙(박만규, 1949)

옛이름 牛蒡(목은집, 1404), 惡實/苦牛蒡子(향약채취월령, 1431), 惡實/苦牛蒡實(향약집성방, 1433),[17] 惡實(세종실록지리지, 1454), 牛蒡/우웡/惡實/뿐우웡삐(구급간이방언해, 1489), 牛蒡菜/우왕(사성통해, 1517), 牛蒡菜/우왕(훈몽자회, 1527), 惡實/牛蒡子/우웡삐(촌가구급방, 1538), 惡實/우웡(동의보감, 1613), 牛蒡菜/우웡(역어유해, 1690), 牛旁子/우엉삐/惡實/鼠黏子(산림경제, 1715), 鼠黏子/웡씨(광제비급, 1790), 惡實/웡(재물보, 1798), 牛蒡艸/웡/惡草(물보, 1802), 牛蒡/웡/惡實/牛菜/鼠粘子/大力子(광재물보, 19세기 초), 악실/우웡(화왕본긔, 19세기 초), 牛蒡/웡/牛菜(물명고, 1824), 牛蒡子/우웡/鼠粘子/惡實(자류주석, 1856), 鼠黏子/우웡씨(의종손익, 1868), 惡實/우엉씨(의휘, 1871), 鼠黏子/우웡씨(녹효방, 1873), 우방즈/牛蒡子(한영자전, 1890), 牛蒡子/우방자(국한회어, 1895), 牛蒡/우방지(일용비람기, 연대미상), 牛蒡/우엉(자전석요, 1909), 牛蒡/우방지(신자전, 1915), 牛蒡/우엉(의서옥편, 1921), 우엉/우방(조선어표준말모음, 1936)[18]

중국/일본명 중국명 牛蒡(niu bang)은 쑥 종류인 방방(蒡蒡)을 닮았는데 소처럼 크다는 뜻으로 본다.

---

15 중국의 『본초강목』(1596)은 "惡實 其實狀惡而多刺鉤 故名 其根葉皆可食 人呼爲牛菜 術人隱之 呼爲大力也"(악실은 열매의 모양이 나쁘면서 갈고리 같은 가시가 많으므로 이름 지어졌다. 뿌리와 잎은 모두 먹을 수 있고, 사람들은 우채라 하는데, 술사들이 숨기기 위해 대력이라 불렀다)라고 기록했다. 한편 장충덕(2007), p.38은 우엉과 비슷한 쑥 종류를 중국에서 '蒡蒡'(방방)이라고 했는데 그 것보다 크다는 뜻에서 '牛蒡'(우방)이라 했다고 보고 있다.

16 중국의 『도경본초』(1061)는 "實殼多刺 鼠過之則綴惹不可脫 故謂之鼠粘子"(열매의 껍질에 가시가 많아서 쥐가 지나가면 가시에 걸려서 벗겨낼 수 없으므로 서점자라고 한다)라고 기록했다.

17 『향약집성방』(1433)에서 다른이름으로 기록한 '苦牛蒡實'(고우방실)에 대해 남풍현(1999), p.176은 '고우방실'의 표기로 보고 있으며, 장충덕(2007), p.37은 '뿐우웡삐'의 표기로 보고 있다.

18 『제주도및완도식물조사보고서』(1914)는 '우-반쟈, 우-반쟈'[우방자, 우방지]를 기록했으며 『지리산식물조사보고서』(1915)는 '牛蒡'을, 『조선한방약료식물조사서』(1917)는 '우엉, 鼠粘子'를, 『조선어사전』(1920)은 '牛蒡(우방), 牛蒡子(우방자), 大力子, 鼠粘子(서점즈), 惡實(악실), 우웡'을, 『조선식물명휘』(1922)는 '牛蒡, 우엉(食)'을, 『토명대조선만식물자휘』(1932)는 '[牛蒡(子)]우방(즈), [大力(子)]대력(즈), [鼠粘子]서점즈, [惡實]악실, [우웡이]'를, 『선명대화명지부』(1934)는 '우웡'을 기록했다.

일본명 ゴバウ(牛蒡)는 한자명 '牛蒡'(우방)을 음독한 것이다.

참고 [북한명] 우웡 [유사어] 대력자(大力子), 서점자(鼠粘子), 악실(惡實), 우방(牛蒡), 우방자(牛蒡子)
[지방명] 우벙/우항(강원), 우앙/우항(경기), 우벙/우봉/우붕/우황(경남), 엉/우멍/우벙/우봉/우봉자/우붕(경북), 우왕(전남), 우벙/우웡/우헝(전북), 우방/우방자/우방지/우방ㅈ(제주), 고부/우앙(충북), 우겅/우방지/우벙/우베/우봉(함남), 우겅/우버이/우벙/우봉(함북)

Artemisia annua Linné   クソニンジン
Gaedong-sug   개똥쑥

개똥쑥⟨*Artemisia annua* L.(1753)⟩

개똥쑥이라는 이름은 식물체를 비비면 개똥 같은 냄새가 나는 쑥이라는 뜻에서 유래했다.[19] 잎에 선점이 있어 독특한 냄새가 난다. 19세기에 저술된『물명고』는 노란색의 꽃이 피는 쑥 종류에 역한 냄새가 나는 臭蒿(취호)가 있음을 기록하고 한글명을 '다복쑥'이라고 했다. 개똥쑥이라는 이름은『조선식물향명집』에서 처음으로 발견되는데, 전통 명칭 '쑥'을 기본으로 하고 식물의 냄새를 나타내는 '개똥'을 추가해 신칭한 것으로 보인다.[20]

속명 *Artemisia*는 쑥의 라틴명으로 부인병에 약효가 있는 것과 관련하여 그리스 신화에서 출산을 돕고 어린아이를 돌보는 여신인 아르테미스(Artemis)의 이름을 빌린 것이며 쑥속을 일컫는다. 종소명 *annua*는 '1년생의'라는 뜻이다.

다른이름 잔잎쑥(임록재 외, 1972), 개땅쑥(박만규, 1974), 비쑥(한진건 외, 1982)
옛이름 黃花蒿/다복쑥/臭蒿(재물보, 1798), 黃花蒿/다복쑥/臭蒿(물명고, 1824), 黃花蒿(수세비결, 1929)[21]
중국/일본명 중국명 黃花蒿(huang hua hao)는 노란색 꽃이 피는 쑥(蒿)이라는 뜻이다. 일본명 クソニンジン(糞人参)은 똥 냄새가 나고 잎이 당근(ニンジン)을 닮았다는 뜻이다.
참고 [북한명] 잔잎쑥 [유사어] 청호(靑蒿), 취호(臭蒿), 황화호(黃花蒿) [지방명] 기비밤쑥(경북)

---

19 이러한 견해로 이우철(2005), p.47 참조.
20 이에 대해서는 이덕봉(1937), p.10 참조. 다만『조선식물향명집』, 색인 p.31은 신칭한 이름으로 기록하지 않았으므로 주의가 필요하다.
21 『조선식물명휘』(1922)는 '邪蒿, 臭蒿, 黃花蒿'를 기록했다.

Artemisia apiacea *Hance*　カハラニンジン
Gae-sachôlsug　개사철쑥

개사철쑥 〈*Artemisia carvifolia* Buch.-Ham. ex Roxb.(1832)〉[22]

개사철쑥이라는 이름은 사철쑥과 닮았다는 뜻에서 붙여졌다.[23] 이름과 달리 개똥쑥과 비슷하며 머리모양꽃차례는 크고 반구형인 특징이 있다. 『조선식물향명집』에서 전통 명칭 '사철쑥'을 기본으로 하고 식물의 형태적 특징을 나타내는 '개'를 추가해 신칭했다.[24] 옛 문헌에서 '青蒿'(청호)라는 한자명에 대한 한글명을 '제비쑥'(져비쑥)으로 하고 있는 점에 비추어 현재의 개사철쑥과 제비쑥은 이름의 혼용이 있었던 것으로 보인다.

　속명 *Artemisia*는 쑥의 라틴명으로 부인병에 약효가 있는 것과 관련하여 그리스 신화에서 출산을 돕고 어린아이를 돌보는 여신인 아르테미스(Artemis)의 이름을 빌린 것이며 쑥속을 일컫는다. 종소명 *carvifolia*는 산형과 식물인 캐러웨이(*Carum carvi*)의 잎을 닮았다는 뜻이다.

다른이름　사철쑥(정태현 외, 1942), 큰사철쑥(리종오, 1964), 갯사철쑥(임록재 외, 1972)

옛이름　青蒿/져비쑥(언해구급방, 1608), 青蒿/제비쑥(광재물보, 19세기 초), 青蒿/졉의쑥(물명고, 1824), 青蒿/제비쑥(선한약물학, 1931)[25]

중국/일본명　중국명 青蒿(qing hao)는 푸른색의 쑥(蒿)이라는 뜻이다. 일본명 カハラニンジン(河原人参)은 하천가에 서식하고 잎이 인삼(ニンジン)을 닮았다는 뜻이다.

참고　[북한명] 갯사철쑥 [유사어] 야동호(野茼蒿), 청호(青蒿), 향호(香蒿)

Artemisia capillaris *Thunberg*　カハラヨモギ
Sachôlsug　사철쑥

사철쑥 〈*Artemisia capillaris* Thunb.(1784)〉

사철쑥이라는 이름은 뿌리잎 부위가 살아 겨울을 나는 경우가 많기 때문에 사계절 살아가는 쑥이라는 뜻에서 유래했다.[26] 19세기 후반에 저술된 『명물기략』은 사철쑥의 한자명을 '四節蒿'(사절호)로 기록하면서 "蒿類而莖冬不死 故俗言四節蒿 轉云ㅅ철쑥"(쑥 종류로 줄기가 겨울에 죽지 않기 때

22　'국가표준식물목록'(2018)은 개사철쑥의 학명을 *Artemisia apiacea* Hance ex Walp.(1852)로 기재하고 있으나, 『장진성 식물목록』(2014)과 '세계식물목록'(2018)은 정명을 본문과 같이 기재하고 있다. 참고로 '중국식물지'(2018)와 'IPNI'(2018) 는 종소명을 *caruifolia*로 기재하고 있다.

23　이러한 견해로 이우철(2005), p.52 참조.

24　이에 대해서는 『조선식물향명집』, 색인 p.31과 이덕봉(1937), p.10 참조.

25　『조선식물명휘』(1922)는 '茵蔯蒿, 蕭, 青蒿, ㅅ철쑥(救)'을 기록했으며 『선명대화명지부』(1934)는 '사철쑥'을 기록했다.

26　이러한 견해로 김종원(2013), p.490 참조.

문에 사절호라고 하는데, 이것이 변하여 '스철쑥'이라 부른다)이라고
해 그 뜻을 알게 해준다. 일본에서는 전통적으로 중국에서 전
래된 생약명 茵蔯蒿(인진호)를 현재의 사철쑥으로 보아 약재
로 사용했다.[27] 이에 따라 일제강점기에 저술된 『조선식물명
휘』와 『토명대조선만식물자휘』는 茵蔯蒿(인진호)를 사철쑥(A.
capillaris)을 일컫는 이름으로 기록했다. 그런데 우리의 옛 전
통에서 茵蔯蒿(인진호)라는 약재는 일본과는 차이가 있었던 것
으로 보이는데, 일제강점기에 약용식물을 조사·기록한 『조
선산야생약용식물』에 따르면 당시 대구와 대전의 약재시장
에서 茵蔯(인진)으로 거래되는 식물은 사철쑥이 아닌 현재의

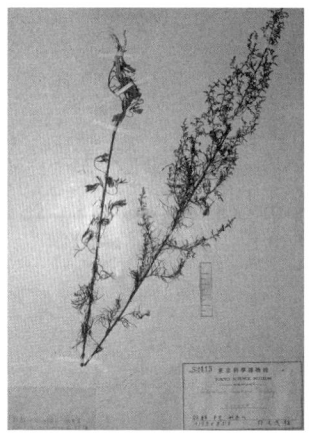

더위지기(A. gmelinii)였다.[28] 이에 따라 『조선식물향명집』은
A. capillaris에 대해 당시 조선에서 불렀던 방언(향명)으로 추론되는 '사철쑥'을, A. gmelinii(=A.
messerschmidtiana)에 대해 전통적 명칭 '더위지기'를 조선명으로 정했고 이 이름이 현재에 이
르고 있다. 다만 현재 중국에서도 생약명 茵蔯蒿(인진호)를 사철쑥을 일컫는 것으로 사용하고, 최
근 한국 한의학계의 주류적 견해도 이와 동일하다.[29] 이러한 이유로 한의학계에서는 더위지기(A.
gmelinii)를 한국에서 사용하는 茵蔯蒿(인진호)라는 뜻의 한인진(韓茵蔯)이라 하여 별도의 약재로
다루기도 한다.[30] 한편 사철쑥이라는 이름은 일본인이 저술한 『조선식물명휘』에 처음으로 기록
된 것으로 옛말 '사지발쑥'의 번역이라고 보는 견해가 있다.[31] 그러나 '스철쑥'(사철쑥)이라는 이름은
'茵蔯蒿'(인진호)에 대한 한글명으로 19세기에 이미 우리 문헌에도 등장하는 이름이고, '사지발쑥'
은 쑥의 잎이 갈라지는 모습을 사자(獅子)의 발에 빗댄 것이어서 그 뜻이 같지 않다.

　　속명 Artemisia는 쑥의 라틴명으로 부인병에 약효가 있는 것과 관련하여 그리스 신화에서 출
산을 돕고 어린아이를 돌보는 여신인 아르테미스(Artemis)의 이름을 빌린 것이며 쑥속을 일컫는
다. 종소명 capillaris는 '가는 털 모양의'라는 뜻으로 가늘게 갈라지는 잎의 모양에서 유래했다.

다른이름　애탕쑥(정태현, 1956), 애땅쑥(박만규, 1974)

옛이름　茵蔯蒿/인진호/四節蒿/스철쑥(명물기략, 1870), 茵蔯蒿/더위지기/사철쑥(선한약물학, 1931),

27　이에 대해서는 松村任三(1920), p.35; 『조선산야생약용식물』(1936), p.251; 『한국식물도감(하권 초본부)』(1956), p.656 참조.
28　한편 『명물기략』(1870)은 茵蔯蒿(인진호)를 속언(俗言)으로 四節蒿(스철쑥)이라 한다고 기록했는데, 이에 비추어 '茵蔯蒿'(인
　　진호)가 일컫는 식물의 종과 더불어 '더위자기'(더위지기) 및 '사철쑥'(스철쑥)이라는 한글명도 서로 혼용했던 것으로 보인다.
29　이에 대해서는 『신대역』 동의보감』(2012), p.2019: 안덕균(2014), p.112; 『대한민국약전외 한약(생약)규격집』(2016), p.156 참조.
30　이에 대해서는 안덕균(2014), pp.112-113 참조.
31　이러한 견해로 김종원(2013), p.490 참조. 한편 김종원은 사철쑥(스철쑥)이라는 이름이 『조선식물명휘』(1922)에 처음 등장
　　한다고 주장하고 있으나, 그에 앞선 『조선어사전』(1920)에도 이름이 보이며, 일제강점기 이전인 『명물기략』(1870)은 한자
　　명 '茵蔯蒿'(인진호)에 대한 한글명으로 '스철쑥'을 기록하기도 했으므로 전혀 사실이 아니다.

사철쑥(조선어표준말모음, 1936)[32]

중국/일본명 중국명 茵陈蒿(yin chen hao)는 쑥 종류로 겨울이 지나도 시들지 않으며 묵은 싹에서 다시 자란다는 뜻이다.[33] 일본명 カハラヨモギ(河原艾)는 하천가에 서식하는 쑥(ヨモギ)이라는 뜻이다.

참고 [북한명] 사철쑥 [유사어] 인진(茵蔯), 인진호(茵蔯蒿), 일본인진고(日本茵蔯蒿) [지방명] 댕깡쑥/더우지기/머리쑥/봉다리쑥/애탕쑥/전중쑥(강원), 더위지기/머리쑥/인진쑥(경북), 본속(제주), 쑥/인진쑥(충남), 더위지기/인진쑥(충북), 다부지/다북쑥/떡쑥/보얀쑥/보이락쑥(함북)

Artemisia Gmelini *Stechm.* var. Gebleriana *Besser*　ウラジロヒメイハヨモギ
Tŏl-sansŭg　털산쑥

털산쑥〈*Artemisia freyniana* (Pamp.) Krasch f. *discolor* (Kom.) Kitag.(1966)〉[34]

털산쑥이라는 이름은 잎 뒷면에 회백색의 털이 밀생(密生)해서 붙여졌다.[35] 산쑥에 비해 잎의 갈래가 가늘고, 뒷면에 흰 솜털이 있는 특징이 있다. 『조선식물향명집』에서 '산쑥'을 기본으로 하고 식물의 형태적 특징을 나타내는 '털'을 추가해 신칭했다.[36]

속명 *Artemisia*는 쑥의 라틴명으로 부인병에 약효가 있는 것과 관련하여 그리스 신화에서 출산을 돕고 어린아이를 돌보는 여신인 아르테미스(Artemis)의 이름을 빌린 것이며 쑥속을 일컫는다. 종소명 *freyniana*는 오스트리아 식물학자 J. F. Freyn(1845~1903)의 이름에서 유래했으며, 품종명 *discolor*는 '색이 다른'이라는 뜻으로 잎의 앞면과 뒷면의 색이 다른 것에서 유래했다.

다른이름 힌분쑥(박만규, 1949)

중국/일본명 '중국식물지'는 이를 별도 분류하지 않고 있다. 일본명 ウラジロヒメイハヨモギ(裏白姫岩艾)는 잎 뒷면이 흰색으로 작고 바위에서 자라는 쑥(ヨモギ)이라는 뜻이다.

참고 [북한명] 털산쑥

---

32 『조선어사전』(1920)은 '더위자기, 茵蔯蒿, ㅅ(四)철쑥'을 기록했으며 『조선식물명휘』(1922)는 '茵蔯蒿, ㅅ철쑥(救)'을, 『토명대조선만식물자휘』(1932)는 '[茵蔯蒿]인진호, [四節蓬]ㅅ철쑥, [더위자기]'를, 『선명대화명지부』(1934)는 '사젹쑥, 사철쑥'을, 『조선의산과와산채』(1935)는 '茵蔯蒿, 사철쑥'을 기록했다.

33 중국의 『도경본초』(1061)는 "秋後葉枯 莖蓝 經冬不死 至春更因舊苗而生新葉 故名茵蔯蒿"(가을이 지나서 잎은 마르지만 줄기는 겨울에도 죽지 않아서 봄에 다시 묵은 줄기에서 새잎이 나오므로 '인진호'라고 했다)라고 기록했다.

34 '국가표준식물목록'(2018)은 털산쑥을 본문의 학명으로 별도 분류하고 있으나, 『장진성 식물목록』(2014)은 뺑쑥(*A. lancea*)에 통합하고 본문의 학명을 이명(synonym)으로 처리하고 있으므로 주의가 필요하다.

35 이러한 견해로 이우철(2005), p.559 참조.

36 이에 대해서는 『조선식물향명집』, 색인 p.48과 이덕봉(1937), p.14 참조.

○ Artemisia Gmelini *Stechm*. var. vestita *Nakai*   シロヒメイハヨモギ
Hin-sanŝug   힌산쑥

힌산쑥〈*Artemisia freyniana* (Pamp.) Krasch f. *vestita* (Kom.) Kitag.(1966)〉[37]
힌산쑥이라는 이름은 흰 털이 많은 산쑥이라는 뜻에서 붙여졌다.[38] 잎이 짧고 양면에 면모가 밀생(密生)하며 총포와 윗줄기가 백색 털로 덮여 있는 특징이 있다. 『조선식물향명집』에서는 '산쑥'을 기본으로 하고 식물의 형태적 특징을 나타내는 '힌'을 추가해 '힌산쑥'을 신칭했으나,[39] 『한국식물명감』에서 맞춤법의 변화에 따라 '흰산쑥'으로 개칭해 현재에 이르고 있다.

속명 *Artemisia*는 쑥의 라틴명으로 부인병에 약효가 있는 것과 관련하여 그리스 신화에서 출산을 돕고 어린아이를 돌보는 여신인 아르테미스(Artemis)의 이름을 빌린 것이며 쑥속을 일컫는다. 종소명 *freyniana*는 오스트리아 식물학자 J. F. Freyn(1845~1903)의 이름에서 유래했으며, 품종명 *vestita*는 '털로 덮인'이라는 뜻이다.

다른이름 힌산쑥(정태현 외, 1937), 눈산쑥(박만규, 1949), 흰털산쑥(이우철, 1996b)
중국/일본명 '중국식물지'는 이를 별도 분류하지 않고 있다. 일본명 シロヒメイハヨモギ(白姫岩艾)는 흰색으로 작고 바위에서 자라는 쑥(ヨモギ)이라는 뜻이다.
참고 [북한명] 힌산쑥[40]

⊗ Artemisia hallaisanensis *Nakai*   タンナミネヨモギ
Sŏmŝug   섬쑥

섬쑥〈*Artemisia japonica* Thunb. var. *hallaisanensis* (Nakai) Kitam.(1940)〉[41]
섬쑥이라는 이름은 제주도(섬)에 분포하는 쑥이라는 뜻에서 붙여졌다.[42] 제주도 한라산에서 발견된 종으로 제비쑥과 달리 잎이 깃모양으로 갈라지는 특징이 있다. 『조선식물향명집』에서 전통 명칭 '쑥'을 기본으로 하고 식물의 산지(産地)를 나타내는 '섬'을 추가해 신칭했다.[43]

---

37 '국가표준식물목록'(2018)은 힌산쑥을 별도 분류하고 있으나, 『장진성 식물목록』(2014)은 이를 뺑쑥(*A. lancea*)에 통합하고 별도 분류하지 않으므로 주의가 필요하다.

38 이러한 견해로 이우철(2005), p.610 참조.

39 이에 대해서는 『조선식물향명집』, 색인 p.49 참조.

40 북한에서 임록재 외(1996)는 '힌산쑥'을 별도 분류하고 있으나, 리용재 외(2011)는 이를 별도 분류하지 않고 있다. 이에 대해서는 리용재 외(2011), p.38 참조.

41 '국가표준식물목록'(2018)은 섬쑥의 학명을 본문과 같이 하여 제비쑥의 변종으로 분류하고 있으나, 『장진성 식물목록』(2014)은 제비쑥(*A. japonica*)에 통합하고 본문의 학명을 이명(synonym)으로 처리하고 있으므로 주의가 필요하다.

42 이러한 견해로 이우철(2005), p.342 참조.

43 이에 대해서는 『조선식물향명집』, 색인 p.41과 이덕봉(1937), p.10 참조.

속명 *Artemisia*는 쑥의 라틴명으로 부인병에 약효가 있는 것과 관련하여 그리스 신화에서 출산을 돕고 어린아이를 돌보는 여신인 아르테미스(Artemis)의 이름을 빌린 것이며 쑥속을 일컫는다. 종소명 *japonica*는 '일본의'라는 뜻이며, 변종명 *hallaisanensis*는 '한라산에 분포하는'이라는 뜻이다.

다른이름 할라산쑥(박만규, 1949), 한라쑥(안학수·이춘녕, 1963), 한라산쑥(리종오, 1964), 섬제비쑥(이창복, 1980), 한나산쑥(리용재 외, 2011)

중국/일본명 '중국식물지'는 이 종을 기재하지 않고 있다. 일본명 タンナミネキモギ(耽羅嶺艾)는 제주도의 한라산(嶺)에서 발견된 쑥(キモギ)이라는 뜻이다.

참고 [북한명] 한나산쑥

Artemisia integrifolia *Linné*   ヒトツバヨモギ
Oeipŝug   외잎쑥

외잎쑥〈*Artemisia viridissima* (Kom.) Pamp.(1930)〉

외잎쑥이라는 이름은 잎이 하나씩 달리는 쑥 종류라는 뜻에서 붙여졌다.[44] 강원도 이북에 분포하는 여러해살이풀로 잎이 긴타원모양으로 갈라지지 않는 특징이 있다. 『조선식물향명집』에서 전통 명칭 '쑥'을 기본으로 하고 식물의 형태적 특징을 나타내는 '외잎'을 추가해 신칭했다.[45]

속명 *Artemisia*는 쑥의 라틴명으로 부인병에 약효가 있는 것과 관련하여 그리스 신화에서 출산을 돕고 어린아이를 돌보는 여신인 아르테미스(Artemis)의 이름을 빌린 것이며 쑥속을 일컫는다. 종소명 *viridissima*는 '짙은 녹색의'라는 뜻이다.

다른이름 큰외잎쑥(박만규, 1949)

중국/일본명 중국명 林艾蒿(lin ai hao)는 숲에서 자라는 푸른 쑥이라는 뜻이다. 일본명 ヒトツバヨモギ(一葉艾)는 잎이 하나씩 달리는 쑥(ヨモギ)이라는 뜻으로 한국명과 뜻이 닿아 있다.

참고 [북한명] 외잎쑥

---

44 이러한 견해로 이우철(2005), p.418 참조.
45 이에 대해서는 『조선식물향명집』, 색인 p.44와 이덕봉(1937), p.14 참조.

Artemisia japonica *Thunberg* カトコヨモギ
Jebisug 졔비쑥

제비쑥〈*Artemisia japonica* Thunb.(1784)〉

제비쑥이라는 이름은 잎이 점점 넓어지다가 끝이 갈라진 모양이 제비의 꼬리(제비초리)를 닮았다고 본 것에서 유래했다고 추정한다.[46] 잎을 포함한 전초를 약용하고 어린잎을 식용했다.[47] 옛 문헌에도 그 이름이 있고, 『조선의 구황식물』은 수원 및 기타 지역에서 사용한 것으로 기록한 것에 비추어 실제로도 사용한 이름이었다. 19세기 말에 저술된 『의휘』와 『녹효방』은 '쇼골리쑥, 쇼쇠리쑥'(소꼬리쑥)을 기록했는데, 잎의 모양이 소꼬리를 닮았다는 뜻이므로 제비쑥이라는 이름의 유래를 추정케 한다. 『조선식물향명집』에서 '제비쑥'을 조선명으로 기록해 현재에 이르고 있다. 그런데 옛 문헌에서 제비쑥에 대한 한자명을 '青蒿'(청호), '草蒿'(초호), '茵蔯'(인진), '牡蒿'(모호)

등으로 다양하게 사용하고 있어 실제 제비쑥이라는 이름은 현재의 제비쑥뿐만 아니라 여러 종류의 쑥을 일컬었던 것으로 보인다.

속명 *Artemisia*는 쑥의 라틴명으로 부인병에 약효가 있는 것과 관련하여 그리스 신화에서 출산을 돕고 어린아이를 돌보는 여신인 아르테미스(Artemis)의 이름을 빌린 것이며 쑥속을 일컫는다. 종소명 *japonica*는 '일본의'라는 뜻으로 최초 발견지를 나타낸다.

다른이름 자불쑥(정태현 외, 1942), 가는제비쑥(박만규, 1949), 큰제비쑥(정태현 외, 1949)

옛이름 青蒿/져비쑥(언해구급방, 1608), 草蒿/져븨뿍/青蒿(동의보감, 1613), 茵蔯/져븨뿍(벽온신방, 1653), 青蒿/저비쑥(재물보, 1798), 牡蒿/제비뿍(광재물보, 19세기 초), 牡蒿/졉의쑥/밤쑥(물명고, 1824), 青蒿/청호/제비쑥(명물기략, 1870), 青蒿/쇠비쑥/저비쑥/쇼골리쑥/이당ᄒ난쑥(의휘, 1871), 青蒿/져비쑥/쇼쇠리쑥(녹효방, 1873), 牡蒿/제비쑥(신자전, 1915)[48]

중국/일본명 중국명 牡蒿(mu hao)는 수컷(牡) 쑥이라는 뜻으로, 열매를 맺지 않는다고 알려진 것에서

---

46 이러한 견해로 김종원(2013), p.492 참조. 한편 김종원은 더위지기에 비해 약성이 빈약한 것에서 유래했다고도 하고 있다.

47 이에 대해서는 『조선산야생식용식물』(1942), p.197과 『한국의 민속식물』(2017), p.1105 참조.

48 『제주도및완도식물조사보고서』(1914)는 'チビスック'[치비쑥]을 기록했으며 『조선의 구황식물』(1919)은 '제비쑥(水原 其他), 물쑥(江陵), 싸붓(榮川), 牡蒿'를, 『조선어사전』(1920)은 '青蒿(청호), 草蒿(초호), 져비쑥'을, 『조선식물명휘』(1922)는 '牡蒿, 齊頭蒿, 물쑥, 제비쑥(救)'을, 『토명대조선만식물자휘』(1932)는 '[草蒿]초호, [青蒿]청호, 저비쑥'을, 『선명대화명지부』(1934)는 '물쑥, 제비쑥'을, 『조선의산과와산채』(1935)는 '牡蒿, 재비쑥'을 기록했다.

유래했다.[49] 일본명 ㅋㅏㅋㅋㅋ모ㄱㅣ(男艾)도 중국명과 같은 뜻이다.

참고 [북한명] 제비쑥 [유사어] 모호(牡蒿), 청호(靑蒿), 초호(草蒿) [지방명] 자불쑥(경북), 떡쑥/서리 쑥(전남), 신속/신숙/치비숙/치비쑥(제주), 쑥/약쑥(충남)

Artemisia Keiskeana *Miquel* イヌヨモギ
Gae-jebisug 개졔비쑥

맑은대쑥〈*Artemisia keiskeana* Miq.(1866)〉

맑은대쑥이라는 이름은 '맑은'(淸)과 '대'(줄기, 대나무)와 '쑥'(艾)의 합성어로, 작대기처럼 줄기가 곧추서서 자라고 부인 병과 혈어(血瘀)를 치료하는 약효가 있다고 하여 붙여진 것으로 추정한다. 당시 강원도 및 경기도에서 사용하는 방언(향명)을 채록한 것으로,[50] 19세기에 저술된 『물명고』에도 한글명 '말근대쑥'(맑은대쑥)이 기록되어 있다. 옛 본초학 문헌에서 菴 藺(암려)는 열매를 약재로 사용했는데,[51] 菴藺(암려)에 대한 우 리말(鄕名)로 기록된 '진쥬봉'(진주봉)은 열매의 모양이 둥근 것 을 진주(珍珠)로 된 봉(封: 종이로 싼 물건의 덩이)에 비유해 붙여 진 것으로 추론된다. 『조선식물향명집』에서는 전통 명칭 '제 비쑥'을 기본으로 하고 이와 비슷하다는 뜻의 '개'를 추가해 '개제비쑥'을 신칭했으나,[52] 『조선산야생식용식물』에서 방언 '말근대쑥'을 채록했고 『조선식물명 집』에서 맞춤법에 따라 '맑은대쑥'으로 개칭해 현재에 이르고 있다.

속명 *Artemisia*는 쑥의 라틴명으로 부인병에 약효가 있는 것과 관련하여 그리스 신화에서 출 산을 돕고 어린아이를 돌보는 여신인 아르테미스(Artemis)의 이름을 빌린 것이며 쑥속을 일컫는 다. 종소명 *keiskeana*는 일본 식물학자 이토 게이스케(伊藤圭介, 1803~1901)의 이름에서 유래했다.

다른이름 개제비쑥(정태현 외, 1937), 말근대쑥(정태현 외, 1942), 개쑥(박만규, 1949), 국화잎쑥(안학수· 이춘녕, 1963)

---

49 중국의 『본초강목』(1596)은 "爾雅 蔚 牡菣 蒿之無子者 則牡之名以此也"(이아에서는 '위는 모건인데, 열매를 맺지 않는 쑥이다'라 고 했다. 즉 '모'라는 이름이 여기에서 유래했다)라고 기록했다.

50 이에 대해서는 『조선산야생식용식물』(1942), p.197 참조.

51 『동의보감』(1613)은 "莖葉如蒿艾之類 處處有之 九月十月採實 陰乾"(줄기와 잎이 쑥같이 생겼다. 곳곳에 있다. 9월과 10월에 열매를 받아 그늘에서 말린다)이라고 기록했다.

52 이에 대해서는 『조선식물향명집』, 색인 p.31과 이덕봉(1937), p.10 참조.

옛이름 菴䕡子/眞珠蓬(향약채취월령, 1431), 菴䕡子/眞珠蓬(향약집성방, 1433),[53] 菴䕡子/암령즁(구급방언해, 1466), 菴䕡/준쥬봉(사성통해, 1517), 菴䕡子/眞珠蓬/진쥬봉(촌가구급방, 1538), 菴䕡子/진쥬봉(동의보감, 1613), 菴䕡(의림촬요, 1635), 菴䕡/진쥬봉(재물보, 1798), 菴䕡/진쥬봉(광재물보, 19세기 초), 苹/말근대쑥/菴䕡/진쥬봉(물명고, 1824), 菴䕡/진주봉(신자전, 1915), 菴䕡/진주봉(의서옥편, 1921)[54]

중국/일본명 중국명 无齿蒌蒿(wu chi lou hao)는 톱니가 없는 누호(蒌蒿: 물쑥의 중국명)라는 뜻인데, 실세로는 잎에 톱니가 있으므로 물쑥의 잎에 대비해서 붙여진 것으로 보인다. 일본명 イヌクモギ(犬艾)는 개쑥이라는 뜻으로, 쑥(クモギ)과 비슷하지만 약성이나 쓰임새가 그보다 못하다는 뜻이다.

참고 [북한명] 맑은쑥 [유사어] 암려(菴䕡), 회호(茴蒿) [지방명] 쑥/약쑥(충남), 사철쑥/약쑥(충북)

Artemisia lagocephala *Fischer* タカネキヌヨモギ
Bidansŭg 비단쑥

비단쑥〈*Artemisia lagocephala* (Fisch. Ex Besser) DC.(1837)〉[55]

비단쑥이라는 이름은 잎 표면에 녹색의 견모(비단털)가 있고 잎 뒷면에 면모가 밀생하는 모습이 비단 같고 쑥을 닮았다는 뜻에서 붙여졌다.[56] 『조선식물향명집』에서 전통 명칭 '쑥'을 기본으로 하고 식물의 형태적 특징을 나타내는 '비단'을 추가해 신칭했다.[57]

속명 *Artemisia*는 쑥의 라틴명으로 부인병에 약효가 있는 것과 관련하여 그리스 신화에서 출산을 돕고 어린아이를 돌보는 여신인 아르테미스(Artemis)의 이름을 빌린 것이며 쑥속을 일컫는다. 종소명 *lagocephala*는 그리스어 *lagos*(토끼)와 *cephala*(머리)의 합성어로, '토끼 머리 모양의'라는 뜻이며 긴 선형의 잎끝이 2~3개로 갈라지는 것에서 유래했다.

다른이름 산비단쑥(박만규, 1974)

중국/일본명 중국명 白山蒿(bai shan hao)는 흰색이 나는 산호(山蒿: *A. brachyloba*의 중국명)라는 뜻이다. 일본명 タカネキヌヨモギ(高嶺絹艾)는 높은 산에서 자라는 비단을 닮은 쑥(クモギ)이라는 뜻인데, 한반도 북부와 중국 동북부가 서식지이며 일본에 분포하지는 않는다.

참고 [북한명] 비단쑥

53 『향약집성방』(1433)의 차자(借字) '眞珠蓬'(진주봉)에 대해 남풍현(1999), p.175는 '진쥬봉'의 표기로 보고 있다.
54 『제주도및완도식물조사보고서』(1914)는 'チ-ビスック'[치비쑥]을 기록했으며 『조선의 구황식물』(1919)은 '기쑥'을, 『조선어사전』(1920)은 '菴䕡(암려), 진주쑹, 菴䕡子(암려즈)'를, 『조선식물명휘』(1922)는 '菴䕡, 狗乳花'를, 『토명대조선만식물자휘』(1932)는 '[菴䕡]암려(즈), 진주쑹'을, 『조선의산과와산채』(1935)는 '구유화'를 기록했다.
55 '국가표준식물목록'(2018)은 비단쑥의 학명을 *Artemisia lagocephala* f. *triloba* (Ledeb.) Pamp.(1927)로 기재하고 있으나, 『장진성 식물목록』(2014)은 이 학명을 본문의 학명에 통합하여 이명(synonym)으로 처리하고 있으며, '중국식물지'(2018), '세계식물목록'(2018) 및 'IPNI'(2018)는 이 학명을 기재하지 않고 있다.
56 이러한 견해로 이우철(2005), p.294 참조.
57 이에 대해서는 『조선식물향명집』, 색인 p.39와 이덕봉(1937), p.10 참조.

○ Artemisia lavandulaefolia *De Candolle*   ヒメヨモギ

B̂aengŝug   뺑쑥

뺑쑥⟨*Artemisia lancea* Vaniot(1903)⟩ [58]

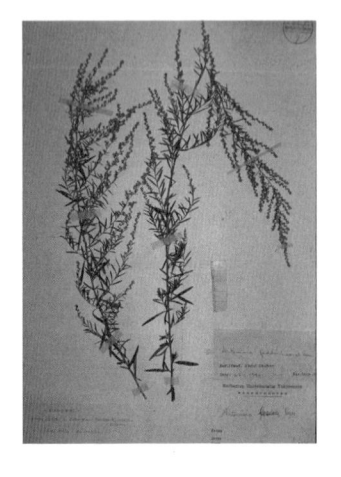

뺑쑥이라는 이름은 마른 잎으로 불을 피우거나 줄기를 모아
횃불을 만든 것과 관련해 유래한 것으로 추정한다.[59] 잎을 약
재로 사용하거나 줄기를 횃불(炬火)을 만드는 재료로 사용했
다.[60] 비양→비양뿍→쎄양(때)쑥→쨍쑥→뺑(대)쑥으로 변화
해 형성된 말로 확인되는데, 이에 대한 한자명은 다양하게 사
용되었으므로 옛적에는 특정한 종을 일컬었다기보다는 '다북
쑥'과 '사재발쑥'처럼 쑥 종류를 일컫는 하나의 이름이었을 것
으로 추론된다. 쑥에서 불을 얻은 것과 관련해 중국에서는 쑥
을 氷臺(빙대)라고 했는데,[61] 氷臺(빙대)는 『향약집성방』과 『동
의보감』에도 기록되었으므로 불을 피우기 위해 빛을 모으는
과정이 쑥과 관련하여 널리 퍼져 있던 인식으로 보인다. 또한
우리말 '뺑대'(뱁댕이)는 베틀로 베를 짤 때 실이 엉키지 않도록 날실 사이사이에 끼우는 나뭇가지
를 뜻하기도 하는데, 그 모양이 뺑쑥의 줄기와도 비슷해 뺑(대)쑥의 유래를 추정케 한다.[62]

속명 *Artemisia*는 쑥의 라틴명으로 부인병에 약효가 있는 것과 관련하여 그리스 신화에서 출
산을 돕고 어린아이를 돌보는 여신인 아르테미스(Artemis)의 이름을 빌린 것이며 쑥속을 일컫는
다. 종소명 *lancea*는 '창모양의, 피침모양의'라는 뜻으로 가는 잎의 모양에서 유래했다.

다른이름   뺑대쑥(안학수·이춘녕, 1963), 분쑥/광대쑥(리용재 외, 2011)

옛이름   靑蒿/비양(훈몽자회, 1527), 蕭/비양뿍(시경언해, 1613), 靑蒿/비영(역어유해, 1690), 黃花蒿/쎙/
臭蒿(광재물보, 19세기 초), 쎄양때(화왕본긔, 19세기 초), 牛尾蒿/쎄양(물명고, 1824), 쎄양씨/蓬(자류주

---

58 '국가표준식물목록'(2018)은 뺑쑥의 학명을 *Artemisia feddei* H.Lev. & Vaniot(1910)로 기재하고 있으나, 『장진성 식
    물목록』(2014)은 본문의 학명을 정명으로 기재하고 있다. '중국식물지'(2018)는 *A. lancea*를 정명으로, *A. feddei*를 이명
    (synonym)으로 기재하고 있으며, '세계식물목록'(2018)은 둘 모두를 정명으로 기재하고 있다.

59 이러한 견해로 김종원(2016), p.427 참조.

60 이에 대해서는 『한국식물도감(하권 초본부)』(1956), p.657과 『한국의 민속식물』(2017), p.1102 참조.

61 11세기 말에 저술된 중국의 『비아』는 "博物志言削冰令圓 舉而向日 以艾承其影則得火 則艾名冰臺 其以此乎"(박물지는 '얼음
    을 둥글게 깎아 들어서 해를 향해 쑥이 그 그림자를 이어 불을 얻는다. 즉 쑥 이름이 빙대인 것은 이런 의미인가'라고 했다)라고 기록했다.

62 뺑쑥은 『사성통해』(1517)와 『훈몽자회』(1527)의 '비양'이 어원이다. 『훈몽자회』는 '빌 잉 쭈'라고 하고 있으므로 '비양'
    은 불을 피우는 것이라는 뜻의 '비다'(炑)와 '양'(陽, 볕 또는 빛)에서 유래했거나, 뺑대(뱁댕이)를 제주도에서는 '버영대, 베영
    대, 베웃대'라고 하고 있어 뺑대(뱁댕이)의 옛말일 수도 있을 것으로 보이지만 정확한 유래와 어원에 대해서는 어원학에
    근거하여 추가 조사와 연구가 필요하다.

석, 1856), 쎄양(한불자전, 1880), 蒿/비양(의방합편, 19세기), 蕭/쌩쑥/蒿(자전석요, 1909)

중국/일본명 중국명 矮蒿(ai hao)는 키가 작은 쑥(蒿)이라는 뜻인데 실제로는 80~150cm 크기 또는 그 이상으로 자라므로 이름과 어울리지는 않는다. 일본명 ヒメヨモギ(姫艾)는 식물체가 작은(애기) 쑥이라는 뜻인데, 쑥보다는 대체로 큰 편이다.

참고 [북한명] 뺑쑥/분쑥[63] [지방명] 뺑때쑥/약쑥(경기)

Artemisia Messer-Schmidtiana *Besser* var. viridis *Besser*　イハヨモギ
Dowejigi　더위지기(인진고)　茵蔯蒿

더위지기〈*Artemisia gmelinii* Weber ex Stechm.(1775)〉

더위지기라는 이름은 한약재로 사용할 때에 열(더위)을 이겨내는 효용이 있는 것에서 유래했다.[64] 낙엽 활엽 관목으로 줄기잎을 약재로 사용했다.[65] 조선 초기에 저술된 『향약집성방』은 '茵蔯蒿'(인진호)에 대해 "治天行時疾 熱狂 頭痛 頭旋風 眼疼 瘡瘻 女人癥瘕 幷閃損乏絶"(돌림병으로 열이 나면서 발광하는 증상, 두통, 두선풍, 안동, 장학, 여성의 징가, 삐고 상해서 부러진 증상 등을 치료한다)이라고 하며 향명으로 '加外左只'(더위자기)를 기록했다. 중국에서는 현재 茵蔯蒿(인진호)를 사철쑥(*A. capillaris*)을 지칭하는 이름으로 사용하고, 현재 국내 한의학계도 이와 같다.[66] 그러나 우리의 옛 전통에서 茵蔯蒿(인진호)라는 약재는 중국과는 차이가 있었던 것으로 보이는데, 일제강점기에 약용식물을 조사·기록한 『조선산야생약용식물』에 따르면 당시 대구와 대전의 약재시장에서 茵蔯(인진)으로 거래되는 식물은 사철쑥이 아닌 현재의 더위지기였다. 이에 따라 『조선식물향명집』은 현재의 종을 일컫는 것으로 '더위지기'를 조선명으로 사정했다.[67] 한의학계에서는 중국의 茵蔯蒿(인진호)와 구별하여 더위지기를 한국에서 사용하는 茵蔯蒿(인진호)라는 뜻의 '한인진'(韓茵蔯)이라고 하여 별도의 약재로 다루기도 한다.[68] 한편 더위지기라는 이름이 다북쑥처럼 다북하게 생겼기 때문에 '더북하다'는 뜻에서 유래했다고 보는 견해가 있으나,[69] 다북쑥은 인진호와 다른 쑥 종류를 일컫는 오래된 이름이어서 타당성은 의문스럽다. 또한 더위지기라는 이름에 대해 옛 이두식 표현에 더한다는 의미의 가(加)가 있는 것을 근거로 '더'를 뜨다(뜸)와 동원어로 보고 '뜸'이라는 말에

---

63 북한에서는 *A. feddei*를 '뺑쑥'으로, *A. lavandulaefolia*를 '분쑥'으로 하여 별도 분류하고 있다. 이에 대해서는 리용재 외(2011), p.39 참조.
64 이러한 견해로 이덕봉(1963), p.11 참조.
65 이에 대해서는 『조선산야생약용식물』(1936), p.223과 『조선삼림식물도설』(1943), p.681 참조.
66 이에 대해서는 『(신대역) 동의보감』(2012), p.2019; 안덕균(2014), p.112; 『대한민국약전외 한약(생약)규격집』(2016), p.156 참조.
67 이덕봉(1937), p.11은 현재의 종에 대한 국명을 '더위지기'로 한 것에 대해 『동의보감』(1613)에 따른 것으로 기록했다.
68 이에 대해서는 안덕균(2014), p.113 참조.
69 이러한 견해로 손병태(1996), p.54 참조.

서 유래했다는 견해가 있으나,[70] 쑥 종류 대부분이 뜸의 재료로 사용되는데 유독 '더위지기'만 뜸에서 유래했다는 것은 신빙성이 있는 주장은 아닌 것으로 보인다.

속명 *Artemisia*는 쑥의 라틴명으로 부인병에 약효가 있는 것과 관련하여 그리스 신화에서 출산을 돕고 어린아이를 돌보는 여신인 아르테미스(Artemis)의 이름을 빌린 것이며 쑥속을 일컫는다. 종소명 *gmelinii*는 독일 식물학자 K. C. Gmelin(1762~1837)의 이름에서 유래했다.

다른이름 쑥(정태현 외, 1923), 사철쑥(정태현 외, 1936), 인진고(정태현 외, 1937), 산쑥/부덕쑥(정태현, 1943), 사철산쑥(도봉섭 외, 1957), 더위직이쑥/애기바위쑥(안학수·이춘녕, 1963), 생당쑥/털산쑥(임록재 외, 1972), 흰더위지기(이창복, 1980)

옛이름 茵蔯蒿/加火左只(향약구급방, 1236),[71] 茵蔯蒿/加火老只(향약채취월령, 1431), 茵蔯蒿/加外左只(향약집성방, 1433),[72] 茵蔯蒿(의방유취, 1477), 茵蔯(구급이해방, 1499), 茵蔯/加外作只/가외자기(촌가구급방, 1538), 茵蔯蒿/더위자기(동의보감, 1613), 茵陳蒿(의림촬요, 1635), 茵蔯/더우각이(사의경험방, 17세기), 茵蔯蒿/더위즈기(재물보, 1798), 茵蔯/더위지기(제중신편, 1799), 茵蔯/더위지기(물명고, 1824), 茵蔯/多魏直伊(오주연문장전산고, 185?), 茵蔯/더위지기(의종손익, 1868), 茵蔯蒿/인진호/四節蒿/亽철쑥(명물기략, 1870), 茵蔯/더위지기(방약합편, 1884), 茵蔯蒿(동의수세보원, 1894), 茵蔯蒿(수세비결, 1929), 더위자기(조선어표준말모음, 1936)[73]

중국/일본명 중국명 細裂叶莲蒿(xi lie ye lian hao)는 잎이 가늘게 갈라지는 쑥 종류(蓬蒿)라는 뜻이다. 일본명 イハヨモギ(岩艾)는 바위에서 자라는 쑥(ヨモギ)이라는 뜻이다.

참고 [북한명] 생당쑥/털산쑥[74] [유사어] 인진호(茵蔯蒿), 한인진(韓茵蔯) [지방명] 사철쑥/생당쑥/쑥/약쑥/영중이쑥/인종쑥/인지쑥/인진쑥/정종쑥(강원), 인동쑥/인진쑥(경기), 약쑥/인진쑥(경남), 약쑥/

---

70 이러한 견해로 김종원(2013), p.490 참조. 한편 김종원(2016), p.425는 "결국 학명(*Artemisia capillaris*)에 대응하는 한자명이 인진호이기 때문에 여기에 대응하는 본래의 한글명은 더위지기라는 것을 알 수 있다. 그런데 20세기 『조선식물명휘』에서 더위지기란 고유명칭은 빠져 있고, 사(亽)철쑥이라는 한글명이 정제되지 않은 채 기록되었다. 더위지기란 이름은 적어도 15세기로 거슬러 올라가는 우리 사람들이 불렀던 고유명칭이다"라고 주장하고 있다. 그러나 『조선식물명휘』(1922)에서 모리 다케조(森爲三)가 *A. capillaris*를 생약명 茵蔯蒿(인진호)로 대응시킨 것은 조선의 풍습을 기록한 것이 아니라 일본에서 사용하는 한자명(생약명)을 그대로 따온 것에 불과하다. 『조선식물명휘』에 기록한 한자명의 상당 부분은 마쓰무라 진조(松村任三)의 『改訂 植物名彙(前編 漢名之部)』(1920)에 기록된 것을 그대로 따온 것들이고, 실제로 이 책 p.35는 *A. capillaris*를 茵蔯蒿(인진호)로 기록하고 있다. 따라서 김종원(2016)의 견해는 '더위지기'라는 한글명을 *A. messerschmidtiana*(=*A. gmelinii*)에 대응시킨 『조선식물향명집』에 대해 일본인의 시각을 따르지 않았다고 비난하고 있는 셈이다.

71 『향약구급방』(1236)의 차자(借字) '加火左只'(가화좌지)에 대해 남풍현(1981), p.110은 '더블자기'의 표기로 보고 있으며, 손병태(1996), p.53은 '더블노기'의 표기로, 이덕봉(1963), p.11은 '더블우기'의 표기로 보고 있다.

72 『향약집성방』(1433)의 차자(借字) '加外左只'(가외좌지)에 대해 남풍현(1981), p.110과 남풍현(1999), p.176은 '더위자기'의 표기로 보고 있으며, 손병태(1996), p.53은 '더외자기'의 표기로 보고 있다.

73 『조선한방약료식물조사서』(1917)는 '더위지기, 茵蔯'을 기록했다.

74 북한에서는 *A. messer-schmidtiana*를 '생당쑥'으로, *A. gmelinii*를 '털산쑥'으로 하여 별도 분류하고 있다. 이에 대해서는 리용재 외(2011), p.39 참조.

1702

인중쑥/인진쪽/인진쑥/전증쑥(경북), 기름쑥/서리쑥/인진쑥(전남), 약쑥/인진과/인진쑥(전북), 약쑥/인진쑥(충남), 생당쑥/생장쑥(함북)

○ Artemisia scoparia *Waldstaedt et Kitaib*　ハマヨモギ
Bisug　비쑥

비쑥〈*Artemisia scoparia* Waldst. & Kit.(1802)〉[75]

비쑥이라는 이름은 빗자루 같은 쑥이라는 뜻에서 붙여졌다.[76] 줄기잎은 1~2회 깃모양으로 갈라지며 열편은 실같이 가늘다. 『조선식물향명집』에서 전통 명칭 '쑥'을 기본으로 하고 식물의 형태적 특징과 학명에 착안한 '비'를 추가해 신칭했다.[77]

속명 *Artemisia*는 쑥의 라틴명으로 부인병에 약효가 있는 것과 관련하여 그리스 신화에서 출산을 돕고 어린아이를 돌보는 여신인 아르테미스(Artemis)의 이름을 빌린 것이며 쑥속을 일컫는다. 종소명 *scoparia*는 '빗자루 모양의'라는 뜻으로 전초의 모양이 빗자루 같은 형태인 것에서 유래했다.

다른이름　애탕쑥(정태현 외, 1942)[78]

중국/일본명　중국명 猪毛蒿(zhu mao hao)는 잎의 모양을 돼지의 털에 비유한 것에서 유래했다. 일본명 ハマヨモギ(浜蒿)는 해변가에서 자라는 쑥(ヨモギ)이라는 뜻이다.

참고　[북한명] 비쑥

Artemisia selengensis *Turczaninow*　タカヨモギ
Mulsug　물쑥

물쑥〈*Artemisia selengensis* Turcz. ex Besser(1834)〉

물쑥이라는 이름은 물가에 자라는 쑥이라는 뜻에서 유래했다.[79] 전초를 약용하거나 식용했다.[80]

75　'국가표준식물목록'(2018)은 본문의 학명으로 비쑥으로 기재하고 있으나 『장진성 식물목록』(2014)은 별도의 언급이 없다. 한편 '중국식물지'(2018)와 '세계식물목록'(2018)도 본문의 학명을 정명으로 기재하고 있으나, 최근의 연구에 따르면 "국내에 분포하는 개체 중 기존에 비쑥으로 알려진 다년초의 개체들은 사철쑥의 변이이며, 1, 2년초인 비쑥은 국내에 분포하지 않는 것"으로 판명되어 사철쑥에 통합하는 견해가 있다. 이에 대해서는 박명순 외(2011), pp.1-9 참조.

76　이러한 견해로 이우철(2005), p.295 참조.

77　이에 대해서는 이덕봉(1937), p.11 참조. 다만 『조선식물향명집』, 색인 p.39는 신칭한 이름이라는 점을 명시하지 않았으므로 주의가 필요하다.

78　『지리산식물조사보고서』(1915)는 'ちゃてばんちぇ'[자데밤취]를 기록했다.

79　이러한 견해로 이우철(2005), p.237과 김경희 외(2014), p.95 참조.

80　이에 대해서는 『조선산야생식용식물』(1942), p.199와 『한국의 민속식물』(2017), p.1111 참조.

『동의보감』은 蔞蒿(누호)에 대해 "生水澤中 似艾 青白色"(못에서 자란다. 쑥 비슷하면서 청백색이다)이라고 기록해 '믈뿍'(물쑥)이라는 이름의 유래를 뒷받침한다. 『조선식물향명집』은 실제로 서울에서 사용하는 방언이자 옛 문헌에 기록된 이름인 '물쑥'을 조선명으로 사정했고, 그 이름이 현재에 이르고 있다.[81]

속명 Artemisia는 쑥의 라틴명으로 부인병에 약효가 있는 것과 관련하여 그리스 신화에서 출산을 돕고 어린아이를 돌보는 여신인 아르테미스(Artemis)의 이름을 빌린 것이며 쑥속을 일컫는다. 종소명 selengensis는 '(몽골의) 셀렝가강 유역에 분포하는'이라는 뜻이다.

다른이름 뿔쑥(안학수·이춘녕, 1963)

옛이름 蔞蒿/믈쑥(사성통해, 1517), 蔞/믈뿍/水蒿草(훈몽자회, 1527), 蔞蒿/믈뿍(동의보감, 1613), 蔞/믈뿍(시경언해, 1613), 蒿蔞/믈뿍(박통사언해, 1677), 蔞蒿/물쑥(주촌신방, 1687), 水蒿草/믈뿍/蔞蒿(역어유해, 1690), 蒿蔞/믈뿍(방언집석, 1778), 白蒿/물쑥(재물보, 1798), 白蒿/믈뿍/蔞蒿(광재물보, 19세기 초), 蔞蒿/물쑥(물명고, 1824), 水蒿草/물쑥(오주연문장전산고, 185?), 蔞蒿/루호/물쑥/白蒿(명물기략, 1870), 물쑥(농가월령가, 1876), 물쑥/水蔞(한불자전, 1880), 蔞/물쑥(자전석요, 1909), 蔞蒿/물쑥(신자전, 1915), 蔞蒿/물쑥(의서옥편, 1921)[82]

중국/일본명 중국명 蔞蒿(lou hao)는 쑥을 나타내기 위해 고안된 한자 '蔞'(루)와 '蒿'(호)가 합쳐진 것이다.[83] 일본명 タカヨモギ(鷹蒿)는 잎이 매의 발처럼 갈라진 쑥(ヨモギ)의 뜻으로 추정되나 일본에는 분포하지 않는 식물이다.

참고 [북한명] 물쑥 [유사어] 누호(蔞蒿), 누호채(蔞蒿菜), 수애(水艾) [지방명] 물소(경기), 쑥(함북)

○ Artemisia Siebersiana *Willdenow* ハタヨモギ(ハイイロヨモギ)
Hinŝug   힌쑥

흰쑥 〈Artemisia stelleriana Besser(1834)〉

흰쑥이라는 이름은 줄기와 잎 등이 흰 털로 덮여 있는 쑥이라는 뜻에서 유래했다.[84] 옛 문헌은 흰쑥이라는 뜻의 '白蒿'(백호)를 기록하며 그에 대한 한글명을 '흰쑥'이라고 했다.[85] 잎의 모양에서 새의 발(鳥足)을 연상해 '시발쑥(새발쑥)'이라고도 했다. 『조선식물향명집』은 옛 문헌에 기록된 '흰쑥'

81 『조선산야생식용식물』(1942), p.199는 '물쑥'을 서울(京城)에서 사용하는 이름으로 기록했고, 이덕봉(1937), p.11은 『동의보감』(1613)에서 따온 이름으로 기록했다.
82 『조선어사전』(1920)은 '蔞蒿(루호), 물쑥'을 기록했으며 『토명대조선만식물자휘』(1932)는 '[蔞蒿]루호, [물쑥]'을 기록했다.
83 중국의 『설문해자』(121)는 "艸也 可以享魚 從艸蔞聲"(풀이다. 형어와 비슷하다. 풀의 뜻이고 음이 蔞이다)이라고 했고, 『이아주소』(4세기 추정)에서 郭璞(곽박)은 "蔞 蒿也"(루는 쑥이다)라고 했다.
84 이러한 견해로 이우철(2005), p.611 참조.
85 『동의보감』(1613)에 기록된 '白蒿'(백호)를 산흰쑥(A. sieversiana)으로 보는 견해로는 『신대역』 동의보감』(2012), p.2020 참조.

을 조선명으로 사정했으나[86] 『조선식물명집』에서 맞춤법에 따라 '흰쑥'으로 개칭했으며, '흰쑥'을 현재의 학명에 대한 국명으로 사용하는 것은 『대한식물도감』에 따른 것이다. 북한에서는 『조선식물향명집』의 사용례에 따라 A. sieberiana를 '흰쑥'으로 A. stelleriana를 '산흰쑥'이라 하고 있다.

　속명 Artemisia는 쑥의 라틴명으로 부인병에 약효가 있는 것과 관련하여 그리스 신화에서 출산을 돕고 어린아이를 돌보는 여신인 아르테미스(Artemis)의 이름을 빌린 것이며 쑥속을 일컫는다. 종소명 stelleriana는 독일 생물학자 Georg Wilhelm Steller(1709~1746)의 이름에서 유래한 것으로 보인다.

다른이름　산힌쑥(정태현 외, 1937), 눈빛쑥(박만규, 1949), 산흰쑥(정태현 외, 1949)

옛이름　白艾/힌뿍(구급방언해, 1466), 白艾/힌뿍(구급간이방언해, 1489), 白蒿(신증동국여지승람, 1530), 白蒿/근날제흰뿍/蓬蒿(동의보감, 1613), 白蒿/물뿍(광재물보, 19세기 초), 白蒿/흰쑥/식발쑥(물명고, 1824), 蘩/白蒿(오주연문장전산고, 185?), 白蒿/흰쑥/蘩(자류주석, 1856), 白蒿/蘿莪/새발쑥(신자전, 1915)[87]

중국/일본명　'중국식물지'는 A. stelleriana(흰쑥)를 A. lagocephala(비단쑥)의 이명(synonym)으로 기재하고 있다. 일본명 ハタヨモギ(畑艾)는 밭에서 자라는 쑥이라는 뜻이며, 다른이름으로 기록된 ハイイロヨモギ(灰色艾)는 재색이 나는 쑥이라는 뜻이다.

참고　[북한명] 산흰쑥 [유사어] 백호(白蒿)

Artemisia Stelleriana *Bess*. var. sachalinensis *Nakai*　シロヨモギ
San-hinŝug　산힌쑥

산흰쑥〈Artemisia sieversiana Ehrh. ex Willd.(1803)〉

산흰쑥이라는 이름은 산에서 자라는 흰쑥이라는 뜻에서 유래했다.[88] 『조선식물향명집』에서는 전통 명칭 '흰쑥'을 기본으로 하고 식물의 산지(産地)를 나타내는 '산'을 추가해 '산힌쑥'을 신칭했으나[89] 『조선식물명집』에서 맞춤법의 변화에 따라 '산흰쑥'으로 개칭했으며, 산흰쑥을 현재의 학명에 대한 추천명으로 사용하는 것은 『대한식물도감』에 따른 것이다. 북한에서는 『조선식물향명집』의 사용례에 따라 A. sieversiana를 '흰쑥'으로 A. stelleriana를 '산흰쑥'이라 하고 있다.

　속명 Artemisia는 쑥의 라틴명으로 부인병에 약효가 있는 것과 관련하여 그리스 신화에서 출

86　이에 대해서는 『조선식물향명집』, 색인 p.49 참조. 다만 이덕봉(1937), p.11은 신칭한 이름으로 기록하고 있는데 이는 오기로 보인다.

87　『조선어사전』(1920)은 '白蒿(빅호), 蓬蒿(봉호), 艾湯(애탕), 다복쑥'을 기록했으며 『조선식물명휘』(1922)는 '白蒿, 蘩, 白蕃蒿'를, 『토명대조선만식물자휘』(1932)는 '[白蒿]빅호, [蓬蒿]봉호, [艾湯蓬]애탕쑥, [다복쑥]'을 기록했다.

88　이러한 견해로 이우철(2005), p.319 참조.

89　이에 대해서는 『조선식물향명집』, 색인 p.40과 이덕봉(1937), p.11 참조.

산을 돕고 어린아이를 돌보는 여신인 아르테미스(Artemis)의 이름을 빌린 것이며 쑥속을 일컫는다. 종소명 *sieversiana*는 독일 식물학자 Johann Erasmus(August Carl) Sievers(1762~1795)의 이름에서 유래한 것으로 보인다.

다른이름 조개숙(정태현 외, 1936), 힌쑥(정태현 외, 1937), 흰쑥(정태현 외, 1949), 흰개쑥(한진건 외, 1982)[90]

중국/일본명 중국명 大籽蒿(da zi hao)는 씨앗이 큰 쑥 종류(蒿)라는 뜻이다. 일본명 シロヨモギ(白艾)는 줄기와 잎 등에 흰색 털이 밀생하는 쑥(ヨモギ)이라는 뜻이다.

참고 [북한명] 흰쑥 [유사어] 백호(白蒿)

○ Artemisia stolonifera *Komarov* ヒロハヒトツバヨモギ
Nòrùn-oeipŝug 너른외잎쑥

넓은잎외잎쑥 ⟨*Artemisia stolonifera* (Maxim.) Kom.(1907)⟩

넓은잎외잎쑥이라는 이름은 잎이 넓은 외잎쑥이라는 뜻에서 유래했다.[91] 잎이 넓은 달걀모양 또는 타원모양으로 가장자리에 톱니가 있고 때로 깊게 갈라지는 특징이 있으며, 어린잎을 식용했다.[92] 『조선식물향명집』에서는 '외잎쑥'을 기본으로 하고 식물의 형태적 특징을 나타내는 '너른'(넓은)을 추가해 '너른외잎쑥'을 신칭했으나,[93] 이후 맞춤법의 변화에 따라 『조선식물명집』의 '넓은외잎쑥'을 거쳐 『우리나라 식물자원』에서 '넓은잎외잎쑥'으로 개칭해 현재에 이르고 있다.

속명 *Artemisia*는 쑥의 라틴명으로 부인병에 약효가 있는 것과 관련하여 그리스 신화에서 출산을 돕고 어린아이를 돌보는 여신인 아르테미스(Artemis)의 이름을 빌린 것이며 쑥속을 일컫는다. 종소명 *stolonifera*는 '포복하는'이라는 뜻으로 땅속줄기를 뻗어 번식하는 것에서 유래했다.

다른이름 쑥(정태현 외, 1936), 너른외잎쑥(정태현 외, 1937), 넓은잎외대쑥(박만규, 1949), 넓은외잎쑥(정태현 외, 1949)

---

90 『조선식물명휘』(1922)는 '白蒿'를 기록했다.
91 이러한 견해로 이우철(2005), p.139 참조.
92 이에 대해서는 『한국식물도감(하권 초본부)』(1956), p.666과 『한국의 민속식물』(2017), p.1112 참조.
93 이에 대해서는 『조선식물향명집』, 색인 p.34와 이덕봉(1937), p.15 참조.

중국명 宽叶山蒿(kuan ye shan hao)는 넓은 잎을 가진 산호(山蒿: *A. brachyloba*의 중국명)라는 뜻이다. 일본명 ヒロハヒトツバヨモギ(廣葉一葉艾)는 넓은 잎을 가진 외잎쑥이라는 뜻으로 한국명과 뜻이 닿아 있다.

참고 [북한명] 넓은잎외잎쑥 [유사어] 산애(山艾) [지방명] 약쑥(충남)

Artemisia sylvatica *Maximowicz* モリヨモギ
Gúnúlŝug 그늘쑥

그늘쑥〈*Artemisia sylvatica* Maxim.(1859)〉

그늘쑥이라는 이름은 숲속(그늘)에서 자라는 쑥이라는 뜻에서 붙여졌다.[94] 『조선식물향명집』에서 전통 명칭 '쑥'을 기본으로 하고 식물의 산지(産地)와 학명에 착안한 '그늘'을 추가해 신칭했다.[95]

속명 *Artemisia*는 쑥의 라틴명으로 부인병에 약효가 있는 것과 관련하여 그리스 신화에서 출산을 돕고 어린아이를 돌보는 여신인 아르테미스(Artemis)의 이름을 빌린 것이며 쑥속을 일컫는다. 종소명 *sylvatica*는 '삼림성의, 숲속을 좋아하는'이라는 뜻이다.

중국/일본명 중국명 阴地蒿(yin di hao)는 음지(그늘)에서 자라는 쑥 종류(蒿)라는 뜻이다. 일본명 モリヨモギ(森艾)는 삼림(森)에서 자라는 쑥(ヨモギ)이라는 뜻이다.

참고 [북한명] 그늘쑥 [유사어] 음지호(陰地蒿), 임애(林艾)

Artemisia vulgaris *L.* var. indica *Maximowicz* ヨモギ 艾
Ŝug 쑥

쑥〈*Artemisia indica* Willd.(1803)〉[96]

쑥이라는 이름은 옛말 쓰다(쓰다, 苦)와 어근이 같으며, 약용이나 식용할 때 그다지 좋은 맛이 나지 않는다는 뜻에서 유래했다.[97] 단군 신화에도 등장하는 식물로 만주어 'suku'와 일치하며 오래전에 생겨난 고유어로 보인다. 옛이름 '뿍'이 '쑥'으로 변화해 현재에 이르고 있다. 옛 문헌에 기록된 '다복뿍'(다북쑥)은 더부룩하다는 뜻으로 무더기로 모여 자라는 것에서 유래한 이름이며, 약재

---

94 이러한 견해로 이우철(2005), p.95 참조.
95 이에 대해서는 이덕봉(1937), p.11 참조. 다만 『조선식물향명집』, 색인 p.33은 신칭한 이름으로 기록하지 않았으므로 주의가 필요하다.
96 '국가표준식물목록'(2018)은 쑥의 학명을 *Artemisia princeps* Pamp.(1930)로 기재하고 있으나, 『장진성 식물목록』(2014)은 본문의 학명을 정명으로 기재하고 있다. 한편 '중국식물지'(2018)와 '세계식물목록'(2018)은 이 둘을 각각 정명으로 별도 분류하고 있으므로 주의를 요한다.
97 이러한 견해로 백문식(2014), p.339 참조.

로 사용할 때에는 잎이 사자의 발처럼 보인다고 하여 '스지발쑥'(사자발쑥)이라고도 했다.[98] 한편 쑥이라는 이름의 유래와 관련해 풀 또는 나물의 뜻을 지닌다는 견해도 있으며,[99] 땅속 줄기에서 새싹이 돋는 형상에서 유래한 것으로 보는 견해도 있다.[100]

속명 *Artemisia*는 쑥의 라틴명으로 부인병에 약효가 있는 것과 관련하여 그리스 신화에서 출산을 돕고 어린아이를 돌보는 여신인 아르테미스(Artemis)의 이름을 빌린 것이며 쑥속을 일컫는다. 종소명 *indica*는 '인도의'라는 뜻이다.

다른이름 약쑥(정태현 외, 1936), 사재발쑥(정태현 외, 1949), 바로쑥/타래쑥(안학수·이춘녕, 1963), 참빼쑥/메쑥/인디아메쑥(리용재 외, 2011)

옛이름 蓬蒿(삼국사기, 1145), 艾(삼국유사, 1281), 뿍/艾(능엄경언해, 1461), 뿍/艾(내훈, 1475), 蓬蒿/뿍/다봇(분류두공부시언해, 1481), 艾/뿍(구급간이방언해, 1489), 蔞/뿍/蓬蒿/다복뿍(사성통해, 1517), 뿍/蒿/다복뿍(훈몽자회, 1527), 蓬蒿/다복뿍/艾/스지발뿍(신증유합, 1576), 艾葉/스지발뿍/氷臺(동의보감, 1613), 蓬/뿍(동국신속삼강행실도, 1617), 艾/뿍(구황촬요벽온방, 1639), 蒿葉/쑥닙(신간구황촬요, 1660), 艾/뿍/蓬蒿/다복뿍(역어유해, 1690), 蓬蒿/다북뿍(동문유해, 1748), 蓬蒿/다북뿍(몽어유해, 1768), 蓬蒿/다북쑥(한청문감, 1779), 蓬/다복쑥(왜어유해, 1782), 艾/츰쑥(광제비급, 1790), 艾/스지발쑥/약쑥(재물보, 1798), 艾葉/스지발뿍(제중신편, 1799), 蒿葉/뿍(해동농서, 1799), 艾/쑥(물보, 1802), 靑蒿/다복쑥(몽유편, 1810), 艾/스지발쑥/氷臺/黃草/艾蒿(광재물보, 19세기 초), 艾/사지발쑥/氷臺/黃草/艾蒿/蓬蒿/다복쑥(물명고, 1824), 蒿/쑥/蒿草/다북쑥/蕭灸草/스지블뿍(자류주석, 1856), 艾葉/스지발뿍(의종손익, 1868), 艾/이/쑥/千年艾/천년이(명물기략, 1870), 野蒿/다복뿍(의휘, 1871), 쑥/艾/다복쑥/蓬(한불자전, 1880), 靑蒿/다북슉(박물신서, 19세기), 靑蒿/다복슉(일용비람기, 연대미상), 艾/蓬/뿍(아학편, 1908), 蒿/쑥/蒿/다복쑥(신자전, 1915), 香蒿/다북쑥(의서옥편, 1921), 쑥/艾(조선어사전[심], 1925), 艾葉/사재발쑥(선한약물학, 1931)[101]

중국/일본명 중국명 五月艾(wu yue ai)는 오월의 쑥(艾)이라는 뜻이다.[102] 일본명 크モ ギ(蓬, 艾)는 정확

98 이러한 견해로 유기억(2018), p.213 참조.

99 이러한 견해로 서정범(2005), p.398 참조.

100 이러한 견해로 김종원(2013), p.150 참조.

101 『제주도및완도식물조사보고서』(1914)는 'ス ック'[숙]을 기록했으며 『조선한방약료식물조사서』(1917)는 '약쑥, 사재발쑥, 藥艾, 艾葉'을, 『조선의 구황식물』(1919)은 '쑥, 艾, 참쑥(龍仁 其他), 蓬'을, 『조선어사전』(1920)은 '蓬(봉), 艾(애), 蓬艾(봉애), 艾蒿(애호), 醫草(의초), 사재ㅅ발쑥, 애향쑥, 쑥'을, 『조선식물명휘』(1922)는 '蓬, 艾, 蔞蒿, 艾蒿, 灸草, 蒴蔞, 쑥(救, 藥)'을, 『토명대조선만식물자휘』(1932)는 '[蓬]봉, [艾]애, [蓬艾]봉애, [艾蒿]애호, [灸草]구초, [醫草]의초, [氷臺]빙되, [사재ㅅ)발쑥], [참쑥], [쑥]'을, 『선명대화명지부』(1934)는 '쑥, 쑥'을, 『조선의산과와산채』(1935)는 '艾, 약쑥'을 기록했다.

102 '중국식물지'(2018)는 A. princeps를 으뜸가는 쑥이라는 뜻의 魁蒿(kui hao)로 별도 분류하고 있다.

한 어원은 알려져 있지 않으며, 잘 타는 풀이라거나 싹이 무성하게 올라오는 풀이라는 뜻에서 유래했다는 견해 등이 있다.

참고 [북한명] 쑥/참뺑쑥/메쑥/인디아메쑥[103] [유사어] 다북쑥, 봉애(蓬艾), 봉호(蓬蒿), 애(艾), 애엽(艾葉), 애초(艾草), 호(蒿) [지방명] 봉애쑥/쑥청주/약쑥/참쑥(강원), 약쑥/참쑥(경기), 개쑥/서쑥/숙(경남), 귀배방이/약쑥(경북), 해풍쑥(전남), 약쑥(전북), 속/숙/신속(제주), 약쑥/음쑥(충남), 뜸쑥/음쑥(함북)

Aster altaicus Willdenow   ヤマヂノギク
Gae-śugbujañgi   개쑥부장이

개쑥부쟁이⟨*Aster meyendorffii* (Regel & Maack) Voss(1894)⟩

개쑥부쟁이라는 이름은 쑥부쟁이와 비슷하게 생겼다는 뜻에서 유래했다.[104] 어린잎을 식용했다.[105] 『조선식물향명집』에서는 방언에서 유래한 '쑥부장이'를 기본으로 하고 식물의 형태적 특징을 나타내는 '개'를 추가해 '개쑥부장이'를 신칭한 것으로 보인다.[106] 『한국식물명감』에서 맞춤법의 변화에 따라 '개쑥부쟁이'로 개칭해 현재에 이르고 있다. 19세기 중엽에 저술된 『임원경제지』는 쇠로 된 작대기 모양을 한 쑥이라는 뜻으로 중국에서 유래한 '鐵稈蒿'(철간호)라는 이름을 기록했으나 현재로 이어지지는 않았다. 한편 개쑥부쟁이를 '쑥부쟁이'로, 쑥부쟁이를 '왜쑥부쟁이'로 고쳐 불러야 옳다는 견해가 있다.[107] 쑥부쟁이가 일본 대표종이므로 이를 기본명으로 하는

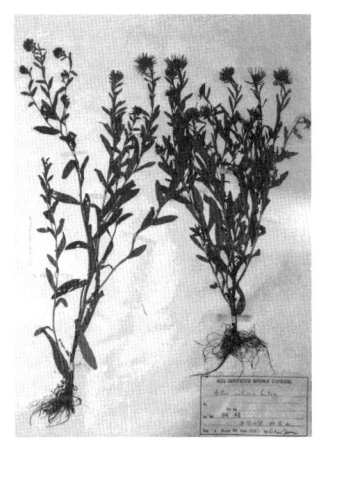

---

103 북한에서는 쑥(*A. asiatica*), 참뺑쑥(*A. princeps*), 메쑥(*A. vulgaris*), 인디아메쑥(*A. indica*)을 모두 별도종으로 분류하고 있다. 이에 대해서는 리용재 외(2011), p.38 이하 참조.

104 이러한 견해로 이우철(2005), p.55; 김병기(2013), p.387; 김종원(2016), p.432 참조. 한편 김종원은 흔한 또는 하찮은 쑥부쟁이라는 뜻에서 유래한 이름으로 보고 있다.

105 이에 대해서는 『조선산야생식용식물』(1942), p.200 참조.

106 이에 대해서는 이덕봉(1937), p.11 참조. 다만 『조선식물향명집』, 색인 p.31은 신칭한 이름으로 기록하지 않았으므로 주의가 필요하다.

107 이러한 견해로 김종원(2016), pp.433-434 참조. 김종원은 (i) 개쑥부쟁이는 일본에 분포하지 않아 가장 한국적인 종인 데 반해 쑥부쟁이는 일본을 대표하는 종이고, (ii) 1921년 일본인 모리(森)는 『조선식물명휘』에서 개쑥부쟁이의 실체를 눈치챘으면서도 '쑥부쟁이'라는 한글명을 일본열도가 분포 중심인 *A. yomena*에 대응시켰으며, (iii) 그 이후 1937년 『조선식물향명집』 등은 그 내용을 그대로 승계함으로써 사람의 정신성에 관련된 올바르지 못한 이름이 여전히 계속되고 있는 실정이라는 취지로 주장한다. 그러나 김종원(2013), p.182에 따르면 쑥부쟁이는 우리나라의 전국에 분포하는 종이고, *T. Makino*(1889), p.72에 따르면 *A. altaicus*(개쑥부쟁이의 옛 학명)는 한반도 분포종임과 더불어 일본에도 분포하는 것으로 보고되었던 종이다.

것은 패배주의의 식민 잔재라는 취지이지만, 왜곡된 사실에 근거한 주장으로 보인다.

속명 *Aster*는 라틴어로 별을 뜻하는데 방사상으로 뻗는 꽃잎의 모양 때문에 붙여졌으며 참취속을 일컫는다. 종소명 *meyendorffii*는 오스트리아 식물학자 Gustav Niessl von Meyendorf(1839~1919)의 이름에서 유래했다.

다른이름 개쑥부장이(정태현 외, 1937), 광절대(정태현 외, 1942), 개쑥뿌쟁이(박만규, 1949), 산개쑥부장이(정태현 외, 1949), 산갯쑥부장이(임록재 외, 1972), 산갯푸른산국(임록재 외, 1996)

옛이름 鐵梞蒿(임원경제지, 1842)[108]

중국/일본명 중국명 砂狗娃花(sha gou wa hua)는 모래땅에서 자라는 구예화(狗娃花: 강아지처럼 예쁜 꽃이라는 뜻으로 갯쑥부쟁이의 중국명, *A. hispidus*)라는 뜻이다. 일본명 ヤマヂノギク(山路野菊)는 산길과 들에서 자라는 국화(キク)라는 뜻이다.

참고 [북한명] 산갯푸른산국 [유사어] 철간호(鐵梞蒿) [지방명] 키큰국화(강원), 잠자리꽃/창칼지기(경기), 부주깽이나물(충남), 부지깽이나물(충북)

Aster fastigiatus *Fischer* ヒメジヲン
Onggut-namul 옹굿나물

옹굿나물⟨*Aster fastigiatus* Fisch.(1812)⟩

옹굿나물이라는 이름은 꽃차례 또는 꽃이 짐을 나르는 데 사용하는 농기구인 옹구를 닮았으며 나물로 식용한 데서 유래한 것으로 추정한다. 개미취(紫菀) 대용으로 약용하고, 어린잎을 식용했다.[109] 짚으로 짠 망이나 자루를 소의 길마 위에 얹어 짐을 넣어 싣고 밑을 열어 짐을 쏟는 농기구를 '옹구'라고 하는데,[110] 옹굿나물은 『한국의 민속식물』 p.1114에 따르면 잎, 줄기와 뿌리를 함께 데쳐 식용했다고 하는데 잎과 줄기는 풍성하고 뿌리는 잘록한 모습이 농기구인 옹구를 닮았다. 『조선식물향명집』에 한글명이 최초로 기록되었는데, 당시 충청남도 방언을 채록한 것이다.[111]

---

108 Crane(1931)은 '들국화, 野菊花'를 기록했다.

109 이에 대해서는 『동의보감』(1613) 탕액편 중 '紫菀'(자원) 부분; 『한국식물도감(하권 초본부)』(1956), p.668; 『한국의 민속식물』(2017), p.1114 참조.

110 19세기 초에 저술된 우하영(禹夏永)의 『천일록(千一錄)』은 옹구를 한자로 '擁㡇'(옹고)라고 기록했다. 이에 대한 보다 자세한 내용은 김광언(1986) 중 '옹구' 참조.

111 이에 대해서는 이덕봉(1937), p.11 참조.

속명 *Aster*는 라틴어로 별을 뜻하는데 방사상으로 뻗는 꽃잎의 모양 때문에 붙여졌으며 참취속을 일컫는다. 종소명 *fastigiatus*는 '직립하여 모인'이라는 뜻으로 꽃차례의 모양에서 유래했다.

다른이름 옹굿나물(리종오, 1964), 옷굿나물(리용재 외, 2011)

옛이름 女菀/白菀(동의보감, 1613), 女菀/白菀(재물보, 1798), 女菀/白菀(광재물보, 19세기 초), 女菀/풀쇼옴나물(물명고, 1824), 女菀(오주연문장전산고, 185?), 女菀(수세비결, 1929)[112]

중국/일본명 중국명 女菀(nu wan)은 자완(紫菀: 개미취의 중국명)에 비해 여성적으로 보인다는 뜻이다.[113] 일본명 ヒメジヲン(女菀)은 중국명과 동일한 뜻에서 붙여졌다.

참고 [북한명] 옹굿나물 [유사어] 여원(女苑) [지방명] 끼묵/낀묵(경기), 옹굿뿌리(전남), 옹곳/옹곳나물(충남)

○ Aster holophyllus *Hemsley*   ホソバヨメナ
Ganŭn-ŝugbujaṅgi   가는쑥부장이

가는쑥부쟁이〈*Aster pekinensis* (Hance) F.H.Chen(1934)〉

가는쑥부쟁이라는 이름은 쑥부쟁이에 비해 잎이 가늘다는 뜻에서 유래했다.[114] 『조선식물향명집』에서는 방언에서 유래한 '쑥부장이'를 기본으로 하고 식물의 형태적 특징을 나타내는 '가는'을 추가해 '가는쑥부장이'를 신칭했으나,[115] 『한국식물명감』에서 '가는쑥부쟁이'로 개칭해 현재에 이르고 있다.

속명 *Aster*는 라틴어로 별을 뜻하는데 방사상으로 뻗는 꽃잎의 모양 때문에 붙여졌으며 참취속을 일컫는다. 종소명 *pekinensis*는 '베이징에 분포하는'이라는 뜻으로 분포지 또는 발견지를 나타내며, 옛 종소명 *holophyllus*는 '갈라지지 않는 잎의'라는 뜻이다.

다른이름 가는쑥부장이(정태현 외, 1937), 가는잎쑥부쟁이(박만규, 1949), 가는잎쑥부장이(리종오, 1964), 가는잎푸른산국(임록재 외, 1996)

중국/일본명 중국명 全叶马兰(quan ye ma lan)은 잎이 갈라지지 않는 마란(馬蘭: 쑥부쟁이의 중국명)이

---

112 『조선식물명휘』(1922)는 '女菀'을 기록했으며 『토명대조선만식물자휘』(1932)는 '[紫菀]즈완, [返魂草]반혼초, [탱알]'을 기록했다.

113 중국의 『본초강목』(1596)은 "其根似女體柔婉 故名"(그 뿌리가 여자의 몸처럼 부드럽고 순하므로 이름 지어졌다)이라고 기록했다.

114 이러한 견해로 이우철(2005), p.20과 김종원(2013), p.181 참조.

115 이에 대해서는 『조선식물향명집』, 색인 p.30과 이덕봉(1937), p.11 참조.

라는 뜻이다. 일본명 ホソバヨメナ(細葉嫁菜)는 가는 잎을 가진 쑥부쟁이(ヨメナ)라는 뜻이다.

참고 [북한명] 가는잎푸른산국 [유사어] 계아장(鷄兒腸)

Aster incisus *Fischer* ヨメナ
Ŝugbujaňgi 쑥부장이

쑥부쟁이〈*Aster yomena* (Kitam.) Honda(1938)〉

쑥부쟁이라는 이름은 '쑥'과 '부쟁이'의 합성어로, 잎과 줄기가 쑥처럼 생겼고 부지깽이처럼 긴 막대기 모양으로 자란다는 뜻에서 유래했다.[116] 어린잎을 나물로 식용했다.[117] 함경남도 방언을 채록한 것이다.[118] '부쟁이'는 부지깽이의 방언 중에 그와 유사한 이름이 있는 것에 비추어 부지깽이의 방언형으로 보인다.[119] 『조선식물향명집』은 방언에서 유래한 '쑥부장이'로 기록했으나, 『한국쌍자엽식물지』에서 맞춤법의 변화에 따라 '쑥부쟁이'로 기록해 현재에 이르고 있다. 한편 쑥부쟁이는 일본 대표종이므로 '왜쑥부쟁이'로 고쳐 불러야 옳다는 견해가 있다.[120] 그러나 쑥부쟁이는 중국 전역, 한반도 및 일본에 분포하는 것으로 보고되고 있으므로, 일본 대표종인지 의문스러울 뿐만 아니라 일본 대표종이라 가정하더라도 일본 분포 여부에 따라 우리 식물명을 바꿔 불러야 할 이유는 없다.

　속명 *Aster*는 라틴어로 별을 뜻하는데 방사상으로 뻗는 꽃잎의 모양 때문에 붙여졌으며 참취속을 일컫는다. 종소명 *yomena*는 쑥부쟁이의 일본명 요메나(ヨメナ)에서 유래했다.

다른이름 쑥부장이(정태현 외, 1937), 권영초(정태현 외, 1942), 참쑥부쟁이/좀쑥부쟁이/왜쑥부쟁이/남쑥부쟁이(안학수·이춘녕, 1963), 푸른산국(임록재 외, 1996), 참푸른산국/외쑥부장이/참쑥부장이/좀쑥부장이/두메빨꽃/계아장(리용재 외, 2011)

---

116 이러한 견해로 이유미(2013), p.483과 김종원(2013), p.183 참조. 한편 이유미는 쑥을 캐러 다니는 불쟁이(대장장이)의 딸에서 유래했다고 보고 있다.

117 이에 대해서는 『조선산야생식용식물』(1942), p.201과 『한국의 민속식물』(2017), p.1125 참조.

118 이에 대해서는 『조선산야생식용식물』(1942), p.200 참조.

119 부지깽이는 아궁이 따위에 불을 땔 때에, 불을 헤치거나 끌어내거나 거두어 넣거나 하는 데 쓰는 가느스름한 막대기다. 『경모궁악기조성청의궤』(1777)에 차자(借字)로 기록된 '火地乃'(불지레)를 비롯해 '부지ㅅ대', '부지쌍이', '부짓씩', '부짓당이', '부짓대', '부짓딕' 등의 다양한 표현으로 기록되었다. 이에 대한 자세한 내용은 『고어대사전 10』, p.103 이하 참조.

120 이러한 견해로 김종원(2016), p.434 참조.

옛이름 馬蘭/紫菊(물명고, 1824), 馬蘭(임원경제지, 1842), 紫菊/馬蘭(송남잡지, 1855), 馬蘭/마란/紫菊 (명물기략, 1870), 馬蘭(의방합편, 19세기), 馬蘭(수세비결, 1929)[121]

중국/일본명 중국명 마쓰(ma lan)은 식물체가 크고 잎이 난초를 닮았다는 뜻이다.[122] 일본명 キメナ (嫁菜)는 어린 싹을 나물로 먹는데, 국화과 종류 중 아름답다는 의미로 キメ(嫁: 며느리)를 붙인 것 에서 유래했다.

참고 [북한명] 푸른산국/참푸른산국[123] [유사어] 계아장(鷄兒腸), 마란(馬蘭), 산백국(山白菊) [지방 명] 시부재이/시부쟁이/쑥부재이/찰부깽이/찰부지깽이(경남), 부지깨나물/부지깽이/자박쑥/자부쑥 (경북), 빼뿌쟁이/수꾸재미/숙주나물/숙지나물/숙지노물/쑥구재미/쑥부자미/쑥부재미/쑥부재이/쑥 지/쑥지나물/풍년대/풍년때(전남), 수꾸재미/쑥고재미/쑥부재미/쑥지뱅이(전북), 드릇국화(제주)

Aster Oharai *Nakai*　オホダルマギク
Wang-haegug　왕해국

해국〈*Aster spathulifolius* Maxim.(1871)〉

'국가표준식물목록'(2018), 『장진성 식물목록』(2014), 이우철(2005) 및 '세계식물목록'(2018)은 왕해 국을 해국에 통합하고 별도 분류하지 않으므로 이 책도 이에 따른다.

Aster pinnatifidus *Makino*　ユウガギク
Bodusaengi-namul　버드생이나물

버드쟁이나물〈*Aster iinumae* Kitam. ex H.Hara(1952)〉[124]

버드쟁이나물이라는 이름은 '버들'(버드나무)과 '쟁이'와 '나물'의 합성어로, 버드나무처럼 보이고 나물로 식용한 것에서 유래했다. 쑥부쟁이에 비해 잎이 깊게 갈라지는 특징이 있어 별도 분류되었

---

121 『제주도및완도식물조사보고서』(1914)는 'トゥルックホァ'[드릇국화]를 기록했으며 『조선식물명휘』(1922)는 '馬蘭, 쑥부쟝 이(救)'를, Crane(1931)은 '쑥부쟝이'를, 『선명대화명지부』(1934)는 '쑥부쟝이'를, 『조선의산과와산채』(1935)는 '鷄兒腸, 정 연초, 권연초'를 기록했다.

122 중국의 『본초강목』(1596)은 "其葉似蘭而大 其花似菊而紫 故名 俗稱物之大者爲馬也"(그 잎이 난초와 유사하면서 크고, 꽃은 국화와 유사하면서 자주색이므로 마란이라고 한다. 민간에서 큰 것을 칭할 때 말이라 한다)라고 기록했다. 우리나라의 『명물기략』 (1870)도 "馬蘭 마란 馬大也 其葉似蘭而大 其花似菊 赤莖白根 紫菊"(마란이라고 하는데 말은 큰 것이다. 그 잎이 난초와 비슷한데 크다. 그 꽃은 국화와 비슷한데 줄기는 붉고 뿌리는 희다. 자국이라고도 한다)이라고 기록했다.

123 북한에서는 *A. yomena*를 '푸른산국'으로, *A. indicus*를 '참푸른산국'으로 하여 별도 분류하고 있다. 이에 대해서는 리 용재 외(2011), p.43 참조.

124 '국가표준식물목록'(2018)은 버드쟁이나물의 학명을 *Kalimeris pinnatifida* (Maxim.) Kitam.(1937)으로 기재하고 있으 나, 『장진성 식물목록』(2014)과 '세계식물목록'(2018)은 이 학명을 이명(synonym)으로 처리하고 본문의 학명을 정명으로 기재하고 있다.

으나 분류학적 타당성에 대해서는 논란이 있다.[125] 『조선의 구
황식물』에서 강원도 홍천 방언인 '버드싱이나물'로 최초 기록
했는데, 여기서 '싱이(생이)'는 새우의 일종으로 미미한 존재를
일컫는 말 또는 현대어 '쟁이'를 뜻하는 말로 이해된다.[126] 『조
선식물향명집』은 방언에서 유래한 '버드생이나물'로 기록했으
나,[127] 『우리나라 식물자원』에서 '버드쟁이나물'로 기록해 현
재에 이르고 있다.

　속명 Aster는 라틴어로 별을 뜻하는데 방사상으로 뻗는
꽃잎의 모양 때문에 붙여졌으며 참취속을 일컫는다. 종소명
iinumae는 일본 식물학자 이누마 요쿠사이(飯沼慾斎, 1782~
1865)의 이름에서 유래했다.

다른이름 　버드생이나물(정태현 외, 1937), 들쑥부생(박만규, 1949), 버들생이나물(이영노·주상우, 1956)[128]

중국/일본명 　중국명 柚香菊(you xiang ju)는 유자나무의 향이 나는 국화(菊)라는 뜻이지만, '중국식물
지'는 이를 기재하지 않고 있다. 일본명 ユウガギク(柚が菊)는 유자나무의 향이 나는 국화(キク)라
는 뜻으로 중국명과 동일하다.

참고 　[북한명] 버드생이나물 [지방명] 부주깽이/부지깽이(강원), 포도쟁이(전북)

Aster scaber *Thunberg*　シラヤマギク
Chamchwe　참취

참취〈*Aster scaber* Thunb.(1784)〉
참취라는 이름은 진짜(참) 좋은 취(나물)라는 뜻에서 유래했다.[129] 어린잎을 식용했다.[130] 16세기에
저술된 『신증유합』은 먹는 푸성귀를 총칭하는 뜻으로 '취'를 기록했다. 따라서 '취'는 식용하는 나
물 종류를 뜻하는 고유어이고 '참'은 그중에 으뜸이라는 의미이다. 현재 참취를 일컫는 이름으로
'취' 또는 '취나물'이라는 용어가 여러 방언에서 널리 사용되고 있고, 특정한 종을 뜻하는 것으로

125 이러한 견해로 정규영(2000) p.248 참조. 정규영은 버드쟁이나물을 국내에 분포하지 않는 것으로 보고 있다.
126 『조선어사전』(1920)은 '생이'에 대해 "鰕의 類(微小한 者)"라고 기록했다.
127 이에 대해서는 이덕봉(1937), p.11 참조.
128 『조선의 구황식물』(1919)은 '장작기비나물, 버드싱이나물(洪川), 柚香菊'을 기록했으며 『조선식물명휘』(1922)는 '장작기비
　　나물(救)'을, 『선명대화명지부』(1934)는 '장작가비나물'을 기록했다.
129 이러한 견해로 이우철(2005), p.510; 허북구·박석근(2008a), p.193; 이유미(2013), p.500; 김종원(2013), p.782 참조.
130 이에 대해서는 『조선산야생식용식물』(1942), p.201 참조.

'참취'라는 방언도 여러 지방에서 발견된다.[131] 이러한 점을 고려할 때 『조선식물향명집』에 기록된 '참취'라는 이름은 당시에 실제 사용하던 방언을 채록한 것으로 이해된다.[132] 한편 식용할 수 있는 식물에 붙는 오래된 우리말 '취'(취)에 대해, 한자 '醉'(취)가 어원으로 먹으면 정신이 흐려지고 몸을 가눌 수 없게 된다는 뜻에서 유래했다고 보는 견해가 있다.[133] 그러나 『신증유합』도 '취'에 대한 한자를 '蔬'(소)라 했고, 취 종류를 먹는다고 정신이 흐려지는 것도 아니므로 근거가 있는 주장은 아닌 것으로 보인다.

속명 *Aster*는 라틴어로 별을 뜻하는데 방사상으로 뻗는 꽃잎의 모양 때문에 붙여졌으며 참취속을 일컫는다. 종소명 *scaber*는 '깔깔한, 요철이 있는'이라는 뜻으로 잎 표면이 거친 것에서 유래했다.

다른이름 동취(정태현 외, 1936), 나물취/암취(정태현 외, 1942), 한라참취(정태현, 1969), 취(박만규, 1974), 나물채/작은참취(한진건 외, 1982), 동풍채(리용재 외, 2011)

옛이름 蔬/취(신증유합, 1576), 裏飯草/취(주촌신방, 1687), 東風菜(청천집, 1770), 東風菜/冬風(재물보, 1798), 香蘇/연취(물보, 1802), 東風菜/冬風(광재물보, 19세기 초), 東風菜/冬風(물명고, 1824), 冬蔬/동소/동취(명물기략, 1870), 香蔬/취(한영자전, 1890), 취나물/羊蹄菜(동아일보, 1931)[134]

중국/일본명 중국명 东风菜(dong feng cai)는 이른 봄에 나는 나물이라는 뜻인데, 겨울바람을 맞고 자라는 채소라고 하여 冬風(동풍)이라고도 한다.[135] 일본명 シラヤマギク(白山菊)는 흰색 꽃이 피고 산에서 자라는 국화(キク)라는 뜻이다.

참고 [북한명] 참취 [유사어] 동풍채(東風菜), 향소(香蔬) [지방명] 나물추/나물취/생취/추나물/취/취나물/치나물(강원), 산취/산취나물/암취/채나물/취/취나물(경기), 나물초/나물추/나물취/나물치/수

---

131 이에 대해서는 『한국의 민속식물』(2017), pp.1120-1121 참조.

132 『조선식물향명집』, 색인 p.46과 이덕봉(1937), p.11은 '참취'를 신칭하지 않은 이름으로 기록했다. 한편 김종원(2016), p.437은 문헌상 표기를 이유로 '참취'라는 한글명은 『조선식물향명집』에 최초 기록된 것이며 분류학이 도입되면서 생긴 이름으로 이해하고 있다. 그러나 '참취' 및 그와 유사한 '참취나물', '참추', '참초', '참나물' 등이 발견되는 것에 비추어볼 때 1937년에 비로소 생긴 이름은 아닌 것으로 보인다.

133 이러한 견해로 김종원(2013), p.782 참조.

134 『조선의 구황식물』(1919)은 '취(水原 其他), 기금추(忠北), 東風菜'를 기록했으며 『조선어사전』(1920)은 '취, 馬蹄草(마데초), 香蔬(향소)'를, 『조선식물명휘』(1922)는 '東風菜, 취'를, 『선명대화명지부』(1934)는 '개금추, 취, 취'를, 『조선의산과와산채』(1935)는 '구유화'를 기록했다. 한편 『물보』(1802)에 기록된 '연취'를 참취로 이해하는 견해로는 남광우(1997), p.1085 참조.

135 중국의 『본초강목』(1596)은 "志曰 此菜先春而生 故有東風之號 一作冬風 言得冬氣也"(마지는 '이 채소는 이른 봄에 나므로 동풍이라는 이름이 붙었다. 冬風이라고도 하는데 겨울 기운을 얻어 생장하는 것을 말한다'라고 하였다)라고 기록했다. 이에 대해 김종원(2016), p.438은 중국명 东风菜(동풍채)의 '東'을 한반도를 의미하는 것으로 보아 취나물에 대한 한국인의 나물 문화를 드러내 보이는 중국명으로 보고 있으나 근거는 찾기 힘들다.

통초/참초/추띠/취나물(경남), 나물초/나물추/나물취/수태이/참도슬피/참초/참추/참취나물/취나물/
취똥/취띠/치나물/홈초(경북), 산취/참나물/취/취나물/취노물(전남), 동취/암취/추나물/취/취나물/취
노물(전북), 산나물/취나물/취뿔리/취쿨(제주), 넘취/산취/취/취나물(충남), 개금추/나물취/산취/취/취
나물(충북), 취/취나물(함북), 동취(황해)

Aster spathulifolius *Maximowicz*　ダルマギク
Haegug　해국

해국〈*Aster spathulifolius* Maxim.(1871)〉

해국이라는 이름은 바닷가에서 자라는 국화라는 뜻에서 유
래했다.[136] 바닷가의 바위틈 등에서 자라는 특징이 있다. 『조선
식물향명집』에서 한글명이 처음 발견되는데, 당시 실제 사용
하는 이름을 기록한 것이지만[137] 정확히 어떤 지역의 방언을
채록한 것인지에 대해서는 알려져 있지 않다.

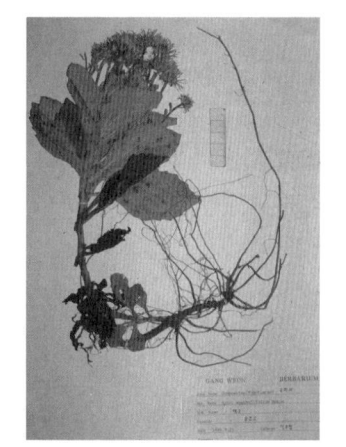

　속명 *Aster*는 라틴어로 별을 뜻하는데 방사상으로 뻗는
꽃잎의 모양 때문에 붙여졌으며 참취속을 일컫는다. 종소명
*sphathulifolius*는 '주걱모양의 잎을 가진'이라는 뜻으로 잎
의 모양에서 유래했다.

다른이름　왕해국(정태현 외, 1937)

옛이름　海菊(분애유고, 1687)[138]

중국/일본명　중국에는 분포하지 않는 것으로 보인다. 일본명 ダルマギク(達磨菊)는 식물체의 모양이
중국의 승려 달마(達磨) 같은 국화(キク)라는 뜻이다.

참고　[북한명] 해국[139] [유사어] 해변국(海邊菊)

---

136 이러한 견해로 이우철(2005), p.587; 이유미(2013), p.515; 한태호 외(2006), p.218; 권순경(2016.1.20.) 참조.

137 이에 대해서는 이덕봉(1937), p.11 참조.

138 海菊(해국)이라는 한자명은 여러 문헌에서 발견되는데, 바닷가에서 꽃을 피우는 국화 종류를 통칭했던 것으로 보인다. 그
런데 신정(1628~1687)이 저술한 『분애유고』(1687)는 "海菊催新紫"(해국은 새로이 자주색 꽃을 재촉한다)라고 하여 노란색의 꽃
을 피우는 종류(감국)가 아님을 기록했다.

139 북한에서 임록재 외(1996)는 해국의 학명을 *Erigeron spathulifolius*로 하여 별도 분류하고 있으나, 리용재 외(2011)는
이를 별도 분류하지 않고 있으므로 주의가 필요하다.

Aster tataricus *Linné*   シヲン   紫菀
Jawòn   자원

개미취〈Aster tataricus L.f.(1781)〉

개미취라는 이름은 '개미'(蟻)와 '취'(菜)의 합성어로, 뿌리의 모양이 개미를 닮았고 나물로 이용했다는 뜻에서 유래한 것으로 추정한다. 땅속줄기가 발달해서 굵어지는 특징이 있으며, 땅속줄기를 약용했고 어린잎과 땅속줄기를 식용했다.[140] 강원도 영월에서 사용하는 방언을 채록한 것이다.[141] 최근의 식물명에 대한 방언 조사에 따르면 자생지인 전라도, 경상도, 강원도, 함경도 등 다른 지방에서도 사용하는 이름이고, '개미추'및 그와 유사한 방언이 함께 발견되는 것에 비추어 당시 널리 사용했던 우리말 이름으로 이해된다.[142] 경북 방언 중 '깨뚜가리'는 '깨뚜'(개똥벌레의 방언)와 '가리'(단으로 묶은 곡식이나 장작을 차곡차곡 쌓은 더미)의 합성어로, 개똥벌레를 모아놓은 듯

하다는 뜻이므로 그 의미가 개미취와 유사하다. 19세기에 저술된『물명고』는 '紫菀'(자완)에 대해 뿌리와 잎을 식초로 저장해 식용하는 것으로 기록했는데, 굵어진 땅속줄기에 수염 같은 잔뿌리가 있는 모양이 개미나 개똥벌레를 연상시키기에 충분하다.[143] 개미취라는 이름은『조선산야생약용식물』에 최초 기록되었고,『조선식물향명집』은 한자어에서 유래한 '자원'(紫菀)으로 기록했으나『조선식물명집』에서 '개미취'로 다시 기록해 현재에 이르고 있다. 옛 문헌에 기록된 개미취의 한글명 '탱알'(퇴알 또는 팅알)의 어원은 알려져 있지 않다. 한편 개미취의 '개미'는 물기를 머금은 또는 물기가 풍부한 땅을 일컫는 사라진 우리말로 보아 그런 곳에서 나는 나물이라는 뜻에서 유래한 이름으로 보는 견해가 있으나,[144] 개미를 그러한 의미로 사용한 예가 없으므로 근거 없는 주장

140 이에 대해서는『조선산야생약용식물』(1936), p.225;『조선산야생식용식물』(1942), p.202;『한국의 민속식물』(2017), p.1123 참조.

141 이에 대해서는『조선산야생식용식물』(1942), p.202 참조.

142 이에 대해서는『한국의 민속식물』(2017), p.1123 참조.

143 유희가 저술한『물명고』(1824)는 '紫菀'(자완)에 대해 "仙菜 連根葉浸醋收藏者"(선채라고도 하는데 뿌리와 잎을 함께 식초에 담가 저장하여 거둔 것을 말한다)라고 기록했다. 한편『조선산야생식용식물』(1942), p.202는 개미취를 기록하면서 산야에 분포할 뿐만 아니라 널리 정원에서 재배하여 식용하는 식물로 기록했다. 또한『조선산야생식용식물』(1942), p.191은 현재의 마타리에 대한 방언 중에 '개미취'도 있는 것으로 기록했는데, 마타리도 뿌리를 약용했던 식물이다.

144 이러한 견해로 김종원(2016), p.442 참조. 한편 김종원은 '탱알'의 유래에 대해『물명고』(1824)에 '팅알팅알'이라는 기록이 있다면서 뿌리의 질감과 모양에서 비롯되었고, 예부터 사용된 이름이므로 식물분류 명명규약의 선취권에 따라 탱알을 되살려야 한다는 취지로 주장하고 있다. 그러나『물명고』는 '팅알팅알'을 기록한 바 없고, 조류, 균류와 식물에 대한 국제명명규약(ICN)에 따른 선취권은 학명에 적용되고 국명과는 무관하다. 식물명도 일반 언어처럼 생성, 발전과 소멸을 겪

으로 보인다. 또한 꽃줄기에 개미가 붙은 듯한 털이 나고 나물로 먹을 수 있어 개미취라는 이름이 붙여졌다는 견해도 있으나,[145] 비슷한 식물인 개쑥부쟁이도 꽃자루에 털이 있는데 유독 개미취에 대해서만 그러한 이름이 붙여졌는지가 설명되지 않는다.

　속명 Aster는 라틴어로 별을 뜻하는데 방사상으로 뻗는 꽃잎의 모양 때문에 붙여졌으며 참취속을 일컫는다. 종소명 tataricus는 '타타르(Tatar) 지역에 분포하는'이라는 뜻으로 발견지를 나타낸다.

다른이름 개미취(정태현 외, 1936), 자원(정태현 외, 1937), 미역취(정태현 외, 1942), 들개미취/애기개미취(안학수·이춘녕, 1963), 탱알(김종원, 2016)

옛이름 紫菀/㐌加乙/反魂/迢加乙(향약구급방, 1236),[146] 紫菀/吐伊遏(향약채취월령, 1431), 紫菀/迢伊遏(향약집성방, 1433),[147] 紫菀/틴알(구급간이방언해, 1489), 紫菀(구급이해방, 1499), 紫菀/퇴알(사성통해, 1517), 紫菀/迢伊遏/틴알(촌가구급방, 1538), 紫菀/ㅈ완(언해태산집요, 1608), 紫菀/팅알/返魂草(동의보감, 1613), 紫菀(의림촬요, 1635), 紫菀(광제비급, 1790), 紫菀/틴알(재물보, 1798), 紫菀/팅알(제중신편, 1799), 紫菀/팅알(광재물보, 19세기 초), 紫菀/팅알/返魂草/仙菜(물명고, 1824), 紫菀(의휘, 1871), 紫菀/팅알(방약합편, 1884), 紫菀(동의수세보원, 1894), 紫菀(의방합편, 19세기), 紫菀(수세비결, 1929), 紫菀/탱말(선한약물학, 1931)[148]

중국/일본명 중국명 紫菀(zi wan)은 뿌리(땅속줄기)가 자주색(紫)으로 부드럽게 휘어진다(菀)는 뜻이다.[149] 일본명 シヲン(紫菀)은 한자명 '紫菀'(자완)을 음독한 것이다.

참고 [북한명] 개미취 [유사어] 반혼초(返魂草), 자완(紫菀) [지방어] 개금취/개미초/개미추/개미치/개암초/개암추/갬취/나물추/등걸취/뒤깔(강원), 개미초/개미치(경기), 개미추/깨미초/자옥나물/자원(경남), 개금취/개미초/개미추/개암추/개취/갬초/갬취/깨뚜가리/깨뚜까리/낌추(경북), 개미추(전남), 개미초/떵걸취(전북)

으므로 개미취와 탱알이 사용되다가 개미취가 현재의 이름이 되었다면 이는 자연스러운 현상이어서 '탱알'이라는 옛이름을 되살려야 한다는 것은 공감되지 않는 주장이다. 또한 최근의 방언 조사 결과에 따르면, '탱알'이나 그 유사한 방언은 발견되지 않는 것에 비추어볼 때 실제 생활에서는 오래전에 소멸한 언어로 문헌의 기록으로만 전래했을 것으로 추론된다.

145 이러한 견해로 김병기(2013), p.365 참조.

146 『향약구급방』(1236)의 차자(借字) '㐌加乙/迢可乙'(타가을/태가을)에 대해 남풍현(1981), p.112는 '틴갈/틴갈'의 표기로 보고 있으며, 이덕봉(1963), p.14는 '땅갈/태갈'의 표기로 보고 있다.

147 『향약집성방』(1433)의 차자(借字) '迢伊遏'(태이알)에 대해 남풍현(1999), p.105는 '틴알'의 표기로 보고 있다.

148 『조선어사전』(1920)은 '탱알, 紫菀(ㅈ완), 返魂草(반혼초)'를 기록했으며 『조선식물명휘』(1922)는 '紫菀, 쟈원(觀賞)'을, 『토명대조선만식물자휘』(1932)는 A. fastigiatus에 대해 '[紫菀]ㅈ완, [返魂草]반혼초, [탱알]'을, 『선명대화명지부』(1934)는 '쟈원'을 기록했다.

149 중국의 『본초강목』(1596)은 "其根色紫而柔宛 故名 許慎說文作茈菀 斗門方謂之返魂草"(그 뿌리의 색이 자색이면서 부드럽게 휘어지므로 이름 지어졌다. 허신의 설문해자는 '자완'이라 하였고 두문방은 '반혼초'라 했다)라고 기록했다.

Aster trinervius *Roxburgh*　コンギク

Ĝasil-ŝugbujañgi　까실쑥부장이

까실쑥부쟁이〈*Aster trinervius* Roxb. subsp. *ageratoides* (Turcz.) Grierson(1964)〉[150]

까실쑥부쟁이라는 이름은 쑥부쟁이를 닮았는데 잎의 양면에 잔털이 있어 까실(까슬)한 느낌을 준다는 뜻에서 붙여졌다.[151] 어린잎을 식용했다.[152] 『조선식물향명집』에서는 방언에서 유래한 '쑥부장이'를 기본으로 하고 식물의 형태적 특징을 나타내는 '까실'을 추가해 '까실쑥부장이'를 신칭했으나,[153] 『한국식물도감(하권 초본부)』에서 '까실쑥부쟁이'로 개칭해 현재에 이르고 있다. 『조선산야생식용식물』은 경기도 광릉에서는 '미역취'라 하고 강원도에서는 '곰의수해'라고 한다는 것을 기록했으나 현재의 이름으로 이어지지는 않았다.

속명 *Aster*는 라틴어로 별을 뜻하는데 방사상으로 뻗는 꽃잎의 모양 때문에 붙여졌으며 참취속을 일컫는다. 종소명 *trinervius*는 '3맥(三脈)의'라는 뜻으로 잎의 주맥과 주맥 아래쪽에서 벋는 1쌍의 측맥에서 유래했다. 아종명 *ageratoides*는 국화과의 *Ageratum*(등골나물아재비속)과 닮았다고 하여 붙여졌다.

다른이름　까실쑥부장이(정태현 외, 1937), 미역취/곰의수해(정태현 외, 1942), 산쑥부쟁이(박만규, 1949), 껄큼취(박만규, 1974), 까실푸른산국(임록재 외, 1996)[154]

중국/일본명　중국명 三脉紫菀(san mai zi wan)은 잎에 맥이 3개가 있는 자완(紫菀: 개미취의 중국명)이라는 뜻이다. 일본명 コンギク(紺菊)는 검푸른 빛이 나는 국화(キク)라는 뜻이다.

참고　[북한명] 까실푸른산국 [유사어] 마란(馬蘭), 산백국(山白菊) [지방명] 부지깨나물/부지깽이(강원), 로제나물/로째나물/롯제나물/박나물/부지깽이나물/설대나물/쑥부쟁이(경기), 부주깽이나물/부지깽이/부지깽이나물(경남), 부지깨나물/부지깽이나물(경북), 끌텅나물/숙지나물/쑥지나물(전남), 부지깽이(충북)

---

150 '국가표준식물목록'(2018)은 까실쑥부쟁이의 학명을 *Aster ageratoides* Turcz.(1837)로 기재하고 있으나, 『장진성 식물목록』(2014)과 '중국식물지'(2018)는 본문의 학명을 정명으로 기재하고 있다.

151 이러한 견해로 이우철(2005), p.113과 김종원(2016), p.434 참조.

152 이에 대해서는 『조선산야생식용식물』(1942), p.200과 『한국의 민속식물』(2017), p.1113 참조.

153 이에 대해서는 『조선식물향명집』, 색인 p.30과 이덕봉(1937), p.11 참조.

154 『조선의 구황식물』(1919)은 '밋다리나물, 멕취(龍□)'를 기록했으며 『조선식물명휘』(1922)는 '馬蘭, 멕취(救)'를, 『선명대화명지부』(1934)는 '멕취'를, 『조선의산과와산채』(1935)는 '밋다리나물'을 기록했다.

Atractylis ovata *Thunberg*　ヲケラ　蒼朮·白朮
Sabju　삽주(창출·백출)

삽주〈*Atractylodes ovata* (Thunb.) DC.(1838)〉

삽주라는 이름은 '삽'(털)과 '주'(나물)의 합성어로, 약재로 사용하는 땅속줄기가 길게 늘어져 있어 털처럼 보이고 나물로 먹는다는 뜻에서 유래한 것으로 추정한다. 『향약구급방』에서 차자(借字)로 표기한 沙邑菜(삽치)가 이후 삽치→삽됴→삽듀→삽쥬→삽주로 변화한 것이다. '삽치'는 '삽이라는 나물(菜)'의 뜻인데, 옛말 '삽'이 무엇을 뜻하는지는 정확히 알려져 있지 않다. 다만 16세기에 저술된 『훈몽자회』는 삽살개의 옛 표현인 '삽살가히'를 기록했는데, 이때 '삽'은 눈썹(眉)의 옛말 눈섭의 '섭'과 동원어로 '털'을 뜻하는 것으로 보는 견해가 있다.[155] 삽주는 약용하는 땅속줄기에 긴 잔뿌리가 많이 달려 있어 마치 삽살개의 늘어진 긴 털처럼 보이기도 한다. 옛 문헌에서 삽주를 일컫는 이름으로는 한자명 '蒼朮'(창출)과 '白朮'(백출)이 있다. '중국식물지'는 蒼朮(cang zhu)를 *A. ovata*(삽주)를 일컫는 이름으로, 白朮(bai zhu)를 *A. macrocephala*(큰꽃삽주)를 일컫는 이름으로 사용하고 있다. 그러나 우리의 옛 문헌에서는 별도의 종(species)을 일컫는 이름인지 아니면 같은 종에서 잎과 땅속줄기의 생김새에 따른 약성의 차이로 본 것인지 명확하지 않아 보인다.[156] 한편 옛날에 과거 시험을 볼 때 시험 문제가 적힌 종이를 말아서 꽂아놓는 작은 항아리인 삽주(挿籌)와 꽃의 모양이 닮았다는 것에서 유래한 이름으로 보는 견해가 있으나,[157] 옛 표기는 '삽치'이고 한자명 挿籌(삽주)를 식물명을 뜻하는 것으로 사용하지도 않았으므로 타당성은 의문스럽다.

　　속명 *Atractylodes*는 *Atractylis*와 *oides*(유사한)의 합성어로 *Atractylis*속과 닮았다는 뜻인데, 총포의 모양이 닮은 것에서 유래했으며 삽주속을 일컫는다. 종소명 *ovata*는 '달걀모양의'라는 뜻이다.

다른이름　삽주(정태현 외, 1936), 창출/백출(정태현 외, 1937)

옛이름　朮/沙邑菜(향약구급방, 1236),[158] 朮/白朮(향약집성방, 1433),[159] 삽됴/蒼朮菜(훈민정음해례본, 1446), 蒼朮/창뚱/白朮/뾱뚱(구급방언해, 1466), 蒼朮/白朮/삽듀(구급간이방언해, 1489), 삽듀/蒼朮菜(사성통해, 1517), 삽듀/蒼朮菜(훈몽자회, 1527), 삽됴/白朮/蒼朮(우마양저염역병치료방, 1541), 朮/삽쥬/빅츨(언해구급방, 1608), 白朮/삽둣 불휘/蒼朮(동의보감, 1613), 蒼朮/챵튤/白朮/빅튤(구황촬요벽온방, 1639), 朮

155 이러한 견해로 서정범(2005), p.349 참조.
156 일제강점기에 약용식물을 조사·기록한 『조선산야생약용식물』(1936), p.226은 뿌리(땅속줄기) 부분에서 가늘고 긴 부분을 '蒼朮'(창출)이라 하고, 비후(肥厚)한 부분을 '白朮'(백출)이라 한다고 하여 뿌리(땅속줄기)에서 서로 다른 부분을 일컫는 명칭으로 보았다.
157 이러한 견해로 권순경(2018.11.28.) 참조.
158 『향약구급방』(1236)의 차자(借字) '沙邑菜'(사읍채)에 대해 남풍현(1981), p.78과 이덕봉(1963), p.3은 '삽치'의 표기로 보고 있다.
159 『향약집성방』(1433)에서 별칭으로 기록한 '白朮'(백출)에 대해 남풍현(1999), p.175는 '백튤'의 표기로 보고 있다.

/삽쓔(신간구황촬요, 1660), 삽듀치/蒼朮荣(박통사언해, 1677), 蒼朮荣/샵듀(역어유해, 1690), 蒼朮/삽쬬불휘(사의경험방, 17세기), 朮/삽듀(산림경제, 1715), 삽쥬/蒼朮荣(동문유해, 1748), 蒼朮荣/샵듀(방언집석, 1778), 鎗頭菜/삽주치(한청문감, 1779), 朮/삽쥬(왜어유해, 1782), 朮/삽쥬/山薑(재물보, 1798), 朮/삽듀(해동농서, 1799), 朮/삽듀(제중신편, 1799), 鎗頭菜/삽주/蒼朮苗(물보, 1802), 朮/삽쥬/馬薊/天薊(광재물보, 19세기 초), 朮/삽쥬/蒼朮/白朮/뎐즈풀(물명고, 1824), 朮/삽쬬불리(농정회요, 183?), 朮/삽듀쐴의(자류주석, 1856), 白朮/삽듀불휘(의종손익, 1868), 창빅츌/蒼白朮(농가월령가, 1876), 삽쥬/창츌/蒼朮(한불자전, 1880), 白朮/삽듀쑤리(방약합편, 1884), 朮/삽쥬/蒼朮(자전석요, 1909), 朮/삽주쑤리/蒼朮/白朮(신자전, 1915), 蒼朮/삽쥬쑤리(선한약물학, 1931), 삽추나물/삽쥭나물/청출백출(조선구전민요집, 1933)[160]

중국/일본명 중국명 苍术(cang zhu)는 뿌리(땅속줄기)가 검푸른 빛깔이 나는 삽주(朮) 종류라는 뜻이다.[161] 일본명 ヲケラ는 옛말 ウケラ가 전화된 이름이지만 그 유래는 명확하지 않다.

참고 [북한명] 삽주 [유사어] 걸력가(乞力枷), 마계(馬薊), 백출(白朮), 산강(山薑), 산계(山薊), 산정(山精), 창출(蒼朮) [지방명] 개상강/딱주기/백출/삽사/삽수/삽수싹/삽조/삽주싹/삽초/삽초싹/삽추/삽추싹/삽취/창출(강원), 백출/산초/산초싹/삼추/삽/삽수/삽수싹/삽주싹/삽초/삽초싹/삽추/삽추싹/삽취/장백출/하초/합주/합초(경기), 삽부초/삽주대/삽초/삽추싹/잡치/창추리/창출/합초(경남), 백출/산초/산초사/산추/산추싹/산취/삼추/삼치/삽주싹/삽초/삽추싹/찹주/찹초/창출/청출(경북), 딱주/백출/삽초/상출/상추리/상출/상출나무/장출/참딱주/창출(전남), 백출/삼추/삽부쟁이/삽주대가리/삽초/삽초싹/삽추/삽추싹/상출/창술/창출/청출(전북), 창줄/창쭐/창출(제주), 백줄/백출/사초/사초싹/산추/산추싹/삽초/삽초싹/삽추/삽추싹/삽추싹나물/상출/창줄/창출/청출/합주(충남), 백출/삽주싹/삽초싹/창출/청출(충북), 백출/삽지/창출(함북)

Bidens bipinnata Linné   センダングサ
Doggaebi-banul   도깨비바늘

도깨비바늘〈*Bidens bipinnata* L.(1753)〉

도깨비바늘이라는 이름은 사람의 옷이나 동물의 털을 통해 산포하기 위한 뾰족한 가시 모양의 열

---

160 『제주도및완도식물조사보고서』(1914)는 '벳코-, 벳쿠쵸루, 챵구-, 챤추루'[벳코, 백출, 창구, 창출]을 기록했으며 『조선한방약료식물조사서』(1917)는 '삽두, 白朮, 蒼朮'을, 『조선의 구황식물』(1919)은 '삼주, 蒼求'를, 『조선어사전』(1920)은 '蒼朮(창출), 白朮(빅출), 赤朮(적츌), 馬薊(마계), 乞力加, 山薑(산강), 山薊(산계), 삽주'를, 『조선식물명휘』(1922)는 '蒼朮, 白朮, 馬薊, 山薊, 삽주, 빅출(藥, 救)'을, 『토명대조선만식물자휘』(1932)는 '[蒼朮]창출, [山薊]산계, [馬薊]마계, [山薑]산강, [山精]산정, [西蒼朮]셔창츌, [乞力伽]걸력가, [白朮]빅출, [赤朮]적출, [삼쥬]'를, 『선명대화명지부』(1934)는 '창출, 삼추(쥬), 삽주, 백출'을, 『조선의산과와산채』(1935)는 '蒼朮, 삼쥐'를 기록했다.

161 중국의 『본초강목』(1596)은 "六書本義 朮字篆文 象其根幹枝葉之形"(육서본의에서는 출 자는 전문으로 그 뿌리와 줄기, 가지와 잎의 형상을 본뜬 것이다)이라고 했고, "蒼朮 山薊也...(중략)...根如老薑之狀 蒼黑色 肉白有油膏"(창출은 산계이다...중략...뿌리는 늙은 생강과 모양이 같고 검푸른 색이며 육질은 희고 기름기가 있다)라고 기록했다.

매를 도깨비와 바늘에 비유한 것에서 유래했다.[162] 옛 문헌에 기록된 한자명 '鬼針草'(귀침초)에서 비롯한 것으로 보인다.[163] 당시 경성(서울)에서 사용하던 방언을 채록한 것이다.[164] 옛이름으로 '새품'이 있었는데 정확한 유래에 대해서는 알려진 바가 없다. 『조선식물향명집』은 '도깨비바눌'로 기록했으나 『조선식물명집』에서 맞춤법의 변화에 따라 '도깨비바늘'로 개칭해 현재에 이르고 있다.

　속명 *Bidens*는 라틴어 *bi*(2)와 *dens*(이빨)의 합성어로, 열매에 이빨 모양의 가시가 있는 것에서 유래했으며 도깨비바늘속을 일컫는다. 종소명 *bipinnata*는 '2회 갈라지는'이라는 뜻이다.

다른이름　참귀사리(정태현 외, 1942), 좀독개비바눌(박만규, 1949), 털가막사리(임록재 외, 1972), 좀도개비바늘(박만규, 1974)

옛이름　鬼虱子/새품(동문유해, 1748), 鬼針/새품(몽어유해, 1768), 鬼針/새품(역어유해보, 1775), 鬼虱子/새품(방언집석, 1778), 鬼針/새품(한청문감, 1779), 鬼針草/시품(재물보, 1798), 鬼針草/시품/鬼釵(광재물보, 19세기 초), 鬼針草/새품/鬼虱子(물명고, 1824), 鬼鍼/鬼釵草(수세비결, 1929)[165]

중국/일본명　중국명 婆婆針(po po zhen)은 노파(할머니)의 바늘이라는 뜻으로 열매의 모양에서 유래한 것으로 추정한다. 일본명 センダングサ(栴檀草)는 전단(단향목)과 잎이 유사한 풀이라는 뜻이다.

참고　[북한명] 털가막사리 [유사어] 귀침채(鬼針菜), 귀침초(鬼針草), 낭침초(狼針草), 파파침(婆婆針) [지방명] 갈강가시/개바늘/귀사리/까막사리/까치바눌/까치바늘/또까비바눌/또깨바눌/또까비풀/진데기풀/진데풀/찐더풀/참귀사리(강원), 갈강가시/까그메총/까치바늘/두깨비찰/두꺼비바늘/진둥철(경기), 도독나무/도독넘/도독놈/도독놈까시/도독놈까쎄/도독놈까씨/도독놈때/도둑나무까씨/도둑놈까시/도둑놈까쎄/도둑놈바늘/도둑놈풀/도둑눔바늘/도둑님/또깨비바늘/뚜끼비찰밥/찰밥나무(경남), 개찰밥/기사리/까막살/까시바늘/까치바늘/깐치바늘/깨꼬마리/깨꾸마리/께꼬마리/노깨비바늘/도까비바늘/뚜꺼부때/뚜껍찰/삐조지/찰밥대/찰밥띠기/찹쌀때/철승이/토까비바늘(경북), 도독놈

162　이러한 견해로 이우철(2005), p.178과 김경희 외(2014), p.101 참조.
163　중국의 『본초습유』(783)는 "生池畔 方莖 葉有椏 子作釵脚 著人衣如針 北人謂之鬼針 南人謂之鬼釵"(연못가에서 나고 줄기는 네모지며 잎은 가장귀가 있고 씨는 비녀의 다리 모양을 하고 있어서 옷에 붙으면 바늘처럼 찌른다. 북쪽 사람들은 귀침이라 하고, 남쪽 사람들은 귀차라 한다)라고 기록했다.
164　이에 대해서는 이덕봉(1937), p.11 참조.
165　『조선의 구황식물』(1919)은 '산비름'을 기록했으며 『조선어사전』(1920)은 '鬼針草(귀침초), 독갑이바늘'을, 『조선식물명휘』(1922)는 '婆婆針, 산비름, 가막싸리(救)'를, 『토명대조선만식물자휘』(1932)는 '[鬼針草]귀침초, [독갑이바늘]'을, 『선명대화명지부』(1934)는 '산비름, 가막사리'를, 『조선의산과와산채』(1935)는 '鬼鍼草, 살버름'을 기록했다.

까시/도독놈풀/도둑놈까시/도득놈/동냥치/동냥치물/오도독놈까시/옷도독놈/옷도독놈까시/우술/우술초/지개비풀/지두찰/진두게/진두차리/진두찰/진두철/쩌꿀쌀/찐덕쌀/호랭이까시(전남), 도깨비풀/도독놈/도둑놈풀/옷도독놈/우술/우술초/진두차리(전북), 가마귀바농/가메기바농/가메기바눙/개바농/대바농(제주), 개바늘/까시찰배이/까시찰뱅이/까치바늘/까치발나무/까치발이/도꾀비바늘/도독놈까시/도독놈풀/질빵거리/찐대기/찐데기가시나무(충남), 까마구발/까치바눌/깐치바늘/도깨비까시/노깨비풀/도녹놈풀/찌개바늘(충북), 또깨비바늘/빈디(평북), 닥사리(함북)

Bidens parviflora *Willdenow*　ホソバノセンダングサ
Ganŭn-doggaebibanul　가는도깨비바눌

까치발〈*Bidens parviflora* Willd.(1809)〉

까치발이라는 이름은 끝이 갈라진 열매의 모양이 바늘과 비슷하다(까치)는 뜻에서 유래한 것으로 추정한다. 줄기잎을 약용하고 어린잎을 식용했다.[166] 일제강점기에 약용식물을 조사·기록한 『조선산야생약용식물』에서 '까치발'로 처음 기록했다. 방언에서 유래한 것으로 추정되는데, 도깨비바늘의 방언으로 '까치바늘'(까치바눌)과 '까마구발'이 확인되는 것에 비추어 바늘과 비슷하다는 뜻에서 유래한 것으로 보인다. 『조선식물향명집』에서는 전통 명칭 '도깨비바눌'을 기본으로 하고 잎의 형태적 특징을 나타내는 '가는'을 추가해 '가는도깨비바눌'을 신칭했으나,[167] 『조선식물명집』에서 '까치발'로 개칭해 현재에 이르고 있다. 한편 이름의 유래와 관련해서 열매의 모양이 까치의 발을 닮았다는 견해가 있고,[168] 가늘게 쪼갠 토막과 바늘을 닮았다는 뜻의 까치바늘에서 유래했다는 견해도 있다.[169]

---

166 이에 대해서는 『한국식물도감(하권 초본부)』(1956), p.677과 『한국의 민속식물』(2017), p.1132 참조.
167 이에 대해서는 『조선식물향명집』, 색인 p.30과 이덕봉(1937), p.11 참조.
168 이러한 견해로 이우철(2005), p.114 참조.
169 이러한 견해로 김종원(2013), p.375 참조. 한편 김종원은 일본명에 착안한 '가는도깨비바눌'이 본래의 이름임에도 불구하고 까치발이라는 이름을 사용하는 것은 정당하고 합리적인 분류학적 이유가 없다고 주장하고 있다. 그러나 종(species)을 최소단위로 하여 식물을 분류하는 식물분류학적 논의와 규칙에 따르더라도, 식물명의 국명(common name)은 언어권과 국가별로 차이가 있으며 각자의 민속문화에 근거하는 것이 전혀 문제가 되지 않는다. 『조선식물향명집』의 저자들은 조선인이 보편적으로 사용하는 실제 이름을 조선명(국명)으로 하고자 했는데, 1936년에 발견한 '까치발'(까치발)이라는 이름이 보편적인 것인지 확신하지 못해 『조선식물향명집』에서 일본명을 부분적으로 차용해 '가는도깨비바눌'을 신칭했다. 그러나 그 이후 조사에서 '까치발'이 보편성이 있는 이름임을 확인하고 '까치발'로 개칭해 추전명으로 한 것으로 추론된다.

속명 *Bidens*는 라틴어 *bi*(2)와 *dens*(이빨)의 합성어로, 열매에 이빨 모양의 가시가 있는 것에서 유래했으며 도깨비바늘속을 일컫는다. 종소명 *parviflora*는 '소형의 꽃을 가진, 작은 꽃의'라는 뜻이다.

다른이름 싸치발(정태현 외, 1936), 가는독개비바눌(박만규, 1949), 가는도깨비바늘(정태현 외, 1949), 잔잎털가막사리(임록재 외, 1972), 두가래도깨비바늘(박만규, 1974), 가는도깨비바늘/까치발/귀침초 (한진건 외, 1982)[170]

중국/일본명 중국명 小花鬼针草(xiao hua gui zhen cao)는 꽃이 작은 귀침초(鬼針草: 울산도깨비바늘 또는 도깨비바늘속의 중국명)라는 뜻으로 학명과 동일한 의미이다. 일본명 ホソバノセンダングサ(細葉の栴檀草)는 잎이 가는 도깨비바늘(センダングサ)이라는 뜻이다.

참고 [북한명] 잔잎털가막사리 [유사어] 귀침초(鬼針草), 동화채(桐花菜) [지방명] 까치발나무(충남)

Bidens tripartita *Linné* タウコギ
Gamagsari 가막사리

가막사리〈*Bidens tripartita* L.(1753)〉

가막사리라는 이름은 '가막'(黑)과 '사리'(접미사)의 합성어로, 검게 사는 식물이라는 뜻에서 유래했다.[171] 열매로 검은색 물을 들일 수 있고, 어린잎을 식용했는데[172] 잎을 삶으면 검게 된다. 19세기에 저술된 『물명고』는 "苗葉有梱如釵脚 與秋穗子 幷可染皂"(어린잎은 가장귀가 비녀의 다리 같고 가을의 이삭 모양 열매와 함께 검은색으로 염색을 할 수 있다)라고 했는데, 이로부터 이름의 유래를 추론할 수 있다. 『조선식물향명집』에 기록된 이름은 황해도 해주 방언을 채록한 것이지만,[173] 옛 문헌에서도 그 이름이 확인된다.

속명 *Bidens*는 라틴어 *bi*(2)와 *dens*(이빨)의 합성어로, 열매에 이빨 모양의 가시가 있는 것에서 유래했으며 도깨비바늘속을 일컫는다. 종소명 *tripartita*는 '삼열로 깊이 파이는'이라는 뜻이다.

다른이름 가막살/제주가막사리(박만규, 1949), 털가막살이(안학수 외, 1982)

---

170 『조선식물명휘』(1922)는 '桐花菜'를 기록했다.
171 이러한 견해로 김경희 외(2014), p.99와 김종원(2013), p.373 참조.
172 이에 대해서는 『한국식물도감(하권 초본부)』(1956), p.678과 『한국의 민속식물』(2017), p.1133 참조.
173 이에 대해서는 이덕봉(1937), p.11 참조.

옛이름 가막사리(실험단방, 1709), 狼把草/郞耶草(광재물보, 19세기 초), 狼把草/郞耶草(물명고, 1824), 水蘇子(임원경제지, 1842)[174]

중국/일본명 중국명 狼杷草(lang pa cao)는 狼把草(lang ba cao)라고도 쓰며 마치 이리가 발을 뻗은 것과 같은 풀이라는 뜻이다. 일본명 タウコギ(田五加木)는 밭가에서 자라고 잎이 오갈피나무(ウコギ)와 비슷하다는 뜻이다.

참고 [북한명] 가막사리 [유사어] 낭야초(郞耶草), 낭파초(狼把草), 오계(烏階), 침포초(針包草) [지방명] 도둑놈가시/깔(전북), 감기판/남밧초/당귀(제주)

○ Cacalia aconitifolia *Bunge*　コヤブレガザ(ホソバヤブレガサ)
Aegi-usan-namul　애기우산나물

애기우산나물〈*Syneilesis aconitifolia* (Bunge) Maxim.(1859)〉

애기우산나물이라는 이름은 작은(애기) 우산나물이라는 뜻에서 붙여졌다.[175] 잎이 깊고 가늘게 갈라지는 특징이 있다. 일제강점기에 우산나물, 일산나물, 촌의나물, 사과굴 등의 방언이 있었던 것으로 확인된다.[176] 『조선식물향명집』에서 우산나물과의 유사성을 고려해 방언에서 유래한 '우산나물'을 기본으로 하고 식물의 형태적 특징을 나타내는 '애기'를 추가해 신칭했다.[177] 『임원경제지』 중 『인제지(仁濟志)』는 구황식물로 중국명과 동일한 어린 토끼의 우산이라는 뜻의 兎兒傘(토아산)을 기록했는데 현재의 이름으로 이어지지는 않았다.

　속명 *Syneilesis*는 그리스어로 '끝단을 접어 올림, 통합, 합성'이라는 뜻으로 한데 붙어서 말린 떡잎이 있는 것에서 유래했으며 우산나물속을 일컫는다. 종소명 *aconitifolia*는 '*Aconitum*(투구꽃속)과 비슷한 잎을 가진'이라는 뜻이다.

다른이름 애기삿갓나물(안학수·이춘녕, 1963)

옛이름 兎兒傘(임원경제지, 1842)[178]

중국/일본명 중국명 兎儿伞(tu er san)은 어린 토끼의 우산 같은 풀이라는 뜻이다. 일본명 コヤブレガサ(小破れ傘)는 식물체가 작은 우산나물(ヤブレガサ)이라는 뜻이다.

---

174 『제주도및완도식물조사보고서』(1914)는 'カムグイバヌ, ナムバッチョル'[감기판, 남밧초]를 기록했으며 『조선의 구황식물』(1919)은 '독게비나물, 狼把草'를, 『조선식물명휘』(1922)은 '狼把草, 독갑이나물(救, 藥)'을, 『선명대화명지부』(1934)는 '독개비나물, 독갑이나물'을 기록했다.

175 이러한 견해로 이우철(2005), p.388 참조.

176 이에 대해서는 이덕봉(1937), p.11 참조. 이덕봉은 '사과굴'을 제주 방언으로 기록했다.

177 이에 대해서는 『조선식물향명집』, 색인 p.43과 이덕봉(1937), p.15 참조.

178 『제주도및완도식물조사보고서』(1914)는 'サグソッテ, サグソックル'[사구소테, 사구소쿨]을 기록했으며 『조선식물명휘』(1922)는 '兎兒傘, 우산나물, 일산나물(救)'을, 『선명대화명지부』(1934)는 '우산나물, 일살(산)나물'을, 『조선의산과와산채』(1935)는 '촌의나물'을 기록했다.

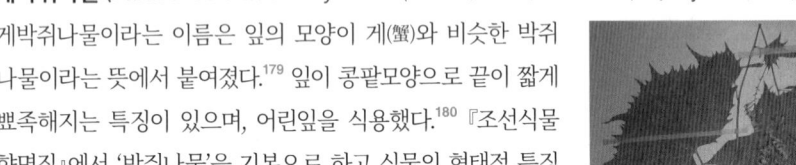

Cacalia adenostyloides *Franchet et Savatier* カニカウモリサウ
Ge-bagjwe-namul 게박쥐나물

게박쥐나물〈*Parasenecio adenostyloides* (Franch. & Sav. ex Maxim.) H.Koyama(1995)〉

게박쥐나물이라는 이름은 잎의 모양이 게(蟹)와 비슷한 박쥐나물이라는 뜻에서 붙여졌다.[179] 잎이 콩팥모양으로 끝이 짧게 뾰족해지는 특징이 있으며, 어린잎을 식용했다.[180] 『조선식물향명집』에서 '박쥐나물'을 기본으로 하고 식물의 형태적 특징을 나타내는 '게'를 추가해 신칭했다.[181]

속명 *Parasenecio*는 *para*(거의, 가까운)와 *Senecio*(금방망이속)의 합성어로 금방망이속을 닮았다는 뜻이며 박쥐나물속을 일컫는다. 종소명 *adenostyloides*는 난초과의 *Adenostylis*속과 비슷하다는 뜻이다.

다른이름 개박쥐나물(박만규, 1949), 계박쥐나물(도봉섭 외, 1957)[182]

중국/일본명 중국에는 분포하지 않는 것으로 보인다. 일본명 カニカウモリサウ(蟹蝙蝠草)는 잎이 게(カニ)를 닮은 박쥐나물 종류(カウモリサウ)라는 뜻이다.

참고 [북한명] 게박쥐나물 [유사어] 각향(角香)

⊗ Cacalia auriculata *DC.* var. Matsumurae *Nakai* ヤマカウモリ
San-bagjwe-namul 산박쥐나물

귀박쥐나물〈*Parasenecio auriculatus* (DC.) J.R.Grant(1993)〉

'국가표준식물목록'(2018), 『장진성 식물목록』(2014), '세계식물목록'(2018) 및 '중국식물지'(2018)는 산박쥐나물을 별도 분류하지 않고 귀박쥐나물에 통합하고 있으므로 이 책도 이에 따른다.

---

179 이러한 견해로 이우철(2005), p.70 참조.
180 이에 대해서는 『한국식물도감(하권 초본부)』(1956), p.679 참조.
181 이에 대해서는 『조선식물향명집』, 색인 p.32와 이덕봉(1937), p.11 참조.
182 『조선의산과와산채』(1935)는 '박쥐나물'을 기록했다.

○ Cacalia auriculata *DC.* var. ochotensis *Komarov*   ミミカウモリ
Gwe-bagjwe-namul   귀박쥐나물

귀박쥐나물〈*Parasenecio auriculatus* (DC.) J.R.Grant(1993)〉

귀박쥐나물이라는 이름은 잎자루의 기부가 귀 모양으로 줄기
를 삼싸고 있는 박쥐나물이라는 뜻에서 붙여졌다.[183] 어린잎을
나물로 식용했다.[184] 『조선식물향명집』에서 '박쥐나물'을 기본
으로 하고 식물의 형태적 특징과 학명에 착안한 '귀'를 추가해
신칭했다.[185]

  속명 *Parasenecio*는 para(거의, 가까운)와 *Senecio*(금방망
이속)의 합성어로 금방망이속을 닮았다는 뜻이며 박쥐나물속
을 일컫는다. 종소명 *auriculatus*는 '귀 모양의'라는 뜻으로 잎
자루의 기부가 귀 모양으로 줄기를 감싸는 것에서 유래했다.

다른이름 산박쥐나물(정태현 외, 1937), 산귀박쥐나물/좀귀박쥐
나물(박만규, 1949), 자주박쥐(정태현 외, 1949), 자주박쥐나물(정
태현, 1956), 지느러미박쥐나물(안학수·이춘녕, 1963), 참박쥐나물(이창복, 1969b)[186]

중국/일본명 중국명 耳叶蟹甲草(er ye xie jia cao)는 귀 모양을 한 잎을 가진 해갑초(蟹甲草: 박쥐나물속
의 중국명)라는 뜻이다. 일본명 ミミカウモリ(耳蝙蝠)는 잎이 귀 모양을 한 박쥐나물 종류(カウモリ)
라는 뜻이다.

참고 [북한명] 귀박쥐나물 [유사어] 각향(角香) [지방명] 오창영(제주), 박쥐나물(충북)

Cacalia farfaraefolia *Sieb. et Zucc.* var. ramosa *Maximowicz*   オホバカウモリ
Bagjwe-namul   박쥐나물

박쥐나물〈*Parasenecio auriculatus* var. matsumurana Nakai(1909)〉[187]

박쥐나물이라는 이름은 잎의 모양이 박쥐와 유사하고 나물로 식용하는 것에서 유래했다.[188] 귀박

---

183 이러한 견해로 이우철(2005), p.94 참조.
184 이에 대해서는 『한국식물도감(하권 초본부)』(1956), p.680 참조.
185 이에 대해서는 『조선식물향명집』, 색인 p.33과 이덕봉(1937), p.11 참조.
186 『제주도및완도식물조사보고서』(1914)는 'オチャンゲン'[오창겡]을 기록했다.
187 '국가표준식물목록'(2018)은 본문의 학명으로 박쥐나물을 별도 분류하고 있으나, 『장진성 식물목록』(2014)과 '세계식물목
   록'(2018)은 이를 별도 분류하지 않으므로 주의가 필요하다.
188 이러한 견해로 이우철(2005), p.258 참조.

쥐나물을 원종으로 하여 별도 변종으로 분류되고 있지만, 분류학적 실체가 밝혀지지 않아 논란이 되고 있다.[189] 박쥐나물 또는 그 유사종의 어린잎은 나물로 식용했다.[190] 옛 문헌에서 이름이 확인 되지 않고, 일본명 カウモリサウ(蝙蝠草)가 한글명과 뜻이 같으므로 일본명을 차용한 것인지에 대해 논란이 있다.[191] 그러나 1935년에 경기도임업회가 발간한 『조선의산과와산채』는 '박쥐나물'을 조선명으로 기록해 당시 경기도에서 실제로 사용하던 이름이라는 것을 알려주고 있다.

속명 Parasenecio는 para(거의, 가까운)와 Senecio(금방망이속)의 합성어로 금방망이속을 닮았 다는 뜻이며 박쥐나물속을 일컫는다. 종소명 auriculatus는 '귀 모양의'라는 뜻으로 잎자루의 기 부가 귀 모양으로 줄기를 감싸는 것에서 유래했다. 변종명 matsumurana는 일본 식물학자 마쓰 무라 진조(松村任三, 1856~1928)의 이름에서 유래했다.

다른이름 산박쥐나물(정태현 외, 1937), 큰박쥐나물(박만규, 1949), 민박쥐나물(정태현 외, 1949)[192]

중국/일본명 '중국식물지'는 이를 별도 분류하지 않고 있다. 한편 박쥐나물속 식물을 해갑초(蟹甲草)라 고 하는데 게의 껍질 모양을 한 식물이라는 뜻이다. 일본명 オホバカウモリ(大葉蝙蝠)는 잎이 크고 박쥐(蝙蝠, カウモリ)를 닮은 식물이라는 뜻이다.

참고 [북한명] 박쥐나물 [유사어] 각향(角香) [지방명] 바위치나물/편편나물(강원), 평편추/평평추 (경남), 누룻대(경북)

○ Cacalia firma *Komarov*　オニタイミンガサ
Kún-byòngpung　큰병풍

병풍쌈〈*Parasenecio firmus* (Kom.) Y.L. Chen(1999)〉
병풍쌈이라는 이름은 '병풍'과 '쌈'의 합성어로, 넓고 큰 잎의 모양을 장식용으로 사용하는 병풍 (屏風)에 비유하고 쌈으로 식용했다는 뜻에서 유래한 것으로 추정한다. 어린잎을 식용했다.[193] 일 제강점기에 식용식물을 연구한 『조선산야생식용식물』은 현재의 어리병풍에 대한 경상남도 방언 으로 '병풍쌈'을 기록했고, 현재의 방언 조사에서도 유사한 이름이 다수 발견되는 점에 비추어 실 제 사용하던 방언을 채록한 것으로 보인다. 『조선식물향명집』에서는 방언에서 비롯한 '병풍'을 기

189 정규영 외(2006), p.328은 기존 국내 표본은 '나래박쥐나물'을 오동정한 것으로 분류학적 실체에 대한 추가적인 연구가 필요한 것으로 보고 있다.
190 이에 대해서는 『조선산야생식용식물』(1942), p.203과 『한국의 민속식물』(2017), p.1206 참조.
191 이우철(2005), p.258은 일본명을 차용한 것으로 보았고, 이덕봉(1937), p.11은 『조선식물향명집』에서 신칭한 이름으로 기 록했다.
192 『조선의산과와산채』(1935), p.112는 일본명 'カニカウモリ'(게박쥐나물)와 'ヤマカウモリ'(산박쥐나물)에 대한 조선명을 '박 쥐나물'로 기록했다.
193 이에 대해서는 『조산산야생식용식물』(1942), p.204 참조.

본으로 하고 식물의 형태적 특징을 강조한 '큰'을 추가해 '큰병
풍'을 신칭했으나,[194] 『조선식물명집』에서 '병풍쌈'으로 개칭해
현재에 이르고 있다.

속명 Parasenecio는 para(거의, 가까운)와 Senecio(금방망
이속)의 합성어로 금방망이속을 닮았다는 뜻이며 박쥐나물속
을 일컫는다. 종소명 firmus는 '강한, 견고한'이라는 뜻이다.

다른이름 큰병풍(정태현 외, 1937), 병풍(리종오, 1964)[195]

중국/일본명 중국명 大叶蟹甲草(da ye xie jia cao)는 잎이 큰 해갑
초(蟹甲草: 잎이 게 껍질 모양의 식물이라는 뜻으로 박쥐나물속의 중
국명)라는 뜻이다. 일본명 オニタイミンガサ(鬼大明傘)는 매우
큰 タイミンガサ(P. peltifolia의 일본명)라는 뜻이다.

참고 [북한명] 병풍 [지방명] 병풍나물/병풍주/병풍취/평풍/평풍나물/평풍취(강원), 병풍나물/병풍
초/병풍취(경남), 병풍대/병풍취(경북)

⊗ Cacalia pseudo-Taimingasa *Nakai*　ニセタイミンガサ
Ori-byŏngpuṅ　어리병풍

어리병풍〈*Parasenecio pseudotaimingasa* (Nakai) B.U.Oh(2005)〉[196]

어리병풍이라는 이름은 명사 앞에 붙어 '그와 비슷하거나 가까움, 덜 갖추어진'을 나타내는 말 '어
리-'와 '병풍쌈'의 합성어로, 병품쌈과 비슷한데 그보다 못하다는 뜻에서 붙여졌다.[197] 병품쌈에 비
해 키가 작고 잎이 보다 깊게 갈라지는 특징이 있어 별도 종으로 분류되었으나, 분류학적 타당성
에 대해서는 논란이 있다. 어린잎을 식용했다.[198] 『조선식물향명집』에서 방언에서 비롯한 '병풍'을
기본으로 하고 식물의 형태적 특징과 학명에 착안한 '어리'를 추가해 신칭했다.[199] 『조선산야생식
용식물』은 당시 경상남도에서 '병풍쌈'이라고 부르고 있음을 기록했다.

---

194 이에 대해서는 『조선식물향명집』, 색인 p.47 참조. 한편 이덕봉(1937), p.11은 『조선식물명휘』(1922)에 기록된 '병풍'을 조
　선명으로 하고 방언에서 유래했다는 취지로 기록하고 있다.
195 『조선식물명휘』(1922)는 '병풍(𣜩)'을 기록했으며 『선명대화명지부』(1934)는 '병풍'을 기록했다.
196 '국가표준식물목록'(2018)은 본문의 학명으로 어리병풍을 별도 분류하고 있으나, '세계식물목록'(2018)과 '중국식물
　지'(2018)는 별도 분류하지 않으며, 『장진성 식물목록』(2014)은 병풍쌈(P. firmus)에 통합하고 이명(synonym)으로 처리하고
　있으므로 주의가 필요하다.
197 이러한 견해로 이우철(2005), p.396과 『우리말 형태소 사전』(2012), p.751 참조.
198 이에 대해서는 『조선산야생용식물』(1942), p.203 참조.
199 이에 대해서는 이덕봉(1937), p.11 참조. 다만 『조선식물향명집』, 색인 p.43은 신칭한 이름으로 기록하지 않았으므로 주
　의가 필요하다.

속명 *Parasenecio*는 그리스어 *para*(거의, 가까운)와 *Senecio* (금방망이속)의 합성어로 금방망이속을 닮았다는 뜻이며 박쥐나물속을 일컫는다. 종소명 *pseudotaimingasa*는 'タイミンガサ와 유사한'이라는 뜻으로 タイミンガサ(大明率: *P. peltifolia*의 일본명)를 닮은 것에서 유래했다.

다른이름 병풍쌈(정태현 외, 1942)

중국/일본명 '중국식물지'는 이를 기재하지 않고 있다. 일본명 ニセタイミンガサ(僞大明率)는 유사 タイミンガサ(大明率: *P. peltifolia*의 일본명)라는 뜻이다.

참고 [북한명] 어리병풍 [지방명] 병풍대/평풍대(경남), 병풍나물(경북), 병풍대(전북)

Cacalia Thunbergii *Nakai*   ヤブレガサ
Usan-namul   우산나물

우산나물⟨*Syneilesis palmata* (Thunb.) Maxim.(1874)⟩

우산나물이라는 이름은 새잎이 날 때 손바닥 모양으로 처진 모양이 마치 우산(雨傘) 같고 나물로 식용한 것에서 유래했다.[200] 새싹이 돋아날 때의 모습이 마치 우산처럼 보이며, 어린 잎을 식용했다.[201] 주요 자생지인 강원도, 경기도, 함경남도 등의 방언을 채록한 것이다.[202] 일제강점기에 울릉도에서는 어린 잎의 모습이 마치 삿갓 같다는 뜻의 '삿갓나물'이라고 불렀다고 기록했는데,[203] 여러 지방에서 '삿갓나물' 또는 그와 유사한 형태의 방언이 확인되고 있다.

속명 *Syneilesis*는 그리스어로 '끝단을 접어 올림, 통합, 합성'이라는 뜻으로 한데 붙어서 말린 떡잎이 있는 것에서 유래했으며 우산나물속을 일컫는다. 종소명 *palmata*는 '손바닥 모양의'라는 뜻으로 잎의 모양에서 유래했다.

---

200 이러한 견해로 이우철(2005), p.421과 허북구·박석근(2008a), p.165 참조.
201 이에 대해서는 『조선산야생식용식물』(1942), p.204 참조.
202 이에 대해서는 이덕봉(1937), p.11과 『조선산야생식용식물』(1942), p.204 참조.
203 '삿갓나물'이라는 이름이 울릉도 방언이라는 것에 대해서는 이덕봉(1937), p.11 참조.

다른이름 삿갓나물(정태현 외, 1942), 섬우산나물(박만규, 1949), 대청우산나물(이창복, 1969b)

옛이름 兎兒傘(임원경제지, 1842)[204]

중국/일본명 '중국식물지'는 이를 기재하지 않고 있으며, 애기우산나물을 兔儿伞(tu er san)으로 부른다. 일본명 ヤブレガサ(破れ傘)는 찢어진 우산이라는 뜻으로 잎의 모양에서 유래했다.

참고 [북한명] 우산나물 [유사어] 토아산(兎兒傘) [지방명] 꼬깔나물/다람이꼬깔/다래미꼬깔/삿갈나물/삿갓나물/우산대나물/호랭이나물(강원), 삿갓나물(경기), 고깔나물/깨투푸리/삿갓대/삿갓대가리/삿갓쟁이/우산대(경남), 각시나물/고깔나물/꼬깔나물/꼬깔추/남천선/삿갓나물/삿갓다파리/삿갓따바리/삿갓이파리/삿갓쟁이/양산나물/우산채/우산초/종달나물(경북), 삿갓나물/삿갓노물/삿갓대가리/삿갓대갱이/삿갓댕이/삿갓잎/삿갓쟁이/삿갓탱이/양산노물/우산노물(전남), 삿갓나물/삿갓대/삿갓대가리/삿갓댕이/삿갓쟁이/우산대/유산나물(전북), 삿갓나물/우산대(충남)

Calendula arvensis *Linné*　キンセンクワ　(栽)
Gùmjanhwa　금잔화

금잔화〈*Calendula arvensis* (Vaill.) L.(1763)〉

금잔화라는 이름은 한자명 '金盞花'(금잔화)에서 유래한 것으로, 꽃이 짙은 노란색(금색)으로 피고 술잔처럼 생겼다고 해서 붙여졌다.[205] 『조선식물향명집』은 옛 문헌에 기록되었을 뿐만 아니라 재배하면서 당시 불렸던 '금잔화'를 조선명으로 기록해 현재에 이르고 있다.[206]

　　속명 *Calendula*는 고대 로마 달력의 초하루 또는 한 달을 의미하는 라틴어 *calendae*에서 유래한 것으로 꽃이 오랫동안 피어 있기 때문에 붙여졌으며 금잔화속을 일컫는다. 종소명 *arvensis*는 '경작지의, 목초지의'라는 뜻으로 재배식물인 점을 나타낸다.

다른이름 금전화(박만규, 1949), 금송화(정태현, 1956), 들금잔화(리용재 외, 2011)

옛이름 金盞草/杏葉草(재물보, 1798), 金盞草/杏葉草/長春花(광재물보, 19세기 초), 金盞草/杏葉草/常春花(물명고, 1824), 金盞花(다산시문집, 1865), 금송화(조선구전민요집, 1933)[207]

중국/일본명 중국명 金盞花(jin zhan hua)는 꽃이 금잔을 닮았다는 뜻이다.[208] 일본명 キンセンクワ(金

---

204 『지리산식물조사보고서』(1915)는 'さかんなむん'[삿갓나물]을 기록했으며 『조선의 구황식물』(1919)은 '우산나물, 양산기풀(咸北), 일산나물(江原, 咸南), 삿갓나물(永同, 蔚山), 兎兒傘'을, 『조선식물명휘』(1922)는 '兎兒傘, 우산나물(救)'을, 『선명대화명지부』(1934)는 '우산나물'을, 『조선의산과와산채』(1935)는 '兎兒傘, 우산나물'을 기록했다.

205 이러한 견해로 이우철(2005), p.100과 한태호 외(2006), p.71 참조.

206 이에 대해서는 이덕봉(1937), p.11 참조.

207 『조선어사전』(1920)은 '金盞花(금잔화)'를 기록했으며 『조선식물명휘』(1922)는 '金盞花'를, 『토명대조선만식물자휘』(1932)는 '[金盞花]금잔화'를 기록했다.

208 중국의 『본초강목』(1596)은 "金盞 其花形也 長春 言耐久也"(금잔은 꽃의 형태이고 장춘은 오래 간다는 말이다)라고 기록했다.

1731

盞花)는 한자명 '金盞花'(금잔화)를 음독한 것이다. 한중일 3국이 모두 같은 이름을 공유하고 있다.

참고 [북한명] 금잔화/들금잔화[209] [유사어] 금잔초(金盞草), 장춘화(長春花) [지방명] 금잔하(경북)

○ Callistephus chinensis *Cassini* エゾギク
Gwagot 과꽃

과꽃〈*Callistephus chinensis* (L.) Nees(1832)〉

과꽃이라는 이름은 '과'(국화)와 '꽃'(花)의 합성어로, 국화를 닮은 식물이라는 뜻에서 유래한 것으로 추정한다.[210] 황해도 해주 방언을 채록한 것이다.[211] 국화 모양의 물건을 찍어내는 데에 쓰는 판이나 여자 머리에 꽂는 국화 모양의 장식이 달린 뒤꽂이를 '과판'이라고 한다. 과판은 '과'(菊花)와 '판'(板)의 합성어로, 국화의 옛말이 구화이므로 구화판으로 발음되었고 축약되어 과판이 된 것으로 이해되고 있다.[212] 이에 비추어 과꽃은 국화의 꽃, 즉 국화를 닮은 꽃이라는 뜻으로 해석된다. 옛이름 중 추모란(秋牡丹)은 가을에 피고 잎이 모란을 닮았다는 뜻이며, 당구화(唐菊)는 국화를 닮았는데 중국(또는 북쪽)에서 전래되었다는 뜻이다. 『토명대조선만식물자휘』는 조선명으로 '과숏'을 기록했고, 『조선식물향명집』에서 이를 이어받아 '과꽃'으로 기록해 현재에 이르고 있다. 한편 감색의 꽃을 피우는 것이 많으므로 감색의 꽃에서 변화한 이름으로 보는 견해가 있으나,[213] 취국(翠菊)이라는 한자명에서 보이듯이 감색의 꽃이 많다고 할 수도 없고 '감색꽃'에서 과꽃으로의 변화도 확인되지 않는 것으로 보인다.

속명 *Callistephus*는 그리스어 *kallos*(아름다운)와 *stephos*(화환, 꽃부리)의 합성어로, 꽃부리가 크고 아름다운 것에서 유래했으며 과꽃속을 일컫는다. 종소명 *chinensis*는 '중국에 분포하는'이라는 뜻이다.

---

209 북한에서는 *C. offincinalis*를 '금잔화'로, *C. arvensis*를 '들금잔화'로 하여 별도 분류하고 있다. 이에 대해서는 리용재 외(2011), p.64 참조.

210 이에 대해서는 김양진(2011), p.10과 김종원(2016), p.471 참조. 다만 김종원은 『조선식물명휘』(1922)가 떡쑥에 대한 다른 이름으로 '과꽃'을 기록했다고 주장하고 있으나, 『조선식물명휘』(1922), p.358에 기록된 이름은 '과꽃'이 아니라 '과쑥(Kwasuk)'이다.

211 이에 대해서는 이덕봉(1937), p.11 참조.

212 이에 대한 자세한 내용은 김민수(1997), p.107과 백문식(2014), p.62 참조.

213 이러한 견해로 한태호 외(2006), p.62 참조.

다른이름 벽남국(안학수·이춘녕, 1963)

옛이름 秋牡丹/당구화(광재물보, 19세기 초), 秋牡丹/당ㅅ구화(물명고, 1824), 唐菊(오주연문장전산고, 185?), 秋牡丹/唐菊(완당선생전집, 1868), 唐菊/당국(명물기략, 1870), 秋牧丹/唐菊(임하필기, 1871), 秋牡丹/唐菊(가오고략, 1872)[214]

중국/일본명 중국명 翠菊(cui ju)는 비취색 꽃이 피는 국화(菊)라는 뜻이다. 일본명 エゾギク(蝦夷菊)는 에조(蝦夷: 홋카이도의 옛 지명)에 분포하는 국화(キク)라는 뜻이다.

참고 [북한명] 과꽃 [유사어] 남국(藍菊), 당국화(唐菊花), 추금(秋錦), 추모란(秋牧丹), 취국(翠菊) [지방명] 쌍과꽃(평북)

Carduus crispus Linné ヒレアザミ 大薊
Jinùremi-ònggòngkwe 지느레미엉겅퀴

지느러미엉겅퀴〈*Carduus crispus* L.(1753)〉

지느러미엉겅퀴라는 이름은 줄기에 지느러미 같은 날개가 있는 엉겅퀴라는 뜻에서 유래했다.[215] 줄기는 곧게 서며 모서리가 있고 날개가 달리는 특징이 있으며, 어린잎을 식용했다.[216] 『조선식물향명집』에서는 전통 명칭 '엉겅퀴'를 기본으로 하고 식물의 형태적 특징과 학명에 착안한 '지느레미'를 추가해 '지느레미엉겅퀴'를 신칭했으나,[217] 『조선식물명집』에서 맞춤법에 따라 '지느러미엉겅퀴'로 변경해 현재에 이르고 있다. 일제강점기에 식용식물을 조사·기록한 『조선산야생식용식물』은 당시 강원도 방언으로 '엉거시'를 기록했으나 현재의 이름으로 이어지지는 않았다.

　속명 *Carduus*는 엉겅퀴 종류에 대한 라틴명에서 유래했으며 지느러미엉겅퀴속을 일컫는다. 종소명 *crispus*는 '주름진, 곱슬털의, 둘둘 말린'이라는 뜻으로 줄기에 주름진 날개 모양의 부속체가 있는 것에서 유래했다.

다른이름 지느레미엉겅퀴(정태현 외, 1937), 엉거시(정태현 외, 1942)

옛이름 飛廉(동의보감, 1613), 飛廉(광재물보, 19세기 초), 飛廉/漏蘆(물명고, 1824), 飛廉(의휘, 1871), 飛廉(수세비결, 1929)[218]

중국/일본명 중국명 丝毛飞廉(si mao fei lian)은 실모양의 털이 있는 비렴(飛廉: 지느러미엉겅퀴속의 중

---

214 『조선어사전』(1920)은 '唐菊花(당ㅅ국화), 秋牡丹, 당ㅅ구화'를 기록했으며 『조선식물명휘』(1922)는 '翠菊, 佛螺, 藍菊, 왜국화(觀賞)'를, 『토명대조선만식물자휘』(1932)는 '[翠菊(花)]슈국(화), [秋丹]츄모란, [唐菊花]당(ㅅ)국화, [당(ㅅ)구화], [과꽃]'을, 『선명대화명지부』(1934)는 '왜국화'를 기록했다.

215 이러한 견해로 이우철(2005), p.490과 권순경(2015.7.15.) 참조.

216 이에 대해서는 『조선산야생식용식물』(1942), p.204 참조.

217 이에 대해서는 『조선식물향명집』, 색인 p.46과 이덕봉(1937), p.11 참조.

218 『조선한방약료식물조사서』(1917)는 '大薊'를 기록했으며 『조선식물명휘』(1922)은 '飛廉, 小薊, 飛維'를 기록했다.

국명)이라는 뜻인데, 飛廉(비렴)은 바람을 일으키는 상상의 새로 풍사(風邪)를 치료하는 약성이 있다고 해서 붙여진 이름이다. 일본명 ヒレアザミ(鰭薊)는 지느러미가 있는 엉겅퀴 종류(アザミ)라는 뜻이다.

참고 [북한명] 지느러미엉겅퀴 [유사어] 비렴(飛廉) [지방명] 물엉겅구(경북)

Carpesium abrotanoides *Linné*　ヤブタバコ
Dambaepul　담배풀(학술)　鶴虱

담배풀〈*Carpesium abrotanoides* L.(1753)〉

담배풀이라는 이름은 잎이 담배의 잎과 비슷하고 줄기와 그 끝에 달린 꽃차례의 모양이 담뱃대를 닮은 것에서 유래했다.[219] 머리모양꽃차례가 잎겨드랑이에 이삭 모양으로 달리는데 그 모양이 마치 담배를 피우는 데에 쓰는 곰방대 같고, 솜털이 많은 잎은 담배의 잎처럼 보인다. 어린잎을 식용하고 전초를 약용했다.[220] 경기도 방언을 채록한 것이다.[221] 일제강점기에 식용식물을 조사·기록한 『조선산야생식용식물』은 어린잎을 데쳐서 식용하고 그 이름을 서울(경성)에서는 '담배나물'로 부르며 한자로 '烟袋草'(연대초)라고도 한다는 것을 기록했다. 18세기 말과 19세기 초에 기록된 물명(物名)에 관한 자전류 문헌에서는 한글로 '둡겁이풀', '둣겁ㄴ믈', '두겁이풀', '둑덥이나물' 등으로도 불렀음을 기록하고 있는데, 이는 '두꺼비풀' 또는 '뚜꺼비나물'이라는 뜻으로 식용하는 어린잎의 모습을 빗댄 것으로 보인다.[222] 한편 본래 이름은 '여우오줌풀'이고 담배풀은 일본명에서 힌트를 얻어 만든 이름이므로 본래 이름을 되살려 담배풀은 '여우오줌풀'로 하고 현재의 여우오줌(*C. macrocephalum*)은 '큰여우오줌풀'로 해야 한다고 주장하는 견해가 있다.[223] 그러나 담배풀이라는 이름이 일본명과 유사하기는 하지만 실제 사용한 우리의 방언을 채록한 것이므로 이를 일본명에서 힌트를 얻어 만든 것이라고 할 수 없고, 식물명도 언어로서의 보편성을 가진 것으로 생성, 변화 및 소멸을 거치는 것이어서 특정한 이름을 본래 이름이라고 할 수 없다는 점에서 타당성은 의문스럽다.[224]

속명 *Carpesium*은 그리스어 *karpesion*(쥐오줌풀속의 일종으로 향기가 있는 식물)에서 유래했으

219 이러한 견해로 이우철(2005), p.166; 이덕봉(1963), p.22; 손병태(1996), p.35; 김종원(2013), p.784 참조.

220 이에 대해서는 『조선산야생식용식물』(1942), p.205와 『한국식물도감(하권 초본부)』(1956), p.685 참조.

221 이에 대해서는 이덕봉(1937), p.31 참조.

222 이러한 견해로 이덕봉(1963), p.22 참조. 한편 여우오줌풀이 본래 이름이라는 주장에 따르면 '둡겁이풀', '둣겁ㄴ믈', '두겁이풀', '둑덥이나물' 등은 본래 이름이 아닌지도 의문이다.

223 이러한 견해로 김종원(2013), p.785 참조.

224 일제강점기에 약재시장에서 실제 약재로 거래(사용)되는 식물명을 조사한 『조선산야생약용식물』(1936), p.229는 당시 대구와 대전의 약재시장에서 '여의오줌'이라 불리던 식물은 높은 산에서 자라는 여러해살이풀인 현재의 여우오줌(*C. macrocephalum*)이라는 것을 기록했다.

며 담배풀속을 일컫는다. 종소명 *abrotanoides*는 국화과의 서던우드(Southernwood: *Artemisia abrotanum*)라는 쑥 종류를 닮았다는 뜻이다.

다른이름 학슬(정태현 외, 1937), 담배나물(정태현 외, 1942), 여우오줌풀(김종원, 2013)

옛이름 鶴蝨/狐矢尿(향약구급방, 1236),[225] 鶴蝨(향약제생집성방, 1398), 鶴蝨/狐矢尿(향약채취월령, 1431), 鶴蝨/狐矢尿(향약집성방, 1433),[226] 鶴蝨(세종실록지리지, 1454), 鶴蝨/엿의오좀플(구급간이방언해, 1489), 鶴蝨/狐矢尿/여의오좀(촌가구급방, 1538), 鶴蝨/여의오좀(동의보감, 1613), 鶴蝨(의림촬요, 1635), 鶴蝨草(마과회통, 1798), 天名精/鶴虱/듭겁이풀/여의오좀(재물보, 1798), 鶴蝨/여의오좀(제중신편, 1799), 天名精/듭겁나물(물보, 1802), 天名精/두겁이풀/여회오좀/鶴蝨/天蔓菁(광재물보, 19세기 초), 天名精/듁덥이나물/鶴蝨/天門精(물명고, 1824), 鶴蝨/여의오좀(의종손익, 1868), 鶴虱/여외오좀(방약합편, 1884), 天蔓菁/天名精(수세비결, 1929), 鶴蝨/여됴오좀(선한약물학, 1931)[227]

중국/일본명 중국명 天名精(tian ming jing)은 天蔓菁(천만청)이 변화한 것으로, 잎이 만청(蔓菁: 순무 종류)을 닮았다는 뜻이다.[228] 일본명 ヤブタバコ(藪煙草)는 덤불숲에서 자라고 잎이 담배를 닮은 풀이라는 뜻이다.

참고 [북한명] 담배풀 [유사어] 연대초(烟袋草), 지송(地松), 지숭(地菘), 천만청(天蔓菁), 천명정(天名精), 추면(皺面) [지방명] 담배나물(전북), 담보대풀/풀속나물/풀숙나물(충북)

Carpesium divaricatum *Siebold et Zuccarini*   ガンクビサウ
Gin-dambaepul   긴담배풀   千日草

긴담배풀 ⟨*Carpesium divaricatum* Siebold & Zucc.(1846)⟩

긴담배풀이라는 이름은 잎자루가 길고 긴 가지 끝에 꽃차례가 달리는 담배풀이라는 뜻에서 붙여졌다.[229] 긴 가지와 원줄기 끝에 머리모양꽃차례가 달리는 특징이 있으며, 어린잎을 식용하고 전초를 약용했다.[230] 『조선식물향명집』에서 방언에서 유래한 '담배풀'을 기본으로 하고 식물의 형태적

---

225 『향약구급방』(1236)의 차자(借字) '狐矢尿'(호의뇨)에 대해 남풍현(1981), p.135는 '여수의오좀'의 표기로 보고 있으며, 이덕봉(1963), p.22는 '여의오좀'의 표기로 보고 있다.

226 『향약집성방』(1433)의 차자(借字) '狐矢尿'(호의뇨)에 대해 남풍현(1999), p.178은 '엿의오좀'의 표기로 보고 있다.

227 『조선한방약료식물조사서』(1917)는 '여의오좀, 鶴虱'을 기록했으며 『조선어사전』(1920)은 '杜牛膝(두우슬), 天名精(텬명정), 天蔓菁(텬만청), 蚵蚾草(가피초), 地菘(지숭), 地菘(다숭), 여위오좀풀'을, 『조선식물명휘』(1922)는 '天名精, 麥句薑, 天門精'을, 『토명대조선만식물자휘』(1932)는 '[天名精]텬명정, [天蔓菁]텬만청, [蚵蚾草]가피초, [地菘]다숭, [皺面]추면, [杜牛膝]두우슬, [여위오좀풀], [鶴蝨]학슬'을 기록했다.

228 중국의 『본초강목』(1596)은 "天名精 卽活鹿草也 別錄一名天蔓菁 南人名爲地菘 葉與蔓菁 菘菜相類 故有此名..(중략)...天名精乃天蔓菁之訛也"(천명정은 곧 활록초이다. 명의별록에서는 천만청이라 하였고, 남쪽 사람들은 지숭이라 하였으며 잎은 만청이나 숭채와 서로 유사하므로 이렇게 이름 지어졌다...중략...천명정은 천만청이 와전된 것이다)라고 기록했다.

229 이러한 견해로 이우철(2005), p.103과 김종원(2013), p.787 참조.

230 이에 대해서는 『조선산야생식용식물』(1942), p.205와 『한국식물도감(하권 초본부)』(1956), p.686 참조.

특징을 나타내는 '긴'을 추가해 신칭했다.[231] 일제강점기에 약용식물을 조사·기록한 『조선산야생약용식물』은 당시 '천일초'라고 불리기도 했다는 점을 기록했다.

속명 *Carpesium*은 그리스어 *karpesion*(쥐오줌풀속의 일종으로 향기가 있는 식물)에서 유래했으며 담배풀속을 일컫는다. 종소명 *divaricatum*은 '넓은 각도로 갈라지는'이라는 뜻이다.

다른이름 천일초(정태현 외, 1936)

옛이름 千日草(수진경험신방, 1912), 千日草(동아일보, 1923)[232]

중국/일본명 중국명 金挖耳(jin wa er)은 노란색 귀이개란 뜻으로 꽃의 모양에서 유래한 것으로 보인다. 일본명 ガンクビサウ(雁首草)는 꽃의 모양이 기러기의 머리를 닮은 식물이라는 뜻이다.

참고 [북한명] 긴담배풀 [유사어] 금알이(金挖耳/金空耳), 천일초(千日草), 학슬(鶴虱) [지방명] 천일초(전남)

⊗ Carpesium glossophylloides *Nakai* テウセンガンクビサウ
You-dambaepul 여우담배풀

천일담배풀〈*Carpesium glossophyllum* Maxim.(1874)〉

천일담배풀이라는 이름은 꽃이 오랫동안 피어 있는 담배풀이라는 뜻에서 유래했다.[233] 담배풀 종류의 별칭으로 사용된 천일초(千日草)가 어원으로, 담배풀이라는 이름이 추가된 것으로 보인다. 『조선식물향명집』에서는 방언에서 유래한 '담배풀'을 기본으로 하고 옛이름에서 유래한 '여우'를 추가해 '여우담배풀'을 신칭했으나,[234] 『조선식물명집』에서 '천일담배풀'로 개칭해 현재에 이르고 있다.

속명 *Carpesium*은 그리스어 *karpesion*(쥐오줌풀속의 일종으로 향기가 있는 식물)에서 유래했으며 담배풀속을 일컫는다. 종소명 *glossophyllum*은 '혀모양 잎의'라는 뜻으로 잎의 모양에서 유래했다.

다른이름 여우담배풀(정태현 외, 1937), 주걱담배풀(박만규, 1949)

옛이름 千日草(수진경험신방, 1912), 千日草(동아일보, 1923)

중국/일본명 '중국식물지'는 이를 별도 분류하지 않고 있다. 일본명 テウセンガンクビサウ(朝鮮雁首草)는 한반도에 분포하는 긴담배풀(ガンクビサウ)이라는 뜻이다.

참고 [북한명] 주걱담배풀 [유사어] 연대초(煙袋草), 천일초(千日草)

---

231 이에 대해서는 『조선식물향명집』, 색인 p.33 참조.
232 『조선식물명휘』(1922)는 '金空耳'를 기록했다.
233 이러한 견해로 이우철(2005), p.513과 김종원(2013), p.787 참조.
234 이에 대해서는 『조선식물향명집』, 색인 p.43 참조.

Carpesium macrocephalum *Franchet et Savatier*　オホガンクビサウ　千日草
Wang-dambaepul　왕담배풀

여우오줌〈*Carpesium macrocephalum* Franch. & Sav.(1878)〉

여우오줌이라는 이름은 만지면 지린 듯한 냄새가 나는데 이를 여우의 오줌에 비유한 것에서 유래했다.[235] 꽃차례와 잎이 크고 잎자루에 날개가 달리는 특징이 있으며, 열매가 익으면 기름기가 있어 사람이나 동물의 몸에 잘 붙는데 심한 냄새가 난다. 전초를 약재로 사용했다.[236] 고려 시대에 저술된 『향약구급방』은 향명(鄕名)으로 차자(借字) '狐矢屎'(여수의오줌)을 기록했다. 이후 엿의오좀플→여의오좀→여우오줌으로 변화했다. 『조선식물향명집』에서는 방언에서 유래한 '담배풀'을 기본으로 하고 식물의 형태적 특징과 학명에 착안한 '왕'을 추가해 '왕담배풀'을 신칭했으나,[237] 『조선식물명집』에서 옛이름에 따라 '여우오줌'으로 개칭해 현재에 이르고 있다.

　속명 *Carpesium*은 그리스어 *karpesion*(쥐오줌풀속의 일종으로 향기가 있는 식물)에서 유래했으며 담배풀속을 일컫는다. 종소명 *macrocephalum*는 '머리가 큰'이라는 뜻으로 머리모양꽃차례가 다른 종들에 비해 월등히 큰 것에서 유래했다.

다른이름　여의오좀/서초(정태현 외, 1936), 왕담배풀(정태현 외, 1937), 여우오줌(정태현, 1956)

옛이름　鶴蝨/狐矢尿(향약구급방, 1236), 鶴蝨/狐矢尿(향약채취월령, 1431), 鶴蝨/狐矢尿(향약집성방, 1433), 鶴蝨/엿의오좀플(구급간이방언해, 1489), 鶴蝨/狐矢尿/여의오좀(촌가구급방, 1538), 鶴蝨/여의오좀(동의보감, 1613), 天名精/鶴虱/듑겁이풀(재물보, 1798), 鶴蝨/여의오좀(제중신편, 1799), 天名精/둣겁ㄴ믈(물보, 1802), 天名精/두겁이풀/여회오좀/鶴蝨/天蔓菁(광재물보, 19세기 초), 天名精/둑덥이나물/鶴蝨/天門精(물명고, 1824), 鶴蝨/여의오좀(의종손익, 1868), 鶴虱/여외오좀(방약합편, 1884)[238]

---

235 이러한 견해로 이덕봉(1963), p.22; 남풍현(1981), p.135; 김종원(2013), p.783 참조. 한편 중국의 『도경본초』(1061)는 "天名精嫩苗綠色 似皺葉菘芥 微有狐氣 淘淨炸之 亦可食 長則起莖 開小黃花 如小野菊花 結實如同蒿 子亦相似 最粘人衣 狐氣尤甚"(천명정은 여린 싹은 녹색이고 쭈글쭈글하여 잎이 배추나 겨자와 유사하며 여우 냄새가 약하게 난다. 깨끗이 씻어 데치면 먹을 수 있다. 자라나면 줄기가 올라오고 작고 누런 꽃이 피는데 작은 야국화 같다. 열매가 맺히면 쑥과 같고 씨도 서로 유사하며, 사람의 옷에 매우 잘 달라붙고 여우 냄새가 더욱 심해진다)이라고 기록했는데, 남풍현은 이로부터 우리말 '여우오줌'이 유래한 것으로 보고 있다.

236 이에 대해서는 『조선산야생약용식물』(1936), p.229 참조.

237 이에 대해서는 『조선식물향명집』, 색인 p.44 참조.

238 『조선한방약료식물조사서』(1917)는 '千日草, 神靈草, 仙草, 담븨풀'을 기록했으며 『조선어사전』(1920)은 '蚵蚾草(가피초), 여위오줌풀'을, 『조선식물명휘』(1922)는 '千日草, 鶴虱, 천일초, 여의오좀(藥)'을, 『선명대화명지부』(1934)는 '여의오좀, 천일초, 천일초'를 기록했다.

중국명 大花金挖耳(da hua jin wa er)은 큰 꽃이 피는 금알이(金挖耳: 긴담배풀의 중국명)라는 뜻이다. 일본명 オホガンクビサウ(大雁首草)는 식물체와 꽃이 큰 긴담배풀(ガンクビサウ)이라는 뜻이다.

참고 [북한명] 왕담배풀 [유사어] 대화금알이(大花金挖耳), 지숭(地菘), 천만청(天蔓菁), 천명정(天名精), 추면(皺面) [지방명] 영깽이오줌(강원)

Carthamus tinctorius Linné   ベニバナ   紅花 (栽)
Itĝot 잇꽃

잇꽃〈Carthamus tinctorius L.(1753)〉

잇꽃은 옛말 '닛곳(닛곶)'에서 비롯한 것으로, 잎과 총포에 날카로운 톱니가 발달하는 것을 이(齒)를 닮은 꽃으로 본 것에서 유래한 이름으로 추정한다.[239] 예부터 약재와 더불어 붉은색을 내는 염료로 사용했다. 이집트 원산의 재배식물로, 평양 교외 낙랑고분에서 홍색으로 염색된 천이 출토된 바 있어 오래전에 도입된 것으로 보인다.[240] 잇꽃에서 채취한 붉은빛의 물감을 잇빛이라고 한다.[241] 한편 잇꽃을 이로운 꽃이라는 뜻에서 유래한 이름으로 해석하는 견해가 있다.[242] 그러나 잇꽃을 이롭다(利)로 해석하는 것은 17세경부터이므로, 고유명을 명확한 근거 없이 한자로 환원하는 일종의 한자어원설의 입장에서 유래한 해석으로 보인다.[243] 또한 니싀가 '붉다'는 뜻이라고

보는 견해도 있으나,[244] '니싀'(잇)는 잇꽃과 연관된 경우를 제외하고 달리 붉다는 뜻으로 사용되지 않으므로, 반대로 '니싀'(잇)에서 붉다는 뜻이 파생된 것으로 보인다.

속명 Carthamus는 아라비아어 quartom(염색하다, 물들이다)에서 유래한 것으로 잇꽃을 염료로 사용했기 때문에 붙여졌으며 잇꽃속을 일컫는다. 종소명 tinctorius는 라틴어로 '염색의, 염료

239 이러한 견해로 이덕봉(1963), p.24 참조.
240 이에 대해서는 한국학중앙연구원, 『한국민족문화대백과』 중 '잇꽃' 참조.
241 이러한 견해로 백문식(2014), p.420 참조.
242 이러한 견해로 한태호 외(2006), p.173 참조.
243 조선 중기에 저술된 『송와잡설』(1600)은 "紅花乃利市也 所謂利市云者 言其價重也貴也"(홍화는 '利市'인데 이사라는 말은 그 값이 중하고 귀하다는 것이다)라고 기록했는데, 이때 '利市'(이시)는 한자명이 아니라 『구급간이방언해』(1489)에 기록된 고유명 '니싀'를 한자로 훤원한 것임을 알 수 있다. 이후 『송와잡설』의 기록은 『여려실기술』(1776)과 『오주연문장전산고』(185?)에서 되풀이되기도 했다.
244 이러한 견해로 송근원(2016), p.226 참조.

의'라는 뜻으로 염색제로 사용한 것에서 유래했다.

다른이름 닛(정태현 외, 1936), 이꽃(박만규, 1949), 홍화(리용재 외, 2011)

옛이름 燕脂/你叱花(향약구급방, 1236),[245] 紅藍花/紅花/燕脂(향약집성방, 1433),[246] 紅花(세종실록지리지, 1454), 紅藍花/니싯곳/紅花/니싀(구급간이방언해, 1489), 紅花/利市(송와잡설, 1600), 紅花(언해두창집요, 1608), 紅藍花/닛/紅花(동의보감, 1613), 紅花/잇비라(사의경험방, 17세기), 紅花/닛(산림경제, 1715), 紅花/利市(연려실기술, 1776), 紅藍/닛/紅花(재물보, 1798), 紅花/닛(제중신편, 1799), 紅藍/닛(해동농서, 1799), 紅藍/잇잇곳(물보, 1802), 홍화(규합총서, 1809), 홍남화/닛(화왕본긔, 19세기 초), 紅藍花/닛(광재물보, 19세기 초), 紅藍/닛/紅花(물명고, 1824), 紅藍花/紅花/利市(오주연문장전산고, 185?), 紅花/닛(의종손익, 1868), 紅藍花/홍람화/닛(명물기략, 1870), 닛(농가월령가, 1876), 잇/茜/홍화/紅花(한불자전, 1880), 紅花/닛(방약합편, 1884), 紅花/닛/紅藍/잇(박물신서, 19세기), 紅藍/잇(자전석요, 1909), 紅花/홍화(단방비요, 1913), 紅花/닛(선한약물학, 1931)[247]

중국/일본명 중국명 紅花(hong hua)는 꽃이 붉은색이고 붉은빛 염료로 사용한 것에서 유래했다. 일본명 ベニバナ(紅花)도 붉은 꽃이라는 뜻으로 염료로 사용한 것과 관련한 이름이다.

참고 [북한명] 잇꽃 [유사어] 홍람화(紅藍花), 홍화(紅花) [지방명] 홍화(경기), 홍화/홍화씨(전남), 잇고장/홍화(제주), 이시꽃/잇씨(충북)

○ Centaurea monanthos *George*   オホバナアザミ
B̂ôggugchae   뻑국채

뻐꾹채〈*Stemmacantha uniflora* (L.) Dittrich(1984)〉[248]

뻐꾹채라는 이름은 '뻐꾹'과 '채'의 합성어로, 꽃이 핀 총포의 얼룩덜룩한 모습이 뻐꾸기의 깃털과 닮았고 줄기에 달린 꽃의 모양이 긴 자루(채)를 연상시키는 것에서 유래했다.[249] 꽃은 5~6월에 자주색으로 피고 총포조각이 크게 발달한다. 『물명고』에 기록된 '법고치'가 직접적 어원이다. 『물명고』는 생약명 漏蘆(누로)에 대해 4가지 종류가 있는데 꽃이 자벽색(紫碧色)으로 피는 것(海州漏蘆)

---

245 『향약구급방』(1236)의 차자(借字) '你叱花'(니질화)에 대해 남풍현(1981), p.190은 '니시곳(닛곳)'의 표기로 보고 있으며, 이덕봉(1963), p.24는 '닛곳'의 표기로 보고 있다.

246 『향약집성방』(1433)의 다른이름 '紅花'(홍화)에 대해 남풍현(1999), p.177은 '홍화'의 표기로 보고 있다.

247 『조선한방약료식물조사서』(1917)는 '닛곳, 紅花'를 기록했으며 『조선어사전』(1920)은 '잇, 紅花(홍화), 紅藍花(홍람화)'를, 『조선식물명휘』(1922)는 '紅藍花, 大紅花, 紅花, 잇꽃(染料)'을, 『토명대조선만식물자휘』(1932)는 '[紅藍(花)]홍람(화), [臙脂花]연지꽃, [紅花]홍화, [잇(나물)], [잇꽃]'을, 『선명대화명지부』(1934)는 '잇꽃'을 기록했다.

248 '국가표준식물목록'(2018)은 뻐꾹채의 학명을 *Rhaponticum uniflorum* (L.) DC.(1775)로 기재하고 있으나, 『장진성 식물목록』(2014)은 본문의 학명을 정명으로 기재하고 있다. 한편 '중국식물지'(2018)는 *R. uniflorum*을 정명으로 기재하고 있으며, '세계식물목록'(2018)은 둘 모두를 정명으로 기재하고 있다.

249 이러한 견해로 이유미(2013), p.1202 참조.

을 '법고치'라 한다고 기록했다. 뻐꾸기의 옛말이 '법곡시', '버국시', '법곡새', '법국새', '법국이', '벅국이'이므로[250] '법고'는 뻐꾸기(鳥)를 뜻하고 '치'(채)는 자루를 뜻하는 우리말로 이해된다.[251] 『향약집성방』의 차자(借字) '伐曲大'(벌곡대)도 '뻐꾸기의 대(줄기)'라는 뜻으로 이해하기도 한다. 한편 뻐꾹채의 꽃이 필 무렵에 뻐꾹새가 울기 때문에 시간적 인접에 따른 의미의 유사성으로 인해 명칭이 형성된 것으로 보는 견해가 있으나,[252] '대'와 '치'는 식물의 형태에 관한 말이라는 점을 고려할 때 '뻐꾹'도 식물의 형태에 대응한 명칭으로 보인다. 또한『향약집성방』의 伐曲大(벌곡대)가 후대에 이르러 '절국대'의 어형과 '법고치'의 어형으로 변화하여 공존했으나 그 뜻은 모두 뻐꾹채와 같다고 하거

나,[253]『동의보감』의 '절국대'가 절굿대를 거쳐 뻐꾹채로 변화했다고 하는 견해가 있다.[254] 그러나 漏蘆(누로)는 단일한 식물이 아니라 여러 종의 식물을 일컫는 것으로 해석되고,[255] '절국'대와 '법고'치는 어형이 다르므로 타당성은 의문스럽다.[256] 『조선식물향명집』은 '뻑국채'로 기록했는데『조선식물명집』에서 맞춤법의 변화에 따라 '뻐꾹채'로 개칭해 현재에 이르고 있다.

속명 Stemmacantha는 그리스어 stemma(화환, 화관)와 akantha(가시)의 합성어로, 가시 같은 꽃잎과 왕관처럼 생긴 꽃차례를 나타낸 것이며 뻐꾹채속을 일컫는다. 종소명 uniflora는 '꽃이 1개인'이라는 뜻이다.

다른이름 뻑국채(정태현 외, 1937), 멍구지(정태현 외, 1942)

옛이름 漏蘆/伐曲大/野蘭(향약집성방, 1433),[257] 漏蘆(세종실록지리지, 1454), 漏蘆/루로(구급간이방언해, 1489), 漏蘆/絕穀大/절곡대(촌가구급방, 1538), 漏蘆/누로(언해태산집요, 1608), 漏蘆/절국대(동의보

---

250 이에 대해서는『고어대사전 9』(2016), p.520 참조.

251 『조선의 구황식물』(1919)과『조선식물명휘』(1922)는 뻐꾹채를 구황식물로 기록했으므로 '채'가 한자 '菜'(채)일 가능성도 배제하기 어렵다. 그러나 뻐꾹채의 옛말 '법고치'를 기록한『물명고』(1824)는 "鸛鉗 치긴집게"(관겸은 채가 긴 집게이다)라고 하여 '치'를 긴 자루의 뜻으로 보았다.

252 이러한 견해로 손병태(1996), p.22 참조. 또한 이유미(2014), p.1202는 붉은 꽃송이가 뻐꾸기의 붉은 입속을 연상시키기 때문이라는 견해를 소개하고 있으나, 뻐꾸기의 붉은 입속을 사람이 관찰하기 어려운 점을 고려하면 타당하지 않은 것으로 보인다.

253 이러한 견해로 손병태(1996), p.22 참조.

254 이러한 견해로 김종원(2016), p.495 참조.

255 『대한민국약전외 한약(생약)규격집』(2016), p.45는 생약명 누로(漏蘆)에 대해 '뻐꾹채'와 '절굿대 종류'를 모두 일컫는 것으로 규정하고 있다.

256 생약명 漏蘆(누로)에 대한 한글명을 '절국대'로 기록한『동의보감』(1613)은 뻐꾸기를 뜻하는 '布穀'(포곡)에 대한 한글명을 '벅국새'로 기록했다.

257 『향약집성방』(1433)의 차자(借字) '伐曲大'(벌곡대)에 대해 남풍현(1999), p.176과 손병태(1996), p.22는 '벌곡대'의 표기로 보고 있다.

감, 1613), 漏蘆/법구치(재물보, 1798), 漏蘆/졀국듸(제중신편, 1799), 누로/졀국대(화왕본긔, 19세기 초), 漏蘆/법고치/鬼油麻/野蘭(물명고, 1824), 漏蘆/졀국듸(의종손익, 1868), 漏蘆/졀국듸(방약합편, 1884), 절국대/蘆(자전석요, 1909), 漏蘆/飛廉/鬼油麻/野蘭(수세비결, 1929)[258]

중국/일본명 중국명 漏芦(lou lu)는 가을에 식물체가 검게 된다는 뜻이다.[259] 일본명 オホバナアザミ(大花薊)는 큰 꽃이 피는 엉겅퀴 종류(アザミ)라는 뜻이다.

참고 [북한명] 뻐꾹채 [유사어] 누로(漏蘆) [지방명] 개/게/뻐꾸기나물(강원), 가새추/가새취/까새추/까시게나물/까시게사레이/빠욱살/뻐국채/뻐울살(경북), 버끔대/뻐꿈대/뻐끔대(전북), 뻐꾸기(충남), 뻐끔새/뻐끔채(충북)

Chrysanthemum cinerariaefolium *Bocc.* シロバナムシヨケギク
Jechunggug   졔충국   除虫菊 (栽)

제충국⟨*Tanacetum cinerariifolium* (Trevir.) Sch.Bip(1884)⟩

제충국이라는 이름은 한자명 '除蟲菊'(제충국)에서 비롯한 것으로, 식물체(특히 꽃)에 곤충의 운동신경을 마비시키는 강한 독성이 있고 국화를 닮은 것에서 유래했다.[260] 유럽 원산으로 약용 목적으로 도입되어 재배하는 식물이다. 『조선식물향명집』은 당시 불리던 이름을 기록한 것인데,[261] 어떤 시기에 국내에 도입되었는지는 확인되지 않는다.

속명 *Tanacetum*은 불사(不死)의 뜻을 가진 그리스어 *athanasia*(불멸)에서 파생된 중세 라틴어 *tanazita*에서 유래했으며 쑥국화속을 일컫는다. 종소명 *cinerariifolium*은 *Cineraria*속 식물과 잎이 유사하다는 뜻이다.

다른이름 흰꽃제충국(리용재 외, 2011)

옛이름 除蟲菊(동아일보, 1934)[262]

중국/일본명 중국명 除虫菊(chu chong ju)는 한국명과 같은 뜻이다. 일본명 シロバナムシヨケギク(白花虫除菊)는 흰 꽃이 피고 해충을 방제하는 효과가 있는 국화(キク)를 닮은 식물이라는 뜻이다.

참고 [북한명] 제충국 [유사어] 백색제충국(白色除蟲菊), 백화제충국(白花除蟲菊) [지방명] 잠자리꽃

---

258 『조선의 구황식물』(1919)은 '초방이나물'을 기록했으며 『조선어사전』(1920)은 '漏蘆(루로), 절국대'를, 『조선식물명휘』(1922)는 '초방이나물(救)'을, 『토명대조선만식물자회』(1932)는 '[大薊]대계, [野紅花]야홍화, [항가새], [엉경퀴]'를, 『선명대화명지부』(1934)는 '초방이나물'을, 『조선의산과와산채』(1935)는 '먼징취'를 기록했다.

259 중국의 『본초강목』(1596)은 "屋之西北黑處謂之漏 凡物黑色謂之蘆 此草秋後卽黑 異於衆草 故有漏蘆之稱"(집의 서북쪽 어두운 곳을 '누라 한다. 검은색 사물을 '노'라 한다. 이 풀은 가을 이후에 검게 되는 것이 다른 풀과 다르므로 '누로'라고 칭한다)이라고 기록했다.

260 이러한 견해로 이우철(2005), p.458 참조.

261 이에 대해서는 이덕봉(1937), p.11 참조.

262 『조선식물명휘』(1922)는 '백화제충국(藥)'을 기록했으며 『선명대화명지부』(1934)는 '백화제충국'을 기록했다.

(충북)

Chrysanthemum coronarium *Linné* シユンギク (栽)
Ŝuggat 쑥갓

쑥갓〈*Chrysanthemum coronarium* L.(1753)〉[263]

쑥갓이라는 이름은 옛이름에서 비롯한 것으로 쑥과 갓을 닮았다는 뜻에서 유래했다.[264] 지중해 원산의 채소로 세계 각지에서 오랫동안 재배해왔다. 조선 초기 문헌에 이름이 보이는 것에 비추어 우리나라에는 고려 시대에 도입된 것으로 보인다.[265] 『산림경제』는 '艾芥'(애개)를, 『명물기략』은 쑥과 갓이라는 뜻으로 '蒿芥'(호개)를 기록해 쑥갓의 유래를 뒷받침하고 있다.

속명 *Chrysanthemum*은 고대 그리스명 *chrysanthemon*에서 유래한 것인데 *chrysos*(황금)와 *anthemon*(꽃)의 합성어로 황금색 꽃이 피는 머리모양꽃차례 때문에 붙여졌으며 국화속을 일컫는다.[266] 종소명 *coronarium*은 '꽃부리의, 덧꽃부리가 있는'이라는 뜻이다.

옛이름 苘荣(태종실록, 1416), 苘蒿/동고치(역어유해, 1690), 艾芥/뿍갓(산림경제, 1715), 苘蒿/뿍갓(물보, 1802), 苘蒿/뿍갓(광재물보, 19세기 초), 苘蒿(여유당전서, 19세기 초), 苘蒿/쑥갓/蒿菊(물명고, 1824), 쑥갓/(艸肅)芥(동언고, 1836), 苘蒿/蓬蒿(임원경제지, 1842), 同蒿/艾芥/高麗菊/쑥갓(오주연문장전산고, 185?), 蒿芥/호기/쑥곳(명물기략, 1870), 쑥갓(한불자전, 1880), 蔞蘩/쑥갓(박물신서, 19세기)[267]

중국/일본명 중국명 苘蒿(tong hao)는 쑥갓을 나타나는 한자 苘(동)에 쑥을 의미하는 한자 蒿(호)가 합쳐진 것이다. 일본명 シユンギク(春菊)는 봄에 새싹을 식용하고 국화(キク)를 닮았다는 뜻이다.

참고 [북한명] 쑥갓 [유사어] 동호(苘蒿) [지방명] 쑥가(경남), 쑥갇/쑥과(황해)

---

263 '국가표준식물목록'(2018), '중국식물지'(2018) 및 '세계식물목록'(2018)은 쑥갓의 학명을 *Glebionis coronaria* (L.) Cass. ex Spach(1999)로 기재하고 있으나, 『장진성 식물목록』(2014)은 본문의 학명을 정명으로 기재하고 있다.

264 이러한 견해로 한태호 외(2006), p.44 참조.

265 이에 대해서는 한국학중앙연구원, '한국민족문화대백과' 중 '쑥갓' 참조.

266 '국가표준식물목록'(2018)은 *Chrysanthemum*을 '쑥갓속', *Dendranthema*를 '바위구절초속'으로 기재하고 *Glebionis*에 대해서는 국명을 기재하지 않고 있으며, 『한국속식물지』(2018)는 *Chrysanthemum*을 '산국속(국화속)', *Glebionis*를 '쑥갓속'으로 기재하고 *Dendranthema*는 별도 분류하지 않는다. 이와 같이 분류와 국명에 대한 논란이 있으므로 이 책은 국명의 혼란을 피하기 위해 잠정적으로 *Chrysanthemum*을 '국화속', *Glebionis*를 '쑥갓속', *Dendranthema*를 '산국속'으로 적는다.

267 『조선어사전』(1920)은 '쑥갓, 苘蒿(동호), 春菊'을 기록했으며 『조선식물명휘』(1922)는 '苘蒿, 蓬蒿, 쑥갓(食)'을, 『토명대조선만식물자휘』(1932)는 '[同蒿]동호, [苘蒿荣]동호치, [쑥갓]'을, 『선명대화명지부』(1934)는 '쑥갓(쌋)'을 기록했다.

Chrysanthemum indicum *Linné*　ハマカンギク　甘菊
Gamgug　감국

감국〈*Dendranthema indicum* (L.) Des Moul.(1855)〉

감국이라는 이름은 한자명 '甘菊'(감국)에서 유래한 것으로, 약재나 먹거리로 이용할 때에 맛이 달다는 뜻에서 붙여졌다.[268] 중국의 『본초강목』은 "野菊爲薏 菊甘薏苦"(야국은 '의'라고 하는데 국화는 달고 야국은 쓰다)라고 했고, 우리나라의 『동의보감』도 "野菊爲薏 菊甘而薏苦 甘菊延齡 野菊瀉人 花小氣烈 莖靑者 爲野菊"(산국은 '의'라고도 한다. 감국은 달고 산국은 쓰다. 감국은 수명을 연장시키지만 산국은 사람의 기운을 빠지게 한다. 꽃이 작고 향이 강하며 줄기가 파란 것이 산국이다)이라고 기록했다. 일제강점기에 저술된 『조선식물명휘』와 『토명대조선만식물자휘』는 학명과 국명을 혼란스럽게 기록했으나, 일제강점기에 약용식물을 조사·기록한 『조선산야생약용식물』은 당시 대

구, 대전 및 평양 약재시장에서 실제 거래되는 종을 기준으로 *C. indicum*에 대해 '甘菊, 감국'을 기록해 옛 문헌과 일치하는 국명이 확립되었으며 『조선식물향명집』은 이를 계승해 현재에 이르고 있다.[269] 한편 옛이름으로 '강성황'(강정항 또는 강성)이라는 한글명이 기록되었으나 그 정확한 뜻이나 유래는 확인되지 않는다.

　속명 *Dendranthema*는 그리스어 *dendron*(나무)과 *anthemon*(꽃)의 합성어로 다년생 초본을 포함하고 있는 산국속을 일컫는다. 종소명 *indicum*은 '인도의'라는 뜻으로 발견지 또는 분포지를 나타낸다.

다른이름　감국(정태현 외, 1936), 섬감국(박만규, 1949), 국화(정태현, 1956), 황국(안학수·이춘녕, 1963), 들국화(한진건 외, 1982), 꽃감국(김현삼 외, 1988)

옛이름　甘菊(목은집, 1404), 甘菊花(향약집성방, 1433), 甘菊(세종실록지리지, 1454),[270] 甘菊(동문선, 1478), 甘菊/감국(언해두창집요, 1608), 甘菊花/강성황(동의보감, 1613), 甘菊花(성소부부고, 1613), 甘菊(승정원일기, 1626), 甘菊(의림촬요, 1635), 甘菊/강성황(사의경험방, 17세기), 甘菊/강정항(산림경제, 1715), 甘菊花(광제비급, 1790), 菊花/강성황(제중신편, 1799), 江城黃(백운필, 1803), 甘菊/구화(광재물보, 19세기 초), 甘菊(물명고, 1824), 甘菊/早開黃(오주연문장전산고, 185?), 菊花/감국(의종손익, 1868), 菊花/국화/甘

---

268 이러한 견해로 이우철(2005), p.40; 한태호 외(2006), p.57; 김병기(2013), p.359; 권순경(2016.2.3.); 김종원(2016), p.451 참조.
269 한편 이덕봉(1937), p.11은 『조선식물향명집』의 '감국'이 『방약합편』(1884)에 따른 것임을 기록했다.
270 『세종실록지리지』(1454)는 甘菊(감국)을 전국의 각 지역에서 재배하는 약재로 소개했다.

菊/강국(명물기략, 1870), 菊花/감국(방약합편, 1884), 감국화/甘菊花(청규박물지, 19세기), 甘菊/감국(일용비람기, 연대미상), 감국(유일록, 1902), 甘菊花(수세비결, 1929)[271]

중국/일본명 중국명 野菊(ye ju)는 들에서 자라는 국화 종류[菊: Chrysanthemum(국화속)의 중국명]라는 뜻이다. 일본명 ハマカンギク(浜寒菊)는 해변가에서 자라고 늦가을에 피는 국화(キク)라는 뜻이다.

참고 [북한명] 감국 [유사어] 감국화(甘菊花), 국화(菊花), 황국(黄菊) [지방명] 가을국화/들국화(경기), 국화(경상), 국화/들국화/산국화/쑥국화(전남), 가을국화/단국화(전북), 들국화(제주), 국화(충북)

Chrysanthemum lavandulaefolium *Makino* アブラギク
Sangug 산국 山菊

산국⟨*Dendranthema boreale* (Makino) Ling ex Kitam.(1978)⟩

산국이라는 이름은 한자명 '山菊'(산국)에서 유래한 것으로, 산에서 자라는 국화라는 뜻에서 붙여졌다.[272] '苦薏'(고의) 또는 '野菊'(야국)이라고도 했다. 약용하거나 식용할 때 감국은 달고 산국은 쓴 것에서 서로 대비되어왔다. 조선 초기에 저술된 『향약집성방』은 "一種 靑莖而大作蒿艾 氣味苦 不堪食者 名 苦薏 非眞 其華正相似 唯以味苦甘 別之爾"(국화 중 다른 한 가지는 줄기가 푸르고 굵으며 쑥의 냄새가 나고 맛이 써서 먹지 못하는데 이것을 고의라 하니 진품이 아니다. 이 두 종류는 꽃이 매우 비슷하지만 하나는 맛이 쓰고 나머지는 달아서 구별할 수 있다)라고 기록했다. 국화의 옛이름 '구화'에 맞추어 산국을 '산구화'로 일컫은 옛 기록도 보인다.

속명 *Dendranthema*는 그리스어 *dendron*(나무)과 *anthemon*(꽃)의 합성어로 다년생 초본을 포함하고 있는 산국속을 일컫는다. 종소명 *boreale*는 '북방의, 북방계의'라는 뜻이다.

다른이름 개국화/광이쑥/댕댕이쑥(정태현 외, 1936), 산국화(이창복, 1947), 감국(박만규, 1949), 들국(안학수·이춘녕, 1963), 기린국화(리종오, 1964), 나도개국화(한진건 외, 1982)

옛이름 野菊(목은집, 1404), 苦薏/野菊(향약집성방, 1433), 野菊(언해구급방, 1608), 苦薏/野菊(동의보감,

271 『조선한방약료식물조사서』(1917)는 '감성화, 감국, 甘菊'을 기록했으며 『조선어사전』(1920)은 '甘菊(감국), 강성화'를, 『조선식물명휘』(1922)는 C. indicum에 대해 '黃國, 野菊, 苦薏'를, C. indicum var. lavandulaefolium에 대해 '山菊, 甘菊花, 산국, 강섬화, 감국'을, 『토명대조선만식물자휘』(1932)는 C. boreale(산국)에 대해 '[甘菊(花)]감국(화), [강성화]'를, C. sibiricum에 대해 '[薏菊(花)]의국(화), [山菊(花)]산(ㅅ)국(화)'를 기록했다.
272 이러한 견해로 이우철(2005), p.305; 이유미(2013), p.471; 김병기(2013), p.359; 김종원(2013), p.790 참조.

1613), 山菊(의림촬요, 1635), 野菊花/들국화(사의경험방, 17세기), 野菊/산구화/苦薏(재물보, 1798), 野菊/산구화/苦薏(광재물보, 19세기 초), 野菊/산구화/苦薏(물명고, 1824), 野菊(의종손익, 1868), 野菊/야국/苦薏(명물기략, 1870), 苦薏/野菊(수세비결, 1929), 苦薏(선한약물학, 1931)[273]

중국/일본명 중국명 甘菊(gan ju)는 단맛이 나는 국화라는 뜻인데, 중국은 우리의 산국을 甘菊(감국)으로, 감국을 野菊(야국)으로 일컫고 있어 명칭이 상반된다. 일본명 アブラギク(油菊)는 꽃에서 기름을 짜는 국화(キク)라는 뜻이다.

참고 [북한명] 산국/기린국화[274] [유사어] 고의(苦薏), 야국(野菊), 야국화(野菊花) [지방명] 구월국화/국화/산국주(강원), 가을국화/감국/국화/들국화/소국(경기), 국화(경남), 들국화(경북), 국화/들국화/쑥국화(전남), 가을국화/들국화(전북), 국화/들국화(충남), 산국화(충북)

○ Chrysanthemum Pallasianum *Komarov*　イハインチン
Sol-injin　솔인진

솔인진〈*Ajania pallasiana* (Fisch. ex Besser) Poljakov(1955)〉

솔인진이라는 이름은 '솔'과 '인진'의 합성어로, 잎이 소나무처럼 갈라지고 인진호(茵蔯蒿: 더위지기)를 닮았다는 뜻에서 붙여진 것으로 추정한다. 잎이 깃모양으로 갈라지며 열편은 선형이다. 『조선식물향명집』에서 전통 명칭 '인진'(인진호)을 기본으로 하고 식물의 형태적 특징을 나타내는 '솔'을 추가해 신칭했다.[275]

　속명 *Ajania*는 중동 아잔(Ajan) 지역에서 유래한 식물이라는 뜻으로 솔인진속을 일컫는다. 종소명 *pallasiana*는 독일 자연사학자 Peter Simon Pallas(1741~1811)의 이름에서 유래했다.

다른이름 바위쑥아재비(안학수·이춘녕, 1963), 바위인진(리용재 외, 2011)

중국/일본명 중국명 亜菊(ya ju)는 아시아에 분포하는 국화(菊)라는 뜻인데 속명에서 유래한 것으로 보인다. 일본명 イハインチン(岩茵蔯)은 바위에 자라는 인진호(インチン)라는 뜻이지만 일본에 분포하지 않는 것으로 보인다.

참고 [북한명] 솔인진

<hr>

273 『제주도및완도식물조사보고서』(1914)는 'トゥルックヮ'[드룻구와]를 기록했으며 『조선어사전』(1920)은 '山菊(산국), 野菊(야국), 산(山)구화(花)'를, 『조선식물명휘』(1922)는 C. indicum에 대해 '黃國, 野菊, 苦薏'를 C. indicum var. lavandulaefolium에 대해 '山菊, 甘菊花, 산국, 강성화, 감국(藥)'을, 『토명대조선만식물자휘』(1932)는 C. boreale(산국의 학명)에 대해 '[甘菊(花)]감국(화), [강성화]'를, C. sibiricum에 대해 '[薏菊(花)]의국(화), [山菊(花)]산(ㅅ)국(화)'를, 『선명대화명지부』(1934)는 '산국, 감국(굿), 강성화, 장성화'를 기록했다.

274 북한에서는 C. lavandulaefolium을 '산국'으로, C. boreale를 '기린국화'로 하여 별도 분류하고 있다. 이에 대해서는 리용재 외(2011), p.92 참조.

275 이에 대해서는 『조선식물향명집』, 색인 p.41과 이덕봉(1937), p.12 참조.

Chrysanthemum roseum *Web. et Mohr*　アカバナムシヨケギク
Bulgŭn-jechŭnggug　붉은제충국

『조선식물향명집』은 붉은제충국을 별도 분류했으나, '국가표준식물목록'(2018), 『장진성 식물목록』(2014) 및 이우철(2005)은 이를 별도 분류하지 않으므로 이 책도 이에 따른다.

○ Chrysanthemum sibiricum *Fischer*　シベリアノギク
Gujŏlcho　구절초　九折草

구절초〈*Dendranthema naktongense* (Nakai) Tzvelev(1961)〉[276]

구절초라는 이름은 한자명 '九節草'(구절초)에서 유래한 것으로, 중양절(음력 9월 9일)이 되면 마디가 9개가 된다는 뜻에서 붙여졌다.[277] 어린잎을 나물로 먹거나 줄기잎을 약용했다.[278] 19세기 중반에 저술된 『오주연문장전산고』는 "九節草 一名九節蒿 莖如蓬 細而長 五月五日採 則莖五節 九月九日採 則莖九節"(구절초는 달리 구절호라고도 하는데 줄기가 쑥과 같고 가늘고 길다. 5월 5일에 채취하는 것은 줄기가 5마디이고 9월 9일에 채취하는 것은 줄기가 9마디이다)이라고 기록해 그 유래를 설명했다. 9개의 마디로 잘라진다는 뜻으로 '九折草'(구절초)를 기록한 문헌도 발견된다.

　속명 *Dendranthema*는 그리스어 *dendron*(나무)과 *anthemon*(꽃)의 합성어로 다년생 초본을 포함하고 있는 산국속을 일컫는다. 종소명 *naktongense*는 '낙동강에 분포하는'이라는 뜻으로 발견지 또는 분포지를 나타낸다.

다른이름　구절초(정태현 외, 1936), 산구절초(박만규, 1949), 선모초(안학수·이춘녕, 1963), 서흥구절초(이창복, 1969b), 큰구절초(박만규, 1974), 낙동구절초/넓은잎구절초/서흥넓은잎구절초(이영노, 1996),

---

276 '국가표준식물목록'(2018)은 구절초의 학명을 *Dendranthema zawadskii* var. *latilobum* (Maxim.) Kitam.(1978)으로 기재하고 있으나, 『장진성 식물목록』(2014)은 본문의 학명을 정명으로 기재하고 있다.

277 이러한 견해로 이우철(2005), p.91; 이상희(2004a), p.218; 허북구·박석근(2008a), p.39; 이유미(2013), p.453; 김병기(2013), p.350; 김종원(2013), p.792 참조. 한편 김종원은 『목은집』(1404)에 실린 시어 중 '野菊'(야국)이 구절초라고 주장하고 있다. 『목은집』의 시에 '重陽節'(중양절)이 언급된 것을 근거로 삼는 것으로 보이지만 중양절에 술에 국화 잎을 띄워 장수를 기원하는 풍속은 중국에서 유래한 것으로, 이때 菊(국)은 국화 종류를 총칭하는 것이므로 중양절이 언급되었다는 이유만으로 野菊(야국)을 구절초로 보기는 어렵다.

278 이에 대해서는 『조선산야생약용식물』(1936), p.232와 『한국의 민속식물』(2017), p.1161 참조.

들국화(김종원, 2013)

옛이름 九折草(재물보, 1798), 九折草/구절초(광재물보, 19세기 초), 九折草(물명고, 1824), 九節草(송남잡지, 1855), 九節草/九節蒿(오주연문장전산고, 185?), 九節草(의휘, 1871), 구절초/九節草(한불자전, 1880), 九節草(하재일기, 1891)[279]

중국/일본명 중국명 紫花野菊(zi hua ye ju)는 자색 꽃이 피는 야국(野菊: 감국의 중국명)이라는 뜻이다. 일본명 シベリアノギク(-菊)는 시베리아에 분포하는 국화(キク)라는 뜻이다.

참고 [북한명] 구절초 [유사어] 구절호(九節蒿) [지방명] 가을국화/국화/들국화/서리국화(강원), 고봉/국화(경기), 구질뽕/들국화(경남), 구구초/구들초/국화꽃/들국화/백들국화/산모초/상제닢/선모초/선모추/설모초/섬모초/저슬사리/참모초(전남), 국화/선모초(전북), 알리(제주), 가을국화/구걸초/구열초/구엽초/구일초/들국화/산국화(충남)

○ Chrysanthemum sibiricum *Fischer* var. acutilobum *De Candolle* テウセンヤマギク
San-gujŏlcho 산구절초

산구절초〈*Dendranthema zawadskii* (Herb.) Tzvelev(1961)〉

산구절초라는 이름은 산에서 자라는 구절초라는 뜻으로, 구절초에 비해 상대적으로 높은 지대에서 자란다는 뜻에서 붙여졌다.[280] 『조선식물향명집』에서 전통 명칭 '구절초'를 기본으로 하고 식물의 산지(産地)를 나타내는 '산'을 추가해 신칭했다.[281]

속명 *Dendranthema*는 그리스어 *dendron*(나무)과 *anthemon*(꽃)의 합성어로 다년생 초본을 포함하고 있는 산국속을 일컫는다. 종소명 *zawadskii*는 헝가리 생물학자 Aleksander (Jan Antoni) Zawadski(1798~1868)의 이름에서 유래했다.

다른이름 구절초(정태현 외, 1937), 선모초(안학수·이춘녕, 1963), 한라구절초(이창복, 1969b)

중국/일본명 중국명 紫花野菊(zi hua ye ju)는 자색 꽃이 피는 야국(野菊: 감국의 중국명)이라는 뜻으로 '중국식물지'는 구절초와 구분하지 않는다. 일본명 テウセンヤマギク(朝鮮山菊)는 한반도에 서식하는 산국 종류(ヤマギク)라는 뜻이다.

참고 [북한명] 산구절초 [지방명] 구절초(충북)

---

279 『조선한방약료식물조사서』(1917)는 '九折草'를 기록했으며 『조선어사전』(1920)은 '九節草(구절초)'를, Crane(1931)은 '들국화, 野菊花'를 『토명대조선만식물자휘』(1932)는 *Chrysanthemum sibiricum*에 대해 '[薏菊(花)]의국(화), [山菊(花)]산(ㅅ)국(화)'을, *Erigeron acris* var. *manshurica*에 대해 '[苦蓬]고쑝, [九節草]구절초, [창다구이]'를 기록했다.
280 이러한 견해로 이우철(2005), p.305와 김종원(2013), p.792 참조.
281 이에 대해서는 『조선식물향명집』, 색인 p.39와 이덕봉(1937), p.12 참조.

○ Chrysanthemum sibiricum *Fischer* var. alpinum *Nakai*　テウセンイハギク
Bawe-gujŏlcho　바위구절초

바위구절초〈*Dendranthema oreastrum* (Hance) Y.Ling(1980)〉[282]

바위구절초라는 이름은 높은 산의 바위 사이에서 자라는 구절초라는 뜻에서 붙여졌다.[283] 강원도 이북의 높은 산지에 분포하는 여러해살이풀이다. 『조선식물향명집』에서 전통 명칭 '구절초'를 기본으로 하고 식물의 산지(産地)를 나타내는 '바위'를 추가해 신칭했다.[284]

속명 *Dendranthema*는 그리스어 *dendron*(나무)과 *anthemon*(꽃)의 합성어로 다년생 초본을 포함하고 있는 산국속을 일컫는다. 종소명 *oreastrum*은 그리스어 *oresteros*에서 유래한 것으로 '산의, 산에 서식하는'이라는 뜻이다.

다른이름　산구절초(박만규, 1974)

중국/일본명　중국명 小山菊(xiao shan ju)는 키가 작고 산에서 자라는 국화(菊)라는 뜻이다. 일본명 テウセンイハギク(朝鮮岩菊)는 한반도(조선)에 분포하고 바위에서 자라는 국화 종류(キク)라는 뜻이다.

참고　[북한명] 바위구절초[285]

Chrysanthemum sinense *Sab.*　キク　菊　(栽)
Gughwa　국화

국화〈*Chrysanthemum morifolium* Ramat.(1792)〉[286]

국화라는 이름은 한자명 '菊花'(국화)에서 유래했다.[287] 옛 문헌에는 '구화'로 기록되기도 했다. 국화는 매화·난초·대나무와 함께 일찍부터 사군자(四君子)의 하나로 일컬어졌으며, 날씨가 추워진 가을에 서리를 맞으면서 홀로 피는 모습에서 고고한 기품과 절개를 지키는 군자의 모습을 연상했다. 중국 원산으로 고려 가요 「동동」에 나오는 9월에 먹는 '黃花'(황화)라는 표현에 비추어 고려 시대에는 국내에 도입된 것으로 보인다. 조선 초기에 저술된 『양화소록』은 국화의 재배법과 20종이

282 '국가표준식물목록'(2018)은 바위구절초의 학명을 *Dendranthema sichotense* Tzvelev(1961)로 기재하고 있으나, 『장진성 식물목록』(2014)과 '세계식물목록'(2018)은 본문의 학명을 정명으로 기재하고 있다.

283 이러한 견해로 이우철(2005), p.255 참조.

284 이에 대해서는 『조선식물향명집』, 색인 p.37과 이덕봉(1937), p.12 참조.

285 북한에서 임록재 외(1996)는 '바위구절초'를 별도 분류하고 있으나 리용재 외(2011)는 이를 별도 분류하고 있지 않으므로 주의가 필요하다. 이에 대해서는 리용재 외(2011), p.91 참조.

286 '국가표준식물목록'(2018)은 학명을 본문과 같이 기재하고 있으나, 『장진성 식물목록』(2014)은 이를 별도 분류하고 있지 않으므로 주의가 필요하다.

287 이러한 견해로 이우철(2005), p.91과 한태호 외(2006), p.65 참조.

넘는 재배품종이 있었음을 기록했다.

속명 *Chrysanthemum*은 고대 그리스명 *chrysanthemon*에서 유래한 것인데 *chrysos*(황금)와 *anthemon*(꽃)의 합성어로 황금색 꽃이 피는 머리모양꽃차례 때문에 붙여졌으며 국화속을 일컫는다. 종소명 *morifolium*은 *Morus*(뽕나무속)와 잎이 비슷하다는 뜻에서 유래했다.

옛이름 菊花(양화소록, 1474), 黃花(악학궤범, 1493), 菊/구화(훈몽자회, 1527), 菊/구화(백련초회, 1576), 菊/구화(신증유합, 1576), 菊/구화(언해두창집요, 1608), 菊花/구화(동의보감, 1613), 菊/국화(방언집석, 1778), 菊花/국화(왜어유해, 1782), 菊/구화(재물보, 1798), 菊/구화(물보, 1802), 국화(규합총서, 1809), 鞠/菊/구화/女華(물명고, 1824), 菊/국화/黃華/秋華(자류주석, 1856), 菊花/국화/강국(명물기략, 1870), 국화/菊花(한불자전, 1880), 국화/菊花(한영자전, 1890), 菊花/국화(일용비람기, 연대미상), 菊/국화(아학편, 1908), 菊/鞠/국화(자전석요, 1909), 菊花/국화(선한약물학, 1931), 국화섯(조선구전민요집, 1933)[288]

중국/일본명 중국명 菊花(ju hua)는 작은 꽃들이 모여 있는 모양을 형상화한 '菊'(국)과 '花'(화)의 합성어이며, 예로부터 재배하던 국화들은 다양한 이름으로 불렸다. 일본명 キク(菊)는 한자 '菊'(국)을 음독한 것이다.

참고 [북한명] 국화 [유사어] 국(鞠/菊), 여화(女華) [지방명] 국하(경남)

○ Cirsium coreanum *Nakai*　テウセンヤナギアザミ
Goryŏ-ŏnggŏngkwe　고려엉겅퀴

고려엉겅퀴〈*Cirsium setidens* (Dunn) Nakai(1920)〉

고려엉겅퀴라는 이름은 고려(한국)에서 나는 특산 엉겅퀴라는 뜻에서 붙여졌다.[289] 잎이 넓고 커서 예부터 어린잎을 식용했다.[290] 강원도에서는 '곤드레나물'이라고 하며, 어린잎을 쌀 위에 얹어 지은 밥을 곤드레나물밥이라고 한다. '곤드레나물'은 키가 커서 바람에 흔들거리는 모양이 술에 취해 '곤드레만드레'하는 것과 비슷해 보인다는 뜻에서 유래한 이름으로 추정한다.[291] 19세기 말에 저술된 『한불자전』은 '곤드래만드래ᄒᆞ다'라는 단어를 기록하면서 '곤드람이'를 'd'herbe potagère'(먹는 풀)라고 기록했는데 현재의 고려엉겅퀴를 일컬었을 가능성이 있다. 『조선식물향명집』에서 전통 명칭 '엉겅퀴'를 기본으로 하고 식물의 산지(産地)와 학명에 착안한 '고려'를 추가해

---

288 『지리산식물조사보고서』(1915)는 'くは'[구화]를 기록했으며 『조선어사전』(1920)은 '菊花(국화), 구화'를, 『조선식물명휘』(1922)는 '菊, 菊花, 국화(觀賞)'를, 『토명대조선만식물자휘』(1932)는 '[菊(花)]국화, [구화]'를, 『선명대화명지부』(1934)는 '국화'를 기록했다.

289 이러한 견해로 이우철(2005), p.75 참조.

290 이에 대해서는 『한국식물도감(하권 초본부)』(1956), p.697 참조.

291 이러한 견해로 김병기(2013), p.337 참조.

신칭했다.[292]

속명 *Cirsium*은 그리스어 *kirsion*에서 유래했는데 고대 의학자 디오스코리데스(Dioscorides)에 의하면 엉겅퀴의 한 종류로 *kirsos*(정맥류) 치유에 효과가 있다고 하여 붙여졌으며 엉겅퀴속을 일컫는다. 종소명 *setidens*는 '가시털 같은 톱니의'라는 뜻이며, 옛 종소명 *coreanum*은 '한국의'라는 뜻으로 한국 특산식물임을 나타낸다.

다른이름 구멍이/곤드래/소나물(정태현 외, 1942), 독깨비엉겅퀴 (박만규, 1949), 도깨비엉겅퀴(안학수·이춘녕, 1963)

옛이름 곤드람이(한불자전, 1880)

중국/일본명 중국에는 분포하지 않는 식물이다. 일본명 テフセン ヤナギアザミ(朝鮮柳薊)는 한반도에 분포하고 버드나무의 잎을 닮은 엉겅퀴 종류(アザミ)라는 뜻이다.

참고 [북한명] 고려엉겅퀴 [지방명] 곤도레/곤두래/곤드래/곤드레/곤들레/군두래(강원), 곤두레/곤드레(경기), 곤드레(경남), 건달래/고드래/고드레/고무이/곤달래/곤드래/곤드레/곤드레나물/곤드레딱지/곤드서리/곤들래/곰취/구멍이싹(경북), 곤드레(전남), 곤드래(전북), 곤드레/깨금달래(충북)

Cirsium lineare *Schultz*　ヤナギアザミ
Sol-ŏṅggóṅgkwe　솔엉겅퀴

버들잎엉겅퀴〈*Cirsium lineare* (Thunb.) Sch.Bip.(1847)〉

버들잎엉겅퀴라는 이름은 잎이 버드나무의 잎 모양인 엉겅퀴라는 뜻에서 유래했다.[293] 중앙부의 잎은 선형으로 가는 특징이 있다. 『조선식물향명집』에서는 전통 명칭 '엉겅퀴'를 기본으로 하고 식물의 형태적 특징과 학명에 착안한 '솔'을 추가해 '솔엉겅퀴'를 신칭했으나,[294] 『우리나라 식물명감』에서 '버들잎엉겅퀴'로 개칭해 현재에 이르고 있다.

속명 *Cirsium*은 그리스어 *kirsion*에서 유래했는데 고대 의학자 디오스코리데스(Dioscorides)에 의하면 엉겅퀴의 한 종류로 *kirsos*(정맥류) 치유에 효과가 있다고 하여 붙여졌으며 엉겅퀴속을 일컫는다. 종소명 *lineare*는 '선형의'라는 뜻으로 잎의 모양에서 유래했다.

다른이름 솔엉겅퀴(정태현 외, 1937), 솔엉겅귀(도봉섭 외, 1957), 넓은버들잎엉겅퀴(이창복, 1969b)

중국/일본명 중국명 线叶蓟(xian ye ji)는 선형의 잎을 가진 엉겅퀴(蓟)라는 뜻으로 학명과 같은 의미이

---

292 이에 대해서는 『조선식물향명집』, 색인 p.32와 이덕봉(1937), p.11 참조.
293 이러한 견해로 이우철(2005), p.271 참조.
294 이에 대해서는 『조선식물향명집』, 색인 p.41과 이덕봉(1937), p.11 참조.

다. 일본명 ヤナギアザミ(柳薊)는 버드나무의 잎을 닮은 엉겅퀴 종류(アザミ)라는 뜻이다.

참고 [북한명] 솔엉겅퀴

○ Cirsium Maackii *Maximowicz* カラノアザミ
Ŏnggŏngkwe 엉겅퀴

엉겅퀴〈*Cirsium japonicum* Fisch. ex DC. var. *maackii* (Maxim.) Matsum.(1912)〉

엉겅퀴라는 이름은 옛 이두식 차자(借字) 大居塞(한거식)가 어원으로, '한'(大)과 '거식'(刺)의 합성어이며 큰 가시가 있는 식물이라는 뜻에서 유래했다.[295] 한거식→항겻괴(항가싀)→항겻귀→엉겻귀→엉경퀴로 변화했다. 줄기와 잎 등에 가시가 많은 특징이 있으며, 전초를 약용하고 어린잎을 식용했다.[296] 한편 엉겅퀴와 가장 유사한 표현은 17세기에 저술된 『역어유해』에 기록된 '엉겻귀'인데 지혈작용을 하고 엉겅퀴와 항가새가 별도의 이름으로 여전히 현존하고 있는 점에 비추어 항가새와는 다른 뜻, 즉 '엉귀'(엉기다, 凝)와 '겻귀'(항겻귀의 '겻귀' 또는 한자어 '鬼薊')로 보고, 엉기는 식물 또는 엉기는 귀신풀의 뜻으로 해석하는 견해가 있다.[297] 그러나 엉기다의 옛 표현은 '얼의다'여서 '엉'과 직접 연결된다고 볼 수 없고,[298] 한거식와 엉겻귀의 중간에 등장한 표현인 '항겻괴'에 대해 『훈몽자회』에서도 그 의미를 대계(大薊)라고 명시하고 있으므로 엉겻귀도 한거식(또는 항겻괴)가 변한 말로 큰 가시가 있는 식물이라는 뜻으로 해석된다.

속명 *Cirsium*은 그리스어 *kirsion*에서 유래했는데 고대 의학자 디오스코리데스(Dioscorides)에 의하면 엉겅퀴의 한 종류로 *kirsos*(정맥류) 치유에 효과가 있다고 하여 붙여졌으며 엉겅퀴속을 일컫는다. 종소명 *japonicum*은 '일본의'라는 뜻이며, 변종명 *maackii*는 러시아 식물학자 Richard Otto Maack(1825~1886)의 이름에서 유래했다.

다른이름 엉겅퀴/가시나물(정태현 외, 1936), 항가새(정태현 외, 1949), 가시엉겅퀴(정태현, 1956)

옛이름 大薊/大居塞(향약채취월령, 1431), 大薊/大居塞(향약집성방, 1433),[299] 大薊草(세종실록지리지, 1454), 大薊/한거식(구급간이방언해, 1489), 薊/항겻괴(사성통해, 1517), 大薊/항겻괴/野紅花(훈몽자회, 1527), 大薊/大居塞/큰거식(촌가구급방, 1538), 大薊/항가싀(동의보감, 1613), 野紅花/엉겻귀(역어유해, 1690), 大薊/엉경퀴(재물보, 1798), 大薊/薊/엉경퀴(광재물보, 19세기 초), 大薊/엉경퀴/山牛蒡/虎薊(물명고, 1824), 大薊/항가싀(의종손익, 1868), 엉겅퀴(한불자전, 1880), 大薊/항가싀(방약합편, 1884), 大薊/항

---

295 이러한 견해로 백문식(2014), p.381; 손병태(1996), p.23; 장충덕(2007), pp.583-600; 김종원(2013), p.212 참조.
296 이에 대해서는 『조선산야생약용식물』(1936), p.233과 『조선산야생식용식물』(1942), p.206 참조.
297 이러한 견해로 손병태(1996), p.23; 이유미(2013), p.382; 임소연(2007.7.11.); 권순경(2015.7.15.); 김병기(2013), p.384 참조.
298 『구급방언해』(1466)는 '얼의피(凝血)'라고 기록해 '얼의다'가 어원임을 알 수 있다.
299 『향약집성방』(1433)의 차자(借字) '大居塞'(대거새)에 대해 남풍현(1999), p.177은 '한거식'의 표기로 보고 있다.

가씨(선한약물학, 1931), 엉경귀(조선구전민요집, 1933), 엉경퀴/항가새(조선어표준말모음, 1936)[300]

중국/일본명 '중국식물지'는 개엉경퀴[*Cirsium japonicum* (Thunb.) Fisch. ex DC.(1838)]를 薊(ji)로 기재하고 있는데, 상투처럼 생긴 꽃의 모양에서 유래한 것이며 가시가 있는 식물을 뜻하기도 한다.[301] 일본명 カラノアザミ(唐野薊)는 중국에 분포하고 들에서 자라는 엉경퀴 종류(アザミ)라는 뜻으로, アザミ에 대해서는 여러 견해가 있는데 오키나와(沖繩) 방언으로 가시가 있는 식물이라는 뜻으로 보는 설이 유력하다.

참고 [북한명] 엉경퀴 [유사어] 귀계(鬼薊), 대계(大薊), 대계채(大薊菜), 산우방(山牛蒡), 야홍화(野紅花) [지방명] 개엉거새이/엉갱치/엉거새/엉거새이/엉거생이/엉거생이/엉거셍이/엉거시/엉경개이/엉경쿠/엉구때이/엉구새이/엉그생이/엉금치/참엉그새이(강원), 건근초/까지나물/엉강추/엉경지/엉경추/엉경취/엉경쿠/한강추(경기), 씨청구/앙가구/언더꾸/언더꿍/언버꾸/엉거꾸/엉거쿠/엉경꾸/엉경추/엉경쿠/엉구께/엉궁께/엉더꾸/엉덕구/엉덩구/엉덩퀴/엉방꿔/은더꾸/은바쿠/은버꾸/응개쿠/한가꾸/한가꾸뿌리/한강꾸/한강쿠/한얀가꾸/항가꾸/항갈쿠(경남), 엉거생이/엉거시/엉거구/엉걸퀴/엉경구/엉경구나물/엉경꾸/엉경쿠/은버꾹/지천굿대/참엉거꾸/참엉거생이(경북), 상가쿠/얼캥이/엉갈쿠/엉경풀/한가꾸/한가쿠/한갈쿠/한갈퀴/한갓쿠/한강쿠/항가꾸/항가쿠/항가퀴/항가키/항갈쿠/항갈퀴/향가꾸/황갈쿠(전남), 엉거꾸/엉경구/엉경꾸/엉경쿠/우슬뿌리/한가구/한가꾸/한가쿠/한갈쿠/한갈퀴/한갓꾹/항가꾸/항가쿠/항갈쿠/항강쿠(전북), 가시소앵이/소앙이/소앵이/소양이/소엥이/소엥이풀/소왕가시/소왕이/소웽이/소윙이/소웽이/쇠왕이/쇠윙이/왕소앵이/왕소왕이/왕소웽이/참소앙이/참소앵이/참소왕이/참소웽이/촘소웽이/촘수엥이/츰소왕이/츰소웽이/츰소윙이/한갑(제주), 엉경꾸/엉경쿠/한강수/한강수쿠기/한강초/한강취/한강쿠(충남), 개엉경퀴/엉경구/엉경귀/엉경키/엉그래(충북), 가시풀/삼바때(함북)

⊗ Cirsium Rhinoceros *Nakai*   ハリアザミ
Banŭl-ŏṅggŏṅgkwe   바늘엉경퀴

바늘엉경퀴〈*Cirsium rhinoceros* (H.Lév. & Vaniot) Nakai(1912)〉
바늘엉경퀴라는 이름은 잎에 바늘과 같이 생긴 가시가 많아서 붙여졌다.[302] 총포조각이 바늘모양

300 『지리산식물조사보고서』(1915)는 'はんがく'[항가꾸]를 기록했으며 『조선한방약료식물조사서』(1917)는 '조방가시, 小薊'를, 『조선의 구황식물』(1919)은 '졸빙이(咸北), 잠수풀(江原), 소왕이풀(濟州), 엉경키(水原 其他), 쇼케, 항강귀, 수박풀(濟州), 小薊'를, 『조선어사전』(1920)은 '大薊(대계), 野紅花(야홍화), 항가새, 엉경퀴'를, 『조선식물명휘』(1922)는 '大薊, 소계, 엉경키[색인에는 엉경귀](救)'를, Crane(1931)은 '엉경퀴'를, 『토명대조선만식물자휘』(1932)는 '[小薊]쇼계, [刺薊]즈계, [조방가새]를, 『선명대화명지부』(1934)는 '수박풀, 엉거귀, 쇼케'를, 『조선의산과와산채』(1935)는 '薊, 엉경취'를 기록했다.
301 중국의 『본초강목』(1596)은 '薊猶髻也 其花如髻也'(계는 상투이고, 그 꽃이 상투와 같다)라고 기록했다.
302 이러한 견해로 이우철(2005), p.254 참조.

으로 발달하는 특징이 있다. 『조선식물향명집』에서 전통 명칭 '엉겅퀴'를 기본으로 하고 식물의 형태적 특징을 나타내는 '바늘'을 추가해 신칭했다.[303]

속명 Cirsium은 그리스어 kirsion에서 유래했는데 고대 의학자 디오스코리데스(Dioscorides)에 의하면 엉겅퀴의 한 종류로 kirsos(정맥류) 치유에 효과가 있다고 하여 붙여졌으며 엉겅퀴속을 일컫는다. 종소명 rhinoceros는 '코뿔소의'라는 뜻으로 큰 포를 가진 식물체의 모양이 코뿔소를 연상시킨다고 하여 붙여졌다.

다른이름 바늘엉겅퀴(박만규, 1949), 탐라엉겅퀴(안학수·이춘녕, 1963)

중국/일본명 중국에는 분포하지 않는 것으로 보인다. 일본명 ハリアザミ(針薊)는 잎이 바늘모양인 엉겅퀴 종류(アザミ)라는 뜻이다.

참고 [북한명] 바늘엉겅퀴 [유사어] 대계(大薊) [지방명] 가시소엥이(제주)

Cirsium Schanterense *Trautvetter et Meyer* テウセンキセルアザミ
Doggaebi-ónggóngkwe 도깨비엉겅퀴

도깨비엉겅퀴〈*Cirsium schantarense* Trautv. & C.A.Mey.(1856)〉

도깨비엉겅퀴라는 이름은 식물체가 크고 가시가 많은 것을 도깨비에 비유해 붙여졌다.[304] 머리모양꽃차례가 밑으로 처지는 특징이 있으며, 어린잎을 식용했다.[305] 『조선식물향명집』에서 전통 명칭 '엉겅퀴'를 기본으로 하고 식물의 형태적 특징을 나타내는 '도깨비'를 추가해 신칭했다.[306]

속명 Cirsium은 그리스어 kirsion에서 유래했는데 고대 의학자 디오스코리데스(Dioscorides)에 의하면 엉겅퀴의 한 종류로 kirsos(정맥류) 치유에 효과가 있다고 하여 붙여졌으며 엉겅퀴속을 일컫는다. 종소명 schantarense는 '(러시아 동부) 샨타르스키예 제도(Shantarskiye ostrova)의'라는 뜻으로 발견지 또는 분포지를 나타낸다.

다른이름 큰엉겅퀴/부전엉겅퀴(박만규, 1949), 수그린엉겅퀴(안학수·이춘녕, 1963), 거친엉겅퀴(임록재 외, 1972)

중국/일본명 중국명 林薊(lin ji)는 숲속에서 자라는 엉겅퀴(薊)라는 뜻이다. 일본명 テウセンキセルアザミ(朝鮮煙管薊)는 한반도에 분포하고 담뱃대를 닮은 엉겅퀴 종류(アザミ)라는 뜻이다.

참고 [북한명] 거친엉겅퀴

---

303 이에 대해서는 『조선식물향명집』, 색인 p.37과 이덕봉(1937), p.11 참조.
304 이러한 견해로 이우철(2005), p.179 참조.
305 이에 대해서는 『한국식물도감(하권 초본부)』(1956), p.697 참조.
306 이에 대해서는 『조선식물향명집』, 색인 p.35와 이덕봉(1937), p.11 참조.

○ Cirsium segetum *Bunge*　アレチアザミ
Jobaengi　조뱅이

조뱅이〈*Breea segeta* (Bunge) Kitam.(1959)〉

조뱅이라는 이름은 엉겅퀴에 큰 가시가 있다고 하여 한자로 大薊(대계)라 하면서 그 향명을 大居塞(한거식)라 한 것에 대응하여, 조그마한 가시가 있다고 하여 小薊(소계)라 하면서 그 향명을 曹方居塞(조방거식)라 한 것에서 유래했다.[307] 조방거식에서 '조방'은 작다(小)는 뜻이고, '거식'는 가시(刺)라는 뜻이다.[308] 이후 조방거식→조방가시→조방이(죠방이)→조뱅이로 변화했다.『조선식물향명집』은 옛 문헌에 기록되어 실제 사용했던 '조뱅이'로 기록해 현재에 이르고 있다.

　속명 *Breea*는 영국 식물학자이자 신학자인 William Thomas Bree(1787~1863)의 이름에서 유래했으며 조뱅이속을 일컫는다. 종소명 *segeta*는 '경작지의'라는 뜻이다.

다른이름　조바리(정태현 외, 1936), 사라귀(정태현 외, 1942), 지칭개(박만규, 1949), 자라귀(정태현 외, 1949), 조병이(안학수·이춘녕, 1963), 자리귀(이영노, 1996)

옛이름　小薊/曹方居塞(향약채취월령, 1431), 小薊/曹方居塞(향약집성방, 1433),[309] 小薊草(세종실록지리지, 1454), 小薊/조방거식/조방이(구급간이방언해, 1489), 小薊/조방이/野紅花(사성통해, 1517), 小薊/조방이/野紅花(훈몽자회, 1527), 小薊/羅邑居塞/납거시(촌가구급방, 1538), 小薊/됴방가식(언해구급방, 1608), 小薊/조방가시/刺薊(동의보감, 1613), 小薊/조방가시(산림경제, 1715), 小薊/조방이(재물보, 1798), 小薊/馬薊/野紅花(광재물보, 19세기 초), 小薊/죠방이/刺薊/野紅花(물명고, 1824), 小薊/초방가시(의종손익, 1868), 小薊根/죠방이(의휘, 1871), 小薊/조방가시(방약합편, 1884), 小薊/조방가씨(선한약물학, 1931)[310]

중국/일본명　중국명 刺儿菜(ci er cai)는 가시가 여린 엉겅퀴라는 뜻에서 유래했다. 일본명 アレチアザミ(荒地薊)는 황무지에서 자라는 엉겅퀴 종류(アザミ)라는 뜻이다.

참고　[북한명] 조뱅이 [유사어] 소계(小薊), 야홍화(野紅花), 자계(刺薊) [지방명] 조바리/조패미/조팽

---

307 이러한 견해로 이우철(2005), p.459; 장충덕(2007), p.94; 김종원(2013), p.156 참조.
308 장충덕(2007), p.94는 옛말 '조방이'를 '좁(小)과 '앙'(접미사)과 '이'(접미사)의 합성어로 보고 있다.
309 『향약집성방』(1433)의 차자(借字) '曹方居塞'(조방거새)에 대해 남풍현(1999), p.177은 '조방거식'의 표기로 보고 있으며, 장충덕(2007), p.93은 '조방거식'의 표기로 보고 있다.
310 『조신의 구황식물』(1919)은 '쩍제, 넙국치, 大薊'를 기록했으며 『조선어사전』(1920)은 '小薊, 조방가새'를, 『죠선식물명휘』(1922)는 '쩍치, 범국치(救)'를, 『토명대조선만식물자휘』(1932)는 C. maackii에 대해 '[小薊]소계, [刺薊]주계, [조방가새]'를, 『선명대화명지부』(1934)는 '쩍채, 쩍제, 범국채'를 기록했다.

이/쪼바리(강원), 신청구/쪼바리/쪼바리나물/쪼뱅이(경남), 조바리/쪼바구리/쪼바리/쪼발나물/쪼배기(경북), 가시노물/쏘배기/쏘백이/조배기/좁쌀쟁이/쪼배기/쪼배이/쪼뱅이/칼조뱅이(전남), 깨쪼배기/쪼배기(전북), 소앵이/소왕가시/족은소웽이/참소앵이/좀소웽이/흑소왕이/흑소왱이/흑소왕이(제주), 삐쟁이(충북)

○ Cirsium Wlassovianum *Fischer*　ウラジロアザミ

Hinip-ónggóńgkwe　흰잎엉겅퀴

흰잎엉겅퀴〈*Cirsium vlassovianum* Fisch. ex DC.(1837)〉

흰잎엉겅퀴라는 이름은 잎 뒤에 백색 면모(綿毛)가 밀생하여 흰색이 나는 엉겅퀴라는 뜻에서 유래했다.[311] 잎이 원줄기를 감싸고 잎 뒷면에 털이 있어 흰색으로 보인다. 『조선식물향명집』에서는 전통 명칭 '엉겅퀴'를 기본으로 하고 잎의 색깔을 나타내는 '흰잎'을 추가해 '흰잎엉겅퀴'를 신칭했으나,[312] 『조선식물명집』에서 맞춤법에 따라 '흰잎엉겅퀴'로 개칭해 현재에 이르고 있다.

속명 *Cirsium*은 그리스어 *kirsion*에서 유래했는데 고대 의학자 디오스코리데스(Dioscorides)에 의하면 엉겅퀴의 한 종류로 *kirsos*(정맥류) 치유에 효과가 있다고 하여 붙여졌으며 엉겅퀴속을 일컫는다. 종소명 *vlassovianum*은 러시아 식물채집가 Osip Fedorovic Vlassov(생몰연도 미상)의 이름에서 유래한 것으로 보인다.

다른이름　흰잎엉겅퀴(정태현 외, 1937), 깃잎엉겅퀴(이영노, 2002)

중국/일본명　중국명 絨背薊(rong bei ji)는 잎 뒷면에 융털이 있는 엉겅퀴(薊)라는 뜻이다. 일본명 ウラジロアザミ(裏白薊)는 잎 뒷면이 흰색인 엉겅퀴 종류(アザミ)라는 뜻이다.

참고　[북한명] 흰잎엉겅퀴

Coreopsis tinctoria *Nuttull*　ハルシヤギク　(栽)

Gisaeńgcho　기생초

기생초〈*Coreopsis tinctoria* Nutt.(1821)〉

기생초라는 이름은 화려한 꽃을 피우는 것이 기생(妓生)을 연상시킨다는 뜻에서 유래했다.[313] 북아메리카 원산으로 관상용으로 도입되어 재배하다가 야생화하여 현재는 귀화식물로 취급되고 있다.

---

311 이러한 견해로 이우철(2005), p.613 참조.
312 이에 대해서는 『조선식물향명집』, 색인 p.49와 이덕봉(1937), p.11 참조.
313 이러한 견해로 이우철(2005), p.101 참조.

『조선식물향명집』에 최초 기록된 것으로 당시 경기도 방언을 채록한 것이다.[314]

속명 *Coreopsis*는 그리스어 *koris*(벌레)와 *opsis*(닮은)의 합성어로 열매의 모양이 벌레를 닮았다고 해서 붙여졌으며 기생초속을 일컫는다. 종소명 *tinctoria*는 '염료의, 염색용의'라는 뜻으로 염료로 사용한 것에서 유래했다.

다른이름 각씨꽃(리종오, 1964), 각시꽃(임록재 외, 1972), 애기금계국(김현삼 외, 1988), 춘차국/황금빈대꽃(윤평섭, 1989), 가는잎금계국/공작국화(이영노, 1996), 금국(리용재 외, 2011)

중국/일본명 중국명 两色金鸡菊(liang se jin ji ju)는 두 가지 색깔이 나는 금계국(金鸡菊: *C. basalis*의 중국명)이라는 뜻이다. 일본명 ハルシヤギク(-菊)는 페르시아에 분포하는 국화(キク)라는 뜻이지만, 페르시아에 자생하는 식물은 아니다.

참고 [북한명] 각시꽃 [유사어] 전엽금계국(錢葉金鷄菊), 황금빈대(黃金-)

Crepis japonica A. *Gray*   オニタビラコ
B̂oribaen̂gi   뽀리뱅이

뽀리뱅이〈*Youngia japonica* (L.) DC.(1838)〉

뽀리뱅이라는 이름은 『조선식물명휘』에 '뽀리빙이'로 기록된 것으로, 줄기가 뾰족한 모양으로 길게 자란다는 뜻에서 유래한 것으로 추정한다.[315] 이른 봄에 어린잎을 채취해 식용했는데,[316] 앉은뱅이(민들레)와 달리 줄기가 위로 길게 자라 올라 꽃을 피우는 특징이 있다. '뽀리'와 유사한 옛말 '뾰롣다' 또는 '뾰롣ᄒ다'는 뾰족하다는 뜻이고,[317] '빙이(뱅이)'는 어떠한 특성을 나타내는 접미사로 식물명에서는 앉은뱅이(민들레)처럼 겨울에 로제트형으로 잎이 자라는 식물을 일컬을 때 사용했다. 방언으로 사용되는 '밥부쟁이(밥부재나물)'는 밥그릇이나 밥상을 덮는 밥보자기를 닮은 나물이라는 뜻에서, '박조가리나물(박주가리나물)'은 잎이나 줄기를 자르면 흰 유액이 나오고 쓴맛

---

314 이에 대해서는 이덕봉(1937), p.12 참조.

315 이러한 견해로 김종원(2013), p.218과 변현단·안경자(2011) 중 잡초음식 '뽀리뱅이' 참조. 다만 김종원은 '뽀리'가 막 돋아나는 모습을 나타낸다고 하지만 식용할 때 잎은 겨울에 로제트형으로 나고 땅에 붙어 자랄 뿐 막 돋아나지는 않고, 변현단·안경자는 '뽀'는 길다는 뜻이고 '뱅이'는 줄기 끝에 꽃이 달리는 풀에게 붙여지는 것이라 하고 있으나 그러한 뜻으로 사용한 예를 발견하기 어렵다.

316 이에 대해서는 『조선산야생식용식물』(1942), p.207과 『한국의 민속식물』(2017), p.1260 참조.

317 이에 대한 자세한 내용은 남광우(1997), p.979와 『고어대사전 13』(2016), p.798 참조.

이 나는 것이 박주가리와 비슷한 나물이라는 뜻에서 유래한 이름으로 보인다.

속명 *Youngia*는 인명 Young에서 유래한 것으로 알려져 있는데, 미국 식물학자 Robert Armstrong Young(1876~1963), 영국 시인 Edward Young(1684~1765), 영국 의사 Thomas Young (1773~1829), 19세기 초 3인의 묘목 사업가 Charles, James and Peter Young 등 여러 설이 있으며 뽀리뱅이속을 일컫는다. 종소명 *japonica*는 '일본의'라는 뜻으로 발견지 또는 분포지를 나타낸다.

다른이름 박조가리나물(정태현 외, 1942), 박주가리나물(정태현 외, 1949), 보리뱅이(박만규, 1974)

옛이름 黃瓜菜(남포집, 1831)[318] [319]

중국/일본명 중국명 黃鶴菜(huang an cai)는 노란색의 꽃이 피는 메추라기를 닮은 나물이라는 뜻이다. 일본명 オニタビラコ(鬼田平子)는 식물체가 큰 꽃마리(タビラコ)라는 뜻이다.

참고 [북한명] 뽀리뱅이 [유사어] 황과채(黃瓜菜), 황암채(黃鶴菜) [지방명] 밥부쟁이(강원), 겹동/밥부재(경기), 비둘기나물(경남), 구시대이/구시댕이/구시데이/구시디/구시디기/바부재나물/박부재/박부재나물/밥부재/밥부재나물/밥부쟁이/밥사래이/밥싸래이/보레기/보자기나물/빠구통(경북), 도리뱅이/박부재나물/박주가리/박주대기/박죽노물/박죽대기/박죽철/박줄철/밥푸랭이/밥뿌랭이/밥뿌렁구/밥삐둘구/밥삐둘쿠/밥죽쟁이/보디기노물/보리뱅이/보리뺑이/빡조가리/빡주가리/빡죽노물/싸랑부리/싸랑뿌리/씬나물(전남), 박부재나물/박조가리/박조갈래/박조갈래나물/박주가리/박죽노물/박쪼가리/밥부재나물/보리방이/보리뱅이/보리병이/보리뺑이/빡뿌재나물(전북), 순풀/진풀(제주), 밥부재/밥부재기/밥부재나물/밥주가리/밥주걱/보리뱅이/보자기나물(충남), 밥보자기나물/밥부재/밥부재나물/뿌리뱅이(충북)

Echinops davurica *Fischer*   ヒゴタイ
Gae-surichwe   개수리취

절굿대〈*Echinops setifer* Iljin(1923)〉

절굿대라는 이름은 꽃차례와 열매의 형태가 절굿공이와 같다는 뜻에서 유래했다.[320] 뿌리 부분을 '漏蘆'(누로)라고 하여 약용했다.[321] 꽃자루에 달린 머리모양꽃차례가 둥근 모양으로 절구에 든 곡식을 찧거나 빻는 기구인 절굿공이를 연상시킨다. 『조선산야생약용식물』에 기록된 '둥둥박망이'

---

318 『광재물보』(19세기 초)에서 '黃瓜菜'(황과채)는 씀바귀(씀바귀)를 일컫는 이름으로 사용했던 것에 비추어, 『남포집』(1831)에서 '黃瓜菜'(황과채)가 뽀리뱅이를 의미하는지는 명확하지 않다.

319 『제주도밒완도식물조사보고서』(1914)는 '스ンプル'[순풀]을 기록했으며 『조선식물명휘』(1922)는 '黃花菜, 黃瓜菜, 黃鶴菜, 박조가리나물, 쏘리빙이(数)'를, 『선명대화명지부』(1934)는 '쏘리뱅이, 박주(조)가리나물'을, 『조선의산과와산채』(1935)는 '黃衣菜, 박저어리나물'을 기록했다.

320 이러한 견해로 이우철(2005), p.450; 김병기(2013), p.401; 권순경(2019.10.23.); 김종원(2016), p.462 참조.

321 이에 대해서는 『조선산야생약용식물』(1936), p.236 참조.

라는 이름도 절굿대와 뜻이 유사하다. 『향약집성방』 등에 기록된 '漏蘆'(누로)는 뿌리가 검은색이라는 뜻으로 현재의 뻐꾹채와 절굿대를 일컫는 이름이지만,[322] 『물명고』는 漏蘆(누로)에 대해 서로 다른 4가지 종류의 식물을 언급하고 있어 현삼과의 절국대를 '漏蘆'(누로)로 이해하기도 했던 것으로 보인다(이에 대한 보다 자세한 내용은 이 책 '절국대' 항목 참조). 『조선식물향명집』에서는 수리취를 닮았다는 뜻의 '개수리취'를 신칭해 기록했으나,[323] 『조선식물명집』에서 '절구대'로 개칭했고 『한국쌍자엽식물지』에서 맞춤법에 따라 '절굿대'로 개칭해 현재에 이르고 있다.

속명 *Echinops*는 그리스어 *echinos*(고슴도치, 성게)와 *pos* (외관, 닮음)의 합성어로 머리모양꽃차례의 꽃이 고슴도치나 성게를 닮았다고 하여 붙여졌으며 절굿대속을 일컫는다. 종소명 *setifer*는 '가시털이 있는, 센털이 있는'이라는 뜻이다.

다른이름 장구채/둥둥박망이(정태현 외, 1936), 개수리취(정태현 외, 1937), 분취아재비(박만규, 1949), 둥둥방망이/절구대(정태현 외, 1949), 절구때(이창복, 1969b), 가시절구대(임록재 외, 1996)

옛이름 漏蘆/伐曲大/野蘭(향약집성방, 1433),[324] 漏蘆(세종실록지리지, 1454), 漏蘆/루로(구급간이방언해, 1489), 漏蘆/絶穀大/절곡대(촌가구급방, 1538), 漏蘆/누로(언해태산집요, 1608), 漏蘆/절국대(동의보감, 1613), 漏蘆/법구치(재물보, 1798), 漏蘆/절국뒤(제중신편, 1799), 누로/절국대(화왕본긔, 19세기 초), 漏蘆/법고치/鬼油麻/野蘭(물명고, 1824), 漏蘆/절국뒤(의종손익, 1868), 漏蘆/절국뒤(방약합편, 1884), 절국대/蘆(자전석요, 1909), 漏蘆/飛廉/鬼油麻/野蘭(수세비결, 1929)[325]

중국/일본명 중국명 糙毛蓝刺头(cao mao lan ci tou)는 거친 털이 있는 남자두[藍刺頭: 남색 가시가 있는 머리모양의 꽃]란 뜻으로 스파이로케팔루스절굿대(*E. sphaerocephalus*) 또는 절굿대속의 중국명이라는 뜻이다. 일본명 ヒゴタイ(平江帶)는 일본 옛말에서 유래했으나 그 어원은 불명이다.

참고 [북한명] 절구대/가시절구대[326] [유사어] 귀유마(鬼油麻), 누로(漏蘆), 야란(野蘭), 협호(莢蒿)

---

322 『대한민국약전외 한약(생약)규격집』(2016), p.45는 생약명 누로(漏蘆)에 대해 현재의 뻐국채와 절구대 종류를 일컫는 것으로 규정하고 있다. 다만 '중국식물지'(2018)는 현재의 뻐꾹채를 漏芦(lou lu)로 보고 있다.

323 이덕봉(1937), p.12는 '개수리취'를 신칭한 이름으로 기록했다. 다만 『조선식물향명집』, 색인 p.31은 신칭한 이름으로 기록하지 않았으므로 주의가 필요하다.

324 『향약집성방』(1433)의 차자(借字) '伐曲大'(벌곡대)에 대해 남풍현(1999), p.176은 '벌곡대'의 표기로 보고 있다.

325 『조선의 구황식물』(1919)은 '슈리취(水原), 單州漏蘆'를 기록했으며 『조선식물명휘』(1922)는 '單州漏蘆, 漏蘆, 수리취(救)'를, 『토명대조선만식물자휘』(1932)는 '[莢蒿]협호, [鬼油麻]귀유마, [漏蘆]루로, [절국대]'를, 『선명대화명지부』(1934)는 '수리취, 수(슈)리취'를 기록했다.

326 북한에서는 *E. dissectus*를 '절구대'로, *E. setifer*를 '가시절구대'로 하여 별도 분류하고 있다. 이에 대해서는 리용재 외 (2011), p.134 참조.

Eclipta alba *Hasskarl* タカサブラウ
Hanyŏncho 하년초

한련초〈*Eclipta prostrata* (L.) L.(1771)〉[327]

한련초라는 이름은 한자명 '旱蓮草'(한련초)에서 유래한 것으로, 열매의 모양이 연밥(蓮子)을 닮았고 새싹과 열매의 즙이 공기 중에 노출되어 검게 변하는 모습이 가뭄에 마른 연처럼 보인다는 뜻에서 붙여졌다.[328] 『향약집성방』에서 鱧腸(예장)의 다른이름으로 '旱蓮草'(한련초)를 기록한 이래로 이 이름이 문헌에서 주로 사용되었다. 옛 문헌에 기록된 鱧腸草(예장초)와 묵채(墨菜)도 중국에서 유래한 명칭으로 모두 줄기를 자르거나 열매를 짓이길 때 나오는 즙이 밖으로 드러나면 색이 검게 변하는 것과 관련한 이름이다. 『조선식물향명집』은 한련초가 방언으로 변화한 것으로 추론되는 '하년초'로 기록했으나,[329] 『한국식물도감(하권 초본부)』에서 '한련초'로 개칭해 현재에 이르고 있다.

　속명 *Eclipta*는 그리스어 *ekleipo*(결여된)가 어원으로 씨앗에 갓털이 없는 것에서 유래했으며 한련초속을 일컫는다. 종소명 *prostrata*는 '쓰러진, 엎드린'이라는 뜻으로 식물체의 밑동이 비스듬히 자라는 것에서 유래했다.

다른이름 　한련초(정태현 외, 1936), 하년초(정태현 외, 1937), 할년초(박만규, 1949), 하련초(정태현 외, 1949), 한년풀(리종오, 1964), 한련풀(한진건 외, 1982), 민한년풀(리용재 외, 2011)

옛이름 　蓮子草/旱蓮子/金陵草鱧(향약채취월령, 1431), 鱧腸/旱蓮草(향약집성방, 1433),[330] 旱蓮草(구급이해방, 1499), 鱧腸/한년초/蓮子草/旱蓮子(동의보감, 1613), 旱蓮草(의림촬요, 1635), 鱧腸/한년쵸(주촌신방, 1687), 鱧腸/한년초(재물보, 1798), 鱧腸/한련초/墨頭草/墨菜(광재물보, 19세기 초), 旱蓮草/鱧腸(흠흠신서, 1822), 鱧腸/한년초/旱蓮草(물명고, 1824), 鱧腸/한년초/旱連草(의종손익, 1868), 旱蓮/한련/鱧腸草

---

327 '국가표준식물목록'(2018)은 『조선식물향명집』 당시에 표기된 학명 *Eclipta alba* (L.) Hassk.(1848)을 '가는잎한련초'로 하여 별도 분류하고 있으나, 『장진성 식물목록』(2014), '중국식물지'(2018) 및 '세계식물목록'(2018)은 한련초(*E. prostrata*)에 통합하고 해당 학명을 이명(synonym) 처리하고 있다.

328 이러한 견해로 이우철(2005), p.586과 김종원(2013), p.381 참조. 한편 중국의 『본경속소』(1832)는 "實若小蓮房 其苗實皆有汁 出須臾變黑 俗謂之旱蓮草"[열매는 작은 연밥과 비슷하다. 싹과 열매에 모두 즙이 있는데 밖으로 나오면 금방 검게 변한다. 속명으로 한련초라고 한다]라고 기록했다.

329 한편 이덕봉(1937), p.12는 '하년초'에 대한 한자명을 '夏年草'로 하여 『동의보감』(1613)에서 비롯한 이름으로 기록하고 있으나, 『동의보감』에 기록된 한글명 및 한자명과는 표기에 차이가 있다.

330 『향약집성방』(1433)에 별칭으로 기록된 '旱蓮草'(한련초)에 대해 남풍현(1999), p.177은 '한련초'의 표기로 보고 있다.

(명물기략, 1870), 鱧腸/한년쵸/翰林草/旱蓮草葉(의휘, 1871), 鱧腸草/한년쵸/旱蓮草(방약합편, 1884), 金陵草/旱連草(의방합편, 19세기), 旱蓮草/한령초(단방비요, 1913)[331]

중국/일본명 중국명 鱧腸(li chang)은 줄기를 자르면 나오는 검은색 액이 가물치의 창자를 닮았다고 해서 붙여졌다.[332] 일본명 タカサブラウ는 유래가 알려져 있지 않다.

참고 [북한명] 한년풀/민한년풀[333] [유사어] 금릉초(金陵草), 묵채(墨菜), 연자초(蓮子草), 예장(鱧腸), 하년초(夏年草) [지방명] 묵초(경북)

Erigeron annuus *Linné* ヒメジヨヲン (歸化)
Gae-mangcho 개망초

개망초⟨*Erigeron annuus* (L.) Pers.(1807)⟩

개망초라는 이름은 망초와 비슷하다(개)는 뜻에서 붙여졌다.[334] 북아메리카 원산의 귀화식물로 길가나 빈터에서 자라는 두해살이풀이다. 어린잎을 식용한다.[335] 『조선식물향명집』에서 방언에서 유래한 '망초'를 기본으로 하고 식물의 형태적 특징을 나타내는 '개'를 추가해 신칭한 것으로 보인다.[336]

속명 *Erigeron*은 *Senecio*(금방망이속)의 어떤 식물에 대한 고대 그리스명과 라틴명인데, 그리스어 eri(이른), er(봄), erion(털) 또는 ear(피, 수액)와 geron(노인)의 합성어에서 유래해 회백색의 부드러운 털로 덮인 꽃자루에서 이른 봄에 꽃이 피는 식물이라는 뜻으로 추정하며 개망초속을 일컫는다. 종소명 *annuus*는 '일년생의'라는 뜻으로 한해살이(또는 두해살이) 풀인 것에서 유래했다.

---

331 『조선어사전』(1920)은 '鱧腸草(례쟝초), 旱蓮草(한련초)'를 기록했으며 『조선식물명휘』(1922)는 '鱧腸, 鱧腸, 八郞草, 夏年草, 한년초(救)'를, 『토명대조선만식물자휘』(1932)는 '[鱧腸草]례쟝초, [旱蓮草]한련초'를, 『선명대화명지부』(1934)는 '한년초'를, 『조선의산과와산채』(1935)는 '鱧腸, 한년쵸'를 기록했다.

332 중국의 『본초강목』(1596)은 "鱧 烏魚也 其腸亦烏 此草柔莖 斷之有墨汁出 故名 俗呼墨菜是也 細實頗如蓮房狀 故得蓮名"(예는 가물치인데, 그 내장도 검다. 이 풀은 줄기가 부드럽고 자르면 검은 즙이 나오므로 예장이라고 이름 지어졌다. 민간에서는 묵채라 부르는 것이 이것이다. 자잘한 열매가 연밥 같으므로 연이라는 이름을 얻었다)이라고 기록했다.

333 북한에서는 E. alba를 '한년풀'로, E. prostrata를 '민한년풀'로 하여 별도 분류하고 있다. 이에 대해서는 리용재 외(2011), p.135 참조.

334 이러한 견해로 이우철(2005), p.47; 유기억(2018), p.144; 권순경(2015.11.25.) 참조.

335 이에 대해서는 『한국식물도감(하권 초본부)』(1956), p.700 참조.

336 이에 대해서는 이덕봉(1937), p.12 참조. 다만 『조선식물향명집』, 색인 p.31은 신칭한 이름으로 기록하지 않았으므로 주의가 필요하다.

다른이름 왜풀(정태현 외, 1949), 망국초/버들개망초(안학수·이춘녕, 1963), 개망풀(리종오, 1964), 넓은잎잔꽃풀/버들잎잔꽃풀(김현삼 외, 1988), 들잔꽃풀/돌잔꽃/넓은잎망풀(리용재 외, 2011)

중국/일본명 중국명 一年蓬(yi nian peng)은 한해살이 쑥(蓬)이라는 뜻인데 학명을 참조한 이름으로 보인다. 일본명 ヒメジョオン(姫女苑)은 어리고 여린 쑥부쟁이 종류(ジョオン)라는 뜻이다.

참고 [북한명] 들잔꽃풀 [유사어] 일년봉(一年蓬) [지방명] 망초/망촛대/보배나물/비눌풀/비늘풀(강원), 담배나물/망초/망초대/망촛대(경기), 망촛대/박나물(경남), 계란나물/망초대/망초풀/망촛대(경북), 광대풀/담배나물/망초/박노물대/박조가리/풍년대(전남), 다닥쟁이/담배나물/담배풀/망추대/망치대/풍년대(전북), 천상쿨/청산쿨/청쿨(제주), 망촛대/망칫대/찐깃대나물/풍년초(충남), 망촛대(충북), 달걀나물(함북)

Erigeron canadensis *Linne*   ヒメムカシヨモギ   (歸化)
Maṅgcho   망초

망초〈*Conyza canadensis* (L.) Cronquist(1943)〉

망초라는 이름은 한자어 망국초(亡國草)와 같은 뜻으로, 이 식물이 들어온 뒤에 나라가 망했다고 해서 붙여졌다.[337] 구한말에 들어온 북아메리카 원산의 귀화식물로 어린잎을 식용했다.[338] 『조선식물명휘』에 '망국쵸, 망쵸'로 최초 기록되었는데, 『조선식물향명집』은 그중에서 '망초'로 기록해 현재에 이르고 있다. 1937년에 발표된 「조선산 식물의 조선명고」에 따르면, '망초', '망국초'와 더불어 '철도풀'이라는 이름이 당시 경기 방언으로 불렸는데 그 중에서 망초를 보다 일반적인 이름으로 보아 조선명으로 채택했다.[339] 망국초라는 유사어에 비추어 망초는 나라를 망하게 하는 풀이라는 뜻의 망국초의 축약어이며, 『한국식물도감(하권 초본부)』은 한자를 '亡草'(망초)로 표기해 그 뜻을 분명하게 했다. 국권이 일제로 넘어가던 시기에 다른 나라에서 들어온 식물이 국토를 휩쓰는 것을 보고 백성들이 느꼈을 참담한 심정이 식물명에 투영된 것으로, 가슴 아픈 역사의 한 시기를 상징한다. 『동의보감』, 『물명고』, 『방약합편』 등에 한글명으로 기록된 '망초'는 미나리아재비과의 진범

---

337 이러한 견해로 이우철(2005), p.216; 권순경(2015.11.25.); 김경희 외(2014), p.87 참조.

338 이에 대해서는 『한국식물도감(하권 초본부)』(1956), p.701 참조.

339 이에 대한 자세한 내용은 이덕봉(1937), p.12 참조. '철도풀'은 당시 새로 건설되고 있던 철도를 따라 이 식물이 퍼져 나가고 있던 상황을 설명하는 이름으로 이해된다.

[*Aconitum pseudolaeve*, 秦艽(진교)]을 일컫는 것으로, 뿌리가 그물망처럼 얽혀 있다는 뜻의 網草(망초)에서 유래한 것이므로 국화과의 망초와는 뜻이 다르다.[340] 한편 한글명 망초가 '亡草'(망초)라는 의미라면 이는 비루한 이름이라고 주장하면서 우거진 잡초라는 뜻의 '莽草'(망초)에서 유래했다고 보는 견해가 있다.[341] 그러나 백성들이 느꼈을 심정을 반영한 이름을 비루하다고 할 수 없고, '莽草'(망초)로 사용한 근거도 찾기 어려워 타당성이 있는 주장은 아닌 것으로 보인다.

속명 *Conyza*는 고대 그리스명에서 유래한 것으로, 옴을 뜻하는 *konops*에서 파생된 말로 알려져 있으며 망초속을 일컫는다. 종소명 *canadensis*는 '캐나다에 분포하는'이라는 뜻으로 발견지 또는 원산지를 나타낸다.

다른이름 큰망초(박만규, 1949), 지붕초(안학수·이춘녕, 1963), 망풀(리종오, 1964), 잔꽃풀(김현삼 외, 1988)[342]

중국/일본명 중국명 小蓬草(xiao peng cao)는 식물체가 작고 쑥(蓬)을 닮은 식물이라는 뜻이다. 일본명 ヒメムカシヨモギ(姫昔蓬)는 식물체가 작은 ムカシヨモギ(昔蓬: *Erigeron acer* var. *kamtschaticus*의 일본명)라는 뜻이다.

참고 [북한명] 잔꽃풀 [유사어] 기주일지호(祁州一枝蒿), 망국초(亡國草) [지방명] 담배나물/망초대/망촛대/망추대(강원), 담배나물/망초대/망촛대(경기), 담배나물/망촛대(경북), 담배나물/망치대나물/박나물/박노물/박대/선대지심/천등풀/풍년대(전남), 담배나물/망초대/망추대/망치대/망치대나물/부지닥나물/풍년대/풍년초(전북), 천사쿨/천상쿨/천상풀(제주), 담배나물/담배풀/망초대(충남), 개망초/망초대/망촛대/철도풀(충북)

Erigeron linifolius *Willdenow*   アレチノギク(ノヂワワウギク)
Sil-mangcho   실망초   (歸化)

실망초〈*Conyza bonariensis* (L.) Cronquist(1943)〉

실망초라는 이름은 망초를 닮았는데 잎이 실처럼 가늘다는 뜻에서 붙여졌다.[343] 남아메리카 원산의 귀화식물로 잎이 실처럼 가는 특징이 있다. 『조선식물향명집』에서 방언에서 유래한 '망초'를 기

---

340 『향약채취월령』(1431)은 "秦艽 同網草"라고 기록해 그 의미를 분명히 했고, 『물명고』(1824)는 "秦艽 根相交紐如網巾 망초"(진교의 뿌리는 서로 얽혀 있어 망건처럼 보인다. 망초라 한다)라고 기록해 뿌리의 모양에서 유래한 이름이라는 점을 명시했다.

341 이러한 견해로 김종원(2013), p.162 참조. 김종원은 망초(莽草, 망풀)를 기록한 문헌으로 『한조식물명칭사전』(1982)을 들고 있으나 한진건 외(1982), p.197은 "'飞蓬 망풀(飞蓬油<商品名) 망초'라고 기록했을 뿐 어디에도 그 의미를 莽草(망초)로 해설하고 있지 않다. 또한 '莽草'(망초)는 『광재물보』(19세기 초)와 『조선어사전』(1920)에 의하면 초본류가 아닌 목본류로 현재의 붓순나무(*Illicium anisatum*)를 일컫는 것이어서 초본류의 식물명과는 무관하다. 한편 『동아일보』(1927.7.12.)는 적리병(이질)에 관한 기사에서 莽草(망초)를 언급하고 있는데, 이는 특정한 식물 종이 아니라 잡초의 뜻으로 사용된 것으로 보인다.

342 『조선식물명휘』(1922)는 '망국쵸, 망묘'를 기록했으며 『선명대화명지부』(1934)는 '망국쵸(초), 망묘'를 기록했다.

343 이러한 견해로 이우철(2005), p.368 참조.

본으로 하고 식물의 형태적 특징과 학명에 착안한 '실'을 추가해 신칭했다.[344] 1937년에 발표된 「조선산 식물의 조선명고」는 경기 방언으로 '왜풀'이라는 이름이 있었음을 기록했으나 현재의 이름으로 이어지지는 않았다.

속명 *Conyza*는 고대 그리스명에서 유래한 것으로, 옴을 뜻하는 *konops*에서 파생된 말로 알려져 있으며 망초속을 일컫는다. 종소명 *bonariensis*는 '부에노스아이레스(Buenos Aires) 지방에 분포하는'이라는 뜻으로 원산지를 나타내며, 옛 종소명 *linifolius*는 '아마와 유사한 잎의'라는 뜻으로 잎이 가는 모양에서 유래했다.

다른이름 털망초(안학수·이춘녕, 1963), 망초(박만규, 1974), 실망풀(리종오, 1982), 실잔꽃풀(김현삼 외, 1988)[345]

중국/일본명 중국명 香丝草(xiang si cao)는 향이 나고 실처럼 잎이 가는 식물이라는 뜻이다. 일본명 アレチノギク(荒地野菊)는 황무지에서 자라는 들국화(ノギク)라는 뜻이다.

참고 [북한명] 실잔꽃풀 [유사어] 기주일지호(祁州一枝蒿), 야당호(野塘蒿)

Eupatorium japonicum *Thunberg* ヒヨドリバナ
Dúnggol-namul 등골나물

등골나물〈*Eupatorium japonicum* Thunb.(1784)〉

등골나물이라는 이름은 줄기가 곧게 자라 올라가면서 잎이 옆으로 뻗치는 모습이나 꽃술이 길게 밖으로 나온 모습이 등골(脊髓)을 연상시킨다는 뜻에서 유래한 것으로 추정한다. 머리모양꽃차례가 편평하면서 꽃술이 길게 나오는 특징이 있으며, 어린잎을 식용하고 줄기 등을 부종 제거와 이뇨에 민간약재로 사용했다.[346] 『조선식물명휘』에 최초 기록된 후 『조선식물향명집』에 기록되어 현재에 이르고 있다. 당시 실제 사용하는 방언을 채록한 것이다.[347] 옛 문헌에서 '등골'은 '脊髓'(척수: 등쏠)의 뜻이므로,[348] 꽃이나 약용하는 줄기를 등골에 비유한 것으로 보인다. 일제강점기에 저술된 『조선의 구황식물』, 『조

---

344 이에 대해서는 『조선식물향명집』, 색인 p.42와 이덕봉(1937), p.12 참조.
345 『조선식물명휘』(1922)는 '野塘蒿, 蓬, 망국쵸'를 기록했으며 『선명대화명지부』(1934)는 '망국초(쵸)'를 기록했다.
346 이에 대해서는 『한국식물도감(하권 초본부)』(1956), p.703과 『한국의 민속식물』(2017), p.1168 참조.
347 이에 대해서는 이덕봉(1937), p.12 참조.
348 이에 대해서는 남광우(1997), p.465와 『한청문감』(1779) 중 '脊髓' 부분 참조. 또한 일제강점기에 저술된 『조선어사전』(1920), p.245도 등쏠을 '脊髓'로 해설하고 있다.

선식물명휘』등이 당시 방언으로 기록한 '삼징거리장ᄃᆡ(슘징거리장ᄃᆡ)'라는 이름은 '삼'(大麻)과 '징걸이'(신창에 징이나 못을 박을 때 신을 얹어 씌워놓고 두드리기 위해 밑에 받치는 기구)[349]와 '장대'(막대기)의 합성어로, 삼(大麻)과 같이 긴 장대처럼 자라고 꽃이 피어 있는 모습이 징걸이를 연상시킨다는 뜻에서 유래한 것으로 추론된다. 중국에서 전래된 한자명 澤蘭(택란)이 어떤 식물을 지칭하는지는 혼란이 있는데, '중국식물지'는 쉽싸리(Lycopus lucidus)와 더불어 등골나물의 속칭으로 사용하고 있다. 이에 대해서 『조선산야생약용식물』은 당시 대구와 대전의 약재시장에서 澤蘭(택란)으로 거래되는 식물은 쉽싸리라는 것을 확인해 기록했다.[350] 한편 등골나물이라는 이름이 골절된 뼈를 고정하는 재료로 뿌리를 사용한 것에서 유래한 일본명 ホネオリ(骨折り)에 잇닿아 있고, 북아메리카 원주민의 민족식물학에서 비롯한 것으로 추정하는 견해가 있다.[351] 이 견해에 따르면 방언 '삼징거리장ᄃᆡ(슘징거리장ᄃᆡ)' 역시 뼈가 부러졌을 때 사용한 풀이라는 것을 알려준다고 한다. 그러나 현재와 과거의 한의학 서적이나 기타 문헌 어디에도 등골나물을 골절된 뼈를 고정하는 데 사용했다는 기록이 없고,[352] 삼징거리장ᄃᆡ(슘징거리장ᄃᆡ)라는 이름에도 접골이나 부러진 뼈를 고정한다는 의미는 없다.

속명 Eupatorium은 소아시아 폰투스의 왕 미트리다테스(Mithridates Eupator, B.C.132~B.C.63)에게 바친 이 속의 식물을 약용한 것에서 유래했으며 등골나물속을 일컫는다. 종소명 japonicum은 '일본의'라는 뜻으로 발견지 또는 분포지를 나타낸다.

다른이름 새등골나물(박만규, 1949), 벌등골나물(이창복, 1980)

옛이름 蘭草/水香(향약집성방, 1433), 佩蘭(동문선, 1478), 蘭草(동의보감, 1613), 蘭草(광재물보, 19세기 초), 蘭花(물명고, 1824), 蘭花/란화/土續斷/蘭草(명물기략, 1870)[353][354]

중국/일본명 중국명 白头婆(bai tou po)는 흰머리의 노파라는 뜻인데 꽃이나 갓털이 머리가 하얀 노파를 연상시킨다. 일본명 ヒヨドリバナ(鵯花)는 직박구리가 우는 계절에 꽃이 피는 것에서 유래한 것으로 알려져 있다. 다만 골절된 뼈를 고정하기 위해 뿌리를 이용한 것을 뜻하는 ホネオリ(骨折り)

---

349 이에 대해서는 국립국어원, '표준국어대사전' 중 '징걸이' 참조.
350 이에 대해서는 『조선산야생약용식물』(1936), p.199 참조. 안덕균(2014), p.563도 쉽싸리를 일컫는 것으로 보고 있다.
351 이러한 견해로 김종원(2016), p.467 참조. 김종원은 '삼'이 등골나물 종류를 일컫는 풀이름이라고 해설하고 있으나 이 역시 문헌상 아무런 근거가 없다.
352 안덕균(2014), p.385는 佩蘭(패란)에 대해 소화장애, 구토, 간경변과 타박상을 치료하는 것으로 해설하고 있다.
353 신민교 외(1998c), p.1789는 약재명 '蘭草(난초)를 벌등골나물(E. fortunei)로 보고 있으나, 『동의보감』(1613)은 '蘭草'(난초)에 대해 "葉似麥門冬而闊且靭 長及一二尺 四時常靑 花黃 中間葉上有細紫點"(잎은 맥문동의 잎과 비슷한데 넓고 질기며 길이가 1~2자나 되고 사시사철 푸르다. 꽃은 노랗고, 가운데 꽃잎에 자줏빛의 작은 점들이 있다)이라고 기록하고 있으므로 현재의 등골나물과는 그 형태가 상이하다. 한편 안덕균(2014), p.171은 '山蘭'(산란)을 현재의 감자난초를, '佩蘭'(패란)을 현재의 등골나물 종류를 일컫는 것으로 보고 있다.
354 『제주도밋완도식물조사보고서』(1914)는 'サンナンチョ―'[산난초]를 기록했으며 『조선의 구황식물』(1919)은 '삼징거리장ᄃᆡ'를, 『조선식물명휘』(1922)는 '山蘭, 澤蘭, 슘징거리장ᄃᆡ, 등골나물(救)'을, 『선명대화명지부』(1934)는 '삼징저리장대, 등골나무'를, 『조선의산과와산채』(1935)는 '山蘭, 슘징거리장ᄃᆡ'를 기록했다.

에서 유래했다는 견해도 있다.

_{참고} [북한명] 등골나물 [유사어] 산란(山蘭), 칭간초(秤杆草), 패란(佩蘭)

Eupatorium Kirilowii *Turczaninow* ヨツバサワヒヨドリ
Bòl-dúnggolnamul 벌등골나물

벌등골나물⟨*Eupatorium chinense* L.(1753)⟩ [355]

벌등골나물이라는 이름은 벌판에서 자라는 등골나물이라는 뜻에서 붙여졌다. 어린잎을 식용했다.[356] 식물명에서 '벌'은 트인 벌판에서 자라는 것에 붙여지는 말이다.[357] 『조선식물향명집』에서 방언에서 유래한 '등골나물'을 기본으로 하고 식물의 산지(産地)를 나타내는 '벌'을 추가해 신칭했다.[358]

속명 *Eupatorium*은 소아시아 폰투스의 왕 미트리다테스(Mithridates Eupator, B.C.132~B.C.63)에게 바친 이 속의 식물을 약용한 것에서 유래했으며 등골나물속을 일컫는다. 종소명 *chinense*는 '중국에 분포하는'이라는 뜻으로 발견지 또는 분포지를 나타낸다.

_{다른이름} 새등골나물(박만규, 1949), 큰잎등골나물(임록재 외, 1972), 향등골나물(이우철, 1996b), 큰등골나물/대택란(리용재 외, 2011)[359]

_{중국/일본명} 중국명 多须公(duo xu gong)은 꽃이나 갓털의 모양을 수염이 많은 노인에 비유한 것이다. 일본명 ヨツバサワヒヨドリ(四葉沢鵯)는 4개의 잎을 가졌고 저습지에서 자라며 직박구리가 우는 계절에 꽃이 피는 것에서 유래했다.

_{참고} [북한명] 큰등골나물 [유사어] 유호화(柳好花)

Eupatorium Lindleyanum *De Candoll* サワヒヨドリ
Đi-dúnggolnamul 띠등골나물

골등골나물⟨*Eupatorium lindleyanum* DC.(1836)⟩

골등골나물이라는 이름은 골짜기에서 나는 등골나물이라는 뜻에서 유래했다.[360] 어린잎을 식용

---

355 '국가표준식물목록'(2018)은 벌등골나물의 학명을 *Eupatorium makinoi* var. *oppisitifolium* (Koidz.) Kawahara & Yahara(1995)로 기재하고 있으나, 『장진성 식물목록』(2014)과 '중국식물지'(2018)는 본문의 학명을 정명으로 기재하고 있다.
356 이에 대해서는 『한국식물도감(하권 초본부)』(1956), p.704 참조.
357 이러한 견해로 허북구·박석근(2008a), p.10 참조.
358 이에 대해서는 『조선식물향명집』, 색인 p.38 참조.
359 『조선식물명휘』(1922)는 '柳好花, 등골나물'을 기록했으며 『선명대화명지부』(1934)는 '등골나물'을 기록했다.
360 이러한 견해로 이우철(2005), p.79와 김종원(2013), p.798 참조.

했다.[361] 『조선식물향명집』에서는 방언에서 유래한 '등골나물'을 기본으로 하고 식물의 형태적 특징을 나타내는 '띄'를 추가해 '띄등골나물'을 신칭했으나,[362] 『조선식물명집』에서 '골등골나물'로 개칭해 현재에 이르고 있다.

속명 *Eupatorium*은 소아시아 폰투스의 왕 미트리다테스(Mithridates Eupator, B.C.132~B.C.63)에게 바친 이 속의 식물을 약용한 것에서 유래했으며 등골나물속을 일컫는다. 종소명 *lindleyanum*은 영국 식물학자 John Lindley(1799~1865)의 이름에서 유래했다.

다른이름 띄등골나물(정태현 외, 1937), 벌등골나물(박만규, 1949), 샘등골나물/세골등골나물/세벌등골나물(안학수·이춘녕, 1963)

옛이름 澤蘭(선한약물학, 1931)[363]

중국/일본명 중국명 林澤兰(lin ze lan)는 숲속에서 자라는 택란(澤蘭: 등골나물의 다른이름)이라는 뜻이다. 일본명 サワヒヨドリ(沢鵯)는 저습지에서 자라고 직박구리가 우는 계절에 꽃이 핀다는 뜻이다.

참고 [북한명] 골등골나물 [유사어] 골등나물, 칭간승마(秤杆升麻)

Gerbera Anandria *Schultz*　センボンヤリ
Somnamul　솜나물

솜나물⟨*Leibnitzia anandria* (L.) Turcz.(1831)⟩

솜나물이라는 이름은 전체에 솜 같은 털이 많고 나물로 식용한 것에서 유래했다.[364] 봄에 어린잎을 채취해서 나물로 식용했다.[365] 일제강점기에 저술된 『조선의 구황식물』에 최초 기록되었으며, 당시 지리산 부근에서 사용하던 이름을 채록한 것이다.[366] 『조선식물향명집』도 이 이름을 그대로 조선명으로 사정해 현재에 이르고 있다. 『조선산야생식용식물』은 금강산 지역에서는 '까치취'라는 이름으로 불린다는 것을 기록했지만 현재의 이름으로 이어지지는 않았다.

속명 *Leibnitzia*는 독일 철학자이자 수학자인 라이프니츠(Gottfried Wilhelm Leibniz, 1646~1716)를 기념한 것이며 솜나물속을 일컫는다. 종소명 *anandria*는 미해결(unresolved) 속명인 *Anandria*에서 전용된 것으로 '수술이 없는'이라는 뜻이지만 수술이 없는 것은 아니다.

다른이름 까치취(정태현 외, 1942), 부시깃나물(박만규, 1949)[367]

---

361 이에 대해서는 『한국식물도감(하권 초본부)』(1956), p.704 참조.
362 이에 대해서는 『조선식물향명집』, 색인 p.36 참조.
363 『선명대화명지부』(1934)는 '등골나무'를 기록했다.
364 이러한 견해로 이우철(2005), p.352; 허북구·박석근(2008a), p.138; 권순경(2018.6.13.); 김종원(2016), p.481 참조.
365 이에 대해서는 『조선산야생식용식물』(1942), p.208과 『한국의 민속식물』(2017), p.1199 참조.
366 이에 대해서는 『조선산야생식용식물』(1942), p.208과 이덕봉(1937), p.12 참조.
367 『조선의 구황식물』(1919)은 '솜나물'을 기록했으며 『조선식물명휘』(1922)는 '大丁草, 大丁黃, 솜나물, 분추(救)'를, 『선명대

1766

중국명 大丁草(da ding cao)는 큰 고무래(丁)를 닮은 식물이라는 뜻으로, 가을에 피는 닫힌꽃의 모양에서 유래했다. 일본명 センボンヤリ(千本槍)는 천 그루의 창이라는 뜻으로, 가을에 피는 닫힌꽃을 창에 비유한 것이다.

참고 [북한명] 솜나물 [유사어] 대정초(大丁草) [지방명] 홈취/흰취(경남), 부엌취/홈취(경북), 홈취(충남)

Gnaphalium japonicum *Thunberg*　チチコグサ
Pulsom-namul　풀솜나물

풀솜나물⟨*Euchiton japonicus* (Thunb.) Holub(1974)⟩[368]

풀솜나물이라는 이름은 전체에 풀솜 같은 털이 많고 나물로 식용한 것에서 유래했다.[369] 일제강점기에 저술된 『조선의 구황식물』에 최초 기록되었는데 당시 민간에서 불리던 이름을 채록한 것으로 추정되며, 이 이름이 『조선식물향명집』으로 이어졌다.[370] 한편 19세기에 저술된 『물명고』는 옹굿나물을 뜻하는 한자명 '女菀'(여원)에 대한 한글명으로 '풀쇼옴나물'(풀솜나물)을 기록했는데, 이는 19~20세기 초반에 풀솜나물이라는 이름이 문헌이나 지역에 따라 여러 종의 식물을 일컫는 이름으로 사용되고 있었음을 추론케 한다.

　속명 *Euchiton*은 그리스어 *eu*(좋은)와 *chiton*(윗옷, 덮개)의 합성어로, 좋은 옷과 같은 느낌을 주는 식물이라는 뜻에서 유래했으며 풀솜나물속을 일컫는다. 종소명 *japonicus*는 '일본의'라는 뜻으로 최초 발견지를 나타낸다.

다른이름 푸솜나물(박만규, 1949), 푸솜나무/창떡쑥(안학수·이춘녕, 1963)[371]

중국/일본명 중국명 細叶鼠麴草(xi ye shu qu cao)는 가는 잎을 가진 떡쑥 종류(鼠麴草)라는 뜻이다. 일본명 チチコグサ(父子草)는 떡쑥(*Pseudognaphalium affine*)을 ハハコグサ(母子草)로 부르는 것에 대응해 붙여졌다.

참고 [북한명] 풀솜나물 [유사어] 천청지백(天靑地白) [지방명] 이밥나물(경남), 이밥나물/이밥추(경북), 본속(제주), 풀솜대(충북)

화명지부』(1934)는 '숨나물, 솜나물, 분추'를, 『조선의산과와산채』(1935)는 '大丁字, 솜나물'을 기록했다.

368 '국가표준식물목록'(2018)과 '중국식물지'(2018)는 풀솜나물의 학명을 *Gnaphalium japonicum* Thunb.(1784)로 기재하고 있으나, 『장진성 식물목록』(2014)과 '세계식물목록'(2018)은 본문의 학명을 정명으로 기재하고 있다.

369 이러한 견해로 이우철(2005), p.579 참조.

370 이에 대해서는 이덕봉(1937), p.12 참조. 이덕봉은 당시 '풀솜나무'라는 방언도 있었음을 기록했다.

371 『조선의 구황식물』(1919)은 '풀솜나물'을 기록했으며 『조선식물명휘』(1922)는 '풀솜나물(救)'을, 『선명대화명지부』(1934)는 '풀솜나무'를 기록했다.

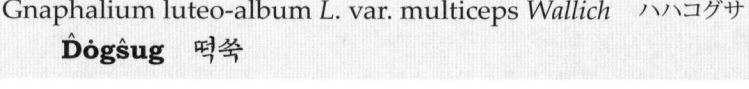

Gnaphalium luteo-album *Linné*   シロバナハハコグサ
Hin-dôgsug   힌떡쑥

떡쑥 ⟨*Pseudognaphalium affine* (D.Don) Anderb.(1991)⟩

'국가표준식물목록'(2018), 『장진성 식물목록』(2014) 및 이우철(2005)은 힌떡쑥(흰떡쑥)을 별도 분류하지 않고 떡쑥에 통합하고 있으므로 이 책도 이에 따른다.

Gnaphalium luteo-album *L.* var. multiceps *Wallich*   ハハコグサ
Dôgsug   떡쑥

떡쑥 ⟨*Pseudognaphalium affine* (D.Don) Anderb.(1991)⟩ [372]

떡쑥이라는 이름은 쑥을 닮았으며 어린잎으로 떡을 해 먹은 풍습에서 유래했다.[373] 이른 봄에 솜털이 덮인 듯이 자라는 어린잎을 채취하여 날로 먹거나 떡을 만들어 먹었으며, 잎은 약용했다.[374] 『조선식물향명집』에서 '떡쑥'이라는 한글명이 처음으로 보이며, 함경남도 방언을 채록한 것이다.[375] 옛 문헌은 꽃이 노란색이고 잎이 쥐의 귀를 닮았다는 뜻의 '鼠麴草'(서국초)에 대한 한글명을 '숏다지'(꽃다지) 또는 '숏다대'(꽃다대)로 기록하기도 했다.[376]

　속명 *Pseudognaphalium*은 그리스어 *pseudo*(가짜의, 유사한)와 *Gnaphalium*(왜떡쑥속)의 합성어로, 왜떡쑥속 식물과 닮았다는 뜻에서 유래했으며 떡쑥속을 일컫는다. 종소명 *affine*는 '유사한, 비슷한'이라는 뜻이다.

다른이름　힌떡쑥(정태현 외, 1937), 괴쑥(박만규, 1949), 흰떡쑥(정태현 외, 1949), 솜쑥(안학수·이춘녕, 1963), 꽃다대(김종원, 2013)

---

372 '국가표준식물목록'(2018)은 떡쑥의 학명을 *Gnaphalium affine* D.Don(1825)으로 기재하고 있으나, 『장진성 식물목록』(2014), '중국식물지'(2018) 및 '세계식물목록'(2018)은 정명을 본문과 같이 기재하고 있다.

373 이러한 견해로 김종원(2013), p.163 참조. 한편 김종원(2016), p.471은 쑥이 나기 전인 봄 중양절(음력 3월 3일)에 떡쑥으로 떡을 만들어 먹은 것에서 비롯되었다고 주장하고 있으나, 중양절은 음력 9월 9일이므로 타당성은 의문스럽다.

374 이에 대해서는 『한국식물도감(하권 초본부)』(1956), p.707과 『한국의 민속식물』(2017), p.1171 참조.

375 이에 대해서는 이덕봉(1937), p.12 참조.

376 『물명고』(1824)에 기록된 '숏다대'(꽃다대)를 헝겊 조각처럼 생긴 잎 모양과 질감에서 유래했다고 보는 견해도 있다. 이러한 견해로 김종원(2013), p.164 참조.

옛이름 佛耳草(동의보감, 1613), 鼠麴草/솟다지/佛耳草(재물보, 1798), 鼠麴草/솟다지/佛耳草/無心草/米麴/鼠耳(광재물보, 19세기 초), 鼠麴草/솟다대(물명고, 1824), 鼠麴草(수세비결, 1929), 鼠麴草(선한약물학, 1931)[377]

중국/일본명 중국명 拟鼠麴草(ni shu qu cao)는 서국초(鼠麴草)와 닮았다는 뜻인데 그냥 鼠麴草(shu qu cao)라 부르기도 한다. 鼠麴草(서국초)는 잎이 쥐의 귀를 닮았고 꽃 색이 누룩(노란색)을 닮았다는 뜻이다.[378] 일본명 ハハコグサ(母子草)는 떡쑥과 닮은 풀솜나물(Euchiton japonicus)을 チチコグサ(父子草)로 부르는 것에 대응해 붙여졌다.

참고 [북한명] 떡쑥 [유사어] 불이초(佛耳草), 서국초(鼠麴草) [지방명] 기쑥(경남), 개쑥/귀쑥/기쑥/꽃다대(경북), 개쑥/배기/서리쑥/제비쑥/지비쑥/지쑥/집조/집주/집초(전남), 개쑥/제비쑥(전북), 본속/본숙/셍지속(제주)

Gnaphalium uliginosum *Linné* エゾノハハコグサ
Wae-dôgŝug 왜떡쑥

왜떡쑥〈*Gnaphalium uliginosum* L.(1753)〉

왜떡쑥이라는 이름은 식물체가 작은(矮) 떡쑥이라는 뜻에서 붙여진 것으로 추정한다. 어린잎을 식용했다.[379] 해방 이후 『조선식물향명집』의 제2저자 도봉섭이 원고 초안을 작성하고 제1저자 정태현 이름으로 발표된 『한국식물도감(하권 초본부)』은 떡쑥은 높이 20~30cm까지 자라는 반면에 왜떡쑥은 높이 3~20cm 정도로 자라는 것으로 기록해 '왜'라는 이름을 부여한 이유를 알게 해준다. 『조선식물향명집』에서 방언에서 유래한 '떡쑥'을 기본으로 하고 식물의 형태를 나타내는 '왜'를 추가해 신칭했다.[380] 한편 일본에 분포하는 떡쑥이라는 뜻에서 유래한 이름으로 보는 견해가 있으나,[381] 일본명의 에조(エゾ)는 일본 내의 지역에 불과하고 이를 일본이라는 뜻으로 볼 이유가 없어 타당성은 의문스럽다.

---

377 『조선의 구황식물』(1919)은 '긔쑥'을 기록했으며 『조선어사전』(1920)은 '鼠麴草(서국초), 佛耳草(불이초)'를, 『조선식물명휘』(1922)는 '鼠麴草, 淸明草, 과쑥(救)'을, 『토명대조선식물자휘』(1932)는 '[鼠麴草]서국초, [佛耳草]불이초'를, 『선명대화명지부』(1934)는 '과쑥, 괴숙'을, 『조선의산과와산채』(1935)는 '鼠麴草, 과쑥'을 기록했다.

378 중국의 『본초강목』(1596)은 "麴言其花黃如麴色 又可和米粉食也 鼠耳言其葉形如鼠耳 又有白毛蒙茸似之 故北人呼爲茸母 佛耳 則鼠耳之訛也"('국'이라고 한 것은 그 꽃이 누룩처럼 황색이고 또한 쌀가루와 섞어서 먹을 수 있기 때문이다. '서이'는 잎의 모양이 쥐의 귀와 같다는 것을 말하고 또 흰 털이 덮인 녹용과 유사하므로 북쪽 사람들은 '용모'라 불렀다. '불이'는 '서이'가 잘못 전해진 것이다)라고 기록했다.

379 이에 대해서는 『한국식물도감(하권 초본부)』(1956), p.708 참조.

380 이에 대해서는 이덕봉(1937), p.12 참조. 다만 『조선식물향명집』, 색인 p.43은 신칭한 이름으로 기록하지 않았으므로 주의가 필요하다.

381 이러한 견해로 이우철(2005), p.416 참조.

속명 *Gnaphalium*은 그리스어 *gnaphallion*(부드럽게 내려앉은)에서 유래한 것으로 부드러운 털에 덮인 식물의 특성을 나타내며 왜떡쑥속을 일컫는다. 종소명 *uliginosum*은 '습지 또는 늪지에서 자라는'이라는 뜻이다.

다른이름 솜떡쑥(김현삼 외, 1988)

중국/일본명 중국명 湿生鼠麴草(shi sheng shu qu cao)는 습지에 분포하는 떡쑥 종류(鼠麴草)라는 뜻이다. 일본명 エゾノハハコグサ(蝦夷ノ母子草)는 에조(蝦夷: 홋카이도의 옛 지명)에 분포하는 떡쑥(ハハコグサ)이라는 뜻이다.

참고 [북한명] 솜떡쑥 [유사어] 濕鼠麴草(습서국초)

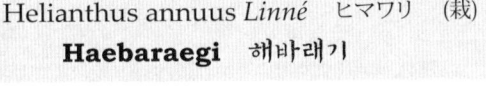

Helianthus annuus *Linné* ヒマワリ (栽)
Haebaraegi 해바래기

해바라기〈*Helianthus annuus* L.(1753)〉

해바라기라는 이름은 '해'(日)와 '바라'(望, 向)와 '기'(명사화 접미사)의 합성어로, 해를 바라보는 꽃이라는 뜻에서 유래했다.[382] 아메리카 원산의 한해살이풀로 우리나라에는 임진왜란 이후에 전래된 것으로 알려져 있다.[383] 이 식물이 햇볕이 강한 쪽을 향하여 자라는 성질(向日性)이 있다고 알려진 것에서 유래한 이름이다. 옛 문헌에 기록된 한글명 해바라기와 그 유사어에 대한 한자명이 동일하지 않고, 닥풀(黃蜀葵)이나 다른 유사종을 일컫기도 했으므로 주의가 필요하다. 『조선식물향명집』은 예부터 불러왔던 한글명 '해바래기'로 기록했으나,[384] 『조선식물명집』에서 '해바라기'로 개칭해 현재에 이르고 있다. 한편 일본명 ヒマワリ(日廻り)에서 유래한 것으로 보는 견해도 있으나,[385] 이미 18세기부터 한글명이 등장하므로 타당하지 않다.

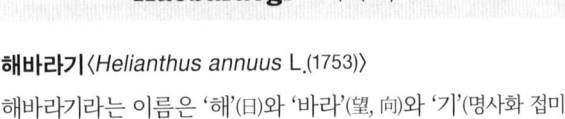

속명 *Helianthus*는 그리스어 *helios*(해)와 *anthos*(꽃)의 합성어로 '해의 꽃'이라는 뜻이며 해바라기속을 일컫는다. 종소명 *annuus*는 '일년생의'라는 뜻이다.

---

382 이러한 견해로 이우철(2005), p.588; 김무림(2015), p.756; 백문식(2014), p.509; 이병근(2004), p.85; 한태호 외(2006), p.219; 장충덕(2007), p.123; 김양진(2011), p.26; 박영수(1997), p.600; 김인호(2001a), p.186 참조.
383 김종덕·고병희(2001), p.33은 1800년대에 도입된 것으로 추정하고 있다.
384 이에 대해서는 이덕봉(1937), p.12 참조.
385 이러한 견해로 이우철(2005), p.588 참조.

다른이름 해바래기(정태현 외, 1937)

옛이름 黃葵/히블아기/黃蜀葵/秋葵(청장관전서, 1795), 黃蜀葵/해바라기(재물보, 1798), 向日蓮/히바라기(물보, 1802), 蜀葵花/히바라기(몽유편, 1810), 黃蜀葵/히바라기/向日花/側金盞花(광재물보, 19세기초), 黃蜀葵/일일화/日日花/側金盞(물명고, 1824), 向日花/唐向日花(송남잡지, 1855), 葵/히발아기(자류주석, 1856), 向日葵花(의휘, 1871), 히부라기/히부라기꼿/向日葵(한불자전, 1880), 向陽花/히부리기꼿(교린수지, 1881), 히부라기/向日花(한영자전, 1890), 해바리기/向日花(국한회어, 1895), 向日花/히바라기(박물신서, 19세기), 葵花/히바라기(일용비람기, 연대미상), 葵/해바라기(자전석요, 1909), 向日葵/해바라기(신자전, 1915), 해바라기(조선구전민요집, 1933), 해바라기/향일화(조선어표준말모음, 1936)[386]

중국/일본명 중국명 向日葵(xiang ri kui)는 해를 향하는 꽃이라는 뜻으로 한국명과 같은 의미이다. 일본명 ヒマワリ(日廻り)는 해를 따라 돈다는 뜻이다.

참고 [북한명] 해바라기 [유사어] 규곽(葵藿), 규화(葵花), 향일규(向日葵), 향일화(向日花), 황규(黃葵) [지방명] 해바라지/해오라지/해자구리/해자와리/해자우래기/해장우래기(강원), 하바리/해가오리/해구랭이/해구와리/해바리꽃/홰바라기(경남), 해바래기(경북), 해보라기(전남), 해배래기(전북), 강낭꾀/강낭꿰/해발래기/헤바라기/헤바레기(제주), 해바락(충남), 해라배기/해바락(충북), 하가우리/해가부리/해가오리/해가우리/해개우래기/해개우랭이/해개우리/해우래비(평북), 해자바래기/해자부래기/해자우리/해즈래배기(함남), 해가부리/해개부래/해갸부리/해걔부리/해자바리/해자부라기/해자부레기/해자부리/해자불/해자브리/해재부리/해접(함북), 해개우리/해갸우리(황해)

Helianthus debilis *Nutt.* var. cucumerifolia *Gray*   ヒメヒマワリ   (栽)
Gagsi-haebaraegi   각시해바래기

애기해바라기〈*Helianthus debilis* Nutt.(1841)〉

애기해바라기라는 이름은 해바라기에 비해 전체가 소형이라는 특징에 착안해 붙여졌다.[387] 『조선식물향명집』에서는 전통 명칭 '해바래기'를 기본으로 하고 식물의 형태적 특징과 학명에 착안한 '각시'를 추가해 '각시해바래기'를 신칭했으나,[388] 『한국식물명감』에서 '애기해바라기'로 개칭해 현재에 이르고 있다.

속명 *Helianthus*는 그리스어 *helios*(해)와 *anthos*(꽃)의 합성어로 '해의 꽃'이라는 뜻이며 해

---

386 『제주도및완도식물조사보고서』(1914)는 'ヘバリギ, カンナムクェ'[해바리기, 강낭꾀]를 기록했으며 『조선어사전』(1920)은 '葵藿(규곽), 葵花(규화), 向日花(향일화), 해바라기'를, 『조선식물명휘』(1922)는 '向日葵, 轉日蓮, 迎陽花, 해바라기'를, 『토명대조선만식물자휘』(1932)는 '[向日葵(花)]향일규(화), [向日花]향일화, [葵藿]규곽, [葵花]규화, [해바락이], [해바라기]'를, 『선명대화명지부』(1934)는 '해바리기, 해바래기'를 기록했다.

387 이러한 견해로 이우철(2005), p.390 참조.

388 이에 대해서는 『조선식물향명집』, 색인 p.30과 이덕봉(1937), p.12 참조.

바라기속을 일컫는다. 종소명 *debilis*는 '약소한, 연약한'이라는 뜻이다.

다른이름 각시해바래기(정태현 외, 1937), 좀해바라기(안학수·이춘녕, 1963), 각씨해바라기(리종오, 1964), 각시해바라기(리용재 외, 2011)

중국/일본명 '중국식물지'는 이를 기재하지 않고 있다. 일본명 ヒメヒマワリ(姬日廻り)는 식물체가 작은 해바라기(ヒマワリ)라는 뜻이다.

참고 [북한명] 애기해바라기 [유사어] 규화(葵花), 향일화(向日花)

Helianthus tuberosus *Linné* キクイモ 菊芋
Duṅgdanji 뚱딴지 (栽)

뚱딴지⟨*Helianthus tuberosus* L.(1753)⟩

뚱딴지라는 이름은 덩이줄기가 울퉁불퉁하게 가지각색으로 생긴 모양에서 유래했다.[389] 남아메리카 원산으로 구한말 또는 일제강점기에 구황식물로 사용할 목적으로 일본을 거쳐 국내에 유입되었는데, 야생화하여 귀화식물로 분류되고 있다. 『조선식물명휘』는 도입 직후 민간에서 불리던 '�뚱딴지'라는 이름을 채록했고, 『조선식물향명집』은 이를 이어받아 '뚱딴지'를 조선명으로 사정해 현재에 이르고 있다.[390] 지방에 따라서는 덩이줄기가 감자를 닮았다고 하여 '돼지감자'라고도 한다.

속명 *Helianthus*는 그리스어 *helios*(해)와 *anthos*(꽃)의 합성어로 '해의 꽃'이라는 뜻이며 해바라기속을 일컫는다. 종소명 *tuberosus*는 '덩이줄기가 있는'이라는 뜻이다.

다른이름 뚝감자(박만규, 1949), 돼지감자/뚱단디(안학수·이춘녕, 1963)

옛이름 菊芋(동아일보, 1933)[391]

중국/일본명 중국명 菊芋(ju yu)는 국화(菊)를 닮았는데 토란(芋) 같은 덩이줄기가 달린다는 뜻이다. 일본명 キクイモ(菊芋)도 국화를 닮은 토란이라는 뜻으로 중국명과 같은 의미이다.

참고 [북한명] 뚝감자 [유사어] 국우(菊芋) [지방명] 구덩감자/돼지감자/뚱뚱감자(강원), 돼지감자/

---

389 이러한 견해로 김양진(2011), p.95 참조. 한편 김양진은 전봇대에 전선을 고정시키기 위한 애자를 뚱딴지라고 했으므로 이에 비유했다고도 보고 있으나, 식물명 '뚱딴지'는 전기가 보편화되기 이전에 형성된 이름이므로 이와 직접 연관을 짓기는 어려워 보인다.

390 이에 대해서는 이덕봉(1937), p.12 참조.

391 『제주도및완도식물조사보고서』(1914)는 '신순감'[싱순감]을 기록했으며 『조선식물명휘』(1922)는 '芋乃, 丁治竹, 뚱딴지'를, 『선명대화명지부』(1934)는 '왜감자, 뚱딴지'를, 『조선의산과와산채』(1935)는 '�뚱딴지'를 기록했다.

뚱딴감자/왜감자(경기), 돼지감자/뚱머리(경남), 돼지감자/소감자/키꺼다리꽃(경북), 대감/덕감재/돼아지밥/돼지감자/돼지밥(전남), 돼지감자/멍청이감자(전북), 돼지감자/순년감/숭년감/싱녕감(제주), 돼지감자/멍텅구리(충남), 돼지감자(충북)

Hemistepta carthamoides O. Kuntze キツネアザミ
Jichinggae 지칭개

지칭개〈*Hemistepta lyrata* (Bunge) Bunge(1833)〉

지칭개라는 이름은 '즈츰개'가 어원으로 '즈츰'(지치다)과 '개'(접미사)가 합쳐진 말이며, 모양과 쓰임새가 엉겅퀴와 비슷하지만 그보다 못하다는 뜻에서 유래했다고 추정한다. 엉겅퀴와 닮았는데 가시가 없고 줄기나 잎 등이 연약해 보이는 특징이 있으며,[392] 어린잎을 식용했다.[393] 18세기 말에 저술된 『재물보』에 기록된 '즈츰개'가 즈츰개→지침개→(지치광이, 지창개, 지청기)→지칭개로 변화해 형성되었다. 옛말 '즈츰개'에서 '즈츰'은 지치다의 옛말 '즈츼다'와 어형이 유사한데, 15세기 말에 저술된 『구급간이방언해』는 '즈츼다'를 '말과 소 등이 설사(泄瀉)하여 기운이 빠지다'라는 의미로 사용했고 16세기 무렵에 '힘이 들어 기운이 빠지다'로 뜻이 바뀌었으며, 이후 '지

치다'로 변화해[394] 즈츰개가 지칭개로 변화한 것과 유사한 형태를 거쳤다. 이로부터 파생한 '지친 것'은 어떤 일을 오래하다가 물러난 사람을 낮잡아 이르는 말로 사용하고 있다.[395] 그런데 엉겅퀴는 예부터 '大薊'(대계)라는 이름으로 종기나 악창 등을 치료하는 약재로 사용해 『향약채취월령』과 『동의보감』과 같은 국가가 편찬사업에 관여한 문헌에 기록되었고, 어린잎을 식용했다. 반면에 지칭개는 엉겅퀴와 유사하게 종기나 악창 등을 치료하는 민간약으로 사용하고 어린잎을 데쳐 식용했지만, 19세기에 이르러 '馬薊'(마계)라는 이름으로 『물명고』에 등장하고 나머지는 주로 일제강점기의 문헌에 구황식물로 기록되었다. 이와 같이 식물의 형태, 한글의 어원 변화와 뜻, 식물의 용

---

392 유희의 『물명고』(1824)는 "馬薊 似大薊而無刺 然亦爲二種 春生夏枯者 生于田間 葉小而背白 莖細而朶弱...(중략)...즈츰개"('마계'는 엉겅퀴와 유사하지만 가시가 없다. 2종류가 있다. 봄에 자라 여름에 마르는 것은 밭 사이에서 자라고 잎은 작으며 뒷면이 희다. 줄기는 가늘고 유약하다....중략...'즈츰개'라 한다)라고 기록했다.

393 이에 대해서는 『조선산야생식용식물』(1942), p.209와 『한국의 민속식물』(2017), p.1177 참조.

394 '즈츼다'는 19세기경에 '즈츄-' 또는 '지치-' 형태로 사용된 것으로 문헌상 확인된다. 이에 대해서는 『고어대사전 18』(2016), p.372, 570 참조.

395 이에 대한 자세한 내용은 백문식(2014), p.457과 국립국어원, '표준국어대사전' 중 '지친것' 참조.

도, 한자명의 대응 등의 특징에 비추어 엉겅퀴와 대비해 모양과 용도가 유사하지만 연약해 보이고 다소 못한 것에서 유래한 이름으로 추론된다. 한편 지칭개의 유래에 대해서 상처 난 곳에 짓찧어 사용되고 으깨어 바르는 풀이라 하여 '짓찧개'라 하다가 지칭개가 되었다는 견해가 있으나,[396] 문헌으로 확인되는 옛이름은 즈츰개이고 '짓찧개'라는 이름으로 사용된 흔적은 찾을 수 없다. 또한 『물명고』에 나타난 즈츰개를 가볍게 놀라서 멈칫하거나 망설이는 모양을 나타내는 부사 '주춤'의 뜻인 '즈츰'과 낮잡아 부르는 우리말 '-개'의 합성어로 해석하는 견해가 있으나,[397] 주춤하다는 옛 표현은 '주춤ᄒᆞ-'로 현대어와 형태가 유사해 '즈츰'과는 어형에서 차이가 있고 이후에 지칭개로 변화한 것을 설명하기 어렵다.

속명 *Hemistepta*는 그리스어 *hemi*(반)와 *steptos*(화환, 꽃부리)의 합성어로 바깥의 갓털이 짧은 것에서 유래했으며 지칭개속을 일컫는다. 종소명 *lyrata*는 '머리 부분이 크고 깃처럼 갈라진, 하프 모양의'라는 뜻으로 고대 현악기 리라(lyra) 모양의 잎에서 유래했다.

다른이름 지칭개나물(안학수·이춘녕, 1963)

옛이름 馬蓟/즈츰개(재물보, 1798), 芝菜光(백운필, 1803), 馬蓟/즈츰개(물명고, 1824), 泥胡菜(임원경제지, 1842), 지침개(한불자전, 1880), 지칭개/짓찧개/지치개(조선구전민요집, 1933)[398]

중국/일본명 중국명 泥胡菜(ni hu cai)는 『구황본초』에 구황식물로 기록되어 있는데, 진흙땅의 오랑캐 지역에서 나는 나물이라는 뜻이지만 정확한 유래는 알려져 있지 않다. 일본명 キツネアザミ(狐蓟)는 여우를 닮은 엉겅퀴라는 뜻으로 엉겅퀴속 식물(アザミ)과 유사하다는 뜻이다.

참고 [북한명] 지칭개 [유사어] 마계(馬蓟), 이호채(泥胡菜) [지방명] 진창구/진챙이(강원), 지칭개(경기), 시칭구/시칭구/지칭구(경남), 지쟁이/지창구/지채이/지챙구/지챙이/지청구/지체이/지충개/지충구/지칭구/진채(경북), 가상구/썩썩우/쓴나물/쓴노물/쑵쓸구/지천구/지청구/지춘개/지충개/지층개/쪼배기/토끼풀(전남), 지청구/지촌개/지춘개/지충개/지층개(전북), 미칭개(충남), 물칭개/씀바귀/씸바귀/지침개(충북)

⊗ Hieracium coreanum *Nakai* ヒロハカウゾリナ
Goryŏ-jobab-namul 고려조밥나물

껄껄이풀〈*Hieracium coreanum* Nakai(1915)〉

---

396 이러한 견해로 유기억(2018), p100; 변현단·안경자(2010), p.63; 김경희 외(2014), p.103 참조.
397 이러한 견해로 김종원(2013), p.179 참조.
398 『조선이 구황식물』(1919)은 '지치광이, 지창기, 짓장구(海城 洪川), 졸방풀(咸北), 胡泥菜'를 기록했으며 『조선식물명휘』(1922)는 '泥胡菜, 水苦蕒, 지치광이, 지칭기(救)'를, 『선명대화명지부』(1934)는 '지치광이, 지칭개'를, 『조선의산과와산채』(1935)는 '泥胡菜, 지치광이'를 기록했다.

껄껄이풀이라는 이름은 잎과 줄기에 털이 있고 잎가장자리에 가시 같은 톱니가 있어 표면이 거친데서 유래한 것으로 추정한다. 어린잎을 식용했다.[399] 자생지인 함경도 방언을 채록한 것이다.[400] 껄껄이는 부드럽지 못하고 거친 느낌을 주는 물건을 뜻한다.[401] 『조선식물향명집』에서는 전통 명칭 '조밥나물'을 기본으로 하고 식물의 산지(産地)와 학명에 착안한 '고려'를 추가해 '고려조밥나물'을 신칭했으나,[402] 『조선식물명집』에서 방언에서 유래한 '껄껄이풀'로 개칭해 현재에 이르고 있다.

속명 *Hieracium*은 그리스어 *hierax*(매)에서 유래한 것으로 플리니우스(Plinius, 23~79)에 의하면 매가 시력을 좋게 하기 위해 먹는 식물이라 여겨졌으며, 지중해의 국화 종류에 대한 그리스명에서 전용되어 조밥나물속을 일컫는다. 종소명 *coreanum*은 '한국의'라는 뜻으로 한반도 특산종임을 나타내지만 중국에도 분포하는 식물이다.

다른이름 고려조밥나물(정태현 외, 1937), 고려조팝나물(박만규, 1949)

중국/일본명 중국명 宽叶还阳参(kuan ye huan yang shen)은 넓은 잎의 환양삼(還陽參: 나도민들레속 *Crepis rigescens*의 중국명)이라는 뜻이다. 일본명 ヒロハカウゾリナ(卑陋剃刀菜)는 비루한 쇠서나물(カウゾリナ)이라는 뜻으로 쇠서나물보다 못하다는 뜻에서 붙여진 것으로 추정한다.

참고 [북한명] 고려조밥나물

○ Hieracium hololerion *Maximowicz*　　テウセンスヰラン
Ĝemug　께묵

께묵〈*Hololeion maximowiczii* Kitam.(1941)〉

께묵이라는 이름은 개자리의 옛이름 '거여목' 또는 '게우목'이 변한 방언형으로, 소화기관의 장애로 비위가 상한 것을 치료하는 약성에서 유래한 것으로 추정한다. 땅속줄기와 어린잎을 식용하고, 전초를 약재로 사용했다.[403] 께묵이라는 이름은 일제강점기의 『조선의 구황식물』과 『조선식물명휘』를 거쳐 『조선식물향명집』에서 정착되었는데, 『조선의 구황식물』은 수원 방언을 채록한 것으로 기록했다. 한편 일제강점기에 약용식물과 식용식물을 조사·기록한 『조선산야생약용식물』과 『조선산야생식용식물』은 한글명으로 '쎄묵'과 '께묵'을 기록하면서 한자명을 '苜蓿'(목숙)이라고 했다. '苜蓿'(목숙)은 콩과의 개자리를 일컫는 이름으로, 옛 한글명은 '거여목' 또는 '게우목'이었

---

399 이에 대해서는 『한국식물도감(하권 초본부)』(1956), p.744 참조.

400 이에 대해서는 이우철(2005), p.115 참조.

401 이에 대해서는 국립국어원, '우리말샘' 중 '껄껄이' 참조.

402 이에 대해서는 『조선식물향명집』, 색인 p.32와 이덕봉(1937), p.11 참조.

403 이에 대해서는 『조선산야생약용식물』(1936), p.237과 『조선산야생식용식물』(1942), p.209 참조. 께묵은 오장을 이롭게 하고 비위(脾胃)의 사열(邪熱)을 제거하는 등의 약성이 있다.

다.[404] 조선 후기 및 일제강점기에 이르러 '게목'이라는 표현이 등장하는데 목숙의 약성이 께묵과 유사해[405] 지방에서 이름이 혼용되고, '게목'이 된소리로 바뀌어 '께묵'이라는 이름이 등장한 것으로 추정한다. 『동의보감』의 거여목은 '거여'(거엽다)와 '목'(喉)의 합성어로, 비위로 상한 목을 거엽게(씩씩하고 튼튼하게) 한다는 뜻으로 해석된다. 한편 한자명 '茴蓿'(회숙)에서 유래했다고 보는 견해가 있으나,[406] 茴蓿(회숙)은 회향과 노란색 꽃이 피는 개자리 종류와 닮았다는 뜻으로 목숙과 관련된 이름이기는 하지만 그것으로부터 한글명이 직접 도출되기는 어려워 보인다.

속명 *Hololeion*은 그리스어 *holo*(완전한, 전체의)와 *leion*(민들레)의 합성어로, 민들레에 비해 이 속 식물의 잎이 톱니가 없이 전연(全緣)인 것에서 유래했으며 께묵속을 일컫는다. 종소명 *maximowiczii*는 러시아 식물학자로 동북아 식물을 연구한 Carl Johann Maximowicz(1827~1891)의 이름에서 유래했다.

다른이름 쎄묵(정태현 외, 1936), 방가지똥(정태현 외, 1942), 실쇠채나물(안학수·이춘녕, 1963), 긴께묵(이창복, 1969b), 깻묵(박만규, 1974), 깨묵(이영노, 1996), 계명초(리용재 외, 2011)[407]

중국/일본명 중국명 全光菊(quan guang ju)는 잎이 전연(全緣)인 광국(光菊: 국화꽃 모양의 식물을 일컫는 말)이라는 뜻이다. 일본명 テウセンスヰラン(朝鮮水蘭)은 한반도에서 자라고 주로 물가와 같은 습지에서 자라는 난 종류라는 뜻이다.

참고 [북한명] 께묵 [유사어] 계명초(雞鳴草), 목숙(苜蓿), 전광국(全光菊), 회숙(茴蓿)

Hieracium umbellatum *Linné*　ヤナギタンポポ
Jobab-namul　조밥나물

조밥나물〈*Hieracium umbellatum* L.(1753)〉

조밥나물이라는 이름은 노란색의 꽃이 조(粟)로 지은 밥을 연상시키고 나물로 식용한다는 뜻에서 유래한 것으로 추정한다. 어린잎을 식용했으며, 강원도 및 경기도에서 사용하는 방언을 채록한 것이다.[408] 일제강점기에도 조밥(粟飯)을 지금과 같이 '조밥'이라고 했고,[409] 최근의 조사에서도 '조밥

---

404 苜蓿(목숙)에 대한 옛 한글 표현으로 '거여목'(동의보감, 1613), '거유목'(역어유해, 1690), '게우목'(물명고, 1824), '거여목'(자류주석, 1856), '게목'(한불자전, 1880), '거여목'(신자전, 1915), '게목'(조선어표준말모음, 1936) 등이 있다.

405 『동의보감』(1613)은 "利五藏 去脾胃間邪氣 諸惡熱毒 利大小腸 療黃疸"(오장을 잘 통하게 하며 비위의 치우친 기운과 여러 가지 나쁜 열독을 없애고 대소장을 잘 통하게 하며 황달을 치료한다)이라고 하여 민간약재로 사용하는 께묵과 약성이 비슷한 것으로 기록했다.

406 이러한 견해로 이우철(2005), p.115 참조.

407 『조선의 구황식물』(1919)은 '쎄묵(水原)'을 기록했으며 『조선식물명휘』(1922)는 '쎄묵(救)'을, 『선명대화명지부』(1934)는 '께묵'을 기록했다.

408 이에 대해서는 『조선산야생식용식물』(1942), p.210 참조.

409 이에 대해서는 『조선어표준말모음』(1936), p.7 참조.

나물' 또는 그와 유사한 '조팝나물'과 같은 방언이 발견되고
있다.[410] 한편 작은 가시가 있는 억센 잎에서 유래한 조뱅이를
닮은 식물이라는 뜻으로 보는 견해가 있다.[411] 나물로 먹는 잎
의 형태가 비슷하다는 것을 근거로 하지만, '조뱅이'에 대한 방
언 조사에서 조팝나물이 나타나지 않고 '조밥나물'의 방언 조
사에서 '조뱅이'의 형태가 나타나지 않는 점에 비추어 타당성
은 의문스럽다.

속명 *Hieracium*은 그리스어 *hierax*(매)에서 유래한 것으
로 플리니우스(Plinius, 23~79)에 의하면 매가 시력을 좋게 하
기 위해 먹는 식물이라 여겨졌으며, 지중해의 국화 종류에 대
한 그리스명에서 전용되어 조밥나물속을 일컫는다. 종소명
*umbellatum*은 '우산모양꽃차례의'라는 뜻으로 꽃차례의 모양에서 유래했다.

다른이름　조팝나물(박만규, 1949), 버들나물(안학수·이춘녕, 1963)[412]

중국/일본명　중국명 山柳菊(shan liu ju)는 산에서 자라고 잎이 버드나무의 잎을 닮은 국화라는 뜻이
다. 일본명 ヤナギタンポポ(柳-)는 잎이 버드나무의 잎을 닮은 민들레(タンポポ)라는 뜻이다.

참고　[북한명] 조밥나물 [유사어] 산류국(山柳菊), 자채화(刺菜花) [지방명] 조팝나물(강원), 버들나
물(경북)

○ Hypochaeris grandiflora *Ledebour*　ワウゴンサウ
Gúmhoncho　금혼초

금혼초〈*Hypochaeris ciliata* (Thunb.) Makino(1908)〉

금혼초라는 이름은 그 뜻이 정확히 알려져 있지는 않으나, 황금(金)이 섞여(混) 있는 꽃을 피우는
풀(草)이라는 뜻에서 유래한 것으로 추정한다. 줄기와 잎 등에 암자색의 거센털이 있고 진한 주황
색의 꽃을 피우는 특징이 있다.[413] 『조선식물향명집』에서 한글명이 처음으로 발견되며 자생지에서
사용하던 명칭을 채록한 것으로 보인다.[414] 한편 노란색의 꽃이 피는 풀이라는 뜻의 黃金草(황금초)

---

410 이에 대해서는 『한국의 민속식물』(2018), p.1179 참조.
411 이러한 견해로 김종원(2016), p.474 참조.
412 『조선의 구황식물』(1919)은 '조방나물'을 기록했으며 『조선식물명휘』(1922)는 '刺菜花, 조밥나물(救)'을, 『선명대화명지부』
　　(1934)는 '조밥나물'을 기록했다.
413 『조선식물향명집』의 제2저자 도봉섭이 초안을 작성하고 제1저자 정태현의 이름으로 발간한 『한국식물도감(하권 초본
　　부)』(1956), p.748은 금혼초의 꽃의 특징을 '濃黃赤色'(진한 황적색)이라고 기록했다.
414 이에 대해서는 이덕봉(1937), p.12 참조. 다만 이덕봉은 어느 지역의 방언에서 유래했는지에 대해서는 명확히 기록하지

또는 金銀草(금은초)라는 이름에서 유래한 것으로 보는 견해도 있다.[415]

　속명 *Hypochaeris*는 테오프라스토스(Theophrastus, B.C.371~B.C.287)와 플리니우스(Plinius, 23~79)가 금혼초 종류에 붙였던 그리스명 *hypochoiris*에서 유래한 이름으로 *hypo*(아래, 밑)와 *choiros*(돼지)의 합성어인데, 거친 털이 많은 잎 또는 돼지가 이 식물의 뿌리를 좋아해서 붙여졌으며 금혼초속을 일컫는다. 종소명 *ciliata*는 '가장자리에 털이 있는'이라는 뜻으로 줄기나 잎에 털이 있는 것에서 유래했다.

다른이름 금은초(박만규, 1949)

중국/일본명 중국명 猫儿菊(mao er ju)는 고양이 국화라는 뜻으로 cat's-ear라는 영문명과 일맥상통한다. 일본명 ワウゴンサウ(黄金草)는 꽃이 노란색으로 피는 것에서 유래했지만, 일본에는 분포하지 않는 식물이다.

참고 [북한명] 금혼초 [유사어] 황금초(黄金草)

Inula britanica *L.* var. *japonica Komarov*　ヲグルマ
Gùmbulcho　금불초

금불초〈*Inula britannica* L.(1753)〉[416]

금불초라는 이름은 한자명 '金沸草'(금불초 또는 금비초)에서 유래한 것으로, 노란색의 꽃을 황금이 끓거나 용솟음친다고 보아 붙여졌다.[417] 전초를 약용하고 어린잎을 식용했다.[418] 예부터 여러 가지 이름이 있었는데 꽃이 노란색 동전을 연상시킨다고 하여 '金錢花'(금전화)라고 했고, 꽃이 무성하게 아래쪽을 덮고 있으므로 '旋覆花'(선복화)라고도 했으며,[419] 여름에 꽃이 피고 국화를 닮았다고 하여 '夏菊'(하국)이라고도 했다. 한편 금불초라는 이름에 대해 금으로 된 부처의 상을 닮은 식물이라는 뜻의 한자명 '金佛草'(금불초)에서 유래했다고 보는 견해가 있으나,[420] 『동의보감』을 비롯한 옛 문헌에는 '金沸草'(금불초)로 기록되어왔으며, '金佛草'(금불초)는 최근의 문헌에 나타나므로 타당하지 않은 것으로 판단된다.

　　않았다.

415　이러한 견해로 이우철(2005), p.101 참조.

416　'국가표준식물목록'(2018)은 금불초의 학명을 *Inula britannica* var. *japonica* (Thunb.) Franch. & Sav.(1878)로 기재하고 있으나, 『장진성 식물목록』(2014), '중국식물지'(2018) 및 '세계식물목록'(2018)은 이 학명을 본문의 학명에 통합하여 이명(synonym)으로 처리하고 있으므로 주의가 필요하다.

417　이러한 견해로 김병기(2013), p.358과 기태완(2015), p.715 참조.

418　이에 대해서는 『조선산야생약용식물』(1936), p.238과 『한국식물도감(하권 초본부)』(1956), p.710 참조.

419　중국의 『본초연의』(1106)는 "花緣繁茂 圓而覆下 故曰旋復"(꽃이 푸르고 무성하며 둥글게 아래쪽을 덮고 있으므로 선복이라 한다)이라고 기록했다.

420　이러한 견해로 이우철(2005), p.98; 이유미(2013), p.245; 권순경(2019.12.24.); 김종원(2013), p.497 참조.

속명 *Inula*는 목향(*Inula helenium*)의 고대 라틴명에서 유래했으며 금불초속을 일컫는다. 종소명 *britannica*는 '영국의'라는 뜻으로 발견지 또는 분포지를 나타낸다.

다른이름 들국화/옷풀(정태현 외, 1936), 하국(정태현 외, 1949), 가지금불초(이창복, 1969b), 참금불초(리용재 외, 2011)

옛이름 金錢花(동국이상국집, 1241), 旋覆花/夏菊(향약채취월령, 1431), 旋覆花/夏菊(향약집성방, 1433),[421] 旋覆花/金沸草(의방유취, 1477), 金沸草/금블초(구급간이방언해, 1489), 旋覆花/션복화(언해구급방, 1608), 旋覆花/하국/金沸草(동의보감, 1613), 金沸草/旋覆花(의림촬요, 1635), 金錢花(고산유고, 1661), 金沸草/旋覆花(광제비급, 1790), 旋覆花/하국화/金沸草(재물보, 1798), 旋覆花/하국(제중신편, 1799), 夏菊/旋覆花(광재물보, 19세기 초), 夏菊/旋覆花/션복화/金沸草(물명고, 1824), 金沸草/하국(의종손익, 1868), 金錢花/금견화/金沸草/旋覆花(명물기략, 1870), 金沸草(의휘, 1871), 金沸草/하국/旋覆花(방약합편, 1884), 旋覆/하국(의서옥편, 1921), 旋覆花(선한약물학, 1931)[422]

중국/일본명 중국명 欧亚旋覆花(ou ya xuan fu hua)는 유럽(歐亞)에 분포하는 선복화(旋覆花: *I. japonica*의 중국명)라는 뜻이다. 일본명 ヲグルマ(小車)는 작은 수레바퀴 같은 모양의 식물이라는 뜻이다.

참고 [북한명] 금불초/참금불초[423] [유사어] 금불초(金沸草/金佛草), 선복화(旋覆花) [지방명] 꽃나물(강원), 들국화(충남)

Inula britanica *L.* var. lineariaefolia *Regel*　ホソバヲグルマ
Ganŭn-gúmbulcho　가는금불초

가는금불초⟨*Inula britannica* var. *linariifolia* (Turcz.) Rege(1861)⟩[424]

가는금불초라는 이름은 잎이 가는 금불초라는 뜻에서 붙여졌다.[425] 잎이 길고 가는 특징이 있으며, 어린잎을 식용했다.[426] 『조선식물향명집』에서 전통 명칭 '금불초'를 기본으로 하고 식물의 형태

---

421 『향약집성방』(1433)의 향명(鄕名) '夏菊'(하국)에 대해 남풍현(1999), p.177은 '하국'의 표기로 보고 있다.

422 『조선한방약료식물조사서』(1917)는 '하국, 金沸草'를 기록했으며 『조선의 구황식물』(1919)은 '금불초, 하국, 旋覆花'를, 『조선어사전』(1920)은 '旋覆花(선복화), 夏菊(하국), 하국(夏菊)꽃, 金沸草(금비초)'를, 『조선식물명휘』(1922)는 '旋覆花, 하국, 금불초, 비암풀'을, Crane(1931)은 '비암풀, 蛇草'를, 『토명대조선만식물자휘』(1932)는 '[金沸草]금비초, [旋覆花]션복화, [夏菊(花)]하국(화), [五月菊]오월화'를, 『선명대화명지부』(1934)는 '금불초, 배암풀'을, 『조선의산과와산채』(1935)는 '旋覆花, 금불초'를 기록했다.

423 북한에서는 *I. japonica*를 '금불초'로, *I. britanica*를 '참금불초'로 하여 별도 분류하고 있다. 이에 대해서는 리용재 외 (2011), p.187 참조.

424 '국가표준식물목록'(2018)은 본문의 학명으로 가는금불초를 별도 분류하고 있으나, 『장진성 식물목록』(2014)은 금불초에 통합하고 있으므로 주의가 필요하다.

425 이러한 견해로 이우철(2005), p.18 참조.

426 이에 대해서는 『한국식물도감(하권 초본부)』(1956), p.711 참조.

적 특징을 나타내는 '가는'을 추가해 신칭했다.[427]

  속명 Inula는 목향(*Inula helenium*)의 고대 라틴명에서 유래했으며 금불초속을 일컫는다. 종소명 *britannica*는 '영국의'라는 뜻으로 발견지 또는 분포지를 나타내며, 변종명 *linariifolia*는 *Linaria*(해란초속)와 잎이 비슷하다는 뜻에서 유래했다.

다른이름 가는잎금불초(박만규, 1949), 좁은잎금불초(박만규, 1974)[428]

중국/일본명 중국명 狭叶欧亚旋覆花(xia ye ou ya xuan fu hua)는 좁은 잎의 구아선복화(歐亞旋覆花: 금불초의 중국명)라는 뜻이다. 일본명 ホソバヲグルマ(細葉小車)는 잎이 가는 금불초(ヲグルマ)라는 뜻이다.

참고 [북한명] 가는잎금불초 [지방명] 들국화(충남)

Inula Helenium *Linné* オホグルマ
Moghyang 목향 木香

목향〈*Inula helenium* L.(1753)〉

목향이라는 이름은 한자명 '木香'(목향)에서 유래했는데, 꿀과 같은 향이 난다는 뜻의 밀향(蜜香)이 변화한 것이다.[429] 유럽 원산으로 예부터 약초로 재배했다. 중국의 『본초강목』은 "木香 草類也 本名蜜香 因其香氣如蜜也 綠沈香中有蜜香 遂訛此爲木香爾"(목향은 풀 종류이다. 본명은 밀향인데, 향기가 꿀과 같기 때문이다. 침향 가운데 밀향이 있기 때문에 마침내 이렇게 와전되어 목향이 되었을 뿐이다)라고 기록했다. 『조선식물향명집』은 옛 문헌에 기록된 약재명을 조선명으로 기록해 현재에 이르고 있다.

  속명 Inula는 목향(*Inula helenium*)의 고대 라틴명에서 유래했으며 금불초속을 일컫는다. 종소명 *helenium*은 스파르타의 왕 메넬라오스(Menelaus) 아내인 트로이의 헬레네(Helen) 왕비 이름에서 유래한 것으로 어떤 식물의 그리스명이었다.

다른이름 목향(정태현 외, 1936)

옛이름 木香/목향(구급방언해, 1466), 木香(의방유취, 1477), 木香/목향(구급간이방언해, 1489), 木香(구급이해방, 1499), 木香/목향(언해태산집요, 1608), 木香/목향(언해두창집요, 1608), 木香/靑木香(동의보감,

---

427 이에 대해서는 『조선식물향명집』, 색인 p.30 참조.
428 『조선식물명휘』(1922)는 '金贊花'를 기록했다.
429 이러한 견해로 이우철(2005), p.226 참조.

1613), 木香(의림촬요, 1635), 木香(산림경제, 1715), 木香(광제비급, 1790), 木香/파쵸향(재물보, 1798), 木香
/파초향/蜜香/靑木香/五木香(광재물보, 19세기 초), 木香(만기요람, 1808), 木香花(이옥전집, 1815), 木香(의
종손익, 1868), 목향/木香(한불자전, 1880), 木香(수세비결, 1929), 土木香(선한약물학, 1931)[430]

중국/일본명 중국명 土木香(tu mu xiang)은『촉본초』에 기록된 이름으로 목향(木香) 종류 중에 중국
에서 널리 재배된 것에서 유래한 이름으로 보이지만 원산지가 유럽인 외래식물이다. 일본명 オホ
グルマ(大車)는 큰 수레바퀴 같은 모양의 식물이라는 뜻으로, 작은 수레바퀴라는 뜻의 ヲグルマ
(小車: 금불초)에 대응해 붙여졌다.

참고 [북한명] 목향 [유사어] 청목향(靑木香), 토목향(土木香), 황화채(黃花菜)

Inula salicina Linné　カセンサウ
Bódúl-gúmbulcho　버들금불초

버들금불초〈*Inula salicina* L.(1753)〉[431]

버들금불초라는 이름은 잎이 버드나무의 잎처럼 생긴 금불초라는 뜻에서 붙여졌다.[432] 금불초에
비해 잎이 보다 가늘고 뒷면 잎맥이 융기하며 열매에 털이 없는 특징이 있다.『조선식물향명집』에
서 전통 명칭 '금불초'를 기본으로 하고 식물의 형태적 특징과 학명에 착안한 '버들'을 추가해 신
칭했다.[433]

　　속명 *Inula*는 목향(*Inula helenium*)의 고대 라틴명에서 유래했으며 금불초속을 일컫는다. 종소
명 *salicina*는 *Salix*(버드나무속)와 비슷하다는 뜻이다.

다른이름 버들잎금불초(박만규, 1949)[434]

중국/일본명 중국명 柳叶旋覆花(liu ye xuan fu hua)는 버들잎 모양의 잎을 가진 선복화(旋覆花: *I.
japonica*의 중국명)라는 뜻으로 학명과 같은 의미이다. 일본명 カセンサウ(歌仙草)는 노래하는 신선
을 닮은 풀이라는 뜻인데, 그 정확한 유래는 알려져 있지 않다.

참고 [북한명] 버들금불초 [유사어] 선복화(旋覆花)

430『지리산식물조사보고서』(1915)는 'ちょんぶりひゃん'[청불향]을 기록했으며『조선한방약료식물조사서』(1917)는 '木香, 靑
　　木香'을,『조선어사전』(1920)은 '木香(목향), 靑木香(청목향)'을,『조선식물명휘』(1922)는 '土木香, 黃花菜'를 기록했다.
431 '국가표준식물목록'(2018)은 버들금불초의 학명을 *Inula salicina* var. *asiatica* Kitam.(1933)으로 기재하고 있으나,『장
　　진성 식물목록』(2014), '중국식물지'(2018) 및 '세계식물목록'(2018)은 본문의 학명을 정명으로 기재하고 있다.
432 이러한 견해로 이우철(2005), p.269 참조.
433 이에 대해서는『조선식물향명집』, 색인 p.38과 이덕봉(1937), p.12 참조.
434『조선식물명휘』(1922)는 '小黃花'를 기록했다.

○ Lactuca Bungeana *Nakai*　テウセンヤクシサウ
Godúlbaêgi　고들빼기

고들빼기〈*Crepidiastrum sonchifolium* (Maxim.) Pak & Kawano(1992)〉

고들빼기라는 이름은 '고들바기'가 어원으로, 맛이 쓴 나물을 뜻하는 한자명 '苦菜'(고채) 또는 '苦茶'(고도)에 '바기'(박이: 뿌리를 땅에 박고 있다는 뜻)가 추가되어 형성된 이름으로 추정한다.[435] 예부터 뿌리와 잎 등을 약용하거나 식용했다.[436] 고들빼기와 유사한 한글명은 17세기경부터 나타나며 그 이전에는 한자명 '苦菜'(고채)와 '苦茶'(고도)가 널리 사용되었는데, 특히 '苦茶'(고도)는 『시경』이나 『이아』와 같은 우리나라에서도 널리 보던 중국 문헌에 등장하는 이름이다.[437] 『월인석보』는 '식물이 뿌리를 내리다'를 '박다'라고 표현했으므로 뿌리를 약용이나 식용한 것에 비추어 '박'(박다)과 '이'(명사화 접미사)로 이해할 수 있다. 한편 『동의보감』은 고들빼기와는 어형이 다소 상이한 '고즛바기'라는 이름을 기록했는데, '고'(苦)와 '즛'(그런 상태, 성질에 가까움을 나타내는 옛말)[438]와 '바기'의 합성어로 쓴맛이 강한 식물이라는 뜻으로 추론된다.

속명 *Crepidiastrum*은 *Crepis*(그리스어로 '장화'를 의미하는데 나도민들레속의 속명이기도 함)와 *astrum*(열등함, 불완전하게 비슷한)의 합성어로 나도민들레속과 비슷하다는 뜻이며 고들빼기속을 일컫는다. 종소명 *sonchifolium*은 '*Sonchus*(방가지똥속)와 유사한 잎의'라는 뜻으로 잎의 모양에서 유래했다.

다른이름　씬나물/고들박이(정태현 외, 1942), 참꼬들빽이(박만규, 1949), 애기벋줄씀바귀/참꼬들빼기(안학수·이춘녕, 1963), 빗치개씀바귀(리종오, 1964), 좀고들빼기(이영노, 1996), 좀두메고들빼기(이우철, 1996b), 비치개씀바귀(임록재 외, 1996), 고들빼기씬나물(리용재 외, 2011)

---

435 이러한 견해로 이우철(2005), p.74; 유기억(2018), p.68; 김종원(2013), p.213 참조. 다만 김종원은 만주에서 고돌채(苦㮈菜)라고 표기한 것이 고들빼기의 유래라고 해설하고 있으나, 『한조식물명칭사전』(1982), p.360에서 언급된 고들빼기의 한자 표현은 苦荬菜(고매채)이므로 고돌채에서 고들빼기가 유래했다는 취지의 기술은 오류로 이해된다. 한편 『명물기략』(1870)은 "苦菜고치 俗言苦茶 轉訓 고독바기"(고채는 고도라고도 하는데 이것이 '고독바기'가 되었다)라고 기록했다.

436 이에 대해서는 『조선산야생식용식물』(1942), p.210과 『한국의 민속식물』(2017), p.1157 참조.

437 중국의 『본초강목』(1596)은 "苦茶以味名也. 經歷冬春 故曰游冬"(고도는 맛으로 이름 지어졌다. 겨울과 봄을 나기 때문에 유동이라 한다)이라고 기록했다.

438 '즛'를 위와 같은 뜻에서 사용한 것으로 『우마양저염역병치료방』(1541)의 '높즛시'(높직이)와 『소학언해』(1588)의 '누즛시'(나직이) 등이 있다. 한편 『동의보감』(1613)에는 쓴 것이라는 뜻의 '苦者'(고자)라는 한자 표현이 다수 등장하는데, '고즛바기'의 '고즛'은 쓴 것이라는 한자어의 표기일 수도 있다.

苦菜/고즛바기/遊冬(동의보감, 1613), 고들바기(청구영언, 1728), 古㐎朴(일성록, 1796), 苦菜/고돌비(재물보, 1798), 苦菜/고돌비/苦苣/野苣/苦蕒(광재물보, 19세기 초), 苦菜/고돌비/苦苣/野苣(물명고, 1824), 苦菜/고치/苦菜/고독바기/쇠기ᄂ물/苦苣/싀화/졋나무(명물기략, 1870), 고들박이(농가월령가, 1876), 고들싸귀/董蕬(한불자전, 1880), 고들쌕이/茶(국한회어, 1895), 쇠들박이/고돌쌩이/쇠돌쌕이/고독배기(조선구전민요집, 1933), 고들빼기(조선어표준말모음, 1936)[439]

중국명 尖裂假还阳参(jian lie jia huan yang shen)은 잎이 첨열(尖裂)하는 가환양삼(假還陽參: 갯고들빼기의 중국명)이라는 뜻이며, 苦荬菜(고매채)라 불리기도 한다. 한편 가환양삼(假還陽參)은 환양삼(還陽參: *Crepis rigescens*, 나도민들레속의 일종)을 닮았다는 뜻이다. 일본명 テウセンヤクシサウ(朝鮮藥師草)는 한반도(朝鮮)에 분포하는 이고들빼기(ヤクシサウ)라는 뜻이다.

[북한명] 비치개씀바귀/고들·빼기신나물[440] [유사어] 고거(苦苣), 고매(苦蕒), 고채(苦菜), 야거(野苣), 황화채(黃花菜) [지방명] 고돌개/고돌삐/고둘개/고들배기/고들삐/고들삐귀/고지빼기/꼬들빠구/꼬들빠기/꼬들빼기(강원), 갓/고돌개/고돌빼이/고돌뺑이/고두재/고둘개/고둘빠구/고둘·빼기/고둘삐/고둘펭이/고들바우/고들배이/고들빠구/고들빠기/고들빼/고들빼이/고들뺑이/고들뻐이기/고들삐/고들파기/고지빼기/꼬들뺑이/소리쟁이(경기), 고달빼이/고돌개/고돌빼기/고두빼기/고둘개/고들빼/고들빼이/고지빼기/꼬돌·빼기/꼬돌·빼미/꼬둘·빼기/꼬들빼/꼬들·빼기/꼬들뺑이/꼰돌뱅이/신내이/쓰분내이/쓴내이/쓴냉이/씬나물/언들빼기/오돌배기/온돌빼기/쪼바리(경남), 고돌개/고둘개/고들깨/고들빠구/고들·빼구/고지끼/고지빼기/곤드빼기/곤들배기/곤들·빼기/곤들빼이/꼬들·빼기/꼬지깨/꼰들개/무꾸나물/사랭이/서우세/씬내이/씬방구(경북), 고돌개/고둘개/고들빠기/고들·빠우/고들·빼끼/고들·뺑이/고뜰빠우/고지빼기/꼬돌패기/꼬두배기/꼬둘·빼기/꼬들배기/꼬들빠구/꼬들·빠우/꼬들·빼기/끌배기/사랑무리/씸바구/왕고들빼기(전남), 고돌개/고돌·빼기/고둘개/고지빼기/곤들·빼기/꼰들·빼기/씨앗똥/토끼풀(전북), 돗새(제주), 고돌개/고돌배기/고둘개/고들갱이/고들바귀/고들바위/고들·빠구/고들빠기/고들빼기/고들빼이/고지빼기/꼬돌·빼기/꼬두배기/꼬둘·빼기/꼬들·빠구/꼬들·빼기/꼰들·빼기(충남), 고돌개/고돌·뺑이/고둘개/고들·뺑이/고들삐/고지빼기/곤둘·빼기/곤들·빼기/꼬돌개/꼬돌·빼기/꼬들끼/꼬들삐/쐬똥(충북)

---

439 『조선의 구황식물』(1919)은 '고들쎄'를 기록했으며 『조선어사전』(1920)은 '苦菜(고치), 遊冬(유동), 씀바귀, 고들싸기, 고잣바기'를, 『조선식물명휘』(1922)는 '고들·쌕이(救)'를, 『선명대화명지부』(1934)는 '고들·쌕이'를 기록했다.

440 북한에서는 *Ixeris sonchifolia*를 '비치개씀바귀'로, *Latuca bungeana*를 '고들빼기신나물'로 하여 별도 분류하고 있다. 이에 대해서는 리용재 외(2011), p.189, 196 참조.

Lactuca chelidoniifolia *Makino*　クサノワウバノノゲシ
Ĝachi-godúlbaegi　까치고들빼기

까치고들빼기〈*Crepidiastrum chelidoniifolium* (Makino) Pak & Kawano(1992)〉

까치고들빼기라는 이름은 잎의 갈라진 모양과 열매를 맺을 때 갓털이 흰색이 되는 모양이 까치(鵲)를 연상시키는 고들빼기라는 뜻에서 붙여진 것으로 추정한다. 어린잎을 식용했다.[441] 『조선식물향명집』에서 전통 명칭 '고들빼기'를 기본으로 하고 식물의 형태적 특징을 나타내는 '까치'를 추가해 신칭했다.[442]

속명 *Crepidiastrum*은 *Crepis*(그리스어로 '장화'를 의미하는데 나도민들레속의 속명이기도 함)와 *astrum*(열등함, 불완전하게 비슷한)의 합성어로 나도민들레속과 비슷하다는 뜻이며 고들빼기속을 일컫는다. 종소명 *chelidoniifolium*은 '*Chelidonium*(애기똥풀속)과 유사한 잎'이라는 뜻이다.

다른이름　까치고들빽이(박만규, 1949)

중국/일본명　중국명 少花假还阳参(shao hua jia huan yang shen)은 꽃이 적게 달리는 가환양삼(假還陽參: 갯고들빼기의 중국명)이라는 뜻이다. 일본명 クサノワウバノノゲシ(草の黄葉の野芥子)는 애기똥풀(クサノワウ)의 잎을 닮은 방가지똥(ノゲシ)이라는 뜻이다.

참고　[북한명] 까치고들빼기

Lactuca chinensis *Makino*　タカサゴサウ
Sŏn-ssŭmbagwe　선씀바귀

선씀바귀〈*Ixeris strigosa* (H.Lév. & Vaniot) J.H.Pak & Kawano(1992)〉[443]

선씀바귀라는 이름은 식용하는 뿌리잎의 모습이 씀바귀에 비해 곧추선다는 뜻에서 붙여졌다. 뿌리와 어린잎을 식용했다.[444] 『조선식물향명집』에서 전통 명칭 '씀바귀'를 기본으로 하고 식물의 형

---

441 이에 대해서는 『한국식물도감(하권 초본부)』(1956), p.749 참조.

442 이에 대해서는 『조선식물향명집』, 색인 p.30과 이덕봉(1937), p.12 참조.

443 '국가표준식물목록'(2018)은 선씀바귀의 학명을 본문과 같이 기재하고 있으나, 『장진성 식물목록』(2014)은 노랑선씀바귀〈*Ixeris chinensis* (Thunb. ex Thunb.) Nakai(1920)〉에 통합하고 '중국식물지'(2018)는 학명을 *Ixeris chinensis* var. *strigosa* Ohwi(1953)로 하여 변종으로 분류하고 있으므로 주의가 필요하다.

444 이에 대해서는 『한국식물도감(하권 초본부)』(1956), p.746과 『한국의 민속식물』(2017), p.1189 참조.

태적 특징을 나타내는 '선'을 추가해 신칭했다.[445] 한편 선쓴바
귀에서 '선'을 맞이 쓰다는 의미의 '쓴'이나 한자 '산(山)'에서
변화된 것으로 보는 견해가 있으나,[446] '선'이 그런 의미로 사용
된 사례를 발견하기 어려워 타당성은 의문스럽다.

　속명 *Ixeris*는 쓴바귀 유사식물에 대한 인디언 이름에서 유
래했다고 하지만 정확한 어원은 알려져 있지 않으며 선쓴바귀
속을 일컫는다. 종소명 *strigosa*는 '단단하고 예리한 면의'라
는 뜻이다

다른이름　자주쓴바귀(박만규, 1949), 선쓴바귀(이영노·주상우,
1956), 선서라구/쓴쓴바귀(한진건 외, 1982)[447]

중국/일본명　중국명 光滑苦荬(guang hua ku mai)는 윤이 나는
고매채(苦荬菜: 벌쓴바귀의 중국명)라는 뜻으로, 꽃과 잎의 표면에 윤기가 도는 것에서 유래한 것으
로 보인다. 일본명 タカサゴサウ(高砂草)는 흰 꽃으로 피어 서 있는 모습이 タカサゴ(高砂: 일본 전통
노래 중의 하나로 다정한 노부부의 전설을 다루고 있음)를 연상시킨다는 뜻이다.

참고　[북한명] 선쓴바귀 [지방명] 가새쓴배/쏙새나물/쓴바구/쓴바귀/쓴배/쓴배귀/씬바구(경기), 가
새노물/쓴노물/씬노물(전남), 가새싸랭이/가새씬나물(전북), 쏙새/쓴나물/쓴바구/쓴바구이(충남), 사
쿠리/속새/쓴냉이/쓴바귀/쓴바구/쓴바귀/쓴배귀/씬나물/칼속새/칼속쇠(충북), 소토지/쇠톨지/쇠투
르기/쇠투리(함북)

Lactuca debilis *Bentham*　　チシバリ(ツルニガナ)
Bŏdŭn-ssumbagwe　벋은쓴바귀

벋음쓴바귀⟨*Ixeris debilis* (Thunb.) A.Gray(1859)⟩
벋음쓴바귀라는 이름은 줄기를 벋는 쓴바귀라는 뜻에서 유래했다.[448] 땅속줄기가 옆으로 길게 벋
고 마디에서 잎이 나와 번식하는 특징이 있으며, 뿌리와 어린잎을 식용했다.[449] 『조선식물향명집』

445 이에 대해서는 『조선식물향명집』, 색인 p.41과 이덕봉(1937), p.12 참조.
446 이러한 견해로 김종원(2013), p.500 참조. 김종원(2016), p.477은 종래의 견해에 추가하여 학명 *strigosa*에서 실마리를 찾
　　은 것으로 줄기나 꽃차례가 똑바로 선다는 뜻에서 유래했다고 주장하고 있으나, *strigosa*라는 학명은 『조선식물향명집』
　　이 저술될 당시에는 사용된 것이 아니므로 타당성은 의문스럽다.
447 『조선의 구황식물』(1919)은 '밈돌네(水原), 씹미(龍仁), 씬바구(江原), 기셰툴(吉州), 씨미똥(原州)'을 기록했으며 『조선식물명
　　휘』(1922)는 '尖刀子草, 山苦荬, 밈들네, 숨바구(救)'를, 『선명대화명지부』(1934)는 '듬박, 쓴나물, 밈들네, 슴바구'를, 『조선
　　의산과와산채』(1935)는 '밈둘네'를 기록했다.
448 이러한 견해로 이우철(2005), p.272 참조.
449 이에 대해서는 『한국식물도감(하권 초본부)』(1956), p.747과 『한국의 민속식물』(2017), p.1186 참조.

에서는 전통 명칭 '씀바귀'를 기본으로 하고 식물의 형태적 특징을 나타내는 '벋은'을 추가해 '벋은씀바귀'를 신칭했으나,[450] 『한국식물도감(하권 초본부)』에서 '벋음씀바귀'로 개칭해 현재에 이르고 있다.

속명 *Ixeris*는 씀바귀 유사식물에 대한 인디언 이름에서 유래했다고 하지만 정확한 어원은 알려져 있지 않으며 선씀바귀속을 일컫는다. 종소명 *debilis*는 '약소한, 연약한'이라는 뜻이다.

다른이름 벋은씀바귀(정태현 외, 1937), 큰덩굴씀바기(박만규, 1949), 뻗을씀바귀(정태현 외, 1949), 벋줄씀바귀(안학수·이춘녕, 1963), 뻗은씀바귀(도봉섭 외, 1957), 덩굴씀바귀(박만규, 1974), 해변씀바귀(한진건 외, 1982), 벌줄씀바귀(리용재 외, 2011)

옛이름 剪刀股(임원경제지, 1842), 버들씀배귀(동아일보, 1936)[451]

중국/일본명 중국명 剪刀股(jian dao gu)는 가위의 날이라는 뜻으로 잎의 모양을 비유한 것으로 보인다. 일본명 ヂシバリ(地縛り) 또는 ツルニガナ(蔓苦菜)는 땅에 얽혀서 자라거나 덩굴로 자라는 씀바귀(ニガナ)라는 뜻으로, 땅속줄기로 번식하는 것과 관련한 이름이다.

참고 [북한명] 뻗은씀바귀 [유사어] 전도고(剪刀股) [지방명] 고들빼기/벋음씀바구/사랑귀/사랑부리/사랑뿌리/싸랑구리/싸랑부리/싸랑불/싸랑불이/싸랑뿌리/한림초(전남), 머슴둘레/싸랑구리/싸랑부리(전북), 씀바구/씀바귀/씀바우(충남)

Lactuca dentata *Makino* ニガナ
Ŝumbagwe 씀바귀

씀바귀〈*Ixeridium dentatum* (Thunb.) Tzvelev(1964)〉

씀바귀라는 이름은 식물체에서 쓴맛이 강하게 나는 것에서 유래했다.[452] 전초에서 매우 쓴 맛이 나며, 예부터 뿌리와 잎을 약용하거나 식용했다.[453] 씀바귀는 『동문유해』에 나타나는 '씀바괴'가 어원으로, '쓰'(苦, 쓰다)와 'ㄴ'(관형사형 어미)과 '바괴'(박혀 있다는 뜻)가 합쳐져 쓴맛이 난다는 뜻이

---

450 이에 대해서는 『조선식물향명집』, 색인 p.38과 이덕봉(1937), p.12 참조.
451 『조선의 구황식물』(1919)은 '씀비, 듬박, 씬나물(忠北), 剪刀股'를 기록했으며 『조선식물명휘』(1922)는 '剪刀股, 듬박, 씸비(救)'를, 『선명대화명지부』(1934)는 '듬박, 씬나물, 씸배'를 기록했다.
452 이러한 견해로 김민수(1997), p.674; 허북구·박석근(2008a), p.146; 김양진(2011), p.78; 김경희 외(2014), p.107; 김종원(2013), p.501 참조. 한편 김양진은 옛말 '바괴'를 바구니(籠)의 뜻으로 해석하고 있으나, 바구니의 옛말은 '바고ㅣ'이므로 타당하지 않은 것으로 보인다.
453 이에 대해서는 『조선산야생약용식물』(1936), p.239와 『조선산야생식용식물』(1942), p.211 참조.

다. 쓴바괴→쓴바괴→쓴박위→쓴바귀로 변화한 것으로 이
해되고 있다.[454] 옛 문헌에 기록된 한자명 '苦菜'(고채)가 어떤 식
물을 가리키는지는 분명하지 않은데, 『동문유해』와 『오주연
문장전산고』는 '쓴바귀'를 뜻하는 것으로 기록했지만, 『동의
보감』은 한글명을 '고즛비기'(고들빼기)라고 기록하기도 했다.
중국의 『본초강목』은 '苦菜'(고채)에 대한 별칭으로 '荼'(도), '苦
苣'(고거) 및 '苦蕒'(고매)를 함께 기록했는데, 현재 '중국식물지'는
'苦苣菜'(고거채)를 방가지똥(Sonchus oleraceus)을 일컫는 이름
으로 보고 있다. 우리의 옛 문헌에서는 '苦苣'(고거)를 고유어로
'싀화'라고 했는데, 정확히 어떤 식물을 가리키는지와 더불어
그 정확한 뜻도 알려져 있지 않다.[455]

속명 *Ixeridium*은 *Ixeris*(선쓴바귀속)와 유사하다는 의미로 쓴바귀속을 일컫는다. 종소명
*dentatum*은 '톱니의, 이빨 모양의'라는 뜻이다.

다른이름 씸배/씬나물(정태현 외, 1936), 씸배나물/씸바귀(정태현 외, 1942), 쓴바기(박만규, 1949), 쓴귀
물/싸랑부리(안학수·이춘녕, 1963), 꽃쓴바귀/흰쓴바귀(이창복, 1969b)

옛이름 苦苣/愁伊花(향약집성방, 1433),[456] 苦苣/싀화(구급간이방언해, 1489), 苦苣/싀화(사성통해,
1517), 西土里菜/셔투리ᄂᆞᆯ(구황촬요, 1554),[457] 荼/싀화(시경언해, 1613), 苦苣/싀화/野苣/褊苣(동의보감,
1613), 苦苣/쓴바괴(동문유해, 1748), 曲麻菜/쓴바괴(한청문감, 1779), 黃瓜菜/쓴비(재물보, 1798), 黃花菜/
쓴바귀/黃瓜菜(광재물보, 19세기 초), 黃花菜/쓴비/黃瓜菜(물명고, 1824), 苦菜/徐音朴塊(오주연문장전산
고, 185?), 苦菜/쓴박위(자류주석, 1856), 苦菜/쓴바괴(의휘, 1871), 쓴바괴(농가월령가, 1876), 사라귀/쓴
바귀/苦菜(한불자전, 1880), 苦菜/荼/쓴바귀/싀화(자전석요, 1909), 大苦/쓴박이(신자전, 1915), 苦菜/쓴
나믈/烏頭(의서옥편, 1921), 쓴바귀(조선구전민요집, 1933), 쓴바귀/씸배/시화/苦苣/싀화(조선어표준말모
음, 1936)[458]

---

454 김민수(1997), p.674는 '바괴'를 어원 미상으로 보고 있으나, 『월인석보』(1459)는 '식물이 뿌리를 내리다'를 '박다'라고 표
　현하고 있으므로 뿌리를 약용이나 식용한 것에 비추어 '박'(박다)과 '괴/외'(명사화 접미사)로 이해할 수 있을 것으로 보인다.
　이에 대해서는 보다 자세한 어원학적 연구가 필요하다.
455 이를 쓴바귀의 아종으로 분류되는 가새쓴바귀<*Ixeris chinensis* subsp. *versicolor* (Fisch.) Kitam.(1935)>로 보는 견해
　로 『신대역』 동의보감』(2012), p.1974 참조. 한편 국립국어원, '표준국어대사전' 중 '시화'(싀화)는 제스네리아과의 여러해살
　이풀로 보고 있다.
456 『향약집성방』(1433)의 차자(借字) '愁伊花'(수이화)에 대해 남풍현(1999), p.183은 '쉬화'의 표기로 보고 있으며, 손병태(1996),
　p.76은 '싀화'의 표기로 보고 있다.
457 이광호(2013), p.298은 『구황촬요』(1554)에 기록된 '셔투리ᄂᆞᆯ'을 쓴바귀로 보고 있다. 『구황촬요』는 함경도에 나는 구황
　식물로 기록했는데, 현재의 방언 조사에서도 이와 유사한 형태의 이름이 발견되고 있다.
458 『조선의 구황식물』(1919)은 '씸비, 씸박위'를 기록했으며 『조선어사전』(1920)은 '苦菜(고치), 遊冬(유동), 쓴바귀, 고들싸기,
　고갓바기'를, 『조선식물명휘』(1922)는 '黃瓜菜, 씸비(救)'를, 『토명대조선만식물자휘』(1932)는 '[黃瓜菜]황과치'를, 『선명대화

중국/일본명 중국명 小苦荬(xiao ku mai)는 식물체가 작은 고매채(苦蕒菜: 벌씀바귀의 중국명)라는 뜻이다. 일본명 ニガナ(苦菜)는 쓴맛(ニガミ)이 나는 나물이라는 뜻이다.

참고 [북한명] 씀바귀 [유사어] 고채(苦菜), 도채(茶菜), 유동(遊冬), 황과채(黃瓜菜), 황화채(黃花菜) [지방명] 개세투리/속새/속재/심방구/심방우/썩새/썬새/쏙새/쏙쌔/쐬/쓰금벵이/씀바구/씀바구니/씀바기/씀바우/씀배귀/씨갱이/씨괭이/씸바구/씸방구/씸배기/씸버귀(강원), 개세투리/논두렁씀배/선나물/심배기/쏙새/씀바구/씀바기/씀바퀴/씬나물/씸바귀/씸바기/씸배(경기), 바깔/사래이/신내이/씀바구/썬나물/씨게이/씬나이/씬너물/씸너물/씹은나물/젖내이/흰씬냉이(경남), 밥싸레이/사랑우/사래이/서구새/서부새/속새/숨바구/습바구/습바꾸/시바구/신나물/신내이/신냉이/써구새/쑤구새/쓴냉이/씀바구/씨나물/씬나물/씬내이/씸바구/씸바귀/씸바우/젖대(경북), 가새싸랑부리/머슴둘레/사랑부리/서구/싸랑구리/싸랑부리/쓴노물/씀바구/씀바기/씀바우/씀바키/씀배기/씀부기/씬나물/씬노물/씬밥통/씸바구/씸바귀/씸바기/씽개/토끼풀(전남), 노란씀바귀/머슴둘레/신너멀/싸랑구리/싸랑부리/싸랑이/쓴나물/쓴냉이/쓴노물/씀바구/씀바구리/씀바우/씀바뀌/씀바퀴/씀배기/씀배지/씬나물/씬냉이/씬너멀/씬바구/흰씀바귀(전북), 두믈레기/취(제주), 심바구/씀바구/씀배기/씸바귀/씸배기(충남), 속새/쇄치/신나물/씀바구/씬나물/씸배/씸배구/지침개(충북), 금배채/씀바구/씀배(평안), 세투리(함남), 세투리/소투리/쉐투리(함북)

Lactuca denticulata *Maximowicz*   ヤクシサウ
Ni-godúlbaegi   니고들빼기

이고들빼기〈*Crepidiastrum denticulatum* (Houtt.) Pak & Kawano(1992)〉

이고들빼기라는 이름은 혀꽃의 꽃잎 끝이 갈라진 모습이 사람의 이(齒)처럼 생긴 것에서 유래했다.[459] 어린잎을 식용했다.[460] 『조선식물향명집』에서는 전통 명칭 '고들빼기'를 기본으로 하고 식물의 형태적 특징과 학명에 착안한 '니'를 추가해 '니고들빼기'를 신칭했으나,[461] 『조선식물명집』에서 맞춤법에 따라 '이고들빼기'로 개칭해 현재에 이르고 있다. 북한에서는 이고들빼기를 '고들빼기'라고 부르고 있다.

속명 *Crepidiastrum*은 *Crepis*(그리스어로 '장화'를 의미하는데 나도민들레속의 속명이기도 함)와 *astrum*(열등함, 불완전하게 비슷한)의 합성어로 나도민들레속과 비슷하다는 뜻이며 고들빼기속을 일컫는다. 종소명 *denticulatum*은 이빨을 닮았다는 뜻에서 붙여졌다.

명지부』(1934)는 '듬박, 씰나물, 씸배'를 기록했다.
459 이러한 견해로 김종원(2013), p.212 참조.
460 이에 대해서는 『한국식물도감(하권 초본부)』(1956), p.750과 『한국의 민속식물』(2017), p.1156 참조.
461 이에 대해서는 『조선식물향명집』, 색인 p.34와 이덕봉(1937), p.12 참조.

다른이름 니고들빼기(정태현 외, 1937), 꼬들빽이(박만규, 1949), 매채나물(정태현, 1956), 고들빼기/깃고들빼기/꽃고들빼기(안학수·이춘녕, 1963), 강화이고들빼기(이창복, 1969b)[462]

중국/일본명 중국명 黄瓜假还阳参(huang gua jia huan yang shen)은 꽃봉오리가 오이(黄瓜)를 닮은 가환양삼(假還陽參: 갯고들빼기의 중국명)이라는 뜻이다. 일본명 ヤクシサウ(藥師草)는 로제트형 잎이 약사여래(藥師如來)의 광배(光背)를 닮았다는 뜻에서 유래했다고 보는 견해가 있으나 정확한 어원은 알려져 있지 않다.

참고 [북한명] 고들빼기 [유사어] 고매채(苦蕒菜), 약사초(藥師草), 황화채(黃花菜) [지방명] 고들빼기(경기), 고들삐(충북)

Lactuca laciniata *Makino*   アキノノゲシ
Waṅg-godûlbaegi   왕고들빼기

왕고들빼기〈*Lactuca indica* L.(1771)〉

왕고들빼기라는 이름은 식물체가 큰 고들빼기라는 뜻에서 붙여졌다.[463] 높이가 2m가량까지 자라며, 어린잎을 식용한다.[464] 『조선식물향명집』에서 전통 명칭 '고들빼기'를 기본으로 하고 식물의 형태적 특징을 나타내는 '왕'을 추가해 신칭했다.[465]

속명 *Lactuca*는 라틴어 *lac*(우유, 젖, 유액), *lacteus*(우유의, 우유가 가득한, 유백색의)가 어원으로 식물체에서 유백색 즙이 나오는 것에서 유래했으며 왕고들빼기속을 일컫는다. 종소명 *indica*는 '인도의'라는 뜻으로 발견지 또는 분포지를 나타낸다.

다른이름 수애똥/방가지똥(정태현 외, 1942)

옛이름 毒菜苣(선한약물학, 1931)[466]

중국/일본명 중국명 翅果菊(chi guo ju)는 열매에 날개가 있는 국화(菊)라는 뜻이다. 일본명 アキノノゲ

---

462 『조선어사전』(1920)은 '苦苣(고거), 苦蕒(고미), 野苣(야거), 褊苣(편거), 싀화'를 기록했으며 『조선식물명휘』(1922)는 '苦蕒菜, 黃花菜, 苦蕒蔴'를, Crane(1931)은 '고매채'를, 『토명대조선만식물자휘』(1932)는 '[苦苣]고거, [野苣]야거, [褊苣]편거, [싀화]'를 기록했다.

463 이러한 견해로 이우철(2005), p.408; 김경희 외(2014), p.87; 김종원(2013), p.185 참조.

464 이에 대해서는 『조선산야생식용식물』(1942), p.211과 『한국의 민속식물』(2017), p.1193 참조.

465 이에 대해서는 『조선식물향명집』, 색인 p.44와 이덕봉(1937), p.12 참조.

466 『조선식물명휘』(1922)는 '고들쌩이(救)'를 기록했으며 『선명대화명지부』(1934)는 '고들쌩이'를, 『조선의산과와산채』(1935)는 '山萵苣, 고들쌩이'를 기록했다.

シ(秋の野芥子)는 가을에 피는 방가지똥(ノゲシ)이라는 뜻이다.

[북한명] 왕고들빼기 [유사어] 고채(苦菜) [지방명] 노루밥쟁이/방가지나물/수애취/수에/쓴냉이/토끼풀(강원), 반가지싹/방가지싹/쇠똥/시아똥/썩새/씀바구/씀바귀/씨앗똥/토끼나물(경기), 사래이/사렝이/씨아똥/씬내이/씬냉이/토끼풀(경남), 곤들빼기/빵구라지/빵구티/불꼬들지/사랑구/사래이/쇠똥나물/수애/수애똥/수애추/수애취/수예취/신나물/신냉이/싸랑구/쓴나물/왕씀바귀/토끼쌀밥/토끼풀(경북), 고들빼기/모싯잎풀레/쇠똥/싸랑부레/쓴바디/쓴밭/씀바구/씀바귀/씀바기/씀배기/씨앗이똥/씬노물/씸바구/토끼풀(전남), 꼬들빼이/새똥/색똥나물/쇠똥/싸랑부리/쓴냉이/씀바구/씀바귀/씀바기/씨갓똥/씨앗동/씨앗똥/토끼밥/토끼풀(전북), 돗쇠/돗수애/두물레기/수애/승애/토끼풀(제주), 꼬들빠구/꼬들빼기/때똥풀/쇠똥/쇠똥나물/시아똥/쓴나물/씀바귀/황새나물(충남), 새똥나물/새밥나물/쇠똥/쇠똥나물/수왜/쌔똥/왕고들삐(충북)

Lactuca Matsumurae *Makino*　ノニガナ
Bŏl-ŝumbagwe　벌씀바귀

벌씀바귀 ⟨*Ixeris polycephala* Cass.(1822)⟩

벌씀바귀라는 이름은 벌판에서 자라는 씀바귀라는 뜻에서 붙여졌다.[467] 줄기와 어린잎을 식용했으며,[468] 식물분류학 도입 이전에는 씀바귀(씸박위)라는 이름으로 불렸던 것으로 보인다. 『조선식물향명집』에서 전통 명칭 '씀바귀'를 기본으로 하고 식물의 산지(産地)를 나타내는 '벌'을 추가해 신칭했다.[469]

　　속명 *Ixeris*는 씀바귀 유사식물에 대한 인디언 이름에서 유래했다고 하지만 정확한 어원은 알려져 있지 않으며 선씀바귀속을 일컫는다. 종소명 *polycephala*는 '다두(多頭)의'라는 뜻으로 여러 개의 꽃차례가 달리는 것에서 유래했다.

벌씀바기(박만규, 1949), 들씀바귀(박만규, 1974)
野苦蕒(수세비결, 1929)[470][471]

중국명 苦蕒菜(ku mai cai)는 쓴맛이 나는 나물이라는 뜻이다. 일본명 ノニガナ(野苦菜)는 들에서 자라는 씀바귀(ニガナ)라는 뜻이다.

[북한명] 벌씀바귀 [유사어] 야고매(野苦蕒) [지방명] 가새나물/가시게사래이/가시게사레이/

---

467 이러한 견해로 이우철(2005), p.273과 김종원(2013), p.195 참조.
468 이에 대해서는 『한국식물도감(하권 초본부)』(1956), p.747과 『한국의 민속식물』(2017), p.1187 참조.
469 이에 대해서는 『조선식물향명집』, 색인 p.38과 이덕봉(1937), p.12 참조.
470 『수세비결』(1929)에 기록된 '野苦蕒'(야고매)는 중국의 『본초강목』(1596)에도 기록된 이름으로 '벌씀바귀'와 뜻에서 유사성이 있는 것으로 보인다.
471 『조선의 구황식물』(1919)은 '씸박위'를 기록했으며 『조선식물명휘』(1922)는 '野苦蕒, 씀바귀(救)'를, 『선명대화명지부』(1934)는 '슴(씀)바귀, 슴박귀, 씸박위'를 기록했다.

칼서구새/칼속새(경북), 싸랑부리(전북), 가새사랭이/가시사랭이(충북)

Lactuca Raddeana *Maximowicz*   ヤマニガナ
San-ŝumbagwe   산씀바귀

산씀바귀〈*Lactuca raddeana* Maxim.(1874)〉

산씀바귀라는 이름은 산에서 자라는 씀바귀라는 뜻에서 붙여졌다.[472] 산과 들에 분포하는 두해살이풀로 뿌리와 어린잎을 식용했다.[473] 『조선식물향명집』에서 전통 명칭 '씀바귀'를 기본으로 하고 식물의 산지(産地)를 나타내는 '산'을 추가해 신칭했다.[474] 당시에는 씀바귀와 같은 속의 식물로 분류했으나 현재는 씀바귀를 씀바귀속(*Ixeridium*)으로 다르게 분류하고 있다.

속명 *Lactuca*는 라틴어 *lac*(우유, 젖, 유액), *lacteus*(우유의, 우유가 가득한, 유백색의)가 어원으로 식물체에서 유백색 즙이 나오는 것에서 유래했으며 왕고들빼기속을 일컫는다. 종소명 *raddeana*는 폴란드에서 출생하여 조지아에 정착한 독일 자연과학자 Gustav Ferdinand Richard Radde(1831~1903)의 이름에서 유래했다.

다른이름 산꼬들백이(박만규, 1949), 산쓴바귀(이영노·주상우, 1956), 산왕고들빼기(리종오, 1964), 산고들빼기(박만규, 1974)[475]

중국/일본명 중국명 毛脉翅果菊(mao mai chi guo ju)는 잎맥에 털이 있는 시과국(翅果菊: 왕고들빼기의 중국명)이라는 뜻이다. 일본명 ヤマニガナ(山苦菜)는 산에서 자라는 씀바귀(ニガナ)라는 뜻이다.

참고 [북한명] 산왕고들빼기 [유사어] 수자원(水紫苑) [지방명] 산고들빼기(강원), 씀바귀(충남), 뫼고들빼기/씀바귀(충북)

Lactuca repens *Bentham*   ハマニガナ
Gaet-ŝumbagwe   갯씀바귀

갯씀바귀〈*Ixeris repens* (L.) A.Gray(1859)〉

갯씀바귀라는 이름은 갯가, 즉 바닷가에 자라는 씀바귀라는 뜻에서 붙여졌다.[476] 해안가 모래사장에서 자라고 땅속줄기가 모래땅 속을 기며 번식한다. 『조선식물향명집』에서 전통 명칭 '씀바귀'

---

472 이러한 견해로 이우철(2005), p.314 참조.
473 이에 대해서는 『한국식물도감(하권 초본부)』(1956), p.751과 『한국의 민속식물』(2017), p.1195 참조.
474 이에 대해서는 『조선식물향명집』, 색인 p.40과 이덕봉(1937), p.13 참조.
475 『조선의 구황식물』(1919)은 '산씸비나물'을 기록했다.
476 이러한 견해로 이우철(2005), p.64 참조.

를 기본으로 하고 식물의 산지(産地)를 나타내는 '갯'을 추가해 신칭했다.[477]

　속명 Ixeris는 씀바귀 유사식물에 대한 인디언 이름에서 유래했다고 하지만 정확한 어원은 알려져 있지 않으며 선씀바귀속을 일컫는다. 종소명 repens는 '포복하는'이라는 뜻으로 땅속줄기가 옆으로 뻗으면서 번식하는 것에서 유래했다.

다른이름　갯씀바귀(박만규, 1949), 개씀바귀(리종오, 1964)

중국/일본명　중국명 沙苦荬菜(sha ku mai cai)는 모래밭에서 자라는 고매채(苦荬菜: 벌씀바귀의 중국명)라는 뜻이다. 일본명 ハマニガナ(浜苦菜)는 해변가에서 자라는 씀바귀(ニガナ)라는 뜻이다.

참고　[북한명] 갯씀바귀

Lactuca sativa Linné　チシヤ
Saengchi　생치(부루)

상추〈Lactuca sativa L.(1753)〉

상추라는 이름은 날로 먹는 채소라는 뜻의 한자명 '生菜'(생채)에서 유래했다.[478] 유럽과 서아시아 원산으로 우리나라에는 중국을 통해 고려 시대 이전에 전래되어 식용 목적으로 재배하고 있다. 18세기 중엽부터 한자명 生菜(생채)에 대한 한글 발음 '싱치'가 문헌에 기록되기 시작했는데,[479] 이것이 싱치→숭치→상치→상추로 변화했고 상추라는 이름이 보편화되어 현재 추천명으로 사용하고 있다. 『향약구급방』에 기록된 향명(鄕名) '紫夫豆'(즈부두)는 흰색 상추라는 뜻의 '白苣'(백거)에 비해 자주색이 강하게 나는 부루(부두)라는 뜻에서 유래한 것으로 이해되고 있다.[480] 옛이름 '부루(부로)'의 뜻은 정확히 알려져 있지 않다. 한자명 千金菜(천금채)는 중국의 수(隋)나라 때 외국 사신으로부터 구매한 상추의 종자 값이 천금처럼 비쌌다는 뜻에서 유래했다.[481] 『조선식물향명집』

---

477 이에 대해서는 이덕봉(1937), p.12 참조. 다만 『조선식물향명집』, 색인 p.31은 신칭한 이름으로 기록하지 않았으므로 주의가 필요하다.

478 이러한 견해로 김무림(1997), p.506; 백문식(2014), p.298; 김종덕·고병희(1999b), p.343; 한태호 외(2006), p.41; 장충덕(2007), p.55; 최창렬(2006), p.59; 이재운 외(2008), p.134 참조.

479 『구급방언해』(1466)의 '싱칭'은 상추를 일컫기보다 날것의 나물이라는 뜻이 강한 것으로 이해된다. 이에 대해서는 장충덕(2007), p.55 참조. 한편 김종원(2013), p.802는 부루라는 고유어를 대신하는 상추 또는 상치라는 명칭은 일제강점기 때에 한자 生菜(생채)를 일본인들이 '싱치' 또는 '상취'로 기록한 것에서 유래한다고 주장하면서 마치 상추라는 이름이 일제의 잔재인 것처럼 설명하고 있으나, 18세기 중엽 무렵에 '生菜'(생채)라는 한자명에서 비롯한 '숭치', '싱치', '상취', '상치' 등의 한글 표현이 보편화된 역사를 고려하지 않은 주장이다.

480 이러한 견해로 남풍현(1981), p.102; 이덕봉(1963), p.38; 김종덕·고병희(1999b), p.345 참조. 다만 『동의보감』(1613)은 "性味功用同萵苣 其形亦相似而白毛"(성질과 맛, 효능은 상추와 같고 그 생김새도 역시 비슷한데 흰 털이 있다)라고 했고, 『향약집성방』(1433)은 '白苣/斜羅夫老'(백거/사라부로)와 '萵苣'(와거)를 다르게 설명하고 있으므로 상추와 유사한 다른 식물을 일컫는 이름일 수도 있으므로 주의가 필요하다.

481 이에 대해서는 한치윤(1765~1814)이 저술한 『해동역사』(1841) 중 '萵苣'(와거) 참조.

은 '생치'로 기록했으나 『우리나라 식물명감』에서 '상추'로 개칭해 현재에 이르고 있다.

속명 *Lactuca*는 라틴어 *lac*(우유, 젖, 유액), *lacteus*(우유의, 우유가 가득한, 유백색의)가 어원으로 식물체에서 유백색 즙이 나오는 것에서 유래했으며 왕고들빼기속을 일컫는다. 종소명 *sativa*는 '재배하는, 경작하는'이라는 뜻으로 재배종임을 나타낸다.

다른이름 생치/부루(정태현 외, 1937), 생추(박만규, 1949), 상치(이창복, 1969b), 대부루(한진건 외, 1982)

옛이름 萵苣/紫夫豆菜/紫夫豆(향약구급방, 1236),⁴⁸² 萵苣/부루/生菜/싱칭(구급방언해, 1466), 生菜/부루/菜(분류두공부시언해, 1481), 萵苣/부루/靑菜/生菜(구급간이방언해, 1489), 萵苣/부루(사성통해, 1517), 萵苣/부루/靑菜/生菜(훈몽자회, 1527), 萵苣/부튜(언해구급방, 1608), 萵苣/부루(언해태산집요, 1608), 萵苣/부루(동의보감, 1613), 萵苣/부로(박통사언해, 1677), 萵苣菜/부로(역어유해, 1690), 萵苣/부로(산림경제, 1715), 生菜/승치(동문유해, 1748), 萵苣/부룻동(급유방, 1749), 生菜/싱치(몽어유해, 1768), 萵苣菜/부로(방언집석, 1778), 萵苣菜/부로(한청문감, 1779), 萵/부루(왜어유해, 1782), 萵苣/阜蘆/萵菜/千金菜(본사, 1787), 萵苣/부루(재물보, 1798), 萵苣/부룻동(제중신편, 1799), 萵苣/부루(물보, 1802), 萵苣/부루/샹취/萵菜/千金菜(광재물보, 19세기 초), 상치닙/와거닙(규합총서, 1809), 靑菜/샹칙/生菜/萵苣(몽유편, 1810), 萵苣/부로/千金菜(물명고, 1824), 萵苣/샹취/부루/萵菜/千金菜(농정회요, 183?), 萵苣/부루(해동역사, 1841), 萵苣/부루(자류주석, 1856), 萵苣/샹취(의종손익, 1868), 萵苣/샹치/부로/千金菜(명물기략, 1870), 萵苣/샹치/부루(의휘, 1871), 萵苣/부루(녹효방, 1873), 상치(농가월령가, 1876), 샹치/샹취/부루/生菜(한불자전, 1880), 萵/샹취(방약합편, 1884), 萵/샹치(한영자전, 1890), 生菜/샹치(박물신서, 19세기), 生菜/싱치(일용비람기, 연대미상), 萵苣/불우(아학편, 1908), 萵苣/샹취/부루(신자전, 1915), 萵苣/부루(의서옥편, 1921), 상추(조선구전민요집, 1933), 상치/상추/샹취/생치/생취/부루(조선어표준말모음, 1936)⁴⁸³

중국/일본명 중국명 萵苣(wo ju)는 히말라야산맥 아래에 있었던 괘국(咼國)에서 전래된 것으로 다발로 자라는 풀이라는 뜻이다.⁴⁸⁴ 일본명 チシヤ(萵苣)는 한자명 '萵苣(와거)'를 훈독한 것이다.

참고 [북한명] 부루 [유사어] 백거(白苣), 와거(萵苣), 천금채(千金菜) [지방명] 부루/부추/분추/불구/불기/생초/생추/풀기(강원), 부루/상초/상췌/상치(경기), 부상추/불상추/상초/쌍추/조선상추/푸상추/풀상추(경남), 부루/부리/비리/삼추/상채/상초/생초(경북), 단장초/상초/상치/송추(전남), 상초(전북), 부루/브루/상치(제주), 부래/부루/부룻/생치/쌍치(충남), 상취(충북), 불그/붉(함남), 붉/생치(함북)

---

482 『향약구급방』(1236)의 차자(借字) '紫夫豆菜/紫夫豆'(자부두채/자부두)에 대해 남풍현(1981), p.102는 'ᄌᆞ부두ᄂᆞ물/ᄌᆞ부두'의 표기로 보고 있으며, 손병태(1996), p.76은 'ᄌᆞ부두ᄂᆞ물/ᄌᆞ부두'의 표기로, 이덕봉(1963), p.38은 'ᄌᆞ부두'의 표기로 보고 있다.

483 『조선어사전』(1920)은 '萵苣(와거), 萵苣子(와거ᄌᆞ), 부루, 생치, 상취'를 기록했으며 『조선식물명휘』(1922)는 '萵苣, 苣, 生菜, 萵笋, 싱치(食)'를, 『토명대조선만식물자회』(1932)는 '[萵苣]와거, [香蔬]향소, [香菜]향치, [生菜]싱치, [상취], [생치], [부루(나물]'을, 『선명대화명지부』(1934)는 '부룻, 부룽, 상추, 생치'를 기록했다.

484 중국의 『본초강목』(1596)은 "萵菜自咼國來 故名"(와채는 괘국에서 전래되어 이름 지어졌다)이라고 기록했으며, 중국의 『설문해자』(121)는 "束葦燒 從艸巨聲"(갈대를 불태우기 위해 묶은 것을 말하며 풀의 뜻으로 음은 거이다)이라고 기록했다.

⊗ Leontopodium coreanum *Nakai*   テウセンウスユキサウ
Somdari   솜다리

솜다리〈*Leontopodium coreanum* Nakai(1917)〉

솜다리라는 이름은 '솜'과 '다리'의 합성어로 '솜'은 전체에 황회색의 털이 있는 것에서, '다리'는 꽃이 핀 모양이 예전에 여자들의 머리숱이 많아 보이라고 덧넣었던 딴머리와 비슷하다고 본 것에서 유래했다고 추정한다.[485] 『조선식물향명집』에서 식물의 형태적 특징을 고려해 신칭했다.[486] 『조선산야생식용식물』은 당시 사용하던 조선명으로 국화와 쑥을 닮았다는 뜻의 '과쑥'을 기록했으나 현재의 이름으로 이어지지는 않았다.

  속명 *Leontopodium*은 그리스어 *leon*(사자)과 *podion*(작은 발)의 합성어로, 샘털이 밀생한 포엽상의 잎과 머리모양꽃차례가 사자의 발을 연상시킨다고 하여 붙여졌으며 솜다리속을 일컫는다. 종소명 *coreanum*은 '한국의'라는 뜻으로 주된 분포지를 나타낸다.

다른이름 과쑥(정태현 외, 1942)

중국/일본명 '중국식물지'는 이를 기재하지 않고 있으나 *Leontopodium*(솜다리속) 식물을 부싯깃(火絨)으로 사용하는 풀이란 뜻으로 火绒草(huo rong cao)라 부른다. 일본명 テウセンウスユキサウ(朝鮮薄雪草)는 조선에 분포하는 조금 온 눈(薄雪)을 닮은 식물이라는 뜻이다.

참고 [북한명] 솜다리 [유사어] 아약(蛾藥), 청명초(清明草)

⊗ Ligularia deltoidea *Nakai*   サンカクツハブキ
Sebul-gomchwe   세뿔곰취

긴잎곰취〈*Ligularia jaluensis* Kom.(1901)〉

긴잎곰취라는 이름은 잎이 긴 곰취라는 뜻에서 유래했다.[487] 잎이 세모진모양 또는 삼각상 긴타원모양으로 길게 된다. 어린잎을 식용했다.[488] 『조선식물향명집』에서는 전통 명칭 '곰취'를 기본으로 하고 식물의 형태적 특징을 나타내는 '세뿔'을 추가해 '세뿔곰취'를 신칭했으나,[489] 『조선식물명집』에서 '긴잎곰취'로 개칭해 현재에 이르고 있다.

  속명 *Ligularia*는 라틴어 *ligula*(작은 혀, 작은 검)가 어원으로 혀 모양 꽃잎에서 유래했으며 곰

---

485 이러한 견해로 허북구·박석근(2008a), p.139와 김병기(2013), p.395 참조.
486 이에 대해서는 이덕봉(1937), p.12 참조. 다만 『조선식물향명집』, 색인 p.41은 신칭한 이름으로 기록하지 않았으므로 주의가 필요하다.
487 이러한 견해로 이우철(2005), p.107 참조.
488 이에 대해서는 『한국식물도감(하권 초본부)』(1956), p.715 참조.
489 이에 대해서는 『조선식물향명집』, 색인 p.41과 이덕봉(1937), p.13 참조.

취속을 일컫는다. 종소명 *jaluensis*는 '압록강에 분포하는'이라는 뜻이다.

다른이름 세뿔곰취(정태현 외, 1937), 조선곰취(리종오, 1964)

중국/일본명 중국명 复序橐吾(fu xu tuo wu)는 접총상꽃차례의 탁오(橐吾: 시베리아곰취 또는 곰취속의 중국명)라는 뜻이다. 일본명 サンカクツハブキ(三角石蕗)는 세뿔이 있는 털머위(ツハブキ)라는 뜻이다.

참고 [북한명] 조선곰취/세뿔곰취[490] [지방명] 곤달비(함북)

Ligularia sibirica *Cassini*　ヲタカラカウ
Gomchwe　곰취

곰취〈*Ligularia fischeri* (Ledeb.) Turcz.(1838)〉

곰취라는 이름은 잎이 곰의 발자국을 닮았고 나물(취)로 먹는다는 뜻에서 유래한 것으로 추정한다.[491] 깊은 산에서 자라며 어린잎을 식용했다.[492] 16세기의 한글명 '곰돌외'가 19세기에 이르러 '곰취(곰취)'의 형태로 정착되었다. 『조선식물향명집』에 기록된 '곰취'라는 이름은 직접적으로는 강원도 영월의 방언을 채록한 것이다.[493] 옛 문헌에서 곰취에 대한 한자명을 '熊蔬'(웅소) 또는 '馬蹄菜'(마제채)라고 했는데, 웅소는 곰의 나물이라는 뜻이고 마제채는 말의 발굽을 닮은 채소라는 뜻으로 잎의 모양에서 유래한 이름으로 이해된다. 따라서 이러한 한자명에 비추어볼 때 '곰취'라는 이름은 식용하는 잎의 모양에서 유래한 것으로 이해된다. 『훈몽자회』에 기록된 '곰돌외'라는 이름은 '곰돌비(곰돌ᄫᅵ)'가 어원으로 '곰'은 잎의 모양이 곰의 발바닥과 관련 있다는 뜻이고, '돌비(돌ᄫᅵ)'는 산야에서 자라는 먹을 수 있는 들꽃이라는 뜻의 고유어로 해석된다.[494] 이후 방언형으로 계속 사용되고 현재 곤달비〈*Ligularia stenocephala* (Maxim.) Matsum. & Koidz.(1910)〉를

---

490 북한에서는 *L. jaluensis*를 '조선곰취'로, *L. deltoides*를 '세뿔곰취'로 하여 별도 분류하고 있다. 이에 대해서는 리용재 외(2011), p.204 참조.

491 이러한 견해로 이유미(2013), p.238 참조.

492 이에 대해서는 『조선산야생식용식물』(1942), p.212 참조. 한편 18세기에 저술된 『산림경제』(1715)는 "熊蔬곰돌닉 四月念晦間 蘿上薪時摘葉 去其傷破者 擇精累疊之 少加水漬 磨於木瓢中 使其汁盡出後 入甕注水 以石壓之 常令水加葉上 至冬取出 色黃甚軟 裹飯喫之 其味極佳"(웅소는 곰달래라고 하는데, 4월 20일께나 그믐께 누에가 섶에 오를 무렵 잎을 따서 그 상한 것은 없애고 말쑥한 것만 가려 차곡차곡 쌓아놓고 물을 조금 쳐서 함지박에 넣고 눌러 즙을 다 뺀다. 이것을 독에 넣고, 잠길 정도의 물을 붓고 돌로 지질러 놓는다. 겨울이 되어 꺼내면 빛이 노랗고 아주 보드라워, 밥을 싸 먹으면 맛이 아주 좋다)라고 기록해 저장법을 소개하기도 했다.

493 이에 대해서는 『조선산야생식용식물』(1942), p.212 참조.

494 '달래'(돌외)를 들꽃의 의미로 해석하는 견해로는 백문식(2014), p.658과 오찬진 외(2015), p.970 참조. 한편 남풍현(1981),

일컫는 이름으로 사용하고 있다. 한편 일제강점기에 일본인이 저술한 『조선식물명휘』에 '곰츄'로 최초 기록되었고, 일본명 ヲタカラカウ(雄橐吾)의 수컷 雄(웅)과 곰을 뜻하는 熊(웅)의 한글 발음이 같으므로 곰취라는 이름은 일본명과 잇닿아 있다고 보는 견해가 있다.[495] 그러나 곰취가 『조선식물명휘』에 처음 기록되었다는 것은 사실이 아니며, 일본명의 수컷 雄(웅)과 발음이 비슷한 熊(웅)을 차용한 이름이라면 옛이름이 일본명을 차용했다는 기이한 결과가 된다. 그 외에 곰취라는 이름의 유래에 대해 곰이 사는 깊은 산에 나는 취라는 뜻에서 유래했다는 견해[496]와 곰이 뜯어 먹는 나물이라는 뜻에서 유래했다고 보는 견해도 있다.[497]

속명 *Ligularia*는 라틴어 *ligula*(작은 혀, 작은 검)가 어원으로 혀 모양 꽃잎에서 유래했으며 곰취속을 일컫는다. 종소명 *fischeri*는 러시아 식물학자 F. E. L von Fischer(1782~1854)의 이름에서 유래했다.

다른이름 곤달비/개끔취(정태현 외, 1942), 큰곰취(박만규, 1949), 왕곰취(정태현 외, 1949), 북곰취(리용재 외, 2011)

옛이름 落蹄/熊月背(향약구급방, 1236),[498] 馬蹄菜/곰들외(훈몽자회, 1527), 馬蹄菜/곰들릐(역어유해, 1690), 熊蔬/곰돌닉(산림경제, 1715), 곰달닉(청구영언, 1728), 馬蹄菜/곰들릐(동문유해, 1748), 馬蹄菜/곰들릐(방언집석, 1778), 馬蹄菜/곰달늬(재물보, 1798), 杜衡/熊翠(백운필, 1803), 杜蘅/곰취/馬蹄香(광재물보, 19세기 초), 馬蹄菜/곰달늬(몽유편, 1810), 杜蘅/곰취/馬蹄菜(물명고, 1824), 馬蹄菜/곰들릐(오주연문장전산고, 185?), 馬蹄菜/마뎨취/곰달릐/熊蔬(명물기략, 1870), 香蔬/곰달닉(의휘, 1871), 곰취/香蔬(한불자전, 1880), 곰취/熊蔬/香蔬(국한회어, 1895), 馬蹄菜/곰달늬(박물신서, 19세기), 곰취/곰달래(조선어표준말모음, 1936)[499]

중국/일본명 중국명 蹄叶橐吾(ti ye tuo wu)는 잎이 발굽 모양인 탁오(橐吾: 시베리아곰취 또는 곰취속의 중국명)라는 뜻이다.[500] 일본명 ヲタカラカウ(雄宝香)는 곤달비(雌宝香)를 암컷으로 본 것에 대비하여 곰취를 수컷으로 본 것에서 유래했다.

참고 [북한명] 곰취/북곰취[501] [유사어] 웅소(熊蔬), 향소(香蔬), 호로칠(胡蘆七) [지방명] 곤추/곰추/곰

---

p.54는 곰들비의 '들비'를 적자색의 색채를 띠는 식물의 고유어로 추정하고 있다.

495 이러한 견해로 김종원(2016), p.486 참조.

496 이러한 견해로 이우철(2005), p.80과 권순경(2017.1.11.) 참조.

497 이러한 견해로 허북구·박석근(2008a), p.32 참조.

498 『향약구급방』(1236)의 차자(借字) '熊月背'(웅월배)에 대해 남풍현(1981), p.52는 '곰들비'의 표기로 보고 있다.

499 『지리산식물조사보고서』(1915)는 'こんだんび'[곤달비]를 기록했으며 『조선의 구황식물』(1919)은 '곰취'를, 『조선어사전』(1920)은 '곰취, 곰달내, 熊蔬(웅소)'를, 『조선식물명휘』(1922)는 '곰츄(救)'를, Crane(1931)은 '곰츄'를, 『토명대조선만식물자휘』(1932)는 '[熊蔬]곰취, [곰달내]'를, 『선명대화명지부』(1934)는 '곰츄'를, 『조선의산과와산채』(1935)는 '곰취'를 기록했다.

500 '橐吾'(탁오)는 현재 '중국식물지'(2018)에서 곰취속(*Ligularia*)을 일컫는 이름으로 사용하고 있으나, 중국의 옛 문헌에서는 '款冬花'(관동화)의 별칭으로 사용되었다. 그 정확한 유래는 알려져 있지 않다

501 북한에서는 *L. fisheri*를 '곰취'로, *L. sibirica*를 '북곰취'로 하여 별도 분류하고 있다. 이에 대해서는 리용재 외(2011), p.205 참조.

치/나물추/나물취(강원), 곤달채/취나물(경기), 건달비/곤달비/곰치/구목서/깐달비(경남), 고무달리/고무달비/곤달내/곤달래/곤달비/곰추/나물취/민나물/밥취/참취/촌취나물/홈초(경북), 곤달비/곤드래/곰추/취/취나물/호무취/홈취(전남), 호멩이취/홈취(전북), 공초/꼼치/박쿨(제주), 곰치(충남), 곰달래/곰추/곰치(충북)

Petasites japonica *Miquel*　フキ
Mòwe　머위

머위〈*Petasites japonicus* (Siebold & Zucc.) Maxim.(1866)〉

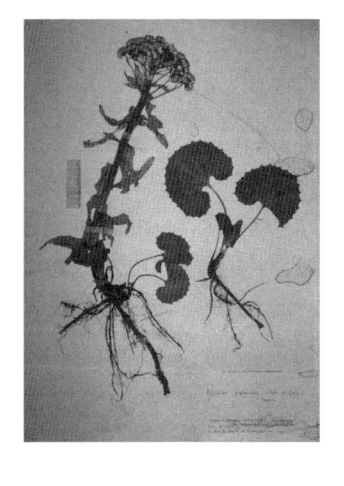

머위라는 이름은 옛이름 '머휘'에서 유래한 것으로, 습기 찬(물가) 곳에서 자라는 식물이라는 뜻에서 유래한 것으로 추정한다. 『동의보감』에 기록된 '머휘'에서 머회→머위로 변화했다. 지역에 따라서는 머위를 '머구'라고 하는데, 동물 개구리에 대한 옛 표현이 '머구리'여서 '머'를 물(水)을 뜻하는 것으로 해석하는 견해가 있다.[502] '머'가 물(水)을 뜻한다면, 머위는 물가의 습기 찬 곳에서 잘 자라므로 그러한 생태와 연관하여 유래한 이름으로 보인다. 옛 문헌에 기록된 款冬花(관동화)에 대해 '중국식물지'는 *Tussilago farfara* L.(1753)을 일컫는 것으로 보고 있고, 『동의보감』은 중국(唐)에서 수입하는 약재로 보았으나 『해동역사』와 같은 문헌은 우리나라에 분포하는 식물로 보기도 했다. 한편 머리 위(上)에 쓰고 다닐 정도로 큰 잎을 가졌다는 뜻으로 해석하는 견해가 있으나,[503] 머위의 옛이름은 '머휘'로 위를 뜻하는 '웋'과는 차이가 많아 어원학적인 근거가 있는 주장은 아닌 것으로 보인다.

　속명 *Petasites*는 '차양이 넓은 모자'를 뜻하는 그리스어 페타소스(*petasos*)에서 유래한 것으로, 넓은 잎 때문에 붙여졌으며 머위속을 일컫는다. 종소명 *japonicus*는 '일본의'라는 뜻으로 발견지를 나타낸다.

다른이름　머구(박만규, 1949), 머우(안학수·이춘녕, 1963)

옛이름　白菜/머휘(동의보감, 1613), 白菜/머휘(산림경제, 1715), 白菜/머회(물보, 1802), 白菜/머휘(물명

---

502 이러한 견해로 서정범(2000), p.246 참조.
503 이러한 견해로 유기억(2018), p.54 참조. 위(上)에 대해 『용비어천가』(1447)는 '우희'로, 『동의보감』(1613)과 같은 시대에 저술된 『언해두창집요』(1608)는 '우흘'로, 『역어유해』(1690)는 '웃'으로 표기했다.

고, 1824), 款冬花(해동역사, 1841), 머위(한불자전, 1880), 款冬花(선한약물학, 1931)[504]

중국/일본명 중국명 蜂斗菜(feng dou cai)는 벌떼가 모여서 마구 붕붕거리는 모양을 나타내며 꽃차례의 모양에서 유래한 것으로 추정된다. 일본명 フキ(蕗)는 오래된 일본 옛말로 정확한 유래는 알려져 있지 않다.

참고 [북한명] 머위 [유사어] 관동(款冬), 관동화(款冬花), 호로포엽(胡蘆苞葉) [지방명] 머구/머구대/머우/머우대/머웃대/머윗대/머이/멀구/멍우/멍위/멍이/산머위(강원), 머구대/머우/머우나물/머우대/머웃대/머윗대/멍애/멍이/모싯대(경기), 머구/머구나물/머구대/머귀/머우/머웃대/먹우떼(경남), 머구/머구나물/머구취/먹구나물/먹우때/모기취(경북), 머구(울릉), 머개/머구/머구대/머구때/머구쟁이/머굿대/머굿잎/머우때/머우잎/머윗대/머이대/먹우때/멍애대/멍에/멍엣대/멍우대/멍우잎/멍이대/모구대/모굿대/모우/참모굿대(전남), 머구/머구대/머구애/머굿대/머우/머우대/머우때(전북), 꼼치(제주), 머구대/머우/머우나물/머우대/머웃/머웃대/머위나물/머윗대/멍구/멍애/멍우/멍웃대/멍위/멍이(충남), 머구/머굿잎/머귀/머우/머웃대/머의(충북), 머우(평북)

○ Petasites saxatilis *Turczaninow*　タウブキ

Gae-mòwe　개머위

개머위〈*Petasites rubellus* (J.F. Gmel.) M.Toman(1972)〉

개머위라는 이름은 머위와 비슷하다는 뜻에서 붙여졌다.[505] 높은 산에서 자라고 생김새가 머위와 비슷하다. 『조선식물향명집』에서 전통 명칭 '머위'를 기본으로 하고 식물의 형태적 특징을 나타내는 '개'를 추가해 신칭했다.[506]

　속명 *Petasites*는 '차양이 넓은 모자'를 뜻하는 그리스어 페타소스(*petasos*)에서 유래한 것으로, 넓은 잎 때문에 붙여졌으며 머위속을 일컫는다. 종소명 *rubellus*는 '연한 붉은색의'라는 뜻으로 흰색의 꽃에 연한 붉은색이 도는 것에서 유래했다.

다른이름 산머위(임록재 외, 1972), 광동화(한진건 외, 1982)[507]

중국/일본명 중국명 長白蜂斗菜(chang bai feng dou cai)는 장백산(백두산)에 자라는 봉두채(蜂斗菜: 머위의 중국명)라는 뜻이다. 일본명 タウブキ(塔蕗)는 탑 모양의 머위(フキ)라는 뜻으로, 머위에 비해

---

504 『조선어사전』(1920)은 '款冬花(관동화)'를 기록했으며 『조선식물명휘』(1922)는 *P. japonica*에 대해 '胡蘆苞葉'을, *P. saxatilis*에 대해 '머위'를, 『토명대조선만식물자휘』(1932)는 '[款冬(초)]관동(초), [款冬花]관동화'를, 『선명대화명지부』(1934)는 '머구'를, 『조선의산과와산채』(1935)는 '蕗, 머위'를 기록했다.

505 이러한 견해로 이우철(2005), p.48 참조.

506 이에 대해서는 이덕봉(1937), p.13 참조. 다만 『조선식물향명집』, 색인 p.31은 신칭한 이름으로 기록하지 않았으므로 주의가 필요하다.

507 『조선식물명휘』(1922)는 '머위(食)'를 기록했으며 『선명대화명지부』(1934)는 '머위'를 기록했다.

꽃대가 위로 자라 올라가는 형태에서 유래했다.

참고 [북한명] 산머위

Picris japonica *Thunberg*   カウゾリナ
Moryŏnchae   모련채

쇠서나물〈*Picris hieracioides* subsp. *japonica* (Thunb.) Hand.-Mazz.(1936)〉[508]

쇠서나물이라는 이름은 털이 많은 잎의 모양이 쇠(소의) 혀처럼 보이는 거친 나물이라는 뜻에서 유래했다.[509] 전체에 거센 털이 있지만, 어린잎을 삶아서 묵나물로 식용했다.[510] 혀(舌)를 경상남도와 전라도에서는 '서' 또는 '쎄'라고 한다.[511] 『조선식물향명집』은 옛 문헌에 나오는 한자명 모련채(毛連菜)로 기록했으나, 일제강점기에 식용식물을 조사·기록한 『조선산야생식용식물』은 방언에서 유래한 것으로 추정되는 '쇠세나물'을 기록했고 이에 근거해 『한국식물도감(하권 초본부)』에서 '쇠서나물'로 개칭해 현재에 이르고 있다.[512]

　속명 *Picris*는 그리스어 *picros*(맛이 쓴)가 어원으로 불모지에서 자라는 식물로 연중 꽃을 피우며 맛이 쓴 상추 종류의 이름에서 유래했으며 쇠서나물속을 일컫는다. 종소명 *hieracioides*는 *Hieracium*(조밥나물속)과 유사하다는 뜻이며, 아종명 *japonica*는 '일본의'라는 뜻으로 발견지 또는 분포지를 나타낸다.

다른이름 　모련채(정태현 외, 1937), 쇠세나물(정태현 외, 1942), 조선모련채(박만규, 1949), 참모련채(정태현 외, 1949), 털쇠서나물(이창복, 1980), 조밥모련채(리용재 외, 2011)

옛이름 　毛連菜(임원경제지, 1842)[513]

---

508 '국가표준식물목록'(2018)은 쇠서나물의 학명을 *Picris hieracioides* var. *koreana* Kitam.으로 기재하고 있으나, Kitamura에 의하여 부여된 학명은 *Picris hieracioides* subsp. *kaimaensis* (Kitam.) Kitam.(1957)(이 학명은 현재 유효하지 않은 것으로 취급되고 있음)으로써 '국가표준식물목록'의 학명은 그 실체가 확인되지 않으므로 주의가 필요하다. 본문의 학명은 『장진성 식물목록』(2014)에 따른 것이다.

509 이러한 견해로 허북구·박석근(2008a), p.139; 유기억(2018), p.206; 권순경(2017.11.15.); 김종원(2016), p.491 참조.

510 이에 대해서는 『조선산야생식용식물』(1942), p.212와 『한국의 민속식물』(2017), p.1213 참조.

511 이에 대해서는 국립국어원, '우리말샘' 중 '혀'의 방언 부분 참조.

512 한편 권순경(2017.11.15.)은 '쇠서나물'의 '쇠'가 일본어 우시(うし)에서 영향을 받은 것으로 추론하고 있으나, 일본명 カウゾリナ에는 소(牛)의 뜻이 없는 반면 우리의 옛이름에는 '쇠귀나물', '쇠뜨기', '쇠무릎' 등과 같이 소(牛)의 뜻이 포함된 경우가 여럿 있으므로 주장의 타당성은 의문스럽다.

513 『조선식물명휘』(1922)는 '毛連菜'를 기록했으며 『토명대조선만식물자휘』(1932)는 '[毛連菜]모련칙'를 기록했다.

중국명 日本毛连菜(ri ben mao lian cai)는 일본에 분포하는 모련채[毛連菜: 털이 줄지어 나 있는 나물이라는 뜻으로 '중국식물지'는 *Picris hieracioides* L.(1753)로 기재하고 있으나 '세계식물목록'은 미해결 학명(Unresolved name)으로 취급]라는 뜻이다. 일본명 カウゾリナ(剃刀菜)는 줄기와 잎에 있 는 거센털이 면도를 해야 할 정도이고 나물로 식용한다는 뜻이다.

[북한명] 조밥모련채/모련채/참모련채[514] [유사어] 모련채(毛蓮菜)

Saussurea brachycephala *Franchet* ヤハズシラネアザミ
Sŏdŏlchwe 서덜취

서덜취⟨*Saussurea grandifolia* Maxim.(1859)⟩

서덜취라는 이름은 산지 계곡의 모래와 돌이 많이 섞인 서덜 지역에서 주로 자라고 먹을 수 있는 나물(취)이라는 뜻에서 유래한 것으로 추정한다. 어린잎을 식용했다.[515] 일제강점기에 저술된 『조 선식물명휘』에서 이름이 처음으로 발견되는데, 중국명 및 일본명과 뜻이 차이가 있는 점에 비추 어 당시 사용되던 방언을 기록한 것으로 보인다.[516] 일제강점기에 편찬된 『조선어사전』은 '서덜'에 대해 "山谷(산곡)이나 水邊(수변)에 積石(적석)이 磽确(교학)한 處(처)의 稱(칭)"이라 기록하고 있다. 일 제강점기에 식용식물을 조사·기록한 『조선산야생식용식물』에는 경상남도와 강원도에서 불렸던 '호미취'라는 이름도 보이는데, 나물로 사용하는 잎의 모양이 호미를 닮았다는 뜻에서 유래한 이 름으로 추론된다.[517]

속명 *Saussurea*는 스위스 과학자 Horace Bénédict de Saussure(1740~1799)의 이름에서 유 래했으며 취나물속을 일컫는다. 종소명 *grandifolia*는 '큰 잎의'라는 뜻이다.

호미취(정태현 외, 1942), 숲솜나물/큰잎분취(박만규, 1949), 너울취/큰서덜취(정태현 외, 1949), 갈포령서덜취(이창복, 1969b), 짧은대분취(임록재 외, 1996), 큰잎분취/화산서덜취(리용재 외, 2011)[518]

중국명 大叶风毛菊(da ye feng mao ju)는 잎이 큰 풍모국(風毛菊: 꼬꼬마를 닮은 국화라는 뜻으로 큰각시취의 중국명)이라는 뜻이다. 일본명 ヤハズシラネアザミ(矢筈白根薊)는 잎의 끝 모양이 화살의 오늬(矢筈)를 닮았으며 뿌리가 희고 엉겅퀴 종류(アザミ)를 닮은 식물이라는 뜻이다.

---

514 북한에서는 *P. hieracioides*를 '조밥모련채'로, *P. japonica*를 '모련채'로 *P. koreana*를 '참모련채'로 하여 별도 분류하고 있다. 이에 대해서는 리용재 외(2011), p.268 참조.

515 이에 대해서는 『조선산야생식용식물』(1942), p.213 참조.

516 이에 대해서는 이덕봉(1937), p.13 참조.

517 현재 경북에서 발견되는 '홈취'라는 이름은 호미취를 축약한 것으로 보인다.

518 『조선식물명휘』(1922)는 '서널쥐(救)'를 기록했으며 『선명대화명지부』(1934)는 '서덜취'를, 『조선의산과와산채』(1935)는 '서 덜름'을 기록했다.

[북한명] 짧은대분취/큰잎분취[519] [지방명] 개전어기/깍개추/도돌취/도솔취/전애기/전어기/전어취/전억취/전우기/전욱이취나물/전의기/전이끼/즌우기/참전어기/청옥(강원), 곤대서리/곤대싸리/봉알추/봉알취/자옥이(경남), 곤대서리/곤데스리/곰취/곰치/도시락초/도시락추/홈취(경북), 곤두서리(울릉), 청옥나물(전남), 도시락취/청옥나물(전북)

⊗Saussurea diamantiaca *Nakai* モリヒゴタイ
Gŭmgang-bunchwe 금강분취

금강분취⟨*Saussurea diamantica* Nakai(1909)⟩

금강분취라는 이름은 금강산에서 나는 분취라는 뜻에서 붙여졌다.[520] 강원도 이북의 높은 산에서 자라고, 어린잎을 식용했다.[521] 『조선식물향명집』에서 전통 명칭 '분취'를 기본으로 하고 식물의 산지(産地)와 학명에 착안한 '금강'을 추가해 신칭했다.[522]

속명 *Saussurea*는 스위스 과학자 Horace Bénédict de Saussure(1740~1799)의 이름에서 유래했으며 취나물속을 일컫는다. 종소명 *diamantica*는 '금강석의, 다이아몬드의'라는 뜻으로 금강산에서 처음 발견되었다고 하여 붙여졌다.

다른이름 취나물(정태현 외, 1936), 긴잎금강분취(박만규, 1949)

중국/일본명 중국에는 분포하지 않는 식물로 확인된다. 일본명 モリヒゴタイ(森平江帯)는 숲속에서 자라는 절굿대(ヒゴタイ)를 닮은 식물이라는 뜻이지만 일본에는 분포하지 않는 식물이다.

참고 [북한명] 금강분취

Saussurea eriolepis *Bunge* ウラギンヒゴタイ
Ŭn-bunchwe 은분취

은분취⟨*Saussurea gracilis* Maxim.(1874)⟩

은분취라는 이름은 잎 뒷면이 은색인 분취라는 뜻에서 붙여졌다.[523] 잎 뒷면에 은백색의 가는털이 밀생하는 특징이 있으며, 어린잎을 식용했다.[524] 『조선식물향명집』에서 전통 명칭 '분취'를 기본으

---

519 북한에서는 *S. brachycephala*를 '짧은대분취'로, *S. grandifolia*를 '큰잎분취'로 하여 별도 분류하고 있다. 이에 대해서는 리용재 외(2011), p.318 참조.
520 이러한 견해로 이우철(2005), p.96 참조.
521 이에 대해서는 『조선산야생식용식물』(1942), p.213 참조.
522 이에 대해서는 『조선식물향명집』, 색인 p.33과 이덕봉(1937), p.13 참조.
523 이러한 견해로 이우철(2005), p.428과 김종원(2016), p.497 참조.
524 이에 대해서는 『조선산야생식용식물』(1942), p.213 참조.

로 하고 잎의 색깔을 나타내는 '은'을 추가해 신칭한 것으로 추
정된다.[525] 일제강점기에 식용식물을 조사·기록한 『조선산야
생식용식물』은 지리산 인근에서 '실수리취'라는 이름으로, 금
강산 부근에서 '개취'라는 이름으로 부르고 있었음을 기록했으
나 현재의 이름으로 이어지지는 않았다.

　속명 Saussurea는 스위스 과학자 Horace Bénédict de
Saussure(1740~1799)의 이름에서 유래했으며 취나물속을 일
컫는다. 종소명 gracilis는 '홀쭉한, 섬세한'이라는 뜻이다.

다른이름 　실수리취/개취(정태현 외, 1942), 참서덜취(박만규, 1949),
남분취(정태현 외, 1949), 가야산은분취(이창복, 1969b)[526]

중국/일본명 　중국에서의 분포는 확인되지 않는다. 일본명 ウラギ
ンヒゴタイ(裏銀平江帯)는 잎 뒷면이 은색인 절굿대(ヒゴタイ)를 닮은 식물이라는 뜻이다.

참고 　[북한명] 은분취/남분취[527] [지방명] 그미노리/더덕초/더덕취/솔취/참더덕취(강원), 밥취(경기)

Saussurea eriophylla *Nakai*　ウラジロヒゴタイ
Som-bunchwe　솜분취

솜분취⟨*Saussurea eriophylla* Nakai(1913)⟩
솜분취라는 이름은 전체에 솜 같은 부드러운 털이 있는 분취라는 뜻에서 붙여졌다.[528] 전체에 부
드러운 솜털(綿毛)이 있으며, 어린잎을 식용했다.[529] 『조선식물향명집』에서 전통 명칭 '분취'를 기본
으로 하고 식물의 형태적 특징과 학명에 착안한 '솜'을 추가해 신칭한 것으로 보인다.[530]

　속명 Saussurea는 스위스 과학자 Horace Bénédict de Saussure(1740~1799)의 이름에서 유
래했으며 취나물속을 일컫는다. 종소명 eriophylla는 그리스어 erion(털, 양모)과 phyllon(잎)의
합성어로, '털이 있는 잎의'라는 뜻이며 잎 뒷면에 솜 같은 부드러운 털이 있는 것에서 유래했다.

525　이에 대해서는 이덕봉(1937), p.13 참조. 다만 『조선식물향명집』, 색인 p.44는 신칭한 이름으로 기록하지 않았으므로 주
　　의가 필요하다.
526　선은미 외(2014), p.100 이하는 가야산은분취⟨*Saussurea pseudogracilis* Kitam.(1926)⟩를 은분취에 통합하고 있으므
　　로 이에 따라 가야산은분취는 은분취의 다른이름으로 처리했다.
527　북한에서는 *S. gracilis*를 '남분취'로, *S. nivea*를 '은분취'로 하여 별도 분류하고 있다. 이에 대해서는 리용재 외(2011),
　　p.318 참조.
528　이러한 견해로 이우철(2005), p.352 참조.
529　이에 대해서는 『한국식물도감(하권 초본부)』(1956), p.723 참조.
530　이에 대해서는 이덕봉(1937), p.37 참조. 다만 『조선식물향명집』, 색인 p.41은 신칭한 이름으로 기록하지 않았으므로 주
　　의가 필요하다.

중국/일본명 중국에는 분포하지 않는 식물이다. 일본명 ウラジロヒゴタイ(裏白平江帶)는 잎 뒷면이 흰색인 절굿대(ヒゴタイ)를 닮은 식물이라는 뜻이지만 일본에는 분포하지 않는 식물이다.

참고 [북한명] 솜분취

Saussurea Maximowiczii *Herder*　ミヤコアザミ
Bódúl-bunchwe　버들분취

버들분취⟨*Saussurea maximowiczii* Herder(1868)⟩

버들분취라는 이름은 잎이 버드나무의 잎처럼 긴 모양인 분취라는 뜻에서 붙여졌다.[531] 뿌리잎과 아래 줄기잎은 긴타원모양으로 가장자리가 톱니처럼 깊게 갈라지지만, 위 줄기잎은 버드나무의 잎과 유사한 모양이다. 『조선식물향명집』에서 전통 명칭 '분취'를 기본으로 하고 식물의 형태적 특징을 나타내는 '버들'을 추가해 신칭했다.[532] 일제강점기에 실제 사용하던 방언으로 '맛탈'이라는 이름이 기록되었으나, '맛탈'은 마타리와 혼용했던 이름이어서 조선명으로 채택하지 못했던 것으로 보인다(이에 대한 보다 자세한 내용은 이 책 '마타리' 항목 참조).

　속명 *Saussurea*는 스위스 과학자 Horace Bénédict de Saussure(1740~1799)의 이름에서 유래했으며 취나물속을 일컫는다. 종소명 *maximowiczii*는 러시아 식물학자로 동북아 식물을 연구한 Carl Johann Maximowicz(1827~1891)의 이름에서 유래했다.

다른이름 톱분취(정태현 외, 1937), 개분취(박만규, 1949), 톱날분취(안학수·이춘녕, 1963), 각시버들분취(양인석, 1966), 한라분취(이창복, 1969b)[533]

중국/일본명 중국명 羽叶风毛菊(yu ye feng mao ju)는 깃모양의 잎을 가진 풍모국(風毛菊: 꼬꼬마를 닮은 국화라는 뜻으로 큰각시취의 중국명)이라는 뜻으로 버들잎 모양을 깃모양으로 표현한 것이다. 일본명 ミヤコアザミ(都薊)는 엉겅퀴와 유사한데 나물로 인기가 많아 도시의 사람들이 좋아한다는 뜻이다.

---

531 이러한 견해로 김종원(2016), p.501 참조.

532 이에 대해서는 『조선식물향명집』, 색인 p.38과 이덕봉(1937), p.13 참조. 한편 김종원(2016), pp.501-502는 버들분취가 『조선식물명휘』(1922)에 기록된 일본명 'ヤナギヒゴタイ'(柳平江帶)에서 유래했다고 하고 또한 이후 '남포취'와 '남포분취'로 기록된 것으로 설명하면서, 그 근거로 『조선식물향명집』 서문에 『조선식물명휘』에 대해 '향토명 정보'도 담고 있는 중요 자료로 적시했다는 점을 들고 있다. 그러나 『조선식물명휘』(1922), p.364에 기록된 일본명 'ヤナギヒゴタイ'(柳平江帶)는 그 이후의 '남포취'나 '남포분취'⟨*Saussurea chinnampoensis* H.Lév. & Vaniot(1909)⟩에 대한 것이고 버들분취와는 관련이 없다. 또한 『조선식물향명집』의 서문은 조선산 식물의 향토명(鄕土名), 즉 한글(또는 이두식 차자)로 된 조선명이 『향약채취월령』(1431)과 같은 우리의 옛 문헌뿐만 아니라 일본인이 저술한 『조선식물명휘』(1922)와 『조선삼림식물편』(1915~1939) 등에도 있다고 했을 뿐이지 일본명에 조선의 향토명 정보를 담고 있다고 기술하지는 않았다.

533 『조선의 구황식물』(1919)은 '맛탈'을 기록했으며 『조선식물명휘』(1922)는 '맛탈(救)'을, 『선명대화명지부』(1934)는 '맛탈'을, 『조선의산과와산채』(1935)는 '맛탈'을 기록했다.

⊗ Saussurea Maximowiczii *Herder* var. serrata *Nakai*   *ノコギリヒゴタイ*
Tob-bunchwe 톱분취

버들분취〈*Saussurea maximowiczii* Herder(1868)〉

톱분취라는 이름은 잎가장자리가 톱니 모양인 분취라는 뜻에서 유래했지만, '국가표준식물목록'(2018), 『장진성 식물목록』(2014) 및 '세계식물목록'(2018)은 톱분취를 버들분취에 통합하고 별도 분류하지 않으므로 이 책도 이에 따른다.

○ Saussurea salicifolia *DC.* var. angustifolia *DC.*   *キヌヒゴタイ*
Sil-bódúlbunchwe 실버들분취

산골취〈*Saussurea neoserrata* Nakai(1931)〉[534]

산골취라는 이름은 산골에서 나는 먹는 나물(취)이라는 뜻에서 유래했다.[535] 평안북도 이북의 깊은 산에서 자라며 잎이 긴타원모양으로 버드나무의 잎을 닮았다. 어린잎을 식용했다.[536] 『조선식물향명집』에서는 전통 명칭 '분취'를 기본으로 하고 식물의 형태적 특징과 학명에 착안한 '실버들'을 추가해 '실버들분취'를 신칭했으나,[537] 『조선식물명집』에서 '산골취'로 개칭해 현재에 이르고 있다.

속명 *Saussurea*는 스위스 과학자 Horace Bénédict de Saussure(1740~1799)의 이름에서 유래했으며 취나물속을 일컫는다. 종소명 *neoserrata*는 '새로운 *serrata*종의'라는 뜻이다. 옛 종소명 *salicifolia*는 '버드나무의 잎의'라는 뜻이며, 옛 변종명 *angustifolia*는 '좁은 잎의'라는 뜻이다.

다른이름 실버들분취(정태현 외, 1937), 털분취(안학수·이춘녕, 1963), 살곰취(임록재 외, 1972), 산골분취(박만규, 1974), 무수해(김현삼 외, 1988), 섬버들분취(리용재 외, 2011)

중국/일본명 중국명 齿叶风毛菊(chi ye feng mao ju)는 치아모양톱니가 있는 잎을 가진 풍모국(風毛菊: 꼬꼬마를 닮은 국화라는 뜻으로 큰각시취의 중국명)이라는 뜻이다. 일본명 キヌヒゴタイ(絹平江帯)는 비단같이 부드럽고 절굿대(ヒゴタイ)를 닮은 식물이라는 뜻이다.

참고 [북한명] 무수해

---

534 『장진성 식물목록』(2014)은 이 종을 기재하지 않고 있으나 '국가표준식물목록'(2018), '중국식물지'(2018) 및 '세계식물목록'(2018)은 본문의 학명으로 이 종을 기재하고 있다.
535 이러한 견해로 이우철(2005), p.304 참조.
536 이에 대해서는 『한국식물도감(하권 초본부)』(1956), p.728 참조.
537 이에 대해서는 『조선식물향명집』, 색인 p.42와 이덕봉(1937), p.13 참조.

⊗ Saussurea seoulensis *Nakai*　ミヤコヒゴタイ(ケイジヤウヒゴタイ)
Bunchwe　분취

분취〈*Saussurea seoulensis* Nakai(1911)〉

분취라는 이름은 잎 뒷면과 줄기에 거미줄 같은 흰 털이 밀생
하여 분백색으로 보이는 것이 분(粉)을 뿌려놓은 듯한 취나물
종류라는 뜻에서 유래했다.[538] 경기도 및 강원도 등의 높은 산
에 분포하고, 어린잎을 식용했다.[539] 『조선식물향명집』에서 '분
취'라는 한글명을 최초로 기록한 것으로 보이는데, 솜나물에
대한 다른이름으로도 사용되고 일본명과 뜻이 같지 않은 것
에 비추어 당시에 실제로 사용하던 방언을 채록한 것으로 추
론된다.[540]

　속명 *Saussurea*는 스위스 과학자 Horace Bénédict de
Saussure(1740~1799)의 이름에서 유래했으며 취나물속을 일
컫는다. 종소명 *seoulensis*는 '서울에 분포하는'이라는 뜻으
로 발견지 또는 분포지를 나타낸다.

다른이름　서울분취(안학수·이춘녕, 1963)

중국/일본명　중국에는 분포하지 않는 것으로 보인다. 일본명 ミヤコヒゴタイ(宮平江帯)는 궁이 있는 서
울에서 발견된 절굿대(ヒゴタイ)를 닮은 식물이라는 뜻이지만, 일본에는 분포하지 않는 식물이다.
다른이름으로 기록된 ケイジヤウヒゴタイ(京城平江帯)도 서울(京城)에서 발견된 절굿대를 닮은 식
물이라는 뜻이다.

참고　[북한명] 분취 [지방명] 보학치(경북), 분대/분추(전남)

○ Scorzonera albicaulis *Bunge*　ヤナギババラモンジン
Soechae　쇠채

쇠채〈*Scorzonera albicaulis* Bunge(1833)〉

쇠채라는 이름은 긴 줄기에 꽃봉오리 또는 열매가 맺힌 모양이 쇠채를 닮은 것에서 유래한 것으

---

538 이러한 견해로 이우철(2005), p.287 참조.
539 이에 대해서는 『한국식물도감(하권 초본부)』(1956), p.731 참조.
540 『조선식물향명집』, 색인 p.39와 이덕봉(1937), p.13은 신칭한 이름으로 기록하지 않았다.

로 추정한다. 꽹과리를 '쇠'라고도 하므로 쇠채는 꽹과리를 치는 채를 뜻하는 것으로 보인다.[541] 초봄에 어린잎을 채취해 식용했는데, 일제강점기에 저술된 『조산산야생식용식물』에서 광릉 방언으로 기록한 '장구채'도 쇠채와 비슷하게 꽃봉오리가 달린 줄기의 모양에서 유래한 이름이다.[542] 한편 쇠채라는 이름은 억세고 거칠다는 뜻의 '쇠(牛)'와 나물의 의미가 있는 '취'가 변화한 '채'가 합쳐진 것으로, 거친 나물이라는 뜻에서 유래했다고 추정하는 견해가 있다.[543] 그러나 많은 초본성 식물을 널리 식용했던 전통적 관습에 비추어볼 때 쇠채에만 그러한 이름이 붙여졌다는 것도 합리성이 없고, 쇠취라는 명칭이 존재했다는 근거도 발견되지 않는 것으로 보인다.

속명 *Scorzonera*는 이탈리아어 *scorzone*(뱀, 유럽의 살모사 종류), 스페인어 *escorzonera*(독사)에서 유래한 것으로 뱀에 물렸을 때 해독작용이 있어 붙여졌으며 쇠채속을 일컫는다. 종소명 *albicaulis*는 '흰 줄기의'라는 뜻이다.

다른이름 미역꽃/장구채(정태현 외, 1942), 쇄채(안학수·이춘녕, 1963)

옛이름 仙茅參/條參(의림촬요, 1635), 仙茅(광제비급, 1790), 仙茅/蜀茅(광재물보, 19세기 초), 仙茅(물명고, 1824), 鴉葱(임원경제지, 1842), 仙茅(오주연문장전산고, 185?), 仙茅(매천집, 1911), 仙茅(수세비결, 1929), 쇠채/쇳채(조선구전민요집, 1933)[544]

중국/일본명 중국명 华北鸦葱(hua bei ya cong)은 화베이(華北) 지역에 분포하는 아총[鴉葱: 파를 닮았다는 뜻으로 먹쇠채의 중국명, *Scorzonera austriaca* Willd.(1831)]라는 뜻이다. 일본명 ヤナギババラモンジン(柳刃婆羅門蔘)은 잎의 끝이 뾰족한 식칼(柳刃)을 닮은 バラモンジン(바라문에 버금가는 진귀한 인삼이라는 뜻으로 *Tragopogon porrifolius*의 일본명)이라는 뜻이다.

참고 [북한명] 쇠채 [유사어] 선모(仙茅), 선모삼(仙茅蔘) [지방명] 장금/장금이(경기), 불미(경북), 뻐꾸기나물(함북)

○ Senecio argunensis *Turczaninow*　カウリンギク
　　Ŝug-baṅgmaṅgi　쑥방망이

쑥방망이〈*Senecio argunensis* Turcz.(1847)〉

쑥방망이라는 이름은 갈라진 잎이 쑥을 닮았고 긴 줄기 위에 꽃차례가 달리는 모습이 (솜)방망이를 연상시킨다는 뜻에서 붙여졌다.[545] 잎이 깃모양으로 갈라지는 특징이 있다. 『조선식물향명집』에

---

541 이에 대해서는 국립국어원, '표준국어대사전' 중 '쇠' 참조.
542 이에 대해서는 『조산산야생식용식물』(1942), p.214 참조.
543 이러한 견해로 김종원(2016), p.511 참조.
544 『조선식물명휘』(1922)는 '雅葱, 筆管草, 쇠칙(救)'를 기록했으며 『토명대조선만식물자휘』(1932)는 *S. austriaca*에 내해 조선명으로 '[仙茅]선모'를, 『선명대회명지부』(1934)는 '쇠채'를, 『조선의산과와산채』(1935)는 '鴉葱, 쇠칙'를 기록했다.
545 이러한 견해로 김종원(2016), p.514 참조.

서 방언에서 유래한 (솜)'방망이'를 기본으로 하고 식물의 형태적 특징을 나타내는 '쑥'을 추가해 신칭했다.[546]

속명 *Senecio*는 senex(늙은, 노인)가 어원으로 개쑥갓에 대한 고대 라틴명인데 흰색의 갓털에서 유래한 것으로 여겨지며 금방망이속을 일컫는다. 종소명 *argunensis*는 헤이룽강(黑龍江)의 지류인 '아르군(Argun)강의'라는 뜻으로 발견지 또는 분포지를 나타낸다.

다른이름 쑥방맹이/가는잎쑥방맹이(박만규, 1949), 가는잎쑥방망이(안학수·이춘녕, 1963), 털쑥방망이(이우철, 1996b)

옛이름 黃蒿/黃花蒿(수세비결, 1929)[547]

중국/일본명 중국명 額河千里光(e he qian li guang)은 아르군강(額河)에서 자라는 천리광(千里光: 천리까지 빛이 난다는 의미로 중국에 분포하는 *S. scandens*의 중국명)이라는 뜻이다. 일본명 カウリンギク(紅輪菊)는 산솜방망이[*Tephroseris flammea* (Turcz. ex DC.) Holub(1973), カウリンカ]를 닮은 국화(キク)라는 뜻이다.

참고 [북한명] 쑥방망이 [유사어] 참룡초(斬龍草)

Senecio campestris DC.　サワヲグルマ(ヲカヲグルマ)
Sombangmangi　솜방망이

솜방망이⟨*Tephroseris kirilowii* (Turcz. ex DC.) Holub(1977)⟩

솜방망이라는 이름은 솜과 같은 흰 털로 덮여 있고 하나의 꽃대에 여러 개의 꽃이 소담스럽게 피어 있는 모습이 방망이를 닮았다는 뜻에서 유래했다.[548] 어린잎을 데쳐 나물로 식용했다.[549] 옛 문헌에 기록된 한자명 '狗舌草'(구설초)와 그에 대한 한글명 '수리취(수루취, 쉬리취 등)'가 정확히 어떤 식물을 일컫는지는 명확하지 않다. '중국식물지'는 중국의 옛 문헌을 근거로 생약명 狗舌草(구

---

546 이에 대해서는 이덕봉(1937), p.13 참조. 다만 『조선식물향명집』, 색인 p.42는 신칭한 이름으로 기록하지 않았으므로 주의가 필요하다.

547 『조선식물명휘』(1922)는 '黃花蒿'를 기록했다. 한편 『수세비결』(1929)은 한자명 '黃花蒿'(황화호)를 기록했으나, 『광재물보』(19세기 초)에서 黃花蒿(황화호)의 한글명을 '씽'(뺑쑥)으로, 『물명고』(1824)에서 '다복쑥'으로 기록했으므로, 쑥방망이를 뜻하는지는 분명하지 않다.

548 이러한 견해로 이우철(2005), p.352; 이유미(2013), p.478; 김병기(2013), p.376; 김종원(2016), p.518 참조.

549 이에 대해서는 『조선산야생식용식물』(1942), p.215 참조. 한편 『동의보감』(1613)은 별도로 약재로 기록하지 않았고, 일제강점기에 약용식물을 조사·기록한 『조선산야생약용식물』(1936), p.251은 당시 조선에서 '狗舌草'(구설초)를 별도로 약용하지 않았다고 기록했다. 그리고 『대한민국약전외 한약(생약)규격집』(2016)은 狗舌草(구설초)를 한약재로 규정하지 않고 있다.

설초)를 솜방망이를 일컫는 것으로 보고 있다. 우리의 옛 문헌『물명고』는 중국『본초강목』의 구절을 그대로 인용해 狗舌草(구설초)에 대해 황백색의 꽃이 핀다고 기록했으므로 '솜방망이'를 일컬었던 것으로 보인다.[550] 그러나『물명고』는 더불어 "而今華語以쉬리취爲狗舌草 是二物同名歟"(현재 중국어로 '수리취'를 '구설초'라고 하지만, 이것은 두 식물에 같은 이름을 사용한 것 같다)라고 기록해,[551] 한자명 狗舌草(구설초)과 한글명 '쉬리취'(수리취)가 같은 식물을 일컫는 이름이 아니라는 점을 시사했다. 일제강점기에 저술된『조선의 구황식물』은 경기도 수원 및 기타 지방에서 현재의 수리취에 대해 '수리취'라고 부른다고 기록했다. 이러한 식물명의 혼용 상황에서 당시 조선인들이 널리 부르는 이름을 기준으로 조선명을 정하고자 했던『조선식물향명집』은 실제 사용하는 방언을 기준으로 Senecio campestris(=Tephroseris kirilowii)를 '솜방망이'로, Synurus deltoides를 '수리취'로 기록했고, 이 이름이 정착되어 현재에 이르고 있다.[552]

속명 Tephroseris는 그리스어 tephros(잿빛의)와 seris(치커리, 상추)의 합성어로 짙은 잿빛의 잎 때문에 붙여졌으며 솜방망이속을 일컫는다. 종소명 kirilowii는 러시아 식물채집가 Porfirij Jevdokimovic Kirilov(1801~1864)의 이름에서 유래했다.

다른이름 풀솜나물(정태현 외, 1942), 들솜쟁이/소곰쟁이(박만규, 1949), 산방망이(정태현 외, 1949), 구설초(안학수·이춘녕, 1963)

옛이름 黃菊沙/수리치기(주촌신방, 1687), 츄리취/수리치(실험단방, 1709), 슈리치(청구영언, 1728), 狗舌草/수리취(동문유해, 1748), 狗舌草/수리취(몽어유해, 1768), 舌草/수리취(역어유해보, 1775), 狗舌草/수리취(방언집석, 1778), 狗舌草/수리취(한청문감, 1779), 戌衣翠/千年艾(경도잡지, 18세기 말~19세기 초), 狗舌草/수루취(광재물보, 19세기 초), 狗舌草/쉬리취(물명고, 1824), 狗舌草/솔읏/수리치/千金艾/戌衣取(오주연문장전산고, 185?), 端午草/슈리초(의휘, 1871), 狗舌草/수리취(일용비람기, 연대미상)[553]

중국/일본명 중국명 狗舌草(gou she cao)는 잎이 개의 혀를 닮았다는 뜻에서 유래한 것으로 보인

---

550 안덕균(2014), p.239는 생약명 구설초(狗舌草)에 대해 현재의 '솜방망이'를 일컫는 것으로 보고 있다.

551 『물명고』(1824)에서 華語(화어: 중국어)를 언급한 것은 중국과 달리 우리의 경우 본초학서에 狗舌草(구설초)가 언급된 것이 아니라, 중국어 사전류인『동문유해』(1748)와『역어유해보』(1775) 등에서 '수리취'와 대응하여 기록되었던 점을 말하는 것으로 추론된다.

552 한편 김종원(2016), pp.518-519는 "이 또한 일제강점기 때 헝클어진 우리나라 식물의 변천사다...(중략)...(솜방망이)의 본래 이름은 '수루취'였다"라고 주장하고 있다. 그러나 식물분류학에 따라 종을 특정하지도 않았고 '표준어'와 '표준명'이 정착되지 않았던 옛 시기의 문헌에 기록된 명칭이 특정한 종을 지칭하는 '본래 이름'이라는 주장의 타당성은 매우 의문스럽고, "是二物同名歟"(이것은 두 식물에 같은 이름을 사용한 것 같다)라고 기록한『물명고』(1824)의 기록과도 맞지 않는 것으로 보인다.

553 『제주도및완도식물조사보고서』(1914)는 'ヨンパックポンチュック'[연박폭초]를 기록했으며『조선의 구황식물』(1919)은 '기세바닥나물'을,『조선어사전』(1920)은 '狗舌草(구설초), 수루취'를,『조선식물명휘』(1922)는 '狗舌草, 풀솜나물, 솜방망이(救)'를, Crane(1931)은 '풀솜나무, 狗舌草'를,『토명대조선만식물자휘』(1932)는 '[狗舌草]구설초, [수루취]'를,『선명대화명지부』(1934)는 '풀솜나물, 풀솜, 솜방망이'를,『조선의산과와산채』(1935)는 '狗舌草, 풀솜나물'을 기록했다.

다.[554] 일본명 サワヲグルマ(沢小車)는 습지에서 자라고 꽃이 작은 수레바퀴를 닮은 식물이라는 뜻이다.

_{참고} [북한명] 산방망이 [지방명] 연박폭초(제주), 풀솜나물(충북)

Senecio phaeanthus *Nakai*   イハヲグルマ
Bawe-somnamul   바위솜나물

바위솜나물〈*Tephroseris phaeantha* (Nakai) C.Jeffrey & Y.L.Chen(1984)〉

바위솜나물이라는 이름은 바위에서 자라고 전초에 솜털이 있는 것이 솜나물을 닮았다는 뜻에서 붙여졌다.[555] 높은 산 중턱의 풀밭이나 바위틈 등에서 자란다. 『조선식물향명집』에서 '솜나물'을 기본으로 하고 식물의 생태를 나타내는 '바위'를 추가해 신칭했다.[556]

속명 *Tephroseris*는 그리스어 *tephros*(잿빛의)와 *seris*(치커리, 상추)의 합성어로 짙은 잿빛의 잎 때문에 붙여졌으며 솜방망이속을 일컫는다. 종소명 *phaeantha*는 그리스어 *phaeo*(갈색의)와 *anthus*(꽃의)의 합성어로, 꽃에서 갈색 느낌이 난다고 하여 붙여진 것으로 추정한다.

_{다른이름} 백두산솜나물(안학수·이춘녕, 1963), 두메솜나물(한진건 외, 1982), 두메솜방망이(임록재 외, 1972)

_{중국/일본명} 중국명 长白狗舌草(chang bai gou she cao)는 장백산에서 자라는 구설초(狗舌草: 솜방망이의 중국명)라는 뜻이다. 일본명 イハヲグルマ(岩小車)는 바위에서 자라고 꽃이 작은 수레바퀴를 닮은 식물이라는 뜻이다.

_{참고} [북한명] 바위솜나물

Senecio vulgaris *Linné*   ノボロギク   (歸化)
Gae-ŝuggat   개쑥갓

개쑥갓〈*Senecio vulgaris* L.(1753)〉

개쑥갓이라는 이름은 잎의 모양이 쑥갓을 닮았지만 그보다 쓸모가 덜한 풀이라는 뜻에서 붙여졌다.[557] 유럽 원산의 귀화식물이다. 『조선식물향명집』에서 전통 명칭 '쑥갓'을 기본으로 하고 식물

---

554 중국의 『본초강목』(1596)은 "恭曰 狗舌生渠壍濕地 取生 葉似車前而無紋理 抽莖開花 黃白色"(소공은 '구설초는 도랑이나 구렁의 습한 곳에 무리지어 나는데 잎은 질경이와 유사하면서 무늬가 없고 솟아오른 줄기에서 황백색 꽃이 나온다'라고 했다)이라고 기록했다.

555 이러한 견해로 이우철(2005), p.257과 김병기(2013), p.377 참조.

556 이에 대해서는 이덕봉(1937), p.13 참조. 다만 『조선식물향명집』, 색인 p.37은 신칭한 이름으로 기록하지 않았으므로 주의가 필요하다.

557 이러한 견해로 이우철(2005), p.55; 유기억(2018), p.105; 김종원(2013), p.195 참조.

의 형태적 특징을 나타내는 '개'를 추가해 신칭한 것으로 보인다.[558]

속명 *Senecio*는 *senex*(늙은, 노인)가 어원으로 개쑥갓에 대한 고대 라틴명인데 흰색의 갓털에서 유래한 것으로 여겨지며 금방망이속을 일컫는다. 종소명 *vulgaris*는 '보통, 통상의, 흔한'이라는 뜻으로 속에 속하는 식물 중 기본이 되었다고 하여 붙여졌다.

다른이름 들쑥갓(김현삼 외, 1988), 들쑥갓풀(리용재 외, 2011)

중국/일본명 중국명 欧洲千里光(ou zhou qian li guang)은 서양에서 귀화한 천리광(千里光: 천리까지 빛이 난다는 의미로 중국에 분포하는 *S. scandens*의 중국명)이라는 뜻이다. 일본명 ノボロギク(野襤褸菊)는 들에서 자라는 ボロギク(襤褸菊: 남루한 국화라는 뜻으로 *Nemosenecio nikoensis*의 일본명)라는 뜻이다.

참고 [북한명] 들쑥갓풀 [유사어] 구주천리광(歐洲千里光) [지방명] 쑥갓지심(전남)

Serratula deltoidea *Makino*   ヤマボクチ
Surichwe 수리취

수리취〈*Synurus deltoides* (Aiton) Nakai(1932)〉

수리취라는 이름은 수릿날(단오)에 이 식물을 넣어 둥글게 만든 떡을 먹었던 것에서 유래했다고 추정한다.[559] 어린잎으로 나물이나 떡을 만들어 먹었으며, 마른 잎은 부싯깃을 만들어 불을 피우는 데 사용했다.[560] 18세기 말경 저술된 『경도잡지』는 실제로 수릿날에 수리취로 떡을 만들어 먹었음을 기록했고,[561] 19세기 말에 저술된 『의휘』는 한글명 '슈리초'에 대한 한자명으로 '端午草'(단오초)를 기록했다. 여러 방언에 남아 있는 '떡취'와 이와 유사한 명칭은 이를 반영하는 것으로 보인다. 한편 수리취라는 이름에 대해 머리모양꽃차례에 있는 총포의 날카로운 가시 모양이 맹금

---

558 이에 대해서는 이덕봉(1937), p.11 참조. 다만 『조선식물향명집』, 색인 p.31은 신칭한 이름으로 기록하지 않았으므로 주의가 필요하다.

559 이러한 견해로 김병기(2013), p.381과 권순경(2017.12.13.) 참조.

560 이에 대해서는 『조선산야생식용식물』(1942), p.216; 『한국식물도감(하권 초본부)』(1956), p.741; 『한국의 민속식물』(2017), p.1241 참조. 한편 김종원(2016), p.532은 "우리나라에서 수리취 잎을 말려서 부싯깃으로 이용했다는 설은 일본 습속을 그냥 옮겨다 적은 것으로 보인다"라고 주장하고 있다. 그러나 『경도잡지』(18세기 말~19세기 초)에 직접적이지는 않지만 부싯깃으로 사용하는 것에 대해 기술한 내용이 있고, 『한국의 민속식물』에서 조사한 최근의 민속자료에도 전남, 경남, 경북, 충남, 경기, 강원 등에서 수리취를 부싯깃으로 이용한 사례들과 그러한 내용이 반영된 방언이 조사되고 있다.

561 『경도잡지』(18세기 말~19세기 초)는 "端午俗名戌衣日 戌衣者東語車也 是日作艾糕 象車輪形食之故謂之戌衣日 艾葉微圓 背白曝乾可碎作火絨 又可爛搗入糕發綠色 以其作車輪糕 故號戌衣翠 本草千年艾華人呼作狗舌草者是也"(단오는 우리말로 수릿날이다. 술의라는 것은 우리말로 수레다. 단옷날에는 쑥으로 떡을 만들어 먹는다. 수레바퀴형으로 본떠 떡을 먹기 때문에 수릿날이라 한다. 쑥잎 중에 작고 둥글고 뒷면이 흰 것을 햇볕에 말린 다음 곱게 비벼서 불동으로 불을 일으키는 부싯깃을 만든다. 또 쑥을 문드러지게 찧어 떡에 넣으면 녹색을 낸다. 수레바퀴 모양의 떡을 만들기 때문에 수리취라고도 한다. 본초서에서 천년 묵은 쑥을 중국인들이 구설초라고 부르는 것이 이것이다)라고 기록했다.

류 수리를 닮은 것에서 유래했다고도 하지만 어원학적 근거는 없는 것으로 보인다. 또한 수리취는 솜방망이의 본래 이름인 '수루취'에서 기원하고, 머리모양꽃차례가 둥글게 모인 모습이 수레바퀴처럼 보이는 것에 잇닿아 있다고 보는 견해가 있다.[562] 그러나 현재 '중국식물지'는 옛 문헌 『본초강목』을 근거로 '狗舌草'(구설초)를 솜방망이(*Tephroseris kirilowii*)로 보고 있고,[563] 19세기에 저술된 우리의 『물명고』도 황백색의 꽃이 피는 것을 '狗舌草'(구설초)로 설명하고 있지만 더불어 "而今華語以쉬리취爲狗舌草 是二物同名歟"(현재 중국어로 '수리취'를 '구설초'라고 하지만, 이것은 두 식물에 같은 이름을 사용한 것 같다)라고 해 한자명 '狗舌草'(구설초)와 한글명 '쉬리취'가 같은 식물

을 일컫는 것이 아님을 시사했다. 일제강점기에 저술된 『조선의 구황식물』은 수원과 기타 지방에서 사용한 '수리취'는 현재의 수리취(*S. deltoides*)를 일컫는 것으로 기록했다. 그리고 현재의 방언 조사를 하면 현재의 수리취는 '수리취'와 그 유사한 형태 및 '떡취'와 그 유사한 방언이 발견되지만, 솜방망이는 그러한 형태의 방언이 나타나지 않는다.[564] 즉, 문헌의 기록과 달리 실제 문화에서는 '구설초'와 '수리취'는 서로 다른 식물을 일컬었을 가능성이 높으므로 솜방망이의 본래 이름을 수리취라고 단정할 수 없는 것으로 보인다.

속명 *Synurus*는 그리스어 *syn*(합성)과 *oura*(꼬리)의 합성어로, 꽃밥의 하부 꼬리모양의 부속물이 합쳐져 통모양을 이루는 것에서 유래했으며 수리취속을 일컫는다. 종소명 *deltoides*는 '세모진 모양의, 삼각주 모양의'라는 뜻으로 잎의 모양에서 유래했다.

다른이름 개취(정태현 외, 1942), 조선수리취(박만규, 1949), 다후리아수리취(안학수·이춘녕, 1963)

옛이름 黃菊沙/수리치기(주촌신방, 1687), 츄리취/수리치(실험단방, 1709), 슈리치(청구영언, 1728), 狗舌草/수리취(동문유해, 1748), 狗舌草/수리취(몽어유해, 1768), 狗舌草/수리취(역어유해보, 1775), 狗舌草/수리취(방언집석, 1778), 狗舌草/수리취(한청문감, 1779), 戊衣翠/千年艾(경도잡지, 18세기 말~19세기 초), 狗舌草/수루취(광재물보, 19세기 초), 狗舌草/쉬리취(물명고, 1824), 狗舌草/솔웃/수리치/千金艾/戊衣取(오주연문장전산고, 185?), 端午草/슈리초(의휘, 1871), 狗舌草/수리(일용비람기, 연대미상), 수리치/수뤼치/수루취/수리나물/수뤼나물(조선어표준말모음, 1936)[565]

---

562 이러한 견해로 김종원(2016), p.532 참조.
563 중국의 『본초강목』(1596)은 "恭曰 狗舌生渠塹濕地 取生 葉似車前而無紋理 抽莖開花 黃白色"(소공은 '구설초는 도랑이나 구렁의 습한 곳에 무리지어 나는데 잎은 질경이와 유사하면서 무늬가 없고 솟아오른 줄기에서 황백색 꽃이 나온다'라고 했다)이라고 기록했다.
564 이에 대해서는 『한국의 민속식물』(2017), p.1244, 1257 참조.
565 『조선의 구황식물』(1919)은 '수리취(水原 其他), 수리치기, 부슷깃풀'을 기록했으며 『조선식물명휘』(1922)는 '수리취(救)'를, 『선명대화명지부』(1934)는 '수(슈)리취'를, 『조선의산과와산채』(1935)는 '수리취'를 기록했다.

중국명 山牛蒡(shan niu bang)은 산에서 자라는 우방(牛蒡: 우엉의 중국명)이라는 뜻이다. 일본명 ヤマボクチ(山火口)는 산에서 자라는 부싯깃(ホクチ)이라는 뜻으로, 잎 등을 부싯깃으로 사용한 것에서 유래했다.

참고 [북한명] 수리취 [유사어] 구설초(狗舌草), 산우방(山牛蒡) [지방명] 개취/딱취/떡취/떡취나물/소리취/솔취(강원), 개떡/개취/떡취/부싯깃/수르치기/수리치기/써우리취/취(경기), 떡추/뚝초/뚝취/수려취/수리초/수리치나물/수치/술취(경남), 떡초/떡추/떡취/떡하는취/수리초/수리추/수리치기/써리추/쑥떡/인취/참취/흰취(경북), 개취/떡취/번추/보내쑥/보노추/보는떡/보는쑥/본추/본취/부싯취/분대/분추/분최/제비쑥(전남), 갯취/깨취/떡취/분대/분추/수러취(전북), 떡취/수리취기/수리치기/시루취(충남), 가을취나물/떡취/수리취기/수리치기(충북), 부엉취(함북)

Serratula excelsa *Makino* ヲヤマボクチ
Kùn-surichwe   큰수리취

큰수리취⟨*Synurus excelsus* (Makino) Kitam.(1933)⟩

큰수리취라는 이름은 수리취에 비해 식물체가 크다는 뜻에서 붙여졌다.[566] 수리취에 비해 식물체가 보다 크게 자라고 뿌리잎의 가장자리가 결각상으로 갈라지는 특징이 있다. 『조선식물향명집』에서 전통 명칭 '수리취'를 기본으로 하고 식물의 형태적 특징과 학명에 착안한 '큰'을 추가해 신칭했다.[567]

속명 *Synurus*는 그리스어 *syn*(합성)과 *oura*(꼬리)의 합성어로, 꽃밥의 하부 꼬리모양의 부속물이 합쳐져 통모양을 이루는 것에서 유래했으며 수리취속을 일컫는다. 종소명 *excelsus*는 '높게, 높은'이라는 뜻으로 식물체가 크게 자라는 것에서 유래했다.

다른이름 산수리취(박만규, 1949)[568]

중국/일본명 '중국식물지'는 수리취에 통합하고 별도 분류하지 않는다. 일본명 ヲヤマボクチ(雄山火口)는 수리취에 비해 식물체가 커서 남성적인 느낌(雄)이 난다는 뜻이다.

참고 [북한명] 산수리취

---

566 이러한 견해로 이우철(2005), p.538 참조.
567 이에 대해서는 『조선식물향명집』, 색인 p 47과 이덕봉(1937), p.12 참조.
568 『조선의 구황식물』(1919)은 '수리취(水原)'를 기록했으며 『조선식물명휘』(1922)는 '수리취(救)'를, 『선명대화명지부』(1934)는 '수리취'를, 『조선의산과와산채』(1935)는 '수리취'를 기록했다.

Siegesbeckia orientalis *Lindley*　メナモミ　豨薟
Jindŭgchal　진득찰

진득찰〈*Sigesbeckia glabrescens* (Makino) Makino(1917)〉

진득찰이라는 이름은 '진득'과 '찰'의 합성어로, 열매의 샘털에서 분비되는 액이 진득하고 찰지다는 뜻에서 유래했다.[569] 동물이나 사람에 붙어 산포하기 위해 열매에 샘털이 있고 끈끈한 액이 나온다. 열매를 생약명으로 '豨薟'(희험/희렴)이라고 하여 약용했다.[570] 15~16세기에는 두꺼비의 옷처럼 보인다고 하여 '두터븨니블'(두꺼비이불)이라고도 했다. 『조선식물향명집』은 옛 문헌에 근거하여 '진득찰'로 기록해 현재에 이르고 있다.[571]

속명 *Sigesbeckia*는 러시아 식물학자 John Georg Siegebeck (1686~1755)의 이름에서 유래했으며 진득찰속을 일컫는다. 종소명 *glabrescens*는 '다소간 털이 없는'이라는 뜻으로 털진득찰에 비해 털이 상대적으로 적은 것과 관련이 있다.

다른이름　진동찰(정태현 외, 1936), 찐득찰(박만규, 1949), 진동찰(정태현, 1956), 민진득찰(안학수·이춘녕, 1963), 두꺼비이불(김종원, 2013)

옛이름　豨薟/蟾矣衿(향약채취월령, 1431), 豨薟/蟾矣衿(향약집성방, 1433),[572] 稀簽(세종실록지리지, 1454), 豨薟藥/두터븨니블(사성통해, 1517), 稀薟/진득츨/火杴草(동의보감, 1613), 稀薟/진득츨/火杴草(산림경제, 1715), 豨薟/진동츨(재물보, 1798), 稀簽/진득츨(제중신편, 1799), 稀薟/진동츨(물보, 1802), 희첨/진듸츨(화왕본긔, 19세기 초), 豨薟/진득찰/晞仙/粘糊菜(광재물보, 19세기 초), 豨薟/진득찰/晞仙/火杴/粘糊菜(물명고, 1824), 稀薟/진득찰(의휘, 1871), 稀薟草/진동찰/火杴(신자전, 1915), 白薟/진득찰(의서옥편, 1921), 豨薟/진듕찰(선한약물학, 1931)[573]

---

569 이러한 견해로 김종원(2013), p.384 참조.

570 이에 대해서는 『조선산야생약용식물』(1936), p.240 참조.

571 이에 대해서는 이덕봉(1937), p.13 참조. 이덕봉은 『제중신편』(1799)과 『동의보감』(1613)에 근거하여 이름을 사정(査定)한 것으로 기록했다.

572 『향약집성방』(1433)의 차자(借字) '蟾矣衿'(섬의금)에 대해 남풍현(1999), p.178은 '두텁의니불'의 표기로 보고 있다.

573 『조선한방약료식물조사서』(1917)는 '진두찰, 稀薇'을 기록했으며 『조선의 구황식물』(1919)은 '진돈츨(水原), 도고마리(豨薟)'를, 『조선어사전』(1920)은 '豨薟(희렴), 晞仙, 粘糊菜, 火杴草(화렴초), 진득찰'을, 『조선식물명휘』(1922)는 '豨薟, 天命精, 亞婆針, 진돈츨, 회금(救)'을, 『토명대조선만식물자휘』(1932)는 '[豨薟(草)희렴(초), [粘糊菜]졈호치, [火杴草]화렴초, [晞仙]희선, [진두찰, [실품이]'를, 『선명대화명지부』(1934)는 '회금, 도고마리, 진돈츨'을, 『조선의산과와산채』(1935)는 '豨薟 진돈츨'을 기록했다.

중국/일본명 중국명 毛梗豨薟(mao geng xi xian)은 줄기에 털이 있는 희험(豨薟: 식물체에서 돼지 냄새와 매운맛이 난다고 하여 붙여졌으며 제주진득찰의 중국명)이라는 뜻이다.[574] 일본명 メナモミ(雌菜揉ミ)는 도꼬마리(ヲナモミ)에 비해 다소 부드럽게 보인다는 뜻이다.

참고 [북한명] 진득찰 [유사어] 점호채(粘糊菜), 화험초(火杴草), 희험(豨薟), 희선(希仙) [지방명] 진기초/징기초(경남), 도꼬마리/부억취/진동차리/진뚝가리/차지기(경북), 진두찰/진디철두/진주찰/찐득쌀(전남), 진두찰/진디할이/진주찰/진지차리(전북), 범불레/범불레쿨(제주), 희첨(충북), 개차랍(평북)

Siegesbeckia pubescens *Makino*　ケメナモミ
Tŏl-jindŭgchal　털진득찰

털진득찰〈*Sigesbeckia orientalis* L. subsp. *pubescens* (Makino) Kitam.(1942)〉[575]
털진득찰이라는 이름은 털이 많은 진득찰이라는 뜻에서 붙여졌다.[576] 『조선식물향명집』에서 전통명칭 '진득찰'을 기본으로 하고 식물의 형태적 특징과 학명에 착안한 '털'을 추가해 신칭했다.[577]

속명 *Sigesbeckia*는 러시아 식물학자 John Georg Siegebeck(1686~1755)의 이름에서 유래했으며 진득찰속을 일컫는다. 종소명 *orientalis*는 '동양의'라는 뜻이며, 아종명 *pubescens*는 '가는 연모가 있는'이라는 뜻이다.

다른이름 두꺼비이불(김종원, 2013)

중국/일본명 중국명 腺梗豨薟(xian geng xi xian)은 줄기에 샘털이 있는 희험(豨薟: 식물체에서 돼지 냄새와 매운맛이 난다고 하여 붙여졌으며 제주진득찰의 중국명)이라는 뜻이다. 일본명 ケメナモミ(毛雌菜揉ミ)는 털이 많은 진득찰(メナモミ)이라는 뜻이다.

참고 [북한명] 털진득찰 [유사어] 희렴(豨薟) [지방명] 진득찰(경북), 게풀(제주)

Solidago virga-aurea *L.* var. asiatica *Nakai*　アキノキリンサウ
Meyŏgchwe　메역취

미역취〈*Solidago virgaurea* L. subsp. *asiatica* Kitam. ex H.Hara(1952)〉

---

574 중국의 『본초강목』(1596)은 "楚人呼草之氣味辛毒爲豨 此草氣臭如豬而味螫螫 故謂之豨薟"(초나라 사람들은 기미가 맵고 독이 있는 풀을 '豨'라고 불렀다. 이 풀은 돼지와 같은 냄새가 나면서 맵고 독한 맛이 나므로 '희험'이라 한다)이라고 기록했다.

575 '국가표준식물목록'(2018)과 '중국식물지'(2018)는 털진득찰의 학명을 *Sigesbeckia pubescens* (Makino) Makino(1917)로 기재하고 있으나, 『장진성 식물목록』(2014)과 '세계식물목록'(2018)은 본문의 학명을 정명으로 기재하고 있다.

576 이러한 견해로 이우철(2005), p.565; 유기억(2018), p.290; 김종원(2013), p.382 참조.

577 이에 대해서는 『조선식물향명집』, 색인 p.48과 이덕봉(1937), p.13 참조.

미역취라는 이름은 미역 맛이 나는 나물(취)이라는 뜻에서 유래했다.[578] 어린잎을 식용했는데,[579] 데치거나 국을 끓이면 미역 맛이 난다. 미역취라는 이름은 자원식물로 이용하면서 형성된 것으로, 경상남도와 강원도의 방언을 채록한 것이다.[580] 『조선식물향명집』은 미역의 옛말에 근거하여 '메역취'로 기록했으나, 『조선산야생식용식물』에서 '미역취'로 개칭해 현재에 이르고 있다.

속명 *Solidago*는 그리스어 *solidus*(모든, 온전한)와 *ago*(상태를 나타내는 접미사)의 합성어로 상처와 궤양을 치료하는 탕약으로 쓰인 데서 유래했으며 미역취속을 일컫는다. 종소명 *virgaurea*는 '황금색 가지'라는 뜻이며, 아종명 *asiatica*는 '아시아의'라는 뜻이다.

다른이름 떡나물/선모초(정태현 외, 1936), 메역취(정태현 외, 1937), 뒈지나물(정태현 외, 1942), 돼지나물(정태현 외, 1949), 개미취(안학수·이춘녕, 1963), 나래메역취(리종오, 1964), 나래미역취(임록재 외, 1972), 참미역취(리용재 외, 2011)[581]

중국/일본명 '중국식물지'는 이 종을 별도로 기재하지 않으나, *S. virgaurea*를 열매에 털이 있고 가지마다 노란색 꽃이 핀다는 뜻의 毛果一枝黃花(mao guo yi zhi huang hua)라 한다. 일본명 アキノキリンサウ(秋の麒麟草)는 가을에 피는 기린초(キリンサウ)라는 뜻이다.

참고 [북한명] 미역취/참미역취[582] [유사어] 일지황화(一枝黃花), 지황화(枝黃花) [지방명] 미역초/미역추(강원), 멱취/미억초/미역취/미역추(경기), 미역나무/미역초/미역추/미역치/취나물(경남), 메기초/미역초/미역초나물/미역추/미역치/부수깽이나물/이박추(경북), 끄렁/끌덩나물/끌덩취/끌떵취/끌텅노물/멱추/미역추(전남), 개미취/끌덩취/미역초/미역추(전북), 멱추/미역취/미역줄거리/미역초/미역추(충남), 멱취/미역추/이박초(충북)

Sonchus oleraceus Linné　ノゲシ(ケシアザミ)
Banggajidong　방가지똥

방가지똥〈*Sonchus oleraceus* L.(1753)〉

방가지똥이라는 이름은 방가지(방아깨비)가 내뱉는 액처럼 유액이 나오는 식물이라는 뜻에서 유래했다.[583] 어린순을 나물로 식용하고 가축의 사료로 사용했다.[584] 잎이나 줄기를 자르면 흰 유액이

---

578 이러한 견해로 김종원(2016), p.527 참조.

579 이에 대해서는 『조선산야생식용식물』(1942), p.216과 『한국의 민속식물』(2017), pp.1234-1235 참조.

580 이에 대해서는 『조선산야생식용식물』(1942), p.216 참조.

581 『조선의 구황식물』(1919)은 '미역취'를 기록했으며 『조선식물명휘』(1922)는 '미역취(救)'를, 『선명대화명지부』(1934)는 '미역취, 미억취'를 기록했다.

582 북한에서는 *S. coreana*를 '미역취'로, *S. virgaurea*를 '참미역취'로 하여 별도 분류하고 있다. 이에 대해서는 리용재 외 (2011), p.333 참조.

583 이러한 견해로 유기억(2018), p.157과 김종원(2013), p.200 참조.

584 이에 대해서는 『한국식물도감(하권 초본부)』(1956), p.755와 『한국의 민속식물』(2017), p.1240 참조.

나온다. 경기도 방언으로 '방가지' 또는 '방가지싹'이라고 하는데, '방가지'는 방아깨비를 뜻한다.[585] 방아깨비는 위험에 처하면 배설물을 내놓는데, 방가지똥에 상처가 생기면 흰 유액이 나오는 모습이 마치 방아깨비의 똥과 같다는 뜻에서 유래한 것으로 보인다. 19세기에 저술된 『광재물보』는 흰 상추를 뜻하는 한자명 '白苣'(백거)에 대해 한글명으로 '방귀아리'라고 했는데, 이는 흰 유액이 나오는 것이 방귀를 뀌는 것과 비슷하다는 뜻으로 현재의 방언에서 발견되는 '방구쟁이'의 옛말로 추론된다.

　　속명 *Sonchus*는 '속이 비어 있는'이라는 뜻에서 유래했으며 방가지똥에 대한 라틴명으로 방가지똥속을 일컫는다. 종소명 *oleraceus*는 '식용채소의'라는 뜻이다.

다른이름 방가지풀(리종오, 1964)

옛이름 白苣/방귀아리/石苣/生菜(광재물보, 19세기 초), 白苣/방귀아디/石苣/生菜(물명고, 1824)[586]

중국/일본명 중국명 苦苣菜(ku ju cai)는 맛이 쓰고 상추(다발 묶음처럼 자란다는 뜻)를 닮은 채소라는 뜻이다. 일본명 ノゲシ(野芥子)는 들에서 자라는 야생 겨자(ケシ)라는 뜻이다.

참고 [북한명] 방가지풀 [유사어] 고거(苦苣), 백거(白苣), 속단국(續斷菊) [지방명] 방가지/방가지싹(경기), 곤들빼이/빵구재이/신방구/토끼보리밥(경북), 개똥방아/썩서구/썩쏘구/썹설구/씀부기/씀쓸구/씨앗씨똥/토끼풀(전남), 소풀(전북), 개방아기/돗새/돗쇠/돗수에/창쿨(제주), 방구쟁이(충남), 빵갱이(충북), 토끼보약이(함북)

Sonchus uliginosus *Trautvetter*　ハチヂヤウナ
Sademul　사데물

사데풀〈*Sonchus brachyotus* DC.(1838)〉

사데풀이라는 이름은 생김새와 쓰임새가 상추와 유사한 것에서 유래한 것으로 추정한다. 어린잎을 식용했다.[587] 조선 초기에 저술된 『향약집성방』은 상추 종류를 뜻하는 白苣(백거)에 대한 향명

---

585 이에 대해서는 국립국어원, '우리말샘' 중 '방가지' 참조.
586 『제주도및완도식물조사보고서』(1914)는 'チャンクル, コッチェ, スンバグイ, サラグイ'[창쿨, 콧체, 순바귀, 사라귀]를 기록했으며 『조선의 구황식물』(1919)은 '밤가지동'을, 『조선식물명휘』(1922)는 '苦菜, 苦蕒菜, 고들쌩이, 방가짓동(救)'을, 『토명대조선만식물자휘』(1932)는 '[茶]도, [苦蕒]고민, [苦菜]고치, [遊冬菜]유동취, [고갓바기], [고들쌔이], [고들쎄기], [들쌔기], [씀바귀]'를, 『선명대화명지부』(1934)는 '고들쌩이, 방가짓동, 씀바대, 방지동곰돌옷, 방지등골늘옷'을 기록했다.
587 이에 대해서는 『한국식물도감(하권 초본부)』(1956), p.755와 『한국의 민속식물』(2017), p.1239 참조.

1816

을 이두식 차자 표현으로 '斜羅夫老'(샤라부루)라고 기록했다. 현재의 사데풀과 비슷한 옛이름으로 '샤라부루', '샤틔부류', '샤태올', '샤틔올' 등이 있는데 이러한 이름이 변화해서 사데풀이 된 것으로 보인다.[588] 조선 중기 이후에 사라부루(사라부로)는 굽이치는 채소라는 뜻의 曲曲菜(곡곡채)를, 샤태올(샤틔올)은 밭에서 자라는 무라는 뜻의 田菁(전청)을 일컫는 우리말로 사용했는데, 사라부루에서 '부루'가 상추에 대한 옛말이므로 사라부루와 샤틔올(샤틔부류)은 상추와 비슷하다는 뜻이 있는 것으로 추정되지만 정확한 유래는 알려져 있지 않다.[589] 『조선식물향명집』은 방언에서 채록한 것으로 추론되는 '사데물'로 기록했으나, 『조선식물명집』에서 '사데풀'로 개칭해 현재에 이르고 있다.

속명 Sonchus는 '속이 비어 있는'이라는 뜻에서 유래했으며 방가지똥에 대한 라틴명으로 방가지똥속을 일컫는다. 종소명 brachyotus는 라틴어로 '짧은'이라는 뜻이다.

다른이름 사데물(정태현 외, 1937), 석쿠리/사투리(정태현 외, 1942), 사데나물/삼비물(박만규, 1949), 시투리(정태현, 1956), 서덜채(박만규, 1974), 참세투리/사라부루(한진건 외, 1982), 늪사데풀/발사데풀(리용재 외, 2011)

옛이름 白苣/斜羅夫老(향약집성방, 1433),[590] 苦蕒菜/샤라부루(사성통해, 1517), (艸+菜)蕒/샤라부루/苦苣/曲曲菜/田菁菜(훈몽자회, 1527), 白苣/샤틔부류(언해구급방, 1608), 芑/샤라부(시경언해, 1613), 田菁/샤틔올(박통사언해, 1677), 曲曲菜/샤라부로/田菁/샤태올(역어유해, 1690), 샤태블희(사의경험방, 17세기), 西上里/샤틔올(증보산림경제, 1766), 田菁/샤태올/苦菜(방언집석, 1778), 曲曲菜/샤라부로/田菁/샤틔올/芑/샤라(재물보, 1798), (艸+菜)蕒/사라부루(물보, 1802), 曲曲菜/샤틔부로/田菁/ㅅ틔올(광재물보, 19세기 초), 曲曲菜/사라부로/田菁/샤태올(물명고, 1824), (艸+菜)蕒/사라부루(자전석요, 1909)[591]

중국/일본명 중국명 長裂苦苣菜(chang lie ku ju cai)는 잎이 길게 갈라지는 고거채(苦苣菜: 방가지똥의 중국명)라는 뜻이다. 일본명 ハチヂヤウナ(八丈菜)는 하치조섬(八丈島)에서 자라는 식물이라고 잘

---

588 이에 대한 보다 자세한 내용은 김종덕·고병희(1999b), p.342 참조. 다만 『역어유해』(1690)와 『물명고』(1824)에서는 샤태올(田菁)과 샤라부로(사라부로, 曲曲菜)에 대한 한자명을 서로 달리하고 있어 샤태올과 샤라부로가 서로 다른 식물을 일컬었을 수도 있는 것으로 보인다.

589 한편 손병태(1996), p.76은 '사라'를 '白'(ㅅ) 또는 '沙羅'(사라: 불교 용어의 차용)의 뜻으로 이해하고, 사라부로를 상추를 닮았는데 잎이 길고 둥근 달걀모양인 것과 색깔에서 유래한 것으로 보고 있다.

590 『향약집성방』(1433)의 차자(借字) '斜羅夫老'(사라부로)에 대해 남풍현(1999), p.183은 '샤라부루'의 표기로 보고 있으며, 손병태(1996), p.76은 '사라부로'의 표기로 보고 있다.

591 『조선의 구황식물』(1919)은 '삿비올(水原), 사데올(水原)'을 기록했으며 『조선어사전』(1920)은 '(艸+菜)蕒, 사라부루'를, 『조선식물명휘』(1922)는 '삿비물, 사데물(救)'을, 『선명대화명지부』(1934)는 '사데물, 삿비물'을, 『조선의산과와산채』(1935)는 '삿비물'을 기록했다.

못 알려진 것에서 유래했다.

참고 [북한명] 사데풀/늪사데풀/발사데풀[592] [유사어] 고매채(苦蕒菜) [지방명] 야고디(경남), 돗수에/창쿨(제주)

Taraxacum coreanum *Nakai*　テウセンシロタンポポ
Hin-mindŭlle　힌민들레

흰민들레〈*Taraxacum coreanum* Nakai(1932)〉

흰민들레라는 이름은 꽃이 흰색인 민들레라는 뜻에서 유래했다.[593] 꽃이 흰색인 특징이 있으며, 꽃을 포함한 전체를 약용하고 어린잎을 식용했다.[594] 『조선식물향명집』에서는 전통 명칭 '민들레'를 기본으로 하고 꽃의 색깔을 나타내는 '흰'을 추가해 '흰민들레'를 신칭했으나,[595] 『조선식물명집』에서 맞춤법에 따라 '흰민들레'로 개칭해 현재에 이르고 있다.

　속명 *Taraxacum*은 쓴 풀을 의미하는 페르시아어 *tarashaqum*, 아라비아어 *tharahshaqun*에서 유래한 것으로 민들레속을 일컫는다. 종소명 *coreanum*은 '한국의'라는 뜻으로 한국 특산종임을 나타낸다.

다른이름 힌민들레(정태현 외, 1937), 흰민들래(정태현, 1956)[596]

중국/일본명 중국명 朝鮮蒲公英(chao xian pu gong ying)은 한반도(朝鮮)에 분포하는 포공영(蒲公英: 털민들레의 중국명, *T. mongolicum*)이라는 뜻이다. 일본명 テウセンシロタンポポ(朝鮮白-)는 한반도(조선)에서 자라는 흰색의 민들레(タンポポ)라는 뜻이다.

참고 [북한명] 흰민들레 [유사어] 포공영(蒲公英) [지방명] 등들레/민들레(경남), 민들레(경북), 민들레/백민들레/진달레(전남), 민들레/씀바귀/흰민들레(충남)

Taraxacum platycarpum *H. Dahlstaedt*　タンポポ　蒲公英
Mindŭlle　민들레

민들레〈*Taraxacum platycarpum* Dahlst.(1907)〉

---

592 북한에서는 *S. brachyoutus*를 '사데풀'로, *S. ugliginosus*를 '늪사데풀'로, *S. arvensis*를 '발사데풀'로 하여 별도 분류하고 있다. 이에 대해서는 리용재 외(2011), p.334 참조.

593 이러한 견해로 이우철(2005), p.609와 한태호 외(2006), p.225 참조.

594 이에 대해서는 『조선산야생식용식물』(1942), p.217과 『한국의 민속식물』(2017), p.1250 참조.

595 이에 대해서는 『조선식물향명집』, 색인 p.49와 이덕봉(1937), p.13 참조.

596 『조선한방약료식물조사서』(1917)는 '안잔방이, 므음드레, 蒲公英, 地丁, 蒲公草'를 기록했으며 『조선식물명휘』(1922)는 '고들뺑이'를, 『선명대화명지부』(1934)는 '고들뺑이'를 기록했다.

민들레라는 이름은 '뮈움/뮈윰'('움직이다' 또는 '흔들리다'라는 뜻의 옛말 '뮈다'의 명사형)과 '들외'(들꽃)의 합성어로, 갓털이 있는 열매가 바람에 날려 멀리 퍼지는 들꽃이라는 뜻에서 유래한 것으로 추정한다.[597] 전초를 약용하고, 어린잎과 뿌리를 식용했다.[598] 19세기에 저술된 『물보』의 '무임둘릭'와 『물명고』의 '뮈움들에'라는 이름에 '뮈다'와 '들외'의 어형이 나타나고, 한자명 蒲公英(포공영)에 비슷한 뜻이 있으므로 유래를 위와 같이 추정한다. 『동의보감』 등에 기록된 '안즌방이'라는 이름은 낮게 퍼져 자라는 모습이 마치 앉은뱅이처럼 보인다는 뜻으로, 한자명 地丁(지정: 땅에 고무래 모양으로 뿌리를 내려 자라는 모습에서 유래)과 뜻이 통한다. 한편 옛적에 사립문 주변에 많

아 19세기 말엽의 문둘레라는 명칭에서 민들레로 변화한 것으로 추정하는 견해와[599] '민/맨'(조악한 것)과 '들외'(들꽃)의 합성어로 흔하게 널려 있는 야생식물의 뜻으로 보는 견해도 있다.[600]

속명 Taraxacum은 쓴 풀을 의미하는 페르시아어 tarashaqum, 아라비아어 tharahshaqun에서 유래한 것으로 민들레속을 일컫는다. 종소명 platycarpum은 '납작한 열매의, 큰 열매의'라는 뜻이다.

다른이름 밈둘늬/안질방이(정태현 외, 1936), 밈둘네(정태현 외, 1942), 민들레(정태현, 1956)

옛이름 蒲公英/므은드레(언해구급방, 1608), 蒲公草/안즌방이/므은드레/蒲公英/地丁(동의보감, 1613), 蒲公英/언즌방/무은드네(사의경험방, 17세기), 蒲公英/안즌방이/믄은드레/地丁(산림경제, 1715), 蒲公英/뮈음둘레(재물보, 1798), 蒲公英/무임둘릭(물보, 1802), 黃花地丁/蒲公英/미음들에(광재물보, 19세기 초), 포공초/안즌방이(화왕본긔, 19세기 초), 黃花地丁/뮈움들에/蒲公英(물명고, 1824), 蒲公英/안즌방이/무움두레(임원경제지, 1842), 蒲公英/안즌방이/므은드릐(오주연문장전산고, 185?), 蒲公英/안즌방이/므음둘네(의종손익, 1868), 黃花地丁/蒲公英/뮈음드레/무음드레(의휘, 1871), 문둘늬/黃精草(한불자전, 1880), 蒲公英/안즌방이/므음둘네(방약합편, 1884), 문둘늬(한영자전, 1890), 蒲公英/안즌방이풀(제중신방, 1923), 蒲公英/안진방이/모음둘네(선한약물학, 1931), 문들네(조선구전민요집, 1933)[601]

597 이러한 견해로 백문식(2014), p.231 참조. 다만 17세기에 저술된 『언해구급방』(1608)과 『동의보감』(1613)에는 '므은드레'라는 형태로 기록되었는데, 이에 대한 어원 및 유래에 대해서는 별도의 추가적인 연구가 필요하다. 이와 관련하여 장충덕(2007), p.116은 '므은드레'의 어원은 알 수가 없다고 보고 있다.
598 이에 대해서는 『조선산야생약용식물』(1936), p.241과 『조선산야생식용식물』(1942), p.217 참조.
599 이러한 견해로 허북구·박석근(2008a), p.96과 권순경(2017.6.14.) 참조.
600 이러한 견해로 강헌규(1987), p.47과 김민수(1997), p.410 참조.
601 『조선한방약료식물조사서』(1917)는 '안잔방이, 므음드레'를 기록했으며 『조선의 구황식물』(1919)은 '씸바구(水原, 江原), 문들네(安州), 고들쎙이(忠北), 무슨둘네(洪原, 吉州), 신닝이(蔚山), 蒲公英'을, 『조선어사전』(1920)은 '金簪草(금ㅈ초), 믜음드레, 蒲公英(포공영), 金簪草(금ㅈ초), 蒲公草(포공초), 地丁(디뎡), 안진방이, 민ㅅ둘네'를, 『조선식물명휘』(1922)는 '蒲公英, 蒲公草,

중국/일본명 '중국식물지'는 이를 별도 기재하지 않고 있으며, 털민들레(*T. mongolicum*)를 蒲公英(pu gong ying)이라 하는데 갓털이 달린 열매가 부들(蒲)을 연상시켜서 붙여진 것으로 보인다.[602] 일본 명 タンポポ는 일본 고유명에서 유래했으나 그 정확한 어원이나 뜻에 대해서는 알려져 있지 않다.

참고 [북한명] 민들레 [유사어] 금잠초(金簪草), 지정(地丁), 포공영(蒲公英), 포공초(蒲公草) [지방명] 민드라미/시개이/시갱이/싱아/씨갱이(강원), 면둘레/면둘레싹/명둘레/민달레/민둘레/민들레나물/씀바구/씀바귀/씸바구/지정이(경기), 맨들레/머슴둘레/머슴들레/미은들레미/민달레/민둘레/민드라미/민드레미/민들레미/뽀뽀재이/신내이/씬나물/씬내이/씬냉이(경남), 노란민들레/맨드라미/머슴들레/문들레/민둘레/민드라미/민드레/민드레미/민들레미/민들리/신내이/씬내이(경북), 김달래/나생이/노란민들레/도끼밥/머슨달래/머슴달래/머슴둘레/머시물레/머심달래/머심달래/머심둘레/모숨들레/미느라미/미둘레/민드라미/진달레(전남), 나생이/머숨둘레/머슴달래/머슴둘레/머심달래/머심둘레/면들레/민드라미/민들리(전북), 고름풀/쓴부르기/쓴부르께(제주), 씬나물(충남), 민둘레/민드라미/씬나물/자양/호디기풀(충북), 문들레/앉은뱅이꽃(평남), 맨들레/문둘레/문들레/앉은뱅이꽃(평북), 무운둘레/문둘레/문들레(함남), 머슴둘레/무슨둘레/무슴둘레(함북), 꽁깨/꽁꽁매/문둘레(황해)

Xanthium Strumarium *Linné*　ヲナモミ　(蒼耳)
Doĝomari　도꼬마리

도꼬마리〈*Xanthium strumarium* L.(1753)〉

도꼬마리라는 이름은 옛이름 '됫고마리(또는 도고말이)'가 어원으로, 약재로 사용하는 열매의 가시가 되(도로) 고부라져 말린 모양 또는 머리 모양이라고 본 것에서 유래한 것으로 추정한다.[603] 예부터 열매를 약재로 사용했으며, 열매에 끝이 고부라진 가시가 밀생하는 특징이 있다. 조선 초기에 저술된 『향약집성방』은 한자명 '菜耳'(시이), '蒼耳'(창이) 및 '卷耳'(권이)를 기록하면서 "其實多刺 因

白鼓釘, 밈들내, 포공영, 안즘방이'를, Crane(1931)은 '고들쌩이꼿, 문들네, 蒲公英'을, 『토명대조선만식물자휘』(1932)는 '[蒲公英]포공영, [蒲公草]포공초, [地丁]디뎡, [金簪草]금줌초, [안진방이], [믜음드레], [무슨들네], [문들닉]'를, 『선명대화명지부』(1934)는 '문들네, 무슨들네, 고둘쌩이, 안즘방이, 밈들네, 포공영'을, 『조선의산과와산채』(1935)는 '蒲公英, 밈둘네(밈둘네)'를 기록했다.

602 중국의 『본초연의』(1116)는 '蒲公英'에 대해 "卽今地丁也 四時常有花 花罷飛絮 絮中有子 落處卽生 所以庭院間皆有者 因風而來"(지금의 지정이다. 사계절 늘 꽃이 있는데 꽃이 떨어지면 솜을 날려 보내고, 솜 속에 씨가 있어서 솜이 떨어진 곳에서 바로 난다. 뜰과 담 사이에서 모두 나는 것은 바람을 타고 온 것이다)라고 기록해 이름의 유래를 추정케 한다. 다만 『본초강목』(1596)은 "名義未詳"(이름과 뜻이 알려져 있지 않다)이라고 기록했다.

603 이러한 견해로 김경희 외(2014), p.87 참조. 『노걸대언해』(1670)와 『박통사언해』(1677)는 '되'를 도로라는 뜻으로 "되씨야 나니"라고 기록했고, 『월인석보』(1459)는 꼬다(絉)는 뜻으로 '쏘아'를 기록했으며, 『능엄경언해』(1461)은 말린 뿌리(卷根)라는 뜻으로 '무라 根'이라고 기록했고, 『월인석보』(1459)는 머리(頭)를 '마리'라고 기록했다 이러한 기록에 비추어 '되'(도로)와 '쏘'(絉)와 '마리'(卷 또는 頭)가 합쳐져 '가시가 도로 꼬여 말린 모양' 또는 '가시가 도로 꼬여 있는 머리 모양의 열매'라는 뜻으로 해석할 수 있을 것으로 보인다.

羊過之毛中粘綴 遂至中國 故名羊負來 俗呼爲道人頭 實熟時採之"(열매에 가시가 많아서 양의 털에 붙어 중국까지 왔다고 해서 양부래라고도 부른다고 한다. 속칭 도인두라고도 한다. 열매가 익은 뒤에 채취한다)라고 열매의 모양과 관련한 이름을 상세하게 서술했다. 이러한 점은 도꼬마리라는 이름이 열매의 모양에서 유래했다는 것을 뒷받침한다. 한편 '되'(돼지라는 뜻의 '돝' 또는 모질거나 거친 의미를 가진 '되다'의 어간)와 '고마리'(도랑에서 자라는 마디풀과 식물)의 합성어로, 고마리와 생태가 비슷한데 훨씬더 거칠고 험한 모습에서 유래한 것으로 추정하는 견해가 있다.[604] 그러나 '고마리'라는 명칭은 근세에 발견되고 예부터 불리던 이름이 아니므로 타당성은 의문스럽다. 또한 한자명 '猪

耳'(저이)와 '卷耳'(권이)의 합성어로, 이 약초의 잎에 벌레가 기생해 잎이 말린 모양이 돼지의 귀와 흡사한 것에서 유래한 이름으로 보는 견해도 있다.[605]

  속명 Xanthium은 그리스어 xanthos(황색)가 어원으로 황색 염료로 사용한 어떤 식물에 대한 그리스명 xanthion에서 유래했으며 도꼬마리속을 일컫는다. 종소명 strumarium은 '종물(腫物)로 뒤덮인'이라는 뜻이다.

다른이름　도고마리(정태현 외, 1936), 창이자(박만규, 1949)

옛이름　蒼耳/升古亇伊/刀古休伊(향약구급방, 1236),[606] 蒼耳/斜古休伊(향약채취월령, 1431), 菜耳實/蒼耳子/卷耳(향약집성방, 1433),[607] 蒼茸(세종실록지리지, 1454), 蒼茸/됫고마리(구급방언해, 1466), 蒼耳/됫고마리/돗귀마리(구급간이방언해, 1489) 菜/돗고마리(훈몽자회, 1527), 蒼耳/升古亇伊/톳고마리(촌가구급방, 1538), 蒼耳/돗고마리(본문온역이해방, 1542), 蒼耳/돗고마리(언해구급방, 1608), 菜耳/돋고마리/蒼耳/喝起草/羊負來/道人頭(동의보감, 1613), 卷耳/돗소말이(시경언해, 1613), 蒼耳/도쇼마리(역어유해, 1690), 蒼耳/돗고마리(동문유해, 1748), 蒼耳/돗고마리(방언집석, 1778), 蒼耳/되고리(광제비급, 1790), 菜耳/독고마리/蒼耳(재물보, 1798), 菜耳/卷耳/독고마리(물보, 1802), 독고마리(규합총서, 1809), 菜耳/蒼耳/독고마리(광재물보, 19세기 초), 菜耳/돗고마리/蒼耳/卷耳/喝起草(물명고, 1824), 蒼耳子/돗고마리(의종손익, 1868), 蒼耳子/쪽고말리(의휘, 1871), 蒼耳/독고마리/독고말이(녹효방, 1873), 독고마리/蒼耳草(한불자전, 1880), 蒼耳子/돗고마리/菜耳/卷耳(방약합편, 1884), 蒼耳子/독고마리(국한회어, 1895), 蒼耳/돗고

604 이러한 견해로 이덕봉(1963), p.179와 김종원(2013), p.208 참조.
605 이러한 견해로 손병태(1996), p.44 참조.
606 『향약구급방』(1236)의 차자(借字) '升古亇伊/刀古休伊'(승고마이/도고휴이)에 대해 남풍현(1981), p.124는 '도고마리/도고말이'의 표기로 보고 있으며, 손병태(1996), p.43은 '되고마이/도고말이'의 표기로, 이덕봉(1963), p.11은 '石古亇伊/伏古休伊'(석고마이/복고휴이)를 기록한 것으로 보아 '돗고마리/복고마리'를 표기했다고 기술하고 있다.
607 『향약집성방』(1433)에 다른이름으로 기록된 '蒼耳子'(창이자)에 대해 남풍현(1999), p.176은 '창쇠자'의 표기로 보고 있다.

마리(선한약물학, 1931)[608]

중국/일본명 중국명 蒼耳(cang er)는 푸른색 귀라는 뜻으로 약재로 사용하는 열매의 모양을 쥐의 귀 (鼠耳) 또는 귀고리로 본 것에서 유래했다.[609] 일본명 ヲナモミ(雄菜揉ミ)는 진득찰(メナモミ)에 비해 보다 거친 것이 남성적으로 보인다는 뜻이다.

참고 [북한명] 도꼬마리 [유사어] 갈기초(喝起草), 권이(卷耳), 도인두(道人頭), 시이(菜耳), 양부래(羊負來), 창이(蒼耳) [지방명] 귀신풀/도꼬마니/조끔바리/주꿈바리/쪼금바리/쪼꼼바리/쭈꿈바리(강원), 도깨비풀/도꾸마리/도끄마리(경기), 개마를때/꼭두마리/꼭두마릿대/도꾸말떼/도둑놈/도둑놈떼/두꾸마리/디쿠마리때/떠꼬마리/섬(경남), 도꼬마때/뚜끼빗대(경북), 개꼬마리/개꾸마리/대꼬마리/대꾸마리/데꺼마리/데꼬마리/데끄마리/도둑놈풀/되꼬마리/땍꼬마리/쐬기풀(전남), 개꼬마리/되꼬마리(전북), 개꼴렝이/개번벅낭/개벌레낭/개범불레/개범불이/개자밤/개자빈/개저밤/개저봄/개저붐/개제밤/개조배낭/개조봄/개조봄낭/개조봄/개조봄낭/오롱마(제주), 꼭두마리/도깨비풀/도꼬마리대/도꼬마리때/도꼬말때/도꼬머리(충남), 도깨비풀/도꾸마리(충북), 도투마리(함남), 가시풀(함북)

Zinnia elegans *Jacquin* ヒヤクニチサウ 百日草 (栽)
Baegilhong 백일홍

백일홍〈*Zinnia violacea* Cav.(1791)〉[610]

백일홍이라는 이름은 백 일 동안 붉다는 뜻의 한자명 '百日紅'(백일홍)에서 유래한 것으로, 꽃이 오랫동안 피어 있다는 뜻에서 붙여졌다.[611] 멕시코 원산으로 유럽을 거쳐 전래되었는데, 『물보』에 맨드라미를 닮았다는 뜻의 '국슈만도람이'라는 이름이 기록된 것에 비추어 18세기 말경에는 국내에 도입된 것으로 보인다. 옛 문헌에서 '百日紅'(백일홍)은 목본성의 배롱나무를 일컫는 경우가 많으므로 주의가 필요하며, 배롱나무와 구별하기 위해 '草百日紅'(초백일홍)이라고도 했다.

속명 *Zinnia*는 독일 식물학자 Johann Gottfried Zinn(1727~1759)의 이름에서 유래했으며 백

---

608 『조선한방약료식물조사서』(1917)는 '도고마리, 蒼耳子'를 기록했으며 『조선의 구황식물』(1919)은 '도쏘마리, 菜耳'를, 『조선어사전』(1920)은 '卷耳(권이), 喝起來, 菜耳, 羊負來(양부러), 蒼耳(창이), 蒼耳子(창이즈), 독고마리'를, 『조선식물명휘』(1922)는 '蒼耳, 茶耳, 靑茸子, 도쏘마리, 장의즈, 청이즈(菜耳)(救, 藥)'를, 『토명대조선만식물자휘』(1932)는 '[蒼耳(子)]창이(즈), [菜耳(子)]틔이(즈), [卷耳(子)]권이(즈), [喝起來]갈긔리, [羊負來]양부리, [道人頭]도인두, '도고마리'를, 『선명대화명지부』(1934)는 '도쏘(고)마리, 장기자, 청기자'를, 『조선의산과와산채』(1935)는 '菜耳, 도쏘마리'를 기록했다.
609 중국의 『도경본초』(1061)는 "詩人謂之卷耳 爾雅謂之蒼耳 廣雅謂之菜耳 皆以實得名也 陸機詩疏云 其實正如婦人耳璫 今或謂之耳璫草"(시경에서는 '권이'라 하였고, 이아에서는 '창이'라 하였고, 광아에서는 '시이'라 하였는데, 모두 열매를 가지고 이름을 얻었다. 육기의 시소에서는 '그 열매가 부인의 귀고리와 같아서 지금은 '이당초'라고도 한다')라고 기록했다.
610 '국가표준식물목록'(2018)과 '중국식물지'(2018)는 백일홍의 학명을 *Zinnia elegans* Jacq.(1791)로 기재하고 있으나, 『장진성 식물목록』(2014)과 '세계식물목록'(2018)은 정명을 본문과 같이 기재하고 있으므로 주의를 요한다.
611 이러한 견해로 이우철(2005), p.267과 김인호(2001), p.197 참조.

일홍속을 일컫는다. 종소명 *violacea*는 '자홍색의, 보라색의'라는 뜻이다.

다른이름 백일초(정태현 외, 1937)

옛이름 草百日紅/국슈만도람이(물보, 1802), 草百日紅/麵鷄冠花(송남잡지, 1855), 빅일홍/百日紅(한불자전, 1880), 백일홍(동아일보, 1923), 백일홍(조선구전민요집, 1933)[612]

중국/일본명 중국명 百日菊(bai ri ju)는 백 일 동안 피는 국화(菊)라는 뜻이다. 일본명 ヒヤクニチサウ(百日草)는 백 일 동안 피는 풀이라는 뜻이다.

참고 [북한명] 백일홍 [유사어] 백일화(百日花), 조백일홍(草百日紅)

---

612 『지리산식물조사보고서』(1915)는 '百日紅'을 기록했으며 『조선식물명휘』(1922)는 '白日草, 江西拉花, 백일초(觀賞)'를, 『토명대조선만식물자휘』(1932)는 '[江西臘(花)]강셔랍(화)'를, 『선명대화명지부』(1934)는 '백일초'를 기록했다.

『조선식물향명집(朝鮮植物鄕名集)』에 대하여

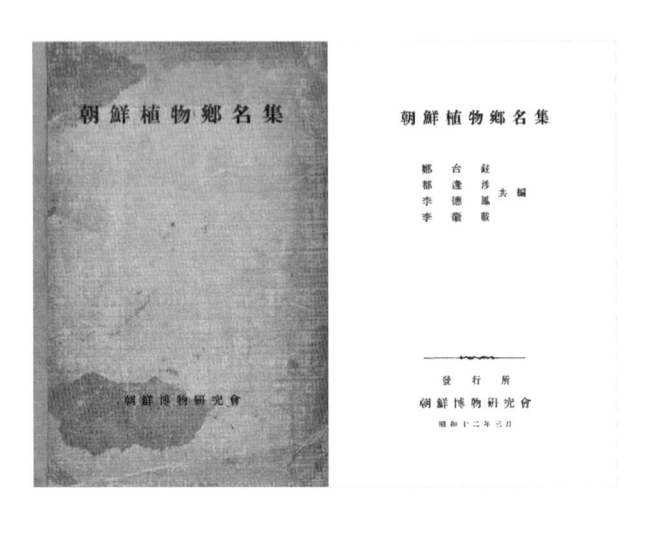

　　『조선식물향명집(朝鮮植物鄕名集)』은 일제강점기인 1937년 3월 25일, 조선박물연구회에서 발간했다. 당시 조선인만으로 구성되었던 조선박물연구회(朝鮮博物硏究會) 식물부에 소속한 정태현(鄭台鉉), 도봉섭(都逢涉), 이덕봉(李德鳳), 이휘재(李徽載) 등 4인이 공동으로 저술했다.『조선식물향명집』은 서론에 해당하는 서(序), 범례(凡例), 사정요지(査定要旨)와 본문 및 색인을 합해 228쪽으로 구성된 책으로 한반도에 분포하는 143과 684속 1,944종의 식물 이름을 기록한 식물분류명집이다. 학명에 근거해 식물명을 모아 기록한 것이므로 식물분류학의 한 영역에 속한다.『조선식물향명집』의 본문은 라틴어 학명과 이에 대해 부여된 일본명, 실제 사용하는 조선명을 알파벳과 한글로 표기했다.

1.『조선식물향명집』 발간의 시대적 배경

　　근대 식물분류학에 따라 최초로 한반도 식물을 채집한 사람은 독일의 슐리펜바흐(B.A. Schlippenbach, 1828~?)로, 1854년 4월 동해안에서 채집한 50여 종의 식물이 여러 식물연구가를 통해 국제 식물학계에 보고되었다. 그 후에도 외국의 탐험가, 선교사, 박물관이나 연구기관에 속한 전속채집인, 식물애호가 등에 의해 한반도 식물이 채집되어 유럽과 일본으로 보내졌고, 다수의 학자들에 의해 연구되었다. 그러나 당시 조선인이 근대 식물분류학에 근거한 채집과 연구에 동참

하거나 이를 수용한 흔적은 발견되지 않는다.

그 이후 대한제국 시기인 1899년에 농상공학교(農商工學校)가 설립되었고, 1904년 이 학교에 증설된 농과가 1906년에는 농림학교로 승격되었다. 이곳에 일본인 교수가 초빙되어 기초과목으로 생물학이 개설됨으로써 근대 식물분류학에 대한 기초적인 지식이 보급되고, 일제강점기에도 연속적으로 진행되었다. 이 과정에서 근대 식물분류학을 새로운 학문의 영역으로 인식하고 한반도의 식물을 분류하고 기록하고자 하는 조선인들이 나타나기 시작했다.

한편 한일 강제병합이 이루어진 후 강압통치를 하던 일세는 1919년 3·1운동이라는 강한 저항에 부딪히자 한민족의 문화와 관습을 존중하며 한국인의 이익을 위한다는 이른바 문화통치를 내세웠다. 이로 인해 형식적으로나마 민족 신문의 간행이 허용되는 등의 조치가 취해졌다. 그러나 1931년 만주전쟁을 일으키고 중국의 동북지방을 점령하여 '만주국'이라는 식민지를 만든 일제는 중국과의 전쟁에 대비해 일본에 저항하거나 반대하는 성향을 가진 조선인을 단속하기 시작했다. 1936년에 조선사상범보호관찰령(朝鮮思想犯保護觀察令)을 공포했고, 1937년 6월에 수양동우회(修養同友會) 사건을 일으켜 안창호, 이윤재, 최현배 등을 비롯한 독립운동가와 양심적 지식인을 체포 및 감금했다. 1937년 중일전쟁을 일으킨 일제는 1938년에는 3차 교육령을 반포하고 학제를 변경해 모든 학교 명칭을 일본식으로 바꾸었으며, 필수과목이던 조선어를 선택과목으로 격하시켰다.

『조선식물향명집』이 발간될 무렵 "내선일체로 일본과 조선이 한 나라인데 조선명을 새로 만들 필요가 어디 있느냐며 당국의 심한 제재가 있었으나, 당시 농촌에서는 일본어를 모르는 사람이 많으므로 이들을 교육하기 위해 일본어를 번역하는 것이라고 무마시켰다"[1]라는 일화는 당시 시대 상황을 잘 드러낸다. 이처럼 『조선식물향명집』은 일제의 문화통치가 그 외피를 벗기 시작할 즈음이었던 1933년경에 저술을 시작해 일제가 중국 침략과 더불어 조선에서 일제에 반하는 사상과 조선어 사용을 사실상 제약했던 시점에 완성해 출간되었다.

2. 조선박물연구회의 등장과 의의

조선박물연구회는 1933년 5월경에 결성되었다. 당시 조선박물연구회의 창립을 알리는 『동아일보』 기사에 의하면, 조선박물연구회는 (i) 조선에 있어서 자연과학의 진흥을 목표로, (ii) 각 학교의 조선인 박물 교원과 기타 박물 관계자를 구성원으로 하여, (iii) 우선적인 사업으로 조선에서 나는 동식물의 각 지방 명칭을 조사해 통일시키는 조선명의 조사사업을 행하고 장차는 조선명이 없는 동식물에 대해서는 조선명을 제정하고자 했다. 조선박물연구회가 창립되기 이전인 1923년 10월

---

1 이에 대해서는 이우철(1994), p.81 참조.

21일에 한반도 분포 동식물을 연구하는 조선박물학회가 구성되어 조선에서 활발한 활동을 하고 있었다. 조선박물학회는 당시 조선에서 근무하고 있던 박물자연과학과 관련된 업무를 담당하는 일본인과 조선인 연구자를 망라한 단체였다. 1934년 2월의 조선박물학회 회원 명부를 기준으로 보면,[2] 보통회원 229명과 명예회원 5명이었고 그중 조선인은 38명으로 전체 회원에서 조선인 비율은 16.2퍼센트였다. 이에 비추어 조선박물학회는 일본인 중심으로 운영되고 조선인 연구자가 일부 참여하는 형태였음을 알 수 있다.

조선박물연구회와 조선박물학회의 가장 큰 차이점은 조선박물연구회가 조선인으로만 구성되었다는 점이다.[3] 조선박물연구회가 만들어질 때 대부분의 조선인 연구자들은 조선박물학회에서 탈퇴하지 않고 회원자격을 유지했음에도, 일제 당국의 관심뿐 아니라 조선박물학회에서도 내선일체를 주장하는 총독부의 뜻에 어긋난다는 이유로 상당히 견제했다.[4] 정치적인 것과는 거리가 있는 자연과학에 대한 학술연구를 표방하는 단체를 창립하는 것도 당시의 시대적 상황에서는 직간접적으로 부담이 되는 일이었다. 따라서 조선박물연구회에 참여한다는 것은 각자의 소신과 뚜렷

조선박물연구회 창립을 알리는 1933년 6월 7일 자 『동아일보』 기사

---

2 이에 대해서는 조선박물학회(1934), p.90 참조.

3 조선박물연구회 회원의 정확한 구성은 알려져 있지 않다. 당시 『동아일보』(1935.1.2.)와 『조선일보』(1936.11.5.) 기사 등에 의하면 회원은 20~25명 정도였던 것으로 파악된다.

4 소인영(1994), p.110에 의하면 『조선식물향명집』의 저자인 이휘재 박사는 "모리(森爲三)박사를 포함한 일인학자를 비롯하여 일본인들이 주축으로 활동하는 조선박물학회에 속한 분들이 내선일체를 주장하는 총독부의 뜻에 어긋난다는 것이 그들의 이유였습니다. 실세로 삼(森)박사의 조수로 있던 곤충학자를 통해서 『조선식물향명집』의 발간을 중지하라고 그랬어요"라고 회고했다.

한 목적의식을 요구하는 일이었다.

『조선식물향명집』의 저술은 근대 식물분류학에 따른 과학적 조사 작업과 더불어 식물명에 대한 각종 방언과 문헌 조사 작업을 병행한 것이었으므로 다수의 협업이 필요했다. 조선박물연구회 식물부 소속의 연구자들이 회원인 윤병섭(尹丙燮, 1887~1956)이 교사로 근무했던 휘문고등보통학교와 도봉섭의 계농생약연구소 등으로 장소를 옮겨가며[5] 3년 동안 100여 회 모여 함께 만든 작품이 『조선식물향명집』이다. 『조선식물향명집』 서(序)에 기록된 바에 따르면 내표직인 4인의 공편자 외에도 조선박물연구회 식물부에 속한 윤병섭, 이헌구, 이경수, 한창우, 유석준 등이 참여했다. 이 중 윤병섭은 매회 참석을 했지만 한글 맞춤법에 관하여 의견을 달리해 편저자로 이름을 올리지 않았다.[6] 결국 『조선식물향명집』의 저자는 조선박물연구회 식물부 소속 회원 중 상대적으로 역할이 컸던 정태현, 도봉섭, 이덕봉, 이휘재 네 사람이 되었다.

3. 『조선식물향명집』의 의의

(1) 근대 과학에 기초한 조선명(한국명)의 체계적 정립

조선박물연구회는 창립하면서 "동식물의 각 지방 명칭을 조사하야 통일시키고 장차는 지금까지 조선말로 이름이 없는 동식물에는 따로 조선이름을 제정"하는 것을 우선적 사업으로 하였다. 『조선식물향명집』의 저술은 조선박물연구회의 이러한 우선적 사업에 부합하는 최초의 성과물이었다.

전통적 지식에 기반한 종래의 식물명은 사람이 식물을 이용하는 기능적 방법, 즉 식용, 약용, 농업용, 목재의 이용, 유희용, 화훼용과 종교적 목적 등을 위주로 파악한 기준에 따라 형성되고 전승되어왔다. 이러한 이름을 문헌에 기록했다고 하더라도 해당 식물의 정확한 특징이 기록되어 전승된 것이 아니므로, 정확히 어떤 식물을 지칭하는지는 전승되는 과정에서 끊임없는 혼용이 있어왔다. 게다가 교통과 의사소통의 수단이 현재와 같이 정비되지 않았던 시기에 식물에 대한 이용 형태와 방

---

5   이정(2012), p.239는 "대개는 도봉섭의 계농생약연구소에 모여 작업"을 했다고 기술했고, 소인영(1994), p.119는 이덕봉의 회고를 빌려 "윤병섭 선생이 계신 휘문고보 숙직실에서 1933년경부터 만 3년동안 100여회는 모였습니다"라고 기록했으며, 이우철(1994), p.81은 "그로부터 3년간 100여회에 걸쳐 장소를 바꿔가며 모여"라고 하여 회합 장소를 서로 다르게 서술하고 있다. 『조선식물향명집』은 실제 채집한 표본을 일일이 확인해 가면서 작업을 해야 했으므로 휘문고보 숙직실에서 이 모든 작업을 할 수는 없었을 것으로 추정한다.

6   1934년 4월 19일 자 『동아일보』 기사에 의하면 윤병섭(尹丙燮)은 1934년 4월 16일 자 조선어학연구회의 정기총회에서 신임간사로 피선되었고, 1923년 10월 20일 자 《계명구락부회보》에 실린 명부를 보면 박승빈이 주도했던 계명구락부의 회원으로 "윤병섭(尹丙燮, 교육가)"이 등재되어 있다. 조선어학연구회는 박승빈을 필두로 하여 조선어학회와 대립하면서 옛 조선총독부의 『조선어사전』(1920)의 맞춤법과 유사한 한글 맞춤법을 주장한 단체였다. 1934년 7월 윤치호, 최남선 및 박승빈의 조선어학연구회는 조선어학회의 '한글 마춤법 통일안'을 반대하는 내용의 '한글식 신철자법 반대성명서'를 발표했는데 여기에서도 尹丙燮(윤병섭)의 이름이 발견된다. 따라서 『조선식물향명집』에서 조선명의 사정 방법과 그 표기를 조선어학회의 '한글 마춤법 통일안'에 따르자 윤병섭은 등재를 사양하고 저자에서 빠진 것으로 보인다.

법은 지방마다 차이를 가지는 것이어서 그에 따라 같은 식물이라 하더라도 지방마다 다른 이름이 있는 경우가 많았다. 그리고 비슷한 용도로 사용되는 경우 하나의 이름이 여러 식물을 지칭하기도 했고, 특별한 용도가 없는 식물은 아예 별도로 인식되지 않아 이름조차 없는 식물도 상당했다.

근대 식물분류학이 도입되어 식물을 자체의 번식과 생태의 최소 단위인 종을 기반으로 분류하고 인식하게 되었고, 그에 따라 혼용되는 이름은 정리하고 이름이 없는 경우 새로운 이름을 부여해 조선명으로 만드는 작업이 필요했다. 조선박물연구회의 창립 시 우선적 사업으로 내세운 것은 이러한 과업의 필요성을 표현한 것으로 이해된다.

일제강점기가 시작된 1910년 이래로 일본인 또는 일본 당국이 식민지배와 조사 작업의 일환 또는 향토성 연구 등의 목적으로 학명에 기초하여 식물명을 확인해 기록한 문헌이 다수 존재했다. 그러나 이러한 일본 문헌은 제대로 된 조사 작업이 이루어지지 않아 이름이 누락된 경우가 많았고, 조선의 문화와 조선어에 익숙하지 않음으로 인해 다수의 오기록이 존재했으며, 식물명의 신칭(新稱)이 필요한 경우에도 굳이 조선명을 별도로 제정하지는 않았다. 조선박물연구회의 입장에서 조선명을 기록한 일본 문헌은 조선명 수집에 필요한 하나의 참고자료일 수는 있어도 이에 전적으로 의존할 수는 없었다. 따라서 별도의 조선명 통일과 신칭을 위한 작업이 필요했고, 그 결과물이 바로 『조선식물향명집』이었다.

이러한 작업이 이루어진 핵심적 내용은 『조선식물향명집』의 사정요지에 잘 나타나 있다. 조선인이 실제 사용하는 이름을 최우선으로 하고 옛 문헌의 내용을 참고로 하여 조선의 주체성과 전통을 가장 우선시하는 방법으로 조선명을 사정 정리했으며, 부득이한 경우에만 새로운 이름을 신칭했다. 이로써 한반도에 분포하는 식물들이 근대 식물분류학이라는 토대 위에서, 1,944종에 한정된 것이기는 하지만, 비로소 조선의 전통과 결합한 조선의 고유한 식물명을 가지게 되었다.

(2) 식물도감을 향한 과학적 토대로서의 식물분류명집

식물분류학이 특정한 지역에서 전파되고 발전하는 과정을 살펴보면, 제일 먼저 일정 지역의 자생식물 목록(식물분류명집-check list)을 작성하고, 다음으로 식물 분포도와 검색표 그리고 식물도감으로 이어지며, 여기에 식물에 관한 각종 생태가 보완되면서 식물지의 완성으로 나아간다.[7]

『조선식물향명집』을 저술할 때 지방명의 조사와 수집에 긴 시간이 소요된 것과 더불어 표본과의 대조를 통해 종을 확인하는 작업을 거친 것은 『조선식물향명집』의 저술이 단순히 식물분류명집의 작성에 그치고자 한 것이 아니었음을 말해준다. 『조선식물향명집』은 식물도감(또는 식물지)으로 나아가기 위한 사전 작업, 즉 식물분류학이 발전하는 한 과정이었다. 일찍이 이덕봉이 "조선산야를 편답하여 식물채집과 조선 명칭 수집에 힘쓰어 조선명으로 식물목록과 식물도감을 편찬하

---

7 이러한 견해로 장진성(1994), p.101 이하 참조.

다가 학생들의 떠드는 소리에 놀라 깨니 남가일몽"이라고 했던 것이 단순히 헛된 꿈이 아니라 조선인의 집단적 노력에 의해 현실로 한 걸음씩 나아가고 있었던 것이다.

(3) 민족적 자각과 저항의 일환으로서의 『조선식물향명집』

『조선식물향명집』은 조선인 과학자들이 인식한 근대 식물분류학의 토대 위에서 한반도에 분포하는 식물의 이름을 체계적으로 정립하고자 하는 목적으로 작성되었다. 조선인 과학자들이 기초한 근대 과학은 일제로부터 이식되고 배운 것이었지만, 그것을 수용하여 인식하고 소화시켜 조선적인 것으로 재구성한 것이다. 명백히 "조선박물연구회의 활동은 일제에 맞서 과학의 자주성을 되찾고자 했던 저항 운동"이고 "대만 등 다른 일본 식민지에서는 이런 독자적인 학술 활동이 없었던 만큼 『조선식물향명집』은 조선 과학자들이 독자적인 연구 성과를 구축하기 위해 노력했다는 명백한 증거"이기도 했다.[8] 『조선식물향명집』에서 이러한 내용을 담을 수 있도록 저자들에게 영향을 미치고 작용한 철학적 또는 정치적 흐름과 경향은 어떤 것이었을까?

첫 번째로 1931년경부터 김용관(金容瓘, 1897~1967)이 주도하고 『동아일보』 등의 지원을 받아 대중적으로 추진된 '과학조선' 운동의 영향을 들 수 있다. 과학조선 운동은 과학의 대중화와 과학 지식 보급을 주요한 모토로 하여 과학의 발달을 통한 민족 독립을 꿈꾸는 운동이었다. 『조선식물향명집』의 저자 중 도봉섭은 이 운동에 직접적으로 참여하지는 않았지만, 『동아일보』에 투고 등을 통해 조선 식물 연구를 "일국의 산업 발달의 기초를 다지는 과학조선"을 위한 과제의 실현으로 소개했다.[9] 『조선식물향명집』의 저자 중 도봉섭은 가장 어린 나이로 참여를 했으나 『조선식물향명집』 곳곳에서 그의 주도적 역할이 확인되는 점에 비추어, 그의 이러한 생각은 『조선식물향명집』 집필진 모두에게 강한 영향을 미쳤을 것으로 추정한다. 조선박물연구회의 창립을 알렸던 1933년 『동아일보』의 기사에서 "현대 조선에 있어 자연과학의 진흥이 우리의 가장 힘써야 할 운동의 하나임에도 불구하고"라고 한 것도 이러한 사상의 반영으로 보인다.

두 번째로 『조선식물향명집』의 저술은 당시 활발하게 진행되었던 조선학 운동과 관련이 있는 것으로 파악된다.[10] 1930년대에는 조선의 전통적인 문화양상과 이 문화 속에 내재되어 있는 일체의 사상체계를 연구하는 학문으로서 국학의 개념이 형성되면서 각 분야에 걸쳐 국학 연구가 활발했다. 1934년 정인보(鄭寅普, 1893~1950)와 안재홍(安在鴻, 1891~1965)이 다산 정약용의 서거 99주년을 기념해 정약용에 관련된 논문을 발표하면서 조선학 운동으로 번졌으며, 1936년 이후에는 진보적 민족주의 역사가의 역사 연구에 의해 이론적으로 심화되고 학술적으로 구체화되었다. 이들의 조선학 운동은, 조선은 스스로 발전할 수 없는 정체된 사회이며 일본을 닮는 것이 문명화되는 유

---

8 이에 대한 자세한 내용은 신용수(2019.2.28.) 참조.
9 이에 대해서는 도봉섭(1936.4.22.) 참조.
10 이러한 견해로 이정(2012), p.239 참조.

일한 길이라 주장하는 일본에 맞서, 조선인도 할 수 있으며 조선 사회의 발전은 조선인의 손으로 이루겠다는 의지를 담은 학술 운동으로 평가된다. 조선학 운동은 과학의 영역에서는 조선박물연구회의 일원으로 참여했던 석주명(石宙明, 1908~1950)의 연구 방법으로서 '조선적 생물학'으로 나타나기도 했다. 석주명에게 조선적 생물학은, 연구대상으로 조선의 생물을 중심으로 하고 그 생물종과 생물상의 독특성을 밝히며 그것과 관련한 인문적 영역으로까지 범위를 확대하는 것이었다.[11] 이덕봉의 회고에 의하면 석주명은 조선박물연구회의 적극적 참여자였고, 『조선식물향명집』의 내용도 석주명의 이런 연구 방법과 일맥상통하는 것에 비추어, 『조선식물향명집』의 저술도 조선적 생물학의 한 형태로 이해할 수 있을 것으로 보인다. 정태현은 "어떻게 하면 우리도 잘 살 수 있으며 한을 풀 수 있을까를 생각한 끝에 '실학'에 몸을 던졌다"고 회고한 바 있는데, 이는 한반도의 식물 연구를 과학적 토대에 근거하고 자신의 소임을 실학의 전통으로 연결시키는 것으로서 조선학 운동과 이어져 있는 것으로 보인다.

마지막으로 『조선식물향명집』은 조선어학회의 표준말 사정과 직접적으로 연관되어 있다. 조선어연구회에서 1931년에 명칭을 변경한 조선어학회는 어문 민족주의적 사고에 입각하여 한글 연구와 대중화를 위해 헌신한 주시경(周時經, 1876~1914)의 유지를 이어받아 일제의 조선어 말살정책에 맞서 한글을 지키고 연구하는 데 앞장섰다. 조선어학회는 1933년 10월에 우리나라 최초의 '한글 마춤법 통일안'을, 1936년 10월에는 『사정한 조선어 표준말 모음』을 발표했는데, 이는 1929년에 착수한 우리말 사전을 만들기 위한 기초 작업이었다.

『조선식물향명집』의 저자들은 조선어학회의 표준말 사정의 원칙을 식물 현상에 맞게 교정한 '사정'을 원칙으로 하여 조선명을 정리했다. 『조선식물향명집』 저자 중 한 명인 이덕봉과 조선박물연구회가 조선어학회의 『사정한 조선어 표준말 모음』에 들어갈 식물어와 각종 동물어의 표준말을 찾는 작업에 직접 참여했다. 『조선식물향명집』 발간 직전인 1937년 1월에는 조선어학회의 기관지 『한글』에 국화과 139종의 식물명의 내력을 정리한 「조선산 식물의 조선명고」라는 글을 투고하기도 했다. 조선박물연구회 식물부 내부의 한글 맞춤법에 대한 이견에도 불구하고 『조선식물향명집』은 조선어학회의 표기 방법을 전적으로 따랐다. 나아가 『조선식물향명집』의 조선명 정리 자체가 근대 식물분류학이라는 과학적 토대 위에 실제 사용하는 식물에 대한 조선명과 전통적 지식을 결합한 통일된 식물명을 정리하고자 했던 것이므로 표준말 사정 작업의 한 부분이기도 했다.

이처럼 『조선식물향명집』은 1930년대라는 시대적 상황에서 일제의 국권 침탈과 강압적 통치에 저항해 민족의 전통과 독립을 이루고자 한 다양한 민족주의적 운동과 궤를 같이하고 있었다. 그들이 기초로 두고 있었던 근대 식물분류학이 일제로부터 강제적으로 이식되었고 연구를 위해서 일제와의 협력이 불가피했지만 동시에 일본의 한반도 분포식물에 대한 과학연구와는 다른, 조선

---

11 이에 대해서는 문만용(1999), p.184 이하 참조.

의 민족적 전통에 기반한 조선인에 의한 별도의 과학연구를 행하고자 한 것이었다. 『조선식물향명집』은 조선의 산림, 조선의 문화 그리고 조선의 전통을 과학의 보편성과 연결하고 발전시킴으로써 식민지배를 조선인의 힘으로 이겨낼 원천이기도 했다.

4. 『조선식물향명집』의 한계

나카이 다케노신(中井猛之進)의 조선 식물 연구는, 이미 유럽의 학자들에 의해 상당한 식물이 발표되어 신종을 찾기 어려웠던 일본이 아닌 조선 식물을 연구함으로써 일본 식물학의 근대화를 이루고 일본 식물학을 세계 식물학계의 중심부로 끌어 올리고자 했던 것에 중점이 있었다. 이를 위해 나카이 다케노신은 연구실에서 극단적으로 종을 세분류했다. 나아가 그는 자신의 분류 체계를 1927년에 '동아시아 식물분류법'으로, 1935년에는 '신분류법'이라고 명명해 세계 식물학계의 보편적 분류 방법으로부터 멀어진 독자적 분류법의 체계를 구축하려고 했다. 그의 이러한 분류 방법은 이미 1920년대부터 세계 식물학계뿐만 아니라 일본 내부에서도 혹독한 비판에 직면했고, 그의 사후인 1965년 편찬된 일본과학사학회의 '일본과학사기술사대계'는 조선 식물을 연구한 학자로 소개할 뿐 그의 이론적 성과나 분류법에 대해 특별히 의미 있는 것으로 평가하지는 않았다.[12]

『조선식물향명집』은 범례에서 "본편 식물 배열의 순서는 현 세계에서 가장 널리 채용되는 A. Engler와 E. Gilg 양씨의 자연분류법에 의함"이라고 하여 당시의 세계 보편적인 식물 분류 방법을 택한 것으로 서술하고 있다. 그러나 엥글러의 분류 체계에서 별도로 분류하지 않은 Spiraeaceae(조팝나무과)나 Ponaceae(배나무과)를 별도로 분류하는 등 세분하는 것은 나카이 다케노신의 영향을 받은 것으로 보인다.

『조선식물향명집』이 나카이 다케노신의 문제점을 충분히 인지하여 체계적 비판으로 발전시키지 못했던 점은 당시 조선인이 접할 수 있었던 일본어 이외의 외국어에 대한 이해와 문헌의 부족, 나카이 다케노신을 제외한 식물학자와의 교류의 어려움, 조선 식물을 공동으로 연구할 수 있었던 중국이나 러시아 식물학자와의 단절 등 시대적 제약이 낳은 한계라 볼 수 있다.

『조선식물향명집』이 한반도 분포 식물로 143과 684속 1,944종의 기록에 그친 점은 잘못 기록하기보다는 불완전한 기록을 택한 『조선식물향명집』 저자의 독자적이고 과학적인 태도에서 기인했다. 그러나 당시에 사용되었던 식물명의 방언 조사를 더 확대했더라면 하는 아쉬움은 여전히 남는다. 또한 기록된 조선명을 체계적으로 기록한 최초의 성과물이므로 「조선산 식물의 조선명고」와 같이

---

12 이에 대해서는 이정(2012), p.77 참조. 한편 나카이 다케노신(中井猛之進)이 자주 종, 변종, 품종에 대한 개념을 혼동 및 혼란하고 있었다는 비판으로는 장진성(1994), p.97 참조.

기록한 방언명들의 전체를 다 드러내고 그 각 이름의 연혁을 간단하게라도 기록했다면 식물명의 유래와 어원을 추론할 수 있는 중요한 근거 자료가 될 수 있었을 것이라는 아쉬움도 있다.

한편 최근 식물명(국명)과 관련해『조선식물향명집』에 기록되어 현재까지 이어져 오고 있는 '복수초'와 '며느리밑씻개' 등 일본명의 차용 또는 번역에 대한 논란이 뜨겁다. 식물명이 창씨개명 되었다거나,『조선식물향명집』의 조선명을 모두 일본명의 번역으로 보거나, 일본인의 잘못된 연구를 무비판적으로 수용하였다는 주장도 난무하고 있다. 소위 '일본명의 차용 또는 번역'에 관한 논란은 전통적 식물 인식 방법과 근대 식물분류학에 따른 분류 방법의 차이에서 발생했다. 즉, 종래의 식물에 대한 전통적 인식 방법은 별도의 기능 또는 용도가 없는 경우 이름을 부여하지 않거나 통칭하는 경우가 상당했다. 이와 같이 식물명이 별도로 없었던 식물에 대해 이름을 신칭하는 과정에서 일부의 이름에 일본명의 흔적이 발견되고 있다. 이에 대해 일본식 이름으로 창씨개명 되었다는 주장은 지나친 과장이자 사실에 대한 조사가 결여된 억측과 왜곡이다.

『조선식물향명집』은 조선명을 사정할 때에 실제 조선인이 사용하는 명칭과 문헌상에 나타난 식물명을 참고하여 정하는 것을 원칙으로 하고, '교육상·실용상 부득이 한 경우'(=식물 명칭이 없는 경우)에는 새로운 조선명을 신칭했다. 그러나 이 경우에도 실제 사용하는 조선명과 문헌상에 나타나는 식물명을 기본으로 하여 어두와 어미에 형용사를 첨가하는 방식으로 전통이 살아나도록 조처했고, 기본적인 이름을 새로이 정하는 경우에도 식물의 형태학적 특징, 학명, 전설, 유래, 산지, 발견자, 생육 상태, 색, 냄새, 맛 등을 고려하여 신중하게 처리했다. 실제 사용하는 조선명과 문헌상의 이름을 누락하거나 잘못 기록하는 일이 없도록『조선식물향명집』에 기록된 종의 수를 정확히 조사된 부분에 한정하여 기록하기도 했다.

그러한 노력에도 불구하고 형태나 산지 등을 살핌에 있어서 어두의 형용사(관형어)가 일본명과 유사하거나,[13] 일부의 식물명은 기본적 형태에서 일본명의 차용 또는 번역으로 보이는 흔적이 남아 있다. 이것을 한계로 보아 수용 가능한 것으로 이해할 것인지, 아니면 오류로 보아 극복해야 할 대상으로 보아야 할지에 대해서는 보다 깊은 논의가 필요하다. 서양의 근대 문물을 수용할 당시에 과학, 철학 등 일본에서 먼저 번역되어 이식된 어휘들이 우리의 일상에 깊숙이 남아 있는데, 이런 어휘들을 모두 오류로서 극복 대상으로 보아야 할 것인지 등의 문제도 함께 연관되어 있기 때문이다. 아울러 이러한 판단과 논의 이전에 무엇이 조선에서 실제로 사용했던 이름인지, 문헌상에 기록된 식물명은 어떤 식물을 지칭한 것인지, 그리고『조선식물향명집』에서 신칭된 이름은 무엇인지에 대한 과학적 토대 위에서의 조사와 연구가 선행되어야 한다.

13　이러한 사례는 1950년대 이후에 기술된 중국의 각종 식물서와 최근에 완성한 '중국식물지'(2018)의 중국명에서도 무수히 발견된다. 그것은 근대 식물분류학의 확립 이후 인식된 식물의 수가 확대됨에 대하여 보통명(common name)에서 흔하게 발견되는 명칭의 부여 방법에서 주로 기인하는 것이며, 동북아 3국 중 일본의 근대 식물분류학 연구가 가장 앞서서 수행되었기 때문이기도 하다.

5. 『조선식물향명집』 이후

『조선식물향명집』의 발간으로 고무된 조선박물연구회는 식물도감을 만들기 위한 작업에 돌입했다. 정태현은 먼저 조선과 만주에 분포하는 목본식물의 목록을 정리한 『선만실용임업편람』(1941)[14]을 저술한 데 이어서, 조선박물연구회의 도움을 얻어 한국인 최초의 식물도감에 해당하는 『조선삼림식물도설』(1943)을 저술했다. 이 책은 한반도에 분포하는 목본식물로 84과 269속 1,098종류(473변종, 66품종 포함)를 분류한 것으로 1,023개의 식물도와 341개의 분포지를 기록했다. 분류 체계와 방법은 여전히 나카이 다케노신의 지대한 영향을 받았으나, 매 종마다 한글로 된 조선명을 기록하고 종래 조선명이 없는 경우 신칭명을 붙였으며, 식물의 분포지와 용도를 일일이 기록하는 등 나카이 다케노신의 『조선삼림식물편(朝鮮森林植物編)』(1915~1939)과는 차별화했다. 『조선삼림식물도설』은 나카이 다케노신의 분류학적 성과를 독자적으로 검증한 바탕 위에 그가 무시했던 지역적 요소를 살려서 식물의 지역적 특성과 전통의 연결고리를 만들었고, 나카이 다케노신이 이룩한 성과의 "식민성"과 거리를 둠으로써 조선 식물에 대한 근대적 산물을 독자적으로 만들어 낸 것으로 평가되고 있다.[15]

『조선삼림식물도설』을 통해 목본식물에 대한 정리를 마친 조선박물연구회는 초본식물에 대한 식물도감 작업에 돌입했다. 그 작업의 주체는 도봉섭이었다. 정태현이 수집한 수많은 표본이 도봉섭의 계농생약연구소로 옮겨졌으며, 주요 분포지와 특징에 관한 논의가 지속되었다. 해방 후 1948년에 조선박물연구회는 발전적 해체를 단행해 조선생물연구회가 탄생했으며, 1949년에는 『조선식물향명집』을 확대해 3,000종이 넘는 식물 종에 대한 학명과 조선명을 정리한 정태현·도봉섭·심학진 공저의 『조선식물명집(朝鮮植物名集)』을 완성하고, 정태현·도봉섭 공저의 '조선식물도감'의 탄생을 목전에 두게 되었다.

그러나 1950년 한국전쟁의 발발로 조선생물연구회의 식물부를 주도적으로 이끌었던 정태현은 남쪽에 잔류했으나, 도봉섭은 북쪽에서 연구를 진행하게 되어 계획된 정태현·도봉섭 공저의 '조선식물도감'은 간행되지 못했다. 전쟁 후에 남쪽에서 도봉섭의 배우자인 정찬영이 보관하고 있던 원고가 우여곡절 끝에 정태현에게 넘겨져, 1956년에 『한국식물도감(하권 초본부)』, 1957년에 『한국식물도감(상권 목본부)』가 출판되어 세상의 빛을 보게 되었다. 북한에서는 1956~1958년에 도봉섭·심학진·임록재 공저의 『조선식물도감』 1, 2, 3이 차례로 출간되었다. 같은 원고와 같은 연구 결과물로, 두 식물도감의 식물의 학명과 국명은 대부분이 동일하거나 유사하다. 그러나 『한국식물

---

14 조선총독부임업시험장 명의로 발간되었으나, 알파벳으로 한글명이 정리되어 있는 것과 당시 임업시험장에서 목본식물을 정리할 수 있는 능력을 갖춘 인원의 면면을 살피면, 『선만실용임업편람』은 정태현이 주도적으로 작성한 것으로 이해된다. 이러한 견해로 이우철(1994), p.83 참조.

15 이러한 견해로 이정(2012), p.246 참조.

도감』에는 나카이 다케노신의 그림자가 더욱 짙어졌고 『조선식물도감』에는 소련(현: 러시아)의 영향력이 드리워졌다.[16]

휴전선을 사이에 두고 남북의 자유로운 왕래가 금지되어 지역적 분포 한계를 가진 식물은 자생지조차 확인이 어려운 안타까운 상황이 지속되고 있다. 일제강점기의 어려운 환경을 이겨낸 세대와 광복 이후 과학을 자신의 것으로 받아들인 세대 모두에게 연구의 보편성과 한반도의 지역적 지리적 특성이 반영된 연구를 이루어내야 하는 숙제는 아직도 진행형으로 보인다.

※ 참고사항: 일본인 또는 일본 문헌의 조선명에 대한 검토

(1) 식물에 대한 조선명을 기록한 일본 문헌

본초학을 중심으로 활발하게 발전해가던 조선의 식물에 대한 연구와 정리는 19세기 중반 이후에도 각종 약방문과 물명류가 대중화되는 등 그 저변이 확대되고 있었다. 그러나 외세의 침입과 민란이 반복되어 이 시기에 편찬된 『방약합편』(1884) 등은 기존 『동의보감』(1613)을 되풀이하는 수준을 넘어서지는 못했다. 더욱이 정치적으로 쇄국정책이 강화되면서 서구의 근대 식물분류학이 제대로 알려지거나 도입 또는 수용되지 못했다. 그 결과 한반도에서는 일제에 의해 강제병합이 이루어진 이후에야 비로소 일본에 의해 강제 이식되는 방식으로 근대 식물학을 접촉하게 되었다. 조선인에 의해 결성된 조선박물연구회(식물부)가 1937년에 『조선식물향명집』을 발간할 때까지 한반도 분포 식물에 대한 정리와 연구뿐만 아니라 근대 분류학에 근거한 식물명(조선명)의 정리도 주로 일본인에 의해 이루어졌다.

1937년 『조선식물향명집』이 발간되기 이전에 근대 식물분류학에 따라 일본 당국 또는 일본인이 참여해 수행한 조사나 정리 작업에서 식물명(조선명)이 기록된 문헌과 식물명이 표기된 방법을 살펴보면 표와 같다.

문헌의 제목	식물의 표기 명칭	조선명의 표기 방법
화한한명대조표	학명, 일본명, 조선명, 한자명, 과명(한자)	한글(한자 병기)
조선주요삼림수목명칭표	학명,[17] 일본명, 조선명, 한자명, 과명(한자)	한글(한자 병기)
제주도및완도식물조사보고서	학명, 일본명, 조선명	가나

(계속)

---

16 『조선식물도감』(1956~1958) 중 '범례'는 л.и. курсаиов, 'Ботаника том 2', Ozon.ru(1951)에 의거하여 분류되었다고 기록했다.

17 학명은 1912.9.2. 자 및 1915.10.6. 자 고시에는 표기되었으나 1915.9.15. 자 고시에는 표기되지 않았으므로 주의를 요한다.

문헌의 제목	식물의 표기 명칭	조선명의 표기 방법
지리산식물조사보고서	학명, 일본명, 조선명	가나
조선한방약료식물조사서	학명, 일본명, 조선명, 과명(한자/라틴)	한글(가나 병기)
조선거수노수명목지	일본명, 조선명, 한자명	한글(한자 병기)
조선의 구황식물	조선명, 한자명, 일본명, 과명(한자)	한글(한자 병기)
조선어사전	조선명, 한자명	한글(한자 병기)
조선식물명휘	학명, 일본명, 조선명, 한자명, 과명(한자/가나)	한글(영문 병기)
조선야외식물도감	학명, 일본명, 조선명, 한자명, 과명(한자)	한글(한자 병기)
제주도식물	일본명, 조선명, 과명(한자)	가나
토명대조선만식물자휘	학명, 일본명, 조선명, 중국명, 과명(한자/라틴)	한글(한자/영문)
선명대화명지부	조선명, 일본명	한글
조선의산과와산채	일본명, 조선명, 한자명, 과명(한자)	한글(한자 병기)
조선삼림식물편	학명, 일본명, 조선명, 과명(한자/라틴)	가나(영문 병기)

이 문헌들 중 『조선의 구황식물』(1919), 『조선어사전』(1920), 『제주도식물』(1930), 『선명대화명지부』(1934) 및 『조선의산과와산채』(1935)는 학명을 기록하지 않아 종의 식별에 다소간 어려움이 있다. 그러나 해당 문헌에 일본명이 함께 기록되어 있고 동시에 과명(『선명대화명지부』는 예외)을 기록하고 있으므로 이를 근거로 야타베 료키치(矢田部良吉)와 마쓰무라 진조(松村任三)가 공저한 『日本植物名彙(일본식물명휘)』(1884) 및 마쓰무라 진조의 『改訂 植物名彙(개정 식물명휘)』(1922)와 대조하면 어렵지 않게 해당 종의 식별이 가능하다.

(2) 일본인 또는 일본 당국의 식물명(조선명) 정리 및 목적

첫 번째는 식민통치를 위한 목적이다. 조선 분포 식물의 조사 결과를 바탕으로 식민통치를 위해 직간접적으로 활용한 경우다. 즉, 조사 결과가 가공되어 식민지 지배라는 2차적 목적으로 사용된 경우를 말한다. 조선총독부 등의 고시로 조선에 분포하는 주요 수목의 명칭을 정리 발표한 것과 조선총독부가 편찬한 『조선어사전』(1920)에 식물명을 기록한 것이 있다.

두 번째는 기초 사실의 조사 목적이다. 조선총독부 또는 그 유관 기관은 직접 또는 민간에 위탁해 식민지배를 목적으로 조선에 분포하는 식물, 그 식물에 대한 조선명 및 경제적 활용이나 그를 둘러싼 민간의 전설까지 포함하는 광범위 조사 작업을 진행했다. 그러한 조사 결과 작성된 문서들 중 식물에 대한 조선명이 기록된 문헌들이 있다.

세 번째는 향토 연구의 목적이다. 조선에 정착한 일본인 또는 일본인이 주도하는 단체, 그중에 주로는 특히 박물교원이 된 교사들이 조선에 정착하면서 일본의 식물학 연구 성과를 조선의 풍토와 문화에 맞게 적용하려는 과정에서 조선 식물과 조선명을 기록한 것을 총괄해 일컫는다.[18] 모리다메조(森為三)와 이시도야 쓰토무(石戸谷勉)의 조선명에 대한 기록은 개별 연구자의 입장에서는 향토성의 추구라고도 볼 수 있지만, 조선총독부의 의뢰 또는 조선총독부에 보고 목적으로 행해진 것이므로 일제의 식민지 지배체제 확립과 공고화를 위한 기초 조사의 목적과 결부되어 있기도 했다.

(3) 조선명을 기록한 일본 문헌에 대한 비판적 검토

조선명을 기록한 일본 문헌을 어떻게 수용할 것인가?「조선주요삼림수목명칭표」와 같이 직접적인 식민지배의 목적으로 작성된 문헌도 있고, 이시도야 쓰토무와 같이 식민지배와 그에 따른 과학문명의 주창이 실제로 허구임을 간파한 일본인조차도 식민지배의 이익은 여전히 향유했으며, 무엇보다 그들은 이민족(異民族)으로서 조선의 말과 문화에 익숙하지 않기 때문에 많은 오류가 있기도 했다. 게다가 사람이 이용하는 기능을 중심으로 했던 전통적 식물 인식 방법과 종을 중심으로 고찰하는 근대 식물분류학은 그 인식의 틀이 다르므로 그것을 조화롭게 고찰하고 연구한다는 것은 이민족이 쉽게 해낼 수 있는 작업이 아니기도 했다. 그 결과 조선명을 채록할 때 의식적 또는 무의식적으로 일본명과 일본 문화에 근거해 기록하고 해설했을 가능성을 배제하기 어렵다. 조선어에 무지하거나 능숙하지 못함으로 인한 오기록의 가능성 또한 존재한다. 따라서 그 문헌을 수용할 때는 이러한 위험성을 고려해야 할 것이다.

일본인 또는 일본이 조사하거나 기록한 조선명이 실제 조선인들이 사용하던 명칭에 부합하는지와 이민족의 기록으로서 의도했든 아니든 잘못된 기록이나 왜곡이 존재하는지를 살펴보려면 과학적 방법론에 의거할 수밖에 없다. 유사한 명칭의 다수의 다른 기록을 통해 그 내용을 일일이 추적하는 방법이다. 분류시스템이라는 방법론에 따라 제약을 받기는 하지만, 각 종에 대한 인식이 개별적이므로 종단위로 독립하여 가분적(可分的)으로 고찰할 수 있다.

(ⅰ) 일본인 또는 일본이 기록한 조선명 문헌 전체에 대한 교차 조사(대상 조선명의 상호 조사), (ⅱ) 일제강점기 이전에 기록한 각종 문헌에서의 한자명과 한글명을 포함한 광범위한 식물명에 대한 조사(문헌상의 전통적 식물명의 조사), (ⅲ) 각 지역의 식물명에 대한 방언 조사(실제 각 지역에서 사용했던 옛이름에 대한 조사), (ⅳ) 일제강점기 이후의 조선인 작성의 문헌에 대한 식물명 조사(당시 조선인이 부르고 사용한 식물명 조사), (ⅴ) 식물학자가 기록한 식물명에 대한 조사(식물학자에 의해 창작된 이름인지 여부에 대한 확인), (ⅵ) 중국명와 일본명에 대한 확인과 유래 또는 의미에 대한 조사 작업을 수행하고 그 결과를 상호 대조하면 식물의 한국명이 어떠한 형태로 존재하고 변화해왔는지를 살

---

18 이에 대한 보다 자세한 내용은 이정(2012), p.199 이하 참조.

펴볼 수 있고, 더불어 그 과정에서 외국명으로부터 이입되거나 잘못 기록되었다면 그 기록의 구체적 모습을 찾을 수 있을 것이다.

이러한 작업을 수행하다 보면 「화한한명대조표」(1910)에서 왕대를 '오죽, 吳竹'으로 잘못 기록했거나, 일제강점기에 저술된 『조선어사전』(1920)에서 명아주를 지칭하는 한자명 鶴頂草(학정초)가 '鶴項草(학항초)'로 잘못 기록되어 현재에도 이어져 오고 있거나, 渭城柳(위성류)를 '능수버들'로 해석해 종래의 전통적 지식과 어긋나는 기록이 있거나, 할미꽃의 옛이름인 주지꽃을 '주리꽃'으로 기록했거나, 종래의 락엽송(落葉松)을 '일본잎갈나무'로 잘못 해석한 깃 등을 찾을 수 있다. 또한 『조선식물명휘』(1922)에서 참나무속(Quercus) 식물을 혼란스럽게 잘못 기록했거나, 『토명대조선만식물자휘』(1932)에서 일본목련을 종래 조선에서 불리던 '厚朴'(후박)으로 대체해 일본식 명칭으로 변경한 모습 등을 구체적으로 확인할 수 있다.[19]

그러나 이러한 구체적 조사에 근거하지 않고 "우리나라 식물이름의 혼돈과 정체성을 잃게 된 비탄은 20세기 초 일제의 『조선식물명휘』에서 그 까닭을 찾을 수 있다"[20]라는 식으로 선험적 판단을 앞세우거나, 식물학의 전문성 없이 『조선어사전』이 가진 오류의 대부분을 그대로 답습하고 있는 『토명대조선만식물자휘』의 기록만을 근거로 '국슈청이'가 벼룩나물의 본래 명칭이라는 비약적 주장[21]을 하게 되면, 일본 문헌의 잘못된 오류는 시정되는 것이 아니라 계속되거나 오히려 증폭된다. 이러한 결과는 참혹하다. 실제 조선에서 사용했던 조선 이름인 광대나물, 벼룩나물, 벼룩이자리, 호랑버들, 쑥부쟁이, 망초, 담배풀, 곰취, 제비꽃 등이 제대로 된 자료에 대한 구체적 조사도 없이 일본명에서 유래한 것이라는 근거 없는 주장으로 연결되고 조선의 전통적 식물명은 졸지에 일본명으로 취급되고 만다.

일본인과 일본에 의해 조사되거나 기록된 조선명의 오류를 시정하고 실체를 파악하는 방법과 관련해 쉽게 도달할 수 있는 왕도는 없다. 그들보다 더 광범위하고 구체적인 조사와 그 문헌을 상호 교차해서 검증하는 것이 유일한 방법이다.

(4) 『조선식물향명집』에 반영된 일본 문헌의 조선명

종래 문헌에 기록된 이름을 참고한 것과 관련해 『조선식물향명집』은 서(序)에 우리 옛 문헌과 더불어 일본인 또는 일본이 저술한 『조선어사전』(1920), 모리 다메조의 『조선식물명휘』(1922) 및 나카이 다케노신의 『조선삼림식물편』(1915~1939)을 참고 자료로 활용했음을 기록했다. 또한 "조

---

19 이창숙 외(2016), p.231은 제주 식물을 기록한 『탐라지』(1653)와 『남환박물』(1704)의 후박(厚朴)을 일본목련으로 해석하고 있는데, 당시에 일본목련이 한반도에 분포하지 않았으므로 전혀 타당하지 않다. 현재까지도 『조선어사전』(1920)과 『토명대조선만식물자휘』(1932)의 오류를 그대로 반복하고 있는 것으로 보인다.
20 이에 대해서는 김종원(2013), p.785 참조.
21 이에 대해서는 위의 책, p.291 참조.

선어에 생소한 내외 선학들의 오전오기도 불소하여(적지 않아) 착잡하기 이를 데 없다"라고 기록해, 일본인 또는 일본이 작성한 문헌의 오류를 인식하고 그것을 교정하는 작업을 수행했음을 밝히고 있다.

실제로 『조선식물향명집』은 『조선식물명휘』와 『조선삼림식물편』에 기록된 참나무속(Quercus) 식물 명칭의 오기를 정정해 다르게 기록하거나, 『조선어사전』의 기록과 달리 후박(厚朴)을 일본목련(Magnolia ovobata)이 아니라 조선인이 인식한 대로 Machilus thunbergii로 기록하는 등 일본인 또는 일본 문헌의 오류를 정정한 것들이 상당수 확인된다.

결국 『조선식물향집』의 서(序)와 사정요지를 살펴보면 (i) 『조선식물향명집』 저자들이 수집한 별도의 조선인이 사용하는 조선명을 조사 수집해 어느 이름이 보편성을 가지는 것인지를 사정했고, (ii) 일본인 또는 일본 문헌이 미처 검토하지 못한 종래 전통적 문헌에 기록된 식물명을 추가적으로 검토했으며, (iii) 일본인 또는 일본 문헌이 기록한 조선명의 오전오기를 정정해 바로잡는 작업을 했다는 것을 알 수 있다. 그리고 일본인 또는 일본 문헌과 『조선식물향명집』의 결정적인 차이는 (iv) 『조선식물향명집』에서 "교육상 실용상 부득이"라고 표현했던, 즉 실제 조선명이 존재하지 않았던 경우에 식물의 형태적 특징, 학명의 의의, 전설과 유래 등, 산지, 발견자와 생육 상태 등, 색과 냄새와 맛 등을 고려해 조선명을 신칭했다는 점을 들 수 있다.

그러나 여전히 일본인 또는 일본에 의해 조사되거나 연구된 조선명 정리의 오류가 『조선식물향명집』에서도 계속 이어졌을 가능성을 배제할 수 없으므로 이에 대한 세심하고 지속적인 연구가 필요하다. 다만 『조선식물향명집』은 조선인이 실제 사용하는 조선명을 기록하는 것을 최우선 과제로 삼고, 옛 문헌에 기록된 식물명은 실제 사용하는 조선명이 발견되지 않는 경우 보완적으로 사용했으므로 문헌의 기록과 그것이 반영된 현실은 차이를 가질 수 있음을 전제해야 한다. 이러한 고려 없이 『조선식물향명집』의 기록이 문헌과 차이가 있다는 이유만으로 일본 문헌의 영향으로 쉽게 단정하는 것은 경계해야 할 또 하나의 태도일 것이다.

『조선식물향명집』 저자 소개

정태현(鄭台鉉, 1882~1971)

제1 저자 정태현은『조선식물향명집』저술 당시 조선총독부 산하 임업시험장의 하급관리였다. 1911년부터 한반도에서 식물 채집 활동을 시작해 1913년 일본인 식물학자 나카이 다케노신(中井猛之進)의 한반도 식물 조사의 안내역(통역)을 맡으면서 활동이 본격화되었다. 식물학 연구를 자신의 삶의 방향으로 택한 것과 관련해 "어떻게 하면 우리도 잘 살 수 있으며 한을 풀 수 있을까를 생각한 끝에 실학에 몸을 던졌고 이곳에서 자신이 해야 할 것이 무엇인가를 고심한 끝에 인간 생활에 가장 밀접한 식물학을 택했던 것이다"라고 회고한 바 있다. 첫 직장이었던 농상공부 수원임업사무소 기수(技手)직에서 일제의 강제병합 이후 단순 고용원으로 강등되었고 1931년 감봉과 촉탁(계약직) 발령의 수모를 겪었다. 사립학교 교원으로의 전업 등 다른 선택이 가능했음에도 식물 연구를 위해 42년간 임업시험장에서 하위직을 마다하지 않았고, 과학적 방법의 습득과 실천 그리고 전통적 문헌과 지식에 대한 연구를 게을리하지 않았다. 조선의 전통적 지식과 과학으로서의 근대 식물분류학을 결합시키려는 그의 노력은 최초의 저작인『조선삼림수목감요』(1923)에 실제 민간에서 부르는 목본식물에 대한 조선명을 한글로 기록한 것을 비롯해 주요 저술의 식물명은 반드시 조선명을 함께 기록하는 것에서 두드러지게 나타났다. 당시 조선총독부 산하의 공무원 신분으로 조선인만으로 구성된 조선박물연구회의 활동에 참여했던 것은 민족적 자각과 소명 의식의 발로로 보인다.『조선식물향명집』에 기록된 식물의 주요 표본 제공과 식별 그리고 수십 년에 걸쳐서 각지에서 조사 수집한 식물에 대한 향명과 옛 문헌상의 조선명 정리는 전적으로 그가 이루어낸 결실로 파악된다.

1882년 9월 21일: 경기도 용인 출생
1905년: 상경 단발 후 일어 강습소 등록
1907~1908년: 수원농림학교 임학속성과(1년제) 입학 및 졸업

1908년: 대한제국 농상공부 수원임업사업소 기수

1910년: 강제병합에 의하여 조선총독부 산림국 산림과의 직원으로 강등

1913년: 나카이 다케노신의 채집 활동 안내역을 맡게 됨

1923년: 『조선삼림수목감요』(石戶谷勉과 공저)

1937년: 『조선식물향명집』(4인 공저)

1943년: 『조선삼림식물도설』

1945년: 조선생물학회장 역임

1949년: 『조선식물명집 I, II』(도봉섭·심학진과 공저)

1952~1953년: 전남대학교 교수

1953년: 전남대학교 명예이학박사학위

1954~1969년: 성균관대학교 교수

1959년: 학술원 종신회원

1968년: 5·16민족상 학술부분 본상

1969년: 정년퇴임(하은생물학상 제정)

1970년: 국민훈장 모란장

1971년 11월 21일: 사망

도봉섭(都逢涉, 1904~?)

제2 저자 도봉섭은 도쿄제국대학 의학부 약학과를 졸업하고 27살
의 나이에 경성약학전문학교(현 서울대학교 약학대학)의 약학 교수가
된 당대 최고의 엘리트였다. 귀국 후 경성제국대학 약리학 교실에 있
던 일본인 이시도야 쓰토무(石戶谷勉)와 대등한 위치에서 교류하면서
한반도 분포 식물에 대한 분류학적 기초를 익혔다. 『동아일보』가 민
족주의 운동의 일환으로 주창했던 '과학조선'의 달성을 민족의 과제
로 받아들이고, 일국의 산업 발달의 기초를 다지는 과학조선의 달성
을 위해 "조선 산야에 분포되어 있는 식물을 완전히 조사해 인생과의
관계를 천명"하는 것을 자신의 소명으로 설정했다. 그러한 그의 인식

은 조선인으로만 구성된 조선박물연구회의 참여로 이어졌다. 그는 자기 스스로 확인하지 않은 식
물의 소개를 원칙적으로 배제하는 등 식물 연구에서 엄격한 과학적 태도를 유지했다. 『조선식물
향명집』의 전체적 방향을 설정한 것은 그가 주도했던 것으로 이해된다. 수록 식물의 종수가 참여
자가 함께 확인한 1,944종으로 그친 것과 각 식물명의 표제 부분에 조선 특산종에 ⓧ 표식을 일일

이 단 것 등은 그의 기여가 두드러지게 나타나는 부분이다.

1904년 4월 8일: 함경남도 함주군 출생

1922년: 함흥고등보통학교 졸업

1923년: 경성제일고등보통학교(현 경기고) 졸업

1925년: 일본 야마구치고등학교 이과 졸업

1930년: 도쿄제국대학 의학부 약학과 졸업

1930년: 경성약학전문학교 강사/교수

1933년: 계농생약연구소장, 겸임교수

1935년: 경성약학전문학교 약원과 주임

1936년: 『조선식물목록 제1권(중부조선편)』

1937년: 『조선식물향명집』(4인 공저)

1945년: 경성약학대학 학장

1948년: 서울대학교 약학대학 초대 학장

1948년: 조선약학회 초대 회장

1948년: 『조선식물도설(유독식물편)』(심학진과 공저)

1950년: 한국전쟁 당시 납북

1950년 이후: 평양의과대학 교수, 과학원 후보 원사, 최고인민회의 대의원 등

1988년: 『식물도감』(임록재와 공저)

사망연도 미상

이덕봉(李德鳳, 1898~1987)

제3 저자 이덕봉은 배화여자고등보통학교 박물(생물) 교사로서 상대적으로 나이가 많았던 정태현과 당시 젊은 세대인 도봉섭 및 이휘재를 연결하는 매개자로 조선박물연구회의 구성에 주도적 역할을 했다. 과학적 토대 위에 민족의 전통적 지식을 결합해 식물의 조선명을 정리하겠다는 생각은 그의 오래된 꿈이었다. 조선박물연구회의 구성과 관련해 "그들(일본인)을 따라다니다 보니 멋쩍은 생각이 들어 더 이상 조선박물학회에 더부살이를 하기가 싫었다"라고 했는데, 이는 과학 연구에서도 일본인과 조선인의 연구는 서로 다르다는 것에 대한 민족적 자각을 에둘러 표현한 것으로 보인다. 「조선산 식물의 조

선명고」(1937)를 저술한 것에 비추어 연구 성과물을 정리하는 작업을 맡았던 것으로 보인다. 조선어학회와 교류가 깊었고 『조선식물향명집』의 한글 표기가 조선어학회가 발표한 1933년 『한글 마춤법 통일안』과 일치하게 하는 등 맞춤법 정리와 대외 관계 업무를 도맡았던 것으로 추정한다.

1898년 11월 16일: 황해도 해주 출생
1915년: 해동학교 졸업
1915~1918년: 수원농림학교(3년제) 입학 및 졸업
1919년: 군기수(郡技手)로 1년간 근무
1920년: 『동아일보』 해주지국 경영
1920~1922년: 해주 의창보통학교 및 의정여학교 교사
1922년: 배화여자고등보통학교 박물 교사
1937년: 『조선식물향명집』(4인 공저)
1940년: 배화여자고등학교 교장(한국인 최초)
1945~1947년: 경기도 장학관, 서울시 교육감
1948~1951년: 숙대, 한국대, 서울대 사범대 교수
1955~1961년: 고려대학교 교수
1962년: 이학박사학위(고려대)
1963~1971년: 중앙대학교 교수
1970~1973년: 한국식물분류학회장
1973년: 한국자연보존협회(현 한국자연환경보존협회) 창립 회장
1987년: 사망

이휘재(李徽載, 1903~1986)

제4 저자 이휘재는 1926년에 수원고등농림학교 농학과를 졸업한 후 중동중학교 교원으로 근무하던 중 『조선식물향명집』의 저술에 참여했다. 『조선식물향명집』의 저술과 관련해 정태현을 조선박물연구회에 참여하도록 했으며, 편집과 출판 및 판매에 관한 일을 도맡아 처리했다.

1903년 7월 22일: 충북 충주 출생
1920년: 충주공립보통학교 졸업

1923년: 중동중학교 졸업(17기)

1926년: 수원고등농림학교(현 서울대 농업생명과학대학) 농학과 졸업

1926~1932년: 밀양공립농잠학교 교유(敎諭)

1932~1940년: 중동중학교 교원

1937년: 『조선식물향명집』(4인 공저)

1940~1945년: 경성공립공업학교 교유

1945~1952년: 경성공립농업학교장

1953~1954년: 서울농업고 겸 청량중학교 교장

1954~1956년: 서울농업초급대학장

1956년: 서울농업대학장

1957년: 한국식물학회장

1953~1954: 서울농업고 겸 청량중학교 교장

1959년: 한국생물과학협회장

1960년: 4·19 유족회장(아들 이종량 총상으로 사망)

1963년: 근정훈장[홍조소성훈장(紅條素星勳章)]

1964년: 명예농학박사학위, 동호(東湖) 이휘재 박사 화갑기념논문집 발간

1965년: 서울시 문화상, 자연보존협회 부회장

1986년 12월 28일: 사망

참고문헌

가례도감,『가례도감의궤(嘉禮都監儀軌)』, 영조와 정순왕후의 가례(1759)

가톨릭대 고전라틴어연구소,『라틴-한글 사전』, 가톨릭대학교출판부(2006)

강길운,『비교언어학적 어원사전』, 한국문화사(2010)

강명길,『제중신편(濟衆新編)』(1799)

강병화,『우리나라 자원식물』, 고려대학교 출판부(2003)

_____,『한국자원식물명총람』, 고려대학교 민족 문화 연구소(1997)

강병화·한태영·하헌용,『본초명과 기원소재』, 한국학술정보(2012)

강신항,『사성통해연구』, 신아사(1980)

_____,『조선관역어 신역』, 대동 문화연구8(1971)

강영봉,「제주도 방언의 식물이름 연구」,『탐라문화5』(1986)

강와,『치생요람(治生要覽)』(1691)

강원희 외 11인,『일반 식물학』, 월드 사이언스(2008)

강이천,『중암고(重菴稿)』, 18세 말 저술 추정

강판권,『나무를 품은 선비』, 위즈덤하우스(2017)

_____,『나무사전』, 글항아리(2010)

_____,『나무열전』, 글항아리(2007)

강필리,『강씨감저보(姜氏甘藷譜)』, 1766년 저술

강해순,『꽃의 제국』, 다른세상(2002)

강헌규,「결초보은이란 말에 나온 풀 이름의 고찰」,『한어문교육』제18집(2007)

_____,「국어 어원 수제」, 공주사대 논문집(1987)

_____,『국어 어원학 통사』, 보고사(개정판, 2017)

_____,「보리수의 어원」,『한어문교육』제19집(2008)

_____,「참외의 어원」,『어원연구』제2호(1999)

강희맹,『금양잡록(衿陽雜錄)』, 1492년 저술

강희안,『양화소록(養花小錄)』, 1471년 간행 추정

_____,『양화소록』, 이병훈 옮김, 을유문화사(1973)

_____,『양화소록』, 이종목 역해, 아카넷(2012)

(사)경남방언연구보존회 펴냄,『경남방언사전 (상), (하)』, 경상남도(2017)

경상남도농업기술원 양파연구소,『양파연구소 25년사(1992~2017)』, 경상남도농업기술원 양파연구소(2017)

경상대학교경남문화연구원, 『경남방언연구』, 한국문화사(2001)

경성약전식물동호회(도봉섭), 『조선식물목록 제1권(중부식물편)』, 경성약전식물동호회(1936)

고려대학교민족문화연구원, 『고려대 한국어대사전』, 고려대학교민족문화연구원(2009)

고재환, 『제주속담사전』, 민속원(2011)

_____, 『제주어 나들이』, 보고사(2017)

고주환, 『나무가 청춘이다』, 글힘아리(2013)

고창석·김상옥 옮김, 『제주계록』, 제주발전연구원(2012)

공광성, 「한국 고전에 나타난 식물명의 혼효 양상 연구」, 경상대학교대학원 박사학위논문(2017)

공광성·권영한·김희채·이현채, 「초목화훼에 보이는 식물명 고찰」, 『인문과학연구』 제30집(2017)

공명성·신철균, 『우리 민족의 전통적인 꽃문화』, 평양출판사(2016)

공정현, 『국역 만병회춘 1, 2』, 주갑덕 옮김, 계유문화사(1984)

교정청, 『소학언해(小學諺解)』(1588)

_____, 『시경언해(詩經諺解)』, 1585~1593년 언해 작업(1613)

국가수목유전자원목록심의회, 『국가표준식물목록(개정판)』, 산림청 국립수목원(2017)

국립국어원, 『2011년도 권역별 지역어 조사 보고서』, 문화체육관광부(2011)

국립수목원, 『식별이 쉬운 나무도감』, 지오북(2010a)

_____, 『알기 쉽게 정리한 식물용어』, 국립수목원(2010b)

국립수목원 편, 『한국의 민속식물/전통지식과 이용』, 국립수목원(증보판, 2017)

_____, 『한반도 민속식물 1~9』, 국립수목원(2012)

국학진흥연구사업추진위원회, 『진주유씨 서파유희전서 I』, 한국학중앙연구원(2007)

권만, 『강좌집(江左集)』, 18세기 말 저술(1800년)

권문해, 『대동운부군옥(大東韻府群玉)』, 1589년 저술

_____, 『대동운부군옥 1~20』, 남명학연구소, 경상한문학연구회 역주, 민속원(2007)

권별, 『해동잡록(海東雜錄)』, 1670년 저술

권순경, "권순경 교수의 '야생화 이야기'", 『약업신문』(2014.3.5.~2020.6.24.)

권인한, 『조선관역어의 음운론적 연구』, 태학사(1998)

권중화 외, 『국역 향약제생집성방』, 이경록 역주, 세종대왕기념사업회(2013)

_____, 『향약제생집성방(鄕藥濟生集成方)』, 제생원(濟生院)(1398)

권헌, 『진명집(震溟集)』(1849)

규장각, 『일성록(日省錄)』(1752~1910)

기태완, 『꽃, 피어나다』, 푸른지식(2015)

김경희, 『한반도산 미나리과 식물의 분류학적 연구』, 서울대학교대학원 생명과학부 박사학위논문(2018)

김경희 외, 『이야기가 있는 농촌마을 생태체험』, 국립농업과학원(2014)

김광언, 『한국농기구고(韓國農器具攷)』, 한국농촌경제연구원(1986)

김규섭·이창훈·김세호, 「문헌을 통해 본 녹나무의 오류 고찰」, 『한국전통조경학회지』 제33권 2호(2015)

김근수 영인, 『물명고·물보』, 경문사(1980)

김기중 외 8인, 「APG분류체계에 따른 한국 관속식물상의 계통학적 분류」, 『한국식물분류학회지』 제38권 3호(2008.9.)

김남경, 『구급방류 의서 연구』, 경인문화사(2016)

김대식, 『고대국어 어휘의 변천에 관한 연구』, 성균관대학교대학원 박사학위논문(1987)

김동진, 『선인들이 전해 준 어원 이야기』, 조항범 평석, 태학사(2001)

_____, 『조선의 생태환경사』, 푸른역사(2017)

김례연, 『화왕본긔(花王本記)』, 19세기 초엽 저술 추정

김매순, 『열양세시기(洌陽歲時記)』, 1819년 저술

김명범, 『두류산기행록(頭流山記行錄)』 1906년 저술 추정

김무림, 「모시, 무명, 비단의 어원」, 『새국어생활』 19(2009), pp.97-103

_____, 『한국어 어원사전』, 지식과 교양(2015)

김무열, 『한국특산식물도감』, 해진미디어(2017)

김민수 편, 최호철·김무림 편찬, 『우리말 어원사전』, 태학사(1997)

김병기, 『산꽃도감』, 자연과 생태(2013)

김부식, 『삼국사기(三國史記)』, 1145년 저술

김상기, 『조선속담(朝鮮俗談)』, 동양서원(1922)

김성일, 『학봉전집(鶴峯全集)』, 1593년 저술 추정

_____, 『해사록(海槎錄)』, 1590년 저술 추정

김성호, 「한국농업 요령 해설」, 『농촌경제』 제6권 3호(1983)

김소운, 『조선구전민요집(朝鮮口傳民謠集)』, 東京第一書房刊(1933)

김수온 외, 『능엄경언해(楞嚴經諺解)』(1461)

김순몽 외, 『간이벽온방(簡易辟瘟方)』(초간본, 1525; 중간본 현존, 1578)

김순자, 『제주도방언의 어휘 연구』, 박이정(2014)

김순민, 「조선시대 화훼식물의 이용과 상징성에 관한 연구」, 『한국전통조경학회지』 제32권 제2호(2014)

김승호, 「海印寺留鎭八萬大藏經版開刊因由의 출현시점과 소설사적 위상검토」, 『한국문학논총』 제42집(2006.4.)

김시보, 『모주집(茅洲集)』(1790)

김안국 외, 『분문온역이해방(分門瘟疫易解方)』(1542)

김양진, 『식물이름 수수께끼』, 루덴스(2011)

김억, 『소월시초(素月詩抄)』, 박문서관(1939)

김영행, 『필운고(弼雲稿)』, 1747년 저술

김예몽 외, 『의방유취(醫方類聚)』(1477)

김완진, 「사과와 능금 그리고 멎」, 『국어학』 제40집(2002)

김우옹, 『동강문집(東岡文集)』(초간본, 1661)

김웅배, 『제주방언연구』, 박이정(2002)

김원표, 「벼와 쌀의 어원에 관한 고찰」, 『한글』 제13권 2호, 한글학회(1948)

_____, 「보리의 어원과 그 유래」, 『한글』 제14권 1호, 한글학회(1949)

김육, 『구황촬요벽온방(救荒撮要辟瘟方)』(1639)

김윤식, 『운양집(雲養集)』(1914)

김은경, 『정조, 나무를 심다』, 북촌(2016)

김인호, 『조선어 어원편람 상, 하』, 박이정(2001)

김인후, 『하서전집(河西全集)』(1568)

김일권, 「장서각 소장본 향약집성방의 판본가치 재조명과 향약본초부 초부편의 향명식물 목록화 연구」, 장서
    각 제41호(2019)

김장순, 『감저신보(甘藷新譜)』, 1813년 저술

김전·최숙생 외, 『번역소학(飜譯小學)』(1518)

김정, 『제주풍토록(濟州風土錄)』, 1521년 저술 추정

_____, 『충암집(沖庵集)』(초간본, 1552)

김정국, 『촌가구급방(村家救急方)』(1538)

_____, 『촌가구급방』, 김병헌·성당제·임재완 옮김, ㈜안담앤달리(2016)

김정상, 『무궁화보』, 흥무출판사(1955)

김정희, 『완당선생전집(阮堂先生全集)』(1868)

김종덕, 「고쵸에 대한 논쟁」, 『농업사연구』 제8권 제1호(2009)

_____, 「살구의 어원과 효능에 대한 문헌연구」, 『농업사연구』 제7권 제1호(2008)

김종덕·고병희, 「고추(番椒, 苦椒)에 대한 어원연구」, 『한국의사학회지』 Vol.12 No.2(1999a)

_____, 「상추에 대한 사상의학적 고찰-백거, 와거, 고거, 고채를 중심으로」, 『사상체질의학회지』 Vo.11
    No.2(1999b)

_____, 「해바라기의 어원에 대하여」, 『한국의사학회지』 Vol.14. No.1(2001)

김종덕·송일병, 「서류(薯類)에 대한 문헌학적 고찰」, 『사상의학회지』 Vol.9. No.2(1997)

김종서 외, 『고려사(高麗史)』, 1451년 완성

_____, 『고려사절요(高麗史節要)』(1452)

김종원, 『한국식물생태보감1』, 자연과 생태(2013)

_____, 『한국식물생태보감2』, 자연과 생태(2016)

김지용 해제, 『구급방언해(救急方諺解)』, 명문당(2012)

김지용·김미란, 『농가월령가와 월여농가 詩』, 명문당(2008)

김진석 외, 「한반도 풍혈지의 관속식물상과 보전관리 방안」, 『한국식물분류학회지』 Vol.46 No.2(2016)

김진석·김종환·김중현, 『한국의 들꽃』, 돌베개(2018)

김찬흡 외 7인, 『역주 탐라지』, 푸른역사(2002)

김창기·길지현, 『한반도 외래식물』, 자연과 생태(2017)

김창업, 『노가재집(老稼齋集)』, 1798년 저술

김창조, 『박통사신석언해(朴通事新釋諺解)』, 1765년 저술

김창한, 『원저보(圓藷譜)』, 1862년 저술

김천택, 『청구영언(靑丘永言)』, 1728년 저술

김충회 외 4인, 『한국방언자료집(I~IX)』, 한국정신문화연구원(1987~1995)

김태경, 「한국어 어휘의 어원 연구: 상고 중국어음을 통한 분석」, 『외국학연구』 제38집(2016)

김태곤, 『국어 어휘의 통시적 연구』, 박이정(2008)

김태린, 『동몽수독천자문(童夢須讀千字文)』, 1925년 저술

김태영·김진석, 『한국의 나무(개정신판)』, 돌베개(2018)

김태정, 『한국의 자원식물(I~V)』, 서울대학교출판부(1996)

김한주, 『제주도 식물의 지방명과 민간약 이용에 관한 조사』, 제주대학교대학원 생물학과(2000)

김해경, 「일제강점기 경성내 가로수에 대한 일고찰」, 『서울과 역사』 제98호(2018)

김현삼 외, 『백두산 총서(식물)』, 과학기술출판사(1992)

김현삼·리수진·박형선·김매근, 『식물원색도감』, 과학백과사전종합출판사(1988)

김형수, 『월여농가(月餘農歌)』, 1861년 저술

김홍석, 『국어생활백서』, 역락(2007)

_____, 「향약채취월령에 나타난 향약명 연구(상, 중, 하)」, 『한어문교육』 제9집(2003)

_____, 『형태소와 차자표기』, 도서출판 역락(2006)

김홍제, 『신정 의서옥편(新訂 醫書玉篇)』, 광동서국(1921)

김홍철, 『역어유해보(譯語類解補)』(1775)

김휘 외 3인, 「이창복 교수가 발표한 비합법명」, 『한국식물분류학회지』 제35권 3호(2005)

김희영, 『무라야마 지준의 조선인식』, 민속원(2014)

나영학, 『우리 나무 이야기』, 책과 나무(2016)

남광우, 『고어사전(古語辭典)』, 교학사(1997)

남용익, 『호곡집(壺谷集)』, 1695년 간행 추정

남의채, 『중향국춘추(衆香國春秋)』, 19세기 저술

남재철, 『양무신편(兩無神編)』, 1928년 저술

남풍현, 「국어 속의 차용어: 고대국어에서 근대국어까지」, 『국어생활』(1985)

_____, 『차자표기법연구(借字表記法研究)』, 단대출판사(1981)

_____, 「향약집성방의 향명에 대하여」, 『진단학보』, 진단학회(1999)

남효창, 『나무와 숲』, 한길사(2008)

내수사(內需司), 『금강경삼가해(金剛經三家解)』(1482)

녕옥청 외 5인, 「향약구급방에 대한 연구」, 『대한한의정보학회지』 제1권 1호(2011)

노사신·양성지·강희맹 외, 『동국여지승람(東國輿地勝覽)』(1481)

노재민, 「현대국어 식물명의 어휘론적 연구」, 서울대학교대학원 국어국문학과 박사학위논문(1999)

농촌진흥청, 『구황방 고문헌집성: 제1권 조선의 구황방』, ㈜휴먼컬처아리랑(2015a)

_____, 『구황방 고문헌집성: 제2권 일제강점기의 구황방』, ㈜휴먼컬처아리랑(2015b)

_____, 『구황방 고문헌집성: 제3권 조선시대의 종합농서(1)』, ㈜휴먼컬처아리랑(2015c)

_____, 『구황방 고문헌집성: 제4권 조선시대의 종합농서(2)』, ㈜휴먼컬처아리랑(2015d)

_____, 「배보다 배꼽이 더 큰 호밀」, 『RDA Interrobang』 제191호(2017)

_____, 「벼의 진화」, 『RDA Interrobang』 제66호(2002)

다카사키 소지, 『아사카와 다구미 평전』, 김순희 옮김, 효형출판(2005)

단옥재·허신, 『한한대역 설문해자 1, 2, 3, 부수편』, 금하연 역주, 일월산방(2018)

대한매일신보사, 『대한매일신보(大韓每日申報)』(1904.7.~1910.8.)

도봉섭, "부전호반에서-자연미에 도취되여", 『조선일보』(1936)

_____, 「식물세계의 봄」, 『조광』(1937a)

_____, 「울릉도 소산 약용식물」, 『조선약학회잡지』 제18권 2호(1938)

_____, "울릉도 식물상(제1회)~(제6회)", 『동아일보』(1937.9.3.~1937.9.11.)

_____, 『유독식물지』, 咸南衛生會(1943)

_____, 「조선산식물」, 『일본약보』 제12권 1호(1937b)

_____, "조선산식물의 분류(상) 과거 제외국인의 실지채집", 『동아일보』(1936.4.19.)

_____, "조선산식물의 분류(중) 조선 고유식물 5속 500여종", 『동아일보』(1936.4.21.)

_____, "조선산식물의 분류(하) 작년도 발견된 2신속", 『동아일보』(1936.4.22.)

_____, 「조선산 한약조사」, 『일본약보』 제9권21호(1934a)

_____, 「조선약용식물의 우수성」, 『현대과학사』(1946)

_____, 「중부 조선의 야생식물 및 조선특산식물에 관하여(1)(2)(3)」, 『일본약보』 제9권(1934b)

_____, "최근세계의 경이: 인간생사를 좌우하는 약초와 독초", 『조선일보』(1935a)

_____, 「퉁퉁마디(あつけしさう)의 조선산 신산지를 알림」, 『식물연구잡지』(1933)

_____, "학구일가언: 약초를 통해서 본 한의학의 장래(상)(하)", 『동아일보』(1938.6.16.~6.17.)

_____, 「함경남도에 있어서의 고산식물과 약용식물」, 『조선약학회잡지』 제10권 3호(1935b)

도봉섭·심학진, 「국산 '미치광이'의 생약학적 연구」, 『약학회지』, 대한약학회(1948a)

_____, 『조선식물도설(유독식물편)』, 금룡도서(1948b)

_____, 조선에 있어서의 화강암지대와 석회암지대에 분포하는 약용식물의 비교연구」, 『조선약학회잡지』 제 17권 3호(1937)

도봉섭·심학진·임록재, 『조선식물도감1』, 조선민주주의인민공화국과학원(1956)

_____, 『조선식물도감2』, 조선민주주의인민공화국과학원(1957)

_____, 『조선식물도감3』, 조선민주주의인민공화국과학원(1958)

도봉섭·임록재, 『식물도감』, 과학출판사(1988)

_____, 『조선약용식물도설』, 조선민주주의인민공화국과학원(1955)

도정애, 『도봉섭: 탄생 백주년 기념자료집』, 자연문화사(2003)

동아일보사, 『동아일보(東亞日報)』(1920.4.~1940.8.)

동양학총서, 『구급간이방언해』, 단국대학교 동양학연구소(1982)

라응칠 외, 『조선의 특산식물』, 과학기술출판사(2015)

라응칠·강학붕·배룡기 외, 『자강도 경제식물지』, 과학백과사전출판사(2003)

라응칠·김재우 외, 『함경북도, 라선시 경제식물지』, 과학백과사전출판사(2003)

라응칠·김현순 외, 『황해남도 경제식물지』, 과학백과사전출판사(2003)

라응칠·김혜련 외, 『약용식물리용편람』, 과학백과사전출판사(2019)

라응칠·류상권 외, 『량강도 경제식물지』, 과학백과사전출판사(2003)

라응칠·왕승서 외, 『강원도 경제식물지』, 과학백과사전출판사(2003)

라응칠·임학빈 외, 『황해북도, 개성시 경제식물지』, 과학백과사전출판사(2003)

라응칠·전속택 외, 『평안북도 경제식물지』, 과학백과사전출판사(2002)

라응칠·전영학 외, 『평안남도, 남포시 경제식물지』, 과학백과사전출판사(2001)

라응칠·황수부·주임순 외, 『함경남도 경제식물지』, 과학백과사전출판사(2003)

栗田英二, 「고추(red pepper)의 어원에 관한 연구」, 『인문예술논총』 제18집(1999)

리완익·정현, 『조선의 야생화초』, 과학기술출판사(2009)

리용재 외 14인, 『식물분류명사전(포자식물편)』, 백과사전출판사(2012)

리용재·황호준, 『식물명사전』, 과학백과사전출판사(1984)

리용재·황호준·우제득, 『식물분류명사전(종자식물편)』, 백과사전출판사(2011)

리응칠 외 13인, 『조선의 특산식물』, 과학기술출판사(2015)

리종오, 『조선고등식물분류명집』, 과학원출판사(1964)

林泰治·鄭泰鉉, 『조선산야생식용식물』, 조선총독부임업시험장(1942)

_____, 『조선산야생약용식물』, 조선총독부임업시험장(1936)

Michael G. Simpson, 『식물계통학(제2판)』, 김영동·신현철 옮김, 월드사이언스(2011)

마키노 도미타로, 『하루 한 식물』, 안은미 옮김, 한빛비즈(2016)

목대흠, 『다산집(茶山集)』, 1685년 저술

문만용, 「조선적 생물학자 석주명의 나비연구」, 『한국과학사학회지』 제21권 1호(1999)

문선규, 『조선관역어연구』, 경인문화사(1972)

문세영, 『수정증보 조선어사전』, 영창서관(1946)

_____, 『조선어사전』, 조선어사전간행회(1938)

문일평, 『꽃밭 속의 생각(花下漫筆)』, 정민 풀어씀, 태학사(2005)

_____, 『화하만필(花下漫筆)』, 1934년 저술, 삼성미술문화재단(1972)

문화체육관광부, 『2011년도 권역별 지역어 조사 및 전사』, 2012년 게시

문화체육부 문화재관리국, 『문화재대관 천연기념물1』(1993)

민경탁, 「오얏론」, 『새국어생활』 제20권 제2호(2000)

박경가, 『동언고(東言考)』, 1836년 저술

박경자, 『임원경제지에 나타난 전통식물의 재해석』, 세명대학교대학원 이학석사학위논문(2016)

박규수, 『환재집(瓛齋集)』, 1877년경 저술, 운양산방(1911)

박기룡 외 7인, 『식물분류학 계통학적 접근』, 신일북스(2010)

박남일, 『좋은 문장을 쓰기 위한 우리 말 풀이사전』, 서해문집(2004)

박만규, 「"개불알꽃은 요강꽃으로 고치고", 털어 놓고 하는 말1」, 『뿌리 깊은 나무』(1992)

_____, 『우리나라 식물명감』, 문교부(1949)

_____, 『한국동식물도감 제16권 식물편(양치식물)』, 문교부(1975)

_____, 『한국쌍자엽식물지』, 정음사(1974)

_____, 『한국양치식물지』, 교학도서주식회사(1961)

박명순 외, 「사철쑥과 비쑥의 분류학적 실체」, 『한국식물분류학회지』 제41권 2호(2011), pp.1-9

박봉우, 「삼국유사에 나오는 나무이야기」, 『숲과 문화』 제2권~제5권(1993~1995)

박상진, 『궁궐의 우리나무』, 눌와(초판, 2001; 개정2판, 2014)

_____, 「나무 이름의 유래」, 『산림』(1998.9.)

_____, 『나무탐독』, 샘터(2015),

_____, 『우리나무의 세계1』, 김영사(2011a)

_____, 『우리나무의 세계2』, 김영사(2011b)

박상진, 『우리 나무 이름 사전』, 눌와(2019)

박상표·김덕호, 『삼국사기에서 살펴본 한약』, 영주시립노인전문요양병원(2012a)

_____, 『한약으로 읽어보는 삼국유사』, 영주시립노인전문요양병원(2012b)

박선동·노승현, 「맥문동에 관한 연구」, 『대한본초학회지』 제2권 1호(1987)

박성래, 「국내에 리기다소나무 보급한 임학자 식목수간」, 『과학과 기술』(2007), pp.106-107

박성훈, 『훈몽자회 주해』, 태학사(2013)

박수현, 『한국귀화식물원색도감』, 일조각(1995)

박영수, 『만물유래사전』, 프레스빌(1995)

박용규, 『조선어학회 항일투쟁사』, 한글학회(2012)

박일환, 『우리말 유래사전』, 우리교육(1994)

박재연·이현희 주편, 『고어대사전 1~21』, 선문대학교 중한번역문헌연구소(2016)

박정기·최송현, 「삼진지역 푸조나무 분포 특성」, 『한국환경생태학회 학술대회논문집』 제28권 1호(2018)

박제가, 『북학의(北學議)』, 1778년 저술

박종철·최고운, 「대한민국약전 및 대한민국약전외한약(생약)규격집 수재 한약재 현황 검토」, 『한약정보연구회지』 제4권 2호(2016)

박지원, 『연암집(燕巖集)』, 1700년대 후반 저술(1932)

_____, 『열하일기(熱河日記)』(1780)

박진희, 『두창경험방(痘瘡經驗方)』, 1633년 편찬

박태권, 「사성통해속의 우리말 어휘」, 『동방학지』(1991)

박한춘, 『원문집자 농가월령가』, 다운샘(2015)

박현수, 『일제의 조선조사에 관한 연구』, 서울대학교대학원 문학박사학위논문(1993)

박형선 외 3인, 『조선민주주의인민공화국의 외래식물목록과 영향평가』, 외국문도서출판사(2009)

박형익, 심의린 편, 『보통학교 조선어사전』, 태학사(2005)

박희준, 「한국 불교경전 속 식물의 분류와 용도에 관한 연구」, 대진대학교대학원 생명과학박사학위논문(2012)

방종현, 『훈민정음 통사』, 이상규 주해, 사단법인 올재(2005)

배우리, 「개나리와 진달래」, 『글동네 말동산』, 해난터(1996)

배응경, 『안촌집(安村集)』(1884)

백문식, 『우리말 어원사전』, 박이정(2014)

_____, 『우리말 형태소 사전』, 도서출판 박이정(2012)

백설희 외, 『경제식물자원사전』, 과학백과사전출판사(1989)

백설희 외 23인, 『세계유용식물사전』, 과학백과사전출판사(2003)

변계량(卞季良) 외, 『세종실록지리지(世宗實錄地理志)』(1454)

변섬·권대운·박세화 외, 『박통사언해(朴通事諺解)』(초간본, 1677)

변현단·안경자, 『숲과 들을 접시에 담다』, 도서출판 들녘(2011)

복효근, "야생초 이야기/며느리밑씻개·며느리배꼽", 『서울신문』(2010.10.10.)

부산일보사, 『부산일보(釜山日報)』, 부산일보사(1907.10.~1945.8.)

비변사, 『제주계록(濟州啓錄)』, 1846.2.~1884.10. 저술

빙허각 이씨, 『규합총서(閨閤叢書)』, 1809년 저술

사회과학원 언어학연구소, 『조선말대사전』, 사회과학출판사(1992)

산림청, 『한국식물도해도감1(벼과)』, 진한 M&B(2015)

산절청(刪節廳) 외, 『영종대왕실록청의궤(英宗大王實錄廳儀軌)』, 1781년 저술

서거정, 『사가집(四佳集)』(1488)

서거정 외, 『동문선(東文選)』(1478)

서명응, 『고사십이집(攷事十二集林)』, 1787년 저술

_____, 『고사십이집(攷事十二集林) I, II, III』, 농촌진흥청, 진한M&B(2014)

_____, 『나무열전』, 공광성 옮김, 국립수목원간(2016)

_____, 『본사(本史)』, 1787년 저술

서민정, 「20C 전반기, 표준어에 대한 인식 검토」, 『부산대학교 인문학연구소』(2016)

서영보, 『죽석관유집(竹石館遺集)』, 19세기 초반 저술 추정

서영보·심상규 외, 『만기요람(萬機要覽)』(1808)

서유구, 『임원경제지(林園經濟志)』, 1842년 저술 추정

_____, 『林園經濟志 관휴지 1, 2』, 노평규·김영 역주, 소와당(2010)

_____, 『林園經濟志 만학지 1, 2』, 박순철·김영 역주, 소와당(2010)

_____, 『林園經濟志 본리지 1, 2, 3』, 정명현·김정기 역주, 소와당(2008)

_____, 『林園經濟志 상택지』, 이동인 외 옮김, 풍석문화재단(2019)

_____, 『임원경제지-조선 최대의 실용백과사전』, 정명현·민철기·정정기 옮김, 씨앗을 뿌리는 사람(2012)

_____, 『종저보(種藷譜)』, 1834년 저술

_____, 『행포지(杏蒲志)』, 19세기 초 저술 추정

서유린 외, 『증수무원록언해(增修無寃錄諺解)』(1792)

서정범, 『국어어원사전(國語語源辭典)』, 보고사(2000)

서종학, 『구황촬요』, 채륜(2011)

시호수, 『해동농서(海東農書)』(1799)

_____, 『해동농서 I』, 김영진 해제, 농촌진흥청(2008)

석주명, 『제주도방언집』, 서울신문사출판부(1947)

石戸谷勉·都逢涉, 「경성부근식물소지」, 『조선박물학회지』 제14호(1932)

石戸谷勉·鄭泰鉉, 『조선삼림수목감요(朝鮮森林樹木鑑要)』, 조선총독부임업시험장(1923)

선은미 외, 「가야산은분취의 분류학적 재검토」, 『한국식물분류학회지』 제44권 2호(2014)

성은숙, 『수목의 이해』, 전북대학교 출판부(2017)

성해응, 『연경재전집(研經齋全集)』, 1840년 발간 추정

성현, 『허백당집(虛白堂集)』(중간본, 1842)

성현 외, 『악학궤범(樂學軌範)』(1493)

성희안 외, 『연산군일기(燕山君日記)』, 일기청(日記廳), 1509년 저술

세조(世祖), 『남명집언해(南明集諺解)』, 1482년 저술

_____, 『석보상절(釋譜詳節)』, 1447년 완성

_____, 『월인석보(月印釋譜)』(1459)

세종(世宗), 『월인천강지곡(月印千江之曲)』(1447)

_____, 『훈민정음해례본(訓民正音解例本)』(1446)

_____, 『훈민정음해례본』, 김슬옹 해제, 교보문고(2015)

소인영, 「고 하은 정태현박사 10주기 기념사업 좌담회」, 『하은생물학상이사회』(1994)

소혜왕후, 『내훈(內訓)』(초간본, 1475)

손병태, 「식물성 향약명 어휘 연구(植物性 鄕藥名 語彙 硏究)」, 『영남어문학』 제30집(1996)

_____, 「촌가구급방의 향약명 연구」, 『영남어문학』 제17집(1990)

손철수, 『라중영조식물명사전』, 연변교육출판사(2003)

솔뫼(송상곤), 『약초도감』, 넥서스books(2010)

송계산인, 『교인요략(教人要略)』(시대미상)

송근원, 『코리아는 호랑이의 나라』, 퍼플(2016)

송병선, 『연재집(淵齋集)』(1906)

송주상, 『동유일기(東遊日記)』, 1749년 저술

송홍선, 「나무 이름의 유래」, 『산림』(2004.7.)

승정원 주서(主書), 『승정원일기(承政院日記)』(1623~1910)

식품의약품안전처, 『대한민국약전외 한약(생약) 규격집』, 신일서적(제5개정, 2016)

신경준, 『여암유고(旅菴遺稿)』, 1781년 저술 추정(1910)

신규환·서홍관, 「조선후기 흡연인구의 확대과정과 흡연문화의 형성」, 『의사학』 제10권 1호(2001)

신만, 『주촌신방(舟村新方)』, 1687년 저술 추정(연활자본 및 시대미상 필사본 포함)

신상섭, 「홍만선의 산림경제에서 본 조경식물 재배와 가꾸기」, 『문화재지』 제44권 3호(2011)

신석우, 『해장집(海藏集)』, 1939년 저술

신속, 『농사집성(農事集成)』(1655)

_____, 『신간구황촬요(新刊救荒撮要)』(1660)

신숙주, 『해동제국기(海東諸國記)』, 1471년 저술

신식, 『가례언해(家禮諺解)』(1632)

신용수, "대한의 모든 존재에게 한글 이름을 허하라", 『동아사이언스』(2019.2.28.)

신위, 『경수당전고(警修堂全稿)』(19세기 중엽)

신유한, 『청천집(青泉集)』, 18세기 저술

신유한, 『해유록(海遊錄)』, 1719년 저술

신이행, 『역어유해(譯語類解)』, 사역원(1690)

신재효, 『춘향가(春香歌)』, 1867~1873년 저술 추정

신전휘·신용욱, 『향약집성방의 향약본초』, 계명대학교출판부(2006)

신중진, 「사전학적 관점에서 본 물명고와 재물보의 영향관계」, 『진단학보』 120(2014.4.)

_____, 「研經齋全集에 실린 (稻, 벼) 穀物名에 대한 어휘사적 연구」, 『동아시아문화연구』 제52집(2002)

신창건, 「경성제국대학에 있어서 한약연구의 성립」, 『사회와 역사』 76권, 한국사회사학회(2007)

신현철, 「삼국유사에 실려 있는 식물들의 분류학적 실체와 민족식물학」, 『순천향자연과학연구』 제1권 2호
　　　(1995)

신현철 외 2인, 「우리나라 고전에 나오는 한자 식물명 '삼(杉)'의 분류학적 실체」, 『정신문화연구』 제38권 3호(2015)

신현철 외 3인, 「식물명 창포와 석창포의 재검토」, 『한국식물분류학회지』 제47권 2호(2017.6.)

신현철 외 4인, 「다시 진교를 찾아서」, 『한국식물분류학회지』 제47권 4호(2010.12.)

실록청(實錄廳), 『조선왕조실록(朝鮮王朝實錄)』(1413~1865)

심경호, 「조선시대 물명류와 유서에 나타난 분류의식」, 『장서각』, 한국학중앙연구원(2014)

심노숭, 『효전산고(孝田散稿)』, 1806년 저술 추정

심의린 편, 『보통학교 조선어사전』, 이문당(1925)

심재기, 「우리말 어원(語源)(5): 무궁화 (無窮花)의 내력」, 『한글한자문화』 제7권(1999)

심정기 외 8인, 『한국관속식물 종속지(I)』, 아카데미서적(2000)

악기조성청, 『경모궁악기조성청의궤(景慕宮樂器造成廳儀軌)』, 1777년 저술 추정

안경창, 『벽온신방(辟瘟新方)』(1653)

안덕규, 『원색한국본초도감』, 교학시(1998)

안덕균, 『한국 본초도감』, 교학사(1998)

안상우 외 4인, 『전통의학 고전국역총서1~12』, 한국한의학연구원(2007)

안세영·김순일 편역, 장산뢰의(張山雷) 원저, 『본초정의』, 청홍(2009)

안영희, 「솔의 어원고」, 『아시아여성연구』 제9권(1970)

안옥규, 『어원사전』, 동북조선민족교육 출판사(1989)

_____, 『우리말의 뿌리』, 학민사(1994)

안완식, 『우리가 지켜야 할 우리종사』, 사계절(1999)

안정복, 『동사강목(東史綱目)』, 1778년 저술

안학수·이춘녕·박수현, 『한국농식물자원명람』, 일조각(1982)

안형재, 『매화보』, 한국매화연구원(2009)

애너 파보르드, 『2천년 식물탐구의 역사』, 구계원 옮김, 글항아리(2011)

양선규 외 4인, 「한약재 정력자 기원 식물에 대한 형태학적 감별 연구」, 『한약정보연구회지』 제4권 3호(2016)

양예수, 『의림촬요(醫林撮要)』, 1500년대 후반경 저술 추정(1635)

양응수, 『백수선생문집(白水先生文集)』, 1700년대 중후반 추정

양인석, 『경북식물조사연구』, 경북대학교(1963)

_____, 「한국산 국화과의 연구(II)」, 『경북대학교 논문집』 10(1966)

어숙권, 『고사촬요(攷事撮要)』, 1554년 저술

_____, 「패관잡기(稗官雜記)」, 조선 중기 저술

여성희·이창숙·이남숙, 「ITS 염기서열에 의한 한국산 미나리아재비속 미나리아재비절의 분류학적 검토」, 『한국식물분류학회지』(2004)

영조(英祖), 『어제내훈언해(御製內訓諺解)』(1736)

예조 전객사, 『변례집요(邊例集要)』 1842년경 저술 추정

예태일·전발평 편저, 『산해경』, 서경호·김영지 옮김, 안티쿠스(2008)

오건(吳健), 『덕계집(德溪集)』(1827)

오겸, 『의종금감·외과심법요결(醫宗金鑑·外科心法要訣)』(1742)

오병운, 「한국산 족도리풀속의 분류학적 재검토」, 『한국식물분류학회지』 38(3)(2008.9.)

_____, 「한국산 현호색속의 분류학적 연구」, 『고려대학교 대학원』(1986)

오병운·남옥현·김재길, 「족도리풀속 족도리풀절의 1신종; 각시족도리풀」, 『한국식물분류학회지』 27(4)(1997)

오수영, 「한국산 Pterophyta의 분포에 관한 연구」, 『경북대학교 논문집23』(1977)

_____, 「한국산 돌나물과 식물에 관한 식물분류, 지리학적 연구」, 『경북대학교 논문집 39』(1985)

오재근, 「동의보감과 향약집성방의 증류본초 활용」, 『대한한의학원전학회지』 제24권 5호(2011)

오찬진·오장근·권영휴, 『나무 이야기』, 푸른행복(2015)

오출세, 『한국민간신앙과 문학연구』, 동국대학교 출판부(2002)

오쿠라 신페이, 『조선어방언사전』, 이상규·이순영 교열, 한국문화사(2009)

온이퍼브 편집부, 『우리나라 방언사전(강원도편)』 온이퍼브(2017)

우호익, 「무궁화고」, 『동광』 제13호, 제15호, 제16호, 제17호(1927)

위백규, 『삼족당가첩(三足堂歌帖)』, 18세기 후반 저술 추정

_____, 『존재집(存齋集)』 1796년 저술 추정

유광필·박선주, 「ITS 염기서열에 의한 한국산 담배풀속(*Carpesium L.*)의 계통·분류학적 연구」, 『한국자원식물학회지』, 제25권 1호(2012)

유근·최남선. 『신자전(新字典)』, 조선광문회(1915)

유기억, 『꼬리에 꼬리를 무는 풀이야기』, 지성사(2018a)

_____, 『꼬리에 꼬리를 무는 나무이야기』, 지성사(2018b)

유기억, 『한반도 제비꽃』, 지성사(2013)

유달영·염도의, 『나라꽃 무궁화』, 동아출판사(1983)

유득공, 『경도잡지(京都雜誌)』, 18세기 말~19세기 초 저술 추정

유박, 『화암수록(花庵隨錄)』, 18세기 말 저술 추정

_____, 『화암수록』, 정민 외 옮김, 휴머니스트(2019)

유성룡, 『서애문집(西厓文集)』(1633)

유윤겸 외, 『분류두공부시언해(分類杜工部詩諺解)』(1481)

유이태, 『실험단방(實驗單方)』, 1709년 저술

유정렬, 『한어지남(漢語指南)』, 회동서관(1913)

유중림, 『증보산림경제(增補山林經濟)』(1766)

유철, 『한중 식물 이름 대조 연구』, 경상대학교대학원 국어국문학과(2016)

유효통·노중례·박윤덕, 『향약집성방(鄕藥集成方)』(초간본, 1433)

_____, 『국역 향약집성방(상, 중, 하)』, 신민교·박경·맹웅재 옮김, 영림사(중판, 1998)

_____, 『향약채취월령(鄕藥採取月令)』(1431)

_____, 『향약채취월령』, 안덕균 주해, 세종대왕기념사업회(1983)

유희, 『물명고(物名考)』, 가람문고본(1824년 저술 추정)

_____, 『물명고(상)』, 김형태 옮김, 소명출판(2019)

유희춘, 『신증유합(新增類合)』(1576)

윤선도, 『고산유고(孤山遺稿)』, 1661년 저술 추정(1792)

윤시동, 『증보탐라지(增補耽羅誌)』, 1765년 저술

_____, 『국역 증보탐라지』, 김영길 옮김, 제주문화원(2016)

윤주복, 『우리나라 나무도감』, 진선출판사(2015)

윤지안, 「조선후기 화훼문화의 확산과 화훼지식의 체계화」, 『농업사연구』 제15권 1호, 한국농업사학회(2016.9.)

윤춘년 편저, 손응규(孫應奎) 원작, 『신간의가필용(新刊醫家必用)』, 1553년 저술

윤충원, 『나무생태도감』, 지오북(2016)

윤평섭, 『한국원예식물도감』, 지식산업사(1989)

윤호·임원준·허종, 『구급간이방언해(救急簡易方諺解)』(1489)

이경록 옮김, 『국역 향약구급방』, 역사공간(2018)

이경미, 「대한제국 1900년(광무4) 문관대례복 제도와 무궁화 문양의 상징성」, 『복식』 제60권 3호(2010)

이경선 외, 「나라꽃 무궁화의 어문학적 고찰」, 『한국학논집』9, 한양대학교 한국학연구소(1986.2.)

이경직, 『부상록(扶桑錄)』, 1617년 저술

이경화, 『광제비급(廣濟秘笈)』, 1790년 저술

_____, 『광제비급』, 조선의학출판사 옮김, 조선의학출판사(1963)

_____, 『광제비급(廣濟秘笈)』, 평양·조선의학줄판사 옮김, 여강출판사(1992)

이광호, 「구황 자료에 나타난 구황 작물 어휘의 국어사적 고찰」, 『언어과학연구』 제64집(2013)

_____, 「임원경제지에 나타난 陸種類 어휘 고찰」, 『언어과학연구』 제70집(2014)

이규경, 『오주연문장전산고(五洲衍文長箋散稿)』, 1850년대 저술 추정

이규배, 『식물형태학』, 라이프사이언스(제3판, 2016)

이규보, 『동국이상국집(東國李相國集)』, 1241년 저술

이규준, 『의감중마(醫鑑重磨)』(1908)

이긍익, 『연려실기술(燃藜室記述)』, 1776년 이전 추정

이기갑 외, 『전남방언사전』, 태학사(1998)

이기문, 『국어어휘사 연구』, 동아출판사(1991)

이남덕, 『한국어 어원연구 I~IV』, 이화여자대학교 출판부(1993)

이남숙, 『식물의 모든 것』, 이화여자대학교출판문화원(2017)

_____, 「한국산 애기나리속의 분류학적 연구」, 『한국식물분류학회지』 제9권 1호(1979)

_____, 『한국의 난과 식물도감』, 이화여자대학교출판부(2011)

이덕무, 『청장관전서(靑莊館全書)』(1795)

이덕봉, 「세종실록지리지고」, 『중대이공학보』 창간호(1965)

_____, 「연고」, 『배화』 창간호(1925)

_____, 「원로과학기술자의 증언(5)-이덕봉편」, 『과학과 기술』, 한국과학기술단체총연합회(1979)

_____, 「임원경제지」, 『대한생물학회지』(1955)

_____, 「조선산 식물의 조선명고(朝鮮産 植物의 朝鮮名考)」, 『한글』 5(1), 조선어학회(1937.1.)

_____, 「지봉유설고」, 『고대연보』 제1권 1호(1957)

_____, 「최근세 한국 식물 연구사」, 『고대문리논집』 이학부편 제6권(1963a)

_____, 「최근세 한국 식물학 연구사」, 『아세아연구』 제4권 2호, 고려대 아시문제연구소(1961)

_____, 「학교 구내식물 이야기」, 『배화여자고등보통학교 교지』(1926)

_____, 『한국 동식물도감(15) 유용식물편』, 문교부(1974)

_____, 『한국 생물학사』, 고대민족문제연구소(1968)

_____, 『한국 생물학의 사적고찰』, 『아세아연구』 제2권 1호(1959a)

_____, 『한국 생물학의 사적고찰(二)』, 『아세아연구』 제2권 2호(1959b)

_____, 「향약구급방의 방중향약목 연구」, 『아세아연구』 제6권 1호(1963b)

_____, 「향약구급방의 방중향약목 연구(완)」, 『아세아연구』 제6권 2호(1963)

이덕봉·김연창, 「미대륙 원산 식물의 도래고」, 『식물학회지』 제4권 1호(1961)

이덕봉·이영노, 「가덕도 식물 조사보고」, 『서울사대학보』 창간호(1954)

이덕희, 「물보와 청관물명고의 사전적 특성」, 『새국어교육』 제73호, 한국국어교육학회(2006)

이동혁, 『한국의 야생화 바로 알기(봄에 피는꽃)』, 이비락(2013a)

_____, 『한국의 야생화 바로 알기(여름·가을에 피는꽃)』, 이비락(2013b)

이동혁·제갈영, 『우리나라 나무이야기』, 이비락(2012)

이만부, 『식산집(息山集)』, 1798년 편찬(1813)

이만영, 『재물보(才物譜)』(1798)

이민화, 『대한민국약전 제11개정 해설서(상권)』, 신일서적(주)(2015a)

_____, 『대한민국약전 제11개정 해설서(하권)』, 신일서적(주)(2015b)

이병근, 『어휘사』, 태학사(2004)

이병모 외, 『오륜행실도(五倫行實圖)』, 1797년 저술

이상희, 『꽃으로 보는 한국문화 1, 2, 3』, 넥서스books(개정판, 2004)

이색, 『목은집(牧隱集)』(초간본, 1404)

이석간, 『이석간경험방(李碩幹經驗方)』(연대미상)

이성, 『동국신속삼강행실도(東國新續三綱行實圖)』(1617)

이성우, 『고려 이전의 한국식생활사 연구』, 향문사(1978)

이수, 『한청문감(漢淸文鑑)』(1779)

이수광, 『지봉유설(芝峯類說)』, 1614년 저술

_____, 『지봉유설(상, 중, 하)』, 남만성 옮김, 을유문화사(1975)

이순신, 『이충무공전서(李忠武公全書)』, 교서관(校書館)(1795)

이숭녕 해제, 『조선어사전』, 서울아세아문화사(1976)

이승휴, 『제왕운기(帝王韻記)』, 1287년 저술

이시진, 『신주해 본초강목』, 김종하 옮김, 도서출판 여일(2007)

이안눌, 『동악집(東岳集)』, 1640년 저술

이억성, 『몽어유해(蒙語類解)』, 사역원(개정간행, 1768)

이영노, 『白頭山의 꽃』, 한길사(1991)

_____, 『새로운 한국식물도감(I, II)』, 교학사(2006)

_____, 『원색한국식물도감』, 교학사(1996)

_____, 『원색한국식물도감』, 교학사(개정증보판, 2002)

_____, 『한국 동식물도감 제18권 식물편(계절식물)』, 문교부(1976)

이영노·주상우, 『한국식물도감』, 서울대동당(1956)

이영득, 『산나물 들나물 대백과』, 황소걸음(2010)

_____, 『풀꽃 친구야 안녕?』, 황소걸음(2004)

이영보, 『동계유고(東溪遺稿)』(1759)

이옥,『백운필(白雲筆)』, 1803년 저술

_____,『연경(煙經)』, 1810년 저술

_____,『이옥전집(李玉全集)』, 1815년 저술 추정

_____,『이옥전집(李玉全集)』, 실시학사 고전문학연구회 옮기고 엮음, 휴머니스트(2009)

이용규,『가운문고(稼雲文稿)』, 18세기 말 저술 추정

이용기,『조선무쌍신식요리제법(朝鮮無雙新式料理製法)』, 한흥서림(1924)

이우철,「남북한의 식물기재용어 및 식물명의 비교」,『한국식물분류학회지』제22권 1호(1992)

_____,『원색한국기준식물도감』, 아카데미서적(1996a)

_____,「정태현박사의 신종 및 미기록종식물에 대한 고찰」,『한국식물분류학회지』제12권 2호(1982)

_____,『죽파낙수』, 아카데미서적(2016)

_____,「하은 정태현박사 전기」,『하은생물학상 25주년』, 하은생물학상이사회(1994)

_____,『한국식물명고』, 아카데미서적(1996b)

_____,『한국식물명의 유래』, 일조각(2005)

_____,『한국식물의 고향』, 일조각(2008)

이우철 감수,『강원의 자연(식물편)』, 강원도교육청(1991)

이원진,『탐라지(耽羅志)』, 1653년 저술

이유미,『우리나무 백가지』, 현암사(개정증보판, 2015)

_____,「우리풀 우리나무(수크령)」,『주간한국』(2010.10.26.)

_____,『한국의 야생화』, 다른세상(개정판, 2010)

이유원,『가오고략(嘉梧藁略)』, 1872년 저술 추정

_____,『임하필기(林下筆記)』, 1871년 저술

이윤옥,『창씨개명된 우리풀꽃』, 인물과 사상사(2015)

이윤호,「향가에 나오는 식물」,『숲과문화』제11권 2호(2002)

이은규,「본초정화의 향약명 어휘에 대하여」,『국어교육연구』제57집, 국어교육학회(2015)

_____,『향약구급방의 국어학적 연구』, 효성여자대학교 박사학위논문(1993)

_____,「향약명 어휘 연구의 현황과 과제」,『정신문화연구』제37권 제4호(2014)

이을태 외 5인,「둥근 불로초, 양파」,『RDA Interrobang』제96호(2013)

이의경,『단방신편(單方新編)』, 1908년 저술

이의봉,『고금석림(古今釋林)』, 1789년 저술

이의현,『경자연행잡지(庚子燕行雜識)』, 1720년 저술

이이두,『의감산정요결(醫鑑刪定要訣)』, 1849년 저술

이익,『성호사설(星湖僿說)』, 1740년 저술 추정

이인로,『파한집(破閑集)』, 1260년 저술

이인제,『수진경험신방(袖珍經驗神方)』, 1913년 저술

이일병,「원예식물의 학명과 한국명 어원에 관한 연구」, 원광대학교대학원 박사학위논문(2001)

이재능, 『꽃나들이 01~03』 신구문화사(2014~2017)

이재선, 「제주산 보춘화속의 연구」, 『제주대학 학보』(1981)

이재운 외, 『우리말 어원사전』, 노마드(1995)

이정, 「관료들의 천구; 일제강점기 약초재배 운동의 조화로운 동상이몽」, 『역사학회』 제238집(2018.6.)

_____, 「식물연구는 민족적 과제? 일제강점기 조선인 식물학자 도봉섭의 조선식물연구」, 『역사와 문화』 25(2013. 5.)

_____, 「식민지 과학 협력을 위한 중립성의 정치: 일제 강점기의 조선의 향토적 식물연구」, 『한국과학사학회지』 Vol.37 No.1(2015)

_____, 「식민지 조선의 식물 연구(1910~1945): 조일 연구자의 상호 작용을 통한 상이한 근대 식물학의 형성」, 서울대학교대학원 이학박사학위논문(2012)

이정귀, 『월사집(月沙集)』, 1636년 저술

이정란·김창석·이인용, 「한국 벼과식물 논피와 나도논피의 분류학적 실체」, 『한국식물분류학회지』 제43권 1호(2013)

이정화·안상우, 「<제중신편> 약성가의 서지적 관찰」, 『대한본초학회지』 제24권 제3호(2009.9.)

이제마, 『동의수세보원(東醫壽世保元)』, 1894년 저술

이종대, 『새로보는 방약합편』, 청홍(2012)

이종석, 「한국 난초 재배역사에 관한 연구」, 『한국원예학회지』 제27권 제2호((1986)

이종진, 『녹효방; 소초초략(錄效方; 素樵鈔畧)』(1873)

이종태, 『홍루몽(紅樓夢)』, 1884년 번역 추정

이준영 외 4인, 『국한회어(國韓會語)』, 1895년 저술

이진태, 『단곡경험방(丹谷經驗方)』, 숙종–영조 연간 저술(18세기 추정)

이집, 『둔촌잡영(遁村雜詠)』(1686)

이창복, 『대한식물도감』, 향문사(1980)

_____, 『야생식용식물도감』, 임업시험장(1969a)

_____, 『우리나라 식물자원』, 서울대학교논문집(농생계, 1969b)

_____, 「우리나라 특산식물과 분포」, 서울대학교 관악수목원 연구보고4(1983)

_____, 『원색대한식물도감』, 향문사(2판 2쇄, 2014)

_____, 『조선수목』, 서울대농대특별연구보고(1947)

_____, 『한국수목도감』, 산림청 임업시험장(1966)

이창숙·여성희·정소연, 「조선시대 문헌에 기록된 제주도 전통식물의 통시적 연구」, 『한국자원식물학회지』 제29권 2호(2016)

이창숙·이강협, 『한국의 양치식물』, 지오북(2015)

이창우, 『수세비결(壽世秘訣)』(1929)

이철환·이재위, 『물보(物譜)』(1802)

이춘녕, 「한국 고대의 농업기술과 생산력연구」, 『국사관논총31』(1992)

이춘녕·안학수, 『한국식물명감』, 범학사(1963)

이충구·임재완·김병헌·성당제 역주, 『이아주소 1~6』, 소명출판(2004)

이표, 『소문사설(謏聞事說)』, 1740년대 저술 추정

이학규, 『낙하생집(洛下生集)』, 1800년대 초반 저술

_____, 『물명유해(物名類解)』, 1800년대 초반 저술

이항복, 『백사집(白沙集)』(1629)

이행·홍은필 외, 『신증동국여지승람(新增東國輿地勝覽)』(1530)

이현경, 『간옹집(艮翁集)』, 1795년 발간 추정

이형상, 『남환박물(南宦博物)』(1704)

_____, 『남환박물』, 이상규·오창명 역주, 푸른역사(2009)

_____, 『악학습령(樂學拾零)』 1713년 저술 추정

이휘일, 『존재문집(存齋文集)』(1694)

이휘재, 『한국동식물도감(화훼류I)』, 문교부/삼화출판사(1964)

_____, 『한국동식물도감(화훼류II)』, 문교부/삼화출판사(1966)

이휘재·이원우, 「명지산 식물보고」, 『한국식물학회지』 제5권 1호(1962)

이휘재박사 화갑기념사업회, 『동호 이휘재박사 화갑기념논문집』, 서울대학교출판사(1964)

이희, 『송와잡설(松窩雜說)』, 1600년경 저술

이희승, 『국어대사전』, 민중서림(2018)

인목대비(또는 그 측근), 『계축일기(癸丑日記)』, 1613년 추정

일연, 『삼국유사(三國遺事)』, 1281년 저술 추정

임경빈, 「한일수목 명칭의 대조와 만엽집의 노래」, 『산림』, 산림조합중앙회(1996)

임경빈·김창호, 「융희 4년도의 수목명 대조표」, 『임정연구』(1999)

임광, 『병자일본일기(丙子日本日記)』, 1637년 저술 추정

임동석 역주, 곽박 주, 『산해경 1, 2, 3』, 동서문화사(2011)

임록재 외, 『조선식물지 1~7』, 과학출판사(1972~1979)

_____, 『조선식물지 1~10』, 과학기술출판사(1996~2000)

임록재 외 7인, 『조선약용식물사전』, 과학기술출판사(1998)

임록재·김현삼·박형선·임승철·주일엽·임승선, 『조선식물원색도감 1』, 과학백과사전종합출판사(2000)

_____, 『조선식물원색도감 2』, 과학백과사전종합출판사(2001)

임록재·차진헌·임연, 『조선약용식물지 1, 2, 3』, 농업출판사(1998)

임록재·최장조·임순철, 『조선약용식물』, 농업출판사(1993)

임소영, 『한국어 식물이름의 연구』, 한국문화사(1997)

임춘, 『서하집(西河集)』(초간본, 1222; 중간본, 1713)

林泰治·鄭泰鉉, 「구황촬요의 해설(救荒撮要의 解說)」, 『조선산림회보』 제209호(1940)

_____, 「야생약용식물의 임간재배시험」, 『임업시험장시보』 제20호(1939)

_____, 『조선산야생약용식물(朝鮮産野生藥用植物)』, 조선총독부임업시험장(1936)

임화·이재욱, 『조선민요선』(1939)

장근정·백원기·이우철, 「한국산 참나물속(산형과)의 분류」, 『한국식물분류학회지』 제29권 2호(1999.6.)

장유, 『계곡만필(谿谷漫筆)』, 1635년 저술

_____, 『계곡집(谿谷集)』, 1643년 저술

장유승, 「조선후기 물명서의 편찬동기와 분류체계」, 『한국고전연구』 30집, 한국고전연구학회(2014)

장진성, 「한국수목의 목록과 학명에 대한 재고」, 『한국식물분류학회지』 제24권 2호(1994)

장진성·김휘, 「비합법적으로 발표된 국내 목본식물의 학명」, 『한국식물분류학회지』 제32권 3호(2002)

장진성·김휘·신현탁·이철호, 『북한 관속식물 체크리스트』, 디자인포스트(2020)

장진성·김휘·장계선, 『한국동식물도감 제43권 식물편(수목)』, 교육과학기술부(2011)

_____, 『한반도 수목필드 가이드』, 디자인포스트(2012)

_____, 『한반도 식물 지명 사전』, 국립수목원(2015)

장진성·홍석표 옮김, 『조류, 균류와 식물에 대한 국제명명규약(멜버른 규약), 2012』, 국립수목원(2017)

장진한, 『이젠 국어사전을 버려라』, 시각과 언어(2001)

장충덕, 『국어 식물 어휘의 통시적 연구』, 충북대학교 문학박사학위논문(2007)

_____, 「꽃 이름의 통시적 고찰」, 『언어학연구』 No.15(2009)

_____, 「한자에서 유래한 채소명 몇 고찰」, 『개신어문연구』 제23집(2005)

장형두, 「전라남도산 수목의 종류와 그 분포지」, 『청구』 제32호, 전라남도산림회(1938)

_____, 「조선식물과 그의 분포상의 탐구」, 『조선산림회보』 제186호(1940)

_____, 『학생식물도보』, 수문관판(1949)

장혼, 『몽유편(蒙喩篇)』, 1810년 저술

저자미상, 『경보신편』, 구민석·오준호 옮김, 수퍼노바(2017)

저자미상, 『계산기정(薊山紀程)』(1804)

저자미상, 『고문진보언해(古文眞寶諺解)』, 18세기 말~19세기 초 저술 추정

저자미상, 『광재물보(廣才物譜)』, 1800년대 초반(19세기 초) 추정

저자미상, 『광주천자문(廣州千字文)』, 1575년 저술

저자미상, 『구급방언해(救急方諺解)』, 1466년 추정

_____, 『역주 구급방언해(상, 하)』, 김동소 역주, 세종대왕기념사업회(2003)

저자미상, 『남원고사(南原古詞)』, 19세기 중엽 저술 추정

저자미상, 『내방가사(內房歌辭)』, 연대미상

저자미상, 『동몽선습언해(童蒙先習諺解)』(1797)

저자미상, 『물명괄(物名括)』, 19세기 저술 추정

저자미상, 『물명집(物名集)』, 19세기 저술 추정

저자미상, 『박물신서(博物新書)』, 19세기 말 저술 추정

저자미상, 『백련초해(百聯抄解)』, 1576년 저술 추정

저지미상, 『부연일기(赴燕日記)』, 1828년 저술

저자미상, 『신라화엄경사경조성기(新羅華嚴經寫經造成記)』, 755년 저술

저자미상, 『신편문자류집초(新編文字類輯抄)』(19세기)

저자미상, 『악장가사(樂章歌詞)』, 고려 말~조선 초 저술 추정

저자미상, 『약성가(藥性歌)-만병회춘』(연대미상)

저자미상, 『언해본 삼강행실도』(초간본, 1481)

저자미상, 『우마양저염역병치료방(牛馬羊猪染疫病治療方)』(1541)

저자미상, 『의방(醫方)』, 경고재 보관본(연대미상)

저자미상, 『의방합편(醫方合編)』, 조선 후기(19세기) 저술 추정

저자미상, 『의휘(宜彙)』, 1871년 저술 추정

저자미상, 『일용비람기(日用備覽記)』, 한글고문헌연구소소장(연대미상)

저자미상, 『제중신방(濟衆新方)』, 1923년 저술 추정

저자미상, 『종묘의궤(宗廟儀軌)』, 1697년 원집 저술, 1741년 속록 저술

저자미상, 『주방문(酒方文)』, 1700년대 초 저술 추정

저자미상, 『한림별곡(翰林別曲)』, 1215년 저술 추정

저자미상, 『한선문신옥편(漢鮮文新玉篇)』, 대창서원(1913)

저자미상, 『향약구급방(鄕藥救急方)』(초간본, 1236 추정; 중간본, 1417)

저자미상·빙허각이씨, 『여훈언해·규합총서』, 학자원(2011)

전광현, 「물명류고의 이본과 국어학적 특징에 대한 관견」, 『새국어생활』 제10권 제3호(2000.9.)

전정일, 『길에서 만나는 나무123』, 신구문화사(2009)

정규영 외, 「한국산 박쥐나물속(국화과)의 외부형태와 체세포 염색체수에 의한 분류학적 연구」, 『한국자원식물학회지』 19(2)(2006)

_____, 「한반도 특산식물」, 『한국식물분류학회지』 Vol.47 No.3(2017)

정대희·정규영, 「한국산 마속(마과)의 외부형태형질에 의한 분류학적 연구」, 『한국식물분류학회지』 제45권 4호(2015)

정명기·정효기·강순숙, 「백운산원추리와 노랑원추리의 분포 및 형태분석」, 『한국식물분류학회지』 제24권 1호(1994)

정민, 『18세기 조선 지식인의 발견』, 휴머니스트(2007)

정백창, 『현곡집(玄谷集)』(1650)

정상국, 『노걸대언해(老乞大諺解)』, 1670년 저술 추정

정상홍 옮김, 『시경(詩經)』, 을유문화사(2014)

정승혜, 「물명류의 특징과 자료적 가치」, 『국어사 연구』 제22호(2017)

정약용, 『경세유표(經世遺表)』, 1817년 저술

_____, 『다산시문집(茶山詩文集)』, 1865년 간행 추정

_____, 『대동수경(大東水經)』, 19세기 초반 저술

_____, 『마과회통(麻科會通)』(1798)

_____, 『목민심서(牧民心書)』, 1818년 완성

_____, 『아언각비(雅言覺非)』, 1819년 저술

_____, 『아언각비·이담속찬』, 정해렴 역주, 현대실학사(2005)

_____, 『여유당전서(與猶堂全書)』, 19세기 초 저술(1938)

_____, 『흠흠신서(欽欽新書)』, 1822년 저술

정양원 외, 『조선후기한자어휘검색사전(朝鮮後期漢字語彙檢索辭典)』, 한국정신문화연구원(1997)

정연옥 외 3인, 『야생화도감(여름)』, 푸른행복(2010)

정영호, 『국제식물명명규약해석』, 아카데미서적(1986a)

_____, 『한국식물분류학사개설』, 아카데미서적(1986b)

정영호·김영동, 「괭이눈속 식물의 분류와 종간유연관계」, 『환경생물학회지』 제6권 2호(1988), pp.33-63

정윤용, 『자류주석(字類註釋)』, 1856년 저술

정은주, 「실학파 지식인의 물명에 대한 관심과 물명류해(物名類解)」, 『한국실학연구』 제17권 17호(2009)

정익로, 『국한문신옥편(國漢文新玉篇)』(1908)

정재서 역주, 『산해경』, 민음사(1985)

정조(正祖), 『홍재전서(弘齋全書)』(초간본, 1787)

정중기, 『매산집(梅山集)』(1790)

정초·변현문, 『농사직설(農事直說)』(1429)

정태현, 「강화도 소산 삼림식물」, 『조선삼림회보』 제99호(1933a)

_____, 「경기도내 식물」, 『경기도지』(상)(1956a)

_____, 「계룡산 식물에 대하여」, 『성대논문집』 3권(1958a)

_____, 「금강산 소산 삼림식물에 대하여」, 『조선산림회보』 제102호(1933b)

_____, 「미선나무에 대하여」, 『생물학회보』 제1권 1호(1956b)

_____, 「식물채집 일평생」, 『세대(世代)』(1968)

_____, 「야생식용식물의 중요성」, 『현대과학』(1947.6.)

_____, 「야책을 메고 50년」, 『숲과 문화』 제11권 3호(1964)

_____, 「약용식물 재배법」, 『약사시보사』(1956c)

_____, 「어청도소산식물에 관하여」, 『조선총독부임업시험장』(1933c)

_____, 『조선산 주요수목의 분포 및 적지』, 조선총독부임업시험장(1926)

_____, 『조선삼림식물도설』, 조선박물연구회(1943)

_____, 「조선의 산야에서 생산되는 약용식물에 대하여」, 『조선산림회보』 제97호(1933d)

_____, 「진도 식물조사서」, 『성균』 제8권(1957a)

_____, 『한국동식물도감 제5권 식물편(목·초본류)』, 문교부(1965)

_____, 『한국동식물도감 제5권 식물편(목·초본류) 보유편』, 문교부(1970)

_____, 「한국산 야생 섬유식물에 대하여」, 『식물학회지』 제1권 1호(1958b)

_____, 「한국산 야생 염료식물에 대하여」, 『생물학회보』 제2권 1호(1957b)

_____, 「한국산 제비꽃과의 종검색표」, 『식물학회지』 제2권 1호(1959)

_____, 『한국식물도감(상권 목본부)』, 신지사(1957c)

_____, 『한국식물도감(하권 초본부)』, 신지사(1956d)

정태현·도봉섭·심학진, 『조선식물명집 I, II』, 조선생물연구회(1949)

정태현·도봉섭·이덕봉·이휘재, 『조선식물향명집』, 조선박물연구회(1937)

정태현·백승언, 「부여식물조사보고」, 『식물학회지』 제6권 1호(1963)

정태현·이우철, 「거문도의 식물자원 조사연구」, 『성대논문집』 제11권(1966)

_____, 「북한산의 식물자원 조사연구」, 『성대논문집』 제7권(1962a)

_____, 「의성산 개나리에 대하여」, 『식물학회지』 제5권 3호(1962b)

_____, 「충북식물조사연구」, 『성대논문집』 제6권(1961)

정태현·이우철·이재두, 「난지도의 식물상」, 『성대국제문화』 제5권(1966)

정태현·이일구, 「설악산의 식물상 제1보」, 『성대논문집』 제2권 2호(1959)

정학유, 『농가월령가』(1876)

_____, 『시명다식(詩名多識)』, 1865년 저술

정혜란·권혜진·최경·정재민·문현식, 「충북 내륙지역 민속식물의 전통지식」, 『한국자원식물학회지』 제27권 4호(2014)

정희원, 「역대 주요 로마자 표기법 비교」, 『새국어생활』 제7권 제2호(1997)

제갈영, 『길과 숲에서 만나는 우리나라 야생화 이야기』, 이비락(2008)

조규익, 『만횡청류의 미학』, 박이정(수정증보판, 2009)

조면호, 『옥수집(玉垂集)』, 1866년 저술 추정

조명숙·김찬수·김선희·김승철, 「Taquet 신부의 왕벚나무: 엽록체 염기서열을 통한 야생 왕벚나무와 재배 왕벚나무의 계통학적 비교」, 『한국식물분류학회지』 46(2)(2016), pp.247-255

조문수, 『설정시집(雪汀詩集)』, 17세기 초반 저술

조민제·이웅·최성호, 「조선식물향명집 사정요지를 통해 본 식물명의 유래」, 『한국과학사학회지』 제40권 제3호(2018)

조선박물학회, 『조선박물학회지』 제17호, 조선박물학회(1934)

조선시보사, 『조선시보(朝鮮時報)』, 조선시보사(1914.11.~1940.8.)

조선어학회, 『사정한 조선어 표준말 모음』, 조선어학회(1936)

_____, 『한글 마춤법 통일안』, 조선어학회(1933)

조선일보사, 『조선일보(朝鮮日報)』, 조선일보사(1920.3.~1940.8.)

조선총독부, 『경성일보(京城日報)』, 조선총독부(1906.9.~1937.5.)

_____, 『매일신보(每日申報)』, 조선총독부(1910.8.~1938.4.)

朝鮮總督府林業試驗場刊行會(鄭泰鉉), 『선만실용임업편람』, 養賢堂(1940)

조성묵, 『원서방(圓薯方)』, 1832년 저술

조수삼, 『추재집(秋齋集)』, 1849년 저술 추정(1939)

조신, 『이륜행실도(二倫行實圖)』, 1518년 저술

조양훈·김종환·박수현, 『벼과·사초과 생태도감』, 지오북(2016)

조재삼, 『송남잡지(松南雜識)』, 1855년 저술

_____, 『교감국역 송남잡지11』, 강민구 옮김, 소명출판(2008)

조정만, 『오재집(寤齋集)』, 1723년 저술 추정

조정준, 『급유방(及幼方)』, 1749년 저술

조항범, 『국어어원론』, 도서출판 개신(2009)

_____, 『국어 친족어휘의 통시적 연구』, 태학사(1996)

_____, 「나무 이름의 어원에 대하여(1)」, 『국어학』 제78집(2016.6.)

_____, 『다시 쓴 우리말 어원이야기』, 한국문원(1997)

_____, 「'아가위'와 '찔레'의 어원에 대하여」, 『한국언어문학』 제89집(2014)

_____, "조항범교수의 어원이야기", 『문화일보』(2017.4.~2019.10.)

조현·김무열, 「한국산 비비추속(Hosta Tratt.) 식물의 분류학적 연구」, 『한국식물분류학회지』 제47권 1호(2017)

中井猛之進, 국립수목원 편, 『식물기재문 자료모음집(1) : 다케노신 나까이의 한국 식물 라틴어 기재』, 국립수목원(2005)

지규식, 『하재일기(荷齋日記)』, 1891~1911년 저술

지석영, 『(주해)아학편(兒學編)』(1908)

_____, 『자전석요(字典釋要)』, 1906년 완성, 해동서관(1909)

지석영·신해용, 『단방비요경험신편(單方祕要 經驗新編)』(1913)

진태하, 「모시와 모란의 어원고」, 『새국어생활』 17(2007), pp.179-185

진휼청, 『구황촬요(救荒撮要)』(충남대본, 1554)

채득기·이찬·허임·박렴 외, 『사의경험방(四醫經驗方)』, 17세기 저술 추정

천정아, 「'진달래'의 방언형과 그 어원」, 『개신어문연구』 제35집(2012), pp.69-97

최경봉, 『우리말의 탄생』, 책과함께(2019)

최경석, 『농무목축시험장소존곡약종(農務牧畜試驗場所存穀藥種)』, 1884년 저술 추정

최경창, 『고죽유고(孤竹遺稿)』(1683)

최득룡·김동길 외 10인, 『백두산 약용식물』, 의학과학출판사(2018)

최세진, 『번역노걸대(飜譯老乞大)』, 1517년 이전 저술 추정

_____, 『번역박통사(飜譯朴通事)』, 1517년 저술

_____, 『사성통해(四聲通解)』, 1517년 저술

_____, 『운회옥편(韻會玉篇)』(1536)

_____, 『훈몽자회(訓蒙字會)』, 1527년 저술

최영전, 『식물민속박물지』, 아카데미서적(2012)

최창렬, 『어원산책』, 한국학술정보(2006)

최춘언, 「참기름과 들기름의 역사」, 『한국식품조리과학회 1998년도 추계 학술심포지움 및 정기총회』 Nov. 01(1998)

최치원, 『계원필경(桂苑筆耕)』, 886년 저술

_____, 『고운문집(孤雲文集)』, 최면식 간행(1926)

_____, 『최문창전집(崔文昌全集)』, 대동문화연구원(1991)

최한기, 『농정회요(農政會要)』, 1830년 저술

_____, 『신기천험(身機踐驗)』, 1866년 저술

최형주·이준녕 편저, 『이아주소(爾雅注疏)』, 자유문고(2001)

파리외방전교회·펠릭스 클레르 리델, 『한불자전』, 이은령·김영주·윤애선 옮김, 소명출판(2014)

팽철호, 「한국에서 다른 식물로 인식되는 중국문학 속의 식물」, 『중국문학』 제81집(2014a)

_____, 「한국에서 다른 식물로 인식되는 중국문학 속의 식물(2)」, 『중국어문학』 제67집(2014b)

플로렌스 헤들스톤 크레인, 『한국의 들꽃과 전설』, 최양식 옮김, 도서출판 선인(2008)

하영삼·왕평 주편, 『신자전(新字典)』, 도서출판3(2016a)

_____, 『전운옥편(全韻玉篇)』, 도서출판3(2016b)

한국식물지편집위원회, 『한국속식물지』, 홍릉과학출판사(2018)

한국양치식물연구회, 『한국양치식물도감』, 지오북(2005)

한국학중앙연구원 편, 『한국민족문화대백과사전(韓國民族文化大百科事典)』, 한국학중앙연구원(2014)

한국한의학연구원 편, 『한국 한의학을 만든 사람들 1, 2』, 문사철(2015)

한도준·김수만, 『기본화학 선한약물학』, 행림서원(1931)

한동일, 『카르페 라틴어(종합편)』, 문예림(2014)

한석효, 『죽교편람(竹僑便覽)』, 1849년 저술

한의학대사전 편찬위원회편, 『한의학대사전』, 도서출판 정담(2001)

한진건, 『조선말의 어원을 찾아서』, 연변인민출판사(1990)

한진건·장굉문·왕용·풍지원, 『한조식물명칭사전』, 료녕인민출판사(1982)

한치윤, 『해동역사(海東繹史)』, 1841년 저술(1913)

한태호 외 6인, 『원예식물 이름의 어원과 학명 유래집』, 전남대학교출판부(2006)

행림서원, 『중간 향약집성방』, 행림서원(1942)

허균, 『성소부부고(惺所覆瓿藁)』, 1613년 저술

허목, 『기언(記言)』, 1689년 저술

허북구·박석근, 『한국의 야생화 200』, 중앙생활사(2008a)

_____, 『우리 나무 도감 250』, 중앙생활사(2008b)

허준, 『동의보감(東醫寶鑑)』(1613)

_____, 『동의보감』, 조헌영·김동일 외 18인 옮김, 여강(개정판, 2005)

_____, 『신증보대역 동의보감』, 진주표 주석, 법인문화사(신증보판, 2012)

_____, 『언해구급방(諺解救急方)』, 1608년 전술

＿＿＿，『언해구급방(諺解救急方)』, 안상우·박상영·이정화 옮김, 한국한의학연구원(2011)

＿＿＿，『언해두창집요(諺解痘瘡集要)』, 내의원(1608)

＿＿＿，『언해태산집요(諺解胎産集要)』(1608)

현문항, 『동문유해(同文類解)』(1748)

현평효·강영봉, 『표준어로 찾아보는 제주어사전』, GAK(2014)

호남거사, 『성춘향가(成春香歌)』, 1915년 저술

홍경모, 『관암전서(冠巖全書)』, 1800년대 중반 저술 추정

홍귀달 외, 『구급이해방(救急易解方)』(1499)

홍만선, 『산림경제(山林經濟)』, 1715년 저술 추정(초판, 1718)

홍명복 외, 『방언집석(方言集釋)』, 1778년 저술

홍사만, 『왜어유해와 일어유해의 어휘연구』, 박이정(2012)

홍석모, 『동국세시기(東國歲時記)』, 1849년 저술

＿＿＿，『동국세시기』, 정승모 풀어씀, 풀빛(2009)

＿＿＿，『동국세시기』, 장유성 역해, 아카넷(2016)

홍세태, 『유하집(柳下集)』(1731)

홍순명·한정수 외, 『왜어유해(倭語類解)』, 사역원(1782)

홍양호, 『북새기략(北塞記略)』, 1777년 저술 추정(1843)

＿＿＿，『이계집(耳溪集)』(1843)

홍양호·홍의영·이범윤·김노규, 『북새기략 북관기사 북여요선』, 손성필·오세옥·이정욱 옮김, 한국고전번역
　　　원(2018)

홍윤표, 「물명고에 대한 고찰」, 『진단학보』 제118호(2016)

＿＿＿，「'진달래'의 어원」, 『쉼표, 마침표7』 국립국어원(2006)

홍인우, 『치재유고((耻齋遺稿)』, 1639년 저술

황대권, 『야생초 편지』, 도솔(2002)

황도연, 『방약합편(方藥合編)』(1884)

＿＿＿，『대역 증맥·방약합편』, 배원식 감수, 남산당(1977)

＿＿＿，『방약합편』, 김동일 옮김, 과학백과사전출판사(1986)

＿＿＿，『의종손익(醫宗損益)』, 1868년 저술

황선엽, 「강아지풀(莠)의 어휘사」, 『한국어학』 45(2009a)

＿＿＿，「금단(禁斷)의 꽃 양귀비」, 『문헌과 해석』 통권43호(2008)

＿＿＿，「명아주(藜)의 어휘사」, 『국어학』 제55집(2009b)

＿＿＿，「식물명 연구의 현황과 과제」, 『정신문화연구』 제37권 제4호(2014)

황성신문사, 『황성신문(皇城新聞)』, 황성신문사(1878.9.~1910.9.)

황수신·박원형·김수온 외, 『원각경언해(圓覺經諺解)』, 간경도감(1465)

황여일, 『해월집(海月集)』, 1622년 저술 추정

황용·김무열, 「한국산 원추리속의 분류학적 연구」, 『한국식물분류학회지』 제42권 4호(2012)

황준량, 『금계집(錦溪集)』(1548)

황중락·윤영활, 「한국 수목명의 유래에 관한 연구」, 『한국정원학회지』 제10권 제1호(1992)

황충기, 『육당본 청구영언(六堂本 靑丘永言)』, 푸른사상(2013)

황필수, 『명물기략(名物紀畧)』, 1870년 저술

_____, 『명물기략(名物紀畧)』, 박재연·구사회·이재홍 교주, 학고방(2015)

황현, 『매천집(梅泉集)』(1911)

황호, 『동사록(東槎錄)』, 1637년 저술 추정

황호림, 『숲을 듣다』, 책나무출판사(2019)

賈思勰, 『齊民要術』, 6世紀 初 著述(魏晉南北朝時代)

葛洪, 『抱朴子』, 4世紀 著述(魏晉南北朝時代)

景岳, 『景岳全書』, 1624年 著述(明代)

高濂, 『草花譜』, 17世紀(明代)

高明乾·卢龙斗, 『植物古漢名图考(续编)』, 科學出版社(2013)

高明乾·盧龍門, 『植物古漢名图考』, 大象出版社(2006)

高文社, 『李時珍 著, 圖解 本草綱目』, 高文社(1973)

龔廷賢, 『萬病回春』, 1587年 著述(明代)

郭璞 註, 『山海經』, 4世紀 推定(東晉時代)

_____, 『爾雅注疏』, 4世紀 推定(東晉時代)

郭璞, 『玄中記』, 4世紀 推定(東晉時代)

寇宗奭, 『本草衍義』, 1116年(宋代)

段玉裁, 『說文解字註』 1815年 著述(青代)

唐愼微, 『經史證類備急本草』, 1082年 著述(宋代)

大中國圖書公司, 『仿宋古本 神農本草』, 大中國圖書公司(1993)

陶弘景, 『名醫別錄』, 6世紀 初 著述(後漢時代)

_____, 『神農本草經集註』, 6世紀 初 著述(後漢時代)

潘富俊, 『詩經植物圖鑑』, 貓頭鷹出版(2014)

呂耀曾, 『盛京通志』, 1734年(青代)

李時珍, 『本草綱目』, 1596年 著述(明代)

李敖, 『周髀算经·夢溪笔谈·植物名实图考』, 天津古籍出版社(2016)

李中立, 『本草原始』, 1612年 著述(明代)

茅瑞徵, 『朝鮮館譯語』, 15世紀 初 著述, 會同館

謝維新, 『古今合璧事類備要』, 1257年 最初 刊行(宋代)

商務印刷館編輯部, 『辭源』 商務印刷館香港分管(縮印合訂本, 1987)

徐兢, 『高麗圖經』, 1123年 以後 著述 推定(宋代)

蘇頌, 『圖經本草』, 1061年(證類本草 引用, 宋代)

孫穆, 『鶏林類事』, 1103年 以後 著述 推定(宋代)

孫思邈, 『千金要方』, 7世紀 中葉(唐代)

_____, 『千金翼方』, 7世紀 中葉(唐代)

孫應奎, 『醫家必用』, 16世紀 中葉 著述 推定(明代)

艾晟 等, 『經史證類大觀本草』, 1108年 刊行(宋代)

倪根金 校註, 株橚 選, 『救荒本草校註』, 中國農業出版社(2008)

倪泰一·錢發平 編著, 『山海經』, 重庆出版社(2006)

吳澤炎·黃秋耘·劉葉秋, 『辭源(縮印合訂本)』, 商務印書館(1987)

王繼先 等, 『紹興校訂經史證類備急本草』, 1159年 刊行(宋代)

王錦秀·汤彦承 译注, 株橚 著, 『救荒本草 译注』, 上海古籍出版社(2015)王磐, 『野菜譜』, 1521年 著述(明代)

王象晋, 『二如亭群芳譜』, 1621年 刊行(明代)

王安石, 『字說』, 1086年頃 著述

王懷隱, 『太平聖惠方』, 992年 著述(北宋)

魏校, 『六書精蘊)』, 16世紀 初 著述(明代)

陸佃, 『埤雅)』, 1102年頃 著述

張壽頤, 『本草正義』, 蘭溪中醫專門學校(1932)

著者未詳, 『詩經』, BC.11世紀~BC.6世紀(周代草~春秋時代 中葉)

著者未詳, 『神農本草經』, 秦漢時代 著述

鄭金生·張同君 經注, 『食療本草經注』, 上海古籍出版社(1992)

趙學敏, 『本草綱目拾遺』 1765年 刊行

曹孝忠 等, 『政和新修經史類備用本草』, 1116年 刊行(宋代)

周廣 編著, 李時珍 著, 『圖解 本草綱目』 陝西師範大學出版社(2008)

株橚, 『救荒本草』, 1406年 刊行(明代)

竹内亮, 『东北师范大学科学研究通报 1』, 1955年

陳承, 『重廣補注神農本草竝圖經』, 1092年 刊行(宋代)

陳藏器, 『本草拾遺』, 783年 著述(唐代)

陳廷敬·張玉書 等, 『康熙字典』, 1716年 刊行(靑代)

鄒澍, 『本經續疏』 1832年 刊行

夏纬瑛, 『植物名释札记』, 农业出版社(1990)

韓保升 等, 『蜀本草(重廣英公本草)』, 10世紀 中葉(935~960) 刊行

許愼, 『說文解字』, 121年 完成 推定(後漢時代)

加納喜光, 『植物の漢字語源辭典』, 東京出版社(2008)

鍵和田釉子 監修, 『花の歳時記(春, 夏, 秋, 冬)』, 講談社(2004)

京畿道林業會 編, 『朝鮮の山果と山菜』, 京畿道林業會(1935)

慶尙南道教育會, 『鄕土研究 博物』, 慶尙南道教育會(1934)

宮川類吉·牧野壽榮, 『朝鮮野外植物圖鑑』, 京城櫻井公立小學校理科研究部(1928)

吉田金彦, 『語源辞典-植物編』, 東京堂出版(2001)

金澤庄三郎, 『日本類解』(1912)

農商工部大臣, 「和韓漢名對照表」, 大韓帝國農商工部 官報 告示 制9號(1910.5.31.)

大橋廣好外 2人 編著, 『新牧野日本植物圖鑑』, 北隆館(2008)

林泰治, 『救荒植物と其の食用法』, 東都書籍(1944)

立花吉茂, 『ムクゲ』, 淡交社(1989)

牧野富太郎, 『牧野日本植物圖鑑』, 北隆館(1940)

飯室庄左衛門, 『草花譜』(1800)

北村四郎, 『原色日本植物圖鑑』, 保育社(1964)

森爲三, 「南朝鮮植物採集目錄」, 『朝鮮總督府月報』(1913)

_____, 「白頭山ノ植物區系ノニ就テ」, 『朝鮮博物學會誌』(1927)

_____, 「白頭山の植物分布の大要に就て」, 『朝鮮彙報』(1916)

_____, 「白頭山所生植物に就て, 新發見の二植物」, 『文教の朝鮮』(1925)

_____, 「赴戰高原の珍しい動植物」, 『文教の朝鮮』(1939)

_____, 「俗離山の植物と動物」, 『文教の朝鮮』(1930)

_____, 「五臺山動植物の記」, 『朝鮮』(1932)

_____, 「濟州道所生植物分布に就て」, 『文教の朝鮮』(1928)

_____, 「朝鮮スミレ屬に就て」, 『朝鮮』(1920)

_____, 「朝鮮と天然記念物に就て」, 『文教の朝鮮』(1934)

_____, 「朝鮮の寺刹と植物」, 『文教の朝鮮』(1932)

_____, 「朝鮮の躑躅に就て」, 『朝鮮彙報』(1920)

_____, 「朝鮮産菊科植物檢索表」, 『文教の朝鮮』(1925)

_____, 「紅葉の原理と朝鮮の紅葉」, 『文教の朝鮮』(1925)

_____, 『朝鮮植物名輝』, 朝鮮總督府學務局(1922)

_____, 「朝鮮の櫻」, 『朝鮮及滿洲』(1933)

三之丞伊藤伊兵衛·伊藤伊兵衛, 加藤要 校注, 『花壇地錦抄·草花絵前集』, 平凡社(1976)

三好學, 『人生植物學』, 大倉書店(1918)

石戶谷勉, 「光陵林業試驗場の森林植物」, 『朝鮮彙報』(1917)

_____, 「大蒜小蒜トハ何ゾヤ」, 『朝鮮博物學會誌』 第4號(1927)

_____, 「滿鮮の漢方藥局に見出されたる藥材とその原植物」, 『朝鮮博物學會誌』 第15號(1935)

_____, 「滿洲産 Viloa屬 植物總說」, 『朝鮮博物學會誌』 第8號(1929)

_____, 「北朝鮮の横斷植物景と狼林山脈森林植物帶」, 『朝鮮』(1922)

_____, 「鴨綠江下流地方に於ける河岸水防林調査」, 『朝鮮彙報』(1916)

_____, 「鬱陵島の森林植物」, 『朝鮮彙報』(1917)

_____, 「濟州道の植物と將來の問題」, 『文教の朝鮮』(1928)

_____, 「朝鮮に於ける柳屬移及上天柳屬の分類(上, 下)」, 『朝鮮』(1921)

_____, 「朝鮮に移植せられたる「スギ」「ヒノキ」の生育」, 『朝鮮彙報』(1918)

_____, 「朝鮮の植物」, 『朝鮮研究』(1933)

_____, 「朝鮮ノ漢方藥ト其ノ原植物ニ就テ」, 『朝鮮博物學會誌』 第3號(1925)

_____, 「朝鮮産 Viola屬 植物概說」, 『朝鮮博物學會誌』 第8號(1929)

_____, 「朝鮮藥用植物の過去と將來」, 『朝鮮』195(1931)

_____, 「漢方藥物分類史大觀」, 『本草』(1933)

_____, 『朝鮮巨樹老樹名木誌』, 朝鮮總督府(1919)

_____, 『朝鮮漢方藥料植物調査書』, 朝鮮總督府(1917)

小野蘭山, 『本草綱目啓蒙』(1803~1806)

小倉進平, 『朝鮮語方言の研究(上)』, 岩波書店(1944)

_____, 『朝鮮語方言の研究(下)』, 岩波書店(1944)

_____, 『郷歌及び吏讀の研究』, 京城帝國大學(1929)

松江重賴, 『毛吹草』, 1645年 著述

松村任三, 『改訂 植物名彙(前編 漢名之部)』, 丸善藏版(1920)

_____, 『改訂 植物名彙(後編 和名之部)』, 丸善藏版(1920)

水野元勝, 『花壇綱目』, 1681年 著述

僧侶·昌住, 『新撰字鏡』, 898~901年

矢田部良吉·松村任三, 『日本植物名彙』, 丸善藏版(1884)

植木秀幹, 「科學と農業教育」, 『文教の朝鮮』(1940)

_____, 「藥用としつ朝鮮産物森林植物」, 『大日本森林會報』(1923)

_____, 「朝鮮ノ巨樹名木(其二)」, 鮮博物學會誌 第32號(1942)

_____, 「朝鮮ノ巨樹名木(其一)」, 朝鮮博物學會誌 第31號(1941)

_____, 「朝鮮の森林 第一編 公孫樹 及 松柏類」, 『林業試驗場報告』第四號(1926)

_____, 『朝鮮の救荒植物』, 朝鮮農會(1919)

_____, 『朝鮮産樹木の種類及其の分布』, 朝鮮總督府 水原高等農林學校(1940)

深根輔仁, 『本草和名』, 918年 著述

深津正, 『植物和名の語源探究』, 八坂書房(2000)

深津正·小林義雄, 『木の名の由來』, 東書選書(1993)

安州公立農業學校校友會 編, 『鮮名對和名之部』, 安州公立農業學校校友會(1934)

岩崎灌園, 『本草図譜』(1828)

雨森芳洲, 『交隣須知』, 1703年 著述, 1881年 筆寫本

_____, 『酉年工夫』, 18世紀 初 著述 推定

雄略天皇 外, 『万葉集』, 4世紀～8世紀

著者未詳, 『平家物語』, 13世紀 初

田中芳男・小野職愨, 『日本有用植物圖說』, 大日本農会(1891)

濟州島營林署 編, 『濟州島植物』, 濟州島營林署(1930)

朝鮮博物學會 編, 『朝鮮博物學會雜誌 第1號～第40號』, 朝鮮博物學會(1924～1944)

朝鮮總督府, 『朝鮮語辭典』, 朝鮮總督府(1920)

_____, 『朝鮮語辭典』, 朝鮮總督府(原稿本, 1917年 推定)

朝鮮總督府 告示 第18號, 「朝鮮主要森林樹木名稱表」, 『朝鮮總督府 官報』(1912.9.2.)

朝鮮總督府 告示 第226號, 「朝鮮主要森林樹木名稱表」, 『朝鮮總督府 官報』(1915.9.15.)

朝鮮總督府 告示 第741號, 「朝鮮主要森林樹木名稱表」, 『朝鮮總督府 官報』(1915.10.6.)

中井猛之進, 「朝鮮植物の研究」, 『東洋學藝雜誌』(1927)

中井猛之進, 『光陵實驗林の一般』, 朝鮮總督府(1932)

_____, 『金剛山植物調查書』, 朝鮮總督府(1918)

_____, 『東亞植物』, 岩波書店(1935)

_____, 『白頭山植物調查書』, 朝鮮總督府(1918)

_____, 『植物命名規則に就いて』, 岩波書店(1930)

_____, 『鬱陵島植物調查書』, 朝鮮總督府(1919)

_____, 『濟州島竝莞島植物調查報告書』, 朝鮮總督府(1914)

_____, 『朝鮮鷺峯植物調查書』, 朝鮮總督府(1917)

_____, 『朝鮮森林植物編(第1輯～第22輯)』, 朝鮮總督府(1915～1939)

_____, 『朝鮮植物』, 成美堂(1914)

_____, 『智異山植物調查報告書』, 朝鮮總督府(1915)

_____, 『萩類ノ研究』, 林業試驗場報告 第六號(1927)

中井博士功績記念事業會, 『中井敎授著作論文目錄並に敎授の研究發表による植物新群名, 新植物名及新學名總索引』, 北隆館(1943)

中村浩, 『植物名の由來』, 東書選書(1980)

_____, 『園芸植物名の由來』, 東京書籍(1998)

清川妙, 『万葉集花語り』, 小学館(2001)

村山智順, 『朝鮮の郷土娛樂』, 朝鮮總督府(1941)

村田懋麿, 『土名對照滿鮮植物字彙』, 東京目白書院(1932)

塚本邦雄, 『花名散策』, 花曜社(1985)

塚本洋太郎, 『茶花大事典(上, 下)』, 淡交社(2014)

出石正隆, 「朝鮮染料植物及染色法考(一)」, 『朝鮮山林會報』 第二百一號(1942)

_____,「朝鮮染料植物及染色法考(二)」,『朝鮮山林會報』 第二百二號(1942)

阪本寧男,『雜穀のきた道』, NHKブックス 546(1988)

貝原益軒,『大和本草』, 1709年 著述

荒俣宏,『花の王國 1～4』, 平凡社(2018)

Baek et al. "Draft genome sequence of wild Prunus yedoensis reveals massive inter-specific hybridization between sympatric flowering cherries." *Genome Biology*(2018.9.)

Bird, Richard. *A Gardener's Latin*. National Trust Books(2015)

Castner, James L. and J. Richard Abbott. *Photographic Atlas of Botany and Guide To Plant Identification*. Feline Press(2004)

Chang, C-S., Kim H., and CHANG K.S. *Provisional Checklist of Vascular Plants for the Korea Peninsula Flora(KPF)*(2014)

Cho, Myong-Suk, Kim Chan-Soo, Kim Seon-Hee, Kim Ted Oh, Heo Kyoung-In, Jun Jumin and Kim Seung-Chul. "Molecular and morphological data reveal hybrid origin of wild Prunus yedoensis (Rosaceae) from Jeju Island, Korea: implications for the origin of the flowering cherry." *American Journal of Botany*, 2014 Nov; 101(11):1976-86. doi: 10.3732/ajb.1400318

Clifford, Harold T. and Peter D. Bostock. *Etymological Dictionary of Grasses*. Springer-Verlag Berlin Heidelberg(2007)

Crane, Florence Hedleston. *Flowers and Folk-lore from far Korea*. Sanseido(1931)

Cronquist, Athur and Armen Takhtajan. *An Integrated System of Classification of Flowering Plants*. Columbia University Press(1981)

Cronquist, Athur. *The Evolution and Classification of Flowering Plants*. NYBG(2nd edition, 1988)

Dixon, G.R. "Orgins and diversity of Brassica and its relatives." *Vegetable brassicas and related crucifers*(2006)

Engler, A. *Syllabus der pflanzenfamilien*. Reprints of the University of Michigon Library(8th edition, 1919)

Engler, A. und K. Prantl. *Die Natürlichen Pflanzenfamilien*. Biblio Life(1899)

Flora of Korea Editorial Committee. *The Genera of Vascular Plants of Korea*. Academy Publishing Co.(2007)

Gale, J.S.(게일). 『한영자전』, kelly&walsh(1897)

Govaerts, R.H.A. *World checklist of selected plant families published update. Facilitated by the Trustees of the Royal Botanic Gardens*. Kew.(2011)

Grabovskaya-Borodina, Alisa et al. "Type specimens of Korean vascular plants in the Herbarium of the Komarov Botanical Institute (LE) Addition." *Journal of Species Research*, Vol.2 No.2(2013)

Hardin, James W., Donald J. Leopold and Fred M. White. *Harlow & Harrar's textbook of Dendrology*. Mc Graw Hill(Ninth Edition, 2001)

Harrison, Lorraine. *Latin for gardners*. The University of Chicago Press(2012)

Hoot, Sara B., Anton A. Reznicek and Jeffrey D. Palmer. "Phylogenetic Relationships in Anemone (Ranunculaceae) Based on Morphology and Chloroplast DNA." *Systematic Botany*, Vol.19, No.1(Jan.-Mar., 1994)

Hulbert, H.B. 『사민필지(士民必知)』(1889)

Internation Botanical Congress. *International Code of Nomenclature for algae, fungi, and plants(Malbourn Code)*(2012)

_____. *International Code of Nomenclature for algae, fungi, and plants(Shenzen Code)*(2018)

Kitagawa, M. *Neo-Lineamenta Florae Manshuricae*. J. Cramer(1979)

Koriba, K. "On the Torison of Spiranthes-Spike." 『植物學雜志』 Vol.26 No.309(1912)

Lee, Byoung Yoon, Kwakn Myoung Hai et al. "Ganghwal is a new species, Angelica reflexa." *Journal of Species Research*, 2(2)(2013)

_____. "The taxonomic status of Angelica purpuraefolia and its allies in Korea: Inferences based on ITS molecular phylogenetic analyses." *Korea Journal plant Taxonomy*, vol.41, no.3(2011)

Makino, T. "Observations on the Flora of Japan." *The Botanical Magazine*, Vol.26(1912)

Nakai, T. *A Synoptical Sketch of Korean Flora*. The National Science Museum(1952)

_____. *Flora Koreana*. Imperial University of Tokyo(1909)

_____. *Flora Koreana*. Imperial University of Tokyo(1911)

_____. "Notulae ad Plantas Asiae orentalis." *XX. J. Jap. Bot*. 18(1942)

_____. "Notulae ad Plantas Japoniae et Coreae XII." *The Botanical Magazine*, Vol.30(1916)

_____. "Notulae ad Plantas Japoniae et Coreae XVIII." *The Botanical Magazine*, Vol.32 No.382(1918)

_____. "Notulae ad Plantas Japoniae et Coreae XXI." *The Botanical Magazine*, Vol.33 No.395(1919)

_____. "Plantae novae Japonicae et Koreanae II." *The Botanical Magazine*, Vol.28 No.335(1914)

_____. "Terauchia-a New Genus of Lilliacea found in Corea." *Botanical Megazine*(Tokyo), Vol.27(1913)

Ohwi, Jisaburo. *Flora of Japan*. Smithsonian Institution(1984)

Quattrocchi, Umberto. *CRC World Dictionary of Grasses*. CRC Press(2006)

_____. *CRC World Dictionary of Plant Names*. CRC Press(2000)

Ridel, F. C.(Les Missions Etrangères de Paris). 『한불즈뎐(韓佛字典)』. C.Levy, Imprimeur-Libraire(1880)

Sano, R. et al. "Diplazium subsinuatum and Di. tomitaroanum should be Moved to Deparia According to Molecular, Morphological, and Cytological Characters." *Journal of Plant Research*, June 2000, Volume 113 Issue 2, pp.157-163

Smith, Alan R., Kathleen M. Pryer, Eric Schuettpelz, Petra Korall, Harald Schneider and Paul G. Wolf. "A classification for extant ferns." *Taxonomy*, 55(3)(August 2006)

Spears, Priscilla. *A tour of the flowering plants*. Missouri Botanical Garden Press(2006)

Stearn, William T. *Botanical Latin*. TIMBER PRESS(4th edition, 1992)

Takenaka, Yô. "The Origin of the Yoshino Cherry Tree." *Journal of Heredity*, 54(5)(1963)

Tsumura Laboratory, *Journal of Japanese Botany[Shokubutsu Kenkyu Zasshi]*. Tsumura&Co., Tokyo (1916~2018)

Underwood, Horace Grant. 『한영자전(韓英字典)』(1890)

Uyeki, H. "Notes on the Woody Plants of Chosen." 『朝鮮博物學會誌』 第17號(1934)

_____. "Notulae ad Dendrologiam Koreae." 『朝鮮博物學會誌』 第20號(1935)

Walter, S. Judd et al. *Plant Systematics: A phylogenetic approach*. Sinauer(2016)

고려대 한국어대사전(네이버 국어사전): book.naver.com

국가생물종지식정보시스템: www.nature.go.kr

국립생물자원관: www.nibr.go.kr

국사편찬위원회: www.history.go.kr

농촌진흥청 국립원예특작과학원: www.nihhs.go.kr

미주리식물원(Missouri Botanical Garden) Tropicos: legacy.tropicos.org

박상진 교수의 나무세상: treestory.forest.or.kr

브리태니커 백과사전: www.britannica.com

서울대학교 규장각한국학연구원: kyujanggak.snu.ac.kr

서울대학교 산림과학부 식물분류학연구실: hosting03.snu.ac.kr/~quercus1

세계식물목록(The Plant List): www.theplantlist.org

식물분류학회지: www.e-kjpt.org

식물일본명-학명 인덱스(YList): ylist.info

우리말샘(국립국어원): opendict.korean.go.kr

일본식물학잡지: www.jstage.jst.go.jp

제주방언사전(제주특별자치도): www.jeju.go.kr/culture/dialect/dictionary.htm

중국식물지(Flora of China, eFlora): www.efloras.org

중국식물지(中國植物志, Flora Reipublicae Popularis Sinicae): www.iplant.cn/frps

표준국어대사전(국립국어원): stdict.korean.go.kr

한국고전종합DB: db.itkc.or.kr

한국콘텐츠진흥원: www.kocca.kr

한의학고전DB: www.mediclassics.kr

한국학진흥사업성과포탈(한국학중앙연구원): waks.aks.ac.kr

한국향토문화전자대전: www.grandculture.net

APW(Angiosperm Phylogeny Website): www.mobot.org/MOBOT/RESEARCH/APWEB

IPNI(International Plant Name Index): www.ipni.org

JSTOR(Journal Storage) Global Plants: plants.jstor.org

찾아보기

학명

A

S

한글명

ㄱ

한자명

이유미(국립세종수목원 원장)

　식물과 가까워지는 방법에 대해 이야기할 기회가 종종 있습니다. 그때마다 제가 권하는 방법 중 하나가 "이름을 알자. 왜 그런 이름이 붙었는지 알면 더욱 쉽다"입니다. 이름이란 헤아릴 수 없이 많은 존재 중에서 바로 그를 알아보는 중요한 수단이라고 생각하기 때문입니다. 저는 식물분류학을 공부하고 수목원에서 오래 일해온 사람으로서 식물 이름에 각별할 정도로 관심이 있었습니다. 식물분류학이라는 학문은 식물의 실체를 구명하고 그에 합당한 이름(여기서는 학명)을 부여하는 데서 출발하는 만큼 당연한 관심이기는 하겠지요. 특히 저는 연구자에서 나아가 국립수목원이라는 공적 자리에 있다 보니, 전공자가 아닌 국민 대다수가 쓰는 이름이자 다양한 식물 정보를 모으고 제공하는 정보화 사업의 기준이 되는 우리말 이름을 정리하는 일이 절실했습니다. 그래서 어렵게 학계의 뜻을 모으고 이를 국가적으로 제시하고자 시작한 일이 '국가표준식물목록'이었습니다.

　처음 이 일에 착수했을 당시 우리나라에서 가장 널리 쓰이는 식물도감 세 권을 모아 정리해보니 공통으로 쓰인 우리말 이름이 절반에도 미치지 못했습니다. 오랜 기간 동안 이 일을 추진했고 지금은 후배들이 이어서 하고 있지만, 하면 할수록 이름을 제대로 밝히고 자리매김하는 일이 생각보다 훨씬 어렵다는 것을 느낍니다.

　우리말 이름에 대한 고민은 식물에 관한 글을 쓰면서 더욱 깊어졌습니다. 앞서 말했듯 '왜 그런 이름이 붙었을까' 하는 유래를 찾기 시작했습니다. 알고 나면 훨씬 가깝고 쉽게 느껴지니까요. 작살나무는 세 갈래로 갈라진 나뭇가지가 마치 작살처럼, 쇠무릎은 마디가 무릎처럼 뭉툭하게, 노루귀는 새싹 모양이 솜털 보송한 어린 노루의 귀처럼 생긴 것을 보고 나면 기억하기가 훨씬 쉽습니다. 유럽인 중에는 학자가 아니어도 라틴어 학명을 잘 아는 사람이 많은데, 학명에는 그 식물의 특징이 반영된 경우가 많고 어원이 비슷해 쉽게 기억할 수 있기 때문입니다. 우리 연구자들은 식물 이름의 유래를 알기 위해 수많은 자료를 찾고 한자명으로 추측하기도 하는데, 한 문헌에서 읽은 것을 옮겨 기록한 것이 나중에 보면 틀린 경우도 종종 나옵니다. 자료를 찾았다 해도 어떤 유래가 적절한지 판단하기 어려운 경우도 많습니다. 하나의 한자가 가리키는 식물이 서로 다르기도 하고 여러 이름이 한 식물을 나타내기도 하기 때문이지요.

　이런 문제를 해결하는 일은 무척 큰 숙제지만 제가 할 수 있는 일의 범주를 넘어선다고 생각했습니다. 옛 문헌을 모으고 해설해야 할 뿐 아니라 서로 연관된 중국, 일본, 심지어 러시아 문헌까지 읽어내야 하는데, 그 일들을 제 일상으로 끌어안기엔 역량도 여유도 미치지 못해 시도조차 하지 못했습니다. 그런 터였기에 이 책의 편저자들이 심도 있게 식물명에 접근한 글을 볼 때마다 놀랍고 고마운 마음이 들었고, 소중한 자료로 오랜 기간 스크랩해왔습니다. 이 책은 편저자들이 그러한 저력을 바탕으로 차곡차곡 쌓아온 성과물이라고 생각합니다. 책장을 펼쳐보면 얼마나 방대한 자료 수집과 고찰이 있었는지 새삼 감탄이 나옵니다. 특히 편저자들은 식물분류학계에 본격적으로 몸담은 이들이 아니므로 얼마나 많은 한계와 장벽과 싸우며 이 방대한 작업을 해냈을지, 생각할수록 놀랍습니다. 게다가 『조선식물향명집』이라는 의미 있는 책을 선택한 뜻까지 알고 나면 가슴이 뭉클해지며 절로 존경심이 솟아납니다. 제가 국립수목원에서 일할 때 추진했던 기준 표본 이미지 확보, 지명 찾기, 한국의 민속 식물 자료들이 도움이 되었다는 편저자의 말에서, 이러한 일을 제대로 하지 못한 연구자로서 지녔던 부끄러움이 조금 가시기도 했습니다.

어쩌면 이 책은 완벽한 완성이 아닐 수 있습니다. 우리 식물 이름의 뿌리가 얼마나 더 깊은 곳까지 파고들어 있는지 완벽하게 헤아리지 못할 수도 있으니까요. 하지만 감히 위대한 시작이라고 말하고 싶습니다. 이렇게 집대성한 것을 계기로 연구와 관심이 보태지면 또 다른 곳에 있을 우리 식물 이름의 뿌리를 찾을 수 있는 새로운 근거들이 나오고 점점 완전한 뿌리 찾기에 가까워질 수 있을 테니까요. 왜곡되어 고착된 정보들을 하나씩 바로잡는 일이 얼마나 지난한 일인가를 알기에 이분들의 노고가 참으로 고맙습니다.

얼마 전 국립현대미술관에서는 우리나라 최초의 식물 세밀화가라 할 수 있는 정찬영 선생의 전시가 열렸는데, 이 전시를 계기로 『조선식물향명집』의 저자인 식물학자 정태현 선생과 도봉섭 선생이 재조명되었습니다. 다른 한편에서는 우리나라에 자생하는 제주왕벚나무의 존재를 세상에 처음 알리며 식물학에 다양한 업적을 남긴 에밀 타케 신부의 행적과 업적이 정리되고 있습니다. 이 책을 포함하여 그간 식물학계에서 미처 추진하지 못했던 일들이 조금씩 이뤄지고 있는 걸 보면, 식물에 대한 관심이 문화적·역사적 영역까지 확대되어 더 깊고 풍성하게 펼쳐질 앞날이 기대됩니다.

이 지난한 작업을 포기하지 않고 해낸 편저자님들에게, 그리고 서슬 퍼런 일제 치하에서 말모이처럼 우리 식물명을 모아 『조선식물향명집』을 만든 원저자분들께 감사와 존경을 보냅니다. 이 책은 제가 식물을 공부하면서 너널너덜 해어지도록 곁에 두고 보았던 『대한식물도감』과 함께 평생 곁에 두고 가장 많이 펼쳐보며 공부하고 인용할 책이 될 것입니다.

추천의 글

나태주(시인)

출판사에서 추천사를 의뢰하며 보내온 자료를 보고 깜짝 놀랐습니다. 일찍이 이런 책이 세상에 있었던가. 아무리 뒤로 넘겨도 도무지 끝이 보이지 않았습니다. 가히 백과사전 수준인 데다 그 면면에 감탄이 절로 나왔습니다. 게다가 이 책의 원전인 『조선식물향명집』이 일제강점기에 나온 책임을 알고 다시 한 번 감탄할 수밖에 없었습니다. 우리 조상들의 슬기와 노력, 끈기와 지혜에 절로 고개가 숙여집니다. 옛 자료를 어렵게 찾아내 오늘의 것으로 바꾸어놓은 편저자와 감수자의 노력과 정성, 끈기에 삼가 경의를 표합니다.

저는 시골에 살면서 오래 시를 써온 사람이고, 조그만 사람이고, 학식이 높지 않은 사람입니다. 그러나 우리말을 유난히 사랑하고 우리의 자연을 아주 많이 좋아하면서 그것을 시로 써왔습니다. 말하자면 제가 쓰는 시는 우리말을 사랑하는 증거이고 우리 자연을 아끼는 마음의 표현입니다.

제 시 가운데 「풀꽃·2」라는 작품이 있습니다. "이름을 알고 나면 이웃이 되고 / 색깔을 알고 나면 친구가 되고 / 모양까지 알고 나면 연인이 된다 / 아, 이것은 비밀!" 저에게 시를 쓰는 일이나 누군가를 사랑하는 일은 풀꽃 이름을 하나하나 알아가며 그것을 기억하는 일과 같습니다. 이 책을 살피며 문득 떠오른 생각입니다.

저는 어려서부터 윤동주 선생의 시를 읽으면서 그분의 작품과 시를 쓴 일 자체가 독립운동이고 애국운동이라고 생각했습니다. 이 책을 살피면서 다시금 비슷한 생각이 듭니다. 일제에 의해 잘못 고착될 뻔했던 우리 식물들의 이름을 새롭게 살피고 그것을 바로잡은 일은 결코 평범한 일이 아닙니다. 그것은 민족자존의 일이요, 우리 민족 전체를 이롭게 하는 일이며, 나아가 우리의 건국이념인 홍익인간 정신을 실현하는 일이라고 생각합니다. 묵묵히 이런 일을 찾아 하는 분들이야말로 이 시대의 선각자라고 생각합니다. 엄밀하게 따지면 아직 완전히 끝나지 않은 독립운동을 오랜 시간과 정성을 바쳐 해낸 것입니다. 고생하셨습니다.

이제는 우리가 답할 차례입니다. 이 책을 보면서 우리가 앞으로 해야 할 일이 참 많다는 생각이 듭니다. 이 귀중한 자료를 잘 읽고 살피고 간직해 좋은 글로 승화시키는 일입니다. 특히 글을 쓰다가 막히거나 모르는 식물 이름이 있으면 자주 찾아보며 좋은 벗으로 삼겠습니다. 어디서도 만날 수 없는 귀한 사전으로 간직하겠습니다. 마음의 양식과 선물로 껴안겠습니다.

다시 한 번 고맙습니다.

한국 식물 이름의 유래

『조선식물향명집』 주해서

1판 1쇄 펴낸날 2021년 8월 15일
1판 2쇄 펴낸날 2021년 10월 30일

감수자 ㅣ 이우철
편저자 ㅣ 조민제, 최동기, 최성호, 심미영, 지용주, 이웅

편집·교정 ㅣ 이교혜
본문디자인 ㅣ 김지연
표지디자인 ㅣ 석운디자인
경영지원 ㅣ 진달래

펴낸이 ㅣ 박경란
펴낸곳 ㅣ 심플라이프
등 록 ㅣ 제406-251002011000219호(2011년 8월 8일)
주 소 ㅣ 경기도 파주시 광인사길 88 3층 302호(문발동)
전 화 ㅣ 031-941-3887, 3880
팩 스 ㅣ 031-941-3667
이메일 ㅣ simplebooks@daum.net
블로그 ㅣ http://simplebooks.blog.me

인 쇄 ㅣ 정민인쇄
제 본 ㅣ NSPT

ISBN 979-11-86757-74-1 93480